土木工法事典

CIVIL ENGINEERING
of
CONSTRUCTION METHOD

第6版

土木工法事典編集委員会 編

土木工法事典　第6版編集委員会

編集委員長

辻　幸和　　群馬大学　大学院　工学研究科　社会環境デザイン工学専攻　教授

編集幹事

横沢　和夫　　前田建設工業(株)　常務執行役員

編集委員・主査

石橋　忠良　　東日本旅客鉄道(株)　執行役員　建設工事部　構造技術センター　所長
岩田　謙次郎　名古屋市上下水道局　技術本部　建設部　工務課　主幹
江渡　正満　　清水建設(株)　土木技術本部　技術第一部　グループ長
尾﨑　正勝　　東京都水道局　水道局長
大塚　一雄　　鹿島建設(株)　土木管理本部　土木工務部　部長
垣内　弘幸　　(株)熊谷組　土木事業本部　土木部　プロジェクトグループ　部長
河井　徹　　　清水建設(株)　土木技術本部　担当部長
小池　照久　　(株)IHI　社会基盤セクター　技師長
田辺　清　　　元　大成建設(株)　土木本部　プロジェクト部　技師長
田村　聡志　　東京都水道局　水源管理事務所長
西尾　慎一　　大成建設(株)　土木本部　土木技術部長
橋本　二郎　　鹿島建設(株)　東京土木支店　土木部　専任部長
原田　光男　　東京電力(株)　建設部
古谷　俊雄　　西松建設(株)　関東土木支店　執行役員　支店長
前田　詔一　　MMコンサルタント(株)　代表取締役
松浦　幸三　　(株)熊谷組　土木事業本部　副本部長
松岡　康訓　　成和コンサルタント(株)　代表取締役社長
松田　隆　　　(株)大林組　生産技術本部　統括部長
吉川　正　　　鹿島建設(株)　土木管理本部　土木技術部長
山口　嘉一　　(独)土木研究所　水工研究グループ　ダム構造物チーム　上席研究員
渡辺　正勝　　国土交通省　航空局　空港部　技術企画課　空港技術調査官

(財)都市緑化技術開発機構

(社)建設コンサルタンツ協会

執筆者・協力者

飯島　健	前田建設工業(株) テクノロジーセンター 技術研究所　企画・知財グループ 技術企画チーム長
五十嵐　竜行	パシフィックコンサルタンツ(株) 国土保全技術本部　港湾部 沿岸域マネジメントグループリーダー
石井　明俊	鹿島建設(株)　土木管理本部　技術部
伊勢　勝巳	東日本旅客鉄道(株) 設備部(保線) 次長
伊勢　寿一	清水建設(株)　土木技術本部 基盤技術部　担当部長
市成　宏史	中央工営(株)　監理技術者
伊藤　範行	鹿島建設(株)　土木管理本部 土木工務部　選任部長（トンネル担当）
伊東　芳夫	(社)日本ウェルポイント協会　会長
井上　昭生	(株)大林組　土木本部 生産技術本部　橋梁技術部
今井　一隆	(財)都市緑化技術開発機構 研究第二部
岩田　謙次郎	名古屋市上下水道局　技術本部 建設部　工務課　主幹
岩村　栄世	鹿島建設(株)　土木管理本部 土木工務部　臨海グループ長
上田　正司	(株)東京建設コンサルタント 技術第二部　次長
植野　利康	インドネシア共和国　公共事業省 水資源総局　JICA 専門家
上村　一義	清水建設(株)　土木技術本部 基盤技術部　担当部長
大江　郁夫	西松建設(株)　土木設計部 設計課　課長代理
大川　能勇	(株)東光コンサルタンツ 技術本部　部長
大下　嘉道	三井造船(株)　鉄構・物流事業本部 建設工事部　工務グループ　部長
太田　正志	(株)大林組　大阪機械工場 施工技術第一課　課長
大本　晋士郎	(株)熊谷組　土木事業本部 環境・リニューアル技術部
大森　慎二郎	三井共同建設コンサルタント(株) 港湾・空港事業部　次長
岡村　和夫	清水建設(株)　技術研究所 地球環境技術センター　上席研究員
小川　幸正	(株)大林組　エンジニアリング本部 エンジニアリング技術部　上席技師
柿田　公孝	中央復建コンサルタンツ(株) 中部支社　計画設計室長 港湾計画グループ統括リーダー
杜若　善彦	鹿島建設(株)　土木管理本部 土木技術部
片野　明良	(株)エコー　調査・解析部　副部長
勝井　茂	大成建設(株)　土木本部 土木技術部　都市土木技術室
勝又　正治	前田建設工業(株) 執行役員　テクノロジーセンター担当
勝山　明雄	応用地質(株) 東京本社技術センター　参事
加藤　憲一	いであ(株) インフラ企画推進本部　海岸部長
金田　則夫	(株)熊谷組 土木事業本部　シールド技術部長
香山　康晴	前田建設工業(株)　土木事業本部 理事　技術担当
菅野　貴浩	東日本旅客鉄道(株)　水戸支社 設備部　施設課
菊池　淳	東日本旅客鉄道(株)　設備部 環境保全プロジェクト　副課長
菊池　喜昭	(独)港湾空港技術研究所 地盤・構造部　地盤研究領域 基礎工研究チーム　チームリーダー
北本　幸義	鹿島建設(株)　土木管理本部 土木技術部
清杉　睦雄	横河工事(株)　東京建設本部 土木営業部長
楠本　太	清水建設(株)　土木技術本部 地下空間統括部　担当部長
工藤　伸司	東日本旅客鉄道(株)　建設工事部 構造技術センター　副課長 鋼構造グループリーダー
久原　高志	清水建設(株)　土木技術本部 シールド統括部　課長
久保　滋	東洋建設(株)　土木事業本部 土木技術部　部長
国栖　広志	(株)日本港湾コンサルタント 技術本部　沿岸海洋部　部長
小島　洋	東亜建設工業(株) 技術研究センター　主席研究員
小林　千佳	東日本旅客鉄道(株)　東京工事事務所 担当課長（東北・常磐）
古村　学	本州四国連絡高速道路(株) 企画部　調査情報課　課長代理
古森　烝	パシフィックコンサルタンツ(株) 環境事業本部　地盤技術部
齋藤　勲	鋼管杭・鋼矢板技術協会 鋼矢板技術委員会
相楽　渉	(財)砂防・地すべり技術センター 斜面保全部　技術課長代理
櫻井　孝臣	前田建設工業(株)　土木事業本部 土木部　トンネルグループ　マネージャー
佐々木　徹	(株)大林組　土木本部　生産技術本部 基盤技術部　技術第一課　課長
佐藤　昭二	パシフィックコンサルタンツ(株) 国土保全技術本部　河川部 河川構造・診断グループリーダー
沢井　秋司	(株)加藤製作所　設計第三部　課長
柴田　健司	(株)大林組　エンジニアリング本部 環境技術第一部　技術第四課　課長
清水　英樹	前田建設工業(株) テクノロジーセンター 技術研究所　主管研究員
新藤　竹文	大成建設(株)　技術センター 土木技術研究所　土木構工法研究室長
新福　清隆	日本工営(株)　交通運輸事業部 空港・港湾部　専門部長
神野　勝樹	日本車輌製造(株) 輸機・インフラ本部　工事部　工事課長
鈴木　秀男	東亜建設工業(株)　技術研究センター 主席研究員
関　伸司	清水建設(株)　土木技術本部 シールド統括部　課長
髙木　清	西松建設(株)　土木設計部　副部長
高木　利光	(株)アイ・エヌ・エー 取締役　海岸部　部長
高木　久	国際航業(株) 社会基盤事業部　東日本企画部
高橋　正美	大成建設(株)　土木本部　土木技術部 臨海・地盤技術室　室長
田窪　祐子	(独)新エネルギー・産業技術総合開発 機構　総務企画部　広報室　主査

武内 利幸	大成建設(株) 土木本部 土木技術部 臨海・地盤環境技術室 次長
武山 光成	(社)日本アンカー協会 事務局長
田島 弘司	(株)コムカット 技術顧問
舘 暢	川田工業(株) 橋梁事業部 事業推進部 原価管理室 室長
舘山 晋哉	いであ(株) 水園グループ グループ長
田中 和広	(株)日本港湾コンサルタント 技術本部 企画調査部 沿岸海岸課
田中 耕一	鹿島建設(株) 土木設計本部 地盤基礎グループ グループ長
田中 淳一	(株)熊谷組 技術研究所 建設技術研究部 建設材料研究グループ
田中 正義	元 ニチレキ(株) 本社 技術部
谷口 善則	東日本旅客鉄道(株) 建設工事部 構造技術センター 課長
築嶋 大輔	東日本旅客鉄道(株) 建設工事部 構造技術センター 耐震技術プロジェクト 課長
手塚 仁	(株)熊谷組 土木事業本部 トンネル技術部
寺田 能通	片山ストラテック(株) 工事本部 工務部 計画課 課長
出羽 克之	清水建設(株) 土木技術本部 設計第一部 担当部長
藤堂 正樹	パシフィックコンサルタンツ(株) 国土保全技術部 河川部 部長
藤内 義樹	若築建設(株) 建設事業部門 技術設計部 部長
内藤 明	(株)大林組 生産技術本部 ダム技術部 専門技師
中北 昭浩	(株)熊谷組 土木事業本部 トンネル技術部 副部長
中平 順一	八千代エンジニアリング(株) 総合事業本部 臨海開発部 主幹
中村 俊明	(株)大林組 生産技術本部 シールド技術部 部長
中村 忠之	東京都水道局 建設部 工務課 調査係長
新村 亮	(株)大林組 東京本社 土木本部 生産技術本部 基盤技術部
西浦 秀明	(株)大林組 生産技術本部 トンネル技術部 技術第一課 課長代理
西田 憲司	(株)大林組 エンジニアリング本部 環境技術第一部 技術第二課 課長
楡井 一昭	(株)建設技術研究所 東京本社 上席技師長
根本 浩史	清水建設(株) 土木技術本部 基盤技術部 課長
野沢 伸一郎	東日本旅客鉄道(株) 建設工事部 構造技術センター 副所長
橋本 文男	(株)ドラム エンジニアリング 技術部 部長
八谷 好高	(財)港湾空港建設技術サービスセンター 理事・建設マネジメント研究所 副所長
羽田 宏	五洋建設(株) 土木部門 土木本部 土木設計部 部長兼設計課長
林 寛	鹿島建設(株) 技術研究所 主席研究員
林田 誉志男	元 日本橋梁(株)
原 文宏	(株)建設技術研究所 東京本社 河川部 海岸海洋室 室長
疋田 喜彦	(株)大林組 生産技術本部 基盤技術部 技術第三課 課長
久原 高志	清水建設(株) 土木技術本部 シールド統括部 課長
土方 聡	国際航業(株) コンサルタント事業本部 事業本部長
平島 崇嗣	宮地建設工業(株) 工事本部 計画部長
深澤 薫	あおみ建設(株) 土木本部 技術部長
藤波 亘	西松建設(株) 土木設計部 課長
舟橋 政司	前田建設工業(株) テクノロジーセンター 技術研究所 チーム長
藤平 正一郎	片山ストラテック(株) 技術研究所
星上 幸良	国際航業(株) 河川・環境部 主任技師
前田 詔一	MMコンサルタント(株) 代表取締役
松木 聡	鹿島建設(株) 土木設計本部 プロジェクト設計部 設計主査
松田 寛志	日本工営(株) 流域都市事業部 副事業部長
三宅 健一	中電技術コンサルタント(株) 臨海・都市部 臨海施設グループ 副専門役
宮崎 好永	宮地建設工業(株) 執行役員 工事本部 部長
武藤 利明	日立造船(株) 鉄構事業部 建設部 施工技術課 課長
森田 晃司	(株)大林組 生産技術本部 基盤技術部 技術第二課 課長
守屋 洋一	(株)大林組 生産技術本部 シールド技術部 技術第一課 課長
森山 智明	東日本旅客鉄道(株) 建設工事部 構造技術センター 地下・トンネル構造グループ 課長
谷田部 勝博	(株)大林組 生産技術本部 基盤技術部 技術第四課 課長代理
柳 英実	清水建設(株) 土木技術本部 技術計画部 技術第一グループ長
八巻 淳	清水建設(株) エンジニアリング事業本部 土壌環境本部 主査
山口 潔秀	地崎道路(株) 北海道支店 工務部長
山崎 浩之	(独)港湾空港技術研究所 地盤・構造部 動土質研究チーム チームリーダー
山下 徹	(株)大林組 生産技術本部 都市土木技術部 技術第一課 課長代理
山本 達生	前田建設工業(株) テクノロジーセンター 技術研究所 環境技術グループ 主任研究員
吉岡 卓治	日鉄ブリッジ(株) 技術本部 工事部長
吉田 透	(株)ドーコン 水工事業部 水工部 担当次長
若林 雅樹	地中連続壁基礎協会 技術委員(清水 建設(株) 土木技術本部 設計第二部 エネルギー設計グループ長)
鷲田 正樹	セントラルコンサルタント(株) 環境水工部 次長
渡辺 正勝	国土交通省 航空局 空港部 技術企画課 空港技術調査官

(社)建設コンサルタンツ協会

目次

第1章 土工・岩石工法 ……… 33

I 土工事工法 ……… 34

1 土砂及び軟岩掘削工法 ……… 35
- ブルドーザによる掘削工法 ……… 35
- スクレーパによる掘削工法 ……… 36
- バックホウによる掘削工法 ……… 36
- ショベルによる掘削工法 ……… 37
- クラムシェルによる掘削工法 ……… 37
- ドラグラインによる掘削工法 ……… 37
- バケットホイールエキスカベータ工法 ……… 38
- リッパ工法 ……… 38
- リッピングとの組合せ工法 ……… 39

2 発破によらない掘削 ……… 39
- ブレーカ工法 ……… 40
- 打撃くさび工法 ……… 40
- スプリッタ工法 ……… 40
- ラバースプリッタ工法 ……… 41
- ウォータジェット工法 ……… 41
- 静的破砕工法 ……… 41
- 破砕（小割）工法 ……… 42
- ツインヘッダ工法 ……… 42
- 岩盤切削機工法 ……… 42
- 膨張ガス式破砕工法 ……… 42

3 発破工法 ……… 43
- ベンチカット工法 ……… 44
- 制御発破(掘削面):コントロールブラスティング ……… 45
- 坑道発破工法 ……… 46
- 長孔発破工法 ……… 46
- ワイドスペース発破工法 ……… 47
- 盤下げ発破（ゆるめ発破）……… 48
- グローリホール工法 ……… 49
- 放射状せん孔発破システム ……… 49
- 制御発破（振動騒音制御）……… 50

4 積込・運搬工法 ……… 50
- ブルドーザによる押土工法 ……… 51
- ホイルローダによるロード＆キャリ工法 ……… 51
- スクレーパ工法 ……… 52
- ショベル・ダンプ工法 ……… 52
- バケットホイルエキスカベータ工法 ……… 52
- ベルトコンベア工法 ……… 53

5 締固め工法 ……… 53
- 転圧締固め工法 ……… 54
- 振動締固め工法 ……… 55
- 衝撃式締固工法（動圧密工法）……… 55

盛土工法 ……… 56

1 軽量盛土工法 ……… 56
- EPS工法 ……… 57
- FCB工法 ……… 57
- SGM工法 ……… 58
- 発泡ビーズ混合土工法 ……… 58

2 補強盛土工法 ……… 58
- のり面を持ち盛土補強工法 ……… 59
- 壁面を持つ盛土補強工法 ……… 61

II 斜面安定工法 ……… 64

1 植生によるのり面保護工（植生工） ……… 65
- 種子散布工 ……… 65
- 客土吹付工 ……… 67
- 植生穴工 ……… 67
- 植生筋工 ……… 68
- 張芝工 ……… 68
- 植生マット工 ……… 68
- 植生基材吹付工 ……… 69
- TG緑化工法 ……… 69
- ジオファイバー工法 ……… 69
- チップクリート緑化工法 ……… 70
- 樹木植栽工 ……… 70

2 構造物によるのり面保護工 ……… 71
- 吹付工 ……… 72

3 張工 ········· 73
　ブロック張工、石張工 ········· 73
　コンクリート張工 ········· 74
　ファブリフォームマット工法 ········· 74
4 擁壁工 ········· 74
　もたれ式擁壁 ········· 75
　ブロック積擁壁工法 ········· 75
5 枠工 ········· 76
　プレキャスト枠工 ········· 77
　吹付枠工 ········· 77
　現場打ちコンクリート枠工 ········· 78
　鉄筋挿入工 ········· 79

　EPルートパイリング工法 ········· 80
　落石防護工 ········· 81
　なだれ防止工 ········· 83
　じゃかご工 ········· 83
　編柵工 ········· 84
6 杭による斜面安定工法 ········· 84
　抑止杭工法 ········· 84
　深礎杭工（シャフト工） ········· 84
7 排水による斜面安定工法 ········· 85
　地表面排水工 ········· 85
　地下水排除工 ········· 85

III　グラウンドアンカー工法（永久アンカー） ········· 87

1 グラウンドアンカー工法 設計・施工 ········· 88
　グラウンドアンカーの基本要素 ········· 88
　アンカーの使用目的および用途 ········· 89

　アンカーの設計 ········· 89
　グラウンドアンカーの施工 ········· 89
2 アンカー工法 ········· 90

第2章　土留め工法 ········· 95

I　土留め工法 ········· 96

1 土留めの形状 ········· 97
　のり付け土留め工法
　（のり付けオープンカット工法） ········· 97
　自立式土留め工法 ········· 97
　建込み式簡易土留め工法 ········· 97
　ライナープレート工法 ········· 98
2 土留め支保工 ········· 99
　切梁式土留め工法 ········· 99
　タイロッド工法 ········· 101
　リングビーム工法 ········· 101

　グラウンドアンカー工法（仮設アンカー） ········· 102
3 土留め壁 ········· 104
　親杭横矢板工法 ········· 104
　木柵工法 ········· 105
　木矢板工法 ········· 105
4 土留め施工順序・施工法 ········· 105
　アイランド工法 ········· 105
　トレンチカット工法 ········· 106
　逆巻き工法（逆打ち工法） ········· 106
　順巻き工法 ········· 106

II　矢板壁工法 ········· 107

1 矢板の打込み・引抜き工法 ········· 109
　打撃打込み工法 ········· 110
　オーガ併用圧入工法 ········· 112
　油圧圧入引抜き工法 ········· 113
　その他打込み・引抜き工法 ········· 113
2 矢板を用いた工法 ········· 114

　自立式矢板壁工法 ········· 114
　タイロッド式矢板壁工法 ········· 115
　斜め控え杭式矢板壁工法 ········· 115
　棚式矢板壁工法 ········· 116
　セル式矢板壁工法 ········· 117
　二重矢板壁工法 ········· 117

Ⅲ 柱列式地下連続壁工法 ……………………………………………………… 118

1 場所打ち杭系工法 …………………… 119
2 既製杭系工法 ………………………… 120
3 ソイルモルタル杭工法 ……………… 120

Ⅳ 地下連続壁工法 ……………………………………………………………… 121

コンクリート地下連壁工法 ………… 122

- 主要材料による分類 ……………… 122
- エレメントの継手形式 …………… 123
- 安定液 ……………………………… 123
- 掘削方式 …………………………… 124
- 用途例 ……………………………… 125

ソイルモルタル(ソイルセメント)地下連続壁工法 … 128

- 構築方法 …………………………… 128
- 特徴 ………………………………… 128

泥水・泥土処理工法 ………………… 129

1 固液分離処理 ………………………… 130
- 一次処理 …………………………… 130
- 二次処理 …………………………… 130
- 三次処理 …………………………… 133
2 泥土処理 ……………………………… 133
- 焼成処理 …………………………… 133
- スラリー化安定処理 ……………… 133
- 固定化安定処理 …………………… 133

Ⅴ 仮締切り工法 ………………………………………………………………… 134

1 盛土式仮締切り工法 ………………… 135
- 土堤式仮締切り工法 ……………… 136
- 土俵堤式仮締切り工法 …………… 137
- 粘土コア式仮締切り工法 ………… 137
- 遮水壁式仮締切り工法 …………… 137
2 矢板式仮締切り工法 ………………… 138
- 一重矢板式仮締切り工法 ………… 139
- 二重矢板式仮締切り工法 ………… 141
3 重力式仮締切り工法 ………………… 142
- ケーソン式仮締切り工法 ………… 142
- セル式仮締切り工法 ……………… 143
- 鋼矢板セル式仮締切り工法 ……… 143
- 鋼板セル式仮締切り工法 ………… 144
- コルゲートセル式仮締切り工法 … 144
- セルラーブロック式仮締切り工法 … 145
- 箱枠式仮締切り工法 ……………… 145
- 場所打ちコンクリート式仮締切り工法 … 146

Ⅵ 排水工法 ……………………………………………………………………… 147

1 表面排水工法 ………………………… 148
2 地下水位低下工法 …………………… 149
- 重力排水工法 ……………………… 151
- 強制排水工法 ……………………… 154
- 復水工法
(リチャージ工法、地下水位回復工法) ……… 159

第3章 基礎工法 … 161

I 基礎工法 … 162

直接基礎 … 163
- フーチング基礎 … 164
- べた基礎 … 165
- フローティング基礎 … 165

II 杭基礎工法 … 166

既製杭工法 … 167

1 打込み杭工法 … 168
- 打撃式杭打ち工法 … 169
- 振動式杭打ち工法 … 171
- 圧入式杭打ち工法 … 172

2 埋込み杭工法 … 173
- 中堀り工法 … 173
- プレボーリング工法 … 176
- 回転工法（圧入工法） … 178
- 鋼管ソイルセメント杭工法 … 179
- その他特殊工法 … 180

場所打ち杭工法 … 181

1 機械掘削工法 … 183
- オールケーシング工法 … 184
- リバース工法 … 185
- アースドリル工法 … 186
- アースオーガ工法 … 188
- BH工法 … 188
- パーカッション掘削工法 … 189
- 拡底杭工法 … 189

2 機械・入力掘削工法 … 190
- 深礎工法 … 191

3 その他の工法 … 193
- 場所打ち鋼管コンクリート杭 … 193
- PREDOIUX耐震杭工法 … 193
- スパイラルエース工法 … 194
- ストランド場所打ち … 194
- フレキシブル鉄筋コンクリート工法 … 195
- ベデスタル杭 … 195

III ケーソン基礎工法 … 196

1 オープンケーソン工法（井筒工法、ウェル工法） … 198
- PCウェル工法 … 199
- SOCS工法（自動化オープンケーソン工法） … 199
- 鋼製セグメント圧入工法（アーバンリング工法） … 200
- マルチセルオープンケーソン工法（蜂の巣オープンケーソン工法） … 201
- ドームドケーソン工法 … 202
- ウォールケーソン工法 … 202
- ダブルウォールケーソン工法 … 202
- フォールズボトムケーソン工法（底蓋ケーソン工法） … 203

2 ニューマチックケーソン工法 … 203
- NPC工法 … 204
- 自動化ケーソン工法（ニューマチックケーソン地上遠隔操作システム） … 205
- SIニューマ工法 … 206
- ROVOケーソン工法 … 206
- DREAM工法 … 207
- ピアケーソン工法 … 208
- 1ロットケーソン工法 … 208
- 脚付きケーソン工法 … 209
- 白石式ニューマチックケーソン工法 … 209
- 大豊式ケーソン工法 … 210

3 ケーソン掘削工法 … 210
- 人力式ケーソン掘削工法 … 210
- 機械式ケーソン掘削工法 … 211
- ヘリウム混合ガスシステム工法 … 212

4 ケーソン沈下促進工法 … 213
- 荷重載荷式沈下工法 … 213

圧入式沈下工法	214	活性剤塗覆式沈下工法	217
振動式沈下工法	215	シート被覆式沈下工法	217
エアージェット式沈下工法	215	**5** ケーソン据付工法	218
ウォータージェット式沈下工法	215	陸上ケーソン据付工法	219
SSケーソン工法	216	水上ケーソン据付工法	220
懸濁液注入式沈下工法	217		

Ⅳ　その他の基礎工法　222

1 矢板式基礎工法	222	下柱受方式アンダーピニング工法	228
鋼管矢板井筒基礎工法	223	添柱受方式アンダーピニング工法	229
プレハブ鋼矢板セル工法	223	下梁受方式アンダーピニング工法	229
2 地中連続壁基礎工法	224	添梁受方式アンダーピニング工法	229
3 その他の特殊杭基礎工法	225	プレストレス締結方式アンダーピニング工法	230
パイルベント工法	225	井桁式締結方式アンダーピニング工法	230
多柱基礎工法	225	懸垂工法	230
ベルタイプ基礎工法	226	工事桁受工法	231
PBS工法	226	**5** 石油タンク基礎修正方法	231
ピア基礎工法	227	ジャッキアップ工法	231
4 アンダーピニング工法	227	エアークッション工法（ホバークラフト工法）	232
フーチングプレテストアンダーピニング工法	228		

第4章　地盤改良工法　233

Ⅰ　地盤改良工法　234

Ⅱ　表層処理工法（浅層処理工法）　237

表層排水処理工法	238	アスファルト安定処理工法	245
		高炉水砕安定処理工法	245
敷設材工法	239	**2** 表層固結工法	245
		超軟弱地盤（ヘドロ）処理工法	245
プランキング工法	240	セメントライザー工法	247
マット工法	240	マッドフィックス工法	247
シート工法（敷布工法）	241	セットバーン工法	248
ネット工法（敷網工法）	242	SIL-B処理工法	248
		ソリック・ドライグラウト工法	248
表層混合処理工法	243	TSTシステム	248
		大阪ESC工法	248
1 土質安定処理工法	244	マスキング-C工法	248
粒度調整工法	244	ツイン・ブレードミキシング工法	248
セメント系安定処理工法	244		
石灰系安定処理工法	244	置換工法	248

1	自然土砂利用置換工法 ……………… 249	**2**	人工材料利用置換工法 ……………… 250
	掘削置換工法 …………………………… 249		セメント固結材料置換工法 …………… 250
	盛土撒き出し置換工法 ………………… 249		人工軽量材料置換工法 ………………… 250
	締固め砂杭置換工法 …………………… 249		

Ⅲ　載荷重工法（圧密促進） …………………………………………………………………… 252

押え盛土工法 ……………………………… 253		盛土荷重軽減工法 ………………………… 256	
緩斜面工法 ………………………………… 254		有効応力増加工法 ………………………… 257	
緩速載荷工法 ……………………………… 254		真空圧密工法 …………………………… 257	
		ディープウェル工法 …………………… 258	
		ウェルポイント工法 …………………… 258	
プレロード工法（サーチャージ工法）……… 255			

Ⅳ　排水促進工法 ………………………………………………………………………………… 259

バーチカルドレーン工法 ………………… 260		特殊脱水工法 ……………………………… 265	
1 サンドドレーン工法 ……………………… 260		水平ドレーン工法 ……………………… 265	
2 袋詰サンドドレーン工法 ………………… 262		化学的脱水工法 ………………………… 265	
3 部分被覆サンドドレーン工法 …………… 262		乾燥工法 ………………………………… 265	
4 ペーパードレーン工法 …………………… 262		袋詰脱水処理工法 ……………………… 266	

Ⅴ　締固め工法 …………………………………………………………………………………… 267

表層締固め工法 …………………………… 268	**1**	サンドコンパクションパイル工法 ……… 270
	2	静的締固め工法 …………………………… 272
1 振動締固め工法 …………………………… 268	**3**	振動締固め工法 …………………………… 273
2 重錘落下締固め工法 ……………………… 269	**4**	衝撃締固め工法 （Shockwave Densification Method）……… 274
深層締固め工法 …………………………… 269	**5**	締固め杭工法 ……………………………… 274
	6	水締め工法 ………………………………… 274

Ⅵ　固結工法 ……………………………………………………………………………………… 275

表層固結工法 ……………………………… 276	**1**	深層固結工法（DMM工法）……………… 276
	2	機械攪拌・高圧ジェット併用工法 ……… 283
	3	高圧噴射攪拌工法 ………………………… 285
深層固結工法 ……………………………… 276		

その他の地盤固結工法 ………………… 289

1 電気誘導注入工法 ………………… 289
2 圧密注入工法
（コンパクショングラウト工法）……… 289

3 凍結工法 ……………………………… 290
4 焼結工法 ……………………………… 291
5 電気化学的固結工法 ………………… 291

VII 薬液注入工法 …………………………………………………………………… 293

注入方式別工法 ………………… 295

1 単管ロッド工法 …………………… 295
2 単管ストレーナ注入工法 ………… 296
3 二重管ストレーナ工法（単相式）…… 296
4 二重管ストレーナ工法（複相式）…… 297
5 二重管ダブルパッカー工法 ……… 297
6 その他工法 ………………………… 300
    注入ステップ …………………… 302

混合方式別工法 ………………… 302

1.0ショット方式（1液1系統式注入工法）…… 302
1.5ショット方式（2液1系統式注入工法）…… 302
2.0ショット方式（2液2系統式注入工法）…… 303

注入形態別工法 ………………… 303

浸透注入形態 ……………………… 303
割裂注入形態（脈状注入形態）…… 304
充填注入形態 ……………………… 304
境界注入形態（層境注入）………… 304

注入材料別工法 ………………… 304

懸濁型注入材 ……………………… 305
溶液型注入材（水ガラス系）……… 306
水ガラス・無機反応剤系 …………… 307
水ガラス・有機反応剤系 …………… 308
高分子系注入材 …………………… 308
注入管理 …………………………… 309

VIII 液状化対策工法 …………………………………………………………………… 310

締固め工法 ……………………… 311

加塑状ゲル圧入工法 ……………… 312

固結工法 ………………………… 312

深層固結工法 ……………………… 312
薬液注入工法 ……………………… 313
事前混合処理工法（PREM工法）…… 313
流動化処理工法（LSS工法）……… 313

置換工法 ………………………… 314

地下水位低下工法 ……………… 314

間隙水圧消散工法 ……………… 315

1 柱状ドレーン工法 ………………… 315
2 周辺巻立てドレーン工法 ………… 317
3 排水機能付き鋼材工法 …………… 317

せん断変形抑制工法 …………… 317

1 格子状深層混合処理工法 ………… 318
2 地下連続壁工法 …………………… 318
3 シートパイル工法 ………………… 319

IX　その他の地盤改良工法 …… 320

構造物による軟弱地盤改良工法 …… 320

1　パイル工法 …… 320
　パイルスラブ工法 …… 320
　パイルキャップ工法 …… 320
　パイルネット工法 …… 320

2　締切工法 …… 321
　締切り盛土工法 …… 321
　シートパイル縁切り工法 …… 321

凍上防止工法 …… 321

　凍上防止置換工法 …… 321
　凍上防止遮水工法 …… 322
　凍上防止薬剤処理工法 …… 322
　凍上防止断熱工法 …… 322

第5章　コンクリート工法 …… 323

I　材　　料 …… 324

セメント（結合材） …… 325

　セメント …… 325
　　JIS規格品 …… 325
　　シリカフュームセメント …… 327
　　特殊な種類のセメント …… 327

骨　　材 …… 327

　スラグ骨材（スラグ砕石） …… 328
　　高炉スラグ骨材 …… 328
　　フェロニッケルスラグ細骨材 …… 328
　　銅スラグ細骨材 …… 330
　　軽量骨材 …… 331
　　重量骨材 …… 331
　　粗石（巨石） …… 332
　　マイクロ骨材 …… 332
　　海砂および山砂 …… 332
　　再生骨材 …… 333
　　溶融スラグ骨材 …… 334

混和材料 …… 334

1　混和材 …… 335
　膨張材 …… 335
　フライアッシュ …… 336
　高炉スラグ微粉末 …… 337
　シリカフューム …… 338

2　混和剤 …… 339
　遅延剤 …… 340
　AE剤，AE減水剤 …… 341
　流動化剤 …… 342
　高性能AE減水剤 …… 343
　起泡剤 …… 346
　発泡剤 …… 347
　収縮低減剤 …… 348

補強材 …… 349

1　短繊維 …… 349
　繊維補強コンクリート
　　（FRC，Fiber Reinforced Concrete） …… 350
　鋼繊維補強コンクリート
　　（SFRC，Steel Fiber-Reinforced Concrete） …… 351
　ガラス繊維補強セメント（GRC） …… 351

2　連続繊維 …… 352
　連続繊維補強コンクリート …… 352
　超高強度繊維補強コンクリート（UFC） …… 353
　複数微細ひび割れ型繊維補強セメント複合材料
　　（HPFRCC） …… 353

合成高分子材料（コンクリート・ポリマー複合体） …… 354

　ポリマーセメントモルタル
　　（ラテックスモルタル・コンクリート） …… 354
　ポリマー（レジン）コンクリート（モルタル） …… 354

ポリマー含浸コンクリート
（樹脂含浸コンクリート，PIC）·············· 355

その他（耐久性向上，機能性向上など）··· 356

耐食コンクリート
（耐酸コンクリート，耐硫酸塩コンクリート）··· 356

耐摩耗コンクリート ························· 357
海洋コンクリート（耐海水コンクリート） ····· 358
耐熱コンクリート ···························· 359
耐火コンクリート ···························· 359
高強度コンクリート ·························· 359
着色コンクリート ···························· 360
その他改良工法 ······························ 360

II 製　　造 ·· 363

練混ぜ方法 ·· 364

1 バッチ式ミキサ ······························ 364
　重力式ミキサ ································· 364
　強制練りミキサ工法 ························· 364
　骨材水浸による表面水調整工法 ········· 365
2 連続式ミキサ（コンティニュアスミキサ）工法 ··· 366
3 移動式ミキサ工法 ···························· 366

製造・運搬方法 ·· 367

1 バッチ式 ·· 367
　レディーミクストコンクリート工法
　（生コンクリート工法，レミコン工法） ········ 367
　バケット工法 ·································· 368
　ホイスト工法 ·································· 368
　コンクリートタワー工法
　（タワーエレベータ工法） ····················· 368
　ドライバッチドコンクリート工法 ·········· 369
　コンクリート運搬台車自動化工法 ········· 369
2 圧送式 ··· 369
　コンクリートポンプ工法 ····················· 369
　広範囲一括施工法 ···························· 371

3 その他 ··· 372
　コンベア工法 ································· 372
　コンクリートプレーサ工法 ·················· 372
　シュート工法 ································· 373

コンクリート打込み方法 ······························ 373

1 水中コンクリート工法 ······················ 373
　トレミー工法 ································· 374
　コンクリートポンプ工法 ····················· 375
　底開き箱（袋）工法 ··························· 375
　袋詰めコンクリート工法 ····················· 376
　水中不分離性コンクリート工法 ············ 376
　プレパックドコンクリート工法 ············ 376
2 高流動コンクリート工法 ···················· 367
3 吹付けコンクリート工法 ···················· 380
　コンクリート吹付け工法
　（ショットクリート工法） ····················· 381
　モルタル吹付け工法 ························· 381
4 注入（グラウト）工法 ······················· 383
　膨張性グラウト工法 ························· 383
　裏込め用グラウト工法 ······················· 383
　地盤注入用グラウト工法 ···················· 384
　その他注入工法 ······························ 384

III　コンクリートの施工 ·· 386

鉄筋工関連工法 ·· 387

1 鉄筋継手工法 ································· 387
　重ね継手工法 ································· 387
　束ね鉄筋工法 ································· 388
　圧接継手 ·· 388
　機械式継手 ···································· 390
　溶接継手 ·· 392
2 鉄筋定着工法 ································· 394

型枠関連工法 ··· 397

1 固定式型枠工法 ······························ 397
　木製型枠 ·· 397
　金属製型枠 ···································· 398
　その他の型枠工法 ···························· 399
2 移動式型枠工法 ······························ 401
　スリップフォーム工法
　（スライディングフォーム工法） ············ 401

ジャンピングフォーム工法 ······ 402
トラベリングフォーム工法 ······ 402
自昇式ダム型枠工法 ············ 403
3 その他型枠工法 ············ 403
透水性・吸水性型枠工法 ········ 403

支保工 ············ 401

1 固定式支保工 ············ 404
木製支保工 ············ 404
単管支柱式支保工工法 ············ 404
鋼製わく組支保工 ············ 405
鋼製ばり支保工 ············ 405
2 移動式支保工 ············ 405
大型移動支保工 ············ 406

締固め・養生・仕上げ ············ 406

1 コンクリート締固め方法 ············ 406
内部振動 ············ 407
外部振動 ············ 408
その他 ············ 408
2 コンクリート養生方法 ············ 409
湿潤養生 ············ 409
保温養生 ············ 410
給熱養生 ············ 411
冷却養生 ············ 412
3 コンクリート仕上げ方法 ············ 413
型枠に接しない面の仕上げ ············ 414
型枠に接する面の仕上げ ············ 414

Ⅳ　コンクリート構造物の施工方法 ············ 416

場所打ち工法 ············ 417

1 現場打ちコンクリート工法 ············ 417
ブロック工法 ············ 418
フレキシブル鉄筋コンクリート工法 ············ 418
鋼とコンクリートの合成方法 ············ 418
2 場所打ち工法により施工される構造物 ··· 418

プレキャストコンクリート工法 ············ 419

プレストレストコンクリート工法 ············ 421

1 PC定着工法 ············ 421

プレテンション方式PC工法 ············ 422
ポストテンション方式PC工法 ············ 422
2 PCウェル工法 ············ 437
3 ケミカルプレストレストコンクリート工法 ··· 438

防水コンクリート工法 ············ 438

防水物質混合工法 ············ 438
塗布防水工法 ············ 439
防水膜工法 ············ 439
マスチック防水工法 ············ 439

Ⅴ　検　査 ············ 441

コンクリートの検査 ············ 442

1 破壊検査 ············ 442
コア採取 ············ 443
局部破壊検査 ············ 447
2 非破壊検査 ············ 448

強度・変形特性 ············ 448
寸法・厚さの測定 ············ 451
鉄筋位置の測定 ············ 452
ひび割れ ············ 453
欠陥・空隙等 ············ 454
鋼材腐食 ············ 458

VI 補修・補強・解体工法 …… 459

補修（耐久性の回復・向上） …… 460

1 表面保護工法 …… 461
- 表面被覆工法 …… 461
- 表面含浸工法 …… 462
- 断面修復工法 …… 462
- 止水工法 …… 463

2 電気化学的防食工法 …… 463
- 電気防食工法 …… 463
- 脱塩工法 …… 464
- 再アルカリ化工法 …… 465

3 ひび割れ補修工法 …… 465
- 表面処理工法 …… 465
- 注入工法 …… 465
- 充てん工法 …… 466

補修・補強（力学的性能の回復・向上） …… 466

1 接着工法 …… 467
- 鋼板接着工法 …… 467
- FRP接着工法 …… 467
- 連続繊維シート接着工法 …… 468

2 巻立て工法 …… 468
- RC巻立て工法 …… 468
- プレキャストパネル巻立て工法 …… 468
- PC巻立て工法 …… 468

3 増厚工法 …… 468
- 上面増厚工法 …… 469
- 下面増厚工法 …… 469
- 吹付け工法 …… 469

4 増設工法 …… 470
- コンクリート増設工法 …… 470
- 鋼材による押さえ工法 …… 470
- 支持点増設工法 …… 470
- ダンパーブレースによる耐震補強工法 …… 470

5 打換え工法 …… 471
- 部分打換え工法 …… 471
- 全面打換え工法 …… 471

6 プレストレス導入工法 …… 472
- プレストレス導入 …… 472
- 連続繊維緊張材による工法 …… 472

7 アンカー工法 …… 472

解体工法 …… 473

1 油圧ジャッキ式破砕工法 …… 473
- ロックジャッキ工法 …… 473
- コンクリートパイル破砕機 …… 474
- 圧砕工法 …… 474

2 機械研削式切断工法 …… 475
- カッター工法 …… 475
- ワイヤーソー工法 …… 475

3 機械衝撃式破砕工法 …… 476
- ブレーカ工法 …… 476
- 重錘工法 …… 476

4 火炎式破砕工法 …… 477
- テルミット工法 …… 477
- 火炎ジェット工法 …… 477

5 膨張圧力式破砕工法 …… 477
- ガス破砕工法 …… 477
- カルドックス工法 …… 478
- 膨張性ガス生成工法 …… 478
- 静的破砕剤（生石灰）工法 …… 478
- 板ジャッキ工法 …… 479

6 電気的破砕工法 …… 479
- 直接通電加熱工法 …… 479
- マイクロ波工法 …… 479
- プラズマジェット工法 …… 480
- レーザー光線工法 …… 480
- 放電衝撃破砕工法 …… 481

7 噴射洗掘式破砕工法 …… 481
- ウォータージェット工法 …… 481

8 火薬による破砕工法 …… 482

第6章 鋼（メタル）工法 ……………………………………… 483

Ⅰ 鋼材の接合工法 ……………………………………… 484

溶接工法 ……………………………… 485

1 融接工法 ……………………………… 485
- アーク溶接工法 ……………………… 485
- ガス溶接工法 ………………………… 491
- エレクトロスラグ溶接工法 ………… 491
- テルミット溶接工法 ………………… 492
- 電子ビーム溶接工法 ………………… 493

2 圧接工法 ……………………………… 493
- 電気抵抗溶接工法 …………………… 494
- ガス圧接工法 ………………………… 495
- 高周波溶接工法 ……………………… 496
- 加圧テルミット溶接工法 …………… 496
- 爆発圧接工法 ………………………… 496
- 鍛接工法 ……………………………… 496

3 ろう接工法 …………………………… 497

4 溶接継手工法 ………………………… 497
- 突合せ溶接継手工法 ………………… 497
- すみ肉溶接継手工法 ………………… 498
- 角溶接継手工法 ……………………… 498
- 栓（せん）溶接継手工法 …………… 499

5 自動溶接工法 ………………………… 499

- 半自動溶接工法 ……………………… 499
- 自動溶接工法 ………………………… 500
- 鋼管杭溶接工法 ……………………… 500

6 水中溶接工法 ………………………… 502

7 溶接部の非破壊検査法 ……………… 503
- 超音波探傷法 ………………………… 503
- 放射線探傷法 ………………………… 504
- 磁気探傷法 …………………………… 504
- 浸透探傷法 …………………………… 504

機械的接合工法 …………………… 505

1 高力ボルト接合工法 ………………… 505
- 摩擦による接合工法 ………………… 505
- 支圧による接合工法 ………………… 505
- 引張による接合工法 ………………… 506
- 締付け工法 …………………………… 506

2 各工法に使用される高力ボルト …… 507
- 高力六角ボルト ……………………… 508
- トルシア形高力ボルト ……………… 508
- 支圧接合用打込み式高力ボルト …… 509
- 特殊高力ボルト ……………………… 509

Ⅱ 鋼材の切断工法 ……………………………………… 510

1 切断工法一般 ………………………… 510
- ガス切断工法 ………………………… 510
- アーク切断工法 ……………………… 511
- ガスアーク切断工法 ………………… 511

- 機械切断工法 ………………………… 512
- 爆破（発破）切断工法（SPC工法）… 512

2 水中切断工法 ………………………… 512
- 鋼管水中切断工法 …………………… 513

Ⅲ 鋼材の防食工法 ……………………………………… 515

1 表面被覆工法 ………………………… 515
- 塗装工法 ……………………………… 516
- 金属被覆工法 ………………………… 517
- ライニング工法 ……………………… 519

2 電気防食工法 ………………………… 520

3 鋼材改質工法 ………………………… 521
- 耐候性鋼材を用いた工法 …………… 521
- FRP材を用いた工法 ………………… 523
- ステンレス鋼材を用いた工法 ……… 524
- アルミニウム合金材を用いた工法 … 524

第7章　トンネル工法 ･････ 525

Ⅰ　山岳トンネル工法 ･････ 526

掘削工法 ･････ 528

1 全断面掘削工法 ･････ 531
2 補助ベンチ付き全断面工法 ･････ 531
3 ベンチカット工法 ･････ 531
　ロングベンチカット工法 ･････ 532
　ショートベンチカット工法 ･････ 532
　ミニベンチカット工法 ･････ 532
　多段ベンチカット工法 ･････ 532
4 中壁分割工法 ･････ 532
　CD（Center Diaphragm）工法 ･････ 532
　CRD（Cross Diaphragm）工法 ･････ 532
5 導坑先進工法 ･････ 533
　側壁導坑先進工法 ･････ 533
　サイロット工法 ･････ 534
　頂設導坑先進工法 ･････ 534
　中央導坑先進工法 ･････ 534
　底設導坑先進工法 ･････ 534
　TBM導坑先進工法 ･････ 534

トンネル施工法 ･････ 534

1 掘削方式 ･････ 534
2 発破方式 ･････ 535
　芯抜き発破工法 ･････ 536
　長孔発破工法 ･････ 537
　制御発破工法 ･････ 537
　スムーズブラスティング工法 ･････ 537
　非電気式（NONEL）雷管発破工法 ･････ 537
　電子制御式（IC）雷管発破工法 ･････ 538
3 機械掘削方式 ･････ 538
　自由断面掘削機 ･････ 538
　割岩工法 ･････ 539
　SD工法 ･････ 539
　ブレーカ工法 ･････ 539
　静的破砕剤掘削工法 ･････ 539
　気体膨張圧破砕工法 ･････ 540
4 TBM工法 ･････ 540
　楕円TBM工法 ･････ 541
　TWS工法 ･････ 541
5 ずり出し方式 ･････ 541
　タイヤ方式 ･････ 541
　レール方式 ･････ 542
　連続方式 ･････ 543
6 支保方式 ･････ 544
　吹付けコンクリート ･････ 544
　ロックボルト ･････ 545
　鋼アーチ支保工 ･････ 546
　その他の支保工 ･････ 546
7 覆工 ･････ 548
　全断面覆工 ･････ 549
　移動式型枠 ･････ 549
　組立式型枠 ･････ 550
　シングルシェル構造 ･････ 550
　ブロックライニング ･････ 551
　NTL工法 ･････ 551
　逆巻き工法 ･････ 551
　順巻き工法 ･････ 551
8 立坑・斜坑掘削工法 ･････ 551
　ショートステップ工法 ･････ 552
　セミロングステップ工法 ･････ 552
　ロングステップ工法 ･････ 552
　NATM工法 ･････ 553
　クライマー工法 ･････ 553
　レイズボーリング工法 ･････ 553
　斜坑TBM工法 ･････ 553

補助工法他 ･････ 554

1 切羽安定対策 ･････ 556
　フォアパイリング工法 ･････ 556
　鏡ボルト工 ･････ 556
　鏡吹付け工 ･････ 557
　鋼矢板圧入工 ･････ 557
　アンブレラ工法 ･････ 557
　長尺鋼管フォアパイリング工法 ･････ 558
　水平ジェットグラウト工法 ･････ 559
　パイプルーフ工法 ･････ 559
　プレライニング工法 ･････ 560
　脚部補強工法 ･････ 562
　垂直縫地工法 ･････ 562
2 湧水対策 ･････ 563
　圧気工法 ･････ 563
　凍結工法 ･････ 563

薬液注入工法 564
ウエルポイント工法 564
ディープウエル工法 564
水抜きボーリング工法 565
水抜き坑 565
遮水壁工法 566
復水工法 566

3 その他の補強工法 566
法面保護工 566
押え盛土 567
抱き擁壁 567
アンカー工法 567
地すべり抑止工法 568
置換えコンクリート工法 568

4 施工中の地質調査および計測管理 568
切羽前方探査 569
トンネル計測管理 569

補修・改築 571

1 トンネル改築工法 571
全断面改築工法 571
アーチ改築工法 571
側壁改築工法 573
盤下げ工法 573

2 トンネル補強工法 573
ポインチングによる補強工法 574
モルタル吹付けによる補強工法 574
注入による補強工法 574
セントル補強工法 574
ロックボルトによる補強工法 575
内巻補強工法 575
外巻補強工法 575
インバート補強工法 575

3 トンネルの漏水対策工法 576
シート工法 576
吹付け工法 576
塗布工法 576
止水工法 576
導水工法 576
背面処理工法 576

4 トンネルつらら防止工法 577
加熱工法 577
保温工法 578

Ⅱ シールド工法 579

1 開放型シールド工法 583
手掘り式シールド工法 583
半機械掘り式シールド工法 584
機械掘り式シールド工法 584
ブラインド式シールド工法 585

2 密閉型シールド工法 586
土圧式シールド工法 586
土圧シールド工法 588
泥土圧シールド工法 588

3 泥水式シールド工法 589

4 特殊シールド工法 590
特殊断面シールド工法 591
拡径・分岐シールド工法 593
外殻先行シールド工法 594
急曲線・急勾配シールド工法 594
急速施工シールド工法 595
小口径シールド工法 596

5 その他のシールド工法および関連技術 597
開削シールド工法 597
機械式地中接合工法 599
ビット交換 600
自動化工法 601
総合管理システム 602
シールド自動掘進システム 602
自動エレクター 602
立坑・坑内資材搬送システム 602
地中障害物撤去工法 602
裏込め注入工法 604
発進・到達工法 605
立坑内隔壁工法 608

覆工 609

1 セグメント覆工 609
コンクリート系セグメント 610
合成タイプセグメント 613
セグメント継手 615

2 その他覆工 617
注入袋付きセグメント覆工 617
場所打ちライニング工法 617
二次覆工 617
耐震被覆工法 619

Ⅲ 推進・牽引工法 ... 620

大中口径管推進工法 ... 622

1 開放型推進工法（刃口推進工法）... 622
2 密閉型推進工法（セミシールド工法）... 623
　泥水式セミシールド工法 ... 623
　土圧式推進工法 ... 625
　泥濃式推進工法 ... 627

小口径管推進工法 ... 629

1 高耐荷力方式 ... 632
　圧入方式 ... 632
　オーガ方式 ... 632
　泥水方式 ... 632
　泥土圧方式 ... 632
　その他の方式 ... 635
2 低耐荷力方式 ... 636
　圧入方式 ... 636
　オーガ方式 ... 636
　泥水方式 ... 636
　泥土圧方式 ... 639

3 鋼製さや管方式 ... 639
　圧入方式 ... 639
　オーガ方式 ... 639
　ボーリング方式 ... 639
　泥水方式 ... 639

その他の推進関連工法 ... 641

1 小型立坑構築工法 ... 641
　鋼製方式 ... 641
　コンクリート製方式 ... 642
2 特殊推進工法 ... 646
　推進機地上設置式推進工法 ... 646
　函体推進工法 ... 646
　エレメント推進工法 ... 647
　牽引工法 ... 648

リニューアル工法 ... 649

1 改築推進工法 ... 649
2 管更生工法 ... 650

Ⅳ 開削トンネル工法 ... 651

1 全断面開削工法 ... 653
　素掘式開削工法 ... 653
　土留式無覆工全断面開削工法 ... 653
　土留式覆工全断面開削工法 ... 654
　機械式開削工法 ... 654

2 部分断面掘削工法 ... 654
　アイランドカット工法 ... 654
　トレンチカット工法 ... 655
　覆工式半断面開削工法 ... 655
　覆工式開削二段掘り工法 ... 655
　機械式二段掘り工法 ... 655

Ⅴ 沈埋トンネル工法 ... 656

沈埋函製作工 ... 658

1 構造方式 ... 661
　鋼殻方式 ... 661
　鉄筋コンクリート構造方式 ... 661
　鋼コンクリート合成構造方式 ... 662
2 製作方式 ... 663
　造船所ドライドック方式 ... 663
　仮設ドライドック方式 ... 664
　フローティングドック・リフトバージ方式 ... 664

　岸壁製作ヤード方式 ... 665
　浮遊打設方式 ... 665

沈埋函の敷設工事 ... 665

1 トレンチ浚渫工 ... 665
　ポンプ式浚渫船 ... 665
　グラブ式浚渫船 ... 665
2 基礎工 ... 666
3 独立支持形式 ... 666

独立杭方式 ………………………… 666
　　水中橋梁方式 ……………………… 667
4　連続支持形式 ……………………… 668
　　スクリード方式 …………………… 668
　　仮支持方式 ………………………… 669
5　沈設工 …………………………………… 671
　　タワーポンツーン工法 …………… 672
　　プレーシングバージ工法 ………… 673
　　プレーシングポンツーン工法 …… 673
　　自己昇降式作業台船方式 ………… 674
　　フローティングクレーン方式 …… 674
　　水底アンカー方式 ………………… 674

6　接合工 …………………………………… 674
　　水圧接合方式 ……………………… 674
　　水中コンクリート打設方式 ……… 674
7　継手工法 ……………………………… 674
　　中間継手工法 ……………………… 675
　　最終継手工法 ……………………… 675
8　埋戻工 …………………………………… 678
　　底開（全開）式バージによる投入工法 … 678
　　ガット船による投入工法 ………… 679
　　ガット船とトレミー台船による投入工法 … 679
9　換気塔 …………………………………… 680

第8章　橋梁・架設工法 ……………………………………… 681

I　鋼橋上部工 …………………………………………………… 681

鋼桁の架設工法 …………………… 683

1　ベント工法 ……………………………… 685
　　自走クレーン式ベント工法 ……… 685
　　トラベラークレーン式ベント工法 … 686
　　ゴライヤスクレーン式ベント工法 … 686
　　ケーブルクレーン式ベント工法 … 686
　　フローティングクレーン式ベント工法 … 687
2　引出し式架設工法 …………………… 687
　　長手延式引出し工法 ……………… 688
　　半手延べ式引出し工法 …………… 688
　　降下装置付き手延べ式工法 ……… 688
　　台船式引出し工法 ………………… 689
3　送出し工法 …………………………… 689
　　自走台車よる手延べ式送出し工法 … 690
　　水平ジャッキによる手延べ式送出し工法 … 691
　　ウインチによる手延べ式送出し工法 … 691
　　カウンターウエイト式送出し工法 … 692
　　連結式送出し工法 ………………… 692
　　二連式送出し工法 ………………… 692
　　連続式送出し工法 ………………… 693
　　ケーブル相吊り式送出し工法工 … 693
　　固定ベントを用いた送出し工法 … 693
　　移動ベントを用いた送出し工法 … 694
　　大型搬送車を用いた送出し工法 … 694
　　斜吊材を用いた送出し工法 ……… 694
4　架設桁式架設工法 …………………… 695
　　巻上機による架設工法 …………… 695

　　架設桁引出し式架設工法 ………… 696
　　座屈防止桁を用いた架設桁工法 … 697
　　架設桁による送出し架設工法 …… 697
5　ケーブル式架設工法 ………………… 698
　　ケーブルエレクション直吊り工法 … 699
　　ケーブルエレクション斜吊り工法 … 699
　　ケーブルクレーン式多径間架設工法 … 700
　　プレテンションドケーブルトラス式架設工法　701
6　片持式架設工法 ……………………… 701
　　トラベラークレーン片持ち式架設工法 … 702
　　ケーブルクレーン片持ち式架設工法 … 703
　　自走クレーン片持ち式架設工法 … 703
　　架設機による片持ち式架設工法 … 703
　　特殊架設機による片持ち式架設 … 704
　　台船片持ち式架設工法 …………… 704
　　フローチングクレーン片持ち式架設工法 … 704
7　一括架設工法（大ブロック式架設工法） 705
　　自走クレーンによる一括架設工法 … 705
　　大型搬送車による一括架設工法 … 705
　　台船による一括架設工法 ………… 706
　　リフトアップバージによる一括架設工法 … 706
　　フローチングクレーンによる一括架設工法 … 706
　　吊上げ装置による一括架設工法 … 707
8　回転式架設工法 ……………………… 708
　　回転式手延べ工法 ………………… 708
　　受け桁を利用した回転式架設工法 … 708
　　ジャッキアップ回転架設工法 …… 709

床版の施工法 ………………………… 710

1 鉄筋コンクリート床版施工法 ……… 711
場所打ちRC床版工法 ……………… 711
プレキャストRC床版工法 …………… 711
2 PC床版工法 ………………………… 712
全面固定型枠工法 ………………… 712
移動型枠工法 ……………………… 713
プレキャストPC床版工法 …………… 714
3 合成床版施工法 …………………… 714
4 鋼床版施工法 ……………………… 722
鋼床版工法 ………………………… 723
合理化鋼床版工法 ………………… 723
HKスラブ …………………………… 724
バトルデッキ ………………………… 725

吊橋の架設工法 ……………………… 725

1 主塔の架設工法 …………………… 726
クリーパークレーン工法 …………… 727
タワークレーン工法 ………………… 727
汎用クレーン工法 ………………… 728
フローチングクレーン工法 ………… 728
2 ケーブルの架設工法 ……………… 728
渡海工法 …………………………… 729
キャットウォークシステム …………… 731
メインケーブル架設工法 …………… 732
ケーブルスクイズ …………………… 734
ケーブルバンド架設 ………………… 735
ハンガーロープ架設 ………………… 735
3 補剛桁の架設・連結工法 ………… 735
単材架設工法 ……………………… 736
面材架設工法 ……………………… 736
ブロック架設工法 …………………… 737
補剛桁の連結工法 ………………… 739
4 ケーブルの防食工法 ……………… 740
ラッピング工法 ……………………… 740
送気工法 …………………………… 741

鋼桁の各種保全 ……………………… 741

1 補修工法 …………………………… 742
腐食部補修工法 …………………… 742
溶接部腐食補修工法 ……………… 744
2 補強工法 …………………………… 744
疲労き裂補強工法 ………………… 744
部材追加補強工法 ………………… 745
耐震補強工法 ……………………… 748
3 附属物の保全 ……………………… 749
高力ボルト交換工法 ………………… 749
支承取替え工法 …………………… 749
支承リフレッシュ工法 ……………… 750
伸縮装置取替え工法 ……………… 750
伸縮装置非排水化工法 …………… 750

床版の保全（RC床版） ……………… 751

1 補修工法 …………………………… 752
防水層設置工法 …………………… 752
クラック樹脂注入工法 ……………… 752
2 床版補強工法 ……………………… 753
縦桁増設工法 ……………………… 753
鋼板接着工法 ……………………… 753
炭素繊維シート（CFRP）貼付け工法 … 754
床版増厚工法 ……………………… 754
アンダーデッキ補強工法（ISパネル工法） … 755

打替え・取替え工法 ………………… 755

1 RC床版打替え工法 ………………… 755
RC床版の鋼床版化工法 …………… 756
従来工法 …………………………… 756
ユニットパネル工法 ………………… 756
2 合成床版への取替え工法 ………… 757
現場打設工法 ……………………… 757
プレキャスト工法 …………………… 758
プレストレストコンクリート床版工法 …… 758

II　コンクリート橋上部工 ……………………………………………… 761

桁橋の架設工法 ……………………… 763

1 張出し架設工法（移動作業車による架設）… 763
P&Z工法 …………………………… 764
架設桁を用いた場所打ち張出し工法 … 764
フリー・ワイズ・ワーゲン工法 ………… 765
逆片持ち架設工法 ………………… 765
幅員幅の変化が大きいPC橋の
片持ち梁架設工法 ………………… 766
プレキャストセグメントキャンチレバー工法 … 766
2 押出し工法 ………………………… 767
TL押出し工法 ……………………… 768

SSY式押出し工法 ………………………… 769
  RS工法 …………………………………… 769
 3 移動支保工架設工法 ……………………… 770
  ゲリュストワーゲン工法 ………………… 771
  OKK式大型移動支保工 ………………… 771
  FPS式移動支保工 ……………………… 772
  ストラバーグ方式移動支保工 …………… 773
 4 固定支保工式架設工法 …………………… 774
 5 プレキャスト桁架設工法 ………………… 775

 アーチ橋架設工法 ………………………… 776

  ピロン・メラン張出し工法 ……………… 777
  トラス張出し工法 ………………………… 777
  トラス・メラン併用工法 ………………… 778
  ロアリング式架設工法 …………………… 778
  CLCA工法(合成アーチ巻立工法) ……… 779

 斜張橋・エクストラドーズド橋の架設工法 …… 779

 1 主桁の架設工法 …………………………… 781
  SLT工法 ………………………………… 781
  埋込み桁を用いたカンチレバー架設工法 …… 781
 2 主塔の架設工法 …………………………… 782
  ジャンピングステージ工法
  (主塔施工用移動足場工法) …………… 782
  スウェート工法 …………………………… 783
  主塔用クライミングフォーム工法 ……… 783
  πフレーム工法 …………………………… 784

 3 斜材の架設工法 …………………………… 784
  FRP斜材外套管の架設工法 …………… 785
  斜材の被覆工法 …………………………… 785
  複数集合斜材の架設・緊張工法 ………… 786

 吊床版橋の架設工法 ……………………… 786

  吊床版懸垂架設工法 ……………………… 786
  上路式吊床版懸垂架設工法 ……………… 786
  吊床版橋のスライド式架設工法 ………… 787

 その他の橋梁架設工法 …………………… 787

  PCトラス橋 ……………………………… 787
  複合トラス橋 ……………………………… 788
  波形鋼板ウェブPC橋 …………………… 788
  バイプレ工法 ……………………………… 788
  プレビーム工法 …………………………… 789
  PC方杖ラーメン橋片持ち架設工法 …… 789
  プレキャストセグメント架設工法 ……… 790

 コンクリート橋の補修補強工法 ………… 790

  コンクリート桁の補強工法 ……………… 791
  プレストレス導入工法 …………………… 792
  上面増厚工法 ……………………………… 792
  下面増厚工法 ……………………………… 793
  FRP接着工法 …………………………… 793
  鉄骨梁補強工法 …………………………… 793

Ⅲ 橋梁下部工 …………………………………………………………………………… 795

 基礎工法 …………………………… 795

  在来工法 …………………………………… 795
  複合構造橋脚 ……………………………… 796

 橋脚躯体工 ………………………… 795

  橋脚の耐震補強 …………………………… 798

Ⅳ 橋梁付属物 …………………………………………………………………………… 799

 支 承 ……………………………… 799

 1 積層ゴム支承 ……………………………… 800
  地震時水平力分散型ゴム支承 …………… 801
  固定可動ゴム支承 ………………………… 801
  免震ゴム支承 ……………………………… 802
  帯状ゴム支承 ……………………………… 802

 2 鋼製支承 …………………………………… 803
  線支承 ……………………………………… 803
  ピン支承 …………………………………… 803
  ピボット支承 ……………………………… 803
  高力黄銅支承板支承 ……………………… 803
  密閉ゴム支承板支承 ……………………… 803

- **3 その他の支承** ……………………… 804
  - コンクリートヒンジ支承 ……………… 804
  - 機能分離型支承 ………………………… 804
- **4 支承据付け工法** ……………………… 805
  - 鋼製支承据付け工法 …………………… 805
  - 先据付け工法（ゴム支承） …………… 805
  - 後据付け工法（ゴム支承） …………… 806

その他の付属物 …………………………… 806

- **1 伸縮装置** ……………………………… 806
  - 突合せ方式 ……………………………… 807
  - 支持方式 ………………………………… 808
  - 伸縮装置据付け工法 …………………… 810
- **2 落橋防止システム** …………………… 811
  - 落橋防止構造 …………………………… 812
  - 変位制限構造 …………………………… 813
  - 段差防止構造 …………………………… 813
- **3 橋面の舗装** …………………………… 814
  - 砕石マスチックアスファルト（SMA）舗装 … 814
  - グースアスファルト舗装 ……………… 814
  - アスファルトブロック舗装 …………… 815
  - 鋼床版特殊舗装 ………………………… 815

第9章 ダム工法 …………………………………………………… 817

I コンクリートダム工法 ………………………………………… 818

- **1 転流工法** ……………………………… 818
  - 仮排水トンネル ………………………… 819
  - 半川締切工 ……………………………… 820
  - 仮排水開渠工法 ………………………… 820
  - 締切工法 ………………………………… 820
  - 締切型式 ………………………………… 822
  - 河床砂レキ層が厚い場合の締切工 …… 822
  - イントルージョン工法 ………………… 823
- **2 閉塞工法** ……………………………… 823
  - 仮排水トンネル閉塞工法 ……………… 823
  - 堤内仮排水トンネル閉塞工法 ………… 824
- **3 基礎掘削工法** ………………………… 824
  - 長孔発破工法 …………………………… 824
  - 坑道発破工法（大発破工法） ………… 826
  - ベンチカット工法 ……………………… 826
- **4 基礎処理工法** ………………………… 827
  - コンソリデーショングラウチング工法 … 827
  - ブランケットグラウチング工法 ……… 828
  - カーテングラウチング工法 …………… 829
  - ファンカーテングラウチング工法 …… 830
- **5 その他の特殊基礎処理工法** ………… 830
  - ダム用コンクリート置換工法 ………… 831
  - コンクリート支持壁工法（ストラット工法）… 831
  - ダウエリング工法 ……………………… 832
  - ロックボルト工および岩盤PS工法 …… 832
  - 連続しゃ水工法 ………………………… 832
  - コンクリートダムのせん断強度対策工法 … 833
- **6 各種ダム工法**
  （コンクリートの打設方法による分類）……… 833
  - ダム用ブロック工法 …………………… 834
  - RCD工法 ………………………………… 834
  - ELCM(拡張レヤー工法) ……………… 836
- **7 各種ダム工法**
  （コンクリートの運搬による分類）………… 838
  - ベルトコンベア工法 …………………… 838
  - PCD工法 ………………………………… 838
  - インクライン打設工法 ………………… 841
  - ケーブルクレーン工法 ………………… 841
  - ジブクレーン工法 ……………………… 842
  - タワークレーン工法 …………………… 843
- **8 冷却工法** ……………………………… 843
  - プレクーリング工法 …………………… 844
  - パイプクーリング工法 ………………… 845
- **9 型枠工** ………………………………… 845
  - 鋼製スライドフォーム工法 …………… 845
  - スリップフォーム工法 ………………… 846
- **10 その他の構造物** ……………………… 847

Ⅱ フィルダム工法 ……………………………………………………………………………… 848

1. 転流工法および閉塞工法 …………… 848
2. 基礎掘削工法および基礎処理工法 …… 848
3. フィルダムの盛立工法 ……………… 849
   フィルダム盛立材料採取工法 ……… 849

   フィルダム盛立工法 ………………… 849
   しゃ水工法（ダム） ………………… 850
   CSG工法 …………………………… 850
   濁水処理工法（ダム） ……………… 851

第10章 施設別工法 …………………………………………………………………… 855

Ⅰ 道　路 …………………………………………………………………………………… 856

1. 路床・路盤工法 ……………………… 856
   路床工法 ……………………………… 856
   路盤工法 ……………………………… 857
2. 配合により分類した舗装工法 ……… 858
   アスファルト系舗装 ………………… 858
   砕石マスチックアスファルト舗装 … 861
   コンクリート系舗装 ………………… 863
   その他の舗装工法 …………………… 865

3. 機能により分類した舗装工法 ……… 870
   耐久性向上 …………………………… 870
   安全性向上 …………………………… 871
4. 環境対策工法 ………………………… 873
   騒音・振動対策工法 ………………… 873
   景観対策工法 ………………………… 874
   生活環境改善工法 …………………… 875

Ⅱ 鉄　道 …………………………………………………………………………………… 876

1. 線路増設 ……………………………… 876
2. 停車場改良 …………………………… 877
3. 線曲設置法 …………………………… 877
4. 線路下横断構造物の施工法 ………… 878
   施工法の種類と分類 ………………… 878
   施工法の選定 ………………………… 878
   その他 ………………………………… 878
5. 線路増設工事 ………………………… 879
   線間くい打ち機工法 ………………… 879
   軌道仮受工法 ………………………… 882
6. スラブ軌道敷設工法 ………………… 885
   走行レール法 ………………………… 885
   側道法 ………………………………… 886
7. 軌きょう敷設工法 …………………… 886
   つき固め工法
   (走行レール式軌きょう吊上げ機工法) …… 886
8. 道床バラスト敷設工法 ……………… 887
   道床バラスト敷設工法(A法) ……… 887
   道床バラスト敷設工法(B法) ……… 887
   レール溶接法 ………………………… 888
9. 省力化軌道 …………………………… 889

   直結軌道 ……………………………… 890
   スラブ軌道 …………………………… 890
   てん充道床軌道 ……………………… 891
   舗装軌道 ……………………………… 891
   TC型省力化軌道 …………………… 891
   鋼橋直結軌道 ………………………… 891
   木マクラギ直結分岐器 ……………… 891
   弾性マクラギ直結軌道 ……………… 891
   D型弾直軌道 ………………………… 892
   弾性バラスト軌道 …………………… 892
   ラダー軌道 …………………………… 892
10. 橋桁交換工法 ………………………… 892
    横取り工法 …………………………… 892
    門構走行式架替工法 ………………… 893
    操重車式架替工法（旋回クレーン式架替工法）894
    鉄道クレーン式架替工法 …………… 894
    スクリュージャッキ式架替工法 …… 894
11. トンネルの維持 ……………………… 895
    トンネル補強工法 …………………… 895
    トンネル漏水対策工法 ……………… 896
    トンネル凍結対策工法 ……………… 897

- 12 軌道更新法 ……………………… 898
  - 複線式軌道更新法 ……………… 898
  - 単線式軌道更新法 ……………… 898
- 13 噴泥防止工法 …………………… 898
  - 道床厚増加工法 ………………… 899
  - 排水管埋設工法 ………………… 899
  - センタードレン工法 …………… 899
- 路盤面被覆工法 ………………… 900
- 路盤置換工法 …………………… 900
- 路盤安定処理工法 ……………… 901
- 強化路盤工法 …………………… 901
- 線路側こう改良 ………………… 902
- 14 列車防護工法 …………………… 902
  - 防護設備 ………………………… 902

Ⅲ 港湾施設 …………………………………………………………………… 903

- 1 海上工事の測量調査 …………… 903
  - 海上測位工法 …………………… 903
  - 深浅測量 ………………………… 904
  - GPSを用いた海上施工管理工法 … 905
  - 大水深域でのボーリング工法 … 906
  - 水中調査工法 …………………… 906
  - 気象・海象調査工法 …………… 907
- 2 浚渫工法 ………………………… 907
  - ポンプ船浚渫工法 ……………… 908
  - グラブ浚渫工法 ………………… 910
  - その他の浚渫工法 ……………… 911
- 3 埋立工法 ………………………… 912
  - ポンプ船による埋立工法 ……… 913
  - 土運搬船による埋立工法 ……… 914
  - 揚土による埋立工法 …………… 915
  - その他の埋立工法 ……………… 916
- 4 港湾における地盤改良工 ……… 918
  - 船舶を用いた地盤改良工法 …… 919
  - 浚渫土砂を用いた地盤改良工法 … 919
  - 液状化防止工法 ………………… 920
  - 土圧軽減工法 …………………… 921
- 5 基礎マウンド工 ………………… 922
  - 機械式捨石均し工 ……………… 923
  - 洗掘防止工 ……………………… 923
  - 裏込工 …………………………… 923
  - 吸出防止工 ……………………… 924
- 6 コンクリートケーソン本体工 … 924
  - 製作工 …………………………… 925
  - 移動工法 ………………………… 928
- 進水工法 ………………………… 928
- 曳航据付工法 …………………… 929
- 中詰工法 ………………………… 930
- 7 鋼製ケーソン本体工 …………… 931
  - 海上杭打設工法 ………………… 932
  - セル工法 ………………………… 932
  - ジャケット工法 ………………… 933
- 8 消波工 …………………………… 933
- 9 上部工 …………………………… 934
- 10 浮体工法 ………………………… 935
  - 浮き桟橋工法 …………………… 936
  - 浮き防波堤工法 ………………… 937
  - メガフロート工法 ……………… 937
- 11 環境対策工 ……………………… 938
  - 生物共生 ………………………… 938
  - 生態系改善工法 ………………… 939
  - 人工干潟・海浜造成工法 ……… 939
  - 緑化工法 ………………………… 940
  - 人工魚礁工法 …………………… 940
  - 景観創造 ………………………… 940
  - 水質浄化対策工 ………………… 941
  - 底質浄化対策工法 ……………… 942
- 12 廃棄物海面処分場 ……………… 944
  - 鉛直遮水工 ……………………… 944
  - 表面遮水工 ……………………… 945
- 13 その他の工法 …………………… 945
  - サクション基礎 ………………… 945
  - 防食および補修方法 …………… 946

Ⅳ 空 港 ……………………………………………………………………… 948

- 空港土木施設の区分 ……………… 948
- 1 空港アスファルト舗装 ………… 948
  - アスファルト舗装 ……………… 949
  - サンドイッチ舗装 ……………… 949
- 半たわみ性舗装 ………………… 949
- フルデプスアスファルト舗装 … 950
- 2 空港コンクリート舗装 ………… 950
  - 無筋コンクリート舗装 ………… 950

|連続鉄筋コンクリート舗装……………950
|プレストレストコンクリート舗装……………950
|プレキャストコンクリート舗装 ……………951
|鋼繊維補強コンクリート舗装……………951
3 維持管理……………951

空港舗装の維持……………951
空港用地の維持……………952
4 **空港施設の補修**……………954
空港舗装の補修……………954

Ⅴ 河　川 ……………956

1 **築堤工法**……………956
のり面安定工法……………957
2 **護岸工法**……………961
植生護岸……………963
木系護岸……………963
かご系護岸……………964
石積み・石張り護岸……………964
コンクリートブロック護岸……………964
コンクリート護岸……………965
斜め控え式（TRD工法）護岸……………966
鋼矢板護岸……………966
鋼管矢板護岸……………966
ポーラスコンクリート河川護岸……………967
3 **水制工法**……………968
透過水制……………969
不透過水制……………969

4 **根固工法**……………969
木系根固工……………971
かご系根固工……………972
石系根固工……………975
ブロック系根固工……………975
袋体系根固工……………977
5 **河川構造物**……………977
床止め工……………977
堰……………978
水門・樋門……………980
排水機場……………983
トンネル構造による河川 ……………984
6 **その他の工法**……………984
仮締切り工法……………984
河川浚渫……………985

Ⅵ 海　岸 ……………987

1 **養浜工法**……………988
養浜工……………988
サンドバイパス工法 ……………989
サンドリサイクル工法 ……………989
2 **海浜安定化工法**……………989
BMS（ビーチ・マネジメント・システム）……990
透水層埋設による海浜安定化工法 …………990
3 **漂砂の流出を防止する突堤工法**……………991
ヘッドランド工法……………991

大規模突堤工法……………991
4 **離岸堤工法**……………992
人工リーフ工法……………992
潜堤工法……………993
有脚式離岸堤工法……………993
PBS工法（連結ブロック式）……………994
CALMOS工法（H型スリット板ジャケット式）994
VHS工法
（透過水平板付きスリットケーソン式）……… 995

Ⅶ 上水道 ……………996

1 **水道管布設開削工法**……………996
水道管布設即日復旧工法……………997
伏越工法……………998
水道管急速埋設工法……………998
水道管布設基礎工法……………998
水道管配管方法……………999

2 **水道管布設非開削工法**……………1000
水道用シールド工法 ……………1000
推進工法……………1001
既設管破砕推進工法……………1002
既設管内配管工法……………1003
水道管更正工法……………1003

配水管内面洗浄工法 ……………………… 1005
3　水道管継手接合工法 ……………………… 1005
　　水道用鋳鉄管継手接合工法 ……………… 1005
　　水道用鋼管継手接合工法 ………………… 1007
　　水道用ステンレス鋼管継手接合工法 …… 1007
　　水道用硬質塩化ビニル管継手接合工法 … 1007
　　水道用硬質塩化ビニルライニング鋼管継手接合工法 …………………………………… 1007
　　水道用ポリエチレン管継手接合工法 …… 1008
　　水道用架橋ポリエチレン管継手接合工法 … 1008
　　水道用ポリブテン管継手接合工法 ……… 1008
　　水道用コンクリート管継手接合工法 …… 1008
　　水道用銅管継手接合工法 ………………… 1008
　　水道用ポリエチレン複合鉛管継手接合工法 … 1008
　　水道用FRP管継手接合法 ………………… 1009
　　水道管継手接合テスト方法 ……………… 1009
　　水道管切断工法 …………………………… 1009
　　水道用耐震継手管溝切工法 ……………… 1010
4　水道管腐食防止工法 ……………………… 1010
　　水道用鋳鉄管塗装工法 …………………… 1010
　　水道用鋼管塗装工法 ……………………… 1011
　　水道管現場塗装工法 ……………………… 1012
　　水道管電食防止工法 ……………………… 1012
　　水道管マクロセル腐食防止工法 ………… 1013
5　水道管連絡工法 …………………………… 1013
　　水道管断水連絡工法 ……………………… 1013
　　水道管不断水連絡工法 …………………… 1014
6　不断水式制水弁設置工法 ………………… 1014
7　給水管分岐工法 …………………………… 1014
8　水道管不同沈下等防止工法 ……………… 1015
9　水道管防護工法 …………………………… 1015
　　水道管コンクリート防護工法 …………… 1016
　　水道管離脱防止工法 ……………………… 1016
　　水道管鋼材防護工法 ……………………… 1016
　　水道管吊り防護工法 ……………………… 1016
　　水道管受け防護工法 ……………………… 1017
　　水道施設凍結防止工法 …………………… 1017
10　水道管漏水防止工法 ……………………… 1017
　　水道管漏水発見方法 ……………………… 1017
　　水道管漏水補修工法 ……………………… 1018
　　水道管凍結工法 …………………………… 1019
　　水道管管厚調査方法 ……………………… 1019
11　水道施設構造物関連工法 ………………… 1019
　　水密コンクリート ………………………… 1019
　　コンクリートの防水・防食工法 ………… 1019
　　コンクリート伸縮継手工法 ……………… 1020
　　構造物貫通管部処理工法 ………………… 1021
　　水槽工法 …………………………………… 1021
12　その他水道管布設工法 …………………… 1022
　　水管橋工法 ………………………………… 1022
　　橋りょう添架工法 ………………………… 1022
　　水道管河川横断工法 ……………………… 1023
　　軌道下横断工法 …………………………… 1023
　　海底曳航工法 ……………………………… 1023
　　浮遊曳航工法 ……………………………… 1023
　　布設船工法 ………………………………… 1023

Ⅷ　下水道 …………………………………………………………………………………………… 1024

1　処理場・ポンプ場施設築造工法 ………… 1024
　　土工 ………………………………………… 1024
　　トンネル工法 ……………………………… 1025
　　基礎工 ……………………………………… 1026
　　地盤改良工法 ……………………………… 1026
　　躯体築造工 ………………………………… 1026
　　プレストレストコンクリート工法-卵型嫌気性汚泥消化タンク ……………………… 1027
　　プレキャストコンクリート工法-POD … 1027
　　コンクリート継手工法 …………………… 1027
　　コンクリート補修工法 …………………… 1028
　　配管工 ……………………………………… 1028
　　防食工法 …………………………………… 1029
2　管路構造物築造工法 ……………………… 1029
　　開削工法 …………………………………… 1030
　　土留め工法 ………………………………… 1030
　　基礎工法 …………………………………… 1031
　　管継手工 …………………………………… 1033
　　マンホール工 ……………………………… 1035
　　取付け管工 ………………………………… 1037
3　光ファイバー ……………………………… 1038
4　管路施設の改築・修繕工法 ……………… 1039
　　管更正工法 ………………………………… 1040
5　非開削工法 ………………………………… 1041
　　山岳トンネル工法 ………………………… 1042
　　シールド工法 ……………………………… 1042
　　推進工法 …………………………………… 1042

IX　エネルギー　……………………………………………………………… 1043

エネルギー関連工法 ……………… 1043

1. **水力発電工事** ……………………… 1043
   - コンソリデーショングラウト工法 …… 1043
   - 空洞探査工法 ……………………… 1043
   - 地下式発電所掘削工法 …………… 1044
   - 情報化施工法 ……………………… 1044
   - 岩盤PS工法 ……………………… 1044
2. **火力・原子力発電工事** …………… 1045
   - 人工バリア ………………………… 1045
   - 原子力発電所廃止措置（decommissioning）… 1045
3. **送電工事** …………………………… 1047
   - 架空送電工事 ……………………… 1047
   - 地中送電工事 ……………………… 1047

4. **燃料関連設備工事** ………………… 1050
   - 船舶によるパイプ敷設工法 ……… 1050
   - 弧状推進工法 ……………………… 1050
   - 地下タンク土留・止水工法 ……… 1050
   - 底版コンクリート打設工法 ……… 1050
   - 側壁コンクリート打設工法 ……… 1051

新エネルギー施設に関連した工法 …… 1051

- **風力発電関連工法** ………………… 1052
  - 事業計画 …………………………… 1052
  - 設計と積算 ………………………… 1052
  - 建設工事 …………………………… 1052

第11章　防災安全技術工法 ……………………………………………… 1055

I　気象災害 ……………………………………………………………… 1056

大雨と土砂災害 ……………………… 1056

土砂災害対策工法 …………………… 1057

1. **砂防工事コンクリート関連工法** …… 1057
   - 砂防工事におけるコンクリート打設工法 … 1057
   - 砂防工事におけるコンクリート締固め工法 … 1059
2. **特殊基礎工法** ……………………… 1060
   - 地盤改良工法 ……………………… 1060
   - 種子散布工コンクリート置換工法 … 1060
   - 深礎工法 …………………………… 1060
3. **砂防ソイルセメント工法** ………… 1061
   - INSEM工法 ……………………… 1062
   - ISM工法 ………………………… 1064
4. **山腹保全工** ………………………… 1065
   - 山腹工 ……………………………… 1065
   - 山腹保育工 ………………………… 1066
5. **砂防えん堤** ………………………… 1067
   - 土砂生産抑制施設としての砂防えん堤 … 1068
   - 土砂流送制御施設としての砂防えん堤 … 1069
   - 砂防えん堤の型式と配置 ………… 1070

6. **渓流保全工** ………………………… 1070
   - 床固工 ……………………………… 1071
   - 帯　工 ……………………………… 1071
   - 水制工 ……………………………… 1071
   - 護岸工 ……………………………… 1072
   - 遊砂地工 …………………………… 1073
7. **流木対策施設** ……………………… 1073
   - 流木発生抑制施設 ………………… 1073
   - 流木捕捉施設 ……………………… 1073
8. **地すべり防止工** …………………… 1074
   - 抑制工 ……………………………… 1074
   - 抑止工 ……………………………… 1077
9. **急傾斜地崩壊防止工** ……………… 1078
   - 排水工 ……………………………… 1079
   - 切土工 ……………………………… 1079
   - 植生工 ……………………………… 1080
   - 張　工 ……………………………… 1080
   - のり枠工 …………………………… 1080
   - 擁壁工 ……………………………… 1081
   - グラウンドアンカー工およびロックボルト工 … 1081
   - 落石防止工 ………………………… 1081

II　地震災害 1082

コンクリート構造物の地震対策 1083

1　コンクリート構造物の耐震基準 1083
　土木学会の提言 1083
　耐震基準の改定 1085
　耐震基準の評価 1085
2　既設橋脚の耐震補強工法 1086
　鋼板巻立て工法 1086
　曲げ耐力制御式鋼板巻立て工法 1086
　RC巻立て工法 1087
　炭素繊維シート巻立て工法 1087
　アラミド繊維シート巻立て工法 1088
　プレストレス導入工法 1088
　スパイラル筋巻立て工法 1089
　RCプレキャストパネル型枠工法 1089
　PC鋼材巻立て工法 1090
　既設橋梁の免震化工法 1090

土およびその他構造物の地震対策 1091

1　土およびその他構造物の耐震基準 1091
　土木学会の提言 1091
　耐震基準の改定 1092
　液状化と地盤流動 1092
2　土およびその他構造物の地震対策 1094
　既存の土構造物に対する耐震補強 1095
　液状化対策工法 1095
　その他構造物の地震対策工法 1095

第12章　環境技術工法 1097

I　騒音・振動対策技術 1098

交通関連施設の騒音・振動対策 1098

1　規制する法律と基準値 1099
　鉄道施設の騒音に対する法律と基準値 1099
　鉄道施設の振動に対する法律と基準値 1099
　道路施設の騒音に対する法律と基準値 1100
　道路の振動に対する法律と基準値 1100
2　鉄道施設の騒音対策工法 1100
　防音壁工法（側方遮音工法） 1101
　干渉工法 1102
　下部遮音工法（鋼橋） 1102
　制振工法（鋼橋） 1102
3　鉄道施設の防振対策工法 1104
　制振工法振動源での防振対策工法（鋼橋） 1104
　伝搬経路での対策工法 1104
　受振部での対策工法 1104
4　道路施設の騒音・振動対策 1104
　道路施設のと騒音対策工法 1104
　道路施設の振動対策工法 1106

建設工事中の騒音・振動対策 1106

1　規制する法律と基準値 1106
　建設工事に伴う振動を規制する法律と基準値 1108
2　騒音および振動の共通対策 1108
　騒音および振動の予測と測定 1108
　工事騒音および振動対策の基本 1110
3　工種別騒音・振動対策 1112
　土工事の騒音および振動対策 1112
　運搬工の騒音および振動対策 1113
　岩石掘削工の騒音および振動対策 1114
　基礎工の騒音および振動対策 1114
　土留め工事の騒音および振動対策 1117
　コンクリート工事 1118
　舗装工事 1118
　鋼構造物工事 1121
　トンネル工事 1124

Ⅱ　大気汚染対策技術 …………………………………………………………………… 1125

大気汚染を規制する法律 …………… 1125

1 大気汚染防止法 …………… 1126
　粉じんに関する規制 …………… 1126
2 建設機械の排出ガス規制 …………… 1127
　建設機械の指定制度 …………… 1127

大気汚染防止対策技術 …………… 1127

1 粉じん等飛散防止技術（トンネルを除く）1128
　粉じんの計測 …………… 1128
　粉じん発生源の防止対策 …………… 1128
　粉じん飛散経路の防止対策 …………… 1129
2 建設工事における排出ガス対策 …………… 1129
　光触媒を用いた工法 …………… 1129
　活性炭を用いた工法 …………… 1129
　土壌を用いた工法 …………… 1130
3 トンネルの粉じん等飛散防止技術 …… 1130
　トンネルの粉じん計測 …………… 1130
　掘削等で発生する粉じんを抑制する対策 1130
　低粉じん吹付けコンクリート工法 …………… 1130

Ⅲ　水質汚濁対策 …………………………………………………………………………… 1133

水質を規制する法律 …………… 1133

水質汚濁対策 …………… 1133

1 土工事 …………… 1134
　表土保護工法 …………… 1135
　表面流出抑制工 …………… 1136
　濁水処理工法 …………… 1136
2 基礎工および土留工 …………… 1139
　酸化・凝集方式 …………… 1139
　接触酸化方式 …………… 1139
　鉄バクテリア方式 …………… 1139
3 コンクリート工 …………… 1139
　酸性液法 …………… 1139
　炭酸ガス法 …………… 1139
4 トンネルおよびシールド工法 …………… 1139
　トンネル工法 …………… 1140
　シールド工法 …………… 1440

Ⅳ　土壌汚染対策技術 ………………………………………………………………………… 1141

土壌汚染を規制する法律 …………… 1141
　指定基準値 …………… 1142

土壌浄化工法 …………… 1145

1 物理処理方式による浄化方法 …………… 1145
　土壌ガス吸引法 …………… 1145
　二重吸引法 …………… 1147
　土壌洗浄法 …………… 1148
　電気的分離法 …………… 1150
2 化学処理方式による浄化方法 …………… 1150
　不溶化・固化法 …………… 1150
　酸化還元法 …………… 1151
3 熱処理方式による浄化方法 …………… 1152
　低温加熱法 …………… 1152
　高温加熱法 …………… 1153
　焼却法 …………… 1154
　ガラス固化法 …………… 1155
　溶融法 …………… 1156
4 生物処理方式による浄化方法 …………… 1156
　原位置バイオ処理法 …………… 1156
　バイオパイル法 …………… 1157
　スラリー生物処理法 …………… 1158
　ランドファーミング法 …………… 1158

V　建設副産物と廃棄物最終処分場 ……… 1159

建設副産物の処理と関連する法律 …… 1159

1 建設廃棄物の現状 ……………… 1159
　最終処分される建設廃棄物 ………… 1160
　建設副産物に関連した法律 ………… 1160
2 建設リサイクル ………………… 1161
　建設汚泥のリサイクル ……………… 1161

廃棄物最終処分場 ……………………… 1162

1 遮水工法 ………………………… 1163
2 表面遮水工法 …………………… 1164
　遮水シート工法 ……………………… 1165
　土質遮水工法 ………………………… 1167
　コンクリート系遮水工法 …………… 1168
　吹付け遮水工法 ……………………… 1169
3 鉛直遮水工法 …………………… 1170
　薬液注入工法 ………………………… 1170
　鉛直シート工法 ……………………… 1172
　薄鋼板工法 …………………………… 1173
4 その他付随した工法 …………… 1173
　シート接合工法 ……………………… 1173
　シート固定工法 ……………………… 1177
　埋立工法 ……………………………… 1178
　ガス抜き工法 ………………………… 1180
　キャッピング工法 …………………… 1182
　漏水検知工法 ………………………… 1183
　修復工法 ……………………………… 1186
　再生工法 ……………………………… 1189
　再処理工法 …………………………… 1189
　移し替え工法 ………………………… 1190
　動圧密工法 …………………………… 1190
　嵩上げ工法 …………………………… 1190

VI　緑化対策技術 ……………………………… 1191

緑化に関連した法律 …………………… 1191

　都市緑地法 …………………………… 1191
　地方自治体の取組み例 ……………… 1192

緑化に関連した工法 …………………… 1192

1 法面緑化工 ……………………… 1193
　播種工 ………………………………… 1193
　播種吹付工法 ………………………… 1193
　植栽工 ………………………………… 1194
　植生基材製造工法 …………………… 1194
　表土利用工法 ………………………… 1194
　自然進入促進工 ……………………… 1194
2 屋上緑化工 ……………………… 1195
　屋上緑化防水工 ……………………… 1195
　耐根層設置工 ………………………… 1197
　屋上緑化排水工 ……………………… 1197
　屋上緑化基盤工 ……………………… 1197
　植栽工 ………………………………… 1198
　屋上緑化支保工 ……………………… 1198
　屋上緑化灌水設備設置工 …………… 1199
　地被類による緑化工 ………………… 1199
　芝生による緑化工 …………………… 1199
　セダムによる緑化工 ………………… 1200
3 壁面緑化工 ……………………… 1200
　壁面登はん型 ………………………… 1200
　壁面下垂型 …………………………… 1200
　壁面前植栽型 ………………………… 1200
　水辺環境創出緑化 …………………… 1201

第1章 土工・岩石工法

I 土木工事法 ・・・・・・・・・・・・・・・・・・・・・・・・ 33
II 斜面安定工法 ・・・・・・・・・・・・・・・・・・・・・・ 64
III グラウンドアンカー工法（永久アンカー）・・・・・・・・・ 87

I 土工事工法

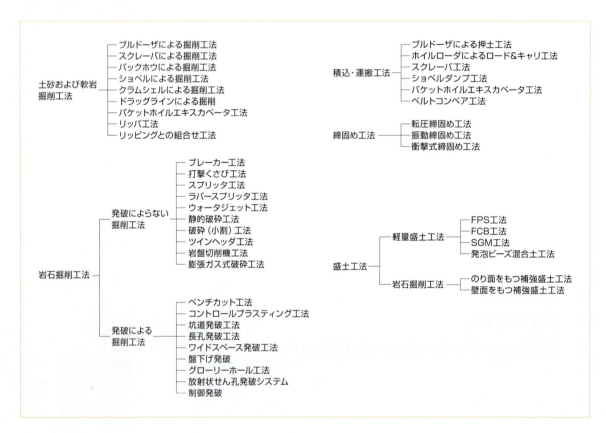

土工事は，地形を変え，土砂や岩石を採取・積上げし，必要な空間や構造などを得るために行われる。

このため，一般に土構造物と呼ぶ土や岩石でできた構造物が，本来の役割と機能を確実に発揮するように品質の確保をはかるとともに，経済性ならびに環境に配慮しながら土構造物を構築し，維持管理していくことが土工事では重要となる。

この土構造物の種類はおおきく切土と盛土に分けられ，それぞれの特徴に応じ，以下に示すような要求項目がある。施工検討にあたってはこれらに留意しながら最適な工法を選択する必要がある。

本節では，土工を「土砂および軟岩掘削工法」，「発破によらない掘削」，「発破による掘削」，「積込・運搬工法」に分けて各工法の説明をおこなう。

1) 切土

道路，鉄道，工業用地，宅地，空港およびダムなどの土地利用を目的として，原地盤を切り取った箇所を切土部（掘削部）と呼び，このような用地造成を切土（掘削）と言う。

わが国は地形が急峻であるとともに地質は脆弱で，火山や地震が多く，断層や破砕帯も数多い。さらに降雨量が多く特定の季節や期間に集中するため洪水や土砂災害が頻発しやすい。このような複雑な条件下における切土では，地山の変化が激しいため一つの工法で工事を完遂させることは困難であり，工事の進捗と共に変化する対象物に合わせた工法の選択や組合せが必要とされる。標準工法や補助工法など，さまざまな現場条件に対し，安全・確実で経

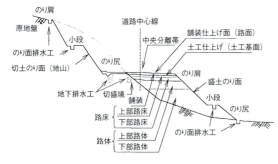

図1.1.1 切土・盛土の構造例

済的であり，環境に優しい工法が求められる。

2）盛土

盛土は，交通荷重や構造物等の支持を目的とした道路，鉄道，空港および造成地盛土と，災害や止水のための河川堤防，海岸堤防，防災調整池およびフィルダムなどに大別される。

前者の用地造成盛土などは上載荷重などに対して十分な支持力と有害な沈下の防止，降雨や浸透水による盛土のり面の洗掘や崩壊防止が必要である。

後者の河川堤防などでは河川水等に対する堤体の安定性確保と過度の漏水やパイピングの防止などが必要である。また，基礎地盤の性状により盛土の安定性や沈下などが問題となる場合もある。

このため，盛土では現地盤から路体・路床・仕上げ面等における構造，形状に応じて，部分破砕・運搬・転圧・補強等に施工条件に応じた合理的な工法が求められる。図1.1.1に切土・盛土の構造例を示す。

〔参考文献〕
1）日本道路公団：「設計要領第一集」，平成10年5月

1 土砂及び軟岩掘削工法

土砂および軟岩に対する掘削工法にはさまざまなものがある。これは①掘削土質として，粘土，シルト，砂，砂利，軟岩と種類が多いこと，②締まり具合や含水状態などにより，その性質が著しく変化すること，③作業地点の立地条件が千差万別であること，④対象工事量や経済性，環境影響などの条件に適合させる必要があること，など，これらの複雑な条件に対し最適な工法を選択する必要がある。

一般に土砂の掘削は，対象物を掘り起こすことのみで目的を達成するのではなく，これを除去し他の場所に運搬することも必要となる。このため1台で掘削だけを行う機種と，掘削と運搬を行う機種がある。また，運搬機械を別に用意し，組合わせて使用することも多い。

掘削作業を，施工形式別，対象材料別，使用機械別，土留工法別に分類すると，次のようになる

1）**施工形式別**
　　①明かり掘削　②トンネル掘削　③水中掘削
2）**対象材料別**
　　①土砂掘削　　②岩掘削（軟岩，硬岩）
3）**使用機械別**
　　①ショベル方式掘削　②ドラグバケット掘削
　　③グラブ式掘削　　　④連続バケット式掘削
　　⑤ブレード式掘削　　⑥レーキ式掘削
　　⑦ロータリー式掘削　⑧パーカッション式掘削
　　⑨ジェット式掘削
4）**土留工法別**
　　①のり付オープンカット
　　②土留オープンカット
　　③アイランド工法
　　④トレンチカット工法
　　⑤逆巻き工法

掘削機で現在主流をなしているものは，汎用性と移動性に優れたショベル系掘削機械である。このショベル系掘削機械の傾向としては，超小型化や大型化と共に多機能化が進んでいる。そして油圧機器の性能の向上とコンピュータ制御機器の普及により，運転操作の合理化や省エネルギー化なども図られ，優れた掘削機械として発展している。作業空間も陸上，海上のみならず，水中バックホウやブルドーザ等水中での作業も次第に普及しつつある。

〔参考文献〕
1）日本建設機械化協会，日本建設機械化協会編：「日本建設機械要覧」，1998年
2）日本道路協会，日本道路協会：「道路土工・施工指針」，昭和61年11月
3）建設産業調査会，最新土木工事ハンドブック編集委員会編：「最新土木工事ハンドブック」，昭和53年6月
4）土質工学会，土質工学会編：「土質工学ハンドブック」，1982年
5）土質工学会，土質工学会編：「掘削のポイント」，昭和50年11月

ブルドーザによる掘削工法

ブルドーザによる土砂や軟岩・亀裂性岩盤等の掘削は前端に装着するブレードや後端に装着するリッパなどのアタッチメントを対象土質に合わせて適切

に選択し，押土またはリッピングする事により行う。ブレード作業は主として表層の土砂の掘削や破砕された岩石の運搬であり，リッパ作業は主として軟岩や亀裂性岩盤等の大量の岩盤破砕である。

掘削作業においては，掘削する地山の強度，岩のリッパビリティ，盛土材料のトラフィカビリティなどの土質条件や，距離，勾配，工事規模および工期などの施工条件に配慮して，作業にあった仕様の機械を選定する。

掘削能力は運転質量の大きい機種の方が駆動力で優れているため大きい。ブレードによる掘削能力はブレード容積に押土距離・搬路の勾配による係数を乗じて求めた1回あたりの掘削押土量を基に，サイクルタイムなどから求める。係数は0.53〜1.00程度である（水平押土の場合）。リッパ作業能力は岩の種類と爪の本数およびくい込み深さから求めたリッピング断面積を基に，1回の作業距離などから求める。

このリッピング作業は一般的には軟岩から中硬岩の掘削に適用される。近年，建設環境の面から発破工法に制約を受けることが多くなってきておりリッパの使用は増加してきている。

ブルドーザの規格はトラクタ質量であらわされ，超小型（3t以下）から，小型（10t以下），中型（15t前後），大型（20t以上），超大型（60t以上）などが有る。

世界最大級としては，運転質量130t級の機種が製造されている。

〔参考文献〕
1）日本建設機械化協会編：「日本建設機械要覧」日本建設機械化協会，1998年
2）日本道路協会：「道路土工・施工指針」日本道路協会，昭和61年11月
3）㈱建設産業調査会，最新建設工法・機材ハンドブック編集委員会編：「最新建設工法・機材ハンドブック」，平成6年6月
4）㈳土木学会：「土木施工技術便覧」㈳土木学会，平成6年10月
5）竹林征三ほか：「土工事ハンドブック」山海堂，2000年4月

スクレーパによる掘削工法

スクレーパは前後の車軸間に排土機構を備えたボウルを上下させて地山を削り，掘削・積込み・運搬・まき出しが可能な機械である。

機種にはトラクタで牽引して作業を行う被牽引式スクレーパと，自走式のモータスクレーパがある。被牽引式スクレーパはトラクタによって牽引され70m〜300mの運搬距離が適当とされている。モータスクレーパは駆動軸が前部だけのシングルエンジンスクレーパと，全後部両軸で駆動するタンデムエンジンスクレーパがある。タンデムエンジンスクレーパは駆動力が大きく自力掘削ができる。さらにボウルのフロントの機能から一般型とエレベーティングスクレーパに分けられる。モータスクレーパの経済的運搬距離は300〜2000mと言われている。

一般に，スクレーパだけでは掘削積込みの能力が十分でない場合が多いので，ブルドーザを利用したプッシャで後押し，掘削・積込みを補助することが多い。モータスクレーパでは2台のモータスクレーパによるプッシュプル作業により掘削積込み能力の向上を図っている。

土質に対する適応性はコーン指数によって選定する。機種の選定は運搬距離，勾配，タイヤ沈下量等から上記の機種から選択し，プッシャの組合せ，適正な走行速度の検討が必要である。さらに搬路のメンテナンスによって，より経済的になる場合がある。

〔参考文献〕
1）日本建設機械化協会編：「日本建設機械要覧」日本建設機械化協会，1998年
2）日本道路協会：「道路土工・施工指針」日本道路協会，昭和61年11月
3）㈱建設産業調査会，最新建設工法・機材ハンドブック編集委員会編：「最新建設工法・機材ハンドブック」，平成6年6月
4）㈳土木学会：「土木施工技術便覧」㈳土木学会，平成6年10月

バックホウによる掘削工法

機械据付け面より低いところの掘削に適し，溝や基礎などの掘削に適している。水中掘削が可能な機種もある。機種としては0.013〜17m³級のものが

バックホウによる掘削

あり，建設機械として最も普及しているショベル系の掘削機械である。

通常のバケットによる掘削の他に，アタッチメントとして油圧ブレーカやクラムシェルなども装着可能であり，掘削以外の用途にも適用が容易なため，汎用性と機動性のある建設機械として使用されている。

近年はコンピュータ化が進み，操作性や安全性の向上と共に，省エネルギー化も進んでいる。

〔参考文献〕
1）日本建設機械化協会編：「日本建設機械要覧」日本建設機械化協会，1998年
2）日本道路協会，日本道路協会：「道路土工・施工指針」，昭和61年11月
3）㈱建設産業調査会，最新建設工法・機材ハンドブック編集委員会編：「最新建設工法・機材ハンドブック」，平成6年6月

〔写真提供〕
コマツ

クラムシェルによる掘削

ショベルによる掘削工法

この工法は，機械据付け面より高いところの掘削に適し，かなり硬い地質でも掘削可能であるため，地山の切り崩しなどに適した機械式ショベルによる方法である。近年では油圧バックホウの大型化などにより，使用範囲が限定されてきており，電動ショベルとして鉱山や大型土木工事の土採り作業などに使用されている。機種としてはバケット容量10m^3～40m^{3}程度の機種があり，最大掘削高さは13m～17m程度である。

ゆるめた土砂の掘削・積込み用としては，ローディングショベルと呼ぶ油圧式積込機も使用される。

〔参考文献〕
1）日本建設機械化協会編：「日本建設機械要覧」日本建設機械化協会，1998年
2）日本道路協会：「道路土工・施工指針」日本道路協会，昭和61年11月
3）㈱建設産業調査会，最新建設工法・機材ハンドブック編集委員会編：「最新建設工法・機材ハンドブック」，平成6年6月

クラムシェルによる掘削工法

この工法は，掘削機に吊り下げたバケットを重力により落下させて土砂に貫入させ，バケットを閉じることにより土砂をつかみ，掘削する方法である。ショベル系掘削機やグラブ船などに装着し使用する。

一般に，この工法は固く締まった土質では掘削力が不足するので，あらかじめ掘りゆるめが必要となる。またバックホウやブルドーザと組み合わせて揚土作業として使用することも多い。特徴としては，大きな垂直掘削深度と高揚程積込み作業が可能なことがあげられる。

用途としては，陸上では，砂，砂利および砕石などを積込む場合や，立坑縦坑ピット内の掘削揚土，井筒その他の狭い場所を深く掘り下げる場合などに使用される。水上では，グラブ船による航路浚渫，海底掘削などに用いられる。近年では，バケット自重90～130t，容量10m^{3}程度の大重量型バケットを搭載した大型グラブ船が，海底岩盤掘削に使われている。

〔参考文献〕
1）日本建設機械化協会編：「日本建設機械要覧」日本建設機械化協会，1998年
2）日本道路協会：「道路土工・施工指針」日本道路協会，昭和61年11月
3）㈱建設産業調査会，最新建設工法・機材ハンドブック編集委員会編：「最新建設工法・機材ハンドブック」，平成6年6月

ドラッグラインによる掘削工法

この工法は，掘削機のロープで支持されたバケットを地面に沿って手前に引き寄せながら掘削する方法である。

使用機械はショベル系のベースマシンに9m～30m程度の作業ブームを45°程度の角度で装着した装置であり，バケットのスイング操作により機械の据付位置より広い範囲を掘削することが可能である。また小型のバケットを使用し，機械の旋回による遠心力で放出して作業半径を非常に大きくすることもある。このため機械据付面より低い場所の掘削

に適し，水中掘削も可能であるが，固く締まった地盤には不向きである。

用途は，主として河床掘削，用水路の掘削および水中の骨材採取などに用いる。また，堤防の構築における，河床からの構築材料の採集や盛土作業にも使用する。そのほか，運搬機械への材料の積み込みや土砂ホッパーへの投入などの作業も可能である。

機種としてはクレーン能力30t～100t級のショベル系掘削機に搭載するバケット容量$0.8m^3$～$4.8m^3$程度のものがある。

〔参考文献〕
1) 日本建設機械化協会編：「日本建設機械要覧」日本建設機械化協会，1998年
2) 日本道路協会：「道路土工・施工指針」日本道路協会，昭和61年11月
3) ㈱建設産業調査会，最新建設工法・機材ハンドブック編集委員会編：「最新建設工法・機材ハンドブック」，平成6年6月

バケットホイールエキスカベータ工法

バケットホイールエキスカベータ（BWE）は連続バケット式の掘削積込機械の一種であり，バケットホイールの回転とブームの旋回により連続的に掘削を行なう。

掘削に適する土質は砂質土・礫質土などであり，粘性土や軟岩などに対しては作業効率が低下する。また均一な土質の定常掘削に優れているが，変化の多い土質，たとえば岩，転石の混入土層や軟弱土層の介在等に対しては掘削能力が低下する。

掘削方法には，掘削厚みをクローラ本体の移動距離によって決められる段切りカット（ベンチカット，テラスカット），ブームの下げる高さで決める切下げカット（ドロップカット）がある。地山の崩壊，落石のない地質ではドロップカットが本体の移動が少なく時間効率が良く一般的に採用される。

この工法は大規模工事に適した工法であり，掘削積込み単一機ではなく掘削，運搬，盛り立ての連続土工システムとして考えるべきである。

BWEの経済的な岩石掘削では一軸圧縮強度で20～$30N/mm^2$が限界といわれており，より高強度の岩石掘削には補助工法を用いる。また作業範囲外の掘削にはブルドーザ等の補助掘削機が必要なこともある。

公称能力は理論掘削量で表し$500m^3/h$～$10,000m^3/h$級があり，国産機では$3,000m^3/h$級までがある。

本工法には次の特徴が有り，計画にあたっては十分な検討を行う必要がある。①設備の初期投資費が大きい。②機体が巨大で汎用性に劣り，設備の変更が難しい。③地形，地質に適否がある。④土質の変化が少なく土量が多い場合に適する。⑤機械配置や後続設備で作業効率が左右されやすい。

〔参考文献〕
1) 日本建設機械化協会編：「日本建設機械要覧」日本建設機械化協会，1998年
2) 日本道路協会：「道路土工・施工指針」日本道路協会，昭和61年11月
3) ㈱建設産業調査会，最新建設工法・機材ハンドブック編集委員会編：「最新建設工法・機材ハンドブック」，平成6年6月
4) ㈳土木学会：「土木施工技術便覧」㈳土木学会，平成6年10月
5) 竹林征三ほか：「土工事ポケットブック」山海堂，2000年4月

リッパ工法

この工法は，大型ブルドーザの後部にリッパ装置を付けて，油圧によってポイントを岩に食い込ませながらブルドーザを前進させ掘削地盤を必要な程度まで破砕する方法である。したがって，ブルドーザの運転質量が大きいほどポイントの貫入力やシャンクの牽引力が大きくなるので作業能力が大きい。

作業は岩の硬さに応じて，リッパ装置付きブルドーザの規格とリッパ爪数（1～3本）を選択し，1回の作業距離を10～30mの範囲として計画する。一般には，下り勾配を利用したり，岩盤の亀裂に対して逆目（さかめ）方向に作業を行うと作業性が良い。

リッピング作業については現場岩石試験によってリッパビリティの判定を行う。一般的な判定法はリッパメータを用い，ハンマーで地面を叩いて発生する弾性波が一定の地点に到達する時間を読みとる弾性波速度試験で行う。この弾性波速度と岩石の種類を考慮して機種とリッパの目安とする。砂岩や粘板岩などの堆積岩で層状のものはリッパ作業が容易であり，花崗岩などの火成岩で塊状のものはリッパ作業が困難である。また，風化や節理の程度によっても大きく異なる。

経済的な適用範囲としては，弾性波速度値が1.5km/s程度までとされている。したがって機種の選定にはリッパビリティや作業量等を勘案して決める必要がある。用途としては軟岩，中硬岩の掘削・破砕に用いられる。特徴としては次のようなものがある。①発破工法に比べ振動が少ない。②地形地質

に対応した作業が可能。③岩盤を細かく破砕でき小割の必要性が少ない。

〔参考文献〕
1) 日本建設機械化協会編:「日本建設機械要覧」日本建設機械化協会,1998年
2) 日本道路協会:「道路土工・施工指針」日本道路協会,昭和61年11月
3) ㈱建設産業調査会,最新建設工法・機材ハンドブック編集委員会編:「最新建設工法・機材ハンドブック」,平成6年6月
4) ㈳土木学会:「土木施工技術便覧」㈳土木学会,平成6年10月

リッピングとの組合せ工法

この工法は,ブルドーザによるリッピング作業が困難な中硬岩,硬岩に対して,あらかじめ他の方法により,掘削岩盤に亀裂を入れるなどしてゆるめておくことにより,リッパ掘削を可能にする方法である。

この組合せ工法には次のようなものがある。

① ふかし発破工法:少量の発破を行い掘削地盤に亀裂を入れ,ゆるめておく方法。
② 割岩工法:削孔機で先行削孔を行い,孔内に挿入した楔や薬剤等で拡径し,地盤に亀裂を入れてゆるめる方法。薬剤には静的破砕剤などがある。
③ 大型ブレーカ工法:大型ブレーカで打撃を加え掘削地盤を破砕し,ゆるめる方法。

一般的に硬岩を掘削するには発破工法で行う方法が最も短時間で作業でき,経済的なことが多い。しかし,発破が使用できない条件,たとえば近接物への影響軽減や環境保全が必要な場合などでは,このような低公害工法を組合せて施工する場合が増加している。

〔参考文献〕
1) 日本建設機械化協会編:「日本建設機械要覧」日本建設機械化協会,1998年
2) 日本道路協会:「道路土工・施工指針」日本道路協会,昭和61年11月

2 発破によらない掘削

硬岩を対象とした土工では,通常は発破により破砕を行い,岩盤等をほぐしておいてから重機を用いて掘削を行う。この場合に発生する騒音・振動・飛石・粉塵などにより,近接構造物等に障害を与える可能性がある場合や,都市部等の密集地の場合,環境保全の必要性などにより発破が使用できない場合がある。このような場合は主として,機械掘削や割岩工法等による非発破掘削工法が使用される。一般的にこれらの掘削工法は,主として転石の破砕や岩盤(硬岩,軟岩等)の存在が比較的少量の場合を対象としており,大量に出現する場合には,経済性や工期の面不利となることが多く,工事計画には十分検討が必要である。

この非発破掘削工法を以下に示す。

1) 機械掘削工法
・機械掘削方式:硬岩切削機工法
・自由断面掘削機方式:自由断面掘削機工法
・大型ブレーカ方式:油圧ブレーカ工法,ロックブレーカ工法

2) 割岩工法
 a) 楔式:ダルダ工法,打撃くさび工法,パワースプリッタ工法,ビッカー工法,JRS工法,MAスプリッタ工法
 b) 静的破砕剤式:ブライスタ工法,スプリッタ工法,S-マイト工法,カームマイト工法,ケミアックス工法,ロックストーン工法
 c) ガス圧砕式:ガンサイザ工法,CARDOX工法,PCF工法
 d) 液圧膨張式:ハイドロクラッカ工法,液圧チューブ破砕工法,FASE工法
 e) ゴム膨張式:ラバースプリッタ工法
 f) 電気式:放電衝撃圧工法

また留意点としては次のことがあげられる。①機械掘削工法では切削・破砕後二次破砕の必要がないが,割岩工法では割岩(一次破砕)後に砕岩(二次破砕)が必要なことが多い。②化学式や電気式割岩工法では基本的には火薬類取締法や消防法の規制には該当せず,取扱いは火薬よりも容易である。③割岩工法においては破砕に用いられる瞬間的なエネルギーが発破工法に比べて著しく小さいため,自由面形成に対する検討が極めて重要である。

〔参考文献〕
1) 日本建設機械化協会編:「日本建設機械要覧」日本建設機械化協会,1998年
2) 掘削工法分科会:「割岩工法に関する報告書(その2)」ジオフロンテ研究会,1996年11月
3) 三和機工「ロックブレーカ」
4) 新キャタピラー三菱「全油圧式ハイドロスプリッタMHS900」
5) 日本鉱機「スーパーロックスプリッタ」

6）吉澤石灰工業「スーパースプリッタ」
7）竹林征三ほか：「土工事ポケットブック」山海堂，2000年4月

ブレーカ工法

この工法はブレーカのピストンによる衝撃力により岩等をノミで打撃することにより破砕し，掘削する方法である。大型のブレーカは油圧ショベルやクレーンに取付けて作業し，小型のものは人力で行う。動力の違いにより油圧式と空圧式とがあり，打撃能力が大きく排気音のない油圧式が主流となっている。また油圧ショベルに搭載する機種はショベル本体の油圧を利用して作業できるため，他の動力源が不要となり，作業性が非常に優れている。空圧式のブレーカは主として手動式の小型のものが多い。

ブレーカの主な用途は，岩盤掘削のほかにコンクリート構造物の解体，道路工事での路面解体，石灰石・砕石鉱山での小割，水路・ガス配管工事などの地盤掘削，無発破トンネル工事，金属精錬などでのノロ・スラグ除去，杭打ち工事など多方面に利用されている。

機種としては質量50kg程度から5トン程度のものが製造されている。またハンドブレーカと呼ばれる数kgから40kg程度の小型のものもある。

〔参考文献〕
1）日本建設機械化協会編：「日本建設機械要覧」日本建設機械化協会，1998年
2）竹林征三ほか：「土工事ポケットブック」山海堂，2000年4月

打撃くさび工法

この工法は，古来からの「セットウ」と「セリ矢」の技法に由来し，あらかじめ削孔した孔の中にくさびを入れ，くさびの頭部を2トン級のドロップハンマで打撃することで岩に引張り力を加え，これを複数の孔で行うことにより大きな合力を作用させて亀裂を発生させる割岩工法の一種である。通常3〜5本のくさびを1組として使用する。施工能力としては硬質砂岩で30m³/hの実績がある。

施工はクローラードリルによる削孔，打撃くさび施工機械による一次破砕，リッパやブレーカ等による二次破砕の順で行われる。本工法による一次破砕では防音カバー使用などにより低騒音・低振動で施工可能である。しかし，他の工法で行う二次破砕作業においては対策を要することがある。

〔参考文献〕
1）KNBB工法協会「KNBB工法」，1999年11月

スプリッタ工法

この工法は，岩盤に穿孔した孔中に楔を圧入する事により，孔を左右に広げる力を与えて破砕する楔式割岩工法のひとつである。この工法では割岩機を単独または油圧ショベルに装着して掘削作業を行う。単独式のものは，油圧により圧入力を作用させるものであるが，割岩力が小さいため，小割のような小規模な岩掘削やコンクリート解体に用いる。油圧ショベルに装着したものは，大型であり，削孔装置と割岩装置がショベルのアームに取り付けられているので，位置決めや機動性の点で優れており，造成工事などで使用されている。

楔式割岩工法は，楔の圧入により孔を左右に広げるので，圧入力が大きいものほど割岩力も大きくなる。しかし，孔を広げることにより亀裂を発生，拡大させる方式のため，ベンチカット掘削のような2自由面掘削や小割での効率はよいが，盤下げ掘削では効率が悪い。さらに，岩質や亀裂の程度によっても能率が大きく異なる。大規模な掘削工事では，リッパ工法のゆるめ破砕（1次破砕）として使用されることもある。

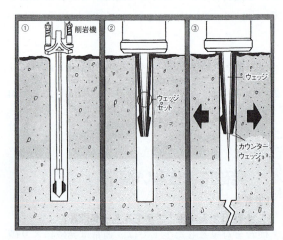

図1.1.2　スプリッタ工法破砕原理

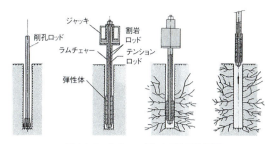

図1.1.3 ラバースプリッタ工法破砕原理

〔参考文献〕
1) 山本鉄工所「ダルダロックスーパースプリッター C-11」
2) 山本鉄工所「ビッカー HRB-1000」
3) 小松製作所「小松 BP500 パワースプリッタ」
4) キャタピラー三菱「全油圧式ハイドロスプリッタ MHS900」

ラバースプリッタ工法

本工法は割岩工法の一種で、あらかじめ削孔された孔内にウレタンゴム輪（弾性体）を挿入し、両端座金を軸方向に圧縮することにより、ゴムを孔壁方向に膨張させて、岩盤を破砕する方法である。主な特徴は、①低騒音、無振動②装置が小型、軽量③消耗品（ウレタンゴム）が比較的安価 等があげられる。

施工は一次と二次に分けて実施する。一次破砕は削孔ロッドで千鳥に削孔し、岩盤表面にクラックが認められるまでゴム輪により孔底から逐次割岩する。（削孔ビット ϕ 115mm、ピッチ 1~2m）。二次破砕は一次でクラックを入れた岩盤をリッパにより破砕して搬出する。

〔参考文献〕
1) 鹿島建設：「ラバースプリッタ工法パンフレット」1993年8月

ウォータジェット工法

この工法は、清浄水を高圧ポンプにより 50~250MPa 程度に加圧し、小径のノズルから噴射させて得られる高速水噴流がコンクリート構造物等に衝突するときの衝突エネルギーにより、はつりや切削作業を行う方法である。

通常は流体に水を用いるが、噴流の収束性を向上させ、切削効率を向上するため増粘剤を添加する場合がある。また鋼材等の切断は困難であるが、より切削力を大きくするために、流体中に研磨材（アブレシブ材）を混入して使用する場合もある。この方式によりRCコンクリートなどの切断が可能となっている。

主な使用機材には高圧ポンプ、高圧ホース、ノズルとノズルを所定の速度で移動させるためのハンドリング装置がある。またアブレシブウォータジェットの場合には、研磨材供給装置とアブレシブノズルがさらに必要となる。

この工法の特徴としては、無振動であり、粉塵の発生がなく、騒音も簡易なカバー等で低減可能なため、低公害工法で有ることがあげられる。また切削箇所周辺のコンクリートにマイクロクラック等の障害を与えず、ノズルの運動や移動に関して自動化が容易な事なども優れている。

なお、コンクリート等のはつり作業等には、作業水がセメントの影響で強アルカリとなるため、排水の中和処理が必要となる。

〔参考文献〕
1) スギノマシン「アブレシブウォータジェット加工について」

静的破砕工法

本工法はコンクリートあるいは岩盤を安全に無公害で効率的に破砕する方法のひとつである。被破砕体の所定の位置に削孔機で孔をあけ、中に水と練り混ぜた膨張性の破砕剤を充填し、薬剤が硬化膨張することによる圧力（約30MPa以上）で被破砕体にひび割れを発生させることにより破砕する。

破砕作業は薬剤充填から数時間~24時間程度を要する。ひび割れ発生後はブレーカなどで二次破砕し、破片を取り除く。用途としては橋脚、擁壁等の破砕に用いられている。特徴としては、騒音及び振

自走式岩石破砕機

動が少ないことや飛石が無いことなどが有り，水中での施工も可能である。

注意事項として鉄砲現象と呼ばれる現象に注意が必要である。これは，誤った使用方法を行うと，孔内で熱の蓄積が起こり，孔内の水分の急激な気化に伴う蒸気圧により薬剤の一部が孔口から激しく飛び出す現象が発生する。この現象を鉄砲現象（噴出現象）と呼ぶ。鉄砲現象の時噴出するものは，高温かつ強アルカリ性であり，噴出物が目に入ると失明することがある。また皮膚に付着すると火傷や炎症を起こすことがある。薬剤の取扱いには資格が不要であり，火薬取締法および消防法の法的規制を受けずに使用可能である。

〔参考文献〕
1）小野田ケミコ㈱「ブライスター取扱書」

〔写真提供〕
コマツ

破砕（小割）工法

資源のリサイクルを促進するために，解体ガラ等の処理を発生現場にて，再生骨材，路盤材および埋め戻し材，裏込め材として再利用できる粒径に破砕する工法である。近年は採石場での自然石破砕や土木工事から出るコンクリート破砕，道路工事から出るアスファルト破砕などにも使用され，さらにトンネル工事におけるずり処理にもコンベア輸送との組合せで適用されている。

機械は据付の容易さと機動性を持たすため，エンジン駆動のクローラ型台車に破砕機を搭載した構造となっている。この破砕機はジョウクラッシャやインパクトクラッシャが主であり，破砕物の用途に応じて粒径調整が可能である。一方，周辺環境に与える影響に配慮し，低騒音型エンジン，防音材等による騒音対策，発生粉塵に対する散水等の対策なども施されている。

今後は社会的な要求から自走式破砕機の大型化，多用途化が進むと考えられる。

〔参考文献〕
1）日本建設機械化協会編：「日本建設機械要覧」日本建設機械化協会，1998年

ツインヘッダ工法

油圧ショベルのブーム先端に装着して使用する油圧式回転切削機で，トンネル工事をはじめ，ダム工事，のり面工事，管敷設溝工事，地盤改良工事，木材根株処理工事などに使用されている。性能としては一軸圧縮強度80MPa掘削可能であり，回転切削のため切削面が平滑に仕上がる。また水中仕様の機種もある。

〔参考文献〕
1）三井三池製作所「ツインヘッダカタログ」
2）日本建設機械化協会編：「日本建設機械要覧」日本建設機械化協会，1998年

岩盤切削機工法

岩盤掘削工事において，発破の使用が制限される場合の大型ブレーカ，リッパ，割岩機あるいは静的破砕剤に代わる低騒音・低振動の機械施工を可能としたもので，中硬岩から硬岩（弾性波速度3.0〜4.0km/sec，一軸圧縮強度200N/mm^2）までの岩盤に対して効率の良い掘削が行え，大規模岩盤掘削工事への適用が可能である。切削機は油圧式の切削ドラムを回転させこのドラムに配置したコニカル型の切削ビットにより岩盤を掘削し，後方のスクレーパですくい上げ，ベルトコンベアで岩砕を搬出する機構になっており，掘削から積込みまで作業を連続的に行うことが可能である。本体は4つのクローラに装着した油圧シリンダで支えられ，それぞれが独立して伸縮することで掘削深さや縦横断勾配を自由に変えることができる。掘削面の岩盤をゆるめず，表面は平坦となるので，そのままの状態で車両が通行できる。さらに掘削ずりの粒径は200mm以下になるため，そのまま盛土材として使用可能である。

〔参考文献〕
1）奥村組土木工業㈱「岩盤切削機3500SM（サーフィスマイナー）技術審査証明書」㈳日本建設機械化協会

膨張ガス式破砕工法

この工法は発破工法と石灰系膨張性破砕剤による破砕工法の中間に位置する破砕工法である。本工法による破砕は，あらかじめ穿孔した被破砕物の孔内に破砕薬を装填し，湿潤砂等でステミングした後，

破砕薬に専用着火具で遠隔着火すると，破砕薬中の特殊発熱剤の酸化還元反応による熱により，破砕薬に組成混合した化合物がごく短時間（30から50ms）で蒸気状態等に変化し，このとき生じる蒸気圧（約300MPa）により，引張強度15N/mm²程度までの岩石，岩盤，コンクリート等を低振動状態で引張破砕する工法である。

性能としては圧縮強度10～180N/mm²程度の岩盤，コンクリート構造物を瞬時に破砕可能である。しかし土砂を含む砂礫層等の破砕は不向きである。

発生ガスには一部有害ガスが含まれるので坑内で使用する場合には換気が必要である。薬剤の取扱いには資格が不要であり，火薬取締法および消防法の法的規制を受けずに使用可能である。

〔参考文献〕
1）日本工機㈱：「破砕薬剤ガンサイザー技術資料」

3 発破工法

発破は爆薬の爆発エネルギー（衝撃圧，生成ガス膨張などのエネルギー）を利用して物体を破壊する工法である。岩盤掘削においては，リッパやブレーカ工法が有利である場合を除けば，発破による施工が一般に経済的である。発破に用いられる火薬類は鉱山や土木工事などの産業用として広く普及しているが，危険物であるため使用に際しては，火薬類取締法に基づいて保安管理を十分に行い，効果的かつ安全な発破としなければならない。

発破作業にあたっては，保安物件，地形，地質（岩種・岩質・き裂状態）などを調査して，作業工程を満たす合理的な発破方法を決める必要があり，計画においては，次の条件について十分考慮する必要がある。

① 発破の規模と形状（自由面の大きさと数，発破の範囲と発破の程度）
② 岩質あるいは岩盤の性質（岩石の強度と靱性，節理や亀裂の程度）
③ 火薬類の性能と使用量（薬種，爆速と密度，1回当たりの薬量，1段当たり薬量，1日の消費量）
④ 発破孔の条件（孔径，孔の方向，孔長，最小抵抗線，孔配置，同時に発破する孔数）
⑤ 発破方法（斉発，段発，その順序，時差）
⑥ 騒音・振動の制約（対象の状態，騒音や振動の規制値，作業時間帯）

発破工法は，トンネル発破，明り発破，水中発破などに大別でき，岩掘削の明り発破は次のように分類される。

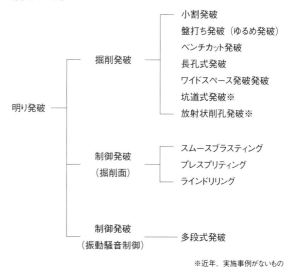

※近年，実施事例がないもの
図1.1.4 明り発破の分類

発破作業に用いられる穿孔の種類は，一般に穿孔径φ30～165mm，穿孔長15m程度であり，鉛直または70°までの斜孔が多い。穿孔作業に使用する削岩機を図1.1.5に示す。また，現在使用されている主な爆薬の種類はダイナマイトのほか硝安油剤爆薬（AN-FO），含水爆薬などが使用されている。主要爆薬の種類と性質，用途を表1.1.1，1.1.2に示した。

爆薬を爆発させるために火工品が用いられ，電気雷管・工業雷管・導爆線・導火線がある。最近では，高い安全性の確保や高精度の制御発破に用いられるIC雷管，導火管付雷管なども開発されているが，一般には電気雷管が多く使用されている。

表1.1.1 主要爆薬の用途一覧表

爆薬名	状態	硬岩発破	中硬岩発破	軟岩発破	露天掘切羽	通気不良切羽	長孔発破	水中発破	大発破	小割発破	制御発破
3号桐ダイナマイト	膠質	●	●	○	○		○	○	○		
2号榎ダイナマイト	膠質		●	●	◎		◎			●	
制御発破用爆薬	膠質	○	○	○							◎
含水爆薬	膠質		●	●	○						
含水爆薬（PS）	ゲル状										◎
ANFO（硝安油剤爆薬）	粒状	○	●	●		○		◎			

◎：特に優れている　●：適している　○：使用可能である

表1.1.2　主要爆薬の種類と性質

項目＼品名		状態	仮比重	耐水性	後ガス	爆轟速度(m/s)	弾動振子(mm)	砂上殉爆度
3号桐ダイナマイト		膠質	1.3～1.4	優良	良好	5,500～6,500	80～86	4～6
2号榎ダイナマイト		膠質	1.3～1.45	優良	優良	5,500～6,500	80～85	4～6
AN-FO（硝安油剤爆薬）		粒状	0.8～0.9	なし	要注意	2,500～3,000	−	−
制御発破用爆薬		膠質	1.3～1.4	良好	良好	1,800～2,300	80～86	4～8
含水爆薬	エマルション系	膠質	1.1～1.25	優良	最優良	5,500～6,600	74～84	3～6
	エマルション系	粒状	0.75～0.85	優良	最優良	3,500～4,000	66～72	−
	スラリー系	ゲル状	1.25～1.3	優良	最優良	5,300～5,600	75～85	4～6
PS, SB用爆薬（スラリー系）		ゲル状	1.2～1.25	優良	最優良	3,000～3,500	75～85	4～6

注）制御発破用爆薬の爆轟速度はオープン爆速
　　エマルション系粒状含水爆薬の仮比重は，発破孔に装薬したときの装填比重
　　※制御発破用爆薬は受注生産
　　※現在生産されていないもの
　　　新桐ダイナマイト、あかつきダイナマイト、黒カーリット、PS用含水（エマルジョン系）
　　　含水爆薬の坑内用，坑外用の区別は廃止

(2008年10月現在)

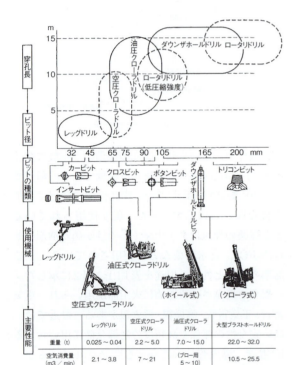

図1.1.5　削岩機の選定フロー

〔参考文献〕
1）竹林征三・他：「現場技術者のための　土工事ポケットブック」山海堂，2000年4月
2）日本道路協会：「道路土工・施工指針」日本道路協会，昭和61年11月
3）工業火薬協会：「新・発破ハンドブック」山海堂，平成元年5月
4）発破技術委員会：「最新発破技術ハンドブック－岩を拓く－」山海堂
5）石井康夫，西田佑，中野雅司，坂野良一：「最新　発破技術」森北出版，1985年8月
6）土木学会監修：「爆破」鹿島研究所出版会，昭和45年10月
7）土木学会監修：「爆破　付ANFO爆薬」鹿島研究所出版会，昭和41年9月
8）日本建設機械化協会編：「骨材の採取と生産」，技報堂出版，1984年3月

ベンチカット工法

　ベンチカット工法は，堀削対象の最上部に平坦なベンチ盤を造成し，施工可能なベンチ高を定めて，削岩機で垂直あるいは鉛直方向に対して70°程度までの斜めの穿孔を行って，階段状に切り下がる工法である。

　この工法は掘削量が多く時間当たりの所要作業量が大きい場合や掘削高さの大きい場合などに適し，2自由面発破のため発破効率がよく，大型機械の導入も可能なことから経済的である。重機械の普及や大型化に伴い，ベンチカット工法が経済性や施工効率の点から主流を占めるようになった。穿孔機械は，パーカッションタイプのクローラドリル（穿孔径50～100mm）を用いるが，大型ベンチカットでは，ロータリドリル，ダウンザホールドリル（穿孔径85～300mm程度）も導入されている。穿孔列数は，一般的には2～3列にとどめている例が多い。穿孔配置は，格子状や千鳥状のいずれかによるが，一般には千鳥配置の方が破砕効率の面で採用されることが多い。

　爆薬は，硝安油剤最薬（AN-FO爆薬）が一般的に用いられ，低比重で装薬長が長くでき，かつ下向き穿孔での流し込み装填が可能である利点がある。ただし，硝安油剤爆薬はダイナマイト等の伝爆薬（ブースタ）が必要であるほか，湧水の多い孔には

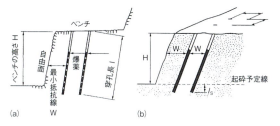

図1.1.6 ベンチカット工法の概要

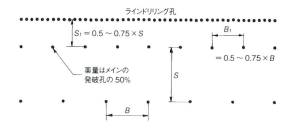

図1.1.7 ラインドリリングの概要

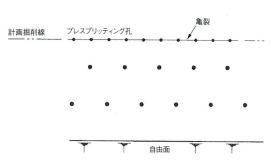

図1.1.8 プレスプリッティング工法の概要

使用できない欠点もある。湧水の多い孔等では，ダイナマイトや含水爆薬のみで発破を行う場合もある。

〔参考文献〕
1) 竹林征三・他：「現場技術者のための　土工事ポケットブック」山海堂，2000年4月
2) 日本道路協会：「道路土工・施工指針」日本道路協会，昭和61年11月
3) 工業火薬協会：「新・発破ハンドブック」山海堂，平成元年5月

制御発破（掘削面）：コントロールブラスティング

発破により形成される岩盤のり面を平滑な状態で長期間保持することが必要な場合には，制御発破（コントロールブラスティング）が行われる。制御発破では，壁面の損傷および余掘を極力少なくし，滑らかな掘削面を形成させ，人力による仕上げ掘削をできるだけ軽減することを目的としていることから，発破の力を制御することが要求される。このため穿孔径，穿孔間隔と位置，装薬量と薬径，起爆方法などを工夫した発破工法である。また，穿孔においては，孔の平行性をよくし，孔尻をそろえることが求められる。コントロールブラスティング工法には，ラインドリリング工法，プレスプリッティング工法，スムーズブラスティング工法がある。

ラインドリリング

目的とする掘削線に沿って，近接した孔を密な間隔に穿孔し，人工的に弱部を形成させた後，自由面側の岩盤を発破すると，爆発力や亀裂はラインドリリング孔の列によって中断され，掘削面より背面の岩盤へは影響が及ばない。したがって，破砕はラインドリリングの前面まで行われ，凹凸の少ない掘削面を形成することができる。

ラインドリリング孔には，爆薬は装薬されない。ラインドリリング孔と一番近い爆破孔との離れは，通常最小抵抗線の50〜75%とし，装薬量も50%程度とする。穿孔間隔は一般には穿孔径の2〜4倍で

表1.1.3 プレスプリングにおけるせん孔規格と装薬量

せん孔　mm	孔間隔　cm	装薬量　g／m
37〜43	35〜45	120〜360
50〜62	45〜60	120〜360
75〜87	45〜90	190〜700
100	60〜120	360〜1100

ある。

この工法は，高度な穿孔技術が必要であり，工期，工費の面で難点があることから，他の制御発破に比べてあまり採用されていない。

プレスプリッティング工法

目的とする掘削線に沿って，必要な穿孔間隔（30cm〜120cm程度）で穿孔した後，低密度（削孔径の直径に比べて小さい爆薬を装薬する）で装填し，孔内空隙中の空気により爆発時の衝撃力を弱め，爆発ガスの膨張力を有効に利用することで，削孔間に亀裂を生じさせて連続した破断面を形成させる工法である。この破断面によって，本発破の衝撃が奥部に伝達するのを防ぐ方法で，制御発破の中でも最も多く採用されている工法である。

プレスプリッティングでは，掘削線に沿って削孔される爆破孔が前面の岩盤の爆破に先立って行われ

る。したがって自由面がない発破であり，隣接する爆破孔が同時に爆破することが必要なため，装薬量の割には振動や騒音が大きくなることがある。

プレスプリッティングでは，デカップリング指数（＝穿孔径／薬径），孔間隔，薬種，1m当りの装薬量が重要である。

■ スムーズブラスティング工法

プレスプリッティングと同様に，目的とする掘削線に沿って，孔間隔の狭い穿孔内に，低密度（穿孔径の直径に比べて小さい爆薬を装薬する）で装填し，爆発ガスの膨張力を有効に利用することで，岩盤の破砕を切断的に行うものである。スムーズブラスティングでは，それ以外のすべての爆破孔が爆破されてから最後に，斉発またはMS段発で起爆する工法である。スムーズブラスティングは，トンネルの堀削等に多用され，明り発破ではピットなどの盤下げにおいて使用される。この工法は，他の制御発破に比較して効率的には最も優れているが，最終段階での発破のため，爆破のタイミングにばらつきが生じて平滑面形成の点ではプレスプリッティング工法等より不利となる可能性がある。

表1.1.4 スムーズブラスティング用爆薬の種類と性能

メーカー	名称	状態	仮比量	爆速（m/s）	薬径，その他
カヤク・ジャパン	アルテックスSB	スラリー	1.20～1.25	3,000～3,500	20mm×200g
ジャベックス	ハイジェックスSB	スラリー	1.20～1.25	3,000～3,500	20mm×200g

表1.1.5 発破ハンドブックに示される標準規格

穿孔径（mm）	薬径（mm）	孔間隔 SBの場合（cm）	孔間隔 空孔併用の場合（cm）	最小抵抗線長（cm）	装薬長 1mあたりの薬量（kg/m）
36	16～18	50～60	15～20	70～90	0.12
44	18～20	60～70	20～25	80～100	0.17
50	20～22	70～80	25～30	100～120	0.25
62	22～25	80～100	30～40	120～140	0.35
75	25～28	110～120	35～45	150～170	0.50
87	27～30	130～140	40～50	180～200	0.70

表1.1.6 せん孔径別標準せん孔間隔（D），最小抵抗線長（W）および装薬量

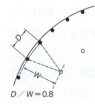

せん孔径（mm）	せん孔間隔（m）	最小抵抗線長※（m）	単位長あたり装薬量（kg/m）	備考
34～38	0.4～0.6	0.50～0.75	0.14～0.21	空圧削岩機対象
42～46	0.5～0.7	0.65～0.90	0.28～0.42	油圧削岩機対象

※ここでいう最小抵抗線は，周辺孔から前段列までの距離をいい，各せん孔径に対応する最小抵抗線長 W は D／W＝0.8 より算出した値を示す。

〔参考文献〕
1) 竹林征三・他：「現場技術者のための　土工事ポケットブック」山海堂，2000年4月
2) 工業火薬協会：「新・発破ハンドブック」山海堂，平成元年5月
3) 発破技術委員会：「最新発破技術ハンドブック—岩を拓く—」山海堂
4) 石井康夫，西田佑，中野雅司，坂野良一：「最新　発破技術」森北出版，1985年8月

坑道発破工法

坑道発破工法は，山すそに坑内での作業に差支えのない程度（高さ1.5～1.8m，幅1.2～1.8m）の小断面の坑道を，一般的にはT字型（ほかにF字型，L字型，干型等）に掘削し，その終端に薬室を設けて多量の爆薬を集中装薬した後，坑道を埋め戻して一斉に爆破することにより一時に大量の掘削を行う工法である。

使用爆薬は，AN-FO爆薬が主体であるが，伝爆用としてダイナマイトを使用する。また，装薬から点火まで日数がかかるため吸湿防止の包装を考慮するとともに，保安上特に注意が必要である。薬室の設置位置を誤れば飛散等で大災害を起こすことにもなり兼ねないため，表土処理後測量を綿密に行い，最小抵抗線を慎重かつ精密に決めなければならない。

一般的には，地表面までの直上距離は，最小抵抗線に対し1.5～2.0倍になるよう計画すべきで，左右に2薬室を設ける場合，装薬間隔は最小抵抗線の1.0～1.2倍に計画する。この工法は発破効率がよく，発破回数が少なくてすみ大規模な掘削には適しているが，大塊が発生して小割が必要となることや，失敗時の損失が大きいなどの欠点もある。近年，大型機械の進歩によってベンチカット発破が長孔・大型化してきたため，坑道式発破の採用が少なくなっている。

〔参考文献〕
1) 竹林征三・他：「現場技術者のための　土工事ポケットブック」山海堂，2000年4月
2) 工業火薬協会：「新・発破ハンドブック」山海堂，平成元年5月
3) 石井康夫，西田佑，中野雅司，坂野良一：「最新　発破技術」森北出版，1985年8月
4) 土木学会監修：「爆破」鹿島研究所出版会，昭和45年10月
5) 土木学会監修：「爆破　付ANFO爆薬」鹿島研究所出版会，昭和41年9月

長孔発破工法

一般にはトンネル立坑掘削等で実施されるほか，

地形が急峻でベンチカット工法では効率が悪い場合や短期間に掘削を完了させる必要があるとき用いられる工法である。

掘削計画線に平行に，上部のベンチから20～100m程度の数列の長孔をボーリングマシンなどを用い穿孔し，孔内全長にわたって均等に装薬して爆破することにより，一時に大量の破砕を行う工法である。穿孔角度は発破効果を出すために70°程度とするのが望ましい。また，できるだけ計画どおり穿孔することが重要な条件となる。最小抵抗線は，あまり無理な最小抵抗線を取るべきではなく，穿孔径の25倍程度とするのが望ましい。また，穿孔間隔は，最小抵抗線の1.0～1.5倍程度としている。穿孔径は，孔曲がり防止も考慮し，油圧クローラドリルにより孔径75mm程度とすることが多い。全量ダイナマイトを使用するのが一般的であるが，装薬方法は，薬長不足となるので，これを補うため分散装薬としていることが多い。この工法は，急峻で狭隘な地形で掘削量が多い場合には効率的である反面，掘削計画線に対してほぼ平行に長孔を穿孔する必要があり，穿孔作業が難しく，ずりが大塊となりやすい。また1孔あたりの装薬量が大きくなり，発破時の振動が増大する。

〔参考文献〕
1) 竹林征三・他：「現場技術者のための　土工事ポケットブック」山海堂，2000年4月
2) 発破技術委員会：「最新発破技術ハンドブック―岩を拓く―」山海堂
3) 土木学会監修：「爆破」鹿島研究所出版会，昭和45年10月
4) 日本建設機械化協会編：「骨材の採取と生産」，技報堂出版，1984年3月

ワイドスペース発破工法

発破においては，最小抵抗線を大きくするほど，破砕されたズリも大きくなる。そこで，穿孔間隔を拡げ，逆に最小抵抗線を小さくすることにより，破砕ズリを細かくかつ比較的均一にすることを目的とした発破法のことをワイドスペース発破（W.S.B.）という。

一般にベンチ発破の場合の穿孔間隔は，岩質，穿孔径および使用爆薬種によりとりうる最大の最小抵抗線長を決め，その1.0～1.5倍の穿孔間隔をとるといった決め方をしていた。このワイドスペース発破工法は，抵抗線長（W）×穿孔間隔（D）（すなわち平面的には1孔あたりの受け持つ破砕面積）を従来法と同じ大きさにとり，D／Wの比を4～8倍と，いままでの常識に比べ非常に大きくとる穿孔パターンにするもので，穿孔長，装薬量はそのまま変えないで行う。したがって1m³あたりの火薬量お

表1.1.7　鳴子ダムにおける長孔発破

区分	ボーリング穿孔数量		装薬量	掘削量
試験発破	5本	106.5m	92.8 kg	約500 m³
第1次発破	13	474.0	274.6	1800
第2次発破	39	1236.0	1510.0	5500
計	57	1816.5	1877.4	7800

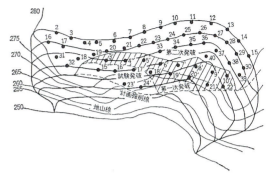

図1.1.9　鳴子ダム長孔発破掘削穿孔位置平面図

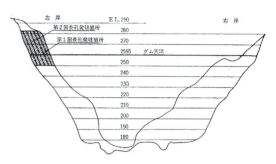

図1.1.10　鳴子ダム本体掘削正面図

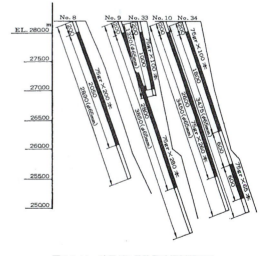

図1.1.11　鳴子ダム長孔発破掘削断面図

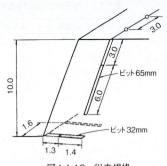
図1.1.12 従来規格

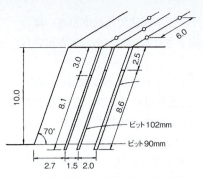
図1.1.13 ワイドスペース規格（M3型）単位：m

表1.1.8 従来法とワイドスペースの比較

		切羽長（m）	切羽高（m）	抵抗線（m）	穿孔方向	平均穿孔長（m）	穿孔本数	総穿孔長（m）	孔間隔（m）	起砕量（t）	装薬量（kg）			雷管（個）		小割数（個）	小割用三号桐（kg）
											AN-FO	三号桐	合計	瞬発	MS		
ワイドスペース規格	6型	40.5	10	2.3 1.2 1.2	下向孔	11.1	26	288.6	4.5	5139	635.4	2.6	638	9	17	87	2.6
	12型	40	10	2.3 1.3 1.3	下向孔	11.1	29	321.9	4	5508	708.8	2.9	711.7	10	19	77	2.3
	M3型	42	10	2.7 1.5 2.0	下向孔	11.1	21	233.1	6	7031	1041	2.1	1043.1	7	14	91	2.7
従来規格		40	10	2.5		9 2.7	13 25	117 67.5	3 1.6	2700	291.8	2.6	294.4	13	25	190	5.7

よび穿孔長は変わらない。このようなせん孔パターンにより，破砕ずりを細かくかつ比較的均一にすることが可能な発破法である。いままでずりを細かくしたい時は，過装薬にする，穿孔数を増やすなどの手段がとられてきたが，これらに比べてワイドスペース発破は施工性がよく，小割費用などの低減が図れる。

〔参考文献〕
1）石井康夫，西田佑，中野雅司，坂野良一：「最新 発破技術」森北出版，1985年8月

盤下げ発破（ゆるめ発破）

盤下げ発破とは，宅地・工場敷地・ゴルフ場等の造成工事や道路建設などに，比較的多く採用されている発破工法の一種である。

盤下げ発破は，一般的に1自由面発破であるが，段発発破を行う場合は2自由面の形をとることがある。図1.1.14は，盤下げ発破のうち，2自由面でのせん孔方法を示している。このように，ベンチ発破のような完全なベンチ造成を行わず，B>2Kとなっている場合は，盤下げ発破と見るべきであろう。

保安物件の近くで盤下げ発破を行う場合，発破振動を低減させるために一孔当りの装薬量を減らし，発破で岩盤をゆるめた後，リッパで掘削する方法が採用されることがある。このように火薬量を減らした盤下げ発破をゆるめ発破と呼ぶこともある。

60〜100mm径のせん孔の場合には，せん孔長を3〜6mとすることが多い。保安物件が近くにある場合には小孔径とし，せん孔長も2m前後の小規模発破とするのがよい。穿孔角度は垂直せん孔と傾斜せん孔がある。傾斜せん孔の方が発破効果もよく，発破振動も小さくなるといわれている。

〔参考文献〕
1）通商産業省環境立地局：「発破技術」社団法人全国火薬保安協会，1995年1月

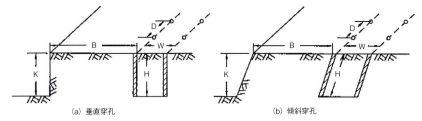

図1.1.14　盤下げ発破のせん孔方法
(a) 垂直穿孔　　(b) 傾斜穿孔

グローリホール工法

グローリホール工法は，事前に掘削した竪坑を中心に漏斗状の掘削を行い，掘削した岩は竪坑中を自然落下させ，竪坑下端に設けた格子によりふるい分けた後，ふるい下の貯蔵ビンに貯留し下端の積込口からシュートにより運搬機械に積込み搬出する方法である。なお，ふるい上にとどまった大塊は小割りする必要がある。

グローリホール工法の特徴としては，重力を利用して掘削した岩石を貯蔵ビンに集めるため，貯蔵ビンまでの運搬費が不要であること，掘削にあたって大型の機械設備を必要としないことなどであり，わが国の石灰山のように地形が急峻で採掘面積の狭いところでは，他の方法に比べて高能率が期待できるものである。

しかし，掘削を行う場所が急斜面となって作業上危険を伴うほか，大型の掘削機械を使用しないため短期間に大量の掘削を行うことができない，などの欠点を有している。土木工事に適用される場合は，交通量の相当ある道路に近接した山の掘削で道路上に押し落しすることができない場合や，地下空洞の盤下げ掘削，水力発電所の調圧水槽掘削などに適用される。また，本工法が採用されるのは塊状岩床か，厚い層状床で，薄い岩床に対しては採用不適当であり，粘土分などの爽雑物を含んでいる場合には掘削面に付着し，これが降雨の際に一度に流れ品質を低下させるとともに，災害発生の原因となることがある。

〔参考文献〕
1) 土木学会監修:「爆破」鹿島研究所出版会，昭和45年10月
2) 土木学会監修:「爆破　付ANFO爆薬」鹿島研究所出版会，昭和41年9月
3) 日本建設機械化協会編:「骨材の採取と生産」，技報堂出版，1984年3月

放射状せん孔発破システム

堀削対象部に小断面の坑道を設け，その坑道内部から放射状に穿孔し，各孔に分散装薬して，一時に大量爆破する工法である。一般には，地形が急峻でベンチカット工法では効率が悪い場合や短期間に掘削を完了させるために採用される工法である。

本工法は，高低差が大きく急峻な地形においても，一度に大量の破砕が可能で，明かりの諸条件と無関係に坑道内で準備作業ができ，掘削量が多い場合には効率的である。また，爆破時の最小抵抗線の取り方さえ適当であれば，爆薬の威力の及んだ範囲内の岩は破砕されて，一般の爆破の場合に比較しより一層岩塊は小さくなり，ずり出しが容易となる。

薬室による坑道発破工法と同様の利点を有するほか，爆薬が分散されるので，基礎岩盤に与える影響は坑道発破工法より少ない。坑道内での穿孔作業や装薬作業に高度な技術と熟練を要するとともに，岩質や亀裂，断層，破砕帯等の事前調査を十分に行う必要がある。

経済的には一般の明り掘削に比べて割高になることは明らかであるが，施工上の利点，あるいは本工法の採用により工程の短縮による経済的利益など総

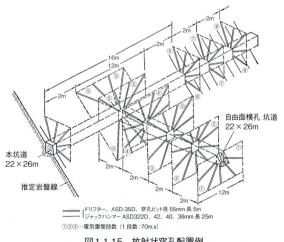

図1.1.15　放射状穿孔配置例

合的に判断して，本工法の採否を決定すべきである。

〔参考文献〕
1) 竹林征三・他「現場技術者のための　土工事ポケットブック」山海堂，2000年4月
2) 土木学会監修:「爆破」鹿島研究所出版会，昭和45年10月
3) 土木学会監修:「爆破 付 ANFO爆薬」鹿島研究所出版会，昭和41年9月

制御発破（振動騒音抑制）

居住地域や重要な構造物，施設に近接して発破を行う場合には，発破振動を低減しなければならない。そのため，これらの対策としては，爆薬の種類と起爆方法を検討する必要がある。

爆薬の種類の検討にあたっては，発破振動が爆源から岩盤内に投射される波動が地表面まで伝播してきたものであり，振動源における波動は，動的破壊効果の比率の高い爆薬ほど大きくなる点に着目する必要がある。したがって，発破振動を小さくするためには，衝撃波による動的破壊効果の比率の小さい爆薬，すなわち爆速の低い爆薬を採用することが重要である。

起爆方法の検討にあたっては，発破振動が非常に瞬発的であるため，段発発破を行えば，振動波形は分断され発破振動の大きさを規定する薬量は総薬量ではなく1段あたりの薬量になる点に着目する必要がある。したがって，1発破あたりの段数を多くするほど，1段あたりの薬量は小さくなるため，それに適した雷管を選定することが重要である。下表に発破振動の制御を目的とする場合の雷管の特徴を示す。

〔参考文献〕
1) 石井康夫，西田佑，中野雅司，坂野良一:「最新　発破技術」森北出版，1985年8月

表1.1.9　発破振動の制御を目的とする場合の雷管の特徴

	価格	低減効果	備考
電気雷管	◎	○	DS : 1～20段，MS : 1～20段，併用で30段程度
導火管付き雷管	●	●	コネクター結線で，無限の段発発破が可能
電子雷管	○	◎	100～8,196msで，1ms刻みで任意の起爆秒時設定可能

◎：特に優れている　●：適している　○：使用可能である

4 積込・運搬工法

この工法は，大別して機械によるものと人力によるものとに分けられる。

(1) 機械によるものには，次のようなものがある。
①掘削と積込みを同時に行う方式
②積込みと運搬を同時にする方式
③掘削と運搬を同時にする方法
④掘削と積込みと運搬を同時にする方法
⑤積込みと運搬を別々の機械で行う方式

1) 掘削と積込みを同時にする機械には，パワーショベル，トラクタショベル，バックホウ，ドラグライン，クラムシェル，バケットホイールエキスカベータなどがある。

2) 積込みと運搬を同時に行う機械にもいろいろあるが，運搬距離が極めて短い場合には，トラクタショベルが用いられ，そのうち，特に車輪式は走行速度が速い。延長の長いトンネル内では，ダンプローダ，坑内用ローダ，ロードホールダンプが，仮置きの方法で使われる。

3) 掘削と運搬を同時にする機械の代表的なものは，ブルドーザである。平均運搬距離が50m程度のときが最も経済的である。軟岩の場合にはリッパを装着して使用する。

4) 掘削と積込みと運搬を同時にする機械には，トラクタショベル，スクレーパなどがある。

5) 積込みと運搬とを別々の機械を使用する場合，大別して次のような，積込みおよび運搬方式がある。
①機械ずり積み方式　②人力ずり積み方式

大型ダンプによる土砂運搬

③人力運搬方式　④軌道運搬方式
⑤トラック運搬方式　⑥特装運搬方式
⑦コンベア運搬方式　⑧架空索道運搬方式
⑨流体運搬方式　⑩巻上げ機運搬方式
⑪トラックトラクタとトレーラ運搬方式

（2）人力によるものには、人力だけによるものと、ポータブルコンベアなどにより運搬機械に積込む方法とがある。これらは一般に手積みといわれる。

〔参考文献〕
1）日本道路協会：「道路土工・施工指針」日本道路協会、昭和61年11月
2）日本建設機械化協会編：「日本建設機械要覧」日本建設機械化協会、1998年
3）竹林征三ほか：「土工事ポケットブック」山海堂、2000年4月

〔写真提供〕
コマツ

ブルドーザによる押土工法

ブルドーザによる押し土工法は、掘削を伴う短距離運搬に適し、概ね70mまでの距離が適している。機械の種類としては質量による分類があるが、接地圧によっても普通型（50kPa以上）、湿地型（20～30kPa）、超湿地型（10kPa）と分けられる。作業には走行路のトラフィカビリティに適した機種の選定が重要である。

機械のブレード（土工板）には一般のストレートドーザと共に、面の傾きを変えられるようにしたアングルドーザがある。また地盤に対してブレードの左右の高さを変えられる（チルトする）ようになっている。作業時は現場の状況に応じてストレート・アングル・チルトを適切に使い分ける。このほかルーズな土、チップ（木片）、石炭などの軽量物の大量処理用に大きなブレードを持ったＵドーザなどがあり、さらに普通のブルドーザに比べ運搬路に土を落とさないで長距離運搬できるバケットドーザもある。

ブルドーザの履板には、通常突起の標準履板や三角断面の湿地用履板のほか、雪上用、氷雪用、岩盤用などの特殊履板や、運搬路面を傷めないための突起カバーやゴム履板などもある。我が国では湿地型のブルドーザの普及が進んでいるといわれている。

これらの装備を適切に選択して、ブルドーザの押土工法に使用する。

〔参考文献〕
1）日本道路協会：「道路土工・施工指針」日本道路協会、昭和61年11月
2）日本建設機械化協会編：「日本建設機械要覧」日本建設機械化協会、1998年
3）竹林征三ほか：「土工事ポケットブック」山海堂、2000年4月

ホイルローダによるロード&キャリ工法

この工法はホイールローダーのバケットに掘削土をすくいこみ、保持したまま走行・運搬し、ホッパ等へ投入する作業を連続して行う方法である。

ホイールローダは、積み込み機械の代表的な機種であるトラクタショベルのうち、走行装置にタイヤを使用した機械である。走行速度が速く、機動性に富み、突進力を利用した土砂すくい込み、バケットに土砂を保持したままの高速運搬、ホッパ投入やダンプトラックへの積込みが可能であるなど優れた特徴を有している。

従って作業時の運搬距離が数m～数十mの比較的短距離における積込み・運搬・投入を1台の機械で高速に行うことに適している。また狭隘な場所での積込み・運搬作業場合などにも使用される。

使用するバケットには通常のフロントエンド式のほかに横方向に傾倒するサイドダンプ式などもよく使われている。バケット容量は$0.3m^3$～$3m^3$級が多く、形状も様々である。

操向方式はアーティキュレート式が主流である。

作業能力は大きく、作業路盤が良好なところではさらに良好である。また、舗装面でも路面を痛めずに走行可能であり、作業場所の制約は少ない。

ホイールローダによる積込み

〔参考文献〕
1) 日本道路協会:「道路土工・施工指針」日本道路協会, 昭和61年11月
2) 日本建設機械化協会編:「日本建設機械要覧」日本建設機械化協会, 1998年
3) 藤田修照:「土木工事の積算」(財) 経済調査会, 1999年7月

〔写真提供〕
コマツ

スクレーパ工法

スクレーパは掘削, 積込み, 運搬, 捨土および敷ならしの作業が1台で効率よくおこなえる機械であり, 大規模工事で大量の土砂を効率よく積込み, 運搬するために使用される。

この機械を効率よく稼働させるには, モータスクレーパの場合, 作業の運搬距離が300〜2000m程度, 運搬路のトラフィカビリティがコーン指数で1.0N/mm^2以上, 運搬路の勾配が15〜25％以下などの条件が必要となる。また, スクレーパには回転するための広い面積が必要であり, 計画時に注意を要する。

機種としては通常, 被牽引式スクレーパではボウル平積容量7〜17m^3級, モータスクレーパでは16m^3級のものが多く使用されている。

スクレーパが使用できない中小規模の土工や現場条件によっては, ダンプトラックが使用されることが多い。

〔参考文献〕
1) 日本建設機械化協会編:「日本建設機械要覧」日本建設機械化協会, 1998年
2) ㈳日本道路協会編:「道路土工-施工指針」, ㈳日本道路協会, 1986年
3) 竹林征三ほか:「土工事ポケットブック」山海堂, 2000年4月

ショベル・ダンプ工法

ショベル系の積込機とダンプトラックを組み合わせて積込み・運搬を行う方法である。ショベルにはローディングショベルやバックホウそしてタイヤ式ショベルが用いられ, ダンプトラックには重ダンプトラックなども使用される。運搬距離100m以上の土工事の施工に, 最も一般的に使用されている。

一般的な特徴としては次のことがあげられる。①運搬物に大きな制限がない, ②ほとんどの現場に適用が可能, ③作業の変化に対する適用性が大きい, ④トラブルが少ない, ⑤転用が容易

ショベルによるダンプ積込み作業

機種選定に当たっては作業量, 材料, 作業エリア等を勘案して, 総合的な判断に基づき決定する。作業計画時にはダンプトラックのベッセルが, ショベルでは3〜4回で, バックホウでは4〜5回で積込み完了となるような機種の組合せが合理的である。

〔参考文献〕
1) 日本道路協会:「道路土工・施工指針」日本道路協会, 昭和61年11月
2) 日本建設機械化協会編:「日本建設機械要覧」日本建設機械化協会, 1998年
3) 竹林征三ほか:「土工事ポケットブック」山海堂, 2000年4月

〔写真提供〕
コマツ

バケットホイルエキスカベータ工法

本工法は, 連続バケット式の掘削・積込み機械であるバケットホイルエキスカベータ (BWE) を用いた方式である。バケットホイルで掘削された土砂は本体後方の排土ベルトコンベアから放出される。この排土コンベアは旋回・起伏が可能で, 掘削中に放出先を変えることが可能である。

運搬機の組合せは①BWE-ダンプトラック方式と②BWE-トランスファワゴン-シフタブルコンベア-メインコンベア方式がある。前者は連続掘削機との組合せには作業効率の面で不利であり, 小規模工事向けである。②の方式が一般的であり, 盛り立て側の作業に応じてクローラコンベア, スタッカ, スプレッダなどを組合わせる。BWE工法は掘削機とシフタブルコンベアの設置ヤードの準備作業, ベルトコンベアの設置に多くの費用が発生する。地形・地質, 排水など, 本工法に見合う十分な検討が

要求される。

　BWEとコンベアシステムの組合わせによる連続工法は，従来工法と比較して土量500万m³程度までは設備費が高くつき，工事単価が高くなると試算される。他の工法と比較して概略同様な単価となる施工土量は約1000万m³であり，1500万m³程度以上になれば連続土工システムがもっとも安価となるとされている。

〔参考文献〕
1) 日本建設機械化協会編：「日本建設機械要覧」日本建設機械化協会，1998年
2) 竹林征三ほか：「土工事ポケットブック」山海堂，2000年4月

ベルトコンベア工法

　この工法は，ベビーコンベア（ベルト幅450mm×機長5m×出力1kW程度）から大規模土工の土砂運搬用として設備する長大なベルトコンベア（ベルト幅2000mm×機長2000m×出力300kWなど）まで，様々な機種のコンベアを用いて土砂等を運搬する方式である。

　コンベア型式にはポータブル式と定置式そして自走式の3種類があり，工事の規模，使用目的により選択する。ポータブル式のものは小規模な工事，または重機械の稼働が困難な場所での工事などに用いられる。輸送能力は40〜185ton/h，最大傾斜角18〜20度程度のものがよく使用されている。駆動方式にはエンジン式とモータ式がある。定置式コンベアは，一般に，採土，ダムなどの大規模工事で，長期間にわたる場合によく使用される。自走式コンベアは設置・移動の困難さを解消したもので，柔軟な使用を可能としたものである。BWEと組合わせて大土工に使用したり，移動の多い小割工法機械の引出しコンベアなどに使用している。

　土工においては一般的には大規模工事に適した工法である。通常は掘削・一次運搬設備としてショベル，BWE，スクレーパ，ダンプトラックがあるが，運搬物に金属片や長物の混入を防ぐ装置が必要である。また岩石，転石等はコンベアのベルト幅に応じたサイズに分別するためグリズリ設備，破砕機の組合せが要求される。また海上輸送と連結する場合には気象・海象による作業効率の変動が大きく変わるためストックパイルを設け，土取り作業の稼働率を上げる必要がある。ダンプトラックとの経済比較では年間200〜300万トン以上であればコンベア工法が有利といわれる。

　本方式の特長は次のとおりである。
①土砂，骨材などばら物の大量・長距離運搬に適する。
②構造が簡単で，山間部や市街地等にも高架，トンネルなどによる設置が容易である。
③運搬物の積込みや荷下ろしが車両運搬に比べ容易。
④傾斜部での運搬も専用ベルトにより30度程度まで運搬可能。
⑤運転に対する信頼性が高く，保守点検が容易であり，集中制御が可能である。
⑥低公害工法であり，環境対策が容易である。

〔参考文献〕
1) 日本道路協会：「道路土工・施工指針」日本道路協会，昭和61年11月
2) 日本建設機械化協会編：「日本建設機械要覧」日本建設機械化協会，1998年
3) 竹林征三ほか：「土工事ポケットブック」山海堂，2000年4月

5 締固め工法

　土を人工的に締固め，土の空隙をできるだけ小さくして密度を増加させ，土の性質を改良（土のせん断強度の増大，粘着力の増大，圧縮性が減少，透水性が減少など）させる工法である。締固めることにより，将来受ける外力に対する抵抗力，支持力が大きくなり，より高い安定性が得られる。

　建設工事用材料の締固めには，土の締固めのほか，舗装用材料の締固め，コンクリートの締固めおよびコンパクションパイルのような地盤改良工法の中に含まれる締固めなどがあるが，ここでは主として，粘性土から破砕された硬岩にいたるまでの，盛土材料の締固めを取り上げる。

　締固め機械の選定に当たっては，材料の土質，工種，工事規模などの施工条件に応じて，最も有効適切なものを選定しなければならない。転圧効果は，土質（粒度，含水比）と転圧機械の種別，および性能（大きさ，自重，線圧，タイヤ圧，振動数，起振力，衝撃力，走行性など）によって締固め効果が異なるため，これらの特性を十分考慮し機種の選定を行うことが望ましい。

　締固め工法は，加える締固めエネルギーによって，

次の3つに大別される。

1）転圧締固め工法

2）振動締固め工法

3）衝撃式締固め工法

本工法は，主に，道路の路床，路盤，盛土，築堤などの施工に用いられる。

締固め機械の選定の目安と主要締固め機械の機械諸元を表に示す。

〔参考文献〕

1）最上武雄・河上房義：「土質工学基礎叢書10・土の締固め」鹿島出版会，昭和57年5月

2）日本道路協会：「道路土工・施工指針」日本道路協会，昭和61年11月

3）土木学会編：「新体系土木工学17　土の力学（Ⅱ）」技報堂出版，1984年9月

4）土質工学会編：「土工入門―土構造物をつくる―」土質工学会，平成2年3月

5）土質工学会編：「土質基礎工学ライブラリー 36　土の締固めと管理」土質工学会，平成3年8月

6）竹林征三・他：「現場技術者のための　土工事ポケットブック」山海堂，2000年4月

7）日本建設機械化協会編：「日本建設機械要覧」日本建設機械化協会，1998年

転圧締固め工法

締固め工法の一種で，ローラなどを用い，主として静的な転圧によって締固めを行う工法である。

ローラには車輪の材質や走行型式などによって図のように種々のものがある。

ローラは，転圧の目的に応じて，最も有効適切なものを選定しなければならない。転圧の効果は，転圧される材料の土質とローラの種別および施工条件の組合わせに複雑に依存する。代表的な機種の概略を以下に示す。

①ブルドーザ：ブルドーザを締固めに使用する場合があるが，本来締固め機械ではなく，締固め能率も悪く施工の確実性も低い。通常の機械では使用困難な土質（トラフィカビリティ確保が困難な高含水比粘土など）や，小規模工事，あるいは法面の締固め等に使用される。

②ロードローラ：表面が滑らかな鉄輪によって締固めを行うもので，マカダム型とタンデム型がある。基本的には，マカダム型は砕石基層など

表1.1.10　締固め機械の選定

盛土の構成部分	土質区分 ＼ 締固め機械	仕上がり厚さ（cm）	振動ローラ 自走式被牽引式 起振力20t級	振動ローラ 自走式被牽引式 起振力13t級	振動ローラ 自走式被牽引式 起振力5t級	自走式ソイルコンパクタ	被牽引タンピングローラ	ロードローラ	振動コンパクタ	ランマ・タンパ	タイヤローラ 自走式	タイヤローラ 被牽引式	ブルドーザ 普通型	ブルドーザ 湿地型	備考
盛土・路体	岩塊などで、掘削転圧によっても容易に細粒化しない	100～60	◎												硬岩
		60～30	◎	○											
		30	◎	○	○				◑大	◑大					
	風化した岩、土丹などで部分的に細粒化してよく締固まる岩など	30	◎	○	○	◎	◎		◑	◑大	○大	○大			軟岩 脆弱岩
	単粒土の砂、砕粒分の欠けた切込み砂利、砂丘の砂など	30	○	○	○				◑	◑	○	○			砂 礫混じり砂
	細粒分を適度に含んだ粒度のよい締固め容易な土、まさ土、山砂利など	30	○	○	○				◑	◑	○大	○			砂質土 礫混じり砂質土
	細粒分は多いが鋭敏性の低い土、低含水比の関東ローム、砕きやすい土丹など	30			○	◎	◎			◑	○大	○			粘性土 礫混じり砂質土
	含水比調節が困難でトラフィカビリティが容易に得られない土、シルト質の土など	30											●	●	水分を過剰に含んだ砂質土
	関東ロームなど、高含水比で鋭敏性の高い土	30											●	●	鋭敏な粘性土
路床・路盤	路床・路盤　粒度分布のよいもの	20	◎	○	○			○	◑	◑	○大				粒調材料
	単粒度の砂および粒度の悪い礫混じり砂、切込み砂利など	20	◎	○	○			○	◑	◑	○大				砂 礫混じり砂
裏込め		20～30	◎	○	○				◑	◑	○大				ドロップハンマを使うこともある
のり面	砂質度	30		○	◎				◎	◑		○		○	
	粘性度	30		○	◎				○	◑		○		○	
	鋭敏な粘土、粘性土	30								◑				●	

（凡例）

◎：有効なもの　○：使用できるもの

●：トラフィカビリティの関係で他の機械が使用できないので、やむを得ず使用するもの

◑：施工現場の規模の関係で、他の機械が使用できない場所でのみ使用するもの

大：大型のもの

（出典）日本道路公団：施工管理要領基準集

表1.1.11　主要締固め機械諸元

機種	型式		重量（t） 自重	重量（t） バラスト式	線圧（kgf／cm） 前輪	線圧（kgf／cm） 後輪	備考
ロードローラー	マカダム3輪	標準	6～10	9～13	22～32	62～82	舗装・路盤（土工も可）
		屈折	9～11	11～15	50～60	53～65	
	タンデム2輪		6～8	9～10	30～36	40～48	

機種	型式	自重（t）	バラスト付重量（t） 計	バラスト付重量（t） 前輪	バラスト付重量（t） 後輪	タイヤ本数 前輪	タイヤ本数 後輪	備考
タイヤローラー	自走式 被牽引式は使用例少なし	3	3.2	1.9	1.3	4	3	土工および舗装・路盤
		5	15	6.7	8.3	4	5	
		8.5	20	8.5	11.5	4	5	
		8.5	20	8.5	11.5	3	4	
		11～13	27～30	12～17	12～17	3～5	4	
		16	35	15	20	3	4	

機種	型式		自重（t）	振動輪 片輪	振動輪 両輪	起振力（tf）	最大振動数（vpm）	備考
振動ローラー	ハンドガイド式		0.5～0.6		○	1.5前後	3000～3500	土工および舗装・路盤
			0.7～0.8		○	2	〃	
			0.9～1.0		○	2.5	〃	
	タンデム式片輪振動		1.5～4.0	○		1.5～4.0	3000前後	舗装・路盤（路盤も可）
	タンデム式両輪振動		2.5～20		○	2.5～20	〃	〃
	コンバインド式フラットタイヤ付		1.5～12	○		1.5～10	〃	〃
	土工専用型	駆動用タイヤ付	4～7	○		6～13	1800	平滑輪型およびタンピング型あり
			10	○		20	〃	
			15～18	○		20	〃	
		被牽引式	6	○		20	1500	
			10～15	○		30～40	〃	
振動コンパクター	ハンドガイド式		0.04～0.35			0.6～3.5	3000～6000	土工・路盤
	油圧組合せ式		0.15～1.35			1.5～17.0	2400	
タンピングローラー	自走式		20，30	バラスト付22，35t				土工
	非牽引式		2～13	〃　3～21t				
タンパー（ランマー）			0.06～0.12				打撃数500～700	〃
ブルドーザー	標準型		7～21					〃
	湿地用		7～28					

（注）本表は各社の製品を大まかに区分整理してまとめたものである。また欄内の（～）はその範囲にいくつかの機種があることを示す。

マカダムローラ

タイヤローラ

の基礎転圧に，タンデム型はアスファルト舗装の仕上げ転圧のほか，ローム質土・粘性土などの転圧に使用される。
③タイヤローラ：空気入りタイヤの特性を利用して締固めを行うもので，タイヤの接地圧は載荷重および空気圧により変化させることができる。タイヤ圧は締固め機能に直接関係し，砕石などでは高く，粘性土では低くして使用する。タイヤローラは機動性に富み，比較的種々の土質に適用できる。

〔参考文献〕
1）日本道路協会：「道路土工・施工指針」日本道路協会，昭和61年11月
2）土質工学会編：「土工入門―土構造物をつくる―」土質工学会，平成2年3月
3）土質工学会編：「土質基礎工学ライブラリー36 土の締固めと管理」土質工学会，平成3年8月
4）竹林征三・他：「現場技術者のための 土工事ポケットブック」山海堂，2000年4月
5）日本建設機械化協会編：「日本建設機械要覧」日本建設機械化協会，1998年

振動締固め工法

締固め工法の一種で，静的圧力に振動力を加えて締固める工法である。代表的な機種の概略を以下に示す。
①振動ローラ：振動ローラは，自重のほかにドラムまたは車体に取り付けられた起振機により自重の1～2倍の起振力を付加し，振動によって土の粒子を密な配列に移行させ，小さな重量で締固め効果を上げようとするものである。振動ローラは一般に，粘性の乏しい砂利や砂質土の締固めに効果があるとされている。

②タンピングローラ：ローラの表面に突起をつけたもので，突起の形状によって機械名が異なる。タンピングローラは突起の先端に荷重を集中させることができるので，土塊や岩塊などの破砕や締固めに効果がある。粘質性の強い粘性土の締固めに効果がある。
③大型タンパ：機関の回転運動をクランク機構で上下動に変えて，コイルスプリングを介して打撃板に伝達するもので，打撃と振動の2つの機能を備えている。重量は100kg前後のものが多く，構造物の埋戻しなど狭いエリアの締固めに利用し，高含水比の砂質土，粘性土以外の土質に広く利用できる。
④振動コンパクタ：平版の上に直接起振機を取り付けたもので，振動を利用して締固めと自走を同時に行うものである。軽量な機械であるので，ほかの機械では締固めることが難しい箇所，たとえば構造物の裏込め，埋戻し，盛土の法肩や法面などの締固めに利用される。

〔参考文献〕
1）日本道路協会：「道路土工・施工指針」日本道路協会，昭和61年11月
2）土質工学会編：「土工入門―土構造物をつくる―」土質工学会，平成2年3月
3）土質工学会編：「土質基礎工学ライブラリー36 土の締固めと管理」土質工学会，平成3年8月
4）竹林征三・他：「現場技術者のための 土工事ポケットブック」山海堂，2000年4月
5）日本建設機械化協会編：「日本建設機械要覧」日本建設機械化協会，1998年

衝撃式締固め工法（動圧密工法）

動圧密工法は，重錘（ハンマー）をクレーンまた

は特別な装置を用いて高所から繰り返し落下させ，その時に地表面へ与えられる衝撃力と発生する地盤振動によって地盤を圧縮・強化する地盤改良工法である。

施工は，重量12～30tf，底面積3～4m²の鋼製または鋼＋コンクリート製の重錘を通常100～200ton吊りクローラクレーンを使用して，10～30mの高さから落下させ，10～15m程度の改良深度を得るのが一般的である。工法的には，重錘を高所から自由落下させることにより，数百～数千tfオーダーの衝撃力と数G（G＝重力加速度）の地盤振動が1ヶ所当り10～50回位繰り返し与えられることになる。この衝撃力と地盤振動によって地盤が圧縮され，あるいはゆすり込まれて密度が高まり，地盤が改良されてゆくものと考えられている。

岩砕盛土，レキ，砂質土（浚渫埋立土），廃棄物などの地盤に対して，衝撃力や地盤振動のいずれもが締固めに有効に作用する。また，粘性土（特に飽和土）の改良については打撃による圧縮とともに過剰間隙水圧が発生し，含水比低下にともない強度増加が示される。

施工能率は，改良土質，条件によって異なるが，クレーン1台当り概略3,000～6,000m²／月程度である。

タンピング施工に伴って1.5～2.0mの打撃孔が生じるが，地下水位が2m以浅の場合や粘性土層が存在する場合には施工能率の低下が考えられる。また，騒音，振動についても配慮が必要である。

〔参考文献〕
1) 鳴海直信：「動圧密工法」月間建設，1987年4月
2) 大倉卓美：「土木・建築技術者のための実用軟弱地盤対策技術総覧」，産業技術サービスセンター，1993年12月
3) 鳴海直信：基礎工「地盤改良による液状化防止工法－動圧密工法」，総合土木研究所，1985年5月
4) 軟弱地盤対策工法編集委員会：重錘落下締固め工法，「現場技術者のための土と基礎シリーズ16，軟弱地盤対策工法──調査・設計から施工まで─」，土質工学会，1988年
5) 液状化対策の調査・設計から施工まで編集委員会：重錘落下締固め工法，「現場技術者のための土と基礎シリーズ20，液状化対策の調査・設計から施工まで」土質工学会，1993年

盛土工法

1 軽量盛土工法

軽量盛土は荷重軽減工法の一つであり，盛土自体の荷重を軽くすることにより通常の盛土を施工した場合に比べ在来地盤への影響を小さくすることを目的とした工法である（図1.1.17）。この工法には図1.1.18に示すように泥炭，しらす等に代表される軽量土砂を用い盛土を行う場合のように自然材料を用いる場合と，セメント系材料，高分子材料，人工発泡材のような人工軽量盛土材料を用いる場合がある。前者は材料の発生地域や発生量が限られ，使用できる場所が限られるが，後者は最近様々な材料が開発され，荷重軽減による原地盤処理工の低減と軽量であることによる施工性を生かし，省力化・工期短縮の面から以下のような施工に数多く使用されている。

①軟弱地盤上の沈下対策：荷重が小さいことを利用し，盛土に伴う沈下を抑えると共に，周辺地盤・構造物への影響を低減する。

②構造物と盛土との段差軽減：橋台背面，カルバートボックス，杭基礎を持つ構造物と盛土の取り付け部の沈下を少なくし，段差が発生するのを軽減する。

③橋台，擁壁の裏込め土圧軽減：特に人工軽量土においては自重が小さく強度が比較的大きいことに起因し土圧が小さくなることを利用し，側方流動を軽減させる。

④盛土によるすべりの誘発防止：地すべり地に盛土を行う場合や既設盛土への腹付け盛土時に，盛土による荷重を小さくすることによりすべりの発生を誘発させない。

⑤急勾配盛土：人工軽量土は軽量で自立性が高いことを利用し，急勾配盛土を施工することが可

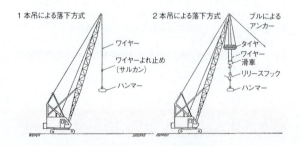

図1.1.16　ハンマーの落下方式

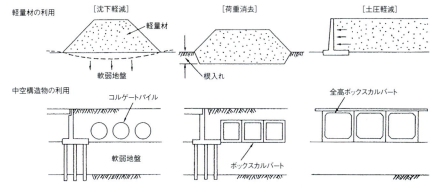

図1.1.17 軽量盛土工法の適用

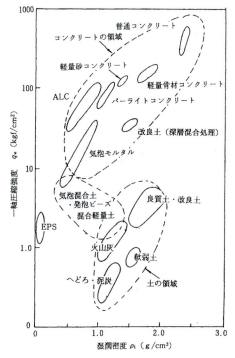

図1.1.18 湿潤密度と一軸圧縮強度

能であり，用地の有効利用を図る事ができる。
⑥仮設道路：軽量であることにより基礎地盤処理がほとんどいらず，急速施工が可能であることを利用し，仮設道路の造成に利用する。

EPS工法

EPS工法とは，高分子材の大型発泡スチロール（Expanded Poly-Styrol）ブロックを盛土材料や裏込め材料として積み重ねて用いる工法であり，材料の超軽量性，耐圧縮性，耐水性および自立性を有効に利用する工法である。特にその密度は0.20kN/m³（0.12〜0.35kN/m³）程度と土砂の約1/100，他の軽量材と比較しても約1/10〜1/50と軽量であるため，荷重を大幅に軽減でき，沈下・支持力対策として有効である。

許容圧縮強さは密度に応じて20〜200kN/m²の値を示し，盛土を始めとする様々な用途に対応できる。またEPSを直立に積み上げた場合，自立面が形成され，その上に載荷重が作用しても側方への変形は極めて小さい。このため，構造物背面に設置して土圧を大幅に軽減することができる。さらに，施工にあたっては大型重機を必要とせず，人力施工が可能で現地での加工も容易であることから，急傾斜地や狭隘部での施工も可能である。

EPSは独立気泡を持つ構造であるため耐水性に優れており，地下水位下に用いてもその軽量性は損なわれない。ただし，このことは反面，施工時の雨水浸入や，完成後に地下水位等の変動がある場所で用いる場合は浮力対策が必要となることになる。

またその他の特性として，紫外線により表面の黄変が生じやすい，ガソリン等の有機溶剤により溶融する，高温による軟化・変形，火災による燃焼等が考えられるので，施工にあたっては土羽土・コンクリート床版・壁面材等による被覆が必要となる。

FCB工法

FCB工法（Foamed Cement Banking Method）とは，軽量性，流動性に優れる気泡セメントを用いた気泡混合土系の軽量盛土工法の1つであり，急傾斜地や地すべり地の道路盛土施工，橋台等の構造物への土圧軽減，供用路線の拡幅盛土等に使用することを目的に開発された工法である。材料はセメント，原料土（主として砂質土），水および気泡の混合割合により任意の単位体積重量（5〜13kN/m³），および強度（0.3〜1.0MN/m²）にあった経済的な配

EPS軽量盛土の施工

合設計が行える特徴がある。

この気泡混合軽量土は，現場に運搬した材料（セメントや原料土）に水および気泡を現地プラントにて混合して作るため，EPSなどの成型品に比べ輸送コストは低い。また，流動性に優れているため，ポンプにて500m程度の圧送が可能であり，現地の形状に合わせて施工可能であるとともに，締固めの必要もなく施工性も高い。さらに，材料土として建設現場で発生する土や粘土などの建設副産物を前処理することで利用可能であり，環境適合性が高い工法でもある。

材料は無機系のセメントが主体となるため耐久性には優れるが，雨水や地下水の浸透による単位体積重量の増加があるため，施工にあたっては防水工が必要となる。

SGM工法

SGM（Super Geo-Material）工法は，液性限界以上に調整してスラリー化させた粘性土等の土砂に，セメント等の固化材および気泡・発泡ビーズ等の軽量化材料を添加・混合した単位体積重量8〜13kN/m^3の処理土を，主として港湾・海洋環境での埋立て，護岸の裏込め，盛土工事に用いることを目的に開発された軽量土工法である。密度，強度，流動性は任意に調整でき，ポンプ圧送・打設が出来ることから，施工性も高い。

この工法は，軽量土という位置づけの他，高含水比の浚渫土や建設発生土等を原料土として有効に活用でき，添加するセメントおよび原料土の粘性により，施工時に水中で分離しにくく，海域への影響を少なくしている等，環境面での優れた特徴がある。

発泡ビーズ混合土工法

発泡ビーズやEPSブロックの破砕片を土砂と混合攪拌し軽量土を作成する工法であり，混合する発泡ビーズの量の増減により7〜14kN/m^3の単位体積重量を作ることが出来る。軽量性においてはEPSブロックには大きく劣るが，EPSブロックでは浮力を受けて問題となるような場所でも比重を1以上とすれば，地下水位の高い場所での利用に対して有効である。さらに，現地発生土を有効に利用したい場合，狭隘な場所での埋戻し工事等にも適用できる。

軽量土としての材料強度は，セメントや生石灰の添加率（一般に混合土の乾燥密度に対し2〜10％），及び加水量で調整する。この加水に関しては，土砂と発泡ビーズの混合性の向上と固化材の固化反応の促進に効果がある反面，トラフィカビリティーの低下等，施工性低下の要因となるので，現場の材料土の土質，施工環境を十分検討し，加水量を判断する必要がある。

混合土の作成は，専用ミキサに材料を投入するプラント混合方式と，材料土と発泡ビーズを直接混合する原位置混合方式の2種類の方法がある。

2 補強盛土工法

補強盛土工法は，土自身の性質を変えないで，土の内部応力・ひずみ状態を力学的に変化させて内部から強化する工法である。具体的には，図1.1.19の例に示すように，盛土の内部に土以外の引張り剛性の高い帯状，棒状，あるいは面状の補強材料を配置して盛土の安定性を向上させ，変形量を少なくする工法であり，土の潜在的抵抗力に期待せずに外部構造物により安定を保とうとする擁壁・土留構造物や，セメント等を添加し化学的に土の粘着力を増加させる工法と異なり，力学的な地盤改良であるといえる。

その原理としては，盛土体内部に発生する引張りひずみに対応して，補強材に引張力が発生し，その力により盛土体自身の重量や外部荷重の一部を補強材が受け持ち，盛土体の作用するせん断応力（τw）を減少させるとともに，せん断面（すべり面）に作用する直応力を増加させ，土のせん断（抵抗）強度（τf）を増加させ，安全率（$F=\tau f/\tau w$）を増加させるものである。しかし，その補強メカニズムは

以外に複雑で，ある荷重に対して盛土体の土のひずみの発生→（土と補強材の摩擦を介して）→補強材内部の引張力→土内部の直応力の増加→土のせん断強度と剛性の増加→土の内部ひずみ状態の変化→土の引張りひずみの抑制，という状態が盛土体内でおこり，このことが補強効果をより大きなものとしている。

以上の原理により，所定の安全率を確保しつつ急勾配盛土が可能となり，擁壁や土留構造物等の大規模な壁面構造物やそれに付随する基礎構造を不要とする。これに伴い，盛土の用地費を含めた工費・工期が大幅に低減し，さらにのり面緑化も可能であることから環境に対しても優しい工法であるといえる。さらに，設計時に包含する各種安全率や，補強盛土体が一体化することから耐震性が高いことも大きな特徴である。

のり面を持つ盛土補強工法

通常，道路・鉄道・宅地盛土は1：1.5～1：2.0の標準勾配で造成され，この勾配で規定に則った施工を行った場合には，これまでの事例から十分安定であることが確認されている。しかし，盛土高が標準を越えるいわゆる高盛土の施工を行う場合や，盛土材料が所定の品質を満足しない場合（盛土材としての強度が発現しにくい高含水粘性土等），用地境界等の問題でのり勾配を急にせざるを得ない場合，長期的に構造物の機能維持を必要とする重要な盛土等の施工においてジオシンセティックを用いた盛土補強は有効な手段である。

古くから竹枠や丸太，そだなどを敷き盛土基礎に利用しており，これらも一種の補強土工法ではあったが，土質力学の観点に立ち工法として確立したのは1963年にフランスのH. Vidalによって考案されたテールアルメ工法であった（壁面を持つ盛土補強工法で詳述）。その後，プラスチックネットよりも強いポリマーグリッド（ポリマー材料を延伸し，軟鋼に近い強度を発現させた面状補強材）が開発され，この材料を用いた急勾配盛土の設計法がイギリスのJewellらによって発表され，急速にこの工法が広まることとなった。日本では1984年に初めてポリマーグリッド補強盛土が採用され，それ以来，ジオグリッドによる補強メカニズムに関する研究や，補強材料，工法開発が活発になり，さらにその後，補強盛土において，図1.1.20に示すような土のう巻込み式に替わるのり面工の工夫がなされたり，高強度繊維をグリッドに利用する材料開発が行われ，設計法も研究結果をもとに整備され今日に至っている。また，グリッドのような面状補強材を用いず，連続長繊維を用い盛土補強を行う工法も開発され，盛土補強の工法のバリエーションも増えてきた。

ジオテキスタイル工法

ジオグリッドを土中に水平に敷設する事により，引張補強材として利用し，盛土がせん断変形しようとするときの伸びひずみを土とジオグリッドの間に発生する摩擦抵抗により拘束し，せん断面（すべり面）の発達を抑えて地盤を補強する工法である。一般に砂質土を対象とするが，粘性土の混ざった土を利用するときに排水性の補強材を用いることもあり，総称してジオテキスタイル（ジオシンセティック）工法と称する。

この工法は，盛土のり面を急勾配化することができることから，長大なのり面を避けて安定な盛土を

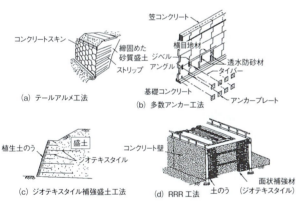

(a) テールアルメ工法
(b) 多数アンカー工法
(c) ジオテキスタイル補強盛土工法
(d) RRR工法
(e) テクソル工法

図1.1.19 補強盛土工法

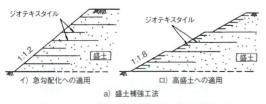

a) 盛土補強工法
イ) 急勾配化への適用
ロ) 高盛土への適用

図1.1.20 のり面を持つ盛土補強工法の適用例

造成することができ，用地制約の厳しい場所での盛土造成にも有効である。

工法の持つメカニズムから，設計・施工において，盛土材料の強度・ジオテキスタイルの強度・土とジオテキスタイルの摩擦抵抗は重要な要因となり，補強土構造物として高い安定性を得るために土と一体となってジオテキスタイルを働かせる必要がある。このため盛土の締固めは入念に行う必要があり，さらにのり面工ものり面のゆるみを生じさせないために重要である。このため，のり表面のジオテキスタイルの紫外線劣化保護を兼ねた植生土のうに代わり，剛なのり面工（壁面工）を用い安定性を向上させる工法も開発されている。

■ アデム工法

補強材として高密度ポリエチレンあるいはポリエステルと，アラミド繊維を複合させたジオグリッドにて盛土補強等を行うもので，ジオテキスタイル補強盛土の代表的な工法の1つである。補強材料のアデムは従来のポリマーグリッドに比べ低伸度，低クリープひずみのジオグリッドである事が大きな特徴である。

この工法は，緩斜面において土を巻き込むことなく補強材を配置する場合や，一般に急勾配盛土とされる1：1.0以上ののり面を持つ補強盛土に植生土のうによる巻込み方式で施工される方式の他に，のり面部にポリエチレンコーティング等で防錆加工された鋼製（エキスパンドメタル）ののり面ユニット（壁面材）を設置し，ジョイントでジオグリッドとのり面ユニットを一体化させるユニットキャップ工法により，土のう巻込みを無くし，のり面造成時の作業性の向上と共にのり面部の安定と景観を向上させる方式もある。また，擁壁の背面にアデムを敷設し，擁壁背面の土圧軽減を図ると共に，擁壁の全体安定の向上を図る事にも利用される。

なお，ジオグリッドはアデムも含め紫外線劣化に対しては注意を要し，そのためにものり面の植生工は重要である。

■ ハイブリッドフレーム工法

補強盛土において，その補強効果を十分に発揮させるためには盛土造成時にのり面形成を行い，かつ補強領域の一体化を促進するのり面保護工の拘束効果は，安定に寄与する重要な要因の1つである。同一の補強材を用いた場合，のり面の拘束条件によって補強効果や変形に大きな差が生じることが解っており，従来の土のう巻込みによるのり面形成では，土のう部分の変形量が大きいため，のり表面付近の拘束効果が低下し，のり面のはらみ出しが生ずる等の問題点があった。

こうした欠点に対し，ハイブリッドフレーム工法は，のり面工として自立式の鋼製またはRC製ののり枠を用い，これとジオグリッドを一体化させることによって，のり面の拘束効果を高め補強効果を増大させると共に，補強領域の一体化を促進してのり面の変形を小さくする事を目的とした工法である。同時に，RC製ののり枠を使用した場合はクレーンによる重機施工の必要があるが，のり面の施工に土のうを使用しないため，従来の土のう巻込み方式に比べ省力化と施工のスピードアップが図れる事から，結果的に経済的な工法となる。さらに，のり面構造物としての外観も含め，枠内に植生を行うことにより景観に配慮した設計・施工を行うことが出来る。また，低木等の植栽が可能なRCブロック形状のハイブリッドグリーン工法も開発されている。

■ 繊維補強土工法

繊維補強土工法は，帯状・棒状・面状の補強材を盛土内に敷設する補強土工法とは形式が異なり，盛土の対象となる土質材料と繊維を混合することによって，強度的により優れた土質材料を作るのが目的の工法である。この工法の補強メカニズムは，繊維と土が絡み合うことと土粒子の移動を繊維が拘束することによって引張り抵抗力が付加されるものであると考えられているが，まだ未解明な部分も多い。この工法には，長繊維（連続繊維）補強土工法と短繊維混合補強土工法があるが，切土・盛土補強では前者を用いる。

長繊維（連続繊維）補強土工法は，図1.1.21に示すように一般に土質材料として砂質土に繊維材料としてポリプロピレン100％のマルチフィラメント無撚糸を乾燥重量比で0.2％程度混合し，のり面を形成していく工法である。この混合によって，砂に見かけ上の粘着力が生じ剛性が増加する。施工において，各材料の混合は現場で行い，のり面施工に型枠等を必要としないことや，造成される補強土は砂の補強土工に表面は有機質系の植生工であるため，保肥性，保水性に富み，のり面緑化も容易である。ま

して適用が検討されている。

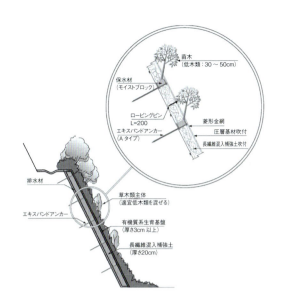

図1.1.21 施工概要（提供：長繊維化協会）

た，地山や盛土を別な工法（ロックボルト，鉄筋挿入，ジオテキスタイル等）で補強した後，表面の緑化を兼ねて施工することも出来る。

■ ラディッシュアンカー工法

　ラディッシュアンカーとは，攪拌混合工法によるソイルセメント柱体を斜め下方に築造しながら，同時にその中心に引張芯材を配置した大径（φ400mm）の地盤補強体（大根のように太くて短い）である。すなわち，ソイルセメント柱体の中にセメントミルクで構成されたコアがあり，その芯材として引張補強材である鉄筋やビニロンFRPロッドが配置された三重構造となっている。この大径の補強体は粗に配置しても小径の補強材を密に配置した場合より補強効果が高く，従来の地山補強土工法（引張芯材＋グラウト）に比べ経済的な施工が出来る。

　ラディッシュアンカー工法は①セメントミルクと原地盤を機械的に攪拌混合し，残土の発生が少ない，②高圧噴射を伴わず地盤を削孔しないので，施工時の変状が少ない，③大径であるため軟弱な地盤でも補強効果が大きく，地盤改良効果も大きい，④施工機械はボーリングマシンタイプやバックホウ搭載型等比較的軽微で，狭隘部での施工も可能である，⑤低騒音・低振動である，等の特徴があり，主として既設のり面及び地山の急勾配化を行ったり，掘削時の仮土留として用いられることが多いが，通常の盛土に対しても地震や降雨災害に対する盛土の補強と

壁面を持つ盛土補強工法

　盛土において，のり面工が全くないと天候などの外的要因や盛土体内部の応力により，のり面部が破壊してしまうことは経験的にも解っている。これは特に砂質土の場合，土の拘束圧σ3が無い場合はせん断強度が理論的にゼロになり，のり面部から破壊が盛土内部へ進行していってしまうためであり，このため，盛土造成時にはとくに急勾配になるほど土のうや色々な壁面材を用いてのり面を形成する必要がある。このように，のり面工は単に土のこぼれ出しを防ぐことやのり面形成のみを目的としているのではなく，盛土の急勾配化を目的とした補強土においては，のり面の安定に大きな役割を担っていることが解る。

　このように，盛土補強工法における壁面の役割は，擁壁のようにそれ自身の構造によって盛土を支え安定させるのではなく，土のこぼれ出し防止や壁面近くの土を拘束し，急勾配（鉛直）の補強土を築造することにある。壁面を持つ補強盛土の大きな特徴は，盛土の安定に対しては，主として多段に配置された補強材によって保つように設計されるため，壁面自身には大きな土圧が作用しない。その結果，壁面工の構造は簡易となり，さらに，壁面工に対して杭等の基礎が不要で，建設コスト・工期の低減・短縮が行える。また，鉛直盛土も可能となり，土地の有効利用に対しても有用である点にある。

　この工法は，テールアルメ工法を出発点として各種工法が発展してきており，盛土材料の適用範囲を広げたものも現れ，それぞれ設計・施工法が確立されている。ただし，どの工法も盛土体の変形に対してはある程度構造が追随するが，大きな沈下等が生じた場合は盛土体の全体安定に対しても大きな問題となるため，設計にあたっては各指針に従い，入念な施工を行う必要がある。

■ テールアルメ工法

　テールアルメ工法は補強土の先駆であり，この工法の出現以降，数々の補強土工法が出現するようになった。補強構造は図1.1.22および1.1.23に示すスキンと呼ばれるコンクリートまたは鋼製の壁面材とストリップと呼ばれる帯状の補強材で構成され，土

とストリップの摩擦力によって補強領域の一体化を図るものである。

この工法は，①垂直な盛土が構築でき，②補強部材等がすべて工場製品であるため品質の信頼性が高く，組み立てが容易であることから省力化が図れ，③土を主体とした構造であり，基礎地盤処理も擁壁に比べ簡易となり，④構造自身も多少の沈下に追随する，等の特徴がある。しかし，盛土の転圧不足や基礎地盤の沈下が大きい場合等が原因となって，過度の変状を起こす場合がある。また，ストリップは通常亜鉛メッキを施した帯鋼（リブ付きストリップ）を用いるが，盛土材料や周辺の環境により腐食を起こす場合があるので注意を要する。

適用においては，一般に鉛直盛土において通常6～7mを越えるとテールアルメは擁壁に比べ経済的となることから，実績では3～9mの壁高が多い。なお，理論的にはかなりの高さまで適用可能であるが，現実的には高盛土に対しては多段テールアルメで対応している。

■ 多数アンカー式補強土壁工法

この工法の補強メカニズムは，盛土内に配置されたアンカープレートとそれらに緊結された鉛直のコンクリート製もしくは鋼製の壁面材とに挟まれた盛土材料が拘束され，一つの抗土圧体となり盛土の安定を保つことによっている。テールアルメはストリップと土の摩擦力を補強原理としているが，多数アンカー式補強土壁工法は，盛土内に配置されたアンカープレートと前壁をタイバーにより緊結し，前壁にかかる土圧をアンカープレートの支圧抵抗力によって安定を維持する所ところに特徴があり，盛土材の締固めを確実に行うことで拘束補強効果が期待できる。

多数アンカー式補強土壁工法は，発生土の有効利用を目的として開発された工法であるため，土構造物の機能や性能を考慮することで，①比較的広範囲な盛土材量に対して適用出来る点が大きな特徴であり，その他，②プレキャスト部材を用いるため，施工が容易で工期短縮が可能，③構造が柔軟であり，変形に対する追随性が高い，④地山が岩の場合に，ロックアンカー式の定着を用いて掘削土量が低減でき，⑤直壁の場合は用地の制限に有効であり，⑥斜壁の場合は景観性に優れ，圧迫感の無い斜面を構築することが可能である，等の特徴を有する。なお，

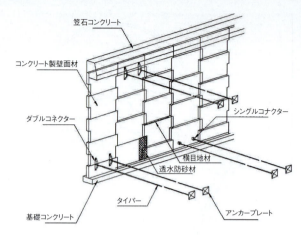

図1.1.22 テールアルメ工法コンクリート製タイプ

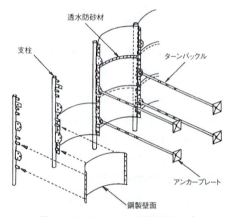

図1.1.23 テールアルメ工法鋼製タイプ

施工にあたっては締固めを確実に行うこと，地山の湧水や周辺地山の排水に対する対策を講じることが重要である。

■ タス工法

TUSS工法は，現地発生土の有効利用を目的に開発した補強土工法であり，①支圧式の補強材を使用すること，②壁面パネルと補強材の連結部にスライド機能を持たせたことに特徴がある。

補強材先端に一辺200mmの支圧プレートを取り付け，土とプレートとのせん断抵抗力により引抜き抵抗を発揮している。このため摩擦抵抗により引抜き抵抗を発揮するタイプの補強土工法に比べ，広範囲な現地発生土を適用できる。

連結部のスライド機能は，盛土の圧縮沈下に対して補強材の水平性を確保できるため，連結部を剛結させた方法より結合部に作用する応力を緩和させ，連結部をピン結合させた方法より補強材の水平性が

確保され，壁面に対して補強材が垂直に位置するという点からも，圧縮性のある現地発生材の適用に優れている。

施工にあたっては，図1.1.24に示すように，使用する盛土材料によって支圧アンカー，または鉄筋グリッドアンカーを使い分けることもできる。また，掘削幅がとれない場合にはグラウンドアンカーを組合わせた腹付工法も可能である。

■ AAWパネル工法

AAWパネル工法は，背面がアーチ状のプレキャストパネルを施工現場で組立て，これをロックボルトやグランドアンカーで地山に定着したり（切土部施工時），埋設タイバックアンカー（AAWアンカー）で盛土地盤内に定着し，土留壁を含んだ補強土を築造する工法である。

壁面材としてのAAWパネルは工場製品であり，十分な強度を保ち軽量化されたコンクリート製のパネルである。このパネルにはアンカー用の孔が予め開けられており，これを利用して盛土体との一体化を図る。また，構造的な強度を保つためのアーチ構造部を利用し，壁面前面に植生を行うことも出来る。

なお，盛土に適用する場合，引張材としてのアンカーは，通常の亜鉛メッキやエポキシ樹脂塗装のみでは防錆上の問題があったり，アンカー材の周面積のみでの定着力では必要な引張力が得られない等の問題で使用されてこなかったが，AAWパネル工法においては，DGM（ドライグラウトモルタル）をアンカー材の周りに用いることにより，防錆効果と引き抜き抵抗力が得られる任意の断面形状を確保する事により，盛土への適用を可能にしている。

■ RRR工法

壁面を持つ補強土ではテールアルメをはじめ，分割した壁面を用いており，実際には各壁面は連結され一体化されているにもかかわらず，壁面工は設計上，背面土砂のこぼれ出し防止以外の力学的な役割は考慮されていない。

これに対し，ジオグリッドを盛土体内に密に配置し，場所打ちコンクリート壁面を用いることにより，安定に必要な補強材長を大幅に短くすることを可能とした工法が，剛壁面補強土擁壁工法（RRR工法）である。この工法は，壁面工の剛性が補強土全体安定に寄与することを設計に導入した点であり，耐変形性に関しても優れた工法である。

RRR工法の設計において，壁面工はそのせん断強度と曲げ剛性によりすべり線が壁面工を通過できないようにするもので，全体安定計算法により設計されている。このため施工においては，この壁面工は補強盛土の力学的構造体の一部であるため入念な施工が必要であり，さらに変形抑止の点から，仮土留としてジオグリッドを土のうで巻込みのり面を造成し，変形（沈下）が終了（一般には残留沈下10cm以下）した時点で壁面を打設することが重要である。

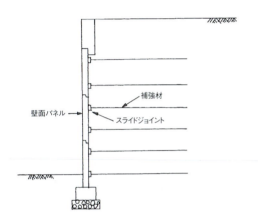

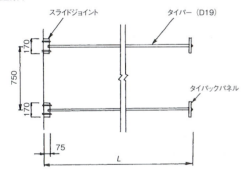

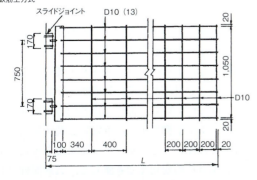

図1.1.24　TUSS工法の補強材

Ⅱ　斜面安定工法

　斜面安定工法とは，盛土や切土を行うことよって人工的に造成された斜面（のり面と呼ぶ）や自然斜面の安定化を図るための工法の総称である。

　のり面および斜面の安定化を目的とした工法を大別すると，のり面に何らかの保護工を施工することにより浸食，風化および表層部の崩壊を防止する「のり面保護工」と，杭工やグラウンドアンカー工などのように構造物の力学的な機能を利用して崩壊を防止する「抑止工」に分けられる。後者の構造物による斜面安定工法は，地すべりなどの大規模な崩壊現象に対して適用されることが多いが，比較的小規模な斜面崩壊現象への対応策としても用いられることがあり，のり面保護工のひとつと位置づけられている。

　のり面保護工は，植生または構造物でのり面を被覆したり，排水工や土留め工などの構造物でのり面の安定化を図るためのもので，標準的な工法としては次の表に示すものがある。

　表中に示した工法のうち，すべり土塊の滑動力に抵抗することを目的としているのが，いわゆる「抑止工」と呼ばれている。抑止工以外ののり面保護工は，本来，土圧が働くような不安定な箇所に適用できるものではない。したがって，将来的な地質や地下水，気象条件の変化まで考慮して，長期間経過した後に土圧が作用したり，不安定化する可能性が考

表 1.2.1　のり面保護工の種類と目的

分類	工種	目的・特徴
植生工	種子散布工、客土吹付け工、植生基材吹付工、張芝工、植生マット工、植生シート工	侵食防止、凍上崩落抑制、全面植生（緑化）
	植生筋工、筋芝工	盛土のり面の侵食防止、部分植生
	植生土のう工、植生穴工	不良土、硬質土のり面の侵食防止
	苗木設置吹付工	侵食防止、景観形成
	植栽工	景観形成
構造物によるのり面保護法	編柵工、じゃかご工	のり面表層部の侵食や湧水による土砂流出の抑制
	プレキャスト枠工	中詰が土砂やぐり石の空詰めの場合は侵食防止
	モルタル・コンクリート吹付工、石張工、ブロック張工	風化、浸食、表面水の浸透防止
	コンクリート張工、吹付枠工、現場打ちコンクリート枠工	のり面表層部の崩落防止、多少の土圧を受ける恐れのある箇所の土留め、岩盤はく落防止
	石積、ブロック積擁壁工、ふとんかご工、井桁組擁壁工、コンクリート擁壁工	ある程度の土圧に抵抗
	補強土工（盛土、切土補強土）、ロックボルト工、グラウンドアンカー工、杭工	すべり土塊の滑動力に抵抗

植生によるのり面保護

えられる場合には，抑止工などとの併用を考えておくべきである。

　参考までに，道路工事における切土のり面，盛土のり面に対するのり面保護工の選定フロー例を示す。

【参考文献】
1）日本道路協会：「道路土工－のり面工・斜面安定工指針」平成11年3月

のり面保護工法

1　植生によるのり面保護工

　植生によるのり面保護工（以下，植生工と呼ぶ）は，のり面に繁茂させた植物の根系の効果によりのり表層部の土砂を安定させ，雨水による浸食や地表面の温度変化の緩和ならびに凍上による表層剥落の防止を図ることを主目的としている。また，このような斜面の安定化という目的に加えて，近年では，緑化に期待される美観の向上や自然環境の保全・復元効果に対する関心が高まっており，その価値が見直されているところである。

　植生工は一般に工費が安く，景観形成に優れた工法ではあるが，のり面保護工としての効果の限界を適切に認識するとともに，施工時期・場所・気象条件・維持管理面などに十分な留意を払っておく必要がある。つまり，植生工の根系は深い崩壊を生じるような場合には効果がないし，橋梁の直下のように日光や雨があたらない場所，土壌の乏しい岩質あるいは強酸性土壌ののり面などでは，植物の生育が困難で効果的なのり面保護工とならない場合がある。また，のり面勾配が1：0.8を越えるような急勾配なのり面では植生工の永続性を確保することが困難であるし，1：0.8〜1.2程度ののり面でも，土質によっては植生工のみではのり面の浸食や表層崩落を防止しきれない場合がある。

　植生工を効果的に活用するためには，将来の植物の繁茂状況を的確に予測し，植物の選定や種子配合にあたって最終的な緑化目標に十分配慮した計画としなければならない。一般に，山間地や自然景観を重視する地域では潅木林とするか，もしくは潅木林から森林に進む緑化を行うことが，周辺植生との連続性や維持管理を軽減できる観点から好ましいと言える。これに対して，都市近郊や農牧地周辺では，多少の維持管理を伴っても草本植物のみが繁茂する状態が望ましい場合もある。

【参考文献】
1）日本道路協会：「道路土工－のり面工・斜面安定工指針」平成11年3月

種子散布工

　のり面を対象とした植生工の中で，最も一般的で，

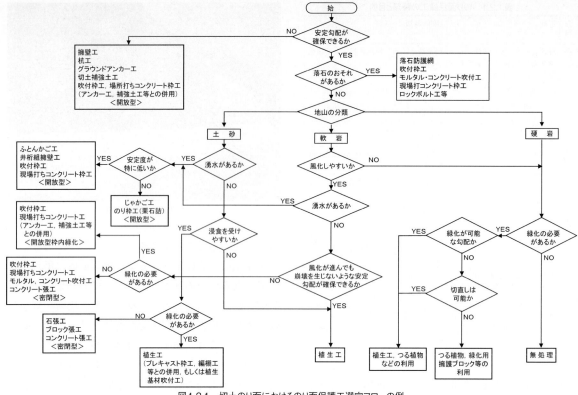

図1.2.1 切土のり面におけるのり面保護工選定フローの例

表1.2.2 のり面勾配と植物の生育状態

のり面勾配	植物の生育状態
1:1.7より緩（30度以下）	高木から優占する植生の復元が可能。周辺からの在来種の侵入が容易。植物の生育が良好で、植生被覆が完成すれば表面侵食はほとんどなくなる。
1:1.7～1:1.4（30～35度）	放置した場合に周辺からの自然侵入によって、植物群落が形成されるためには35度以下の勾配であることが必要。
1:1.4～1:1.0（35～45度）	中・低木が優占し、草本類が地表を覆う植物群落の形成が可能。
1:1.0～1:0.8（45～50度）	低木や草本類からなる樹高や草丈の低い植物群落の形成が可能。高木を導入すると、将来基盤が不安定になる恐れがある。
1:0.8より急（50度以上）	植生工以外ののり面保護工を適用することが原則である。

表1.2.3 土壌硬度と植物の生育状態

土壌硬度	植物の生育状態
10mm未満	・乾燥のため発芽不良になる。 ・安息角より急な勾配となると崩れやすくなる。
粘性土：10～23mm 砂質土：10～27mm	・根系の伸長は良好となる。（草本類では肥沃な土である場合） ・樹木の植栽にも適する。
粘性土：23～30mm 砂質土：27～30mm	・木本類の一部のものを除いて、根系の伸長が妨げられる。
30mm以上	・根系の伸長はほとんど不可能。
軟岩・硬岩	・岩に亀裂がある場合には、木本類の根系の伸長は可能である。

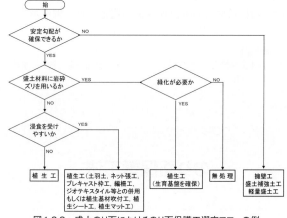

図1.2.2 盛土のり面におけるのり面保護工選定フローの例

数多く施工されている工法のひとつである。種子を散布する方法には、以下の方法がある。

①ガン吹付けで、種・肥料・土・水を泥水状にして吹付ける。高所で、急勾配な切土のり面などに適している。

②ポンプを使用して、種・肥料・ファイバーなどをスラリー状に混合し、ハイドロシーダーなどにより吹付けるもので、比較的低所で緩勾配の盛土のり面に適している。

通常、散布する材料の厚さは1cm未満と薄い。

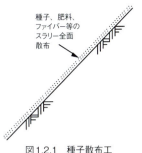

図1.2.1　種子散布工

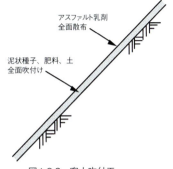

図1.2.3　客土吹付工

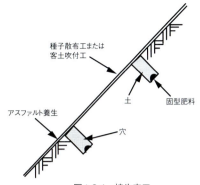

図1.2.4　植生穴工

使用材料は，種子，高度化成肥料，水，木質繊維（ファイバー）などが主体となり，施工直後の耐浸食性が乏しいため，粘着剤や被膜剤などを浸食防止用に用いることもある。また，補助材料として，ネット（繊維網），金網，編柵，むしろなどが用いられる場合もある。

使用植物は外来および在来の草本類が用いられることが多い。土壌硬度が23mm以上の硬い地盤に対しては基本的に適用が難しく，切土のり面などの肥料分の少ない土質では追肥管理が必要となる。また，のり面勾配は1：1.0より緩い勾配の箇所が適用対象となる。

客土吹付工

水，土（黒ボクなど），肥料，種子などをモルタル吹付け用ガンまたはスクイズポンプに投入し，良く混合して所定の厚さに一度に吹付ける。通常の吹付け厚さは1～3cm程度であり，補助材料としては，ネット（繊維網），金網やむしろなどが用いられることがある。

使用植物は外来や在来の草本類に加えて，先駆植物種の木本類の種子も使用できる。種子散布工と同様に施工直後の耐浸食性は乏しいが，土壌硬度が高い礫質土に対しても適用可能であることが，種子散布工と異なる点である。また，適用可能なのり面勾配は1：0.8より緩勾配ののり面である。

木本類の導入が可能であることから，環境復元やのり面の長期安定化に寄与する効果が高い。また，肥料分の少ない土質に対して草本類主体の植生とする場合には，追肥管理が必要となる場合が多い。

補助材料として用いる，ネットや金網を張った上に，厚さ3cm以下で吹付けを行おうとすると，吹付け表面に網が露出することもあるので，網は斜面の凹凸に合わせて浮きなどがないようしっかり固定する必要がある。浸食防止剤としては，種子散布工と同様に粘着剤や被膜剤が用いられるが，特殊な合成樹脂や繊維が用いられることもある。

植生穴工

この工法には，のり面に千鳥状の穴をあけて種子と肥料を同時に充填する方法と，穴中に施肥を行った上で種子散布工あるいは客土吹付工を行う方法がある。

使用材料としては，固形肥料，種子，肥料，水，木質繊維，浸食防止剤などが用いられ，使用植物としては，草種全般に加えて木本類の適用も可能である。基本的には，土壌硬度が23mm以上で根系が活着しにくい，固結した粘性土などに適用されることが多く，穴の面積はのり面積に対して15％程度とされている。また，施工直後の耐浸食性が乏しいため，種子散布工や客土吹付工などと同様に，アスファルト乳剤による養生を行い浸食作用から防護する対策がとられることもある。

のり面への削孔は，あらかじめ穴の位置をマーキング，所定の径と深さになるように施工し，固定肥料などを穴の底に投入し，のり面と同一面まで土砂

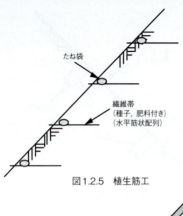

図1.2.5　植生筋工

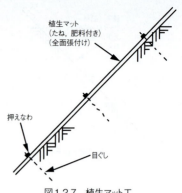

図1.2.7　植生マット工

図1.2.6　張芝工

などで十分充填した後，金網張工や植生工を行う。

植生筋工

種，肥料などを装着した帯状の布または紙（繊維帯）を盛土のり面の土羽打ちの際に，水平筋状に挿入し，施工してゆく。使用される植物は外来および在来の草本種子であり，施工直後の耐侵食性はほとんどない。

適用できるのり面勾配は1：1.2より緩いものとされ，地質も土壌の多い盛土に限定される。このため，比較的小面積の限られた範囲に適用されることが多い。肥料分の少ない土質では追肥管理が必要で，砂質土には不向きである。

種子，肥料を装着した繊維帯を定められた間隔に2/3以上が土に埋まるように土羽打ちを行いながら水平に施工する。

張芝工

芝を人力にてベタ張りで張り付け，のり面に良く密着するように施工する。使用する植物は，野芝の切り芝もしくは外来草本のロール芝が用いられ，平滑に仕上げたのり面に目串などで固定する。

施工直後の耐侵食性に富むが，対象地質としては土壌硬度27mm以下の粘性土もしくは硬度23mm以下の砂質土からなる土砂のり面に限定される。適用できるのり面勾配は，1：1.0より緩い勾配で，基本的には，対象面積が小さく，造園的効果が必要な場合に限定して適用される工法である。

芝は縦目地を通さぬこと，目地を開けすぎると洗掘により芝が脱落することがあるため留意する必要がある。

植生マット工

早期の浸食作用からのり面を防護するために，のり全面にマットを被覆する工法で，マットの材料には，厚みのある不織布，紙，わら，すだれ，フェルトなどが用いられる。これに種子，高度化成肥料，生育基盤材などが装着されている。平滑に仕上げたのり面上に，目串などで浮き上がりのないようマットを固定し，播土や目土を行う。

使用される植物は，草種全般に加えて，一部の木本類も適用が可能である。施工直後から大きな耐侵食性効果が期待でき，通常の土砂，礫混じり土砂のほか，乾燥地や凍上しやすい土質に対しても適用できる。ただし，基本的には土壌硬度27mm以下の粘性土，硬度23mm以下の砂質土が適した地質であり，のり面勾配は1：1.0より緩いのり面に適用できる。

マット類はのり面の凹凸が大きいと浮き上がり，風に飛ばされやすいので，あらかじめ凹凸をならして施工する必要がある。特にマットの端部を十分に固定するとともに，のり肩部は地中に巻込むようにする。施工後マット表面に播土を行うとよい。

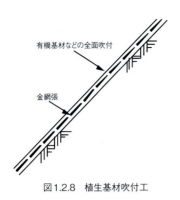

図1.2.8 植生基材吹付工

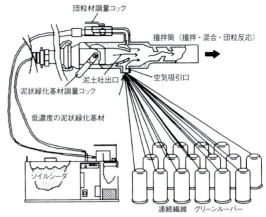

図1.2.9 TG緑化工法フロー

植生基材吹付工

　水，基盤材，肥料，接合材，種子などをモルタル吹付け用ガンに投入し，よく混合して所定の厚さに一度に吹付ける。通常，繊維網，金網，むしろが補助材料として用いられ，吹付け厚さは3～10cmとされることが多い。基盤材は，人工土壌と有機基材に分けられ，土，木質繊維，バーク堆肥，ピートモスなどで構成されている。

　この工法には様々なものが開発，実用化されており，使用材料や施工法の違いにより，施工直後の耐侵食性や適用できるのり面勾配，永続的な植生が維持できる期間などが異なってくる。

　基本的に，接合材にセメントを用いる工法の場合は，類似工法のなかでも最も施工直後の耐侵食性が乏しく，比較的緩勾配ののり面への適用に限定される。

　また，のり面が急勾配であったり，亀裂の少ない岩盤などのように，より厳しい植生条件に対してこの工法を適用する場合には，接合材として高分子樹脂や繊維等を用いる工法もある。このような工法を用いると，必要な吹付け厚さも厚くはなるが，硬岩や強酸性土壌など，従来では緑化が不可能であった厳しい植生環境においても十分な植物の繁茂が期待でき，追肥の必要も少ない。

　ただし，草本類主体の植生を導入した場合は，やはりある程度の追肥管理が必要となる場合もあるため留意しておく必要がある。

TG緑化工法

　岩盤のり面などの緑化が困難な箇所を対象とした緑化工法で，植生基材吹付工法の一種と言える。粘性の土壌を材料に用い，吹付け時に団粒反応をさせながら連続繊維を混入させることにより，高次の団粒構造をもつ安定した植生基盤を現位置に造成する工法である。

　基盤材料としては，保水力・保肥力に優れた粘性土を主体に用い，これを一旦泥状化したうえで，吹付け時に「団粒剤」，「空気」および「連続繊維」とを特殊なミキシングノズルにより混合反応させることにより，保水性・通気性に富んだポーラス状の植生基盤を造成する。

　混合した連続繊維は，土粒子と複雑に絡み合いながら飛散し，基盤内へ三次元的に緊縛した状態で介在するため，繊維補強土の効果が発揮され，植物の根張りによる表層崩壊や浸食防止効果と同様な働きが期待できる。浸食防止のために外来草による被覆の必要がないため，木本類を主体とした質の高い緑化を早期から実現できる。

　基材の吹付け厚さは，切土のり面の場合，岩の亀裂間隔や土壌硬度，のり面勾配を勘案して3～10cmの厚さで施工する。また，盛土のり面の場合には，緑化されるまでの浸食防止を兼ねて2～3cm厚の基盤を吹付けるのが一般的である。

　また，本工法に現場発生木材を生で活用できる特徴が付加されたBF緑化工法が開発されている。

ジオファイバー工法

　連続繊維補強土の技術を柱に，3つの複合技術で構成された連続繊維複合補強土工法である。コンクリート構造物に頼らず，法面の保護と緑化環境を作り上げることができる技術である。当工法を構成す

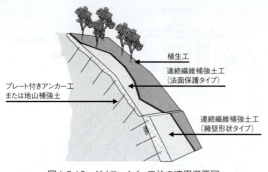

図1.2.10 ジオファイバー工法の適用概要図

チップクリートの断面

表1.2.4 緑化目標の群落タイプ

緑化目標	目標の外観	適用箇所の条件
高木林型（森林型）	高木性樹木が主体の群落	・周辺が樹林 ・自然公園内など
低木林型（潅木林型）	低木性樹木が主体の群落	・周辺が樹木 ・周辺が農地など
草地型（草本型）	草本植物が主体の群落	・周辺が草地 ・周辺が農地 ・モルタル吹付面など
特殊型	特殊な群落、人為的群落	・周辺の景観や自然環境などに特別な配慮が必要な箇所など

る技術の1つめは，砂質土と連続繊維をジェット水とともに噴射・混合させてのり面に「連続繊維補強土」を構築する技術であり，2つめは棒状の抵抗体を地山内に埋め込むことにより地山自体の安定性を高めながら，地盤と造成基盤との一体化を図る「地山補強工」，3つめは自然環境との調和を図るための樹林化など多様な自然環境を造りあげる「植生工」の技術である。

連続繊維補強土の築造は，専用の機械を用いて，る。砂を供給するシステムと連続繊維を供給するシステムで構成され，連続繊維は，繊維の供給装置（スレッドフィーダー）に格納された糸巻から，高圧水を利用して反復揺動噴射ノズル（エジェクター）から噴射される。また，砂は高圧空気によって繊維の噴射先まで搬送し，繊維と直接噴射・混合される。この連続繊維補強土は，繊維が一定方向で均質に混合されることで，砂質土に擬似粘着力と変形抵抗性を持たせる補強土技術である。連続繊維補強土の標準配合は，砂$1.0m^3$に対して，3.3kgのポリエステルの連続繊維（約200km）と土壌改良材（1個/m^2），必要に応じて添加材を混合する。

連続繊維補強土の築造厚さは，20cm以上でこの表面に施す植生工は，植生基材吹付の3cm厚さを標準とする。

法面の保護とともに経年的には周辺環境と調和する自然豊かな法面が形成される。

チップクリート緑化工法

チップクリート緑化工法は，既存の技術では緑化が困難な条件とされてきた，酸性土壌，亀裂の少ない岩盤，コンクリート壁面などを対象とした場合においても，永続的な緑化を実現し，かつ建設工事で発生する木質系廃棄物を有効利用できる新しい緑化工法である。特殊な在来工法と概ね同等のコストで緑化することが可能であり，さらに木質系廃棄物の処分費を削減できることから，間接的なコストダウンにもつながる。

伐採材をチップ化し，これをセメントミルクでコーティングした「木片コンクリート（＝チップクリート）」を植生基盤として利用する。その上位に保水層を設けたうえで，従来の植生基材を薄く吹き付ける。チップクリートの最大の特徴は，以下の二点であり，これらの特徴により悪条件が克服され植物の永続性が確保される。

①チップクリート層内に形成された連続した粗空隙がもたらす優れた排水性
②チップを覆うセメント皮膜がもたらす中和能力

施工方法としては，現場で吹付工法によりチップクリートを造成する「吹付システム」と，工場で製造したチップクリートの板（チップボード）を使用する「ボードシステム」がある。

樹木植栽工

特に新しい工法とは言えないが，近年の環境保全に対する関心の高まりに応じて，草本類を主体としたこれまでの植生工から，木本類を積極的に活用した植生工のニーズが増加する傾向にある。下表に示すように，緑化目標にはいくつかのパターンがあるが，これを達成するために樹木植栽工は欠かせない

工法のひとつである。良好な景観の保護を主たる目的として，早期に環境の保全が必要な場合に，近年ではのり面に盛んに適用されるようになってきた。

作業のほとんどが人力施工であり，苗木や成木を使用材料とし，補助材料として支柱を用いる。当然，使用植物は木本類に限定されるとともに，のり面勾配が緩やかなことも適用条件となる。

この工法は，植栽によってのり面を不安定にする側面も有しているため，これがないよう，倒木対策や効果的な排水対策を計画するとともに，枝葉の過繁茂などによって下草が減衰しのり面浸食が起こることがないよう，樹種の選定や植栽密度の決定に十分注意する必要がある。また，切土のり面への植栽は，植穴からの浸透水による崩壊の誘発に注意する必要がある。

【参考文献】
1）日本道路協会：「道路土工－のり面工・斜面安定工指針」平成11年3月

2 構造物によるのり面保護工

のり面が急勾配である場合はもちろん，比較的緩やかなのり面勾配であっても，土質によっては植生工のみではのり面の浸食や表層崩壊が防止しきれない場合がある。このような場合には，構造物によるのり面保護工を適用する必要がある。

構造物によるのり面保護工のなかには，植生工を施すための客土部分の安定を図ることのみを目的とした小規模なものから，比較的規模の大きな崩壊の防止を目的とした大規模なものまで各種のものがある。これらののり面保護工のうち，擁壁工，杭工，グラウンドアンカー工を併用した現場打ちコンクリート枠工などは多少の土圧に耐えうると考えてよいが，これらを除く他ののり面保護工は，本来，土圧が働くような不安定な箇所に適用すべき工法ではない。したがって，将来の状況の変化によって土圧が生じた場合には別途のり面の安定化対策が必要となるなど，施工後時間が経過してから問題が発生する場合があるので，十分な注意が必要である。

また，のり面に湧水がある場合には，のり面の洗掘を防止し，安定を確保するため，のり面保護工に加えて地下排水溝などののり面排水工を併用する必要がある。さらに，のり面が浸食を受けやすい土砂からなる場合や，長大のり面のように降雨時にのり面を流下する水が下部ではかなりの量になるような場合には，表流水による浸食を防ぐためにのり肩や小段に排水溝を設けて流下水を排除しなければならない。

一般的なのり面保護工選定の目安としては，採用するのり面勾配が安定勾配よりかなり緩い場合には，浸食や表層崩落の防止を目的として植生工主体ののり面保護工とし，安定勾配に近い場合にはそれよりもう少し安定度の高いのり面保護工を選定する。そして，安定勾配よりかなり急なのり面勾配を採用する場合には，土圧に抵抗できるよう，擁壁工，杭工，グラウンドアンカー工などの採用を検討することが基本となる。

具体的な事例として，風化が速い岩盤地帯で切土のり面を造成する場合について述べる。この種の地質では，施工後時間が経過した後に安定上の問題を生じてくるケースが多いが，これを回避するためには，①風化が進んでも崩壊を生じないような緩いのり面勾配を確保したうえで植生工を行う，②安定勾配が確保できない場合には，風化の進行を抑えるため表面水を浸透させない密閉型ののり面保護工を適用する，③杭工，グラウンドアンカー工などの抑止工を採用する，の3つの方策を比較検討し，事業の目的に合致したのり面保護工を選択することを基本とすべきである。

以下に構造物によるのり面保護工選定上の留意点を示す。

①浸食されやすい土砂からなるのり面

湧水が少ない場合には，必要に応じてのり枠工や編柵工を植生工に併用することを検討し，湧水が多い場合には，湧水の程度に応じてじゃかご工，中詰めぐり石を用いたのり枠工，編柵工の適用を検討する。

②湧水が多いのり面

地下排水溝や水平排水孔などの地下排水施設を積極的に導入するとともに，のり面保護工としては，井桁組擁壁工，ふとんかご工，じゃかご工，中詰めにぐり石を用いたのり枠工などの開放型の保護工を適用するのがよい。

③落石の恐れのある岩質のり面

植生工と併用して浮石の抑えとして落石防止網を施したり，のり面下方に落石防止柵を設置する。また，割れ目が多く，湧水のない軟岩の場合，コンクリート吹付工が適している。

構造物によるのり面保護工

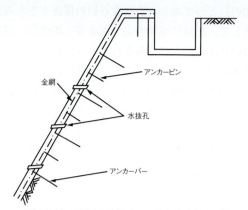

図1.2.11　モルタル吹付工・コンクリート吹付工の例

表1.2.5　各工法の特徴

	乾式吹付工法	湿式吹付工法
品質管理	W/Cが変動する	正確に管理できる
跳ね返り	多い	少ない
粉塵	多い	少ない
搬送距離	長い	短い
吐出	スムーズ	間欠的になる場合あり

吹付け工

　モルタル吹付工やコンクリート吹付工は，のり面に湧水がなく，さしあたりのり面崩壊の危険性は少ないが，風化しやすい岩，風化による剥落が生じやすい岩，切土直後は安定していても浸透水などにより不安定になりやすい土質や土丹などで植生工が適用できない箇所に用いる。

　吹付厚さは，のり面の状況や気象条件などを考慮して決定するが，一般に，モルタル吹付工の場合で8～10cm，コンクリート吹付工の場合で10～20cmを標準とする。ただし，ファイバー類の混入により補強された吹付工の厚さはこの限りではないが，この工法に関しては，施工経験が浅く，耐久性などの点で未解明な面があるので適用にあたっては十分な検討が必要である。なお，寒冷地や気象条件の悪い箇所においては，吹付厚さは10cm以上必要である。

　吹付けに先立って金網をのり面に張り付け，アンカーピンで止めることが必要で，金網はのり面に凹凸のある場合には菱形網，凹凸の少ない場合には溶接網を用いる。アンカーピンの数は1m²に1～2本を標準とする。また，吹付工には原則として水抜き孔を設け，標準として2～4m²に1箇所以上設置する。のり肩の処理は地山まで完全に巻き込む必要があり，施工面積が広い場合には20mに1本程度の縦伸縮目地を設けることが望ましい。

　吹付工の耐久性は，配合，吹付作業の条件や装置の優劣，作業員の熟練と能力によって大きく影響されるほか，特に施工時の気象条件にも大きく影響されるので，施工時期や施工時間などに十分注意しなければならない。モルタルやコンクリートは急速な乾燥や凍結に対して非常に弱く，養生が不十分だと吹付け面に亀裂を生じることになるため，強風時，気温が氷点に近い場合，激しい降雨時，乾燥が著しい場合には，原則として作業を行ってはならない。

モルタル吹付け工

　モルタル吹付工は，のり面にさしあたりの危険が少ない軟岩以上ののり面で，気象条件も良く，湧水処理が可能な場所に適用する。

　モルタルの配合は，C:S＝1:4（C：セメント重量，S：砂の重量）を標準とし，セメント使用量は400kg/m³以上，水セメント比はW/C＝60％以下である。砂に関しては細粒分が多すぎると所要強度を得るための使用セメント量が多くなるので，細粒分を多く含まない良質な砂を用いて耐久性を確保することが重要である。

　吹付けの方法には乾式と湿式があり，湿式が一般的である。それぞれ次のような特徴がある。

【参考文献】
1）日本道路協会：「道路土工－のり面工・斜面安定工指針」平成11年3月
2）最新斜面・土留め技術総覧編集委員会：「最新 斜面・土留め技術総覧」㈱産業技術サービスセンター，1991年8月

表1.2.6　コンクリート吹付け機械一覧表

名称	方式	骨材最大可能寸法
アリバ吹付け機	乾式	25mm
トルクレット吹付け機	〃	25mm
B.S.M.吹付け機	〃	25mm
エアプラコー吹付け機	〃	20mm
コンパルナス吹付け機	湿式	25mm
スピロクリート吹付け機	〃	25mm

■　コンクリート吹付け工

　吹付工の一種であり，軟岩以上であることが原則であるが，固結度の高い砂質土や礫混じり土以上にも適用できる。

　コンクリートの配合は，C：S：G＝1：4：1～1：4：2（C：セメント重量，S：砂の重量，G：骨材の重量）を標準とし，セメント使用量は400kg/m³以上，水セメント比はW/C＝60％以下である。粗骨材の最大粒径は吹付け機械の能力によるが，一般的に15mm以下である。

　吹付けの方法には乾式と湿式があり，湿式が一般的である。吹付け機械には次に示すようなものがある。

【参考文献】
1）日本道路協会：「道路土工－のり面工・斜面安定工指針」平成11年3月
2）最新斜面・土留め技術総覧編集委員会：「最新 斜面・土留め技術総覧」㈱産業技術サービスセンター，1991年8月

3　張　工

　張工には，大きく分けてブロック張工とコンクリート張工があるが，両者とものり面の風化や浸食を防止することを主目的としている。

　ブロック張工は，1：1.0よりのり面勾配が緩い粘着力の少ない土砂，土丹ならびに崩れやすい粘性土に対して用いられる。また，のり面勾配を標準勾配より急にして用地を有効に利用する場合や，オーバーブリッジの埋戻し部，盛こぼし橋台の前面の保護などにも用いられることがある。

　一方，コンクリート張工は，節理の多い岩盤や緩い崖錐層などで，コンクリートブロックののり枠工やモルタル吹付工ではのり面の安定が確保できないと考えられる場合に用いられる。長大のり面の場合や，急勾配のり面では金網または鉄筋を入れるとともに，すべり止めのアンカーピンまたはアンカーバー

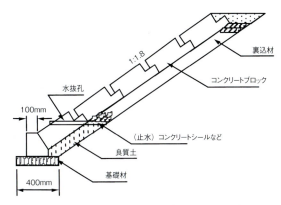

図1.2.12　盛土のり面におけるブロック張工の一例

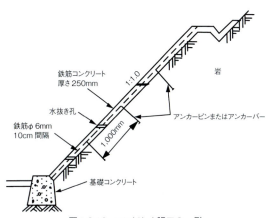

図1.2.13　コンクリート張工の一例

をつけることが望ましい。一般に，1：1.0程度の勾配の場合には無筋コンクリート張工が用いられ，1：0.5程度の勾配ののり面には鉄筋コンクリート張工が用いられることが多い。

ブロック張工，石張工

　ブロック張工，石張工はのり面の風化および浸食等の防止を主目的とし，1：1.0より緩いのり面に用いられ，一般に，直高としては5m以内，のり長は7m以内のものが多い。

　用いるブロック，石材の控長はのり面勾配と使用目的に応じて定めるが，25～35cm程度のものを使うことが多い。

　湧水や浸透水のある場合には裏面の排水を良くするため，栗石または切込砕石を用いて裏込めを行い，水とともに土の細粒分が流出するおそれがあるときはフィルターを設ける。その場合，裏込めの厚さは20cm程度とし，水抜き孔は直径50mm程度のものを2～4m²に1個の割合で設ける。

【参考文献】
1）日本道路協会：「道路土工－のり面工・斜面安定工指針」平成11年3月

コンクリート張工

コンクリート張工は、ブロック張工や石張工が安定したのり面に用いられるのに対して、背面地山の安定性に若干の問題があり、コンクリートブロックのり枠工やモルタル吹付工ではのり面の安定が確保できないと考えられる場合に用いることを原則とする。

背面地山の安定性が十分な状態ではないことから、すべり止めのアンカーピン（15～40cm）またはアンカーバー（30～150cm）を1～2m²に1本の割合で設置し、背面地山との一体化を図ることが望ましい。また、当該張工の厚さを定量的に定める方法はないが、少なくとも無筋コンクリート張工とする場合は、最小でも20cm程度の厚さが必要である。

この工法では、施工前に湧水の処理を確実に行うとともに、のり面清掃などののり面処理を入念に行うこと、湧水の処理を十分行い、上端を地盤内へくい込ませて表流水の岩盤内への浸入を防ぐこと、コンクリートの施工継目はのり面に垂直あるいはかぎ形にすることなどの注意が必要である。

【参考文献】
1）日本道路協会：「道路土工－のり面工・斜面安定工指針」平成11年3月

ファブリフォームマット工法

二層に織られた合成繊維布製型枠（ファブリックフォーム）に流動性モルタルまたはコンクリートを注入するコンクリート体成形法である。型枠が透水性を有するため、モルタル、コンクリート中の混練水の余剰分が注入圧により絞り出される。このため水セメント比が低下し、硬化時間が早く、高密度かつ高強度の硬化体が得られる。

陸上はもとより、水中においても容易に施工できるため、河川護岸、のり覆工、水路ライニングなどに利用されている。マットを現場に拡げ、モルタルまたはコンクリートをポンプ注入することによって広範囲を一度に押さえるので、従来のブロック張り工法、コンクリート張工に比べて、施工の迅速化、省力化を可能とし、経済性に優れる。特に、海岸の洗掘防止などの水中工事において効果的である。

タコムマット工法

合成繊維を使用した軽量、高強度の二重生地の事です。

この二重生地を型枠として使用し、コンクリート（モルタル）を注入する事により、コンクリート（モルタル）構造物が形成できます。

特長
- 従来の現場打ちに比べて作業性が良い為、工期短縮、労務軽減が図れる。
- 水中での施工が容易であり、工期短縮が図れる。
- 軽量・コンパクト・フレキシブルで、ポンプ圧送の出来る所なら、施工可能です。（勾配による検討は、必要）
- 地盤の形状になじむ為、勾配の変化にも対応できる。
- 現場にあわせて工場加工する為、寸法・形状の自由度が高い。

形状としては、施工条件に適合できるよう、一定の厚さを形成するスタンダード型、湧水のある場所に適するフィルター型、空隙部に緑化が可能なメッシュ型などがある。

用途としては、一般法面保護工、ダム・貯水池等の法面保護工、河川護岸工・水路工、埋立地内側護岸法面保護工等がある。

4 擁壁工

安定勾配で切土や盛土を行うことが、隣接する他の構造物、水路、河川、用地境界などの問題から不

コンクリートブロック

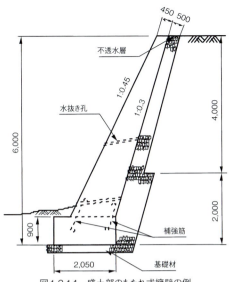

図1.2.14 盛土部のもたれ式擁壁の例

表1.2.7 もたれ式擁壁の前面勾配の目安

擁壁高 H	～5m	5～7m	7m～
全面勾配	1:0.3	1:0.4	1:0.5

可能である場合，あるいは長大で緩い勾配ののり面とするよりも擁壁によって急なのり面としたほうが経済的である場合などには，擁壁工が適用されている。また，張工，現場打ちコンクリートのり枠工，落石防止柵工の基礎工として擁壁工を併用する場合もある。

小規模な擁壁工の場合には，特に安定検討や部材応力の検討を行わずに，経験的な形状寸法の擁壁工とする場合もあるが，高さ5m程度以上のものについては，地質条件などを十分考慮して擁壁躯体の安定検討や部材応力の照査を行っておく必要がある。

擁壁工の種類としては，もたれ式擁壁，石積擁壁，ブロック積擁壁，コンクリート擁壁，鉄筋コンクリート擁壁，井桁げた組擁壁などがある。なお，直接的にのり面を押えるのではなく，斜面や切土のり面の下方で小規模な崩落を待受けるタイプの擁壁が用いられる場合もあるが，この場合，擁壁の構造は重力式擁壁と同様であり，天端部に落石防止柵が併設されることが多い。

【参考文献】
1) 日本道路協会：「道路土工－のり面工・斜面安定工指針」平成11年3月
2) 日本道路協会：「道路土工－擁壁工指針」平成11年3月

もたれ式擁壁工法

もたれ式擁壁は地山あるいは裏込め土などにもたれながら，自重によって期待される転倒抵抗力で背面からの土圧に抵抗する形式の擁壁である。山岳道路など狭隘な箇所で片切，片盛の場合や既設道路の拡幅の際に用いられることが多い。

他の擁壁と比べて躯体断面に対する底版幅が小さく，基礎地盤への地盤反力度が大きいので，岩盤などの堅固な支持地盤上に設置されることが基本となる。また，比較的長大なのり面に設置される場合が多いので，特に滑動に対する安定性について十分な検討を行うとともに，のり面全体の安定性に関する検討が必要である。なお，通常のもたれ式擁壁は重力式擁壁と同様な方法によって安定検討を行っている。

擁壁高さは，一般に10m以下とされる場合が多く，前面の勾配は高さに応じて次の表のように定めている例がある。

【参考文献】
1) 日本道路協会：「道路土工－のり面工・斜面安定工指針」平成11年3月
2) 日本道路協会：「道路土工－擁壁工指針」平成11年3月

ブロック積擁壁工法

ブロック積擁壁は，のり面勾配が1：1.0より急な箇所（一般には1：0.3～1：0.6程度）で用いられ

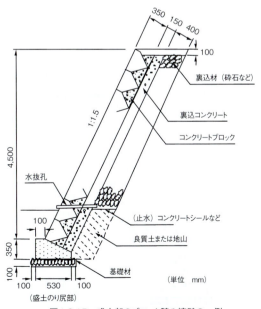

図1.2.15 盛土部のブロック積み擁壁の一例

表1.2.8 直高とのり面勾配の関係（控長35cm以上）

直高（m）		～1.5	1.5～3.0	3.0～5.0	5.0～7.0
のり面勾配	盛土	1:0.3	1:0.4	1:0.5	1:0.6
	切土	1:0.3	1:0.3	1:0.4	1:0.5
裏込めコンクリート厚（cm）		5	10	15	20

ている。背面の地山が締まっている切土，比較的良質な裏込め土で十分な締固めがされている盛土など，予想される土圧が小さい場合に適用することが基本となる。

ブロック積（石積）擁壁は使用する材料によって，通常のブロック積（石積）擁壁，大型ブロック積擁壁，その他の形式のブロック積擁壁に分けられる。

大型ブロック積擁壁は，主に省力化を目的として通常のブロックよりも大きなブロックを用いた擁壁である。また，その他の形式として部材を薄肉構造として配筋したり，土砂などを中詰めして用いるタイプなど様々なものが開発されている。

通常用いられている，直高とのり面勾配の関係は下表の通りである。

【参考文献】
1）日本道路協会：「道路土工－擁壁工指針」平成11年3月

■ SPブロック積工法

大型ブロック積擁壁工法のひとつで，工場製作された，底版・扶壁を有するブロック（高さ1.0m，幅2.0m，奥行き0.9m）を現地で積み上げて築造する工法である。

■ 井げた組擁壁工法

井げた組擁壁は，プレキャストコンクリートなどの部材を井げた状に組んで積上げ，その中に割栗石などの中詰め材を充填する構造の擁壁である。この擁壁はコンクリート部材と中詰め材の重量により土圧に抵抗する構造で，透水性に優れることから，特に山間部などで湧水や浸透水の多い箇所に適した工法である。切土部や山岳地などで地形的な制約がある場合を除き，擁壁高さは一般的に15m程度以下とされている。

井げた組擁壁には，部材に切り欠きを設け，切り欠き同士を組み合わせて積み上げる「組合わせ式」，連結用の孔に鉄筋などを通して積み上げた部材を連結する「組立式」，切り欠きと連結孔の併用によって部材を連結する「複合式」の3形式がある。

【参考文献】
1）日本道路協会：「道路土工－擁壁工指針」平成11年3月

5 枠 工

枠工は，湧水のある切土のり面や長大な切土のり面の場合あるいは標準勾配よりも急な勾配でのり面を造成する必要がある場合，植生工だけではのり表面の安定性や長期的な安定性の確保に疑問が残る箇所に適用される。

工法としては，コンクリート製や鋼製の部材をの

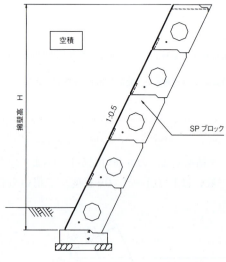

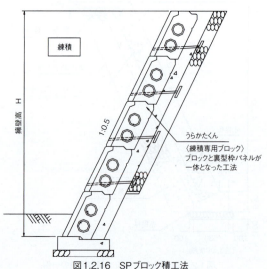

図1.2.16 SPブロック積工法

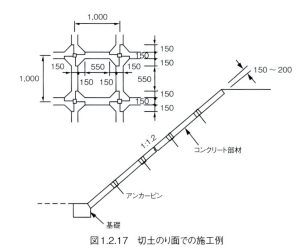

図1.2.17 切土のり面での施工例

り面上で組み立てるプレキャスト枠工，のり面上で鉄筋，型枠を組み立てこれにコンクリートを打設して構築する現場打ちコンクリート枠工，通常のコンクリートに代えて，吹付モルタルや吹付コンクリートを用いる吹付枠工がある。

　プレキャスト枠工は，1:1.0より緩いのり面に適用できる工法であり，材料別にプラスチック製，鋼製およびコンクリートブロック製などがあるが，耐久性の観点からコンクリートブロック製のものが一般的に用いられている。

　現場打ちコンクリート枠工は，プレキャスト枠工では十分な崩壊防止効果が期待できない場合に用いられることが多い。また，節理，亀裂の多い岩盤において，コンクリート吹付工では落石を防止できない場合にも，落石に対する支保工的機能を期待して適用されることがある。さらに，単独あるいはグラウンドアンカー工と併用して斜面崩壊に対する抑止機能を期待して適用されることもある。枠は現場打ちの鉄筋コンクリート製とし，枠内は状況に応じて，石張り，ブロック張り，コンクリート張り，モルタル吹付工あるいは植生工などにより保護する。

　吹付枠工は，他ののり枠工の適用が困難な，凹凸のある亀裂の多い岩盤のり面や，早期に保護する必要があるのり面に用いられるのが原則である。この工法の基本的な機能は，現場打ちコンクリート枠工と同様であるが，施工性が良好で，凹凸が激しいのり面にも適用でき，のり面の形状に合わせて各種形状の枠が施工可能であることに特徴がある。吹付枠工には数種類の工法があるうえ，部材寸法を変えたり，グラウンドアンカー工の併用などにより様々な現場条件に適合できるが，各種工法の特徴および他工種との経済性，施工性などを比較検討して工法を選定しなければならない。

プレキャスト枠工

　プレキャスト枠工は，浸食されやすい切土のり面や標準のり面勾配でも状況によって植生が適さない箇所，あるいは植生を行なっても表面が崩落するおそれのある場合に用いられ，勾配が1:1.0より緩いのり面に適用される。プレキャスト枠にはプラスチック製，鉄製およびコンクリートブロック製等があるが，耐久性の観点からコンクリートブロックが多く用いられている。最近では大型プレキャスト枠も開発され，グラウンドアンカー工と併用して抑止力を期待するものもある。枠の交点部分には，すべり止めのため，長さ50～100cm程度のアンカーピンを設置し，枠内は良質土で埋め戻し，植生で保護することが望ましい。

　枠内は，勾配が1:1.2より急な場合，湧水が多い場合，枠内に詰める良質土が得られない場合，植生では流出するおそれのある場合等には，石張りやコンクリートブロック張りを行うことを基本とする。

【参考文献】
1）日本道路協会：「道路土工－のり面工・斜面安定工指針」平成11年3月

吹付枠工

　吹付枠工は亀裂の多い岩盤のり面や，早期に保護する必要があるのり面等に用いる。

　本工法の基本的な機能は現場打ちコンクリート枠工と同様であるが，施工性が良く，凹凸のあるのり面でも施工可能で，のり面の形状に合わせて各種形状の枠が施工可能であることに特徴がある。この工法には，型枠材料や鉄筋の組立て方法などの違いにより数種の工法が開発，実用化されている。

　吹付枠工の施工は，型枠の組立て前に凹凸の著しいのり面の場合，凹凸を少なくするための下吹付けを行い，湧水のある箇所は十分な排水処理を行う必要がある。また，型枠はモルタルが硬化するまで変形しないように，組立時に補強・養生しなければならない。

　吹付けの配合はモルタルおよびコンクリート吹付工に準じて，フロー値12cmを目安とし，圧縮強度

は設計基準強度で15N/mm²（150kgf/cm²）以上となるようなセメントおよび水の使用量を決定する。

【参考文献】
1）日本道路協会：「道路土工－のり面工・斜面安定工指針」平成11年3月

■ フリーフレーム工法

本工法は、変形可能な金網型枠と鉄筋を一体化したプレハブ部材をのり面上に組み立て、吹付工法にてモルタルまたはコンクリートを打設して鉄筋コンクリート構造物を作るものである。ロックボルト工、グラウンドアンカー工との併用も可能である。枠内には植生工を併用できる。

この工法には以下の特徴がある。
① 型枠がフレキシブルであるためのり面形状に追従し、施工が容易である。
② 型枠は埋殺しとなるため解体作業が不要である。
③ モルタル・コンクリート打設は吹付工法のため、仮設が簡単であり、作業スペースをとらない。

■ 台形フレーム工法

本工法は、枠形状を台形にすることによって、植生の成長に有効な環境を造成し、枠表面幅を小さくすることで、見た目の圧迫感を緩和する景観・美観性能を向上させる吹付枠工である。

以下に本工法の特長を示す。
① 枠内全面に日光や降雨が当たりやすくなり、また、樹木の屈曲や樹皮・枝などの損傷要因が低減できるため、植生環境に有効な生育基盤を確保、保持できる。
② 従来の枠よりも表面幅が小さくなり、圧迫感が緩和されるため良好な景観が得られる。
③ 枠底面幅が広がるため、地山との接触面が大きくなり、のり表面の浸食に対する抑制効果が向上できる。

現場打ちコンクリート枠工

本工法に用いる枠は、通常のコンクリートを使用した鉄筋コンクリート構造であるため、大きな曲げ剛性が期待できる。また、縦横の枠が格子状の一体構造となっているため、他の枠工に比べるとより崩壊抑止効果が大きい。

現場打ちコンクリート枠工

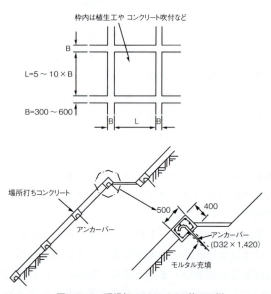

図1.2.18　現場打コンクリートのり枠工の例

現場打ちコンクリート枠工には、表層崩落防止タイプともたれ擁壁タイプがある。

表層崩落防止タイプは、のり面の小崩落や表面浸食を防止するもので、設計上は土圧に対して抵抗しないと考える。一般に1：0.8より緩いのり面に用いられる。

もたれ擁壁タイプは、のり面の小崩落に対してある程度の抑止力が期待できると考え、土圧の作用する箇所には安定計算を行って梁部材などの構造仕様を設計する。一般に1：0.8より急なのり面に用いられる。

梁の幅は30〜60cmものが多く、梁の間隔は、梁幅の5〜10倍程度のものが多く用いられている。

【参考文献】
1）最新斜面・土留め技術総覧編集委員会：「最新 斜面・土留め

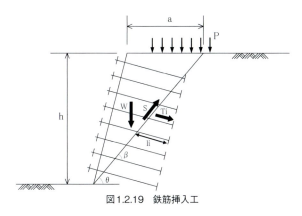

図1.2.19 鉄筋挿入工

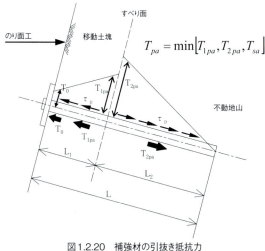

図1.2.20 補強材の引抜き抵抗力

のり面に径40～90mm程度の削孔を行い，孔中に補強材を挿入後，孔壁と補強材の間をセメントミルクなどでグラウチングし，補強材頭部をプレートおよびナットでのり面に固定するのが一般的である。補強材の配置は，のり面積2m²に1本程度の密度とするのが一般的で，補強材のピッチは1～2m程度とされることが多い。補強材長は2～6m程度，打設方向はのり面に対して直行方向として計画するのが原則であり，グラウト材のブリージングの問題を無くするため，水平から10°以上下向きの方向に補強材を打設する。

設計は，予想されるすべり面に対して補強材に期待される引抜き抵抗力による「引止め機能」と「締めつけ機能」ですべり面沿いの安全率の増加を図る。なお，補強材の引抜き抵抗力は，①補強材の許容引張り力，②地山とグラウトの周面摩擦抵抗，③補強材とグラウトの許容付着力のうち，最小の値を示すもので決定する。

【参考文献】
1) 日本道路公団：切土補強土工法設計・施工要領
2) 日本道路協会：「道路土工－のり面工・斜面安定工指針」平成11年3月

技術総覧」㈱産業技術サービスセンター，1991年8月

鉄筋挿入工

地形などの制約から安定勾配が採用できないような場合に，鉄筋などの補強材をのり面に打設し，その引抜き抵抗機能により切土のり面の安定化を図る工法である。代表的な適用例にトンネル坑口部などでののり面安定対策工がある。

この工法は，補強材として主に鉄筋を使用し，補強材長も短いことから，小規模から中規模の斜面安定対策に限定して適用されるものであり，グラウンドアンカー工のように大規模な地すべり対策にまで適用できるものではない。予想される崩壊土塊の規模が小さい場合に，グラウンドアンカー工に比べて経済性，施工性に優れ，確実な抑止効果が期待できることから，近年，盛んに用いられるようになってきている。

アースネイリング工法

アースネイリング工法は，鋼製やFRP製の補強ボルトを地山に打設して，掘削のり面や自然斜面の安定を図る地山補強土工法であり，設計から施工，施工中の計測管理まで一貫して対応できる工法である。この工法で用いられるボルト打設方法のうち「ジェットボルト工法」は，一般の工法では効果が期待しづらいとされる土砂地盤や崖錐性地盤，強風化岩盤においても，十分な補強効果が得られるボルト打設システムである。

高圧のグラウト注入機構を備えた特殊中空ボルトを，回転・打撃により打込むと同時に，ボルト先端部よりグラウト材を高圧噴射すること（ジェットボルト）により，ボルト周辺地盤の改良ができ，ボルトと地山の一体化が図れる，貫入補助とボルト定着力の強化を図るボルト打設システムである。ジェットボルト工法を用いた場合，通常の鉄筋挿入工（先行削孔方式）に比べて，2～3倍以上の定着力が期待できる。

ハイスペックネイリング工法

ハイスペックネイリング工法は，通常の補強材の

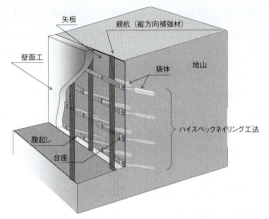

図1.2.21 ハイスペックネイリング工法を用いた鉛直補強土擁壁の構造

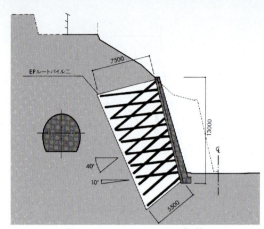

図1.2.22 EPルートパイリング工法

鉛直補強土擁壁の構造

先端に袋体を装着させ、その袋体にグラウト材を加圧注入することで、引抜き抵抗力の増加を図るネイリング工法である。

ハイスペックネイリング工法は、粘性土など軟弱な地山では補強材に装着した袋体にグラウトを加圧注入することによって、袋体が膨張して削孔した穴を押し拡げるため、引抜き抵抗力が大幅に増加する。また、崖錐など削孔した穴の孔壁に凹凸がある場合には、グラウトを加圧注入することでその形状に応じて袋体が膨張変形し地山に密着するため、引き抜き抵抗力が向上する。これまでの施工実績から、軟弱な粘性土地盤では従来のネイリング工法に比べて引き抜き抵抗力が2.5倍以上増加することが確認されている。

また、打設機械として、通常のネイリング工法に使用する小型の削孔機械も使用可能であるが、高さ1.3mの場所で自走でき、高さわずか1.5mで施工可能な非常に小型の専用の施工機械が開発されている。このため、ハイスペックネイリング工法および専用の施工機械を用いることによって、従来では施工が困難であった線路下などの高さの限られた場所や狭い作業エリアでの切土補強、仮設土留め掘削あるいは鉛直補強土擁壁の施工が可能である。

■ ソイルネイリング工法

ソイルネイリング工法は、ドイツのバウアー社が開発したのり面安定工法を基本としており、その特色は特殊加工した鋼棒（ネイルと呼ばれる）をある間隔で地中に設置して、補強された土塊を形成するところにある。この補強土塊は、背面土圧に抵抗する重力式擁壁として働くと考え、掘削壁面あるいはのり面の安定化を図る。

特徴としては、掘削と並行して土留壁が形成されること、小型機械による施工が可能なため狭い場所や急傾斜のところにも適用可能であること、騒音・振動の少ないことなどが挙げられる。

［写真提供］
三信建設工業㈱

EPルートパイリング工法

土に補強材としてパイル（小口径場所打ち杭）を打設することにより、外力に対して抵抗させる工法である。パイルの頭部はキャッピングビーム（RC構造）で連結され、パイルを打設した地山は、このパイルとキャッピングビームにより一体構造として挙動する。$\phi 86 \sim 135mm$の鉄筋モルタルの補強杭（ルートパイル）を三次元方向に配置させることにより、土を抱え込んで全体構造を形成する小口径の場所打ち杭である。EPモルタルの硬化膨張作用に

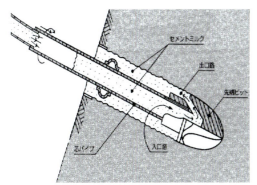

図1.2.23 ダグシム工法

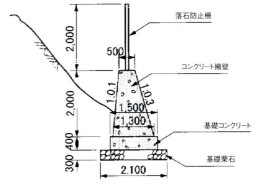

図1.2.25 落石防護工

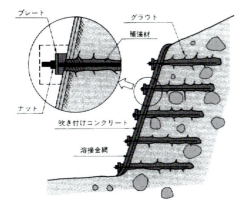

図1.2.24 SW工法のイメージ図

より、補強芯材と地山の付着力が高まる。

地質や地形、場所等の施工条件に応じて削孔方式はロータリーパーカッション式あるいはロータリー式のボーリングマシンを使用する。削孔が完了した後、EPモルタルを注入パイプにより孔底から注入し、あらかじめ組み立てておいた芯材を孔底まで挿入する。ケーシングの引き抜き作業とエアー加圧作業を行い、杭頭の調整および防護を行って完了する。

■ ダグシム工法

芯材がモルタルの注入機能と地山を掘進する削孔ビットの機能をあわせもち、地山に補強材を打設するのに必要な、削孔、芯材挿入、モルタル注入、ケーシング抜きの工程を一つの工程として同時に行う補強土工法である。さらに膨張性注入材とツバ付芯材（EP効果）とにより、補強芯材は強固に地山と一体化する。道路ののり面補強、表層の崩壊防止、土留め工などに用いられている。

φ60mmの補強杭を斜め方向に配置することにより、土を抱え込んで全体構造を形成する。補強材は中空バルブ先端のビット背面よりセメントミルクを回転噴射しながら自穿孔を行うことにより、孔壁自立の難しい地山でも施工可能である。

先端ビットで掘進すると同時に、ビットの後方からセメントミルクを出し瞬時に空隙を充填するため、セメントミルクと土砂が混じりにくく、芯パイプのまわりに強度を確保できる。

■ SW工法

不安定な切土斜面をシステマティックに打設したロックボルトと表面保護工とにより、地山を擬似擁壁体（ソイルウォール）として機能させる工法である。

この擬似擁壁が背面の土圧に対し、重力擁壁あるいはもたれ擁壁と同等の効果を発揮することにより、斜面の安定を図ることができる。施工する表面保護工は、主にショットクリート・吹付けのり枠を使用する。

斜面上方より段階的に施工を実施するため、地山の緩みを極力抑えることができ、安全性の高い施工ができる。大型の施工機械を必要とせず、ロックボルトも比較的短いため、立地条件の悪い場所でも容易に施工ができる。急勾配で切土することができ、土工量の低減、工期短縮、土地の有効活用が図れる。土砂地盤・崖錐などの崩壊性地盤に対しても、自穿孔ロックボルトの使用により、効率的な施工が可能である。

落石防護工

落石対策には、発生源において対策を行う「落石予防工」と防護すべき対象の近傍で落石が発生しても被害を防止あるいは軽減する「落石防護工」がある。

落石予防工は、直接落石の危険性があるものに対して対策を行うため確実な方法ではあるが、対象とする落石斜面が長大でかつ急峻である場合が多いため、いくつかの用地をまたぐ場合もあり、施工性や

経済性の面で実現が困難な場合が多いとともに，対策工を実施すべき行為者が特定できないといった現実的な問題もあり，必ずしも適切な対策工とならない場合が多い。したがって，実際に適用されている落石対策工のほとんどは落石防護工である。

　落石防護工には，落石防止網工，落石防止柵工，落石覆工および落石防止擁壁工がある。落石防護工が設置される位置から見ると，発生源から防護すべき施設に至る中間地帯に設けるものとして，落石防止網工，落石防止柵工，落石防止擁壁工がある。また，施設のごく近傍に設けるものとして，これらに加えて落石覆工がある。

　落石防護工の設計にあたっては，構造物が受け持つべき外力を想定することが重要である。この場合，予想される落石などの重量，落下速度および落石防護工への作用方向，作用位置など，現場ごとの地形，地質，斜面の風化度，植生および他の落石予防工または落石防護工との併用の有無などによって著しく異なる。したがって，落石防護工の設計においては，現場における調査や過去の落石経験を基に最も妥当と思われる外力を推定しなければならない。また，落石以外の荷重，たとえば崩土，積雪，なだれなどについても必要に応じて考慮しておく必要がある。落石防護工の設計方法としては，エネルギー計算によるものと静的な強度計算によるものがある。なお，落石防止網，落石防止柵については，必ずしも設計計算を行う必要は無く，類似斜面における実績を基に諸元を決めることもある。

【参考文献】
1）日本道路協会：「道路土工−のり面工・斜面安定工指針」平成11年3月
2）日本道路協会：「落石対策便覧」平成12年6月

■　落石防止網工

　浮石を押えたり，落石が飛石とならぬようにのり面に網で覆う工法で，網には合成繊維網と金網とがある。網はアンカーで固定されるが，網の種類にはポリエチレン系，ポリ塩化ビニール系の合成繊維と亜鉛メッキまたはビニール被覆した金網とがある。前者は安価，軽量であり架設が簡単で温度変化に付する安定性，非吸水性，耐食性に優れているが，強度の面で適用が難しい場合がある。これに対して後者は，強度が大きいことから比較的大きな落石に対してもある程度の効果が期待できる。

【参考文献】
1）日本道路協会：「道路土工−のり面工・斜面安定工指針」平成11年3月
2）日本道路協会：「落石対策便覧」平成12年6月

■　落石防止柵工

　落石防止柵工とは，のり面などからの落石をのり面の途中で阻止，落下速度の緩和を図り，下方の設備等に危害を及ぼさないようにする工法である。鋼製の支柱とそれに取り付けられた鉄げたあるいは鉄網とで構成される落石防護工の一工法である。

　柵の高さは一般に1〜2mで，鉄げたは主にアングル材を20〜30cm間隔で支柱に溶接などで接合し，鉄網はケーブルを数本張ってそれに取り付ける方法と，鋼式のわく材に取り付ける方法の2つがある。ケーブル方式は落石の衝撃に強い利点があるが，施工延長の短いところや曲線部には不向きであるとされている。

　本工法は，風化した軟岩などの長大切土のり面あるいは隣接する自然斜面からの転石，はく落土砂の落下のおそれのある箇所において，最下段の小段の上に設けられることが多い。場合によっては，その上方に何段かの柵工を複数段設けることもある。落下高の高い場合や多量の落下土砂量が予想される場合，一次貯留用の平場確保のため重力式擁壁などが設けられ，その上部に落石防止柵が設置されるケースもある。

【参考文献】
1）日本道路協会：「道路土工−のり面工・斜面安定工指針」平成11年3月
2）日本道路協会：「落石対策便覧」平成12年6月

■　落石覆工

　鋼材や鉄筋コンクリートなどで，道路，鉄道などをトンネル状に覆い，落石の直撃を防止する工法で，洞門工とも呼ばれる。落石の規模が大きくて落石防止網などでは防ぎきれないような場合に適用される。

　鋼製のものは比較的小さい落石のある箇所に有効であり，大規模な落石が予想される箇所では，鉄筋コンクリート製のものが必要となる。

【参考文献】
1）日本道路協会：「道路土工−のり面工・斜面安定工指針」平成11年3月
2）日本道路協会：「落石対策便覧」平成12年6月

表1.2.9　一般的ななだれ防止工

区分	工法	工種
予防工	雪崩予防工	雪崩予防柵
	雪庇予防工	雪庇予防柵
防護工	誘導工	誘導擁壁
		誘導柵
		雪崩割り工
	減勢工	枠組み工
		減勢擁壁
	阻止工	防護擁壁
		防護柵
	覆工	スノーシェッド

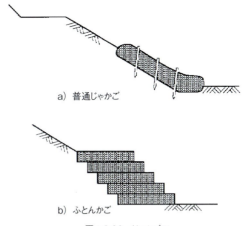

a) 普通じゃかご

b) ふとんかご

図1.2.26　じゃかご工

なだれ防止工

なだれ防止工は，斜面上部に設置してなだれの発生を未然に防ぐ「予防工」と，走路や堆積区に設置して流走してきたなだれから保全対象を防護する「防護工」とに分けられる。

予防工には，発生区に設置して積雪の移動を抑え，なだれの発生を未然に防ぐ直接的な方法であるなだれ予防工と，なだれ発生の引き金となる雪庇の発達を抑制する間接的な方法として雪庇予防工がある。また，防護工には，流走してきたなだれを保全対象に影響の無い方向へ誘導する誘導工，流走してきたなだれの勢いを削いでなだれが保全対象まで到達しないようにする減勢工，流走してきたなだれを完全にせきとめようとする阻止工，道路や鉄道などの線状の施設を防護する覆工がある。

なだれ防止工は，各種の工法を組み合わせて用いられることが多い。代表的な組み合わせ例を以下に示す。

①雪庇予防柵＋なだれ予防工：なだれ斜面の上部の尾根に雪庇が張り出す箇所で，雪庇の落下に対する雪庇予防柵と斜面からのなだれを防止するなだれ予防工を組み合わせる。

②なだれ予防柵＋（減勢工）＋阻止工：発生区の上部になだれ予防柵を設け，その下部から発生したなだれを阻止工によってせき止める。中間に減勢工を設けることもある。

③誘導工＋スノーシェッド：扇状地のようになだれが発散する箇所で，スノーシェッドの両側からはみ出さないように2連の誘導擁壁または誘導柵でシェッド上に誘導する。

【参考文献】
1) 最新斜面・土留め技術総覧編集委員会：㈱産業技術サービスセンター「最新斜面・土留め技術総覧」

じゃかご工

のり面に用いるじゃかご工は，湧水があって土砂が流出するおそれのある場合，または崩壊した箇所を復旧する場合，あるいは凍上によりのり面が剥離するおそれがある場合などに用いる。

じゃかごには，鉄線製の普通じゃかごとふとんかごがあり，普通じゃかごは主としてのり面表層部の湧水処理，表面排水ならびに凍上防止などに用いられる。ふとんかごは，湧水箇所や地すべり地帯における崩壊後の復旧対策に用いられるのが多く，のり面工というよりはむしろ土留め用に利用されることが多い。

湧水が多い場合は，じゃかごで集めた水を速やかに排水できるように留意するとともに，のり面からの流出土砂によってじゃかごが目詰まりを起こすおそれのある場合に，周囲を砂利などで保護する必要がある。

鉄線じゃかごの一般的な形状寸法は以下の通りである。

①じゃかご：径45，60，90cm　長さ3～8m
②ふとんかご：幅120，180，200cm 高さ40，50，60cm　長さ2～4m
③扁平じゃかご：幅45，60，90cm　高さ30，45，60cm　長さ3～8m

【参考文献】
1) 日本道路協会：『道路土工－のり面工・斜面安定工指針』平成11年3月

編柵工

編柵工は植物が十分に生育するまでの間、のり表面の土砂流出を防ぐために用いるもので、のり面に木杭を打込み、これにそだ、竹または高分子材料、ネットなどを編んで土留めを行うものである。

木ぐ杭の長さは80～150cm、太さは9～15cm、間隔は50～90cm程度、編柵の間隔は1.5～3.0m程度が一般的である。杭の角度は鉛直かまたはのり面に対して垂線と鉛直線との中間角度までがよい。

盛土に編柵を設置する場合は、所定の断面まで十分締固めた後、盛土下部より段切りを行いながら施工し、編柵を設置した後は土羽を埋戻し、ランマなどで十分締固める。

【参考文献】
1) 日本道路協会：『道路土工－のり面工・斜面安定工指針』平成11年3月

6 杭による斜面安定工法

抑止杭工法

杭工は限られた用地内で、比較的大規模な崩壊土塊に対して抑止対策を行う必要がある場合に用いられている。

杭の材料としては、鋼製、鉄筋コンクリート製のものが用いられるが、すべり土塊のすべり力によって発生するせん断力や曲げモーメントに対して安全な構造とするとともに、すべり面以深の安定した地盤への十分な根入れ長が必要である。また、必要抑止力に対して杭の断面、形状、杭間隔を検討する際には、特に杭間の中抜けに対しても安全な構造となるよう杭工の仕様を決定することが重要となる。さらに、斜面上部の土塊に対しては、杭の抑止効果が及ぶ範囲に限界があるため、上部土塊の安定化を図るためには、杭を2段に配置したり、他の工法との併用を検討する必要がある。

用いる杭材としては、H形鋼杭、鋼管杭、鉄筋コンクリート杭などがあるが、通常の鋼製杭では十分な安定が確保できない場合には、削孔費を含めた総工事費の比較検討などを行い、特殊厚肉鋼管（Gパイル）が用いられることもある。

杭の施工法は挿入杭によることを基本とする。大口径ボーリング（350～550mm）により地盤中を削孔し、孔中に径300～500mmの鋼管を建てこみ、孔内をモルタル、セメントミルクなどで中詰めするのが標準的な施工法である。

杭の設計法は、せん断杭と曲げ杭に分けられる。杭の前面（谷側）に十分大きな地盤反力が期待できる場合には、曲げ応力に対する安定性の検討を省略してせん断杭として設計することが経験的に行われており、すべり土塊の安定度が低かったり、杭の前面地盤の反力が期待できない場合およびすべり土塊の引張り部（上部）に杭を設置する場合には、曲げ杭として杭の曲げ応力に対する照査が必要となる。さらに、曲げ杭の設計法は、杭の設置位置や移動層の厚さ、杭の前面に十分な地盤反力が期待できるか否かによって抑え杭とくさび杭に分類される。抑え杭は移動土塊を片持ちばり的に抑える機能を持つ杭であり、くさび杭は移動層と不動層の間にくさびを打ち込み、そのくさび機能を発揮することによりすべりを抑止する杭である。

【参考文献】
1) 日本道路協会：「道路土工－のり面工・斜面安定工指針」平成11年3月
2) 地すべり対策技術協会：「地すべり鋼管杭設計要領」平成2年11月

深礎杭工（シャフト工）

杭工のうち、必要抑止力が非常に大きい場合や施工エリアが狭隘で通常の杭打ち機械による施工が困難である場合、あるいは地盤が堅硬で削孔が困難な場合などには、既製杭を用いる抑止杭工に代えて、深礎杭工（シャフト工）が用いられることがある。

深礎杭工は、径1.5～5.0m程度のコルゲートパイプ（ライナープレートなど）を用いて基盤岩まで井戸を掘り、孔中に鉄筋コンクリートの杭を構築する

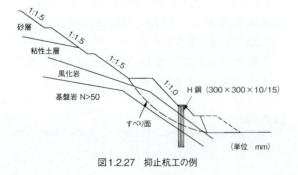

図1.2.27 抑止杭工の例

ものである。施工中は，狭い場所で掘削，ずり出しを行う必要があるため，落石事故など安全面での十分な注意が必要である。

【参考文献】
1）日本道路協会：「道路土工－のり面工・斜面安定工指針」平成11年3月
2）山田・渡・小橋：山海堂「地すべり・斜面崩壊の実態と対策」

7 排水による斜面安定工法

のり面の崩壊原因にはいくつかの要素が考えられるが，表面水あるいは浸透水などの作用が原因となっていることが圧倒的に多く，十分な機能を持った排水施設を設置することがのり面の安定性を高めるうえで非常に重要である。雨水など「水」の作用によるのり面の崩壊は，表流水によるのり表面の浸食，洗掘および浸透水が土のせん断強さを減じたり，間隙水圧が増大することにより生じる崩壊に分けられる。

のり面の排水工は，この両方を防止するために十分な効果を発揮するよう設計しなければならない。また，十分な機能を持つ排水施設が作られても，これを受け入れる流末処理の能力が不足する場合には下流に被害を及ぼすことにもなるので，のり面排水工は排水能力が十分である施設に接続するようにしなければならない。

のり面の安定性を低下させる浸透水，湧水を対象とする排水施設には，水平排水層，水平排水孔，集水井などや，小規模なものにはのり表面付近に設ける地下排水溝，のり面じゃかごなどがある。

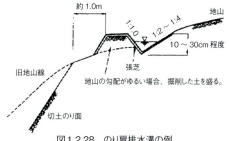

図1.2.28 のり肩排水溝の例

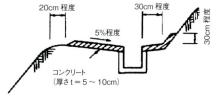

図1.2.29 小段排水溝の例

地表面排水工

のり面の地表面排水工には，のり面への表面水の流下を防ぐのり肩排水溝，のり面への雨水を縦排水溝へ導く小段排水溝，のり肩排水溝，小段排水溝の水をのり尻へ導く縦排水溝がある。

また，斜面に亀裂が発生した場合にこの箇所を粘土等で充填したり，浸透経路の途中に止水壁を設けたり，ビニール布等の不透水性の膜で被覆して雨水の浸透を防止する浸透防止工も地表面排水工といえる。

①のり肩排水溝：隣接地域からの表面水がのり面に流入しないようのり肩に沿って排水溝を設ける。のり肩排水溝には素掘り排水溝，ソイルセメント排水溝，鉄筋コンクリートU形溝，石張り排水溝等がある。

②小段排水溝：小段排水溝にはのり肩排水溝と同様に素掘り，ソイルセメント，鉄筋コンクリートU形溝等によって作られた溝が用いられ，これによって集められた水は縦排水溝等によってのり尻に導かれる。

③縦排水溝：縦排水溝はのり面に沿って設ける水路で，のり肩排水溝や小段排水溝からの水をのり尻の水路に導くためのものであり，鉄筋コンクリートU形溝，遠心力鉄筋コンクリート，半円管，鉄筋コンクリート管，石張水路等が用いられる。

【参考文献】
1）日本道路協会：「道路土工－のり面工・斜面安定工指針」平成11年3月
2）日本道路協会：「排水工指針」昭和62年6月
3）日本道路公団：「設計要領 第一集」平成10年5月

地下水排除工

地下水排除工は地すべり地域内に流入する地下水および地域内にある地下水を排除することによって，間隙水圧（地下水位）を低下させ，地すべり土塊の安定化を図るために用いられる。

地下水排除工には，降雨などに直接影響を受ける比較的浅い滞水層の地下水を対象にしたものと，長雨や融雪水などに関係した比較的深い基盤内を流れる地下水を対象にしたものに分けられる。

のり面の安定性を低下させる浸透水，湧水など浅

層地下水を対象にした排水施設には，水平排水層，水平排水孔，集水井などや，小規模なものにはのり表面付近に設ける地下排水溝，のり面じゃかごなどがある。

 ①地下排水溝：掘削した溝の中にじゃかご，多孔質コンクリート管等を敷設し，のり面への地下水，浸透水を排除する。

 ②じゃかご工：湧水の多いのり面では，地下排水溝等と併用し，のり尻部に敷き並べてのり尻部を補強する。

 ③水平排水孔：のり面に小規模な湧水があるような場合は，2m以上孔を掘って穴あき管等を挿入して水を抜く。

 ④垂直排水孔：のり面の直上あるいはのり面の中に垂直な排水孔を掘り浸透水の排除を図るもので，集水井工が普通用いられる。

 ⑤水平排水層：含水比の高い土で高盛土をすると盛土内部の間げき水圧が上昇し，のり面のはらみ出しや崩壊が生ずることがあるので砂の排水層を挿入し，間げき水圧を低下させて盛土の安定性を高めることが行われる。最近は排水材料として高い排水機能をもつジオテキスタイルが使用される場合もある。

【参考文献】
1）日本道路協会：「道路土工－のり面工・斜面安定工指針」平成11年3月
2）日本道路協会：「排水工指針」昭和62年6月
3）日本道路公団：「設計要領 第一集」平成10年5月

■ 水平ボーリング工

地表から3m以下にある浅層地下水を排除するには，長さ30～50m程度の水平ボーリング工が用いられる。

一般に上向き10～15°で口径2～2.5インチの削孔が行われている。削孔が滞水層に達したことを確認して，その部分に上面と側面にストレーナーの付いた硬質塩化ビニール管，ガス管，透水コンクリート管などを挿入して保孔する。先端部にポリエチレンの網状パイプを付けることもある。排水孔の孔口は保孔管からの漏水による崩壊を防護するため，じゃかごやコンクリート壁で保護することが多い。

【参考文献】
1）山田・渡・小橋：山海堂「地すべり・斜面崩壊の実態と対策」

■ 集水井工

集水井工は，地すべり対策などでより大きな地下水位低下を図るのに適した工法である。

地すべり地内外で，地下水位の高い箇所の付近に径3.5m以上の縦井戸を下げ，その孔壁から水平ボーリング工（集水ボーリング）を行なう。この集水ボーリング工によって地下水を井戸に集め，これをフロートスイッチの付いたポンプで地表に排水するか，または井戸の底から長い水平ボーリングを斜面下方の地表まで行なって排水管により自然排水する方法がとられる。

井戸の中からの水平ボーリングは2～3段に行なうことができるので，深層地下水のみならず浅層地下水の排除も可能である。

施工性や工費の有利さから，井戸内掘削時の土留め工は，穴あき加工が施されたライナープレートが用いられることが多い。

【参考文献】
1）山田・渡・小橋：山海堂「地すべり・斜面崩壊の実態と対策」

■ トンネル排水工

地すべり土塊下方の基盤内や基盤面付近に確実に多量の水脈が分布している場合の排水工として，この工法が適用される場合がある。集水井と排水トンネルを連結して，井戸をズリ出し孔に用い，また集水井の排水孔に利用することもある。

地すべり地域の外部から明りょうな水脈に沿って地下水が流入している場合に，流入箇所の手前でトンネル排水工を行い，これによって水脈をカットする対策が，施工時の危険性も少ないため最も多く用いられている。

トンネル支保工としてライナープレート等を用いる場合は，裏込めの施工が不十分だと非常に大きな土圧が加わって局部的な変形を生ずる可能性があるので十分注意する必要がある。

集水された水は，トンネルの底部に排水管または排水路を設けて孔外に排水する。トンネル完成後は玉石等で埋め戻されることが多い。

【参考文献】
1）山田・渡・小橋：山海堂「地すべり・斜面崩壊の実態と対策」

Ⅲ　グラウンドアンカー工法（永久アンカー）

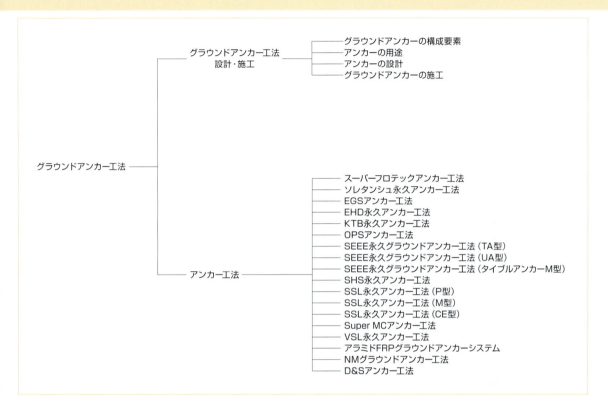

　グラウンドアンカーは地盤中にアンカー体を造成して，構造物から引張り力を地盤に伝達し，これを安定させるために設置される地中構造物である。つまり，アンカー頭部とアンカー体が引張り部をバネとして引張り合っている構造体である。

　その目的とするところは，各種構造物，地盤の安定確保である。

　グラウンドアンカー工法は，1930年代ヨーロッパで岩盤を対象に使用されたのが始まりといわれており，我が国では，1957年に藤原ダムの副ダムにプレストレスを与える為に採用した岩盤アンカー（ロックアンカー）が始まりである。

　狭義のアースアンカー（土を対象としたアンカー）としては，メナールの考察のもとに開発され，実用化したPSアンカー工法によって1964年に神戸垂水において施工されたものが日本で最初といわれている。

　その後，アンカー工法は機械装置や施工方法の進歩に伴い，あらゆる地盤，種々の目的に対して用いられるようになってきた。

　1980年代になると，都市型の土留めアンカーは，地下空間の利用に伴い敷地境界，障害物を残すなどの問題から，アンカーテンドン（引張り鋼材）を撤去する除去式アンカーが多く採用されるようになった。

　永久アンカーについては，建設省告示に基づき「民間開発建設技術の技術審査・証明事業」が創設され，アンカー工法が砂防技術や土木系材料技術等として審査対象とされて（1987）以降，現在は公的機関において技術審査証明を取得した多数のアンカー工法が考案され施工されるようになってきた。

表1.3.1 グラウンドアンカーの技術審査証明取得工法一覧

工法名	審査機関	取得年月
VSL永久アンカー（SP型）	（財）砂防・地すべり技術センター	平成4年2月
SSL永久アンカー（P型、M型）	（財）砂防・地すべり技術センター	平成6年1月
EGSアンカー	（財）砂防・地すべり技術センター	平成6年1月
SEEE永久グラウンドアンカー（TA型）	（財）砂防・地すべり技術センター	平成6年8月
フロテックアンカー	（財）土木研究センター	平成7年12月
KTB永久アンカー（分散型）	（財）砂防・地すべり技術センター	平成8年6月
SHS永久アンカー	（財）砂防・地すべり技術センター	平成9年4月
KTB引張型SCアンカー	（財）土木研究センター	平成10年6月
SuperMCアンカー（荷重分散型）	（財）砂防・地すべり技術センター	平成10年7月
SEEE永久グラウンドアンカー（UA型）	（財）砂防・地すべり技術センター	平成11年8月
スーパーフロテックアンカー	（財）土木研究センター	平成12年2月
OPCアンカー（永久）	（財）土木研究センター	平成12年11月
KTB応力拘束型Cmsアンカー	（財）土木研究センター	平成12年12月
EHD永久アンカー	（財）土木研究センター	平成13年3月
SSL永久アンカー（CE型）	（財）砂防・地すべり技術センター	平成14年9月
OPSアンカー（永久）	（財）土木研究センター	平成16年2月
SEEE永久グラウンドアンカー（A型、U型、M型）	（財）砂防・地すべり技術センター	平成16年8月
RSIグラウンドアンカー	（財）土木研究センター	平成18年3月
（連続繊維）		
NMグラウンドアンカー	（財）土木研究センター	平成6年3月
CFRPグラウンドアンカー	（財）土木研究センター	平成6年3月
アラミドFRPグラウンドアンカー	（財）土木研究センター	平成6年3月

1 グラウンドアンカー工法 設計・施工

　グラウンドアンカー（以下アンカーという）は，永久アンカーと仮設アンカーに分類され，さらに仮設アンカーには，アンカーあるいはその一部を撤去することが可能な除去式アンカーが含まれる。
　永久アンカーとは，アンカーによって安定を図る永久構造物あるいは斜面などに用いるもので，腐食のおそれがある使用材料に対しては，確実な防食・防錆を行う。
　これに対し，仮設アンカーとは，工事中の仮設構造物などに加わる引張り力を地盤に伝えて，その変位量を抑制するために用いるもので，その供用期間が短いことから，簡易な防食・防錆を行ったもの，あるいはその必要がないものとされている。

グラウンドアンカーの基本要素

（1）アンカー体
　アンカー体は，グラウトの注入により地中で造成され，引張り部からの引張り力を設置地盤との摩擦抵抗や支圧抵抗により，地盤に伝達するために設置する抵抗部分のことである。
　アンカー体は一般に，セメント系のグラウト（セメントペースト，モルタル）を注入して造成される。近年では合成樹脂系グラウトも使用されている。
　アンカー体から引張り力を地盤に伝達する機構により，次のように分類することができる。
①摩擦方式
　グラウトと地盤との摩擦抵抗により，引張り力を地盤に伝達する。地盤の種類，地盤の有効応力，グラウトの加圧方法などの違いにより周面摩擦抵抗の大きさが異なる。
②支圧方式
　アンカー体設置地盤における前面の支圧抵抗により引張り力を地盤に伝達する。
　地盤の種類，地盤強度，有効応力やグラウトの加圧方式などで支圧抵抗の大きさが異なる。
③摩擦＋支圧方式
　①の周面摩擦抵抗と②の支圧抵抗とが同時に働いて引張り力を地盤に伝達する。ただし，支圧面の支圧抵抗と周面の摩擦抵抗の最大値が同時に発生することはない。
　現在，市場に流通しているアンカーの形式は，摩擦方式がほとんどである。支圧方式のアンカーも数種類開発され，実際に採用されている。

（2）引張り部
　構造物からの引張り力をアンカー頭部を介してアンカー体に伝達するための部分で，テンドンを主要部材としている。
　テンドン材料には，PC鋼材や連続繊維補強材が用いられる。シースには，テンドン自由長部の摩擦損失と腐食を防ぐために，フレキシブルなプラスチック管などが用いられる。また，引張り部のアンカー自由長部シースの外周と地盤との間の充填注入にグラウトが用いられる。

(3) アンカー頭部

構造物からの力を引張り力として引張り部に伝達させるための部分で，定着具と支圧板からなる。

定着具には，主として次のようなプレストレスコンクリート用のものが用いられる。

①ナット方式，②くさび方式，③くさび＋ナット方式，④連続繊維補強材の定着方式

支圧板は，定着具と台座あるいは構造物との間に設置される部材で，一般に鋼板が用いられる。

アンカーの使用目的および用途

アンカーでは，その調査，設計，施工が適切あるいは確実であったかどうかは，全てのアンカーに対して実施する試験によって確認できる特長がある。さらに，アンカーの引張り力を利用することによって，経済的に構造物や斜面の安定を図ることができるので，多くの目的や用途に使用されている。例えば，仮設の山留め壁，永久構造物としてのダム，建物の基礎，擁壁，橋脚などの安定，トンネルの補強，吊橋のアンカー，地すべり抑止，水圧による浮き上がり防止対策，鉄塔など塔状構造物の地震・暴風時における転倒防止対策などである。

アンカーの設計

グラウンドアンカーを設計する場合，各々の設計アンカー力に対する安全を考えるほか，アンカーされた構造物は外的および内的安定に対する安全性について検討しなければならない。

各々のアンカーについては，設計アンカー力が許容アンカー力を超えないものとする。許容アンカー力は以下の3項目について検討を行い，最も小さい値を採用する。

①テンドンの許容引張り力

　テンドン極限引張り力およびテンドンの降伏引張り力に対して，安全率を考慮していずれか小さい値とする。

②テンドンの許容拘束力

　テンドンの極限拘束力に対して，安全率を考慮して決定する。

③アンカーの許容引抜き力

　アンカーの極限引抜き力に対して，安全率を考慮して決定する。

アンカーされた構造物の外的安定は，構造物とアンカー体を含む地盤全体に対する安定であり，構造物とアンカーとの間の力のやりとりには関係なく，構造物，アンカー体を含む土塊全体がすべる場合の安全性が問題となる。

内的安定は，想定されるすべり面の外側にアンカー体を設置した場合に，地盤がアンカー体とともに過大な変位を生じないための検討である。

グラウンドアンカーの施工

(1) 削孔

アンカーの削孔は，設計図書に示された位置，削孔径，長さ，方向などの仕様を満足して，直線性を保つことができるように行い，造成するアンカー体の周辺地盤を乱さない方法で実施することが求められる。

①削孔機械

　通常使用されている削孔機には，ケーシングに回転と推進力を与えて削孔するロータリー方式とケーシングに回転と空気圧や油圧により打撃を与えて削孔するロータリーパーカッション方式とがある。

　削孔された土砂や岩砕は，削孔水または空気の循環により孔外に排出される。

　ロータリーパーカッション削孔機には，自走式のクローラータイプと定置式のスキッドタイプとがある。

　前者は自走式であるため機動性に富むが，狭い敷地や足場上の作業ではコンパクトな後者が適する。

②削孔方法

　削孔方式は，単管式と二重管式とがある。単管式は，ケーシング内から送水して，外へ排水する通称「外返し」の削孔方式であり，二重管式は，内管を通して送水し，外管の内側を通して排水する通称「内返し」の削孔方式である。

なお，地盤状況による削孔の注意事項は次のとおりである。

ロータリー削孔機での被圧水のある砂，礫層の単管削孔は，ドリルパイプ内に被圧水が逆流し，砂，砂礫を噴出して削孔ができなくなることがある。砂層や砂礫層で噴出が予想される場合は，ロータリーパーカッション式削孔機による逆止弁付きビットを使用した単管削孔が適している。

ダウン・ザ・ホールハンマーおよびロータリーパーカッション式削孔機では，エアーまたは気泡によるスライム排出方法がある。前者の削孔方法では，ダウン・ザ・ホールハンマーの駆動に使用したエアーによって削孔スライムの排出を行うので駆動とスライム排出を同系統で行うことが可能である。また，後者の削孔方法によると削孔駆動にエアーを使用した場合は，注水やエアーを削孔孔内先端にロッドを通して供給を行い，スライムの排出は別系統で行う。いずれにしても，スライム排出にエアーを使用した場合に粉塵となるスライムもあるので，防塵方法や使用場所などについて注意する。

（2）アンカー体注入

アンカー体注入は，置換注入と加圧注入により行われるが，いずれもアンカー体を造成するための重要な作業であり，アンカー体が所定の位置に形成されるように実施する。また，削孔から注入までの作業は，連続的に速やかに行うことが求められる。

①置換注入

置換注入は，孔内における排水や排気を円滑に行うため，アンカーの最底部から開始することとし，その作業は，注入したグラウトと同等の性状のものが孔口から排出されるまで，中断せずに連続して行う。

②加圧注入

加圧注入は，テンドンが孔内に挿入された状態でアンカー体に対して行うもので，アンカー体周囲の地盤条件に応じた適切な方法を用いて実施する。

（3）養生

アンカーは，グラウトの注入終了からテンドンの緊張までの間，ならびに定着から頭部処理までの間に，異物が付いたり，機能を損なうような変形や振動を受けないように養生を施すことが求められる。

（4）緊張・定着

アンカーは，グラウトが所定強度に達した後，品質保障試験によって所定の試験荷重や変位特性を確認し，所定の残存引張り力が得られるように初期緊張力を導入することが求められる。

（5）充填注入

充填注入は，アンカー体を造成した後に，アンカー自由長部の周囲やアンカー頭部背面において空隙充填と保護のために行うものであり，アンカーの機能を損なわないように実施することが求められる。

グラウンドアンカー工法施工中

グラウンドアンカー定着部

【参考文献】
1）グラウンドアンカー施工のための手引書：㈳日本アンカー協会
2）グラウンドアンカー技術ガイドブック：㈳日本アンカー協会

[写真提供]
サンスイエンジニアリング㈱

2　アンカー工法

■　スーパーフロテックアンカー工法

- 定着機構：くさびナット併用定着方式
- 引張り力伝達方式：摩擦引張
- 引張り材の構成：エポキシストランド
  　　　　　　　　$\phi 15.2mm \times 1 \sim 12$ 本
- 許容引張り力：$157 \sim 1879kN$
- 対応削孔径：$\phi 90mm \sim 146mm$
- 工法の特徴：スーパーフロテックアンカーは，PC鋼より線にエポキシ樹脂を塗装した，非常に耐食性に優れるエポキシストランドを使用したグラウンドアンカーである。テンドン全長にポリエチレンシースを工場であらかじめ被覆しているため，施工現場での塗膜の損傷

を低減でき，また部品点数も少ないため，テンドンの組立加工が非常に容易であり，工場加工製品と同等の品質が確保できる。また，比較的細い削孔径で施工できるため経済的であり，ポリエチレンシース内にグリスなどを充填する必要がなく，施工現場も清潔で，環境面にも配慮した工法である。

- ソレタンシュ永久アンカー工法
  - 定着機構：くさび定着方式
  - 引張り力伝達方式：摩擦引張り型
  - 引張り材の構成：フロボンドPC鋼より線
    $\phi 12.7mm \times 1 \sim 8$本
  - 許容引張り力：$110 \sim 880kN$
  - 対応削孔径：$\phi 135mm$以上
  - 工法の特徴：二重管ダブルパッカー工法による加圧注入で通常のアンカーに比べ大きな周面摩擦抵抗を得ることができる。そのためN値の低い砂質地盤，粘性土分の多い地盤，粘土化している強風化岩，亀裂の多い岩盤等これまで定着部として不適とされてきた地盤にも適用できる。フロボンドPC鋼より線を使用することで防錆効果を高めている。

- EGSアンカー工法
  - 定着機構：総ねじを利用したナット定着方式
  - 引張り力伝達方式：引張り摩擦型
  - 引張り材の構成：エポキシ塗装総ねじPC鋼棒
    鋼棒径$\phi 23$，$\phi 32$
  - 許容引張り力：$269 \sim 520kN$
  - 対応削孔径：$\phi 90mm \sim 115mm$
  - 工法の特徴：エポキシ粉体塗装を施した総ねじPC鋼棒，エポキシゲビンデを緊張材に使用した永久アンカー。緊張材自身に防食加工が施されているため，防食構造がシンプルであり，組立作業性が良い。総ねじ鋼棒の特長を生かし，スペーサー等の部品はねじ込みにより取り付けが行える。伸直性が良いため，アンカー長が長いと挿入作業が困難な場合がある一方，無緊張状態でも自由長部のたるみがほとんどなく，低荷重であればトルクレンチで緊張作業が行える等の利点も有する。

- EHD永久アンカー工法
  - 定着機構：くさび方式＋荷重調整リング
  - 引張り力伝達方式：引張り摩擦型
  - 引張り材の構成：PC鋼より線
    $\phi 12.7mm \times 2 \sim 12$本
  - 許容引張り力：$220 \sim 1320kN$
  - 対応削孔径：$\phi 90mm \sim 135mm$
  - 工法の特徴：耐食性の強いエポキシ樹脂を被覆し，グラウトとの付着力向上の目的で表面に細粒けい砂を埋め込んだフロボンド鋼線を用いたアンカーである。頭部背面は止水具スペーサーにより，頭部側をグリス充填層，自由長側を非充填層として水密性を確保している。自由長定着長境界の止水はエポキシ樹脂を注入した構造で水密性を確保している。

- KTB永久アンカー工法（荷重分散型）
  - 定着機構：くさびナット併用定着方式
  - 引張り力伝達方式：圧縮型
  - 引張り材の構成：
    エポキシ全塗装ＳＣストランド　SC-U1
    $\phi 12.7mm \times 2$本~ 10本，
    $\phi 15.2mm \times 2$本~ 10本
  - 許容引張り力：$148 \sim 1235kN$
  - 対応削孔径：$\phi 115mm \sim 146mm$
  - 工法の特徴：異時緊張方式により設計アンカー力を均等に各耐荷体に分散せしめ，設計時に想定した状態に近い応力状態に持って来る。使用するのはSC-U1ストランドで，そのまま耐荷体にUターン加工できる。鋼線挿入時もフレキシブルである。先行注入（ドブ漬け方式）と共に効果的である。アンカーヘッドはネジ付きヘッドナットであるから，セットロスを解消できる。グラウンドアンカー工は地質を確認してから鋼線を組み立てることが肝要であるが，現場での鋼線組立もできる。

- KTB・引張型SCアンカー工法
  - 定着機構：くさびナット併用定着方式
  - 引張り力伝達方式：引張り型
  - 引張り材の構成：
    エポキシ全塗装ＳＣストランド SC-U2
    $\phi 12.7mm \times 1 \sim 12$本，
    $\phi 15.2mm \times 1 \sim 9$本

- 許容引張り力：110～1409kN
- 対応削孔径：φ90mm～135mm
- 工法の特徴：エポキシ全塗装ＳＣストランドのSC-U2を使用し，定着長部は二重の被覆を取り外しセメントグラウトと付着させ，アンカー体を構成する。一般のPC鋼より線を用いた場合はPC鋼より線をシースの中に収める必要があるが，SCストランドを使用すればシースを使用する必要がない。従ってその分細経での削孔が可能となる。SCストランド3本まではφ90mm，7本まではφ115mmの削孔で施工できる。

■ OPSアンカー工法
- 定着機構：くさび定着（1本用はネジ定着）方式
- 引張り力伝達方式：定着部引張り型
- 引張り材の構成：PC鋼より線
  　　　　　　　　φ12.7mm×1本～7本
- 許容引張り力：109～768kN
- 対応削孔径：φ90mm～115mm
- 工法の特徴：ポリエチレン系樹脂を被覆したPC鋼より線に細い鉄線を巻き付け，その上から再度同じ樹脂を被覆し，縞状の凹凸を設けることで，防錆力と付着力を高めている。
　　また，頭部背面の止水は定着時にゴムを圧縮することで得られ，頭部の球面座金で角度調整ができる。

■ SEEE永久グラウンドアンカー工法（TA型）
- 定着機構：ナットによるネジ式定着方式
- 引張り力伝達方式：摩擦圧縮型
- 引張り材の構成：
  多重よりＰＣ鋼より線（F20TA～F360TA）
- 許容引張り力：157～2086kN
- 対応削孔径：φ90mm～165 216mm
- 工法の特徴：全長にわたって防錆油が塗布され，さらにポリエチレン樹脂により被覆された二重防食構造の永久アンカー工法であり，自由長部にはさらにシースを設ける。防食性能に優れ，高規格荷重まで対応可能なアンカーである。また，アンカー体部は圧縮力を受ける構造のため，テンションクラックが生じず，グラウトが防食の一つとして有効に働く。アンカー頭部は，ナットによるネジ式定着のため，定着が確実で再緊張や除荷といった，メンテナンスが容易である。

■ SEEE永久グラウンドアンカー工法（UA型）
- 定着機構：ナットによるネジ式定着方式
- 引張り力伝達方式：摩擦圧縮型
- 引張り材の構成：
  多重よりPC鋼より線（F20UA～F190UA）
- 許容引張り力：157～1096kN
- 対応削孔径：φ90mm～135mm
- 工法の特徴：全長にわたって防錆油が充填され，さらにポリエチレン樹脂により被覆された二重防食構造の永久アンカー工法である。アンカー材は部材の細径化により，アンカー施工の細径化を可能にした。アンカー体部は圧縮力を受ける構造のため，テンションクラックが生じず，グラウトが防食の一つとして有効に働く。また，アンカー頭部はナットによるネジ式定着のため，定着が確実で再緊張や除荷といったメンテナンスが容易である。

■ SEEE永久グラウンドアンカー工法 タイブルアンカー M型
定着機構：ナットによるネジ式定着方式
引張り力伝達方式：摩擦圧縮型
引張り材の構成：PC鋼より線
　　　　　　　　φ15.2×1本～7本
- 許容引張り力：157～1096kN
- 対応削孔径：φ90mm～135mm
- 工法の特徴：防錆油とポリエチレン樹脂により，二重防食とされたPC鋼より線を1本～7本使用した永久アンカー工法である。また，耐荷体は，上部耐荷体・下部耐荷体により構成されており，第三紀の地盤や粘性系地盤に定着する場合，上部耐荷体長を長くすることで先端部への応力集中を防ぎ引抜耐力を向上させることが可能となる。アンカー体部は圧縮力を受ける構造のため，テンションクラックが生じず，グラウトが防食の一つとして有効に働く。また，アンカー頭部はナットによるネジ式定着のため，定着が確実で再緊張や除荷といったメンテナンスが容易である。

■ SHS永久アンカー工法
- 定着機構：くさび定着（ＳＨＳ工法）方式
- 引張り力伝達方式：引張り型
- 引張り材の構成：ＰＣ鋼より線

　　　　　　　　$\phi12.7mm×2〜12$ 本
- 許容引張り力：220〜1318kN（一般仕様）
- 対応削孔径：$\phi90mm〜135mm$
- 工法の特徴：自由長部と定着長部の役割を明確に区別したアンカーケーブルの構造としている。即ち複数本の部分アンボンドPC鋼より線を束ねてアンカーケーブルを構成し，自由長部は厚肉ポリエチレンシースで，定着長部はステンレス製のSHSシースで防錆被覆した二重防食タイプの永久アンカー工法である。シースの拘束効果により，PC鋼より線とグラウトとの付着強度が大きい。強いシースを使用しているため，運搬時，挿入時の破損がなく，グラウト注入圧に対する抵抗が大きい。

■　SSL永久アンカー工法（P型）
- 定着機構：くさび 定着方式
- 引張り力伝達方式：圧縮力，支圧抵抗
- 引張り材の構成：$\phi12.7mm×1$ 本〜7本
- 許容引張り力：109〜768kN
- 対応削孔径：$\phi135mm〜146mm$
- 工法の特徴：粘土・風化岩（P300・P400）および軟岩（P200）に適用する。アンカー体部を拡孔し，拡孔内部にグラウトによる支圧体を造成し，この拡孔部における設置地盤の支圧強度により引張り力を支持する工法である。設置地盤との摩擦抵抗に頼らない工法で，逐次破壊の進行を回避できることから，繰り返し荷重や持続荷重に対して定着特性が向上するほか，パッカー内にグラウトを注入するため，湧水や漏水があってもアンカー体の造成ができる。

■　SSL永久アンカー工法（M型）
- 定着機構：くさび 定着方式
- 引張り力伝達方式：圧縮力，支圧抵抗
- 引張り材の構成：
　$\phi17.8mm×1$ 本〜$\phi12.7mm×7$ 本
- 許容引張り力：232〜768kN
- 対応削孔径：$\phi115mm〜135mm$
- 工法の特徴：軟岩（35M・70M）に適用する。アンカー体部を拡孔した後，拡孔部に金属製の支圧体を挿入・拡径し，この拡孔部における設置地盤の支圧強度により引張り力を支持する工法である。設置地盤との摩擦抵抗に頼らない工法で，逐次破壊の進行を回避できることから，繰り返し荷重や持続荷重に対して定着特性が向上するほか，金属製の支圧体を機械的に拡径するため，湧水や漏水があってもアンカー体を造成できる。

■　SSL永久アンカー工法（CE型）
- 定着機構：くさび定着方式
- 引張り力伝達方式：圧縮力，摩擦抵抗
- 引張り材の構成：$\phi12.7mm×1$ 本〜7本
- 許容引張り力：109〜768kN
- 対応削孔径：$\phi90mm〜165mm$
- 工法の特徴：軟岩以上の設置定着地盤（35CE・65CE）に適用する。グラウトに引張り亀裂が発生しない圧縮型の支持機構と，圧縮応力を効果的に分散する耐荷体による応力分散特性を有している。また，アンカー全長にわたって多重防食対策を施しているほか，コンパクトなシース注入システムにより小口径でも孔底注入で施工できる。

■　SuperMCアンカー工法
- 定着機構：くさび＋ネジ式 定着方式
- 引張り力伝達方式：
　スパイラル筋で補強した圧縮型
- 引張り材の構成：$\phi12.7mm×1〜7$ 本，$\phi15.2mm×1〜7$ 本
- 許容引張り力：110〜1092kN
- 対応削孔径：$\phi90mm〜135mm$
- 工法の特徴：二重防錆タイプの圧縮型永久アンカーである。拘束具にスパイラル補強筋を取り付けた事によって支圧応力を分散させ，グラウトの破壊を生じさせない構造となっている。拘束具を複数で使用する事により，地山への応力を分散し，支持力を得る事ができる。また，地山条件等によるアンカー長やアンカー荷重の変更に対し，現場で即対応出来る構造になっている。リングナット付アンカーヘッドを使用する事により再緊張・除荷等の維持管理が容易にできる。

■　VSL永久アンカー工法
- 定着機構：くさび　くさび＋ネジ 定着方式

- 引張り力伝達方式：主に引張り力
- 引張り材の構成：PC鋼より線
    ϕ12.7mm（B種）×2本〜12本，
    ϕ15.2mm（B種）×9本〜12本
- 許容引張り力：220〜1879kN
- 対応削孔径：ϕ90mm〜165mm
- 工法の特徴：自由長部のPC鋼より線の被覆方法は，1本ずつ被覆するアンボンドチューブタイプである。又，全長をコルゲートシースで被覆してある。化学腐食や電気腐食などを防止するため，コルゲートシースをはじめ加工用材料，頭部保護材料はすべて合成樹脂製である。

アンカーテンドン全長が二重防錆，フレキシブルな構造になっており，強度と耐久性を維持する。

■ アラミドFRPグラウンドアンカーシステム
- 定着機構：ネジ式定着方式
- 引張り力伝達方式：摩擦型
- 引張り材の構成：アラミドFRPロッド（異形）
    ϕ6mmもしくはϕ7.4mm×3〜19本
- 許容引張り力：129〜470kN
- 対応削孔径：ϕ115mm〜135mm
- 工法の特徴：高い引張り強度を持つと同時に化学的に安定で腐食しない高分子材料アラミドFRPロッドを用いたグラウンドアンカーシステムである。アラミドFRPロッドは耐久性に優れた新素材で，永久アンカーとして用いる場合にも特別な防錆処理を施す必要がない。アンカーヘッドはナットよる定着システムを用いており，再緊張などの緊張力管理も容易に行うことができる。アラミドFRPロッドの重量は鋼材の1/6と軽量であるため，のり面などの傾斜地や狭い用地での施工も容易に行うことができる。

■ NMグラウンドアンカー工法
- 定着機構：ナット定着方式
- 引張り力伝達方式：摩擦引張り型
- 引張り材の構成：CFCCより線
    ϕ12.5mm×2〜5本，
    ϕ15.2mm×5本
- 許容引張り力：170〜575kN
- 対応削孔径：ϕ115mm以上
- 工法の特徴：耐久性に優れた炭素繊維より線，ステンレスのテンドングリップを使用することで，温泉地や火山地帯のような高腐食環境下においても使用することができる。すべての部材が錆びない素材で構成されており，二重防錆が不要でアンカーの構造もシンプルである。引張り材は従来のPC鋼より線の約1/5と非常に軽量で高所や少人数での作業に適している。

■ D&Sアンカー工法

D&Sアンカー工法は，グラウンドアンカー工頭部に皿ばね（Disk Spring）を設置することによって，地盤の変位を吸収してアンカーの引張り力が変化するのを抑制し，グラウンドアンカーの安全性向上を図る工法である。構造的な特徴は受圧板に皿ばねを取り付けた点にあり，グラウンドアンカー工法そのものではないが，皿ばねを設置することによってグラウンドアンカーの機能が大幅に改善されることから，皿ばねを設置したグラウンドアンカーを1つのグラウンドアンカーシステムと考え，『D&Sアンカー工法』と呼んでいる。

D&Sアンカー工法には，（1）地盤のクリープ変位に伴ってアンカー緊張力が低下するのを抑制する機能（緊張力保持機能），（2）地震時にアンカーに作用する過大な緊張力を抑制し，地震によるアンカーの損傷を防止する機能（耐震対策機能），（3）地盤の凍上に伴ってアンカーに作用する過大な緊張力を抑制し，凍上に伴うアンカーの損傷を防止する機能（凍上対策機能）の3つの機能がある。

皿ばねのこれらの機能を長期的に保持するため，D&Sアンカー工法では皿ばねを収納できる構造を有する専用の受圧板『D&S円形受圧板（SRC構造）』が用意されている。

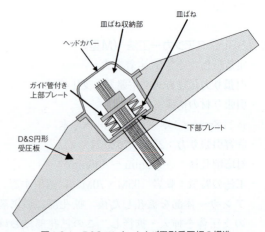

図1.3.1　D&Sアンカーおよび円形受圧板の構造

第2章 土留め工法

Ⅰ　土留め工法・・・・・・・・・・・・・・・・・・・・・ 96
Ⅱ　矢板壁工法・・・・・・・・・・・・・・・・・・・・・ 107
Ⅲ　柱列式地下連続壁工法・・・・・・・・・・・・ 118
Ⅳ　地下連続壁工法・・・・・・・・・・・・・・・・・ 121
Ⅴ　仮締切り工法・・・・・・・・・・・・・・・・・・・ 134
Ⅵ　排水工法・・・・・・・・・・・・・・・・・・・・・・ 147

I 土留め工法

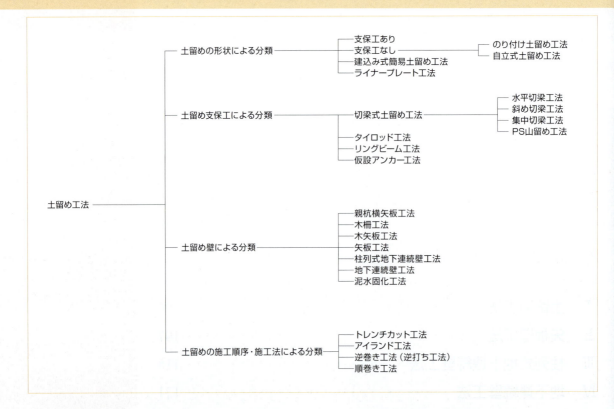

　地盤の崩壊・過大な変形を防ぐための構造物を土留め工といい，主として，開削工事に伴う仮設の抗土圧構造物を指す。本章では，土留め壁など抗土圧構造物を用いないのり付け工法も広義の土留め工法として当分類に含める。

　土留め工の計画にあたっては，地盤条件及び施工環境条件を十分に調査し，法的規制及び対象施設に適合する基準類に従って設計するとともに，実施にあたっての日常点検など管理計画も策定する。関連する法規・基準類を以下に示す。

・「労働安全衛生法」平成18年6月
・「労働安全衛生規則」
・「騒音規制法」平成17年4月
・「振動規制法」平成16年6月
・「大気汚染防止法」平成16年6月
・「水質汚濁防止法」平成16年6月
・「廃棄物の処理及び清掃に関する法律」平成18年6月
・「都道府県公害防止条例」
・建設省：「建設工事公衆災害防止対策要綱」平成5年1月
・土木学会：「トンネル標準示方書［開削工法編］」平成18年7月
・日本道路協会：「道路土工-仮設構造物工指針」平成11年3月
・日本道路公団：「設計要領第二集第6編［Ⅲ］仮設構造」平成2年7月
・東日本／中日本／西日本高速道路株式会社：「設計要領第二集　橋梁工事編11章　仮設構造」平成18年4月
・首都高速道路株式会社：「仮設構造物設計要領」平成15年5月

- 鉄道総合技術研究所：「鉄道構造物設計標準・同解説　開削トンネル付属資料　掘削土留め工の設計」平成13年3月
- 日本鉄道技術協会：「深い掘削土留工設計法」平成8年6月
- 日本建築学会：「山留め設計施工指針」平成14年2月

土留め工はおおむね以下のように分類される。
1. 土留めの形状による分類
2. 土留め壁支保工による分類
3. 土留め壁による分類
4. 施工法による分類

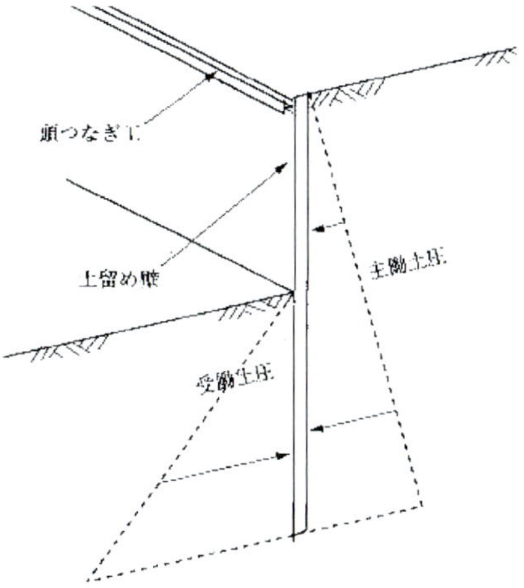

図2.1.2　自立式土留め工法の概要

1 土留めの形状

のり付け土留め工法（のり付けオープンカット工法）

本工法は、土留め壁や土留め支保工を用いず、掘削周辺に安定斜面（のり面）を形成して掘削する方法である。狭義の解釈では土留め工に含まれないが、地盤の崩壊を防ぎながら掘削する意味から土留め工に含める。

のり面は、滑り破壊が生じない勾配とし、深さ4～6m毎に幅1～2mの小段（犬走り）を設ける。なお、労働安全衛生規則では地盤種別ごとに守るべき勾配と小段が示されている。

のり面上段（のり肩）には雨水など表面水がのり面を流れ落ちないように排水溝を設置し、のり面表面には、表面水による侵食を防ぐため、シート張り、モルタル吹付けなどで保護する。地下水位の高い透水性地盤では、湧水によるのり面の崩壊を防ぐため、地下水位低下工法の採用や掘削周囲に遮水壁を打設する。

工法の得失は、土留め壁及び支保工が不要であり、施工性が良いが、のり面に広い作業用地を必要とし、掘削・埋戻し量が多くなる。通常、良質な地盤の浅く広い掘削に採用される。

自立式土留め工法

本工法は、切梁やグラウンドアンカーなど支保工を用いず、土留め壁の自立で土水圧を支える。構造的には、掘削底面の受働土圧が背面の土水圧を支えるため長い根入れを必要とし、さらに、土留め壁が片持ち梁となるのでたわみも大きい。適用地盤は十分な受働抵抗が期待できる良質な地盤に限られ、掘削深さも土留め壁の曲げ剛性から1～4m程度と浅い場合に限られる。掘削深さが深い場合には自立式土留め壁を階段状に配置することがある。（段逃げ土留め工法と呼ぶ場合もある。）

掘削内の作業性は支保工がないので良いが、構造的な安定性が地盤に大きく左右されるので、採用にあたっては慎重な検討が必要である。土留め壁の頭部はお互いに連結してバラバラの変形がないようすることが必要である。

建込み式簡易土留め工法

本工法は、組立てた鋼製土留め工を掘削内に建込み、掘下げと土留め工の押込みを繰返す土留め工法である。上下水道の管渠敷設など小規模な溝状掘削工事に採用される。同じ小規模土留め工の木矢板工

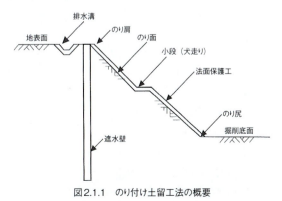

図2.1.1　のり付け土留め工法の概要

法と比べて，適用掘削規模が深さで6m，幅で4.7mまで拡大し，構造的な安全性も向上している。市場には数種類のリース品があり，資材の入手・転用が容易である。

構造は，図2.1.3と図2.1.4に示すように，スライドレール方式と縦ばりプレート方式の2種類がある。両方式とも最小枠組は，左右1対の土留め板，その溝方向両端を支える縦ばり，及び縦ばりを上下で支える切梁から構成される。この枠組は，左右の土留め板が上下・水平各2点で支えられるので，根入れがなくても構造的に安定する。土留め板は，押下げができるように下端に刃があり，また，縦ばりにより継足しができる。切梁は，押下げ時の変形に対応できるように，両端をピンとし，伸縮が可能になっている。

スライドレール方式は，スライドレールと呼ぶ縦ばりに溝があり，その溝にパネルと呼ぶ土留め板をはめ込む形式である。施工順序は，深さ0.5m程度掘削後，2段以上の切梁を取付けたスライドレール1対を掘削内に建込み，スライドレールに沿って左右のパネルを挿入する。次に，スライドレールの無いパネル端にもスライドレール1対を建込み，枠組を完成させる。続いて，掘削内の掘下げ，左右パネルの押下げ，スライドレールの押下げを所定の深さまで繰返す。構造物の構築後，土留め工の撤去は，パネルの引抜きと埋戻しを0.3m毎に繰返し，最後にスライドレールを引抜く。

縦ばりプレート方式は，縦ばりプレートと呼ぶ土留め板と縦ばりが一体化した部材を用い，縦ばりに補助金具を取付け鉛直方向に継足す形式である。施工順序は，先ず，縦ばりプレートを上下2段，左右の計4枚と切梁4本で最小枠組を組立て，深さ0.5m程度掘削後，前述の最小枠組を掘削内に建込む。次に，掘下げと枠組の押込みを繰返し，枠組の高さが不足する場合は縦ばりプレートを継足し，所定の深さまで掘削する。

土留め工の撤去は，縦ばりプレートの引抜きと埋戻しを0.3m毎に繰返す。

ライナープレート工法

ライナープレートは薄肉鋼板に波付け加工をし，その4辺にフランジを設けた構造部材である。100年ほど前に米国で初めて製造され，わが国には昭和30年代半ばに導入されたもので，仮設用土留材，集水井戸，横坑などの構造部材として広く用いられてきた。

用途としてはシールド工法・推進工法などの立坑，

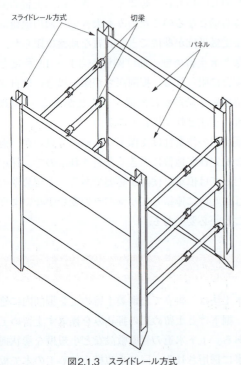

図2.1.3　スライドレール方式

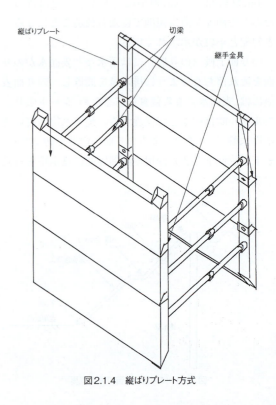

図2.1.4　縦ばりプレート方式

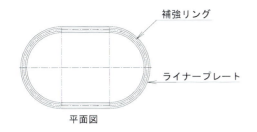

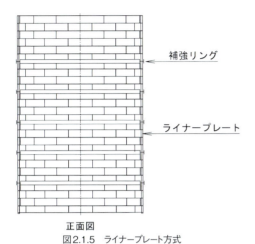

図2.1.5 ライナープレート方式

橋梁下部工の基礎として深礎工法，地すべり対策のための工法のうち，地下水の排水工にあたり，深層部の地下水を排除することによって，すべり面を安定させる集水井工などがある。

ライナープレートの板厚は，2.7mm～7.0mmまで7種類がある。円周方向のフランジは本体を一体加工したものであり，軸方向のフランジは本体にプレートを溶接したものである。ライナープレートのみの強度で不足する場合には，H型鋼を加工した補強リングを用いる。ライナープレートの組立て形状は，C形，S形，J形，L形の組合わせにより，円形・小判形・矩形・アーチ形・馬蹄形の断面形状を構成することができる。

地下水位以下では，薬液注入工法などの補助工法が併用されることが多い。

2 土留め支保工

切梁式土留め工法

本工法は，切梁，腹起しなどで土留め壁を支える方式であり，適用範囲が広いので従来から最も多く

切梁式土留め工法

採用されている。標準的な構造は，土留め壁を直接受ける腹起しと，腹起しを支える複数の切梁から水平1段分の支保工が構成される。掘削深さが増すに従い支保工の段数も増す。

支保工の段数・設置深さは，作業性，掘削深さ，土留め壁の耐力（曲げモーメント・せん断力）及び構造物の階高などから決められる。通常，掘削深さ2～4m毎に1段の支保工を設置し，構築作業の支障とならないように床版位置を避ける。切梁の水平間隔は，切梁自体が掘削，支保工架設及び構築作業の障害となるので，できるだけ広げることが望ましい。通常，2～4m間隔が多く，火打ちを使う場合は間隔を広げることができる。また，構造物に柱や切梁と平行な壁がある場合は，それらを避けて設置し，路面覆工がある場合は覆工桁の下に切梁が配置されるように計画する。

切梁が長い場合は，切梁荷重を支える中間杭を必要とし，さらに，切梁の座屈を防ぐために横方向に繋ぎをとる。中間杭の間隔は，数m程度であるが，切梁を束ねて座屈耐力を高めた集中切梁工法では広くすることができる。

小さな方形の土留め工では，切梁がなく，4辺の腹起しが切梁の役目をする。4辺の腹起しだけでは，平面の剛性が弱いので，四隅を火打ちで補強する。腹起しだけの土留め工は，作業性が良いので，より広い土留め工にも適用できるように，重ねばりとプレストレスを導入した製品（PS山留め工法）もある。

腹起し，切梁及び火打ちなどの支保工材にはH型鋼が使われ，補助部材を用いて任意の形状に組立てられる仮設用資材が一般的に使われる。これら仮設用資材は，リース品の市場が整い，ボルト接合であるので組立て，解体及び転用が容易にできる。反面，

接合部は、ズレの生じやすい支圧ボルト接合であり、弱点となるので、断面力の大きい場所や変形を嫌う場所を避ける。

　支保工材に場所打ちの鉄筋コンクリートを使う例もあるが、コンクリートは強度発現に時間を要し、その解体・処分が容易でないので限られた使い方となる。使用例としては、構造物本体の床版を支保工兼用にする例（逆打ち工法参照）、地下連続壁のRC壁体に腹起しの機能を付加した例、及び後述の広い掘削で切梁の剛性を増す例などがある。切梁の長さが数十mを超える広い掘削では、切梁の弾性収縮や接合部の縮みが無視できず、その縮みにより土留め壁の変形が増し、結果的に土留め壁の断面力や周辺地盤の沈下が大きくなる。対処方法としては、前述の鉄筋コンクリート切梁の外、分割して掘削する工法（アイランド工法、トレンチカット工法参照）や切梁プレロード工法がある。切梁プレロード工法は、支保工架設時に油圧ジャッキで切梁に軸圧縮力を導入し、その後の掘削によって生じる縮み量をあらかじめ取去っておく方法である。一般的な施工順序は、掘削前に土留め壁及び中間杭を打設した後、1段分の支保工が設置できる空間を掘り、腹起し・切梁を架設する。土留め壁を支持しながら掘削と支保工架設を繰返す。労働安全衛生規則では、地山掘削作業責任者及び土留め支保工作業責任者の資格に関する規定、土留め工の点検規定など諸義務があるので注意する。

■　水平切梁工法

　本工法は、切梁式土留め工の基本的な方式であり、腹起し、切梁を水平に設置する方法をいう。通常、土留め支保工は、土留め壁との接合部に鉛直分力が生じないように、切梁・腹起しを水平に、切梁と腹起しは直角に配置する。また、市場にある仮設資材も直角に接合することを基本にしており、直角以外の接合は分力に相当する補強が必要である。地表面や掘削底面の傾斜によっては支保工に数％の勾配をつけることがあるが、勾配が急な場合は接合部の分力に対しての配慮が必要である。（斜め切梁工法参照）

■　斜め切梁工法

　本工法は、切梁を傾斜して設置する方法であり、図2.1.6に示す地表面が傾斜して土留め壁の高さが

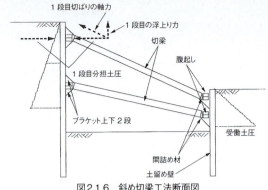

図2.1.6　斜め切梁工法断面図

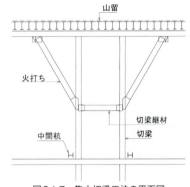

図2.1.7　集中切梁工法の平面図

異なる場合やアイランド工法に用いられる。切梁の傾斜は、腹起しと土留め壁との間に鉛直方向の分力が生じ、土留め壁にも分力に相当する浮上がり力が発生する。

　土留め壁の浮上がりに対しては根入れを深くして引抜き抵抗を大きくする。腹起し・土留め壁間は、腹起しの上にもブラケットを取り付け、腹起しが上方向に跳ねるのを防ぐ。また、土留め壁と腹起しの間又は切梁と腹起しの間に生じる隙間は荷重の伝達ができるように埋める処理をする。

　左右の地表面高さが大きく異なる場合は、低い方の地山が高い方の土圧を支えられなくなり、土留め工全体が低い方に変形することがある。この場合は、地盤の高い方をグラウンドアンカー工法に変更するか、低い方の地盤を改良する等の対策が必要になる。

■　集中切梁工法

　本工法は、火打ちを用いて複数の切梁を束ね、切梁の座屈耐力を高めるとともに、切梁間隔を広くする方法である。平面の広い切梁土留め工では、狭い間隔で配置された多数の切梁が作業の支障となる、長い切梁の軸線が直線にならないなどの問題点を解

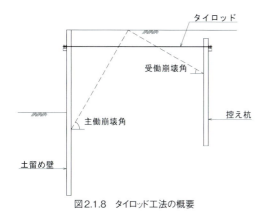

図2.1.8 タイロッド工法の概要

リングビーム支保工

消するため，本工法を採用することが多い。

集中切梁の構造は，2本以上のH型鋼を弱軸方向にせん断力が伝達できるように山形鋼などで繋ぎ，複数のH型鋼の合成された断面二次モーメントで座屈耐力を高めたものである。座屈耐力が高いので中間杭間隔も広くなり，作業性は向上する。ただし，座屈耐力が高まった分，鋼材量が減るとは限らず，火打ちや接合材料などで通常の切梁方式より鋼材量が増すことが多い。

[写真提供]
丸藤シートパイル㈱

タイロッド工法

本工法は，土留め壁背面にアンカーとなる控え工を設置し，土留め壁頭部とタイロッド等で連結し，土留めに作用する土水圧を支える方式である。本来は係船護岸によく採用される工法であるが，土留めとしての事例は少ない。

控え工は，十分な受働抵抗が確保できるように，掘削底面からの崩壊面（主働崩壊面）と控え工からの崩壊面（受働崩壊面）が重ならない位置に設置する。控え工には，控え板，控え直杭及び控え組杭などがあり，土留め壁との連結材には，タイロッドの外，PCより鋼線，PC鋼棒が用いられる。

利点としては掘削内に支保工がないので作業性が良いが，欠点としては，控え工を設置するため土留め壁背面に広い作業用地を必要とする。また，控え工を多段にできないのでグラウンドアンカー工法のように深い掘削に適さない。

（Ⅱ．矢板壁工法のタイロッド式矢板壁工法も参照）

リングビーム工法

本工法は，平面が円形の掘削において，円形の土留め壁の内側にリング状のはり（リングビーム）を設置して土水圧を支える方式をいう。内部には切梁を原則として必要とせず，掘削内の作業空間を広くとれる利点を持つ。

真円に均等な圧力が円中央方向に作用する場合は円周方向に軸圧縮力しか発生しないので，リングビームは比較的小さい断面になる。しかし，真円でない場合や偏圧が作用する場合はリングビームに曲げモーメントが発生する。通常の計画では，想定される偏圧と施工誤差を設計に見込み，曲げモーメントを考慮したリングビームとする。

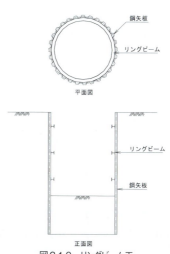

図2.1.9 リングビーム工

アンカーによる土留め

リングビームの軸圧縮力及び曲げモーメントは直径に比例して大きくなる。小規模な土留め工ではリングビーム材にH型鋼を使うが，大規模になると，耐力が不足して鉄筋コンクリートになることがある。

なお，本工法は，多数の切梁で支えられた土留め工と異なり，破壊に至るまでの過程が短く，破壊の事前察知が難しいとの指摘があるので注意を要する。

[写真提供]
丸藤シートパイル㈱

グラウンドアンカー工法（仮設アンカー）

土留めアンカーの特徴

グラウンドアンカー工法は，削孔した地盤中にテンドンを挿入し，その周囲をグラウトによって固めるという比較的簡単な構造であるが，その用途は土留め工法に多く採用されている。

一般の土留め工では何段かの切梁を使って土留め壁を支持するために，地下における作業空間が狭くなり工程に大きなマイナスとなる。また，切梁に非常に大きな荷重を導入する事が難しい。

土留めアンカー工法では，その特徴（経済性，施工性，安全性）は次の通りである。
①広い作業空間が確保できる。
②高強度PC鋼材をテンドン材として使用するので，大きな荷重を導入する事が可能である。
③用地制限によって，急斜面のカットが余儀なくされた場合でも，地山の安定を図ることが可能である。
④不整型な敷地および敷地傾斜，隣接重量構造などの土圧がアンバランスのような場合でも容易に適用できる。
⑤常時プレロードが働いているため，土留め壁の変形が低減できる。

以上のことから，グラウンドアンカー工法が土留め支保工として多く採用されている。

工法の使用目的と分類
使用目的

アンカーは，仮設土留め壁，建物の基礎，擁壁など，各種構造物の「安定性の確保」と「応力・変形の低減」を目的として使用される。その他，杭載荷試験時やケーソン沈設時の「反力」として用いられることもある。

耐用期間による分類

アンカーはその供用期間中にアンカーの機能が低下しないような構造であることが必要である。通常，土留め支保工としてのアンカーは，簡易防食の仮設アンカーが使用されることが多いが，アンカーの供用期間が長期にわたる場合や腐食の進行が早い環境でアンカーを使用する場合は永久アンカーと同様の仕様にする必要がある。

仮設アンカーの最大使用期間は，諸外国では1.5〜3年，①土質工学会基準「グラウンドアンカー設計・施工基準，同解説」1990年（JSF規格：D1-88）では2年とされているが，②地盤工学会基準「グラウンドアンカー設計・施工基準，同解説」2000年（JGS4101-2000）では特定の期間として規定しないで設計者の判断によることにしている。

永久アンカーの防食方法は前記基準①では「永久アンカーは，二重防食によることを原則とする。」としているが，基準②では，連続繊維補強材や防錆処理をしたPC鋼材などの材料の開発や新しい技術によっては二重防食が不可欠ではなくなることが考えられるため二重防食という言葉を外し「永久アンカーは，その供用期間中にアンカーの機能が低下しない確実な防食を行う。」としている。

（グラウンドアンカー工法のうち，永久アンカーについては，第1編第1章を参照のこと）

【参考文献】
1）㈳日本アンカー協会：グラウンドアンカー施工のための手引書
2）㈳日本アンカー協会：グラウンドアンカー技術ガイドブック

[写真提供]
成幸利根㈱

グラウンドアンカーを支保工とする土留め掘削工

事を行うとき，アンカーが第三者の所有地に入る場合や敷地内で将来地下工事を予定する場合など，供用後のアンカー引張り材の撤去が可能な除去式アンカーを採用することが多い。

除去式アンカーには様々の工法があるが，各工法のテンドン除去方法を要約すると以下のようになる。
・アンカー体を破壊する。
・テンドンの拘束（付着）を解放する。
・自由長の引張り材のみを除去する。
・ねじ鋼材の回転により除去する。
・圧着グリップのグリップ力以上の荷重で除去する。
・ターンさせたアンボンド鋼線の片側を引いて除去する。

現在使用されている除去式アンカー工法の概要を以下に示す。

■ アンボンド・リムーバル・アンカー工法
・定着機構：くさび定着方式
・引張り力伝達方式：圧縮型
・引張り材の構成：PC鋼より線φ12.7mm×2本～10本
・許容引張り力：218～1090kN
・工法の特徴：アンカー体・アンボンドPC鋼より線・耐荷体から構成されている。アンカーに作用する外力は，PC鋼より線→耐荷体→アンカー体の順で伝達される。また，耐荷体はレジンコンクリート製であり，後に杭やシールド等の地下工事の際，破壊することができる。

　アンカー使用後は，緊張力を解放した後，U字形鋼より線の片端にジャッキ等を取付け，PC鋼より線を引抜く。

■ カップスアンカー工法
・定着機構：くさび式
・引張り力伝達方式：圧縮分散型
・引張り材の構成：アンボンドPC鋼より線（SWPR7BN）φ12.7mm×最大10本（耐荷体5個）
・許容引張り力：214（耐荷体1個）～1071kN（耐荷体5個）
・工法の特徴：従来の圧縮分散型アンカーと同等の荷重伝達性能・打設時の施工性を持ちながら，PC鋼より線が除去時に耐荷体の先端ターン部を通らないため，除去時の抵抗が少なくPC鋼より線をまとめて引抜くことができる。引抜けたPC鋼より線は，コイル状にならないため除去時の跳ね上がりが無い。また，直線上に引抜けたPC鋼より線は，切断などの廃棄作業が容易である。

■ スライディングウエッジ工法
・定着機構：くさび定着（SHS工法）
・引張り力伝達方式：引張り型
・引張り材の構成：PC鋼より線φ12.7mm×2本～12本
・許容引張り力：238～1427kN
・工法の特徴：PC鋼より線を除去ウエッジの周囲の溝に1本ずつアンカーの引張り力に応じて必要本数を束ねて取付け加工する。施工は通常のアンカーと同様に行う。除去の方法は，アンカーケーブルの中心部の太径PC鋼より線をジャッキで引張り，これに固定されている除去ウエッジを少しずつアンカー幹体コンクリートを破壊しながら引上げ，アンカー引張り材を剥離させて撤去する。

■ ターンアップ（TU）圧縮型アンカー工法
・定着機構：くさび
・引張り力伝達方式：圧縮型
・引張り材の構成：アンボンドPC鋼より線φ12.7mm×2本～10本
・許容引張り力：196～1069kN
・工法の特徴：耐荷体は，先端部＋ジョイント部＋耐荷体（樹脂モルタル）で構成されており，小型・細分化された耐荷体は残留地中障害物としての弊害を極力少ないものにしている。先端部には，アンボンドPC鋼より線の1本折り返し用と2本折り返し用の2種類があり，また耐荷体側には1本用・2本用のより線収納凹部が設けられており，合計5×2=10本までを同心円上で装着できる。

■ Cターン除去式アンカー工法
・定着機構：くさび定着（SHS工法）
・引張り力伝達方式：圧縮分散型
・引張り材の構成：PC鋼より線φ12.7mm×2本～8本
・許容引張り力：200～800kN

- 工法の特徴：アンボンドPC鋼より線をC状に曲げ加工し，1～3個の耐荷体に取付けて1本のアンカーケーブルを構成する。施工は通常のアンカーと同様に行う。除去の方法は，まず，くさびを取外す。次に，2本1対のPC鋼より線の1本をジャッキやウインチあるいはクレーンで引抜き撤去する。順次，PC鋼より線を1本ずつ除去する。

■ Expander Body除去式アンカー工法
- 定着機構：くさび式・ナット式
- 引張り力伝達方式：主に支圧力による
- 引張り材の構成：除去式 ϕ12.7mm×2本～8本
- 許容引張り力：除去式　196～785kN
- 工法の特徴：従来の摩擦型アンカーでは造成が難しかった，N値15以下の砂層及びシルト層・粘性土層の軟弱地盤において，アンカー体長が1.0～2.1mと短くても高耐力が確保できるグラウト加圧による拡孔型アンカーである。EBアンカーでは，EB本体が膨張し，球根状のアンカー体が地盤中に造成される。また，供用後のPC鋼より線の回収はアンボンド構造となっているため片方の鋼線を引き抜くだけで除去ができる。

■ KJS除去アンカー工法
- 定着機構：くさび方式
- 引張り力伝達方式：分散耐荷体式摩擦圧縮型
- 引張り材の構成：PC鋼より線 ϕ12.7mm×2本～12本の偶数
  ϕ15.2mm×2本～10本の偶数
- 許容引張り力：214～1409kN
- 工法の特徴：耐荷体に鋼線を1本巻きかけるBタイプと2本巻きかけるAタイプの2種類があり，地盤耐力により使いわけができる。耐荷体の数を4個に制限する事でJ5-12まで対応可能である。長さの異なる緊張材からなるテンドンは，それぞれの耐荷体に等分担荷重を導入するために専用の作動緊張装置を用いて緊張を行う。計算により求めた差動量を与える事で任意の荷重で等分担を得ることが出来る。

■ KTB Uターン除去アンカー工法
- 定着機構：圧縮型アンカー
- 引張り力伝達方式：シングルアンボンドPC鋼より線
- 引張り材の構成：ϕ12.7mm×2本～10本
- 許容引張り力：198～990kN
- 工法の特徴：シングルアンボンドPC鋼より線を耐荷体にUターン加工し，圧縮型アンカーとして地盤との摩擦抵抗力の向上性を利用して比較的軟弱な地盤にも適用できる。耐荷体は設計アンカー力に応じて定着長部の中に数個使用する。緊張定着は異時緊張方式による。アンカー使用後，除去に際しては緊張力を解放後，Uターンテンドンの片方をレッカー等で引き抜くことにより確実にテンドンの除去ができる。

■ VSLコメット工法
- 定着機構：くさび
- 引張り力伝達方式：分散圧縮型
- 引張り材の構成：PC鋼より線 ϕ12.7mm（B種）×2～10本
- 許容引張り力：220～1190kN
- 工法の特徴：引張り鋼材としてアンボンドPC鋼より線を使用するため，柔軟性に優れ，スピーディに除去できる。耐荷体とストランドの組立加工は工場で行う。小さい引抜き力で，狭いスペースでも効率的な除去が可能。特に建物，道路，鉄道などに隣接する都市部の土留め工事および砂地盤・岩盤など広範な地盤に幅広く対応できる。

3 土留め壁

親杭横矢板工法

本工法は，通常親杭を1mから1.5m間隔に設置し，掘削しながら親杭間に横矢板をはめ込む土留め壁工法の一つである。かつては代表的な土留め壁工法であったが，機能的に遮水性がなく，剛性が乏しいことから，大規模な土留め工から姿を消し，地下水位の低い良質な地盤のみに採用されるようになった。

親杭材はかつてレールおよびI型鋼が用いられたが，最近はほとんどがH型鋼である。親杭の設置は，打撃振動による打込みの他，騒音・振動の規制がある場合には，オーガー等で削孔した後，親杭を建込

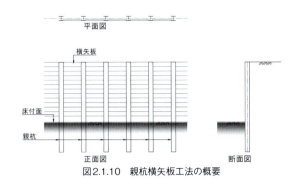

図2.1.10 親杭横矢板工法の概要

む削孔建込み工法が採用される。

横矢板の材料は木矢板が標準であるが，親杭間にコンクリートを打設したり，モルタルを吹付けたりすることがある。木矢板のはめ込み方法は，杭のフランジに木矢板がかかるように親杭間を掘削し，親杭間に木矢板を挿入する。次に，矢板背面の空隙に土を充填し，木矢板と地山が密着するようにフランジと矢板との間にくさびを打ち込む。最後に木矢板が脱落しないように舞材と呼ぶ木材を釘打ちする。

本工法は，間隔の開いた杭列に木矢板を挿入するので，以下の長所と短所がある。

長所
① 横断する地下埋設物に対応でき，地下水脈を遮断しない
② 使用材料が少なく，工費が安くなる場合が多い

短所
① 遮水性がなく，剛性も低く周辺地盤の沈下などを引き起こしやすい
② 根入れ部の土の回込みやすく間の地山が自立できない地盤に適用できない
③ 横矢板がはずれやすく，信頼性に乏しい

木柵工法

本工法は，木杭を打込み，木杭間に木矢板を水平に沿わせた小規模な土留め壁工法であり，親杭横矢板工法の小型版である。木矢板を縦方向に用い，腹起し・切梁で支える木矢板工法と区別して呼ばれる。

用途は，1m未満の盛土やのり付け掘削のり尻部の土砂止めなど簡易な仮設として使われる。

木矢板工法

本工法は，木矢板を縦方向に用い，腹起し・切梁で支える小規模な土留め壁工法である。木矢板を水平に用い，木杭で支える木柵工法と区別して呼ばれる。

一般的な施工は，掘削した後，木矢板を地山の垂直面に当て，角材又はパイプサポートなどの支保工で支える。木矢板は，通常，根入れがないので，構造的安定を得るため支保工を上下2段必要とする。したがって，支保工完成までは構造的に安定せず，本工法は地山が自立できる地盤及び掘削深さにしか適用できない。

用途は，上下水道の管渠敷設や地下鉄の布掘り工事など溝状に浅い掘削をする工事に採用される。施工の留意点は，支保工作業で掘削内に入る人力作業を極力少なくすること，容易に取外しができる支保工をむやみに外さないなど安全管理面で特段の配慮が必要である。(本章2.矢板壁工法の木矢板も参照)

4 土留め施工順序・施工法

アイランド工法

本工法は広い掘削に用いられる分割掘削法の一つである。施工順序は，土留め壁の内側を土留め壁が自立できるようにのり付けを行い，土留め工平面の中央を掘削して構造物を造る。次に，中央の構造物と土留め壁間に切梁を設置し，のり付け部分を掘削し，残りの構造物を建設する。

土留め支保工は，中央の構造物が地上まで完成す

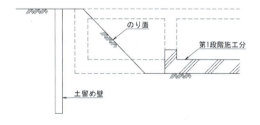

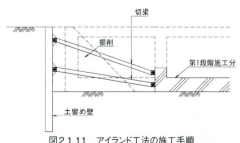

図2.1.11 アイランド工法の施工手順

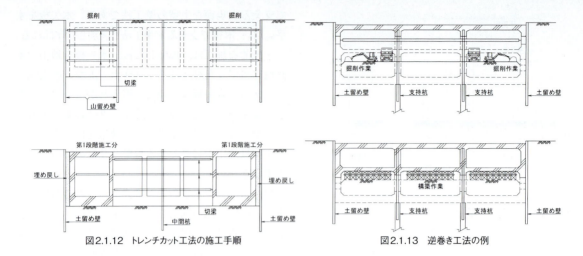

図2.1.12　トレンチカット工法の施工手順

図2.1.13　逆巻き工法の例

れば，水平切梁工法にすることができる。一般的には，工程短縮のため，下床版を造って支保工を架設するので，斜め切梁工法になる。(斜め切梁工法参照)

本工法は，平面全体を掘削する工法に比べ，土留め支保工が大幅に減り，長い切梁の問題点も解消するが，分割して掘削するので工程が長くなる。また，地盤が弱い場合や掘削が深いとのり面が長くなり，経済性も失われる。したがって，構造物の平面に対し掘削深さが浅い場合や，地表面の左右の高さが異なる場合に適した工法である。

トレンチカット工法

本工法は広い掘削に用いられる分割掘削法の一つである。施工順序は，掘削平面を外周部と中央部に分け，先ず，外周部を切梁工法で掘削して構造物を造る。次に，外周部の構造物を土留めとして中央部の掘削を行い，残りの構造物を建設する。外周部の構造物が土水圧に対して自立できない場合は中央の掘削に土留め支保工を必要とし，自立できる場合は土留め支保工を必要としない。

本工法は，土留め壁が二重に必要であり，2回にわたって掘削・構築作業を繰り返すので工費・工程とも不利になることが多い。したがって，本工法は，地盤が極めて軟弱で広い掘削ができない場合や重要構造物に隣接した掘削などに採用される。

逆巻き工法（逆打ち工法）

本工法は，掘削途中に本設構造物の上部を建設し，構造物の床版・梁などを土留め支保工として土留め壁を支え，下方の掘削をする方法をいう。下から上に向かって順次コンクリートを打設する標準的な施工法と逆に，上から下に向かって行うことから工法名が付けられている。仮設土留めを大幅に減らすことができ，複雑な平面形状にも対応できる。広い掘削でも支保工の縮みが少なく，周辺地盤の沈下が少ない。上床版完了後に上部空間を開放できる，などが本工法の優位な点である。

本工法の留意点としては以下のことがあげられる。
①本体構造物を支える支持杭が必要であり，支持杭と土留め壁の沈下性状を同じにする必要がある。
②支持杭を本体構造物の柱，床版及びはりに巻込むので，杭の高い精度が要求される。
③本体壁の水平打継目のコンクリート充填が難しく，漏水の原因になりやすい
④掘削作業と本体構築作業が交互にあり，工事の進め方が煩雑である。（図2.1.13参照）

本工法は，利点も多いが，留意点に示すように，計画に配慮しなければならない課題も多い。したがって，小規模な工事では課題解決に要する費用が相対的に大きく，地下街，地下鉄及び大きなビルなど大規模な工事に採用される。

順巻き工法

本工法は，土留め工内部を掘削した後，本設構造物を下から順次コンクリートを打設する標準的な施工法をいう。掘削しながら上から下に向かって本設構造物を建設する逆巻き工法に対応する名称である。

Ⅱ　矢板壁工法

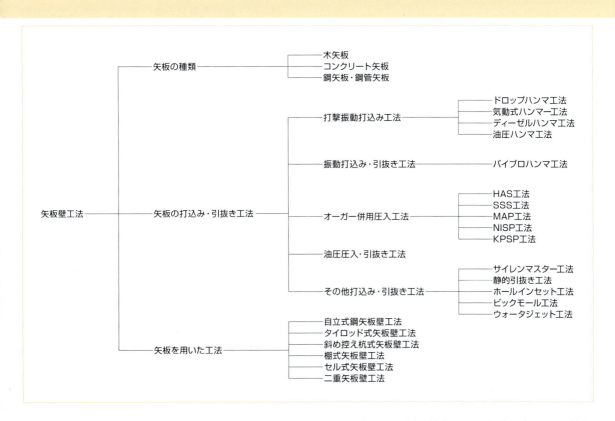

矢板壁工法の分類

　矢板を互いにかみ合わせながら連続して打込み，横方向の外力に抵抗させて土留め壁または止水壁とした工法を一般に矢板壁工法という。その施工性が優れているため，掘削土留め，山留め，仮護岸，締切工，築島などの仮設工事をはじめ，岸壁，護岸，防波堤，導流堤，止水壁，ドックなど使用分野は多岐にわたっている。

　矢板壁工法を構造形式別に分類すると図2.2.1に示すとおりである。

　矢板壁工法の設計法は，「港湾の施設の技術上の基準」，「建築基礎構造設計規準」などに示されている。

　矢板としては，鋼矢板・鋼管矢板・コンクリート矢板・木矢板があるが，一般には鋼矢板がその種類も多く，施工性も良いため多く用いられている。また，深い掘削や軟弱地盤のような高い強度を必要とする工事では，断面性能の高い鋼管矢板がよく使用されている。

矢板の種類
木矢板

　木矢板は一般に松材が使われ，埋立護岸の仮設工事や浅い山留めに使用されている。1枚の長さは土質，用途にもよるが2～3m程度，厚さは3～6cm程度で幅は30cm以下が普通である。打込む方法は導わく材を用い，なるべく小型のモンケンでドロップ高を大きくせず，徐々に段階打ちとし，掘削とともに打込み深さを増してゆく方法が普通である。また，木矢板の先端は刃形にし，必要となれば薄い鉄板で防護し，頭部は打撃によって破損しやすいので，なまし鉄線で固縛して施工する。

　木矢板は一般に耐久性に乏しいこと，断面の大き

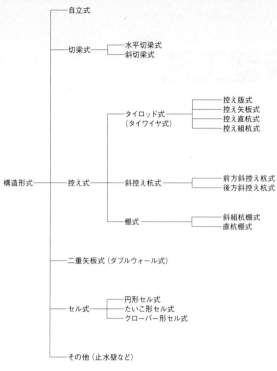

図2.2.1　矢板壁工法の構造形式

なものが入手しにくいことなどから，現在では軽量鋼矢板に代りつつある。（本章Ⅰ．土留め工法，木矢板工法も参照）

コンクリート矢板

コンクリート矢板には，「加圧コンクリート矢板」（以下，加圧矢板と記す）および「プレストレストコンクリート矢板」（以下，PC矢板と記す）がある。従来のコンクリートに比較して強度が高く，広幅かつ長尺の矢板が製造可能である。そのため，大型の矢板壁を構築することができ，外観や耐久性に優れ，本設構造物として，河川，調整池土留め，用排水路の護岸や道路擁壁などに用いられ，修景を配慮した景観矢板も採用されている。

現在，コンクリート矢板の断面形状は，平形（幅500mm，1000mm），溝形（幅1000mm）および波形（幅1000mm，PC矢板のみ）の3種類があり，矢板高さは，50mm～600mm，矢板長さは，2.0m～21.0mまで規格化されている。

継手は，ほぞ継手が古くから実施されており，漏砂防止や水密性を高めた継手も用いられている。

加圧矢板の製造工法である「圧力養生工法」では，1.0MPa（10気圧）程度の機械的圧力を加え，「真空コンクリート工法」では，大気圧を利用して加圧し，各々コンクリートの圧縮強度は，所定の材齢（14日）で60N/mm^{2}以上としている。

PC矢板は，プレテンション方式によりプレストレスを導入して製造され，コンクリートの圧縮強度は，所定の材齢（28日）で70N/mm^{2}以上としている。

鋼矢板・鋼管矢板

鋼矢板・鋼管矢板は岸壁，護岸などの永久構造物や仮締切り，山留めなどの仮設工事にも広く用いられる。

鋼矢板・鋼管矢板の特徴としては
①種類が多く色々な強度のものがあり，適用範囲が広い。
②軟弱な地質から相当締まったれき混じり砂層まで使用できる。
③継手はかなりの止水性がある。
④断面係数が大きいものもあるので大規模な工事にも適用できる。

などがある。長尺矢板の場合，一般に取扱い，運搬上の制約から，現場で溶接して継ぎ足すことになる。

鋼矢板・鋼管矢板の利用分野を永久構造物用と仮設構造物用に分けると，図2.2.2に示すとおりである。

鋼矢板は，製造方法により次のように分類される。
・冷間加工鋼矢板（軽量鋼矢板）
・熱間圧延鋼矢板（単に鋼矢板とよぶ）
・鋼管に継手を溶接した矢板（鋼管矢板）

また，JISでは断面形状により，U形，ハット形，直線形，Z形，H形（BOX形）及び鋼管形（1983年11月1日にJIS A 5528熱間圧延鋼矢板から分離独立）の5種類に分類しているが，この他に，U形

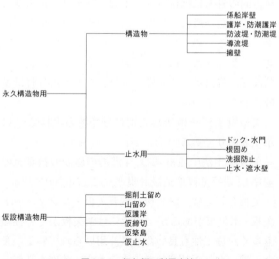

図2.2.2　鋼矢板の利用方法

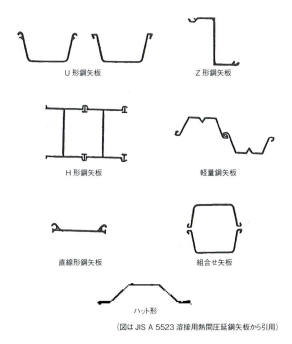

図2.2.3 鋼矢板の断面形状

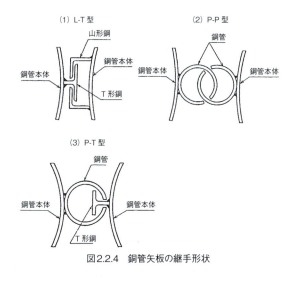

図2.2.4 鋼管矢板の継手形状

を抱き合わせた組合せ形もある。

特に，U形は鋼矢板のうちで最も多く用いられているもので，継手は左右対称の溝形の縁部にあり，その位置は壁軸と一致するので単独で，曲げ・ねじれに対して大きな剛性をもっている。このため打込み，引抜きのときに変形しにくいので，仮設用の山留めや締切りにはほとんどこの形が使用されている。このうち仮設用としては一般に使用されているのは，Ⅱ，Ⅲ，Ⅳ型であるが，最近ではⅤ，Ⅵ型も軟弱地盤での深い掘削に使用されることが多くなった。

平成9年から経済性かつ断面効率を改善した有効幅600mmの鋼矢板（Ⅱw，Ⅲw，Ⅳw）が製造され本設用途で用いられている。

また，平成17年より，経済性，施工性，構造信頼性に優れたハット形鋼矢板900の適用が開始されている。このハット形鋼矢板900は，有効幅900mmを有し，継手位置を壁体の最外縁に配置したことにより，壁体構築後の中立軸と鋼矢板1枚あたりの中立軸が一致する断面形状であるため，U形鋼矢板で考慮していた継手継手効率による断面性能の低減を不要とした。

【参考文献】
1) 日本港湾協会編：「港湾の施設の技術上の基準・同解説」平成19年7月
2) 日本港湾協会編：「鋼矢板施工指針」昭和44年6月
3) 鋼管杭協会編：「鋼矢板　設計から施工まで」2007年4月
4) 日本規格協会編：JIS A 5523溶接用熱間圧延鋼矢板　JIS A 5528熱間圧延鋼矢板
5) 日本建設機械化協会編：「仮設鋼矢板施工ハンドブック」技報堂，昭和47年10月

1 矢板の打込み・引抜き工法

(1) 施工法の分類

矢板の打込み・引抜きに用いられている工法を分類すると次のようなものがある。
　①ハンマによる打撃打込み工法
　②バイブロハンマによる振動打込み・引抜き工法
　③オーガ併用圧入工法
　④油圧圧入機による圧入・引抜き工法

打撃打込み工法は，最近では騒音・振動の問題により港湾地区でまれに用いられる程度である。都市内での工事が増えた今日では，油圧圧入・引抜き工法，オーガ併用工法による施工がかなり増加しており，バイブロハンマについても，低騒音低振動の機種が開発され実用に供されている。

(2) 打込みの形式
　①陸打ちと船打ち

矢板の打込みは，施工個所の地形などによって陸打ちと船打ちに大別される。水上工事の場合でも構造物の種類によっては，陸側より仮桟橋を先に構築して作業足場とし，この上に杭打ち機を載せて打つ場合もある。また，施工個所の水深が浅く，杭打ち船の作業に支障をきたす場合で，掘削する計画がある場合は，あらかじめ矢板法線前面の浚渫を行って，船打ちを採用

する方が工期，工費の面で有利になることもある。
② 1枚打ちと2枚打ち

1枚打ちは，ハンマの容量が小型でよいという利点があるが，打撃中心と矢板の重心が合わないと偏心が生じるため，矢板の傾斜・回転・蛇行が起こりやすい欠点がある。

2枚打ちは，あらかじめ建込んだ矢板を2枚1組として同時に打込む方法で，1枚打ちに比べてハンマは大型となる場合があるが，矢板の傾斜・回転・蛇行が少なく打込み能率を上げることができる。

③ びょうぶ多段打ちと単独打ち

びょうぶ多段打ちは，まず矢板を自立できる深さまで導枠に沿って20～30枚建込む。次に両端の1～2枚を中間の矢板より先行して打込んだのち，中間部の矢板を同じ深さまで打込む。この作業を繰り返しながら，全体を数段に分けて打ちならして所定の深さまで矢板を打込む方法である。この場合先行する両端の矢板は，鉛直に打込まれるよう十分な精度管理が必要である。

この方法は導枠および建込み設備に大型のものを必要とするほか，杭打ち機（または杭打ち船）をたびたび移動させる等施工上の煩雑さがあるが，矢板の傾斜・回転・蛇行を防止し，矢板を正しく打込むのに最も適した方法である。

単独打ちは，1～2枚の鋼矢板を建込むたびに一挙に所定の深さまで打込む方法で，その方法はびょうぶ打ちに比べて建込み設備などが小規模ですみ，杭打ち機を数回にわたって移動させる煩わしさはないが，鋼矢板の傾斜や回転を生じやすく，くさび矢板を必要とすることが多くなる。

【参考文献】
1）鋼管杭協会編：「鋼矢板　設計から施工まで」2007年4月

打撃打込み工法

この工法は打撃力が大きく，機動性があり打撃速度が速く，作業性に優れるが，打撃時の頭部圧潰を生じないよう適正なハンマの選定を行う必要がある。

騒音，振動が発生するため，住居地域や学校，病院等の周辺および指定地域ではハンマ工法の使用が制限され港湾地区でまれに用いられる程度となっている。

■ ドロップハンマ工法

ドロップハンマ工法は，モンケンと呼ばれる重錘を任意の高さより自由落下させながら杭，矢板を打込む工法である。

機械式のハンマ以前は，もっぱら本工法で施工されていたが，工事の大型化，急速施工には適さないため，現在では予備役的な存在となり，小規模の工事で使用されるにすぎない。

モンケンの重量は打込む鋼矢板の型，打込み長さ，土質等によって異なるが，通常，矢板重量の2～3倍とされている。打込みにあたって，大きな重量のモンケンを低い落下高さで使用するが施工精度，杭の損傷防止，安全管理などの点が優れており，落下高さは一般に1～2mとされている。

【参考文献】
1）石黒健，白石基雄，海輪博之著：「鋼矢板工法」山海堂，昭和57年
2）日本建設機械化協会編：「仮設鋼矢板施工ハンドブック」技報堂，昭和47年

■ 気動式ハンマ工法

気動式ハンマは高圧蒸気または圧縮空気を用いて作動されるもので，単動式と複動式がある。

単動式ハンマは打撃体の上昇時にのみ気圧を使用し，落下作用は重力のみによるものである。複動式ハンマは打撃体の上昇と落下の両方に気圧を加え，自由落下に比べて衝撃速度を増大させるものである。

なお，気動式ハンマで矢板を打設することは外国では行われているが，日本での使用はまれである。

気動式ハンマの特長には以下のようなものがある。
① シリンダの落下高さを自由に調節することで打撃力を加減でき，大型から小型の矢板まで1機種で打込みが可能である。
② オーバーヒートなど打撃力の減衰がない。
③ 矢板頭部の打撃による発生応力が小さい。

【参考文献】
1）石黒健，白石基雄，海輪博之著：「鋼矢板工法」山海堂，昭和57年
2）日本建設機械化協会編：「仮設鋼矢板施工ハンドブック」技報堂，昭和47年

■ ディーゼルハンマ工法

ディーゼルハンマの基本的な構造は2ストローク

ディーゼルエンジンと同じであり，ラムの落下とそれにともなうシリンダ内の爆発力により駆動する。固い地層の場合，ラムのストロークが大きく，爆発力が増して作業能率がよくなる。これは，圧縮爆発の行程がラムのはね上がりに依存しているからである。逆に軟弱な粘性土層などの場合は，ラムのはね上がりが低くなって次の発火作用が停止してしまうことがあり，このような場合には打込み能率が下がる。

ディーゼルハンマは，大きな打撃力が得られ，かつ構造が簡単で施工能率がよいので広く用いられてきたが，騒音，振動，油煙の飛散などの問題があり，最近では油圧ハンマより使用頻度は低い。

【参考文献】
1）日本道路協会編：「杭基礎施工便覧」丸善，平成19年1月

■ 油圧ハンマ工法

油圧ハンマは，ラムを油圧シリンダーで持ち上げて，油圧を抜いてラムを自由落下あるいは強制落下させてアンビルを打撃するものである。

油圧ハンマは構造自体が防音構造であるとともに，ラムの落下高を任意に調整できることから，打込み時の騒音を低くすることができる（ディーゼルハンマに対し，騒音レベルで10～15dB小さく，ソフトな音に感じられる）。また，油煙の飛散もないため，低公害型機械として普及している。

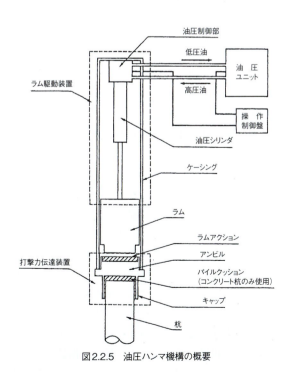

図2.2.5　油圧ハンマ機構の概要

【参考文献】
1）日本道路協会編：「杭基礎施工便覧」丸善，平成19年1月
2）鋼管杭協会編：「鋼管杭その設計と施工」2004年

■ 振動打込み・引抜き工法（バイブロハンマ工法）

この工法は，バイブロハンマ工法と呼ばれ，土粒子に振動を加えると土の骨格が一次的に流動化又は鋭敏化する性質を利用し，バイブロハンマを用いて強制的に発生させた振動を杭又は矢板を通じて地盤に伝達させることにより，杭・矢板先端の抵抗及び周面の摩擦を急速かつ一次的に低減させ，打ち込みや引き抜きを行う工法である。

経済性，施工性，利便性，汎用性が優れていることから，杭・矢板の打抜施工で最も利用されている工法の一つである。

我が国では，1960年初頭に当時のソビエトからバイブロハンマの原型機が輸入され，その後，改良が繰り返され実用化された。今日では機械の低振動・低騒音化，大型化が進み，幅広い施工状況で運用されている。

主な特長は以下のとおりである。
①クレーン作業が可能。
②小型から大型まで幅広い機種があり，施工条件により使い分けが可能。
③一つの機械で打込みと引抜きがおこなえる。
④振動力を利用した打込み原理のため，杭や矢板先端の変形や座屈をおこしにくい。
⑤ウォータージェットカッタとの併用により振動対策の他，玉石混じり礫層や固結土，岩盤層など硬質地盤への対応が可能。
⑥機械の大型化，高能力化により鋼管杭や鋼管矢板など大型杭の支持層への根入れも可能である。

振動の発振原理は，相対する偏心重錘（振り子）を電動モータや油圧モータで回転させ，その遠心力から上下振動を得る（遠心力発振）方式と油圧シリンダの鉛直運動により振動を発生させる（ピストン式加振）方式がある。前者は，ほとんどのバイブロに利用される一般的な機構であり，効率よく能力を発揮できる。後者は，高速振動を得ることを目的として開発された機構である。また，最近では遠心力発振方式でも超高周波振動を得ることもできるようになっている。

バイブロハンマは，図2.2.6に示すように駆動源と振動数により分類される。

電動式バイブロハンマは，環境対策性により普通

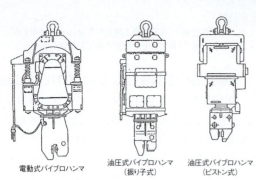

図2.2.6　バイブロハンマの分類

型，高周波型，可変高周波型に分類されるが，今日では油圧式可変超高周波型が環境対策機として位置づけされている。

なお，近年では「遠心力発振方式」の制御技術により，起動・停止時に地盤との共振振動が発生しない機種が開発され，高能力と共に低振動・低騒音施工を可能にしている。

オーガ併用圧入工法

オーガ併用圧入工法とは，オーガ機を用い，オーガの削孔機構と鋼矢板の貫入機構を併せ持ち，削孔と同時に，あるいは削孔後に油圧機構を用いて鋼矢板を押込む工法である。

ケーシングパイプを用いるため，貫入時の剛性が大きく，硬質地盤での施工に適している。また，低騒音・低振動にて施工ができる。

■　HAS工法

HAS工法とはアースオーガによる掘削と油圧押込みを連携させて，静荷重によって，鋼矢板（H形鋼）を低騒音，低振動で施工する工法である。主な特徴を以下に示す。

①低騒音，低振動で施工できる。
②土質の適合範囲が広い。
③ケーシングを使用するので，鋼矢板のねじれが少ない。
④油圧及びワイヤーによる圧入併用工法である。
⑤油圧チャックを使用するので，施工途中で引き抜くことができる。
⑥コーナー鋼矢板ならびにH形鋼も施工することができる。
⑦施工における垂直性がよいので，鋼矢板の座屈を起こさない。
⑧スクリュー先端よりモルタルなどを注入し，地盤を固化することができる。

■　SSS工法

SSS工法とは，アースオーガ機またはドーナツオーガ機に取り付けた建込み機により鋼矢板を低騒音，低振動で施工する工法である。主な特徴を以下に示す。

①騒音や振動が少なく，住宅地などでの施工に適している。
②旋回装置により鋼矢板セクション合わせが簡単にできる。
③ワイヤーロープの絞込みと油圧シリンダーによる押し込みの併用による施工である。
④鋼矢板先端部を引き込み圧入する方式のため，矢板の曲がりや損傷を起こしにくい。
⑤オーガの先掘り，鋼矢板の先行，途中での引き抜きなど自由自在な施工が可能である。
⑥オーガヘッドよりエアやベントナイト溶液の注入ができ，根固めも可能である。

その他のオーガ併用圧入工法として，以下の工法も挙げられる。

■　MAP工法

本工法は，鋼矢板を低騒音・低振動で圧入する鋼矢板打込み工法で，アースオーガによる掘削と油圧押込み装置による圧入を連携させて，鋼矢板を静荷重によって圧入するものである。鋼矢板の貫入抵抗をアースオーガ掘削（鋼矢板ウェブ内側掘削）によって低減しつつ，鋼矢板に油圧による静荷重を与えて圧入する方法である。

なお，本工法は現在はほとんど使われていない。

■　NISP工法

本工法は，鋼矢板とオーガスクリューを係止装置によって連結し，オーガの掘進力と引込み装置による引込み力によって，オーガスクリューとともに鋼矢板を地中に貫入させていくものである。このとき，鋼矢板は鋼矢板下部に取付けられたストッパから伝達された引込み力によって引込まれるため，圧縮力が作用せず，ハンマ工法や圧入工法などに比べて継手抵抗が小さくなる。このように，本工法は静的な引込み力を利用しているため，騒音や振動の発生量

が極めて少なく，かつ鋼矢板を損傷させないなどの特徴を有している。

なお，本工法は現在ではほとんど用いられていない。

■ KPSP工法

KPSP工法は，くい・矢板を低騒音，低振動で圧入する工法のひとつで，削孔装置，押込（圧入）装置，圧力装置からなり，必要に応じてエアー，水，モルタルなどをオーガスクリュー先端から噴出させ，くい・矢板を地盤に連続的に圧入する工法である。

なお，本工法は現在ではほとんど用いられていない。

【参考文献】
1）福岡正巳著：「くい基礎の調査から設計施工まで」土質工学会，pp.308～390

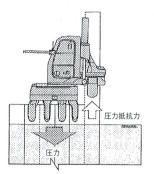
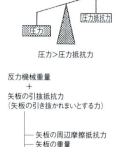

図2.2.7　圧入原理

油圧圧入引抜き工法

圧入工法は，既に押し込まれた矢板につかまり，その矢板の引抜抵抗力（反力）を利用しながら，油圧を動力源として次の杭を静荷重で押し込んでいく「圧入」という原理に基いた工法である。

使用する施工機械を油圧式杭圧入引抜機（以下，圧入機という。）という。静荷重による押し込み，引き抜きのため振動や騒音が皆無に等しい。市街地での河川・道路・鉄道・下水道などの様々な工事で広く活用されている。

圧入工法の特長は以下の通りである。
① 全油圧駆動方式による静荷重圧入引抜機で，低振動・低騒音で施工できる。
② 軽量コンパクトで運搬も容易である。市街地における近接施工や，橋梁下など上部に障害のある現場にも最適である。
③ 本体は土中に圧入完了後の矢板（3～4枚）をつかみ圧入引抜作業を行う。そのため機械転倒の危険性はなく，安全である。
④ マスト旋回，チャック回転の機構により，極めて精度の高い施工ができる。また同位置で左右4枚の連続圧入引抜が容易である。市街地の建設現場や，狭小な現場等で特に威力を発揮する。
⑤ 操作はラジコンによるワンマンコントロール方式である。本体から離れたところで操作ができ安全性，作業性に優れている。
⑥ 本体は圧入途中の矢板を支持杭として，前進もしくは後退する自走式で，吊移動等を必要としない。そのため水上施工，狭隘な現場も容易に作業できる。
⑦ ウォータージェットやオーガ等の補助併用工法により，硬質地盤への圧入も容易である。
⑧ 鋼矢板の長さは長短いずれも制限はなく，地盤面からの打ち止め高さは，任意の位置で施工できる。

圧入機の動力は，エンジン式油圧ユニットを用いている。超低騒音型・排出ガス対策型の指定を受けているため環境対策も図られている。

圧入機は当初普通鋼矢板用として開発されたが，現在は軽量鋼矢板，鋼管矢板，H形鋼矢板，直線形鋼矢板，コンクリート矢板，PC壁体等の既製杭にもその技術が適用されている。また，近接施工や空頭制限下での施工，硬質地盤に適した専用機種もあり，幅広い適用性を持つ工法と言える。

その他打込み・引抜き工法

■ サイレントマスター工法

複数の鋼矢板を油圧ジャッキによって，反力を他の鋼矢板にとりながら押込み，引抜きする工法である。

油圧ジャッキによる押込み・引抜きのため打撃音や振動がなく，工事中の騒音は60デシベル以下と極めて静かである。このため隣接構造物に与える影響も少なく，機械中心と隣接建物の間隔が60cmあれば施工可能である。

この工法による作業範囲は打撃工法等に比べると小さいが，土質・パイル・パイル長が合致すれば能率的に作業が行なえる。

また，模型パイルプッシャとして鋼矢板の水平打ができ，上下水道，人道などのトンネル工事にも応

用される。

【参考文献】
1) 斉藤義治他編:「基礎の施工法と施工機械」近代図書, 昭和54年, pp.77〜80

■ 静的引抜き工法

低振動, 低騒音杭抜き機は, 吊り上げ能力20トンクラス以上の移動式クレーン (油圧式, 機械式) のアタッチメントとして, クレーンのブーム先端に箱型リーダを重錘式にし, クレーンのウインチワイヤロープを多滑車にて能力を増大させ, 打ち込まれた矢板などの杭を引き抜く工法である。重錘式リーダでリーダが伸縮可能であるため, 作業範囲が広く取れ, また段差のある作業も可能。腰きり長さが長いため, 長尺杭も容易に引き抜くことができる。

リーダ本体が回転式なので, クレーン本体を移動することなく位置決めが容易で, 壁際250mmまで可能。

アタッチメント方式の本機は, 移動式クレーンより取り外すことにより通常のクレーンとして使用できる。

■ ホールインセット工法

近年, 土木構造物の大型化に伴い軟弱地盤に長深度の掘削が必要となってきており, また, 騒音, 振動等建設公害に対する対策も厳しいものが要求されるようになってきている。ホールインセット工法はこの様な問題解決のために開発された工法のひとつで, リバースサーキュレーションドリルによる先行削孔を行なうことにより無騒音・無振動で大口径鋼管矢板の長深度建込みが可能となった低公害工法である。

施工はリバース削孔によってできた孔に, 鋼管矢板を建込み, 以後, 順次, 削孔-建込み-削孔-建込みのサイクルを連続して行なうもので, リバース削孔の際, 先端ビットの回転翼が鋼管矢板の爪に当たらず, 鋼管矢板の建込み位置を正確に削孔できるように, リバース機のドリルロッドに特殊なロータリーサポートを取付け, 既設の鋼管矢板の爪がかみ合うように, 半円形の特殊ケーシングを用いる。

【参考文献】
1) 鈴木幸一郎著:「ホールインセット工法」, 施工技術, 昭和52年10巻6号
2) 妹尾二郎・石黒徳也著:「横浜駅東口開発における鋼管矢板

法の実施例」, 基礎工, 1980年8月
3) 斉藤彰・野邑正美著:「連続鋳造設備基礎工事における鋼管矢板シェル工法」, 基礎工, 1980年8月

■ ビッグモール工法

本工法は地盤を削孔して大口径の鋼管矢板を建込む工法の一種であり, 鋼管矢板の先端部に掘削機を配置し, これにより拡孔・先掘りしながら同時に油圧ジャッキで鋼管矢板を圧入し建込む工法である。

■ ウォータジェット工法

本工法は埋込み杭工法の一種で, 既製杭・矢板の打設作業の多くをウォータージェットによる効果に期待するもので, 細いノズルから噴出され, 打設しようとする既製杭面に沿って流出するときに周辺の地盤を乱し, 杭先地盤の抵抗と杭周面摩擦を弱め, 杭の自重によって杭を沈下させる工法である。最新式の杭打ち機が開発される以前に, 主としてコンクリート矢板の打込みに多く利用されていたが, 一時はほとんど利用されなくなった。その後低騒音・低振動工法として見直されているが, 他の埋込み杭工法に比較するといくつかの欠点が目立つようである。

この工法は粘性土, 砂質土, いずれの地盤にも適用されるが細砂のときにとくに有効であり, 小型で長さの短かい杭・矢板を損傷しない設置することができる。しかし, 杭周辺地盤を弛めるので, 大きな支持力を期待しようとするときに本工法を単独で用いることはほとんどなく, 圧入工法, 打撃工法などを併用する必要がある。

【参考文献】
1) コンクリートポール・パイル協会編:「コンクリートパイルハンドブック」山海堂, 昭和41年
2) 吉成元伸著:「既製コンクリートぐい」, 建築技術No.257, 昭和48年1月

2 矢板を用いた工法

自立式矢板壁工法

自立式矢板壁工法とは, タイロッドや控え工のない矢板壁であり, 矢板の剛性と根入れ部の地盤の横抵抗力によって外力に抵抗する構造である。このため, 地盤が良好で, 計画水深が小さい場合に適しているが, 水深が比較的深い場合においても, 鋼管矢板のような大断面の矢板を使用した施工例が増えて

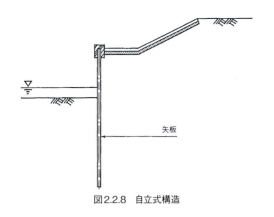

図2.2.8 自立式構造

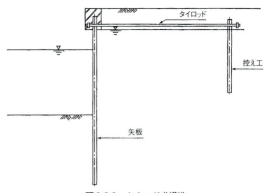

図2.2.9 タイロッド式構造

いる。

　自立式矢板壁工法の特徴は以下のとおりである。
　①構造が簡単なため，施工が単純である。このため，背後地が狭い場合でも施工可能である。
　②通常の矢板壁工法に比べて矢板壁の断面，根入れ長が大きくなる。
　③上載荷重などの外力による背面土圧の増大に伴う矢板の変形，特に天端の変位量はタイロッド式矢板壁工法に比べてかなり大きい。（本章Ⅰ．土留め工法の"自立土留め工法"を参照）

【参考文献】
1）鋼管杭協会編：「鋼矢板　設計から施工まで」2007年4月

タイロッド式矢板壁工法

　タイロッド式矢板壁工法とは，矢板と控え工をタイロッドまたは，タイワイヤーで連結し根入れ地盤とタイロッド取付点を支承とし壁体を安定させる工法で，その特徴は，以下のとおりである。
　①壁高の大きい構造物でも控え工があるため自立式に比べて矢板の所要断面が少なくてよい。
　②控え工設置のための背後地が必要である。
　タイロッドは，通常は1段にしか設けられないが，まれには2段に設けられることがあり，後者は，とくに大水深の矢板岸壁の矢板の曲げ応力の低減に効果が大きい。
　控え工の構造形式は，一般に控え版，控え矢板，控え直杭，控え組杭式に大別でき，その構造形式により経済性，工期，施工方法が違い，その選定に当たっては現場条件等を考慮し決定する必要がある。
　①控え版を採用するに当たっては，コンクリートのドライワークが可能か否かが一つの判定基準になる。比較的大型の矢板壁の控え版はほとんどの場合，地下水面以下の施工も含む大型のものとなるので締切りをしてポンプ排水して施工する例が多い。小型のコンクリート壁は工場で製作し，現場にクレーンで運搬して設置することもある。
　②控え矢板は本体の矢板壁と施工の工種が同種であるため，施工が容易であり，工期も短くて済むことが多く，特に背後の地盤が高く，矢板を陸打ちできる場合には有利である。控え工の変位は控え組杭に比べ大きく，比較的小規模な鋼矢板壁の控え工として用いる。
　③控え直杭は施工前の水深が深い場合に有利であるが控え工の変位は控え組杭に比べ大きく，比較的小規模な矢板壁の控え工として用いる。
　④控え組杭は施工前の水深が深い場合に有利である。控え工前面の地盤が地震時に液状化を起しやすい場合，根入れの深い控え組杭は有利となる。また背後施設等の関係で控え工の設置距離が制約されるような場合にも控え組杭構造が有利である。（本章Ⅰ．土留め工法の"タイロッド工法"を参照）

【参考文献】
1）日本港湾協会編：「港湾の施設の技術上の基準・同解説」平成19年7月
2）石黒健，白石基雄，海輪博之著：「鋼矢板工法」山海堂，昭和57年6月
3）鋼管杭協会編：「鋼矢板　設計から施工まで」2007年4月
4）鋼管杭協会編：「鋼矢板Q&A」平成11年10月

斜め控え杭式矢板壁工法

　斜め控え杭式矢板壁工法とは，矢板壁の背後にH形鋼杭等を斜杭列上に打ち込み，その頭部と矢板壁

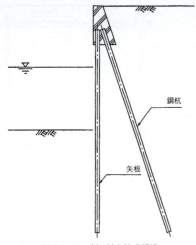

図2.2.10　斜め控え杭式構造

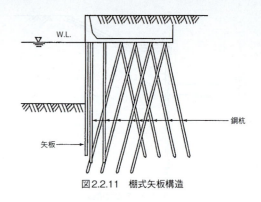

図2.2.11　棚式矢板構造

の頭部とを結合し，斜杭にタイロッドに代わりその横支承の役をさせる構造である。

斜め控え杭は一般に鉛直に対し20°程度の角度をもって打込まれることが多い。

斜め控え杭列と矢板列との結合は，特殊形状の箱型部材，すべり止め部材，締付けロッドおよび腹起しによって，軸力と横方向力が伝達されるように行われる。

斜め控え杭式矢板壁工法は，陸域で施工されて前面を掘削される場合と，水中で施工されて背面斜杭側を埋め立てられる場合との2つの施工法がある。まれには，水中施工されて斜杭と反対側が埋め立てられることがある。

本工法には以下に示されるような特長がある。
① 背後の地形にかかわらず施工が可能である。
② 水中矢板壁の耐波安全性が高められる。
③ 急速施工が可能になる。
④ 矢板壁の変位が少ない。
⑤ 埋め立ての工程が合理化される。

【参考文献】
1）石黒健，白石基雄，海輪博之著：「鋼矢板工法」山海堂，昭和57年6月

棚式矢板壁工法

棚式矢板工法は，一般的に棚，棚杭，棚前面の土留用矢板壁から構成されている。棚は，場所打ち鉄筋コンクリートでL型構造とする場合が多く，棚上部は土砂で埋めるのが普通であるが，棚部重量およびこれにかかる地震力を軽減するために箱型構造にする場合もある。棚より上方の土および構造物の重量は，すべて下の杭に支承され，これによって矢板背面に働く土圧が軽減される。このため，クレーン等の基礎として用いることができる。

棚の設置高さおよび形状は，外力条件，経済性，施工性を考慮して適切なものとするが，特に以下の点に留意する。
① 棚の高さを高くし，棚底面を低くするほど矢板壁に作用する土圧が低減でき矢板壁の断面および根入れ長を小さくできるが，一般に棚の重量およびこれに作用する地震力が大きくなり，棚杭の本数および長さが増加するため，経済性の検討に当たっては，これに留意する必要がある。
② 棚底面の地盤が沈下し，棚の下に隙間ができることがあるため，杭の腐食を考慮して棚底面を残留水位に下げる。
③ 棚の幅は，通常は，矢板壁への土圧を軽減するため海底面から引いた矢板の主働崩壊面と棚が交わるように定めるが，必要な棚杭本数が適切に配置できる幅が確保されているか留意する必要がある。

この形式は，とくに大型の矢板壁の築造に利用されるものであるが，構造が複雑となり工程が増大するので，矢板工法の特長である施工の簡易迅速性と工費の低廉性が失われやすい。

【参考文献】
1）日本港湾協会編：「港湾の施設の技術上の基準・同解説」平成19年7月
2）石黒健，白石基雄，海輪博之著：「鋼矢板工法」山海堂，昭和57年6月

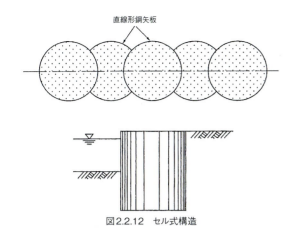

図2.2.12　セル式構造

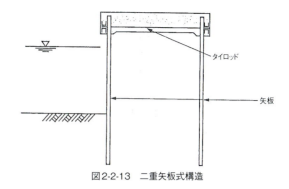

図2-2-13　二重矢板式構造

セル式矢板壁工法

　多数の直線形矢板を円形あるいは円弧形状に打設し，その中へ砂や砂礫を中詰めして連続壁体としたセル式矢板壁工法は，薄い鋼殻と中詰材とが一体となって，外力に抵抗する構造である。海底面下に比較的良好な基礎地盤が存在するような場合には，わずかに根入れさせるだけで，十分な支持力が期待できるので，安定した構造物の築造が可能となる。

　しかし，中詰未完了のときは，波浪に対して弱いので施工時についての十分な検討が必要となる。また，中詰め土は良質な砂または砂利を用いて十分密に詰めることが望ましい。中詰に粘性土を用いたセルの挙動には不明な点が多い。

　セル式矢板壁工法は，平面形状によって，円形，太鼓型，クローバ型などに分けられるが，我が国では円形セルが使用されている。

　構造形式の特徴としては，以下のとおりである。

① 壁高の大きな構造物でも他の工法に比べて使用鋼材料が少なくてすむ。
② 中詰めが完了したセルは，構造的に自立するので波浪に対する安定性が高い。
③ 止水性が良いため大規模な締切り工事に適している。
④ 中詰めが完了するまでは波浪に対して弱い。
⑤ 近隣に比較的広い組立てヤードが必要である。

【参考文献】
1）日本港湾協会編：「港湾の施設の技術上の基準・同解説」平成19年7月
2）鋼管杭協会編：「鋼矢板　設計から施工まで」2007年4月

二重矢板壁工法

　二重矢板壁工法とは，二列に打設された矢板壁頭部をタイロッド等で連結し，良質な砂質土により中詰めされた構造物であり，矢板および中詰砂が一体となって外力に抵抗するものである。外力に対しては矢板根入れ部の受働土圧と中詰土砂のせん断抵抗および矢板の曲げ剛性で抵抗するいわばタイロッド式とセル式の中間的な構造である。一般に重力式構造物のように安定性が高く，止水性がすぐれていることから護岸，岸壁，防波堤，導流堤，仮締切り等に多く用いられている。その特徴は，

① 止水性が良いため締切り工によく用いられる。
② セルと同様に中詰めが完了した二重矢板壁は，構造的に自立するため，導流堤，波除堤等に適する。

　二重矢板壁構造物の設計法は，現在までにいくつか提案されているが，基本的には次の2つに分類される。

① 二重矢板壁構造物に作用する外力に対して，中詰砂によりせん断変形に抵抗すると考える方法。
② 二重矢板壁構造物に作用する外力に対して中詰めおよび鋼矢板の剛性によりせん断変形に抵抗すると考える方法。

【参考文献】
1）鋼管杭協会編：「鋼矢板　設計から施工まで」2007年4月

Ⅲ 柱列式地下連続壁工法

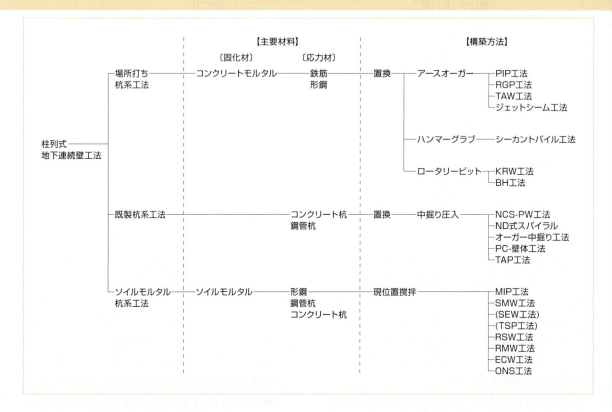

　柱列式地下連続壁工法は，場所打ちコンクリート杭やモルタル杭，および中掘り圧入された各種の既製杭さらに現位置攪拌されたソイルモルタル杭（ソイルセメント杭と呼ばれる場合もある）などを連続的に配置して，地下に柱列状の土留壁などを構築する工法をいう。本工法は，いわゆる壁体式の地下連続壁とは区別して分類され，ほかに柱列壁工法，柱列式地下壁工法などの名称で呼ばれる。

　我が国では，騒音・振動防止対策の土留壁工法として，1965年ころからMIP，PIP工法の名称で普及し，その後，杭体の品質，精度，止水性および施工能力の向上，工費の低減など，建設会社や機械メーカーなどにより改良が重ねられてきた。今日では，SMW工法に代表される現位置攪拌式の工法が多数実用化されるなど，主に仮設の土留め壁工法として著しい発展をとげている。

　ツリー図に，杭（壁）体の主要材料および削孔方法からみた柱列式地下連続壁工法の分類の一例を示す。これらの各工法において，杭体は，固化体と主応力材の2種類から成り，独自に，それぞれ下記の材料を組み合わせている。

＜固化材＞
①コンクリートおよびモルタル
②ソイルモルタル
③その他各種のグラウト材等

＜応力材＞
①先組み鉄筋
②H鋼などの形鋼
③鋼管（市販品および特製品）
④RCおよびPC杭（市販品および特製品）

　なお，ソイルモルタル杭系工法の一種である，高圧噴射攪拌方式のCCP工法，JSG工法，および攪

施工中の柱列式地下連続壁

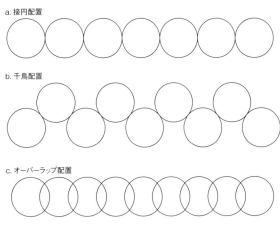

図2.3.1　柱列配置の例

拌翼方式のJST工法などは，地盤改良工法の項を参照のこと。

杭体の規格としては，施工可能な範囲の杭直径は35〜200cm，通常は40〜80cm程度，深度は最大60〜80m，通常10〜30m程度が多く用いられる。また，鉛直精度は1/100〜1/300程度である。

本工法は，一般に下記の長所・短所を有しており，遮水性の仮設土留壁のほかに，止水壁や既設構造物の防護壁，および本体構造物の側壁や基礎杭などにも用いられる。

● 長所
① 騒音・振動が少ない。
② 親杭横矢板・鋼矢板式土留め壁に比べ，曲げ剛性および止水性（ソイルモルタル杭工法）に優れ，土留め壁背面地盤の変形や沈下が少なく，鉛直支持力も大きい。
③ 壁式地下連続壁に比べ，施工設備や機械が小規模である。
④ コストは比較的安い。

● 短所
① 玉石や転石の多い地盤では施工が困難な場合がある。
② 施工条件，施工技術の良否および工法により，杭（壁）体の品質・精度に差があり，バラツキも大きい。
③ 鉛直精度および機械的な制約（能率）により，杭長をあまり長くできない。
④ 場所打ち杭系，既製杭系工法は一般的に止水性に乏しく，背面に薬液注入工等の補助工法が必要となる場合がある。
⑤ 壁式地下連続壁，鋼管矢板に比べると剛性が小さい。

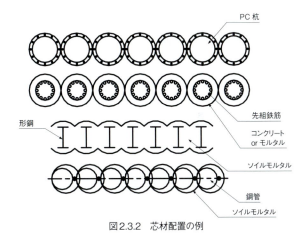

図2.3.2　芯材配置の例

⑥ 応力材の挿入ピッチが施工方法により限定される。

柱列配置には，図2.3.1に示すような接円配置，千鳥配置，オーバーラップ配置がある。

芯材配置には，図2.3.2に示すようなものがある。

1 場所打ち杭系工法

場所打ち杭系工法の主要材料は，固化材としてコンクリート・モルタル，応力材として鉄筋・形鋼が用いられており，種々の掘削機を用いて削孔した後，固化材・応力材と置換する工法である。

アースオーガー削孔機を用いる工法にPIP工法，RGP工法，TAW工法，ジェットシーム工法がある。またハンマーグラブ削孔機を用いる工法にシーカントパイル工法，ロータリービット削孔機を用いる工法にKRW工法，BH工法がある。

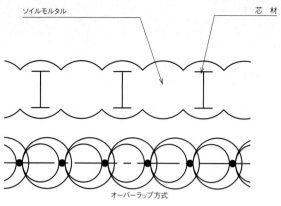

図2.3.3 ソイルモルタル杭工法

柱列式地下連続壁工法

2 既製杭系工法

既製杭系工法の主要材料は，コンクリート杭と鋼管杭である。構築工法はいずれも置換工法であり，既製杭を中掘圧入する。

コンクリート杭を主要材料とする工法にNCS-PW工法，ND式スパイラル工法，PC-壁体工法などがある。またコンクリート杭と鋼管杭両者を用いるものにTAP工法などがある。

3 ソイルモルタル杭工法

一般的にソイルモルタル杭工法は，各種混練オーガー機等により原位置土を削孔し，オーガー先端からセメントペースト等硬化材を吐出させて現位置土と混合攪拌を行い，図2.3.3に示すように連続した柱列状のソイルモルタル杭を築造し，土留め壁とする工法である。

特徴としては，柱列式地下連続壁工法としての特徴のほかに以下のようなものがある。

①削孔機械としては，専用の各種オーガー機（単軸，多軸）が用いられ，オーバーラップ方式で均一かつ止水性の高いソイルモルタル壁体が構築される。

②通常は，削孔深さが10〜30m程度，削孔径は40〜80cmが多いが，最近では土留め工事の大深度化に伴い，より大深度，大口径のものも実施されている。

③ソイルモルタル壁体の強度は0.5〜5.0N/mm²の範囲で調整でき，このなかに，形鋼，鋼管，PCパイルなどを応力材として挿入し土留め壁して用いるほか，止水壁や地盤改良にも利用される。

④現位置土攪拌杭方式であり，排出土量が杭体体積の30〜40%と少ないものもあり，孔壁の緩みなどに伴う地盤沈下等，周辺への影響も少ない。

⑤地盤種別により性能に差が生じる場合があり，特に有機質土では強度が期待できない場合がある。

ソイルモルタル杭工法としてMIP工法，SMW工法，TSP工法，RSW工法，ECW工法，SEW工法，ONS工法などがある。

【参考文献】
1）地盤工学会 「地中連続壁工法」平成16年11月

[写真提供]
丸藤シートパイル㈱
成幸利根㈱

Ⅳ　地下連続壁工法

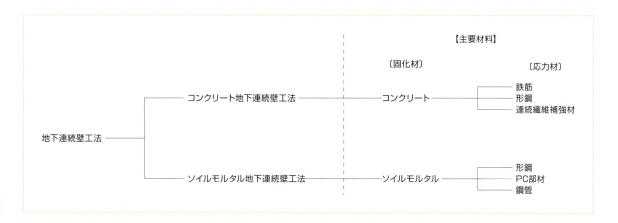

　地下連続壁工法とは，安定液を用い地下に溝を掘削し，この中に，固化材としてコンクリートまたはソイルモルタル，応力材として鉄筋や形鋼を用い，連続した土留め壁・止水壁などを構築する工法である。連続地中壁工法，地中連続壁工法，連続地下壁工法などとも呼ばれ，一般的には連壁工法と略称されることが多い。壁体の形状が連続した直線状の壁体ではなく，場所打ち杭などを連続的に並べて柱列状に構築する工法も柱列式地下連続壁として地下連続壁の一種に含まれるが，本書では前項「Ⅲ　柱列式地下連続壁工法」で説明されている。

　なお，地下連続壁工法の施工に伴って発生する泥水泥土の処理工法についても本節で記述した。

　我が国における本格的な地下連続壁の施工は，1959年に大井川水系中部電力畑薙ダムにおいてヨーロッパから導入されたICOS（イコス）工法で壁厚60cm，深度約20mの河川締切止水壁を構築したのが最初といわれている。1960年代以降，各種の掘削機が開発・実用化され，施工実績の増大に伴って施工機械や施工管理技術の改善が進み，壁体の品質や，施工能力は急速な向上を示している。特に，地下連続壁掘削機は，施工できる壁厚・深度とも大幅に拡大してきている。1970年代後半には，それまでの施工深度の限界が50～60mであったものが，100m程度まで施工可能となりLNG地下タンクの建設で多数採用されている。その後1980年代には，深度150～170m，施工可能最大壁厚3.2mの超大深度大壁厚掘削機が開発され，掘削精度管理，溝壁の安定技術，コンクリート打設技術の発展に伴い東京湾横断道路川崎人工島の土留め止水壁（壁厚2.8m，深度119m），外郭放水路の立坑の土留め止水壁（壁厚2.1m，深度140m）の大型連壁工事を完成させている。

　地下連続壁工法の使用目的および用途は，低騒音・低振動工法であるという理由から初期には，打込み工法による鋼矢板土留めにかわる仮設土留め壁として利用された。その後，剛性が高く，他工法より深い所に構築できる工法の特長を活かし，大規模あるいは大深度掘削の土留め，止水壁として用いられてきた。さらに，掘削機や，その他の施工機器の開発，あるいは安定液，コンクリートなどの品質管理など施工管理技術の発達により，地下構造物や構造物基礎など永久構造体として本体利用することが多くなっている。施工深度・施工可能壁厚の拡大に伴って今後とも適用範囲は拡大するものと思われる。

コンクリート地下連続壁工法

本工法の施工法は，掘削機により地盤に溝を掘削し，溝の内部には安定液を満たし壁面の崩壊を防ぎ，スライム処理，鉄筋かごの建て込み，コンクリート打込みなど一連の工程を繰り返し，順次地下連続壁を築造する（図2.4.1）。この1回のサイクルで通常5～10mの単位エレメントを築造する。

鉄筋コンクリートを安定液のなかで築造するためには，打込むコンクリートにさまざまな性能が要求される。コンクリートの打設は，トレミーと呼ばれるパイプを用いて行われる。トレミー管により打設されたコンクリートが掘削溝の端部まで自然に流動し，確実に充填させなければならない。そのため，コンクリートには高い流動性が求められている。また，水中コンクリートとなるため単位セメント量350kg/m^{3}以上とし分離しにくくする必要がある。これらのことから，単位セメント量が多くなり水和熱が高くなるため，温度ひび割れが問題となる場合には，ひび割れ防止を目的に低発熱セメントが使用されることもある。

先組み鉄筋は，所定の製作精度を確保するために，充分管理された製作台の上で製作する。先組み鉄筋の形状を保持する部材として，L形鋼，U形鋼，平鋼などを使ったフレームを用いる場合が多い。このフレームにより，鉄筋かごの建起こし，建込み時に変形しないようにしている。先組み鉄筋の製作は，従来，人力が主体で行われてきたが，自動化への技術開発も行われている。

ツリー図にコンクリート地下連続壁工法を主要材料及び構築方法別に分類した一例を示す。

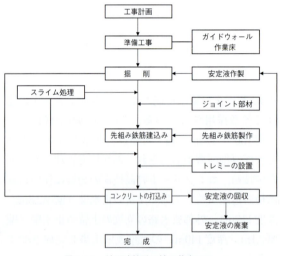

図2.4.1 地下連続壁工法の基本フロー

主要材料による分類

■ 鉄筋コンクリート地下連続壁工法

広く一般的に使用されている工法で，鉄筋コンクリートの壁体を構造体あるいは止水壁として構築するものである。

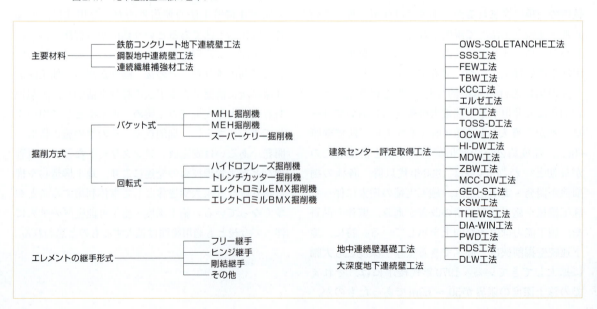

表2.4.1 地下連続壁のエレメント間の継手の概要

比較項目	継手の種類	フリー継手			ヒンジ継手	剛結継手	その他
		インターロッキングパイプ継手	接合鋼板継手	コンクリートカッティング継手			
概念図		コンクリート接合面／先行エレメント・後行エレメント	カッティング面／先行エレメント・後行エレメント	カッティング面／先行エレメント・後行エレメント	ヒンジ部／先行エレメント・後行エレメント継手部	接合鋼板／先行エレメント・後行エレメント継手部	ループ筋／先行エレメント・後行エレメント継手部
特徴		・継手面はコンクリート接合面で半円形となる。 ・他の継手に比べ止水性が若干劣る。 ・インターロッキングパイプを引抜く必要性から、適用壁厚、深度に限界がある。 ・仮設土留め壁に多く利用されている。	・継手面は鋼板となる。 ・鋼板は直線形、V形、Ω形などがある。 ・必要に応じて仕切り板に止水板が取付けられる。 ・大深度、大壁厚連壁にも適用可能。	・継手面はコンクリートの切削面となる。 ・継手面が凸凹になっており、さらに切削により先行エレメントの劣化コンクリートが除去されることから、止水性に優れている。 ・継手鋼材等が不要なため、大深度、大断面連壁に適している。 ・コンクリートを切削する能力のある掘削機（主として水平多軸回転カッター）が必要である。	・継手面は鋼板で後行エレメント側にヒンジ筋が突出する。 ・後行エレメント施工時等に、ヒンジ筋の防護が必要である。	・継手面は鋼板で、水平筋重ね継手用の鉄筋が後行エレメント側に突出する。 ・後行エレメント施工時に、後行エレメント鉄筋の防護が必要である。 ・連壁基礎の標準的な継手であり、立坑等にも利用される。 ・厚肉鋼管を利用した継手（パイプ管）もある。	・継手面は鋼板で、せん断力伝達用のループ筋等が後行エレメント側に突出する。 ・後行エレメント施工時に、継手筋の防護が必要になる。 ・建築構造物の地下外壁を耐震利用する場合などに多く使用される。
応力伝達機能 面力	面内せん断力	×	×	×	○	○	○
	曲げモーメント	×	×	×	×	○	×
	せん断力	×	×	×	○	○	×
軸力	圧縮	○	○	○	○	○	○
	引張り	×	×	×	○	○	×

鋼製地中連続壁工法

鉄筋の代わりに継ぎ手を有するH鋼（鋼製連壁部材NS-BOX）を相互に連結しながら地下に建込み，コンクリートを打込み地下連続壁を施工する工法である。一般的な連壁がRC造であるのに対し，この工法はSC造となる。

コストはRC連壁より高価であるが、耐力が高いため，RC連壁に比べ壁厚を薄く出来る利点がある。また，先組み鉄筋の製作場所が不要で現場スペースを縮小できること，省力化施工ができるなどの長所がある。

連続繊維補強材工法

地下連続壁の鉄筋の代わりに，シールドのカッタービットで切削できる炭素繊維強化プラスチック（CFRP材）などを用い，シールド機で直接に土留め壁を切削してシールドの発進・到達を行う工法である。通常の発進・到達工法に比べ，地盤改良が不要，坑口の取り壊し不要などの長所があり，施工性の向上等により後期の短縮，安全性の向上が図られる。

他に，CFRP材以外にも硬質ウレタン樹脂をガラス長繊維で強化した補強材など鉄筋に代わる新素材が各種開発されている。

エレメントの継手形式

エレメント間の接合面を連壁の継手と呼ぶが，エレメント間継手や鉛直継手ともいわれる。

構造上の機能からの分類と施工法からの分類がある。（表2.4.1）

安定液

地下連続壁工法で使用される安定液には，ベントナイト系とポリマー系があり，土質，地下水の塩分濃度，コンクリートカッティングの有無や掘削機械の方式等の特性を考慮して安定液を配合する。（表2.4.2）このほかに，両者の特性をいかした中間的な配合やベントナイトを全く添加しないポリマー系安定液もある。また，安定液をそのまま固化させる特殊な安定液もあり，コンクリートを打込むかわりに

表2.4.2 ベントナイト系安定液とポリマー系安定液の特性

		ベントナイト系安定液	ポリマー系安定液
主材料		ベントナイト	水溶性高分子（ポリマー）
添加物		増粘剤（CMC），分散剤，逸液防止剤，pH調整剤	ベントナイト，防腐剤，pH調整剤，逸液防止剤
劣化と使用材料による対策	練混ぜ水	塩分の多い水で混合するとベントナイトの膨潤が抑制される。	耐塩性粘土CMCの併用	影響が少ない。	−
	地下水の水質	含有塩分により凝集し，機能を失うことがある。	分散剤の添加	影響が少ない。	−
	混入土砂	粘性土が多量に混合すると，凝集あるいは造壁性が低下することがある。	同上	粘性土が多量に混入すると，凝集あるいは造壁性が低下することがある。	分散剤の添加
	混入セメント	約0.5%以上混入すると，凝集し使用不可能になる。	同上	影響が少ない。	−
	バクテリア	影響が少ない。	−	腐敗によって造壁性が低下する	高エーテル化度CMC使用，防腐剤，pH調整剤の添加

掘削溝中の安定液を固化させて遮水壁を築造したり，既製コンクリート版を建て込み間隙の安定液を固化させる工法などに応用されている。

掘削方法

掘削機の種類

連壁掘削機は，掘削方式によりバケット式と回転式に大別され，バケット式は懸垂式クラムシェル，回転式は循環方式水平多軸回転カッターが主流となっている。バケット式は，バケットで土砂をつかみ取り，ベッセルやダンプトラックに排土し，回転式ではビットやカッターで土砂を切削し，安定液とともに液体輸送して，土砂分離装置で安定液と分離して排土する。回転式掘削機は，低空頭施工にも対応可能な機種をそろえていることに特徴がある。

掘削機の選定

掘削機の選定は，掘削深度や壁厚などの掘削諸元と，土質条件や環境条件などの施工条件を考慮して行う。

掘削深度や壁厚は，掘削機によって適応範囲が異なる。回転式はあらゆる深度および壁厚に対応する掘削機が揃っているが，バケット式は深度が50m以浅で用いられるのが一般的である。これは，バケット式の場合は1バケット毎に地山の土砂をつかみ取るため，深度が深くなるにつれバケットの上下に要する時間が長くなり，掘削能率が落ちることによる。これに対して回転式では，掘削機先端の回転ビットカッターで地山を切削し，安定液とともに連続的に流体で地上に輸送するため，機械の上下作業がなく，深度による能率の低下がない。表2.4.3に，深度，壁厚，土質条件および環境条件を考慮した掘削機の選定表を示す。バケット式と回転式では，安定液設備に大きな違いがあるので注意する必要がある。

表2.4.3 掘削機選定表

掘削機		施工条件	機械仕様			土質条件							環境条件	
			壁厚(m)	最大掘削深さ(m)	低空頭機高さ(m)	粘性土	中位砂	密な砂	砂礫・玉石		岩盤注2)		コンクリートカッティング	騒音・振動	仮設備用地
									150mm以下	150mm以上	軟岩	中硬岩			
バケット式	懸垂式クラムシェル	MHL掘削機	500〜1200	55	−	◎注1)	◎	○	○	○	△	×	×	○	◎
		MEH掘削機	600〜1800	130	−										
		スーパーケリー掘削機	600〜1500	75	−										
回転式	水平多軸回転カッター	ハイドロフレーズ掘削機	630〜3200	50〜170	5.0	○	◎	◎	○	○	△	◎	○	◎	○
		トレンチカッター掘削機	640〜2800	60〜120	4.7〜6.35										
		エレクトロミルEMX掘削機	650〜3200	150	4.9〜6.4										
		エレクトロミルBMX掘削機	650〜2400	150	4.45										

注）1. 表中記号は評価を示す．［評価：◎最適　○適応可能　△やや適応可能　×適応困難］
　　2. 軟岩とは一軸圧縮強さ$qu ≦ 5N/mm^2$，中硬岩とは$5N/mm^2 ≦ qu ≦ 50N/mm^2$を目安とする．

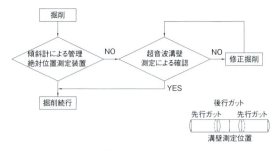

図2.4.2　掘削管理フロー

■ 掘削管理

掘削管理には，掘削精度管理と安定液管理がある。

掘削精度には，壁厚，掘削深度，鉛直精度があり，壁厚は掘削機の機械厚が設計壁厚を満足するように選定し，機械のビット磨耗の検測により管理する。掘削深度は，重錘を先端に取付けた検尺テープでエレメント当り3箇所程度測定管理する。鉛直精度は，1/300〜1/500程度で管理するが，掘削深度が大きくなると掘削誤差が大きくなりすぎるので，5〜7cm程度の誤差を目標として管理する場合もある。結果的には1/1000〜1/3000の高精度が要求されるが，掘削機の傾斜，絶対位置測定装置，超音波溝壁測定器で管理しながら掘削精度を保持する。（図2.4.2）

安定液管理については，所定の品質の安定液の製造・運用管理と溝壁崩壊防止のための溝内液位管理がある。

■ スライム処理

スライムとは安定液中の浮遊粒子が時間とともに沈降し，溝底に堆積するものをいう。

スライムが除去されないと①コンクリート中への巻き込みに伴う品質および強度低下，②鉄筋付着強度の低下，③継手の止水性低下，④支持力低下が生じ，壁体の品質および機能に大きく影響を及ぼす。

スライム処理は，掘削機による一次処理および掘削機の揚泥ポンプを使用した二次処理，または，サンドポンプを使用した専用のスライム処理機による二次処理を基本とする。

用途例

■ 地中連続壁基礎工法

地中連続壁基礎工法は地下連続壁を構造物の基礎

バケット式掘削機

回転ビット式掘削機による掘削状況

本体に利用したものである。本工法は，地下連続壁のエレメント相互を構造継ぎ手により剛結一体化した矩形や多角形などの閉合断面や単体壁などとして利用することにより，構造物，作用荷重および地盤などそれぞれの特性に応じた合理的で信頼性の高い構造物基礎を築造することができる。

(1) 基礎形状

①剛結タイプ

図2.4.3のような，1辺が5m程度の1室標準型から1辺が数10mの多室型まで，自由に選定できる。

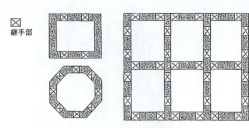

図2.4.3 基礎形式(剛結タイプ)

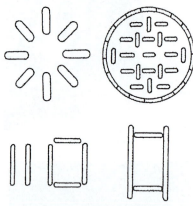

図2.4.4 基礎形式(応用例)

② 応用例

図2.4.4のような応用例が考えられるが，このタイプでは高架橋の基礎として下駄の歯のような形状が，建築の基礎として外周壁を土留め壁として利用した後，耐震壁および基礎杭として，その内部には地下連続壁を基礎杭とする形状が，比較的多く利用されている。

(2) 優れた基礎特性

① 地盤との密着性に優れており，基礎の大きさに較べて大きな支持力が得られる。
② 任意の形状を設定できる。
③ 閉合断面とすることにより，剛性の高い基礎が築造できる。
④ 単体壁の組み合わせにより，基礎の方向特性を任意に設定できるので，合理的な設計が可能である。
⑤ 軟弱地盤から岩盤まで幅広く適用できる。とくに，軟弱地盤における橋台基礎等で流動力や側方移動荷重が作用する場合には剛性が高い基礎であることから適用性が高い

(3) 環境に配慮した安全性と低公害

① 地上からの機械施工のため安全である。
② 周辺地盤を乱さないので近接施工が可能である。
③ 振動・騒音など建設公害を少なくできる。
④ 低空頭機械の性能向上により狭隘部や路下への適用も可能である。

(4) 低コストで経済的

① 工期の短縮が可能である。
② 基礎用地の縮小が可能であり，全体として経済的である。

(5) 多くの用途に対応

① 道路・鉄道の橋梁や高架橋の基礎
② 煙突・高架水槽などの基礎
③ 岸壁・擁壁などの基礎
④ その他各種構造物の基礎
⑤ 基礎の耐震補強

これまでは場所打ち杭工法が多く採用されてきており，地下連続壁を用いた耐震補強(閉合型地下連続壁補強や壁式地下連続壁補強)が工費，工期とも有利になることもあり適用性が高い。さらに，地下連続補強は場所打ち杭による増し杭補強に比べ施工時の作業帯が狭くでき，近接の道路交通への影響も低減可能である。

(6) 地中連続壁基礎の実績

地中連続壁基礎は1975年に煙突の基礎として最初のものが施工され，2008年3月末現在394基の実績がある。

【参考文献】
1) 地中連続壁基礎協会／技術委員会：地中連続壁基礎の経緯と今後の適用性，基礎工，Vol.37, No.1, pp.31～35, ㈱総合土木研究所，2009年1月

■ 大深度地下連続壁工法

大深度地下連続壁の定義が明確ではない。以前は深度50m程度のものを言ったこともあったが，1980年代に入って連壁の第一期の技術革新期を迎えて急速に大型・大深度化し，深度が100m前後のものを施工するようになった。さらに，最近の施工実績から平均深度が40～50m程度であることなどから，現在では特に大深度地下連続壁と言う場合は深度が100m以上と考えてもよいであろう。

深度100m以上の地下連続壁の実績は表2.4.4の通りである。

表2.4.4 深度100mを超える地下連続壁の実績

工事名称	企業者名	施工開始時期	壁厚 (m)	壁深度 (m)	コンクリート設計基準強度 (N/mm^2)	内部掘削深度 (m)
袖ヶ浦C-4LN地下式貯槽工事	東京ガス	1984.10	1.2	100	51	45.9
森ヶ崎処理場ポンプ処送水管1工事	東京都下水道局	1987.12	1.2	100	24	63.0
白鳥大橋第3橋脚下部工事	北海道開発局	1988.9	1.5	106	35	76.0
江東ポンプ所その2, 3, 4, 5, 5	東京都下水道局	1988.12	2.6	104	24	48.0
東京湾横断道路西工事	東京湾横断道路	1991.8	2.8	119	36	70.0
東京湾横断道路川崎人工島東工	東京湾横断道路	1991.8	2.8	119	36	75.0
神田川環状7号線地下調節池工事（その3）	東京都建設局	1991.9	1.2	108	24	56.9
外郭放水路第3立坑新設工事	建設省関東地建	1993.3	2.1	140	24	73.7
知多LNG地下式貯槽土木工事	知多エルエヌジー	1993.11	1.6	118	37	53.4
外郭放水路第2立坑新設工事	建設省関東地建	1993.11	2.1	129	24	71.0
外郭放水路第1立坑新設工事	建設省関東地建	1994.3	2.1	130	24	72.1
和田弥生幹線その1立坑	東京都下水道局	1994.8	1.5	110	24	62
横浜市北部下水処理場第2ポンプ施設築造工事（その1）	日本下水道事業団	1995.1	1.6	110	40	82.0
外郭放水路第4立坑新設工事	建設省関東地建	1995.2	1.7	122	24	69.0
下水道日本橋幹線立坑山留壁工	首都高速道路公団	1995.3	2	100	42	64.3
南台幹線立坑設置工事	東京都下水道局	1996.9	1.2	108.5	30	56.8
東邦ガス知多緑浜工事No.1LNG地下タンク工事	東邦ガス	1996.11	1.4	98.3～101.3	30, 51	49.6
下水道日本橋川幹線立坑部山留壁工事	首都高速道路公団	1996.12	2	116	42	64.6
神田川環状7号線地下調節池（第2期）妙正寺川発進立坑工事	東京都建設局第3建設事務所	1999.7	1.2	102.8	35	57.5
倉敷基地プラパン貯槽1工事の配管堅抗	JOGMEC	2005.3	1.2	110.1	36	110.1
東邦ガス緑浜工場No.2LNG地下タンク工事	東邦ガス	2006.3	1.2	102.05	40	48.8

なお，施工実績では表2.4.4に見る通り最大深度が140mであるが，実験工事では160mを記録している。

次に，大深度地下連続壁の工法について述べる。基本的には地下連続壁工法とそれほどの違いはない。特に注意しなければならないのは掘削精度の管理とコンクリートの打込み管理である。このうち前者については1/2000程度の精度を管理できる専用の装置が必要であり，後者についてはトレミー工法を用いるとすれば，80m前後から難渋し，100mを超えるとその傾向が顕著になってくることが経験的に知られているので，コンクリートの配合などで対策が求められる。大深度におけるコンクリートの打込み事例として，本邦では先の実験工事の160mが今のところ最大であるが，海外では北西オーストラリアで水深260mの海中にトレミー工法によってコンクリートの打込みに成功したとの報告を散見するが，コンクリートの配合など詳細は不明である。

【参考文献】
1) 地中連続壁基礎協会/技術委員会：大深度地下連続壁の現状と動向，基礎工，Vol.21, No.4, ㈱総合土木研究所，1993年4月
2) 内藤禎二：連続地中壁工法の展望，土と基礎，Vol.41, No.9, Ser. No.428, ㈳土質工学会，1993年9月
3) 内藤禎二：総説　最近の連続地中壁，土と基礎，Vol.42, No.3, Ser. No.434, ㈳土質工学会，1994年3月
4) 地中連続壁基礎協会/技術委員会：総説　最近の地中連続壁の実績と動向，基礎工，Vol.27, No.12, ㈱総合土木研究所，1999年12月
5) 大深度地中連続壁施工実績一覧表，平成20年7月地中連続壁基礎協会
6) 内藤禎二：大深度・大壁厚地中連続壁の実験経過と今後の課題，「高精度・超大型連続地中壁実験工事」，最近の地中連続壁工法—その最新技術と施工例＆今後の動向，技研情報センター，1987年10月
7) 内藤禎二他：高精度・超大型連続地中壁実験工事，基礎工，Vol.15, No.11, ㈱総合土木研究所，1993年4月。
8) BERNER D E, GERWICK B C JR (Ben C. Gerwick Inc.)；HAGGERTY B (Woodside Offshore Petroleum Pty Ltd.)：260-meter deep Tremie concrete placement for belled foundation rehabilitation of the North Rankin"A", Vol.21st, No.4, Proc Annu Offshore Technol Conf, 1989年
9) 地中連続壁基礎協会/技術委員会：地中連続壁基礎の展望，基礎工，Vol.29, No.1, ㈱総合土木研究所，2001年1月
10) 地中連続壁基礎協会/技術委員会：地中連続壁基礎の適用性と今後の可能性，基礎工，Vol.32, No.11, ㈱総合土木研究所，2004年11月
11) 地中連続壁基礎協会/技術委員会：地中連続壁の世界ナンバーワン，基礎工，Vol.34, No.1, ㈱総合土木研究所，2006年1月

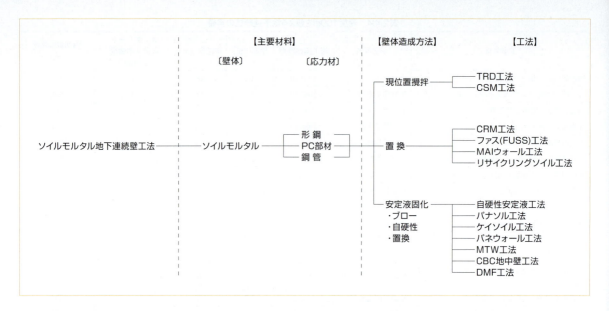

ソイルモルタル（ソイルセメント）地下連続壁工法

ソイルモルタル（ソイルセメントとも呼ぶ）地下連続壁工法は，壁体をソイルモルタルにて造成し，形鋼や鋼管及びPC壁体等を挿入して築造する地下連続壁工法である。

構築方法

本工法の壁体に用いるソイルモルタルの造成方法は

■ 現位置撹拌

専用のトレンチカッターもしくは矩形状の掘削撹拌機の先端よりセメントペーストを吐出し，現地盤と混合撹拌する方式

■ 置換

地下連続壁工法に用いる掘削機にて，地山を掘削し，その掘削残土を利用して所定の流動性と品質を有するソイルモルタルを製造し，トレミー等により安定液と置換する方式
※掘削残土を利用せず，市販の流動化処理土等を用いる場合もある。

■ 安定液固化

地下連続壁の掘削時に溝壁を防護する安定液（泥水）に硬化材を混合して固化させる方式
安定液と硬化材を混合する方法には，
（ⅰ）エアブロー等による混合撹拌方式
（ⅱ）自硬性の安定液（プラントにおいて硬化材，遅延剤を混入して硬化時間を調整）
（ⅲ）地上プラント等で掘削に使用した安定液に硬化材を混合・ミキシングして固化液を製造し，トレミー等により安定液と置換する方式

上記に示すような方法があり，設計や施工条件に合わせて選定される。

硬化後の固化体の一軸圧縮強度は0.1～5N/m^{2}程度で配合試験等により任意に目標強度を設定できる。

特徴

ソイルモルタル（ソイルセメント）地下連続壁工法の特徴は
①廃棄安定液（泥水），残土などの産業廃棄物処理費，材料費が低減できる。
②硬化材の種類や量を調整することにより，幅広い強度設定ができる。
③低強度でも透水係数が小さく，遮水性の材料として適当である。
④地盤条件や壁厚などによって施工機を自由に選択でき，施工精度が良いため大深度にも対応可能である。
⑤ソイルモルタル地下連続壁を土留め壁として用いる場合は応力材（芯材）としてH形鋼（I形鋼）や鋼管およびPC板などのプレキャスト部

材を挿入して築造する。

また、本工法のソイルモルタル製造技術は埋戻し材、遮水壁、置換方式の地盤改良にも用いられる。

最近の基礎工事や地下連続壁工事においては、掘削残土や工事の進行にともない機能が低下した安定液（泥水）を産業廃棄物扱いとして処分する必要があり、その処分費用の工事費に占める割合が非常に大きなものとなっている。そのため、経済性と環境保全の観点から本工法の採用が増えてきている。

図2.4.6に参考として掘削土再利用連壁工法（CRM工法）の施工手順を示す。

本工法として、TRD工法、CSM工法、CRM工法、ファス工法、MAIウォール工法、リサイクリングソイル工法、自硬性安定液工法、パナソル工法、ケイソイル工法、パネウォール工法、MTW工法、CBC地中壁工法、DMF工法等が実用化されている。

【参考文献】
1） 地盤工学会：「地中連続壁工法」平成16年11月
2） 土木学会：「トンネル標準示方書」2006年制定
3） CRM工法研究会：「掘削土再利用連壁工法」パンフレット

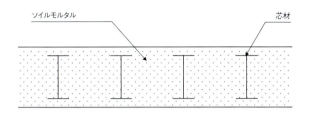

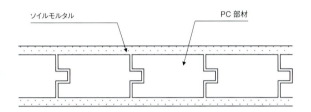

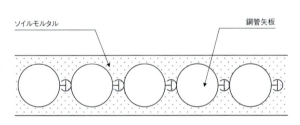

図2.4.5 ソイルモルタル地下連続壁工法の平面形状の例

泥水・泥土処理工法

地下連続壁工法、場所打ち杭工法、泥水シールド工法などの安定液工法では、掘削土砂を泥水ととも

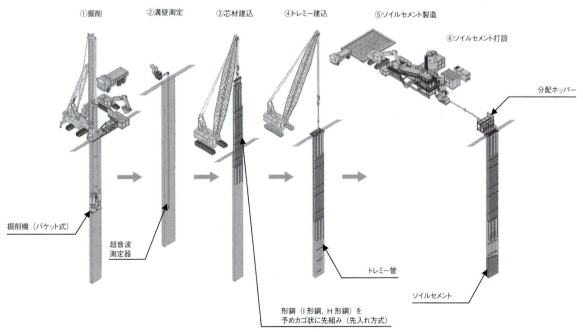

図2.4.6 掘削土再利用連壁工法（CRM工法）の施工手順

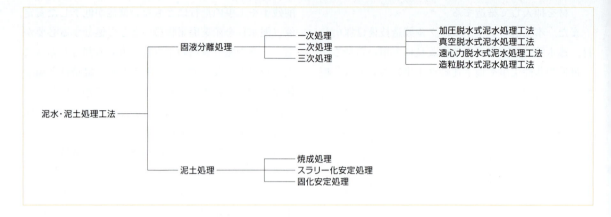

にスラリー輸送するため、泥水と掘削土砂を分離する必要がある。また、最終的には、余剰泥水および劣化した廃棄泥水の処理が必要である。

泥水性状は、掘削土の土質、安定液の材料（ベントナイト、CMC、ポリマー剤、分散剤など）の種類や添加の有無によって変動する。また、処理の対象は、コロイド粒子から礫まで広範囲であり、特にベントナイト等を含む泥水は脱水性が悪く、処理が困難になることもあるなど、泥水性状に応じた処理が必要である。

泥水の処理方法としては、一般に水分と固形分を分離する固液分離処理が多く行われており、条件によっては固化処理工法や焼成処理などの工法が用いられている。

泥水・泥土処理工法を分類すると上記のように大別される。

1 固液分離処理

一次処理

固液分離処理の基本フローを図2.4.7に示す。処理方法は3段階に分けられ、一次処理では泥水中の粗大分の分級処理が行われる。一般に、一次処理では粒径74μ以上の礫、砂、および粘土・シルト塊を分離する。分級処理装置の一覧表を表2.4.5に示す。分級処理は、大きく、沈殿ピット方式と機械分離方式がある。沈殿ピット方式は、粗粒子を自然沈降させて分離するもので比較的簡単な処理方法である。機械分離方式は、原理的に自然沈殿、スクリーンによるふるい分け、遠心力利用の3方式が使用されている。

二次処理

二次処理では、余剰泥水・廃泥水および粒径74μ以下の粘土・シルトなどを処理する。通常、凝集剤を添加混合の上、凝集されたフロックを強制脱水する方法がとられる。凝集剤は、無機凝集剤および合成高分子凝集剤が主に使われており、多くの種類のものが市販されている。凝集剤は、泥水の性状およびその変動幅、脱水等の後処理方法との関連、処理費用、取扱いの容易さ、薬害の有無等を総合的に勘案して選定する。脱水装置としては表2.4.6に示すようなものがあり、土木の分野では、フィルター

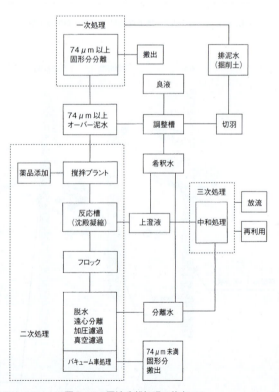

図2.4.7　固液分離処理の基本フロー

表2.4.5　分級処理装置一覧表1)

方式	原理	名称	設備状況図	分離可能径	設置スペース	長所	短所
沈殿ピット方式	自然沈殿	クラムシェル式	(クラムシェル)	0.1mm以上	大	・簡単に処理できる。	・連続的に排土できない。 ・クラムシェルなどを装着した大型重機が必要である。
		バケットコンベヤ式	(バケットコンベヤ)	0.1mm以上	大	・大量の土砂処理に適している。	・設備コストが高い。 ・装置が大型となる。
機械分離方式	自然沈殿	ロータリ分級機式	(ベルトコンベヤ、フィード、排土)	0.2mm以上	中	・装置は簡単であり維持コストは安い。	・回転ドラム内の沈降のため大量処理に適さない。
		クラシファイヤ式	(スパイラル、フィード、排土)	0.2mm以上	中	・装置は簡単であり維持コストは安い	・一定容量の沈降のため大量処理に適さない。
		レーキ分級機式	(レーキ、フィード、排土)	0.2mm以上	中	・沈殿物を確実に処理できる。	・比較的装置が大型となる。 ・ずりの含水比が高くなる。 ・大量処理に適さない。
	スクリーンによるふるい分け	振動スクリーン式	(スクリーン、フィード、排土、ろ水)	1mm以上	中	・大量の土砂処理に適している。	・若干の騒音を生じる。 ・金網の耐久性に問題がある。
		円形スクリーン式	(原水、スクリーン、排土、ろ水)	0.1mm以上	中	・細砂，砂の大量処理に適している。 ・濃度の高い泥水中の砂処理に適している。	・低濃度の濁水には適さない。 ・サイクロンなどの濃縮装置がいる。 ・金網の耐久性に問題がある。
		シーブベント式	(原水、砂、ろ水)	0.3mm以上	中	・駆動部が少ない。 ・大量水から少量の一定粒径を取るのに有効的	・大量の土砂処理には適さない。 ・目詰まりがある。 ・濃度の高い濁水には適さない。
	遠心力	液体サイクロン式	(オーバーフロー、フィード、アンダーフロー)	0.02mm以上	小	・微粒子まで強制分離できる。 ・大量水から一定粒径以上を分級できる。 ・濃縮装置として有効である。	・一定の流入圧力が必要。 ・スラリポンプとの組合せが必要。 ・二次処理が必要。
		スパイラル旋回流式	(ろ水、原水、砂)	0.1mm以上	小	・大量水から一定粒径以上を分級できる。 ・濃縮装置として有効である。	・一定の流入圧力が必要。 ・二次処理が必要。

[注] 分離可能径は標準的な目安である。

プレスによる加圧脱水やスクリューデカンタによる遠心力脱水が多用されている。

※安定液は従来から「泥水」と呼ばれているため，本文では「泥水処理」を用いる。

■ 加圧脱水式泥水処理工法

地下連続壁工法などの各種の安定液工法で使用した泥水を，清水と土粒子の固形分とに分離して処理する泥水処理工法の一種である。フィルタープレスやスクリュープレスを用いることが多く，そのほかにロールプレス，ベルトプレスなどもある。

フィルタープレスを使用するタイプは，両面が凹んだろ板の表面を合成繊維のろ布でおおい，これらを20～100枚程度並べてジャッキで締め付け「ろ室」を作る。この中に泥水をポンプで送りこみ，液圧（普通タイプの場合0.5～0.7MPa，高圧タイプの場合1.5MPa以上）によりろ過する。図2.4.8に示すように，ろ液はろ布を通って外へ排出され，ろ室には固形物（脱水ケーキ）が形成される。脱水完了後，ジャッキを緩め，ろ板を開放して脱水ケーキを排出する。脱水サイクルタイムは，通常90～120分で，60～100%程度の含水比のケーキが得られる。このタイプでは，固形分を取り除く作業が必要なため断続的な作業となる。

スクリュープレスを使用するタイプは，出口に向かって軸径が大きくなると共にピッチが小さくなる特殊なスクリューコンベアに凝集させた泥水を投入し，内部の容積変化によって圧搾脱水する。このタイプでは作業が連続的に行われる。

表2.4.6 脱水装置

種別	機種別	脱水機構	脱水方式	備考
加圧脱水	ロールプレス ベルトプレス キャタピラープレスなど	スラリーをろ布などでサンドイッチ状にはさみ，加圧ローラー。	連続式	・構造が簡単で処理能力が大きい。
	フィルタープレス	泥水をスラリーポンプで送り込み，液圧でろ過する加圧ろ過機。	バッチ式	・脱水効果が大きい。
真空脱水	アースロック オリバフィルタなど	真空ポンプで減圧して吸引脱水する。	連続式 バッチ式	・構造が簡単で処理能力が大きい。
遠心力脱水	スクリューデカンタ	高速回転による遠心力脱水。	連続式	・設備費は比較的安いが，動力費が高い。
造粒脱水	テハイドテム	凝集したフロックに回転ドラム内で回転運動を与えて造粒し，分離脱水する。	連続式	・保守管理が容易。・薬品の使用量が多くなる。

泥水・泥土処理装置

■ 遠心脱水式泥水処理工法

地下連続壁工法などの各種の安定液工法で使用した泥水を，清水と土粒子の固形分とに分離して処理する泥水処理工法の一種である。廃泥水を処理するためあらかじめ凝集させる場合と，凝集させずに泥水の比重調整に使用する場合があり，スクリューデカンタやマッドセパマシンを用いる。

スクリューデカンタは，遠心力を利用して液体より比重の大きい固形物を泥水から分離するものである。一次処理で粗粒分を分離した後の泥水を凝集さ

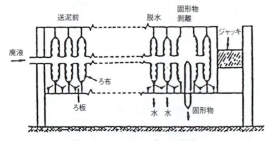

図2.4.8 フィルタープレスの機構

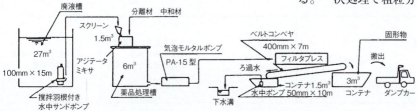

図2.4.9 フィルタープレスの使用例

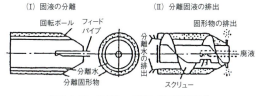

図2.4.10 スクリューデカンダの分離方式

せ，ポンプでスクリューデカンタ内の高速回転するドラム中央に送り込む。ドラム内に送り込まれた泥水は，1,000～1,500Gの遠心力によって，外筒内部に堆積する。堆積した汚泥は，外筒内部でわずかな回転差で回転するスクリューコンベアによって排出口へ押し出され，連続的に泥水を液体と固形分とに分離するものである。（図2.4.10）

スクリューデカンタで分離された固形物の含水比は80～100%と，加圧脱水式と比較して高いが装置がコンパクトなことからよく使用されている。

マッドセパマシンは，泥水を高速で回転する縦型無孔式遠心分離機に投入し，遠心分離した汚泥を回転体内部で圧密脱水させ，満量になりしだい自動的に掻き取り排出するものである。

三次処理

三次処理では分離水のpH処理を行い，放流または工事用水として再使用する。廃泥水は，コンクリート打設等によってアルカリ性を呈することが多く，中和剤として希硫酸や炭酸ガスが用いられている。

図2.4.11に廃泥水処理フローの一例を示す。地下連続壁や場所打ち杭工事では，一般に工事が短期間で狭隘な現場が多いことから，コンパクトなポータブル式処理プラントが多く用いられており，泥水シールドのような大量に発生する掘削土や泥水に対しては，定置式プラントが用いられる。

2　泥土処理

建設工事で発生する泥土を有効利用する目的で焼成処理，スラリー化安定処理，固化安定処理などが行われている。

焼成処理

前処理として異物等を除去した後，水分調整，造

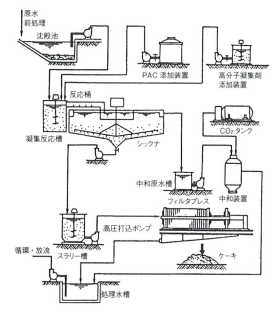

図2.4.11 廃泥水処理フローの例

粒，乾燥を経てロータリーキルン等の焼成装置により焼成するものである。焼成材は，その軽量性，高保水性，透水性および高強度等の特性を生かして第一種処理土に該当する土質材料としての利用用途に加え，ドレーン材，骨材，植栽土壌材，緑化基盤材等に幅広い分野に適用できる。

スラリー化安定処理

泥土とセメント等の固化材を水分調整，混練して流動化処理土や気泡混合土として埋戻し，空洞充填，盛土等に利用するものである。

固化安定処理

前処理を行った後，セメント系固化材，セメント石灰複合系固化材，石灰系固化材，中性固化材などを混合し，固化するもので，改良土として利用するにあたってはスラリー化安定処理とともにとアルカリ分溶出の影響を考慮することが必要である。

【参考文献】
1) 尾藤五郎ほか：「建設工事における濁水・泥水の処理方法」鹿島出版会，1978年
2) (財)先端建設技術センター編著：「建設汚泥リサイクル指針」大成出版社，1999年

V　仮締切り工法

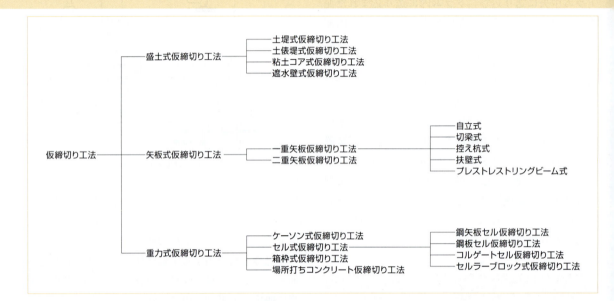

　河川，湖沼，海などの水中や水際に構造物を築造する場合，水中工事に比べて施工が容易である，良質の工事ができるなどの理由から，一時的に工事に必要な区域を排水してドライワークで施工する場合が多く，このために必要な仮設構造物を仮締切りと呼ぶ。このほか，陸上工事においても，地下水位以下の掘削を伴う場合に設けられる土留め工でも湧水を遮断する必要があり，これも一種の仮締切り工といえるが，ここでは水中に構築される締切り工に限って仮締切りと定義する。

　このように仮締切り工は水中に設置されるため，その構成部材には外部より主に水圧が作用することとなり，この水圧に耐え得る十分な強度を有すると同時に，本工事のドライワークを容易にするための水密性を有する構造であることが要求される。また，陸上の土留め工とは異なり，堤体に流水圧や波圧などの動的な外力が作用する場合があり，同時にこれらに起因した洗掘が生じることも考えられるため，水流や波の影響などについても十分考慮した構造形式を選定することが重要となる。

　仮締切り工は，その使用材料や構造様式の違いによって盛土式，矢板式，重力式に大別され，前記に示すような多くの種類の工法が採用されている。代表的な仮締切り工についての特徴を表2.5.1に示す。

　仮締切り工の計画にあたっては，
①仮締切り工を設置する地点の地形・水深
②仮締切り工の範囲，規模・形状および掘削深さ
③仮締切り工の設置時期，期間
④仮締切り工地点の地盤の性状
⑤仮締切り工に使用する材料の入手方法
⑥仮締切り工に働く流水圧，波力ならびにこれらに起因する洗掘の影響

などの他に，河川の流水の障害に対する影響，航行船舶の障害に対する影響，河川・湖沼・港湾の管理上の問題，場合によっては漁業権なども考慮して，平面配置計画や構造の選定などを行わなければならない。

　しかし，仮締切り工はあくまでも仮設工事であるため，一般に本工事に比べ安全率も低く，調査も十分行えない場合も多い。また，堤体の設計法自体も完全に確立されておらず，経験に頼る点も多く残っているのが実状である。したがって，仮締切りの施

表 2.5.1　主な仮締切り工法の特徴

特徴 \ 形式	盛土式 土堤式	矢板式 一重矢板式	矢板式 二重矢板式	重力式 ケーソン式	重力式 鋼矢板セル式
構造概念図	(土堤)	(切梁・鋼矢板)	(タイロッド・中詰砂・鋼矢板)	(中詰砂・ケーソン)	(中詰砂・直線形矢板)
適用規模・水深など	水深の浅い場合、地盤の起伏の多い場合に有利である。	橋梁等の掘削面積の比較的小さい場合に用いられる。	水深が深く、大規模な工事に用いられる。	水深が深く、大規模な工事に用いられる。埋立護岸として採用される場合が多い。	同左
占有面積	適用水深の浅い割には広い面積を要する。	狭い面積で締め切ることができる。	適用水深の深い割には占有面積は狭い。	適用水深の深い割には占有面積は狭いが、別途ケーソン製作ヤードが必要である。	適用水深の深い割には占有面積は狭いが、別途セル組立ヤードが必要である。
止水性	一般に、止水工が必要である。	一般に矢板で止水を兼ねる。止水効果は二重矢板式に比べて劣る。	一般に矢板で止水するが、中詰め土があるので止水効果は一重矢板式より優れる。	一般に止水工を別に設ける場合が多い。	矢板相互に引張力が作用しているので、矢板の継目からの漏水は他工法より少ない。
施工性	工種は少なく単純である。	工種が多く複雑である。	同左	施工は比較的簡単であるが、ケーソン据付時に起重機船や曳航船団を要する。	使用矢板が直線型に限られるので、矢板の打込み性に制限がある。工種は少なく、比較的単純である。
安定性 施工時	流れや波によって盛土材料が流出するおそれがあり、この点の管理が重要となる。	各施工段階ごとの安定性が問題となる。	セル式、ケーソン式に比べて単体としての安定性はよくないので、流水や波による中詰め土の流出、矢板の自立性などに問題がある。	単体としての安定性がよいので、施工中の波や流れの影響は比較的少ない。	中詰施工前の安定性はよくない。
安定性 完成後	良い。ただし流れや波に対する法面保護が必要である。	波や流れによる偏圧に対して安定性が劣る。	安定性はよい。	非常によい。	安定性は二重矢板式より優れている。
本体工事との関係	堤体材料として本体工事の掘削土を利用できる場合に有効である。	切梁を用いた場合には本体工事の作業性はよくない。	同左	仮締切りを本体構造物として利用する場合には有利である。	同左
その他	堤体頂部を工事道路として利用できる。	矢板下端を粘性土に根入れして止水できる場合に有効である。また、撤去が比較的容易である。	堤体頂部を工事道路として利用できる。	同左。撤去が困難である。	同左

工にあたっては，工事中における周囲の条件の変化，仮締切り工の変位や部材応力，湧水量などの観測を行い，これらのわずかな変化にも注意し，速やかに異常に対して対処できるようにすることが重要である。

【参考文献】
1）福岡正巳，神谷　洋，住友栄吉：『最新改訂版　現場技術者のための仮締切工の設計計算法と施工法』近代図書，1991年11月
2）㈳日本河川協会編著：『河川構造物の基礎と仮設—工法選択とその事例—』山海堂，1993年7月
3）㈳日本河川協会編：『改訂新版 建設省河川砂防技術基準（案）同解説　設計編』技報堂出版，平成20年7月
4）『入門シリーズ6　根切り・山留め・仮締切り入門』㈳地盤工学会，1999年8月
5）松岡國太郎編：『疑問に答える／仮締切り工の設計・施工ノウハウ』近代図書，1994年10月
6）吉田洋次郎ほか：『土木施工管理チェックポイント／仮設工事』山海堂，1999年11月
7）土木学会出版委員会：『仮設構造物の計画と施工』㈳土木学会，平成12年3月

1　盛土式仮締切り工法

　盛土式仮締切り工法は土砂で堰堤を構築する締切り工法であり，比較的水深が浅い地点で用いられることが多い。構造は比較的単純であるが，水深の割に堤体幅が大きくなり，大量の土砂を必要とするため，狭隘な地点では不利となることが多い。しかし，基礎地盤が硬くて矢板の打込みが困難な場合や，起伏のある硬い地盤に対しても容易に築堤でき，盛土材料を容易に入手できる場合には有利な工法であ

表2.5.2 盛土式仮締切り工法の分類

工法	特徴
土堤式仮締切り工法	構造が最も単純なもので、浅い水深の所に採用される。
土俵堤式仮締切り工法	堤体法面の安定性がよく、堤体も比較的小さくでき、浅い水深の所に採用される。
粘土コア式仮締切り工法	遮水のため堤体中央に粘土のコアを設ける。比較的水深のある所でも適用できる。
遮水壁式仮締切り工法	堤体法面の斜面または中央に遮水壁を設ける。比較的水深のある所でも適用できる。

【参考文献】
1) 福岡正巳，神谷　洋，住友栄吉：『最新改訂版　現場技術者のための仮締切工の設計計算法と施工法』近代図書，1991年11月
2) (社)日本河川協会編著：『河川構造物の基礎と仮設─工法選択とその事例─』山海堂，平成5年7月
3) (社)日本河川協会編：『改訂新版 建設省河川砂防技術基準（案）同解説　設計編』技報堂出版，平成20年7月
4) 『入門シリーズ6　根切り・山留め・仮締切り入門』(社)地盤工学会，平成11年8月
5) 吉田洋次郎ほか：『土木施工管理チェックポイント／仮設工事』山海堂，1999年11月

る。また，堤頂部を工事用道路として使用すれば締切り内部を有効に利用できることや，本工事の掘削土を使用できる場合には経済的であるなどの利点を有している。

盛土式仮締切り工法の形式としては，使用する盛土材の材質や設置水深などによって表2.5.2に示すような工法に分類される。

盛土式仮締切り工における堤体の設計にあたっては，

①盛土堤体の斜面安定
②堤体全体のすべり破壊に対する安定
③浸透水量およびボイリング
④盛土材料の選定

などの検討が必要となる。特に，台風時の越波，洪水時の越流による洗掘，浸水によるボイリング現象などについては注意を要する。さらに，盛土材料の選定にあたっては，

①高い密度を得られる粒度分布であること
②せん断強さが大きく安定性がよいこと
③透水性が低いこと
④水で飽和したとき軟泥化しないこと
⑤施工時に波や流れにより簡単に乱されないこと

などの条件を考慮する必要がある。しかし，一般に築堤材料は工事場所付近で容易に入手できる材料を使用することが多く，必ずしも上記の条件を満たすとは限らないことから，使用できる材料に適した構造形式や施工法を選定することが必要となる。また，水中施工の場合には粘性土の使用は避け，透水性が高くても安定性のよい材料を用いるべきである。

いずれにせよ，本工法を採用するにあたっては，水深，基礎地盤，流水，波，入手可能な盛土材料の性質，締切りを必要とする期間，施工の難易度などを総合的に検討し，最も安全確実でかつ経済的な形式および断面形状を決定することが重要である。

土堤式仮締切り工法

本工法は，図2.5.1に示すように，構造は最も単純で施工も容易である。一般に水深が浅い地点において，比較的短時間の工事に採用されることが多く，締切り内部と外水位の水頭差は，2m程度までが適用の目安である。築堤の材料としては，止水効果を考え粘性土を用いることが望ましいが，経済性を考慮すると現地で採取可能な材料を使用することとなる。透水性の良い土砂を用いる場合には，のり面に粘性土を用い十分締固めるようにする。この場合，高含水比で鋭敏比の高い粘性土の使用は避けるべきである。また，粘性土の代わりに堤体前面に防水シートなどを張っても遮水効果は得られる。

一般にのり勾配は2割程度とし，土堤の幅は水深の4～6倍程度とする。また，堤頂の幅は1～3m程度が標準であるが，工事用道路として利用する場合は必要に応じて拡げればよい。また，流水や波により表面が洗掘されるおそれのある場合には，のり面を土俵や捨石などで被覆する。

【参考文献】
1) 福岡正巳，神谷　洋，住友栄吉：『最新改訂版　現場技術者のための仮締切工の設計計算法と施工法』近代図書，1991年11月
2) (社)日本河川協会編著：『河川構造物の基礎と仮設─工法選択とその事例─』山海堂，平成5年7月
3) (社)日本河川協会編：『改訂新版建設省河川砂防技術基準（案）同解説　設計編』技報堂出版，平成20年7月
4) 吉田洋次郎ほか：『土木施工管理チェックポイント／仮設工事』山海堂，1999年11月

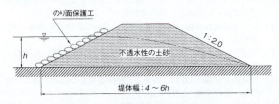

図2.5.1　土堤式仮締切り工法概念図

土俵堤式仮締切り工法

本工法は，図2.5.2に示すように，堤体の内側と外側に土俵を積み重ね，その間に遮水性の高い土砂を詰める工法である。この工法は，①築堤が容易である，②堤体が浸食されにくい，③築堤時に土砂の流出が少ない，④中詰土砂により遮水性が得られるなどの利点を有している。しかし，基礎地盤が洗掘されると堤体が崩壊するおそれがあるため，一般に流水などによる洗掘のおそれのない場合で，水深も2m程度以下の比較的浅い所に用いられる。

堤体の幅は中詰土砂の土質性状にもよるが，一般的には1m以上とする。土俵の材料としては，俵，麻袋のほか耐久性の高い化学繊維を用いたものなどがある。また，一般に土俵の安定を確保するために杭を打ち込み，土俵を縦積み・横積みと交互に積み重ねるとともに，内側と外側の俵が開かないように杭同士をつなぐタイロッドを取り付けることにより堤体の安定性をさらに向上させることも可能となる。

【参考文献】
1) 福岡正巳，神谷 洋，住友栄吉：『最新改訂版 現場技術者のための仮締切工の設計計算法と施工法』近代図書，1991年11月
2) (社)日本河川協会編著：『河川構造物の基礎と仮設―工法選択とその事例―』山海堂，平成5年7月

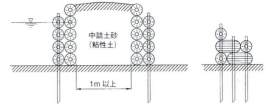

図2.5.2 土俵堤式仮締切り工法概念図

図2.5.3 粘土コア式仮締切り工法概念図

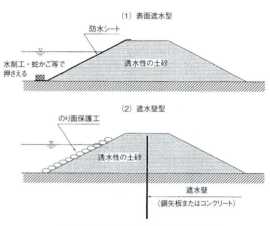

図2.5.4 遮水壁式仮締切り工法概念図

粘土コア式仮締切り工法

本工法は，図2.5.3に示すように，土堰堤の中心部に粘土によるコアを設け，堤体中の浸透水量を少なくする締切り工法であり，堤体材料が透水性の高い土砂の場合に採用される。

粘土コアの厚さは，コア材の土質性状にもよるが，一般に水深の1～2倍程度とする。堤体下の地盤が透水性のよい土砂の場合には，コア部を必要に応じて深くするかコア直下に鋼矢板やコンクリート壁などの遮水壁を設ける。堰堤の盛土勾配は，流水，波による洗掘，すべり破壊などに対して安全な勾配とし，のり面は必要に応じて土俵，捨石などで被覆する。本工法ではコア部によって遮水するため，コア材を十分に締め固める必要があり，水中での施工には適さない。

本工法の適用は，河川などの渇水期を利用してドライワークの施工が可能な場合か，一次締切りによって一次的に水を締め切った後に施工する二次締切りなどとして採用されることが多い。水深が大きい場合には，フィルダムと同じような設計と施工が必要となる。

【参考文献】
1) (社)日本河川協会編：『改訂新版建設省河川砂防技術基準（案）同解説 設計編』技報堂出版，平成20年7月
2) 植松一純：「仮締切り工法の種類とその選定」『基礎工』，総合土木研究所，1987年4月

遮水壁式仮締切り工法

本工法は，図2.5.4に示すように，堤体内または斜面に壁体あるいは防水シートなどを設置して遮水する締切り工法である。遮水壁に使用する材料としては鋼矢板やコンクリートが，防水シートにはビニールシートやアスファルトマットなどが用いられている。

本工法は，流水や波の影響を受けやすい水中において，堤体の安定確保のため，透水性材料で築堤しなければならないような場合に有効である。堤体の形状は，流水や波による洗掘やすべり破壊に対する安定性から決まるが，盛土勾配は2割程度が普通である。また，堤頂幅は仮設道路としても使用できるように7〜8m程度以上にすると便利である。さらに，堤体下の地盤が軟弱な場合には，すべり破壊に抗するために盛土勾配を小さくする必要があり，盛土量が多くなることから，必要に応じて地盤改良や良質土との置換などを行うことが多い。

【参考文献】
1) 福岡正巳，神谷 洋，住友栄吉：『最新改訂版 現場技術者のための仮締切工の設計計算法と施工法』近代図書，1991年11月
2) (社)日本河川協会編著：『河川構造物の基礎と仮設―工法選択とその事例―』山海堂，平成5年7月
3) (社)日本河川協会編：『改訂新版建設省河川砂防技術基準（案）同解説 設計編』技報堂出版，平成20年7月

2 矢板式仮締切り工法

本工法は仮締切り工法の一種で，矢板を地盤に打ち込み連続した壁体を築造して締切る工法である。

矢板としては，一般的には鋼矢板が使用される。鋼矢板は，矢板の両端にある爪のため，相互間の接続が良く，確実に連結ができるので，止水性にも優れている

鋼矢板には，U形，ハット形，直線形，鋼管形などのタイプがある。締切り用として一般に使用されているのは，U形鋼矢板である。また，セル式には，横方向の張力に対する抵抗性が強い直線形鋼矢板が使用される。鋼矢板は断面性能についても多くの種類があり，水深，規模に応じて任意に選定できる。

鋼矢板は以上のような特徴のほか，取扱いが便利であり，施工も比較的簡単で短期間に完成できるので，規模，水深，地盤などの条件に応じた各種の仮締切り工法に採用されている。

矢板式仮締切り工法としては一重矢板式仮締切り工法，二重矢板式仮締切り工法，矢板セル式仮締切り工法がある。

① 一重矢板式仮締切り工法

本工法は一重の矢板で締切る工法で，止水性はやや劣るが，締切りの幅を必要としないので，狭い場所での締切りに適している。一般的に比較的水深が浅く静穏な場所での締切りに使用される。しかし，鋼管矢板については，断面性能が大きく，また長尺ものの打込みも可能で，継手部にコンクリートなどを充填すると一重でも止水性に優れた構造となるため，大水深での締切りにも採用することができる。

② 二重矢板式仮締切り工法

矢板を2列に打込んで両矢板間をタイロッドなどのタイ材で連結し，内に土砂を中詰めする工法である。本工法は壁体が二重の矢板と中詰土砂により構成されるので，止水性もよく，また波，流水などの外圧に対しても抵抗性が大きく安定しており，大水深，大規模な締切りにも採用することができる。

③ 矢板セル式仮締切り工法

鋼矢板を円形に打込み，内に土砂を中詰めするもので，止水性，安定性とも優れた工法で，一般に大水深，大規模な仮締切り工として採用されることが多い。

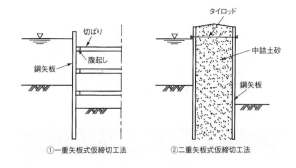

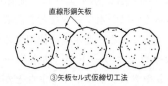

図2.5.5　矢板式仮締切り工法概念

【参考文献】
1) 日本建設機械化協会編：「仮設鋼矢板施工ハンドブック」技報堂，昭和47年10月
2) 福岡正巳・神谷洋・住友栄吉編：「現場技術者のための仮締切り工の設計計算法と施工法」近代図書，1991年11月
3) 松岡國太郎編：「疑問に答える 仮締切り工の設計・施工ノウハウ」近代図書，1994年8月

図2.5.6 一重矢板式仮締切りの種類

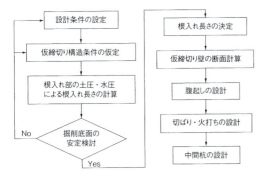

図2.5.7 一重矢板式仮締切り工法の設計フロー

一重矢板式仮締切り工法

本工法は仮締切り工法の一種で，締切りをしようとする場所に矢板を1列に打込み止水する工法である。

矢板は一般に鋼矢板を使用する。鋼矢板は，数多くの断面性能の異なるものがあり，目的に応じて選択することができ，また使用後は回収も容易で，何回も転用できるので経済的である。

水中部の止水性は，矢板の継手部のかみ合せのみに依存しており，完全な水密性は得られないが，継手止水材により，水密性をよくすることができる。しかし地盤が硬い場合や，れき層などがある場合は，矢板の打込みが困難となり継手部が離脱して，止水性が極端に悪くなることもあるので，止水効果を高める処置を必要とする。

本工法は矢板を一列に打ち込むだけであるので，仮締切りの占める面積は最小限ですみ，狭い場所での仮締切りには有利である。しかし，仮締切りのうちでは変形が大きく，水深が大きい場合や，偏圧がかかりやすい場合には適さない。

一重矢板式仮締切り工法には次の形式のものがある。

一重矢板式仮締切り工法の採用に当たっては，
① 締切りの範囲
② 締切りの期間
③ 締切り内外の水位差
④ 締切り内外の地盤高の差
⑤ 矢板打込み地盤の土質
⑥ 流水，波などの偏圧の有無

などの点および，安全性，経済性も考慮して検討しなければならない。

【参考文献】
1) 日本建設機械化協会編：「仮設鋼矢板施工ハンドブック」技報堂，昭和47年10月
2) 福岡正己・神谷洋・住友栄吉編：「現場技術者のための仮締切り工の設計計算法と施工法」近代図書，1991年11月
3) 松岡國太郎編：「疑問に答える 仮締切り工の設計・施工ノウハウ」近代図書，1994年8月

■ 自立式一重矢板仮締切り工法

本工法は一重矢板仮締切り工法の一種で，矢板を地盤に打込み，矢板に作用する水圧および土圧に対し矢板の剛性および根入れ部の地盤の受働抵抗により自立させる工法である。

矢板には締切り外より水圧および土圧が働き，これらの力に締切り内の土砂の受働土圧で抵抗することになり，曲げ変形に対して安全でなければならない。

この工法は矢板の倒れ込みを根入れ部の受働土圧のみで押さえるので，一般に土質のよい地盤の場合に適している。

この工法は矢板を地盤に打込むだけであり，短時間に容易に施工が可能であるが，鋼矢板の剛性と地盤の受働抵抗にたよる工法であるため，矢板の頭部では矢板のたわみと地盤の変形により，かなりの水平変位はさけられない。また横方向の連結は矢板相互の爪のかみ合わせのみであるため，剛性は弱く，波，流水などに対する抵抗は小さい。

本工法は水深2～3m以内の浅い所に適用するが，流水，波の影響がない場合は，断面性能の大きい矢板を使用すれば，水深5～6mまで可能である。

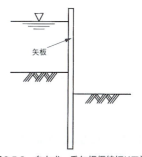

図2.5.8 自立式一重矢板仮締切り工法

【参考文献】
1) 日本建設機械化協会編：「仮設鋼矢板施工ハンドブック」技報堂, 昭和47年10月
2) 福岡正己・神谷洋・住友栄吉編：「現場技術者のための仮締切り工の設計計算法と施工法」近代図書, 1991年11月
3) 松岡國太郎編：「疑問に答える 仮締切り工の設計・施工ノウハウ」近代図書, 1994年8月

■ 切ばり式一重矢板仮締切り工法

本工法は一重矢板仮締切り工法の一種で，矢板を地盤に打込み，矢板の内側に腹起し，切ばりを設けて締切る工法である。

腹起し，切ばりは必要に応じて1段〜数段に設ける。腹起し，切ばりが1段の場合は，矢板頭部に近い水上に取付ける。腹起し，切ばりを数段取付ける場合は，最上段を水上に取付けた後，次段のものをドライワークで取付け可能な深さまで水替を行なって，取付け，順次水替え，腹起し，切ばり取付けを繰り返しながら完成する。

矢板には締切り外より水圧および土圧が働き，これらの力に対して締切り内の腹起し，切ばり反力と矢板根入れ部の土砂の受働土圧で抵抗する。本工法は，自立式に比べれば矢板の変位も小さく，腹起し，切ばりなどにより横方向の剛性も大きくなるが，矢板の連結は矢板相互の連結のみであるので，流水，波などによる偏圧に対して弱い欠点を有している。一般には水深5〜6m以内の場合に用いられる。流水，波などの影響がない場合は，断面性能の大きい矢板を使用すれば，水深7〜8mまでは可能となるが，切ばりの配置，段数については本工事の形状を考慮して，できる限り本工事の施工に支障をきたさないよう計画しなければならない。

【参考文献】
1) 日本建設機械化協会編：「仮設鋼矢板施工ハンドブック」技報堂, 昭和47年10月
2) 福岡正己・神谷洋・住友栄吉編：「現場技術者のための仮締切り工の設計計算法と施工法」近代図書, 1991年11月
3) 松岡國太郎編：「疑問に答える 仮締切り工の設計・施工ノウハウ」近代図書, 1994年8月

■ 控え杭式一重矢板仮締切り工法

本工法は一重矢板仮締切り工法の一種で，地盤に打ち込まれた矢板と組くいを連結して締切る工法である。

矢板にかかる土圧および水圧には，矢板の頭部で連結された組くいの反力と，矢板根入れ部の土砂の受働土圧により抵抗する。

組くいの水平抵抗はくいの引抜き力および押込み力により左右されるので，くいが地盤中に必要な長さだけ十分に打ち込めないような場合には使用できない。しかし，この工法は組くい完成後は自立性に優れており，流水，波などの外力にも抵抗できるので，海中や流水のある河川中に独立して締切りを行なう場合に適している。

締切りの水深については，使用する組杭および鋼矢板の断面性能にもよるが，一般に5〜6m以内である。

【参考文献】
1) 福岡正己・神谷洋・住友栄吉編：「現場技術者のための仮締切り工の設計計算法と施工法」近代図書, 1991年11月

■ 扶壁式一重矢板仮締切り工法
（バットレス式一重矢板仮締切り）

本工法は一重矢板締切り工法の一種で，矢板壁に所定の間隔ごとに，接続矢板を取付け，これを利用して直角方向に数枚の矢板を打込み，矢板のバットレスを設けて矢板壁の剛性を大きくした締切り工法である。締切りの幅が狭い場合は，必要に応じて矢板頭部に切ばりを設けて，矢板の変形を押さえることもある。

本工法は水面が穏やかで，しかも地盤が良好な場合に用いることができ，二重矢板式仮締切り工法に比べて簡単ではあるが，流れの中の軟らかい地盤では不利になるなど，施工条件が限定されるため施工例は少ない。

【参考文献】
1) Donouan, H. Lee：「Sheet Piling Cofferdams and Caissons」London Concrete Publications Limited
2) A. C. Eversham：「When to use Piling」Cioil Eng. Jan. 1931

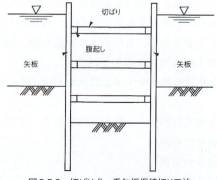

図2.5.9　切ばり式一重矢板仮締切り工法

■ プレストレスリングビーム式矢板仮締切り工法

本工法は一重矢板仮締切り工法の一種で，地盤に円形に打ち込まれた矢仮の内側に，矢板にそってリング状にビームを取り付けて締切る工法である。

リングビームとしては一般にH形鋼が用いられ，必要に応じて1段〜数段取付ける。取付ける方法は，切ばり式一重矢板仮締切り工法と同様である。ビームの取付けに際しては，ビームにかかる偏圧を抑制するため，土圧などの外力に見合った軸力をリビングビームにあらかじめ導入する。

本工法は切ばりがないため，本構造物の施工に当たっては，非常に便利な締切り工法であるが，一般には，直径20m以下で，水深5〜6mの流水，波などの影響のない静穏な場所に使用される。

【参考文献】
1） 中村清二他著：「プレストレスリングビーム工法による締切工の施工とその問題点」「土木施工」8巻10号，山海堂

二重矢板式仮締切り工法

本工法は，矢板を内壁，外壁の2列に平行にならべて打設し，2列の矢板間はタイ材，腹起し材を用いて連結した後，矢板間に土砂を充填して，矢板および中詰め土砂が一体となって，外力に対して自立する締切り工法である。

矢板には一般には鋼矢板を使用し，タイ材には，棒鋼，ワイヤロープなどが使用される。

本工法は完成後は自立性に優れ，堤体幅を大きくすることにより，かなりの大水深でも自立する。また流水，波などの偏圧に対しても抵抗性があるので，水深の比較的深い海中や河川などの大規模な仮締切りにも採用されることが多い。ただ，狭い場所での締切りで，二重矢板の堤体が自立するだけの堤体幅を取れない場合には，内部に切ばりを設けることもある。

二重矢板式仮締切り工法を自立したものとして使用する場合の安定度の検討方法は，中詰め土砂によるせん断抵抗モーメントと，外力による変形モーメントを計算して堤体の安定度を検討する。矢板およびタイロッドなどの連結材については，堤体内の中詰め土による土圧ならびに水圧に対して，土留め工の設計法に準じて行なう。

本工法の場合，堤体の剛性，自立性，矢板の応力などの安定性は，中詰め土砂のせん断抵抗強度に大

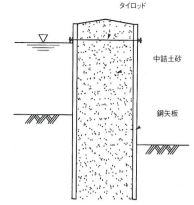

図2.5.10 二重矢板式仮締切工法

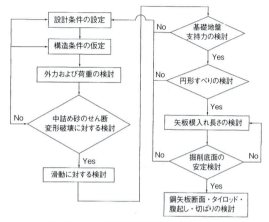

図2.5.11 二重矢板式仮締切工の設計フロー

きく左右されるので，中詰め土砂はできるだけせん断抵抗の大きい良質の材料を用いるべきであり，粒度分布のよい砂または砂利が最も適している。

施工に当たって，本工法は水深が深くて波などの影響を受けると，施工中非常に不安定となるので，矢板打込み後はできるだけ速やかに土砂を中詰めする必要がある。

なお，施工中の安定，中詰め土砂の流出防止のため適当な間隔に鋼矢板の中仕切りをおくと有効である。中詰め土砂の投入は，地盤面の軟弱土などの堆積物を除去した後に行なう。また，矢板の局部的応力の発生を避け，矢板法線の蛇行を防ぐため，一様な埋戻しとなるよう慎重な作業を行なわなければならない。さらに中詰土砂投入後バイブロなどで締固めて，中詰め土のせん断抵抗を増し，堤体の安定を増大させることもある。ただし，この場合締固め時に，矢板に過大な応力を生じさせないよう注意する。

【参考文献】
1) 日本建設機械化協会編：「仮設鋼矢板施工ハンドブック」技報堂, 昭和47年10月
2) 福岡正巳・神谷洋・住友栄吉編：「現場技術者のための仮締切り工の設計計算法と施工法」近代図書, 1991年11月
3) 松岡國太郎編：「疑問に答える 仮締切り工の設計・施工ノウハウ」近代図書, 1994年8月

3　重力式仮締切り工法

重力式仮締切り工法は，堤体の重量によって土圧や水圧に抵抗する連続した壁を構築して締め切る工法である。本工法は，他の工法に比べ堤体の剛性，重量とも大きく，

①波，流水などの外力に対して安定性が大きく，大水深の場合にも適用できる
②耐久性に優れている
③地盤は堤体の重量を支えるため良好でなければならない
④撤去は困難である

などの特徴を有している。一般に，岩盤などが露呈し矢板の打ち込みが困難な場合や，本体構造物の一部として使用できる場合などに採用される例が多い。施工は，陸上にて外殻の壁体をあらかじめ製作し，現地に運搬後，据付け，中詰めを行う方法と，現場でコンクリートを打設する方法があり，表2.5.3に示す4種類の工法に大別できる。

一般に重力式仮締切り工法は，地盤条件が良好で不透水性の場合に適しており，地盤が透水性の場合には堤体下に止水壁を設けるなどの処置を要する。止水壁としては，鋼矢板，コンクリート連続壁などが採用される。堤体の安定性の評価に関しては，堤体の重量，土圧，水圧などの外力に対して堤体の転倒，滑動，地盤の支持力についての照査が必要となる。

重力式仮締切り工法の施工にあたっては，以下の項目について留意すべきである。

①外壁間の接続を確実に行う
②据付け面に堆積する軟弱土は完全に除去する
③据付け面は不陸調整を行い，壁体は垂直に据え付ける
④壁体と地盤とは密着させる
⑤堤体前面の洗掘に留意し，必要に応じて洗掘防止工を設置する
⑥止水壁を設ける場合は，堤体と止水壁の接続を完全に行う
⑦中詰は外壁据付け後速やかに行う

【参考文献】
1) 福岡正巳，神谷 洋，住友栄吉：『最新改訂版　現場技術者のための仮締切工の設計計算法と施工法』近代図書, 1991年11月
2) ㈳日本河川協会編著：『河川構造物の基礎と仮設—工法選択とその事例—』山海堂, 平成5年7月

ケーソン式仮締切り工法

本工法は，図2.5.12に示すように，ケーソンと呼ばれる函型の外殻構造物を水中に連続して沈め，締切り堤とするものである。ケーソン函体はコンクリート製のものが使用されることが多く，あらかじめ陸上ヤードなどにおいて製作される。ケーソンとは一般に底のある函体を称し，後述する底なしタイプのセルラーブロックと区別される。したがってケーソン工法では，施工時にその浮力を活用し，ケーソン函を水面に浮上させた状態で現地まで曳航運搬できることが特徴となっている。

浮上曳航もしくは吊り下げて運搬されたケーソンは，所定の位置に沈設し，内部に土砂などを中詰めして安定を図る。一般に，中詰土砂は現場付近の掘削土が用いられることが多いが，単位体積重量の大きい砂質土が適している。ケーソン間のジョイントにはコンクリートを充填して，ケーソン同士の接続と止水を行う。

本工法は，剛性，重量とも他工法に比べ大きく，耐久性に優れているため，大水深での締切りも可能である。したがって，波や流水の影響を受ける場合や，鋼矢板を打ち込めないような硬い地盤の場合，さらには本構造物として使用する場合などに採用されることが多い。

表2.5.3　重力式仮締切り工法の分類

工法	概要
ケーソン式仮締切り工法	剛性が大きく，波・流水などの外圧に対しても高い安定性を有するため，地盤が良好な場合には，大水深での締切りにも採用できる。耐久性に優れているため，本構造物の一部として採用されることが多い。
セル式仮締切り工法	ケーソン式と同様に，剛性が大きく，波・流水などの外圧に対しても高い安定性を有する。セルを地盤内に打ち込む方式と地盤上に設置するだけの方式に分類されるが，地盤の透水性や強度に応じて適切な工法を選定することが要求される。
箱枠式仮締切り工法	施工は簡単で短時間に行えるが，止水性が悪いため，比較的水深の浅い所に採用される。
場所打ち式仮締切り工法	地盤の不陸が大きい場合に適している。施工は，ドライワークを必要とするため，河川などの渇水期を利用できる場合や，一次締切りなどに採用される場合が多い。

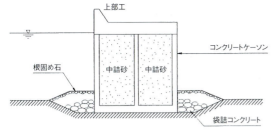

図2.5.12 ケーソン式仮締切り工概念図

本工法では地盤内への根入れが確保できないため，地盤との接触部での止水性に問題があり，根固めコンクリートやグラウトなどにより地盤と堤体を密着させて，堤体下からの湧水を防止する必要がある。このため一般に透水性地盤上への設置には不向きであり，この場合は堤体下に止水壁を設ける。止水壁としては，多くの場合鋼矢板が使用されるが，鋼矢板が打込み不能な場合にはコンクリート壁なども考えられる。

本工法における安定性の評価は，重力式構造物としての転倒，滑動，地盤の支持力，中詰土砂の土圧による函壁の応力照査のほか，函体を浮上曳航する場合には，函体の喫水や曳航中の浮体の安定性についての検討も必要となる。

【参考文献】
1) 福岡正巳, 神谷 洋, 住友栄吉:『最新改訂版 現場技術者のための仮締切工の設計計算法と施工法』近代図書, 1991年11月

セル式仮締切り工法

本工法は，円筒形の外殻を水中に設置して内部に土砂を中詰し，これを連結することにより連続した壁体を構築する仮締切り工法である。本工法には，外殻として鋼矢板や鋼板を現場にて円形に打ち込む方法と，あらかじめ陸上において波形鉄板や鋼板を円筒形に組立て，これを現場に運搬し水中に設置する方法がある。本文では，セルラーブロックも一種のセル構造と考え，セルラーブロック式仮締切り工法をセル式仮締切り工の一つとして扱うこととした。表2.5.4に，セル式仮締切り工法の分類を示す。

鋼矢板セル式仮締切り工法

本工法は，鋼矢板を円形に打ち込み，これをアークと呼ばれる円弧にて連結し，図2.5.13に示すように内部に土砂を中詰めして壁体を構築する工法であ

表2.5.4 セル式仮締切り工法の分類

工法	概要
鋼矢板セル式仮締切り工法	本工法は，最も一般的に採用されている工法であり，根入れすることによって良好な止水性能が得られ，波・流水などの外圧に対しても抵抗性があり，大水深・大規模な締切りに適している。
鋼板セル式仮締切り工法	鋼板により外殻を構成するもので，最近では鋼矢板セル式と同様に，バイブロハンマによって鋼板セル全体を地盤内に打ち込む根入れ式鋼板セル工法が採用されることが多い。
コルゲートセル式仮締切り工法	陸上にて製作した外殻を運搬・設置後に，中詰めを施工して完成させるもので工期は短い。地盤が良好で，平坦な場合に適しており，地盤が軟弱な場合や透水性の高い場合には不適である。比較的水深の浅い場合に採用される。
セルラーブロック式仮締切り工法	底のないケーソン内部にコンクリートや土砂を中詰する工法で，地盤が軟弱な場合や透水性の高い場合には不適である。

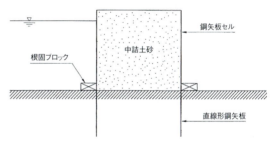

図2.5.13 鋼矢板セル式仮締切り工概念図

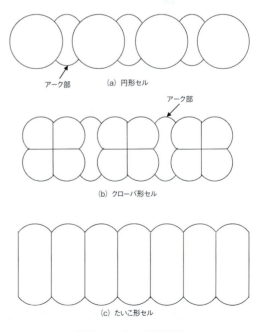

図2.5.14 セルの平面形状

図2.5.15　直線型鋼矢板

る。セルの平面形状としては，図2.5.14に示すような円弧の組み合わせにより円形セル，太鼓形セル，クローバ形セルなどがあるが，一般的には鋼矢板の打設が容易な円形セルが多く採用されている。

本工法では，セルの平面形状が全て円弧からなっており，中詰土砂による土圧は円周方向のフープテンションで支えられていることから矢板の継手部に大きな引張力が作用するため，使用する鋼矢板はテンションに対して特別に考慮された直線形鋼矢板（図2.5.15）が使用される。

本工法は，堤体の剛性や自立性が極めて良く，波・流水などの外圧に対しても安定性が高い。また，使用材料が鋼矢板と土砂のみであるため施工性がよく，比較的短期間に完成できるなどの利点を有しているため，深さ10m程度の大水深での締切りに適しており，海中や河川での大規模な締切りに使用されることが多い。最近では，鋼矢板をあらかじめ陸上で円形に組立て，多数の特殊バイブロハンマーを用いて一挙に鋼矢板を打ち込んでいくプレハブ鋼矢板セル工法などが採用されている。

【参考文献】
1）福岡正巳，神谷　洋，住友栄吉：『最新改訂版　現場技術者のための仮締切工の設計計算法と施工法』近代図書，1991年11月
2）プレハブ鋼矢板セル工法研究会：『プレハブ鋼矢板セル工法設計マニュアル』，1991年7月
3）地盤工学ハンドブック編集委員会：『地盤工学ハンドブック』㈳地盤工学会，平成11年3月

鋼板セル式仮締切り工法

本工法は，あらかじめ鋼板を用いた円形セルを陸上で製作し，これを水中に設置し，図2.5.16に示すように，この中に土砂を充填して壁体を構築する締切り工法である。鋼板セル相互の連結は，図2.5.17に示すように，小口径の鋼管を用いる方法と，鋼矢板セルと同様に直線形鋼矢板を円弧状に打ち込んだアーク部にて連結する方法がある。

本工法では十分な根入れ長が取れないため，堤体下からの湧水を防ぐために袋詰めコンクリートなどで根固めを行ったり，底部にコンクリートを打設す

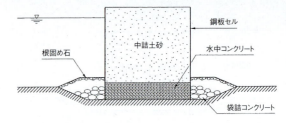

図2.5.16　鋼板セル仮締切り工概念図（根入れしないタイプ）

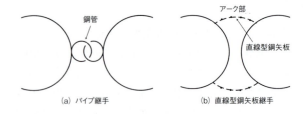

図2.5.17　鋼板セルの連結方法

るなどの対策が必要となり，施工地盤の透水性が大きい場合や，不陸，傾斜が大きい場合には不適とされていた。しかし，最近では複数のバイブロハンマーを連動することにより鋼板セルを一挙に地盤内に打ち込む根入れ式鋼板セル工法が開発され，止水性や安定性が大幅に改善されたため，水深の大きい所にも採用されるようになってきている。

【参考文献】
1）福岡正巳，神谷　洋，住友栄吉：『最新改訂版　現場技術者のための仮締切工の設計計算法と施工法』近代図書，1991年11月
2）㈶沿岸開発技術研究センター：『根入れ式鋼板セル設計指針』，1985年10月
3）根入れ式鋼板セル協会：『根入れ式鋼板セル工法設計・施工マニュアル』

コルゲートセル式仮締切り工法

本工法は，波形鉄板を用いてセルを製作し，図2.5.18に示すように，水中に設置後に土砂を充填して壁体を構築する締切り工法である。据付けにあたっては，設置面を均した後に堤体と地盤の間からの湧水を防ぐため，袋詰めコンクリートなどで根固めを行う。

施工は陸上で組み立てられた円筒形の外殻を，クレーン船を利用して水中に設置するため，短期間に簡単に施工可能である。しかし，本工法は堤体自体の止水性も悪く，根入れ長が取れないため，堤体下からの湧水が大きくなるおそれがあり，水深が深い

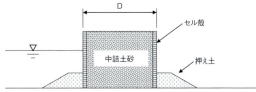

図2.5.18　コルゲートセル式仮締切り工概念図

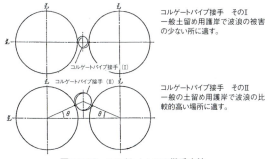

図2.5.19　コルゲートセルの継手方法

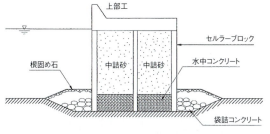

図2.5.20　セルラーブロック式仮締切り工概念図

本工法は，ケーソン式仮締切り工法と同様に，剛性，重量ともに大きく耐久性にも優れているため，波や流水の影響を受ける場合や，鋼矢板を打ち込めないような硬い地盤の場合に，本構造物として採用されることが多い。しかし，本工法は根入れ長が取れないため，地盤とブロックとの接触部からの湧水対策が必要であり，コンクリートで根固めを行うか，ブロック内部に水中コンクリートを打設することが多い。一般に，適用水深は5m程度までである。

【参考文献】
1）福岡正巳，神谷　洋，住友栄吉：『最新改訂版　現場技術者のための仮締切工の設計計算法と施工法』近代図書，1991年11月

箱枠式仮締切り工法

本工法は，図2.5.21に示すように，木製もしくは鋼製の箱枠に中詰を行い，全体の重量で土圧や水圧に抵抗させるものである。中詰材には，一般に土砂，栗石，砕石などが用いられるが，現場付近で得られる掘削土を用いる場合が多い。中詰土として土砂を用いる場合は，比較的水深が浅く，越流や洗掘の起こらない所か，本格的な締切りを築造するための一次締切りや応急対策として使用される例が多い。流水が比較的速く越流の危険のある場合には，栗石，砕石などが使用されることが多い。この場合は，アスファルトやコンクリートなどをコアとして使用するか，鋼矢板を打設したり防水シートを埋め込むなどの処理がなされる。一般に，適用水深は5m程度までである。

本工法は根入れがとれないので，施工地盤と型枠との接触部からの漏水はさけられず，このための排水対策を十分に考慮する必要がある。

【参考文献】
1）福岡正巳，神谷　洋，住友栄吉：『最新改訂版　現場技術者のための仮締切工の設計計算法と施工法』近代図書，1991年11月

場合には適していない。特に，施工地盤の透水性が大きい場合には，鋼矢板などを利用して堤体下に止水壁を設ける必要がある。一般に，適用水深は5m程度までである。

【参考文献】
1）福岡正巳，神谷　洋，住友栄吉：『最新改訂版　現場技術者のための仮締切工の設計計算法と施工法』近代図書，1991年11月
2）植松一純：「仮締切り工法の種類とその選定」『基礎工』，総合土木研究所，1987年4月

セルラーブロック式仮締切り工法

本工法は，図2.5.20に示すように，セルラーブロックと呼ばれる底のないブロックを用いた工法で，ケーソン式仮締切り工法と同列に分類される場合もある。セルラーブロックは一般にコンクリート製のものが使用され，中詰には栗石などの石材またはコンクリートを用い，ブロック間の接続部にはコンクリートを充填して止水を行う。

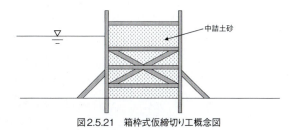

図2.5.21　箱枠式仮締切り工概念図

2) ㈳日本河川協会編著：『河川構造物の基礎と仮設—工法選択とその事例—』山海堂, 平成5年7月
3) 植松一純：「仮締切り工法の種類とその選定」『基礎工』, 総合土木研究所, 1987年4月

場所打ちコンクリート式仮締切り工法

本工法は, 図2.5.22に示すように, 締切り位置に型枠を組立て, コンクリートを現場打設して締切り堤を築造する工法である。本工法は, 締切り位置に堆積する不良土を掘削除去した後, 支持地盤上に直接コンクリートを打設するため, 施工地盤の不陸の大きい場合や矢板の打ち込みができないような硬い地盤などに適している。また, 支持地盤が不透水性である場合には, 止水性, 安定性, 耐久性ともに優れており, 大水深の締切りにも採用出来る。しかし, 型枠の組立やコンクリートの打設を伴うため水中での施工には適しておらず, 渇水期にドライワークが

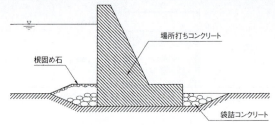

図2.5.22　場所打ちコンクリート式仮締切り工概念図

可能である河川などの二次締切り工として採用されることが多い。

施工にあたっては, 支持地盤への根入れを確保するために, 地盤をトレンチ状に掘削した後に堤体のコンクリートを打設し, 流水による洗掘防止や堤体と地盤の接触面からの漏水を防止する。堤体下の支持地盤が透水性の場合には, 堤体下に止水壁を設ける。止水壁としては一般にコンクリート壁や鋼矢板が用いられるが, 鋼矢板の場合には矢板爪の離脱や打ち込み不足を補うために, セメントグラウトや薬液注入を行う場合が多い。

鋼管矢板ケーソンによる仮締切

【参考文献】
1) 福岡正巳, 神谷洋, 住友栄吉：『最新改訂版　現場技術者のための仮締切工の設計計算法と施工法』近代図書, 1991年11月
2) ㈳日本河川協会編著：『河川構造物の基礎と仮設—工法選択とその事例—』山海堂, 平成5年7月

Ⅵ 排水工法

　排水工法は施設内での湧水から，雨水排水および地下水位低下工法を含む工事中の排水すべてに亘る工法である。

排水の目的

　鉄道，道路，空港から上下水道，工場敷地造成，住宅団地造成工事などの土工に関連して行なう排水や一般構造物の基礎工事における施工中と完成後にも亘って行なう排水の目的は概ね次のようである。
　①施工の円滑化をはかるための排水
　　（施工段階の排水）
　　土工事，施工前の泥状化やパイピング，ボイリング，ヒービングを防止するとともに土工機械の走行に対するトラフカビリティを増し，かつ切取部あるいは盛土部の土の含水比低下を図って，整然とした土工作業を可能にする。同時に切取り，あるいは盛土などの斜面および構造物などの浸透圧に原因する工事中の破壊事故を防止する。
　②土構造物の安定のための排水
　　（維持段階の排水）

　道路，鉄道，空港，敷地造成の場合には各部分の排水を良好にして，降雨，融雪あるいは地下浸透水などによって交通に支障をきたす路面滞水を防ぎ，かつ舗装，路盤，路床，路体の構造と周辺の斜面などの破壊を防いで常に安全な交通が確保できるように道路，空港などを維持するものである。また鉄道の場合には道床，路盤あるいは路体各部の排水を良好にして路盤の支持力を増し，道床砂利の汚染あるいは噴泥などから軌道を守り，さらに周囲の斜面などの破壊を防いで線路を良好な状態に保守することである。これらの考え方は宅地やその他の場合についても適合するものである。

土工に関連して行なう排水

　排水の内容を分類すると，最も単純な形としては，表面排水と地下排水に分類できる。
　また対象別に分類すると工事中排水，表面排水，地下排水，斜面排水，構造物の排水の5種類に分けられる。また特別な場合として地盤中の間げき水圧を低減させる目的で施工する圧密排水もある。

地下水位低下工法の例（カナイワ）

工事中排水は切取りの場合と盛土の場合とに分けられ，切取りあるいは掘削面に流水が集中すると掘削機械のトラフィカビリティが確保できなくなったり，掘削搬出土の含水量が大となるため，運搬機械への積込みや運搬が困難となること，さらに掘削部へ浸透水の集中があると，パイピングを生じて周辺土の崩壊を生ずる恐れもある。したがって，切取り面や掘削面の排水を常に行なう必要があることになる。盛土部についても盛土表面は斜面を含めて平滑に仕上げて，排水を良好にしなければならないことになる。また盛土表面における流水の集中を避けることが必要となる。

表面排水は，地表面に降った雨水や，隣接地域から流入してくる表面水を対象として行なう排水である。

地下排水は，道床，路盤，路床などを良好な状態に維持するために，排水をよくして含有水を少なくし，かつ地下水を低下させると同時に，盛土あるいは切取り斜面その他の安全を確保するために行なわれる排水である。

斜面排水は，自然や盛土斜面の流水による浸食や崩落から守るために，斜面を流下する雨水や斜面に浸出する地下水を除去することである。

構造物の排水は，構造物の裏込め部に湛水する水や構造物内へ漏水する雨水や地下水を除去することである。

1 表面排水工法

降雨または融雪によって地表面を流れる水を排除する施設は図2.6.1のような側溝，雨水ます，のり肩排水溝，のり尻排水溝，およびのり面に沿って設ける縦排水溝などがある。また，隣接地からの地表水を盛土内の横断排水路によって下流に導くために，カルバートなどが用いられる。

路面排水

路面排水は気象，線形，路面の種類，横断勾配および縦断勾配などを考慮して側溝，排水ますの構造及び位置を決め，路面に水が滞水し交通車両の走向や安全性に支障をきたさないことである。

①側溝

側溝の流速が大きいと洗掘されるおそれが生じ，また小さすぎると土砂などが堆積する。したがって側溝の設計に当ってはそのようなことが生じないように注意して勾配なり，断面を決めることが必要である。

②集水口，集水ます，導水管，排水管渠およびマンホール

側溝を流れる雨水は集水口を経て集水ます又はマンホールに集めるか，直接排水管きょに排除する。集水ますは側溝と交差するケ所や，側溝断面が著しく変化する個所に設けられる。導水管は集水口または集水ますから排水管渠に放流するために設ける。

のり面排水

自然斜面やのり面に降った雨水が浸透能力を超えると，のり面を流下し始め，のり面を浸食する。浸食が進むと，のり面が洗掘され崩壊に至ることがあ

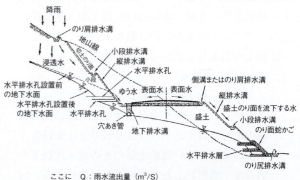

ここに　Q：雨水流出量（m³/S）
　　　　c：流出係数で，集水区域内の地表面の状態，傾斜，土質，降雨継続時間によって異なる[58, 59]。
　　　　I：流達時間内の降雨強度（mm/h）で，流達時間と確率などによって変化する60分間の降雨強度と補正係数で表す。なお，路面排水施設などに用いる標準の降雨強度は「道路土工・排水工指針」などを参照。
　　　　a：集水面積（m²）

図2.6.1　排水工の種類（表面排水工法）

る。このような浸食は降雨強度，土質，土の含水状態，地表面の傾斜や凹凸，植生の状態などで異なるが，のり面を流下する水を少なくする必要がある。この目的のために，前出の図2.6.1に示したのり肩排水工，小段排水工，縦排水工などの表面排水工が設定される。

① のり肩排水工

　自然斜面や路面に降った雨水がのり面に流入しないように，のり肩に沿って排水溝を設けるもので，集水量が少なく流水処理が容易にできるところでは，深さ10～30cm程度の素掘り排水溝が設置される。

　排水溝に集められる水量がやや多い場合はソイルセメントやコンクリートで保護をしたソイルセメント排水溝が設置される。

② 小段排水工

　長大のり面では，高さ5～10mごとに幅1.0～2.0mの小段が設けられる。これは長大のり面の下部で表面の流量，流速が増しのり面の洗掘が大きくなるため，小段を設けることで表面水の流速を低下させることができる。したがって，小段排水工は小段上部の表面水を処理できるように設置し，集めた水は縦排水溝などによってのり尻に導くようにする。

③ 縦排水溝

　縦排水溝はのり面に沿って設ける水路でのり肩排水溝や小段排水溝からの水をのり尻排水溝に導くものであり，鉄筋コンクリートU形溝，半円ヒューム管，鉄筋コンクリート管，陶管，石張り水路などが用いられる。

■ 横断排水路

　沢地などを横断する盛土で，山腹側に土砂が不安定に堆積した場合には，盛土内の横断排水路によって水を下流に導き，土砂が道路に流れ込まないようにしなければならないことから道路横断排水路（ボックスカルバートなど）が用いられる。ボックスカルバートの下流側は流水により洗掘されやすいので洗掘防止のための処置は考慮する必要がある。

【参考文献】
1）日本道路協会：「道路排水工指針」
2）土質工学会編：「土質工学ハンドブック」平成7年
3）日本ウェルポイント協会編：「ウェルポイント工法便覧」平成19年版

2　地下水位低下工法

　地下排水は，道路および鉄道などの路床，路盤を良好な状態に維持するために，隣接地ならびに路面から浸透してくる水を遮断または排水して地下水位を低下させること。および盛土あるいは切土のり面などの土構造物の安定性を低下させる浸透水および湧水を処理することにある。

　地下水位の高い所や浸透水の多い所では，事前調査からの資料をもとに計算により浸透流量や地下水位低下量を求め排水施設を計画するのがよい。

　地下堀削基礎工事において多い事故としては，掘削工事中に発生するクイックサンド現象がある。掘削底面や側面から地下水が湧出し，その浸透圧によって地盤の安定が失われパイピング，ボイリング，クイックサンド現象を生じ，地表面の陥没や大湧水をもたらすことになる。

　土木，建築基礎工，地下鉄工事など地下での作業の安全性，経済性は地下水対策の良否によって決まるといっても過言ではない。

　シールド工事，トンネル工事においても同様のことが言える。その他ドックや重力ダムなどの揚圧力，フィルダムの安定，斜面の安定，地すべり防止などのために地下水位低下工法は重要な意義を有している。

　このように地下水位低下の意義を理解したうえで，各工事における地下水位低下工法の必要性とその目的を明確化し，工法の選定，設計，実施を行なわなければならない。地下水位低下の必要性と目的，およびその効果を列記すると次のようになる。

① 湧水防止

　地下水を揚水することにより，所定の深さ以下に地下水位の低下を図る。これによって斜面や底面からの湧水を防止し，ドライワークも可能になる。

② 斜面の安定

　地下水位が低下すると有効応力が増大し，せん断抵抗力の増大を図ることができる。フィルダムや河川堤防の斜面の安定，開削や切取り斜面の安定，あるいは地すべり防止として地下水位低下が有効である。

③ ボイリング・ヒービング現象の防止

　浸透圧が一定限度以上になると地盤ではパイピング，ボイリングあるいはクイックサンド現

象を発生するし粘土地盤では地盤がふくれ上るヒービング現象が発生する。これらの現象を防止するために浸透の流出勾配を許容値以下に抑えたり、浸透水圧を許容値以下に抑えるために地下水位を低下させることが必要となる。

④土砂の流出防止

浸透流速がある値以上になると、水流によって土砂が流出し、地盤中に空洞ができて地表面が陥没する。

⑤土留壁の横方向荷重の軽減

鋼矢板や地中連続壁などの土留壁に作用する水圧は深くなると大きな圧力となる。これに対処するために地下水位の低下を図れば、水圧の軽減と、その結果としての有効応力の増大による受働土圧の増大という効果が加わり、土留壁に作用する外力を減少させる効果が大である。

⑥揚圧力の軽減

ある物体に作用する揚圧力が大きくなるということはその物体自身の重量が小さくなったことと同等であり、したがって重力によって安定を計っている構造物、例えば、重力ダムやドックなどにおいては重大な事である。

⑦シールドやケーソン内の圧気の軽減

地下水面下のシールド工法ではシールド内に圧気をかけ、その深さでの水圧と平衡を保たせながら掘進することがある。このシールドの施工位置が深い場合には圧気圧も大きくならざるを得ないが、作業員が圧気下で作業を行なうことは種々の問題がある。したがって地盤中の地下水位を低下させることは圧気圧を低下できるとともに、事故の可能性を少なくすることもできる。ケーソン工法の場合も同様である。

⑧粘土層の圧密の促進

地下水位を低下させて土塊の浮力を取り除くことは上載荷重の増加と等しい効果がある。この現象を応用して地下の軟弱な粘土層の圧密を促進し、強度増加を図ることができる。

⑨土砂の締固め

砂質土においては水で飽和している状態から排水によって地下水位を低下させると、いわゆる水締め効果によって単位体積重量が増加し土の強度が増大する。

⑩地すべり防止

地すべりには、地下水が直接、間接に関係している場合が多く、地下水低下工法は地すべり防止策として最も効果が大きい方法の1つとされている。

このように地下水位低下工法は重力式排水工法と強制排水工法とに大別される。

地下水位低下工法の選択、ならびに設計を行なうに当たっては土質、地質調査の結果にもとづいて対象とする構造物あるいは目的に応じて慎重に検討しなければならない。

一般の地下水低下工法は水頭差によって土中水が移動し、そこに地下水位の勾配が生じて地下水位が低下する現象を利用するのであるから、地盤の透水性に合致した工法を選択しなければならない。ここで地盤の透水性を定量的に表示するものは透水係数であるから、透水係数によって地下水低下工法の選択をするのが最も合理的である。

透水係数を求める方法としては現場透水試験を実施することが最も好ましいが、透水係数と相関性の大きい土の粒度組成によって地下水位低下工法を選択する方法が広く用いられている。

この粒度組成によって重力排水の限界を示すと、粒径として通過百分率50％に対応する粒径D_{50}が0.2mm以上の土については、重力排水が可能、D_{50}が0.2mm以下の場合については強制排水が必要ということになる。

【参考文献】
1）鹿島出版会：「地下水位低下工法」昭和54年　松尾新一郎・河野伊一郎
2）日本ウェルポイント協会編「ウェルポイント工法便覧」平成19年度

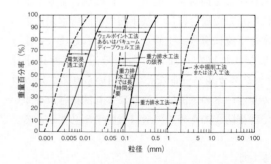

図2.6.2　土質粒径による工法の適応性

重力排水工法

地下水が土の中から自然浸透して集水場所へ流入してきたものを排水する工法である。地下水の流れは前出の様に次式で表される。

$h = P/\gamma w + Z$

この全水頭 h に地盤の透水係数 k を乗じたものを浸透流における動水ポテンシアルあるいは流動ポテンシアルと称し次のように表す。

$\phi = k \cdot h \ (= P/\gamma w + Z)$

この式から地下水の流動は圧力差によるか、あるいは位置の差、つまり圧力ポテンシアルか重力ポテンシアルによって浸透が生ずる。この2種類のポテンシアルのうち重力ポテンシアルによって生ずる浸透を重力浸透と称している。すなわち滞水地層内に井戸を掘り、井戸の水を揚排水すると井戸内と周辺地盤の地下水位の間に水位差を生じ、周辺地盤の地上水は井戸内へ流入して水位が低下する。このような原理にもとづいた地下水位低下工法あるいは排水工法を重力排水工法と呼んでいる。

代表的な工法として、滞水地盤に釜場を掘削したり、浅井戸や深井戸を掘削する場合で、そのときの地下水の浅井戸その他へ流入の形状はダルシーの法則に従って、デューピィの式によって表される。乃ち滞水層内の2点間の地下水位の勾配を $dz/dx = i$ とすれば、地下水の透水断面積 (A) 当りの浸透量 q は

$q = kiA$ によって表わされる。

フィルダムの浸透流なども重力浸透に分類される。

重力排水工法には、釜場排水工法、明きょ排水工法、暗きょ排水工法、ディープウェル排水工法、浅井戸排水工法、ジーメンスウェル排水工法、構造物裏込め排水工法がある。

【参考文献】
1) 土質工学会:「土質工学ハンドブック」平成7年

■ 釜場排水工法

掘削工事において作業がドライワークで行なうことが出来るようにするための最も単純で容易な方法である。

掘削部分へ浸透してきた水を釜場と称する掘削底面からやや深い集水場所へ自然流入で導き、そこから水中ポンプあるいはヒューガルポンプなどにより

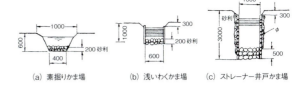

図2.6.3 釜場の形式

外部へ排水するものである。この集水場所は掘削に応じて常に最も深い場所に設置し、掘削底面に浸透流出した水が容易に釜場へ流入できるように注意しなければならない。釜場の設置位置は掘削部内で土留め工やのり尻に近い場所にすることは、そのような場所が浸透流速、流動が大であること、および外部への排水が容易であるということからである。釜場は木矢板壁などで保護するのが良い。使用するポンプとしては釜場の大きさと地盤の透水性によっても異なるが一般には持ち運びの容易な吐出口径2インチの水中ポンプが多用される。

【参考文献】
1) 土質工学会編:「土質工学ハンドブック」平成7年

■ 明きょ排水工法

重力排水工法の1つであり一般に地表水の排除に用いられるが、明きょを深くして地下水の排除にも用いられる。掘削工事において用いられる場合は後者の深い場合になる。

いま明きょ排水構内の水深を h、帯水層の原地下水深を H、透水係数を k、排水溝の長さを l、影響距離を L としたときの排水溝の片側から流入する水量 Q は

$Q = l \cdot k \cdot (H^2 - h^2) / 2L$

で求められるが、ここで問題となるのは地下水低下の範囲を示す影響距離 L の採り方であり、井戸の場合の影響半径と異って直接 Q に大きな影響を与えることになる。通常 $L = 500m$ 程度を採用している。

なお地表水の排水用としてはコンクリート製のものも用いられるが地下水低下用の場合にはライニング材としては透水性の大きなものが選ばれるか、あるいは素掘りのままとする。北海道の泥炭地改良においてはこの工法が施工されている。

■ 暗きょ排水工法

重力排水工法の1つで地下の浸透水を排除するた

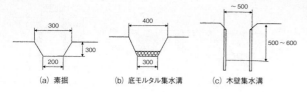

図2.6.4 明きょの形式

図2.6.5 盲集水溝

めに暗きょを埋設して行なう工法である。

暗きょの種類としては，モグラ暗きょ，弾丸暗きょなどの素掘りの暗きょと竹，そだ，砂利，れきなどを使用する簡易暗きょ，さらに陶管，ヒューム管，塩ビ管やポーラスコンクリート管を用いる完全暗きょがある。

なお有孔ヒューム管など使用する場合には地山の粒度とヒューム管の孔径とからフィルター理論に適合したフィルター材で有孔ヒューム管の周囲を取りまく必要がある。

また暗きょの設置状態により暗きょへの流入量が変化する。すなわち水平な不透水層に暗きょを載せた状態の場合と，不透水層までの深さはあまり深くないが，透水層内に暗きょが設置されている場合である。

暗きょ排水工法は道路や空港の滑走路の路盤排水工として用いられたり，地すべり抑制用などに用いられている。

【参考文献】
1) 鹿島出版会：「現場技術者のための土木施工」5 土と水の諸問題　昭和52年

■ 深井戸工法（ディープウェル工法）

深井戸工法は径30～60cmの深井戸を透水層に掘削し，これより地下水を揚水して地下水面や地下水位を低下させ，湧水の防止，水圧の減少などをはかるもので，広く地下水位低下工法として用いられている。

深井戸工法には重力排水法によるものと，井戸内に真空度を与える強制排水法によるものとがあり，後者をバキュームディープウェル工法という。一般に深井戸工法というときは重力排水法によるものをいう。

その対象となる土質構成は比較的深くまで高透水性であることが必要である。それは重力排水法として深井戸によって，ある一定面積の地下水位を一様に低下させるためには深井戸の部分では特に大きな水位低下を必要とするからである。

深井戸工法が適していると考えられる条件を列記すると次のようになる。

①広い範囲にわたって大きい地下水位低下を必要とする場合。
②透水性の大きい地盤であり，揚水量が非常に大きくなる場合。
③ヒービングなどの防止のために，深層の地下滞水層の減圧を図る必要のある場合。
④排水を必要とする地域の状態や，あるいは工事の状況によって排水を必要とする対象地域に近づけないためウェルポイント工法などが採用できないような場合。

深井戸工法の施工法は次のようである。

図2.6.6のように深井戸を所定の深さまで削孔し，ストレーナを有するパイプを挿入し，このパイプと穿孔壁との間にフィルター材を充填する。このフィルターを通して井戸内へ流入する水を水中ポンプを用いて排水する。

深井戸のストレーナ付きパイプと穿孔壁との間に粗い材料でフィルターを設ける場合，粒径が適当でないと集水効果が悪いばかりでなく，流入砂など汲み上げることになるので，フィルター材の粒度配合について十分留意しなければならない。フィルター材の粒径をD，自然土の粒径をdとし，

$4d_{85} > Df_{15} > 4d_{15}$

ここにDf_{15}：フィルター砂の粒径加積曲線における15％粒径

d_{15}, d_{85}：地盤の土の粒径加積曲線における15％，85％に相当する粒径

またストレーナーの網目の大きさD_0は

$Df_{85}/D_0 > 2$　ここにDf_{85}：フィルターの85％粒位が適当である。

深井戸を計画する場合は地盤の透水係数，地下水位，土層構成を考慮して計画水位量を定め，井戸の配置，本数，必要揚水量などを検討しておくことが必要である。ここで必要排水量の計算は井戸理論に

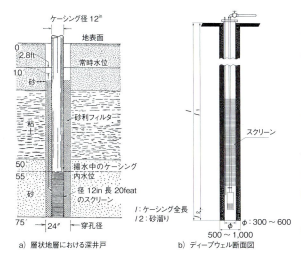

図2.6.6 深井戸工法

よって行なうことができる。

施工深さは一般には10〜30mの場が最も多く，50〜100mのものも最近施工されている。

【参考文献】
1）日刊工業新聞社：「土中水」昭和46年 松尾新一郎
2）土質工学会「根切り工事と地下水」平成14年
3）日本ウェルポイント協会編：「ウェルポイント工法便覧」平成19年版
4）土質工学会「建設工事と地下水」昭和55年

■ 浅井戸工法

重力排水工法の一つである浅井戸は深井戸との区別は明確に定義づけられていないが，手掘りの縦井戸であって自由水を対象としている。直径も1m内外のものが多く，深さは2〜6mである。

浅井戸の構造はコンクリート枠を用いることもあるが，普通は地表近くのみの井戸壁を保護し，ある深さ以上は素掘りの場合が多い。

排水工法の分類としては釜場工法に含まれるものと考えることになる。

また同じ浅井戸でも深さに比べて面積の大きい池のようなものを集水池と呼んでいる。

■ ジーメンスウェル工法

この工法は小口径（φ50〜100mm）の井戸を4〜5m間隔に1列または長方形に設置し，これを1本の集水管に連結してポンプによって排水するもので，ウェルポイント工法とディープウェル工法の中間的なものである。

工法の発達もウェルポイントの前身となっている。ウェルポイント工法に比べて透水性がよくて，ウェルポイントとして水圧ジェットで打込みにくい地盤に通用する。

サクションポンプを使用するから揚程は6〜7mどまりとなる。ディープウェルとウェルポイントとの併用することもある。

打込みにくいところに使用するのでボーリング削孔機などで孔をあけてその部分にストレーナーを入れる場合が多く，削孔した孔とストレーナー管との間に荒目の砂をつめる。

【参考文献】
1）日本ウェルポイント協会編：「ウェルポイント工法便覧」平成19年版

■ リリーフウェル工法

重力排水工法の1つである。ダムや河川堤防が厚い透水性土層上に築造され，特に，しゃ水壁が透水性土層中に不完全貫入の状態でしか設けることができないような場合，ダムの貯水や河川の水位が上昇すると透水性土層中の浸透により堤体下流側の法尻附近に高い間隙水圧が発生し，堤体を危険にするようなパイピング，ボイリング現象が誘発される。透水性土層中の浸透水に原因するこのような不安定な状態は，浸透水の比較的自由な浸入源が堤防の上流側にあり，流出口の全部または一部が下流側に限られている場合が多い。自然の堆積状態では層状をなしていることが多く，被圧水を生じやすい。また同じような層であっても水平方向と鉛直方向の透水性が異なるため，堤防ののり尻において水頭損失の集中を生ずる。このような浸透水に対する対策としてドレーンやリリーフウェルが設置される。

リリーフウェルは地表から透水性土層の全長を貫くように，直径15〜60cmの井戸を15〜30m間隔に設けるもので，井戸の径の約1/2の大きさの内径を有する有孔パイプを井戸内に挿入し，井戸と有孔パイプのかんげきをフィルタ材料によって充填する。またリリーフウェルを構成する諸材料は，土や水の腐食などの有害作用に耐えるものを使用しなければならない。

さらにリリーフウェルは，浸透水の浸透路長を減らすが水位低下量が少ないのでリリーフウェルの数量を増加させる欠点があり，堤防の安全のためには少なめの数量を設け，様子を見ながら必要に応じて増設するようにした方がよい。

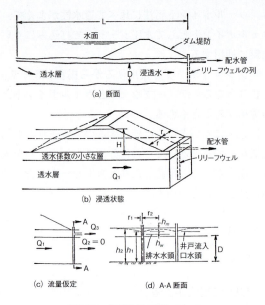

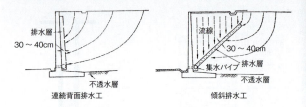

図2.6.8 擁壁背面の排水例

を設ける場合などがある。これらの構造物の裏込め排水工の目的は浸透水の排水，浸透によって生ずる間隙圧の低減，裏込めの凍結防止などである。

【参考文献】
1）土質工学会：「土質工学ハンドブック」 平成7年

強制排水工法

　強制排水工法の種類はいろいろあるが，代表的な工法としては，ウエルポイント工法，バキュームディープ工法，特殊バキュームディープウエル工法，真空吸引工法（大気圧排水工法）電気浸透工法，高揚程ウエルポイント工法，空気圧入ウエルポイント工法，エアリフト工法等である。

　これらの各工法のうち，最も多く用いられている工法はウェルポイント工法とバキュームディープウェル工法である。これらの各工法の対象地盤別分類は主として砂地盤がウエルポイント，バキュームディープウエル，特殊バキュームディープウエル，高揚程ウエルポイント，エアーリフトの各工法であり，他の工法は主として粘土地盤を対象としている。

　強制排水工法の原理は種々あるが，ウェルポイント工法，バキュームディープウェル工法，特殊バキュームディープウェル工法，高揚程ウェルポイント工法，真空吸引工法などは，井戸先端附近に負圧を与えることにより，周辺地盤内の地下水との間に大きな圧力差を与えること，すなわち，ベルヌーイの定理における圧力ポテンシアルを与えることで周辺地盤の土中水を集水し，外部へ排水する方法である。

　また空気圧入ウェルポイント工法は，地下水中に高圧空気を送り込むことによって地下水を押し出し，吸水し易いようにしてウェルポイントによる排水を行なう方法である。

　真空吸引工法あるいは圧気排水工法は地下水と大気をしゃ断することにより，大気圧を有効応力とし

図2.6.7 堤防法尻のリリーフウェル

　このようにリリーフウェルは本設構造物としての用いることも多いが，一方，ドックや建築構造物の地下室の建設工事においても，根切り面がパイピングやボイリング現象によってゆるめられたり破壊したりすることを予防する目的で，仮設設備としても多く用いられている。

　一般にリリーフウェルの流出水は，リリーフウェルの流出口よりも低い位置に設けた水路に自然流出させる方式をとるが特殊な場合として釜場へ導いた流出水をポンプによって排水する方法も採られる。特に構造物基礎の掘削工事におけるリリーフウェルはこの場合に当る。

【参考文献】
1）土質工学会編：「土質工学ハンドブック」平成7年
2）㈳日本ウエルポイント協会編：「ウェルポイント工法便覧」平成19年版

構造物裏込め排水工法

　擁壁や橋台など構造物の裏込めの排水に用いられる工法は，これら構造物の背面に砂利などの天然の透水性材料やタフネルシートやカルドレーンなどのような人工の透水性材料で排水層を設け，この排水層から構造物を貫通して排水管を構造物の外部へ開孔させるという形が代表的である。この場合，構造物の背面の排水層の形状に種々のものがあり，構造物背面壁面に沿って垂直排水層を設ける場合，構造物背面から遠ざかるように水平あるいは傾斜排水層

強制排水工法（提供 ㈱カナイワ）

て取り出すように地盤内の真空度を高めて、大気圧によって土中水を押し出す方法である。

電気浸透工法は毛細管中の水に電位勾配を与えると、陽電荷は陰極の方へ移動し、この際、可動部の水分子も一緒に移動するという原理にもとづいている。

【参考文献】
1) ㈳日本ウェルポイント協会編：「ウェルポイント工法便覧」
2) 土質工学会：「土質工学ハンドブック」平成7年

■ ウェルポイント工法

強制排水工法の1つであるウェルポイント工法はジーメンスウェル工法より発達したもので、この工法の進歩改良により掘削工事のドライワークが容易に採用できるようになり、重機械の発達に伴い地下工事の可能範囲がいちじるしく拡大した。

また、ウェルポイント工法は、高度の真空を利用して地中の間隙水を真空脱水するもので、湧水多量の砂層をはじめとし、やや透水性の悪い地盤（$k=10^{-4}$cm/sec程度）でも強制的に集水し排水することが可能であり、さらに掘削工事の安全性、工期の短縮、土の安定性の増加などを期待できる。

ウェルポイント工法とは掘削部分の両側または周囲にウェルポイントと称する小さな簡易井戸を多数打ち込み小さな井戸のカーテンを作ることにより、これから地下水を揚水し、地盤内部を真空状態におき掘削へ流入する地下水をさえぎり必要な区域の排水を行なうものである。

ウェルポイント工法の機構は径31.75〜38.1mmのライザーパイプの先端にウェルポイントと称する側面に凹筒状のスクリーンを有する50mm程度で長さ0.75mのものを取付け、それを地中に射水法によって0.5〜2.5m以下の間隔で打設する。それらの頭部はスイングジョイントを介してϕ75〜200mmのヘッダーパイプによって連絡し、その一方を強力な真空ポンプを組み合わせた特殊なポンプに接続し揚水するものである。

一般的にウェルポイントはピッチ1.0〜2.0m、長さ約0.7mで1本の揚水量は10〜30リットル/min程度が普通で、場合によっては60リットル/min程度まで揚水することがある。また、水位低下の深さは真空ポンプで揚水するため7m以上は不可能となり、設置深度は5.5〜6.5mで、これよりも深くまで水位を低下させたい場合は多段ウェルポイントを設置する。多段ウェルポイント方式によれば30m程度までも排水可能である。

ウェルポイント工法の特徴を記すと次のようになる。
① 透水係数に関して排水可能な範囲が広い。
② 排水が掘削に先だって行なわれ、真空脱水であるため、地盤の締固めおよび土を乾燥状態にでき、掘削面の安定が良く、重機械の使用が可能である。
③ 水の移動に伴う土の流出、土砂崩壊がなく地盤を損傷しない。
④ 砂地盤ではパイピング、ボイリング、クイックサンド現象の防止ができ、粘土地盤ではセン断抵抗が増加する。
⑤ 土留め矢板壁などに作用する横方向荷重を軽減できる。

これらの利点に対し、欠点として、長期的運転により地下水位の低下がかなり遠方まで影響することがある。また軟弱なシルト質粘土は、圧密沈下の懸念がある。

ウェルポイントの設置上注意しなければならないことは、ウェルポイントの中へ空気の流入を最小限度にとどめることで、そのために設置後少なくとも3日程度稼働させてから掘削に着手すること、およびウェルポイントのスクリーンの上端は計画掘削面から0.5m以上深くしておく必要がある。

なおウェルポイント工法はサンドパイルとの併用、電気浸透法との併用などが考えられ、地盤改良などに利用されている。

【参考文献】
1) 土質工学会：「掘削のポイント」P-292〜295
2) 日本ウェルポイント協会編：「ウェルポイント工法便覧」平成19年版 P-12〜14
3) 土質工学会「土質工学ハンドブック」平成7年 P-1032

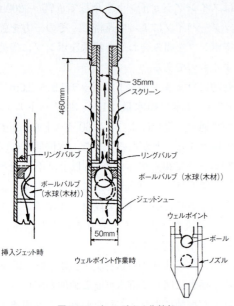

図2.6.9　ウェルポイント先端部

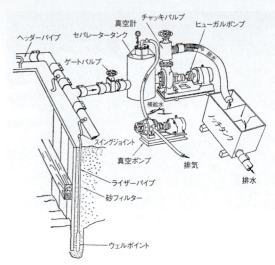

図2.6.11　ウェルポイント・排水機溝配置

ディープウェルと同様にストレーナーを切った鋼管を設置した後，周辺を十分にシールし，真空揚水を開始する。ディープウェル周辺のシールが完全であると，揚水初期で負圧が100kpa程度になるが，水位が低下するにしたがって負圧は少なくなり揚水量も減少してくる。

バキューム・ディープウェルの管理では揚水量を常に一定にすることが必要であり，そのためにデリベリーホースを取り付けてあるバルブを調整する。揚水量が減少した場合には井戸内水位の点検や射水によるポンプやストレーナ網目の水洗いを行なわなければならない。

【参考文献】
1）㈳日本ウエルポイント協会編：「ウェルポイント工法便覧」平成19年版
2）建設産業調査会：「地下水ハンドブック」平成10年

特殊バキュームディープウェル工法

従来のバキュームディープウェル工法と特殊バキュームディープウェルの相違は，ストレーナー部の大きな違いである。即ち，前者は滞水層に対して，なるべくストレーナー部を大きくとり，スクリーンの開孔率を大にする傾向があった。これに対して，後者はストレーナーの構造を二重管にし，且つ集水孔の位置を井戸ケーシングの下部（砂溜りよりは上部）に小さめに設置することにより井戸ロス（水頭損失）を最小にしたことである。前者はストレーナーのスクリーン面に地下水位が低下すると井戸内に空気が進入しバキューム効果を著しく低下させてい

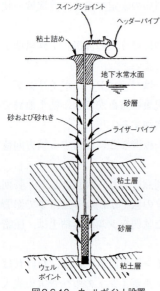

図2.6.10　ウェルポイント設置

バキュームディープウェル工法

強制排水工法の一種で，ウェルポイント工法と同様な考え方から発達したもので，必要水位低下量が6m以上と大きく必要排水量も数m³/min以上と多い場合に使用される。

鑿井機或いはロータリー削孔機を用いる設置の多くの仕様は直径φ150〜600mm，深さは8m〜120m程度であるが，ベノト機などの登場で大深度，地下構築物に応じてφ1000mm以上の直径で大口径ディープウェルの設置が行なわれている。

バキューム・ディープウェルの構造は一般の

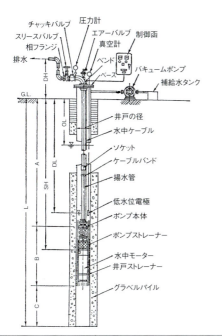

OL (m) 自然水位	A (m) 井戸ストレーナーの位置
DL (m) 運転水位	B (m) 井戸ストレーナーの長さ
SH (m) ポンプストレーナーの位置	C (m) 砂溜りの長さ
DH (m) 地上揚程	L (m) 井戸の深さ
D (mm) 井戸の径	

図2.6.12　バキュームディープウェル工事・標準

た。これに対して後者は，下部の集水孔以浅に地下水位を留めれば，バキューム効果が十分に働き井戸ロスを最小にできる。故に，井戸内は真空ポンプのバキューム効果により滞水層の水をより集水し，揚水は従来の水中ポンプによって揚水するので水中ポンプの能力の範囲内で効率的揚水が可能となる。両者の差は同じ透水係数なら2～5倍の揚水量が得られ，その地下水位低下効果もそれに対応した実績が得られている。

【参考文献】
1）スーパーウェルポイント協会：「スーパーウェルポイント工法技術・積算資料」平成15年版

高揚程ウェルポイント工法

一般に用いられるウェルポイント工法は，真空ポンプを用いているために最大吸込揚程が理論上で約10m，実際には6～7mとなっている。この真空ポンプの代りに射流方式による水噴射ポンプを用いることによって20～30mの揚程の排水を行なおうというものが高揚程ウェルポイントである。

水噴射ポンプとは，先端部で内管が外管よりやや短く外管から送り込まれた高圧水が内管を通って外部へ排出されるように外管の底部が蓋をされた2重

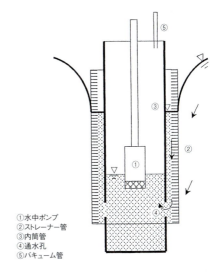

①水中ポンプ
②ストレーナー管
③内筒管
④通水孔
⑤バキューム管

図2.6.13　特殊スクリーンの内部構造

構造の管である。この内管底部に小孔を穿ち，その下部にフィルターを有する吸引用ポイントを取付けて地盤に設置した後，外管から高圧の駆動水は管底で方向変換し，こんどは管内を通って上部へ向って流れる。この上向き流れによって管底には負圧が発生するので，管先端部に取付けられたフィルター付吸水ポンプに負圧が伝達し，周辺地盤から地下水を吸い出し，汲み出された地下水は上向きに流れる駆動水と共に外部へ揚排水されることになる。これが水噴射ポンプの原理である。この他，先端部の水射ポンプの代りに渦巻きポンプや弁の開閉を利用したものも考案されている。最近，この工法の実施は稀になっている。

【参考文献】
1）「高揚程ウェルポイント」昭和42年　藤木謙一・内田襄一 編
2）土質工学会：「掘削のポイント」昭和50年
3）㈳日本ウェルポイント協会編：「ウェルポイント工法便覧」平成19年版

真空吸引工法（真空排水工法，大気圧排水工法）

強制排水工法の1つで，"大気圧排水工法"や"真空排水工法"ともいわれる。対象土層は透水係数 $k=10^{-4}\sim 10^{-5}$ のシルト層である。

地表面をゴム布などの人工材によって気密化するか自然の地表附近の気密層を利用し，それより下層の気圧を低下し，地盤内の圧力と大気圧の差を外力として地盤を締めつけて土中水を排除する工法である。この工法には大別して2つの工法があり，1つは載荷重として盛土の代りに大気圧を用いるもので

第2章　土留め工法　Ⅵ 排水工法　　157

あり，他は地下水低下に伴う土の有効応力の増加分を載荷重として利用する工法である。

例えばサンドドレーン工法の場合，盛土をプレロードして用いるが，真空吸引工法でそのような手間が省ける。

この工法には施工方法によって次の3通りのものがある。すなわち
　①スウェーデン法
　②敷砂による工法
　③ウェルポイント工法

ここでスウェーデン法は地表面にサンドフィルター，地中にサンドパイルを施工した後，サンドフィルターを気密性膜で被覆して，気密性膜下を真空にする方法である。

敷砂による方法はサンドフィルターと気密性膜のみのものである。

またウェルポイント法はスウェーデン法のサンドパイルの中にウェルポイントを施工して，ウェルポイントの負圧によって真空吸引効果を与える方法である。

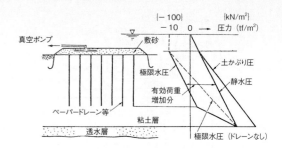

図2.6.14　真空工法・説明図

【参考文献】
1) 藤森謙一・内田襄一：「新しい軟弱地盤処理工法」真空工法　昭和42年
2) 地盤工学会：「土質工学ハンドブック」平成11年 P-1034

■ 電気浸透工法

強制排水工法の1つである。ウェルポイント工法やバキュームディープウェル工法による地下水排水の適用範囲は限定されたものである。シルト分や粘土分が増すにつれて，その土の透水係数は小さくなり，土中の水の流れはきわめて緩慢となって，ウェルポイント工法やバキュームディープウェル工法の効果は少なくなる。このような地盤に対して適用される工法が電気浸透工法である。

飽和状態にある細粒土の中に1対の電極を埋設し，直流電源に接続すると
　①土中でも水は電極のうち一方へ向かって流れる。ほとんどの土質で陰極へ向かって流れることになる。この現象が電気浸透である。
　②圧縮性のある土質では通常体積が減少し，またある場合には体積が増加する。体積が減少する場合には土質の強度増加をともなうことにな

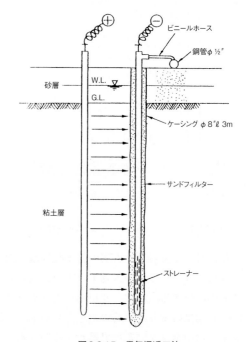

図2.6.15　電気浸透工法

る。この現象が電気化学固結である。電気浸透では粘土の粘性が変っても土中での水流の速度は変らない。非常に透水係数が小さい場合でも早期に脱水が進行する。

土中水の流れを生ずるエネルギーは電気であるのでバーチカルドレーンのように載荷重による圧密の進行は不要である。

【参考文献】
1) 地盤工学会：「土質工学ハンドブック」平成11年
2) 土質工学会：「掘削のポイント」昭和50年
3) (社)日本ウエルポイント協会編：「ウェルポイント工法便覧」平成19年版
4) 建設産業調査会：「地下水ハンドブック」平成10年版

復水工法（リチャージ工法，地下水位回復工法）

本工法は地下水位低下工法で揚水した水を再度地中に戻す方法である。使用目的としては，地下水位低下工法で発生する地盤沈下や井戸枯れを防ぐ場合（水位低下範囲の限定），揚水した水の放流先がない場合及び環境上の理由で地下水収支に影響を与えない場合などがある。また，近年は汚染土壌の修復及び汚染地下水を1度汲み上げ浄化プラントで浄化した地下水を再度地中に戻すことにも用いられている。

基本的な構成は地下水を汲揚げる揚水井，水を地中に戻す注水井及び両井を結ぶ配管とからなる。揚水井は地下水低下工法と同じディープウエルが用いられ，注水井は水中ポンプの代わりに注水管を挿入したディープウエルが用いられる。水位が浅い場合にはディープウエルの代わりにウエルポイントを用いることがある。一般的に，注水井の能力は揚水井に比べて劣るので，汲んだ等量を同じ帯水層に戻す条件では注水井が多くなる。

一般的な水位低下範囲を限定する場合の井戸配置を図2.6.16に示す。揚・注水井間の距離が短い場合は，動水勾配（≒水位差／浸透経路長）が大きくなり，揚水量とパイピングの危険性も増すので，両者は可能な限り離すことが望ましい。また，注水井周辺は自然水位より高くなるので，構造物の浮上がりや水圧増加に注意する必要がある。一般的な配置は，揚水井を土留め壁の内側に，注水井を土留め壁から離れた防護対象区域周辺に設置する。水位維持を目的としない単なる注水では注水する帯水層と揚水する帯水層を変える場合が多い。

復水工法の大きな問題点は注水井の目詰まりによる注水能力の低下である。目詰まりの原因としては地下水中の懸濁物質，酸化などによる溶解物質の不溶化及びバクテリアの増殖などがある。特に，地下水中の鉄・マンガン分が多い場合は注水能力の低下が非常に早いので，計画時点に水質分析を行う必要がある。注意事項としては，通常の地下水位低下工法に加えて，以下に述べる注水能力の維持があげられる。

① 注水井の能力変化（注水量，注水圧）と水位変化を観測すること
② 注水能力が低下した場合は井戸の洗浄をすること
③ 注水井は負圧吸引やジェットなど強力な洗浄ができる構造にすること
  a) スクリーンは上記洗浄に耐えられる強度の高い巻線型を選定すること
  b) フィルター材は，急激な水の動きで移動しない粒度とし，密実に充填すること
④ 復水設備全体に目詰まり防止の配慮を行うこと
  a) 揚水初期の濁水は注水せず，注入管には懸濁物質を捕らえるフィルターをつけること
  b) 酸化やバクテリヤの増殖を防ぐため，水を空気，日光及び温度変化に曝さないこと
  c) スクリーンは防錆処理したものとし，配管類も可能な限り防錆したものとすること
  d) 段階注水試験をし，適正な注水量を守ること

【参考文献】
1) 建設産業調査会：「地下水ハンドブック」平成10年

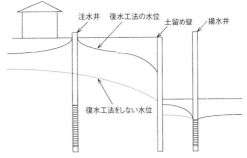

図2.6.16　復水工法の概念

第3章 基礎工法

I 基礎工法 ………………………… 161
II 杭基礎工法 ……………………… 166
III ケーソン基礎工法 …………… 196
IV その他の基礎工法 …………… 222

Ⅰ 基礎工法

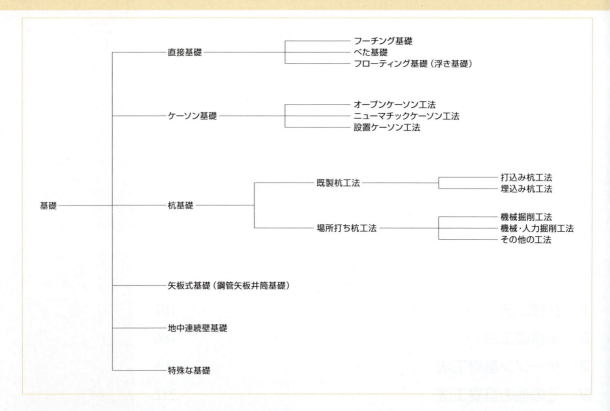

　基礎とは，橋台・橋脚といった橋梁下部工や建築物の下部にあって，上部からの荷重を地盤に伝える構造部分をいう。さらに，基礎は，図3.1.1に示すように，フーチング基礎のフーチングやべた基礎のスラブなどの基礎スラブ部分と，その下に設けられる杭などの部分に分けられる。

　基礎の形式は，一般的に図3.1.2に示すように，直接基礎，ケーソン基礎，杭基礎，矢板式基礎，地中連続壁基礎，その他の特殊な基礎に大分類でき，さらに材料，工法別により小分類できる。

　直接基礎とは，地盤を浅く広く掘削し，基礎スラブを構築して，荷重を直接地盤に伝える浅い形式の基礎をいう。基礎スラブ部分がフーチングであるものをフーチング基礎，スラブであるものをべた基礎という。直接基礎は，一般的に良質な支持層に支持させるが，フローティング基礎（浮き基礎ともいう）

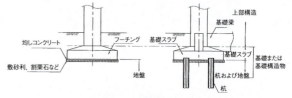

図3.1.1　基礎構造

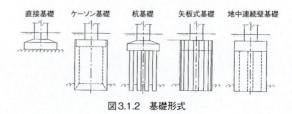

図3.1.2　基礎形式

のように基礎底面への作用荷重を小さくし，良質でない支持層に支持させる基礎形式もある。

　ケーソン基礎とは，ケーソン工法によって良質な

支持層に沈設する基礎で，一般に根入れが基礎幅に比較して大きく深い基礎をいう。ケーソンの施工法にはオープンケーソン工法，ニューマチックケーソン工法，設置ケーソン工法などがある。

杭基礎とは，地盤中に打設された杭の頭部をフーチングと結合することにより一体とした基礎をいう。鋼管杭やPHC杭などの既製杭を用いたものを既製杭工法，現場で造成した鉄筋コンクリート杭を用いたものを場所打ち杭工法という。さらに杭の施工法により，既製杭工法は，打込み杭工法，埋込み杭工法に小分類される。また，場所打ち杭工法は機械掘削工法，機械・人力掘削工法，その他の工法に小分類される。

矢板式基礎とは，鋼管矢板や鋼矢板を良質な支持層まで貫入させ，平面形状が閉合断面になるようにした上で，頂版により頭部を結合して一体とする基礎をいう。

地中連続壁基礎とは，地中連続壁のエレメント間を継手により連結し，平面形状が閉合断面になるように築造し，頂版により頭部を結合して一体とする基礎をいう。地中連続壁を用いた基礎として，エレメント間を鉄筋等で剛結させない壁式の基礎もある。

以上のほか，特殊な基礎としては，多柱式基礎，複合基礎などがある。

【参考文献】
1）㈳日本道路協会：「道路橋示方書・同解説Ⅳ下部構造編」，平成14年3月
2）㈶鉄道総合技術研究所：「鉄道構造物等設計標準・同解説基礎構造物・抗土圧構造物」，平成12年6月，丸善㈱
3）㈳日本建築学会：「建築基礎構造設計指針」，2001年10月改訂，丸善㈱
4）土木学会編：「第四版土木工学ハンドブックⅠ」，技報堂出版，1989年11月

直接基礎

直接基礎とは，図3.1.3に示すように，比較的良質な地盤を浅く広く掘削し，基礎スラブを構築して，荷重を直接地盤に伝える浅い形式の基礎をいう。

直接基礎の主な特徴は，以下のとおりである。
① 十分な水平抵抗が期待できる支持地盤に基礎スラブを構築し，全ての荷重に対して基礎底面で

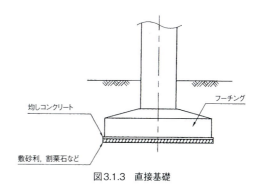

図3.1.3 直接基礎

抵抗する。十分な強度を有する埋戻し材料を用いる場合を除いて，通常は基礎の前面地盤抵抗は期待しない。
② 一般に，良質な支持層が浅い場合に用いられるため，他の基礎に比較して経済的で，施工および施工管理も容易である。
③ 小規模な構造物から大規模な構造物まで適用が可能で，適用範囲が広い。

直接基礎は，上部構造からの荷重を，ある限られた面積を占める基礎スラブすなわちフーチングによって直接地盤に伝えるフーチング基礎と，単一の基礎スラブまたは格子梁と基礎スラブで直接広範囲の地盤に伝えるべた基礎に分けられる。フーチング基礎は，さらに上部構造を支持する状態によって，独立フーチング基礎，複合フーチング基礎，連続フーチング基礎に分類することができる。また，直接基礎は良質な支持層に支持させるのが一般的であるが，基礎底面への作用荷重を小さくし，良質でない層に支持させるフローティング基礎（浮き基礎ともいう）がある。土木構造物では，フーチング基礎が一般的に用いられている。

直接基礎の設計および施工計画に際しては，支持地盤および根入れ深さの選定，掘削方法，支持地盤面の処理方法，埋戻し材料とその締固め方法などについて十分検討する必要がある。

【参考文献】
1）㈳日本道路協会：「道路橋示方書・同解説Ⅳ下部構造編」平成14年3月
2）㈶鉄道総合技術研究所：「鉄道構造物等設計標準・同解説基礎構造物・抗土圧構造物」，平成12年6月，丸善㈱
3）㈳日本建築学会：「建築基礎構造設計指針」，2001年10月改訂，丸善㈱
4）土木学会編：「第四版土木工学ハンドブックⅠ」，技報堂出版，1989年11月

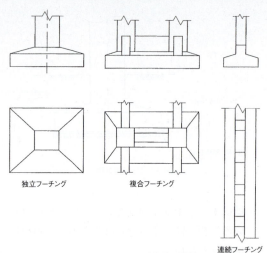

図3.1.4 フーチング基礎の種類

フーチング基礎

　フーチング基礎は，直接基礎の一種で，フーチングにより上部構造からの荷重を地盤に伝える基礎をいう。フーチング基礎に大きな偏心モーメントの作用や不同沈下の発生が予想される場合は，通常，これに付随して剛な基礎梁が設置される。

　フーチング基礎は，作用荷重を支持する状態により，図3.1.4に示すような独立フーチング基礎，複合フーチング基礎，連続フーチング基礎の3種類に分類される。フーチングが単一の柱を支えているものを独立フーチング基礎，2本あるいはそれ以上の柱からの荷重を1つのフーチングで支えているものを複合フーチング基礎，壁または一連の柱からの荷重を帯状のフーチングによって支えているものを連続フーチング基礎（布基礎ともいう）という。

　独立基礎は，一般に地盤が良く，比較的不同沈下が小さい場合に用いられる。複合フーチング基礎は，建物の外柱が敷地境界線に接近し，柱下に独立フーチングを設けると著しい偏心が生じる場合や複数の柱が接近している場合に良く用いられる。また，連続フーチング基礎は，上部構造が壁式構造の場合に良く用いられる。

【参考文献】
1）㈳日本建築学会：「建築基礎構造設計指針」，2001年10月改訂，丸善㈱

■ 独立フーチング基礎

　独立フーチング基礎は，直接基礎であるフーチング基礎の一種で，単一の柱からの作用荷重をフーチングにより支持させる基礎である。フーチング基礎には，この他，複合フーチング基礎と連続フーチング基礎がある。

　独立フーチング基礎に大きな偏心モーメントが作用する場合は，基礎同士を剛な基礎梁で連結して対処するのが良い。また，地盤の変化が著しい敷地内に建物を設ける場合などにおいて独立フーチング基礎を採用すると，不同沈下が大きくなる恐れがあるため，この場合は基礎梁の剛性と強度を高めるか，あるいは基礎形式を連続フーチング基礎やべた基礎などの他の基礎形式に変更するのが良い。

【参考文献】
1）㈳日本建築学会：「建築基礎構造設計指針」，2001年10月改訂，丸善㈱

■ 複合フーチング基礎

　複合フーチング基礎は，直接基礎であるフーチング基礎の一種で，2本あるいはそれ以上の柱からの作用荷重を1つのフーチングにより支持する基礎である。フーチング基礎には，この他，上述した独立フーチング基礎と連続フーチング基礎がある。

　建物の外柱が敷地境界線に接近している場合などにおいて，柱下に独立フーチングを設けると著しい偏心が生じるので，この外柱と内柱とを一体に支持する複合フーチング基礎がよく用いられる。また，偏心が生じなくても外柱・内柱の別にかかわらず，2本以上の柱が接近する場合には複合フーチング基礎が採用される。複合フーチングの底面の形状と位置は，長期鉛直荷重の合力の作用線が底面の図心を通るように決めるのが良い。

【参考文献】
1）㈳日本建築学会：「建築基礎構造設計指針」2001年10月改訂，丸善㈱

■ 連続フーチング基礎

　連続フーチング基礎は，直接基礎であるフーチング基礎の一種で，布基礎とも呼ばれている。壁または一連の柱からの荷重を帯状のフーチングによって支持する基礎である。フーチング基礎には，この他，独立フーチング基礎と複合フーチング基礎がある。また，類似の基礎としてべた基礎があるが，基礎スラブの形式からこれと区別されている。

　連続フーチング基礎のフーチング形式には，外壁

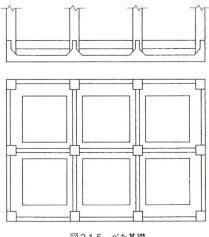

図3.1.5　べた基礎

下などに1列に設けられる場合と，構造物全体にわたって縦横に設けられる場合がある。上部構造が壁式構造の場合に良く用いられる。連続フーチング基礎は延長が長い構造となるため，不同沈下の影響を受けやすいので，基礎および基礎梁の鉄筋量には多少余裕を持たせておくのが良い。

【参考文献】
1）㈳日本建築学会：「建築基礎構造設計指針」，2001年10月改訂，丸善㈱

べた基礎

べた基礎は，直接基礎の一種で，図3.1.5に示すように上部構造全体に連続した底面をもつ単一の基礎スラブあるいは格子状の基礎梁と基礎スラブにより，上部構造からの作用荷重を直接広範囲の地盤に伝える基礎である。類似の基礎形式として，連続フーチング基礎があるが，基礎スラブの形式からこれと区別されている。

べた基礎は，以下のような特徴を有している。
①直接基礎として最も丈夫である。
②通常，十分な剛性のある格子状の基礎梁と基礎スラブで構成されているので，フーチング基礎と比較して局所的に過大な応力状態とならずに，荷重を広く分散できる。
③べた基礎の面積はフーチング基礎に比べてはるかに大きいので，地中内応力もより深層にまで伝達される。
④基礎に隣接する場所での掘削の影響がなければ，建物地下部分の深さがそのまま有効な根入れ深さとして期待できる。

なお，べた基礎の破壊沈下はそのまま建物全体の倒壊を意味することなどから，設計において慎重な検討が必要である。べた基礎は，高層建築など地階を有する建物においてよく採用されている。

【参考文献】
1）㈳日本建築学会：「建築基礎構造設計指針」，2001年10月改訂，丸善㈱
2）㈳地盤工学会：「地盤工学ハンドブック」，1999年3月

フローティング基礎

フローティング基礎は，直接基礎の一種で，浮き基礎とも呼ばれる。良質な支持層が深く，支持層に着底させることが困難なため，基礎底面に生じる荷重を小さく抑えたべた基礎である。

通常，図3.1.6に示すように，構造物構築のための掘削土砂重量と構造物の重量をバランスさせるように設計される。つまり，構造物完成後の地中内応力を施工前に比べて変化させないようにすることによって，構造物の支持安定を図るとともに，構造物の沈下を許容値内に抑えようとするものである。

フローティング基礎は一般に経済的で，埋立地や軟弱地盤におけるボックスカルバートや建築物の基礎に用いられている。しかし，採用に当たっては，以下の条件を満足する必要がある。
①既に地盤の圧密沈下が完了していること
②将来，地下水位の変動や隣接地の掘削等の影響などが発生しないこと
③地盤が均一で一様であること
④構造物の荷重が均等に作用すること
⑤高い耐震性が要求されないこと

【参考文献】
1）㈶鉄道総合技術研究所：「鉄道構造物等設計標準・同解説基礎構造物・抗土圧構造物」，平成12年6月，丸善㈱
2）土木学会編：「第四版土木工学ハンドブックⅠ」，技報堂出版，1989年11月

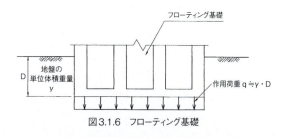

図3.1.6　フローティング基礎

Ⅱ 杭基礎工法

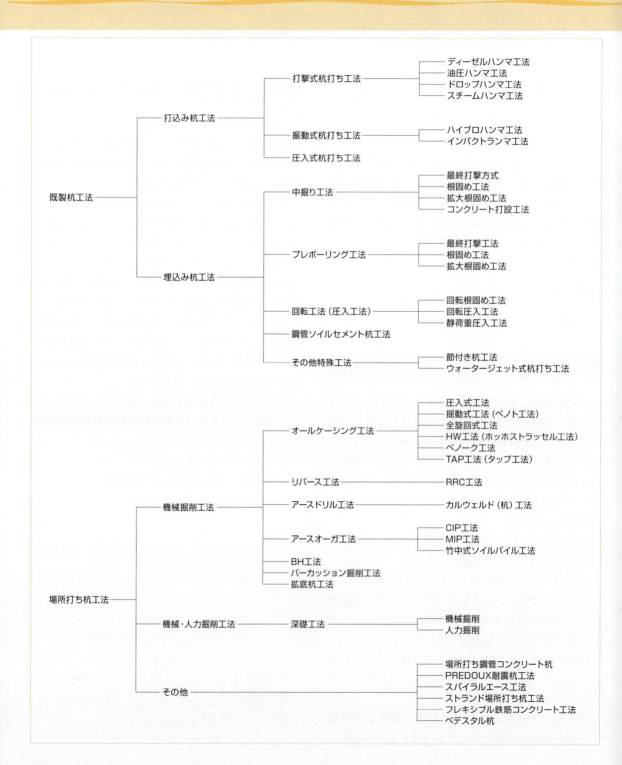

既製杭工法

既製杭工法は杭基礎工法の一種で，場所打ち杭工法が削孔した地盤中にコンクリートを打設して杭を築造するのに対し，本工法はあらかじめ製作された杭体を何らかの方法で地中に設置して杭基礎とするものである。

既製杭の設置方法を大別すると①打込み杭工法と②埋込み杭工法に分類される。打込み杭工法は各種のハンマを使用して地盤中に既製杭を打込む工法で，周辺の締固め効果が大きく確実な支持力が得られるという長所がある反面，中間層が硬く打抜きに難がある場合や，支持層が大きく傾斜している場合は不向きである。また，騒音や振動が大きく，都市部での使用が困難になってきており，防音カバーや油圧ハンマにより騒音を低減する工法が開発され，実用化されている。これに対して埋込み杭工法は，あらかじめ掘削した孔（プレボーリング）に既製杭を押込むか，地盤を掘削しながら既製杭を設置する（中堀工法）もので，中間層が硬い場合も対処可能で，低騒音・低振動施工というメリットがあるが，削孔時に杭周辺および杭先端地盤の緩みや撹乱に起因した支持力低下が懸念される。この欠点を補うため，杭体と周辺地盤の間にセメントミルクを充填して地盤との密着度を増したり，杭先端根固めや拡底などにより先端支持力の増強が図られている。

表3.2.1に杭の工法別使用実績の推移を示す。1965年頃には，既製杭工法のうち打込み杭工法がほぼ独占していたが，騒音・振動に対する環境規制の強化により，1995年には，埋込み杭工法が約6割を占めるに至り，完全にその地位を逆転している。なお，場所打ち杭との比較で見ると，1965年には僅か15％であった場所打ち杭が1995年には70％へと急伸した。最近，日本国内では環境面から打込み杭がほとんど使用されず，埋込み杭と場所打ち杭を使う傾向が一段と鮮明になっている。

既製杭を材料面から分類すると表3.2.2のようになる。歴史的に観ると，1940年頃までは木杭による摩擦杭基礎が主流であり，1950年代にこれにとって代わったのが鋼杭とコンクリート杭である。

現在杭基礎に使用される鋼杭のほとんどが鋼管杭

表3.2.1 杭の工法別使用実績の推移(単位：％)

工法		既製杭		場所打ち杭
		打込み杭	埋込み杭	
年度	1965	84.5	0	15.5
	1975	43.9	7.7	48.4
	1985	33.3	14.3	52.4
	1995	12.2	17.1	70.7

表3.2.2 杭の材料による分類

杭種	細目	
木杭	松杭	
鋼杭	鋼管杭	JIS A5525
	H形鋼杭	JIS A5526
コンクリート杭	遠心力鉄筋コンクリート杭（RC杭）	JIS A5310
	プレテンション方式遠心力プレストレスト杭	
	コンクリート杭（PC杭）	JIS A5335
	プレテンション方式遠心力高強度プレストレストコンクリート杭（PHC杭）	JIS A5337
	外殻鋼管付きコンクリート杭（SC杭）	
	プレストレスト鉄筋コンクリート杭（PRC杭）	
	拡径断面を有するPHC杭（ST杭）	
	節付きPHC杭（節杭）	
その他の杭	負の摩擦力を低減する杭	

であり，H形鋼杭は杭形状の特性を生かして仮設工事に多く使用されている。鋼管杭は大型構造物基礎工法として1955年頃から世に出て，1964年頃から採用が活発化し，1972年には年間100万トンにまで急成長し，その後も100万トン前後の水準を保っている。鋼杭は任意のサイズの製造が可能であり，構造物の重量化と施工法の発達に伴って次第に大型化，長尺化が進み，外径1,500～2,500mm，根入れ長さ60m以上のものも珍しくなくなった。鋼杭の設置には，主として打撃工法が採用される。打込みハンマも，初期に使用されたスチームハンマからディーゼルハンマへと変遷し，鋼杭の大口径・長尺化に伴ってディーゼルハンマも大型となり，ϕ1,500mm以上の鋼管杭の打ち込み用にD-70，D-80級のハンマも製造されている。1970年頃から杭工事の騒音・振動に関する規制が強化され，防音対策としてJASPP（鋼管杭協会）型防音カバーが製作され実用化された。さらに，ディーゼルハンマの代替工法として油圧ハンマが開発され，急速に普及した。

遠心力成形のコンクリート杭の製造法が1936年にアメリカから導入され，それ以来，RC杭からPC

表3.2.3　2005年度既製コンクリート杭出荷量

杭種	出荷量（万t）	割合（％）
PHC杭	260.9	70.0
節杭	76.2	20.4
SC杭	21.1	5.7
PRC杭	13.7	3.7
RC杭	0.9	0.2

杭，さらにPHC杭へと，杭体の曲げ・せん断耐力の向上を目指してコンクリートの高強度化，プレストレスの導入とプレストレス量の増大が図られてきた。既製コンクリート杭のうち，現在主流を占めているのはPHC杭である。この杭は，セメントの一部をシリカ粉末で置き換えたコンクリートを，オートクレーブを用いて200℃近い温度，10気圧程度の圧力で数時間の高温高圧蒸気養生をすることにより，圧縮強度が70N/mm^{2}以上にまで高められたもので，1968年に製造が本格的に開始される。まもなく高性能減水剤を用いて，90℃以下の常圧蒸気養生でも同程度の強度を発現する方法が開発される。これらの杭は当初AC杭と呼ばれたが，1982年に制定されたJISにより，PHC杭（Pretensioned Spun High Strength Concrete Piles）と呼称が統一された。現在ではこの杭のコンクリート強度は80 N/mm^{2}が主流となっている。PHC杭の開発とほぼ同時期（1972年頃）に，高温高圧養生を行った遠心力成形によるコンクリートと外郭鋼管からなる複合杭，鋼管コンクリート杭（SC杭：Steel Composite Concrete Piles）が出現した。この杭は，鋼管の内側に遠心力を利用して高強度コンクリートをライニングしたもので，コンクリートが圧縮に強く（圧縮強度80 N/mm^2），鋼管が引張りに強く靱性（粘り強さ）に富むという両者の長所を相乗的に取入れた杭である。PRC杭（Pretensioned and Reinforced Spun High Strength Concrete Piles）は，PHC杭の変形性能を向上させることを目的として，PHC杭の軸方向にさらに鋼材を加え，らせん筋で補強した杭である。さらに，PHC杭の上下どちらかの端部を拡径したST杭（Step Tapered Piles），節付きのPHC杭（節杭：Nodular Piles）などが開発されている。

表3.2.3に2005年度の既製コンクリート杭の出荷量を示す。総出荷量は年間約370万トンであり，最盛期の約800万トンに比して半減している。種類別では，全体の約7割をPHC杭が占めている。また，既製コンクリート杭全体の32％，PRC杭やSC杭では過半数が圧縮強度100 N/mm^{2}以上のコンクリートを使用しており，コンクリート強度においても高強度の時代に突入したといえる。

1970年代からウォーターフロント開発の本格化に伴い，軟弱地盤や臨海埋立地に建設される構造物が多くなり，圧密未了の超軟弱地盤中に打設した杭側面に作用する下向きの摩擦力（負の摩擦力：通称NF（Negative Friction））が大きな問題になってきた。これに対処するため開発されたのがNF低減杭であり，既製杭の表面にすべり層材（SL材）をあらかじめ塗布した杭である。代表的なものにSL杭，NCS-SLパイル，AHS-SLパイル等がある。

【参考文献】
1）総合土木研究所：特集・鋼管杭・最近の工法，基礎工，1992，Vol.20，No.9
2）土質工学会：杭基礎の設計法とその解説，1985年12月
3）総合土木研究所：特集・日本建築センター評定基礎工法（1），基礎工，1995，Vol.23，No.5，pp.74～84
4）武内等：施工技術の変遷と展望，基礎工，2001，Vol.29，No.1
5）桑原文夫：既製コンクリート杭の歴史・現状および将来の展望，基礎工，2007，Vol.35，No.7

1 打込み杭工法

打込み杭工法は，既製杭に衝撃力を加えることにより地中に貫入，打設するものである。衝撃力としては杭頭部を打撃するものと振動を加えるものに大別されるが，騒音を低減するために杭の底部を打撃するものもある。

打込み杭工法は，埋込み杭工法に比べて施工速度が速くて工費が安く，大きな支持力が得られるという極めて優れた特徴を持っているが，打込み時に大きな騒音や振動を発生するという欠点を持っている。このため，低騒音型打撃工法として，ディーゼルハンマで打撃するときに騒音発生部分をカバーする防音カバー工法，およびハンマラムを油圧によって持上げ，落下させる油圧ハンマ工法が開発され実用化されている。

都市部および居住地域近傍での使用には騒音・振動等の規制が大きく，打込み杭工法において現在多く使用されているハンマは，打撃式に属する油圧ハンマならびに振動式に属するバイブロハンマである。表3.2.4に，打込み杭工法に現在用いられている代表的ハンマの特徴を示す。

表3.2.4 代表的なハンマの比較

工法	ドロップハンマ	ディーゼルハンマ	油圧ハンマ	バイブロハンマ
ほぼ能力の等しいハンマー型式	4t 7～8t	2.2t 4.0t	4～7t 8～10t	75kw 150kw
運転費	・安い	・安い	・比較的安い	・高い
施工準備	・簡単なやぐらとウィンチ	・特定の杭打ちやぐらと吊り込みの動力	・特定の杭打ちやぐらと吊り込みの動力 ・油圧ユニットと発電機	・大容量の電源 ・杭頭処理が必要 ・杭打ちやぐらは施工によっては不要
施工精度	・よくない	・あまりよくない	・比較的よい	・よい
維持修理	・不要	・清掃, 注油, 噴射ポンプの手入れが必要	・油圧装置の点検・整備が必要	・原動機の点検・整備が必要
長所	・設備が簡単 ・落下高さを自由に調節できる ・故障が少なく, 工費が安い	・機動性に富む ・大きな打撃力が得られる ・能率がよい ・燃料費が安い	・低騒音で油の飛散がない ・ラム落下高さが任意に設定できる ・機動性に富み, 経済的である	・正確な位置方向に打込める ・比較的騒音が少ない ・頭部の損傷が少ない ・打込み, 引抜きに兼用できる
短所	・頭部が損傷しやすい ・打ち込める長さに限度がある ・偏心しやすい ・打込み速度が遅い ・船打ちには危険が多い	・重量が重いので設備が大きくなる ・軟弱地盤では能率が低い ・打撃音が大きく, また油の飛散を伴う	・重量が重いので設備が大きくなる ・振動に対して低減されない	・大容量の電力が必要である ・土質の変化への順応性が低く, 硬質地盤は打ち抜けない
適応性	・あまり土質を選ばない ・比較的の断面が小さい時 ・少しずつ加減をしながら打込みたい時	・ほとんどの土質に適応できる ・硬い地盤に最適である	・ほとんどの土質に適応できる ・1つのハンマーで各種断面の杭が打撃できる	・軟らかい地盤に適している ・引抜きに使用できる

打撃式杭打ち工法

本工法は振動式杭打ち工法とともに打込み杭工法の一種で，打撃を与えながら杭を貫入させていく工法であり，使用するハンマにより，①ドロップハンマ工法，②スチームハンマ工法（気動ハンマ工法），③ディーゼルハンマ工法，④油圧ハンマ工法，に分類できる。

本工法は，杭打ち機（杭打ちやぐら）に上記の種々のハンマを装着して施工するものであり，杭打ちやぐらは，杭や打込み装置（ハンマ，オーガ，減速機等）を吊上げる巻上げ装置，機械を移動させる走行装置を持つベースマシーン，杭の打込み方向を規制するガイドを持つリーダを装備している。クレーンブームの先端にリーダを取付けた懸垂式と，2本のバックステーとフロント部分のリーダ受けの3点で支持する3点支持式が代表的な杭打ちやぐらである（図3.2.1参照）。

打撃式杭打ち工法の中で代表的なものはディーゼルハンマであるが，騒音などの環境問題から，低騒音型の油圧ハンマが急速に普及した。

ディーゼルハンマは，ディーゼルエンジンと同様な作動原理により反復打撃を行うことができるハンマであり，打撃力が大きなこと，動力源が簡単に入手できることなど，極めて優れた特徴を有しているが，打撃式工法の中でも作動時の騒音が最も大きいという欠点がある。ディーゼルハンマにはラム重量1.3tから15tに至るまで大略8段階の種類がある。またメーカによっては斜杭を打込めるハンマや騒音や油の飛散を抑制したハンマも製造されている。

油圧ハンマは，油圧によりラムを上昇させ，これを落下させて杭を打撃，貫入させるもので，低騒音で，油煙の飛散が全くないという優れた特徴を持っている。また，ラムの落下高さが自由にコントロールでき，ラム重量2～12t程度のものが開発されている。

ドロップハンマはモンケンと呼ばれる重錘をウインチで吊上げた後自由落下させて杭に打撃力を与えるもので，埋込み杭工法の補助工法として4～7t

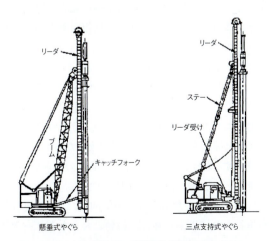

図3.2.1 杭打ちやぐら

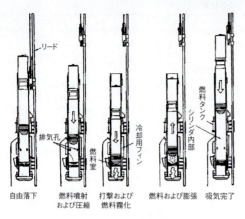

図3.2.2 ディーゼルハンマの作動原理

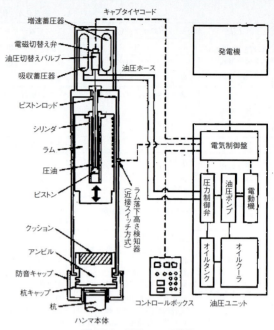

図3.2.3 油圧ハンマの機構

程度のものが多く用いられている。

またスチームハンマ（気動ハンマ）は，最近あまり使用せれていないが，海上工事や傾斜角の大きな斜杭用として用いられている例が多く見られる。

■ ディーゼルハンマ工法

本工法は，ディーゼルハンマを用いて，杭または矢板を打込む打撃式打込み工法の一種であって，油圧ハンマ工法，バイブロハンマ工法とともに現在最も多く用いられている打込み工法である。

ディーゼルハンマは，1951年に西ドイツのデルマッグ社からSZ500型ハンマが輸入され，その後1954年に国産化され，ラム重量8tの大型ハンマが製作されるまでに至っている。

ディーゼルハンマの駆動原理は，図3.2.2に示すように，起動装置により吊上げられた重錘（ラム）が自由落下しシリンダを介して杭を打撃するとともに，シリンダ内部の空気は大きな圧縮を受けて高温状態となり，先に噴射された燃料に発火し爆発することによりラムは再び上昇し，反復打撃を自動的に行うものである。

ディーゼルハンマ工法の特徴は，杭打ち工費が安いこと，電源が不要なこと，地盤が硬いときはラムの落下高が自然に大きくなり硬い地盤の打抜き，打込みに強力なエネルギーを与えることにあるが，反面，大きな騒音と振動を発生して建設公害をもたらすこと，杭を破損するおそれが大きいこと，地盤の軟らかいときに発火しがたいなどの欠点を持っている。

1968年に騒音規制法が，1976年には振動規制法が施行されて以来，騒音，振動の大きなディーゼルハンマは，その使用が非常に制約されてきているが，これらの規制を受けない区域では大いに利用されている。また，騒音については，ハンマ，杭，リーダまでも覆う防音カバー（音量を20～30dB低減できる）も開発されている。

■ 油圧ハンマ工法

本工法は，杭打ちやぐらなどに油圧ハンマを搭載し，杭または矢板を低公害で打込む打撃式杭打ち工法の一種である。

一般に，油圧ハンマは，油圧でラムを上昇させ，これを自由落下させて杭を打撃する機構（単動式）となっているが，中には，油圧によってラムを強制落下させる機種（複動式）もある。図3.2.3に単動式の機構図の一例を示す。

油圧ハンマは，欧州では1960年代に開発，実用化されたが，我が国では，公害問題でディーゼルハンマの使用が制限された後，開発が進められ急速に普及した。

1976年には英国のBSP社からラム（重錘）重量10tの油圧ハンマを輸入し，1979年には国産化に成功した。その後，国内で油圧ハンマの開発に進出するメーカも増えたことなどから，1983年には建設省の建設技術評価にも取り上げられ，12機種（8グループ）のハンマが評価を取得している。現在では，改良も進み，国内で20機種以上ものハンマが開発されている。

■ ドロップハンマ工法

　ドロップハンマ工法は杭または矢板の打撃式打込み工法の一種で，モンケンと呼ばれる重錘を任意の高さから自由落下させながら杭，矢板を打込む工法である。

　モンケンによる杭の打込みは，古くは真矢打ち，二本構打ちといわれる巻上げ機を備えた簡単な装置の組合わせで行われていたが，最近では自走式杭打ちやぐらに装備して行われることが多くなった。

　モンケンの重さは400kg～7t程度のものが多く，その選定に際しては，杭重量の1～3倍が一応の目安とされている。打込みにあたっては，大きな重量のモンケンを低い落下高さで使用するのが施工精度，杭の損傷防止，安全管理などの点で優れており，落下高さは鋼杭では最大2m程度，コンクリート杭では1m程度までとするのが好ましい。

　本工法の長所は，①複雑な機械を使用しなくてもよいので故障が少なく，維持，修理費が安いこと，②適切な杭打ちやぐらを選定することにより，極めて狭い場所や複雑な地形でも打込み作業ができること，③騒音がディーゼルハンマより小さいこと，などである。一方短所は，①他の打撃式工法と比較して一般に打込み能率が劣ること，②大断面の杭や長尺杭の打込みには不向きなこと，が挙げられる。

　この工法は打込み条件によっては経済的に優れた工法となりうるので，杭打ち工法が発達した現在でも，ディーゼルハンマと組み合わせた矢板の屏風打ちや埋込み杭の打止めなどには十分利用価値がある。

■ スチームハンマ工法

　スチームハンマ工法は杭または矢板の打撃式打込み工法の一種で，打撃動力源に蒸気または圧縮空気を用いる杭打ち機を使用する方法である。

　このハンマは作業能率のよいディーゼルハンマが普及するにつれて衰退し，我が国ではごく限られた工事以外には使用されなくなった。しかし，大型で，リーダを使用しないで吊打ちができるなどの独特の優れた特徴を持っており，諸外国では盛んに利用されている。

振動式杭打ち工法

　既製杭の打込み工法の一種で，バイブロハンマ工法，インパクトランマ工法などが本工法に含まれる。

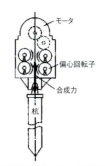

図3.2.4　振動式バイブロハンマの作動原理

　これらの工法はいずれも起振装置を杭の上端に取付け，この起振装置が発生する往復運動により杭全体を上下に振動させて杭周面および先端の土砂をゆるめて杭を打込む（または引抜く）工法である。

　振動杭打ち機は振動式ハンマ，振動衝撃式ハンマに大別されるが，現在使用されているそのほとんどは振動式ハンマで，一般にバイブロハンマといえば振動式ハンマのことをいう。

　バイブロハンマの原理は，図3.2.4に示すように，偏心重錘をもつ回転子を左右一対にし，回転方向を逆にして回転させ，水平方向の遠心力を相殺させ，上下方向の力のみを回転数と同じ周期で生じさせるものである。

　わが国では1959年に最初の国産バイブロハンマが製作され，現在各種のものが製作されている。その中でもよく使用されているのは起振力が20～40t程度のものである。また騒音や地盤振動の公害問題に対処するため，低モーメント高速回転（1,700～1,800rpm）の低公害形バイブロハンマが開発され使われている。

　振動衝撃式ハンマは，起震機と杭の間に衝撃部を設け，振動を一方向だけの振動衝撃力に変換させ，杭を打込む（または引抜く）ものである。国内では1962年に杭打ち機としてNVH-30型が実用化され，その後杭打ち専用型などの改良機が開発された。なお，この振動衝撃式ハンマは，衝撃を反発バネを使った制限機で受け，力をいったん吸収した後，方向を転換して，この反力を合成し一方向の衝撃力として作用させる反動衝撃式と，衝撃の反発を位置エネルギーに変えて起振機の落下により衝撃を与える共振衝撃式の2種類に分けられる。

　これらの振動式杭打ち工法は，仮設杭などの打込み，あるいは引抜きに使用されることが多く，またジェット・オーガ機械などと一体として低騒音工法

の1つである既製杭の押込み工法に利用されている。

■ バイブロハンマ工法

バイブロハンマ工法は，杭または矢板を地中に設置したり引抜いたりするのにバイブロハンマ（振動杭打ち機あるいは振動式ハンマともいう）を用いる工法である。

バイブロハンマは一種の起振機であって，偏心重錘をもつ回転子を左右一対とし，その回転方向を逆にすることにより，水平方向の力を相互に打消し，上下方向の力のみを発生させる。この回転数に応じた周期的な力を杭頭に加えることにより杭を上下に振動させながら打込むものである。

バイブロハンマはソ連において発達し，わが国では1959年にダイハツ工業によって最初に国産化され，その後各社により開発が行われた。現在各種のものが製作されているが，よく使用されているのは起振力20～40tのものである。国内で使われている大部分の機械の振動周波数は400から600rpmと1,000～1,500rpmである。

仮設杭や仮設用の矢板の場合には引抜くことが要求されるので，無理なく打込み，引抜きのできるバイブロハンマの利用が極めて有効である。また，杭の支持力を算定する方法が確立されていないので，軟弱地盤での下杭や仮設杭の打込み，引抜きに利用されることが多い。

バイブロハンマは重量が大きいばかりでなくこのような使用法のために，やぐらの巻上げ能力は十分に余裕をもたせることが大切である。また，ハンマの起動時には公称電流の2～3倍の大電流が流れるので，電源容量に十分な余裕をもたせることが必要である。

バイブロハンマは，施工時の騒音・振動は避けることができず，このため最近のハンマはほとんどショックアブソーバを横抱きにして騒音の軽減を図っている。また，ハンマを停止するときにモータを瞬間的に逆転させ，2～3秒間で地盤との共振域を一瞬のうちに通過させてしまう逆相制動装置を備えた機種も開発されている。作業状況の一例を図3.2.5に示す。

■ インパクトランマ工法

打込み杭工法の中の振動式杭打ち工法の一種で，インパクトランマの衝撃によって既製杭を設置する

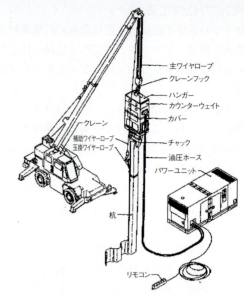

図3.2.5　バイブロハンマ工法作業状況

工法である。インパクトランマは，耐振モーターと偏心重錘を装着した重錘が共振ゴムの上で跳上がり，杭に打撃を与えて貫入させるもので，大口径PC杭の沈設ならびに最終打止めに用いられる。

圧入式杭打ち工法

本工法は既製杭の打込み工法に属する特異な工法で，既製杭を油圧による静荷重を用いて地中に押込んで設置するいわゆる無騒音・無振動工法である。圧入する際の反力の採り方により種々の方式がある。機械本体をクレーンで吊り上げ自重を反力とする方法や，機械重量とウエイトブロックまたは油圧シリンダーが取り付けられたベースマシンの自重などを用いる方法のほかに，既に地中に押し込まれた杭を数本把持し，その引抜抵抗力を反力とする方法などがある。

圧入機械の最大圧入力は，およそ100～200t程度であり，軟弱な地盤以外ではジェットやアースオーガを併用して杭を圧入することが普通である。本工法には，HAS工法，GAP工法，オーガー併用圧入工法等がある。

【参考文献】
1）鋼管杭協会：「鋼管杭―その設計と施工」，2004年版
2）産業調査会：土木・建築技術者のための最新建設基礎・地盤設計施工便覧，1987年
3）土質工学会：杭基礎の調査・設計から施工まで，1994年

4）日本建設機械化協会：日本建設機械要覧，2007年
5）総合土木研究所：「特集・基礎工事用機械の最近の動向」「基礎工」，Vol.9, No.10, 1982年2月, pp.2～7, pp.100～113
6）総合土木研究所：「基礎工」「特集・最近の新機械による施工例」，1984, Vol.12, No.2, pp.7～39
7）安崎裕：建設技術評価制度—低騒音型油圧パイルハンマの開発—，建築技術，No.398, pp.107～112, 1984年10月
8）土質工学会：杭基礎の低騒音・低振動施工法と支持力，pp.221～252, 1986年
9）斎藤二郎：施工機械，基礎工，Vol.14, No.7, pp.138～146, 1986年7月
10）日本道路協会：道路橋示方書・同解説Ⅳ，下部構造編，昭和55年5月
11）中瀬昭男ほか：「現場監督者のための土木施工」4 分りやすい基礎工法，鹿島出版会，昭和55年
12）総合土木研究所：「特集・大口径杭の設計と施工」「基礎工」，1981年8月

2　埋込み杭工法

埋込み杭工法は，既製杭の打設方法の一種で埋込工法とも呼ばれ，いわゆる無騒音・無振動工法，あるいは硬い地盤へ杭を設置する工法である。

打込み杭工法が衝撃により杭を貫入，設置するのに対し，本工法は①地盤を掘削しながら，②事前に掘削した孔に，③杭体を回転あるいは圧入しながらの何れかの方法により既製杭を設置するもので，中掘り工法，プレボーリング工法，回転工法およびその他特殊工法に分類される。このうち最も多く使用されているのがプレボーリング工法で，次いで中堀り工法である。

回転工法を用いた埋込み杭工法

中掘り工法は，アースオーガなどにより杭内土を掘削すると同時に，杭自重あるいは圧入・打撃を加えながら杭を沈設する工法である。径700mm以上の杭に適しているが，杭先の閉塞を完全に行うため，杭先閉塞に先立って場所打ち杭と同様にスライム処理を十分に行う必要がある。

プレボーリング工法は，アースオーガなどによりあらかじめ杭容積にほぼ等しい孔をあけた後，既製杭を挿入，設置する工法である。径500mm以下の杭に適しているが，削孔の曲がり，削孔径の縮小，孔壁の保護に注意が必要であり，ベントナイト泥水などを使用してゆるみや崩壊を防ぐことが多い。

回転工法（圧入工法）は，オーガ等による地盤掘削は行わず，杭を打込み工法と同様に直接地盤に回転あるいは圧入し，杭を所定の深度まで沈設させる工法である。杭の支持力発現方法により回転根固め工法と回転圧入工法がある。

埋込み杭の施工上の問題点は，地盤のゆるみ，スライムの残存など場所打ち杭とほぼ同様であるが，既製杭を使用するので杭の材質が保証される点で異なる。

本工法は既製杭を損傷することなく，
硬い中間層を打ち抜く。
硬い支持層に十分根入れさせる。
騒音や振動を最小限に抑制する。
ところに特徴がある。しかし，この工法では地盤にゆるみが生ずるので，打込み杭工法にくらべて支持力が小さくなるため杭の沈下対策を講じたり，施工管理を厳重に行う必要があるとともに，工費が高くなる欠点もある。

埋込み杭の最終段階を打撃によって行う方法は，打込み杭と同様な騒音，振動などの問題が発生するが，杭径の2～4倍程度を貫入すると支持力が向上する点で効果が大きい。

杭先に薬液などを注入する工法もあるが，効果の確認が困難であり，コストが高い欠点がある。なお，既製杭としては鋼管杭もあるが，RC杭やPC杭・PHC杭を使用するのが一般的である。

中堀り工法

中堀り工法はプレボーリング工法とともに代表的な埋込み杭工法の一種で，いわゆる杭の無騒音・無振動工法に属するものである。

この工法は既製杭の中空部を掘削しながら杭自重，圧入または打撃を加えることにより杭を沈設させるものである。掘削方法にはアースオーガによるもの，ビット＋ウォータージェットによるもの，バケットによるものなどがあるが，アースオーガによるものが多い。

沈設後の杭は，そのままでは杭先端が支持層に載せられているにすぎないので支持力は極めて小さい。しかも，掘削に伴い杭先端地盤が緩められているうえにスライムが堆積した状態になっているので，何らかの方法で支持力の増大を図らなければならない。

この方法として，
・打撃工法により支持層に杭径の2～4倍程度貫入させる。
・支持層（砂質土）中にセメントミルクを注入して杭と一体化させる。
・支持層に圧入する。

などの対策が採られている。杭先端に砂利を詰めることもあるが効果は少ない。

また，中堀り工法は騒音や振動を低減したい場合のほか，打撃工法では打ち抜きが困難と思われるような硬い中間層がある場合や，リバウンドが大きな土層に打ち込まなければならない場合などにも採用される。

本工法はプレボーリング工法に比較して，一般に次のような特徴を有している。
① プレボーリング工法がϕ500mm以下の杭に多く用いられているのに対し，中堀り工法は，ϕ500mm以上の杭に多く使用されている。
② 杭がケーシング代わりとなるので，崩壊しやすい地盤でも杭の周辺地盤を緩めることが少ない。また，長尺杭にも適用できる。
③ 継杭時には，先に沈設した杭が自立するので，下杭を保持する必要がない。
④ 地中障害物や玉石などに対する対応が難しい。
⑤ 杭の沈設に際しては，掘削しながら圧入または打撃を加えなければならないので，杭頭部の装置が複雑になる。
⑥ 一般に施工速度が遅い。
⑦ オーガなどのジョイントや掘削土の処理のため，単杭の長さに制約を受ける。
⑧ 掘削した土砂を杭頭部より排出しなければならないので，その処理に手間がかかる。

■ 最終打撃工法

中堀り工法をその支持力発現方法によって分類すると，最終打撃工法，根固め工法，拡大根固め工法，コンクリート打設工法の4種類に分類される。

最終打撃工法は，図3.2.6に示すように既製杭の中空部にスパイラルオーガを挿入し，これをオーガ駆動装置により回転させ，スパイラルオーガの先端に装着したオーガヘッドにより杭先端地盤を掘削し，その掘削土を杭の中空部を通して杭頭部から排土しながら，杭を自重および圧入装置により所定深度まで沈設する。杭が所定深度に達した後，ハンマで杭頭部に打撃力を加え，杭先端部を支持層へ根入れして支持力を発現させる工法である。

本工法の特徴をまとめると以下のようになる。
① 最終打撃時に短時間ではあるが，打込杭と同程度の騒音・振動が発生する。
② 杭をケーシングとして利用するため杭の鉛直性がよい。
③ 支持力の確認が動的支持力公式により容易に判定できる。
④ ボイリング現象により地盤を乱す恐れがある。
⑤ 杭の中空部を利用して排土するため，大きな礫（径100mm以上）や玉石がある場合，施工不能に陥ったり，コンクリート杭では杭体を破損することもある。
⑥ コンクリート杭では，最終打撃時に杭先端部が縦割れ破壊を起こすことがある。

■ 根固め工法

最終打撃工法は，最終打撃時に短時間ではあるが打込み杭と同程度の騒音・振動の公害が発生するため，低公害とはいえもはや市街地での施工は困難である。この最終打撃工法をさらに低騒音・低振動としたものが根固め工法である。

根固め工法は，図3.2.6に示すように最終打撃工法と全く同じ方法で杭を所定深度まで沈設した後，スパイラルオーガの中空部を利用して杭先端地盤にセメントミルクを注入して根固めを行い，それにより支持力を発現させる工法である。

本工法の特徴をまとめると以下のようになる。
① 打撃工程を省略しているため，騒音や振動が全くない。
② 杭をケーシングとして利用するため杭の鉛直性がよい。

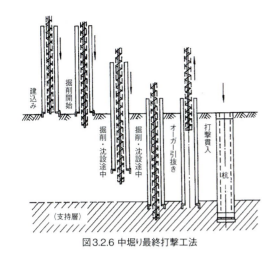

図3.2.6 中堀り最終打撃工法

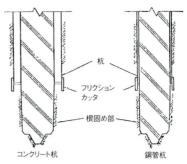

図3.2.7 中堀り根固め工法

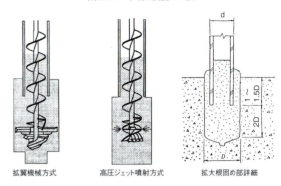

図3.2.8 中堀り拡大根固め工法

③ボイリング現象により地盤を乱す恐れがある。
④杭の中空部を利用して排土するため，大きな礫（径100mm以上）や玉石がある場合，施工不能に陥ったり，コンクリート杭では杭体を破損することもある。
⑤オーガヘッドの外径は杭の内径よりも3～6cm程度小さいのが一般的であり，杭先端部の根固め状況は図3.2.7に示すように，杭径よりも小さな根固め部が形成されるため，打込み杭よりも先端支持力が小さい。
⑥特に，鋼管杭は杭自体の断面積が小さく，かつ，杭内面には掘削土砂が付着しており閉塞効果も小さいので，設計上慎重な配慮が必要である。
⑦打撃を伴わないので，杭の損傷がない。

■ 拡大根固め工法

拡大根固め工法は，支持層に達するまでは通常の中堀り工法と全く同様な施工を行い，支持層に到達する前後から特殊オーガヘッドを用いて拡底掘削・圧入を繰返し，最後に拡底掘削部分に拡大球根を築造し杭と一体化する工法である。

拡大球根の築造方法には，図3.2.8に示すように根固め液を注入しながら支持層を拡大掘削し，地盤と根固め液を撹拌混合して球根を築造する拡翼機械方式と，ビットのノズルから根固め液を高圧で噴射して支持層を掘削し，根固め液で置換して球根を築造する高圧ジェット噴射方式がある。

拡大根固め球根は，d（杭径）+20cm以上，球根のせいは杭先端から下方に2D（D：拡大根固め径）または1m，上方に（1～1.5）Dであることを標準としている。また，この場合の設計杭先端径は，d+20cmを限度としている。

本工法の特徴をまとめると以下のようになる。
①打撃工程を省略しているため，騒音や振動が全くない。
②杭をケーシングとして利用するため杭の鉛直性がよい。
③ボイリング現象により地盤を乱す恐れがある。
④杭の中空部を利用して排土するため，大きな礫（径100mm以上）や玉石がある場合，施工不能に陥ったり，コンクリート杭では杭体を破損することもある。
⑤支持力の確認が難しく，根固め工法以上に品質が施工性に影響される。
⑥根固め工法に比べ，大きな支持力が確保出来る。
⑦打撃を伴わないので，杭の損傷がない。

■ コンクリート打設工法

コンクリート打設工法は，最終打撃工法・根固め工法と全く同じ方法で杭を所定深度まで沈設した後，杭の中空部を利用して杭先端部にコンクリートを打設して根固めを行い，それにより支持力を発現させる工法である。

コンクリート打設工法においては，コンクリート打込みに先立ち，杭内部の土砂の除去，杭内壁の洗

浄，杭先端地盤のスライム処理などを十分に行うとともに，コンクリート打設にあたっては，落下による分離，未充填部が生じないよう十分管理する必要がある。

本工法の特徴をまとめると以下のようになる。
①打撃工程を省略しているため，騒音や振動が全くない。
②杭をケーシングとして利用するため杭の鉛直性がよい。
③ボイリング現象により地盤を乱す恐れがある。
④杭の中空部を利用して排土するため，大きな礫（径100mm以上）や玉石がある場合，施工不能に陥ったり，コンクリート杭では杭体を破損することもある。
⑤杭内部の土砂の除去，杭内壁の洗浄，杭先端地盤のスライム処理，コンクリート打設等施工管理が難しく，品質が施工性に大きく影響される。
⑥打撃を伴わないので，杭の損傷がない。

プレボーリング工法

プレボーリング工法は埋込み杭工法の一種で，類似の中堀り工法などとともに，いわゆる杭の無騒音，無振動工法に属するものである。

この工法はあらかじめ地盤を削孔するか，あるいは緩めたのち，その中に杭を打設する工法で，削孔径は杭の外径と同じかやや大きいものが普通である。削孔機には主として連続オーガを用い，削孔能率を高めるためにオーガ先端のビットのノズルから圧力を加えた高圧水を噴射しながら削孔する。この時地盤の性質によって水の代わりに崩壊防止用のベントナイト泥水を使用したり，表層ケーシングを設置することもある。

削孔にともなう周辺地盤のゆるみ，先端部のスライムの堆積，杭体と地盤との間隔などに起因する杭の支持力低下を補うため，打撃工法によって支持層に杭径の2～4倍打込むか，あるいは杭と地盤との間にセメントミルクを充填するなどの対策を行うことがある。

この工法に用いられる標準的な杭寸法は幅300mm～600mm，長さ数mから25m程度のものが多く，概して既製コンクリート杭や仮設用H鋼杭に用いられる。

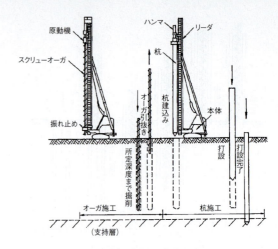

図3.2.9 プレボーリング最終打撃工法

また，土丹のような硬質地盤でも適用可能であるが，N値3～20の粘性土地盤に最適で，ルーズな砂地盤や粒径の大きい礫を含む地盤には不向きである。

本工法の長所は，杭を損傷することが少なく，騒音規制法に定めるところの特定建設作業より除外されることなどであり，短所は，打撃工法に比較すると一般に支持力が小さく（およそ50～80％ぐらい），工費が数10％以上高くなり，排土処理に手間がかかることである。

プレボーリング工法は掘削土の排出方法によって，すべて排出する排土式と一部を排出する無排土式とに分類することができる。

また，プレボーリング工法をその支持力発現方法によって分類すると，最終打撃工法，根固め工法，拡大根固め工法の3種類に分類される。

最終打撃工法

最終打撃工法は，図3.2.9に示すようにアースオーガなどによりあらかじめ杭容積にほぼ等しい孔をあけた後既製杭を挿入し，杭が所定深度に達した後ハンマで杭頭部に打撃力を加え，杭先端部を支持層へ根入れして支持力を発現させる工法である。

本工法の特徴をまとめると以下のようになる。
①最終打撃時に短時間ではあるが，打込杭と同程度の騒音・振動が発生する。
②支持力の確認が動的支持力公式により容易に判定できる。
③ボイリング現象により地盤を乱す恐れがある。
④コンクリート杭では，最終打撃時に杭先端部が縦割れ破壊を起こすこともある。

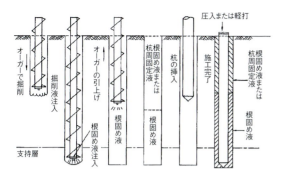

図3.2.10 プレボーリング根固め工法

■ 根固め工法

最終打撃工法は，最終打撃時に短時間ではあるが打込み杭と同程度の騒音・振動の公害が発生するため，低公害とはいえもはや市街地での施工は困難である。この最終打撃工法をさらに低騒音・低振動としたものが根固め工法である。

根固め工法は，図3.2.10に示すように最終打撃工法と全く同じ方法で支持層付近まで地盤を削孔し，オーガ先端よりセメントミルク等の根固め液を注入したのちオーガを引き抜き，根固め液が固化しないうちに杭を挿入して根固めし，支持力を発現させる工法である。

本工法の特徴をまとめると以下のようになる。

① 打撃工程を省略しているため，騒音や振動が全くない。
② 支持力の確認が難しく，品質が施工性に大きく影響される。
③ 打込み杭や最終打撃工法に比べ，支持力が小さい。
④ ボイリング現象により地盤を乱す恐れがある。
⑤ 打撃を伴わないので，杭の損傷がない。

■ 拡大根固め工法

拡大根固め工法は，図3.2.11に示すように根固め工法の弱点である支持力の低下をカバーするため，根固め部に拡大球根を築造して杭の先端面積を増大させ，支持力を高めることを目的とした工法である。

拡大球根の築造方法には，拡大ビットを用いる方法，拡大シューを用いる方法，高圧ジェットを用いる方法があるが，拡大ビットを用いる方法が最も多い。これは，支持層に達したところで杭先端を拡大掘削してセメントミルクを注入し，その中に杭を挿入して拡底型の杭を築造する方法である。ビットの拡大縮小の方法には，オーガの回転方向を変えることによるものや，スプリングを用いてオーガを拡翼するものなどがあり，比較的単純な構造によるものがほとんどである。

拡大根固め球根は，d（杭径）+20cm以上，球根のせいは杭先端から下方に2D（D：拡大根固め径）または1m，上方に（1〜1.5）Dであることを標準としている。また，この場合の設計杭先端径は，d+20cmを限度としている。

本工法の特徴をまとめると以下のようになる。

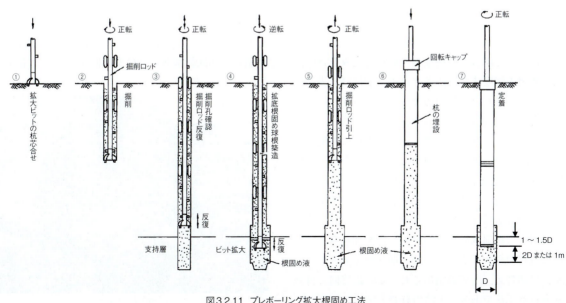

図3.2.11 プレボーリング拡大根固め工法

①打撃工程を省略しているため，騒音や振動が全くない。
②支持力の確認が難しく，根固め工法以上に品質が施工性に影響される。
③根固め工法に比べ，大きな支持力が確保出来る。
④ボイリング現象により地盤を乱す恐れがある。
⑤打撃を伴わないので，杭の損傷がない。

【参考文献】
1）日本道路協会：道路橋示方書・同解説　Ⅰ共通編，Ⅳ下部構造編，平成14年3月
2）土木技術社：「土木技術」「特集：杭」，40巻12号
3）建設産業調査会：土木・建築技術者のための最新建設基礎・地盤設計施工便覧
4）関西大学　伊藤淳志：築技術者のためのJASS4　杭工事Q&A，4章　埋込み杭のQ&A，16ページ

回転工法（圧入工法）

回転工法は杭体を回転させることによって所定の深度まで杭を沈設する工法であり，杭の支持力の発現方法により回転根固め工法と回転圧入工法に分類される。

また，静荷重圧入工法は鉛直静荷重によって杭を地中に貫入させる工法で，騒音振動対策からは理想の工法である。しかし，静荷重のみで押込むには非常に大きな反力装置を必要とする。反力装置として1000〜2000kN程度のものしか得られないため，この工法単独で用いられることは極めて少なく，埋込み杭の補助工法として用いられている。

■ 回転根固め工法

本工法は，オーガによる地盤掘削は行わず，杭を打込み工法と同様に直接地盤に回転押込みを行い，杭を所定の深度まで沈設させた後，最後に杭先端よりセメントミルク（根固め液）を吐出させ，杭先端地盤を固めて支持力を確保する工法である。

施工方法は，既製コンクリート杭先端に掘削カッタと水および根固め液を噴出するノズルを持つ閉塞逆円錐状の先端沓を溶接し，杭中空部に挿入したロッドを先端沓に連結し，ロッドを介して杭を回転させ，鉛直荷重と先端沓の錐状効果および先端沓より噴出する掘削水の効果を併用し杭を押込み，支持層に所定の根入れを行った後，掘削水をセメントミルクに切替え，所定量噴出させながら最終回転押込みを行う工法である。工法の概要を図3.2.12に示す。

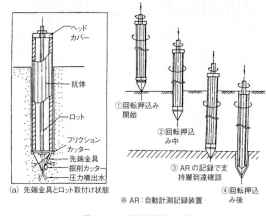

図3.2.12　回転根固め工法

本工法の特徴は以下のとおりである。
①オーガによる掘削は行わず，地盤に直接杭を回転押込みするので排出土が少ない。
②オーガ先掘りによる地盤の緩みがなく，崩壊や杭の高止まりがない。
③支持力の確認が難しく，品質が施工の良否に大きく影響される。

■ 回転圧入工法

本工法は鋼管杭を対象としており，杭先端にスパイラルリブやねじ込み用翼を取付け，杭を回転させることにより，そのスパイラル効果で沈設して，支持力を確保する工法である。

施工方式としては，杭頭回転方式と胴体回転方式の2種類がある。前者は，3点支持式杭打機とアースオーガを主要設備とし，杭頭部を保持して回転力および押込み力を杭体に与える方法であり，後者は，小型の胴体回転機あるいは全旋回ケーシングドライ

ねじ込み用翼

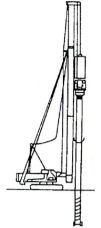
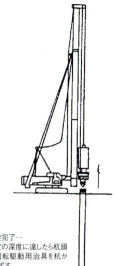

①杭の吊込み

②杭の建込み…
アースオーガの減速機に杭頭部回転駆動用治具を接続装着し杭にセットする。次に所定の位置まで杭打ち機を移動し，杭芯に合わせる。

③杭の回転貫入…
アースオーガの減速機を作動し，杭を回転する。地盤の状況に応じて，押込み力を負荷する。

④打設完了…
所定の深度に達したら杭頭部回転駆動用治具を杭からはずす。

図3.2.13　回転圧入工法

アースオーガ機による回転圧入工法

バーおよび建て込み用の補助クレーンを主要設備とし，杭の胴体部分を保持しながら施工する方式である。適用杭径は110～1,200mm程度である。工法の概要を図3.2.13に示す。

本工法の特徴は以下のとおりである。
①スパイラルリブやねじ込み用翼を利用した回転貫入により施工される排土量が少なく，低振動・低騒音な工法である。
②セメントミルク等の先端根固め液や周面固定液を使用しないので，地下水などの汚染がなく根固め液の養生期間も不要である。

静荷重圧入工法

本工法は既製杭の打込み工法に属す工法で，既製杭を地中に押込んで設置するいわゆる無騒音・無振動工法であるが，非常に特殊な場合に限って採用されている。圧入工法は，圧入機械の重量を反力として押込み力を発生させるために大きな支持力を持つ杭を施工することが困難であるが，載荷試験を行いながら施工を行っているといって差し支えないので，支持力の確認という点で優れている。既存する圧入機械の最大圧入力は，およそ1000～2000kN程度と言われている。このため，きわめて軟弱な地盤以外ではジェットやアースオーガを併用して杭を圧入するのが一般的である。

中掘り杭工法あるいはプレボーリング工法における杭の沈設手段の補助工法として用いられている。

鋼管ソイルセメント杭工法

本工法は，原地盤を掘削しながらセメントミルクを注入して造成するソイルセメント柱と外面突起付き鋼管杭を一体化した合成鋼管杭工法である。

外面突起付き鋼管の沈設方法として，ソイルセメ

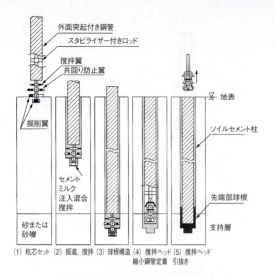

図3.2.14 鋼管ソイルセメント杭工法

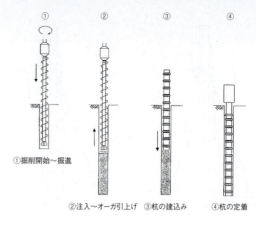

図3.2.15 節付き杭工法

施工中の鋼管ソイルセメント杭工法

ント柱を造成すると同時に鋼管を沈設する方法と，ソイルセメント柱を造成した後，ソイルセメントがまだ固まらないうちに鋼管を沈設する方法とがある。工法の概要を図3.2.14に示す。

本工法の特徴は以下のとおりである。
① 現地土を有効に活用して杭体を造成することで建設残土を低減させることが可能である。
② 鋼管と鋼管内ソイルセメントの合成により，材料面で耐震性（靱性）に優れる鋼管杭の耐震性能をさらに向上させている。
③ ソイルセメント柱の造成と鋼管埋設を同時に行う施工法により地盤を緩めず，場所打ち杭の周面摩擦力と中掘り杭の先端支持力を併せもつ。

その他特殊工法

■ 節付き杭工法

節付き杭は，主に杭の摩擦力を増大する目的で古くから開発され使用されているが，その主な施工法は砕石を充填しながら打設する打込み杭工法であった。しかし，軟弱地盤で支持層の深い地域や，騒音・振動を嫌う市街地での施工が増え，それらに対応して埋込み杭プレボーリング工法により多用されるようになった。

本工法は，アースオーガ等により所定の深度まで掘削した後，オーガヘッド先端より充填液（根固め液および杭周固定液）を吐出しながらオーガを引上げる。その後，掘削孔内に節付きコンクリート杭を建て込み，軽打または圧入して，所定の深度に設置させて杭と地盤との一体化を図り，支持力を発現させる工法である。工法の概要を図3.2.15に示す。

本工法の特徴は以下のとおりである。
① 杭の周面摩擦力の増大を図る工法であり，中間支持杭または摩擦杭として用いられる。
② オーガを使ったプレボーリング工法で，低騒音・低振動で施工できる。

■ ウォータジェット式杭打ち工法

本工法は埋込み杭工法の一種で，既製杭（または既製矢板）の打設作業の多くをウォータジェットポンプによる高圧水の効果に期待するもので，周辺の地盤を乱し，杭先端地盤の抵抗と杭周面摩擦を弱め，杭の自重によって杭を沈下させる工法である。最新式の杭打機が開発される以前に，主としてコンク

リート矢板の打込みに多く利用されていたが，一時はほとんど利用されなくなった。しかし，無騒音・無振動工法として見直されている。

また，この工法は粘性土，砂質土いずれの地盤にも適用されるが細砂の時に特に有効であり，小型で長さの短い杭や矢板を損傷しないで設置することができる。しかし，杭周辺地盤を緩めるので，大きな支持力を期待しようとするときに本工法を単独で用いることはほとんど無く，圧入工法，打撃工法などの補助工法として併用されている。

【参考文献】
<回転工法>
1) 青木功:「各論 埋込み杭の各種施工法と施工機械」「基礎工」, Vol.26, No.2, 1998年2月, 総合土木研究所, pp.31～35
<回転根固め工法>
1) 総合土木研究所:「特集・日本建築センター評定基礎工法（1）」「基礎工」, Vol.23, No.5, 1995年5月, pp.66～67
<回転圧入工法>
1) 総合土木研究所:「特集・日本建築センター評定基礎工法（1）」「基礎工」, Vol.23, No.5, 1995年5月, pp.68～71
2) 総合土木研究所:「特集・最近の埋込み杭の設計と施工」「基礎工」, Vol.26, No.2, 1998年2月, pp.86～90
3) 総合土木研究所:「特集・日本建築センター評定基礎工法」「基礎工」, Vol.28, No.3, 2000年3月, 総合土木研究所, pp.13～18
4) 社団法人日本道路協会:「杭基礎施工便覧」, 平成19年1月, pp.335～352
<鋼管ソイルセメント杭工法>
1) 総合土木研究所:「特集・基礎における技術評価工法（土木）」「基礎工」, Vol.28, No.2, 2000年2月, pp.40～43
2) 社団法人日本道路協会:「杭基礎施工便覧」, 平成19年1月, p.203
<節付き杭工法>
1) 杉村義広:「総説 最近の日本建築センター基礎評定案件から見た基礎工の動向」「基礎工」, Vol.28, No.3, 2000年3月, 総合土木研究所, pp. 2～7

2) 総合土木研究所:「特集・日本建築センター評定基礎工法（1）」「基礎工」, Vol.23, No.5, 1995年5月, pp.72～73
<ウォータジェット式杭打ち工法>
1) 鋼管杭協会:「鋼管杭-その設計と施工-」, 平成16年4月, p.429

[写真提供]
JFEスチール株式会社
ガンテツパイル工法協会

場所打ち杭工法

既製杭工法があらかじめ工場で製造した杭を地中に設置するのに対し，場所打ち杭工法は，地盤を掘削した後にあらかじめ地上で製作した鉄筋かごを挿入して，コンクリートを打設することにより，原位置で杭を造成する工法である。

場所打ち杭工法はその施工法により，図3.2.16のように分類することができる。

掘削した孔壁の保護方法としては，深礎工法，ベノト工法などのようにライナープレート，ケーシングチューブなどで杭全長を保護するものと，アースドリル工法，リバース工法，BH工法などのように，表層部のケーシングと安定液の機能または泥水圧によって孔壁を保護するものがある。

本工法の特徴を以下に示す。

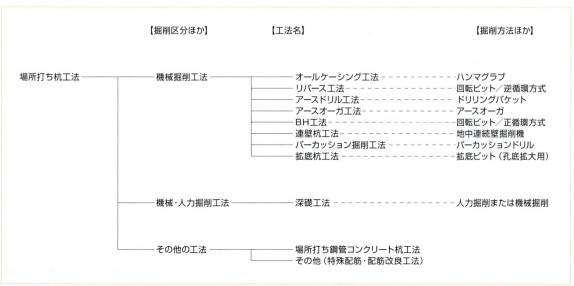

図3.2.16 場所打ち杭工法の分類

表3.2.5 場所打ち杭選定表

基礎形式	リバースサーキュレーション		オールケーシング			アースドリル	深礎	BH	地中連続壁	
選定条件	真ビット方式	ローラービット方式	揺動式	全旋回式	ロックオーガー+リングカット			真ビット方式	懸垂式油圧クラムシェル	水平多軸回転カッター
掘削深さ (m) 上限値	5 / 95 / ▼200	10 / 77 / 120	4 / 30 / 60 / 90 / 150	3 / 30 / 60	5	0.5 / 40 / 75	3 / 70 / 75	5 / 50 / 50	5 / 50 / ▼150	4 / 80 / ▼150
施工断面 (杭径) (m) 上限値	0.6 / 0.6 / 4.1 / 6.0	0.5 / 0.5 / 3.5 / 6.0	0.5 / 0.7 / 2.0 / 3.0	0.5 / 0.55 / 1.8 / 3.0	0.4 / 0.4 / 1.8	0.5 / 0.5 / 4.1	1.0 / 1.2 / 1.8 / 2.0 / 4.1 / 17.0	0.5 / 0.5	0.5 / 0.5 / 2.4 / 3.0	0.6 / 0.6 / 2.4 / 3.2
拡底 施工の可否	○	○	○	○	×	○	○	−	−	−
拡底 拡底の比率	1.79〜3.2	−	1.25〜3.2	1.1〜3.2	−	1.79〜3.2	1.5	−	−	−
最小作業空間 長さL (m)	4.5〜15.0	7.5	7.6〜15.0	7.5〜12.4	30.0	5.0〜10.5	1.5〜5.0	5.0	8.0〜11.5	3.0〜16.5
最小作業空間 幅B (m)	1.3〜15.0	4.4	10.0〜22.0	4.4〜35.0	20.0	4.4〜29.0	4.5〜5.0	5.0	7.0〜17.0	4.9〜20.5
最小作業空間 高さH (m)	2.2〜10.0	2.8	1.4〜10.0	2.8〜5.5	15.0	2.5〜4.5	1.5〜5.0	5.0	4.0〜7.8	4.1〜7.7
最小作業空間 最近接距離 (m)	0.5〜2.0	0.5〜1.0	1.01〜2.0	0.5〜1.7	1.2	0.3〜2.0	0.5	−	0.5〜1.0	0.2〜0.5
施工機械 本体装備重量 (kN)	100〜590	220〜650	205〜630	266〜980	1,000	200〜1,166	165	35	450〜1,500	150〜2,000
施工機械 設地圧 (kN/m²)	10〜75	30〜220	60〜130	110〜250	−	58〜270	54	−	50〜120	15〜150

[長所]
- 種々の工法があり，設計・施工条件に応じた工法の選択が可能である。
- 低騒音・低振動である。
- 杭径や杭長が選択できる。
- 大口径・大深度の杭の施工が可能である。
- 杭寸法・コンクリート強度・配筋・鋼管との組合せ及び支持層の選定により，杭の耐力が設定

できる。
・中間層を貫通して長い杭の施工も可能である。

［短所］
・施工時の孔壁の崩壊防止，スライムの除去，コンクリート打設時の分離防止などの施工管理が重要であり，施工管理の巧拙が杭の品質，支持力に影響するところが大きい。
・掘削土砂や廃棄泥水の処理が必要である。
・非排土杭であるため，打込み杭などのような排土杭に比べて，杭先端の支持力度は小さい。

現在，場所打ち杭工法の代表的なものは，オールケーシング工法，リバース工法，アースドリル工法，アースオーガ工法，深礎工法，BH工法，連壁杭工法，パーカッション工法であり，このほか，リバース工法やアースドリル工法に拡底杭工法を組み合わせたものがある。各工法が適用できる杭径，杭長，作業スペース，機械重量などを示せば，表3.2.5のとおりである。

場所打ち杭工法を採用するにあたっては，地盤条件（中間層，支持層），地下水位条件，敷地内外の条件（敷地の広さ，地中障害物の有無，近接構造物の有無，搬入道路状況）を十分調査し，各工法の特性や管理方法，長所・短所などを十分理解した上で，計画，設計，施工を行うことが重要である。

【参考文献】
1）（社）日本道路協会：『道路橋示方書・同解説（Ⅰ共通編，Ⅳ下部構造編）』，平成19年1月
2）（社）日本道路協会：『杭基礎設計便覧』，平成19年1月
3）（社）日本道路協会：『杭基礎施工便覧』，平成19年1月
4）（財）鉄道技術総合研究所，国土交通省鉄道局監修：『鉄道構造物等設計標準・同解説（基礎構造物・抗土圧構造物）』，2000年6月
5）（社）日本建築学会：『建築基礎構造設計指針』，2001年10月
6）（社）日本建築構造技術者協会編：『杭の工事監理チェックリスト』，1998年12月
7）「特集 杭工法の選定マニュアル」，建築の技術『施工』，彰国社，1995年10月
8）（社）日本建設機械化協会：『場所打ちぐい施工ハンドブック』，技報堂，1970年5月
9）（社）地盤工学会：地盤工学実務シリーズNo.17『杭基礎の調査・設計・施工から検査まで』平成16年11月
10）（社）土木学会：第6回新しい材料・工法・機械講習会概要『最新の杭工法の現状と設計・施工のポイント』平成6年9月

1 機械掘削工法

わが国における場所打ち杭工法の機械的な方法による施工は，フランスで発明された打撃貫入方式の

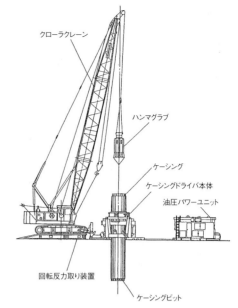

図3.2.17 機械掘削工法の例（全旋回オールケーシング工法）

工法（コンプレッソル杭）が明治40年に初めて採用されたことに始まる。そして，大正時代の後半から同じく打撃貫入方式の初期のペデスタル杭が考えられて，昭和5年頃までに一般的なペデスタル杭となり，最終的には昭和48年まで施工された。

この間に打撃貫入方式に代わって登場してきた機械掘削工法の多くは，当初，海外より技術導入されている。年代的には，昭和27年より38年にかけて，CIP・MIP工法，ベノト工法，PIP工法，アースドリル工法，リバース工法の順に技術導入された。

現在，機械掘削工法でもっとも代表的な工法は，オールケーシング工法，リバース工法，アースドリル工法の3工法であり，これらに加えて，BH工法，アースオーガ工法，パーカッション工法，連壁杭工法がある。また，建築分野ではリバース工法やアースドリル工法による拡底杭工法が利用されている。

機械掘削工法を採用するにあたっては，地盤条件（中間層，支持層），地下水位条件，敷地内外の条件（敷地の広さ，地中障害物の有無，近接構造物の有無，搬入道路状況）を十分調査し，各工法の特性や管理方法，長所・短所などを十分理解した上で，計画，設計，施工を行うことが重要である。

機械掘削工法の代表例として，ケーシング先端に硬質地盤を切削できるカッティングエッジを取り付け，ケーシングを全回転させることにより，地中障害，転石，さらに岩盤の掘削までを可能にした全旋回式オールケーシング工法の概要を，図3.2.17に示す。

【参考文献】
1) ㈳日本建築構造技術者協会編:『杭の工事監理チェックリスト』,1998年12月
2) 青木一二三:「場所打ちコンクリート杭」,『基礎工』,総合土木研究所,2009年1月
3) 北中克己:『改訂 最新場所打ち杭工法-課題への対応-』,(有)建築技術,1980年2月
4) 日刊建設工業新聞社事業部:「これからの地業 場所打ち杭工法(ピア基礎を中心に)」,1967年11月
5) ㈳日本建設機械化協会:『場所打ちぐい施工ハンドブック』,技報堂,1970年5月
6) ㈳日本道路協会:『道路橋示方書・同解説(Ⅰ共通編,Ⅳ下部構造編)』,平成19年1月
7) ㈶鉄道技術総合研究所編,国土交通省鉄道局監修:『鉄道構造物等設計標準・同解説(基礎構造物・抗土圧構造物)』,2000年6月
8) ㈳日本建築学会,『建築基礎構造設計指針』,2001年10月
9) 「特集 杭工法の選定マニュアル」,建築の技術『施工』,彰国社,1995年10月
10) ㈳地盤工学会,地盤工学実務シリーズNo.17『杭基礎の調査・設計・施工から検査まで』,平成16年11月

オールケーシング工法

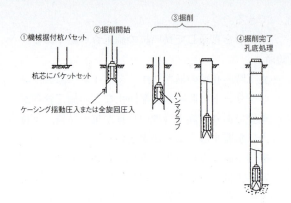

オールケーシング工法は,リバース工法,アースドリル工法とともに代表的な場所打ち杭工法の一つであり,ケーシングを順次継ぎ足しながら,ハンマグラブでケーシング内の地盤を掘削するものである。ケーシングの押込み方法には,「圧入式」,「揺動式」,「全旋回式」がある。

孔壁の保護は杭長全長にわたるケーシングと孔内水により,他の場所打ち杭工法と同様,支持層に達したことを確認した後,スライム除去,鉄筋かご建込みを行い,トレミー管でコンクリートの打設を行う。

オールケーシング工法の特徴は,次のとおりである。
・孔壁の崩壊がないため周辺地盤の変形が小さく,近接構造物に与える影響が少ない。
・ハンマグラブによる掘削のため,玉石層の掘削も可能である。
・傾角10°位までの斜杭の施工が可能である。
・「圧入式」あるいは「揺動式」を用いる方法では,地下水位以深に厚い砂層がある場合は,ケーシングの引抜きが困難となることがある。
・孔内水位が低下すると,ボイリングやヒービング現象が発生しやすい。
・コンクリート打設時において,ケーシング引抜きの際,鉄筋かごの共上がり現象が発生することがある。

オールケーシング工法の施工順序を,図3.2.18に示す。

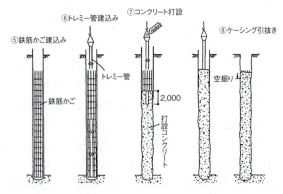

図3.2.18 オールケーシング工法の施工順序

【参考文献】
1) ㈳日本道路協会:『道路橋示方書・同解説(Ⅰ共通編,Ⅳ下部構造編)』,平成19年1月
2) ㈳日本道路協会:『杭基礎設計便覧』,平成19年1月
3) ㈳日本道路協会:『杭基礎施工便覧』,平成19年1月
4) ㈶鉄道技術総合研究所編,国土交通省鉄道局監修:『鉄道構造物等設計標準・同解説(基礎構造物・抗土圧構造物)』,2000年6月
5) ㈳日本建築学会:『建築基礎構造設計指針』,2001年10月
6) ㈳日本建築構造技術者協会編:『杭の工事監理チェックリスト』,1998年12月
7) 「特集 杭工法の選定マニュアル」,建築の技術『施工』,彰国社,1995年10月
8) ㈳日本基礎建設協会:『場所打ちコンクリート杭施工指針』,平成12年6月
9) ㈳日本基礎建設協会:『場所打ちコンクリート杭の施工と管理』,平成17年7月
10) ㈳地盤工学会:地盤工学実務シリーズNo.17『杭基礎の調査・設計・施工から検査まで』平成16年11月
11) 奥村,黒島,西額,中出:「SENTANパイル工法の施工・品質管理」,『基礎工』,総合土木研究所,2007年10月

圧入式工法

アースドリル工法において表層に崩壊性の地盤があるとか杭の撤去工事などが実施されているケースでケーシングを深くまで根入れしたい場合,あるいはリバース工法でスタンドパイプを建て込む場合に用いられる工法で,ケーシングジャッキを用いてケーシング(ス

タンドパイプ）を圧入するものである。

また，特殊な工法として，最近普及してきたものに，鋼製セグメント圧入工法がある。本工法は，地上で組立てた鋼製セグメントの内部をバケット系掘削機で掘削し，グランドアンカーなどの反力に油圧ジャッキにより圧入する工程を繰返し，セグメントを所定の深さまで圧入する工法である。

■ 揺動式工法（ベノト工法）

一般的にオールケーシング工法と呼ばれる工法が「揺動式」を用いたものであり，ベノト工法と呼ばれている。揺動式の機械は，フランスのベノト社から昭和29年に導入されて発展してきた。ケーシング先端にカッティングエッジを取り付け，ケーシングチューブを揺動・圧入し，ハンマグラブでケーシング内部を掘削するものである。

揺動式工法のケーシング先端は一般のカッティングエッジのため，地中障害物や大口径の転石，岩盤の掘削はできない。

なお，掘削終了後，孔底に設置した分割コンクリートリングを専用の貫入機を用い，リングごとに所定の荷重で押込んで，先端地盤（孔底）の支持力や鉛直方向のバネ定数を改善する先端強化型場所打ち杭工法もある。

■ 全旋回式

従来のオールケーシング工法（「圧入式」，「揺動式」）では施工が困難または不可能とされてきた地中障害物の撤去や大口径の転石，岩盤の掘削を可能にした工法である。ケーシング先端に硬質地盤に対応した超硬チップからなるカッタービットを取り付け，ケーシングチューブを全回転・圧入し，地中障害物，転石，さらに岩盤までを掘削可能にしている。

ケーシング内の掘削は基本的にはハンマグラブを用いるが，場合により，ダウンザホールハンマ，ロックオーガを用いる場合もある。

特徴は，オールケーシング工法の一般事項とほぼ同様である。本工法が選定される理由としては，孔壁保護よりも，地中障害物や転石のある場合の杭施工，あるいは既存構造物の解体・撤去に用いられる場合が多い。

全旋回式オールケーシング工法には，MTR工法，CD工法，スーパートップ工法，ロダム工法，SRD工法，BG工法，マルチドリル工法，ドーナツオーガ工法，ヒルストーン工法がある。

■ HW工法（ホッホストラッセル工法）

圧縮空気によりケーシングチューブの頂部に取り付けたスイングヘッドに回転運動を与え，ケーシングチューブを押し込み，ハンマグラブなどでケーシング内部の土砂を掘削するオールケーシング工法である。

■ ベノーク工法

ベノト工法に用いる揺動装置と掘削装置を分離し，改良を加えた揺動装置を用いて場所打ち杭を築造する工法である。揺動装置を分離できるため，輸送が容易であり，作業スペースが比較的小さいなどの特徴がある。

■ TAP工法（タップ工法）

アースオーガとバイブロハンマの長所をいかしたバイブロオーガ機を用いたオールケーシング工法である。既成杭のプレボーリング工法，鋼管中掘り工法，柱列式地中連続壁工法などにも使われていた。

リバース工法

リバース工法はベノト工法，アースドリル工法とともに，代表的な場所打ち杭工法の一つである。

本工法は，表層部の孔壁崩壊を防ぐためにスタンドパイプを建て込み，スタンドパイプ天端にターンテーブルを設置した後，先端に特殊ビットが付いたドリルロッドを孔底に下ろしてターンテーブルでこれを回転することにより地盤を掘削する。掘削した土砂は，ドリルロッド内を通して孔内水と一緒に吸い上げて，沈殿槽に送り，土砂を沈殿・ふるい分けをした後，再使用泥水として孔内に戻す（逆循環方式）。

孔壁の保護は，表層部ではスタンドパイプによるが，孔内水位を地下水位より2m以上高くして孔壁に$0.02N/mm^2$以上の圧力を加えることにより一般部の孔壁安定を図る。

他の場所打ち杭工法と同様，支持層に達したことを確認した後，スライム除去，鉄筋かご建込みを行い，トレミー管でコンクリートの打設を行う。

リバース工法の施工順序を，図3.2.19に示す。

リバース工法の特徴は次のとおりである。

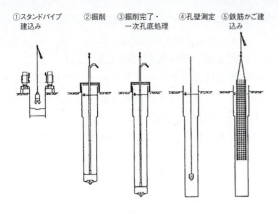

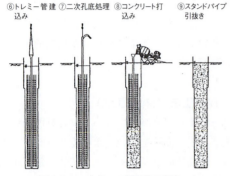

図3.2.19 リバース工法の施工順序

- ロータリーテーブルとリバース本体（サクションポンプなど）を30m程度まで切り離して作業できるため、水上施工や空頭が少ない場所での施工が可能である。
- ドリルロッドを継ぎ足すことによる連続掘削であり、施工速度が速く、大口径、大深度掘削が可能である。
- 硬質地盤対応のビットを用いることにより固結層、岩盤の掘削も可能である。
- リバース方式の拡底杭工法があり、拡底杭の施工も可能である。（拡底杭工法を参照）
- 掘削方式は、単軸ビット、多軸ビットを用いるものなど種々の形式がある。
- 掘削土砂は水分を多く含んでおり、泥水処理に手間がかかる。
- ドリルロッドより大きな玉石などがある場合、掘削が困難となる。

リバース工法には、OJP工法、TKR工法、SH工法、TFP工法、OMR/A工法、HAMAN工法、ZTR工法、KNAP工法、M&C工法、WING工法、TBP工法、KOBELL工法、MEP工法、NMR工法、TRC工法、TBH工法、TLS工法、MD工法がある。これらの工法の大半は拡底機能も保有している。

【参考文献】
1) (社)日本道路協会：『道路橋示方書・同解説（Ⅰ共通編，Ⅳ下部構造編）』，平成19年1月
2) (社)日本道路協会：『杭基礎設計便覧』，平成19年1月
3) (社)日本道路協会：『杭基礎施工便覧』，平成19年1月
4) (財)鉄道技術総合研究所編，国土交通省鉄道局監修：『鉄道構造物等設計標準・同解説（基礎構造物・抗土圧構造物）』，2000年6月
5) (社)日本建築学会：『建築基礎構造設計指針』，2001年10月
6) (社)日本建築構造技術者協会編：『杭の工事監理チェックリスト』，1998年12月
7) 「特集　杭工法の選定マニュアル」，建築の技術『施工』，彰国社，1995年10月
8) (社)日本基礎建設協会：『場所打ちコンクリート杭施工指針』，平成12年6月
9) (社)日本基礎建設協会：『場所打ちコンクリート杭の施工と管理』，平成17年7月
10) (社)地盤工学会：地盤工学実務シリーズNo.17『杭基礎の調査・設計・施工から検査まで』，平成16年11月

■ **RRC工法**（ロッドレスリバースサーキュレーションドリル工法）

ロータリーテーブルとドリルパイプを使用しないで、駆動装置のついたドリル本体を孔底に設置して掘削する。水中モータで駆動される3個のビットの自転と公転トルクの方向を反対にし、互いにバランスする機構とすることにより、ロープ吊り方式による掘削を可能にした大口径リバース工法である。

アースドリル工法

アースドリル工法はリバース工法、ベノト工法とともに、代表的な場所打ち杭工法の一つである。本工法は表層部にケーシングパイプを建て込み、ケリーバーと呼ばれる伸縮自在な回転軸の先端に取り付けたドリリングバケットを回転することにより地盤を掘削し、バケットが一杯になるとケリーバーを縮めてバケットの引き上げを行うものである。

他の場所打ち杭工法と同様、支持層に達したことを確認した後、スライム除去、鉄筋かご建込みを行い、トレミー管でコンクリートの打設を行う。

アースドリル工法の施工順序を、図3.2.20に示す。

アースドリル工法の特徴は次のとおりである。
- 他の場所打ち杭に比べ、仮設備が簡単で、施工速度が速く、工費が安い。
- 安定液の管理が重要である。
- 廃棄泥水は産業廃棄物となるので、適切な処理が必要である。
- アースドリル方式の拡底杭工法があり、同一の

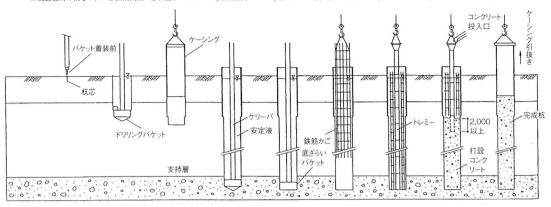

①機器据付け杭心セット ②掘削開始 ③表層ケーシング ④掘削完了 ⑤底さらい ⑥鉄筋かご建込み ⑦トレミー挿入 ⑧コンクリート打設 ⑨杭完成

図3.2.20 アースドリル工法の施工順序

アースドリルによる削孔状況

コンクリート打設

鉄筋建込み

ベースマシンで拡底杭の施工ができる。
・バケット底部の土砂採取溝より大きな砂礫・転石があると，掘削が困難となる。

アースドリル工法には，ACE工法，newACE工法，ECO-ACE工法，ベルアース工法，OMR工法/B工法，ANS工法，MMT工法，HND工法，ATM工法，SSM工法，MED工法，SUN-BEST工法，EAGLE工法がある。これら工法の大半は拡底機能も保有している。

【参考文献】
1) (社)日本道路協会：『道路橋示方書・同解説（Ⅰ共通編，Ⅳ下部構造編）』，平成19年1月
2) (社)日本道路協会：『杭基礎設計便覧』，平成19年1月
3) (社)日本道路協会：『杭基礎施工便覧』，平成19年1月
4) (財)鉄道技術総合研究所編，国土交通省鉄道局監修：『鉄道構造物等設計標準・同解説（基礎構造物・抗土圧構造物）』，2000年6月
5) (社)日本建築学会：『建築基礎構造設計指針』，2001年10月
6) (社)日本建築構造技術者協会編：『杭の工事監理チェックリスト』，1998年12月
7) 「特集 杭工法の選定マニュアル」，建築の技術『施工』，彰国社，1995年10月
8) (社)日本基礎建設協会：『場所打ちコンクリート杭施工指針』，平成12年6月
9) (社)日本基礎建設協会：『場所打ちコンクリート杭の施工と管理』，平成17年7月
10) (社)地盤工学会：地盤工学実務シリーズNo.17『杭基礎の調査・設計・施工から検査まで』，平成16年11月

［写真提供］
大洋基礎株式会社

■ カルウェルド（杭）工法

アメリカのカルウェルド社が開発した掘削機械「カルウェルドアースドリル」を用いて杭を造成する工法である。アースドリル工法の雛型となったことから，当初，アースドリル工法をカルウェルド工法と呼んでいた。

アースオーガ工法

オーガは軸に連続した螺旋状の鉄板がついたもので，スクリュー状になっておりこれを回転させて掘削ズリを排出する。オーガの先端にビットを付けて単独で削孔する単軸式と，外側ケーシングと内側オーガを組み合わせた2軸同軸式（ドーナツオーガ）がある。単軸式のアースオーガは硬岩や玉石層以外で崩壊しにくい地盤に適し，崩壊性の地盤には2軸同軸式が適している。硬質の地盤にはロックオーガを使用すれば掘削が可能であり，さらに地中に障害物がある場合には2軸同軸式のロックオーガが使用される。これらのオーガを用いた工法の特徴としては，低騒音，低振動，高速削孔が挙げられる。

削孔径は1.0m以下の実績が多く，最大は1.6m（ケーシング径1.8m）である。削孔長は20m程度が多く，最大は約60mである。

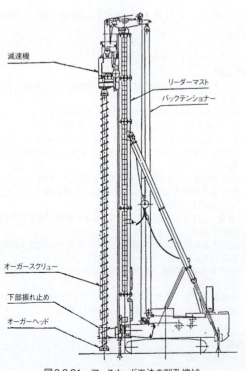

図3.2.21　アースオーガ工法の削孔機械

アースオーガは削孔してモルタルなどに置き換える工法の他に，原位置の土砂にセメントミルクを混合・撹拌してソイルセメントを造成する工法にも用いられる。ソイルセメントは土留め工に使われることが多いが，土留め杭の一部を本体の基礎杭として利用する工法がある。アースオーガ工法には，PIP工法，TSP-ECOH工法，TO-BSP工法，HBW/P工法がある。

また，ソイルセメント中にリブ付き鋼管を建て込んで合成し，これを基礎杭とする工法がある。（鋼管ソイルセメント杭工法を参照）

アースオーガ工法の削孔機械を，図3.2.21に示す。

■ CIP工法

アースオーガにより削孔し，引き抜いたあとに鉄筋かごと注入パイプを建て込む。崩壊性の地盤ではケーシングを用いる。その後，粗骨材を投入してプレパクトモルタルを注入するもので，プレパクトコンクリートの特徴を生かした工法である。

■ MIP工法

現地土とセメントペーストを撹拌混合してソイルコンクリートを造成し，芯材には形鋼を挿入する。比較的軽量な構造物の基礎とする他，杭と杭をラップさせて連続土留め壁として使用する。杭径は300～700mm，杭長は40mまでが可能である。

■ 竹中式ソイルパイル工法

オーガ式削孔機械で，原位置の土砂とグラウト液を混合して杭を造成する。施工機械は一軸，三軸，五軸の方式がある。グラウト液にはセメントミルク，ベントナイトセメントミルクなど各種の材料が使用できる。

BH工法

Boring Hole工法の略称で，掘削にロータリー式ボーリングマシンを用いる。ボーリングロッドの先端に取り付けたビットから削孔水を出しながら，これを回転させて掘削する。地面から浅い部分には保護ケーシングを用いる場合もある。掘削ズリは泥水を正循環させて孔口まで運び，サンドポンプで排出する。削孔後のスライムの処理はエアリフトで行い，孔壁のマッドケーキはビットで削り取る。広く普及

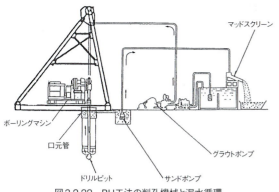

図3.2.22　BH工法の削孔機械と泥水循環

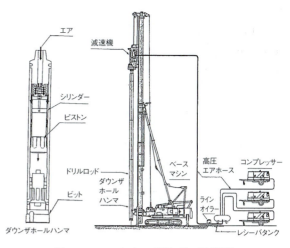

図3.2.23　パーカッション掘削工法の削孔機械

している工法で，広い範囲の分野で利用されているが，他の工法では困難な狭い場所や山間部での施工が中心である。

BH工法の特徴は，次のとおりである。
・機械および設備が小型軽量で，空間的制限がある場所での施工が容易である。
・騒音，振動が非常に小さいが，泥水の処理が必要である。
・玉石混じりの礫層以外は比較的硬質の地盤にも適用できる。
・削孔径は600〜1200mmが多く，1500mm程度まで可能である。
・掘削深度は10〜40mが一般的で，50m以上も可能である。
・削孔精度が高い。

BH工法の施工概要を，図3.2.22に示す。

パーカッション掘削工法

パーカッションによる掘削工法で使用されるハンマは，ダウンザホールハンマと重錘に大別され，主に岩盤掘削に使用されている。

ダウンザホールハンマは，コンプレッサーから高圧・大容量のエアをレシーバタンクに集め，ラインオイラーを経由してハンマに送り，ピストンの上下運動によって岩盤を打撃して破砕しながら掘削する。削孔中は減速機によってドリルロッドとハンマに回転を与え，先端ビットの摩耗の偏りを軽減する。細かく破砕された掘削ズリは，地盤とハンマの隙間をエアによって孔外まで吹き上げられ，孔の周囲の地上に蓄積する。

ダウンザホールハンマを単独で用いる場合は崩壊性の地盤には適さないが，拡径型ビットを持つハンマでケーシングを同時に建て込む工法や，ビット付ケーシングを回転させながらハンマと同時に建て込む工法があり，崩壊性の地盤にも対応できる。比較的小口径の削孔に適しており，450mm〜600mmの実績が多く，最大は1,350mmである。騒音・振動・粉塵が問題になる場合は，対策工の検討が必要である。重錘はV字形の刃先を持った2重円筒状で，重量が4〜6tonある。これを自由落下させて岩盤に衝撃力を与えて掘削する。掘削は水中で行い，ずりはエアリフトによる逆循環方式で泥水とともに連続的に排出される。重錘式掘削にケーシングパイプ圧入が併用できる機械があり，削孔径は650mmから2,000mmが可能である。

パーカッション掘削工法の機械を図3.2.23に示す。

パーカッション掘削工法には，拡径ハンマ工法，TDS工法，MACH工法，PRO-ROSE工法，ノバル工法，重錘工法がある。

拡底杭工法

拡底杭工法とは，杭の軸部をオールケーシング工法，リバース工法，アースドリル工法のいずれかにより掘削し，杭先端部をリバース方式またはアースドリル方式により釣鐘状に拡大掘削した場所打ちコンクリート杭工法である。深礎杭で手掘りにより孔底を拡大する場合についても，拡底杭工法と呼ぶ場合もある。

拡底杭工法の施工順序を，図3.2.24に示す。

リバース方式およびアースドリル方式による拡底杭は，拡底杭の形状・寸法，コンクリートの許容応

アースドリル拡底杭

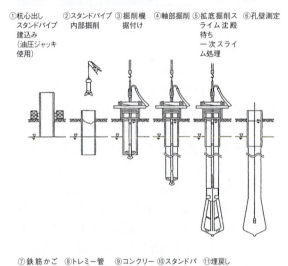

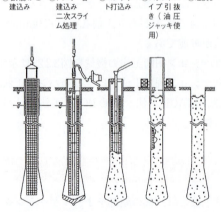

図3.2.24 拡底杭工法の施工順序（リバース工法の例）

の特徴がある。

- 杭先端部の面積が大きいため，同一軸径の杭に比べ，先端支持力が大きくとれる。
- 杭1本あたりの支持力が同じ場合には，軸部径を細くできるため，掘削土量およびコンクリート量を低減できる。
- 杭1本あたりの支持力が大きくなり，構造物の杭本数を少なくできるため，工期の短縮，工事費の節減ができる。
- 地盤沈下が発生する軟弱地盤では，軸部径を細くすることにより，杭周面積を少なくでき，負の摩擦力（ネガティブ・フリクション）が軽減できる。

【参考文献】
1）「特集 杭工法の選定マニュアル」，建築の技術『施工』，彰国社，1995年10月
2）青木一二三：「場所打ちコンクリート杭」，『基礎工』，総合土木研究所，2009年1月
3）㈳日本建設機械化協会：「基礎工事用機械の技術革新」，『基礎工』，総合土木研究所，2009年1月
4）㈳日本基礎建設協会：『場所打ちコンクリート拡底杭の監理上の留意点』，平成12年7月
5）㈳日本基礎建設協会：『場所打ちコンクリート杭施工指針』，平成12年6月
6）㈳日本基礎建設協会：『場所打ちコンクリート杭の施工と管理』，平成17年7月
7）㈳日本建築構造技術者協会編：『杭の工事監理チェックリスト』，1998年12月
8）㈳日本建築構造技術者協会ホームページ：http://www.jsca.or.jp/vol2/24archives/03TN/2008/Table20081004.html
9）㈳地盤工学会：地盤工学実務シリーズNo.17『杭基礎の調査・設計・施工から検査まで』平成16年11月
10）平井，若井，中島，青木：「多段拡径場所打ちコンクリート杭工法の施工管理」，『基礎工』，総合土木研究所，2007年10月

2 機械・人力掘削工法

ここで述べる機械・人力掘削工法とは，深礎工法における掘削工法を示すものであり，以下の①，②のように大別できる。

①機械掘削

省力化，効率化を図るため，専用の掘削，排土機械を使用するもので，最近では自動化工法の開発も行われている。

機械掘削工法の一般的な特徴と適用に当たっての注意点は次の通りである。

- 遠隔操作により無人化掘削ができる工法が開発されており，安全性に優れている。

力度などについて，㈶日本建築センターの技術評定（評価）が必要である。平成20年12月現在，リバース方式で14グループ，アースドリル方式で21グループが技術評定（評価）を取得している。最近追加されたものの中には，杭底部だけでなく，軸部についても杭径を拡大する工法がある。

拡底杭は従来の直（ストレート）杭に比べて以下

- 土砂から軟岩までを対象地盤にしている機械（工法）が多く，固い地盤での効率化が図られている。しかし，機械によって，得意不得意の地盤があるので，選定時には注意が必要である。とくに崩壊性の地山や，地下水が豊富な地盤では，補助工法を含めた機械の検討が必要である。
- 機械の選定に当たっては，掘削径と掘削深度への適応性，施工ヤードや空頭制限などの施工環境からも十分な検討が必要である。

開発されてから間がないため，施工実績が少ない工法が多い。したがって，現場状況，施工条件と各機械の特徴，性能を十分に把握し，最適な工法を選定する必要がある。

②人力掘削

従来からの工法で，掘削を人力主体で行う。直径が大きくなれば，クラムシェルやバックホウなどの一般の建設機械を使用することが多い。

人力掘削工法の一般的な特徴と適用に当たっての注意点は次の通りである。

- 適応できる掘削径と掘削深度は，機械掘削工法より大きい。
- 施工設備が簡単なため，山岳地，傾斜地，狭隘な場所での施工が可能である。
- 機械式に比べて騒音振動が小さい。
- 崩壊性の地山や，地下水が豊富な地盤では，補助工法の検討が必要である。また，有毒ガスの発生する場所での施工には適さない。

【参考文献】
1）小山浩史：「現場に見る施工技術　場所打ちコンクリート杭基礎工事編　深礎工法」，『土木施工』，山海堂，1996年7月
2）垂水祐二，藤田宏一，大森　了，中井　栄：「深礎工事の自動化」，『基礎工』，総合土木研究所，1994年3月

[写真提供]
大洋基礎株式会社

深礎工法

深礎工法とは，場所打ち杭工法の一種であり，その原形とされるシカゴ工法は，1878年にシカゴで始まったとされる。わが国では，昭和初期の建築の基礎として深礎工法の名前で登場し，以来，主として建築の基礎工法として多く採用されてきた。

この工法は，非常に狭い作業スペース，小さな機械器具，わずかな仮設工事で，比較的大きな基礎杭が築造できることから，最近では，狭い場所や山岳部の傾斜地などの特殊条件下で採用されることが多くなっている。

深礎工法の標準形は，孔壁を山留め材で支えながら人力で掘削し，支持地盤に達したのち鉄筋を組み，コンクリートを打設するものである。山留め材にはライナープレートを組み立てるものと，波形鉄板（生子板）をリング枠で組立てるものがあるが，ライナープレートの使用が多い（図3.2.25，図3.2.26参照）。また，孔径によっては，掘削・排土に機械を使用することも一般的になっている。最近では，掘削，排土の自動化工法や山留めをコンクリート吹付けにするなどしてすべての工程の機械化を目指した工法も開発されてきており，省力化，効率化，労働災害防止，作業環境改善の面から期待されている。

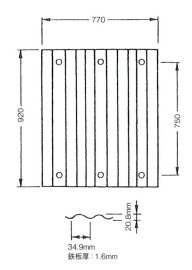

図3.2.25　波形鉄板（生子板）の例

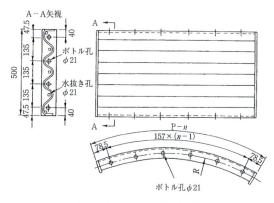

図3.2.26　ライナープレートの例

表3.2.6　機械掘削工法（深礎工法）一覧表

工法名	削孔径(m)	対象地盤	掘削方法 掘削機械	掘削方法 制御方法	排土方法（集土と揚土）	山留め方法
深礎工事機械化工法	3.0以上	土砂 軟岩	バックホウ＋ドラムカッタ（クローラ式小型走行機）	遠隔操作（地上）	土砂搬出機械 バキューム排土機	ライナープレート
SH-SHINSO工法	3.0～4.0	土砂 軟岩	懸垂油圧式ショベル 懸垂型油圧ブレーカ発破（人力）	遠隔操作（地上）	懸垂油圧式ショベル＋グラブバケット	直打ちコンクリート
スーパーRD工法	2.0～10.0	土砂 中硬岩	オールケーシング掘削機＋ファースト＋拡径掘削装置	遠隔操作（地上）	拡径掘削装置＋ハンマグラブまたは排土バケット	直打ちライナープレート PCコンクリートリング 鋼製リング
センターポール式深礎掘削工法	4.0～8.0	土砂 中硬岩	ダウンザホールドリル＋センターポール掘削機 発破（人力）	遠隔操作（地上）	掘削バケット＋揚土バケット	コンクリート吹付け ロックボルト
アーバンリング圧入工法	3.0～12.0	土砂	グランドアンカー＋圧入ジャッキ ハンマグラブまたはバケット系掘削機	遠隔操作（地上）	ハンマグラブまたはバケット系掘削機	鋼製セグメント
シャフトヘッダー	8.0以上	中硬岩	シャフトヘッダー 発破（人力）	遠隔操作（地上）	バックホウ＋垂直ベルコン	コンクリート吹付け ロックボルト

【参考文献】
1) ㈳日本道路協会：『道路橋示方書・同解説（Ⅰ共通編，Ⅳ下部構造編）』，平成19年1月
2) ㈳日本道路協会：『杭基礎設計便覧』，平成19年1月
3) ㈳日本道路協会：『杭基礎施工便覧』，平成19年1月
4) ㈶鉄道技術総合研究所編，国土交通省鉄道局監修：『鉄道構造物等設計標準・同解説（基礎構造物・抗土圧構造物）』，2000年6月
5) ㈳日本基礎建設協会：『場所打ちコンクリート杭の施工と管理』，平成17年7月
6) ㈳地盤工学会：地盤工学実務シリーズNo.17『杭基礎の調査・設計・施工から検査まで』平成16年11月
7) 「特集　杭工法の選定マニュアル」，建築の技術『施工』，彰国社，1995年10月
8) 前田良刀：「深礎工法の現状と課題」『基礎工』，総合土木研究所，1995年4月
9) 小山浩史：「現場に見る施工技術　場所打ちコンクリート杭基礎工事編　深礎工法」，『土木施工』，山海堂，1996年7月

【参考文献】
1) 小山浩史：「現場に見る施工技術　場所打ちコンクリート杭基礎工事編　深礎工法」，『土木施工』，山海堂，1996年7月
2) 垂水祐二，藤田宏一，大森　了，中井　栄：「深礎工事の自動化」，『基礎工』，総合土木研究所，1994年3月
3) 八尾正勝，久野啓嗣，福原功二：「深礎工の機械化技術」，『基礎工』，総合土木研究所，1995年11月
4) 川村公一，阿部晴夫：「パイロット事業における深礎工の自動掘削技術の活用」，『基礎工』，総合土木研究所，1995年11月
5) 魚住雅孝，山田澄雄：「深礎基礎の機械化施工」，『建設機械』，日本工業出版，1994年12月
6) 古賀義隆，木村明弘：「SH-SHINNSO工法による無発破・孔内無人化施工」，『基礎工』，総合土木研究所，1998年12月
7) 植田政明，嶋井森幸：「スーパーRD工法による深礎杭の機械化施工」，『基礎工』，総合土木研究所，1997年9月
8) 新堀敏彦，森本武夫，斎藤雅春：「路下式深礎機械化施工の開発」，『土木施工』，山海堂，1995年5月
9) 佐藤，濱田ほか：「アーバンリング」，『NKK技報（No.176）』，2002年3月

■ 機械掘削

　従来の人力施工を主体とした深礎工法は，設備が簡単であるという利点がある反面，狭隘な空間での苦渋作業になりやすい，熟練労働者の減少，硬質地盤に対しての施工速度が遅いなどの問題があり，安全性の向上，省力化，施工の効率化の観点から，各種の施工機械化工法の開発が進められている。

　表3.2.6に最近の機械化深礎工法の一覧を示す。深礎杭の施工は，掘削，排土，土留め，鉄筋組立，コンクリート打設の工種から成り立っているが，全工種を機械化しているものは少なく，ほとんどが掘削または排土までの機械化（自動化）となっている。いずれの機械（工法）も対象地盤，杭径，施工ヤードや空頭制限などの施工環境に応じた適性がある。なお，表中のアーバンリング圧入工法は，杭基礎よりも立坑としての利用が多い。

■ 人力掘削

　本工法は，掘削を人力主体で行う従来から行われている工法である。直径が大きくなれば，一般の掘削機械を使用することが多い。

　過去には，○○式深礎工法と固有名詞を冠した深礎工法が数多く考案されたが，産業財産権の消滅（期限切れ）や他の場所打ち杭工法の発展に伴って，これらの工法の施工例はほとんど見られなくなった。

　昭和40年代以降，アースドリル工法等他の場所打ち杭工法が主流となったが，深礎工法は小規模の仮設備で比較的大きな基礎杭が築造できることから，山岳傾斜地の基礎やアンダーピニングに欠かせない貴重な工法である。現在，深礎工法と言えば，人力主体の掘削工法のことを示すことが多く，一般的な工法になっている。なお，最近では，山岳地の橋梁基礎で設計外力の大きい深礎基礎として，ロッ

クボルトと吹付けコンクリートを支保とした大口径深礎の採用が増加してきた。このほか，ロックボルト状の補強材を杭基礎の周辺地盤に配置して，基礎の耐力を向上した地盤補強型基礎工法もある。

【参考文献】
1) 北中克己：『改訂　最新場所打ち杭工法-課題への対応-』，㈲建築技術，1980年2月
2) 日刊建設工業新聞社事業部：「これからの地業　場所打ち杭工法（ピア基礎を中心に）」，1967年11月
3) ㈳日本道路協会：『道路橋示方書・同解説（Ⅰ共通編，Ⅳ下部構造編）』，平成19年1月
4) ㈳日本道路協会：『杭基礎設計便覧』，平成19年1月
5) ㈳日本道路協会：『杭基礎施工便覧』，平成19年1月
6) ㈶鉄道技術総合研究所編，国土交通省鉄道局監修：『鉄道構造物等設計標準・同解説（基礎構造物・抗土圧構造物）』，2000年6月
7) 北中克己：「指標　場所打ち杭工法」，『建築技術』，1992年3月
8) 藤田圭一：「深礎工法は生き残れるか？」，『基礎工』，総合土木研究所，1995年4月
9) 前田良刀：「深礎工法の現状と課題」，『基礎工』，総合土木研究所，1995年4月
10) 金子，金沢，上野：「地盤補強型基礎工法（GRF工法）の大口径深礎への適用」，『基礎工』，総合土木研究所，2005年2月

3　その他の工法

場所打ち鋼管コンクリート杭

　場所打ちコンクリート杭の耐震性を向上させるため，杭頭などの曲げモーメントやせん断力が大きい部分を，鉄筋コンクリートから鋼管コンクリートに置換えた合成杭である。使用する鋼管はスパイラルパイプで，内側に突起が設けてある。この突起によって発揮される摩擦力と機械的結合力で，鋼管とコンクリートの一体化を確保する。一体化することで大きな曲げ耐力，せん断耐力，じん性を得ることができ，杭の耐力，耐震性が向上することから，従来の場所打ち杭より径を小さくできる。また，施工後に沈下を生じる地盤では，鋼管の外面に特殊アスファルトを塗布することでネガティブフリクションを低減することもできる。場所打ち鋼管コンクリート杭の構成を，図3.2.27に示す。

　鋼管の外径は400～2,600mm，厚さは6～22mm，材質はSKK400とSKK490といった幅広い自由度を持ち，合理的な設計ができる。また，この工法では掘削方法は制限されないので，拡底杭と組み合わせればより信頼度の高い経済的な杭の築造が可能である。

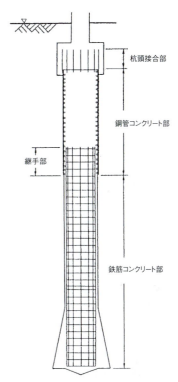

図3.2.27　場所打ち鋼管コンクリート杭の構成

　場所打ち鋼管コンクリート杭には，JFETB杭，SKTB杭，SMTB杭，STBC-SR杭があり，それぞれの構造は基本的に同じである。なお，各工法は㈶日本建築センターの評定・性能評価を取得している。

【参考文献】
1) ㈳日本建築構造技術者協会ホームページ

PREDOUX耐震杭工法

　PREDOUXは多方向X形組立鉄筋で，軸対称に並列に配置された2組のX形鉄筋を，杭断面の中央に同心状で多方向に配置した配筋手法である。PREDOUX耐震杭工法はこの多方向X形組立鉄筋を場所打ち杭の杭頭に配置した杭工法で，通常の場所打ち杭より地震時水平力に対するせん断耐力が高く，耐震性に優れており，㈶日本建築センターの建築施工技術・技術審査証明を取得している。

　PREDOUXの配置の方法には通常の鉄筋かごの内側に配置して二重配筋にする方法と，通常の鉄筋かごと同じ円周上に配置する一重配筋の方法がある。配筋以外の削孔などの施工は，従来の場所打ち杭と同じである。PREDOUX耐震杭の施工順序を，

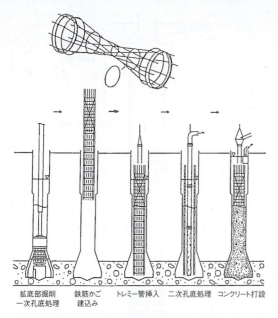

図3.2.28 PREDOUX耐震杭の施工順序

図3.2.28に示す。

〔特徴〕

- X形鉄筋が同心状に配置されているのでどの方向の地震力に対しても効果がある。
- トレミー管挿入用の空間を杭中心に確保できるのでコンクリート打設に問題はない。
- 地震時応力に対して断面算定が容易にできる。
- 製造ライン又は組立治具を用いて複雑な配筋も容易に製作できる。
- 通常より杭径を小さくしコストダウンを図ることができる。
- 杭径は1200～2500mmの範囲が可能である。

【参考文献】
1) 福嶋, 谷, 富岡, 村松：「プレダックス耐震杭の施工事例」,『基礎工』, 総合土木研究所, 1998年7月
2) (財)日本建築センターホームページ

スパイラルエース工法

スパイラルエース工法は場所打ち杭用の鉄筋かごを自動編成する技術で, 帯筋をスパイラル筋として自動編成機で巻きつけるものである。この工法では, 中間部では主筋とスパイラル筋とを結束せずに鉄筋かごの両端でのみ結合するが, 従来工法と同等以上の強度と剛性を有することが証明されている。また, 鉄筋かごの組立て精度についても, 従来と同等以上の高さを確保できる。なお, 本工法は(財)日本建築センターの建築施工技術・技術審査証明を取得している。

〔特徴〕

- 帯筋の結束や溶接の工程を減らしたことと鉄筋かごの製作を自動化したことで, 従来の工法より大幅に省力化できる。
- 従来の鉄筋かごでは帯筋の加工と結束が, 組立の中で最も時間を要する作業であったが, この工法では鉄筋かごの製作時間を3分の1以下にすることができる。
- 鉄筋かごの長さは12mまで, 径は500mm～2,000mmの範囲が無段階で製作可能である。
- 鉄筋かごの重量は4.0ton以下に制限される。
- 帯筋にはD10～D16の, コイル状の鉄筋を用いる。

【参考文献】
1) (財)日本建築センターホームページ

ストランド場所打ち杭工法

この工法では主筋にフレキシブルなストランドを用い, 杭施工場所で鉄筋かごを連続形成しながら所定の位置に設置する。ストランド（ヨリテッキン）はロールで現地搬入するので, 高架橋の下などで施工する場合でも長い鉄筋かごを連続して建込むことができる。

〔特徴〕

- 主筋のジョイント作業が不要で, 空頭や施工スペースに制限がある現場において特に有効な工法である。
- 帯筋をスパイラル筋にすることで建込み速度の向上を図っている。
- 条件によっては鉄筋の建込み時間を半分程度に短縮できる。
- 建込み時間の短縮, 継手材料の削除などにより10%のコストダウンができる。
- ヨリテッキンの引張強度は1,080N/mm^{2}以上ある。
- ヨリテッキンの表面にはコンクリートとの付着を高めるための加工がしてある。
- 継手がないため信頼性が高く, 高強度場所打ち杭への適用が可能である。

【参考文献】
1）ACT研究会ホームページ

フレキシブル鉄筋コンクリート工法

　この工法は，高強度の連続したフレキシブル鉄筋（より鉄筋）と鋼管とをモルタルまたはコンクリートにより一体化した場所打ちの合成杭工法である。施工は，『削孔→鋼管建込み→フレキシブル鉄筋かご鋼管内建込み→鋼管内モルタルまたはコンクリート打設→鋼管外周にモルタル注入』の順で行う。

〔特徴〕
- 鋼管径は165〜1,016mmが標準的に用意されている。また，フレキシブル鉄筋本数の調節により耐力を変化させることができるため，設計の自由度が広い。
- 杭径に対して抵抗モーメントが大きいため，削孔径の縮小や本数の低減が可能となり，従来工法と比較してコスト削減や工期の短縮を図ることができる。
- フレキシブル鉄筋は可撓性なので，作業空頭の制限を受ける厳しい条件の場所でも鉄筋の挿入を連続的にできる。また，使用材料が軽量であることから比較的狭い作業スペース，小規模な施工機械とすることができる。
- 上記特徴があるため，特に，削孔が困難な崖錐や岩盤などでは有利となる。施工実績も，地すべり抑止杭や山岳部の土留め杭の事例が多い。

ペデスタル杭

　本工法は，打撃貫入式場所打ち杭工法の一種で，コンクリート栓をかませた二重管を所定の深度まで打ち込んだ後，内管を引き抜き，先端にコンクリートを入れて球根状に突き拡げる。次に，鉄筋とコンクリートを投入して鉄筋コンクリート杭を築造するものである。

【参考文献】
1）青木一二三：「場所打ちコンクリート杭」，『基礎工』，総合土木研究所，2009年1月
2）北中克己：「改訂　最新場所打ち杭工法-課題への対応-」，（有）建築技術，1980年2月
3）日刊建設工業新聞社事業部：「これからの地業　場所打ち杭工法（ピア基礎を中心に）」，1967年11月

Ⅲ ケーソン基礎工法

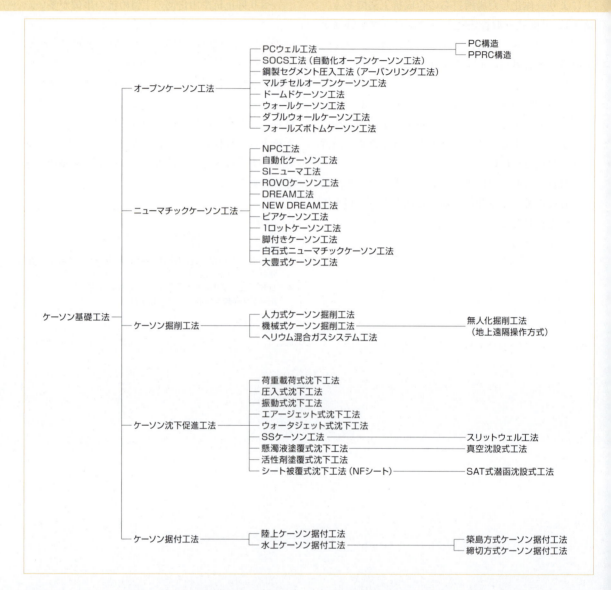

　ケーソンとは元々箱または外枠を意味するフランス語であり，ケーソン基礎とは箱状または筒状の構造物を支持層まで沈設させて基礎とし，上部構造物の荷重を支持層に伝達させるものである。
　ケーソン基礎の特徴としては以下のことがあげられる。
　①他の工法による基礎に比べ断面が大きいので，大きな水平抵抗力と鉛直支持力が得られ，また剛性が大きいので変位も少ない。
　②構造物を支える基礎だけでなく，地下構造物として内部空間を利用することができる。
　③適用例としては，橋梁，水門および重量構造物の基礎，建築物の地下室や立坑などがあり，ケーソンを横方向に繋いでトンネルなどに適用され

ニューマチックケーソン工法による道路トンネルの築造

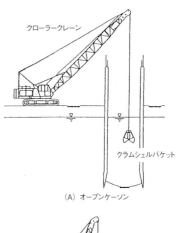

（A）オープンケーソン

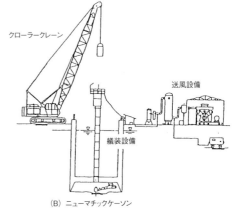

（B）ニューマチックケーソン

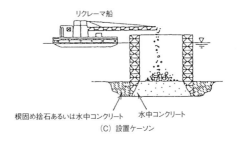

（C）設置ケーソン

図3.3.1 ケーソン工法の種類

た例もある。

　ケーソン基礎は図3.3.1に示すように施工法によりオープンケーソン，ニューマチックケーソンおよび設置ケーソンに大別されるが，また別の要素，すなわち施行場所による据付方法，使用材料，目的や用途などに着目した名称で呼ばれることもある（図3.3.2参照）。

　このうちオープンケーソンは，元来その形状から井筒またはウェルとも呼ばれ，気中で人力掘削し，石塊を積重ねて井戸を構築した工法に由来している。現在では地上で構築した鉄筋コンクリート製の本体の中空内部を掘削して沈設する工法をオープンケーソン工法と呼び，他のケーソン工法に比べ設備が比較的簡単であるという特徴がある。この工法が日本で最初に採用されたのは1879年完成した国鉄鴨川橋梁であり，これはレンガ造であった。わが国で最初の鉄筋コンクリート製オープンケーソンは1913年完成の愛媛県の肱川大橋である。

　ニューマチックケーソンは空気ケーソンまたは潜函ともよばれ，本体下部に設けた作業室内に圧縮空気を送込み，地下水を排除することにより作業室内をドライな状態にし，掘削・沈下させるものであり，そのために特殊な機械設備を必要とする。圧気を利用して地下水を排除するこの工法の起源は16世紀の始めにイタリアで湖底の作業で用いられた「ダイビング・ベル」という潜水容器であるといわれており，その後19世紀半ば過ぎから，フランス，英国，

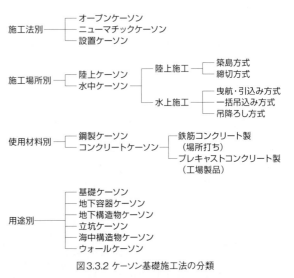

図3.3.2 ケーソン基礎施工法の分類

米国などを経て日本に技術導入されたものである。そのきっかけは1923年の関東大震災で損壊した東京隅田川諸橋の復興事業であり，永大橋，清洲橋，言問橋などの基礎にニューマチックケーソンが採用されている。

設置ケーソンは波浪や潮流など海象条件が厳しい場合や水中大型基礎などの場合で支持層が比較的浅い条件の下で採用される。わが国における設置ケーソンの事例としては，本州四国連絡橋の吊橋や斜張橋の主塔基礎が代表的である。この工法ではあらかじめ基礎据付位置の水底面を掘削・整形しておき，他の場所で構築したケーソンを目的地まで曳航またはフローティングクレーンで吊下げて所定の位置に据付けるものであり，大型の作業船をはじめとする大型機械設備を必要とする。なお，設置ケーソンは根入れが小さいため設計上は直接基礎として扱われる。

【参考文献】
1) 土質工学会編：「ケーソン工法の調査，設計から施工まで」土質工学会，昭和55年5月
2) 塩井幸武監修「わかりやすいケーソン基礎の計画と設計」総合土木研究所，平成10年11月

［写真提供］
オリエンタル白石株式会社

1 オープンケーソン工法（井筒工法，ウェル工法）

オープンケーソン工法は井筒またはウェル工法とも呼ばれ，円形，矩形および小判型の筒状の構造物の解放された内空低部を掘削しながら地中に沈下させ，所定の深さに到達させた後，中詰めコンクリートを打設するものである（図3.3.3）。本工法を応用した特殊な例としては，PCウェルやSOCS工法があり，また昔の事例としてはマルチセルオープンケーソン（蜂の巣オープンケーソン），ドームドケーソン，ウォールケーソン，ダブルウォールケーソン（二重壁ケーソン）などがある。

オープンケーソン工法の得失は一般に以下のように言われている。

［長所］
① 通常の地盤では機械掘削による能率が良い。
② 仮設備，機械設備が簡単である。
③ 工費が比較的安い。

［短所］
① ヒービングやボイリングを生じやすい地盤では周辺地盤を乱しやすい。
② 水中掘削では均等掘削が難しく，傾斜・移動などの姿勢制御に特別な配慮を必要とする。したがって平面形状が比較的小型か単純なものに限定される。
③ 固結した砂礫や玉石層での掘削が困難であり，また埋木などの障害物の撤去が難しい。

オープンケーソンの作業の流れおよび施工順序を図3.3.4に示す。ケーソンは刃口と呼ばれるブロックをまず最初に構築し，沈下掘削に応じて輪切り状の各ブロック（リフトと称する）を継足していく。沈設終了後は掘削底面地盤を整形するとともにスライム処理を行い，トレミー管を使用して水中コンクリートを打設する。

刃口の形状は図3.3.5に示すように土質に応じて

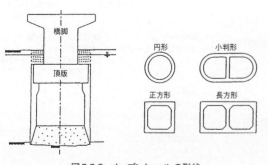

図3.3.3 オープンケーソンの形状

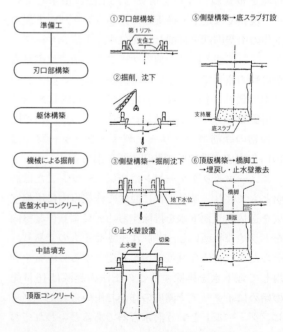

図3.3.4 オープンケーソン工事の施工フロー

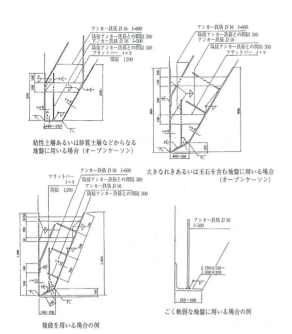

図3.3.5 刃口の形状

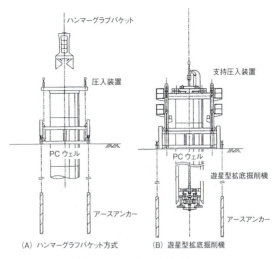

図3.3.6 PCウェル掘削工法

使い分けている。

　オープンケーソンの掘削はクラムシェルバケットまたはハンマーグラブバケットを使用し，そのベースマシーンはクローラークレーンが用いられる。

　また，近年は刃口下の掘削が可能な機械として，小口径の場合では遊星型拡底掘削機が，比較的大口径の場合にはアーム式掘削機が開発され，オープンケーソンの欠点を克服しつつある。沈設が困難になった場合の対策としては，大別して周面摩擦抵抗力を低減する方法と沈下力を増大させる方法があり，両者を併用することもある。

【参考文献】
1) 土質工学会編：「ケーソン工法の調査，設計から施工まで」土質工学会，昭和55年5月
2) 日本道路協会編「道路橋示方書・同解説Ⅳ下部構造編」（平成8年12月）pp553-556

PCウェル工法

　PCウェル工法は，オープンケーソン工法が場所打ちコンクリートで躯体を構築しながら沈設していくのに対して，工場製品である円筒状のプレキャストコンクリートブロックを施工地点で継足し一体化させるものである。この工法は現場打ちコンクリート工がないので，オープンケーソン工法に比べ構築の施工速度が速いが，プレキャスト材の運搬などで断面の大きさが制約されるので，最大外形約4m程度の小口径のケーソンに適用される。

　工法の特徴としては工場製品であるため品質の信頼性が高く，反復作業のため省力化・迅速化・施工管理が容易であること，陸上施工，水上施工のいずれにも適応できるなどの点があげられる。一方，躯体重量が軽いため沈下力が不足しがちであり，これに対処するためにジャッキや反力杭からなる圧入装置を併用する必要がある。

　PCウェルの沈設作業は中空部をハンマーグラブバケットを用いて掘削排土する単純な方法と，リバースサーキュレーションドリルの機構を発展させた遊星型拡底掘削機により刃口下まで全断面掘削を行いながら，躯体を支持し，吊降ろしていく特殊な方法がある（図3.3.6）。この両者については地盤条件，環境条件などを考慮して選択する必要がある。

【参考文献】
1) PCウェル工法協会：「PCウェル工法技術基準（案）」1987年6月
2) 千田昌平他：「拡底掘削機を用いたオープンケーソン沈設工法」『基礎工』Vol.8, No.12, pp86-90
3) 濱田良幸他：「PCウェル工事における情報化施工」『基礎工』Vol.27, No.6, pp39-41
4) PCウェル工法研究会：「PCウェル工法設計・施工マニュアル—設計編—」，2002年3月

SOCS工法（自動化オープンケーソン工法）

　本工法は多様な地盤に対して高精度にケーソンを沈設するための自動化技術を導入したオープンケーソン工法（Super Open Caisson System）で略して

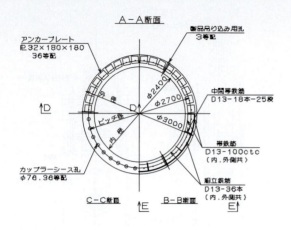
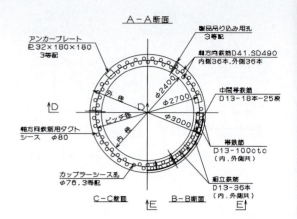

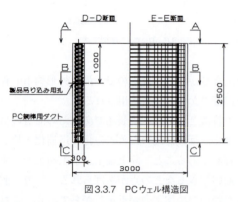

図3.3.7　PCウェル構造図

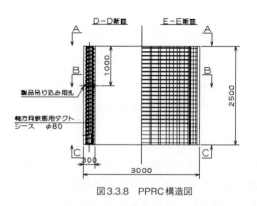

図3.3.8　PPRC構造図

SOCS工法と呼ばれている。

この工法は自動掘削・揚土システム，自動沈下管理システム（圧入装置を含む），プレキャスト躯体システムの3つで構成され，これらのシステムは3つを組合せて用いる他，現場条件により単独あるいは2つを組合せて用いることができる。

この工法の特徴としては，掘削深度が最大100mまでと深いこと，掘削外径は固結地盤で6～15m，未固結地盤で6～25mまでの大口径の施工が可能であり，システム全体として省力化が可能であるなどがあげられる。

自動掘削・揚土システムはガイドレール式バックホウタイプが一般的であり，ケーソン躯体内周に取付けられた走行レール上をバックホウが円形に走行し，刃口下を含むケーソン内地盤をケーソンの姿勢制御を考慮しながら土質に応じて自動水中掘削するものである。掘削土は自動掘削機と同期して円形走行する橋形クレーン形式の自動揚土機で油圧グラブにより揚土する。そのため，従来の掘削設備に比べ，大型設備が必要となる。

従来のPCウェル工法では1リフト分を1ブロックとしているため，運搬・施工上の制約から外形4m程度が限界であった。このような問題点を解決する方法としてSOCS工法のプレキャスト躯体システムでは，リング方向だけでなく，鉛直方向にも分割されたプレキャストブロックを鉛直方向継手，水平方向継手により接合する方式を採用している。

【参考文献】
1）建設省土木研究所構造橋梁部基礎研究室・㈶先端建設技術センター他：「建設事業における施工新技術の開発―橋梁基礎の施工における自動化技術の開発に関する研究（オープンケーソン工法）―平成4年度共同研究報告書」平成5年3月
2）中野正則他：「自動化オープンケーソン工法（SOCS）の開発」『基礎工』Vol.22，No3．
3）谷善友他：「オープンケーソン工事における情報化施工―自動化オープンケーソン工法（SOCS）を題材として」『基礎工』Vol.27，No.6．

鋼製セグメント圧入工法（アーバンリング工法）

鋼製セグメント圧入工法として，施工実績は1991年からあり，アーバンリング，アーバンリング工法ともに商標登録されている。アーバンリングは鋼製を基本に各種の開発がされてきたが，RC製

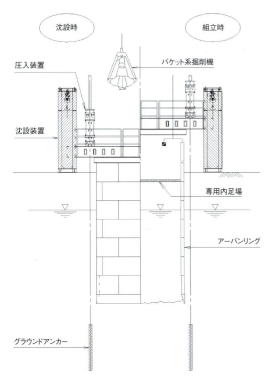

図3.3.9 アーバンリング工法概要図

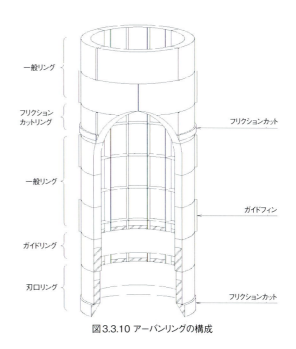

図3.3.10 アーバンリングの構成

の施工例もある。アーバンリング工法は，狭隘地や他の構造物への近接地，上空制限下や厳しい施工条件に好適な工法であり，本工法の母体である鋼製セグメント圧入工法は，1998年3月に㈶国土開発技術研究センターから技術審査証明を取得している。

アーバンリング工法とは，アーバンリングピースを沈設地点でリングに組み立て，内部をクラムシェル等でバケット掘削する。この作業工程を繰り返し，所定の深度まで鉛直方向にリングを積み重ね，グラウンドアンカーを反力に沈設する工法である。工法の概要図を図3.3.9に示す。

アーバンリングは，アーバンリングピースを連結して構成される（図3.3.10）。以下の種類のリングがある。

① 刃口リング：アーバンリングの最下端に配置されるリングで，先端は地盤貫入用のテーパー形状になっており，フリクションカット，注入孔，内面プレートを備える。底版の押し抜き防止用の構造も備える。
② ガイドリング：刃口リング上部に1～2リング配置されるリングで，掘削機の干渉を防ぐとともに掘削機を刃口付近に誘導する内面ガイドを備える。躯体と底版コンクリートの接触面から

の漏水を防ぐ構造も有する。
③ 一般リング：ガイドリング上部に配置されるリングで，沈設制御用のガイドフィンを備える。
④ フリクションカットリング：約10m毎に配置されるリングでフリクションカット，注入孔を備える。
⑤ ガイドフィン：一般リングの外側面に垂直に取り付けられ，アーバンリング沈設時の躯体の回転を抑止し，施工精度を向上する。

【参考文献】
1) アーバンリング工法研究会：アーバンリング圧入工法技術資料，アーバンリング工法研究会，2000.
2) アーバンリング工法研究会：アーバンリング圧入工法積算資料，アーバンリング工法研究会，2001.
3) 桂山広彰ほか：アーバンリング工法（分割リング圧入工法）による立坑の設計と施工例，基礎工，Vol.26, No.4
4) 「都市部でのシールド立坑に係わる新技術」連載講座小委員会：立坑の構築技術 (5)，特殊な立坑構築例（その1），掘削機械に係わる新技術，トンネルと地下，Vol.31, No.3

マルチセルオープンケーソン工法（蜂の巣オープンケーソン工法）

マルチセルオープンケーソンは，通常のオープンケーソンが単体として使用されているのに対し，円形を多数集めて蜂の巣状に一体化した鋼製大型ケー

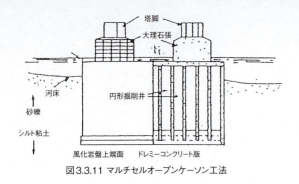
図3.3.11 マルチセルオープンケーソン工法

ソンである（図3.3.11）。

マルチセルオープンケーソンを陸上で施工するときは刃口を据付け，その上に本体を構築した後沈下掘削を行う。また，水中施工で築島しないときは刃口と躯体の一部を予め製作しておき，これを水面に浮かべて曳航して沈設する。この場合沈設後も水面下に入らないだけの高さを確保するが，このままでは浮力が不足するため，上部または下部に蓋を取付けることにより浮力を得る。前者をドームドケーソン，後者をフォールズボトムケーソンと呼ぶ。ある程度の深さまで沈設した後，この仮蓋は撤去し，クラムシェルバケットまたはジェットを用いて沈下掘削を続行する。

施工例としては米国のマキノ橋，ベラザノナローズ橋，サンフランシスコオークランドベイブリッジ，ターガス橋などがある。

【参考文献】
1）「長大橋および海中大型構造物視察団報告書」土木工業協会，昭和47年6月
2）白石俊多：「土木工学叢書」「基礎工Ⅱ」技報堂　1972年

ドームドケーソン工法

ドームドケーソン工法はオープンケーソン工法の一種である。この工法は米国の長大橋の基礎に用いられており，鋼製ケーソン内に多数の区画に内接する円形の鋼製ケーシングを有し，平面形状は蜂の巣状になっている。この内径4～5mのケーシング（これを掘削井：dredging well と呼ぶ）の頂部に半球型のドームを取付け，この掘削井の中へ空気を送り込むことによりケーソンに浮力を持たせたものである。わが国では検討された例はあるが，施工例は見当たらない。

浮体となる刃口と本体の一部は工場で製作し現場へ曳航する。掘削にはクラムシェルバケットが用いられ，掘削の対象となるウェルだけドームを外して作業する。

ドームドケーソンの特徴はケーソンの浮上と沈下において必要な安定性を確保することができ，オープン掘削が困難になったときはドームにエアーロックを取付けて圧縮空気を送り込むことにより，ニューマチックケーソン同様，中に作業員を入れることができる点にある。

【参考文献】
1）橋梁ハンドブック編集委員会：「設計。施工のための橋梁ハンドブック」建設産業調査会，昭和50年12月
2）白石俊多：「基礎工Ⅱ」技報堂，昭和47年

ウォールケーソン工法

ウォールケーソン工法はケーソン構造体の利用方法についての名称であり，幅の狭いケーソンを壁状に連ねて沈設するものである。周囲地盤に対して山留めを兼ねるとともに，建築物やドライドックなどの地下構造物の外壁を構成する。

ウォールケーソンの施工法としてはオープンケーソン工法とニューマチックケーソン工法がある。

ウォールケーソンによる山留めの場合，掘削深さがあまり深くなければ根入れを十分にとって自立式とし，支保工なしとする方が工費，工期の両面で有利である。一方，深い掘削で自立式山留めとならない場合は支保工を必要とするが，シートパイル，連続地中壁など他の山留めに比べて剛性が高く安全な工法である。しかし，全工事からみるとウォールケーソンの占める工費や工期が大きくなり，経済性の面では他の工法より劣る。施工例としては第一生命ビル本館やドライドック（乾船渠）があるが，近年は連続地中壁にとって代わられている。

【参考文献】
1）白石俊多：「基礎工Ⅱ」技報堂，昭和47年
2）魚住・北条共著：「空気ケーソン工法」理工図書，昭和45年
3）大内二男：「土質基礎の回顧と点描・補遺，8.建築基礎の移り変わり」『土と基礎』Vol.25, No2, 土質工学会，昭和52年，pp71-76

ダブルウォールケーソン工法

ダブルウォールケーソン工法は二重壁ケーソン工法とも呼ばれ，外周側壁および格子状に設けた隔壁

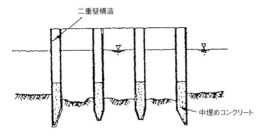

図3.3.12 ダブルウォールケーソン

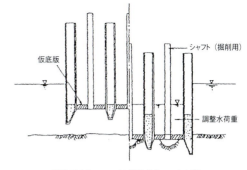

図3.3.13 フォールズボトムケーソン工法

を鋼板で二重構造とし，鋼殻の浮力を利用して曳航し，据付け位置で水，コンクリートなどの沈下荷重を鋼殻内に充填することにより水底に着底させる工法である（図3.3.12）。この工法はケーソン自重が大きくフローティングクレーンの吊能力を上回る場合にケーソンに浮力を働かせ，クレーンの吊能力を補うために使用する場合もある。このような目的のため，ニューマチックケーソンの場合でもダブルウォールケーソンとすることがある。鋼製の壁は静水圧に抵抗するために必要な強度を持たなければならないので多量の鋼材を必要とする。ケーソン曳航時には安定しているが，着底時コンクリートを打設しながら沈下させるのでケーソンは不安定になるため，支持枠またはケーブルアンカーなどで固定する必要がある。また，ケーソン据付け面は事前に整形しておくが，ケーソンが水底に着く前に据付け地盤が洗掘されるおそれもあるのでその対策が必要となる。

掘削作業性はよいがケーソンの姿勢制御は沈下荷重と掘削で行うため，大規模で軟弱地盤での施工は難しい面がある。施工例として日本では河口湖大橋がある。

【参考文献】
1）白石俊多：「基礎工Ⅱ」技報堂，昭和47年8月
2）『橋梁と基礎（下部構造特集）』第14巻8号，建設図書，1980年
3）土質工学会編「ケーソン工法の調査・設計から施工まで」土質工学会，昭和55年5月

フォールズボトムケーソン工法（底蓋ケーソン工法）

フォールズボトムケーソン工法は底蓋工法とも呼ばれ，オープンケーソン工法の一種である。構造的にはマルチセルオープンケーソンと同様に側壁部が二重鋼板構造の大型ケーソンを二重鋼板構造の隔壁によって格子状の区画に仕切ったものである。

フォールズボトムケーソン工法の特徴は，長大橋の基礎を水中で施工する場合，ドック内で製作した鋼製ケーソンを浮上・曳航するために低部に仮の底蓋を取付け浮力を増大させる点にある（図3.3.13）。

水底面への着底にあたっては二重鋼殻内にコンクリートを打設し，また，必要に応じて内部に水や砂を投入して行う。掘削は底蓋を通してパイプを下ろし，ウォータージェットで土を崩し，エアリフトで泥水を搬出し，安定した地盤までケーソンを沈設する。安定した地盤まで達した後は，底蓋を撤去し，クラムシェルバケットにより基礎地盤まで到達させるが，仮底蓋の撤去時期の判断とそのときの沈下制御が難しい。

このタイプのケーソンは浮かせた状態で上部を継足すため，重心が浮心より高くなり不安定になりやすい。また，大きな水圧に耐えるため多量の鋼材を必要とする。

【参考文献】
1）白石俊多：「基礎工Ⅱ」技報堂，昭和47年
2）飯吉精一：「土木施工学」技報堂，昭和46年

2 ニューマチックケーソン工法

ニューマチックケーソン工法は，地下水が存在する地盤に圧縮空気を利用して函型や筒状の地下構造物（これらを総称してケーソンと言っている）をつくる施工法である。図3.3.14は，橋梁基礎を建設する場合のニューマチックケーソン工法施工順序図である。

最初に，天井と周壁を持ち底面を掘削地盤に開放した柱のない（掘削の邪魔にならない）作業室を地上に設置する。周壁は先細り状になっており刃口と言っている。掘削が刃口付近に及ぶと，作業室自重が刃口先端支持力より大きくなって作業室は沈下す

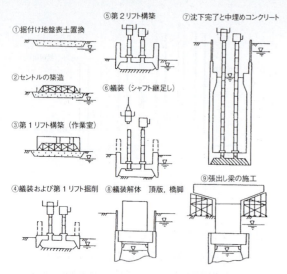

図3.3.14 ニューマチックケーソン施工順序

る。作業室が地表面近くまで沈下すると，作業室上方に地下構造物躯体をつくり掘削と沈下を再開する。掘削面積の大きい作業室では，天井スラブを支えるために作業室直上の躯体を構築してから最初の掘削に着手する場合もある。

掘削地盤面に地下水が出てくると，地下水圧相当の圧力を有する圧縮空気をこの作業室に送りこむ。地下水は作業室内から排除されるので，地上と同じ環境で掘削が可能となる。圧縮空気の中で行う作業を一般に高気圧作業と言っている。掘削，沈下と躯体の継ぎ足しを交互に行うことで，地下構造物は所定の支持地盤に到達する。支持地盤の確認を行い掘削完了・沈下終了を判定したならば，掘削機械や照明装置等を撤去して作業室にコンクリートを充填して圧縮空気環境での作業は終了する。

この方法がニューマチックケーソン（Pneumatic caisson）工法で，作業室内を圧縮空気で満たすことから圧気ケーソン工法や潜函工法ともいっている。

施工設備は動力供給の受電設備，圧縮空気製造のコンプレッサー，作業室への送気装置等，掘削機械，テレビモニター等通信装置，作業室照明等で構成される。

そのうち，エアーロック（気閘室）は地上の大気環境と作業室の高気圧環境を連絡するために設けた部屋で，この工法特有の設備である。エアーロックは圧縮空気の圧力を調整する2重扉方式の機構を備えている。この部屋には掘削土砂等の搬出に用いるマテリアルロックや作業員昇降に用いるマンロックがある。エアーロックと作業室はシャフト（縦管）で接続されている。表3.3.1は代表的な施工事例である。

NPC工法

建設省土木研究所は平成2～6年度に実施した総合技術開発プロジエクトの一環として，(財)先端建設技術センターと民間会社との共同研究により，自動化ニューマチックケーソン（NPC：New Pneumatic Caisson）工法を開発した。図3.3.15はNPC工法概要図である。施工システムは次に示す3要素から構成されている。

①作業室内の天井走行式掘削機を地上から遠隔操作する函内掘削システム，
②作業室内で掘削土砂を集積し，それを自動制御のテレスコ式クラムシェルバケットなどで作業室から搬出・貯留する土砂積替システム，
③貯留された土砂を自動制御で地上へ搬出する地上搬出システム

工法の特徴を列挙すると次のようになる。
①深度50m程度までのケーソンに適用可能
②最深部で10m³/時間の掘削土搬出が可能（在来の自動化工法の約2倍）
③大深度になる程，在来工法からの工期短縮効果を発揮
④地上からの遠隔操作により，作業室内の高い気圧の下での掘削作業を無人化

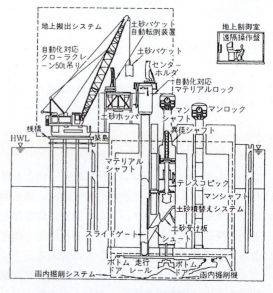

図3.3.15 NPC工法概要図

表 3.3.1
(a) ニューマチックケーソン施工事例（底面積の大きなケーソン）

事業者	名　称	底面積 m²	平面寸法 m	深度 m	施工時期
東京都	東尾久浄化センター主ポンプ棟	4837.59	77.9 × 62.1	43.7	2006.9 ～ 09.2
首都公団	レインボーブリッジ台場側アンカレイジ	3157.01	70.1 × 45.1	46.5	1987.10 ～ 90.4
首都公団	レインボーブリッジ芝浦側アンカレイジ	3157.01	70.1 × 45.1	39.0	1987.10 ～ 90.4
国交省	静岡駅前地下駐車場躯体構築工事	2935.00	63.6 × 46.0	13.8	2000.3 ～ 03.3
千葉市	中央雨水ポンプ場建設工事	2125.00	46.1 × 46.1	41.5	2005.9 ～ 09.3
東北電力	新潟火力発電所（第1期）	2124.00	59.0 × 36.0	13.0	1961.3 ～ 62.2
東北電力	新潟火力発電所（第2期）	2124.00	59.0 × 36.0	13.0	1961.3 ～ 62.4
東京都	臨海道路中央防波堤側換気所	2025.00	45.0 × 45.0	26.9	1996.12 ～ 97.12
東京都	臨海道路城南島側換気所	2025.00	45.0 × 45.0	26.0	1996.10 ～ 97.11
大阪府	寝屋川新家調節池築造工事	2010.90	φ50.7	47.9	2005.3 ～ 08.11

(b) ニューマチックケーソン施工事例（深度の深いケーソン）

事業者	名　称	深度 m	水深 m	平面寸法 m	気圧 MPa	施工時期	補助工法
大阪市	逢坂会所築造工事	64.10	－	φ22.70	0.580	2008.6 ～ 09.10	ヘリウムガス
大阪市	柴島立坑	63.52	－	φ17.6	0.539	1999.1 ～ 00.11	ヘリウムガス
日本鋼管	扇島高炉基礎	56.30	－	31.15 × 31.15	0.294	1974.12 ～ 75.9	ディープウェル
首都公団	かつしかハープ橋主塔	56.15	7.5	φ24.1	0.363	1982.11 ～ 83.11	なし
道路公団	名港中央大橋西塔基礎	52.50	14.0	34.1 × 30.1	0.294	1989.12 ～ 93.3	無人ケーソン
東京電力	榮橋立坑	52.49	－	12.1 × 8.6	0.392	1988.12 ～ 89.10	ディープウェル
大阪市	本町会所築造工事	52.20	－	φ16.16	0.439	2007.10 ～ 09.1	ヘリウムガス
国交省	相模川河口部渡河橋下部工事P7	51.50	－	φ6.5	0.430	2006.12 ～ 07.4	ヘリウムガス
東京都	高砂立坑	51.50	－	φ12.5	0.441	1999.9 ～ 00.6	ヘリウムガス
大阪府	安治川大水門中央基礎	51.50	6.5	24.0 × 12.0	0.289	1968.6 ～ 69.5	ディープウェル

(c) ニューマチックケーソン施工事例（作業気圧の高いケーソン）

事業者	名　称	気圧 MPa	深度 m	平面寸法 m	施工時期	補助工法
大阪市	逢坂会所築造工事	0.580	64.1	φ22.70	2008.6 ～ 09.10	ヘリウムガス
大阪市	柴島立坑	0.539	63.52	φ17.6	1999.1 ～ 00.11	ヘリウムガス
国交省	矢部川橋P2基礎工工事	0.530	50.4	22.6 × 13.1	2004.3 ～ 05.9	ヘリウムガス
福島県	大平沼取水塔	0.529	45.4	φ3.6	1969.5 ～ 70.3	なし
国交省	矢部川橋P1基礎工工事	0.500	50.0	22.6 × 13.1	2004.3 ～ 05.9	ヘリウムガス
国交省	伏木富山港道路橋梁（P23）基礎工事	0.480	44.0	27.0 × 12.0	2003.9 ～ 05.9	ヘリウムガス
国交省	伏木富山港道路橋梁（P22）基礎工事	0.480	40.0	27.0 × 12.0	2004.4 ～ 04.12	ヘリウムガス
東京都	高砂立坑	0.445	51.5	φ12.5	1999.9 ～ 00.6	ヘリウムガス
国交省	京浜島共同溝到達立坑工事	0.440	45.9	φ10.80	2004.2 ～ 05.2	ヘリウムガス
大阪市	本町会所築造工事	0.439	52.2	φ16.16	2007.10 ～ 09.1	ヘリウムガス

⑤大深度でも安全で確実な施工が可能

初適用は平成7年度渇水期施工の天建寺橋（筑後川の河口から20km上流に架橋）下部工事であった。

【参考文献】
1）土木技術資料38-9（1996）

自動化ケーソン工法（ニューマチックケーソン地上遠隔操作システム）

図3.3.16は自動化ケーソン工法の概要図である。この工法では，作業室内の天井走行式ケーソンショベル（1970年に実用化した掘削機）を地上に設けた管理制御室内のモニターテレビを見ながら遠隔操縦して掘削する方式である。さらに，この工法はモニタテレビの視界の狭さをカバーするために以下のシステムを備えている。

①掘削土砂搬出用バケットへの自動積込装置の採用（ベルトフイーダー方式後に円形回転翼方式追加）
②ケーソンショベル位置のグラフィック表示

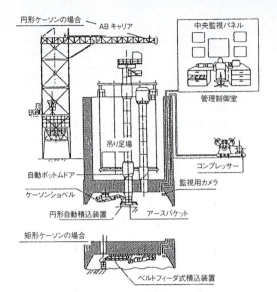

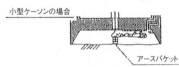

図3.3.16 自動化ケーソン工法概要図

③ケーソンショベルの自動運転
④刃口付近の地盤状況のグラフィック表示
⑤ケーソン掘削沈下に関連する各種情報計測とモニタテレビへの表示

　本工法により，掘削作業員は高気圧作業から解放されるとともに，納品品質すなわち施工精度がさらに向上した。

SIニューマ工法

　SIニューマとは，コンピュータによる設計およびロボット技術を最大限に活用し，ニューマチックケーソンの合理的な構造決定，安全と環境に配慮した省力化，施工の完全無人化技術である。
　SIニューマの特徴は以下となる。
①完全無人化施工
　　IT技術を駆使したロボット技術を進展させ，完全無人化を達成した。これにより，超大深度でも効率的で安全な施工が可能となり，高気圧下における特殊な作業が不要となった。
②環境対応
　　周辺環境に配慮した，環境対応技術を確立した。具体的には，騒音対応システムとしてケーソン工事特有の騒音レベルの低減と数値予測による各種対策の提案，ならびに函内水位制御システムとして圧縮空気が土中に漏れること（漏気）による井戸水等の水質汚濁の防止が可能となった。
③合理的な設計
　　迅速で正確な設計（ケーソン設計支援システム，橋梁上下部工一体解析システム）と，豊富な実績を基にした性能設計・解析技術を確立したことにより，複雑なケーソンの設計を合理的かつ迅速に行うことが可能となった。
　本工法は，豊洲大橋の下部工事で採用された。

【参考文献】
1）小田章治：SIニューマの設計・施工技術—ITを駆使した未来型の無人ニューマチックケーソン工法—，橋梁と基礎，pp.28〜33，2006.4

ROVOケーソン工法

　ROVO（Robotized Operating Vertical Shield System of Ohmoto Pneumatic Caisson）ケーソン工法は，ニューマチックケーソンの掘削無人化工法の総称で，図3.3.17に工法概念図を示す。掘削手順は，掘削土砂を一度仮置し，仮置土砂を別に設けた土砂積み替え装置（底開きバケット）で排土バケットに投入し，それを地上に搬出する方式にしている。掘削機の走行機構は，作業室天井スラブ装着のラックギヤ付き走行レールと掘削機装着のピニオンギヤとを噛み合わせて，ケーソンが傾斜しても走行がスムーズに行えるラック＆ピニオン方式になっている。掘削作業は地上に設けた遠隔操作室からモニターテレビ（立体カメラによる撮影と受像方式）を

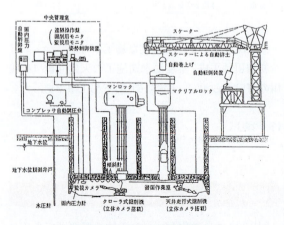

図3.3.17 ROVO工法概要図

見ながら掘削機を運転して行い，掘削機等の衝突防止を以下に示す作業でコンピュータ制御している。
① 掘削から掘削土砂の仮置作業
② 掘削土砂積込装置が行う作業：底開きバケット使用で掘削土砂の排土バケット投入・「はねつけ」作業
③ 効率よく土砂搬出用アースバケットを使用するためのバケット姿勢制御用バケット底面整地作業

DREAM工法

DREAM（Daiho Remotecontrol Excavation and Automatic operation Methodの略）工法は，作業室天井走行式無人化ケーソン掘削機を用いる無人ケーソン工法の総称で，次に示す4要素で構成している。

①掘削制御システム，②映像監視システム，③掘削沈下管理システム，④接触防止制御システム。

作業室天井スラブに装着したラック付きレールを掘削機装着の歯車駆動で掘削機が走行する。また，ブーム中間でブーム軸を中心にバケットが回転するのでホウ（hoe）・ショベル（shovel）兼用型になっている。この機械の地上遠隔操作システムが上記の①～③で，④は複数の掘削機が稼動する場合の相互の衝突破損防止策である。従来の掘削機が作業室内での組立・解体を伴い，それが高気圧下での長時間に及ぶ掘削機修理や解体作業を誘発していた。それを避け，大気圧下で修理や解体を行うケーソン掘削機回収システムも考案している。図3.3.18は回収システムを備えた工法概要図である。現在は，アタッチメント交換でブレーカ，ドリフタやカッタローダの装着と遠隔操作も可能になっている。

NEW DREAM工法

NEWDREAM（ニュードリーム）工法は，下記の高気圧作業の無人化技術や安全対策技術を施工条件に応じて組み合わせて使用する。工法の特長を以下に列挙する。

① 無人化技術
1) 高能力DREAM掘削機（DREAM II 掘削機の場合）掘削作業は，地上からの遠隔操作で行われるので作業員が高気圧下から解放され，安全に掘削できる。従来機に比べ，

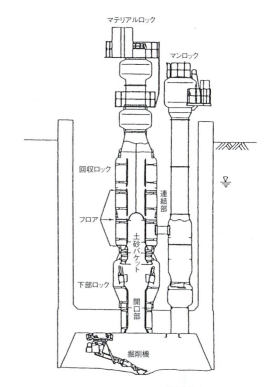

図3.3.18　DREAM工法概要図

出力が約2.5倍（15kw→37kw），バケット容量が2倍（0.15→0.3m^3）であるため，掘削工程を大幅に短縮できる。多機能型ケーソン掘削機であり，バケットや削岩機を装着することで普通土から岩盤（160MPa）まで掘削可能である。

2) 掘削機メンテナンスシステム
　作業室と掘削機メンテナンスロック間の掘削機移動に新しく開発したトラベリングシステムを使用し，日常点検・整備・修理・解体・回収作業を大気圧下で行えるため，高気圧作業をなくすことができる。このため，コストが縮減され，作業環境が向上するとともに高気圧障害の防止に効果がある。

3) 遠隔操作地耐力試験装置
　遠隔操作地耐力試験装置を使用することにより試験装置の設置・計測・撤去を全て地上からの遠隔操作で行えるため，地耐力試験の高気圧作業が発生しない。

② 安全対策技術
1) メンテナンスロック
　メンテナンスロックは二重スラブ構造を活用して大気圧下で掘削機の点検・修理を

行う所であり，高気圧作業をなくす。
2）大気圧下エレベータ
New DREAM工法は，掘削機の点検・修理作業等の昇降に大気圧下エレベータを使用しているため，作業員の身体的負担を軽減できる。従来工法は，作業室への昇降に高気圧下の螺旋階段を使用する。大深度の場合は，エレベータを使用するが，エレベータを降りた後高気圧下で直梯子を15～20m使用するため，作業員の身体的負担が大きくなる。
3）非常用設備
3－1）DHENOXシステム
New DREAM工法では，高気圧下作業が通常は発生しないため，非常用の簡便なヘリウム混合ガス設備で済みコストを縮減できるほか，作業環境が優れている。
3－2）二重スラブマンロック
New DREAM工法は非常時に使用するマンロックが広く，手足を伸ばした横臥状態で減圧できるため，身体の負担が少なくなる．

ピアケーソン工法

ピアケーソン工法とは，ニューマチックケーソンの沈設に際して構築時に橋脚躯体も同時に構築してケーソンと一体で沈下させる方式である。ケーソン頂版と橋脚躯体には，シャフトを立ち上げるための中空部（φ1.8m程度）を設ける。沈設後，橋脚躯体の断面欠損が構造的に問題になる場合は，中空部を埋め戻す。

この方式では止水壁が不要なため，止水壁方式に比べ下記の優位性がある。

・止水壁方式では沈下完了後，止水壁の内側で橋脚躯体を構築するため施工余裕が必要になるが，ピアケーソンではそれが不要なためケーソン最小寸法を小さくすることができる（図3.3.19）。
・頂版，橋脚躯体，直上土砂が沈下荷重となるため，沈下が容易である。
・頂版，橋脚躯体を連続的に施工し，止水壁の設置，撤去がないため工程も短縮できる。ただし，

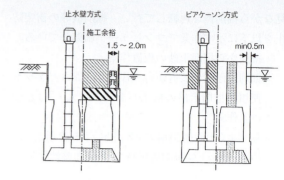

図3.3.19 止水壁方式との比較

橋脚躯体構築後に沈設させることから，施工管理に細心の注意が必要になる。

【参考文献】
1) 塩井幸武監修：「わかりやすいケーソン基礎の計画と設計」総合土木研究所，1998，11
2) 宮内・松浦・大平：「ヘリウム混合ガス併用ケーソン無人掘削工法 名港西大橋Ⅱ期線ピアケーソン工事」『建設の機械化』No.546
3) 木村・國原・上田：「無人化ニューマチックケーソン工法 第二東名大井川橋」『基礎工』Vol.25，No.5
4) 平野・篠崎・宮寺：「鋼製フローティングピアケーソンの実施例」『基礎工』Vol.14，No.1

1ロットケーソン工法

1ロットケーソン工法とは，直接基礎のフーチング底面に刃口を付けて作業室を設け，ニューマチックケーソンと同様な構造として送気を行い，橋脚も構築しながらピアーケーソン方式で沈設させる工法である（図3.3.20）。直接基礎形式ケーソン工法とも呼ばれる。

平面寸法が大きくシャフト本数が多い場合には，橋脚躯体内にシャフトを通すことができないため，橋脚外に保護管を設置してその中にシャフトを設けることもある。形状寸法は底面積に比べて根入れが浅いため，通常のケーソンのような中空部がないのが特徴である。

本工法は，下記の理由から直接基礎では施工が困難，あるいは工事費が高くなる場合に適している（図3.3.21）。

・玉石層，岩盤などのため土留め壁の設置が困難な場合
・土被りが大きく開削工法では土留め壁が相当強固になる場合
・湧水が多く開削工法では止水のための補助工法

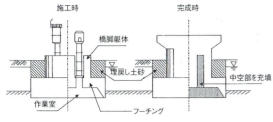

図3.3.20 1ロットケーソンの構造

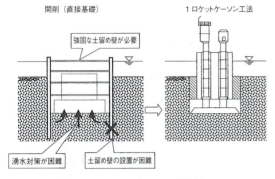

図3.3.21 1ロットケーソンの優位性

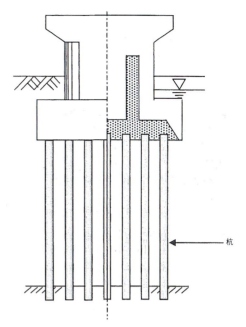

図3.3.22 脚付きケーソン工法（杭基礎タイプ）

が必要になり施工が難しい場合

また，設計上の考え方としては支持層が浅いため直接基礎となるが，水平抵抗を考慮した基礎として安定計算ができるため，底面のみで抵抗する直接基礎よりは平面寸法を小さくすることができる。

【参考文献】
1) 塩井幸武監修:「わかりやすいケーソン基礎の計画と設計」総合土木研究所，1998，11
2) 永山・中島:「高規格幹線道路深川留萌自動車道　深川大橋」『橋梁』Vol.33，No.8
3) 細見:「フーチング型ニューマチックケーソン基礎の設計と施工（南浜大橋の例）」『基礎工』Vol.20，No.3
4) 佐々木・木島・金沢・入山:「すずらん大橋の計画と設計」『橋梁』Vol.34，No.10
5) 吉岡・石井・樋田・中澤:「現橋直下におけるニューマチックケーソン基礎の施工　錦桜橋橋梁整備工事」『基礎工』Vol.25，No.8

脚付きケーソン工法

脚付きケーソン工法とは，上部がケーソンで下部が杭となる複合構造の基礎工法である。ケーソンはニューマチックケーソン，オープンケーソンのいずれかであり，杭には既製杭あるいは場所打ち杭が用いられている。

施工法には下記の2方式があるが，一般的には前者の採用事例が多い。

① あらかじめ杭を打設し，その上にケーソンを沈設した後，杭頭の結合を行う方式

② ケーソンを沈設した後，杭をケーソンの下部に打設し，杭頭の結合を行う方式

本工法は，設計的には杭基礎でよいが，近接施工あるいは湧水が多いため開削工法では施工が困難な場合などに適している（図3.3.22）。

橋梁基礎以外には，内空を利用する立坑やポンプ場などの地下施設で，支持層が深い場合に採用されている。

【参考文献】
1) 塩井幸武監修:「わかりやすいケーソン基礎の計画と設計」総合土木研究所，1998，11
2) 畑農・泉・奥脇・栗原:「脚付きケーソンの設計施工について　東関東自動車道利根川橋下部工工事」『基礎工』Vol.14，No.1
3) 福本・佐川・斎藤:「既設橋梁の上下間に沈設した庚午橋　立体交差橋の脚付きケーソン基礎」『土木施工』Vol.49，No.10
4) 芦原:「なみはや大橋　大阪市西部地域の主要橋梁」『橋梁』Vol.31，No.3

白石式ニューマチックケーソン工法

白石式ニューマチックケーソン工法の開発趣旨は，従来人力に頼っていた掘削作業を無人化し，沈設管理をシステム化して施工技術を改善して省力化及び安全性を向上させ，かつ近接施工・大深度施工における適用性の拡大を図ったことにあり，以下の事項が具体的特徴である。

① 掘削作業の省力化，安全性向上および効率化を

図るため，遠隔操作による無人化施工ができる。
② 傾斜防止修正装置あるいは圧入装置を用いることにより，偏位量 ± 50mm 以内かつ傾斜角 1/300 以内の精度で沈設ができる。
③ 圧入装置を用いることにより，敷地境界または近接構造物からケーソン外周面までの距離が 10 ～ 15cm 程度でも，周辺への影響を少なく沈設できる。

掘削地盤深部に固定されたアースアンカー（グラウンドアンカー）が作業室天井スラブを貫通するので，圧入力はケーソン直上に載荷できる。これが上記③の施工を可能にしている。圧入装置にも工夫が施されている。

大豊式ケーソン工法

大豊式ケーソン工法は，構造物を利用してニューマチックケーソン工法で使用するエアーロックをつくることを特徴とする工法である。

鉄筋コンクリート製エアーロックは作業室天井スラブ直上に設けており，ケーソン下部の一部あるいは全体が2重スラブ構造となっている。いずれの場合も，高気圧の作業室内から掘削土を一度，鉄筋コンクリート製エアーロック内に仮置し，次いでエアーロックを大気圧に開放するので掘削土は地上へ連続排土され，掘削が中断することがない。さらに，広い鉄筋コンクリート製エアーロックは作業を終えた作業員が広い空間でリラックスした姿勢で減圧できるように配慮されて減圧症予防効果をあげている。

3 ケーソン掘削工法

オープンケーソン内部とニューマチックケーソン作業室内で行う掘削作業のうち刃先掘削の目的は，「ケーソン沈下促進工法」で解説しているケーソン沈下関係式中の刃先抵抗力を軽減させてケーソンの沈下を促すことであり，沈下するケーソンに傾斜が発生しないように周方向で偏らない刃先直下の掘削が要求される。ケーソン掘削工法として，オープンケーソン工法あるいはニューマチックケーソン工法を採用するかどうかは刃先掘削ができる地盤かどうかの評価が選定要因になる。

刃先底面以深の地盤が強固で，刃先に転石や玉石等が噛むことが予測され，さらにケーソン沈下関係式で沈下力が大きい場合に，オープンケーソンでは対応困難となる例が多い。それらが想定される場合の掘削要領は沈下力を当該箇所に集中させなければよく，水中掘削のオープンケーソンでは，突き矢を用いた転石壊しやオープンケーソン内部への移動を試みたり，視界不良な作業環境において転石にワイヤーロープを巻きつけてオープンケーソン内部に引き込む方法や水中発破の実施となる。これらの不確実性が工程遅延を誘発することもある。また，過度の発破はケーソン沈下や周辺地盤の振動締固めを誘発して，ケーソン周面地盤の摩擦力を増大させて沈下不能を惹起することもあるので沈下終了直前以外は採用しない方がよい。沈下不能に遭遇し，圧気掘削に変更して最終深度まで沈下させた例がある。硬質地盤用アースオーガ工等を用いてオープンケーソン施工前に掘削対象箇所を破砕あるいは掘削が容易な粒径が比較的大きなレキ置換（地震時に液状化が発生しない程度）を行って対応することもある。

ニューマチックケーソンでの掘削工法では，転石位置周辺で沈下力を土のう等で仮受けした後に転石を発破等を用いて壊し，そこの土砂置換を行った後にケーソンを沈下させればよい。作業室天井スラブをサンドルで支持したり，刃口に鋼材でブラケットを装着したりして刃先へ集中荷重を作用させない方法もある。岩掘削における作業室内での発破使用は一般的な掘削工法で，火薬取締法の適用外のガンサイザーで岩破砕を試みた例がある。

粘性土層の掘削では作業気圧，粘性土層の厚さと粘性土層の下にある帯水層水圧の程度を勘案して盤ぶくれ発生防止をする作業気圧管理が要求される。

人力式ケーソン掘削工法

① オープンケーソン工法
   オープンケーソン内部に地下水が出てこない場合で，刃先に大径レキが出現した場合などにそれを除去するために人力掘削をすることがある。
② ニューマチックケーソン
   ニューマチックケーソンの人力掘削は作業室面積が 40m² 未満の場合に実施される。バケット位置が作業室内中央から偏ると，掘削土砂のバケット投入に中継作業（撥ね付け）が要求さ

れる。また，掘削作業員は刃口周方向掘削範囲を均等に分担して同時に刃先掘削（刃口浚い）を行い，ケーソンを沈下させる。

機械式ケーソン掘削工法

①オープンケーソン工法

　現在のオープンケーソン掘削では，クラムシェルバケットの使用が一般的である。水中掘削の深さが大きくなると，クラムシェルバケットに作用する浮力の影響でその先端の掘削地盤への貫入量が少なくバケットの土砂把持能力が低下するので，まれにハンマーグラブバケットやリバースサーキュレーション工法を用いることがある。

　土丹掘削も可能なアーム式水中掘削機や自動掘削機械（SOCS工法）が開発されている。

②ニューマチックケーソン工法

　わが国では1961年の新潟火力発電所基礎（平面寸法59×36m）工事において作業室内掘削土のバケット積込にベルトコンベアーが使用された。一方，1962年に実用化（国際電電公社地下室ケーソン工事）された掘削機械は，作業室内を排気ガスのない環境でオペレーターに機械を運転させるために小型ブルドーザーを電動駆動方式にしていた。その後，湿地ブルドーザー，ドーザーショベルやバックホウも電動化され，1971年に天井走行式ケーソンショベルが港大橋（大阪）中間橋脚基礎（平面寸法40×40m）において5台の掘削機を使用して機械掘削汎用化が実現した。現在，この走行方式が機械掘削の主流（参照「自動化ケーソン工法」）となっている。その後土丹専用掘削機が開発された。一方，種々試みられた排土の流体輸送方式は，深度方向の土質変動や地上搬出後の脱水処理の複雑さがその普及を妨げている。

■ 無人化掘削工法

　ニューマチックケーソンの無人化掘削は，高圧空気環境の作業室内に設けた掘削機械を地上と同じ大気圧環境で遠隔操作する方式の総称である。高気圧環境で作業する場合，減圧症発症予防の面から，そこでの滞在時間を制約しなければならないことが労働省令・高気圧作業安全衛生規則に定められている。

施工中の小断面無人化ケーソン

これを受けて建設省土木工事積算基準（平成12年度版）は実掘削可能時間を指定している。例えば圧力0.3MPa程度（地下水面下30m相当の水圧と同等の高気圧）で1方当り実掘削作業時間2.6時間である。掘削能率向上は，高気圧下に滞在しないで掘削機械を運転し，掘削可能時間を延長することで実現される。この方式の最初の試みは掘削機を建設省・中部地方建設局が昭和44（1969）年度に試作し，昭和47年度に新木曾川橋・Ⅱ期線側・P8橋脚基礎で実証工事を成功させたことに始まる。

　これを契機として，ゼネコン各社の研究は表3.3.2の経過を辿り，名古屋の日本道路公団・名港西大橋Ⅰ期線工事の東主塔基礎工事で無人掘削が達成（1982年）された。カプセル内が地上と同じ大気圧環境になっており，掘削機運転工はカプセル側面装着の「覗き窓」から作業室内の掘削機と掘削地盤状況を視認しながら掘削する。排土作業もバケット一個を用いてバケット交換もない作業室内完全無人となった。その結果，実掘削時間延長が達成され，掘削作業員が高気圧作業から解放された。その後，地上の運転室から遠隔操作する方式が開発され，今日の各種ロボット化が加速された。

　カプセル方式の無人掘削工法開始（1982年）から5年を経過して掘削機運転室を地上に設置する方式が光ケーブル用立坑工事で実用化（1987年）された。施工規模は直径6.2mで道路直下のピット内にケーソンを据えて35.1m沈下（地表面から44.5mの深度）させた。

　これが1989年の自動化ケーソン工法の開発に結びついた。この時期と相前後してゼネコン各社の地上遠隔操作方式が実用化された。それらはいずれも作業室天井スラブ下面に装着した軌条から吊り下げ

表3.3.2　無人掘削方式開発の変遷

開発者名称	システムの概要	備考（出典）
建設省	Zブームによるバックホウ式掘削機とクラムセルによる排土システムのモニターテレビによる遠隔操作。	昭和47年　木曽川実証試験
フジタ工業	ウォータージェットおよび回転翼掘削機構とリバースによる排土システム。	フジタ技報　昭和46年　No.9
㈱奥村組	バケットコンベア式掘削機とベルトコンベアとトレーリフターによる掘削排土システム。	特許公告番号　昭59-48253　公告年月日　昭和59年11月26日
飛島建設㈱	函内掘削機に耐圧カプセルを搭載し、大気圧下のカプセル内で運転を行う。オペレーターの出入はシャフト孔にカプセルハッチを接続して行う。	特許公開番号　昭60-258324　公開年月日　昭和60年12月20日　特許公開番号　昭60-258325　公開年月日　昭和60年12月20日
㈱熊谷組	刃口スラブ部に耐圧運転室を設け、ニューマチックケーソンの掘削作業を遠隔操作により行う。	特許公告番号　昭55-49214　公告年月日　昭和55年12月20日　特許公開番号　昭60-258325　公告年月日　昭和55年12月10日
大成建設㈱	スラブに設けた耐圧カプセルにより遠隔操作により掘削を行う。	特許公告番号　昭54-26808　公告年月日　昭和54年9月6日　特許公告番号　昭54-26809　公告年月日　昭和54年9月6日　実用新案公告番号　昭56-13411　公告年月日　昭和56年3月28日
鹿島建設㈱	電動ブルドーザーや電動バックホウショベルをオペレーターは函外操作室においてITVモニターを見ながら遠隔操作する。	特許公告番号　昭60-2455　公告年月日　昭和60年1月22日
㈱白石	ニューマチックケーソン作業室内に固定した大気圧室を設け、掘削機を遠隔操作する。	実用新案公告番号　昭55-36597　公告年月日　昭和55年8月28日
㈱白石	函内の圧縮空気により昇降し、かつ旋回機能を有する掘削機運転用カプセル。	特許公告番号　昭60-499　公告年月日　昭和60年9月3日
㈱白石	作業室内に設置し、アースバケットの上部まで前後進し、端部に昇降可能なホッパーを有するベルトコンベア。	特許公開番号　昭59-109620　公開年月日　昭和59年6月25日

出典：土木学会論文集・第373号　Ⅵ-5　1986年6月　13頁
　　　電力地中線土木工事で実施した無人化システムによる
　　　ニューマチックケーソン工法
　　　前田弘・川村幸延・斎藤良太郎

た掘削機と作業室内や掘削機に搭載したテレビカメラで掘削状況を視認しながら行っている。掘削機動力の出力、掘削バケット容積や走行機構の相違はあるが、掘削機の走行と停止、旋回、ブームの伸縮、掘削バケット鋤揚げなどの基本的な動作機構は同じである。また、各社は地上から遠隔操作できる排土装置を工夫して掘削排土の連続作業を可能にしている。

ヘリウム混合ガスシステム工法

掘削作業が高気圧作業を伴わない無人化掘削工法であっても、照明装置や掘削機械等の維持・修理作業は高気圧作業となる。圧力が高い場合、高圧空気呼吸の代わりに混合ガス呼吸を行う方法があるので、最初にその原理を解説し、次に労働省関係の対応を紹介する。

標準大気圧を1atm≒0.1MPaとし、大気に存在する空気成分を窒素約79%、酸素約21%で代表させると、ダルトンの法則により、例えば圧力0.4atmの圧縮空気は$0.4 \times 0.79 ≒ 0.316$atmの窒素分圧を持ち、同様に0.084atmの酸素分圧を持っている。高圧空気呼吸における人体の許容限界は生理学的に、窒素分圧は0.32atmで窒素酔いが発症し、酸素分圧1.6atmで酸素中毒が発症するといわれる。両者ともに、その環境から脱すれば正常に戻ることが判明している。前者は酒酔いの状態と同様で注意力散漫状態と表現され、後者はしびれ現象に始まる状態と表現されている。より高気圧環境内で正常な状態で作業を行う方法として、作業環境は高圧空気とするが、作業員は混合ガスを呼吸するシステムが開発（1990年）された。混合ガスは呼吸ガスの窒素分圧

ヘリウム混合ガスシステムによる大深度ケーソン

を同圧の高圧空気より小さくすなわち窒素量を少なくして不活性ガス・ヘリウムを添加する方式にしている。適用範囲は作業室内気圧・0.4～0.8atm（ゲージ圧0.3～0.7MPa）としている。

標準的な高気圧滞在時間を90分（総減圧時間200分程度）とし，作業時間延長も考慮した自主管理限界を設定している。

作業室内入室手順と減圧の概要を以下に解説する。
① 作業室直上のヘリウムロックAで作業員は0.3MPaまで高圧空気呼吸をしながら加圧する。
② それを超えてから混合ガス呼吸を開始し，作業室内に立ち入り，所期の作業を開始する。
③ 作業終了後にヘリウムロックAで減圧を開始し，0.3MPaで高圧空気呼吸に切り換える
④ 圧力0.27～0.15MPaの減圧中にマンロックBに移動
⑤ 圧力0.12MPaまで減圧したら，減圧症発症予防として酸素吸入（体内溶存窒素の早期排出）と高圧空気呼吸の交互呼吸を繰り返して大気圧まで減圧する。

［写真提供］
オリエンタル白石株式会社

4 ケーソン沈下促進工法

ケーソン沈下促進工法はケーソン沈設時の沈下を促進するための補助工法である。ケーソンが沈下する条件としては一般に次式を満足する必要がある（図3.3.23）。

$Wc+Ww>U+F+Q$

ここに，
Wc：ケーソン躯体重量
Ww：ケーソン沈下時に載荷する荷重
U：ケーソン躯体に働く浮力または揚圧力
F：周面地盤によるケーソン周面摩擦抵抗力
Q：底面地盤によるケーソン刃先抵抗力でオープンケーソンの場合のみ考慮する。

ケーソン沈下促進工法としては沈下荷重を大きくする工法と沈下抵抗力を小さくする工法に大別される。

沈下荷重を大きくする工法としてかってはインゴット，鋼材あるいはコンクリートブロックなどをケーソン頂部に載荷する方法が行われたが，現在で

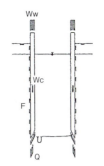

図3.3.23　沈下関係の力の釣合い

はアースアンカーや反力杭を利用したジャッキ圧入方式が標準になっている。周面摩擦抵抗力を減らす方法としてはほとんどのケーソンで使用されるフリクションカットの他に次に示す各種工法がある。
・エアージェット式沈下工法（送気式沈下工法）
・ウォータージェット式沈下工法（射水式沈下工法）
・懸濁液（ベントナイト泥水など）注入式沈下工法
・活性剤塗布式沈下工法
・シート被膜（NFシートなど）式沈下工法

これらは広く採用されているが，特殊なものとしてスリットウェル工法や振動式沈下工法などがある。

【参考文献】
1）日本道路協会編「道路橋示方書・同解説Ⅳ下部構造編」（平成8年12月）pp299-300
2）土質工学会編「ケーソン工法の調査・設計から施工まで」土質工学会，昭和55年5月

荷重載荷式沈下工法

荷重載荷式沈下工法とはケーソンの沈下工法の一種であり，沈下に必要な荷重あるいは押込み力をケーソン躯体に付加する工法である。

ニューマチックケーソンの場合は下床版（作業室スラブ）があるので，その上の空間に水を満たして荷重とするのが一般である。

オープンケーソンの場合は底部が解放されているため，その頂部に重量物を載荷するかあるいはアースアンカーなどに反力をとり，ジャッキによる押込み力により圧入する2通りの方法がある。重量物の載荷としてはインゴット，鋼矢板，レールなどが主として使用される（図3.3.24）。ただし，この方法ではケーソン頂部に重量物を置くため掘削空間が狭く

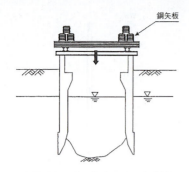

図3.3.24 オープンケーソンの載荷例

なり，十分な掘削ができなくなること，躯体構築のために荷重の載荷と除荷を繰返し作業が煩雑になること，さらには荷重によりケーソンの重心が上になるため沈下時の偏心・傾斜が生じやすいこと，また作業の安全性に問題があることなど多くの問題があるため，現在ではほとんど採用されていない。

この点アースアンカー等を利用した圧入工法は載荷装置の取付け取外しが簡単であるうえに，複数の油圧ジャッキを調整することにより躯体に生じる偏心・傾斜の修正が容易に行えるなどの利点がある。

【参考文献】
1）土質工学会編：「ケーソン工法の調査・設計から施工まで」土質工学会　昭和55年5月
2）基礎設計施工ハンドブック編集委員会：「基礎設計施工ハンドブック」建設産業調査会，昭和54年12月，pp809～811
3）森・大山・霜出：「大形長深度のオープンケーソン施工」『土木施工』25巻13号，pp59～72，山海堂，昭和59年8月

圧入式沈下工法

圧入式沈下工法は以下に示すような特徴がある。
①沈下はジャッキにより強制的に行うので圧入荷重の大きさを調節できる。したがって傾斜の発生も少なくまた修正も容易であり，沈設精度が高い。
②常に地山に対して刃口が貫入した状態であるため，ケーソン沈下に伴う周辺地盤への影響が少ない。そのため近接施工にも適応可能である。
③圧入方式のため沈設量の調整が可能である。
④油圧ジャッキなどの圧入装置は無騒音・無振動であり，環境面でも適している。

この工法を計画する場合には，ケーソンの沈下関係に基づき圧入荷重の大きさを適正に算定する必要がある。さらに，構築後の若材齢の躯体に大きな圧入荷重を加えることになるので，支圧応力などケーソン本体の強度照査を行った上で荷重載荷時期を設定する必要がある。また，圧入工法を採用する場合でも，それと同時に周面摩擦抵抗力を低減する工法も併用するケースが多い。

一般的な圧入設備は以下のような組合せから構成されている。
・押込み反力を受持つアースアンカー
・載荷装置であるセンターホールジャッキ
・ジャッキによる圧入荷重を直接ケーソンに伝達させる圧入桁
・ジャッキとアースアンカー間を繋ぐ伝達用引張材とジャッキとの固定方法

図3.3.25に代表的な圧入設備の構成を，図3.3.26に平面配置の一例を示す。

【参考文献】
1）泉満明：「PCアンカーによるケーソン圧入工法」『土木施工』

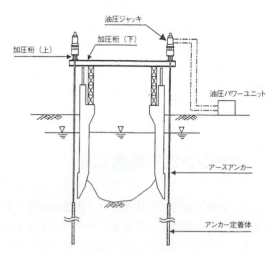

図3.3.25　代表的な圧入設備の構造図

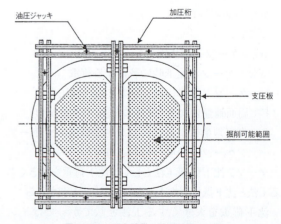

図3.3.26　圧入設備の平面配置の一例

2) 和田克哉：「横浜港横断橋におけるケーソン圧入工法」『基礎工』Vol.15, No1, pp15-20, 1987年1月
3) 阪神高速道路公団「圧入式オープンケーソンの設計指針（案）」(平成2年6月)
4) 佐藤荘一郎，縄田晃樹，小林千佳：ニューマチックケーソンによる新幹線・埼京線下道路トンネルの施工，土木施工, pp.9～15, 2001.

振動式沈下工法

振動式沈下工法とは，ケーソン沈下工法の一種であり，ケーソン沈下時の壁面摩擦抵抗を小さくして沈下を促進するために，振動・衝撃を利用する工法である。振動を与える方法としては，火薬による発破工法と機械的に振動を与える方法とがあるが，ケーソンの自重が大きいため機械的な振動を用いた事例は見あたらない。発破工法は，ニューマチックケーソンの場合，作業室内で掘削地盤にダイナマイトを装填点火し，瞬時的な振動をケーソン本体に与えることで沈下を促す。オープンケーソンの場合は，ケーソン内部の地盤にダイナマイトを装填して水中発破を行う。

【参考文献】
1) 多田・荒谷・三上・高橋：「橋梁下部構造施工法」山海堂，昭和37年8月
2) 金森・渡辺・清水：「湯瀬五橋の計画・設計・施工（上）」『橋梁と基礎』vol.17, No.1

エアジェット式沈下工法

エアジェット式沈下工法とは，ケーソン沈下工法の一種であり，空気のエアカーテンでケーソン沈下時の壁面摩擦抵抗を減らして沈下を促進する工法である。別名，送気式沈下工法ともいう。

この工法は，あらかじめケーソン側壁内に配管した送気管（φ22～25mm）に圧縮空気を送り，側壁外周に配置した数段の空気噴射孔から空気を噴射して，壁面を上昇する気泡で壁面と地盤との間にエアカーテンを作り，摩擦抵抗を低減するものである。空気噴射孔は，水平方向に送気ブロックを設け，それぞれのブロックに鉛直方向の送気管を接続する。鉛直間隔には，各構築リフトに1段（3～5m間隔）の噴射孔を水平間隔1.0～1.5m程度で設ける（図3.3.27）。一般的に噴射孔径は3mmとし，噴射圧力は0.2～0.7N/mm²程度とする。

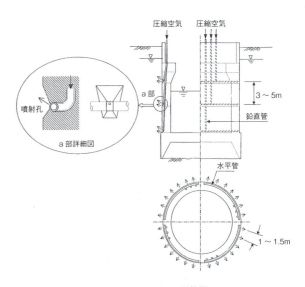

図3.3.27 エアジェット配管図

この工法の場合，粘性土では粘着力を切るのに効果があるが，砂質系地盤では逸散して効果が少なく，噴射により地盤を乱すこともある。玉石，転石層では効果がほとんどない。したがって，採用に際しては周辺への影響と地盤の判断が重要となる。他工法との併用が一般的である。

【参考文献】
1) 塩井幸武監修：「わかりやすいケーソン基礎の計画と設計」総合土木研究所，1998.11
2) 土質工学会：「ケーソン工法の調査・設計から施工まで」昭和55年5月，pp.98～99
3) 基礎設計施工ハンドブック編集委員会：「基礎設計施工ハンドブック」建設産業調査会，昭和62年4月，pp880
4) 早渕・福本：「撫養橋下部工事」『橋梁と基礎』VOL16, NO.3
5) 松浦・田中・渡辺・陶山：「宮ノ陣橋架替え工事の設計・施工」『土木施工』25巻11号

ウォータージェット式沈下工法

ウォータージェット式沈下工法とは，ケーソン沈下工法の一種であり，圧力水でケーソン沈下時の壁面摩擦抵抗を減らして沈下を促進する工法である。別名，送水式沈下工法ともいう。

この工法には，エアジェット式と同様にあらかじめケーソン側壁内に配管した送水管に高圧水を送り，側壁外周に配置した数段の噴出孔から高圧水を噴出する方法と，ウォータージェットパイプをケーソン外周に設置して圧力水を噴出する方法がある（図3.3.28）。ウォータージェットパイプを使う方法は，沈下対策を採らないで施工した結果，沈下不能

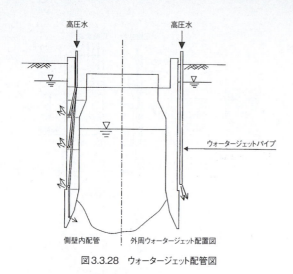

図3.3.28 ウォータージェット配管図

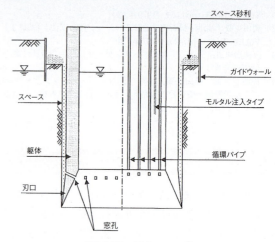

図3.3.29 SSケーソン工法

になった場合の応急対処方法として用いているが，周辺地盤を乱す原因になるため注意が必要である。

この工法は，水が非圧縮性であるためエアジェット式に比べ摩擦抵抗の減少率が多少劣るが，粘性土，シルト質土などの細粒土地盤では効果がある。しかし，噴射方法の如何によっては地盤を乱すことがあり，砂質系地盤や玉石，転石層では効果がない。

また，本工法はエアジェット式と併用されることも多く，特にオープンケーソンでは刃口部分の土砂排除のために，刃口内側に設置することもある。

【参考文献】
1) 塩井幸武監修:「わかりやすいケーソン基礎の計画と設計」総合土木研究所，1998，11
2) 土質工学会:「ケーソン工法の調査・設計から施工まで」昭和55年5月, p98〜99
3) 早渕・福本:「撫養橋下部工事」『橋梁と基礎』Vol.16, No.3
4) 「改定ニューマチックケーソン工法施工マニュアル」日本圧気技術協会，平成12年2月

SSケーソン工法

SS（スペース・システム）ケーソン工法は，オープンケーソン沈下工法の一種であり，ウェル外周面の玉砂利の沈下によって発生する「負の摩擦力」により周面摩擦抵抗を減少させ，無載荷でケーソンを自重沈下させる工法である（図3.3.29）。

この工法では，ケーソン壁面より刃口金物の刃先を約20cm突き出し，ケーソン壁面と地山との間にスペース（空隙）を作る。このスペースに沈設に伴ってガイドウォール内のスペース砂利（径40mm程度の玉砂利）が自動的に落下して，刃先に設けられた窓孔からケーソン内に吐瀉されることで，ケーソン壁面と玉砂利の摩擦，地山と玉砂利の摩擦，玉砂利同士の相互摩擦が働き，「負の摩擦力」が発生するシステムになっている。また，スペース部に玉砂利が充填されることにより，ケーソンは地山と一定の間隔が保たれ，位置が安定する。

ケーソン内の水は循環水ポンプで揚水し，循環水パイプを通じて刃先の窓孔真上から噴射される。これによって周辺の目詰まり土が洗い流され，玉砂利のケーソン内への吐瀉が促進される。ケーソン沈設後は，スペースに充填された玉砂利にモルタルを注入してケーソンと地山を固定し，強固な基礎とする。

この工法は，刃先下の先堀りを行わず，ケーソン内の地下水を汲み上げないため，周辺地盤の沈下や陥没を起こさない特徴がある。

【参考文献】
1) 飛田忠一:「SS工法ケーソンの概要と辰ノ口橋下部工にみる実施例」『橋梁』Vol.27, No.5
2) 松本・五味・池見:「オープンケーソンの改良工法　SSケーソン工法」『電力土木』No.270
3) 皆川・梅本:「水明橋下部工におけるケーソン基礎の施工SS（スペースシステム）工法」『土木技術』Vol.51, No.3

スリットウェル工法

スリットウェル工法は，オープンケーソン工法の一種であり，ウェル外周面のスペースフィルグラベルのローリング沈降と循環水流とによって周面摩擦抵抗を減少させ，無載荷でウェルを自重沈下させる工法である。現在は，改良によりSSケーソン工法と改称されている。

【参考文献】
1）鳥内修三：「スリットウェル工法（上）（下）」『土木施工』山海堂，1983，2〜3

【参考文献】
1）西田俊策：「真空沈設工法によるPC管式防波堤について」『土木施工』山海堂，昭和39年11月

懸濁液注入式沈下工法

懸濁液注入式沈下工法とは，ケーソン沈下工法の一種であり，懸濁液を注入することによりケーソン沈下時の壁面の摩擦抵抗を減らし，ケーソンの沈下を促進する工法である。

懸濁液を注入することにより周面摩擦を減少でき，躯体壁面と地盤の間隙に充填され地山をおさえる効果がある。懸濁液注入による周面摩擦力の低減効果は概ね30〜40％程度である。

注入は，グラウトミキサーで混練した懸濁液を，あらかじめ躯体内に埋め込んだ塩ビ管（φ20〜φ30mm）にグラウトポンプで圧送し，吐出孔より噴出させる。水平方向の塩ビ管の配置は3.0m〜5.0mに1段とする。一般には1ロットに1段程度としている。懸濁液の注入は，ケーソンが沈下困難になってから行うのではなく，沈下初期より継続的に行うのが効果的である。

懸濁液の標準配合は，ベントナイト150kgに対し水0.94m³であるが，地下水が豊富な地盤で懸濁液が逸水し継続効果が期待できないときには，泥水調整剤，増粘材を混合するのが効果的である。しかし，増粘効果が多すぎると注入が困難になるため注意する。塩ビ管による配管は，エアあるいは水を噴出させるジェットにも使用でき，ケーソン沈設完了後のコンタクトグラウトにも使用できる。

懸濁液をケーソンの外周に部分的に注入することにより，ケーソンの傾斜修正にも効果がある。

【参考文献】
1）日本圧気技術協会：「ニューマチックケーソン積算資料」日本圧気技術協会，平成12年6月

■ 真空沈設式沈下工法

真空沈設式沈下工法は，ケーソンに鋼製の仮蓋を取付け，蓋に取付けた水中ポンプでケーソン内の水を排出することでケーソン内の気圧を下げ，仮蓋上に作用する大気圧を荷重とする工法である。

ケーソンの上部を覆うため，載荷と掘削は同時に行えず，軟弱地盤のみの適用に限られる。

活性剤塗覆式沈下工法

活性剤塗覆式沈下工法は，ケーソン沈下工法の一種であり，躯体外周面に特殊界面活性剤を主成分とした液状の減摩材を塗覆することで土の壁面への付着を減らし，ケーソンの沈下を促進する工法である。

活性剤は乾燥すると被膜ができ，水に触れると滑りやすい状態となる。活性剤には土壌を汚染する成分は含んでいない。

活性剤を塗覆することによる摩擦減少効果は，数値による明確なデータは無くどの程度の効果があるか判断することは難しい。

使用法は，型枠解体後モップまたはローラーで躯体の表面にむらなく塗布し，乾燥後ケーソンの沈下作業を開始する。複数回塗布することが効果的である。

シート被覆式沈下工法

シート被覆式沈下工法は，ケーソン沈下工法の一種であり，摩擦減少用シート（NFシート）でケーソン沈下時の壁面の摩擦抵抗を減らし，ケーソンの沈下を促進する工法である。

従来工法での周面摩擦力は，ケーソン外周壁面と地盤との摩擦力であるが，本工法は，図3.3.30のようにケーソン外周壁面と，その壁面に接する地盤との間に強靭で柔軟な滑りやすい摩擦減少用シート（薄鋼板）を地盤に密着するように布設し，その面をケーソンが滑って沈下する。これにより摩擦力の小さいシートとの摩擦力となるので周面摩擦が低減され，ケーソンの沈下を容易にする工法である。

薄鋼板の規格は冷延薄板（JIS規格 SPCC-1B 種類硬質用）で，t=0.17mm，幅0.62mを使用する。摩擦減少用シートは図3.3.31のようにロール状に巻き鋼製のマガジンに収納し，ケーソン先端部（一般にフリクションカット位置）に取付けて，ケーソンの沈下に従って収納されたNFシートが沈下量だけ自動的に繰出して布設される。その結果，ケーソンは摩擦力の小さいNFシートに接してスムーズに沈下することになる。

摩擦減少用シートの破断や摩擦減少効果の妨げを

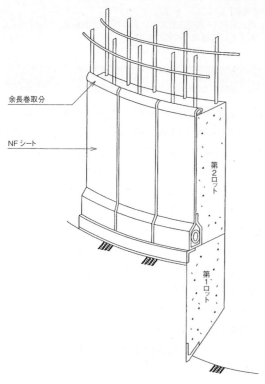

図3.3.30　概念図

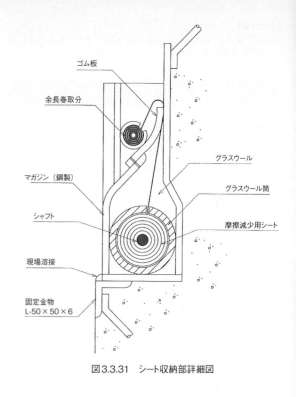

図3.3.31　シート収納部詳細図

防ぐための注意点は,
- ①シートと躯体壁面の間に土砂等が入り込まないようにする。
- ②ケーソン躯体壁面はできるだけ平滑仕上げとし,特に突出物は取り除く。

などが挙げられる。

本工法は,エアージェット式沈下工法,ウォータージェット式沈下工法を併用するとより効果が発揮される。

■ SAT式潜函沈設工法

SAT式潜函沈設工法は,オープンケーソン工法と同様,地上に構築した潜函体を刃口内部の土砂を掘削することにより躯体自重により地下に定着させる工法である。潜函体が沈下する際,全沈下抵抗力と全自重沈下力との差引抵抗力を僅少にし,僅少差引抵抗力はアースアンカーによる圧入を行う。

5　ケーソン据付工法

ケーソンを沈設する場所は,構造物の種類によって様々な条件の所があり,それらに見合った据付

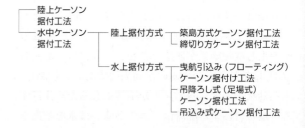

図3.3.32　ケーソン据付け工法の分類

工法を選定する必要がある。現在用いられている据付工法は,大きく分類すると図3.3.32のようになる。

陸上ケーソン据付工法とは,水の影響を直接受けない陸上部に据付け,直接地盤上でケーソンを構築し,沈下させるものである(図3.3.33)。主な用途としては,橋梁基礎ケーソン,立坑ケーソン,地下施設ケーソン,工場・建物基礎ケーソン,トンネルケーソン,水門基礎ケーソン等がある。

水中ケーソン据付工法は,陸上据付方式と水上据付方式に分類される。陸上据付方式(図3.3.34)は,水上の施工ではあるが水の影響を直接受けないように築島や締切りを行い,直接地盤上にケーソンを据付ける方式である。一方,水上据付方式(図3.3.35)とは他の場所(陸上,ドック等)で製作されたケー

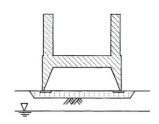

図3.3.33 陸上ケーソン据付工法

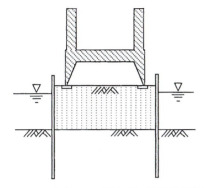

図3.3.34 水中ケーソン据付工法（陸上据付工法）

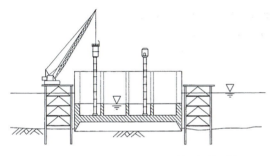

図3.3.35 水中ケーソン据付工法（水上据付工法）

【参考文献】
1）塩井幸武監修：「わかりやすいケーソン基礎の計画と設計」総合土木研究所，1998.11
2）白石俊多：『基礎工Ⅱ』技報堂，昭和47年
3）土質工学会：「ケーソン工法の調査・設計から施工まで」昭和55年5月
4）「改定ニューマチックケーソン工法施工マニュアル」日本圧気技術協会，平成12年2月

陸上ケーソン据付工法

陸上ケーソン据付工法とは，ケーソン据付工法のうち水の影響を直接受けない陸上部にケーソンを据付け，構築して沈設する工法である。一般的なフローを図3.3.36に示す。

ケーソンの据付地盤は，表土の置換（敷砂）により不陸整生を行い，ケーソンの不等沈下や傾斜が生じないようにする。地下水位が低い場合には，据付面を掘り下げることで工事費を安価にすることができる。通常，据付面の高さは地下水位から0.5～1.0m上とする。地下水位面が低い場合は，土留めなどにより据付け面を下げる場合もある（図3.3.37）。

ケーソンの据付に際しては，刃口部分に皿板を敷設して地盤へ伝達される初期構築時の重量を分散して低減する。据付地盤が超軟弱で皿板のみでは地耐力が不足する場合には，初期構築時の自重でケーソンが沈下や傾斜を生じることもあるため，必要な深さまで良質な砂質土で置換するか，地盤改良により

ソンを現地へ運び，水底面に直接据付ける方式である。主な用途としては，橋梁基礎ケーソン，水門基礎ケーソン，岸壁・防波堤ケーソン，ドックケーソン等がある。

河川の流水部，湖沼あるいは海上などで施工する場合は，水中ケーソン据付工法によるが，陸上据付か水上据付の選択は，施工条件（水深，水位変動，流速，沈設場所，環境等）を判断して決定する。一般的には水深が比較的浅い場合には陸上据付とし，水深が深い海上の場合には水上据付方式とすることが多い。ただし，吊降ろし式は，水深に左右されず施工でき，鋼殻の搬入さえできれば河川・湖沼，海上のいずれでも施工可能なため，水位変動が大きい，環境汚染対策が必要などの理由から採用が決定されることが多い。

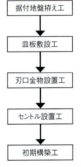

図3.3.36 陸上ケーソン据付工法の施工手順

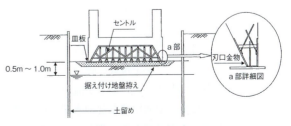

図3.3.37 陸上据付の状況

必要強度を確保する。

皿板上に刃口金物を据付けた後，初期構築を行う。ケーソン刃口部は地盤に貫入し，大きな荷重が作用する重要な部分であるため，土質に応じた刃口金物で保護する。なお，刃口金物はケーソン据付け時にガイド的役割も兼ねるため，工場で分割製作した物を現地で正確に溶接して組み立てる必要がある。

初期構築に際しては，セントルと呼ばれる支保工を設置する。セントルは木製または土砂で作るが，いずれのタイプを採用するかは初期構築重量，据付地盤支持力，ケーソン平面積などから判断する。

【参考文献】
1) 塩井幸武監修：「わかりやすいケーソン基礎の計画と設計」総合土木研究所，1998.11
2) 白石俊多：『基礎工Ⅱ』技報堂，昭和47年
3) 小島・吉田：「新富士川橋下部工」『基礎工』8巻7号

水上ケーソン据付工法

水上ケーソン据付工法には，築島上や締切り内にケーソンを据付け，掘削沈下後に築島や締切りを撤去して完成後に水中に放置する陸上据付方式（図3.3.38）と，水底面に直接ケーソンを据付ける水上据付方式（図3.3.39）に分類される。両者は，水深や施工環境などによって使い分けをするが，一般的に前者は比較的水深の浅い個所，後者は比較的水深の深い個所で採用されている。

陸上据付方式は，水上の施工ではあるが水の影響を直接受けないように築島や締切りを行い，直接地盤上にケーソンを据付ける方式であるため，据付に関しては陸上ケーソン据付工法と同様である。

築島式による陸上据付方式としては，土俵による築島工，鋼矢板による一重築島工あるいは二重築島工などがあり，その選定は主に据付け位置の水深で判断している。水深が3〜4mを超えると一重では安定しなくなるため二重にするが，この場合は平面寸法が大きくなることから，施工時の河積阻害率に留意して決定する必要がある。締切り式による方式も同様である。

一方，水上据付方式は，他の場所（陸上，ドック等）で製作されたケーソンを現地へ運び，水底面に直接据付ける方式である。このうち曳航引き込み式と吊込み式は主に海上や河口部などの水深が深い場所で採用されている方式である。また，吊降ろし式

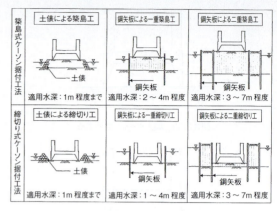

図3.3.38 陸上据付方式

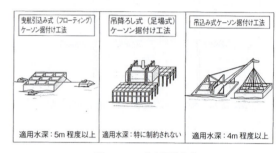

図3.3.39 水上据付方式

は，曳航や吊込みが不可能な湖沼などで採用されている方式であるが，水位が浅い個所，水位変動が大きい個所などでも施工できるため，幅広い適用性がある。

【参考文献】
1) 塩井幸武監修：「わかりやすいケーソン基礎の計画と設計」総合土木研究所，1998.11
2) 福井：「水中基礎工法の動向」『基礎工』VOL.13, NO.7

築島方式ケーソン据付工法

築島方式ケーソン据付工法は，水中据付ケーソン工法（陸上据付方式）の一種であり，地盤面が水位面より下にある場所でケーソンを沈設する場合に人工の島を築き，この上にケーソンを据付ける工法である。この工法では，築島内で施工するため水象，気象などの影響を受け難く，陸上ケーソンと同様な条件で沈設することができる。しかし，流速が速い場合には，築島の周囲が洗掘される恐れがあるため，土留め壁の根入れ長の決定には留意が必要である。

築島は，外周を土留め壁で囲い良質な土砂等を埋め立て，施工中に異常出水，水位変動，波浪などの影響を受けない高さまで盛土して築造する。通常は渇水期の高水位面より0.5〜1.0m上を据付け面と

している。また，平面寸法はケーソン外周に構築に必要な幅（1.5～2.0m）を確保して決定する。水深が浅い場合には土留め壁を設けず撒き出しによる自然法面とすることもある。

土留め壁の材料としては，水深が浅い場合，土俵，木矢板を用い，水深が深い場合は鋼矢板や鋼管矢板を用いる。

【参考文献】
1) 塩井幸武監修：「わかりやすいケーソン基礎の計画と設計」総合土木研究所，1998.11
2) 白石俊多：『基礎工Ⅱ』技報堂，昭和47年
3) 土質工学会：「ケーソン工法の調査・設計から施工まで」昭和55年5月
4) 基礎設計施工ハンドブック編集委員会：「最新基礎設計施工ハンドブック」建設産業調査会，昭和52年

■ 締切方式ケーソン据付工法

締切り方式ケーソン据付工法は，水中据付ケーソン工法（陸上据付方式）の一種であり，地盤面が水位面より下にある場所でケーソンを沈設する場合に締切りを施工し，水替え後その締切り内にケーソンを据付ける工法である。この工法も築島方式ケーソン据付工法と同じく，陸上ケーソンと同様な条件で沈設することができる。

締切りの構造は，水深が浅い場合には一重締切りとするが，切ばりがあると施工性が悪くなるため，水深が深い場合には二列の矢板の間に中詰土を充填した自立式の二重締切りとする。締切り用の矢板には鋼矢板や鋼管矢板が用いられる。なお，ケーソン据付地盤は，ケーソン構築時の荷重に対して十分な地耐力が期待できるまで良質な土砂で置換するか，あるいは地盤改良する。

締切り内の水位が高いために地耐力が不足する場合には，置換砂中にウェルポイント工法等を併用して地耐力を確保することもある。

締切り用の矢板には，鋼矢板あるいは鋼管矢板が用いられる。

【参考文献】
1) 塩井幸武監修：「わかりやすいケーソン基礎の計画と設計」総合土木研究所，1998.11
2) 白石俊多：『基礎工Ⅱ』技報堂，昭和47年
3) 渡辺・高沢：「京葉線有明西運河ケーソン工事」『基礎工』8巻7号
4) 松橋・松村：「南港連絡橋の基礎工事の施工」『土木施工』13巻9号
5) 宮崎：「一般国道17号小千谷バイパス 越の大橋の設計と施工」『橋梁』VOL30，NO.3

Ⅳ　その他の基礎工法

1　矢板式基礎工法

　矢板式基礎とは，鋼管矢板や鋼矢板を良質な支持層まで貫入させ，平面形状が閉合断面になるようにした上で，モルタル充填などの継手処理を行って頭部にコンクリートの頂版を設けてこれと一体とすることにより，基礎全体に剛性を持たせ，大きな水平抵抗と鉛直支持力が得られるようにした基礎である。
　矢板式基礎の特徴は，以下のとおりである。
　①基礎全体の剛性から，設計的にはケーソン基礎と杭基礎の中間に位置する。
　②機械化施工，急速施工に適している。
　③仮締切り兼用方式の採用により工程短縮が図れる。
　④仮締切り兼用方式の場合，水上施工や軟弱地盤での施工が容易である。
　矢板式基礎としては，図3.4.1に示すような鋼管矢板を用いた鋼管矢板井筒基礎が一般的であり，上記の施工上の特徴から，河川部や港湾部における基礎に多く用いられている。鋼矢板を用いたものはあまり用いられていない。
　矢板式基礎は，支持形式，頂版位置，平面形状によって図3.4.2のように種々の形式に分類される。
　支持形式からは井筒型と脚付き型の二形式，施工法からは仮締切り兼用方式，立上り方式，締切り方式の三方式に分類できる。平面形状としては，円形，小判形，矩形，隅切り矩形などがある。
　仮締切り兼用方式の矢板式基礎の施工は，大まかに以下のような手順で行われる。
　①矢板の打設，②継手処理，③井筒内掘削，④底版コンクリート打設，⑤支保工設置・井筒内ドライアップ，⑥頂版・躯体構築，⑦支保工撤去，⑧矢板の水中切断

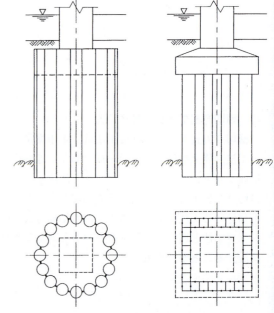

図3.4.1　矢板式基礎の例

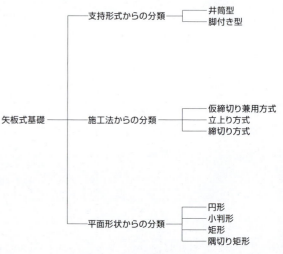

図3.4.2　矢板式基礎の分類例

【参考文献】
1）鋼管杭協会：「鋼管矢板基礎―その設計と施工―」，平成19年4月
2）㈳日本道路協会：「道路橋示方書・同解説Ⅳ下部構造編」，平成14年3月
3）㈳日本道路協会：「鋼管矢板基礎設計施工便覧」，平成10年2月
4）矢板式基礎研究委員会：「矢板式基礎の設計と施工指針」，昭和47年1月
5）㈳地盤工学会：「地盤工学ハンドブック」，1999年3月

鋼管矢板井筒基礎工法

鋼管矢板井筒基礎は，単に鋼管矢板基礎ともいい，矢板式基礎の一種である。各種継手を有する鋼管矢板を良質な支持層まで貫入させ，平面形状が閉合断面になるようにした上で，モルタル充填などの継手処理を行って頭部にコンクリートの頂版を設けてこれと一体とすることにより，基礎全体に剛性を持たせ，大きな水平抵抗と鉛直支持力が得られるようにした基礎である。

鋼管矢板井筒基礎の特徴は，以下のとおりである。
①基礎全体の剛性から，設計的にはケーソン基礎と杭基礎の中間に位置する。
②機械化施工，急速施工に適している。
③仮締切り兼用方式の採用により工程短縮が図れる。
④仮締切り兼用方式の場合，水上施工や軟弱地盤での施工が容易である。

鋼管矢板井筒基礎は，支持形式，頂版位置，平面形状によって種々の形式に分類される。支持形式からは，井筒型と脚付き型の二形式，施工法からは，仮締切り兼用方式，立上り方式，締切り方式の三方式に分類できる（図3.4.3参照）。仮締切り兼用方式の例を図3.4.4に示す。また，平面形状としても，円形，小判形，矩形，隅切り矩形などがある。このほか基礎の平面寸法が大きくなる場合には隔壁鋼管矢板や中打ち単独杭を設けることもある。

【参考文献】
1）鋼管杭協会：「鋼管矢板基礎―その設計と施工―」，平成19年4月
2）㈳日本道路協会：「道路橋示方書・同解説Ⅳ下部構造編」，平成14年3月
3）㈳日本道路協会：「鋼管矢板基礎設計施工便覧」，平成10年2月
4）㈳地盤工学会：「地盤工学ハンドブック」，1999年3月

プレハブ鋼矢板セル工法

鋼矢板セル工法は，直線形鋼矢板を円形に打込み，その内部に投入した中詰め土のせん断抵抗・重量および鋼矢板のインターロックテンション（継手張力）等で土圧・水圧等の外力に抵抗させる重力式構造物であり，一般護岸，埋立護岸，産業廃棄物護岸等において用いられている。

プレハブ鋼矢板セル工法は，鋼矢板セル工法の施工法の一種で，陸上または静穏な海域に設置された組立基地で，直線形鋼矢板を円形に建込んでプレハブ化したものをクレーン船で建設現場まで運搬し，所定の位置に据え付け，多数の集合チャック付きバイブロハンマ（図3.4.5参照）を使用して一挙に鋼矢板を打込み，セル構造物を急速に築造する工法である。場所打ち鋼矢板セル工法に比べて，施工時間が1/10～1/7程度と短いので，気象・海象条件による影響が少なく安全な施工ができるのが主な特徴である。

プレハブ鋼矢板セル工法の施工は大まかに，次の手順で行われる。

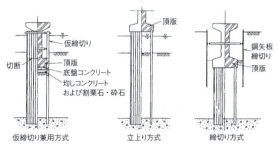

図3.4.3　施工法による分類

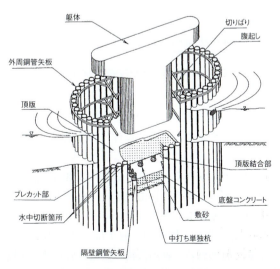

図3.4.4　仮締め切り兼用の例

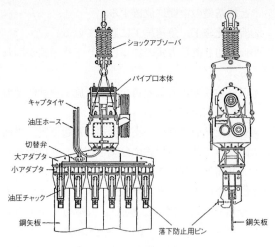

図3.4.5　チャック付きバイブロハンマ

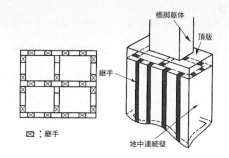

図3.4.6　地中連続壁基礎の概略

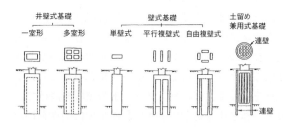

図3.4.7　地中連続壁基礎の種類

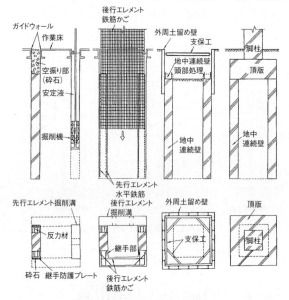

図3.4.8　地中連続壁基礎の標準的施工

①組立基地の建設・クレーン船の艤装，②鋼矢板の建込み，③吊り出し・曳航，④据付け・打込み，⑤中詰め

【参考文献】
1）鋼管杭協会：「鋼管矢板基礎—その設計と施工—」，平成19年4月

2　地中連続壁基礎工法

地中連続壁基礎とは，地中連続壁を本設に利用した基礎で，図3.4.6に示すように地中連続壁エレメントを継手により剛接合して閉合断面を形成した井筒式や，地中連続壁エレメントを1枚あるいは複数枚を継手無しでそのまま用いた壁式などがある。道路橋における地中連続壁基礎は井筒式のものを意味する。また，鉄道ではこれを連壁井筒基礎，土木学会では地下連続壁基礎と呼んでいる。

ケーソン工法や杭基礎と比較した場合の地中連続壁基礎の主な特徴は，以下のとおりである。
①地盤との密着性が良く，大きな支持力が得られるため平面形状を小さくできる
②軟弱地盤から岩盤まであらゆる地盤での施工が可能である
③地上からの機械施工であるため，安全性が高い
④低騒音・低振動工法である

用途としては，道路や鉄道などの橋梁基礎のほか，煙突や高架水槽の基礎，岸壁や擁壁の基礎として用いられている。

地中連続壁基礎の種類としては，図3.4.7に示すようなものがある。井筒式には平面寸法から1辺が5m〜10m程度の標準的な一室形，1辺が10m程度以上の多室形がある。また，壁式には頂版が不要な単壁式，平行複壁式，自由複壁式，その他として土留め兼用式基礎などがある。

地中連続壁部の標準的な施工は，図3.4.8のような手順で行われる。掘削機械の機種と形式は，土質条件・壁厚・掘削深度・作業条件・工期等を考慮し

地中連続壁基礎の掘削状況

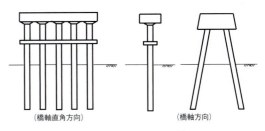

（橋軸直角方向）　　（橋軸方向）

図3.4.9　パイルベント工法

て選定する。掘削機械には，大別すればバケット式・回転式の2種類がある。

　地中連続壁基礎は他の工法と異なり，大半の作業を地中で行うことや継手があることから，適切な作業手順に基づく施工と慎重な施工管理が重要である。

【参考文献】
1) ㈳日本道路協会：「道路橋示方書・同解説Ⅳ下部構造編」平成14年3月
2) ㈶鉄道総合技術研究所：「鉄道構造物等設計標準・同解説基礎構造物・抗土圧構造物」，平成12年6月，丸善㈱
3) 地中連続壁基礎協会：「わかりやすい地中連続壁工法連壁」，平成8年7月1日　総合土木研究所
4) ㈳地盤工学会：「大型基礎の調査・設計から施工まで」，平成8年8月20日
5) 地盤工学会：「地中連続壁工法」，平成16年11月
6) 地中連続壁基礎協会：「施工指針（案）」，平成14年7月

[写真提供]
地中連続壁協会

3 その他の特殊杭基礎工法

パイルベント工法

　本工法は，図3.4.9に示すようにフーチングを設けずに基礎杭をそのまま立ち上がらせ，杭頭部を横ばりで結合して構造物の基礎とする構造形式を有するものの総称をいう。鉛直杭を1列ないしは2列に配置することが多いが，水平抵抗や躯体の剛性を高めるために組杭やつなぎばりを設ける場合が多い。

　橋軸直角方向の構造形式はラーメン構造であるが，隅角部の補強が構造的に困難であるため，一般には杭頭はヒンジ結合となる。

　本工法の利点は，①工期が著しく短縮できる，②山留めや締切りなどの仮設工が不要である，③掘削土量が減る，④工費が著しく低減できる，ことなどである。留意点は①一般に橋軸方向に柔な構造となり，地震時などに水平変位が大きくなりやすい，②渦流が生じ易いため，洪水時に橋脚の周辺に異常洗掘を起こしやすく河川内の橋脚としては不適である，ことが挙げられる。

【参考文献】
1) 『橋梁工学ハンドブック』編集委員会：『橋梁工学ハンドブック』，技報堂，2004年4月，pp.820

多柱基礎工法

　本工法は現場の状況に応じて大型橋梁基礎を安全かつ迅速に築造するために，従来のケーソン基礎の代替として開発された工法である。多柱基礎は堅固な地盤に根入れし，水上に突出した剛性の高い複数列の杭群の頭部を頂版で結合した基礎形式であり，広義的には突出した杭基礎に相当する。

　施工は，①作業足場製作，②作業足場積込み・ぎ装，③曳航，④位置決め・海底均し，⑤バージ撤去，⑥根固め工設置，⑦作業足場据付け，⑧作業足場と根固め工連結，⑨型枠据付け・掘削，⑩根固め工撤去，⑪内部脚柱掘削，⑫脚柱施工後フーチング施工，の順序で行う（図3.4.10参照）。

　本工法の特長としては，①海中での作業量が少なく，水深が大きく潮流が早いためドライワークが困難な地点でも施工できる，②支持地盤の不陸・傾斜に対応しやすい，③基礎の規模に比べ小規模な機械や仮設で施工できる，④工期が比較的短い，などが挙げられる。留意すべき点は，①剛体基礎に比べて根入れ部の洗掘の影響が大きい，②水平荷重に対する変位量が大きくなりやすい，ことである。

　現在までの施工例は，大島大橋・琵琶湖大橋・片

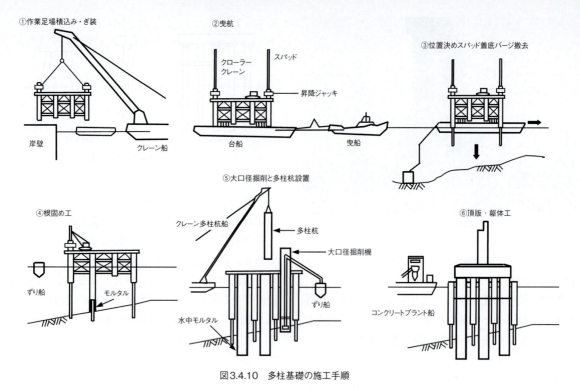

図3.4.10 多柱基礎の施工手順

上大橋・福島大橋・大鳴門橋・横浜ベイブリッジなどがある。

【参考文献】
1) 土木学会：『土木工学ハンドブックⅠ』，平成元年11月，pp.1148

ベルタイプ基礎工法

本工法は当初アメリカのポトマック川の橋梁に多く用いられたため，ポトマック型ピアとも呼ばれ，また型枠が釣鐘状であったため，ベルタイプ基礎とも呼ばれる深い海中や水中で杭基礎を施工する場合に用いられる基礎工法である。施工は，①据付け場所をあらかじめ浚渫などで平らに均し，杭を打設する，②打設した杭の上端を切り揃え，その上に橋脚と一体に組み立てられたフーチング等の型枠を据付ける，③底面から水中コンクリートを打設して杭頭部を連結するフーチングを構築する，の順序で行う（図3.4.11参照）。

本工法の特徴は，①水深が深く早い潮流でも沈設が可能であり，施工は比較的短時間で終わる。②躯体はプレキャストブロックであるため，高い強度と品質が確保される。③ブロック毎に平行施工が可能であり，水中での作業量も少なく，大規模な仮設が

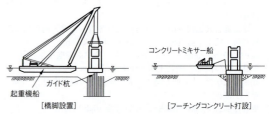

図3.4.11 施工図

不要となるため工期は短く工費も安い，ことである。

日本での施工例としては，大黒埠頭連絡橋・荒川湾岸橋・関西国際空港連絡橋などがある。

【参考文献】
1) 土木学会：『土木工学ハンドブックⅠ』，平成元年11月，pp.1148

PBS工法

本工法は，港湾・海岸施設構造物を安全かつ迅速に施工できる機能的な構築工法であり，海中に打設した鋼管杭にプレキャストブロックを通して一体化し，杭基礎ラーメン構造物を構築するものである。①杭とプレキャストブロックを組合せた構造であるため，さまざまな型式の構造物を短期間に施工できる，②構成部材となる鋼管杭とプレキャストブロックは全て陸上製作なので，高品質が確保される，③

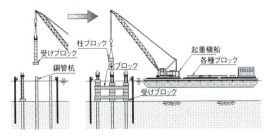

図3.4.12　PBS工法の概要

海中や飛沫帯での防食効果に優れる，④地盤改良をほとんど行うことなく，軟弱地盤に構造物を構築することができる，⑤杭構造なので，洗掘による沈下やブロックの散乱がなく，メンテナンスフリーの構造物とすることができる，⑥杭基礎ラーメン構造物なので耐震性に優れる，⑦施工箇所周辺の海域では，藻場造成効果や漁礁効果があり環境保全性に優れる，等の特長を有する。

施工は，①鋼管杭打設完了後，杭頭支持金具およびPC鋼材を装着・一体化した受けブロックを杭頭より吊下げる，②プレキャストブロックを受けブロックの上に積み重ねるようにして据付ける，③プレキャストブロック据付け完了後，定着金具を設置してPC鋼材を緊張，中詰めコンクリートを打設する，の順序で行う（図3.4.12参照）。

ピア基礎工法

旧建築基礎設計基準において，"ピア基礎とは基礎スラブから荷重を地盤に伝えるため，地盤を掘削して設けられた柱状の地業で，最小径または幅が80cm以上，かつ長さが最小径または幅の2〜3倍以上"と定義されていた。しかし，現在ではピア基礎という用語は一般に用いられず深礎工法として分類される。ピア基礎工法は，先に土留めをして掘削をする先土留め方法（ガウ工法）と，掘削をした後に土留めをする後土留め方法（シカゴ工法）に区分される。

【参考文献】
1）建築学会：『基礎構造設計規準』，昭和49年11月，pp.343

■　ガウ工法

本工法は直径80〜200cm，長さ1〜2.5mの鋼製円筒を土中に貫入して内部を掘削し，次に径が5cm程度の鋼管を底面に設置して掘削する作業を順次繰返して支持層まで掘進した後，基礎を築造する工法である。

【参考文献】
1）H.A.MOHR：「THE GOW CAISSON」『Jounal of Boston Society of Civil Engineers』，Vol.51, No.1, 1964年, pp.75〜94

■　シカゴ工法

本工法は深礎工法の原型とされる工法であり，人力で掘削した後，山留め材を建込む作業を順次繰返し，支持地盤に達した後鉄筋を組立て，山留材を撤去しながらコンクリートを打設して基礎を築造する工法である。

【参考文献】
1）藤田圭一：「深礎工法の現況と展望」『基礎工』，総合土木研究所，昭和56年11月，pp.2〜4

4　アンダーピーニング工法

アンダーピニングとは，既存の構造物の機能と構造を防護するため，すでに出来上がった構造物の基礎部分をあとから新設，改築または補強することを言う。

①既設構造物に近接して新しい地下構造物を築造する場合。
②既設構造物の直下に新しい地下構造物を築造する場合。
③既設構造物の支持力が不足し，またはアンバランスとなる場合，
　1）基礎地盤の変状に伴う基礎支持力の不足またはアンバランス。
　2）使用用途の変更や増改築等により荷重が増加し基礎支持力が不足した場合。
　3）地震等による既設構造物の被害復旧。
④既設構造物の移築，嵩上を行う場合。

アンダーピニング工法は，既設構造物を直接支持するか，あるいは，地盤を介して支持するかによって，"直接仮受工法"と"間接仮受工法"に分類される（図3.4.13）。

直接仮受工法は，新設基礎との相互位置，本受工の締結位置の組合せによって，以下のように分類さ

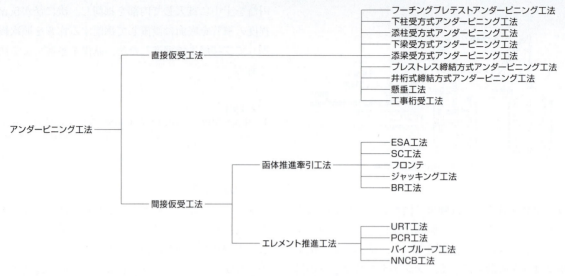

図3.4.13 アンダーピニング工法の分類

れる。
　（a）下柱受方式
　　　既設構造物の柱を下受けするもので，仮受け工，構造物補強工のあと旧基礎を撤去，新基礎を旧基礎と同じ位置に構築し，構造物を載荷本受けするものである。
　（b）添柱受方式
　　　既設構造物の柱を添受けするもので，旧基礎で構造物を受けたまま，フーチングの一部を欠損状態とし新基礎を構築し，これと構造物とをフーチング底面より上で本受けするものである。
　（c）下梁受方式
　　　既設構造物の梁を下受けするもので仮受け工事のあと旧基礎付近に新基礎を構築し，旧基礎を撤去して受梁を設け，この上に構造物を載荷本受けする。
　（d）添梁受方式
　　　既設構造物の梁を添受けするもので，旧基礎付近に新基礎を構築し，これに躯体側面に接する添梁を設け，梁と躯体とを締結本受けとする。
　間接仮受工法は，地盤を介して上部構造物の荷重を受けるものであり，函体推進牽引工法とエレメント推進工法がある。
　アンダーピニングの計画に当っては，
　1）機能上からの許容変位量の検討
　2）構造物固有の許容応力および応力からの許容変位量の検討
　3）アンダーピニングによる予想変位量の検討
　4）アンダーピニング完成後の基礎構造の変位に伴う構造物全体の安定検討
等が必要である。

フーチングプレテストアンダーピニング工法

　旧基礎のフーチングを直接プレテストして地盤沈下を終了させる方式である。柱とフーチングの間を切断して柱にジャッキ受桁を取り付け，受桁とフーチング上面との間にジャッキを挿入し，構造物荷重を反力として所定の荷重をかけて沈下を終了させ，ジャッキアップで生じた沈下部分は鉄楔等で締結して本受けを施工する。
　本工法は構造物が沈下中の時，フーチング下の掘削を避けたい時，支持層が深くて基礎新設が不利な時，近接した掘削のためフーチングが移動を始めた時，などの場合，迅速，低廉な工法として他のアンダーピニング工法と併用されたり，単独で適用される。
　施工例として大阪駅高架橋アンダーピニング工事がある。

下柱受方式アンダーピニング工法

　旧基礎を撤去する必要がある場合，既設構造物の荷重を別途仮受け工で支持したのち，構造物底面を

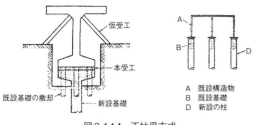

図3.4.14 下柱受方式

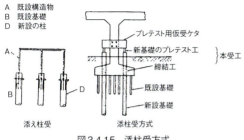

図3.4.15 添柱受方式

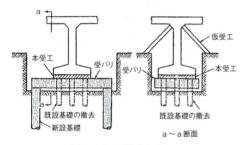

図3.4.16 下梁受方式

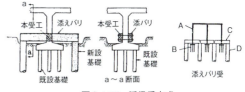

図3.4.17 添梁受方式

掘削し旧基礎を撤去するもので，新基礎は旧基礎と同一位置に構築し，この新基礎に本受けするものである（図3.4.14）。

狭隘な施工空間での作業となり，工期，工費，安全面から困難な工事となる恐れが多い。

施工例として大阪駅沈下対策アンダーピニング工事がある。

添柱受方式アンダーピニング工法

在来基礎の支持力を損わない範囲内でフーチングを一部取り壊し，できるだけ在来基礎の近くに新設基礎を構築し，新基礎のプレテストとフーチングとの締結工により，構造物荷重を本受けする（図3.4.15）。

本工法では新基礎施工段階での旧基礎の支持力を低減させないことが必要である。

施工例として帝都高速度交通営団地下鉄4号線内幸町工区アンダーピニング工事がある。

下梁受方式アンダーピニング工法

既設構造物の底面下を順次抜き掘りし，受梁を挿入して荷重を受け替えていく方式である（図3.4.16）。

仮受付近の適当な位置に設置した新基礎間に梁を設け，この梁上に既設構造物を本受けするが，受桁のスパンが長くなるとたわみ量が大きくなり，不静定構造物のアンダーピニングとしては適用できなくなる。

ボックスラーメンや直接基礎のアンダーピニングに多く見られる。

施工例として東北新幹線上野駅アンダーピニング工事がある。

添梁受方式アンダーピニング工法

本方式は，既設構造物の柱や壁に添って設置した添梁を，仮受けの対象とする基礎とは別の位置に構築した新設の基礎によって仮受けし，既設構造物を支持するものである（図3.4.17）。

仮受けは高架橋の柱等の比較的スレンダーな断面を有する部材に用いられ，添梁を連続梁として不等沈下の影響を少なくできるが，コンクリート構造物での添梁との締結方式には，井桁締結方式，プレトレス締結方式，ケミカルプレストレス締結方式，プレストレス・井桁締結方式がある。

添梁の乾燥収縮が既設構造物に与える影響も検討する必要がある。

施工例として京都駅新幹線高架橋，博多駅新幹線高架橋アンダーピニング工事がある。

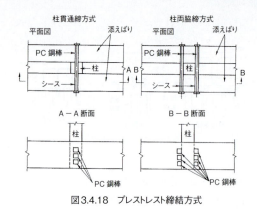

図3.4.18 プレストレスト締結方式

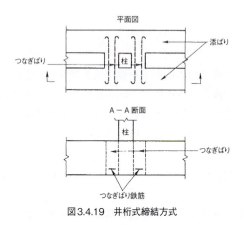

図3.4.19 井桁式締結方式

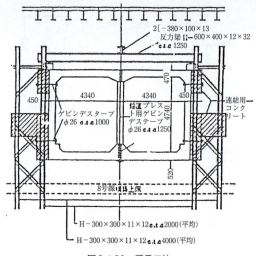

図3.4.20 懸垂工法

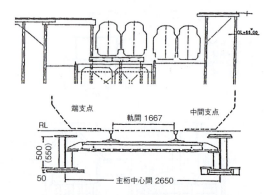

図3.4.21 工事桁受工法

プレストレス締結方式アンダーピニング工法

　この締結方式は，井桁締結方式と同様に柱や壁と添梁の接触面下縁に過大な引張力が作用しないように工夫されたものである（図3.4.18）。

　PC鋼材の配置によって，柱貫通締結方式と柱両脇締結方式がある。

　プレストレス締結方式は，井桁締結方式に比べて添梁の高さが小さくできるが，柱貫通締結方式では柱を貫通して緊張材を設置するためのプレストレスは，一様に分布するが柱の損傷は免れない。

　一方，柱両脇締結方式では柱断面が大きい場合，接触面のプレストレスが一様に分布しなくなる。

　この他に柱の外側に鋼鉄円筒を設置し，この中に膨張性のモルタルを充填し，膨張圧によって内部応力を発生させ，柱との接触面に圧縮応力を与えるケミカルプレストレス締結方式がある。プレストレス締結方式の施工例としては，東京駅本屋アンダーピニング工事，京都駅新幹線高架橋アンダーピニング工事。また，ケミカルプレストレス締結方式には博多駅新幹線，在来線のアンダーピニング工事がある。

井桁式締結方式アンダーピニング工法

　設備荷重に対して柱や壁と添梁の接触面下縁に過大な引張力が生じないように，添梁に十分大きな断面を採用すると共に，梁直角方向に配置したつなぎ梁鉄筋によって補強して接触面下縁の引張り亀裂の発生を防いでいる（図3.4.19）。

　施工例として京都駅地下駅新設アンダーピニング工事がある。

懸垂工法

　本工法は，既設構造物（カルバートボックス）の側面に打設した仮受杭により支持する工法である。既設構造物上部の吊桁からのPC鋼棒により，既設構造物の下床版を吊り上げ，さらに既設構造物側面部には添梁を設け，仮受杭にて支持する工法である（図3.4.20）。

　既設構造物の内部および下部での作業がほとんど

ないため，工程が短縮できる。
　既設構造物下部の地盤が軟弱な場合などは，下部の掘削がないため安全である。

工事桁受工法

　本工法は，鉄道軌道の仮受けに用いられる工法であり，鋼製の工事桁を仮設した後，下部掘削を行い新設構造物を構築する工法である（図3.4.21）。工事桁の長さが長くなると，中間杭にて支持する連続桁形式となり，工事桁下部の導坑掘削等が必要となる。
　工事桁の種類としては，
　①上路プレートガーダー形式
　②ダブルI形式
　③トラフガーダー形式
　④下路プレートガーダー形式
　⑤マクラ木抱き込み形式
等がある。

【参考文献】
1）「基礎工」第8巻第5号　アンダーピニング特集1980年
2）日本国有鉄道構造物設計事務所　アンダーピニング設計・施工の手引き　1986年

5　石油タンク基礎修正方法

　不同沈下を生じた屋外円筒形石油タンクの基礎を修正する工法である。石油タンクは，一般にサンドパイルなどにより基礎地盤の圧密を促進し，その後に盛砂を施工し構築される。しかし，完成後に基礎地盤内の応力不均等が原因で，不等沈下が発生することがある。
　この不等沈下により，浮屋根式石油タンクでは蒸気シーリングがうまく機能しなくなるほか，安全性に問題が生じる。そこで基礎修正が必要となってくる。
　現在行われている修正工法には，次のものがある。
　1．ジャッキアップ工法
　　　①砂充填工法
　　　　・ジャッキアップ吊上工法
　　　　・底板開口工法
　　　②モルタル充填工法
　2．エアークッション工法（ホバークラフト工法）

ジャッキアップ工法

　石油タンク修正工法の1つである。タンク本体をジャッキアップし，砂もしくはモルタルを充填して不陸修正を行う工法である。前者を砂充填工法と称し，後者をモルタル充填工法と称する。それぞれの工法の内容は以下の通りである。

■　砂充填工法

　充填材に砂を用いる工法で，底版の腐食の進行具合によって，次の2つの工法が使い分けられる。

①ジャッキアップ吊上工法
　タンク底板の腐食があまり進行していない場合に適用できる工法である。施工順序は次の通りである。
　1）底板部をワイヤー等で吊上げ，タンク本体をジャッキアップする。
　2）タンク外周から，コンクリート吹付機械を用いて，砂を吹込む。
　3）ジャッキおよびブラケットを取り外し，タンク外周のマウンド補修を行う。

②底板開口工法
　タンク底板の全面または一部が腐食している場合に適用される工法である。施工順序は次の通りである。
　1）底板を切除する。
　2）タンク本体をジャッキアップし，側板部に砕石等でマウンドを作る。
　3）ジャッキダウンする。
　4）人力又は機械で締固めながら砂を充填する。
　5）新しい底板を取付ける。

■　モルタル充填工法

　タンク底板の腐食があまり進行していない場合に適用できる工法である。施工順序は次の通りである。
　1）タンク側部を補強し，底板部のみをワイヤーなどで吊上げる。
　2）タンク側板にジャッキブラケットを取付け，タンク本体をジャッキアップする。
　3）側板部に砕石等でマウンドをつくり，ジャッキダウンする。
　4）底板部の応力管理をしながら，モルタルを充填する。

エアークッション工法（ホバークラフト工法）

石油タンク基礎修正工法の1つである。エアークッションにより石油タンクを浮上させ，ブルドーザやウィンチなどで移動させて仮置し，基礎の修正を行う工法である。本工法の特長として，次のものが挙げられる。

1) タンクの補強が簡単であるため，工事完了までの期間が短い。
2) 石油タンクの周囲に，タンク本体の仮置スペースが確保できなければ工事は不可能である。

本工法による基礎修正工事の施工順序は，次の通りである。

1) タンク外周に沿って，エアーリフト用のゴムスカートを取り付ける。
2) タンク底板と基礎地盤の間に圧縮空気を送りタンクを浮上させ，ブルドーザなどで引張り移動させる。
3) 基礎地盤に砂または砕石を敷きマウンドを造成する。
4) 再度，タンクを浮上させ修正された基礎地盤上に移動させる。

第4章 地盤改良工法

- I 地盤改良工法 ････････････････････････ 234
- II 表層処理工法（浅層処理工法）･････････ 237
- III 載荷重工法（圧密促進）･･･････････････ 252
- IV 排水促進工法（圧密工法）･････････････ 259
- V 締固め工法 ････････････････････････ 267
- VI 固結工法 ･･････････････････････････ 275
- VII 薬液注入工法 ･･････････････････････ 293
- VIII 液状化対策工法 ････････････････････ 310
- IX その他の地盤改良工法 ･･････････････ 320

I　地盤改良工法

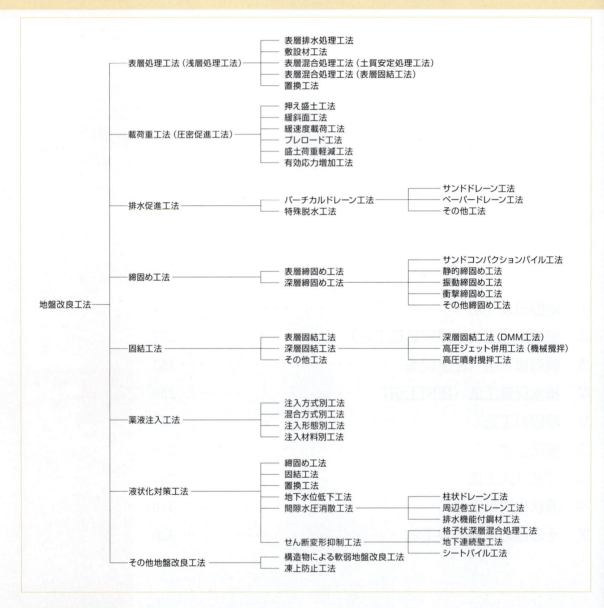

　地盤改良工法は，主に粘性土の圧密促進による強度増進を目的に発展してきたが，人工島に見られるような埋立地盤の改良から緩い砂地盤の改良へとその範囲を拡げ，最近は特に地盤環境の保全へと向いている。

　地盤改良を施す目的をは以下の通りである。

①構造物構築の為に必要な支持力や抵抗力不足の地盤の強度増強

②掘削や盛土時に地盤や構造物の沈下，変形の低減

③掘削時の止水性能が不足する地盤の止水能力向上

表 4.1.1 地盤改良工法分類表

工法群	改良原理	適用土質						適用深度	改良目的							
		砂質土	粘性土	腐植土	ヘドロ	砂礫	ガラ層		沈下促進	沈下軽減	変形抑制	強度増加	すべり抵抗	支持力増強	止水	液状化対策
表層処理工法																
排水処理	排水	○	△	○				浅				○	△	△		
敷設材工法	補強		○	○	△			浅			○		○	○		
表層混合処理	固結	○	○	○	○			浅		○		○	○	○	○	
置換工法	置換		○	○	○			浅		○		○	○	○		○
載荷重工法																
押え盛土工法	補強		○	○				中		○		○				
緩斜面工法	圧密		○					中		○						
緩速載荷工法	圧密		○		○			中				○				
プレローデイング	圧密		○					中	○			○				
盛土荷重軽減	置換		○					表		○						
有効応力増加	圧密	○						中				○				○
排水促進工法																
バーチカルドレーン	圧密		○	○				大	○			○				
水平排水	圧密		○		○			表				○				
化学的脱水	脱水		○					浅				○				
締固め工法																
表層締固工法	締固	○				○	○	浅		○	○	○		○		○
深層締固工法	締固	○	○					大		○		○		○		○
脱水締固工法	締固	○						中				○		○		○
固結工法																
粉体深層混合	固結	○	○	○	△			中		○	○	○	○	○	○	○
スラリー深層混合	固結	○	○	○	△			大		○	○	○	○	○	○	○
高圧噴射撹拌	固結	○	○	○	○			中		○	○	○	○	○	○	○
凍結工法	凍結							大							○	
薬液注入工法																
瞬結式	固結	○	△			○		大				○		△	○	
緩結式	固結	○	△			○		大				○		△	○	
浸透式	固結	○						中		○				△	○	○
構造物による対策																
パイル工法	補強	○	○	○				中		○	○		○	○		
締切工法	補強	○	○					中							○	○

注) ○ よく用いられる
　△ 時々用いられる
　表：表層～2m程度、浅；4m程度
　中；20m程度、大；20m以上

④地震時の抵抗力不足に対する十分な耐力付加
⑤汚染土壌の無害化や封じ込めの実施

地盤改良工法を適用土質，適用深度および改良目的で大きく分類し，表4.1.1「地盤改良工法分類」に示す。この表には大項目の液状化対策は改良目的欄に包含し，土壌浄化関係は除いた。

地盤改良とは，構築しようとする構造物または構築された構造物に適した状態の土の性質を変化させるものである。土の性質を変えることは，土に力を加えて間隙を小さくしたり，脱水や化学的な反応に

より土粒子間の粘着力を高めたり内部摩擦角を大きくするなどである。または，止水性の向上，土自身の軽量化，環境に悪い物質を封じ込めや除去も地盤改良に含められる。

表層処理工法は，仮設道路や仮設地盤に用いられるケースが多い。基本的な方式は表層の水分を排水するため溝切りを行う天日乾燥である。他に，ジオテキスタイルによる表面補強やセメント系固化材による表層改良などがある。ジオテキスタイルを用いた工法は材料強度の増加に伴い，埋立て直後の超軟

弱地盤の表面処理に用いられるようになった。セメント系固化材による表層処理は即効性も期待できる。

載荷重工法は，歴史的の古い工法であるが，動態観測による高精度の施工管理を伴った工法に変化している。地盤改良工法の選択時に時間的な余裕がある場合は経済的な工法である。

排水促進工法は，単独使用は化学的脱水工法で，他工法は載荷重工法と併用する。載荷重工法単独使用の場合に比較して，ドレーン等の併用時は，圧密改良に要する時間を大幅に短縮できる。

締固め工法は，重機を使用し，エネルギーを地盤に作用させ，土の密度を増加させることで強度増加をはかる工法である。新しい重機の開発により，締固め工法は，大深度や大口径の改良が可能になった。また，締固める時に，土砂を新たに投入する際，リサイクル材が使用される場合もある。

固結工法は，固化材の種類や性状の違いによって分類される。セメントスラリーを使用する工法においても多くの工法が開発されている。新しい機械や装置の開発によって改良深さが50mを超える程度の深度まで施工が可能になった。この工法は，地盤を比較的強度の高い性質に変える工法である。即効性でほとんどの地盤に適用可であり，利用範囲の広い工法である。

薬液注入工法は，小型機械での施工のため，狭い場所や，高さ制限が厳しい場合での施工が可能である。また，止水性の改善，地盤強化，変形防止等に採用される。この工法は一般的にコストが高いため，他工法を用いることが困難な場合に採用されることが多い。

1995.1.17に発生した阪神・淡路大震災において，液状化現象による被害が各地で観測された。一方，サンドコンパクションパイルやサンドドレーン工法で地盤改良された地盤の健全性が確認された。液状化対策工法も既設構造物に対する液状化対策技術が求められており，今後はこの方面の技術開発が進むだろう。

我が国では，有害物質による土壌・地下水汚染が社会的に問題になっている。土壌汚染基準および地下水環境基準を満足しない土壌の浄化が望まれている。また，土地売買時の土地所有者責任は，健全な地盤改良が要求される。この土壌浄化技術は，歴史の浅い分野であり今後の大いなる発展を期待したい。

地盤改良工法を採用する際には，使用する場所の地盤条件，周辺環境条件，工期等の施工条件，経済性を含めて判断する必要がある。施工にあたっては，実際の現象が計画通りに行かない可能性もあるので動態観測等による施工管理を行うことが重要である。

今後の地盤改良技術は，コストダウン，工期短縮，無公害，信頼性の向上，確実性が重要である。また，リサイクル材の利用に関する技術も今後期待できる。

社会環境，機械の進歩，材料の発展により，常に新技術が開発され，工法選択時にそれらをよく把握することが必要である。

【参考文献】
1）㈳地盤工学会編：「軟弱地盤対策工法－調査・設計から施工まで」地盤工学会
2）㈱建設産業調査会編：「建設基礎・地盤設計施工便覧」1992
3）奥村樹郎：「地盤改良技術-最近の傾向と課題」基礎工，1996，VOL7

Ⅱ 表面処理工法（浅層処理工法）

　表層処理工法は，地盤改良工法の一種で，地表面が軟弱な地盤（地表面および数10cm〜3m，深くても5m程度までの表層を対象とする）を処理するもので，対象地盤の土質性状や処理対象構造物によって大きく2つに分けられる。

　第一は，埋立地盤などで代表される軟弱粘性土地盤の表層処理であり，工事用機械の進入や地盤造成に伴う作業足場の確保などを目的として仮設的に用いられる表層処理工法である。第二に，道路，鉄道，空港などの路床あるいは路盤の安定処理を目的とした表層処理工法であり，永久構造物として用いられるものである。前者は，人間や施工機械が進入して

いくための事前処理，たとえばトレンチを設置して表面水の排水と重力排水で土中水を絞り出して表層部の改良，シートまたはネットなどの材料を敷設したり，固化処理などを行って，人間や施工機械の作業足場やサンドマットなどのまき出して施工機械のトラフィカビリティの確保する仮設的使用されることが多い。

これに対し後者は，セメントや石灰などの土質安定材の水和反応等を利用して地盤を化学的に固化処理し，地盤強度の大きな改良地盤を形成するものである。路床や路盤などの本設に使用されることが多い。

表層処理工法は，表層排水処理工法，敷設材工法および表層混合処理工法に分類できる。

表層処理工法は，地盤改良工事や造成盛土工事を行う場合の基礎となるものである。十分な地盤調査や計画・設計が行われないままに施工を行った場合，表層にまき出したサンドマットが地盤中に陥没したり，施工機械が転倒したり，計画通りに沈下が進行しないなどのトラブルが発生する可能性がある。

このため，実際に表層処理工を計画・適用する場合は，処理目的（処理対象物），工事の規模，処理対象地盤の土質性状（特に地表面の地盤強度），地盤の堆積状態，使用する施工機械，材料入手の難易，現地の周辺環境，工期，工費等を総合的に検討・評価し，適切な工法を選定していくことが必要である。なお，本工法は，他の工法と併用して使用されることが多い。

軟弱地盤の表層処理

【参考文献】
1）軟弱地盤対策工法―調査・設計から施工まで―土質工学会

表層排水処理工法

本工法は地盤改良工法の中の表層処理工法の1つである。主なものは，トレンチ排水工やサンドマットによる排水工などである。

表層排水処理工の施工概要図を図4.2.1に示す。

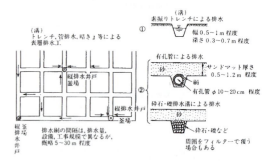

図4.2.1 表層排水処理工の施工概要

トレンチ排水工は，人間の歩行困難な埋立て直後の高含水比粘性土地盤において，地表面部の水切り・安定化を図るための排水工法である。排水方法は，人間が進入可能な敷地の周囲からトレンチを順次設置し，表面排水と重力排水による土中の水の絞り出しを行い，さらに，天日，外気による曝気乾燥により表層部の土質改良を行おうとするものである。人間の進入が困難な超軟弱地盤では，泥状車の走行やバケットのひっかきでトレンチを作ることがある。人力作業による場合，通常設置するトレンチの大きさは，掘削幅0.5～1.0m，深さは0.3～0.7m程度である。

サンドマット内の排水工は，載荷盛土などによる圧密等により軟弱地盤から絞り出された間隙水や降雨水を速やかに場外に排出するために行う。なお，近年は良質な透水性のよいサンドマット材料の入手が困難となってきており，サンドマットだけでは十分な排水機能が確保できないため，載荷重工法やバーチカルドレーン工法を適用する場合には必ずといっていいほどサンドマット内排水工を施工して，地下水を管理している。サンドマット内排水工は，一般に主排水管でφ150～200mm，枝排水管でφ100～150mm程度のものを格子状に5～30m間隔で設置することが多い。また，排水管で集められた水は，50～100m程度の間隔で設置した縦排水井戸

でポンプ排水を行い，場外に強制排水している。

【参考文献】
1) 土質工学会;「軟弱地盤対策工法 —調査・設計から施工まで—」

敷設材工法

本工法は地盤改良工法の表層処理工法における1工法で，主なものとしては，プランキング工法，マット工法，シート工法およびネット工法等がある。

軟弱地盤上に直接土砂をまき出した場合，土砂やまき出し機械の重量によって地盤が破壊すると盛土が陥没したり，軟弱土と混ざってサンドマットの機能を果たさなくなる。

本工法は，軟弱地盤の表面に引張強度あるいは剛性を有する敷設材を敷設して，上記の現象を防ぐ以下の目的で用いられる。

①均一なサンドマットの厚さを確保する。
②盛土荷重を均一にして部分的な陥没を防止する。
③盛土端部のすべり破壊を防止する。
④施工機械のトラフィカビリティを確保する。

図4.2.2には敷設材工法による効果のモデル図を示す。この工法は，軟弱地盤を利用する機会の多い我が国で，軟弱地盤の本格的な地盤改良に先立ち，トラフィカビリティの確保に威力を大いに発揮して，これまでに膨大な施工実績を持つ。しかし，敷設材を決定する設計時に，軟弱地盤の土質条件（地表面強度），盛土の載荷条件，施工機械の種類や施工方法等多くの要因が関係してくるため，現在，これらすべてを包含した設計手法は確立されていない。このため，過去の施工実績に基づく経験的な設計手法が普及している。

敷設材の要求性能は，引張強さのほかに，引裂強さ，土との摩擦力，透水性，各種の耐久性（耐候，耐薬品，耐バクテリア）などがある。表4.2.1に代表的な敷設材材料の物性の一部を示す。一般には織布や樹脂ネットが多用されているが，近年では大きな引張り強さのメリットを生かした，ポーリマーグリッドやテキスタイルグリッドなどがある。

■効果
●良質土砂の軽減

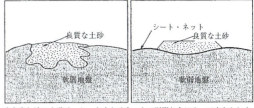

まき出し時の土砂は，シートまたはネットの引張り力によって支えられます。その上シートまたはネットは軟弱地盤の側方隆起を阻止するので，支持力が増大し陥没を防止できます。

●不同沈下の防止

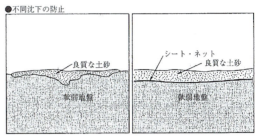

部分的な陥没が起こらないため，盛土荷重が均一になるので不同沈下がおこりません。

●安定の増大

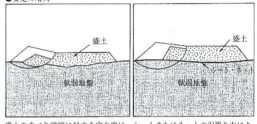

盛土のすべり破壊に対する安全率は，シートまたはネットの引張り力によって上昇します。

図4.2.2 敷設材工法の効果のモデル

表4.2.1 敷設材材料の物性の一例

大分類	小分類	素材	引張強度(tf/m)
繊維系	織布 織物で織る	ナイロン ビニロン ポリエステル ポリプロピレン	KFG-100 8,000 × 6,600 （ポリエステル） #7510 4,950 × 4,950
	編物 フィルム状を編んだもの 不織布 繊維を積層させて接着したり，からませたもの	ポリエチレン ポリプロピレン ポリエステル ポリプロピレン	# 300 2,400 × 2,200 #700 3,200 × 2,800 PM-100 116 × 186 CF-400 1,300 × 1,900 ES-500p 3,000 × 3,000
	テキストスタイルグリッド 束ねた繊維を格子状にして格子点で接着してネット状にしたもの	ポリエステル	KGG-4000 4,400 × 4,700 KGG-10000 11,300 × 10,200 SH-50 5,000 SH-70 7,000 SH-635 3,500
合成樹脂系	合成樹脂ネット 合成高分子ポリマーを押し出したり，成形した未延伸のネット	ポリエステル ポリプロピレン	Z-35 500 × 500 N-11 340 × 340
	ポリマーグリッド 合成高分子ポリマーシートに孔を開け，一軸，または二軸方向に延伸したもの	ポリエステル ポリプロピレン	SR-1 6,000 × 1,300 （一軸延伸補強土用） SS-2 1,500 × 2,800 （二軸延伸）

【参考文献】
1) 土質工学会;「軟弱地盤対策工法—調査・設計から施工まで—」

プランキング工法

本工法は地盤改良工法で、表層処理工法に分類される敷設材工法の1つである。超軟弱な地盤の表面を剛性または半剛性材料で被覆し、上載荷重を分散させて、材料のもつ曲げ剛性と引張り強さによって支持力の増大や沈下量を少なくするための工法の総称である。

材料には、敷きそだ工法、敷枠工法、筏工法およびバンブー工法に見られるように、古くはそだ、木材、竹いかだなどが用いられてきたが、その後は、竹枠、金網、鉄格子などの材料が用いられている。しかし、その材料の土木的適用性、材料入手の確実性、経済性の観点から、最近では多くの施工事例を見ない。

近年は、曲げ剛性がほとんどなく、引張り強さのみを期待するシート工法やネット工法に用いられているが、当工法の特徴である材料の強度や剛性等を生かすと、施工速度が速く経済的となる場合が多い。そのため、表層処理工と軟弱地盤の安定対策工を併用した敷金網を敷設する工法が開発され、実用化に至っている。また、シートやネット工法だけでは剛性が得られない箇所や表層固結工法では環境上問題があるような個所では、竹枠を併用した敷設材工法が用いられる場合がある。

■ 敷きそだ工法

本工法はプランキング工法の1つで、最も古い敷設材工法の一種である。干拓地や湿地帯の仮設道路、堤防工事などで用いられ、単純で原始的な工法である。長さ2～3mのそだを直径30～50cm程度に束ねたものを軟弱土層上に連続して敷き並べたり、お互いに縄で縛って一体化させて用いる。敷設したそだの上に盛土材料をまき出すが、そだ自身が透水性を有しているため、サンドマットを敷設する必要はない。また、盛土材と軟弱地盤との混合を防止した上で、盛土荷重を分散して盛土の一体化と原地盤の崩壊を防止する。造成後の沈下が大きく残ることもある。近年ではそだの入手が可能な小現模工事に用いられる程度である。

■ 敷枠工法

本工法は敷設材工法のなかのプランキング工法の1つである。剛性や引張強度を有する木桟、丸太または竹などを格子状に組んで超軟弱地盤の支持力の増大および荷重の分散効果を期待する工法である。

枠は1～3m程度の格子枠で、一般には、シートまたはネット工法の補強工法として用いられる。枠工の剛性が大きく、浮力が作用するため、大型機械によるまき出しに適している。

工法には、木枠工法、竹枠（バンブー）工法、いかだ工法がある。その項を参照されたい。

■ いかだ工法

本工法は敷設材工法のなかのプランキング工法の1種で、1960年頃より軟弱地盤上の堤防や埋立工事に利用されてきた工法である。敷きそだ工法と同様に、盛土などの上載荷重をいかだの有する剛性と浮力で荷重を分散させ、支持力の増加を図る。

木材や竹などを軟弱地盤上に格子状に敷き並べる。格子間隔が広い場合は、その上に敷設材（シートやネット）等を敷設する。格子間隔が密な場合は、そのまま直接盛土をまき出す。一般に格子間隔は1～3m程度で、軟弱地盤の地表面強度、上載荷重および格子間に用いる補強材料の種類によって格子間隔が異なってくる。格子交点は針金や番線などで連結され、いかだを一体化させる。

マット工法

本工法は地盤改良工法の表層処理工法に分類される敷設材工法の1つである。ある程度剛性を持つマットを軟弱地盤の表面に敷設して、必要に応じてその上に砂を敷設し、施工機械のトラフィカビリティの向上を図ったり、盛土荷重を均等に分散して部分的な陥没や地盤の破壊を防止することを目的とする。

使用するマット材料により、サンドマット工法、金属マット工法などに大別できる。

本工法は使用するマットの材料によって改良効果や施工方法に違いがあるが、基本的な改良原理は同様である。つまり、軟弱地盤の表面に敷設したマットの剛性と弾性を利用して、マット上の上載荷重（盛土荷重や施工機械など）を均等に支持しようとするものである。

サンドマット工法は、地盤改良機械のトラフィカビリティの確保や軟弱地盤中の間隙水の排水を目的として数多く施工されている。表4.2.2に示すようにサンドマットのまき出し方法は、地盤強度に応じ

表4.2.2 サンドマットまき出し方法

工法名	必要な地盤強度	工法の概要	長所	短所
ブルドーザによるまき出し方法	C=9.8kN/m² 以上 qc=98kN/m² 以上	通常の盛土と同じようにブルドーザにより砂を押し広げる。1層目の厚さは30〜50cm程度である。軟弱土は、圧密作用によって強度が増加してくるので、次第に土砂のまき出し厚さを厚くする。	一般的な機械で施工できる。土砂を転圧できるので、できあがった地盤は耐力が大きい。	地盤強度が小さい場合には、引張強度の大きな敷設材が必要であり、地盤強度が小さい場合には、初期まき出し厚さが不均一となりやすい。
ジェットコンベアによるまき出し方法	C=4.9kN/m² 以上	ジェットコンベアによって砂を吹き出しながらまき出す。最大投射距離が20m程度であるため、それ以上距離がある場合には、機械の移動および砂の運搬路が必要となる。	非常に軟弱な地盤でもまき出すことができる。	特殊な施工機械が必要である。粘着性の大きい材料や粒径の大きな土砂はまき出しが困難である。
ポンプによるまき出し方法（水搬）	C=2.9kN/m² 以上	砂置き場より、ポンプで水と砂を一緒に吸い込んで、排砂管により砂をまき出す。	地盤の強度がほとんど得られなくても、砂のまき出しは可能である。まき出し能力は比較的良い。	原地盤のばらつきが大きい場合、原地盤のばらつきによる不等沈下が生じやすい。

て各種の方法がある。近年では、良質で透水性のよい材料の入手難から、サンドマットだけでは排水機能が確保しにくく、補助工法として表層排水処理工法を用いたり、人工排水材や再生骨材などを併用している。

【参考文献】
1) 土木学会編：「土木施工技術便覧」

■ サンドマット工法

本工法はマット工法の一種で、軟弱地盤上に厚さ0.5〜1.5m程度の良質な砂をまき出して、以下の効果を期待するものである。

①地盤改良および盛土のまき出しに必要な施工機械のトラフィカビリティの確保。

②軟弱地盤から排出される間隙水や降雨の上部排水層の形成。

サンドマットの厚さは排水層としてよりも施工機械のトラフィカビリティの要求によって決まることが多い。

また、サンドマットの代用排水材工法として、軟弱地盤上に適度な剛性を有するネットを敷設し、水搬あるいは直まき方式により敷砂を層状に厚さ0.3〜1.2m程度にまき出し、サンドマットを造成するフローティングマット工法がある。

■ 金属マット工法

本工法はマット工法の一種で、一般に鉄製あるいはアルミニウム製マットなどの剛性マットを用いて軟弱地盤を被覆し、施工機械のトラフィカビリティの向上を目的とする工法である。

金属マット工法の最も簡単なものが覆工板である。表面にはすべり止めが施され、両端のフックにより連結が可能となっている。

特徴的には敷設するだけでよいこと、簡単で転用ができることである。敷設材工法に比較してコスト高になるため、部分的な補強や仮設通路などに多く利用されている。

■ ドレイン沈床マット工法

ドレイン沈床マットは、5cmという厚さがある畳状の剛性を持つマットを傾斜堤の安定寄与領域に敷設・沈床するもので、初期捨石のめり込みを防止して荷重分散と局部破壊を防止する工法である。

シート工法（敷布工法）

本工法は地盤改良工法のうち、表層処理工法に分類される敷設材工法の1つである。繊維や合成樹脂からなる透水性あるいは不透水性の織布などのシートを軟弱地盤上に敷き広げ、シートの引張強さにより盛土の上載荷重を均等に支持したり、施工機械のトラフィカビリティを向上させる工法である。

一般に施工機械や盛土荷重が軟弱地盤に直接作用すると、部分的に沈下や陥没が生じたり、せん断変形が生じやすい。軟弱地盤の表面がシートで被覆されている場合、地盤沈下の際に地盤とシート間の摩擦でシートの引張力が沈下を抑制する。また、シー

トは側方隆起を抑える効果も期待できる。押え効果によって支持力の増加に寄与できる。したがって，本工法のシート効果は，沈下や変形の減少と支持力の増加である。

シートの要求性能は，引張強さ，伸び，耐久性，透水性などである。シートの敷設方法で最も簡便なものは人力による方法であるが，作業足場が確保できない超軟弱地盤では作業台船にウィンチを併用して敷設する場合もある。

シート工法には，ファゴット工法，FPシート工法およびトスコPPシート工法などがある。

表4.2.3 シート工法とネット工法の材料比較

	シート工法	ネット工法
材質	合成繊維系	合成樹脂系
繊維	織布 不織布	テキスタイルグリッド 剛性樹脂ネット ポリマーグリッド
素材	ナイロン ビニロン ポリエステル ポリエチレン ポリプロピレン	ポリエステル ポリエチレン ポリプロピレン
剛性	剛性なし	多少の剛性あり
強度	引張強度大	引張強度小～大
伸び率	伸び率小	伸び率大

【参考文献】
1）土質工学会；「軟弱地盤対策工法－調査・設計から施工まで－」
2）西林清茂；「シートによる軟弱地盤表層処理工法」鹿島出版会

■ ファゴット工法

本工法は，従来のそだ工法，いかだ工法などに替わる工法として昭和41年に実用化された土木用安定シート工法の代表工法である。軟弱地盤上にシートを敷設し，施工機械のトラフィカビリティの確保や仮設構造物の構築を可能にする表層処理を主目的とした工法である。

■ FPシート工法

抗張力を期待する織布と排水効果を期待する不織布を一体化した10～50mmという厚い自排水のできるマット状シートを軟弱地盤上に敷設して，基盤と埋設シートおよび盛土が一体化して，引抜抵抗力の作用効果を向上させる工法である。

■ トスコPPシート工法

従来のそだ工法，いかだ工法に替わる工法として開発されたシート工法で，①地盤の流動や破壊防止と地盤の早期安定，②引張力が作用し，施工機械の搬入が容易，③盛土量の測定が可能で施工管理が確実といった特徴を有している表層処理工法である。

ネット工法（敷網工法）

本工法は地盤改良工法の表層処理工法に分類される敷設材工法の1つである。

シートに比べ若干引張強度は小さいが，厚さと曲げ剛性を持ち，シートのみでは歩行が難しい場所でも，人力による敷設が可能である。

ネット工法の基本的な原理はシート工法と同様で，沈下や変形の減少と支持力の増加がある。

シート工法と比較すると，シートは引張強度が大きいが土と遮断されるとき，アンカー部が引き抜かれたりする恐れがある。これに対しネット工法は，土と遮断されないためアンカー力が確保しやすく（摩擦強度が大きく），多少の剛性を有しているため，弾性変形も吸収できる。施工性に優れ，水中に沈設しやすいといった特徴もある。その反面，ネットの網目から軟弱土が良質土砂に侵入し，透水性や強度特性が低下する現象が生じることがあるので，適用にあたっては十分に留意する必要がある。ネット材料の短所を補うために，ネット型シートが開発され，実用化に至っている。本工法の類似工法であるシート工法に用いる材料との比較を表4.2.3に示す。

【参考文献】
1）土質工学会；「軟弱地盤対策工法―調査・設計から施工まで―」
2）西林清茂；「シートによる軟弱地盤表層処理工法」鹿島出版会

■ メッシュ工法

本工法はネット工法の一種である。

メッシュ工法は，やや剛性のある鉄筋やガス管などを材料とするのに対し，ネット工法では剛性の小さい金網や合成樹脂ネットなどを材料としたものもある。

本工法の原理は，剛性および引張強度による荷重分散，等分布荷重化（局所荷重の防止）およびせん断抵抗の利用であることから，重要構造物の基礎，舗装道路の路盤あるいは盛土構造体の強化に用いられている。

■ 合成樹脂ネット工法

本工法は地盤改良工法のうち，表層処理工法に分類される敷設材工法のネット工法の一種である。

合成樹脂ネット工法には，類似工法として使用する材料や施工方法により以下のような工法がある。

竹または塩ビパイプを井桁に組んだ足場にロープネットを敷設したバンブーネット工法，ポリエチレン製の網を利用したプラスチックネット敷網工法，軟弱地盤上に敷設したネットに固化助剤を混合した水砕をまき出した水砕ネット工法がある。

■ ロープネット工法

軟弱地盤と覆土材の境界面にシートを敷設し，地盤の破壊に網状に張ったロープの張力で抵抗するもので，シートは引張強度よりも境界面としての機能を主とし，抵抗力をロープに伝達させる作用を有している。

表層混合処理工法

本工法は地盤改良工法の表層処理工法の1つであり，主な工法は，土質安定処理工法と表層固結工法がある。土質安定処理工法には，道路，鉄道および空港などの路床・路盤改良としてセメントや石灰などの固化材を用いる安定処理工法や粒度調整工法などがある。表層固結工法には超軟弱な埋立地盤などの表層部を化学的に固化して仮設道路等を造成する固化処理工法などがある。

本工法に用いる安定材には，石灰，普通ポルトランドセメント，高炉セメント，セメント系固化材などがある。これらの安定材の特徴，入手のしやすさ，処理効果（改良効果）等について比較したものを表4.2.4に示す。

生石灰は，砂質材料よりも火山灰質粘性土の改良に適しているが，危険物に指定されているため，取扱いには注意が必要である。普通ポルトランドセメントは入手しやすく価格も比較的安いが，有機質土や腐植土には効果が低い。高炉セメントは価格が比較的安く，六価クロムの溶出が少なく，あらゆる土に対して処理効果が期待できる。セメント系固化材は広く利用されるようになってきたが，固化材の特性を認識し，適用土質に留意し，従来の固化材よりも処理効果は格段に向上する。

実際に現場で適用する場合は，改良対象土，改良目的，工事規模等を考慮し，室内配合試験により処理効果の確認を行う必要がある。概略の添加量は図4.2.3に示す過去の施工実績などを参考にして推定することができる。

なお，セメントやセメント系固化材を用いて地盤改良を行う場合には，室内配合試験と同時に六価クロム溶出試験を実施し，六価クロム溶出量が土壌環境基準（0.05mg/l）以下であることを確認しておく必要がある。

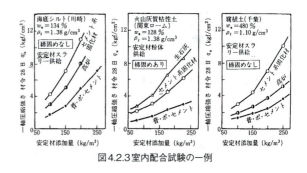

図4.2.3 室内配合試験の一例

表4.2.4 固化材の比較

分類	判定項目	土の種類							材料			混合・締固め		効果	
		粘性土	砂質土	含水比がLL付近	含水比がLLの1.5〜2.0倍	有機物が少ない	有機物が多い	油混合土など	廃棄泥水	入手のしやすさ	取り扱いやすさ	価格	ミルクで使用可能	粘性土との混合良否	締固め工程	数時間の改良効果	長期強度
安定剤																	
生石灰		◎	△	○	△	○	△	△	△	○	×	中位	×	○	必要	◎	○
普通ポルトランドセメント		○	○	○	△	×	×	×	○	◎	○	安い	○	△	ミルク供給の場合は不要	△	○
高炉セメント		○	○	○	○	○	△	○	○	○	○	安い	○	△		△	○
セメント系固化材		◎	○	○	○	○	○	○	○	○	○	高い	○	△		△	○

◎最適　○適　△やや適　×不適

【参考文献】
1）土質工学会：「軟弱地盤対策工法─調査・設計から施工まで─」pp.197～pp.207

【参考文献】
1）㈳日本道路協会：「アスファルト舗装要綱」PP.80

1 土質安定処理工法

本工法は地盤改良工法のうち，表層処理工法に分類される表層混合処理工法の1つである。この工法は，路床・路盤または盛土材料に安定材を添加し，改良対象土と安定材が均一になるように撹拌混合を行う。締固め後，必要に応じて養生して仕上げ，支持力の増加を図り，安定性を向上させるための処理工法である。土質安定処理工法は，土を安定化に用いる安定材により，以下のように分類される。

①粒度調整工法
②セメント系安定処理工法
③石灰系安定処理工法
④アスファルト安定処理工法
⑤高炉水砕安定処理工法

これらの処理材と改良対象土を均一に撹拌混合する施工機械には，泥上車タイプ，スタビライザタイプおよびバックホウタイプがあるが，狭隘で小規模な改良においては，バックホウタイプが頻繁に用いられている。施工時における留意点は，改良対象土と安定材との十分な撹拌混合，含水比の調整および十分な転圧・締固め管理などである。また，安定材まき出し時には，近隣対策として粉塵対策も必要となる。

粒度調整工法

本工法は，土質安定処理工法の一種で，土の安定性や透水性等の改良に当って不足する粒径の材料を補ったり，不要な粒径を除去して，主に道路の上層路盤に用いられている。粒度調整骨材は粒度が良好であるため，取扱いが容易で，機械化施工に適している。骨材には，粒度調整砕石，粒度調整鉄鋼スラグ，水硬性粒度調整鉄鋼スラグなどを使用する。

また，透水性の改善を目的とするフィルター材，止水材および凍上対策などに適用され，使用する材料には砕石，スラグ，山砂，砂および粘土などがある。なお，材料の選択にあたっては，風化作用に対して耐久性のある材料を使用する。

セメント系安定処理工法

本工法は，土質安定処理工法の一種で，クラッシャーランまたは地域産材料に必要に応じて補足材を加えたものを骨材として，これにセメントを添加して処理する工法である。強度増加を図る一方，含水比の変化による強度低下を防いで，耐久性を向上させる特徴がある。安定処理に使用するセメントは，普通ポルトランドセメント，高炉セメントのいずれを使用してよく，また，ひび割れの発生を抑制する目的でフライアッシュをセメントと併用することもある。上層路盤として用いる場合，一軸圧縮強さ$q_u=2.9$MPaに相当するセメント量を求める。製造は，一般に中央混合方式で行うが，路上混合方式によって製造することもある。代表的な工法は中層改良工法がある。

【参考文献】
1）㈳日本道路協会：「アスファルト舗装要綱」

石灰系安定処理工法

本工法は，土質安定処理工法の一種で，土の安定や耐久性を増大させるため，現地発生材，地域産材料またはこれに補足材を加えたものに石灰を添加して，使用可能な材料に改良する工法である。主として仮設道路のトラフィカビリティの確保や路床，路盤改良に用いられている。強度の発現はセメント安定処理に比べて遅いが，長期的な耐久性や安定性が期待できる。

この工法の特徴は，土を化学反応対象とし，細粒分を質的に変化させるため，砂質土には適用されず，粘性土や火山灰質粘性土などの改良に用いられる。その効果は，土の含水比低下，土粒子の団粒化，土の支持力特性の増加および水和膨張による圧密効果などがある。代表的な工法にケミコライザー工法がある。

【参考文献】
1）㈳日本道路協会：「アスファルト舗装要綱」

アスファルト安定処理工法

本工法は，土質安定処理工法の一種で，土に瀝青材料（舗装用石油アスファルトの他にアスファルト乳剤などを用いる）を添加して，土粒子相互の結合力を増加させ，主として道路舗装の路盤材料に用いられる。平坦性が得やすく，たわみ性と耐久性に優れており，また早期交通開放が可能となる。工法の目的は，土粒子や骨材間の結合を高めて，強度および防水性を向上させ，寒冷地では凍上を防止する。一般的な性質を以下に示す。

① 砂質土に適量以上の瀝青材を混合すると，土の含液化が増し不安定となる。
② 一定エネルギーで締固めると乾燥密度が増加する。
③ 添加量が適量を超えると，圧縮強度やCBR値が低下する。
④ 高含水比粘性土を含むものは本工法に適さない。

【参考文献】
1）㈳日本道路協会:「アスファルト舗装要綱」

高炉水砕安定処理工法

本工法は，地盤改良工法のうちセメントや石灰などを土質安定材として用いる土質安定処理工法の一種である。高炉水砕にアルカリ性刺激材（セメントや石灰など）を添加すると，水和反応を起こして固結時間が短縮されるという利点を生かし，土に添加して締固め，強度を増大させて地盤の安定化を図る工法である。

施工方法は，セメント安定処理工法とほぼ同じであるが，同工法に比べて比較的安価に処理できること，アルカリ度が低いことが特徴としてあげられる。砂質土に対しては，セメントを単体で用いた方が強度発現が大きい。粘性土の場合には，セメントとほぼ同等の強度が得られる。

2 表層固結工法

本工法は地盤改良工法のうち，表層処理工法に分類される表層混合処理工法の1つである。この工法は，液性限界を超える含水比を有するヘドロや埋立地盤などの超軟弱地盤において，セメントなどの固化材と均一に撹拌混合して，化学的に固化処理し，せん断強度の増大を図る工法である。施工機械のトラフィカビリティ，敷設材や良質な土砂をまき出すための作業通路や作業足場の安定性の向上が可能である。

本工法は改良対象地盤と固化材との混合方式により，フロートタイプ，泥土車タイプおよびバックホウタイプなどの現位置混合方式（土と安定材を原位置において撹拌混合する方式）とプラント混合方式（固化処理プラントで連続的に固化処理する方式）に分類される。現位置混合方式は，固化材と改良対象土との撹拌方法（撹拌翼）の違いによりトレンチャータイプ，ロータータイプ，水平撹拌タイプおよび鉛直撹拌タイプに分類できる。また，各セメントメーカーが開発している表層処理固化材を用いた工法も数多く実用化されており，いままで改良効果があまり期待できなかった高有機質土，油混合土，廃棄汚泥等の処理など広範な地盤に適用できるようになってきている。図4.2.4に現位置混合方式の施工概要図を示す。

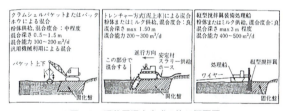

図4.2.4 現位置混合方式の施工概要図

【参考文献】
1）㈳土質工学会:「軟弱地盤対策工法―調査・設計から施工まで―」

超軟弱地盤（ヘドロ）処理工法

本工法は，表層固結工法の一種で，特に改良対象土が超軟弱地盤であるヘドロを対象としたものである。数多くの工法が実用化されている。

施工方法は，特殊な撹拌翼を有する施工機械で改良対象土と土質安定材を現位置で撹拌混合して固結する現位置混合処理方式と空気圧送したヘドロを処理プラントで混合処理を行うプラント混合方式がある。

■ MR工法

軟弱地盤の表層部を固化処理する工法であり，浚渫ヘドロや河川に堆積した軟弱地盤を必要な幅で改

浅層混合処理によるヘドロ改良

良する工法である。（現位置混合方式）

■ 中層改良工法
　バックホウの先端に取り付けた撹拌翼を土中に挿入し，固化材と現位置土の混合撹拌を行う工法であり，バケットによる撹拌方法よりも品質に優れている。（現位置混合方式）

■ パワーブレンダー工法
　バックホウタイプのベースマシーンにトレンチャー式撹拌機を装備した地盤改良専用機械で泥土と改良材とを均等に垂直連続撹拌混合し，信頼性の高い改良処理を行う方法である。（現位置混合方式）

■ ケミコライザー工法
　軟弱地盤の表層部約1.2mの範囲を固化処理する工法であり，履帯式スタビライザを用いた地盤改良工法である。固化材としては石灰系およびセメント系材料いずれも用いている。（現位置混合方式）

■ コンソリダー工法
　ヘドロのような超軟弱地盤に所定の混合比で安定剤（普通セメントまたはフドウミックス）を均一に混合することにより，化学的に固化処理する工法である。（現位置混合方式）

■ ソイルライマー工法
　いかなる高含水比のヘドロ面でも自由に走行できる地盤改良機「ソイルライマー」によって軟弱土と固化材を撹拌混合して，固化処理する工法である。（現位置混合方式）

■ STB工法
　現地土と固化材を混合・固化し，道路路床はもとより強度の均一性があり，耐久性の高い固化盤を厚さ1m/回施工で安価で形成できる工法である。（現位置混合方式）

■ パウダーブレンダー工法
　バックホウにて所定の添加量の固化材を散布し，超ロングバックホウのブームの先端に取り付けた撹拌翼により現位置土と撹拌混合するもので従来のバケット混合に比べて混合性能がよい。（現位置混合方式）

■ ソイルマスター工法
　人が入れない泥上，水上足場において処理船のフランジ幅を変えフロートを配置，フロートのレール上を横方向に移動する撹拌装置（ドレーン打設装置）等を装着させた低接地圧，低重心，低振動，低騒音の施工法である。（現位置混合方式）

■ マッドミキサー工法
　超ロングバックホウのブームの先端に取り付けた油圧回転式撹拌機により連続撹拌を行い，軟弱土と固化材（粉体）を化学反応させて，地盤強度の増加を図る工法である。（現位置混合方式）

■ マッドスタビ工法
　河川，港湾等に堆積したヘドロ処理あるいは埋立地などの軟弱地盤の表層部を安定処理するもので，施工機械としてフロートを装着したマッドスタビライザが使用される。（現位置混合方式）

■ ディープハード工法
　軟弱地盤や超軟弱地盤を水陸両用型または湿地専用型のスタビで地盤改良する工法である。（現位置混合方式）

■ TK式表層処理工法
　腐植土やヘドロなどを簡易・均質に混合撹拌できる装置で水和阻害に対して抵抗性を持つ固化材を使用することによって改良効果を高める工法である。（現位置混合方式）

■ TW工法
　特殊形状を有するミキサーを主体とした連続撹拌

粉砕混合による土質再生処理工法である。（現位置混合方式）

■ セメントバチルス工法

軟弱地盤の表層土あるいは深層土，建設汚泥，ヘドロおよび各種建設発生土などの高含水比土を対象にセメントバチルス（石灰～石膏～アルミナ～水との化学反応生成物（エトリンガイド））を利用した固化処理工法の源流である。（セメント固化材）

■ ハードキープ安定処理工法

高含水比粘性土にハードキープを強制混合，転圧し，その硬化反応を利用して土質の安定処理を行う工法である。（セメント固化材）

■ フジベント工法

フジベント（団粒の安定性を与えるとともに，立体的に接着してせん断力の増強を図る接着剤）を用いて，道路の路床や路盤の改良に使用するものである。（セメント固化材）

■ TBS工法

セメント系特殊固化材トーアOCを用いて超軟弱地盤の改良固化を行ったり，悪臭を取り除き，有害物質の溶出を防ぐために開発された工法である。（セメント固化材）

■ ジオセット工法

セメント系固化材（アサノクリーンセット）で，セメントでは処理の困難な土壌を特殊水和反応と表面化学的諸硬化により安定に硬化する工法である。（セメント固化材）

■ ユースタビラー工法

ユースタビラ（旧スタビライト）は水和によって初期的に多量のエトリンガイドを生成して固化するもので，高含水ヘドロや腐植土および各種スラッジに対しても改良固化することができる。（セメント固化材）

■ ソルスター工法

ソルスターは高炉水砕スラグの研究で開発した地盤改良材で，この固化材を用いた土質安定処理工法である。（セメント固化材）

■ タフロック工法

全国各地にわたる土質について系統的分析により，各地の土質について最適な固化材を開発している。（セメント固化材）

■ アンケルWS工法

アンケルWSは天然の無害原料を焼成活性化したもので，有害重金属や有機物を多量に含むヘドロやスラッジを容易に固化処理する工法である。（セメント固化材）

■ マンメイドソイル工法

建設工事に伴って発生する建設残土にセメントミルクを加え，混練りした超貧配合で流動性の高い処理土を製造し，埋戻し材として再利用する工法である。（セメント固化材）

■ ハイパークレイ工法

廃棄物処分場建設工事に伴い発生する土砂にセメント等の固化材を添加して，耐久性・耐衝撃性に優れた遮水性基盤を形成する工法である。（セメント固化材）

■ スーパーベント工法

ベントナイトの持つ膨潤性と礫の骨格形成を利用して，高い遮水性と地盤支持力を有する人工遮水材を形成する工法である。（ベントナイト）

セメントライザー工法

固化材にセメント系土質安定材を軟弱土に添加して，撹拌・混合することで良質の土に改良し，転圧・締固めにより改良地盤を造成する工法である。現在，本工法はケミコライザー工法として扱われている。

マッドフィックス工法

ヘドロ処理工法の一種で，固化材注入ロッドと混合用スクリューを装備した専用の処理船がヘドロ上を移動しながら，ヘドロを凝結固化させるもので，ヘドロ上の仮設通路や間仕切り堤等に適用される。施工方法は現位置固化方式と輸送固化方式の2通りある。

セットバーン工法

　本工法は，特殊な固化材（セットミックス）を用いて，施工の安全性，工期，工費および二次公害などの問題点を解決した超軟弱地盤の表層改良工法の一種である。特に処理後の地盤改良や杭打ちなどの作業に対して支障なく施工ができる。

SIL-B処理工法

　スラッジの脱水固化処理工法の一種で，ケイ酸系凝結剤によって処理する工法である。
　ケイ酸系凝結剤をスラッジに添加すると，スラッジは含水状態のままゲル化する。微細な土粒子を包括して形成された凝結体を脱水することによってスラッジを安定な土質に変える工法である。

ソリック・ドライグラウト工法

　地盤に固化材を粉体のまま投入する地盤改良工法で，ソリックとは使用する固化材名である。この工法は，現位置で地山と撹絆混合する場合と固化材を杭状に打設する場合がある。現在は，DJM工法として扱われている。

TSTシステム

　水底に堆積しているヘドロをウーザポンプで浚渫し，適切な薬剤を混入し・撹拌することで，汚染物質や有害物質を封じ込めて，土壌として再利用する工法である。

大阪ESC工法

　吸水性，自硬性を有し，軟弱な粘性土に対しても十分な固化作用を発揮する固化材（EESC）を用いて固化処理する工法である。

マスキングーC工法

　マスキングーCは，カルシウムアルミネート系のエッセンスを主体とした固化材を用いた土質安定処理工法である。

ツイン・ブレードミキシング工法

　ツイン・ブレードミキシング（以下TBと略記する）工法は，先端部の左右両側に取り付けた大径撹拌翼を鉛直方向に回転させるTB撹拌装置を用い，深度11mまでの中層領域を効率よく撹拌混合する原位置固化処理工法である。TB撹拌装置を土中に貫入しながら，撹拌装置先端部より固化材スラリーを吐出し，改良対象土と固化材スラリーを強制撹拌混合する。TB撹拌装置により，従来の工法よりも適用深度が深く，施工能力，改良品質に優れている。また，空打ち（土被り）のある改良や多層地盤での各層ごとの改良材混入量を切り替えて施工することができ，盛土・切土のすべり破壊防止，構造物の支持力増加および沈下低減等の工事目的に用いられる。

置換工法

　置換工法は，地盤として用いることが困難な不良地盤を，何らかの方法で取り除いて，良質の材料と置き換えて，目的とする地盤を構築する工法である。置換工法は，不良地盤を置換すると言う最も基本的な施工方法を採用しており，古くから多用されてい

ツインブレードミキシング

る軟弱地盤改良工法の一つである。

　置換工法の対象となる不良地盤の種類は，高含水比軟弱状態にある粘土・シルト・有機質土地盤および硬質岩盤内の弱層部などが挙げられる。また，近年では，化学物質等で人為的に汚染された地盤等も不良地盤として挙げられる。

　置換工法の分類方法に，様々な方法が挙げられるが，置換する良質地盤材料の種類で分類すると，（1）良質の自然土砂で置換する方法と，（2）人工の材料で置換する方法の2種類に分けることができる。

1 自然土砂利用置換工法

　自然土砂利用置換工法は，不良地盤を何らかの方法で取り除き，良質の砂，礫質土等の自然土砂投入して置き換える方法である。良質材料として用いる自然土砂の要求材料特性は，密度が2.6〜2.7g/cm³程度，細粒分（75μm以下）含有量が数パーセント程度であることなどが挙げられる。

　施工方法としては，掘削置換工法，盛土撒き出し置換工法，締固め砂杭置換工法の3種類に分けられる。

掘削置換工法

　掘削置換工法は，不良地盤を掘削して取り除いて，その跡地に，砂，礫質土等の自然土砂を投入し置き換えて，良質の地盤を構築する工法である。

　適用の地盤深度は一般には2〜3m程度である。これより深くなると掘削工も2段階で行う必要があり，工事規模が大きくなる。掘削には，バックホウ，クラムシェル等を用い，自然土砂の投入・置換は，ダンプトラックによる運搬，ブルドーザによる撒き出しと転圧（あるいはローラによる転圧）によって行う。図4.2.5に掘削置換工法について示す。

　従来から，置換工法の最も基本的な施工方法として，広く用いられてきた。近年は，汚染土壌の浄化工事もこの方法によって行われる例が多い。

図4.2.5　掘削置換工法

盛土撒き出し置換工法

　盛土撒き出し置換工法は，軟弱不良土地盤の上に盛土を撒き出し，盛土の荷重によって軟弱地盤に滑り破壊を発生させて，軟弱不良土を押し出し，盛土の砂材料と置き換える方法である。浚渫埋立地盤や内陸の軟弱地盤改良工事において，軟弱地盤上に帯状に工事用進入道路を構築するときなど，多用される施工方法である。図4.2.6に盛土撒き出し置換工法について示す。

　施工方法は単純であるが，盛土荷重によって，軟弱地盤に強制的に滑り破壊を発生させることから，盛土地盤上の建設機械が滑り破壊の中に巻き込まれることがある。施工にあたっては，特に注意が必要である。

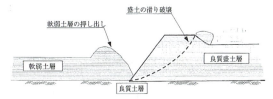

図4.2.6　盛土撒き出し置換工法

締固め砂杭置換工法

　締固め砂杭置換工法は，不良土地盤の中に締固めた砂杭を密に打設して，締固めた砂杭で不良土を押しのけて良質地盤に置換する方法である。深い位置の軟弱地盤の置換が可能であること，不良土の掘削取り除きの作業を必要としないこと，海上工事においても適用できることなどから，古くから多くの工事実績を有している。図4.2.7に締固め砂杭置換工法について示す。

　置換対象地盤の物性や置換する地盤の目標物性を基にして置換率，砂杭配置を算出する設計法も確立されている。

　一般に施工する砂杭の径は，陸上工事で60〜80cm，海上工事で100〜200cmである。置換率は0.7〜0.8程度が一般的であるが，0.3〜0.5の低置換率の工事例もある。

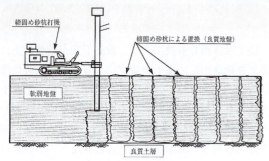

図4.2.7　締固め砂杭置換工法

2　人工材料利用置換工法

人工材料利用置換工法には，不良地盤を取り除いた後に，セメント固結材料を投入して置換する方法と，人工の軽量地盤材料を投入して置換する方法がある。

セメント固結材料置換工法

セメント固結材料置換工法は，土とセメントを混合した材料あるいはセメントミルク材料を置換材料として用いる方法であり，高強度の置換地盤を要求するときなどに採用される工法である。

セメント固結の置換材料の要求材料特性は，周辺地盤と同等あるいは同等以上の地盤密度を有し，設計で要求する地盤強度，変形特性等を有していることである。

施工方法としては，掘削置換工法およびセメント固結杭置換工法の2種類に分けられる。掘削置換工法は，自然土砂を用いた時と同様であり，深度の浅い位置の置換に用いられている。また，セメント材料を使用した置換工法の場合，岩盤地盤の弱層部置き換え等にも掘削置換工法が用いられている。

マンメイドロック工法

マンメイドロック工法は，土木・建築構造物の基礎岩盤弱層部や構造物地下部の周辺部を掘削・除去し，特殊な硬化材を添加した人工固結材料で置き換え・埋戻しを行う工法である。

従来は貧配合コンクリート等が使用されていたが，周辺岩盤に比べて剛性が大きすぎる問題があった。当工法は，プラントで現地発生土と固結材とを均質に練り混ぜ，周辺岩盤と同等な物性を有する材料を製造し，ポンプやシュートで打設する。流動性がよく，バイブレーターによる締固めが不要である。本工法は，原子力発電所の本館建屋の基礎岩盤処理，側部埋戻し等で多く使用されている。低強度の流動化置換えについては，「マンメイドソイル」とも称している。

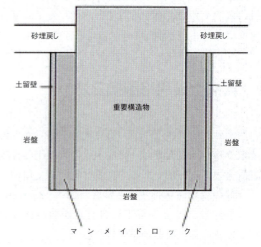

図4.2.8　セメント固結材料置換工法

FUSS工法

FUSS工法は，リバース工法や地中連続壁工法等で発生する掘削残土を地上のプラントでスラリー化し，それにセメント等の硬化材を添加して製造した均質なソイルモルタルを掘削孔に置換え打設し，土留め壁や止水壁を製造する工法である。ソイルモルタルが固まる前に，H形鋼を芯材として挿入し，地中連続壁と同等の剛性を持つ土留め壁を築造することも出来る。

現在，ソイルモルタルの製造法並びに品質管理手法に改善を加えた掘削土再利用連壁工法として高度化されているが，この工法で製造されたソイルモルタルは流動性が高いので，空洞充填や側部埋戻しにも使用されている。

人工軽量材料置換工法

人工軽量材料置換工法は，乾燥密度で約0.2～1.0g/cm^{3}の人工の軽量材料を用いて，不良土と置換する方法である。図4.2.9に人工軽量材料置換工法について示す。

材料・施工の種類としては，砂礫状に粒度調整し

た発泡シリカ，発泡ガラス，発泡スラグ材料を，自然土砂と同様の方法で取り扱って施工して置換する方法と，発泡させたセメントミルクや発泡のセメントモルタルをプラントで製造して，ポンプ圧送・打設して置換する方法がある。

　人工軽量材料置換工法を適用する主な目的（適用先）は，軟弱粘性土地盤の地盤を軽量材料で置換（荷重軽減）して，長期沈下抑制を図る。また，橋台背面を軽量材料で置換して，橋台にかかる土圧を軽減する等がある。

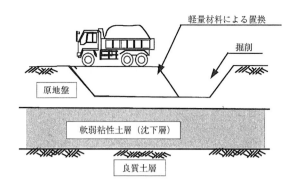

ⅰ）砂礫状の軽量材料による置換工法

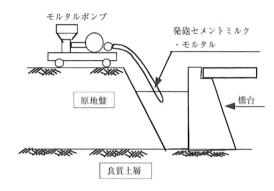

ⅱ）発砲セメントミルク、モルタルによる置換工法

図4.2.9　人工軽量材料置換工法

【参考文献】
1）土質工学会：「軟弱地盤対策工法―調査・設計から施工まで―」平成3年6月
2）㈳セメント協会：「セメント系固化材による地盤改良マニュアル，技報堂出版」平成6年8月
3）芝崎光弘ほか：「わかりやすい土木技術，ジェットグラウト工法，鹿島出版会」昭和58年4

Ⅲ 載荷重工法（圧密促進）

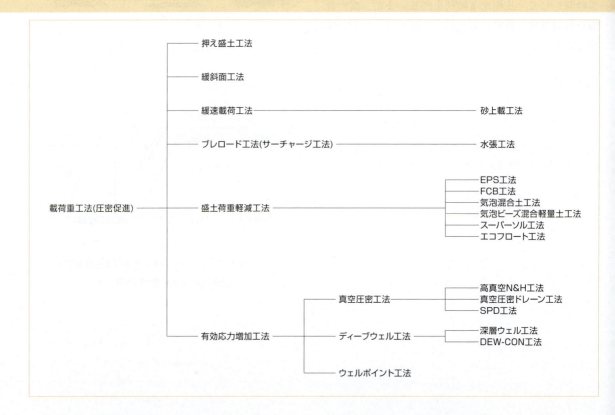

　本工法は，軟弱地盤上に盛土や構造物を築造するにあたり事前に基礎地盤の圧密沈下を促進させて，残留沈下の低減や基礎地盤の強度増加を図ることを目的に実施するものである。実際の作用荷重に等しいかそれ以上の荷重を盛土などにより作用させて，沈下量や強度が設計及び計測による期待値に達したことを確認することで地盤改良とするものである。また，軽量材料を用いて軟弱地盤への有効応力を低減し沈下軽減する工法も本工法に含んでいる。適用地盤は，圧密降伏応力が小さく強度の比較的低い沖積や埋立ての粘性土地盤である。

　工法原理は，正規圧密や未圧密状態にある粘性土層に荷重が加わると，過剰間隙水圧が発生し，時間が経過するにつれて間隙水圧は徐々に消散され，間隙比は小さくなり圧密沈下と強度増加が発生する。図4.3.1（a）に示すように，a点で圧密圧力がΔp増加すれば圧密終了時にb点になって，間隙比がΔeだけ減少する。同図（b）に示すように，非排水せん断強さCuも同時に圧密圧力Pに

比例してa点からb点に増加する。このように圧密進行によって間隙が小さくなり，沈下に伴いせん断強さも増加する。逆に，同図（a）のb点で圧密圧力がΔp減少すると粘土が膨張してd点に至り，a点に戻るような弾性的な挙動は決して示さない。粘性土において，圧密圧力Pの基でa点～b点～c点に至る経路を正規圧密状態，d点～b点の経路を過圧密状態と称する。

　本工法は，このような間隙比の圧密圧力による経路差を利用して粘性土層の沈下低減と強度増加を図るものであり，例えば図4.3.2に示す荷重-沈下関係が得られるように行われる。

　図4.3.3に載荷重工法の設計フローを示す。最初に，

計画構造物の設計条件を把握して建設地の土質調査を行い，基礎地盤が構造物を支持する強度を有しているか，または，その重量によって沈下がどの程度生じるかを検討する。支持力不足や有害な沈下が見込まれる場合は，載荷重工法を実施する。工法選定は，残留沈下が許容値以内となるように，また，必要強度が得るように行い，場合によっては，他工法との併用を考慮することとする。

粘性土層の圧密沈下を促進させるためには，地盤内の有効応力を増加させることが不可欠であり，その手段としては全応力を増加させる工法と全応力を一定にして有効応力を増加させる工法がある。

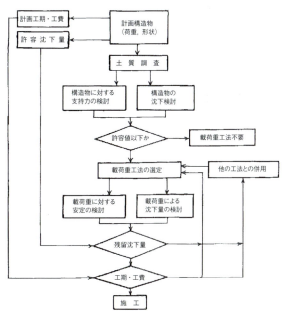

図4.3.3 載荷重工法の設計フロー

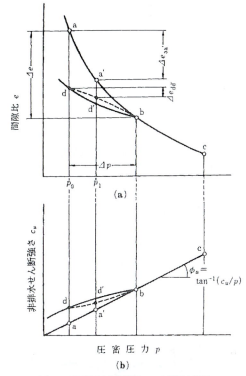

図4.3.1 圧密圧力と間隙比・せん断強さ関係

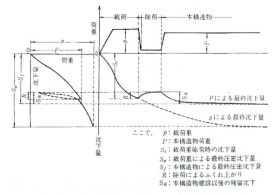

図4.3.2 載荷重工法の荷重―沈下関係の例

押え盛土工法

本工法は，盛土施工において発生するすべり破壊に対して所要の安全率を得るために実施するものである。図4.3.4に示すように，すべり破壊が生じる盛土本体の側方に押えとなるよう盛土を行い，盛土全体ののり面勾配を緩くすることで盛土の安定を図るものである。原理は，単純で施工が容易でその効果は確実で信頼性が高い。

この工法を適用すると盛土底部幅が増した状態となり，盛土のり面こう配を緩くする場合と同様の効果が得られる。これにより，地中に発生するせん断力が減少し，最大せん断力の発生する位置を深部に移動させることができる。押え盛土のない状態で盛土の築造を行った場合は，図4.3.4においてすべり面①で破壊が生じるが，押え盛土によりすべり面位置を②に移動させてすべり抵抗力の増加を図り，盛土の安定性を向上させる。基礎地盤の表層部が極めて軟弱な場合は，押え盛土自体のすべり破壊③が生じることがあるため，注意が必要である。

本工法は，押え盛土分の用地と盛土材料が必要となるため，用地取得が困難な場合，用地費が高い場合，または盛土材料が入手し難い場合は不経済となる。施工中に不安定となった盛土やすべり破壊が生

じた盛土の応急・復旧対策として適用される場合が多い。

施工では，盛土の高まき施工を避け，ほぼ水平に敷きならした薄層の盛土材料を各層ごとに確実に締固める必要がある。ただし，盛土面の排水のために必要な横断勾配は確保する必要がある。押え盛土の盛立て速さは，盛土本体より遅れないようにする。

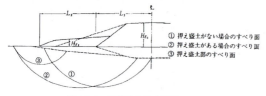

図4.3.4　載荷重工法の設計フロー

緩斜面工法

本工法は，盛土施工で発生するすべり破壊に対して所要の安全率を得るために実施するものである。盛土本体ののり面こう配を緩くし，盛土の安定を図るものである。粘土地盤のすべり破壊は，せん断応力が高い部分に最初に発生し，荷重の増加とともに周辺に広がって行く進行性破壊の形態を呈する。そのすべり面形状は円弧状ではなく，対数らせんに近いため，盛土に近いほど地盤の盛り上がりが大きくなる傾向にある。

本工法は，このすべり破壊挙動から考えられたものであり，盛土の安定性を図るために根固め的に盛土に近いところほど大きな押えを行い，実質的に盛土のり面勾配を緩くする方法が採られる。

この工法を採用してのり面勾配を緩くすることにより，原地盤に発生するせん断応力を小さくできるため，盛土の安定を図ることができる。

緩速載荷工法

軟弱地盤における盛土施工では，基礎地盤が破壊しない範囲で盛土速度を制御することが基本である。各種の軟弱地盤対策工が行われている場合には，地盤強度は無処理よりも大きくなっているので，比較的速い速度での施工が可能である。一方，無処理の場合は盛土速度を遅くする。本工法は，軟弱地盤の処理をできるだけ行わないか軽微にする代わりに，圧密による地盤の強度増加を期待しながら，時間をかけてゆっくりと盛土を行う工法である。本工法は，時間を必要とするが，他の工法に比べて経済的である。一般に他の工法に先行または併用して実施されることが多い。本工法には，図4.3.5に示すように盛土の施工を徐々に行う漸増盛土載荷と段階的に行う段階盛土載荷があるが，通常は漸増盛土載荷とする場合が多い。

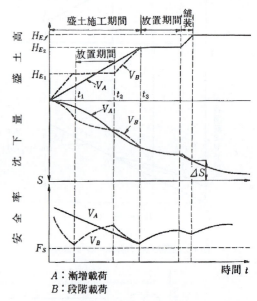

図4.3.5　緩速載荷工法の挙動

土は圧密による密度増加に伴い強度も増加する。正規圧密粘土の強度増加率は，一般的に0.20〜0.50程度であり，急速盛土を行った場合不安定となる地盤でも，盛土の施工速度を地盤の強度

増加に合わせて行えば，すべり破壊に至らずに盛土を築造することができる。

厚い軟弱層に本工法を適用した場合は，工期が非常に長くなるため，バーチカルドレーン工法など他

の圧密促進工法と併用する必要がある。適用に際しては，盛土の安定性と圧密の進行状態を把握するための施工管理が必要である。施工中には，盛土の安定性と圧密の進行状態を調べて盛土の施工速度を管理するために，沈下計，変位杭，その他の計器を配置して，盛土の沈下量や地盤の水平変位量などを管理する。また，土質調査を行って，土の圧密による強度増加を直接知ることも必要である。

■ 砂上載荷工法

施工機械のトラフィカビリティ確保ができない超軟弱地盤において，砂を薄く撒き出すことができる工法である。マイクロポンプ船で砂を水とともに送り，軟弱地盤上に厚さ約0.3～0.5mの砂を上載することができる。

プレロード工法（サーチャージ工法）

本工法は，盛土上あるいは軟弱地盤上に構築される構造物に生じる有害な沈下および破壊を防止するため，あらかじめ地盤に応力を加えることで基礎地盤の圧密沈下を促進させるとともに強度増加を図る工法である。圧密層が厚い場合，改良効果を得るには長い時間が必要となるため，本工法が単独で用いられることは少なく，バーチカルドレーン工法や緩速載荷工法などと併用される。

なお，一般盛土部において，計画盛土高以上に載荷して，基礎地盤の圧密促進と強度増加を図り，その放置期間後に所要の計画高さとなるように余分な盛土を除去する場合をサーチャージ工法という。一方，構造物部において，その施工に先立って盛土荷重を載荷し，ある放置期間後に載荷重を除去する場合をプレロード工法と呼んで前者と区別している。この両者を総称して載荷盛土工法と呼ぶ場合もある。

プレロード工法は，沈下対策と基礎地盤の支持力不足に対する安定対策工法としても用いられる。例えば橋台などの盛土に隣接する構造物では，基礎地盤の支持力が不足すると橋台背面の盛土により基礎の軟弱粘性土が流動して，橋台の基礎杭に過大な応力を与えることが懸念される。これを防止するために橋台予定地に前もって事前盛土を行い，圧密による基礎地盤の支持力増加を図った後，盛土を除去し橋台を構築する。この計画においては，次の4項目が重要である。

① 載荷盛土工およびバーチカルドレーン工の所要日数
② 沈下の速度
③ 強度増加の速度
④ 基礎地盤の強度から許容される載荷重量

図4.3.6にサーチャージ工法，図4.3.7にプレロード工法について示す。

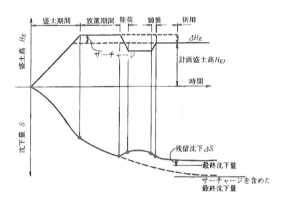

図4.3.6　サーチャージ工法

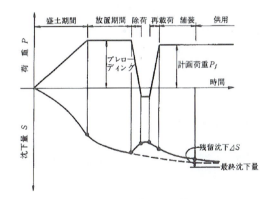

図4.3.7　プレロード工法

■ 水張工法

本工法は，プレロード荷重として水の重量を使用する。載荷盛土に比べて載荷と除荷が容易で，荷重の作用が実荷重と同じにできるという利点がある。通常，鋼製タンクの基礎改良などに使用される例が多い。

盛土荷重軽減工法

盛土荷重軽減工法は，軟弱地盤対策の範疇において従来から使用されていた呼称であるが，最近では軽量盛土工法と呼ばれており，一般的に普及している。近年，軽量盛土工法が注目を浴びるようになったのは，1985年にわが国にEPS工法（発泡スチロール土木工法）という超軽量盛土材を用いる工法が出現してからである。これを契機として，FCB工法等の様々な工法の開発が行われ，実用化されている。

軽量盛土工法の適用分野としては，図4.3.8に示すように軟弱地盤対策・地すべり対策・急傾斜地の腹付け盛土対策・拡幅盛土対策・土圧軽減対策が挙げられる。この中で施工実績が多いのは，急傾斜地の腹付け盛土対策，地すべり対策，軟弱地盤対策である。軽量盛土工法は，単位体積重量が水より軽くできるというのが工法上のメリットであるが，その場合に，地下水や施工中の水の流入により浮力が働き浮上しないよう排水対策に留意する必要がある。また，FCB工法のように水の含浸により重量が増すものに対しては，遮水対策を十分に行う。

軽量盛土工法を主な使用材料で大別すると，EPS工法，気泡混合土工法，発泡ビーズ軽量混合土工法，軽量土砂を用いる工法，産業副産物を用いる工法，中空土木資材を用いる工法の6種類に分類できる。表4.3.1には，軽量盛土工法の種類と特性を示す。この中で，単位体積重量に着目すると，EPS工法は超軽量という特性を有し，気泡混合土工法と発泡ビーズ軽量混合土工法は盛土材の重量調整が可能で，かなりの軽量化と比較的広い範囲で自由な強度設定ができるという特性を有している。

■ EPS工法

大型の発泡スチロールブロックを盛土材料として用いるものであり，その材料の特徴である超軽量性と自立性を利用して盛土の築造がなされる。単位体積重量は$0.12 \sim 0.35 \mathrm{kN/m^3}$で，許容圧縮強さは$20 \sim 200 \mathrm{kN/m^2}$である。

■ FCB工法

エアミルクとエアモルタルがあり，施工時には流動性が高く，強度も高い軽量化材料である。プラントで製造され，ポンプ圧送により打設する。単位体積重量は$4.0 \sim 13.0 \mathrm{kN/m^3}$で，一軸圧縮強さは$300 \sim 1000 \mathrm{kN/m^2}$である。

■ 気泡混合土工法

土とセメント，水および気泡を混合して，施工時の流動性が高い軽量化材料であり，プラントで製造してポンプ圧送により打設する。単位体積重量は$4.0 \sim 15.0 \mathrm{kN/m^3}$で，一軸圧縮強さは$50 \sim 1000 \mathrm{kN/m^2}$である。

■ 発泡ビーズ混合軽量土工法

土砂に超軽量の発泡ビーズを混合して軽量化を図った土であり，通常の土砂と同じように取り扱える。単位体積重量は$8.0 \sim 15.0 \mathrm{kN/m^3}$であり，セメント混合により一軸圧縮強さを$50 \sim 300 \mathrm{kN/m^2}$にできる。

■ スーパーソル工法

廃棄ガラスを粉末状にして特殊な添加剤を加え，焼成炉を通過させることにより発泡させて得られる塊状（$2 \sim 75 \mathrm{mm}$）の軽量地盤材料である。締固め後の単位体積重量は$3 \sim 6 \mathrm{kN/m^3}$で，せん断抵抗角は$30°$程度である。

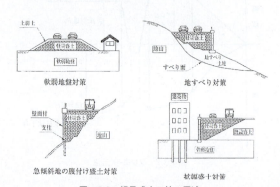

図4.3.8 軽量盛土工法の用途

表4.3.1 軽量盛土工法の種類と特性

種類	使用材料	単位体積重量 (kN/m³)
EPS	発泡スチロール	0.12 ～ 0.35
気泡混合土	気泡材・土砂・固化材	4.0 ～ 15.0
発泡ビーズ軽量混合土	気泡ビーズ・土砂・固化材	8.0 ～ 15.0
軽量土砂の使用	火山灰（ローム・スコリアなど）	12 ～ 14
産業廃棄物の使用	石炭灰・水砕スラグ	11 ～ 15
空中構造物	コルゲートP・ボックスC	10程度

エコフロート工法

　構成材料が，主として砂質土系からなる現場発生土，セメント，および使用済み発泡スチロール粒子を特殊処理した骨材（EPS骨材）からなる人工軽量土である。現地プラントで製造され，スラリーとドライの2タイプがあり，一軸圧縮強度は100kN/m²以下で任意に調整できる。

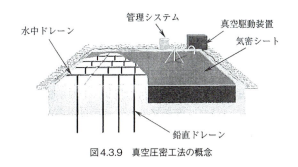

図4.3.9　真空圧密工法の概念

有効応力増加工法

　本工法は，地盤中の地下水位を低下させることにより，有効応力を増加させて軟弱層の圧密促進を図るものである。原理的には，地盤の地下水位を低下させると地下水位以下にあって浮力を受けていた土が浮力を失い，浮力の減少に相当する応力が下部土層に荷重となって作用することにより，圧密効果が得られるものである。

　本工法は，軟弱粘土層の上部および中間部に透水性のよい砂層が分布している場合に，下部軟弱層の地盤改良を行う目的で利用されることが多く，軟弱層が厚い場合はバーチカルドレーン工法が併用される。また，地下水の低下による増加荷重だけでは荷重が不足する場合には，サーチャージ工法と併用される。地下水位の低下による有効荷重の増加量は，地下水位1mの低下に対して6～7kN/m²程度であるといわれている。

　本工法は，広範囲に地盤改良を行う場合は盛土工法に比べて安価で，盛土による載荷では，地盤の安定性から必要荷重を一度に載荷作用できない場合がある。この工法ではそれが可能であり，工期を短縮できるなどの利点も多い。特に，泥炭地盤では，顕著なサーチャージ効果が得られる。

　本工法の種類には，真空圧密工法・ディープウェル工法・ウェルポイント工法がある。真空圧密工法の概念図を図4.3.9に示す。

真空圧密工法

　本工法は，軟弱地盤の改良区域に鉛直ドレーンを打設した後に気密シートにより完全に被覆密閉し，真空駆動装置を用いて地盤内に負圧を生じさせ，軟弱地盤の沈下促進と強度増加を図るものである。

　特徴は，次のとおりである。
①載荷盛土工法に比べ，短期間で圧密沈下と強度増加を得ることができる。
②載荷盛土工法のように，基礎地盤の押し出しによる側方移動が生じないため，地盤のすべり破壊が発生しない。
③軟弱地盤の圧密排水は，鉛直ドレーン，水平ドレーンおよび有孔集水管により行われ，確実性がある。

高真空N&H工法

　沈下に伴って減圧ロスが生じるという従来工法の課題を気水分解方式によって解決した改良型真空圧密工法である。高い真空圧を安定して地盤に作用し続けることで，短工期・低コストを実現した。従来型N&H工法を含め多くの施工実績がある。

真空圧密ドレーン工法

　真空圧密ドレーン工法は，予め排水ホース付き気密キャップを取り付けたドレーン材を軟弱地盤中に打設し，その一端より真空ポンプにより負圧を生じさせ，軟弱地盤の沈下促進と強度増加を図るものである。最大の特長は，在来粘土層の表層1m部分を気密層として利用するため，従来の真空圧密工法に不可欠であった地表面の密封シートを用いずに改良することができる点である。密封シートが不要であることから，水底下での適用も可能である。

■ SPD工法

本工法は地盤改良の中で，従来，大気圧工法として位置づけられている工法である。

従来のプラスチックドレーン工法は盛土により圧密沈下を生じさせるが，SPD工法では真空装置により大気圧を利用して圧密沈下を促進させる。これによって工期短縮や工費削減を図ることができる。

ディープウェル工法

深井戸を工事用に改良した工法であり，層状土質で途中に透水性の良い砂利層などの地層を挟んでいる場合は特に有効である。ディープウェル工法がウェルポイント工法に比べて適している条件は，次のとおりである。

①施工が広範囲で非常に大きい地下水位低下が必要な場合。
②透水性の大きい地盤で，多量の揚水量となる場合。
③深層地下水帯の減圧を図る必要がある場合。
④揚水による排水が必要な場所，または施工条件から対象地に近づけないため，ウェルポイント工法が採用できない場合。

■ 深層ウェル工法

本工法は，ウェルポイントによる真空揚水と揚水管底部の送気ノズルから噴射する気泡によるエアリフトとの複合効果を利用したもので，比較的狭い工事区域内で真空ポンプの吸入限界以深の地下水位低下に有効である。

■ DEW-CON工法

バーチカルドレーンとディープウェルを所定間隔でセットし，地下水位を下げることにより，圧密を進行させ地盤強度を高める工法である。適用条件として，軟弱層の下部および中間に砂層が存在することが必要である。

ウェルポイント工法

真空を利用して地中の間隙水を真空脱水する工法であり，湧水が多い砂層をはじめとして，やや透水性の悪い地盤（$k=10^{-4} \sim 10^{-5}$cm/sec）でも強制的に集水し，排水することが可能である。本工法は，地下水位低下の対象領域の両側または周囲にウェルポイントと称する小さな簡易井戸を多数打ち込んで井戸のカーテンを作ることにより，

地下水を揚水して，地盤内部を真空状態にし必要な範囲の排水を行うものである。

ウェルポイントは，一般的にピッチ0.5～2.0m，長さ約9.0mであり，水位低下の有効深度は6～7mである。これよりも深くまで水位を低下させたい場合は多段ウェルポイントを設置する必要がある。

【参考文献】
1）土質工学会：「軟弱地盤対策工法―調査・設計から施工まで―」昭和63年11月
2）日本道路協会：「道路土工軟弱地盤対策工指針」昭和61年11月
3）日本道路協会：「道路土工のり面工・斜面安定対策工指針」平成11年3月
4）真空圧密技術協会：「N&H強制圧密脱水工法技術資料」1999年12月

Ⅳ 排水促進工法

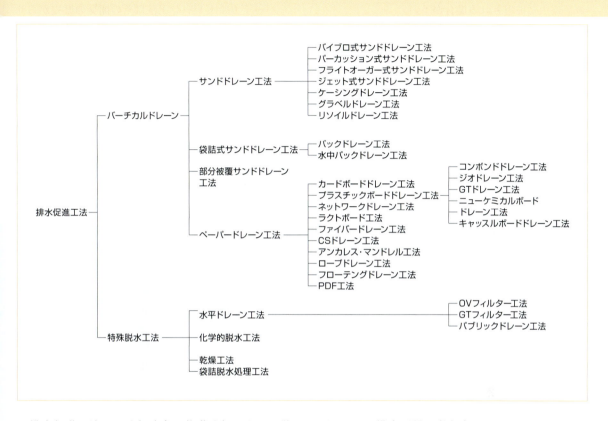

排水促進工法は，地盤改良が基礎地盤の土の工学的性質を積極的に改善することを目的とする場合に，基礎地盤の密度を増大させる工法の一つである。

ドレーン材による排水は，早期に軟弱地盤の間隙水を排除することで圧密を促進させ，その密度およびせん断強度を増大させるものである。飽和した軟弱粘性土上に各種の構造物が載荷された場合，これらの構造物によって生じる地中応力により，地盤は圧密される。テルツァギーの一次圧密理論によれば，圧密に要する時間は排水距離の2乗に比例する。軟弱土の層厚が大きい場合，圧密に長い時間を要するため，将来にわたって構造物に悪影響を与えることになる。軟弱な粘性土地盤中に，人工的な排水路（ドレーン）を設けて粘性土の排水距離を短くして，圧密を早期に終息させようとするのが，バーチカルドレーン工法である。

図4.4.1に排水距離の考え方について示す。

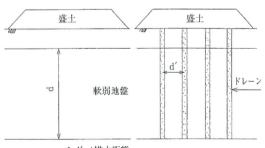

図4.4.1 排水距離の考え方

バーチカルドレーン工法は，アメリカのポーター【Porter O.J.】が発案し1935年以来採用され全世界に普及しているサンドドレーン工法とサンドドレーンの欠点を改善した袋詰式サンドドレーン工法，スウェーデン王立土質研究所のケルマン（Kjellman）が開発したペーパードレーン工法の3種類がある。

バーチカルドレーンに関する圧密理論は種々提案されているが，実用的にはすべてサンドドレーンの理論式を基本とし，バロンの理論解を用いた設計がなされている。この理論式によれば，太い直径のドレーンを粗く打設するより，細いものを密に打設した方がより圧密促進効果を得ることができる。バーチカルドレーン工法は，単独で用いられることは少なく載荷盛土と併用される場合が多い。

ドレーンの代わりに吸水膨張性の材料を枕状に設置し，吸水により軟弱粘性土の間隙水を脱水し，膨張圧力を圧密圧力として利用する工法，電気浸透現象や半透膜の浸透圧差を土中水の脱水に利用する考え方がある。

この他に盛土工事で土中に排水材を水平に設置し，地下排水の促進，間隙水圧の低減，盛土の強化，のり面崩壊防止および施工時のトラフィカビリティの向上を図ることを目的とする水平ドレーン工法がある。

高含水比で軟弱な土を透水性の袋に充填して脱水を促進させる。この袋を盛土に有効利用する工法も排水促進工法と位置づけることができる。

【参考文献】
1) ㈳土質工学会：「地盤改良の調査から施工まで」
2) ㈳産業技術サービスセンター：「実用軟弱地盤対策技術総覧」

バーチカルドレーン工法

バーチカルドレーン工法は飽和した粘性土地盤に対する地盤改良工法の一種である。

この工法は軟弱粘性土地盤中に人工的な排水路を設けて間隙水の排水距離を短くし，圧密を早期に収束させ地盤強度を向上させる工法である。

排水路となるドレーン材に要求される条件は，
① 地中の間隙水が排出される際，フィルターの作用をして目詰まりを生じない。
② 透水性が良好で損失水頭が小さい。
③ 排水路が圧密により切断されない。
④ 安価で入手しやすい。
などである。

バーチカルドレーン工法の適用において考慮すべき事項は以下である。
① ドレーンの適用が可能な一般的要件の土質・層厚である。
② ドレーンの機能を満足するためドレーン柱の連続性を維持するだけの地盤強度を持ち，かつ上部構造物荷重によるすべり破壊によってドレーンの切断がない。

バーチカルドレーン工法はその開発の歴史からサンドドレーン工法とペーパードレーン工法に大きく分類される。ペーパードレーンの名称は，本来穴あき紙を地中に差し込むことから付けられたが，現在では耐腐食性のボード系ドレーンの総称名として使われている。

ドレーン工法は圧密時間を短縮させるためのもので，圧密そのものを起こさせるものではない。したがって，ドレーン工法を施工しただけでは地盤改良の目的は果たされず盛土載荷のような載荷重を必要とする。地盤改良の効果の確認は，他の載荷盛土工法と同じように盛土載荷中の動態観測や載荷後のチェックボーリング等によって実施する必要がある。

バーチカルドレーン工法施工状況

1 サンドドレーン工法

サンドドレーン工法は，ドレーン材として透水性のよい砂を用いたバーチカルドレーン工法の代表的なものである。また，サンドドレーン工法には施工方法の違いから，バイブロ式，パーカッション式，

フライトオーガ式，ジェット式がある。

　サンドドレーン工法は，地中に多数の砂柱を造成し，これを排水路として利用するものである。すなわち，サンドドレーンを施工した地盤は，施工前の無処理地盤に比べて，圧密速度が促進される地盤に改良されただけである。圧密そのものを生じさせるためには，盛土の載荷重が必要である。サンドドレーンの打設は図4.4.2に示すように平面上正三角形または正方形で計画される。1本のドレーンが受持つ範囲は計算上図に示す等価面積の有効円に置換えている。

　通常は，サンドドレーンの直径は30～50cm，ピッチは1.5～3.0mとすることが多い。また，サンドドレーンは，軟弱層から圧密脱水した間隙水を長期にわたり集水して排水する通路の役目を果たすものである。中詰材は十分な透水能力を長期間発揮でき，目詰まりなどの起こらない材料でなければならない。

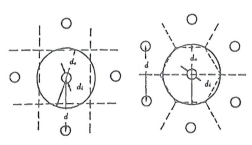

図4.4.2　サンドドレーン工法

■　バイブロ式サンドドレーン工法

　サンドドレーン施工方法の一つで，ケーシングパイプの打込み，引抜きをバイブロハンマの振動力で行うものである。打込み時にケーシングパイプ先端は閉じられていて，引抜き時に先端を開いて砂を排出する。近年は，バイブロを用いず，油圧装置により静的に施工する工法も開発されている。

【参考文献】
1) 土質工学会：「軟弱地盤対策工法-調査・設計から施工まで-，現場技術者のための土と基礎シリーズ16」，1988年
2) 山田隆，野津光夫：「非振動式締固め砂杭による砂地盤の締固め効果」，第31回地盤工学会研究発表会

■　パーカッション式サンドドレーン工法

　サンドドレーン施工法の一つで，ケーシングパイプの打込みは重錐落下によって行い，引抜きはコンプレスドエアによって砂が押し出される方法である。サンドドレーン施工初期のころにしばしば用いられた。

■　フライトオーガ式サンドドレーン工法

　サンドドレーン工法の一つで，ケーシング打設方式（マンドレル工法）と異なりオーガを用いてサンドパイルを打設することが大きな特徴となっている。現在は使用されていない。

■　ジェット式サンドドレーン工法

　サンドドレーン工法の一つで，ウォータージェットにより，土中に孔をあけてサンドドレーン打込みのためのケーシングパイプを押し込み，サンドパイルを完成する工法である。現在は使用されていない。

■　ケーシングドレーン工法

　バーチカルドレーン工法の一種で，無数の透水孔を有する強靭なスチールケースに保護されたサンドパイルを軟弱地盤中に確実に造成する工法である。現在は使用されていない。

■　グラベルドレーン工法

　本工法は砂地盤中にグラベル（砕石，礫など）の柱を設置し，水平方向の排水距離を短縮することにより，地震時に発生する飽和砂層内の過剰間隙水圧を早期に消散させ液状化を防止するものである。（詳細は，液状化対策工法を参照）

■　リソイルドレーン工法

　サンドドレーン工法の施工方法を工夫し，中詰め材料に砂の代用として，建設発生土や石炭灰などを積極的に再利用する工法である。

【参考文献】
1) 一般土木工法・技術審査証明報告書：リソイル工法（建設発生土を利用した地盤改良工法），(財)国土開発技術研究センター 1999, 5
2) 松尾，木村，西尾，安藤：建設発生土を利用した軟弱地盤改良工法の開発に関する基礎的研究，土木学会論文集，No.547，Ⅲ-36，1996.9
3) 松尾，木村，西尾，安藤：建設発生土を活用した軟弱地盤改良工法の開発，土木学会論文集，No.567，Ⅵ-35，1997.6

2 袋詰式サンドドレーン工法

本工法は軟弱地盤改良のバーチカルドレーン工法の一種で、サンドドレーン工法の課題であるくびれや切断の問題を解決するために、合成繊維の網袋に砂を詰めた点に特徴がある。

合成繊維の網袋に砂を詰めることにより、施工中にくびれたり切断することなく連続した砂柱が造成される。できあがった砂柱はたわみ性を有し、圧密沈下等の軟弱粘性土の変形に追随できる。施工後、ドレーン頭部がサンドマット上に50cm程度露出するので、サンドマットとの連続性も確保できる。所定径の袋に砂を詰め、設計通りの断面が維持でき、施工管理が容易である。施工中の砂のロスが少なく、砂柱を脱水機能の働く必要最小有効径にすることができるので使用砂量が少なくてすむなどの利点がある。設計法は従来のバーチカルドレーン工法と同じである。

図4.4.3に施工順序を示す。

陸上部で用いられるものにパックドレーン工法があり、海面下の軟弱地盤を改良するための工法として、水中パックドレーン工法がある。東亜式水中パックドレーン工法も同じ理論によるものである。

パックドレーン工法施工状況

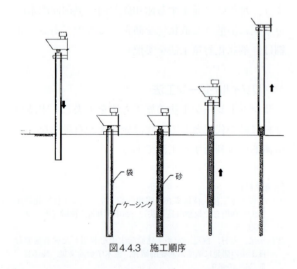

図4.4.3 施工順序

■ パックドレーン工法

陸上部で用いられる袋詰式サンドドレーンで、砂を合成樹脂のモノフィラメントにて網状に作られた袋に詰めることにより砂柱の直径が細く、可とう性と連続性を与えて軟弱土の変形に追従でき、4本同時に打設することが特徴である。

■ 水中パックドレーン工法（SPD工法）

海面下の軟弱地盤改良を目的とする袋詰式サンドドレーン工法で、陸上で多くの実績のあるパックレーンとサンドドレーンの利点を合わせ持ち、構造物の大型化、大水深化における地盤改良に対応するように開発されたものである。

3 部分被覆サンドドレーン工法

超軟弱地盤中での砂柱の"切れ"を防ぐ被覆ドレーン工法と、通常のサンドドレーン工法の双方の利点を組み合せた合理的・経済的な工法である。例えば、浚渫粘性土の埋立地盤では、浚渫粘性土部では被覆ドレーンを、旧海底面下の在来粘性土層では、通常のサンドドレーンを施工することができる。

【参考文献】
1）北詰昌樹・相原直浩・寺師昌明：袋詰めサンドドレーンによる改良地盤の圧密挙動に関する研究, 第27回土質工学研究発表会, 1992.

4 ペーパードレーン工法

ペーパードレーン工法は、サンドドレーン工法と同じ理論による工法であるが、排水材として円形の砂柱に代わり板状のボード系材料を使用する点が異なる。元々は穴あき紙製のカードボードを排水材と

して地盤に打設する工法であったが、圧密中に紙が腐食して透水性が悪くなることや圧密中の地盤変位に対する追随性が悪く、切断しやすいなどの理由から普及しなかった。耐腐食性に優れ、フィルター性能を持つ合成高分子製ジオテキスタイルの各種ボード系ドレーン材が登場したことにより、世界的に普及している。これらをプラスチックドレーン工法と称して、ペーパードレーン工法と区別することもある。これらのドレーン材は工場生産されるので、品質むらによる改良効果の差がなく、施工性や改良効果の差もほとんど生じていないといわれている。

ボード系ドレーン材を用いた工法の特徴は、以下のとおりである。
① ドレーン材の重量が軽く、取扱いが容易である。
② 地中で排水断面が途切れたり、不均一にならない。
③ 施工管理が簡単で、正確な数値管理もできる。
④ 小間隔の打設が容易で、圧密時間の短縮ができる。
⑤ ドレーン材の運搬、備蓄を保管する。
⑥ 工事費が他のドレーン工法に比べ安価である。

施工方式は、その打設方法によりマンドレル（ケーシング）を使用しない裸打ち方式とマンドレル（ケーシング）を使用する打設方式に分けられる。裸打ち方式は従来方式で、バイブロ方式は例がある。マンドレル打設方式は、先端アンカーを使用するものと先端アンカーを使用しないものがある。打設機構にはバイブロ方式や圧入方式などがある。

■ カードボードドレーン工法

バーチカルドレーン工法に属するもので、元々のペーパードレーンであり、ドレーン材として厚紙を用いるため、腐食による目詰りや、地盤の圧密中に生じるドレーン材の切断という問題が生じ、現在では用いられていない。

■ プラスチックボードドレーン工法

プラスチックボードドレーン工法はバーチカルドレーン工法に属するもので、カードボードドレーンに用いられた厚紙の欠点を改良したものの総称である。ドレーン材の構造形式としては多孔質単一構造型、複合構造一体型、複合構造遊離（分離）型、均質構造型などに分類できる。それぞれの構造形式ごとにフィルター材、コア材に特色を持った工法を開発し使用されている。

プラスチックボードドレーンの利点次の事項があげられる。
① 排水断面の連続性を保持できる。
② ドレーン材自体の透水性能が高い。
③ 圧密などによる地盤の変形後も損失水頭を低くおさえることができる。
④ 耐酸・耐アルカリ性で腐食がない。

プラスチックボードドレーン工法には、ジオドレーン工法、GTドレーン工法、コルボンドドレーン工法、ニューケミカルボードドレーン工法、キャッスルボードドレーン工法がある。

■ ネットワークドレーン工法

ネットワークドレーン工法は、格子状に配置した水平排水ドレーンを併せ持つ鉛直ドレーン工法である。本工法の概念図を図4.4.4に示す。

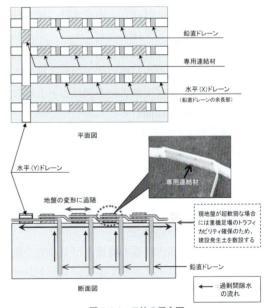

図4.4.4 工法の概念図

本工法は、従来の鉛直ドレーン工法の施工機械を用いて鉛直ドレーンを打設した後、その頭部の余長部（ドレーンピッチ＋重ね合わせ長）を隣接する鉛直ドレーン頭部に順次水平連結することにより、鉛直・水平両方向の格子状の排水経路を同時に確保する圧密促進工法で、従来のような水平排水材としての良質なサンドマットは必要としない。また、これまで、一般の水平ドレーン材は圧密促進に伴う地盤変形に追随できず破断する問題点があったが、本工法は、専用連結材によりスライド性能を持たせているため、破断に対する信頼性が向上している。

第4章 地盤改良法 Ⅳ 排水促進工法（圧密工法）　263

ネットワークドレーン工法施工状況

■ ラクトボード工法

　ラクトボード工法は，親環境型のドレーン材を用いた鉛直ドレーン工法である。その材料は，とうもろこし等のでんぷん・糖類から製造された天然植物を原料とし，ドレーン材としての要求性（施工性，透水性，引張強度）を発揮するとともに，供用期間終了後は，天然植物ゆえに将来的に地中の微生物により水と二酸化炭素に生分解して土に還る性質を持ち，地中に異物を残さず無害化が図れるとともに，循環型社会への貢献が図れる。

　また，植物由来の資源素材を使用することにより，原料採取から廃棄までのLCAを化学繊維系の材料と比べて，石油消費量は約30％減少でき，二酸化炭素排出量は38％減少することができる。

■ ファイバードレーン工法

　ドレーン材は，黄麻繊維の織物とヤシの実の殻の外皮繊維を撚ったロープからできていて，ドレーン材としての機能を有し，排水完了後は分解されて土に戻る環境に優しい工法である。

■ CSドレーン工法

　ペーパードレーンの施工において，ドレーン材の地中での残置状況（深度，共上り，破断等）を的確に把握し管理するシステムである。このシステムの基本原理は，打設管先端に内蔵した感知器で引抜き時にドレーン材に埋込んだ感知材を検知し，深度検出器で打設管の深度，感知器の位置を検出して地中におけるドレーン材の残置深度を正確に把握するものである。

■ アンカレス・マンドレル工法

　ペーパードレーン打設時にアンカープレートを使用しないで「共上がり」を防止する工法で，ドレーン材をマンドレル下端で湾曲した状態で打設し，引抜き時にシリンダーロッドがドレーン材を押しつけ定着させる構造を持つ。

■ ロープドレーン工法

　バーチカルドレーン工法の一種で，ドレーン材として抗張力連続性透水具を用いる工法である。軟弱地盤中に透水性ロープ類を挿入し，ドレーン効果により地盤の圧密促進を図るものである。現在は使用されていない。

■ フローティングドレーン工法

　バーチカルドレーン工法の一種で，埋立後の地中にバーチカルドレーンを打設するのではなく，埋立前から将来にドレーンとなる透水具を設けておく工法である。現在は使用されていない。

■ PDF工法

　専用小型フロート上でドレーン打設機を横行させて超軟弱地盤上から直接鉛直ドレーンを施工する。さらに水平ドレーンと組み合わせると，サンドマットを必要としない，合理的で経済的な地盤改良が可能である。

■ ジオドレーン工法

　プラスチック製の水平ドレーン材を使用することによりサンドマット用の良質砂を必要としないドレーン工法であり，合理的で信頼性の高いプラスチックドレーン工法である。

■ エコジオドレーン工法

　鉛直ドレーン材と水平ドレーン材とに生分解性プラスチックを使用した地球環境に配慮したドレーン工法である。また鉛直ドレーン材の幅が従来の半分の材料を使用した「小口径エコジオドレーン工法」は鉛直ドレーン材の使用量が6割に削減され，施工も小型軽量の打設機を使用する省資源・省エネドレーン工法である。

特殊脱水工法

土質安定材等を使用する工法やバーチカルドレーン工法による排水促進以外の方式で行われる軟弱粘性土地盤の改良や，高含水比の軟弱土のトラフィカビリティ確保である排水促進工法を特殊脱水工法という。

バーチカルドレーンとドレーン材の代わりに生石灰などの吸水性のある材料を使用することで化学的に間隙水を脱水する工法，飽和状態の細粒土に一対の電極を埋設して，直流電流を流すことにより発生する電気浸透現象と電気化学固結現象を利用した工法，半透膜の浸透圧現象を利用して間隙水を吸水させる工法がある。

埋立地や沼地，土捨て場などで高含水比の土を乾燥させて安定化あるいは機械のトラフィカビリティの確保を目的とし，水平ドレーン材などの排水材を用いたり機械的に脱水する工法がある。

脱水あるいは排水を促進することで，現状より対象とする地盤ないし土構造物の性能を向上させるものとして，盛土工事で地下排水の促進，間隙水圧の低減，のり面崩壊防止などを目的として水平にドレーン材を敷設する工法や河川・湖沼などに堆積している高含水比で軟弱な土を透水性のある袋に充填し脱水を促進させる。その袋を盛土や土堰堤に積み重ねて有効利用する工法も特殊脱水工法の一つと考えられる。

水平ドレーン工法

水平ドレーン工法は，盛土工事等で土中に排水材を水平に設置し，地下水の排水を促進することで，間隙水圧の低減，盛土の強化，のり面崩壊防止および施工時のトラフィカビリティの向上などを図る工法である。敷設材工法のサンドマット工法もこの工法の一種である。排水材には，有孔ヒューム管，多孔質コンクリート管，砂利・砕石・砂，プラスチック材，合成繊維（不織布）などが利用される。材料の必要性能は透水性がよく，目詰まりを起こさず，耐腐食性で，つぶれないことが求められる。特に目詰まり防止のためにフィルタサンドを設置することが望ましい。

プラスチックや不織布を水平ドレーン材とする工法に，OVフィルター工法，GTフィルター工法，パブリックドレーン工法等がある。また，化学脱水工法と水平ドレーン工法を組み合わせたサンドイッチ工法等がある。

化学的脱水工法

地盤改良工法のうち脱水により密度増大を図るものには，ドレーン材による排水と載荷重を併用方式のほかに，化学的脱水，地下水位低下，電気的脱水などがある。

このうち化学的脱水工法は，生石灰等の材料を軟弱地盤中に杭状に充填することで，材料の吸水，吸着，膨脹作用により，載荷重なしに粘性土を脱水強化する工法をいう。この工法は，生石灰等の吸水による脱水と造成杭の膨脹作用による圧密と杭効果によって強度増加効果を図り，沈下低減などの地盤改良を行うものである。

生石灰杭工法として改良材にケミコライムを用いるケミコパイル工法，石炭灰杭工法としてジオテキスタイルの布袋内に添加剤を含む石炭灰を充填し円柱状の固化体を造成するアッシュコラム工法等がある。

乾燥工法

乾燥工法は，浚渫土などの非常に含水比の高い土や火山灰質粘性土の脱水を促進し，早期に所要のトラフィカビリティを得ようとする工法である。一般に浚渫土などの脱水には自然乾燥工法として天日乾燥やトレンチ乾燥がある。土木的工法に水平ドレーン工法等，機械的脱水工法としてフィルタプレス，遠心分離脱水等がある。自然乾燥工法は経済的であるが所要のトラフィカビリティを得るには相当の日数が必要である。土木的工法や機械的工法は工期的な面はクリアできても経済性で必ずしも優位でない点がある。乾燥工法の選定に当たっては，施工条件と経済性，工期などを勘案して慎重に決定する必要がある。

袋詰脱水処理工法

袋詰脱水処理工法は，建設発生土や建設汚泥を盛土材などに有効利用するための脱水工法の一種である。河川，湖沼の底泥などの軟弱で高含水比の土を透水性の袋に充填することで短期間に脱水するとともに，袋を積み重ねることで，そのまま堤防や盛土などに用いることができる。また，袋のろ過機能によってリンや重金属等で土壌に強く吸着している環境汚染物質を土粒子や懸濁物質とともに袋内に封じ込めることができ，排出水中の環境汚染物質や懸濁物質密度（SS）は，短時間で非常に小さいものになる。施工法は，対象土がポンプ圧送できる場合はサンドポンプ等で，含水比が低くポンプ圧送ができない場合はショベル系の重機で充填する。

【参考文献】
1）発生土利用促進のための改良工法マニュアル　財団法人土木研究センター

Ⅴ 締固め工法

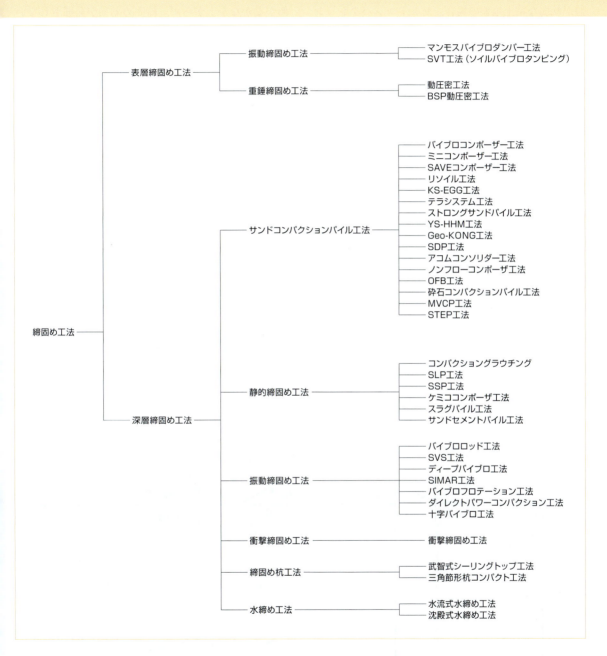

緩い砂質地盤の改良に際し，大きなエネルギーを加えて比較的広範囲の土の間隙を縮小して，密度を増加させ，土の内部摩擦角を増大させる工法を土の締固め工法という。

本工法は表層締固め工法と，深層締固め工法に大きく分類される。前者は，緩い砂質地盤の表層部分の厚さ3〜5m程度を締固めるもので，振動機を用いる振動締固め工法と，錘を高い位置から落下させ，

その衝撃で締固める重錘落下締固め工法に分けられる。後者の深層締固め工法を補完する目的で使用されることも多い。主に海上空港など大規模埋立地の造成，廃棄物処分場の埋立て層の圧縮などに使用されている。

後者は，緩い砂質地盤の地震時の液状化防止や支持力増大として使用される。また，構造物の基礎地盤が軟弱な粘土地盤の場合，サンドコンパクションパイル工法などにより複合地盤化して支持力の増加と沈下防止を図ることも可能である。近年の構造物の液状化対策としての締固め工法の設計では，設計用地震力に対して，所要の安定性が確保できるように改良範囲（改良範囲，改良幅），改良仕様（置換率，打設間隔）を設定する。上記の地震動は，中規模地震動（L-1）および大規模地震動（L-2）に分けられる。深層締固め工法は次のように分類されるので，詳しくはその項を参照されたい。

(1) サンドコンパクションパイル工法
(2) 静的締固め工法
(3) 振動締固め工法
(4) 衝撃締固め工法
(5) 締固め杭工法
(6) 水締め工法

表層締固め工法

サンドコンパクションパイル工法などの締固め工法を実際に適用してみると，地盤表層部では杭間N値がなかなか上がらず，締固め効果が発揮されないケースがある。これは，表層部の拘束圧が小さいため，ある意味でやむを得ないところがある。そこで，補完的に表層だけを積極的に締固める場合に本工法が多用される。

振動や衝撃を地盤に与えるため，周辺環境に及ぼす影響を事前に十分に把握しておく必要がある。参考として，距離による振動低減状況を図4.5.1に示す。

1 振動締固め工法

本工法は，起振機付きのタンパーをけん引するタイプとクローラークレーンで起振機付きタンパーを吊るタイプ（設置タイプ）がある。前者は盛土などの転圧を対象とし，液状化対策には後者の設置タイ

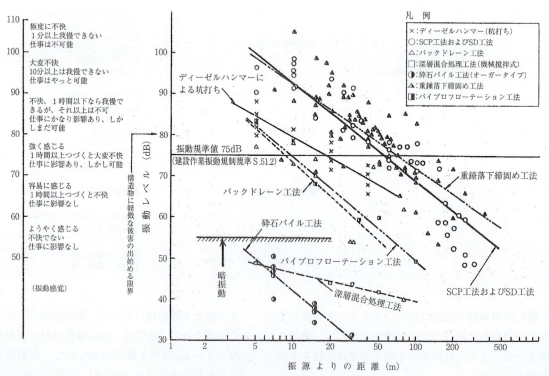

図4.5.1　振動感覚、振動レベルの距離減衰

プのバイブロタンパーが対象となる。

図4.5.2に標準的な施工機械を示す。岩砕などの粗粒材を含んだような場合や，大規模な施工を必要とする場合には，クローラークレーンを大型にし，バイブロの出力を180kW，タンパーの有効面積を9m²（3m×3m）程度にした施工機を用いる場合もある。

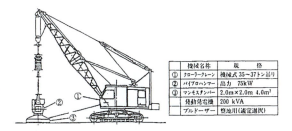

図4.5.2　バイブロタンパー標準施工機械姿図

■ マンモスバイブロタンパー工法

バイブロハンマーを直結したタンパーをクローラクレーンで吊りながら表層の砂地盤及び礫地盤を締固める工法で，目的に応じて4m²タイプと9m²タイプがある。

■ ソイル・バイブロ・タンピング（SVT）工法

大型のバイブロハンマー（150～180kw程度）を鋼製のタンパー台（3.0m×3.0m）に搭載し，バイブロハンマーの振動エネルギーにより地盤を転圧，タンピングすることで砂質地盤の表層部を締固める工法である。改良効果は地盤表層より5m程度におよび，埋立後間もない地盤の表層締固めや，サンドコンパクションパイル工法などで改良された表層の仕上げ処理にも利用される。施工方法はクローラクレーンを使用する吊り下げタイプとブルドーザーを用いるけん引タイプがあるが，通常は吊り下げタイプが用いられる。

2　重錘落下締固め工法

本工法は，重錘をクレーンまたは特別の装置を用いて高所から繰返し落下させ，地盤表面に衝撃力を与えて，深部まで地盤を締固め，強化する工法である。

図4.5.3に重錘落下締固め工法の標準施工機械姿図を示す。

この工法は，1960年代後半フランスのルイ・メナールによって工法的に確立された。当初は岩砕盛土，自然堆積土（砂，砂礫）および不飽和土（粘性土）を改良対象としてきたが，ある条件のもとでは飽和粘性土に対しても適応性があることがわかり，適用土質の範囲が拡大し，動圧密工法とも呼ばれるようになった。最近では，廃棄物処分場の減容化にも利用されている。

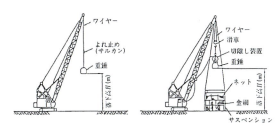

図4.5.3　重錘落下締固め工法の標準施工[2]

■ 動圧密工法

動圧密工法は，クレーンを用いて重錘を高所から繰り返し落下させ，その際発生する衝撃力によって地盤を圧縮・強化する地盤改良工法である。岩砕・砂質土，廃棄物地盤に適用例が多い。経済性に優れている。

■ BSP動圧密工法

直径1.5mの円形接地体の上に重さ7tfの重錘を，高さ1.2mから瞬時に連続的に落下させる小型の動圧密工法である。打撃エネルギーが小さいので細かいコントロールができ，能率良く地盤を締固めることができる。

深層締固め工法

砂地盤に既製杭などを打ち込むと，打込み時の衝撃や，振動で地盤が締固まったり，何本も打っていくと次第に打込みが困難になることをよく経験する。この現象の原理は，杭打込み時の衝撃や振動による地盤の沈下分と，打込まれた杭の体積分を加え

たものだけ土が圧縮され，地盤が強化されたとみることができる。これがサンドコンパクションパイル工法，あるいは振動棒締固め工法などの締固め工法についての考え方である。

設計は，図4.5.4のような考え方のもとに，間隙比減少とN値増加を関連付け，改良後の目標N値を算出している。ここで，砂質地盤内に細粒分が多く含まれると，締固め効果が低減することに留意する必要がある。

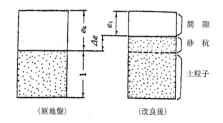

図4.5.4 砂質土に対するサンドコンパクションパイル工法の改良原理[1]、[2]

近年では，環境問題として建設発生土の処理が社会的な問題となってきている。そこで，砂材料の代わりに，建設発生土を中詰め材料として用いたリソイル工法等も開発実用化されてきている。

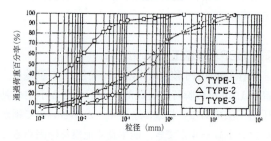

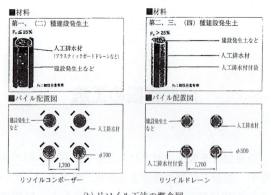

図4.5.5 建設発生土を中詰め材料に用いた締固め工法[3]

バイブロロッドコンパクション工法による深層締固め

1 サンドコンパクションパイル工法

サンドコンパクションパイル工法は，上部に振動機（バイブロハンマ）を取り付けたケーシングパイプを地中に打設し，内部に砂を投入しながらケーシングパイプを引抜き，さらに打ち戻すことによって，パイプ径よりも太く締まった砂杭を造成していく工法である。

図4.5.6にサンドコンパクションパイル工法の施工方法について示す。

本工法は我が国で開発されて以来，約50年にわたりあらゆる地盤で多くの実績を残してきている。とりわけ，先の兵庫県南部地震では，液状化被害の甚大な神戸港埋立地内においても改良区域では液状化がまったく見られず，改良効果が改めて見直されている。

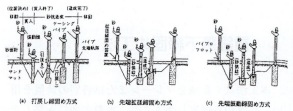

図4.5.6 サンドコンパクションパイル工法の施工方法[3]

最近では，施工時にバイブロハンマーを用いず，強制昇降装置によって無振動・低騒音の施工を実現したSAVEコンポーザーなども新たに開発されており，ソフト・ハード両面での研究開発も続けられている。

■ バイブロコンポーザー

振動する中空管を用い，貫入，引抜き，打ち戻しを繰り返す「打ち戻し式施工」によって軟弱地盤中に径の大きい砂杭や砕石杭を造成する工法である。

■ ミニコンポーザー

サンドコンパクションパイル工法と同様な施工原理であるが，高周波バイブロハンマー，小口径ケーシングパイプを使用し，振動・騒音・周辺地盤の変位を低減した工法である。

■ SAVEコンポーザー

砂杭を造成する際に振動機を用いず，静的な回転・圧入装置を用いることで振動・騒音を発生させない工法である。砂地盤の締固め効果は従来のSCP工法と同様である。

■ リソイル工法

サンドコンパクションパイル工法の施工方法を工夫することによって，その中詰め材料として砂や砕石に替わり，建設発生土や石炭灰などを積極的に再利用する工法である。

■ KS-EGG工法

回転駆動装置と押込みウィンチを組み合わせた回転貫入装置により，ケーシングパイプの静的貫入を行い，パイル材の排出・打戻し・拡径によって締固めた杭を造成することで，現地盤を静的に締固める地盤改良工法である。

ケーシングパイプ先端には円錐状の掘削・拡径ヘッドを装備し，高い掘削能力とその掘削土の積極的な側方への押付け，さらにパイル材の拡径締固めを行う。

また，パイル材としては，砂，砕石（C-40），再生砕石（RC-40），ガラス材が使用できる。

バイブロハンマー（起振機）を使用せず静的な回転貫入装置を使用することで振動・騒音を低減し，周辺環境に配慮できるものである。

■ テラシステム

従来のSCP工法は締固め時に過剰間隙水圧が発生し，ケーシング周辺地盤が液状化した状態で締固めを行うため，振動エネルギーが広範囲に伝達しないという欠点があった。本工法はケーシング先端部に取り付けた吸水部で強制吸水することにより過剰間隙水圧を消散させ，振動エネルギーをケーシング周辺地盤に広範囲に伝えることができるようにした工法である。この改良により砂杭の打設ピッチを大幅に広げても地盤の密度を増大させることができるようになった。

■ ストロング・サンド・パイル（SS-P）工法

バイブロハンマーを有するケーシングパイプの先端に，水平振動を発生するバイブロフロットを装備しており，ケーシングパイプを連続して引き抜きながら拡径された締固め砂杭を造成することが可能である。陸上，海上とも施工可能で，実績も豊富である。使用する機械設備の関係上，造成する砂杭径は，陸上がϕ700㎜，海上はϕ1700〜2000㎜が一般的である。

■ YS-HHM工法

本工法は，地盤改良船（杭打船）によるサンドコンパクションパイル工法で，打撃ハンマをケーシング内の先端部に装備することにより，ケーシング内部より排出される砂に対して打撃力を与え，強制的に砂を締固め，砂杭を造成する工法である。

■ Geo-KONG工法

二重管ケーシングを地盤に回転貫入し，引抜き時に内管の上下動により材料を地中へ強制圧入して，地盤を締固める工法である。締固め効果は従来のサンドコンパクションパイル工法と同等であり，材料には，砂や砕石のほかにリサイクル材（再生砕石やスラグ等）が使用可能である。また，起振機を使用しないため，低騒音・低振動で施工できる。

■ SDP工法

本工法は，バイブロハンマーの上下振動を使用したSCP工法やSD工法とは異なり，ケーシングの回転貫入力やオーガモーターの回転エネルギーを用いた砂杭造成により，低振動・低騒音で砂杭の造成・拡径ができる締固め砂杭工法である。この特徴によ

り，周辺環境へ与える影響が少なく，市街地や既設構造物近傍での施工が可能となった。

■ アコムコンソリダー工法

特殊なセンサーを装備した施工機を用いて，施工時に原地盤の土性のバラツキをとらえ，その土性変化に応じた径・強度の締固め砂杭を造成する工法である。

■ ノンフローコンポーザ工法

この工法はコンパクションパイル工法の一種で，パイルの材料に砕石，砂利，または鉱さいなどを用いて砂杭よりも強い抗体を作ることによって，支持杭効果をさらに効果的にする工法である。

■ OFB工法

本工法は特殊な先端形状をしたケーシングを用い，振動数あるいは衝撃のエネルギーを利用して軟弱な地盤中に砂を圧入して砂杭を造成し，砂杭周囲の地盤を締固めるものである。

■ 砕石コンパクションパイル工法

この工法は，サンドコンパクションパイル工法と同じ施工方法で砂の代わりに砕石，または砂利を用いる工法である。良く締まった砕石杭を造成するため，砂杭の場合よりさらに大きな支持力が期待できる。

■ MVCP工法

本工法は，ケーシングパイプの起振装置として，鉛直方向振動および水平方向ねじり振動をそれぞれ独立または連動させて付加できる機構の特殊起振機（マルチバイブロハンマ）を用いて，コンパクションパイルを形成する工法である。

■ STEP工法

オーガモーターにより回転するケーシングパイプ内に，独立駆動するインナースクリューを装備する。インナースクリューの先端部から高圧エアを間欠的に噴射しつつ，インナースクリューの回転による強制吐出力とスクリュー底面における捻りせん断力を利用して，砂杭を造成する静的締固め工法である。低振動，低騒音工法のため，市街地や既設構造物に近接した施工が可能であり，改良効果は振動式サンドコンパクションパイル工法と同等である。

2 静的締固め工法

特殊石灰とセメント，石膏，砂の混合材料などを地盤中にパイル状に造成し，ケーシングの貫入圧と材料の水和反応による膨張圧によって，地盤を静的に締固める工法やソイルモルタルを地盤中に圧入し，球根状の固結体造成による締固め効果で，周辺地盤の密度の増大，地盤の側方拘束増加を図る工法がある。いずれの工法も，振動・騒音が少ないことを特徴としている。

■ コンパクショングラウチング

流動性の極めて小さい特殊モルタルを地盤中に静的に圧入して均質な固結体を連続的に造成すると共に，この固結体による締固め効果で周辺地盤を圧縮強化する。設備がコンパクトで，狭い作業空間でも施工が可能である。

■ SLP工法（スーパーライムパイル工法）

本工法は，硬焼石灰，水砕スラグ，排煙脱硫石膏および砂の混合材料を，ケーシングを用いてパイル状に打設する工法である。静的締固め工法として砂質土の液状化対策および軟弱粘性土の支持力対策に適用可能である。

■ SSP工法

本工法は，膨張性，自硬性を有する特殊生石灰材料を地盤中に群状かつパイル状に充填することにより，周辺地盤内の間隙を縮小させ，せん断力を上げると共に，パイル自体も硬化し複合的に地盤を改良する工法である。

■ ケミココンポーザ工法

この工法は，ケミコライムと，砂および他の配合材料を振動する中空管を用いて軟弱地盤中に強制圧入し，ケミコライムの吸水，発熱，膨張および砂との結合作用を利用し地盤改良を図る工法である。

■ スラグパイル工法

この工法は，鉱さいとセメントの混合物，あるいは潜在水硬性を有する高炉水さいなどを主材として用い，締固め砂杭工法と場所打ち無筋コンクリート杭工法の特徴を兼用する軟弱地盤改良工法である。

サンドセメントパイル工法

この工法は，パイルの中詰材である砂，砂利などにセメントを添加し，中詰材中のセメントが水と反応，凝結硬化し大きな強度を有するパイルを造成する工法である。

3 振動締固め工法

上端に起振機を取り付けた振動ロッドを貫入するとともに，原位置の表層の砂を補給しながら地盤を締固める工法である。

図4.5.7に振動締固め工法の施工手順の一例を示す。

近年，振動時にロッド先端から積極的に吸水することで，過剰間隙水圧を消散させることによって，改良効果を増大させる工法も実用化されている。

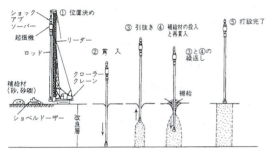

図4.5.7 振動締固め工法の施工手順の一例

バイブロロッド工法

本工法は，各種の特殊圧入ロッドをバイブロハンマーを使用して振動圧入することにより，緩い砂質地盤を締固める工法である。

ソイル・バイブロ・スタビライジング（SVS）工法

バイブロハンマを装備した圧入ロッドは，その先端にも水平振動するバイブロフロットを装備する。圧入ロッドを地盤中で貫入・引き抜きを繰り返すことで振動を与え，地盤中に発生した空隙へ補給砂を供給しながら，地盤全体を効率よく締固める砂質地盤を対象とした地盤改良工法である。補給材に現地発生土が利用可能で経済性にも優れているが，改良対象地盤に粘性土層を挟む場合は，改良効果の低下に注意が必要である。

ディープ・バイブロ（DV）工法

ロッド先端に取り付けた高出力バイブレータ（バイブロフロット）を用いて，地盤や補給材に水平方向の振動エネルギーを与え，地盤全体を締固める砂質地盤を対象とした地盤改良工法である。設計手法，改良効果などはサンドコンパクションパイル工法と同等でありながら，上下振動を発生しない低振動・低騒音の環境型工法である。また，周辺地盤の変位が小さく施工機もコンパクトであるため，既設構造物周辺や狭い区域での施工が可能である。

SIMARシマール工法

SIMAR工法は，飽和砂地盤の液状化対策を目的とした改良型振動棒締固め工法であり，従来型の振動棒締固め工法施工機械に施工時の過剰間隙水圧低下を図るための吸水管とその付帯設備を取り付けることにより，改良効果を向上させ，従来型の振動棒締固め工法で生じていた施工時の過剰間隙水圧（人為的な液状化現象）を抑制する。

・施工時の過剰間隙水圧除去によって振動エネルギーがより有効に周辺地盤に伝達されるため，従来型の振動棒締固め工法に比べて改良効果が顕著に向上する。なお，同一改良目標強度に対しては所要ピッチを拡大できる。
・施工時の地中押出し変位等の地盤変状を与える影響が少ない。
・補給土砂は，良質な購入砂を用いなくとも十分な改良効果を得ることができる。

バイブロフローテーション工法

本工法は，緩い砂質地盤中にバイブロフロットと呼ばれる棒状振動機を先端からの水噴射と振動作用を利用して所定の深さまで貫入し，次に横向きの水噴射で砂地盤を飽和させながら振動と水締め効果により地盤の締固めを行う。機体の周辺に生ずる隙間には砂，砂利，鉱さいなどを投入して振動の伝達や圧入の効果を増大させながら徐々にバイブロフロットを引き上げて地盤を締固めるものである。

ダイレクトパワーコンパクション工法

本工法は，プレスパネルを取り付けたH型支柱を起振機によって地盤中に貫入させ，砂，砂利等を供給することなく地盤を締固める工法である。

十字バイブロ工法

本工法は，枝の付いた棒状の振動体を上下振動を

与えながら地盤中に貫入し，締固めを行いながら引抜くものである。

4 衝撃締固め工法

（ShockwaveDensificationMethod）
地中で発破をかけることにより，地盤を締固める改良工法である。発破の強い衝撃力を利用するため，施工間隔を広くすることができ，低コストで広い範囲の液状化対策等をスピーディーに施工できる。

また，サンドコンパクションパイル等の締固め系の改良工法と併用した場合，打設本数の低減ができ，工期短縮，コストダウンが可能となる。

5 締固め杭工法

■ 武智式シーリング・トップ（ST）工法

締固め杭工法の一種で，杭周辺に砕石などを充填しながら，節付杭を打設する地盤改良工法である。充填物のドレーン作用により，地震時の砂の液状化防止効果も期待できる。

■ 三角節形ぐいコンパクト工法

地盤内を締固める締固め杭工法の一種で，杭形状が周面摩擦力を最大限に利用でき，突起が荷重を分散させる効果を持つことから，同等の円筒形状の杭より2倍程度の支持力が得られる。現時点での使用実績はない。

6 水締め工法

■ 水流式水締め工法

対象とする地盤（おもに砂質土）の上に多量の水を流し，間隙を飽和させ土粒子相互間の水の表面張力による見かけの粘着力を除き，土粒子の相互移動を容易にして，流水圧や下向きの浸透圧によって緩い地盤を締固める工法である。

■ 沈殿式水締め工法

水槽に土を堆積させ，これを撹拌して均等なスラリー（懸濁液）にし，このスラリーをパイプラインで流送し，所定の位置にプールして土を沈殿させ，沈殿物が盛土や裏込めを形成した工法である。

【参考文献】
1）土質工学会編：「軟弱地盤対策工法―調査・設計から施工まで―」現場技術者のための土と基礎シリーズ16，昭和63年
2）建設省土木研究所ほか：「液状化対策工法設計・施工マニュアル（案）」，平成11年3月
3）一般土木工法・技術審査証明報告書：「リソイル工法（建設発生土を利用した地盤改良工法）」，㈱国土開発技術研究センター，1999.5

VI 固結工法

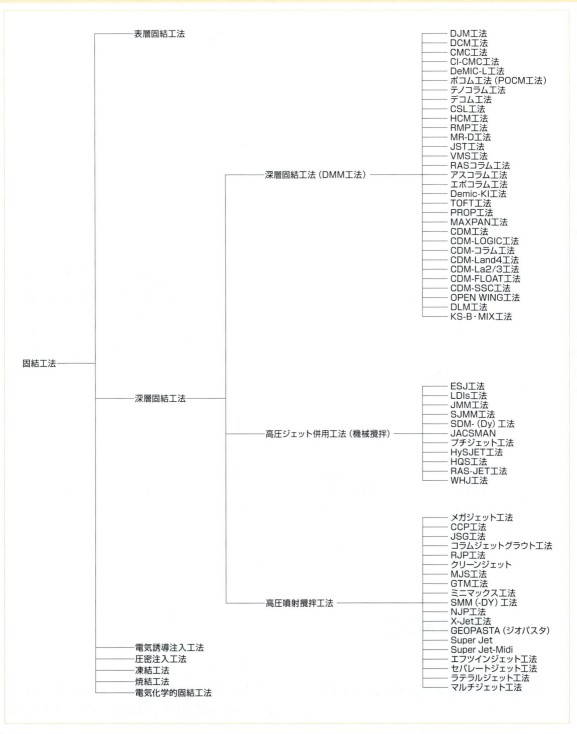

地盤改良工法のうち改良原理に基づく分類の1工法である。土が固結することによりせん断強度の増加や，遮水性の向上，圧縮性の改善，液状化抵抗性の向上などの効果が期待できることを利用するものである。他の地盤改良工法に比して，比較的高価な工法であることから，特殊な条件下や限定して範囲を使用することが多い。

固結工法の分類には，改良の対象深度による分類，セメントのポゾラン反応に見られるような化学的固結反応などの固化原理による分類がある。また，特にセメントや石灰などの固化材を地中に投入する撹拌混合方式による分類がある。

（1）対象深度による分類

地表面から3m程度までの安定処理を目的とする表層固結工法と深層の軟弱な粘性土や砂質土を対象とする深層固結工法とに分類される。

（2）固化原理による分類

固化材であるセメント系安定材や石灰系安定材を土中に投入，撹拌，混合し，土を化学的に固結させる工法と地盤の間隙水中に直接電流を流すことで電気化学的に土の固結化を図る電気化学的固結工法，地盤の間隙水を一時的に凍結させて固結化を計る凍結工法，粘土層を加熱して焼き固める焼結工法とがある。

（3）撹拌混合方式による分類

深層固結工法では，固化材を地中に投入し，均一な改良体とする方法である。固化材投入方式にはセメントスラリー方式と，粉体方式とがある。均一な改良体とするためには，撹拌翼を有するロッドを地中に貫入して回転させることにより地盤を切削する機械撹拌工法と高圧力水等により地盤を切削する高圧噴射撹拌工法，その両者で地盤を切削する機械撹拌＋高圧噴射工法とがある。

表層固結工法

4章2.表層処理工法の表層混合処理工法を参照。

深層固結工法

深層固結工法は地盤改良工法のうち固化材を用いた固結工法の一種であり，表層3m程度までの改良を対象とする表層固結工法と対をなすものである。深層固結工法には，撹拌翼を有するロッドを地中に貫入して回転させることにより地盤を切削すると共に固化材を原地盤土と混合する機械撹拌工法，高圧力水等により地盤を切削しながら固化材を混合または原地盤土と置換する高圧噴射撹拌工法，その両者の方式を兼ね備えた機械撹拌＋高圧噴射工法とがある。

低変位超高圧噴射撹拌工法による近接施工

1 深層固結工法（DMM工法）

本工法は地盤改良工法の中の深層固結工法の一種である。地盤中に石灰やセメントなどの安定材を機械的に撹拌混合することで，土を化学的に固結させる工法である。深層混合処理工法という名称は，昭和42年頃に運輸省港湾技術研究所で研究開発された石灰を用いた混合処理工法（DeepLimeMixing，DLM）に端を発している。その後，安定材や施工機械に数々の改良を重ねることにより，改良体の均質性に代表される品質，コストの縮減，工期短縮，リサイクル性が確保されるに至っている。

図4.6.1にDMM工法について示す。

現在の深層混合処理工法は，初期のDLM工法と違い，撹拌翼を装備し，安定材を搬送・注入できる

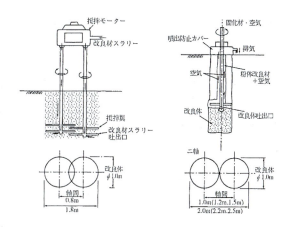

図4.6.1　DMM工法

機械撹拌による深層混合処理

ロッドを回転させることで，機械的に安定材と原地盤とを撹拌混合する工法であるが，安定材の投入時の形態でスラリー方式と粉体方式に分けられる。スラリー方式はDLM工法の施工機械の改造によりセメントモルタルやセメントスラリーが使用できるようにした工法である。1976年横浜港大黒埠頭で実用化された。また，粉体方式は建設省総合技術開発プロジェクトの一環として開発が進められ，1981年に実用化されている。

本工法の適用範囲は広く，工費が比較的高価であるが，陸上・海上を問わず，広範囲な構造物の基礎の安定処理や沈下防止に利用されている。

本工法の一般的特徴は以下の通りである。
① 低振動・低騒音である。
② 上載荷重が無くとも施工後早期に強度が得られる。
③ 他の置換工法のように大量の建設残土の発生がない。
④ 原地盤土を利用するため高いリサイクル性を有している。
⑤ 原地盤土をそのまま改良するため周辺環境への影響が少ない。
⑥ 改良地盤の形状を杭状，格子状等任意に選択できる。
⑦ 大水深域でも施工が可能である。

DJM工法

DJM工法（DryJetMixingMethod）は，建設省総合技術開発プロジェクト「新地盤改良技術の開発」の研究により実用化されたものである生石灰，セメントなどを粉粒体のまま圧縮空気で撹拌軸中空部を経由して圧送し，撹拌翼の付け根部分から半径方向に噴射させることによって均等にまき出し，地中の原位置で撹拌翼により軟弱土と混合して固結パイルを造成する工法である。

本工法は，安定材として粉粒体をそのままドライで供給するため地盤中に余分の水分を加えることがなく，少量の安定材で大きな改良効果が得られる。撹拌精度が良いので改良土の強度のバラツキが少なく，比較的低強度のパイルを造成できる。安定材貯蔵サイロから地中の噴射まで安全クローズドシステムとなっているので粉塵等の公害の恐れがなく，また泥排水の処理もなく雨天時の施工も可能である。施工後の表層の盛り上がりがほとんどなく無騒音，無振動工法である。この工法は護岸，盛土などのすべり破壊防止，沈下低減，掘削地盤の安定化などに使用される。

DCM工法

DCM工法（DeepChemicalMixingMethod）は，自然堆積または埋立された軟弱地盤をそのままの位置で安定させ，上部構造物を支持できる良好な地盤に改良する工法である。そのシステムは，安定材をプラントでスラリー状にし，油圧ポンプで深層混合処理機に圧送し，改良範囲の軟弱層全深度にわたって軟弱土と安定材スラリーを完全に均一混合させ，軟弱土に所定強度が得るために地盤改良を行うものである。

本工法は，従来の砂置換工法やサンドドレーン工法などに比べ，ヘドロの除去・投棄がなく，その上，砂を大量に使用しないため，無公害な施工・資材の

省資源化が図れ，工期の短縮・施工費の低減が可能である。特徴として次のようなことがあげられる。

① 対象地盤の土質に応じ，安定材の添加率を設定して，所定強度の改良土が得られる。
② 改良土の圧密沈下は極めて少なく，上部工に与える影響は微少である。
③ あらゆる軟弱地盤の改良に適用できる。
④ 海水汚濁や2次公害の心配は少なく，低振動・低騒音である。
⑤ 従来の工法と比べ大量の砂を使用しない。
⑥ 早期に改良効果が発現するため，大幅な工期の短縮が可能である。

■ CMC工法

CMC工法（Clay Mixing Consolidation Method）は深層混合処理工法の利点を生かして開発，実用化された工法である。安定材にセメントスラリー（セメントミルク，モルタル）と軟弱土を地中の原位置で撹拌混合して強固な固結パイルを造成するものである。

先端に撹拌翼を有する撹拌軸を地中の所定深度まで貫入した後，安定材を地中に注入して撹拌翼で原地盤の土と撹拌混合しつつ一定速度で引抜きを行ないパイルを造成する。安定材の圧送にはグラウトポンプ，コンクリートポンプ車を使用する。

本工法は低振動，低騒音工法であること，早期に大きな強度が得られること，沈下量を大幅に低減できること等の特長がある。改良対象土が粘性土のみにとどまらず砂質土，有機質土，泥炭等あらゆる土に対して十分な改良効果を得ることができる。護岸，道路盛土などのすべり破壊防止，沈下低減，掘削地盤の安定，既設埋設管の防護等に広く採用されている。また海上施工においては，杭状施工の他にブロック状，壁状，格子状の施工が可能である。

■ CI-CMC工法

CI-CMC工法は，従来のCMC工法の大径・高速化を目標に開発された工法で，固化材を霧状に噴射するエジェクターを装備する。固化材のエジェクター吐出により，改良域全体への固化材散布が可能になり，また土の流動性も増す。この結果，大径施工での品質確保，硬質地盤への対応，スムーズな盛上りによる周辺変位の低減を実現した。

実績として，改良径1600mmで従来以上の品質を確保，N値35の砂質土・N値8の粘性土への貫入，離隔3mで5mm程度の周辺変位，が挙げられる。

■ DeMIC-L工法

デミック・エル工法（Deep Mixing Improvement by Cement Stabilizer-Land）はセメント系安定材を用いた深層混合処理工法の一種である。この工法はスラリー状にしたセメント系固化材を軟弱地盤内に注入し撹拌翼で連続的に混合して，水和反応およびポゾラン反応で地盤を固化することにより改良するものである。

本工法に用いる機械は，上部に回転駆動装置，それに連結したロッド，ロッド最下端の撹拌翼からなり，固化材はロッドの中を通して撹拌翼から吐出する構造になっている。なお，混合効率の増加と施工速度の向上を図るため，通常2軸のシャフトとしている。2軸のロッドに取り付けた撹拌翼は直径が共に1mで，互いに0.2mラップして連装備され，1度の施工工程で約1.5m^{2}の面積が改良される。また，深層混合処理工法ではセメント系固化材をロッド貫入時注入する型式のものとロッド引抜時圧入するものに大別されるが，本工法は貫入時にセメント系固化材を圧入する貫入吐出型である。

本工法の特徴は①改良対象の土質条件に適した固化材を添加することにより，所要の強度が確実に得られる。②短期間で所要の強度が得られ，ドレーン工法に比べ工期を大幅に短縮できる。③低振動，低騒音工法である。④撹拌翼の昇降速度・回転数，セメントスラリーの注入量などが自動記録される，などである。本工法の実績施工深さは55mで，施工能力は150～200m^3/日である。その用途として斜面安定，主働土圧の軽減，受働土圧の増加，変形の防止等の他，護岸，擁壁の基礎，道路の路床等に構造物の一部に採用され始めている。

■ ポコム工法

ポコム工法（Penta-Ocean Chemical Mixing Method）は，スラリー状にしたセメント系安定処理材を海底の軟弱層に注入撹拌し，地盤をそのままの位置で改良する深層混合処理工法の一種である。本工法では，改良機の軸先端から安定材を吐出するようになっており，支持層に密着した地盤の改良が可能である。改良形状は，撹拌翼の昇降あるいは改良機の移動方法により柱状体や連続壁やブロック状など

各種のタイプが形成できる。本工法の特長としては，①スラリーは改良機の軸先端から吐出されるため，改良層は支持層に密着または一部貫入させることができる。②スラリーの吐出量は地盤の変化に応じて制御できるため，自動的に均質な改良が可能である。③改良は正確に所定の位置に垂直に形跡できる。④各種運転用計器および記録装置により，集中監視制御するため安定した施工管理ができる。⑤改良のための載荷，圧縮の必要がなく，工期短縮ができる。⑥海水汚濁や二次公害の心配がなく，振動・騒音もなく施工できる。⑦従来の工法のように大量の砂を使用することなく，軟弱層を活用するので省資源に貢献するなどがある。

■ テノコラム工法

テノコラム工法は，深層混合処理工法に分類されるものであり，自然状態にある現地盤土とスラリー状にしたセメント系固化材を特殊撹拌装置で混合し，土と安定剤の化学的固化反応により改良固結体を造成する地盤改良工法である。この工法は，(株)テノックス社の開発によるもので，その特殊撹拌装置に特長を有する。シルト，粘土等の粘着力のある土は，撹拌装置に付着して，撹拌装置と一緒に回る現象が生じる（共回り現象）。この共回り現象が生じると，注入した固化材と撹拌装置が同一方向，同一回転することになるので，全く混合できないということになるが，このような土質でも特殊撹拌装置（共回り防止翼テノブレード付き撹拌装置）を用いることによって良好な混合ができ，高い品質の改良固結体が得られる。

■ デコム工法

デコム工法（Deep Cement Continuous Mixing Method）は，セメント系安定処理材を用いた深層連続混合処理工法で名称は商品名である。この工法は海底の軟弱地盤中へスラリー化したセメント系安定材を圧入し，撹拌翼で連続的に混合して，地盤の土粒子間の構造を水和反応及びポゾラン反応で安定させて改良するものである。本工法に用いられるデコム7号船は，専用作業船である。その装置は，スラリー製造プラント部と撹拌部からなっていて，貫入時にスラリーを吐出する方法のいずれにも対処できる。本機は海面下70m程度の深層部までの改良ができ，直接良好な支持層までの改良を行える。その上に，防波堤，護岸等の港湾構造物を設置できる。本工法は以下の特徴を有する。

①改良対象土の土質条件に適した安定材配合率にすることにより，所要強度が確実に得られる
②早期に強度が発現するため，工期を大幅に短縮できる。
③改良土の強度が大きく，圧密沈下がほとんど生じない。
④軟弱地盤をそのままの位置で固化させるので海水汚濁の心配がなく，しかも無振動工法である。

従来の工法のように大量の砂を使用することがないので省資源に役立つ。

強度が大きいので改良容積が少なくてすみ，全体としての工費が低廉となる。

■ CSL工法

本工法は，軟弱土に安定処理液（セメントミルク）を強制的に注入しながら特殊撹拌機にて撹拌混合し，セメントの化学反応によって軟弱土を固結させ，強固なパイルを造成するものである。適用地盤は軟弱な砂質土，粘性土のみならず，腐植土，泥炭層等の特殊地盤においても有効である。また施工は，深度40mまで可能で低騒音，低振動の工法である。

■ HCM工法

本工法は海底軟弱地盤安定処理工法（Hedro Continuous Mixing Method）の略で，昭和50年技術研究開発された軟弱地盤の深層混合処理工法の1つである。

本工法は撹拌翼が上下・水平移動を同時に行い，また移動速度を調整して同一個所の練混ぜ効果を高め連続施工の特徴を有する。

安定材にセメント系スラリーを使用する。この系統に属するものはDCM，DeM1C，DECOM工法があり，海上施工が主体で，改良面積，深度などの施工能力が大きい。詳細は各工法を参照されたい。

■ RMP工法

RMP工法（Raito Mixing Pile）は，ロッド先端部に特殊なブレード（特殊強制撹拌翼）を装着し，掘削時及び引上げ時に削孔ロッドを通して固化材スラリーを注入し，原位置土と混合撹拌してコラム状の改良体を造成する工法である。

本工法の特徴は，①ブレードを装着することによ

り，固化材スラリーと原位置土を効果的に混合撹拌するため，均質で強度の高い改良体が造成される。②固化材スラリーを低圧で注入するため，他への流出が少ないうえ，低振動・低騒音機械を使用するため，周辺環境への負荷を低減することができる。③施工条件等によって各種削孔機を選定できるため，狭い場所においても施工可能である。などがあげられる。

■ MR-D工法

MR-D工法は，深層混合処理工法の一種でアースオーガシャフトの先端に撹拌翼を取付け，セメント系固化材スラリーを低圧で供給しながら軟弱地盤を強制混合して改良する機械撹拌工法である。

改良対象土は，軟弱な粘性土，砂質土や腐植土に適用され，改良強度は固化材および固化材混入量により，通常 $0.2 \sim 1.0 MN/m^2$ 程度に改良でき，地盤支持力の増強，沈下防止，すべり防止などに用いられる。

また，現場条件，工事内容により，S1型（長尺1軸），S2型（中長尺2軸），M型（短尺1軸），B2型（中尺1軸）など，あらゆる条件に対応できる方式がある。

■ JST工法

JST工法は，深層混合処理工法の一種で，瞬結型撹拌混合方式の地盤改良工法で，掘削軸内に2つの流体通路をもつJST機により地盤を掘削撹拌しながらそれぞれ別個のグラウトポンプにより2種類のてん充材を供給し混合することにより地盤を固結させるものである。

使用する安定材は原則的に2つの薬液が化学反応によってゲル化するものであればどのようなものでもよい。

瞬結であることや，2液を使って土質にあった配合が容易にとれるため，伏流水の激しい地盤や泥炭などの有機質土に対して非常に有効であり，山留めや止水壁などの仮設構造物から築堤の地盤改良や中低層住宅の基礎などの永久構造物にまで幅広く適用されている。

■ VMS工法

当工法の特長は，撹拌翼の貫入に強制貫入方式が採用されており，貫入速度を安定させることで軟弱土への安定材の供給に信頼性をあたえている。また，処理機には超軟弱地盤用のフロート型と湿地用のクローラ型があり，フロート型は，足場用の盛土を必要としないメリットがある。

適用場所としては，盛土の基盤改良，擁壁，管渠などの構造物基礎，河川改修などに実績が多く，基礎地盤への支持力の付与，圧密沈下の軽減，側方変位の抑制などを目的として採用されている。安定材にはセメント系安定材をスラリー状にしたものを用いる。

■ RASコラム工法

RASコラム工法（Reliable Accord Soil Column Method）は，従来の機械撹拌方式による深層混合処理工法にとどまらず，$\phi 1,400 \sim 2,500mm$ の大口径の改良ができることに加え，N値50以下の砂質土およびN値20以下の粘性土にも適応可能である。

また，削孔撹拌ヘッドと撹拌翼が分離した正逆回転機構により，スラリー状の固化材と原位置土を高速撹拌することで，従来工法では困難とされた土塊の"共回り"現象が解消され，高品質な改良の造成が可能である。本工法の用途としては，せん断変形の抑制，滑り抵抗の増加，土圧調整，沈下防止，液状化防止，難透水地盤の築造等があげられる。

■ アスコラム工法

アスコラム工法（Applicable Soil Cement Column Method）は，スラリー状の固化材を原位置土に添加しながら原位置土と固化材を機械的に混合撹拌し，所定の深度まで貫入した後，ロッドを引き抜きつつ，撹拌を繰り返すことによって地中に均質なソイルセメントコラムを形成する工法である。ロッドを内管・外管の二重管構造とし，内管は削孔・撹拌を分担する正回転，外管は撹拌専用とした逆回転で，互いに正逆方向に回転させることにより土塊を強制的にせん断するため，土塊の"共回り"現象が解消され，均質な改良体の造成が可能である。改良目的としては，せん断変形の抑制，滑り抵抗の増加，土圧調整，沈下防止，液状化防止，難透水地盤の築造等があげられる。

■ エポコラム工法

本工法は，原地盤にセメントスラリーを注入しながら篭状撹拌翼の外翼と芯翼が同一方向に回転し，中翼と掘削ヘッドがそれらとは異方向に回転を行う

複合相対撹拌を行い，三次元的な混合と練り込みがなされる。

従来工法では，困難とされている転石・密礫層等（N値40～50）の硬質地盤や岩盤層への根入れ施工が可能であるので，より広範囲な施工用途に対応可能である。

また，高品質な大口径コラム（2,500mm以上）の築造（技術審査証明取得）が可能となり，経済性に優れ，工期の短縮，用途の拡大化が優れます。

硬質地盤施工や大口径施工について，建設技術審査証明協議会の技術審査証明を取得している。

DeMIC-K工法

本工法は，変位低減型深層混合処理工法のひとつであり，従来の撹拌翼上部にスクリューを取付けてセメントスラリー注入量と同等の地山土量を排土する事により周辺地盤の変位を低減できることが特徴である。特に既設構造物に近接して施工する場合に適している。

用途としては，せん断変形抑制，すべり抵抗増加，土圧調整，沈下抑制，不等沈下の抑制，液状化防止，難透水地盤築造があげられる。

TOFT工法

本工法は，液状化対象地盤を格子状に固化改良することにより，固化地盤で囲まれた砂地盤のせん断変形を抑止し，過剰間隙水圧の発生を抑止することによって，地震時に地盤の液状化を防止する工法である。特徴としては，低騒音，低振動工法のため，市街地での施工や近接施工が可能であること，改良形式を格子状とすることにより，経済性に優れていることがあげられる。

PROP（プロップ）工法（高強度深層複合処理工法）

建築物等の構造物の基礎として適用するために，土の共回り防止機構と多種多様な施工機と撹拌方式の採用によって，改良体の品質を高強度でバラツキの少ないものとしている。

MAXPAN（マックスパン）工法

本工法は，3軸削孔オーガー機に新開発のガイドスキー装置を取付け，4軸に変換したものである。これによりソイルセメント多軸柱列連続壁工法の高速施工が可能であり，従来工法と比較して，削孔能率（面積比）が5割増となる。MAXPAN工法の用途としては，土留め壁，地下連壁の逸水防止工，溝壁崩壊防護工，多目的の地盤改良，止水壁などがあげられる。

CDM工法

CDM工法（セメント系深層混合処理工法—スラリー撹拌工）は，スラリー化したセメント系固化材を軟弱地盤中に注入し，軟弱地盤と混合撹拌することで化学的に固化する軟弱地盤改良工法であり，海上施工と陸上施工に大別される。陸上施工は改良目的，用途に応じ，①大断面大容量施工のCDM-Mega工法，②周辺地盤や既設構造物への影響を最小限に抑制するCDM-LODIC工法，③大断面2軸相対撹拌型のCDM-コラム工法，④4軸同時施工を可能としたCDM-Land4工法，⑤大径3軸機のCDM-レムニ2/3工法，⑥陸上機搭載台船方式のCDM-FLOAT工法，⑦水底汚染土対策原位置固化処理工法のCDM-SSC工法など多彩なメニューを保有している。

CDM-LODIC工法

CDM-LODIC工法は，従来のセメント系固結工法における安定材の投入量に相当する土量を施工の過程においてスクリューで強制的に排出することにより，地盤の変位の発生を抑えて，周辺地盤や既設構造物への影響を最小限にした低振動・低騒音の深層混合処理工法であり，浅深度から大深度までの施工が可能である。改良目的は，せん断変形抑制・すべり抵抗増加・土圧調整・沈下抑制・液状化防止・難透水性地盤の築造・遮水壁の築造などである。現在は，撹拌混合翼は直径φ1,000mm，φ1,200mm，1,300mmの3種類を有している。

CDM-コラム工法

本工法は，大断面施工を可能にした2軸型機械撹拌式深層混合処理工法である。2軸大径（1,500mm×2軸）の特殊撹拌翼とこれを駆動させる減速機，特殊ロッド及びリーダー，ベースマシン，固化材プラント，工法全体の施工状況をリアルタイムで管理し，記録する管理装置で構成されている。

撹拌翼は，外側撹拌翼と内側撹拌翼が互いに逆回転する構造であり，各々の水平翼及び，縦翼が反転することによってせん断が行われ，セメントスラ

リーを確実に混合，混練固化する地盤改良工法である。特殊ロッドは，上・下部の減速機で二点支持され，かつロッドの剛性が高いため，鉛直性の確保，転倒防止，安定性に優れている。撹拌翼は，大径であるため，工期短縮大幅なコスト低減が図れる。

■ CDM-Land4工法

本工法は，軟弱地盤にセメントスラリーを原位置注入し，機械撹拌式深層混合機で撹拌するセメント系固化処理工法である。施工管理方法はCDM工法と同等であるが，工法の特徴は4本の駆動軸に装備された撹拌翼を同時に貫入し，1セットの施工能力は大断面・大深度施工を可能としている。1セットの撹拌翼径状はϕ1,000mm，1,200mm，ϕ1,300mmが設定可能で，4軸を同時施工するため3種類の改良形状を目的に応じて選定出来る。各改良形式における改良面積はブロック形2.83m²/set～5.00m²/set，接円ラップ形3.00m²/set～5.11m²/set，単杭接円形3.14m²/set～5.31m²/setである。

■ CDM-レムニ2/3工法

CDM-レムニ2/3工法は，CDM-レムニ2/3工法は，3軸1列に駆動装置を搭載した深層混合処理工法であり，撹拌混合翼の直径をϕ1,000～1,300mmにした回転軸を，3軸同時に地盤中に貫入させながら，セメントスラリーの吐出を両端の2軸のみから行うものである。両端の左右軸は同一方向に回転させ，中軸は左右軸と逆方向に回転させる。これによって，従来の施工機械設備をそのまま利用して，従来工法と同レベルの改良品質を確保しながら，工期とコストを大幅に短縮・縮減することができる。CDMレムニ2/3工法は2004年に開発されて以来，現在までに約25万m³の施工実績を有している。

■ CDM-FLOAT工法

CDM-FLOAT工法は陸上用の深層混合処理機を台船に搭載し，潮位管理機能付システム管理装置（CDM-FLOATシステム）により河口部や内水面域の軟弱地盤を改良する工法である。改良原理は他の深層混合処理工法と同様に軟弱地盤中にスラリー状のセメント系の安定材を注入し，処理機の撹拌翼にて連続的に地盤とセメントスラリーを混合固化し強度の増加を図るものである。従来のペン式オシログラフ管理に変わり，潮位管理機能付システム管理装置では，水位の変動に対する自動補正機能とともに，処理杭の先端深度のDL表示，改良長や安定材の添加量，羽切回数などを施工時に自動管理することが可能で出来形および品質をリアルタイム管理することが出来る。

■ CDM-SSC工法

CDM-SSC工法は，CDM陸上機搭載台船を用い，港湾，河川，湖沼などに堆積した汚染底質（ダイオキシン類，・PCB類の他，鉛，水銀などの重金属類）をセメント系等の固化材を添加し原位置で機械撹拌混合して固化処理するとともに汚染物質を安定化処理するものである。CDM-SSC工法は，覆砂と原位置固化処理を組み合わせた工法であり，予め汚染底質上に覆砂を行い，その後覆砂以深の汚染箇所を固化材で固化処理するものである。さらに，CDM-SSC工法の撹拌翼には密閉式の汚濁防止カバーの取付けと処理周りに海底地盤近くまで汚濁防止膜を設置することで2重の汚濁防止対策を行い，覆砂の効果も併せて汚染物質の拡散を完全に防止しながら原位置固化処理することが可能な工法である。

■ オープンウィング工法

オープンウィング工法（Open Wing）は，小口径の特殊な二重管拡翼ロッド（ϕ200mm）にて削孔を行い，所定の深度にて先端の拡翼ビットを開翼し，最大ϕ1200mmの大口径の改良体を造成する拡翼式機械撹拌工法である。従来工法にはない小口径の削孔で大口径の改良体を造成できるため，効果的に対象エリアの改良が可能である。また，道路下部，埋設物下部，軌道下部等の施工実績を有する。

■ DLM工法

DLM工法（DeepLimeMixingMethod）は生石灰と軟弱粘性土を地盤中の原位置で撹拌混合し，生石灰の吸水・発熱・膨張作用および，粘性土との混合作用を利用して，強固なパイルを造成する工法である。

施工は先端に撹拌翼を有する撹拌軸を地中の所定深度まで貫入させた後，打設管に生石灰を投入し，先端から一定量の生石灰を地中に排出して，撹拌翼で原地盤の土と撹拌混合しながら一定速度で引抜きを行ないパイルを造成する。

■ KS-B・MIX工法

KS-B・MIX工法は大口径・大断面の施工を可能とした1軸および2軸型のセメント系スラリー機械撹拌式深層混合処理工法です。

本工法は，油圧ロータリドライブを使用することにより大トルクを発生できるため大口径の施工で必要な撹拌翼の回転力を確保することが可能であり，回転の摩擦抵抗を減らすことができる撹拌翼を装備しているため，撹拌効果の低下しない確実な施工が可能となる。

現場の条件に応じて杭径1000～1600mm，杭ピッチ1.0m～1.6mの範囲で変更が可能で，従来の深層混合と同等の改良効果が得られる。

2　機械撹拌・高圧ジェット併用工法

機械撹拌・高圧ジェット併用工法による深層固化

本工法は地盤改良工法の中の深層固結工法の一種である。地盤中に石灰やセメントなどの固化材を撹拌翼の先端から高圧で噴射すると同時に撹拌翼を用いて機械的に撹拌混合することにより，土を化学的に固結させて地盤の安定を図る工法である。

従来の機械撹拌式深層混合処理工法と高圧噴射撹拌注入工法を比較した場合，前者が改良体の出来型に対する土性の影響が小さい上，改良体の均一性に優れるが，改良体同士の一体化や近接構造物との密着性などに課題がある。一方，後者はその逆の特性を有していることから，それぞれの特筆を生かすべく開発されたのが，本機械撹拌・高圧ジェット併用工法である。高圧ジェットの方式としては，切削時に水のみを利用する方法と，水＋エアーを利用する方法，切削と撹拌をかねて，固化材スラリーのみを利用する方法と固化材スラリー＋エアーを利用する方法などがある。撹拌翼による地盤切削と同時に，撹拌翼先端からの超高圧ジェットによる土の切削，改良材の投入・混合を行うため，本工法は，以下のような特徴を有する。

①超大口径の改良柱体を造成できる。
②比較的広範囲な土質に対応できる。
③改良体同士の一体性や，近接構造物との密着性が高い。
④強度，出来型等の品質が高い。
⑤対象改良土量当たりの施工効率が高い。

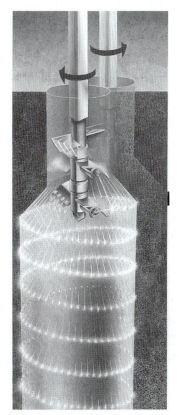

図4.6.2　JACSMAN（ジャクスマン）

【参考文献】
1) JACSMAN研究会カタログ

■ ESJ工法

本工法は，軟弱地盤とセメント系固化材の超高圧スラリーを特殊モニターの先端から噴射撹拌して，

土と固化材との化学反応により強固な柱状改良体を造成するものである。撹拌翼と高圧ジェットによる混合のため，均一な強度及び改良径が確保できるとともに，幅広い土質に対応し，狭い現場での施工が可能である。

■ LDis工法

LDis工法（LowDisplacementJetColumnMethod）は，施工時に地盤変位を最小限に抑えた低変位超高圧噴射撹拌工法である。この原理は，地中で超高圧ジェット噴流により撹拌混合を行いつつ，同時に螺旋形状の特殊な撹拌翼で原土の一部を地表に排土することにより，地中内への固化材スラリーの混入にともなう体積増加を少なくし，変位を抑制できる地盤改良工法である。無機質のセメント系固化材を用いるので，無公害で長期的にも安定した改良強度が得られる。

■ JMM工法

本工法は，特殊な撹拌翼をもつロッドヘッドの先端部よりスラリー状の固化材を高圧ジェットとして地中に噴射することによって連続的に大口径で均一な改良体を造成できる深層高圧ジェット撹拌工法である。適用土質が広く，ヘドロ，腐植土などの特殊土も改良可能であり，高性能固化材および高圧噴射撹拌の混合性能によって確実に施工ができる。

■ SJMM工法

SJMM工法（Supper JMM Method）は，超高速ジェット噴流による混合性の高い撹拌効果と特殊ロッドヘッドによる機械的な確実性の高い撹拌効果を組み合わせて，大口径の改良体を高速，低騒音で施工する超高速噴射撹拌工法である。緩い砂層，軟弱粘性土からヘドロ，腐植土まで，適用地盤が広く，さらに高粘着粘性土，中位の砂質土まで施工可能である。また，エア噴射を伴う工法と異なり，排泥の噴出がなく河川などを汚濁させず，水中施工が可能である。

N値	砂質土	$N \leq 20$
	粘性土	$N \leq 8$ ($Cu \leq 100 \sim 200 kN/m^2$)
改良径		2.3
引上げ速度（分/m）		8〜12

■ SDM（-Dy）工法

本工法は，機械撹拌と高圧噴射撹拌を併用したハイブリッドタイプの高速低変位深層混合処理工法である。シャープで強力な切削性能を持つ噴流で大口径の改良体が得られ，2軸の大型処理機を用い高速大量処理のため，工期の短縮が図れる。特殊オーガスクリューを用いることにより，改良時に注入される固化材スラリー量に見合う土量の排出，制御が可能であり，施工時の地盤変位を大幅に抑制できる。また，高圧噴射併用のため，既設構造物等への密着施工が可能である。

SDM-Dy（Dynamic）工法は，地盤切削に必要な超高圧噴射エネルギーを向上させることで，SDM工法に比べ大口径の改良体を形成し，大幅な工期の短縮が図れ，効率よく経済性が高められる。

■ JACSMAN

本工法は，機械撹拌と噴射式撹拌を複合した工法で，撹拌翼先端部に取り付けた上下二段のノズルから超高圧ジェットを噴射し，交差させることで，地盤に影響されず一定径の改良体を造成する工法である。

機械撹拌部の外周に交差噴射部を有しているため，ラップ施工が容易であり，矢板や既設構造物に密着させる施工が可能である。また，交差噴流を噴射，停止することにより，任意の深さで改良体の造成径を変えることができるため合理的な設計・施工が可能である。

用途としては，せん段変形抑制，すべり抵抗増加，土圧調整，沈下抑制，不等沈下の抑制，液状化防止，難透水地盤築造，遮水壁築造があげられる。

■ プチジェット工法

プチジェット工法は，クローラ式の小型ベースマシンに，機械撹拌と噴射撹拌の複合撹拌方式を適用した工法である。噴射部は，上下2本のジェットを交差させることで，地盤に影響されず一定径の改良体を造成することができる。

これまで狭隘地・空頭制限下での密着・ラップ施工に適用されていたボーリングマシンタイプの高圧噴射撹拌工法に対し，本工法は，自走式の小型ベースマシンの機動性と，複合撹拌による高速施工により工期短縮，コスト削減が可能である。

- **HySJET工法**

　本工法は，機械式スラリー撹拌と高圧噴射撹拌技術を組み合わせた3軸複合撹拌深層混合処理工法で，左右両軸のみからの高圧ジェット噴射と中軸からの低圧注入により均一な品質の改良体を造成するものである。

　機械撹拌が改良体中央部を，高圧噴射撹拌が改良体外周部を構築するので，各種構造物の基礎地盤の改良はもとより，既存の山留め壁との接合部分や改良体同士を密着させて改良率を高くする箇所に有効である。また，1台の施工機械で機械撹拌と高圧噴射撹拌ができるので，施工能率が向上し，工期・コスト面で優位となる。

- **HQS（HIGH QUALITY STABILIZATION）工法**

　本工法は信頼性が高く，適応性に優れた新しいタイプの地盤改良工法である。原理的には，深層混合処理工法として従来より一般に用いられている撹拌翼回転方式およびジェット噴射方式を同一の機械に組込み，両方式の機能を同時に発揮させようとした先駆的な工法である。すなわち，施工にあたり撹拌翼を高速回転させながら対象地盤中に貫入させ，同時に翼および軸に取付けたノズルから安定材を圧力噴射させることにより，対象土と安定材とを短時間に均質混合して，一定間隔で直径0.6～1.2mの柱状固化材を形成させる工法であるが，現在では，JAMPS（ジャンプス）工法などへ発展している。安定材としては種々のものが使用できるが，赤泥，水さいおよび排脱石膏などのような産業廃棄物を素材とするセメントバチルス材の利用により，材料費のコストダウンが図れる。

- **RAS-JET工法**

　RAS-JET工法は，スラリー状の固化材を原位置で吐出しながら，原位置土と固化材を，機械的に高速混合撹拌するとともに，撹拌翼先端より同様のスラリーを超高圧噴射撹拌することで，地盤中にさらに大口径（最大4,000mm）で高品質な安定した地盤改良コラム体を造成する工法である。

　また，機械撹拌部に正逆回転機構を採用することにより，土塊の"共回り"現象を解消できることに加え，正逆効果による高い削孔精度を確保した施工が可能である。高圧噴射部は撹拌翼先端からスラリー状の固化材を噴射することにより，近接物の形状に沿った付着改良を可能としている。

- **WHJ工法**

　WHJ（Waterfront Hybrid Jet）工法は，河川域あるいは河口に面した海域において，護岸の耐震補強等を目的として，機械撹拌工法と超高圧噴射撹拌工法の複合技術を応用し開発された大口径深層混合処理工法である。改良体の外周部は超高圧ジェット噴射による混合撹拌であるため，既設護岸との密着施工，改良体相互のラップ施工等が容易にでき，従来工法では，既設護岸と改良体との密着施工を図るために，補助工法として高圧噴射工法を用いていたが，WHJ工法では，単一工法によって行うことができる。施工時の近接施工において，固化材スラリー量に見合う原土を管理しながら排出することで，変位を抑制させる機能も付加されている。

3 高圧噴射撹拌工法

　本工法は地盤改良工法の中の深層固結工法の一種である。高圧高速で水や水＋エアーを地中に噴射し，地盤を切削した後にセメントスラリーなどの固化材をロットを介して地中に充填する方式と，安定材スラリーを高速高圧で地中に噴射し，そのエネルギーで地盤の切削と安定材と地盤の混合撹拌を同時に行う方式ある。どちらの方式でも，玉石や転石などを含まない地盤では，土質に影響されることなくほぼ確実に円柱状の改良体を造成することができる。

　しかしながら，高圧噴射方式の場合，地盤の強度差や土質のばらつきなどが原因で，改良体の形状や強度にばらつきがでること，建設汚泥の発生やそれに伴うコストアップなど，近年の建設市場を取り巻く環境の変化から改善すべき課題も散見するようになってきた。これらの課題を解決す

るための開発も進められており，地盤切削のための高エネルギーの利用やエネルギー損失の低減化，撹拌効率の向上を実現する工法の実用化に至っている。機械撹拌＋高圧ジェット併用工法もその一つである。

　近年開発され実用化されている工法は，以下のような特徴を有する。

①超大口径の改良柱体を造成できる。
②比較的広範囲な土質に対応できる。

③改良体同士の一体性や，近接構造物との密着性が高い。
④強度，出来型等の品質が高い。
⑤対象改良土量当たりの施工効率が高い。
⑥建設汚泥の発生が少ない

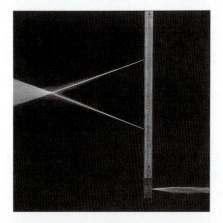

超高圧噴射撹拌工法による深層固化

メカジェット工法

　本工法は，固化材を低圧でロッド先端付近の吐出口から噴射させると共に，撹拌翼先端から高圧で噴射させながら地盤中にラップ可能なソイルセメント杭（φ600〜1,200mm）を造成する地盤改良工法である。使用機械が小型のため，狭隘でかつ，空頭制限のある個所でも施工が可能である。また，ロッド先端の直進誘導用剣先とロッド中間部の直進性保持具によってロッドの曲がりを防ぎ，精度良く斜め施工ができる。

CCP工法

　本工法は，地中に特殊なCCP安定材を回転ノズルにより高圧噴射し，土粒子と安定材を回転ノズルより高圧噴射し，動圧を加え安定材に方向性を持たせることにより目的の領域に均一な円柱状の固結体を造成する工法である。本工法の用途は，せん断変形抑制，すべり抵抗の増加，土圧調整，沈下抑制，不等沈下の抑制，液状化防止，難透水地盤築造，遮水壁築造などがあげられる。

コラムジェットグラウト工法

　本工法は，三重管ロッドの先端の上段ノズルから圧縮空気を伴った超高圧水を地盤中に回転しながら水平方向に噴射して地盤を切削し，そのスライムを地表に排出させるとともに同時に下段ノズルよりセメント系安定材を充填し，地盤中に均質な円柱状改良体を造成する工法である。

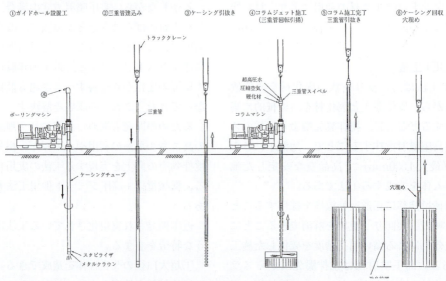

図4.6.3　コラムジェット・グラウト工法

■ JSG工法

　本工法は，二重管ロッド先端に装置したモニターから圧縮空気を伴った超高圧セメント系安定材を回転しながら水平方向に噴射することにより地盤を切削し，そのスライムを地表に排出させると同時に地盤中に均質な円柱状改良体を造成する工法である。

■ RJP工法（超高圧噴射）

　本工法は，三重管ロッドの先端にRJPモニターを装着して計画深度まで削孔した後，上段ノズルの超高圧水と空気噴流体による造成ガイド切削を行い，同時に下段ノズルから超高圧安定材と空気噴流体を噴射することにより，切削・混合・撹拌が確実に行われ，改良領域を極めて大きく求めることができる。

■ クリーンジェット工法

　本工法は，三重管ロッド先端に装置した特殊モニター上段ノズルより超高圧水と圧縮空気を水平2方向に噴射することで地盤を切削すると同時に，間隔を離した下段ノズルから安定材を噴射することで改良体を造成する切削・造成ノズル間隔分離型の高圧噴射撹拌工法である。ノズル間隔を離すことにより，排出される排泥内のセメント分を大幅に抑制することができ，さらに排泥量も大幅に削減されることから工費の縮減を可能とした。

■ MJS工法

　本工法は，超高圧噴流体が有する運動エネルギーを利用して地山破壊，安定材混合，撹拌を行ない，固結体を造成するものである。大深度（20m以上）に対応できるとともに水平，斜め，上向き施工も可能である。造形径は噴射圧力，噴射量，空気量，噴射時間を調整することにより，300mmの小口径から4000mmの大口径まで造成可能である。

■ GTM工法

　GTM工法は，超高圧噴流体の持つエネルギーを最大限に活用し，材料・排泥処理コストの低減，施工効率の向上を図る工法である。

　施工条件・使用目的に応じて，①材料噴射系，②空気・材料噴射系，③水・空気・材料噴射系の中から，最も効率のよいものを選定することができる。

■ ミニマックス工法

　本工法は，ロッドの先端から水平方向に固化材スラリーを高圧ジェット噴流させながら，回転させ引抜くことにより強制的に混合撹拌し，円柱状の改良体を造成するものである。軽量小型の施工機械により密着施工，水平施工が可能である。

■ SMM（-Dy）工法

　本工法は，ミニマックス工法をさらに発展させ，固化材スラリーを吐出圧力30～40MPa，吐出量100～130リットル/分の超高速大容量化させ，大口径の改良体を造成する工法で密着施工，水中施工が可能ある。用途としてはせん断変形抑制，すべり抵抗の増加，土圧調整，沈下抑制，不等沈下の抑制，液状化防止などである。

　SMM-Dy（Dynamic）工法は，超高圧大容量ポンプの従来性能を維持し，箇化材スラリーの吐出量を向上させることで，SMM工法に比べ大口径の改良体を形成し，大幅な工期の短縮が図れ，効率よく経済性が高められる。

■ NJP工法

　本工法は，二重管ロッドに装着したNJP特殊撹拌翼の先端部から，固化材スラリーを超高速噴射させると同時に圧縮空気を連行させる。対象地盤は圧縮空気の連行と超高圧噴流によって生じる強力なキャビテーションによって切削破壊し，短時間にϕ1.6～2.2mの大口径の改良体を造成する工法である。従来工法に比べ発生土量が少なく，短時間で大口径化が図れる。

■ X-jet工法

　本工法は，上下2段の高圧ジェット水を交差するように噴出させて，改良範囲を限定して地盤を切削後，スラリーを填充するものである。交差噴流による型枠効果の結果，固化材，スライム量を低減化することができ，切削能力を高め高速施工が可能である。

■ GEOPASTA工法

　本工法は，狭い箇所（据付面積5m²以下），空頭制限（高さ3m以下）がある箇所，タイロッド等の地中埋設物がある箇所でも，任意の深さに任意の長さで直径4～5mの固結体が造成できる固結工法である。既設の構造物に支障をきたさずに，構造物中

や直下，またその周辺の地盤を固結処理して，短期間に確実かつ経済的に液状化防止が可能である。施工時に切削されたズリは，スライムとして常時地表へ排出されるので，固化材の圧入による地盤の変位はなく，構造物の基礎地盤に影響を与えることなく固結処理が可能である。

Superjet工法

本工法は，2方向の高圧スラリーで地盤を切削・混合して円柱状の改良体を造成するものであり，直径5.0mの大口径改良体，高速施工（1.2m³/分）も可能である。用途としては，せん断変形抑制，すべり抵抗の増加，土圧調整沈下抑制，不等沈下の抑制，液状化防止，難透水地盤築造，止水壁築造，遮水壁築造などがあげられる。

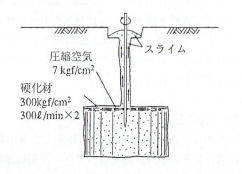

※改良径（m）

N 値	砂質土	N≦50	50＜N≦100
	粘性土	N＜3	3＜N≦5
改良径	0＜Z≦20m	5.0	4.5
Z：深度	0＜Z≦20m	4.5	4.0
引上げ速度（分/m）		16	

図4.6.4　SUPERJET〔スーパージェット〕

Superjet-Midi工法

本工法は特殊整流装置を内臓した水平対向ジェットモニターと超高圧スラリーポンプを用いたプラントシステムにより構成され，地盤に直径20cm程度の穴を開け，所定の深度までモニターを建込み，先端ノズルから超高圧・大流量スラリーを噴射させ，周囲の土砂を削り取りながら混合撹拌することで，高品質の大型パイル（最大直径3.5m）を高速で造成することが可能である。最小限度のセメントスラリー量で高効率の施工を実現したため，スライム量を在来工法より大幅に削減できる。

エフツインジェット工法

エフツインジェット工法は，2流線のセメントスラリーを径600mmの撹拌翼先端から噴射する高圧噴射撹拌工法である。

翼先端から噴射することで，高圧噴射でありながら改良径を大きくすることができる。また2流線による固化材流量確保で高速施工を実現している。さらに自走式の小型ベースマシンを使用しているため機動性に富んでいる。こうした特性から工期短縮，コスト削減が可能である。

セパレートジェット工法

セパレートジェット工法とは，超高圧水と圧縮空気によって切削，排泥を行い，切削径を確保する作業と，安定材を混合撹拌して固結体を造成する作業とをセパレートすることによって効率よく固結体を造成する高圧噴射撹拌工法である。

切削は，特殊先端モニターの上部ノズルから噴射される超高圧水と圧縮空気によって行い，この際，モニター上部の揚泥羽根が切削土の地上への排出を促進する。

固結体の造成は，下部ノズルから高圧噴射される安定材で切削土と混合撹拌することによるが，下部の抑制羽根が安定材の排泥への混入を抑制するため，安定材を有効に用いることができる。

ラテラルジェット工法

本工法は，水平方向に円柱状の固結体を造成する二重管方式の高圧噴射撹拌工法で，造成管から圧縮空気を併用した安定材を噴射して地盤を切削撹拌し，造成管の上部に設けた排泥管より適量のスライムを排出しながら固結体を造成する。地下水位以下でも施工が可能で，地盤内の圧力調整制御システムも有しているため，既設構造物の直下や大深度でのシールド発進・到達防護工，液状化対策工としても有効である。

マルチジェット工法

マルチジェット工法は，セメントミルク等の安定材をエアーととも超高圧（40MPa）で噴射し，地盤改良体を造成する高圧噴射撹拌工法の一種である。本工法の特徴は以下である。

・造成ロッドの動きを従来の回転式から揺動式にすることで，従来工法のような円形だけでなく

任意形状の改良体（扇形や壁状，格子状）を造成することができる。
- 専用モニターの採用により大口径の改良体の造成が可能（N=10程度の砂質土：最大半径8m）である。
- ツインノズルの採用により従来は難しいとされていた礫を巻き込んだ改良体の造成が可能である。
- 従来工法にはなかったリアルタイムの品質管理を行うことで施工にフィードバックでき高い品質を確保できる。

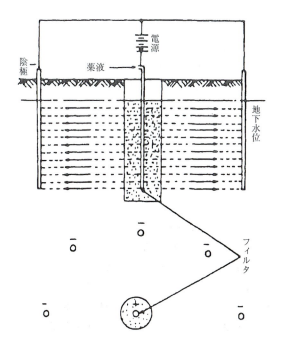

図4.6.5　電気薬液注入工法

その他の地盤固結工法

1　電気誘導注入工法

電気誘導注入工法とは薬液注入工法の一種で，薬液を陰極または陽極より多孔性物質を通して注入し，これに直流を通電して泳動安定させて地盤を処理する工法である。

この工法は，一般に図4.6.5に示すように陽極に有孔鉄管を地盤中に挿入し，この周囲に鉄棒を挿入して陰極とする。陽極の周囲には砂を詰め，陽極の有孔鉄管には薬液を満たしておく。直流を通電すると薬液は電気泳動により地盤の間隙を通って安定させる。電気浸透と呼ばれている電気浸透脱水で陰極側に水が集まる。

この工法の長所は次のとおりである。
①均一な浸透が得られる。
②一般に薬液注入できない粘土質に浸透できる
この工法の短所は次のとおりである。
③浸透に時間がかかる。
④経済的には割高である。
まだ技術的な問題があり，実用化されていない。

2　圧密注入工法（コンパクショングラウト工法）

圧密注入工法とは薬液注入工法の一種で，スランプの低い（一般にゼロスランプまたはノースランプという）注入材を圧力注入して注入材が地盤中で形状を保持し，置き換え作用により周囲の土を締固める工法である。

圧密注入の効果は，支持力，すべり抵抗の増大，沈下の軽減，早期終了および地盤横抵抗の増大などがある。注入方法は，注入管の周囲にすき間ができない打込み方法がよい。それは注入管の周囲にすき間ができないので，圧密効果があり，地上への溢出防止にもなる。注入の順位は，上部の土層が圧密されている方があとで高い注入圧をかけることができるので，下降式注入方法がよい。ポンプの吐出量は圧密されない粘土あるいは非常に塑性の大きい土質に対しては3～15ℓ/分で，大きな空隙，あるいは深い所にゆるい土質があるときは，吐出量はもっと大きくてもよい。最終注入圧は4.0～5.0MPaである。

この工法に要求される注入材は，地盤中で形状を保持できる配合であること，適当な時間に安定すること，注入後から硬化まで地下水などで形状が変形しないこと，せん断抵抗を保持することなどである。
適用地盤は人工的な盛土，有機質の表土，シルト

質砂，粘土質砂，ピート層および地下水以下のゆるいシルト層などである。

用途は，道路・鉄道盛土の基礎，サイロ，機械の基礎，建築物の基礎，タンクの基礎などである。

図4.6.6に圧密注入工法について示す。

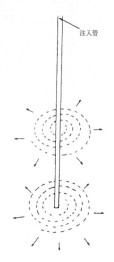

図4.6.6　圧密注入工法

3 凍結工法

本工法は地盤改良の固結工法の一種で，凍結固化予定地にあらかじめ凍結管を30～100cm間隔で打込み，①凍結器で冷凍したブラインを凍結管内に巡環させるか，または②液体窒素ボンベからのガスを凍結管に放出して地盤の凍結固化を行なう。①の方法の採用基準は，凍結土量および凍結継続期間などによる。①のブライン温度は普通 -25℃，②の液体窒素ガスの蒸発温度は -194℃である。土壌凍結工法は，①の方法を採用することが多い。

本工法の特徴は以下のとおりである。
①凍結した土砂は強固で，止水性に富む。
②地盤を化学薬品等で汚染しない。
③高級薬液注入に比べ経済的である。
④地質によって凍結膨張することがある。
⑤地下水流が速いと凍結しない。
などである。

仕様は，地盤中に挿入される凍結管の径は10cm程度，5cm程度の2重管からなり，冷媒は内管を往き，外管と内管の間隙を環って地盤を凍結する。

地盤を凍結させる時，余分な場所を凍結させないように，管の周辺を断熱したり，付近に温熱管を設置したりする。また，所要凍結場所が融解しないように，管の周辺を断熱したり，付近に凍結管を増設したりする。

地下流水が速く，地盤が凍結しにくい時は，あらかじめ薬液注入，締切り，または凍結管の増設を行なって凍結能力の増進を図る。これらは，地質，埋設物，地下水流速度，凍結土形状，凍結機能力などに起因する。

凍結に使用される機械器具としては，凍結用の冷凍機，凝縮器，冷却器，および冷却塔が必要であり，冷凍機は冷凍容量80,000～130,000kcal/hrのユニットを使用するのが普通である。

凍結土壌の温度管理は，あらかじめ地盤中に測温管を埋め込んで時々刻々の温度を測定し，温度図を作成して凍結形状や温度変化を管理する。

凍結土壌の掘削は，普通コールピックなどで掘削する。凍結が開始し，掘削が開始されるまでの凍結期間は，凍結土壌強度，地下水流速などにもよるが，40日～60日が普通であり，またそのように凍結機械を設計する。

地下水の流速が1～5m/日より大きい時は凍結の進行が阻害されるので，透水性の大きい砂利層などでは，地下水流速の阻止を行なわなければならない。

凍結時の凍結膨張，解凍時の縮小の大小は，シルト，粘土の含有量の大小により変化する。

低温液化ガスの方式は設備が簡略であり，急速な

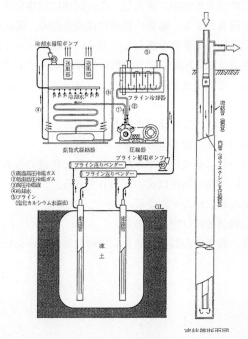

図4.6.7　凍結工法

凍結が可能であるが，その適用凍結土量は150m³程度までといわれている。凍結土壌の強度は，温度が低下すれば増大する。ただし地山の含水比が小さい場合（10％以下）は，凍土の強度は期待できない。

4 焼結工法

焼結工法とは，地盤改良のうち，固結工法の一種で，粘土質の軟弱地盤中に鉛直または水平ボーリング孔を設け，そのなかで液体または気体の燃料を長時間燃焼させて孔壁の固結およびその周辺部の土の脱水を図ることで地盤の改良を行う工法である。焼結過程で土の物理的，化学的変化やこれらが土の力学的性質に与える変化は複雑で十分解明されていない。

我が国では1，2の実施例が報告されているにすぎず，地下水位が高く，しかも非常に軟弱地盤が多い我が国ではまだ多くの問題を残している。

外国の報告によれば，処理後の土の強度増加や圧縮性の減少が他の地盤改良工法と比べて確実なことから，建築物，煙突，機械などの基礎地盤の改良，のり面の安定化，地すべり防止，アンダーピニングなどに用いられている。

この工法の計画・設計にあたっては原地盤の土質調査試験のみでなく，現場実験を行ない，その結果から適切な燃料消費量，炉口構造，機器設備などの決定を行なうことが望ましい。焼結方式は開放式と密閉式があって現場に適合した方式を採用する。

5 電気化学的固結工法

本工法は，かなり古くから考案され，実際にもしばしば使われ，普通外部から土中に電気化学的エネルギーを直接与えることによりその地盤を安定化する工法を指している。しかし，広い意味では，土の分散・凝固などの現象や，イオン交換現象等を利用する工法も含んでいる。

適用土質は，粘土質軟弱地盤に限定される場合が多い。

本工法と関連のある工法では，電気化学的固結工法や電気的薬液注入工法がある。

土粒子は，その化学成分，鉱物組成，結晶あるいは界面性状等により正・負の電荷を有し，また土質系全体としては普通の条件下では負に帯電している。この帯電状態は，いわゆる電気的2重層として知られた電位と呼ばれる動電位を有している。このため通電状態では，電気泳動，電気浸透，流動電位，および泳動電位のいわゆる界面動電現象を呈する。希薄な土粒子分散系に外部から直流を印加すると，負に帯電した土粒子が陽極に向かって泳動，集積する電気泳動現象が生ずる。一方，圧密された土質系（通常の地盤）に直流を印加すると陰極に向かって

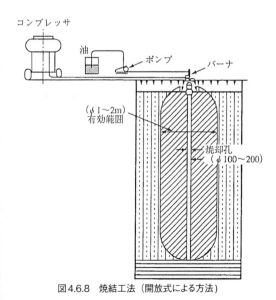

図4.6.8 焼結工法（開放式による方法）

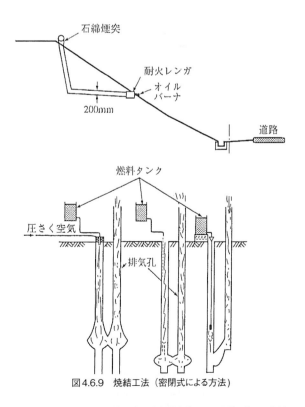

図4.6.9 焼結工法（密閉式による方法）

水が集積し，この水を排出すると電気浸透脱水となる。したがって，土質系に直流を印加するときは，常に土の界面動電現象が生起することになる。利用する現象がどの項目に該当するかで工法が選別される。

電気化学的の固結工法として，アルミニウム電極を通して直流を印加するものがある。これは，陽極附近の土を固結し，クイとして用いられた陽極の支持力が増大させられることを目的としている。土質系自体の複雑性に加えて，電極反応もまた複雑な現象であるのではっきりしたことはいえないが，上述の界面動電現象のほか，電極における酸化還元現象，2次的化学反応および吸着等の物理化学的現象の結果生ずる固結性産物と地盤における電気浸透透水係数の局所的差異から生ずる圧密現象の結果，地盤が不可逆的に固結されるものとされている。

電気的薬液注入工法も，この工法の中に分類されることがある。これには電気浸透流に薬剤を乗せて土中に浸透させる方法と，電解泳動的に各イオンに別々に土中を移動させ，途中で会合固結させる方法とがある。

いずれにしても，電気化学固結工法は，大規模な直流電源設備を必要とし，$0.1 \sim 10 \mathrm{kwh/m^3}$の電力を必要とするので経済的な難点の克服が課題であろう。

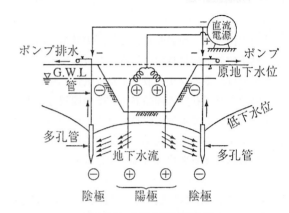

図4.6.10　電気化学的固結工法

Ⅶ 薬液注入工法

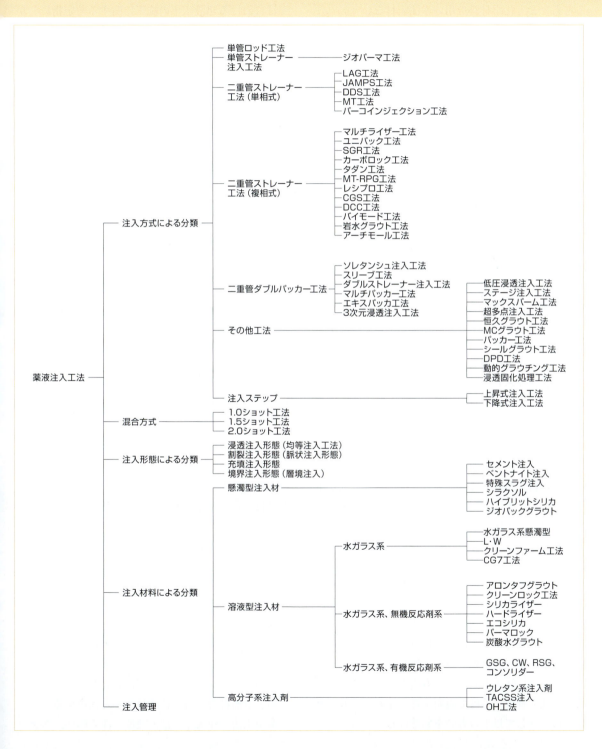

薬液の定義について定説はなく，一般に注入とは地盤の透水性の減少である。地盤強化が，地盤の変形防止などを図る目的で，注入材を地盤の中に細い管を用いて圧入することを指し，これらの工法全般を注入工法と称している。この中で特に，注入材として薬液を用いる工法が薬液注入工法である。ここに薬液とは，一定の時間に固結させる目的で，主たる材料として化学材料を用いる注入材をいう。

注入工法は1802年にフランスで初めて実用化されたといわれているが，粘土と石灰を使用したものであった。その後，水ガラスと安定剤を用いた注入が1886年にドイツのJeziorskyにより特許が出されるが，実際の施工はオランダの鉱山技師H.J.Joostenの1925年の特許によるもので，これが薬液注入としての初めての施工と考えられる。

国内で注入工法が用いられたのは1915年の長崎県松島炭坑でのセメント注入が最初である。その後1951年にはMI法（丸安・今岡），1961年にはLW法（樋口）が実用化され，高分子系注入材料とともに用いられた。また，この当時の注入方式としては単管ロッド方式が主流であった。

しかし，1970年代には高分子系薬液による汚染事故が発生し，1974年に福岡県下にてアクリルアミド系薬液による人への健康被害を生じる事故が発生した。この事態を重大視した建設省は「薬液注入工法による建設工事の施工に関する暫定指針」の事務次官通達を発し，これ以降使用できる材料は水ガラス系の薬液で劇物またはフッ素化合物を含まないものに限られている。

使用できる薬液が水ガラス系のものに限られたことにより，ゲル化時間の設定など技術開発が行なわれ，先の暫定指針以降，注入方式は二重管方式が主流となった。また，同時期にフランスから二重管ダブルパッカー工法（ソレタンシュエ法）が導入され，上越新幹線トンネル工事などで盛んに用いられ現在に至っている。

最近の傾向としては，阪神大震災などにみられる液状化被害を受け，他の施工法では対処が難しい既設構造物直下への液状化対策工法として薬液注入工法が用いられている。従来は仮設目的がその殆どであったが，本設利用の実績も増加しつつある。

ここでは，注入方式，混合方式，注入形態，注入材料，注入管理に分けて説明する。なお，参考文献は全体を通して以下のものを参考にしている。

【参考文献】
1）「薬液注入工法の調査・設計から施工まで」1985年，地盤工学会（旧土質工学会）
2）「薬液注入工法の設計・施工指針」1988年，日本薬液注入協会
3）「最先端技術の薬液注入工法」1988年，理工図書

[暫定指針]

薬液注入工法における暫定指針として「薬液注入工法における建設工事の施工に関する暫定指針」がある。昭和49年7月10日に建設省官技調発第160号として出された。主な内容は，使用できる薬液を主剤が珪酸ソーダ（水ガラス）に限定し，施工時には観測井を設けることや水質の検査（PHなど）を行うことが挙げられている。発布当時はアクリルアミドなどの高分子系注入材料が使用されていたが，人的な事故の発生に伴いこれら高分子材料の使用を禁止し，適切な管理を行うよう出された物である。内容は，薬液注入協会発行資料などに全文が載せられている。

[薬液注入工事に係る施工管理等について]

名称は「薬液注入工事に係る施工管理等について」であり，平成2年9月18日に建設省技調発第188号として出される。先に同年4月24日建設省技調発第100号に述べられているが，この当時，一部の薬液注入工事において手抜きによる不正行為の問題が生じた。また実際の薬液注入工事現場にて，これを原因とする道路の陥没事故が発生し，薬液注入量を正確に管理するとともに施工管理の徹底を行うよう通達されたものである。内容については，薬液注入協会発行資料などに全文が掲載されている。

この中では特に条件明示事項を挙げており，契約時と施工計画打合せ時について下記の項目を明示または打ち合わせることとされている。

契約時に明示する事項

工法区分：二重管ストレーナ，ダブルパッカー等
材料種類：溶液型（有機，無機），懸濁型瞬結，
　　　　　中結，長結の別
施工範囲：注入対象範囲
注入対象範囲の土質分布
削孔　　：間隔，配置，延長，本数
注入量　：総注入量，土質別注入率
その他　：適切な施工管理に必要な事項
施工計画打合せ時等に請負者から提出する
事項工法：注入圧，注入速度，注入順序，ステッ

プ長
材料関係：材料（購入・流通経路等を含む），ゲルタイム，配合

注入方式別工法

　薬液注入工法に用いられる注入方式を分類したのが図4.7.1である。この図には単管ロッドや単管ストレーナ方式も記入しているが，現在では殆ど用いられておらず空洞充填目的で単管ロッド方式が用いられる程度である。

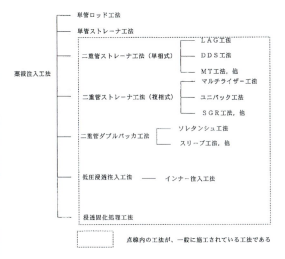

図4.7.1　注入方式分類図

　社団法人日本薬液注入協会指針によると現在以下の三つの方式が挙げられている。
　二重管ストレーナ（単相式）
　二重管ストレーナ（複相式）
　二重管ダブルパッカー
　薬液注入工法の施工においては，注入対象の所定領域に均質な固結物を造成することが極めて重要であり，薬液の性質の一つである浸透性のみに依存していたのでは良好な改良固結物は造成できない。そのため，注入方式における技術開発も所定の領域内をいかに有効に固結させるかが目標となった。
　既往の室内実験では，小規模な土槽内に人為的に作成された均質な砂地盤内で一点からの注入を行うと，浸透性に優れた薬液を用いた場合には，注入量の増加とともに浸透固結範囲が球状に広がる。しかし実施工では，削孔時のボーリング孔と注入管との間に生じるクリアランスや地層構成による地盤の不均一さなどが障害となって均質な改良とならない。このような条件下で浸透性の高い長いゲル化薬液を注入したならば，地盤の間隙に注入されるべき薬液が抵抗の少ない箇所に集中的に流出する。この問題を解決する手段として，特殊な注入管及びモニターやゲル化時間の短い材料を用いた様々な注入方式が開発され，現在上記の3方式が主として施工されている。その工法の選定フローを図4.7.2に示す。

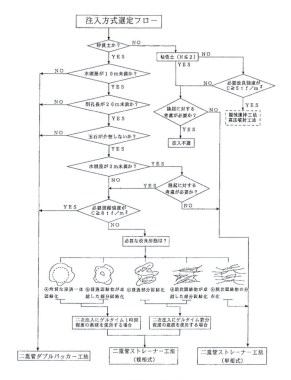

図4.7.2　二重管方式の選定フロー

1 単管ロッド工法

　単管ロッド工法はかつて薬液注入工法として施工されていたが，現在では空洞充填注入などに利用される程度で，地盤への注入としては利用されていない。これは，ボーリングロッドをそのまま注入管として使用する工法である。
　注入材吐出孔周囲の閉塞が出来ないことにより，注入管周囲から口元への注入材の噴出や，計画注入範囲外への注入材の逸走が生じ，確実な改良が困難

なことによる。暫定指針が通達されるきっかけとなった現場にて用いられていたのもこの工法である。従って、厳密には薬液注入工法には入らない。

単管ロッド工法の問題点は、以下のことがあげられる。

- 削孔管と地山との隙間から地山への噴出
- 地盤中の亀裂や層境等の脆弱な部分への逸走
- 注入自体の性質が上記の欠点を補った時代、すなわちアクリルアミドやウレタン等の高分子系材料が使用可能な時代には、この工法にて対処可能な場合も多かった。
- 水ガラス系材料では、1液系統（単管方式）で地上への噴出や改良範囲外への逸走を防ぎながら施工が可能な性質を持った材料を開発できず、「暫定指針」以降は使用する機会が減少している。

2 単管ストレーナ注入工法

注入管に直径5mm程度の孔を多数あけ、薬液がこの孔から地盤中に水平方向に圧力注入する。この方法は、ロッド注入の先端からのみ圧力注入する方法に比較して、水平方向に均等に浸透しやすい。薬液の吐出面積がロッド注入に比べてはるかに大きく、注入圧は小さい。施工は、ストレーナ管内に砂等のシール材を充填し、まず最上部を注入し、それが終了すると次に施工する部分のシール材を洗浄除去する。これを繰り返し注入する。この方法は煩雑で経済性・施工性に欠けるため、現在では使用機会がほとんどない。

■ ジオパーマ工法

ジオパーマ工法は、ストレーナ注入工法である。単管ストレーナと異なりストレーナ管と注入用内管の二重構造を使用することで、注入材吐出箇所にパッカー効果を発揮する。注入はステップダウンにて行い、使用材料はゲル化時間の短い瞬結性注入材及びゲル化時間の長い緩結性注入材を用いる。

3 二重管ストレーナ工法（単相式）

二重管ロッド注入ともいう。二重管ロッドを用いる工法の総称である。二重管ストレーナ工法（単相式）は、二重管内に二種類の材料を別々に送液し、先端で合流させ、ゲル化時間が数秒単位の薬液を使用することで単管ロッド工法の問題点を解決した工法である。しかし、使用材料の性質から浸透性が低く、良好な止水効果は得にくい。

LAG工法、DDS工法、MT工法がある。図4.7.3に施工要領を示す。

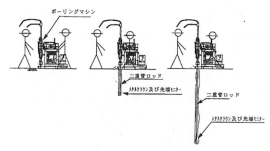

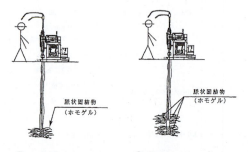

図4.7.3 二重管ストレーナ工法（単相式）の施工要領

■ LAG工法

LAG工法（LimitedAreaGroutingMethod）は、二重管ストレーナ工法（単相式）の一種である。ゲル化時間の短い瞬結性注入材を用い、二重管ロッドでの先端部に特殊装置をセットすることで、非常に短いゲルタイムの薬液も使用可能である。

■ JAMPS（ジャンプス）工法

JAMPS工法は、ジェット併用の混合処理工法施工機械を用いて、鉛直固化壁と水平固化盤を組合せて構築し、液状化が懸念される地盤を改良体で閉鎖することにより液状化抑制を図り、また、粘土層まで改良体を造成することにより粘性土地盤の圧密沈下を抑制するものである。また、本工法に用いる施工機械は、改良体の一体化や品質の向上を図るため

に，機械式撹拌（中央部）と噴射式撹拌（外周部）を複合した2軸タイプのものを使用し，噴射方式は，上下2段のノズルから噴射されたジェットが交差する超高圧交差噴流方式である。

■ DDS工法

DDS工法（Doubl-tubeDrilling andSeepage）は，二重管ストレーナ工法（単相式）の一種である。A, B両液を二重管ロッド先端のミキシングチャンバで，二液を混合して地盤に圧入する。ゲル化時間の短い瞬結性注入材を使用する。

■ MT工法

MT工法は，二重管ストレーナ工法（単相式）の一種である。A, B両液を二重管ロッド先端のミキシングチャンバで，二液を混合して地盤に圧入する。ゲル化時間の短い瞬結性注入材を用いるが，ゲル化の長い薬液を併用できる。

■ パーコインジェクション工法

パーコインジェクション工法は，二重管ストレーナ工法（単相式）の一種である。注入ロッドの先端に無水ボーリング用の特殊掘削刃を装着した装置を取り付け下降式に注入する工法で，瞬結性懸濁型薬液の注入が可能である。

4 二重管ストレーナ工法（複相式）

二重管ロッド複合注入工法ともいう。二重管ロッド（または三重管）を用いて，複合注入を行う工法の総称である。二重管ストレーナ工法（複相式）は，二重管ストレーナ工法（単相式）が浸透性に欠けることから，ゲル化時間の短い薬液と同工程にてゲル化時間の長い浸透性の薬液を注入することにより，地盤への良好な浸透性を確保した工法である。外管内管に分けて瞬結性注入材を2ショット方式で，浸透性注入材を1または1.5ショットあるいは2ショット方式と組み合わせて二重の複合注入を行う。薬液注入工法の中で，もっとも使用頻度が高い工法である。薬液の混合装置や注入パターン等で各種の工法が開発されており，マルチライザー，ユニパック等の工法がある。

図4.7.4に二重管ストレーナ工法（複相式）の施工要領図を示す。

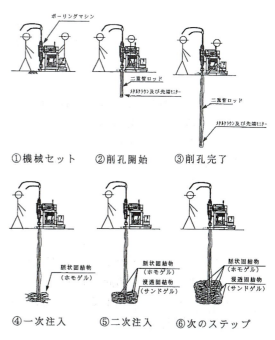

図4.7.4 二重管ストレーナ工法（複相式）の施工要領

■ マルチライザー工法

マルチライザー工法は二重管ストレーナ工法（複相式）の一種で，二重管ロッド及び特殊先端装置を使用することにより瞬結性注入材と浸透性注入材を同一工程で注入することを可能とし，粘性土から砂質土までのあらゆる土層構成に対し合理的な注入改良が行える工法である。

施工は，二重管ロッドで削孔し，あわせて注入も行うため非常に簡便で，またロッド周辺からの注入材の逸出は瞬結性注入材により防止されるため，ゲル化時間の長い浸透性注入材を使用した場合でも確実に所定の場所に浸透注入を行うことが可能である。特に粘性土，砂，互層における均質な地盤改良として有効である。

■ ユニパック工法

ユニパック工法は，二重管ストレーナ工法（複相式）の一種である。特殊先端装置を装着した二重管ロッドを使用して，瞬結性注入材と長いゲル化時間の浸透性注入材を簡単な切替操作によって交互にあるいは重ね合わせて注入するものである。その結果，従来の工法では不可能であった削孔ロッドによる異種注入材の複合注入を可能にした。

特殊な先端モニターから最初に注入する一次注入の瞬結材は削孔時に生じた注入管周りの空隙にパッカーを形成し，注入対象地盤内の間隙を充填し，拘束地盤を形成するために前処理された地盤に対して，二次注入の浸透性材料を注入することにより均質な浸透固結体を形成する。

■ SGR工法

SGR工法（SpaceGroutingRocketSystem）は，二重管ストレーナ工法（複相式）の一種である。特殊先端装置と三槽式撹拌装置をシステムに組み込み，ゲルタイムの異なるグラウトを連続的に複合注入する。ゲルタイムは通常瞬結性6〜10秒，緩結性では60〜90秒が標準である。

■ カーボロック工法

カーボロック工法は，二重管ストレーナ工法（複相式）の一種である。主剤の水ガラスに反応材として炭酸ガスを用いる工法である。一定量のガスを送るカーボコントローラーと特殊先端装置により炭酸ガスの使用が可能である。瞬結性注入材・緩結性注入材とし，二重管ロッドで削孔・注入する。

■ タダン工法

タダン工法は，二重管ストレーナ工法（複相式）の一種である。通常は瞬結注入材と緩結性注入材を交互に注入するのに対し，専用モニターを用い噴出口複数とすることで同材料を連続的に注入する。SAS工法とシンクロライザー工法が合併してできた工法である。

■ MT-PRG工法

MT-PRG工法は，二重管ストレーナ工法（複相式）の一種である。二重管ロッドの先端に特殊装置を取り付け，瞬結性注入材と緩結性注入材を交互に注入する工法である。薬液は懸濁型，溶液型の両方の使用が可能である。

■ レシプロ工法

レシプロ工法（ReciprocalActionMethod）は，二重管ストレーナ工法（複相式）の一種である。瞬結性注入材と緩結性注入材を用い，二重管ロッドで削孔・注入する。

■ CGS工法

CGS工法は，二重管ストレーナ工法（複相式）の一種であるが，他工法とは異なり三重管を使用する。三重管の先端にメカニカルパッカーとマルチスリーブを使用する。瞬結性注入材と緩結性注入材を用い，三重管ロッドで削孔・注入する。

■ DCC工法

DCC工法（Doub1eControlConsolidation）は，二重管ストレーナ工法（複相式）の一種である。

■ バイモード工法

バイモード工法は，二重管ストレーナ工法（複相式）の一種で，特殊な先端装置で瞬結性薬液と緩結性薬液を交互に注入するものである。

一般に，注入した薬液は注入管（ロッド）の周囲の隙間から地表に流失する傾向にある。瞬結性薬液はこの欠点を防止する目的で開発された。しかし一方で，薬液は緩結性の方が土粒子間隙への浸透性に優れる。そこでバイモード工法は，瞬結性の薬液と緩結性の薬液を併用して交互に使用することで，ロッド周囲からの逸失を防止しながら，緩結性薬液を浸透注入させることに成功した工法である。この工法の出現によって二重管ストレーナ工法の信頼性が大きく高まった。

■ 岩水グラウト工法

岩水グラウト工法は，珪酸ソーダにメラニン樹脂を混合した薬液と，ミクロセメントや早強セメントなどのセメントとの反応による材料を用いる工法である。使用材料は懸濁型であり，注入方式は単管ロッド，二重管ストレーナ工法（単相式），同（複相式）に該当する。

ため池等の土堤の漏水・止水対策を主として昭和42年（1967年）より多くの実績がある。

■ アーチモール工法

アーチ・モール工法は，液状化が想定される砂地盤中に通水性に優れたドレーン管を水平方向に所定の間隔で設置して，液状化時の過剰間隙水圧を速やかに消散させ，液状化防止を図る工法です。特殊なボーリングマシーンを使用することで，大型の石油タンクなどの既設構造物に対し，施設を供用したまま液状化対策を実施することができます。ドレーン管は，

透水性が高く長期間の使用に際しても目詰まりしにくい構造の耐久性に優れたドレーン材を内管とし，敷設時のドレーン材を防護するための有孔管を外管として併用する二重管構造としています。ドレーン管の敷設には，水平及び曲線掘削に豊富な実績を有する誘導式水平ドリル機械を用います。

5 二重管ダブルパッカー工法

二重管ダブルパッカー工法は，外管と内管よりなる二重の注入管を用いる工法の総称である。外管は一般に樹脂製のものを用い，地盤に削孔設置したのち，先端にダブルパッカーを装着した内管を外管の所定の位置に挿入し，管外で混合した注入材（一般に一液）を圧送注入する。注入材としてはCB等の荒詰め材と浸透性（溶液型緩結など）の材料が併用される。工法としては，ソレタンシュ工法，スリーブ注入工法などがある。

図4.7.5に二重管ダブルパッカー工法の施工要領図を示す。

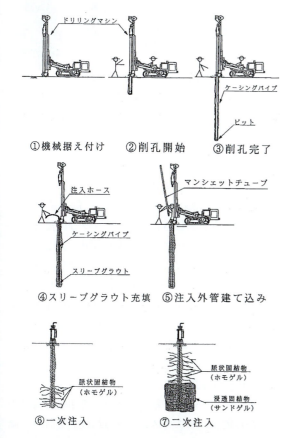

図4.7.5 二重管ダブルパッカ工法の施工要領

■ ソレタンシュ注入工法

ソレタンシュ工法（Tube a Manchette）は，注入方式分類では二重管ダブルパッカー工法に属する。注入材の逸走を防ぐため，注入外管としてマンシェットチューブを使用し，スリーブグラウトによりマンシェットチューブ回りを充填する。その後，ダブルパッカーを装着したグラウト送液用の注入内管により，一次注入としてセメントベントナイト液で空隙，水みちの充填を行い，二次注入に高浸透性の注入材（SL，RSG，シラクソル，etc）を使用することにより，低吐出・低粘性で任意の箇所へ計画的に浸透させる確実な注入を行う。

■ スリーブ注入工法

スリーブ注入工法は二重管ダブルパッカー工法の一種である。注入外管としてストレーナ孔に逆流防止用の2枚のゴムスリーブを用いたスリーブバルブが一定間隔に付いたスリーブパイプを注入孔に設置し，注入外管と地山との間隙をシールグラウトにて充填し注入材の地表へのリークを防止した後，この注入外管に注入管（内管）を挿入し先端のダブルパッカーをバルブ部に合わせ設置し注入を行う。注入内管は目的や注入環境に応じてホース式やロッド式の選択ができる。注入材は内管を通じて先端の吐出孔から，先端に装着されたダブルパッカーの効果により限定されたストレーナ孔のみから地盤中に注入される。

■ ダブルストレーナ注入工法

ダブルストレーナ工法は，注入方式分類では二重管ダブルパッカー工法に属する。従来のストレーナ注入工法を改良したものである。ストレーナ管を外管とし，ダブルパッカー付の注入管を内管とする。あらかじめ注入外管を埋設しておき，その中に注入内管を挿入し任意の注入深度を1ヶ所づつ注入する方式で，同じ場所を時を変えて，あるいは注入材を変えて注入できる。

■ マルチパッカ工法

マルチパッカ工法は，二重管とエアーで作動する複数のパッカーからなるマルチパッカ内管とマルチスリーブ外管を用いた工法で，瞬結・緩結・単独注入・複合注入・複段同時注入が可能である自在型の複合注入である。

二重管にA液とB液を別経路で圧送する。瞬結注入ではマルチスリーブ外管の外でA液とB液を混合させ，中結・緩結注入ではマルチスリーブ外管の内部でA液とB液を混合させることで，瞬結・長結どちらにも対応できる。

A液とB液を混合した薬液を管内に圧送することも可能で，一次注入と二次注入を同時に行うことや2ステージの注入を同時に行い，施工能力の向上ならびに工期の短縮化が期待できる。

■ エキスパッカ工法

エキスパッカ工法は，袋体と吐出口を有する注入外管を設置し，袋体を膨張させて地盤に定着することで，低圧で大容量（20～30ℓ/min）の薬液注入ができる。注入孔間隔を広げ，少ない削孔本数で広範囲の地盤改良ができるため，施工時間の短縮につながる。液状化防止あるいは底盤注入に適している。

■ 3次元浸透注入工法（3D工法）

現在の薬液注入工法は，注入孔ごとに順次注入を行うのが一般的である。3D工法は，8ユニットを1セットとした多連注入ポンプとそれを一括管理するシステムを導入し，多数の吐出口から同時に注入することを可能にした工法である。急速施工による工期の短縮ならびに一括管理システムによる品質の安定が大きな特徴である。

3D工法には，3次元エキスパッカ工法，3次元マルチパッカ工法，3次元ダブルパッカ工法の3工法があり，それぞれエキスパッカ工法，マルチパッカ工法，ダブルパッカ工法に3D工法の特徴を組合わせている。

6 その他工法

二重管ストレーナ工法や二重管ダブルパッカー工法が一般に用いられるようになり久しい。現在では，既設シールド内での狭隘施工や既設構造物直下への液状化対策として新しい注入工法が施工されている。前者としては低圧浸透注入工法，後者としては浸透固化処理工法が挙げられる。これらの施工方法を，図4.7.6に低圧浸透注入工法，図4.7.7には浸透固化処理工法を示す。

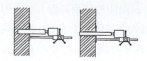
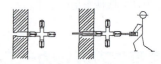
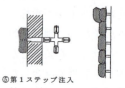

図4.7.6　低圧浸透注入工法

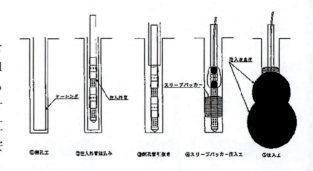

図4.7.7　浸透固化処理工法

■ 低圧浸透注入工法（インナー注入工法）

低圧浸透注入工法（インナー注入工法）は，通常は口元にてガイド管を設置し，インナーロッドにて第2ステップ（50cm）削孔を行い，削孔終了後インナーロッドを引抜き，第1ステップ分の浸透注入を行う。第1ステップの注入が終了後，第2ステップの削孔・注入に移行し，最終ステップまで繰り返す。小規模なインナー削孔機を使用するため狭隘な箇所にても施工可能であり，浸透性の高い注入材を使用することで良好な止水効果が得られる。混合方式は1ショットである。

■ ステージ注入工法

本工法は，中結～緩結性グラウトを用いて構築の手前から奥へ，漸次各ステージ毎に注入を行う下降注入方式による低圧浸透注入工法である。軽量小型

の削孔機やツールスを用いることから，狭隘箇所での作業が可能で，砂質土および砂層を介在する複雑な地盤などに対して効果的に注入を行うことができる。

■ マックスパーム注入工法

マックスパーム注入工法は，薬液注入区間上下に特殊なスリーブパッカーを形成し，吐出口と地山との浸透面積を大きくして，大きな注入速度で注入し，大型改良体を形成する注入工法である。主に地盤強化の目的で利用される。

混合方式は1ショットである。従来工法（二重管ダブルパッカー）に比べて工期・工費が低減可能である。浸透固化処理工法の施工方法として用いられる。

■ 超多点注入工法

並列配置された多数（30～60ユニット）のポンプそれぞれより径数ミリの注入用細管（超多点DP工法では注入内管）を経て地盤内の任意の場所へ同時注入可能な超多点同時注入装置があり，注入材料としては浸透性および耐久性に優れた溶液型の恒久グラウト材料を使用する薬液注入工法である。低圧・低吐出で浸透注入するため地盤変位等の周辺への影響がほとんど無く，多点同時注入のため作業効率が向上する。また，改良体の液状化強度も大きいため，液状化対策に適した技術である。

■ 恒久グラウト工法

従来からある水ガラス系注入材料に比べて恒久性の高い薬液注入材を用いる工法の総称である。使用材料としては溶液型のパーマロックシリーズと懸濁型のハイブリッドシリカシリーズがある。注入工法としては，ダブルパッカ工法や二重管ストレーナ工法の他に，大容量の注入が可能なエキスパッカ工法，多数の吐出口から同時に注入することを可能にした三次元浸透注入工法（3D工法）や超多点注入法がある。

これら技術は恒久グラウト・本設注入協会で管理しており，今後本設注入分野への適用を進めている。

■ MCグラウト工法

注入材料として超微粒子セメントを用いる工法である。薬液注入工法の範疇からは外れ，セメント系注入工法にあたる。岩盤のクラックなどに対して，従来の普通ポルトランドセメントに比して比表面積が大きな微粒子セメントを用いることで，より細かなクラックへの充填が可能である。注入方式は単管または二重管ダブルパッカーを用いる。

■ パッカー工法

比較的深い注入や，局部的な注入の場合に薬液の逆流を防止するために削孔壁と注入管の間をふさぐ方法の総称である。パッカーには，ゴムパッカー（メカニカルパッカーまたはエキスパンションパッカー），わん革パッカー（カップレザーパッカー）やエアーパッカーがある。

■ シールグラウト工法

主体の薬液注入に先立って，薬液が侵入したり逆流しやすい間隙，亀裂などを密閉することを目的に注入する補助注入工法である。注入材はセメントベントナイトが一般に使用されるが，地下水の流れがある場合，ゲル化時間の短い懸濁型薬液が使用される。

■ DPD工法

本工法は，砂礫地盤や風化岩などの硬い地盤を対象に，二重管による薬液注入を効率良く，かつ精度良く行うことができる打撃式二重管注入工法である。回転打撃による削孔後，直ちに二重管による薬液注入を行うことができる。

■ 動的グラウチング工法

本工法は，従来の注入システムに脈動を発生させる小型・軽量のグラウトパルサーを付加した動的グラウチングシステムを使用する。基礎処理や岩盤空洞の止水工事において，グラウト注入時に注入圧力を脈動させることにより次の効果が得られ，グラウト工事の品質向上・コスト縮減が可能となる。

・改良品質の向上：亀裂中での目詰まりが抑制できセメントやベントナイトなどの注入材料をより多く空隙に充填できる。
・施工効率の向上：注入効率（単位時間当たりのセメント注入量）が増し，併せてより広範囲へ注入できる。

■ 浸透固化処理工法

浸透固化処理工法は，液状化が予想される砂質地盤に対して，溶液型の恒久薬液を低圧力で浸透注入することにより地盤を低強度固化し，液状化を防止

する地盤改良工法である。粘性の小さい薬液を地盤の土粒子構造を変えることなく低圧浸透させるため、既設構造物にほとんど影響を与えず、施設を供用しながら液状化対策が施工できる。また斜削孔や曲がり削孔を利用することにより、構造物直下の液状化対策も可能である。

注入ステップ

注入ステップには上昇式（図4.7.8）と下降式（図4.7.9）がある。

■ 上昇式注入工法（ステップアップ）

上昇式は地中の下部から上部へ移動して注入する。ロッド工法の場合、所定の深度まで削孔し、注入する。次のステップまでロッドを引き上げ注入を繰り返す。単管ストレーナ注入には向かないが、二重管ストレーナ、二重管ダブルパッカー工法に最適である。

■ 下降式注入工法（ステップダウン）

下降式は注入ステップを地中の上部から下部へ移動しながら注入する。ロッド工法の場合、所定の深度まで削孔し、注入する。次のステップまでロッド削孔し、引き下げて注入する。これを繰り返す。二重管ストレーナ、二重管ダブルパッカー工法では、あらかじめ注入管が設置してあるのでこの工法に最適である。

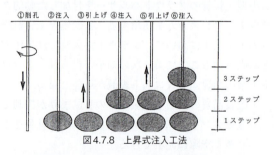

図4.7.8　上昇式注入工法

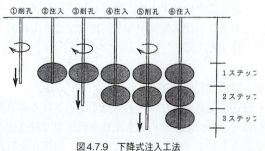

図4.7.9　下降式注入工法

混合方式別工法

混合方式とは、各注入工式に用いられる手法で、薬液製造装置にて製造された材料を、注入ホース及び注入管を用いて地盤中に注入するまでの送液方式を意味する。水ガラス系注入材の場合、殆どの材料が1.5ショットまたは2ショットを用いており、送液時に管内での混合を伴うことから混合方式との名称となっている。図4.7.10には混合方式を模式的に示した。

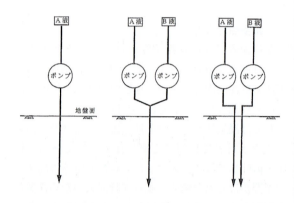

図4.7.10　混合方式の模式図

1.0ショット方式（1液1系統式注入工法）

1.0ショット方式はプラントで作液された1種類の材料を1経路で送液注入する方式である。材料品質が一定に安定することを考えた場合、もっとも良い注入方式である。ただし、注入材送液時間などの施工上の条件より、セメント系やゲル化時間の長い緩縮性注入材かゲル化時間を有さない材料にのみ施工可能な方法である。液状化防止対策などの本設施工の場合や、高い耐久性が必要な場合には、1.0ショット方式を用いる。

1.5ショット方式（2液1系統式注入工法）

1.5ショット方式は別々のプラントで作液された2種類の材料を経路途中で一つの経路に合流する方式である。注入管内での混合を行う必要のある材料に用いられる。しかし、材料品質のばらつきが生じや

すく，品質の安定性面で1.0ショット方式に劣ることとなる。比較的ゲルタイムの短い薬液に用いられ操作が簡単なため，最も多く用いられている。液状化防止対策などの本設施工の場合や，高い耐久性が必要な場合には，出来るだけ避けるべき手法である。

2.0ショット方式（2液2系統式注入工法）

2.0ショット方式は別々のプラントで作液された2種類の材料を二つの経路にて送液し，地盤内で合流しゲル化させる方式である。瞬結性注入材のようにゲル化時間が数秒の材料は，反応前の状態で送液し，注入直前に反応させるほか手だてが無く，実際の施工でも地盤への注入材吐出孔直前で混合する。瞬結性注入材料を注入するために用いられる方式である。注入管先端での混合を行うため，1.5ショット方式と同様に材料品質のばらつきが生じやすく，品質の安定性面で1.0ショット方式に劣ることとなる。急速止水等に用いられる。また表4.7.1には注入方式と混合方式・ゲルタイムの関係を示した。

表4.7.1　注入方式と混合・ゲルタイムの関係

注入方法	混合方式	ゲルタイム
二重管ストレーナー工法（単相式）	2ショット	数秒〜十数秒
二重管ストレーナー工法（複相式）	一次：2ショット 二次：1ショット 1.5ショット	一次：数秒〜十数秒 二次：十数分〜数十分
二重管ダブルパッカー工法	一次：1ショット 二次：1ショット	一次：十数分以上 二次：十数分以上

注入形態別工法

注入形態とは，注入材が地盤中に注入された際に土中に注入材が入っていく状態をさす。薬液注入工法の対象となる未固結の堆積地盤では割裂注入（flacturing）と浸透注入（permeation）の2形態に大別される。このほかに，地層中にある層境に沿って注入される場合を境界注入，空洞部への注入を充填注入と呼ぶがこれら二つの形態は薬液注入工法においては特殊な形態である。

図4.7.11には薬液注入による改良形態を模式的に示した。

(a) 脈状固結物の分布化　(b) 脈状固結が卓越した部分固化　(c) 浸透固結物が卓越した部分固化　(d) 均質な一体固化

図4.7.11　改良形態

薬液注入工法の効果が発揮されるのは，主として砂や砂礫の間隙に対する浸透一体固化が得られる場合であり，設計・計画時に重要となるのはどのような材料，施工法などを選択することによって浸透が可能であるかである。浸透可能か否かを判断する上で，割裂注入と浸透注入の2つの形態への理解が重要である。図4.7.12には浸透と割裂の注入形態モデルを示す。また表4.7.2には，注入形態発生の目安を示す。

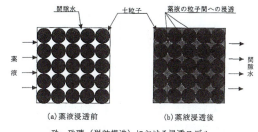
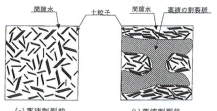

図4.7.12　注入形態（浸透・割裂）のモデル

表4.7.2 注入材の分類方式

条件		注入形態	脈状形態 ―――――――― 浸透形態
	土質		粘性土 ―――――――― 砂質土・礫質土
材料	液態		懸濁液 ―――――――― 溶液
	ゲルタイム		短い（瞬結）―――――― 長い（緩結）
	工法		二重管（単相）―――― 二重管（複相） 二重管ダブルパッカー
	注入速度		速い ―――――――― ゆっくり
粗粒土	粒径		小さい ―――――――― 大きい
	相対密度		密な ―――――――― ゆるい

浸透注入形態

浸透注入形態とは，注入材で地山の土粒子の配列を変えることなく，粒子間の間隙に入って固結し，止水性と強度（特に粘着力）を高める注入形態をいう。砂質土や礫質土に対し，溶液型でゲル化時間の長い緩結性注入材を用いた場合に得られる形態である。薬液注入の施工において，砂質土や礫質土の止水目的に必要となるのがこの形態である。この浸透注入形態により，土の固結塊ができる。

割裂注入形態（脈状注入形態）

割裂注入工法とは，注入圧により地盤が割裂し，その地盤中に注入材が入り割裂脈を形成し，注入材が割裂脈と共に地盤中に伸びて行く注入形態をいう。この形態は，注入材料の浸透が困難な粘性土において顕著である。また，砂質土や礫質土が対象の注入であっても，浸透性の低いセメントなどの懸濁型注入材やゲル化時間の短い瞬結注入材を用いることにより生ずる。

充填注入形態

充填注入形態は，既設の樋門・樋管周りやトンネル周囲等の空洞に対して，エアモルタルやCBモルタルなどを充填する際の注入形態をいう。一般に空洞充填とよばれるものがこれにあたる。薬液注入の範疇から外れるものである。かつては戦時中の防空壕への充填，最近では使用しなくなった埋設管への充填などにも用いられる。

境界注入形態（層境注入）

境界注入形態とは，地盤中に注入された注入材が水平に堆積した相異なる二種類の土層境界に注入され，板状の安定物をつくるような形態をいう。セメントなどの浸透性の低い材料を用いた場合に生じやすいが，注入方式の進歩に伴い，現在この現象を生じることなく注入可能となっている。

注入材料別工法

薬液注入工法に使用する注入材料としては，セメントと薬液が使用されている。薬液としては水ガラス系のものと高分子系のものがあるが，暫定指針以降水ガラスを主剤とし劇物またはフッ素化合物を含まないものに限り現場での使用が可能である。

水ガラス系注入材の区分は①液態，②pH，③反応剤，④ゲル化時間の4つに分けられる。①及び④は土質条件等に合わせた改良効果の面からの区分，②及び③は『暫定指針』からの環境への影響に対する項目と分けて考えるのが比較的わかりやすい。図4.7.13に注入材料分類図を示す。

① 液態は，地盤に対する改良効果が異なることや工法の施工手法により使い分けるための分類である。溶液型と懸濁型に分けられる。溶液型とは透明で懸濁粒子を含まない材料，懸濁型とはセメントなどの懸濁粒子を含む材料をさす。

② pHは，公共用水域への排水に対する基準により，pH=5.8～8.6間であるよう定められている。地下水のpHを監視する上で，pHの変化が薬液によるものか否かなどの管理上の必要から挙げられている。

③ 成分は，有機系材料は地下水中の微生物の餌となることによる。有機物が地盤中に注入されると，最初に好気性微生物の活動が活発となり，地下水中の溶存酸素が減少する。溶存酸素の減少に従い好気性微生物が死滅し，嫌気性微生物の活動が活発となる。嫌気性微生物の活動に伴いメタンガス等の発生を生じる可能性がある。無機系材料では，その性質からこの様な現象は生じない。暫定指針では有機系材料の場合には，地下水の過マンガン酸カリ消費量を測定することとしている。

④ ゲルタイムは，①液態と同様に地盤に対する改良効果が異なることや工法の施工手法により使い分けることから分類される。図4.7.14に注入材料選定フローを示す。

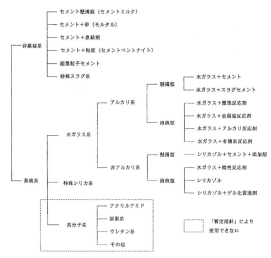

図4.7.13 注入材料分類

懸濁型注入材

注入材は，セメント，ベントナイトやスラグなどの懸濁粒子を含んだ注入材の総称である。粘性土への注入形態は割裂注入形態にならざるを得ず，地盤中にて注入材単体での強度が大きい材料が求められる。このような場合には，セメント粒子やスラグなどを主材料とした懸濁型注入材を用いることが多い。懸濁型注入材は，水ガラスを主剤とする溶液型に比べてホモゲル（単体）での強度が高い。しかし，砂質土や礫質土への浸透性は低いため，これらの土質への均一な浸透一体が必要となる止水改良には適合できない。

尚，水ガラス系に比べて浸透性は低下するが，従来のセメント材料に比べて浸透性を高めたものとして，スラグ等を主成分とした超微粒子系材料が挙げられる。

■ セメント注入

セメント注入は，セメントに水を加えセメントミルクを造り，これをある圧力を加えて地盤に注入する。ダムの基礎処理など岩盤の亀裂を対象として用いられ，一般にステージグラウチングとよばれる。薬液注入の範疇からは外れる。セメント注入の最大の応用面はダムやトンネル工事における岩盤間隙を充填し，漏水や湧水を防止すると同時に岩盤の強化も行われる。岩盤への注入では最初は水セメント比の5～10程度の大きなものを注入し，序々に濃度

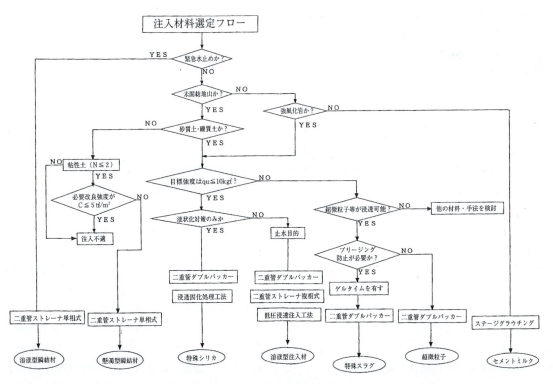

図4.7.14 注入材料選定フロー

を上げてゆく。大きな亀裂には水セメント比の1程度のものを注入する。注入圧力は2kgf/cm²〜150kgf/cm²の範囲である。

特殊なセメント系としてアロフィックスがある。アロフィックスは超微粒子セメントの一つである。普通ポルトランドセメントのJISでのブレーン値が規格値2500cm²/gr，市販品で3300cm²/gr程度であるのに対し，6000〜8000cm²/gr程度に高めた材料である。従来のセメントでは注入が困難であった微細なクラックへの充填が可能である。しかし，水ガラス系溶液型材料や特殊スラグ系材料に比べると浸透性が低く，砂や砂礫への浸透注入は困難である。

■ ベントナイト注入

ベントナイト懸濁液を使用して地盤を処理する。かつてはベントナイト液単独で用いられることもあったが，現在ではセメントと一緒に用いる。空洞充填工事に多用される。また薬液注入工法では，注入方式が二重管ダブルパッカーの場合に一次注入として空隙の大きな箇所にベントナイトを注入し，二次注入には浸透性のよい溶液型の注入材と併用する。

■ 特殊スラグ系注入材

特殊スラグ系注入材は，超微粒子の特殊スラグを用いる材料である。砂質土や礫質土への注入においては，水ガラスを用いた溶液型注入材は高い浸透性が得られるが強度が低く，超微粒子セメントにおいては高強度だが浸透性が得られない。特殊スラグ系注入材は，懸濁粒子を微細なものとし浸透性を高め，同時にセメント系材料と同等以上の固結強度が得られるよう改良した材料である。水ガラス系注入材に比べると浸透性が低いが，超微粒子セメントでは対処不可能な地盤へ浸透が可能となり，ゲル化時間を有することからブリージングが非常に少ない。また，スラグを主成分とすることにより海水等への耐性が増す。

■ シラクソル

シラクソルは，特殊スラグ系注入材料である。通常の超微粒子セメントに比べ更に微細な懸濁粒子を使用することで，浸透性を高めた材料である。永久目的に使用され，混合方式は1ショットである。分類は，懸濁型アルカリ性無機系緩結である。

■ ハイブリッドシリカ

ハイブリッドシリカは無機系・懸濁型注入材に分類されるもので，超微粒子カルシウムシリケートと溶液型シリカからなる複合カルシウムシリケートのグラウトである。

平均粒径4μmの超微粒子系シリカはセメントよりも微細で浸透性に優れ，超微粒子複合シリカの水和反応による結晶構造を形成し恒久性に優れている。さらに，ゲル化調整剤により瞬結と緩結のどちらにも対応でき，恒久性を必要とする護岸の補強，構造物基礎の耐震補強，液状化防止を目的とする地盤強化等に適用されている。

なお，本技術は平成14年度に地盤工学会技術開発賞「恒久グラウトと注入技術」として表彰され，施工実績は500件以上ある。

■ ジオパックグラウト

複合注入工法は，懸濁型の一次注入と溶液型グラウトの二次注入により，強化と止水を同時に満たす地盤改良工法である。ジオパックグラウトは複合注入工法の一次注入材として開発したもので，無機系の懸濁型注入材に分類され，以下の特徴がある。

①低アルカリでカルシウムシリケートを主成分とし，溶液型グラウトとの併用性に優れており，特に恒久グラウトのパーマロック注入の一次注入材として用いられている。②強度発現が早く，二次注入までに期間を要しない。③通常の注入圧で割裂しシール材として機能を果たすため，二次注入を高圧にする必要がない。

溶液型注入材（水ガラス系）

溶液型注入材は水ガラスを主成分とし，セメントやスラグなどの懸濁粒子を含まない注入材の総称である。砂質土・礫質土地盤の間隙に対して浸透を重視した材料であることから，粘性が低い。

現在一般に薬液注入工事で用いられる材料の大半が，溶液型注入材である。ゲル化時間（固結時間）の長い材料ほど高い浸透性が得られる。しかし，懸濁型注入材に比べると強度が低い。

また，溶液型注入材料には長期的な効果の持続は期待できないとして，短期仮設目的での使用が主であったが，最近では無機中性・酸性系の材料のシリカゾルグラウトにおいて，施工17年後の調査結果

から耐久性の確認が行われるなど長期的な効果が得られる材料がみられ，液状化対策工事などの永久目的に使用されてきている。

■ 水ガラス系懸濁型

薬液注入工法は，主要材料として水ガラス（珪酸ナトリウム（Na_2O・懸濁・H_2O））を使用する。水ガラス自体は，二酸化珪素（SiO_2）と酸化ナトリウムの混合物であり，酸またはアルカリと反応させると，二酸化ケイ素（SiO_2）が析出し，いわゆる固化した状態になる。

水ガラスは水に溶解する，溶液タイプであるが，反応させる材料にセメントなどを使用するとセメントは懸濁液（水に不溶解）である。

このように薬液の反応材に使用される材料によって，非溶解性の薬液を水ガラス系懸濁型という。懸濁型は懸濁粒子を持つため，地盤の土粒子間隙を通過できない場合が生じるので，微細な間隙への浸透性に劣る。一方，セメントを使用するため，固結強度がやや高くなる。

■ LW

LW（Labiles Wasserglas）はドイツ語の不安定化した水ガラスの略である。青函トンネル工事施工当時，国鉄の樋口技師の考案による。水ガラスは（珪酸ナトリウム）は珪素とナトリウムの混合物であり，ナトリウムイオンが存在することで，珪素（Si）と酸素（O）の結合が阻害され十分固結した二酸化珪素（SiO_2）が得にくい。それが不安定化した水ガラスといわれるゆえんである。

当時の湧水に対する注入材料としては，ゲルタイムを調整できるという理由により，かなり重宝された注入材料である。しかし，今日ではゲルタイムが瞬結にできないうえ，耐久性にも疑問視されている。そのため，空洞の充填等の限定された範囲にしか使用されなくなった。

■ クリーンファーム

水ガラスを酸性液材で処理した酸性シリカゾルにスラグ系セメント懸濁液と可溶性アルカリ剤を使用し，両者を混合する。ゲル化時間は瞬時から数分である。混合方式は2.0ショット，分類は，懸濁型中性・酸性無機系で瞬結または中結である。

■ CG7

ベントナイト注入工法に使用されるが，一般にはセメントで固結させるが，この工法が，水ガラス中のアルカリを除去して中性液としてゲル化させる（pH5.8 ～ 8.5）。強度は弱いが浸透性，水密性に優れる。混合方式は1.0ショット，分類は，懸濁型中性・酸性無機系緩結である。

水ガラス・無機反応剤系

水ガラスに対する無機系反応剤として以下の様なものがある。

炭酸塩系（炭酸水素ナトリウム他），リン酸系，硫酸系，アルミン酸系，中性領域（シリカゾル）のようなものがある。

材料として，MI等の瞬結材と，シリカゾルグラウトのシリカライザー，ハードライザーやこの応用であるエコシリカ，パーマロック等がある。

■ アロンタフグラウト

アロンタフグラウトは，水ガラスに改良を加えたアルミノシリケートを主成分とする特殊水ガラスを使用した無機系注入剤である。アロンタフグラウトは，瞬結から40分までのゲルタイムが得られるため，二重管ストレーナー工法や二重管ダブルパッカー工法等幅広い注入工法に利用できる。また，アルミノシリケートの特徴である浸透性と長期安定性が優れる。分類は，溶液型アルカリ性無機系瞬結または緩結である。

■ クリーンロック

クリーンロックは水ガラス系注入材料で，溶液型無機中性酸性系にあたる。ゲルタイムの短い瞬結性注入材で，混合方式は2ショットである。シリカゾルグラウトの一つである。分類は溶液型中性・酸性無機系瞬結である。

■ シリカライザー

シリカライザーは水ガラス系注入材料で，溶液型無機中性酸性系にあたり，ゲルタイムの長い緩結性注入材である。一般にシリカゾルグラウトと称されるものの一種である。混合方式は1ショットで，浸透性・耐久性に優れる。分類は溶液型中性・酸性無機系緩結である。

ハードライザー

ハードライザーは水ガラス系注入材で，溶液型無機中性酸性系にあたる。水ガラスと酸性中和剤を混合し，水ガラスのアルカリを除去して得られたシリカゾルをほぼ中性領域でゲル化させる安全性の高いシリカゾルグラウトであり，ハードライザーとハードライザー・セブンの2種類ある。

それぞれに瞬結型と緩結型があり，瞬結型は圧密強化に優れ，緩結型は浸透固結効果に優れている。

ハードライザーには金属イオン封鎖剤が含まれており，コンクリート表面に不溶性の錯体からなるマスキングシリカによって強固な不溶性被膜層を形成し，コンクリートを保護する機能を有している。

エコシリカ

エコシリカは，シリカゾルグラウトに改良を加えた特殊シリカ系材料である。耐久性の向上を図り，永久目的での使用が可能で，液状化対策工事などに使用されている。混合方式は1ショットである。分類は溶液型無機中性・酸性無機系緩結である。

パーマロック

パーマロックは平均粒径10～20nmと水ガラスより大きな粒径となる活性シリカコロイドを用いた注入材であり，高濃度型のパーマロックATと中低濃度型のパーマロックASFシリーズがある。

ゲルの収縮はほとんどなく中長期的な強度に優れた恒久グラウトとして，恒久性が必要な本設注入に適用できるグラウトである。主に構造物・石油タンク等の基礎の液状化防止，港湾・護岸の基礎の補強と止水，トンネルシールド・地下構造物の地盤改良や耐震補強等に適用されている。

金属イオン封鎖剤を用いたマスキングシリカによるコンクリートの保護機能があるため，コンクリート直下または直近の液状化対策工に適用することができる。

炭酸水グラウト

高濃度炭酸水を安定剤として，特殊水ガラスの主剤と混合反応させ，所定のグラウトを得る。主剤および安定液は注入管先端部において合流し炭酸水の濃度でゲルタイムを調整する。混合方式は2ショット，分類は溶液型中性・酸性無機系瞬結または緩結である。

水ガラス・有機反応剤系

水ガラスに対する有機系反応剤としては，炭酸塩系（炭酸エチレン炭酸水素ナトリウム），リン酸系（リン酸，アジピン酸ジメチルスルフォキサイド），グリオキザール，多価アルコール，酢酸エステル系（エチレングリコールジアセテート，グリオキザール．トリアセチン），その他（酢酸，ポリエチレングリコール，脂肪酸エステル）GSG，CW，RSG，コンソリダー等がある。

GSG．CW，RSG，コンソリダー

有機反応剤としてエステル系のエチレングリコールジアセテートやシアルデヒド系のグリオキザールを用いる。瞬結から数十分までのゲル化時間のため，1.0ショット，1.5ショット，2ショットに用いられる。各施工業者で個別の名前をつけている。分類は溶液型アルカリ性有機系瞬結または緩結である。

高分子系注入材

水ガラスを主剤とする材料に比べて，浸透性や強度の優れた物がある。暫定指針以降は緊急時以外使用できない。高分子系としてはクロムリグニン系，尿素樹脂系，アクリルアミド系，ウレタン系などがある。薬液注入工法の分野ではないが，最近では山岳トンネルの切り羽安定工法（フォアポーリング）や先受け工法（トレビチューブ，AGF）などの固結材としてウレタン系材料やその応用のシリカレジンが用いられている。暫定指針発布当時に比べて，ウレタン系材料の安定性が高くなったことによる。

ウレタン系注入材

ウレタン系注入材は高分子系注入材の一つウレタン樹脂系材料であり，薬液注入工法では建設省「暫定指針」にて使用の制限を受ける材料である。ウレタン樹脂系の注入材は水と反応することによりゲル化し固結することを特徴とし，水との反応時に体積膨張して固結し，その際に炭酸ガスを発生する。暫定指針発布以前はアクリルアミド系材料とともに多く用いられていたが，現在では緊急時以外には用いることができない。山岳トンネル工事では，日本道路公団より「安全管理に関するガイドライン」（1992.10）が出されたこともあり，AGF等の先受け

工における固結充填材として用いられる場合もある。この系の薬剤としては，タックス，OHグラウトがある。

■ TACSS工法

TACSS工法はウレタン注入工法の一つである。混合方式は1ショットで，水と反応し膨張を伴いつつ固結する。水ガラス系に比べて単体での固結強度が高いが，暫定指針以降薬液注入としては使用を制限されている。

■ OH工法

OH工法はウレタン注入工法の一つである。混合方式は1ショットで，水と反応し膨張を伴いつつ固結する。水ガラス系に比べて単体での固結強度が高いが，暫定指針以降薬液注入としては使用を制限されている。

注入管理

薬液注入工事の管理としては，施工管理，環境保全への管理，安全管理が挙げられる。ここでは施工管理について記述する。

薬液注入工法の箇所でも述べた様に，昭和49年に建設省より出された「薬液注入工事による建設工事の施工に関する暫定指針」に従い注入材は水ガラス系とし，指針に述べられる管理を適切に行い施工する。

その後，平成2年に「薬液注入工事に係る施工管理等について」が建設省より出された。これは，各薬液注入工事現場において適正かつ効果のある注入が行われるよう出されたものである。項目としては，注入量の管理，注入圧の管理，効果の確認が挙げられるが，特に注入の管理では当初設計量が実際には不足な場合や過大な場合には適宜追加変更の処置を執るよう述べられている。また，それまでの仕様書や設計書上の明示方法を統一するため，薬液注入工事に係る条件明示事項が示されている。施工においてはこれら基準類に準拠するとともに，薬液注入協会発行資料などを参考に適切な管理を行う。

VIII 液状化対策工法

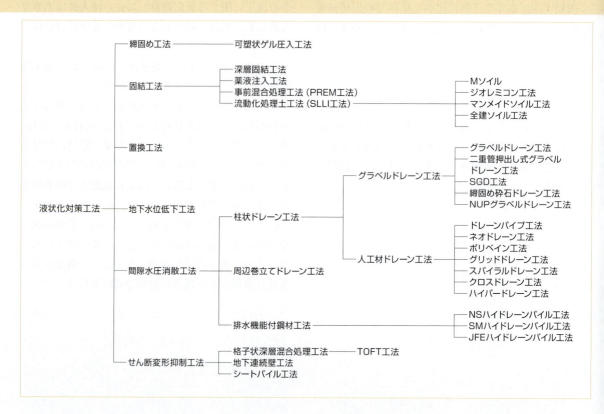

液状化とは，図4.8.1に示すように，地下水で飽和した緩い砂地盤に振動を加えると，砂粒子のかみ合いがはずれることにより間隙水の圧力が高まり，地盤のせん断強さを失って泥水状態になる現象である。

地盤の液状化によって地盤および構造物に発生する現象を以下に示す。

①噴砂・噴水：地盤内に発生した過剰間隙水圧は，圧力勾配にしたがって上向きの浸透流を生じ，ボイリングの結果，地表に土粒子を含む水を噴出する。

②地盤沈下：地盤内の間隙水の一部を噴出した結果，液状化層は圧縮され地表が沈下する。通常，一様な沈下をせず地表の構造物には不等沈下の影響を与える。

③地盤の水平方向の永久変位（側方流動）：地盤の液状化に伴い有効応力が失われ，地盤は液体と同じ挙動をするため非常に緩い地表勾配であっても斜面下方に向かって地表が水平変位する。このような現象が生じると，地盤内の杭や埋設管には大きな損傷が生じることがある。

④地盤揺動：地盤内の液状化層の側方および下方

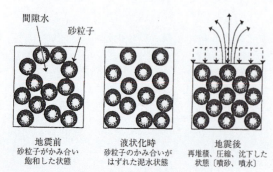

図4.8.1 液状化発生メカニズム

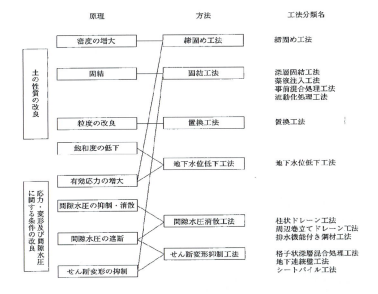

図4.8.2 液状化対策の原理と方法

に液状化していない層がある場合に，液状化層は容器内の液体と同じように揺れ動く。完全に有効応力が失われ，土が軟化すると地盤の振動性状が変化して，周期の長い変位振幅の大きな揺れを生じるようになる。このような現象が生じると，地表の舗装版や地表近くに埋設された管路は液状化層の側方境界付近でお互いに水平衝突し損傷することがある。

⑤斜面の流動的崩壊：斜面内の土が液状化すると流動的な崩壊を生じ，崩壊土砂は遠くまで到達する。この例として，サンフェルナンド地震（1971年，M=6.6）におけるヴァンノーマンダムの崩壊例がある。

⑥地盤の支持力低下：有効応力が低下すると，地盤の支持力が低下する。新潟地震（1964年，M=7.5）で倒壊した県営アパートは，この典型的な事例である。

⑦護岸・擁壁の破壊：土留構造物の背後地盤が液状化すると水平土圧が増大し，これらの構造物に損傷をもたらす。

⑧埋設構造物の浮上がり：埋設構造物周辺の飽和密度より見掛け比重の小さな埋設構造物は液体状になった周辺地盤の浮力よって浮上がる。

以上のような現象に伴う構造物の被害は，構造物の特性，および液状化の程度や液状化した土層の広がりの程度によっても異なる。このため液状化対策を考える時は，被害の発生機構や形態を想定し，これに応じた効果的な対策を選定することが大切である。

液状化対策に用いられる地盤改良工法は，液状化対策の原理から，図4.8.2に示す工法に分類される。

締固め工法

締固め工法の液状化対策の原理は，図4.8.3に示すように，液状化対象層である砂地盤を締固めることにより地盤をより密にし，堆積状況の変化，間隙比の減少を図ることにより，液状化抵抗を増加させるものである。締固め工法は，締固めの方法により，①地盤に振動エネルギーを与え，間隙比を減少させる振動締固め工法，②重錘の落下，発破による衝撃エネルギーを与え，間隙比を減少させる衝撃式締固め工法，③砂や砕石・最近では建設発生土等のリサイクル

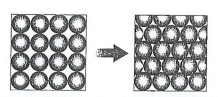

緩い液状化地盤　　　　　　　締め固めた地盤

図4.8.3 締固め工法の原理

材などの機械的な圧入圧，特殊石灰等の膨張圧および流動性の小さいソイルモルタルの圧入圧によって地盤を圧縮強化する静的締固め工法などがある。

本章5.締固め工法の大部分の工法が，液状化対策工法として適用できる。

図4.8.4　固結工法の液状化対策の原理

混合する深層固結工法，②土粒子間の骨格構造を壊さずに注入材を浸透させ，間隙水と置換して固結させる薬液注入工法，③液状化の生じる土砂に少量のセメントと分離防止剤を事前に添加・混合し新材料（処理土）に改良した後，運搬・投入して，そのまま安定した地盤を造成する工法で，海上埋め立て工事を対象とする事前混合処理工法，④陸上開削工事の埋戻しを対象とする流動化処理工法などがある。

サンドコンパクションパイル工法による液状化防止

可塑状ゲル圧入工法

可塑状ゲル圧入工法は大阪大学との共同研究により開発した工法で，軟弱地盤に可塑状のゲルを圧入し，塊状のゲルの固結体を形成することにより，周辺地盤を圧縮し，高密度化する締固め工法である。コンパクトな設備を使用して施工できるため，大型機械を使用した地盤改良工法より振動・騒音に優れている。

使用する可塑状ゲルはプラントから圧入地点まで一液性で圧送できるだけの可塑状保持時間を確保し，作業性に優れている。流動性があるため建造基礎下の空洞充填にも適用できる。

深層固結工法

深層固結工法には，撹拌翼を有するロッドを地中に貫入して，回転させることにより地盤を切削するとともに，固化材を現地盤土と機械的に撹拌混合する深層混合処理工法，地中にボーリングにより設置したロッド先端から高圧水，エアー，固化材を回転，噴出し，そのエネルギーにより地盤を切削し，現地盤土と固化材を撹拌混合，置換する高圧噴射撹拌工法，および，これらを組合せたジェット併用機械撹拌混合工法に分けられる。深層混合処理工法，および，ジェット併用機械撹拌混合工法は，三点杭打ち機等の大型機械が使用され，高圧噴射撹拌混合工法は，ボーリングマシン程度の小型機械を使用するので狭隘な場所，地中障害物のある場所での施工が可能である。地中障害物のなく，広い施工ヤードの確

固結工法

固結工法の液状化対策の原理は，図4.8.4に示すように，化学的な安定処理で，砂質土にセメントなどの安定材を添加・混合して砂質土の液状化抵抗を増大させるものである。

液状化対策に使用される固結工法は，①セメント等の安定材を地盤中に添加し，地盤を機械的に撹拌

高圧噴射撹拌工法による護岸液状化防止

保できる場合に向いている。

本章6.固結工法に示す深層固結工法の内の大部分の工法が，液状化対策工法として適用できる。

薬液注入工法

薬液注入工法は，深層混合処理工法等と比較して，機械が小型軽量であることから，狭隘な場所での作業，斜め注入等により構造物直下等の改良が可能であり既設構造物への液状化対策等に適している。

一般的に使用されている薬液注入工法は，地盤の一時的な止水，強度増加等の仮設目的に使用されることが多く，使用されるグラウト材の長期耐久性は保証されていない。したがって，液状化対策に使用されるグラウト材は，長期耐久性，及び，砂地盤への浸透性を持つ恒久グラウト材が使用されている。

薬液注入工法には数多くの工法があるが，液状化対策に適用される工法は限定され，適用される主な薬液注入工法を表4.8.1に示す。

表4.8.1 液状化対策に適用される主な薬液

工法名	使用材料名
浸透固化処理工法	エコシリカ、パーマロック
マックスパーム工法	エコシリカ、シリカライザー、シラクソル
恒久グラウト工法	ハイブリットシリカ、パーマロック
超多点注入工法	パーマロック
MCグラウト工法	アロフィックスMC

事前混合処理工法（PREM工法）

事前混合処理工法は，液状化防止及び土圧低減を目的として，土砂に少量の安定材（セメント等）と分離防止剤を混合・添加し，新規の埋立地盤や既設岸壁の耐震補強等に用いられる。埋立地盤等とは，係船岸や護岸の背後の裏込め，裏埋め，セル等の中詰め，床掘り後の置換及び埋戻しなどを意味する。

事前混合処理の長所は，①裏埋土，浚渫土砂のリサイクル・再利用が図れる②埋立造成後の地盤改良が不要であるため，工期の短縮が図れる③処理地盤の強度をある範囲内で任意に設定できる④シュート埋立やクラムシェルでの埋立など各種埋立方法により，大規模・大水深施工が可能である⑤振動・締固め工法と比較して騒音・振動が小さい⑥締固めを行う必要がないため，係船岸などに与える影響が小さい⑦固化後は吸出し防止効果がある，などがある。

一方，短所は，①埋立に用いる土砂の種類による改良効果の差と強度発現にばらつきがある②解放海域の場合，水質への影響を検討する必要がある③既設岸壁への適用時には岸壁背面を掘削・置換するため供用期間休止期間が生じること，などがある。

図4.8.5に事前混合処理工法システムについて示す。

混合処理は処理土の品質を確保するため土砂材料に対応して表4.8.2に示す方式が多く用いられる。

表4.8.2 混合処理方式

混合方式	適用可能土砂
ベルトコンベヤ混合方式	自然含水比程度以下の砂質土。細粒分率30％以下。最大礫径100mm以下。
自走式土質改良機を用いた方式	同上。施工規模比較的小さい場合。
強制練りミキサ等の機械練り方式	最大礫径100mm以下。回転式で適用不可能な高含水比な土砂。
回転式破砕混合機を用いた方式	ベルトコンベヤ搬送可能な範囲。最大礫径200mm以下。

図4.8.5 事前混合処理工法システム

流動化処理工法（LSS工法）

流動化処理工法は，建設現場から発生する様々な種類の土（建設汚泥を含む）を主材料として，水または細粒分を含む泥水を添加して，所要の品質を満たす粒度構成と含水比となる泥状土に固化材を添加・混合し流動化処理土を製造する工法である。本工法は，埋戻し・裏込め・充填材に要求される品質に調合する配合設計手法や，現場で安定的に製造・管理し，運搬・打設する技術群により構成されている。

本工法により製造された流動化処理土は，流動性のある湿式土質安定処理土で，土工による締固めが難しい狭隘な空間などに流し込み施工で隙間を充填し，固化後に発揮される強度と高い密度により品質を確保する土工材料である。

流動化処理工法のプラント方式は，特定の場所に恒久的に設置された大型固定式プラント方式，現場近傍に工事期間のみ設置する固定プラント方式の他，移動可能な車両で泥状土の供給を受け現地で固化材を混合する移動プラント方式がある。流動化処理工法の実績は，従来からの埋戻し・裏込め・充

填材の他，近年では，道路拡幅部の盛土材，建築基礎部のラップルコンクリート代替材なども多数ある。

図4.8.6に流動化処理工法のシステム構想図を示す。

流動化処理工法には，Mソイル，ジオレミコン，マンメイドソイル，全建ソイル等の商品名がある。図4.8.7に流動化処理工法のシステム概要を示す。

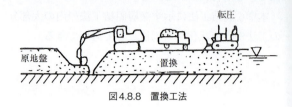

図4.8.8　置換工法

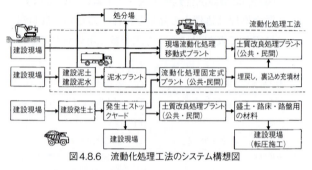

図4.8.6　流動化処理工法のシステム構想図

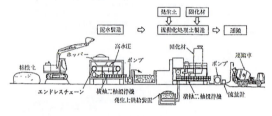

図4.8.7　流動化処理工法システム

置換工法

置換工法は，構造物を新設する際，その構造物の施工に先立ち，地震時に液状化の危険性がある土層を掘削除去し，液状化の発生しにくい材料，例えば，砕石とか，セメントなどの安定材を混合撹拌した土砂に置換したり，薄層に撒出し転圧し強度を上げ，液状化の危険性を小さくする，あるいは危険性の無い基礎地盤を作るものである。液状化の危険性のある層が厚く，対策工の規模が大きくなる場合には，経済性により他の対策工法となるが，液状化対象層が表層部で比較的薄く，土留め工や地下水低下工など掘削に伴う仮設工が小規模ですむ場合や，既設工場内の構造物や市街地などの住宅地に近接する工事のように，締固めによる振動・騒音の影響が周辺に対して無視できない場合には適した工法である。図4.8.8に置換工法の一例を示す。

地下水位低下工法

地下水位低下工法の液状化対策の原理は，ディープウェル・ウェルポイント工法等により地下水位を低下し，飽和していた液状化対象層を不飽和にすることによって，液状化を生じないようにすると共に，低下後に残る地下水位以下の飽和した液状化層の有効応力を増大させることによって，地盤の液状化強度を高め，液状化を防止するものである。

地下水位低下工法は，対象地盤の地下水位を常時低下し，維持するため，周辺地盤の地下水位をも低下させ，周辺地盤の沈下の原因となることもある。この場合，境界領域に，止水壁を設置する方法が有効である。

図4.8.9に，石油タンクヤードにおける地下水位低下工法の適用事例を示す。同例では，タンクヤード外周を止水盤（スラリーウォール）で囲み，内部をディープウェルにより揚水し，地下水位を低下している。止水壁は，地下水の浸透を防ぐため，透水係数が小さく，地下水位低下時の地盤変形，および地震時の地盤変形に対してもクラックが入らないような変形追随性が必要である。

なお，ディープウェル・ウェルポイント工法等の地下水位低下工法，および止水壁工法についての具体的な工法の詳細については，2章土留めを参照されたい。

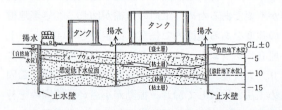

図4.8.9　地下水位低下工法による液状化対策例

間隙水圧消散工法

間隙水圧消散工法は，砕石や礫，人工材料によるドレーンを地盤中に設置することにより地盤の透水性を高め，地震時に砂層内で生じる過剰間隙水圧を早期に消散させるとともに，その上昇を抑えて液状化を防止するものである。

同工法は，低騒音・低振動の施工が可能であり，近接構造物に変状を与えることが少ないことより，締固め工法の施工が困難である場合に用いられることが多い。

間隙水圧消散工法には，①地盤の液状化発生そのものを防止する目的で，対象構造物近傍及びその周辺にわたって，等間隔に柱状ドレーンを設置する柱状ドレーン工法，②対象構造物の周辺における液状化の発生は許すが施設の被害を軽減する目的で対象構造物近傍のみに設置する周辺巻立てドレーン工法がある。

また，③排水機能を有する鋼管杭，鋼矢板などの鋼材を用い，地震時に鋼材周辺地盤の過剰間隙水圧の上昇を抑え，かつ，早期に消散させ，地盤強度を保持し，地盤の抵抗をより期待し，構造的機能も期待する排水機能付鋼材工法についても間隙水圧消散工法として本工法に含むものとする。

1 柱状ドレーン工法

本工法は，図4.8.10に示すように，液状化対象地盤中に透水性の大きなグラベル（砕石，礫），または人工のドレーン材の柱を設置し，水平方向の排水距離を短縮することにより，飽和砂層内に地震時に発生する過剰間隙水圧を早期に消散させ液状化を防止するものである。柱状ドレーン工法は，使用する材料により，グラベルドレーン工法と人工材ドレーン工法に分けられる。

■ グラベルドレーン工法

本工法は，柱状ドレーン工法の内，ドレーン材に砕石，礫を用いるもので，施工法が低騒音・低振動であり，周辺地盤へ与える影響が少ないため，市街地や既設構造物に近接して施工が可能である。

通常のグラベルドレーンの施工方法は，ケーシングオーガーを所定の位置に回転貫入させた後，砕石を地中に排出させながらケーシングを引き上げ地中に砕石パイルを造成する。

同工法は，砕石を地中に排出する補助機構の相違により突棒を用いる方式，振動棒と圧縮空気を用いる方式，二重管ケーシングによる方式，スクリューによる方式等に分類される。

また，グラベルドレーン工法（締固め式）は，前述のグラベルドレーン工法に締固め機構を加え，周辺地盤を締固めることにより，周辺改良地盤の粘り強さを期待するとともに，従来工法よりも打設間隔を広げることが可能である。

締固め機構には，砕石を排出する突棒によって締固める方式と，ケーシングの昇降による方式がある。表4.8.3に，グラベルドレーン工法一覧，図4.8.11に，グラベルドレーン施工機械および施工手順を示す。

表4.8.3 グラベルドレーン工法一覧

分類	工法名	排出方式	締固め方式
グラベルドレーン工法	グラベルドレーン工法	突棒	-
		振動棒 圧縮空気	
	二重管押出し式 グラベルドレーン工法	二重管 ケーシング	
	無騒振グラベルドレーン（SGD）工法	スクリュー	
グラベルドレーン工法（締固め式）	締固め砕石ドレーン工法	突棒	棒
	NUPグラベルドレーン工法	圧縮空気	ケーシング 突棒

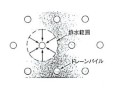

図4.8.10 柱状ドレーンにより液状化対策の原理

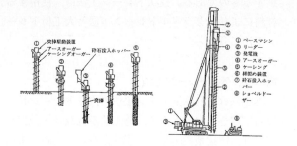

図4.8.11 グラベルドレーン施工機械および施工手順

■ 人工材ドレーン工法

本工法は，柱状ドレーン工法の内ドレーン材に人工のプラスチック等の材料を用いるもので，グラベルドレーン工法と同様に，施工法が低騒音・低振動であり，周辺地盤へ与える影響が極めて少ないため，市街地や既設構造物に近接して施工が可能である。

同工法のドレーン材の打設方法は，いずれの工法も中空ケーシング（マンドレル）内にドレーン材を納めた状態で行われるが，ケーシングの貫入方法により，回転・圧入方式とジェット水併用圧入方式に分けられる。また，表4.8.4に人工材ドレーン工法の一覧表，図4.8.12にドレーン施工機械および施工手順を，図4.8.13に人工材ドレーン形状を示す。

図4.8.12 人工材ドレーン施工機械および施工手順

表4.8.4 人工ドレーン工法一覧

施工方法	工法名	ドレーン形状
回転圧入	ネオドレーン工法	(a)
	ポリベイン工法	(b)
ジェット水併用圧入	グリッドドレーン工法	(c)
	スパイラルドレーン工法	(d)
	クロスドレーン工法	(e)
	ハイパードレーン工法	(f)

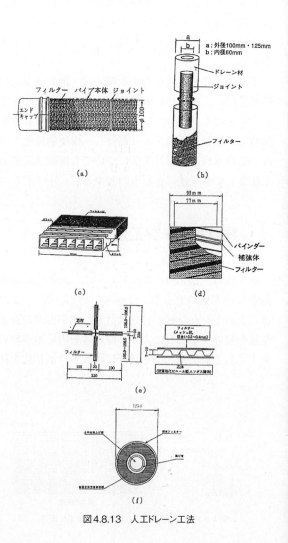

図4.8.13 人工ドレーン工法

2 周辺巻立てドレーン工法

周辺巻立てドレーン工法は，図4.8.14に示すように，地中構造物の周辺埋戻しに液状化しない礫，砕石材料の透水性材料を用い，構造物周囲の地震時における過剰間隙水圧の上昇を抑制し浮き上がりを防止するものである。

本工法は，柱状ドレーンのような簡略化した間隙水圧分布予測の方法が無く，振動台実験および数値解析によって，改良幅の決定と，改良効果の確認を行っている。

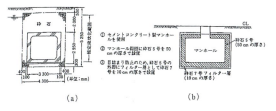

図4.8.14 周辺巻立てドレーン工法

図中（a）は，埋立地での地中送電用洞道の事例であるが，液状化範囲が洞道底面よりも上方であり，浮上りの懸念が少ないと考えら，振動台実験，および数値解析により，地震時に上層で発生する過剰間隙水圧が底面に作用することをドレーンが妨げることを確認し，杭構造と比較し採用されたものである。

（b）は，マンホールの事例であるが，同様に振動台実験により，その効果を確認している。

3 排水機能付き鋼材工法

排水機能付き鋼材工法は，図4.8.15に示すように，鋼矢板の周囲または側面に排水部材（有孔溝形状鋼材）を取り付け，地震時に鋼材周辺地盤の過剰間隙水圧の上昇を押さえ，かつ，早期に逸散させるため地盤の強度が保たれ，地盤の抵抗をより期待しうるなど，間隙水圧消散効果と構造的対策の両効果を有するものである。

本工法の特徴は，排水部材が中空であるため，過剰間隙水圧逸散性能に優れ，地震時に強度・剛性を持つ鋼材が地盤の液状化を防止し，かつ，拘束するので地盤の変状防止に有効であり，構造部材としても活用でき，通常の施工機器で対応できることである。

排水機能付鋼材の設計は，Theis（タイス）の方法を適用した設計法による排水効果の評価，および室内模型実験，実大実験による地盤の水平抵抗の評価によって行われる。表4.8.5に排水機能付鋼材工法一覧を示す。

図4.8.15 排水機能付き鋼矢板

表4.8.5 排水機能付き鋼材工法一覧

工法名	使用鋼材
NSハイドレーンパイル工法	鋼管杭、鋼矢板
SMハイドレーンパイル工法	
JFEハイドレーンパイル工法	

せん断変形抑制工法

せん断変形抑制工法は，図4.8.16に示すように，深層混合処理工法による格子状の改良壁体，地中連続壁，シートパイルなどの剛性の大きな壁体で地盤を囲み，地盤を壁体で囲むことによって地震時に地盤に生じるせん断変形，あるいはせん断応力を低減させ液状化の発生を防止するものである。

また，同工法は，構造物下部の地盤を壁体で締め切り，液状化後における地盤の側方への移動を拘束して，構造物の過大な変形を防止するものである。

本工法の有効性は，1964年の新潟地震の際，建物の外周部にシートパイルを打設して建物の直下の地盤を囲んだ建物が，周囲の建物が液状化の被害を受けたにもかかわらず無被害であったことで実証されていたが，上記のような原理の全容は，当時必ずしも明らかでなかった。その後，液状化の研究の進展に伴い本工法の原理が明らかになり，液状化対策工法として提案されるに至ったものである。本工法の壁体による地震時のせん断変形の抑制効果等を定

量的に評価する簡便な設計法は確立されておらず，設計に際しては，模型実験，あるいは数値解析により対策効果を確認する必要がある。

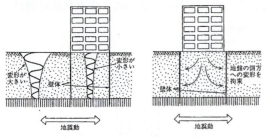

図4.8.16　せん断変形抑制工法の原理

1 格子状深層混合処理工法

格子状深層混合処理工法は，図4.8.17に示すように，固結工法である深層混合処理工法を使用し，構造物下部の地盤を適切な間隔で格子状に改良するものである。

同工法の液状化対策の原理は，液状化地盤を格子状に固化壁体で囲むことにより，地震時の液状化地盤のせん断変形を拘束し，過剰間隙水圧の発生を防止すること，およびその結果構造物を保護し，大変形を防止し，同時に，構造物の荷重を改良体を介して下部の非液状化地盤に伝達し，安定支持するものである。同工法の特徴は，格子状に改良することにより経済的であること，深層混合処理工法により施工するので，低騒音・低振動工法であり，周囲の環境に与える影響が少なく，市街地での施工，構造物に近接しての施工が可能なことである。

■ TOFT工法

TOFT工法は，建設省土木研究所と民間4社の共同研究によって開発されたもので，格子の形状を方形にし，格子の幅を高さの0.5〜0.8倍にしたことを特徴とする格子状深層混合処理工法である。

TOFT工法の特徴は，改良形状を格子状にすることにより，経済性に優れ，低振動・低騒音工法であるため市街地での施工，構造物に近接しての施工が可能である。また，新設構造物に限らず，既設の盛土構造物・掘割道路などの耐震対策にも適用可能であること，対象地盤の土質性状に応じたセメント添加量により所要強度の固化体が得られ，施工管理が殆ど自動化されており信頼性の高い改良が可能である。

2 地下連続壁工法

地下連続壁工法は，図4.8.18に示すように，構造物の周囲を地下連続壁で囲み，さらに必要に応じて内部に適切な間隔で格子状に配置する工法である。なお，外周の地下連続壁は，山留め壁，地下外壁，及び杭として，また，内部の格子壁は杭として利用することができる。

地下連続壁工法の液状化対策の原理は，地下連続壁により，せん断変形を抑制し，液状化の発生を防止するとともに，剛性の高い地下連続壁の杭で構造物を支持し，地盤がある程度液状化した場合でも構造物に重大な被害が生じないようにするものである。地下連続壁による液状化防止効果は格子壁の設置間隔が小さいほど大きくなるが，必ずしも地下連続壁によって液状化を完全に防止する必要はなく，液状化の程度を軽減することによって，地震時の鉛直荷重・水平荷重に対して，杭としての設計が可能になれば良く，安全性と経済性のバランスがとれた，合理的な地下連続壁の配置を決定することが重要なポイントである。

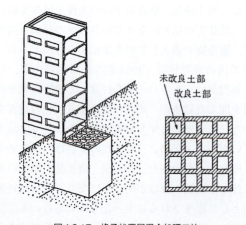

図4.8.17　格子状深層混合処理工法

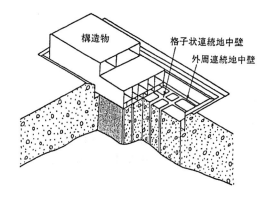

図4.8.18　地中連続壁工法

図4.8.19　シートパイル工法

3　シートパイル工法

シートパイル工法は，図4.8.19に示すように，構造物下部の地盤をシートパイルで締め切り，地盤が液状化した際の地盤の側方移動を拘束して，構造物の過大な変形を防止するものである。シートパイルの剛性だけで地盤の側方移動を拘束できない場合には，シートパイルの頭部間をタイロッドで緊結し，シートパイルの剛性とタイロッドの張力で対処する。

【参考文献】
1) 土質工学会：「現場技術者のための土と基礎シリーズ20 液状化対策の調査・設計から施工まで」平成5年2月
2) 建設省土木研究所，民間共同研究グループ：「液状化対策工法共同研究成果の概要」
3) 事前混合処理工法協会：事前混合処理工法パンフレット
4) 小野田ケミコ㈱：地盤対策工法技術資料（第12版）LSS（流動化処理工法）
5) ドレーンパイプ協会：ドレーンパイプ工法材料仕様書
6) 西松建設㈱，日特建設他：ネオドレーン工法パンフレット
7) DEPP工法協会：グリッドドレーン工法，スパイラルドレーン工法技術資料
8) 東急建設㈱：クロスドレーン設計・施工マニュアル
9) ㈱シーブロック：ハイパードレーン鉛直埋設工法概要説明書

IX　その他の地盤改良工法

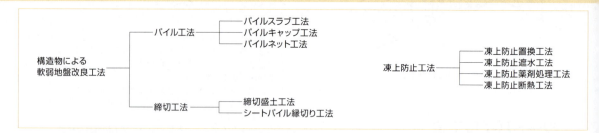

　その他の地盤改良工法として，構造物により軟弱地盤を改良する工法および凍上防止工法について述べる。

　構造物による軟弱地盤改良工法は，地盤そのものを改良するのではなく，杭やシートパイルにより地盤の変形を拘束することにより上部からの荷重を伝達するものである。

　水を多く含んだ地盤が凍結を繰り返すと地盤の緩みが助長されるため，凍上防止工法により地盤の凍上を防ぎ安全を確保する。

構造物による軟弱地盤改良工法

1　パイル工法

パイルスラブ工法

　本工法は構造物における地盤改良工法の一種であり，その歴史は古く紀元前のイングランドの泥炭地で施工が行われていた。イングランドで発見されたものは木ぐいの上に，板状に割れた硬質の岩石を敷き，その上を道路として舗装したものである。

　現代のパイルスラブ工法も，原理はこれと同じである。盛土荷重はすべてスラブを介在して杭に伝達し，支持層まで伝播する。我が国の実用化例は，1972年の北海道の泥炭地域が開発実用化されたのが最初である。

　図4.9.1にパイルスラグ工法について示す。

パイルキャップ工法

　本工法は構造物による地盤改良工法の一種である。原理はパイルスラブ工法と同じであるが，キャップ相互間に存在する間隙の大きさを設計上の評価が問題となる。この間隙が大きい場合，盛土表面に不陸が生ずる原因となり，逆に小さい場合，施工性が悪くなるので設計に際しては十分な配慮が必要である。図4.9.2にパイルキャップ工法について示す。パイルスラブ工法を参照のこと。

パイルネット工法

　本工法は構造物による地盤改良工法の一種である。この工法は，軟弱地盤に打設した杭の頭部を盛土荷重に応じて決定された鉄筋で連結した後，この上に土木安定シートを敷設して盛土を施工するものである。工法の原理はパイルスラブ工法，パイルキャップ工法と同じであるが，ネットの剛性は非常に小さく，杭頭や鉄筋への応力集中に注意して施工する必要がある。なお，本工法は，古くから利用されている工法であり，数多くの実施例で，その効果が確認されているが，設計法が確立していないというのが実情である。

　図4.9.3にパイルネット工法について示す。

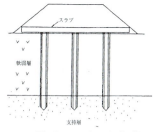
図4.9.1 パイルスラブ工法

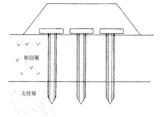
図4.9.2 パイルキャップ工法

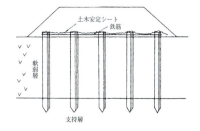
図4.9.3 パイルネット工法

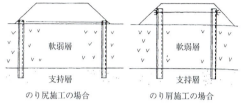
図4.9.4 締切り盛土工法

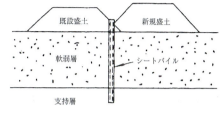
図4.9.5 シートパイル縁切り工法

2 締切工法

締切り盛土工法

本工法は構造物による地盤改良工法の一種で，盛土両側法面付近にシートパイルを打設して頭部を腹起しとタイロッドで連結し，側方流動の抑止と盛土のすべり破壊に抵抗させようとするものである。図4.9.4に締切り盛土工法について示す。

この工法は，シートパイルの曲げ剛性やせん断強度を期待するものなので側方流動やすべり破壊の抑止の範囲によっては，シートパイルの詳細な検討が必要である。

シートパイル縁切り工法

本工法は構造物による地盤改良工法の一種である。この工法は，既設盛土構造物に盛土を近接施工する場合や新規盛土が既設盛土に接する，いわゆる腹付盛土の場合は，両盛土の境界部にシートパイルを打設して互いに縁を切る工法である。

新設盛土の施工による既設盛土への影響を防ぐためには最も確実な工法といわれている。しかし，シートパイルの打設時や，シートパイルが支持層に完全に支持されていない時には，既設盛土が共下がりを起こす恐れがあるため，施工時は特に注意が必要である。

図4.9.5にシートパイル縁切り工法について示す。

凍上防止工法

凍上防止置換工法

本工法は凍結深さの凍上性土を掘削し，凍上しにくい材料で置き換える工法である。道路などの在来の地盤上に凍上を起こしにくい材料を必要な厚さだけ盛上げる場合もある。置換え材料は凍上しにくく，長年変状のない交通荷重に対する支持力を有するものであることが必要である。

図4.9.6に凍上防止置換工法について示す。

一般に凍上を起こしにくい材料の判定は次の基準による。

①粒度調整砕石，切込砕石：4.76mmふるいを通過するもののうち，0.075mmふるいを通過するのは15%以下。
②切込砂利：4.76mmふるいを通過するもののうち，0.075mmふるいを通過するものは9%以下。
③砂：0.075mmふるいを通過するものは6%以下。
④火山灰，火山礫：粗粒で風化の徴候がなく排水性が良好で，0.074mmふるいの通過量が20%以下で強熱減量が4%以下で凍上試験によって凍上を起こしにくい材料と判定されたものは使用してよい。

置換深さを最大凍結深さと同じとする場合，凍結

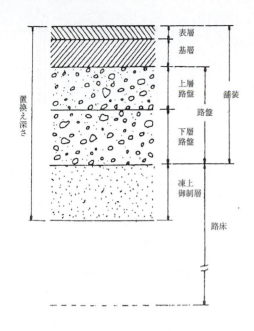

図4.9.6　凍上防止置換工法

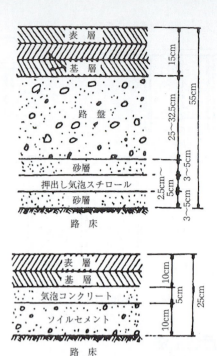

図4.9.7　凍上防止断熱工法

被害を防止できるが，経験的な各地域での置換深さがわかっている場合はその値を採用する場合が多い。特に，凍上深さの大きな地方では，舗装に有害な影響を与えず，路床支持力の低下がわずかである場合の置換深さとして理論最大凍結深さの約70%としている。

凍上防止遮水工法

凍上防止工法の一つで，礫質材料などで地下から毛管吸水を遮断したり，金属板，ビニール布，アスファルトなどで水分の通過を防止するものである。

遮水層設置のため置換工法程度の深さまで掘削し，地表および側方からの水の浸入を防止する。遮水層上の凍上性土は含水比を凍上制限内にし，施工中の降雨の侵入を防止する。

しかし，遮水効果の長期確保に疑わしい点が多く，本格的に実施された例は少ない。

凍上防止薬剤処理工法

凍結深さが大で路床土質が軟弱な場合の置換工法の補助工法である。塩類（塩化ナトリウム，塩化マグネシウム，塩化カルシウム）を土に混合し，凍上防止を図る工法である。不凍上限界の薬量は，一般に砂質ロームには塩化ナトリウムまたは塩化カルシウムを2～4%，シルトや粘土の少ない砂質には1～2%である。電解質の添加により，土のコロイド表面のイオン化が妨げられるため，土粒子間相互の凝結，間隙水の氷点降下，土粒子の吸着性の増大，透水性の減退をきたすと言われている。塩類が水溶性で時間とともに土中に溶融浸透して効果が薄れることで，実用化には塩類の流出防止や補充方法を考えなければならない。

凍上防止断熱工法

道路舗装断面内に断熱層を設けて，凍上性路床の凍上防止を目的とする工法の1つである。断熱材は一般に断熱効果の大きいほど強度が小さく，湿潤化するほど断熱効果が薄れ強度も低下する。押出し発泡スチロール樹脂は断熱効果が大きく吸湿性が小さく，強度が小さい。歩行者や交通量の少ない箇所では浅い位置の設置でよいが，荷重が大きい道路では応力分布を考慮して深く設置する。気泡コンクリートはミキサーで練って打設でき，断熱効果があり，強度も期待できるので浅い位置での利用が可能である。本工法は凍結深度が大きい場合に有利であるが，長期間の交通荷重下での変質，変容のないものを選定する必要がある。

図4.9.7に凍上防止断熱工法について示す。

第5章 コンクリート工法

- I　材　　料 ･････････････････････ 324
- II　製　　造 ･････････････････････ 363
- III　コンクリートの施工 ･･･････････ 386
- IV　コンクリート構造物の施工方法 ･ 416
- V　検　　査 ･････････････････････ 441
- VI　補修・補強・解体工法 ･････････ 459

I 材料

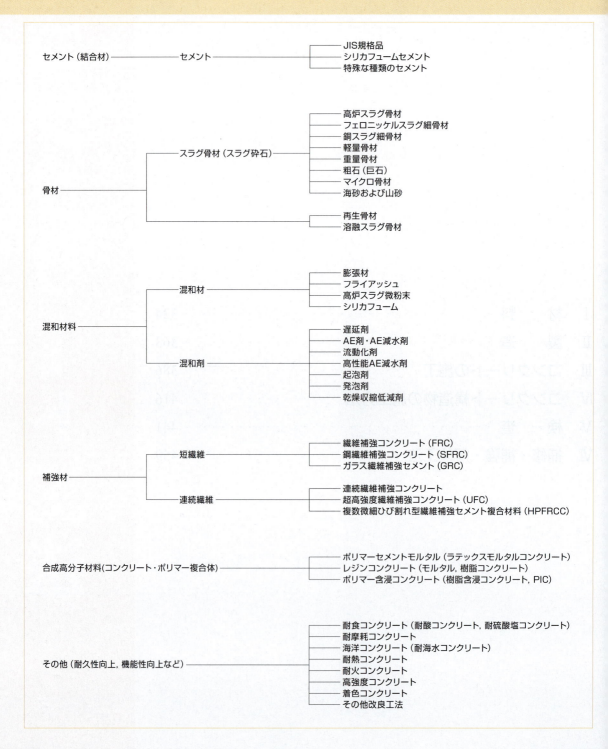

セメント（結合材）

セメントとは，物と物とを結合させる物質（結合材）を意味し，気硬性のものと水硬性のものに分類されるが，一般的には水硬性のものをいう。水硬性セメントは，さらに，ポルトランドセメント，混合セメント（ポルトランドセメントと混合材を混合したセメント），特殊セメントに分類される。セメントの種類を図5.1.1に示す。

【参考文献】
1）笠井芳夫編著：コンクリート総覧，技術書院，1998

1 セメント

セメントは，石灰石，粘土，ケイ石，酸化鉄を原料とし，調合・粉砕・混合・焼成工程を経てクリンカーになり，4%程度の石こうを混ぜて微粉砕されて製造される。ポルトランドセメントクリンカーの主要水硬性化合物は，エーライト（C_3S），ビーライト（C_2S），アルミネート（C_3A），フェライト（C_4AF）の4種類である。この4種類の化合物の割合と細かさが，ポルトランドセメントの性質を左右する。化合物の生成割合は，化学組成によってほぼ定まる。クリンカー中の各化合物の割合は，化学組成から簡便に算出できるボーグ（R.H.Bogue）の式が広く用いられている。ただし，JISではポルトランドセメントに混合材を5%まで混入すること認められているので注意する必要がある。表5.1.1にクリンカーの水硬性化合物の特徴を示す。

表5.1.1 クリンカーの主要水硬性化合物の特徴

クリンカーの化合物	強度	発熱
エーライト（C_3S）	早期	中
ビーライト（C_2S）	長期	小
アルミネート（C_3A）	初期	大
フェライト（C_4AF）	寄与しない	小

【参考文献】
1）岸谷孝一編：建築材料ハンドブック，技報堂出版
2）日本コンクリート工学協会：コンクリート技術の要点，'09

JIS規格品

セメントのJIS規格品は，ポルトランドセメントとして普通ポルトランドセメント，早強ポルトランドセメント，超早強ポルトランドセメント，中庸熱ポルトランドセメント，低熱ポルトランドセメント，耐硫酸塩ポルトランドセメントとその各低アルカリ形の12種類と，混合セメントとして高炉セメント，シリカセメント，フライアッシュセメントのそれぞれA種，B種，C種の9種類，更に2002年7月に新たにJIS R 5214としてエコセメント（普通エコセメント，速硬エコセメント）が制定され，合計23種類である。各セメントは，それぞれ品質に特徴があるので，使用目的にあったセメントを選定する必要がある。

普通ポルトランドセメントは，標準的な性能を有しており各用途に用いられる。

早強ポルトランドセメントは，普通ポルトランドセメントよりC_3Sの割合を多くして早期に高い強度が得られ，長期にわたって強度増進する。寒中コンクリートや工期短縮などの工事やプレストレストコンクリートおよびコンクリート製品などに使用される。

超早強ポルトランドセメントは，早強ポルトランドセメントよりさらにC_3Sの割合を多くして初期に高い強度が得られる。緊急工事などに使用される。

中庸熱ポルトランドセメントは，水和熱を下げるためC_3SとC_3Aを減らしC_2Sを多くしたセメントで，ダムなどのマスコンクリート用として用いられてきた。

低熱ポルトランドセメントは，中庸熱ポルトランドセメントよりさらにC_2Sの割合を多くしたセメントで，大規模構造物や高強度コンクリート，高流動

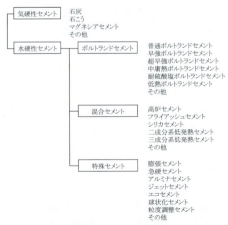

図5.1.1 セメントの種類

表5.1.2 ポルトランドセメントの品質 [JIS R 5210]

種類 \ 品質		普通ポルトランドセメント	早強ポルトランドセメント	超早強ポルトランドセメント	中庸熱ポルトランドセメント	低熱ポルトランドセメント	耐硫酸塩ポルトランドセメント
密度 g/cm³		−	−	−	−	−	−
比表面積 cm²/g		2500以上	3300以上	4000以上	2500以上	2500以上	2500以上
凝結	始発 min	60以上	45以上	45以上	60以上	60以上	60以上
	終結 h	10以下	10以下	10以下	10以下	10以下	10以下
安定性	パット法	良	良	良	良	良	良
	ルシャテリエ法 mm	10以下	10以下	10以下	10以下	10以下	10以下
圧縮強さ N/mm²	1d	−	10.0以上	20.0以上	−	−	−
	3d	12.5以上	20.0以上	30.0以上	7.5以上	−	10.0以上
	7d	22.5以上	32.5以上	40.0以上	15.0以上	7.5以上	20.0以上
	28d	42.5以上	47.5以上	50.0以上	32.5以上	22.5以上	40.0以上
	91d	−	−	−	−	42.5以上	−
水和熱 J/g	7d	−	−	−	290以下	250以下	−
	28d	−	−	−	340以下	290以下	−
酸化マグネシウム		5.0以下	5.0以下	5.0以下	5.0以下	5.0以下	5.0以下
三酸化硫黄		3.5以下	3.5以下	4.5以下	3.0以下	3.5以下	3.0以下
強熱減量		3.0以下	3.0以下	3.0以下	3.0以下	3.0以下	3.0以下
全アルカリ		0.75以下	0.75以下	0.75以下	0.75以下	0.75以下	0.75以下
塩化物イオン		0.035以下	0.02以下	0.02以下	0.02以下	0.02以下	0.02以下
けい酸三カルシウム		−	−	−	50以下	−	−
けい酸二カルシウム		−	−	−	−	40以上	−
アルミン酸三カルシウム		−	−	−	8以下	6以下	4以下

コンクリート用として使用されている。

耐硫酸塩ポルトランドセメントは，C_3Aを少なくして硫酸塩に対する抵抗性を大きくしたセメントで，耐硫酸塩を多く含んだ土壌地帯での工事などに使用される。

高炉セメントは，初期強度は小さいが長期強度は大きい。化学抵抗性や水密性に優れるが，中性化速度や乾燥収縮が大きい。したがって，基礎や耐圧盤などの地下構造物に使用に適している。

シリカセメントは，シリカ質混合材として純度の高いケイ石などを添加して製造され，オートクレーブ製品用などとして使用されている。

フライアッシュセメントは，短期強度は小さいが長期的に強度が増大する。水和発熱が小さくマスコンクリートに用いられる。良質のフライアッシュは単位水量を減ずる効果もある。

エコセメントは都市ゴミの焼却灰を主とし，必要に応じて下水汚泥などの廃棄物を従としたエコセメントクリンカーを主原料に用い，製品1tに対しこれらの廃棄物を乾燥ベースで500kg以上使用してつくられるセメントとして定義されている。エコセメントは原料としての廃棄物に起因する塩化物イオンをセメント質量の0.1%以下に脱塩素化し普通ポルトランドセメントに類似の性質を持たせた普通エコセメントと，塩化物イオン量をセメント質量の0.5から1.5%以下にして塩素成分をクリンカー鉱物として固定した速硬性を持つ速硬エコセメントの2種類に分類される。

普通エコセメント無筋および鉄筋コンクリートに使用でき，速硬エコセメントは無筋コンクリートにおいてのみ使用できるが早強セメント以上の速硬性を有している。廃棄物削減に資するエコセメントは，グリーン購入法における調達品目に選定されている。表5.1.2にポルトランドセメントの品質規格を，表5.1.3に混合セメントの混合材割合を示す。

表5.1.3 混合セメントの各混合材混合

種類	高炉セメント 高炉スラグの分量 (質量%)	シリカセメント シリカ質混合材の分量 (質量%)	フライアッシュセメント フライアッシュの質量 (質量%)
A種	5を越え30以下	5を越え10以下	5を越え10以下
B種	30を越え60以下	10を越え20以下	10を越え20以下
C種	60を越え70以下	20を越え30以下	20を越え30以下

【参考文献】
1）日本コンクリート工学協会：コンクリート技術の要点，'09
2）日本規格協会：ポルトランドセメント，JIS R5210-2003
3）日本規格協会：高炉セメント，JIS R5211-2003
4）日本規格協会：シリカセメント，JIS R5212-1997

5）日本規格協会：フライアッシュセメント，JIS R5213-1997
6）日本規格協会：エコセメント，JIS R5214-2003

シリカフュームセメント

フェロシリコンや金属シリコンの製造過程の廃ガス中から集塵される粒径1μm以下，平均粒径0.1μm程度，比表面積が20m^2/gの球形の超微粒子であるシリカフュームをセメント粒子の周りに均一に分散させたセメントで，マイクロフィラー効果により低水セメント比でのコンクリートの製造が容易となる。シリカフュームの主成分は非晶質の二酸化ケイ素（SiO$_2$）でポゾラン材料であり，マイクロフィラー効果と合わさってコンクリートの高強度化，耐久性の向上，および施工性の改善などに顕著な効果があるセメントである。80N/mm^{2}以上の高強度コンクリートや超高層ビルの鋼管圧入（CFT柱）用コンクリートなどに使用されている。

【参考文献】
1）土木学会：シリカフュームを用いたコンクリートの設計・施工指針（案），コンクリートライブラリー第80号，1995.10

特殊な種類のセメント

ポルトランドセメントをベースとした特殊な種類のセメントとして，ひび割れや変形を防止するために膨張材を加えた膨張性セメント。低発熱を目的として，工事条件によって混合材の種類，混合量を調整した二成分系低発熱セメント，三成分系低発熱セメントがある。

また，ポルトランドセメント自体の成分や粒度を調整した特殊なセメントとして，顔料等を加えて任意に着色できる白色ポルトランドセメント，「土あるいはこれに類する物」を固化することを目的としたセメント系固化材，通常のセメントをより微粉砕し，トンネルの止水（速硬性）や油井や地熱井の掘削（遅延性）に使用される超微粒子セメント，低発熱セメントとして発熱量の大きいC$_3$Aを減らし水和熱の小さいC$_2$Sを主成分とした高ビーライト系セメントがある。

更に，ポルトランドセメントとは成分は異なるが，緊急工事やトンネル工事の吹付け用に凝結・硬化時間を早くした速硬セメント，ボーキサイトと石灰石を原料として製造され6～12時間でおおむね普通ポルトランドセメントの28日強度を確保できるアルミナセメントなどが，JIS規格外品として製造されている。

【参考文献】
1）セメント協会：ホームページ，セメントの種類用途

骨　材

「コンクリート標準示方書　施工編　土木学会2007年度制定」では，コンクリート用骨材について以下のように定義している。

細骨材：清浄，堅硬，耐久的かつ化学的あるいは物理的に安定し，有機不純物，塩化物等を有害量含まないものとする。

粗骨材：清浄，堅硬，耐久的かつ化学的あるいは物理的に安定し，有機不純物，塩化物等を有害量含まないものとする。特に耐火性を必要とする場合には，耐火的な粗骨材とする。

表5.1.4に各基準におけるコンクリート用骨材の品質規定を示し，表5.1.5に骨材の粒度の標準を示す。

清浄，堅硬，耐久的な良質のコンクリート用骨材としては，河川砂利や河川砂が考えられるが，治水上・河川管理上の理由から採取が規制され，供給量は大幅に減少している。

このような良質な天然骨材の枯渇から，現在ではコンクリート用骨材として，旧河川敷であった農耕地から採取される陸砂利・陸砂，山地や丘陵地などから採取される山砂利・山砂，海岸や海底から採取される海砂利・海砂，岩石を破砕して製造される砕石・砕砂，スラグ骨材，人工軽量骨材などが使用されている。

また，天然良質骨材の使用が主流であったころには問題とならなかった使用骨材に起因するアルカリシリカ反応や塩害等のコンクリート劣化の問題から，各基準において，アルカリシリカ反応性に関する規定や塩化物量の規定が設けられている。

さらに，最近ではアルカリシリカ反応性以外にも物理的・化学的に不安定でコンクリート中に混入すると有害な鉱物として，スメクタイト類，ローモンタイト，含鉄ブルーサイト，黄鉄鋼などがあり，特

表5.1.4 各基準における骨材品質規定

		コンクリート標準示方書 2007年制定		JIS A 5308:2003 附属書1レディーミクストコンクリート用骨材		JIS A 5005-1993 コンクリート用砕石及び砕砂	
		粗骨材	細骨材	粗骨材	細骨材	砕石	砕砂
絶乾密度	g/cm^3	2.5以上	2.5以上	2.5以上[*5]	2.5以上[*5]	2.5以上	2.5以上
吸水率	%	3.0以下	3.5以下	3.0以下[*6]	3.5以下[*6]	3.0以下	3.0以下
実積率	%	-	-	-	-	55以上	53以上
粘土塊	%	0.25以下[*1]	1.0以下[*1]	0.25以下	1.0以下	-	-
微粒分量	%	1.0以下[*2]	コンクリート表面がすりへり作用を受ける場合3.0以下[*3] その他の場合5.0以下[*3]	1.0以下	3.0以下[*10]	1.0以下	7.0以下
有機不純物		-	標準色液又は色見本の色より淡い	-	-	-	-
石炭、亜鉛等で密度1.95g/cm^{3}の液体に浮くもの		-	-	0.5以下[*7]	0.5以下[*7]	-	-
軟らかい石片	%	-	-	-	5.0以下[*8]	-	-
塩化物 (NaCl)	%	-	0.04[*4]以下	-	0.04以下[*11]	-	-
安定性	%	12以下	10以下	12以下	10以下	12以下	10以下
すりへり減量	%	35以下	-	35以下[*9]	-	40以下	-

*1 試料は，JIS A 1103による骨材の微粒分量試験を行った後にふるいに残存したものから採取する。
*2 砕石の場合で，微粒分量試験で失われるものが砕石粉であるときは，最大値を1.5%以下にしてもよい。
*3 砕砂およびスラグ細骨材の場合で，微粒分量試験で失われるものが石粉であり，粘土，シルト等を含まないときは，最大値をおのおの5%および7%にしてよい。
*4 細骨材の絶乾質量に対する百分率であり，NaClに換算した値で示す。
*5 購入者の承認を得て，2.4以上とすることができる。
*6 購入者の承認を得て，4.0以下とすることができる。
*7 コンクリートの外観が特に重要でない場合は，1.0以下とすることができる。
*8 舗装版及び表面の硬さが特に要求される場合に適用する。
*9 舗装版に用いる場合に適用する。
*10 コンクリート表面がすり減り作用を受けない場合は，5.0以下とする。
*11 0.04を越すものについては，購入者の承認を必要とする。ただし，0.02以下とし購入者の承認があれば0.03以下とすることができる。

表5.1.5 骨材の粒度の標準 (コンクリート標準示方書2007年制定)

ふるいの呼び寸法 (mm)		50	40	30	25	20	15	10	5	2.5	1.2	0.6	03	0.15
粗骨材の最大寸法 (mm)	40	100	90-100	-	-	35-70	-	10-30	0-5	-				
	25	-	-	100	95-100	-	30-70	-	0-10	0-5				
	20	-	-	-	100	90-100	-	20-55	0-10	0-5				
	10	-	-	-	-	-	100	90-100	0-40	0-10				
細骨材								100	90-100	80-100	50-90	25-65	10-35	2-10

に使用実績がない場合には事前に充分な検討が必要となる。

【参考文献】
1) 土木学会：コンクリート標準示方書 施工編, 2007年制定

1 スラグ骨材（スラグ砕石）

スラグ骨材は，銑鉄，銅あるいはフェロニッケルなどの金属精錬の際に副産されるスラグを原材料として人工的につくった骨材であり，それらのスラグ骨材を使用したコンクリートをスラグ骨材コンクリートという。

JIS A 5011（コンクリート用スラグ骨材）では，高炉スラグ粗骨材，高炉スラグ細骨材，フェロニッケルスラグ細骨材，銅スラグ細骨材，電気炉酸化スラグ粗骨材，電気炉酸化スラグ細骨材が規定されており，その他に転炉スラグ骨材がある。

表5.1.6 高炉スラグ骨材の化学成分および物理・化学的性質 (JIS A 5011-1)

項目		高炉スラグ粗骨材		高炉スラグ細骨材
		L	N	
化学成分	酸化カルシウム（CaOとして）%	45.0以下		45.0以下
	全硫黄（Sとして）%	2.0以下		2.0以下
	三酸化硫黄（SO_3として）%	0.5以下		0.5以下
	全鉄（FeOとして）%	3.0以下		3.0以下
絶乾密度 g/cm^3		2.2以上	2.4以上	2.5以上
吸水率%		6.0以下	4.0以下	3.5以下
単位体積質量 kg/l		1.25以上	1.35以上	1.45以上
水中浸せき		き裂，分解，泥状化，粉化などの現象があってはならない。		－
紫外線（360.0nm）照射		発光しないか，又は一様な紫色に輝いていなければならない。		－

高炉スラグ骨材

高炉スラグ骨材は，溶鉱炉で鉄鉱石から銑鉄を製造する際に副産される溶融スラグの冷却方法により，大気中で徐冷した結晶質で塊状の徐冷スラグと大量の水で急冷したガラス質で粒状の水砕スラグに大別される。高炉スラグ粗骨材は，高炉徐冷スラグを破砕した後，粒度調整したものであり，高炉スラグ細骨材は，高炉水砕スラグを軽破砕により粒子形状を整えた後，粒度調整したものである。

表5.1.6にJIS A 5011-1（コンクリート用スラグ骨材 第Ⅰ部：高炉スラグ骨材）で規定されている高炉スラグ骨材の化学成分および物理・化学的性質を示す。

【参考文献】
1) 土木学会：高炉スラグ骨材コンクリート施工指針，平成5年7月
2) 竹田重三：副産骨材―高炉スラグ骨材，セメント・コンクリート No.618, Aug.1998, pp.70～73
3) JIS A 5011-1：2003 コンクリート用スラグ骨材―第1部

フェロニッケルスラグ細骨材

フェロニッケルスラグ細骨材は，電気炉，ロータリーキルンなどでフェロニッケルを製錬の際に副産される溶融スラグを冷却し，粉砕・粒度調整したものである。

表5.1.7にフェロニッケルスラグ細骨材の製造方法の概要を示す。フェロニッケルスラグ細骨材は，製造方法により，キルン水砕砂，電炉風砕砂，電炉徐冷砂，電炉水砕砂に分類されている。

フェロニッケルスラグ細骨材の品質例を表5.1.8に示し，また特徴を以下にまとめる。

・絶乾密度は2.8～3.0g/cm^3の間となり普通骨材に比べて大きく，吸水率は1%未満である
・実積率は普通骨材に比べて良好である。
・製造工程に海水を用いず，塩化物を含まない。

フェロニッケルスラグ細骨材コンクリートのワーカビィリティー，強度および耐久性は，フェロニッケルスラグ細骨材混合率が50%程度以下であれば，普通骨材コンクリートと同等である。

フェロニッケルスラグ細骨材の絶乾密度は，一般の天然産骨材に比較して10～25%程度高く，単独あるいは普通骨材と混合して用いれば，コンクリートの単位容積質量の増加が可能となる。

【参考文献】
1) 土木学会：フェロニッケルスラグ細骨材を用いたコンクリートの施工指針，平成10年1月
2) 梶原敏孝：副産骨材-銅スラグ骨材，フェロニッケルスラグ骨材，セメント・コンクリート No.618, Aug.1998, pp.74～79
3) JIS A 5011-2：1997 コンクリート用スラグ骨材―第2部

表5.1.7 フェロニッケルスラグ細骨材の製造方法の概要

製造所別銘柄	記号	製法	製造所
キルン水砕砂 A1.2	FNS1.2	半溶融状態のスラグを水で急冷し，粒度調整	日本冶金工業㈱ 大江山製造所
電炉風砕砂 B5	FNS5	溶融状態のスラグを加圧空気で急冷し，粒度調整	太平洋金属㈱ 八戸製造所
電炉徐冷砕砂 C5	FNS5	溶融状態のスラグを大気中で徐冷し，粒度調整	
電炉水砕砂 D5	FNS5	溶融状態のスラグを水で急冷し，粒度調整	㈱日向精錬所
電炉水砕砂 D1.2	FNS1.2		
電炉水砕砂 D5-0.3	FNS5-0.3		

表5.1.8　フェロニッケルスラグ細骨材の品質例

種類	物理的性質					化学成分			
	絶乾密度 (g/cm³)	吸水率 (%)	単位容積質量 (kg/l)	実積率 (%)	粗粒率	FeO (%)	MgO (%)	SiO₂ (%)	CaO (%)
FNS5	2.96	0.55	1.99	67.3	2.54	9.73～10.4	33.6～33.2	55.5～57.6	0.36～0.21
FNS1.2	2.99	0.20	2.08	69.3	2.14	・耐酸、耐アルカリ性　化学的に安定			
FNS5-0.3	2.87	0.84	1.71	59.5	4.14	・水または海水よる溶出水の性状、重金属等の有害物質の溶出が認められず			

表5.1.9　銅スラグ細骨材の製造方法の概要

銘柄	種類	記号	製法	製造所
A	連続製銅炉水砕砂	CUS2.5 CUS5-0.3	連続製銅法による銅精錬時に発生する溶融状態のスラグを水で急冷し、粒度調整	三菱マテリアル㈱直島精錬所
B	反射炉水砕砂	CUS2.5 CUS5-0.3	反射炉による銅精錬時に発生する溶融状態のスラグを水で急冷し、粒度調整	小名浜精錬㈱ 小名浜精錬所
C	自溶炉水砕砂	CUS5 CUS2.5 CUS1.2 CUS5-0.3	自溶炉法による銅精錬時に発生する溶融状態のスラグを水で急冷し、粒度調整	日鉱金属㈱ 佐賀関精錬所
D	自溶炉水砕砂	CUS2.5 CUS1.2 CUS5-0.3	自溶炉法による銅精錬時に発生する溶融状態のスラグを水で急冷し、粒度調整	小坂精錬㈱ 小坂精錬所
E	自溶炉水砕砂	CUS2.5 CUS1.2 CUS5-0.3	自溶炉法による銅精錬時に発生する溶融状態のスラグを水で急冷し、粒度調整	日比共同精錬㈱ 玉野精錬所
F	自溶炉水砕炉	CUS2.5 CUS1.2 CUS5-0.3	自溶炉法による銅精錬時に発生する溶融状態のスラグを水で急冷し、粒度調整	住友金属鉱山㈱ 別子事業所東予工場

表5.1.10　銅スラグ骨材の品質例

種類	物理的性質					化学成分			
	絶乾密度 (g/cm³)	吸水率 (%)	単位容積質量 (kg/l)	実積率 (%)	粗粒率	FeO (%)	Cu (%)	SiO2 (%)	CaO (%)
CUS2.5	3.68	0.26	2.47	68.2	2.22	47.7～53.5	0.59～0.93	31.5～37.0	2.66～1.34
CUS1.2	3.74	0.17	2.54	68.9	1.54	・耐酸、耐アルカリ性　化学的に安定			
CUS5-0.3	3.64	0.88	2.10	60.1	3.41	・水または海水よる溶出水の性状、重金属等の有害物質の溶出が認められず			

銅スラグ細骨材

銅スラグ細骨材は、連続製銅炉、反射炉または自溶炉などによって銅を製錬する際に副産される溶融スラグを水で急冷し、破砕・粒度調整したものである。

表5.1.9に銅スラグ細骨材の製造方法の概要を示す。銅スラグ細骨材は、製造方法により、連続製銅炉水砕砂、反射炉水砕砂、自溶炉水砕砂に分類されている。

銅スラグ細骨材の品質例を表5.1.10に示し、また特徴を以下にまとめる。

- 絶乾密度は3.6～3.8g/cm³の間となり普通骨材に比べて大きく、吸水率は1%未満である。
- 実積率は普通骨材に比べて良好である。
- 塩化物含有量は0.01%程度。

銅スラグ細骨材コンクリートのワーカビリティー、強度および耐久性は、銅スラグ細骨材混合率が30%程度以下であれば、普通骨材コンクリートと同等と考えてよい。

銅スラグ細骨材の絶乾密度は、一般の天然産骨材に比較して30～50%程度高く、単独または普通骨材と混合して用いれば、コンクリートの単位容積質量の増加が可能となる。

【参考文献】
1) 土木学会：銅スラグ細骨材を用いたコンクリートの施工指針, 平成10年1月
2) 梶原敏孝：副産骨材-銅スラグ骨材, フェロニッケルスラグ骨材, セメント・コンクリート No.618, Aug.1998.
3) JIS A 5011-3：2003コンクリート用スラグ骨材—第3部

軽量骨材

軽量骨材は普通骨材（表乾密度2.3g/cm³以上）に比べ単位容積質量が小さい骨材であり、細・粗骨材ともに軽量骨材を用いる場合と粗骨材のみを軽量骨材とする場合がある。

JIS A 5002では、軽量骨材を絶乾密度、実積率、コンクリートの圧縮強度、単位容積質量などにより分類するとともに、産状によって、a.天然軽量骨材（例：火山砂利、軽石等）、b.副産軽量骨材（石炭ガラ、膨張スラブ）、c.人工軽量骨材（膨張頁岩、膨張粘土、焼成フライアッシュ等）、の3種に分類している。軽量骨材は製造方法、骨材の種類によって品質に大きな差があるから、使用目的に応じて経済的な骨材、配合を選ぶ必要がある。一般に構造用軽量コンクリート骨材としては、膨張頁岩を人工的に焼成して製造した内部空げきの多い人工軽量骨材が用いられており、土木学会では、JIS A 5002（構造用軽量コンクリート骨材）に規定されているもののうち、圧縮強度で区分3（30N/mm²以上、40N/mm²未満）および4（40N/mm²以上）に適合するものを用いるとしている。また、軽量骨材コンクリートの単位容積質量の範囲と使用骨材の組み合わせとして表5.1.11を定めている。人工軽量骨材コンクリートの配合設計に当たっては、必ず試験練りを行ない、目的に応じて必要とされる条件が満たされていることを確認しなければならない。軽量骨材コンクリートを練り混ぜるには強制練りミキサがよい。運搬する場合には、粗骨材の浮上がりによる材料分離を防ぐこと、骨材の吸水によって起こるワーカビリティの変化を防ぐために骨材をプレウェッチングして含水量を一定に保つように配慮すること、適当なアジテータトラックを用いることなどの注意が必要である。また軽量コンクリートをポンプで打設する際、圧送中に軽量骨材が圧力吸水するため、ポンプ圧送の場合は、プレウェッチングを十分行なうのが望ましい。打込み、締固めについては普通コンクリートの場合と同様であるが、粗骨材の浮上がりを防ぐよう配慮すると同時に、十分な突固めおよび締固めを行う必要がある。

これまで土木分野では、主に橋梁の長大化を目的に床版に施工する例が多かったが、海洋構造物への適用が検討され、北極海の石油掘削調査基地を始めとし、本州四国連絡橋工事におけるコンクリートプラント船、さらには、熱海の下水処理場鋼殻構造等、大規模に施工されている。

また、近年、フライアッシュを主原料に炭酸カルシウム粉末などを副原料とし、増粘剤を加えて、造粒、焼成して製造される高強度フライアッシュ人工骨材が開発されており、普通骨材より軽量（密度1.8g/cm³程度）でありながら、普通骨材に近い吸水率と強度が実現されている。

【参考文献】
1) 土木学会：『人工軽量骨材コンクリートの設計施工マニュアル』
2) 日本材料学会：『人工軽量骨材使用軽量コンクリート施工指針（案）』
3) 土木学会：コンクリート標準示方書 施工編, 2007年制定
4) 日本建築学会：建築工事標準仕様書, JASS 5 鉄筋コンクリート工事, 2003年
5) セメントコンクリート：『人工軽量骨材特集』No.259, セメント協会
6) 土木学会：高強度フライアッシュ人工骨材を用いたコンクリートの設計・施工指針（案）

重量骨材

磁鉄鉱、チタン鉱、褐鉄鉱、赤鉄鉱、重晶石などの密度の大きい骨材をいう。重量骨材を用いた重量コンクリートは、現在では放射線遮蔽用コンクリートとして用いられている。主な重量骨材の密度を表5.1.12に示す。放射線遮蔽用コンクリートは、生体保護に必要な放射線遮蔽を行ない、バックグラウンドを低下させ計測機器の精度を上げるために使用される。したがって重量コンクリートは、ひび割れの防止をはじめ厳しくその品質を管理する必要がある。

遮蔽用コンクリートの必要条件として、第1に設計強度を有すること、第2に均一組成体であるとともに耐久性を有していること、第3として二次放射

表5.1.11 単位容積質量の範囲と使用する骨材の組み合わせ

軽量骨材コンクリートの種類	単位容積質量の範囲（kg/m³）	使用する骨材	
		粗骨材	細骨材
軽量コンクリート1種	1,600～2,100	軽量骨材または一部普通骨材	普通骨材
軽量コンクリート2種	1,200～1,700	軽量骨材または一部普通骨材	軽量骨材または一部普通骨材

線を生じない設計にすること，第4に打継面に留意し，シィアキィー等を入れ放射線を防止すること，第5に原子炉格納容器の生体遮蔽壁は放射線吸収により発熱が予想されるため，熱膨張係数の小さいコンクリートにすることなどである。

　重量骨材の粒形は普通骨材に比べてよくないので細骨材率を大きくする。また，密度が大きく分離し易いのでW/Cを小さくし，3cm程度の低スランプで施工するのが普通であるため，十分に締め固める必要がある。さらに打設にあたっては，重量，側圧が大きくなるので型枠については十分に考慮する必要がある。

　単位骨材量を増加させ，コンクリートの密度を大きくして遮蔽効果を高めるため，プレパックドコンクリート工法と組合わせて施工が行なわれた実績がある。

【参考文献】
1) 十代田三郎：『建築材料一般』産業図書
2) 伊東茂富：『コンクリート骨材』山海堂

表5.1.12 主な重量骨材の絶乾密度

骨材の種類	主成分	密度（g/cm³）
磁鉄鉱	FeO, Fe_2O_3	4.5～5.2
褐鉄鉱	$Fe(OH)_3$ 他	2.7～4
赤鉄鉱	Fe_2O_3	4～5.3
重晶石	$BaSO_4$	4～4.7
チタン鉄鉱	$FeTiO_3$	4.2～4.8

粗石（巨石）

　一般に150mmふるいにとどまる割石または玉石を指し，これを骨材として埋め込んだコンクリートを粗石コンクリートという。粗石1個の重量が45kg以上の場合，特にこれを巨石と呼称し区別する場合もある。このコンクリートはマッシブな構造物に対し良好な施工を行なえば，強度が高く経済的でもある。粗石としては清浄，強硬，耐久的なものを充分吸水させて用いることが重要である。粗石はコンクリート打込み中に埋め込むが，粗石をとりまくコンクリートを順次よく締固めて施工する必要がある。

　粗石コンクリートの水平打継面は，粗石体積の約半分が新コンクリートと付着するように，粗石を打上り上面に出しておくことが望ましい。耐摩耗性を向上させる目的で，粗石とセメントペーストだけで練ったコンクリートが，越流タイプの小型コンクリートダムに用いられることがあるが，この場合は収縮ひび割れを防ぐ目的で膨張材を併用することが必要である。

【参考文献】
1) 吉田徳次郎：『コンクリート及鉄筋コンクリート施工方法』丸善

マイクロ骨材

　この骨材は，コンクリート構造物の構造解析用模型実験に用いるモデル用材料として使用する粗骨材の最大寸法の小さな骨材である。一般に粗骨材の最大寸法が8～3mm程度のものを指し，モルタルに相当する。コンクリート構造物の力学的な性状や破壊性状を知るため，実物大の構造物で実験するのが不可能であったり，経済的な理由などにより，模型による実測結果から実物の性状を把握するため，実物の模型の縮尺にあわせ，粗骨材の寸法も小さくすることが必要になる。粗骨材の寸法を模型の縮尺寸法にちぢめること以外に，粒度曲線をも相似にしなければならない。さらに，圧縮強度，引張強度，弾性係数などの相対的な関係についても，実験の目的によって調整する必要がある。

　マイクロ骨材を用いたコンクリートをマイクロコンクリートといい，その圧縮強度は，一般のコンクリートに比べ，水セメント比が同一でも大きい値となり，この傾向は骨材の最大寸法が小さいほど著しい。

　弾性係数と圧縮強度の比は粗骨材の最大寸法が小さくなるほど小さく，引張強度と圧縮強度の比は，粗骨材が小さくなるほど大きくなる。

【参考文献】
1) 日本コンクリート工学協会：「コンクリート便覧［第2版］」技報堂出版，1996

海砂および山砂

　最近，治水上あるいは河川管理上の理由から河川砂の採取規制が厳しくなり，天然骨材では海砂，山砂がコンクリート用骨材の主材料となっている。

　海砂は西日本の沿岸から2～6kmの沖合で，バケット方式あるいはポンプ方式により採取されており，特に関西，中国，四国，九州および沖縄地区でコンクリート用細骨材としての使用割合が高い。

　海砂の品質では，コンクリートの塩害が社会的問

題となったこと，およびフレッシュコンクリート中の塩化物含有量の大半が細骨材から供給されることから，特に，塩化物量が問題となる。

JIS A 5308では砂の塩化物量（砂の乾燥質量に対するNaCl換算値）は，0.04％を越すものについては0.1％を限度として購入者の承認を得るものとし，プレテンションプレストレストコンクリート部材に用いる場合は，0.02％以下とし，購入者の承認を得て，0.03％以下とすることができる。

また，海砂中に含まれる塩化物の大部分を構成する塩化ナトリウムはアルカリシリカ反応を促進させる作用も有するので，充分な注意が必要である。

現在，一般的に行われている除塩法は，a.散・注水法，b.どぶ漬け法，c.自然放置法，d.機械式除塩法の4つに分類される。

海砂の粒度分布は構成粒子が細かく，単一粒度の場合があり，コンクリート用細骨材として使用する場合には，粒度調整のために粗目の砕砂を混合することが行われる。

また，海砂は大きな貝殻片や巻貝が混入しない限り実用上の問題はないが，扁平で細かい貝殻の混入率が高い場合には実積率が低くなり，密度の高いコンクリートを得ることができないといわれている。

山砂は，第三期末期および第四期初期に堆積し，その後基盤の隆起によって山地，丘陵地，台地等になったところに賦存する砂礫層で採取の対象となる。山砂は，平成6年度の砂全供給量の35.2％と海砂とともに供給量が高い骨材である。

山砂は，一般的に表土に覆われているため泥分などの不純物の除去が必要となる。

【参考文献】
1) 竹島敏政：砂利，砂，コンクリート工学，Vol.34，No.7，1996.7，pp13〜17

再生骨材

良質な骨材資源の枯渇やコンクリート副産物の再利用という観点から，再生骨材は今後コンクリート用骨材として再利用することが望まれている。しかしながら，2007年度の建設副産物の再利用率調査によるとコンクリート塊の排出量が3215万tのうち再資源化率は約98％と高いが，そのほとんどが路盤材として利用されているのが現状である。

建設省では，1992年度から5カ年実施された建設省総合技術開発プロジェクト「建設副産物の発生抑制・再利用技術の開発」を受け，「コンクリート副産物のリサイクルの方策のひとつとして，平成6年4月11日に，建設大臣官房技術調査室長から各地方建設局等あてに「コンクリート副産物の再利用に関する用途別暫定品質基準（案）」を通達した。

その後，日本コンクリート工学協会における委員会においてJIS化が検討され2005年から，再生骨材を高品質（H），中品質（M），低品質（L）に区分したJIS A 5021，5022，および5023がそれぞれ制定された。

再生骨材Hは高度に再生処理され，原骨材に近似した性能を持ち，レディーミクストコンクリートでの使用を想定し，コンクリート標準示方書においても標準材料として認められている。

一方，再生骨材MおよびLは骨材表面へのセメントペーストの付着をかなりの程度許容しているため，骨材としてではなく再生骨材コンクリートとして規定されている。再生骨材Mを使用したコンクリートは専用のプラントで製造され，乾燥収縮および凍結融解の影響を受けにくい部材に使用され，再生骨材Lは耐久性を必要としない無筋コンクリートや鉄筋を使用するコンクリートブロックなどに使用することを想定している。

これらの再生骨材の品質は表5.1.13に示すように，

表5.1.13 再生骨材の品質

	再生粗骨材			再生細骨材		
	H	M	L	H	M	L
絶乾密度（g/cm³）	2.5以上	2.3以上	−	2.5以上	2.2以上	−
吸水率（％）	3.0以下	5.0以下	7.0以下	3.5以下	7.0以下	13.0以下
すり減り減量（％）	35以下*	−				
微粒分量（％）	1.0以下	1.5以下	2.0以下	7.0以下	7.0以下	10.0以下
不純物量の限度（％）	3.0	3.0	−	3.0	3.0	−

*舗装版に用いる場合に適用する。

再生骨材の品質およびそれを用いたコンクリートの物性が付着したモルタルに大きく影響を受けることから，吸水率と微粒分量を指標としている。

【参考文献】
1) 国土交通省：建設副産物実態調査
2) 土木学会：コンクリート標準示方書　施工編，2007年制定

溶融スラグ骨材

溶融スラグ骨材は，都市ゴミなどの一般廃棄物，下水汚泥またはそれらの焼却灰を1200℃以上で溶融・固化したものである。重金属の溶出抑止効果が高く，埋め立て処分の安全化および廃棄物の減容化に寄与するものとして期待されている。

溶融スラグ固化物の特性がコンクリート用骨材としての性能を有することからJIS A5031：2006（一般廃棄物，下水汚泥又はそれらの焼却灰を溶融固化したコンクリート用溶融スラグ骨材）が制定された。そこでは，コンクリート用骨材としての使用実績および長期安定性に関する実績が少ないことから，適用範囲を設計基準強度35N/mm^{2}以下のコンクリート製品，ならびに設計基準強度33N/mm^{2}以下の生コンクリートに制限している。なお，JIS A5308：2009（レディーミクストコンクリート）では溶融スラグ骨材は使用できないので注意を要する。

表5.1.14に溶融スラグ骨材の物理的性質を，表5.1.15に有害物質の溶出量および含有量基準を示す。溶融スラグ骨材のアルカリシリカ反応性はほぼ無害と思われるが，安全側の観点からアルカリシリカ反応区分をBとみなし，JIS A5308附属書B（規定）によるアルカリシリカ反応性に対する抑制対策を講じて使用することが望ましいとされている。

溶融スラグをコンクリート用骨材として使用する場合，そのままではガラス質であり，天然骨材に比べ，骨材強度やモルタルとの付着強度が低下することとなる。

東京都では，溶融スラグの弱点を改善するために汚泥焼却灰に石灰などの調整材を加え，溶融スラグを生成後，再加熱してアノーサイト結晶を主結晶とした結晶化ガラスを開発している。この結晶化ガラスは，砂利状であり，JIS規格を満足し，天然骨材と同等の品質を有したものである。

結晶化ガラスは，コンクリート用骨材ばかりでなく，人造石やコンクリート製品への用途も考えられる。

【参考文献】
1) 大同均：下水汚泥の有効利用-骨材利用を中心に，セメント・コンクリート No.618，Aug.1998，pp.130～131
2) 川上勝弥：溶融スラグ骨材，コンクリート工学 Vol.46，No.5，May 2008

混和材料

混和材料は，セメント，水，骨材以外の材料で，練混ぜの際に必要に応じてモルタルまたはコンクリートに加える材料である。

混和材料は，モルタルあるいはコンクリートなどに使用することで，強度・耐久性などの品質の向上，流動性向上・材料分離抑制などの施工性の改善，単位セメント量や単位水量の低減などの経済性の改善

表5.1.14　溶融スラグ骨材の物理的性質

区分	項目		JIS規格値	一般廃棄物	下水汚泥
細骨材	絶乾密度	g/cm^3	2.5以上	2.77	2.71
	吸水率	%	3.0以下	0.68	1.17
	安定性	%	10以下	2.15	4.50
	単位容積質量	kg/l	−	1.66	1.48
	粒形判定実積率	%	53以下	55.4	−
	微粒分量	%	7.0以下	2.34	0.43
粗骨材	絶乾密度	g/cm^3	2.5以上	2.78	2.84
	吸水率	%	3.0以下	0.49	0.14
	安定性	%	12以下	−	0.58
	単位容積質量	kg/l	−	1.74	1.65
	粒形判定実積率	%	55以上	−	−
	微粒分量	%	1.0以下	−	−

表5.1.15　有害物質の溶出量および含有量基準

項目		溶出量基準	含有量基準
カドミウム		0.01mg/L以下	150mg/kg以下
鉛		0.01mg/L以下	150mg/kg以下
六価クロム		0.05mg/L以下	250mg/kg以下
ひ素		0.01mg/L以下	150mg/kg以下
総水銀		0.0005mg/L以下	15mg/kg以下
セレン		0.01mg/L以下	150mg/kg以下
フッ素		0.8mg/L以下	4000mg/kg以下
ホウ素		1.0mg/L以下	4000mg/kg以下
試験方法	規格	JIS K0058-1	JIS K0058-2
	試料	JIS骨材の利用有姿	2mm目ふるいを通過

などに効果を発揮するだけでなく，特殊な使用環境，施工条件，美観確保などの用途でも使用されている。

混和材料は，「混和材」と「混和剤」に区分され，一般にはフライアッシュや高炉スラグ微粉末など比較的多量に使用し配合計算に組み入れられるものを「混和材」，AE剤やAE減水剤など使用量が少量で配合計算に組み入れられないものを「混和剤」とされている。

【参考文献】
1）笠井芳夫編：コンクリート総覧，技術書院，1998

1 混和材

良質の混和材を適切に用いた場合の効果は大きく，コンクリートの品質や施工性を大幅に改善することができる。したがって，品質や性能を確認した上で積極的な活用が望まれる。混和材の機能別の分類を表5.1.16に示す。例えば，コンクリートにシリカフュームを適量添加するとシリカフュームの持つポゾラン活性やマイクロフィラー効果が有効に発揮され，コンクリートの高強度化や高耐久性化など優れた硬化後の機能が得られるだけでなく，低水セメント域では施工性の大幅な改善が得られる。

【参考文献】
1）土木学会：コンクリート標準示方書　施工編，2007年制定

膨張材

コンクリートに用いる膨張材は，JIS A 6202「コンクリート用膨張材」に規定されている。それによると，膨張材は，セメントおよび水とともに練り混ぜた場合，水和反応によってエトリンガイト，水酸化カルシウムなどを生成し，コンクリート又はモルタルを膨張させる作用のある混和材料と定義している。市販されている膨張材は，CSA系（カルシウムサルホアルミネート）とCaO系（石灰）に分かれる。近年，この他にカルシウムサルフォアルミネート・石灰複合系膨張材や石灰系成分を高めた低添加型の膨張材も実用化されている。CSA系の膨張材はエトリンガイト（$3CaO \cdot Al_2O_3 \cdot 3CaSO_4 \cdot 32H_2O$），CaO系の膨張材は水酸化カルシウム（$Ca(OH)_2$）を生成する。JIS A 6202に規定されているコンクリート用膨張材の品質を表5.1.17に示す。

【参考文献】
1）土木学会：コンクリート標準示方書　施工編，2007年制定
2）日本規格協会：コンクリート用膨張材，JIS A 6202-1997

膨張コンクリート（ケミカルプレストレストコンクリート）

膨張コンクリートは，コンクリートが硬化を始める頃から材齢数日まで継続して膨張を起こすような膨張材を入れたコンクリートである。

現在我が国で市販されている膨張材としては，カルシウム・サルフォ・アルミネート系（CSAと称する）と，CaOを主成分とする石灰系およびCSA・石灰複合系の3種類である。

表5.1.16　機能と混和材

利用する機能	混和材
1. ポゾラン活性	フライアッシュ，シリカフューム，火山灰，けい酸白土，けい藻土
2. 潜在水硬性	高炉スラグ微粉末
3. 硬化過程での膨張	膨張材
4. オートクレーブ養生での高強度化	けい酸質微粉末
5. 着色	着色剤
6. 材料分離・ブリーディングの抑制	石灰石微粉末
7. その他	高強度用混和剤，耐磨耗材，ポリマー，増量材など

表5.1.17　コンクリート膨張材の品質

化学成分			規定値
化学成分	酸化マグネシウム	%	5.0以下
	強熱減量	%	3.0以下
	全アルカリ	%	0.75以下
	塩化物イオン	%	0.05以下
物理的性質	比表面積	cm²/g	2000以上
	1.2mmふるい残分	%	0.5以下
	凝結　始発	min	60以後
	終結	h	10以内
	膨張性　%（長さ変化率）　材齢7日		0.025以上
	材齢28日		−0.015以上
	圧縮強度　N/mm² 　材齢3日		12.5以上
	材齢7日		22.5以上
	材齢28日		42.5以上

表5.1.18　市販されている膨張性混和材

商品名	タイプ
太平洋エクスパン	石灰系
サクス	石灰系
デンカCSA	CSA系
太平洋ジプカル	CSA系
スーパーサクス	CSA・石灰複合系
デンカパワーCSA	CSA・石灰複合系

CSA系は水和により，針状結晶のエトリンガイトを生成し，石灰系は水酸化カルシウムを生成することにより，コンクリートを膨張させる。また，CSA・石灰複合系ではエトリンガイトと水酸化カルシウムが生成する。

現在製造している膨張材は，CSA系ではデンカCSA，太平洋ジプカルの2銘柄，石灰系では太平洋エクスパン，サクスの2銘柄，CSA・石灰複合系ではスーパーサクス，デンカパワーCSAの2銘柄である。

膨張材の使用方法は，ポルトランドセメントの一部とみなして目的に応じ20～60kg/m³程度添加する。本工法は鉄筋などで膨張を拘束してケミカルプレストレスコンクリートを導入するケミカルプレストレスコンクリートとコンクリートの乾燥収縮を補償しひびわれ低減を目的とした収縮補償コンクリートに使い分けられている。

収縮補償の目的には膨張材を20～30kg/m³程度混入して膨張率0.025%以下が用いられ，ケミカルプレストレスには30～60kg/m³の膨張材を使用し自由膨張率は0.1%以下となるように制御されている。

施工に際しては，初期に湿潤養生をすることが必要であり，二次製品では蒸気養生も効果がある。膨張コンクリートは凝結時間が普通のコンクリートより早くなるので，暑中の生コンクリートのポンプ打設等には注意を要する。また膨張量は膨張材の量によって微妙に変化するので規定量以上入れないように注意し，練混ぜを十分行なって膨張材の固まりが生じないようにすることが重要である。

膨張コンクリートの用途は，ひび割れ防止用として建築の屋上コンクリート，道路舗装，のり面吹付けコンクリート，水槽，プール，地下構造物，左官モルタルなどがあり，ケミカルプレストレスを導入したヒューム管，パイル，ボックスカルバートなどがある。また，近年有機系の抑制剤によりセメント膨張材の水和発熱を抑制した水和発熱抑制型膨張材や膨張材の働きに加えて早強性を添加した早強型が開発されている。

現場打設の円型水槽やトンネルのライニングにケミカルプレストレスを導入した施工例も報告されている。

（無収縮コンクリート参照）

【参考文献】
1) 土木学会：「膨張セメント混和材を用いたコンクリートに関するシンポジウム」1972年
2) 第5回セメント化学シンポジウム，1968年
3) 一家惟俊：「膨張材によるひびわれの制御」コンクリートジャーナル Vol.11, No.9, pp.70～75
4) 日本コンクリート工学協会：コンクリート技術の要点，'09
5) 辻幸和・佐久間隆司・保利彰宏：高性能膨張コンクリート，技報堂出版，2008

■ 無収縮コンクリート（モルタル）

コンクリートの乾燥収縮を低減し，ひび割れの発生を防ぐ目的で，セメントに膨張材を適量混入したコンクリート（モルタル）である。

わが国で市販されている膨張材は，（膨張コンクリートの項を参照）4種類である。

なお，この他に鉄粉の膨張を利用したものやCSA系材料により，アンカーボルトの固定，機械基礎のグラウトなどに使用するプレミックスタイプの無収縮モルタルなども市販されている。

市販されている無収縮モルタルとしては，大型プラントの重機械類や橋梁支承などのグラウト材として用いられているデンカタスコンやマスターフローがある。

フライアッシュ

フライアッシュは，石炭火力発電所において微粉炭を燃焼させる際に得られる副産物である。フライアッシュは，密度が2.0～2.2g/cm³程度で，平均粒径が20μm程度の球状の微粉末である。良質のフライアッシュは球状をなしており，そのためワーカビリティーの改善に効果があると言える。ただし最近は，フライアッシュの形状は，かならずしも球状ではなく，ワーカビリティーは以前ほど向上しないようである。粒径の大きいフライアッシュが粗な形状を呈し，フライアッシュ微粉末は球状であることが明らかにされており，フライアッシュ微粉末の利用が研究されている。主な成分は，二酸化ケイ素（SiO_2），三酸化アルミニウム（Al_2O_3）で両者を合わせると70～80%を占める。フライアッシュは，それ自体には水硬性がないが，非晶質の二酸化ケイ素がセメントの水和によって生成される水酸化カルシウムと反応して難溶性水和物ゲルを生成し硬化するポゾラン活性を持っている。

コンクリートに用いるフライアッシュは，JIS A 6201「コンクリート用フライアッシュ」に規定され

表5.1.19 フライアッシュの品質 [JIS A 6201]

項目 \ 種類		フライアッシュI種	フライアッシュII種	フライアッシュIII種	フライアッシュIV種
二酸化けい素 %		45.0以上			
湿分 %		1.0以下			
強熱減量 %		3.0以下	5.0以下	8.0以下	5.0以下
密度 g/cm³		1.95以上			
粉末度	45μmふるい残分(網ふるい法) %	10以下	40以下	40以下	70以下
	比表面積(ブレーン方法) cm²/g	5000以上	2500以上	2500以上	1500以上
フロー値比 %		105以上	95以上	85以上	75以上
活性度指数 %	材齢28日	90以上	80以上	80以上	60以上
	材齢91日	100以上	90以上	90以上	70以上

ているが,1999年度に改正され,I種からIV種までの4種類に分類された。その品質を表5.1.19に示す。

【参考文献】
1) 大賀宏行:資源の有効利用とコンクリート第7回フライアッシュや石炭灰を用いたコンクリート,コンクリート工学,Vol.34,No.6,pp.69〜74,1996.6
2) 日本規格協会:コンクリート用フライアッシュ,JIS A 6201-1999

■ フライアッシュコンクリート

コンクリートに良質のフライアッシュを適当量混入して,コンクリートの性質を改善するコンクリートである。フライアッシュコンクリートの利点は,ワーカビリティーの改善,長期材齢における強度,水密性および耐久性の改善,硬化熱の緩和,乾燥収縮の減少,経済性などである。

フライアッシュはダムコンクリートなどのマスコンクリートに最も多く利用されている。フライアッシュを用いたコンクリートの初期強度は,フライアッシュ置換率の大きいほど小さい。したがって早期材齢において所要の強度を出すためには,フライアッシュ置換率が大きいほど,単位セメント量を増さねばならない。経済的にはフライアッシュ置換率を大きくとった方が有利であり,配合設計に当ってはこのことを十分考慮する必要がある。フライアッシュ置換率は15〜30%が普通であり,減水剤を使用することにより単位水量は20%近くも減少し,このためコンクリート強度も比較的高い。フライアッシュのポゾラン活性により長期強度の伸びが大きく,設計強度指定日を材齢91日にすることが可能ならば,マスコンクリートに対しては非常に有効である。

【参考文献】
1) 国分正胤:「フライアッシュおよびフライアッシュセメント」『セメントコンクリート』No.267,セメント協会
2) 林正道・鮎田耕一・猪狩平三郎:「フライアッシュセメントコンクリートの海水に対する凍結融解抵抗」土木学会北海道支部論文報告集,昭和54年

高炉スラグ微粉末

高炉スラグ微粉末とは,溶鉱炉で銑鉄と同時に生成する溶融スラグを水,空気によって急冷した高炉スラグを粉砕して作る乾燥微粉末で,石こうを添加したものを含む。高炉スラグ微粉末は,潜在水硬性を有しており,アルカリ刺激により硬化する。JIS A 6206「コンクリート用高炉スラグ微粉末」に規定されている品質規定を表5.1.20に示す。粉末度の高い高炉スラグ微粉末は,近年ニーズが高まっている高強度コンクリートや高流動コンクリート用の混和材として新たな用途が生まれてきており,また,製造時の二酸化炭素発生量が少ない地球環境負荷低減材料としての観点からも今後の利用拡大が見込まれる。

【参考文献】
1) 土木学会:高炉スラグ微粉末を用いたコンクリートの設計施工指針(案),コンクリートライブラリー第63号,1988.1
2) 日本建築学会:高炉スラグ微粉末を用いたコンクリートの技術の現状,1992.6
3) 日本規格協会:コンクリート用高炉スラグ微粉末,JIS A 6206-1997

■ 高炉スラグ微粉末コンクリート

高炉スラグ微粉末をポルトランドセメントと混合してコンクリートに使用すると,ポルトランドセメントのみでは得られない以下のような特性が得られる。もちろん,この中には従来から用いられている高炉セメントでもある程度得られる特性もあるが,

表5.1.20　高炉スラグ微粉末の品質規定［JIS A 6206］

品質			高炉スラグ微粉末　4000	高炉スラグ微粉末　6000	高炉スラグ微粉末　8000
密度		g/cm³	2.8以上	2.8以上	2.8以上
比表面積		cm²/g	3000以上5000未満	5000以上7000未満	7000以上10,000未満
活性度指数	材齢7日	%	55以上	75以上	95以上
	材齢28日	%	75以上	95以上	105以上
	材齢91日	%	95以上	105以上	105以上
フロー値比		%	95以上	90以上	90以上
酸化マグネシウム		%	10.0以下	10.0以下	10.0以下
三酸化硫黄		%	4.0以下	4.0以下	4.0以下
強熱減量		%	3.0以下	3.0以下	3.0以下
塩化物イオン		%	0.02以下	0.02以下	0.02以下

表5.1.21　高炉スラグ微粉末の材齢28日圧縮強度発現状況（1）

置換率(%)	無混入コンクリートの強度を100とした強度の比率（%）											
	高炉スラグ微粉末4000				高炉スラグ微粉末6000				高炉スラグ微粉末8000			
	水結合材比				水結合材比				水結合材比			
	25	35	45	55	25	35	45	55	25	35	45	55
30	102	108	116	120	107	112	129	134	113	124	138	157
50	89	102	102	115	93	107	109	120	110	120	129	143
70	70	76	82	72	79	90	98	91	98	102	110	123

スラグの置換率や粉末度を変えることができる高炉スラグ微粉末コンクリートでは，より一層それらの特徴を発揮させることができる。

・水和発熱速度の低減およびコンクリートの温度上昇抑制
・長期材齢における強度増進
・組織の緻密化による水密性や塩化物イオン遮蔽性の向上
・硫酸塩に対する化学抵抗性の向上
・コンクリート中のアルカリ成分減少によるアルカリシリカ反応の抑制
・粉末度が大きい場合はブリーディングの抑制
・粉末度が大きい場合はコンクリートの高強度化

ただし，湿潤養生を十分に行わない場合は中性化速度が早まり，粉末度の大きいスラグを使用した場合自己収縮が大きくなることがあるので注意を要する。

表5.1.21は，高炉スラグ微粉末の粉末度と置換率の違いによる材齢28日の圧縮強度発現状況である。高炉スラグ微粉末4000では70％の置換率で無混入コンクリートの70％程度の強度発現であるが，高炉スラグ微粉末8000では70％の置換率でも水結合材比にかかわらずほぼ同等以上の強度発現であり，高置換率での粉末度の強度発現性状に及ぼす影響が顕著である。

【参考文献】
1）日本建築学会：高炉スラグ微粉末を用いたコンクリートの技術の現状，1992.6
2）土木学会：高炉スラグ微粉末を用いたコンクリートの設計施工指針（案），コンクリートライブラリー第63号，1988.1
3）依田彰彦：資源の有効利用とコンクリート第5回高炉スラグ微粉末を用いたコンクリート，コンクリート工学，Vol.34，No.4，1996.4

シリカフューム

シリカフュームは，フェロシリコンや金属シリコンの製造過程の廃ガス中から集塵される粒径1μm以下，平均粒径0.1μm程度，比表面積が200,000cm²/gの球形の超微粒子で，密度は2.1～2.2g/cm³程度である。シリカフュームの主成分はアルカリ溶液中で可溶性となる非晶質の二酸化ケイ素（SiO_2）であり人工のポゾラン材料である。表5.1.22にJIS A6207に規定された品質基準を示す。シリカフュームは，粉体状，粒状，スラリー状の3つの製品形態がある。粉体状のものは飛散しやすく取り扱いに注意を要する。

【参考文献】
1）土木学会：シリカフュームを用いたコンクリートの設計・施工指針（案），コンクリートライブラリー第80号，1995.10
2）日本規格協会：コンクリート用シリカフューム，JIS A 6207-2006

表5.1.22　シリカフュームの品質

項目		品質
二酸化けい素　%		85.0以上
酸化マグネシウム　%		5.0以下
三酸化硫黄　%		3.0以下
遊離酸化カルシウム　%		1.0以下
遊離けい素　%		0.4以下
塩化物イオン　%		0.10以下
強熱減量　%		5.0以下
湿分　%		3.0以下
比表面積（BET法）*　m^2/g		15以上
密度　g/cm^3		試験値とする
活性度指数　%	材齢7日	95以上
	材齢28日	105以上

＊：粉体シリカフュームおよび粒体シリカフュームに適用する

■　シリカフューム混入コンクリート

　シリカフュームをコンクリートへ混入する目的は，高強度化，高耐久化，施工性改善などである。水結合材比が大きいコンクリート（水結合材比40％程度以上）にシリカフュームを混入するとコンクリートの流動性が低下する傾向が顕著であるが，水結合材比が小さいコンクリート（水結合材比30％程度以下）では，高性能減水剤あるいは高性能AE減水剤の併用で流動性が増大し，少ない単位水量でワーカブルなコンクリートを製造できる。例えば，水結合材比が25％程度以下になると，シリカフュームを混入しないコンクリートは製造時の練混ぜ時間が極端に長くかかる。さらに，練り上りの状態は粘性が非常に高くて施工性が著しく悪い状態になる場合があるが，その場合でもセメントの10％程度をシリカフュームと置換することにより粘性が大幅に低減されて施工性が大幅に改善される。とくに極低水結合材比での施工性の改善効果は顕著である。

　また，シリカフュームを用いた吹付けコンクリートははね返り率や粉じん濃度の低減といった作業性の改善効果が認められており，吹付けコンクリート指針（案）においては施工性の改善を目的とする場合において吹付け試験などにより所要の性能を確認する場合にはJIS A6207「コンクリート用シリカフューム」で定める規格値を満足しなくても良いこととしている。

【参考文献】
1）土木学会：シリカフュームを用いたコンクリートの設計・施工指針（案），コンクリートライブラリー第80号，1995.10
2）日本建築学会：シリカフュームを用いたコンクリートの調合設計・施工ガイドライン，1996.1
3）松藤泰典：資源の有効利用とコンクリート第6回シリカフュームを用いたコンクリート，コンクリート工学，Vol.34, No.5, 1996.5
4）土木学会：吹付けコンクリート指針（案）［トンネル編］，コンクリートライブラリー第121号，2005.7

2　混和剤

　混和剤は，混和材料の中で使用量が少なく，それ自体の容積がコンクリート・モルタルなどの練り上がり容積に算入されないものである。

　表5.1.23にコンクリートに付与する機能と混和剤の種類を示す。一般に，混和剤はコンクリートのワーカビリティーや耐凍害性の改善，減水効果による単位セメント量や単位水量の減少，流動性の改善などの品質確保および施工性向上といった機能を満たすために用いられている。

　また，コンクリートの使用環境や施工条件，特殊な用途，耐久性，美観などの改善のためにも，混和剤の果たす役割は大きくなってきている。

　表5.1.24に示す混和剤は，それぞれ対応する基準があるが，その他の混和剤については，品質の確認や使用方法の充分な検討が必要となる。

表5.1.23　機能と混和剤

利用する機能	混和剤
1．ワーカビリティー，耐凍害性の改善	AE剤，AE減水剤
2．ワーカビリティーを改善し単位水量・セメント量の減少	減水剤，AE減水剤
3．高い減水効果による高強度化	高性能減水剤，高性能AE減水剤
4．所要の単位水量の著しい減少によるスランプ保持，耐凍害性の改善	高性能AE減水剤
5．配合・硬化後の物性を変更せず流動性の大幅改善	流動化剤
6．粘性増大による水中での材料分離の抑制	水中不分離性混和剤
7．凝結，硬化時間の調整	硬化促進剤，急結剤，遅延剤，打継ぎ用遅延剤
8．気泡による充てん性の改善および質量の調整	気泡剤
9．増粘，凝集作用による材料分離の抑制	ポンプ圧送助剤，分離低減剤，増粘剤
10．流動性の改善および適度な膨張性の付与による充てん性・強度の改善	プレパックドコンクリート用混和剤，高強度プレパックドコンクリート用混和剤，間げき充てんモルタル用混和剤
11．塩化物イオンによる鉄筋腐食の抑制	鉄筋コンクリート用防せい剤
12．その他	防水剤，防凍・防寒剤，乾燥収縮低減剤，水和熱抑制剤，粉じん低減剤，付着モルタル安定剤等

表5.1.24　混和剤の各規格・基準

種類	規格・基準
AE剤,減水剤,高性能減水剤,AE減水剤,高性能AE減水剤,硬化促進剤,流動化剤	JIS A 6204「コンクリート用化学混和剤」
鉄筋コンクリート用防せい剤	JIS A 6205「鉄筋コンクリート用防せい剤」
水中不分離性混和剤	JSCE-D 104「コンクリート用水中不分離性混和剤品質規格」
急結剤	JSCE-D 102「吹付けコンクリート用急結剤品質規格」
耐寒促進剤	日本建築学会「寒中コンクリートの施工指針・同解説」

【参考文献】
1）土木学会：コンクリート標準示方書　施工編，2007年制定
2）土木学会：コンクリート標準示方書　規準編，2007年制定

遅延剤

　遅延剤は，JIS A 0203（コンクリート用語）によると，「セメントの水和反応を遅らせ，凝結に要する時間を長くするために用いる混和剤」とされており，凝結，凝結遅延効果および用途により遅延剤と超遅延剤に分類される。

　遅延剤は，通常，減水剤，AE減水剤および高性能AE減水剤の遅延形として使用され，JIS A 6204「コンクリート用化学混和剤」では，基準コンクリートに対する凝結始発時間の差は減水剤およびAE減水剤で+60～+210分，高性能AE減水剤で+90～+240分となるよう規定されている。

　超遅延剤は，添加量を調整することにより，コンクリートの凝結時間を数日間程度と大幅に遅延させることが可能でありながら，空気連行性がなく，硬化後のコンクリート強度発現性にも悪影響を及ぼさない混和剤である。

　遅延剤および超遅延剤に使用される種類および成分は表5.1.25のように分類され，一般にはオキシカルボン酸とケイフッ化物が使用されている。

【参考文献】
1）椎葉大和：超遅延剤，コンクリート工学，Vol.26，No.3，March1988，pp50～54
2）笠井芳夫：コンクリート総覧，技術書院

表5.1.25　遅延剤・超遅延剤の成分

種類	成分
無機系化合物	ケイフッ化物（$MgSiF_6$），ホウ酸塩，リン酸塩，亜鉛化合物，鉛化合物，銅化合物
有機系化合物	オキシカルボン酸とその塩，ケト酸とその塩，アミノカルボン酸とその塩，糖類，糖アルコール類，高分子有機酸とその塩，水溶性アクリル酸とその塩

凝結遅延コンクリート

　凝結遅延コンクリートは，混和剤に遅延剤または超遅延剤などを用いたコンクリートであり，運搬時のスランプ低下の抑制，および施工時のコールドジョイント発生抑制などに効果がある。

　通常の遅延形AE減水剤あるいは高性能AE減水剤の凝結遅延効果は4～5時間であり，さらに凝結時間を遅延させるために過剰添加すると多量の空気連行による強度低下や大幅な凝結遅延による硬化不良が生じるため注意が必要である。

　超遅延剤はコンクリートの凝結時間を通常の遅延剤より遅らせることにより，スランプロスの改善，コンクリート打継部の一体化，スライディングフォーム工法，溝真柱の建入れ工法，場所打ち杭頭処理工法，マスコンクリート壁体の拘束ひび割れ低減工法などに適用される。

　しかしながら，超遅延剤は，環境温度，使用材料，添加量・方法等により凝結遅延効果が異なり，特に添加量が0.4％以上となると凝結時間は著しく遅延されることから，事前に試し練りを行い，遅延効果および性能を把握することが必要となる。

【参考文献】
1）椎葉大和：超遅延剤，コンクリート工学，Vol.26，No.3，March1988，pp50～54
2）笠井芳夫：コンクリート総覧，技術書院，1998

戻りコンクリート

　生コンクリート工場における戻りコンクリートの処理方法としては，a.二次製品，再生路盤材，産業廃棄物などの固形処理，b.戻りコンクリート洗浄後，骨材回収処理が一般的であるが，最近，残・戻りコンクリートに遅延剤を添加して再利用する方法が提案され実用化されている。

　戻りコンクリートの再利用は，戻りコンクリートにオキシカルボン酸系遅延剤を添加し，翌日，カルシウムアルミネート系の硬化促進剤およびスランプ

調整のための高性能AE減水剤を添加し，再利用するものである。現状では，配合強度30N/mm²程度のコンクリートを対象としており，ブリーディングや凝結時間等に注意すれば，その他打ち込みや強度発現性は通常コンクリートと同程度である。

また，コンクリートを全量排出した後のアジテータ車に付着したモルタルを，その凝結を遅延させて再利用するための付着モルタル安定剤が各種商品化されており，JIS A5308レディーミクストコンクリート附属書Dには付着モルタルの使用法の詳細について記載されている。

【参考文献】
1) 土木学会：コンクリートライブラリー96，資源有効利用の現状と課題
2) 吉井ら：戻りコンクリートの再利用に関する一研究，コンクリート工学年次論文報告集，Vol.19，No.1，pp.241-246，1997
3) 日本コンクリート工学協会：コンクリート技術の要点，'09

AE剤，AE減水剤

AE剤は，JIS A 0203「コンクリート用語」によると，「コンクリートなどの中に，多数の微細な独立した空気泡を一様に分布させ，ワーカビリティーおよび耐凍害性を向上させる混和剤」とされている。

表5.1.26にAE剤の分類と特性を示す。AE剤の主成分である界面活性剤は，陰イオン系，陽イオン系，両性系，非イオン系に分類されるが，一般には陰イオン系と非イオン系が使用されている。

プレーンコンクリートに潜在的に含まれる粗い不整形な空位泡（エントラップドエア：Entrapped Air）に対し，良質なAE剤によりコンクリート中に連行される空気泡（エントレインドエア：Entrained Air）は直径が10～100μmの微細なものでありコンクリート中に一様に分布することとなる。この微細な空気泡は，ボールベアリングのような作用があり，単位水量の減少，ワーカビリティーの改善，耐凍害性の向上が図れることとなる。

AE減水剤は，JIS A 0203「コンクリート用語」によると，「AE剤と減水剤との両方の使用効果を兼ね備えた混和剤」とされている。すなわち，AE剤のコンクリート中に微細な空気泡を連行する性能と，減水剤のセメント粒子に対する吸着・分散作用による所要のスランプを得るために必要な単位水量を減少する性能を兼ね備えた混和剤である。

表5.1.27にAE減水剤に使用される化学混和剤の特性を示す。一般のAE減水剤では，ポリオール複合体，リグニンスルホン酸塩およびヒドロキシ酸塩（オキシカルボン酸塩）のものが多い。

また，表5.1.28にはJIS A 6204における化学混和剤の性能規定を示すが，減水剤およびAE減水剤はコンクリートの凝結時間の調整により，標準形，遅延形，促進形に分類されている。

【参考文献】
1) 斉藤賢三：AE剤，コンクリート工学，Vol.26，No.3，March1988，pp24～27
2) 八木秀夫：減水剤，AE減水剤，コンクリート工学，Vol.26，No.3，March1988，pp28～31
3) 笠井芳夫：コンクリート総覧，技術書院，1998

表5.1.26　AE剤の分類と特性

主成分	分類	外観	密度(g/cm³)	使用量(C×%)
カルボン酸型（樹脂酸塩，脂肪酸塩）	陰イオン系	褐色液状	1.06	0.03～0.1
硫酸エステル型（高級アルコール硫酸エステル塩）	陰イオン系	淡褐色～褐色液状	1.01～1.03	0.005～0.06
スルホン酸型（アルキルベンゼンスルホン酸）	陰イオン系	淡褐色～褐色液状	1.01～1.03	0.005～0.06
エーテル型エステルエーテル型（ポリオキシエチレンアルキルフェニルエーテル）	非イオン系	褐色液状	1.03	0.04

表5.1.27　AE減水剤に使用される化学混和剤の特性

主成分	添加率(C×%)	減水率(C×%)	AE	凝結性
リグニスルホン酸塩	0.1～0.5（固形分）	10～15	有	遅延
ヒドロキシ塩	0.2～0.3（パリックT）	4～5	無	遅延
アルキルアリールスルホン酸塩	0.2～0.8（固形分）	5～30	無	標準
ポリオキシエチレンアルキルアリールエーテル	0.04～0.05（チュポールC）	5～10	有	標準
多糖	0.2～0.35（ポゾリス100R）	5～8	無	遅延

AEコンクリート

AEコンクリートは，AE剤，AE減水剤あるいは高性能AE減水剤を用いて微細な空気泡を連行させたコンクリートと定義される。

良質なAE剤によりコンクリート中に連行される空気泡（エントレインドエア：Entrained Air）は，直径が10～100μmの微細なものでボールベアリングのような作用があり，コンクリート中に一様に分布することで，ワーカビリティーの改善，単位水量の減少が可能となる。

表5.1.28 AE剤,減水剤,AE減水剤の性能

項目		AE剤	減水剤			AE減水剤		
			標準形	遅延形	促進形	標準形	遅延形	促進形
減水率 %		6以上	4以上	4以上	4以上	10以上	10以上	8以上
ブリーディング量の比 %		75以下	100以下	100以下	100以下	70以下	70以下	70以下
凝結時間の差 (min)	始発	-60 ~ +60	-60 ~ +90	+60 ~ +210	+30以下	-60 ~ +90	+60 ~ +210	+30以下
	終結	-60 ~ +60	-60 ~ +90	+210以下	0以下	-60 ~ +90	+210以下	0以下
圧縮強度比 %	材齢3日	95以上	115以上	105以上	125以上	115以上	105以上	125以上
	材齢7日	95以上	110以上	110以上	115以上	110以上	110以上	115以上
	材齢28日	90以上	110以上	110以上	110以上	110以上	110以上	110以上
長さ変化比(%)		120以下	120以下	120以下	120以下	120以下	120以下	120以下
凍結融解抵抗性 (相対動弾性係数%)		80以上	-	-	-	80以上	80以上	80以上

また，このエントレインドエアの存在によりコンクリート凍結時の内部圧力が緩和され，コンクリートの耐凍害性向上することから，耐凍害性を考慮するコンクリートでは一般に，連行空気量を4～6%としている。

AE剤による連行空気量は材料，使用環境などの因子に影響されることから，空気量の管理においては以下の事項について注意が必要となる。

・連行空気量はAE剤使用量に比例し，セメント粉末度，単位セメント量が増すと減少する。
・フライアッシュの未燃カーボンはAE剤を吸着し，連行空気量が減少する。
・細骨材中の0.6～0.15mmの部分が多いと，連行空気量は多くなる。
・コンクリート温度が高いと，連行空気量は減少する。
・連行空気量1%の増加に伴い，圧縮強度は4～6%低下する。

【参考文献】
1) 斉藤賢三：AE剤，コンクリート工学，vol.26, No.3, March1988, pp24～27
2) 八木秀夫：減水剤，AE減水剤，コンクリート工学，vol.26, No.3, March1988, pp28～31
3) 笠井芳夫：コンクリート総覧，技術書院

流動化剤

「流動化コンクリート施工指針（改訂版）」（土木学会1993）では，流動化剤は，「ベースコンクリートに添加し，これをかくはんすることによって，その流動性を増大させることを主たる目的とする混和剤」と定義されている。

流動化剤によるベースコンクリートの流動性の増大は，流動化剤中の高性能減水剤の分散成分がセメント粒子表面に吸着することにより生ずる静電気的反発力によるものと説明される。さらに，流動化コンクリートの場合，ベースコンクリートはすでにセメントに接水していることから，あらかじめ練混ぜ水に入れる場合に比べて，セメント粒子に対する分散効果が著しく向上する効果，いわゆるあと添加効果により流動性が増大することとなる。

代表的な流動化剤の主成分としては，ナフタレンスルホン酸ホルムアルデヒド高縮合物塩，メラミン樹脂スルホン酸ホルムアルデヒド縮合物塩，特殊リグニンスルホン酸塩およびポリカルボン酸の水溶性塩などがある。また，土木学会規準の流動化剤の品質基準を表5.1.29に示す。

表5.1.29 流動化剤の品質基準

項目		標準形	遅延形
試験条件	スランプ (cm) ベースコンクリート	8 ± 1	
	スランプ (cm) 流動化コンクリート	18 ± 1	
	空気量(%) ベースコンクリート	4.5 ± 0.5	
	空気量(%) 流動化コンクリート	4.5 ± 0.5	
ブリーディング量の差		0.1以下	0.2以下
凝結時間の差 (min)	始発	-30 ~ +90	+60 ~ +210
	終結	-30 ~ +90	210以下
スランプの経時(15分間)低下量(cm)		4.0以下	4.0以下
空気量の経時(15分間)低下量(%)		1.0以下	1.0以下
圧縮強度比(%)	材齢3日	90以上	90以上
	材齢7日	90以上	90以上
	材齢28日	90以上	90以上
長さ変化比(%)		120以下	120以下
凍結融解に対する抵抗性 (相対動弾性係数%)		90以上	90以上

【参考文献】
1) 土木学会：高性能AE減水剤を用いたコンクリートの施工指針（案），付：流動化コンクリート施工指針（改訂版），平成5年7月
2) 日本建築学会：流動化コンクリート施工指針・同解説，1983年1月

流動化コンクリート

「流動化コンクリート施工指針（改訂版）」（土木学会1993）では，流動化コンクリートは，「ベースコンクリートに流動化剤を添加し，これをかくはんして流動性を増大したコンクリート」と定義されている。

流動化コンクリートは硬練りコンクリートに流動化剤を添加し，単位水量を増加させることなく施工性を高めたコンクリートであり，硬化後のコンクリートの品質を変化させることなく，ポンプ圧送，打込みや締固めなどの施工性を改善するコンクリートである。

流動化コンクリートの製造方法は，図5.1.2のように3方法に分類されるが，流動化コンクリートのスランプの経時低下量が通常コンクリートより大きいことから，①の方法を採用する方法がほとんどである。

流動化コンクリートの製造および使用上の注意をまとめると以下のようになる。

a．流動化コンクリートのスランプは原則として18cm以下とし，ベースコンクリートからのスランプの増大量は5〜8cmを標準とする。また，ベースコンクリートの細骨材率は流動化後に所要のワーカビリティーが得られるように，流動化コンクリートのスランプ15cm程度の場合は0〜2%，スランプ18cmの場合は1〜3%大きくするのがよい。

b．流動化コンクリートは流動化後直ちに打込みを行うことが望ましく，流動化後から打ち終わるまでの限度は，外気温25℃未満の場合は30分，外気温25℃以上の場合は20分が目安となる。また，流動化コンクリートの再流動化は，過剰添加による材料分離や凝結遅延等の悪影響を考慮し，原則として行わないこととしている。

c．流動化コンクリートを2層以上に分けて打ち込む場合，上層コンクリートの打込みが遅れるとコールドジョイントが発生するおそれがあることから，打ち重ね時間間隔は，外気温25℃未満の場合は60分以内，外気温25℃以上の場合は40分以内を目安とする。

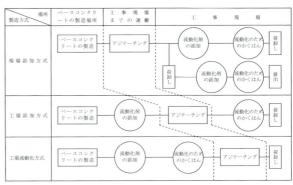

図5.1.2 流動化コンクリートの製造方法

d．一般に，流動化のためのかくはんはトラックアジテータで行うが，市街地では騒音を抑制するために中速かくはんや遮音装置の設置等の配慮が必要となる。

【参考文献】
1）土木学会：高性能AE減水剤を用いたコンクリートの施工指針（案），付：流動化コンクリート施工指針（改訂版），平成5年7月
2）日本建築学会：流動化コンクリート施工指針・同解説，1983年1月
3）飯塚政則，水沼達也：流動化剤，コンクリート工学，Vol.26, No.3, March1988, pp39〜44

高性能AE減水剤

「高性能AE減水剤を用いたコンクリートの施工指針（案）」（土木学会1993）では，高性能AE減水剤は，「コンクリートの練混ぜ時に，他の材料とともにミキサに投入して用いる混和剤で，空気連行性を有し，AE減水剤よりも高い減水性能と良好なスランプ保持性能を有するもの」と定義されている。

高性能AE減水剤による高減水効果は，分散を担う成分がセメント粒子表面に吸着することによって生ずる図5.1.3に示す静電気的反発力と立体障害作用によるものである。

このうち，静電気的反発力は，負の電荷を帯びた高性能AE減水剤がセメント粒子表面に吸着し，粒子間に生ずる斥力によりセメント粒子の凝集を妨げる効果である。

それに対して，立体障害作用は，セメント粒子表面上の嵩ばりのある高分子分散剤の吸着層が，互いに接近し交差する際に生ずる吸着層の物理的な障害によりセメント粒子の凝集を妨げる効果である。この立体障害作用は，同時にスランプ保持性能を付与

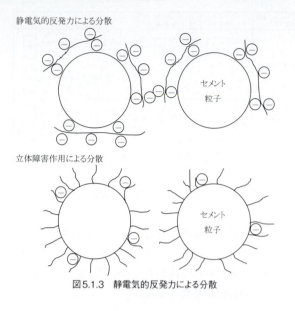

図5.1.3 静電気的反発力による分散

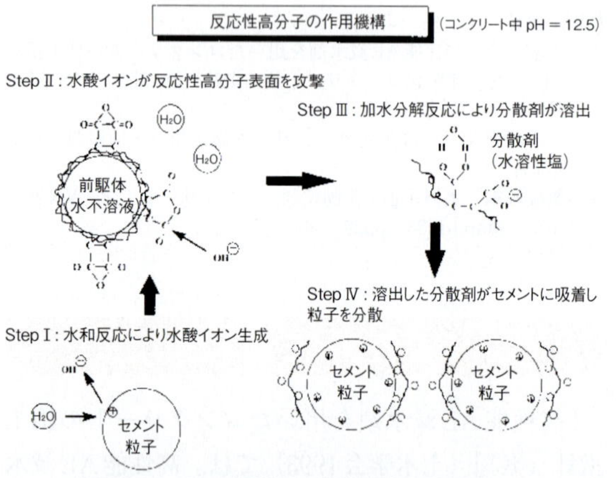

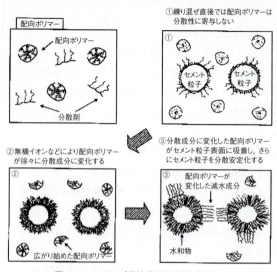

図5.1.5 スランプ保持成分の作用（配向ポリマー）

図5.1.4 スランプ保持成分の作用（反応性高分子）

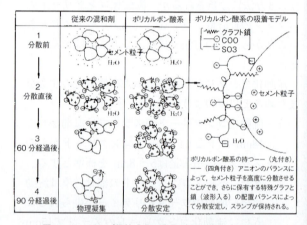

図5.1.6 スランプ保持成分の作用（分子構造による作用）

することとなる。

　高性能AE減水剤による良好なスランプ保持性能は徐放作用と分子構造による作用とに大別できる。

　徐放作用によるスランプ保持機構においては，スランプ保持成分がセメントの水和に伴い生成されるアルカリの作用により，徐々に分散剤に変化する反応性高分子（図5.1.4）や配向ポリマー（図5.1.5），架橋ポリマー等がある。また，分子構造の作用によるスランプ保持（図5.1.6）は，コポリマーの分子構造にかさばりを持たせるなどして，セメント粒子の接触を阻害することで成立している。

　表5.1.30に高性能AE減水剤の成分を示し，表5.1.31にJIS A 6204「コンクリート用化学混和剤」に規定されている高性能AE減水剤の性能を示す。

【参考文献】
1）土木学会：高性能AE減水剤を用いたコンクリートの施工指針（案），付：流動化コンクリート施工指針（改訂版），平成5年7月
2）日本建築学会：高性能AE減水剤コンクリートの調合・製造および施工指針・同解説，1999.3
3）コンクリート用化学混和剤協会編：技術資料，コンクリート工学，Vol.37，No.6，1999.6，pp79～93
4）コンクリート用化学混和剤協会：高性能AE減水剤パンフレット作成WG資料
5）日本規格協会：コンクリート用化学混和剤，JIS A 6204-2006

高性能AEコンクリート

　「高性能AE減水剤を用いたコンクリートの施工指針（案）」（土木学会1993）では，高性能AE減水剤により得られる効果は，以下のように考えられている。

　a．スランプおよび水セメント比同一配合の場合，単位水量の減少による乾燥収縮の低減，耐久

表5.1.30 高性能AE減水剤の成分

分類	成分
ポリカルボン酸系	ポリカルボン酸エーテル系の複合体、 ポリカルボン酸エーテル系と架橋ポリマーの複合体 ポリカルボン酸エーテル系と配向ポリマーの複合体 ポリカルボン酸エーテル系と高変性ポリマーの複合体 ポリエーテルカルボン酸系高分子化合物 マレイン酸エステル共重合物 マレイン酸誘導体共重合物 カルボキシル基含有ポリエーテル系 末端スルホン基を有するポリカルボン酸基含有多元ポリマー ポリカルボン酸系グラフトコポリマー ポリカルボン酸系化合物 ポリカルボン酸と変性リグニン ポリカルボン酸エーテル系ポリマー
ナフタリン系	変性リグニン，アルキルアリルスルホン酸および活性持続ポリマー ポリアルキリアリルスルホン酸塩と反応性高分子 アルキルアリルスルホン酸塩高縮合物と特殊スルホン基カルボキシル基含有多元ポリマー アルキルナフタリンスルホン酸塩と特殊界面活性剤 アルキルアリルスルホン酸塩変性リグニン共縮合物と変性リグニン リグニン誘導体とアルキルアリルスルホネート
メラミン系	変性メチロールメラミン縮合物と水溶性特殊高分子化合物 スルホン化メラミン高縮合物
アミノスルホン酸系	芳香族アミノスルホン酸系高分子化合物 芳香族スルホン酸縮合物とリグニンスルホン酸誘導体

表5.1.31 高性能AE減水剤の性能

項目		高性能AE減水剤 標準形	高性能AE減水剤 遅延形
減水率 %		18以上	18以上
ブリーディング量の比 %		60以下	70以下
凝結時間の差 min	始発	-60～+90	+60～+210
	終結	-60～+90	0～+210
圧縮強度比 %	材齢7日	125以上	125以上
	材齢28日	115以上	115以上
長さ変化比 %		110以下	110以下
凍結融解抵抗性 (相対動弾性係数 %)		60以上	60以上
経時変化量	スランプ cm	6.0以下	6.0以下
	空気量 %	±1.5以内	±1.5以内

性向上，その他による硬化コンクリートの品質の向上，およびセメントの水和に起因する温度上昇の低減

b．単位水量および水セメント比同一配合の場合，スランプ増大による施工性の改善

c．スランプおよび単位水量同一配合の場合，水セメント比減少による耐久性，強度などの増大

表5.1.32に各種混和剤を使用したフレッシュコンクリートの品質を示す。高性能AE減水剤コンクリートは，AE減水剤コンクリートや流動化コンクリートに比較して若干の凝結時間の遅延やポンプ圧送時の圧送負荷の増大は認められるが，良好なスランプ保持性能，ブリーディング量の減少，高い材料分離抵抗性などのフレッシュ性状の改善が認められる。

このうち，高性能AE減水剤コンクリートのスランプ保持性能は，図5.1.7に示すように他の混和剤を使用したコンクリートより高く，レディーミクストコンクリート工場でのコンクリートの練混ぜ時に添加でき，かつ打込み時には流動化コンクリートと同等以上の品質を有したコンクリートの製造が可能となる。

以上に述べた目的・効果以外に，高性能AE減水剤は，低水セメント比が要求される高強度コンクリートや高流動コンクリートといった高性能コンクリートにおいて不可欠な材料であり，品質・施工性に優れたコンクリートを製造するために重要な混和剤となっている。

なお，高性能AE減水剤は，各混和剤メーカーから様々な種類・銘柄のものが市販されているが，セメントの種類や配合，環境温度等によりその性能は大きく異なることから，事前に試し練りや既存データ等により品質を確認することが必要である。

表5.1.32 各種混和剤を用いたフレッシュコンクリートの品質

性質	高性能AE減水剤コンクリート	AE減水剤コンクリート	流動化コンクリート
流動特性	剤使用量によりスランプ調整可能	剤使用量によるスランプ調整困難	剤添加量によりスランプ増大量の調整可能
スランプの経時変化	スランプロス小，温度依存性小	スランプロス中程度	スランプロス大，温度依存性あり
空気連行性	剤の使用により異なる；アジテートにより増加するものあり	良好；アジテートによりやや減少	ベースコンクリートで連行；剤の添加によりやや不安定となる
ブリーディング	AE減水剤コンクリートより少ない	プレーンコンクリートより少ない（70%程度）	ベースコンクリートと同じかやや少ない
材料分離抵抗性	AE減水剤コンクリートより大	プレーンコンクリートよりやや大	スランプ増大量大きい場合分離しやすくなる
凝結時間	AE減水剤コンクリートよりやや遅れる。剤使用量の増加により大幅に遅れる	プレーンコンクリートよりやや遅れる	ベースコンクリートよりやや遅れる
圧送性	圧力損失大	圧力損失小	AE減水剤コンクリートと同程度

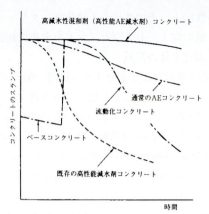

図5.1.7 各種混和剤を使用したコンクリートのスランプの経時変化

【参考文献】
1）土木学会：高性能AE減水剤を用いたコンクリートの施工指針（案），付：流動化コンクリート施工指針（改訂版），平成5年7月
2）日本建築学会：高性能AE減水剤コンクリートの調合・製造および施工指針・同解説，1999.3.
3）河井徹：高性能AE減水剤を用いたコンクリートの適用の現状，コンクリート工学，Vol.37，No.6，1999.6

起泡剤

起泡剤は，界面活性作用によってかくはんなどの物理的な手法とともに安定した気泡を多量にスラリー，モルタルあるいはコンクリート中に生成する混和剤である。

起泡剤の種類には，合成界面活性剤系，樹脂石けん系，蛋白系に大別される。表5.1.33に起泡剤の種類と特徴を示す。

【参考文献】
1）田中秀男：発泡剤・起泡剤，コンクリート工学，Vol.26，No.3，March1988，pp71〜75
2）笠井芳夫：コンクリート総覧，技術書院，1998

■ 気泡コンクリート

気泡コンクリートは軽量化を主目的とし，人為的にコンクリート内部に気泡を含ませた軽量コンクリートである。気泡コンクリートは，気泡の生成方法の違いから表5.1.34のように分類される。

気泡コンクリートは密度と強度によって適用範囲が定められており，現在多く使用されているのは密度$0.4〜1.0g/cm^3$，圧縮強度$3〜10N/mm^2$のものである。気泡コンクリートは，養生方法によって品質に著しい差を生じる。現場打ちを除いて，現在ではほとんど180℃程度でオートクレーブ養生を行なっており，このように製造されるALC版は気泡コンクリートの代表的なものである。

気泡コンクリートは非常に軟かく，しかも温度に敏感であるから現場打ちの場合の型枠は，水密性の大きな保温性のあるものを用いる必要がある。また，

表5.1.33 起泡剤の種類と特徴

分類	種類	特徴
合成界面活性剤系	アニオン系のポリオキシエチレンアルキルエーテル硫酸塩など	起泡性に優れるが長時間安定性に欠ける。一般に空気量の多い低比重の硬化体を得るのは困難である。
樹脂セッケン系	ロジンセッケン，マレイン化ロジンセッケンなど	気泡安定性に優れるが，起泡性が小さく多量の空気導入は困難である。大きな親油基がCaイオンを介してセメント化合物中のシリケートやアルミケートと結合し疎水化し気泡導入が容易になる反面，疎水基の吸着により粒子の電気的反発が阻害されペーストの粘性が増大する。
加水分解タンパク系	ケラチンタンパクを加水分解し第一鉄塩，防腐剤などを添加したもの	起泡性および泡安定性に優れ，多量の空気導入も可能であるが，タンパク特有の臭気がある。

表5.1.34 気泡コンクリートの分類および特徴

分類	気泡コンクリート		発泡コンクリート
	ミックスフォームコンクリート	プレフォームコンクリート	ポストフォームコンクリート
混和剤の種類	気泡剤		発泡剤
気泡生成方法および管理方法	起泡剤をスラリー中に添加して混合により気泡を生成。気泡の生成は容易であるが，ミキサの種類，かくはん時期，配合，温度，投入方法等により差がある。	発泡機で生成した気泡をスラリーに混合。気泡を生成する発泡機が必要となるが，管理は容易である。	発泡剤とスラリー中のアルカリとの化学反応により気泡を生成。気泡の生成は容易であるが，温度・材料の影響が大きい。
施工性	良好であるが品質管理困難	良好	発泡時間，発泡量不確実
気泡の形状	球形独立気泡	球形独立気泡	発泡方向に変形
適用範囲	特殊ALC製品，充填剤，床かさ上げコンクリート，断熱材，防止押さえモルタル		一般ALC製品，充填剤

練混ぜ具合により品質が大きく左右されるから，使用ミキサは回転数の高いものが良い。

気泡コンクリートは軽くて熱伝導率が小さく，耐火性に優れているが，吸水率が大きく，中性化速度が早いなどの欠点を有している。また，普通の養生をした場合，乾燥収縮は大きく，そのためにひび割れが発生しやすい。オートクレーブ養生したものは乾燥収縮が著しく小さくなる。細骨材としては，川砂や硅砂のほか，パーライトやバーミキュライトなどの超軽量骨材が用いられるが，特殊な例として，球状発泡スチロールを用いることもある。

【参考文献】
1）日本建築学会：ALC工事標準仕様書
2）JIS A 5416：オートクレーブ養生した軽量気泡コンクリート製品
3）白山和久・上村克郎：「気泡コンクリート」オーム社
4）仕入豊和・川瀬清孝：「気泡コンクリートの乾燥収縮性状の改善に関する研究」『コンクリート・ジャーナル』Vol.5, No.11

発泡剤

発泡剤は，スラリー，モルタル，コンクリート中に混和したとき化学反応によりガスを発生して気泡を混入する混和剤である。

発泡剤としては，発生ガスの種類および経済性等から金属アルミニウム粉末が一般的に使用されており，スラリー，モルタルあるいはコンクリート中のアルカリと反応して水素ガスを発生する混和剤である。また，発泡剤は反応を促進するために苛性ソーダなどのアルカリ質のものと併用される。下式に金属アルミニウム粉末とアルカリの化学反応を示す。

$$2Al+Ca(OH)_2+2H_2O \rightarrow CaAl_2O_4+3H_2\uparrow$$
$$2Al+2NaOH+2H_2O \rightarrow 2NaAlO_2+3H_2\uparrow$$

発泡剤は，添加量に伴い発泡量が増大するが，使用材料やコンクリート温度に大きく影響を受ける。特に，コンクリート温度が高温時は過大な発泡量となり，低温時は反応が遅れるので注意が必要となる。

【参考文献】
1）田中秀男：発泡剤・起泡剤，コンクリート工学，Vol.26, No.3, March1988, pp71～75
2）笠井芳夫：コンクリート総覧，技術書院，1998

■ 膨張コンクリート（逆打ち用）

逆打ち工法では，新旧コンクリートの打継面においてブリーディングによるコンクリートの沈下によって空隙や脆弱部を生じ，問題が生ずることとなる。

発泡剤を使用した膨張コンクリートは，コンクリートの練混ぜ後1～3時間で膨張を開始し，旧コンクリートとの一体化が図れるコンクリートであり，工期の短縮やコスト低減が可能となるコンクリートである。

図5.1.8に，市販の膨張コンクリート用混和剤を使用したコンクリートの経過時間と膨張率の関係を示す。コンクリートの沈下を補い，旧コンクリートとの一体化のためには1.5%程度の膨張が必要とされている。

発泡剤を使用した膨張コンクリートは，発泡剤の使用量，セメントの種類，配合，環境温度等によりその膨張性能は大きく影響を受けることから，事前に試し練りで確認が必要である。

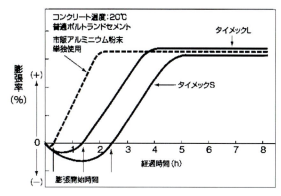

図5.1.8　膨張コンクリートの経過時間と膨張率の関係

【参考文献】
1）田中秀男：発泡剤・起泡剤，コンクリート工学，Vol.26, No.3, March1988, pp71～75
2）タイメックコンクリートについて：BASFポゾリス技術資料

■ タイト-99（逆打ち用充填モルタル混和剤）

本材料は，逆打ちコンクリート工法における打継部充てんモルタルの流動性の改善，および適度の膨張力の付与を目的として開発された特殊セメント系混和剤で，セメント系膨張材，収縮低減材，ブリーディング抑制剤，等から成る灰白色粉末である。

本材料を使用した充てんモルタルには，材料分離やブリーディングが無いことのほか，少ない水量で注入間隙を密実に充てん可能とする流動性，長期にわたり上部構と密着し水密性を保持するための適度な膨張性，安定した強度の発現性，長期間の安定した耐久性，などの優れた特徴がある。

表5.1.35 物理的性質

配合（kg/m³）					養生温度（℃）	コンシステンシー（秒）	練り上り温度（℃）	ブリーディング率（%）	凝結時間（時-分）		膨張収縮率（%）			
W/C+T（%）	C	Tタイト-99	S	W					始発	終結	1日	3日	7日	28日
44.0	690	50	1110	325	5	9.8	11.0	0.0	16-30	21-00	+0.95	+0.96	+0.96	+0.96
					20	9.3	20.5	0.0	7-15	8-30	+1.42	+1.42	+1.42	+1.42
					30	9.2	29.5	0.0	5-20	6-35	+1.64	+1.64	+1.64	+1.64

表5.1.36 強度

圧縮強度（N/mm²）				静弾性係数（×10⁴N/mm²）		曲げ強度（N/mm²）		鉄筋との付着強度（N/mm²）		コンクリートとの付着強度（N/mm²）
1日	3日	7日	28日	7日	28日	7日	28日	7日	28日	28日
−	9.31	33.6	49.6	1.76	2.25	−	−	−	−	−
8.04	21.9	42.7	52.7	2.16	2.25	6.66	7.94	3.23	4.4	2以上（コンクリート部で破断）
14.3	26.7	45.5	53.7	2.16	2.25	−	−	−	−	−

表5.1.37 市販の収縮低減剤の物性

記号	主成分	外観	密度（g/cm³）	粘度*1（cps）	PH*2	表面張力*3（dyn/cm）	標準使用量
A	低級アルコールアルキレンオキシド付加物	無色透明液体	0.98	16	6±1	41.9	12kg/m²
B	低級アルコールアルキレンオキシド付加物	無色透明液体	1.00	約20	6	29.6	7.5kg/m²
C	ポリエーテル	無色〜淡色液体	1.02	100±20	7±1	39.5	C×2〜6%
D	ポリグリコール	淡黄色液体	1.04	50	6±1	33.5	C×1〜4%

本材料を用いた充てんモルタルの物理的性質を表5.1.35に示す。また強度を表5.1.36に示す。

モルタル充てんの施工には，型枠が注入圧により破損，変形しないように堅固に設置し，シールを十分にしてモルタルの洩れないように注意する。またスクイズ型モルタルポンプで，注入期に途切れのないよう連続して充てんする。これにより，一層打ちの部材と変わりない構造物が得られる。

収縮低減剤

収縮低減剤は，普通コンクリートに混和することで収縮量を低減する混和剤である。

市販の収縮低減剤の物性を表5.1.37に示す。A, B, CはAEコンクリートに使用されるが，Dは消泡性の剤であり，非空気連行コンクリートに使用される。

収縮低減剤の化学組成は$R_1O(AO)nR_2$で表され，Rは水素基，アルキル基，シクロアルキル基，フェニル基等であり，Aは炭素数2〜4程度のアルキレン基，nは重合度を示す正数である。

収縮低減剤は粘度が高く，コンクリート組織体の毛細管空隙中の液相における表面張力を大幅に低減し，乾燥収縮を低減する機構となっている。

【参考文献】
1）富田六郎：収縮低減剤，コンクリート工学，Vol.26, No.3, March1988
2）笠井芳夫：コンクリート総覧，技術書院，1998

収縮低減コンクリート

一般に，コンクリートの乾燥収縮はAE減水剤や高性能AE減水剤などを使用して単位水量を減少することである程度抑制できるが，収縮低減剤は普通コンクリートに混和することで収縮量を低減する混和剤である。

収縮低減剤を使用する場合，収縮低減剤は単位水量の一部として使用し，セメント，細骨材，粗骨材の単位量は同一とする。また空気量が不安定となり凍結融解抵抗性が低下することから，耐久性を考慮する場合は空気量を通常コンクリートより1〜2%程度大きくする必要がある。

収縮低減剤の種類により収縮量に差は認められるが，基準コンクリートに比較して20〜40%程度の乾燥収縮量の低減効果があるといわれている。また，その他の硬化コンクリートの性状は収縮低減剤を使用しないコンクリートと同程度である。

近年，収縮低減剤を添加した高性能AE減水剤が販売され，5〜20%程度の乾燥収縮ひずみの低減をうたっているが，収縮低減剤が添加されている分，

通常の高性能AE減水剤に比べ同一スランプを得るのに必要な使用量は多くなっている。

【参考文献】
1) 富田六郎：収縮低減剤，コンクリート工学，Vol.26, No.3, March1988, pp55～60
2) 笠井芳夫：コンクリート総覧，技術書院，1998

■ テトラガードAS20，AS21

テトラガードAS20は，アルキレンオキシド系の収縮低減剤であり，液状および粉体状にて販売されている。一般のコンクリートに，コンクリートの練混ぜ時あるいはアジテータ車にフレッシュ時に添加する方法と，コンクリート硬化後に含浸する方法の2通りの使用手法があり，コンクリートの乾燥収縮を低減する材料である。テトラガードAS21は，液状の生コンクリート用である。

本材料をフレッシュコンクリートに添加した場合，コンクリートの諸物性に与える影響は以下のようである。

a．テトラガード使用量は単位水量から差し引き，その他の材料使用量は同一とする。
b．空気量の変動が大きくなることから，耐久性確保のためには目標空気量を若干大きくする。
c．凝結時間が1～2時間程度遅延し，ブリーディング率も若干大きくなる。
d．強度発現性は，無添加と同程度である。
e．材齢12週での乾燥収縮量は，無添加コンクリートの1/2程度となる。

補強材

コンクリートは，圧縮強度や圧縮タフネスに比べて引張強度，引張タフネスや曲げ強度，曲げタフネスが非常に小さい特性を持っている。そのために，コンクリート単体では，構造体として，あるいは，二次部材として使用できない場合が多い。こういった引張強度特性などの弱点を補強する目的で生まれたのが鉄筋コンクリート構造あるいは鉄骨コンクリート構造などであり，鉄筋や鉄骨がコンクリートの弱点をカバーする補強材となっている。鉄筋や鉄骨以外のコンクリート用の補強材としてコンクリートに使用されている鋼繊維，ガラス繊維，有機繊維，炭素繊維などの繊維材料には，短い繊維（短繊維）と連続繊維の二通りがある。これらの繊維補強材の目的としては，鉄筋代替，PC鋼材代替，引張耐力の向上，曲げ耐力の向上，ひび割れの防止，破損防止，軽量化などがある。

1 短繊維

短繊維の補強材は，最初から短繊維の状態で製造されるもの（鋼繊維，炭素繊維）と，連続繊維を裁断して短繊維とするもの（鋼繊維の一部，ガラス繊維，有機繊維，炭素繊維）がある。

炭素繊維は，高強度，高弾性などの力学的特性に優れるだけでなく，耐熱性，耐アルカリ性にも富んでいるためオートクレーブ養生も行うことができ，セメントマトリックスの補強材料としては特に優れた繊維である。炭素繊維で補強されたコンクリートは，曲げ強度，引張強度，じん性，耐久性，寸法安定性に優れている。このような特徴を生かした実用例としては，カーテンウォール，OAフロアー等の二次製品があげられる。また，導電性を利用した融雪壁や電波吸収性を利用した電磁波シールド材としての利用も検討されている。ただ，炭素繊維は非常に高価な繊維であり，実用化のネックになっている。

アラミド繊維は，炭素繊維と同程度の高い引張強度，弾性率を有し，有機繊維の中では，最も優れた力学的特性を有する。また，耐薬品性もコンクリート補強に使用する程度は持っており，更に，熱的特性も他の有機繊維に比べて優れている。アラミド繊維で補強されたコンクリートは，曲げ強度，引張強度，じん性および耐久性に優れている。用途としては，カーテンウォール，OAフロアー，永久型枠などへの利用が考えられるが，炭素繊維と同様に価格がネックになっている。

ビニロン繊維は，実用化されて40年以上の歴史のある繊維である。強度と弾性率は，炭素繊維やアラミド繊維に比べて低いが，耐薬品性はコンクリート補強に使用する程度は持ち合わせている。また，価格的には，炭素繊維やアラミド繊維に比べて安価である。したがって，石綿代替の有力候補であるが，耐熱性に難があり，オートクレーブ養生を行うことが

できないため，寸法安定性の確保が問題となっている。

その他の有機繊維としては，ポリプロピレン，ナイロン，ポリエステル，ポリエチレン，レーヨン，アクリルなどがあり，ひび割れの防止や耐衝撃性の向上などの目的に用いられる。

耐アルカリガラス繊維は，ガラス繊維の高い引張強度と弾性率に耐アルカリ性を付与した繊維で，この繊維の開発により繊維補強コンクリートへの利用が可能となった。耐アルカリガラス繊維を用いた二次製品は実用化されてから30年を経ており，耐アルカリガラス繊維は高い曲げ強度，引張強度，耐衝撃性及び耐熱性等の優れた特徴があるため，カーテンウォール，建築物の内外装材，永久型枠，防音壁，各種エクステリア製品等の建築，土木分野に広く使用されている。ただ，長期的な耐久性に若干問題があるため，二次構造体に用いる場合には許容応力度を低く設定する必要がある。

鋼繊維補強コンクリートは，曲げ強度の増進及び曲げタフネスの増大，耐磨耗性の向上等を生かして，従来は，トンネルのライニング材や，のり面保護材，道路舗装，コンクリート二次製品などの土木分野への適用がほとんどであった。近年は，これに加えて倉庫の土間コンクリートへの適用や，オムニヤ板と組み合わせた複合構造としての床スラブへの適用など建築分野への展開がはかられている。また，ステンレス鋼繊維補強コンクリートは，発錆しにくく美観上優れる特性を生かして，のり面保護や海洋構造物への適用が有利である。鋼繊維補強コンクリートは，土木学会より「設計施工指針（案）」および「鋼繊維補強コンクリート柱部材の設計指針（案）」が制定されている。

現状での短繊維補強コンクリートの代表的な用途例を表5.1.38に示す。

【参考文献】
1) 日本GRC工業会：GRCの物性と試験方法，1988.11
2) セメント協会，繊維補強コンクリート研究専門委員会：繊維補強セメント・コンクリートに関する技術の現状，1983.12
3) 大岸左吉：新素材の動向と建設材料への利用指向，コンクリート工学，Vol.26, No.6, 1988.6
4) 馬場敏文：炭素繊維とコンクリート，セメントコンクリート，No.6, pp46-48, 1990.2
5) 土木学会：鋼繊維補強コンクリート設計施工指針（案）コンクリートライブラリー第50号，1983.3
6) 土木学会：鋼繊維補強コンクリート柱部材設計指針（案）コンクリートライブラリー第97号，1999.11

表5.1.38 短繊維補強コンクリートの利用用途

用途	効果	繊維の種類
カーテンウォール	軽量化，破損防止，帯電防止	炭素，ビニロン
OAフロアー	軽量化，帯電防止	炭素，ビニロン
外装材	軽量化	ガラス，炭素
内装材	軽量化	ガラス
壁材	ひび割れ防止，電波障害防止	炭素，有機繊維
トンネルライニング	ひび割れ防止	鋼，ビニロン，有機繊維
のり面保護	ひび割れ防止，破損防止	鋼，ビニロン，有機繊維
道路	耐磨耗性	鋼
土間	曲げ耐力増大	鋼
スラブ	曲げ耐力増大	鋼
柱部材	爆裂防止	有機繊維

繊維補強コンクリート（FRC, Fiber Reinforced Concrete）

このコンクリートは，モルタルまたはコンクリート中に短繊維を分散させた複合材料である。

繊維補強コンクリートの典型的なものとしては，鋼繊維補強コンクリートが挙げられるが，その他にガラス繊維，有機繊維，炭素繊維などを用いたコンクリートもこれに属する。鋼繊維補強コンクリートおよびガラス繊維補強コンクリートについてはそれぞれの項にゆずり，本項では，上記以外の有機繊維補強コンクリートについて説明する。

有機質の合成繊維を用いた補強コンクリートは薄い部材における乾燥収縮ひび割れの制御および耐衝撃性の向上，かぶりコンクリートの剥落防止，高強度コンクリートの火災時における爆裂防止などに使用されている。

使用される有機繊維は，ビニロン，ポリプロピレン，ナイロン，ポリエステル，ポリエチレン，レーヨン，アクリル，アラミドなどが対象になる。

ポリエチレン繊維を用いたコンクリートと鋼繊維を用いたコンクリート（SFRC）の曲げ荷重-たわみ曲線は図5.1.9のとおりであり，ポリエチレン繊維の場合は，ひび割れ発生荷重は比較的低いものの，その後のじん性の大幅な改善がみられる。すなわち，有機繊維を用いたコンクリートの特徴は，コンクリートに見掛けの塑性を付与し，変形能力を増加させ，衝撃荷重に対する強度と変形の向上に効果があり，ひび割れ分散や成長の抑制に有効である。反面，有機繊維の強度と変形は温度に大きく影響され，耐火性，耐熱性に乏しい。また長期耐久性など使用環

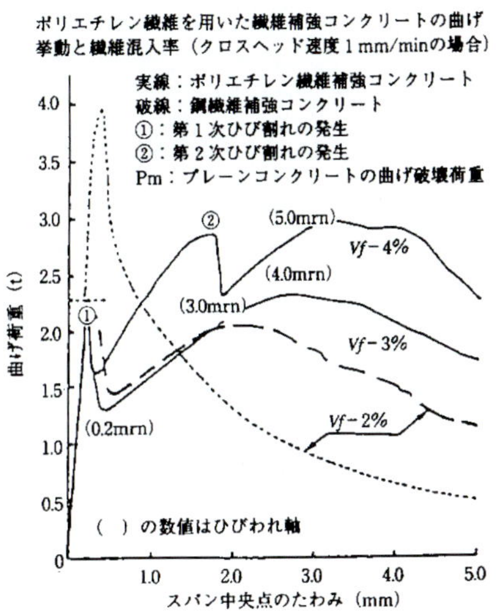

図5.1.9 ポリエチレン繊維補強コンクリートの荷重-たわみ曲線

境条件を十分配慮して使用する必要がある。

【参考文献】
1) 大岸佐吉:「有機繊維を用いたコンクリート」コンクリート工学, Vol.15, No.3, pp.36～39
2) シリコンファイバーポリミックス（神鋼建材工業）
3) ビニロン繊維クラッテク・パワロン（DAIKA）
4) ポリプロピレン繊維フォルターフェロー（三菱樹脂）
5) ナイロン繊維ニュークリート（ヒラミネ㈱）
6) コーティングセルロース繊維UltaraFiber（小倉貿易㈱）

鋼繊維補強コンクリート（SFRC, Steel Fiber-Reinforced Concrete）

SFRCコンクリートは，直径が小さくしかも長さが比較的短い金属繊維をコンクリート中に混入してコンクリートを補強するコンクリートである。

コンクリートは，引張強度，引張破断ひずみが小さく，塑性域を示さずに，瞬間的に破断することが本質的な欠陥とされている。SFRCはこの本質的な欠陥を改良し，エネルギー吸収能力が大きく，耐衝撃性に優れたコンクリートである。

鋼繊維の製造方法は，①伸線をカットする，②帯鋼をカットする，③溶融状態から直接つくる方法などがある。

SFRCの性質は，コンクリートの性質によるのはもちろんであるが，鋼繊維添加量，型状および分散状況により大きな影響を受ける。終局強さは一般に繊維の種類，繊維の添加量，アスペクト比（L/d：L=繊維の長さ，d=繊維の直径）および繊維とコンクリートの付着特性によると言われている。

SFRCは，繊維の混入量が増すにつれ，また混入量を一定にした場合は，L/d=75まではL/dを増すにつれ強度の増加率は小さいと言われている。

SFRCの練混ぜ方法はセメントと水を加えて混ぜる方法が用いられている。この際注意しなければならないことは繊維をからますことなく一様に分散させることである。そのため，鋼繊維の分散機（ディスペンサー）を使用することも考えられる。繊維の分散は，繊維のL/dと添加量，粗骨材の大きさ，粒度，および量，水セメント比，練混ぜ方法などに影響される。

鋼繊維の混入量の実用的な限度はコンクリートの容積の約2%である。断面寸法は口0.5×0.5mmのものが最も多い。またSFRCに適するL/dは40～100程度である。また，繊維間隔の小さなワーカブルなコンクリートを得るために，粗骨材の大きさは10mm程度あるいはそれ以下がよく，水セメント比は40～60%，単位セメント量は249～430kg/m^3がよいとされている。

用途としては，耐摩耗性，じん性（タフネス）が良好なことを利用して，道路や空港の舗装用コンクリート，建築用二次製品部材，吹付けコンクリートとしてトンネルの一次ライニングに使用されている。

なお，鋼繊維の発錆防止のため，ステンレス繊維を使用することも行なわれている。

【参考文献】
1) ACI Committee 544; State-of-the-Art Report on Fiber Reinforced Concrete Jour of ACI, November 1973
2) 大野利幸・伊吹小四郎:「スチールファイバーコンクリート舗装の試験施工」舗装 May.1976年, pp.11～16
3) コンクリート工学特集:「繊維補強コンクリート」Vol.15, No.3, 1977年
4) 土木学会：鋼繊維補強コンクリート設計施工指針（案）コンクリートライブラリー第50号, 1983.3
5) タフグリップ（ブリジストン）
6) シンコーファイバー・ドラミックス/ドマエース（神鋼建材工業）

ガラス繊維補強セメント（GRC）

セメントモルタルに直径5～20mmのガラス繊維を補強材として混入した新しい複合材料で，通常，GRC（Glass fiber Reinforced Cement）と呼ばれている。ガラス繊維は，セメントの水和反応による強いアルカリ性に抵抗性のある特殊な耐アルカリ性ガラス繊維が用いられている。

GRCの物性は，成形法やガラス繊維の混入率等

により異なるが一般的には，不燃材料である，強度が大である，薄肉成形が可能であり，部材を軽量化できる，造形性に富んでいる，などのような特徴がある．

GRCはわが国においては，主に建築分野のカーテンウォール，外壁パネル，壁材，床材に用いられているが，道路，水路の埋込み型枠，パイプ，U字溝，あるいは，ライニング材として土木分野でも実用化が進んでいる．

【参考文献】
1) 日本GRC工業会：GRCの物性と試験方法，1988.11

連続補強繊維

2 連続繊維

連続繊維の補強材は，繊維の種類としては，ガラス繊維，有機繊維，炭素繊維，ビニロン繊維などがあり，形状としては，棒状，ストランド状，組み紐状，格子状，矩形，シート状などがある．

連続繊維補強材の特長は，高耐食性，高強度，軽量，非磁性（弱磁性），電波透過性，電磁シールド性などがある．利用形態としては，鉄筋や金網代替，PC用緊張材代替，既存建物の補強・補剛等があり，将来的には橋梁の吊材やケーブルとしての利用も考えられる．

鉄筋代替あるいはPC鋼線代替で用いる繊維は，炭素繊維，アラミド繊維，ガラス繊維，ビニロン繊維であり，既存建物の補強・補剛で用いる繊維は，炭素繊維，アラミド繊維である．

繊維の特長は，短繊維の項による．

【参考文献】
1) 土木学会：連続繊維補強材を用いたコンクリート構造物の設計・施工指針（案），コンクリートライブラリー第88号，1996.9
2) 土木学会：連続繊維シートを用いたコンクリート構造物の補修補強指針，コンクリートライブラリー第101号，2000，7

連続繊維補強コンクリート

連続繊維を鉄筋代替あるいはPC用緊張材代替として用いる場合は，まず，第一に連続繊維の高耐食性を活かして，鋼材などが非常に腐食しやすい海洋環境に立地する構造物への適用があげられる．そのほかには，軽量，高強度，非磁性などの特長を活かした構造物への適用があげられる．既存構造物への補強・補剛には，高耐食性，高強度，軽量等の特性が活かされる．

鉄筋代替あるいはPC用緊張材代替に用いる場合の連続繊維補強コンクリートの特長は，連続繊維補強材の弾性係数が一般には鋼材より小さいため，弾性ひずみが大きくなることである．ひび割れが生じた場合には，そのひび割れ幅，たわみが大きくなるなどの問題がある．また，連続繊維補強材とコンクリートとの付着特性も鋼材より劣るものがあり，定着長さを大きくとるなどの対処が必要である．また，耐火性は，耐火性に優れる炭素繊維でも補強材を構成している結合材の耐火性が鋼材に劣るなど，一般に連続繊維補強材の耐火性は鋼材より劣るので，耐火性能が必要な場合は，かぶり（厚さ）を大きくするなどの対処が必要である．さらに，連続繊維補強材を構成する繊維や結合材によって，その抵抗性の度合いは異なるが，いずれにしても，耐アルカリ性，耐水性，耐紫外線性，耐薬品性など，耐化学抵抗性に劣ることを考慮した設計が必要である．指針としては，土木学会より「連続繊維補強材を用いたコンクリート構造物の設計・施工指針（案）」が刊行されている．

既存構造物への補強・補剛として使用する連続繊維補強材は，ストランドのものとシート状のものがある．既存構造物に張り付けあるいは巻き付けて補強するが，耐火性，耐候性，耐衝撃性などの観点から必ず適切な仕上げを行う必要がある．指針としては，「連続繊維シートを用いたコンクリート構造物の補修補強指針」が刊行されている．

表5.1.39 超高強度繊維補強コンクリートの物質移動に関する諸物性

	超高強度繊維補強コンクリート	通常コンクリート
圧縮強度	150N/mm² 以上	18～80N/mm²
水セメント比	0.24以下	0.3～0.6
透気係数	10^{-19}m² 以下	10^{-17}～10^{-15}m²
透水係数	4×10^{-17}cm/s	10^{-11}～10^{-10}cm/s
塩化物イオンの拡散係数	0.0019cm²/年	0.14～0.9cm²/年
空隙率	約4vol.%	約10vol.%

【参考文献】
1) 土木学会:連続繊維補強材を用いたコンクリート構造物の設計・施工指針（案），コンクリートライブラリー第88号，1996.9
2) 土木学会：連続繊維シートを用いたコンクリート構造物の補修補強指針，コンクリートライブラリー第101号，2000，7

超高強度繊維補強コンクリート（UFC）

超高強度繊維補強コンクリート（UFC：Ultra high strength Fiber reinforced Concret）は，圧縮強度150N/mm²，引張り強度5N/mm²以上の超高強度と高耐久性を有する高性能コンクリートである。UFCには，反応性粉体（RPC：Reactive Powder Concree）系とエトリンガイト生成系（AFt）の2種類が商品化されており，いずれも土木学会「超高強度繊維補強コンクリートの設計・施工指針（案）」に準拠したものになっている。

超高強度繊維コンクリートはその特性上粗骨材分を含まず，厳密には「繊維補強モルタル」である。その緻密化の機構は，RPC系においてはセメントの水和反応，ポゾラン反応に構成材料の粒子の大きさや形状を調整することで，組織を緻密化している。一方，AFt系では，水和初期のエトリンガイト生成とその後のセメント水和およびポゾラン活性によって組織を緻密化している。補強の短繊維には鋼繊維，有機繊維の両方を用いることが可能でり，鋼繊維の方が力学特性に優れている。その流動特性は自己充てん性を持ち，通常，蒸気養生を行うことが標準となっている。

超高強度繊維補強コンクリートの透水係数，透気係数，塩化物イオン拡散係数は，表5.1.39に示すように極めて低く，物質移動の少ない高い耐久性を有し，耐磨耗・衝撃性においても普通コンクリートに比べ格段に優れたものとなっている。しかし，水セメント比が高く，粉体量が多いため自己収縮が大きく，通常のRC構造物のように鉄筋で補強すると鉄筋拘束によりかえってひび割れ耐力が低下するため，指針（案）では異型鉄筋を使用しないことを原則としている。

現在実用化されているものとして，RPC系ではダクタル，Aft系ではサクセムがある。

【参考文献】
1) 土木学会:連続繊維補強材を用いたコンクリート構造物の設計・施工指針（案），コンクリートライブラリー第88号，1996.9
2) 土木学会：連続繊維シートを用いたコンクリート構造物の補修補強指針，コンクリートライブラリー第101号，2000，7
3) 日本コンクリート工学協会：コンクリート技術の要点，'09

複数微細ひび割れ型繊維補強セメント複合材料（HPFRCC）

複数ひび割れ型繊維補強セメント材料（HPFRCC：High Performance Fiber Reinforced Cement Composite with Multiple Fine Cracks）は，セメント，水，砂等のモルタル材料にポリビニルアルコール（PVA）やポリエチレン（PE）等の有機系の短繊維を2%程度混入した繊維補強モルタルである。

HPFRCCは引張り時に複数微細ひび割れを短繊維の架橋により分散することにより，鋼材に類似した擬似ひずみ硬化型の引張り-ひずみ挙動を示し優れたひび割れ幅抑制能力と鋼材の保護効果を有する材料として国内外で注目されており，各種実構造物への適用が開始され，土木学会では2007年に設計施工指針（案）が発行されている。

HPFRCCの圧縮強度は30～60N/mm²程度で，膨張材や収縮低減剤を使用すれば一般的なコンクリートと同程度の収縮量に抑制することが可能である。また，優れたひび割れ幅抑制効果により，個々のひび割れ幅は0.1mm程度，最大でも0.2mm以下に抑制され，鉄筋と組み合わせた部材においては複数の微細ひび割れが鉄筋への劣化因子の侵入を小さくかつ分散させることで，高い腐食抵抗性を示す。

【参考文献】
1) 土木学会:複数微細ひび割れ型繊維補強セメント複合材料設計・

合成高分子材料
（コンクリート・ポリマー複合体）

従来のセメントコンクリート（モルタル）のうち，セメント硬化体の一部あるいは全てにポリマーを用いた材料を総称して，コンクリート・ポリマー複合材料という。1950～1960年にかけて各国でコンクリート・ポリマー複合材料の研究・開発が本格化し，我が国においても同年代から積極的に研究・開発が進められてきている。

コンクリート・ポリマー複合体は，ポリマーセメントコンクリート（モルタル），ポリマーコンクリート（モルタル）およびポリマー含浸コンクリート（モルタル）の3種類に大別される。このうち，ポリマーセメントモルタルおよびポリマーモルタルは，仕上げ材や補修材などの建設材料として広く使用されている。

【参考文献】
1) 大濱嘉彦：コンクリート・ポリマー複合体の利用と研究開発・動向，コンクリート工学，Vol.28, No.4, April1990

ポリマーセメントモルタル（ラテックスモルタル・コンクリート）

結合材にセメントとポリマーを用いて骨材を結合したモルタル（コンクリート）である。ポリマーセメントモルタル（コンクリート）は，一般のAE剤や減水剤よりも多量のポリマーを混入したもので，ポリマーとしてゴムラテックスが用いられることが多いのでラテックスモルタル（コンクリート）とも呼ばれている。

ポリマーの種類，形態には，a．ポリマーの水性ディスバージョン，または粉末で水中でディスバージョンとなるもの，b．水溶性のもの，c．水溶性モノマーで，触媒や熱により重合または結合するものなどがある。最も多く使われているのはSBRラテックス，PAEおよびEVAエマルジョンである。

ポリマーセメントモルタル（コンクリート）は，普通のコンクリートに比較し，曲げ強度，接着強度，防水性，耐薬品性，耐衝撃性に優れているが，その特徴はポリマーディスバージョンの種類，ポリマー・セメント比，配合，養生方法などによって著しい影響を受ける。したがって，目的に合った使用方法を十分に検討し，その施工に当っては細心の注意を払う必要がある。

・ポリマーセメントモルタル（コンクリート）の性質

強　　度：普通のコンクリートと異なり，水中または湿潤養生後乾燥することによって，最高の強度を発現する。曲げ強さについては，ポリマーの種類によっても異なるが，普通モルタルの30～50%程度増加する。圧縮強度は若干の増加がある。

接着強度：ポリマーセメント比10～20%のとき，普通モルタルの7倍程度になる。これは，ポリマーセメントモルタルの非常に優れた性質の1つである。さらに，陶磁器，ガラス，鉄板などに対する接着強度も優れている。

耐薬品性：普通セメントが侵食される薬品に対してもかなりの抵抗性を持つ。ポリマーの量が多いほどその性質は著しいが，ポリマーの種類によっては逆効果となる場合もあるので注意を要する。

そ の 他：ポリマーセメント比が増加するにつれてポリマーの特性が強く現われ，耐衝撃性が大幅に改善される。特にゴム系のものが優れている。耐摩耗性を改善するディスバージョンもある。

使用例としては，壁，床などの仕上げ，下地モルタル，タイル張付け材，造作上の間げき充てん，目地材など，各目的に応じて使用されている。

日本建築学会ではポリマーセメントモルタルを左官，防水，タイル張付，防食，コンクリートの打継ぎに用いる施工手引をまとめている。

【参考文献】
1) 小林一輔・田沢栄一：「最新コンクリート技術選書」『ポリマーコンクリート・繊維補強コンクリート』山海堂

ポリマー（レジン）コンクリート（モルタル）

結合材にポリマー（Polymer，重合体または高分子）だけを用いて骨材を結合したコンクリート（モルタル）である。

結合材：ポリマーコンクリートに使用されている樹脂は、ポリエステル、エポキシ、ポリウレタン、フランなどで、わが国では不飽和ポリエステルがほとんどであるが、最近ではエポキシ樹脂も使われるようになった。ポリマーコンクリート用の樹脂としては、液状で、硬化反応時間をコントロールでき、骨材との付着が良く、耐久性に優れ、人畜に無害であることなどの条件が要求される。

骨　材：骨材は普通セメントコンクリートで一般に使用される骨材をそのまま使用できるが、骨材中の水がポリマーの硬化を防げるので、乾燥して使用する点が異なる。また、結合材である樹脂の強度が強いため、高強度のポリマーコンクリートを設計する場合は、骨材もそれ相当の強度を持つものを選択する必要がある。

配　合：ポリマーの価格が、セメントに比べ非常に高いので、ポリマーをいかに少なくするかが、配合設計のポイントとなる。充てん材として主に重質炭酸カルシウム、または微粉シリカ、けい石粉等を増量効果を期待して混入する。その粒径は1～30μm程度である。練混ぜ、打設、仕上などの作業時間を十分検討し、施工中にレジンの硬化が始まらないよう、硬化剤の配合を決める。

練混ぜ：細・粗骨材、微粉末などを十分に空練りしたあと、硬化剤を加えたポリマーを投入し、練り混ぜる。なお、主剤と硬化剤は均一に混ぜて投入しないと、硬化不良の原因となりやすい。

圧縮強度（Fc）はポリエステル樹脂の場合3時間で$20N/mm^2$、24時間で$50～100N/mm^2$程度となる。

曲げ強度（Fb）も圧縮強度と同様の強度発現を示し、Fb/Fc は0.27～0.29程度である。しかしいずれの場合も、骨材を乾燥状態で使用した時の値であり、骨材が含水状態の場合は、強度がいちじるしく低下する。このため、骨材の水分の管理は極めて重要な作業である。

付着強度は、下地コンクリートの含水影響、プライマー処理の有無等によって異なる。エポキシ樹脂の中には、下地コンクリートの含水の影響を受けないものもある。

弾性係数は$1.8～2.5×10^4N/mm^2$程度で、強度の割には小さい。伸び能力は$0.8～1.2×10^{-3}$で変形能力が大きい。硬化時の収縮は$20～40×10^{-4}$と非常に大きい。耐薬品性は概して良好であるが、有機酸に対しては弱い。

耐熱性、耐火性は樹脂量によっても異なるが、使用状態を十分検討の上適用する。

ポリマーモルタルとして、接着剤、床材、防食材など広範囲に使用されているが、ポリマーコンクリートの構造材としての用途開発はその緒に着いたところである。

二次製品としては、下水道用「ポリコン管」、「レック複合パネル」「セグメント」、「テカイトパイプ」、「ブロックマンホール」等がある。

【参考文献】
1) コンクリートジャーナル：『プラスチックスコンクリート特集』Vol.11, No.4, April, 1973年
2) 小林一輔・田沢栄一：『繊維補強コンクリート・ポリマーコンクリート』「最新コンクリート技術選書9」山海堂

ポリマー含浸コンクリート（樹脂含浸コンクリート，PIC）

ポリマー含浸コンクリート（PIC）とは、硬化コンクリート（モルタル）の中にモノマー、プレポリマー、ポリマーなどを含浸させたのち、その状態で重合し、コンクリート（モルタル）とポリマーを一体化した複合材料である。また、このPIC技術を応用したものがPIC版であり、これはプレキャストのコンクリート版にPIC処理を施し、本版を打込み型枠として用いる工法である。

・ポリマー含浸コンクリートの物性

強　　度：ポリマー含浸コンクリートの強度は、基材が同一の場合は、ポリマー含浸率（基材絶乾質量に対するポリマー含浸質量の百分率）が高いほど高強度がえられる。

弾性とクリープ：弾性係数は基材がコンクリートの場合15～50%増、最大圧縮ひずみは40～70%増程度である。また、クリープ係数は基材の1/4～1/5程度で、非常に小さい。

寸法安定性：乾燥収縮および吸水膨張は基材に比較し極めて小さい。

そ の 他：凍結融解に対する耐久性，耐薬品性，止水性，耐摩耗性が，基材と比較して大幅に改善される。

ポリマー含浸コンクリートの使用例としては，防食型枠，海中構造物部材，高電圧ケーブル防護管，外装用仕上げ部材などがある。

【参考文献】
1) 小林一輔・田沢栄一:「最新コンクリート技術選書・9」『ポリマーコンクリート・繊維補強コンクリート』山海堂

アクリル系ポリマーコンクリート

アクリル系ポリマーコンクリートは，メチルメタカクリレート（MMA）を主成分とした液状レジンとフィラー（充てん材），細骨材，粗骨材を材料とし，従来のポリマーコンクリートに比べ施工性は向上し，かつ品質・耐久性に優れたものである。圧力導水路トンネルやダム，道路，空港，港湾構造物などの高耐久性が要求される重要構造物での適用が考えられる。

アクリル系ポリマーコンクリートの特徴は以下のようにまとめられる。

・普通コンクリートと同程度の粘性であり，ポンプ圧送も可能である
・最低施工温度は-25℃であり，寒冷地での施工も可能である
・2時間程度で60N/mm²以上の高強度が得られ，短時間で供用が可能である
・曲げ強度，引張強度が高い
・水密性，耐凍結融解抵抗性，耐薬品性，耐摩耗性に優れる

その他
（耐久性向上，機能性向上など）

表5.1.40　強度の一例

	ポリマー含浸率　%	曲げ強度 N/mm²	圧縮強度 N/mm²
コンクリート	5～7	9.81～23.5	118～167
モルタル	10～17	24.5～38.20	118～186
軽量コンクリート	15～25	11.8～21.6	83.4～137

本分類では，使用する骨材や混和材料により分類されるコンクリート，あるいは補強材や合成高分子材料から分類される複合体としてのコンクリートと異なり，耐久性の向上，機能性の向上あるいは特殊環境などといった使用環境や用途により分類されるコンクリートについてまとめている。

耐食コンクリート（耐酸コンクリート，耐硫酸塩コンクリート）

硫酸，塩酸，硝酸などの無機酸はセメント水和物中の石灰，けい酸，アルミナなどを溶解するので，コンクリートは激しく侵食される。また酢酸など有機酸も，無機酸に比べて程度は弱いが，コンクリートを侵食する。ナトリウム，マグネシウムおよびカルシウムなどの硫酸塩は，セメントバチルスをつくり，コンクリートを膨張破壊する。このような酸，硫酸塩などの作用する場所で使用するコンクリートを耐食コンクリートと呼ぶ。

耐食コンクリートの施工では，次のような事項に注意する。

・セメントは耐硫酸塩セメントが望ましい。また混合セメントやそのうちの高炉セメントなどの使用も効果がある。
・骨材はち密で密度が大きく吸水率の小さいものを選ぶ。（石灰石は酸で溶解するので不可）
・コンクリートの配合設計を行なう場合は，水セメント比を小さくし，水密コンクリートとする。単位セメント量は大きいほうが良い。またAEコンクリートとする。
・打設はていねいに行ない，十分に振動，締固めを行ない，密実なコンクリートとする。
・初期養生を確実に行ない養生期間を十分にとり，侵食物との接触が若材齢で起らないよう配慮する。

なお，このような処置を施しても，化学工場の床や，排水溝など完全な耐食性を要求されるコンクリートでは不十分で，次に示すような防食対策を考えることが必要である。

・ゴムや合成樹脂の水性ディスパージョンを混入したコンクリート（ポリマーセメントコンクリート）の使用
・コンクリート硬化体の沸化処理
・ポリマー含浸コンクリートやポリマーコンクリートの使用

表5.1.41　種々の化合物がポルトランドセメントコンクリートを浸食する程度

ほとんど作用しないか、または全く作用しないもの	ある条件の下では侵食	普通の侵食	かなり激しい侵食		非常に侵食
しゅう酸 硫酸カルシウム 過マンガン酸カリウム 全ての其酸塩 パラフィン ピッチ コールタール ベンゾール カーボゾール アセトラセン Cumol アリザリン トリオール すべての石油または鉱物油 ロジン油 テレビン油 にしん油 牛の脚油 骨油 けし油 アルコール さらし粉 塩水 ほう砂 ほう酸 フルーツジュース ぶどう酒（コンクリートが味を悪くするだろう） タンニン酸（酸性でなければ） 砂糖きびと砂糖大根 蜂蜜 パルプ 塩漬けキャベツ 糖蜜 酢酸ナトリウム塩 10%以下の水酸化アルカリ溶液 10%以下の硝酸アルカリ溶液および硝酸カルシウム溶液 新鮮なビール	次のものは、もし濃度の高い溶液であれば普通の侵食をなす。 炭酸カルシウム 炭酸アンモン 炭酸ソーダ 洗濯ソーダ 次のものは、もしそれがコンクリートの乾燥湿潤を繰り返すときには軽く表面を分解する。 塩化カリ 塩化ストロンチウム 塩化ナトリウム 次のものはコンクリートが空気に露出されるとき、かなり激しい侵食する。 綿実油 オリーブ油 なたね油 ひまし油 からしな油 やし油 ココナツ油 しゅう油 さらし粉の溶液 密閉して作られたすっぱい干草は、ゆっくりと侵食してゆく。 甘い干草はいくらか侵食するが、すっぱい干草に比較してより少ない。 砂糖溶液と少し精製された糖蜜は、温度が高ければ特に著しい。 薄黒い糖蜜は、これらより活性ではない。 重炭酸ソーダは、その溶液の濃度が高ければ必ず侵食する。 ミルクまたはバターミルクは、乳酸の存在により侵食する。 尿は、新鮮なときには何の作用もないが、古くなればいくらか侵食する。 グリセリンは、その溶液の濃度が4%以下であれば、仕上げされたコンクリートに影響をほとんど与えない。シンダー及び石炭は、普通ごくわずかに侵食する。	天然における酸性の水 オリーブ油 魚油 気の抜けたビール 重硫酸塩液 干草 クレオソート 酢酸カルシウム液 重炭酸アンモニア 塩化アルミニウム 硝酸アルミニウム 洗浄剤 適度の酸を含んだインク ホウ酸ソーダ （ほう砂）	酢 酢酸 くえん酸 石炭酸 りん酸 乳酸 タンニン酸 酪酸 タンニン酸 ぎ酸 酒石酸 オレイン酸 スチアリン酸 パルミチン酸 塩化マグネシウム 塩化第二水銀 塩化鉄 塩化亜鉛 塩化銅 塩化アンモニウム 塩化カルシウム 硝酸カリ 硝酸ソーダ 硝酸アンモニウム 硝石 クレゾール フェノール キシロール カーボレニウム	リゾール Jcyes finid せんだん油 大豆油 アーモンド油 ヴォルフラム油 ピーナッツ油 くるみ油 胡麻油 牛油 ラード がちょう油 牛の骨髄 アンモニア塩 水酸化アンモニウム 酢酸アンモニウム ソーダ水 コーンシロップ 乳しょう 窒化物 ぶどう糖 みょうばん ココア油 ココア豆 重硫酸カルシウム塩 フタール酸塩 硫化ナトリウム 亜硫酸ナトリウム 重硫酸ナトリウム チオ硫酸ナトリウム	硝酸 塩酸 弗化水素 酸 硫酸 亜硫酸 水酸化カリ 水酸化アンモニウム 水酸化ナトリウム 硝酸アンモニウム 硝酸アンモン 硫酸コバルト 硫酸銅 硫酸カルシウム 硫酸第一鉄 硫酸アルミニウム 硫酸カリ 硫酸ソーダ 硫酸ニッケル 硫酸亜鉛 硫酸マグネシウム 硫酸マンガン あざらし油 さめ油 鯨油 たら油 羊の足の油 馬の足の油 りんご油 ぎ酸アルデヒド溶液 灰汁

- エポキシ系，ポリエステル系，フラン系のポリマーおよびアスファルトなどによる被覆防食

【参考文献】
1）森　茂二郎：「実用コンクリート技術（下）」『建築技術』
2）近藤泰夫・坂　静雄監修：「コンクリート工学ハンドブック」朝倉書店，昭和51年版

■ 耐酸セラメント工法（耐酸コンクリート）

耐酸セラメント工法は，耐硫酸セメントに替わる特殊セメントで，下水施設などの耐酸性を求められる新築および補修コンクリート工事に使用できる。

［特徴］
- 通常のコンクリートと同様に，コンクリートを製造・運搬し，施工できる
- 補修費の大幅削減により，構造物のライフサイクルコストを削減できる

［性能］
- 東京都下水道局「コンクリート改修技術マニュアル」に準拠・適合

耐摩耗コンクリート

耐摩耗性のあるコンクリートを施工する方法である。摩耗の原因は多種多様であり，その対策も単一ではない。このコンクリートを使用する工法の総称である。

土木構造物のコンクリートに生ずる摩耗には，車両交通（ゴムタイヤや雪氷地域のチェーン），波浪，河川流，土石流の衝撃，流木，キャビテーションなどがある。

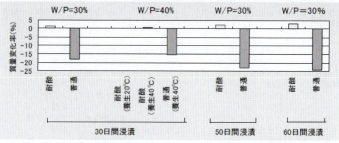

◆ 質量変化率測定結果
(5%硫酸溶液浸漬後)

材齢28日まで20℃または40℃の促進水中養生を行った後、5%硫酸溶液(20℃)に浸漬

※質量変化率＝(浸漬後の供試体質量−浸漬前の供試体質量)/浸漬前の供試体質量×100 (%)

◆ 硫酸溶液浸漬後の供試体劣化状態

● 5%硫酸溶液浸漬30日後の供試体
(W/P=30%、20℃養生)

図5.1.10　耐酸セラメント工法

堅硬な骨材を用いて，水セメント比の小さい低スランプのコンクリートを良く締固め，養生を十分に行なうことが原則となっている。

真空コンクリート，鋼繊維補強コンクリート，ポリマーコンクリート，ポリマー含浸コンクリート，粗石コンクリートなどの特殊なコンクリートが用いられることもある。

軽度な摩耗に対しては，鉄粉やカーボンランダムをウレタンやエポキシ樹脂で結合する耐摩耗性のライニングが用いられることもある。

海洋コンクリート（耐海水コンクリート）

港湾，海岸，海洋で施工するコンクリートを総称して，「海洋コンクリート」という。感潮部あるいは海面下にあって海水の作用を受けるコンクリートに限らず，陸上あるいは海面上に建設され波浪，潮風の作用を受けるコンクリートも含めて考える。

海洋コンクリートは海水の物理・化学的作用，凍結融解等の気象作用，波浪や漂流固形物による衝撃や摩耗等のため次第に損傷する。とくに，海水の化学作用と凍結融解作用が重複したときの被害は大きい。これらの作用に耐えるコンクリートは耐久的な骨材，および良質の減水剤やAE剤を用いて，水セメント比を下げ，強度および水密性の大きいコンクリートを入念に施工することが必要である。なお海洋コンクリートとしてポリマーコンクリートなども用いられる。

近年，塩害が社会的な問題となっている。海洋構造物は，施工中に練混ぜ，コンクリートより供給される塩化物の他に，長い供用期間中に海水あるいは海塩粒子によってコンクリート表面より塩素イオン（Cl^-）が供給され，この塩素イオンが次第に内部まで拡散し，鉄筋位置での塩分濃度を高めることになり，最終的には鉄筋の腐食をもたらす。海洋環境は干満帯・飛沫帯，海上大気中，海中に分類され，この順に塩害に対して厳しい条件におかれている。したがって，使用環境を十分に認識し，必要に応じて日本コンクリート工学協会「海洋コンクリート構造物の防食指針（案）」等を参考にして，適切な施工方法を検討しなければならない。

海洋コンクリートの設計，施工には一般のコンクリートと異なり，次のような点に特に注意する必要がある。

・骨材も耐久性のあるものを用いる。
・鉄筋のかぶりを大きくとり，水密性の大きいコンクリートを施工する。必要ならば，鉄筋自体に防せい処理を行なう。
・コンクリートは材齢5日までは海水に洗われないよう保護する。
・すりへり，衝撃等はげしい作用を受ける部分は，ゴム防蝕材，木材，石材，鋼材，高分子材料など適当な材料で表面を保護するなどの配慮が必要である。

【参考文献】
1）土木学会：コンクリート標準示方書　施工編，2007年制定
2）日本コンクリート工学協会：コンクリート技術の要点，'09
3）赤塚雄三・関　博：「水中コンクリートの施工法」鹿島出版会，昭和50年12月
4）鮎田耕一・林　正道：「海冷地の海岸コンクリート構造物の表面剥離について」『セメント技術年報』，昭和55年
5）佐伯　昇・桜井　宏・鮎田耕一：「夏期に曝露されたコンクリートの表面剥離耐力に関する2,3の実験」『セメント技術年報』，昭和55年
6）日本コンクリート工学協会：海洋コンクリート構造物の防食指針（案），1990.3

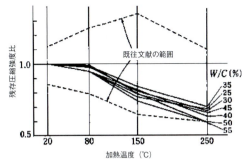

図5.1.11　残存圧縮強度比

耐熱コンクリート

コンクリートが，長期間にわたる高温，または高温の繰返しを受ける場合に採用するコンクリートである。

例えば，煙突や原子炉等の圧力容器，一般の工業炉などのように常温〜350℃程度で5〜30年程度加熱を受けるものなどがある。

普通ポルトランドセメントを使用したコンクリートを40℃〜80℃で長期間加熱した場合，強度の低下はあまりないが，弾性係数の低下が著しい。

コンクリート中の自由水は110℃において脱水，また，C-S-Hゲル（トベルモライト）の結合水は100〜300℃で脱水すると考えられている。また，アルミナ分を含んだ結晶構造$3CaO・Al_2O_3・6H_2O$（C_3AH_6）においては，250〜350℃で脱水する。さらに，水酸化カルシウム$Ca(OH)_2$，および炭酸カルシウムは，それぞれ450〜500℃，および750〜900℃でCaOに変化する。したがって耐熱コンクリートで考える温度範囲においては，$Ca(OH)_2$や$CaCO_3$の分解までは至っていないと言える。

築炉用の耐熱コンクリートは，耐火煉瓦と同様の目的で使用され，断熱保護を主とし，性能が低下すれば，一定の期間で取り換えるものである。セメントはアルミナセメントなどを使用し，煉瓦屑，シャモットなどの微粉材を加え，耐熱性の大きな骨材（耐火コンクリートの項参照）を使用する。鋼繊維補強コンクリートは耐熱性が優れていることが報告されている。

【参考文献】
1）森　茂二郎：「実用コンクリート技術（下）　耐熱耐火コンクリート」『建築技術』，pp.197〜214，昭和51年10月

耐火コンクリート

コンクリートが，火災時の加熱のように800〜1,000℃の高い温度に比較的短時間（1〜2時間）加熱され，繰返しを受けない場合を「耐火」とよび，「耐熱」と区別する場合がある。

コンクリートは，土木材料の中では，耐火性に優れた材料であるが，長時間高温にさらされると図5.1.11のように，強度がかなり低下する。また弾性係数の低下もいちじるしく，500℃では常温値の10〜20％となる。

RC構造物を耐火的にするためには，耐火性の小さい鉄筋を保護するため，かぶりを十分にとる，かぶりのコンクリートがはく落するのを防ぐため，鋼製補強材（メッシュ，鋼繊維，エキスパンドメタルなど）で補強する，骨材に耐火性のもの（安山岩質）を選ぶ，コンクリートの表面も，モルタル，しっくいなどの断熱材で保護する，などが挙げられる。

【参考文献】
1）飛坂基夫：高性能減水剤を使用した低水セメント比コンクリートの耐熱性，日本建築学会大会学術講演梗概集（関東），1984.10

高強度コンクリート

高強度コンクリートは，土木学会「コンクリート標準示方書　施工編　2007年度制定」では，設計基準強度が$60N/mm^2$〜$100N/mm^2$程度までのコンクリートと定義されており，土木構造物ではプレストレストコンクリート構造の橋梁やタンク，トラス部材，地下連続壁などへの高流動コンクリートの適用が主である。

設計基準強度と水結合材比の関係の一例を表

5.1.42に示すが，設計基準強度が$36N/mm^2$を超える高強度コンクリートにおいては，所要の配合強度を得るために水結合材比は40%以下となり，高性能AE減水剤の使用が不可欠となる。

また，高強度コンクリートの配合，使用材料，施工方法に関する留意点を以下にまとめる。

・マスコンクリートに適用する場合，初期高温履歴による強度発現性の阻害や温度ひび割れの発生等の可能性があることから，低熱ポルトランドセメントの使用が有効である。
・$80N/mm^2$以上の高強度コンクリートには，水和熱低減を目的に低熱ポルトランドセメントや中庸熱ポルトランドセメントを使用する。
・$80N/mm^2$以上の高強度コンクリートにおいてはセメントのみで強度を達成することは難しいので，シリカフュームなどの混和材の使用が有効である。
・所定の圧縮強度およびヤング係数は使用骨材の品質に大きく影響を受けることから，使用実績のあるものや事前の確認が必要となる。
・設計基準強度が$54N/mm^2$を越える高強度コンクリートでは，水結合材比は30%以下と小さく，コンクリートの粘性が普通コンクリートに比べ著しく大きくなり，ポンプ圧送負荷の増大や打込み，仕上げ時の施工性が低下することとなる。その場合，フレッシュコンクリートの流動性改善にはシリカフュームなどの鉱物系混和材が有効である。
・高強度コンクリートは，使用材料，配合，練混ぜ方法などにより，フレッシュ性状および圧縮強度が異なることから，適用時には試し練りによる確認や信頼できるデータの確認等が必要である。
・高強度コンクリートに自己充てん性を付与する場合には，土木学会「自己充てん型高強度高耐久性コンクリート構造設計・施工指針（案）」を参考とする。
・火災時の爆裂に対する抵抗性を改善する必要がある場合は，有機系短繊維が有効である。

【参考文献】
1）土木学会：2007年制定 コンクリート標準示方書　施工編
2）土木学会：自己充てん型高強度高耐久性コンクリート構造設計・施工指針（案），コンクリートライブラリー105，2001.6

表5.1.42　設計基準強度と水セメント（結合材）比

	設計基準強度 (N/mm^2)	配合強度 (N/mm^2)	水結合材比 (%)
普通強度	18〜24	24〜30	50〜60
	27〜36	33〜45	40〜50
高強度	39〜48	48〜60	30〜40
	54〜60	70〜85	25〜30
	80	100〜110	20〜25
	100	120〜130	20〜22
	120	140〜150	20以下

着色コンクリート

コンクリートを着色するには，カラーセメントを用いる方法，着色材を用いる方法，有色骨材を用いる方法，などがある。

現在，一般にコンクリート用の着色材として用いられている顔料は，そのほとんどが鉄酸化物，あるいは硝酸化物系である。主な着色材を表5.1.43に示す。

通常の使用量はセメントに対し，2〜3%程度である。また，有色骨材は，主として建築用石材の残材を砕いた大理石，花崗石，蛇紋岩などが用いられる。

【参考文献】
1）森茂二郎編：「実用コンクリート技術（下）着色コンクリート」『建築技術』，pp.273〜294，昭和49年6月
2）朝倉書店：「コンクリート工学ハンドブック」，pp.161〜162

表5.1.43　コンクリート用着色材

色の系統	発色成分	色の系統	発色成分
赤	酸化第二鉄（$\alpha\text{-}Fe_2O_3$）	黒	四三酸化鉄（Fe_3O_4）
茶	酸化第二鉄（$\gamma\text{-}Fe_2O_3$）	白	酸化チタン（TiO_2）
黄	含水酸化鉄（$\alpha\text{-}FeO(OH)$）	緑	酸化クロム（Cr_2O_3）
橙	含水酸化鉄（$\gamma\text{-}FeO(OH)$）	青	群青（$2(Al_2Na_2Si_3O_{10})Na_2S_4$）
紫	酸化第二鉄の高温焼成物		

その他改良工法

SILIC工法

通常のセメントミルク，モルタル，コンクリート等に用いる水の代替として，低い濃度のシリカゾル

液を使用することによって，水に希釈されず，ブリーディングがなく，流動性にも優れるという性質を付加したもので，特殊水ガラスの少量添加により，可塑性，瞬結性をも付与できるものである。主な用途としては次のものがある。

- 裏込め注入材……シールド等の裏込め材に用いる場合で，注入方式や注入状態に即した性質を持たせることができる，例えば，プレフォーム（Pre-Foam）された気泡とシリカゾル液を用いたモルタルを練り混ぜて得られる流動性に富むエアーモルタルを，特殊水ガラスを1.5ショットで添加することによって，可塑性または瞬結性を付与する。
- 吹付けコンクリート……シリカゾル液を用いたコンクリートに，1.5ショットで特殊水ガラスを添加し，施工機械に応じてゲルタイムを0.5～6秒程度に調整することにより，リバウンド量の少ない早期に強度発現をする吹付けコンクリートとなる。
- 水中コンクリート……水の代替としてシリカゾル液を用いると，それ自体も水に拡散され難いコンクリートとなるが，さらに特殊水ガラスを添加し可塑性のゲルに近い状態で打ち込むことで，より安定した水中コンクリートとなる。

■ ソイルセメント工法（プラスチックソイルセメント工法）

ソイルセメント工法は，土にポルトランドセメントあるいは高炉セメントを添加し，土粒子相互を結びつけるとともに，粘土の性質を変えた安定処理工法である。プラスチックソイルセメント工法は，ソイルセメント混合物の含水比を高く保ち，プラスチックな，やわらかい状態にして施工する工法である。

土質安定工法として，主としてアメリカで施工されてきたが，我が国でも注目をあびるようになってきた。施工法の特長は，現場にある土を利用するため，コンクリートと比べ安くできる点である。

実施例としては，水路のランニング，干拓堤防斜面舗装，侵食防止工，などである。

【参考文献】
1) 藤森・内田：『新しい土留工法』近代図書，日本道路公団，特許公告番号37-17073号

■ セメントアスファルト（CA）モルタルコンクリート

ポルトランドセメントとアスファルト乳剤を結合材とするモルタル（コンクリート）である。

CAモルタル（コンクリート）に使用される材料は一般に早強セメント，アスファルト乳剤，骨材，水，アルミニウム粉末であり，必要に応じて強度増大用混和剤を用いる。さらに早強セメントの代わりに，速硬性のセメントを用いたものも開発されている。

CAモルタル（コンクリート）は，セメントとアスファルト乳剤の配合比を変えることにより，強度や弾性係数など力学的特性を広範囲に選択ができ，常温施工できる点を特徴とするものである。

CAモルタル（コンクリート）は，鉄道の「スラブ軌道」用のグラウト材として開発されたものであるが，他にも舗装盤下に生じた空げきに注入するサブシーリング材や，注入による地盤強化材料として実績がある。

さらに舗装面のレベリング，わだち掘れの補修，タンクその他構造物の沈下の補修や半剛性舗装等に用いる注入材として，また吹付け材として，のり面処理，防水工，飛砂防止等への利用も検討されている。

【参考文献】
1) 原田 豊：「超速硬性セメントアスファルト系グラウトおよびコンクリート」『セメントコンクリート』No.356, Oct.1976
2) 日本鉄道施設協会：『スラブ軌道の設計施工』
3) 樋口芳朗・他：「セメント-アスファルト系複合材の性質とその応用」『セメントコンクリート』No.364, pp.10～16, 1977年6月号

■ 特殊処理剤による打継ぎ処理工法

コンクリートの打継目では一体性を高めるために，旧コンクリート表面のレイタンス，品質の悪いコンクリート，緩んだ骨材を取り除き，健全なコンクリート面を露出させ，打込み前に充分に給水する

目荒しされた打継目

ことが必要となる。

　旧コンクリート打継面の硬化後の処理方法としては，ワイヤブラシ，高圧空気あるいは高圧水，サンドブラストなどの処置により，脆弱な部分を除去する方法がある。

　また，旧コンクリート打継面の硬化前の処理方法としては，コンクリート打継面にグルコン酸ナトリウム等を主成分とする遅延剤を散布し，コンクリート表層部分の硬化を計画的に遅らせ，打継面の処理を効率化する打継目処理剤がある。このような打継目処理剤は，ダムやアンカレイジなどの広範囲な打継面処理として行われるグリーンカット工法に数多く適用されている。

■　リタメイト工法

　鉛直打継面の処理には，従来からのチッピング処理，型枠に遅延型塗膜を塗る方法，予め遅延剤を含ませたシートを型枠に貼付する方法，凹凸を有するシート型枠に貼付する方法などが行われている。

　このうち遅延剤を含ませたシートを利用する方法に，不飽和ポリエステルを用いる方法がある。このシートを型枠に貼り付け，コンクリートの打込み後に圧力水を用いてコンクリート表面を目荒らしできる。

［特徴］
・型枠散水や降雨に対しても遅延剤が流出しない
・型枠を長期間設置していても目荒らしが可能である

［性能］
・チッピングと同等なせん断強度を得られる
・面内，時期による差異が少なく，一様な目荒らしが得られる

【参考文献】
1）土木学会：コンクリート標準示方書　施工編，2007年制定
2）笠井芳夫編：コンクリート総覧，技術書院

■　マックスAZ（水中不分離性高流動無収縮モルタル）

　マックスAZは，高性能特殊混和剤の使用により水中不分離性，高流動性，自己充てん性，セルフレベリング性に優れたプレミックス材であり，1）水中気中強度比90％以上，2）水の洗い作用に対する抵抗性，水中落下時の不分離性による水中下の懸濁抑制，3）狭い隙間，突起物等の障害物条件下での良好な自己充てん性とセルフレベリング性能を有する。

II 製 造

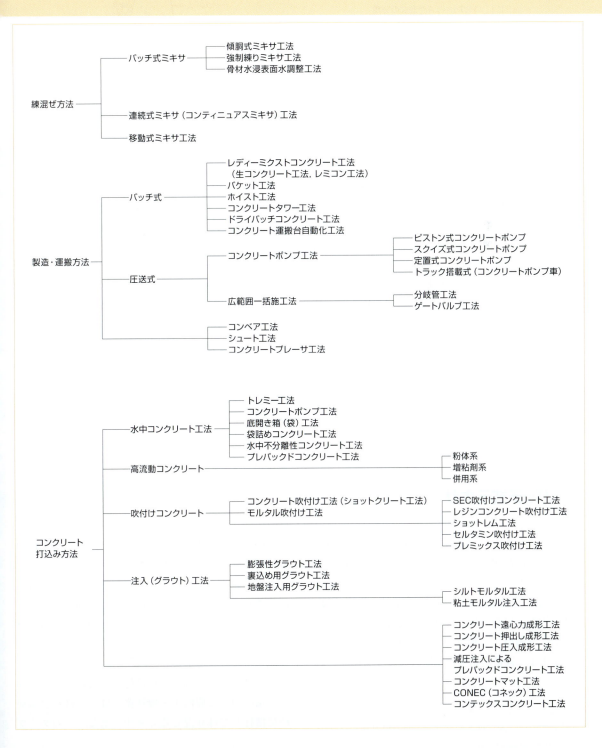

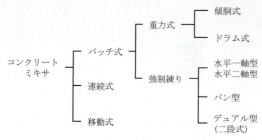

図5.2.1　コンクリートミキサ形式の分類

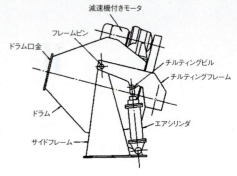

図5.2.2　傾胴式ミキサ

練混ぜ方法

練混ぜは，使用する全ての材料を均等に分散させて，均等質なコンクリートやモルタルを得るために行なう。練混ぜ方法には，人手によって練り混ぜる手練り方法とミキサ等を用いた機械練り方法がある。試験室などで少量の練混ぜを行なう他は，ほとんどは機械練りである。

ミキサの形式は図5.2.1のように大別される。練混ぜ方法としては，一練りごとに材料を投入して練り混ぜ，排出するバッチ式が一般的であるが，材料を連続して供給しスクリュー状のブレードで連続的にコンクリートを練り混ぜる連続式のものもある。また，ミキサは生コンクリート工場などのように設備を固定しているのが一般的であるが，トラック車体にミキサを装備して移動可能にした移動式のものもある。

1　バッチ式ミキサ

バッチ式ミキサは，重力式と強制練りに大別される。重力式は傾胴式とドラム式に分類され，撹拌羽根にて持ち上げた材料が重力によって落下することで練り混ぜる方式である。また，強制練りミキサは，内部の撹拌羽根が回転して材料を混合するもので，一般的に一軸型，二軸型，パン型などがあるが，これらを上下二段構造にした二段式ミキサも開発されている。

重力式ミキサ

■　傾胴式ミキサ工法

傾胴式ミキサは重量式ミキサの一つで，不傾式のドラム式と同様に，内部に羽根を固定した容器を回転させて，コンクリートを練り混ぜる方式である。また，排出は容器自体を回転しながら傾けて，コンクリートを排出する。（図5.2.2）

傾胴式ミキサは練混ぜ時のドラムの姿勢によって水平混合形と傾斜混合形とに分けられる。また，練り混ぜたコンクリートを排出する際のドラムを傾ける方法には機械式と油圧式とがあり，いずれもクッション装置を備えて衝撃をふせいでいる。

傾胴式ミキサは比較的硬練りの土木用コンクリートの練混ぜに適しており，土木学会のコンクリート標準示方書では練混ぜ時間は試験によって定めるのを原則としている。試験を行なわない場合の最小時間は1分30秒としている。ただし，試験によって定まる値の平均値はこの値の約70％である。

強制練りミキサ工法

強制練りミキサには，水平一軸または水平二軸の強制練り式ミキサと，パン型ミキサがある。

水平一軸または水平二軸の強制練り式ミキサは，固定された混合槽内の水平回転軸に数個のアームとパドルが取り付けられ，材料を混合槽底部から上方にすくい上げるとともに，前後左右に移動させて練り混ぜるミキサである。

パン型ミキサ（図5.2.3）は材料を入れるタライ型混合槽の内部に旋回する撹拌翼を備え，材料を強制的に撹拌して練り混ぜるミキサである。このタイプ

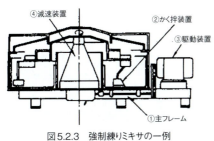

図5.2.3　強制練りミキサの一例

のミキサは硬練りコンクリートに特に有効であり，練混ぜ時間も重力式ミキサの1/2～1/4ですむ特徴がある。このため，回転翼や容器内面の摩耗が激しく，ドラム式に比べて大きな動力を必要とする欠点があるが，性能および規模の点で生コンクリートや二次製品プラントに多く使用されている。ただし，ダムコンクリートのような大粒径の骨材を使用するコンクリートの練混ぜには適していない。

土木学会コンクリート標準示方書では，練混ぜ時間は試験練りにより定めることとしており，試験練りを行なわない場合には標準として1分間を提示している。

練混ぜ容量は，$0.1m^3$～$3m^3$程度までの機械が多くつくられているが，$6m^3$のものもある。

強制練りミキサは機械部分が多いため，コンクリートを付着させておくことの無いように，ミキシングパン内は常に清掃しておく必要がある。

■ デュアルミキサ（二段式ミキサ）工法

デュアルミキサはパン型ミキサや水平二軸ミキサを上下二段にした構造であり，上段ミキサでモルタルを先練りした後，下段ミキサで砂利等の粗骨材を投入してコンクリートを練り混ぜるようにしたミキサである。

ダブルミキシング工法やS.E.C.コンクリートのように練混ぜ水を1次水と2次水に分割して練り混ぜる場合や高強度コンクリートの練混ぜには最適である。コンクリートの排出能力が高いため，製造能力も向上する。

■ ホットコンクリート工法

ホットコンクリート工法とは，練り上った時点で40℃以上の高温の生コンクリートを製造する工法である。コンクリートの初期強度を高め，脱型時期を早くするために蒸気養生，高温養生等の種々の促進養生工法がとられているが，本工法もそのひとつである。主にコンクリート製品の製造用として，製品工場で用いられている。

ホットコンクリートは上部に蓋の付いた強制練りミキサ（ホットミキサ）を用いて，ミキサ羽根に設けられた生蒸気噴出口から，一定の生蒸気を吹き込んでコンクリートを練り混ぜて製造される。コンクリートの流動性は練混ぜ時にミキサにかかる電力負荷を制御することによって管理される。

ホットコンクリートは他の促進養生と異なり，昇温時間をとる必要がないので，養生時間を短くでき，1日の型枠回転を2回以上とすることができる。また，寒中コンクリートの初期凍害の防止に有効である。なお，温度が高くなると，同じスランプにするのに必要な単位水量が増す傾向にある。

【参考文献】
1）東　正久：「ホットミクストコンクリートを用いたプレキャストコンクリート板の製造」，セメントコンクリート，セメント協会，昭和47年1月，pp.4～10

デュアルミキサ

骨材水浸による表面水調整工法

骨材水浸による表面水調整工法は，ミキサと材料ホッパーの中間に表面水量計量装置（写真5.2.2）を設けて，練混ぜの際に使用する全ての細骨材の全表面水量を直接計量する工法である。細骨材の表面水の全量を計量するので，コンクリートの単位水量の変動が少なくなり，単位水量の少ない配合のコンクリートを製造したり，細骨材の表面水の変動が大きい場合に適している。また，全量の自動記録化に適している。

表面水量計量装置

連続式ミキサ外観

連続式ミキサ練混ぜ部

2 連続式ミキサ（コンティニュアスミキサ）工法

連続式ミキサ（コンティニュアスミキサ）とは，ミキサの一方の材料貯蔵ビンおよび水タンクから各材料がミキサ内に連続的に投入され，練混ぜが行なわれながら他の一方から練り混ぜられたコンクリートが連続的に吐き出されてくるような機構をもったミキサである。（図5.2.4）

連続ミキサについては，従来，定められた配合の材料を連続してミキサに供給する適当な方法がないなど，技術として確立されていなかったため，その使用が禁止されていた。しかし，これらの欠点を解消した機種が開発されたことから，土木学会コンクリート標準示方書では，土木学会規準JSCE-I 502-2007「連続ミキサの練混ぜ性能試験方法（案）」により，所要の品質を得られることを確認して使用できるようになった。

【参考文献】
1) 土木学会編：「2007年制定　コンクリート標準示方書 ［施工編］」, pp.96, 2008.3
2) 三谷健・安達径治：コンチニュアスミキサとその性能, セメントコンクリート, No.351, pp.10～17, 1976年, セメント協会

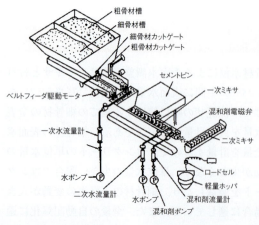

図5.2.4　連続式ミキサ（コンティニュアスミキサ）

3 移動式ミキサ工法

移動式ミキサは，通常，車体にミキサを装備したトラックミキサで，ドライの材料を空練りしながら現場まで運転して，トラックに装備された水タンクから水を加えてコンクリートをつくることができる車を言う。コンクリートプラントでつくられたレディーミクストコンクリートを撹拌しながら現場まで運搬するアジテータトラックと区別されていたが，現在のトラックミキサはドラムの回転を変えてアジテータトラックとして使用できるものもあり，

最近では明確に区別されていない。

トラックミキサはドラム形状により，傾胴形，垂直形および水平形に，駆動方式により，機械式と油圧式とに分けられるが，現在は圧倒的に傾胴形で油圧式のものが多い。

製造・運搬方法

運搬には，コンクリート製造プラントから工事現場までの運搬と，現場内で所定の打込み箇所まで運搬する現場内での運搬があるが，いずれの場合も，練り混ぜたコンクリートの品質が変化しないように，所定の打込み場所まで運搬することが重要である。このため，運搬方法としては，材料の分離，コンシステンシー，ワーカビリティーなどの性状変化ができるだけ少ないような方法で，迅速かつ経済的に打込み箇所まで運搬できる方法を選ぶ必要がある。

コンクリートの運搬方法には各種あるが，工事の規模や種類，工期，施工条件，コンクリートの打設量およびコンクリートの仕様や配合条件などに応じて，最適かつ経済的な方法を採用する。運搬設備には表5.2.1に示すようなものがあり，現場ではこれらの中から適切な方法を組み合わせて使用する。

土木学会コンクリート標準示方書では，コンクリートの運搬および打込みに対する計画，材料分離に対する処理などについて規定している。特に，現場内での運搬としてコンクリートポンプ，バケット，シュート，その他の運搬機械について，別項を設けて詳細に規定している。

1 バッチ式

製造した一定量のコンクリートを，一回（バッチ）ごとに運搬する工法としては，トラックアジテータ車などを用いてコンクリート製造プラントから工事現場まで運搬するレディーミクストコンクリート工法をはじめ，バケット工法あるいはバケット工法を応用した各種の方法があり，施工条件に応じて適切な工法がとられている。

レディーミクストコンクリート工法（生コンクリート工法，レミコン工法）

レディーミクストコンクリート工法は，適切な製造設備を有する工場で製造されたコンクリートを，トラックアジテータ，トラックミキサ，ダンプトラックなどによって現場まで運搬する工法であり，生コンクリート，生コン，レミコンなどと称される。

レディーミクストコンクリートは，JIS A 5308「レディーミクストコンクリート」にて，その種類，品質，配合，材料，製造，品質管理，試験方法などが規定されている。また，土木学会「コンクリート標

表5.2.1 コンクリートの運搬工法の分類

分類	運搬設備	容量（m³）	1台あたり標準運搬能率（m³/hr）	運搬距離（通常）（kmまたはm）	備考
自動車および軌道	トラックアジテータ トラックミキサ ダンプトラック ナベトロ アジテータカー	0.8～6.0 0.8～6.0 0.8～6.0 0.2		500m～30km程度 500m～30km程度 3.5km以下 500m以下	}レディーミクストコンクリート 舗装 トンネル
バケット類	各種クレーンを利用したバケット コンクリートタワー 手押車（一輪車） 手押車（二輪車） ナベトロ	0.25～9.0 0.6～1.5 0.05～0.06 0.15～0.2 0.2	20～30程度 10～20 0.8～4.0 0.8～4.0 0.8～4.0	高さ50m 水平150m以下 高さ10m～120m 60m以下 60m以下 60m以下	
シュートおよびコンベア類	シュート ベルトコンベア ムカデコンベア		10～50 10～80 10～50	垂直（斜）5～30m 高さ20m以下程度 水平100m以下程度	
圧送	コンクリートポンプ コンクリートプレーサ （プレスクリート）	(1.0～7.5)	12～85 5～30	垂直10～90m 水平10～500m 垂直10～30m 水平30～300m	
人力	ショベル	微小	微小	2.5m以下	

準示方書［施工編］」においても以下のように定めている。

a）レディーミクストコンクリートを用いる場合は，原則としてJIS A 5308に適合するものを用いる

b）工場の選定に当たっては，JIS認証品を製造する工場のうち，全国生コンクリート品質管理監査会議から㊜マークを承認された工場から選定する

c）現場までの運搬時間，コンクリートの製造能力，運搬車数，工場の製造設備，品質管理状態等を考慮する

d）レディーミクストコンクリートを発注する場合には，JIS A 5308に基づき，コンクリートの種類，粗骨材の最大寸法，スランプおよび呼び強度を定めてレディーミクストコンクリートの種類を選定するとともに，呼び強度を保証する材齢，水セメント比の上限値，空気量，単位セメント量，セメントの種類，骨材の種類等を生産者と協議して指定する

e）JIS A 5308に準じないレディーミクストコンクリートを発注する場合は，呼び強度，スランプ，粗骨材の最大寸法等を指定する

【参考文献】
1）土木学会編：「2007年制定　コンクリート標準示方書［施工編］」，pp.102～107，2008.3

バケット工法

　バケット工法とは，ミキサから排出されたコンクリートをバケットに受け，バケットをタワークレーン，トラッククレーン，ケーブルクレーンなどで吊り下げて，打込み箇所まで運搬する工法である。

　コンクリートのワーカビリティーの変化や材料分離などが最も少なくできる方法の一つであり，ダム工事に多く採用されている。

　土木工事に用いられる一般的なバケットの構造は，上半分は円筒形，下半分が円すい形となっており，下端に開閉ゲートが取り付けられている。ゲートの開閉は手動式のもの，圧縮空気式のもの，電動式のものなどがある。

　バケットからコンクリートを排出する際には，自由落下高さが過大にならないように，できるだけコンクリート面に近付けて排出するのが原則である

バケット工法

が，やむを得ず，高所からの排出となる場合には，縦シュートやホースを排出口に取り付けるなどの対策を講じるのが良い。

　バケットの容量は，一般的な工事では0.75～1.5m³程度であるが，その容量を練混ぜ1バッチ分あるいは生コン運搬車1台分に合わせておくと，運搬や積込みが円滑に行なえるので，この点も配慮するとよい。

【参考文献】
1）土木学会編：「2007年制定　コンクリート標準示方書［施工編］」，2008.3

ホイスト工法

　ホイスト工法は，天井または門形トランスポーターに取り付けた巻上げ機（ホイスト）に，バケットを吊り下げて，定められた軌道上を走行しながら打込み箇所まで移動しコンクリートを打ち込む工法であり，バケット工法の一つである。ホイストには，電動式やモータホイストなどがあり，二次製品工場などでの小運搬に用いられる。

【参考文献】
1）土木学会編：『土木工学ハンドブック』技報堂，昭和38年12月，pp.2465～2466

コンクリートタワー工法（タワーエレベータ工法）

　コンクリートタワー（タワーエレベータ）工法は，

主として山形鋼で組み立てた鉄骨タワーをガイドとして、内部のバケットを昇降させながらコンクリートを運搬するもので、バケット工法の一つである。

タワーの高さは15～60m程度が一般的で、橋梁工事や建築建屋に多く用いられる。また、必要に応じて、手押し車、シュート、ベルトコンベアなどと併用される場合もある。

【参考文献】
1）狩野春一：『コンクリート技術事典』オーム社，昭和43年4月，pp.291～292

ドライバッチドコンクリート工法

ドライバッチドコンクリート工法とは、予めセメントおよび骨材などの乾燥材料だけを混合しておき、これを打込み箇所まで運搬して、打込み箇所で水や混和剤を加えて練り混ぜる工法である。コンクリートの運搬距離が非常に長く、練混ぜから打込みまでに長時間を要するような場合に用いられる。

ドライバッチドコンクリート工法では、骨材の表面水率と加水までの時間を厳密に管理し、また、運搬中に外部から雨水等が侵入しないように留意する必要がある。

この工法は、プラントと打込み箇所とが遠距離でしかも生コンの運搬が制約されるような長大トンネルの施工などに特に有利であり、国内では、鉄道建設公団の大清水トンネル（施工　大成建設）で4,600m、総打込量約90,000m³を施工した実績がある。

コンクリート運搬台車自動化工法

コンクリートダムの施工において、打込み箇所へのコンクリート運搬には、コンクリート運搬台車とケーブルクレーンとを組み合せる方法が良く用いられる。コンクリート運搬台車自動化工法は、コンクリート運搬台車を運ぶためのトランスファーカーを自動制御することにより、省力化、施工サイクルの短縮、安全性の向上を図る工法である。（図5.2.5）

2　圧送式

圧送式は、配管内のフレッシュコンクリートを圧力にて運搬する工法であり、先のバッチ式と比べて、

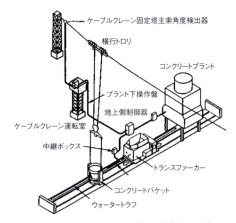

図5.2.5　コンクリート運搬台車自動化工法

単位時間当りの運搬能力が大きく、施工の合理化や省力化が可能な工法として、現場内での運搬方法の主流となっている。圧送式はコンクリートポンプ工法に代表されるが、特に近年では、コンクリートポンプ工法に分岐配管や開閉バルブを組み合わせて、広範囲を一括施工する工法も開発されている。

コンクリートポンプ工法

コンクリートポンプ工法とは、ポンプを用いてフレッシュコンクリートを配管内に圧入し、運搬する工法である。トンネル工事、橋梁工事などで作業空間が狭いような制限のある箇所での運搬に適している。

また、単位時間当りの運搬能力が大きく、輸送管を配管することにより運搬方向を容易に変えることができることから、施工の合理化や省力化が可能な工法として、近年のコンクリート工事の主流となっている。

コンクリートポンプの能力としては、時間当りの

ポンプによるコンクリートの打込み

吐出量12m³/hr～90m³/hrが一般的であり，運搬できる最大の水平距離は600m，鉛直上向きの最大高さは120m程度である。

輸送管の径は，粗骨材の最大寸法や圧送負荷の大きさなどを考慮して決定するが，通常，呼び寸法100A（4B），125A（5B）または150A（6B）の3種類が用いられる。圧送負荷を小さくするためには輸送管の径は大きいほど良く，土木工事として用いられるものは一般に125A（5B）である。

コンクリートポンプの形式は，圧送方式，バルブ機構，架装方式により，図5.2.6のように分類される。

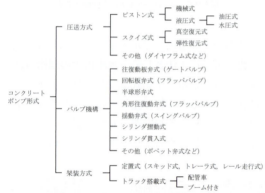

図5.2.6　コンクリートポンプの形式による分類

ピストン式コンクリートポンプ

ピストン式は，シリンダ内のコンクリートをピストンの往復運動により輸送管内に押し出し，圧送するもので，機械式のものと液圧式のものがあるが，機械式は大型で振動が大きく，車載に向かないため，現在ではほとんど使用されていない。

液圧式は，コンクリートピストンを液圧にて駆動する方式にしたもので，油圧式と水圧式があるが，現在使用されているもののほとんどは油圧式ポンプであり，ピストン式コンクリートポンプの代表的な形式となっている。（図5.2.7）

ピストン式コンクリートポンプは，高い吐出圧を得られることから，長距離圧送や高所圧送，大容量圧送が可能であり，また，貧配合や低スランプのコンクリート，高流動コンクリートや高強度コンクリートなどの圧送負荷が比較的大きいコンクリートの圧送に適している。

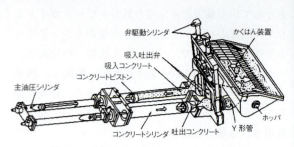

図5.2.7　油圧ピストン式コンクリートポンプの機構例

スクイズ式コンクリートポンプ

スクイズ式コンクリートポンプは，ホッパからポンピングチューブに吸入されたコンクリートを，回転ロータに取りつけられた2個のローラによって絞り出す構造である。（図5.2.8）

ポンピングチューブ内へのコンクリートの吸入の方法には，ドラム内を真空にしてポンピングチューブを復元させるものと，ゴムの弾性を利用して復元させる弾性復元式がある。スクイズ式は，ピストン式と比べて吐出圧などの圧送能力は低めであるが，構造が簡単で，ピストン式と比べて騒音が小さく，脈動もないため，小規模工事や都市内での工事に適している。

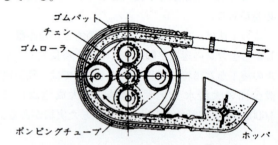

図5.2.8　スクイズ式コンクリートポンプの機構例

定置式コンクリートポンプ

定置式コンクリートポンプは，原動機とポンプを一体構造として定位置に架装するもので，長期間にわたって同じ現場で使用する場合や，海洋土木工事などでプラント船にてディストリビュータと組み合わせて使用する場合，あるいは，長距離や高所圧送する際の中継用ポンプとして使用する場合もある。

また，トンネル工事などで，トレーラ式や車輪を付けたレール走行式にして，坑導内で移動が容易にできるようにして使用することもある。

トラック搭載式（コンクリートポンプ車）

トラック搭載式は，ポンプ設備と付属器具一式を

トラックに搭載したもので，コンクリートポンプ車とも称される。現場への移動が容易で機動性の高いことから，現在のコンクリート工事の主流となっている。

トラック搭載式（コンクリートポンプ車）は，大きく配管車とブーム付き車とに分けられる。

配管車は，現場で輸送管を配管してポンプ圧送を行なうもので，長距離圧送用や高所圧送用の高圧タイプで，吐出量100m³/h級を有する大型機種も開発されている。

ブーム付きコンクリートポンプ車は，現場での配管作業が省略できること，現場内で打込み箇所を容易に変更できるなど，取扱いの簡便さや経済面で多大なメリットがあり，現在使用されているコンクリートポンプ車のほとんどはブーム付きである。ブームの地上高さは30m前後のものが一般的であるが，最近では36mのものもある。

なお，ブーム付きコンクリートポンプ車の使用にあたっては，ブームの伸長や旋回範囲，アウトリガの足場の確保など，設置場所について施工前に十分に検討しておく必要がある。

広範囲一括施工法

施工延長が長く，打込み高さも大きいような壁状構造物，あるいは，マスコンクリートの底版などのように打込み面積が広範囲となるような構造物を施工する場合には，コンクリートの打込み量が大量となる。そのため，一般的に，打込みリフトを数層に分けたり，全体を複数ブロックに分割して，複数回（日）にわたってコンクリートを打込む方法がとられている。

このような施工延長や施工面積が広範囲にわたるようなコンクリート構造物を一括施工する工法として，コンクリートポンプの1系統の配管を順次分岐していき，最終的には多数の吐出口を設けた状態でコンクリートを打込む分岐管工法，あるいは，1系統のポンプ配管に開閉式バルブ（ゲートバルブ）を一定間隔で多数設置して，吐出口を順次切り替えながら施工するゲートバルブ工法が開発されている。いずれも，多くの吐出口を広範囲に設けることで，配管の盛変えや吐出口の移動などを極力少なくして打込み作業の効率化を図るとともに，部材全体にわたって均等かつ連続的なコンクリートの打込みを可能とするものである。

一括施工の場合には，構造物の規模やコンクリートの供給量にもよるが，打継目を設けずに施工することも可能であり，打継目を設ける場合でも打継目処理作業が軽減できるだけでなく，信頼性の高い打継目を有する構造物を構築することができる。

広範囲一括施工法は，自己充てん型の高流動コンクリートとの組合わせが特に有効であり，高流動コンクリートと併用した適用工事も多く報告されるようになってきた。

◆ 分岐管工法

分岐管工法とは，45°～90°のベント管を組み合わせた二股形状の分岐管を用いて，1基のコンクリートポンプからの1系統の配管を2つに分岐し，2口，4口，…と順次分岐を繰り返しながら，最終的に多数の吐出口（2^n個）を設けた状態でコンクリートを打込む工法である。

分岐後において均等質なコンクリートを各吐出口ごとに等量吐出するためには，左右対称の配管線形を保ちながら輸送管を配管することが重要であり，その配管線形は模式的には図5.2.9および図5.2.10に示すようである。

コンクリートポンプに作用する最大圧送負荷の検討は，通常のコンクリートと同様の方法により行なえばよいが，分岐管工法では分岐するごとに吐出量が等分されて小さくなることから，分岐後の各区間

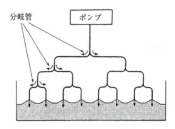

図5.2.9　施工範囲の広い構造物の場合

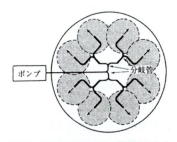

図5.2.10　施工延長の長い構造物の場合

の吐出量に応じた管内圧力損失と各区間の水平換算長さから求めた圧送負荷の合計として算出される。

分岐管工法と自己充てん型の高流動コンクリートとの併用は，コンクリートの打込み作業の効率化をさらに図る上で特に有効である。

■ ゲートバルブ工法

ゲートバルブ工法は，1系統のポンプ配管に開閉式のゲートバルブを一定間隔で多数設置して，各ゲートバルブの開閉を制御して，吐出箇所を順次切り替えながら，比較的広い面積を一括施工する工法である。

ゲートバルブには，手動開閉式と自動開閉式とがあり，また，自動開閉式には空気圧式や油圧式などがある。ゲートバルブ工法における留意点は，バルブを開けた際に吐出口が鉛直下向きになるようにすること，できる限りコンクリートの自由落下高さが小さくなるように打ち込むようにし，必要な場合にはゲートバルブの下部に縦シュートやフレキシブルホースを設置すること，ゲートバルブを開けた先の配管中に長時間コンクリートが残留しないように，ゲートバルブの開閉をできるだけ短い間隔で切り替えること，などがある。

【参考文献】
1) 土木学会編：コンクリートライブラリー100「コンクリートのポンプ施工指針［平成12年版］」, pp.69～75, 2000.2
2) 岡田 仁・土橋 功・大友 健：雨水貯留会管立坑の急速施工（高流動コンクリートに低熱ポルトランドを使用), セメント・コンクリート, No.605, pp.9～17, 1997
3) 本四公団「明石海峡大橋高流動コンクリート施工記録集」

3 その他

コンベア工法

コンベア工法は，ほぼ水平方向に移動するベルトコンベア，あるいは，連続ベルトに替えて多数のバケットを取り付けた構造のむかでコンベア（バケットコンベア）を用いて，コンクリートを打込み箇所に運搬する工法である。

ベルトコンベア式の場合の留意点としては，水平方向に移動させるのを原則とすること，運搬距離が長いと，日光や空気にさらされる時間も長くなるため，コンベアの配置やコンベアに覆いをかけるなど

してフレッシュコンクリートの品質変化を防ぐこと，コンベアの終点または接続点ではコンクリートが材料分離しやすいので，バッフルプレートや漏斗管を設置するなどの対策を講じること，コンクリートの打込み位置が1か所に集中しないように吐出先を移動させること，などが挙げられる。

ベルトコンベア式は，硬練りのコンクリートを水平方向に連続して運搬するのに適しており，コンクリートダムへの利用例が多くある。むかでコンベア式は，ベルトコンベアでは困難な急傾斜や上下方向に運搬できる利点があるが，コンクリートポンプ車が普及した現在はほとんど使用されていない。

【参考文献】
1) 土木学会編：「2007年制定 コンクリート標準示方書 ［施工編］」, 2008.3

コンクリートプレーサ工法

コンクリートプレーサ工法は，コンクリートプレーサ（図5.2.11）を用いて，輸送管内のコンクリートを圧縮空気によって圧送する工法である。トンネル工事などの狭いところでコンクリートを運搬するのに適しており，コンクリートポンプ工法に比較して，運転が容易で，あまり熟練を要しないこと，作業の中止または終了に際して特別の掃除を必要としないこと，経済性が良いこと，などの利点がある。

下がり勾配で角度が大きい場合には，コンクリートが管内を自走し，管全体を満たした状態での流れが崩れて圧送が困難になったり，圧縮空気だけが噴出する危険性を伴うため，できるだけ輸送管の曲が

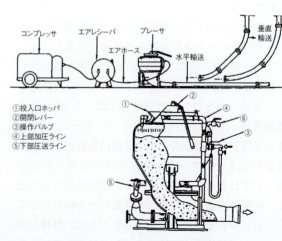

図5.2.11 コンクリートプレーサの概念図

りを少なくし，水平あるいは上向きの配管とする必要がある。

コンクリートプレーサ工法では，場合によって，著しいコンクリートの材料分離が生じることがあるので，粗骨材の最大寸法を小さくする，細骨材率を大きくしたりセメント量を増やすなどして，粘性を高めた配合のコンクリートを用いるのが良い。

近年では，低圧縮空気で圧送でき，アジテータとしても兼用できるコンクリートプレーサも開発されている。

【参考文献】
1) 長瀧重義，山本泰彦編著：図解コンクリート用語事典, pp.179, 山海堂, 2000.5
2) 日本建設機械化協会編:「日本建設機械要覧」, 1971年, pp.615~636

シュート工法

シュート工法は，漏斗管を継ぎ合わせたものやフレキシブルホースを繋げたシュートを用いて，コンクリートを打ち込む工法である。作業空間が狭くバケット工法が採用できない場合やコンクリートの打込み量が少量で高所からコンクリートを打ち降ろす場合に用いられることが多い。

シュートは，縦シュートとするのが原則であり，斜めシュートを用いてはならない。やむを得ず，斜めシュートを用いなければならない場合には，少なくとも2：1以上の勾配を確保する。

なお，縦シュートには，バッフルプレートや漏斗管を設けて材料の分離を防ぐとともに，シュートの吐出口とコンクリート面との落下高は1.5m以下とする。

【参考文献】
1) 土木学会編:「2007年制定 コンクリート標準示方書［施工編］」, pp.116~117, 2008.3

コンクリート打込み方法

1 水中コンクリート工法

水中コンクリート工法は，水中に打ち込むコンクリートの総称であり，その工法は概ね図5.2.12のように分類される。

水中コンクリート工法が適用される構造物は，海面下などの広い空間の中で広い面積にわたってコンクリートを打ち込むような大型海洋構造物，あるいは，場所打ち杭や地下連続壁のような比較的狭い箇所で人工泥水中に打ち込んで構築するような構造物とに分けられる。一般に，施工箇所が広い面積にわたる場合は，鋼材量が僅か，あるいは無筋コンクリート構造がほとんどであり，狭い範囲に施工する場合は鉄筋コンクリートや鉄骨鉄筋コンクリート構造である場合が多い。

その施工方法には，トレミーやコンクリートポンプを用いて連続的にコンクリートを打ち込んでいく方法，底開き箱工法のような1回ごとに断続的に打ち込む方法，あるいは，水中不分離性コンクリートのようにコンクリートそのものの性質を改善する工法，予め粗骨材を満たした箇所にモルタルを注入するプレパックドコンクリート工法など，多くのものがあり，施工条件に応じて適切な工法を選定する。

図5.2.12 水中コンクリート工法の分類

通常，水中コンクリートを施工する場合は，水中での材料分離が極力小さくなるようにし，以下のような点に留意して，コンクリートを打ち込むことが重要である。

a) 水中コンクリートは静水中に打ち込むことを原則とする。流水がある場合には，囲いやせき板で流水を防止するなどして，流速を5cm/秒以下とするような対策を講じる。

b）コンクリートは極力水中落下させない。
c）コンクリート面をなるべく水平に保ちながら、所定の高さまで連続的に打ち込む。
d）レイタンスの発生を極力少なくするように、打込み中、コンクリートをかき乱さないようにする。
e）コンクリート表面のレイタンスを完全に除去した上で、次の打込み作業を行なう。
f）原則として、トレミーもしくはコンクリートポンプを用いて打ち込む。
g）水中での材料分離が少なくなるように、粘性に富んだ配合のコンクリートを用いる。標準的な配合としては、水セメント比50％以下、単位セメント量370kg/m³以上で、粗骨材に砂利を用いる場合の細骨材率は40〜45％の範囲（砕石を用いる場合は、さらに3〜5％大きくする）とするのがよい。

【参考文献】
1）吉田徳次郎：「コンクリート施工法」丸善、昭和42年5月、pp.408〜416
2）土木学会編：「2007年制定 コンクリート標準示方書［施工編］」、pp.335〜337
3）土木学会編：「海洋コンクリート構造物設計施工指針（案）」、1977年3月、pp.111〜113

トレミー工法

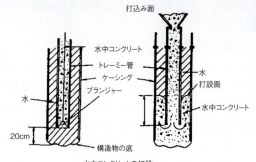
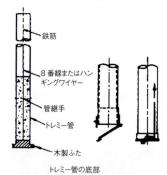

図5.2.13　トレミー工法の概要

トレミー工法は、トレミー管を水中の打込み箇所に設置して、その上端に取り付けた漏斗状のシュートより、管内にコンクリートを流し込む工法であり、水中コンクリートの打込み方法の中でも一般的なものの一つである。

一般的に用いられるトレミー管は、水深3m以内では管径25cm、3〜5mで30cm、5m以上で30〜50cmとする場合が多く、また、粗骨材の最大寸法の8倍程度が必要である。

水中コンクリートの打込みを始める際に、トレミーの中に直ぐにコンクリートを入れると、コンクリートが水中落下する際に著しい材料分離を生じるため、打込み開始時には、水とコンクリートとの接触を防ぐ対策が特に必要である。その一例として、予めプランジャーを挿入しておく方法、あるいは、トレミー先端に底ぶたを取り付ける方法、片端にヒンジをつけた開閉式の底ぶたを設置する方法などがある。（図5.2.13）

打込み中は、コンクリートを補給しながら、トレミー管の中が常にコンクリートで満たされた状態で、連続して素早く打ち込むことが重要である。また、トレミー管の先端は打ち込んだコンクリートの中に常に30〜40cm挿入された状態を保ちながら、コンクリート打込み面の上昇に合わせて、トレミー管を引き上げながら打ち込むようにする。

一般に、1本のトレミーで施工できる最大面積は30m²程度であるが、高さや面積ともに大きく単純な形状の無筋コンクリート構造物にて、最大面積60m²程度まで実施した事例もある。また、コンクリートの品質面から限界水深が定まることはないが、潜水夫が通常に作業できる水深は30〜40m程度であるので、これ以上の水深では特別な考慮が必要である。

特殊な方法として、フレキシブルホースのトレミー管を用いて、水圧とバランスさせながら管内にコンクリートが残留しない構造にしたもの、トレミー先端に遠隔操作できるバルブと検知センサーを取り付けたもの、二重管方式のKDTトレミー工法などがある。また、テレスコープ管の構造にして、圧縮空気を用いる方法もある。

【参考文献】
1) 土木学会編：「2007年制定　コンクリート標準示方書［施工編］」
2) 関　博：『港湾工事における水中コンクリートの施工』土木技術，29巻7号，1974年7月

コンクリートポンプ工法

　コンクリートポンプ工法は，トレミー管の代わりにコンクリートポンプを用いて水中コンクリートを打ち込む工法であり，防波堤や護岸構造物の躯体，ケーソンの中詰め，基礎工，部材接合部，構造物の補修・補強，根固め工などに適用される。

　既往の実施例では，ポンプの配管径は粗骨材の最大寸法の3〜4倍に当たる10〜15cm程度であり，配管1本の受け持てる面積は通常5m²程度以下とする場合が多い。

　コンクリートポンプ工法における基本的な留意点は，トレミー工法と同様である。

　打込み開始時には，スポンジボールなどのプランジャーを先行して，配管内の水とコンクリートとが接触しないようにし，打込み中は配管内をコンクリートで満たすとともに，配管の先端をコンクリート面より30〜50cm下に保ったまま，これを軽く上下しながらコンクリートを打ち込むようにする。

　なお，配管移動時には，管内への水の逆流やコンクリートの水中落下を防止するために，配管先端に逆止弁を取り付けるなどの対策を講じるのがよい。

　なお，予め打込み箇所にトレミーや鋼製ケーシングを設置しておき，その中にコンクリートポンプの先端を配管してコンクリートを打ち込む方法もある。

　図5.2.14に，島根県七類港の防波堤本体工事に用いられた施工装置の概要を示す。施工箇所は，水深-3.3〜1.0mで，内径6インチの輸送管と先端にテレスコープパイプを使用して，粗骨材の最大寸法40mm，スランプ18±3cm，セメント量375kg/m³の配合のコンクリートを6,000m³施工した。

【参考文献】
1) 土木学会編：『2007年制定　コンクリート標準示方書：施工編』
2) 関　博：「港湾工事における水中コンクリートの施工」『土木技術』29巻7号，土木技術社，昭和49年7月

底開き箱（袋）工法

　底開き箱および底開き袋工法は，底開き箱（袋）の中にコンクリートを入れ，それが水底に達した際に底蓋を開いて，水中コンクリートを打ち込む工法である。底開き箱（袋）工法は，一箱あるいは一袋ごとの断続的な打込みが余儀なくされ，トレミー工法などと比べてコンクリートの一体性が劣るため，小規模の工事やあまり強度を必要としないような構造物に用いられる。

　底開き箱は，できる限り容量の大きい箱とするのがよい。底開き袋としては，帆木綿またはズック，シート類が多く用いられ，袋の大きさは直径60cm，長さ120cm程度のものが便利である。

　底開き箱（袋）を用いて水中コンクリートを打ち込む際には，底開き箱（袋）を静かに水中に降ろし，コンクリートを排出した後は，コンクリート面が十分に離れるのを待って，徐々に引き上げることに留意する。また，吐き出したコンクリートがいくつも小山となり，型枠の隅々までまわらないことが多いので，水深を測りながら，コンクリート面の低い箇所を捜して打ち込むようにしなければならない。

【参考文献】
1) 土木学会編：「2007年制定　コンクリート標準示方書［施工編］」
2) 関　博：「港湾工事における水中コンクリートの施工」『土木技術』29巻7号，土木技術社，1974年7月

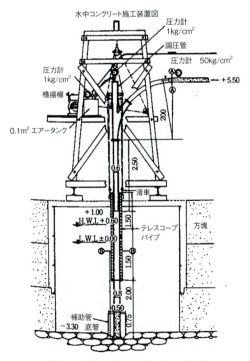

図5.2.14　コンクリートポンプ工法の施工装置の事例

袋詰めコンクリート工法

袋詰めコンクリート工法とは，コンクリートを詰めた袋を，主に潜水夫が手作業にて打込み箇所に積み上げていく工法である。手作業ではあるが，施工方法そのものは比較的簡便であり，岩盤の水底にケーソンを据付ける際の凹凸の均し，型枠どうしの間げきなどの目詰め，洗掘の防護などに適用される。

コンクリートが袋に詰まっていることから水に洗われ難く，袋から染み出たペーストにより，積み上げた袋相互で多少の接着効果も期待できる。

通常は，容量 $0.03m^3$ 以上の袋を用いて，その2/3程度までコンクリートを詰めて口を縛った袋を，コンクリートが固まり始めないうちに，潜水夫が，全体ができるだけ一体的になるように，長手および小口の層に積み上げていく。なお，1袋当りのコンクリート量は $0.05m^3$ 以下とする場合が通常であり，それ以上の場合には適当な沈下装置が必要となる。

【参考文献】
1）吉田徳次郎：『コンクリート及鉄筋コンクリート施工法』丸善，昭和42年5月，p.416
2）関博：『港湾工事における水中コンクリートの施工』土木技術，29巻7号，土木技術社，1974年7月

水中不分離性コンクリート工法

水中不分離性コンクリート工法は，水中不分離性混和剤を添加することによって水中での材料分離抵抗性を高めたコンクリートを用いる工法である。

コンクリートそのものの性質に改良を加えることに主眼を置いた工法であり，無筋あるいは鉄筋コンクリート，鉄骨鉄筋コンクリートなど，多岐にわたる構造に適用され，その構造物の規模も，小規模な構造物から長大橋梁の下部工事まで，広く適用されている。

水中不分離性混和剤を混和した水中不分離性コンクリートは，水中を自由落下させても材料分離が極めて少ない性質と，セルフレベリング性と言われる締固めをしないでも施工できるような高い流動性を有する。そのため，通常のコンクリートと比べて，水の洗い作用による品質低下が大幅に低減されるとともに，締固めが困難な水中施工において良好な充てんを達成することができる。

水中不分離性混和剤は，セルロース系とアクリル系に大別されるが，現在市販されているものだけでも極めて多くの商品がある。それぞれ品質や性能も相当に異なるため，土木学会では，JSCE-D 104-2007「コンクリート用水中不分離性混和剤品質規格（案）」に適合したものを使用するように定めている。

水中不分離性混和剤による練混ぜ水の増粘作用により，水中不分離性コンクリートは，一般の水中コンクリートよりも単位水量の多い配合となる。そのため，単位水量が過大とならないように，JIS A 6204「コンクリート用化学混和剤」に適合する減水剤，高性能減水剤や高性能AE減水剤などを併用するのが一般的である。ただし，これらの混和剤と水中不分離性混和剤とには相性の良否があるので，留意が必要である。

水中不分離性コンクリートは，一般のコンクリートと比べて練混ぜ時のミキサの負荷が大きくなる。十分に均質に練り混ぜるためには，強制練りミキサを用いて，1バッチの練混ぜ量をミキサ容量の80％以下とするのが原則である。

水中不分離性コンクリートでは，多少の流水であれば品質低下を生じ難いため，標準として高さ50cm以下までは水中落下して打ち込むことが許されている。ただし，品質低下を助長するような不必要に厳しい施工条件は避けるべきであり，打込みに関する留意点は，通常のコンクリートを用いる水中コンクリートの施工と同様として取り扱うのがよい。したがって，流速5cm/秒程度以下の静水中で，原則としてトレミーやコンクリートポンプ工法を併用し，その先端をコンクリート中に挿入した状態を保ちながら打ち込むようにする。なお，水中不分離性コンクリートを用いる場合のトレミーやポンプ配管の位置や本数は，標準として水中流動距離が5m以下となるように設置する。

【参考文献】
1）土木学会編：「2007年制定　コンクリート標準示方書［施工編］」

プレパックドコンクリート工法

プレパックドコンクリートとは，適切な粒度分布の粗骨材を予め型枠の中に詰めておき，その骨材間の空げきに，材料分離が少なく適度な膨張性を有するモルタルを注入して造るコンクリートである。

プレパックドコンクリート工法は，補修・補強コ

ンクリートや放射線の遮へいコンクリートなどの気中の構造物に適用される場合もあるが，ほとんどが水中コンクリートとして適用され，港湾構造物や海洋コンクリート構造物への適用が多い。また，長大橋の下部工に適用して大量かつ急速施工を行なった大規模なプレパックドコンクリートや，特殊な高強度モルタルを注入した高強度プレパックドコンクリートとしての実績もある。

プレパックドコンクリートに用いる粗骨材は，粗骨材間げきに良好に充てんするように，最小寸法を15mm以上とし，実用上で問題のない範囲でできるだけ大きくするのがよい。また，最大寸法は最小寸法の2～4倍程度が標準として用いられるが，施工する部材断面の1/4以下で，鉄筋コンクリートの場合には鉄筋あきの2/3以下とするのが標準である。

注入モルタルに使用する細骨材は，粒径2.5mm以下の細粒が適しており，粗粒率で1.4～2.2の範囲のものが用いられる。また，注入モルタルには，普通ポルトランドセメントにJIS A 6201に適合するフライアッシュを10～30%内割りで置換した結合材を用いるか，JIS R 5213に適合するフライアッシュセメントを用いるのが一般的である。

さらに，注入モルタルには，流動性や材料分離抵抗性の改善，凝結硬化時間の遅延，膨張性の付与，などを目的として，減水剤，発泡剤，保水剤，遅延剤等の種々の混和剤が用いられる。発泡剤には，アルミニウム粉末が用いられ，結合材の質量に対して0.010～0.015%程度を使用する配合例が多い。

注入モルタルの流動性は，土木学会規準 JSCE-F 521-1999「プレパックドコンクリートの注入モルタルの流動性試験方法（P漏斗による方法）」にて評価し，一般的なプレパックドコンクリートの場合はP漏斗流下時間16～20秒，高強度用注入モルタルの場合は25～50秒の範囲を標準としている。また，土木学会規準 JSCE-F 522-2007「プレパックドコンクリートの注入モルタルのブリーディング率および膨張率試験方法（ポリエチレン袋方法）」にて，試験開始後3時間でのブリーディング率が最大でも3%以下（高強度用は1%以下）で，試験開始後3時間における膨張率は5～10%（高強度用は2～5%）を標準として，できるだけブリーディング率の2倍以上の膨張率が得られる配合とするのが良い。

プレパックドコンクリートに用いる型枠には，木製が用いられる他，海中工事や重要構造物，側圧が大きい場合などでは鋼製型枠が使用される。

粗骨材の投入は，通常，底開き式バケット船やグラブ船により型枠内に直接投下するが，全体にわたって粗骨材の粒度分布が均等になるように，投入箇所を適時移動させて投下することが重要である。

注入管は，一般に内径25～65mm程度の鋼管を用いる。注入管の配置間隔は，鉛直注入管の場合で水平間隔2m程度，水平注入管の場合は水平間隔2m程度で鉛直間隔1.5m程度とするのが標準である。

モルタルの注入は，最下部から始めて，モルタル面の上昇速度を0.3～2m/h程度に保ちながら，上方に向かって充てんしていくようにする。また，注入管の先端が常にモルタル中に0.5～2m程度挿入された状態を保ちながら，モルタル面の上昇に合わせて管を引き抜きながら注入する。

注入モルタルの充てん状況や上昇状況の確認には，一般に，適当なスリットあるいは円孔を設けた内径38～65mm程度の検査管を用いる。検査管の中に，浮子やおもりを付けた糸を垂らしたり，電気的な検査器を挿入してモルタル面を測定するのが一般的であるが，検査管の上端に超音波素子を取り付けて測定する方法もある。

なお，モルタルの注入を開始した後は，中断せずに所定の打上り面まで連続的に打ち上げるのが原則である。

【参考文献】
1）赤塚雄三・関 博：「水中コンクリートの施工法」鹿島出版会，昭和50年12月
2）土木学会編：「2007年制定 コンクリート標準示方書[施工編]」

2 高流動コンクリート工法

高流動コンクリートとは，フレッシュ時の材料分離抵抗性を損なうことなく流動性を高めたコンクリートであり，スランプフローで50～75cmの範囲の高流動性を有する（写真5.2.5）。

土木学会では振動締固め作業を行なうことなく，自重で流動して型枠の隅々まで充てんするような自己充てん性を有するものを，高流動コンクリートと定義している。

高流動コンクリートは日本発祥の技術であり，1988年に世界で初めて開発されてから，現在までの20年余りで，国内はもとより世界各国で汎用さ

高流動コンクリートの流動状況

れる工法となっている。

1998年には土木学会より「高流動コンクリート施工指針」が発刊された。この施工指針では、対象とする構造物の構造条件や施工条件に応じて、高流動コンクリートの自己充てん性のレベルを以下の3段階で設定することとしている。

・ランク1：最小鋼材あきが35〜60mm程度で、複雑な断面形状、断面寸法の小さい部材または箇所に打ち込まれる場合に必要な自己充てん性
・ランク2：最小鋼材あきが60〜200mm程度の鉄筋コンクリート構造物または部材に打ち込まれる場合に必要な自己充てん性
・ランク3：最小鋼材あきが200mm程度以上で断面寸法が大きく配筋量の少ない部材または箇所、無筋の構造物に打ち込まれる場合に必要な自己充てん性

高流動コンクリートは、通常のコンクリートと比較して、特にフレッシュコンクリートの性状が相当に異なるため、以下のような点に留意しながら、製造および施工を行なう必要がある。

a) JISマーク表示認証品を製造できる工場の内でも㊜マークを承認された工場、あるいは、これと同等の製造設備や管理体制が整備された工場にて製造する。
b) 製造、出荷、現場までの運搬、打込み完了までの作業時間を考慮して、所要の時間は所定の自己充てん性が保持できるような高流動コンクリートの配合を選定する。
c) 実際の工事開始前には実機ミキサで試し練りを行ない、必要に応じて適切な配合に修正する。また、高流動コンクリートに使用する各種の混和剤と、通常出荷の生コンに使用する混和剤との相性を確認しておく。
d) 特に骨材の表面水率の変動ができるだけ小さくなるように、屋根付きの骨材貯蔵設備を有するプラントを選定する。必要に応じて、施工日の数日前から骨材を貯蔵設備に保管しておき、全体にわたって細骨材で表面水率5%程度以下、粗骨材で1%程度以下となるように貯蔵、管理する。
e) 高流動コンクリートの練混ぜは、バッチ式の強制練りミキサを用いる。1バッチ当りの練混ぜ量をミキサ最大容量の80〜90%とし、90秒以上練り混ぜるようにする。
f) 側圧は液圧と見なして、型枠や支保工を設計する。さらに、型枠の組立て精度、セパレータの締付け力が均等であることを、事前に確認する。
g) 高流動コンクリートは、通常のコンクリートと比べて、吐出量が多くなるほど、ポンプ圧送時の圧力損失が大きい傾向にある。そのため、圧送距離や吐出速度、輸送管径等を考慮して、十分に余裕のあるコンクリートポンプの機種や台数を選定する。また、ポンプ圧送にともないスランプフローなどの流動性が低下する場合もあることから、特に、長距離圧送や高所に圧送する場合には、事前に圧送試験を行なうようにする。このような試験結果がない場合には、水平換算距離として300m以下となるような圧送条件を標準とする．
h) シュートは原則として縦シュートとし、特別な対策を講じない限りベルトコンベアは用いてはならない。
i) 自由落下の最大高さは5m以下とし、水平方向の流動距離は最大でも8m以下となるようにする。
j) 高流動コンクリートの打込みは、所定の自己充てん性を確保している時間内に行なえるように適切な打込み速度を定めるとともに、打込みを中断しないように連続的に打ち込む。
k) 型枠面のコンクリート表面に多くの気泡が残ることがあるので、型枠のせき板材の材質やはく離剤の種類に留意する。また、必要に応じて、表面の気泡を低減させるために、コンクリートが打ち上がるのに合わせて、せき板表面を木づちで軽打すると効果的である。
l) プラスチック収縮ひび割れが発生しやすい傾向にあるため、打込み後は速やかにシートや

養生マットなどでコンクリート表面を養生し，風や日射によって表面が乾燥しないように留意する。

m) 高流動コンクリートは，ブリーディングがほとんどなく，粘性が高いため，仕上げ作業がし難い傾向にある。仕上げの時期まで表面が乾燥しないように留意する。

n) 脱型までの養生は，通常のコンクリートと同様である。

o) 高流動コンクリートの水平打継目の処理は，原則として通常のコンクリートの場合と同様である。ただし，高流動コンクリートはブリーディングがほとんど無く，打継面に生じるレイタンスも僅かである特性を生かして，打継目が所要の性能を有していることが確認できれば，水平打継目の処理を軽減さらには省略できる。

現在，使用されている高流動コンクリートは，その使用材料の種類や量，配合上の特徴の違いにより，粉体系，増粘剤系および併用系の3種類に大別される。いずれの系も高性能AE減水剤あるいは高性能減水剤を添加することを主体として高流動性を確保する方法は共通であるが，材料分離抵抗性を付与する方法に特徴がある。

■ 粉体系高流動コンクリート

増粘剤を用いないで，主に水粉体比の減少（粉体量の増加）により，材料分離抵抗性を高め，高性能AE減水剤あるいは高性能減水剤を用いて高い流動性を付与して，所要の自己充てん性を発揮させた高流動コンクリート。

■ 増粘剤系高流動コンクリート

増粘剤を用いて材料分離抵抗性を高め，高性能AE減水剤あるいは高性能減水剤を用いて高流動性を付与して，所要の自己充てん性を発揮させた高流動コンクリート。粉体系と比べて粉体量は少なく，一般的なコンクリートと比較的近い配合となる。

■ 併用系高流動コンクリート

水粉体比を減少（粉体量の増加）させるとともに，増粘剤を使用して材料分離抵抗性をより高めた上で，高性能AE減水剤あるいは高性能減水剤を用いることにより高流動性を付与して，所要の自己充て

表5.2.2 自己充てんランクと各評価試験値および配合の標準値

	自己充てん性ランク		1	2	3
構造条件	鋼材の最小あき (mm)		35～60	60～200	200以上
	鋼材量 (kg/m³)		350以上	100～350	100未満
U型またはボックス型充てん高さ (mm)			300以上（障害R1）	300以上（障害R2）	300以上（障害なし）
流動性	スランプフロー (mm)	粉体系	600～700	600～700	500～650
		増粘剤系	550～700		500～650
		併用系	650～750	600～700	500～650
材料分離抵抗性	漏斗流下時間 (秒)	粉体系	9～20	7～13	4～11
		増粘剤系	10～20	7～20	7～20
		併用系	10～25	7～20	7～20
	500mmフロー到達時間 (秒)	粉体系	5～20	3～15	3～15
		増粘剤系	5～25	3～15	3～15
		併用系	5～20	3～15	3～15
配合標準値	単位粗骨材絶対容積 (m³/m³)	粉体系	0.28～0.30	0.30～0.33	0.32～0.35
		増粘剤系	0.28～0.30	0.30～0.33	0.30～0.36
		併用系	0.28～0.30	0.30～0.33	0.30～0.36
	単位水量 (kg/m³)	粉体系	155～175		
		増粘剤系	155～190		
		併用系	155～175		
	水粉体容積比 (%)	粉体系	85～115		
		増粘剤系	85～180		
		併用系	80～115		
	単位粉体量 (m³/m³)	粉体系	0.16～0.19		
		増粘剤系	0.10～0.18		
		併用系	0.15～0.19		

図5.2.15 吹付けコンクリート工法の分類および代表的吹付け機械の例

ん性を発揮させた高流動コンクリート。増粘剤を用いているが,配合は粉体系に近く,骨材の表面水や粒度の変動などの使用材料の品質変動に対してフレッシュコンクリートの品質変動を緩和して,安定した自己充てん性を比較的容易に確保することを目的として増粘剤を用いる点が,増粘剤系と異なる。

併用系に用いられる代表的な増粘剤としては,水不溶性多糖類ポリマー（β-1,3グルカン）や水溶性ポリサッカライド（ウェランガム）が挙げられるが,近年では水中不分離性混和剤の流れを汲むもので高流動コンクリート用に改良されたものもある。

それぞれの高流動コンクリートの自己充てん性ランクに対応する各評価試験値および標準的な配合をまとめ,表5.2.2に示す。

【参考文献】
1）土木学会編：「高流動コンクリート施工指針」,コンクリートライブラリー93,1998.10
2）土木学会編：「2007年制定 コンクリート標準示方書［施工編］」

3 吹付けコンクリート工法

吹付けコンクリート工法とは,圧さく空気によりコンクリートあるいはモルタルを吹き付ける工法であり,ショットクリートとも称する。吹付けコンクリートは,トンネルの一次覆工,のり面の侵食や風化の防止,損傷を受けた構造物の断面修復などの補修・補強などに適用される。

近年の技術の進歩により,その品質の信頼性や経済性,安全性や作業環境が格段に向上し,仮設部材はもとより永久構造物としての適用例も多くなってきた。さらに,吹付けコンクリートに鋼繊維や有機繊維などの補強材を混入した複合材料,あるいは,吹付けコンクリートと鋼材との複合構造として適用する研究開発が進んでおり,2005年には土木学会

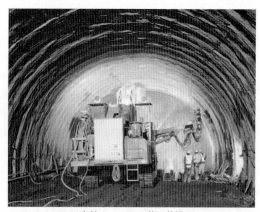

吹付けコンクリート施工状況

より「吹付けコンクリート指針（案）」として,トンネル,のり面,補修・補強の用途別に,3編の指針が発刊されている。

吹付けコンクリート工法には,セメントと骨材と急結剤を空練りした状態でノズル先端までポンプ圧送し,ノズル部で水と混合して圧さく空気にて吹き付ける乾式工法と,ミキサで練り混ぜたコンクリートを圧縮空気やポンプ圧送し,ノズル部で急結剤を添加して吹き付ける湿式工法とに大別される（図5.2.15）。

乾式工法は主にコンクリートの吹付けが対象であり,大半は掘削断面が小さく圧送距離も長くなるようなトンネルの一次覆工として適用されている。湿式工法は,比較的掘削断面が大きい道路や鉄道トンネルの一次覆工や,のり面防護,ライニング,被覆,補修工事などに適用されることが多い。

乾式工法の特徴には,以下のものが挙げられる。
a）ノズル部で水と空練り材料を混合するので,作業員の熟練度と能力によって品質が左右されやすい。
b）混合した材料を空練りの状態で圧送するので輸送時間についての制限が少なく,水平500m程度の長距離輸送も可能。

c) 吹付け作業中の粉じんの発生，はね返りが比較的多い。
d) 機械が小型のため，大きな作業スペースをとらない。

湿式工法の特徴には，以下のものが挙げられる。
a) 全材料を正確に計量し十分に練り混ぜるので，精度の良い品質管理が行なえる。
b) 長距離輸送には適さず，水平に100m程度が限度である。
c) 吹付け作業中の粉じんの発生，はね返りが比較的少ない。

コンクリート吹付け工法（ショットクリート工法）

コンクリート吹付け工法における材料や配合，施工上の特徴，および留意点を以下に示す。

a) 細骨材は，一般に粗粒率2.3～3.1の範囲のものが用いられる。細骨材率は，トンネルの場合で55～65%の範囲，のり面で70～100%の範囲とした実績が多い。
b) 粗骨材の最大寸法は，はね返り率や圧送時の閉塞の観点から，10～15mm程度とする場合が多い。
c) セメントはJIS R 5210に適合したもので，標準として普通ポルトランドセメントを使用するが，早期強度が必要な場合や施工後の養生期間が制約されるような場合には早強ポルトランドセメントや超速硬セメント等が使用されることもある。ただし，超速硬セメントは極めて短時間で凝結してしまうため，乾式工法に限られている。また，酸性環境（酸性土壌，酸性水）や塩分の影響などを受ける場合には，高炉セメントB種などの混合セメントの使用が有効である。
d) 単位セメント量が少ないとはね返り率が大きくなるため，単位セメント量は360～450kg/m^{3}の範囲としている実施例が多い。
e) 水セメント比は，トンネルでは設計基準強度36N/mm^{2}程度の高強度仕様で45%以下のものもあるが，一般的には50～65%（設計基準強度18N/mm^{2}程度）である。のり面の場合は，45～60%の範囲が一般的である。また，補修・補強の場合は30～50%と，比較的小さな水セメント比の実施例が多い。

f) トンネル内のように天井，壁に吹き付ける場合には，セメント急結剤を添加するのが一般的である。急結剤は，土木学会規準 JSCE-D 102-2005「吹付けコンクリート（モルタル）用急結剤品質規格（案）」に適合したものを用いる。
g) 近年では，吹付けコンクリートの曲げ強度やせん断強度の改善，ひび割れ抵抗性や曲げじん性，ひび割れ発生後のはく落防止として，鋼繊維や有機繊維などの短繊維が混入される場合が増えている。鋼繊維は，JSCE-E 101-2007「コンクリート用鋼繊維品質規格（案）」に適合したものを使用するのが標準である。鋼繊維のほか，ビニロン繊維，ポリプロピレン繊維などの有機（合成）繊維については，土木学会「2007年制定 コンクリート標準示方書 施工編：特殊コンクリート」の5章短繊維補強コンクリートを参照するとよい。
h) 吹付け作業の前には，浮石，草，木などを取り除き，高圧水や圧さく空気などにより，吹付け面の清掃を行なう。また，吹付け面に湧水がある場合には，水抜き管，排水フィルタやシート材を張り付けるなどの対策を行ない，適切に排水処理を施す。
i) 吹付け作業におけるノズルは，常に吹付け面に直角となるように保持し，材料の衝突速度と付着が最適になるように，ノズルと吹付け面との距離，および空気圧を一定に保つ。

【参考文献】
1) 土木学会編：「2007年制定 コンクリート標準示方書［施工編］」
2) 土木学会コンクリートライブラリー「吹付けコンクリート指針（案）トンネル編」「同 のり面編」「同 補修・補強編」，平成17年7月1977年3月

モルタル吹付け工法

モルタル吹付け工法は，圧さく空気にて圧送したモルタルを吹き付ける工法であり，主として湿式工法にて，岩盤の風化や崩落を防止するのり面防護工の他，ライニング，被覆，補修などにも適用される。

モルタル吹付け工法における材料や配合，施工上の特徴，および留意点を以下に示す。

a) のり面防護に使用する場合，割れ目が少なく，あまり大きな崩落が発生しないような岩盤，

あるいは，土丹や軟岩などで植生しない箇所に用いる。

b）吹付けに用いるモルタルは，砂セメント比1：3〜1：4，水セメント比45〜50％とするのが一般的で，単位セメント量は400〜600kg/m³程度の範囲である。

c）吹付け厚は一般的に5〜10cmである．

d）吹付け部には補強金網を配置するのが一般的であり，のり面に凹凸のある場合には菱形金網を，凹凸のない場合は溶接金網を使用するのが良い。いずれも，吹付けに先立ち，のり面に1m²当り1〜2本を目安にしてアンカーで予め固定しておく。

e）湧水のある場合には，水抜き孔や水抜きパイプなどで適切な排水処理を施し，吹付け面に湧水が流れ込んだり，その水圧が作用しないようにする。

f）吹付け時のはね返り率は一般的に10〜20％であるが，のり面の凹凸も考慮して，吹付けモルタルの割増し率を15〜40％程度と見込んでおくのがよい。

なお，乾式のモルタル吹付け工法として，セメントガンと称する吹付け機械を用いて，セメントと細骨材をドライミックスした材料を圧さく空気によって吹き付けるセメントガン工法がある。

【参考文献】
1）日本道路協会：『道路土工指針』丸善，昭和48年5月

■ SEC吹付けコンクリート工法

SEC吹付けコンクリート工法は，SEC（Sand Enveloped with Cement）理論に基づいて練り混ぜられたSECモルタルと含水調整された乾式骨材を，別系統にて圧送し，吹付けロボットにより自動吹付けする半湿式吹付けコンクリート工法である。はね返りの低減や品質向上が図れ，NATM施工のトンネル覆工におけるコンクリート吹付け工法として実用化されている。

【参考文献】
1）山本康弘・他4名：「S.E.C.コンクリートの基礎理論と物性」『大成建設技術研究所報 No.14』1981年12月

■ レジンコンクリート吹付け工法

レジンコンクリート吹付け工法は，石膏を主成分とした水溶性の特殊な材料（ショットレジン）をペースト状にして，ガラス繊維とともに吹き付ける工法であり，トンネルや地下発電所，または切取り斜面など掘削直後の地山の風化や肌落ち防止に用いられる。

【参考文献】
1）松垣光威・竹内恒夫・畠山修・篠塚誠治：「石こう樹脂複合材料に関する研究（第1報）―ショットレジンの基本的性質と現場への適用―」，間組研究年報，1979

■ ショットレム工法

ショットレム工法とは，乾式のモルタル吹付け工法の一つで，モルタル材料として熱硬化性ポリマーと細骨材との複合材料（レジンモルタル）を吹き付ける工法である。その高耐久性を生かして，酸性水の影響や塩害を受けたり，摩耗や流水による侵食作用を受けるような構造物（ダム，橋梁，護岸構造物，導水路，トンネルなど）の防護ライニングや補修ライニングとして適用されている。

【参考文献】
1）鶴田康彦：「レジンモルタル吹付け工法―ショットレム工法―」，大成建設技術研究所報 第20号，1987年

■ セルタミン吹付け工法

セルタミン吹付け工法は，石膏と樹脂とから成る白色の粉末（セルタミン）を水で溶き，グラスファイバーとともに小型軽量の吹付け機械で吹き付ける工法である。トンネルや地下発電所などの掘削直後の坑壁に吹き付けて，その肌落ちと風化を防止する目的で適用される。

【参考文献】
1）西田孜・松村義章・宮永佳晴：「TBMで斜坑を掘る，電源開発・下郷発電所工事」『トンネルと地下』1980年2月

■ プレミックス吹付け工法

プレミックス吹付け工法は，乾式吹付け工法の一つで，絶乾状態の細・粗骨材，セメントおよび必要添加剤をあらかじめ工場で混合したプレミックスド・コンクリートと，これらを吹付け機に投入する前に所要量の混合水を加え，攪拌するプレウェットシステムの機構から成る工法である。

4 注入（グラウト）工法

注入工法は，細部あるいは狭い間げきに材料を圧入する工法であり，グラウトあるいはグラウティングとも称される。適切に施工されれば有効であるが，注入状況や注入後の品質が確認できないことから，適用に当たっては十分にその効果を確認する必要がある。

注入（グラウト）工法は，その目的により，充てんグラウト，地盤改良グラウトあるいは止水グラウトに大別される。

膨張性グラウトは，プレパックドコンクリートの注入モルタル，PCケーブルの固定，トンネルの覆工背面やシールドセグメントの背面充てん，土留め構築物の空げき充てん等に広く適用されている。注入後の容積変化が生じないことが要求されるため，膨張性を付与させた材料を用いるのが一般的である。

裏込め用グラウトは，トンネル，シールド，立坑などの掘削における湧水防止，ダムや堤防などの止水壁，山留め工における浸透水の止水などに広く適用される。これらに用いる材料には，特に浸透性に優れていることが要求される。

地盤注入用グラウトは，地盤の支持力不足を補うためのもので，注入材料としては，流動性が優れ，比較的高い強度のものが用いられる。

注入（グラウト）工法に用いる材料は，使用する目的に応じて，概ね図5.2.16のように分類される。

【参考文献】
1）大西弘編著：『図解グラウト便覧』（株）ラテイス，昭和47年
2）樋口芳朗：「注入工法」『トンネルと地下』2巻2～7号，昭和46年

図5.2.16 注入（グラウト）工法の分類

膨張性グラウト工法

膨張性グラウト工法は，プレパックドコンクリートの注入モルタル，PCグラウト，修理用グラウトなど，決められた空間に後詰めの形で施工されるグラウト工法として多く用いられている。

グラウト材料に適切な膨張性を持たせることにより，沈下収縮を防止できる他，注入部の付着が良好となり一体性の向上が図れる。ただし，膨張率が過大となると強度の低下を生じる場合もあるため，通常は膨張率5～10%の範囲が適当とされている。

通常，膨張性は発泡剤を添加することにより付与し，発泡剤にはアルミニウム粉末が一般に用いられる。アルミニウム粉末は鱗片状の形状で0.074mm以下の平均粒径のものが用いられ，セメント質量の0.005～0.015%程度の添加量で使用されている。

【参考文献】
1）土木学会編「2007年制定 コンクリート標準示方書［施工編］」，pp.321～324，pp.360～366

裏込め用グラウト工法

裏込め用グラウト工法は，トンネルの覆工背面やシールドセグメントの背面充てん，土留め構築物の空げきに充てんする工法であり，注入グラウトの材料の違いから，サンドグラウト，ソイルグラウト，エアーグラウトなどがある。裏込め用グラウトに必要な性質は，材料分離や容積変化がないこと，細部や狭い空げきにも良好に充てんできる高流動性を有することであるが，合わせて，経済的な材料であることが要求される場合が多い。

サンドグラウトは，セメントと砂から成るグラウト材料である。砂を多くするほど経済的な材料となるが，流動性の低下や材料分離が生じやすいため，通常，フライアッシュやベントナイトが加えられる。

ソイルグラウトは，セメントと粘土や陶土などから成るグラウト材料である。粘土や陶土等が砂よりも安価に入手できる場合に利用される。また，粘土やシルトを用いたソイルグラウトは流動性が良く，材料分離も少ないので，水中での空げき充てん工事に利用される場合もある。

経済的な裏込め用グラウトとするあまり砂量を多くしすぎると，流動性の著しい低下や材料分離が発生しやすくなる。エアグラウトは，このような不具合を補うために，発泡剤を添加してグラウト材料の性質の改良を図ったものである。ただし，エアグラウトを水中での空げき充てんに用いると，気泡が分離して密度の低い部分が生じやすいので，水のある箇所で使用する場合には注意が必要である。

【参考文献】
1) 浜野一彦著:「グラウトハンドブック」㈱ラテイス,昭和43年
2) 大西弘編:『図解グラウト便覧』㈱ラテイス,昭和47年
3) 国鉄・注入の設計施工研究委員会編:『注入の設計施工指針(案)』㈳日本鉄道施設協会,昭和45年

地盤注入用グラウト工法

地盤注入用グラウト工法は,地盤の支持力不足を補うなどの地盤改良を目的とした工法であり,グラウト材料の違いにより,粘土系グラウト,セメント系グラウト,薬液系グラウトなどに大別される。これらは,それぞれの構成材料により,粘性や強度,粒径が異なるので,注入中の地盤への影響を確認しながら,適切なグラウト材料を選択する必要がある。

粘土系グラウトは,セメントと現地産の粘土,ベントナイトを混合したもので,他のグラウト材料よりも経済的な材料である。充てんする間げきが大きい地盤に良く用いられ,れき層の上に構築するフィルダムの止水グラウトとして適用された事例もある。

セメント系グラウトは,セメントを主としたグラウトで,ベントナイト等の沈殿防止材を少量混合した懸濁液の状態で注入される。このグラウトは,比較的大きな強度が得られるが,過剰の水分を保有していることから粘土層を乱す恐れがあり,通常,岩盤や砂れき層に利用されている。通常,水セメント比の範囲は100～400%の配合が多く使用され,ベントナイトはセメント質量の5%程度の混合量である。

薬液系グラウトには,溶液型水ガラス系グラウト,LWグラウト,アクリルアマイド系グラウト,ウレタン系グラウト等がある。また,昭和49年の建設省暫定基準にて,緊急時を除いて,劇物や毒物を含まない水ガラス系のグラウトを使用することが義務付けられている。LWグラウトはセメントミルクと水ガラスの希釈液を混合して注入するもので,セメントグラウトと薬液グラウトの中間に位置する注入材である。溶液型水ガラス系グラウトは,水ガラスを薬剤でゲル化させたもので,現在使用できる薬液としては最も浸透性に優れており,多くの種類が市販されている(→地盤改良工法中の薬液注入工法参照)。

【参考文献】
1) 樋口芳郎:「注入工法」『トンネルと地下』2巻2～7号,昭和46年

その他注入工法

シルトモルタル工法

シルトモルタル工法は,シルトと呼ばれる土を完全に解膠し,セメントおよび混和剤を混合したシルトモルタルを用いた充てんグラウト工法であり,空洞や間げきへの充てん工事,タンク修正工事,沈埋トンネル基礎などの注入充てん工事に利用されている。

粘土モルタル注入工法

粘土モルタル注入工法は,現場で発生した粘土質の土(ローカル粘土,または現地発生土などといわれる場合もある)を湿式粉砕して,地盤注入材または空げき充てん材として利用するもので,沖積砂れき層上のフィルダムのカーテングラウト,山岳トンネルやシールドトンネルの裏込め用グラウト等に適用されている。

【参考文献】
1) 岩田元恒・東出 昇・今藤健征:「火山灰質粘土を用いたグラウチングの特性および実施例」,土質工学会論文報告集,Vol.14,No.3,1974年9月
2) 村上他:『船用ダム護岸カーテングラウトの施工について』,「発電水力」,No.142,1976年5月

5 その他の工法

コンクリート遠心力成形工法

遠心力成形工法とは,コンクリートの締固め方法の一つであり,遠心力を利用してコンクリート中の余剰水を絞りとることで,コンクリートを密実にして強度を高める工法である。

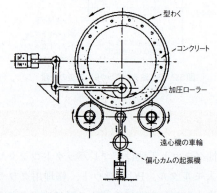

図5.2.17 遠心力成形工法の概要

遠心力成形工法は，主にパイル，パイプ，ポールなどの工場製品に適用される。遠心力成形は回転数およびその時間を適切に設定する必要があり，回転速度（遠心力）が速すぎると，コンクリートの材料分離が生じ，外側には粗骨材が集まり，内側はモルタル層と一番内側にはレイタンス層ができやすくなり，逆にコンクリートの強度が低下する場合もあるので留意する必要がある。

通常，遠心力成形したコンクリートの圧縮強度は 21～45N/mm^2 であるが，さらに図5.2.17のような加圧と振動を与えて遠心力成形した場合には，圧縮強度は 56～95N/mm^2 が得られる場合もある。

【参考文献】
1）綾亀　一：『コンクリート製品の製作上の問題点』「コンクリートジャーナル」Vol.10，No.9，日本コンクリート工学協会，1972年9月

■ コンクリート押出し成形工法

コンクリート押出成形工法とは，真空押出法により成形する工法であり，その物性は，ALC（オートクレーブ養生軽量気泡コンクリート）と同等である。主に工場製品として，建物の壁，天井，床などのほか，遮音壁などに利用されている。

■ コンクリート圧入成形工法

コンクリート圧入成形工法は，ポンプあるいはコンクリートプレーサの圧力を利用して，密閉型枠の下部からコンクリートを圧入して，充てん，一体化する工法である。工場製品としてプレキャスト板や複雑な形状の部材の製造，あるいは，現場打ちコンクリートとして，柱や壁などを逆打ちする場合に適用される。

■ 減圧注入によるプレパックドコンクリート工法

減圧注入によるプレパックドコンクリート工法は，密閉可能な型枠内に粗骨材を充てんした後，型枠内を脱気して，減圧状態にてモルタルを注入する工法である。空げきの少ない密実なコンクリートの製造が可能であり，各種の工場製品の製造，あるいは，現場打ちコンクリートとしてプレパックドコンクリート杭やコンクリート部材の補修補強工事に適用されている。

【参考文献】
1）加賀秀治・山本康弘・伊東靖郎：「減圧プレパックドコンクリート工法に関する一連の研究，その1，総論」日本建築学会大会学術講演梗概集，日本建築学会，昭和52年10月

■ コンクリートマット工法

コンクリートマット工法は，特殊な布製マットをコンクリート打込み面に型枠として配置して，マット内にモルタルを充てんする工法である。硬化後には，高強度かつ高耐久なコンクリート面とすることが可能であり，主として，のり面保護工や被覆工として適用されている。類似技術として，合成繊維の織物を2枚織り合わせた形状の布製型枠の中に，コンクリートあるいはモルタルを充てんするタコムコンクリートマット工法と呼ばれる工法があり，従来のじゃかご工法やブロック張り工法の代替工法として使用されている。

【参考文献】
1）赤塚雄三：「コンクリートマット工法」『セメントコンクリート』No.290，セメント協会，1971年3月

■ CONEC工法（コネック工法）

CONEC（コネック）工法は，発ぽう剤として添加するアルミニウム粉末の膨張開始時間を任意に制御できることを特徴とする膨張コンクリートあるいは膨張モルタルを用いるコンクリート打込み工法である。発ぽう剤は，現在，タイメックの名称で市販されている。

コンクリートやモルタルを打ち込んだ後，適切な時点で所要の膨張圧を付与できることから，ブリーディングにともなう沈下を確実に補償でき，密実で信頼性の高い充てんが可能となる。主に鋼殻内への充てんコンクリートや逆打ちコンクリートに適用され，特に大型構造物の逆巻き工事への適用が有効である。

【参考文献】
1）田澤栄一・田辺　清・松岡康訓：「東扇島LNG地下式貯槽の施工—CONECを使用した逆巻工法—」，コンクリート工学，Vol.20，No.4，1982.4

■ コンテックスコンクリート工法

CONEC（コネック）工法と同様に膨張開始時間を制御したアルミニウム粉末の混和剤を使用し，また，セルロースエーテル系の分離低減剤を併用することでセルフレベリング性を付与したコンクリート。

Ⅲ　コンクリートの施工

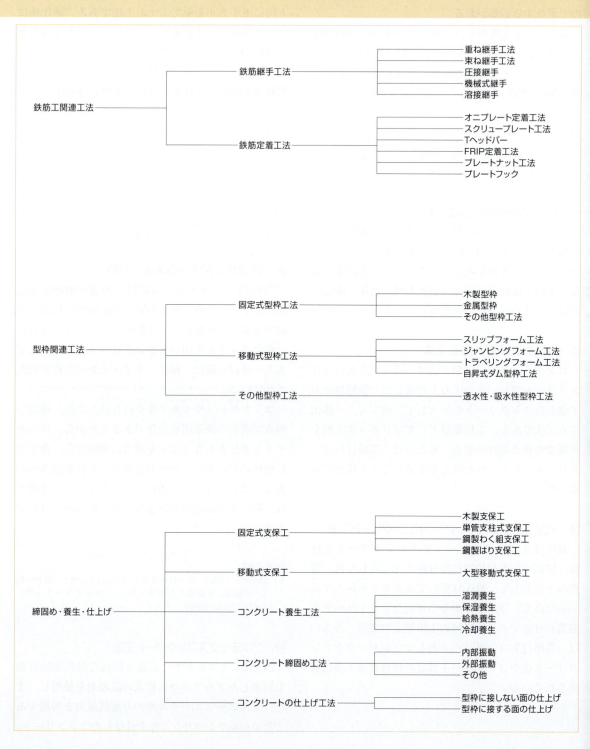

鉄筋工関連工法

1 鉄筋継手工法

　鉄筋の継手工法では、従来から簡便で経済的な理由から重ね継手工法やガス圧接法が主として行なわれてきた。

　近年、コンクリート構造物の大型化に伴い、高強度異形鉄筋が広く用いられ、さらに鉄筋組立の省力化、過密配筋によるコンクリート打設性低下の対策から太径鉄筋が使用される傾向にある。また、急速施工や省力化による鉄筋組立のプレハブ化、プレキャスト部材を使用した組立方法などが開発されてきた。そのために、重ね継手工法やガス圧接法にかわる種々の鉄筋継手工法の研究開発がなされ実用化されている。それらを分類すると次のようになる。

重ね継手工法

　重ね継手工法は従来から一般的に行なわれている継手工法で、所定の長さに重ねた鉄筋を結束線で結束したものである。他の継手工法と比較して、施工が簡単である、施工速度が速い、経済的である、という利点がある。

　重ね継手は、鉄筋周囲のコンクリートの付着力を通じて鉄筋応力を伝達する方法であるから、ある程度のコンクリートのかぶりを必要とし、十分な施工がなされなければならない。また、継手は応力の小さい位置に設け、継手の位置が一断面に集まらないように相互にずらさなければならない。継手長さには一応の規定はあるが、コンクリートの強度、鉄筋の応力、継手の位置、方向、コンクリートのかぶりにより所要長さはいろいろ変わるべきものであるから、その決定には十分注意をはらう必要がある。

　土木学会コンクリート標準示方書では、基本定着長は引張、圧縮鉄筋の違い、かぶり、径、横方向の鉄筋量、その中心間隔の関数となっている。実際の継手長はさらに同一断面での継手の割合、低サイクル疲労を受ける場合、水中コンクリートを用いる場合などで規定されている。

　太径鉄筋に対する重ね継手は、鉄筋相互が直接接合されていないために、ひび割れ性状や耐力に問題があるばかりでなく、設計施工上からも経済的とならない。そのため、ガス圧接や機械的継手によるのが得策である。

　太径鉄筋での重ね継手の信頼を高め、継手長を節

図5.3.2　重ね継手

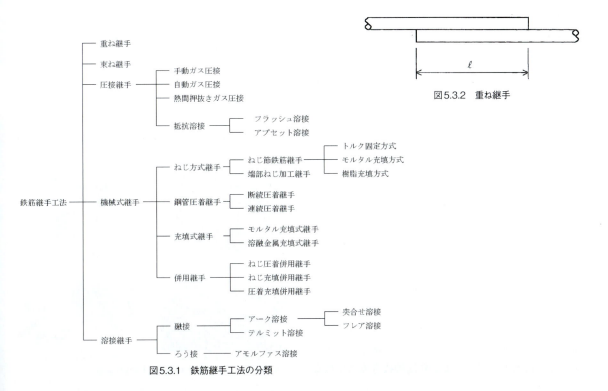

図5.3.1　鉄筋継手工法の分類

約する目的で，継手補強金具を用いた重ね継手が考案され，タンク基礎での施工例がある。

設計・施工においては「コンクリート標準示方書」，「太径鉄筋（D51）を用いた構造物の設計指針（案）」，「太径ねじふし鉄筋D57およびD64を用いる鉄筋コンクリート構造物の設計施工指針（案）」（土木学会）を参考とする。

【参考文献】
1）土木学会編「コンクリート標準示方書」2007年制定

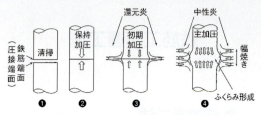

図5.3.3　ガス圧接の工程

束ね鉄筋工法

近年，構造物の大型化およびスレンダー化につれて，鉄筋比が大きくなり，コンクリートが打ち込みにくくなったり，振動機が差込めなくなったりする不具合が発生してきた。

本工法は，このような場合が予想される時に，締固めが容易にでき，コンクリートの材料分離を防ぎ，密実なコンクリートが得られるように，はり，柱等の主鉄筋を2本または3本束ねて配置する方法である。

本工法に適用される鉄筋は，D32以下の異形鉄筋に限られ，束ねる本数も，梁およびスラブ等の水平の主鉄筋は上下に2本を束ね，柱，壁等の軸方向鉄筋は2本または3本までと規定されている。

施工にあたっては，次の事項に注意を要する。
・束ねた鉄筋をしっかり結束する。
・鉄筋の位置を確実に保持する。
・鉄筋の間に十分にモルタルがまわるように締固めを行なう。
・振動機を差込むために鉄筋の水平間隔を十分にとる。

施工例としては橋梁下部工などがある。

【参考文献】
1）『コンクリート標準示方書』（設計編）土木学会，2007年制定

圧接継手

ガス圧接は，鉄筋の接合端面同士を突き合せ，軸方向に圧縮力を加えながら突き合せ部を酸素・アセチレン炎で加熱し，接合端面を溶かすことなく赤熱状態でふくらみを作り接合する工法である。手動ガス圧接，自動ガス圧接および熱間押抜きガス圧接などがある。このときの接合温度は1200～1300℃が適温である。

ガス圧接工事の中では，手動ガス圧接による工事が最も多い。手動ガス圧接機器の一般的な系統図を下図に示す。

自動ガス圧接装置は，日本圧接協会（現日本鉄筋継手協会）の「自動ガス圧接装置技術評価」の認定を受ける必要があり，現在認定されている自動ガス圧接装置には，オートウエルバー AWB-520，自動圧接装置 APW-510，全圧連型 APW-TA-05，全圧連型 APW-TK-01の4機種がある。

熱間押抜きガス圧接の施工機器は，加熱器と加圧器は手動ガス圧接と同じであるが，圧接器はふくらみを押し抜くためのせん断刃などが装着されたものである。

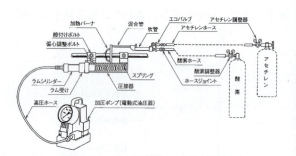

図5.3.4　ガス圧接機器の一般的な系統図

(a)オートウエルバー AWB-520

(b)自動圧接装置 APW-510

(c)全圧連型 APW-TA-05「あっせつくん」

(d)全圧連型 APW-TK-01「ビッグボーイ」

認定された自動ガス圧接装置

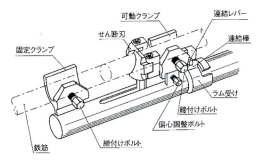

図5.3.5 熱間押抜きガス圧接器の概要と各部名称

フラッシュ溶接の実際

せん断補強筋へのフラッシュ溶接継手の適用状況

その他，突合せ圧接法であるフラッシュ溶接，アプセット溶接などがあり，一部で実用化されている。

■ フラッシュ溶接

フラッシュ溶接の原理は，アーク溶接と圧接溶接を組み合わせた方法であり，対向させた材料端面間に高電流を流すと，接触部がジュール熱および短絡・アーク熱によって融点に達し，溶断・アークが発生する現象の繰返しが起こる（この時の火花の発生をフラッシュという）。このフラッシュ工程にて接合部を充分に加熱した後，急速に加熱端部を圧縮（アプセット）し，溶接を終了する。この工程では，端部は塑性変形し，圧接界面からは不純物がバリとして外周に排除される。この一連の工程を図5.3.6に示す。

これまでのフラッシュ溶接機は，高能率・高品質・省技能という大きな長所があるにもかかわらず，装置が大型化すること，電源容量が大きいなどの理由により，機動性が要求される現場では適用困難であった。しかし，最近のフラッシュ溶接は，溶接機を現場で持ち運べる重量まで軽量小型化し，機動性を高めた工法が開発され，超高層集合住宅への工事実績を持つようになってきた。

また，フラッシュ溶接の高能率・省技能という特徴を活かして，プレート定着型せん断補強鉄筋への適用も図られている。

■ アプセット溶接

アプセット溶接は，溶接すべき部材間に適当な圧力を与え，突合せ端面を接触させた後に大電流を流し，突合せ端面の接触抵抗および部材の固有抵抗による抵抗発熱で接合面およびその近傍の温度を充分に上昇させたところで，部材に加圧・変形を与えて圧接する方法である。アプセット溶接の装置原理を図5.3.7に示す。アプセット溶接は，溶接閉鎖型せん断補強筋の工場接合に使用される例が近年増加しており，誤差1mm以下の高精度の製品を製作することができる。

アプセット溶接は，フラッシュ溶接と同様に電気エネルギーを使用する方法であるが，次の点でフ

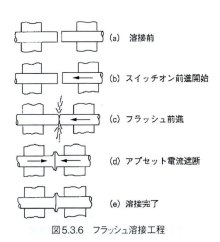

図5.3.6 フラッシュ溶接工程

第5章 コンクリート工法 Ⅲ コンクリートの施工　389

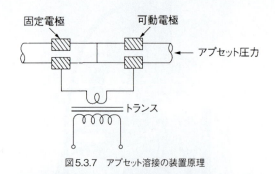

図5.3.7　アプセット溶接の装置原理

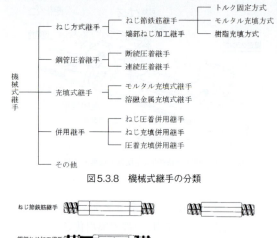

図5.3.8　機械式継手の分類

アプセット溶接状況

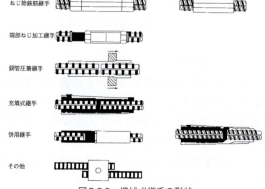

図5.3.9　機械式継手の形状

ラッシュ溶接と異なる特徴を持っている。
① 火花の発生が無いので，作業環境および設備保守の点で優れている。
② 突合せ端面が整合していないと発熱が均一にならないため，端面の精度管理が高く要求される。
③ 溶接代が比較的少なく，材料の歩留まりに優れている。

【参考文献】
1）鉄筋継手マニュアル　社団法人　日本鉄筋継手協会

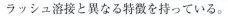

機械式継手

機械式継手の分類を図5.3.8に，概略の形状を図5.3.9に示す。機械式継手は，応力伝達機構別，工法別に4種類に大別できる。ねじを介して接合するねじ方式継手，鋼管を外部から圧着して異形鉄筋の節に噛み合わせて接合する鋼管圧着継手，鋼管と鉄筋のすきまに高強度モルタルなどを充填して接合する充填式継手と，これらの工法を組み合わせた併用継手の4種類である。

1970年代に40種類程度の工法が開発されたが，応力伝達機構は併用式を除いてほぼこの3種類であった。

機械式継手とは，鉄筋を直接接合するのではなく，異形鉄筋の節と周辺のスリーブなどを機械的な噛み合いを利用して接合する方法で，異形鉄筋のみに可能な継手である。一方の鉄筋に生じた引張力は，鉄筋表面の節からせん断力としてスリーブに伝達され，さらに，スリーブから他方の鉄筋に伝達されるというメカニズムである。したがって，軸方向力を伝達するためには，スリーブの挿入長さの管理が重要であるが，軸方向力は異形鉄筋の節部のせん断力を介して伝達される機構であり，スリーブの挿入長さのみではなく，噛み合った鉄筋の節の数の管理が重要である。異形鉄筋の節ピッチは鉄筋メーカーによって多少異なるため，使用鉄筋の形状に合わせた管理が必要である。機械式継手はおおよそ，4山から6山の節に噛み合っていれば引張力は伝達できる。

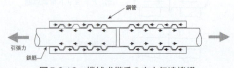

図5.3.10　機械式継手の応力伝達機構

機械式継手による鉄筋の接合

機械式継手の応力伝達機構の概略を図5.3.10に示す。

なお、ねじ節鉄筋継手の場合は、圧延により鉄筋表面の節がねじ状に形成された鉄筋で、一般的なボルトのように機械加工したねじではないため、所定の節山にかみ合っていても噛み合い部にクリアランスがあり、鉄筋を引張るとすべりが生じる。このため、所定の長さを挿入した後、剛性を確保するためにロックナットを締付けたり充填材を注入する必要がある。また、モルタル充填式の継手は、鉄筋とスリーブを直接噛み合わせるのではなく、充填モルタルを介して応力を伝達する工法であり、モルタルの強度が継手性能に影響する。

ねじ節鉄筋継手

ねじ節鉄筋継手は、機械式継手の中でも現在最も普及している鉄筋継手工法である。細径からD51まで、また、鉄筋も鋼種はUSD685まで対応が可能である。この継手は、鉄筋の圧延工程において節形状をねじ状に形成するように製造された鉄筋を使用し、鉄筋に直接カプラーを装着することができる。カプラーの挿入長さを確認するだけで応力が確実に伝達されるという特徴がある。ただし、カプラーとねじ節の間には当然ゆるみがあるので、このゆるみを解消する方法として、①カプラー端部よりロックナットを締め付け、カプラーとナット間の鉄筋に初期張力を与えるトルク固定方式と、②カプラーの両端を軽く締め付けた後、カプラーとねじの空隙に充填材としてモルタルを注入する無機グラウト方式、③充填材として樹脂を用いる有機グラウト方式の3種類がある。無機グラウト方式と有機グラウト方式では継手性能には差はないが、有機グラウト方式は耐火性に劣るため、建築構造物の柱筋、梁筋の接合に用いる場合は、継手部の耐火性能に必要なかぶり厚さを確保しなければならない。3時間耐火構造の場合には、一般的に8cmから10cm程度のかぶりを必要とする。基礎梁や柱・梁交差部など充分なかぶり厚さを確保できる部位には有機グラウト方式が採用できる。

なお、ねじ節鉄筋は多くの鉄筋メーカーが製造しているが、メーカー毎に節形状が異なるためカプラーの互換性がなく、メーカー毎のねじ節鉄筋とカプラーをセットで使用しなければならない。ねじ節鉄筋継手の断面形状を図5.3.11に示す。

図5.3.11 ねじ節鉄筋継手

端部ねじ加工継手

端部ねじ加工継手とは、異形鉄筋の端部をねじ状に機械加工するか、または、鉄筋端部に加工したねじを取り付けて長ナットを用いて接合する工法である。端部をねじ加工する場合は、焼き入れなどの特殊加工を施し、ねじ部の強度が母材強度よりも小さくならないようにしている。端部に別のねじを取り付ける方法として、摩擦圧接法が用いられている。摩擦圧接は接合のメカニズムとしては圧接の一種であり、接合しようとする材料を付き合わせた後、高速回転して、この時生じる摩擦熱を利用して鉄筋を加工するとともに加圧して接合する方法で、機械部品などでは古くから有る接合方法であり、鉄以外の材料の接合にも用いられている。加工工場において鉄筋の端部にねじ加工した別の材料を摩擦圧接で取り付けるため、加工発注時に予め設計図書に基づいた長さの設定が必要である。端部ねじ加工継手の断面形状を図5.3.12に示す。

図5.3.12 端部ねじ加工継手

■ 鋼管圧着継手

この継手工法は，第1次継手開発ブームの時期に開発され，柱筋の継手などに用いられていた。工法的には断続圧着継手と連続圧着継手の2種類がある。断続圧着継手は鉄筋の両端に円筒状の鋼管をかぶせた後この円筒鋼管を特殊なジャッキで断続的に圧着し，円筒鋼管を異形鉄筋の節に食い込ませて接合する工法である。連続圧着継手は特殊ジャッキを円筒鋼管の軸線に沿って連続的に一方向に絞り込み，節に食い込ませる工法である。

応力の伝達方法はどちらも同じである。継手に必要な節山の数はねじ節鉄筋と同様，おおよそ4〜6山である。横節，斜め節や節の高さ，ピッチなどがメーカーによって異なるが，どのメーカーの鉄筋にも適用が可能である。この継手は，油圧ジャッキで鋼管を異形鉄筋の節に食い込ませるため，継手部にすべりが生じにくく，強度，剛性ともに優れた工法である。一般的な使用方法として，工場で鉄筋の片側に予めスリーブを圧着した状態で組み立てるが，現場では鋼管の一方の側は比較的太いために相手側の鉄筋を挿入しやすく，安定性がよく，先組された柱筋は仮り受け用の架設材が不要であるなどの長所がある。

しかし，現場での圧着に油圧ジャッキが必要であり，施工性にやや難点があるため，現在では主にD19程度までの細径鉄筋の継手に用いられている。鋼管圧着継手の断面形状を図5.3.13に示す。

■ 充填式継手

充填式継手の中にはモルタル充填方式と溶融金属充填方式とがあるが，溶融金属充填方式はほとんど実用化されることなく消滅した工法である。モルタル充填方式は，スリーブと異形鉄筋の間に無収縮モルタルを充填して，異形鉄筋の節からモルタル，モルタルからスリーブに応力を伝達する工法である。

この継手は，開発当初からプレキャスト部材間の鉄筋の接合用として開発された工法である。プレキャスト部材はスリーブをコンクリート内部に埋め込んだ状態で部材同士を接合するため，接合鉄筋の位置の修正はほとんど不可能である。このため，複数の鉄筋を同時に挿入できるように，鉄筋とスリーブの間に10mm程度のクリアランスが設けられる。鉄筋とスリーブのクリアランスが大きいので，他の機械式継手と比較してスリーブはやや大きく，また，

図5.3.13　鋼管圧着継手

図5.3.14　モルタル充填式継手

図5.3.15　併用継手の一例

モルタルを介して接合するため，スリーブの長さもやや大きい。

先組鉄筋やプレキャスト部材から突出した鉄筋の接合用として開発されたモルタル充填方式の継手もある。この継手は，施工時に鉄筋単体に装着するため，クリアランスは小さくてもよく，このため，プレキャスト内蔵用と比較するとスリーブ外径はかなり小さくなっている。

モルタル充填式継手の特徴は継手の施工時に全く鉄筋の収縮が無いことである。充填するモルタルは無機質系の無収縮モルタルで，圧縮強度は70〜100N/mm^{2}である。モルタル充填式継手の断面形状を図5.3.14に示す。

■ 併用継手

異種の継手工法を組み合わせた継手を併用継手と呼んでいる。代表的な併用継手に片側ねじ継手，他方モルタル充填式継手がある。この継手は，ねじ節鉄筋の特性を利用し，スリーブの片側を鉄筋に固定し，片側をモルタル充填式継手で接合する工法で，主にプレキャスト部材に用いられている。通常のモルタル充填式継手よりもスリーブ長さがやや短くなる。また，片側ねじ，他方圧着や片側圧着，他方充填式などの併用継手も開発されている。併用継手の一例を図5.3.15に示す。

溶接継手

アーク溶接に着目して，鉄筋同士（鉄筋と鉄筋）の接合に加えて，鋼板と鉄筋との接合も入れて示せば，図5.3.16のような種類に分類される。この中で突合せ継手と重ね継手は，鉄筋同士を接合する直接

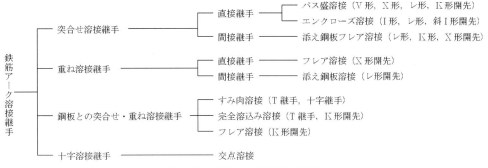

図5.3.16 鉄筋アーク溶接継手の種類

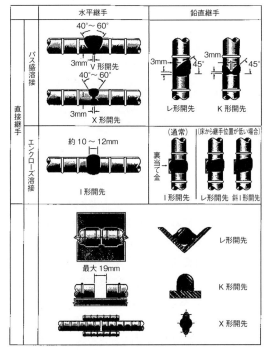

図5.3.17 突合せ継手の直接および間接継手の一例

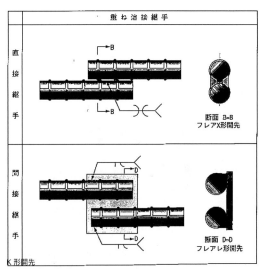

図5.3.18 重ね溶接継手の直接および間接継手の一例

継手と，鋼板などの添え材を介して鉄筋を接合する間接継手に分けられる。

図5.3.17に突合せ継手の直接および間接継手の一例を示す。直接継手には，諸外国で使用されており，また，我が国でも使用されていた鉄筋端面を開発加工して積層（パス盛）溶接する方式と，我が国で代表的なエンクローズ溶接（囲み溶接）とがある。間接継手は，鋼板または鉄筋を用いたフレア継手（円弧と円弧又は円弧と直線でできる開先形状の継手）がある。

図5.3.18に重ね溶接継手の直接および間接継手の一例を示す。プレキャスト部材の接合あるいは増築・スラブ筋の接合などに用いられる。

図5.3.19に鉄筋と鋼板との突合せ継手，鉄筋と鋼板との重ね継手および鉄筋同士の十字継手の一例を示す。鋼板との突合せ継手においては，(c)に示すT継手のすみ肉溶接が効率よく施工でき健全な継手が得られる。(e)に示す鋼板との重ね継手は，H型鋼梁への定着あるいは地下鋼管杭での円周に直交する定着などに用いられる。また，(f)に示す鉄筋同士の十字継手においては，交点溶接として点付け溶接を示したが，点付けではなく全周フレア溶接あるいは銅当て金を用いたK型フレア溶接を行えば，鉄筋格子あるいは鉄筋籠の現場溶接においても高品質の継手が得られる。

図5.3.20に鉄筋溶接継手の各工法を示す。

【参考文献】
1) 鉄筋継手マニュアル　社団法人　日本鉄筋継手協会
2) 鉄筋定着・継手指針[2007年版]　土木学会

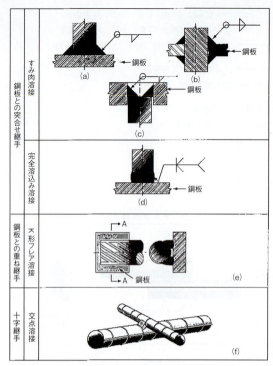

図5.3.19　鉄筋と鋼板との突合せ・重ね継手，十字継手の一例

鉄筋溶接継手
- NKE工法
- KEN-SH工法
- CB工法
- ニューNT工法
- スカッドロック工法
- フラッシュバット
- アプセットバット工法

図5.3.20　溶接継手の各工法

2　鉄筋定着工法

鉄筋の定着方法は，従来から標準フックや付着力を期待する方法が用いられている．近年は，部材に大きな耐力と変形性能を保有させるために過密配筋となり，鉄筋の組立やコンクリートの充てんが不十分となる問題が生じてきたことに対処するため，新たな定着方法として機械式定着工法が開発されている．

以下に公的認定機関により認定されている主な機械式定着工法を記述する．

■ EG定着板工法

EG定着板とは，鉄筋端部に摩擦圧接されたねじに，円形定着板をバリにあてがって手で締め込むだけの機械式定着板である．

図5.3.21　EG定着板

梁柱接合部の梁筋定着例

その定着性能は，標準フックと同等以上であることが証明されており，従来の折り曲げ定着工法の煩雑な加工，配筋上の諸問題を解消し，すっきりとした定着部の納まりを実現している．

摩擦圧接とは，鉄筋端部にねじを所定の圧力下で高速回転させることによる摩擦熱で加熱し，アプセットにより圧接する接合方法である．摩擦圧接部の耐力は，鉄筋母材強度以上であることが認定されている．

■ オニプレート定着工法

本工法は，JIS G 3112の異形棒鋼の規定に適合するねじ節鉄筋「ねじオニコン」を使用し，雌ねじを

図5.3.22　オニプレート定着板

有する定着金物「オニプレート」を，このねじ節鉄筋の端部に結合することにより，異形鉄筋をコンクリート部材に機械的に定着する技術である。鉄筋と定着金物の間に生じるガタは，有機グラウト材または無機グラウト材を充填する方法でなくしている。

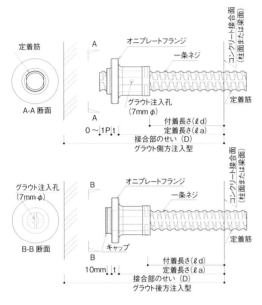

図5.3.23　一条オニプレートの形状

■ スクリュープレート工法

鉄筋と一体化したスクリュープレートを取り付けることにより，鉄筋に曲げ加工が不要となり，施工性が大幅に改善される。柱梁接合部，小梁，大梁，壁筋，杭主筋，片持梁の根元と先端部などの主筋定着に適用可能である。

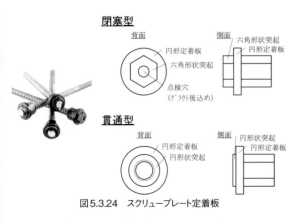

図5.3.24　スクリュープレート定着板

■ Tヘッドバー（拡径部による機械式定着筋）

Tヘッドバーは，加熱成形によって鉄筋端部に拡径部を設け，機械的にコンクリートに定着することにより，従来の曲げフックと同等かまたはそれ以上の性能を付与する鉄筋であり，コンクリート部材のスターラップ，中間帯鉄筋および軸方向鉄筋において，従来の標準フックの代わりに使用することを目的としている。

拡径部は，JIS G 3112に適合する鉄筋コンクリート用異形棒鋼の端部を高周波誘導加熱ならびに加圧アップセットすることによって，鉄筋母材自体を成形加工する。従来の機械式定着に比べて，他の部材（プレート等）を用いない一体物であるため，配筋場所での付加的な作業（プレート，ナットのセット，樹脂充填等）が不要であり，そのため施工面で優れている。

拡径部は施工環境等に応じて，両端に拡径部を設ける場合，片端に拡径部を設けてもう一方は従来の標準フックとする場合など自由に選択することが可能である。

図5.3.25にTヘッドバーと半円形フック鉄筋を示す．また，Tヘッドバーの組立て方法を，従来の標準フックと比較して図5.3.26に示す。

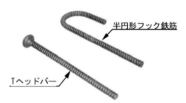

図5.3.25　Tヘッドバーと半円形フック鉄筋

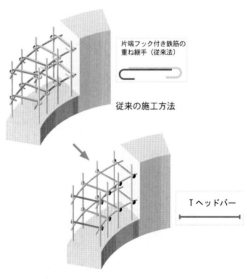

図5.3.26　Tヘッドバーの組立て方法（壁状構造物での使用状況）

■ FRIP定着工法

本工法は，JIS G 3112の異形棒鋼の規定に適合する竹節などの慣用節またはねじ節をもつ異形鉄筋の先端にFRIP定着板を摩擦圧接し，FRIP定着板の支圧作用と異形鉄筋の付着作用によって，異形鉄筋をコンクリート部材に機械的に定着する技術である。

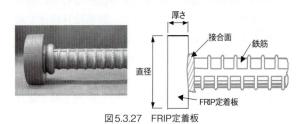

図5.3.27　FRIP定着板

■ プレートナット工法

集合住宅・事務所ビル等の鉄筋コンクリート構造において，施工の合理化は重要な課題であり，特に外柱・梁接合部内の鉄筋は，従来梁主筋にL形あるいはU形の折曲げ定着を用いるためコンクリート充填性の阻害となるなど，施工の省力化・工期短縮が困難となる場合が多々ある。

本工法は，ねじ節鉄筋に新考案の定着金物を用いた主筋のプレート式定着法を開発・実用化し，柱・梁接合部の合理化を実現している。

■ プレートフック【機械式定着】

プレートフックは，せん断補強鉄筋および座屈防止鉄筋などに用いるために，鉄筋に取り付けた楔形プレートによりコンクリートに定着し，かつ主鉄筋を拘束して部材の靭性を確保する構造の鉄筋である。従来の半円形フックと同等かまたはそれ以上の性能を有しており，被拘束鉄筋組立て後に配置が可能なため，施工手順が簡潔で施工の合理化が可能であり，工期短縮が見込める。

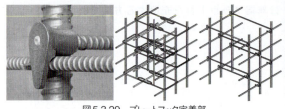

図5.3.29　プレートフック定着部

■ Head-bar工法（プレート定着型せん断補強鉄筋）

構造物の耐震性能の向上のため，せん断補強筋の定着に半円形フックを使用することが推奨されているが，鉄筋組立が煩雑になり施工能率の低下やコストアップになる。そこで確実な定着性（支圧定着）を持ち，施工性，耐震性能の向上を同時に実現したのがHead-bar（ヘッドバー）である。ヘッドバーは1999年に開発され，せん断補強鉄筋，中間帯鉄筋，柱筋定着等に，多くの実績を有している。

摩擦圧接工法（JIS　Z3607）によりプレートを高速回転させ，鉄筋を押し付けることによってプレートと鉄筋を接合して完全に一体化する方法である。プレート定着仕様は以下のようである。

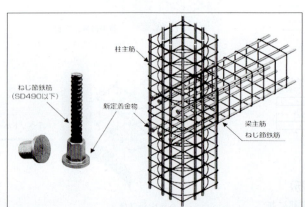

図5.3.28　プレートナット定着板

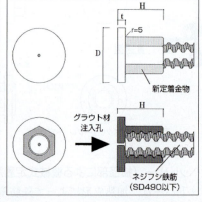

型枠関連工法

型枠には鋳物製造時の鋳型と同様に，打設したコンクリートが固まるまで所要の寸法を保持する機能が要求される。型枠にはコンクリート，鉄筋，作業員などの鉛直方向荷重，作業時の衝撃・振動，型枠の傾斜などの水平方向荷重，コンクリート側圧などが作用するため，それらに対し，必要な強度と剛性を有するとともに，構造物の形状・寸法が正しく保持できる性能が要求される。型枠の形式には固定式と移動式が，型枠材料の機能によって一般の型枠と透水性・吸水性型枠に分類される。（図5.3.26）

固定式型枠はその型枠材料により木製，金属製，その他に分類される。コンクリートに直接接する面をせき板といい，コンクリートの自重と側圧で変形しないだけの剛性が必要である。

木製のせき板材として，かつては杉，松などの板材が使われたが，現在は合板が多く用いられており，杉板などの板材の使用は木目を意匠として用いる場合やトンネルの妻型枠，形が不定形な場所のせき板として使われる等，特殊な用途に限られている。

移動式型枠には必要とされるその剛性，使用頻度に対する耐久性から金属製のものが使われている。透水性・吸水性型枠はせき板表面に透水性あるいは吸水性の材料を挟み込み（貼り付け），コンクリートから出てくるブリーディング水や空気泡を排出することにより，コンクリート表面部を緻密化するものである。

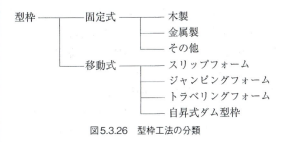

図5.3.26 型枠工法の分類

1 固定式型枠工法

固定式型枠は型枠あるいは型枠を組立てた型枠ユニットをコンクリートを打設するごとに組立て，解体するといった移動装置を持たない型枠である。固定式型枠に使用する材料には合板パネルなどの木製型枠，鋼製打込み型枠，メタルフォーム，ステンレスフォーム，アルミニウム型枠などの金属製型枠，プラスチック型枠，ゴム製空気型枠，石目模様などを形作る化粧型枠，プラスチックとアルミニウムを組み合わせた複合システム型枠，型枠を脱型せずに埋め殺す埋設型枠などがある。

木製型枠

木製型枠はせき板に木材を使用する型枠で広く一般に使われている。せき板に使用する木材の種類によっては木材の色素が染み出してコンクリートが黄変したり，コンクリート表面が硬化不良を起こすことがある。硬化不良の原因は木材に含まれるリグニン，タンニン等がセメントの水和反応を阻害するためで，木材が長時間太陽光線にさらされた場合に，発生しやすいといわれている。それらを防止するために型枠表面に樹脂を塗装した塗装合板が使われるようになってきたが，転用回数が多くなるとその効果も減少する。木材の中でも，かし・きり・けやき等はアルカリ抽出物が多く，コンクリート表面に硬化不良を起こすものがあるので，注意する必要がある。

■ 合板パネル工法

合板パネル工法は型枠のせき板に合板を用いてパネルを作成し，型枠として用いる工法である。合板は相接する単板の繊維方向が直角になるように組み合わせた材料であり，ラワン材を使ったものが多い。しかしながら，最近は地球環境保護の高まりから熱帯雨林であるラワン材を避け，針葉樹を使ったものもある。接着剤には耐水性を考慮してメラミン樹脂やフェノール樹脂等が使われている。

コンクリート用型枠に使われる合板の規格は，日本農林規格「コンクリート型枠用合板」（農林水産省告示233号：平成15年2月）に規定されているが，板厚は一般に12mmで単板構成は5層のものが多い。合板の裏側にさん木を打ち付け，パネル化して使用するのが一般的である。

打放しコンクリートの場合には，コンクリートのせき板面が直接仕上がり面となるので，板面に節・孔・割れ・ふくれなどの少ない物で，コンクリート

表面に着色や硬化不良を起こさない，かつ脱型時に繊維がコンクリート表面に付着しないものが好ましい。

合板パネルの標準寸法は，60×180cm および 90×180cm である。コンクリートを打設した場合のコンクリートの変色防止と仕上がりの美しさ確保のため，合板の表面にアクリルやウレタン系樹脂を塗った塗装合板を使う事例が増加している。

金属製型枠

金属製型枠には金属の枠材と金属のせき板部からなる金属製型枠パネルがあり，せき板材料として，鋼，アルミニウム合金，ステンレスなどが使われている。鋼製型枠パネルは JIS A 8652「金属製型枠パネル」に定められている。金属製型枠パネルの例を図5.3.31に示す。

金属製型枠の特性として剛性が高く，丈夫で転用性に優れること，製作精度が高いこと，組立て・解体が容易なこと，コンクリート表面が平滑に仕上がること，硬化不良を起こす恐れのある物質の溶出のないこと，などの長所があるが，重量が重い，保温性が悪い，鋼製の場合にはコンクリート表面に錆色が付くことがある，などの短所がある。

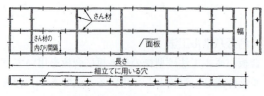

図5.3.31　金属製型枠パネルの例

■　鋼製打込み型枠工法

厚さ1.2mm 程度の薄鋼板を折り曲げて下面にリブを付け補強したフラットデッキ型枠や，あらかじめ鉄筋を先組みしたデッキプレート，リブ付きあるいは波形鋼板をコンクリートを打ち込むための永久型枠として，あるいは型枠と補強波形材との兼用として用いる工法である。コンクリート床版および屋根スラブのコンクリートを鋼製ばりの上に打ち込む場合や，交通量の多い地域での橋梁や緊急時仮設橋の床版などに使われる。デッキプレートの使用により支保工なしの捨型枠としての使用が可能で，デッキプレート上に配筋，配管を行なった後にコンクリートを打ち込めば，型枠を脱型することもなく完成する。

通常のデッキプレート上にコンクリートを打設しただけでは両者の付着力が弱く，曲げ荷重により両者が剥離し，合成スラブとして機能しないため，デッキプレートにずれ止め鉄筋や金網の溶接が必要である。また，コンクリートの充てんを確認できないため，豆板などの充てん不良が発生しないようにコンクリートを打ち込むことが重要である。

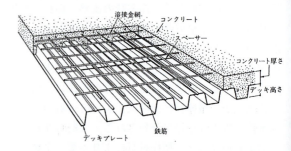

出典：建設省住宅局建築指導課監修デッキプレート床構造設計・施工基準　技法堂出版

図5.3.32　デッキプレート

■　メタルフォーム工法

メタルフォーム工法は，鋼製のせき板に鋼製の補強材を添接したパネルを用いる型枠工法である。パネルの構造・寸法・強度および剛性については JIS A 8652で規定され，パネルの厚さは55mm に統一されている。標準型平面パネル（30×150cm）はフラットフォームの標準型として壁体・柱・床版などの型枠に使われている。この他にも幅100，150，200，300mm，長さ600，900，1200，1500，1800mm の寸法のフラットフォームや，特殊形状のものとしてコーナーフォーム，コーナーアングル，面取りフォーム，三角フォームなどの各種の異形フォームがあり，必要に応じて組み合わせることができる。

■　ステンレスフォーム工法

基本的な大きさはメタルフォームと同じで，せき板およびフレーム部分にステンレスを使用したもので，錆がないのでメンテナンスや保存が容易で，コンクリートの仕上がり面が滑らかで美しい，精度が高く歪みにくい，などの特長がある。ステンレスフォームを組み合わせて大型パネルとして使用できる大型構造物用の移動式型枠などに使用すれば，錆の発生の心配もなく，掃除も容易となる。そのため，海洋構造物のコンクリート型枠や，大型パネルを製

作して長期間にわたって繰り返し使用する工事現場などに適している。

■ アルミ型枠工法

アルミニウムで製作された型枠を用いる工法である。純粋なアルミニウムはコンクリートによって腐食されるので，AL-Zn-Mg系の合金が用いられる。使用方法などは鋼製型枠と多くの点で似ているが，重量が軽いこと，錆が生じないので仕上がりが美しいことなどの利点があるが，価格が高いのが欠点である。

その他の型枠工法

木製および金属製型枠の他の型枠として，寒中コンクリートや建築物の結露防止用断熱型枠，木材資源の保護を目的としたプラスチック型枠，補強したゴム製空気膜を使用した空気膜型枠，アルミニウムフレームと樹脂板を組み合わせた複合システム型枠，コンクリート表面にブロック乱積み模様などの模様を形成する化粧型枠，コンクリート硬化後に型枠を外さず型枠その物を本体構造物の一部に組み込む埋設型枠などがある。

■ 断熱型枠工法

断熱型枠工法とは，寒中にコンクリートを打設する場合，型枠の断熱性を高めてコンクリートを保温し，セメントの水和熱を利用して，コンクリートの初期養生を効果的，かつ経済的に行うことを目的としたものである。断熱型枠には型枠合板の間に発泡合成樹脂断熱材を挟んだものが用いられ，その厚さは10～25mm程度である。型枠用合板と発泡合成樹脂断熱材の組み合わせにより，断熱型枠の断熱性は厚さ12mmの合板型枠の4～10倍程度に向上する。

断熱型枠の使用法は，外部断熱型枠-内部普通合板の場合と，内外断熱型枠，の二つに大別される。前者の場合は発泡合成樹脂断熱材の厚さは10mm程度で良いが，後者の場合は20～25mm必要となる。

■ プラスチック型枠工法

プラスチック型枠は型枠材料にガラス繊維強化ポリプロピレン，ポリプロピレン，塩化ビニール樹脂，ABS樹脂，などのプラスチック材料を使用した型枠である。プラスチック型枠の特徴は，軽量で加工性に優れる，型枠の組立てがシステム化され容易であり，コンクリートの剥離性が良く仕上がりが美しい，錆の発生がない，木材抽出成分によるコンクリートの変色がない，透光性があり，コンクリートの充填状況の確認ができる，転用回数に優れる，使用済型枠は粉砕しリサイクルできる，などである。最近は板状ではなく，桟木のついた合板型枠と同寸法になるようにリブまで一体成型されたパネルもあり，合板パネルと併用しやすい工夫もされている。

使用上の注意としては，紫外線により変質するので保管の際に直射日光を避けること，解体または取り扱い時に鋭利な鋼材などにあたらないように注意すること，フォームタイを強く締めすぎないこと，ケレン作業や組立て・解体時にハンマなどで強打しないこと，剥離剤には石油系やアルコール類を使用しないこと，などがあげられる。

■ 空気膜型枠工法

空気膜型枠工法は型枠にゴム製空気膜を使用した工法で，円筒のチューブとして使うラバーチューブ工法，板型枠として使う空気膜型枠工法などがある。ラバーチューブ工法は合成ゴム製円筒の中に圧縮空気を吹き込んで排水暗渠や穴あき床版などの型枠とする工法である。圧縮空気によって自動的に任意の大きさの円形断面ϕ15-400cmを形成することができる。

空気膜型枠工法は板状のゴム製型枠を空気で膨らませ，コンクリートの打設・硬化の後，空気を抜けば収縮するので，コンクリートとのはく離性が良く，型枠脱型が困難な地下部分の工事などに使用される。

■ 複合システム型枠工法

アルミニウム枠と樹脂板とを組み合わせて複合シ

表5.3.1　保温用材料の熱損失係数

保温用材料	材料湿潤 無風 上向面	材料湿潤 有風 (3m/s) 各方面
合板（12mm）	4.4	6.8
合板＋ポリプロピレン1枚	3.0	6.2
合板＋発泡ウレタンシート10mm	2.9	5.0
合板＋グラスウール50mm	1.6	3.5
ポリシート（0.05mm）	5.0	9.6
鋼板（1～3mm）	5.9	8.3
コンクリート又は地盤	2.5	2.5
外気に露出	7.4	24.1

ステム化した型枠工法で，型枠や部材の種類に合わせて型枠用金具，クリップ，バタ材，専用の治具などが開発されている。

本工法の利点としては，重量が軽い，組立て・解体が簡単で，剥離性がよい，型枠の保温性が高い，型枠の錆びや腐食がない，採光性があるので打設現場が明るい，打設状況が目視できる，表面が平滑で仕上がり面が美しい，200回程度の型枠転用が可能である，廃棄後も再資源化が可能である，などがあげられる。しかし，価格が高い点が欠点である。

本体兼用型のプレキャスト埋設型枠

システム型枠の組立状況

■ 化粧型枠工法

化粧型枠は，型枠表面に天然石，レンガ積み，ブロック乱積みなどの模様をつけた合成ゴムや発泡樹脂などの型材を貼りつけることにより，コンクリート表面にこれらの模様をつける工法である。化粧型枠材料には1回使い（発泡スチロールなど），8～10回使い（発泡ウレタンなど），50回使い（特殊ウレタン＋強化ガラス繊維など）がある。コンクリートに着色をする目的で化粧型枠の表面に着色顔料を吹き付け，コンクリートを打設することにより，コンクリートのアルカリ性水分と反応してコンクリート表面に浸透着色する工法もある。

■ 埋設型枠工法

埋設型枠は，コンクリートの打設後も取り外すことなく，構造物の一部として使用されるもので，捨て型枠，打込み型枠，永久型枠，プレキャスト型枠などと呼ばれる。使用目的には，装飾や化粧，機械化・省力化，耐久性の向上などがある。種類としては，床版用に引張り鉄筋を配置したハーフプレキャスト版，オムニア版やPCを導入したPC板埋設型枠や，耐久性の向上を目的とした高耐久埋設型枠などがある。

高耐久埋設型枠は，耐久性の高い埋設型枠でコンクリート表面を覆い，外からの劣化因子を遮断して，耐久性の高いコンクリート構造物の建設を可能とするもので，レジンコンクリートパネルと立体金網で構成されたもの，高強度繊維を混入したもの，FRPとモルタルを一体化したもの，金属単繊維で補強したコンクリート板にポリマーを含浸・重合させたもの，繊維入り高強度モルタルにポリマー層を浸透一体化させたもの，ステンレスファイバーを高強度モルタルに混入したものなどが使われている。

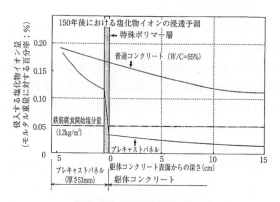

図5.3.33　埋設型枠の遮断性能

図5.3.34　埋設型枠の各種類・工法

そのほか，埋設型枠に使用される材料にはセメント成型板，ALC版，薄鋼板，リブ付き薄鋼板，断熱材打込みボード，薄肉プレキャストコンクリート版，デッキプレートなどがある。図5.3.35は埋設型枠の塩化物イオン遮断性能を示したものである。

図5.3.35　埋設型枠による耐塩害性を高めた橋脚

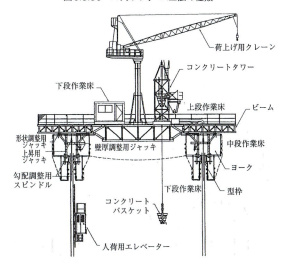

図5.3.36　スリップフォーム工法の種類

出典：建築技術 1999.11 p145

図5.3.37　スライディング工法の図

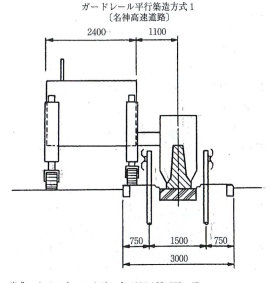

出典：セメントコンクリート 1995.4 No.578 p45

図5.3.38　道路用スライディングフォーム工法

2　移動式型枠工法

大型の型枠か，従来のメタルあるいはステンレス型枠をユニット化して組み立てた型枠や型枠支保工を移動させてコンクリート構造物を構築する工法で，同一断面が連続する構造物に多く利用されている。上下方向に移動させながらコンクリートを打設するスリップフォーム工法，コンクリートが硬化した後，1パネル分ずつ移動するジャンピングフォーム工法，道路の中央分離帯など同じ形状の連続した構造物を横方向に移動させながら作成するスリップフォーム（スライディングフォーム工法）工法，ボックスカルバート等のような同じ形状の断面が連続する構造物に使用されている支保工と型枠が一体となったトラベリングフォーム工法，ダム工事において型枠の移動を合理化した自昇式ダム型枠などがある。

スリップフォーム工法（スライディングフォーム工法）

本工法はサイロ，煙突，橋脚など塔状の高いコンクリート構造物を造る時，型枠を鉛直方向に連続的に上昇滑動させ，コンクリートを連続して打設する型枠工法である。すなわち，コンクリートを型枠中に打設した後,型枠を連続して移動させ，コンクリートの形状を整える移動型枠として使用する。型枠の移動は，所定の高さまでのコンクリート打設が終了するまで連続して行われるのが通常である。型枠移

動の速さは，コンクリートがその部分にかかる全荷重を支え，また，その形を十分に保つのに必要なだけの強度が出た後に，型枠がそのコンクリート部分を通過するように調節する。

スリップフォームの構造を大別すると，せき板，腹起し，およびヨークと呼ばれる支持枠から成る型枠部材とこの型枠部材を支持するロッド，さらにこのロッドに型枠材を固定し上昇滑動させるジャッキ装置などから構成される。ジャッキ装置は中央制御による油圧駆動式ジャッキが多く，さらに特殊な水平自動制御装置を用い，型枠と足場全体を同一レベル状態に保持して，所定の速度で上昇させる方法も採用されている。我が国には各種のスリップフォーム工法が技術導入されているが，これらは構造物の直径および壁厚変更の調整装置および型枠上昇装置にそれぞれ特殊性がある。

道路の防護柵，縁石など，同一断面で連続した構造物を型枠を横方向に移動させながら連続的に作製する技術（スリップフォーム工法：SF工法）が道路関連の工事で使用されている。施工法は成型機に鋼製型枠を取り付け，型枠内にコンクリートを投入し，その内部で締固め成型を行うと同時に成形機を前進させ，同一断面の構造物を連続して構築するものである。型枠長さが短く，コンクリートは即時脱型状態となるため，通常はスランプ3cm前後の硬練りコンクリートを使用する。

ジャンピングフォーム工法

ジャンピングフォーム工法は，1ロット分のコンクリートを打設後，養生を行い，1ロットを3～4日サイクルで上昇させるものである。型枠の上昇方式は，スリップフォームと同様な方法をとるものと下部のコンクリートに反力を取り押し上げまたは引き上げる方式がある。足場と型枠が一体となったものが多く，安全な作業を可能としている。施工速度はスリップフォーム工法よりも遅いが，型枠を静止してコンクリートを打設するため，品質の確認が容易できれいな仕上がり面が得られる。本工法は，構造物の形状による制約をうけず，直径および壁厚の変化に対応できるが，橋脚工事など形状の変化の少ない構造物に適用される場合が多い。

施工用足場および型枠（大型パネル）を吊り上げる構造を内蔵した「作業足場自動上昇装置」によって，躯体を1ロットずつ施工していく。型枠の移動は，油圧ジャッキ，チェーンブロックなどで1回の施工高さずつ行われる。

トラベリングフォーム工法

本工法は，ボックスカルバート等，同じ形状が連続した構造物のコンクリート打設に使用される型枠工法で，スチール型枠を組み立ててボックス型の内側ユニット，外型枠用パネルをコンクリートを打設するごとにユニット単位で移動させ，型枠の組立て作業を合理化したものである。

ボックスカルバートでは，内型枠支保工に車輪を取り付け，横方向の移動がウインチ等で容易に行える構造で，コンクリート硬化後，型枠をダウンさせて脱型する。その後，型枠を横方向にウインチなどを用いて移動させ，所定の位置でジャッキアップして，鉄筋の組立てを行う。鉄筋の組立て完了後，別のユニットとして移動してきた外型枠をセットし，再びコンクリートを打設する。このような移動，組立て，コンクリートの打設を繰り返し，同一形状のコンクリート構造物を建設するものである。

```
ジャンピングフォーム工法 ─┬─ クライミングフォーム工法
                          └─ 三井住友式ジャンピングフォーム工法
```

図5.3.35　ジャンピングフォーム工法の種類

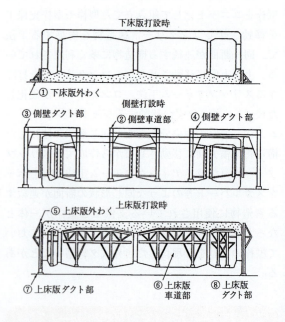

出典：コンクリート工学 1992.11

図5.3.36　トラベリングフォーム工法の概念図

このような工法が使用できる構造物には，アーチカルバート構造物，トンネル二次覆工，用水路，護岸構造物，擁壁，等のコンクリート構造物がある。

自昇式ダム型枠工法

従来の揚重機（クレーンなど）による型枠のスライディングに代り，油圧ジャッキを用いた上昇機構を型枠にセットし，それによって型枠を上昇させるものである。

本工法は従来のダム型枠に比較して，作業の安全性の向上，環境保全，省力化の推進，コスト低減などを目標に開発されたものである。

本工法に使用される型枠は，従来型枠のたてバタに自昇機能をもつスライド式たてバタを組み合わせた構造になっており，このスライド式たてバタの伸縮機能は油圧クレーンの伸縮ブームと同様の構造を持つものである。なお，この他，パネルのコンクリート面からのはく離機構を備えているものもある。

自昇式ダム型枠工法
- KM式ダム自動型枠
- MMGハンガーフォーム
- ハザマ式ダム型枠

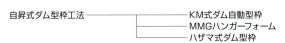

図5.3.37　自昇式ダム型枠工法の種類

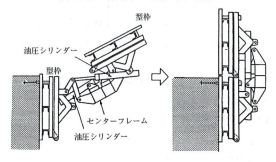

出典：コンクリート工学 Vol.35,No.3, 1997.3

図5.3.38　型枠の上昇機構

3　その他型枠工法

透水性・吸水性型枠工法

透水性材料（不織布あるいは織布）を型枠のせき板に貼り付けることにより，コンクリートから出てくるブリーディング水や空気泡が透水性材料を伝わって型枠外に排出され，コンクリート表面の空気やあばたの除去と緻密化により，表面部の品質を改善する工法である。

コンクリート表面のブリーディング水が排出されることにより，表面部の水セメント比が低下してコンクリートが緻密化され，表面強度の上昇，凍結融解抵抗性の向上，中性化進行速度の減少，遮塩性の向上などが期待できる。透水性型枠は水や空気を型枠の継目や型枠にあけた穴を通じて型枠外に排出するため，排水経路について注意が必要である。また，排水を効果的に行なうために，せき板に直径3～5mmの小孔を10cm間隔にあけ，その上に特殊織布を張り付け，通気性・透水性を有する型枠を使うタイプもある。この場合に使用する織布は，空気や水を通すものの，セメント粒子をほとんど通さない二重織の織布である。

特殊織布に吸水性ポリマーを複合させたものを使用したものを，吸水性型枠と称している。

透水性・吸水性型枠工法
- クラザップ工法
- シルクフォーム工法
- FSフォーム工法

図5.3.39　透水性・吸水性型枠工法の種類

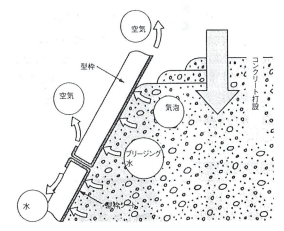

出典：大林組エクセルフォーム工法カタログ

図5.3.40　透水型枠の原理

支保工

支保工は，所定の荷重を支え，完成した構造物の位置，形状，寸法を正確に確保することが要求され，コンクリートが硬化するまで変形することなく，コンクリートを保護しなければならない。そのため，支保工は所定の強度と剛性が必要とされ，目的に合

致したものを選定しなければならない。

支保工には，使用する度ごとに組立て・解体を行う固定式の支保工と，高架橋の移動架設桁，移動吊支保工，張出し架設の移動作業車などの移動支保工とがある。

支保工に作用する荷重には，鉛直方向荷重，水平方向荷重，コンクリートの側圧，偏載荷重などがあり，これらに対して変形しないように設計する必要がある。支保工は鉛直方向の荷重に対して，その支柱が座屈しないよう，大きな変形のないように，必要に応じて十分なつなぎ材，筋かいなどで補強しなければならない。また，基礎の不等沈下の可能性がある場合には，梁などを用いて荷重を分散させる必要がある。

鋼管支柱は，JIS A 8651「パイプサポート」に規定されている。型枠支保工の許容応力については，労働安全衛生規則第214条に定められている。

1 固定式支保工

固定式支保工は，使用するごとに組立て・解体を行う固定式の支保工で，支柱材には木製と金属製のパイプサポート・単管支柱，組立て鋼柱，はり材には鋼製ばりがある。また，支柱とはりが一体化したものに，鋼製わく組み支保工がある。

木製支保工

木製支保工は，主に支柱材料に木材を使用する支柱式の支保工である。木材を支保工用材料に使用する場合，木材強度は材種によって異なり，同一材種でも産地，伐採時期，水分の多少，繊維方向に対する力の作用方向などによって著しい変化を示す点に，注意が必要である。労働安全衛生規則に定められた支保工用木材の許容応力度を表5.3.2に示す。

単管支柱式支保工工法

鋼管支柱は，JIS A 8651「パイプサポート」に規定されている。パイプサポートの形状と名称を図5.3.41に示す。パイプサポートは単独あるいは補助サポートと組み合わせて使用する。組立てに関しては労働安全衛生規則でその方法が定められており，水平つなぎを設けることなど，こまかな規則がある。

本工法はベタ支柱式支保工の1種で，はりとしては型枠を支える程度のものしかなく，ほとんど支柱から成っている。この工法は支柱の数が多く必要であるために転用を考えれば，規格製品を使用するほうが有利であり，組立て，解体も簡単である。規格製品には小口径鋼管，大口径鋼管および伸縮型のパイプサポートなどがある。

小口径鋼管は一般に足場に多用されているが，トンネルや排水路などの側壁型枠の支えや支柱のつなぎなどにも用いられる。大口径鋼管や伸縮型のパイプサポートは，支柱として使用される。伸縮型のパイプサポートは，はり支柱式支保工の支柱にも使用される。パイプサポートは内管と外管とから成り，外管の中に挿入されている内管を出し入れすることによって，2.3〜3.4mの範囲で長さを調整することができる。3.4m以上にする場合は，内管と同じ補助サポート（48.6×2.4mm，STK51，長さ1.20m，1.80m）を継ぎ足して使用する。

表5.3.2 木材の繊維方向の許容曲げ応力、許容圧縮応力、許容せん断応力

木材の種類	許容応力の値（N／cm²）		
	曲げ	圧縮	せん断
あかまつ、くろまつ、からまつ、ひば、ひのき、つが、べいまつ又はべいひ	1,320	1,180	103
すぎ、もみ、えぞまつ、とどまつ、べいすぎ又はべいつが	1,030	880	74
かし	1,910	1,320	210
くり、なら、ぶな又はけやき	1,470	1,030	150

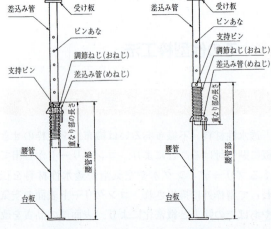

図5.3.41 パイプサポート（JIS A 8651）

鋼製わく組支保工

鋼製わく組支保工は，ベタ支柱式支保工の支柱材として鋼製わく組支柱を用いるものである。

わく組み支柱には，JIS A 8951「鋼管足場」に適合したものを使用する。わく組支柱は，一般構造用炭素鋼管を主材として，溶接によってわく状に成型したものである。2本の脚柱と横ばりを接合し，さらに補強材によって水平剛度を増すとともに，脚柱を補強している。鉛直方向には上のわく脚柱を，下のわく脚柱の上端に差し込んだ連結ピンにはめ込み，抜け防止装置（アームロック）を筋かいの取付けピンを利用してかける。このようにして多層にわたって積み重ねる。また，水平方向にはわく組支柱を平行に，脚柱の位置を一線になるように設置して，横ばり間を布わくで，脚柱間を筋かいで連結して安定を図る。

わく組支柱は用途に応じて数多くあるが，鳥居形をしたものが最も標準的である。わくの幅は1200mmが標準である。脚柱の高さは，1600〜2000mmであるが，1700mm前後のものが一般的である。鋼製わく組支保工単体部材がわくに組まれているので，単管支柱支保工に比較して，組立ておよび解体が著しく容易で，強度および剛性が大きい，単価はわずかに高価であるが，耐用年数および転用回数は大きい，などの特徴を有している。

鋼製ばり支保工

鋼製ばり支保工ははり材に鋼製ばりを用いるもので，支保の高さが高くパイプサポートでは支保が困難な場合や，支保空間を有効に利用したい場合に使用される。支保工のはりとして使用される鋼製品は，形鋼を部分的に加工した程度ではりとする一次製品と，数種の形鋼を接合して所要のはりを製作するか，単体のはり部材を製作し，これらを連結して所要のはりとする二種類の二次製品とに分類される。一次製品を使用する場合，一般仮設材として転用するために主としてI形，H形および溝形鋼が用いられているが，切断および特殊加工は望ましくないので，支保工としての構造，特に連結および補剛構造について注意が必要である。はりの長さとしては，I-600では9〜11m，I-300では5〜6mである。支柱間隔はI-600では約10m，I-300では約5mになる。

小型の支保はりのはり高さは30cm以下であり，外ばりとその中で接合する内ばりから成るテレスコープ式構造で，内ばりの中で摺動させて長さの調整をすることができる。使用に際しては労働安全衛生規則第242条に準じ，取扱いに注意しなければならない。小型支保はりの一例を図5.3.42に示す。

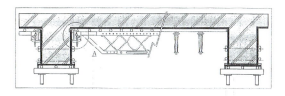

出典：杉孝足場機材マニュアル

図5.3.42　小型支保はりの一例

2 移動式支保工

移動式支保工とは，鉄道等の高架橋上部工コンクリート工事に際し，手述べ方式で連続して上部工を建設する工法で，可動支保工，移動吊支保工，張出し架設の移動作業車，移動架設桁などがある。

移動式支保工を大別すると，はり式移動支保工と支柱式移動支保工に分類される。

はり式移動支保工は，主として橋梁の施工に使用され，大型の鋼製のガーダーまたはトラスを支保工桁とし，既に出来上がった上部工や下部工を利用して支保工桁を支持する。移動もこれ等を利用して行われるもので，桁下空間の条件によらずに施工できるのが特徴である。はり式移動支保工の代表的なものとして，移動吊支保工（ゲリュストワーゲン）とストラバーグ式可動支保工が挙げられる。

また，トラベラー工法に使用される移動式支保工も，このタイプに属するものが大部分である。

支柱式移動支保工は，はり式と異なって支保工の桁が地上より支持され，移動も地上に敷設したレール等により行なう。支柱式の特徴は，（橋梁などを施工する場合に）支保工桁の支点を増やすことにより，大型の鋼製桁を必要としないで，小さい部材の組み合わせによる構造とすることができるので，一般的には，はり式よりも経済的になる点である。しかし，地上を移動する関係上，桁下空間の条件によって適用が制約されることもある。直上高架工法に使用される機械類も，支柱式移動支保工の1種であるといえる。

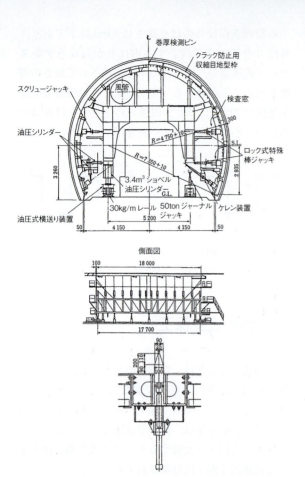

出典：コンクリート工学Vol.35, No.3 1997.3 p24

図5.3.43 トンネル二次覆工用移動型枠

移動式支保工としては，この他に自動車やトラクターの上に鋼製支柱を用いて支保工を組み立て，これを単位の支保工として移動設置を急速化しているものがある。

大型移動支保工

本工法はトラベラーと呼ばれる可動の骨組あるいは足場の上に支持された移動型枠工法の一つであり，構造物の1区画のコンクリートを十分に養生し終わったのち，型枠をゆるめて，次にコンクリートを打つ区画まで構造物に沿って型枠を移動させる。トラベリングフォームの施工によれば，最小限の仕事量で最大限の型枠の再使用が可能となる。トラベリングフォームは，種々のタイプの構造物に適用できる。そして，一定の断面の構造物や，繰り返して同じ断面が用いられている構造物に使用される。

型枠はトラベラーに接合していて，トラベラーはレール，コンクリート版，その他適当な表面上を動く車輪あるいは滑り台の上に乗っている。その移動には，トラベラーの大きさ，構造物および設備によって，手動，クレーン，トラクター，その他の手段がとられる。トラベリングフォームには，硬化したコンクリートからはずして，つぎの位置まで移動し，新しい区画のコンクリートからの取外しおよび組立て位置調整用として，トラベラーと型枠間にジャッキを挿入するのが普通である。

締固め・養生・仕上げ

1 コンクリート締固め方法

締固めの目的は，型枠内に打ち込まれたコンクリートの空隙をできるだけ少なくし，鉄筋や埋設物とよく密着させ，コンクリートを型枠の隅々まで行き渡らせ，均質なコンクリートにすることにより，強度，耐久性，水密性など構造物に要求される性能を満たすようにすることである。締固め方法には，振動締固め，突き固め，たたき，加圧締固め，遠心力締固め，真空締固めなどがあり，現場打ちコンクリートでは，振動締固め，突き固め，たたきが主に採用されている。これらの締固め方法における効果の比較を表5.3.3に示す。

一般に土木構造物では硬練りコンクリートを用いるため，締固め能力の高い振動締固めが標準的な方法である。振動締固めには，一般に棒形の内部振動機と型枠振動機が使われているが，土木学会コンクリート標準示方書［施工編］では，「コンクリートの締固めには，内部振動機を用いることを原則とし，薄い壁など内部振動機の使用が困難な場合には型枠振動機を使用してもよい。」としている。内部振動機はJIS A 8610「コンクリート棒形振動機」，型枠振動機はJIS A 8611「コンクリート型枠振動機」の規定を満足するものを用いる。振動台振動機は工場製品の成形に，振動ローラは表面振動機の一種であり，ダムのRCD（Roller Compacted Dam）工法や舗装のRCCP（Roller Compacted Concrete for

表5.3.3 締固め方法とその効果

締固め方法	主な効果	適用範囲
内部振動機	振動によってコンクリートを液状化させ、締固め、気泡の除去、せき板とのなじみをよくすることのすべてに効果的である。	硬練り、軟練りを問わず、全てのコンクリートの締固めに有効である。
型枠振動機	型枠を介して振動をコンクリートに伝達して締め固める方法である。影響範囲は表面部に限られるため、内部コンクリートを大量に締め固めることはできない。	ジャンカやあばた、豆板の低減に効果がある。内部振動機が使用できない薄い壁やトンネルライニングに用いられる。
突き	コンクリートを液状化させることができないので、締固めよりはスペーシング効果が主である。	軟練りコンクリートにしか適用できない。振動機の補助的な使い方もされる。
たたき	型枠とコンクリートとのなじみをよくする効果がある。せき板面のあばたの除去に有効である。また、音によってコンクリートの充填状況が判断できる。	打放しコンクリートの美観確保に有効である。

内部振動機によるダムコンクリートの締固め

Pavement）工法に、それぞれ用いられている。また、加圧締固めや遠心力締固めは工場製品の成形に、真空締固めは舗装コンクリートに用いられる場合が多い。

締固めの計画を立案する際には、部材断面の厚さ・面積、時間当りの最大打込み量、粗骨材の最大寸法、コンクリートの配合、特に細骨材率とスランプなどを考慮して、振動機の形式、能力および台数を定める必要がある。概略の目安は、一人で扱う小型の内部振動機で1時間あたり4～8m³、二人で扱う大型の内部振動機で1時間あたり30m³程度である。

再振動とは、コンクリートを締め固めた後適切な時期に再び振動を加えることをいい、コンクリート中にできた空隙や余剰水が少なくなり、コンクリート強度や鉄筋の付着強度の増加、沈下ひび割れの防止などに効果がある。ただし、再振動の時期が遅すぎると、コンクリートに悪影響を及ぼすことになるので、再振動を行う時期には十分な注意が必要である。再振動の時期は、一般には打込み後1～4時間であり、夏季は早く、冬季は遅く行うのがよい。

内部振動

内部振動機は最も締固め効果の大きい振動機で、市販されているコンクリート振動機の大部分はこのタイプである。この振動機は、振動体を直接コンクリート内に挿入することによってコンクリートを内部から締め固める方法で、特に硬練りコンクリートの充てんやコールドジョイントの防止に効果がある。

内部振動機のタイプは、フレキシブルシャフトにより振動棒と原動機を連結し、複雑な型枠の形状や配筋状態に対応できる「フレキシブル形」、振動棒と原動機を直結したもので手持ち式の小型で軽量の機種が多い「直結形」、振動筒の内部に振動体とモータを組み込んだ、ダム用の大型機種が多い「モータ内蔵形」がある。

内部振動機は、できるだけ鉛直に一様な間隔に挿入する。挿入間隔の目安を表5.3.4に示すが、コンクリート標準示方書では50cm以下とされており、層状に打ち込む場合には、振動機の先端を下層コンクリート中に10cm程度挿入して、確実な一体化を図らなければならない。引き抜く時は、後に穴が残らないようにしなければならない。また、振動時間は、打ち込まれたコンクリート面がほぼ水平になり、表面にセメントペーストが浮き上がり、コンクリートの容積が減少しなくなるまでで、その目安は1箇所当り5～15秒が一般的である。

振動機は、直接鉄筋や型枠に当てないようにする。材料分離の原因になるため、コンクリートを横移動させる目的で使用してはならない。

表5.3.4 棒状振動機の影響範囲

振動性能				普通コンクリート			人工軽量コンクリート		
分類	棒径(mm)	振動数(rpm)	振幅(mm)	スランプ (cm)			スランプ (mm)		
				15	10	5	15	10	5
小型	38	8,000	2～3	15	12	10	20	15	10
大型	60	8,000	1.8～2.0	25	20	17	20	25	20
	60	12,000	0.2～1.5	30	35	22	60以上	60	40

外部振動

外部振動機は，型枠振動機，振動台振動機，表面振動機に大別される。

型枠振動機は，型枠に振動機を取り付け，型枠を介して振動をコンクリートに伝達して締め固める方法であるが，その影響範囲はコンクリート表面部に限られる。このため，内部振動機の使用が困難なSRC造，薄い壁，トンネルのライニングなどの締固めに用いられる。また，コンクリート表面のジャンカやあばたの減少に有効である。型枠振動機には，取付形と手持ち形があり，取付形を2～3m程度の間隔で取り付け，コンクリートの打ち上がりに応じて盛り替えて使い，手持ち形は補助的に使うのがよい。振動時間は，部材厚さ・形状，型枠の剛性，打込み方法等によって異なるが，スランプ18cm程度では1～3分を標準とする。

振動台振動機は，型枠を振動台の上に載せ，振動エネルギーを型枠内のコンクリート全体に与えてコンクリートを締め固める方法であり，主に二次製品の成形に用いられている。振動台の寸法は，450mm×450mm程度から2m×6m程度，上載荷重は100kg程度から10t以上まで種々の振動台が市販されている。コンクリートの成形が極めて短時間で済み効率的であるが，発生する騒音振動対策が必要とされる。

表面振動機は，コンクリート表面に振動体を直接接触させて，締固めと同時に表面を平坦に仕上げる場合に用いる。部材厚が比較的小さい床版コンクリートや舗装コンクリートの締固めに有効である。また，RCD工法やRCCP工法に使用される振動ローラや振動コンパクタも，表面振動機の一種である。振動ローラは，図5.3.44に示すように層状に打ち込んだ硬練りコンクリートの表面を自走しながら，その自重による圧密と振動エネルギーにより締固めを行う機械である。

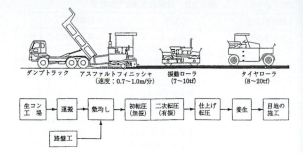

図5.3.44　RCCP工法の締固め状況

その他

その他の締固め方法には，加圧締固め，遠心力締固め，真空締固めなどがある。ここでは，現場打ちコンクリートで施工される真空締固め方法（真空コンクリート工法）について記述する。

真空コンクリート（バキュームコンクリート）工法は，図5.3.45に示すようにコンクリートの打込み後，1個/m²程度の真空ホースを取り付けた特殊な真空マットあるいは真空型枠により，コンクリートから余剰水とエントラップドエアを取り去ると同時に大気圧をコンクリートに作用させてコンクリートを締め固める方法であり，断面厚が小さく表面積が大きいスラブや舗装コンクリートへの適用が有効である。

作用させる大気圧は普通6～8t/m²であり，その影響は深さ30cm程度が限界である。従来の我が国の実績によれば，単位セメント量300kg/m³，舗装厚20cm，スランプ2cm程度のコンクリートで，真空作業時間は，冬期で40分程度，夏期で25分程度のようである。

真空コンクリート工法により，①水セメント比が低下することによるコンクリート強度の増大，②表面の緻密化，③摩擦抵抗性の増大，④耐凍害性の向上，⑤乾燥収縮ひび割れの低減，などが期待できる。

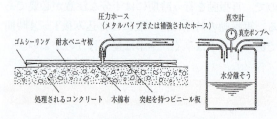

図5.3.45　真空コンクリートの施工概要

参考文献
1) 土木学会：2007年制定コンクリート標準示方書[施工編]，平成20年3月
2) 日本コンクリート工学協会：コンクリート便覧[第二版]，技報堂出版，1996年2月
3) 毛見虎雄ほか：高強度コンクリートに関する研究，戸田建設技術研究所報告，1968年7月
4) 土木学会：2007年制定コンクリート標準示方書[ダムコンクリート編]，平成20年3月
5) 国土開発技術研究センター：RCD工法によるダムの施工，山海堂，1981年
6) 國府勝郎：転圧コンクリート舗装，コンクリート工学 Vol.31，No.3，1993年3月
7) 岡田清・六車熙編集：改訂新版コンクリート工学ハンドブック，朝倉書店，1981年11月

2　コンクリート養生方法

　養生とは，コンクリートの強度，耐久性，水密性などの所要の品質を確保するため，打込み後の一定期間，コンクリート周囲の温度および湿度を適切な範囲に保持するとともに，コンクリートを有害な作用の影響から保護することが目的である。すなわち，コンクリートの養生とは，①硬化初期の期間中十分な水分を与えること，②適切な温度に保つこと，③日射や風などの気象作用に対してコンクリート面を保護すること，④振動および外力を加えないように保護すること，である。

　湿潤養生や膜（封緘剤）養生は，硬化初期の期間中にコンクリートに十分な水分を与えて水和反応を確実に行うことで，コンクリートの強度，耐久性，水密性などの性能を向上させるために行うものである。暑中コンクリートの場合には，日射や風にさらされてコンクリート表面が急激に乾燥してプラスティック収縮ひび割れが発生しやすいことから，露出面が乾燥しないように，このような養生を行う必要がある。

　保温養生は，寒中コンクリートにおけるセメントの水和反応の促進および凍結防止，マスコンクリートにおけるコンクリート部材内外の温度差や温度降下速度が速いことによる温度ひび割れの発生を制御する目的で行うものである。

　給熱養生は，保温養生だけでは所要のコンクリート温度を確保・保持できない場合に実施される。また，蒸気養生やオートクレーブ養生は，一般に工場製品の養生に用いられる。工場製品は，成形後のできるだけ短い期間で強度を発現させ，型枠の回転率の向上と製品の早期出荷を行うためにこのような促進養生を行っている。

　冷却養生は，主にマスコンクリートの温度ひび割れ制御を目的に行われ，プレクーリング工法とポストクーリング工法に大別される。プレクーリング工法は，コンクリートの構成材料である水やセメント，骨材を冷却，または練混ぜ時あるいは練混ぜ後のコンクリートを冷却することで，コンクリートの打込み温度を下げ，部材内の温度変化を小さくすることで温度ひび割れを抑制する工法である。一方，ポストクーリング工法は，打ち込まれたコンクリートの温度上昇を人工的に抑制するもので，パイプクーリングとクーリングスロットがある。パイプクーリングは，コンクリート内に埋め込まれたパイプに冷却水などを通水することで内部温度の上昇を抑える工法である。クーリングスロットは，コンクリート躯体内に放熱面を設置することにより，内部温度の上昇を抑える工法である。

湿潤養生

　コンクリート中のセメントの水和に必要な水分量は，水セメント比で25～30％程度といわれている。通常のコンクリートはフレッシュ時のワーカビリティーを確保するために，水和に対して十分な水分を有しているが，打ち込まれたコンクリートの表面から徐々に水分が蒸発し，内部のコンクリートからも水分が表面に移動してしまい，水和反応が不十分になることがある。図5.3.46，5.3.47にあるように初期材齢における急激な乾燥は，強度発現が不十分になるばかりでなく，耐久性や水密性にも影響を及ぼし，さらに表面ひび割れの原因にもなる。このため，できるだけ長く湿潤養生を保つのがよい。土木学会コンクリート標準示方書では，湿潤養生期間を「日平均気温が約15℃では，普通ポルトランドセメントを用いた場合で5日間以上，早強ポルトランドセメントで3日間以上，高炉セメント・フライアッシュセメントの混合セメントB種で7日間以上を標準」としている。

　湿潤養生には，水分を供給する方法として水中養生，湛水養生，散水養生，養生マットなどを用いた湿布養生などがあり，水分の蒸発を防止する方法として膜養生剤を用いる膜養生，養生テープを脱型直後のコンクリートに貼り付けることにより，コンク

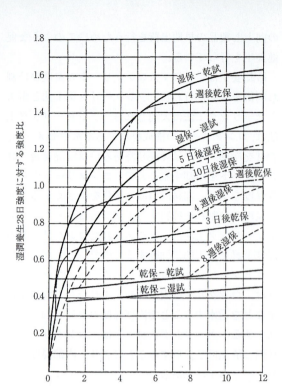

図5.3.46　湿潤養生28日強度に対する各種養生方法の強度発現

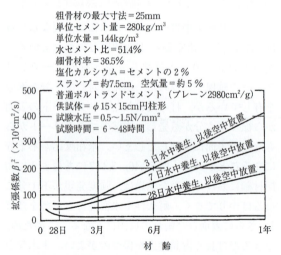

図5.3.47　湿潤養生期間がコンクリートの水密性に及ぼす影響

表5.3.5　養生方法の熱伝導率

養生方法	熱伝導率 (W/m²℃)
メタルフォーム	14
散水（湛水深さ10mm未満）	14
散水（湛水深さ10～50mm未満）・むしろ養生を含む	8
散水（湛水深さ50～100mm未満）	8
合板	8
シート	6
養生マット・湛水＋マット，湛水＋シートを含む	5
発泡スチロール＋シート	2

保温養生

セメントの水和反応は養生温度が高いほど速く，低いほど遅い。また，気温が低すぎると，コンクリート中の水分が凍結し，強度発現が阻害される。このため，コンクリートの表面を保温性の高い材料で覆い，セメントの水和熱も利用してコンクリートの温度が著しく低下するのを抑制し，水和反応を促進して強度を発現させる養生を保温養生という。また，マスコンクリートでは部材内部と表面の温度差が大きくなると表面部にひび割れが発生するため，表面部を保温養生して，水和熱の放熱を抑制する対策が採用されている。保温性の高い材料として，養生マット，湛水，発泡スチロール，気泡付シートなどがある。また，型枠材は合板の方がメタルフォームよりも保温性が高い。養生方法別の保温性を熱伝達率で評価したものを表5.3.5に示す。

土木学会コンクリート標準示方書では，「激しい気象作用を受けるコンクリートでは，所要の強度が得られるまでコンクリート温度を5℃以上に保ち，さらにその後の2日間は0℃以上に保つ」とし，養生日数の目安として，「普通の露出状態にあり水で飽和されない部分で，養生温度が5℃の時，普通ポルトランドセメントを用いた場合で4日間以上，早強ポルトランドセメントで3日間以上，混合セメントB種で5日間以上」としている。

マスコンクリートでは，比較的断熱性の高い材料を用いる場合が多く，たとえばLNG地下タンクの底版コンクリートでは，発泡スチロールや気泡付シートを複数層敷設し，1ヶ月以上も保温養生した事例もある。

リートを封緘状態にする養生テープ工法がある。最も一般的な湿潤養生は，コンクリート表面を養生マットやシートなどで覆い，必要に応じて散水する方法で，日射や風などを遮断することも期待できる。膜養生は，養生マットなどの湿布養生や散水養生が困難な場合や湿潤養生が終わった後，さらに水分の逸散を防止したい場合に用いられる場合が多いが，その効果については散布量・方法・時期などを実験などにより確認するのがよい。

給熱養生

給熱養生とは，寒中コンクリートにおいて，セメントの水和熱に期待する保温養生では所要のコンクリート温度を確保できない場合などに，発熱設備を用いて熱を供給することでコンクリートが冷却されることを防止する加熱養生方法である。

コンクリートの工場製品は，成形後できるだけ短い時間内で脱型できる強度に到達させて型枠の回転率を上げ，また製品の早期出荷を可能にするために，蒸気養生（高温常圧蒸気養生）やオートクレーブ養生（高温高圧蒸気養生）を行っており，これらの蒸気養生も給熱養生といえる。

給熱養生の熱源には，電気マット，温風（ジェットヒータ，温風ヒータ，ストーブなど），ランプなどを用い，電気を用いた養生方法を「電気養生工法」，温風を用いた養生方法を「温風養生」，蒸気を用いた養生を「蒸気養生」という。

■ 電気養生工法

本工法を大別すると次のようなものがあり，それぞれ電気を使用しコンクリートの早期強度を促進する工法であるが，原理は異なる。

- 電気養生：練り上がったコンクリートに交流の電気を通すことにより加熱する方法である。プレキャスト部材の電気養生では，5時間程度で材齢3日程度の強度が得られる。現場打ちコンクリートでの実績は，ロシア，フランス，米国，オランダなどである。冬期現場のコンクリートで実施する場合には，成層電極，ストラップ電極，ストリング電極などが用いられている。
- 電熱養生：コンクリートの型枠に発熱体の電熱線を取り付けて加熱養生する方法である。我が国では寒中コンクリートの給熱養生として用いられる例が多い。
- 高周波養生：1Mc/s以上の高周波数の電磁場にコンクリートをおいて加熱する方法である。所定温度までの均一加熱が短時間で可能であり，他の電気養生などと併用すれば有利であるが，部材の寸法，厚さなどに設備上の制限もあり，今後の開発に待つところが大きい。また，周波数2500MHz程度のマイクロ波をコンクリートに直接照射して，水分の振動による自己発熱によりコンクリートを加熱し強度増進する方法もある。
- 赤外線養生：赤外線電球を用い，コンクリートに熱エネルギーを照射する養生方法である。一般に，赤外線ランプは色温度2,000～2,500°K，125～520W程度のものが使用されている。赤外線加熱は設備が簡単で，加熱効率もよいため，寒中コンクリートの給熱養生としてしばしば行われている。

■ 温風養生工法

温風養生工法とは，図5.3.48に示すようにコンクリート周辺を覆い，その内部空間に温風ヒータやジェットヒータで給熱する工法である。

温風養生では，構造物のまわりの施工空間をシート類などで覆うのが一般的であり，冬期の作業環境確保の観点からも有効である。仮設であるこの覆いは，雪や風荷重などを考慮した構造耐力の検討のほか，熱損失量の設定や給熱設備の配置など適切な養生計画を立案しなければならない。特に，覆い内部の温度は場所によって異なること，給熱設備の近傍のコンクリートが局部的に高温になること，水分が蒸発すること，給熱設備によっては排気ガスが人体に有害な影響を与えること，などに注意が必要である。

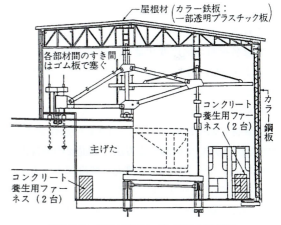

図5.3.48　橋梁上部エワーゲンの覆い養生概要

■ 蒸気養生

蒸気養生とは，コンクリート工場製品の早期脱型・出荷のための蒸気養生やオートクレーブ養生である。土木学会コンクリート標準示方書では，「蒸気養生を行う場合の温度上昇速度は20℃/時間以下，最高温度65℃」としている。オートクレーブ養生は，主に10気圧180℃の高圧の蒸気がまの中で

養生するもので，養生中の水和反応速度は著しく大きく，10～15時間程度で材齢28日の強度を得ることができ，設計基準強度70～90N/mm²レベルの高強度パイル，ALCなどの製造に用いられている。

冷却養生

セメントの水和反応によって生じる水和熱により，コンクリートは温度上昇し，その後降下する。温度上昇時には膨張し，降下時には収縮するが，この体積変化が拘束された場合，温度応力が発生し，コンクリートの引張強度を超えた時に温度ひび割れが発生する。温度ひび割れを制御する対策には各種のものがあるが，コンクリートの温度上昇を抑制するクーリングが冷却養生である。冷却養生には大きく分けて，打ち込む前のコンクリートを冷却する「プレクーリング工法」と，打ち込まれたコンクリートを冷却する「ポストクーリング工法」がある。

■ プレクーリング工法

プレクーリング工法は，コンクリートの打込み前に，あらかじめ構成材料やコンクリートを冷却してコンクリートの打込み温度を下げる方法である。プレクーリングの冷却対象は，構成材料，練混ぜ中のコンクリート，練混ぜ後のコンクリートの3つに分けられる。コンクリート温度を1℃変化させるのに必要な各材料の温度変化量は，練混ぜ水で4℃，セメントで8℃，骨材で2℃であり，骨材を冷却するのが最も効果的であることがわかる。

材料の冷却には，練混ぜ水に冷水や氷を用いる方法，骨材を水や冷風，LN_2（-196℃の液体窒素），真空状態を用いて冷却する方法，練混ぜ中や練混ぜ後のコンクリートにLN_2を噴入して冷却する方法など，多くの方法が実用化されている。特に，LN_2を用いたプレクーリング方法は大幅なコンクリート温度の低減が可能であり，温度ひび割れ制御の効果が比較的高いといわれており，ダムコンクリートや東京港連絡橋アンカレジなどプレクーリング工法として採用された。主なプレクーリング工法とその概要を表5.3.6に示す。また，細骨材のLN_2による冷却設備を配置したコンクリートプラントの設備概要を図5.3.49に示す。

表5.3.6 主なプレクーリング工法

プレクーリング工法	工法概要
CDC工法	練混ぜ中や練混ぜ後のコンクリートミキサ内にLN_2を噴入してコンクリートを冷却する。
サンドプレクール工法	骨材と液体窒素を混合撹拌することで，-数十℃の冷却骨材を使用してコンクリートを練り混ぜる。
NICEクリート工法	練混ぜ後のコンクリート中にLN_2を噴入してコンクリートを冷却する。トラックアジテータに直接噴入する場合が多い。
真空冷却工法	骨材貯蔵槽内を大気圧以下に下げることで，骨材の表面水を蒸発させ，その気化熱により骨材を冷却する。
サンドスラビライザ工法	高速回転するドラム内に砂を入れ，砂に冷水を散水しながら冷却する。
骨材浸漬工法	骨材をベルトコンベアで冷却槽に投入して冷却し，冷却後は脱水スクリーンを通過させて，表面水を調整する。
ドライミックス工法	骨材，セメントおよびドライアイスの3材料で空練りした後で水を投入して練り混ぜ，ドライアイスの昇華熱を利用してコンクリートを冷却する。

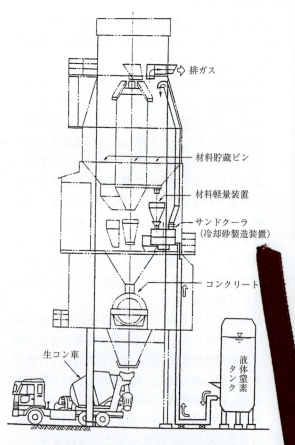

図5.3.49 組骨材をLN_2で冷却する設備の概要

■ ポストクーリング工法

　ポストクーリング工法は，打ち込まれたコンクリートを冷却してコンクリート温度を下げる方法であり，躯体内にパイプを埋設し，その内部に河川水や冷却水などを通水して強制的にコンクリート温度を下げる「パイプクーリング工法」，躯体内部に温度拡散面を設けることで自然に冷却させる「クーリングスロット工法」がある。

　パイプクーリングの目的は，初期材齢における内部温度の最大値を下げること，コンクリートダムや吊橋のアンカレイジのようにブロック割りして構築した構造物を一体化させる継目グラウトを行うために，構造物全体を平均的な外気温まで強制的に降下させること，の2つがある。クーリングパイプには，一般的に外径25mmの薄肉電縫鋼管を使用し，パイプ間隔，1系列の延長，通水量，通水温度，冷却期間などは，所定の効果が得られるように計画する必要がある。特に，通水温度は低すぎるとひび割れの原因になるため，パイプ周囲のコンクリート温度と通水温度との温度差は20℃程度以下にするのがよい。パイプクーリングの配管例を図5.3.50に示す。

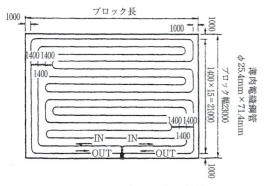

図5.3.50　パイプクーリングの配管例

【参考文献】
1) 土木学会：2007年制定コンクリート標準示方書[施工編]，平成20年3月
2) 丸山克夫：世界最大規模のLNG地下式貯槽（C-4TL），清水建設土木クォータリ No.80，1988年9月
3) 河野清：特集養生，セメント・コンクリート No.271，昭和44年9月
4) 河野清：コンクリート硬化促進に関するRILEM国際会議における諸論文の紹介（5）—コンクリートの硬化促進の新しい方法—，コンクリートジャーナル Vol.4，No.1，昭和41年1月
5) 梶井基彦ほか：赤外線電球におけるコンクリートの促進養生，第23回セメント技術大会，1969年5月
6) 平田隆祥・十河茂幸：マイクロ波の現場コンクリートへの照射方法とその効果，コンクリート工学年次論文報告集，Vol.21，No.2，1999
7) 堺孝司：寒冷環境におけるコンクリートの養生，コンクリート工学 Vol.33，No.3，1995年3月
8) 岡田清，六車熈編集：改訂新版コンクリート工学ハンドブック，朝倉書店，1981年11月
9) 長滝重義・小野定：コンクリートのプレクーリング工法の現状，コンクリート工学 Vol.29，No.12，1991年12月
10) 嶋田洋・小野定・江渡正満：マスコンクリートの自然冷却に関する研究，セメント・コンクリート論文集 No.43，1989年
11) 山中鷹志：マスコンクリート，コンクリート工学 Vol.22，No.11，1984年11月

3　コンクリート仕上げ方法

　コンクリートの表面仕上げは，構造物の美観や耐久性に大きな影響を与えるものであり，型枠面に接する面の仕上げと接しない面の仕上げに大別される。仕上げ方法の分類を図5.3.51に示す。

　型枠に接する面の仕上げは，表面の美観の向上を主目的とする人為的な仕上げである。すなわち，近年は構造物の景観設計が重要視されるようになり，構造物の形状とともに表面の仕上げが検討されるようになってきた。このため，表面処理や特殊な型枠を用いてコンクリートの表面に模様を付けたり，着色材料を用いてコンクリートの色調を変える試みが行われるようになり，表面仕上げも多様化している。主な方法としては，①特殊な型枠を用いて模様をつける，②プレキャストの埋設型枠（化粧型枠）を用いて色や模様を付ける，③着色材（顔料）を混入して色を付ける，④表面処理（洗い出し，研磨，ブラスト処理など）を行って模様を付ける，⑤表面塗装や吹付けなどを行って色や模様を付ける，などがある。また，最近，酸化チタン（TiO_2）の光触媒作用を利用した汚れ防止方法が開発され，実用化されつつある。

　型枠に接するコンクリートの耐久性を向上させる目的で，透水性型枠を用いてあばたの発生を抑制したり，脱水による表面強度の向上や緻密化を図ることが実用化されている。透水性型枠の構造例を図5.3.52に示す。

　型枠に接しない面の仕上げは，表面を所定の厚さや勾配で平坦に仕上げること，水路などですりへり作用を受ける構造物の耐久性向上を図り，良好な表面状態にすること，などを目的として行う。良好な表面状態とは，コンクリート表面が堅牢で，かつ組織が密実であり，ひび割れ，気泡，凹凸，すじ，色むらなどの欠陥部がないことである。

表面仕上げには木ごて，金ごてまたは適当な仕上げ器具や機械を用いて行うが，過度にこて仕上げをすると，表面にセメントペーストが集まって収縮ひび割れが発生しやすくなり，またコンクリート表面にレイタンスができて，すりへりに対する抵抗性が小さくなるので注意を要する。コンクリートの表面からブリーディング水が消失するころには，表面の急激な乾燥による収縮その他の外力などによって，ひび割れが発生しやすい。特に鉄筋位置の表面にはコンクリートの沈下によるひび割れが発生することがある。これらのひび割れを伴う表面付近の初期欠陥は，こてを用いたタンピングまたは表面部の振動機などによる再振動・再仕上げを行うことで取り除かなければならない。

型枠に接しない面の仕上げ

コンクリートを打ち終わった後，すぐに行う仕上げを均し仕上げという。均し仕上げは，レベルやスタッフなどを用いてコンクリートの高さを合わせ，表面を適当な仕上げ器具を用いてある程度平らにする作業である。その後，ブリーディング水が消失するころに，木ごてを用いて表面の不陸や凹凸を平滑に仕上げる。ブリーディング水が多くて水が引かない場合には，スポンジなどで吸い取ってから仕上げる必要がある。さらに，特に平滑な表面が要求される場合には，金ごて仕上げを行う。仕上げの時期は，指で押してもへこみにくい程度に固まった頃がよい。土木工事では，金ごて仕上げを省略して，ほうき目で仕上げる場合もある。仕上げ用の機械や左官ロボットが実用化されており，土木工事ではLNG地下タンクの底版コンクリートのように，広い面積の仕上げにも適用されている。

洗い出し，研磨，ブラスト処理，はつりなどの表面処理を行って模様を付ける場合には，①まだ固まらないコンクリートを水洗いする，②表面に遅延剤を散布して適当な時期に水洗いする，③表面のモルタル部分や骨材をノミなどで凹凸のある面にする，④グラインダーなどで研磨する，⑤高圧で粉体をコンクリート面に吹き付ける，などがある。

型枠に接する面の仕上げ

型枠面に接する面の仕上げには，①滑面仕上げ，②木目仕上げ，③立体模様仕上げ，④表面処理仕上げ（型枠に接しない面と同じ），⑤表面気泡抜き取り器具による仕上げ，などがある。

滑面仕上げ用の型枠には，木製，鉄製，FRP製樹脂ボード，ガラス板などが用いられる。樹脂ボードは熱に弱く，高温環境では変形するため，65℃以下で使用しなければならない。

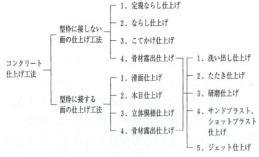

図5.3.51 コンクリート仕上げ工法の分類

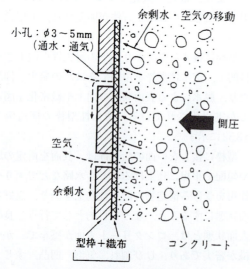

図5.3.52 透水性型枠の構造例

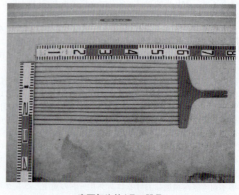

表面気泡抜き取り器具

木目仕上げには，よく風化した木目の深い木材の単板や合板，また木目模様をつけた樹脂ボードやシートなどが用いられる。

立体模様仕上げ用型枠には，木製，鋼製のほかにポリエチレン製などの熱可塑性樹脂も用いられる。レリーフ用の材質として発泡ポリスチレン板も用いられる。これはナイフや熱したニクロム線によって容易に切断加工でき，ワイヤブラシなどで丸みを帯びさせることもできる。発泡スチロール板も同様の使い方ができる。

表面処理仕上げは，型枠に接しない面の表面処理仕上げと基本的には同様であるが，型枠を取り外した後，すなわちある程度硬化したコンクリートを処理しなければならない。最近，遅延剤を塗布したシートを型枠面に貼り付け，脱型後にコンクリート面を水洗いし，骨材を洗い出す工法も開発されている。

表面気泡抜き取り器具とは，ピアノ線配列した構造で，コンクリート型枠の内面に当てるようにして挿入することで，気泡痕を抜き取る効果がある。

【参考文献】
1) 岡田清・六車熙編集：改訂新版コンクリート工学ハンドブック，朝倉書店，1981年11月
2) 玉井元治：窒素化合物（NOx）を吸着するコンクリート，コンクリート工学 Vol.36, No.1, 1998年1月
3) 清水猛ほか：耐久性改善を目的とした透水型枠工法のRC建築物への実施例，コンクリート工学 Vol.25, No.8, 1987年5月
4) 日本コンクリート工学協会：コンクリート技術の要点 '99，1999年9月
5) 岸野富夫：仕上げ工法，コンクリート工学 Vol.33, No.3, 1995年3月
6) 菊森佳幹・田中敏嗣：コンクリート構造物の景観向上技術の開発―その1・景観向上手法―，セメント・コンクリート No.608, 1997年10月
7) 川島宏幸・平田隆祥・十河茂幸：凝結遅延剤を塗布したシートの鉛直打継処理性能について，コンクリート工学年次論文集 Vol.18, No.1, 1996年

Ⅳ　コンクリート構造物の施工方法

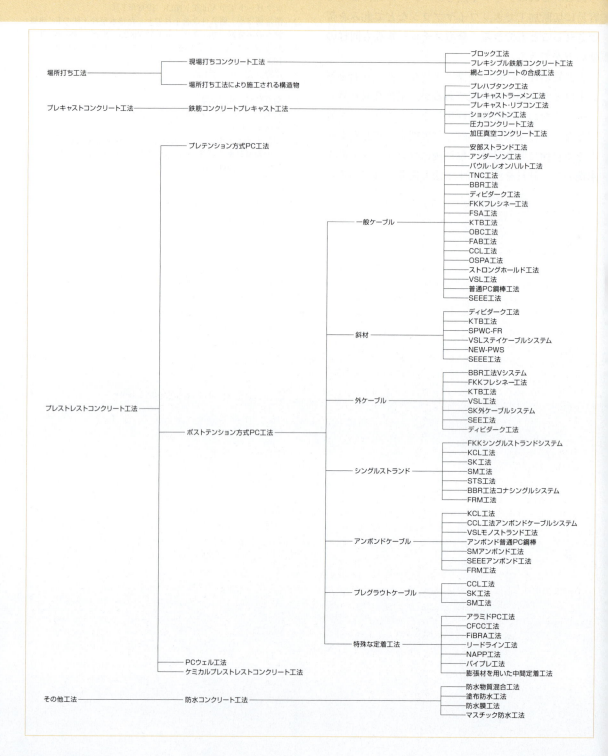

コンクリート構造物の施工法は，コンクリートの打設方法，構造物の種類および構造によって分類される。代表的な分類とその概要を以下に示す。

① コンクリートの打設に係るもの

　場所打ち工法とプレキャストコンクリート工法がある。場所打ち工法は，構造物を構築する場所にて型枠を設置し，コンクリートを打設する工法である。プレキャストコンクリート工法は，工場等の特定の場所にて，コンクリートを打設して部材を作り，構築位置にて組み立てる工法である。部材の構成や組立て方によって，各種施工法（プレキャスト・ボックスラーメン工法，PCプレキャストブロック工法等）が開発されている。

② 構造物の種類に係るもの

　橋梁とコンクリートダムに代表され，コンクリート橋では，鉄筋コンクリート橋，PCコンクリート橋，PRC（PPC）コンクリート橋などがある。コンクリートダムでは，打設方法の他にコンクリート自体に特徴を持たせた工法が多い。前者ではブロック式打設工法，レヤー式打設工法，PCD工法，ベルトコンベア工法等があり，後者には超硬練りのコンクリートを用いたRCD工法等がある。

③ 構造上の分類に係るもの

　無筋コンクリート，鉄筋コンクリート，プレストレストコンクリート，鋼とコンクリートの合成工法に代表される。

　無筋コンクリートは，重力式擁壁などの構造物自体に発生する引張り応力が小さいものに適用されている。

　鉄筋コンクリートは，鉄筋によって部材に発生する引張り応力を負担させ，圧縮応力をコンクリートが基本的に負担する構造で，土木構造物の主体を占める。

　プレストレストコンクリートは，PC鋼材によって，コンクリート構造物へ圧縮応力度を計画的に導入させ，部材に生じる引張り応力を小さくした構造である。

　鋼とコンクリートの合成工法は，鋼材とコンクリートを，ずれ止め等によって一体化させ合成部材とする方法である。断面の縮小と高剛性が得られる。

場所打ち工法

　コンクリートの場所打ちにあたっては，材料の選択，打設作業の管理を適正に行い，各種構造物の所要の品質を得る必要がある。材料には，骨材，セメント，水，混和材料があり，その種類，量，品質，強度などの特性から選定する。打設作業は，材料の計量，練混ぜ，運搬，打込み，仕上げ，養生などが管理項目であり，気温や打込み環境を考慮しながら施工管理を行う。構造物はその目的によって所要の品質があり，その要求される品質に従って施工する。例えば，コンクリート橋は高強度，重量，強度発現時間等がポイントであり，ダムは温度上昇，水密性，耐久性等がポイントとなり，各種場所打ち技術（RCD工法等）が開発，適用されている。

　コンクリート構造物では，鉄筋コンクリート構造が主体である。本構造の場合，コンクリートの打設管理の他に，鉄筋の組立てや型枠の施工管理も重要となる。

1 現場打ちコンクリート工法

　この工法は，コンクリート構造物の施工法で，構築する場所で直接コンクリートを打設して，所要の構造物を造る工法である。この用語は，特にプレキャストコンクリート工法と対比して用いられるもので，両者の差異は，硬化したコンクリート部材を運搬または移動するかどうかにある。

　本来，コンクリートは材料の面からみると，その構成材料である骨材，セメント，水等を個々に運搬し，現場で簡単に練り混ぜることができ，型枠や支保工を必要とするものの任意の形と大きさに造ることができ，しかも次々と打ち継ぐことができるという特性をもっている。場所打ちコンクリート工法はこのメリットを活かしたもので，大規模なコンクリートダムが山間部で造れるのもこの結果といえる。一方，プレキャストコンクリートの場合には，コンクリートのデメリット要素である重量物運搬ということを検討する必要がある。もちろん，場所打ちコンクリート工法にも，天候の影響を受けること，

品質管理が工場のようにはゆかないなどの欠点もある。

コンクリート橋では，場所打ちコンクリート工法の適用には一般に支保工設備を使用して施工される。この支保工はその形態から，一般の支保工を使用するもの，移動支保工を使用するもの，張出し式支保工を用いて張出し架設をするものに分類される。

また，コンクリート杭では，既成杭に対応して，現場で削孔してその中にコンクリートを打設する杭を場所打ちコンクリート杭と称している。

場所打ちコンクリート工法に関する基準としては，土木学会の「コンクリート標準示方書」がある。

【参考文献】
1）大橋勝弘：「場所打ちコンクリート工法の現状と問題点」『施工技術』8巻10号，昭和50年10月

ブロック工法

ブロック工法とは，構造物の一部または全部を製作ヤードで作り，それを現場に運んで，相互に継ぎ構造物を構築する工法をいう。

土木の分野でも，省力化，単純化，工期の短縮，品質管理の容易さなどの理由で，近年ブロック工法が種々の工事に盛んに採用されている。

例えば，橋梁工事では，大規模な鋼橋の架設において工場で数百トンのブロックを製作し台船で水上輸送し，クレーン船で吊り上げる大ブロック架設工法，あるいはPC橋架設におけるブロックカンチレバー工法は，代表的な事例である。

また，トンネル工事においては，海底トンネルにおける沈埋トンネル工法，シールドトンネルに用いられるセグメント，また，土工事におけるのり枠ブロック，のり止めブロック，海岸工事における消波ブロック，道路工事における各種ブロックなど，広範な分野に用いられている。

ブロック工法を採用する場合に問題となるのは，製作ヤードの設備，運搬および架設機械設備，ブロック相互の継手構造などであり，これらの条件を勘案して適切なブロック割りをし，構造上の機能を損わず，経済的な施工を目指して計画する必要がある。

ブロック工法は，現場打ちコンクリート工法とプレキャスト工法の中間に位置付けられるものである。

フレキシブル鉄筋コンクリート工法

本工法は，鉄筋コンクリート部材において，鉄筋のかわりに高強度のフレキシブル鉄筋を用いたものである。特に，この部材は杭として用いる場合に，鋼管と併用すると大きな曲げ強度を発揮する。この場合，鋼管の内空断面に連続した高強度のフレキシブル鉄筋を束にして配置し，これらをコンクリートまたはモルタルで一体構造とする。

本工法は，設計施工上次のような利点を有している。
・曲げ耐力が極めて大きく，同一径のPC杭に比べて約10倍の強さをもっている。
・鉄筋として連続的な線材を用いており，どんな長さでも継手を設けずに連続させることができる。
・鉄筋がフレキシブルであるので連続して挿入でき，杭頭に作業空間のない場合でも施工可能となり，アンダーピニングにも適する。
・比較的小規模な設備で施工が可能で，かつ安全に施工できる。

本工法は，基礎杭として適用され，特に，比較的小さな断面で大きな曲げ抵抗力を有する特性から，地すべり抑止杭に有効に用いられている。

鋼とコンクリートの合成方法

本工法は，引張荷重に強い鋼材と，圧縮荷重に強いコンクリートを，原則としてシアコネクター（ずれ止め）によって一体化させ，合成することによって，断面の縮少と高剛性を得る工法である。

鋼とコンクリートの合成工法には，死荷重と活荷重の双方に対して鋼とコンクリートが一体になって働く，全合成（死活荷重合成）と，主として，活荷重に対して，合成効果を発揮し，死荷重は鋼材のみで受けもたせる半合成（活荷重合成）とに大別される。

鋼とコンクリートの合成方法には，一般的には，ずれ止めが用いられ，ずれ止めの種類には，ジベル，合成鉄筋，ジベル合成鉄筋の併用，帯状鋼板，スタッドなどがある。これらはいずれも鋼けたに溶接されるが，スタッドはスタッドガンによって溶殖される。

2　場所打ち工法により施工される構造物

場所打ち工法により施工される代表的なコンク

リート構造物として，橋梁，トンネル，ダム等がある。それぞれの工法の詳細については，「7章 各構造物別工法編」を参照のこと。

プレキャストコンクリート工法

あらかじめ工場または制作ヤードなど建設現場以外のところでコンクリート部材を製作し，これを現場において組み立て，構造物を完成させる工法である。

プレキャストコンクリート工法は，仮設支保工を大量に必要とすることや工期が長いことなどの場所打ちコンクリート工法の欠点を補うために開発されたもので，事前に工場などで生産することによって，工期の短縮，製作精度の向上を図ることができる。

コンクリートの補強材として，棒鋼を用いた鉄筋コンクリートやPC鋼材を用いたプレストレストコンクリートの他に鋼繊維やガラス繊維を用いたものもある。

プレキャストコンクリート工法では，プレキャストブロック間継手構造が設計，施工上の要点となる。接合方法には，一般的にボルト接合，鉄筋継手，プレストレス接合などが使われている。シールドセグメントにおいては，セグメント形状を工夫することで継手構造を簡略化する取り組みが行われている。

今日，プレキャストコンクリートは，シールドセグメント，PC橋梁，RC橋脚などの大型構造物の他に老朽化した覆工コンクリートの補修工事などのリニューアル工事へも適用されている。

【参考文献】
1）原田暁・新村亮「プレキャストコンクリートの施工（土木）」コンクリート工学 vol.38, No.5, 2000年5月, pp.25～28
2）建設産業調査会「コンクリート工事ハンドブック」平成8年3月, pp.481～504

1 鉄筋コンクリートプレキャスト工法

鉄筋コンクリート構造物を，いくつかの部材に分割してあらかじめ工場または製作ヤードで製作しておき，これを架設現場に運搬し組み立てて一体化とし，構造物を完成させる工法をいう。省力化，急速施工のためには，構造物ごとにその都度設計するものと，工場製品として規格化されているものがある。

この工法では，継手部の構造が設計，施工上の要点となる。目地における鉄筋の処置としては，鉄筋をラップさせ場所打ちコンクリートを打設する方法，ブロックの中に鉄筋を通す孔をあらかじめあけておき，ブロック接合後に鉄筋を挿入しグラウトを注入する方法，鋳鉄製カップラー継手により機械的に継ぐ方法などが採用されている。

【参考文献】
1）プレキャストブロック工法「日刊工業新聞」昭和44年9月
2）建設産業調査会「コンクリート材料，工法ハンドブック」昭和61年9月

■ プレハブタンク工法

コンクリート構造のタンクの一般的形状は，円筒形の壁体にドーム形の屋根を取り付けたものが多い。これをプレハブ化するには，円筒形の壁体部分は，円周を数分割して適当な大きさのパネル状部材にしてヤードを製作し，底版の上に建て込み，目地を施工し，鉛直および円周方向にプレストレスを導入して一体化する。また，屋根の部分は，ドームを花弁状のパネルに分割して製作し，支保工の上またはアーチ状のはりをあらかじめ作っておきその上に並べる。プレストレスは，ドームのリングエッジに導入してドームの水平力をとるようにする。

上述の方法は，プレハブ部材の継手に目地材をつめ，これにプレストレスを導入するという考え方であるが，このほかに，鉄筋コンクリートと鋼板の合成部材により，タンクのパネルを作り，鋼板を溶接して一体化する方法や，鋼板とプレストレスコンクリート板を合成して作ったプレキャストパネルを型枠がわりに使い，場所打ちコンクリートを打設しプレストレスを導入する方法などが行われている。

【参考文献】
1）「プレキャスト部材によるシェル構造物」「コンクリート工学」昭和50年12月

■ プレキャスト・ボックスラーメン工法

本工法は，RCプレキャスト部材を組み立ててボックスラーメンを構築する工法である。

ボックスラーメンをプレキャスト化する場合，運

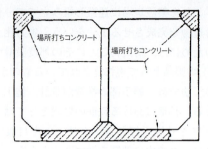

図5.4.1　プレキャスト・ボックスラーメン

搬および架設の便宜上，長手方向に目地をいれることはもちろんであるが，大型断面のものは断面方向にも目地を設ける必要がある。

プレキャスト部材相互の継手は，接着剤とプレストレスを併用するものや，図5.4.1に示すように，隅角部および底版を場所打ちコンクリートによって結合することが考えられる。

後者の例としては，外形10m×6.6mの2室ボックスラーメンで，鉄道用のトンネルを施工した例があり，軸方向をPC鋼棒で結合し一体化している（参考文献3）。

なお，内径4.5m×4.5m以下のRCボックスカルバートについては，既製品として工場生産されている。この場合，ブロックの長さは1.5mで，重量は最大228kNである。

ボックスラーメンをプレキャスト化する場合に注意しなければならないことは，運搬および架設の機械を十分に考慮して，部材割りをするだけでなく，部材相互の継手がラーメン構造の弱点とならないようにすることである。

ボックスラーメンは，地中構造物となる場合が多いが，その場合，掘削工法との関連，特に山留め支保工との関係に注意する必要がある。

【参考文献】
1) 高速道路調査会：「コンクリート・プレキャスト構造に関する調査研究報告書」昭和43年3月
2) プレキャストコンクリート工業協会：「地下構造物のプレキャスト化に関する研究」昭和45年4月
3) 藤田雅弘：「プレキャストボックスラーメンによるトンネル構造のプレハブ化」，『施工技術』3巻2号，昭和45年2月
4) 長谷川和男，川澄義高：「プレキャストボックスカルバートによる110mの押込み推進工法」，『施工技術』第5巻9号，昭和47年9月

■ プレキャスト・リブコン工法

コンクリートプレキャスト部材の弱点である大重量，低断熱性を解決するために開発されたもので，気泡コンクリートなどの軽量躯体を一定間隔に配列し，その間隙にコンクリートを充填するとともに表層をコンクリートで被覆したサンドイッチパネルである。

■ ショックベトン工法

この工法は，硬練りコンクリート（原則としてゼロスランプ）を締め固めることにより，高強度のコンクリート部材を得るものである。昭和39年に，大林組がオランダのショックベトン社より技術導入したものである。

■ 圧力コンクリート（加圧コンクリート）工法

本工法は，フレッシュコンクリートに圧力を加え，コンクリートを密実にして高強度コンクリートを得る方法で，別名，加圧コンクリートとも称している。一般には養生工法の一種として扱われ，高温養生と組み合わせて，加圧高温養生と称している。

これは，大気圧下で70～80℃より高い温度で養生をすると，コンクリートの強度低下を引き起こすことがあるのに対し，コンクリートに圧力を加えた状態で養生すると100℃以上の高温でも養生が可能で，しかも極く早期に高強度を得ることができる。

例えば，圧力$10N/mm^2$，温度100℃で3時間の養生でコンクリート強度が材齢6時間で$70N/mm^2$，28日で$104N/mm^2$に達した実験例もある。ただし，実用的な圧力は$2.0N/mm^2$程度である。

オートクレーブ養生は，本工法の一種で，密閉チャンバーにコンクリート製品を入れ，高温高圧蒸気で養生するものである。

圧力コンクリートは，一般コンクリート製品の製造に用いられており，とくにコンクリート矢板，スラブなどに採用されている。

【参考文献】
1) 岡田　清他：『コンクリート工学ハンドブック』朝倉書店，昭和56年11月

■ 加圧真空コンクリート工法

本工法は，まだフレッシュコンクリートに圧力を加えると同時に，真空ポンプによりコンクリート中の水分を吸引してコンクリートを密実にして高強度コンクリートを得る工法である。

同種の工法である真空コンクリートとの違いは，

真空コンクリートでは圧力は大気圧である点である。また、圧力コンクリートとの違いは、圧力コンクリートでは真空による水分の吸引がないこと、高温養生を併用することである。

加圧真空コンクリート工法では、圧縮空気によりコンクリート面に200kN/m²程度の圧力を加えると同時に、コンクリート表面に真空マットをあてコンクリート面に接する空間を真空ポンプによって真空にして、硬化に不要な水分を吸引し、締め固める。加圧と真空を同時に行うことによりコンクリート面には圧力と大気圧を合わせて260～280kN/m²の圧力が加えられることになる。

この処理の結果、余分な水分は除去され水セメント比が10%近く低下したコンクリートになり、早期強度だけでなく長期強度も20～30%程度増加する。

【参考文献】
1）岡田　清他：『コンクリート工学ハンドブック』朝倉書店、昭和56年11月

プレストレストコンクリート工法

PC工法とは、Prestressed Concrete 工法（プレストレストコンクリート工法）の略で、コンクリート構造物に載荷する死荷重および活荷重によりコンクリートに生じる引張応力度を打ち消すようにあらかじめ計画的に導入する応力度をプレストレスと称して、そのプレストレスを利用してコンクリート構造物を設計・施工する方法を総括してPC工法という。

簡単なプレストレストコンクリートの単純はりで断面の応力状態を図で示すと、図5.4.2のようになる。図で、vはPC鋼材の緊張力Pによる応力分布である。

dは、死荷重による応力分布である。この両者を合成したv+dは、プレストレスを与えた直後の応力状態となる。これに、活荷重による応力分布ℓを合成すると設計荷重作用時の応力状態として図5.4.2の（a）または（b）のようになる。

PC工法の設計に際しては、プレストレスを与える程度によってフルプレストレッシングとパーシャルプレストレッシングとに分けられる。

コンクリートに与えられたプレストレスは、コンクリートの乾燥収縮およびクリープさらにPC鋼材のリラクセーションにより約10～20%の損失を生ずるが、この有効プレストレスによるコンクリート応力度と、全荷重下による応力度の合成したものが引張応力度とならないように計画的にプレストレスを与えることを、図5.4.2（a）に示すフルプレストレスという。またはその合成応力度に許容量を超えないある程度の引張り応力度を与えることを、図5.4.2（b）に示すパーシャルプレストレスという。

前者は後者に比して引張応力度をまったく認めないため、ひび割れに対する安全率が大きい利点があるが、反面プレストレスの量の小さいパーシャルプレストレスのほうが、経済的になることは明らかである。

PC工法による構造物は、一般の鉄筋コンクリート構造物（PCに対してRCと呼ばれる）に比べて次の特徴を有している。

・RC構造物に比べ部材の断面を小さくできるので自重が軽減され、長大支間の構造物の使用に有利となる。
・RCに比べて、ひび割れ発生に対する安全率が高いため耐久性が増し、とくに海岸構造物、水密性を要する構造物および寒冷地方の構造物に適する。
・部材を分割したユニット化の施工が可能となる。

1 PC定着工法

プレストレスを与える手段としては、緊張材を緊張してその反力をコンクリートに伝達させる方法がとられるが、その伝達させる装置やしくみのことを総称してPC定着工法といい、この装置のことを定着体と呼ぶ。

また、緊張材には高強度のPC鋼材を用いるのが一般的である。

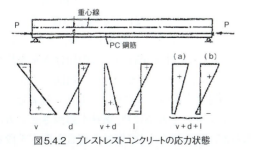

図5.4.2　プレストレストコンクリートの応力状態

ケーブルをコンクリートで覆ったPC斜版橋

一方，プレストレスを与える時期によって，コンクリートの硬化前に緊張しておくプレテンション方式と硬化後に緊張するポストテンション方式とに分類されている。プレテンション方式は，PC鋼材とコンクリートの付着力で緊張力を伝達するしくみであり，定着体を用いないものである。

プレテンション方式PC工法

プレテンション方式とは，PC工法によるプレストレス導入方法の1つで，ポストテンション方式と対比される用語である。

この方式は，コンクリートの打ち込み前にPC鋼材に引張力を与えておき，コンクリートの硬化後にPC鋼材の定着をゆるめるかまたはPC鋼材を切断して，コンクリートとPC鋼材との付着によってプレストレスを与える方法である。PC鋼材をコンクリート硬化前に緊張しておくので，プレテンションと呼ばれる。

この方式は，ロングライン方式とインディビデュアルユニット方式とに分けられる。

ロングライン方式は，適当な距離を隔てて設けた鋼線引張台の間に所要の引張力を持った鋼材を張りわたし，その間に多数の型枠を組み立て，コンクリート硬化後に各部の鋼材を切断して，同時に多数のPC部材を製作する方法である。比較的大きな敷地を必要とし，大量生産に適する。

インディビデュアルユニット方式は，緊張材を型枠自体に定着して製作するもので，一般に小部材を大量生産する場合に適し，工場面積も小さくすむことが特徴である。しかしながら，型枠が堅硬で相当高価となるため，PCパイルやPCポールを除いて，我が国では余り実用化されていない。

プレテンション方式により製作される部材は，設備の点から工場生産のものに限られ，比較的小寸法の部材に用いられることが多い。JIS化されているPC橋げたをはじめとして，PC枕木，PCパイル，PCパイプおよびPC版などの製品が挙げられる。

PC鋼材は付着の高いものが良く，またコンクリートには，設計基準強度の高いものが必要とされ，PC鋼材も一般に細径のものが多く使用される。

すなわち，PC鋼材には，PC鋼線および異形PC鋼線（$\phi 5$，$\phi 7$，$\phi 9mm$），PC鋼より線（$\phi 2.9mm$ 2本より，7本より 7.0mm，7.9mm，12.4mm，15.2mmなど），異形PC鋼棒（$\phi 8 \sim \phi 14mm$）などが用いられている。

ポストテンション方式PC工法

ポストテンション方式とは，PC工法によるプレストレス導入方法の1つで，プレテンション方式と対比される用語である。

この方式は，コンクリートの硬化後にコンクリート部材そのものを定着体を用いてPC鋼材に引張力を与え，これをコンクリートに定着させプレストレスを与える方法である。

この方式には，コンクリートとPC鋼材との間に付着のあるものと，付着のないものとの2つに分けられる。前者は，コンクリートとPC鋼材とを絶縁しておくシース（一般に薄鋼板製の管）を設置しておき，プレストレスを導入した後，シースの中にPCグラウトの注入を行い，その間げきを充填してPC鋼材の腐食を防ぐとともに，周囲のコンクリートとの付着を保つように施工される。後者は，一般にコンクリート外部にPC鋼材を露出させる方法であるが，この場合もPC鋼材の腐食を防ぐ手段を考

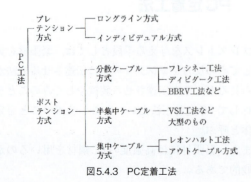

図5.4.3　PC定着工法

える必要がある。一般に後者は前者に比してひび割れ破壊荷重が小さいという欠点がある。

ポストテンション方式に採用されるPC鋼材の配置の方法から分類すると，PC鋼材の所要本数をRC鉄筋のように分散式に配置するもの，大型のケーシング内に所要のPC鋼材を集中式に配置するもの，およびそれらの中間的な半集中式配置のものとの3種類に分けられる。

一般に用いられているPC鋼材には，鋼線，鋼棒および鋼より線があるが，それらの定着方法の差異により各種の工法が考案されている。これらの多くは特許工法となっており，各工法ごとに特定の会社が実施権を有し，施工に当たっている。

1991年に制定された土木学会「プレストレストコンクリート工法設計施工指針」では，アンダーソン工法，フレシネー工法，OBC工法，VSL工法，BBR工法，OSPA工法，ディビダーグ工法，SEEE工法，レオンハルト工法の9工法について規定している。

また，2000年に発行されたプレストレストコンクリート技術協会の「PC定着工法2000年版」には使用方法の違いにより，一般ケーブル，斜張ケーブル（ここでは斜材とする），外ケーブル，シングルストランドケーブル，アンボンドケーブル，アフターボンドケーブル（プレグラウトケーブル），新素材ケーブル，特殊なPC定着工法，の8つに分類して69工法について各工法の概要を紹介している。表5.4.1にPC定着工法の一覧を示す。

【参考文献】
1) プレストレストコンクリート技術協会：「PC定着工法 2000年版」2000.12
2) 土木学会：「プレストレストコンクリート工法設計施工指針」コンクリートライブラリー第66号 1991.3

PC緊張用センターホールジャッキ

PC定着部の設置状況

PC定着工法

■ 安部ストランド工法（一般ケーブル）

本工法は，亜鉛合金によりPC鋼線の定着を行うため，PC鋼線には定着装置による損傷が生じにくく，ナット定着のため，再緊張が可能であり，PC鋼線の緊張力の調整，引戻し等ができる特徴がある。

定着方式は，PC鋼線を素線とした多層よりPC鋼より線の端末をときほぐして，亜鉛合金定着するものである。また，本工法は $f'_{ck}=24N/mm^2$ 以上のコンクリートに用いることができる。

■ アンダーソン工法（一般ケーブル）

アンダーソン工法は，米国で開発されたくさび式のポストテンションストランド定着工法で，次に示

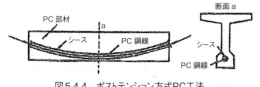

図5.4.4 ポストテンション方式PC工法

表5.4.1　PC定着工法

工法	一般ケーブル	斜材	外ケーブル	シングルストランド	アンボンドケーブル	プレグラウトケーブル	新素材ケーブル	特殊な定着工法
安部ストランド工法	○							
アンダーソン工法	○		○					
バウル・レオンハルト工法	○							
TNC工法	○							
BBR工法	○		○	○				
ディビダーク工法	○	○	○					
FKKフレシネー工法	○		○	○				
FSA工法	○							
KTB工法	○	○	○			○		
OBC工法	○							
FAB工法	○							
CCL工法	○			○	○	○		
OSPA工法	○							
ストロングホールド工法	○							
VSL工法	○	○	○	○				
普通PC鋼棒工法	○				○			
SEEE工法	○	○	○					
SK工法			○	○	○	○		
SPWC-FR，SPWC-CM		○						
NEW-PWS		○						
KCL工法				○	○			
SM工法				○	○	○		
FRM工法				○	○			
FiBRA工法							○	
アラミドPC工法							○	
CFCC工法							○	
リードライン工法							○	
NAPP工法								○
パイプレ工法								○
中間定着工法								○

す特徴がある。

- 定着具は，コンパクトな金属製ソケット（めすコーン）とプラグ（おすコーン）から構成されている。
- 仮定着を行った後の再緊張が可能である。
- PC鋼より線はAまたはB種を1定着具で3～12本使用できるため，柔軟なケーブル構成が選択できる。
- 定着部コンクリートの補強は，効率的な異形PC鋼棒の工場加工スパイラル筋による。
- グラウトは，専用のグラウトキャンとその付属品を用いて容易かつ確実に行うことができる。

■　バウル・レオンハルト工法（一般ケーブル）

本工法は，所要のPC鋼材をまとめて大断面のシースに収めて配置する集中配置方式を採用したポストテンション工法である。

PCケーブルの定着方法にはループ定着と扇状定着とがある。シースは，直接部シースと屈曲部シースを用いて折れ線状に配置され，PCケーブルとシースとの摩擦を減ずるように工夫されている。

本工法は，アウトサイドケーブル配置をとることも可能である。

■　TNC工法（一般ケーブル）

各ブロックごとにコンクリート打設およびプレストレス導入を行うPC構造物の施工方法において，PC鋼材はブロックごとに区切って供給し，プレストレス導入後，次のブロックのPC鋼材を，接続具を用いて接続するのが一般的な方法である。

TNC（Three Strands Non Coupler）工法は，太径PC鋼より線3本で1ケーブルを構成し，構造物

図5.4.5 アンダーソン定着具

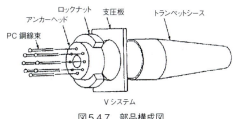

図5.4.7 部品構成図

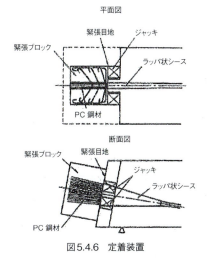

図5.4.6 定着装置

の全長分の連続ケーブルを使って，上記と同様な施工を接続具を使わずに行うことができる工法であり，主として押出し工法の縦締めに使用されている。

■ BBR工法（一般ケーブル）

BBRV工法は，スイスにおいて，1952年3月17日付のスイス特許を取得し，日本において，1956年11月30日付で登録された。現在では，別のシステムを加えて総称してBBR工法と改称し，世界各国で広く利用されている。BBR工法には，ポストテンション用定着工法として，Vシステムとコナ・マルチシステムの2方式がある。

■ ディビダーク工法（一般ケーブル）

ディビダーク工法は，PC長大橋の経済的な建設を可能にした片持ち張出し架設工法（カンチレバー工法）をはじめ，押出し工法，カンチレバー架設技術を活用したアーチ橋や斜張橋など多数の橋梁に用いられてきている。

また，橋梁以外に卵型消化槽，LNGタンク，海洋構造物，建築構造物等の実績も多く有している。

本工法では緊張材として次の3種類が用意されている。

1）ディビダーク鋼棒（φ26，32mm）
2）総ねじPC鋼棒ゲビンデタープ（φ23，26，32，36mm）
3）7本よりPC鋼より線（φ12.4，12.7，15.2mm）

ディビダーク鋼棒は端部に非対称の転造ねじを形成した太径鋼棒で，ナットで定着されるものである。

総ねじPC鋼棒ゲビンデスターブは，熱間圧延時に鋼棒全長にわたってねじ状のリブを成形したものである。任意の位置でナット定着できることや，異形PC鋼棒としてコンクリートとの付着に優れた特性を発揮することから，緊張材としての適用のほか架設構造物，吊支保工などの吊材としても広く用いられている。

また，エポキシ樹脂被覆鋼材用のシステムがあり，千振湖橋（7S15.2）や潮騒橋（4S15.2，5S15.2），暮坪陸橋（9S15.2，3S15.2），古宇利大橋（12S15.2）などで腐食性環境下でのインナーケーブルとして利用されている。

■ FKKフレシネー工法（一般ケーブル）

FKKフレシネー工法には，PC鋼より線を12本束ねた，マルチストランドシステムおよびVシステムと，複数本のPC鋼より線を用いるモノグループシステム，さらには，被覆鋼線用のシステムなどがあり，これらが代表的な定着システムである。

定着方式は，いずれのユニットもくさび式で，本工法特有の緊張装置を用いて緊張・定着される。

■ FSA工法（一般ケーブル）

本工法は，アンカーヘッドを持つキャスティングタイプの定着工法であり，コンパクトで納まりが良く比較的低強度のコンクリート部材（Fc=21～30N/mm^2）にも適用できることを特徴としている。

■ KTB工法（一般ケーブル）

図5.4.8 ディビダーク工法の定着

図5.4.9 マルチワイヤー用システム

本工法は，PCストランド（PC鋼より線）を使用し，外周にねじ切り加工して，リングナットを装着した定着具（ヘッド）に，各ストランドをくさび定着または圧着グリップで定着している。定着緊張力は，リングナットを用いることにより調整できる構造となっている。

ヘッドにリングナットを用いることにより，次のような特徴がある。
・緊張力のくさび定着時のセットロスを解消できる。
・ヘッドを長くすることにより，再緊張ができる。
・カプラーを使用することにより，テンドンの連結，接続ができる。

使用するPCストランドは，φ9.3，φ12.4，φ12.7，φ15.2，φ17.8，φ21.8に適用できる。

プレストレス導入時のコンクリート圧縮強度はfc=21N/mm²以上を，標準としている。

■ OBC工法（一般ケーブル）

本工法は，PC鋼より線をくさび作用により緊張定着する工法である。定着具が比較的薄くできているので，特に柱筋等がコーン背面に配置される建築構造物等に適しており，広く使用されている。定着具の構造は，鋼製のコーンおよびくさびからなっており，コーンは肉厚筒状のもので，機械加工により製作され，くさびは，熱間鍛造法で製作される。くさびはPC鋼より線の間に1個ずつ割り込む形で配置され，この両者が共同して，一つの複合的なくさびが形成される。定着具の種類はPC鋼より線9S9.3A用，8S12.4Aおよび12S12.4A用の3種類がある。

■ FAB工法（一般ケーブル）

FAB工法は，太径PC鋼棒用の定着工法であり，片持ち梁工法における鉛直締めおよび横締めを中心に使用されている。

本工法では，PC鋼棒と定着具の直角性の確保，緊張端の箱抜き空間の形成，緊張時のPC鋼棒と定着具の芯合わせ，定着具付近のグラウトの充填，について十分配慮されているのが特徴である。

■ CCL工法（一般ケーブル）

この工法は，シングルストランドシステム，ストランドフォースシステム，マルチフォースシステムなどのシステムから成り，国内では主にシングルストランドシステムが用いられている。PC鋼材には太径・高強度のPC鋼より線を用い，くさび式のグリップで定着することが特徴である。

シングルストランドシステムは，PC鋼より線1本を1ケーブルとするもので，PC鋼より線12.7mm～28.6mmに対応した定着具および接続具があり，またそれらに対応した専用の緊張機器が用意されている。

■ OSPA工法（一般ケーブル）

OSPA工法は，PC鋼線の先端を工場で製頭加工し，現場でケーブルを組み立てて，ねじ方式で定着する。鋼線頭の形状は本工法独特のもので，この形状のために，ねじ定着の信頼性と，現場組立て型ケーブルの施工性を兼ね備えた工法となっている。コンクリートの設計基準強度は30N/mm²以上を対象と

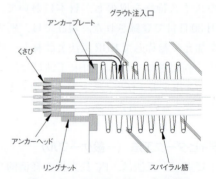

図5.4.10 KTB工法一般ケーブル定着具

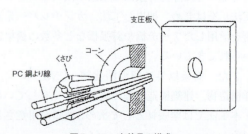

図5.4.11 定着具の構成

FAB工法定着システム

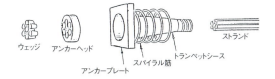

図5.4.12　Eタイプの定着部

している。

■ ストロングホールド工法（一般ケーブル）

本工法は，複数の緊張材を同時に緊張定着するポストテンション工法の一つである。特に緊張ジャッキに，緊張用ウェッジが内蔵されていること，ならびに定着用くさびを油圧機構により圧入する，いわゆるダブルアクション方式を採用していることにより，緊張に必要な鋼材の余長が極めて短く，経済性に優れ，また，セットロスが小さいので，自由長の短いプレストレッシングの場合に，きわめて有利となるなどの特徴を有している。

■ VSL工法（一般ケーブル）

本工法に用いるPC鋼材は，7本より12.4mmから19本より28.6mmまでの7種類である。テンドンユニットとしては，これらのPCストランドを1本から最大55本までを組み合わせて使用することが可能である。

定着工法はくさび方式をとっており，アンカーヘッドのテーパーの付いた孔にPCストランドを1本ずつくさびで定着する。このほかに，PCストランドの末端に圧着グリップを用いて接続具あるいは固定定着具とすることもできる。接続方法としては，テンドンの中間で接続する一般接続具と緊張接続具があり，緊張端部で緊張後接続できる定着接続具がある。緊張作業はセンターホール型のVSL専用ジャッキを用いて行う。

VSL工法は導入緊張力を任意に選択できるので，橋梁のみならず一般の建築構造物，PCタンク，PCバージ，リフティング等にも数多く用いられている。また，大型テンドンを得意としているので，原子力格納容器，LNGタンクなどのように大きなプレストレスを必要とする構造物にも適している。

■ 普通PC鋼棒工法（一般ケーブル）

普通PC鋼棒は，昭和30年頃に開発されて以来，橋梁の横締め，タンクを中心に使用され，昭和46年にJIS G 3109に規格化された。

普通PC鋼棒は，製造法により，圧延鋼棒，熱処理鋼棒，引抜き鋼棒の3種類に大別され，それぞれ全く異なった方法により造られている。圧延鋼棒は，熱間圧延された鋼棒をストレッチング，ブルーイングを行うことにより，所要の性能を得ている。熱処理鋼棒は，焼入れ焼戻し処理により所要の強度を発現している。また引抜き鋼棒は，圧延された鋼材素材と伸線機等を使用して所定の棒径まで引き抜き，この冷間加工によって強度を高め，ブルーイング処理を施し，所定の性能を得ている。これらの製造工程の詳細は，JIS G 3109"PC鋼棒"の解説で説明されている。

鋼棒は，一般に，注文長さに切断され，その両端にねじが転造される。PC鋼棒のねじ加工は切削加工でなくすべて転造加工によって行われる。そのため，ねじ部の金属組織は分断されることなく，ねじ山形に沿って連続し，転造による加工硬化により硬度が上がるため，ねじ部の機械的性能が向上している。

普通PC鋼棒は，一般的にはセンターホールジャッキ，プルロッドを使用して緊張され，六角ナット，アンカープレートを用い定着される。

■ SEEE工法（一般ケーブル）

SEEE工法はフランスの建設会社であるGTM社（Grands Travaux de Maraseille）によって開発され，さらにSEEE社（Societe d' Etudeset d' Equipements d' Entreprises）によって研究・改善されたPC定着工

OSPA工法定着具の構成

法であり，昭和43年に新構造技術㈱がわが国に技術導入し，実用化したものである。

SEEE工法にはPC鋼材として，PC鋼7本より線（以下ストランドと呼ぶ）をさらに数本より合わせた多重PC鋼より線を圧着しねじ式で定着するF型，そのほかにストランドをウェッジで定着するFUTシステムがある。

F型は，多層PC鋼より線の端部にスリーブ（マンションと呼ぶ）を冷間加工により一体化させ，その外周にねじ加工施し（工場作業），ナットを用いて定着する。

一方，くさび式定着のFUTシステムは，任意のストランド本数に定着させることができる。ストランドの種類（φ12.4，φ12.7，φ15.2A・B）を変えることにより，自由にテンドン（引張荷重）を選ぶことができる。

FUTシステムは，PACシステムから改良を行った定着工法で，コンクリートに埋設される定着具にキャスティングを用いているためPACシステムより定着具本体と配置間隔等がコンパクトになることを特徴とする。橋梁，外ケーブルとして広く使用されており，着実にその実績数を増やしている。

SEEE/PAC型は，定着時にウェッジを圧入する機構のジャッキを使用しており，セット量が小さく安定しているため，緊張管理が容易である。

■ ディビダーク工法（斜材）

ディビダーク工法による斜張ケーブルシステムには汎用ケーブルとしてPC鋼より線を複数本（9本〜108本）束ねたケーブルを使用するタイプとPC鋼棒を用いるタイプがある。特にPC鋼より線を用いるタイプでは，標準として裸のPC鋼より線を採用するSBタイプとエポキシ樹脂塗装PC鋼より線を用いるSCタイプの斜張ケーブルシステムがある。またポリエチレン被覆PC鋼より線，亜鉛メッキPC鋼より線，マルチボンドケーブル，マルチPE被覆ケーブルなど様々なPC鋼材に対して本システムは適用可能である。

なおこれらのディビダーク斜張ケーブルシステムは，国内においてスパン114mの尾瀬大橋，60.3mの白山大橋，スパン132mの星降る里大橋などに適用されている。その他エクストラドーズド橋に対応した，主塔部に配置するサドルシステム，主桁部での定着システムなどもあり，スパン180mの蟹沢大橋，140mの奥山橋，スパン200mmの三戸望郷大橋などに適用されている。さらに適用に際しては実物大の試験体により，定着部の耐荷力試験，軸引張疲労試験および曲げ疲労試験などを実施し，システム全体の健全性を確認している。

■ KTB工法（斜材）

一般ケーブルに用いられるKTB工法のアンカーヘッドを基本としている。ヘッド，リングナット，カプラーなどをロングサイズにして，設計仕様に対応している。定着体の頭部の構造については，くさび型，ねじ付きヘッドのマンション内埋込み型（スターヘッド式）などがあり，テンドンの引込み時に利便を与えるように工夫されている。ストランドの標準的な防錆方法としては，保護管内をセメント系グラウト，エポキシ系グラウト，グリース系防錆（アンボンドケーブル）を行うほか，新しく開発されたエポキシ系塗料による完全塗装型PCストランド（SCストランド）を用いることができる。

■ SPWC-FRおよびSPWC-CMアンカーケーブル（斜材）

SPWC（Semi-Parallel Wire Cable）は，高疲労強度の構造用ケーブルである。また，ケーブル定着部に用いられるSPWC-FRアンカーとSPWC-CMアンカーは，従来のPWC（Parallel Wire Cable）に用いられてきた平行線新定着法であり，ケーブル部と同等の疲労強度を有している。

ケーブルは，亜鉛めっき鋼線7mmを用い，この素線にわずかなよりを付与しながら束ね，素線間に防錆材を充填し，高密度ポリエチレンを直接押出し

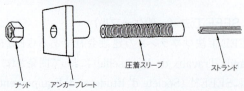

図5.4.13　SEEE工法一般ケーブル定着具

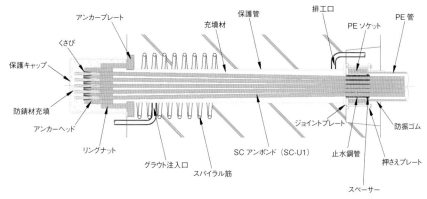

図5.4.14　圧着式定着体

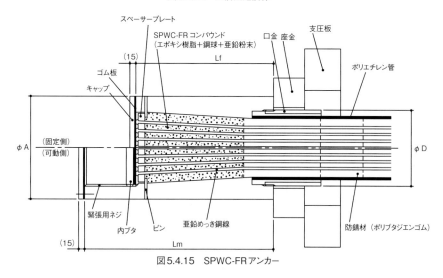

図5.4.15　SPWC-FRアンカー

被覆したものである。

アンカー部とケーブル部とで構成される本ケーブルシステムは，工場で防食加工およびアンカー取付けまでを行い，現地ではリールから展開し，架けるだけの完全プレファブ型である。

ポリエチレン被覆は，耐候性の点から黒色が標準であるが，この表面に，工場で特殊プライマーを焼き付け後，フッ素樹脂塗料をコーティングするシステムによって，好みの色に仕上げることが可能である。

■ VSLステイケーブルシステム（斜材）

VSL SSI 2000ステイケーブルシステムは，斜張橋用斜ケーブルとして，耐久性や防錆性能を向上し，モニタリングや検査方法を簡潔にし，疲労強度や静的荷重に対する性能レベルを引き上げた構造とした。

構成要素は，次の通りである。

1）アンカーキャップ付き定着装置
2）口径変更長部
3）弾性ゴム減衰デビィエーター
4）ステイケーブル自由長部

ケーブル材はPC鋼より線（SWPR7B φ 15.2mm）で，亜鉛メッキコーティングも可能である。PC鋼より線は，密着押し出し成形のHDPE（高密度ポリエチレン）被覆が施され，内部の空隙はグリースまたはワックスで充填する。外套管はHDPEで，色は自由に選べる。

VSL SSI 2000ステイケーブルシステムの性能は，下記の通りである。

1）疲労強度は，ステイケーブル耐力の45%を上限荷重として，200万回を超える繰り返し載荷を満足する。
2）疲労試験後，規定強度の95%以上の終局荷重を有する。
3）耐力性は，PC鋼より線を個別に完全密閉した防錆構造で保証する。
4）導入力のモニタリングおよび調整を簡便にし

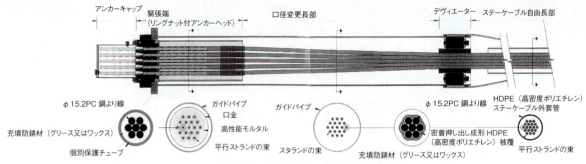

図5.4.16 VSLステイケーブルシステム定着体

た。

5）PC鋼より線を，個別に撤去，取替えできる。定着装置は，工場内あるいは現地でプレハブ化する。ステイケーブルの製作・架設は現位置で行う。

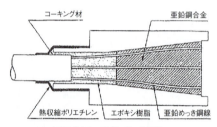

図5.4.17 定着ソケット構造

■ NEW-PWS（斜材）

NEW-PWS（プレハファブ・パラレル・ワイヤストランド）は，直径7mmの亜鉛めっき鋼線を平行に集束しながら，引張強度および弾性係数を低下させない程度のピッチでケーブルよりを加え，ケーブル表面に工場で防食加工を施したあと，両端を高疲労強度のNSソケット加工したもので，モノストランドケーブルとして使用される斜張橋やニールセンの橋の吊り材に最適である。

本製品は

- 従来のPWSと同様，引張強度が高い（標準型1570N/mm², 高強度型1770N/mm²）
- 従来のPWSと同様弾性係数が高い（約196tN/mm²）
- 疲労強度が高い（応力振幅245〜294tN/mm²）
- 亜鉛めっき，高密度ポリエチレンによって，工場で防食加工を行っており，現地での防食施工が不要
- ケーブルの型崩れがなく，取扱いが常に容易

などの特徴を持っている。

■ SEEE工法（斜材）

SEEE工法による斜張ケーブルは，F-PH型とFUT-H型がある。

F-PH型は，ポリエチレン被覆により完全防錆されたSEEEケーブルとF型定着体（ねじ式定着）により構成された，ノングラウトプレファブケーブルである。

F-PH型は斜張橋の斜材のみならず，ニールセン橋の吊り材，サスペンション構造の吊り材，その他疲労を受ける外ケーブルとしても有効に使用されている。

FUT-H型は，従来より使用されていたPACポストテンションシステムを改良して，疲労強度と防食性を高めた，ノングラウトタイプ現場組立型（セミプレファブ）ケーブルで，33000N級まで製作が可能である。

■ BBR工法Vシステム，コナ・マルチシステム（外ケーブル）

BBR工法による外ケーブル方式は，BBRケーブルシステムにより，次の2種類のシステムを使用することにより，次の2種類システムを使用することができる。

①Vシステムによる外ケーブル

Vシステムでは，主としてφ7mmPC鋼線束の各素線端に冷間加工により造られたボタンヘッドを，アンカーヘッドおよびナットまたはシムで定着するもので，数タイプの定着具と接続具がある。このシステムでは機械的で確実な定着と使用目的に応じたタイプの選定ができる特徴を有する。

②コナ・マルチシステムによる外ケーブル

コナ・マルチシステムでは，緊張材はPC鋼

より線7本よりで，それぞれのより線をくさびを用いて定着するものである。定着時，独立した油圧機構でくさびを機械的に押し込み，精度の高い定着が行われる特徴を有する。

■ FKKフレシネー工法（外ケーブル）

外ケーブルEシステム定着具19E-TC15は，様々な被覆鋼材および裸鋼材に適用したシステムであり，使用するPC鋼材に合わせ，定着具の構成部品を変更し対応することができる。定着具は，二重管構造で設計されているため，定着具の構造上，交換することができる。

構成部品のライナーやトランペットには，高密度ポリエチレンを用い，塩害地域などでの高い耐久性が要求される場合には，ガイドに防錆塗装としてエポキシ樹脂粉体塗装を施すことも可能である。

本システムに対応するPC鋼材の種類を表5.4.2と定着具の構造図の一例を図5.4.18に示す。

適用可能なPC鋼材は，裸鋼材およびエポキシ樹脂（FLO-GARD）やポリエチレン樹脂（SUPRO-NM）により防錆被覆されたものを使用する。

偏向管には，鋼管（ディアボロ管）やSUS製のダクトシースを選定し，用いることが可能な構造としている。

■ KTB工法（外ケーブル）

斜張橋の斜張ケーブルの技術を応用して開発したものである。また，一般ケーブルの仕様と同様に取り扱える。テンドンの使用方法および防錆方法としては，次のケースが考えられる。

①裸PCストランドに外管を用いてグラウトを行う。
②アンボンドPCストランドを使用する。
③エポキシ系塗料による完全塗装型PCストランド（SCストランド）を使用する。
④メッキ付きPCストランドを使用する。
⑤その他のテンドンを使用する。

■ VSL工法（外ケーブル）

VSL工法外ケーブルで使用するPC鋼より線は，下記の種類がある。

①裸PC鋼より線
②被覆PC鋼より線
・エポキシ被覆

表5.4.2 適用PC鋼材の種類

使用するPC鋼材		定着部保護管
被覆鋼材	エポキシストランド	FLO-GARD	PE管
	PE被覆エポキシストランド	PE被覆 FLO-GARD	
	スープロストランド	SUPRO/NM	
	セミプレファブケーブル	マルチエポキシケーブル	PE管
		硬質スープロマルチケーブル	
		亜鉛めっきマルチケーブル	PE管
		アンボンドマルチケーブル	
裸鋼材		スパイラル補強PE管

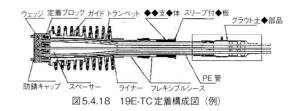

図5.4.18 19E-TC定着構成図（例）

・ポリエチレン被覆
③防錆PC鋼より線
・亜鉛メッキ
・アンボンド加工

定着機構は，基本的にはVSLポストテンション工法に用いられている定着機構と同じだが，被覆PC鋼より線，防錆PC鋼より線に対応した定着装置と緊張装置がある。外径や材質は，VSL工法設計施工規準（VSL協会）およびPC工法設計施工指針に記載されているものと同じである。図は，被覆PC鋼より線（エポキシ被覆，ポリエチレン被覆）用の定着装置を示している。

裸PC鋼より線は，外套管にPC管または半透明のPA（ポリアミド）シースを使用し，内部にセメントグラウトを注入する。

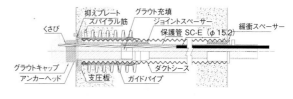

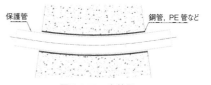

図5.4.19 定着具

全ての定着装置について，ケーブルの取替えが可能である。

■ SK外ケーブルシステム（外ケーブル）

SK外ケーブルは，二重ポリエチレン被覆PC鋼より線のマルチケーブルである。PC鋼より線はグリースとポリエチレンシースにより重防食処理が施されており，ノングラウト方式の外ケーブルシステムである。このためSK外ケーブルシステムは次のような特徴がある。

・ケーブルはグリースとポリエチレンシースの防錆材が二重構造のため，優れた耐食性を有する。
・二重構造の防錆材がPC鋼より線の外傷を防止し，万一シースが損傷しても補修可能である。
・マルチケーブルのため，大容量ケーブルの製作が可能である。
・ケーブルの挿入は，ケーブルの先端に取り付けてある引出し金具にウインチロープを接続することにより一括挿入ができる。
・二重のシース間に塗布された潤滑グリースの効果で，角度摩擦係数 μ の低減が期待される。
・定着は一般くさび定着のため，くさび方式の各種定着工法に適用できる。

■ SEEE工法（外ケーブル）

SEEE工法は，フランスの建設会社であるGTM社によって開発され，さらにSEEE社により研究改善されて完成したプレストレストコンクリートの定着工法である。SEEE工法の外ケーブルシステムは定着機構の分類としてねじ式とくさび式の2種類がある。ねじ式定着のF型にはタイブルを用いたF-TS型と斜材ケーブルに用いる疲労強度の高いF-PH型があり，いずれも工場製作型ノングラウトタイプである。くさび式定着のFUTシステムにはグラウトタイプとノングラウトタイプがある。グラウトタイプには一般的に用いられるポリエチレン管に対応したシステムの他，グラウトの充填が確認できる半透明シース（メーテルダクト）にも対応している。ノングラウトタイプは，3重防錆ストランドを用いたシステムに対応している。

F-TS型ケーブルとF-PH型外ケーブルは構造物で実績の多いSEEE-F型を基本としたケーブルであり，PC鋼7本より線（JIS G 3536）をさらに数本より合わせた多重PC鋼より線の外周にポリエチレン被覆を施し，ケーブル端部にスリーブ（マンションと呼ぶ）を冷間加工により一体化させ，そのマンションの外周にねじ加工を工場で施し，ナットを用いたねじ定着式の外ケーブルである。このタイプル型は工場製品のため品質に優れるうえ，現場での防錆処理がほとんど不要であり，さらに一括緊張が可能であるなど，施工性が良いという特徴がある。特にF-PHケーブルは振動に対しての疲労強度の向上を図り開発されたケーブルで，最大引張強度としては500t タイプ（F500PH）までがある。このタイプのケーブルは構造物の補強用外ケーブルとしても多く用いられている。

FUTシステムのグラウトタイプに用いる半透明シース（メーテルダクト）は，ポリエチレン管と同様に扱うことの可能なグラウト可視保護管である。ポリエチレン管と同等とは，真空グラウトが適用可能なこと，接続に溶着を用いており確実であること，剛性が同等のため同様の施工性を有すること，以上の3点を指す。

FUTシステムのノングラウトタイプ外ケーブルに用いる3重防錆ストランドは，屋外で使用する斜張橋用社材ケーブル（FUT-H型）に用いられる防

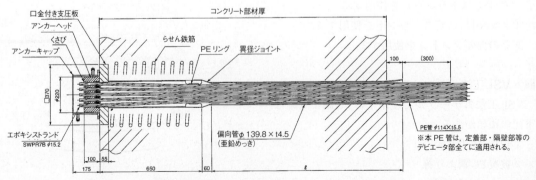

図5.4.19　被覆PC鋼より線（エポキシ被覆，ポリエチレン被覆）用定着装置

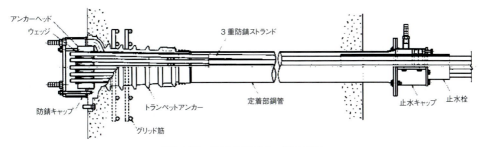

図5.4.20 SEEE工法外ケーブルシステム

錆仕様と同一であり，亜鉛めっき，グリースおよびポリエチレン被覆による高い防錆性能と耐フレッティング特性を有する。

■ ディビダーク工法（外ケーブル）

ディビダーク外ケーブルシステムは，ドイツ・ディビダーク社の豊富なストランド工法の実績をもとに開発されたもので，ケーブル容量，各種防食仕様など多様な要求に応えられるものとなっている。

エポキシ鋼材を用いた19S15.2定着体

日本では1992年に小田原ブルーウェイブリッジに採用されたのが最初で，適用に際しては疲労試験，緊張・定着・盛替え試験，ケーブル挿入試験，定着部載荷試験等一連の確認実験が実施されている。その後，新設の橋梁に19S15システムを中心に，既設橋の補修・補強用に小容量のケーブルが使われている。

主な定着構造は，ケーブル交換の可否，張力調整の可否によって3種類がある。システムにはポリエチレン保護管内にグラウトを施すタイプ（→小田原ブルーウェイブリッジ西橋，添川高架橋，砂金川橋，など），エポキシ樹脂塗装PC鋼材を使用して自由長部をノングラウトとするタイプ（→BY433工区，十勝大橋，開明高架橋，身延橋），グラウトを施してさらに重防食構造とするタイプ（→小田原ブルーウェイブリッジの斜材），エポキシ樹脂被覆の上にポリエチレンコーティングをして全長ノングラウト型の外ケーブル（→長洲蠣原橋，天草宮地橋，新強首橋など）のタイプなどがある。

また，アンボンドPC鋼材（グリス＋ポリエチレン）などの防食性鋼材に対応した定着システムの供給も可能である。

■ FKKシングルストランドシステム（シングルストランド）

本工法は，FKKフレシネー工法の有する定着システムのうちで最も小さな緊張容量をもつシステムである。

したがって，橋梁の床版横締め，容器構造物の横締め，あるいは建築など，厚さの薄い部材や小スパンの梁に多く用いられている。また，プレグラウト用鋼材にも適用できる。

■ KCL工法（シングルストランド）

KCL工法は，モノストランドに対応するために，黒沢建設株式会社で開発された定着工法である。特に近年アンボンドストランドの使用が多くなり，これらの構造物への対応をするために工夫されている。緊張時のコンクリート強度が21N/mm²でも応力導入できるように考慮されている。

■ CCL工法（シングルストランド）

CCLシングルストランド工法は，PC鋼より線1本を1ケーブルとし，くさび式のグリップで定着を行うものである。

わが国に本工法が登場したのは，昭和46年である。従来はPC鋼棒が使用されていた橋梁の横締めに適用され，PC鋼より線の取扱いが容易なこと，緊張装置が自動化されていることなどの特徴を発揮して，次第に広範囲に使用されるようになった。その後，本工法をモデルとするいくつかの工法が開発され，これらの工法を総称して「シングルストランド工法」と呼ばれるようになったものである。

コンクリートの設計基準強度は，24N/mm²以上

を対象としている。

■ VSL工法（シングルストランド）

シングルストランドケーブル（7φ12.4mm，7φ12.7mm，7φ15.2mm，19φ17.8mm，19φ19.3mm，19φ21.8mm，19φ28.6mm）に対するVSL定着工法は，E型アンカーヘッドを用いたEタイプをそのまま適用する。（E5-1，E6-1，E7-1，E8-1，E9-1，E11-1）

橋梁のPC底版横締め用として，正方形の支圧板以外に長方形の支圧板が用意されている。

緊張用のジャッキは，VSLフロントエンド単線ジャッキを用いる。

■ SK工法（シングルストランド）

SK工法は，PC鋼より線の7本より線あるいは19本より線を1本ずつ，安全かつ迅速に緊張・定着し，コンクリート部材にプレストレスを導入する工法である。

■ SM工法（シングルストランド）

SM工法は，プレストレス用鋼材として12.4mm～28.6mmの7本よりおよび19本より線を使用し，これらを同工法専用のジャッキで一本ずつ緊張定着する工法である。

本工法は，道路橋，鉄道橋の横締め，PCタンク，PC舗装，建築の梁やスラブ，アースアンカー，ロックアンカー等，あらゆる分野でその実績を有している。

■ BBR工法コナ・シングルシステム/コナ・フラットシステム（シングルストランド）

BBR工法には，シングルストランドケーブルを用いたポストテンショニングシステムとして，コナ・シングルシステムとコナ・フラットシステムがある。

コナ・シングルシステムは，PC鋼より線7本よりφ12.7mmとφ15.2mm（B種）を用い，建築などのフラッ

定着具

19本より線用定着体

トスラブや橋梁デッキの横締めなど比較的小規模なポストテンショニングとして使用されている。

■ FRM工法（シングルストランド）

FRM工法は，フドウ建研㈱と川鉄テクノワイヤ㈱が共同開発した定着工法である。

本工法は，12.4mm～21.8mmのPC鋼より線を使用したシングルストランドの定着工法で，緊張端定着具としてプレートタイプおよびキャスティングタイプを用意している。

■ KCL工法，KTB工法（アンボンドケーブル）

アンボンドケーブルの使用に当たって，モノストランドで扱う場合と，マルチストランドで扱う場合がある。おのおのKCL工法，KTB工法で対応できる。アンボンドケーブルの種類としては，シングルシースとダブルシースとがある。PCストランドの種類としては，PC鋼より線とエポキシ樹脂全素線塗料型PC鋼より線（SCストランド）がある。

■ CCL工法アンボンドケーブルシステム（アンボンドケーブル）

わが国で初めてのアンボンド工法によるPC建築に採用されて以来，多くの施工実績および各種実験データを蓄積した。その結果，アンボンド工法の信頼性および有用性が認識され，昭和58年に建築物への一般的な使用が認められるに至った。本工法はアンボンド工法の代表的工法として，国内で多く使用されている。コンクリートの設計基準強度は，21N/mm^{2}以上を対象としている。

■ VSLモノストランド工法（アンボンドケーブル）

モノストランド用定着具は，アンボンドPC鋼より線を1本ずつ緊張定着するための定着具であり，緊張定着具のSEタイプ，緊張および中間緊張定着具のSVタイプ，固定定着具のSPタイプがある。

緊張用のジャッキは，VSLフロントエンド単線

ジャッキでダブルアクションタイプを用いる。

■ アンボンド普通PC鋼棒（アンボンドケーブル）

アンボンド普通PC鋼棒は，鋼棒周囲に摩擦抵抗を小さくし，防錆材とその保護のための被覆材を施したもので，施工管理が容易で，耐腐食性に富む，再緊張が可能で，シース外形が小さいなどの特徴を有している。建築，PCタンク，PC工場製品などに適用されている。

■ SMアンボンド工法（アンボンドケーブル）

SMアンボンド工法は，アンボンドPC鋼より線を使用し，専用のジャッキで1本ずつ緊張・定着する工法である。コンクリート設計基準強度の適用範囲は，21N/mm²以上を対象としている。

定着体は，プレートタイプの他にキャスティングプレートタイプがあり，容易に箱抜きができるポケットフォーマー，キャスティングプレートを型枠に固定する支持棒・ナットなどからなる。

■ SEEEアンボンド工法（アンボンドケーブル）

SEEEアンボンドケーブルは，F型定着体用のUFタイプがある。ケーブルはポリエチレンシースで被覆され，その中にグリースを充填し，防錆処理がなされており，グラウトの必要がないため，工期短縮ができ経済的となる。また，シース径が小さく，スラブ，小梁などの偏平な部材に対しての配筋設計が容易である。UFタイプは，ナット定着によりセット量がなく，緊張力の調整および再緊張が可能である。主な用途として，1）PCタンク　2）建築スラブ，梁，小梁および耐力壁　3）アンカー　4）PC舗装道路　5）海洋構造物等に使用されている。

■ FRM工法（アンボンドケーブル）

FRM工法のアンボンドケーブルシステムは，グリース，合成樹脂等で被覆されたPC鋼より線を使用した定着工法である。

定着具は，コンクリートの設計基準強度が21N/mm²以上のものに適用できるように定着性能，耐疲労性能等を考慮して，各種の実験によりその有効性を確認している。

■ CCL工法（プレグラウトケーブル）

アフターボンドケーブルシステムは，1988年に神鋼鋼線工業㈱によって開発されたもので，一般的にはプレグラウトケーブルと呼ばれている。アンボンドケーブルシステムがPC鋼材とコンクリートとの間に付着を生じさせないものに対し，このプレグラウトケーブルを使った工法は緊張終了後，時間の経過とともにシースとPC鋼材との隙間に充填された特殊な樹脂が硬化し，コンクリートとの間に付着が生じる。

この工法の特徴は次の通りである。
① 緊張終了後のグラウト注入が不要のため，アンボンド工法と同様の施工方法となり，施工性に優れる。
② 時間の経過とともにPC鋼材とコンクリートが一体化されるので，最終的にグラウト工法と同等の曲げ破壊耐力が得られる。
③ PC鋼材が1本ずつ確実に防食処理されているので，耐久性に関する信頼度が高い。
④ グラウト工法の場合と比較してシース径が小さいので，スラブのような薄い部材における配置が容易である。
⑤ グラウト工法の場合と比較してシースとPC鋼材との摩擦係数が小さいので，緊張力がより有効に伝達される。

■ SK工法（プレグラウトケーブル）

アフターボンドとは，PC鋼より線とポリエチレンシースの間に常温硬化型樹脂を充填し，その樹脂の『後硬化性』を生かし，緊張定着後コンクリートとの付着を発生させるものである。アフターボンド加工されたPC鋼より線を，アフターボンドPC鋼より線と言う。SKアフターボンド工法は緊張材にアフターボンドPC鋼より線を使用し，緊張定着にSK定着工法を採り入れたものである。したがってこの工法は，従来のアンボンド工法と同じ施工ができ，緊張定着後，時間経過とともに充填された樹脂が硬化しボンド工法になる。

アフターボンドPC鋼より線を直接配置し，コンクリートの打設後コンクリート強度が所要の値に達した時点で，PC鋼より線を緊張して，コンクリートに直接，プレストレスを導入するポストテンション方式のプレストレスコンクリート工法である。この際，充填された樹脂が後硬化するため，このアフターボンド樹脂がセメントグラウトの代替となり，この工法ではグラウト注入が不要となる。

■ SM工法（プレグラウトケーブル）

アフターボンドPC鋼より線は，グリース状のエポキシ樹脂を塗布したのち，ポリエチレン被覆したものであるが，緊張作業後エポキシ樹脂が硬化しコンクリートと一体化する。
①施工現場でグラウト作業が不要である
②耐食性に優れる
③凹凸形状によりコンクリートとの付着性が高いという特徴がある。

定着方法はSMシングルストランド工法を使用しており，橋梁の横締め等に多くの実績がある。

■ FiBRA工法（新素材ケーブル）

FiBRA（フィブラ）はアラミド繊維，炭素繊維，ガラス繊維などの各種高機能繊維を組紐状に編み，樹脂を含浸・硬化させた連続繊維補強材である。そのため，用途に合わせて特徴を生かした繊維材を任意に選択することができる。また，それぞれの形状は組紐状であり，コンクリートとの付着に優れている。FiBRAには，補強筋に適した棒状のRigid（リジッド）タイプと緊張材として使用する場合に適した長尺コイル状のFlexible（フレキシブル）タイプの2種類がある。さらに，線径についても細径から太径まであり，繊維の種類および線径について多様な製品を有しているのが特徴である。

外ケーブル用としてのFiBRA工法は，その高耐食性を生かしてケーブルにFiBRAを用い，定着具としてはステンレス製のスリーブに定着用膨張材を充填したものを用いている。

■ アラミドPC工法（新素材ケーブル）

アラミドPC工法は，住友建設㈱と帝人㈱が共同で開発した工法で，アラミドFRPロッドあるいはストランドを緊張材とするPC工法である。アラミドFRPロッドの持つ高強度，高耐久性，軽量，低弾性，非電導・非磁性などの特徴を生かした用途に用いられている。本工法は，1990年に初めてアラミドFRPが主桁緊張材および補強筋に使用したプレテンション橋が完成し，続く1991年には，内ケーブルおよび外ケーブルに使用したポストテンション橋が完成した。海洋構造物として，プレテンション方式によるPC桟橋の主ケーブルに使用している。

橋梁以外では，耐久性に優れた性質や低弾性率を利用したプレキャスト樋管やプレキャスト水路，グラウンドアンカー等の緊張材にも使用している。さらに，外ケーブル用コンクリートブラケットの定着や壁式橋脚の補強などにも応用されている。

■ CFCC工法（新素材ケーブル）

CFCC工法は，軽量性，高強度，耐食性等の特徴を有する新素材ケーブルCFCC（Carbon Fiber Composite Cable）をPCやRCによるコンクリート補強等の緊張材や補強筋として適用するために，東京製綱㈱が開発した工法である。CFCCはPAN系炭素繊維とエポキシ系樹脂を複合化し，より線状に成形した連続繊維補強材であり，昭和62年に東京製綱㈱が開発した。炭素繊維複合材を用いるため，上記特徴に加え，リラクセーション，引張疲労性，低線膨張等の特性に優れるとともに，より線構造であるため，コイル巻き，長尺での取扱いが容易であり，高いコンクリート付着性も有している。

本工法は，炭素繊維系連続繊維緊張材として世界で初めて実用化された昭和62年の新宮橋の建設をはじめとし，多数の実績をあげており，シングルストランドケーブル，マルチストランドケーブル，外ケーブル，補強筋，グランドアンカー引張材等に適用できる。

■ リードライン工法（新素材ケーブル）

リードライン工法は，炭素繊維強化プラスチック（CFRP）ロッド「リードライン」を使用した工法である。

リードラインはPC鋼線を上回る強度を有し，約5分の1の重量と，高い耐候性・耐蝕性を特徴とし，半永久的に物性を維持することから，塩害地域での適用も進んでいる。

また，炭素繊維が直線状に配向しているため，炭素繊維より線に比べ炭素繊維の有する強度を余すところなく発現することが可能である。

■ NAPP工法（特殊なPC定着工法）

NAPP（ナップ）工法は，平成4年にオリエンタル建設㈱（現オリエンタル白石㈱）および高周波熱錬㈱の2社によって開発された，中空PC鋼棒を利用したプレストレス導入工法である。

本工法では，NAPPユニットと呼ばれるあらかじめ緊張された状態の中空PC鋼棒を型枠内の所定位置に配置し，コンクリートが硬化後，緊張力を開放

してコンクリート部材にプレストレスを導入するものである。

また，緊張時の反力を反力用アバットや大型ジャッキを使用せず中空PC鋼棒内に配置されたPC鋼棒に取らせているため，施工現場へ運搬，配置後に直ちにプレストレスを導入することができるものである。従来のプレテンショニング工法とポストテンショニング工法の利点を併せ持つ，新しいプレテンショニング工法である。

■ バイプレ工法（特殊なPC定着工法）

バイプレストレッシング工法（略称：バイプレ工法）とは，従来のポストテンション工法とポストコンプレッション工法の2つのプレストレッシング工法によりプレストレスを導入し，コンクリートの曲げ部材を補強する工法である。

河川橋や高架橋では計画高水位，桁下空間の制限から従来のPC桁よりもさらに低い桁高が要求される。このような場合，従来のポストテンション工法では荷重による下縁の曲げ引張応力度を打ち消すことができても，上縁の曲げ圧縮応力度がコンクリートの許容曲げ応力度を超えてしまい，桁高を要求通りには低くすることができなくなる。

バイプレ工法では，ポストコンプレッション工法により引張プレストレスを付与することにより，コンクリートの許容曲げ圧縮応力度を超える荷重による曲げ圧縮応力度を打ち消すことができるので，より桁高を低くすることができる。

■ 膨張材を用いた中間定着工法（特殊なPC定着工法）

すでに緊張されたPC鋼材を補修補強改築の要請で切断するときには，中間定着を行う必要が生じる。この工法はマルチストランドPC鋼より線を対象に，三井住友建設㈱が開発した工法である。

中間定着工法の主たる構成要素は，中間定着装置と膨張材である。中間定着装置は半割の鋼製スリーブからなり，PC鋼線を定着するために必要な膨張圧に耐えられるような設計になっている。

一方，膨張材は石灰および珪酸塩を主成分とするセメント系の粉末材料であり，水を加えて練り混ぜることによりスラリー状となり，狭い空隙にも容易に充填が可能となる。また，硬化する際に50N/mm^{2}以上の膨張圧が発生し，PC緊張材を容易に定着（保持）することが出来る。

■ プレロード工法

プレロード工法は，米国プレロード社で開発された円筒構造物にPC鋼線を巻き付けてプレストレスを導入する円筒形構造物専用のPC工法である。

本工法では，俗にメリーゴーランドと称するワイヤーワインディングマシンを壁の上部から吊り下げ，外周に巻き付けたローラーチェーンをたぐりながら円周方向に走り，マシンに固定した線引きダイスを通してPC鋼線（ϕ5mmないしϕ6mm）にプレストレスを導入する。巻き付けられたPC鋼線は，乾式吹付けモルタル（高強度）により保護する。

プレロード工法のもう1つの特色は，床版と壁のジョイントを弾性支承（ラバーパッド支承）とすることで壁の鉛直曲げをなくしている。

■ S.P.C.工法

S.P.C.とは，Steel Prestressed Concrete Combineの略称で，鋼材とプレストレストコンクリートを合成して，場所打ち張出しにより橋梁を建造しようとする工法である。

橋台または橋脚から軽い特殊設計による鋼製のトラスを架設して，コンクリートを打設し，これにプレストレスを導入する。この工程を3～4m程度の長さで繰り返しながら全橋梁を完成させるため，長大橋梁にも対応が可能となる。

■ 3ストランド工法

本工法は，国産PC工法の1つで，国内の一部で古くから使用されている工法である。

本工法に用いるPC鋼材は，ϕ15.2mm，ϕ12.4mm，ϕ10.8mmの鋼より線で，3本を1ケーブルとして使用する。そしてPC鋼より線を定着するために，TPコーンと称する，定着部分の形状が三角錐台である鋳鉄製の定着具を使用する。定着機構はくさび形式なので，定着コーン本体（雌コーン）はコンクリート中に埋め込み，PC鋼より線を緊張後，三角錐台状くさび（雄コーン）を押し込み定着する。

【参考文献】
1）日本道路協会：『プレストレストコンクリート道路橋施工便覧』1982年

2　PCウェル工法

　本工法は，プレキャスト化した各壁体をPC鋼棒で連結しながら沈設していく工法である。通常のウェル工法では，沈設に伴って現場打ちコンクリートによって各壁体を構築していく。

　本工法における壁体は，ヒューム管（特に超大口径管）の製造法と全く同様に，遠心力製法によって製造されるが，一般のヒューム管に比べ，PC鋼棒を通す孔を設けたり，補強材の取付け，内厚が厚くなるなど，高度の技術を要する。

　PCウェルの沈設作業は，クラムシェル，グラブバケット，ハンマーグラブなどで中掘りする通常のオープンケーソン工法，およびリバースサキュレーションドリル等を用いて掘削し，ウェル本体の自重と，反力杭に取り付けたジャッキの圧力とによって沈設していく。各ロットの継手は接着剤を塗布し，PC鋼棒をカプラーで接続してつないでいく。

3　ケミカルプレストレストコンクリート工法

　ケミカルプレストレストコンクリートとは，膨張コンクリートの膨張特性を積極的に利用したもので，その硬化過程において生ずる膨張を鉄筋や鋼材などで拘束することによってコンクリートに圧縮応力（ケミカルプレストレス）が与えられ，これにより導入されるプレストレスが乾燥収縮やクリープが生じてもなおかつ残存するように設計されたコンクリートである。一方，導入されたプレストレスが乾燥収縮による引張応力と相殺する程度の膨張コンクリートは，収縮補償用コンクリートと呼ばれている。

その他工法

1　防水コンクリート工法

　水密性の高いコンクリート構造物を造るためには，コンクリート自体を水密にするのが基本であり最良の方法である。このコンクリート自体を水密にすることを防水コンクリート工という。セメント粒子と水との化学反応によってコンクリートが硬化しても，骨材粒間の全ての間隙がセメント水和物で満たされているという訳ではなく本質的に多孔質であるので，硬化コンクリートは水を吸水し，水を通す。このことから，水密性の大きいコンクリート，すなわち防水コンクリートを造るためには，コンクリート中にできる空隙（気泡）の大きさおよび数を少なくする，ブリーディングが少なくなるよう細骨材率を幾分大きく取る，水セメント比を55％以下とする，均等質で緻密な組織のコンクリートを造る，できるだけ長時間湿潤状態に保つ，などに配慮し，材料，配合の選定および施工上の注意をはらう必要がある。また，設計上考慮すべき点は，鉄筋の許容応力度を小さくするなどのひび割れの発生を極力抑えるとともに，発生したひび割れ幅が小さくなるように適切な対策を講じることである。

　材料，配合の選定および施工上留意すべき点としては，実積率の大きい清浄な骨材を用いる，作業に適する範囲でなるべくスランプの小さなコンクリートを用いる，分離を起さないようコンクリートの取り扱いには十分注意し，適切な締固めを行って，均等質なコンクリートを造る，できるだけ打継目を避け，やむを得ず打継目を造る場合には，コンクリート標準示方書に準じて水密な打継目を造る，型枠取外し後のセパレータの穴処理を完全にする，十分な湿潤養生をする，などである。

　以上のような設計，材料，配合の選定および配慮とは別に，コンクリート構造物の防水性を向上させる方法として，防水物質混合方法，塗布防水工，防水膜工，マスチック工などの防水工法が用いられる。これらは単独で用いられることもあれば，組み合わせて用いられることもある。その組み合わせについては，構造物の種類，その使用目的，要求される水密性の程度，安全性および経済的事情などに応じ，最も適切な方法を選ぶ必要がある。

防水物質混合工法

　防水物質混合工法は，躯体コンクリートの練混ぜ時に防水物質を練り込み，コンクリート自体の水密性を高める工法である。

　コンクリート材料の選択，配合，打込み，養生等

に十分注意すれば，コンクリート自体を水密にすることは可能である。これに対し，粉末または溶液の防水物質をコンクリートの練混ぜの際に加えることにより，コンクリートの空隙を少なくして透水性を小さくする方法を，防水物質混合工法という。防水物質には，粉末で単に空隙を満たす役目をするものと，セメントと結合するか，またはそれ自身が結晶化することによって空隙を満たすものとがある。防水物質としては，珪酸カルシウム系，アスファルト系，パラフィン系，メタクリル酸エステル系，SBRラテックス系，ステアリン酸塩系，高分子系材料などがある。

しかし，貧配合あるいは細骨材の微粒分が不足している配合のコンクリートでは，防水材の使用によってコンクリートの水密性は改善されるが，富配合または微粒分を適当量含む細骨材を用いる配合のコンクリートでは，防水材の使用が単位水量の増加をもたらす場合があるので注意が必要である。

塗布防水工法

塗布防水工法は，塗布剤により硬化したコンクリート構造物のコンクリート表層を改質し，躯体の防水性を向上させる工法である。

代表的な工法として，ケイ酸質系塗布防水材がある。

ケイ酸質系塗布防水材の防水原理は，防水材料に含まれるケイ酸イオンがコンクリート躯体内に浸透し，コンクリートの成分であるカルシウムイオンと反応して，不溶性のケイ酸カルシウム針状結晶体を生成して躯体内部を緻密にしていく工法である。適用部位としては，地下コンクリート構造物および水槽類の防水工法として用いられている。本工法は湿った下地に施工でき，比較的安価であるため，水密性を要求されるコンクリート構造物に利用できる。

塗布防水工法はコンクリート構造物と一体化するため構造物にひび割れが出たときに追従できないが，補修方法としてはひび割れ部をV字型にカットしてポリマーセメントなどを詰め込んだ後，再び塗布防水工法を施すのがよい。

また施工に際しては，型枠剥離剤など防水層の付着を阻害するコンクリート表面の被膜を取り除き，きれいに清掃した後，塗布作業を行う。

ケイ酸質系塗布防水材については，日本建築学会JASS8防水工事でその使用方法が定められている。

防水膜工法

防水塗膜工法とも呼ばれ，コンクリート表面に被覆膜を形成，もしくは貼り付ける工法である。ウレタンやゴムアスファルトエマルジョンの吹付け，高分子シートや改質アスファルトシートの貼付け工法があり，モルタルやコンクリートの防護材を施すことが多い。高分子系シートは伸張性，耐候性などに優れ，下地とのなじみが良く，冷工法で貼付けができるなどの特徴を有している。ウレタンあるいはゴムアスファルトエマルジョン等を主材料とし，特殊ノズルを用いて噴射，反応させ下地に固着させる工法は，熱工法による危険並びに公害防止や作業効率，省力化の面で優れている。

防水膜工法は，ひび割れの発生するおそれのある地下構造物の防水に有効であり，入念な施工により，その効果を期待できる。しかし，防水膜工法の最大の欠点は，漏水が起こった場合に，欠陥場所の特定と補修に費用と期間を要するため，欠陥を生じさせないような入念な施工が必要である。

近年，地下工事のコストダウンと掘削範囲の極小化を目指し，先に土留部に防水工を施し，後で躯体コンクリートを打設する工法が採られはじめている。この場合，防水工と打設したコンクリートが化学的・物理的に全面接着しておくことが重要であり，改質アスファルト系，ゴムアスファルト系，非加硫ブチルゴム系，変性酢酸ビニール系等の材料を吹付けもしくはシートとして用いられている。

マスチック防水工法

マスチックとは，アスファルトと砂，セメントまたは石灰石粉末を混ぜたもので，これを用いた防水工をマスチック防水工という。マスチック防水工は主に水密アスコンとして用いる砕石マスチック工法（シートマスチック工）と，マスチックの流込みにより塗布，充てんを行う工法に大別される。

マスチックは，密度が大きく，耐アルカリ性に優れ，また水と分離する性質を有していることから，港湾構造物，地下構造物，フィルダム等の遮水，鉛直遮水壁目地の充てん，橋面または橋脚等の防水に使用されている。

砕石マスチック工法（シートマスチック工）の施工は，アスファルト舗装工事と同様に敷均し転圧を行うことにより，防水層を形成する。特に，ジョイント部の施工を入念に行う。端部処理は，コンクリート表面に凹凸を作るか，純アスファルト等を用いてコンクリートとよく密着させる。振動，衝撃が予想される場合，シートを鉄鋼，布，繊維質のもので補強する。

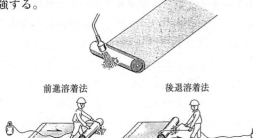

出典：建築学会　JASS 8 防水工事
図5.4.21　改質アスファルトの張付け工法

Ⅴ 検　査

コンクリートの検査

　我が国におけるコンクリート構造物の歴史を紐解くと，1800年代後半まで遡る。それから今日までにコンクリートに係わる技術は大きな進歩を遂げ，長大橋，ダム，超高層ビル等のコンクリート構造物の建設が可能となった。技術が進歩していく一方で，1970年頃から，当初メンテナンスフリーであると考えられていたコンクリート構造物に劣化が見られるようになった。施工不良，塩害，中性化，アルカリシリカ反応等によってコンクリートに充てん不良やひび割れ，剥離・剥落などが発生するといった事態を目の当たりにし，技術者の間に「コンクリート構造物には維持管理が必要である」という認識が広く浸透した。さらに，コンクリートの品質管理上のトラブルを契機として，フレッシュコンクリートの品質管理手法も注目されるようになった。
　そのような背景から，平成13年には「土木学会コンクリート標準示方書」においても，[維持管理編] が制定された。コンクリート構造物を適切に維持管理していくためには，構造物の状況を正確に把握する検査技術が必要とされる。このような観点から，これまでに多くの技術者によってコンクリートの検査技術の開発が進められ，様々な手法が提案されてきた（表5.5.1参照）。また，土木学会や日本コンクリート工学協会等において，コンクリートに関する試験方法の規準化が進められてきた。

　ここでは，フレッシュコンクリートの品質検査手法の例として，単位水量の計測方法について述べたあと，硬化コンクリートの検査技術を破壊検査，局部破壊検査および非破壊検査に分類した上で，検査対象および検査手法について示す。

フレッシュコンクリートの単位水量計測方法
　フレッシュコンクリートの単位水量を測定する試験には，高周波加熱法，静電容量法，エアメータ法等がある。
　高周波加熱法は，コンクリートからふるい分けたモルタルを電子レンジで乾燥させたとき，減少した質量が水量であることを利用している。ただし，ふるい分けられたモルタルには，細骨材中の水分や，セメントの初期水和により電子レンジで乾燥しても蒸発しない水分等があるため，それらの補正を行っている。
　静電容量法は，水の量に応じて変化する静電容量と電気抵抗を測定し，これらの値と水分の関係式から試料の水分率を算出し，配合データ等を用いて単位水量を算出する方法である。
　エアメータ法は，コンクリートを構成する各材料の密度（比重）が異なることを利用するもので，実際に製造したコンクリートの単位容積質量（$1m^3$当りの全材料の質量の合計値）が計画値（示方配合の設計からの計算）より小さいと密度の小さい水の量が多いと判定できることを，その測定原理としている。エアメータ法（土木研究所法，Wチェッカー等）は，現場で簡単に実施できるので，広く採用されている。

表 5.5.1　変状に対する調査項目

状態	調査項目	調査手段	備考
ひび割れ	位置（範囲），パターン	◎目視観察，◎写真撮影	・ひび割れの種類，位置，パターンで応力状態，変状原因の推定が可能となる場合がある。
	長さ，幅	◎目視観察，◎写真撮影	
	深さ	○覆工ボーリング，△超音波	
	進行性	◎ひび割れ計，◎スケール・ノギス ○モルタルパット	
	覆工材質	◎目視観察	
目地切れ	位置（範囲）	◎目視観察，◎写真撮影	・レンガ，コンクリートブロック，石積みのトンネルでは特に重視。 ・コンクリートの場合は，迫め部の打継目に注意。
	大きさ（長さ，幅）	◎スケール・ノギス，◎写真撮影 ○モルタルパット	
	進行性	◎ひび割れ計，◎スケール・ノギス ○モルタルパット	
	目地材の劣化	◎目視観察	
	目地材の劣化溶脱状況	◎目視観察	
剥離剥落	位置（範囲）	◎目視観察，◎打音検査，◎写真撮影	・危険なものは，検査時にたたき落とす。 ・路盤上の落下物にも注意する。
	大きさ	◎スケール・ノギス，◎打音検査 ◎写真撮影	
	進行性	◎目視観察，◎スケール・ノギス ○モルタルパット	
	覆工の材質	◎目視観察	
変形はらみだし	断面形状（建築限界余裕）	◎断面測定器	・断面形状の計測により変形原因の推定が可能となる場合がある。
	内空変位量	◎内空変位計	
	地中変位量	◎地中変位計	
	盤ぶくれ，沈下量	◎水準測量	
	覆工厚，背面空洞	◎ボーリング，○電磁波法，○打音検査 △検査窓	
	背面地質	◎ボーリング，△検査窓	
	覆工の材質	◎目視観察	
漏水有害水	位置（範囲）	◎目視観察，写真撮影	
	濁り	◎目視観察	
	漏水量	○流量観察	
	水温	◎水温測定	
	水質	◎水質検査	
材料劣化	位置（範囲）	◎目視観察，◎写真撮影	
	強度	◎打音検査，○非破壊検査，○強度試験	
	中性化深さ	◎pH試験，○中性化試験	
	材質	◎目視観察，○化学分析	
汚損	位置（範囲）	◎目視観察，◎写真撮影	・バクテリア繁殖に伴う，バクテリアスライムによる排水溝の目詰まりに注意する。
	種類（バクテリア，煤煙，錆等）	△化学分析，△微生物調査	
		◎目視観察	
土砂流入	位置（範囲）	◎目視観察，◎写真撮影，◎土石流入調査	
	流入量	◎目視観察，◎土石流入調査	
	流入物の種類	◎目視観察，◎土石流入調査	
つらら側氷	位置（範囲）	◎目視観察，◎写真撮影	・漏水，側氷の成長による路盤部の氷にも注意する。
	大きさ（長さ，径）	◎目視観察，◎写真撮影	
	気温，積算寒度	◎気温測定	
	進行性	◎目視観察，◎スケール・ノギス	

◎：特に重視される調査手段　○：一般的に行われる調査手段　△：必要に応じて行う調査手段

1　破壊検査

　破壊検査は，コンクリート構造物からコア採取を行い圧縮試験等の強度試験および物理試験を行うための手段である。この手法はデータの信頼性については最も高い検査法であるが，構造物に損傷を与えることから，可能な限り非破壊検査を行い，そのデータの確認を得るための最少箇所からのコア採取を行い，試験することが望ましい。

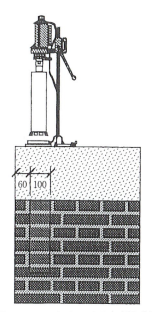

図5.5.1 コアカッターによるコア採取方法

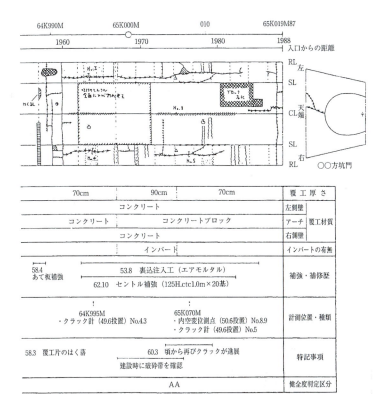

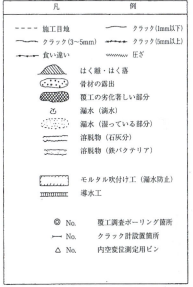

※凡例は必要に応じて追加する

図5.5.2 変状の展開図

コア採取

コンクリートのコア採取は，そのコアを用いた試験項目によりコア径およびコア長を決定し採取する。コンクリート構造物からコアを採取する方法としては，小口径用ドリル方式（$\phi 8 \sim 20mm$），コアカッター方式（$\phi 25 \sim 200mm$）およびボーリング方式（$\phi 50 \sim 300mm$ 程度）があるが，一般的にはコアカッター方式が多く用いられる（図5.5.1参照）。

なお，コア採取に当ってはRC構造物等では配筋を切断しないように，その採取位置は配筋検査を行った上で決定することが望ましい。

外観検査

コンクリート構造物の検査としては基本的な検査項目であり，コンクリート表面の変状を目視観察するとともに，スケッチ図を作成する。主な変状のスケッチ例を図5.5.2に示す。また，表5.5.1に示す通り，目視観察のみならず簡易な機器を使用するとともに，写真撮影を行う。

なお近年，写真撮影においてデジタルカメラの高感度化および画像処理ソフト（幾何学処理，色調処理等）の開発が進み，検査システムが実用化されている。この外観検査の結果から変状の原因，変状の

程度およびその進行性を評価することが，コンクリート構造物の検査として最も基本的なものと言える。

【参考文献】
1）㈶鉄道総合研究所：変状トンネル対策工設計マニュアル，平成10年2月
2）㈳日本コンクリート工学協会：コンクリート診断技術'09［基礎編］，平成21年1月

■ 圧縮強度

圧縮強度はコンクリート強度特性において最も基本的な物性であり，コア採取により得られた円柱状のコア供試体を作製し，JIS A 1108（コンクリートの圧縮強度試験方法）に準じて単純圧縮試験を行う。コンクリート構造物であることから配筋，部材厚等によって必ずしも基準に沿った供試体が得られないことも多く，供試体の寸法，高さと直径の比等についても結果に対して充分検討（影響を考慮）することが重要である（図5.5.3および図5.5.4参照）。

【参考文献】
1）岡田清，六車照：改訂新版コンクリート工学ハンドブック，朝倉書店　1981.11

■ 配合推定

配合推定は，硬化コンクリート中のセメント，水および骨材の含有割合を化学分析手法により求め，打設時の配合を推定する試験である。広く適用されている配合推定方法として，1967年にセメント協会より発表された「コンクリート専門委員会報告F-18：硬化コンクリートの配合推定に関する共同試験報告」および1971年に発表された「同F-23：同（その2）」の方法がある。以下にセメント協会による試験方法の概略を示し，試験フローを図5.5.5に示す。

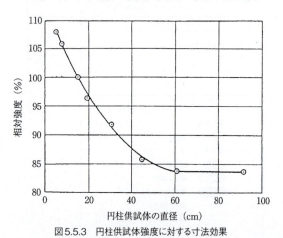

図5.5.3　円柱供試体強度に対する寸法効果

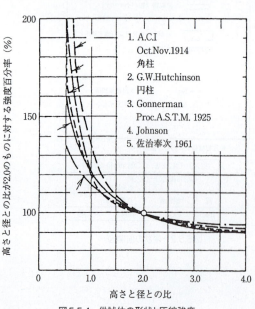

図5.5.4　供試体の形状と圧縮強度

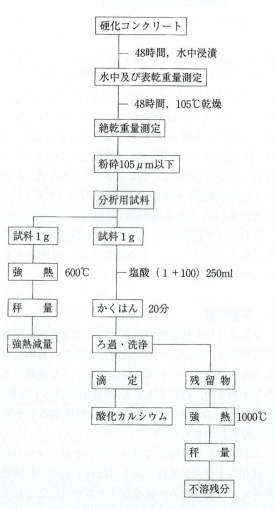

図5.5.5　配合推定試験のフロー

（1）コンクリートの単位容積質量を測定後，微粉砕して希塩酸に溶解し，不溶残分と酸化カルシウム量を測定する。
（2）別に強熱減量を求める。
（3）単位容積質量，吸水率，付着水，不溶残分，酸化カルシウムより，配合を算出する。

その他の方法として，ASTM法，X線・γ線法，フッ化水素酸法，ギ酸法およびグルコン酸法等が提案されている。

【参考文献】
1）(社)セメント協会：コンクリート専門委員会報告F-18：硬化コンクリートの配合推定に関する共同試験報告，1967年9月
2）(社)日本コンクリート工学協会コンクリートの長期耐久性に関する研究委員会：コンクリートの試験・分析マニュアル，2000年5月

■ 塩化物イオン含有量

硬化コンクリートに含まれる塩化物イオン量の試験は，実構造物から採取したコア試料を深さ方向に10～30mm厚にスライスし，各スライス毎に分析して，図5.5.6のような濃度分布図として示す方法が一般的である。

JIS A 1154：2003には，下記の方法が規定されている。

（1）試料を0.15mm以下のふるいを全通するように微粉砕する。
（2）全塩分を分析するときは，試料に硝酸溶液（1+6）を加え，pHを3以下として30分かき混ぜる。その後，加熱煮沸して塩化物イオンを抽出してろ過洗浄し，ろ液を作製する。
（3）塩化物イオン量を測定する。測定方法として，a）塩化物イオン電極を用いた電位差滴定法，b）チオシアン酸水銀（Ⅱ）吸光光度法，c）硝酸銀滴定法，d）イオンクロマトグラフ法がある。

また，フレッシュコンクリートに含まれる塩化物イオンの試験方法として，日本コンクリート工学協会では「JCI-SC6：塩化物イオン選択電極法によるフレッシュコンクリート中の塩化物イオン含有量試験方法」を規定している。

【参考文献】
1）(社)日本コンクリート工学協会：コンクリート構造物の腐食・防食に関する試験方法ならびに規準（案），1987年

■ アルカリ量分析

アルカリ量分析は，コンクリート構造物にアルカリシリカ反応が起こる可能性を診断するために実施するものであり，ASTM C 114の分析方法や熱水抽出法等がある。室温でアルカリを抽出するASTM C 114の方法よりも，熱水でアルカリを抽出する熱水抽出法の方が溶出するアルカリ量が多く，使用セメントのアルカリ量に近い値を得られるというデータがある。以下に熱水抽出法の概略を示す。

（1）微粉砕したコンクリート試料（もしくはセメント）2gを10～20mlの蒸留水とともにビーカーに入れ，5～10分煮沸する。
（2）放冷後ろ過し，ろ液に1+1塩酸5mlを加え200mlに希釈，この液のアルカリ量を分析する。

【参考文献】
1）小林一輔，丸章夫，立松英信：アルカリ骨材反応の診断，森北出版株式会社，1991年3月

■ 骨材の反応性

骨材の反応性試験は，アルカリに対する骨材の潜在的な反応性を調べる試験であり，JIS A1145-2001に「骨材のアルカリシリカ反応性試験方法（化学法）」が，JIS A1146-2001に「骨材のアルカリシリカ反応性試験方法（モルタルバー法）」が定められている。

化学法は，粉砕した骨材を80℃のアルカリ溶液で反応させ，その溶液のアルカリ濃度減少量Rcと溶解シリカ量Scから，骨材の反応性を判定する試験である。モルタルバー法は，細骨材または5mm以下に粉砕した試料を用いて，水セメント比50%でセメントのアルカリ量を水酸化ナトリウムの添加により1.2%に調整したモルタルを用いて40×40×160mmのモルタルバーを作製し，温度40±2℃・

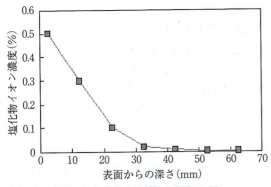

図5.5.6　塩化物イオン濃度分布図の一例

相対湿度95%以上の条件下に6ヵ月間保存したときの膨張量から，骨材の反応性を判定する試験である。

その他に日本コンクリート工学協会では，より実際に近い，自然な条件下での試験方法としてコンクリートバー法を提案している。これは，実構造物に使用するコンクリートと同一配合のコンクリートに水酸化ナトリウム溶液（2N）を加えたコンクリートを用いて75×75×400mmまたは100×100×400mmのコンクリートバーを作製し，温度40±2℃の条件下に6ヵ月間保存したときの膨張量から，骨材の反応性を判定する試験である。

【参考文献】
1）㈳日本コンクリート工学協会：コンクリート技術の要点 '09, 2009年9月
2）㈳日本コンクリート工学協会アルカリ骨材反応調査研究委員会：アルカリ骨材反応調査研究委員会報告書，1988年7月
3）㈳日本コンクリート工学協会：コンクリート診断技術'08[基礎編], 平成20年3月

■　膨張率測定

膨張率測定は，アルカリシリカ反応を生じたコンクリート構造物の反応性膨張量を，採取したコアの膨張量を測定することにより推定する試験である。日本コンクリート工学協会では，膨張率の測定方法として「JCI-DD2：アルカリ骨材反応を生じたコンクリート構造物のコア試料による膨張率の測定方法」を規定している。同規準の試験では，実構造物より採取したコアを，温度20±2℃，相対湿度95%以上の条件で標準養生したときに生じる膨張量（解放膨張とよぶ）と，温度40±2℃，相対湿度95%以上の条件で促進養生したときに生じる膨張量（残存膨張とよぶ）を測定する。解放膨張はすでに発生しているアルカリシリカ反応の尺度になり，残存膨張は構造物が将来膨張する危険度の尺度になる。

【参考文献】
1）㈳日本コンクリート工学協会：耐久性診断研究委員会報告書 1989年6月
2）㈳日本コンクリート工学協会：JCI規定集（1977-2002），2004年

■　細孔径分布測定

細孔径分布は，中性化や凍害等に対するコンクリート構造物の耐久性やコンクリート強度等を評価する上で指標となるものであり，試験方法として，気体（窒素）吸着法，水銀圧入法，X線小角散乱法

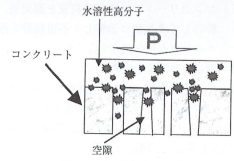

図5.5.7　水溶性高分子圧入法

およびガス透過拡散法等がある。中でも気体（窒素）吸着法および水銀圧入法が広く適用されている。

気体（窒素）吸着法は，乾燥した試料に窒素を吸着させ，平衡圧PがP/P$_0$=0.95（P$_0$は飽和蒸気圧）となるまで平衡圧と吸着量を測定し，その関係から細孔径分布を算出する方法である。細孔径分布の算出にあたっては，いくつかの計算方法が提案されており，目的や細孔径の範囲に応じて選択する必要がある。

水銀圧入法は，乾燥した試料に指定した注入圧力で水銀を圧入し，そのときの圧力と圧入した水銀の容積を測定して細孔径分布を測定する方法である。最近では，現位置でコア試料を採取することなく細孔径分布を測定する方法として，水溶性高分子圧入法（図5.5.7参照）が試みられており，コンクリート構造物の新しい耐久性評価手法として期待されている。

【参考文献】
1）小林一輔，丸章夫，立松英信：アルカリ骨材反応の診断，森北出版株式会社，1991年3月
2）㈳日本コンクリート工学協会コンクリートの長期耐久性に関する研究委員会：コンクリートの試験・分析マニュアル，2000年5月
3）古澤，信田，横関，渡邉，堺，嶋田：水溶性高分子圧入法によるコンクリートの細孔構造推定に関する基礎的検討，土木学会第54会年次学術講演会講演概要集第5部，1999年9月

■　透気（水）試験

コンクリートの透気試験および透水試験の結果は，コンクリートの耐久性を評価する上で重要な指標となる。透気試験の一般的な方法として，供試体に一定圧力の空気を作用させ，空気の流れが定常になった後，流量を測定して，ダルシー則により透気係数を求める方法がある。

透水試験には，供試体に一定圧力の水を作用させ，単位時間に単位断面を通って流出した水量を計り，

圧力と流出量の関係から透水係数を求めるアウトプット法と，供試体に一定圧力の水を作用させ，一定時間内に圧入された水の浸透深さによってコンクリートの拡散係数を求めるインプット法の2種類がある。アウトプット法は試験に長時間を要するが解析が簡易であり，インプット法は試験に時間はかからないが解析が難しいという特徴がある。

【参考文献】
1）㈳日本コンクリート工学協会コンクリートの長期耐久性に関する研究委員会：コンクリートの試験・分析マニュアル，2000年5月

■ 組成分析

コンクリート分野における組成分析は，使用材料の品質を調査する場合（セメント鉱物の分析等），硬化コンクリートの品質を調査する場合（配合推定等），コンクリートの組織を分析する場合（水酸化カルシウムの定量等）およびコンクリートの劣化調査を行う場合（中性化深さ，塩化物イオン含有量，化学的腐食の程度等）等に実施する。組成分析には，以下に示すような試験方法がある。

（1）化学分析：化学薬品溶液に溶かした試料等を滴定法等によって分析する方法。
（2）熱分析：加熱または冷却する過程で試料に生じる化学的および物理的変化から鉱物組成を分析する方法。
（3）X線回折：試料にX線を照射して回折させ，回折角と強度から結晶性物質の分析を行う方法。
（4）EPMA（Electron Probe Micro Analyzer）：試料に電子ビームを照射し，発生する2次電子，反射電子および特性X線等から物質の組成，含有量および分布等を分析する方法。
（5）SEM（Scanning Electron Microscope）：試料に電子ビームを照射し，発生する2次電子から試料の表面像を得る方法。

【参考文献】
1）鈴木一孝，野尻陽一，松岡康訓：コンクリートの組織構造の診断，森北出版株式会社，1993年9月
2）小林一輔：コア採取によるコンクリート構造物の劣化診断法 森北出版株式会社，1998年4月
3）土木学会：構造物表面のコンクリート品質と耐久性能検証システム研究小委員会成果報告書およびシンポジウム講演概要集，2008年4月

局部破壊検査

局部破壊検査とは，コンクリート構造物の一部分を破壊し試験観察を行ったり，非破壊試験の補足として一部分をはつり出すものである。その主な検査法としては，中性化測定，鉄筋の腐食状況の観察および局部破壊による強度試験（引抜き法，ブレイクオフ法，プルオフ法，貫入抵抗法等）がある。

■ 中性化測定

中性化とは，元来アルカリ性のコンクリートが長い間空気中にあると，コンクリートの表面から空気

表5.5.2 鉄筋腐食度の分類に関する各種提案

グレード	塩害建築物の調査・診断・補修指針（案）	石橋，田摩，竹田，青木による区分	和美，木村，吉信，小泉による区分	小堀，永野による区分	福士，森永，成田による区分	小林，栗原，三好による区分
I	腐食がなく黒皮の状態	ほとんどが黒皮の状態で発錆していない。	錆がほとんど認められない。	異常なし。	黒皮の状態，または錆が生じているが，全体的に薄い緻密な錆であり，コンクリート面に錆が付着していることはない。	全く錆のないもの。
II	表面にわずかの点錆が生じている状態。	部分的に浮き錆があるが，小面積の斑上である。	部分的な点食を認める。	ブリーディング部下半分の赤錆。	部分的に，浮き錆があるが，小面積の斑点状である。	点状の赤錆。
III	薄い浮き錆が広がって生じており，コンクリートに錆が付着している状態。	比較的広い面積に錆がある。	全面腐食している。	鉄筋周面の赤錆。	断面欠損は，目視観察では認められないが，鉄筋の全周または，全長にわたって浮き錆が生じている。	前面的な赤錆。
IV	膨張性の錆が生じているが，断面欠損は，比較的少ない状態。	大部分の範囲に錆があり，局部的に層状の錆がある。	層状の錆，断面欠損，かぶりコンクリート剥離。	断面損失に至っている腐食。	断面欠損を生じている。	浮き錆および錆て，剥落したもの。
V	著しい膨張性の錆が生じており，断面欠損がある状態。	層状の厚い錆が発生し，部分的に断面欠損している。	—	—	—	—

中のCO_2（炭酸ガス）の作用を受け，下式に示すように徐々に炭酸化されていくことをいう。

$Ca(OH)_2 + CO_2 \rightarrow CaCO_2 + H_2O$

コンクリートが中性化すると，アルカリ性のときと違ってコンクリート中の鋼材に対する防錆力がなくなり，鋼材が腐食し，その膨張によりコンクリートにひび割れが生じ，RC構造物としての耐力が低下する。この中性化は，コンクリート表面部から内部に進行することから表面部を一部はつり出し，その破断面にフェノールフタレインアルコール溶液（1gを無水アルコール65ccに溶かし，水を加え100ccとする）を噴霧器で吹きかけ，紫赤色に変わらない部分を中性化したものとして，その部分の深さを測定するものである。

【参考文献】
1）依田彰彦：コンクリート中の鋼材腐食の現状—中性化の影響—，コンクリート工学，Vol.19，No.3，March，1981
2）JISA1152-2002：コンクリートの中性化深さの測定方法

■ 錆の目視

鉄筋の腐食状況を確認するために，コンクリートからはつり出して鉄筋の錆状況の観察・試験を行う。その際の検査項目は下記の通りである。

（1）目視による腐食度の分類と外観観察
（2）腐食面積率の測定
（3）腐食量の測定
（4）鉄筋の力学的性質の測定
（5）錆の成分分析

（1）については，研究者において各種提案されており表5.5.2に示す通りである。（2），（3）については，錆状況を観察するとともに，錆を落としてノギス等により残存鉄筋径を計測したり，重量を測定し，健全な鉄筋と比較する。

（4），（5）については，実験室において引張り試験およびX線回折装置を用いて試験を行うものである。

【参考文献】
1）小林豊治，米澤敏男，出頭圭三：鉄筋腐食の診断，森北出版 1993年5月

2 非破壊検査

非破壊検査とは，コンクリート構造物を破壊することなく，その表面部において機器を接触または非接触で物理，化学現象のデータを収録し，コンクリート構造物内部の状況および変状を検査するものである。この手法は，破壊法，局部破壊法に比べコンクリート構造物に損傷を与えることなく，広範囲・高能率にデータを収得できる利点があり，コンクリート構造物の検査における詳細検査として重要となってきている。現状で実用化および開発されている非破壊検査項目と検査法およびその評価を表5.5.3に示す。

表5.5.3 コンクリートの非破壊試験方法の評価

使途		測定方法	実績	簡便性	検査能率	精度	コスト	将来性
強度・変形特性		シュミットハンマー	A	A	B	B	A	B
		超音波法	A	B	B	B	B	B
		引抜法	B	B	C	B	B	B
		組み合わせ・その他	B	B	C	B	A	B
内部検査	寸法・厚さ	放射線透過法	B	B	B	B	C	B
		超音波法	C	C	C	C	B	C
	鉄筋位置	電磁誘導法	A	A	A	B	A	A
		放射線透過法	B	C	C	A	C	B
		レーダー法	B	B	B	B	B	A
	ひび割れ	AE法（変化）	B	C	C	B	C	B
		赤外線法（分析）	B	C	A	B	B	B
		超音波法（深さ）	A	B	B	B	B	B
	欠陥・空隙等	超音波法	B	B	B	B	B	B
		打音・振動法	B	A	A	B	A	B
		放射線透過法	B	C	C	A	C	B
		赤外線法	B	C	A	B	B	B
		レーダー法	B	B	B	B	B	B
鋼材腐食		自然電位法	B	C	C	C	B	B
		放射線透過法	C	C	C	A	C	B
		電磁誘導法 渦流探査法	B	A	B	B	A	A

（評価）

ランク＼項目	実績	簡便性	検査能率	精度	コスト	将来性
A	有	良	良	良	安	有
B	一部有	普通	普通	普通	普通	一部有
C	無	悪	悪	悪	高	無

【参考文献】
1）魚本健人，加藤潔，広野進：コンクリート構造物の非破壊検査，森北出版 1990年5月

強度・変形特性

非破壊検査によるコンクリートの強度・変形特性に用いられている主な検査法は，シュミットハンマー，超音波法および引抜き試験で，その詳細は各

表5.5.4 強度・変形特性を調査する非破壊検査

測定の目的	非破壊試験法の種類				測定内容
コンクリートの圧縮強度	打撃法	表面硬度法		落下式ハンマー法 はね式ハンマー法 回転式ハンマー法 ピストン鋼球打撃法	左記の各種機器を用いてコンクリートの表面を打撃し，くぼみの深さ，直径，面積などを測定
		反発硬度法		シュミットハンマー法など	左記の機器により，コンクリート表面を打撃し，その反発硬度を測定
	局部破壊法	貫入抵抗法		シンビハンマー法 スピットピン法 ウィンザープローブ法など	貫入深さの測定
		引抜き法		くぎ，ボルトなどの引抜き法	あらかじめコンクリートの中に埋め込おいたくぎ，ボルトなどの引抜き耐力の測定
		局部圧縮法			φ15mm程度の鋼板による局部圧縮耐力（または凹み）の
	組合せ法			音速・シュミットハンマー法	超音波速度とシュミットハンマー反発硬度の測定
コンクリートの動的特性（動弾性係数など）凍結融解抵抗性	振動法	音速法	超音波法	パンジット法 ソニックビュアー法 ウルトラソニックテスター法など	超音波パルス（縦波・横波）の伝達速度および波形の測定
			衝撃波法	衝撃弾性波法	衝撃波（縦波・横波）の伝達速度および波形の測定
		共振法		縦共振法 たわみ共振法 ねじり共振法	特定形状・寸法のコンクリート試験体の共振周波数，対数減衰率などの測定

項目で記述するが，概略は表5.5.4に示す通りである。

【参考文献】
1) 魚本健人，加藤潔，広野進：コンクリート構造物の非破壊検査，森北出版

■ シュミットハンマー

コンクリートの非破壊検査として最も多用されている方法で，コンクリート圧縮強度を推定するために用いられている。1948年スイスの E. Schmidt によって考案されたもので，ばね式ハンマーの特徴を有し，コンクリートの表面硬度を知るのに反発硬度によっている。シュミットハンマーには，N型，L型，M型等があり，N型が最も一般的なコンクリート，L型は軽量コンクリート，M型はマスコンクリートに適用される。なお，NR型，LR型，MR型等は，記録装置式のものを称する。シュミットハンマーは，コンクリート面にハンマーを直角に押し付け，反発硬度を測定するものである。シュミットハンマーの反発硬度値からコンクリートの圧縮強度を推定する式としては，日本材料学会実施コンクリート強度判定法委員会「シュミットハンマーによる実施コンクリートの圧縮強度判定方法指針案」での指定式が，最も多用されており，下式で示される。

$F = -184 + 13R_0$

F：圧縮強度，R_0：反発硬度

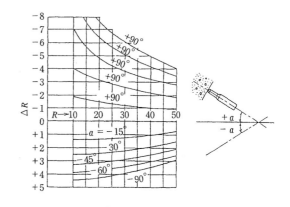

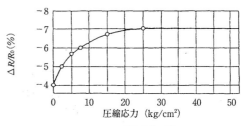

図5.5.8 反発硬度の補正

なお，R_0については測定の際，コンクリート強度以外に下記の項目の影響を受けることから，これらの項目についての補正を行った値を用いる（$R_0 = R + \triangle R$，R：測定値，$\triangle R$：補正値）。

（イ）打撃方向の影響（図5.5.8 (a) 参照）

（ロ）コンクリートが打撃方向に直角な圧縮応力を受けている場合（図5.5.8（b）参照）
（ハ）水中養生を持続したコンクリートを乾かさず測定した場合

　また，測定箇所については測定面を砥石等で平滑にするとともに，20cm×20cm位の範囲内において20箇所程度を測定し，算術平均により測定値とすることが望ましい。

【参考文献】
1）柏忠二：コンクリートの非破壊検査法，技報堂　昭和56年3月
2）土木学会：硬化コンクリートのテストハンマー強度の試験方法（JSCE-G504-1999）

■　超音波法

　超音波法とは，20kHz以上の超音波縦波パルスをコンクリート中に放射し，その伝播時間tから得られる伝播速度Vc（=L/t，L：伝播距離）から，コンクリートの品質あるいは品質のバラツキを評価する方法である。なお，超音波には縦波の他に横波，表面波などもあるが，これらは判別が困難であることもあり，対象とされることは少ない。超音波パルスは半無限弾性体を伝播するとみなされ，その縦波速度は下式で示される。

$$Vc=\sqrt{E(1-\mu)/\{\rho(1+\mu)(1-2\mu)\}}$$

　すなわち，音速はコンクリートのヤング係数（E），密度（ρ）およびポアソン比（μ）により決定されることから，弾性係数との関連性が高いが，強度との関係は理論的にはない。但し，実験的には図5.5.9に示す通りの関係が示されている。

　また，超音波法とシュミットハンマーを併用した圧縮強度の推定についても，研究報告がなされている。

【参考文献】
1）尼崎省二：コンクリートの非破壊検査方法（原理と手法）―コンクリート強度，弾性係数―，コンクリート工学，Vol.27，No.3，March，1989

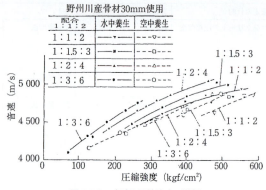

図5.5.9　音速と圧縮強度の関係

■　引抜き試験

　引抜き試験法は，1970年代になってから主にアメリカを中心として研究開発が行われている方法で，図5.5.10に示すようにコンクリート表面に埋め込まれたアンカーを引き抜いて，抜けるときの荷重から強度を求める方法である。この方法は，コンクリート打設前にアンカーボルトを埋め込む方法（プレアンカー法）と，コンクリート硬化後，孔をあけてボルトを埋め込む方法（ポストアンカー法）とがある。いずれの場合にも，この方法はコンクリート表面を円錐状にせん断破壊させることになり，得られる強度は圧縮強度よりもせん断強度に近いものとなる。しかし円柱供試体の圧縮試験でも端面摩擦を取り除かない場合には同様な破壊形式となるため，ある程度コンクリート強度との相関性が得られる。

【参考文献】
1）魚本健人，加藤潔，広野進：コンクリート構造物の非破壊検査，森北出版　1990年5月

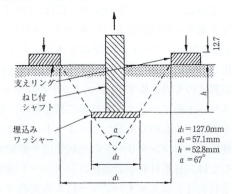

図5.5.10　引抜き試験用治具（プレアンカー法）

寸法・厚さの測定

コンクリート構造物の検査において，構造耐力や剛性の調査を行う場合には，部材の寸法，厚さが必要となる。柱，梁などのように部材の端面や側面に接近できる場合にはスケールを用いて測定することができるが，スラブやトンネルの覆工厚さ等のように端面が露出できないような構造の場合にはボーリングにより厚さ，寸法を測定することとなる。このボーリングに替わる非破壊検査手法として現状では，下記検査法が適用されている。

(1) 超音波または弾性波による方法
(2) 放射線による方法
(3) 電磁波による方法

各検査手法については個別項目に記述するが，検査対象としては上記の通り，基礎スラブ厚さ，トンネル二次覆工厚さおよび杭等地中構造物の根入れ深さ調査等がある。

【参考文献】
1) 竹中 克巳：コンクリートの非破壊検査方法（原理と手法）─寸法，厚さ─，コンクリート工学，Vol.27, No.3, March, 1989

■ 放射線透過法

コンクリートの検査に用いられる放射線は，X線とγ線である。

試験方法は図5.5.11に示す通りで，コンクリート部材の一面からX線発生装置によりX線を発生させ，その反対面にフィルムを配置し，X線の透過によりフィルムを感光させるものである。

原理としては，X線やγ線が物体を透過する時の線量の変化が下式で示される。

$I = I_0 \cdot \exp(-\mu T)$

I_0：透過前の線量
I：透過後の線量
μ：吸収係数
T：透過する物体の厚さ

上式において吸収係数μは，X線やγ線の線質および透過する物質により異なるが，線質が同じ場合には物質固有の値をもつため，コンクリートだけを透過したX線やγ線と鉄筋または空洞のある所を透過したX線やγ線とでは透過後の線量に差ができる。その線量の大小に応じてフィルムに濃度差が生じることで，内部の写真像が得られる。

現状で用いられているコンクリートを対象とした装置では，透過厚さとしては30～40cmである。

【参考文献】
1) 魚本健人, 加藤潔, 広野進：コンクリート構造物の非破壊検査, 森北出版 1990年5月

■ 超音波法

超音波法を用いた部材厚さ測定は，図5.5.12に示す通り，測定したい部材の片面に超音波探触子を配置する。探触子から発振された超音波は，部材中を伝播し，裏面で反射させ，再び探触子に戻ってくることから，下式でその厚さを求める。

$t = V \cdot T / 2$

t：部材厚さ
V：部材の音速
T：伝播時間（反射波）

なお，現状では部材裏面から反射してくる波より先に部材表面を直接伝播する波があることから，状況によっては反射波到達時間の判読が困難になることがある。

【参考文献】
1) 竹中貞巳：コンクリートの非破壊検査方法（原理と手法）─寸法，厚さ─，コンクリート工学，Vol.27, No.3, March, 1989

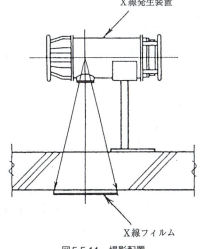

図5.5.11 撮影配置

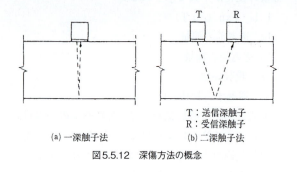

図5.5.12　深傷方法の概念

鉄筋位置の測定

鉄筋コンクリート構造物の耐力および耐久性を評価する上において，鉄筋位置，径，かぶりを検査することは重要であり，また，リニューアル関連においてコンクリート部を穿孔するケースも多くなり，鉄筋に損傷を与えないための配筋検査が多くなっている。鉄筋の位置，径，かぶり（厚さ）を検査する手法としては，以下の通りである。
（1）電磁誘導法
（2）放射線透過法
（3）レーダ法（電磁波法）
各検査法の詳細については，別途記載する。

■　電磁誘導法

電磁誘導法を利用した検査装置は，基本的には平行共振回路の電圧振幅の減少に基づいている。一般的に用いる計器は，図5.5.13に示すようにまずプローブなどの計器に設けられたコイルに電流を流して交流磁場を作り出し，その磁場内に鉄筋などの磁性体が存在すればこの磁性体に起電流が流れると同時に，この起電流によって逆に新たな磁場を形成する。この新たな磁場によって今度は逆に，計器中のコイルに電流が発生し，結果的にコイル電圧が変化することを利用している。

検査法としては，電磁コイルを内蔵したプローブをコンクリート表面を接触走査することにより，鉄筋の位置直上においてその電磁コイル電圧が最大になる位置を求めるものである。

【参考文献】
1）魚本健人，加藤潔，広野進：コンクリート構造物の非破壊検査，森北出版　1990年5月
2）和美広喜，小田着信，林憲秋：コンクリートの非破壊検査方法（原理と手法）—鉄筋位置，径，かぶり—，コンクリート

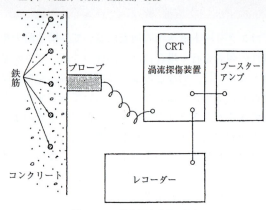

図5.5.13　鉄筋探査装置の概念

■　放射線透過法

放射線透過法の原理については，寸法，厚さ測定の放射線透過法について前述した通りで，ここでは鉄筋を対象とした手法について記述する。

鉄筋のかぶり（厚さ）および直径の測定は，図5.5.14に示すように試験体表面に鉛製の基準マークまたは鉄筋像の位置を計測することにより，幾何学的に下式で求めることができる。

試験体の厚さ（t）は，
$t = (m/M \cdot L_1) - L_2$

鉄筋の中心までの距離（D_0）は，
$D_0 = n(L_1+t) - ML_2/M+n$

鉄筋の直径（d）は，
$d = d_1 + d_2/d \cdot L_1 + t - D_0/L_3$

かぶり（厚さ）（D）は，
$D = D_0 - d/2$

この測定方法では，放射線源の移動距離（M），線源・試験体間の距離（L_1），フィルム・試験体の距離（L_2）および線源・フィルム間の距離（L_3）を正確に調整することと，フィルム上の像の寸法測定精度が試験結果の精度を高める上で重要である。

【参考文献】
1）竹中克巳：コンクリートの非破壊検査方法（原理と手法）—寸法・厚さ—，コンクリート工学，Vol.27, No.3, March, 1989
2）魚本健人，加藤潔，広野進：コンクリート構造物の非破壊検査，森北出版　1990年5月

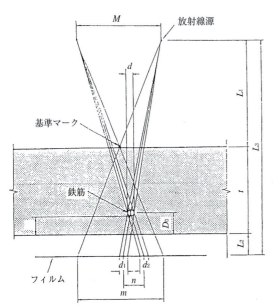

図5.5.14 放射線透過試験による寸法計測の原理

表5.5.5 補修の要否に関するひび割れ幅の限度

区分	環境** その他の要因*		耐久性からみた場合			防水性からみた場合
			厳しい	中間	ゆるやか	—
(A) 補修を必要とするひび割れ幅 (mm)		大	0.4以上	0.4以上	0.6以上	0.2以上
		中	0.4以上	0.6以上	0.8以上	0.2以上
		小	0.6以上	0.8以上	1.0以上	0.2以上
(B) 補修を必要としないひび割れ幅 (mm)		大	0.1以下	0.2以下	0.2以下	0.05以下
		中	0.1以下	0.2以下	0.3以下	0.05以下
		小	0.2以下	0.3以下	0.3以下	0.05以下

注）
* その他の要因（大中小）とは，コンクリート構造物の耐久性および防水性に及ぼす有害性の程度を示し，下記の要因の影響を総合判断して定める。ひびわれの深さ・パターン・かぶり（厚さ），コンクリート表面被覆の有無，材料・配（調）合，打継ぎなど。
** 主として鉄筋の錆の発生条件の観点からみた環境条件。

■ レーダ法

レーダ法とは，電磁波を用いた検査法で，地盤中の空洞および埋設物を探査することを目的として開発されたものである。この検査法の原理および装置は図5.5.15に示す通りで，コンクリート表面部からアンテナに内蔵された発信器により電磁波を放出し，その電磁波がコンクリート内部の異物（鉄筋，空洞）との境界面で反射された電磁波を再びアンテナ内部の受信器で受信する。

この受信する信号を画像処理することにより，異物の位置，かぶり深さ等が測定器本体のモニター画面に断面図として表示されるものである。

鉄筋の位置検査で得られた出力例は，写真に示す通りである。

なお，現状の装置での精度は配筋位置については±3cmであるが，かぶり（厚さ）については±10%程度で，鉄筋径については不明である。

【参考文献】
1) 魚本健人，加藤潔，広野進：コンクリート構造物の非破壊検査，森北出版 1990年5月

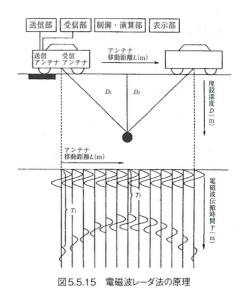

図5.5.15 電磁波レーダ法の原理

ひび割れ

コンクリート構造物に発生するひび割れは，亀裂，クラックとも呼ばれ，コンクリート構造物の設計・施工に携わる人達からは一般に忌み嫌われる現象である。その意味は，ひびが入って，割れ目ができることである。

コンクリートのひび割れは，コンクリート構造物の機能，耐力，耐久性，美観などを損なうもので，許容されるか否かはその構造物の使用目的，環境条件，重要度によって異なる。

検査においてもひび割れの観察を行うことは基本的項目であり，ひび割れの分布，幅，長さ，密度等によりその発生原因を推定するとともに，その発生程度により補修・補強の要否を決定することが多い。

その一例として，日本コンクリート工学協会の発刊による「コンクリートひび割れ調査・補修指針」の一部を表5.5.5に示す。

【参考文献】
1）長滝重義：コンクリートのひびわれに対する見方，考え方—良いひびわれと悪いひびわれ—，コンクリート工学，Vol.20, No.11, Nov.1982

■ AE法（変化）

AE法（Acoustic Emission）とは，超音波における受振子側のみの計測器を用いた手法であり，実際には超音波で用いられているものよりも高密度で広い帯域の弾性波動を検出している（図5.5.16参照）。

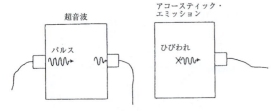

図5.5.16　超音波法とAE法の比較

原理からも分かるように，この検査法はまったく受動的であり，新たなひび割れが発生しなければ何も検出されない。すなわち，モニタリング的な検査法である。

このAE法により得られる結果・解析例を，図5.5.17に示す。

【参考文献】
1）大津政康：コンクリートの非破壊検査法（原理と手法）—ひびわれ幅，深さ，長さ等—，コンクリート工学，Vol.27, No.3, March, 1989

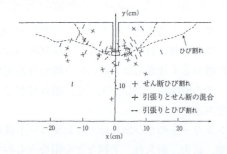

図5.5.17　アンカボルト引抜試験でのAE解析

■ 赤外線法（分布）

赤外線によるコンクリート構造物診断の原理を図5.5.18に示す。構造物の表面内部あるいは背面に存在するひび割れ，空洞，漏水等の欠陥部は，健全な部分と熱伝導率や比熱，密度等の物理的性質が異なるために，これらの存在は構造物表面に温度差となって現れる。これを赤外線装置で検出することが，すべての構造物に関する赤外線の基本原理である。

本検査法はコンクリート構造物の診断としては，主に剥離を対象として用いられ，ひび割れについては目視観察および写真撮影によることが多い。

【参考文献】
1）魚本健人，加藤潔，広野進：コンクリート構造物の非破壊検査，森北出版　1990年5月

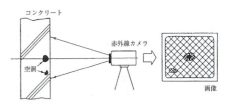

図5.5.18　赤外線カメラによるコンクリート壁面の観測

■ 超音波法（深さ）

超音波法とは数KHz〜数十KHzの高周波の弾性波であり，この方法によるコンクリート構造物の伝播速度の測定により強度変形特性を評価する方法は，別途記述した通りである。

この手法を用いてコンクリートに発生したひび割れの深さを測定する方法が，表5.5.6の通り数種類提案されている。

【参考文献】
1）魚本健人，加藤潔，広野進：コンクリート構造物の非破壊検査，森北出版　1990年5月

欠陥・空隙等

コンクリート構造物の欠陥，空隙としては，図5.5.19に示す通りコンクリート表面に近い部分の剥離と内部および背面部のジャンカおよび空洞が存在する。剥離は，近年問題化されているようにコンクリート片の剥落によるトラブルが多発しており，重要な検査項目となっている。また，内部のジャンカ，空洞部は耐力，耐久性の面から重要な検査項目である。

剥離検査法，空洞検査法の現状技術を表5.5.7および表5.5.8に整理した。

表5.5.6 超音波法によるひび割れ深さ測定

検査法の概要	略式図
（1）To-Tc法 縦波用発・受振子をひび割れ開口部を中心にして等間隔L/2で設置したときのひび割れ先端部を回折してきた超音波の伝播時間Tcと，ひび割れのない部分での発・受振子距離Lでの伝播時間Toより，次式でひび割れ深さを求める方法である。 $$d = \frac{L}{2\sqrt{(Tc/To)^2 - 1}}$$	
（2）T-法 縦波用発振子を固定し，縦波用受振子を一定間隔で移動したときの伝播距離と伝揮時間の関係（走時曲線）からひび割れ位置での不連続時間tを図上で求め，次式によりひび割れ深さを求める。 $$d = \frac{t\cos a (t\cos a + 2L_1)}{2(t\cos a + L_1)}$$ ここで発・受振子の中心距離間をL，発振子をからひびわれまでの距離をL_1とするとL）L_1での走時曲線はL＝L_1で極小値を示す。また$\cos a$は音速である。	
（3）BS法 ひび割れ開口部を中心として図に示すように，縦波用発振および受振子を150mmおよび300mmピッチで配置したときの各伝播時間より，次式を用いてひび割れ深さを求める方法である。 $$d = 150 \frac{\sqrt{4t_1^2 - t_2^2}}{t_2^2 - t_1^2}$$ ここでdはひび割れ深さ，t_1は150mmピッチ時の伝播時間，t_2は300mmピッチ時の伝播時間である。ただし，ひび割れから発・受振子までの距離は振動子の中心までの距離ではなく，振動子端までである。	
（4）レスリー法 Leslieは縦波振動子を使用して斜角法と表面法（反射法）を併用して，図に示す各側点間の伝播時間より，表面開口ひび割れ深さの測定を行っている。まず，XとAあるいはYとAの伝播時間からコンクリートの平均音速を求め，XあるいはYからBまたはCまでの伝播時間よりひび割れ深さを計算している。	
（5）位相変化法 測定方法はTc-To法と同様，ひび割れ開口部を中心に図に示すように発・受振子の距離を変化させ，その距離aがひび割れ深さyより短い範囲内では受振子で得られる記録波形が上に立ち上がり，a＝yを境に距離aがひび割れ深さyを越えると初動が下がる。このため初動の位相が変化する境界の距離aを求めることにより，そのときのaがひびわれ深さyとなる。	
（6）SH波法 測定方法は図に示すように，ひび割れ開口部を挟んで発・受振子を対向させて設置する。この状態で発振子より超音波を発生させ，ひび割れ部に向けて発振する。発生している超音波のモードはSH波（振動方向と波の進行方向が平行な横波）であるが，水平方向に強い表面波が発生している。これが発振面，ひび割れ面，ひび割れ先端への経路で伝播し，ここで表面波よりSH波にモード変換し，このSH波を受振子で受振する。よって，表面波音速，横波音速が既知であれば伝播時間を計測することによりひびわれ深さが求まる。ここでひび割れ位置と発振子間の距離L_1，ひび割れ位置と受振子間の距離をL_2，伝播時間をt，表面波音速をVr，横波音速をV_s，ひび割れ深さをdとすると下式の関係になる $$t = \left(\frac{L_1 - d}{V_5}\right) + \frac{\sqrt{d^2 - L_2^2}}{V_5}$$	

【参考文献】
1）広野進：コンクリートの非破壊検査方法（原理と手法）―欠陥・空隙等―，コンクリート工学，Vol.27, No.3, March, 1989

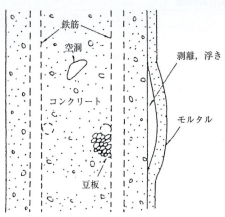

図5.5.19 コンクリート構造物における剥離，欠陥，空隙

表5.5.7 剥離検査法の種類

検査法	概略	精度	作業性	安全性
打音法	ハンマーで打撃し，人間の耳で判断	△	△	×
打撃法	ハンマー打撃による打撃音をマイクロホンで受信，CPUで判断	○	○	○
反発法	シュミットハンマーの反発度で判断	△	×	×
超音波法	超音波の伝播波形により判断	△	×	×
熱赤外線法	赤外線カメラによる表面温度で判断	○	○	○

表5.5.8 豆板，空洞検査法の種類

検査法	概略	特徴
打撃法	ハンマー打撃による打撃音をマイクロホンで受振し，CPUで判断する。	一面から実施でき作業性もよいが，検査深度は20～30cmである。
電磁波レーダー法	電磁波の反射による画像で判断する。	一面から実施できて作業性も良く，模擬断面として判断できるが，鉄筋の影響を受けやすく，鉄筋のある場合は20～30cm，無筋の場合は50～60cmの検査。
超音波法	超音波の伝播速度により判断する。	反射法と透過法があるが，前者では現状では判断がやや困難で，後者については数m程度は検査可能である。
放射線法	放射線の透過による画像で判断する。	透過法であり，精度は良い。検査深度は40～50cm程度。取扱いに安全管理面での留意が必要。

■ 衝撃弾性波法

衝撃弾性波法とは超音波法の発振子をハンマー打撃（トリガー付）に替えたもので，図5.5.20に示す通りコンクリート表面に発振子を設置し，その近傍をハンマー打撃することによりコンクリート内部の空洞および背面部よりの反射弾性波を受振子で収録し，その反射波の伝播時間から空洞の位置を推定するものである。

【参考文献】
1) 魚本健人，加藤潔，広野進：コンクリート構造物の非破壊検査，森北出版

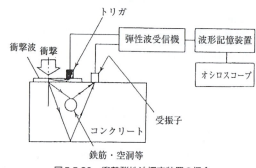

図5.5.20 衝撃弾性波探査装置の概念

■ 超音波法

超音波を用いてコンクリートの剥離または空洞を検査する方法で，コンクリート表面に超音波の発・受振子を設置し，受振子で得られる波形から定性的に空洞の有無を判定している。これは，剥離および表面より浅い部分に空洞が存在することにより，超音波振動が剥離部で共振する。そのことにより健全部に比べ振幅が大きくなるとともに，その振動継続時間が長くなることを利用したものである。

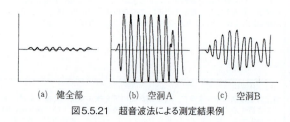

(a) 健全部　　(b) 空洞A　　(c) 空洞B

図5.5.21 超音波法による測定結果例

【参考文献】
1) 魚本健人，加藤潔，広野進：コンクリート構造物の非破壊検査，森北出版　1990年5月

■ 打音・振動法

コンクリート構造物の剥離検査として最も多用されているものが，打音法である。すなわちテストハンマーでコンクリート表面を打撃し，その際の音の差異を聞き分けることにより剥離を判断するものである。この方法を定量的にするために，テストハンマー近傍にマイクロホンを設置し，その収録した音を分析器を用いて解析評価するシステム等も開発されている（図5.5.22）。

また，マイクロホンの代わりに超音波法で用いる

振動子を取り付け，その振動波形を波形処理することにより判断する方法が，振動法である。これらのシステムは建築物のタイル仕上げおよびモルタル仕上げ壁面の検査法として実用化されている。

【参考文献】
1）広野進：コンクリートの非破壊検査方法（原理と手法），一欠陥・空隙等一，コンクリート工学，Vol.27, No.3, March, 1989

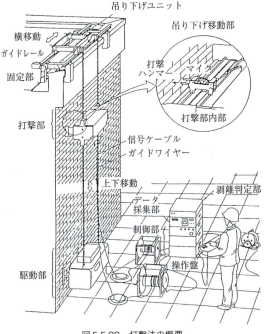

図5.5.22 打撃法の概要

■ 放射線透過法

放射線透過法の原理および検査法については，鉄筋検査での放射線透過法で記述したものと同様である。

【参考文献】
1）魚本健人，加藤潔，広野進：コンクリート構造物の非破壊検査，森北出版 1990年5月

■ 赤外線法

赤外線法の原理については，ひび割れの検査法に記述した通りで，本検査法は主に剥離検査法として建物外壁の検査に多用されている。

建物外壁の場合，外装材（タイル，仕上げモルタル等）の剥離部と健全部とでは，外壁の熱貫流抵抗が異なり，人工加熱や直射日光等により外壁材の表面温度に差が生じる。図5.5.23に示す通り剥離部は健全部に比べ2〜5℃程度も表面温度が高くなる。そのため図5.5.24に示すように，赤外線カメラにより外壁部を撮影し，画像処理を行うことにより剥離

部を検出することができる。

【参考文献】
1）広野進：コンクリートの非破壊検査方法（原理と手法），一欠陥・空隙等一，コンクリート工学，Vol.27, No.3, March, 1989

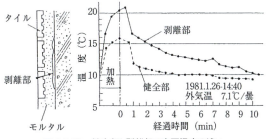

図5.5.23 健全部と剥離部の表面温度の違い

図5.5.24 遠赤外線の概要（コンクリート構造物）

■ レーダ法

レーダ法の原理については，鉄筋検査における項で記述した通りで，検査法も同様である。近年レーダ法を用いたコンクリート構造物の検査としては，トンネルの背面空洞調査に多用されている。この検査については，専用の走向車輌にレーダ装置および解析処理装置を装備したシステム検査車も開発され，実用化されている。

【参考文献】
1）地中探査・日本地下探査資料

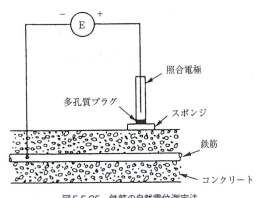

図5.5.25 鉄筋の自然電位測定法

鋼材腐食

鉄筋コンクリート構造物はコンクリートと鉄の複合材料であり，力学的には引張りに弱いコンクリートを鉄が補強し，耐久性上は錆びやすい鉄をコンクリートが保護することにより，相互に相手の欠点を補った優れた構造体である。しかし塩害やコンクリートの中性化により鉄筋が腐食し，早期劣化するものが多く，社会的問題となっている。

一般にコンクリート中の細孔中の水分の pH は約 12.5 の強アルカリ性環境であることから，鉄筋はその表面に不動態皮膜があり，腐食作用から保護されている。そのため適正な施工が行われたひび割れのない密実な鉄筋コンクリートでは，鉄筋の腐食は問題とならない。しかし，アルカリ成分の溶出や炭酸化によってコンクリートのアルカリ度が低下したり，あるいはコンクリート中にある種の有害成分が混入すると，鉄筋は腐食することとなる。

鉄筋の腐食は外観調査ではひび割れからの錆汁の浸出として観察されるが，その時では腐食は進んでいるため手遅れになることもある。そのため，できる限り早期にその状況を把握することが重要である。鉄筋の腐食検査としては，コンクリートのはつりによる直接外観調査が最も多用されているが，非破壊検査としては現状では，自然電位法または放射線透過法が用いられている。

【参考文献】
1) 小林豊治，米澤敏男，出頭圭三：鉄筋腐食の診断，森北出版 1993年5月

自然電位法

鉄筋の腐食に対する非破壊検査法として最も多用されているものが，自然電位法である。その検査法は図5.5.25に示す通りで，電位差計の一端を鉄筋に接続し，もう一端の照合電極をコンクリート上を接触走査させながら電位差を計測する。この測定の際，コンクリート表面の水分量の影響が大きいことから計測に当ってあらかじめ水でコンクリート表面を均一にぬらした後，計測することが望ましい。計測により得られた結果は図5.5.26に示す通りで，コンクリート面の等電位平面図として出力する。この結果の評価については，ASTM C 876で提案されている。

【参考文献】
1) 宮川豊章，片脇清：コンクリート中鋼材の塩化物腐食調査及び試験法，コンクリート工学，Vol.19，No.3，March，1981

放射線透過法

放射線透過法の原理・検査方法については鉄筋検査における項で記述した内容と同様である。放射線透過法による鉄筋腐食の検査については浮き錆を捕らえることは難しく，かなり腐食された状態でないと確認できない

【参考文献】
1) 魚本健人，加藤潔，広野進：コンクリート構造物の非破壊検査，森北出版

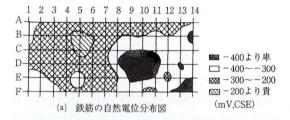
(a) 鉄筋の自然電位分布図

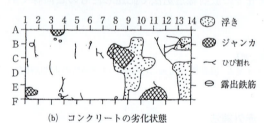
(b) コンクリートの劣化状態

図5.5.26　鉄筋の電位分布図とコンクリートの劣化状況

VI 補修・補強・解体工法

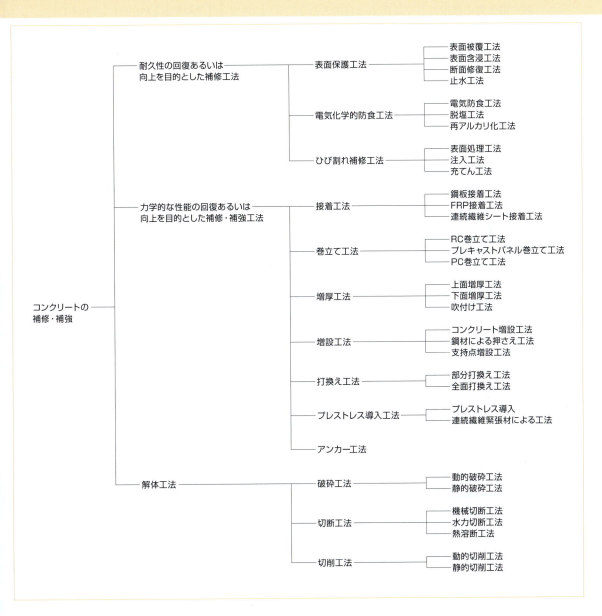

　コンクリート構造物に何らかの変状が認められた場合には，調査結果に基づいてその原因を推定し，構造物の耐荷力，剛性，耐久性，防水性，気密性，対人安全性および美観等を考慮して，対策を実施する必要がある。コンクリート構造物の主な劣化原因としては，温度応力や乾燥収縮によるひび割れ，ア

ルカリシリカ反応，塩害，凍害，すりへり作用，化学作用等がある。また，外力の作用としては，地震，過大土圧，不等沈下等によるひび割れ，変形等がある。これら変状に対する対策を講じる場合には，原因や構造物の種類によって対策方法も異なる場合が多いので，変状原因と構造物の機能を十分考慮して

適切な方法を選択する必要がある。

通常，実施される対策としては，補修あるいは補強が挙げられる。補修・補強の定義については各種規準類で，統一されているとはいえないが，土木学会「2007年制定コンクリート標準示方書【維持管理編】」では次のように定義している。

　補修：第三者への影響の除去あるいは，美観・景観や耐久性の回復もしくは向上を目的とした対策。ただし，建設時に構造物が保有していた程度まで，安全性あるいは，使用性のうち力学的な性能を回復させるための対策も含む。

　補強：部材・構造物の耐荷力を当初設計された水準まで回復あるいは水準以上に向上させることを目的とした維持管理対策。建設時に構造物が保有していたよりも高い性能まで，安全性あるいは，使用性のうちの力学的な性能を向上させるための対策。

補修，補強以外の対策としては，点検強化，機能向上，供用制限，修景，等があり，最終的な手段として解体・撤去がある。これらの中から構造物の社会的重要性，対策後に期待される耐用年数およびコスト等から総合的に判断して，適切な方法を選定することが重要である。

図5.6.1は，塩害によって劣化した構造物の各種性能の低下曲線を示したものである。塩害の場合には，潜伏期，進展期，加速期および劣化期に分けられ，性能水準の低下に応じて，補修・補強の要否を判定する必要がある。また，補修方法あるいは補強工法の選定フロー例を図5.6.2に示した。

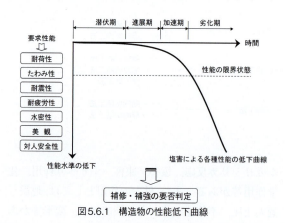

図5.6.1　構造物の性能低下曲線

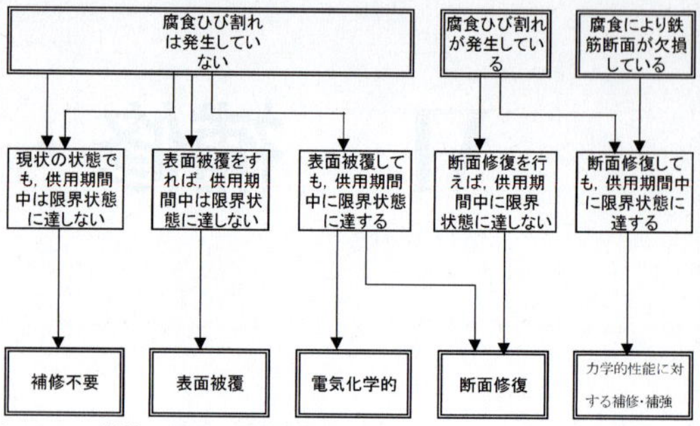

図5.6.2　補修・補強の要否判定および工法選定の例（塩害の場合）

補修（耐久性の回復・向上）

補修には，劣化進行の防止・抑制，美観・景観や耐久性の回復もしくは向上を目的とした対策と，対人安全性や使用性のうち力学的な性能を回復させるための対策があるが，ここでは耐久性回復，向上に対する補修工法を取り上げる。

補修計画を立案する際には，劣化原因・劣化機構，構造物の性能水準の回復程度，補修後の耐用年数およびコスト等を考慮して，適切な工法を選定する必要がある。すなわち，補修方法選択の基本方針としては，はじめに，劣化原因・劣化機構に応じて補修方針を決定し，次に補修工法を選択し，最後に補修水準を満足するために考慮する仕様を決定する，というような手順で行うのが一般的である。「土木学会2007年制定コンクリート標準示方書【維持管理編】」では，劣化機構別に，補修の方針，補修工法の構成，および目標とする性能を満たすために考慮すべき要因の例を，表5.6.1のように示している。

最適な補修方法の選択に際しては，構造物の種類，環境条件，劣化の進行程度など様々な要因を考慮する必要があるため，構造物毎に最適な補修工法が存在することになる。また，補修技術は，現在も種々の研究がなされており，新しい工法も日々開発されている。このように，補修計画の立案に携わる技術者には，専門的な高度な知識と経験が要求されるとともに，補修工法の適用実績や供用実績などを慎重に評価することが重要となる。

表5.6.1 劣化機構に基づく耐久性能の回復・向上を目的とした補修工法の選定例

劣化機構	補修の方針	補修工法の構成	目標とする性能を満たすために考慮すべき要因
中性化	・中性化したコンクリートの除去 ・補修後のCO_2，水の浸入抑制	・断面修復工 ・表面処理 ・再アルカリ化	・中性化部除去の程度 ・鉄筋の防錆処理 ・断面修復材の材質 ・表面処理の材質と厚さ ・コンクリート中のアルカリ量のレベル
塩害	・侵入したCl^-の除去 ・補修後のCl^-，水分，酸素の浸入抑制	・断面修復工 ・表面処理 ・脱塩	・侵入部除去の程度 ・鉄筋の防錆処理 ・断面修復材の材質 ・表面処理の材質と厚さ ・Cl^-量の除去程度
	・鉄筋の電位制御	・陽極材料 ・電源装置	・陽極材の品質 ・分極量
凍害	・劣化したコンクリートの除去 ・補修後の水分の浸入抑制 ・コンクリートの凍結融解抵抗性の向上	・断面修復工 ・ひび割れ注入工 ・表面処理	・断面修復材の凍結融解抵抗性 ・鉄筋の防錆処理 ・ひび割れ注入材の材質と施工法 ・表面処理の材質と厚さ
化学的侵食	・劣化したコンクリートの除去 ・有害化学物質の侵入抑制	・断面修復工 ・表面処理	・断面修復材の材質 ・表面処理の材質と厚さ ・劣化コンクリートの除去程度
アルカリシリカ反応	・水分の供給抑制 ・内部水分の散逸促進 ・アルカリ供給抑制・膨張抑制・部材剛性の回復	・水処理（止水，排水処理） ・ひび割れ注入工 ・表面処理 ・巻立て工法	・ひび割れ注入材の材質と施工法 ・表面処理の材質と厚さ
疲労（道路橋鉄筋コンクリート床版の場合）	・ひび割れ進展の抑制 ・部材剛性の回復・せん断耐荷力の回復	・水処理（排水処理） ・床版防水工法 ・接着工法 ・増厚工法	・既設コンクリート部材との一体性
すり減り	・減少した断面の復旧 ・粗度係数の回復・改善	・断面修復工 ・表面処理	・断面修復材の材質 ・付着性 ・耐摩耗性 ・粗度係数

1 表面保護工法

　表面保護工法は，表面被覆工法，表面含浸工法，断面修復工法などに分けられる。表面保護工法の目的は，塩化物，酸素，水分等の劣化外力を遮断または侵入を抑制することである。また，ひび割れや鉄筋の露出および錆汁による汚れなどの美観上の機能性回復や，鉄筋腐食によるかぶりコンクリートや仕上げ材の剥落を防止することも，目的として挙げられる。表面被覆工法は，単独で用いられる場合と断面修復工法等と併用して用いられる場合があるが，適用に当たっては次の事項を十分に確認しておく必要がある。

・コンクリートと被覆材料との付着性が重要であり，表層部の劣化状況により前処理の作業量や付着性状が大きく異なるため，対象構造物の劣化度には十分な注意が必要である。
・コンクリート内部に腐食性物質が残存している場合には，表面保護工法を実施しても劣化の進行を抑制することが困難になることがある。
・一般に，湿潤状態での表面保護工法は，コンクリートとの確実な付着を得るために，工法・材料の選定には十分配慮する必要がある。

表面被覆工法

　表面被覆工法は，有機系や無機系の材料で塗装あるいは塗布することによりコンクリート表面を被覆

エポキシ樹脂注入によるひび割れ補修

表5.6.2 表面被覆材の性能比較例

種類	材料	接着性	耐アルカリ性	伸び追随性	耐候性	耐水性	遮塩性	経済性	備考
塗膜被覆系	エポキシ樹脂	◎	○	△	△	◎	○	△	施工実績多い
	弾性エポキシ樹脂	△	○	◎	△	○	△	△	伸び追随性良好
	ポリエステル樹脂	△	○	×	△	○	×	△	十分な管理が必要
	シリカ系樹脂	○	○	△	○	○	△	△	汚れ目立つ
	シリコーン樹脂	○	○	△	○	○	△	×	コスト高
	フッ素樹脂	○	○	△	◎	◎	○	△	耐候性良好
	アクリルウレタン樹脂	○	○	△	◎	○	○	△	低温硬化性良好
	アクリルゴム樹脂	△	○	△	△	△	△	△	はがれ注意
	ポリブタジエン樹脂	○	△	△	△	○	△	○	上塗りと併用
	クロロプレン樹脂	○	○	×	△	○	△	○	耐候性劣る
無機被覆	SBR系ポリマーセメント	△	○	×	◎	△	厚塗り必要	○	伸び追随が劣る
	アクリル系ポリマーセメント	△	○	×	◎	△	厚塗り必要	○	伸び追随が劣る

◎ 非常に良い
○ 良い
△ 普通
× あまり良くない

し、コンクリートの劣化原因である水、酸素、塩分、炭酸ガス等の浸入を抑制する目的で実施される。景観対策などで塗装される場合もある。塗装材料には、コンクリート面との密着性や水、塩分等の劣化因子の遮断性能、ひび割れ追従性が必要であるため、下地処理材、主材、仕上げ材を用いた塗装系で施工される。下地処理材には、エポキシ樹脂系、主材にはエポキシ系樹脂やポリウレタン樹脂、またポリマーセメントなどの無機系材料も使用される。仕上げ材には、ポリウレタン樹脂やフッ素樹脂が用いられる。また、近年では被覆材の構成要素の1つとして、シートを配置するシート工法がある。

表面含浸工法

含浸材は、浸透性をもつシリコーン系またはアクリル系モノマーをコンクリート表面に塗布して、微細な孔隙を充てんして表面を強化、緻密化し、かつ耐水性を持たせる処理である。塗装とは異なり、コンクリートの透気性を阻害せずはく離の心配もないことから、採用実績が多くなりつつあるが、ひび割れ追従性に乏しいなどの欠点もある。

【参考文献】
1）土木学会：コンクリートライブラリー119，表面保護工法 設計施工指針（案），平成17年

断面修復工法

断面修復工法は、かぶりコンクリートのはく離・はく落によって生じた欠損断面やはつりによって除去したコンクリート断面を躯体コンクリートと同等な性能を有し、かつ付着性に優れた断面修復材料で原形に修復し、露出した鉄筋の発錆を防止する目的で行うものである。一般に断面修復工法は、劣化したコンクリートあるいは腐食因子を多量に含んだ箇所を除去し、鉄筋等の鋼材を防錆処理した後に、型枠等をあてポリマーセメント系の注入材等により断面修復が行われる。

断面修復工法の概要を図5.6.3に示す。工法としては、左官仕上げ工法、吹付け工法、プレパックト工法の3種類が使用されている。本工法により十分な補修効果を得るためには、コンクリート中に内在する腐食因子を可能な限りはつり作業により取り除くこと、および鋼材の防錆処理を十分に行うことが重要である。これらが不十分な場合には、新たに腐食電池が形成され再損傷を受ける場合がある。

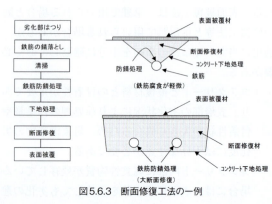

図5.6.3 断面修復工法の一例

■ 左官工法

規模の小さい部分的な断面修復に使用されることが多く，補修材料は型枠を使用せずに，」コテ等により補修部に充てんされている。ドライパック工法もこれに含まれ，かぶりが薄い場合に，腐食した鉄筋によって局部的に生じるはく離など，一般に鉄筋の損傷程度が比較的軽微な場合などに適用されている。ポリマーセメントモルタル，ポリマーモルタル（エポキシ主体）は，水密性，耐久性，作業性の観点から用いられている。

■ 吹付け工法

吹付けコンクリート（モルタルも含む）による補修工法は，ヨーロッパ，特に西ドイツで多く採用されている。この方法の特徴は，ほとんど型枠を必要としないこと，簡易な製造設備が使用できるなど大規模な施工設備を必要とせず，しかも作業効率がよいため，普通コンクリートよりも経済的である点である。この方法は，補修面積が大きく，吹付け厚さが比較的薄い部材あるいは鉄筋のかぶり（厚さ）を増すのに適しているが，鉄筋の混み合っている部材および鉄筋背面のあきが小さい場合の補修には難点がある。

■ 充てん工法

断面欠損が大きい場合に用いられる工法である。この工法のうち，プレパックド工法による施工は，型枠の設置，修復部への粗骨材の充てん，注入材の注入，養生，型枠脱型の順序で行われる。注入材として要求される品質は，型枠内の隅々までゆきわたるような適度な流動性を有してしていることやブリーディング現象によって沈下収縮を生じないこと，粗骨材とモルタルとの間に隙間が生じないことなどがあげられる。

止水工法

止水工法は，コンクリート構造物に発生したひび割れやはく離，および施工不良により発生するコンクリート表面の水みち，豆板あるいはコールドジョイント等に起因する水密性の低下に関して，防水性の向上を目的に行われるものである（図5.6.4）。防水性に関する補修の要否の目安は，ひび割れ幅で0.2mm以上となる。ひび割れからの漏水に対しては，通水の中止や排水対策を施し，コンクリート表面を乾燥させた上で，ひび割れ補修を行うことが望ましい。漏水状態のままで止水する場合には，加水反応型ポリウレタン液を圧入する方法がよく行われている。

また，ひび割れの補修によって水密性を改善する方法以外に，コンクリート表面に浸透性吸水防止材や防水性塗材を塗布し，部材としての防水性を向上させる方法がある。なお一般には，既に漏水している構造物の防水補修は容易なことではなく，ひび割れの補修と表面被覆工法を併用することが望ましい。漏水の程度・構造物の劣化度や環境条件を考慮して，その組合わせを適切に選択することが重要である。止水工法には，バンデックス工法やOH工法等がある。

2 電気化学的防食工法

電気化学的防食工法には，鉄筋や鋼材に微弱な電流を流すことで腐食を防止する電気防食工法や，コンクリート中の塩化物イオンを外部に排出する脱塩工法，中性化したコンクリートのかぶり部分をアルカリ性の状態にする再アルカリ化工法，等がある。

電気防食工法

電気防食工法は，外部電池方式や流電陽極方式によって，防食の対象となる鉄筋や鋼材に対して微弱な電流を流すことにより，鉄筋上に生じているアノード部，カソード部間の腐食電流を消滅させて腐食反応を停止させる方法である。したがって腐食因子である酸素や水分を遮断しなくても，また塩分等の腐食因子が既に浸透している構造物であっても，鉄筋の腐食を停止させることができる。これにより，

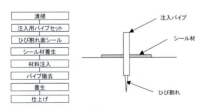

図5.6.4 注入工法によるひび割れの止水工法

はつり量を大幅に抑えることができ，断面修復量も少なくてすむなどの特徴を有する。

ただし，コンクリートが浮いているような箇所には，防食電流が流れないため，確実に浮きコンクリートを除去し，断面修復を行う必要がある。また，防食しようとする鋼材の導通が確保されていない場合には，防食電流が流れにくくなるため，事前に鋼材の導通を確認する必要がある。電気防食システムの例を図5.6.5に示す。防食効果の判定基準としては，0.1V電位シフト基準を採用している機関が多い。電気防食を行うためには，コンクリート表面に陽極材を設け，電源装置を設置することが必要である。0.1Vの電位差を得るのに必要な電流密度は10～30mA/m²程度と言われている。

亜鉛溶射方式などに区別される。亜鉛シート方式は，陽極材に亜鉛シートを用いる方式である。電流安定のため陽極材とコンクリート面の間にバックフィル材を挿入することが特徴である。亜鉛溶射方式は，陽極材として亜鉛溶射被膜をコンクリート表面に噴射して用いる方式である。複雑な形状の構造物に適用可能であることが特徴である。流電陽極方式の保守管理方法には，電源，配線等の点検が必要である。

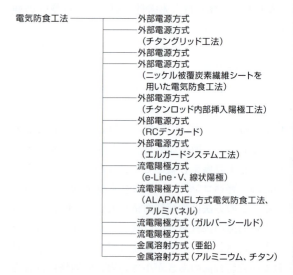

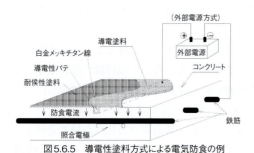

図5.6.5 導電性塗料方式による電気防食の例

■ 外部電源方式

外部電源方式は，コンクリート構造物の外部に電源を設け強制的に直流電流を流し続けて，鋼材腐食反応を直接停止させる方式である。この方式には，チタンメッシュ方式，導電塗料方式，チタングリッド方式，内部挿入陽極方式などがある。チタンメッシュ方式は，陽極材にチタンメッシュを用いる方式である。導電塗料方式は，陽極材として白金チタンを取り付けたあとに導電塗料でコーティングを施す方式である。チタングリッド方式は，陽極材にチタングリッドを用いる方式である。内部挿入陽極方式は，陽極材として構造物にチタン陽極棒を埋め込む方式である。外部電源方式の保守管理方法には，分極量，電源，配線等の点検が必要である。

■ 流電陽極方式

流電陽極方式は，コンクリート構造物内の鋼材よりイオン化傾向の大きい亜鉛などの金属を陽極材として用い，鋼材と導通させて防食電流を確保して，電流が流れ続けることで鋼材の腐食反応を直接停止させる方式である。この方式は，亜鉛シート方式，

脱塩工法

脱塩工法は，コンクリート構造物の塩害による鋼材腐食を対象にコンクリート中の塩化物イオンの陽極方向への移動に着目して開発されたもので，仮設した外部電極とコンクリート中の内部鋼材との間に比較的大きな電流密度（約1A/m²）を1～2ヶ月間通電し，電解質溶液を介してコンクリート中の塩化物イオンをコンクリート外へ取り出すことを目的とした工法である。適用電流密度が大きいこと，取付

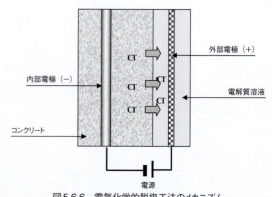

図5.6.6 電気化学的脱塩工法のメカニズム

材料を一定期間のみ設置すればよく，処理終了後すべて撤去できること，処理期間が比較的短いことが特徴である。電気化学的脱塩工法のシステム概要を図5.6.6に示す。

再アルカリ化工法

再アルカリ化工法は，コンクリート構造物の中性化による鋼材腐食を対象に，仮設した外部電極とコンクリート中の内部鋼材との間に直流電流（約1A/m^2）を約1週間通電し，仮設材中に保持したアルカリ性溶液をコンクリート中に強制浸透させることによって，中性化したかぶり部分のコンクリートをアルカリ状態に回復させ，コンクリートに防錆効果を再び与えることを目的とした工法である。適用電流密度が大きいこと，取付材料を一定期間のみ設置すればよく，処理終了後すべて撤去できること，処理期間が比較的短いことが特徴である。

3 ひび割れ補修工法

ひび割れ補修工法は，ひび割れの発生に伴うコンクリート構造物の機能性低下およびその程度に対応した工法である。ひび割れの発生に伴う機能性の低下とは，局部的な腐食因子の侵入による鉄筋の腐食，止水性の低下，ひび割れ部からの錆汁やエフロレッセンスによる美観の低下などを示す。このような機能性の低下を回復する目的で，ひび割れ部の補修工法として表面処理工法，注入工法および充てん工法が行われる。ひび割れ補修工法を適用する際，ひび割れの原因，ひび割れの形態（幅，密度，深さ），ひび割れの動きや進行性，および構造物の環境条件（温度，湿度，漏水等）などを把握し，補修工法・補修材料・補修時期を選定する必要がある。樹脂系材料によるひび割れ注入工法の概要を表5.6.3に示す。

ひび割れ補修工法は，概ねひび割れ幅が0.2mmを超えるものに対して適用されるが，特にひび割れ幅の変動が大きいものに対しては充てん工法を用いることが多い。また，コンクリート表面のジャンカ，空隙等により止水性が懸念される場合にも，無機，有機，無機有機複合系材料によって注入工法を適用し止水性を確保している。

表面処理工法

概ね0.2mm以下の微細なひび割れを対象に補修する工法であり，ひび割れの上に塗膜を形成させることによって，防水性，耐久性を向上させる目的で行われる。補修の範囲は，ひび割れの発生密度，構造物の機能あるいは重要度に応じて，ひび割れ部分のみを被覆する場合と，部材全面を被覆する場合とがある。材料としては，ポリマーセメントペースト，セメントフィラーなどが一般的であるが，ひび割れ幅の変動が予想される場合には，変形追従性のある材料を使用することが望ましい。

注入工法

概ね0.2mmを超えるひび割れを対象にして，ひび割れ内部に材料を注入する工法である。ひび割れ幅に変動がないと判断される場合は，材料注入することにより，所定の強度やじん性を確保することができる。ひび割れ幅の変動がある場合には，変形追随性のある材料で表面被覆する必要がある。また，超微粒子セメント，超微粒子スラグを用いると，0.2mm以下の微細ひび割れにも注入可能である。

表5.6.3 ひび割れ補修工法

ひび割れ補修工法	表面処理工法	注入工法	充てん工法
対象ひび割れ幅	0.2mm未満	0.2mm～1.0mm	0.2mm以上 ひび割れ幅の変動が大
工法概要	・ひび割れ部分を被覆する ・全面被覆する	ひび割れ内部に樹脂やセメント系材料を注入充てんする	表面をUもしくはVカットして，カット部分を充てん修復する
使用材料	表面被覆材 （シーリング材）	ひび割れ注入材 （表面被覆材） （シーリング材）	（下地処理材） （鉄筋防錆材） 断面修復材 （表面被覆材）

充てん工法

概ね0.2mmを超えるもの，また変動が大きいひび割れを対象として，ひび割れに沿って約10mm程度をUカット，Vカットした後，下地処理を施し，材料を充てんしてひび割れを補修する工法である。Vカットする方が簡便ではあるが，ポリマーセメントモルタルを充てんするとモルタルのはく落，はく離を生じやすいので，Uカットを採用するのが望ましい。充てん材は，ひび割れ幅の変動が大きい場合には，弾性シーリング材を用い，変動が小さいか変動しない場合には，可とう性エポキシ樹脂やポリマーセメントを用いる。

補修・補強されたコンクリート橋梁

補修・補強（力学的性能の回復・向上）

コンクリートや鉄筋に何らかの原因による劣化や，過大な外力の作用によって，耐力，剛性等の構造性能に障害が生じた場合に，建設時に構造物が保有していた程度までの力学的な性能を回復させるためには，補修が必要となる。また，建設時よりもさらに力学的な性能を向上させたい場合には，構造物の目標とする性能までの補強を行うことになる。補修あるいは補強計画を立案する際には，劣化原因・劣化機構，構造物の性能水準の向上程度，補修・補強後の耐用年数およびコスト等を考慮して，適切な工法を選定する必要がある。

構造物の性能水準の設定は，建設時の性能回復（補修）を目標とするのか，法令で定める荷重の増大や耐震設計規準の改正により，建設時よりも高い目標水準の設定（補強）が必要なのかを考慮して定めることになる。構造性能の向上のための工法は種々あるが，工法を選定する上で考慮しなければならない事項は下記のとおりである。

・劣化原因と劣化度の把握
・構造物の重要度
・性能回復の目標設定
・補強後の効果と耐久性評価
・施工性，コスト
・維持管理のし易さ

土木学会「コンクリート構造物の維持管理指針（案）」では，補強工法と適用部材の関係例として表5.6.4を示している。また，土木学会「コンクリート構造物の補強指針（案）」では，補強目的と適用部位などから補強工法を分類している。

表5.6.4 補強工法と適用部材の関係例

補強の概要	補強工法	適用部材			
		はり	スラブ	柱	壁
コンクリート部材の交換	打換え工法	○	◎	○	
コンクリート断面の増加	増厚工法	○	◎		
	巻立て工法			◎	○
部材の追加	縦桁増設工法	○	◎		
支持点の追加	支持工法	○	○		
補強部材の追加	鋼板接着工法	◎	◎	○	○
	FRP接着工法	◎	◎	◎	○
	鋼板巻立て工法	○		◎	
プレストレス導入	プレストレス導入工法	◎		◎	

◎：実績が多い　○：適用が可能

1 接着工法

接着工法は，鉄筋腐食に伴う部材の静的耐荷力，たわみ量および疲労寿命といった部材の力学的性能の低下に対する性能回復や活荷重の増加に伴う改修および耐震性の向上を目的として行われるものである。接着工法には，鋼板接着工法とガラス繊維，炭素繊維，アラミド繊維を用いたFRP接着工法がある。

これらの工法は，いずれもコンクリート表面に補強材を接着する工法であるため，コンクリートの劣化が著しい場合や定着ができない場合には十分な効果を期待できないこともある。したがって，補強対象構造物の劣化状態（例えば，鉄筋の腐食程度，ひび割れ密度，遊離石灰の発生程度，コンクリート強度，漏水の有無等）や環境条件を十分に調査し接着工法の適用性を検討する必要がある。適切な条件のもとで接着工法が実施されれば耐荷力等の性能は向上することとなるが，今後の維持管理を考えると，コンクリート表面を補強材で覆うため，その後の追跡調査が困難となることを念頭におく必要がある。図5.6.7に鋼板接着工法およびFRP接着工法の概要を示す。

【参考文献】
1）土木学会：コンクリートライブラリー81，コンクリート構造物の維持管理指針（案），平成7年

鋼板接着工法

鋼板接着工法は，床版・箱桁等を対象に，コンクリート部材の引張縁の外面に鋼板を接着させることにより，両者間にせん断力の伝達を行わせ，既設のコンクリートと鋼板の一体化を図り，引張鉄筋あるいはプレストレス量の不足を補うことを期待する工法である。接着材料としては，エポキシ樹脂や無収縮モルタル等が用いられる。

鋼板接着工法は接着材料の投入法により圧着工法と注入工法に区別される。圧着工法は，コンクリート表面および鋼板接着面にエポキシ樹脂を1～2mm厚程度に一様に塗布し，アンカーボルト等で鋼板を圧着する工法である。注入工法は，コンクリート面と鋼板面の間にスペーサ等により2～6mm程度の間隔を保たせ，周囲をシールして一方から粘度の低いエポキシ樹脂を注入して接着する工法である。

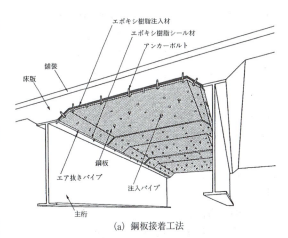

(a) 鋼板接着工法

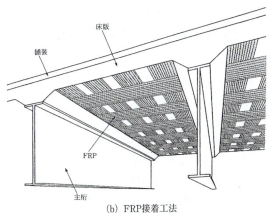

(b) FRP接着工法
図5.6.7 鋼板接着工法およびFRP接着工法

鋼板接着による橋梁補強工法

FRP接着工法

FRP接着工法は，ガラス短繊維等を合成樹脂と混合したFRP補強材を既設コンクリート部材に接着することにより補強する工法である。コンクリート補強材としての合成樹脂には，エポキシ樹脂が広く用いられている。FRP補強材の特徴としては，

他の材料に比べ引張強度が大きいこと，金属材料に比べ密度が小さいこと，弾性係数が小さいこと，一般のプラスチックに比べ成形性が優れていることなどが挙げられる。

連続繊維シート接着工法

連続繊維シート接着工法は，布状の連続繊維を編んだクロス材やシート状の連続繊維を現場で接着剤（エポキシ樹脂等の常温硬化樹脂）を含浸させながらコンクリートに接着あるいは巻立てることにより補強する工法である。連続繊維の種類は，炭素繊維，アラミド繊維，ガラス繊維等がある。部材の曲げ補強に用いる場合は，部材引張面の主鉄筋方向に接着し，せん断補強に用いる場合は，せん断補強筋方向に連続繊維シートを部材全周に巻き付けて施工する。本工法の特徴としては，連続繊維が軽量で手作業だけで施工が可能であること，重機が不要で施工スペースに制約されないこと，構造物の複雑な形状にも柔軟に対応でき加工性に優れていることなどが挙げられる。

```
接着工法 ─── 鋼板接着補強工法
         ─── ボンド床版補強工法
         ─── CRS工法（炭素繊維）
         ─── アラミド繊維シート巻付け補強工法
              （アラミド繊維）
         ─── 日石ボンドカーボンシート工法
         ─── 鋼製パネル組立てによる耐震補強工法
         ─── ツインプレート工法
         ─── ショーボンドハイブリッドシート工法
         ─── HiPerCF工法
              （HighPerformanceCarbonFiber）
         ─── 二方向アラミドシート補修・補強工法
         ─── ショーボンド CFRP工法
```

【参考文献】
1）土木学会：コンクリートライブラリー101，連続シートを用いたコンクリート構造物の補修補強指針，平成12年

2 巻立て工法

巻立て工法は，一般に，既設コンクリート部材にモルタルやコンクリートなどのセメント系補強材を適切な方法で打ち込むことにより，部材断面を増加させて安全性や使用性の力学的な性能を回復あるいは向上させる目的で行う工法である。このとき，既設コンクリートとセメント系補強材が一体化していることが重要である。

RC巻立て工法

既設部材の周囲に補強鉄筋（高強度柱筋，スパイラル帯鉄筋，中間帯鉄筋等）を配置し，コンクリートを打ち足し，断面を増加させて力学的な性能を回復あるいは向上させる工法である。外力に対して既設コンクリートと新設コンクリートは一体となって挙動することが基本的な条件であるため，新旧コンクリートの一体性が重要である。そのため，補強鉄筋の定着，新旧コンクリートの打継ぎ強度の確保に十分な注意が必要である。

プレキャストパネル巻立て工法

内部に帯鉄筋などを配置したプレキャストパネルを柱周囲に配置し，接合キーにより閉合し，柱とパネルの空隙にグラウト材を注入することにより一体化して力学的な性能を回復あるいは向上させる工法である。プレキャスト部材は補修・補強対象の柱に合わせて工場で生産される。工法の特徴としては，現場での作業が簡便で，工期短縮が図れることなどが挙げられる。

PC巻立て工法

既設部材断面外周に帯鉄筋の代わりにPC鋼材を用いたスパイラル筋を配置し，モルタルを吹き付け一体化することにより力学的な性能を回復あるいは向上させる工法である。コンクリートの吹付けは，補強鉄筋の間に十分充てんするように施工するとともに，補強鉄筋の腐食防止のため，かぶりをしっかりとるように施工することが重要である。

3 増厚工法

コンクリートの増厚工法は，損傷を受けた柱や床版の部材回りや上面・下面などにコンクリートやモルタル等を重ね打ちし，構造物の耐力を回復あるいは向上させる方法である。コンクリートの劣化や設計荷重の増加により，橋梁や高架橋の橋脚を補修・補強しなければならない場合，補強鉄筋を配筋し，コンクリートを打ち増しする方法や，プレキャストコンクリートパネルを埋設型枠として使用する方法

などが用いられる。また，道路橋や鉄道橋などにおいて，疲労劣化によってたわみ性が増大して機能が低下した場合に，床版上面にコンクリートを打ち足すことによって，床版厚を大きくして耐荷力やたわみ性を回復させる。増厚工法は床版の耐荷力を回復させたり，あるいは補強するのに最も効果的な方法である。

本工法は，施工法が簡単で，新旧コンクリートの接合が確実に行えれば効果の確実性は高い。一方で，補修・補強により構造物の断面が元の断面より増加するため，建築限界などの拘束条件がある場合には，適用が困難な場合もある。

【参考文献】
1）土木学会：コンクリートライブラリー81，コンクリート構造物の維持管理指針（案），平成7年

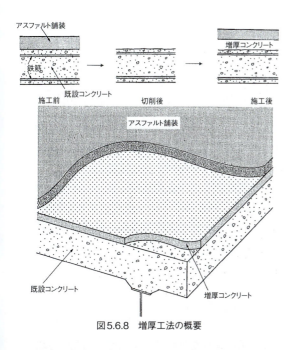

図5.6.8 増厚工法の概要

上面増厚工法

鋼繊維補強コンクリートを打設し，新旧コンクリートを一体化させることによってコンクリート床版を補修・補強する工法で，主に以下の2種類の工法に大別される。

- 鉄筋を使用せず，RC床版上面を切削，研掃後，鋼繊維補強コンクリートを打設して床版を増厚することで，曲げおよび押抜きせん断耐力向上を図る工法。
- 既設コンクリート上面を切削，研掃後，鉄筋の設置，鋼繊維補強コンクリートを打設して増厚することで，特に負の曲げ耐力の向上を図る工法。

下面増厚工法

主に床版下面に鉄筋などの補強材を配置し，各種セメント系補修材にて一体化することにより，主に曲げ耐力の向上を図る工法である。主として増厚材料に付着性の高いモルタルを塗り施工や吹付け施工により増厚するものを指して，下面増厚工法という。

吹付け工法

既設部材に帯鉄筋やスパイラル鉄筋などを配置し，モルタルを吹き付けて一体化することにより，補修・補強を図る工法である。また，過大な圧力や近接施工等による外力が作用する場合で，吹付け厚が十分に取れない場合は，鋼繊維補強コンクリート，ガラス繊維補強コンクリート，高分子材料を添加したセメント系材料等を吹付ける場合もある。コンクリートの吹き付けは，補強鉄筋の間にコンクリートを十分充てんさせるとともに，補強鉄筋の腐食を防止するため，かぶりをしっかりとることが重要である。

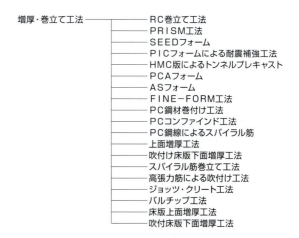

【参考文献】
1）土木学会：コンクリートライブラリー123，吹付けコンクリート指針（案）［補修・補強編］，平成17年

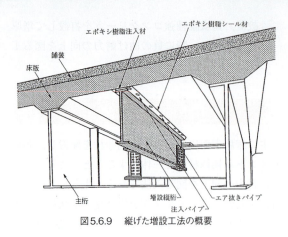

図5.6.9 縦げた増設工法の概要

4 増設工法

橋梁床版などにおいて，主げたの耐荷力の低下等によりたわみが増大した場合や，設計荷重よりも過大な車両の通行により補強が必要となる場合など，新たに橋梁床版全てをつくり直すことなく部材を増設することにより補修・補強する工法である。方法としては，床版を支持する既設の主げた間に新たに縦げたを増設して床版を支持させ，床版支間を短縮して作用曲げモーメントを減少させる縦げた増設工法が一般的である。橋梁の床版に適用する場合，既設の支持げたの剛性に比べて増設した縦げたの剛性が著しく小さいと，補強効果はほとんどなくなるので，既設げたとの相関関係においてできるだけ剛性の大きいけたを用いるのが効果的である。

この他に，建造物の耐震補強を行う目的で，耐震壁や袖壁を増設することで耐力やじん性の向上を図る工法などがある。壁の増設方法としては，現場打ち壁，プレキャストコンクリート壁，鉄板壁などが用いられている。

コンクリート増設工法

主に，橋梁床版などのスラブに用いるもので，床版を支持する既設の主げた間に新たに縦げたを増設して床版を支持し，床版支間を短縮して作用曲げモーメントを減少させ，床版の耐荷性の回復・向上を図る工法である。橋梁の床版に適用する場合，既設の支持げたの剛性に比べて増設した縦げたの剛性が著しく小さいと，補修・補強効果はほとんどなくなるので，既設げたに比べてできるだけ剛性の大きい縦げたを用いるのが効果的である。増設する縦げたの支点間距離を小さくするために，対傾構を重複横げたに変更したり，既設横げたの剛性を大きくすることも多い。

また，既設のラーメン脚柱の間に新たなRC壁を設けて連結一体化させ，構造物としての耐荷性を回復・向上させる場合もある。

鋼材による押さえ工法

主にトンネルの補修・補強に用いられる工法で，曲げ加工したH形鋼材などの鋼材を覆工内面に沿って建て込む工法である。本工法は地圧対策を兼ねて用いる場合が多いが，主にはく離，はく落の危険性が高い覆工を抑えること，および，劣化により有効巻厚が減少した覆工を応急的に補修・補強することなどを目的としている。なお，劣化覆工対策としては，金網，ネット，当て板，根固めコンクリート，内巻きコンクリートなどの他の補修工法と併用する。

支持点増設工法

既設コンクリート部材の中間部を新たに増設した部材で支持し，既設部材の支間を短縮することによって，耐荷力を回復もしくは向上させる工法である。はりやスラブの支持点間に新たに支柱を設置したり，方杖支柱を両支点に設置して支間を短縮する。また，新たな支柱を設置できない場合には，はりの両側に鋼製梁を設置して既設コンクリート部材を支持し，作用断面力を減少させる方法もある。

ダンパーブレースによる耐震補強工法

高架橋のような骨組構造を補修・補強する場合には，その内側にブレースを設置することにより，構造全体の性能を改善することができる。一般に剛性が偏らないように配慮すれば，特定の構面に設置するだけで全体の強度を改善できるので，一部の柱の範囲内で施工が可能である。ブレースを設置するとブレースの圧縮力だけで架工の変形に抵抗するため，既存部材との接合が容易であり施工性が高い。また，圧縮型鋼製ダンパーを配置することにより，過大入力によるブレースの座屈を抑制できるため，鋼材重量の低減が図れる。

```
増設工法 ─┬─ 縦げた増設補強工法
          ├─ 耐震壁増設工法
          ├─ 支持工法
          └─ ダンパーブレース耐震補強工法
```

【参考文献】
1) 土木学会：コンクリートライブラリー81，コンクリート構造物の維持管理指針（案），平成7年

5 打換え工法

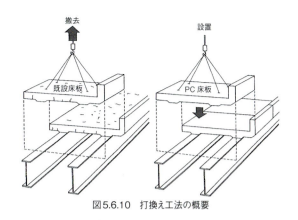

図5.6.10 打換え工法の概要

打換え工法には，損傷している部分だけを取り除いて新たにコンクリートを打設して，損傷を受けていない他の部分と同程度の機能に回復させる部分打換え工法と，部材を全面的に撤去して新たに打ち換える全面打換え工法とがある。いずれの工法も，耐荷力やたわみ性の回復や向上効果を期待するものである。

床版が全面的に損傷を受けている場合には，床版を全面撤去してプレキャスト版とすることも有効であり，交通解放を早期に行えるという利点がある（図5.6.10）。部分打換え工法の手順は，以下の通りである。①損傷を受けた部分のコンクリートの解体，撤去。②鉄筋の配置，定着。③コンクリートの打設（レジンコンクリートやプレキャスト版を用いる場合があり，道路橋の場合には早期供用性が要求される）。

本工法は，施工法が簡単で，補修あるいは補強後の耐荷力を確実に期待でき，工費もそれほど高くないなどの利点がある。しかしながら，道路橋床版の場合には交通を遮断する必要がある。

【参考文献】
1) 土木学会：コンクリートライブラリー81，コンクリート構造物の維持管理指針（案），平成7年

部分打換え工法

コンクリート構造物の損傷した箇所のコンクリートをはつり取り，新たにコンクリートを打ち込む工法である。壁，柱，スラブなどの部材の損傷箇所のコンクリートをはつり，必要に応じて鉄筋の補修，補強または入替えを行い，新しいコンクリートを打設する。損傷した箇所のみを補修・補強するので経済的ではあるが，同一部材内で新旧のコンクリートが混在することになるため，強度，耐久性，色などの不均一について検討が必要である。

全面打換え工法

コンクリート構造物の損傷した部材を取り壊し，新たに配筋を施して，コンクリートを打設する工法である。壁，柱，床版など，損傷した部材全体を切断またははつり取り，配筋，型枠を設置して，コンクリートを打設する。部材全体を補修・補強するた

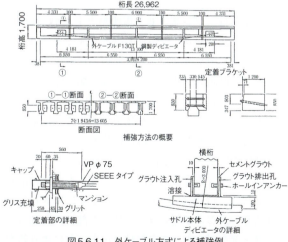

図5.6.11 外ケーブル方式による補強例

め，経済性には劣るが，部材の均一性が保てるので信頼性が高い。この工法には，スーパー床板工法等がある。

6 プレストレス導入工法

　プレストレス導入工法は，構造物のたわみ性および構造耐力の回復を目的として適用される工法である。すなわち，鋼材の腐食や破断によって耐力が減少したり，たわみ量が増大した構造物に対してプレストレスを導入することにより，部材に発生している超過応力を消去し部材の安全率を増加させるものである。プレストレスの導入方法としては，PC鋼材による方法と連続繊維緊張材による方法がある。緊張材の設置方法は外ケーブルと内ケーブルの2種類があるが，最近では外ケーブルによる方法が多く採用されている。適用例が多いのは，大型のけた，はり部材であり，床版のように2方向の曲げを受ける部材に対しては定着装置の配置が困難となる場合がある。

　構造設計の考え方は，プレストレストコンクリート構造物と同様であるが，プレストレス導入時に発生する2次応力が他の部材に悪影響を及ぼさないことを確認しておく必要がある。外ケーブルによる補修事例を図5.6.11に示す。

【参考文献】
1）杉江功，下村幸徳：PCブロックT桁橋の補修，補強，橋梁と基礎，1994.8

プレストレス導入

　本工法は，プレストレス緊張材としてPC鋼材を用いた工法であり，緊張材の設置方式により外ケーブル方式と内ケーブル方式に分類される。外ケーブル方式は既設コンクリート部材の外側に定着ブロックおよび偏向ブロックを設置し，PC鋼材を緊張する方式であり，プレストレスを与えることにより曲げ耐力やせん断耐力等の耐荷性状やひび割れ・たわみ性状の回復・向上を図る工法である。

　内ケーブル方式は，既設コンクリート部材に削孔穴を設け，PC鋼材を用いて緊張しプレストレスを与える方式および既設コンクリート部材の一部もしくは全部をプレキャスト部材や現場打ちにより新たな部材と取り替え，PC鋼材を用いてプレストレスを導入する方式である。

```
プレストレス導入工法 ─┬─ 外ケーブル補強工法
                    ├─ 鋼橋
                    ├─ ABS工法（外ケーブル）
                    └─ AWS工法（内ケーブル）
```

連続繊維緊張材による工法

　本工法は，プレストレス緊張材として連続繊維補強材を用いた工法である。緊張材に用いる連続繊維には，アラミド繊維や炭素繊維等が用いられる。緊張材に用いた場合，それらの連続繊維は，弾性係数が小さく，伸び量が大きいため，変位に対しての応力変動が少なくなり，クリープ・乾燥収縮による緊張力の損失を少なくできることが特徴である。また，その他に，緊張材，定着具など露出する金属材料がないため腐食せず，維持管理が容易であること，軽量であるため狭い空間での作業が可能であることが挙げられる。

　本工法を利用した補強工法では，PC桁橋を外ケーブル方式で補強する際の定着ブロック（ブラケット）の取付けや既設RC橋脚に削孔を施したのち巻き付けた鋼板を連続繊維で緊張する工法がある。

7 アンカー工法

　アンカー工法は，ひび割れが構造耐力に対して支障を及ぼすような場合，ひび割れ部分を鋼棒などで縫い合わせることによって耐荷力を回復させようとするものであり（図5.6.12），工法の概要は次の通りである。①ひび割れから100mm程度離れた位置から，ひび割れ方向に対して約45度の角度で，ひび割れの反対側まで削孔する。②反対側から同様な削孔を行う。順次150〜300mm間隔で千鳥に削孔する。③鋼棒等のアンカーを挿入した後樹脂などを注入して既設コンクリートと付着させて，ひび割れを縫い合わせる。

　本工法は，施工法が比較的簡単であり，構造物の部分的な構造ひび割れの補強には適している。しかしながら，薄い部材や大規模な補強には適していない。

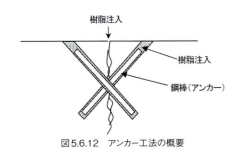

図5.6.12　アンカー工法の概要

解体工法

近年，経済・社会の構造変化や技術の進歩に伴う生産様式の変化，都市再開発など土地の高度有効利用の要請，建造物の機能の相対的低下などの要因により，建造物が材料的な耐用年数に達しないで撤去改築を必要としたり，また既設構造物の延命策としての補修工事における部分的解体工事のニーズも多くなっている。

コンクリート構造物の解体工法としては，ブレーカによる方法が長年にわたり広く用いられてきている。しかし，近年，解体工事に伴う騒音，振動，粉塵などの周辺環境への影響の低減が社会的にも法的にも強く求められてきており，この対策工法の開発が最近の技術開発の重要なテーマとなっている。

解体工法（破砕工法）を破壊・解体原理別に分類すると，図5.6.13のとおりであるが，これら各種工法の効果的な組合わせ方法も含めて，経済的，効率的な技術の確立が今後さらに求められている。

【参考文献】
1）㈳日本海洋開発建設協会：「建設施工技術要覧（建設施工技術の現状と動向）」1981年8月
2）笠井芳夫：「解体工法の変遷と評価」『セメント・コンクリート（特集：コンクリートの解体技術）』㈳セメント協会　1987年9月
3）㈶道路保全技術センター：「道路構造物解体工法ハンドブック」2004年8月

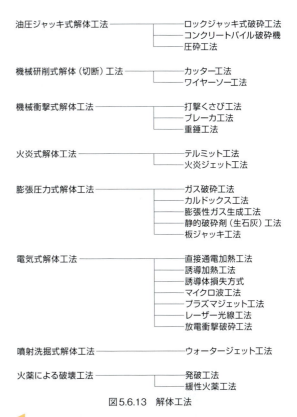

図5.6.13　解体工法

1　油圧ジャッキ式破砕工法

ロックジャッキ工法

「くさび」の原理を応用し，無筋コンクリートや岩盤の破砕に用いられる工法である。あらかじめ対象物に削岩機で穿孔した穴にテーパ状のくさび刃を挿入したのち，油圧ジャッキで圧入して拡孔し，割裂破壊する工法である（図5.6.14参照）。

コンクリートでは一般的に，40～60cm程度の間隔で穿孔し，部材の自由面部分から無騒音で解体する。鉄筋コンクリート部材では鉄筋が切断するに必要な変形量が大きく，くさびの拡大幅がこれより小さいので，部材にひび割れが入る程度であり，十分には解体できない。表面付近に配置された鉄筋を何らかの方法で切断すれば，無筋コンクリートと同様に本工法で解体できる。

破砕作業時には穿孔方向や間隔によって破砕形態が予測できるので，平面や矩形形状などの整然とした解体が可能である。

西ドイツで開発された油圧式ロックスプリッタ「ダルダ」が1969年に日本に導入されて以来，多くのメーカーの製品が多用途に稼動している。

【参考文献】
1）笠井芳夫：「解体工法の変遷と評価」『セメント・コンクリート（特集：コンクリートの解体技術）』㈳セメント協会　1987年9月
2）澤田一郎：「コンクリート構造物の解体工法の概説」『コンクリート工学（特集：コンクリート構造物の解体）』㈳日本コンクリート工学協会　1991年7月
3）㈳日本海洋開発建設協会：「建設施工技術要覧（資料編）」1981年8月

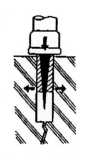

図5.6.14　破壊原理

コンクリートパイル破砕機

現場で打ち残した遠心力成形コンクリートパイルやポールの破砕専用の機械で，ハンドタイプやバックホウ装着タイプがある（図5.6.15）。対象部材に破砕機を装着し，油圧ジャッキにより破砕する。この機械は1971年ごろから使用された。近年はポールやパイル破砕専用の油圧式破砕器として，ハンドタイプやバックホウ取付けタイプの大型のものも使用されている。

【参考文献】
1）笠井芳夫：「解体工法の変遷と評価」『セメント・コンクリート（特集：コンクリートの解体技術）』㈳セメント協会　1987年9月

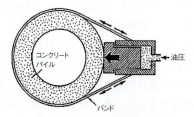

図5.6.15　コンクリートパイル破砕機の原理図

圧砕工法

油圧ジャッキによりRC造やSRC造の部材を静的に破砕する工法で，市街地における無振動・無騒音工法の代表的な工法として数多く採用されている。

初期の圧砕機は，大型のコの字形反力フレームにチゼルと油圧ジャッキを装着したもので，クレーンで懸垂したり油圧ショベルのブームに搭載して，解体作業を行っていた。1975年頃に英国からハイマックニブラーと称する舗装コンクリート破砕機が導入され，その機動性とコンパクト性に注目した国内のメーカーが次々と新機種を開発してきた。

現存の圧砕機はせん断破砕型，圧縮割裂破砕型，曲げ破砕型などの違いはあるが，すべてがはさみ状の油圧作動刃先でコンクリートを圧砕するものであり，コンクリートをつかむ開口幅は18cm程度の超小型の機種から300cmの超大型機まである。ほとんどの機種は鉄筋カッターを備えており，解体現場におけるガス切断の作業を大幅に減少させた。

施工において地上にロングブーム圧砕機を据えて作業すれば，6階建てのビル程度まで地上から解体することが可能である。近年は，地上高さ65mの解体作業が可能な機種も開発された（図5.6.16）。また各階床に標準ブームの圧砕機を載せて，上階から1階ずつ解体する方法も広く行われている。

【参考文献】
1）㈳日本海洋開発建設協会：「建設施工技術要覧（資料編）」1981年8月
2）澤田一郎：「コンクリート構造物の解体工法の概説」『コンクリート工学（特集：コンクリート構造物の解体）』㈳日本コンクリート工学協会　1991年7月
3）笠井芳夫：「解体工法の変遷と評価」『セメント・コンクリート（特集：コンクリートの解体技術）』㈳セメント協会　1987年9月

図5.6.16　圧砕機とロングブーム施工機械の例

油圧式破砕機による解体

2 機械研削式切断工法

カッター工法

ダイヤモンドブレードを走行加圧可能な機械または器具に取り付け，これを高速回転させることにより鉄筋コンクリートを研削し切断する工法で，道路舗装版や橋梁床板の切断などに用いる。簡便なガイドレールを解体対象にホールインアンカーで固定して作業を行うウォールソー型は，人力で持ち運びできる軽量の機械で，建築物の壁や床に開口部を設ける場合や狭隘部での切断などに用いる。

騒音は30mで70dB（A）程度であるが，高周波成分が多く，遮音は比較的容易である。

一般的には切断時に刃先冷却水を必要とするが，最近はカッターの刃のつけ方の改善により，水を用いない乾式の施工方法が使用されてきている。また，建物を解体する場合は大型ブロック状に切断・搬出するため，ブロックを搬出するための揚重設備が必要であり，場外で二次破砕することになる。

ダイヤモンドビットを使用して鉄筋コンクリートを研削し円形の穴をあけるコアボーリング工法は，直径10～100cm程度の種々のビットがあり，解体工事では騒音や振動を嫌う場合の縁切りや部材の解体，各種穴あけ作業の前処理手段として採用する。通常は，直径15cm程度の穴をコアボーリングにより相互にラップさせて連続せん孔し，壁や基礎などの切断を行う。

原子炉の一括撤去工事において，厚さ3mの床を連続コアボーリングにより切断したなどの実績がある。

【参考文献】
1) 澤田一郎：「コンクリート構造物の解体工法の概説」『コンクリート工学（特集：コンクリート構造物の解体）』㈳日本コンクリート工学協会　1991年7月
2) 笠井芳夫：「解体工法の変遷と評価」『セメント・コンクリート（特集：コンクリートの解体技術）』㈳セメント協会　1987年9月

ワイヤーソー工法

ワイヤーソーの技術は，古来ヨーロッパの採石場で大理石などの石材切断用として発展したもので，1969年ダイヤモンド砥粒を刃物とする新しい高性能のワイヤーソーが開発され，石材用として実用化された。1981年にはアメリカの原子力発電所でコンクリート壁面の開口切断に用いられ，鉄筋コンクリートの切断も可能となった。本工法の大きな特徴は，部材が厚く大きな対象物の切断ができ，しかも，低騒音，無振動，無粉塵という低公害性である。日本では1985年頃から実用化され，近年は一般工法として多用されている。

切断解体しようとする部材にダイヤモンドワイヤーソー（スチールワイヤーにダイヤモンド砥粒を包含した切削用ビーズを，じゅず状に押し通して一定間隔に固着したもの）を大回しに巻き付け，エンドレスで高速回転（ワイヤースピード15～25m/s）させて，コンクリートや鉄筋を切断する。ガイドプーリーを所要の位置に固定し，切断予定面上にワイヤーソーが位置するように配置し，30ℓ/min.程度の冷却水をかけながら高速回転させる。切断が進行してもワイヤーにゆるみが生じないように，駆動装置はレール上を後退しながら必要な張力を保持するようになっている。（図5.6.17，図5.6.18参照）

ダイヤモンドワイヤーソー工法の特徴は，①被切断物の形状に制限されず，厚大断面の切断が可能，②低騒音，無振動，無粉塵の低公害工法，③機器の配置や切断方向をガイドプーリーで容易に調整が可能，④水中構造物の切断も可能，⑤高所，狭隘部の切断も可能，⑥石材，鉄筋コンクリートなどの切断も適切，⑦ステンレスなど金属のみの切断も可能であり，その適用範囲が広がってきている。

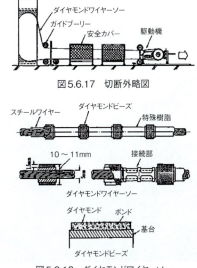

図5.6.17　切断外略図

図5.6.18　ダイヤモンドワイヤーソー

また近年は切断時に使用する作業水を必要としない乾式のダイヤモンドワイヤーソー工法も開発されている。この場合粉じんは小型集塵機で処理するが，水処理が不要となり工事が簡易化されている。

【参考文献】
1) 川嶋常男・高木正信：「ダイヤモンドワイヤーソーによる解体工法」『コンクリート工学（特集：コンクリート構造物の解体）』㈳日本コンクリート工学協会　1991年7月
2) 澤田一郎：「コンクリート構造物の解体工法の概説」『コンクリート工学（特集：コンクリート構造物の解体）』㈳日本コンクリート工学協会　1991年7月

3　機械衝撃式破砕工法

ブレーカ工法

ブレーカは，ノミとそれを叩くハンマすなわちピストンとを一体化した打撃式破砕機である。

（1）ハンドブレーカ

ハンドブレーカは，1951年ごろ，米国から初めて日本に導入されたものと言われている。現在では重量7kg程度のピックハンマーから40kg程度のハンドブレーカまで豊富な機種が製作されており，ノミの急激な衝撃力を連続的にコンクリートに与えて破砕するものである。

低騒音化を目的とした防音マフラー付のものや油圧駆動の機種もあるが，実際に現場で使用されているものは大部分が空気圧式のものである。狭い場所の作業も容易で小回りがきくので，建物解体の補助工法としても欠かせないものである。騒音が大きく，30m地点で70〜85dB（A）という実測例がある。

粉塵も多いが振動は少ない。

（2）大型ブレーカ

初期の大型ブレーカは，空気圧式でコンプレッサー音やブレーカからの排気音が非常に大きなものであった。1970年頃から油圧式ブレーカの開発が進められ，現在，解体工事に使用されるものはすべて油圧作動式である。油圧によりノミを作動させ，急激な衝撃力を繰り返しコンクリートなどに与えて破壊するものである。一般的には油圧ショベルに搭載され使用されるので，作業能率に優れている。

作業は騒音，振動，粉塵が発生するため，市街地での解体工事では防音パネル等の防音対策が不可欠であり，散水による防塵や振動による周辺への影響に対しても十分な配慮が必要である。

【参考文献】
1) 澤田一郎：「コンクリート構造物の解体工法の概説」『コンクリート工学（特集：コンクリート構造物の解体）』㈳日本コンクリート工学協会　1991年7月

重錘工法

重量0.5〜3.0t程度の鋼球などをクレーンで吊り，吊りワイヤーの巻上げ・開放による自由落下とブームの旋回による横振りで構造物に叩きつけ，その衝撃力で構造物を破壊し，露出した鉄筋をガス切断しながら解体してゆく工法である。騒音・振動・粉塵の発生がともに大きく，破砕片の飛散・重錘の振り損じ・クレーンの転倒など，安全面にも注意が必要である。周辺の環境保全や工事の安全性などの点で問題が多く，現在ではほとんど使用しない。

【参考文献】
1) 澤田一郎：「コンクリート構造物の解体工法の概説」『コンクリート工学（特集：コンクリート構造物の解体）』㈳日本コンクリート工学協会　1991年7月
2) 笠井芳夫：「解体工法の変遷と評価」『セメント・コンクリート（特集：コンクリートの解体技術）』㈳セメント協会　1987年9月

大型ブレーカーによる解体

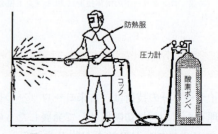

図5.6.19　テルミット工法による削孔状況

4 火炎式破砕工法

テルミット工法

テルミット工法は，鉄合金・アルミニウム合金などの細線を束ねたものを酸素ガス中で燃焼させ，テルミット反応の高熱でコンクリートや鉄骨などを溶解してせん孔・切断する工法である。

燃焼棒（ランスバー）は，外径13～18mm，長さ2.5～4mのパイプの中に鉄またはアルミニウム系合金の細線（7～8本以上）が納めてあり，その細線の隙間から酸素ガスを供給する。

酸素を放出しながらランスバー先端に着火し，3000～3500℃の高温で燃焼させ，強力な反応熱で，鉄，非鉄金属，コンクリート，レンガ等ほとんどすべての材料の溶断や削孔ができ，水中施工も可能である。主に，製鉄所・製鋼所における溶鉱炉の切断・補修や，銑鉄・鉱さいの付着物や混合物の溶断等に多く使用されている。その他としては，日本銀行本店金庫室（厚板エキスパンドメタルを積み上げ，豆砂利コンクリートを打設した状態）解体時の発破装填穴の施工や，水中作業では戦艦陸奥の解体に際して水深42mで艦体切断に使用された例がある。

燃焼棒の消耗が早く（0.5～1.8m/min.）工事費が高いので，他工法が使えない特殊な場合に適用される。騒音は60dB（A）以下（30m地点），発煙量が多いので排煙設備を要する場合があることや，光熱・火炎・溶解物が飛散（5～6m）するので，防熱服着用，防火等の対策を要する。

【参考文献】
1) ㈳日本海洋開発建設協会：「建設施工技術要覧（資料編）」1981年8月
2) 澤田一郎：「コンクリート構造物の解体工法の概説」『コンクリート工学（特集：コンクリート構造物の解体）』㈳日本コンクリート工学協会　1991年7月
3) 笠井芳夫：「解体工法の変遷と評価」『セメント・コンクリート（特集：コンクリートの解体技術）』㈳セメント協会　1987年9月

火炎ジェット工法

ケロシン（灯油）を酸素とともに噴射・燃焼し，温度1300～1800℃の超高速火焔（1700～2000m/s）を発生させて溶断あるいは穿孔するもので，米国・ロシアなどにおいて花崗岩の採石などに用いられていたが，わが国では1965年頃から研究が進められた。

騒音が75～105dB（A）（30m地点）と大きいため，建築物の解体には使用されていない。また花崗岩質海底に本工法により削孔し，火薬を用いて発破する工法がある。

また，鋼材用として従来のアセチレンガス切断に代えてガソリンを使用する工法（ペトロゲンシステム）があり，鋼材の重ね切りや隙間がある部材の切断などに使用されている。

【参考文献】
1) ㈳日本海洋開発建設協会：「建設施工技術要覧（資料編）」1981年8月
2) 笠井芳夫：「解体工法の変遷と評価」『セメント・コンクリート（特集：コンクリートの解体技術）』㈳セメント協会　1987年9月

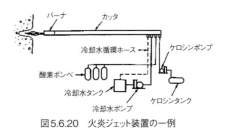

図5.6.20　火炎ジェット装置の一例

5 膨張圧力式破砕工法

ガス破砕工法

火薬類以外の膨張ガスによる破砕・解体方法としては，密栓した穿孔内に非燃性の高圧ガス（炭酸ガス）を作用させ，その膨張圧により破砕する工法が実用化されている。

コンクリートに直径30～40mmの孔を削孔し，特殊な金具とゴムパッキンを用いてこの孔にパイプを取り付け，同時に開孔を密栓する。これに手動弁

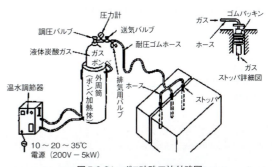

図5.6.21　ガス破砕工法外略図

を操作して 8 〜 12N/mm² に調整した非燃性ガスを封入し，その圧力で破砕する。圧力の作用が爆薬に比べ緩やかなため破砕時コンクリート破片の飛散が少ないが，削孔箇所にひび割れなどがあるとガス漏れし破砕できない。

適用対象物としては無筋コンクリートおよび岩石類であるが，橋台・橋脚・護岸・擁壁・マスコンクリート基礎などでの施工実績がある。

【参考文献】
1) ㈳日本海洋開発建設協会：「建設施工技術要覧（資料編）」1981年8月
2) 笠井芳夫：「新しい解体工法」『コンクリートジャーナル』1973年1月

カルドックス工法

フランスで行われている膨張圧力式破砕工法の一種である。液体炭酸ガスを鉄管につめ，電流を通すなどして加熱すると急速な気化により鉄管内に高圧を生じ，弱くしてある先端を突き破って吹き出し，発破と類似の作用をするもので，ガス，粉塵の多い炭鉱で採炭に使用する。

【参考文献】
1) 笠井芳夫：「新しい解体工法」『コンクリートジャーナル』1973年1月

膨張性ガス生成工法

膨張圧力式破砕工法の一種で，削孔内に固体と液体を2層に分離して収めたものを装入してタンピングし，あらかじめセットしておいた融解装置（点火剤または電熱を使用）に通電することによって分離膜（ポリエチレン製）を融解し，成分を合一させ，生成した膨張ガスによって破壊させようとする方法である。無機質と酸との組合わせが多く（例えば炭酸カルシウムと塩酸），いずれも発熱反応しガスを生成する。

【参考文献】
1) 笠井芳夫：「新しい解体工法」『コンクリートジャーナル』1973年1月

静的破砕剤（生石灰）工法

あらかじめ削岩機などで穿孔した孔の中にセメント系の膨張材を充填し，時間経過により発生する膨張圧（通常 30N/mm² 以上）を利用してコンクリートなどを破砕する工法である。

市販の膨張材は酸化カルシウムを主成分とする無機化合物で，水と練り混ぜると水和反応により膨張圧が発生し，2 〜 24 時間後にコンクリートを破砕する。気温と膨張圧発現時間に関連があるため，夏用，冬用，春秋用などに分かれている。孔径 30 〜 80mm 程度，孔間隔 30 〜 60cm 程度で使用される例が多いが，最適寸法はテスト破砕で決定するのがよい。

バルクタイプとカプセルタイプがあり，バルクタイプは一定の水比で練混ぜたスラリーを穿孔中に流し込めばよい。カプセルタイプは現場での取扱いをより容易にしたもので，カプセルを一定時間水に漬けるだけで最適含水状態になり，これを穿孔中に突き込めばよく，横孔や上向き穴などへの充填も容易である。

最近では熱により強制的に水和反応を促進させるものや，粒度を変えることにより水和反応を促進させるなど，短時間タイプの静的破砕剤も使用されている。これらを使用すれば，30分〜1時間程度でコンクリートを破砕することが可能である。

静的破砕剤の使用に際しては注意が必要で，鉄砲現象（水和熱で練り混ぜた水が水蒸気化し，その蒸気圧によって生石灰スラリーが噴出する現象）の可能性があるため，充填孔を絶対にのぞいてはならない。

施工特性としては，削孔と二次処理作業時以外は無騒音・無振動であり，破砕時の飛石や粉塵の発生はなく，破砕剤の取扱いは容易で熟練を要さず，法的な取扱規制もない。無公害工法として，橋脚，擁壁，堤防，コンクリート基礎，水中破砕や岩盤掘削など多数の施工実績がある。

【参考文献】
1) ㈳日本海洋開発建設協会：「建設施工技術要覧（資料編）」1981年8月
2) 澤田一郎：「コンクリート構造物の解体工法の概説」『コンクリート工学（特集：コンクリート構造物の解体）』㈳日本コンクリート工学協会 1991年7月
3) 笠井芳夫：「解体工法の変遷と評価」『セメント・コンクリート（特集：コンクリートの解体技術）』㈳セメント協会 1987年9月

板ジャッキ工法

　この装置は，コンクリート構造物にワイヤーソーやコンクリートカッター等で切込み溝をいれ，この溝に鋼板性の板ジャッキを挿入し，高圧ポンプで加圧することで板ジャッキを膨張させ溝を拡幅し，コンクリートや鉄筋を引張り破壊させるものである。装置は厚み2.4mm，幅100mm，長さ500～1000mmが標準で用意されており，細いスリットを装置の膨張力（97～200トン）とリフト（60mm程度）により拡幅して使用する（図1.3.17+1，図1.3.17+2）。

　なお，ジャッキ装置は使い捨てとなる。

6　電気的破砕工法

直接通電加熱工法

　RC構造物の端部の鉄筋をはつり出して電極を取り付け，低電圧の大電流を流すと，鉄筋はジュール熱によって加熱（400～500℃）されて膨張し，コンクリートにひび割れを発生させることができる。RC構造物のかぶりコンクリートなど，表層剥離に適する解体工法である（図5.6.22参照）。

　ひびわれ後の剥離作業は，ハンドブレーカーや大型ブレーカーで効率よく行うことができ，二次破砕時の騒音・振動・粉塵を低減することが可能となる。

　これまでに，連続地中壁立坑のシールド発進口・到達口や掛け物の壁開口などの部分解体，仮鉄塔基礎や分水路遮水壁など仮設のコンクリート構造物の解体などに適用例がある。立坑工事では壁厚80～110cmの連続地中壁にあらかじめ主鉄筋を含めて4層に配筋し，それぞれに通電して，直径3.3～7.3mの開口箇所のコンクリートを破砕したものあり，この工法の適用により，二次破砕作業の効率化がはかられたという。

【参考文献】
1）澤田一郎：「コンクリート構造物の解体工法の概説」『コンクリート工学（特集：コンクリート構造物の解体）』㈳日本コンクリート工学協会　1991年7月
2）中川和平：「鉄筋の通電加熱による解体工法」『コンクリート工学（特集：コンクリート構造物の解体）』㈳日本コンクリート工学協会　1991年7月
3）「道路構造物解体工法ハンドブック」㈶道路保全技術センター　2004年8月

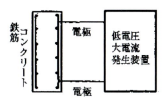

図5.6.22　直接通電加熱工法模式図

直接通電加熱による解体

マイクロ波工法

　マイクロ波は周波数300MHz～30GHz帯の電磁波であり，これを誘電体物質に照射すると，物質を内部発熱させる性質がある。すなわち，マイクロ波がコンクリート表面から照射されると，コンクリート中の水分が誘電加熱されて水蒸気を発生し，コンクリート内部の水蒸気圧と，照射領域の急激な温度上昇による周辺との温度差により熱応力も発生し，破裂を生じてコンクリート表層を破砕・剥離する工法である。コンクリート構造物にこのマイクロ波を照射し，内部加熱を行いコンクリートを破砕する工法である。特徴としては，振動・粉塵などは発生しないことが挙げられる。

　マイクロ波照射によるコンクリート表層の剥離法の特徴は，照射先端部がコンクリート面に物理的に接触しないので，機械的な工具を接触して破砕する方法と異なり，装置が破砕時の反力を受けることもなく，壁面や天井面にも容易に適用できるとともに，破砕時に発生する粉塵等の回収も比較的容易に行えることである。原子力発電施設の解体時におけるコンクリート表層の除去技術のひとつとして，研究・開発されている。

【参考文献】
1) 笠井芳夫：「解体工法の変遷と評価」, 横田光雄・安中秀雄「マイクロ波照射によるコンクリート表層の剥離」『セメント・コンクリート（特集：コンクリートの解体技術）』㈳セメント協会　1987年9月
2) 澤田一郎：「コンクリート構造物の解体工法の概説」『コンクリート工学（特集：コンクリート構造物の解体）』㈳日本コンクリート工学協会　1991年7月

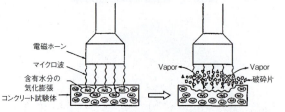

図5.6.23　マイクロ波照射法によるコンクリート表面破砕の模式図

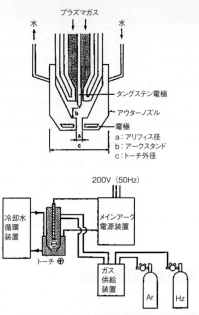

図5.6.24 プラズマジェットトーチ部の構造とシステム概要図

プラズマジェット工法

プラズマジェット工法は，電極間で発生させたアークに，アルゴンと水素または窒素の混合ガスを集束流入させて高温プラズマジェットを発生させ，これを切断対象物に照射して溶解・切断する工法である。現在のところ，厚さ10cmのRC，厚さ18cmの鋼板打込みRCの切断に成功している。熱的切断工法として位置づけられるが，同工法の中ではかなりの切断能力を示していることと，熱的工法の特長である粉塵や発煙があまり多くないことから，今後かなり期待がもてる解体工法のひとつと考えられている。

【参考文献】
1) 時岡誠剛：「プラズマジェット工法による解体」『セメント・コンクリート（特集：コンクリートの解体技術）』㈳セメント協会　1987年9月
2) 澤田一郎：「コンクリート構造物の解体工法の概説」『コンクリート工学（特集：コンクリート構造物の解体）』㈳日本コンクリート工学協会　1991年7月

レーザー光線工法

レーザー発振器から投射されたレーザービームを複数のミラーによって切断場所に導き，集光レンズでビームを絞り，照射することによりコンクリート等を溶解・切断する工法である。性能は厚さ18cmのRCの供試体を2.5cm/min程度で切断できることが報告されている。装置は電源装置・炭酸ガスレーザー発信器・ビーム変換装置・レーザー照射トーチなどから構成される。（図5.6.25）

本工法の特徴は，①鉄筋とコンクリートが同時に切断可能，②切断時に水を使用しないので，二次汚染がないこと，③切断時に発生するフュームおよび溶融物の量が少なく，比較的処理が容易，④ビーム先端のトーチは小型・軽量であり，リモートコントロールが容易，などの理由から，原子炉構造物の解体技術のひとつとしても期待されている。

【参考文献】
1) 杉田和直・森正人：「レーザーによるコンクリートの切断」『セメント・コンクリート（特集：コンクリートの解体技術）』㈳セメント協会 1987年9月
2) 澤田一郎：「コンクリート構造物の解体工法の概説」『コンクリート工学（特集：コンクリート構造物の解体）』㈳日本コンクリート工学協会 1991年7月

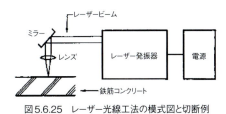

図5.6.25 レーザー光線工法の模式図と切断例

放電衝撃破砕工法

本工法は，非火薬の放電カートリッジに高い電気エネルギーを供給し，瞬時に岩盤やコンクリートを破砕する工法である。本工法により，硬岩でも破砕可能で，騒音，振動及び粉塵の低減が可能である。

本工法のシステム構成を以下に示す（図5.6.26）。
本工法の原理は，
1) 放電衝撃発生装置の直流高電圧電源により装置内コンデンサに充電する。
2) 充電された電気エネルギーを，電子スイッチにより放電カートリッジ内の放電チップに供給する。
3) 放電チップは電気エネルギーにより衝撃力を発生する。
4) 発生衝撃力は周囲の液状媒体に伝えられ，さらに大きな衝撃力が発生する。

本工法の特長は以下のとおりである。
・火薬相当の破砕力があるが，非火薬のため火薬類取締法の規制対象外であり，市街地での施工が可能である。
・放電カートリッジの選択により，振動や騒音を制御しながら硬岩でも破砕が可能である。（硬岩実績350MPa）
・放電カートリッジを適切に配置することにより，必要な部分のみ破砕が可能である。
・市街地でのRC基礎解体工事や，狭隘のため重機が配置できない掘削工事などに有効である。
・放電衝撃発生装置の消費電力が少ない。（電源容量1.5kVA）

本工法の主な適用箇所を以下に示す。
・転石破砕工
・法面・トンネル掘削工
・深礎掘削工
・市街地コンクリート構造物解体工
・橋梁伸縮装置取替部はつり工
・橋梁支承取替部はつり工

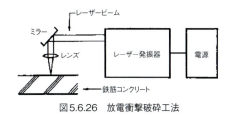

図5.6.26 放電衝撃破砕工法

7 噴射洗掘式破砕工法

ウォータージェット工法

ウォータージェットとは，小径の孔（ノズル）から噴射される水噴流のことである。この水噴流の圧力，流速や流量を増加させ，噴流の持つエネルギーを大きくして，破砕作業に用いる。ウォータージェットのエネルギー密度は既往の技術の中ではレーザーに次いで高く，産業界では種々の材料の自動切断装置等に応用されている。建設業界でもこのウォータージェットの特性を生かして，コンクリートの切断，斫りや表面処理等に利用されている。コンクリートの破砕を考えた場合は100MPa以上とされているが，最近では100～150MPa級の高圧大水量型と250MPa級の超高圧少水量型が，用途に合わせて使用されている。また，鉄筋コンクリートや鋼材等の切断作業には，ウォータージェットに研磨材（アブレッシブ材）を添加（自動吸引）混合するアブレッシブジェット工法が採用されている。これらの破砕作業の効率向上のために，噴射方式の工夫（固定流，回転流など）や作業装置の自動化などが行われている。このようなウォータージェット技術をコンクリート破砕技術に応用する場合には，従来の破砕技術と比較して次の様な利点がある。

1) 任意の位置で，任意の形状に破砕することが可能。
2) ノズルは小型であるため，ロボット化が容易。
3) 圧力，流量，移動速度等のパラメータを調整することにより，破砕量の制御が可能。
4) 粉塵，振動，熱などの発生がない。
5) 簡単なカバーで集塵，集水，低騒音化が可能。
6) 破砕しない面への応力影響がない。
7) コンクリートと鉄等の複合材の同時破砕が可能（アブレッシブジェット）。

8）鉄筋や鋼製配管などを残してコンクリートだけを選択的に破砕することが可能。

9）マイクロクラックが発生しないため、斫り後のコンクリート材への痛みが無い。

【参考文献】
1）吉田宏・磯部隆寿：「ウォータージェットによる解体工法」『コンクリート工学（特集：コンクリート構造物の解体）』㈳日本コンクリート工学協会　1991年7月
2）紺野勤衛：「アブレシブウォータージェット工法による鉄筋コンクリート構造物の切断」『セメント・コンクリート（特集：コンクリートの解体技術）』㈳セメント協会，1987年9月

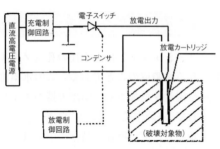

図 5.6.26　アブレッシウォータージェット装置の構成

8　火薬による破砕工法

火薬の急激な化学変化により生じた膨張圧により、岩石あるいはコンクリートなどを爆破することを、発破という。欧米諸国などでは、建物を爆破することにより一挙に解体する方法が、以前から実施されている。これは、①欧米の建物は比較的脆弱で爆破解体工法を適用しやすい、②高層建物を爆破すると重力落下による二次的破砕効果が得やすい、③環境保全対策に要する時間が短縮できる、などのメリットが得られるためと考えられる。

わが国では、橋梁、橋脚、鉄塔、煙突など比較的シンプルな構造物の爆破解体は従前から実施されており、最近の例としても、製鉄所高炉付帯施設の爆破転倒、鉄骨橋梁の爆破解体、RC煙突の爆破転倒などの例がある。また、建物を一挙に爆破解体した例としては、1986年に筑波万国博国連平和館の爆破解体、1988年に高島RC造集合住宅の発破倒壊実験などの事例がある。

爆破解体のメカニズムは、①ビル等の特定部分を爆破し、残りの部分を重力で落下・移動させる、②落下・移動するビル等は運動途中の応力が構造耐力を超える部分で破壊される、③地表面に着地したビル等は着地衝撃力による応力が構造耐力を超える部分で破壊される、という経過をたどるものである。

わが国の建物は耐震設計がなされており、壁量の多い剛強な構造で、爆破解体のメカニズムを十分働かせるためには、相当量の事前処理（たとえば壁の縁切り・撤去など）が必要と予想される。さらに現在解体時期にある建物は5〜9階建て程度の中低層が大部分で、爆破解体のメリットが得にくい規模の場合が多い。

市街地における環境保全対策は短時間で済むとはいえ、広範囲に及ぶものと予想されるなど、爆破解体工法を実施するために克服すべき問題点は多い。しかしながら施工条件があえば、火薬類取締法を遵守のうえ、本工法のメリットを有効に利用することも必要である。

【参考文献】
1）澤田一郎：「コンクリート構造物の解体工法の概説」『コンクリート工学（特集：コンクリート構造物の解体）』㈳日本コンクリート工学協会　1991年7月

第6章 鋼（メタル）工法

Ⅰ 鋼材の接合工法 ･････････････････ 484
Ⅱ 鋼材の切断工法 ･････････････････ 510
Ⅲ 鋼材の防食工法 ･････････････････ 515

Ⅰ 鋼材の接合工法

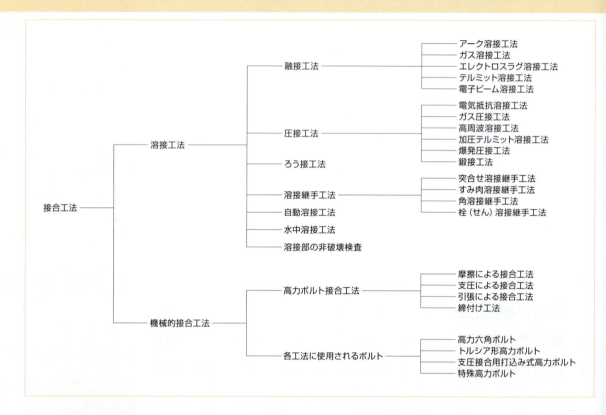

　定形サイズで製造される鋼材を利用した鋼構造物は，必ず接合する必要が生じる。以前は鋼材の接合には，その大半がリベットで接合されていた。しかし，騒音等の問題によりリベットは用いられなくなり，現在では溶接とボルト接合が一般的である。

鋼製トラス橋

鋼製トラスの接合

表6.1.1　各種金属材料の溶接適否一覧

溶接工法 材料	融接工法								圧接工法				ろう接（付）工法
	被覆アーク溶接工法	サブマージアーク溶接工法	イナートガスアーク溶接工法	炭酸ガスアーク溶接工法	ガス溶接工法	テルミット溶接工法	エレクトロスラグ溶接工法	電子ビーム溶接工法	点溶接工法	フラッシュ溶接工法	ガス圧接工法	鍛接工法	
溶製鉄	◎	◎	◎	○	◎	◎	×	○	◎	◎	◎	◎	○
錬鉄	◎	◎	×	×	○	◎	×	○	○	○	○	◎	○
低炭素鋼	◎	◎	◎	◎	◎	◎	◎	◎	◎	◎	◎	◎	◎
中炭素鋼	◎	◎	◎	◎	◎	△	◎	◎	◎	◎	◎	○	○
高炭素鋼	◎	○	○	◎	◎	△	○	◎	◎	◎	◎	×	○
炭素工具鋼	◎	○	×	◎	◎	△	○	◎	◎	◎	○	×	○
炭素鋳鋼	◎	◎	◎	◎	◎	◎	◎	◎	×	×	×	×	○
高Mn鋳鋼	◎	◎	◎	◎	△	×	×	×	×	×	×	×	×
鋳鉄	◎	△	△	○	◎	×	×	×	×	×	×	×	△
ステンレス鋼	◎	◎	◎	◎	◎	×	◎	◎	◎	○	×	×	◎
高ニッケル合金	◎	◎	◎	◎	◎	×	○	◎	◎	◎	×	×	◎
銅合金	◎	◎	◎	○	◎	×	×	◎	◎	◎	○	×	◎
アルミニウム	○	○	◎	×	◎	×	×	◎	◎	○	△	△	○
ジュラルミン	×	×	◎	×	○	×	×	○	○	△	△	×	△

◎：一般に利用　○：ときに利用　△：まれに利用　×：利用しない

図6.1.1　アーク溶接工法の種類

アーク溶接工法
├ 被覆アーク溶接工法
├ サブマージアーク溶接工法
├ スタッド溶接工法
├ イナートガスアーク（ティグ，ミグ）溶接工法
├ 炭酸ガスアーク溶接工法
├ エレクトロガスアーク溶接工法
├ セルフシールドアーク溶接工法
└ アークスポット溶接工法

溶接工法

溶接とは2つの金属の冶金的な局部的合一を意味し，適当な温度で両材の間に圧力を加え，あるいは加えないで上記の目的を実現する金属材料の接合法の一種で，機械的接合工法（高力ボルト接合，リベット接合など）と比較される。

溶接は一般に構造物の製作・架設などにおける接合に用いられるが，耐磨耗性を向上させるための硬化肉盛に使用されたり，また鋳鉄の補修に用いられたりしている。

溶接工法の種類は多く，上記にその分類例を示す。また，おもな溶接工法と金属材料の組合せは表6.1.1のとおりである。

【参考文献】
1）溶接学会編：『溶接・接合便覧』丸善，1990年

1　融接工法

溶接工法の代表的なものがこの融接工法で，金属を溶融状態にして接合すべき金属同士，あるいはこれに外部から供給した溶融金属とを融合し凝固させて，接合する方法である。

アーク溶接工法

融接工法のうち，アーク放電を熱源にして溶融する溶接工法をいう。アーク溶接工法は融接工法の代表的な工法であり，電極にタングステンなどの消耗しないものを用いて溶加棒を挿入する方法と，電極に金属を用いて電極が溶けて溶接金属になる方法がある。図6.1.1は，アーク溶接の種類を示したものであるが，ティグ溶接を除いて，すべて金属アーク（消耗電極）溶接である。

【参考文献】
1）溶接学会編：「Ⅱ3　アーク溶接法の基礎」『溶接・接合便覧』丸善，1990年

■　被覆アーク溶接工法

アーク溶接のうちでも最も古く，長く使われてきた工法であり，通常手溶接と呼ばれているものである。その原理は，図6.1.2に示したように，溶接棒と母材の間に，電流を流して，アークを発生させ，アーク熱（5,000〜6,000℃）により，溶接棒と母材を溶融する。溶接棒には被覆剤（フラックス）が塗布されていて，図6.1.2（b）で示したように，これが燃焼してシールドガスになり，空気中の窒素や酸素が溶融している金属に侵入するのを防ぐ。消耗電極を利用し始めた当時は，裸の金属棒を用いており，溶接は強度的な信頼性は乏しかったが，このように

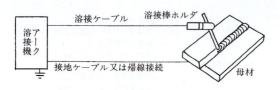

(a) 配線図概要

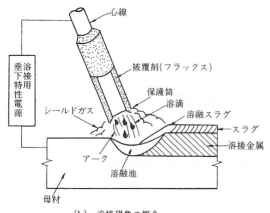

(b) 溶接現象の概念

図6.1.2 被覆アーク溶接法の原理

表6.1.2 交流溶接と直接溶接の比較

比較項目	交流の種類	直接溶接
アークの安定性	やや劣る	優れる
極性変化	不可能	可能
磁気吹き	ほとんどない	生じやすい
無負荷電圧	高い	低い
電撃の危険性	大きい	小さい
溶接機の構造	単純	複雑
溶接機の維持管理	容易	やや面倒
溶接機の価格	安価	やや高値

被覆する方法が発明されて，健全な溶接金属は得られるようになった。

被覆アーク溶接に用いる溶接機（電源）には，交流式と直流式がある（表6.1.2）が，わが国では一般に交流式が普及している。

被覆アーク溶接は，ほかのアーク溶接に比べて，設備費，溶接材料費が安く，手軽によい溶接ができるので，軟鋼から，高張力鋼，低合金鋼，ステンレス鋼，鋳鉄，非鉄金属など，ほとんどすべての金属材料の溶接に使用されている。使用する溶接棒は，母材の種類によって使い分けられる。また，溶接棒の被覆剤は，酸化物，炭酸塩，ケイ酸塩，有機物，フッ化物，鉄合金などの粉末を混合したもので，混合割合によって多くの種類に分かれる。表6.1.3に軟鋼用の溶接棒の被覆剤系統を示す。高張力鋼用は溶接割れ防止のため低水素系を用いるのが望ましい。

被覆アーク溶接の溶接棒は2.6mmから6mmまであり，棒径に応じて電流は変化させる。

【参考文献】
1）溶接学会編：「Ⅱ 4.2 被覆アーク溶接法」『溶接・接合便覧』丸善，1990年
2）日本溶接協会編：『溶接材料の選び方，使い方』産報出版，1987年

サブマージアーク溶接

サブマージアーク溶接は，粉末あるいは顆粒状のフラックスを溶接開先に散布し，その中に溶接電極を突っ込んで溶接する方法である（図6.1.3）。アークがフラックス内に潜って（サブマージド）いるので，この名がある。日本名は潜弧溶接というが，現在では死語になった。この溶接機は日本には米ユニオンカーバイド社から入ってきたので，ユニオンメルトの商品名も当時は用いられた。この溶接では溶接電極はコイルのワイヤ（防錆のため薄い銅めっきが施されている）を自動的に送給して溶接するので，手溶接のように溶接棒を頻繁に取り替えることなく，長い継手も一気に施工できる代表的な自動溶接である。もうひとつの特徴は，被覆アーク溶接に比べて電流密度を高くすることができる（被覆アーク

表6.1.3 軟鋼用被覆アーク溶接棒の種類と溶着金属の機械的性質　JIS Z3211（2010）

種類	被覆材の系統	溶接姿勢	電流の種類
E4319	イルミナイト系	F,V,O,H	ACまたはDC（±）
E4303	ライムチタニア系		ACまたはDC（±）
E4311	高セルロース系		
E4313	高酸化チタン系		ACまたはDC（−）
E4316	低水素系		ACまたはDC（+）
E4324	鉄粉酸化チタン系	LA	ACまたはDC（±）
E4328	鉄粉低水素系	F,H	ACまたはDC（+）
E4327	鉄粉酸化鉄系	F	ACまたはDC（±）
		H	ACまたはDC（-）
D4340	特殊系	F,V,O,Hまたはいずれかの姿勢	ACまたはDC（+）

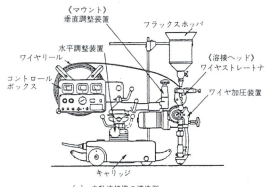

(a) 自動溶接機の構造例

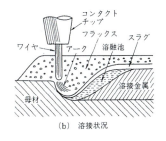

(b) 溶接状況

図6.1.3 サブマージアーク溶接の原理

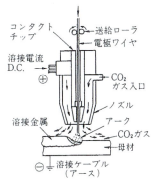

(a) 溶接法の概略図

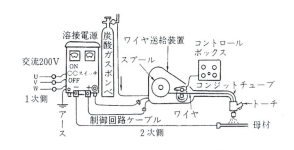

(b) 溶接機の構成図

図6.1.4 炭酸ガスシールドアーク溶接の原理

溶接では不安定になる）ので，溶接能率が高いことである。たとえば，突合せ溶接では，被覆アーク溶接に比べて，板厚12mmでは2〜3倍，35mmでは5〜6倍，50mmでは8〜12倍の能率である。

一般には1電極であるが，電極数を2〜3にし（タンデム溶接という），さらに能率を上げる方法もある。利点のもうひとつは，溶け込みが大きく，かつ被覆アーク溶接のように頻繁に棒継ぎがないので，層間での融合不良や，内部欠陥が生じにくいことである。ただし，溶け込みが大きいので開先角度が狭いと梨の実形の溶接割れが生じることがある。

この溶接は，一般には下向き姿勢で用いられるが，すみ肉溶接では，水平姿勢でも施工できる。また，円筒形貯槽の現場水平継手を横向き姿勢（3時溶接）で溶接している。

サブマージアーク溶接の電源は一般には交流であるが，直流を用いることもある。

【参考文献】
1）溶接学会編：「Ⅱ4.7 サブマージアーク溶接法」『溶接・接合便覧』丸善，1990年 2）稲垣道夫・中山浩：「3時溶接」『図解溶接用語辞典第3版』日刊工業，2000年

■ MAG（マグ）溶接工法

MAGはmetal active gasの略で，シールドガスアーク溶接において，アクティブガスを用いるものをいう。その多くはCO_2ガスであり，CO_2ガスアーク溶接（炭酸ガスアーク溶接）というほうが誤解されにくいが，学術上では，CO_2とアルゴンガスの混合（通常アルゴン80％）を用いるものもMAG溶接の範疇になる。炭酸ガスアーク溶接の概略を図6.1.4に示す。ワイヤはコイル状になっており，ワイヤと母材との間でアークが発生しているところに，CO_2ガスを放出して溶接する。一般にトーチを手で操作して溶接するが，ワイヤは自動的に送られるので，半自動溶接と呼ばれることも多い。現在では被覆アーク溶接で施工していたかなりの部分がこの半自動溶接で施工されるようになった。電源は直流電源を用いる。

ワイヤは，被覆溶接棒に比べると細径で，0.8〜2.0mmであるが，高い電流密度が得られるので，被覆アーク溶接に比べて能率はよい。ワイヤには，内部に少量のフラックスをいれたものもあり，作業性の改善を図っている（表6.1.4）。この溶接は風があるとシールドが乱されるので，屋外で用いるとき

表6.1.4 炭酸ガスシールドアーク溶接のワイヤ比較

	ワイヤの種類	ソリッドワイヤ			フラックス入りワイヤ		
		JIS Z 3312 YGW11 相当 (大電流用)		JIS Z 3312 YGW 12相当 (小電流用)	チタニア系(全姿勢用)		メタル系
	ワイヤ径(ϕ)	1.2	1.6	1.2	1.2	1.6	1.6
	標準電流範囲(A)	220〜350	250〜550	80〜220	120〜300	200〜450	250〜500
作業性	スラグ発生量	極めて少ない	極めて少ない	極めて少ない	多い	多い	極めて少ない
	スラグ剥離性	不良	不良	不良	良好	良好	普通
	ビード外観	普通	普通	普通	良好	良好	普通
	ビード形式	凸気味	凸気味	やや凸気味	平坦に近い	平坦に近い	やや凸気味
	スパッタ発生量	やや多い	やや多い	少ない	少ない	少ない	少ない
	アーク安定性	普通	普通	良好	良好	良好	良好
	溶込み	深い	深い	浅い	かなり深い	かなり深い	深い
	ヒューム発生量	普通	普通	やや少ない	やや多い	やや多い	やや多い
	全姿勢溶接	不可	不可	良好	良好	可	不可
	耐風性	敏感	敏感	敏感	敏感	敏感	敏感
溶接性	溶着金属の拡散性水素量 (ガスクロ法, ml/100g)	1〜3	1〜3	1〜2	2〜15	2〜15	1〜15
	耐抵温割れ性能	良好	良好	良好	普通〜良好	普通〜良好	良好
	耐高温割れ性能	良好	良好	良好	普通	普通	良好
	X線性能	良好	良好	普通	良好	良好	良好
能率性	溶着速度 カッコ内ワイヤ突 出し長さ (mm)	60〜120 (25)	55〜180 (25)	15〜50 (20)	30〜110 (25)	45〜140 (25)	75〜180
	溶着効率(%)	90〜95	90〜95	95〜98	85〜90	85〜90	90〜95

は防風の囲いをするなどの配慮が必要になる。

【参考文献】
1) 溶接学会編:「Ⅱ8 ガスシールド消耗電極式アーク溶接法」『溶接・接合便覧』丸善, 1990年

■ セルフシールドガスアーク溶接工法

シールドガスを用いなくてもよい半自動溶接(図6.1.5)で, オープンアーク溶接, ノーガスアーク溶接の呼び名もある。ワイヤの内部に含ませたフラックスが燃焼し, 溶融金属をシールドする。太径ワイヤ(2.4, 3.2mm)では, 電源は被覆アーク溶接用の交流電源が流用できるので, 設備費は少なくてよい。専用の直流電源を用いる細径のセルフシールド溶接もある。特徴は耐風性に優れているので, 防風の囲いを設けにくい現場溶接に適している。現在はもっぱら鋼管杭の現場継手の接合に多用されている。

【参考文献】
1) 溶接学会編:「Ⅱ4.6 セルフシールドアーク溶接」『溶接・接合便覧』丸善, 1990年 2) 日本溶接協会建設部会編:「2.3 セルフシールドアーク溶接」『鉄骨溶接施工マニュアル』産報出版, 1991年

■ エレクトロガスアーク溶接工法

立向き溶接のための専用工法としては, エレクト

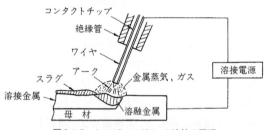

図6.1.5 セルフシールドアーク溶接の原理

ロスラグ溶接とともにこのエレクトロガスアーク溶接がある。前者が厚板あるいは極厚板に適するのに対し, 後者は9〜20mm程度の厚さの立向き溶接に適している。シールドガスを用いるアーク溶接で, 立向きの溶接開先を上進して埋めていく。このため, 溶接金属の垂れ落ちを防ぐため, 溶接とともに母材面を摺動して上昇する銅当て金(水冷)が必要である。摺動当て金は両面に当てる場合と片面に当てる場合(図6.1.6)がある。後者の場合, 裏面側には固定裏当て材を当てておく。シールドガスは, 通常CO_2ガスが用いられる。ワイヤはフラックス入りの細径で, 電源は直流の定電圧特性が用いられる。この溶接は, 鋼橋の架設現場での鋼製橋脚の横梁ウェブや鋼桁ウェブの継手, 大型石油貯槽の側板の継手に適用されている。

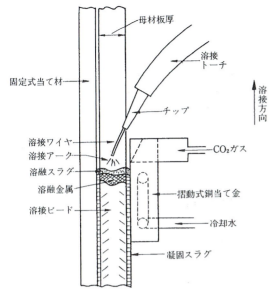

図6.1.6　エレクトロガスアーク溶接の原理（片面摺動当て金）

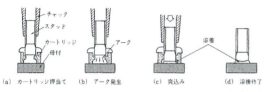

図6.1.7　アークスタッド溶接の原理（カートリッジ法）

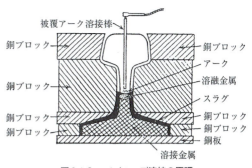

図6.1.8　エンクローズ溶接の原理

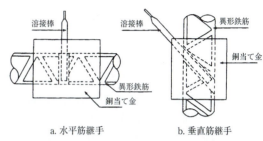

図6.1.9　鉄筋のKEN溶接

【参考文献】
1）溶接学会編：「Ⅱ 4.8　エレクトロガス溶接」『溶接・接合便覧』丸善，1990年

■ スタッド溶接工法

　立て込みボルト（スタッド）を，穴あけ，タップ立てなどしないで，アーク溶接によって母材に植え付ける方法で，溶植ともいう。スタッドを溶接する方法には，電気抵抗溶接，衝撃溶接による方法もあるが，一般にスタッド溶接といえばアークスタッド溶接を指す。この工法は，スタッドと母材との間にアークを発生させ，溶融したときに加圧して溶接するが，アークをシールドするために，カートリッジあるいはフェルールと称する焼結補助材でスタッドの先端を囲う（図6.1.7）。この溶接は合成桁のコンクリート床版とのシヤーコネクタや鉄骨のコンクリートとのアンカー部に用いられている。

【参考文献】
1）溶接学会編：「Ⅱ 4.9.1　アークスタッド溶接」『溶接・接合便覧』丸善，1990年　2）日本溶接協会建設部会編：「2.7　スタッド溶接」『鉄骨溶接施工マニュアル』産報出版，1992年

■ エンクローズ溶接工法

　開先周囲を銅当て金で囲んで，溶接する方法で，レールの溶接や鉄筋の溶接に用いられている。図6.1.8はレールの溶接の場合で，底面と側面を銅当て金を当て，上部から低水素系の被覆アーク溶接棒で溶接する。鉄筋の溶接では，低水素系の被覆アーク溶接棒で溶接する方法と，CO_2ガスアーク溶接による方法がある。

■ KEN溶接工法

　固定された鉄筋の接合用に開発されたエンクローズ溶接で，水平筋，垂直筋の溶接に用いる（図6.1.9）。溶接治具は小型軽量で，狭あい部でも施工できる。アンカーボルトの溶接にも用いられる。炭酸ガスアーク溶接で施工する方法としてKEN-SH法がある。

【参考文献】
1）『神鋼溶接総合カタログ』神戸製鋼所

■ 片面裏波溶接工法

　完全溶け込み溶接をする場合，一般には両面から

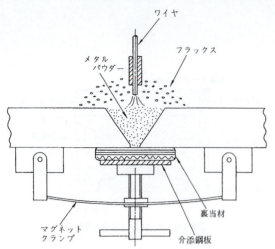
図6.1.10 サブマージアーク溶接による鋼床版の裏波溶接

施工するが，裏からの施工が困難な場合には，片面から施工する．片面からの施工で，裏当て金や非金属の裏当てを用いないで，裏面にも溶接ビードが形成されるように溶接する方法を片面裏波溶接という．裏当て金や非金属の裏当て材を使用しないで手溶接を行う場合，溶接技能者は，JIS Z 3801のたとえば N-2F のように，N-xxの有資格者である必要があり，半自動溶接では，JIS Z 3841 のSN-2Fのように，SN-xxの有資格者である必要がある．

近年，パイプなどの片面裏波溶接で，初層〜2,3層に裏波の出しやすいTIG溶接を用い，その後手溶接あるいは半自動溶接で施工する工法が普及している．これを組合せ溶接といい，手溶接と組み合わせる場合にはC-xxの資格が，半自動溶接と組み合わせる場合はSC-xxなどの資格が必要である．

自動溶接で裏波溶接をする場合には，溶接後除去する非金属の裏当てを用いる．たとえば橋梁の鋼床版の現場溶接では，サブマージアーク溶接を用いた裏波溶接をするが，裏当て材には，非金属の可撓性のあるものが用いられている（図6.1.10）．また，鋼製橋脚や吊橋の主塔の現場での溶接では，MAGアーク溶接（自動）を用いた裏波溶接で施工されている．いずれも溶接しにくい裏面からの溶接を避けるためである．

■ アークスポット溶接工法

薄板の点溶接をアークで行う方法で，2枚または数枚の鋼板を重ね，数秒間アークで小孔をあけ，そこに溶接棒からの溶融金属で埋められて接合される．これには被覆アーク溶接によるもの，CO_2ガスシールドアーク溶接によるものなどがあり，また後者を自動化したり半自動で用いる方法もある．

アークスポット溶接が電気抵抗溶接の点溶接と異なるところは，①特別の加圧装置がいらない（軽い手押しでよい），したがって溶接場所に制約が少ない，②スポットピッチがいくら近くてもよい，③板厚に制約がない，④電源容量が小さくてよい，⑤表面処理が不要（ただし著しい油，錆は有害），⑥片側から溶接できる，などである．

被覆アーク溶接を用いる場合，溶接棒は専用棒でなければならない．専用棒はアークが消えたとき，先端が絶縁物のスラグで覆われず，そのままで再アークしやすくなっている．溶接機は一般の交流電源でよいが，でき上がりをよくするためには，無負荷電圧を40〜50Vに選ぶのがよい．CO_2ガスシールドアーク溶接を用いる場合，ノズル以外の装置はすべて半自動溶接のものでよい．CO_2ガスシールドアークスポット溶接による場合の継手の引張せん断強さは，軟鋼では300〜350N/mm^{2}で，抵抗スポット溶接継手の強さにほぼ等しい．この溶接で品質を均一で信頼しうるものにするためには，鋼板間のすきまを少なくする必要があり，その許容値は表面板厚の1/3以下である．

溶接姿勢は，下向きとなるが，立向きでも小電流を用いれば可能である．

【参考文献】
1) 溶接シリーズ編集委員会：「2.12 アークスポット溶接」『現代溶接技術大系28』産報出版，1980年

■ MIG（ミグ）溶接工法

MIG溶接（metal inert gas welding）は，電極が消耗しないTIG溶接とは異なり，電極が消耗するガスシールドアーク溶接で，シールドガスにアルゴンなどの不活性ガスを用いるものをいう．アルゴンと炭酸ガスの混合ガス，あるいは炭酸ガスを用いる場合はMAG溶接（metal active gas welding）といい区別されている．MIG溶接は，アルミニュームやステンレス鋼の溶接に用いられている．

【参考文献】
1) 溶接学会編：「Ⅱ 4.5 ガスシールド消耗電極式アーク溶接法」『溶接・接合便覧』丸善，1990年
2) 溶接シリーズ編集委員会：「2.3 イナートガスアーク溶接」『現代溶接技術大系28』産報出版，1980年

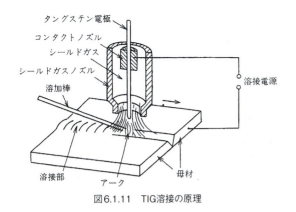

図6.1.11 TIG溶接の原理

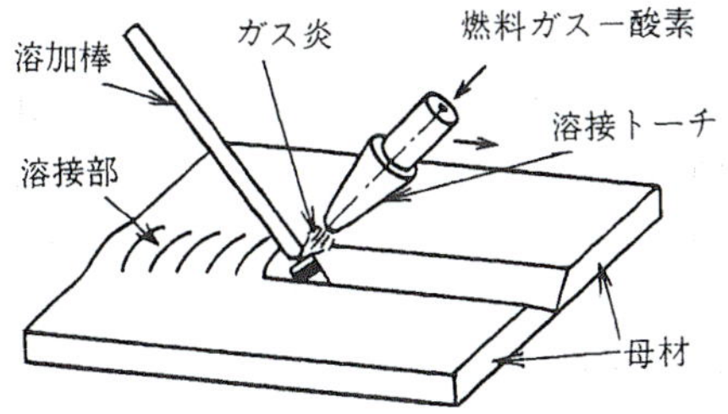

図6.1.12 ガス溶接の原理

■ TIG（ティグ）溶接工法

TIG溶接（tungsten inert gas welding）は電極に高温でも溶融しないタングステンを用い，アルゴンなどの不活性ガスの中でアークを発生させ，溶加棒をアーク内に供給する溶接法である（図6.1.11）。ほかのアーク溶接に比べ，溶接金属の清浄度が高く，じん性，延性，耐食性に優れている。また，スラグがほとんど発生しない光沢のあるビードが得られる。炭素鋼，低合金鋼，ステンレス鋼はもとより，ニッケル合金，銅合金のほか，活性金属であるアルミニウム合金，チタン合金，ジルコニウム合金，マグネシウム合金など幅広い金属の溶接に用いられている。近年，このTIG溶接は，パイプなどの片面裏波溶接で，初層に使われ始めた。裏波の出しやすいTIG溶接で初層〜2，3層の溶接をし，その後手溶接あるいは半自動溶接で施工する工法が普及している。これを組合せ溶接という。

【参考文献】
1）溶接学会編：「Ⅱ4.3 ティグ溶接法」『溶接・接合便覧』丸善，1990年

ガス溶接工法

ガス溶接は可燃性ガスと酸素を混合して燃焼させ，その熱で母材および溶加棒を溶かして溶接する方法である（図6.1.12）。

【参考文献】
1）溶接学会編：「Ⅱ8 ガス溶接法および機器」『溶接・接合便覧』丸善，1990年

■ 酸素アセチレン溶接工法

アセチレンガスの燃焼により得られる熱源を用いて溶接する方法で，酸素は高温の燃焼ガスを得るために用いる。ガス溶接は加熱・冷却が緩やかで，薄板の溶接に適しているが，薄板の溶接は，現在はTIG溶接に取って代わられた。

【参考文献】
1）溶接シリーズ編集委員会：「2.6 酸素アセチレン溶接」『現代溶接技術大系28』産報出版，1980年

■ 酸水素溶接工法

ガス溶接において，アセチレンの代わりに水素を用いるもので，酸素アセチレンで3200℃得られるのに対し，2500℃であり，低融点金属の溶接に使用される。

■ 空気アセチレン溶接工法

ガス溶接において，酸素に代わって空気を用いる工法で，あまり高温を要しない場合に使用できる。

エレクトロスラグ溶接工法

エレクトロスラグ溶接は，1951年にウクライナ（当時ソ連）のパトン研究所で発明された立向き上進溶接である（図6.1.13）。この方法はのちに開発されたエレクトロガスアーク溶接と異なり，アーク溶接ではなく溶融スラグ内で電気抵抗により電極ワイヤを溶かして溶接する。厚板の立向き（垂直）継手の表裏を囲み，その低部と消耗電極との間で，最初のわずかな時間，アークを発生させ，直ちにフラックスを投入して，開先内に溶融スラグ浴をつくり，アークは消えるが電極ワイヤと母材間は溶融スラグを通して電流が流れその電気抵抗熱でワイヤの溶融は継続されてる。表裏の囲いは，これらの溶融スラグと溶融金属の流出を防ぐためで，水冷の銅当て金が用いられる。この溶接は極めて溶け込みがよいが，それは，ワイヤの先端付近でスラグが高温になり，激しいスラグの対流が生ずるためである。溶接に

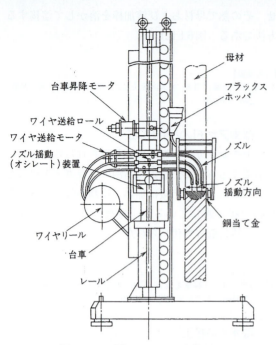

図6.1.13　3電極エレクトロスラグ溶接機

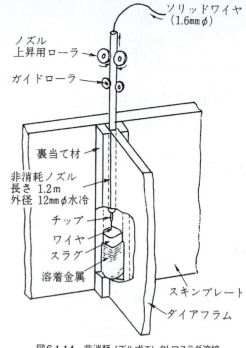

図6.1.14　非消耗ノズル式エレクトロスラグ溶接

伴ってワイヤガイドと水冷銅当て金は上進する。このためエレクトロスラグ溶接は大型の装置で，極厚板の溶接に適するものであった。

【参考文献】
1) 溶接学会編：「Ⅱ5　エレクトロスラグ溶接法および機器」『溶接・接合便覧』丸善，1990年．
2) 日本溶接協会建設部会編：「2.6　エレクトロスラグ溶接」『鉄骨溶接施工マニュアル』産報出版，1992年

■ 消耗ノズル式エレクトロスラグ溶接工法

　立向き上進溶接で，溶接長が長くない場合にはワイヤガイドを上進させることなく，ワイヤガイドも消耗させることで，大掛かりな装置でなく，コンパクトにしたものが消耗ノズル式エレクトロスラグ溶接である。CES溶接（compact electro-slag welding）とも称される。消耗ノズルは共金で，パイプ状になっており，表面には絶縁も兼ねた被覆がほどこされている。電源は手溶接の交流電源が流用できるので設備費は廉価で済む。銅当ては特に摺動させる必要はなく固定式のものが用いられる。溶接長が長いときには，ノズルを長くする必要があるので，溶接でつないで用いる。この場合，銅当て金は，短いもの複数個を溶接の進行に伴って盛替えていく。

【参考文献】
1) 溶接学会編：「Ⅱ5　エレクトロスラグ溶接法および機器」『溶接・接合便覧』丸善，1990年 2) 日本溶接協会建設部会編：「2.6　エレクトロスラグ溶接」『鉄骨溶接施工マニュアル』産報出版，1992年

■ SESNET（非消耗ノズル式）エレクトロスラグ溶接工法

　消耗ノズル式エレクトロスラグ溶接から進化したもので，ノズルを溶接に伴って上昇させることでノズルを非消耗にしたエレクトロスラグ溶接である（図6.1.14）。SESNETは開発メーカーの商品名である。この方法は建築鉄骨のボックス柱をビルトアップで製作する場合のダイアフラムの溶接に用いられている。この方法が普及したため，消耗ノズル式は現在ほとんど用いられなくなった。

【参考文献】
1) 日本溶接協会建設部会編：「2.6　エレクトロスラグ溶接」『鉄骨溶接施工マニュアル』産報出版，1992年

テルミット溶接工法

　融接工法の一種で，アルミニウム粉末と酸化鉄の混合物（テルミット剤）の発熱反応（テルミット反応）による発熱を利用して，レールなどを溶接する工法である（図6.1.15）。開先は注入口を残して周囲

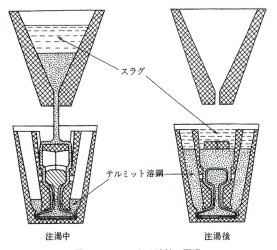
図6.1.15 テルミット溶接の原理

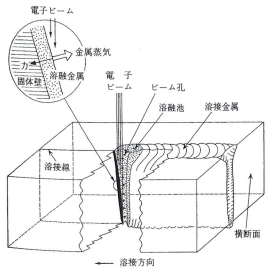
図6.1.16 電子ビーム溶接の原理

を囲っておき，るつぼ内でテルミット反応により溶融した溶融金属を鋳込んで接合させる。継手部は800〜900℃に予熱しておく必要がある。

テルミット溶接は，①作業が単純なため技術の修得が容易で，溶接結果の再現性がよい，②接合に軸方向の加圧を必要とせず電力を要しないので設備費が廉価である，③継手部はガス切断のままでよく開先も必要ない，④作業は短時間で溶接ひずみも少ない，などの特徴がある。テルミット剤の酸化鉄に代わって酸化銅を用いれば，銅の溶接もできる。実施例としては，レールボンドのレールへの溶接，接地銅板，ガス管，水道管などへのアース線の取付けなどがある。

【参考文献】
1) 溶接学会編：「Ⅱ9 テルミット溶接法および機器」『溶接・接合便覧』丸善，1990年

電子ビーム溶接工法

電子ビーム溶接は，高真空中で高速に加速された電子を非溶接物に衝突させ，その運動エネルギーが熱エネルギーに変化して，非溶接物を溶融し，接合する方法である（図6.1.16）。この方法は真空中でしか溶接できないこと，設備費がかさむことが大きな短所であるが，真空中のため活性材料（チタン，ベリリウム，マグネシウムなど）の溶接では利点となる。

電子ビーム溶接の特徴は，

①厚板の1パス溶接が可能である。
②溶融幅が狭く，熱影響部も狭い。
③溶接変形が少なく，精密な溶接が可能。
などである。

【参考文献】
1) 溶接学会編：「Ⅱ6 電子ビーム溶接法および機器」『溶接・接合便覧』丸善，1990年

2 圧接工法

圧接工法は，継手部に外部から加熱し，圧力を加えて接合する方法である。加熱に電気抵抗を用いる電気抵抗溶接工法は加圧された接合面に電流を流し，その抵抗発熱で接合する方法であり，加熱範囲が狭く温度も低いので溶接部の性質がすぐれている。電気抵抗によらない圧接工法（鍛接工法，ガス圧接工法，高周波溶接工法，爆発圧接工法）は，接合材料どうしの相互拡散によって接合される。拡散による場合，ほかの溶接工法では溶接しがたい金属（セラミックやプラスチックなどの非金属も含む）の接合，とくに異材継手の接合が可能でしかも高速，高精度の接合ができる。

表6.1.5に圧接工法の種類と特徴を示す。

【参考文献】
1) 溶接学会編：「Ⅱ13 固相接合法および機器」『溶接・接合便覧』丸善，1990年

表6.1.5 圧接工法の種類と特徴

圧接工法の種類	特長
電気抵抗溶接工法	・溶接部の性質がすぐれており、溶接変形も少ない。 ・作業速度が大で溶接技量を必要とせず、多量生産性を備えている。 ・一般に装備が高価である。 ・利用分野は航空機、車両工業、建築、橋梁など。
ガス圧接工法	・作業者の熟練を必要としない ・設備費が安く、電力を必要としない。 ・利用分野は土木、建築現場での鉄筋の接合や鉄道用レールの圧接など。
加圧テルミット溶接工法	・溶接部に欠陥が生じやすく、現在内外でも、ほとんど使われていない。 ・テルミット溶接と圧接を組み合わせたもの。
鍛接工法	・鍛接部の強度は母材の80～90％程度で、じん性は母材のそれより溶接のままでは悪くなっているので、焼なまし処理が必要。 ・ロール圧接によるクラッド鋼（金属合板）の製作に用いられている。
高周波溶接工法	・溶接による熱影響が狭く、ひずみも少ない。 ・溶接が困難な異材継手の溶接も容易である。 ・管の長手継手の溶接、スパイラル管の製品に利用されている。
爆発圧接工法	・比較的手軽に瞬時に接合できる。 ・利用分野は各種金属のライニング加工や、クラッド鋼の製作など。

```
重ね抵抗溶接法 ─┬─ スポット（点）溶接法
                ├─ プロジェクション（突起）溶接法
                └─ シーム（縫合せ）溶接法

突合せ抵抗溶接法 ─┬─ アプセット（バット）溶接法
                  ├─ フラッシュ（火花）溶接法
                  └─ パーカッション（衝撃）溶接法
```

図6.1.17 電気抵抗溶接法の種類

電気抵抗溶接工法

電気抵抗溶接は、加圧した接合面に直角に大電流を短時間流し、接合面での抵抗発熱によって、局部的に溶融を起こさせて溶接する方法である。

この工法は、作業速度が大で多量生産に適しているが、大きな瞬間的な電力を必要とするので、設備が高価である。この工法には図6.1.17に示すような種類がある。同じ抵抗溶接でも重ね抵抗溶接では、比較的正確な加圧力を必要とし、通電・加熱の状態変化が速いので、電極の即応性が重要である。これに対し突合わせ抵抗溶接は、変化はそれほど速くはなく、大きな加圧力を必要とするが、加圧力の大きさそのものは、それほど正確である必要はない。

【参考文献】
1) 溶接学会編：「Ⅱ10 重ね抵抗溶接法および機器」『溶接・接合便覧』丸善，1990年 2) 溶接学会編：「Ⅱ11 突合せ抵抗溶接法および機器」『溶接・接合便覧』丸善，1990年

スポット溶接工法

スポット溶接は、2枚の金属板（0.4～10mm）を棒状の電極の間にはさんで強く加圧（500～5,000N/cm²）しながら短時間（0.6～6秒）に大電流（約3,500～30,000A）を流して溶接する方法である（図6.1.18）。スポット溶接では加熱が極めて短時間なので、溶融金属が空気中の窒素や酸素の悪影響を受けることが少なく、シールドをする必要がない。本工法は小型のものは装飾金具、通信機部品、自動車工業で用いられており、大型のものは鉄道車両などに用いられている。

【参考文献】
1) 溶接学会編：「Ⅱ10.2 スポット溶接」『溶接・接合便覧』丸善，1990年
2) 溶接シリーズ編集委員会：「2.15 スポット溶接」『現代溶接技術大系28』産報出版，1980年

シーム溶接工法

シーム溶接はスポット溶接を連続的に行うもので、棒状電極の代わりに円板状電極を回転しながら被溶接物を送りつつ溶接する方法である（図6.1.19）。これは気密性を必要とする継手の工場での溶接に用いられている。

【参考文献】
1) 溶接学会編：「Ⅱ10.4 重ねシーム溶接」『溶接・接合便覧』丸善，1990年
2) 溶接シリーズ編集委員会：「2.16 シーム溶接」『現代溶接技術大系28』産報出版，1980年

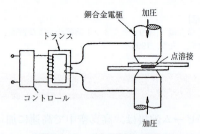

図6.1.18 スポット溶接の原理

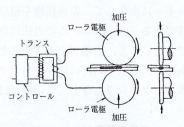

図6.1.19 シーム溶接の原理

■ プロジェクション溶接工法

本工法は，スポット溶接の一変形で，電流，加圧の集中をはかるために，被溶接物に突起を形成させて溶接する方法である。主として多点同時溶接を行う場合の工場用に利用される。

【参考文献】
1) 溶接学会編：「II 10.3　重ねプロジェクション溶接」『溶接・接合便覧』丸善，1990年

■ フラッシュ溶接工法

本工法は溶接面を軽く接触させつつ大電流を流し，接触面にフラッシュ（電気火花）を発生させ，その熱で被溶接物を加熱し，適当な時間をおいて，溶接面が金属蒸気と溶融金属とでおおわれた状態で，急速に強い圧力を加えて溶接する方法である（図6.1.20）。圧接の際に，溶融金属は溶接面から押し出され清浄な溶接部が得られ，その機械的性質はきわめて良好である。溶接は数秒間で完了し，高能率であるから，航空機，自動車，自転車，建築，車両工業方面で広く実用化されている。

【参考文献】
1) 溶接学会編：「II 10.5　フラッシュ溶接法」『溶接・接合便覧』丸善，1990年 1) 溶接シリーズ編集委員会：「2.17　突合せ抵抗溶接」『現代溶接技術大系28』産報出版，1980年

■ アプセット溶接工法

本工法はバット溶接工法とも呼ばれ，被溶接材を強く突合わせ，これに大電流を流し，接触部付近の抵抗発熱によって適温に達したとき軸方向に強圧を加えて溶接する工法である。本工法は，ガス圧接と同じく，接触部の酸化物などは溶接後も残りやすいので，溶接前に除去する必要がある。また，フラッシュ溶接に比べて加熱速度が遅く，溶接時間が長いので，熱影響の範囲が広い。そのほか断面積の大きいものや，非対称形のものへの適用は困難であり，溶接部の機械的性質も一般に低い。

【参考文献】
1) 溶接学会編：「II 11.2　アプセット溶接法」『溶接・接合便覧』丸善，1990年
2) 溶接シリーズ編集委員会：「2.17　突合せ抵抗溶接」『現代溶接技術大系28』産報出版，1980年

■ パーカッション溶接工法

本工法は，溶接の難しい金属や，細い線材の溶接などに利用されている方法で，被溶接物を接触させ，コンデンサに蓄えられたエネルギーをきわめて短時間に放出し，生じるアークで接合部を集中発熱させ，つづいて圧力を加えて溶接する方法である。

ガス圧接工法

本工法は，2つの被溶接物の接合面をガス炎で加熱し，軸方向に力を加えて押しつけて接合する方法である。これには，接合面を押しつけて加熱するクローズ法と，離して別々に加熱してから，衝撃的に両者を押しつけるオープン法とがある。

ガス圧接工法は，電源のない現場での溶接には最適で，土木・建築の現場での鉄筋の溶接に広く用いられている。クローズ法によるD51，D38の鉄筋を対象にした可搬式の自動ガス圧接機が普及している。この装置は加熱と加圧のほかに動作を制御する装置が含まれている。圧接の所要時間は，D51で約5分，D38で約3分であり，水平継手においては，1日（8時間）で，D38鉄筋を109ヶ所施工した実績がある。

鉄筋のほかレールの圧接にも盛んに利用され，ロングレール化にはこの方法が用いられた。

【参考文献】
1) 溶接学会編：「II 13.7　ガス圧接法」『溶接・接合便覧』丸善，1990年

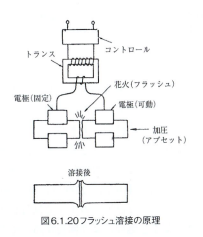

図6.1.20 フラッシュ溶接の原理

高周波溶接工法

本工法は，高周波電流の表皮効果（導体中を流れる交流では電流分布が表面に近いほど大になること），および近接効果（400〜500kHzの高周波電流は金属の薄層を流れる傾向があり，しかも回路のインピーダンスが小さくなるように近接した径路を流れる性質）を利用して，金属の薄層を加熱し圧接する方法である（図6.1.21）。

本工法は，高速で接合できるという特徴のほか，接合部のごく表面のみを加熱できるので，熱影響部が狭く，ひずみも少ない。しかも加熱温度を任意に調節しうる特徴があり，溶接困難な異材継手の溶接も容易である。

本工法は，管の長手継手の溶接に最も多く利用されている。熱間圧延した管材料の表面には薄い酸化皮膜が付着しているが，酸化皮膜と接触子や接触物とでコンデンサの作用をするので，かえって高周波電流が流れやすくなり，溶接前に酸化皮膜を除去する必要がないこともこの工法の大きな特徴である。

溶接の速度は，溶接する面だけ加熱するので，管厚と材質だけに関係し，管径によってはほとんど変らない。

【参考文献】
1）溶接学会編：「Ⅱ11.4 突合せシーム溶接法」『溶接・接合便覧』丸善，1990年
2）溶接シリーズ編集委員会：「2.19高周波溶接」『現代溶接技術大系28』産報出版，1980年

加圧テルミット溶接工法

2つの接合面の周辺にテルミット反応（約2,800℃）で生じたスラグおよび溶融金属を注ぎ込んで，強圧を加えて接合させる方法である。この方法はアメリカでパイプラインの敷設でかなり使用されたが，最近は使用例がない。

加圧テルミット法と溶融テルミット法を組み合わせた「組合せテルミット法」は，ヨーロッパなどでレールの溶接に使用されたこともあるが，これも現在では用いられていない。

【参考文献】
1）溶接学会編：「Ⅱ9.4.3 その他のテルミット溶接」『溶接・接合便覧』丸善，1990年

爆発圧接工法

火薬が爆発するとき発生する瞬間的な衝撃波を利用して，2枚の板を圧接（圧着）する方法である。チタン，タンタル，銅，アルミニウム，ステンレス鋼などの接合が可能である。とくに軟鋼とこれらの金属とのクラッド材の製造に適用されている。

【参考文献】
1）溶接学会編：「Ⅱ13.6 爆発圧接法」『溶接・接合便覧』丸善，1990年 2）溶接シリーズ編集委員会：「2.21 爆発圧接」『現代溶接技術大系28』産報出版，1980年

鍛接工法

接合すべき部分を外部から加熱し，圧力または打撃を加えて接合する方法である。加熱温度，加圧力は接合される母材の種類，大きさ，形状により決定される。加熱は均一に行う必要があり，加熱温度が高すぎると燃焼あるいは溶融して，ぜい弱化し，接合不可能になる。鍛接部の強度は母材の80〜90%程度である。じん性は鍛接のままでは母材より劣化するが焼きなまし処理により回復する。それゆえ鍛接後は焼きなましして使用する必要がある。

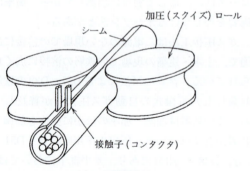

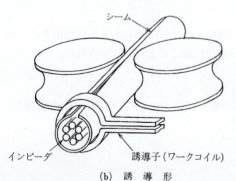

図6.1.21 高周波シーム溶接の原理

鍛接は，日本刀を製作する方法として，わが国では古くから用いられてきた接合方法である。

【参考文献】
1) 溶接学会編：「Ⅱ13.8.3 熱間圧接法（鍛接，熱間圧延）」『溶接・接合便覧』丸善，1990年

3 ろう接工法

接合すべき金属の接触面に，その金属より融点の低い金属を溶融添加して接合する方法である。この場合添加する金属を「ろう」と名づけ，JISではその融点が450℃以上のものを硬ろうと呼び，これによるろう接をブレージングという。また，融点が450℃以下の軟ろうを用いるろう接を特にはんだ付けという。

ろう金属と母材との融合部はろうが母材中にわずかに溶けこんでいるか，または両者が薄い合金層を構成している。ろう接は接合面のすきま，またはその入口にろう金属を置き，これをガス炎，炉，電気抵抗熱などで加熱してろう金属のみを溶かして接合する。

ろうとしては母材の材質に応じて各種の銀合金，銅合金，アルミニウム合金などが用いられる。軟ろうは引張り強さが小さい（100N/mm²）ので，強度を要するところでは不適当であるが，硬ろうは強度（マンガンろうで最大450N/mm²）がすぐれているため，機械的強度を必要とする部分，耐熱（1,400～1,500℃），耐摩耗性を要する部分の接合に適用される。

施工は高温酸化を防ぐために還元性（水素ガス）あるいは中性（不活性ガス）雰囲気で行うか，空気中で行うときには酸化物を溶解除去するためのフラックス（溶剤）を用いなければならない。

ろう接は，信頼できる接合になってきており，応用範囲は著しく広まっている。特に多数の小物の接合（ボーリング用ビットのチップの埋め込み）やひずみをきらう接合によく用いられる。また，ジェットエンジン関係では強度の高い接合が得られるNi-Cr系ろうの開発が進んできている。

【参考文献】
1) 溶接学会：「12. ろう接法および機器」『溶接・接合便覧』丸善，1990

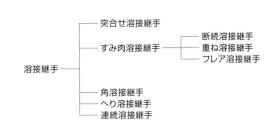

図6.1.22 溶接継手工法の種類

4 溶接継手工法

溶接継手工法は，溶接によって接合する継手，または接合された継手をいう。溶接継手工法の主な種類を図6.1.22に示す。

突合せ溶接継手工法

突合せ溶接継手工法とは2つの部材がほぼ同じ面内で接合される継手をいう。良好な突合せ継手の静的引張強さは，母材のそれに匹敵する。継手の応力計算に用いるのど厚は，板厚とする。

突合せ継手では，一般に，開先形状をX形（薄いときはV形でも可）にしておき，両面から溶接するが，裏面側からの溶接前に，先の溶接の初層部分まで裏からはつりとってから溶接しなければ健全な継手は得られにくい。

施工上，片面からしか溶接できないときには，裏当て金を用いる方法と，裏面側に裏ビード（裏波）を生じさせる方法の，2つがある。前者は，施工容易であるが，裏当て金はつけたままで使用されることが多いので，疲労を考慮する負荷条件が厳しいところでは避けるほうがよい。後者は，パイプの溶接などで，内部からの溶接ができず，裏当て金も付けられない場合に用いられている。良好な裏波を出すためには，開先の加工精度が大切で，とくに適切なルート間隔が得られなければならないし，溶接技能者の技量も重要で，JISの検定試験で，手溶接の場合にはJIS Z 3801のN-xx，半自動溶接（MAG溶接）の場合にはJIS Z 3841のSN-xxの有資格者に溶接させる必要がある（記号中のNは，裏波を意味する。次のxxには板厚ランクと溶接姿勢の記号が入る）。

自動溶接（サブマージアーク溶接，MAGの自動

溶接など)での裏波溶接では，裏に非金属（セラミック，ガラス繊維など）の裏当て材を当て，溶接し，後で取り外す方法が用いられている。工場内での突合せ溶接では，ほとんどの場合鋼板を裏返しすることができるので両面溶接であるが，屋内でも造船用などの大板では裏返しが困難であるため裏波溶接が行われている。

鋼橋の鋼床版の現場溶接では，上向き溶接を避け，このような裏当て材を用いて，鋼床版上からサブマージアーク溶接で裏波溶接をしており，また鋼製橋脚や吊橋の主塔の現場溶接では内部からの溶接を避け，内部に裏当て材を取り付け，外部からMAGの自動溶接で裏波溶接をしている。

【参考文献】
1）溶接学会編：「Ⅶ　2.1　ガス溶接法および機器」『溶接・接合便覧』丸善，1990年

すみ肉溶接継手工法

当て金継手，重ね継手，T継手，十字継手をすみ肉溶接で接合する継手工法をいう。図6.1.23に重ね継手とT継手を示す。重ね継手では部材の板面と重ねられた板の側縁を溶接する。T継手では部材の板面にもうひとつの板の端面をのせて溶接する。すみ肉溶接継手には，力のかかる方向によって，前面すみ肉溶接，側面すみ肉溶接に分けられる。

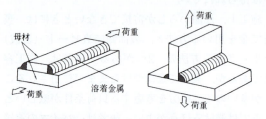

図6.1.23　すみ肉溶接継手の例

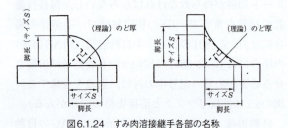

図6.1.24　すみ肉溶接継手各部の名称

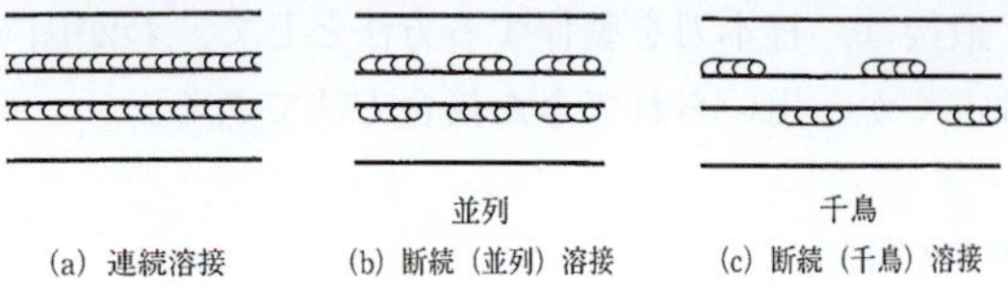

図6.1.25　連続すみ肉溶接と断続すみ肉溶接

図6.1.26　フレア溶接

前面すみ肉溶接とは荷重が溶接線に対して直角方向に作用する継手をいう。側面すみ肉溶接とは溶接線方向に荷重が作用する継手をいう。いずれも図6.1.24に示すようにのど厚断面にせん断力が負荷されるものとして応力計算をする。

■　連続溶接継手工法

溶接を継手全線に行うことが一般的であるが，これを断続溶接と区別するとき，連続溶接という。

■　断続溶接継手工法

強度上，連続させる必要のないときや，薄板で強度を必要としないで，大きな変形を生じさせたくないときには，図6.1.25（b），（c）のように断続の溶接をする。

■　フレア溶接継手工法

すみ肉溶接の一種ともいえるが，図6.1.26のように形鋼の丸み部分に溶接する継手をいう。鋼板と鉄筋，鉄筋と鉄筋の重ね継手に用いられている。

角溶接継手工法

箱形断面部材を鋼板で組み立てて製作する場合に用いるもので，角の溶接継手工法には図6.1.27に示すような種類がある。この図の（a）を除く継手が角継手である。角継手は，せん断力に耐えるだけののど断面があればよい（b）が，建築に用いるボックス柱の仕口部分は完全溶け込み（c）が要求されることがある。

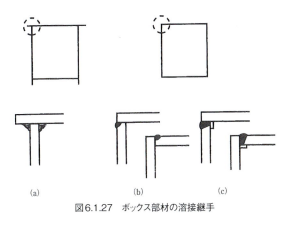

図6.1.27 ボックス部材の溶接継手

溶接ロボットによるアーク溶接

栓（せん）溶接継手工法

重ね継手において，図6.1.28（a）に示すように一方の板に貫通孔をあけ，そこを溶接で埋めた継手をせん（プラグ）溶接工法という。また，図6.1.28（b）に示すように孔を長孔にして，すみ肉溶接する継手をスロット溶接という。いずれも重ねすみ肉溶接継手で，のど厚断面が不足する場合に用いられることが多い。

5 自動溶接工法

ここで述べる自動溶接工法は，従来手溶接で行っていたものを，能率を主目的として自動化したものをいい，テルミット溶接やスタッド溶接，電気抵抗溶接は含まない。自動溶接には，溶接ワイヤの送給を自動化して，トーチの操作は作業者が行う半自動式と，トーチの移動も自動化したものがあり，さらにアークセンサーを備えて，溶接線を自動倣いする溶接ロボットもある。

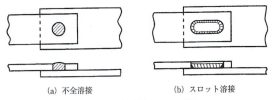

図6.1.28 栓溶接とスロット溶接

半自動溶接工法

アーク溶接における半自動溶接工法は，一般に，ワイヤを自動送給し，トーチの操作は作業者が行う工法で，表7.3.1のように分類される。ワイヤについてみると，ソリッドワイヤを用いるものと，ワイヤの内部にフラックスを含めたものに分けられる。ソリッドワイヤを用いるときは直流電源で，ワイヤ径は2mm以下で，シールドガスはCO_2，アルゴン（Ar），あるいはこれらの混合ガスが用いられる。CO_2のみ，Ar+CO_2の混合ガスを用いる溶接をMAG溶接という。Arガスのみを用いる溶接をMIG溶接という。MAG溶接で作業性やビード外観の改善をするため，ワイヤ内にフラックスを入れたものも高価であるが普及してきている。

フラックス入り太径（2.4，3.2mm径）のワイヤを用いるCO_2ガスシールド溶接は，溶接は，安価な交流電源が使える特徴があったが，いまは用いられていない。この太径ワイヤに脱酸剤を多く含ませて，シールドガスを不要にし，交流電源を用いるセルフシールドアーク溶接は，耐風性がすぐれており，鋼管杭の現場溶接の専用工法になっている。セルフシールド溶接には直流電源を用いるものもある。

最近ではあまり使用されていないが，被覆溶接棒を簡単な装置に取り付けて溶接するのも半自動溶接という。たとえば重力式，低角度式，横置き式などである。

【参考文献】
1）溶接学会編：「II 3.4.5 消耗電極式自動・半自動溶接機器」『溶接・接合便覧』丸善，1990年

自動溶接工法

電極ワイヤの送給とトーチの移動を共に自動化した溶接を総称して自動溶接という。

■ サブマージアーク溶接工法

サブマージアーク溶接は最も普及している自動溶接である。太径（2.4～6mm）のソリッドワイヤを用い，散布したフラックスの中でのアーク溶接である。翻訳名の潜弧溶接はその特徴をいいあらわしているが，現在はこの呼び方はしない。太径ワイヤで大電流を流せるので能率はよく，アークも見えないので作業環境の悪くない。ワイヤを2～3本用いるいわゆる多電極にして，きわめて高能率にすることもできる。

工場溶接では，鋼板の突合せ継手，すみ肉継手，角継手に多用されている。鋼橋の鋼床版の現場溶接では，片面裏波溶接に用いられている。12mm厚の鋼床版の継手を1パスで溶接できる。

【参考文献】
1）溶接学会編：「Ⅱ 3.4.5 消耗電極式自動・半自動溶接機器」『溶接・接合便覧』丸善，1990年

■ PICOMAX装置による自動溶接工法

MAG溶接のトーチを走行装置に取り付け，半自動を自動化する方法はよく行われているが，PICOMAX装置は簡単なウイビングができるため，鋼橋脚の現場溶接に採用され，今日では定着した工法になっている。橋脚の水平継手では走行レールを継手線の上（または下）にマグネットで固定し，これにキャリッジを走行させる。片面裏波溶接では初層は斜め上下にウイビングさせると良好な裏ビードが得られる。吊橋主塔の現場溶接などにも用いられている。溶接姿勢は全姿勢が可能である。

【参考文献】
1）神鋼溶接総合カタログ「PICOMAX-2Z」神戸製鋼所

■ 倣いセンサー付き自動溶接工法

MAG溶接のトーチを走行装置に取りつける自動化でも，アークは常に監視し，微調整は怠りなくしなければならないが，倣いセンサー付き自動溶接では，開先に沿ってウイビングしながら適切な溶接線に倣ってくれる。多層溶接では前層のビードの止端もセンシングしてくれる。これらは溶接ロボットの範疇に入り，鉄骨工場では，部材の溶接部を常に下向き姿勢で溶接できるように回転させる治具と共に用いられている。

鋼管杭溶接工法

鋼管杭の現場溶接は，溶接個所の多少により被覆アーク溶接による手溶接工法，または，セルフシールド溶接による半自動溶接あるいは全自動溶接で行われている。それぞれの溶接工法の特徴を表6.1.6に示す。鋼管杭の溶接に最も多く用いられているのは，この内の半自動式で，その継手は図6.1.29に示すJASPPジョイント（鋼管杭鋼管矢板協会標準

表6.1.6 各溶接工法の特徴

項目	全自動溶接	半自動溶接	手溶接
1台当たりの電源容量	40kVA～50kVA	40kVA～50kVA	20kVA
機械購入費	高い	中くらい	安い
溶接工の技量、経験	有資格者でなければならない	有資格者でなければならない	有資格者でなければならない
鋼管杭に使用されている頻度	開発されて間もないため普及度が低い	多い	少ない
杭の形状、寸法	大径、厚肉に最適	中径管が主	中小径管、薄肉
溶接箇所数	多いとき	多いとき	少ないとき
溶接棒	ワイヤ式（2.4mm）	ワイヤ式（2.4mm、3.2mm）	手溶接棒
溶接電流	高い（350～400A）	高い（420～480A）	低い（150～1800A）
溶接電圧	普通（26～30V）	普通（26～30V）	普通（26～30V）
溶接速度	速い（30～50cm/min）	速い（30～50cm/min）	速い（30～50cm/min）
段取り時間	長い	短い	短い
工法名	住友式鋼管杭自動溶接工法 KHP工法	NSAジョイント工法 NKSジョイント工法 JASPPジョイント工法	一般的

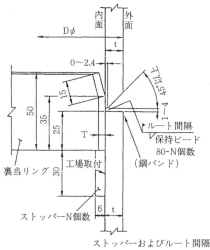

図6.1.29 JASPPジョイントの形状

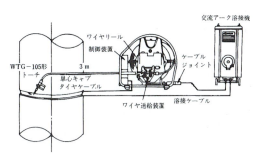

図6.1.30 ノーガスアーク半自動溶接機の外部接続

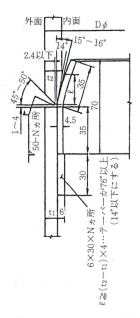

図6.1.31 NSAジョイント2型

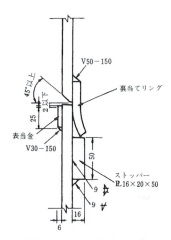

図6.1.32 NKSジョイント工法

と称する形状である。溶接機の構成は図6.1.30に示すように交流アーク電源，ワイヤ送給装置，トーチからなっている。使用するワイヤは太径（3.2mm）のフラックス入りワイヤで，ワイヤ中のフラックスがシールドガスになるので，炭酸ガスなどのシールドガスを送給する必要がない。セルフシールドは「自らガスを発生させる」の意味である。ガスの発生量が多いので，風があってもシールドが損なわれることがないので，屋外の溶接には最適である。この溶接をするための資格は，従来半自動溶接の資格（一般の半自動溶接の裏当て金ありで厚板の資格SA-3H，ただし，受験時にセルフシールドアーク溶接を使用）でよかったが，JIS Z 3841の改正により，セルフシールドアーク溶接の専用資格SS-xxの資格が要求されるようになった。

自動溶接工法は，半自動溶接でのトーチの運棒を自動化したもので，1000mm以上の大径厚肉鋼管杭の溶接には有利である。セルフシールドアーク溶接の自動化工法には以下に示すように種々の方法がある。

■ NASジョイント工法

新日本製鉄が開発した鋼管杭の自動溶接工法で，一般のセルフシールドアーク溶接機と組み合わせて用いる。継手の形式は図6.1.31に示す構造になっており，不等厚の継手に対処でき，また目違いや公差も吸収できるように工夫されている。

■ NKSジョイント工法

鋼管杭の現場溶接用にが開発された自動溶接工法で，一般のセルフシールドアーク溶接機と組み合わせて用いる。この工法での継手の形式は図6.1.32に示す構造になっており，目違いや公差は吸収できる。裏当てリングが，NSAジョイント工法と異なる。

■ 住友式鋼管杭自動溶接工法

鋼管杭の現場溶接に用いる自動溶接であり，これもセルフシールドアーク溶接で，継手の形状は図6.1.33のとおりである。半自動式のものと組み合わせるのではなく，図6.1.34に示すようにワイヤ送給装置が走行装置に搭載されている。

■ KHP工法

この鋼管杭の自動溶接工法は，CO_2ガスシールド溶接とセルフシールドアーク溶接のいずれにも対応できるようになっている。継手形状を図6.1.35に，装置を図6.1.36に示す。

6 水中溶接工法

水中溶接には，溶接部をチャンバで覆って，水を遮断して気体中で行う乾式法と，潜水夫が水中で行う湿式法がある。

乾式法は作業員が潜水あるいは潜水船などによってチャンバ内に入り溶接するもので，チャンバ内の気体には，30m程度の浅海では空気，それ以上の深度ではヘルウムの混合ガスが使用される。乾式の場合，溶接方法は，大気中の溶接と変らないため，信頼性に富んだ溶接部が得られるが，溶接物の大きさや形などによって，その都度チャンバを製作しなければならないので，溶接コストは高くなる。チャンバ内で行われる溶接工法は，TIG溶接（イナートガスタングステンアーク溶接）のみである。その他の溶接工法は，スパッタやガス，ヒュームの発生が多く，不向きである。

湿式法は溶接作業員が潜水具を身につけ，溶接装置を水中で直接操作して溶接するもので，溶融池のシールとして空気やほかのシールドガスが使用されることもあるが，ほとんどの場合，被覆アーク溶接で行われている。

しかし，被覆アーク溶接では，作業員の潜水技術と高度な溶接の技量が必要なため，作業員の確保が難しいことと，溶接時のフュームやスラグで水が濁り溶接部が見えなくなる欠点がある。このため，作業者の技量が溶接結果に大きく影響する。

【参考文献】
1）日本舶用機器開発協会編：「金属の水中溶接および切断」『海

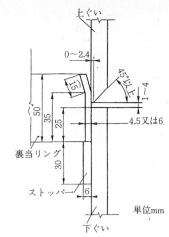

図6.1.33 現場溶接継手断面

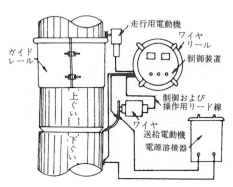

図6.1.34 住友式自動溶接機の外部接続

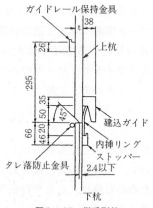

図6.1.35 継手形状

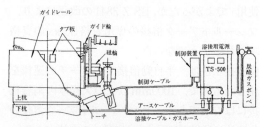

図6.1.36 鋼管杭自動溶接装置の系統

洋機器開発』日本舶用機器開発協会，1970年，Vol.2，No.11
2）浜崎正信：「新しい水中アーク溶接法」『海洋開発』ジャパン・インダストリアル・パブリシング，1973年，Vol.6，No.2
3）蓮井淳：「水中溶接の現状」『機械学会誌』日本機械学会，Vol.574，No.628，1971年

7 溶接部の非破壊検査法

　溶接構造物が，設計の目的どおりに製作されているかどうか，また供用中の構造物の健全性を診断するために，それらを破壊しないで調べる方法である。実用化されている溶接部の非破壊検査法には，超音波探傷法，放射線探傷法，磁気探傷法および浸透探傷法がある。

【参考文献】
1）溶接学会編：「Ⅵ　4.1　非破壊検査方法の種類」『溶接・接合便覧』丸善，1990年

超音波探傷法

　超音波探傷法（UTと略称されることも多い）は，溶接部の非破壊検査法の1つで，主として内部欠陥の検出に適している。内部欠陥の検出について，超音波探傷法と放射線透過法を比較すると表6.1.7，図6.1.37に示すとおりであり，これらをよく理解して使い分けることが望ましい。

　超音波とは，人間の耳では聴くことのできない20kHz以上の音波をいうが，溶接部の検査には2～5MHzの周波数が用いられている。この超音波を用

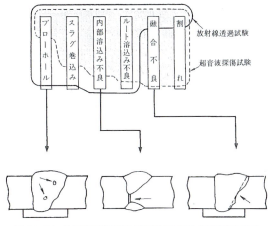

図6.1.37　放射線透過試験と超音波探傷試験の検証能力比較

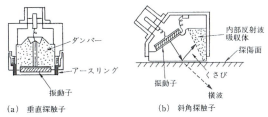

図6.1.38　超音波探傷試験の探触子

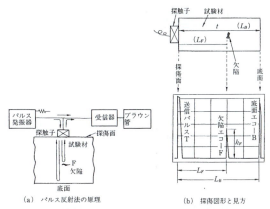

図6.1.39　超音波垂直探傷法の原理

いて傷を調べることができるのは，「山彦」と同じ原理であり，探触子（図6.1.38）から音波を出し，傷から反射してくる音波を同じ探触子で受け，傷までの距離と反射音波の大きさから，傷を判断する（図6.1.39）。鋼板の傷を調べるときは板面に垂直に音波を出して探傷する（垂直探傷法）が，溶接部の傷を調べるときは斜めに音波を出す（斜角探傷法）。

　斜角探傷法は，図6.1.40に示したように，探触子の屈折角，傷（欠陥）までのビーム路程で，幾何学的に決る。

表6.1.7　放射線透過試験と超音波探傷試験の比較

項　目	放射線 透過試験	超音波 探傷試験
欠陥種類の判別	◎	△
欠陥長さの測定精度	◎	○
欠陥高さの測定精度	×	△
欠陥の板厚方向位置の判別	△	◎
割れ，融合不良の検出能力	△	◎
T継手への適用性	△	◎
片面からのみの検査の可否	×	◎
試験できる肉厚の上限	○または△	◎
試験できる肉厚の下限	◎	○または△
装置の小形・軽量	△	◎
試験の迅速性	×	◎
試験結果の記録性	◎	○または△
消耗品費の少額	×または△	◎
総合費用が少額	×または△	◎
安全管理が容易	×	◎
技術の確立度	○	○
検査技術者の知識と経験がなくてよい	○	△
工程への影響は少ない	△	◎

（注）◎優れている，○良い，△あまり良くない，×困難，悪い

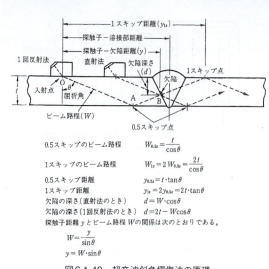

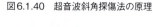

図6.1.40 超音波斜角探傷法の原理

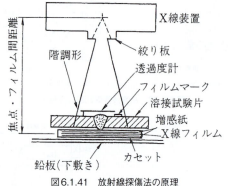

図6.1.41 放射線探傷法の原理

【参考文献】
1）溶接学会編：「Ⅵ　4.3　超音波探傷試験」『溶接・接合便覧』丸善，1990年

放射線探傷法

放射線探傷法は通称X線検査とよばれることが多いが，放射線発生源としてX線のほかにγ線もあるので，学術名としてはこう呼ばれている。また，RTと略称されている。放射線が，物質を透過する性質を利用し，傷があると透過量が変化するので，これをフィルムに撮影し（図6.1.41），現れる濃淡で傷を判定する。

【参考文献】
1）溶接学会編：「Ⅵ　4.2　放射線透過試験」『溶接・接合便覧』丸善，1990年

磁気探傷法

磁気探傷法（MTと略称されることも多い，また

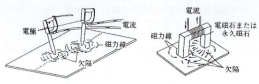

図6.1.42 磁粉探傷法の磁化方法

磁粉探傷法ともいう）は，溶接部を図6.1.42のように磁化して，傷があると磁力線の流れが乱れるので，磁力線の流れを，磁性粉（磁粉）を散布して可視化して調べる方法である。磁化の方法はプロッド法と極間法があるが，プロッド法は強力であるが，被検査物に直接通電するので，電極と被検査物の接触点でアークが発生し傷をつけることがある。極間法は直接通電しないので，傷をつけることはない。

磁紛の散布法は，そのままの状態で使う場合（乾式法）と水または油に懸濁して使う場合（湿式法）がある。湿式法には，一般に蛍光を発する磁粉を用い，暗部でブラックライトを当てて調べる。

磁気探傷法では，表面（表面に極近い）傷の検出には適しており，開口の少なく，肉眼で見つけにくい割れの検出には適しているが，内部の傷の検出はできない。

【参考文献】
1）溶接学会編：「Ⅵ　4.4　磁粉探傷試験」『溶接・接合便覧』丸善，1990年

浸透探傷法

浸透探傷法（PTと略称されることも多い）は被検査物の表面傷の検出に適している。この点では磁気探傷法と同様であるが，磁気を使わないのでアルミニュウムなど非鉄にも適用できる。この検査は図6.1.43に示したように，①前処理，②浸透処理，③洗浄処理，④現像処理の順序で行う。これらに用いる溶液はカラーチェック，ダイチェックの商品名でスプレー缶で組み合わされて市販されている。被検査物の表面には油脂類が付着していることもあり①の処理はこのためである。②は赤色の浸透液を傷にしみ込ませる処理であり，適切な浸透には15～40℃で，5～20分の時間をかけるのがよいとされている。③は表面の浸透液を除去し，④は白色の液を表面に吹きつける処理で，割れなどの傷があると中にしみ込んだ赤色の液が，白色の表面ににじみ出てくる。

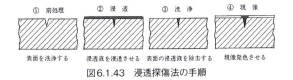
図6.1.43 浸透探傷法の手順

【参考文献】
1) 溶接学会編：「Ⅵ 4.5 浸透探傷試験」『溶接・接合便覧』丸善，1990年

機械的接合工法

　鋼構造物の接合工法には，溶接工法と並ぶ工法として機械的接合工法がある。本工法は冶金的接合を伴わない鋼構造物の接合法で，高力ボルトとリベットによる接合法がある。本工法は溶接接合工法のような熱影響による変形を伴わないことから，接合後の精度確保が比較的容易に行なえる利点がある。

　鋼構造物の継手の接合には，当初，リベットによる接合が普通であった。我が国では，1954年に鉄道橋の施工においてリベット打ちが出来ない箇所に，初めて高力ボルトが使用された。

　1964年にJIS B 1186（摩擦接合用高力六角ボルト・六角ナット・平座金のセット）が制定された。これを契機として鋼構造物の現場継手には，リベットに代わり高力ボルトが急速に使用されるようになった。

　このように，鋼構造物の接合に，リベットに代わって高力ボルトが使われるようになったのは，後者が前者に比べ，作業にそれほど熟練を要求されないことと，施工時の騒音がはるかに小さいこと，また，火気を使わなくてすむことなどが主な理由である。

　高力ボルトのセットは現在はJIS B 1186（1995）の規格が適用されており，機械的性質による等級としては，F8T，F10Tおよび（F11T）が規定されている。これは，1965年頃からF13Tが遅れ破壊を起こしやすいことが分かって廃止され，また，F11Tについても遅れ破壊が報告されるようになり（　）付きの規定となっており，現在ではほとんど使用されていない。使用材料については規定されていないが，その製品としての機械的性質は，構造用鋼材の約2倍の引張強度と硬さを有するように規定されている。

リベットには冷間成形リベットと熱間成形リベットがある。それぞれJIS B 1213およびB 1214に規定されている。リベット用鋼材にはJIS B 3104のSV330，SV400などがある。

1 高力ボルト接合工法

　本工法はリベット接合と並ぶ機械的接合工法の一種であり，鋼構造の接合工法として，溶接接合工法と合わせて最も一般的に用いられている工法である。

　高力ボルト接合工法は力の伝え方により，摩擦接合，支圧接合，引張り接合の3種類に分類される。

　高力ボルト接合の締付け作業で軸力導入は，最も重要な作業の一つで，締付け工法には，トルク法，ナット回転法，耐力点法がある。トルシア形高力ボルトはトルク法による締付け作業の省力化を目指したもので，最近では最も一般的に使用されている。

摩擦による接合工法

　摩擦による接合は，高力ボルトにより継手を構成する部材相互を高い軸力で締付け，その部材の接触面に生ずる摩擦力で力を伝えようとするものである（図6.1.44）。鋼構造物の継手では最も一般的で信頼性の高い工法である。

　接合部における摩擦力は次式で表すことができる。
$$F = \mu N$$
　ここに　F：1摩擦面，ボルト1本当たりの摩擦力
　　　　　N：導入ボルト軸力
　　　　　μ：接合面のすべり係数

　したがって，導入ボルト軸力の大きさと，板の接触面の粗さとか発錆状況等に左右される「すべり係数」の大小が，その接合部の性能に直接影響を与える。すべり係数を確保するため接合部の接触面は，ショットブラスト等で素面とする必要がある。防錆上の配慮から接触面に塗装する場合は，塗装仕様は厚膜型無機ジンクリッチペイントを使用することが認められている。

【参考文献】
1) (社)日本橋梁建設協会「高力ボルト施工マニュアル」1998

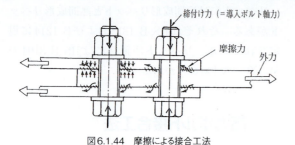

図6.1.44　摩擦による接合工法

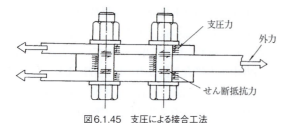

図6.1.45　支圧による接合工法

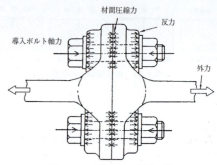

図6.1.46　引張による接合工法

支圧による接合工法

支圧による接合工法は，継手を構成する部材の孔とボルト軸部との支圧力により，ボルトのせん断抵抗力を介して力を伝える方法であり，リベット接合と同様な原理である（図6.1.45）。

支圧接合は，打込み式高力ボルトを用いることが前提であり，摩擦接合に比べて50%高い許容力がとれる有効な継手方式であるが，その応力の伝達機構から接合部材に高い製作精度が必要となる。そのため，鉄道橋の縦桁などの特殊な部分に使われているが，一般的には使用されていない。

【参考文献】
1）㈳日本橋梁建設協会「高力ボルト施工マニュアル」1998

引張による接合工法

摩擦による接合工法と支圧による接合工法がボルト軸と直角方向の力を伝える（せん断タイプ）のに対し，引張による接合工法はボルト軸と同方向の力を伝える接合工法である（図6.1.46）。

建築の分野で一部採用されている接合方式であるが，橋梁の分野では特殊な部分にのみ採用されている。

摩擦接合と同じく高いボルト軸力で締付けることにより，接合部材間にボルト軸力に相当する材間圧縮力が導入される。外力が作用したときは，材間圧縮力の減少と釣合って荷重を伝える。したがって，継手部分は変形を抑える十分な剛性を要求される。

この接合方式の採用に当たっては，その剛性，材片間の応力状態等，十分検討することが必要である。

【参考文献】
1）㈳日本橋梁建設協会「高力ボルト施工マニュアル」1998

締付け工法

高力ボルトの締付工法には，トルク法・ナット回転法・耐力点法の3種類がある。

この3種類の施工法を比較すると，導入軸力の平均値は通常図6.1.47に示すように，トルク法，耐力点法，ナット回転法の順で大きくなる。

ただし，トルシア形高力ボルトは，トルク法による締付作業の省力化を目指したもので，その締付機構から耐力点法およびナット回転法には使用できない。

【参考文献】
1）㈳日本橋梁建設協会：高力ボルト施工マニュアル，1998

締付用トレンチ

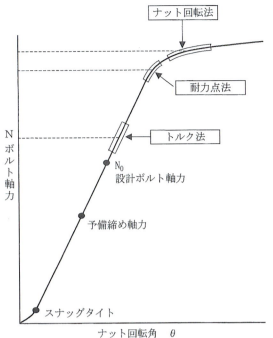
図6.1.47 締付工法による締付け軸力の比較

検査はトルクレンチにより締付けトルクを測定する方法で行い，通常各ボルト群の10％の抜取りとする。

■ ナット回転法

ナット回転法は，ボルトの導入軸力をボルトの伸びで管理しようとするもので，ナットを一定角度だけ回転させることで導入軸力を得る方法である。

この方法によると，N-h曲線が水平（塑性）近くなっているところで締付けるので，軸力のばらつきがトルク法より少ない。ただし，弾・塑性域で締付けるため，道路橋示方書ではF8Tのみにこの方法の締付を認めている。

施工においては，予備締め（スナッグタイト）からのナットの回転量だけを管理すればよいので，トルク法に比べて管理が容易である。

ボルトセットのトルク係数値が大きいと，軸力のほかにねじりせん断力が付加されることになるので，適切なトルク係数値を有するボルトを使用する必要がある。

■ トルク法

この締付け方法は，高力六角ボルトが使用され始めた段階で考えられた方法であり，現在行われている方法の中では最も一般的である。高力ボルトの導入軸力の大きさは，ナット回転法および耐力点法のボルトは弾性域を越える程度まで軸力が導入されるのに対し，トルク法で締結されたボルトは弾性域内で使用される。

トルク法は，あらかじめナットを締付けるトルクと導入ボルト軸力との関係を調べておき，そのトルクを管理しながら施工することにより，所定のボルト軸力を得る方法である。したがって，ボルトセットのトルク係数値のばらつきが小さいこと，また，トルク係数値は温度変化の影響を受けやすいため，温度による変動が少ないこと，および締付け機の出力トルクのばらつきが小さいことが必要である。

一般に，1回で所要の軸力まで締付けると，最初に締付けたボルトが緩む傾向にあるので，予備締めと本締めの2回に分けて締付けるのを原則とする。また，ボルトセットのトルク係数値はナットを回して締付けた場合について定められているので，ボルトの締付けは原則としてナットを回して行なう。

ボルトの締付け後，長時間放置するとトルク係数値が変わるので，締付け後の検査は速やかに行なう。

■ 耐力点法

ボルトの軸力が，弾性域内ではナット回転量と比例関係にあり，これを超えるとその比が変化するため，その点を電気的に検出できる締付け機を使って施工する方法である。

この方法は，ボルトの長さ・強度・径に関係なく，耐力を電気的に検出できるので，トルク法に比べて導入軸力のばらつきが少ない。ただし，ナット回転法と同様な理由で適切なトルク係数値を有するボルトを使用する必要がある。

この方法は，ナット回転法よりやや低い軸力が導入され，ナット回転法と同様に回転量で管理されるため，トルク法より管理は容易である

2 各工法に使用される高力ボルト

鋼構造物の接合に使用される高力ボルトのセットは摩擦接合用として，高力六角ボルトおよびトルシア形高力ボルトがあり，支圧接合用として打込み式高力ボルトがある。

その他に，耐候性を付与したもの，あるいは防錆効果の向上を目的とした特殊高力ボルトが開発されている。

表6.1.8 高力ボルトの機械的性質

ボルトの機械的性質による等級	耐力 N/mm²	引張強さ N/mm²	伸び %	絞り %	引張荷重（最小）kN			硬さ
					M20	M22	M24	
F8T	640以上	800～1000	16以上	45以上	196	243	283	18～31HRC
F10T	900以上	1000～1200(注)	14以上	40以上	245	303	353	27～38HRC

注）耐力点法の場合は，引張り強さの上限を1157N/mm²以下としている。

表6.1.9 トルシア形高力ボルト軸力の平均値（日本道路規格）

ボルトの等級	ねじの呼び	設計軸力	締付け軸力の平均値 常温時（10～30℃）	締付け軸力の平均値 常温時以外（0～10, 30～60℃）
S10T	M20	165	172～202	167～211
	M22	205	212～249	207～261
	M24	238	247～290	241～304

高力ボルトの規格としては，高力六角ボルトにはJIS規格が定められており橋梁用もこれに準拠しているが，トルシア形高力ボルトおよび打込み式高力ボルトはJIS規格がないため，日本道路協会において独自に定めている。

高力六角ボルト

六角頭をもつ高力ボルトで，摩擦接合および引張接合に使用される。

日本道路協会では，高力六角ボルトの規格として，JIS規格（JIS B 1186）を補足限定して定めている。セットの種類は，表6.1.8に示すように1種（F8T）および2種（F10T）の2種類としている。トルク係数値についてはJIS規格において，A（0.110～0.150），B（0.150～0.190）の2種類があるが，道路橋では締付け効率を考慮して0.110～0.160として規定している。

安定したトルク係数値を保証するには，ナットに特殊な潤滑材を塗布してトルク係数値のばらつきを減少させ，かつ温度による変動を少なくするように考慮している。このように高力ボルトはトルク係数値の管理が重要で，ボルト・ナット・座金のセットを一つの製品として取り扱うことに大きな特徴がある。

トルシア形高力ボルト

トルシア形高力ボルトは，現在もっとも使用されているもので，ボルト先端に付したピンテールでナットの締付けトルクの反力を受け，この反力により破断溝を破断することにより締付けトルクを制御することのできるボルト，ナット，座金のセットである（写真7.8.2）。

したがって，締付けの完了がピンテールの破断により容易に確認できることが大きな特徴である。ボルトの頭は丸形とし，頭側の座金を省略して使用する。

トルシア形高力ボルトはJIS規定がなく，日本道路協会において独自の規格が定められている。セットの種類・等級は，高力六角ボルトの2種（F10T）の1種類について規定している。また，ボルトの記号はS10Tとしているが，機械的性質等の諸特性についてはF10Tと全く同様である。なお，ほかに主に建築関係で使用している㈳日本鋼構造協会規格（JSS Ⅱ 09）がある。

トルシア形高力ボルトにおいては，高力六角ボルトのトルク係数値にかわるものとして，セットの締付け軸力について表6.1.9に示すように定めている。締付け軸力は常温時と常温時以外で使用されること

高力六角ボルト

トルシア形高力ボルト

を考慮して，両者について規定している。

支圧接合用打込み式高力ボルト

支圧接合用打込み式高力ボルトは鉄道橋の縦桁等，特殊な部分に使用されている。写真7.8.3に打込み式高力ボルトを示す。

規格には道路協会規格（B8T，B10T）および鋼鉄道橋規格（B6T，B8T）がある。

特殊高力ボルト

一般に用いられている高力ボルトは，熱処理後の黒皮の状態で使用されている。構造部材の材質，施工条件，施工管理の省力化等を考慮し，種々の改良が加えられた特殊なボルトが開発されている。耐候性高力ボルト，一次防錆処理高力ボルト，溶融亜鉛めっき高力ボルトなどがある。

■ 耐候性高力ボルト

耐候性鋼材を使用した鋼構造物に使用されるボルトで，ボルト，ナット，座金ともに耐候性材料が使用されており，形状寸法，機械的性質等は高力六角ボルト，トルシア形高力ボルトの規格を満たすものである。

表示については，等級を示す記号の後に"W"を付している（F10TW，S10TW等）。

■ 一次防錆処理高力ボルト

鋼構造物の施工で塗装工事までの一次的な防錆を目的とした高力ボルトで，塗装下地処理後，プライマー塗装を施したものである。

形状寸法，機械的性質等高力ボルトの規格を満たすものであるが，トルク係数については，JIS規格のA種より更に潤滑性能を向上させたS種（0.080〜0.120）がある。

本州四国連絡橋で実績のある高力六角ボルトに加え，トルシア形高力ボルトも最近開発された。

■ 溶融亜鉛めっき高力ボルト

溶融亜鉛めっきを施した鋼構造物に使用する高力ボルトで，部材と同様の溶融亜鉛めっきを施したものである。

溶融亜鉛めっき高力ボルトの種類は，ボルトの熱処理温度とめっき温度の関係から1種類（F8T）としており，高力六角ボルトの1種（F8T）に準拠している。ナットはめっき後のボルトとの嵌合を考慮し，若干大きくしている。

締付け工法はナット回転法が一般的である。

Ⅱ 鋼材の切断工法

金属の切断の方法には，ツリーに示すような種類がある。ガス切断は最も一般的な切断工法で，鋼材の切断では酸素切断工法が，鋳鉄やステンレス鋼，非鉄金属では，粉末切断工法が用いられている。

アーク切断はほとんどすべての金属に適用できるが，切断面の精度はガス切断に比べてやや劣る。ガスアーク切断は高速で切断できるが，切断面の平滑さを欠くのであまり使用されていない。酸素アーク切断は水中切断に，イナートガスアーク切断はステンレス鋼や非鉄金属の切断に用いられる。

機械切断は熟練を要しないので単純な切断に広く用いられている。爆発切断は瞬時に切断できる特徴があるが，周囲への影響が大きく，国内では利用が少ないが，水中ではしばしば利用されている。

【参考文献】
1) 溶接学会編，「Ⅲ，3 熱切断法」『溶接・接合便覧』丸善，1990

1 切断工法一般

トンネル，橋梁およびダムに代表される土木工事では，工場だけでなく現場で切断作業を行うケースも多い。土木工事では特殊なケースとして水中での切断作業が行われることも決して少なくない。本項では，土木工事によく用いられる切断工法について記述し，水中切断については別項で記述するものとする。

ガス切断工法

ガス切断は酸素切断と粉末切断に分かれるが，一般に前者を単にガス切断という。これは切断しようとする部分を酸素アセチレン炎または酸素プロパン炎で予熱し，材料が燃焼温度（1,350℃が標準）に達してから酸素を噴射して，鉄と酸素との間に急激な化学反応を起こさせ，鉄の溶融スラグを酸素噴流

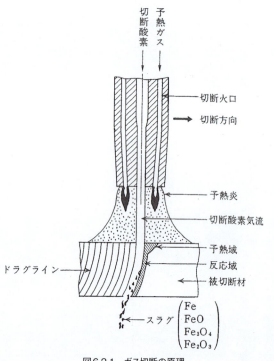

図6.2.1 ガス切断の原理

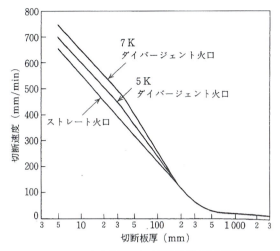

図6.2.2 ガス切断における板厚と切断速度の関係

の機械的エネルギーによって吹き飛ばして、切断する（図6.2.1）。鋼材の切断の大部分に利用されており、また溶接の開先加工にも多用されている。切断面の精度は良好である。ガス切断では、現在までに3mの厚さまで切断できることが確認されている。ガス切断における板厚と切断速度の関係を図6.2.2に示す。

粉末切断は、酸素気流中に鉄粉や粉末状のフラックスを混入させて切断する方法で、普通のガス切断では切断困難な鋳鉄や10％以上のクロムを含むステンレス鋼、および非鉄金属を切断に用いる。

【参考文献】
1）溶接学会編：「Ⅲ.3.3 ガス切断法」『溶接・接合便覧』丸善、1990

アーク切断工法

アーク切断は、材料と電極との間にアークを発生させ、そのアークの熱エネルギーで材料を局部的に溶融し切断する方法である。切断面の精度はガス切断に劣るが、ガス切断が困難な金属にも利用できることや、方法が簡便であることなどから、各方面に利用されている。

アーク切断には金属アーク切断、炭素アーク切断、アークエアー切断などがある。金属アーク切断は被覆金属電極棒を用い、炭素アーク切断では炭素または黒鉛電極棒を用い、材料との間にアークをとばして溶断する。いずれも簡単な切断法で、溶接現場作業で応急切断として用いられているが、切断の切り口は不揃いである。

アークエアー切断は炭素アーク切断に圧縮空気を併用した方法で、圧縮空気で溶融金属を吹き飛ばす方法で、溶接部のガウジング（はつり）作業に用いられている。また、鋳物、ステンレス鋼、黄銅などの切断に適用され、また極厚の材料も容易にかつ高速で切断できる。

【参考文献】
1）溶接学会編：「Ⅲ.3.7.1 アーク切断法」『溶接・接合便覧』丸善、1990年

プラズマアーク（ジェット）切断工法

プラズマアーク（ジェット）切断はアーク切断の一種であり、アークを利用して、作動ガスを加熱し、このガスを高速で噴出させて切断炎（プラズマ）として利用した切断法である。プラズマアークを用いると、高速度で切断できる。プラズマジェット方式では、電極とノズル間でアークを飛ばすので（材料に飛ばす必要がないので）、電気伝導体でない非金属にも適用できる。

【参考文献】
1）溶接学会編：「Ⅲ.3・4 プラズマ切断法」『溶接・接合便覧』、丸善、1990

ガスアーク切断工法

ガスアーク切断工法は、ガス切断とアーク切断を結合した切断方法で、中空の電極棒と材料の間にアークを発生させて材料を加熱し、電極棒の中心から切断ガスを噴出させて切断する。この方法には酸素アーク切断とイナートガスアーク切断がある。

酸素アーク切断は切断速度はガス切断より大きいが、切断面の品質はよくない。水中切断はほとんどこの方法によっている。イナートガスアーク切断には、TIG（ティグ）切断とMIG（ミグ）切断がある。前者はTIG溶接におけるトーチのノズル口径を狭くしてアークを絞り、この拘束アークと、高速のガス気流を用いて非鉄金属を高速度で切断する方法であるが、現在は用いられていない。

後者はMIG溶接装置を用いて、消耗電極ワイヤを連続的に供給して、これと材料間にアークを発生させ、アークで溶融された部分にアルゴンに酸素を5〜15％混入したガスを吹き付けて切断するものである。ステンレス鋼や非鉄金属に用いられたが、プ

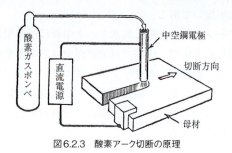

図6.2.3 酸素アーク切断の原理

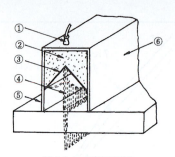

図6.2.4 SPCの原理

表6.2.1 SPCダイナマイトの性能

仮比重	完爆最小薬厚	爆速（空気中）試料断面 2mm×10mm	爆速（水中加圧5kg/cm）試料断面 5mm×10mm	20mm圧鋼板切断爆薬量
1.55～1.60	1mm	6,800～7,200m/sec	6,800～6,900m/sec	600～800g/m

ラズマ切断の普及で，現在は使用されていない。

【参考文献】
1）溶接学会編：「Ⅲ　3・2　熱切断の基礎」『溶接・接合便覧』，丸善，1990

■ 酸素アーク切断（オキシアーク切断）工法

　本工法はガスアーク切断の一種であり，材料をアークで予熱し，中空電極棒の中心から酸素を噴出させて酸素による酸化発熱効果，酸化生成物の融点降下，および酸素ガスによる吹き飛ばし効果によって切断する方法である（図6.2.3）。1本の電極棒に酸素と電流を同時に供給しなければならないので，特殊なホルダが必要である。

　酸素アーク切断はあらゆる金属の切断で用いることができるほか，水中での使用も可能である。

【参考文献】
1）溶接学会編：「Ⅲ　3.7.1　アーク切断法」『溶接・接合便覧』，丸善，1990，p.685
2）稲垣・中山：『図解溶接用語辞典第3版』，日刊工業，2000

機械切断工法

　機械切断工法には，破断切断と切削切断とがある。破断切断は適当な工具を用いて材料に破断応力を生じさせて，所定の寸法や形状に切断する工法で，土木建築で用いられている鉄筋切断機やワイヤカッターなどがある。

　切削切断は，バイト，のこ刃，研削砥石を用いるものがある。のこ刃には弓のこ，丸のこ，帯のこなどがあり形鋼の切断に広く用いられている。このほか特殊な丸のこに摩擦丸のこがある。これは丸のこを高速度（2,500m/min）で回転させながら加工物に押しつけ，摩擦熱によって切断するものである。

　砥石を用いた切断は高速切断機として広く用いられており，丸鋼，パイプ，アングルなどの切断や鋳物，砲金，アルミニュウム鋳物などの湯口の切断に使われている。

爆破（発破）切断工法（SPC工法）

　本工法は海外などで切断に古くから利用された方法で，一瞬にして切断できることを最大の利点としている。遠隔操作が可能で，爆薬が高性能になったことから，水中での沈船解体にも用いられる。しかし現状では，危険性や周辺への影響など多くの問題をもっている。

　SPC工法は，爆破切断の一種で，大阪造船所と日本化薬が開発したもので，特徴は爆薬を特殊形状に成型し，爆発エネルギーを一方向に集中させ，爆発により生じたジェットによって目標物を切断するノイマン効果を利用したものである。SPC（Steel Plate Cutter）とはとくに鋼板切断用の膠質ダイナマイト（商品名SPCダイナマイト）を用いる工法である。その原理を図6.2.4に，また性能を表6.2.1に示す。

2　水中切断工法

　水中切断工法は文字どおり水中で金属などを切断する工法である。1887年にロシアで初めて炭素電極棒を用いてアークによる水中切断が行われて以来，沈船の解体や船舶の救難，港湾の修築工事などに用いられるようになり，最近ではその適用範囲は

表6.2.2 水中切断工法の種類と特徴

切断工法	特徴
アーク切断工法	穴あけのような簡単な雑作業
酸素アーク切断工法	もっとも利用されている方法で作業も能率的
ガス切断工法	水深が増すと作業能率が低下
爆破切断工法	爆薬を切断部に取り付けて瞬時に切断
テルミット溶断工法	コンクリートや岩盤も穿孔可能
ジェットフレーム切断工法	強力な火焔ジェットで，金属，コンクリート等の切断も可能
プラズマアーク切断工法	金属の物理，化学的特性に関係なく遠く効果的な切断可能
機械切断工法	陸上からダイバーに頼らず切断が可能

広がりつつある。

しかし，水中での溶接と同様に，潜水技術と切断技術が必要であるため，作業員の熟練度によって切断速度や切断面の仕上がりに差が出る。切断速度は作業条件（水深，足場など）によって異なるが，作業条件がよく熟練した作業員の場合，鋼矢板で5〜6m/日・人（水深10m程度）である。

表6.2.2にこれまでに実施あるいは考案された水中切断工法を示すが，実用されているのはアーク切断，酸素アーク切断，ガス切断，爆破切断などである。これらのうち最もよく用いられるものは手動式の酸素アーク切断である。

アーク切断は切断面が不揃いとなる欠点はあるが，材質に関係なく切断が可能であることが特徴である。

ガス切断は水深7mまでは酸素アセチレン炎，酸素プロパン炎が用いられ，それ以上の深さでは高圧下でも液化しない酸素水素炎を用いる。切断時に用いる予熱ガスは，水中では冷やされるため，大気中での切断の4〜8倍を必要とし，切断酸素も1.5〜2倍多く消費する。また，切断幅は30〜50%広くなる。

爆発切断は，火薬を多量に使用した破壊切断であり，適用に限界があったが，火薬に指向性をもたせた方法が，安全かつ経済的な工法として開発されている。

また，ジェットフレーム切断や機械切断を利用した鋼管の水中切断法が開発されているが，これについては鋼管水中切断工法の項を参照のこと。

【参考文献】
1) 日本舶用機器開発協会編：「金属の水中溶接および切断」『海洋機器開発』，第2巻11号，日本舶用機器開発協会，1970
2) 浜崎正信：「水中切断について」『溶接技術』第22巻1号，産報，1970
3) 佐藤貞雄：「水中溶接と水中ガス切断法」『溶接技術』第18巻2号，産報，1970

鋼管水中切断工法

鋼管の水中での切断工法については，表6.2.3に示す種類がある。従来は酸素アーク切断が一般的で

表6.2.3 鋼管水中切断工法の種類と特徴

切断工法の種類		特徴	問題点	切断実績
酸素アーク切断工法		・従来から施工されているダイバーによる切断 ・純切断速度40〜90分/1本（φ762×t11 水深10m）	・ダイバーの安全管理	・切断対象径φ350mm以上実績多数
テルミット溶断工法		・実績はあるが一般的でない。 ・酸素アーク切断と同様ダイバーによる切断	・ダイバーの安全管理	・切断対象径φ350mm以上実績有
機械切断工法	破断切断工法	・自動油圧装置によるディスクカッター切断 ・切断速度が速い2〜3分/本 ・切断面は平滑	・ジョイント部はプレスカットする必要がある。	・φ600〜1200mmのもの，実績多数
	切除切断工法	・自動油圧装置による砥石カッター切断 ・切断速度が（5〜15分/本） ・水中・土中いずれも切断可能	・ジョイント部はプレスカットする必要がある。 ・切断切り目がくい違うこともある。	・φ700〜1500mmのもの，実績多数
	破断・切削兼用切断工法	・自動油圧装置によるディスクカッター ・砥石カッター兼用切断。	・ジョイント部はプレスカットの必要なし。	・φ800〜1200mmのもの，実績多数
火炎ジェット（ジェットフレーム）切断工法		・火炎ジェットによる自動切除。 ・ジェット部の切断も可能。 ・純切断速度10〜30分/本 ・切断可能径φ500〜1500mm	・燃料消費量大，燃料としての酸素供給管理。 ・機器の操作に多少熟練要す。 ・水中着火ができない。	・φ900mmのも鋼管を水深15mで約120本
発破（爆破）切断工法		・一瞬にして切断が可能。 ・切断可能最大板厚30mm	・爆破作業上の安全管理。 ・騒音・振動の問題が有する。	・φ1500mmのも鋼管約50本

あるが，工事の大型化と多様化にともない，水深が大きい場所や水流が激しい場所での切断，あるいは大口径杭の切断が必要になり，種々の工法が開発された．

【参考文献】
1) 嶋文雄：「鋼管矢板の水中切断」『基礎工』総合土木研究所，1975年3月号
2) 白石環・斉藤洵：「鋼管矢板井筒の水中切断について」『第12回日本道路会議論文集』日本道路協会，昭和50年9月

■ KPカット工法

本工法は鋼管水中切断工法の一種で，久保田鉄工（現クボタ）と大裕鉄工が開発したものである．原理は，図6.2.5に示すように自動送給されたワイヤと被切断部の間にアークを発生させ，アーク熱によって溶融した金属をトーチ部分から噴出する高圧のウォータージェットで吹き飛ばすことにより切断する．この溶極式ウォータージェット方式で，鋼管径812.8mm，肉厚9.5mmの場合，12～14分で切断でき，クレーンによる引剥力は5～7tfのデータがある．

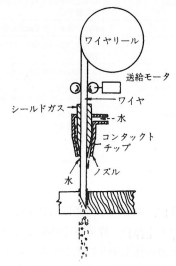

図6.2.5　KPカット工法の概要

III 鋼材の防食工法

鋼材の防食工法には，金属面を外部環境から遮断する表面被覆，防食系に電流を通して電気化学的にさびを抑制する電気防食，鋼材製造過程で適当な合金元素を加え耐食性を大きくするなどの鋼材改質がある。

1 表面被覆工法

表面被覆工法とは，鋼材の表面を他の材料で被覆することによって腐食環境から遮断する防食方法で，一般に，塗装，金属被覆，ライニングが用いられている。

この内，塗装は防食経費の過半数を占める防食手段であり，最も広く採用されている。これは，施工性において自由度が高いこと，即ち対象となる構造物の形状・寸法に制限がなく，現場施工も可能であること，塗装に際して特別な装置が必要でないことなど，実用性や経済性に優れているためである。

金属被覆工法は，鋼材の表面を耐食性金属により被覆防食する方法と，電気化学的に被覆材を犠牲陽極として作用させる防食法がある。

前者には，クラッド材や，銅，ニッケル，クロムめっきがあり，後者には亜鉛やアルミニウムめっき，溶射などが上げられる。鋼構造に対する金属皮膜としては，溶融亜鉛めっきが最もよく用いられている。溶融亜鉛めっきは溶融しためっき浴中に鋼材を浸せきし，その表面に亜鉛皮膜を生成することから，複雑な形状に無関係に均質な皮膜が得られ，鋼との密着性にも優れることから衝撃や摩擦にも強い。また亜鉛は鋼よりも電気化学的に活性なために，鋼素地が局部的に露出しても周囲の亜鉛が保護する犠牲防食作用があるため，長期的な防食性が得られる。

ライニングは有機質ライニングと無機質ライニングに大別される。

有機質ライニング材は塗料と同じく，主成分は高分子の物質（ゴム，樹脂）であり，それに充填物（粉体，粒体，フレーク，繊維など）などで構成される。

無機質ライニングとしては，コンクリートライニング，グラスライニング，ほうろうなどがある。

腐食環境下の鋼製橋梁

表6.3.1　塗装の選定方法

腐食環境区分	一般塗装		重防食塗装
	A塗装系	I塗装系	
一般環境	○	○	○
やや難しい環境	×	△	○
厳しい環境	×	×	○

表6.3.2　腐食環境区分

一般環境	飛来塩分の影響を受けず自動車の排気ガスや工場の煤煙を強く受けない田園，山間部．
やや難しい環境	飛来塩分の影響を受け，自動車の排気ガスや工場の煤煙を強く受ける都市部，工業地帯．
厳しい環境	潮風が強く，飛来塩分の影響を強く受ける海上，海浜地区および高温多湿帯．

塗装工法

鋼材の防食法としての塗装の目的には，構造物の保護と美観付与，および表面特性の付与があげられる。保護皮膜は鋼材表面の抵抗性を高め，腐食や分解から鋼材を守ることにより，長期の耐久性が得られる。環境と調和した美観の創出にも塗装の役割は大きい。美しい色彩調和が得られることは，環境への配慮という社会的ニーズに十分応えられる手法といえる。

表面特性の付与としては，生物の付着防止，防かび，音や光の発散・吸収など塗料の特性を応用し，各分野で利用されている。

防食塗料は機能的に以下の3タイプに分類される。
①鉛系さび止め顔料を適量配合した油性さび止め塗料（含むフタル酸樹脂塗料）
②亜鉛粉末を多量に配合したジンクリッチ塗料（無機，有機＝エポキシ）
③絶縁抵抗の高い特性を生かしたエポキシ・ウレタン・ふっ素樹脂塗料

下塗り塗料には鋼材との付着性と防錆力，中塗り塗料には層間の密着性に優れた下塗り塗料と上塗り塗料との中間的性質を，上塗り塗料には耐候性，耐水性，耐薬品性，美観の向上の機能が付与されている。

塗装系の機能は，これらの役割の異なった塗料を機能別に組み合わせ，塗り重ねることによって，複合膜として必要な性能を発揮させる。

塗装を選定する際の選択方法を表6.3.1に，腐食環境区分を表6.3.2に示す。

一般塗装工法

田園地帯や山間部などの比較的穏やかな環境では，一般的に油性さび止めペイントにフタル酸樹脂塗料を組み合わせた塗装系が使用されていたが，この塗装系は他の塗装系に比べて塗装作業性がよく塗料単価も安いことから鋼構造物に多くの実績がある。

鋼橋においても，鋼道路橋塗装便覧（平成2年日本道路協会）では，A塗装系を一般塗装としていた。しかしながら，近年はライフサイクルコスト低減の観点から防食性と耐久性に優れた重防食塗装系を基本とする鋼道路橋塗装・防食便覧（平成17年12月　日本道路協会）に従っている。

鋼道路橋塗装・防食便覧では，一般環境に架設する場合で特にライフサイクルコストを考慮する必要のない場合や，20年以内に架け替えが予定されている場合などでは，表6.3.3に示す鉛・クロムフリーさび止めペイントを使用するA-5塗装系を使用できるとしている。A-5塗装系は，下塗り塗料のさび止めペイントには鉛・クロムが含まれていないが，ほ

表6.3.3　一般外面の塗装仕様　A-5塗装系

	塗装工程	塗料名	使用量（g/m²）	目標膜厚（μm）	塗装間隔
製鋼工場	素地調整	ブラスト処理　ISO Sa2 1/2			4時間以内
	プライマー	長ばく形エッチングプライマー	130	(15)	
橋梁製作工場	2次素地調整	動力工具処理 ISO St3			3ヶ月以内
					4時間以内
	下塗	鉛・クロムフリーさび止めペイント	170	35	1日～10日
	下塗	鉛・クロムフリーさび止めペイント	170	35	～6ヶ月
現場	中塗	長油性フタル酸樹脂塗料中塗	120	30	
	上塗	長油性フタル酸樹脂塗料上塗	110	25	2日～10日

表6.3.4　一般外面の塗装仕様　C-5塗装系

	塗装工程	塗料名	使用量（g/m²）	目標膜圧（μm）	塗装間隔
製鋼工場	素地調整	ブラスト処理　ISO Sa2 1/2			4時間以内
	プライマー	無機ジンクリッチプライマー	160	(15)	6ヶ月以内
橋梁製作工場	2次素地調整	ブラスト処理　ISO Sa2 1/2			4時間以内
	防食下地	無機ジンクリッチペイント	600	(15)	2日～10日
	ミストコート	エポキシ樹脂塗料下塗	160	-	1日～10日
	下塗	エポキシ樹脂塗料下塗	540	120	1日～10日
	中塗	ふっ素樹脂塗料用中塗	170	30	1日～10日
	上塗	ふっ素樹脂塗料上塗	140	25	

とんどの長ばく形エッチングプライマーには鉛・クロムを含むため，その後の塗り替え塗装のたびに除去された塗膜には鉛・クロムが含まれ，橋梁周辺への塗膜の飛散防止対策と法令に基づいた廃棄物の処理が必要となる。

【参考文献】
1）日本道路協会：「鋼道路橋塗装・防食便覧」，2005年12月

重防食塗装工法

重防食塗装は本州四国連絡橋のような海上部長大橋などの腐食環境が厳しく塗り替えが困難な橋梁の塗装系として開発され実施工されてきた。

下塗第1層には重防食塗装系の基礎塗膜として優れた耐食性と耐熱性のある無機ジンクリッチペイントを用い，下塗2，3層に層間密着性の強いエポキシ樹脂塗料を，中・上塗に耐候性の極めて優れたポリウレタン樹脂塗料やふっ素樹脂塗料などを用いている。合計塗膜厚が250μ以上となるこの塗装系は，長い塗り替え周期と美観が得られることから，長大橋だけでなく都市内高速道路などにおいても採用されている。

鋼道路橋塗装・防食便覧によれば，外面塗装は，架橋地点の腐食環境の厳しさに十分耐えられる防食性能を有していると同時に美観・景観性をできるだけ長期間保つために耐候性のより良好なふっ素樹脂塗料を中・上塗りに用いた表6.3.4に示すC-5塗装系を基本としている。工場塗装した塗膜と現場塗装した塗膜の塗膜間での付着力の低下を防ぎ，均質で良好な塗膜を形成させるため，現場連結部以外は上塗りまで橋梁製作工場で塗装する全工場塗装を原則としている。

【参考文献】
1）日本道路協会：「鋼道路橋塗装・防食便覧」，2005年12月

金属被覆工法

金属被覆工法による防食方法は，被覆材を鋼材に対して電気化学的に犠牲陽極として作用させて防食する方法と，耐食性をもった金属を被覆材として腐食環境を遮断させて防食する方法がある。一般的にこれらは有機物による被覆（一般塗装等）に比べ，耐久性・強度に優れるが，塗装等に比べて高コストである。

電気化学的防食方法には，亜鉛やアルミニウムを用いるめっきや溶射がある。腐食環境を制御し腐食因子を遮断する方法には，銅，ニッケル，クロムなどを用いてのめっきや，ステンレス，チタン等を用いるクラッドやライニングがある。

めっき工法

めっき工法には，被覆金属の種類により防食方法が異なる。また，被覆金属の種類によりに鋼材に付着させる方法が異なる。溶融金属浴に付けこむことにより被覆金属を付着させる方法，また，電気的方法により被覆金属を付着させる方法がある。鋼構造物においては，主に溶融亜鉛めっき工法が採用されており，以下この工法について説明する。

溶融亜鉛めっきは，440℃前後に溶融した亜鉛浴の中に鋼桁などの非めっき物を浸漬して行われる。溶融亜鉛めっきは，表6.3.5に示すように，鉄素地

表6.3.5 溶融亜鉛めっき層

結晶系		組成（%）		比重	融点（℃）
		鉄	亜鉛		
η	稠密六方晶	0 (max, 0.003)	100	7.14	419
ζ	単斜晶	5.8～6.3	93.7～94.2	7.15	530
δ₁		7～11	89～93	7.24	620～640
γ	体心立法晶	21～28	72～79	7.36	668～780
α	体心立法晶	93以上	7	7.87	−

表6.3.6 使用環境とめっき皮膜の年間腐食減量

環境区分		年間腐食減量値（g/m²/年）	頻発度（g/m²/年）	
大気汚染の少ない山間、田園地帯		3～10	5	
人口稠密地域および工業地帯		7～20	都市部 工業地域	8 10
海岸地域	平常時は、海水飛沫をうけない海岸地域	10～30	一般の海岸で海岸より 0.5～2km	10
			その他上記より厳しい所	20
	頻繁に海水飛沫を受ける海岸地域	30～200	非常に過酷な腐食性地域	50

との間で鉄・亜鉛の合金層を作り，さらにその上に亜鉛層を生成している．また，亜鉛は大気中で酸化亜鉛，水酸化亜鉛や不溶性の塩基性炭酸亜鉛の皮膜を形成して優れた防食性を示し，さらに，被覆層が傷などにより鋼材面が露出した場合，電気化学的作用により鋼材面を保護する点である．

表6.3.6に，使用環境とめっき皮膜の年間腐食減量を示す．

設計段階における耐用年数の評価方法は，設置した環境で亜鉛めっき皮膜の10%が残っている時点までの期間を想定している．

耐用年数＝基準付着量−50/頻発度

基準付着量：構造物部材 $600g/m^2$ 以上

高力ボルト・ナット $550g/m^2$ 以上

頻発度：単位面積当りに年間消費される亜鉛量

溶融亜鉛めっきの耐用年数の問題点として，塩分環境下では亜鉛が急速に腐食され，耐久性が大幅に低下する．山間部においても，融雪材の使用により海岸部と同じような腐食を示す．また，風雨により付着塩分が洗い流されるような個所と，そうでない個所の腐食の差異も大きくなっているので，溶融亜鉛めっきによる防食方法を採用するに際し注意が必要である．上記で求めた耐用年数は，あくまでも金属皮膜の耐用年数のため，めっき皮膜の耐用年数に達した段階にて，塗装などの表面処理を行うことが必要である．

■ 溶射工法

溶射工法は，燃焼または，電気エネルギーを用いて金属などの固体物質を溶融して物体表面に吹付け被覆を形成する防食方法である．溶射材料として現在では，金属ばかりでなくセラミックス，プラスチックなども溶射することができる．

溶射方法としては，図6.3.1に示す各種の溶射方法があり，防食用の金属は，亜鉛，アルミニウム，亜鉛−アルミニウム合金が一般的である．

溶射皮膜は，溶射の前処理として鋼材表面に形成された凹凸粗面とアンカー効果により密着しているので，溶射を行うためには適切な素面化処理が必要である．素面化処理方法には，ブラストによる方法と素面形成材による方法がある．塗装に比べて作業性に劣るため，これまで施工実績は少なかったが，防食耐久性向上の目的から，福岡北九州高速道路公社5号線での採用以来施工実績が増えている．

溶射の場合は溶融亜鉛めっきのような合金層が形成されないが，防食機構は溶融亜鉛めっきなどと同様である．また，素材をほとんど加熱しないために，鋼材の熱変形による寸法の狂いがなく，構造物の大きさに制限されないなどの特徴がある．

溶射仕様としては，塩分の少ない一般環境では封孔処理のままでの仕様とし，塩害を受ける厳しい環境では封孔処理の上に塗装をする仕様が望ましい．なお，溶射施工では溶射ガンが施工面とできるだけ正対することが必要であり，一般に作業範囲として1m3程度の空間が必要である．狭隘部で溶射施工が困難な箇所については，超膜厚形エポキシ樹脂塗料を用いた塗装系を採用するのがよい．

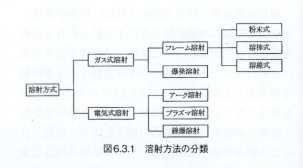

図6.3.1 溶射方法の分類

■ クラッド工法

クラッド工法は、異種金属を板厚方向に合体させた複合材料を用いる工法である。一般的には構造用鋼を心材としてステンレス、チタン等の耐食性の優れた金属を表面に用いて、単独金属では対応できない要求を満たしている。被覆金属の性格を利用して、耐食材料、耐磨耗性、導電性材料には耐アークを目的として組み合わせて機能を発揮させるものである。鋼構造物では一般的にステンレス鋼・鋼、チタン・鋼等の組合わせが用いられており、耐食性の向上を主眼として用いられている。特にチタンクラッド鋼板は、チタニウムの優れた耐食性と、強度を利用した機能鋼板である。クラッド鋼の製作方法としては、熱間クラッド法、冷間クラッド法、シーム溶接法がある。

ライニング工法

ライニング工法は、金属表面を腐食環境から遮断するため有機物、無機質、金属などで比較的厚く被覆することにより防食を行う工法である。一般的には、被服膜厚が1mm以上をライニング、1mm以下をコーティングと区別している。近年、コーティング（塗装等）の膜厚は、重防食、超重防食と称するものがあり、ライニングとの境界が重なり合ってきている。

ライニングは、無機質被覆、または、有機質被覆により行われ、ゴムライニング工法、樹脂ライニング工法、コンクリートライニング工法、ガラスライニング工法などがある。

ライニングの場合は、母材金属の持つ金属表面の光沢、硬さ、耐磨耗性、電気伝導性等の特徴は示されない。

■ ゴムライニング工法

ゴムライニング工法は、天然ゴムまたは合成ゴム（ネオプレン、ハイパロン、ブチルゴム、ふっ素ゴム等）をライニング材に用いた防食工法である。

これらの天然ゴムおよび合成ゴムは、濃硫酸、硝酸、クロム酸などの酸化性の酸をはじめとして広範囲の化学的薬品に対して優れた抵抗性を持っているため、各種の化学装置、酸洗槽などの内面に加工される。金属との密着性をよくするため接着剤が用いられ、接着加工後、加硫処理を行ってゴムシートの耐薬品性、強度および接着性を強化している。ライニングの厚さは、一般用とでは4、5mm、重用途では、6～12mm程度必要である。

鋼構造物の防食方法としては、使用例は少ない。

■ 樹脂ライニング工法

樹脂ライニング工法は、ライニング材に合成樹脂を用いた工法である。樹脂ライニングの工法には、コーティング焼付け工法、FRPライニング工法およびフレークライニング工法がある。

コーティング焼付け工法は、フェノール樹脂、およびエポキシ樹脂は溶液状で塗布焼付エポキシ樹脂、ポリエチレンは粉体塗装または溶射にて付着する工法である。

FRPライニング工法は、通常常温施工にて素地に液状のプライマーを塗布しFRP層としてガラスまたはナイロンなどのマット、またはクロスに不飽和ポリエステルおよび2液硬化エポキシ系樹脂を含ませたものを塗布硬化させ、トップコートの仕上を行う工法である。膜厚は0.5～5mm程度を目的によって使い分ける。

フレークライニング工法は、FRPライニング法とほぼ同様であるがマットやクロスの代わりにガラスフレーク樹脂と混合した材料を用いる。施工方法はガラスフレーク層をコテ塗りする。

■ コンクリートライニング工法

コンクリートライニング工法の防食機構は、セメント中の水酸化Caなどによるアルカリ性保持作用により、鉄面を不働態化する作用および外部からの腐食性イオンの透過防止である。

これらのものは200mm以上に厚塗される。一般に耐熱性が優れており、機械的強度としては圧縮力に強く、曲げ応力、引張り応力に弱い特徴を持っている。コンクリートの素材が比較的多孔性であるので、防食性としてはない。

これらの弱点を補うために、骨材に合成樹脂等を配合し耐薬品性や強度を向上させたレジンモルタルがある。コンクリートライニングは、最近ではこのレジンモルタルが、合成樹脂セメントライニングを示すことが多い。また、セメント層内にガラスクロス等をいれて機械的強度を高めることもある。

2 電気防食工法

電気防食工法は，各金属表面を陰極として，外部の陽極から電流を流入させ，金属の腐食（酸化）を防止する電気化学的法則を利用した方法である。腐食は金属表面に生じる局部的な腐食電池に基づく電位差によるので，その電位差を消滅させ金属の溶解反応をなくすことである。

電気防食には，流電陽極方式，複合電気防食方式，外部電源方式がある。

電気防食の特徴は，水中，土中など塗装や補修の困難な構造物に対して効果的に防食施工ができることである。その原理を示す分極図を図6.3.2に示す。

電気防食の原理は，外部から電位の高いカソード部に電気を流すことによって金属表面の電位差を無くし，腐食電流の回路を形成させないようにする。腐食状態（S）の自然電位（Ecorr）は，次第に低下している。Mでは，外部からの防食電流によって腐食電流が減少していることを示している。このようにSからTまで陰分極させることによって，電位が陽極部の電位（Ea）と等しくなり，電位差が消滅し，腐食電流密度icorrはゼロとなり，腐食を防止することである。

この腐食停止時（T）の電位が防食電位で，ipが防食電流密度である。各種の環境における防食電位の基準を表6.3.7に示す。

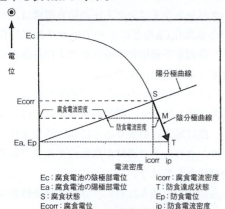

Ec：腐食電池の陰極部電位　　icorr：腐食電流密度
Ea：腐食電池の陽極部電位　　T：防食達成状態
S：腐食状態　　　　　　　　Ep：防食電位
Ecorr：腐食電位　　　　　　ip：防食電流密度

図6.3.2　電気腐食の原理を示す分極図

表6.3.7　防食電位の基準
単位：mv（SCE）

環境 \ 電気防食の種類	電気防食法	複合電気防食法（塗装併用）
一般海域	－770	－770ただし下限を－1050
汚染海域	－900	
潮流海域	－770	

土木構造物に適用する電気防食法の適用は，海水中，海底土中において有効であり，すでに実績も多い。電気防食はそれぞれに特徴を有しているので，腐食環境と防食対象構造物の規模，形状に応じて十分防食効果の得られる方法を選定することが必要である。

土木鋼構造物に適用する電気防食方法は，技術的に十分配慮がなされていれば，防食方式が異なっても同様の防食効果が得られるので，現在では，亜鉛またはアルミニウム合金を用いる流電陽極方式が主流である。また，複合電気防食方式は，防食電流密度を軽減し，電流分布の均一化を図れるのが特徴である。

■ 流電陽極方式工法

流電陽極方式工法は，異種金属間の電位差を利用し電池作用によって防食電流をえる方法である。鉄を防食する場合は鉄より低電位の高純度マグネシウム，マグネシウム合金，亜鉛合金，アルミニウム合金が陽極として使用されている。

この方式は電流装置を必要せず陽極を被防食体に直接ボルトで取付けるか，鉄筋または電線で接続すれば，両者の電位差により陽極から被防食体に電流が流れ防食できる。陽極は電流の発生に伴い溶解消耗するので，一定期間毎の補充交換が必要となる。

流電陽極方式による防食を実施するには，用途に応じて適した陽極材料を選定，陽極形状，取付け数量，設置位置を正しく設計する必要がある。

本方式は，電源の利用できない場所や移動する対象物に利用される。また，施工が容易であり維持，管理費用が少ない。

保守管理上は定められた個所において電位を測定し防食電位に達しない場合は，原因を調査して防食電位を回復する。原因は陽極の消耗，破損，脱落，配線不良，性能不良，環境の変化，防食面積の変更等である。

■ 外部電源方式工法

外部電源方式工法は，直流電源を使用して陽極を水中あるいは土中に設置した電極体のケーブルを接続し，陰極に被防食体を接続して防食電流を供給する方法である。

電源装置にはシリコン整流器，直流発電機などが使用される。電極は材質上から消耗性（鋳鉄，アル

ミニウム）・準消耗性（ケイ素鋳鉄，黒鉛）・難消耗性（チタン，磁性酸化鉄，鉛銀合金）に区分される。

3 鋼材改質工法

　橋梁構造物は，そのほとんどが溶接構造用圧延鋼材（JIS規格のSM材）に塗装を施して造られている。鋼材改質工法とは，溶接構造用圧延鋼材以外の材料を用い，その材料自身の持つ耐食性能によって防食を図る工法である。橋梁構造物に適した機械的性質と工作性，経済性，入手性などをもちあわせた耐食性材料として，耐候性鋼材，FRP（fiber reinforced plastic）材，ステンレス鋼材，アルミニウム合金材などがあげられる。これらのうちで，耐候性鋼材（溶接構造用耐候性圧延鋼材＝JIS規格のSMA材）が，最も実績をもち，鋼橋全体の1割程度を占めるに至っている。他の材料は，価格などに課題を持ち，耐候性鋼材ほどの普及にはいたっていない。この他に，耐食性能は高いものの価格や工作性の点で，まだ一般的な普及に至っていないチタン鋼材があげられる。これらの材料の機械的性質，実績，価格などの特性を，溶接構造用圧延鋼材（SM材）と比較したものが，表6.3.8に耐食性材料の特性比較を示す。

　最近になり，改めて橋梁構造物の維持管理の重要性が叫ばれ，初期建設費だけではなく維持管理費が注目されるようになった。このような背景から耐候性鋼材使用の橋梁が急激に増加している。維持管理費だけからみれば，材料改質工法は，従来一般的な塗装工法に比較して格段の有利性をもつことは明らかである。しかし，耐候性鋼橋梁を除けば，材料改質工法の実績は少ない。これまでは，実際の初期建設費，耐用年数などで不明な点が多く，また初期建設費も比較的高かったために，採用の機会が少なかった。しかし，今後は，伸びて行く防食工法であると思われる。

耐候性鋼材を用いた工法

　耐候性鋼材（JISのSMA材）は，構造用普通鋼材（JISのSM材）に若干のCu（銅），Cr（クロム），Ni（ニッケル）などが，添加された低合金鋼である。低合金鋼としては，最も使われている材料である。1930年代に米国で開発され，その後日本に技術導入されて1969年にJISに制定されている。耐候性鋼材には，P材（SMA-P）とW材（SMA-W）とがあり，P材は塗装を前提にしたもので，W材は裸使用を前提にしたものである。道路橋示方書では，W材だけを規定していて，鋼道路橋の分野では耐候性鋼材とはSMA-Wを意味する。さび腐食に関係する環境因子として，窒素酸化物（NOx），硫黄酸化物（SOx），塩化物（Cl）が考えられるが，建設省土木研究所などの研究で，塩化物との相関が強いとの結論から，耐候性鋼材を無塗装使用できる基準とし

表6.3.8　耐食性材料の特性比較

材料	耐食の原理 （海浜大気暴露試験結果の例）	機械的性質				橋梁への適用実績	経済性	
		密度 g cm³	縦弾性係数 KN mm²	引張強さ N mm²	降伏点または0.2%耐力 N mm²		材料費のみ （SM材との比）	建設費 （SM材との比）
構造用鋼材 （SM材）	（3149g/m²/16年）	7.85	200	400～570	240～460	年間60～80万t程度	1	1
耐候性鋼材 （SMA材）	保護性さびの形成による （1596g/m²/16年）	7.85	200	400～570	240～460	年間8万t程度	1.2	0.95～1
海浜海岸耐候性鋼材 （SMA-MOD材）	保護性さびの形成による（-）	7.85	200	400～570	240～460	少数 （現在まで5000t程度）	1.5	1.1
FRP材	樹脂の耐食性による（-）	1.6（CFRP） 1.6～1.9（GFRP）	60～120（CFRP） 25～45（GFRP）	350～1800（CFRP） 520～1200（GFRP）	-	国内では無し （試験橋1件） 外国で道路橋数件	25～500 （単位重量当）	-
ステンレス鋼材	不動態被膜の形成による （3g/m²/16年）	7.93	197	530	240	大規模水管橋数100件 歩道橋数件	4 （単位重量当）	2 （単位重量当）
アルミニウム合金材	不動態被膜の形成による （8g/m²/16年）	2.8	70～75	320～570	300～530	道路橋1件 歩道橋7件	3 （単位重量当）	3.5 （単位重量当）

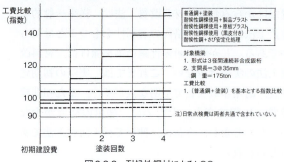

図6.3.3 耐候性鋼材によるLCC

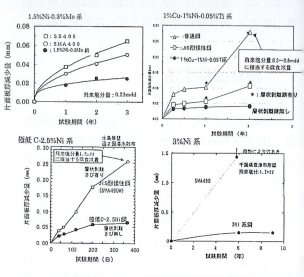

図6.3.4 ニッケル系高耐候性鋼材の暴露試験

て，「飛来塩分が0.05mdd以下である地点」としている。（mdd=mg/dm²/day）最近，塩分に対してさらに耐候性を付加した鋼材が，開発され実用化されている。これを，ニッケル系高耐候性鋼材と呼んでいる。しかし，開発間もないこともあり，JIS化にまでは至っていない。この鋼材の化学成分は，一般の耐候性鋼材（SMA材）に比べ，鉄鋼会社によって異なるが，若干ニッケル（Ni）が多く添加されていて，他に，モリブデン（Mo），チタン（Ti），などの添加がある。

耐候性鋼材は，初期建設費，維持管理費において，経済的である点が大きなメリットである。ライフサイクルコストを塗装工法と比較したものが，図6.3.3は，耐候性鋼材によるLCCを示したものである。一方，耐候性鋼材は，裸仕様で使うのが基本であるが，裸仕様であると，架設初期における流れさびによる汚れが生じてしまうことがあり，これを避けるために，表面を化成処理して初期の外観を整えることがある。

【参考文献】
1）「無塗装橋梁の手引き」㈳日本橋梁建設協会 2006年8月
2）「耐候性鋼材の橋梁への適用に関する共同研究報告書無塗装耐候性橋梁の設計・施工要領（改定案）」建設省土木研究所，㈳鋼材倶楽部，㈳日本橋梁建設協会

■ JIS耐候性鋼材

最近開発されたニッケル系高耐候性鋼材と区別する時のみ，JIS耐候性鋼材と呼ぶが，この名称は通常使われておらず，耐候性鋼材といえば従来からの「耐候性鋼材（JIS-SMA材）」そのものを指す。

アルミニウムやステンレス鋼の防食性能が材料表面に形成される不動態被膜によっているのに対し，耐候性鋼材の防食性能は，Cu，Cr，Niなどが濃縮した保護性さび層によっているといわれている。この保護性さび層は，長い時間を要して形成され，その間腐食速度が徐々に減少し，工学的に見て腐食速度が微小となった状態のさびの層のことである。

さびの状態には，α-FeOOH，β-FeOOH，γ-FeOOH，Fe3O4，非晶質，などがあり，保護性さびは，非晶質の層が連続して形成された状態であるといわれている。しかし，最近，α/γ（α-FeOOH/γ-FeOOHの比）が，2以上になった状態であるという学説も唱えられている。

このような保護性さびを形成させるためには，乾湿が繰り返されることが理想であるが，少なくとも，常に湿潤な状態とならない構造が必要である。橋梁の桁端部などでは，湿潤な状態がつづくためこの部分は塗装仕様としている。

橋梁形式は，以前は鈑桁形式が多かったが，最近では大規模なアーチ形式やトラス形式のものが建設されている。

【参考文献】
1）「無塗装耐候性橋梁実績資料集第5版」㈳日本橋梁建設協会

■ ニッケル系高耐候性鋼材

現在一般的に使われている耐候性鋼材（JIS-SMA材）に比べ，より塩分に対する耐候性能を向上させた鋼材である。SMA材の適用できる地域は，飛来塩分量が0.05mdd以下の地域に制限されていて，臨海地域でも使える耐候性鋼材の開発が求められ，日本の鉄鋼会社が1995年ごろから商品化したもので

ある。添加成分は，鉄鋼各社によって異なるが，共通してCrの添加がなく，Niの添加を1.0%～3.0%と多くしている。各社の暴露試験片による塩分環境での腐食テストの結果は，図6.3.4に示すとおりであり，一般耐候性鋼材（SMA材）に比べて腐食量が小さいことは認められる。

【参考文献】
1）日本橋梁建設協会：「耐候性鋼の橋梁への適用」

■ 表面化成処理工法

さび安定化補助処理剤やさび安定化促進剤などと呼ばれている処理剤を，耐候性鋼材の表面に塗布してさびの安定化（保護性さびの生成）を図るための表面処理方法である。耐候性橋梁では，保護性さびができるまでの数年の期間，初期さびの流出やさびムラが生じ，外観を損ねることがある。表面化成処理の第一の目的は，初期の外観の改善や，さび汁の流出を抑制する点にある。この工法は，日本特有の処理工法である。保護性さび層を処理膜の下で生成させて，なお，さび汁を外に出さない点が塗装処理と異なる点である。保護性さび層の生成と合わせて，処理膜が離脱し，最終的には，裸仕様の場合と同様な外観となる。

表面化成処理剤には，基本的な初期外観を整える目的の他に付加的な効果を持った数種類のものがある。表6.3.9に表面化成処理剤の特徴を示す。

表6.3.9 表面化成処理剤り特徴

表面処理方法		特徴	備考
裸仕様	原板ブラスト	・黒皮の除去を原板ブラストで行う。 ・工場製作時に付着した若干の汚れは残るが短期間に消える。 ・ブラスト処理法による耐候性能上の差異はないので，安価なこの方法が採られることが多い。	
	製品ブラスト	・黒皮の除去を工場出荷時に製品ブラストで行う。 ・工場出荷時は均一なさび状態が得られる。	
表面化成処理仕様	促進型/さび安定化促進処理	・保護性さびを，1～2年で生成させる。 ・さび汁，さびムラを抑えるためには，上塗りコート（トップコート）を入れる。 ・最終的には裸仕様と同様になる。	1）ウェザーアクト
	熟成型/さび安定化処理	・処理膜の下に，5～20年程度をかけて保護性さびを生成させる。 ・さび汁，さびムラを抑える外観調整のために使用される。 ・最終的には裸仕様と同様になる。 ・仕上げ色は，さび色（暗褐色）に限定している。	2）ウェザーコート 3）カプテンコート 4）カプテンコートM（1層塗り） 5）RSコート 6）ラスコールN（標準仕様）
	長期着色型/さび安定化処理（景観仕様）	・処理膜の下に，20年程度をかけて保護性さびを生成させる。 ・さび生成による外観変化は長期間に渡り徐々になされる。 ・さび生成が景観を損ねた段階で，景観再生のため仕上げコートを塗れる。 ・保護性さび生成効果は，熟成型と同じ。 ・仕上げ色は任意である。	7）ラスコールN（景観仕様）

FRP材を用いた工法

FRP（Fiber Reinforced Plastic 繊維強化プラスチック）とは，ガラス繊維（Glass=GFRP），炭素（Carbon=CFRP）繊維やアラミド繊維，によって強化された樹脂（マトリックス樹脂と呼ぶ）材料のことで，I形など等断面長尺部材を得るのに容易な引き抜き成型材が橋梁部材として使われる。成型材は通常3層から5層の積層構造になっている。ロービング層とよばれる中間層は一方向性のFRP材が使われ，マット層とよばれる外層は繊維方向不定の織布が使われる。これらの組み合わせで部材強度や弾性率の調整ができる。

FRP材は，樹脂材であるから腐食は起こさないが，クリープおよび強度減衰など物性の経年変化を起こ

表6.3.10 SM材とFRP材の剛性比較

比較項目 （CFRP材/SM材）	例1 鈑桁の例 スパン35m 幅員17.8m	例2 吊橋の例 スパン800m 幅員25m
主構造の材料重量	0.27	0.36
活荷重鉛直タワミ	2.41	3.87
暴風時水平タワミ	–	1.82
鉛直タワミ振動数	–	0.83
ねじり振動数	–	1.65

す点，樹脂材が酸化劣化を起こす点が，他の耐食性材料と異なる。マトリックス樹脂には，エポキシ樹脂とエステル樹脂が使われるが，エステル樹脂は耐化学薬品性，耐水性が十分でないと言われている。高分子材料であるから環境液体との化学反応により分子鎖の切断を起こして化学劣化を起こす。これを樹脂の腐食と呼ぶこともある。

FRP材は，船舶，航空機，プラント設備，などの構造用材料，あるいはコンクリート構造物補強材などとして使用されている。橋梁主部材としての適用例は外国で数例見られる程度で，我国での実用例はなく建設省土木研究所内の試験橋がある程度である。FRP材は，弾性係数や質量などで他の金属系の耐食性材料と大きく異なることから，道路橋に適用した時にタワミ性や振動性がどのような性状になるかを，構造用鋼材（JIS SM材）と比較した研究結果がある。表6.3.10にSM材とFRP材の剛性比較を示す。

【参考文献】
1）佐々木他：「FRPを主たる構造材料に使用した土木構造物の事例調査」土木学会第54回年次学術講演会1999年9月

ステンレス鋼材を用いた工法

Cr（クロム），Ni（ニッケル）を含有させた合金鋼で，一般的にはCr含有量が11%以上のものを言う。組織により，マルテンサイト系，フェライト系，オーステナイト系，オーステナイト・フェライト系，析出硬化系の5つに分類され，橋梁構造用としてはオーステナイト系（SUS304，SUS316）が良く使われる。

耐食性能は，表面にできる不動態皮膜によって与えられ，Crが，不動態皮膜の主成分となっている。腐食は全面腐食の他に，局部腐食（孔食，すき間腐食）があるから，材料の選定と細部構造の工夫が必要である。

SUSは，橋梁構造物では高欄，沓などの付属物に多用されているが，橋梁本体用材料としてはあまり使われていない。しかし，水管橋では実績が多く，添架形式を含めれば約4000橋に及び，トラス形式，アーチ形式（パイプアーチを除く）の大規模な水管橋でも100橋に及ぶ。衛生感，景観性などの特長が，一般塗装水管橋に比較して受け入れられているようである。

アルミニウム合金材を用いた工法

アルミニウム合金は，板，管などの展伸材と，鋳物材に大別される。展伸材は，添加元素によって7系統に分類でき，その中で，高純度アルミニウム（1000系）が最も耐食性に優れている。他に，Al-Cr系合金（2000系），Al-Mn系合金（3000系），Al-Si系合金（4000系），Al-Mg系合金（5000系），Al-Mg-Si系合金（6000系），Al-Zn-Mg系合金（7000系）がある。橋梁構造には，2000系，5000系，6000系が使われる。

アルミニウム合金は，水中，大気中で生成される酸化皮膜が強い不動態皮膜となって，耐食性を発揮する。しかし，この皮膜は，酸性環境（pH4以下），だけでなくアルカリ環境（pH9以上）でも生成されない。また，一部が破壊すれば局部腐食が進行する。アルミニウム合金は，鉄鋼材料に比べ電位的に卑であるため，他の材料との間に異種金属接触腐食を起こし，腐食が促進されることが多く，孔食も発生し易い欠点を持つ。海浜大気暴露試験で，アルミニウム合金 Al6000系と，ステンレス SUS302，普通鋼材との腐食比較がなされているが，16年暴露による腐食量は，8：3：3149（g/m^2）の結果の報告がある。アルミニウム合金の橋梁での実績は，検査車，高欄，標識柱などに多くを持つ。防食性能を持ち，軽量で，強度的にもSM材に匹敵することから，SM材＋塗装系に比べてライフサイクルコストが低くなると言う試算もある。我国での道路橋での実績は，1961年架設の金慶橋のみであり，その後の実績はない。歩道橋には8件の実績を持つ。他に，耐食性能，軽量性の特長を利用して応急橋，工事用仮橋，浮橋などに使用されている。

【参考文献】
1）日本アルミニウム協会：「アルミニウムハンドブック」㈳軽金属協会
2）島津他：「金慶橋の構造と35年経過調査報告並びに欧米のアルミニウム合金橋の使用実績」軽金属溶接 1997年 No5

第7章 トンネル工法

- Ⅰ 山岳トンネル工法 ･･････････････････ 526
- Ⅱ シールド工法 ････････････････････ 579
- Ⅲ 推進・牽引工法 ･･････････････････ 620
- Ⅳ 開削トンネル工法 ････････････････ 651
- Ⅴ 沈埋トンネル工法 ････････････････ 656

I 山岳トンネル工法

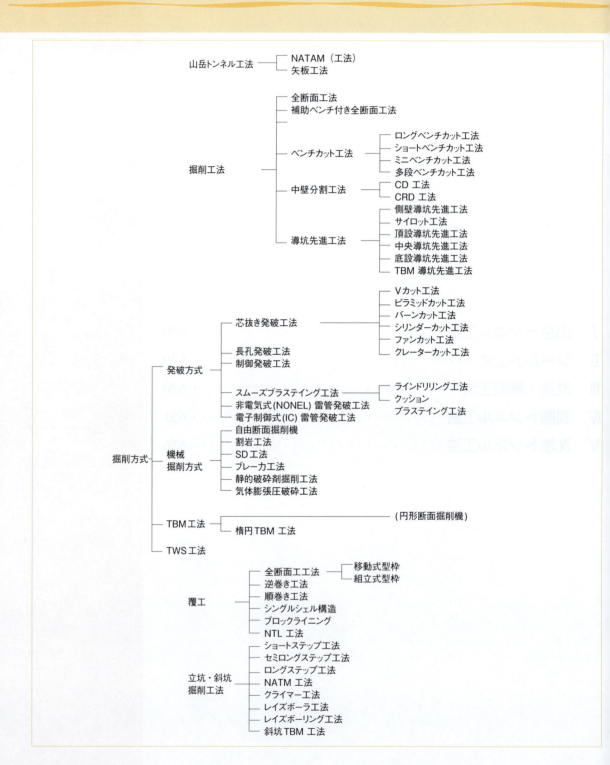

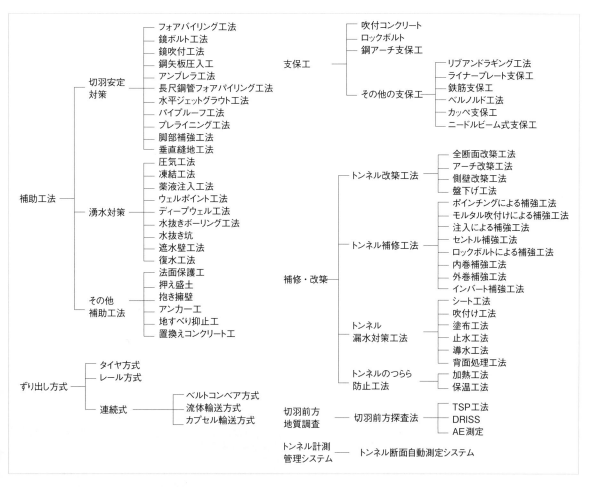

　山岳地域に建設されるトンネルを，その場所あるいは環境の違いにより都市トンネルや水底トンネル等と区別して山岳トンネルといい，そこで主に用いられてきた工法を山岳トンネル工法（山岳工法）という。山岳トンネル工法は，硬岩，中硬岩から軟岩，土砂地山まで地質変化への適用性が高く，山岳地域だけでなく未固結地山など都市域のトンネルにも適用されるなど施工実績が最も多く，また，他のシールド工法，開削工法，沈埋工法に比べて経済的であるなど，トンネル工法の中で最も一般的な工法である。

　山岳トンネル工法における掘削方式には，人力掘削のほか，火薬を用いた発破掘削，およびトンネル用掘削機械を用いた機械掘削等があり，電源開発や鉄道，道路の延伸とともに発達してきた。また，高速道路や新幹線の建設等を契機として長大トンネル化が進むとともに掘削断面の大型化やめがねトンネル等複雑な構造へ，さらには，従来切羽の自立が困難でかつ地表沈下の制約条件上，適用が厳しかった都市域のトンネルへと適用範囲は拡大してきている。一方，TBM，ECL等掘削や覆工の機械化，あるいは不良地山での大規模な補助工法の積極的な適用など，施工の合理化や省力化，高品質化が図られている。

　近代的な山岳トンネル工法は，明治時代にヨーロッパから導入されて以来，施工機械，施工法，設計の考え方，支保工材料等に関する新技術の導入と開発により様々の変遷を経ている。当初は木製支柱式支保工が主流であったが，1950年代に初めて導入された鋼製アーチ支保工が1960年代には広く普及し，広い作業スペースでの高能率で安全な作業が可能となった。これに伴い施工方法も，日本式掘削工法等切羽を細かく分割した導坑先進工法から上部半断面工法等の大断面方式が用いられるようになった。また，1970年代にはNATMが導入され，不良地山のみならず通常の地山にも適用されるようになるにしたがい，従来の鋼製支保工と矢板を用いる工法より経済的で品質の高い構造物が構築されることが確認され，1980年代には山岳工法の標準工法となった。

　現在の山岳トンネル工法は，吹付けコンクリートとロックボルトを主要な支保部材とし，トンネル周辺の地山自身が本来有する支保機能を最大限に活用

して空洞の安定を図るというNATMの考え方を基本とした工法である。すなわち，トンネル周辺の地山内にグランドアーチを形成することによってトンネルの安定性を確保するというものである。

掘削工法には，地質条件が良好な場合に用いられる全断面工法や補助ベンチ付き全断面工法，比較的安定した条件の場合に加背を上下に分割するベンチカット工法，地表面沈下を抑制したりする場合に用いられる中壁分割工法や，不良な地山条件下で加背を多分割する各種の導坑先進工法等がある。

NATM (New Austrian Tunnelling Method) は，オーストリア，スイスなどのアルプス地域において発達してきた吹付けコンクリートとロックボルトを主体にした工法で，このNATMをわが国の地質状況や社会・環境条件に即した形で改良，改善を加えた日本式のNATMが，現在，山岳工法の標準工法となっている。

NATMは，トンネル周辺の地山自身が本来有する支保機能を最大限に活用して空洞の安定を確保することを基本にした掘削工法と言える。すなわち，トンネル周辺の地山内にグランドアーチを形成することによってトンネルの安定性を確保するもので，一般に山岳工法を適用できる地山は，トンネル空間を保持する上で十分な強度を有することが必要条件となる。したがって，掘削に伴って施工される吹付けコンクリート，ロックボルトなどの支保工や覆工コンクリートはトンネルの安定性を確保する上で補助的な役割を果たすことがほとんどで，トンネル大部分の安定は，地山自身の強度によって保持されることになる。

矢板工法は，掘削によって生じるトンネル周辺の緩み荷重（トンネル上部の緩んだ岩塊の重量）をアーチ支保工と矢板で支持し厚肉の覆工コンクリートで巻き立てることによってトンネルの安定を確保する工法である。

このため矢板工法では，地山の緩みが大きくなったり，鋼製支保工の偏圧に対する抵抗力が劣るなどの欠点を有するが，掘削断面が小さく施工機械の選定上制約のある場合，高圧多量の湧水が予想されるような場合，崩壊個所の復旧および亀裂が著しく発達した破砕帯などの施工においては有効となる。矢板工法には地質の良否に応じて「掛け矢板工法」と「縫い地工法」があり，掛け矢板工法は比較的地質が良く，後普請（後支保）が可能な場合に支保工間に矢板を掛ける方法である。縫い地工法は，地質が悪く破砕された地山において，掘削後の地山の自立が困難な場合先普請（先支保）として矢木また矢板を前方に打ち込んで支保工を建て込む工法である。図7.1.1に矢板工法の概念を示す。

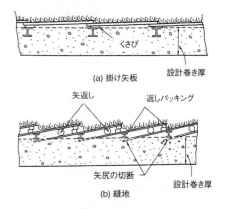

図7.1.1 矢板工法の概要

山岳トンネルの坑口

掘削工法

現在，山岳トンネルにおける掘削工法として，主に用いられている工法としては，全断面工法，補助ベンチ付き全断面工法，ベンチカット工法，中壁分割工法，導坑先進工法などがある。

掘削工法の選定にあたっては，掘削断面の規模，断面形状，トンネル延長，工期，地山条件，立地条件等を総合的に検討して決定する必要がある。とくに都市部におけるトンネルにおいては，地質，地下水，地表面沈下，周辺環境などの条件を十分考慮に入れて選択する必要がある。表7.1.1，表7.1.2に掘削工法の分類を示す。

表7.1.1 掘削工法の分類(1)

掘削工法		加背割	主として地山条件からみた適用条件	長所	短所
全断面工法		(①)	・小断面トンネルでは，ほぼすべての地山． ・大断面(60m²以上)ではきわめて安定した地山． ・中断面(30m²以上)では比較的安定した地山． ・良好な地山が多くても不良地山が狭在する場合には段取替えが多くなり不適．	・機械化による省力化急速施工に有利． ・切羽が単独であるので作業の錯綜がなく安全面等の施工管理に有利．	・トンネル全長が単一工法で施工可能とは限らないので，補助ベンチ等の施工方法の変更体制が必要． ・天端付近からの肌落ちがある場合には，落下高さに比例して衝突エネルギーが増大するので注意を要する．
補助ベンチ付き全断面工法		①/② ベンチ長≒2〜4m	・全断面掘削では施工が困難であるが，比較的安定した地山． ・全断面掘削が困難になった場合． ・良好な地山が多いが部分的に不良地山が狭在する場合．	・上半と下半の同時併進で機械化による省力化急速施工に有利． ・切羽が単独であるので作業の錯綜がなく安全面等の施工管理に有利．	・補助ベンチでも切羽が自立しなくなった場合の段取替えが困難．
ベンチカット工法	ロングベンチカット工法	①/② 核残し(さねのこし) ベンチ長>5D	・全断面では施工が困難であるが，比較的安定した地山． ・切羽の安定性が悪い場合，核残しなどによって対応する．	・上半と下半を交互に掘削する方式の場合は，機械設備と作業員が少なくてすむ．	・交互掘進方式の場合，工期がかかる．
	ショートベンチカット工法	①/② 核残し(さねのこし) D<ベンチ長≦5D	・切羽の安定性が悪い場合，核残しなどによって対応する．	・地山の変化に対応しやすい． ・上半と下半を交互に掘削するため，機械設備と作業員が少なくてすむ．	・同時掘削の場合には上半と下半の作業時間サイクルのバランスが取りにくい． ・交互掘進方式の場合，工期がかかる．
	ミニベンチカット工法	①/② 核残し(さねのこし) ベンチ長<D	・ショートベンチカット工法の場合よりもさらに内空変位を抑制する必要がある場合． ・膨張性地山等で早期閉合を必要とする場合． ・切羽の安定性が悪い場合，核残しなどによって対応する．	・インバートの早期閉合がしやすい． ・上半と下半を交互に掘削するため，機械設備と作業員が少なくてすむ．	・上半盤に掘削機械を乗せる場合，施工機械が限定されやすい．
	多段ベンチカット工法	①/②/③	・縦長の大断面トンネルで比較的良好な地山に適用されることが多い． ・不良地山で加背を小さくして切羽を安定させる場合に適用されることもある．	・切羽の安定性を確保しやすい．	・閉合時期が遅れると不良地山では変形が大きくなる． ・各ベンチの長さが限定され作業スペースが狭くなる． ・各段のずり処理に工夫を要す．
中壁分割工法		③①/④② 上半のみ中壁分割する方法と上下半ともに分割する方法がある	・地表面沈下を最小限に防止する必要のある土被りの小さい土砂地山． ・大断面トンネルで比較的不良な地山．	・断面を分割することによって切羽の安定性を確保しやすい． ・地表面沈下を小さくすることが可能． ・側壁導坑先進工法より加背が大きく，施工機械をやや大きくすることが可能．	・中壁撤去時の変形等に留意が必要． ・中壁の撤去工程が加わる． ・坑内からの特殊な補助工法の併用が困難．

表7.1.2 掘削工法の分類(2)

掘削工法		加背割	主として地山条件からみた適用条件	長所	短所
側壁導坑先進工法	側壁コンクリートを打ち込む場合		・地盤支持力の不足する地山であらかじめ十分な支持力を確保したうえ, 上半部の掘削を行う必要がある場合. ・偏圧, 地すべり等の懸念される土被りの小さい軟岩や土砂地山.	・導坑断面の一部を比較的マッシブな側壁コンクリートとして先行施工するため支持力が期待できるとともに, 偏圧に対する抵抗力も高い.	・導坑掘削に用いる施工機械が小さくなる. ・導坑掘削時に上方の地山を緩ませることが懸念される.
	側壁コンクリートを打ち込まない場合		・ベンチカット工法では地盤支持力が不足する場合. ・地表面沈下を抑制する必要のある土被りの小さい土砂地山.	・地表沈下を小さくすることが可能. ・中壁分割工法の中壁の撤去に比較して, 側壁部の仮壁撤去が容易.	・導坑掘削に用いる施工機械が小さくなる.
その他の導坑先進工法	頂設導坑先進工法		・地質確認, 水抜き, 先行変位や拡幅時発生応力の軽減等を期待する地山. ・TBMによって導坑を先進させる場合もある.	・導坑を先進させることで地質確認, 水抜き, いなし効果などが期待できる. ・発破工法の場合, 心抜きがいらないため, 振動・騒音対策にもなる. ・拡幅時の切羽の安定性が向上する. ・導坑貫通後の換気効果が期待できる.	・TBMを用いる場合, 地質が比較的安定していないと掘削に時間がかかる. ・導坑掘削に用いる施工機械が小さくなる.
	中央導坑先進工法		・地質確認, 水抜き, 先行変位や拡幅時発生応力の軽減等を期待する地山.	・導坑を先進させることで地質確認, 水抜き, いなし効果などが期待できる. ・発破工法の場合, 心抜きがいらないため, 振動・騒音対策にもなる. ・拡幅時の切羽の安定性が向上する.	・導坑掘削に用いる施工機械が小さくなる.
	底設導坑先進工法		・地下水位低下工法を必要とするような地山.	・導坑を先行することにより地質の確認ができる. ・切上りを行うことによって切羽を増やし, 工期の短縮が可能.	・各切羽のサイクルのバランスがとりにくい. ・施工機械が多種多様になる.

1 全断面掘削工法

①上部半断面掘削

小断面トンネル(内空断面積10m²以下)および比較的地質の安定した中断面トンネル（内空断面積10〜30m²）に一般的に用いられる工法で，極めて地質の安定した大断面トンネルにおいても採用されることがある。断面が大きい場合には大型機械の導入が可能であり，施工性に優れ，省力化，急速施工が可能である。ただし，地質変化への対応が困難であり，施工途中での段取り換えは難しい。

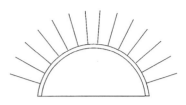
②吹付コンクリート・ロックボルト

2 補助ベンチ付き全断面工法

補助ベンチ付き全断面工法は，全断面工法の欠点を改善する目的で考案されたもので，全断面では切羽の自立性を確保することができない場合に，ベンチを数m程度残すことによって切羽の安定を確保する工法で，上・下半を同時に施工できることから掘削効率に優れている。地山の状況に応じて残存させるベンチ長を変えることができるため，地質変化への対応もある程度可能となる。

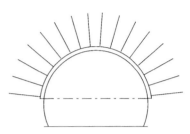
③下部半断面掘削

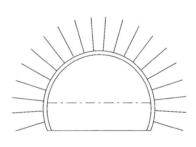
④吹付コンクリート・ロックボルト

3 ベンチカット工法

ベンチカット工法は，通常トンネル掘削断面を上・下半に分割して，上部半断面を先進して掘削するもので，ベンチの長さを適切に選択することによって，硬岩地山から軟岩地山まで幅広く適用が可能な掘削工法で，最近では最も標準的に行われている工法である。地質条件や施工条件に応じてベンチの長さを変えることによって，ロングベンチカット，ショートベンチカット，ミニベンチカットの各工法がある。また，特殊な工法としてベンチを3段以上に分割して掘削する多段ベンチカット工法がある。図7.1.2にベンチカット工法の掘削手順を示す。

⑤盤下げ掘削

⑥インバート・埋戻し

図7.1.2　ベンチカット工法の掘削手順

ベンチカット工法による上半掘削

ロングベンチカット工法

ロングベンチカット工法は，全断面では切羽の自立は困難であるが，地山は堅硬で断面閉合の時間的制約がなく，ベンチ長を自由に選択できる場合に適用可能である。ベンチ長は50m以上が一般的で，上・下半を交互に掘削する交互掘進と同時に掘削する同時併進があるが，交互掘進の場合には人員，機械の転用が上・下半の作業で行えるため，作業の合理化ができる反面工期は長くなる。

ショートベンチカット工法

ショートベンチカット工法は，土砂地山や膨張性地山などの特殊地山から一般の地山まで広く適用可能な工法で，ベンチ長は1D〜50m程度が一般的である。上・下半の切羽が接近しているため，切羽作業の輻輳や上半切羽のずり搬出のために掘削サイクルのバランスを取る必要がある。地山の変化への対応に有利で一般に用いられている施工機械の使用が可能である。変形や沈下の大きい場合にはベンチ長を短くしてトンネルの閉合時期を早める等の対策が必要となる。

ミニベンチカット工法

ミニベンチカット工法は，支持力の不足する地山や膨張性の地山で早期にインバートの閉合が必要な場合に適用される工法で，ベンチ長は1D程度以内が一般的である。ベンチ長が短いため、上半盤に掘削機械を載せる場合、機械が限定されやすい。

多段ベンチカット工法

多段ベンチカット工法は，地下発電所空洞などの縦長の大断面トンネルや通常，一段ベンチでは上半の断面が大きく切羽の自立が困難な場合，あるいは使用機械・設備では加背高が高くて施工ができない場合などに適用される工法で，トンネル断面が3分割以上に分割されるため，掘削による応力の再配分が繰り返して行われるため，トンネル周辺の緩みの進展に留意する必要がある。また，不良地山においては閉合時期が遅れると変形が大きくなることがあるので,各ベンチの長さには十分配慮が必要となる。

4 中壁分割工法

中壁分割工法は，左右に断面を分割して併進掘削する工法で，一般に土被りが小さく，地表面の沈下が問題となるような比較的断面の大きいトンネルに適用される。当工法は左右いずれかの半断面部を先行掘削し，残りの半断面を後続して掘削するため，先進トンネルと後続トンネルの間に中壁ができることから中壁分割工法と呼ばれる。当工法は中壁によりトンネル断面を分割することで切羽の安定を確保するとともに，中壁によってトンネル天端部を支持することにより地表面の沈下を極力抑制することが可能である。ただし，中壁の撤去にあたっては慎重な施工が必要となる。

中壁分割工法には，CD（Center Diaphragm）工法，とCRD（Cross Diaphragm）工法がある。

CD（Center Diaphragm）工法

CD工法には，比較的地質が良い場合に用いられる上半部のみに中壁を残して切羽の安定を図る上半中壁工法と中壁を下半まで施工して切羽の安定と地表沈下の抑制を図る中壁分割工法とがある。図7.1.3にCD工法の掘削手順を示す。

CRD（Cross Diaphragm）工法

CRD工法は，中壁によって分割した切羽を吹付けコンクリートやストラットを施工することによっ

て掘削断面を閉合し，トンネルの変形や沈下を極力抑制しようという工法で，地質条件や周辺環境などの制約条件の厳しいトンネルにおいて稀に採用される。図7.1.4にCRD工法の掘削手順を示す。

中壁分割工法による施工

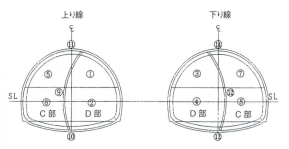

①②上り線D部上下半掘削
③④下り線D部上下半掘削
⑤⑥上り線C部上下半掘削
⑦⑧下り線C部上下半掘削
⑨　上り線中壁撤去

図7.1.3　中壁分割（CD）工法の掘削手順

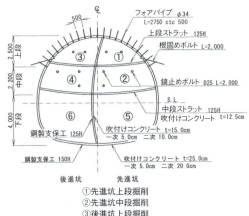

後進坑　先進坑
①先進坑上段掘削
②先進坑中段掘削
③後進坑上段掘削
④後進坑中段掘削
⑤先進坑下段掘削
⑥後進坑下段掘削

図7.1.4　中壁分割（CRD）工法の掘削手順
出典：トンネル標準示方書（山岳工法）・同解説、
　　　（社）土木学会、平成18年7月（加筆）

5 導坑先進工法

小断面の導坑（パイロットトンネル）を本トンネルに先行して掘削し，本トンネルの切拡げを行う掘削工法を導坑先進工法と呼ぶ。パイロットトンネルの目的，配置，設置位置によって，側壁導坑，頂設導坑，中央導坑，底設導坑，断面外の各導坑先進工法がある。また，パイロットトンネルをTBM（トンネルボーリングマシン）で掘削するTBM導坑先進工法がある。

側壁導坑先進工法

側壁導坑先進工法は，サイロット工法とも呼ばれ，トンネル左右の側壁部に導坑を配置し先進させる工法で，トンネル底盤部の支持力不足や地表面沈下が懸念される場合に適用される。本工法には側壁導坑を矢板工法とする場合と全断面をNATMで行う場合の二つの方式がある。矢板工法による側壁導坑方式は坑口付近などの地質不良部で沈下や偏圧による押し出しに対処するために用いられる工法で，側壁コンクリートを切拡げ前に先行打設することによって支持力の確保および偏圧に対する抵抗力を確保する。一方，NATMによる側壁導坑方式はサイロットNATMと呼ばれ，都市部の大断面トンネルにおいて多く採用される方式で，切羽を細かく分割掘削して吹付けコンクリートとロックボルトによって断面を閉合しながら切羽の安定と地表面沈下の抑制を図るもので，中壁分割工法に比べて仮壁の撤去は容易となる。図7.1.5にサイロットNATM工法の掘削手順を示す。

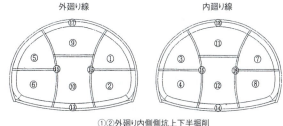

①②外廻り内側側坑上下半掘削
③④内廻り内側側坑上下半掘削
⑤⑥外廻り外側側坑上下半掘削
⑦⑧内廻り外側側坑上下半掘削
⑨⑩外廻り中央坑上下半掘削
⑪⑫内廻り中央坑上下半掘削

図7.1.5　サイロットNATM工法の掘削手順

サイロット工法

「側壁導坑先進工法」参照

頂設導坑先進工法

頂設導坑先進工法は，トンネル断面の頂部に導坑を配置し先進させる工法で，本坑の切拡げ前に地質状況の予測とくに本坑天端付近の地質の確認ができるため，地質不良部の事前の補強が容易となる。

中央導坑先進工法

中央導坑先進工法は，トンネル断面の中央部に導坑を配置し先進させる工法で，膨張性の地山における膨圧低減対策や，発破掘削において導坑が発破時の芯抜きの役割を果たし，同心円状に起爆ができることから発破効率に優れる。

底設導坑先進工法

底設導坑先進工法は，トンネル断面の底部に導坑を配置し先進させる工法で，湧水の多い地山において導坑が水抜き坑の役割を果たすことから，地下水位の低下，排水上有利となる。

TBM導坑先進工法

TBM導坑先進工法は，先進する導坑の掘削をトンネルボーリングマシンによって掘削する工法で，TBM掘削による高速推進のメリットを有効に活用して合理化施工を図るもので，最近では第二東名・名神高速道路の3車線大断面トンネルのパイロット導坑に適用されている。

〔参考文献〕
1) 高山昭監修:NATMの理論と実際，土木工学社，昭和58年4月
2) 土木学会トンネル工学委員会編集:トンネル標準示方書（山岳工法編）・同解説，(社)土木学会，平成18年7月
3) 最新トンネルハンドブック編集委員会編:最新トンネルハンドブック，建設産業調査会，1999年10月

TBMによる導坑先進工法

トンネル施工法

岩盤や地盤条件を考慮して掘削工法が計画されると、その計画に沿って工事が開始される。トンネル工事は，掘削⇒掘削土砂処理（ずり処理）⇒支保工⇒覆工の順序で施工される。

1 掘削方式

地山の中に山岳トンネルを掘る手段には，図7.1.6に示すように発破，機械および人力によるものがある。このような掘削手段を掘削方式という。掘削方式は，トンネルの長さ，断面の大きさ，形状や地山条件，立地条件，および掘削工法などを考慮して選定されている。

発破方式は主に硬岩から中硬岩のトンネルに一般的に用いられている。発破では外周地山の損傷や余掘りを少なくするようにスムースブラスティング工法が併用される。また，近接構造物や周辺に住宅が存在する場合には，発破に伴う騒音や振動を小さく出来る制御発破を用いることが多い。さらに厳しい条件下では，発破掘削を採用できず，機械掘削による場合もある。

機械掘削は硬岩から軟岩，土砂の地山に，図7.1.7に示すような目安で用いられる。機械掘削は火薬類取扱いの諸手続きが不要であり発破に比べ騒音・振動が少ないので，環境保全の条件が厳しい場合の掘削に適した方式である。機械掘削は，一般的には新

第三紀以降の軟岩が経済的に有効な適用地山である。近年は，機械の大型化，特殊装置の開発により硬岩も掘削可能になってきているが，これらは，環境条件や重要近接物などの特殊の事情により発破を使用できない場合に採用されている。

人力掘削は，主に土砂，粘土の未固結地山で，掘削断面が小さくて掘削機を使用出来ない場合など，やむを得ない時に採用される。施工能率，安全面で著しく劣るので，切拡げ掘削や超小断面の掘削といった特殊な条件に限定される。

〔参考文献〕
1) 土木学会:トンネル標準示方書［山岳工法編］・同解説, 平成8年版
2) ジェオフロンテ研究会低公害掘削工法分科会:機械掘削工法（TBMを除く）報告書, 平成5年12月1日

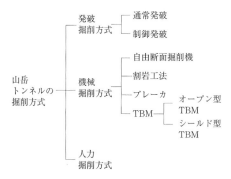

図7.1.6 山岳トンネルの掘削方式

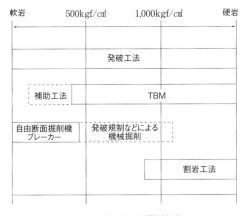

図7.1.7 岩の硬さと掘削方式

2 発破方式

山岳トンネルで掘削方式の主流となるもので，対象地山は硬岩から軟岩まで幅広く利用でき，掘削断面・形状の変化にも対応できる。しかし，発破による振動や騒音が問題となる場合もある。また，火薬類の取り扱い・管理には法令にのっとり，注意を払う必要がある。掘削は，切羽または切拡げを行う地山に削孔して，孔内にダイナマイト等の爆薬を装填し，これを爆破させて地山を切り崩す方式である。削孔機は油圧削岩機が主流で，とくに硬岩や中硬岩では，全断面，補助ベンチ付全段面掘削等で加背割が大きくなり，削孔数も多くなるため多ブームのドリルジャンボを採用する傾向にある。品質を含めた効率的な発破掘削は，地山の損傷を極力抑えた平滑で余掘りの少ない適切な掘進長となる。これらの対応手段として長孔発破やスムーズブラスティング工法の実績も増えている。使用爆薬はダイナマイトのほかANFO，スラリー爆薬，含水爆薬などが一般的である。発破計画の立案に当っては，掘削工法，掘進工程に基づき，岩質，断面形状，断面の大きさを考慮して，まず1発破進行長を定め，ついて芯抜きの方法と形状，削孔配置，爆薬の種類，装薬量，使用雷管などを決定する。図7.1.8にスムーズブラスティングによる発破パターンの例を示す。

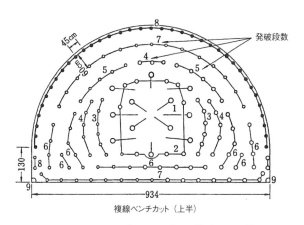

図7.1.8 スムーズブラスティングによる発破パターン例

ダイナマイトの装薬

芯抜き発破工法

トンネルの掘削面（切羽）は一面であり，これを自由面として発破を行うことは，発破の効率が悪く，多量の爆薬を必要とするのみでなく，必要とする形状に円滑に仕上げることも難しい。このため掘削面の一部を破砕し，これを自由面として外側の岩盤を順次内側に向けて発破していく方法がとられる。このように発破作業に当たって適当な時間間隔をもって発破していくことを段発というが，この最初に起爆される発破を芯抜きという。

芯抜きは，アングル型と平行型に大別される。トンネルで一般に多く用いられていたのは，Vカットやピラミッドカットと言ったアングル型であったが，最近では長孔発破の普及でバーンカットなどの平行型芯抜きも多く用いられている。

■ Vカット工法

アングルカットの中でも最も一般的な芯抜法である。十分な進行を得るためには，ある程度トンネルの幅が必要であり，特に，中心に向かって抱き角度の関係から，削岩機を操作する角度に限界があり，小断面では困難である。図7.1.9にVカットの状況を示す。

■ ピラミッドカット工法

Vカットの変形で，数本の芯抜き孔が1点で出会うように穿孔されるもので，比較的小断面のトンネルあるいは立孔の掘削に用いられる。Vカットに比べ効果は大きいが，穿孔が難しく，坑夫の熟練が必要である。図7.1.10にピラミッドカットの状況を示す。

■ ファンカット工法

破砕しやすい岩盤を掘削するとき用いられる工法で，自由面に向かって扇状に順次発破し，次第に芯抜きを形成する。トンネルの幅が広いときに有効であるが，小断面では利用できない。穿孔位置・穿孔長の正確さが必要である。図7.1.11にファンカットの状況を示す。

■ バーンカット工法

平行に穿孔された数本の孔のうち，1ないし数孔を火薬を装填しない空孔（バーンホール）とし，その周辺の爆破孔から空孔に向けて爆破し，次第に内部を大きくして芯抜きを形成する。装薬孔と空孔の孔径は同程度である。図7.1.12にバーンカットの状況を示す。

■ シリンダーカット工法

バーンカットと同じ方法で芯抜きを行うが，バーンホールが大口径であるところに特徴がある。1回の発破で掘削できる長さもバーカットより長くできる。長孔発破だけでなく，爆破振動の低減が目的の利用例もある。図7.1.13にシリンダーカットの状況を示す。

■ クレーターカット工法

平行に穿孔された芯抜き孔の孔底に集中装薬し，一気に漏斗状の芯抜きを形成する。火薬使用量が多くずりの飛散距離も大きい。孔尻が長く残り，穿孔長に比べ掘進長が短いなどの問題が多くあまり使用されていない。図7.1.14にクレーターカットの状況を示す。

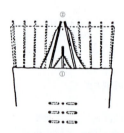
図7.1.9　Vカット方式の例

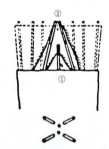
図7.1.10　ピラミットカット方式の例

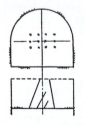
図7.1.11　ファンカット方式の例

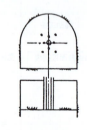
図7.1.12　バーンカット方式の例

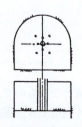
図7.1.13　シリンダーカット方式の例

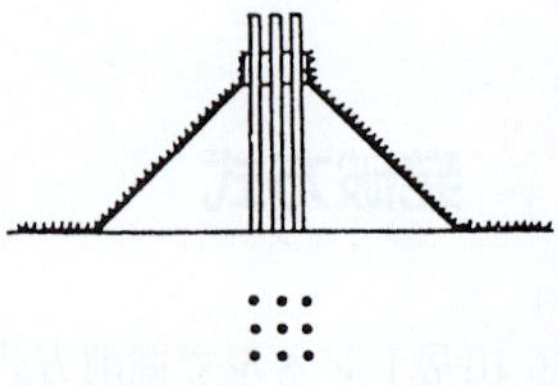

図7.1.14　クレーターカット方式の例

長孔発破工法

トンネルの掘進速度を向上させる方法の1つで，中硬岩・硬岩の地山を対象とする。1掘進長は欧米など長孔発破の先進諸国では，4.0m～5.0mが一般的であるが，我が国では地質が複雑に変化するなど，技術だけでは克服できない事もあり，現在の施工実績としては約4.0mが最大である。

長孔発破を用いて1掘進長を伸ばすことは，掘進サイクル総数を減少できるため次のような利点がある。

① ロスタイムも減少されるため全体工程を短縮できる。
② 装薬など危険性の高い切羽での作業回数を減少できる。
③ サイクルタイムが長く，機械の点検整備に余裕ができる。

ただし，地質や施工法などにより余掘量が著しく増大したり，大きな振動や騒音を発生する場合もある。

制御発破工法

制御発破工法は，火薬の種類や使用量，雷管の種類や段数，発破方法，発破順序などを工夫して，騒音・振動の低減をはかるものである。騒音値の低減は薬量の制限がもっとも実効的な対策として考えられるが，岩の性質や発破効果の面で難しく，防音扉などでの伝播対策の例が多い。振動値を低減するためには，装薬量または発破係数を低減させなくてはならない。装薬量を減ずる策として，通常の電気雷管の他，電子雷管など併用し段数を多くして1段当たりの薬量を減少して1発破進行を短くする，断面を分割し1回当たりの装薬量を少なくする。また，発破係数を低減する方法として，低爆速爆薬や芯抜きパターンを変更するなどの方法が多く適用されている。

スムーズブラスティング工法

発破工法の一種で，スウェーデンで開発された方法である。掘削周辺孔の発破で爆薬エネルギーの作用方向を制御し，地山の損傷を防ぎ，掘削面を平滑に仕上げることを目的とし，トンネル周辺孔の発破に使用される。

スムーズブラスティングは周辺孔を発破ラウンドの最後に起爆するので通常の爆破工法と同様であるが，隣接孔は出来るだけ平行に配置し，爆速が遅く径の小さな爆薬を使用し，また，装薬長を長くして均等に応力が働く軽装薬の爆破である。周辺孔の孔間隔は通常の発破より狭いため孔数が多く，かなり精度の高い平行性も要求される。岩石が千枚岩，結晶片岩のような節理・層理・片理などの発達した岩には効果があまり期待できない。

■ ラインドリリング工法

目的とする掘削面沿いに接近して無装薬のボアホールを1孔列，孔間隔を密に削孔し，人工的に破断面に近いものを造って仕上げ面から奥の岩盤には出来るだけ応力を伝えないようにする方法で，孔列の平行度が重要である。

■ クッションブラスティング工法（トリミング工法、スラビング工法、スラッシング工法）

掘削線上に，300～450mmの間隔で削孔し，孔内には削孔径より小さい爆薬を全部装薬せず，スペーサを使って分散して薬孔の空間を作る。この空間をクッション効果として作用させ，予定線より外側の岩の損傷を防ぐ。

〔参考文献〕
1) ジェオフロンテ研究会:「制御発破工法の実際」1996年11月
2) 建設産業調査会:「最新トンネルハンドブック」1999年10月

非電気式（NONEL）雷管発破工法

非電気式雷管にはガス導管式雷管と導火管付き雷管があり，現在では後者のみが生産され普及しており，NONEL雷管もこれに含まれる。NONEL雷管とは雷管本体の機能，構造は従来の段発電気雷管と同じであるが，脚線の代りに内部に爆薬を塗布したプラスチックチューブを用い，このチューブ内に衝撃波を伝達させ，雷管を起爆させるものである。NONEL雷管は静電気，迷走電流，雷等のあらゆる電気に対して安全である。これより，自動装填時に静電気の発生するANFO爆薬使用時の安全対策として使用されることが多い。また，段発雷管とチューブを接続するコネクタに延時秒差を有する段発コネクタを組み合わせることにより，無限の段数を持つ

た段発発破が可能であるため，発破振動・騒音の低減や，良好な岩石破砕効果が得られる。

電子制御式（IC）雷管発破工法

従来の段発電気雷管は雷管に装填された延時薬の化学反応を利用して段発秒時差の設定を行っているため，秒時精度には限界がある。IC雷管は半導体集積回路を組み込んだ電気的タイマーにより起爆秒時を制御するものであり，0.2ms以内と従来の電気雷管とは比較にならないほどの秒時精度を有している。また秒時設定が10msから8000msまで1msきざみで任意に可能であり，100段発，200段発といった多段発破が可能である。したがってIC雷管を用いることで，斉発薬量の低減による発破振動・騒音の低減や周辺地山の損傷領域を低減し平滑な掘削面が得られるスムーズブラスティング等の制御発破，飛石の低減，ずり粒度のコントロール等を行うことができる。

〔参考文献〕
1) ジェオフロンテ研究会：「導火管付き雷管を利用するトンネル発破法」,1999年11月
2) ジェオフロンテ研究会：「IC雷管を用いた新発破技術報告書」1998年11月

3 機械掘削方式

機械掘削方式は，山岳トンネルを重機を使用して掘削するものである。この方式には，任意の断面を掘削できる自由断面掘削機，ブレーカ工法，割岩工法，等と円形断面を掘削するTBM工法とがある。道路トンネル，鉄道トンネルにおいては，土砂，軟岩に対して自由断面掘削機またはブレーカ工法が採用されている。硬岩でトンネル延長が数kmの水路トンネルや先進調査坑においては，円形断面のTBM工法が採用されることもある。

機械掘削工法は発破方式に比べて下記の長所を有する。
① 土砂，軟岩では，発破方式よりも掘削効率がよく，省力化できる。
② 余掘りが少ない。
③ 掘削外周の地山の損傷が少ないので，切羽の自立性，トンネルの安定性がよい。
④ 発破に比べて騒音・振動が小さい。

しかし，地山への適用性に制約があり，硬岩の出現や断層破砕帯など地質の変化に対応しづらい欠点もある。近年は掘削機械が大型化され硬岩も掘削可能なものが出現してきているが，機械の選定においては，地質・湧水に対するリスクを勘案することが重要である。

自由断面掘削機

TBM工法が円形断面の掘進機であるのに対し，半円形，矩形など任意の断面を掘進できる掘削機を，自由断面掘削機という。機械の構造は，切削部，積込み部，搬出部から構成されており，自走のための足回りは，キャタピラータイプと軌条用タイプの2種類がある。機種も国内，国外とも数多くあり，切削部のカッターヘッドもメーカにより各々の特徴を有し，ロードヘッダー，ブームヘッダー，ツインヘッダー，カッターローダーなどと称している。これらは回転方向，切削部の刃先形状に特徴があり，切削能力，機動性が異なる。切削能力は一軸圧縮強度で約100Mpa（1000kgf/cm^2）まで可能なものも開発されているが，経済的に採算のとれる地山は30MPa（300kgf/cm^2）前後の軟岩までといえる。

〔参考文献〕
1) ジェオフロンテ研究会低公害掘削工法分科会：機械掘削工法（TBMを除く）報告書，平成5年12月1日

自由断面掘削機

割岩工法

割岩工法は狭義の無発破工法とも呼ばれ，多種多様な方法が見られる。破砕メカニズムで分類すれば，機械力による切削，打撃破砕，クサビ作用による割岩，水力による切削，熱による溶融や破砕などに分類できる。

割岩工法により掘削されたいくつかのトンネルの施工事例をみると，掘削作業は①自由面形成，②割岩孔せん孔，③割岩（一次破砕），④切削砕岩（二次破砕）のおもに4種類の工種に分類され，さらに図7.1.15に示す要素技術に分類できる。実際の施工では要素技術の中から施工条件に応じて適切なものが選定され，組み合わせて用いられている。また，本工法は全て特許が取られており，施工法検討の際には，十分条件等を調査し決定する必要がある。

〔参考文献〕
1) (社)日本トンネル技術協会：「トンネル工事用機械便覧」平成8年2月
2) ジェオフロンテ研究会：「割岩工法に関する技術資料」平成10年11月

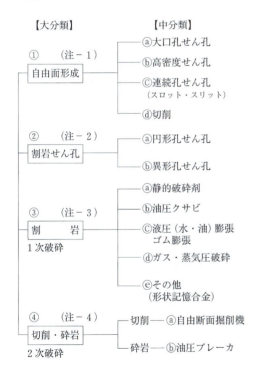

注-1 自由面形成：自由面となる空間を形成するためのせん孔の種類と方法で分類
注-2 割岩孔せん孔：割岩に使用するせん孔の種類で分類
注-3 割岩：割岩の方法で分類
注-4 割岩を一次破砕，切削・砕岩を二次破砕と称する場合がある

図7.1.15 割岩工法の分類

SD工法

スロット削孔機によりトンネル外周ならびに切羽にスロットを削孔することで自由面を形成し，その自由面に囲まれたブロックを高水圧破砕装置や膨張性破砕剤，油圧くさびなどで割岩し，その後，油圧ブレーカで打撃破砕することにより硬岩を無発破掘削することを基本としたものである。（上図参照）このほか，スロットを削孔して，これを自由面として利用する低振動発破工法や長孔発破工法もある。これらを含めてSD工法（Slot Drill工法）と総称する。スロット削孔機は，1台の油圧ドリフタで5本のロッドに打撃を与える構造になっており，円形孔が連続した形状のスロットを作成できる。ベースマシンは通常の油圧ジャンボを使用する。

また，スロット切削装置をジャンボ本体に容易に着脱できるガイドロッド工法やDPS工法などもある。図7.1.16にスロット削孔機による無発破工法の施工手順を示す。

〔参考文献〕
1) 本田裕夫：「無発破トンネル掘削"SD工法"」建設機械1988年3月

ブレーカ工法

大型油圧ブレーカを使用してトンネルを掘削する工法で，地質によっては効率性，経済性の面で発破工法より優位である。砂岩や粘板岩などの堆積岩や凝灰角礫岩に適しており，岩盤強度は40～60Mpaが最適だが，亀裂が果たす役割りが大きく，細かい亀裂の岩盤は硬岩でも掘削が可能であるが，軟岩でも亀裂間隔が大きいと掘削能力が落ちる。一般に1.5～4.0t級のブレーカが用いられる例が多いが，ブレーカを搭載するベースマシンはショベルの汎用機で，ブレーカの12倍程度の重量が必要なため大型であり，大きな断面でないと効率が悪い。使用に際しては，積込機械と運搬機械の組合せの検討と，坑内環境で，排ガスおよび発生粉塵の対策が必要である。

〔参考文献〕
1) ジェオフロンテ研究会：「機械掘削工法」平成5年12月

静的破砕剤掘削工法

膨張圧力式破壊工法の一種で，孔内に水と生石灰系の混合物を充填し，その充填剤の水和反応によっ

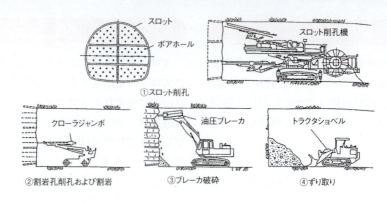

図7.1.16 スロット削孔機による無発破工法の施工順序

て発生する膨張圧により岩盤にクラックを発生させる工法である。安全かつ低公害の破砕工法として利用されており，取り扱いが容易で火薬類や危険物のような法的規制を受けないことや，穿孔径，穿孔長，穿孔精度の制約が少なく，さらに大型機械が不要であることなどの長所があり，あらゆる断面のトンネルに適用できる。しかし，膨張圧発現に長時間かかるものが多いことや，破砕剤が孔口から噴出する鉄砲現象に注意する必要があることなどの短所もある。

気体膨脹圧破砕工法

　ガス圧や蒸気圧を利用する破砕工法である。ガス圧を利用する破砕工法の一つとして，鉄管につめた液体炭酸ガスに電流を通すなどして加熱することにより，急速に気化させて鉄管内に高圧を生じることによって，弱くしてある先端を突き破ってガスを吹き出させ，発破と類似の作用をするCARDOXと呼ばれる装置がある。また，蒸気圧を利用するものとしてガンサイザーと称する破砕薬がある。これは，カプセル容器にみょうばんと発熱剤とを入れたもので，着火すると発熱剤の酸化還元反応によりみょうばんの結晶水が一瞬のうちに水蒸気になり，破砕圧力を発する。これはカプセル式で発破と同様の方法で施工できるので取り扱いが容易で，しかも破砕力が強く，火薬類取締法の適用外であるなどの長所がある。しかし，振動，騒音，飛石，後ガスの対策が必要であるなどの短所もある。

〔参考文献〕
1) ジェオフロンテ研究会：割岩工法に関する報告書―割岩工法の現状と施工実績―，1994.3
2) ジェオフロンテ研究会：割岩工法に関する技術資料，1998.11

4 TBM工法

　TBM工法とは，Tunnel Boring Machine の略で，機械制御により掘削を行う全断面掘進機を用いた施工法をいう。TBMはオープン型とシールド型に大別され，地山が良好な場合にはオープン型が，不良な場合にはシールド型が採用されている。近年，TBMとシールド掘進機との差が明確でなくなりつつあるが，TBMは「切羽が自立する岩を対象とし，土圧・泥水などの切羽保持機能を装備せず，かつ主な掘進反力を地山へのグリッパにより得るもの」といえる。
　TBM工法の長所には，次の点がある。
①自立性の良い地山では施工速度が速い。
②発破に比べ，周辺岩盤の損傷がなく，肌落ち余掘りが少ない。
③掘削壁面が平滑で，円形断面であるので，支保を軽減でき，条件によっては覆工を省略できる。
④騒音・振動が小さいので周辺への影響が少ない。
短所として
①機械の購入費や搬入・組立・解体の費用が高く，延長が短い場合には割高になる。
②施工区間内で掘削径の変更が出来ない。
③発破工法に比べ適用地質が自立性の良い硬岩に限られ，不良地山での対策が困難である。

〔参考文献〕
1) 日本トンネル技術協会：TBMハンドブック，2000年2月

楕円TBM工法

楕円TBM工法は，円形TBMの構造を大きく変えることなく，TBMのカッターヘッドを30～40°傾斜させる機構により，楕円断面を掘進するものである。

この工法の特徴には，次の点がある。
① TBMと同様に発破方式に比べて高速掘進ができ，地山の損傷，余掘りが少ない。
② 必要な断面が偏平な場合には，円形断面よりも掘削断面を約2割削減できる。
③ 切羽断面が傾斜しているので，斜め切羽による切羽安定効果が，核残しと同様にある。

本工法は実証試験段階であり，実用化に向けて傾斜カッタヘッドは問題なく掘削できるか，掘削効率はどうか等の課題が残されている。

〔参考文献〕
1) 楕円形TBM開発グループ：楕円形TBM

TWS工法

TWS工法とは，多機能型全断面掘削システム（トンネルワークステーション：TWS）を用いるトンネル施工法である。一般に，トンネル掘削・支保に必要な機械，即ち，掘削機，削岩機，吹付け機，吹付けロボット，支保工エレクター，作業足場ケージなどを効率よく稼働できるように組み合わせ配置して搭載した移動式設備をTWSと称している。TWSには掘削機を別にしたものと一体化したものとがあり，組み合わせる機械設備や台数はトンネル工事毎にその施工条件，地質条件に合わせて最適になるよう計画されている。

TWS導入の目的には，切羽の機械台数を減らす，機械の入れ替え時間を短縮する，同時併行作業を可能にする，路盤の泥ねい化を防止することなどにより，作業サイクルを短縮し急速施工を行う，切羽作業を短縮・省力化し安全性を向上させる，トンネルを早期閉合し長期安定を図ることなどがある。

〔参考文献〕
1) ジェオフロンテ研究会新技術相互活用分科会トンネルワークステーションWG：多機能型全断面掘削システムTWS（トンネルワークステーション）調査報告書，1993年12月1日

5 ずり出し方式

ずり出しはトンネルの掘進速度を支配する重要な要素となっており，ずり出し方式の選択にあたっては，地山条件（地質，湧水等），立地条件，トンネル断面の大きさ，トンネル延長，勾配，掘削工法，掘削方式，ずりの性状等を考慮して，ずり積込み方式，ずり運搬方式，機械設備およびこれらの組み合わせを定める必要がある。

ずり積込みは，ずり積機の動力方式，走行方式，積込み方式の組み合わせで積込み方式が定まる。

動力方式は，①ディーゼル機関駆動，②電気駆動のものがある。ディーゼル機関駆動の場合，坑内での作業環境保全，安全性の確保の観点から排ガス処理装置を装備したものを使用する必要がある。

走行方式は，①ホイール方式，②クローラー方式，③レール方式に大別され，トンネル断面への適合性，機動性，悪路に対する走破性等が異なってくる。

積込み方式には，①ショベル方式，②サイドダンプ，フロントエンド，ボトムダンプ，オーバーヘッドなどのショット方式，③シャフローダー，ヘグローダー等のかき込み方式がある。また，レール方式の場合には積込み補助として，トレンローダーや中間コンベヤー等を用いる場合もある。なお，自由断面掘削機等による機械掘削の場合は，掘削機と連動で積み込む場合が多い。

ずり運搬は，ずり出しの基本となる作業であり，タイヤ方式とレール方式が一般的に採用されている。その他の方式では，ずりを連続的に運搬する連続式があり，ベルトコンベア方式，空気カプセル方式や，小断面のTBM工法で使用される流体輸送方式などがある。

表7.1.3にずり積み機の種類を，表7.1.4に孔内運搬方式の比較を示す。

タイヤ方式

ずり出しの一連の作業において，ずり運搬にダンプトラック等の車両を用いる方式であり，積み替えなしに坑内外を運搬できるので，レール方式に比べて坑内外の設備が簡易であり，比較的大きい断面のトンネル掘削に適している。

ずり運搬には，通常ダンプトラックが使用されて

表7.1.3 ずり積み機の種類

機　種	積込方式	動力方式	
トラクタショベル	タイヤ式 クローラ式（ロードホールダンプを含む）	フロントエンド式 サイドダンプ式	ディーゼル機関式 電動式
パワーショベル	クローラー式	ショベル式 バックホウ式	ディーゼル機関式 電動式
ローディングショベル	クローラー式	フロントエンド式 ボトムダンプ式	電動式 電動・ディーゼル併用
かき込みローダ	レール，ホイール式	コンベヤ式	
ロッカショベル	レール式 クローラ式	オーバーヘッド式 サイドダンプ式	空気動式 電動式

表7.1.4 孔内運搬方式の比較

項　目	タイヤ方式	レール方式	ベルトコンベア方式
路盤走行路	路盤の排水，補強工の施工および泥濘化防止対策として仮舗装，インバートの早期閉合が必要 湧水が多い軟岩，未固結地山では一般に不向き	路盤を傷めない 硬軟いづれの地質でも可能 ポイント付近での路盤整備に留意	路盤を傷めない 硬軟いづれの地質でも可能 湧水が多い未固結地山では一般に不向き
勾配の制限	制限が少ない	制限が生じる	水平，傾斜，垂直も可能
断面の制限	小断面には適さない	タイヤ方式に比較して小断面でも可能	比較的小断面でも可能
換　気	大型の設備が必要	タイヤ方式よりも小型でよい	タイヤ方式よりも小型でよい

ダンプによる掘削土の積出し搬出

いるが，大型重ダンプ（20～40t），コンテナ式ダンプトラック等も用いられる。

コンテナ方式は，ずりを積み込んだ複数のコンテナ（ベッセル）を切羽近くに仮置きし，ずり積み終了後，随時コンテナを坑外へ搬出する方式で，トンネル延長に係わらず一定の時間でずりを切羽から処理できる利点があるため，大断面の延長の長いトンネルで作業性が向上する。また夜間のずり搬出が制限されるような場合に，坑内仮置きで対処できるため，夜間の騒音対策工法としても採用されることがある。タイヤ方式では，坑内での車両の入替え，方向転換等を安全に行うことが必要であり，ターンテーブルの設置や，掘削断面の拡幅により回転場所を設置することが多い。また，方向転換を避けるための2つの運転席，運転席の回転，旋回用補助車輪等を装着した特殊な車両が使用されることもある。

レール方式

ずり出しの一連の作業において，ずり運搬に坑内レールを敷設し，機関車とこれらの牽引するずり鋼車（ずりトロ）を用いてずり出しを行う方式である。トンネルの規模，地質等には制約されないが，勾配に制約され，2％程度以上の勾配では十分な逸走防止対策が必要である。

機関車にはディーゼルロコ方式，バッテリーロコ方式がある。ディーゼルロコは燃料費とイニシャルコストは安いが，排気ガスの処理の必要があるため長いトンネルには向かない。バッテリーロコは，容量も2～20tと多様で，排気ガスがなく，数多く使用されている。

ずり運搬にはずり鋼車，シャトルカー等が用いられる。ずり鋼車方式の場合，ずり積込時の中継コンベアの一種であるトレインローダーや，鋼車入替えのためのチェリーピッカー，カーシフター，土捨て時の鋼車転倒装置であるチップラー，カーダンパー等の設備が必要となる。

シャトルカー方式では，函体底面がチェーンコンベアになっており，積込まれたずりを順次移動することが可能であり，ずり積み，土捨てにおいて特別

表7.1.5 使用機関車,トロ別標準軌道構造

使用機関車(t)	使用ずりトロ(m³)	軌間(mm)	レール(kg/m)	まくら木寸法(cm×cm×cm)	まくら木間隔(cm)
12〜15	8.0	914	30	17×14×1.5	75以下
10〜12	6.0	762, 914	30	〃	〃
8〜10	4.5	762, 915	22〜30	15×12×1.3	〃
6〜8	3.0	762	22	〃	〃
6以下	3.0以下	610, 762	15	〃	〃

な設備がいらず,鋼車入替えのためのタイムロスも省くことができる。表7.1.5に使用機関車とトロ別標準軌道構造を示す。

連続方式

ずり出しの一連の作業において,ずり運搬に連続的な運搬が可能な設備を用いる方式である。運搬方式としては,ベルトコンベア方式,空気カプセル方式等が利用されており,小断面のTBM工法では流体輸送方式が使用されている。

長距離の連続運搬を行うものであり,連続掘削機構と組み合わせると最も効果的な運搬手段となることから,TBMやTWSなどの急速施工で使用されるケースがある。

坑内をずり運搬の車両が走らないため,運搬作業の省力化や,坑内の安全性の向上,排気ガス等に関する作業環境の向上を図ることができるが,材料搬入に関しては,別途タイヤ方式やレール方式の運搬方法の採用が必要である。

連続式の運搬設備においては,ずりの性状,大きさに制限を受けるため,採用にあたっては,地質や掘削方式の適応性を検討する必要がある。また,傾斜部や曲線部の対応方法,覆工セントル部の通過方法,ずり捨て方法等についての検討も十分必要である。

■ ベルトコンベヤ方式

この方式は,掘削速度に対応して大量のずりを連続的に運搬することができる。動力費が安く省力化の面で優れるが,鋭角的に曲がれない,材料運搬に利用できないなどの欠点もある。連続ベルコンは,連続掘削機構と組み合わせると最も効果的な運搬手段となることから,TBM工法で当初使用され始めた。しかしながら,近年では,坑内外の環境保全,安全性の向上,ずり出し作業における省力化の観点から,一般的な山岳トンネルにおいて使用されることが増えている。発破工法においても,移動式のクラッシャーを切羽近辺に備えることにより採用している例がある。

■ 流体輸送方式

粉砕した岩片や土砂などを,泥水などと混合し,スラリー状に流体化して,スラリーポンプにより切羽から坑外まで運搬する方式である。

主に機械掘りシールド工法において使用される方法であるが,山岳トンネルでも,小断面のTBM工法では輸送の効率化を目指して採用されている。

流体輸送された排泥水は,土砂分と水分に分離する必要があるため,泥水処理設備の設置が必要となる。分離された泥水は,送泥水の性状を調節して切羽に再循環するため,この比重・粘性などの調節もこの処理設備内で行う。

■ カプセル輸送方式

空気カプセル方式は,常設した管路の中を,カプセルを低圧空気流で無人走行させるシステムで,高速施工にともなって発生する大量のずりを効率的に運搬可能であり,覆工コンクリート材料も運搬することができる。

設備が大きく,採用事例も少ないため,採算面や信頼性で問題もあるが,管路内を走行させる方式のため,坑内環境の向上,安全性の向上が図れ,急勾配の運搬にも問題がない。また,狭隘な地形でも管路の設置が可能なため,土捨て場まで管路を配管すれば,工事用道路の設置やずり運搬車輌の往来がなくなり,周辺環境保全上も有利となる。

〔参考文献〕
1)「トンネル標準示方書［山岳工法編］・同解説」土木学会
2)「最新トンネルハンドブック」建設産業調査会
3)「最新トンネル工法・機材便覧」建設産業調査会
4)「トンネル工事用機械便覧〈山岳編〉」(社)日本トンネル技術協会

6 支保方式

支保方式とは，掘削直後の地山に設置する鋼アーチ支保工や吹付コンクリート等の地山支持構造物のことであり，掘削から覆工完了までの間，地山からの荷重に対抗し，地山の崩落，肌落ち等を防止して，トンネルおよび周辺地山の安定を図るものである。

矢板工法における支保工は，主に鋼アーチ支保工と矢板類からなり，地山と支保工との間に打った楔（ブロッキング）によって，支保工内に内部応力を発生させ，同時に楔点からは，その反力を地山に作用させることにより，地山の緩みを防ぎ，荷重が増大するのを防止する考えである。そして最終的には，堅固な覆工コンクリートにより，トンネル構造物に作用する荷重を支持する。NATMにおける支保工は，主に吹付コンクリート，ロックボルト，鋼アーチ支保工からなり，トンネル掘削直後に地山に密着して施工することにより，トンネルに発生する応力，変位に対して，周辺地山と一体となって作用し，トンネルの安定を図るものである。また，地山条件および立地条件等の悪い場合には，覆工コンクリートも支保部材の一部として用いることもある。表7.1.6に支保工の主部材を示す。

支保工の選定は，通常，施工前の地質調査に基づいて地山条件ごとの支保パターンを選定して当初設計としておき，さらに，掘削時の観察・計測結果に基づき，現地の状況に適合した合理的な支保工としていく。また，支保工に作用する荷重は，掘削後の施工時期により異なってくるものであり，支保工の施工にあたっては，地山の緩みを最小限に抑えるように，極力，掘削後早期に施工することが重要である。

表7.1.6　支保工の主部材

形　式	主部材
NATM	吹付コンクリート ロックボルト 鋼アーチ支保工 （覆工コンクリート）
矢板工法	鋼アーチ支保工 （木製支柱式支保工） 木矢板 鉄矢板 （覆工コンクリート）

吹付けコンクリート

吹付コンクリートは，掘削直後に地山に密着するように施工でき，掘削断面の大きさ，形状に左右されず，容易に施工できることから，最も一般的に用いられる支保部材の1つである。

吹付コンクリートの吹付方式は，吹付機へのコンクリートの供給過程の違いにより乾式と湿式の2方式に大別される。湿式は，乾式に比べ，長距離の圧送性や，ポンパビリティ等の施工性に劣るものの，コンクリートの品質管理が容易であり，発生粉塵量も少ない。その他の方式としては，コンクリート練り混ぜ時に水の投入を分割して細骨材の含水比をコントロールするSEC吹付方式があり，砂とセメントの結合を最適状態にすることにより，コンクリートの品質を上げることができる。

特殊な吹付コンクリートとしては，SF（スチールファイバー）を配合し，引張強度，タフネス等を補強した鋼繊維補強コンクリートや，シリカヒュームや混和剤などを配合して，コンクリートのリバウンド量や粉塵量を低減させる高品質吹付コンクリート，セメント量の増加や混和材の配合等により一軸圧縮強度36MPa程度を実現する高強度吹付コンクリート、はね返りや粉じんの低減を目的として圧縮空気を使用しないで遠心力を利用する吹付工法などがある。粉じんの低減を目的として、従来の粉体急結剤に替えて粉体急結剤をスラリー化した急結剤や液体急結剤、粉じん低減剤などが使用される場合もある。図7.1.17に吹付け方式の系統を比較したものを示す。

吹付けコンクリート

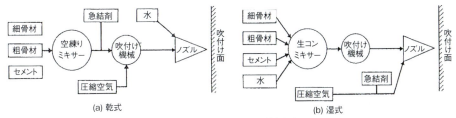

(a) 乾式 (b) 湿式

図7.1.17　乾式と湿式の系統比較

ロックボルト

ロックボルトは，通常トンネル壁面に等間隔で打設し，周辺地山を一体化することにより，吹付コンクリートとあわせてトンネル周辺地山の安定を図る。

ロックボルトは，その定着機構上から，全面接着方式，先端定着方式，摩擦定着方式に大別される。

全面接着方式は現在一般的な方式であり，孔に定着材を充填した後ボルトを挿入する充填式と，ボルトを挿入した後，定着材を注入する注入式がある。

先端定着方式は，樹脂等で先端部分を固定するものであるが，現在使用されることはなく，全面定着材と併用して，ボルトに緊張力を導入する場合に用いられる。

摩擦定着方式は，穿孔した孔より大きめのボルトを強制的に挿入するスプリットセットボルトや，鋼管を高圧水で膨張させるスウェレックスボルト等がある。

なお，地山強度が小さく，孔壁が自立しない場合には，自穿孔型ロックボルトが用いられることが多い。

ボルトの材質としては，ねじり棒鋼（ツイストボルト），異形棒鋼，全ネジ棒鋼等が一般的であるが，材質・形状がフレキシブルなケーブルボルトを，鏡面補強や導坑からの先行補強に用いる例や，高耐力ボルトを大断面トンネルでの支保に用いる例，ガラス繊維や炭素繊維を強化プラスチックで補強したファイバーボルトを拡張掘削が行われる地山で用いられた例がある。図7.1.18にロックボルトの打設・配置例を示す。

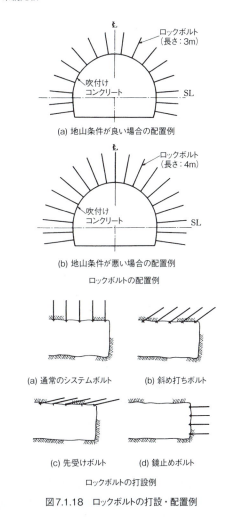

図7.1.18　ロックボルトの打設・配置例

ロックボルトの穿孔

鋼アーチ支保工の施工

表7.1.7　その他の支保工

支保形式	名　称
鋼アーチ支保工	鉄筋支保工
	リブアンドラギング支保工
鋼板アーチ支保工	ライナープレート式支保工
鋼支柱式支保工	カッペ支保工
	ニードルビーム式支保工
木製支柱式支保工	後光式，枝梁式，合掌式
圧着コンクリート支保工	ベルノルド工法

鋼アーチ支保工

　矢板工法における鋼アーチ支保工は，二次覆工完了までの地山荷重を支える主要支保部材であったが，NATMでは，吹付コンクリート，ロックボルトを併用するため，鋼アーチ支保工は，吹付コンクリートが強度発現するまでの一次的な補助部材や，支保工に大きい剛性が求められるときの補強部材として考えられている。

　鋼アーチ支保工の構造上の主な形式としては，①連続リブ式，②リブアンドポスト式，③リブアンドウォールプレート式，④リブウォールプレートポスト式，⑤円形リブ式の5つの形式があり，掘削断面形状，掘削工法等に応じて，用いられる。

　また鋼アーチ支保工は，使用される鋼材種別により，H形支保工，U形支保工，L形支保工，鋼管支保工に大別される。一般的には剛性の高いH形鋼が多く用いられるが，U形鋼は支保工背面の吹付コンクリートのまわり込みが良く，さらに重ね合わせることにより可縮支保工としやすいことに特徴がある。

　L形鋼，鋼管は小断面トンネルで用いられることが多いが，鋼管支保工の場合は，建て込み後，管内にモルタルを注入したり，せん断鉄筋を入れるなどして耐力の増強を図り，強大な荷重に耐えることも可能である。

　鋼製支保工に用いられる鋼材は，大きな荷重が作用して大きな変形を生じても脆性的に破壊しないもので，かつ曲げ加工や継手その他溶接加工の容易なものを用いなければならない。材質は一般的にSS400が使用されている。三車線高速道路や大きな断面のトンネル等では，軽量化を目的とした高規格鋼（HT590/SS540）が採用されている。図7.1.19に鋼アーチ支保工の形式示す。

その他の支保工

　現在のトンネル掘削では，矢板工法では，鋼アーチ支保工，木矢板が主な支保部材であり，NATM工法では，吹付コンクリート，ロックボルト，鋼アーチ支保工が主な支保部材である。

　しかしながら，ずい道および鉱山等のトンネルの歴史において，これらの支保工部材や支保方式が一般的となる以前には，掘削時のトンネル周辺地山や切羽の安定を図るため，各種支保工や支保方法が考案され，使用されてきている。

　その他の主な支保工としては，鋼アーチ支保工の代替支保工として，木製支柱式支保工，鉄筋支保工，採鉱において天ばんを支保するカッペ支保工，矢板工法の一種である，リブアンドラギング工法，ライナープレート式支保工，ニードルビーム式支保工，そしてNATMと同様な思想の元に開発され，掘削直後できるだけ早期に地山に密着した支保を行うベルノルド工法等がある。

　表7.1.7にその他の支保工の分類を示す。

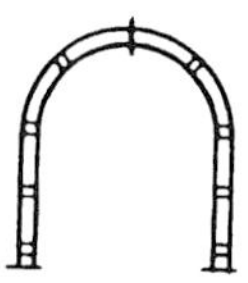

(a) 連続リブ式

一般に2片より成り、組立容易、価格廉価、組立費廉価、特別な場合には3片か4片にする。
次のような掘削方式に用いられる。
　全断面掘削方式
　側壁導坑式
　多導坑式

(b) リブアンドポスト式

次のような掘削方式に用いられる。全断面掘削方式で天井アーチ部と側壁が角をなすとき。
多導坑式　　　　｝で2ピースの連続リブ式では運搬取扱いが困難
側壁導坑式　　　　なように大きいとき
導坑ベンチ式　　　｝で導坑支保工や掘削中に天井部分に支保
上部半断面先進式　　工を要するとき

(c) リブアンドウォールプレート式

リブは2片から成り、組立容易、価格廉価、組立費廉価、特別な場合には3片またはそれ以上。
次のような掘削方式に用いられる。
　導坑ベンチ式
　上部半断面掘削方式
　全断面掘削式
上半円と高い側壁のトンネル断面で軽易な天井支保工のみでよいときに適する。

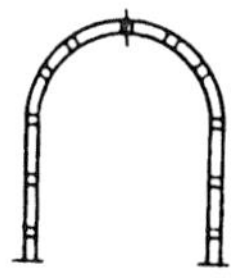

(d) リブウォールプレートポスト式

次のような掘削方式に用いられる。
導坑ベンチ式　　　｝で天井部すぐに支保工が必要な場合
上部半断面先進式
側壁導坑式で直ちに支保工を要する悪地質で大型のトンネルを掘る場合。
全断面掘削方式で｛鏡を押える必要のない良好な地質の場合やアーチと側壁が角をなす場合で、アーチの間隔より柱間隔を間引く場合。

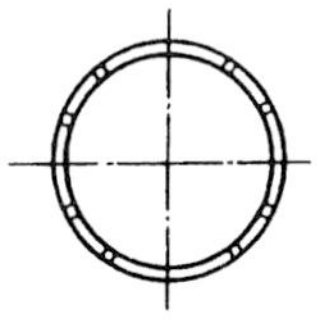

(e) 円形リブ式

次のような場合に用いられる。
全断面掘削方式｛流動や膨張による土圧や破砕岩などによる土圧その他強大な側圧のある場合、土砂トンネルのような場合
導坑ベンチ式｛スプリングラインに継手を設けて土砂地盤の支保工に用いる。

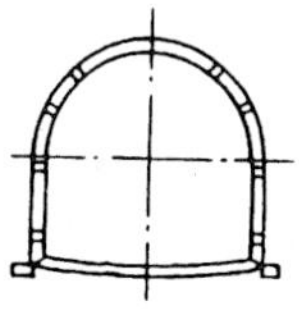

(f) インバート・ストラット

中程度の側圧を防ぐ場合や底部のふくれ上りを防ぐ場合に用いる。

図7.1.19　鋼アーチ支保工の形式

■　リブアンドラギング工法

　H形鋼またはI形鋼からなる支保工を1〜1.5mの間隔にタイロッドで組み、支保工と支保工の間に木矢板を挿入するもので、基本的には矢板工法と同じである。ただし、リブアンドラギングはシールド工法の支保として用いられてきたものであり、木矢板はシールド推進時のトンネル軸方向に発生する推力に耐えられる必要があるため、木矢板の厚みを支保鋼材のフランジ幅いっぱいまで厚くしている（H-125で木矢板の厚みが90mm等）。
　現在山岳トンネルにおいても、TBMにおける簡易な支保として用いられることがある。

■ ライナープレート支保工

ライナープレートは，板状の鋼製支保で，鋼板を溝形にして剛性を増し，アーチ形状に沿うように丸みをつけたものである。また，プレスで四辺を折り曲げ，リムと呼ばれるフランジが付けてあり，ボルトで接続できるようになっている。

地山強度が小さく，トンネルに荷重が作用する場合に用いられるが，特に作用荷重が大きい場合は，リムの大きいライナープレートを採用したり，リムとリムの間にI型鋼を入れて補強する。

ライナープレートの構造上，円形坑道での適用に向いており，深礎などでは多く用いられている。

■ 鉄筋支保工

鉄筋支保工は，H形鋼等を用いる通常の鋼アーチ支保工の代わりに，異形棒鋼を3～4本組み合わせた組合せ鉄筋（ラチスガーダー）を支保工として用いるものである。

鉄筋支保工は，基本的には鋼アーチ支保工と同様な機能を有しているが，鉄筋を主部材とすることで軽量化を図り，施工性の向上および地山変形に追随するような適度な変形性能を持っている。また，吹付コンクリートが支保工背面に回りやすく，吹付コンクリートと一体となってRC構造を形成することができる。ただし，H形鋼に比較して剛性が小さいため，吹付コンクリートの強度が発現するまでの補助部材としての役割には弱い面がある。

■ ベルノルド工法

掘削後，地山壁面から20～30cmのところに，ベルノルドシートと呼ばれる波形の薄鋼板を，組立式鋼製サポートとともに組み立て，この鋼板を埋め殺しの型枠として硬練りコンクリートを地山との間に打設し，一次覆工を設ける工法である。

地山に密着したコンクリートライニングは，吹付コンクリートと同様に，掘削後早期に地山と覆工を一体化して地山の緩みを最小限に抑えることから，基本的にはNATMと同じ効果が得られる。

この工法自体は，近年用いられていないが，圧着コンクリートライニングによる掘削・覆工併進システムは，現在でも，ECL，NTL工法等で研究されている。

■ カッペ支保工

カッペ支保工は，炭坑の採炭切羽で用いられる支柱式鋼製支保工の一種で，切羽側に支柱を立てることなく，すみやかに一時的に天ばんを支持する方法である。

支保工の形状としては，天井を支える桁であるカッペを，長さが調整できる鉄支柱で支持して天ばん保持する形となっている。カッペは，トンネル方向に次々に継いで延ばしていけるようになっており，掘削後すみやかに天ばんに密着させて延長し，一時的に天ばんを支持する。そして，その後，新しい鉄支柱を建て込み，延長したカッペを受け，地山の支持を行っていく形式となっている。

■ ニードルビーム式支保工

ニードルビーム式支保工は，支柱式鋼製支保工の一種で，土砂地山など地山強度の小さいところで用いられる工法であり，アメリカの下水トンネル等で良く採用されている。

支保形式としては，まず上部半断面を掘削先進し，上半盤中心にニードルビームと称する縦桁を，先端を地山に差し込む形でトンネル軸方向に設置する。この桁からパイプジャッキでライナープレートや角材等を放射状に支え，地山の支持を行う形式である。

ニードルビームとしては，2本のIビームを抱き合わせたものなどが使用される。

〔参考文献〕
1) 土木学会：「トンネル標準示方書〔山岳工法編〕・同解説」
2) 建設産業調査会：「最新トンネルハンドブック」
3) 建設産業調査会：「最新トンネル工法・機材便覧」
4) (社)日本トンネル技術協会：「トンネル工事用機械便覧〈山岳編〉」
5) 山海堂：「トンネル工事ポケットブック」

7 覆工

山岳トンネル標準工法（NATM）では，吹付けコンクリート，ロックボルト，鋼製支保工等の支保部材を用いて周辺地山を補強することによりトンネルの力学的安定を確保するのが原則となっている。通常覆工には力学的機能を持たせないが，トンネルの使用目的に応じて，安全で長期間使用に耐えるための標準設計巻厚が定められている。二車線道路トンネルや複線鉄道トンネルの場合，標準設計巻厚は

一般に30cmである。密実で空隙のない30cm厚の覆工の耐荷力は、地山のゆるみ高さで約30mに相当するとも言われている。これに対して、背面に空隙のある覆工の耐荷力は極端に小さくなる。このことから覆工の施工に際しては、特に天端背面に空隙が生じないような施工方法と型枠を選定しなければならない。また、下記の場合等では、巻厚を厚くし、鉄筋やファイバーなどで補強し、覆工に力学的機能を持たせた設計とする場合がある。

① 膨張性や押出し性地山等でトンネル支保構造体の変位が収束しない状態で覆工を施工する。
② トンネル完成後に、水圧、土圧等の外力の増加が予想される。
③ 近接施工等が予定され、使用環境条件の変化により外力の増加が予想される。

覆工の施工方法は、一般に、トンネルのアーチ部と側壁部コンクリートを一度に打ち込む全断面工法、アーチ部を先に打ち込む逆巻工法、側壁部を先に打ち込む順巻工法に分けられる。この他に、吹付けコンクリート仕上げのシングルシェル構造、セグメントを用いるブロックライニング、高流動急硬性コンクリートを用いるNTL（New Tunnel Lining）工法があり、図7.1.20のように分類される。

全断面覆工

NATMでは、トンネルの変位収束を確認してから、全断面覆工が一般的に行われる。覆工はトンネル構造体の主要な構造物であるので、これらの要求品質は、背面に空隙がない、有害なひびわれがない、密実で品質のばらつきが少ない、良好な表面仕上がり等である。覆工型枠は移動式と組立式に分けられるが、いずれの場合も上記のコンクリート品質を確保できる機能を備える必要がある。一般にトンネル覆工は同一断面を繰り返し施工することから、転用に便利な移動式型枠が用いることが多い。急曲線部や、延長の短い拡幅部等では組立式型枠が用いられる。型枠の長さは、コンクリートの打ち込み能力だけでなく、コンクリートのひびわれ防止を考慮し、一般に9～12mが使用されている。

移動式型枠

移動式型枠は構造的に走行架台と型枠が一体となって移動できるように製作されたもので、通常はノンテレスコピック型が、工程が厳しく、急速施工に対応するにはテレスコピック型が、圧力水路トンネルのようにインバート部も含めた全断面型枠にはニードルビーム型が主に用いられている。また、インバートコンクリートのように延長方向に連続して打ち込まれる場合にはスリップフォームが用いられる。

ノンテレスコピック型

ノンテレスコピック型移動式型枠は、テレスコピック型のように折りたたんで他の型枠の下をくぐる構造になっていないタイプのもので、通常の道路、鉄道トンネルで使用され、アーチ部と側壁部のコンクリートを一度に打ち込む全断面移動式型枠が相当する。図7.1.21に示すように、型枠長9～12mのものを移動させながら、コンクリートの打ち込みを繰り返す。

テレスコピック型

テレスコピック型移動式型枠は図7.1.22のように覆工コンクリート養生完了後に、脱型して型枠を折りたたみ、その先の養生中の型枠の中をくぐらせて再び組立てる移動式型枠である。延長の長い水路トンネルを短期間で巻き立てる場合などに使用される。

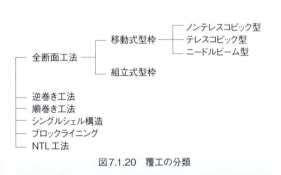

図7.1.20　覆工の分類

移動式型枠による覆工の施工

■ ニードルビーム型

　ニードルビーム型は図7.1.23のように型枠の内部に長い梁構造のニードルビームを通し，型枠の移動時には，まずニードルビームを移動し，次に型枠を折りたたみ，ビームの上を打ち込み位置まで移動させて型枠を組み立てることを繰り返す。このニードルビーム型はインバートを含めた全巻が可能であり，内水圧の作用する水路トンネル等に採用されている。これの欠点は型枠の長さの倍以上の長さのビームを用いることと，打ち込み時の型枠の変形を小さくするために部材の断面が大きくなり，重量および製作価格が嵩むことである。

■ スリップフォーム

　「移動式型枠」参照

組立式型枠

　組立式型枠は，図7.1.24に示すように，一施工単位ごとに，型枠を組み立て，打ち込み終了後に型枠を解体して，次の打ち込み場所に運搬し，組み立てる型枠工法である。組立式型枠には木製と鋼製があり，最近はほとんど鋼製が使用されている。組立式型枠は，一施工単位ごとに組立，解体，運搬を行い，移動式型枠に比較して手間がかかるが，型枠重量が軽い。したがって組立式型枠は覆工延長が短い場合に採用される。

シングルシェル構造

　北欧，ドイツ，スイスなどで試みはじめられたシングルシェル構造は，吹付けコンクリートとロックボルト等を主要支保部材とする従来の支保構造を改良して永久覆工とし，覆工を省略することにより，トンネル施工を合理化したものである。シングルシェル構造は，繊維補強され，耐久性のある吹付けコンクリートを数層重ねた構造となり，止水層を含めて各層間付着力は確保されている。

　我が国でも単線鉄道トンネルの電化拡幅工事，道路トンネルの換気坑や避難坑などに採用されている。最近では，道路トンネル本坑覆工に，吹付けコンクリート多層構造が採用されている。

　昔はレンガ，切石，コンクリートブロック等を積み重ねて覆工構造を構築していた。最近は，鉄筋コ

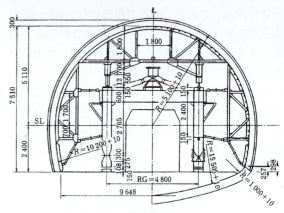

図7.1.21　全断面移動式型枠

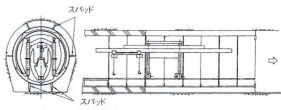

図7.1.22　テレスコピック型移動式型枠

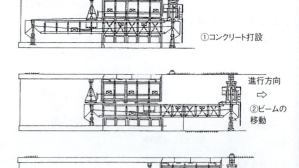

図7.1.23　ニードルビーム型枠

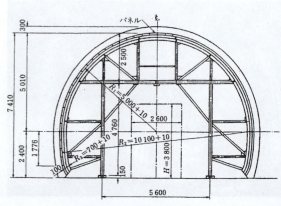

図7.1.24　組立式型枠の例

ブロックライニング

ンクリーセグメント，スチールセグメントるいはダクタイルセグメント等を用いることが多い。このセグメントはシールド工法で普通に使用されているが，山岳トンネルでは鋼製ライナがTBM（Tunnel boring Machine）坑の支保構造やアーチカルバート覆工として使用されている。

NTL工法

NTL工法は，吹付けコンクリート施工時の粉じん発生による坑内作業環境悪化を改善するために，わが国で開発された数種類の工法の総称である。一般に，地山と型枠の間に，高流動急硬性コンクリートを打ち込み，地山に密着したコンクリート覆工を短時間に構築する工法である。型枠方式のちがいにより，円周方向移動型枠，セントル型枠，部分セントル型枠，コテ型等がある。コンクリート打ち込み方式には，吹込み方式，吹込み圧着方式，流込み方式，流込み圧着方式，塗付け方式などがある。これまで試験施工と本施工はいずれも数トンネルで実施されている。

逆巻き工法

逆巻き工法は，矢板工法のうち上部半断面先進工法等で，アーチ部の覆工を先行して，その後に抜き掘り等で，側壁コンクリートを順次打ち込む方法である。利点としては，掘削箇所と覆工作業箇所との距離を短くすることができるため安全性が向上する。欠点としては，アーチ部を先行してコンクリートを打ち込み，その後に側壁部を抜き掘りするために，地耐力の低い地質の場合には不向きである

順巻き工法

順巻き工法は，矢板工法のうち側壁導坑先進工法等において，側壁コンクリートを先行して打ち込み，その後にアーチコンクリートを打ち込む方法である。利点としては，地質が悪く地耐力が不足する場合に，側壁コンクリートを先行して施工することから，アーチ等の覆工の沈下を防止することができる。欠点としては，2本の側壁導坑が必要となり，施工方法が複雑になることである。

〔参考文献〕
1) 土木学会：トンネル標準示方書（山岳工法編）・同解説 1996.7
2) ジオフロンテ研究会：山岳トンネルの新技術 土木工学社 1991.11
3) 水谷敏則他：地下空間を拓く―地下空間建設技術―山海堂 1994.6
4) ジオフロンテ研究会：シングルシェル吹付けコンクリート施工設備検討報告書 1999.11
5) ジオフロンテ研究会：しゃぶコンWG報告書 1997.12

8 立坑・斜坑掘削工法

立坑・斜坑は，道路トンネルでは換気坑として，水力発電所では水路トンネルとして，また工事用の作業坑として建設される。立坑・斜坑の掘削工法には，各種あり，工法の選定にあたり，断面の大きさ，延長，深度，地山条件，工期，経済性等を考慮し総合的に検討される。ここでは中硬岩～軟岩地山に対応した各種立坑工法と斜坑TBM工法について説明する。立坑掘削工法には次のような全断面工法と導坑先進工法がある。図7.1.25に立坑・斜坑掘削工法の分類を示す。

なお，立坑・斜坑を本構造物とする換気坑や水路トンネルでは掘削後に二次覆工が行われる。

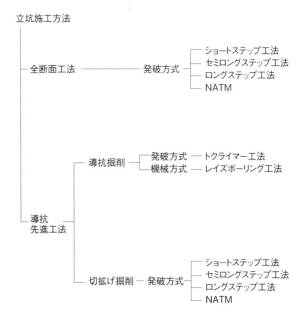

図7.1.25　立坑・斜坑掘削工法の分類

原子力発電所の放水立坑

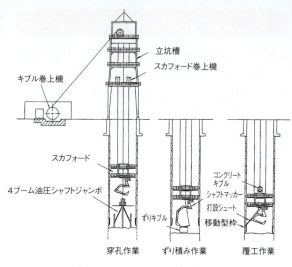

図7.1.26 ショートステップ工法の概要

ショートステップ工法

ショートステップ工法は，図7.1.26に示すように穿孔，発破，ずり処理，一次覆工を1サイクルずつ順に行っていく方法で，切羽で掘削面が覆工されるために，通常の支保工を必要としない。この工法の長所は地山の変化に対応し易いこと，支保工が必要でないことおよび作業坑では二次覆工の必要がないことから経済的となり，かつ切羽で掘削面が覆工されていることから安全性が高いことが挙げられる。問題点としては，覆工を逆巻きで施工するために打継目の切欠きが多くなることと，コンクリートに近接して発破をするために覆工を傷つけ易くなること，掘削のサイクルに合わせてコンクリートの供給をしなければならないことが挙げられる。掘削の1発破長さは岩質によるが，ジャンボによる場合には2～2.5m，手持ち削岩機の場合には1～1.5m程度が一般的である。一次覆工コンクリートの1打設長さは掘削長さに合わせて通常1～3mで行われることが多い。

セミロングステップ工法

セミロングステップ工法は，ショートステップ工法のコンクリート打設上の問題を緩和し，ロングステップ工法の支保工の簡素化を図ってショートステップ工法程度の経済性を維持しようとするもので，数サイクル掘削した後に，5～10m前後をまとめて覆工する。地質が良好で，簡易な支保工で坑壁を保持できる場合に適している。

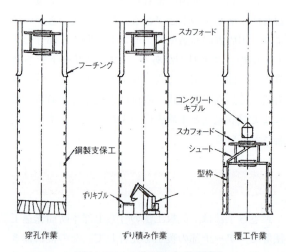

図7.1.27 ロングステップ工法の概要

ロングステップ工法

ロングステップ工法は図7.1.27に示すように穿孔，発破，ずり処理，支保工建込みの掘削サイクルを繰り返し，20～30m掘削した後にこの区間をまとめて覆工する工法である。コンクリートをまとめて打設するために，打設計画がたてやすいこと，打ち継目が少ないことの利点がある。その反面支保工の施工が作業能率やコストに大きな影響を与えること，作業の安全性がショートステップ工法に比べて劣るなどの欠点があり，ショートステップ工法が開発された以降は，この工法はほとんど採用されなくなった。

NATM工法

この工法は，図7.1.28に示すように，1掘削長さを1～1.5mで，掘削サイクルは，ショートステップ工法と同様に行い，一次覆工に代えて，ロックボルトと吹付けコンクリートを施工する工法である。トンネルにおけるNATMを立坑に応用したもので，掘削時に地山状態の観察と掘削壁の変位計測で施工管理して，ロックボルトの長さや打設本数，吹付けコンクリート巻厚などを，修正しつつ掘削している。覆工は掘削完了後にまとめて行うために，スリップフォーム等を用いて全延長を連続打設することも行われている。湧水の多い地山では，吹付けコンクリートのために集水処理を行うなど，作業能率が低下するが，導坑先進工法における切拡げ掘削のように湧水処理が比較的容易な場合には，作業能率も上がることから採用されている。

クライマー工法

クライマー工法は，硬岩～中硬岩地山で採用される，立坑・斜坑の切上がり掘削工法で，ラック・ピン付きガイドレールに沿って上下する作業足場（クライマー）を使用し，図6.1.28[1]に示すように上向きに穿孔発破掘削を行う。発破ずりは立坑・斜坑内を自然落下し，坑底の水平坑から搬出される。適用される坑道断面は2.0×2.0m程度が標準であるが，作業用プラットフォームを加工することにより，ϕ3.0m程度までは切上がりが可能である。一つの基地からクライマーが切上がる最大高さは，電動式で約250m，圧気動式で約200m，最近改良された大型クライマーは約600mと報告されている。延長が長い場合は，中段作業坑を施工して，2段，3段掘削を行っている。この適用条件として，上向き穿孔が安全にできる切羽自立度の高い良好な地山であり，斜坑の切上がり角度は，ずりが自然落下できる約55度以上とし，かつガイドレールをエキスパンションボルトで坑壁に固定できるような良質な地山であることがあげられる。

レイズボーリング工法

レイズボーリング工法は，ϕ250～350mm程度のパイロット孔を上から下に精度良くボーリング削孔し，下部坑に貫通させる。つぎに下部坑でリーミングビットを取付けて図7.1.29に示すように切上がり機械掘削を行う。掘削ずりは下部坑に自然落下させ，下部坑から搬出する。この工法の適用条件は，下部に坑道が存在し，切拡げ掘削時に坑壁が自立できることである。一般に，立坑掘削では，直径1.4～2m程度の導坑掘削に採用されているが，最近ではパイロット坑の施工精度と機械能力が向上し，良質地山で，直径6.0m深さ150mの切拡げ掘削も行われている。

斜坑TBM工法

TBM工法による斜坑掘削には，全断面TBMで一挙に切上がる方法とパイロットTBMで導坑を切上がり，発破工法で切拡げる方法と図7.1.1.30に示すようにパイロットTBMで下方より上向きに切上がり角度約52度で導坑掘削し，この導坑を切拡げ掘削時の掘削ずりの搬出坑として，上方からリーミングTBMによって切拡げを行う方法がある。いずれの場合も延長の長い斜坑を分割施工することなく，いっきに長距離施工が可能な工法として有効な方法である。後者のケースの場合，掘削径ϕ2.7mのパイロットTBMは円形断面の斜坑を切上がる機械であり，TBM本体の後方に，掘削後直ちに坑壁を支保すると共に，滑落防止用の反力鋼材の組立を行える作業台車を連結し，機械の総延長は53mに達する。掘削径ϕ7mのリーミング機は，パイロット坑を利用しながら，上部から下に向って切拡げ掘削を行う機械であり，本体部はパイロット坑内に内包された形で先進する。運転・制御，支保作業等の後続台車は，カッターヘッドの後方に連結され，機械の総延長は46mとなる。最近は，前者のケースとして，安全性の向上と施工の合理化から，下部より全断面の1工程で，勾配48度で切り上がるΦ6.6mの全断面斜坑TBMが採用されている。

〔参考文献〕
1) 建設産業調査会:最新トンネルハンドブック1999'10
2) 前島俊雄他:「全断面TBMによる神流川発電所水圧管路斜坑掘削」電力土木 No.297, 2002

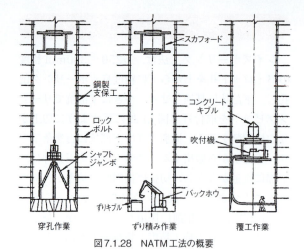

図7.1.28 NATM工法の概要

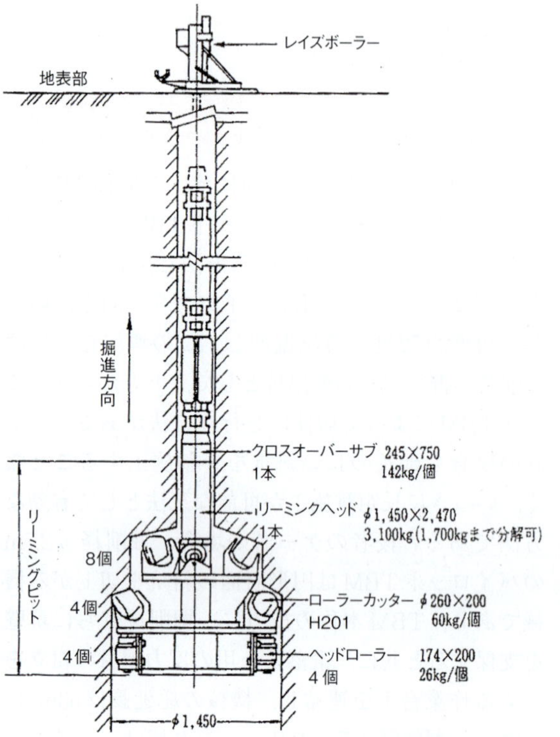

補助工法他

　通常の支保工や加背割等の工夫では対処できないか，対処することが得策でない場合に，切羽の安定性，トンネルの安全性確保ならびに周辺環境の保全のため，おもに地山条件の改善を図る目的で適用される補助的または特殊な工法を補助工法という。

　補助工法を細分すると，通常の施工で採用される機械設備で対処可能な「補助工法（補助工法A）」と，新たな機械設備を導入して対処する「特殊工法（補助工法B）」に分けられるが，最近ではこの区分が不明確になってきている。

　補助工法には，表7.1.8に示すように種々のものがあるが，その選定にあたっては，地山条件，立地条件，施工法等を考慮した上で，下記に示す使用目的や効果，経済性，施工性についての十分な検討が必要である。

①切羽安定対策：切羽が安定しない場合には掘削断面を分割する方法や一掘進長を短くする方法があるが，合理的施工の観点から，通常の断面で施工できるような適切な補助工法の選定について検討することが必要である。

②湧水対策：切羽に湧水が発生，あるいは予想される場合には，地下水を排除して切羽の安定性・施工性の向上を図る必要がある。しかし，排水により周辺に有害な影響が及ぶと想定される場合には止水工法が必要である。

③地表面沈下対策：地表面沈下の原因はトンネル掘削による緩み，地下水の排除による地下水位の低下などが大きな原因と考えられるため，これらをできるだけ抑制する工法が必要である。

④近接構造物対策：都市域のトンネルなどで，地表構造物や橋梁等の直下等，近接施工を余儀なくされる場合には防護対策が必要である。図7.1.31に補助工法を検討するフローを示す。

図7.1.29 レイズボーリング工法の概要

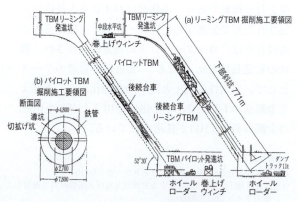

図7.1.30 TBMによる導坑先進切拡げ工

〔参考文献〕
1) 土木学会：トンネル標準示方書（山岳工法編）・同解説，2006.7

表7.1.8 補助工法の分類

工法		目的						対象地山			摘要
		施工の安全性確保			周辺環境の保全						
		切羽安定対策			湧水対策	地表面沈下対策	近接構造物対策	硬岩	軟岩	土砂	
		天端の安定	鏡面の安定	脚部の安定							
先受工	●フォアパイリング（非充填・充填式，注入式）	◎	○			○		○	◎	◎	
	●パイプルーフ	○	○			◎	○		○	○	＊
	●水平ジェットグラウト（噴射攪拌）	○	○			○	○			○	＊
	●長尺鋼管フォアパイリング（充填式，注入式）	○	○			○	○		○	○	＊
	●プレライニング	○	○			○	○		○	○	＊
鏡面脚部の補強	●鏡吹付けコンクリート		◎					○	◎	◎	
	●鏡止めボルト		◎					○	○	○	
	●仮インバート			○		○			○	○	
	●脚部補強ボルト（パイル）			○		○			○	○	〔＊〕
湧水対策・地山補強	●水抜き坑	○	○		◎			○	○	○	＊
	●水抜きボーリング	○	○		◎			◎	◎	◎	＊
	●ディープウェル	○	○		○					○	＊
	●ウェルポイント	○	○		○					○	＊
	●注入	○	○	○	◎	○	◎	○	○	○	＊
	●垂直縫地	○	○			○		○	○	○	＊
	●遮断壁				○	○	◎			○	＊

注）◎：比較的よく用いられる工法，○：場合によって用いられる工法，＊：通常のトンネル施工機械設備・材料で対処が困難な対策または，施工サイクルへの影響の大きい対策

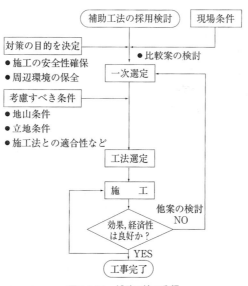

図7.1.31 補助工法の分類

1 切羽安定対策

地盤によっては掘削により切羽が崩落したり地盤が沈下するおそれがある。これをあらかじめ防止するのが先受工である。先受工には、フォアパイリング、パイプルーフ、水平ジェットグラウト、長尺フォアパイリングおよびプレライニングがある。

フォアパイリング工法

山岳工法において切羽、天端の崩落防護を目的に、掘削に先立ちトンネルアーチ天端を中心とする外周に沿って斜め前方に向かってロックボルト等を施工する工法で、先受け工法ともいわれる。フォアパイリング工法には、切羽前方に打設される先受け部材の長さによって、長さが5m程度未満のフォアポーリング工法と、長さが5m程度以上の狭義のフォアパイリング工法（長尺先受け工法）がある。フォアポーリングの主目的が上記の天端崩落保護であるのに対し、フォアパイリングは切羽面の安定や地表面沈下抑制効果も合わせて期待するものである。

フォアポーリングに用いられる部材は、ロックボルトのほか鉄筋、単管パイプ、鉄矢木等があり、非充填方式、充填方式、注入方式等の定着方式がある。一方、長尺先受け工に用いられる部材は、大口径鋼管、鋼管と注入による改良体、および高圧噴射による置換改良体等があり、先受け効果とともに部材規模も大きくなる。

なお、矢板工法における縫地工法や鋼矢板圧入工法なども広義のフォアパイリング工法に含まれ、シールド工法におけるムーバブルフードとして刃先を有する鋼材を山留めジャッキにより切羽に貫入させる工法も含まれる。図7.1.32にフォアポーリングの施工例、図7.1.33に長尺フォアパイリング工法の施工例を示す。

〔参考文献〕
1) 土木学会:トンネル標準示方書（山岳工法編）・同解説, 2006.7
5) 土木学会:土木用語大辞典, 1999.2.
9) ジェオフロンテ研究会:アンブレラ工法選定上の要点（改訂版）, 1999.11.

図7.1.32　フォアポーリングの施工例

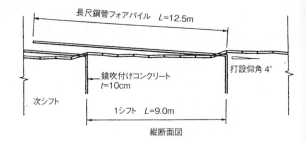

図7.1.33　長尺フォアパイリング工法の施工例

フォアパイリング工法による切羽の安定

鏡ボルト工

トンネルの切羽鏡面の一部または全体にロックボルトを打設して、鏡の安定を図る工法である。施工長さは、掘削時に前に設置したボルトが十分に地山に残って有効に作用するように設定するのが望ましい。鏡ボルトの材質は掘削時の切断のしやすさに配慮してFRP（繊維補強プラスチック）ボルトが用いられることが多い。定着方式としては通常のロックボルトと同様にモルタル充填式が一般であるが、切羽補強効果をあげる目的で注入式ボルトが使われる場合もある。鏡ボルトは一打設長5m程度以下のものとそれ以上の長尺ものとがある。長尺鏡ボルトの材質は主にFRPやスリット入り鋼管が用いられている。鏡ボルトは通常、未固結地山や膨張性地山に使用されるが、特殊な事例として山はね防止対策としてフリクション定着式のボルトが使用された例もある。図7.1.34に鏡止めボルトの施工例を示す。

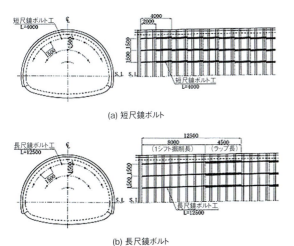

図7.1.34　鏡止めボルトの施工例

〔参考文献〕
1) 土木学会:トンネル標準示方書（山岳工法編）・同解説, 2006.7.
3) 土木学会:山岳トンネルの補助工法, トンネル・ライブラリー第5号, 1994.3.

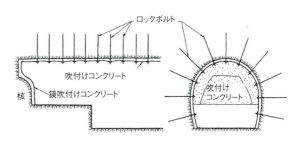

図7.1.35　鏡吹付け工の施工例

〔参考文献〕
1) 土木学会:トンネル標準示方書（山岳工法編）・同解説, 2006.7
3) 土木学会:山岳トンネルの補助工法, トンネル・ライブラリー第5号, 1994.3

鏡吹付け工

　鏡吹付け工は，掘削終了直後の自立性の悪い鏡面に3〜10cm程度の厚さでコンクリートを吹付け，切羽鏡面の自立性の向上を図るものである。鏡面の安定対策には鏡吹付け工のほか，鏡ボルト工など補強部材を施工する方法やリングカットまたは一掘進長を短くするなどの施工上の配慮で対応する方法がある。鏡面の自立性と切羽断面の大きさには密接な関連があり，加背割を多分割することにより切羽掘削高さを小さくし，かつ掘削時間の短縮により素掘り状態をできるだけ短くすることで切羽の自立性を向上させることが基本である。しかしながら，核残し施工（リングカット）や切羽傾斜により鏡の安定を図っても自立性が不足する場合，あるいはこうした方法を行うことが施工効率上好ましくない場合に，鏡吹付け工は，これらと併用あるいは代替する工法として有効な方法である。鏡吹付けコンクリートは掘削直後に施工することで初期の崩壊防止と鏡面の拘束により鏡面の安定性を向上させ，次の掘削までの鏡面の保護を行うものである。また，掘削作業を休止する場合には切羽の劣化を防止する目的で鏡全面に吹付けコンクリートを施工する。図7.1.35に鏡吹付け工の施工例を示す。

鋼矢板圧入工

　トンネルの掘削工事において，地山の肌落ちを防止しながら掘削するために，土留めや仮締切りに用いられる矢板のうち特殊な鋼製矢板を油圧ジャッキ等により切羽から掘削面外周に沿って前方の地山に押し込み，この矢板で保護された内部の地山を掘削する工法である。軟弱な地山に対して地山のゆるみを抑えかつ地山の崩壊を防止できる安全性の高い工法である。山岳工法のうち，いわゆる矢板工法で施工される場合の先受け工として広く利用される。メッセル（ドイツ語のナイフ）という特殊な断面形状をした鋼矢板を油圧ジャッキにより地山に順次圧入するメッセル工法や，ランツェ（槍）という特殊形状の鋼矢板をガイドサポートを支えとしてジャッキにより1枚ずつ地山に圧入するランツェ工法等がある。

　山岳工法（矢板工法）における縫地と開放型シールド工法におけるムーバブルフードの中間的工法にあたる。

アンブレラ工法

　地山の先行変位の抑制，地山のゆるみ防止，施工の安全性確保などを目的とした，山岳工法で用いられる補助工法の一つで，トンネル坑内からトンネル

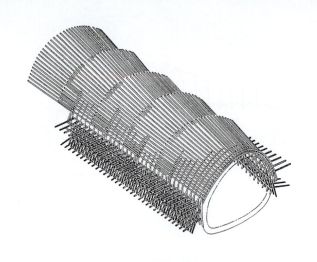

図7.1.36 アンブレラ工法の概要

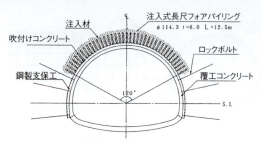

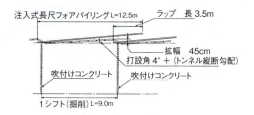

図7.1.37 長尺鋼管フォアパイリング工法の施工例.

掘削に先立って，トンネル外周に沿ってアーチ状に地山改良体（先受け材）を形成することにより切羽前方地山を補強する長尺先受け工法である。アンブレラ工法には，AGF，トレヴィチューブ，ロディンチューブ等の長尺鋼管フォアパイリング工法やロディンジェット（RJFP），トレヴィジェット，メトロジェット（MJS）等の水平ジェットグラウト工法があるほか，脚部の沈下防止や側壁部の押し出し防止を目的とする脚部補強工も含めてアンブレラ工法と呼称されている。

工法の特徴としては，①トンネル坑内から施工されるため，先受け部材は切羽前方において傘を広げたような形状となり，大きな加背での掘削が可能となる，②先受け長が長いため，切羽天端の安定だけでなく鏡面の安定性向上にも寄与する，③先受け部材の剛性が比較的明確であるため，地表面沈下等周辺環境への影響防止にも効果がある，④脚部補強工との組み合わせによりトンネル断面全周を補強することが可能となる，等があげられる。図7.1.36にアンブレラ工法の概念を示す。

〔参考文献〕
1) ジェオフロンテ研究会：注入式長尺先受け工法（AGF工法）技術資料（三訂版），1997.9

長尺鋼管フォアパイリング工法

アンブレラ工法のうち，掘削に先行して切羽から前方に向けてトンネル外周部にアーチ状にケーシング掘り方式で長さ10〜15m程度の鋼管を削孔・打設し，その後，鋼管内部およびその周辺を充填注入または改良・割裂注入して，トンネル外周部に芯材（鋼管）で補強された先受け部材によるアンブレラ（傘状の改良補強ゾーン）を形成する工法である。長尺鋼管フォアパイリング工法は，主として，トンネル縦断方向に打設された鋼管の剛性とその周囲に注入され固結度の向上した改良地山により，先受け効果を発揮するものである。

長尺鋼管フォアパイリング工法には，トンネルでの汎用機械であるドリルジャンボを削孔に使用するAGF工法，専用の削孔打設機械を使用するトレヴィチューブ工法，ロディンチューブ工法等があり，前者が機動性や経済性で優位な一方，後者はより大規模な施工が可能であるなど，それぞれに特徴を有している。

鋼管長，鋼管径は通常それぞれ10〜15m，110mm前後が多いが，より長延長（20m程度），大口径（140mm程度）のものもある。また，削孔打設方式，ビットの型式，注入方式にもそれぞれ数種類の方法が開発されているほか，注入材もセメントミルク系やウレタン系など目的により使い分けられている。

図7.1.1.37に長尺鋼管フォアパイリング工法の施工例を示す。

〔参考文献〕
1) 土木学会：トンネル標準示方書（山岳工法編）・同解説，2006.7.
2) 土木学会：プレライニング工法，トンネル・ライブラリー第10号，2000.3.
3) ジェオフロンテ研究会：注入式長尺先受け工法（AGF工法）技術資料（第四版），2007.5

■ AGF(All Ground Fasten)工法

　長尺鋼管フォアパイリング工法の一つで，特殊な専用機を使用せず，トンネルで通常用いられるドリルジャンボを用いて削孔・挿入した鋼管の周囲を限定注入して改良体を形成し，切羽前方地山を補強する工法。

■ トレヴィ工法

　長尺鋼管フォアパイリング工法の一つで，専用の削孔打設機械を使用して，切羽前方地山内にケーシング方式で鋼管を削孔・打設し，鋼管内部および周囲を改良注入してトンネル外周部に沿った補強ゾーンを形成する工法。

水平ジェットグラウト工法

　わが国で開発された高圧ジェットを利用した各種の地盤改良工法がCCP工法として実用化されヨーロッパ諸国を初めとして技術輸出されたが，水平ジェットグラウト工法は，このジェットグラウトをもとにイタリアでトンネル先受け工法として開発された技術がわが国へ逆輸入されたものである。

　水平ジェットグラウト工法は，掘削に先行して切羽から前方に向けてトンネル外周部に長さ10m程度のパイル状の改良体をアーチ状に形成するものである。

　改良体は，高圧のジェット噴流で地盤を切削すると同時に硬化剤（セメントグラウト）を切削土砂と攪拌，または置換して形成するもので，硬化剤を単独で噴射攪拌する方式および水とエアーを同時に噴射する方式がある。水平ジェットグラウト工法には，ロディンジェット，トレヴィジェット，メトロジェットの3つの工法があるが，それぞれの工法によって単管から三重管まで切削機械の方式に違いがあるとともに，改良体の造成径も30cm程度から2m以上までと幅があるが，いずれもトンネル縦断方向にはシェル状，横断方向にはアーチ状に連続した構造体が形成される。

■ RJFP工法

　ロディンジェットフォアパイリング工法は，トンネル外周の前方に向けて専用機械で長孔削孔し，ロッド先端から硬化剤を高圧で噴射させながら引き抜き地山内に円柱状の固結体を造成する水平ジェットグラウト工法の一つ。

■ MJS工法

　メトロジェットシステム工法は，硬化剤を高圧で噴射しながら地盤を切削し，これらを攪拌・硬化させることにより改良体を地中で造成する水平ジェットグラウト工法の一つで，排泥を強制排出させる点に大きな特徴がある。

〔参考文献〕
1) 土木学会：トンネル標準示方書（山岳工法編）・同解説，1996.7.
2) 土木学会：トンネル用語辞典，トンネル・ライブラリー第3号，1987.3.
3) 土木学会：山岳トンネルの補助工法，トンネル・ライブラリー第5号，1994.3.
4) 土木学会：プレライニング工法，トンネル・ライブラリー第10号，2000.3.
5) 土木学会：土木用語大辞典，1999.2.
6) 大塚本夫：トンネル工学，1974.6.
7) ジェオフロンテ研究会：注入式長尺先受け工法（AGF工法）技術資料（三訂版），1997.9.
8) ジェオフロンテ研究会：芯材補強ジェットグラウト工法技術資料，1996.5.9) ジェオフロンテ研究会：アンブレラ工法選定上の要点（改訂版），1999.11

パイプルーフ工法

　本工法は，トンネルおよび地下構造物を作る場合の補助工法で，トンネル掘削に先行して掘削断面外周に沿ってトンネル軸方向に一定間隔にパイプ（鋼管）を挿入し，挿入したパイプ内にセメントミルクやモルタル等を注入充填し，トンネル形状にあわせたパイプによるルーフ（屋根）を形成する工法である。これにより，先行設置したパイプに，建込まれた支保工と先行地山を支点とする梁構造として地山荷重の支持を期待し，トンネル掘削初期の地山のゆるみを最小限にとどめ，地表面の変形や近接構造物への影響，土砂の崩落，掘削面の崩壊を抑止する効果を発揮する。主な用途を，次に示す。

①道路・鉄道下施工のトンネル，管路工事
②地上・地中構造物下施工のトンネル，管路工事
③トンネル坑口部の斜面安定対策
④海底，未固結地山におけるトンネル工事
⑤土留め用構造物
　アンダーピーニング，地下構造物築造工事等

　本工法には，土質および使用法に応じて設置する独立方式（鋼管径84〜320mm，ボーリングタイプ，ごく軟弱な地盤を除いてあらゆる地盤に適用可能）と特殊な継手および連結を使用した連結方式（鋼管径200〜1,200mm，オーガ圧入タイプ，主に粘性土や砂質土）がある。図7.1.38にオーガ圧入タイプ

の施工例を示す。

〔参考文献〕
1) ㈳土木学会：トンネルライブラリー第5号山岳トンネルの補助工法，pp.102，1994.3
2) 石橋信利：鋼管推進工法とパイプルーフ工法の最新の動向，「土木技術」，1997.4

■ アーマ工法

継手連結を有する鋼管矢板（アーマ管）を接続させながら圧入し，鋼管の内側を掘削する工法で，オーガや水ジェットなどで掘削・圧入する。応用工法に，アーチ形状のアーマ管を用いた曲がりアーマ工法がある。

〔参考文献〕
1) 石橋信利：鋼管推進工法とパイプルーフ工法の最新の動向，「土木技術」，1997.4

■ スライディングアーマ工法（SA工法）

SA掘削機を用いて，特殊鋼矢板と切羽の山留装置により，地盤の崩壊を防ぎながらその内側を掘削する工法である。側部土圧と自重反力により掘削機を前進させ，テール部で支保工等により土留めを行い，連続掘進する。

〔参考文献〕
1) 村上，赤羽：スライディングアーマ掘削機による新幹線橋台および在来線に近接した2層型立体交差工事，「土木施工」，1987.7
2) スライディング・アーマ協会：工法紹介—SA工法，「基礎工」，1986.2

■ NNCB工法

水平に圧入した鋼管を横桁として本体構造の一部に利用することが特徴で，出入口（両端）部に構築した主桁・橋台を支点とするはり構造で荷重に抵抗させ，内部のトンネル掘削を行う工法である。

〔参考文献〕
1) 石川修一：NNCB工法の設計・施工例—室蘭本線滝ノ川橋梁改良—，「基礎工」，1994.4
2) 西松建設㈱：工法紹介—NNCB工法，「基礎工」，1986.2

■ ケーモ工法

大型ホリゾンタルオーガーを使用して鋼管を推進するもので，主としてパイプルーフ工法に利用される。

〔参考文献〕
1) 山田幸男：ケーモー工法とその応用，「土木技術」，1997.4

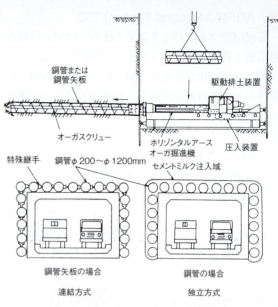

図7.1.38 オーガ圧入タイプの施工例

パイプルーフ工法

プレライニング工法

本工法は，掘削に先立ちトンネル切羽前方地山にアーチシェル状のコンクリート（スリットコンクリート）を構築し，この切羽安定機能により効率的な掘削と沈下を抑制するための先受け工法である。これにより，切羽の自立性確保，天端の崩落防止を図り施工の安全性を向上させるとともに，支保部材として利用し，地表面沈下や近接構造物への影響を抑制する効果を発揮する。

スリットコンクリートは，掘削に先行して切羽前方トンネル外周部を厚さ15cm～50cm程度でアーチ状にスリット掘削し，掘削後，または掘削と併行

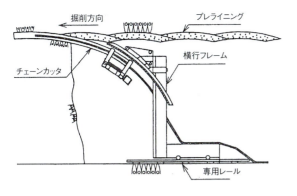
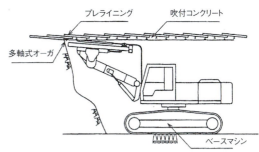

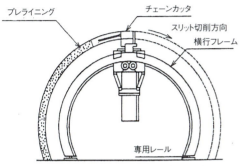

図7.1.39 チェーンカッターを用いたプレライニング工法の例

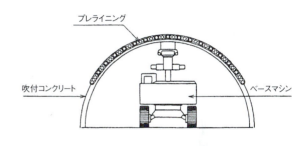

図7.1.40 多軸オーガを用いたプレライニング工法の例

してコンクリートやモルタルを充填して構築する。通常，縦断方向の先受け長は5m程度以内である。このため，トンネル横断方向にアーチ状に連続した剛性の高い連続構造体が形成され，固結度が小さく低強度の軟岩〜土砂地山等の極端に地山強度が低い場合，土被りが浅く地表面沈下量を抑止する必要がある場合，重要構造物に近接していて掘削による影響が懸念される場合等，特に制約条件が厳しい場合に採用される。アーチ状シェルの掘削方式には，チェーンカッターを用いるものと，多軸オーガを用いるものがあり，いずれも専用の掘削機が開発されている。図7.1.39にチェーンカッターを用いたプレライニング工法の例を，図7.1.40に多軸オーガを用いたプレライニング工法の例を示す。

〔参考文献〕
1) トンネルライブラリー第10号プレライニング工法, (社)土木学会, 2000.6

■ New PLS工法
（切削即時充填式プレライニング工法）

New PLS機は，ベント式ダブルチェーンカッターを備えたレール走行方式の機械で，チェーンカッターはコンクリート注入管と一体化しており，スリット切削と同時に急硬性コンクリート（厚30〜40cm）を充填する。

〔参考文献〕
1) 櫻井・西尾・米山・河上:New PLS工法の試験施工―北陸自動車道（Ⅱ期線）名立トンネル, トンネルと地下, 1993.5
2) 藤下・本村・寺内・篠崎・中川:切削即時充填式プレライニング工法の実施工への適用, 土木学会論文集, No.602/Ⅵ-40, pp21-34, 1998.9

■ PASS工法
（Pre-Arch Shell Support Method 工法）

5連の多軸オーガ掘削機を搭載した機械で，厚さ17cm，幅81cm，長さ4mのスリット削孔を行い，削孔完了後，中央のオーガよりモルタルを注入する。これを繰り返してアーチ状シェルを形成する。

〔参考文献〕
1) (社)土木学会：トンネルライブラリー第10号プレライニング工法 pp253〜264, 2000.6

脚部補強工法

本工法は，支保工脚部の支持力が不足する地山や大断面トンネルにおいて，トンネル脚部の沈下が大きくなり，これに伴ってゆるみがより一層拡大して安定を損なうことへの対策として，脚部に施工される補助工法である。

土砂地山・崖錐層などの未固結地山，トンネル坑口付近では，トンネル掘削に伴うゆるみ荷重や偏土圧が大きくなり，支保工全体の沈下，さらには天端のゆるみ増大を生じ沈下を増大させる。また，長尺先受工を施工する場合，上半脚部には応力が集中するため，アーチ部の補強に加えて上半盤の支持力対策や沈下対策として脚部補強に留意する必要がある。脚部補強工法としては，支保工脚部の支持面積を増加する方法，吹付けコンクリートにより上半仮閉合する方法，脚部地山の強度増加を図る方法，支保工脚部にロックボルトやパイルを打設し支持力を増強する方法等があり，また，これらを併用する場合もある。標準的な脚部補強工の分類を，次に示す。

①支持面積の拡大：ウイングリブ付き鋼製支保工
②仮閉合：上半仮閉合（一次閉合）
③地山注入：注入工法(セメント，薬液等)
④脚部補強ボルト：ロックボルト，自穿孔ボルト
⑤脚部補強パイル：レッグパイル，サイドパイル等

図7.1.41に脚部補強工法の概念を示す。

〔参考文献〕
1) ジェオフロンテ研究会：アンブレラ工法の設計技術資料，1996.11
2) ㈳土木学会：トンネル標準示方書［山岳工法編］・同解説，1996.7

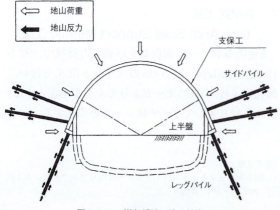

図7.1.41　脚部補強工法の概念

■ レッグパイル工法

支保工脚部の地山下方にトンネル汎用機械を用いて鋼管パイプを打設し，セメント系やウレタン系の注入材を圧入して地山の強度や支持力を増加させ，脚部沈下の抑制や支保構造の安定を図る工法である。

〔参考文献〕
1) ジェオフロンテ研究会：アンブレラ工法の設計技術資料，1996.11

■ マイクロパイル

支保工脚部の地山下方に専用機を用いて鋼管パイプを打設し，主にセメントミルク系注入材を圧入して支持耐力の大きい支持杭を構築することにより，脚部沈下の抑制や支保構造の安定を図る工法である。

〔参考文献〕
1) ジェオフロンテ研究会：アンブレラ工法の設計技術資料，1996.11

■ ジェットパイル

支保工脚部の地盤にセメントミルクを高圧噴射し，固結改良体を構築することによって，地山の強度やすべり抵抗を増加させ，脚部沈下の防止や地山の安定を図る工法である。

〔参考文献〕
1) ジェオフロンテ研究会：アンブレラ工法の設計技術資料，1996.11

■ フットパイル

レッグパイル，マイクロパイル，ジェットパイル等の脚部補強パイルの総称を表すものである。

垂直縫地工法

本工法は，トンネル掘削に先立ち地表よりボーリングを行い，ボーリング孔の中に必要に応じた太さの鉄筋等のボルトを建て込み，モルタルまたはセメントミルクを充填して，地中に任意の長さの鉄筋柱をつくるもので，トンネルを掘削することによって影響を受ける周辺地山を地表から事前に補強する工法である。掘削作業と競合せずに施工でき，掘削時に生じる地山の変形やゆるみをモルタルを介して鉄筋に負担させるとともに，地山のせん断強度を改良する効果がある。

この工法は，土被りの浅い土砂地山・崖錐層など

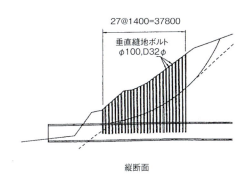
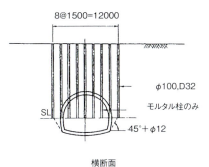

図7.1.42 垂直縫地工法の例

の未固結地山,トンネル坑口付近や地すべり地等で,地表沈下の防止,斜面の崩壊防止,トンネル切羽の安定化,偏土圧対策等の効果を発揮する。ボーリング孔の径,長さ,間隔およびボルト径,長さは,トンネルを掘削する地山物性値や地形により決定されるが,ボーリング孔の径は100～120mm,ボルトは25～32mmの鉄筋やファイバーボルトを使用することが多く,打設間隔は1.0×1.0m～2.0×2.0m程度が多い。打設間隔はこの範囲より粗くすると効果が少なく,ボルト頭部は地山の変形に対し一体として抵抗させるため,連結構造とすることもある。図7.1.42に垂直縫地工法の例を示す。

〔参考文献〕
1) ㈳土木学会:トンネルライブラリー第5号山岳トンネルの補助工法,pp98,1994.3

2 湧水対策

圧気工法

圧気工法とは,湧水が多い地山において切羽の安定を得るために実施される補助工法の一つである。圧縮空気を用いてトンネル内切羽付近の空気圧を高め,水圧に対抗して湧水を止める。$0.02～0.1N/mm^2$の圧気圧を作用させる場合が多い。

圧気工法は,地下水位の低下を極力防止しながらトンネルを施工することができるため,周辺環境への影響を低減することができる。また,地山が軟弱であるため,排水工法を採用すると流砂現象が生じやすいところでは,圧気工法は有効である。

圧気工法には,透気係数の高い地盤での漏気や噴発,作業員の健康管理,酸欠等の問題がある。また,断気時の地山の崩壊については慎重な配慮が必要である。特に,NATMにおいては,減圧を急激に行うと吹付けコンクリートの安定性が低下するので,圧気の減圧は吹付けコンクリートが十分に硬化した後に行うことが重要である。

圧気のみでは十分な止水効果が得られない場合には,水抜きボーリング等の排水工法と併用することがある。また,圧気工法はシールドトンネルにおいては多くの実績を有しているが,山岳トンネルへの適用は少ない。

〔参考文献〕
1) 日本圧気技術協会:「改訂圧気トンネル施工マニュアル」,平成8年9月

凍結工法

凍結工法は,湧水が多い地山や軟弱な地山において,トンネル周辺地山を一時凍結状態にして,地山の遮水性や強度の増加を図る補助工法である。地山の遮水性を増し,強度を増加させることによって,トンネル掘削による地山のゆるみを抑え,切羽の安定を図る。

通常は地盤中に所定の間隔で凍結管を埋設して,これに冷媒を流して管の周囲を冷却することにより地盤中の間隙水を氷結させる。凍結管を冷却する方法としては,ブライン方式(ブラインとよばれる不凍液を使用)と低温液化ガス方式(液体窒素を使用)の2つがある。

凍結工法の利点としては,比較的均一な改良地山が得られること,効果の確認が容易で信頼性が高いこと,大気汚染・地下水汚染の恐れが少ないことが挙げられる。

その反面,工費が高い,地下水流の影響を受けることがある,凍結までに長い時間を要するなどが欠点として挙げられる。また,凍上・凍結沈下を起こ

すことがあり，周辺環境へ影響を与えることがある。

山岳工法においては，地盤補強工として凍結工法を採用した例は少ない。凍結工法を検討する場合には，実績が多いシールド工法などの施工が参考となる。

〔参考文献〕
1) 村山朔朗，大野公男：「布引トンネルにおける凍結岩ルーフ工法の設計・施工」土木学会誌，昭和59年

薬液注入工法

薬液注入工法は，トンネル掘削時の周辺地山の補強，および湧水対策のために用いられる補助工法の一つである。湧水対策工法のうち，止水する方法としては最も一般的であり実績が多い。

注入工法は，セメントミルクや水ガラス系薬液等の液体を地盤に注入して固化させ，地盤の透水性を低下させることによりトンネル内の湧水を減少させる工法である。特に多量の湧水がある場合や，極めて粒子の細かい地山の注入にはウレタン系の材料が使用される。しかし，地山や地下水に対する汚染を避けるため，「山岳トンネル工法におけるウレタン注入の安全管理に関するガイドライン」（日本道路公団平成4年10月）に基づき原則的には緊急時以外の使用は禁止されている。

注入は地表から行う場合とトンネル内から行う場合がある。注入工法の採用にあたっては，地下水汚染，注入圧による地表面隆起，近接構造物の破損等の問題について十分な配慮をする必要がある。地質条件，水理条件の事前調査を十分に行い適切な計画をして，水質管理，施工管理のもとに施工することが重要である。

〔参考文献〕
1) 土木学会：「山岳トンネルの補助工法」，平成6年3月

ウエルポイント工法

ウェルポイント工法は排水工法の一つであり，ウェルポイントと称する集水管を地盤内に設置し，地盤に負圧をかけて地下水を吸引する方法である。一般に地下水位の低下量は5〜8m，1本当たりの揚水量は30ℓ/minが限度といわれている[1]。

トンネルでは，上半部を先進掘削した後の下半部を対象にして，坑内からウェルポイント工法を施工する場合が多い。しかし，土被りが小さく地表の土地利用がない場合は，地上から施工されることがある。

ウェルポイント工法における排水効果は，地山の透水性，ウェルポイント周囲に配置するサンドフィルタ材の性質に左右されるため，サンドフィルタ材の選定は重要である。

ウェルポイント工法は前述したように，地下水を排水して，地下水位を低下させる工法であるため，周辺環境問題の制約を受ける場合には採用できない。また，均質砂地山などでは，過度に水を抜くと砂が乾燥して自立性が低下し，かえって切羽の崩壊を起こす場合があるので，切羽の状態をよく観察して排水量を管理する必要がある。

〔参考文献〕
1) 今田徹・岡林信行・野間正治：「山岳トンネルの施工」鹿島出版会，平成8年8月
2) 土木学会：「トンネル標準示方書(山岳工法編)・同解説」，平成8年5月

ディープウエル工法

ディープウェル工法は排水工法の一つであり，土被りが比較的小さい場合に切羽に先行して地表からディープウェルを掘り，水中ポンプを坑底に下ろして排水する工法である。ディープウェルには，大口径パイプ(外径300mm程度)が用いられ，10〜20m間隔程度で配置することが一般的である。

ディープウェル工法の利点としては，ウェルポイント工法と比較して排水効果が大きいこと，トンネル掘削に先駆けて地表面から別途工事ができること，坑内での作業の競合が避けられることなどが挙げられる。

しかし，地表に建物等の支障物がある場合には，排水効果を十分に発揮するために理想的な配列ができなくなることがある。また，揚水量が多い場合には，地盤の特性や周辺の環境に影響があらわれるおそれがある。一般的にディープウェル工法は，ウェルポイント工法と比較して工費が高い。

排水効果は，地山の透水係数に大きく左右され，一般的に適用できる帯水砂層としては，透水係数$k=10^{-3}〜10^{-4}$cm/s程度といわれている。

〔参考文献〕
1) 土木学会：「山岳トンネルの補助工法」，平成6年3月
2) 土木学会：「トンネル標準示方書(山岳工法編)・同解説」，平成8年5月

水抜きボーリング工法

水抜きボーリング工法は，坑内からのボーリングを利用して水を抜き，水圧や地下水位を低下させる工法である。ウェルポイント工法，ディープウェル工法と比較してトンネルの土被りが大きく，湧水量が多い場合に採用される。比較的手軽に実施できることから，山岳トンネルでの採用実績は多い。

トンネルの掘進作業と競合しないよう，作業の休止日を利用して，1〜2週間程度の掘進長に相当する延長(L=30〜50m)をボーリングすることが多い。削孔はトンネル掘削用のジャンボ等によるノンコアボーリングが一般的である。水位低下が不十分と考えられる場合は，ボーリング基地を坑道の左あるいは右に設けて，ボーリングマシンなどを用いてより長尺(100〜300m)のボーリングを行うことがある。

水抜きボーリング工法を計画する上でのポイントは，対象とする帯水層の性状を予測あるいは仮定して，適切なボーリングの径と延長を決定することである。

水抜きボーリング工法は，地質調査ボーリングの機能もあわせ持つため，トンネル切羽前方の地質を予測するのに役立てることができる。図7.1.43に水抜きボーリング工法の施工例を示す。

〔参考文献〕
1) 土木学会:「山岳トンネルの補助工法」，平成6年3月

水抜きボーリング工法

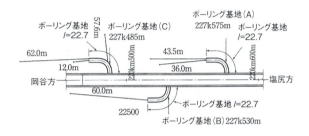

図7.1.43 水抜きボーリング工法の施工例

水抜き坑

水抜き坑は湧水を排除する方法の一つであり，特に湧水量が多い場合に適用される。水抜き坑は，水抜きおよび地質調査を目的として，トンネル本坑の切羽に先行して小断面トンネルを掘進するものである。

水抜き坑は，本坑断面内に底設導坑または側壁導坑として設けられるものと，断面外に迂回坑として設けられるものとがある。湧水の規模や水圧が非常に大きい断層破砕帯等で，大量湧水により切羽の崩壊が生じた後の対策として用いられている例が多い。

水抜きボーリング工法に比較して格段の排水効果があるが，断面外に設ける場合は工期と工費が多大となる。

湧水量の多い被圧帯水層が広範囲に及ぶ場合には

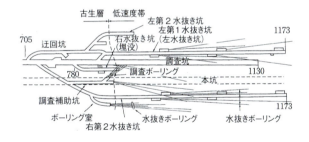

図7.1.44 水抜き坑の施工例

数多くの水抜き坑が必要となる。また，水抜きボーリング工法と併用されることが多い。

水抜き坑を実施した例として，一般国道158号・安房トンネル（高規格幹線道路，L=4.35km）の例を示す1)。安房トンネルでは，水抜きボーリング工法を補助工法として掘削する計画であった。しかし，湧水量が最大180t/分に達する大量の湧水量が生じたため，水抜き坑および調査坑を本坑に先行して掘削した。図7.1.44に水抜き坑の施工例を示す。

〔参考文献〕
1) 土木学会:「山岳トンネルの補助工法」，平成6年3月

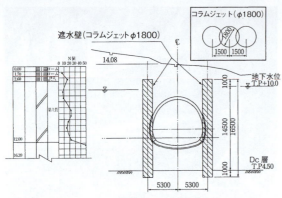

図7.1.45 遮水壁工法の施工例

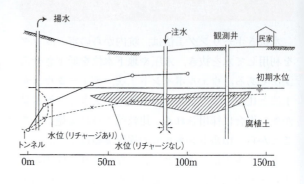

図7.1.46 復水工法の施工例

遮水壁工法

遮水壁工法は，トンネルの両側または片側に遮水壁を設けるものである。遮水壁は，周辺地山からトンネルへの地下水供給を遮断して，トンネル掘削を容易にしたり，トンネル掘削による地下水位の低下が原因で生じる地山変位あるいは地表面沈下を抑制して近接構造物への影響を少なくするために施工される。

遮水壁の位置および深さは，トンネル横断方向の地下水位分布と地質条件，事前解析等によって予測した地表面沈下の分布形状や構造物との位置関係，構造物の重要度などを考慮して決められる。

施工例としては，コンクリートによる地下連続壁や鋼矢板による施工が一般的である。また，ジェットグラウトによる柱列式コラムをラップさせて壁状にする工法を用いることがある。

この工法が適用される地山は，透水性が高く，帯水が多い沖積層や洪積層が主となる。また，注入効果が期待しにくく，注入工法が採用できないシラス地層にも有効である。

遮水壁の採用にあたっては，長期的に周辺地下水の流れを変化させることになるので注意が必要である。図7.1.45に遮水壁工法の施工例を示す。

〔参考文献〕
1)(社)日本トンネル技術協会:「NATM補助工法選定マニュアル」，平成4年5月

復水工法

地下水位低下工法を採用した場合，地表面沈下や井戸の渇水など周辺環境への影響が生じることがある。これらの周辺環境への影響を抑制する工法として，復水工法（リチャージウェル工法）がある。復水工法は，地下水位低下工法による排水を利用して，影響が生じると予想される箇所に注水して地下水位の低下を抑制する方法である。

施工中は観測井を設けて，常に地下水位を観測しながら注水量をコントロールして管理水位を保持するような施工管理が必要である。また，掘削終了後における注水の停止は，地下水位低下工法の停止に合わせて行うが，観測井の水位変化を見ながら段階的に行うのがよい。

復水工法の実施例として，栗山トンネル（北総開発鉄道，松戸市～市川市）の例を示す。図右端の民家において，無対策では約30cmの地表面沈下が生じると予想されたが，復水工法を採用することによって沈下量を2cm以下に抑制できたことが報告されている。図7.1.46に復水工法の施工例を示す。

〔参考文献〕
1) 土木学会:「山岳トンネルの補助工法」，平成6年3月

3 その他の補強工法

法面保護工

法面保護工は，法面崩壊に対する対策工であり，坑口部の切土法面で多く用いられている。代表的な法面保護工としては，法面吹付け工，法面補強ボルト工がある。

■ 法面吹付け工

法面吹付け工は，トンネル坑口部の切土法面に多く用いられる工法であり，風雨による風化や浸食の

防止に対する効果が大きい。また，亀裂の発達した岩盤等では，割れ目や亀裂にせん断抵抗を与え，切土の安定性を向上させる。吹付け材料は，モルタルとコンクリートがあり，いずれも5～10cm程度の厚さとすることが多い。また，必要に応じて金網を併用することがある。切土後は，時間の経過とともにゆるみが拡大して法面の安定性が低下するため，早期に吹付け工を施工することが望ましい。

■ 法面補強ボルト工

法面補強ボルト工は，節理の多い地山あるいは風化岩の地山において，法面吹付け工と併用して用いられる。ボルトとしては，径25～32mmの異形棒鋼が使用されることが多く，モルタルやセメントミルクにより全面接着される方法が一般的である。

〔参考文献〕
1）土木学会：「山岳トンネルの補助工法」，平成6年3月

押え盛土

押え盛土は，地すべり土塊の末端部に盛土を行い，地すべりに対する安全率を向上させる工法である。特に，トンネル坑口部は法面崩壊や地すべりが発生しやすく，押え盛土による対策が多く実施されている。また，坑口部以外の箇所においても，法面とトンネルの位置関係によってはトンネルに偏土圧が作用することが予想される場合がある。このような時には，土圧のバランスを確保するために押え盛土が用いられることがある。

押え盛土は，トンネル掘削に先立って施工され，通常エアモルタル，コンクリート，ソイルセメントなどの十分な強度を有する盛土材料が用いられる。ただし，セメントを改良材として用いる場合には，6価クロムに関する調査・監視の通達が建設省から出されており，十分な配慮が必要である。

押え盛土は，実績が多く信頼性の高い工法であるが，構造物が近接している場合や必要な用地が確保できない場合など，狭隘な現場では施工が困難であり，採用が難しい。

また，押え盛土は，法面にすべりが生じた場合の応急対策工として用いられることがある。

図7.1.47に押え盛土工法の施工例を示す。

〔参考文献〕
1）土木学会：「山岳トンネルの補助工法」，平成6年3月

抱き擁壁

トンネル坑口部では，地すべり，法面崩壊，支持力不足など多くの問題が生じることが予想される。抱き擁壁は以下に示すように，坑口部の対策工として多くの機能を持っている。

①地すべりに対する抑止工として抵抗力を増加させる。
②支持力が不足する地盤において，トンネルを直接支持することによって支持力に対する安定を保つ。
③抱き擁壁と押え盛土を組合せることは，偏土圧に対する安定対策として有効である。このような場合，用地に制約を受ける坑口部では，押え盛土の土留め壁として機能する。

抱き擁壁を構築するためには，大きな切土が必要となり，坑口部付近の法面の安定性が損なわれることが多い。特に，坑口部付近に近接構造物等がある場合には，構造物に対する影響について十分な配慮が必要である。

また，立地条件および荷重条件を適切に把握しないと，抱き擁壁が転倒する恐れがある。特に，地耐力が不足する箇所や法面上に構築される場合には，抱き擁壁の安定性に対して十分な検討が必要である。図7.1.48に抱き擁壁工法の施工例を示す。

〔参考文献〕
1）村上良丸，瀬崎満弘，横田高良：「縫地RCボルト工の地山安定に及ぼす影響」土木学会論文集第367号，昭和61年

アンカー工法

アンカー工は，地すべりや法面崩壊に対する補助工法の一つであり，山岳トンネルにおいては坑口部で数多く用いられている。想定すべり土塊が比較的大きい切土法面や，割れ目，亀裂などが発達している岩盤法面において採用される。

アンカー材をボーリング孔内に挿入し，グラウト注入により地盤に定着させる。アンカー頭部は，地表面の構造物などに固定し，その中間部分の引張材のみを自由にする。そして，この引張材の張力によって，構造物と地山とを一体化して安定させる工法である。アンカー引張材には高張力が作用することから，高強度の鋼材が用いられる。

アンカー工は施工実績が非常に多く，信頼性が高

い工法である。また，比較的小断面部材で高い抑止力が得られるため，施工性や経済性に優れている。

アンカーの強度は，定着部の抵抗力またはアンカー体の強度によって決定される。期待している抑止効果を発揮するためには，これらの検討を十分に行うことが重要である。「2章山留め工」を参照のこと。

地すべり抑止工法

地すべり抑止工は，トンネル掘削に先立って，地すべり土塊内に抑止杭等を設ける工法である。これは，抑止杭のもつ地すべり抑止力を利用して，地すべり活動を停止させることを目的としている。

抑止杭としては，鋼管杭または深礎杭が用いられる場合が多い。それぞれの工法には長所と短所があるため，どの工法を採用するかは地山条件等を考慮し，比較検討を十分に行う必要がある。例えば，鋼管杭については，既製杭を用いるため杭体の品質は信頼性が高いが，すべり土塊の大きさによっては本数が多くなり，施工に手間がかかることがある。また，深礎杭については，施工設備が簡易であるため法面における適用性は高いが，大口径となるため，施工時の安定性について留意する必要がある。

一般的に行われている抑止杭の設計手法では，杭を片持ち梁にモデル化し，地すべり荷重が三角形分布で作用するものと考える。そして，抑止杭に生じる断面力（曲げモーメント，せん断力）を求め，この断面力に対して杭の安全性を確保できるように，杭の断面形状，本数，間隔を決定する。

図7.1.49に地すべり抑止工法の施工例を示す。

〔参考文献〕
1)(社)日本トンネル技術協会:「NATM補助工法選定マニュアル」，平成4年5月

置換えコンクリート工法

坑口部の地質は，未固結堆積物や風化層であることが多く，トンネル掘削時の地耐力不足が問題となることがある。置換えコンクリート工は，トンネル掘削に先立ち，地耐力が不足する軟弱な地盤を除去してコンクリートで置換える工法である。特に，山岳トンネルにおいては，坑口部の地耐力不足対策として用いられることが多い。

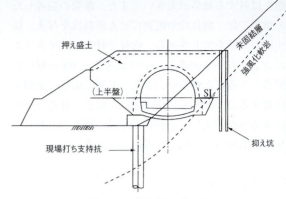

図7.1.47　押え盛土の施工例

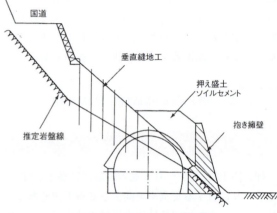

図7.1.48　抱き擁壁工法の施工例

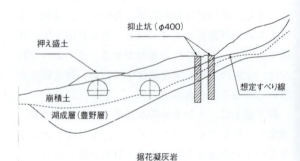

図7.1.49　地すべり抑止工の施工例

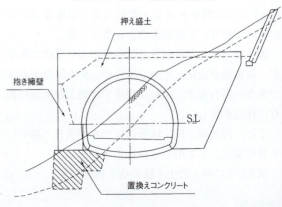

図7.1.50　置換えコンクリート工法の施工例

また，置換えコンクリート工は，地すべりに対する補助工法としての機能も持つ。すなわち，坑口部で想定される地すべりが通過する地山の一部をコンクリートで置換えることにより，せん断抵抗力を増加させて地すべりに対する安全率を増加させることができる。

本工法は，置換えをするときに目視で地山を確認することができることから，確実な改良効果を期待することができる。その反面，軟弱層を除去するための掘削が必要であり，掘削により坑口部の安定性を損なう可能性がある。特に，掘削規模が大きい場合には，坑口部の地すべりおよび崩壊に対する安定性について十分な検討を行って，置換えコンクリート工の採用を計画することが必要である。図7.1.50に置換えコンクリート工法の施工例を示す。

〔参考文献〕
1) (社)日本トンネル技術協会：「山岳トンネルの坑口部の設計・施工に関する研究」，昭和60年2月

4 施工中の地質調査および計測管理

トンネル工事の計画にあたっては，地質調査により地形や地質，湧水・気候・自然環境等をボーリングや弾性波探査等により事前に十分調査することが安全に工事を進める上で重要である。しかし，何キロにも渡って正確な事前情報を得ることには限界がある。そこで，トンネル工事を安全かつ合理的に進めるために，施工中の地質状態の変化を調査したり，支保工の応力等を計測することが望ましい。

切羽前方探査

トンネル切羽前方の地山の性状を知ることができれば，施工をより合理的に行うことができる。この前方探査には，ボーリングや先進導坑を掘削することで直接確認する方法と，弾性波速度やドリルの穿孔時のデータなどを用いて間接的に推定する方法がある。最近多く用いられるようになったTBM工法では，ボーリングを行うことが難しく，間接的な前方探査が用いられることが多い。

■ TSP工法

トンネル側壁部で発生させた弾性波動の一部は，トンネル掘進方向に伝播する。断層部分や地層が変化する箇所（岩盤強度の変化点や地震波速度の変化点）に当たった弾性波動の一部は，伝播媒質中の密度の変化に対応して戻ってくる。

この原理を利用して，反射対象物の位置や切羽からの距離を推定する方法として，HSP（Tunnel Horizontal Seismic Profiling）と，TSP（Tunnel Seismic Prediction）と呼ばれる2つのシステムが開発されている。両者の違いは，受振点が複数であるか（HSP），発振点が複数であるか（TSP）であり，本質的な差はない。

■ DRISS

DRISS（Drilling Survey System）は，一般的に実施される"探り削孔"と同様の手法で行われるが，穿孔作業時に削岩機から得られる各油圧データを自動測定し，これらのデータを基に穿孔した地山性状に対する定量的な推定・評価を行うものである。測定データは，削岩機から得られる機械挙動データ（フィード圧，打撃圧，回転圧，ダンピング圧，フィードシリンダ油量（穿孔距離・速度に換算））と，穿孔時の目視観察データ（湧水量，くり粉の性状等）とに分けられる。これらを総合的に評価して，切羽前方の地山性状を予測する。

■ AE測定

AE（Acoustic Emission）測定は，岩盤の破壊に伴って発生する微小地震波を測定し，これを評価することにより，主として「山はね」の発生の予測を目的として実施する。

「山はね」とはトンネル掘削において，掘削周辺の岩盤の一部が破壊し大きな音響を伴って内空に飛び出す現象である。この現象は，地山岩石中に蓄えられたひずみエネルギーが解放されることにより発生するとされている。エネルギーの解放時には，微小な地震波が発生し，AE測定とはこのような固体の微小破壊に伴って放出される微小地震波を測定することにより「山はね」の発生の予測をしようとするものである。

トンネル計測管理

トンネル施工中の地山の安定や，支保工の妥当性を検討するために，地山挙動や支保工の応力などの計測を行う。一般的に行われている項目を表7.1.9に示す。計測種別のうち，「A」は日常管理で行う計測（計測工A），「B」をAに追加して行う項目（計測工B）として分類した。計測工Bは，地山条件や立地条件に応じて実施するものであり，その状況によって実施する項目を選択する必要がある。一般には，「地中変位」，「ロックボルト軸力」，および，「吹付けコンクリート応力」等の測定を内空変位や天端沈下を実施している計測工Aの測定断面と一致させて行い，それらの計測結果を照らし合わせて，地山の緩み領域と支保の妥当性を把握することが多い。

表7.1.9　一般的なトンネルの計測例

分類	観察・計測項目	位置	対象となる事象	結果の活用	種類
地山と支保の安定性に関する計画	観察調査	坑内	●掘削面の地山および既施工区間の支保・覆工の状況	●掘削面（切羽）の安定性判断 ●地山区分の再評価 ●地山状況と地山挙動の相関性検討 ●今後の地山状況推定	A
		坑外	●地表の状態	●周辺地山の安定性検討 ●掘削影響範囲の検討	AB
地山物性に関する調査・試験	地山試料試験および原位置調査・試験	坑内	●地山資料試験：地山構成材としての物理・力学的性質	●地山区分の再評価 ●変形特性・強度特性検討 ●膨張性の検討 ●切羽安定性の検討	B
		坑内	●原位置調査・試験：地山としての物性・工学的性質	●地山条件の詳細確認 ●地山区分の再評価 ●切羽前方の地質予知 ●変形特性・強度特性検討	B
地山とトンネルの挙動に関する計測	内空変位測定	坑内	●壁面間距離変化	●周辺地山の安定性検討 ●支保部材の効果検討 ●二次覆工打設時期検討	A
	天端沈下測定	坑内	●天端・側壁の沈下 ●インバートの隆起	●天端周辺地山の安定検討 ●脚部支持力	A
				●インバート部地山の安定検討	A
	地中変位測定	坑内	●周辺地山の半径方向変位	●緩み領域の把握 ●ロックボルト長の妥当性検討	B
		坑外	●周辺地山の地中沈下 ●周辺地山の地中水平変位	●掘削以前からの地山挙動検討 ●地山の三次元挙動把握 ●切羽前方地山の安定検討	B
	地表面変位測定	坑内	●沈下地滑り	●掘削影響範囲の検討 ●切羽前方地山の安定検討 ●地滑り挙動の監視	AB
支保機能に関する計測	ロックボルト軸力測定	坑内	●ロックボルト発生軸力	●ロックボルト長，本数，配置定着方法等妥当性の検討	B
	吹付けコンクリート応力測定	坑内	●吹付けコンクリート発生 ●応力作用荷重	●吹付けコンクリート厚，強度の妥当性検討 ●鋼製支保工との荷重分担検討	B
	鋼製支保工応力測定	坑内	●鋼製支保工の応力・断面力	●鋼製支保工のサイズ，建込み間隔の妥当性検討 ●吹付けコンクリートとの荷重分担検討	B
	覆工応力測定	坑内	●覆工コンクリート応力・鉄筋応力	●覆工コンクリートの安全性検討 ●覆工打設時期，設計の妥当性検討	B

■ **トンネル断面自動測定システム**

本工法は掘削中のトンネル断面を自動断面測定器を用いて迅速に測定，処理する自動化システムの一種である。本システムは，トンネル切羽付近の測定部と事務所におけるデータ処理・解析部に大きく分けられる。測定器はトンネル坑内環境を十分に考慮した構造となっており小型で持ち運びが容易である。また測定は発破，ズリ出し直後における任意の位置での測定が可能である。なお，測定したデータは，ICカードに記録し，現場事務所内に設置したデータ処理用パソコンで解析するものである。

補修・改築

1 トンネル改築工法

トンネルの改築には，地山圧力によるき裂，くい違い等の変状や材質の老朽劣等化による変状を解消させるために行なう場合と，電化等により在来内空断面が不足するため内空断面拡大のために行なう場合とがある。例えば鉄道トンネルの改築の方法としては，次の4つの方法が考えられる。

①別線ルートで改築する。
②工事施工期間中，列車を運転休止（バス代行運転）し，死線で改築する。
③現行列車ダイヤの一部繰上げ，繰下げにより列車間合を拡大し，活線で改築する。
④現行ダイヤの列車間合で活線改築する。

別線改築は別ルートにトンネルを新設するものである。死線改築を行なう場合は，内側から施工するのが一般的である。この場合，列車間合，作業性，及び工程上からも，活線改築に比べ，問題点が少ない。活線改築には，さらに内側から改築する場合と，外側から改築する場合とがある。内側からの改築は，セントル建込み，ずり出し，材料の搬出入等はもちろん発破も列車間合いを利用してかけなければならないので，列車間合の利用方法を充分に研究する必要がある。外側からの改築は，内側からの改築に比べ，列車間合にはあまり影響されないが，作業空間が極めて狭くなるため，安全面を考慮して，余裕のある工程とすべきである。

改築には変状の程度と発生箇所によってアーチ改築，側壁改築，全断面改築及びインバート増設がある。

なお改築は平衡状態を回復しつつあった地山を再び乱すことになるので，これに対する処置を予め準備しておく必要がある。

全断面改築工法

全断面改築の場合はアーチ部を先に施工し，側壁部をあとに施工する逆巻工法と，側壁部を先に施工する順巻工法がある。これは旧覆工の状態，地山の強弱または施工時間等の状況によって選択するが，一般に地山の悪い場合は逆巻工法がとられている。従来の施工順序の一例を上げると①防護セントル建込②頂設掘さく③丸形アーチコンクリート取りこわし④支保建込⑤アーチコンクリート打設⑥側壁コンクリート取りこわし⑦側壁コンクリート打設の順序となる。なお最近改築にも適用している，NATMで全断面を改築した施工例を図7.1.51に示す。

アーチ改築工法

アーチ部分を改築する場合，まず全断面改築と同様，最初に在来覆工の防護セントルを建込み，トンネルにかかる荷重を完全にセントルに移したのちに，内部拱頂部を取りこわし頂設導坑を掘削（防護セントル間隔分）する。次に覆工背面の掘削を小発破程度で掘削し，順次，山留矢板を丸太で在来覆工に一時仮受けし，覆工背面掘削の後を追って在来覆工を発破により切落し，山留矢板は防護セントルに盛替えて施工する。コンクリートの打設方法としては，防護セントルに接して型枠セントルを建て，コンクリート型枠を取り付けてコンクリートを打設する。施工順序の例を図7.1.52に示す。

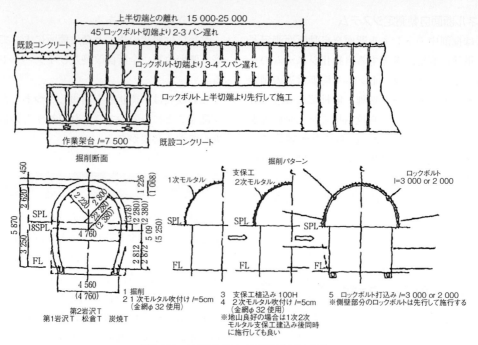

図7.1.51　NATM工法により全断面改築した例

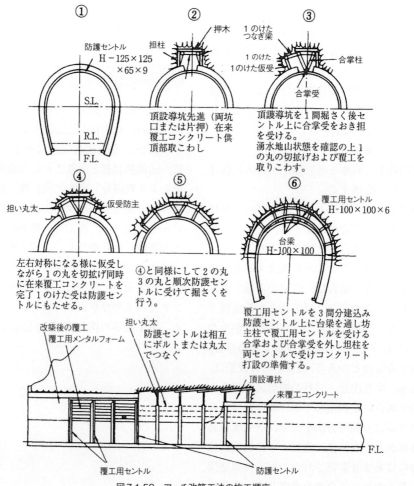

図7.1.52　アーチ改築工法の施工順序

側壁改築工法

側壁改築は，側壁自体が老朽化，変状等をしている場合のほか盤下げによる断面拡幅を行なう場合等に行なうが，取りこわしがアーチ部に悪影響を及ぼす恐れがあるので，事前に覆工背面の状況を十分調査し対策を立てた上で側壁の取りこわしを行なう。施工順序の例を図7.1.53に示す。

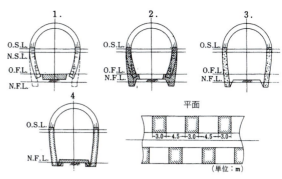

図7.1.53 側壁改築工法の施工順序

盤下げ工法

盤下げは断面拡大の改築の一方法である。それには側壁を改築し路盤を低下する方法と，路盤をすき取る方法とが考えられる。側壁を改築する方法は，防護セントルを建込み在来覆工を受けるとともに，線路土留用土工ビルをまくら木先に打ち込み，左右交互に千鳥に本線土留をしながら根掘りを行なう。さらに在来工下端まで根掘りをした時点で側壁を取りこわし，次に新側壁底部までの掘削を行ない，防護セントルの脚付兼型枠セントルを建込み，コンクリート型枠を取り付けて新側壁を打設する。脱枠後埋戻し土留を撤去し，反対側を施工する。この方法をくりかえして側壁改築を完了させてから路盤低下を行なう。すき取りによる方法は，サンドルや桁等を通して施工する。

図7.1.54に盤下げ工法の施工順序の例を示す。

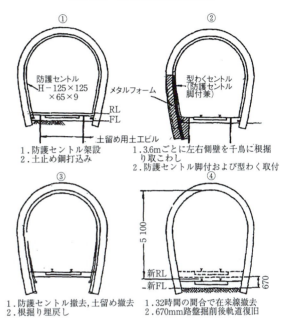

図7.1.54 盤下げ工法の施工順序

2 トンネル補強工法

トンネルの変状は一朝にして起るものは少なく，いくつかの誘因が重り合い，互に助長し合いながらその変状は進む。変状があらわれたら，まずその原因を探究し，早期に対策を立てねばならない。この早期対策が適切であれば，変状の進行も防げ安全となる。異状を発見した場合，進行の有無，変化の状況を測定する方法として，

① 覆工のクラック発生個所にセメントペーストを塗布し，ペースト表面の変化(クラックの発生)を観察する。
② 排水の汚濁度および水質を継続的に測定検査する。
③ コンクリートのコアーの抜き取りを実施し，コンクリートの物理的，化学的調査を実施する。
④ ボーリングを行ない覆工背面の状況(特に裏込めの状況)を観察する。
⑤ ワイヤストレーンゲージなどにより覆工コンクリートにかかる応力変化を測定する。

等がある。

補強工法としては，ポインチングによる補強，覆工背面の空隙への注入による補強，モルタル吹付けによる補強，セントルによる補強，内巻きコンクリートによる補強，外巻きコンクリートによる補強，ロックボルトによる補強，インバートの補強，側壁部のコンクリート吹付けによる補強，地山注入による補強，漏水防止工による補強等がある。選定に当っては，建築限界に対するトンネルの内空断面の余裕の程度および変状の状態と原因を見きわめることが大切である。

ポインチングによる補強工法

ポインチングとは，れんが積み，石積みの目地モルタル等で，充填する作業のことであり，この工法は覆工れんが，石およびブロック構造で，老朽により目地が風化，欠落したため，覆工全体として強度が低下しているトンネルに対して適用される。また，覆工に発生したひびわれの補修にも用いられる。

作業は，覆工内面に付着している煤煙，油などを取り除き，覆工表面を露出させた後，老朽目地をかき取り，モルタルを充填する。図7.1.55は，エロセム工法における使用機械の概要である。また，使用モルタルの標準配合は，表7.1.10に示すとおりである。

モルタル吹付けによる補強工法

モルタル吹付けは，その無方向性と施工が簡単であることから多く用いられており，無巻きトンネルの補強のほか覆工が劣化し，はく落する危険があるものに対して，表面をモルタル層でおおい，局所的はく落を防止するとともに，劣化の進行を止めるために行なわれる。またこの工事は，漏水防止工としての役目ももっている。最近では，はく落，劣化防止のために、引張強度の大きいSFRC（スチールファイバー混入コンクリート）が採用されるケースも出てきた。

注入による補強工法

この工法は，覆工背面の地山を固め，また覆工背面の空隙を充填することによって覆工を強化するほか，覆工の亀裂または切れた目地などに滲み出して覆工自体を直接強化すること，および水途を閉さして漏水防止もなる。最近では，電化等による改築を行なう場合，アーチ覆工の補強のためによく用いられる。注入材料にはその目的によりセメントモルタル，エアモルタルが用いられる。前者は，巻厚不足解消など覆工自体の強度を増すために用いられ，後者は，主に空隙を充填してアーチ作用を働かせる目的のときに用いる。

セントル補強工法

トンネルにひびわれ，はみ出し等の変状が発生し，

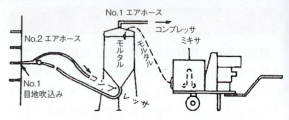

(a) エロセムポインチング施工概要図

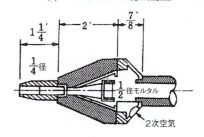

(b) ポインチングノズル

図7.1.55 エロセム工法における使用機械

表7.1.10 ポインチングモルタルの配合例

セメント	フライアッシュ	水	砕	エロセムプラス
500 kg	100 kg	300 kg	1,250 kg	4 kg

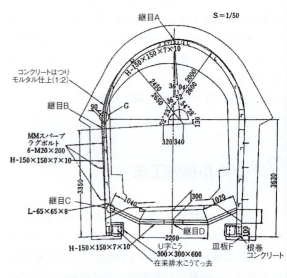

図7.1.56 セントル補強工法の標準断面

放置すればこれが進行して建築限界を侵したり，部分的に崩壊もしくは，はく落の恐れがある場合は暫定的な措置としてセントルを建込んで補強する。セントル材料としては，従来から30kgレール，37kgレール等の古レールが多く使用されてきたが，最近ではH型鋼が多く使用されている。又外土圧が大きくてセントルだけでは不十分な場合には，更に根固

めコンクリート，吹付モルタル等を追加して変状を抑えることがある。

図7.1.56にセントル補強工法の標準断面を示す。

ロックボルトによる補強工法

この工法はトンネル内より地山にロックボルトを打ち込んで，その縫付効果によって地山の変形を最小限に抑えるものである。これは従来の支保工による補強に比較して地山条件があえば内空断面の支障が少なく，変位量も少なく抑えることができるが，ロックボルト打込に先立ちトンネル覆工背面の空隙，空洞を裏込注入等によって埋めて，施工可能な状態に地山を改良しておくことも必要となる。

ロックボルトの固定方法にはいろいろあるが，広範囲の地質に適用できる接着型が一般に使われる。接着剤としては，モルタル，レジンおよび両者の併用がある。

内巻補強工法

トンネルの変状がはなはだしくポインチングとかモルタル吹付等では，再び変状の発生する恐れのある場合に採用される工法である。ただしトンネルの内空断面に余裕がある場合にかぎる。在来の覆工を全くこわさないで内巻する場合と，一部内側を削って内巻きする場合があるが，変状のはなはだしい場合は，削り取らないほうが安全である。内巻きの最少厚は，はらみ出した所で定められ，一般には20cm～30cmの厚さを必要とするが薄い所では，鉄筋コンクリートまたは鉄骨コンクリートとする場合が多い。図7.1.57トンネル内巻補強工法の例を示す。

外巻補強工法

在来の覆工を取りこわさないで，その背面に新しいコンクリートを打ってトンネルを補強する方法である。交通を止めることができないか，あるいは背面に近づきやすい状況のときに有利である。方法としては，偏圧の来る反対側の側壁にいわゆる抱きコンクリートを施す場合と覆工背面のかなりの部分にわたって掘削しコンクリートを打つ場合とがある。図7.1.58に横杭を利用した外からの補強例を示す。

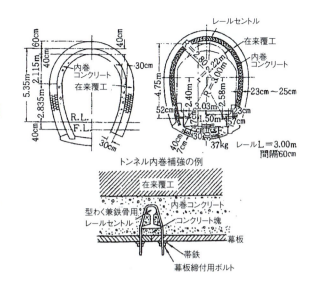

図7.1.57 トンネル内巻補強工法の例

図7.1.58 横杭を利用する外からの補強例

インバート補強工法

軟弱な地質でないところのトンネルでは，一般にインバートを施工しないが，その後地形の変化によって土圧を増したり偏圧を生じたりするとき，インバートだけを早期に打ち足すことによって変状を未然に防ぐことができる場合がある。内巻コンクリートで補強する場合も，その変状がトンネル老朽からきたものか，または偏圧によるものかによってインバートを施工するか否かを判断する。前者の場合には内巻コンクリートの側壁の根入れを十分にしておけばインバートまで施工しなくてもよいが，軟弱な地質の場合は内巻コンクリートと一緒にインバートを施工して，内巻コンクリートの土圧に対する抵抗性を増す必要がある。インバートの施工は，一般に軌条桁を架設し抜掘式に施工するか，かんざし桁を用いる。

3 トンネルの漏水対策工法

トンネルの漏水は，完全にこれを遮断することは困難である。表面塗布などで漏水を押えても他の弱点部分に水が廻り，かえって被害を大きくしたり，塗布した補強工が浸水により侵されたり，はく離したりする場合がある。従って，漏水についてはその水源をつきとめ，水源を薬液注入等で断ち切れる場合を除いては，漏れをビニールパイプやとい等で側溝などの正規なルートへ流すことが必要である。

方法としては，モルタルによる漏水防止工，防水剤による覆工表面の防水工，シート等による漏水防止膜工，集水工等がある。

シート工法

シート防水は，トンネルの施工法と関連が深く，在来工法の鋼製支保工間に貼布するものと，NATM等に適したいわゆる全面的なシート防水がある。在来工法でのシート防水は，鋼製支保工（H形鋼）のフランジと防水シート両端部との水密性と押えが施工のキーポイントとなる。支保工がアーチ状をしているため，シート押え板の断面形状がフラットでは効果が薄いため，M形やU形に加工した鉄板が用いられる。防水シートが薄いため，支保工との間にパッキン材として発泡ウレタン等を使用して水密性が高くなるようにする場合もある。図7.1.59に鋼製支保工とシートの取り合いの例を示す。

全面的なシート防水は，多くはNATM等で一次吹付けを行なった後にシートを貼布し漏水を遮断する工法である。

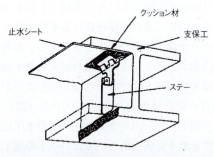

図7.1.59 鋼製支保工と防水シートの取り合い例

吹付け工法

「トンネル補強工法」を参照。

塗布工法

塗布工法は覆工内面に防水材料を塗布して，防水層を形成させる工法である。薄い塗膜で水圧に対抗しなければならないため，一般には漏水圧が0.098〜0.196MPa（1〜2kg/cm^2）以下の場合にしか適用できない。

この工法の種類は，材料の種別により以下のようなものがある。
①セメントモルタル塗布工
②パラフィン塗布工
③アスファルトまたはコールタールピッチの塗布工
④合成樹脂の塗布・含浸

止水工法

山岳トンネルの打継目の漏れ対策として，軟質塩化ビニール樹脂等を材料とした止水板が使用されている。断面形状によって分類すると表のようになる。止水板の幅は100〜400mm，厚さは4〜9mm程度が一般である。またトンネル完成後の工法としてVカット止水，樹脂塗布，モルタル吹付け等の工法がある。表7.1.11に止水板の種類、図7.1.61にVカットによる止水工法の施工例を示す。

導水工法

トンネルの漏水防止が困難な場合，次善の策として行なわれる工法である。トンネル上部から漏水や滴水があると，レールや架線などが腐食しやすくなったり，列車の運行に支障する。したがって，といを用いて漏水を壁面に沿って排水する方法である。

背面処理工法

この工法は，水の出ようとする面をふさいで漏水を防止する工法とは異なり，水の流れる溝をつけてやり自然に流す方法であり，盲排水式と暗渠式がある。

盲排水式は，水の出ているところの覆工を30～50cm取りこわし栗石を詰め，覆工を復旧する。

暗渠式は，盲排水式と同様，漏水する部分の覆工を取りこわし，これにブロックと栗石を積み立て，水が流れうるような溝を作るものである。図7.1.62に背面漏水処理工法の例を示す。

4 トンネルつらら防止工法

トンネル漏水が覆工面から流れ出る時，トンネル内気温に冷却されてつららや側氷ができる。

極寒冷地のトンネル坑口付近ではトンネル内気温は外気温に支配され，地山温度が氷点下になると地下水は凍結して漏水は発生しないが，凍結圧による覆工の劣化が促進される。坑口より少し奥ではトンネル内気温が坑口付近よりも高くなるためにつららが発生し，さらに奥ではトンネル内気温は氷点下には達せず，漏水があってもつららには至らない。このようにつららの発生はトンネル内気温，地山温度，漏水量と漏水温度などの条件によって変化する。

したがってトンネルのつらら防止工法は上述のつらら発生条件を勘案して選定する必要がある。すなわちある程度温暖な地方では，たとえ外気温が氷点下に達していても，凍結深度に至らない場所に漏水防止工法が施工されていれば，トンネル漏水は凍結することはないから，つらら防止工法を考慮する必要はない。そのような意味では覆工表面より覆工背面側で漏水を遮断することが，つらら防止には有利である。このようにトンネルの漏水防止工法からつらら防止工法への転換は，つらら発生条件と地山の凍結深度の両者を考慮することによって連続的に選択されるべきものである。

しかし漏水防止工法ではつらら等を防止することができない場合には，積極的なつらら防止工法が計画されることになる。それは加熱工法と保温工法に分類される。

加熱工法

加熱によるつらら防止工法は，覆工表面に面発熱体などを設置して覆工表面を面状に暖める方法，局所的な漏水防止工法の1つである漏水樋工法やU

表7.1.11 止水板の種類

名称	形状	摘要
フラット型	●━━━●	表面が平らな面であり，ジョイントの動きがない場所や，動きの小さい打継目に用いられる。
エクスパンション型	●━○━●	3バルブ型とも称され，中央に円形・楕円などの中空バルブがありセンターバルブの変形により構造物の変形には対応する。
コルゲート型	イ) ━►━◄━ ロ) ○━┼━○ ハ) ○━┼━○ ニ) ○━┼┼━○ ホ) ○━┼┼━○	コンクリートと止水板との付着をよくし，かつ水の浸透路を長くするため種々の形状をもつリブを止水板長手方向につけたものである。
マンカット型	━○┼○━	センターバルブ型の変形と考えられ，止水板の取付け時の便を考えたもので主にダムに用いられる。
サーフェイス型	■■□■■	従来の止水板がコンクリート中に埋設されるのに対し，いずれか片側面に用いられるタイプである。

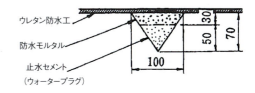

図7.1.61 Vカットによる止水工法の例

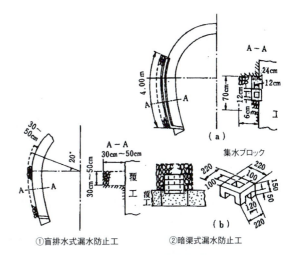

①盲排水式漏水防止工　　②暗渠式漏水防止工

図7.1.62 背面漏水処理工法の例

カット工法などと併用して電熱線を設置する方法，あるいは電気式温風ヒーターによって加熱する方法がある。これらの工法ではいずれも電力などの運転経費を必要とする。一方，このようなエネルギー源を地熱にもとめ，地山深くヒートパイプを埋設して，地熱を覆工表面に輸送して凍結を防止する工法も試験的に実施されている。

保温工法

保温によるつらら防止工は，覆工表面あるいは覆工中間などに断熱材を設置し，地山の熱を冬期になるべくトンネル内空に放出させないことによって，断熱材背面を氷点以上に保温しようとするものである。この方法は従来，既設トンネルのつらら防止工法として発展し，覆工面に防水板を設置して漏水を遮断したうえで，防水板上に発泡ウレタンなどの断熱材を設けるものである。さらにトンネル火災防止のため発泡ウレタン表面には防火セメントを吹き付けるものである。

Ⅱ　シールド工法

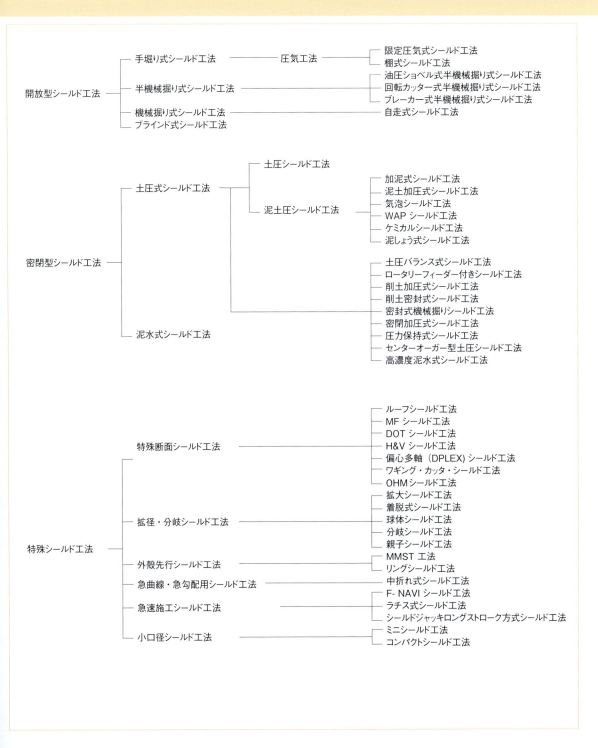

- その他シールド工法及び関連技術
  - 開削シールド工法
    - オープンシールド工法
    - オープンピット工法
    - OSJ工法
  - 機械式地中接合工法
    - MSD工法
    - A-DK工法
    - CID工法
    - T-BOSS工法
  - ビット交換
  - 総合管理システム
  - シールド自動掘進システム
  - 自動エレクター
  - 立坑・坑内資材搬送システム
  - 地中障害物撤去工法
  - 裏込め注入工法
  - 発進・到達工法
    - 仮壁切削工法
    - NOMST工法

- セグメント覆工
  - 鋼製セグメント
  - ダクタイルセグメント
  - コンクリート系セグメント
    - CONEX-SYSTEM
    - ワンパスセグメント
    - KLセグメント
    - ハニカムセグメント
    - ほぞ付きセグメント
    - TLライニング工法
    - DNAシールド用セグメント
    - ガイドロックセグメント
    - ウィングセグメント
    - スパイラルセグメント
    - コッタークイックジョイントセグメント
    - シンプロセグメント
    - ウェッジブロックセグメント
    - CPIセグメント
    - P&PCセグメント
    - タイドアーチセグメント
    - PCNetセグメント
    - 高流動コンクリートセグメント
    - SFRCセグメント
    - 耐火セグメント
  - 合成タイプセグメント
    - サンドイッチ型合成セグメント
    - NMセグメント
    - 矩形トンネル用合成セグメント
    - 二次覆工省略型ダクタイルセグメント
    - リングシールド工法用セグメント
    - リングロックセグメント
  - セグメント継手
    - 通しボルト
    - プッシュグリップ
    - 水平方向コッター
    - 半径方向コッター
    - 曲がりボルト
    - クイックジョイント
    - マルチブレード継手
    - コーンコネクター継手
    - インサート継手
    - スライドロック継手
    - BEST継手

- その他覆工
  - 注入袋付きセグメント覆工
  - 場所打ちライニング工法
  - 二次覆工
    - テレスコピック型スチールフォーム
    - 極薄ライニング工法
    - HDライニング工法
    - アンカーシートセグメント工法
    - エポキシ樹脂によるセグメント被覆工法
    - FRPによるセグメント被覆工法
    - セラミックライニング工法
    - ミゼロン被覆工法
    - 耐火被覆工法
  - 耐震被覆工法
    - 可撓セグメント
    - フレックスシールド
    - 免震工法

シールド工法とは，主に土砂地盤中にトンネルを構築する工法で，「シールド」と呼ばれるトンネル堀進機を地中に推進させ，土砂の崩壊を防ぎながらその内部で安全に掘削作業，および「セグメント」と呼ばれる覆工体の組立て作業を行なってトンネルを築造する工法である。

シールドは，図7.2.1に示すように，外部から作用する荷重に対し内部を保護する円筒状の鋼殻部分（スキンプレート）と，その保護下にあって，前面にて堀削を行なう「フード部」，後部で覆工を行なう「テール部」，およびこれらの中間を結びシールド全体の構造を支持し，推進設備等を装備した「ガーダー部」の3部分から構成される。また，シールドの稼動に必要な動力，制御設備等は，シールド断面の大きさや構造により異なるが，シールド内部や後続台車に設置される。

シールド工法は以下のような特徴を有する。
① 地山がシールドで支保されているため，作業員が安全確実に作業できる。
② 工場で製作したセグメントを使うプレハブ覆工法であるため，施工が容易で早く，かつ品質管理でも優れている。
③ 同一作業の繰り返しであることから，省力化されやすく，工程管理が確実となる。
④ 路面交通を阻害せず，騒音・振動なども少ない環境保全対策上優れた工法である。

本工法は，1818年，M・ブルネルによって考案され，1825年，イギリスのテームズ河底の道路トンネルにはじめて使用された。我が国には1917年に導入されたが，本格的に採用されるようになったのは，1960年ころからで，それまで開削工法に依存されていた都市部のトンネルに普及され始め，今や都市トンネルの一般工法となっている。

シールド形状には，円形，半円形（ルーフ），馬蹄形，矩形，複円形等各種のものがあるが，周辺地山の土圧に対抗する覆工が最も安定で経済的な円形断面が大部分を占めている。図7.2.2はシールド工法の基本形である泥土圧式シールド工法の概要図であるが，シールド本体の後方にはシールドの堀進につれて前方へ移動する7～10基の作業台，後方台車があり，これにシールド推進ジャッキ等のための油圧ポンプユニット，裏込め注入用ミキサ，ポンプ等の設備，ずり出し用ベルトコンベヤー，資材小運搬用ホイスト等が積載されている。

堀削されたずりは，一般にずりトロに積込まれ，覆工の完成した部分を通って一番後方の作業立坑まで運ばれた後，坑外へ搬出される。

セグメントは逆に作業立坑から昇降エレベータあるいはクレーン，デレッキ，ホイスト等で坑内に降ろされ，セグメント台車でトンネル先端の組立て場所へ運ばれ，エレクターまたは小口径の場合には人力で所定の位置に組立てられる。

シールドが推進すると，その後方で地山とセグメントの外面との間に隙間（テールボイド）ができるので，なるべく速やかに裏入注入を行ない，地山の沈下防止と覆工にできるだけ一様な荷重が作用するように配慮する。

以上のようにシールド工法によるトンネル工事は，堀削・山留め，ずり出し，セグメント組立て，シールド推進，裏込め注入の5つの基本動作を順次，あるいはいくつかを併行させながら行なうものである。

シールドの掘進およびセグメントの組立てがすべて完了した後，トンネルの構築された目的に応じてトンネル内側にコンクリート（場合によっては鉄筋コンクリート）による巻立て（二次覆工）を行なって仕上げる場合が多い。

シールド工法は前述のとおり，硬岩以外の地山を対象としたトンネル構築法であり，沖積層地山の軟弱な崩壊しやすい地層の中で，掘削を行なわねばならない場合が多いので，いかに安全かつ迅速な掘削を行なうかという目的に沿って，地質に応じたシールドの掘削機能，形態がいろいろと考えられている。現在一般的に用いられているシールド工法を，その形式から分類すると図7.2.3のように大別できる。

一次覆工は通常セグメントと称する覆工体を複数個（5～7個）組立て，トンネルを形成していく。その使用目的は
① シールド推進の際，ジャッキ推力をうけてそれを後方の地山へ伝達させる。
② トンネル施工中の支保工とする。
③ トンネルの完成後は単独，または二次覆工材と併用して永久的な覆工構造とする。

などである。したがってセグメントの設計は，その使用目的にかなった条件をすべて満足するように配慮されなければならない。

セグメントの種類は材質からみてコンクリート，鋼，球状黒鉛鋳鉄（ダクタイル），鋳鉄，鋳鋼およ

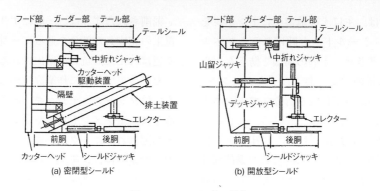

図7.2.1 シールド工法の構成

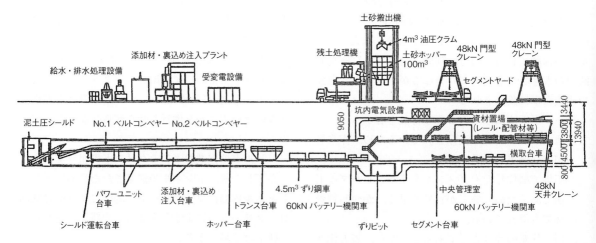

図7.2.2 シールド工事の概要

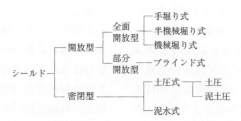

図7.2.3 シールド工法の分類

シールドの発進基地となった人工島

びこれらを合成したものに分けられる。地下鉄などの大口径トンネル用としては、主に鉄筋コンクリートセグメント（RCセグメント）が用いられ、その駅部など構造上特殊な条件下では、ダクタイルセグメントが用いられている。上下水道や電力、通信洞道などの中小口径用では、鋼製セグメント（スチールセグメント）および鉄筋コンクリートセグメントが使われている。構造および形式については、箱形（中子形）あるいは平板形（フラット形）セグメントをボルト継手で組立てる方法が用いられている。また、最近では、ボルトレスセグメントやシールドジャッキで押すのみで組立てられるセグメント、二次覆工省略に適したセグメントなどが使用されている。また、セグメントの自動組立て装置により、安全に高精度な組立てが行われるようになった。

また、セグメントの代りに合理的な場所打ちライニングを施工するECL工法も実施工されている。

1 開放型シールド工法

全断面開放型シールドは、切羽面の全部または大部分が開放されているシールドで、切羽の自立が前提となる。自立しない切羽については、補助工法により、自立条件を満足させる必要がある。全面開放型には、手堀り式シールド、半機械堀り式シールド、機械堀り式シールドがある。部分開放型は、切羽を大部分閉塞するが、その一部に土砂取出し口を設け、その流入を調節することにより切羽の安定をはかる構造である。部分開放型には、ブラインド式シールドがある。

手堀り式シールド工法

手堀り式シールド工法は、全面が開放されているシールドを用い、切羽の崩壊を防ぐため、山留めを行ないながらショベル、つるはし、ピック、ブレーカー等を使い人力によって切羽部分の土砂の掘削やずりの積み込みを行なうもので、掘削されたずりはベルトコンベアー等で排土するシールド工法の基本形である。掘削方式は、刃口を地山中に貫入させることにより、刃口端面での応力状態を全土被り荷重による値よりはるかに低下させて、切羽の安定を図

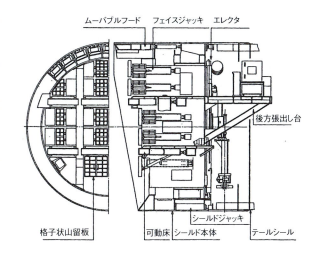

図7.2.4 手掘り式シールド工法

りつつ掘削を行なう貫入式掘削を基本としている。

フード部の形状は上段より下段に下るに従って刃口端を後退させて、切羽面に息角を与えるように製作する。またフード部には、掘削後の切羽地山の崩壊や押出し変位を防止する山留装置（フェースジャッキ、デッキジャッキ、ハーフムーンジャッキ）を設備する。図7.2.4に手掘り式シールド工法の概略を示す。

手掘り式シールド工法は、切羽の状況を直接目視しながら施工するため、土質の変化や玉石・障害物等の出現に対処しやすく、最も廉価なシールドで、圧気工法を併用することによって湧水の処理も可能なシールド工法の基本形として過去に多くの実績を有している。

■ 圧気工法

圧気工法は、開放型シールドで切羽の自立が困難な滞水または軟弱地盤において、坑内に隔壁を設置し、切羽から隔壁に至る区間の坑内に圧気を送入し、切羽に作用する水圧に対応する空気圧で切羽を加圧することにより、切羽の安定をはかる工法である。ただし、間隙水圧の高いまたは透気性のよい滞水地盤の場合には、土被り、トンネル断面の大きさなどによっては、噴発、酸欠、停電、洩気などによる切羽崩壊など、事故発生の可能性が高いため、十分な空気供給設備の設置、停電時対策、井戸および地下室の調査、洩気、噴発、酸欠事故などに対する対策を行うとともに、圧気圧・送気量の変化、切羽および地上の状況について常時監視測定を行うことが必要である。

■ 限定圧気式シールド工法

　限定圧気式シールド工法は，圧気部分をシールド先端部に限定したシールドで，シールド前部に隔壁を設けて，切羽までの空間を気密室として圧気する。カッターヘッドで掘削した土砂は，気密排土機構（ロータリーフィーダーなど）により，圧気部から大気部へ排土する。

■ 棚式シールド工法

　砂地盤を堀進する場合に使用するシールドで，シールドに装備した多くの水平床を地山に貫入させて，切羽を水平面で細分化し，堀進に伴い流出する砂を各ブロックごとに水平床上に堆積させ，地山の安息角に従って安定させることにより，地山の山留めを行いながら逐次砂を搬出し，推進する工法である。

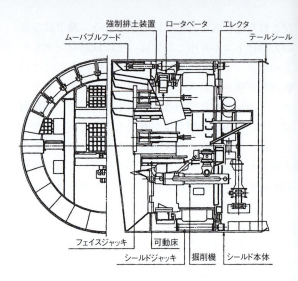

図7.2.5　半機械掘り式シールド工法

半機械掘り式シールド工法

　半機械掘り式シールドは，手掘り式シールドの人力掘削を省力化したもので，切羽の掘削，ずりの積込みに動力機械を使用するシールドである。急速施工や省力化に有効であるが，掘削機械の装備のためフェースジャッキの設置が限られ，掘削中の山留は困難で，切羽の開放が広範囲にわたるため，手掘り式シールド以上に切羽の自立が要求される。したがって，適用土質は主として地下水の少ない洪積層の砂，礫，固結シルト，粘土で，圧気工法を併用するのが一般的である。

　掘削積込機械は，土質や作業性，シールド内のスペース等を考慮して設定されるが，一般的に掘削積込併用機が多く用いられており，大別して油圧ショベル式のもの，ブーム先端に回転カッターを有するものがあり，いずれも前後，左右，上下に移動できる機能を有している。図7.2.5に半機械掘り式シールド工法の概略を示す。

■ 油圧ショベル式半機械掘りシールド工法

　開放型シールドのフード部およびガーダー部の空間を利用して，バックホータイプの油圧ショベル形式の掘削機を装備したものである。この方式は半機械堀り式の中で最も多く用いられており，適応土質の範囲も比較的広い。

■ 回転カッター式半機械掘りシールド工法

　開放型シールドのフード部および空間を利用して，ブームの先端にフライス型またはスクリュー型のカッターを備えた掘削機を設備したもので，積込機を併設したものが多い。代表的なものに，ロードヘッダー，スコップローダー，フライスローダー，ユニヘッダー，カッターローダー，ブームヘッダー等があり，切羽の土質などに応じカッター形式が選定される。

■ ブレーカー式半機械掘りシールド工法

　開放型シールドで切羽に転石が多く，ショベル式や回転カッター式では刃がたたない場合，掘削機としてブレーカーを装備して掘削する工法である。

機械掘り式シールド工法

　機械掘り式シールド工法は，シールド全面にカッターヘッドを有し，土砂の掘削を機械的に連続して行なうシールド工法で，掘削した土砂はカッターヘッドに装備した回転バケット等にて，ずりガイド，シューターを介してベルトコンベアに積み込む方式である。本工法は，半機械堀り式シールド工法の掘削能力の増大を図ったもので，回転するカッタービットによって連続して切羽の掘削ができるので，工程の短縮や作業員の節減が図れる。

　カッターヘッドの形式は，カッタービットが面板についているタイプとスポークについているタイプがある。面板タイプは面板によって山留効果を期待

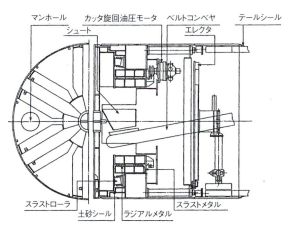

図7.2.6　機械掘り式シールド工法

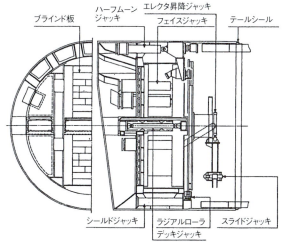

図7.2.7　ブラインド式シールド工法

するタイプ，スポークタイプは切羽の自立性の高い比較的大きな礫や切羽土質の変化に対応できるタイプである。

またカッターヘッドの切削方式には，①回転切削方式，②揺動切削方式，③プラネット切削方式の3種類があるが，回転切削方式が構造的にコンパクトでローリング修正が容易なため多用されている。図7.2.6に機械掘り式シールド工法の概略を示す。

機械掘り式シールド工法は，切羽を開放して掘削するため，手掘り式シールドや半機械掘り式シールドと同様，比較的切羽の自立性の高い地盤，もしくは圧気工法，地下水位低下工法，薬液注入工法などの補助工法等で改良された地盤に適用するが，玉石の出現や土質の変化に対する対応性には若干劣る。

■ 自走式シールド工法

自走式シールド工法は，安定した地山ではシールドの自重を受け替えながら自走堀進し，一次覆工は鋼製支保工，吹き付けコンクリートを施工し，軟弱地盤等ではセグメントを一次覆工とするシールド工法で施工する工法である。自走時の自重の受け替えは，まずジャッキによりシールドフレームを固定して堀進した後，シールドフレームの固定を解除し次にカッターに取付けた前方支持シューとエレクター下部に取付けた後方支持シューで地山に反力を取り，シールドフレームを浮上がらせこれを前方に引寄せる。この作業を繰返しながら堀進を行う。

ブラインド式シールド工法

ブラインド式シールド工法は，シールドのフード部またはガーダー部に切羽を密閉できる隔壁を有し，その一部に調節可能な土砂取込口を備えているシールドで，シールドの前面を地山に貫入させることにより，貫入部分の土砂を塑性流動化させ，土砂取込口より排土する工法である。図7.2.7にブラインド式シールド工法の概略を示す。

したがって，鋭敏比の高い軟弱な粘性土で，全面開放型シールドでは切羽の安定を図ることが困難な土質に使用される。しかし，地山の強度や砂分含有量などが増加すると，土圧が急増し推進不可能となり，また液性指数が高いと開口部より土砂が流出し切羽の安定が保たれないことがある。

また，本工法は一般に地山の静止土圧を塑性受圧として管理している。つまり，推力を，静止土圧×掘削断面積＋シールドの周面摩擦力，とするよう開口率や掘進速度をコントロールするため，掘削中，地山の強度，砂分含有量，含水比等の変化により塑性流動が起こらず過推力となり，また開口率や掘進速度の調和が取れず地表面に隆起現象が生ずることや，逆に過剰排土による地表面沈下を生ずることがあるので，十分な対応が必要である。

〔参考文献〕
1) シールド工事施工積算研究会：「シールド工事の施工と積算」，経済調査会平成元年12月
2) 土木学会：「トンネル標準示方書（シールド工法編）・同解説」平成8年版
3) 鹿島出版会：「シールド工法の実際」昭和55年11月

4) 日本電力建設業協会：「電力土木におけるシールドトンネル工事の現況と施工事例」平成8年12月

2 密閉型シールド工法

　密閉型シールド工法には，大きく分けて土圧式シールド工法と泥水式シールド工法がある。いずれも開放型シールドと異なり，直接切羽地盤の土砂を排出せず，シールド機前面に隔壁を設け，最前面に備えたカッタービットで切羽地盤を切削し，隔壁前面（カッターチャンバーと称す）で土砂，泥土，泥水等と混合し,圧力を維持しながら排出することで，切羽地盤の安定を図る工法である。このため，開放型シールド工法と異なり，地下水位低下工法や薬液注入工法，圧気工法等の補助工法なしに確実な切羽安定が図れる工法である。

　密閉型シールド工法はその機構から，直接切羽の状態を観察できないため，施工管理はシールド機や後方設備にあらかじめ各種の計測機器を取り付け，収集されたデータを分析し，切羽の状態やカッターチャンバー内の状態を推測することで行っている。したがって，地盤中に玉石や巨礫，流木等の障害物があると，排出がスムーズに行えないばかりでなく，切羽圧力が変動することになり対応が難しくなる。

　近年，シールド工法が用いられる都市部の工事では，重要構造物が近接していたり，地下水位の高い非常に軟弱な地盤や，変化に富む地層であったり厳しい施工環境が増えている。これらの工事では，周辺地盤・環境へ与える変位，地下水位低下等の影響が少なく，施工法として確立されつつある密閉型シールド工法が採用される割合が飛躍的に増えており，国内工事ではシールド工法の主流である。

土圧式シールド工法

　土圧式シールド工法は，隔壁を有した機械掘りシールド機を用い，カッターで切削した土砂を隔壁と切羽の間（カッターチャンバー）に充満させ，シールドの推進力でチャンバー内の掘削土砂を加圧し，カッターチャンバー内土砂の圧力と切羽土圧をバランスさせて切羽の安定を図りながら掘進量に見合う土砂をスクリューコンベアなどで排出することで切羽に土圧を作用させてその安定をはかるものである。

　土圧式シールド工法は，開発当初，カッターによって積極的に掘削土砂の塑性流動化を図り，ブラインド式シールド工法の適用範囲を超える土質にも対応可能な工法として出発した。この工法は，土圧バランス型シールド，削土密封式シールド，密封加圧式シールド，密封式機械掘りシールド，圧力保持式シールドなどと呼ばれ，泥水式シールド工法のような大規模な設備を必要とせず，切羽の安定や適用土質の拡大が図れる工法として普及した。しかし，適用土質の拡大にともない，粘性土分の少ない砂礫層などでは，チャンバー内の土砂の抵抗が大きく，取り込み不能やスクリューコンベアの回転不能，地下水の坑内への噴発といった問題が生じた。これに対処する工法として，加泥式シールド，高濃度泥水シールド，泥しょう式シールド，泥土加圧式シールド，センターオーガー型土圧式シールド，土圧バランス型加圧式シールド，気泡シールド，WAPシールドなどの名称の工法が開発された。これらは，チャンバー内の土砂の状態や添加材の種類と機能，シールド機に装備された機構等により，名づけられ表7.2.1のように分類できる。また，この他に，掘削土の排出個所で地下水の噴発を防止するため，回転式の排出機を設けたロータリーフィーダー付きシールド工法などと呼ばれるものや，スクリューコンベアの中で止水ゾーンを形成するケミカルシールド工法等の開発がなされている。

　現在では，土圧式シールド工法は，トンネル標準示方書により「掘削土を泥土化し，それに所定の圧力を与え切羽の安定をはかるもので，掘削土を泥土化させるのに必要な添加材の注入装置の有無により，土圧シールドと泥土圧シールドに分けられる」と定義されており，掘削土の状態により，添加材を加えない土圧シールド工法と添加材を切羽地山またはカッターチャンバー内に注入しながら掘進する泥土圧シールド工法の2つに分けられている。

　土圧式シールド工法に用いられるシールド機は，面板形，スポーク形，フレーム形があり，施工条件，土質条件，切削方式により決められる。

　図7.2.8に土圧式シールドの概略を示す。また，図7.2.9に土圧式シールド工法の施工設備の概略を示す。

表7.2.1 土圧式シールドの分類

分類		形式	メーカー製品呼称
チャンバー内の充満度による切削土砂の分類	密封式	削土加圧式（面板型）	削土密封式，土圧式，土圧バランス型土圧式，密閉式機械堀り，密閉加圧式，圧力保持式
		加圧式（スポーク型）	泥土加圧式，泥しょう式，泥しょう加圧式，加泥式
		センターオーガ型土圧式（スポーク型）	センターオーガ型土圧式
	滞留式	土圧バランス加水式（面板型）	土圧バランス型加水式
		高濃度泥水加圧式（面板型）	センターオーガ型土圧式
面板の有無による分類	閉塞式（面板型）	削土加圧式	削土密封式，土圧式，土圧バランス型土圧式，密閉式機械堀り，密閉加圧式，圧力保持式
		土圧バランス加水式	土圧バランス型加水式
		高濃度泥水加圧式	高濃度泥水加圧式
		加泥式	泥しょう加圧式，加泥式
	開放式（スポーク型）	加泥式	泥土加圧式，泥しょう式
		センターオーガ型土圧式	センターオーガ型土圧式

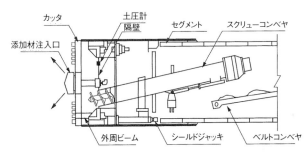

図7.2.8 土圧式シールド工法の概略

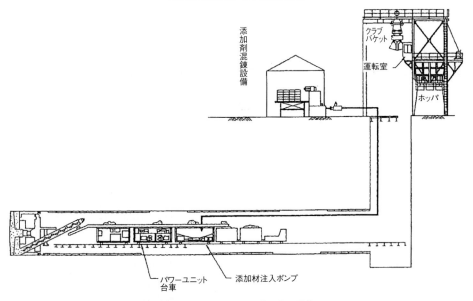

図7.2.9 土圧式シールド工法の施工設備

土圧シールド工法

　土圧シールド工法は，砂分含有量が少なく，カッターで切削しただけで塑性流動化する地盤に適した工法で，添加材を注入せずに切削した土砂のみで，チャンバー内を充満させ，その圧力で切羽地盤の安定をはかりつつ掘削する工法である。

　このため，沖積層の砂礫，砂，シルト，粘土等の固結度が低い地盤，軟弱地盤や硬い層と軟弱層の互層や，ブラインドシールド工法の適用範囲を超える地層等の広範囲の土質に適する工法である。ただし，カッターによる切削と攪拌機構のみで塑性流動化が図れないと，圧力を切羽地盤に伝達できなかったり，スクリューコンベア内の止水性が低下し，坑内への地下水の噴発を招くこととなる。したがって，細粒分が少なくて流動性を持たない土質や含水比の少ない粘性土などの場合は，塑性流動化を補う添加材を加えて強制的に攪拌し，確実な充満と土圧の伝達が可能な泥土圧シールド工法が適している。

泥土圧シールド工法

　泥土圧シールド工法は，土圧式シールド工法のうち，掘削土の塑性流動化を図るため，チャンバー内に粘土・ベントナイト等の添加材を注入し，掘削土と混練することにより排出しやすい性状に改質する工法である。かつては，泥土加圧シールド工法，泥しょう式シールド工法，気泡シールド工法，加泥式シールド工法などと工法名が細分化されていたが，現在では泥土圧シールドで統一化されている。

　添加材の種類と特徴について表7.2.2に示す。これらの使用目的は，前述のように掘削土砂の細粒土の不足分を補い，粒度分布を改善し，流動性を良くしてチャンバー内を充満させることによって土圧・水圧を保持する塑性流動化の付与と切羽地山中の自由水を排除し，添加材と置きかえることによって，土粒子間隙を目詰まりさせ止水性を向上させる止水性の付与である。これらの用途に用いられる添加材は，経験的に粘土・シルト分の含有率が30%程度以下の場合に必要とされている。また，高吸水性樹脂

表7.2.2　添加材の種類と特徴

		粘土・ベントナイト	気泡	高吸水性樹脂	増粘材
概要		添加したコロイドの減摩効果により掘削土を塑性流動化する。粘土・ベントナイトスラリーと掘削土を攪拌混合し透水係数を低下させて止水する。	シェービングクリーム状の微細な気泡のベアリング効果により掘削土を流動化する。気泡を均一に混合することにより止水する。	球状の高吸水性樹脂を水に溶解した溶液と掘削土を混合することにより流動化を図る。高吸水性樹脂の吸水能力と吸水による膨張圧により間隙を小さくして止水する。	粘性があり保水性にすぐれた増粘材を注入して掘削土を流動化させる。他の添加剤との併用が可能である。
使用材料		粘土 ベントナイト	特殊気泡材 気泡添加材 粘土系添加材	高吸水性樹脂 （WAP-S）	増粘材
特性	PH	7.5～10.0	7.3～8.0	8.0	6.5～8.0
	比重	1.2～1.45	1.0	1.0	1.0
	粘土（cp）	2000～10000	3～200	700～2000	500～15000
対象地盤		砂～砂礫	粘土～粗砂	固結粘土～砂礫	粘土～粗砂
特徴		もっとも一般的な添加材で，安価で実績も多い。作泥，輸送設備に大きなスペースが必要となる。	砂礫層で粘土，ベントナイトと併用して使用されることが多い。	軟弱な粘性土では，粘土が硬くなり閉塞することがある。地下水に多量の陽イオンがあると吸水性能が変わることがある。	掘進が停止した場合，増粘材の粘性が低下し閉塞することがある。

図7.2.10 実用化されている泥土圧式シールド工法

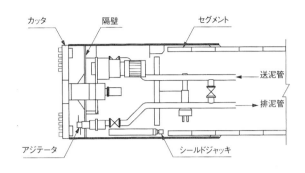

図7.2.11 泥水式シールド工法

を添加するWAPシールド工法や気泡を添加する気泡シールド工法では,添加材のベアリング効果により塑性流動性を向上させる効果がある。

泥土圧式シールド工法には,図7.2.10に示す工法が実用化されている。

3 泥水式シールド工法

泥水式シールド工法は,チャンバーの中に加圧した泥水を満たして切羽の安定を図りつつ,掘削土を泥水中に取り込み,泥水中に溶け込んだ形で土砂を配管で排出する工法である。切羽の安定は,加圧された泥水により切羽面に造成される泥膜または浸透ゾーンを介して作用するチャンバー内の泥水圧と,面板による山留め効果により図られる。また,掘削土は配管内を流体輸送させ,土砂分を分級処理して排出した後,泥水を所定の性状に調合して送泥水として循環使用される。このように,泥水式シールド工法は,掘削推進機構,切羽安定機構,泥水輸送設備,泥水処理設備の4つがシステム化された工法であり,総合的に集中制御された管理がなされている。このため,泥水および掘削土が地上から切羽まで,配管の密閉された空間内を循環して処理されるため,安定した切羽圧の管理が可能であり,地下水圧の高い地盤,砂質土等の崩壊性の地盤に適した工法である。図7.2.11に泥水式シールド工法の概略を示す。また,図7.2.12に泥水式シールド工法の施工設備概略を示す。

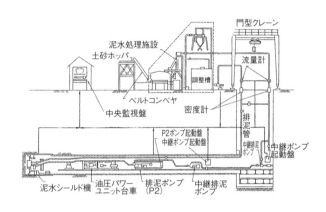

図7.2.12 泥水式シールド工法の施工設備

外径14.14mの大断面泥水式シールド機

泥水による切羽の安定作用は,加圧泥水により切羽面に形成される泥膜あるいは浸透ゾーンを介して,切羽の土水圧より若干高い(予備圧:一般的に19.6kPa($0.2kgf/cm^2$)程度)泥水圧を作用させるこ

とでなされている。このため，泥水が地山に逸走するような間隙の多い砂礫層や，地下水流がある地盤，土粒子の粒径が均一で泥水圧のわずかな変動で流砂現象が起きるような砂地盤では，比重，粘性等の泥水の品質管理が重要である。

また，砂礫地盤では，礫の径により面板開口部，排泥管口，配管内を閉塞する恐れがある。これらの排泥設備が閉塞すると，切羽圧の急激な上昇が起き，送泥を止めるため急激な低下が起きるため，切羽の安定を阻害することとなるので注意が必要である。このため，泥水式シールドの場合の礫の処理は，面板に装備したローラーカッターで破砕する方法が多く採用されているが，破砕できなかった礫による面板，カッターチャンバー内の閉塞等の問題が起きた事例も報告されている。

〔参考文献〕
1) 土木学会：トンネル標準示方書シールド工法編
2) 遠藤浩三，佐々木道雄　鹿島出版会：わかりやすい土木技術土圧系シールド工法
3) 土木工学社：シールドトンネルの新技術
4) 日本下水道協会：下水道用設計積算要領—管路施設(シールド工法)編—

4 特殊シールド工法

特殊シールド工法は，図7.2.13に示すように特殊断面シールド工法，拡径・分岐シールド工法，外郭先行シールド工法，急曲線・急勾配シールド工法，急速施工シールド工法，その他シールド工法に大別される。

特殊断面シールド工法は，円形や円形の一部を組み合わせた断面形状で，円形の応力的な優位点を保ちながら不要空間や占有幅の低減を可能にする複円形シールドと，楕円形や矩形の断面形状で，幅員や深度に制限がある場合に有効な非円形シールドから構成される。

拡径・分岐シールド工法は，上下水道の管路分岐部，電力・通信ケーブル接続部などのトンネル途中で標準断面より大きな断面を構築する拡径シールド工法と，下水道や共同溝などの分岐・合流などの構造を立坑によることなくトンネル同士で実現できる分岐シールド工法から構成される。

外郭先行シールド工法は，道路トンネル等の大断面シールドトンネルの工事費増大を抑える目的で，トンネルの外郭部分を中小断面シールド機で複数組

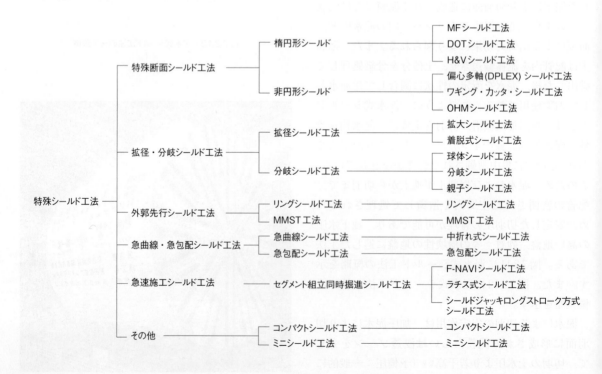

図7.2.13　特殊シールド工法の分類

み合わせて掘削し，それを連続させて覆工を構築した後に内部を掘削し大断面トンネルを構築するものである。

急曲線シールド工法は，トンネルの平面線形を地上の道路線形に合わせて計画する場合や，立坑用地確保が困難で回転立坑が設けられない場合に，中折れ式シールド機を用いて実施される。急勾配シールド工法は，地下構造物を回避したり発進・到達立坑を浅くする目的で採用される。

急速施工シールド工法は，シールド掘進とセグメント組立を同時に行うもので，掘進工期を短縮する目的で実施される。

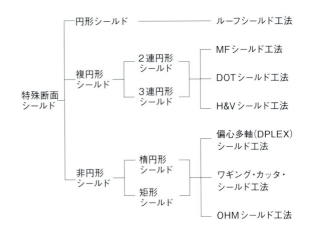

図7.2.14　特殊断面シールド工法の分類

特殊断面シールド工法

特殊断面シールド工法は，複円形シールドと非円形シールドに大別される。

複円形シールドは，円形の組み合わせで必要な断面形状とするもので，地下鉄（路線部・駅部），共同溝，下水道等に採用されている。複円形シールドには，MFシールド工法やDOTシールド工法，H&Vシールド工法等がある。

非円形シールドは，楕円形や矩形で必要な断面形状とするもので，共同溝や下水道等に採用されている。非円形シールドには，偏心多軸（DPLEX）シールド工法やワギング・カッタ・シールド工法，OHMシールド工法等がある。

図7.2.14に特殊断面シールド工法の分類を示す。

■ ルーフシールド工法

ルーフシールド工法は，半円形断面を基本とした開放型シールドである。

2本のパイロットトンネル内にコンクリート支持部を設け，それをレールとしてルーフシールドを掘進する方法と，2本の既設シールドトンネルをガイドとしてその間をルーフシールドを掘進する方法がある。

前者は，シールド工法導入時に用いられた工法で，ルーフシールド断面がトンネル断面となる。後者は，2本の既設シールドを接続する工法で，駅部構築等に使用されている。

■ MFシールド工法

MFシールド工法は，複数の円形シールド機のカッターヘッドを前後にずらし，その一部を重ね合わせたシールド機を使って複円形断面トンネルを掘削する工法である。円形を様々に組み合わせることにより，多種多様な断面のトンネルを構築することができる。

本工法により，横や縦に長い断面のトンネルを掘削することができるため，用地に制限がある場合や地下構造物が輻輳している場合に，ニーズにあった断面を掘削することができる。

また，MFシールド工法は，泥水式と土圧式両タイプの掘削が可能である。

類似工法にDOTシールド工法とH&Vシールド工法がある。

■ DOTシールド工法

DOTシールド工法は，複数のカッターが同一平面に配置された複円形断面トンネルを掘削する工法である。円形を様々に組み合わせることにより，多種多様な断面のトンネルを構築することができる。

本工法により，横や縦に長い断面のトンネルを掘削することができるため，用地に制限がある場合や地下構造物が輻輳している場合に，ニーズにあった断面を掘削することができる。

また，DOTシールド工法は，カッターが同一平面でスポークタイプとなるため，土圧式の掘削となる。

類似工法にMFシールド工法とH&Vシールド工法がある。

DOT工法で施工したシールドトンネル

H&Vシールド機

矩形断面シールド機

から単円形断面へと分岐するトンネルを構築することもできる。

また，H&Vシールド工法は，泥水式と土圧式両タイプの掘削が可能である。

類似工法にMFシールド工法とDOTシールド工法がある。

■ 偏心多軸（DPLEX）シールド工法

偏心多軸（DPLEX）シールド工法は，複数の駆動軸の先端にカッターフレームを偏心して支持し，各駆動軸を同一方向に回転させる。カッタは平行リンク運動を行い，カッタとほぼ相似形の断面を掘削できる。カッタの形状を変えることにより，円形はもとより矩形，楕円形など多種多様な断面に適用できる。

本工法は，用地に制限がある場合や地下構造物が輻輳している場合に，ニーズにあった断面形状を掘削することができる。

類似工法には，ワギング・カッタ・シールド工法やOHMシールド工法がある。

■ ワギング・カッタ・シールド工法

ワギング・カッタ・シールド工法は，油圧ジャッキを用いたカッタ揺動機構とカッタスポークの伸縮機構の併用により，円形はもとより矩形，楕円形などの多種多様な断面に適用できる。

カッタヘッドを多数の揺動ジャッキで駆動するため，シールド内部が簡素化し機長を短くすることができるため，発進立坑の小型化や急曲線への対応性が高い。

本工法は，用地に制限がある場合や地下構造物が輻輳している場合に，ニーズにあった断面形状を掘削することができる。類似工法には，偏心多軸（DPLEX）シールド工法やOHMシールド工法がある。

■ H&Vシールド工法

H&Vシールド工法は，特殊な中折れ機構（クロスアーティキュレート機構）によりシールド機のローリング制御が自由に行える複円形シールド工法で，縦から横あるいは横から縦へとねじれた（スパイラル）トンネルを構築することができる。また，本工法は，それぞれ独立した掘削機構，排土機構を有する中折れ円形シールドを接合した形状であるため，シールド機を分離することにより，複円形断面

■ OHMシールド工法

OHMシールド工法は，3本のスポークからなるカッタ装置を回転させながらカッタ装置全体を所定量だけ偏心してカッタ回転方向と逆方向に回転することで矩形断面に適用できる。カッタ（スポーク形状）の軌跡は，ルーロの三角形理論に従うものである。

本工法は，用地に制限がある場合や地下構造物が輻輳している場合に，ニーズにあった断面形状を掘

削することができる。類似工法には，偏心多軸（DPLEX）シールド工法やワギング・カッタ・シールド工法がある。

拡径・分岐シールド工法

拡径シールドは，上下水道や共同溝の管路分岐部，電力・通信用洞道のケーブル接続部，および地下鉄道の駅部など，トンネル途中で標準断面より大きな断面を必要とし，開削工法を採用できない場合に用いられるもので，拡大シールド工法や着脱式シールド工法等が採用されている。

分岐シールドは，下水道や共同溝などの分岐・合流などの構造を立坑によることなくトンネル同士で実現しようとする場合に用いられるもので，球体シールド工法，分岐シールド工法，親子シールド工法等が採用されている。

■ 拡大シールド工法

拡大シールド工法は，先行して構築されたシールドトンネルの任意の位置からトンネル軸方向に拡大シールド機を掘進し，拡大セグメント組立と先行セグメントの解体撤去を繰り返し，所定範囲の切り拡げを行う。拡大シールド機発進に先立ち，拡大シールド機発進組立基地空間を構築するために，先行セグメント周囲に円周シールド機を掘進させる。

本工法により，地中線ケーブル接合部や分岐部等のトンネルの一部を拡大するトンネルの構築において，薬液注入や凍結工法によりあらかじめ周囲の地盤を固化してセグメントを取り壊す人力掘り拡げ工法や開削工法を回避できるとともに，地上に影響を与えることなくトンネル内部から目的に応じた拡大空間を構築できる。

同様な目的のために着脱式シールド工法がある。

■ 着脱式シールド工法

着脱式シールド工法は，例えば地下鉄の駅部と駅間部のように，連続する断面の異なるトンネルで使用する工法で，駅間トンネルで使用したシールド機が駅部に到達すれば，駅部断面に応じて左右に子シールド機を装着して駅部を構築し，その後は子シールド機を脱却して駅間トンネル部を構築するものである。本工法は，断面が変化する道路や共同溝等にも適用できる。

この工法は，1機のシールド機を連続する断面の異なるトンネルで有効に利用するもので，建設費の低減および後方基地の集約による環境への低減等を可能にする。

同様な目的のために拡大シールド工法がある。

■ 球体シールド工法

球体シールド工法は，サブシールド機を内蔵した球形の鋼殻（球体）を装備するメインシールド機を用いて，一つの方向にトンネルを掘削した後，内蔵する球体を回転してサブシールドを発進させ，メインシールドとは直角にトンネルを掘削する工法である。そのため，メインシールドを垂直にして立坑を掘り，その底部で球体を回転してサブシールドで水平にトンネルを掘ることも可能で，従来の工法で必要だったケーソンや連続地中壁による立坑の機能も併せ持っている。

本工法により，立坑の工期を短縮できる。

類似工法に，分岐シールド工法，親子シールド工法等がある。

■ 分岐シールド工法

分岐シールド工法は，まず分岐シールド機を内蔵する本体シールド機で掘進し，分岐箇所で分岐シールド機を発進させ，その後は両シールド機が所定の箇所まで掘進する工法である。分岐の方法には各種考えられるが，一例を紹介する。本体シールド機のスキンプレートを二重とし，分岐シールド機内蔵部の内側スキンプレートに分岐シールド機径の開口を設ける。分岐箇所で，分岐シールド機前面部を貧配合モルタル等で注入し，外側のスキンプレートを前進させて分岐シールドの発進部を開口する。分岐シールド機は貧配合モルタルを切削しながら本体シールドと直角方向に発進する。本工法により，立坑なしでトンネルを分岐することができる。類似工法に，球体シールド工法，親子シールド工法等がある。

■ 親子シールド工法

親子シールド工法は，小口径の子シールド機を内蔵した大口径の親シールド機を用いて目的位置まで掘進し，そこから子シールド機をトンネル軸方向に発進して到達地点まで掘り進むもので，1台のシールド機で径の異なるトンネルを連続して構築する工

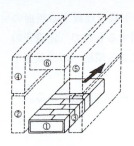
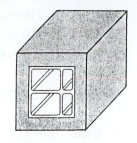

1) 外殼シールド施工
（底板→側壁→頂版）

2) 外殼完成後、内部掘削
および内部構築

図7.2.15 外殼先行シールドの概念

法である。本シールド機は，カッタヘッド駆動部，エレクタヘッド部，排土装置，後続設備，および油圧・電気装置等を親子間で共用することにより管径変化部での段取り替え作業を効率的に実施できる。本工法により，立坑築造を必要としないでトンネルの管径を変化させることができる。類似工法に，球体シールド工法，分岐シールド工法等がある。

外殼先行シールド工法

外殼先行シールドは，トンネルの外郭部分を中小断面シールド機を複数組み合わせて掘削し，それを連続させて覆工を構築した後に内部を掘削し大断面トンネルを構築するものである。本工法は，道路トンネル等の大断面シールドトンネルの工費増大を抑えるとともに，必要土被りを小さくするメリットがあるとして開発されたが，施工的には地山強度に依存する部分が多い。図7.2.15に外殼先行シールド工法の概念を示す。

この工法として，トンネルの外郭部を，リング状の1台のシールド機で構築するリングシールド工法と小断面のシールド機を大断面トンネルの外側に沿って複数本施工して結合するMMST工法がある。

■ MMST工法

MMST工法は，大断面トンネルを1機の大断面シールド機で施工する代わりに，まず小断面のシールド機を大断面トンネルの外側に沿って複数本施工し，それらを結合して外郭部を構築し，その後，内部をシールド工法によらずに掘削して大断面のトンネルを構築するものである。また，土被りの小さい大断面の道路トンネル等の場合でも施工が可能であること，トンネルの使用目的に合わせた断面が得られることなどの利点もある。

この工法により，大断面シールド機に必要な大規模な施工設備や施工基地を縮小できるなど，施工延長が短い場合には合理的な施工が可能になる。類似工法に，リングシールド工法がある。

■ リングシールド工法

リングシールド工法は，大断面トンネルを1機の大断面シールド機で施工する代わりに，まずトンネルの外郭部をリング状のシールド機で先行掘削して覆工体を構築し，その後，内部をシールド工法によらずに掘削して大断面のトンネルを構築するものである。

リングシールド機は，トンネル外郭部をリング状に掘削するため，内外二重のスキンプレートを持つ掘削機であり，リング部と作業坑部から成っている。リング部と作業坑部は一体であり，同時に掘進する。リング部は，一次覆工が入るだけの空間であり，セグメント組立て等の坑内作業，資機材および土砂の運搬には作業坑を利用する。この工法により，大断面シールド機に必要な大規模な施工設備や施工基地を縮小できる。類似工法に，MMST工法がある。

急曲線・急勾配シールド工法

急曲線シールドは，立坑用地確保が困難などの場合に回転立坑を割愛する目的のため多く採用されている。急曲線施工においては，通常の掘進管理のみでは対処できない場合があるため，シールド径，曲線半径，地山条件等の施工条件によりシールド機，セグメント，補助工法等に対策を講じる必要がある。シールド機には，シールド機が回転するための空間確保のためのコピーカッター，曲線の施工性を高めるための前胴と後胴に分割して折り曲げる中折れ機構を装置する。セグメントには，線形上テーパーを有したものを用いることはもちろんのこと，シールド機スキンプレートとセグメントのクリアランスを確保するために，一般部セグメントの幅や外径より小さくしたセグメントを使用する。

急勾配シールドは，発進・到達の立坑を浅くする目的等で採用されている。勾配変化点で曲率が大きい場合には，急曲線施工に共通する。急勾配施工においては，バッテリー機関車の逸走や資機材の落下に伴う労働災害の危険性があるため，通常の軌道に

急曲線シールドの施工

よらない搬送設備を採用する必要がある。その搬送設備として，ラック＆ピニオン式，リングチェーン式，ゴムタイヤ式，ウインチ式等が採用されている。

■ 中折れ式シールド工法

中折れ式シールド工法は，一般に一体の円筒形で製作される本体を前胴と後胴に分割し，両者を複数の中折れジャッキで連結したシールド機を用いて急曲線を有するシールドトンネルを構築する工法である。中折れ構造には，中折れの中心がシールド機外側（スキンプレート近傍）になり屈折形状がⅤ形になるⅤ形中折れ機構と，中折れの中心が前胴と後胴を連結する中央ピンになり屈折形状がⅩ形になるⅩ形中折れ機構がある。

中折れシールド機を用いることにより，余掘り量の低減，曲線外側ジャッキ使用による片押し推進の回避等を可能にし，（平面，縦断）曲線シールドトンネルの施工性を向上させることができる。そのため，一体形シールド機では困難であった急曲線の施工が可能になった。

急速施工シールド工法

シールド施工の作業工程は，シールド掘進とセグメント組立を相互に繰り返すものである。シールド掘進とセグメント組立を同時にできれば大幅な急速施工が可能となる。

シールド掘進とセグメント組立を同時に行うための方法として，シールド機で対応する方法とセグメントで対応する方法がある。

シールド機で対応する方法として，
① シールドジャッキストロークを2リング分として，前方1リング分を掘進中に後方1リングのセグメントを組み立てる単胴方式
② シールド機を前胴と後胴に分けて，前胴掘進中に静止した後胴でセグメントを組み立て，掘進後後胴を引き寄せる複胴方式がある。

セグメントで対応する方法として，セグメントをらせん状に組み立てる方式がある。

シールド掘進とセグメント組立の同時施工は，トンネル線形や地山条件等によるところが多いため，その採用はまれである。

■ F-NAVIシールド工法

F-NAVIシールド工法は，シールド機の前胴部を首振り動作によりたえず基線上にのせて制御し，シールド機の姿勢制御を行う工法です。首振り機構は，前胴部と本体部の接合面を縦球面とし，上下左右のあらゆる方向へスライドできるシュー構造としている。この姿勢制御によりシールド機後胴に作用する不均衡モーメントをバランスさせることが可能となり，方向制御のためのシールドジャッキパターンの選択が不要になる。

本工法により，曲線施工では前胴部を曲線に沿って屈曲でき，余掘り量を低減できる。また，セグメント組立部のシールドジャッキを使用しないで姿勢制御できるため，2リング分の長尺ジャッキを使用する単胴式でセグメント組立同時掘進が可能となる。

■ ラチス式シールド工法

ラチス式シールド工法は，シールド機を前胴と後胴に分け，摺動可能な二重構造とした複胴式として，前・後胴をラチスジャッキと称するシールド機中心軸に対して斜め方向に設置したジャッキで連結し，前胴を後胴に対して自在に動作させることが可能な工法である。ラチスジャッキを使用することにより，各ジャッキは任意の伸縮速度・ストロークに設定できるため，前胴は後胴に対して6自由度の姿勢制御を実施できる。そのため，前胴の掘進中に後胴内でセグメントを組み立てるセグメント組立同時掘進が可能となる。

本工法により，掘進とセグメント組立を同時に行うため，急速施工が可能になる。

■ シールドジャッキロングストローク方式シールド工法

シールドジャッキロングストローク方式シールド工法は、2リング分の長尺ジャッキを使用してセグメント組立同時掘進を可能とする工法である。一般のシールド機のシールドジャッキストロークは、セグメント長さに余裕長さを加えたものとして、掘進とセグメント組立を繰り返す。本工法は、シールドジャッキストロークを2リング分として、1リング分を掘進中に1リングのセグメントを組み立てる単胴式であるが、セグメントを組み立てる箇所のシールドジャッキを掘進に使用できないため、方向制御のための別技術が必要になる。

本工法により、掘進とセグメント組立を同時に行うため、急速施工が可能になる。

小口径シールド工法

都市部における下水道幹線の建設は進み、大都市圏では高い普及率となってきているが、幹線に導くための主要枝線は、管渠の老朽化、汚水・雨水処理の増大に伴って、需要が増えつつある。しかし、従来のような開削が主流の工事では、交通や生活への影響といった都市部子固有の問題が生じる。これまで鉄道や道路のインフラ整備といった大口径のトンネル構築に威力を発揮してきたシールド工法であるが、今後は仕上がり内径1,000mm～2,000mmといった小口径の領域に対応することが求められている。小口径シールド工法としては、ミニシールド工法やコンパクトシールド工法がある。

小口径シールド工法により施行された下水道

■ ミニシールド工法

ミニシールド工法は、一般的なシールド工法と本質的に同一であるが、3等分割の鉄筋コンクリートセグメントを使用することが特徴である。

3等分割のセグメントは、中心角120度で3ヒンジリング構造のため、幾何学的に強度と安定性にすぐれている。セグメント継手構造は、セグメント間、リング間ともに凹凸ナックル形式で結合ボルトを使用しない。セグメント組立は、1リング分のセグメントを運搬車（運搬装置および組立装置）に積み込み、トンネル先端に搬入し、シールド本体内でセグメントをリング状に組み立てる。そのため、一般的なシールドでは、セグメント組立作業等の理由から外径2m程度が最小径であるが、ミニシールド工法では、外径1m程度から可能である。

セグメントを反力に1リング分掘進終了後、シールド機テール内でただちに一次裏込めとして豆砂利を充填し、後に、セメントミルクを注入（二次）しプレパクトコンクリート状とする。この裏込め注入方式は、3ヒンジリング構造セグメントの止水性と強度を補うためのものである。

■ コンパクトシールド工法

本工法は、①4分割3ヒンジ構造の溝付きインバート二次覆工、②後方設備内包型3分割シールドおよび③ガイドローラ付きタイヤ式無操舵搬送システム、の採用を特徴としている。

セグメントを4分割3ヒンジとし工場で防食層を一体化して製造することから、継手の減少と二次覆工の省略で、経済性が高まることが期待できる。

シールドに後方設備を内包させることで、坑内空間を最大限に生かせ、セグメントピースの大型化や作業環境が改善されることが可能になる。

ガイドローラ付きタイヤ式無操舵搬送システムの採用により、運搬の安全性が高まるとともに、レール・枕木等の搬入・搬出、設置・解体等の作業が省略できるため工期の短縮が期待できる。

反面、シールドマシンが3分割されているため、立坑での投入および仮推進に時間を要したり、インバートが付設されているため蛇行やローリングの修正に数種類のセグメントが必要になる。

図7.2.16および図7.2.17に工法の概要を示す。

〔参考文献〕
1) コンパクトシールド工法研究会：「コンパクトシールド工法技術説明書第4版」平成17年7月

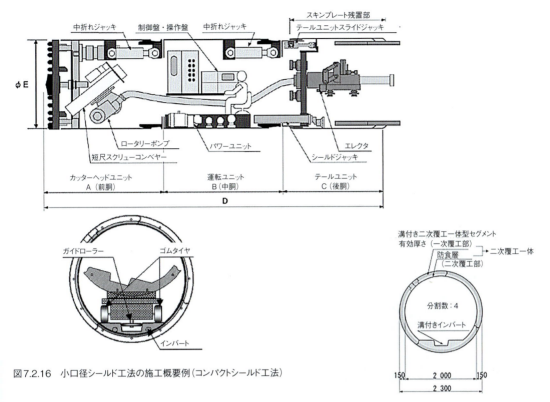

図7.2.16　小口径シールド工法の施工概要例（コンパクトシールド工法）

図7.2.17　小口径シールドセグメントの例（コンパクトシールド工法）

5 その他のシールド工法および関連技術

最近のシールド工法の特徴は，浅層化，大深度化，長距離化，大断面化，拡幅等への要求に応えるため複雑化していることである。本項では，これらに対応して開発されている開削シールドや地中接合およびビット交換技術や自動化，立坑内搬送技術などについて述べるものとする。

開削シールド工法

本工法は，開削工法にシールド工法の長所を取り入れた工法で，鋼矢板の打込み・引抜き作業を不要とした山留め（開削型シールド機）を用いて，「掘削・基礎工・函（管）渠の布設・埋戻し」の各作業を連続して行う開削工法である。

シールド機は，鋼製フレームに高張力鋼板のサイドスキンプレートを両側面に装備したフロント部とテール部で構成され，これを油圧シリンダーで連結した構造で，天井部はオープン構造になっている。同様の構造でアーチ型の天井を有するトンネル工法用のものもある。

1サイクルの施工工程は以下の通りである。
① テールフレームの自重，サイドスキンプレートと地山の摩擦力と，シールド機の圧力板後方の埋戻し土にとった反力の総合反力により，フロント刃口部を油圧ジャッキにより切羽に圧入し，バックホウで切羽部の掘削を行う。
② 布設する函（管）渠の単位長さ掘進後，テール部にて基礎工，および函（管）渠布設を行う。
③ 油圧ジャッキを縮め，シールドテール部を前進させる。このときの推進反力を主に側面地山の摩擦力にとる工法，埋設函（管）渠にとる工法，埋め戻し土にとる工法がある。
④ シールド機の反力板後部にできるスペースを埋戻し，締め固める。

以下に本工法の特長を示す。
① 鋼矢板の打抜が不要で油圧機構のため，低騒音・低振動である。
② 掘削，管敷設後すぐに埋戻しを行うため，周辺への影響が少ない。
③ 開口部はシールド機の前面だけなので，道路占用範囲が少ない。

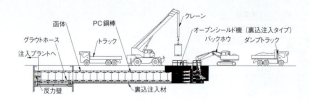

図7.2.18 オープンシールド工法の概要

オープンシールド工法による交差点横断

④他の開削工法に比べ工期が短い。
⑤補助工法を用いることにより，あらゆる地盤条件に対応が可能。
⑥作業員はシールド機内で作業を行うため，安全性が高い。
⑦作業は，掘削機の旋回幅が確保でき，函（管）材を吊込むための支障架空線が無ければ可能である。

図7.2.18はオープンシールド工法の概要を示したものである。

■ オープンシールド工法

オープンシールド工法は，下水道，雨水渠，農業用水路等の管布設工事における軟弱帯水地盤・曲線施工・家屋近接等，従来の開削工法では施工困難もしくはコスト高とされる施工箇所において，周辺環境への影響を抑制し，安全かつ経済的な施工が可能なように改良を加えた工法であり，推進反力を主に埋設函（管）渠に取る。以下に本工法の特長を示す。

開削工法で施工困難な狭隘箇所，軟弱地盤等でも，補助工法の必要性が少なく施工が可能。

コンパクトな作業帯が日々の進捗に応じて移動するため，急速施工や工期短縮が図れる。

掘削・建設発生土量が少なく環境にやさしい。

函体敷設後の開放が可能であり，最小限の交通規制で施工が可能である。

〔参考文献〕
1)オープンシールド工法カタログ
2)オープンシールド協会:「オープンシールド工法 設計・積算要領（案）」

■ オープンピット工法

本工法は，自走機能を持つメッセルシールド機の開削型を用いて「掘削・基礎工・函（管）渠布設（またはコンクリート直打ち）・埋戻し」の各作業を連続して行う管渠埋設工法で，自走式土止工法とも呼ばれる。

シールド機は，前後に2分割されたフレームを中間で油圧ジャッキにより連結した構造で，フレームの側面と底面にメッセルが装着され土留めを形成している。シールド機は，地山とメッセルの摩擦抵抗を反力として油圧ジャッキの伸縮により前進するため，布設する管材に一切反力をとらない。このため，あらゆる管材に適用でき，コンクリート直打ちによる構造物建造にも利用可能である。

〔参考文献〕
1)「オープンピット工法・パンフレット」

■ OSJ工法

本工法は，Open Shield Jacking Methodの略称であり，掘削機刃口を常に切羽に貫入させ，油圧ジャッキにより均一で十分な埋め戻し土の締め固めを行い，埋め戻し土に反力を取って前進する。本工法は，地上でOSJ機を組み立てた後，専用の自降自昇装置を装備することで溝の中に自降することができ，到達後は同様に自昇して地上で解体することができることから，立坑を必要としないのが特徴となっている。小口径管の埋設に適したmini OSJ工法もあり，この工法では地上のバックホウからの油圧の供給により，電力を不要とした。

〔参考文献〕
1)アイサワ工業:「OSJ工法パンフレット」

機械式地中接合工法

機械式地中接合工法は，シールド機の機械的構造により，土砂の流入，地下水の侵入を防止し，2つのシールドトンネルを地中接合させる工法で，従来の補助工法を用いた地中接合に比べ，地盤改良が不要あるいは大幅に低減できるため，大幅な工期短縮が可能であり，より安全，確実に施工が可能な工法である。

機械式地中接合工法の一般的な特長は次の通りである。

① 地上交通や埋設物・海底下などに制約を受けず，自由に接合地点が選べる。
② 地山を露出しないで接合作業が行えるため，安全で確実な施工ができる。
③ 地盤の沈下や隆起が無く，地上での作業がないため，周辺への影響が無い。
④ 補助工法が不要あるいは大幅に低減でき，接合作業も簡単に行えるため，従来工法に比べ工期の短縮が図れる。

シールド機の接合機構は大きく分けて次の方式がある。

① カッタディスク引込み方式
② フード押し出し方式
③ 貫入リング方式
④ 内筒引込み方式

フード押し出し方式は接続が不完全であるため地盤改良等の補助工法を併用するが，カッタディスク引込み方式，貫入リング方式と内筒引込み方式は，基本的に補助工法を必要としない純機械式地中接合工法である。

また，既設トンネルに新設管を側面からT字型に直接機械的に接合させるT字接合工法も開発・実用化されている。

図7.2.19に機械式地中接合工法の施工例を示す。

〔参考文献〕
1) 建設産業調査会：「最新トンネルハンドブック」
2) 日本トンネル技術協会：「シールド工事の施工に関するQ&A(3)」トンネルと地下，2007年9月

■ MSD工法

MSD工法（Mechanical Shield Docking Method）は，貫入リング方式の機械式地中接合工法で，片方のシールド機のスキンプレート内側にスライド可能

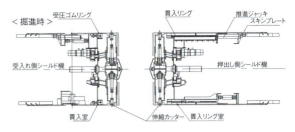

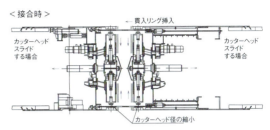

図7.2.19 機械式地中接合工法の一例（貫入リング方式）

MSD掘削機

な貫入リングを，他方のシールド機に受け入れ側ゴム製リングを装備している。接合地点で，2台のシールド機は相対位置確認後，接触直前まで接近し，両シールドともカッタ径を縮める。カッタ外周リングを有しない場合はカッタヘッドをスライドしてチャンバ内に格納する。押し出し側のシールド機は貫入リングを押し出して，受け入れ側シールド機の貫入室に挿入し，受圧ゴムリングに押し付けることにより機械的に2台のシールド機を一体化させる。MSD工法は，基本的に地盤改良等の補助工法は必要としない。

〔参考文献〕
1) 建設産業調査会：「最新トンネルハンドブック」
2) シールド工法技術協会：「MSD工法多様化するシールド掘進技術」

■ A-DKT工法

A-DKT工法（Advanced-Direct Docking Tunnel）は，内筒引込み方式の機械式地中接合工法のひとつで，接合地点においてシールドのカッタヘッドとバルクヘッドが一体化した内筒が本体（外筒）の内部でスライドする引込み機構を有する受入れ機と，同様にスライドして内筒を前方に押し出すカッタヘッド貫入機構を有する貫入機を正面接合させる。接合時には双方のカッタヘッドを縮径する。さらに受入れ機の外筒内面に装備した補助ゴム膜チューブを膨張させ，止水シール板を貫入機内筒に強く押し付けることで高い止水性を確保する。止水シール膨張時にチャンバ内土砂が挟み込まれてシール面の密封が困難になる場合に備えて機械式の洗浄ブラシを装備する例もある。本工法では基本的に地盤改良を必要としない。

〔参考文献〕
1）日本トンネル技術協会：「東京湾横断のガス導管用シールド工事，長距離掘進後の高水圧下における機械式地中接合」トンネルと地下，2006年7月

■ CID工法

CID工法（Concentric Interlace Docking Shield Method）は機械式地中接合工法の一つで，2台のシールド機のうち一方を引き込み側，他方を押し込み側とし，引き込み側シールド機のスキンプレートを外筒，内筒の二重構造としている。接合地点で，引き込み側シールド機はオーバーカッタをスポーク内に収納した後，切羽に固化材を注入しながら，同時に切羽圧力を利用して内筒のみを後方へ引き込む。押し込み側シールド機を掘進し，所定のスキンプレートラップ代まで引き込み側シールド機の外筒内に貫入させて，2台のシールド機を一体化させる。CID工法は，基本的に地盤改良等の補助工法は必要としない。

〔参考文献〕
1）日本トンネル技術協会：「新しい機械式地中接合」トンネルと地下，1996年1月

■ T-BOSS工法

T—BOSS工法（T-type basement branch offshield system）は，機械式側面接合工法の一つで，既設トンネルに新設管をT字型に機械的に接合させる工法である。

新設管のシールド機には，切削補強リング機構が装備され，カッタの回転力でこの切削補強リングを回転させ，既設トンネルの覆工を直接切削・貫通させるとともに，切削完了後は，開口部の補強構造体として機能する。

本工法の特長は次の通りである。

設管側からの作業が主体であり，既設トンネルからの作業が軽減されるため，供用中の既設管への接合が可能である。

事前に補強されていない任意の位置への接合が可能になる。

切削補強リングは，接合時の山留めと止水機能を有するため，地盤改良が大幅に低減できる。

大深度・高水圧下での接合でも安全・確実に施工ができ，工期短縮も図れる。

〔参考文献〕
1）シールド工法技術協会：「T-BOSS工法多様化するシールド掘進技術」

ビット交換

長距離シールド工事やレキ層地盤でのシールド工事ではカッタビットの交換が必要となる。従来は，中間にビット交換用の立坑を設けるか，地盤改良や圧気工法等の補助工法によって地山の自立性および止水性を確保しシールド機のチャンバ内から人力でカッタビットの交換を行っていた。これらの方法は，ビット交換作業に相当の時間を要すること，狭隘作業空間での危険作業を伴う場合が多いことなどの理由から，立坑や地盤改良等の補助工法を用いずに機械的装置を利用して安全かつ効率的にビットを交換する方法が各種提案され，開発・実用化されている。

実用化されている代表的なビット交換工法には，以下に示す方式がある。

①球体シールド方式（クルンシールド工法）
②スポーク回転方式
③予備カッタ方式
④レスキュービット方式
⑤ビットライズ方式
⑥ビットホルダー方式（トレール工法）

機械式ビット交換工法の一般的な特長は以下の通りである。

①ビット交換に伴う地盤改良や立坑が不要となり，大幅な工期短縮と費用の低減が可能となる。

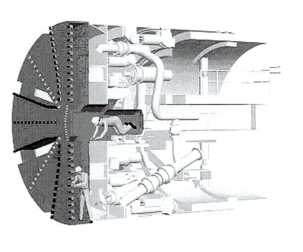

図7.2.20 ビット交換の一例

セグメント自動搬送システム

自動化工法

②切羽でのビット交換作業が不要になるので安全である。

図7.2.20はビット交換の一例を示したものである。

〔参考文献〕
1) 建設産業調査会:「トンネルハンドブック」

近年,建設業においては,急激な地下空間の需要増加に対し,構造物やその施工条件の複雑化が進んだことにより従来以上の施工精度や品質が求められていること,建設業就労人口の減少や熟練作業員の高齢化による労働力不足が問題となっていること,および作業環境や労働環境の改善,危険作業の回避が社会的要請になってきたことから,自動化やロボット化への取り組みが盛んに行われてきた。

特にシールド工事は,このような背景に加え,掘削やセグメント組立の作業がパターン化した繰り返し作業で複雑でないこと,主要作業位置が限定されていること,使用材料の種類が少なく形状寸法が一定であることなどの特徴があり,土木工事の中でも最も自動化に適した工種の一つであるといえる。

このため,シールド工事では早くからゼネコンやメーカー各社で施工の自動化・ロボット化の研究・開発が進められてきており,現在までに自動化技術として基本的な機能が実用化されたものには,次のようなシステムがある。

①切羽安定制御システム
②掘進管理システム
③自動方向制御システム
④同時裏込め注入システム
⑤切羽崩壊探査システム
⑥セグメント自動組立システム
⑦掘削土砂搬送システム
⑧セグメント自動搬送システム
⑨パイプ自動延伸システム
⑩レール・枕木の自動敷設システム
⑪入坑管理システム

また,最近はシールドトンネルの長距離化や施工条件の複雑化に伴い,ビット交換,機械式地中接合,地中障害物撤去など,従来は補助工法を用いてシールド機の切羽前面に作業員が出て施工していた作業や,作業用立坑を必要とした作業を機械化することにより,危険作業の回避と同時に,工期の短縮,工費の削減を可能とする機械化技術が各種開発・実用化されている。

〔参考文献〕
1) 地盤工学会:「シールド工法の調査・設計から施工まで」

総合管理システム

シールド工法は多種多様な技術の集合体であり，正確で効率的な施工のためには，シールド機の運転，掘削土砂の輸送，裏込め注入などの個々の作業が連携し合い，連続的に処理される必要がある。このためには，多くのデータを収集しこれを管理する必要がある。

シールド総合管理システムは，シールド機の運転，切羽安定制御，測量・方向制御，土砂搬送，裏込め制御，プラント制御およびデータ処理・施工管理・安全管理などの基本要素自動化技術（システム）を総合化し，一元的な施工管理を可能としたものである。

システムのベースを構成しているのは，切羽から坑内，立坑，地上にわたる現場内の機械・設備に設けられたローカルコンピュータで，これらが切羽安定制御，シールド運転，測量・方向制御，裏込め注入制御，各種プラントの自動運転などの各個別要素の自動化・省力化を実現している。

そして，これらのローカルコンピュータを高速・大容量通信システムによってネットワーク化し，全体を統括する中央施工管理盤とリンクさせることによって，個々の要素自動化システムを有機的に統合し，中央施工管理盤による一元的な施工管理を可能にしている。

〔参考文献〕
1) 建設産業調査会：「最新トンネルハンドブック」

シールド自動掘進システム

シールド自動掘進（自動方向制御）システムは，シールド機を計画線に沿って推進させるために，リアルタイムでシールド機の位置を自動計測し，計画線に乗せるように自動的にジャッキ選択を行うシステムである。

このシステムは，シールド機の位置や姿勢を自動検出する自動測量システム（ジャイロコンパス・レベル計などから構成されるジャイロ方式と，自動追尾トータルステーションを用いた方式がある），および自動測量システムから得られた情報やテールクリアランスの情報等を基に，ファジイ理論等の統計手法を用いて使用ジャッキを選択し，シールド機の方向を制御する方向制御システムから構成されている。

〔参考文献〕
1) 地盤工学会：「シールド工法の調査・設計から施工まで」

自動エレクター

シールドの大断面化に伴い，高所危険作業の回避，組立精度の向上，省力化，作業時間の短縮等の効果を期待し，セグメント自動組立システムが開発され実用化されている。このシステムは，セグメント自動供給装置，自動エレクタおよびボルト締結装置から構成され，シールド機まで搬送されてきたセグメントを受け取り，これを組み立て，ボルトの締結までを自動的に行うものである。

自動エレクタは，後方に設置されたセグメント自動供給装置により供給されたセグメントを把持し，超音波あるいはレーザー等のセンサーにより既設セグメントの位置を認識し，セグメントの位置決めを自動的に行うエレクタであり，微妙な調整ができるように6自由度（旋回，昇降，摺動，ピッチング，ローリング，ヨーイング）の制御が可能となっている。セグメントの把持方式は従来のグラウトホールを利用する方法のほか，把持時間の短縮やセグメントの重量化に対応し把持精度の向上を図った複数点支持の新しい把持方法が考案され実用化されている。

現在のところ，装置自体が非常に高価なため，このシステム採用は，危険作業の軽減および省力化を目的とした大断面シールドに限られている。

図7.2.22は自動エレクタの概略を示したものである。

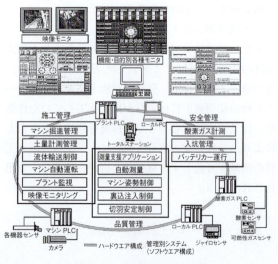

図7.2.21　総合管理システムの例

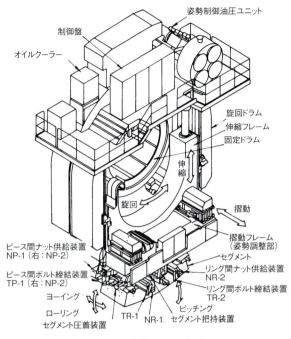

図7.2.22　自動エレクタの概略

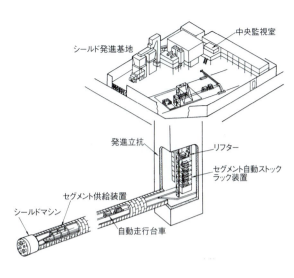

図7.2.23　立坑・坑内資材搬送システムの例

〔参考文献〕
1) 地盤工学会:「シールド工法の調査・設計から施工まで」
2) 建設産業調査会:「最新トンネルハンドブック」

立坑・坑内資材搬送システム

立坑・坑内資材搬送システムは，セグメントを保管場所から切羽まで搬送する作業を全て自動で行うものであり，坑内作業の省人化および安全対策として開発されたもので，特に資機材が大型となる大断面シールドや，長距離シールドにおいてその効果が期待できる。

このシステムは，セグメント自動ストックラック装置，自動走行台車および中央監視装置から構成され，中央制御室より遠隔操作および監視が可能である。

自動ストックラック装置は，自動倉庫の技術を応用し入出庫を自動的に行うことのできるセグメント保管装置である。立坑内に設置するタイプもあり，狭い空間を有効に利用できる。

自動走行台車は，セグメントを立坑から切羽まで自動的に運搬するものである。自動台車の制御は，光指令方式あるいは誘導無線方式により行われる無人運転となるので，非常停止装置や障害物検知装置等の安全装置を装備している。自動走行台車の運行には一般に軌道方式が多く採用されているが，最近では軌道を用いないで走行する方式も出てきている。

これらは，坑内外の通信ネットワークにより中央監視装置で集中管理され，セグメントの選択から搬送までの工程を全て自動化している。

図7.2.23は立坑・坑内資材搬送システムの一例を示したものである。

〔参考文献〕
1) 地盤工学会:「シールド工法の調査・設計から施工まで」

地中障害物撤去工法

地中障害物に対しては，調査の上，事前に撤去することが多いが，事前に地上からの撤去が不可能な障害物が存在する場合には掘進中にシールド内からの撤去が必要になる。従来は地盤改良し狭隘な空間で人力による撤去作業を行っていたが，近年，下記に示す機械的撤去工法が開発され実施されている。

①ジェット切削

この工法にはDo-Jet工法とジェットモール工法があり，シールド先端から研磨剤を加えたアブレイシブスラリーを超高圧ジェットで噴射し，障害物を切断するものでH形鋼，鋼矢板，RC杭，巨礫等の地中切断実績を持つ。

②機械切削

この工法は地盤改良に使用するパックドレーン材

ジェット切削シールド工法

やペーパードレーン材を切断しながら掘進するもので、シールドカッタディスク外周部にブレードカッタを装備したものである。

③既設シールド撤去

　この工法は既設シールドよりも一回り大きなドーナッツ状のカッタドラムにより既設セグメントを抱き込み、1リングごとに外周部分を掘削し、既設シールドトンネル撤去後、空洞となる部分に充填材を注入しながら、このシールド機内で既設セグメントを解体するものである。

〔参考文献〕
1) 日本トンネル技術協会：「シールド工事の施工に関するQ&A(6)」トンネルと地下2007年12月
2) シールド工法技術協会：「既設シールド撤去工法多様化するシールド掘進技術」

裏込め注入工法

　セグメント組立完了後、シールドを掘進すると、テールスキンプレート厚、テールクリアランスおよび余堀等により、セグメントと地山との空隙（テールボイド）が発生する。裏込め注入とは、このテールボイドに充填材を注入することである。

　シールド施工における、裏込め注入の主な目的を以下に示す。

　①テールボイドをそのまま放置すると地山の応力解放が進み、周辺地盤に変状が生じ、その結果、地表面の沈下や近接構造物の沈下、傾斜、損傷などの悪影響が発生する。このようなトンネル周辺の地盤の緩みを抑え、地盤変状を未然に防止する。

　②セグメントを早期に安定させ、ジャッキ推力の地山への伝達をスムーズにする。また、セグメントに作用する土圧の均等化が図られ、セグメントに発生する応力や変形が低減できるとともに、シールドの方向制御を容易にする事ができる。

　③トンネルの漏水防止に有効な層を形成する。

　④注入材料としては、二液型の可塑性のものが現在最も多く使われている。注入材料に要求される一般的な性質を以下に示す。

　①材料分離を起こさない。
　②流動性がよく、充填性に優れる。
　③注入後の体積変化が少ない。
　④早期に地山の強度以上になる。
　⑤水密性に富んでいる。
　⑥環境に悪影響を及ぼさない。

　裏込め注入工は、セグメントに設けられた注入孔やシールド本体テール部に設けられた注入管により行われ、注入時期により、同時注入、即時注入がある。注入方式の選定にあたっては、土質条件や環境条件を含め、注入装置の維持管理、掘削断面からの制約、テールシールの構造等との関連を十分に検討する必要がある。また一般に、裏込め注入工の施工管理は、圧力管理と量管理を併用して行っている。

　図7.2.24は裏込め注入工に関するフローを示したものである。

〔参考文献〕
1) 土木学会：「トンネル標準示方書シールド工法・同解説」
2) 日本トンネル技術協会：「シールド工事の施工に関するQ&A(5), (9), (10)(11)」トンネルと地下 2007年11月, 2008年3月, 2008年4月, 2008年5月」

■ 同時注入工法

　テールボイドの発生と同時に、シールドの推進に併せてシールド本体テール部に設けた注入管（同時裏込め注入装置）もしくはセグメントの注入孔から注入および充填を行う方式で、テールボイドの発生と注入・充填処理とのタイムラグがないという、裏込め注入の目的を考慮すると理想的な方式である。このため、テールボイドの発生に伴う地盤沈下や、地上構造物、近接する地下構造物などへの影響が懸念されるシールド工事では、同時注入方式が採用される例が多い。

　ただし、シールド本体テールの同時注入管がテールプレート外周部に突出する事による地山の乱れ、

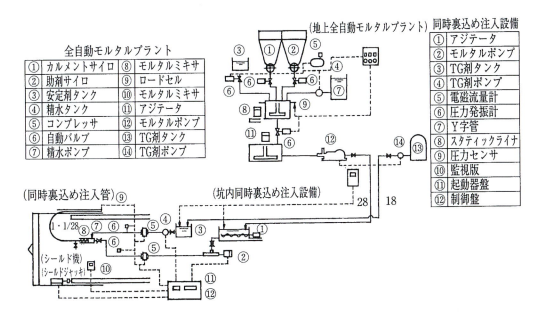

図7.2.24　裏込め注入工フロー

出典：「裏込め注入工法の設計と施工」山海堂

発進時のエントランス止水機能への影響，硬質地盤での掘進障害などに対し，施工条件などを十分に勘案の上，装置の仕様を検討する必要がある。

■ 即時注入工法

即時注入工法は，掘進開始と同時に，シールド機のテール部を抜けたセグメント（通常は3リング目）のグラウトホールから裏込め材を注入し，2リング目のグラウトホールがテール部を抜けた後，注入用配管の切替コックを2リング目に切替えて注入する方法が最良であるが，コックの切替やホースの洗浄などに手間がかかるため，2リング目のグラウトホールがテール部を抜けた時点から注入を開始するケースが多い。テールボイドの発生と注入・充填処理とのタイムラグはあるものの，施工設備の簡便さから，多用されている裏込め注入工法である。

また，初期強度が大きい材料の場合，次のグラウトホールに回り込んで固結し，注入が不可能となることがあるため，可塑性の保持時間が比較的長い裏込め材料が適している。

発進・到達工法

発進とは，シールドを，立坑内に設けられた仮組みセグメント等の反力受け設備を利用して受台上を推進させ，発進口から地山へ貫入させ，所定のルートに沿って掘進を開始する一連の作業をいう。仮壁撤去方法や切羽地山の崩壊防止方法などにより，施工方法は大きく次のように分類される。

薬液注入工法，高圧噴射攪拌工法などの地盤改良や凍結工法により，発進坑口前面の地山の自立を図りながら仮壁を撤去し，発進する方法。

切削可能な部材使用，杭芯材（鋼材）の電食除去や引き抜きなどにより仮壁をシールドで直接切削しながら発進する方法。

発進方法は，土質，地下水圧，シールド形式，作業環境等の諸条件を考慮して決定するが，上記発進方法の選択では単独使用と併用の場合がある。

到達とは，シールドを立坑の到達面まで掘進し，その後あらかじめ用意された大きさの開口部より，シールド本体を立坑内に引出すか，あるいは到達壁の所定の位置まで掘進した後停止させる一連の作業をいう。仮壁を撤去する時期により次の3通りの施工方法がある。

シールド到達後仮壁を撤去し，その後，所定の位置まで再度掘進する方法。

シールド到達前に仮壁を撤去した後，隔壁を設けて到達する方法。

仮壁をシールドで直接切削しながら到達する方法。

①の方法は施工方法が簡単であるため，比較的シールド径が小さく地下水圧の低い場合に採用されている。②の方法はシールド径が大きい場合や大深

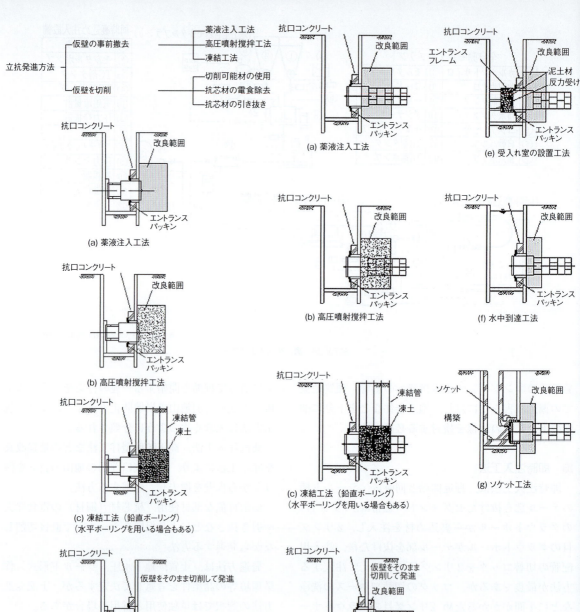

図7.2.25 発進工法の例

図7.2.26 到達工法の例

度で地下水圧が高い場合などに採用されることが多い。また最近では，③の方法の採用実績が増加している。①〜③の方法選択にあたっては発進同様，地盤改良等の補助工法の併用が多く採用されている。

図7.2.25は発進立坑からの発進，図7.2.26は到達立坑への到達例を示したものである。

〔参考文献〕
1) 土木学会：「トンネル標準示方書シールド工法・同解説」
2) 日本トンネル技術協会：「シールド工事の施工に関するQ&A, (4)」トンネルと地下 2007年10月

■ 仮壁切削工法

仮壁切削工法には，発進・到達坑口部の土留め壁に，シールド機のカッタビットで直接切削可能材を

使用する方法，土留め杭（鋼材）芯材の電食により腐食除去する方法，土留め杭（鋼材）芯材の引き抜きによる方法などがある。

いずれも薬液注入による地盤改良や危険を伴う人力による坑口の取り壊しを行わずに，土留め壁をシールド機で直接切削し発進・到達する工法である。

また，高水圧地盤で上記方法により施工する場合に止水性に優れるSPSS工法を併用する場合がある。

仮壁切削工法の特長として下記が挙げられる。
① 薬液注入等の補助工法を最小限とすることができるため，コストメリットがある。
② 仮壁撤去が不要のため，仮壁撤去に伴う危険作業が解消され，安全性が確保できる。
③ 工期が短縮できる。

一方，施工時の留意点として下記の点に注意が必要である。
① 発進時の切羽管理圧が大きくなるため，エントランスパッキンの止水性の確保が重要である。
② カッタビットの摩耗防止対策が必要である。
③ シールド外周部に同時裏込め注入装置等の突起物がある場合は，突起部分の切削方法，エントランスパッキンと突起部分との止水性確保のための配慮が必要となる。
④ 壁切削時の振動発生を防止するため，ビット選定，掘進管理等対策を検討する必要がある。

〔参考文献〕
1) 地盤工学会：「シールド工法の調査・設計から施工まで」
2) 日本トンネル技術協会：「シールド工事の施工に関するQ&A(4)，(最終回)」トンネルと地下 2007年10月，2008年8月

■ NOMST工法

NOMST（Novel Material Shield-cuttable Tunnel-wall System）工法は，仮壁切削工法の一つで，連続繊維補強材とコンクリートやモルタル（炭素繊維，ガラス繊維等の繊維強化樹脂を用いて鉄筋の代替とし，石灰石を粗骨材として使用した切削しやすいコンクリートやモルタルを使用）で築造した土留め壁を，シールド機のカッタビットで直接切削しながら発進または到達する工法である。部材はプレキャスト工場製品と現場打ちコンクリートがあり，連続地中壁等の土留め壁のシールド発進・到達坑口部分に組み込んで使用する。プレキャスト材は一般部の鋼材と定着グリップ（継手）により接続する。また，現場にて炭素繊維強化樹脂（格子状に成

NOMSTセグメント

形したものもある）を鉄筋と同様に組み立て，場所打ちコンクリートで築造する方法もある。

〔参考文献〕
1) 日鉄コンポジット㈱：「NOMSTパンフレット」
2) 地盤工学会：「シールド工法の調査・設計から施工まで」

■ SEW工法

SEW工法（Shield Earth Retaining Wall System）は，仮壁切削工法の一つで，NOMST工法と同様，強度と耐久性のある材料FFU（Fiber Reinforced Formed Urethane，硬質発泡ウレタン樹脂をガラス長繊維で強化した部材）を土留め壁のシールド機が通過する部分に組み込み，シールド機のカッタビットで直接切削しながら発進または到達する工法である。FFU壁部材はプレキャスト工場製品で，連続地中壁等の土留め壁のシールド発進・到達坑口部分に組み込んで使用する。一般部の鋼材や鉄筋とFFU壁部材は継手により接続する。

〔参考文献〕
1) 国土交通省NETIS:KT-980417-A：「SEW工法」

■ SPSS工法

SPSS工法（Super Packing Safety System）は，エントランスパッキンとしてナイロン繊維で補強したリング状のゴムをドーナツ状に（袋状）に取り付けたパッキン（スーパーパッキン）を用いた工法である。エントランスにシールド機が貫入後，このパッキン内に空気または水を入れて膨らませ，この空気圧または水圧でシールド機およびセグメントにパッキンを押し付ける事により，地下水や泥水の流入を防止し，高水圧下でのシールド発進を可能にした工

法である．併せて土留め壁にカッタビットで直接切削可能な部材を用いることにより，地盤改良無し，または削減してシールドマシンが土留め壁を直接切削し発進することが可能である．

〔参考文献〕
1) 圧力封入式パッキン(SPSS工法)とその実績
2) 日本プロジェクト・リサーチ:第49回「シールドトンネル工法施工技術」講習会テキスト

■ EW工法

EW工法(Electric corrosion Wall)は電気分解による鋼材の腐食（電食）原理を利用し，土留め壁杭芯材をシールドのビットで直接切削できる状態まで溶解劣化，薄肉化し鏡切り工を行わず直接シールド発進・到達する工法である．シールド通過部の杭芯材を中空断面とし，その内側に陰極内管を設置，その間に電解液を充填し，通電して電食を進行させる．土留め杭芯材は電食により徐々にその剛性を失うのでシールドは事前に坑口エントランス内に進入させ，チャンバ内圧力を地山圧力とバランスさせる．電食の対象となる鋼材により異なるが，通常，電食期間として2～3週間が必要となることを工程上，加味しておく必要がある．

〔参考文献〕
1) 国土交通省 NETIS:KT-020019:「EW工法」

立坑内隔壁工法

シールド到達前に仮壁（土留め壁）を撤去した後，隔壁を設けて到達させる到達工法で，シールド径が大きい場合や大深度で地下水圧が高い場合などに採用されることが多い工法である．

シールド到達前に仮壁前面に地盤改良を施し，切羽の自立を図った後，構築内部から撤去しやすく耐力の確保ができる隔壁を鋼製などで設置してから，仮壁を下部から上部に向かって撤去し，地山部の改良体と隔壁との隙間をソイルセメントや貧配合モルタルなどで順次充填していく．地山部の改良体と隔壁との隙間を完全にソイルセメントや貧配合モルタルなどに置換した後，シールド機を構築内の隔壁まで推進して到達させ，シールド機のテール部の止水を行ってから，隔壁を撤去する．

この工法は到達口を塞いだままシールド機を所定の位置まで推進し，シールド機を再度推進させない

ため，地盤の崩壊防止に効果があり，またテール部の止水注入材が立坑内に流入することなく確実に止水効果を上げることができるので，坑口の止水性も高く，安全な到達施工が可能な工法である．図7.2.27に立坑内隔壁工法の施工手順の例を示す．

〔参考文献〕
1) 地盤工学会:「シールド工法の調査・設計から施工まで」

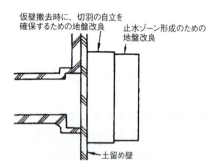
①切羽全面の地盤改良を行う

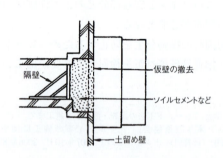
②地盤改良の効果確認後、仮壁を撤去する隔壁を設置、開口部にソイルセメントなどを充填する

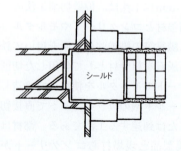
③シールドが到達した後、テール部の止水注入を行い隔壁を撤去、シールドを解体する

出典：「シールド工法の調査・設計から施工まで」地盤工学会

図7.2.27 立坑内隔壁工法の施工手順

覆　工

シールドトンネルにおける覆工は，一般的に，一次覆工と二次覆工に分類される。通常，一次覆工は，セグメントと呼ばれる覆工部材によってプレハブ構造化されており，二次覆工は，現場打ちのコンクリートによって構築される。一次覆工にはセグメントを用いる工法以外に，現場打ちコンクリートを用いる場所打ちライニング工法もある。図7.2.28に覆工の構成を示す。

覆工構造の役割には
① 施工時から完成後の長期にわたり，トンネル周囲から作用する土圧，水圧に十分耐えうること。
② 水密・防水性および耐久性を有していること。
③ シールドジャッキ推力，裏込め注入圧など施工時荷重に十分耐えうること。
④ 不同沈下や地震に起因する荷重・変位などに対応可能であること。

などがあげられる。一般的には，一次覆工に①～④に対応する役割を持たせ，二次覆工には，②および防食，蛇行修正，仕上げなどといった役割を持たせることが多い。このほかに，一次覆工と二次覆工両方を構造体ととらえ，両覆工で外荷重を分担する考え方があり，施工実施例もあるが，あまり多くは用いられていない。

近年，工期短縮，掘削断面縮小による経済性向上を目的として二次覆工を施さないシールドトンネルの施工例が増加している。このような場合には，二次覆工が有していた役割を一次覆工に付加し，従来トンネル構造物が有していた機能を維持する必要がある。したがって，セグメントの設計・計画時には，この点を勘案し，十分な検討をしておかなければならない。

〔参考文献〕
1) 土木学会:「トンネル標準示方書（シールドトンネル編）・同解説」2006年7月

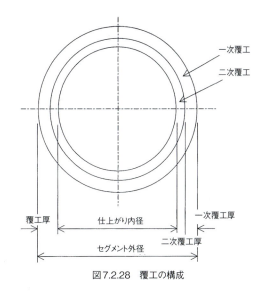

図7.2.28　覆工の構成

1 セグメント覆工

一次覆工は，セグメントピースと呼ばれる覆工部材をトンネル円周方向に組立てて一つのリングにし，このリングをトンネル軸方向に連結するという一連の作業の繰返しによって行われる。セグメントピースにはトンネル円周方向（セグメント間）および軸方向(リング間)に隣接する部材を連結するいわゆる継手構造を有している。

セグメントの種類は，材質によってコンクリート（RC），鋼，鋳鉄およびこれらを組合わせた合成セグメントに分類でき，強度・剛性，耐久性，水密性，施工性を勘案し，トンネルの用途，地山条件，トンネル断面形状，施工法などに応じて選定されている。各セグメントの比較を表7.2.3に示す。

セグメントに関する技術開発の目的としては，二次覆工省略（内面平滑化），セグメント組立（自動化，省力化，高速化），製造コスト削減，特殊荷重（内水圧等）への対応等があげられ，開発内容は，継手構造，セグメントピースの形状，製造方法など多岐にわたっている。開発段階は，様々であるが，今後これら新型セグメントの適用件数はさらに増加していくものと考えられる。

〔参考文献〕
1) 土木学会:「トンネル標準示方書（シールドトンネル編）・同解説」2006年7月
2) (社)日本電力建設業協会電力工事技術委員会:「電力土木におけるシールドトンネル工事の現況と施工事例」平成7年，平成8年事業年度技術部会報告

表7.2.3 各種セグメントの比較

	RC系セグメント	鋼製セグメント	合成セグメント	ダクタイルセグメント
概要図	平板形		製作状況	コルゲート型
長所	●シールドの推力に対して十分な強度を持つ ●軸力が卓越する場合、圧縮特性上有利となる ●高強度の設計が可能であり、外径3,000mm以上での実績が多い	●軽量で取り扱いが容易である ●破損などが生じにくい ●外径φ3,500mm以下の場合では、強度も的に問題なく、コストも安くなるため実績が多い ●溶接による加工が容易であるため、接合部等で用いられる ●急曲線部等に用いられる	●鋼殻内にコンクリートを充填し、ジベルなどで一体化を図ったもので、RCセグメントに比べて大きな強度が得られるため、桁高を薄くできる ●隅角部のコンクリートの欠けやクラックが生じにくい	●強度的に優れている ●急曲線部等の複雑な形状の製作が容易である
短所	●重量が重く、桁高が大きくなるため、運搬上、不利となる ●欠け、クラックが生じる恐れがある	●裏込め注入圧力等の偏心荷重に対して変形の恐れがある ●二次覆工等の防錆処理が必要である	●RCセグメントに比べて高価である ●セグメント表面に鋼材が露出している場合、防食対策が必要	●RCセグメントに比べ高価である ●耐腐食性は鋼製セグメントより若干良好であるが、RCセグメントよりは劣る

コンクリート系セグメント

コンクリート系セグメントは、鉄筋コンクリートを主としてプレストレストコンクリートに至るまで数多くの技術が提案されている。以下に、それぞれの技術を詳しく述べる。

■ CONEX-SYSTEM

CONEX-SYSTEMは掘進と覆工の同時施工を目的としたトンネルシステムであり、CONEXセグメントは組立の自動化・省力化、コスト低減、二次覆工の省略を目的としたRCセグメントである。その形状は等分割台形または台形と平行四辺形の組み合わせを基本とする。リング継手はDOWEL(ダウエル)と称するナイロン性の接続治具をリング継手面に内蔵した、軸方向挿入型ピン方式である。セグメント継手には接続治具がなく、ガイド材としてのGUIDANCE-ROD(ガイダンスロッド)を用いたコンクリートの突き合わせ方式となっている。セグメント組立時には変形防止・真円度の向上のために組立用ボルトを用いる。

■ ワンパスセグメント

ワンパスセグメントは高速施工および二次覆工の省略を目的としたRCセグメントで、継手金物をセグメント継手面に内蔵している。リング継手(プッシュグリップ)は軸方向挿入型ピン方式であり、雄側のピンボルトを雌側に挿入することで引抜き耐力を保持する。セグメント継手(先付水平コッター)はバックアップ材を取り付けたH型金物をC型金物の片側にあらかじめセットしておき、トンネル軸方向へのスライドで締結が完了するものである。この両継手を用いることにより、セグメントをトンネル軸方向にスライドさせる一工程だけで締結が完了する。

■ KLセグメント

KLセグメント(Key Lock Type Segment)はコストの低減、品質の向上および二次覆工の省略を目的としたRCセグメントである。継手面全周の桁中

央部付近に「緩衝キー」と称する，高さ5～12mm，幅35～50mm程度の円弧状の凹部または凸部を備えている。セグメント組立時にはこの凹凸がかみ合った状態となり，せん断耐力の向上・添接効果等が発揮され継手の負担を低減する。このため，継手構造を簡略化することができ，継手金物を用いない曲がりボルト方式や長ボルト方式の適応が可能となる。リング継手に用いるボルトはセグメント組立用としての役割を持ち，また，セグメント継手に用いるボルトは継手部の曲げモーメントに抵抗する構造部材としての役割を持つ。

■ ハニカムセグメント

ハニカムセグメントは掘進とセグメント組立の同時施工による高速施工，二次覆工の省略およびコスト低減を目的とした全ピース同一形状の六角形RCセグメントであり，継手構造を継手面に内蔵している。継手はリング継手と従来のセグメント継手に相当する斜辺継手からなる。くさび状に連結する斜辺継手部は，セグメント切羽側端面から継手ボルトを斜辺間とリング間に連結する構造であり，長ボルトを使用する。リング間継手は組立精度を向上するための仮設部材であり，通し連続ボルトを使用するが，このボルトは省略可能である。また，組立時のガイド効果と精度向上を目的に，セグメント継手面に凹凸状のプラグ・ソケットを設置している。

■ ほぞ付きセグメント

ほぞ付きセグメントは耐久性の向上，組立の省力化および作業の効率化を目的としたRCセグメントである。セグメント継手面にはほぞを有し，凹凸ほぞのかみ合わせによる継手構造となっている。リング継手面にはせん断力の伝達および衝撃荷重に対する緩衝材としてのシェアーストリップ，ジャッキ推力の緩衝材としてのトランスミッションストリップを有する。また，セグメント継手面には端部の破損防止およびシール材の損傷防止用としてプロテクションストリップを有する。セグメント組立時には変形防止・真円度の確保のために組立用斜めボルトを用いる。

■ TLライニング工法

TLライニング工法（Two Layers Lining Method）は，シールド掘進直後のテール内において，RCセグメントの外周に地山荷重に見合った圧力で直接コンクリートを加圧充填して二層構造の覆工を構築する工法である。TLライニング工法は内面平滑なセグメントを用いるため二次覆工の省略が可能となる。セグメント継手部は隣接セグメントの主鉄筋どうしを重ね継手とし，外周コンクリートで充填することにより完全剛性一様の覆工構造としている。リング継手は通しボルトあるいは，継手金具をセグメント継手面に内蔵したピンコッター式継手を用いる。ピンコッター式継手は従来のボルトに相当するピン金具部分と，これを締め付けるコッター部分で構成される。

■ DNAシールド用セグメント

DNAシールドセグメントは掘進と組立の同時施工による高速施工，二次覆工の省略およびコスト低減を目的としたRCセグメントであり，その形状は矩形の対偶から直角三角形を切り取った全ピース同一の六角形形状である。掘進とセグメント組立を同時に行うために，セグメント全体の構造は螺旋形となっている。この螺旋は二重を基本としているが，トンネル直径に応じて一重や三重の螺旋構造も可能となる。継手の構造は特に規定していないが，リング継手にはCONEX継手やJPJ継手などのワンタッチ方式の採用が基本となる。また，セグメント継手にはコーンコネクター等が用いられるが，地盤によっては不要となる。

■ ガイドロックセグメント

ガイドロックセグメントは組立の自動化・省力化，掘進と組立の同時施工による高速施工および二次覆工の省略を目的としたRCセグメントである。その形状はセグメント継手面が1/50の勾配をもつ六角形となっており，組立時には隣接するセグメントピースがセグメント幅の1/2の長さ分だけトンネル軸方向に前後する構造となっている。セグメント継手はT字形状のT金具をC金具に押し込む軸方向挿入型くさび方式である。セグメント継手はトンネル軸方向に連続するいも継ぎであるため，千鳥組みによる添接効果はなく，また，トンネル軸方向の引張に対してはセグメント継手のくさび効果により抵抗する。このことより，リング継手は軸方向挿入型ピン方式を基本とするが，力学的な機能は必要としない。

■ ウイングセグメント

ウイングセグメントは掘進と組立の同時施工による高速施工および継手の簡略化によるコスト低減を目的とした凸型の変則台形および変則平行四辺形のRCセグメントである。セグメント継手は円周方向に段違いに配置され，継手面にはせん断キーと称するほぞを有する。リング構成は掘進と組立が別工程となる標準型と同一工程となる連続掘進対応型に分類される。さらに，標準型は対称型ピースのみで組み立てるものと，対称型と非対称型ピースで組み立てるものに分類される。ウイングセグメントはせん断キーのせん断抵抗力による曲げモーメントの伝達効果によりボルトの小径化や本数の低減が可能となる。このため，継手構造としてはプレセットボルトや曲がりボルト等を用いる。

■ スパイラルセグメント

スパイラルセグメントは組立の自動化・省力化，掘進・組立の同時施工，コスト低減，二次覆工省略を目的としたRCセグメントであり，形状は全ピース同一の扁平六角形である。掘進とセグメント組立を同時に行うために，セグメント全体の構造は螺旋形で，いずれのピースも左右を挟まれた配置になっており，1周で1リングの覆工を構築する。リング継手に関しては特に規定していないが，軸方向挿入型方式のクイックジョイントまたはほぞ等の使用を基本としている。セグメント継手は半径方向挿入型くさび方式のコッター式継手を用いる。通常のテーパーセグメントを応用することで曲線施工も可能である。

スパイラルセグメントのピース

■ コッタークイックジョイントセグメント

コッタークイックジョイントセグメントは組立の自動化・省力化および二次覆工省略を目的としたRCセグメントである。継手構造は従来の直ボルト継手に替え，リング間にはクイックジョイント，セグメント間にはスライドコッター継手を採用している。クイックジョイントはセグメントに内蔵された軸方向挿入型ピン継手であり，リング継手面に埋め込まれた雌型金物に雄型金物を挿入することで締結を行う。コッター継手は半径方向挿入型のくさび継手で，セグメントに予め埋め込まれているC型金物と締結時に圧入するT型金物から構成され，これらには互いにテーパーがついており，挿入することで締結力が発生する。

■ シンプロセグメント

シンプロセグメント(Simple Process Segment)は組立の自動化・省力化および二次覆工の省略を目的としたRCセグメントで，継手金物をセグメントに内蔵している。リング継手はカプラ継手と称する軸方向挿入型ピン方式であり，凸金具であるプラグを凹金物であるソケットに挿入することで，プラグ頭部がソケット内部のチャックにかみ込み締結を行う。セグメント継手は水平コッター継手と称する軸方向挿入型くさび方式であり，セグメントに内蔵されたC型金物にH型コッターを挿入することで締結を行う。また，継手金物を断面の中心に配置できるため，正負の曲げに対して同一の曲げ剛性を有する。

■ ウェッジブロックセグメント

ウェッジブロックセグメントは組立の自動化・省力化，高速施工および二次覆工の省略を目的としたRCセグメントである。リング継手はウェッジロックピンと称するくさび効果を利用した軸方向挿入型ピン方式であり，継手金物はリング継手面に内蔵されている。締結は凸型金物を凹型金物に押し込むことで，凸型金物のスリーブがピンにより押し拡げられ，凹型金物のテーパー付きリングとくさび結合することで行う。セグメント継手は半径方向挿入型くさび方式のコッターを用いており，セグメントに予め埋め込まれているC型金物同士を合わせ，くさび型のH型金物を半径方向へ圧入することで締結を行う。

CPIセグメント

CPIセグメント（Reinforced Concrete Joint Plate & Insert）は継手構造の簡素化による製造コストの低減を目的としたRCセグメントである。従来用いられている鋼板式短ボルトに替え，継手部の位置をセグメント端面から内側に移動して，鉄筋および鋼板で補強した継手部を設置する。また，継手部の片側はナットを予めセグメントに設置しておくインサート方式を採用している。セグメント組立の締結には長ボルトを用いるが，長ボルトはナットおよびワッシャーとともに予めボルトボックス内にセットしておく。ボルトの調芯のために，セグメント継手面に調芯棒，リング継手面に調芯ピンを設置している。

P&PCセグメント

P&PC（Prestressed &Precast Concrete）セグメントはトンネル周方向および軸方向にプレストレスを導入することで継手金物の省略や鉄筋量の低減によるコストの縮減，組立の自動化・省力化，二次覆工の省略，内水圧対応を目的とした矩形RCを基本とするセグメントである。プレストレスはRCセグメントを1リング組立後，セグメントに予め埋め込んだシース中にPC鋼より線を挿入して緊張・定着することによって導入する。PC鋼より線には摩擦ロスの少ないアンボンドPC鋼より線を使用し，定着体としては緊張側と固定側が一体となった鋳鉄性一体型定着体をセグメントに埋め込んで使用する。継手の構造はコンクリート面の突き合わせとプレストレスによる。

タイドアーチセグメント

タイドアーチセグメントは矩形断面や楕円形断面トンネルなどのセグメント桁高を小さくしコスト低減を図ることを目的としたRCセグメントである。非円形断面では大きな曲げモーメントが発生するため，円形断面に比べセグメントの桁高が大きくなる。タイドアーチセグメントでは，断面の上下部にそれぞれ引張部材としての連結材（タイバー）を配置してセグメントと連結させ，部材に発生する曲げモーメントを低減する。これによりセグメントの桁高を小さくすることができる。タイバーの材質は，H形鋼・溝形鋼・鋼棒である。継手の構造としては，リング間およびセグメント間とも従来型の直ボルト継手を採用している。

PCNetセグメント

PCNetセグメントは，プレストレストコンクリート構造のセグメントであり，たすきがけ状に配置したPC鋼材の緊張端をセグメントリング継手面に設けることに特徴がある。このため，内面に露出する金物部分がなく，内面の平滑性が確保できる二次覆工省略形のセグメントである。

高流動コンクリートセグメント

高流動コンクリートセグメントは従来の硬練りコンクリート（スランプ2～3cm）に替えて，高流動コンクリートを用いることで，設備の一部省略および型枠の簡素化を行い，製造のコスト低減を目的としたセグメントである。この製造方法密閉したセグメント型枠の頂部から，高流動コンクリートを自然流下・自己充填させるが，振動締固め作業および表面仕上げ作業が不要となる。また，振動締固めが不要となるため従来に比べて型枠の簡素化が可能となる。蓋型枠には空気抜きの孔（孔径3mm，孔ピッチ5mm）を設け，内側にはセメントペーストによる目詰まり防止用の織布を貼付けている。

SFRCセグメント

SFRC（鋼繊維補強高流動コンクリート）セグメントは，鋼製の短繊維を混入した高流動コンクリートで製作したセグメントであり，従来鉄筋に負担させていた荷重を鋼繊維にも分担させることで，主鉄筋量を減じ主鉄筋と直角方向に配置される配力鉄筋やフープ鉄筋を省略することを特徴としたセグメントである。

耐火セグメント

耐火セグメントは，火災時の高熱からの耐火機能を持たせたセグメントであり，トンネル内面に設置される耐火吹付やパネルを省略することができる。ポリプロピレン繊維や短繊維樹脂を混入する方式によるRCセグメントや合成セグメント等がある。

合成タイプセグメント

サンドイッチ型合成セグメント

サンドイッチ型合成セグメントは薄肉化・軽量化によるコスト低減，矩形トンネル・急曲線部・特殊荷重対応を目的としたセグメントである。その構造

は地山側および内空側に菱目突起付き鋼板を使用し，内部にコンクリートを充填したサンドイッチ型の合成構造であり，鋼板にはスタッドジベルを溶植してコンクリートとの一体化を図っている。スキンプレートの板厚を厚くすることで，桁高を変えずに急曲線部や特殊荷重に対応可能となる。また，曲げモーメントが卓越する矩形トンネル等にも有利な構造となる。継手構造はリング間およびセグメント間とも基本的に直ボルト継手を用いる。継手ボックスは鋼製で地山側および内空側スキンプレートに溶接接合している。

■ NMセグメント

NMセグメント（New Mechanically-Jointed Segment）は薄肉化・軽量化によるコスト低減，組立の自動化・省力化，二次覆工省略，特殊荷重対応を目的としたボルトレスの合成セグメントである。その構造はH形状の鋼枠で4辺を拘束した中にコンクリートを充填した矩形の合成構造である。4辺の鋼枠フランジは止水溝付きの特殊形状をなし，組立後はフランジが互いに嵌合する。継手構造は従来のボルト方式に替えて，リング継手は戻り防止付カム型挿入方式，セグメント継手は厚鋼板雌・鋼雄挿入方式の鋼枠嵌合方式を採用している。セグメントの組立はトンネル軸方向に押し込むだけで締結を行うことができる。

■ 矩形トンネル用合成セグメント

矩形トンネル用合成セグメントは，矩形シールドトンネルに発生する大きな曲げモーメントに対応することを目的とした鋼材とコンクリートの合成セグメントである。その構造は矩形トンネルに発生する曲げモーメントの特性に着目して2種類に分けられる。一つは水平部セグメントで，地山側の鋼板に2本のウェブと引張側フランジを接合した構造となっており，コンクリートは圧縮側だけの充填となっている。セグメント継手は引張側フランジを凸加工し，凹加工した継手カバーで上下から挟み込む嵌合方式である。もう一つは鉛直・隅角部セグメントで，鋼板とコンクリートによる2面サンドイッチ構造となっており，セグメント継手には，ピン型継手，リング継手には直ボルト継手を各々採用している。

■ 二次覆工省略型ダクタイルセグメント

二次覆工省略型ダクタイルセグメントは従来のダクタイルセグメントの性能に，二次覆工の省略および耐食性能を付加することを目的としたセグメントで，ダクタイルセグメントの内空側にコンクリートを打設した構造となっている。内空側のスキンプレートにはジベルを配置し，コンクリートの付着力を高めている。コンクリートの打設によって継手板の剛性が高くなるため，リング間ボルトの数をRCセグメントと同等にしている。リング継手はナットをあらかじめセグメントに設置しておく，インサート式ボルト方式を採用しており，セグメント継手は従来の直ボルト継手を採用している。また，ASセグメントの継手方式を採用することにより二次覆工省略型ASセグメントとなる。

■ リングシールド工法用セグメント

リングシールド工法はリング部と作業坑部で構成されたシールド機でリング状に先行掘削し，覆工構築後に内部の土砂を取り除いてトンネルを完成させる工法であり，リングシールド工法用セグメントは特殊荷重対応および大断面トンネル対応を目的とした合成セグメントまたはRCセグメントである。セグメントの組立は各作業坑において，セグメント間の接合をインサート式ボルト方式で行い，リング継手とシールドに装備したガイドに沿ってセグメントをトンネル円周方向に送り出しながら覆工を構築する。このため，リング継手はCT形鋼と溝形鋼を組み合わせた送り出しガイド兼用の構造となっている。また，セグメントの重量軽減のため合成セグメントは中空構造となっている。

■ リングロックセグメント

リングロックセグメントは地下河川や貯留管等の内水圧が作用するトンネルに対応するためのセグメントであり，組立の自動化・省力化，コスト低減，二次覆工の省略を図ったRCまたはSRCセグメントである。リング継手面にはほぞを有することで従来の継手金物を省略して，凹凸ほぞのかみ合わせによる継手構造となっている。継手面のほぞは凹部の半径方向ほぞと凸部の接線方向ほぞからなり，半径方向ほぞは土圧・水圧などの外圧を，接線方向ほぞは内水圧による引張力を隣接セグメントに伝達する。セグメント継手はコンクリートの突き合わせ方式で

あるが，組立時の仮設材として斜めボルト等を使用する。

セグメント継手

■ 通しボルト

通しボルトは，ボルトボックスの位置を従来のセグメント端部から内側に移動して継手面を鉄筋で補強したセグメントに用いられる。セグメント端部の継手板が省略され継手面がコンクリートとなるため，鉄筋による端部の補強が可能となり組立後の変形が少なくなる。また，継手面の金物がなくなるため，止水性能が向上する。セグメント内に通しボルトを引き込むための穴を設けており，組立時には内包している通しボルトを送り出して締結する送りボルト構造になっている。継手はリング間およびセグメント間ともに適用可能である。おもに大断面トンネル・大深度トンネル等の高いリング剛性が必要な場合に適用される。

■ プッシュグリップ

プッシュグリップはくさびを応用した軸方向挿入型ピン方式の継手であり，リング継手に用いられる。継手金物はリング継手面に内蔵されるためセグメント内面は平滑となる。この継手は雄側金物と雌側金物からなる。雄側金物は表面に鋸目のついたピンボルトで，雌側金物はウレタンバネによって支持されたくさびを内蔵している。締結のメカニズムは，まず雄側に取り付けたピンボルトが雌側のくさびを押し拡げながら挿入され，ウレタンバネの反発力によってくさびに押し戻される力が作用する。次に，くさびがピンボルトをグリップし，締結を完了する。また，ピンボルトに引抜力が作用すると，ピンボルト表面の鋸目がくさびに食い込み，引抜耐力を保持する。

■ 水平方向コッター

水平方向コッターはくさびの原理を利用したトンネル軸方向挿入型くさび方式の継手であり，セグメント継手に用いられる。締結はセグメント継手面に予め設置されているC型金物にH型金物を圧入することにより行う。C型金物とH型金物には各々テーパーがついており，挿入にしたがいセグメント継手面に軸力が導入される構造になっている。継手金物はセグメント断面内に設置されるため内面平滑となるとともに，断面中立軸あるいは断面中立軸に対称の位置に配置が可能なため，正・負曲げ両方に対し，リングとして高い剛性が得られる。また，断面欠損がないため，経済的な設計が可能である。

■ 半径方向コッター

半径方向コッターはくさびの原理を利用した半径方向挿入型くさび方式の継手であり，セグメント継手に用いられる。締結はセグメントに予め設置されているC型金物にH型金物を圧入することにより行う。C型金物とH型金物の締結のメカニズムは水平方向コッターとほぼ同様である。また，C型金物にはせん断突起が付いており，組立時の位置決めを容易にし，せん断力伝達の安定性の向上を図っている。継手金物はセグメント内面に現れるため，必要に応じて防錆処理が施されるが，蓋掛け，モルタル充填による耐久性確保も可能である。

■ 曲がりボルト

曲がりボルトは直ボルト継手とは異なり，従来のボルトボックスの代わりに，セグメント内面に切欠き部が設けられている。そして組立後には切欠き部間にアーチ状のボルト孔が形成される構造となっている。セグメントの締結には弓形のボルトが用いられる。継手金物を特に必要とせず，セグメント継手面には金物がなくコンクリートのみとなるため，コスト低減を図ることができる。また，ボルトボックスの閉塞作業が簡易となるといった特徴をもつ。曲がりボルトは，KLセグメント・ウイングセグメント・NRTセグメント等の継手構造に併用される。継手はリング間およびセグメント間ともに適用可能である。

■ クイックジョイント

クイックジョイントは軸方向挿入型のピン継手であり，リング継手に用いられる。継手金物はリング継手面に内蔵されるためセグメント内面は平滑となる。その構成は雄側金物と雌側金物からなり，雌型金物に雄型金物を挿入するだけでリング間の締結を完了する。締結のメカニズムは，雌型金物内部の割コマを押し拡げながら雄型金物が挿入され，押し拡がったところで奥に配したバネの反力で割コマが雄型金物と雌型金物の隙間を埋めてかみ込み，後戻り

コッター・クイックジョイントで接合されたセグメント

を許さなくする構造である。雄側金物の突起部は取り外し可能であり，セグメント組立時に装着できる。材質は鋼製ボルトと同じである。

■ マルチブレード継手

　マルチブレード継手は，軸方向挿入型ピン方式の継手であり，リング間の締結に用いられる。継手金物はリング継手面に内蔵されるため内面平滑となる。継手は雄側金物と雌側金物からなり，雄側はセグメントに埋め込んだアンカー部（異形棒鋼にネジ切りしたもの）とボルト部からなり，その先端は挿入ガイドとなるようにテーパーを設けている。雌側は，鋼製パイプを加工したハウジングの中に，円環状のブレードとスペーサーを交互に配したものをリング状の口金で押さえつけた構造となる。ブレードの内径はボルトより0.6mm程度小さくなり，このブレードの枚数を調整することで所要の引抜き抵抗力を得る。また，せん断力が作用した場合の初期ずれを防止するために，調芯ピンを使用している。

■ コーンコネクター継手

　コーンコネクター継手は，リング継手用とセグメント継手用の2種類があり，どちらも継手面に内蔵されるため内面平滑となる。リング継手用コーンコネクターは軸方向挿入型ピン方式の継手で，先端に爪が設けられた，多数のスリットを有する円錐台形のM金物（雄側）をF金物（雌側）底の爪格納用の拡大空間に挿入することで締結力を得る。セグメント継手用コーンコネクターは軸方向挿入型くさび方式の継手であり，シートパイルの爪の嵌合と同じ構造になっている。スリットを有する円錐台形の中空のF金物（雌側）に，円錐台形のM金物（雄側）を，スリットを介してトンネル軸方向にスライドしながら嵌合させる継手である。継手の材質は鋳鉄である。

■ インサート継手

　インサート継手は，継手の剛性・強度の向上を目的とした継手であり，セグメント継手面に埋め込むインサート金具と，継手金具で構成される。継手金具にはアーチ形とノーフランジ（NF）型がある。アーチ形インサート継手は，袋ねじの異形鉄筋を埋め込んだインサート継手と鋳鉄製アーチ形金物継手を組み合わせたもので，アーチ形継手金物は継手面板にアーチ形状板を一体化させることで剛性・強度の向上を図っている。NF形インサート継手はインサート金物およびNF金物とも鋳鉄製となる。両タイプとも，ナットがなく，共廻りしないため締結作業性に優れる。また，ボルトボックス閉塞作業が従来型と比べて半減する。

■ スライドロック継手

　スライドロック継手の構造は，雄金物に設置されたボルトが，セグメント組立てのスライド時に雌金物の凹部にかみこまれることで締結されるセグメントである。ボルトは，単ボルトと複ボルトタイプがある。また，リング継手には軸方向に挿入すると締結される継手を採用されており，セグメント継手を含めて内面平滑型のセグメントとなる。

■ BEST継手

　BEST継手は，ボルト接合方式の継手である。継手には，初期のボルト軸力導入時のひび割れを防止する目的で接合部付近に緩衝材が装着されている。継手体は，梁構造として軽量化が図られており，アンカー部を一体にしたダクタイル構造となっている。

2 その他覆工

その他の覆工として，地盤沈下を防ぐために開発された特別な機能を付加したセグメントや二次覆工も含めて現場打ちでライニングする工法について述べる。

注入袋付きセグメント覆工

注入袋付きセグメント覆工はシールド掘進に伴って発生する地盤沈下を抑制することを目的としたセグメントである。地盤沈下抑制策の一つとして，テールボイドを完全に充填することが挙げられる。また，確実な地盤反力が得られるため余掘りを行う急曲線部での使用実績が多く，その場合の使用目的は，地盤変状の抑制に加え，シールド機チャンバー側への裏込材の回り込みを防止して確実な地盤反力を得ることである。本工法では，予めセグメントの背面に注入袋を装備しておき，セグメントがテールシールを離脱直後に，この注入袋に裏込め材を充填し，周辺地山の安定を図るものである。注入時には圧力計による測定と，注入漕による注入量の管理を行う。

場所打ちライニング工法

場所打ちライニング工法（ECL（Extruded Concrete Lining）工法）は，シールドを使用して掘削を行い，シールドテール部でコンクリートを打設・加圧して，①テールボイド充填，②地山へのコンクリートの密着，③コンクリートの密実化を図り，覆工構築を行うものである。本工法は，1970年代末にはじめてドイツの下水道トンネル工事に適用された工法である。

ECL工法は，地山支持方法，コンクリート打設方法，覆工体の構造などによって施工方法を分類することができる。地山の支持方法は，さらにコンクリートを加圧する方法とコンクリート以外の充填材などを加圧する方法に分類される。また，コンクリート打設方法は，打設タイミングにおいて連続打設とサイクル打設に分類され，覆工構成において単層打設と複合打設にそれぞれ分類できる。さらに覆工体の構造としては，覆工に用いる材料等によって分類される。

工法の選定にあたっては，トンネル用途，施工条件について綿密な調査を行い，慎重な検討を行う必要がある。

〔参考文献〕
1) （社）日本トンネル技術協会：「ECL工法指針（案）［設計編］（ECL協会委託）」平成4年3月
2) （社）日本トンネル技術協会：「ECL工法講習会」平成9年10月8日

二次覆工

シールドトンネルの二次覆工は，一次覆工完了後に場所打ちコンクリートによってセグメント内側に巻きたてる方法が多く用いられているが，このほかに内挿管をトンネル内に設置し，セグメントと内挿管の間を間詰材で充填する方法も行われている。

場所打ちコンクリートによる二次覆工では，①一次覆工をトンネルの主体構造とする場合，②二次覆工を一次覆工と併せてトンネルの主体構造とする場合，③二次覆工を単独でトンネルの主体構造とする場合，の3つの考え方があるが多くの二次覆工は①によっている。この場合，二次覆工の役割は，防食，蛇行修正，防水，内装および防振で，二次覆工の厚さは15～30cm程度のものが多い。

近年，トンネル施工コストの削減を目的として掘削断面縮小に関する検討が多く行われているが，二次覆工の厚さを薄くしてこの目的を達するという技術開発も行われている。この場合，従来の二次覆工が有していた防食，防水に関する機能を維持する必要があり，エポキシ樹脂，セラミックあるいはシートなどでセグメント内面を被覆する方法が採用され，実績を上げている。

■ テレスコピック型スチールフォーム

数セットの型枠（スチールフォーム）本体とそれを1セットずつ移動できる台車を組み合わせた二次覆工の型枠形式である。

脱型した型枠本体1セットを折りたたみ，移動台車を使用して養生中の型枠の内側を通って次回打設場所に移動，組立を行いコンクリートを連続打設する。

型枠の移動・セットが容易であり，1セット毎に曲線用の型枠を取り付けることで曲線部の施工にも容易に対応できる。これにより，曲線部において，通常の型枠の場合に比べて1回のコンクリート打設長を長くできる。

■ 極薄ライニング工法

ウレタン等の塗膜材料を厚さ数mmで一次覆工内面に吹き付けあるいは塗布することにより，トンネルの防水性，防食性，内面の平滑性などコンクリートによる二次覆工と同等の機能を確保する工法である。

従来のコンクリートによる二次覆工では，通常15～30cm程度の厚さが採用されているのに対し，本工法では厚さ数mmときわめて薄くなる。

セグメントに対しては，表面の平滑化や止水を目的とした下地処理等が必要となる。

■ HDライニング工法

セグメントを合成樹脂により被覆することによってトンネルの耐久性を高め，従来の二次覆工を省略することができる工法である。

被覆方法は，品質やコストにより，パネルタイプと吹付け・塗布タイプに分けられる。

また，構造としては，セグメントの耐久性や内面の平滑性・耐摩耗性の向上を目的とした内面被覆タイプと，セグメントの耐久性や止水性の向上を目的とした外面被覆タイプがある。

■ アンカーシートセグメント工法

高密度ポリエチレン製シート（アンカーシート）をRCセグメント内面に設置することにより，コンクリート二次覆工に代わる優れた防食層を形成する工法である。

アンカーシートはセグメント製作時にコンクリートと一体化されるため，現場での作業は継手部の処理作業のみとなる。

また，アンカーシートにはスタッドがあるため，はがれ，浮き等がなく，またコンクリートのひびわれに対する追従性も有している。

■ エポキシ樹脂によるセグメント被覆工法

セグメントの内面側にエポキシ樹脂を複数層に塗り重ねて，耐水性・耐薬品性等に優れたシームレスな薄膜層を形成する工法であり，これによって従来のコンクリートによる二次覆工を省略することができる。

施工方法としては，下地処理として施工面の清掃や凹凸等の調整を行った後，プライマーを塗布し，その上に主材のエポキシ樹脂をローラー刷毛等により複数回にわたって塗布する方法がとられている。

■ FRPによるセグメント被覆工法

FRP（繊維強化プラスチック）によってセグメント内面をライニングする工法であり，従来のコンクリートによる二次覆工を省略することが可能である。

FRPとは，合成樹脂（ポリエステル樹脂等）を補強材（無機質のガラス繊維）で強化した複合材料の一つである。この主材（樹脂）と補強材をセグメント内面に重ねて塗布することによって，防食性やコンクリートへのひびわれ追従性等に優れたFRP被膜層を形成する。

■ セラミックライニング工法

従来の二次覆工に代わり，化学的に安定したセラミックパウダーを含有するライニング材を組立てられたセグメントの内面に塗布し，コンクリートを防食する工法である。

ライニング材は，セラミックパウダー，主剤（エポキシ樹脂）および硬化剤で構成され，耐食性，耐摩耗性，ひびわれ追従性などの耐久性を有するとともに，耐吸水性や耐透水性などの防水性に優れる。

施工では，下地となるコンクリート表面の状況を十分把握し，的確な下地の清掃・処理を施す必要がある。

■ ミゼロン被覆工法

コンクリートと一体化した素地調整と接着性の良好な厚膜で被覆層を形成することにより，化学的，物理的な両面で防食機能を発揮するコンクリート防食被覆工法である。

被覆材料であるミゼロンは，100％ソリッドのポリウレタン樹脂塗料（2液混合型）であり，防水・防食性のほか，クラック追従性，耐摩耗性，耐薬品性等に優れる。

施工方法としては，まず被覆するセグメント表面の下地処理を行い，次に強固な表面層の形成と接着強度の増大を目的としてプライマーを塗布する。その後，ミゼロンを専用の自動回転式塗装機にて塗布する方法がとられている。

■ 耐火被覆工

耐火被覆工は，主に道路用トンネルにおける火災熱からの覆工体構造性能および止水性能の低下を防止することを目的としたものであり，セグメント内

側に設置される吹付またはパネルからなる被覆体である。道路の用途が多い山岳トンネルでは，従来から行われてきたものであるが，近年のシールドトンネルの道路トンネルへの適用とともに採用されてきた。

吹付は，セメントを主材料とし，セグメント内面のアンカーに剥落防止のメッシュ筋を取り付けた後，乾式または湿式による設置が行われるものである。パネルは，セラミックや珪酸カルシウム等を主成分とする材質からなり，セグメント内面のアンカーに設置される。

耐震被覆工法

わが国は，世界でも有数の地震多発国として知られており，また，都市域が沖積平野に存在するという地形・地質的特徴から，耐震検討や耐震構造に関する技術開発・実用化が多く行われてきた。

シールドトンネルは，継手のフレキシビリティー等から地盤変位に対する追従性は比較的良好であるが，条件によっては，トンネルとの構造変化部，トンネル縦断方向などに大きな断面力が発生する場合もある。2006年制定トンネル標準示方書[シールド工法]・同解説では，このような条件として，以下のものをあげている。

① 地中接合部，分岐部，立坑取付部などのように覆工構造が急変する場合。(セグメントの種類の変化，二次覆工の有無なども含む)
② 軟弱地盤中の場合
③ 土質，土被り，基盤深さ等地盤条件が急変する場合
④ 急曲線部を有する場合
⑤ 緩い飽和砂地盤で，液状化の可能性がある場合

このような条件に該当する場合には，地盤変位を的確に把握するとともに，トンネル構造へ悪影響を与えないよう，対策を講じる必要がある。

■ 可撓セグメント

地震による地盤変位や軟弱地盤における圧密沈下・不等沈下などにより，トンネルの一部に大きな応力や変位が生じてトンネルが損傷することを防止するため，特殊なセグメントリングによってトンネルに可撓性をもたせるものである。

可撓セグメントは，止水ゴム，止水ゴムを支持する枠セグメント，止水ゴムの変形を抑制する耐力バー・耐力スリーブ，推力受け材などから構成される。両側左右の枠セグメント間に取り付けられた止水ゴムにより前後からの応力の伝達を吸収するとともに，耐力バー・耐力スリーブにより地震時の過大な変位を抑制する。

■ フレックスシールド

地震や地盤沈下時にシールドトンネルに発生する変形量を算定し，その変形量に応じて，ゴムと鋼板からなる可撓性のワッシャ（弾性ワッシャ）をリング継手部に所定のトルクで締め付けて設置し，シールドトンネルの可撓性能を向上させるものである。

弾性ワッシャは比較的大きな力や変形に耐えることができ，また継手ボルトを従来と同じトルクで締め付けることが可能である。そのため，従来のシールドと同様の止水性・安全性を確保することができる。

■ 免震工法

セグメントと地山の間の空隙（テールボイド）に，従来の裏込注入材のかわりにシリコーン系などの免震材をトンネル坑内から即時注入方式にて注入充填し，地震時の地盤変位を吸収する免震層を形成する工法である。

施工においては，注入した免震材が切羽側へ回り込むことによって発生するトラブルを防止するため，シールド外側（地山側）へ逆流防止装置を装備することや，シールドと地山の隙間へ空隙充填材を注入するなどといった対策を行う必要がある。

[参考文献]
1) 土木学会:「トンネル標準示方書（シールドトンネル編）・同解説」2006年7月

Ⅲ 推進・牽引工法

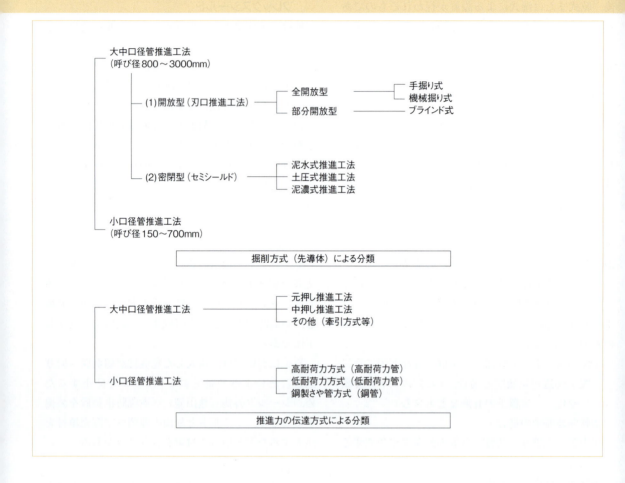

　推進工法は，刃口，推進機または先導体を推進管の先頭に取り付け，切羽を掘削しながら発進立坑に設置した油圧ジャッキにより既製の管の後方を押して推進させ，管1本分を推進させた後，発進立坑内で次の管を継ぎ足して順次推進させて管渠を築造する工法である。

　また，推進工法は管自体を推進するため，直線施工が望ましいが，S字カーブ等の複雑な線形の施工にも対応可能になってきている。また，1/3管等の特殊管を利用した急曲線（呼び径の10倍から20倍程度）の施工実績が増加してきている。さらに，長距離推進では，滑材の性状と滑材の注入システムの開発が進み，1000mを超える超長距離推進の実績も増加してきている。

　推進工法には，口径，推進機や先導体の掘削方式，推進力の伝達方式および新設か改築かにより多くの方法が実用化されている。

　大中口径管推進工法は呼び径800～3000mmまでの推進工法であり，800mm以上としているのは，推進管内に人が入って作業する場合の最少径から決められている。

　開放型は刃口推進工法と呼ばれ，推進管の先端に刃口を取り付け，発進立坑に設置したジャッキによる推進力で刃口を地山に貫入させ，刃口部の土砂を

人力により掘削・排土しながら，管を推進する工法である。

密閉型は推進管の先端にシールド機を取り付ける工法で，シールド機の選択により岩盤から軟弱地盤まで幅広い地盤への適用性があり，セミシールド工法と呼ばれる場合もある。また，掘進の方向制御や長距離化にも対応が容易であることから，大中口径の中での代表的な工法である。

小口径管推進工法は小口径管または誘導管の先端に小口径先導体を接続し，発進立坑から遠隔操作により圧密あるいは掘削しながら推進させる工法である。掘削方法，ずりの搬出方法および方向制御方法により各種の工法がある。

管の布設方法は，推進工法の他に開削工法とシールド工法があるが，推進工法とこれらの工法の特徴を整理すると次の通りになる。

(1) 開削工法との比較

a) 長所
① 開口部は立坑のみであるため，山留め費用の低減と道路交通に及ぼす影響が少ない。
② 工事に伴う騒音・振動等の発生の低減およびその影響範囲を限定できる。
③ 一般には，土被りが大きい程経済的である。

b) 短所
① 急曲線施工および長大スパンへの適用には，ある程度の制限がある。
② 地盤の急激な変化があると，管の推進精度の低下が発生する場合がある。
③ 事前に判明していない地中の障害物に遭遇した場合，その処置が困難となる場合がある。

(2) シールド工法との比較

a) 長所
① プレキャスト管を使用するため，二次覆工が不要で，一般に工期の短縮や工事費の縮減が可能となる。
② 施工設備が簡素化されて施工管理が容易になり，さらに工事費の低減が図られる。
③ 作業基地面積が小さくなるため，立坑用地の確保が比較的容易になる。

b) 短所
① 長距離推進，複数の曲線および大口径管の施工には限界がある。
② 立坑の設置数が多くなり，騒音・振動等の周辺環境や道路交通に及ぼす影響が多少大きくなる。
③ 継手部の止水性（水圧）については適用限界がある。

また，推進工法にはアンダーピニングなどに用いられる函体やエレメントを推進方式で施工する工法のほかに牽引する工法があり，牽引方式を推進方式と区別するために牽引工法と称する場合がある。

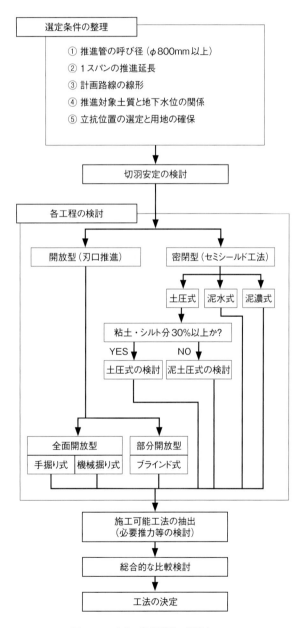

図7.3.1　大中口径管推進工法選定フロー

大中口径管推進工法

大中口径管推進工法の選定に当たっては，種々の条件を念頭に置いて，安全で確実な施工ができ，経済性の点でも優れた工法を選定する必要がある。工法の選定までの概略フローを図7.3.1に示す。

Ø3,500 超大口径2分割推進管
（提供　超大口径PC推進工法研究会）

1 開放型推進工法（刃口推進工法）

開放型推進工法は，全面開放型と部分開放型に分類され，主に刃口推進工法で施工されることが多い。

刃口推進工法は，推進の基本となる工法であり，推進管の先端に刃口を装備しこれを先導体にするとともに，発進立坑に設置したジャッキを使用して管の後端部を押して地山に圧入する。刃口部の土砂は人力により掘削しながら，順次推進管を布設する工法である祖。

本工法を適用するにあたっては，自立する地盤が原則であり，切羽は開放状態になるため，土質や地下水位の条件等を考慮して不安定な地盤に対しては地盤改良等の補助工法が必要になる。表7.3.1に刃口推進工法における適用土質と補助工法をまとめて示す。

推進可能延長は，一般に施工精度や作業性等から50m程度が目安になる。これ以上の距離を施工する場合は，口径・推進管の耐荷力・作業性および操向性等を勘案し，安全・確実に推進可能かどうか十分に検討する必要がある。なお，元押しジャッキの推進力だけでは施工が不可能になる場合は，中押し推進工法を検討することになる。この工法の適用可能径は，呼び径1,000mm以上とされている。

刃口の形状は全面開放型が一般的で，図7.3.2に示す通り，安定した地山（普通土，砂質土）で呼び径1,500mm以下では直形フードが適している。崩壊性の地山（砂層，砂礫互層）では，スランテッド形フードが適しており，さらに玉石を多く含む礫層では，段切り形フードが適している。また，図7.3.3に刃口推進工法の概要図を示す。

表7.3.1　刃口推進工法の適用土質と補助工法の関係

地質分類	土質	N値	含水比(%)	刃口推進工法（手掘り） 補助工法 無	有	種別
沖積粘性土	腐植土	0	150以上	×	×	
	シルト・粘土	0〜2	100〜150	×	△	A
	砂質シルト・粘土	0〜5	80以上	×	△	A
	砂質シルト・粘土	5〜10	50以上	△	○	A
洪積粘性土	ローム・粘土	10〜20	50以上	○	—	
	砂質ローム・粘土	15〜25	50以上	○	—	
	砂質ローム・粘土	20以上	20以上	○	—	
軟岩	土丹・泥岩	50以上	20以下	○		
砂質土	シルト粘土混じり砂	10〜15		△	○	B
	ルーズな砂	10〜30	20以下	×	△	AB
	締まった砂	30以上		×	△	AB
砂礫・玉石	緩い砂礫	10〜40		×	△	AB
	締まった砂礫	40以上		×	△	AB
	玉石混じり砂礫			×	△	AB
	玉石層			×	△	AB

無：補助工法を使用しない場合　　有：補助工法を使用した場合
○：原則として条件に適合する。　A：薬液注入工法
△：適用にあたっては検討を要する。　B：地下水位低下工法
×：原則として条件に適合しない。
—：特に使用しなくてもよい。

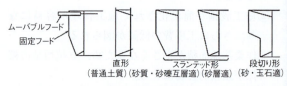

図7.3.2　開放型刃口の形状

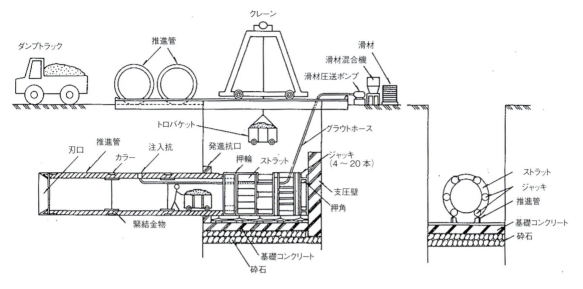

図7.3.3 刃口推進工法の概要

2 密閉型推進工法(セミシールド工法)

　密閉型推進工法は，推進管の先端に密閉型の推進機（セミシールド機）を装着し，切羽とチャンバー内を掘削土砂あるいは泥水で満たし切羽の安定を図りながら掘削を行い，発進立坑に設置した元押しジャッキにより順次推進管を布設する工法である。この工法は方向修正ジャッキを装備しているため，操向性や施工精度の高い工法であり，泥水式推進工法，土圧式推進工法および泥濃式推進工法の3工法に大別される。

　切羽と作業空間が推進機の隔壁（チャンバー）で仕切られているため，作業の安全性が高く，軟岩を含む殆どの地盤に適用可能となる。表7.3.2に密閉型推進工法の適用土質と補助工法を示す。

　また，開放型推進工法（刃口工法）と比べて，推進抵抗を小さくできることから長距離推進にも適し，滑材注入層の保持方法，滑材の材料および注入設備の開発，さらに推力の変化と連動させた推進管理技術の向上と併せて，最大スパンが1,000mを超える施工実績が出現している。

　従来は，シールド工法でなければ施工できなかった課題を徐々に克服してきており，密閉型推進工法がシールドの施工領域に入りつつあるのが現状である。

　ここで，セミシールドのうち，開放型（全面開放型，部分開放型）が採用された時期があったが，適用地盤が限定され補助工法の併用が不可欠になる場合が多くなり，経済性，施工性および安全性から密閉型推進工法の採用が増加し，開放型の施工実績は殆ど無くなっている。

〔参考文献〕
1) (社)日本下水道協会：「下水道推進工法の指針と解説2003年版」

泥水式セミシールド工法

　泥水式推進工法は，カッタ部とガーター部の間に隔壁（バルクヘッド）を設け，チャンバー内に圧送した泥水の圧力を切羽の土圧と地下水に見合う圧力を保持することにより，切羽の安定を図りながらカッタを回転させて地山を掘削して推進させる工法である。

　掘削された土砂は泥水と撹拌混合され，流体輸送により坑外に搬送されて泥水処理設備で土砂と泥水に分離される。分離された泥水は，比重や粘性を調整した後，再び切羽に送泥され循環利用される。

　工法の特徴は，掘削された土砂をパイプで流体輸送するため，推進管内の作業空間を広く確保できるが，坑外に設置する泥水処理設備のため，ある程度の広い用地が必要になる。

　適用土質は表7.3.2に示す通り，軟弱粘性土から砂礫層まで幅広く対応できる。特に地下水位の高い軟弱地盤，透水性の高い砂礫地盤および均等係数の小さい砂層など不安定な地盤に適用されている。しかし，この場合，切羽の管理が重要になるが，泥水

表7.3.2 密閉型推進工法の適用土質と補助工法

地質				泥水式推進工法			土圧式推進工法						泥濃式推進工法		
							土圧推進工法			泥土圧推進工法					
分類	土質	N値	含水量(%)	補助工法			補助工法			補助工法			補助工法		
				無	有	種別	無	有	種別	無	有	種別	無	有	種別
沖積粘性土	有機質土	0	150以上	×	△	A	×	△	A	×	△	A	×	△	A
	シルト・粘土	0~2	100~150	△	○	A	△	○	A	△	○	A	△	○	A
	砂質シルト・粘土	0~5	80以上	△	○	A	△	○	A	△	○	A	△	○	A
	砂質シルト・粘土	5~10	50以上	○	—		○	—		○	—	A	○	—	A
洪粘性積土	ローム・粘土	10~20	50以上	○	—		○	—		○	—		○	—	
	砂質ローム・粘土	10~25	50以上	○	—		○	—		○	—		○	—	
	砂質ローム・粘土	20以上	20以上	○	—		○	—		○	—		○	—	
軟岩	土丹・泥岩	50以上	20以下	△	—		△	—		△	—		△	—	
砂質土	シルト粘土混り砂	10~15		○	—		○	—		○	—		○	—	
	ルーズな砂	10~30	20以上	○	—		○	—		○	—		○	—	
	締まった砂	30以上		○	—		○	—		○	—		○	—	
砂・玉石	緩い砂礫	10~40		○	—		○	—		○	—		○	—	
	締まった砂礫	40以上		○	—		○	—		○	—		○	—	
	玉石混じり砂礫			○	—		○	—		○	—		○	—	
	玉石層			△			△			△			△		

注1) 凡例
無：補助工法を使用しない場合
有：補助工法を使用した場合
○：原則として条件に適合する。
△：適用にあたっては検討を要する。
×：原則として条件に適合しない。
—：特に使用しなくてもよい。
A：薬液注入工法

2) 主工法の選定は○が望ましいが、部分的に土質が異なり適用せざるを得ない場合も含めて表示してある。

引用文献：下水道推進工法の指針と解説 200 年版
（社団法人日本下水道協会）

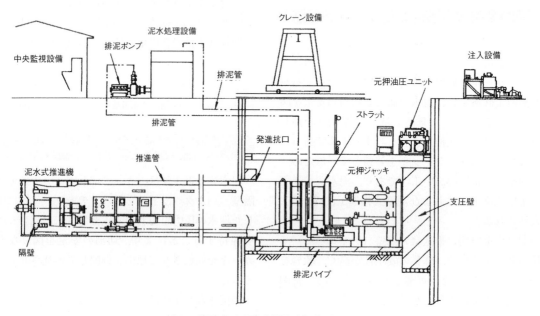

図7.3.4 泥水式推進工法の概要

泥水式推進機の一例

圧，比重，粘性および排泥流量（掘削土量）の管理を適切に行うことにより対処できる。泥水式推進工法の適用例を図7.3.4に示す。

泥水式推進工法の体表的な工法として，アンクルモール工法，ユニコーン工法，アルティミット工法などがある。

■ アンクルモール工法

アンクルモール工法は，一軸圧縮強度200MPaまでの巨礫を破砕して推進することが可能である。

取り込み可能礫径は呼び径の40%程度で，マシン前面のカッタで地山を掘削し，コーンロータの偏心回転運動により，外側コーンとコーンロータから構成されるクラッシャで，取り込んだ礫を破砕する。

切羽の安定は，推進ジャッキによる元押し推力により掘進機を地山に押し付け，クラッシャ内に土砂を充満させて崩壊を防ぐ。地下水圧に対しては，送泥水圧によりバランスをとり，掘削された土砂は流体輸送で坑外に搬出される。

アンクルモールスーパー工法では，ローラカッタやディスクカッタを装備したカッタヘッドにより，呼び径よりも大きな巨礫や岩盤まで破砕して推進することができる。

また，ビットの摩耗が生じても呼び径φ1350mmからφ1500mmまでは機内から交換可能であるため，長距離推進に対応している。施工可能となる最大呼び径は1500mmまでである。

■ ユニコーン工法

ユニコーン工法は，一軸圧縮強度200MPaまでの岩盤や呼び径の2/3程度までの玉石まで破砕して推進することが可能である。礫の破砕方法は，マシン前面のカッタに取り付けたローラビットで礫を一次破砕し，マントルとコーンケブリングで構成されるコーンクラッシャーで二次破砕する。

ユニコーンロング工法（呼び径φ1000mm～φ1650mm）では，ビットの摩耗が生じても推進機内からビットの交換が可能であるため，長距離推進に対応している。

切羽の安定は，アンクルモール工法と同様に，切羽に作用する土水圧に対し，推進ジャッキによる推力と泥水圧によりバランスさせ，掘削された土砂は，流体輸送により坑外に搬出される。

施工可能となる最大呼び径は2400mmまでである。

■ アルティミット工法

アルティミット工法は，従来の密閉型（泥水・土圧）推進に種々のシステムを付加させ，長距離および急曲線施工を可能にした工法である。システムとして，「特殊拡幅リング」「ダブルカット方式」「自動滑材充填システム（ULIS）」「センプラカーブシステム」等があり，これらのシステムを組合わせることで対応可能になる。

砂礫層における最大礫径は，呼び径の30～33%程度（特殊カッタ装備で33～50%）である。また，最小曲線半径は15m～20m程度の超急曲線施工にも対応可能になる。

なお，アルティミット工法には，泥土圧タイプもあるが，巨礫や急曲線への適用性は，泥水式の方が優れている。施工可能となる最大呼び径は3000mmまでである。

土圧式推進工法

土圧式推進工法は，カッタ部とガーター部の間に隔壁（バルクヘッド）を設け，土質によってはチャンバー内に掘削土砂のみを充満させたり，必要に応じて添加材を注入して混練された掘削土砂を充満させ，切羽の土圧・水圧に対抗する圧力を保持しながら，地山を掘削して推進させる工法である。

掘削された土砂は，スクリューコンベヤ等で圧力を適切に保持しながら排土され，トロバケットまたは圧送ポンプ等により坑外に搬出される。

掘削された土砂は，チャンバー内で塑性流動化しないと切羽の安定が確保できないため，適用土質は，一般に粘土・シルト分含有率が30%以上の粘性土を対象とする。

しかし，これ以外の土質であっても添加材を注入して，チャンバー内の土砂と強制的に混合撹拌させることにより，塑性流動化を図ることができる。（この場合は，泥土圧式推進工法になる）

したがって，適用土質は表7.3.2に示す通り，砂礫層から軟弱粘性土まで幅広く対応可能になる。

最近の施工例では，想定外の土質の変化を考慮して，添加材の注入機構を備えた「泥土圧式推進工法」を採用する傾向にある。

土圧式推進工法の適用例を図7.3.5に示す。

土圧式推進工法には，泥土加圧推進工法，CMT工法，アイアンモール工法などがある。

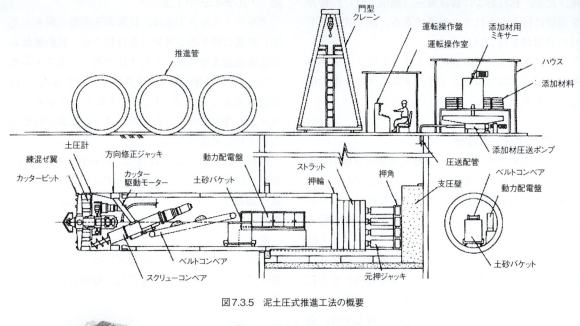

図7.3.5　泥土圧式推進工法の概要

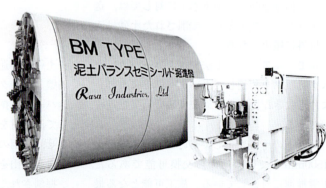

泥土式推進機の一例

■ 泥土加圧推進工法

泥土加圧推進工法は，回転するカッターにより切削された土砂に添加材を注入し，カッタ後部の練混ぜ翼で強力に練り混ぜ，塑性流動性と不等水性を持つ泥土に変換する。この泥土をチャンバー内およびスクリューコンベヤ内に常に充満させ，元押しジャッキ，または中押しジャッキの推力によりチャンバー内の泥土に泥土圧を発生させ，その泥土圧を切羽に作用する地山の土圧と水圧に抵抗させて切羽を抑える。

掘進管理は，チャンバー内に取り付けられた土圧計により泥土圧を測定し，その泥土圧が常に管理土圧（土圧＋水圧＋a）となる様に推進ジャッキの速度とスクリューコンベヤの回転数を調整して行う。

取り込み可能な最大礫径は，掘進機の大きさにより取り付け可能となるスクリューコンベヤの寸法で異なるが，概ね呼び径の15％〜20％程度である。

施工可能となる最大呼び径は3000mmまでである。

■ CMT工法

CMT工法は，一軸圧縮強度300MPaまでの巨礫を破砕して推進することが可能であり，呼び径よりも大きな転石・玉石でも掘進可能である。切羽の安定については，土圧方式（面板加圧）を基本とし，推進ジャッキの速度と推力点ジャッキの圧力を管理する。掘削された土砂は，泥水式推進工法と同様に流体（水力）排土方式で坑外に搬出される。また，最小曲線半径は40m程度の急曲線施工にも対応可能になる。

岩盤の長距離推進におけるビット交換や障害物の

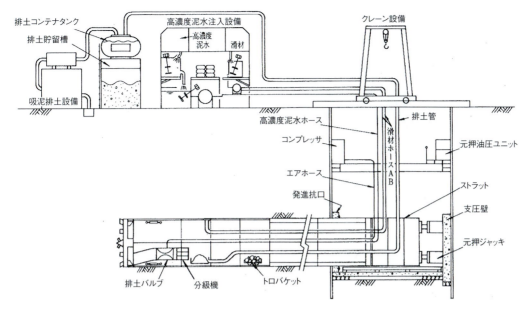

図7.3.6　泥濃式推進工法の概要

撤去が可能となるように，推進機のバルクヘッドに点検扉が設置されている。このとき，湧水が多い場合は，補助工法として圧気工法を採用する場合がある。

施工可能となる最大呼び径は3000mmまでである。

■ アイアンモール工法

アイアンモール工法（TP125S）は，一軸圧縮強度200MPaまでの巨礫を破砕して推進することが可能であり，最大礫径は呼び径の75％以下である。マシン前面のカッタにより掘削した土砂に添加材を注入し，混合攪拌された掘削土砂はスクリューコンベヤでチャンバー後方まで一次排土する。その後，掘進距離とカーブの有無により，スクリュー排土方式とバキューム排土方式で坑外に搬出される。

推進機は，呼び径φ800mmをベースに，外筒をかぶせる方式で呼び径φ900mmとφ1000mmに対応し，最大呼び径は1000mmである。掘削対象地盤は，岩盤，礫・玉石混り土および粘土まで広い範囲で適用可能である。

泥濃式推進工法

泥濃式推進工法は，泥水式推進工法や土圧式推進工法の後から開発され，急速に普及してきた工法である。本工法は，カッタ部とガーター部の間に隔壁（バルクヘッド）を設け，チャンバー内に高濃度泥水を充満させることにより切羽の安定を図りながらカッタを回転させながら地山を掘削して推進させる工法である。

掘削された土砂は，掘進機内に設けられた排土バルブの開閉操作により，切羽の安定を図りつつ間欠的に排土する。掘進機内の貯留槽に排土された土砂は大気下に開放され，搬送可能な大きさに分級された後，排土管を通して真空（吸引）搬送される。真空搬送が不可能な大礫（70mm以上）は，トロバケットを用いて坑外に搬出する。

適用土質は表7.3.2に示す通り，砂礫層から軟弱粘性土まで幅広く対応可能になる。推進方法は，基本的には中押しジャッキを用いず，発進立坑に設置された元押しジャッキの推進力で施工されている。他の工法との違いは，オーバーカットを積極的に利用し，テールボイドを25mm（推進管の外側と掘削外径の差）以上発生させ，このテールボイドに高濃度の泥水と固結型滑材を注入し，地山の安定を図ることにより，低推力による長距離推進や余堀部の安定による急曲線推進を実現している。適用可能となる最大呼び径は，一般には2200mmまでであるが，2400mmの実績もある。

図7.3.6に泥濃式推進工法の概要を示す。

泥濃式推進工法には，エスエスモール工法，LDC工法，超流バランスセミシールド工法，超泥水加圧推進工法，ベルスタモール工法，ラムサス工法，ヒューム管推進工法，コマンド工法，ユニバーサル工法などがある。

泥土式推進工法による下水管の施工

エスエスモール工法

エスエスモール工法は，テールボイド内に高濃度泥水を充満加圧することで管外周面抵抗値を低下させ，長距離推進を実現する工法である。

超長距離推進用に開発されたT.B.Kシステムを併用することにより，推進可能距離を500mから1000m程度まで伸ばすことができる。このときのテールボイド（推進管外径と掘削外径の差）は30mmから50mmの範囲で確保し，所定の間隔でT.B専用管とT.B注入装置（全方位同圧直噴型）を設置し，テールボイド圧力の検知と適正圧力の保持を可能にしている。取り込み可能な最大礫径は，呼び径の1/3程度であり，曲線半径30m程度の超急曲線施工にも対応可能である。適用可能となる最大呼び径は2200mmまでである。

超流バランスセミシールド工法

超流バランスセミシールド工法は，テールボイド内にワーカビリティの良い土粒子＋高濃度泥水が充満加圧され，管外周の周面摩擦を低下させ，後続管部より注入された固結型滑材がさらにテールボイド（35mm程度）を安定させる工法である。

超長距離推進用に開発されたTRS装置を併用することにより，テールボイドを再拡幅するのと同時にテールボイド材を加圧充填し，管外の摩擦抵抗力を低下させる。推進可能距離は，500mから1000m程度まで伸ばすことができる。取り込み可能な最大礫径は，呼び径の40％程度であり，曲線半径10m程度の超急曲線施工にも対応可能である。適用可能となる最大呼び径は2400mmまでである。

超泥水加圧推進工法

超泥水加圧推進工法は，あらかじめ推進管の外周を積極的にオーバーカット（標準25mm）し，超泥水を瞬時に充満加圧させてテールボイドを確保する。テールボイド内の超泥水が連続的に加圧充満される結果，推進管は地山に接することなく，管の周辺摩擦抵抗力著しく軽減できる工法である。また，FRD工法の併用により，さらに推進抵抗力を軽減することが可能となり，長距離推進に対応する。このFRD工法は，滑材の連続注入装置，滑材の切羽部への流出防止装置および推進抵抗力の検知装置等で構成される。取り込み可能な最大礫径は，呼び径の1/3程度であり，曲線半径は呼び径の約50倍まで対応可能である。適用可能となる最大呼び径は2200mmまでである。

ベルスタモール工法

ベルスタモール工法は，カッタの中央および外周部の2箇所に泥水注入孔を配置し，確実な送泥を維持するとともに，土質に応じて切羽とテールボイドの性状を変えることができる工法である。

また，長距離推進システム（L.V.S）を採用することにより，推進可能距離を500m〜1000m程度まで伸ばすことができる。このシステムは，掘進機に上下左右の4箇所に可塑材注入孔を配置し，さらに，カッタ外周後部にも可塑材注入孔を設けて，注入と同時にカッタの回転により，管の外周に可塑材を均一行き渡らせ，テールボイド（25mmから45mm）を安定させて，推進抵抗を低減させるものである。取り込み可能な最大礫径は，呼び径の1/3程度であり，曲線半径は呼び径の約10倍程度まで対応可能である。適用可能となる最大呼び径は2400mmまでである。

ラムサム工法

ラムサム工法は，砂礫層，玉石層および硬質粘土層等推進工法では厳しいとされる条件でも推進可能となる工法であり，泥濃式推進工法の中では唯一礫破砕機能を有した工法である。

礫や玉石は，マシン前面のカッタに取り付けたローラビットで一次破砕し，チャンバー内のコーン

クラッシャーで二次破砕する。破砕可能な礫の条件は，一軸圧縮強度200〜350MPa，礫径は呼び径の40〜150%程度である。また，超長距離推進システム（R-BS）を採用することにより，推進可能距離を500m以上まで伸ばすことができる。このシステムは，掘進機の滑剤注入用後続管より，周方向に設けられた6箇所の注入孔から特殊滑剤を推進管外周のテールボイド（35mm）に完全に注入する機構と併せ，50m毎に補助滑材を注入することにより，低推力化を図ることが可能になる。

適用可能となる最大呼び径は1600mmまでである。

■ ヒューム管推進工法

ヒューム管推進工法は，推進管（ヒューム管）に掘進機ユニットを組み込み，この推進管を掘進機として利用して推進する工法である。

一般の推進工法では，掘進機を一体回収する到達立坑が必要である。しかし，本工法では，推進完了後に掘進機の外殻（スキンプレート一体型ヒューム管：合成鋼管）だけを残置し，カッタ，油圧ユニット等を分割・解体することが可能になるため，既設の小さな口径の人孔にも到達させることが可能になる。したがって，新たに到達立坑を構築する場合でも，立坑の形状を極力小さくすることができる。掘進機の構造や推進能力は，ベルスタモール工法を基本に考えており，長距離推進と急曲線推進が可能になる。適用可能となる最大呼び径は2200mmまでである。

■ コマンド工法

コマンド工法は，切羽およびテールボイド（30mm〜35mm）の安定強化とMGSシステムの採用で，推進管と地山との摩擦抵抗の低推力化が図れ，長距離推進を可能とする工法である。

本工法は，従来工法と比較して，立坑の占用面積を半分以下にすることができる立坑構築システムを併用している。発進立坑はφ3.0mの鋼管圧入工法による施工のため，作業工程が容易で工期の短縮を図ることができる。到達立坑はφ2.5mとして，分割回収を基本としている。発進時は，掘進機の地中格納用ホルダー管を装備して一次発進をし，その後本体マシンを組み立て二次発進する。また，狭い立坑スペースでの作業性を向上させるため，開閉自在な4段ステップジャッキ（アクロバットジャッキ）を使用している。取り込み可能な最大礫径は，呼び径の30%程度である。

適用可能となる最大呼び径は1200mmまでである。

■ ユニバーサル工法

ユニバーサル工法は，高濃度液状体を切羽掘削部，掘進機および管外周部にも作用させることで，掘削した地山の空洞内部応力を解放することなく安定させ，低推力で掘進を行う工法である。

テールボイド（25mm）は，カッタ外周から注入する泥水と掘進機の外周から注入する可塑状滑材にて保持される。また，管を地山に直接接触させないため，管外周面の摩擦抵抗力を低減させ，長距離・曲線・バーチカルカーブ等の推進を可能にしている。プラントヤードは，コンパクトな設備であり，立坑からある程度離れた場所への設置も可能になる。また，曲線半径50m程度の急曲線施工にも対応可能となる。取り込み可能な最大礫径は，呼び径の30%〜40%程度である。適用可能となる最大呼び径は1600mmまでである。

小口径管推進工法

小口径管推進工法とは，小口径管推進管又は誘導管の先端に小口径管先導体を接続し，立坑等から遠隔操作等により推進する工法である。

本工法は，遠隔操作等により掘削，ずり出し又圧入しながら推進管を布設するもので，呼び径700以下の小口径管に用いられ，掘削方法，ずり出し方法等により多くの方式があるので，土質によって適切なものを選定しなければならない。推進機構は，それぞれの機種により特徴があり，設備としては簡便なものが多い。推進用管推進力の管材に伝達される機構の違いによって，高耐荷力管方式，低耐荷力管方式および鋼製さや管方式に分類する。図7.3.7に小口径推進工法の分類を示す。併せて，主な工法名も示した。

一般的に図7.3.8示すように直接推進管を推進させる一工程式と，図7.3.9に示すように先導体および誘導管を先行させた後，これをガイドとして推進管を推進する二工程式がある。

```
（推進方法）      （掘削および排土方法）   （管の推進工法）        （主な工法名）
                      ┌─ 圧入方式 ──── 二工程式 ──┬─ アイアンモール工法（TP80）
                      │                           └─ アースアロー工法
                      │                          ┌─ ホリゾンガー工法
                      ├─ オーガ方式 ─── 一工程式 ──┤
                      │                          └─ アイアンモール工法（TP90S, 95S, 75SCL）
         ┌─高耐荷力方式 │                          ┌─ アンクルモール工法（スーパー、ミニ、エル）
         │ （高耐荷力管）│               ┌─ 一工程式 ┼─ ユニコーン・ミニコーン工法
         │            ├─ 泥水方式 ──┤              └─ ミクロ工法
         │            │             │           ┌─ スーパーミニ工法
         │            │             └─ 二工程式 ─┤
         │            │                          └─ ミクロ工法
         │            │                          ┌─ アイアンモール工法（TP90S, 95S, 75SCL）
         │            └─ 泥土圧方式 ── 一工程式 ──┼─ スリムアーク工法
         │                                       └─ エースモールDL・DL-C工法
         │                                       ┌─ スピーダ工法
         │                                       ├─ パイパー工法
         │            ┌─ 圧入方式 ──── 二工程式 ──┤
         │            │                          ├─ DRM工法
         │            │                          └─ アクモ工法
小口径管推進工法─┤低耐荷力方式 ├─ オーガ方式 ─── 一工程式 ──┬─ エンビライナー工法
 （推進管）    │（低耐荷力管）│                           └─ アイアンモール工法（TP50S）
         │            ├─ 泥水方式 ──── 一工程式 ──┬─ ユニコーン工法（DH-ES）
         │            │                          └─ アンクルモールⅤ工法
         │            └─ 泥土圧方式 ── 一工程式 ──┬─ エンビライナー工法
         │                                       └─ アイアンモール工法（TP40SCL,60S）
         │            ┌─ 圧入方式 ──── 一工程式 ──┬─ グルンドラム工法
         │            │                          └─ インパクトモール工法
         │            ├─ オーガ方式 ─── 一工程式 ──── オーケーモール・ミニモール工法
         └─鋼製さや管方式├─ ボーリング方式
           （鋼管）    │ （一重ケーシング式）──────── AH・AHミニ工法
                      │                             ハードロック工法
                      │ （二重ケーシング式）──────── SH・SHミニ工法
                      └─ 泥土圧方式 ── 一工程式 ──── ロックマン・ロックマンエース工法
```

図7.3.7 小口径管推進工法の分類

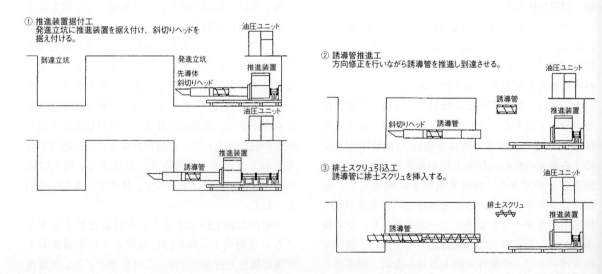

図7.3.8 一工程式の施工フロー（1）

④ 拡大カッタ据付工
　誘導管および排土スクリュに拡大カッタを据え付ける。

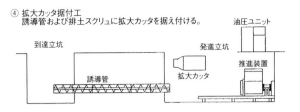

⑤ 推進管推進工
　発進立坑より推進管を推進し、到達立坑より誘導管、
　排土スクリュを回収しズリを搬出する。

⑥ 推進装置撤去
　到達立坑より拡大カッタを回収し、
　発進立坑の推進装置を撤去する。

図7.3.8　一工程式の施工フロー（2）

① 発進立坑に推進装置を据え付け、先導体をセットする。

② 検測機により方向を検測し、方向調整を行いつつ、推進管を順次推進する。

③ 推進装置を後退させ、推進管（ケーシング、スクリュを内蔵）を接続する。

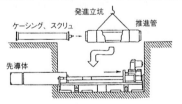

④ ②〜③の作業を繰り返し、先導体を到達立坑に到達させる。

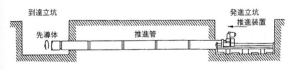

⑤ 先導体を到達立坑から回収する。

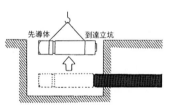

⑥ スクリュを発進立坑へ引き抜き、順次回収する。

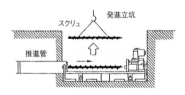

⑦ ケーシングを発進立坑へ引き抜き順次回収する。その後推進装置を撤去する。

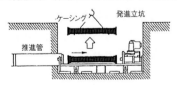

図7.3.9　二工程式の施工フロー

1 高耐荷力方式

高耐荷力方式は，推進管に高耐荷力管（鉄筋コンクリート管，ダクタイル鋳鉄管，陶管，複合管等）を用いて，すべての推力を推進管に作用させて推進する方式である。掘進の方式により，圧入方式，オーガ方式，泥水方式および泥土圧方式に分類される。

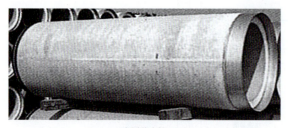

高耐荷力管

圧入方式

圧入方式は，第一工程には，先導体として圧密ジャッキヘッドを用いる方法と，斜切りヘッドを用いる方法がある。先導体には遠隔方向制御装置を有し，方向修正を行う。第二工程は，誘導管後部に拡大カッタと推進管を接続し，排土スクリューをセットした誘導管を案内として排土しながら小口径管推進管を推進する。適用範囲は，N値0～15程度の土質であり，推進延長は50～60m程度である。圧密ジャッキヘッドを用いる例を図7.3.10に，斜切ジャッキヘッドを用いる例を図7.3.11に示す。

オーガ方式

オーガ方式は，先導体内にオーガヘッドおよびスクリューコンベヤを装着し，この回転により掘削排土を行いながら推進管の推進を行う工法であり，遠隔方向制御装置を設け，方向修正を行う。

本方式は，先導体に直接推進管を接続して推進を行う方式である。オーガヘッドにより掘削された土砂は，推進管内に設置されたスクリューコンベヤおよびケーシングにより発進立坑まで排土される。適用範囲は，粘土，シルト，砂，小礫の土質であり，玉石，礫層にはローラビットなどの専用ビットを装備した機種が用いられる。推進延長は，一般的な条件の場合は60～70m程度である。

オーガ方式による一工程式の施工概要を図7.3.12に示す。

泥水方式

泥水方式は，推進管又は誘導管の先端に泥水式先導体を装備し，切羽安定のため泥水を送り，カッタの回転により掘削を行い，掘削した土砂は泥水と混合しスラリー状の掘削土砂を流体輸送して，地上の泥水処理設備で土砂と泥水に分離する方式であり，一工程式と二工程式とがある。

適用範囲は，一般的に軟弱土，帯水性砂質土，砂礫土等であるが，玉石・転石・岩盤対応の専用機もある。遠隔方向制御装置を設け，方向修正を行う。標準管の推進延長は，管径により100～140m程度である。短管の推進延長は，管径により80～100m程度である。一工程式の施工概要を図7.3.13に示す。

二工程式の掘削および推進の原理は一工程式と同様であるが，先導体に誘導管を接続して，一旦到達立坑まで推進した後，誘導管を推進管と置換する方式である。推進延長は，管径により120～160m程度である。二工程式の施工概要を図7.3.14に示す。

泥土圧方式

泥土圧方式は，推進管の先端に泥土圧式先導体を装備し，土砂の塑性流動化を促進させるための添加材注入と止水バルブの採用により，切羽の安定を保持しながらカッタの回転により掘削を行い，掘削量に見合った排土を行うことで切羽土圧を調整しながら推進する方式である。排土方式には，スクリューコンベヤで行う方式と，圧送ポンプにより排土する方式がある。適応土質は，粘性土・砂質土の帯水層，硬質土・礫・玉石混り土であるが先導体の先端カッタを交換することにより，普通土から礫，玉石混じり土まで対応することができ，ディスクカッタやコーン型クラッシングヘッドを装備することにより玉石を破砕して掘進する。標準管の推進延長は，管径により立坑内に駆動源を持つ立坑内駆動方式では60～70m程度，先導体内に駆動源を持つ先導体駆動方式では80～100m程度である。また，圧送排土方式では130～150m程度である。短管の推進延長は，管径により立坑内駆動方式では60～70m程度，先導体駆動方式では70～90m程度である。また，

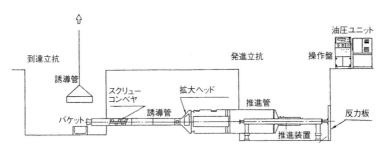

図7.3.10 高耐荷力方式・圧入方式二工程式施工概要
（圧密ジャッキヘッドを用いる例）

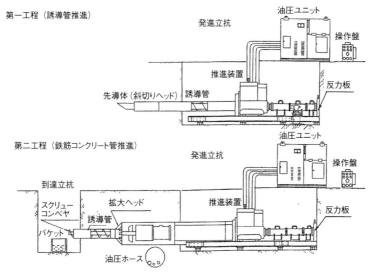

図7.3.11 高耐荷力方式・圧入方式二工程式施工概要
（斜切ジャッキヘッドを用いる例）

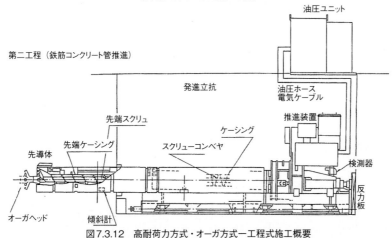

図7.3.12 高耐荷力方式・オーガ方式一工程式施工概要

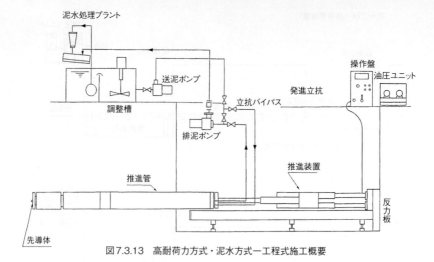

図7.3.13　高耐荷力方式・泥水方式一工程式施工概要

第一工程（誘導管推進）

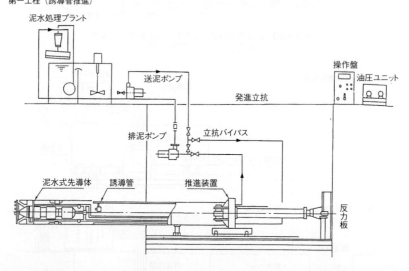

（誘導管構造図）

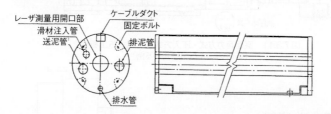

第二工程（鉄筋コンクリート管推進）

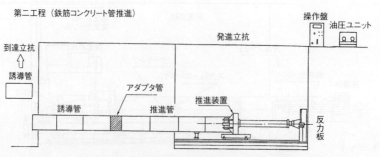

図7.3.14　高耐荷力方式・泥水方式二工程式施工概要

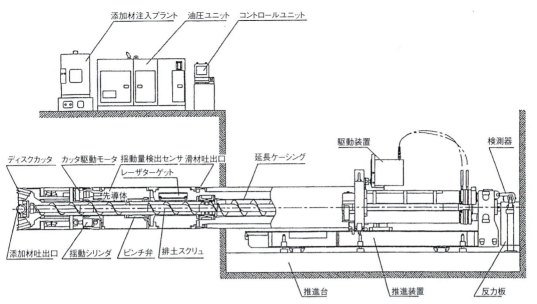

図7.3.15　高耐荷力方式・泥土圧方式一工程式
（スクリュウコンベア排土方式）施工概要

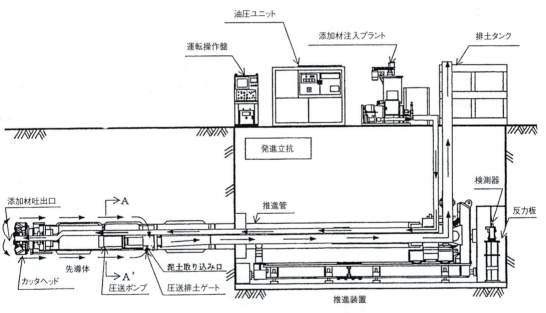

図7.3.16　高耐荷力方式・泥土圧方式一工程式
（圧送排土方式）施工概要

圧送排土方式では110〜120m程度である。

図7.3.15にスクリューコンベヤ排土による一工程式の施工概要を，図7.3.16に圧送排土による一工程式の施工概要を示す。

その他の方式

その他の方式として，空気圧縮機による送機で切羽の安定を図り，真空ポンプの吸引により排土を行いながら先導体および誘導管を推進し，その後本管を推進する二工程式がある。推進延長は一般に30〜50m程度である。

第7章　トンネル工法　Ⅲ 推進・牽引工法　635

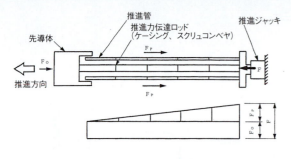

ここに
F: 総推進力(Fo+Fp)
Fp: 推進力に作用する周面抵抗力
Fo: 先端抵抗力

図7.3.17 低耐荷力方式の掘削機構

低耐荷力管

2 低耐荷力方式

　低耐荷力方式は，低耐荷力管（硬質塩化ビニル管等）を用い，先導体の推進必要な推進力の初期抵抗を推進力伝達ロッドに作用させ，低耐荷力管には，土との管外周抵抗のみを負担させることにより推進する方式である。掘進の方式により，圧入方式，オーガ方式，泥水方式および泥土圧方式に分類される。図7.3.17に掘削推進機構の概要を示す。

圧入方式

　圧入方式は，元押しジャッキを用いて直接に推進管を圧入させる一工程式と最初に誘導管を圧入した後，これをガイドとして推進管を推進する二工程式の2方式に分類される。

　一工程式は，先導体に圧密揺動ジャッキ，斜切ヘッドなどを用い方向修正を行いながら，前面の地山を先導体外周方向へ圧密し，推進ジャッキによりケーシング（推進伝達ロッド）に推進力を負荷させる。低耐荷力管には，土との管外周抵抗のみを負担させる。掘削せずに土砂を押し分けて推進するため管内に排土設備は必要としない。適用範囲は，粘性土で$0<N\leq15$の土質であり，推進延長は40〜50m程度である。

　二工程式は，鋼製の誘導管を先導体として用い方向修正を行いながら到達立坑まで圧入推進させた後，誘導管をガイドとして拡大カッタヘッドを用いて掘削し，発進立坑に排土しつつ，推進ジャッキによりケーシング（推進力伝達ロッド）に推進力を負荷する。低耐荷力管には，土との管外周抵抗のみを負担させる。適用範囲は，粘性土で$1\leq N\leq20$，砂質土で$0\leq N\leq10$程度であり，推進延長は50〜60m程度である。二工程方式の概要を図7.3.18に示す。

オーガ方式

　オーガ式は，低耐荷力管を用い，先導体内にオーガヘッドおよびスクリューコンベヤを装備し，その回転により掘削排土を行いつつ，推進ジャッキによりスクリューコンベヤ類（推進力伝達ロッド）に初期抵抗力を負担させ，低耐荷力管には，土との管外面抵抗のみを負担させることにより，低耐荷力管を推進する方式であり，一工程式である。適用範囲は，粘性土，砂質土であり，推進区間の延長は，管径により30〜70m程度である。図7.3.19にオーガ方式による一工程式概要を示す。

泥水方式

　泥水方式は，泥水式先導体に送排泥管を内蔵したケーシング（推進力伝達ロッド）を接続し，泥水を圧送，切羽の安定を図りながら，カッタの回転により掘削を行う。掘削した土砂は泥水と攪拌し，排泥管を通して排泥ポンプにより坑外に流体輸送して，地上の泥水処理設備で土砂と泥水を分離する。推進ジャッキによりケーシング（推進伝達ロッド）に初期抵抗を負担させ，低耐荷力管は，先導体との接続部に工夫を施し，管外周の保護のため配慮しながら行う方式であり，一工程式である。適用範囲は，粘性土，砂質土であり推進区間の延長は，65〜90m程度である。図7.3.20に泥水方式による一工程式の施工概要を示す。

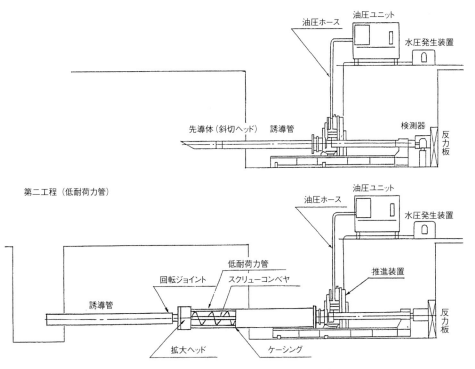

図7.3.18 低耐荷力方式・圧入方式二工程式施工概要

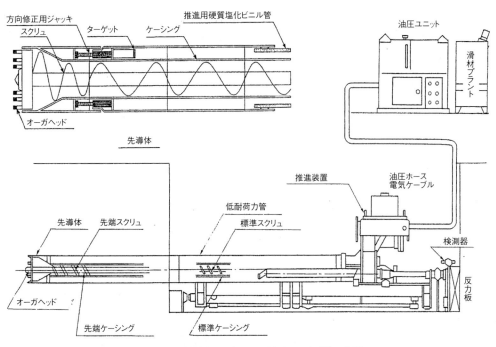

図7.3.19 低耐荷力方式・オーガ方式一工程式施工概要

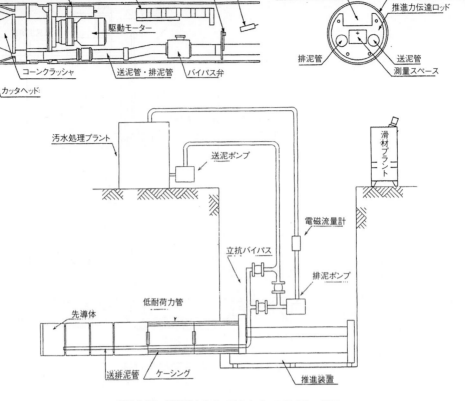

図7.3.20 低耐荷力方式・泥水方式―工程式施工概要

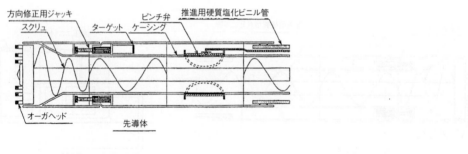

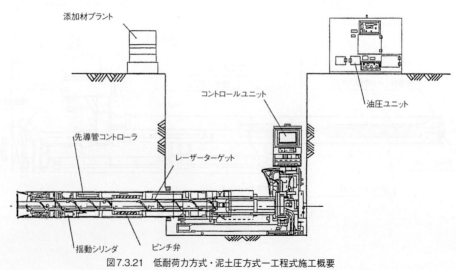

図7.3.21 低耐荷力方式・泥土圧方式―工程式施工概要

泥土圧方式

泥土圧方式は，帯水層地盤を対象とし，推進管の先端に泥土圧式先導体を装備し，添加材を注入し，掘削土砂の塑性流動化を図り切羽の安定を保持しながら掘削を行い，ピンチ弁の開閉により切羽圧を調整し，初期抵抗をケーシング，スクリューコンベヤ（推進力伝達ロッド）等に負担させ，低耐荷力管には管外面抵抗のみを負担させ推進する工法である。適用範囲は，粘性土，砂質土であり，推進区間の延長は，管径により50～70m程度である。図7.3.21に泥土圧式による一工程式の施工概要を示す。

3 鋼製さや管方式

鋼管さや管方式は，まず鋼製管を推進した後，これをさや管として鋼管内部に塩化ビニル管を敷設する方式である。さや管となる鋼管の掘進方式により，圧入方式，オーガ方式，ボーリング方式および泥水方式に分類される。

圧入方式

鋼製さや管方式での圧入方式は，主として空気衝撃ハンマ・ラム式を用い，一工程式が通常である。空気衝撃ハンマ・ラム式は，圧縮空気を駆動源とする衝撃ハンマを用いて鋼管を推進する方式である。適用範囲は，衝撃ハンマを用いるため，礫，玉石などを混在する硬質土までの土質で，鋼管呼び径は400～800mmで，推進延長は10～40m程度である。図7.3.22に圧入方式による一工程式の施工概要を示す。

オーガ方式

一工程式オーガ方式は鋼製管先端部先導体内にオーガヘッドおよびスクリューオーガを装着し，その回転により掘削された土砂を，鋼製管内に設置されたスクリューコンベヤによって発進立坑まで排土しながら鋼管を推進する方式である。

適用範囲は，砂礫層および硬質地盤の土質であり，推進延長は一般に50～70m程度である。図7.3.23にオーガ方式による一工程式の施工概要を示す。

鋼管さや管

ボーリング方式

ボーリング方式は，鋼管の先端に超硬切削ビットを取り付けた鋼管本体を回転しながら推進する一重ケーシング式と，鋼管内部に回転するスクリュー付き内管をして推進し，立坑到達後にスクリュー付き内管を発進側に引抜く二重ケーシング式がある。

一重ケーシング式は，鋼管全体を推進装置で回転させながら推進する方式であり，適用範囲としては硬質土から玉石混じり土などの硬質地盤に多用され，推進延長は30～50m程度である。推進管は呼び径400～800mmの鋼管が用いられ精度補正を行う関係から，挿入される硬質塩化ビニル管は呼び径150～600mmが用いられる。図7.3.24にボーリング方式による一重ケーシング式の施工概要を示す。

二重ケーシング式は，非回転の外管（鋼管）の中にスクリュー付き内管を入れ，そのスクリュー付き内管の先端に超硬切削ビットを付けたカッタにより掘削し，推進装置で元押しする方式である。推進延長は一般的に50～70m程度で，方向修正は偏芯先導体で推進管中心に対して偏芯削孔することにより行う。推進管径，土質等の適用範囲は，一重ケーシング式と概ね同じである。図7.3.25にボーリング方式による二重ケーシング式の施工概要を示す。

泥水方式

泥水圧により切羽の安定を図り，掘削土砂は流体輸送により坑外に搬出し泥水は切羽に循環する工法である。推進延長は60～70m程度で，適用土質は帯水砂層，礫，玉石，転石，軟岩等の掘削が可能である。また，短管仕様は鋼管呼び径400～800で推進延長は50～60m程度である。図7.3.26に泥水方式による一工程式の施工概要を示す。

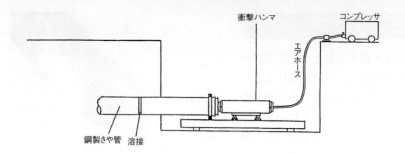

図7.3.22 鋼製さや管方式・圧入方式一工程式施工概要

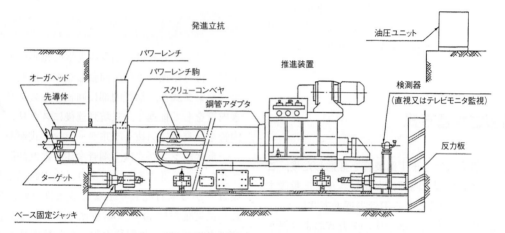

図7.3.23 鋼製さや管方式・オーガ方式一工程式施工概要

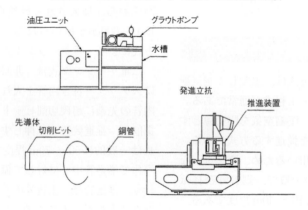

図7.3.24 鋼製さや管方式・ボーリング方式一重ケーシング式施工概要

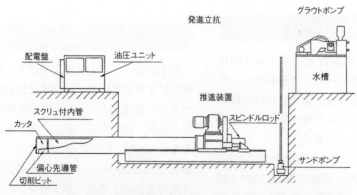

図7.3.25 鋼製さや管方式・ボーリング方式二重ケーシング式施工概要

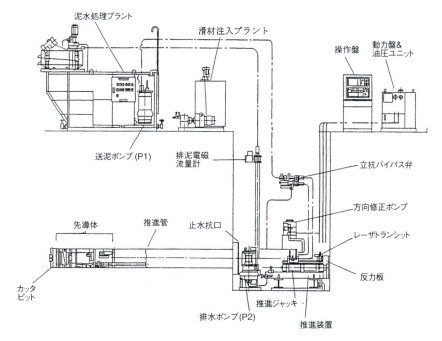

図7.3.26 鋼製さや管方式・泥水方式－工程式施工概要

その他の推進関連工法

1 小型立坑構築工法

小口径管推進では，従来の立坑より小さな立坑から推進可能な工法の増加に伴い，円形の鋼製ケーシングやコンクリート製ブロックを使用した小型の立坑を用いる場合がある。小型立坑の分類を図7.3.27に示す。

小型立坑の施工方法には，鋼製ケーシングやコンクリート製ブロックを専用機械で回転させながら圧入する方法と自重や簡易な圧入装置のみで沈下させる方法がある。どちらも，鋼製ケーシングやコンクリート製ブロックの内部を水中掘削できるので軟弱な地盤でも補助工法が不要であるが，機械装置が比較的大きいため搬入路や作業ヤードの確保に注意が必要である。なお，下水道工事の場合，コンクリート製ブロックの場合はマンホール本体として使用可能であるが，鋼製ケーシングの場合には一般にケーシング自体を残置しマンホールを一体的に築造する。

小型立坑は，土質条件が悪く経済性で他工法より有利となる場合や住宅密集地の狭隘道路や交通規制が短期しか行えない道路などの施工条件の厳しい場合に，従来から多く採用されている鋼矢板工法や深礎工法（ライナープレート）等に替わる工法として採用されることが多い。

鋼製方式

本方式は，圧入機より鋼製ケーシングの内部を掘削しながら地中に揺動または回転圧入することにより立坑を構築するものである。

鋼製ケーシングを使用するため，土質的には自立性の乏しい地盤であっても薬液注入等の補助工法は不要であり地下水に対しては，水中掘削をすることで対応できる。

本工法に使用される施工機械には，揺動機および全周回転機があり，掘削作業には，ケーシングを揺動または回転により押し込みながらケーシング内の土砂をテレスコピック式クラムシェルや専用掘削機を用いて掘削，排土する。ケーシングは孔壁を保護するため，全周溶接を行って接続し掘削孔全長にわたり使用する。掘削完了後，底盤コンクリートを打設する。ケーシングは残置を原則とし，立坑上部については仮設ケーシングを用いて作業完了後撤去する。図7.3.28に施工手順を示す。

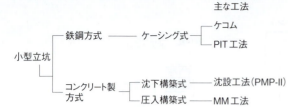

図7.3.27 小型立坑の分類

小型コンクリート製立杭の施行

コンクリート製方式

沈下構築式は円筒形プレキャストコンクリートブロック内をテレスコピック式クラムシェルで掘削しながら，自重および簡易な圧入装置により地中に沈下させる工法であり，そのまま立坑およびマンホールとすることができる。プレキャストコンクリートブロックを地中に沈下させるため，比較的軟弱で帯水層の地盤でも薬液注入等の補助工法は不要であり地下水に対して水中掘削することで対応できる。

圧入構築式は，先端にケーシング（鋼製）を接続した円筒形プレキャストコンクリートブロックを回転圧入しながらテレスコピック式クラムシェルで掘削する工法であり，そのまま立坑およびマンホールとすることができ軟弱土および地下水以下でも刃口の先行貫入あるいは水中掘削を行うことにより薬液注入等の補助工法は不要である

■ 沈下構築式

施工法は，路面より2m程度は，ライナープレートを用いて土留めを行い先端に鋼製刃口を取付けたコンクリートブロックを据付け，テレスコピック式クラムシェルによりブロック内の掘削を行いながら，自重および簡易圧入装置により沈下させていく工法である。ブロックの増設は，ブロック端部に巻かれている鋼製補強バンドを溶接して行う。ブロックを増設しながら，所定の深さまで底盤コンクリートを打設する。この掘削，沈下作業と並行して摩擦を低減するために刃口によってブロック外周面をオーバーカットされた間隙には，自硬性滑材を流し込みによって充填し，沈下時の摩擦を低減と地山の崩壊を防止する。自硬性滑材は，沈下中は滑材として機能し数日後にはそのまま硬化することからグラウト材の役割も果たす。

この立坑内で推進工事を行い作業後は床版および斜壁などのコンクリート二次製品を乗せ，そのままマンホールとして利用することができる。本工法は，地盤改良を行わないのが一般的であるため，地下水のある場所でボイリングを起こさないよう水替えを行わずそのまま水中掘削を行う。施工フローを図7.3.29に示す。

■ 圧入構築方式

本工法は，円筒形のプレキャストコンクリートブロックを全周回転圧入機で圧入して立坑を構築する。施工法は，先端に刃口ケーシング（鋼製）を接続した円筒形のプレキャストコンクリートブロックを全周回転圧入機で回転させて押込みながら，ブロック内の土砂をテレスコピック式クラムシェルにて掘削，排土する。ブロックは，孔壁を保護するために溶接を行って接続しながら掘削深度全長にわたり設置するが，上部については仮設ケーシング（鋼製）を使用して掘削し，マンホールを設置した後撤去する。掘削完了後，底盤部安定のために底盤コンクリートを打設する。沈下構築式と同様に，推進完了後，斜壁などのコンクリート二次製品を乗せてそのままマンホールとして利用できる。掘削方法は，沈下構築式同様に水中掘削である。施工フローを図7.3.30に示す。

① 揺動圧入機・掘削機設置
　立坑位置まで自走させて設置する。
　アウトリガーで水平にし、
　カウンターウエイトを取り付ける。

② 揺動圧入・掘削
　ケーシングを先行させて揺動圧入する。
　地下水がある地盤では、注水しながら
　水中掘削を行う
　（地下水圧とバランスをとるため）。

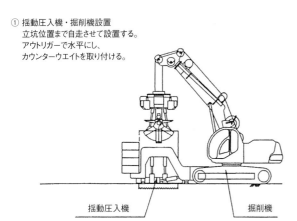

揺動圧入機　　　掘削機

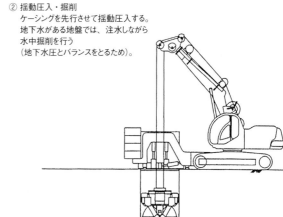

③ ケーシング接続
　埋設ケーシングは全周溶接を行う。
　仮設ケーシングはボルトで接続する。

④ 底盤コンクリート打設
　トレミー管を使用して
　コンクリートを打設する。

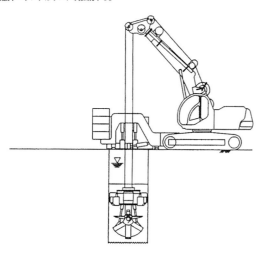

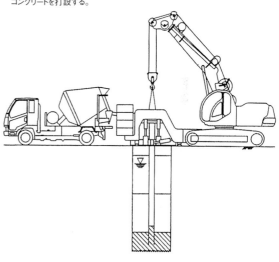

⑤ ケーシング引上げ・機械撤去
　コンクリートを打設後、
　所定の位置まで
　ケーシングを引き上げる。
　仮設ケーシングおよび
　揺動圧入機を撤去する。

⑥ 立坑完成
　水替え、スライム処理を行い立坑を完成する。

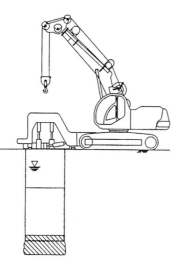

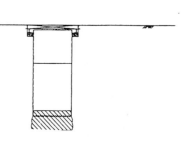

図 7.3.28　鋼製方式（ケーシング式）施工フロー

① 路面取り壊し工
　舗装版の破砕および路盤掘削をする。

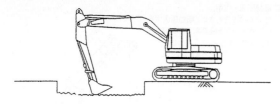

② ライナープレート掘削土留め・路盤覆工
　ライナープレートの組み立て土留めおよび覆工用支えコンクリートの打設後、覆工板を設置する。

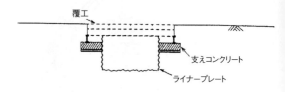

③ 沈下・掘削
　コンクリート製ブロックに刃口を取り付け、ライナープレート内にセットし、地下水がある地盤では、注水しながら水中掘削を行う
　（地下水圧とバランスをとるため）。

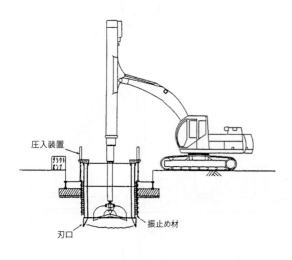

④ ブロック接続
　ブロックを接続（溶接）しながら所定の深さまで圧入・沈下・掘削を繰り返す。

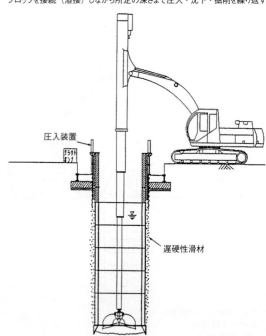

⑤ ケーシング引き上げ・機械撤去
　底盤ブロックを設置し、特殊グラウト材を隙間に充填する。

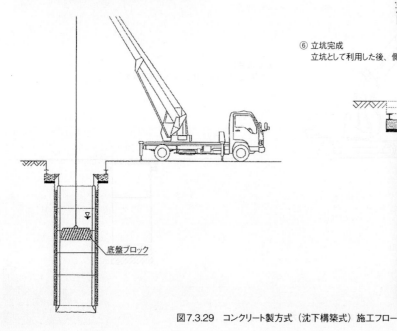

⑥ 立坑完成
　立坑として利用した後、側壁はマンホールとしてそのまま利用する事ができる。

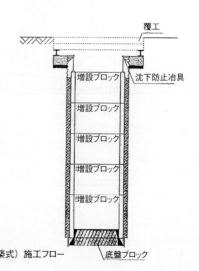

図7.3.29　コンクリート製方式（沈下構築式）施工フロー

① 回転圧入機設置
　回転圧入機を所定の位置に吊り降ろし、高さ調整ジャッキと水準器により水平に設置する。必要に応じて回転力反用の踏み板を取り付ける。カウンターウエイトは原則として使用しない。

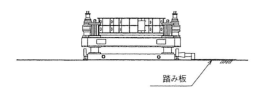

② 回転圧入機設置、躯体ブロック建込
　鋼製ケーシング施工の場合と同様に圧入機設置と躯体ブロック建込を行う。躯体ブロック把持部分には、特殊なチャックスペースを用い、コンクリートを保護する。

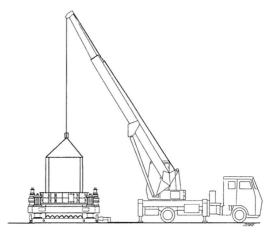

③ 圧入、掘削
　掘削作業はケーシング刃口部分で行い、バケット引上げ時には躯体ブロック内部に傷を付けないように慎重に作業する。以下、鋼製ケーシングの場合と同様に掘削と回転圧入を繰り返す。

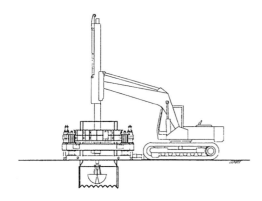

④ 躯体ブロック接続
　躯体ブロック1本分の圧入完了後、後続の躯体ブロックを溶接する。以下所定の深さまで掘削と回転圧入を繰り返す。

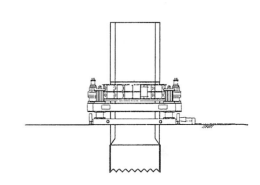

⑤ 仮設ケーシング接続、圧入・掘削
　鋼製の仮設ケーシングをボルト接続する。この部分は、マンホール築造時に斜壁・蓋などを設置した後、撤去する。

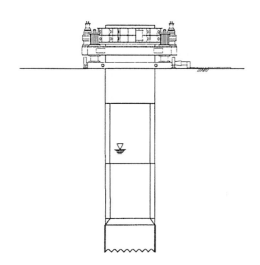

⑥ 底盤コンクリート打設、立坑完成
　鋼製ケーシングの場合と同様に底盤コンクリートを打設する。ただし、仮設ケーシングの引上げは行わず、地上部分のみ撤去する。

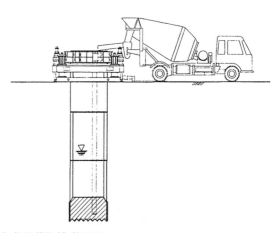

図7.3.30　コンクリート製方式（圧入構築式）施工フロー

2 特殊推進工法

　推進工法は，主として上下水道，通信，ガスおよび電力といった比較的小口径のライフラインを中心に進化をとげてきた。その他推進機を地上に置くことで立坑を省略化したり，主に活線状態にある鉄道を低土被りで下越しし，横断構造物を構築する際に用いる特殊な推進工法も数多く提案されている。

推進機地上設置式推進工法

　この工法は，推進機を地上に置き，可撓性を有する鋼製ボーリングロッドや曲率の定まった鋼管や鋼管ケーシングを土中に押し込むことを特徴とする。推進機を地上に置くことで，立坑築造を簡素化し，工期短縮と工事費削減を図る。推進機が地上にあるので地下水位以下の推進でも地盤改良を不要としている。

　ボーリングロッドを用いる工法は，Horizontal Directional Drilling または弧状推進工法等と称し，特に欧米で河川横断等の管路やケーブルの敷設に多用されている。工事は，①ボーリングロッドの推進，②ボーリングによる掘削孔の拡径，③鋼管・樹脂管・ケーブル等の引き込みから成る。機種は牽引力10トン程度から100トン程度のものまで様々である。最近，日本においても，複数の Horizontal Directional Drilling 設備が導入されている。特に牽引力10トン程度の機種は4トントラックで搬送可能であり，機械自体も走行機能を有しているため，市街地での管路敷設工事にも適用されている。

　もう一方の簡易円弧推進工法は暗渠等の下越し推進を目的に国内で開発された工法である。

■ 弧状推進工法

　この工法は工事の規模により，口径200mm程度以下で延長100m程度以下の工事と口径200mm程度～1000mm程度で延長数百 m～1km以上の工事に大きく2分される。前者の工事は，ボーリングロッドの推進から管の引き込みを1日で行える。

　ボーリングロッドの推進は，その先端位置を検知しながら行う。ボーリングロッドの推進・掘削孔の拡径・管の引き込みのいずれにおいてもロッドの押し引き力低減のために中空のボーリングロッドを介して泥水を噴出する。この工法は粘性土に特に適している。礫層や岩は不可である。管やケーブルの引き込みはこれらの周面摩擦力の増加を防ぐために間断なく行うことが望ましい。

■ 簡易円弧推進工法

　口径500mm以下，延長15m以下の小規模推進を対象にした簡便な推進工法である。規模に応じた所定の曲率に曲げた鋼製曲管を，「案内装置」と呼ばれる推進機にて地上から到達側地上へ，円弧状に推進する。発進・到達立坑は縦横深さ各々2m弱で，発進立坑に「案内装置」を設置する。掘削土は供給した排泥用泥水と共に，鋼製曲管の先端に取付けた掘削装置により吸上げられ排出される。本工法の特長は，大きな立坑を必要としない，地下水位以下の推進でも地盤改良を必要としない，作業はすべて地上，狭い場所での施工が可能等である。砂質土，粘性土などに適しており，礫層や岩は不可である。ガス管や水道管の河川暗渠の横断等で多くの実績がある。

函体推進工法

　非開削で地下構造物を築造する工法で，主に線路・道路などの下に交通を阻害せずに交差構造物を築造する目的で開発された工法の一種である。

　パイプルーフや箱形ルーフ等の補助工法により交通荷重を支持し，発進基地から推進ジャッキを用いて先端に鋼製の刃口を取り付けたボックスカルバートを推進し，交通交差部に構造物を築造する工法である。

　発進基地・到達基地の規模に応じてカルバートを分割して施工する。函体推進工法には反力壁で推進反力を受けるR&C工法（SC工法），函体自体で推進反力を受け自走的に前進するESA工法などがある。

　土質条件によるが，基本的に刃口推進であるため切羽の安定・止水を目的とした補助工法が必要となる場合がある。

〔参考文献〕
1) R&C工法協会カタログ

ESA工法

ESA工法（ENDLESS SELF ADVANCING METHOD）は「無限自走前進工法」の略称であり，函体を地中に長距離にわたって一方向から複数の函体を自走前進によって，地下構造物を構築する非開削の施工法である。その原理自走前進とは，尺取り虫の動きに似ており，まず，尾部を固定（反力）して頭部を前進させ，次に頭部を固定（反力）して尾部を引き寄せるように動いて行く。複数の（3個以上）の函体を貫いてPC鋼線で連結し，各函体間と最後部に油圧ジャッキを設置してESA設備を構成する。ジャッキ反力は各々の函体に伝え，1つの函体を推進する時は，他の複数の函体の土圧及び自重による摩擦抵抗力を反力抵抗体として，1函体ずつ順次推進して行く施工法である。最大規模は21.6×7.8×279.5である。

R&C工法

本工法は，非開削でRC造地下構造物（以下，函体という）を構築するR&C工法の一方法であり，函体の推進は支圧壁をアンカーに元押し推進で行う方式である。R&C工法は，小口径の箱形ルーフ管（鋼製の矩形断面）を函体の外周端に合わせ設置する。箱形ルーフ管に薄いFC（フリクションカット）プレートを載せ，箱形ルーフ管と共に土中へ圧入，設置する。次にFCプレートを土留等に固定し函体掘進時の周辺地山の移動防止を計り，函体掘進を行い地下構造物を構築するが，函体掘進時に箱形ルーフ管を押し出すことによってルーフ管の回収を計り再使用するものである。箱形ルーフ管の設置方法には，専用機による推進，人力並列推進，開削設置等がある。（旧称：スライディングカルバート工法）

エレメント推進工法

函体推進工法と同様に非開削で地下構造物を築造する工法で，主に線路・道路などの下に交通を阻害せずに交差構造物を築造する目的で開発された工法の一種である。

多数の鋼管，継手付鋼管，鋼製エレメント，PCエレメント等を並列に路下に推進圧入し，それを利用し交通荷重及び側方土圧を支持する（エレメントの仮設利用・本体構造利用の区分は各工法により異なる）。その状態のもと路下で構造物の築造と掘削を行う工法である（築造・掘削の施工順序は各工法により異なる）。

小幅のエレメントでの施工であるため，上部交通への影響は函体推進に比較して小さい。施工形状は一文字型・矩形・円形・門型・アーチ型などある程度自由に選定できる。工法・土質条件によるが，止水を目的とした補助工法が必要となる場合がある。

エレメント推進工法にはURT工法，PCR工法，パイプルーフ工法，パイプビーム工法，NNCB工法などがある。

〔参考文献〕
1) PCR工法協会カタログ

URT工法

鉄道や道路を横断する地下道等を構築する非開削工法で，角型鋼管（エレメントという）を順次土中に推進し，これをビルトアップして構築物をつくる。

本工法の特長は，①鋼製エレメントは断面剛性が大きく障害物対策がとりやすい，②強靱な継手と逆転2軸カッターにより推進精度を確保しやすいこと，などである。構造形式には，横断方向に推進したエレメント両端をRC主桁で結合した下路桁形式，台形エレメントをアーチ状に配置したトンネル形式，エレメントを横断方向に緊結したボックス形式などがある。

PCR工法

PCR工法は，工場で製作された矩形のPCR桁を推進機で地中に圧入し，構造物を構築する工法である。

本工法には，下路桁形式と箱形トンネル形式の二形式がある。下路桁形式は，地中に圧入したPCR桁を立坑内で構築した主桁，橋台とプレストレスを与えて一体化し上載荷重，側方土圧に抵抗する形式である。箱形トンネル形式は，PCR桁を上下床版部，側壁部に配置し，隅角部に作業空間として鋼製エレメントを設ける構造で，上下床版部は水平方向に，側壁部は鉛直方向にプレストレスを与えて一体化し，地中にボックスカルバートを構築する形式である。適用範囲は，下路桁形式はL=20m程度，箱形トンネル形式はL=60m程度とする。

■ パイプルーフ工法

　この工法は，30年以上もの歴史をもつ工法で，特徴は等辺山形鋼（アングル）をπ型に組み合せたダブルアングルジャンクション継手を用いて，鋼管を連続して地中に押し込み，軌道下，道路，河川横断等のトンネル工事の上載荷重または側部土圧を支える補助工法として利用します。特にカッター付アースオーガで掘削しながら小さな推力で鋼管を無駄なく圧入する為，地盤の沈下や隆起を起こさず，又，様々な断面形状に施工が出来る為，目的にかなった無駄のない工事が出来，工費の低減，確実な施工が出来る工法です。

■ パイプビーム工法

　鉄道営業路線下を掘削し躯体を構築する場合などにおいて，継手付鋼管（仮設）を連続して押し込み，鋼管に載荷された列車荷重を仮受梁と支持杭で支持する仮受け工法である。施工方法は，パイプルーフ工法と概ね同じと考えてよい。

　この工法の特徴としては，鋼管に取付けた継手が隣接する鋼管にせん断力を伝達し，荷重を他の鋼管にも分担させる点が挙げられる。継手による荷重の分散効果により，鋼管の断面を小さくすることが可能であるほか，継手部はグラウトにより拘束されるため，隣接鋼管相互でのたわみ差を小さくできるという特長を有している。

■ NNCB工法

　市場性の良い鋼管エレメント（パイプルーフ）を本体構造の一部として使用する線路供用下における線路下横断構造物の施工法である。施工手順を以下に示す。

①線路両側に鋼管エレメントの発進・到達立坑を構築．
②鋼管エレメント（ルーフパイプ，サイドパイプ）を線路直角方向に挿入。
③両立坑内で橋台・主桁を構築（鋼管エレメントと結合）し，列車荷重を完全支持。
④線路下を全断面掘削。
⑤U型擁壁を構築（側圧を支持）。

　鋼管エレメントは，鋼管内に鉄筋コンクリート梁を挿入し，重ね梁とする場合もある。なお，本施工法は道路にも適用可能である。

牽引工法

　函体推進工法と同様に非開削で地下構造物を築造する工法で，主に線路・道路などの下に交通を阻害せずに交差構造物を築造する目的で開発された工法の一種である。

　大きく①函体を牽引する工法と②エレメントを牽引する工法に分類される。

　函体を牽引する工法は，パイプルーフや箱形ルーフ等の補助工法により鉄道荷重を支持し，鋼製の刃口を取り付けたボックスカルバートをPC鋼線と牽引ジャッキを用いて牽引し交通交差部に構造物を築造する。発進基地・到達基地の規模に応じてカルバートを分割して施工する。土質条件によるが，基本的に刃口推進であるため切羽の安定・止水を目的とした補助工法が必要となる場合がある。工法としてはフロンテジャッキング工法，R&C工法（BR工法）などがある。エレメントを牽引する工法は，多数のエレメントを並列に路下に牽引圧入し，それを利用し交通荷重及び側方土圧を支持し，その状態のもと線路下で構造物の築造と掘削を行う工法である。施工形状はある程度自由に選定できる。工法としてはHEP工法＋JES工法などがある。

〔参考文献〕
1）R&C工法協会カタログ

■ フロンテジャッキング工法

　鉄道や道路，河川等の下に非開削で地下構造物（以下，函体という）を構築する施工法である。1960年代中期より35年の経験と国内外700件を越える実績数は非開削の施工法の中では最も多い施工法である。本工法は，到達側に反力体，または函体を設け発進側の既製函体の先端に刃口を取付け，PC鋼線と専用油圧ジャッキを使用して，切羽を掘削しながら函体を土中にけん引する施工法である。けん引方式には，片引きけん引と相互けん引とが有り，立地条件等，種々の諸条件により選択する。小断面（1.4×1.4）から大断面（37.6×9.0）までと最長100mまでの施工実績があるが，多くの場合歩車道を含む都市計画道路や，歩行者専用通路，共同溝等の用途に多く採用されている。

■ R&C工法（牽引式）

　本工法は，非開削でRC造地下構造物（以下，函

体という）を構築するR&C工法の一方法であり，到達側に反力体を設置し，PC鋼線を利用して前方より函体をけん引する方式である。R&C工法は，小口径の箱形ルーフ管（鋼製の矩形断面）を函体の断面外周端に合わせ設置する。箱形ルーフ管に薄いFC（フリクションカット）プレートを載せ，箱形ルーフ管と共に土中へ圧入，設置する。次にFCプレートを土留等に固定し函体推進時の周辺地山の移動防止を計り，函体掘進を行い地下構造物を構築するが，函体掘進時に箱形ルーフ管を押し出すことによってルーフ管の回収を計り再使用するものである。箱形ルーフ管の設置方法には，専用機による推進，人力並列推進，開削設置等がある。

■ HEP&JES工法

HEP（High Speed Element Pull）&JES（Jointed Element Structure）工法は，JR東日本と鉄建建設がアンダーパス工事を「速く・精度良く・安全に・安価に」施工するために共同開発した新しい工法である。HEP工法は，到達側からPC鋼線でエレメントをけん引するため，高速で精度良く施工できる工法である。また，JES工法はJESエレメント（エレメントの軸直角方向に力の伝達可能な継手部［JES継手と称す］を有するコの字形鋼製エレメントなど）を用い，線路下等に非開削で箱形ラーメン形状または円形などの構造物を延長に制約されずに構築する工法である。

特徴としては，路盤面防護工と本体構築工を同時に行うことができ，軌道面や舗装面に与える影響を少なくできる。

リニューアル工法

コンクリート構造物の耐用年数は通常50年といわれている。上下水道，電力や通信といったライフラインも建設後50年を超えているものも少なくない。今後，経済的にも土地の有効利用の面からも新設することは厳しくなってくるため，これら老朽化した管渠をリニューアルして再利用する技術が急速に発展するものと予想される。管渠のリニューアル工法として，劣化した管渠を破砕・除去する改築推進工法と既設の管渠を利用しながら劣化した内面を修復する管更正工法に分類できる。

1 改築推進工法

改築推進工法は，老朽化した管渠を掘進機等で破砕しつつ新設管を敷設する工法である。表7.3.3に示すように，既設管の破砕および排除方式により，拡幅破砕推進方式，回転破砕推進方式および引抜方式に分類される。その中のいくつかの工法について詳細を表7.3.4に示す。例えば静的破砕推進工法は，既設管の内面からジャッキの静的圧力により破砕する工法である。本工法はエクスパンディットと呼ぶ楔状の破砕機で老朽化した既設管を内圧で割裂しながら推進し，新管に入れ替える工法である。エキスパンディット内部の油圧ジャッキを拡大することで既設管を破砕し，縮小して発進立坑の油圧ジャッキで新管を押し込むことで推進する。縮小したエキスパンディッドを到達立坑に設置した引込み用チェーンで次に破砕する既設管まで前進する。

また回転式破砕方式は，既設管を周辺地盤と同時に機械的に破砕する工法である。本工法は先導体に特殊カッタを装着することで既設管を破砕しながら推進し，新管に入れ替える工法である。特殊カッターは既設管のコンクリートを破砕および鉄筋を切断することが可能である。また，既設管の破砕片は掘削ズリとともに坑外に回収される。広範囲な地盤条件に対応可能であり，既設管が蛇行・たるみを起こしていても施工可能である。図7.3.31に施工例を示す。

引抜き工法は，既設管の外側に鋼管を被せ推進し，既設管を引抜き除去する工法である。本工法は，既設管よりもサイズの大きい先端解放型のカッタで地盤を切削しながら，鋼管をさや管として推進する。先端開放型のカッタを使用するため特に地盤の制限はない。鋼管の推進にあわせて既設管を引抜き回収していく。さやとなる鋼管が到達立坑に到達した後，硬質塩化ビニル管を敷設して完成する。

〔参考文献〕
1) 森長英二：「改築推進工法の現状と施工事例」，土木技術60巻4号，2005.4
2) (株)東洋設計報告：「輪島市門前地区　下水道災害調査・復旧」

表7.3.3 改築推進工法の分類

破砕方式	工法の概要	既設管の処理	工法例
拡幅破砕方式	既設管を内側からエクスパンジョン等により機械的に押し拡げ破砕し新管を布設する静的破砕方式と、圧縮空気を動力源とした破砕装置の衝撃により、既設管を破砕しながら鋼管さや管方式で新管を布設する衝撃破砕方式がある。	破砕存置	●スピーダーSPM工法 ●EXP工法 ●エコセラミック管入替工法 ●インパクトモール工法
回転破砕方式	既設管の全部および一部を周辺地盤と同時に回転式のカッターで切削・破砕しながら新管を布設する方式である。	破砕回収	●アイエムリバース工法 ●リバースエース工法 ●OK-PCR工法 ●置換式推進工法
引抜方式	既設管の外径より大きい管を推進し、既設管をそのまま引き抜いたり、あるいは破砕して回収する方式である。	引抜回収	●UPRIX工法 ●ベビーモール工法 ●Reキューブモール工法

表7.3.4 改築推進工法の詳細

工法名	管径 既設	管径 新設	除去対象となる管種	新設される管種	適用地盤	基本のパターン	既設管回収の有無	破砕方式
EXP工法	Φ200～600mm	Φ200～600mm	ヒューム管、陶管	ヒューム管、塩ビ管	普通土、砂礫層等	同径、縮径、同位置	存置	静的破砕
アイエムリバース工法	～Φ1000mm	Φ250～1000mm	RC管、陶管、塩ビ管、ポリエチレン管等	RC管、鋼管等	普通土、砂礫層、岩盤層等	同径、縮径、拡径、同位置、位置変更	回収	回転破砕
リバースエースシステム工法	Φ200～600mm	Φ250～700mm	RC管、陶管、塩ビ管等	RC管、レジンコンクリート管等	普通土、砂礫層、岩盤層等	同径、縮径、拡径、同位置、位置変更	回収	回転破砕
UPRIX工法	Φ200～800mm	Φ400～1000mm	さや管方式であるため管種を選ばない	硬質塩化ビニール管	普通土、砂礫層、岩盤層等	拡径、同位置、位置変更	回収	引抜方式

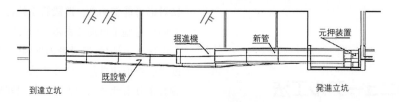

図7.3.31 回転式破砕工法の施工例

2 管更生工法

　管更生工法は供用している下水道管渠に亀裂や部分的な破損が生じたり，管の内面が長期の使用によりにより磨耗や化学的作用から劣化した場合に，既設管を利用しながら修復する工法である。工法の詳細については，下水道編を参照のこと。

Ⅳ 開削トンネル工法

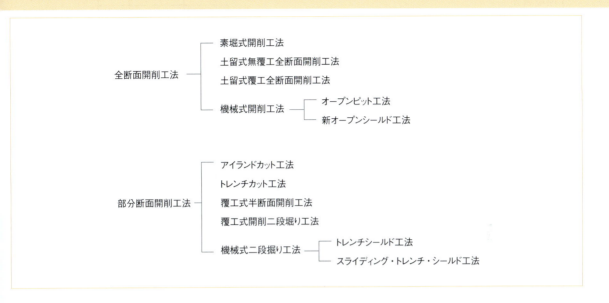

　開削工法とは，地表面より土留壁を造成し，土留支保工等で周辺地盤の崩壊を防ぎながら，所定の深度まで掘り下げ，その内空断面に目的の構造物を築造し，構造物の外周を埋戻しを行ない地表面を原形に復旧する工法である。

　工事中地表面を使用する必要がある場合には，路面覆工を設置し路面交通等を解放する。また地下埋設物の移設が不可能な場合には埋設物を防護する必要がある。

　開削工法は，従来都市トンネルの標準工法として一般的に用いられてきた。平坦な地形に比較的浅いトンネルを設ける場合には，安全の面からも経済的な面からも最も適した工法である。また，開削工法を用いれば比較的複雑な形状の構造物を地中に造ることが容易であり，種々の目的に応じた無駄のないトンネル断面を確保することができる。

　一方，開削工法は，掘削深さが大きくなると工費，工期とも増大するため，採用に当っては十分検討を行なわなければならない。また，工事中の地表面使用による交通・沿線への影響が，シールド工法や山岳工法と比較して大きく，工事中の環境保全には十分に配慮する必要がある。

　開削工法の計画に当っての一般的な検討事項は，次のとおりである。

① トンネルの線形，勾配，深さ，形状および構造の検討
② 施工法の検討，特に土留め工法，掘削工法およびトンネル躯体築造の方法についての検討
③ 環境保全対策の検討，特に地表面使用方法，作業時間，騒音・振動，工事用車両の交通対策等の検討
④ 工事の安全対策の検討
⑤ 工事工程および工事費の検討

　この工法によって，建設される代表的なものは，地下鉄道・地下道路・地下駐車場・地下街等の大規模なものから，都市全域に敷設される上下水道・電力・通信・ガス等の管路，洞道，共同溝等，多種多用にわたっている。

　開削工法による地下鉄工事を工程順序に従って列記すると下記のとおりになる。

(1) 調査

調査は都市土木工事の実施にいたるまでに，必要な基礎資料を得るために行なうものである。
- ①地盤調査
- ②地下埋設物調査
- ③沿道調査
- ④支障物件調査
- ⑤環境調査

(2) 測量

トンネルの基本計画や施工計画を行なうために基本測量が必要である。
- ①平面測量
- ②中心線測量
- ③水準測量
- ④縦・横断測量

(3) 試掘，布掘工

都市内の道路には，電力，通信，上下水道，ガス，共同溝などが地下に埋設されているので，杭打等に先立ち路面を布掘りし，地下埋設物の有無および位置を確認する必要がある。

(4) 土留め工

土留めの方法は，地質や地下水位の状況，立地条件等を考慮して，最も最適な工法を選択する。土留めの工法として次の方法がある。
- ①簡易土留め工法
- ②鋼（または親）杭横矢板工法
- ③鋼矢板工法
- ④鋼管矢板工法
- ⑤柱列式地下連続壁工法
- ⑥地下連続壁工法
- ⑦特殊土留め工法

また，地下水位の関連からは，次のように分類される。
- ①開水性土留め
- ②遮水性土留め

(5) 路面覆工

工事中路面を解放する必要のある場合，覆工をして路面交通を維持する。（覆工全断面開削工法参照）

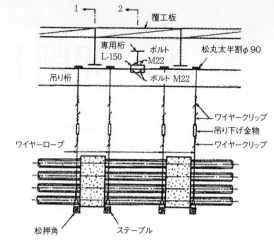

図7.4.1 標準的な地下埋設物吊り防護

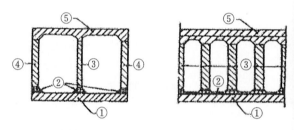

図7.4.2 地下鉄の構築施工順序例

(6) 地下埋設物防護工

都市部の道路下には，電力用および通信用ケーブル，ガス，上下水道の管路など多くの埋設物が輻輳している。そのため，開削工法で施工する場合には事前に埋設物試掘調査を実施し，その埋設物の位置，深さ，種別等を埋設管理者立会いのもとで確認をしておかなければならない。図7.4.1に地下埋設管（電力管路）の標準的な吊り防護を示す。

(7) 掘削工

路面覆工の完了した個所から，掘削土量に応じた設備（クラムシェル，スキップ等）を設置し，地下埋設物を防護しながら掘り下げていく。地表面から深さ3m位までは地下埋設物が多いので人力にて掘削し，それ以深では機械（ショベル，バックホウ，ブルドーザ等）を用いて掘削を進めていく。

(8) 構築工

開削工法におけるトンネルの構造は，一般に鉄筋コンクリート箱形ラーメン構造形式のものが採用されている。代表例として地下鉄の構築施工順序を図7.4.2に示す。

(9) 地下埋設物復旧工

構築完成後，埋め戻しに先立ち，吊り防護あるいは受け防護していた埋設物を，受け替えるための施設を施工する。この受け替え方法は，埋設物の防護方法と同じく，各埋設管理者との協定を結んだ方法とする。

(10) 埋め戻し工

埋め戻し材料は，道路管理者の指定する規格に従った土砂を用いる。締固めの方法は，ローラーによる転圧や水締めが一般的に用いられる。締固めを十分に行なわないと，路面沈下の原因となるので，入念な施工が必要である。また，埋め戻し材料に再生資源を用いる場合は，建設副産物の種類，量を把握するとともに，これらの再資源化を検討し，埋め戻し個所の道路管理者または土地所有者と協議して決定しなければならない。

(11) 路面覆工撤去および路面復旧工

路面覆工の撤去は，路面交通と路面復旧作業量等をもとに，1回の施工量，範囲等を考慮した施工計画を立て，これにより施工しなければならない。路面の仮復旧は，路面覆工の撤去後すみやかに行なうことを原則とし，道路交通の用に供さなければならない。仮復旧に当っては原形道路，現在の路面状況，および将来の路盤計画等を考慮して，仮復旧路面の平面，縦断，主要材料，施工順序，方法等について施工計画を立案し，道路管理者の承認を得なければならない。

(12) 土留め杭等の撤去工

仮復旧した路面を布掘りをし，油圧式もしくは振動式の機械を用いて行なう。特に土留め杭の撤去に際しては，施工に先立ち，打込み時の記録等をもとに撤去長，埋設物との近接度，その他現場の各種状況を考慮した施工計画をたてなければならない。

〔参考文献〕
1) 土質工学会：「掘削のポイント」
2) 山海堂：「地下鉄建設ハンドブック」
3) 鹿島出版会：「都市土木・土と水の諸問題」
4) 東京都交通局：「仮設構造物設計示方書」
5) 産業図書：「新しい仮設工事の設計と施工」
6) 土木学会：「トンネル標準示方書・開削工法編」

1 全断面開削工法

全断面開削工法とは，地下構造物築造計画位置の直上を使用し，地上から土留壁を造成し，土留支保工やグランドアンカーで周辺地盤の崩壊を防ぎながら目的位置まで土砂を取り除き，所定の位置に必要な構造物を築造する。構造物の外側を土砂で埋め戻しを行ない，地表面を原形に復旧する工法である。

素掘式開削工法

この工法は，土留めを行なわずに地質に応じて法面を付けるか，段切りを行ない，滑りに対し安全な斜面を確保しながら掘削を行なう工法である。

この工法は，掘削面積が広く，掘削深度が浅い場合に有利である。また，もっとも簡単で迅速，工費も節約できる特色を持っているが，工事中広範囲の地表面を占有し，さらに工事区域の交通を遮断して施工しなければならない。図7.4.3に素掘式開削工法の施工例を示す。

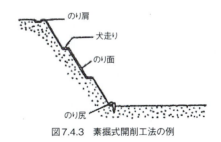

図7.4.3　素掘式開削工法の例

土留式無覆工全断面開削工法

この工法は，構造物を築造するのに必要な幅員の両側に土留壁を設け，掘削の進行に従って土留支保工またはグランドアンカーを施工しながら掘削をする工法である。

また，路面覆工を要しない工法であるため，工事区域内の路面交通を遮断して施工しなければならない。従って一般の交通に支障をきたさない地域で適用される。

土留式覆工全断面開削工法

この工法は，構造物を築造するのに必要な幅員の両側に土留壁を設け，路面交通を安全に確保するために路面覆工を行ない，土留支保工を施工しながら掘削する工法で，路下に構造物を築造する場合の標準工法である。図7.4.4に土留式覆工全断面開削工法の施工例を示す。

路面覆工は，路面覆工板，覆工桁，桁受け部材等で構成されている。掘削幅が大きい場合には，覆工桁のサイズにより中間杭を施工する必要がある。路面覆工の標準的な断面を図7.4.5に示す。

〔参考文献〕
1) 山海堂：「地下鉄建設ハンドブック」
2) 産業図書：「新しい仮設工事の設計と施工」
3) 山海堂：「土木施工・覆工と復旧について」Vol.12, No.12
4) 土木学会：「トンネル標準示方書・開削工法編」

機械式開削工法

機械式開削工法には，オープンピット工法やオープンシールド工法などがある。これらの工法については，「2.シールド工法」のオープンシールドを参照のこと。

2 部分断面掘削工法

部分断面開削工法には，アイランドカット工法，トレンチカット工法，覆工式半断面開削工法，覆工式開削二段掘り工法，機械式二段掘り工法などがある。

アイランドカット工法

この工法は，掘削幅が大きく，通常の切梁工法や土留めアンカー工法の適用が困難な場合などに適用される工法である。土留め壁側部の土を法面状に残して，土留め壁の安定性を確保しながら中央部の掘削を行ない，その部分に構築を築造する。つぎに，完成した構築を支持点として，土留め支保工を架設しながら残りの部分の掘削を行ない，さきに築造した構築と一体化して構造物を完成させる工法である。図7.4.6にアイランドカット工法の概要を示す。

この工法は，周辺に残す土量が土留めの安定性につながるので，その割合と法面の安定性確保などが施工上の重要な課題である。

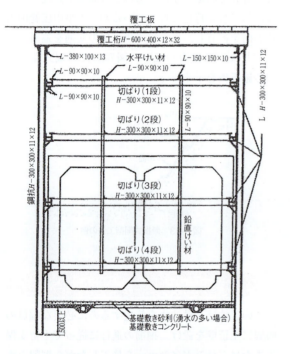

図7.4.4 土留式覆工全断面開削工法

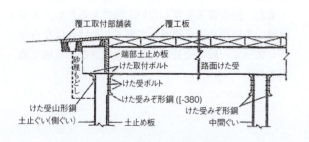

図7.4.5 路面覆工の標準的な断面

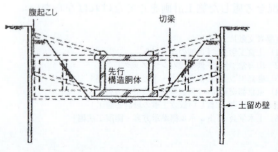

図7.4.6 アイランドカット工法の概要

トレンチカット工法

この工法は,大規模な地下構造物を築造する場合,特に軟弱な地質を掘削する場合には,ヒービングなどをおこす恐れがあり,同時に全断面を掘削することが困難なことがある。このような場合に,周辺地盤のゆるみや変形を防止し,安全な掘削を行なう目的でこの工法が採用される。

この工法は,掘削断面を2分割し半分の断面を先行掘削して構造物を築造し,つぎに,残り半分を掘削して構築を一体化して完成させる工法である。また,掘削幅がさらに広い場合には,工事の安全確保の面から3分割方式が用いられる。図7.4.7にトレンチカット工法の概要を示す。

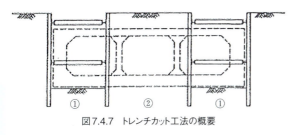

図7.4.7 トレンチカット工法の概要

覆工式半断面開削工法

この工法は,地下鉄駅部などの様に構築断面が広く,地質,立地条件などの関係で,同時に全断面を掘削することが困難または不利な場合に採用される工法である。構築断面の片側半分をさきに掘削し構築を施工したのち,残りの半断面を掘削して構築を一体化して完成させる。

この工法は,作業も複雑で,工期も長期間必要となるため,施工上やむを得ない場合のみに採用される工法である。最近では,適切な掘削補助工法を併用して全断面掘削で行なうのが一般的である。

覆工式開削二段掘り工法

この工法は,もともと路下式のアイランド工法的性格をもつ工法で,地形が複雑で高低差が著しく偏土圧が作用する場合,掘削を2段階に分けて行ない,偏土圧を1段目の地山の抵抗土圧で緩和させる目的で用いられる工法である。一般に地下鉄工事などにおいては,連続した剛性の高い土留め壁(地下連続壁等)を施工する場合,重要地下埋設物の輻輳している区間ではその切廻しが困難なことが多く,また路上作業の時間的制約などから,最初に所定の掘削幅より余裕を持った位置に1次土留め工を施工し,1次掘削を行ない,次に1次掘削根切面から路下で2次土留工を施工し,2次掘削を行なって地下構造物を完成させる工法である。図7.4.8に覆工式開削二段掘り工法の施工例を示す。

例えば,道路下で地下水や地盤状況から剛性の高い連続した遮水性の土留め壁が必要な場合に,また交差点など路上作業に制約がある場合や地下埋設物などにより,土留め壁に比較的広い欠損部が生じる場合などに適用される。

〔参考文献〕
1) 山海堂:「地下鉄建設ハンドブック」
2) 産業図書:「新しい仮設工事の設計と施工」
3) 山海堂:「土木施工・覆工と復旧について」Vol.12, No.12
4) 土木学会:「トンネル標準示方書・開削工法編」

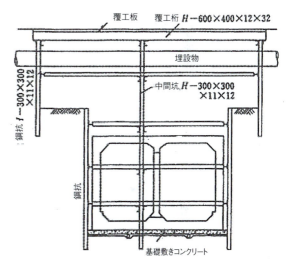

図7.4.8 覆工式開削二段掘り工法

機械式二段掘り工法

機械式二段掘り工法には,トレンチシールド工法,スライディング・トレンチ・シールド工法などがある。

■ トレンチシールド工法

この工法は,上下水道など比較的断面の小さい構造物を,浅い土被りで連続して構築する場合の土留め工法の一種である。この工法は,トレンチ・シールド機の切羽で溝形の掘削を行ない,同時に後部の掘削の終わったテール部においてはプレキャスト

の函または管を設置する。プレキャスト部材の設置を完了した部分は埋め戻しを行ない，この完成した構築を反力として推進する。

この工法の特徴は，
① 構築完了につれて埋め戻しが施工できるため工事占用区間が短い。
② シールド工法に比較して工事費が安い。
③ 土留め矢板工法のように，構築完了後矢板を引抜く作業がないため，周辺地盤を弛めずに安全に施工ができる。
④ 作業範囲が狭いので，安全管理が容易で，かつ作業人員も少なくてすむ。
⑤ 構築は函渠，管渠とも可能である。

また，この工法の問題点は，
① 既設横断埋設物の撤去，移設が必要である。
② 土被りの大きいところでは不適である。

■ スライディング・トレンチシールド工法

この工法は，上下水道など比較的断面の小さい構造物を，浅い土被りで連続して構築する場合の土留め工法の一種で，開削工法にシールド工法の特徴を取り入れた工法である。

この工法は，別掲のトレンチ・シールド工法に，テール部にスライディング組枠と称する土留め板を装備し，スライドできる機構になっており，テール部材の設置が可能な工法である。

トレンチシールド工法との相違点は，
① テール部を長くすることにより，所要推力が増加するが，テール部分をスライド機構にすることにより，推力の低減を図っている。② シールド長/シールド幅の値が，通常のシールド工法に比べて大きく，蛇行修正が困難である。

Ⅴ　沈埋トンネル工法

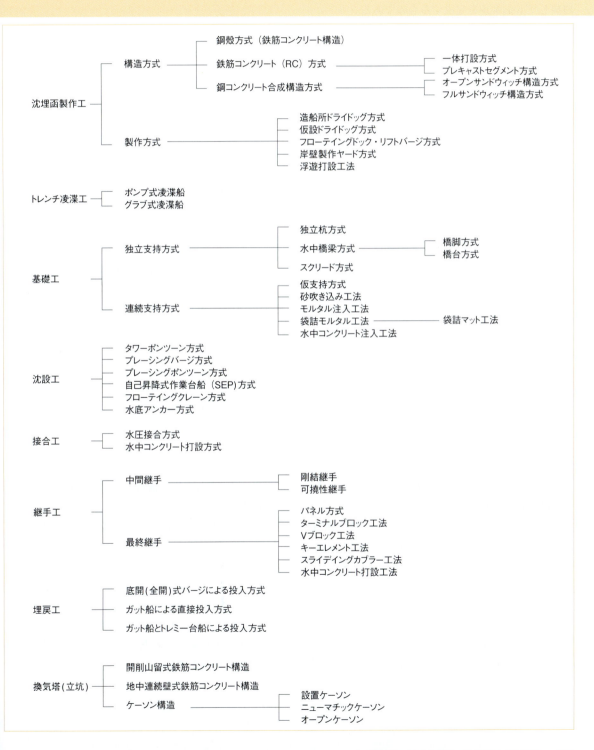

沈埋トンネル工法とは河川・運河・港湾などを横断して水底にトンネルを建設する工法の一つである。トンネルの躯体部分となるエレメント（沈埋函）をドライドック等のヤードで製作し，これを浮かべてトンネル建設現場まで曳航，あらかじめ掘削しておいた水底の溝（トレンチ）の中に沈めて，函体同士を水圧の力を利用して接続（水圧接合）した後，埋戻してトンネルを完成するものである。

沈埋トンネル工法は1890年代にアメリカで施工されたのが最初で，大規模な水底トンネルを浮力・水圧を利用して安全に施工出来る特徴を有するため，世界中で120件以上の実績がある。

日本においても1935年着工の安治川トンネル（大阪府）を始めとして，施工中を含め28件の実施例があり，世界の実績の約1/5を占めている。表7.5.1に日本における沈埋トンネルの施工実績を紹介する。

沈埋トンネル工法の特徴は，次のとおりである。
① トンネル本体を大気中で，プレハブ方式で製作するので均質で水密性の高い構造物ができる。
② トンネル断面の形状・寸法に特別の制限がないので，用途に応じた設計ができ，大断面のものもできる。
③ 航行船舶や将来の浚渫計画に支障のない深さを確保すれば，水底部のトンネルを浅くできるので，陸上アプローチトンネル延長を短くできる。
④ 完成した躯体の比重が1.1～1.2程度と軽く，地盤にかかる荷重が小さいので軟弱地盤に適している。

以上の利点を十分生かせる場合には，沈埋トンネル工法は比較的安易な工法であり，大断面トンネルの場合シールド工法に較べ経済的である。

反面，工法採用に際しては次の問題点があり十分な検討が必要である。
① 沈埋トンネル建設地点は河口・狭い海峡・運河・港湾および内陸河川なので潮流・潮汐・深浅状況・洗掘および堆積が準安定の状態にある。トンネル建設によりこれらが変化する場合はその影響を予測する必要がある。
② トレンチ掘削では大量の掘削土砂が発生するのでその処分地確保が必要となる。
③ トレンチ掘削および埋戻しによる水性動植物への影響を予測する必要がある。
④ 工事水域の占用による航行船舶への影響を考慮する必要がある。工事区域の灯浮標による表示・代替航路の設置等の船舶安全確保と周知方法を港湾管理者と協議して決める必要がある。

沈埋函製作工

沈埋函の設計では，用途に応じた断面と函体製作場所の条件・建設地点の状況によって構造形式・製作方式・形状寸法を選択し，最も経済的な方法を決定する必要がある。

函体断面は円形およびメガネ形断面と矩形断面に大別される。円形およびメガネ形断面は鉄道では複線断面（道路では2車線）以下の小断面に適しており，トレンチ掘削底面幅および基礎幅を小さくでき，外力に対する抵抗が大きいため部材厚を小さくすることができる。一方，矩形断面は大型断面に適しており，鉄道と道路の併用等寸法・形状を自由に決定でき，不要な空間が円形断面より少ない。

函体断面の設計で重要なことは，沈設に必要な設備を搭載した状態で函体が浮くことである。その時の乾舷は永久バラストおよび仮設バラストを少なくするため最小限にすべきである（通常では1%程度，函体高10mの場合10cm程度の乾舷）。一方，沈設完了後には永久バラストを打設して1.1程度の函体比重とする必要がある。このため円形及びメガネ形断面で用いられる鋼殻構造では鋼殻の外側に沈設後水中コンクリートを打設できるようにしておく必要がある。また，矩形断面の構造のものは函体内の底部に永久バラストとしての道床コンクリートを打設できるスペースが必要である。

沈埋函の長さは縦断線形・航路切り回し・製作ヤードの大きさ・耐震計算・経済性によって決定される。国内では最大131.2m（川崎航路トンネル），海外では268m（オランダ）もあるが，平均的には国内外とも100m前後が多い。

表7-5-1-1 沈埋トンネル施工実績(日本の道路)

No.	トンネル名称	国名又は県名	所在地	企業者	トンネル長(m)	内空構成	断面形状 形状	断面形状 高さ(m)	断面形状 幅(m)	エレメント長(m)	エレメント数(基)	沈埋区間長(m)	構造形式 本体	構造形式 継手	構造形式 防水工法	構造形式 防食工法	施工法 沈埋函製作方法	施工法 沈設方法	施工法 基礎工法	着工年	完成年
1	安治川	大阪府	大阪市	大阪市	81	2車線+歩道	長方形	7.2	14	49.2	1	49	SRC	剛結合 水中コンクリート	鋼殻	流電陽極法	ケーソン製作ドック	クレーン船	水中構台方式	1935	1944
2	海老取川	東京都	海老取川	首都高速道路公団	300	2x2車線	長方形	7.4	20.1	56	1	56	S	可撓性継手 止水ゴムA	鋼殻	—	鋼殻方式	クレーン船	水中構台方式	1962	1964
3	衣浦港	愛知県	半田〜碧南	運輸省 愛知県	986	2車線+人道	長方形	7.1	15.6	80	6	480	RC	剛結合 水正接合	鋼殻	流電陽極法(アルミ合金)	鋼殻方式	ブレーシングバージ	敷砂利 製鋼盤モルタル	1969	1973
4	扇島海底	神奈川県	川崎港 京浜運河	日本鋼管㈱	1,237	2x2車線	長方形	6.9	21.6	110	6	660	RC	剛結合 水正接合	鋼殻	—	鋼殻方式	ポンツーン	砂杭ダム	1971	1974
5	東京港	東京都	東京港 第1航路	首都高速道路公団	1,325	2x3車線	長方形	8.8	37.4	115	9	1,035	RC	可撓性継手 Ω鋼帯 水正接合	防水鋼板(6mm)	流電陽極法(アルミ合金) 頂版・防水シート	ドライドック	ブレーシングバージ	ベントナイト モルタル注入 一部杭基礎	1969	1976
6	川崎港海底	神奈川県	川崎港 京浜運河	運輸省 川崎市	1,160	2x2車線	長方形	8.452	31	110 100	4 4	840	RC	剛結合 水正接合	鋼殻	—	鋼殻方式	ポンツーン	ベントナイト モルタル注入	1972	1979
7	東京港第2航路	東京都	東京港 第2航路	東京都	1,085	2x2車線	長方形	8.8	28.4	124	6	744	RC (軸方向PC)	可撓性継手(PCケーブル) 水正接合	防水鋼板(8mm)	流電陽極法(アルミ合金) 頂版・防水シート	ドライドック	ブレーシングバージ 東京港臨海道路公団のバージを改良使用	ベントナイト モルタル注入	1973	1980
8	多摩川	東京都〜神奈川県	羽田〜浮島	首都高速道路公団	2,170	2x3車線道路	長方形	10	39.9	128.6	12	1,550	RC (軸方向PC)	可撓性継手(PCケーブル) 水正接合	防水鋼板(8mm)	流電陽極法(アルミ合金) 頂版・防水シート	ドライドック	ブレーシングバージ	ベントナイト モルタル注入 一部杭基礎	1986	1994
9	川崎航路	神奈川県	浮島〜東扇島	首都高速道路公団	1,947	2x3車線	長方形	10	39.7	131.2	9	1,187	RC (軸方向PC)	可撓性継手(PCケーブル) 水正接合	防水鋼板(8mm)	流電陽極法(アルミ合金) 頂版・防水シート	ドライドック	ブレーシングバージ	ベントナイト モルタル注入	1986	1994
10	徳島	兵庫県	神戸港	運輸省 神戸市	1,600	2x3車線道路	長方形	9.1	34.6	78.5 87.5 98.8	1 4 1	520	合成構造	可撓性継手(PCケーブル) 水正接合	鋼殻	流電陽極法(アルミ合金)	造船ドック ドライドック	ポンツーン	水中コンクリート注入	1992	1999
11	新潟みなと	新潟県	信濃川河口	運輸省	1,355	2x2車線	長方形	8.9	28.6	105 107.5	4 4	850	RC (軸方向PC)	可撓性継手(PCケーブル) 水正接合	防水鋼板(8mm)	流電陽極法(アルミ合金) 頂版・防水シート	ドライドック	ポンツーン	ベントナイト モルタル注入	1989	2005
12	東京西航路	東京都	東京港 第1航路	東京都	1,969	2x2車線	長方形	10	32.3	120 125.2	10 1	1,329	RC (軸方向PC)	可撓性継手(PCケーブル) 水正接合	鋼殻	流電陽極法(アルミ合金) 頂版・防水シート	ドライドック	ブレーシングバージ	—	1993	—
13	衣浦港(増設)	愛知県	半田〜碧南	運輸省 愛知県	1,141	2車線	長方形	8.45	13.5	112	4	448	合成構造	可撓性継手(PCケーブル) 水正接合	鋼殻	流電陽極法(アルミ合金)	造船ドック 海洋ドック	—	—	1996	2002
14	那覇港	沖縄県	那覇市	沖縄総合事務局	1127(予定)	2x3車線	長方形	8.7(予定)	36.9(予定)	90 92	6 2	724	合成構造	可撓性継手(ベローズ) 剛結合 水正接合	鋼殻	流電陽極法(アルミ合金)	鋼殻方式	ポンツーン	水中コンクリート注入	1996	2011(予定)
15	新若戸	福岡県	北九州市	運輸省 北九州市	777	2x2車線	長方形	8.54	27.22	66.5 79 106	7	557	合成構造	—	鋼殻	—	鋼殻方式	—	—	2000	2006

表 7-5-1-2 沈埋トンネル施工実績（日本の鉄道）

No.	トンネル名称	国名又は県名	所在地	企業者	トンネル長 (m)	内空構成	断面形状 形状	断面形状 高さ(m)	断面形状 幅(m)	エレメント長(m)	エレメント数(本)	沈埋区間長(m)	構造形式 本体	継手	構造形式 防水工法	防食工法	沈埋函製作方法	施工法 沈設方法	基礎工法	着工年	完成年
1	羽田海底	東京都	海老取川	東京モノレール	―	モノレール複線	長方形	7.4	11	56	1	56	S	可撓性継手水中ゴム	鋼殻	―	鋼殻方式	クレーン船	水中橋台方式	1962	1964
2	堂島川	大阪府	大阪市	大阪市	―	地下鉄複線	八角形	7.8	11	36	2	72	RC	半剛結水圧接合	防水鋼板(6mm)	(副食対策なし)	ドライドック方式(ケーソンドックを利用)	ケーソン操作	砕石スクリード	1967	1969
3	道頓堀川	大阪府	大阪市	大阪市	―	地下鉄複線	長方形	7	9.7	25	1	25	S	剛結合(軸方向伸縮可)止水ゴム	鋼殻	流電陽極法(マグネシウム合金)	鋼殻方式	門形クレーン	水中橋台方式	1967	1969
4	京葉線多摩川	東京~神奈川	多摩川	日本鉄道建設公団	―	複線	小判型	8	13	80	6	480	RC	剛結合水圧接合	鋼殻	流電陽極法(アルミ合金)	鋼殻方式	フローティングバージ	砕石スクリード	1967	1970
5	京葉線京浜運河	東京都	京浜運河	日本鉄道建設公団	―	複線	小判型	7.95	13	82	4	328	RC	剛結合水圧接合	鋼殻	流電陽極法(アルミ合金)	鋼殻方式	フローティングバージ	砕石スクリード	1969	1971
6	隅田川	東京都	隅田川	東京都	―	地下鉄複線	長方形	7.6	10	67	3	201	RC	―	鋼殻	―	鋼殻方式	フローティングバージ	モルタル注入	1973	1975
7	京葉線台場	東京都	東京港	日本鉄道建設公団	―	複線	小判型	8	12.8	96	7	672	RC	可撓性継手(PCケーブル)水圧接合	鋼殻	流電陽極法(アルミ合金)	鋼殻方式	昇降式水上足場	砕石スクリード	1976	1980

沈埋トンネル施工実績（日本の道路・鉄道併用）

No.	トンネル名称	国名又は県名	所在地	企業者	トンネル長(m)	内空構成	断面形状 形状	断面形状 高さ(m)	断面形状 幅(m)	エレメント長(m)	エレメント数(本)	沈埋区間長(m)	構造形式 本体	継手	構造形式 防水工法	防食工法	沈埋函製作方法	施工法 沈設方法	基礎工法	着工年	完成年
1	大阪港咲洲	大阪市	港区~南港	運輸省 大阪市	2,200	2*2車線+地下鉄複線	長方形	5.5	35.2	103	10	1,025	合成構造	可撓性継手(PCケーブル)水圧接合	鋼殻	流電陽極法(アルミ合金)頂版:防水鋼板	造船ドックドライドック	ポンツーン	水中コンクリート注入	1989	1997
2	大阪港夢洲	大阪市	咲洲~夢洲	運輸省 大阪市	2,100 (予定)	2*2車線+地下鉄複線	長方形	8.6	35.4	―	―	800 (予定)	―	剛結合水圧接合	―	―	ドライドック	―	―	2000	2009 (予定)

沈埋トンネル施工実績（日本のその他）

No.	トンネル名称	国名又は県名	所在地	企業者	トンネル長(m)	内空構成	断面形状 形状	断面形状 高さ(m)	断面形状 幅(m)	エレメント長(m)	エレメント数(本)	沈埋区間長(m)	構造形式 本体	継手	構造形式 防水工法	防食工法	沈埋函製作方法	施工法 沈設方法	基礎工法	着工年	完成年
1	渥美火力発電所	愛知県	渥美半島	中部電力㈱	―	取水路	長方形	4	8.4	36.5	1	37	RC	可撓性継手剛結合水圧接合	なし	流電陽極法(アルミ合金)	ケーソン氷水路上で製作	クレーン船	砕石基礎モルタル注入	1970	1970
2	洞海湾	福岡県	洞海湾	三井鉱山㈱	―	ベルトコンベヤ	長方形	4.55	8.218	80 51.4	13 1	1,334	RC	剛結合水圧接合	防水鋼板(6mm)	―	ドライドック	昇降式水上足場	砕石スクリード一部モルタル注入	1970	1972
3	洞海湾	福岡県	洞海湾	西部石炭㈱	―	ガス管	円形	3.2	3.2	45 27	9 1	434	RC (軸方向PC)	剛結合水圧接合	エポキシ網目部のみウレタン塗膜防水	―	プレキャストセグメント	昇降式水上足場	砕石基礎モルタル注入	1976	1977
4	京浜南運河	東京都	京浜運河	東京都	―	ベルトコンベヤ	長方形	4.1	4.8	40	3	120	RC	可撓性継手(PC鋼棒)水圧接合	コンクリート打継部樹脂系防水膜塗布	―	半潜水台船上	クレーン船	砕石基礎ベントナイトモルタル注入	1980	1981

1 構造方式

沈埋函は構造方法によって，鋼殻方式，鉄筋コンクリート構造方式（一体打設方式，プレキャスト方式），鋼コンクリート合成構造方式（オープンサンドイッチ方式，フルサンドイッチ方式）に分類される。

鋼殻方式および鉄筋コンクリート方式と鋼コンクリート合成構造との大きな違いは，構造計算で，鋼殻方式および鉄筋コンクリート方式の鋼殻または防水鋼鈑が止水材の働きとして設計されているのに対し，鋼コンクリート合成構造方式では外面（オープンサンドイッチ方式）または内外面（フルサンドイッチ方式）の鋼鈑および補強材を強度部材として設計していることである。

構造方式の決定に際しては，完成された構造物としての検討のほかに，函体浮遊時の安定性の検討，曳航時の波浪による函体のザキングおよびホキング現象の検討，函体コンクリートを浮遊打設する場合には波浪・風等気象・海象条件による影響の検討が必要である。

鋼殻方式

鋼殻方式は，円形あるいはメガネ形断面の沈埋函に多く採用され，主にアメリカで実績の多い方式（日本においても京葉線台場トンネル等の実績がある）で，トンネル建設地点近くにドライドック・造船所ドックがなくても沈埋トンネルの建設が可能な方式である。造船所で製作した鋼殻は，トンネル建設地点近くまで浮上曳航される（台船に搭載して曳航される場合もある）。浮上曳航では100kmを超えるものも多く，潜水台船（リフトバージ）に搭載して外洋を3000km曳航した例もある。トンネル建設地点近くには岸壁あるいは仮設桟橋が必要で，ここで鋼殻を浮かせた状態で内部に型枠・鉄筋を組みコンクリートを打設する。図7.5.3に鋼殻方式の構造を示す。

鋼殻は設計的には進水時・曳航時・コンクリート打設時の強度部材および完成時の止水鋼鈑と考え，躯体の強度は鋼殻内部に打設する鉄筋コンクリートで取らせるのが一般的である。

鉄筋コンクリート構造方式

鉄筋コンクリート構造方式は，矩形断面の沈埋函に多く採用され，ヨーロッパおよび日本で実績の多い方式である。

一体打設方式は函体を数ブロックに分割（通常は6～8ブロックで1ブロックの長さ15～20m）し，下床・壁・上床の順で防水鋼鈑・鉄筋・型枠・コンクリート打設を繰り返し施工する工法である。函体を製作する仮設ドライドック等にはクレン設備・移動型枠設備・鉄筋組み立て設備が設置され，大断面の函体を多数・同時に構築することができる。プレキャストブロック方式は5～20mの函体を製作し，これを数個結合し曳航・沈設する工法である。この方式は鉄筋組み立て設備で事前に組み立てた鉄筋を堅固な型枠設備に入れコンクリートを打設するため水密性の良い躯体となり防水鋼鈑を省略でき，かつ，施工サイクルを短縮できるので経済的な工法である。

■ 一体打設方式

一体打設方式には，通常の鉄筋コンクリート構造と横断方向にプレストレスを導入した軸直角方向プレストレスコンクリート構造とがある。曲げに対しては鉄筋（PC鋼線）とコンクリートで，せん断に対してはコンクリートとスターラップで抵抗させる構造である。函体の長い沈埋函では上載荷重の不連続性や不等沈下により軸方向の曲げ応力が発生する。この場合には横断方向にクラックが生ずるので軸方向にプレストレスを導入・ひび割れ制御を図る必要がある。

函体端部は一次止水のゴムガスケット等の取り付け，可撓性継手の場合は連結ケーブルを，剛結継手の場合は躯体コンクリートを接合後施工するため鋼製とする（端部鋼殻）。

■ プレキャストセグメント方式

プレキャストセグメント方式は，通常の鉄筋コンクリート構造で曲げに対しては鉄筋とコンクリートで，せん断に対してはコンクリートとスターラップで抵抗させる構造である。函体長が短いのでひび割れが生じにくく，止水のための防水鋼鈑を必要としない。図7.5.4にプレキャストセグメント方式と従来継手の相違を示す。

プレキャストセグメント製作設備は他の構造の製

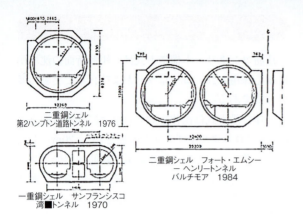

図7.5.3 鋼殻方式の構造

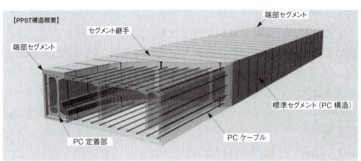
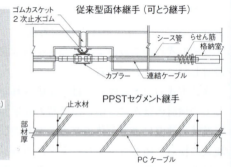

図7.5.4 プレキャストセグメント方式および従来継手との相違

作方式に比べ小規模でよく，仮設ドライドック・造船ドック・海洋構造物ドック・岸壁等どのような場所でも製作可能である。

函体端部に端部鋼殻を必要とせず，止水は止水ゴムで行う。地震を考慮する場合は，PCケーブルと止水ゴムとで軸方向変位を吸収できる構造とする。地震を考慮しない場合は，PCケーブルでブロック間を仮固定し曳航および沈設を行った後撤去できる構造とする。

鋼コンクリート合成構造方式

鋼コンクリート合成構造方式は，外面の鋼鈑および内側の鉄筋とコンクリートとで鋼コンクリート一体構造とするオープンサンドイッチ構造と，内外面の鋼鈑とコンクリートとで鋼コンクリート一体構造とするフルサンドイッチ構造とがある。

外面鋼鈑は，構造部材としての機能のほかに，防水鋼鈑としても機能し高い止水性を得ることができる。外面鋼鈑は構造部材のため防食対策（電気防食・重防食塗装）が必要である。

鋼鈑および補強鋼材の設計で構造部材としての検討の他に曳航条件による検討を行うことにより，トンネル建設地点と異なる場所の造船ドック・鉄工加工岸壁で行うことができる。トンネル建設地点近くの造船ドック・海洋構造物ドック・コンクリート打設桟橋等の製作ヤードまでは浮上曳航または半潜水台船に搭載し曳航する。鋼鈑組立と躯体構築作業とを分離することにより製作ヤードとなる造船ドック・桟橋の占有期間を短くできる。

■ オープンサンドイッチ構造方式

函体外面（下床版・側壁）を鋼鈑で製作するオープンサンドイッチ構造は，鋼鈑と内側に組む鉄筋とで鋼コンクリート合成構造とするため鉄筋コンクリート構造に比べ鉄筋量を大幅に低減できる。鋼鈑とコンクリートとのずれ力に対してはスタッドジベルとスターラップとで抵抗させる。

通常は造船ドックで鋼鈑の組み立てを効率良く行い，隣接した海洋構造物ドックへ浮遊曳航後，コンクリート打設等を行っている。図7.5.5にオープンサンドイッチ構造を示す。

■ フルサンドイッチ構造方式

函体（下床版・側壁・上床版・隔壁）内外面を全て鋼鈑で製作するサンドイッチ構造は，型枠・鉄筋が全くない構造が可能である。鋼鈑間には流動化コンクリートを打設して鋼コンクリート構造とする。鋼鈑とコンクリートとのずれ力に対してはシアコネクタとダイアフラムで，せん断力に対してはウェブとコンクリートで抵抗させる。

鋼鈑の組み立ては造船ドック・鉄工加工岸壁等で行い，海洋構造物ドックでコンクリートを打設するのが一般的であるが，補強材の検討により桟橋等での浮遊状態でコンクリートを打設することもできる。図7.5.6にフルサンドイッチ構造を示す。

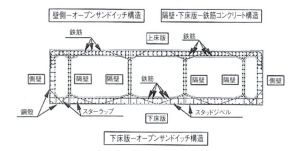

図7.5.5　オープンサンドイッチ構造方式

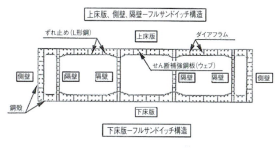

図7.5.6　フルサンドイッチ構造方式

2 製作方式

沈埋トンネルの計画では，最初に，トンネル建設地点近くに陸上あるいは海上にどのような製作場所を確保できるかを検討する。

陸上製作場所としては，造船所ドライドック（造船ドック・海洋構造物ドック）・仮設ドライドック・鉄工加工岸壁等がある。場所の選定に当たっては，沈埋函函数・製作工期を勘案して，ドック製作の場合にはドックの幅×長さ×深さ，岸壁等製作の場合には幅×長さを検討する。この他に製作場所の地耐力・製作設備・コンクリート供給能力・前面水深・前面海域の広さ・沈埋函運搬距離・気象海象条件・造船所ドックあるいは岸壁使用料調査し総合的に判断して決定する。

海上製作場所としては，浮きドックあるいは半潜水台船・桟橋あるいは岸壁がある。浮きドックあるいは半潜水台船の場合にはその幅×長さ×喫水，桟橋あるいは岸壁の場合には幅×長さを検討する。この他に陸上製作の場合と同様の項目を調査し総合的に判断して決定する。特に，潮流・波浪（航跡波を含む）等の海象条件・台風等暴風の気象条件は稼働率に大きな影響を与えるのみならず，函体製作途上での避難・退避が発生すると計画全体に影響を及ぼすため，事前に十分調査する必要がある。構造形式ごとの製作場所の適否を表7.5.2に示す。

造船所ドライドック方式

造船所ドライドックには，造船ドックと海洋構造物ドックとがある。

造船ドックは，クレン等揚重設備・ハンドリング機器・溶接設備が充実しているので鋼殻・鋼コンクリート合成構造の鋼板製作に適している。鋼殻・鋼鈑は，工場で運搬やハンドリング性を考慮した適正な大きさのブロックに加工し，造船ドックで大組み立てする。ブロック製作・大組み立てに当たっては，現場溶接での収縮・変形・拘束等が構造物に及ぼす影響を考慮する必要がある。

海洋構造物ドックは，鋼コンクリート合成構造の函体のコンクリート打設に適している。海洋構造物ドックを使用するトンネル計画では，函体長をドック規模に合わせて計画する必要がある。また，函体重量に対する基礎の地耐力を照査する必要がある。

造船所ドックは使用料が高価なので製作工程の短縮が経済性に大きな影響を与える。

表7.5.2 構造方式ごとの製作場所の適否

構造形式		陸上				海上		備考
		造船ドック	海洋構造物ドック	ドライドック	岸壁製作ヤード	浮きドックOr半潜水台船	岸壁Orドルフィン	
鋼殻形式							○ 浮遊打設	浮遊打設が基本
コンクリート構造	鉄筋コンクリート	○	○	○		△ 小型の場合		陸上製作が基本
	プレストレストコンクリート式	○	○	○		△ 小型の場合		陸上製作が基本
合成構造	オープンサンドウィッチ式	○	○	○		△ 小型の場合		陸上製作が基本
	フルサンドウィッチ式					△ 小型の場合	○ 浮遊打設	陸上・海上製作も可
プレキャストセグメント構造		○	○	○		△ 主に組立・進水		陸上・海上製作も可

造船所ドライドック方式

図7.5.7 リフトバージ方式の概略

仮設ドライドック方式

仮設ドライドック方式は，鉄筋コンクリート構造の沈埋函製作に適している。

仮設ドライドックは，運河・港湾掘り込み部を締め切り構築する。ドック前面海域は函体曳航に適した水深があるのが望ましい（航路等まで必要水深がない場合は曳航路浚渫をする）。

底盤高は L.W.L から函体高 +50cm とするのが一般的である。ドック周囲には止水矢板を打設，周辺地下水を遮断，底部には盲排水を施す。函体製作部分は地耐力の検討を行い砕石マウンド（必要に応じて基礎杭併用）とし，道路部分は舗装をする。締め切りは二重締め切りが一般的である。ドックを数回使用する場合には，鋼管函矢板でキングポストを構築，二重締め切りの撤去・復旧をキングポスト間の函体を引き出す部分のみでできる構造とする。

フローティングドック・リフトバージ方式

フローティングドック方式は，既存の半潜水台船上で函体を製作し・トンネル建設地点近くの水深の深い地点で浮遊させる方式である。函体製作場所は選ばないが，使用する半潜水台船の性能により函体断面・長さ・重量を検討する必要がある。台船損料が高価なため小規模トンネルに適し，延長の長いトンネルでは工費が割高になり工期も長くなる。

リフトバージ方式は，岸壁製作ヤードで製作したプレキャストブロックを岸壁前面に設置した仮設構台にクレンで運搬・PC鋼線で一体化した後，構台の一部を昇降させ函体を進水する方式である。構台のリフティング部は函体断面・長さ・重量の検討で経済的な規模とする必要がある。製作施設を工場化でき，狭い敷地で効率よく函体を製作できる。図7.5.7にリフトバージ方式の概略を示す。

岸壁製作ヤード方式

岸壁製作ヤード方式は，鋼コンクリート合成構造のサンドイッチ構造用鋼鈑あるいはプレキャストブロックは岸壁で製作し，半潜水台船でトンネル建設地点近くまで台船に搭載し曳航する方式である。函体の岸壁から半潜水台船への搭載はエアキャスター（ウォーターキャスター）等で行う。

サンドイッチ構造用鋼鈑は，溶接設備・揚重設備の整い鋼板をブロック化できる鉄工加工岸壁が製作に適している。

打設設備・揚重設備を完備した製作設備を設置し，マッチキャスト方式（既設のブロック面を妻型枠代わりにしてコンクリートを打設する方法。ブロックを繋ぐ場合接合面の誤差が生じない）で製作する。製作設備を工場化でき，狭い敷地で効率よく函体を製作できる。

浮遊打設方式

浮遊打設方式は，鋼殻構造あるいは鋼コンクリート合成構造の鋼鈑を水上に浮かべてコンクリートを打設する方式である。鋼殻構造あるいは鋼コンクリート合成構造の鋼鈑は造船ドックあるいは岸壁で製作し，浮遊曳航または台船搭載でトンネル建設地点近くの岸壁・仮設桟橋まで運搬する。

浮遊打設時に発生する躯体の変形には，コンクリート打設順序・補強部材の強化で対処する。打設岸壁・桟橋は静穏な水域を選定することが必要であるが，台風等の暴風が予想される地域では気象条件も考慮し，コンクリート打設時期・期間，避難場所の選定等を計画する必要がある。

沈埋函の敷設工事

沈埋函の敷設工事は，製作した沈埋函を敷設するトレンチ部分の掘削，函体を支持する基礎，函体の沈設，接合，継手，埋戻しの手順で行われる。以下それぞれの工種について述べる。

1 トレンチ浚渫工

トレンチの形状は，航行船舶の規模・潮流等海象条件・土質条件・掘削後の放置期間による堆積土の発生要因等の調査を行い決定する必要がある。

トレンチの深さは，船舶航行に必要な深さ（将来の浚渫を考慮した計画深さおよび余掘）から，航行船舶の投錨・洗掘・沈埋トンネルの浮き上がりに対する安全性を考慮した被覆厚（通常は最小被覆厚1.5m以上），函体高さ，基礎厚さを勘案して決定する。トレンチの法尻幅は，函体の両側に2〜3mの余裕をとる。法勾配は土質により安定勾配が異なるので土質調査結果から決定する。細砂・シルト・粘性土の法勾配は通常1：2〜1：3である。

トレンチ浚渫の方法は，土砂投入場所の条件（締め切りで囲われた区域または海上・運搬距離）・浚渫場所の作業条件（航泊禁止区域設定の可否とその範囲・航行船舶への影響）・浚渫土量と施工能力とで決定される。

ポンプ式浚渫船

ポンプ式浚渫船は，カッターを回転・海水とともに土砂を取り込み，排砂管で搬送する工法で砂・シルト・粘性土に適している。トレンチ浚渫に使用するポンプ浚渫船は浚渫深度が25m程度となるため浚渫能力600〜1500m^3/hr（排砂管径0.6〜0.9m，搬送距離3km〜5km）の大きなものとなる。

ポンプ式浚渫では，締め切りで囲われた埋め立て場所が浚渫場所の搬送距離内に必要である。また，排砂管を水上に敷設するため，航泊禁止区域を設定し航行船舶が浚渫区域に進入できないようにする必要がある。

グラブ式浚渫船

グラブ式浚渫船は，グラブバケットで掘削しバージに搭載して搬送する工法で，硬土盤から軟土盤まで掘削できる。硬土盤ではヘビィグラブまたは砕岩棒併用で掘削する。浚渫船のグラブ容量は10〜30m^3（軟土盤）が一般的で，1000〜2000m^3のバージとの組み合わせで施工する。

グラブ式浚渫は，遠距離の土砂投入場所へ運搬す

ることが可能である。海上投入の場合は底開バーヂで直接，また，締め切られた場所の場合には，リクレーマ船等で揚土する。バーヂの積載容量・隻数は，時間当たり浚渫量・運搬距離・土砂投入方法（底開バーヂによる直接投入・リクレーマ船等による揚土）・他船舶航行のための待機等でサイクルタイムを算出し決定する

〔参考文献〕
1) 東京都港湾局：「東京港臨海道路東京西航路沈埋トンネル」パンフレット
2) (財)沿岸開発技術研究センター：「沈埋トンネル技術マニュアル（改訂版）」平成14年8月
3) 鹿島建設：「沈埋工法と鹿島」パンフレット
4) 鹿島建設：「PPST（柔構造式プレキャストセグメント構造沈埋函）」パンフレット
5) 沖縄総合事務局：「那覇港臨港道路空港線沈埋トンネル沈埋函（1号函）製作工事」パンフレット

2 基礎工

沈埋工法は，きわめて大規模なプレハブ工法であり，しかもその設置・組立箇所は水底である。このため，沈埋函を所定の位置に正確に据えて水中接合を行った後，確実な支持力が恒久的に得られるように基礎上に接着させるには，種々の工夫が必要である。一般にプレハブの物体を地盤ないし杭等の基礎上に設置すると，支持点は普通3点となり，それ以外の部分に若干の空隙が発生することは避けられない。したがって，この空隙をいかにして確実に充填し，所要の支持力を得るかが課題であり，同時に，沈設・接合作業の円滑化も考慮しなければならない。さらに，水底下に掘られたトレンチには，多少とも不陸があり，また，トレンチ法面の崩壊や沈泥作用の影響も考慮しなければならない。沈埋函断面が円形の場合は，トレンチ底との間に発生する空隙は，水面上からの基礎用土砂の投入だけで比較的容易に充填され，所要の一様支持が得られる。しかしながら，矩形断面の場合は，問題がより複雑であるため，色々な方法が考案されている。現在までに基礎工には種々の方法が実施されているが，大別すると，
　①独立支持形式
　②連続支持形式
に分類される。①は水中橋台，橋脚，または独立した杭によって函体を支持し，上載荷重をこれらの位置で集中して受けるもの，②は基礎地盤と函体を密着させて上載荷重を直接地盤で受けるものである。これら基礎形式の分類を示すと，図7.5.9に示すとおりである。

〔参考文献〕
1) (財)沿岸開発技術研究センター：「沈埋トンネル技術マニュアル」平成6年4月
2) 建設産業調査会：「最新トンネルハンドブック」平成11年10月

3 独立支持形式

沈埋函の支持点が不連続に設けられるため，独立支持形式または単純支持方式と呼ばれる。この形式は主として小規模で矩形の沈埋函の基礎に多く利用されており，トレンチ底の整形・敷き均し作業は不要である。しかし，沈埋函の沈設作業に先立って沈埋函を恒久的に支持する基礎工を施工しておき，沈埋函の沈設・接合作業が完了したのち，この基礎工と沈埋函との最終的な接着作業を行う必要がある。

このような独立支持形式の基礎は，将来にわたって地盤の圧密沈下の進行が予測されるような場合に，その沈下対策として用いられることが多い。

〔参考文献〕
1) 産業調査会：『海洋土木大事典』昭和58年3月
2) 建設産業調査会：『最新トンネル工法・機材便覧』昭和63年9月

独立杭方式

トレンチ底に多数の杭を打ち込んで，杭によって沈埋函を支持する方式である。図7.5.10はロッテルダムのメトロトンネルで採用された方式で，杭頭部が可動構造となっている点に工夫がある。沈埋函を仮支持台で支持した状態で，潜水夫によって杭頭部の注入管にグラウトホースを接続し，水上からモルタルを注入し，杭頭を一様に上昇させて沈埋函の底面に密着させる。この方式の基礎は，トレンチ底面の土質が軟弱で，スクリード式や砂吹き込み式等の連続支持形式では，長期間の圧密沈下の影響が懸念される場合に有効である。

［基礎工］

- 独立支持形式
  - 独立杭方式
  - 水中橋梁方式
    - 橋脚方式
    - 橋台方式
- 連続支持形式
  - スクリード方式
  - 仮支持方式
    - 砂吹き込み工法
    - モルタル注入工法
    - 袋詰モルタル工法
    - 砂袋マット工法
    - 水中コンクリート注入工法

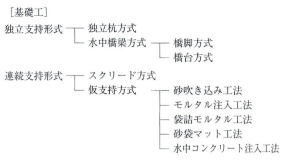

図7.5.9　沈埋トンネル基礎工法の分類

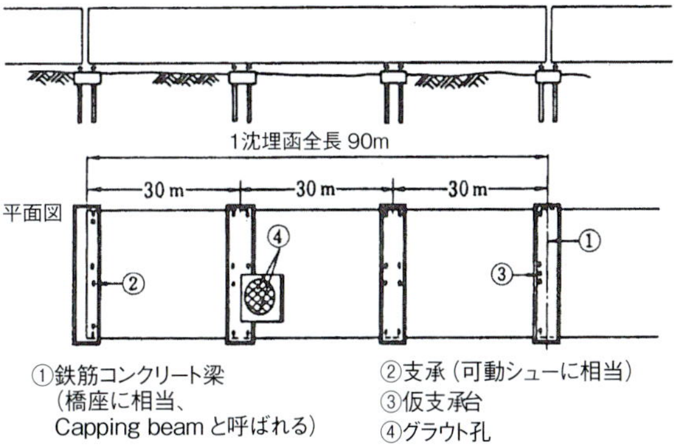

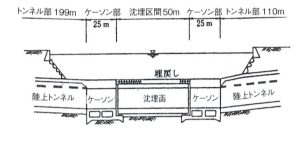

図7.5.11　水中橋脚方式（アイトンネル）

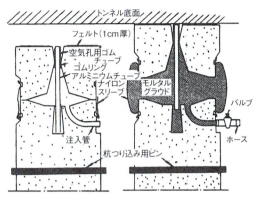

図7.5.10　杭頭部の処理（ロッテルダム・メトロトンネル）

図7.5.12　水中橋台方式（羽田海底トンネル）

水中橋梁方式

沈埋函を両端あるいは中間の数カ所で支持する方式の基礎である。その形が水中に橋梁を架けたように見えるため，水中橋梁方式と呼ばれる。この基礎形式では，支持点の不等沈下やトンネルの伸縮による影響が，すべて支承部に集中するため，橋梁の滑動シューに相当する滑動板などを使用して対策を講じている。

〔参考資料〕

1）建設産業調査会:「最新トンネル工法・機材便覧」昭和63年9月

■ 橋脚方式

トンネルの縦方向に一定間隔ごとに杭を打設し，杭頭部をコンクリート梁で結んで，その上に沈埋函を設置する方式をいう。この方式では各支承の上を函体が滑動できる構造とするが，滑動板と函底との密着を図ることが重要である。オランダのIJ（アイ）トンネルでは，図7.5.11に示すような橋脚式基礎が用いられた。

〔参考資料〕

1）建設産業調査会:『最新トンネル工法・機材便覧』昭和63年9月

■ 橋台方式

沈埋函を1基だけ沈設する場合，その両端にトンネルケーソンを設置して，ケーソン下端に設けた台座状の突き出しで函体を支持する方式をいう。安治川トンネル，羽田トンネル，道頓堀川トンネル等で採用された。図7.5.12に羽田トンネルで使われた水中橋台方式を示す。沈埋函の長さをあまり大きくできないこと，ケーソンの施工に工費がかさむこと，沈埋函と橋台とを全面にわたって密着させることが困難なこと等の欠点がある。

〔参考資料〕

1）建設産業調査会:『最新トンネル工法・機材便覧』昭和63年9月

4 連続支持形式

沈埋函を設置するトレンチ底面の不陸や緩みの弊害を除くため，砂・砕石・モルタル等により一様な支持層を作り，この上へ函体を設置する方式をいう。この方式では，沈埋函を設置する前に砂・砕石の敷均しを行うスクリード方式と，沈埋函を設置した後に砂やモルタルの吹き込み・充填を行う方式がある。連続支持方式の基礎では，地震や荷重によって不等沈下を起こさないこと，函体底面と基礎との間にすきまを残さないことが重要である。図7.5.13に大阪南港トンネルの標準断面を示す。

スクリード方式

掘削されたトレンチ底に粒径50～80mm以下の砂利，砕石等を規定の縦断勾配に合わせて正確に敷き均し，この上に直接沈埋函を据える。この基礎層の厚さは，トレンチ底面の起伏や浮泥の沈澱量にもよるが，通常50～80cm程度である。基礎層の敷き均し作業は，小規模のものでは潜水夫による人力施工も可能であるが，水深が深くなったり大規模な工事になると，専用の機械装置が必要となる。アメリカで多く採用されている円形鋼殻方式の基礎層の敷き均し作業は，トレンチ底にあらかじめ粗砂や砂利等を投入しておき，その表面を格子状の鋼ばり（スクリード機）で2～3回平らにかきならす方法が採られている。一般に，スクリード方式で造成された基礎面に±3～5cm程度の仕上がり誤差が発生することは避けがたいが，函内に仮バラストを入れたり，埋め戻しを行うことにより，沈埋函と基礎層は，いわゆるなじみ作用によって連続した一様な基礎となる。図7.5.14に洞海湾トンネルにおけるスクリード基礎の造成を示す。

〔参考文献〕
1) 産業調査会：『海洋土木大事典』昭和58年3月

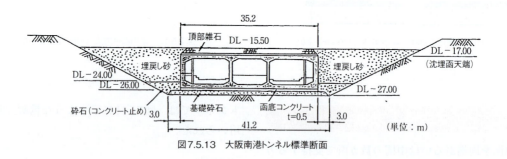

図7.5.13 大阪南港トンネル標準断面

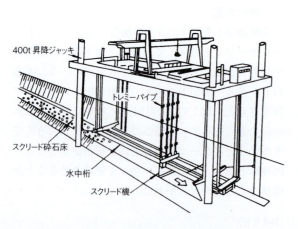

図7.5.14 スクリード基礎の造成（洞海湾トンネル）

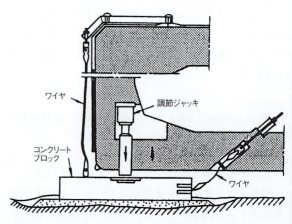

図7.5.15 仮支持用コンクリートブロック（シェルデトンネル）

仮支持方式

沈埋函を仮支持して，トレンチ底と函体との隙間に基礎材を充填させる基礎工法では，沈埋函を一時的に支持するための仮支持台を設置しておく必要がある。沈設する沈埋函の既設函側は，沈埋函端面に相互に取り付けた仮受けブラケットで支持させるため，仮支持台が必要になるのは新設函側である。仮支持台は一般にコンクリートブロックが用いられ，地質に応じて砕石置き換え基礎の上に直接設置する場合と，軟弱地盤で沈下の影響が大きい時などに摩擦杭を用いる場合とがある。沈埋函には沈設後の高さの調整を行うために，この仮支承の位置に高さ調整用ジャッキを設ける。また沈埋函は仮支持後，継手部接合の際に軸方向に移動するため，荷重支持点に大きな反力が集中荷重として作用する。この荷重を軽減させるために仮支持台の表面には高硬度の鋼材を埋め込み，摩擦の低減と支圧応力の緩和を図る。仮支持台の構造例を図7.5.15に示す。

〔参考資料〕
1) 建設産業調査会：『最新トンネルハンドブック』平成11年10月
2) 建設産業調査会：『最新トンネル工法・機材便覧』昭和63年9月

■ 砂吹き込み工法

矩形断面のトンネルに多く用いられており，沈埋函を仮支持台で支持した状態で，トレンチ底と函体との隙間に水と混合した砂を吹き込んで基礎を造成するものである。この方式はデンマークで開発され，オランダのマーストンネル（1942年）で初めて採用され，以後広幅員の長方形断面沈埋トンネルに対してヨーロッパを中心に数多く用いられてきた。この工法の施工手順は，沈埋函上に設けられたガントリークレーンによって支えられたパイプ（3本が1組になっている）のうち，中央のパイプから砂と水をいっしょに噴射し，同量の水を他の2本のパイプで吸引して函底と地盤との空隙に砂を充填する。この工法で問題なのは，砂の供給が沈埋函の外から行われるので，作業が気象条件の影響を受けやすいことである。また，地震時の液状化が問題となる場合には，この方法は採用出来ない。図7.5.16に砂吹き込み要領を示す。

〔参考資料〕
1) 建設産業調査会：「最新トンネルハンドブック」平成11年10月
2) 建設産業調査会：「最新トンネル工法・機材便覧」昭和63年9月

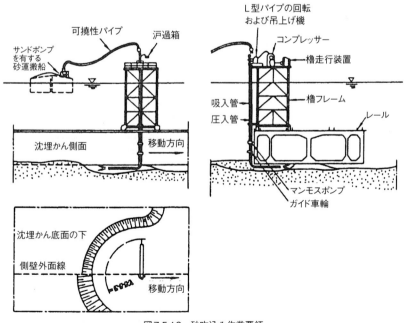

図7.5.16 砂吹込み作業要領

■ モルタル注入工法

　この工法は，函体の底版にあらかじめ4〜9m間隔に設けられた注入孔を通して，仮支承によって支えられた沈埋函とトレンチ底面との間隙（50cm程度）に，函内より流動性のよいモルタルを注入することにより連続した基礎を造成するものである。使用するモルタルは，分離が少なく流動性が良いことに加えて，注入による揚圧力があまり発生せず，現地盤以上の強度が得られるものを選択する必要がある。この条件を満足するものとして，東京港トンネルでは，貧配合のベントナイトモルタルが使用された。この工法は，函内から施工でき，注入されたモルタルの充填度の確認も注入孔によって直接検査・確認も可能であり，水深の大小も注入圧の操作によってほとんど影響なく行われるので，大規模・大水深の沈埋トンネルに適した工法と考えられる。本工法は，東京港トンネルにおいて開発された特許工法で，その後建設された東京港第二航路トンネル，川崎港トンネルなどにも採用されている。図7.5.17にモルタル注入式基礎の概要を示す。

〔参考文献〕
1）産業調査会：『海洋土木大事典』昭和58年3月

■ 袋詰めモルタル工法

　ある程度砂や砕石で均されたトレンチ底面と沈埋函底との間隙（20〜30cm程度）に，ナイロン袋を連続して配置しておき，沈埋函を仮支持台上に沈設後，沈設用作業船上に用意されたモルタル注入装置とナイロン袋をホースで接続し，袋の中にモルタルを注入する工法である。注入孔の反対側に取り付けてあるバルブから注入材の流出を潜水士が確認することによって，充填性を確認する。基本的には潜水士による海上からの作業であるが，函体に注入孔を設ければ，函内作業も可能である。ただし，注入孔とモルタル袋の取付作業は発生する。図7.5.18に衣浦港海底トンネルで採用されたモルタル注入の概略を示す。

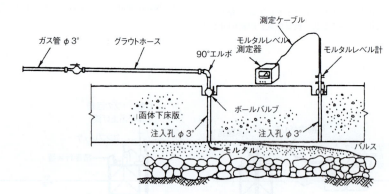

図7.5.17　モルタル注入式基礎（東京湾海底トンネル）

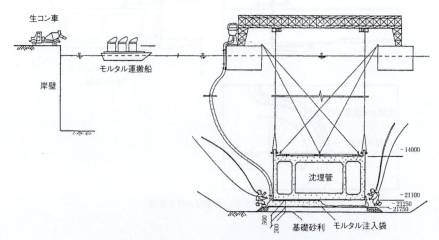

図7.5.18　袋詰めモルタル注入の概念（衣浦港海底トンネル）

■ 砂袋マット工法

袋詰モルタル工法と同様に，ある程度砂や砕石で均されたトレンチ底面と沈埋函底との間隙（20〜30cm程度）に，ナイロン袋を連続して配置しておき，沈埋函を仮支持台上に沈設後，袋の中に砂を注入する工法である。現在のところ，実験実績のみで施工実績はない。

■ 水中コンクリート注入工法

基本的な施工順序自体はモルタル注入工法と同様だが，ベントナイトモルタルは海上にベントナイト製造設備を設けたプラント船が必要になるなど，施工上の制約条件が多いため，注入材に高流動・水中不分離性コンクリートを使用する。水深の大きい側の函端から順次注入を行い，隣接する注入孔に配備したモルタルレベル計（函内で確認）及び注入監視用パイプ（潜水士によって確認）で充填性を確認する。薄層で広範囲な密閉間隙を隅々まで充填することが出来る。また，基礎砕石への浸透量が非常に小さいため，コンクリート打設量の割増量を少なく出来る。図7.5.19に水中コンクリート注入の概略を示す。

〔参考文献〕
1）日本埋立浚渫協会：『沈埋トンネル工法と施工事例』平成10年4月

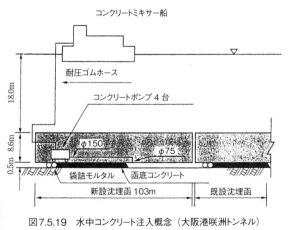

図7.5.19 水中コンクリート注入概念（大阪港咲洲トンネル）

5 沈設工

沈埋函の一次艤装から沈設・接合にいたるまでの一般的な施工フローを図7.5.20に示す。

沈埋函の艤装は，一次えい航・仮置きのための一次艤装と，二次えい航および沈設のための二次艤装とに分けられる。

一次艤装は製作ドック内で行い，沈埋函内のバラストタンク，電気，換気等の設備と，函外の仮アクセスシャフト，ボラード，吊り金具等の設備を取り付ける。

二次艤装は仮置ヤードにおいて行い，函内設備は沈埋函を着底沈設したまま資材を仮アクセスシャフトより搬入して取り付け，ウインチタワー，アクセスシャフト，端面探査装置，沈設ポンツーン等の沈設用艤装設備は，仮置き場で水バラストを排水し，函体を浮上させて取り付ける。

また，沈埋函のえい航は，沈埋函を製作ドックから引き出した後，仮置ヤードまでえい航する一次えい航と，仮置ヤードでの二次艤装完了後，沈設関連機器の作動確認を行い，沈埋函を沈設地点まで引船でえい航する二次えい航とに分けられる。通常4〜6隻の引船によって1〜1.5ノット程度のゆっくりした速度でえい航される。

沈埋函の沈設は，函の重量・寸法・地形・水路の広さ・深さなどにより，①タワーポンツーン方式，②プレーシングバージ方式，③プレーシングポンツーン方式，④自己昇降式作業台船（SEP）方式，⑤フローティングクレーン方式，⑥水底アンカー方式などの工法で施工される。

なお，沈埋函の沈設作業に関しては，迅速かつ正確に沈埋函の位置を把握しておく必要があり，いくつかの計測機器を同時に使用することにより精度良く沈設しなければならない。計測機器には，沈設までの沈埋函の誘導および全体的な位置管理を行う「沈埋函位置測量システム」，既設函と沈設函の接合端面の相対的な位置管理を行う「端面探査装置」，そして接合時のゴムガスケットの圧縮量を高精度に測定する「端面間距離計」などがある。

〔参考文献〕
1）土木学会：「沈埋トンネル要覧」1971.7
2）中島新二，山城孝：「洞海湾の鉱石運搬用沈埋トンネル」トンネルと地下，第2巻11号，1971

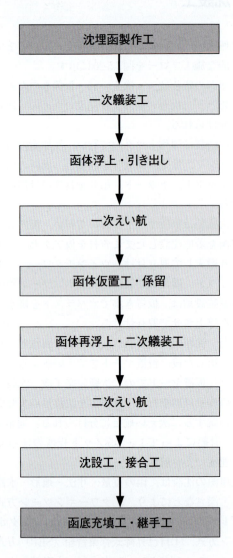

図7.5.20 一次艤装から沈設・接合までの施工フロー

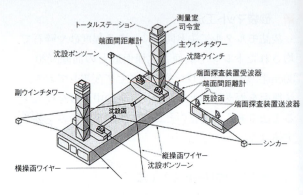

図7.5.21 タワーポンツーン工法沈設概念

い航する。バラストタンクに注水し，沈設荷重を作用させて，ポンツーン上の沈設ウインチで函体を吊り下げ，ウインチタワー上の操函ウインチにより函体を移動し，位置決め，沈設を行う。

操函方法は，ウインチタワー上に搭載されたウインチから，函体上の反力点(滑車ブロック)を経由して海底に設置されたシンカーに取付けた操函ワイヤーを直接引っ張ることで函体を所定の位置に操函する直接操函方式である。

本工法の利点として，下記の点がある。
①函体は海底シンカーで直接固定されるので，正確な位置決めができる。
②沈設最終段階時には函体の操函ワイヤーがほぼ水平となるので，微調整が容易に行え，沈設時の函体の動揺量が非常に小さく，短時間で沈設することができる。
③大規模な作業船が不要である。

一方，問題点として，下記の点がある。
①ウインチタワー・沈設ポンツーン等，函体に艤装・搭載する沈設用設備が多く，艤装作業や，沈設後の艤装設備の撤去に日数を要する。
②ポンツーンの下に沈埋函を抱くので，曳航経路に十分な水深が必要である。

図7.5.21にタワーポンツーン工法の概念を示す。

本方式の施工例としては，国内では川崎港海底(1972)，扇島海底(1973)，大阪港咲洲(1997)，神戸港島(1999)，新潟みなと(2000)などが，海外ではE3-エルベ(1975)，台湾・高雄港(1984)，香港イースタン・ハーバー・クロッシング(1990)，香港西部(1997)などがある。

3) 首都高速道路公団：「東京港トンネル工事誌」1977
4) 岡田郁生，林三伸：「最近の作業船の現状沈埋函沈設船」建設の機械化，1974.4
5) 鈴木正見：「京浜運河における沈埋トンネル工法」建設機械，1982.5
6) 日本埋立浚渫協会：「沈埋トンネル工法と施工事例」，1998.10
7) 運輸省第三港湾建設局：大阪南港トンネルパンフレット
8) 首都高速道路公団：高速湾岸線（3期）パンフレット
9) 運輸省第五港湾建設局：新衣浦海底トンネルパンフレット

タワーポンツーン工法

仮置場において沈埋函上にウインチタワー・沈設ポンツーン等の沈設設備を搭載し，沈設地点までえ

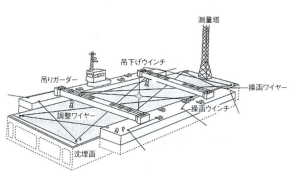

図7.5.22 プレーシングバージ工法沈設概念

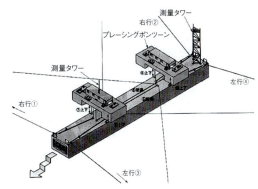

図7.5.23 プレーシングポンツーン工法沈設概念

プレーシングバージ工法

プレーシングバージと呼ばれる双胴船に沈埋函を抱き込み，沈設地点までえい航する。その後，バラストタンクに注水し，沈設荷重を作用させて，吊りガーダー上の沈設ウインチにて沈埋函を吊り下げ，バージ上の操船ウインチを用いて，バージを移動させることにより，函体の位置決め，沈設を行う。

操船方法は，プレーシングバージに搭載されたウインチから，海底に設置されたシンカーに直接操船ワイヤーを取り，プレーシングバージを操船する。プレーシングバージの吊りワイヤーで函体を吊り下げ，プレーシングバージを所定の位置に操船し，沈埋函がバージに追従する間接操船方式である。

本方式の利点として，下記の点である。
①沈設直前でも乾舷があり，艤装作業が容易に行なえる。
②函体を吊り込む場所はドック・艤装ヤード・沈設場所のいずれでもよい。
③函体に搭載する艤装品は比較的少ないので，その撤去日数は少ない。

一方，問題点として，下記の点がある。
①沈埋函はバージから吊り下げた状態で移動することになるので，水深が深くなるほど沈設時の函体の動揺量が大きくなり，静止するまでの時間が長くなる。
②沈埋函の幅が広くなった場合には，沈設船も大規模となり建造費が高くなる。

本方式は我が国での施工例が多く，衣浦港（1973），東京港（1976），東京港第二（1980），多摩川・川崎港路（1994），東京西航路（2002予定）などがある。
図7.5.22にプレーシングバージ工法の沈設概念を示す。

プレーシングポンツーン工法

プレーシングポンツーン工法の特徴は，プレーシングバージ工法の艤装品の少なさおよび航路閉鎖日数の少ない点，タワーポンツーン工法の操船精度の高さを取り入れたことである。そのねらいを実現するために，図7.5.23に示すようにタワー上にあった操船ウインチを全てポンツーン上に集約し，ウインチタワーを不要としたものである。

艤装ヤードにおいて沈埋函上に沈設ポンツーンを搭載し，沈設地点までえい航する。バラストタンクに注水し，沈設荷重を作用させて，ポンツーン上の沈設ウインチで沈埋函を吊り下げる。ポンツーン上の操船ウインチにより沈埋函を移動し，沈埋函の位置決め，沈設を行う。

ポンツーン上に設置された操船ウインチにバックテンション機構を導入することにより，操船ワイヤー相互と吊りワイヤーの同調をコントロールし，ポンツーン上で一括操作を行う。また，ポンツーン上に搭載されたウインチから，沈埋函上の反力点（滑車ブロック）を経由して海底に設置されたシンカーに取付けた操船ワイヤーを直接引っ張ることで沈埋函を所定の位置に操船する直接操船方式である。

本方式の利点として，下記の点である。
①タワーポンツーン方式と同様に，微調整が容易に行え，沈設時の函体の動揺量も非常に小さく，短時間で沈設することができる。
②函体に搭載する艤装品は少ないので，その撤去日数は少ない。
③ポンツーンを沈埋函に固定することで，長距離のえい航も可能である。

新衣浦海底トンネルで本工法が採用されている。

自己昇降式作業台船方式

えい航した沈埋函を，あらかじめ沈設地点に据付けたSEPの下に引き込み，SEP上のトラベラで吊り下げ，沈設荷重を作用させて，位置決め・沈設を行う。

本方式の施工例としては，洞海湾トンネル（1972），ハイベリオン（1960），京葉線台場（1980）などがある。

フローティングクレーン方式

沈設地点にえい航した沈埋函を，フローティングクレーンで吊り下げ，沈設荷重を作用させながらフローティングクレーンを移動して，沈埋函の位置決め・沈設を行う。

本方式の施工例としては，海老取川トンネル（1964），羽田海底トンネル（1964）などがある。

水底アンカー方式

オランダのアイトンネル（1968）で採用された工法で，基礎ぐいの頭部を連結したコンクリート梁（Capping beam）の両端に設けたアンカーと，沈埋函上にヤグラを組んで搭載したウインチを結んで，浮いている函体を強制的にトレンチ底面へ引き込んだ。

6 接合工

接合工としては，水圧接合方式，水中コンクリート打設方式の2つの方法が挙げられるが，現在では水圧接合方式が一般的な接合法として用いられている。

〔参考文献〕
1) 土木学会：「沈埋トンネル要覧」1971.7
2) 岡田郁生：「沈埋トンネル入門」「トンネルと地下」1973.7〜1973.10
3) Thomas Kuesel：「Immersed Tube tunnels」「Civil Engineering Practice」1986.4
4) 日本埋立浚渫協会：「沈埋トンネル工法と施工事例」，1998.10

水圧接合方式

沈埋函の端面にゴムガスケットを取り付け，水圧により圧着する方法である。

沈埋函の函内に設置した引寄ジャッキにより徐々に両沈埋函を接近させる。ゴムガスケットのノーズ部分が圧縮され，接合部分が十分止水された後，バルクヘッド間に残った水を排除して，外水圧で新設函を既設函側へ押しつける。こうして接合部の水密性を確保した後，既設函側からバルクヘッドを撤去して，内部から恒久的な継手を施工する工法である。施工の簡便性と信頼性のため，現在ではほとんどの沈埋トンネルに採用されている。

この工法は水中コンクリート方式と比較し，施工性が良く，工費，工期においても有利であるが，接合端面の製作精度，ゴムガスケットの材質，形状，寸法沈埋函の連結および引き寄せ装置，排水用バルブ等に十分な検討が必要である。

ゴムガスケットは，沈埋函をこの方式で接合する際に，継手止水材として最も重要な役割を果たすものであり，完成後は可撓性継手の圧縮時のバネとしての機能も果たす。ゴムガスケットの形状，材質はいくつかの種類があるが，欧米諸国および我が国で使用実績が多いのはGINA型のゴムガスケットである。水圧接合方式の概念は，図7.5.2に前掲しているので参照のこと。

水中コンクリート打設方式

沈埋函を沈設して既設函と接合する場合，両函体の接合部分を締切り枠で囲った後，トレミー方式で水中コンクリートを打設して固定する。コンクリートの硬化後，両函のバルクヘッド間に残った水を排除して，このバルクヘッドを撤去してから覆工コンクリートを施工するものである。

この工法は「水圧接合工法」が開発されるまで，一般的な接合法として用いられていた。

現在でも，最終函を沈設したときに，水圧接合を行なう反対側の端面において，立坑と函体を接合するために用いられている。図7.5.24に水中コンクリート打設方式の概念を示す。

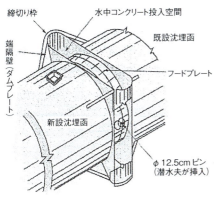

図7.5.24 水中コンクリート打設方式の概念

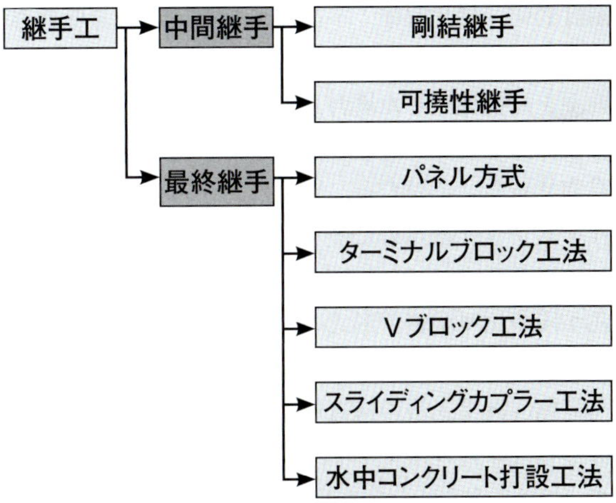

図7.5.25 継手工法の分類

7 継手工法

継手には，沈埋函の各エレメントの接合部である「中間継手」と最終沈設函と立坑（あるいは既設函）のクリアランス部の接合部である「最終継手」がある。

その構造は，地震時の変位や部材の断面力に対して安全で止水性があること，地盤沈下，温度変化，コンクリートの乾燥収縮等の継手部の変位に対し安全であること，施工性がよいことなどが求められる。図7.5.25に継手工法の分類を示す。

〔参考文献〕
1) 土木学会：「沈埋トンネル要覧」1971.7
2) 岡田郁生：「沈埋トンネル入門」「トンネルと地下」1973.7～1973.10
3) 日本埋立浚渫協会：「沈埋トンネル工法と施工事例」，1998.10
4) 東京都港湾局：東京西航路トンネルパンフレット
5) 運輸省第三港湾建設局：大阪咲洲トンネルパンフレット
6) 運輸省第一港湾建設局：新潟みなとトンネルパンフレット
7) 首都高速道路公団：多摩川・川崎航路トンネルパンフレット

中間継手工法

中間継手は一般的な既設函と沈設函の接合部であり，継手部の構造は一般に，可撓性継手（柔継手）と剛継手に大別され，継手が柔らかいほど，トンネルが地盤変化に追従して変形しやすくなり，断面力も小さくなる。

■ 剛結継手工法

剛結継手工法は，沈埋函本体部と同程度の強度を持った継手で，水中コンクリート方式での施工例が

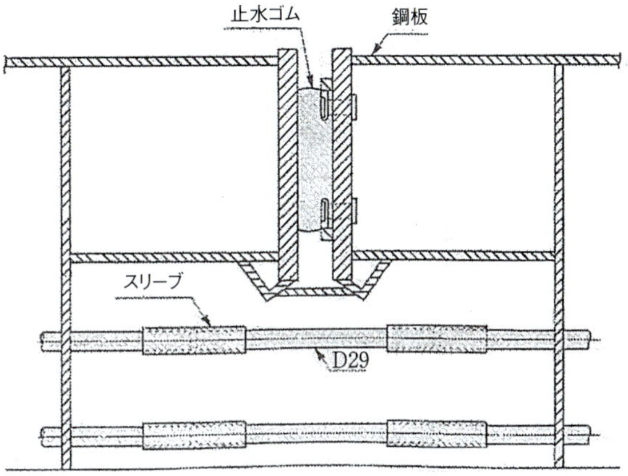

図7.5.26 剛結継手工法の構造例（扇島海底トンネル）

多い。水圧接合方式での例では，ガスケットビームを拡大した完全剛結合と断面を拡大せずに鉄筋等で補強するタイプがある。図7.5.26に剛結継手の構造例を示す。

剛結継手は，可撓性継手と比較して，止水が確実なことや構造が単純化している点で有利であるが，温度変化や地震による不等沈下に対し追従性がないため，継手部軸方向の発生断面力が大きいという問題点がある。また，沈埋函の製作時や沈設時の施工誤差のため，沈埋函両側の溶接面が同一平面上にないことも考えられる。この場合，連結鋼板を現場合わせで加工する必要がある。

■ 可撓性継手工法

可撓性継手工法は，継手部に伸縮性や可撓性を持たせることにより，地震動によるトンネルの変位や，

温度変化，硬化収縮，不等沈下などの影響を吸収させるものである。動的解析によれば，エレメント間継手を可撓性とした場合，剛結合とした場合に比べて断面力を軽減することができるので，構造的には有利である。このため，変位に対する追従性と止水性を両立させるために種々の工夫が施されている。この継手形式は，東京港トンネルで採用されて以来，我が国の沈埋函継手形式の主流となっており，実施例も多い。

可撓性継手工法の構造形式としては，圧縮抵抗部材としてゴムガスケット，引張抵抗部材として連結ケーブル（PCケーブル）を組み合わせた可撓性継手が最も実績が多く，止水はゴムガスケットによる一次止水材の内側に，二次止水ゴム（Ω型ゴム）などによる二次止水材を取り付けることにより，二重の安全策を講じている。また，地震動などによる水平，鉛直両方向のせん断力に抵抗させる目的で床版部に水平せん断キーを，隔壁部に鉛直せん断キーを設ける。

図7.5.27に可撓性継手構造の例を示す。

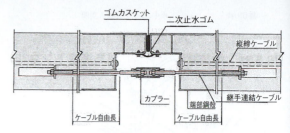

図7.5.27　可撓性継手工法の構造例

最終継手工法

沈埋函を順次沈設していくと，最終的に沈埋函接合のためのクリアランスが，空隙として残ることになる。この部分は，他のエレメント間の継手（中間継手）とは異なる施工法が用いられ，「最終継手」と呼ばれている。

従来，最終継手の施工にはドライワーク方式や水中コンクリート方式が用いられてきたが，潜水作業の安全性や，大水深となる場合の施工性，継手自体の止水性等，多くの課題を抱えており，より確実性のある工法として，①パネル工法，②ターミナルブロック工法，③Vブロック工法，④スライディングカプラー工法が考案されている。

■　パネル工法

最終沈埋函沈設後，最終継手部を囲うように止水パネルを設置し，止水完了後，バルクヘッド間を排水してから継手工を施工する。主な止水作業は潜水作業によって行うため，水深の浅い場所では汎用性があるが，水深が深くなるほど作業時間の制約を受け困難となる。

また，沈埋函と立坑との間に施工する場合には，立坑側に接続部の一部を事前に構築しておく必要がある。

この方式の構造の特徴としては，下記の点がある。
① 反力受けの設置，止水パネルの取付けは潜水士による水中作業となる。
② 止水パネル取付部からの漏水に注意が必要である。
③ 水圧接合により圧縮された既設函の中間継手であるゴムガスケットの反力を受ける部材として，仮設切梁や水中コンクリート等を施工する必要がある。
④ 後打ち施工部が多い。
⑤ 通常，剛結合であるが，可撓性継手部を組み込む場合には，最終沈埋函に端ブロックを連結させることにより対処することが可能となる。
⑥ 施工誤差は，後打ちコンクリートにより吸収する。なお，下部の止水パネルに代えて，水中コンクリートで施工する場合もある。

図7.5.28に止水パネル工法の概念を示す。

本方式の施工例としては，扇島海底（1973），川崎港海底（1979），東京港第二航路（1979），新潟みなと（2000）などがある。

■　ターミナルブロック工法

沈埋函もしくは立坑のスリーブ（外殻）に内蔵されたターミナルブロック（内殻）を最終沈埋函にスライドさせ，水圧接合することにより最終継手部を施工する。既往事例では立坑前面にターミナルブロックを組み込む方式が適用されているが，沈埋函にターミナルブロックを内蔵することで，トンネル中央部に配置することも可能である。

この工法の構造の特徴としては，下記の点がある。
① 水圧接合のため，他の中間継手と同様に可撓性継手を設置することができる。
② 潜水士による水中作業をほとんど必要としない。

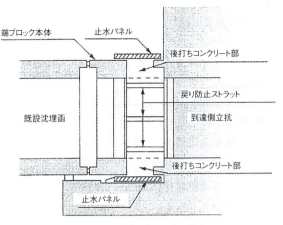

図7.5.28 止水パネル工法の概念

■ Vブロック工法

Vブロックとよばれるくさび形のブロックを，最終継手部に挿入し，ブロックの上下面の水圧差と自重を利用して，既設函に接合・止水を行う工法で，止水完了後，バルクヘッド間を排水してから気中施工により継手工を実施する。沈埋函と沈埋函の間に施工し，大水深での施工も可能である。

この工法の構造の特徴としては，下記の点がある。
① 剛継手，可撓性継手ともに対応が可能で，可撓性継手を組み込む場合は，他の中間継手と同一のものとすることができる。
② Vブロックは鋼コンクリート合成構造(フルサンドイッチ構造)である。
③ 潜水士による水中作業をほとんど必要としない。
④ 施工誤差は，最終沈埋函沈設後，端面間測量を行ったのち，Vブロックの端部鋼殻に前面プレートを現場合わせで加工し，取り付けることで対処する。
⑤ Vブロック本体は，あらかじめ陸上ヤードで製作するため，品質管理が容易である。

図7.5.30にVブロック工法の概念を示す。

本工法の施工例としては，大阪港咲洲（1997），神戸港島（2000），新衣浦海底（2002）などがある。

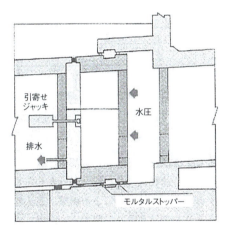

図7.5.29 ターミナルブロック工法の概念

③ 既往事例ではターミナルブロックは鋼殻構造であるが，合成構造(フルサンドイッチ構造)とすることも可能である。
④ 立坑との継手部で適用する場合には，立坑の張り出し部が大きくなるので，立坑部の構築方法が複雑となる。
⑤ 継手長の誤差に関しては，ターミナルブロックのスライド量の調整により対処することができ，その他の施工誤差については，スリーブとターミナルブロック間の隙間で容易に吸収することができる。

図7.5.29にターミナルブロック工法の概念を示す。
本工法の施工例としては，多摩川(1994)，川崎航路(1994)，東京西航路（2002予定）などがある。

■ スライディングカップラー工法

最終沈埋函に組み込まれたカプラーを既設沈埋函にスライドさせ，水圧接合することにより最終継手部を施工する。沈埋函と沈埋函の間，立坑と沈埋函の間ともに施工することができ，大水深での施工も可能である。

この工法の構造の特徴としては，下記の点がある。
① 水圧接合のため，他の中間継手と同様に可撓性継手を設置することができる。
② 潜水士による水中作業をほとんど必要としない。
③ 最終沈埋函沈設から最終継手の接合作業までを一連作業として行うことができる。
④ 継手長の誤差に関しては，カプラーのスライド量の調整により対処することができ，その他の施工誤差については，カプラーと最終沈埋函の隙間で容易に吸収することができる。

図7.5.31にスライディングカップラー工法の概念を示す。

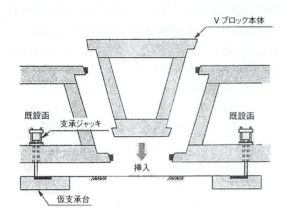

図7.5.30 Vブロック工法の概念

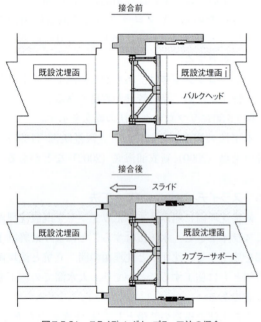

図7.5.31 スライディングカップラー工法の概念

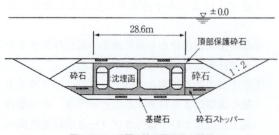

図7.5.32 埋戻工法の標準的な断面

8 埋戻工

函体沈設後，函内道床コンクリート打設および基礎工としての函底充填を行い，その後，沈埋函の安定の確保，および船舶の投錨等からの保護の目的で沈埋函周辺の土砂による埋戻し工を行う。埋戻し材としては，砂，砂利，砕石，砕岩ズリ等が使用されるが，砂の場合は液状化のない粒土のものでなければならない。埋戻工断面の例を図7.5.32に示す。

埋戻し工は沈埋函の頂部と側部に大別され，頂部埋戻しは，沈埋函の角に錨が引っかからないようにすると共に，投走錨による衝撃，貫入深さの他，トンネルの浮上がりに関する安全率，洗掘の度合い等も考慮して材料および最小土被り厚さを設定する。また，将来の海底の浚渫計画等も考慮した計画とする。浮上りに対する安全率は，トンネル構造完成後で，上載土を考慮した場合は1.2以上を確保するのが望ましい。最近の施工例では1.5m～2.0mを最小土被り厚として計画しているケースが多い。

埋戻しは一般的に側面下部埋戻し，側面上部埋戻し，頂部埋戻しの順に行う。埋戻しの際は，沈埋函の構造，また線形に悪影響を与えないように，偏荷重が作用しないように均等に行う必要がある。

埋戻しの施工法には以下の工法が採用されることが多い。

①底開（全開）バージによる投入
②ガット船による投入
③ガット船とトレミー台船による投入

各工法には表7.5.3に示す特徴があり，各々の特徴を生かして，埋戻し箇所毎に使い分けるのが一般的である。投入に際しては旗，ブイ等の標識で投入位置を表示し，陸上からの測量や潜水士等の指示により位置を確認する。

また，沈埋トンネル建設位置は航路となっている場合が多いため，投入後は音響測深器やレッド測量等による出来形の管理により，計画水深の確認を行う。

底開（全開）式バージによる投入工法

土運船に分類される作業船舶であり，直投が可能なものとして船底の扉を開いて土砂を投下する底開式バージと船体全体を左右に開口して投下する全開式バージがある。自航式と非航式のものがあるが，

表7.5.3 埋戻工法の比較

	底開(全開)式バージ	ガット船	ガット船・トレミー台船
積載量	小〜大 (100〜2000m^3)	小〜中 (100〜1000m^3)	船舶の組合せによる
操船性	低い	高い	低い
投入能率	高い	中位	低い
投入精度	低い	中位	高い
函体への影響	大きい	中位	小さい
適用箇所例	側部上部（投下土砂が直接函体に当たらない箇所）	砕石ストッパー 側部下部 頂部 仕上げ部	砕石ストッパー 側部下部 頂部

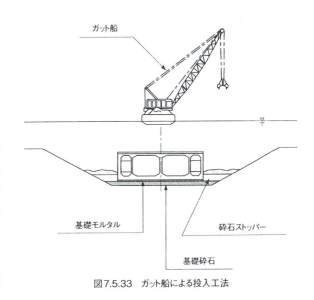

図7.5.33 ガット船による投入工法

ほとんどが非航式であり引船または，押船によって曳航される。

底開（全開）バージは投入に時間がかからないのが長所であり，大量土砂の急速施工が可能である。反面，土砂の堆積形状の予測が困難であるため，細かい出来形管理ができないこと，大量の土砂が一度に投下されるため埋戻しの初期の段階では沈埋函に悪影響を与える可能性があることから，適用箇所の制限が必要である。側部埋戻しの上部には適用可能であるが，最終段階にはガット船による仕上げを行う。

ガット船による投入工法

ガット船（グラブ付自航運搬船）は船体に泥そうを備えた小型の自航グラブ浚渫船である。港湾工事で捨石や土砂の運搬，捨込み等で広く使用されている。グラブ容量は1〜4m^{3}で，ガット船の大きさは，499型（総トン数499GT，約700m^{3}積み）および199型（199GT，約300m^{3}積み）が多く用いられる。

石径の大きな捨石に対してはオレンジピール型，土砂に対してはプレート型のグラブを使用することで各種の埋戻し材料の投入に対応可能である。

本作業船舶は自力での積込み・捨込みが可能であり，また自航で小回りが利く等の利点を有している。バケットで一掴みづつ投入するためバージによる直投に比べ施工効率は低いが，汎用船舶であること，精度の高い施工が可能で，沈埋函への影響も制御できることなどから埋戻し工の初期段階から仕上げ段階まで全般的に利用される。図7.5.33にガット船による投入工法を示す。

ガット船とトレミー台船による投入工法

海面から土砂を投入する場合，底開・全開バージによる投入では堆積形状，範囲の予測が困難であることから，精度良く堆積させるために台船に艤装したトレミー管と称する鋼管を利用した土砂投入が行われている。特に沈埋トンネルの埋戻し工では，砕石ストッパー等の小断面施工や隣接する浚渫箇所への土砂の拡散防止および函体への影響制御のために精度の高い，慎重な施工が要求されるため本工法が利用される。

本工法は，一般的に径2m程度の鋼管（トレミー管）の管口に土砂ホッパーを取りつけたものを台船に艤装するもので，投入開始時にトレミー管先端を海底から5m程度の位置に設置し，堆積マウンドの上昇に応じてトレミー管を段階的に引き上げる方法をとる。

トレミー台船への土砂の供給はガット船から直接行う場合と，施工水域でガット船からガットバージに瀬取りし，ガットバージから行う場合とがある。図7.5.34にガット船とトレミー台船による投入後方を示す。

〔参考文献〕
1) 荒井・太田・五明・竹内・松見:「底開・全開バージによる土砂投入形状の現地比較実験」海洋開発論文集，1999年5月，第15巻
2) (社)日本埋立浚渫協会沈埋トンネル工法と施工事例平成10年4月
3) (社)日本海洋開発建設協会海洋工事技術委員会編集人工島施工計画マニュアル
4) (財)沿岸開発技術研究センター沈埋トンネル技術マニュアル平成6年4月

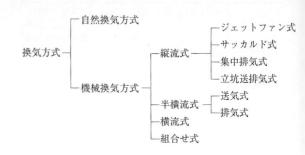

図7.5.35　トンネル換気方式の分類

9 換気塔

　換気塔は交通車両の排気ガスによるトンネル内空気の汚染度を所定の範囲に抑制するための施設である。換気方式はトンネルの構造，交通量，立地，気象，環境等の条件に応じて決定するが，最近建設された沈埋トンネルでは，縦流式換気方式を採用している。また，換気塔は換気所としての役割の他，電気関係設備，排水設備，保安・計測設備，監視制御設備等を収容するとともに，これらの管制基地となる。図7.5.35にトンネル換気方式の分類を示す。

　換気塔は沈埋トンネル端部のトンネル法線上に設ける場合と，トンネルと独立して設ける場合があるが，わが国ではトンネル法線上で護岸法線付近の陸上部に設置する事例が多い。これにより端部沈埋函上に過大な土被り荷重が作用することを防ぐとともに，沈埋函と陸上構造物との接合部構造物として，また施工時においては資機材搬入用の立坑としての利用が可能である。また，立坑としては換気設備を備えない，接合部および資機材搬入用としての利用のために設置する場合もある。

　換気塔下部工の施工方法および構造形式は，次のように大別される。構造形式によって完成後の地震時挙動や圧密沈下量は異なるが，換気塔に接続する沈埋トンネルおよび陸上トンネル間の不等沈下や地震時の相対変位に対処するために接続部に可撓性の構造を設ける等の対策が必要な場合がある。

①開削山留め式鉄筋コンクリート構造
②地中連続壁式鉄筋コンクリート構造
③ケーソン構造（設置ケーソン，ニューマチックケーソン，オープンケーソン）

　図7.5.36にトンネル換気塔断面の一例を示す。

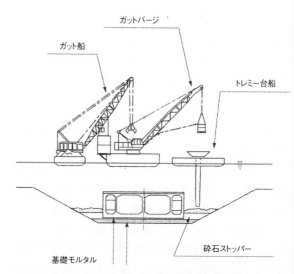

図7.5.34　ガット船とトレミー台船による投入工法

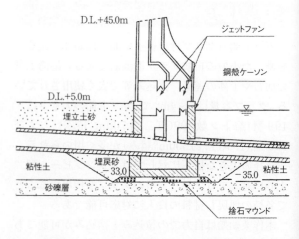

図7.5.36　トンネル換気塔断面（大阪港咲洲トンネル）

第8章 橋梁・架設工法

Ⅰ 鋼橋上部工 ・・・・・・・・・・・・・・・・・・・・・・・・・ 682
Ⅱ コンクリート橋上部工 ・・・・・・・・・・・・・・・・ 761
Ⅲ 橋梁下部工 ・・・・・・・・・・・・・・・・・・・・・・・・・ 795
Ⅳ 橋梁付属物 ・・・・・・・・・・・・・・・・・・・・・・・・・ 799

I 鋼橋上部工

- 鋼桁架設工法
  - ベント工法
    - 自走クレーン式ベント工法
    - トラベラークレーン式ベント工法
    - ゴライヤスクレーン式ベント工法
    - フローティングクレーン式ベント工法
  - 引出し式架設工法
    - 長手延べ式引出し工法
    - 半手延べ式引出し工法
    - 降下装置付き手延べ式引出し工法
    - 台船式引出し工法
  - 送り出し工法
    - 自走台車による手延べ式送出し工法
    - 水平ジャッキによる手延べ式送出し工法
    - ウインチによる手延べ引出し工法
    - カウンターウェイト式送出し工法
    - 連結式送出し工法
    - 二連式送出し工法
    - 連続式送出し架設工法
    - ケーブル相吊り式送出し工法
    - 固定ベントを用いた送出し工法
    - 移動ベントを用いた送出し工法
    - 大型搬送車を用いた送出し工法
    - 斜吊材を用いた送出し工法
  - 架設桁式架設工法
    - 巻上げ式移動台車による架設工法
    - 架設桁引出し架設工法
    - 座屈防止桁を用いた架設工法
    - 架設桁による送出し架設工法
  - ケーブル式架設工法
    - ケーブルエレクション直吊り工法
    - ケーブルエレクション斜吊り工法
    - ケーブルクレーン式多径間架設工法
    - プレテンションドケーブルトラス式架設工法
  - 片持ち式架設工法
    - トラベラークレーン片持ち式架設工法
    - ケーブルクレーン片持ち式架設工法
    - 自走クレーン片持ち式架設工法
    - 架設機による片持ち式架設工法
    - 特殊架設機による片持ち式架設工法
    - 台船片持ち式架設工法
    - フローティングクレーン片持ち式架設工法
  - 一括架設工法（大ブロック式架設工法）
    - 自走クレーンによる一括架設工法
    - 自走台車による一括架設工法
    - 大型搬送車による一括架設工法
    - 台船による一括架設工法
    - リフトアップバージによる一括架設工法
    - フローティングクレーンによる一括架設工法
    - 吊上げ装置による一括架設工法
  - 回転式架設工法
    - 回転式手延べ工法
    - 受け桁を利用した回転式架設工法
    - ジャッキアップ回転架設工法

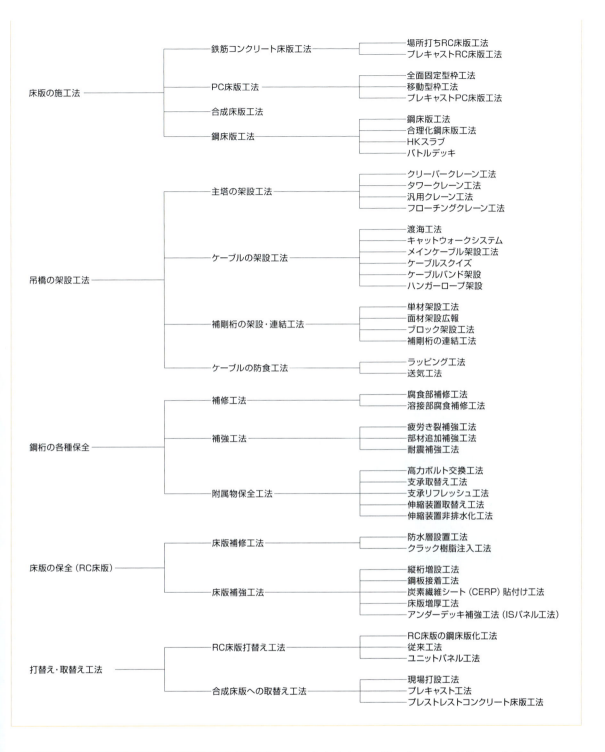

鋼桁の架設工法

　鋼桁の架設工法は基本的に製作工場で分割製作された部材を現地へ搬入し所定の位置に組立て架け渡す方法として種々あるが，現地での作業は組立・据付作業と現場継手作業で構成される。

　架設工法の名称は種々あるが，架設すべき鋼桁を所定の場所に組立・架設する時の①架設時の部材支持方法に着目した分類、②組立・据付作業に用いる機材に着目した分類、を組合わせて一般的に分類されている。

表8.1.2　鋼橋の構造形式と架設工法の適用性

架設工法＼構造型式	ベント工法					ケーブル式架設工法		架設桁（トラス）工法	引出し又は送出し工法			片持ち式工法				一括架設工法				備考
	自走クレーン	ケーブルクレーン	トラベラークレーン	ゴライヤスクレーン	フローティングクレーン	直吊り	斜吊り		手延べ機	台車・移動ベント	架設桁（トラス）	自走クレーン	ケーブルクレーン	トラベラークレーン	フローティングクレーン	自走クレーン	フローティングクレーン	台船	巻上げ機	
連続桁（飯・箱桁）	◎	○	△	○		△			○	◎	○					◎	○			
連続桁（飯・箱桁）	◎	○	○	○	○	△		○	○	○	○	○	○	○		△	○		△	
曲線桁	◎	○	○	○			○	○								△				
単純トラス	○	○	○	○				◎												
連続トラス	○	△	◎	○				◎			○	○	○					△		
下路アーチ	△					◎	△									○				
下路ローゼ	△					◎										○				
下路ランガー	△					◎										○				
上路アーチ						◎														
上路ローゼ						◎														
上路ランガー						◎	◎													斜吊りは総鋼重を吊る
ラーメン橋	○	△						◎												
斜張橋	△	○	◎	○								○	◎	○	○					
鋼橋脚	○															◎	○			

注）◎：頻繁に用いられる工法
　　△：時々用いられる工法
　　○：採用が検討できる工法

斜張橋に用いられたトラス桁（ベイブリッジ）

部材支持形式に着目すると，桁組立ておよび据付け時に対して橋体を比較的短い間隔でほぼ一様に支持する方法と橋体の一部分を支持し架設を行う方法とがある。

一様支持方法にはベント工法，ケーブルエレクション工法，架設桁工法がある。部分支持方式には送出し工法，一括架設工法，片持ち式架設工法，回転式架設工法等がある。

部材の組立・据付作業に使用する機械の種類に着目するとクレーンによるものとそれ以外のものに区分される。クレーンによるものとしては，自走式クレーンによる架設，ケーブルクレーンによる架設，フローティングクレーンによる架設，トラベラークレーンによる架設，ゴライヤスクレーンによる架設等がある。クレーン以外の架設機材を用いる工法では架設桁（架設トラス）による架設，手延機による架設，台車・移動ベントによる架設，台船による架設，巻上げ機による架設などがある。

鋼桁の架設工法選定にあたっては，橋桁の構造形式，設計条件，現地の状況，架設時期，運搬方法などを十分に調査のうえ，安全，迅速で経済的な工法あり，かつ架設中および架設後に設計で考慮されている以外の荷重を生じさせない適切な工法を選定することが大切である。

架設工法を定める最大要因は架設地点の地形的要因と諸制約である。長大橋梁や地形により桁組立て時に一様支持ができない場合には，架設工法が設計上の重要な条件となることも少なくない。　現地の状況を正確に把握し設計に反映しておく必要がある。表8.1.1に鋼橋の構造形式と架設工法の適応性を示す。

最近の土木工事を取り巻く住民問題等の社会環境が複雑化し，工法の選定に大きく影響する場合もある。また，使用する機械および仮設備の性能と安全性を事前に十分確かめておかねばならない。図8.1.1に架設工法選定のフローチャートを示す。

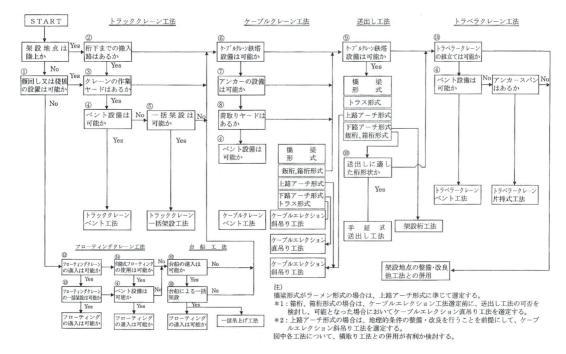

図8.1.1　鋼桁架設工法の選定フロー

1 ベント工法

橋体を支持する支保工（仮支柱）をベントと呼び，このベントを予め設定した位置に設置し，橋桁部材を順次支持しつつ組立て架設する工法であり，ステージング工法とも呼ばれる。

この工法の特徴は，桁の組立て，キャンバー調整が比較的容易であり，各種の構造形式の橋梁に適用できるとともに，種々のクレーン設備との組合せも可能である。このため，桁下の状況がベント設置に支障ない限りしばしば用いられ，最も一般的で他の工法に比べて安全かつ施工性に優れている工法である。

ベントは桁橋においては現場接合部付近に設置し，また，トラス橋などでは格点部に設置して，鋼桁からの鉛直，水平方向の作用力に対して十分な強度を有する構造のものを設計し使用する。

ベントの頂部にはジャッキをセットしておき，キャンバー調整や撤去時の反力解放ができる構造とする。ベントに用いる支柱には，4本の山形鋼を組合わせた角ベントや鋼管を主材としたのパイプベントの2形式が大半で，これらを水平材や斜材で結合して使用する。ベント材は架設会社の保有材が主に使用されているが，リース材の使用も増えている。

使用されるベント高さは2, 3mから30m程度のものが一般的で，20m以下のものが経済的と言われているが，最近の橋梁規模の大型化に伴い作用力も大きくなりベント規模も高さ50mを超える特殊な事例もある。

ベントの基礎としては，杭基礎，コンクリート基礎および鋼板基礎などが用いられるが，地盤支持力を確認し不等沈下のない基礎形式を選定することが重要である。

【参考文献】
1）社団法人日本建設機械化協会：『橋梁架設工事の積算（平成12年度版）』2000年4月
2）社団法人日本建設機械化協会編：『橋梁架設工事の手引き（上・下）』技報堂，1987年5月
3）社団法人日本橋梁建設協会：『わかりやすい鋼橋の架設』1997年3月

自走クレーン式ベント工法

この工法はベント式架設工法の一種であり，橋桁を自走クレーン（JIS-D-6301での呼称，クレーン等安全規則では移動式クレーンと呼称）により部材を吊上げベント上で支持し桁の連結を行う方法である。近年，自走クレーンの機種の多様化と吊能力など各種性能の著しい向上により，鋼桁架設の約80%がこの工法により架設されている。

とはいえ，この工法では，所定の吊り能力を有する自走クレーンが架設位置まで進入でき，必要に応じて分解・組立が可能でかつ，クレーン作業に支障ない立地条件であることが前提となる。また，据付け時のアウトリガーや接地圧および桁を支えるベント基礎反力に対して十分な地盤支持力の確保されることが必要である。

自走クレーンは走行形式によりトラッククレーン，クローラークレーン，ラフター（ラフテレーンクレーン）の3種類に分類され，定格荷重も5tf吊級～1200tf吊級までであり，それぞれの特色を発揮すべく各種開発されている。

自走クレーンの能力は最小作業半径での吊下げ荷重で表示されるが，実際の吊能力は使用条件によりかなり低減される。現地状況を事前に十分調査し，架設部材の質量，作業半径，吊上げ高さから決定される要件や地盤状況，使用期間などの施工条件のみならず経済性・汎用性を加味して適切な形式・能力の機種を選定することが重要である。また，桁架設時，仮設備の組立・解体時の用途に合わせて適宜入れ替えることも大切である。

【参考文献】
1) 社団法人日本建設機械化協会：『橋梁架設工事の積算（平成12年度版）』2000年4月

トラベラークレーン式ベント工法

この工法はベント工法の一種であり，すでに架設完了した桁上に設置されたトラベラークレーンにより部材を吊上げベントにて支持して順次先端に向けて桁を架設していく方法である。片持ち式（張出し式）工法と併用して採用される事が多い。

クレーンが軌条上を走行し順次移動し架設するため一般にトラベラークレーンと呼称しているが，「クレーン等安全規則」ではジブクレーン（スティフレグデリッククレーン）に区分される。従来，三脚型や2ブーム式のデリックが使用されていたが，近年は全旋回型の低床ジブクレーンが主流になった。吊り能力は吊下げ荷重と作業半径の積で呼ばれ，現在100～800tfm級までのものがある。

橋桁の架設地点の桁下に自走クレーン等の進入ができない場所は，既架設桁上に部材運搬台車を走行させて架設部材を小運搬する。

また，本工法は，トラス橋の架設にもよく用いられた工法であるが，近年は，ベント設置～桁架設を順次繰返し施工する片押し式工法により，複雑な線形の曲線桁などの架設にもしばしば用いられ始めている。

【参考文献】
1) 鳥海右近：『図解・鋼橋架設計算例』現代社，1996年3月
2) ㈳日本橋梁建設協会『わかりやすい鋼橋の架設（改訂版）』1997年3月

ゴライヤスクレーン式ベント工法

この工法は，ベント式架設工法の一種で，自走式ゴライヤスクレーン（門型クレーン）を架設する橋梁を跨いで設置し，搬入された部材を巻き上げ装置にて吊上げ，所定の位置まで運搬しベント上に据付けて架設する工法である。

この工法は，作業が単純で安全であり施工管理が容易な工法であるが，自走式クレーンの普及により事例は少なくなりつつある。送出し工法時の桁組立てヤード等で自走式クレーンの据付け困難が予想されたり，自走式クレーンを用いることが不経済と判断される時などに補助的な手段として使用される。

【参考文献】
1) 相原茂・江雄二：「交差角の薄いこ線橋の計画と設計」『鉄道土木』1978年12月
2) 山海堂：「土木施工ハンドブック」土木施工，1986年5月

ケーブルクレーン式ベント工法

この工法はベント工法の一種で，桁下に部材組立て用の自走クレーンの進入が不可能な時に用いられ，ケーブルクレーンにより部材を所定位置まで運搬してベントで仮受けしながら架設する方法である。

本工法を採用する条件としては，①ケーブルクレーン用の鉄塔およびアンカーブロックの設置ができる。②ベントが立てられる地形であることがあげられる。

ケーブルクレーンは橋体を包括する形状に2系統以上設置するのが一般的であり，幅員が広い桁や曲線桁の場合には3系統設置したり，また，安定性を検討の上で横移動を併用することもある。

ケーブルクレーン設備は，一般に鉄塔間隔が200～300m，鉄塔の高さ30～40m程度のものが多く使用され，吊上げ能力は使用ワイヤロープの形状・

耐力により1系統で20～30tfが一般的であり，それ以上の部材を運搬する場合は2系統以上での相吊り構造を採用する場合もある。図8.1.2にケーブルクレーン設備の概要を示す。

ケーブルアンカーはコンクリートブロックアンカーが一般的であるが，岩盤質の山腹部など設置場所の地形，地質によりグランドアンカーを採用することもある。

【参考文献】
1）㈳日本橋梁建設協会：「わかりやすい鋼橋の架設（改訂版）」1997年3月

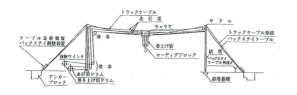

図8.1.2　ケーブルクレーン設備の概要

ケーブルクレーンによる鋼桁の架橋

フローティングクレーン式ベント工法

この工法はベント式架設工法の一種で，桁下の水面を利用しフローティングクレーンによりベント上に桁を架設する方法であるが，橋梁の規模によっては大ブロックによる一括架設工法に近い性格を有する工法となる。

フローティングクレーンは，鋼製の台船上にクレーンを搭載した吊上げ能力10tf吊級のものから4000tf吊の大型なものまで種々ある。自航式と非自航式のものがあり，河川での使用を目的とした現地で組立てる可搬式の吊上げ能力30～50tf吊級のものもある。

フローティングクレーンは，自走クレーに比べ絶対数も少なく寄港基地が限定されているため，計画に際しては部材の重量，アウトリーチ，揚程のクレーン能力や水深，潮・水流など架設地点の状況に加えて，現場まで回航可能かどうかを調査し適切な機種を選定する必要がある。特に，河川で使用するときには下流にある橋梁の桁下高さや現地での組立て場所の有無，係留方法について十分な調査を必要とする。

フローティングクレーンは，部材をつり上げ航行して所定の位置に据付けることも可能であるが，航行距離のある場合には，部材運搬に台船を使用するのが効率的である。

【参考文献】
1）㈳日本橋梁建設協会：「わかりやすい鋼鋼の架設（改訂版）」1997年3月
2）山海堂：「土木工法ハンドブック」土木施工，1986年5月

2 引出し式架設工法

この工法は鋼桁架設工法の一種で，架設径間の桁下に交通機関などの施設があり，直接所定の場所に桁組立てができないときに用いられる工法である。

橋軸方向の隣接した取付け道路，取付け橋梁，既に架設した部分に桁を組立てた後に，桁を橋軸線に沿って前方に引出し所定位置まで移動して架設する工法である。単径間の直線桁のみでなく連続桁，複数径間の単純桁や曲線桁の架設にも用いられる。

引出し方法としては，2点支持の静定系で引出す方法（単径間桁）と多支点支持の不静定系で引出す方法（長径間単純桁，連続桁，曲線桁）がある。

架設に用いる機材によって，手延べ式，移動ベント，固定ベント，ポンツーン式などと呼ばれる工法がある。桁移動用の機材は，ウィンチを動力としワイヤを伝達機構にしローラー，台車，ノンフリクションプレートを利用した移動・支持装置などから構成される。

この工法を用いた場合，引出し途中には完成系と異なる部材力が作用するので，手延べ機および桁の全体ならびに局部的な応力に対して照査する必要がある。また，大きな反力が生ずる支点部はその構造検討とともに，不静定系で引出す時には支点位置の沈下は新たな付加荷重を構造系に生じさせるので十分留意し検討する。表8.1.2に引出し式架設工法の

種類を示す。

【参考文献】
1）㈳日本機械化化協会：「橋梁架設工事とその積算（平成12年度版）」技報堂，2000年3月
2）㈳日本橋梁建設協会：「わかりやすい鋼橋の架設（改訂版）」1997年3月
3）建設産業調査会：「橋梁ハンドブック」，昭和50年12月

表8.1.2　引出し式架設工法の種類

架設工法	主に使用される橋梁型式
長手延べ式	Ｉ型
半手延べ式	Ｉ型
降下装置付き手延べ式	Ｉ型
ポンツーン式	Ｉ型、ローゼ桁、ランガー桁

長手延式引出し工法

本工法は，手延式引出し架設工法の一種で，図8.1.3に示すように鋼桁先端に架設支間より長い手延べ機を取り付け架設する方法である。手延べ機の先端が最初から前方橋脚上に届いているため，所定の位置に架設桁を引出した時には，手延べ機の先端はさらにもう一つ前方の橋脚上に到達していることになる。桁と手延べ機を切離し，桁を降下して所定位置に据付けた後，次径間の架設桁を手延べ機と連結し，順次同様に引出し架設が可能である。このため，この工法は同一支間の橋桁が数連連続している場合にはきわめて能率的な工法であるが，橋梁規模の大型化にともない鋼橋架設では余り用いられなくなっている。

【参考文献】
1）和仁達美・赤沢稔：「鉄道土木施工法」山海堂，昭和39年
2）大平拓也：「鋼ゲタの架設」山海堂，1967年11月4月

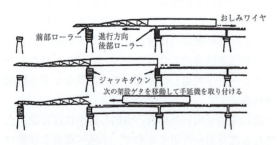

図8.1.3　長手延べ式引出し工法

半手延べ式引出し工法

本工法は手延べ式引出し工法の一種で，図8.1.4に示すように引出しを行う鋼桁の先端に手延べ機を取り付け，バランスを保ちながら前方の橋脚等に到達させる役目を持たせつつ，ローラー上を前進させる方法である。ここで，半手延べ機は手延べ機と桁の全体の重心点が後部ローラーを越える直前に手延べ機先端が前方橋脚に達する長さに設定する。この工法の特色は，前方橋脚上のローラーを低く据えておき，前方橋脚に到達直後の桁の均衡性を活用して，十分おしみワイヤを効かせることで下がり勾配の落込み状態での施工を行なう点にある。降下作業は桁の後端のみとすることができ，作業時間を短縮できると報告されているが，橋梁規模の大型化に伴い現在では余り用いられない。

【参考文献】
1）沼沢成馬・他1名：「江戸川橋梁上部工の施工について」橋梁 Vol.11, NO.9, 1975年
2）町田裕・他1名：「九頭竜川橋の設計と施工について」橋梁 Vol.10, No8, 1974年

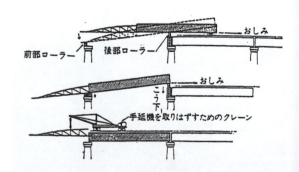

図8.1.4　半手延べ式引出し工法

降下装置付き手延べ式工法

本工法は手延べ式架設工法の一種で，手延べ式架設工法において，桁の降下据付け作業に時間がかかり同時に危険を伴うため，この点を改善し能率的に架設するために考えられた方法である。

手延べ機の根元に降下用ジャッキなどの降下用設備を装備した門構が取り付けられ，桁後部にも同様の門構が取り付けられる。

手延べ機が先端橋脚到達時に先ず手延べ機を降下し，手延べ機が低い状態で所定位置まで桁を引出し降下する。その後，手延べ機を元の位置に戻し次の桁を連結し，以下同様に繰返し架設する。

降下装置に油圧式で能率よいものを使用したり，上下線ある場合には上の桁を吊った状態で下の桁を

横移動することができるように国鉄を中心にして検討・改良が加えられ作業性と汎用性が高められた。

この工法は原理的には安全かつ能率的な方法であるが，設備が大きく分解・組立てに日数を要する。このため，同じ30m前後の桁を，多数連架設するような場合には経済的なため採用されたが，作業手順も煩雑で橋梁規模の大型化により余り採用されなくなった。

【参考文献】
1) 国鉄盛岡工事局:「東北新幹線の橋梁構造物(v)」橋梁，1980年4月

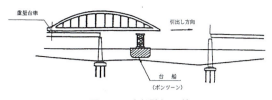

図8.1.5 台船引出し工法

台船式引出し工法

本工法は引出し式架設工法の一種で，ポンツーン式引出し工法とも呼ばれ，河川・湖上に架設する際，フローティングクレーンが使用できない場合，一般の船舶の航行に支障をきたすためにベントを建てられない場合などに採用される。架設する桁の先端を台船(ポンツーン)に載せ，後端を重量台車で受けながら縦方向に引出し架設する工法である。

この工法は，移動ベント式架設工法と同様の特質を有するが，架設条件としては，①水の流れが速くないこと，②船舶の往来が少ないこと，③台船が稼動できる水深があり，水面の変動が少ないことなどがあげられる。また，施工上の注意点としては，①施工時の重心が高いので，横方向の安定性を十分に検討すること。②水面の干満差などで上下する場合や，桁の据付け降下を考慮し，台船には注排水設備を設ける。また，風や水流によって横方向に流されないように，操船ワイヤーなどで，アンカーを取る。③後方台車は水平方向，上下方向に移動可能なボギー構造のものを採用するがよい等がある。図8.1.5に台船引出し工法の概要を示す。

【参考文献】
1) 土木学会:「鋼構造物の製作と架設」「土木工学ハンドブック」1974年11月
2) 日本道路協会:鋼道路橋施工便覧 平成5年5月
3) 日本鉄道施設協会:「工事設計資料便覧」1971年
4) 平野嘉・他1名:「本木橋梁(扇大橋)の設計と施工について」橋梁，1975年8月
5) 鳥海右近:「図解・鋼橋梁設計計算」現代社，1996年3月
6) 羽根良雄・他3名:「新河岸川橋りょうの設計・施工」鉄道土木，1985年3月

3 送出し工法

送出し工法(launching method)とは，架設地点の桁下に河川，道路，鉄道などがあって，直接ベント設備を設けたり，トラッククレーンを乗り入れたりすることが困難な場所に多く用いられる工法であり，架設地点の背後の取付け道路や既設桁あるいは架設桁上で，架設する桁を全部あるいは一部ずつ順次組み立てて，架設支間へ自走台車，水平ジャッキまたはウインチなどで送り出す方法である。

この工法の特徴は，道路や鉄道などの真上での架設作業が比較的短時間ですむことである。

一方，注意事項としては，
①架設中の構造系が設計上の構造系と異なり，また架設中の支持点が完成系と異なる。したがって，設計時から架設中の応力，変形，局部応力などを検討し，また，仮設構造物についても応力，変形などを検討する必要がある。
②送り出し後は，橋桁を橋脚，橋台上の所定の高さに降下させる作業を伴うことが多く，この工種は危険を伴うので，安全管理を厳重にしなければならない。
③送り出し作業には，いかなる場合でもおしみワイヤはとっておく必要がある。

送出し工法は，使用する設備により，自走台車による手延べ式送出し工法，水平ジャッキによる手延べ式送出し工法，ウインチによる手延べ式送出し工法，カウンターウエイト式送出し工法，連結式送出し工法，二連式送出し工法，連続式送出し工法，ケーブル相吊り式送出し工法，固定ベントを用いた送出し工法，移動ベントを用いた送出し工法に分類できる。なお，これらは橋軸方向に送り出す工法であるが，鈑桁，箱桁のように主桁が複数あり，橋軸直角方向に移動が必要なときは，横取り工法で移動させる。

横取りは，箱桁の場合は1箱桁でもよいが，鈑桁の場合は2主桁以上組んで，一般に水平か，多少登り勾配で行う。下り勾配の場合は必ずおしみワイヤを取っておく。横取り中の各支持点は等間隔とし，各支持点が平行に移動するようにする。また，曲線桁の場合は転倒しないように特に注意する。図8.1.6に送出しのステップを、図8.1.7に横取り工法の例を示す。

【参考文献】
1）日本道路協会：鋼道路橋施工便覧 平成5年5月
2）日本橋梁建設協会：わかりやすい鋼橋の架設1997年3月
3）日本橋梁建設協会：工法別架設計算例題集「送出し工法」平成8年11月
4）日本建設機械化協会：「橋梁架設工事の積算」平成12年度版

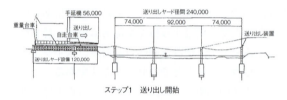
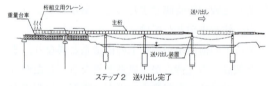

図8.1.6　送り出しのステップ

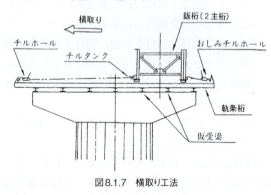

図8.1.7　横取り工法

自走台車よる手延べ式送出し工法

この工法は，架設地点の作業条件が良くない場合，例えば桁下が道路，鉄道，河川などの場合で有効に利用されている方法である。同じような作業条件下で採用される「ケーブル式架設工法」よりも，作業が簡単で熟練工を必要としないことや，高度に機械化されているため急速施工，安全性およびそれに伴う経済性などから，「水平ジャッキによる手延べ式送出し工法」とともに，広く採用されている工法である。この工法は，主桁の先端に手延機を取り付け，図8.1.8に示す電動モータを駆動力とする台車に，この主桁を載せて自走させ主桁を送り出す方法である。主桁は前方台車と後方台車に載せ，前方を自走台車とし，後方を重量台車とする例が多い。送り出し途中では自走台車の盛替えが必要となり，盛替えは主桁を一時支持台にあずけ，自走台車を後退させ，再び主桁を載せる。この作業を繰り返すことによって主桁を所定の位置まで送り出すことができる。

多径間連続桁の送出し時は，各橋脚上にローラなどの送り装置が必要となるが，最近では水平ジャッキ付き送出し装置を設置する例が多い。

手延機の長さは，送り出す橋梁形式によって異なるが，通常の場合，次のように考えられる。

単純桁の場合：送出し支間長の60〜80％
連続桁の場合：送出し支間長の0〜60％

手延機の先端が到達側支持点に到達する直前の転倒に対する安全率は，鋼道路橋施工便覧に1.2以上と規定されているが，風の作用や送り出しによる振動などの影響を考慮して安定に対する安全率を確保する必要がある。

【参考文献】
1）日本道路協会：鋼道路橋施工便覧 平成5年5月
2）日本橋梁建設協会：わかりやすい鋼橋の架設　1997年3月
3）日本橋梁建設協会：工法別架設計算例題集「送出し工法」平成8年11月

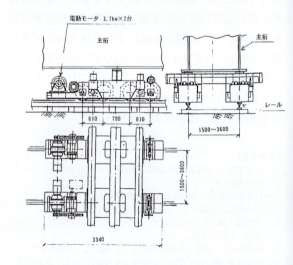

図8.1.8　自走台車（定格荷重160tonの例）

水平ジャッキによる手延べ式送出し工法

この工法は、「自走台車による手延べ式送出し工法」の自走台車を水平ジャッキ付き送出し装置に代えた工法である。

主桁は、図8.1.9に示す送出し装置の支持台に載せ、この支持台を通常1mストロークの水平ジャッキで送り出す（主桁は前方の水平ジャッキ付き送出し装置と後方の重量台車に乗せる）。次に、押上げジャッキで主桁を受け替え支持台を後退させ、押上げジャッキを降下させ、再び主桁を載せる。この作業を繰り返すことによって、主桁を所定の位置まで送り出す。

この工法は、受点が面接触となりローラに比べ局部応力が緩和されるので、支持点反力の大きい長径間橋梁の送り出しに使用されている。

最近では、水平ジャッキ付送出し装置の代わりに、図8.1.10に示すようなキャタピラ式送出し装置が開発実用化されている。この装置によると連続送り出しが可能で短時間での送り出しができ、かつ、送り出し中の状況（各支点反力・支点高、桁先端・後端位置の計測、桁の横ずれ量）を集中管理システムでリアルタイムで監視できるようにした、安全性の高い装置である。

【参考文献】
1) 日本道路協会：鋼道路橋施工便覧 平成5年5月
2) 日本橋梁建設協会：わかりやすい鋼橋の架設 1997年3月
3) 日本橋梁建設協会：工法別架設計算例題集「送出し工法」平成8年11月
4) 鈴木裕二・他2名：「建設の機械化」日本建設機械化協会, 1997年9月号

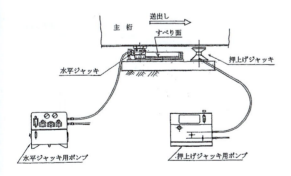

図8.1.9 水平ジャッキ付き送出し装置

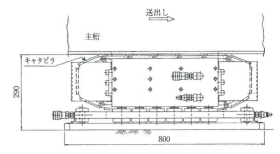

図8.1.10 キャタピラ式送出し装置

ウインチによる手延べ式送出し工法

この工法は、「水平ジャッキによる手延べ式送出し工法」の水平ジャッキ付送出し装置を、図8.1.11に示すような送出しローラなどに代えてウインチにより送出す工法である。

主桁は、送出しローラと後方の重量台車に載せ、主桁の前方と軌条の後方間に張り渡したワイヤロープをウインチで牽引することで所定位置まで送出す。

この工法は、送出しローラの受点に非常に大きな局部応力が発生するので、支持点反力の大ききくなる橋梁には適さない。支持点反力が大きくなる場合は、送出しローラの代わりに、テフロン板、エンドレスローラ、ボールベアリングなどの支持装置が用いられている。いずれの支持装置を使用する場合でも、腹板の降伏、座屈には注意する必要がある。

また、これらの支持装置は、主桁下フランジの下面をレール面として使用するため、主桁継手部が支持装置上を乗り越す箇所では、その前後にテーパフィラーと継手部ボルトをカバーするプレートを取り付ける必要がある。最近では、少数主桁橋の場合、主桁継手部を現場溶接として乗り越しをなくした例が多い。

【参考文献】
1) 日本道路協会：鋼道路橋施工便覧 平成5年5月
2) 日本橋梁建設協会：わかりやすい鋼橋の架設 1997年3月
3) 日本橋梁建設協会：工法別架設計算例題集「送出し工法」平成8年11月

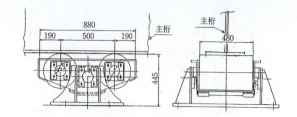

図8.1.11 送出しローラ（定格荷重100tonの例）

カウンターウエイト式送出し工法

この工法は、手延機を使用しないで、主桁の後方にカウンターウエイトを取り付けて、片持ち梁方式で主桁を送り出す工法である。図8.1.12にカンターウエイト式送出し工法の概要を示す。

主桁が数連ある場合は、次の径間の主桁をカウンターウエイトとして利用する場合もある。

送り出し方法としては、以下の例が多い。
①前方を自走台車、後方を重量台車で支持し、自走台車により送り出す。
②前方、後方とも重量台車で支持し、ウインチにより送り出す。

いずれの方法でも、送出し途中では前方台車の盛替えが必要となり、盛替えは主桁を一時支持台にあずけ、自走台車を後退させ、再び主桁を載せる。この作業を繰り返すことによって主桁を所定の位置まで送出す。

カウンターウエイトの重量および長さは、主桁の先端が到達側支持点に到達する直前の転倒に対する安全率（1.2以上）を確保するように設定する。

【参考文献】
1）日本道路協会：鋼道路橋施工便覧 平成5年5月
2）山海堂：「土木工法ハンドブック」土木施工，1986年5月

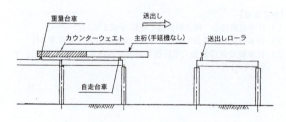

図8.1.12 カウンターウエイト式送出し工法

連結式送出し工法

連結式送出し工法は、「カウンターウエイト式送出し工法」の一種で、同種同長の主桁が2連以上あるときに、次の主桁をカウンターウェイトとして利用して連結し、橋台・橋脚上の送出しローラ上を送出して（または引き出して）架設する工法である。必要に応じ先端に手延機を併用することもある。図8.1.13に連結式送出し工法の概要を示す。

この工法の類似工法としては、二連式送出し工法、連続式送出し工法などがある。

本工法の施工上の要点は、
①連結部が剛結で、多支点で受けて送り出す場合、主桁のキャンバーなどの影響による支点反力の増加を考慮する。
②連結部がピン結合の場合は、必要なせん断力を伝達できる構造であるほか、送出しローラ上を通過できる構造でなければならない。
③特に手延機を用いないで行う場合は、送出しローラ支点上には大きな反力と曲げせん断が働くので、腹板の局部座屈については十分な検討を要する。送出す方法は、カウンターウエイト式送出し工法と同じである。

【参考文献】
1）土木学会：「鋼構造物の製作と架設」「土木工学」ハンドブック昭和49年11月
2）日本鉄道施設協会：「工事設計資料便覧」昭和46年
3）日本建設機械化協会：「橋梁架設工事とその積算」技報堂、昭和46年1月
4）稲橋俊一：「鳶作業の基本と一般施工」山海堂、昭和41年
5）池田肇・他3名：「鋼橋上部構造施工法」山海堂、昭和53年9月

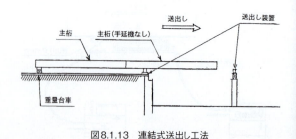

図8.1.13 連結式送出し工法

二連式送出し工法

この工法は、連結式送出し工法の一種で、同種同長の主桁2連を連結して1連の主桁とし、後方の主桁に若干のカウンターウェイトをセットして、2連

同時に送出しあるいは引出して架設する工法である。図8.1.14に二重式送出し工法の概要を示す。

本工法は，ローラと台車があれば施工できるが，施工にはかなりの技術を要し，能率も決して良いものではないため，最近では，この工法の原理を応用動作として使用することはあるが，特殊なケース以外はあまり使用されていない。送り出し方法は，カウンターウェイト式送出し工法と同じである。

【参考文献】
1）日本鉄道施設協会：「工事設計資料便覧」昭和46年
2）大平拓也：「鋼ゲタの架設」山海堂，昭和42年11月

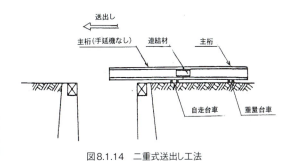

図8.1.14 二重式送出し工法

連続式送出し工法

この工法は，「連結式送出し工法」の一種で，二連式送出し工法の原理をさらにおし進めて，数連の主桁を全部連結して，一気に架設する工法である。主桁の連結に際しては，全ての結合を剛結とすると，長い連結桁が数個所の橋脚上ローラを支点とする不静定構造物となり，送り出しが困難になるばかりでなく，支点反力にも問題が生じるので，最初の2連だけは剛結とし，その次からの主桁はピン結合とするように注意する。

本工法では，多数のローラを準備し，送り出し力（または引き出し力）も強大なものが必要で，また，多数の人出を要するので，最近では全部の橋桁を一気に架設してしまう必要のあるような特殊な場合以外は使用される機会が少ない。

【参考文献】
1）土木学会：「鋼構造物の製作と架設」「土木工学」ハンドブック 昭和49年11月
2）日本鉄道施設協会：「工事設計資料便覧」昭和46年

ケーブル相吊り式送出し工法

この工法は，橋体を前方・後方とも重量台車に載せ，両橋台または橋脚上に建てた鉄塔頂部から，橋桁の先端をワイヤにより相吊りをし，このワイヤを操作して橋体を引き出していき，橋体の両端を直接両方の鉄塔から吊るようにして，所定の位置にセットする工法である。図8.1.15にケーブル相吊り式送出し工法の概要を示す。

本工法による架設は，径間内になんの段取りもすることができず，しかも桁の設計が特殊で，まず，主桁を渡して組み立てる以外に方法がないような場合に有効な方法であるが，ワイヤの種類が多くて複雑な操作を必要とするため，高度の技術・熟練を要することから，最近では，あまり使用される機会が少ない。

【参考文献】
1）土木学会：「鋼構造物の製作と架設」「土木工学ハンドブック」昭和49年11月
2）日本道路協会：鋼道路橋施工便覧平成5年5月
3）三野定・住友栄吉編：「土木工事の施工途中の安定設計と実例」近代図書，昭和51年9月
4）日本建設機械化協会：「橋梁架設工事とその積算」技報堂，昭和48年1月
5）プレストレストコンクリート技術協会：「プレストレストコンクリート技術の現況」昭和57年1月

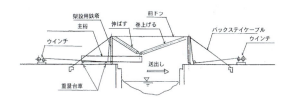

図8.1.15 ケーブル相吊り式送出し工法

固定ベントを用いた送出し工法

本工法は，径間の中間に鋼製の固定ベントを建て，その上に送出しローラを設置し，架設地点の背後の取付道路上で組み立てられた橋体を，後方は重量台車に，前方はローラに載せ，おしみワイヤーで逸走を防止させながら前方へ送り出し（または引き出し）架設する工法である。図8.1.16に固定ベントを用いた送出し工法の概要を示す。

ベントは径間の中間にあり，そこまでは，片持ち状態になるので，転倒に対する安全率を考慮し，必要に応じ橋体の後方にカウンターウェイトを載せることが必要となる。

片持ち状態になった橋体の先端がベント上の送出しローラに到達し、さらに引き出すと、橋体は前方、後方とも送出しローラでの支持となる。橋体は送出しローラ上を移動するので、橋体下面が走行路になるような桁であることが必要である。したがって、トラス形式の橋体には適用できず、鈑桁か箱桁形式に限られる。

固定ベントには、最大時に全橋体重量の鉛直荷重と、送出しローラの転がり抵抗による水平荷重が作用するので、これらの荷重を考慮した設計が必要である。

【参考文献】
1）大平拓也：「鋼ゲタの架設」山海堂，昭和42年11月
2）稲橋俊一：「鳶作業の基本と一般施工」山海堂，昭和41年

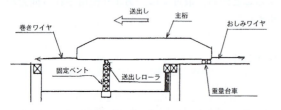

図8.1.16　固定ベントを用いた送出し工法

移動ベントを用いた送出し工法

工法は、河床または道路上に軌道を敷設し、架設地点の背後の取付道路上で組み立てられた橋体を、後方は重量台車に、前方は軌道上に設置した移動ベントに載せ、おしみワイヤで逸走を防止させながら前方へ送り出し（または引き出し）架設する工法である。図8.1.17に移動ベントを用いた送出し工法の概要を示す。

この工法が使用できる橋体の形式は、鈑桁、箱桁、トラス桁、ランガー桁、ローゼ桁などであり、比較的長い径間の橋梁に至るまで可能であるが、特にランガー桁やローゼ桁のように、手延べ式架設工法による引き出しができないものに用いられることが多い。

また、本工法の施工上の注意点としては、以下のようなことがあげられる。
①施工時の重心が高くなるので、移動ベントが転倒しないように鉛直荷重、水平荷重を考慮して台車の長さや幅を拡げるなど安全性を検討すること。
②軌道を設置する地盤は、移動ベントの荷重による不等沈下がないように検討すること。
③作業時間に制約がある場合が多いので、事前に作業手順、作業時間、および人員配置などを検討しておくこと。

【参考文献】
1）日本道路協会：鋼道路橋施工便覧平成5年5月
2）日本橋梁建設協会：わかりやすい鋼橋の架設　1997年3月
3）日本建設機械化協会：「橋梁架設工事の積算」平成12年度版

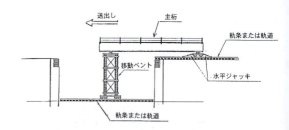

図8.1.17　移動ベントを用いた送出し工法

大型搬送車を用いた送出し工法

本工法は、架橋地点の桁下が道路等であり、一時的に全面閉鎖（あるいは車線規制）が可能な場合に有効である。架橋地点背面で地組立てした桁を、大型搬送車で支持し自走する。大型搬送車が走行可能（勾配・路面不陸が搬送車の能力範囲内）であり、移動経路の障害物を事前に撤去する必要がある。移動距離が比較的長い場合でも短時間で送出し可能である。近年、都市部の交差点改良工事などで採用されている。図8.1.18に大型搬送車を用いた送出し工法の概要を示す。

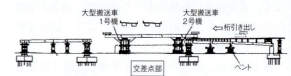

図8.1.18　大型搬送車を用いた送出し工法

斜吊材を用いた送出し工法

本工法は、架橋地点の制約条件で桁下空間が利用できないうえ、送出し支間が長く、送出し桁自重による先端たわみ量が大きい場合に有効である。張出距離に応じて、仮支柱（ビロン）および斜吊材への作用力が逐次変化するため、高度な反力管理が要求される。送り装置および覆帯式駆動装置などのジャッキ反力、仮支柱反力および斜材反力を集中管

理する必要がある。図8.1.19に斜吊材を用いた送出し工法の概要を示す。

【参考文献】
1) 土木学会:「鋼構造架設設計施工指針 2001年版」
2) 日本橋梁建設協会:「わかりやすい鋼橋の架設Ⅱ」 2007年9月
3) 日本建設機械化協会:「工法別架設計算例題集 (2) 送出し工法」 2008年11月

図8.1.19 斜吊材を用いた送出し工法

4 架設桁式架設工法

本工法は、架設位置が道路上、鉄道上、河川（運河）上とかで支保工の設置に制限がある場所で、送出し工法の採用が難しい場合、さらに桁下の作業スペースが大巾に制約を受けてトラッククレーン工法の採用もできない場合等に適用される工法である。しかし、架設桁はあらかじめ手延べ式送出しによる方法やトラッククレーンによる方法などで設置できることが要求される。工法選定にあたっては、送出し工法と類似点が多いので注意を要する。

本工法は次の3種類に大別できる。
①架設桁引出し架設工法
　・上路式架設工法
　・吊下げ式架設工法
　・抱込み式架設工法
②巻上げ機による架設工法
③他の工法に補助的手段で架設桁を使用する工法

これら工法は仮設備が大きくなり工程的・経済的には劣るところはあるが、架設する橋桁の荷重を直接的に支持できるので、安全性や施工性に優れた工法である。

③のケースとして、ベント設備の一部・手延べ機・送出しヤード設備の軌条桁などに使用されている。特殊な使用例としては、多径間にわたったプレートガーダーの架設に採用された座屈防止用架設桁工法が記録されている。

架設桁にはトラス断面構造の架設桁とⅠ形断面の桁とがあり、工事の特性によって使い分けている。Ⅰ形断面の場合、桁高0.9m以上を架設桁と定義している。一般的にトラス桁はⅠ形桁に比べてせん断耐力が劣るので、最近ではⅠ形架設桁の方が多く使われている。

本体橋架設の施工にあたっては、この架設桁の応力度ならびにタワミには十分な注意を払った検討照査が必要である。また、架設作業の安全性確保の観点から、作業通路の設置などがあるのでこれら荷重の考慮も重要である。

架設桁の多くは架設専門会社の保有材であるが、大断面H鋼などは組合せにより架設桁としての能力を発揮でき、また、応急橋用の桁材も架設桁として使えるなど、リース業者から調達できる架設桁も多いので、あらかじめ調査しておくのがよい。

【参考文献】
1) 日本建設機械化協会:「橋梁架設工事とその積算」技報堂 2008年4月
2) 「土木施工計画データーブック（下巻）」森北出版
3) 建設産業調査会「最新 橋梁設計・施工ハンドブック」1990年3月
4) ㈳日本橋梁建設協会:「わかりやすい鋼橋の架設Ⅱ」 2007年9月

巻上機による架設工法

あらかじめ仮設した架設桁上に、軌条設備および台車付き巻上げ機を設備し、これによって桁を運搬し架設する工法であり、架設する桁は架設桁から吊り下げ支持を行う方法が用いられる。最近では、巻上げ機のかわりにジャッキ式吊り上げ機械が用いられている。

一般的に架設桁の方が剛度も小さく、桁の架設閉合時などには偏心した荷重が一部に集中することがあり、架設桁には計算値以上の応力が発生するので注意を払う必要がある。

台車設備および巻上げ機等にウインチ、電動モーターなどの動力設備を採用するとクレーンの取り扱いを受けるため、所轄の労働基準監督署へ届け出が必要になるとともに、吊上げ荷重が3トン以上の場合には落成検査に合格しなければ使用できないので注意が必要である。クレーンの取り扱いとなった場合、架設桁の応力度だけでなくタワミにも制限を受けるため留意が必要である。ただし、巻上装置にチェーンブロックを、運搬装置にはチルタンク、チルホールなどを使って、人力によって稼動させた場合にはクレーンの適用は受けないので、小規模な工事の施工には効果があると思われる。

この工法は，架設閉合にいたる間の荷重支持状態が，風荷重など横力に対して不安定なため，十分な注意を払う必要がある。

【参考文献】
1) 満野敏郎，他1名：「新荒川橋梁架設設計と施工について」『橋梁』1974年8月
2) 日本建設機械化協会：「橋梁架設工事とその積算」技報堂 2008年4月
3) ㈳日本橋梁建設協会：「わかりやすい鋼橋の架設Ⅱ」2007年9月

架設桁引出し式架設工法

この方法は架設桁をあらかじめ架設しようとする径間に仮設し，①この桁上に軌条および台車設備を準備し，架設する桁を台車に乗せて引出す上路式架設工法，②台車に設備した桁吊下げ装置で，吊下げて架設する吊下げ式架設工法，③2本の架設桁の間に抱込んで架設する抱込み式架設工法の3種類の方法がある。何れの方法も架設桁の仮設は橋梁取付け道路部などで組立てて，架設しようとする径間まで送出し架設またはトラッククレーンなどで架設しておくことなどが必要がある。

■ 上路式架設工法

上路式架設工法は桁の組立ヤード又は製作ヤードから，台車等に乗せて架設桁上を所定の位置まで引き出す。台車を撤去した後に桁の横取りを行い，横取り完了後，サンドルを除去しながら桁を降下し所定の高さに据え付ける。鋼橋とコンクリート橋の架設では若干の違いがある。図8.1.20に鋼橋の架設例を示す。

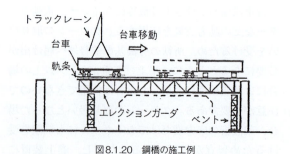

図8.1.20　鋼橋の施工例

■ 吊下げ式架設工法

吊下げ式架設工法は架設しようとする径間の前方の橋脚上にベントを設置し，後方の橋脚には門型ベントを設置する。このベントの上に架設桁を架け渡し架設桁に設備された吊下げ機により，桁を吊下げて所定の位置まで引出し，そのまま桁を降下して所定の高さに架設する方法である。図8.1.21に吊下げ式架設工法の例を示す。

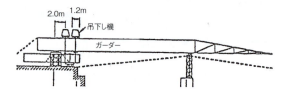

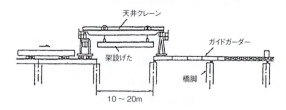

図8.1.21　吊下げ式架設工法

■ 抱込み式架設工法

抱込み式架設工法は2本の架設桁を架け渡し，架設しようとする桁をこの間に抱えるように支持した状態（吊下げた状態）で引出す工法である。所定の位置に引出し到達後の橋桁の降下量が小さくて済むので施工性の良い方法である。

この場合もベントを必要とするが，架設桁の設置位置が低い状態で施工できるので，設備類の安定が保て，比較的安全度が高い工法といえる。桁の横取りなどを必要とする場合は，2本の架設桁を移動してから横取りを行うことができる。図8.1.22に抱込み式架設工法の例を示す。

【参考文献】
1) 日本鉄道路協会：『鉄道路橋施工便覧』1972年10月
2) 「土木施工計画データーブック（下巻）」森北出版
3) 佐藤行雄・豊田昭博・他2名：「プレキャストRCホロースラブ桁の架設」『鉄道土木』1978年2月
4) 橘田敏之・小村　敏著『PC橋架設工法便覧』プレストレストコンクリート技術協会　1984年4月
5) ㈳日本橋梁建設協会：「わかりやすい鋼橋の架設Ⅱ」2007年9月

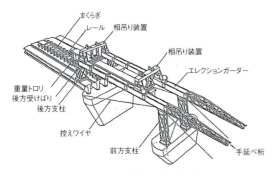

図8.1.22 抱込み式架設工法

抱込み式架設工法

座屈防止桁を用いた架設桁工法

本工法はⅠ形断面桁の架設にあたって，軽量化した架設桁を横倒れ座屈防止用に使用して，安全性・施工性の改善を図った工法である。

河川使用条件，交通規制条件等の都合で支間中央部にベントが設置できない場合，細長いⅠ形断面桁は，水平曲げ剛度，ねじり剛性が低いために，横倒れ座屈を生じやすいので，止むおえず1主桁で1径間架設するのに有効な方法であり，ケーブルクレーンまたはトラッククレーン工法と併せて採用される。

架設桁はあらかじめ所定の径間にケーブルクレーンなどで架け渡しておき，地組立てした鈑桁1主桁を架設桁に抱合わせるように架設する。このとき主桁の圧縮側フランジを架設桁と仮連結して，横座屈の防止措置をとり，引き続き2主桁目を架け渡す。

対傾構，横構を取り付け，桁の安定化を図った後，架設桁を次ぎの径間に移動して，3主桁目以降の架設組立を行う。2径間目以降も同様な方法で順次架設を進める。

単純鈑桁，連続鈑桁など，比較的等支間で多径間にわたった架設には有効な方法であるが，座屈防止用架設桁ならびに橋桁の地組み立て用ヤードとして相当の長さを持った用地が必要である。

なお，この架設桁の仮設には桁自体の剛度が小さいので手延べ式送出し法などの採用は困難である。図8.1.23に座屈防止用架設桁工法の架設例を示す。

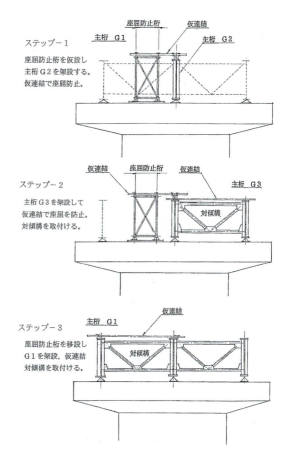

図8.1.23 座屈防止用架設桁工法の架設

架設桁による送出し架設工法

本工法も諸条件により，ベント設備等が設置困難な橋梁の架設に採用されることが多く，多径間にわたった桁架設に適した工法である。

架設桁は，架設桁の先端に手延べ機をセットした状態で，施工区間の最も長い支間を跨ぐ寸法で計画しこれ全体を"架設桁"と考える。

送出し架設用の台車・軌条設備等を事前に設置しておき，架設桁の仮設は組込まれた手延べ機を使った手延べ式送出し工法で仮設しておく。

本桁の架設は，あらかじめ仮設した架設桁の後に本桁を連結組立して，仮設桁と一体の状態で送出す。所定の架設位置に到達後，連結を解除し台車等を撤去して降下し据え付ける。

　2径間目の架設には，先に架設した桁上に軌条を増設し，2径間目の桁を組立て，待機した架設桁に連結し送り出す。以後同様な方法で順次架設を進める。単純鈑桁，連続鈑桁の架設に限らず，箱桁の架設にも適応し，多径間にわたった橋梁架設には有効な方法であるが，架設桁ならびに橋桁の地組み立て用スペースとして，相当の用地が必要である。図8.1.24に架設桁による送出し架設工法の架設例を示す。

　最近では，連続桁の場合径間ごとの架設は行わず，連続送出しが主流になっている。

【参考文献】
1）月岡　照：「けた式連続高架橋架設機の開発」『建設の機械化』1977年7月
2）「鉄道土木シリーズ7」日本鉄道施設協会：『鋼桁の架設』大平拓也著　山海堂
3）岡本勇・他2名エレクションガーダーによるPC箱桁架設「鉄道土木」1978年2月
4）「土木施工計画データーブック（下巻）」森北出版
5）池田　肇著「鋼橋に関する研究」1980年10月
6）建設産業調査会「最新　橋梁設計・施工ハンドブック」1990年3月
7）日本橋梁建設協会：「わかりやすい鋼橋の架設Ⅱ」2007年9月
8）土木学会：「鋼構造架設設計施工指針」2001年版

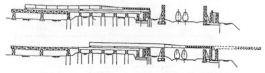

図8.1.24　架設桁による送出し架設工法の架設例

5　ケーブル式架設工法

　本工法は架設地点が急峻な渓谷であったりして地形条件が厳しく，トラッククレーンなどの機械施工が困難な場合，また水深が深く流量も多い河川上に架設する場合などに多く採用される。採用にあたっては，架設地点の両岸に架設用鉄塔およびアンカー設備の設置が可能であること，また橋桁の搬入が可能であることなどを確認する必要がある。

　ケーブル式架設工法には一般的に，次の3種類に大別できる。

　　①ケーブルエレクション直吊り工法
　　　・ケーブルエレクション式単径間（多径間）架設工法
　　　・プレテンションドケーブルトラス式架設工法（PCT式架設工法）
　　②ケーブルエレクション斜吊り工法
　　③直吊り・斜吊り併用工法

　直吊り式工法と斜吊り式工法が多く用いられている。他に，施工実績は少ないがケーブルクレーン式多径間架設工法およびプレテンションドケーブルトラス式架設工法，直吊り・斜吊り併用工法がある。

　このケーブル式架設工法は，上・下路式アーチ系橋梁，上・下路式トラス橋などの架設に適しており，相当数の架設実績が残されている。

　ケーブル式架設工法の施工検討において，特に留意しなければならない事項として，次ぎの5項目を掲げる。

1）鉄塔，アンカー設備の設置場所の地形地質および地耐力が安全か。対応策が取れるか。
2）アンカー予定地は地下水位が浅く浮力が作用しないか。また，雨水等は排水が良好にできるか。
3）アンカー予定地で樹木の伐採，掘削土工事を施工して，環境破壊などの社会問題が発生しないかまた，アース・アンカーの設置が検討できるか。
4）下部構造はケーブル架設時の水平反力等に対して安定状態が維持できるか。
5）暴風時などの耐風対策が検討されているか。

　ケーブル式架設工法は以上の留意事項を踏まえ，熟練した経験者を交えた十分な施工検討のうえ，採用を決定する必要がある。近年は熟練した作業員が少なくなっているので，事前の労務手配にも配慮が必要である。

　ケーブル設備は所轄労働局へクレーンの設置を届け出るとともに，落成検査を申請する。架設は検査合格後でなければ作業を開始できない。なお，このクレーンの運転はケーブルクレーン用の"クレーン免許"を所持した者でなければ従事できないので注意を要する。

【参考文献】
1）土木学会：「鋼構造物の製作と架設」『土木学会ハンドブック』1964年3月
2）日本道路協会：『鋼道路橋施工便覧』1972年10月
3）鈴木俊男・他3名：『橋りょう工事ポケットブックⅡ』山海堂

1970年6月
4) 三野 定・住友栄吉編:『土木工事の施工途中の安定計算と実例』近代図書 1976年9月
5) 日本建設機械化協会:『建設の機械化』1979年6月
6) 建設産業調査会:『架設工法機材』1985年3月
7) 嶋田和則・他2名:「荒川橋の上部工架設(スパンドレルブレーストアーチ橋)」『橋梁』1986年7月
8) 「土木施工計画データーブック(下巻)」森北出版
9) 田中五郎著:『鋼橋上部構造施工法』山海堂
10) 建設産業調査会「最新 橋梁設計・施工ハンドブック」1990年3月
11) 日本橋梁建設協会:「橋梁年鑑」1990年版
12) 日本橋梁建設協会:「わかりやすい鋼橋の架設Ⅱ」2007年9月
13) 土木学会:「鋼構造架設設計施工指針」2001年版
14) 佐々木亮・他2名:「ケーブルエレクション直吊り・斜吊り併用工法-ニセコ大橋工事報告-」横河ブリッジ技報 1995年1月

ケーブルエレクション直吊り工法

ケーブル式架設の代表的工法であり,主に下路式の橋梁に採用され,アーチ系橋梁にもトラス橋にも実績が多い工法である。左右両岸に各々設置した鉄塔上部からワイヤ(トラックケーブル)を張り渡し,桁の架設運搬に使用するケーブルクレーンを組立てる。

また,橋桁の架設支持用にはハンガー設備および桁受け梁を取り付けたメインケーブルを塔頂間に張り渡し,桁を架設支持させる。図8.1.25にケーブルエレクションの設備例を示す。

ケーブルクレーン用に使う動力は発電機を使うが一般的であり,ギア調整した直引き能力5～7トンのウインチにより稼動させる。ケーブルクレーンは主ケーブルを上下流に1条,中央に補助ケーブル1条の計3条のクレーンを設置した施工例が多い。曲線橋などの架設では補助ケーブルを使わずに,主ケーブルを3条設置して施工することがある。

橋桁架設支持用のメインケーブルには,架設作業の進行とともに大きな力が作用するとケーブルに伸びが発生する。このケーブルの伸びは作業効率,施工精度に大きく影響するので十分な管理が必要である。特に新品のワイヤを使う際には,ワイヤに張力を掛け製造時の緩み等を除去するプレテン加工をすることが望ましい。

架設工事に使用するワイヤはヨリ線のワイヤが一般的である。このワイヤは張力が作用すると伸びが出るとともにヨリが絞られて細くなる。ワイヤの端末はワイヤグリップで固定していることが多いが,このようなワイヤの特性から架設工程の進捗と荷重の増加に従って,ワイヤグリップの点検ならびに増し締めを行う必要がある。

長支間橋梁など施工規模の大きな工事では,メインケーブル用の鉄塔設備をケーブルクレーン用の鉄塔とは別途に設置するなどの方法を採用し,設備に過大な負担を掛けないようにした施工例もある

【参考文献】
1) 土木学会:「鋼構造の製作と架設」「土木工学ハンドブック」1964年3月
2) 三野 定・住友栄吉:「土木工事の施工途中の安定必算と実例」近代図書 1976年9月
3) 城処求行・馬場勝一:「藤大橋の設計施工」橋梁,1985年10月
4) 日本道路協会:「鋼道路橋施工便覧」1987年2月
5) 日本建設機械化協会:「橋梁架設工事の手引き(上)調査・計画編」技報堂 1987年5月
6) 建設産業調査会「最新 橋梁設計・施工ハンドブック」1990年3月
7) 日本橋梁建設協会:「わかりやすい鋼橋の架設Ⅱ」2007年9月
8) 土木学会:「鋼構造架設設計施工指針」2001年版

ケーブルエレクション設備(直吊り工法)

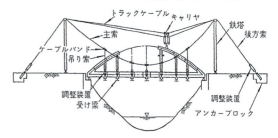

図8.1.25 ケーブルエレクション設備(直吊り工法)

ケーブルエレクション斜吊り工法

この工法は直吊り工法に次いで代表的なケーブル式架設工法であり,施工実績も非常に多く,各種橋梁の架設に貢献している工法である。ケーブルエレクション斜吊り工法は,図8.1.26に示すように架設した桁の荷重支持を塔頂から斜めに張ったワイヤで支持する方法であり,架設運搬は直吊り工法と同様に,ケーブルクレーンを使って施工する。

斜吊り架設法で施工される主な橋梁形式は,アーチ系上路橋およびπ型ラーメン橋の架設に採用されることが多い。また,ニールセンローゼ桁,タイドアーチ桁などの場合には,下路式構造でも斜吊り工法が採用されることがある。

ケーブルエレクション直吊り工法との基本的な違いは次の通りである。

1) 桁の荷重支持は斜吊りケーブルにより支持す

2) 架設時に下部構造へ大きな水平力が作用する。
3) 支承を先に固定する手順を採用することが多い。
4) 必要な場合は架設途中で現場継手を本締する。
5) 架設用の斜吊り金具を準備しておく必要がある。
6) 吊点が集中するので吊設備が大きくなる。
7) 吊設備を引込み連結する装置が必要になる。
8) 風荷重等の横方向荷重への留意が必要である。

また，共通な留意事項には以下の項目がある。
1) ワイヤの伸びを考慮した施工管理を行う。
2) ワイヤグリップに対する点検，増締めを行う。
3) 架設閉合のための調整装置を設置する。

斜吊り架設時の下部工に加わる水平力は，図8.1.27に示す要領で作用するので注意が必要である。このため水平反力が大きい場合には，支承を先に固定してから架設する必要がある。

図8.1.27に示す斜吊り設備から解るように，吊点への斜吊り張力は大きな集中荷重として作用するため架設用斜吊り金具の設備は，母材への影響にも留意した設計が必要である。

【参考文献】
1) 倉上欣也・他三名:「落合川橋の設計と施工概要について」『橋梁』1974年12月
2) 三野 定・住友栄吉:『土木工事の施工途中の安定必算と実例』近代図書 1976年9月
3) 西口幸男・他5名:「コンクリート中路式バランスドアーチ橋（光明池大橋）の設計・施工」『橋梁』1985年11月
4) 長岡一雄:「思惟大橋の設計と施工」『橋梁』1985年11月
5) 土木施工計画データーブック（下巻）森北出版
6) 日本建設機械化協会:『橋梁架設工事の手引き（上）調査・計画編』技報堂 1987年5月
7) 日本橋梁建設協会:「わかりやすい鋼橋の架設Ⅱ」2007年9月
8) 土木学会:「鋼構造架設設計施工指針」2001年版

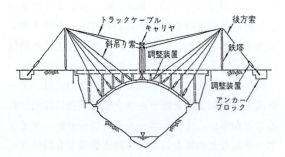

図8.1.26 ケーブルエレクション斜吊り工法

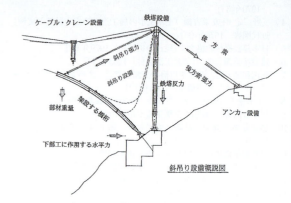

図8.1.27 斜吊り支承部に作用する応力

ケーブルクレーン式多径間架設工法

この工法はケーブルエレクション直吊り工法の一種で，多径間トラス桁などを架設する場合に採用される工法である。

キャンチレバー工法を採用した時，応力的に大幅に不利になるようなケースでは，本工法の採用が検討される。経済的には2～4径間のトラス桁を一気に架設するのが望ましく，架設したい2～4径間を1スパンで渡ったケーブルクレーンを設置して施工する。図8.1.28にケーブルクレーン式多径間架設工法の例を示す。

架設した桁の支持方法は，架設する径間に直吊式ケーブル設備を設置し，ハンガーケーブルを経由して桁受け梁で仮受け支持させ架設する。この設備はケーブルクレーン区間内を施工順に合わせ，順次移設して架設に対応する方法もある。

この方法は架設運搬用ケーブルクレーンの支間長が長くなり，トラックケーブルのサグを大きく取る必要から，クレーン用鉄塔の高さが高くなり，ケーブル張力も大きくなりがちである。ある程度の規模を超える場合には，鉄塔を盛り変えて施工することを考える。各ケーブル設備のアンカーについては，橋脚構造に埋込む方法や河床に打コンして設置するなどがある。

前者には，下部工コンクリートに与える影響など，後者には，河川管理者との協議が必要なことなど，問題点が残る。また，本工法に一部キャンチレバー工法を併用した架設を採用する場合もある。最近ではトラス桁の支間長が長くなることから他の工法が採用されることが多く，施工事例は少ない。

【参考文献】
1) 三野 定・住友栄吉：『土木工事の施工途中の安定必算と実例』近代図書　1976年9月
2) 建設産業調査会「最新　橋梁設計・施工ハンドブック」1990年3月
3) 鳥海右近：『橋梁架設手順と計画計算法』改訂版　現代理工学出版　1996年3月
4) 日本橋梁建設協会：「わかりやすい鋼橋の架設Ⅱ」2007年9月
5) 土木学会：「鋼構造架設設計施工指針」2001年版

【参考文献】
1) 渡辺　明・他3名：「プレテンションドケーブルトラス構成による橋梁架設新工法に関する研究」土木学会論文集　第153号

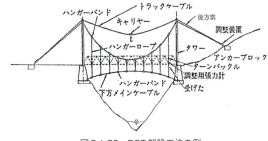

図8.1.29　PCT架設工法の例

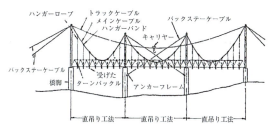

図8.1.28　ケーブルクレーン式多径間架設工法の例

プレテンションドケーブルトラス式架設工法

ケーブル式架設工法の一種で，一般のケーブルエレクション直吊り工法のケースで，メインケーブルの下側に別途ケーブルを張り渡し，メインケーブルとの間をハンガーケーブルで接続する。そしてアンカー前面のメインケーブルに取り付けた緊張装置によって，ワイヤロープにプレテンションを導入し，上下双方のケーブルの間にプレテンションドケーブルトラスを構成する。この時ハンガーケーブルの間に受け桁をセットし，この受け桁で架設した橋桁を支持して組み立てる方法である。図8.1.29にPCT式架設工法の概略を示す。

この方法は架設規模によって，ケーブルに与える張力が調整できること，また上下間のケーブルにプレストレスが入っている関係から，架設ステップ毎のケーブルの変形が小さいなどの利点がある。

このことから，一般にケーブルエレクション工法で架設した時，荷重支持するメインケーブルの変形量が大きく，桁の継手連結が難しい鈑桁や箱桁の架設にも適用が考えられるなど新しき架設への展開もある。

反面，一般のケーブルエレクション工法に比べ，油圧計測装置など精密度をもった計測機械および架設機材がより多く必要であり，ケーブル張力を多岐項目にわたって管理する必要があるなど，施工管理の繁雑により，最近の施工例は少ない。

6　片持式架設工法

片持式架設工法（Cantilever Erection）は中間を支持せず，先端張出し状態にて順次，部材（比較的小ブロック）を架設する工法である。架橋地点の条件として桁下空間が高く，航路規制困難あるいは軟弱地盤等により杭ベント設置困難な場合に対象となる。

特に連続桁橋の場合，架設時張出し状態の応力が支配的となるケースが多く，予め設計時に架設時応力として考慮する必要がある。

適用橋種は桁橋，トラス橋が主であるが，斜吊り工法のアーチ，吊橋補剛桁の架設，斜張橋の架設においてもこの工法の適用例は多い。

この工法は架設順序に着目した場合，次の3種類に分類できる。

(1) 連続桁の両側径間をベント工法等にて架設，この径間をカウンターウエイトとして，両中間支点上から順次，張り出し，中央径間中央で閉合させる方式であり，最も施工例の多い工法である。この場合，閉合ブロックを無応力で剛結し架設時応力を残す方式と，調整治具を用いた強制力付与状態で剛結して，架設時応力を解消させる方式がある。

　図8.1.30に中央径間中央部で併合する片持式架設工法の例を示す。

(2) 連続桁の第1径間をベント工法等にて架設，それをカウンターウエイトとして，第2径間以降は一方向へ順次，張り出していく方式である。この場合，仮設備は一式のみにて対応可能であり，工程に制限がなければ有効な工

法である．この工法は複数連の単純トラスの架設の際，第1径間をベント工法にて架設，第2径間以降は仮連結材を用いた連続桁化により，第1径間をカウンターウエイトとして順次，片持ち架設する方式にもみられる．この施工例は鉄道橋に多い．図8.1.31に一方向に張出す片持式架設工法の例を示す．

(3) 中間橋脚に斜ベント等を設置し，中間支点上のブロックをトラベラークレーンにて架設し，その後，左右のバランスを考慮しながら交互に順次，張り出していく工法である．この方式は特に「バランシングキャンチレバー工法」と呼ばれており，側径間にもベント設置不可の場合に対象となる．図8.1.32にバランシング・キャンチレバー工法の概要を示す．

斜ベント等の設計の際，自重に対してはいわゆる「やじろべえ作用」により，左右張出し量のアンバランス荷重に耐える剛度であればよい．しかし，風・地震等に対する橋軸方向，橋軸直角方向の安定性照査は欠かせない．

一方，使用機材に着目すると，現時点では次の7種類の工法が挙げられる．

① トラベラークレーン片持ち式架設工法
② ケーブルクレーン片持ち式架設工法
③ 自走クレーン片持ち式架設工法
④ 架設機による片持ち式架設工法
⑤ 特殊架設機による片持ち式架設工法
⑥ 台船片持ち式架設工法
⑦ フローチングクレーン片持ち式架設工法

橋梁本体の強度レベルと機材重量も含めた張出し可能量との調整がトータルコストの決め手であり，工法選定においてはブロック分割の可能性も含めた総合的検討が重要である．

【参考文献】
1) 日本橋梁建設協会:「わかりやすい鋼橋の架設」, 1997年3月
2) 日本建設機械化協会:「橋梁架設工事の積算」, 平成12年4月
3) 阪神高速道路公団:「港大橋工事誌」, 土木学会 (昭和50年3月)
4) 飯島邦治他2名:「与島橋上部工の設計・施工」, 橋梁 (1986年9月)

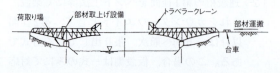

図8.1.30　中央部で閉合する片持ち式架設工法

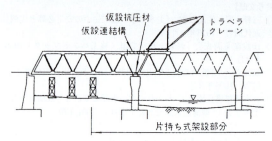

図8.1.31　一方向に張り出す片持式架設工法

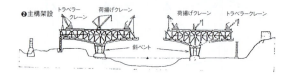

図8.1.32　バランシング・キャンチレバー工法

トラベラークレーン片持ち式架設工法

片持ち式架設工法において架設機材に関する一分類である．

橋体を片持ち架設する際，架設先端に順次，移動可能なクレーンをトラベラークレーンと称する．全旋回式ジブクレーン，三脚デリック等がそれに該当する．

一般的には吊能力が小さくてすむトラスタイプの橋梁に適しており，架設先端直下にクレーンの進入が不可の場合に採用する工法である．

架設部材は運搬台車にて架設先端まで搬送，トラベラークレーンで吊上げ，架設する．この場合，全て既設桁上での作業になるため，部材の荷取り計画，先端までの搬送計画，クレーン自重・運搬台車重量に対する既設桁の安定性照査がポイントである．

一方，最近では海上架橋で架設先端直下に台船進入可の場合，架設ブロックを台船に搭載し，曳航，係留させ，橋上のトラベラークレーンにて吊上げ，片持ち架設するいわゆる直下吊上げ工法の採用が多くなっている．この場合，コスト面から対象をセグメントブロック（輪切ブロック200〜300トン）とせねば意味がなく，クレーンの吊能力は自ずから大きくなる．斜張橋の架設において採用例は多い．

【参考文献】
1) 高良尚光他1名:「本部循環バイパス本部大橋の施工について」, 橋梁, 1975年10月
2) 本州四国連絡橋公団:「生口橋工事誌」, 平成5年7月
3) 伏見敏男他3名:「鶴見航路横断橋梁上部構造の施工」, 橋梁と基礎, 1994年10月

トラベラークレーンによる片持ち式工法

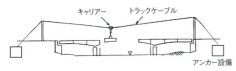

図8.1.33　ケーブルクレーン片持ち式架設工法

ケーブルクレーン片持ち式架設工法

片持ち式架設工法において架設機材に関する一分類である。

ケーブルクレーンは両端の鉄塔・ステイケーブル・アンカー設備，その間に張り渡したトラックケーブル・キャリヤーからなる。このクレーンを使用して部材を架設先端まで搬送し，架設する。クレーンの特質上，吊能力には限度があり，トラス橋のような比較的小部材で構成する橋梁の場合，有効である。河川上あるいは山間部の峡谷の高所で，架設先端直下にクレーンの進入が不可の場合に採用する工法である。図8.1.33にケーブルクレーン片持ち式架設工法の例を示す。

この工法の場合，鉄塔およびアンカー設備位置の確保，その組立，解体に要する日数確保，曲線桁の場合の更なる工夫等，多岐にわたる事前検討が必要である。

しかし，架設機材による既設桁強度への影響を回避できるため，張り出し長を比較的大きくできる。このため構成部材は軽量であるが片持ち架設時の剛性が高いトラスタイプの橋梁の架設において採用例は多い。

【参考文献】
1) 南三夫他3名:「手取1号橋上部工の架設」橋梁と基礎，1977年7月
2) 加来勝司他2名:「新日之影橋（青雲橋）上部工架設工事」土木施工，1984年9月
3) 神長耕二他1名:「タイバック式カンチレバー工法」橋梁と基礎，1992年8月

自走クレーン片持ち式架設工法

片持ち式架設工法において架設機材に関する一分類である。

架設先端直下にトラッククレーン，クローラクレーン等の自走クレーンを進入させ架設部材を搬入，吊上げそのまま片持ち架設する。

この工法は架設機材による既設桁強度への影響を回避でき，仮設備も軽微であり，ベント工法との組合せを考慮すれば最も経済性に優れている。クレーン設置・旋回スペースを要するが交通規制の許可さえ取得できれば，市街地での架設において最適工法と言える。図8.1.34に自走クレーン片持ち式架設工法の例を示す。

【参考文献】
1) 鳥海右近:「図解・橋梁架設の手順と計画・計算法」現代理工学出版㈱，平成8年3月

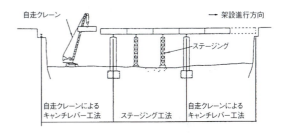

図8.1.34　自走クレーン片持ち式架設工法

架設機による片持ち式架設工法

片持ち式架設工法において架設機材に関する一分類である。

架設先端直下にクレーン進入不可の場合で，既設桁上にトラベラークレーンの替りに架設機（エレクター）を設置，直下に搬入した桁ブロックを吊上げ，片持ち架設する工法である。

架設機の規模は当該ブロック重量に合わせて自由に設計・製造できるが，トータルコストダウン量と架設機製造コストとのバランスを考慮して最大吊能力を設定することがポイントである。海上・河川上においてセグメントブロック（輪切りブロック）のような中ブロック（200～300トン）の架設に適し

ており，工程短縮等によるコストダウンを計るのが一般的である。斜張橋の架設において採用例は多い。

【参考文献】
1）鳥海右近：「図解・橋梁架設の手順と計画・計算法」現代理工学出版㈱，平成8年3月
2）大塚勝他5名：「汲水門橋の施工」橋梁と基礎（1997年8月）

特殊架設機による片持ち式架設

片持ち式架設工法において架設機材に関する一分類である。

従来の「架設機による片持式架設工法」の架設機にガントリークレーンの機能を付加した特殊架設機による工法であり，PCラーメン橋に多用されている張出し架設工法に着目，その応用により最近，開発，実施されたものである。

中間橋脚直下で地組した橋桁ブロックを橋上に設置した特殊架設機で吊上げ，架設先端に搬送，そのまま架設する。

この場合，吊上げ，搬送，架設が単一機材で対応可能であり，中間橋脚直下に地組用地しか確保できないような狭隘な地形では有効な工法と言える。

【参考文献】
1）今泉安雄他2名：「鋼2主桁橋の張出し工法に関する技術検討」EXTEC（2000年3月）

台船片持ち式架設工法

片持ち式架設工法において架設機材に関する一分類である。

海上または河川上の片持架設の際，台船上に架台を設置，架設ブロックを既設桁と同レベルに地組し，架設位置に搬送，そのまま既設桁に急速仮固定装置により固定し，架設する。その際，レベルの微調整は潮の干満およびジャッキを利用する。この工法もセグメントブロック（輪切ブロック）のような中ブロック（200〜300トン）を対象とし，台船の安定性から相対的に架設位置が低いことが条件である。

架設機による片持ち式架設工法のように架設機材が既設桁強度に影響を及ぼさないという利点がある。航路規制の許可さえ取得できれば更に大ブロックの架設も可能である。ただし，急速仮固定装置としてセッティングビーム等が必要である。図8.1.35に台船片持ち式架設工法の概略を示す。

【参考文献】
1）鳥海右近：「図解・橋梁架設の手順と計画・計算法」現代理工学出版㈱，平成8年3月
2）栗崎敏夫他1名：「紀の川橋の設計と施工について」橋梁，1974年8月

フローチングクレーン片持ち式架設工法

片持ち式架設工法において架設機材に関する一分類である。

海上または河川上の片持ち架設の際，架設位置に搬送された架設ブロックをフローチングクレーンにより吊上げ，そのまま既設桁に急速仮固定装置により固定し，架設する工法である。

この工法は航路規制等の問題がなく，フローチングクレーンが進入可能な航路の確保，架設地点の水面上の空間の広がり，水深等が十分であれば自由にクレーンの機種を選択できる。台船方式と比較して相対的に架設位置が高い場合に適している。

しかし片持ち状態で応力的に許容できるブロックの大きさには限界があり，やはり，セグメントブロック（輪切ブロック）のような中ブロック（200〜300トン）を対象とせざるを得ない。このためフローチングクレーン傭船のコストが大となり，基本計画時において工程短縮等によるコストダウンを織り込んだトータルコストの十分な検討によって採否を決定することがポイントである。

図8.1.36にフローチングクレーン片持ち式架設工法の概略を示す。

【参考文献】
1）栗崎敏夫他1名：「紀の川橋の設計と施工について」橋梁，1974年8月

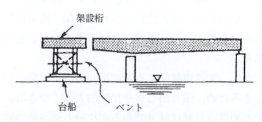

図8.1.35　台船片持ち式架設工法

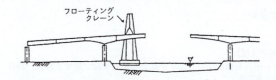

図8.1.36　フローチングクレーン片持ち式架設工法

7 一括架設工法（大ブロック式架設工法）

一括架設工法（Large Block Erection）の定義は明確ではない。現場での作業工程を短縮するため，製作工場または現地付近の地組ヤードにて可能な限り大ブロックに組立て，それを一括して現地に搬入し，架設する工法である。

近年，海上大型橋梁の建設および急速施工が要求される都市内橋梁の建設等において，この工法の適用範囲は多くなっている。他の工法と比べ，工程短縮のみではなく，現場工事の省力化，安全性向上，品質向上，第三者への影響少等メリットは多い。特に留意すべき事項としては，地組ヤードから架設地点までの輸送方法の選定が重要であり，現地での架設工法とリンクさせた検討が必要である。

大ブロックの輸送方法としては陸上の場合，自走クレーン，大型搬送車等の利用，また水上の場合，台船輸送およびフローチングクレーンによる吊運搬がある。特に台船輸送の場合，大ブロックの台船への搭載方法が課題であり，フローチングクレーンによる一括搭載，台船のきっ水変化を利用した送出し搭載等がある。

架設工法を使用機材によって分類すると次の6種類に分類できる。
①自走クレーンによる一括架設工法
②大型搬送車による一括架設工法
③台船による一括架設工法
④リフトアップバージによる一括架設工法
⑤フローチングクレーンによる一括架設工法
⑥吊上げ装置による一括架設工法

いずれの工法においても地組，輸送，機材のコストは大であり，他工法を十分に比較検討し，トータルコストの把握によって採否を決定することが重要である。

【参考文献】
1）日本橋梁建設協会：「わかりやすい鋼橋の架設」，1997年3月
2）日本建設機械化協会：「橋梁架設工事の積算」，平成12年4月

自走クレーンによる一括架設工法

架設地点に自走クレーン（トラッククレーン，クローラクレーン）を設置し，予め地組立てした橋桁大ブロックを直接吊上げ，一括架設する工法である。

近年，自走クレーンの能力は大幅に向上し，架設地点直下のクレーン作業半径内での地組，架設の工法が都市内架設工法として各所で採用されている。

現在，我が国では1200トン吊クローラクレーンの使用も可能になっており，ブロック重量，作業半径，所要揚程の条件から最適機種を選定し，使用計画を決定すればよい。

クレーン設置位置の地耐力確保，クレーン組立・解体場所の確保がポイントである。（ちなみに1200トン吊クローラクレーンの場合，所要地耐力は40～50ton/m^2，所要用地50m×120mである。）

【参考文献】
1）古谷清久他4名：「稲城大橋上部工の設計・製作・施工」，橋梁と基礎（1996年4月）

大型搬送車による一括架設工法

架設現場付近の地組場所において支保工上で地組した橋桁大ブロックを大型搬送車に内臓したジャッキ操作により一括搭載し，架設位置にそのまま搬入，一括架設する工法である。

ここで対象とする大型搬送車は本来，製鉄所，造船工場等における大型ブロックの運搬，電力関係の重量物の搬送用に開発され，精密据付け用に改良を加えたものである。（製造メーカにより呼称はドーリー，トランスポータ，キャリヤー等，種々あるが内容には大差ない。）

この大型搬送車は橋桁大ブロックを安全に制限時間内に架設位置まで搬送させるため，路面の凹凸，方向転換等，自在な動きが可能な機能を有している。大型搬送車1台は6軸48輪の油圧サスペンション装置により路面への集中載荷は回避でき，路面の地耐力は10t/m^2程度で十分である。また，各車輪は±30cmの上下変動に対応可能であり，荷重の均等分散，傾斜地での安定性が確保できる。

操作はコンピュータ制御が基本である。運転席のオペレータが自動計測による各輪荷重，重心位置等のディスプレー表示をチェックすることにより安全を確認できるようになっている。

積載能力は搬送車1台当り165トンが標準であるが，最近，最大250トンまで積載可能な搬送車も開発されており，これら複数の組合せによって種々の大きさのブロックに対応可能となっている。

他の仮設備としては車高が1.6mであるため架設

高さと同レベルにする架台，および微調整用油圧ジャッキが必要である。

この工法は自走クレーンによる一括架設工法と比べ，搭載・搬送・架設の一式が単一機材にて対応可能となり，また近年の大型搬送車の能力向上により，特に都市内の架設工事の際，各所で採用されている。

架設条件として，現場付近（約1km圏内）に地組場所を確保することおよび架設時には橋梁下に搬送車進入が可能であることの2点があげられる。この条件を満たせば適用橋種に制限はなく，この工法採用の幅は広い。

【参考文献】
1）山本秀生他1名：「国道をまたぐ鋼製橋脚と箱桁橋のトランスポータによる一括架設」，橋梁と基礎，2000年7月

台船による一括架設工法

一括架設工法の一分類である。

水深不足あるいは下流の既設構造物が障害となりフローチングクレーンの回航不可の場合，大ブロックを搭載した台船を曳航，架設地点に搬送し，何らかの手段により，台船から直接橋脚等に橋体を預け，一括架設する工法である。

架橋レベルの高さを維持する架台を台船に設置，地組した大ブロックをフローチングクレーン等にて一括搭載し架設地点まで曳航する。架設地点では潮の干満の利用，バラスト水の調整，ジャッキ操作等によって所定位置に一括架設する。

台船の安定性の検討がポイントであり，架橋レベルが高い場合この工法は不利でる。しかし，現地での工期が極端に短く，条件さえ満足すれば有力な工法である。図8.1.37に台船による一括架設の手順を示す。

【参考文献】
1）渡部章二他1名：「ポンツーン工法による綾瀬川新水戸橋りょうの設計施工」，橋梁（1981年2月）
2）松本雅治他3名：「我が国最大のニールセン橋　新浜寺大橋の設計と架設」，橋梁と基礎（1991年8月）

リフトアップバージによる一括架設工法

リフトアップバージによる一括架設工法は、一括架設工法の一分類であり、台船による一括架設工法の改良型工法と言える。即ち，台船に設置した架台

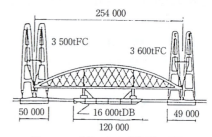

図8.1.37　台船による一括架設の手順

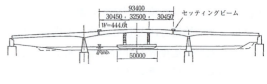
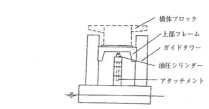

図8.1.38　リフトアップバージによる一括架設工法

上に高揚程のリフトアップ装置を設置し，曳航時にはリフトアップなしの低重心にして安定性を確保し，架設地点でリフトアップし，所定位置に架設する工法である。図8.1.38にリフトアップバージによる一括架設工法の概略を示す。

国内の実績ではリフトアップ量13.5m，ブロック重量600トンの装置が開発されている。

この工法は高さ調整が機械的であり，輸送と架設が一種類の機器で対応可能であり，採用のメリットは多い。

【参考文献】
1）牧田武士他1名：「リフトアップバージによる大ブロック架設工法」，土木技術，1971年8月

フローチングクレーンによる一括架設工法

フローチングクレーンによる一括架設工法は、一括架設工法の一分類であり、地組ヤードにて組立て

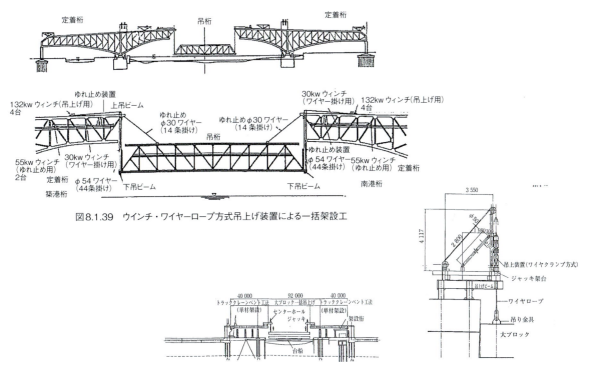

図8.1.39 ウインチ・ワイヤーロープ方式吊上げ装置による一括架設工

図8.1.40 機械方式吊上げ装置による一括架設工法

た橋体をフローチングクレーン等にて台船に一括搭載する。その後、現地まで曳航、現地にてフローチングクレーンにて一括吊上げし、そのまま架設する工法である。

地組ヤードが比較的現地に近い場合、地組ヤードの橋体をフローチングクレーンにて吊上げ、そのまま現地まで曳航、架設する工法もある。

近年、フローチングクレーンの大型化は著しく、現在、我が国では3,000トン吊以上のクレーンは6隻あり、この内、最大のものは4,100トン吊である。これらの複数を組合わせた、いわゆる「相吊り浜出し、相吊り架設」により、種々の大ブロックに対応可能となっている。

施工実績ではこれらの3隻相吊りによるブロック重量8,700トンの一括浜出し、ブロック重量7,300トンの一括架設が現時点では最大である。

橋体重量、作業半径、吊揚程、水深、回航の可能性等事前の調査・検討がポイントである。

【参考文献】
1) 近藤光章他2名:「生月大橋の大ブロック架設」、橋梁と基礎、1991年9月
2) 谷 征夫他5名:「六甲アイランド橋の設計・施工」、橋梁と基礎、1993年6月、7月

吊上げ装置による一括架設工法

一括架設工法の一分類である。

地組ヤードにて完成系に組立てた橋体をフローチングクレーン等にて台船に搭載、架設地点直下まで曳航、係留させ、既設桁先端に設置した吊上げ装置により、吊上げ、一括架設する。吊上げ装置としては 滑車を利用したウインチ・ワイヤロープ方式および油圧ジャッキを利用したジャッキ式吊上げ機械方式がある。フローチングクレーンの入れない場所でも吊揚程の高い架設が可能であり、既設桁の強度さえ許せば吊能力も自由に設定できる。

吊上げ装置に要するコストとトータルコストとのバランスの検討がポイントである。ゲルバートラスの吊桁、連続桁中央径間の架設等採用例は多い。

図8.1.39にウインチ・ワイヤーロープ方式吊上げ装置による一括架設工法の概略を示す。図8.1.40に機械方式吊上げ装置による一括架設工法の概略を示す。

【参考文献】
1) 阪神高速道路公団:「港大橋工事誌」、土木学会（昭和50年3月）
2) 関 登男他2名:「舟通し共同溝専用箱桁橋の施工」、橋梁と基礎（1994年10月）

8 回転式架設工法

回転式架設工法は,平面的な回転(旋回)工法と側面的な回転工法に分けられる。

前者は,河川・線路・交通量の多い道路上等への大径間の橋桁などの架設に際して,橋軸方向のアプローチに適当な組立用スペースがなく,むしろ,横断しようとする線路や道路沿いの平行した場所にそのスペースがあるような場合に,有効な架設工法である。

施工手順は,①線路や道路沿いに支保工を構築して,その上で橋桁を組み立て,②橋桁の一端に回転の中心点を設け,回転台を用いて所定の方向に回転(旋回)して線路や道路を横断し架設するものである。

後者は,山岳地など橋脚廻りの一部しか桁組立用スペースが確保できない場合に有効な架設工法である。施工手順は①回転軸になる橋脚に沿わせて橋桁を鉛直に組立て,②橋脚頂部に固定した回転台を用いて側面的回転させ架設するものである。

この工法には,次に示すような種類がある。
1) 回転式手延べ工法(平面回転)
2) 受け桁を利用した回転式架設工法(平面回転)
3) カンチレバー式回転工法(側面回転)

本工法の特徴は,次のような点が挙げられる。
・桁進行方向の仮受け設備が簡単である。
・短時間の作業時間(線路閉鎖間合または道路交通止め規制)で所定位置に架設できる。
・線路(道路)横断の際の中間支保工は不要である。

【参考文献】
1)「住友重機械技報」Vol.27, 1979年
2) 島田三夫:「回転式工法による東北新幹線盛岡線路橋受げた架設工事」建設の機械化,日本建設機械化協会,1978年11月
3) 島田三夫:「回転式工法によるけた架設」鉄道土木Vol.22, 1980年1月
4) 杉本進,他2名:「回転工法によるトラス橋の架設」建設の機械化,日本建設機械化協会,1982年11月
5) 吉成泰明,他2名:「鳥飼貨物線・東海道Biの設計施工」橋梁,1983年4月
6) 安藤宏一,他4名:「回転工法によるトラス橋の架設」横河橋梁技報No.13, 1983年11月

回転式手延べ工法

本工法は,河川・鉄道・道路等に沿った平行な場所で組み立てられた桁の先端に手延べ機を取り付け,回転台を用いて所定の方向に回転(旋回)し,かつ一部を引出し,橋桁を架設する工法である。

以下に,この工法の概要を手順に従って示す。

①橋台,橋脚はステージング上に支点となる回転台を設置し,架設すべき橋軸と直角方向あるいは線路,道路に沿った方向にステージングを設置する。

②架設する桁本体を橋台・橋脚とステージングの上方位置にて組み立て,その桁本体の一方の先端に手延装置を取り付け,他方の先端にカウンターウエイトを取り付ける。

③手延べ装置の先端が架設すべき他方の橋台・橋脚の支点に到達するように,回転台支点を中心として線路や道路上空で回転させる。

④カウンターウエイト,回転台を取り除き,本桁を順次引き出し架設する。この場合,手延べ装置を回転した後で,本桁を引出す方法と,本桁の一部を利用して手延べ装置をつぎ合わせたものを回転し,残りの本桁を引出していく方法がある。

⑤引出し完了後,手延べ装置を撤去する。なお,回転については,「受桁を利用した回転工法と同程度の短時間で完了でき,作業は容易であり,事前チェックにより安全性を高められる。ただし,桁本体の引出し作業および手延べ装置の回収作業に時間的制約,作業スペースの確保などに注意を要する。

図8.1.41に回転式手延べ工法の概略を示す。

【参考文献】
1)「住友重機械技報」Vol.27, 1979年

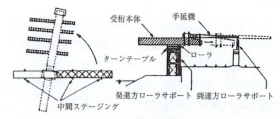

図8.1.41 回転式手延べ工法

受け桁を利用した回転式架設工法

受け桁式回転工法は,横断しようとする線路や道路上に受け桁を本桁の架設に先立ち設置した後,線

路や道路に沿った平行な場所で本桁を組み立て，その一端を回転中心とし，他端を受け桁上の移動台車に載せて，所定の位置まで回転移動して架設する工法である。

受け桁上の移動軌跡には，受け桁上で円弧を画いて移動する方法，受け桁上を直線移動するようにシフト量を移動台車でとるようにする方法等がある。

本工法でトラス橋を架設した例（文献4)，5)，6)）の概要を施工手順により以下に示す。

①基礎工

受け桁回転中心およびトラス橋回転時の支点となる基礎を構築し，線路方向に支保工を組み立てる。

②受け桁の組み立て，回転

受け桁を，線路に平行な在来のり面を利用した組立て場にて，トラッククレーンを使用して組み立てる。

受け桁にカウンターウエイトを載荷してバランスさせ，キャンチレバー状態にして，回転台を支点とし，ウィンチ・ワイヤーを用いて回転させ，線路を横断し所定の位置に設置する。

図8.1.42に受け桁による回転の概略を示す。

③トラス橋の組立て，回転

受け桁の回転架設後，受け桁上に回転ローラ付き移動台をまた，橋台上には旋回台を設置し，受け桁組立てベントを継ぎ足して，受け桁と同じ場所で，トラッククレーンにより，トラス橋を組み立てる。橋台上に設置した旋回台を回転の中心とし，また，受け桁上の回転ローラー付き移動台車を移動支点として，受け桁上を所定の位置まで移動する

④受け桁の回転引戻し回転完了したトラス橋を，あらかじめ組み立ててある降下装置のジャッキングホイストに盛替え支持後，受け桁を架設時と同じ要領で，組立て位置まで引き戻す。

⑤トラス橋の降下，据付け受け桁の回転引戻しに連続して，トラス橋をジャッキングホイストを用いて降下し，所定の位置に据付ける。

本工法は，橋軸方向に作業スペースがなくても，線路や道路に沿って平行な場所に作業スペースがあれば，架設に要する時間も少なく，安全で確実な工法であるが，現場での施工に先立ち，回転装置の機能・機構，回転時の受け桁のたわみやふれ等について，チェックしておくことが必要である。

【参考文献】
1)「住友重機械技報」Vol.27，1979年
2) 島田三夫：「回転式工法による東北新幹線盛岡線路橋受げた架設工事」建設の機械化，日本建設機械化協会，1978年11月．
3) 島田三夫：「回転式工法によるけた架設」鉄道士木Vol.22，1980年1月
4) 杉本進・他2名：「回転工法によるトラス橋の架設」建設の機械化，日本建設機械化協会，1982年11月
5) 吉成泰明・他2名：「鳥飼貨物線，東海道Biの設計施工」橋梁，1983年4月
6) 安藤宏一・他4名：「回転工法によるトラス橋の架設」横河技報NO.13.1983年11月．
7) 前田紘迪他3名：「曲線鋼床版トラス橋の旋回架設工事報告―京葉線（都心）線　夢の島橋梁」横河技報NO.18
8) 越智　修他3名：「山梨リニア実験線小形山架道橋の施工」橋梁と基礎Vol.32，NO.3

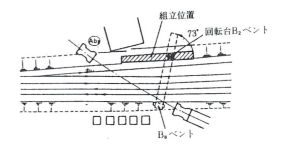

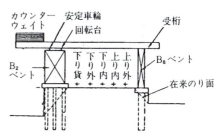

図8.1.42　受け桁による回転式架設工法

ジャッキアップ回転架設工法

本工法は，輸送可能な長さに分割された桁を，ジャッキが組み込まれたリフトアップ装置にて橋脚に沿って鉛直方向に建方（ジャッキアップ）を行い，組上がった桁を橋脚頂部に設けた回転ピンと接合し，桁の両端（上端及び下端）に設置したワイヤーにて張力を制御しながら側面的に桁を回転し完成させる工法である。図8.1.43にジャッキアップ回転架設工法の概略を示す。

建方作業を橋脚位置に設置した，リフトアップ装置にて行うため，作業スペースが橋脚周り確保できればよく，山岳地に建設され作業スペースの確保が困難な場所に建設される橋梁には非常に有効な架設工法である。またリフトアップ装置を使用した機械化工法による省力化にともなうコストの縮減，工期

短縮，高所作業の低減による安全性の向上などのメリットが考えられる．

【参考文献】
1) 望月秀次，他4名：「宿茂高架橋の計画・設計」「橋梁と基礎」vol.34，2000年4月
2) 井置聡，他3名：「宿茂高架橋（鋼上部工）工事」「建設の機械化」日本建設機械化協会，2000年4月
3) 雨森慶一，他3名：「ジャッキアップ回転架設工法による宿茂高架橋の設計・製作・架設について」「巴コーポレーション技報」2000年3月

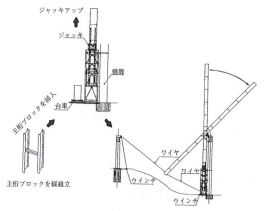

図8.1.43　ジャッキアップ回転架設工法

床版の施工法

床版は，道路橋の主要部材のなかで最も過酷な荷重・応力を受ける．すなわち床版には直接自動車の輪荷重が作用するため，局部的応力集中も著しく，支間長が小さいので応力変動と衝撃係数もはなはだ大きい．

床版に対する設計荷重は実際に作用するものとほぼ等しいものであることから，応力超過となることが多くなっている．さらに交通頻度の増加とも関連して，疲労に対する影響も生じている．

現在道路橋に用いられている床版施工法の種類は，図8.1.44に示すとおりである．

以上のうち，普通コンクリートの場所打ち鉄筋コンクリート床版（RC床版）が，ほとんどの橋梁に用いられている．それはこの形式のもつ工費的有利さ，施工の容易さ，強度的信頼の高さ，鋼桁とのなじみの良さなどによるものといえる．

しかしながら近年，床版の耐久性向上および急速施工，また少数主桁橋の施工による床版支間の長スパン化（5〜11m）により，各種のPC床版工法が開発されている．

PC床版を用いる工法では，PC床版に橋軸方向および橋軸直角方向のプレストレスを導入・調整して，床版の耐久性の向上を図っている．

少数主桁橋におけるPC床版の施工法としては，現場で行う場所打ち工法（全面固定型枠工法，移動型枠工法）と工場でコンクリート版を製作して行うプレキャストPC床版工法が多く採用されている．

鋼・コンクリート合成床版には，鋼格子床版，コンポスラブ等の多くの合成床版が開発され，長大橋梁や損傷を受けた床版の取替え等に用いられている．PC合成床版は，薄いプレストレストコンクリート板を場所打ち鉄筋コンクリート床版の埋殺し型枠として用いるもので，床版下面のひび割れ防止に有効であるとされている．

鋼床版は支間長約70m程度をこえる連続桁橋や，桁高を特に低く制限された橋梁，並びに下部工に加わる橋の重量を小さくする場合などに用いられる形式であるが，鉄筋コンクリート床版に倍する工費を要し，舗装アスファルトには特に慎重な材料・工法の選択が必要となる．

【参考文献】
1) 日本橋梁建設協会：「新しい鋼橋の誕生Ⅱ」パンフレット
2) 日本橋梁建設協会：「鋼道路橋計画の手引き」2008年秋季

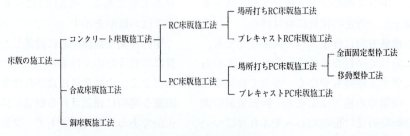

図8.1.44　床版施工法の分類

1 鉄筋コンクリート床版工法

鉄筋コンクリート床版には、場所打ちRC床版工法とプレキャスト床版工法がある。以下それぞれについて述べる。

場所打ちRC床版工法

鉄筋コンクリート床版の破損の主な原因として、繰返し荷重によるひび割れの進展、配力鉄筋量の不足、床版厚の不足、水の影響、コンクリートの品質、施工不良などが挙げられる。コンクリート床版の破損を防止するためには、ある程度以上の床版厚を確保して床版の剛度を高めるとともに、ひび割れの進展を抑えることが望ましい。このような観点から、道路橋示方書では床版の最小全厚を定めている。

道路橋示方書には、その他、鉄筋コンクリート床版の破損を防止するために、配筋や許容応力度について多くの規定が設けられている。また、鉄筋コンクリート床版の設計についてより具体的に規定するために、床版最小厚の割増、床版の配筋方法、鉄筋の許容応力度などについて奨励すべき値が示されており、これらによって余裕をもった鉄筋コンクリート床版の設計を行うことが必要である。

また本工法として次の事項を念頭に選定する必要がある。

1) 作業工程の全てが現場作業であり一般的に施工期間が長い。
2) 現場作業としては足場、支保工、型枠、配筋、コンクリート打設、養生、脱型の順序で行われ、いずれの工種も熟練技能工が必要である。
3) 特にコンクリートの打設方法によっては乾燥収縮等によるひび割れ、また連続桁の場合ブロック打設によるひび割れを生じやすく養生については、季節に合わせた対策が必要である。
4) 養生期間の短縮を目的としたものにジェットセメントを用いた超速硬コンクリート床版などもある。

図8.1.45に場所打ちRC床版の概略を示す。

【参考文献】
1) 日本橋梁建設協会:「新しい鋼橋の誕生Ⅱ」パンフレット
2) 日本橋梁建設協会:「RC床版施工の手引き」平成16年4月
3) 日本橋梁建設協会:「鋼道路橋計画の手引き」平成20年11月

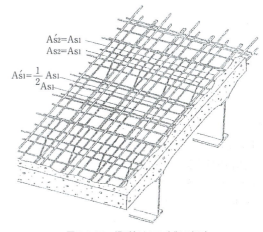

図8.1.45 場所打ちRC床版の概略

プレキャストRC床版工法

本工法は鉄筋コンクリート床版を取扱いと運搬が容易な大きさに工場でプレキャスト化し、鋼桁に現場において取り付けるもので、実施例は少ないが将来性の大きい床版形式である。本工法は施工期間が充分得られない現場において採用される場合が多い。この種の床版の問題点は、プレキャストブロック相互間の密着が難しいこと、鋼桁への取付け固定が難しいことなどがあげられる。

図8.1.46にプレキャストRC床版の概略を示す。
プレキャストRC床版の特徴としては、

1) 型枠支保工、配筋、コンクリート打設等の作業が工程的に合理化されることから床版工における現場施工期間が短縮される。
2) プレキャストRC床版は、その大部分が工場において製作されるので品質が安定している。
3) 現場打ち鉄筋コンクリート床版に比較して耐ひび割れ性が向上する。

損傷した床版の取替えにおいてプレキャストRC床版を採用することは有効な手段の一つである。プレハブ化を図った床版工法の中には、損傷を受けた鉄筋コンクリート床版の取替えを目的として開発された製品もある。

床版の取替えの場合、様々な制約が設定されることが多く、以下に例を示す。

1) 全面通行止めでの施工が不可能
2) 夜間工事となり昼間は交通開放する。
3) 現道橋のため振動の影響を受ける。

4）沿道住民への騒音対策が必要。
5）現床版の死荷重強度を超えない。

これらの制約から現場工期の短縮，施工性を考慮すると損傷床版の取替え工法としてはプレキャストRC床版工法が有利となる場合が多い。

【参考文献】
1）日本橋梁建設協会：「RC床版施工の手引き」平成16年4月
2）日本橋梁建設協会：「鋼道路橋計画の手引き」平成20年11月

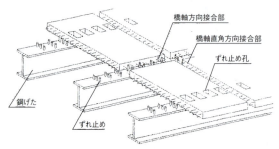

図8.1.46　プレキャストRC床版の概略

2　PC床版工法

近年，昭和30年代後半から昭和40年代前半に建設された鉄筋コンクリート床版の損傷が問題となり，昭和40年代から平成にかけて，床版厚の増大，設計輪荷重の増加，配力鉄筋量の増加，床版支間の縮小，鉄筋の許容応力度の低減など，様々な対策がとられてきた。その結果として鉄筋コンクリート床版の損傷を低減することが出来たが，反面主桁の本数が増え，建設費が増大することとなった。

この様な経緯の中で鉄筋コンクリート床版の耐久性を損なわず，しかも建設費を削減するため，PC床版を用いて床版支持間隔を大きくすることにより主桁本数を少なくし，横桁・横構などの構造部材を単純化した少数主桁構造が開発された。

PC床版はプレキャストPC床版と場所打ちPC床版に区別される。プレキャストPC床版の特長として次のとおりである。

1）場所打ちPC床版に比べ少し割高になるが，床版工期が大幅に短縮できる。
2）現場作業が省略化され，安全性が高くなる。
3）工場製品で安定した製品が得られる。
4）桁下空間に制約をうける跨線橋，跨道橋に適している。

などがあげられる。

一方，場所打ちPC床版の特長としては次のとおりである。

1）平面線形への対応が比較的容易である。
2）桁との一体化が容易である。
3）輸送，架設の制約が少ない工法である。

このようにPC床版工法は，工期，平面線形，輸送，架設などの諸条件により選定されている。場所打ちPC床版の施工法には全面固定型枠工法と移動型枠工法がある。

【参考文献】
1）日本橋梁建設協会：「新しい鋼橋の誕生Ⅱ」パンフレット
2）日本橋梁建設協会：「鋼道路計画の手引き」平成20年11月

プレキャストPC床版工法

全面固定型枠工法

本工法は現地で，型枠支保工，鉄筋工，コンクリート打設工，PC緊張工を行う方式であり，山間部の橋梁，都市部の狭小空間部の橋梁の床版に適した工法である。

現地で一連のコンクリート作業を行うため，気象条件，現地条件等の外的要因，ならびに現地作業者の施工能力によって品質が左右される。

構造的には，床版の幅員構成，線形等の形状変化の対応が容易で，現場打継目が少ないが，プレキャストPC床版と比較してクリープ，乾燥収縮の影響をうけやすい。

本工法の特長として平面線形が複雑な床版，主桁間隔が変化する床版，また，施工延長が短い（100m以下）など，移動型枠工法の採用が困難あるいは不経済である場合に適用する。

型枠の基礎構造は，従来のRC床版の場合と同様であるが，支保工の組立・解体に日数がかかるため，

床版工期が長くなる。また，床版支間が大きい（主桁間隔が6m以上）場合，支保工設備が大掛かりになり施工が困難となる。

なお，移動型枠工法の場合と同様，コンクリート打設順序には十分留意する必要がある。図8.1.47にその構造図および図8.1.48に本工法の施工フローを示す。

【参考文献】
1）日本橋梁建設協会：「新しい鋼橋の誕生Ⅱ」パンフレット
2）日本橋梁建設協会：「PC床版施工の手引き（場所打ちPC床版編）」平成16年3月
3）日本橋梁建設協会：「鋼道路計画の手引き」平成20年11月

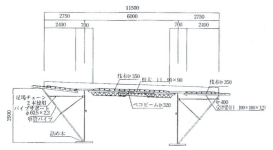

図8.1.47 全断面固定型枠工法によるPC床版の構造

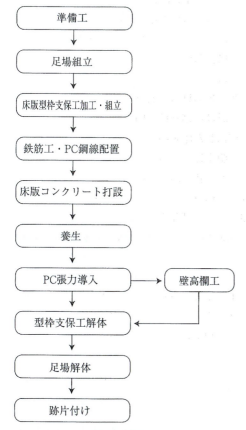

図8.1.48 全断面固定型枠工法の施工フロー

移動型枠工法

本工法は，場所打ちPC床版の機械化，合理化を目指して，足場，型枠装置を，走行装置，チルホール等を用いて移動させる方式である。

移動型枠支保工は，基本的に，主桁間部の型枠と張出し部の型枠の2種類に分かれ，各々，個別の移動システムが採用されている。型枠の支持方式には，横桁，主桁を利用して，下から支える形式（サポートタイプ）と主桁フランジ上面で支持した台車から吊る形式（ハンガータイプ），あるいは両者の混合方式等が考えられる。移動型枠の長さ（コンクリート打設長）は10m～15m程度が，現在の主流である。

連続桁の床版の施工は，中間支点付近の負曲げモーメントによるひび割れを回避するために支間中央から打設し，移動型枠支保工を前後に移設して打設する必要がある。

本工法の特長は，次のとおりである。
1）コンクリート打設ごとの型枠の設置，撤去の必要がなくなり工事のスピードアップ，安全性の向上が図れる。
2）設備の標準化により同種工事への転用を図ることにより，施工コストを低減できる。等があげられる。

移動支保工には，型枠の支持方式，移動方式等により様々な形式がありその上，プレファブ鉄筋の据付け装置，全天候屋根の設置等が可能であり，対象橋梁の施工にあった形式を採用することができる。また，移動型装置の設計にあたっては，橋桁構造，橋脚構造との干渉等を配慮する必要がある。

図8.1.49に移動型枠支保工の概要を示す。

【参考文献】
1）日本橋梁建設協会：「新しい鋼橋の誕生Ⅱ」パンフレット
2）日本橋梁建設協会：「PC床版施工の手引き（場所打ちPC床版編）」平成16年3月
3）日本橋梁建設協会：「鋼道路計画の手引き」平成20年11月

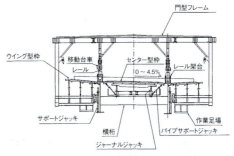

図8.1.49 移動型枠支保工の概要

プレキャストPC床版工法

　本工法は橋軸方向にプレストレスを与えるか否かで二種類に分けられる。一つには橋軸方向にプレストレスを与えてパネル間の接合を図るプレキャスト床版と他方橋軸方向にプレストレスを与えないで鉄筋，機械的接合，モルタル，接着剤等で接合しているプレキャスト床版である。

　プレキャストPC床版の形状は，橋梁形式，工場設備，運搬距離，架設等の面より総合的に判断して決定される。寸法は主桁の本数によって異なるが，幅方向の寸法は2～2.5m，長さ方向の寸法は10～16m程度が標準である。また，あらかじめ現場での施工に必要な床版吊金具，高さ調節用冶具，足場型枠用アンカーの取付け，スタッド部箱抜きなどを行っておく必要がある。

　プレキャスト床版の特長は，次に示すとおりである。
1）型枠支保工，配筋，コンクリート打設等の作業が工程的に合理化されることから床版工における現場施工期間が短縮される。
2）プレキャスト床版は，その大部分が工場において製作されるので品質が安定している。
3）現場打ち鉄筋コンクリート床版に比較して耐ひび割れ性が向上する。

　現場の架設はトラッククレーン等による架設が標準である。クレーンの能力は床版，吊具の重量より100～360t吊能力の大型クレーンを使用する場合が多い。また，大型クレーンの設置が困難な場合は，桁上を利用したトラベラークレーンやスライド装置による特殊架設工法も採用されるが，特殊工法の場合は鋼桁に各架設用の冶具等の取付けが必要となるため，構造への反映が必要となる。

　図8.1.50にプレキャストPC床版の概要を，図8.1.51にループ継手を示す。

【参考文献】
1）日本橋梁建設協会：「新しい鋼橋の誕生Ⅱ」パンフレット
2）日本橋梁建設協会：「PC床版施工の手引き（場所打ちPC床版編）」平成16年3月
3）日本橋梁建設協会：「鋼道路計画の手引き」平成20年11月

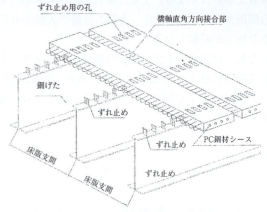

図8.1.50　プレキャストPC床版の概要

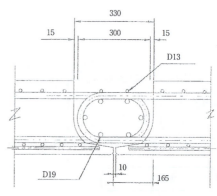

図8.1.51　ループ継手の構造

3　合成床版工法

　本工法は，底鋼板とコンクリートをずれ止めで一体化した床版で，底版には鋼板・FRP板等を使用する。底板は，一般には型枠であると同時に版の引張りに抵抗する部材で型鋼や鉄筋で補強し，曲げ，せん断合成を与えた工場製品である。

　合成床版は，鋼部材が型枠・支保工の役割を果たすため，現地施工の安全性確保とともに工期の短縮が図れることから，最近注目を集め，施工実績が多くなってきている。合成床版はさまざまな型式が開発されている。代表的な合成床版の提案工法を図8.1.52に示す。

【参考文献】
1）日本橋梁建設協会：「新しい鋼橋の誕生Ⅱ」パンフレット
2）日本橋梁建設協会：「合成床版設計・施工の手引き」平成20年10月
3）日本橋梁建設協会：「鋼道路計画の手引き」平成20年11月

図8.1.52 合成床版の提案工法

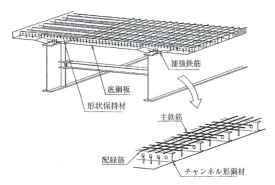

図8.1.53 チャンネルビーム合成床版の概要

【参考文献】
1) 鈴木 統他：「チャンネルビーム合成床版の静的・動的耐荷力試験」，第55回土木学会年次講演会，2000年

■ チャンネルビーム合成床版

本工法は、工場製作された底鋼板とチャンネル型鋼材からなるパネルを鋼主桁上に架設し、架設現場にて上側鉄筋の配置、コンクリートの打設を行い、床版を構築する工法である。

本工法の特徴を以下に列挙する。

・主部材には床版支間に合わせ、最適なサイズのチャンネル形鋼を使用する。従って床版支間の長支間化に対応可能である。2主鈑桁橋の床版に最適である。
・床版厚は鋼構造物設計指針（PARTB 合成構造物）に従い決定する。
・鋼桁との合成方法はスタッドジベルを使用するため、非合成桁、合成桁どちらにも対応できるとともに主桁フランジ上には底鋼板を必要としないため、主桁との合成が確実である。
・鋼製パネルのハンチ部分では形状保持材により床版荷重を主桁に伝達する。また、底鋼板の無い主桁上については、主桁フランジをまたぎ、底鋼板に溶接した補強鉄筋により応力を伝達する。
・パネル継手部はHTBによる引張接合構造である。HTBボルトはF8Tを用いNUT回転法で施工する。
・底鋼板及びチャンネル形鋼材は応力部材であり、床版の下側鉄筋の代用となる。従って床版厚を低減でき床版自重が減少する。
・底鋼板をチャンネル形鋼材にて補剛した構造であり、主桁と地組して架設する場合には床版がラテラルの代用となる。

図8.1.53にチャンネルビーム合成床版の概要を示す。

■ パイプスラブ

パイプスラブは、リブ（孔あき鋼板）とパイプ（構造用鋼管）とで構成された鋼板パネルが、コンクリートと一体化した合成床版である。床版下面全体に敷設する鋼パネルの上面には、橋軸直角方向にリブを断続溶接し、このリブを貫通する方向（橋軸方向）に鋼管を配置している。リブに設けた長孔に充填されたコンクリートが鋼パネルとコンクリート間とのずれ止めの役割を果たしており、鋼管を貫通配置させることによりずれ止め効果が向上する。こうした構造により、長支間に対応でき、大きな耐荷力と高い耐久性を実現する。パイプスラブの主な特長を以下に列挙する。

①鋼とコンクリートの一体化で大きな剛性を発揮するため、経済的な構造となり、ライフサイクルコストの低減が図れる。
②鋼とコンクリートの一体化により耐久性が向上し、床版厚も薄くできる。また、底鋼板がコンクリートの型枠となるとともに、下側鉄筋として機能する。
③リブの長孔にパイプを貫通させた構造が、鋼パネルとコンクリートとのずれ止めとして機能し、従来からのPBLよりも高い性能を有する。
④リブとパイプを格子状に配置することで鋼とコンクリートの結合が強固なものになり、大きな耐荷力と高い耐久性を有する。
⑤パイプ内部は中空であるため、コンクリート重量を軽減できる。また、パイプの内部空間は、ライフライン、通信設備などの二次的利用が可能である。

図8.1.54にパイプスラブの概要を示す。

【参考文献】
1）大久保他3名：「鋼管ジベルを用いた鋼・コンクリート合成床版に関する実験的研究」土木学会第3回道路橋床版シンポジウム講演論文集　2003.6
2）中本他2名：「鋼管ジベルを用いた鋼・コンクリート合成床版の輪荷重走行試験」土木学会第4回道路橋床版シンポジウム講演論文集　2004.11

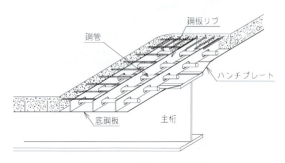

図8.1.54　パイプスラブの概要

■　SCデッキ

本工法は，橋梁に用いられる鋼板・コンクリート合成床版の一種である。本工法の基礎となる構造は，主げたの上フランジとロビンソン型の合成床版の鋼製型枠とを一体化した合成鋼床版合成げた（文献1））であり，鋼製型枠の上面にはスタッドを取り付け，下面には縦リブおよび横リブを取り付けたものである。本工法は，この合成鋼床版合成げたから鋼製型枠を分離して床版支間ごとにパネル化し，横リブを鋼製型枠の上面に配置することにより，種々の型式の橋梁に適用できる床版工法を目指したものである。本工法の概念は図8.1.55に示すとおりであり，各構成要素の役割について以下に示す。

① 下鋼板　：コンクリート硬化前の断面では型枠および型枠支保工の役割を，硬化後の断面では下側鉄筋の役割を担当する。
② スタッド：下鋼板とコンクリートとを一体化する役割を担当する。
③ 横リブ　：コンクリート打設時のたわみを抑える役割を担当する。
④ 側鋼板　：壁高欄・地覆の背面型枠を省略するために下鋼板の片持ち部の先端に取り付けた鋼板である。

本工法は橋梁の床版として優れた構造特性および施工性を有しており，主な特長は以下に示すとおりである。

① 高い耐荷力・耐久性を有する。
② 適用床版支間が2～8m程度であり，開断面箱げたや鋼少数主げた橋などに用いられている長支間床版への適用が可能である。
③ 床版施工用の足場・型枠支保工が不要であり，高架橋・跨線橋・跨道橋などのけた下空間の安全性の確保に有利である。
④ 下鋼板を工場製作するため，現場工期の大幅な短縮が可能であり，また，複雑な道路線形への対応が容易である。
⑤ 下鋼板が軽量で取り扱いやすく，送り出し架設・横取り架設への適用にあたって有利である。また，架設時の補強部材としても利用が可能である。

本工法の施工実績は現在のところ170橋（合計約355,000m²）である。一般的な施工の手順については以下に示すとおりであり，主げた上に下鋼板を設置する状況を写真1に示す。

① 主げたの上フランジ上に下鋼板を据え付ける。
② 下鋼板の高さを押さえ金具を用いて調節する。
③ 支持ボルトを設置し，主げた上で下鋼板を支持する。
④ 漏水のおそれのある箇所について止水工を施す。
⑤ 上側の主鉄筋および配力鉄筋を配筋する。
⑥ コンクリートを打設し，養生を行う。

【参考文献】
1）松井，秋山，渡辺，武田：合成鋼床版合成桁　田中橋の設計と施工，橋梁，1986－11。
2）渡辺，街道，水口，村松，松井，堀川：鋼・コンクリート合成床版の開発と実橋への適用について，鋼橋床版シンポジウム論文集，1998－11

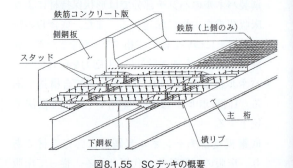

図8.1.55　SCデッキの概要

■　リバーデッキ

リバーデッキは，底鋼板，主部材であるDFT（突起付きT形鋼），鉄筋からなる鋼部材とコンクリートから構成され，鋼部材とコンクリートとの付着をDFTのフランジ部に設けた突起部分でもたせるこ

とにより，鋼・コンクリート合成断面を形成する突起付きT形鋼ジベル合成床版である。

本工法の特徴は以下に示すとおりである。
1) 軽量かつシンプルな構造であり，信頼性が高い。
2) 疲労特性に優れ，高耐久性を有する。
3) 6m以上の長支間への適用が可能である。

本工法による施工では，まず，鉄筋を除く鋼部材をあらかじめ工場にてパネル製作した上で，現地へ輸送・搬入し，クレーンを用いて橋梁上部工に架設する。その後，主桁とパネルとの間及びパネル同士の結合作業，さらに配力筋の配筋作業を実施した後にコンクリートを打設し，床版を形成する。

リバーデッキは工場でのパネル製作により鋼部材の品質確保が容易であるほか，パネル自体軽量であるため，架設時のハンドリングに優れる。また，現場施工時には底鋼板自体が足場の役目を果たすことから，足場工等の仮設工事が不要であり，急速施工，工期短縮を図ることが可能である。さらに，鋼・コンクリート合成を目的としたスタッドの溶植や主部材へのパンチ孔加工が不要であるなど加工度が少なく，合理的かつ経済的な構造である。本合成床版の施工実績としては，圏央道菖蒲台第二高架橋等がある。本工法の概念は図8.1.56に示すとおりである。

【参考文献】
1) 田中祐人，佐藤政勝:「突起付T形鋼を用いた合成床版の繰返疲労特性」土木学会第40回年次学術講演会 1985
2) 田中祐人，佐藤政勝:「突起付T形鋼を用いた連続形式合成床版の実験的研究」土木学会第41回年次学術講演会 1986
3) 末田明他:「突起付T形鋼ジベル合成床版の構造特性と疲労耐久性」鋼構造年次論文報告集，第10巻 2002
4) 高須賀丈弘他:「突起付T形鋼ジベル合成床版の連続合成床版の連続合成桁への適用性検証」第3回道路床版シンポジウム講演論文集 2003

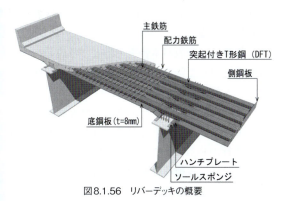

図8.1.56 リバーデッキの概要

■ FRP合成床版

FRP合成床版とは，底板とT形のリブが一体成形されたFRP（ガラス繊維強化プラスチック）を，鉄筋コンクリート床版の支保工兼用永久型枠として使用した工法であり，以下の特長がある。

① 床版厚を薄くでき，死荷重が軽減される。
② パネルが工場製作のため，現場工期が大幅に短縮できる。
③ FRPがコンクリートのひび割れ進展を抑制する効果により疲労耐久性が向上する。
④ 床版施工用の足場・支保工が省略できる。
⑤ 耐食性・耐塩水性に優れる。
⑥ FRPは自由に着色できるため，景観との調和が図れる。

施工方法は，FRPを工場にて輸送可能な大きさに組み立て，下側主鉄筋，配力筋を組み込んでパネル化する。それを，現地に搬入し，桁上にパネルの設置を行うが，FRPパネルが軽量であるため，現場での作業性が良い。その後，FRPのリブ上部をスペーサーとして上側主鉄筋，配力筋を組み立て，コンクリートを打設する。

また，FRPのコンクリート接触面には砂を接着しているため，コンクリートとの付着性が良く，構造上FRPを強度部材として設計でき，鉄筋量が低減される。

本工法の概念は図8.1.57に示すとおりであり

施工例としては，日本道路公団　高知自動車道松久保橋や沖縄総合事務局豊見城高架橋など10橋以上がある。

【参考文献】
1) 「FRP永久型枠を用いたRC床版の静的強度・疲労耐久性に関する研究」土木学会　構造工学論文集, vol.40A, 平成6年3月
2) 「FRP合成床版の輪荷重走行試験機による階段状載荷試験」土木学会，第一回鋼橋床版シンポジウム，平成12年10月

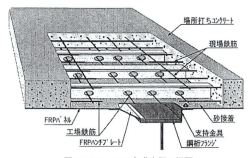

図8.1.57 FRP合成床版の概要

■ 長スパン対応型グレーティング

本工法は，鋼橋床版工事の迅速化，安全性，経済

性などを目的に開発されたグレーティング床版を床版支間の大きい鋼少数主桁橋用に対応させた工法である。グレーティング床版は，主筋として腹板に孔を開けた小型Ｉ形鋼（高さ105〜150mm）と配力筋として異形棒鋼を交差配置した鋼格子骨組みとコンクリートとの合成床版（Ｉ形鋼格子床版）であり，数多くの使用実績がある。施工は，予め工場で鋼格子骨組の下面に型枠用の亜鉛鉄板を溶接したパネルを製作し，これを現場に輸送し，橋桁上に敷き並べ，パネル相互の底板と鉄筋の継手処理を行い，地覆の型枠・配筋など付帯工事を行った後，コンクリートを打設する。

長スパン対応型は従来型より大型のＩ形鋼（高さ200mm）を使用して道路橋で支間8mまで対応可能としており，輪荷重走行試験など各種疲労試験により高耐久性が確認されている。コンクリート場所打ちのＲＣ床版・ＰＣ床版と比べ以下の特長がある。

①パネル自体で型枠・支保工を兼ね，仮設作業を大幅省略でき，桁下空間の使用制限がある場合や，高所作業でも安全に施工できる。

②工場で精度良くパネル化してあり，曲線橋・拡幅橋など複雑な線形にも対応可能で，現場では簡単な取付作業で架設でき工期が著しく短縮できる。

③コンクリート打設の前段階でもパネル上に敷鉄板を置けば架設用の作業車の通行が可能である。

④床版厚の低減が可能で，死荷重を軽減できる。

なお，高耐久性確保のため，コンクリート上面の防水層の実施と，コンクリートの乾燥収縮を低減する膨張材の使用が必要である。型枠材は環境・供用期間に応じて高耐食性めっきや板厚増などの仕様とすることもできる。本工法の概念は図8.1.58に示すとおりであり

【参考文献】
1）日本道路協会：鋼道路橋設計便覧，昭和54年
2）土木学会：鋼構造物設計指針PARTB合成構造物，平成9年
3）高木他：鋼少数主桁橋に適用するＩ形鋼格子床版の疲労耐久性，土木学会 第1回鋼橋床版シンポジウム，平成10年
4）大田他：鋼少数主桁橋に適用するＩ形鋼格子床版の設計法に関する考察，橋梁と基礎，1997.2

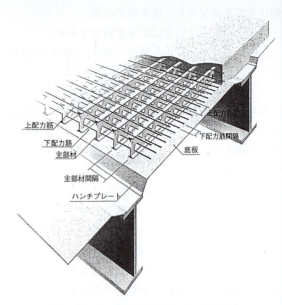

図8.1.58 長スパン対応型グレーティングの概要

■ TRC床版

本工法は，鋼道路橋に適用する合成床版の一つである。構造的には，機械製造されたトラス鉄筋を底鋼板に溶接接合し，上側の主・配力鉄筋のみを現地で配筋してコンクリートを打設し完成する鋼・コンクリート合成床版である。

底鋼板を主部材としており，下側の主・配力鉄筋は省略され，現地施工の省力化が図れている。また底鋼板外面の防錆処理は，橋梁本体と同等の処理を標準とし，底鋼板の板厚は6mmを標準としている。また適用可能な最大床版支間は概ね7m程度である。床版パネルの大きさは輸送上の制約に配慮して，幅2.35m×橋梁総幅員を基本としており，床版パネルの重量が軽量（0.075kN/m²）であるためパネル架設が容易である。

現地作業は，床版パネルを主桁上に敷設しパネル間に継手処理した後，上側主・配力鉄筋を配筋，コンクリート打設により完成する。

耐久性に関しては，トラス鉄筋のせん断補強効果により床版コンクリートのひび割れ抑制が期待できるため現行のＲＣ床版に比べて飛躍的な疲労耐久性を有しており，各種移動輪荷重載荷試験の結果からもその耐久性能は確認済みである。

連続合成桁橋への適用に関しては，床版パネル継手の構造を高力ボルトによるボルト接合とし，型枠パネルを橋軸方向に連続化させることで，適応が可

能となり底鋼板を主桁断面に算入できるため主桁フランジ断面を小さくできる利点がある。施工例としては，久喜高架橋（関東地方整備局），大矢知高架橋（中部地方整備局）等がある。本工法の概念は図8.1.59に示すとおりである。

施工の迅速化が可能となる。

鋼殻パネルの状態（コンクリート未充填）で工事車両の通行が可能となる。

施工例としては，滝下橋（日本道路公団），新神宮橋（関東地方整備局），仏生寺橋（北陸地方整備局）等がある。本工法の概要は図8.1.60に示すとおりであり

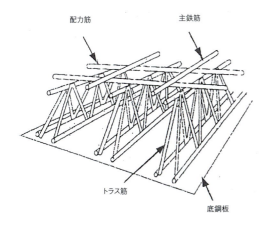

図8.1.59　TRC床版の概要

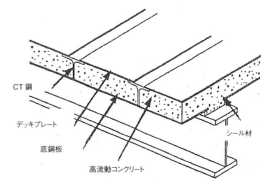

図8.1.60　サンドイッチ型合成床版の概要

■　**サンドイッチ型複合床版**

　本工法は，鋼道路橋に適用する合成床版の一つである。構造はデッキプレート，H形鋼，及び底鋼板から成る鋼殻部材に，現地で高流動コンクリートを充填し完成する鋼・コンクリート合成床版である。

　鋼殻パネルの現場継ぎ手は，底鋼板同士の連結に高力ボルト引張継手を採用し，デッキプレートとH形鋼フランジとの連結は現場溶接とする。これにより継手施工は全て床版上面からの作業で対応可能となる。

　サンドイッチ型複合床版の主な特徴は以下の通りである。

・適用床版支間は，最大15m程度まで可能である。又上側にデッキプレートを有することから大きな張出し長に対応可能である。

・床版上面にデッキプレートを有することから，鋼殻パネル内部は密閉構造となり，内部コンクリートへの雨水の浸入がなく高い疲労耐久性が期待できる。

・中詰コンクリートは鋼部材を補剛している。また騒音・振動の低減とコンクリート系床版と同等の凍結防止効果が期待できる。

・底鋼板の防錆処理は桁本体と同等の処理を施すことを標準とする。

・床版用の足場・支保工，型枠が省略でき，現地

■　**Uリブ合成床版**

　本工法は，鋼板とコンクリートとが一体となって荷重に抵抗するように構成された鋼・コンクリート合成床版に分類される橋りょう用床版の一つである。鋼板とコンクリートとは，鋼板上に溶接された開孔を有するU型のリブを介して結合されている。

　本工法の特長は，以下の通りである。

①鋼板の合成により従来の鉄筋コンクリート床版と比較して高強度および高耐久性を得られる。

②鋼板とUリブからなる鋼部材がコンクリート打設時の型枠および支保工を兼ねる。

③型枠支保工のプレファブ化により工期短縮が可能であつ。

④鋼部材による架設時の補剛効果が期待できる。

⑤継手筋を用いた継手構造による施工性が向上する。

　鋼部材のプレファブ化により，現地施工は，鋼部材パネルの設置，継手作業，現地配筋，コンクリート打設となり，工期延伸の要因となる型枠支保工の設置撤去が合理化された。継手作業は床版上面から施工可能なため足場の省略も可能である。

　本工法の概要は図8.1.61に示すとおりであり

【参考文献】

1）猪村康弘，滝口伸明：「橋梁用新形式床版（Uリブ合成床版）」「NKK技報」No.169, p.64, 2000.3

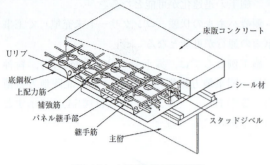

図8.1.61　Uリブ合成床版の概要

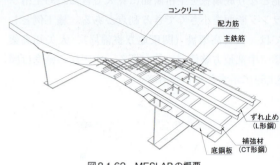

図8.1.62　MESLABの概要

■　MESLAB（エムイースラブ）

　本合成床版は，底鋼板とコンクリートとのずれ止めとして，橋軸直角方向にはL形鋼，橋軸方向にはCT形鋼を配置した構造となっており，CT形鋼はコンクリート打設時のたわみ防止材としても機能する。

　本合成床版の特徴について以下に示す。

①鋼板とコンクリートの合成効果により従来の鉄筋コンクリート床版に比べ，高強度，高耐久性を有する。

②鉄筋コンクリート床版と比べ剛性が大きく，床版厚の低減が可能である。また床版支間が6mを越える長支間にも適応可能である。

③現場での足場，支保工，型枠の設置が不要となるため，現場作業の省力化が可能となる。

④ずれ止めにL形鋼やCT形鋼の成型形鋼を使用しているため，部材加工度が少なく，製作工数を低減できる。

⑤敷板や覆工板等の設置によりパネル架設時においても，工事用車両の通行が可能である。

　本床版には，工場内で製作した鋼板パネルを現地にて架設後，コンクリートを打設する場所打ちタイプと，工場内で鋼板パネルとコンクリートを一体化させたプレキャストパネルを現場で架設するプレキャストタイプの2種類があり，新設橋の床版のみならず補修を目的とした取換床版としても適用可能である。

　本工法の概要は図8.1.62に示すとおりである。

【参考文献】

1) 深沢，酒井，須藤，小林：鋼コンクリート合成床板MESLABの疲労耐久性と連続合成桁への適応性について，三井造船技報，176（2002-6），p.8

2) 池谷，浅野，小林，酒井：鋼コンクリート合成床板MESLABの新継手構造の開発，三井造船技報，187（2006-2），p.30

■　QS　Slab

　本工法は、鋼・コンクリート合成床版の一つで，鋼製型枠にT形リブを主鉄筋方向に並置して、T形リブのウエブに設けた孔あきジベルにより鋼とコンクリートを一体化させている。また、コンクリートの充填性に配慮して、T形リブのフランジに勾配を有した構造となっている。

・鋼部材が床版の剛性に大きく寄与し、同一床版厚では比較的変形しにくく強靭な合成床版であり、コンクリート打設時の鋼製型枠の変形量も小さい。

・床版断面の中立軸より上側に大きな断面積を有するT形リブの上フランジがあり、十分な量の引張側鉄筋に換算される鋼材量が確保されるため、床版の張出し長が大きく主桁上の負曲げモーメントが大きくなる場合においても適用可能である。

・T形リブを用いるため鋼製型枠の剛性が高く、床版支間が大きい場合にも施工のための支保工が省略できるなど施工性に優れ、現場工期短縮も可能である。

・床版施工作業が主に鋼製型枠上となるため、墜落災害の危険性が低くなることにより安全性が向上する。

　施工例としては、亀泉高架橋（関東地方整備局）、首都高速大宮線OE33工区など10橋以上の実績がある。本工法の概要は図8.1.63に示すとおりである。

【参考文献】

1) 佐藤他4名：「T形リブを用いた鋼・コンクリート合成床版の開発と施工」第三回道路橋床版シンポジウム講演論文集　土木学会　2003.6

2) 林他5名：「T形リブを用いた鋼・コンクリート合成床版の中間支点部輪荷重走行試験」第四回道路橋床版シンポジウム講演論文集　土木学会　2004.6

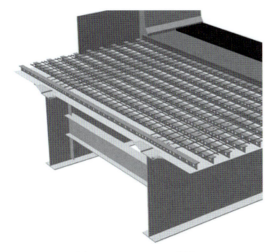

図8.1.63　QS Slabの概要

■ ダイヤスラブ

　ダイヤスラブは、橋梁に用いられる鋼・コンクリート合成床版の一種である。床版コンクリートの一部を先打ちすることで、先打ちコンクリート梁がコンクリート打設時に必要な剛性を確保しているため、鋼リブを配置していないことを特徴としている。底鋼板とコンクリートとはスタッドジベルにより一体化しており、合成床版のタイプとしてはロビンソンタイプに分類される。

　ダイヤスラブは鋼リブを配置していないことから、以下の優位性がある。
　①等方性として設計できる。
　②底鋼板との溶接がスタッドジベルのみであるため、底鋼板の疲労強度を低下させる要因を少なくしている。
　③鋼リブ上端部を起点とするひび割れ発生の懸念がない。（耐ひび割れ性に優れている）
　④使用鋼材重量が少なく経済性に優れている。

　本工法の概要を図8.1.64に示す。　施工例としては、利根川橋（関東地方整備局）、子吉川橋（東北地方整備局）、川平橋（高知県）等がある。

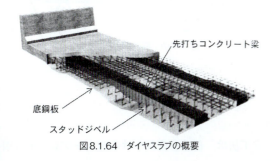

図8.1.64　ダイヤスラブの概要

■ ADS床版

　本床版は、アーチ形状の底鋼板、孔あき横リブ、スタッドジベル、主鉄筋と配力鉄筋およびコンクリート（膨張材入り）により構成された鋼・コンクリート合成床版である。その特徴は次に示すとおりである。

　①少数I桁橋または細幅箱桁橋などの合理化桁における長床版支間に対応できる耐久性を有した床版である。
　②現場でのコンクリート打設時に型枠を必要とせず、現場施工性を配慮した床版である。
　③床版下面の底鋼板はアーチ形状で、ハンチ部の応力をスムーズに伝達できる構造である。
　④孔あき横リブとスタッドジベルを用いて、底鋼板とコンクリートの一体化を図っており、合成効果を十分に発揮できる構造である。
　⑤高い耐荷力と高い疲労耐久性を各種実験およびFEM解析により検証、確認している。
　⑥主桁と底鋼板は、ピンチプレートで押さえつける構造で、現場での施工性を高めている。
　⑦底鋼板同士の連結は、高力ボルト接合とし、配力鉄筋方向に対しても十分抵抗できるような継手構造を採用している。

　本工法の概要を図8.1.65に示す。施工事例としては、杣川橋（第2名神）、館野高架橋その2（圏央道）など多数。

【参考文献】
1) 加々良他：「アーチ型合成床版の静的および動的荷重下の構造に関する研究」、第三回道路橋床版シンポジウム　2003.6
2) 秦他：「アーチ効果による鋼－コンクリート合成床版の疲労耐久性向上度」第四回道路橋床版シンポジウム　2004.11
3) 鈴木他：「ADS床版の疲労耐久性確認試験」、第60回土木学会年次学術講演会、2005.9

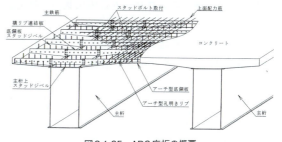

図8.1.65　ADS床板の概要

■ Hitスラブ

　本工法は、橋梁に用いられる鋼・コンクリート合成床版の一種である。本工法は、底鋼板にスタッ

ドジベル付きバルブプレート（球平形鋼）を溶接により配置し、鉄筋をバルブプレート上に配筋した後にコンクリートを打設し一体化したものである。スタッドジベル付きバルブプレートは、コンクリート打設時のたわみ防止材として機能するとともに、コンクリート硬化後に合成効果が期待できるため高耐久性が得られ長支間床版に対応できる。

本工法の特徴は、次のとおりである。

①主な構造部材は、底鋼板とスタッド付きバルブプレートのみで構造を簡略化している。

②横リブとしてバルブプレートを使用することで高剛性が確保でき、長支間床版（3m～8m）への適用が可能である。

③バルブプレートとバルブプレートに取り付けられたスタッドジベルにより、鋼とコンクリートの結合は堅固となり高耐久性床版が可能となった。

④型枠および支保工等の仮設備が不要で、現場での作業は底鋼板の継手と上側鉄筋の配筋、コンクリートの打設のみとなり現場施工の省力化が図れる。

本工法の概要を図8.1.66に示す。

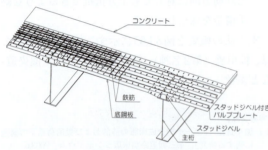

図8.1.66　Hitスラブの概要

■ パワースラブ

本工法は、鋼・コンクリート合成床版の一種である。

本床版の基本構造は底鋼板、縦リブ、配力鉄筋の3種の鋼部材とコンクリートで構成される合成構造である。従来のRC床版との大きな違いは、底鋼板と縦リブを主鉄筋の代わりに使用している点で、大きな曲げ・せん断耐力を有しており、RC床版が対応できない大きな支間長にも使用することができる。リブに配置した孔は、配力鉄筋の設置用として利用されるだけでなく、ずれ止めとして機能し、鋼部材とコンクリートを結合させている。

本床版の特徴は、鋼部材をパネルとして工場で製作し、現場へ搬入し、現場にて配筋とコンクリートの打設を行うことである。コンクリート打設時、底板は型枠として機能し、現場での型枠・支保工に関する作業を省略することができ、急速施工が可能である。

本床版の他の特徴として、桁架設時の補強として利用できることがある。桁の架設時補強図は床版鋼パネルを橋梁上に配置した例である。この例に示す橋梁は、一般にはU型の断面のまま架設し、その後コンクリート床版を打設することで箱断面が完成され、所定のねじり剛性を有するものとなる。そのため架設時にはねじり剛性が不足し、架設補強を必要とする。この橋梁に本床版の鋼パネルを架設前に設置することにより、桁は箱断面となり、安全に架設することができる。この例以外の他形式の橋梁に対しても、同様の架設時補強として利用することができる。

本工法の概要を図8.1.67に、図8.1.68に桁の架設時補強例を示す。

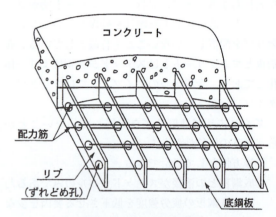

図8.1.67　パワースラブの概要

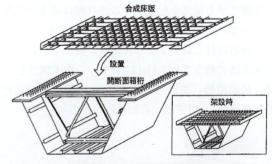

図8.1.68　桁の架設時補強例

4 鋼床版工法

本工法は、荷重を直接うけるデッキプレート（鋼

板）とこれを下から橋軸方向，橋軸直角方向に支持して剛性を付加するための縦リブ，横リブとから構成された鋼床版を用いた床版施工法である。

鋼床版工法と合理化鋼床版工法は，主として新設橋梁に用いられることが多く，HKスラブとバトルデッキは旧橋の損傷度が大きい鉄筋コンクリート床版（RC床版）の取替えに用いられる。

本工法は，他の各種床版工法に比べ，①現場工期が短い。②床版としての自重が軽い。③桁高を低くできる。などの理由から，都市型橋梁や長大橋の分野で広く用いられている。一方，①建設費が高い。②重交通量下の橋梁における床版の疲労亀裂，舗装割れの事例がある。などの問題点も指摘されているが，最近は長所を生かしつつ，短所を克服した開発がされてきている。

本工法は，I桁，箱桁，トラス桁，アーチ桁などの種々の形式に用いられており，特に長支間の橋梁になるほど死荷重低減の効果が大きくなり経済化に役立つ。中小支間の橋梁において，桁下制限がある場合などは，RC床版工法に比べ桁高を低くできる利点がある。更に斜角の厳しい橋梁では，主桁間のたわみ差も大きく，床版に負担がかかり過ぎるためRC床版工法に代わり，より耐荷性能に優れた鋼床版工法が用いられている。

旧橋床版の打替え・取替えに用いられる場合の鋼床版工法は，RC床版工法に比べ耐久性に優れ大巾なる死荷重減が期待できることから，特に耐荷力の不足する橋梁に有効である。これ迄の実績では，I桁，トラス，アーチ形式の非合成桁の取替えが多く，合成桁の取替え例は比較的少ない。

【参考文献】
1）日本橋梁建設協会「鋼橋の計画」昭和63年10月
2）日本橋梁建設協会「虹橋61号」平成11年秋季
3）日本橋梁建設協会「新しい鋼橋の誕生」パンフレット
4）日本橋梁建設協会「鋼橋へのアプローチ改訂版」平成18年9月

鋼床版工法

本工法は，主として新設橋梁において用いられるが，旧橋の損傷した鉄筋コンクリート床版（RC床版）の取替え鋼床版としても用いられている工法である。ここでは新設橋梁の鋼床版工法を主として述べる。

本工法の長所は次に示すとおりである。
①各種床版工法の中にあって最も軽量である。試算によれば支承反力はRC床版を持った鋼箱桁橋のおよそ1/2，プレストレストコンクリート箱桁橋のおよそ1/3である。
②全量工場製作のため，高品質なものを提供できるばかりではなく，現地における施工の期間を大巾に短縮することができる。
③床版部分がRC床版（厚さ200〜300mm）に比べ薄い鋼板（板厚12mm程度）によって構成されているので桁の全高を低く抑えることができる。
④主桁の一部として共働作用させることが容易である。
⑤大きな終局耐荷力を有する。

本工法の短所は次に示すとおりである。
①桁を構成する材片数が多く，溶接延長も長いので製作費が高い。
②輪荷重を直接支持する構造のため，疲労による損傷をうけやすい。
③コンクリート系床版工法に比べ，鋼床版がたわみやすいためアスファルト舗装に損傷が生じやすい。
④車両走行による騒音が直接桁下に伝達しやすい。などである。

本工法の概要を図8.1.69に示す。

【参考文献】
1）日本橋梁建設協会：「新しい鋼橋の誕生」パンフレット
2）日本橋梁建設協会：「虹橋61号」平成11年秋季

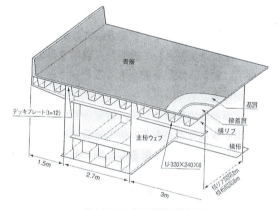

図8.1.69　鋼床版工法の概要

合理化鋼床版工法

本工法は，新設橋梁に用いられる工法であり，鋼床版工法の短所を改善したものである。構造的には，デッキプレートを厚くし（板厚18mm程度），かつUリブの断面を大型化（U—454*332*9mm）することにより鋼床版自体の剛性を高め，従来の鋼床版工

法が有していた課題を可能な限り改善している。また部材の厚板化や大型化により部材数や部材片数および溶接延長が低減され，工場製作の経済性が高められている。

従来の鋼床版が有している課題について改善された内容は，以下の通りである。

① 経済性の向上という課題は，デッキプレートの厚板化Uリブの大型化および横リブの廃止により工場製作を省略化する。
② 耐久性の向上については，構造ディテールを改良し疲労強度を向上させる。
③ 舗装の耐久性については，デッキプレートの厚板化により舗装のひび割れを抑制する。
④ 車両走行安定性の向上および騒音の低減については，流動性の小さい舗装材の採用により轍掘れを抑制させる。また，表層には，排水性舗装を採用し，車両走行性の向上および騒音の低減を図る。
⑤ 舗装の損傷に対するデッキプレートの防食対策については防錆処理として，防水層（塗装など）を設ける。

本工法の概要を図8.1.70に示す。

【参考文献】
1）㈳日本橋梁建設協会：「新しい鋼橋の誕生Ⅱ」パンフレット
2）㈳日本橋梁建設協会：「新しい鋼橋改訂版」平成16年2月

る。一般的なRC床版の打替えに比べ工期を大巾に短縮し，通行止めなしで橋の床版打替え工事ができる。またRC床版に比べて，橋全体の死荷重の低減が可能であり，床版リフレッシュによる橋の耐久性・耐荷力の強化をはかっている。

HKスラブの特徴は，次に示すとおりである。

① 取替え時，片側車両通行状態で施工後，即車両通行が可能である。
② プレハブ化，規格化，厚板を使用したユニットパネル式鋼床版により耐久性・耐荷力を強化し，工期を大巾に短縮できる。
③ 舗装は，工場施工の薄層舗装を基本とするが，現場で施工する一般的な舗装も可能であり，デッキプレート板厚を厚くすることにより舗装のひび割れを抑制している。
④ RC床版に比較して，軽量であるため死荷重を軽減できる。
⑤ 合成桁への対応も可能である。
⑥ 標準化したブロックに対し，路面の平面線形や歩道・地覆高欄などはオプションとして取り付られる構造となっている。

施工は，RC床版を撤去し既設げたの処理・加工後HKスラブを設置するという手順で行なう。

本工法の概要を図8.1.71に示す。

【参考文献】
1）日本橋梁建設協会「取替え鋼床版（HKスラブ）設計・施工の手引き」平成11年3月
2）日本橋梁建設協会「HKスラブ」パンフレット

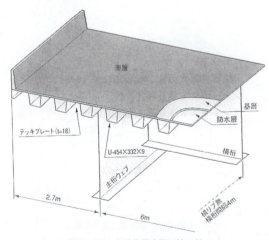

図8.1.70 合理化鋼床版工法の概要

HKスラブ

鉄筋コンクリート床版（RC床版）の損傷が著しい場合の取替鋼床版であり，主桁上のライナープレートを介して新規に製作されたユニットパネル構造の鋼床版を高力ボルトで接合する構造のものであ

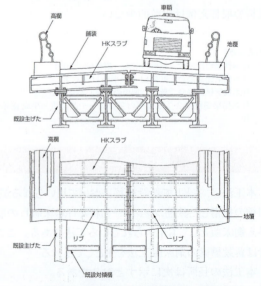

図8.1.71 HKスラブ（取替鋼床版）の概要

バトルデッキ

鉄筋コンクリート床版（RC床版）の損傷が著しい場合の取替え鋼床版であり、縦リブにCT形鋼を配したプレハブ鋼床版である。取付けのため横桁を増設し、フィラープレートを介し高力ボルトで接合する構造のものである。一般的なRC床版の打替えに比べ工期を大巾に短縮し、通行止めなしで橋の床版打替え工事ができる。またRC床版に比べて橋全体の死荷重の低減が可能であり、橋梁の耐荷力アップをはじめとし車線拡巾や歩道の増設など種々の改築目的に幅広く対応が可能である。バトルデッキの特徴は、次に示すとおりである。

① 片側一車線ずつの交通規制だけで現場工事ができる。
② 鋼床版のプレファブ化により、工期を大巾に短縮できる。
③ 工場にて一次舗装を行うため、舗装の耐久性が向上する。
④ RC床版と比較して軽量であるため、死荷重を軽減できる。
⑤ 鋼床版と主桁を合成し、主桁の断面剛性を増加させる。
⑥ 道路の拡巾、歩道の増設など種々の改築に適用できる。

施工は、RC床版撤去前にまず支持横桁を増設した後、RC床版の撤去→鋼床版パネルの設置という手順で行い全てのパネルを設置した後、二次舗装を全面に渡って施す。

本工法の概要を図8.1.72に示す。

【参考文献】
1) JFEエンジニアリング㈱:「バトルデッキ」パンフレット
2) ショーボンド建設㈱:「バトルデッキ」パンフレット

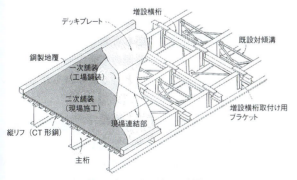

図8.1.72　バトルデッキの概要

吊橋の架設工法

標準的な吊橋の構成要素は図8.1.73に示すように、路面を形成する補剛桁、これを吊る主ケーブル、主ケーブルを支持する主塔および橋台（アンカレイジ）から成る。ただし、橋台を用いることなく補剛桁に直接、ケーブルを定着する自定式吊橋（Self-Anchored Suspension Bridge）も特殊な型式として施工例がある（此花大橋など）。

一般的な吊橋架設の手順を図8.1.74に、架設工法の分類を図8.1.75に示す。最初、主塔や橋台等の基礎工事を行った後、橋台躯体部や主塔を架設する。日本の吊橋主塔はほとんどが鋼製で大型クレーンによるブロック架設が主流である。次に、ケーブル工事のために両岸を最初に結ぶパイロットロープを張り渡し、順次、ホーリングロープ、キャットウォークロープを引き出し、ケーブル工事用空中足場となるキャットウォークシステムを形成する。このシステムを利用して主ケーブルを架設する。日本の長大吊橋の主ケーブルは平行線ケーブルが多く採用されており、その架設方法にはエアスピニング工法とプレハブストランド工法がある。次に、主ケーブルにケーブルバンド、ハンガーロープを取り付け、これに補剛桁を連結・架設する。最後に補剛桁上に床版・舗装等を施工し、必要な付帯設備を設置して、吊橋が完成する。

我が国における近代吊橋は、若戸大橋（1962年完成、スパン367m）、関門橋（1973年完成、スパン712m）を経て本州四国連絡橋架橋へと展開してきた。これらの吊橋架設要領は近代吊橋の原点ともいえる19世紀後半のBrooklyn橋（1883年完成、スパン486m）などと基本的には大きな変化はないものの、架設単位の大型化・プレハブ化や架設設備の大型化・高性能化、など多様な技術の進歩、さらに大幅な工程短縮が見られる。世界最長規模の明石海峡大橋（1998年完成、スパン1991m）が日本において建設されたことは、我が国の長大吊橋技術が世界最高水準に達したと言っても良い。

吊橋構造上の変化は、初期のアメリカ流の補剛トラス吊橋と、イギリスのセバーン橋（1966年完成、スパン988m）に始まる流線型箱桁断面形式とがあ

り，我が国でも両型式の架設技術を有するに至っている。

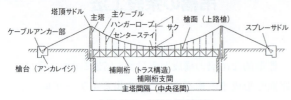

図8.1.73　吊橋の構成要素

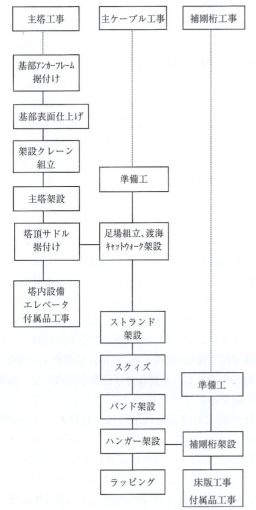

図8.1.74　一般的な吊橋上部工の施工手順

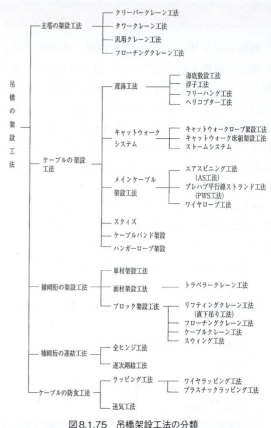

図8.1.75　吊橋架設工法の分類

補剛トラスを用いた吊橋

1 主塔の架設工法

　主塔は吊橋の鉛直荷重のほとんどを支持する構造であり，吊橋上部工のうち最初に行われる工事である。我が国では地質・地盤の条件および地震を考慮して，鋼製の主塔が多く採用されている。
　主塔は膨大な鉛直荷重を受けるため，架設時の鉛直度や接合面の面接触度などの精度管理が重要な項目となる。また，架設途中ではフリースタンディン

グ状態のため，風による振動が発生しやすい構造であるので，架設途中からの制振対策も大切な項目である。

塔柱底板と塔基部コンクリートとを密着させる方法としては，コンクリート面を平滑に磨き上げる研磨工法とコンクリート面と底板との間にモルタルを充填するグラウト充填工法がある。吊橋主塔では研磨工法の実績が多いが，レインボーブリッジではグラウト充填工法が適用された。塔柱部材の架設方法は，規模，立地条件，施工条件等から決定され，使用するクレーンの種類としては，クリーパークレーン，タワークレーン，クローラークレーン等の汎用クレーンの他に，フローチングクレーンなどが使用されている。

主塔の架設

クリーパークレーン工法

クリーパークレーン工法は，図8.1.76に示すように塔部材架設の進捗と塔高さ上昇に追従し，塔壁に取り付けたガイドレールに沿ってせり上がっていく装置を持った移動式クレーンにて架設する工法である。従って，塔柱架設ステップ毎にクリーパークレーンのせり上げ装置の盛換え・せり上げ作業が必要となる。このせり上げ方式にはワイヤロープ方式とジャッキアップ方式があり，ワイヤロープ方式の方が実績は多い。また，クレーン反力を主塔にとるため，主塔本体の補強検討や架設途中における主塔の鉛直度管理が重要となるが，クレーン設備は比較的小規模で，他の橋梁への転用も可能である。

我が国では，塔柱側面にクリーパークレーンを設置する方法が多く採用されている。実施例としては関門橋（下関側），因島大橋，大鳴門橋，南備讃瀬戸大橋（5P），下津井瀬戸大橋，北備讃瀬戸大橋などが挙げられる。

海外では，両塔柱の内側に梁を渡すタイプ（Golden Gate 橋他），塔柱自体をフレームで囲みさらに両塔柱のフレームを梁で渡すタイプ（Forth Road 橋他），塔柱内部にクレーンシャフトを設置するタイプ（Oakland Bay 橋）などがある。

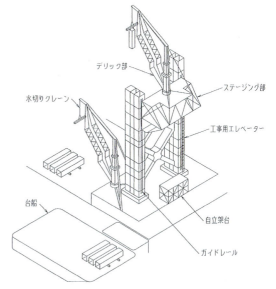

図8.1.76　クリーパークレーン工法の概要

タワークレーン工法

タワークレーン工法は，塔と独立した自立型タワークレーンを橋脚上に設置して，塔部材を架設するものである。本工法は塔高さが高くなるほど大規模なクレーンが必要となること，橋脚上の必要スペースが十分であること，またクレーン自体の耐風対策の検討が必要になるなどが特徴といえる。タワークレーン型式としては，図8.1.77に示すせり上げのない高さ固定タイプと図8.1.78に示すせり上げ式のクライミングタワークレーンがある。この工法は主塔に直接機械設備を取り付ける必要がないため，架設途中における主塔の鉛直度管理が容易であり，施工性にも優れるが，タワークレーンの基礎工事やタワークレーン本体に多大な費用を要するという短所がある。

適用例としては，関門橋（門司側），南備讃瀬戸大橋（6P），明石海峡大橋，来島第一・二・三大橋，安芸灘大橋が挙げられる。

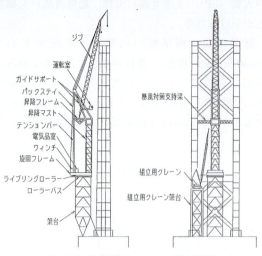

図8.1.77 自立型タワークレーン工法の概要

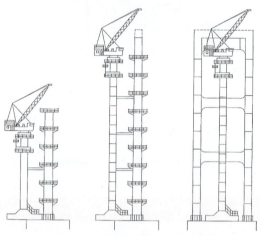

図8.1.78 クライミングクレーン工法の概要

汎用クレーン工法

塔基部に設置したトラッククレーンやクローラークレーンなどの汎用クレーンを使用する工法で，比較的小規模で陸上部に位置した主塔工事や，架設単位がパネルなど軽量部材の場合に適用されることが多い。

海外のマタディ橋，第2ボスポラス橋や，小規模吊橋などの施工例がある。また，白鳥大橋（1998年完成，スパン720m）においては，約130m高さの主塔のブロック架設に700t吊級タワー仕様の大型クローラークレーンが用いられた。

フローチングクレーン工法

製作工場あるいは架設地点付近の地組ヤードであ

らかじめ組み立てられた塔部材を図8.1.79に示すように一括または大ブロックで，もしくは主塔本体を分割されたブロック毎にフローチングクレーンで架設する工法であり，大幅な工期短縮が計れる。近年，4000t吊級の大型フローチングクレーンが実用化されているが，その吊上げ能力と揚程により限界があり，主塔高さ120m程度の中規模な吊橋（中央支間長600m位）に適用されている。 適用例としては，南海大橋，平戸大橋，レインボーブリッジなどがある。レインボーブリッジの主塔（高さ約120m）の場合は，塔基部ブロックが1000t吊級，中段大ブロック（重量約1850t）が3500t吊級，さらに上段大ブロック（重量約3400t）が4100t吊級のフローチングクレーンにより各々架設された。

主塔を大ブロック・大重量で架設するために吊り点部の塔本体補強と大容量の吊り治具が必要となる。架設期間は非常に短期間ですむが海象条件の影響を受けるのでこれを考慮した計画が重要である。

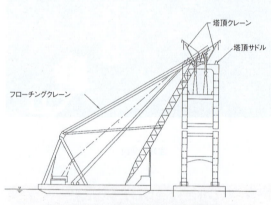

図8.1.79 フローチングクレーン工法の概要

2 ケーブルの架設工法

主ケーブルの架設は，主塔と橋台架設工事完了後，後に続く補剛桁架設工事につなげる工事である。ただし，特殊な自定式吊橋の場合にはベントを用いて補剛桁を架設した後に主ケーブルを架設する手順がとられる。

主ケーブルの施工は全てが空中作業となること，作業範囲が広域であること，工種が多岐に渡ることが特徴であり，準備工事と主ケーブル架設，そして，主ケーブル架設以後の工事に大きく分類される。図8.1.80に主ケーブル工事のフローを示す。準備工事は，パイロットロープを張渡す渡海作業と，その後

形成するホーリングロープシステムを用いた架設設備（キャットウォーク）の設置であり，主ケーブル架設は，主ケーブルを構成する複数ストランドを架設する繰返し作業である。また，後作業として，スクィズ，ケーブルバンド架設，ハンガーロープの架設作業と，補剛桁架設後に実施するケーブルのラッピング，塗装作業，仮設備の撤去等がある。

主ケーブル架設工法にはワイヤを1本ずつ現場で引き出して架線するエアスピニング工法とあらかじめ工場でワイヤを100本程度平行に集束し，ソケット付けしたストランド単位で架設するプレハブストランド工法とがある。

吊橋ケーブル架設

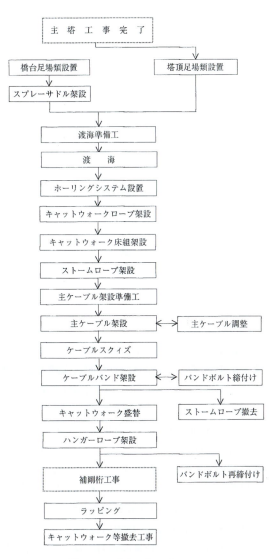

図8.1.80　主ケーブル工事のフロー

渡海工法

パイロットロープ（先導索）の渡海作業は，主塔架設まで架橋地点の両岸で各々点として行われていた工事を，初めて線として結ぶ作業である。我が国では吊橋架橋地が海を跨ぐことが多いためこのように呼ばれているようである。ケーブル工事ではキャットウォークロープとストランドを空中牽引する運搬設備が必須であるが，パイロットロープはこの運搬システムとなるホーリングロープ（曳索）を架線する足掛かりとして使用される。橋梁規模が小さい場合には最初からホーリングロープを渡海することも可能であるが，橋梁規模が大きくなるとそのロープ牽引力が大きくなることや，海中に浸かったロープの使用を避けるなどの目的から，通常20mmφ程度の細径ロープが渡海ロープとして一時的に用いられる。

渡海作業は，架設地点の潮流，船舶の航行状況，航路閉鎖等の制約，気象条件，橋の規模等を考慮して，工法が選定される。工法としては，図8.1.81に示すように海中にロープを沈める海底敷設工法，海面上に浮かべる浮子工法，海面にロープを浸けることなく架空状態で渡海するフリーハング工法の他にヘリコプター工法などがある。

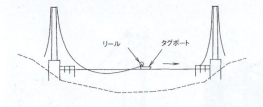

(a) 海中渡海工法（海底敷設工法）

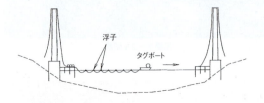

(b) 海上渡海工法（浮子工法）

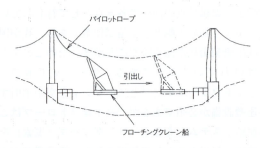

(c) 空中渡海工法（フリーハング工法）

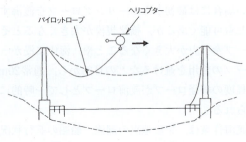

図8.1.81　パイロットロープ渡海工法

け，海面に浮かべた状態で海上を曳船にて引き出し，張渡す方法でありフロート工法と呼ばれることもある。対岸迄引き出した後に浮子を回収しながらパイロットロープを巻き取り，架空する。

本工法は比較的短時間に，安全確実に実施できるが，潮流の転流時を選び，航路閉鎖をする必要がある。わが国では，若戸大橋（スパン367m），関門橋（712m），因島大橋（770m），レインボーブリッジ（570m），白鳥大橋（720m），豊島大橋（540m）など実施例は多い。

■ フリーハング工法

主塔頂をパイロットロープの送出し起点として，パイロットロープを水面につけることなく，空中に張り渡したまま引き出す方法である。フリーハング工法には曳船による方法と，フローチングクレーン船（FC船）のブーム先端にパイロットロープを連結して，ロープを航路限界高以上に保持して行う方法とがある。前者は航路閉鎖が必要となるが，後者では船舶航行を妨げず作業が可能となる反面，FC船を曳航する曳船が複数配備（南備讃では主曳船4，補助曳船2隻）される。いずれもパイロットロープを牽引する船舶と，バックテンションを与えながらロープを繰出す設備との同調制御および渡海ロープの形状管理が重要である。浮子工法ほど潮流の影響は受けにくい。

曳船による方法は大鳴門橋（スパン876m）にて，FC船による方法は南北備讃瀬戸大橋（1100,990m），下津井瀬戸大橋（940m）で実施された。

■ ヘリコプター工法

送電線張渡しにも類似工法例があるが，海峡を横断する吊橋渡海には安全性の点で明石海峡大橋の渡海まで適用されていなかった。明石海峡大橋（スパン1991m）の場合，頻繁な海上船舶交通があること，広域かつ急潮流など厳しい海象条件であることから，従来の海面を使用する工法に替わる方法が検討された結果，大型ヘリコプターによる空中渡海工法が採用された。本工法によれば，航行船舶に影響を与えず，ごく短時間での渡海が可能となる。ただし，ヘリコプターの水平方向の牽引能力は小さいため，パイロットロープには軽量高張力のロープが用いられ，渡海作業完了後に鋼製ワイヤロープに盛り替える作業が必要となる。

■ 海底敷設工法

パイロットロープを徐々に海中に落とし，海底を引きずりながら曳船で引き出す方法である。設備や技術の面では簡単で有利であるが，海底地形・潮流の良好な条件，航行船舶を規制出来ることなど制約条件が多く，国内において実施例はない。海外ではこれらの制約条件を満足する場合に採用されている。

■ 浮子工法

パイロットロープに適当な間隔（10数m）で直径40cm程度の樹脂製の浮子（フロート）を取り付

実施例として，明石海峡大橋（スパン1991m），来島大橋（600,1020,1030m），安芸灘大橋（750m）がある。明石海峡大橋の場合には，直径10mmのポリアラミド繊維ロープを最大吊下げ能力（鉛直方向）4500kgの大型ヘリコプターを用いて渡海した。

キャットウォークシステム

キャットウォークシステムは，主ケーブル架設時のみならず，スクィズ，ケーブルバンド架設，ハンガーロープ架設，ラッピング作業等の空中足場として利用される重要構造物である。本構造は径間に張り渡された支持ロープと，この上に作業床を形成する金網，床梁，落下防止のネット，側面手摺等により構成される。ケーブル架設時に主塔頂をセットバックする必要があるが，セットバック用の別ロープを用いずにキャットウォークシステムを利用することもある。

キャットウォークは主ケーブル中心から約1.5～1.7m程下方に位置し，ケーブルとほぼ相似形状に架設される。床幅はケーブル断面やラッピングマシン等の寸法と作業スペースから定められるが概略3～5m前後である。

通常，キャットウォークロープの安全率は3で設計される。キャットウォークは非常に変形しやすい構造系であるので，その耐風安定性や作業性に関する考慮と十分な形状管理が重要である。特に，耐風安定性を確保し，システムの剛性を増加する目的で，キャットウォーク下方にストームロープが設置される。形式は，図8.1.82に示すようにキャットウォークロープとストームロープを結ぶハンガーの取り付け形状から，斜めハンガー形式と鉛直ハンガー形式に分けられる。剛性の面からは，斜めハンガー形式が有利とされているが，形状調整等施工面からは，鉛直ハンガー形式が有利なので後者の方が使用例は多い。一方，明石海峡大橋や来島大橋のように，耐風安定性や施工性の検討を十分に行い，ストームシステムを用いない例もある。

■ キャットウォークロープ架設工法

キャットウォークロープ径は，橋体規模，主ケーブル架設方法等によって異なるが，30～60mmφ程度が使用され，その本数はキャットウォーク1連当り6本から12本程度で構成されている。架設にはホーリングシステムが用いられるが，スパンの長大化にともない，設備規模が大型化するので，ロープ諸元の決定には設備の経済性を考慮して計画することが重要である。主な架設法としては，水中引き出し法，フリーハング工法，サスペンダー工法がある。図8.1.82に，フリーハング工法およびサスペンダー工法の概念を示す。

水中引き出し工法は，渡海工法の分類同様，ロープ自体を海中に浸けたまま，曳船で引き出す工法であり，航行船舶への影響，水没ロープの防食上の問題などから，我が国では実施例はない。

フリーハング工法は，アンリーラーでロープにバックテンションを与えつつ，ロープをフリーハングの状態で直接引き出すものである。設備の構成が単純で，力のやりとりが明確であるが，スパン長大化に伴い，大きな架空張力が必要となり，駆動設備の大型化は避けられない。フリーハング工法の実施例としては，ループ式ホーリングシステムとした関門橋，因島大橋，白鳥大橋，来島大橋等やレシプロ式とした大鳴門橋，南備讃瀬戸大橋，下津井瀬戸大橋，レインボーブリッジ，明石海峡大橋等がある。

サスペンダー工法は，主塔間に別途，支持索（トラックケーブル）を張り渡し，これに複数のサスペンダーを吊るし，この上にキャットウォークロープを自重をあずけながら引き出すものである。従って引き出し張力の軽減が図られ，駆動設備，ホーリングロープ等の小規模化が可能となる。しかし，架設作業と全体システムが煩雑化するので，システムの安全性・信頼性を十分検討する必要がある。ループ式ホーリングシステムとした北備讃瀬戸大橋にてトラックケーブルに対して固定式のサスペンダーを用いて実施されている。

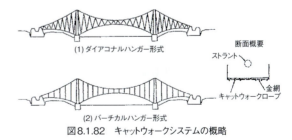

図8.1.82 キャットウォークシステムの概略

■ キャットウォーク床組架設工法

キャットウォークの床組構造は，金網，落下防止用ネット，横梁材，手すり等から構成されるが，これらの架設工法としては，一般に，塔頂で組み立て，キャットウォークロープ上を滑らせて架設する滑り出し（スライド）工法と，作業台車を用いて組み立てる台車工法とがある。図8.1.83

に両工法の概念を示す。

滑り出し工法は，塔頂にて，順次床組構造部材を組み立て，ロープの勾配を利用して滑り出させながら，床組を形成する工法である。従って，キャットウォークロープに金網等床組を連結するボルトは仮締めのルーズ状態で架設し，所定位置に到達した後に本締めする。滑り出し架設初期の塔頂付近の急傾斜部では，滑動が容易であるが，急激な滑落を防止するために塔頂から惜しみロープをとる。滑り出し架設終盤には，床組の摩擦抵抗が大きくなるので，中央寄りの緩傾斜部に位置する床組先端をホーリングロープで引っ張る。この引っ張り力に抵抗出来る部材を組み込んでおく必要がある。

滑り出し工法は，国内では下津井瀬戸大橋を除くほとんどの吊橋において採用されている。架設する床組金網の単位は，キャットウォーク幅×長手方向2m程度のシート状パネルで行う方法と，あらかじめ地上で長さ50m程度にプレハブ化し，ロール巻きしたものを用いる方法とがある。

台車工法は，キャットウォークロープを軌道とした走行台車を組み立て，これをホーリングシステムにつないで主塔部で材料を供給しながら，スパン中央から順次床組を組み立ててゆくものである。国内では，下津井瀬戸大橋、明石海峡大橋でこの方法が採られた。

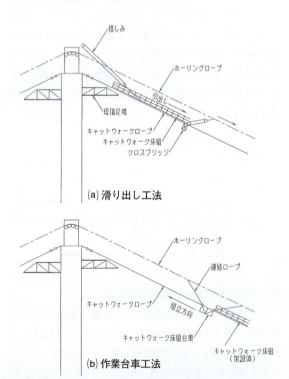

図8.1.83　キャットウォーク床組架設工法

■　ストームシステム

ストームロープ（耐風索）は，揺れやすいキャットウォークの剛性および耐風安定性を高めるために，キャットウォーク下方に上に凸の形でプレストレスを与えられるように張り渡されるものである。ストームロープは主に，キャットウォークに付加するプレストレス力と暴風時の風荷重により定まるもので，一般的には直径30mmから60mm程度のものが2本から4本架設されることが多い。

キャットウォークシステムの項にも述べているが，ストームロープとキャットウォークを連結するハンガーロープの形式として斜めハンガー形式と鉛直ハンガー形式がある。ストームロープはキャットウォーク床組架設完了後に床面上に引き出し，床梁とストームロープを繋ぐハンガーロープを予めキャットウォーク上で取り付け，キャットウォークの手摺を越えるまで架空した後，引き下ろす架設方法がとられる。

メインケーブル架設工法

我が国の長大吊橋のケーブルは，ワイヤロープではなく平行線ケーブルが一般的である。

平行線ケーブルの架設工法としては，エアスピニング工法（AS工法）とプレハブストランド工法（PWS工法）がある。上吉野川橋で両工法を実施し，種々の調査比較がなされた経緯がある。両工法の選定にあたっては，架設地点の地形条件，工程，工費等が比較の対象となる。AS工法が海外の長大吊橋の主流を占めてきたのに対し，AS工法の欠点のいくつかを補うPWS工法が，我が国で導入，適用され始めた1970年代以降，その耐風作業性・短工期実現が重視され，国内の吊橋で多く採用されている。

■　エアスピニング工法（AS工法）

AS工法は，図8.1.84にその原理を示すように，直径5mm程度のワイヤ単位での架線を行うもので，糸巻の要領で，両岸アンカレイジの定着部であるストランドシュー間にワイヤを繰り返し巻き付け，最後にワイヤの始端と終端をつなぎエンドレスのループ状にして束ねて，1本のストランドとする工法である。PWS工法と比べて，1ストランド内のワイヤ本数は一般に300〜500本と多く，ストランド数は少なくなり，ケーブル定着部面積を小さく出

来る利点がある。

ワイヤ架線時の状態により，キャットウォーク上で完全に架空させるフリーハング工法とワイヤ自重をキャットウォークにあずける低張力工法とに分類される。いずれの方法も，基本的には，ワイヤを予め巻いたリールをアンカレイジに配備したアンリーラーにセットし，ホーリングシステムによって両岸間を高速（3～4m/秒）で行き来するスピニングホィールにワイヤを掛け，1度の引き出しで，デッドワイヤ，ライブワイヤの2本が架設されることになる。アンリーラーを複数個配置して，一度に例えば8本など多数本の引き出しも可能である。これらの構成は，地形やアンカレイジ条件，工程，工費比較等で決定されることになる。

欧米吊橋の架設の主流をなしたフリーハング工法は，ワイヤを完全フリーハング状態で架線するもので，その引き出し張力は，スパン長が1000mクラスの場合，概略200kgf/本前後となる。引き出されたフリーハングのワイヤは，1本ずつサグ調整が施される。この方法では，架設中のワイヤがフリーハング状態にあるため，風の影響を受けやすい工法と言える。また，1ストランド分の架設終了時には，シェイクアウトと呼ばれるストランドの成形作業が必要となる。この方法は我が国では上吉野川橋で採用された。

低張力工法とは，上吉野川橋以後，わが国で開発・採用された工法で，ワイヤのフリーハング張力より，低い一定の張力，例えば50kgf/本程度でワイヤを引き出し，キャットウォーク上に複数配備したワイヤ受けローラーやケーブルフォーマー内に，自重をあずけながら架線する方法である。図8.1.85に示すように，ワイヤは引き出し後すぐにフォーマー内に収まるため，風の影響を受けにくく，フォーマー内でワイヤが整然と原理的には同一張力で配置されるため，ワイヤ1本ずつのサグ調整およびシェイクアウトも不要となり，施工の効率化が図れる利点がある。本工法では，張力を一定に制御すること，ワイヤ自重によるキャットウォークの変形を考慮することがポイントとなる。国内実施例として，平戸大橋，下津井瀬戸大橋がある。なお，豊島大橋では，世界で初めて直径7mm亜鉛めっき鋼線が採用された。

テンションコントロール工法と海外で呼ばれているのは，原理的には我が国の低張力工法と同じ工法といえる。

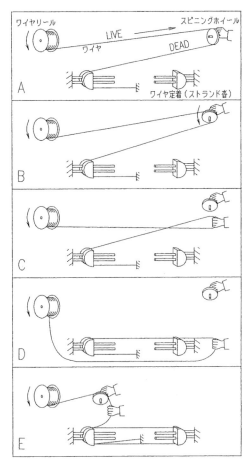

図8.1.84　エアスピニング工法の原理

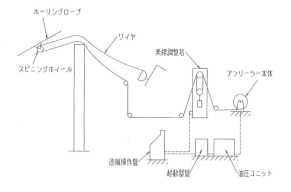

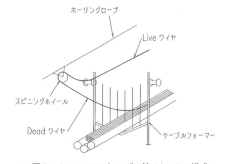

図8.1.85　エアスピニング工法のシステム構成

■ プレハブ平行線ストランド工法（PWS工法）

　PWS工法は，あらかじめ工場で直径5mm程度のワイヤを一般的には正六角形の127本に平行に束ね，プレハブストランドとして製作したものをリールに巻き取り，架橋現場へ輸送後，ストランド単位で引き出す工法である。本工法は，AS工法のワイヤ単位での架設という煩雑さを解決するため，Leonhaltが提案した六角形の最小空隙プレハブストランドが原点といえ，アメリカでその工場製造法が開発され，アメリカのNewport橋（1969年完成）で初めて採用された。当時，我が国においても，アメリカからの技術導入あるいは独自開発によるPWS製造・架設技術の確立が試みられた。金比羅橋（1968年），八幡橋（1969年）が相次いでPWS工法で架設された。完成年でみれば，PWS工法の採用は，日本の方が早かったといえる。

　PWS工法は，ストランドリールを，アンカレイジに配備したアンリーラーにセットし，プレハブストランドの先端をホーリングロープのキャリアに取り付けて引き出す。引き出し速度は，30～40m/分とAS工法に比べ遅いが，1度の引き出しで，多数本のワイヤがストランドとして引き出されること，キャットウォーク上に複数個並べたローラー上に乗せながら引き出すため，風の影響を受けにくいこと等の理由で，工程的には，AS工法より有利な工法とされている。

　図8.1.86に，PWS工法のストランド架設要領例を示す。

　PWS工法の利点を有効に活かすには，プレハブストランドを構成するワイヤ本数を増やすことが，効果的であることは言うまでもない。現在のプレハブストランドは，127本の正六角形構成であるがNewport橋では，61本（正六角形）構成であったものを，関門橋で91本に増やし，因島大橋以降，127本構成が確立した。また，長さについては，吊橋の長大化とともに，プレハブストランドも長尺化し，明石海峡大橋では，4000mを超える世界最大のプレハブストランドの製作，輸送，架設が可能となった。国内の平行線ケーブルを用いた長大吊橋は，平戸大橋，下津井瀬戸大橋、豊島大橋を除くすべてが，PWS工法によるものであり，本工法の架設技術は，日本で熟成したといえる。海外では，上述のアメリカのNewport橋および第2Chesapeak橋でPWS工法が採用されている。また，中国においてもPWS工法による長大吊橋の建設が行われている。

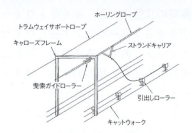

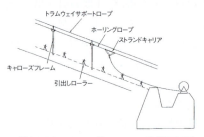

図8.1.86　PWS工法のストランド架設要領例

■ ワイヤロープ工法

　長大吊橋時代以前に普及した中小吊橋は，スパイラルロープ，ストランドロープ等を用いたロープタイプケーブルが多い。中小規模の吊橋に実施例が多く，若戸大橋（1962年完成，スパン367m），小鳴門橋（1962年，スパン160m，4径間吊橋）などがある。

　これらについても，同様の施工フローで架設される場合もあるが，規模が小さいこと，山間部に位置することが多いこと等から，キャットウォークを用いずに直接架設する例も見られる。

　最も簡単な施工方法として，ウィンチロープを各径間に引き出し，先端をロープのソケットに連結してウィンチロープを巻き取ることによって，対岸まで引き出す方法があり，ごく小規模な吊橋に適用可能である。

　また，各径間にホーリングロープ（動索）をエンドレスに，または往復可能なように張り渡し，キャリアにロープソケットを取り付け，リールにブレーキをかけながら，ホーリングロープを駆動して対岸まで引き出す施工法もある。

ケーブルスクイズ

　スクイズは，主ケーブル架設完了後に略六角形断面になっているストランド群を，空隙率20％程度の円形断面にコンパクトに締めつける作業である。主ケーブルのコンパクト化は本作業に続くケーブルバ

ンド取り付けやラッピングの施工性にも影響を及ぼす。

スクイズは，ストランド自体の配列を整え，掛矢など打撃により略円形に仕上げるプレスクイズと，主ケーブル断面に対して6方向から専用の油圧ジャッキを装着したスクィズマシンで締付け，円形断面にする本スクイズとからなる。通常，1～1.5mピッチのスクィズマシンによる締めつけ後，その断面保持のために直ちに帯鋼による仮固定を行う。

ケーブルバンド架設

ケーブルバンド架設は，設計通り正確に，ケーブルバンドを主ケーブルの所定の位置に精度良く，確実に固定する作業である。ケーブルバンドは重量物であるので，主ケーブルあるいはトラムウェイサポートロープを軌道とする専用の運搬・架設台車（キャリア）にケーブルバンドを搭載し，この台車を塔頂ウィンチロープなどで走行させ，塔頂から所定位置まで運搬するのが一般的である。

ケーブルバンドを固定するケーブルバンドボルトの締付けは，ケーブルバンド滑動に対する摩擦抵抗力を確保するもので，直径45mm，設計軸力74t 程度で設計・施工されることが多い。締付けは複数の専用油圧ジャッキ（ボルトテンショナー）を用い，1ケーブルバンド内の全ボルトに均等に締付け力が導入されるよう管理を行う。軸力管理にはバンドボルトの弾性伸びを直接計測する方法がとられており，その測長器としては大型のマイクロメーターや超音波計測器が用いられる。

バンドボルト軸力の締付けはバンド取付け時，補剛桁架設前後など通常，三度行うことで確実な固定を確保するとともに，供用後にも軸力の計測や再締付けの維持管理がなされる。

ハンガーロープ架設

ハンガーロープ架設は，補剛桁架設に備え，ケーブルバンドにハンガーロープを取り付けておくものである。ハンガーロープ長は，橋体完成形状の精度をより向上させるため，主ケーブル架設後に実際の主ケーブル出来形を反映して決定される。

ハンガーロープ構造としては，ケーブルバンドにU字状に鞍掛けするタイプとピン連結するタイプがある。その施工はいずれも，塔側よりリールから展開したロープを運搬・架設台車（キャリア）に吊り下げて所定位置まで運搬し，バンドに取り付ける方法が基本である。

3 補剛桁の架設・連結工法

補剛桁の架設計画では，新たに架設される補剛桁の偏心荷重によって主ケーブル，主塔，およびすでに架設した補剛桁に生じる変形量や応力が小さく，無理の生じないようにすることを基本に桁形式，地理的条件，施工性，安全性，さらには耐風安定性にも配慮することが必要である。

架設計画上の検討項目としては架設単位，架設設備，架設順序，連結方法等があげられる。補剛桁架設工法は，図8.1.87に示すように，架設単位によって，単材架設工法，面材架設工法およびブロック架設工法などに分類することが出来，実際には併用されることが多い。架設設備によってはトラベラークレーン工法，リフティングクレーン工法，フローチングクレーン工法等に分類される。

補剛トラス形式ではトラベラークレーンによる面材架設工法が，補剛箱桁形式については，リフティングクレーンによるブロック架設工法が主流である。

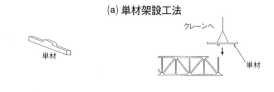

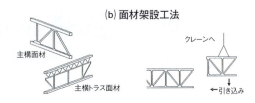

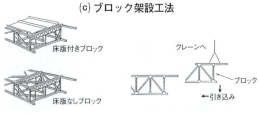

図8.1.87　架設単位による補剛桁架設工法の分類

補剛桁の架設

現場添接部の位置によって多少異なるが，ほぼ図に示す形状で，主構の長さは通常2パネル分ぐらいのものが多い。面材架設の場合，架設時の耐風性が低下するために逐次剛結して架設系での剛性を高める工法との併用が一般的である。

一般に塔側から逐次張出し架設する本工法は，海面使用の制限上有利なので我が国における長大吊橋の補剛トラスの架設は，トラベラークレーンによる面材架設が主流をなしている。施工実績は若戸大橋以来，関門橋，因島大橋，大鳴門橋，下津井瀬戸大橋，南北備讃瀬戸大橋，レインボーブリッジ，明石海峡大橋など多数ある。

単材架設工法

補剛トラスを構成する部材を単品の状態で現場に搬入し，これらを1部材ずつ組み立てていき補剛トラスを形成する工法である。部材重量を最小単位で取り扱うため，比較的小規模な運搬設備，架設機材ですむ反面，部材数が多くなり工期が長くなる。

面材架設工法

補剛トラスを構成する主構・主横トラスを工場または組立てヤードで面材として組み立て，現場へ搬入し，架設する工法である。なお，一面材の構成は，

トラベラークレーン工法

トラベラークレーン工法は，補剛トラスを構成する主に面材架設または単材架設の場合に採用され，既設の補剛桁上に据え付けたトラベラークレーンにより順次架設しながら前進していく工法であり，主塔部および橋台部などから径間側に張出し架設する場合に適用される。トラベラークレーンを搭載する起点側の補剛桁パネルはフローチングクレーン船による大ブロック工法で施工される例が多い。図8.1.88にトラベラークレーン工法の概要を示す。

大型のトラベラークレーンは，橋上の水切りクレーンや塔付きジブクレーンにより桁上にて組み立てられ，架設先端部には安全対策として移動防護工

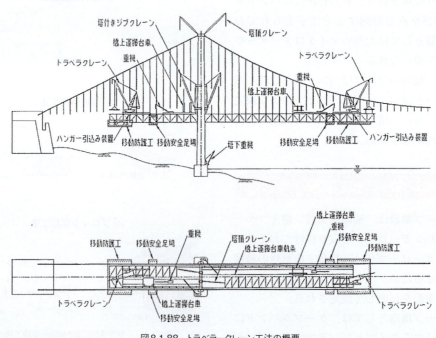

図8.1.88 トラベラークレーン工法の概要

が設置される。

トラベラークレーンによる面材架設工法の場合、部材は架設パネル単位で桁上の水切りクレーンや塔付きジブクレーンで水切り・仮置き後、桁上の軌条式運搬台車により架設先端部まで運搬し、トラベラークレーンにより例えば、①主構2面、②塔側主横トラス、上・下横構、③架設先端側主横トラス、上・下横構、④鋼床版の順で架設されるのが一般的である。

本工法では一般に主塔側から架設を進めていくため、架設途中での主ケーブル、補剛桁の変形が大きくなることが特徴といえる。桁の連結方法には逐次剛結工法が、架設先端のハンガーロープ引込みには多格点同時引込み方法などが併用される。

ブロック架設工法

補剛桁を橋軸直角方向に輪切りにした架設単位を大型台船などにより架設地点まで運搬し、そのまま吊上げ架設する工法で、吊上げ設備としてはケーブル上に設置したリフティングクレーン、大型フローチングクレーンおよびケーブルクレーンによる方法に分類される。

ブロック架設工法は、単材および面材工法に比べて、現場作業が少なく安全で工程的に有利となるが、架設直下の海面から架設ブロックを吊上げるので必然的に航路制限を伴う。

補剛箱桁形式の場合は、リフティングクレーンによるブロック架設工法が一般的であるが、自定式の此花大橋や補剛トラス形式の塔付きパネルでは、大型フローチングクレーンによるブロック架設工法が行われている。また、中小吊橋では、ケーブルクレーンによるブロック架設工法も行われている。

■ リフティングクレーン工法（直下吊り工法）

リフティングクレーン工法は、主ケーブルの上にクレーンを設置して補剛桁を架設する吊橋独特の架設工法であり、図8.1.89に示すようにブロック架設工法の場合に適用されるのが通常である。補剛桁架設位置の主ケーブル上に移動可能なブロック吊上げ用のリフティングクレーンを固定し、台船により、架設直下まで海上輸送されてきたブロックを吊上げ、所定の位置に架設する工法である。

リフティングクレーンの構造は、ケーブル上で反力梁となるビーム、繰込み方式やストランドジャッキタイプからなる吊上げ装置、ケーブルを軌道として走行し架設時に固定出来る設備からなる。また、巻き上げ装置と桁ブロックの連結を迅速化するためにクィックジョイントと呼ばれる連結治具が用いられる例もある。

本工法は、海面使用の制限がなく、海象・気象条件が比較的穏やかな場合にきわめて有効であり、工程的にもパネル単位の架設工法に比べ有利である。海峡部に位置する来島大橋では航路内での作業時間短縮のために、自航・定点保持可能な自航式の台船が開発・採用された。

架設順序としては、架設時の応力や変形が少ない支間中央側から主塔側へ進めていくのが一般的である。主ケーブル形状は中央径間中央部の数ブロックの架設で比較的安定するので、桁の連結方法には工程的にも有利となる全ヒンジ工法が採用される。ただし、閉合までの耐風安定性に留意する必要がある。

我が国の補剛箱桁形式吊橋である大島大橋、白鳥大橋、来島大橋、安芸灘大橋とトラス形式の平戸大橋は本工法により施工されている。諸外国でもほとんどの補剛箱桁吊橋と、一部、補剛トラス吊橋の施工に本工法が採用されている。

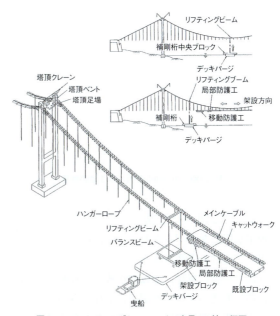

図8.1.89　リフティングクレーンによる直吊り工法の概要

■ フローチングクレーン工法

海面上に据え付けたフローチングクレーン船（FC船）により、大型台船で海上輸送されてきたブ

ロックを直接吊上げて架設する工法である。本工法の概要を図8.1.90に示す。ただし，大幅な航行規制の必要性および海象・気象条件の影響が大きいことなどから，吊橋の全長にわたりこの工法が採用されたのは自定式の此花大橋1橋である。

本工法は，主にトラベラークレーンで架設ができない主塔付近の数パネルをブロック化し，大型フローチングクレーンで一括架設することなどにより工期短縮を図ることを目的に行われる。

大型フローチングクレーンによる架設は南備讃瀬戸大橋・下津井瀬戸大橋の塔付き部大ブロック，此花大橋および明石海峡大橋の中央径間・側径間の塔付き部と橋台部の合計6ブロックの施工実績がある。南備讃瀬戸大橋の塔付きブロック（重量約1500t）を3000t級および3500t級のFC船により，明石海峡大橋では，架設設備含む重量約3000tの大型ブロックを3500tおよび4100t級のFC船を用いて施工された。

■ スウィング工法

ブロック架設の場合のリフティングクレーン工法で運搬された桁を吊上げ位置と異なる位置に据え付けるために工夫されたものである。例えば，水深不足や陸上部のために台船が据付け位置直下に進入出来ない場合に，リフティングクレーンの吊上げ装置と隣接するハンガーロープあるいは仮ハンガーとの間で交互に桁ブロックをスウィングするように吊り替えながら，吊上げブロックを橋軸方向に空中移動させていく工法である。本工法の概要を図8.1.91に示す。

手順としては，リフティングクレーンにより桁ブロックを吊り上げ，適当な位置で隣接格点から吊り下げられたハンガーを桁ブロックにつなぎリフティングクレーンの巻下げによりハンガー側に桁ブロック荷重を移行させる。この時，ハンガー位置に自動的に桁ブロックが横移動する。この後，リフティングクレーンを横移動して吊替え作業を繰り返す。リフティングクレーンの移動，吊替え作業のために通常のリフティングクレーン工法よりも若干工程が延びるが，同一設備の転用が可能なので，リフティングクレーン工法を適用した橋梁において，直下吊り架設が出来ない場合に採用される。第2ボスポラス橋，白鳥大橋，安芸灘大橋など実施例がある。

類似工法としてリフティングクレーンを2基使用する場合に，相互の吊上げフックを連結しておき，これら2基のリフティングクレーンの荷重盛替えにより移動させる方法があり，来島大橋での実施例がある。

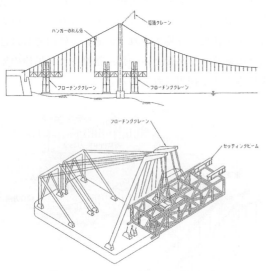

図8.1.90　フローチングクレーン工法の概要

■ ケーブルクレーン工法

両主塔間にケーブルクレーンを設置し，この設備を用いて部材を運搬し組み立てる工法である。この工法は，一般に単材，比較的小規模な面材架設あるいは箱桁形式のブロック架設に適用されるため，主に中小吊橋の架設に用いられている。代表的な施工例としては，補剛トラスを面材で架設した若戸大橋の中央径間と箱桁をブロックで架設した信喜橋（島根県）などがある。

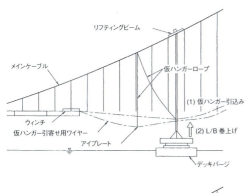

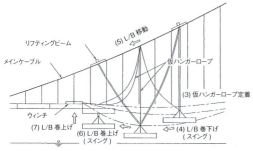

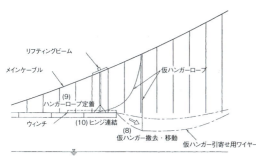

図8.1.91　スウィング架設工法の概要

補剛桁の連結工法

補剛桁を順次架設していく場合，既設桁との連結を剛結あるいはヒンジとするかにより，そのときの主ケーブルの形状およびハンガー，補剛桁などの応力に大きな差が生じる。このため，補剛桁の連結方法を決定する場合には，架設の諸条件のほかに，架設途中でのハンガー，補剛桁の応力および縦断勾配，耐風安定性などを考慮して決定しなければならない。

補剛桁の連結方法としては，リフティングクレーンによるブロック架設工法でよく用いられる全ヒンジ工法と，トラベラークレーンによる面材架設工法の場合によく採用される逐次剛結工法の2種類に大別される。

■　全ヒンジ工法

従来から諸外国で多く採用されており，図8.1.92に示すように架設ブロック間を架設ヒンジにより仮連結し，補剛桁の全ブロックがハンガーに取り付けられるまで無補剛状態にしておく工法である。架設途中の挙動が単純で，架設計算も比較的容易であり，部材に特別な架設補強を必要としないなどの長所がある反面，架設途中では補剛桁のねじれ剛性がほとんどないため，耐風安定性を向上させるための対策が必要となる。

架設ブロック同志は補剛桁面内方向のモーメントを解放する架設ヒンジで仮連結して，桁の吊上げを優先的に進め，閉合してから剛結作業，鋼床版の接合作業が行われる。

架設段階で補剛桁に発生する断面力は架設ヒンジのみが伝達することになるため，架設ヒンジ部への作用力を極力抑えるような検討が重要である。箱桁吊橋の場合，鋼床版上に架設ヒンジを設けることが多く，ヒンジの構造はピンプレート，エンドプレートおよび添接板方式がある。

わが国の補剛トラス吊橋の施工例としては，中小の吊橋を除いて若戸大橋の例があるのみで，関門橋以後は逐次剛結工法が主流となっている。一方，補剛箱桁吊橋は，リフティングクレーンによるブロック架設工法にて施工されるのが一般的で，この場合には，全ヒンジ工法が主流である。

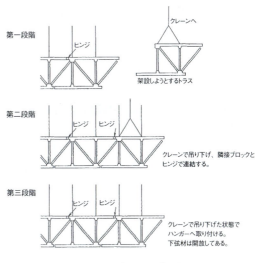

図8.1.92　全ヒンジ工法の概要

■　逐次剛結工法

逐次剛結工法は，図8.1.93に示すように主構，主

横トラスおよび上・下横構などの架設部材を既設部材に本添接（剛結）した後にハンガーを引き込んで定着する工法である。この工法の特徴は，補剛桁が連続し剛性が高くなるため，架設時の耐風安定性が良くなること，無応力状態で本添接が行えるので架設誤差が小さいことである。しかし，架設途中に主ケーブルは大きく変形するが，補剛桁の剛性が高いため，補剛桁および架設先端部のハンガーに一時的な過応力が発生する。このため，場合によっては，架設応力が部材の許容応力を超過することがあり，部材補強などが必要となる。

逐次剛結工法には，架設ヒンジを有する逐次剛結工法と架設ヒンジを用いない逐次剛結無ヒンジ工法がある。

架設ヒンジを有する逐次剛結工法は，補剛桁の応力超過区間内に架設ヒンジを設けて架設時の作用モーメントを減少させるものであるが，実橋ではこれらと合わせて，架設先端部材（吊材，主構斜材）の応力緩和のために設けられる例が多い。逐次剛結工法を初めて採用したのは，Delaware Memorial 橋で，中央径間に2個，側径間に1個の架設ヒンジが設置された。なお，わが国では，関門橋，平戸大橋，因島大橋で採用され，中央径間に架設ヒンジを2個設置してこれらの架設応力の緩和に努めた。

しかし，吊橋の規模が大きくなると架設部材重量が増大し，トラベラークレーンの重量も増大するため，架設ヒンジが非常に多くなるが，角折れによる部材運搬への支障，ヒンジ部に特別な耐風養生などの対応が必要となる。このため，大鳴門橋，南北備讃瀬戸大橋，下津井瀬戸大橋，レインボーブリッジ，明石海峡大橋では，逐次剛結無ヒンジ工法が採用されている。

逐次剛結無ヒンジ工法は，補剛桁先端部分のハンガーに集中する張力を2本以上のハンガーに分散することにより，ハンガーの過応力の発生を防止する工法である。ただし，主構の上・下弦材，斜材の断面が場合によっては架設応力で決定されることがある。

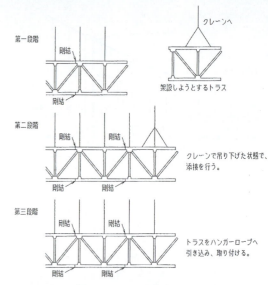

図8.1.93 逐次剛結工法の概要

4 ケーブルの防食工法

平行線ケーブルを用いた吊橋ケーブル防食方法には，一般的なワイヤラッピング工法と施工例は少ないがプラスチックラッピング工法やゴムラッピング工法がある。1990年代に入り，我が国ではケーブル防食仕様に関する技術的な見直し，変革が見られた。それは，防錆ペースト材料の変更あるいは省略，ラッピングワイヤ形状，ケーブル内部水の処理を目的としたケーブル内送気などである。従って，'90年代に完成したレインボーブリッジ以降の吊橋ケーブルでは，ワイヤラッピングをベースとしつつ微妙に仕様が異なっている。

ケーブルの防食に関しては，ケーブルバンド部の合わせ部など間隙部の防水コーキング，橋台部ケーブル定着室の空調管理，なども併せて全体的な計画が重要である。ハンガーロープの防食は，一般的には撚り線ワイヤロープに現場塗装が施されるが，製作時にポリエチレンコーティングが施されたストランドが採用されることもある。

ラッピング工法

ラッピングは文字通り亜鉛めっき鋼線からなるケーブルに防食層あるいは膜としてラッピングワイヤや樹脂を用いて覆うものであり，ワイヤの集合体であるケーブル表面へ

の直接塗装が困難であることから適用された，吊橋ケーブル特有の防食方法である。

主に，亜鉛めっき鋼線をケーブル表面に周方向に緊密に巻き付けるワイヤラッピングとプラスチック樹脂を複数層塗布するプラスチックラッピング，ネオプレンゴムテープを巻き付けるゴムラッピングなどがある。

■ **ワイヤラッピング工法**

平行線ケーブルを用いた吊橋ケーブル防食仕様の基本はJ. Loeblingによる1883年完成のBrooklyn橋に遡る。これは，ケーブルワイヤ表面に防錆材（ペースト）を塗布し，その上に，ワイヤを周方向に密に巻きつけ，最後に塗装を施すというもので，ワイヤラッピング工法として現在までその基本は踏襲され，主流となっている。本工法の概要を図8.1.94に示す。

ワイヤラッピング作業では，ラッピングワイヤを巻き付けたボビンをセットした専用のラッピングマシンが，主ケーブル円周方向にボビンを回転させ，所定の張力を導入しながら，主ケーブルにラッピングワイヤを巻き付けていくものである。

従来，施工例が多い丸線ラッピングワイヤは通常3～4mmφの亜鉛めっき鋼線である。

一方，白鳥大橋で初めて採用され，以後普及しているのがS字型をした異型ワイヤをラッピングワイヤとするもので，S字ラッピングと呼ばれている。これは，ロックドコイルロープの表層に用いられている異型ワイヤに類似したもので，相互に噛み合うことからワイヤ間に隙間が生じにくく，水分の進入や表面塗装の割れを防ぐ効果が期待されている。

ラッピングワイヤの巻付け張力は，巻付け後の緩みを考慮して橋梁条件により異なるが，150～250kgf/本で施工されている。

■ **プラスチックラッピング工法**

ラッピングの実施例としては，このほかに樹脂を塗布あるいはプレハブ化されたシート状の樹脂を用いるプラスチックラッピングがある。施工例としてはNewport橋あるいは我が国のPWSで施工された大和川橋梁などの斜張橋がある。

また，ネオプレンゴムテープを巻くゴムラッピングの実施例として第2Chesapeak橋とワイヤラッピングの上に施工した明石海峡大橋がある。

送気工法

ケーブル内部の水あるいは湿気を乾燥空気を送り込んで強制的に排除しようとするものが送気工法であり，明石海峡大橋，白鳥大橋，来島大橋，安芸灘大橋，豊島大橋などで実施されている。システムは除湿器，送風のためのブロワー，送気パイプとラッピング施工されていないケーブル側面を覆う送気・排気カバー等から構成される。

詳細は，別章，「橋梁維持管理施設のケーブル乾燥空気送気システム」を参照されたい。

【参考文献】
1) 土木学会：吊橋―技術とその変遷―，1996.8
2) 日本道路公団：関門橋工事報告書，土木学会，1977.3
3) 長崎県土木部：平戸大橋工事報告書，1978.3
4) 本州四国連絡橋公団：因島大橋工事誌，1985.9
5) 本州四国連絡橋公団：大鳴門橋工事誌，1987.3
6) 本州四国連絡橋公団：瀬戸大橋工事誌，1988.10
7) 本州四国連絡橋公団：伯方・大島大橋工事誌，1989.9
8) 保田他：吊橋ケーブルの防食方法の検討，本四技報，1992.1
9) 山中他：南備讃瀬戸大橋製作・架設，本四技報，1986.7
10) 山中他：北備讃瀬戸大橋塔架設工事，本四技報，1985.10
11) 奥田：南備讃瀬戸大橋補剛桁工事，本四技報，1988.7
12) 奥川：ケーブルの製作・架設，橋梁と基礎，1988.8
13) 建設図書：明石海峡大橋開通記念特集号―長大橋技術の展開と展望―，橋梁と基礎，1998.8

鋼桁の各種保全

わが国の鋼桁における保全上の問題は以下の通りである。

①腐食：わが国は，夏期は降雨による多湿度，冬期は路面凍結防止材の撒布等，鋼桁にとって厳しい環境にある。このため，長きに渡り鋼橋の

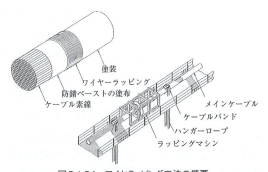

図8.1.94 ワイヤラッピング工法の概要

防食対策をどのように行えば良いか苦慮してきた。第二次大戦後、新設橋の塗装仕様は飛躍的に発達したが、維持管理面での防食対策は長い間省みられる事はなかった。

② 疲労：1980年頃にアメリカで落橋したり、使用不可能になった橋鋼桁の各種保全重要性が認識され始めた。その主たる理由は腐食に加え、亀裂による損傷である。わが国でも1985年頃から道路橋の疲労き裂が報告されるようになり、改めて交通量の増大や過積載が問題となった。現在でも、経年疲労き裂の事例は多くなっている。

③ 床版：交通量の増加や過積載は鉄筋コンクリート床版へも重大な影響を及ぼしたが、詳細については次の床版の保全の項を参照されたい。

④ B荷重：1990年代前半に、自動車荷重の見直しが行われ、1994年に25トントラックを想定したB荷重が設定された。この改正で耐荷力の不足する橋梁を補強する必要が出てきた。

⑤ 耐震補強：1995（平7）年1月17日の兵庫県南部沖地震は、従来からの耐震規定を根本から覆す事件であった。平成8年の道路橋示方書改正では耐震編が大幅に改正され、これに沿った検討が行われており、特に支承でゴム沓への交換と落橋防止装置の設置が多い。

以上のような問題に対して、主構造と付属物とに大別し、どのような対処方法あるいは工法が行われているかを述べることとする。

一般的に、補修とは設計当時の機能を回復するために行う方法を指し、補強とは耐荷力や機能を設計当時より上回るように行う方法を指している。腐食を補修するには、腐食の程度が軽度であれば、建設当初の塗装仕様塗り替えが行われる。塗料の進歩を考慮すれば、橋梁架設地点の環境を考慮して、より耐久性の高い塗装系へ塗り替えを検討することが望ましい。腐食の程度が進み、塗り替えで対応できないケースは、腐食した部材を切り取り、補修部材を取り付ける。その場合代替部材や、ベントで一時的に支持する検討が必要になる。

溶接部の腐食が激しい場合については、応力伝達が適切ではなくなるため、補修を行う。

疲労亀裂は部位により発生が異なる。一般的には溶接部からの亀裂発生が大部分である。また設計応力の大小とは関係がなく、活荷重に起因する応力振幅とその繰返し回数によるため静的な解析ではその把握が難しい。FEM解析を行い原因を把握して、局部的な補強を行うことで発生応力を低減させる。B荷重対応は、部材追加や増桁などで対応するのが一般的である。大切なことは、追加された部材は、前死荷重には有効でないことである。全荷重に有効であるようにするためには、多くのベント等で支持し、ジャッキアップなどにより除荷した状態で補強を行い、完了後ベント撤去を行う。したがって施工順序を補強設計時に確認することが必要である。

耐震補強では、補強効果を即座に確認することは難しいため、ある程度の実験結果を基に補強する事になる。既設部材に多量のボルト孔を明ける場合には許される本数等を事前に確認することが大切である。

1 補修工法

防食法として次の4つの方法がある。①塗装やメッキに代表される、金属の表面を被覆して腐食物質を遮断する方法、②ステンレスやチタンに代表される、より耐食性の優れた金属を採用する方法、③結露対策の防湿のための送気乾燥システムに代表される、環境中の腐食物質を除去する環境処理法、④電気防食に代表される、人為的に直流を金属へ流し込み腐食電流に打ち勝つようにしたカソード防食法、である。この他に金属製排水管保護被膜の摩耗による腐食を防ぐため、曲率半径を大きくするなどの構造改善もある。いずれの方法も設計当初から考慮されるべきものであるが、一方で塵埃の堆積など環境の変化により鋼材の腐食が進むことがある。腐食に対する維持管理は、滞水させない、堆積物が生じない構造を新設時に考えることが重要で、供用後はこまめな清掃、および塗り替え塗装を周期的に行うことが大切である。

完成後に腐食が急激に進むことがあるが、既設構造物の補修には上記対策の①、④が比較的よく用いられている。①金属表面被覆法では、塗装以外に最近は常温による金属溶射（写真）がよく用いられている。材料的には亜鉛、アルミ等である。塗装系ではフッ素樹脂等などの重防食系塗料が塗り替えの際に用いられている。②の方法は東京湾横断道の橋脚に用いられた例がある。③の方法は、外国の海峡横断の橋梁、本州四国連絡橋のタワーへの送風機の設

置や，ケーブルへの高温乾燥空気の送風の事例があるが，ランニングコストが高い点から一般的な橋梁には採用されていない。④電気防食はコンクリート橋の塩害対策としてよく採用されているが，発生した水素で塗装が劣化したり，鋼内部へ進入して水素脆性を起こす恐れがあるため，鋼橋では用いられていない。

車両衝突で破断や変形を起こした場合も補修工法に含まれる。設計当初の断面部材に交換するため耐荷力の向上はない。この補修では，交換途中の構造物の安定を考慮することが大切で，仮設部材への力の伝達方法を検討する必要ある。すなわち仮設部材を取り付けて，力を仮設部材へ盛替え，破損部材を撤去し新設部材へ交換する。

腐食部補修工法

既設橋梁の一般的な腐食部補修方法は，塗装塗り替えである。塗り替えの重要な点は，活膜をどこまで残すかのケレン方法の決定，旧塗膜と塗り替え塗膜との相性，腐食原因の除去である。腐食原因は経年による塗膜の劣化であれば問題は少ないが，維持管理不足や局所的な腐食物質の滞留などでは孔食や欠食を起こした場合，応力的な観点から塗装では対処でず，補強が必要となる。

断面欠損の腐食の場合には，その断面を補充するような工法が一般的に採用される。

腐食の原因の一つとして，異種間金属間の電位差腐食がある。これは水のある環境下で異なる金属が接触すると，金属間の電位差により電気回路が形成され，電位的に低い金属が著しく腐食する現象を言う。

切取り・新規鋼材取付け工法

母材が部分的に欠食しているなど，塗装で補修し得ないほど腐食の激しいケースでは，腐食部をガス切断し新しい部材に交換する。部材の切断，取り付け中は，断面積，断面剛性の変化による応力の変化，変形に注意を払う必要がある。

基本的に，腐食の無い箇所まで切断するのがよい。部分的な腐食部を切り取る場合は，隣接部との関係を考えて補修方法を検討する必要がある。例えば，フランジ突出部の片側を切断する場合には，フランジに流れる軸方向応力のみでなく，ウェブとのせん断応力をも考慮に入れて連結部を検討する必要がある。フランジ等の全断面を切り取る場合には，出来る限り活荷重の通行を制限し，なおかつ応力の流れを十分検考えて，部材を仮受けするなどの補修方法を検討しなければならない。阪神高速道路公団のバイパス工法1)は，下フランジ全断面とウェブの一部分を交換した方法として，参考となる工法である。

新規部材の取付には現場溶接や高力ボルトによる方法が考えられるが，活荷重による振動や変形が認められる場合には現場溶接は避けることが望ましい。

【参考文献】
1) (財)阪神高速道路管理技術センター：道路橋のメンテナンス，1993.3

樹脂充填工法

腐食が孔食ほどではなく，平面的な広がりのある場合には，図8.1.95の例に示すように塗装以外には錆を除去しエポキシ樹脂を塗布し鋼板で覆う方法が行われる。腐食鋼板と新規鋼板との連結は高力ボルトで行われ，新旧鋼板の間に樹脂が充填される。この際注意しなければならないのは，ねじ部に樹脂が流れ込み締付けが十分行われなくなる恐れがある。また母材が引張部材の場合には，ボルト穴により純断面積が減少するので，応力の検討が必要である。

孔食ほどではなく，局部的に窪みが生じた場合には，金属粉混入エポキシ樹脂パテを用いて凹みを埋め，滞水を防ぐことがある。この際，窪みの錆を十分に除去し，再発錆を防止する必要がある。また表面の美観を重視する場合には，硬化後にサンダー等で仕上げてから塗装する。このパテは機械部品の補修に利用されているが，強度は母材より低いので，大きな断面積を埋め，耐力向上を目的とした補強には不向きである。

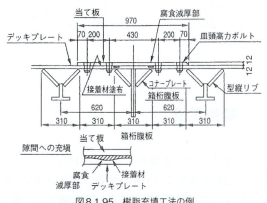

図8.1.95　樹脂充填工法の例

溶接部腐食補修工法

溶接した鋼が腐食環境にある場合，溶接部のみに腐食が起きるときがある。これは，母材と溶接部とでは化学成分や金属組織が異なるため，どちらも鋼ではあるが，あたかも異種金属のように振る舞うためである。写真に示す事例は，外桁のウェブと下フランジとのすみ肉溶接部のみが腐食した。この橋は海岸から近く，また近接して鉄道橋が設置されているため，塩分を含んだ季節風が吹くと鉄道橋と外桁間に籠もるように滞留し，雨で外面が洗われることも少なく，腐食が促進されたと考えられる。

また塵埃が滞留しやすい補剛材下端と下フランジとの溶接部の腐食が激しい事例もある。このような箇所は溶接ビードの凹凸により塗膜も薄くなり，劣化が早いことも原因の一つである。

■ 鋼板添加工法

溶接部の補強には，現場溶接による肉盛り補強と高力ボルトによる鋼板添加補強工法とがある。活荷重で振動する足場上で現場溶接を行う場合，欠陥が出やすいという報告もあり，十二分な管理の下に行うか、できるだけ避けるべきである。原則は，高力ボルトによる鋼板添加で補修する方法を検討すべきである。

図8.1.96に示す事例は，主桁ウェブと下フランジとの溶接部腐食に対して，L型金具を用いて補強したケースである。もちろんこの金具の端部から水が進入しないよう，シールするなど詳細な配慮が必要である。

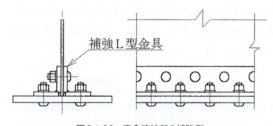

図8.1.96　腐食溶接部の補強例

2　補強工法

既設構造部材に損傷が生じた場合原因を究明する。応力集中が起こりやすい構造、あるいは発生断面力に対して、耐荷力不足であれば補強する。構造全体の耐荷力向上対策を施す場合もある。

既設構造物に鋼板や部材を追加施工した場合，追加施工後の後荷重にしか有効でない事に注意しなければならない。例えば，床版打ち替えと縦桁補強とを行う場合，床版を打ち替えてから縦桁を補強するケース1と，床版撤去後に縦桁補強を行い新規床版を施工するケース2とでは，補強桁が負担する荷重は異なる。施工順序を反映して補強部材設計を行わなければならない。

補強工法を計画する上で，架設途中で構造物が不安定にならないか，あるいは力学的不安定構造とならないかを常に確認することが必要である。特に施工区域外を交通解放する場合にはその影響により，補強される部位の発生断面力，部材応力を解析で求め，許容値内となるか確認しておくことが大切である。必要であれば，仮設材を設けたりしなけばならないが，仮設材は完成後撤去するよりも永久部材として残して置く方が工費が安くなることがある。

疲労き裂補強工法

鉄道橋では死荷重に比較して活荷重（列車荷重）が大きいため，早くから疲労の問題が検討されてきた。道路橋では，1980年代半ばから疲労問題が顕在化し，種々の事例が報告されてきている。その原因には，交通量の当初設計想定外の飛躍的な増大，通行車両の大型化や過積載，等が挙げられている。

疲労は，一般的には溶接部に発生し，溶接ビードと母材の境界部である止端部からのトウ亀裂，ビード方向に沿ったルートき裂に分類できる。トウき裂は生じた位置でのき裂が一番大きく，反対にビードき裂はビード底部から発生するため目に見える大きさより内部でのき裂が大きい。

溶接部以外には，リベットや高力ボルト穴の周辺の仕上げが悪く，ノッチが存在するときき裂が発生する。

き裂の直接的な発生原因は応力集中とその繰り返しである。通常の設計計算では正確な値を追いきれないため，FEM解析等で応力の流れを確認する必要がある。したがってき裂発生を確認してからの検討になる事が多い。局部的な応力集中を緩和するように補強するが，応急的にはき裂先端を蛍光磁粉探傷試験で確認して，ストップホールを明ける方法がある。さらに、この孔を高力ボルトで締め付け，さ

らに応力を緩和する方法も実施されている。図8.1.97にストップホール工法の概略を示す。

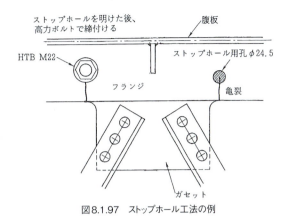

図8.1.97　ストップホール工法の例

■ 高力ボルトによる鋼板追加補強工法

疲労き裂が溶接部で生じている場合には、鋼部材を追加してボルト止めし、部材の断面剛性や面積を増加させて応力集中部の値全体を下げる処置を行う。き裂の生じている溶接部をガウジングして除去し、再溶接してビードを形成、止端部をグラインダー仕上げ、TIG処理する方法もあるが、まずは根本原因は解決することが先決である。上路アーチの短い支柱の上下端の溶接部に発生した疲労亀裂を補修した事例を図8.1.98に示す。

なお、高力ボルトを使用して部材追加する際には、孔あけ時の応力、負担荷重等十分に検討する必要がある。

また、ある一部分の剛度を高めると応力の再分配が起こり、別の箇所に損傷が発生することもあり得るので、事前検討が必要である。

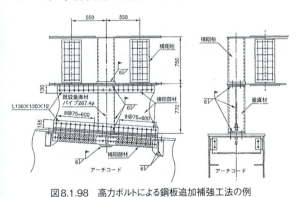

図8.1.98　高力ボルトによる鋼板追加補強工法の例

■ 現場溶接による鋼板追加補強工法

き裂をガウジングで除去し再溶接してグラインダー仕上げで平滑にし、その外側に鋼板を当て現場溶接で添加連結する方法である。現場溶接は活荷重の振動の影響を受けやすく、したがって欠陥が出やすい。そのためベントによる仮受けや交通止めなどの処置を行い、変動応力を低減して、溶接施工することが大切である。過去に鉄道橋で下路式鈑桁の横桁ニーブーレス部に発生したき裂を、当て板現場溶接で補修したが、その当て板も疲労き裂で破断した事例がある1)。また現場溶接では　気温や風防対策、材質にる予熱や後熱処理、溶接順序、溶材、パス数、電流、溶接速度等の管理を行わなければならない。

鋼床版デッキプレートと垂直補剛材上端部との溶接部に生じた疲労亀裂を、鋼板を現場溶接することで補修した事例を図8.1.99に示す。

【参考文献】
1) 鋼構造物補修・補強・改造の手引き,（財）鉄道総合技術研究所, 1992.7

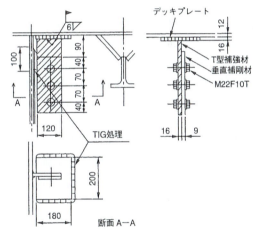

図8.1.99　現場溶接による鋼板追加補強工法の例

部材追加補強工法

幅員拡幅や耐力増加を図るために部材追加する事が多い。特に平成6年の道路橋示方書に規定されたB荷重対策で行われるようになった。その代表的な工法を挙げると次のとおりである。

①増縦桁工法
②主桁増設あるいは縦桁の主桁化工法
③ノージョイント化工法
④上路式アーチの斜材追加工法

工法①は床版の支間を短縮して、その曲げモーメントを低減するする工法として、1975年頃から行われてきた工法である。工法②は拡幅のために過去

にも行われてきた工法であるが，B荷重対策としては，外桁の断面力増加に対し桁を追加することで低減を図る工法である。工法③は，阪神公団で最初に検討された工法で，維持管理の低減を目指して隣接単純桁の支点を連続化する工法である。最近2沓を1沓に置換しようとする工法も検討されている。工法④は，上路式アーチの活荷重による橋軸方向の変形で短い支柱が疲労損傷を受ける事例が数多く報告されたため，変形を少なくするために考案された工法である。

いずれの工法も既設構造系を変更する工法であるため，十分な応力検討と詳細構造への配慮が必要である。また現地施工に当たっては，施工順序による応力変動への対処や変形管理なども必要になり，細心の注意を払うことが大切である。

■ 外ケーブル追加工法

合成桁の床版打換えに利用されたのが最初で，半幅施工する場合，床版の有効幅が減少することや，活荷重応力が施工途中の桁にも発生するため，上フランジが座屈する危険性がある。このためケーブルで予め負の曲げモーメントを与えて，座屈の危険性を回避するように考案された工法である。したがって床版施工後にケーブルを撤去出来るように，強力万力で定着部を桁に取り付けた方法があった。最近ではB荷重対応で不足する桁の耐荷力を補うため，施工後にも撤去しない場合や，積極的に応力を導入する場合が多い。

この工法の留意点は，定着部の挙動や取付部の座屈照査のためFEM解析等を行う必要があること，通常の計算では無視される地覆や壁高欄の剛性を評価しておかないと導入される応力が下回る可能性があること，である。またケーブル製作長も現地計測後に決定することが望ましい。張力管理は，油圧ゲージとケーブルの伸びで行う。

■ 上路式アーチの斜材追加工法

上路式アーチでは，活荷重が載荷されると鉛直変位以外に水平変位が生じ，特に支間の1/4点付近での載荷は，その影響が大きい。3/4点に活荷重が移動すると1/4点とは反対の水平変位が生じるため，支間中央付近の支柱の上下端には曲げが発生する。設計計算上はこの曲げは無視されてきたが，通行荷重，通行量の増大から，この曲げが支柱の疲労損傷の

原因となっている。この水平変位を減少させるには，①補剛桁の端支点を水平方向に固定する，②ダンパーを取り付けて活荷重に対しては固定，温度変化には可動にする，③支柱間に斜材を追加しトラス化する，等の案がある。①案は橋台がこの水平変位を押さえることが可能か等の問題もあり採用しがたい。②案も同じ問題があり，ゴム沓でも検討されているが，事例は少ない。③案は，水平変位を減少させることが出来るため採用されている。留意点は斜材取付点の詳細構造にあり，アーチコードや支柱の，手の入らない小さな箱断面にガセットプレートをどのように連結するか，補剛桁との連結はどのようにするか，支間中央付近での斜材配置は水平に近いため取付詳細が可能か，など実務的にはかなりの検討を要する。図8.1.100に斜材追加工法の例を示す。また、施工に当たっては部材の取込み方法など工夫が必要となる。なお手の入らない箱断面への連結には，高力ボルトF8Tタイプのワンサイドボルトが開発されているので便利である。

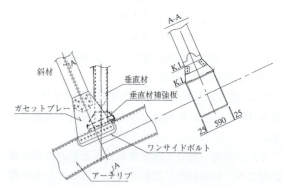

図8.1.100　上路式アーチの斜材追加工法の例

■ 主桁増設工法

拡幅のため既設桁の外側に主桁を追加配置することは以前から行われており，最近ではB荷重対応の主桁耐荷力不足を補うため，桁間に主桁の増設も行われている。

外側に追加する場合には，既設桁は死荷重たわみが完了しているが，増設桁は床版などの後荷重が施工されない限り，製作キャンバーが残っている。桁架設時点で既設桁と増設桁を連結しようとすると，対傾構などの横繋ぎ材が取り付かない。このため横繋ぎ材の取合い孔を鉛直方向に長孔にするか，架設用の仮ボルト以外は現場合わせとして孔を開けずに製作しておくなどの工夫が必要である。

桁間に増設桁を設ける場合には，対傾構や分配横桁を切断するか，既設分を撤去し増設とともに新規分を取り付けていく，などの工夫が必要である。既設分を撤去あるいは切断するにしろ，既設主桁の安定には十分な配慮を行うことが重要である。工法的には支間内に仮ベントを設けて施工することが多い。

また床版を打ち直すのであれば問題はないが，打ち直さない場合には既設床版と上フランジとの取合いに樹脂注入などを行う必要がある。

■ 縦桁の主桁化工法

床版の曲げ支間を短縮させるために設けた縦桁を，B荷重対応で主桁化する工法である。既設縦桁の下側にI断面を増設する事が多いが，トラス化する事も可能である。図8.1.101に縦桁のトラス化工法の例を示す。追加I断面は活荷重にのみ有効であること，対傾構などの横繋ぎ材との交点では主桁としての連続性保持のため詳細構造には工夫が必要であることなど，設計にあたっては留意すべき点も多い。

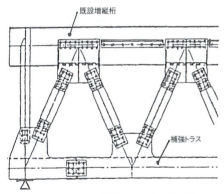

図8.1.101 縦桁のトラス化工法の例

■ ノージョイント工法

連続化工法とも呼ばれ，中小支間の単純桁が連続している場合に，主桁や床版を連結させることで隣接桁間の相対変位を抑え，伸縮装置を撤去して通過車両の走行性を改良し，さらに維持管理の手間を少なくする工法である。1980年代初め，阪神公団で検討が行われ試験施工されたのが最初である。初期の頃はウェブのみのシャープレート方式であったが，その後，種々の検討が行われ，まとめたものが文献1）として発刊されているので参考にするのが良い。基本的には，上下フランジの発生応力を伝達させる構造（モーメントプレート＋シャープレート方式）である。

最近では既設2沓を1沓にしようとする構造も考案されている。

【参考文献】
1）道路保全技術センター：既設橋梁のノージョイント工法の設計施工手引き（案）平成7年1月

■ 鋼板追加工法

部材の耐荷力を検討して不足した場合，断面補強を行うのが一般的である。鋼板を追加するかI断面を追加するかは，耐荷力の不足程度や，既設構造の建築限界などを考慮して決定される。この工法の留意点は，追加断面が補強後の荷重にしか有効でないこと，既設断面と補強断面との連結方法の選択をしなければならないことなどである。図8.1.102に鋼板追加工法の例を示す。

追加断面が補強後の荷重にしか有効でないため，補強後荷重の応力比が低いと効率が悪くなる。

追加断面を大きくしても，それほど既設断面の応力が減少しない場合には構造系の変更をも検討対象にすべきである。

既設断面と補強断面との連結には，現場溶接と高力ボルトとがある。現場溶接を採用する場合には，設計上は応力集中を避ける詳細構造の検討，施工上は荷重・気象条件などによる管理と溶接棒の管理，また施工後のビード形状の確認あるいは仕上げ，など多くの留意点がある。さらに、供用下での施工となる場合は、振動の問題もあるため、採用の際には留意すべきである。高力ボルト施工では，孔開け時の既設部材の応力検討や孔開け時のバリ除去などの留意点があるが，一般的に，施工が容易なのは高力ボルトである。また，ボルト本数が多い場合には，トルシアタイプの高力ボルトを採用する方が軸力管理が容易である。

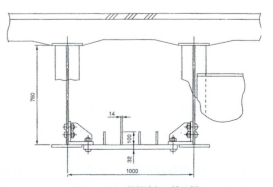

図8.1.102 鋼板追加工法の例

■ コンクリート巻立て工法

桁端部では，構造の不連続性，伸縮装置の段差あるいは路面の凹凸による大型車両走行時の衝撃によって騒音が発生する。これらの床版や床組の振動から派生する低周波音や伸縮装置からの発生音への対策として，桁端部コンクリート巻立てが，1975年頃から日本道路公団で検討されてきた。

これらの対策効果に加えて，維持管理面への波及効果が近年見直されてきている。すなわち複雑な桁端構造での漏水対策や腐食対策へも効果があるので，既設橋梁の桁端を巻き立ててしまう方式である。既設橋梁での巻立ての留意点は，出来る限り腐食部を除去し巻き立てる事が必要で，鉄筋組立方法やコンクリート打設口，充填完了確認方法等について十分な検討を行わないと，狭隘な箇所での作業になるので施工途中での困難が生じる事がある。また施工後のコンクリートの乾燥収縮でひび割れが起こらぬよう，鉄筋の追加や膨張材など，ひび割れ防止対策を行うのがよい。

耐震補強工法

1995（平成7）年1月17日の阪神淡路大震災により，土木技術者は衝撃を受けたといって過言ではない。すぐさま復旧仕様が提示され，さらに1996（平成8）年12月には道路橋示方書Ⅴ耐震設計編が改訂刊行された。この耐震設計編では，耐震性を高めるための設計・照査方法や落橋防止システム（桁かかり長、落橋防止構造、変位制限構造、および段差防止構造）に関する設計基準が示されている。既設橋梁についての条文はないが，新基準に従って地震時の耐力照査を行い，耐力不足の場合はその耐震性を向上させるよう補修補強を行っている。

支承については，耐震性向上のため従来型の金属沓に代わりゴム沓が多く採用されている。ゴム沓も水平力分散型，免震型の2種類が採用されるようになり，既設橋梁でも交換されてきている。

■ 落橋防止装置設置工法

落橋防止装置は，地震時の落橋防止のため，隣接桁同士や桁と下部工を連結して，変位が桁かかり長に達しないようにする装置である。1964（昭和39）年6月16日の新潟地震以後は，桁端同士を2枚の鋼板で挟み込み連結する構造になった。その後、この形式は桁端の回転を阻害するとの観点から，ピンプレート方式やチェーン方式が採用されてきた。阪神淡路大震災以後は，さらにピンプレート方式が破壊されたこともあって，①PCケーブルによる連結方式，②緩衝チェーン（チェーンの一部または全部を緩衝ゴムで被覆し衝撃を吸収させる構造）方式が多く採用されている。

これらの工法の留意点は，多主桁の場合地震時に同じように各桁の落橋防止装置が働かないと各個撃破でその役目を果たさなくなる。そのため現地実測し、遊間を一定にすることが重要である。また、桁との連結は高力ボルトで行われる。

■ 移動制限装置設置工法

変位制限装置とも呼ばれ，地震時に支承が損傷しても上下部構造間に大きな変位を生じさせないための装置である。構造は，地震時に衝突するよう下部工と桁との間に装置を設置するが，主桁下フランジ取付けタイプと桁間取付けタイプがある。橋軸直角方向の移動も制限できるようにも工夫することが多い。この装置は既製品がなく，各設計者に任せられいるのが現状である。衝撃力を緩和させるように緩衝ゴムを用いた構造が多い。前項と同様，各遊間が一定となるよう，取付位置を調整するのが良い。

■ 段差防止装置設置工法

地震により支承が損傷を受けた場合，橋桁の伸縮装置部に大きな段差が生じる。阪神淡路大震災ではこの段差のため緊急車両の通行や救援物資の輸送ができなくなった。そのため橋脚天端に鋼製またはコンクリート製の台座を設け，支承から桁が外れたときに段差を少なくするように設けられるようになった。この工法の留意点は，主桁直下に設けることが重要で，その上下間の遊間も桁の回転を妨げない程度に小さくするのが良い。ただし，塗り替え塗装が困難な場合と衝撃を受ける場合を考慮して，防食とともにゴムパッドを設置する方がよい。

■ 縁端拡幅設置工法

下部工の縁端拡幅は，地震時に桁が下部工を逸脱して落橋することを防ぐために，桁端から下部工天端縁端までの距離の不足を補うためのものである。縁端拡幅には2種類がある。①鋼製ブラケットによる縁端拡幅は，ブラケットをアンカーボルトにより

下部工に取付け縁端拡幅する。アンカーボルト穿孔時に下部工の鉄筋を切断する危険性があり，事前に非破壊検査による配筋状態を確認する事が重要である。②鉄筋コンクリートによる縁端拡幅は，もっとも簡便で経済的な方法である（写真5）。しかしながら鋼製ブラケットと同様，差し筋のためのアンカーを設置する際の穿孔では事前の非破壊検査を行い，アンカーの付着力を確保することが重要である。新旧コンクリートの打ち継ぎ目は処理を確実に行う必要がある。

3 附属物の保全工法

付属物の保全は，伸縮装置，高欄を除いては，主構造に比較して目の行き届かない場所にあることもあり，維持管理が頻繁にそして入念に行われることが少ない。

しかし，高力ボルトであれば継手で主構造の耐荷力を確保する役目，支承では上下部工の接点として，反力を伝達する重要な役目を果たしている。伸縮装置は通行車両を直接支持し，温度変化や桁端回転などの役目を果たしている。

このような付属物に一度損傷が発生すると，一時的にせよ交通止めを行い対処しなければならない。また狭隘な場所に設置されていたり，交通条件からの制約があるなど，補修補強には難しい面もある。

付属物の保全は，日頃から点検を行い土砂や漏水の影響を極力防止すれば，延命化を図ることが可能である。以下にその事例を述べるが，基本は早期発見，早期対応である。

高力ボルト交換工法

高力ボルトを交換しなければならないケースとしては，①F11T 遅れ破壊，②腐食，③火災が挙げられる。ケース①は，高力ボルトの損傷として周知の事例で，材質，使用環境などが原因である。

ケース②は，腐食するとナットあるいはボルト頭が欠損し，所定の軸力が抜けてしまう事例である。ケース③は，火災等により400℃以上に加熱された場合，材質の劣化が生じてしまう事例である。

いずれのケースでも荷重を通行させながら交換する場合が多い。作業の効率化から1度にどの位のボルト数を交換できるか検討する必要があり，一時的な作業のため架設時の許容応力度の割増しを考慮し応力検討を行い，交換本数を決定する事が大切である。交換にあたっては，継手片側のボルト群中心から左右前後に対称になるよう交換順序を決めて実施する。図8.1.103に高力ボルト取替え手順の例を示す。

特殊な事例として，コンクリートにボルト頭が埋まっている場合には交換不可能であるが，ナットが埋まっている場合にはコンクリートをはつりボルトを露出させて行う場合と，残存軸に逆ネジを切り残部を抜き取って行う場合とがある。いずれのケースも交換は難しく労力も要する。

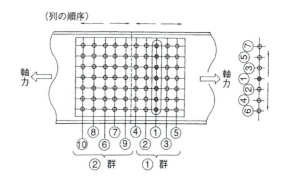

軸方向力を受ける継手の取替え手順

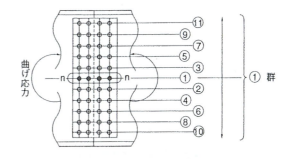

曲げを受ける継手の取替え手順

図8.1.103　高力ボルト取替え手順の

支承取替え工法

支承は，上下部工の接点にあって，温度変化，活荷重変位を受ける機械部品で，しかも目の届きにくい位置にあるため，塵埃や土砂の堆積，雨水による腐食，交通量・重車両増大に起因する損傷を受けることが多い。損傷の種類は，支承本体の変形・破損，取合部のゆるみ・破断，腐食，沓座面の損傷で，いずれの形式の支承でも腐食の問題が大きい。

重大な損傷や耐震上の理由から支承を交換するが，阪神・淡路大地震以後ではゴム支承が主流である。取替えに関しては，①ジャッキアップ可能な仮支点位置，②ジャッキの種類，③既設支承の撤去方法，④新規アンカーボルトの構造と配置，を留意して行う必要がある。

留意点①では，仮支点位置が交換作業の支障にならない場所を選ぶが，主桁を補強して直接支持する，あるいは端横桁（対傾構）を補強して支持する，新規のブラケットを設けて支持する，などの方法がある。

留意点②では，油圧ジャッキが一般的であるが，従来油圧が下がったりするため盛換え支点を別に設けるなどの工夫がされていたが，最近では外壁にネジを設け安全リングを回して機械的な支持に変換できる「安全ピン付きジャッキ」が使われるようになった。また高さの低い位置で仮受け用には「くさび形ジャッキ」も使用されている。

留意点③では，コンクリートブレーカーがよく使われてきたが，騒音の問題もあり，最近でダイヤモンドワイヤソーやウォータージェットでコンクリートをハツる事が行われている。ワイヤソーでは鉄筋やアンカーボルトまで切断されてしまうので，事前の検討が必要である。ウォータージェット工法では鉄筋やアンカーボルトを切断しないが，設備が大きくなることと，使用後の水処理を考える必要がある。

留意点④では，新設支承に支障のない高さで既設アンカーボルトと新設ベースプレートとを現場溶接してせん断力を負担できるようにし，このベースプレートと新設下沓とを現場溶接で連結する方法などがある。

支承の交換では交通規制を行うか否かで，計画から施工まで大きく影響されるので事前に十分な検討を行わなければならない。

支承リフレッシュ工法

ローラー可動支承で，堆積物や錆で可動機能が失われているものもあるが，反力支持には問題がない場合には，堆積物を除去し，ローラー枠を取り外し，L型に曲げた鉄筋棒で錆や堆積物を掻き出した後，圧搾空気を吹き付けて残存物を除去し，経年後も硬化しない特殊グリス（防錆剤）を塗布する方法がある（写真1）。

下沓の敷きモルタルが割れて，支承本体が傾いた場合には，前項同様の仮支点を設け，モルタルを打ち直す。材料には硬化時間の短い樹脂系モルタルが一般的に使われるが，配合，可使時間，養生条件等を現場条件とともに検討し，決定しなければならない。特に冬季に施工する場合には，練混ぜ水が凍らないように養生を行わないと，施工後のモルタルがボロボロになる可能性があり，注意を要する。支承は狭隘な場所に設置されるため，塗装の塗替えが困難な場合がある。そのようなケースの塗り替え時には亜鉛などの金属溶射を行うことがあるが，本体の損傷の有無を確認し，可能な限り素地調整を行ってから施工する必要がある。

伸縮装置取替え工法

伸縮装置は，橋全体の温度変化による伸縮や活荷重による支点の回転を吸収し，なおかつ通行車両を直接支持する機能を有していなければならない。近年通行量や通行荷重の増大により損傷が生じやすく，舗装同様に消耗品に近いため，交換されることが多い。使用材料から鋼製，ゴム製に大別され，いずれの場合も非排水形式が採用されるケースが多い。

鋼製の場合は，床版に埋め込まれたアンカーバーの切断やフィンガーの折損が多い。これらの場合には車両通行時に異常音を発生させるので，損傷箇所を特定してから補修補強を行うのがよい。またフィンガーの折損では第3者事故の恐れもあり，早急な対応が必要である。

ゴム製の場合には，ゴム部の劣化破損が主である。一般的に非排水構造が破損することで漏水につながるため，早期の対応が望ましい。

交換に際しては，一般的に片側交互交通により行うが，既設床版との接続処理を十分検討しておかないと床版への損傷に発展しかねない。特にゴム製の場合には床版厚半分程度まではつり，据え付けてから新規コンクリートを打設するが，桁端は鉄筋も多く打継ぎ目の処理を怠りがちで，床版の耐荷力が低下し破損する可能性が高い。

伸縮装置非排水化工法

前項の伸縮装置交換まで至らないが，流下する雨水で桁端や支承に腐食が生じている場合には，非排

水化を行うことが多い。ゴム製は一般的に当初から非排水化されており，主に鋼製が非排水化の対象となる。

既設の鋼製の場合，排水装置が無いケースと，有っても土砂詰まりで排水機能が満足でないケースとがある。非排水化は基本的に弾性シール材を支持するバックアップ材を入れ，上から弾性シール材を流し込む方法が採用されている。既設の排水樋などがある場合には，土砂の清掃を行い，樋をバックアップ材の支持材として利用し，発泡ウレタン等を下から押し込む。その後，フェースプレートに孔を明けるか，またはフィンガーの隙間からシール材を流し込む。排水樋等が無い場合には，バックアップ材を支持する平鋼などを現場溶接で取り付け，バックアップ材を押し込み，シール材の流し込みを行う。いずれのケースも狭隘な場所での作業になるため労力を要するし，シール材充填では交通規制を必要とする。

床版の保全（RC床版）

橋梁の床版は通行車両を直接あるいは舗装を介して支持し，床組，主構造に荷重を伝える部材である。床版における損傷の発生は，直接車両の走行性に影響を与えるため，その保全は重要である。
RC床版主な損傷の原因は次の通りである。
①過大な輪荷重
　床版の設計荷重は1994年に輪荷重8トンから10トンに変更されたが，違法な過積載により軸重で倍近い荷重の車両が通行している例も多く，損傷の大きな原因となっている。
②交通量の増大
　特にバブル期における大型車両の混入率の増加が損傷に大きな影響を与えている。
③床版厚の不足
　1968年の鋼道路橋の床版設計に関する前提基準（案）により，最小床版厚が14cmから16cmに改められた。この暫定基準（案）では，床版のたわみ制限も定められ，鉄筋材料も丸鋼から異形鉄筋を用いることになり，鉄筋の許容応力度も1800kgf/cm^{2}から1400kgf/cm^{2}に押さえられた。しかし，それ以前の薄い時代に施工された橋梁がかなり多い。
④配力鉄筋量不足
　1968年以前に設計・施工された床版では，配力鉄筋量の規定は主鉄筋量の25%以上で，現在の配力鉄筋量に比べ1/3〜1/4位と少ない。
⑤コンクリート材料の変化
　昭和40年代の前半に需要の拡大により川砂利の量が少なくなり，採石が使用された。必然的に水量，セメント量の増大により乾燥収縮が大きくなり，ひびわれの発生要因になった。
⑥施工方法の変化
　昭和40年代の前半，コンクリート打設にポンプ車が使用されるようになったが，よく故障したため，打設が長時間に渡り品質の均一性に欠けたものがあった。またポンプの流出量に比べ締固めが追従できず締固め不足のものもあった。

RC床版の損傷は上記の原因が重なって発生している場合が多い。損傷の種類としては，ひびわれ，き裂，遊離石灰の漏出，鉄筋の腐食，コンクリートの剥離および陥没等があげられる。RC床版の損傷は，次の段階を経て進行している。図8.1.104に床版損傷の進行状況を示す。

段階1：主鉄筋方向のひびわれ発生
　床版下面にはコンクリートの乾燥収縮，温度変化による引張応力と輪荷重による曲げモーメントの作用で主鉄筋方向，配力鉄筋方向に引張応力が重ね合わされる。また1967年以前の床版は配力鉄筋量が極度に少ないために，最初に主鉄筋方向にひびわれが生じる割合が多い。

段階2：2方向ひびわれの生成
　等方性版が主鉄筋方向のひびわれにより異方性版に変化して，主鉄筋方向の曲げモーメントの分担率が大きくなり，配力鉄筋方向のひびわれが発生するようになる。

段階3：2方向ひびわれが進行し亀甲状化
　繰り返し荷重により2方向ひびわれが進行し亀甲状化する。しかも床版上面まで貫通したものが多くなり，防水層がない場合は遊離石灰の漏出がみられる。

段階4：コンクリート剥離，陥没
　水，塩分等の浸透により鉄筋を腐食させコンクリートの剥離，陥没へと進展する。

また、融雪剤を多量に使用する積雪寒冷地のRC床版では、床版上側鉄筋の発生に起因する上面損傷が多い。建設当初に床版上面に発生した乾燥収縮ひび割れにより、車両走行に伴い雨水が高圧で注入・吸引され、これによりひび割れ幅が徐々に拡大し、ひび割れが上側鉄筋に達すると発錆しやすくなる。鉄筋が発錆するとその膨張により、かぶりコンクリートが浮いた状態になり、走行の影響によりすり磨き作用が生じてコンクリートが泥状化する。最終的には、舗装の浮き、アスファルトの剥離によるポットホールにつながる。ここに、ひび割れに供給される水に融雪剤が含まれると鉄筋の発錆速度は飛躍的に増大する。

損傷の程度およびその橋梁の重要度により補修するか、補強するか、取り替えるかの選定をする必要がある。

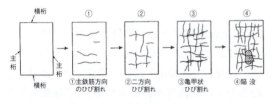

図8.1.104　床版損傷の進行例

1 床版補修工法

補修工法は、基本的に機能維持（ある程度回復は含む）を見区的としたものであるため、損傷ランクが比較的低い状態の時に適用される工法である。建設以来の経年変化で1方向ひびわれの発生から2方向ひびわれに進展途上の床版で、ひびわれが上面まで貫通していない状態の程度が適用限度と考えられる。しかも補修後の交通量の増大、荷重の増加等が見込まれず、損傷の程度もこれ以上進行しないか進行しても緩やかであると判断された時に行う工法である。工法の種類としては2工法がある。路面よりの水の侵入を防ぐ「防水層設置工法」、ひびわれに樹脂系あるいはセメント系の材料を注入する「クラック樹脂注入工法」などがある。いずれの工法も後述する補強工法と異なり、RC床版の劣化の進行を抑制する工法で損傷の原因を元から断つ工法ではない。

防水層設置工法

アスファルト舗装に浸透した雨水によりRC床版の劣化は著しく加速される。床版への雨水等の侵入を防ぎ、コンクリートの劣化および鉄筋の腐食を防止するために遮水層を設ける工法である。防水層の種類はシート系、塗膜系、浸透系および舗装系に大別される。またこの工法は単独で行われることはなく、他の補修工法、補強工法と併用されることが多い。難点は施工に必ず交通規制が必要となることである。その分類と特徴は次のとおりである。

シート系：工場で合成繊維不織布に特殊アスファルトを含浸させ鉱物質粉末を散布して製作されたシートを床版上面に貼り付ける。

塗膜系：液状の防水材（合成ゴム系、アスファルト系、合成樹脂系）を床版上面に塗布して被膜を形成させる。

浸透系：液状の防水材を床版上面に塗布してコンクリート内部に浸透させセメント結晶を生成して、そのコンクリートの厚みを防水層とする。しかしクラックに追従しないのと舗装との接着性能に課題があり施工例が少ない。

舗装系……アスファルト舗装の基層部に不透水混合物を舗設する工法である。

クラック樹脂注入工法

床版コンクリートのひびわれからの酸素および水分の侵入を防ぎ、鉄筋の腐食を抑制することを目的として、ひびわれに樹脂を充填する工法である。注入する材料としては接着力に優れたエポキシ樹脂が多く使用されるが、近年、セメントスラリーも使われている。注入方法としては従来はひびわれの一部に注入孔を設け、注入孔以外の部分をパテ状エポキシ樹脂でシールし、液状エポキシ樹脂を圧力ポンプで加圧して注入する方法が採用されていた。しかし最近では各種低圧自動注入器具を用いて注入する自動式注入工法（低圧樹脂注入工法とも称される）が広まってきた。従来の工法ではエポキシ樹脂を完全に注入するためには作業員の技量に頼らざるを得なく信頼性に欠ける部分があったが、自動式注入工法であればその心配が大幅に軽減される。

その特徴は次の通りである。

・持続的な注入が可能である。

- ひびわれの深奥部への注入が可能である。
- 注入量の管理が可能である。

図8.1.105にクラック樹脂注入工法の一例を示す。

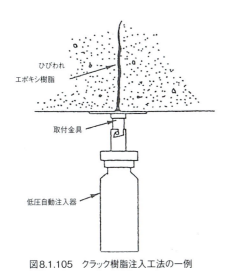

図8.1.105　クラック樹脂注入工法の一例

2 床版補強工法

RC損傷が進み補修工法では対応できなくなった損傷ランクのもの（国土交通省の判定基準でⅢ以上）に対して，応力低減、耐荷力向上を目的に行うのが補強工法である。現在実施工されている補強方法としては図8.1.106の通りである。床版の支間を縮め曲げモーメントの低減を計る「縦桁増設工法」，鉄筋量の不足を補う「鋼板接着工法」「炭素繊維シート（CFRP）貼付け工法」，耐力のうち特にせん断に対する抵抗力を増す「床版増厚工法」、床版損傷がある程度進行しても下から別の構造で支える「アンダーデッキ補強工法」等がある。なお、各工法単独で補強する場合もあるが補強工法同士，または前述の補修工法と併用する場合も多い。例えば鋼板接着工法＋縦桁増設工法などがあげられる。

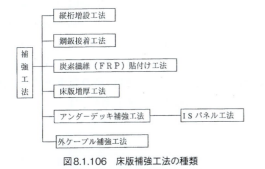

図8.1.106　床版補強工法の種類

縦桁増設工法

既設主桁・縦桁の間に補強縦桁を増設し，床版支間を短くすることにより曲げモーメントを低減する工法である。補強縦桁はI形鋼またはビルトアップされたものが使われ，既設または増設横桁に補強縦桁を固定した後，補強縦桁と床版との間に液状エポキシ樹脂を注入して一体化を図る。この工法の特徴は床版下面からの施工であり，交通になんら支障を与えないという点である。鋼鈑接着工法との明確な区別は難しいが，配力鉄筋量十分であるなら縦桁増設工法，不十分なら鋼鈑接着工法という使い分けが一般的である。構造は図8.1.107のとおりである。

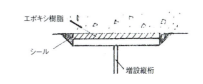

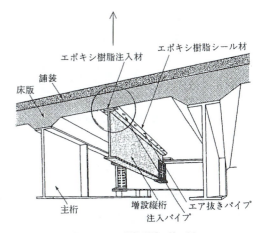

図8.1.107　縦桁増設工法の例

鋼板接着工法

昭和30年代から40年代前半に施工された橋梁の床版に損傷が多く発生している。その原因の一つに，鉄筋量の不足があげられる。当時の床版の設計は1方向版として行い，配力鉄筋量は主鉄筋量の25%程度しか規定されておらず，現在の1/3～1/4位と少ないためである。鉄筋量の不足を補うものとして床版下面に鋼鈑を接着する工法が「鋼板接着工法」である。床版下面を素地調整し，鋼鈑をアンカーボルトで取り付け，床版との隙間（約5mm）にエポキシ樹脂を圧入する。鋼板は材質SS400，板厚4.5mmが一般的である。また主鉄筋，配力鉄筋の両方向の

補強を行う全幅方式と配力鉄筋方向のみ補強する短冊方式がある。

この工法の利点は次のとおりである。
・死荷重の増加がほとんどない。
・床版下面からの補強であることから交通に支障を与えない。

しかし、補修後の損傷の進行が観察できなくなり、さらに、ひびわれからの浸透水が床版下面に滞水し鉄筋を腐食させる可能性もある。そのため防水層の施工が必須である。

構造は図8.1.108に示すとおりである。

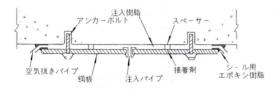

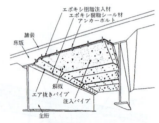

図8.1.108 鋼板接着工法の例

炭素繊維シート（CFRP）貼付け工法

鋼鈑の代わりに炭素繊維シートを床版下面に貼付ける工法である。一般的な炭素繊維シートは繊維が一方向に並んでいるために主鉄筋方向、配力鉄筋方向いずれの方向に補強するかにより貼付方向が異なり、両方向を補強するにはクロスに貼る必要がある。また1層あたりの強度が決まっているために、数層の重ね貼りをする場合が多い。貼り方は、下地処理をした後にエポキシ樹脂を塗布し、その上に炭素繊維シートをローラーで押さえながら設置していき（積層の場合はそれの繰り返し）、最後にエポキシ樹脂を含浸し、仕上げ塗装を行う。特徴は次のとおりである。
・繊維が柔軟であるため複雑な形状にも対応できる。
・自由にカットできる。
・軽量のため手作業ででき重機が必要でない。
・鋼鈑の様に錆の心配がない。

ただし、床版とは接着剤で貼り付けられているだけのため水に対しては弱いので、必ず床版上面に防水層を施してから施工する必要がある。

図8.1.109に炭素繊維貼り付け工法の構造例を示す。

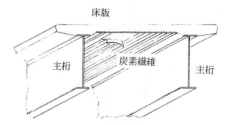

図8.1.109 炭素繊維貼り付け工法の構造例

床版増厚工法

床版厚を増すことで現床版の耐力向上を図るもので、特にせん断抵抗が増す効果がある。床版の上面に増厚する工法と床版下面に増厚する工法とがある。増厚分のコンクリート重量は既設の床版断面で抵抗し、活荷重は増厚後の床版断面で抵抗する。上面増厚工法の場合鉄筋を入れる場合と入れない場合があるが、入れる場合の鉄筋は床版の中立軸付近となるために無視するのが一般的である。使用材料は上面の場合はジェットコンクリート（超速硬コンクリート）を使い、炭素繊維または鋼繊維を混入する場合もある。下面の場合は、吹き付けモルタル、またはポリマーセメントモルタルが一般的に使用される。施工方法は、上面の場合、舗装を除去後、床版コンクリートを切削機で切削、表面をサンドブラストおよびバキュームクリーナで目粗し、ジェットコンクリートを5～7cm打設して新旧コンクリートと一体化させる。下面の場合は旧床版表面をチッピングし、配筋後モルタルを吹き付けるか、ポリマーモルタルを塗り込んで一体化させる。上面の場合は交通規制が必要になり、路面高の変更を伴う。図8.1.109に床版増厚工法の構造例を示す。

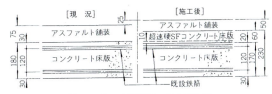

図8.1.109 床版増厚工法の構造例

アンダーデッキ補強工法（ISパネル工法）

床版下面から鋼製デッキにより床版補強する工法である。構造は図8.1.110に示すようにデッキプレート，縦リブ，横リブで構成された鋼床版形式である。設計的にはRC床版の損傷がひどく，床版が機能しない状態においても，鋼床版で荷重を受け横リブから主桁に荷重を伝える構造である。活荷重の増加（B活荷重）による既設床版のたわみや応力の負担を軽減することにより床版損傷を抑制できる。また，本構造は床版死荷重，B活荷重に対応できるよう設計されている。その特徴は次のとおりである。

- 補強であるが打替えと同等の効果が得られる。
- パネルで床版下面を覆うためコンクリート塊の落下，抜落ちを防止できる。
- パネルの追加死荷重による主桁応力度の増加分は，パネルが桁剛度の向上に寄与し，活荷重耐荷力が増すことにより相殺できる。
- 交通規制は舗装の打替えを除き必要がなく，大部分の工事は車を通しながら施工できる。
- パネルは床版死活荷重に対しても設計されているため耐久性が高い。

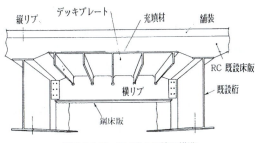

図8.1.110 ISパネル工法の構造

打替え・取替え工法

損傷を受けたRC床版の取替え工法を選定する際は，橋梁の形式や交通状況および経済性等を考慮する必要がある。RC床版の取替え工法を大別するとコンクリート系，鋼・コンクリート系および鋼製がある。どの系列のものでも旧床版より高い耐荷力と耐久性を持つ。各種工法は図8.1.111のように分類される。

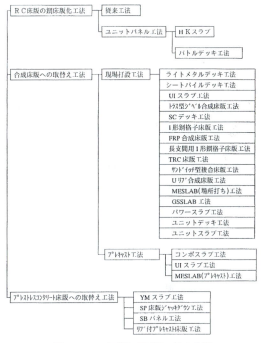

図8.1.111 打替え・取替え工法の分類

1 RC床版打替え工法

破損した床版を取り壊して新しい鉄筋コンクリート床版に打替えるためには，工事中交通の全面交通止めまたは車線規制を行わなければならないが，このような通行規制が可能であれば，現場打ち鉄筋コンクリート床版への打替えが経済的な場合が多い。車両を一部通行させながら分割施工する場合には，打設したコンクリートが硬化するまでの間，過度な振動や衝撃および変形を与えないように注意し，通行車両の速度規制などを考慮する必要がある。全面

的に取替える場合，打替えの前後における床版厚，鉄筋量等の変更は死荷重の増加となるので，他の部材に及ぼす影響を照査し，必要があれば床組の補強等も同時に考慮する。特に設計耐力の小さい床版を打替える場合，新しい床版の版厚が大きくなって死荷重増大を伴うことが多いが，縦桁の増設などにより床版の支間を短縮できれば床版の死荷重を増やさずに打替えることができ，主構造に対する影響も少なくなって有利となる場合がある。欠点としては床版撤去，型枠，配筋，コンクリート打設とほとんどが現場作業となるため，工期が長くなり，品質管理も十分に行う必要がある。なお部分打替えの場合は一時交通を閉鎖して鉄筋を補強後，樹脂コンクリートあるいは超早強コンクリート等を使用してコンクリート打設する。

RC床版の鋼床版化工法

既設コンクリート床版から，縦リブ，横リブで構成された鋼床版パネルに取り替える工法である。

鋼床版化の利点は次のとおりである。

・RC床版に比べ死荷重が低減するため主桁に対する負担が軽減し，B活荷重対応等活荷重の増大が図れる。
・工場で製作されるため，現場での工期短縮が図れる。また，欠点としては次の通りである。
・コンクリート系床版への取替えに比べて一般的にコストが高い。
・版厚が大きくなるため，構造によっては路面高が高くなる。
・構造が複雑になり，鋼材溶接部に疲労が発生しやすい。
・鋼床版の弾性変形により，舗装にわれが発生しやすい。
・車両による騒音が直接桁下に伝達しやすい。
・寒冷地では路面が凍結しやすい。

鋼床版の種類としては、個々の橋梁の橋梁形式，床組形式等を考慮して形式毎に考える一品一様の「従来工法」,構造をあらかじめユニット化しておき，橋梁形式に当てはめて行く「ユニットパネル工法」がある。

従来工法

床版を鋼床版に取替える橋梁形式は鈑桁橋，トラス橋，アーチ橋，吊橋等色々な種類があり1橋1橋違う構造になっている。各橋梁形式および床版との結合方法を考慮して構造を決定するのが従来工法である。その場合考慮する事項としては次の通りである。

・RC床版に比べ版厚が大きくなり，路面高が高くなるために取付道路まで修正する必要が生じる場合がある。そのために主桁上の高さを押さえる構造的工夫をしている。
・鋼床版同士の結合方法は高力ボルトと溶接接合があるが，舗装厚，現場施工の工期の問題等により決定されている。
・重量的には350〜400kg/cm^{2}であるが，縦リブに平板，バルブプレート，Uリブが使われている。

ユニットパネル工法

従来工法に比べ鋼床版をユニット化しておき，各橋梁形式に適応させて行く目的で開発されたのがユニットパネル工法である。その特徴は次の通りである。

・工場での製作が早く，容易なように入手可能な鋼板，型鋼を使用した構造となっている。したがって製作費が従来型よりやすい。
・主桁との結合方式はフランジジョイント型，パネル同士の結合方式はスプライス方式，引っ張りボルト方式等がある。　・覆工版のような形式で，破損した場合取替え可能な形式のものもある。
・ユニット化されているために現場での取り扱いが容易ある。

欠点としては，万能型でないので橋梁形式および支持間隔が広いもの，曲線半径の小さいもの等場合によっては採用出来ないものがある。

■ バトルデッキ工法

バトルデッキは取替え鋼床版をユニットパネル化した工法の1種である。その構造は図8.1.112に示すとおりで、次の特徴を有している。

・高耐久性，死荷重軽減，急速施工を目的とした

プレハブ系のものである。
- 新設の鋼床版ではないのであまり軽量化を図る必要もなく，デッキプレートの板厚を上げ，開断面縦リブ方式としている。
- 橋軸方向に縦リブを配した鋼床版は橋軸直角方向の剛性がなく，補強のために，主桁間に横桁を増設して，鋼床版を支持する構造としている。
- 車両の交通規制時間短縮のため，鋼床版と主桁の連結はライナープレート（下駄）を介してフランジ同士をサンドイッチ状態でボルト接合する方式とした。合成桁の場合にもスタッドジベルを介する必要もなく，ボルトで主桁と鋼床版が結合されている。なお隙間には無収縮モルタルを充填して防錆処理している。
- 鋼床版同士の結合は施工性を考えボルト添接としている。

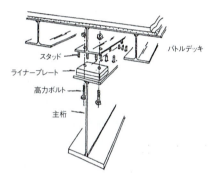

図8.1.112　バトルデッキの構造と主桁との取り合い

2　合成床版への取替え工法

合成床版は床版を構成しているコンクリート，型枠，鉄筋および鉄筋の代わりの鋼材を共同して働くように合成した床版である。剛性床版の種類としては次のとおりである。

①型枠をプレハブ化した床版

　従来のRC床版の現場での支保工，型枠，作業を省力化した工法である。型枠にキーストンプレートおよびGRC製の底板を使用して型枠代わりとしたもので応力上は断面に入れない。
- 支保工および型枠の現場作業が省略されるので工期の短縮が図れる。
- GRC型枠の場合耐腐食性の向上が図れる。
- ひびわれ耐荷力，終局耐力ともにRC床版に比較して優れた性能を有する。
- 工場製品であるので高精度の製品が期待できる。

②型枠，鉄筋ををプレハブ化した床版

　型枠代わりの薄鋼板に型鋼および鉄筋を配置して製作されたパネル構造であり現場において桁上に取り付け後，コンクリートを場所打ちする床版である。
- RC床版に比べて軽量で耐久性がある。
- 現地工事での型枠，配筋に要する作業が不要であるから工期の短縮が図れる。
- 工場製品であるので高精度の製品が期待できる。

③型枠をプレハブ化した合成床版

　パネル式底板上にスタッドジベルを溶植して，製作した鋼床版を桁上に架設し，桁とパネルおよびパネルとパネル間を高力ボルトにて結合する。底鋼板は下側鉄筋と型枠代わりを兼ねるので現場では上側鉄筋のみを配筋しコンクリートを場所打ちする工法である。
- 現場における型枠，支保工作業が省力されることから，工期の短縮はもとより熟練技能工の減少が図れる。
- コンクリート劣化が防止できる。
- 現場施工がRC床版に比べ比較的簡単であるから施工管理が容易である。

④型枠，鉄筋ををプレハブ化した合成床版

　鋼とコンクリートの合成床版のうち上側鉄筋も含め型枠，鉄筋をプレハブ化した工法である。
　コンクリート打設後の死荷重や活荷重に対しては合成断面として抵抗するので力学的には合理的な構造である。
- 底鋼板は型枠兼用としており，厚さは4.5〜10mm位で下側鉄筋の役割をはたしている。
- ズレ止めとしては通常のスタッドジベルを用いるものがあるが，ほとんど底鋼板と一体化されたリブや山形鋼，フラットバー等である。
- コンクリートは現場打設であるから，プレキャスト版のような継ぎ目の問題はない。
- 現場における施工期間は型枠，支保工，鉄筋工が省略されるため短縮される。
- 床版厚については通常のRC床版より薄くなる。

現場打設工法

損傷を受けた床版を取替える場合は損傷の程度，今後の荷重増加，橋梁の耐用年数および経済性によ

り選定する必要がある。その内合成床版に取替える場合,現場打設工法と工場プレキャスト工法がある。従来のRC床版は型枠の組立,鉄筋組立,コンクリート打設とすべての作業が現場で行われていたため,各工種に熟練工が必要になり,品質も現場の施工条件,施工管理に左右されることが多かった。これに対してできるだけ現場作業を省力化し,工期短縮化するために工場でパネル化して組立を行い,現場ではパネル同士のつなぎ作業とコンクリート打設を行う現場打設工法が開発された。構造形式は型枠代わりの鋼板を底板とし鉄筋及び鉄筋の代わりの型鋼（I型鋼,［型鋼,CT型鋼）をその上に組み立て共同して働くように合成した床版形式である。コンクリート打設まで工場で行うと重量が大きくなり,架設重機も大型化し,輸送および現場での荷扱いが煩雑になるために現場で打設を行っている。この工法は取替え床版として使用されるより新設橋梁床版として使用される形式のものが多い。詳細は床版の施工法の項を参照のこと。

プレキャスト工法

プレキャスト工法は前出の現場打設工法がコンクリートを現場で打設するのに対して,工場で打設する工法である。現場打設における品質,工期等の改善を図るために開発された。従って現場での作業はブロック架設後パネル同士の結合と主桁との結合のみで大幅に工期短縮が図れる。反面部材重量が大きくなり架設条件でクレーンが大きくなる場合は部材を小さくすることになり,接合箇所が増加し,前述のメリットが出なくなる場合もあり注意を要する。構造形式は前出の現場打設工法での形式と同じであるが,パネル同士の結合に対して工場プレキャストできないものもある。

■ MESLAB（プレキャスト）工法

床版の急速施工を必要とする場合に適した工法である。工場にて底鋼板パネルの製作,配筋ならびにコンクリートの打設を行った後に一体化したプレキャストパネルを現場にて架設する。現場ではパネルと主桁ならびにパネル間の結合を行うことで床版を構築する。構造の特徴としては、鋼板とコンクリートのずれ止めに成形型鋼を使用し,工数の低減を図っている。図は本編「床版の施工法」を参照のこと。

プレストレストコンクリート床版工法

構造形式は鉄筋コンクリート系床版で,工場および現場でプレストレスを導入して耐荷力,耐久性を増した構造である。工法での違いは主桁との結合方法およびパネル同士の結合構造である。主桁との結合は主桁にジベルを打ち,床版側は箱抜きしておきPC版架設後にモルタル充填する。パネル同士の結合はプレストレス導入かRC構造としている。取替える場合は次に示す交通規制の形態により工法が制約される場合があるので注意を要する。

- ・昼夜間全面交通止め
- ・夜間全面交通止め,昼間交通解放
- ・半幅交通規制半幅施工

■ YMスラブ工法

損傷を受けたRC床版の取り替えを目的に開発されたプレストレスコンクリート床版工法の1種である。図8.1.113にYMスラブ工法の構造概要を示す。その特徴は次のとおりである。

- ・工場で製作したプレハブ製品であるため,品質に信頼性が高く,現場工期の短縮が可能である。
- ・2方向（橋軸方向,橋軸直角方向）にプレストレスを導入しており,使用材料の強度も高いためにRC床版に比べ対荷力,耐久性に優れている。
- ・RC床版および他の床版に比べて版厚が薄くできるために,死荷重の低減となり主桁に対する負担が軽くなる。そのためにB活荷重に格上げする場合有利となる。
- ・プレストレスを導入によりRC床版にくらべクラックの発生が少ない。したがって水の進入により劣化も起こりにくい。
- ・橋軸直角方向の連結は図で示すようにブロック同士をキャップケーブルを配してプレストレスを導入して結合しているため,他の床版に比べ目地部が弱点になりにくい。また場所打ちコンクリートもなく道路の規制帯が縮小でき通行側が広くとれる。
- ・夜間交通規制して必要部分の床版を撤去しPC床版を設置して,昼間は交通解放できる。

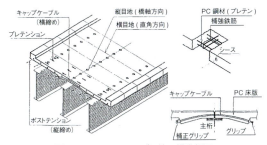

図8.1.113　YMスラブ工法の構造概要

■ SP床版ジャッキダウン工法

損傷を受けたRC床版の取替えにも適用できるプレストレスコンクリート床版工法の一種である。図8.1.114にSP床版ジャッキダウン工法の構造概要を示す。

・工場で製作したプレハブ製品であるために，品質の信頼性が高い。
・橋軸方向にプレストレスを導入している。橋軸直角方向は幅員によりプレストレスとするかRCとするか決定している。導入方法は逐次ジャッキダウン工法によっている。RC床版に比べ対荷力，耐久性に優れている。
・橋軸方向のパネル同士の結合詳細は図に示すせん断キー方式である。
・RC床版および他の床版に比べて版厚が薄くできるために，死荷重の低減となり主桁に対する負担が軽くなる。そのためにB活荷重に格上げする場合有利となる。
・プレストレスの導入によりRC床版にくらべクラックの発生が少ない。
・夜間交通規制して必要部分の床版を撤去しPC床版を設置して，昼間は交通解放できる。

■ SBパネル工法

本工法は，損傷を受けたRC床版の取替えを目的に開発されたプレストレスコンクリート床版工法の一種である。SBパネルにはタイプⅠ（1方向PC床版）とタイプⅡ（2方向PC床版）がある。タイプⅠは，プレキャストRC床版を現場で敷設した後，橋軸方向にプレストレスを導入して連続一体化させるタイプである。タイプⅡは，工場でプレテンションにより橋軸直角方向にプレストレスを導入し，現場で橋軸方向のプレストレスを導入することにより連続一体化するタイプである。図8.1.115にSBパネル工法の構造概要を示す。

・工場で製作したプレハブ製品であるため品質の信頼性が高い。
・2方向にプレストレスを導入するタイプⅡは，RC床版に比べて耐荷力と耐久性に優れ，ひび割れの発生が少ない。
・車線間継手は，ブロック同士を主桁または縦桁上で上鉄筋のみを鉄筋機械継手（ループ継手，PC継手可能）により連結した後，超速硬コンクリートを打設して一体化する。また，ブロック同士間の目地部分にはSBスラリーを注入する。
・施工方法は，片側交通規制を行って旧床版を撤去し，SBパネルを設置した後に桁と床版をタイアンカーで固定することにより敷設後仮開放できる。

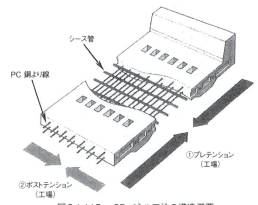

図8.1.115　SBパネル工法の構造概要

■ リブ付きプレキャスト床版工法

損傷を受けたRC床版の取替えを目的に開発されたプレストレスコンクリート床版工法の1種である。図8.1.116にリブ付きプレキャスト床版工法の構造概要を示す。また、次の特徴を有している。

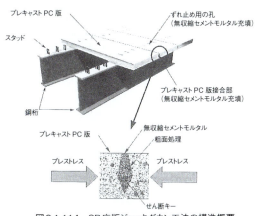

図8.1.114　SP床版ジャッキダウン工法の構造概要

- 工場で製作したプレハブ製品であるために，品質に信頼性が高い。
- 橋軸方向にプレストレスを導入している。橋軸直角方向は通常はRC構造，主桁間隔が大きい場合にプレストレス導入している。RC床版に比べ対荷力，耐久性に優れている。
- プレストレスを導入によりRC床版にくらべクラックの発生が少ない。
- 橋軸方向の床版同士の継ぎ手部は図の詳細Bに示すようにリブを付けて剛性を高め，接着剤を塗布して接着させ，従来のプレキャスト床版のモルタル打設の手間を省いている。
- 夜間交通規制して必要部分の床版を撤去しPC床版を設置して，昼間は交通解放できる。

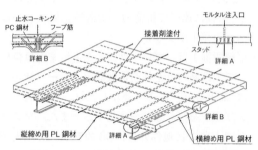

図8.1.116　リブ付きプレキャスト床版工法の構造概要

Ⅱ　コンクリート橋上部工

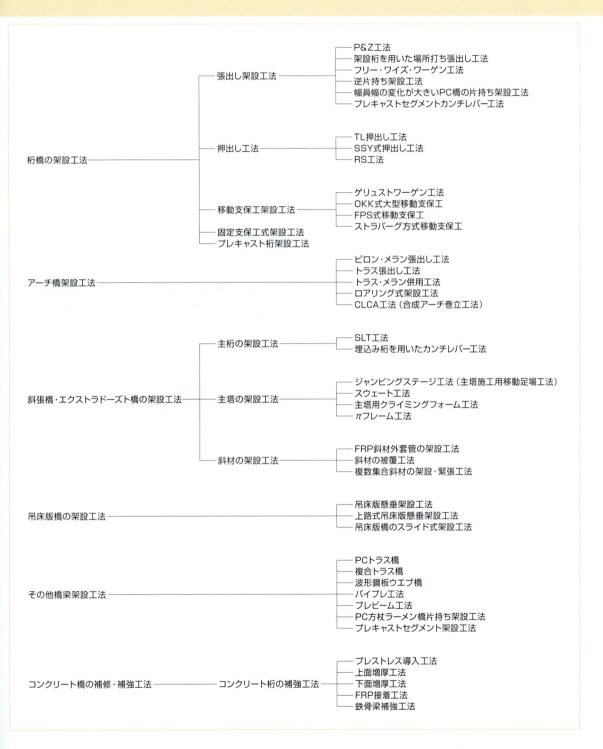

コンクリート橋の施工は，古くは場所打ちの支保工施工によるものであったが，その後の架設地点の多様化，施工の機械化および省力化の影響を受け，現在では多種多様の工法が用いられている。

架設工法は，通常，計画・設計段階において，架橋地点の施工状況（主に桁下空間の使用条件），桁の構造，工期，施工規模（支間長，径間数）などを考慮し，場所打ち工法かプレキャスト工法のどちらかに選定される。これらの施工方法や使用される機械設備等に着目して架設工法を分類すると，場所打ち工法とプレキャスト工法に大別される。なお，押出し工法は中間的な工法で，その他の特殊な架設工法として分類されることもある。

一方，コンクリート橋の架設工法は，橋の種類に応じて様々なものがあり，種種の改良を経て今日に至っている。このような橋梁種別で大別すると，桁橋，アーチ橋，斜張橋・エクストラドーズド橋および吊橋床版橋などに分類される。

架設工法の選定にあたっては考慮すべき項目としては，まず架橋地点の施工状況（主に桁下空間の使用条件）であり，次いで，桁の構造，工期，施工規模（支間長，径間数）などである。桁下高さが10m程度以下で地盤条件が良好の小規模工事では，経済性から固定式支保工が用いられることが多い。また，支間長が短い場合は適用可能な種類が多いが，支間が50mを超える場合は適用可能なものが比較的限定される。各種の工法の選定においては，考慮すべき項目が多岐にわたっているために，各工法の適用範囲を単純に示すことは困難であるが，目安としては表8.2.1および参考文献3）が参考になる。

表8.2.1 架設工法の適用性比較

		固定支保工	プレキャスト桁	張出し架設		移動支保工	押出し工法
				作業車	大型設備		
支間（m）	20〜40	A	A			B-A	B-A
	40〜60	A	A-B			A-B	A
	60〜80	B		B		C	B
	80〜100	C		A	B		B
	100〜200			A	A		C
	200以上			B			
支間の変化に対する融通性		A	B	B	B	C	B
線形や拡幅に対する融通性		A	B-C	B	B	B	C
小規模橋梁に対する適応性		A	A-B	B	C	C	B
多径間橋梁の場合の有利性		C-B	A-B	B	A-B	A	A-B
桁下空間の確保		C	A	A	A	A-B	A
桁下に対する安全性		C	B	B	B	A-B	A
施工の機械化		C	B	B	B	A	A-B
施工速度		C	B-A	C	B-A	A	A-B
資機材の運搬		B	B	C	B	A	A

A：適している，B：普通，C：あまり適していない，空欄：適用されない

施工中の斜張橋

【参考文献】
1）小村敏：PC橋架設工法総論：プレストレストコンクリート，Vol.31，特別号，1989年．
2）土木学会編：コンクリート橋の架設：土木工学ハンドブック，第4版，1989年
3）日本道路協会：コンクリート橋施工便覧，1998年10月

桁橋の架設工法

桁橋の架設工法には、張出し工法、押出し工法、移動支保工架設工法および固定支保工架設工法などが代表的な工法である。以下、それぞれの工法について述べる。

1 張出し架設工法（移動作業車による架設）

張出し架設工法は、架設地点の各種制約条件に左右されずに施工が可能な、安全性、経済性、施工性に優れた橋梁架設工法であることから、1958年の西独からの技術導入以来次々に支間長を伸ばし、これまでに最大支間長250mを有する江島大橋をはじめ数多くの橋梁が建設されている。その間、有ヒンジラーメン構造、連続桁構造、連続ラーメン構造と、種々の構造形式が採用された。特に有ヒンジラーメン構造は、架設時と完成時の断面力が橋梁全体にわたりほぼ一致するため、片持ち張出し工法の採用に当たって特別な補強材は必要としないことなど、長大橋建設の経済性向上に大きく寄与し、これが張出し架設工法発展の基となっている。

なお、従来は使用されるPC鋼材に応じて「ディビダーク工法」あるいは「FCC工法」などと呼ばれていたが、今日では特に区別されていない。

張出し架設工法には、移動作業車を用いた片持ち張出し架設工法のほかに、補助桁を用いた張出し架設工法や斜吊り張出し架設工法等があり、PC桁橋の架設工法として発展してきたが、コンクリートアーチ橋、PC斜張橋、エクストラドーズド橋、PCトラス橋などの構造形式の橋梁架設工法にも採用されている。張出し架設工法の特徴は以下のとおりである。

1) 長大支間の橋梁が経済的に施工できる。
2) 支保工の必要がないため、深い谷、流量の多い河川、交通量の多い街路上での架橋が容易である。
3) 移動作業車内で工事（コンクリート打設、鉄筋・PC鋼材配置、緊張、型枠設置、養生等）が進められるため、気象条件に左右されず、かつ安全である。
4) 同一作業を順次繰り返すため、作業員の熟達が早いので施工速度が速く、また省力化できる。
5) 主桁を3m～5mに分割して施工するため、施工管理が容易であるとともに、品質管理が充分行える。

また、国内で施工されてきた張出し工法による橋梁は、ほとんど場所打ちコンクリート施工法をとっているが、主桁を橋軸方向に適当な長さに分割して、プレキャスト部材を工場もしくはヤードで製作し、これを架設地点に運搬し組み立て、プレストレスを与えて橋桁を一体にするプレキャストセグメント張出し架設工法も行われている。この方法は、セグメントの製造を下部工と平行して行うことができるため工期を短縮でき、またセグメント製造の品質管理が容易である等の特徴をもつ。片持ち張出し架設工法の標準的施工要領を、3径間連続桁を例にとり、図8.2.1に示す。

本工法で使用される特殊な架設機械は、移動作業車、または補助桁等である。移動作業車は、トラス構造のメインフレームと横梁を用い、型枠、コンクリート、鉄筋、PC鋼材等の荷重を支える構造の架設機械である。

本工法の標準工程の1ブロック所要日数（サイクル）は、一般に10日程度であるが、施工ブロックの作業量、稼動効率（休日、風雨、氷雪等）、気候（温暖地、寒冷地）により決定される。全体工程は、架設場所の地形的条件、社会的条件等により変わり、また工事規模、投入する移動作業車の基数等によっても変わってくる。

施工管理としては、コンクリート、鋼材等の品質管理とともに、施工に先立ってPC鋼材1本ごとの緊張計算、1ブロックごとの上越し計算、各施工段階ごとの施工時応力度計算等を行っておき、各ブロック施工ごとにこれらの測定を行い、計算値と合致していることを確認しながら施工を進める。

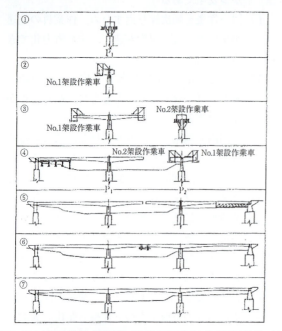

図8.2.1 片持ち張出し架設工法の標準的施工要領（3径間連続桁の例）

片持ち張出し架設工法により施工中の橋梁

P&Z工法

P&Z工法は，橋梁上部工上に設けた移動架設桁（送り桁）から型枠装置を懸垂し，橋脚の両側に上部工を順次張出し分割施工する工法である。

地上からの作業を必要としないで，支間40〜150mの長大橋に適応でき，多径間の橋梁，高い橋脚をもつ橋梁，海上・河川・渓谷にかかる橋，側径間部に支保工を設けることができない橋梁などに威力を発揮する。また，プレキャストセグメント工法に応用することもできる。

P&Z装置の基本的構成は，図8.2.2に示すように，1本の送り桁，2基の架台と1基の後方台車，2基の吊り枠と型枠装置，2基の中間支柱および1基の補助支柱である。

一般的な施工順序は，片側の橋台部でP&Z装置を組み立て，橋台側の橋脚から順次張出し施工し橋体を完成させる。なお，P&Z装置を用いて柱頭部および側径間部を地上からの作業を必要とせずに施工することも可能である。

張出し部の1ブロックの長さは5〜10mが標準であり，橋脚左右の一対のブロックの施工には，通常10日間が必要である。

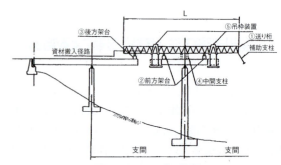

図8.2.2 P&Z工法の概要

P&Z工法により施工中の橋梁

架設桁を用いた場所打ち張出し工法

本工法は，プレストレストコンクリート橋を場所打ち張出し方式で施工する一工法であり，施工する橋の両側に2連の架設桁を配置し，型枠保持装置の前端部を架設桁に，後端部を既設コンクリート橋体にそれぞれ支持させて，橋体を順次張り出し施工する工法である。

支間が50〜70m程度の多径間のPC橋を場所打ち張出し工法で施工する場合に，本工法を利用することにより，従来の架設車を用いる工法と比べて次のような利点がある。

1) 2連の架設桁上を通路，資機材の運搬に利用できるので，桟橋，ケーブルクレーンなどの

仮設備が不要。
2）吊支保工装置のセットおよび移動は，架設桁上で行うので，施工が迅速簡便。
3）架設桁が2径間にわたって架設されるので，先行して柱頭部の施工ができる。

なお，施工可能な支間は架設桁の能力により変化するため，適用にあたっては，適切な架設桁を選定する必要がある。

架設桁の概要を図8.2.3に示す。架設桁は，手延べ桁と支保工桁からなり，型枠などの吊支保工は，橋体ブロックの施工に従って前進する。また，材料，機材の運搬用に架設桁上に門型クレーンを設置できる。

図8.2.3 架設桁の概要

フリー・ワイズ・ワーゲン工法

本工法は，従来，主桁間隔が一定で，常にメインフレーム間隔を一定に保つ構造になっていたものを，張出し架設中に主桁間隔が変化しこれに伴って幅員も変化する構造に対応できるように，また主桁が途中で分岐する形状にも対応できるように開発されたもので，以下の機能と特徴を持っている。

①スライドビームとメインフレームを主部材として構成される上部構造部と，前進用車輪に一体構造にしたローラ式横移動装置とメインジャッキで構成される下部構造部の2つの要素から成る。上部構造は一定間隔に保持し，下部構造は主桁位置の変化に対応して，変化した主桁上のレールに「横移動装置」を装備した前進用架台および車輪が乗り，横移動装置のローラを上部構造のスライドビームが自由に横移動できる機能を備えているのが特徴である。
②下部構造部の横移動装置をスライドビームに沿って移動する力は，固定しているレール上をワーゲン本体が前進するので，前進用油圧ジャッキの推進力で兼用させることができ，横移動のための動力は，特に必要としない。
③上下線一体断面区間は，1台のワーゲンで施工し，主桁分岐位置で接合している部分を切り離すことにより，ワーゲンそのものの機能を変え

ず2台に分離できる構造である。

このようなユニークな構造のため，装置の移動は橋桁が拡幅・分離しても特別な処置をすることなく，従来の移動作業車と同様な方法で作業できる。図8.2.4に横移動方式の概要を示す。

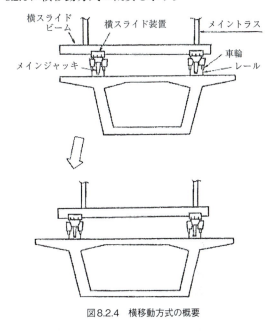

図8.2.4 横移動方式の概要

逆片持ち架設工法

逆片持ち架設工法とは，側径間部の施工において，架橋位置の地形条件・交差条件等により橋脚からの片持ち架設の施工長が限定され，かつ吊支保工施工ができない場合に，橋台側より片持ち架設する工法である。

本工法には種々な方式があるが，長大橋の架設に種々検討のうえ採用され，逆片持ち架設工法の一方式として広く認められたものとしては，ピロン式逆片持ち架設工法と橋台仮連結式逆片持ち架設工法の2工法がある。

①ピロン式逆片持ち架設工法

本工法は，橋台部にピロンと呼ばれる仮支塔を設置し，ピロンの両側に配置した仮斜材（ステー）で主桁を吊り上げながら片持ち架設する工法である。側径間閉合までの架設順序を図8.2.5に示す。

②橋台仮連結式逆片持ち架設工法

本工法は，橋台と主桁とを仮設PC鋼材により仮連結し，橋台をカウンターウェイトとして片持ち架設する工法である。

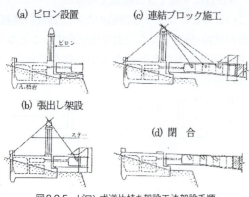

図8.2.5 ピロン式逆片持ち架設工法架設手順

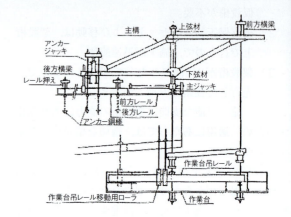

幅員幅の変化が大きいPC橋の片持ち梁架設工法

本工法は片持ち張出し架設工法で，幅員が大きく変化する連続桁やラーメン橋の架設が容易にできる移動作業車を特徴としている。

現時点では，主構の横移動ごとの主構と各横梁との緊結方法の単純化および主構横移動の自動化を図っている。

本移動作業車の構造は，図8.2.6に示すように，一般の移動作業車の構造とは異なり，主構を挟むトラス構造の横梁からなり，各施工ブロックの幅員の変化に応じ，主構を自由に横移動させ，型枠，作業足場ならびにコンクリートブロックの重量を支持するものである。

移動作業車の機能の特徴は，補助支柱に組み込まれたジャッキにより，横梁の上弦材を押し広げて主構にかかる荷重を支え，横方向移動用ジャッキによって主構を所定の位置に移動させる。後部の横移動ローラは，主構の負反力を支持しながら主構の横移動を容易にしている。移動作業車の固定は，アンカー鋼棒と主構の位置がずれる場合，後部横梁を介して，アンカージャッキで固定する。移動作移動用のレールは，前後2分割することにより，移動作の前進移動を容易にしている。

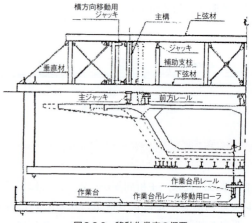

図8.2.6 移動作業車の概要

プレキャストセグメントカンチレバー工法

プレキャストセグメントを用いたカンチレバー工法は，連続桁や連続ラーメン橋の橋体を，橋軸直角方向に運搬・架設できる大きさに分割したセグメント製作ヤード等であらかじめ製作しておき，架設する橋梁の橋脚が完成次第，製作したセグメントを運搬して張出し架設するものである。

本工法の架設作業は，セグメントをストックヤードから架設地点まで運搬して，そのセグメントを所定の位置まで吊り上げ，または吊り下ろし，橋軸方向，鉛直方向の通りが合うように微調整した後，PC鋼材を通し，セグメントの接合面にエポキシ系の接着剤を塗布してセグメントを引き寄せ，最後にPC鋼材を緊張して橋体とするものである。プレキャストセグメント張出し架設工法で使用する架設機械は次の2種類に分類される。

■ エレクションノーズ工法

すでに架設された橋体部分の橋面に図8.2.7に示

すように，順次前方に移動できるような片持ち用作業車を使用して架設する方法である。セグメントを吊り上げるときは，すでに架設された橋体に固定され，張出し部分に組み込んだ自走式巻上機でセグメントを吊り上げる。セグメントをエレクションノーズまで運搬するには，トレーラートラック等の運搬機械が必要である。

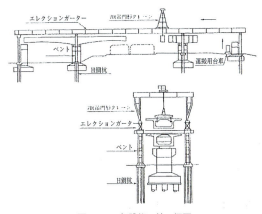

図8.2.8 架設桁工法の概要

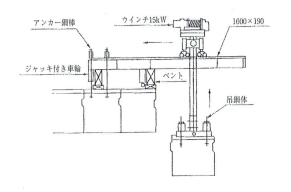

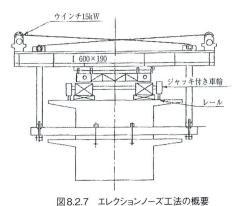

図8.2.7 エレクションノーズ工法の概要

■ 架設桁工法

河川上等において，セグメントを橋梁に沿って橋梁下を運搬できない地形で，しかも径間数が比較的多い場合には，架設桁，架設トラスを使用した架設工法が採用されることが多い。この方式をとる場合のセグメントの運搬は，架設桁，架設トラスの直後までトレーラートラック等で運搬し，その後は架設桁，架設トラス上を走行する橋型クレーンで吊り下げて，図8.2.8に示すように架設場所まで運搬する。架設桁は，セグメントの重量が比較的軽い場合に使用され，セグメントの重量が比較的重い場合とか，スパンが長い場合には架設トラスが使用される。

2 押出し工法

押出し工法は，一般に橋台または橋脚の後方に桁製作設備を配置し，そこで8.0～20.0m程度のコンクリートブロックを製作して，これを順次押し出す工法である。

我が国で最初に実施されたのは1973年（幌萌大橋）で，コンクリート橋の架設工法のなかでは，プレキャスト桁架設工法，固定支保工式架設工法，張出し架設工法のいずれよりも遅く，比較的新しい工法である。

現在，国内にある押出し工法は3工法あり，それぞれTL工法，SSY工法，RS工法と呼ばれている。これらは押出し方式，あるいは押出し装置の相違により区別されている。TL，RS工法は，その押出し推力を得る位置が一箇所に限定されているため，反力集中方式と呼ばれており，SSY工法は，すべての橋脚，橋台から反力を取り，押し出すことから反力分散方式と呼ばれている。

張出し工法は，施工の進捗状況に応じて桁を製作する場所が移動していくのに対し，押出し工法は，桁自体を移動させることにより，製作ヤードを一定の位置に固定しているため製作場所の固定化が可能である。このため，当該ヤードに上屋設備を設けることにより全天候型の作業場が実現でき，工場のような条件での施工が可能で，他工法と比較して品質管理が，より容易である。また，荷役設備を設けることにより機械化，省力化がはかれるので，経済的に優れた工法ともいえる。さらに，架橋地点での作業が少なくなることで，高所作業が少なくなり，安

全的にも優れた架設工法である。

本工法による施工に適している現場条件を列挙すれば，以下のようになる。
1）鉄道上，道路上を横断する場合
2）深い谷，河川，海上を横断する場合
3）市街地，住宅地等，建設公害（騒音等）が問題となる場合押出し工法の概念を図8.2.8に示す。

①押出し装置

　押出し装置は，基本的には，油圧ジャッキとポンプの組合せから成る。ジャッキの容量は押出し時の設計所要押出し力に，安全率を見込んだ形で決定される。

②滑り沓

　押出しは滑り沓上面をカバーしているステンレス板と，桁との間に挿入されるテフロン板から成る。

③手延べ桁

　コンクリート桁先端に取り付けられるメタルの桁であり，PC鋼棒でコンクリート桁に連結される。手延べ桁の設置目的は発生する断面力の低減にあり，押出しの水先案内的役割は2次的なものである。

④仮支柱

　押出しスパンが長いときに，中間に立て込む支柱であり，押出し完了後は撤去される。

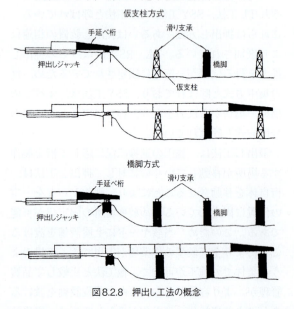

図8.2.8　押出し工法の概念

両側押出しにより施工中の橋梁

TL押出し工法

　TL押出し工法は，反力集中型の押出し工法であり，押出しに必要な水平力を一箇所からとる工式である。押出し工法による架設機材には，手延べ桁，仮支柱，押出し装置，滑り沓，製作ヤード，上屋等がある。このうち押出し装置は，押出し推力を桁に供給する目的で設置されるもので，「引張棒方式」と「鉛直水平ジャッキ方式」の2方式がありそれぞれ架設状態に応じて使い分けている。

　引張棒方式は，桁の押出しを桁に連結されているPC鋼棒を引っ張ることにより行うものである。鉛直水平ジャッキ方式は，鉛直ジャッキと水平ジャッキを用いることにより，押出しを行うものである。図8.2.9に鉛直水平ジャッキ方式の押出し例を示す。

　架設支承は各橋脚および仮支柱に設けられる仮の支承で，桁ウェブ下面にセットされ，押出し時の滑り面となる。コンクリート製が一般的であるが，橋脚と桁下面との空間が小さい場合には鋼製を用いる場合もある。いずれも上面にステンレス板を張り，主桁との間に滑り板を挿入し，押出し時の摩擦力を減少させる。この摩擦係数は一般的には，5%と仮定している。

　滑り板は，鋼板を間に入れて補強した硬質ゴムの片面にフッ化エチレン樹脂（PTEE）を張った40cm～60cm角の板となっている。桁の押出しは，桁の進行に伴って滑り支承の前方にはずれた滑り板を順次挿入する作業を繰り返すことにより行う。

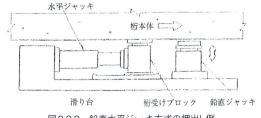

図8.2.9 鉛直水平ジャッキ方式の押出し例

SSY式押出し工法

SSY式押出し工法は，中規模径間（スパン40〜60m級）橋梁における合理的な架設工法として開発されたもので，各橋脚に「SSY式押出し装置」を設置して橋桁を架設する工法である。

本工法は，橋桁を押し出す際の推進の反力を各橋脚に分散し，作業の指令を中央制御室一箇所において集中コントロールするため，下記に示す特徴を持っている。

①一箇所に反力が集中せず，地盤の悪い高架橋にも適用できる。
②橋台背後の取付け道路上に，主桁製作ヤードを設けることができない場合でも，押出し架設できる。
③橋梁の連数に応じた設備で架設することができるとともに，連数が多い場合でも中央制御盤によって集中管理することができる。
④押出し架設中，橋脚の沈下など不測の事態が発生しても鉛直ジャッキによって高さの調整ができるため，橋桁に悪影響をおよぼさない。
⑤曲線桁の施工にも適している。
⑥押出し装置上に，線形に合わせたテーパー板を設置することにより，縦・横断勾配など複雑な線形を有する橋梁の場合にも対応することができる。

SSY式押出し装置は，鉛直ジャッキと水平ジャッキ，並びにたわみを吸収できるスライドプレートと，その支持台であるスライド架台およびそれらを作動させる油圧ポンプと連動装置から構成されている。各橋台，橋脚上の押出し装置は，すべて中央制御盤に接続され，中央制御盤一箇所において連動操作を行える機構となっており，反力管理も中央制御室内において集中管理するシステムとなっている。橋桁を押し出す作業要領を，図8.2.10に示す。

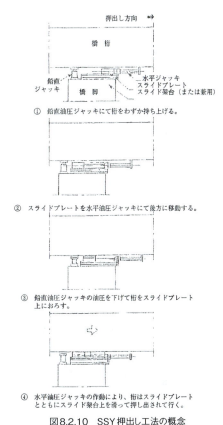

① 鉛直油圧ジャッキにて桁をわずか持ち上げる。
② スライドプレートを水平油圧ジャッキにて後方に移動する。
③ 鉛直油圧ジャッキの油圧を下げて桁をスライドプレート上におろす。
④ 水平油圧ジャッキの作動により，桁はスライドプレートとともにスライド架台上を滑って押し出されて行く。

図8.2.10 SSY押出し工法の概念

RS工法

RS工法は，桁を前方へ移動させる押出し装置と，桁を滑らせる滑り装置に分離され，一般に集中方式と称されている押出し工法である。

押出し装置は，図8.2.11に示すように，橋台，あるいは橋脚1箇所（複数でもよい）に設置される油圧式円筒ジャッキで，橋桁に取り付けられたブラケットを通して，橋桁に押出し時の推進力を与え，ヤード部に設けられた反力台で，その反力を下部工に伝達させる構造が通常である。

滑り装置は，図8.2.12に示すようにRS支承（兼用支承），スライディングリボン，巻取り装置から構成されており，押出し架設時には，RS支承上面に設置されているテフロン板とスライディングリボンのあいだで滑り，巻取り装置は，そのスライディングリボンを自動的に挿入および巻き取る役割を果たしている。

施工順序は，一般に，橋台後方に橋桁の製作ヤードを設け，最初に，このヤードで第1ブロックを製作し，先端に手延べ桁を取り付けて押し出す。その

後は，順次製作ヤードを設け，最初に，このヤードで第1ブロックを製作し，先端に手延べ桁を取り付けて押し出す。橋桁の押出し作業が完了した後，手延べ桁を撤去，本支承セット，最終プレストレス導入の順序で作業を行い，橋桁を完成させる。

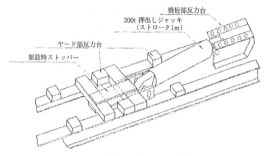

図8.2.11　RS工法押出し装置の概略

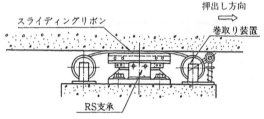

図8.2.12　RS工法滑り装置の概略

3　移動支保工架設工法

移動支保工式架設工法とは，一般的な枠組支保工等を用いる固定支保工式架設工法に対し，型枠および支保工を部分的に解体するだけで次の径間に移動し，1径間ずつ順次橋体を施工する工法である。

この工法は，型枠の支持方法により，ハンガータイプとサポートタイプに大別できる。

ハンガータイプは，移動吊支保工とも呼ばれ，橋体上方に設置されたメインガーダー（支持桁）から直角方向に横梁を配置し，その横梁より吊材，足場材を吊下げ型枠を支持する構造である。この形式は，吊り下げる構造により2通りに分けられ，一つは，横梁，吊材，足場材の各接点が剛構造であるGerustwagenと称している形式である。もう一つは，横梁よりチェーンまたはワイヤーによって足場を吊り下げ，柔構造としたCintre-Auto-Lanceurと称している形式である。

サポートタイプは，可動支保工とも呼ばれ，橋体の下側に3連の支保工桁を配置し，その桁により型枠を支持する構造である。この形式で，最も一般的なものは可動支保工である。

この工法は，当初，地上からの固定式支保工では施工が困難な高橋脚を有する橋梁や架設作業の省力化を図るために開発されたものである。この工法が普及した要因として，次の事項があげられる。

・施工時に橋体下の空間が確保できる
・橋体が上屋で覆われているため，風雨等の気象条件に左右されずに施工でき，工程が管理しやすい。
・同じ作業が連続するため作業員の熟練度が早く，機械化により省力化，急速施工が可能である。

したがって，この工法は，国内においては上記の特徴を活かせる都市内高架橋や多径間橋梁等に多く採用されている。適用する場合の留意点は，以下のとおりである。

① 架設設備が一般的な枠組支保工に比べて規模が大きくなり，支保工に要する費用が高くなるので，ある程度の施工延長が必要になる。
② 橋体の断面形状については，中空床版，箱桁，多主版桁であれば特に制約はないが，多主版桁をハンガータイプで施工する場合，型枠の開閉機構が複雑になる。また，施工の省力化，急速化を図るためには，同一の断面形状が連続していることが望ましい。
③ 支間40m以下，および幅員20m以下の橋梁に適用するのが望ましい。
④ 橋脚形状については，サポートタイプの場合，独立2柱式橋脚は適用可能であるが，壁式橋脚，Y形橋脚では，中間の支保工桁を設置するため，橋脚天端に切り欠きを予め設けるなどの処置が必要である。また，T形橋脚は支保工桁が2連の特殊な移動支保工を用いる必要がある。ハンガータイプの場合は，橋脚形状に制約を受けない。
⑤ 平面線形についての適用範囲は一概には示せないが，これまでの施工実績では，ハンガータイプのうちゲリュストワーゲンで最小曲線半径が240m，サポートタイプで1000mとなっている。
⑥ ハンガータイプは，キャンバーの調整を吊材で行うため，不等径間の場合や橋体の断面形状が変化する場合等に，キャンバーの調整が容易である。また，サポートタイプは，支保工桁の変形だけが支保工の変形になるため，キャンバー

量が少なくなる。
⑦サポートタイプは，支保工桁を橋体下に通すため，桁下に確保できる空間はハンガータイプより小さい。

移動支保工による橋梁架設

ゲリュストワーゲン工法

本工法は，メインガーダより張り出した横梁によって型枠および足場設備を吊り下げ，基本的には3基の移動受台を操作して1スパンの橋桁を一挙に施工し，前進していく工法で，一般に大型移動支保工工法と呼ばれている。大型移動支保工は，橋面上方にメインガーダを通し，このメインガーダから横梁を張り出し，型枠・足場を吊ったハンガータイプと橋体直下にガーダを通し，このガーダ上に型枠を組み上げたサポートタイプに大別することができる。

本工法は，高度に機械化された支保工と型枠を用いて施工するため，安全性の向上，品質および工程管理が行き届き，工程短縮が可能となる一般的な特徴はもちろんのこと，下記に示す大きな特徴を持っている。

①メインガーダと手延べガーダの取付けがヒンジ構造となっているため，曲線桁にも容易に対応できる。
②足場と型枠が2段構造となっており，横断勾配やわずかの断面変化には対応可能である。
③施工に伴い生じる橋脚形状への制約が極めて小さい。
④型枠開閉を油圧ジャッキにて行うため，建築限界など桁下に及ぼす影響は極めて小さい。

ゲリュストワーゲンの基本構造は，メインガーダおよび手延べガーダ，横梁および吊桁，固定足場およ
び可動足場，移動受台から構成されている。

メインガーダおよび手延べガーダは箱形断面をしており，主桁断面中央に1本配置され，全体の荷重を支えている。横梁，吊桁，足場材は各々の接点で剛結された構造となっており，可動足場はワーゲン移動に際し，橋脚をかわすために，上下あるいは水平に開閉できる構造となっている。移動受台は前方よりR1，R2，R3の3基があり，メインガーダを支持すると同時にワーゲンを移動させるための駆動装置を有している。移動受台は自力でメインガーダに懸垂し自走できるため，橋面上にレールなどの軌条設備は不要である。このほかに横桁支柱，エンドブロック支柱がメインガーダに固定され，移動時の急速化を図っている。図8.2.13にゲリュストワーゲン工法の架設手順を示す。

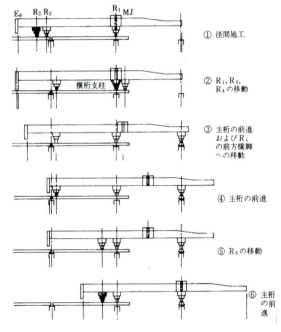

図8.2.13 ゲリュストワーゲン工法の架設手順

OKK式大型移動支保工

OKK式移動支保工には，サポートタイプの移動支保工とハンガータイプの移動支保工がある。

サポートタイプは，左右2本の側方支保工桁と，1本あるいは複数本の中央支保工桁から成り，側方桁により開閉型枠を移動させる工法である。中央桁の本数は，主に橋体の断面形状により選択され，コンクリート打設時の荷重は，全支保工桁により相応の負担で受け持つ。支保工桁は橋脚または橋脚ブラ

ケットの上に配置したジャッキで支持されており，支保工自重およびコンクリート荷重はすべて橋脚に伝達される。また，橋脚ブラケットを用いないで，橋脚のフーチングから受け支柱を設置して荷重を受け持つこともある。

　サポートタイプの移動支保工は，手延べ桁を有する2本の支保工桁と，2台の支持架台および1台の走行架台を橋面上に配置し，型枠支保工を移動させる工法である。型枠は，支保工桁から吊り下げた吊材および吊鋼棒によりトラス構造の型枠受け架台を支持し，その上に配置される。コンクリートおよび支保工荷重は，吊材と吊鋼棒を介して2本の支保工桁に伝達され，橋脚上に設置した支持架台で支持される。図8.2.14にサポートタイプ移動支保工の構造概要を示す。

　サポートタイプでの支保工桁の移動は，開閉型枠を解放してから側方支保工桁，中央桁の順に行う。側方桁は，橋脚部に配置した送り出しローラと後方にある自走式移動装置によって移動する。中央桁は側方桁前方の継ぎ材上に配置した電動チルホールにより送り出しローラ上を移動させる。なお，支保工桁を一体として，全体を同時に移動させることもある。

　ハンガータイプの支保工は，本体の移動前に支持架台の移動を行う。まず支持架台のメインジャッキを降下し後方の走行架台に吊支保工の荷重を移行させる。続いて後方架台を前方架台の位置に，前方架台を先端サポートのある柱頭ブロック上に移動する。次に後方の推進ジャッキによりレール上の走行架台を走行させて支保工全体を移動させる。所定の位置に移動したら，前後の支持架台のメインジャッキで高さ調整する。図8.2.15にハンガータイプ移動支保工の構造概要を示す。

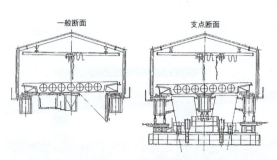

図8.2.14　サポートタイプ移動支保工の構造概要

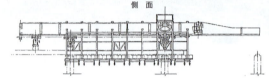
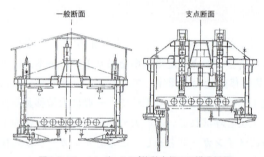

図8.2.15　ハンガータイプ移動支保工の構造概要

FPS式移動支保工

　FPS式移動支保工には，大型移動吊支保工，開閉式型枠移動支保工，および移動型枠工法がある。

①大型移動吊支保工

　　移動吊支保工の形式には，主梁から肋骨状に出た横梁が互いに剛結している剛構造形式と橋梁から吊り下げられたワイヤーロープ等で型枠を吊り下げた柔構造形式の2種類があり，剛構造はゲリュストワーゲンタイプ，柔構造はオートランスルータイプである。本工法はオートランスルータイプに属し，以下の特徴がある。

・急速施工が可能で，安全，確実な工法
・桁下空間や下部構造形式に関係なく施工可能
・曲線や縦横断勾配がある橋梁の施工可能
・気象条件に左右されず，品質管理，工程管理が容易

図8.2.16に大型移動吊支保工の構造概要を示す。

②開閉式型枠移動支保工

本工法は，1本の脚柱を挟んだ2本のメインガーダ上に型枠を取り付け，型枠は橋軸から左右に折りたたむことにより，脚柱をかわして移動できるものである。

メインガーダの支持は，フーチング上にコンクリート杭を建て，その上に受け架台および全反力を受け持つ4台のジャッキで支持する。型枠は橋梁中心で分割し，橋軸方向もブロック割りし，各ブロック型枠には上下用ジャッキが装備されており，型枠が外側に移動すると同時に高さも低くなり，脚柱をかわして移動できる。移動支保工の移動は，ギャードモータ付き駆動ローラにより前進移動させる。図8.2.17に開閉式型枠移動支保工の構造概要を示す。

③移動型枠工法

本工法は，段階施工において大型移動支保工が経済的に利用できない中規模橋梁に用いられる。一般に使用されている枠組支柱上に，レールを敷きその上を走行する特殊台車上に大型パネル状型枠をのせて，1スパンの桁製作毎に，脱型移動する工法である。

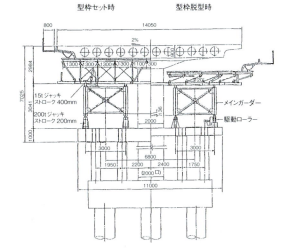

図8.2.17　開閉式型枠移動支保工の構造概要

ストラバーグ方式移動支保工

移動支保工の形式を大別すれば，サポートタイプとハンガータイプの2種類に分類でき，ストラバーグ方式可動支保工は，サポートタイプの移動支保工に属している。

本工法は，橋体の下側に3連の主構造を配置し，その上に鋼製の外枠を設置したものを言う。

支保工の形式は，主として，外型枠を設置した支保工桁をどのように前進移動するかによって決まる。標準的な形式は，主構を3連使用し，中央の主構造を2径間以上延長して，外側の主構の支保工桁を前進移動させる送り桁兼用とする形式である。コンクリート打設時の可動支保工の後方支点は，すでに施工された橋体張出し部の先端（インフリクションポイント）付近に設け，前方は，橋脚に設置された橋脚ブラケットにより支持される。

本工法の前方と後方の支点には個々に連動する油圧ジャッキが組み込まれており，ジャッキを下げることで支保工桁が下がり，同時に外型枠が離脱される。また下床版の型枠のうち，支保工桁と送り桁の中間にある型枠は，支保工桁を支点とする開閉型枠となり，前方支点となる橋脚ブラケットは支保工桁に吊り下げて移動される。

移動中の両側にある支保工桁の支持装置の前方は，送り桁の上を走行する電動台車に載った門型の前方ラーメンによって支持され，後方は，すでに施工された橋体の橋面を走行する電動台車に取り込んだ門型の後方ラーメンによって支持される。中央の

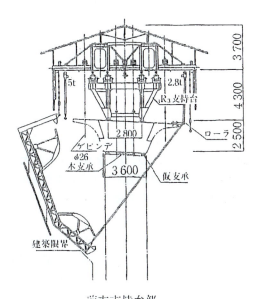

図8.2.16　大型移動吊支保工の構造概要

第8章　橋梁・架設　Ⅱ　コンクリート橋上部工　773

送り桁は，2径間以上の長さの桁であり，その支持装置，移動装置は橋脚上部に設置され，電動ウィンチ等で移動できる。図8.2.18にストラバーグ方式可動支保工の構造概要を示す。また、図8.2.19にストラバーグ方式可動支保工の架設手順を示す。

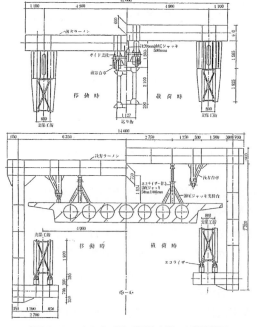

図8.2.18 ストラバーグ方式可動支保工の構造概要

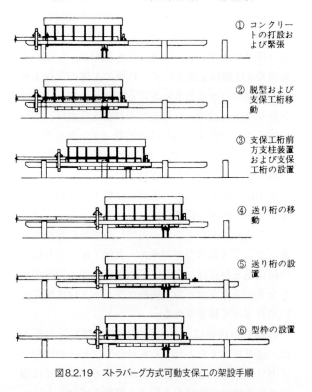

図8.2.19 ストラバーグ方式可動支保工の架設手順

4 固定支保工式架設工法

固定支保工式架設工法は，地上から堅固に組み上げられた支保工上で，コンクリート橋を構築する工法で，PC橋架設工法全体の基本をなすものである。支保工は，枠組，支柱，梁等の組立て解体が容易にできる比較的軽量の機材から構成される。支保工は一般に，橋梁1径間ごとに組み上げられ，その径間の橋体施工が完了すると解体される。多径間橋梁の場合には，次の径間で支保工が再び組み上げられ，橋体完成とともに解体される。以下同様の作業が繰り返されて橋梁が施工される。

固定支保工は，使用する機材の組合せにより次のように分類される。

①支柱式支保工

支柱式支保工は，図8.2.20に示すように，単管支柱，枠組み支柱，組立て断面支柱等の柱材と水平方向の変位を防止するための「筋違い」等と組み合わせたものである。

支柱式支保工は，桁下空間に障害物がない，桁下高さが比較的小さい，支保工を支持する基礎地盤が良好である，大型クレーン等の重機の進入が困難である等の現場条件に適している。

②梁・支柱式支保工

梁・支柱式支保工は，梁と支柱で支保工を構成する。梁と支柱の組合わせ方法は，次のように分類できる。

第1は，図8.2.21に示すように，施工径間を1つの梁で跨ぐ形式である。一般には施工径間両端の橋脚フーチング上に支柱を建て，その上に鋼製ガーダなどの大型梁を設置する。大型クレーンなどの主材が進入できないような場合には，フーチング上に直接ガーダを設置し，その上に支柱を組み上げる。

第2は，施工径間内に何箇所か支柱を建て，その上に一般にはH鋼等の比較的小型の梁を置く形式である。中間の支柱には比較的大きな鉛直荷重が作用するので，支柱の基礎には，基礎コンクリート，場合によっては杭が必要である。

③梁式支保工

梁式支保工は，梁のみで支保工を構成する。梁は図8.2.22に示すように，橋台や橋脚にあらかじめ埋め込まれたI形鋼またはH形鋼に，ま

たはボルト等で橋台や橋脚の壁前面に取り付けられたブラケットに，直接支持される。梁には，H形鋼，プレートガーダー，トラス梁等比較的大型の梁が用いられる。

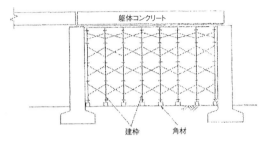

図8.2.20　支柱式支保工の例

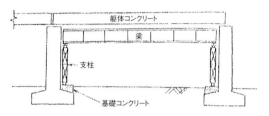

図8.2.21　梁・支柱式支保工の例

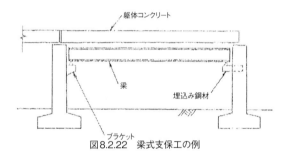

図8.2.22　梁式支保工の例

5　プレキャスト桁架設工法

プレキャスト桁架設工法とは，PC桁を工場または現場付近の製作ヤードで製作し，トレーラー等で運搬し所定位置に架設する工法の総称である。

一概にPC橋のプレキャスト桁といっても，小さいものは支間5mで，重量は600kg程度のI形プレテンション桁から，大きいものは支間が40mで，重量は100t程度のT形ポストテンション桁までの広い範囲に分布し，鉄道橋では支間50mで300tの箱桁の実績まである。

PC桁は，プレストレスの関係上両端でしか支持または，吊り上げができない性質があるため，それらの点について十分留意し，桁の移動，運搬，架設中に桁が転倒したり損傷したりしないよう安全確実に作業しなければならない。

架設工法の選定にあたっては，通常，架橋場所の地理的条件，工期と架設時期，工事規模，経済性，安全性などの条件を考慮して最も適切な工法を決定している。

プレキャスト桁の架設工法には次のような工法がある。

・クレーン類による架設
・架設桁による架設
・タワーエレクションによる架設
・ベント類による架設

近年の熟練作業者不足は深刻であり，特に高度な特殊技能を必要とする工法の採用率は低くなっており，地理的条件が可能なかぎり，クレーン類による架設が多く採用されていて，それに次いで架設桁による架設が多い。

①クレーン類による架設

　クレーン類による架設には次のようなものがあり，地理的条件を中心に選定される。

・トラッククレーンによる架設
・クローラクレーンによる架設
・フローティングクレーンによる架設
・門形クレーンによる架設

②架設桁による架設

　クレーン類，特にトラッククレーンにより架設ができない場合の大半は，架設桁により架設される。架設桁による架設工法は，架設桁設備のほかに桁吊り装置，横取装置等を組み合わせて行うもので，種々の現場条件に適合させることができる。工法を細分類すると次のようになり，橋梁の規模，PC桁重量や立地条件などにより選定される。

・上路式架設
・下路式架設
・抱込み式架設

③タワーエレクションによる架設

　架設径間の両橋脚上にタワーをたて，PC桁の前端を両タワーから相吊りし，空間を吊り出して架設する相吊り式と，橋下に運搬した主桁を両タワーで吊り上げ架設する吊上げ式とがある。しかし最近ではこの工法は，高度の技能，熟練を要することから，実施例は少なくなっている。

プレキャスト箱桁の現場製作

架設桁によるプレキャスト箱桁の架設

アーチ橋架設工法

　コンクリートアーチ橋の施工は，多岐にわたる架設工法が採用されており，大別すると次の4工法に分類される．
1) 固定支保工架設工法
2) セントル架設工法
3) 張出し架設工法
4) その他の特殊架設工法

　固定支保工架設工法は，比較的平坦な地形における小径間長のアーチ橋に採用されており，全面支保工上でアーチリブを場所打ちコンクリートで施工する方法である．支保工には枠組支保工，支柱式支保工が用いられるが，アーチリブが傾斜をもっているため，支保工と型枠の接合点には特別な配慮がなされている．

　セントル架設工法は，固定支保工架設工法が困難な地形，例えば山岳地帯や河川上における，支間長100m程度以下のアーチ橋に多く採用されている．アーチリブ直下にセントル材（アーチ形状を有する鋼製支保工材で，一般にはアーチアバット上に支承を配置し，2ヒンジアーチ構造としている）を架設し，セントル材を支保工としてアーチリブのコンクリートを打設し施工する方法である．また，セントル材は一般にはアーチリブコンクリート打設後に撤去するが，後述するメラン工法と同様にアーチリブ内に埋め込む方法もある．すなわち，鋼管をまずアーチリブ軸線上に架設し，鋼管内をコンクリートで充填し，架設時合成アーチ構造とした後，アーチリブをコンクリートで順次巻き立てていく方法である．

　張出し架設工法は，斜吊り張出し工法とトラス張出し工法に分けられる．

　斜吊り張出し工法は，エンドポスト（橋脚）よりアーチリブをPC鋼材により斜吊りしながら張出し架設を行うものであり，エンドポスト上にピロンを立て，また両側より張出し架設されたアーチリブの中央部をメラン材で閉合した後，メラン部をコンクリートで巻き立ててアーチリブを完成させる場合をピロン・メラン張出し工法と呼んでいる．

　トラス張出し工法は，アーチリブ，鉛直材，上床版からなるフレームに斜吊り材を配置してトラス構造を形成し張出し架設する方法である．なお，構造が逆ランガー形式の場合は，アーチリブの剛性が補剛桁に比べて小さいため，補剛桁上に移動作業車を載せ，アーチリブ，鉛直材も移動作業車内で施工する方法をとる．メラン工法を併用したトラス張出し架設工法による実施もある．

　その他の特殊架設法として，ロアリング工法がある．スプリンギング部にロアリング用の回転沓を設置し，アーチリブはほぼ鉛直に近い状態で橋脚と同様に施工し，施工完了後，ロアリングケーブル，引き寄せケーブルを用いて所定の位置にアーチリブを回転させ，中央部で閉合する方法である．

【参考文献】
1) 和田信秀他：コンクリートアーチ橋の施工：橋梁と基礎，Vol.25, No.8, 1991年

RCアーチ橋

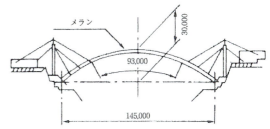

メラン工法（例：帝釈橋（ピロン工法との併用））

図8.2.23　ピロン・メラン張出し工法の概要

ピロン・メラン張出し工法

ピロン・メラン張出し工法は，長大支間を有する上路式アーチ橋を，支保工やセントルを用いずに架設する工法である。

まず，エンドポスト（アーチアバット上に立てられる橋脚）からステイ，すなわち斜吊りケーブルでアーチリブを吊りながら張出し施工する。ステイの効果を最大限に発揮するため，ステイの配置角度が高くなるように，エンドポスト上にはピロンと呼ばれるステイ定着用の仮支柱を設ける。

つぎに，ピロンとステイによる斜吊り張出し施工が進行するにともない，耐震安全性が問題になってくるので，両側のスプリンギングからクラウンに向かって斜吊り張出し方式で，ある程度までアーチリブを施工した後，中央部にメランと呼ばれる鋼製アーチを架設して，いったんアーチ構造系を完成させる。メランは架設中の耐震性を高める役目を果たすと同時に，以後の張出し施工の支保工部材となり，コンクリートで巻き立てられることによってアーチリブ部材の一環を形成することになる。

本工法は，架橋地点の地形条件，資機材の運搬条件などの制約をほとんど受けずに長大アーチ橋を架設できる工法といえ，経済的な適用支間長は，アーチ支間120〜300m程度の範囲にあると考えられる。

図8.2.23にピロン・メラン張出し工法の概要を示す。

トラス張出し工法

トラス張出し工法は，長大支間を有する上路式アーチ橋や逆ランガー橋を，支保工やセントルを用いずに架設する工法である。

エンドポスト（アーチアバット上に立てられる橋脚）より前方を，アーチリブ，上床版（補剛桁），鉛直材および仮設斜材の4つの部材でトラスを形成しながら張出し施工する。張出し施工にともなってアーチアバット前方に大きな転倒モーメントが生じるため，エンドポストより後方にアンカー構造物を設けて対処する。

本工法は，架橋地点の地形条件，資機材の運搬条件などの制約をほとんど受けずに長大アーチ橋を架設できる工法であり，経済的な適用支間長は，アーチ支間80〜200m程度の範囲にあると考えられる。

図8.2.24は上路式アーチ橋をトラス張出し工法で架設した例であり，張出し施工中に生じる前方転倒モーメントに対し，仮設斜材の張力を上床版に配置された仮設PC鋼材に伝達し，橋台のアンカーブロックで抵抗させる。全体構造系における上床版（補剛桁）とアーチリブの部材特性の違いから，アーチリブをワーゲンで，上床版を移動支保工で施工している。また，アーチリブには張出し架設にともなう曲げ引張応力度が生じるので，仮設PC鋼材を配置してプレストレスを導入している。

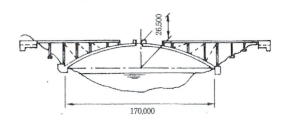

トラス工法（例：外津橋）

図8.2.24　トラス張出し工法の架設した例

トラス・メラン併用工法

トラス・メラン併用工法は，長大スパンのコンクリートアーチ橋におけるアーチリング架設工法のひとつで，架設時のアーチリングコンクリートの応力を低減する目的で，図8.2.25に示すトラス構造による張出し架設工法とメラン工法を組合わせた工法であり，以下の特徴がある。

① 長大スパンのアーチリングの架設に適している。
② トラス構造による張出し工法となるので，剛性が高く，架設時の耐震性に優れている。
③ トラス構造を構成する鉛直材，水平材にH鋼材を使用することで工期を短縮することができる。

本工法で最も重要な架設機材は，図8.2.26に示す機能を有する特殊ワーゲンである。

① アーチリングの最大傾斜角度を移動することができる。
② 各ブロックで変化するアーチリングの勾配に対して，ワーゲンを常に水平に調整することができる。

本工法によるアーチリングの架設は，支保工施工部，トラスカンチレバー部，メラン部の3段階にわけることができる。このトラスカンチレバー部は，図8.2.25で示すように，施工時のアーチリングの応力を軽減する目的で，大型H鋼材を用いた鉛直材・水平材，PC鋼棒を用いた斜吊材，アーチリングコンクリートを下弦材とするトラス構造を形成し，斜吊材の緊張力・アーチリングコンクリート重量は，水平材を通してPC構造のバックステー・基礎構造物に伝達する原理のもとで施工される。

メラン部は，コンクリートと鋼の複合構造のアーチリングを仮閉合して安定した構造系のもとで，メラン材をコンクリートで埋め込む形で施工される。

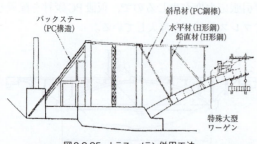

図8.2.25　トラス・メラン併用工法

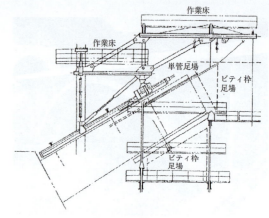

図8.2.26　特殊ワーゲン

ロアリング式架設工法

ロアリング工法は，コンクリート橋施工におけるアーチリング架設工法の一つであり，アーチリングを支間中央で2分割したものを各々のアーチアバット上で鉛直方向に製作し，これを前方に回転降下させたのち，中央部を閉合するものである。この回転降下（ロアリング）は，アーチリング脚下の回転沓と，橋台後方のアンカーブロックとリング先端を結ぶロアリングケーブルにより行うが，このロアリングケーブルをロアリング完了時にほぼ水平となるように配置することにより，ロアリング中のアーチリングには常に軸力を卓越させることができる。

以下に同工法の特徴を列挙する。

① アーチリングの施工に支保工を必要としない。
② コンクリート打設をアーチアバット上で行うため品質管理が容易である。
③ 大型架設機材を必要としない。
④ 急速施工が可能である。
⑤ 施工時の構造系変化が少なく設計・施工が簡明である。
⑥ 施工中を通じてリングは常に圧縮応力状態にあり，乾燥収縮クラック等発生の不安がない。
⑦ 施工時，リングには曲げ引張応力に対する特別な補強を必要とせず経済的である。

回転沓はロアリングの精度を左右するもので，その据付けは入念に行う必要がある。回転沓はロアリング完了後，撤去し転用する場合と，そのままスプリンギング部に埋め込む場合とがある。アーチリングの鉛直施工はブロックごとに行うが，このため，揚重設備を装備した特別な型枠足場を組み立てる。

ロアリングケーブルはアーチリングの回転に伴い，その水平軸に対する角度が次第に小さくなるが，ケーブルの両定着部には角変化に対応するための特別な配慮を行っている。また，ロアリングの管理は引寄せケーブルとロアリングケーブルのジャッキ張力，回転角度，アーチリングの応力等をパラメータに，総合的に行う必要がある。必要な機材としては，回転沓およびロアリング用ジャッキポンプであり，大型機材といえるものはない。

CLCA工法（合成アーチ巻立工法）

CLCA工法は，合成柱の構造理論をコンクリートアーチ橋の構築方法に応用したものである。すなわち，アーチリブの軸線上にメラン工法のメラン鋼材に相当するコンクリート充填鋼管を構築し，そのコンクリート合成鋼管をアーチリブ躯体コンクリートで巻き立てることにより，アーチリブを形成する施工方法である。

本工法の施工手順は次のとおりである。
1）薄肉角形鋼管をアーチ軸線上に架け渡す。
2）薄肉角形鋼管内にコンクリートを充填する。
3）充填コンクリート硬化後，コンクリート充填鋼管を包みこむようにアーチリブコンクリートを施工し，アーチリブを完成させる。

本工法の特徴は次のとおりである。
1）メラン工法に比較して，軸方向力に優れた性質がいかされ，鋼材量を大幅に減少できる。支間50m〜200mの中規模アーチ橋に適した工法である。
2）施工初期に鋼管を閉合することで，耐震，耐風安定性に優れ，されにコンクリートが充填された合成アーチは強固な構造となる。したがってアーチリブの施工は，極めて安全性が高い。
3）トラス工法，ピロン工法などのカンチレバー工法のように，大きく構造系が変化することがなく，設計，施工管理が極めて容易である。
4）ワーゲンは前方でも支持するので，軽量化できる。
5）角形鋼管の架設は，アーチ支間がL＝140m程度以下であれば，ロアリング架設することにより工期を短縮することができる。
6）合成アーチは完成系において部材断面に導入しないが，実質的にはSRC部材として有効に働き，靱性に優れ最終耐力が向上する。合成鋼管は一般的には，図8.2.27のように，アーチリブウェブ内に配置される。断面緒元の決定はアーチリブ断面諸寸法を考え合わせ，鋼部材の製作性，施工性を考慮の上，決定する。

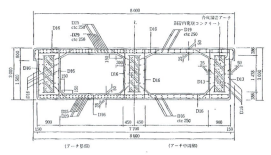

図8.2.27　CLCA工法によるアーチリブ断面の例

PC斜張橋・エクストラドーズド橋の架設工法

PC斜張橋は構造の合理性，景観性，長大橋に適するなどの観点から注目を集めている橋梁であり，その構造形式は多様で，今までの実績を見ても，その形式・施工法は多岐にわたっている。

また，エクストラドーズド橋は大偏心外ケーブルを用いた低い主塔が特徴の桁橋と斜張橋の中間的な構造形式を持つ橋梁である。特徴としては斜材の荷重分担が小さいことから斜材安全率を低減できる，斜張橋とは外見は近いが構造・施工的には桁橋に近い，等があげられる。

PC斜張橋・エクストラドーズド橋は大別して主桁・主塔・斜材の3要素より成り立っており，図8.2.28に示すような種々の構造形式が考えられる。

その施工法を選定する場合，架橋地点の自然条件，制約条件，橋梁規模などの一般的諸条件のほかに，主桁の断面形状，主塔の形状寸法，斜材の構造，配置形状などを総合的に判断して，これらの諸条件に最適で，かつ合理的，経済的な工法を検討する必要がある。

各要素の施工法については次節にその概要を述べるが，全体フローについては，橋梁個々の構造形式，形状，規模などによって異なってくる。

特に主桁の施工サイクルが全体工程を左右する場合が多いので，主塔，斜材の施工と主桁の施工を関連させた十分な施工法の検討が必要である。

図8.2.29に一般的な張出し架設工法による3径間連続PC斜張橋の施工順序図を示す。

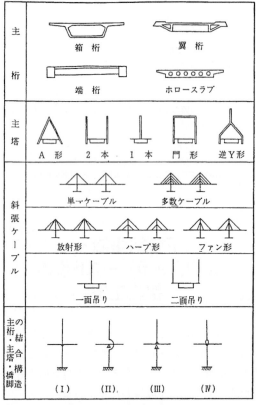

図8.2.28 斜張橋の構造形式

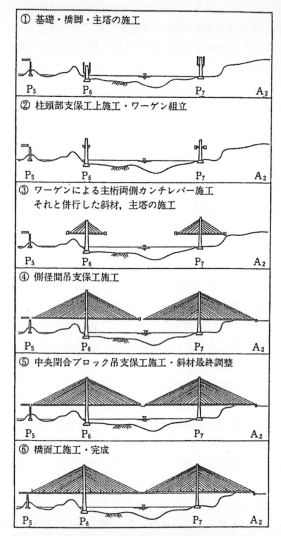

図8.2.29 張出し架設工法による斜張橋の施工順序

PC斜張橋

1 主桁の架設工法

主桁は通常のPC橋の施工と基本的には同じであるが，主塔，斜材の施工と関連づけてその施工法を選定する必要がある。従来の施工実績では支保工架設（固定式支保工と接地式移動支保工）と張出し架設に大別でき，工法選定には桁下空間の制約条件，規模，支間長などを考慮しなければならない。一般的には，規模，支間長が小さい場合は固定式支保工が多く採用され，規模・支間長が大きい場合は移動式作業車を使用した張出し架設が採用されている。

特に最近は多段斜材ケーブル方式が多く採用されていることから，斜材で主桁を吊り下げながら張出し架設する方法は斜材を構造部材として最大限利用できるという利点がある。

詳細の施工計画をたてるにあたっては，次の点を十分考慮し検討する必要がある。

①断面形状は，箱桁が主流であり等桁高の例が多い。
②一般に桁高が小さく部材も薄く，また斜ウェブの場合もあることから，一般の桁橋に比べ施工管理には注意を要する。
③斜材定着部には定着突起および横桁があり，特に多段斜材ケーブル方式の場合その頻度も多い。
④長大橋では立地条件によって，風による振動を考慮する必要がある。

SLT工法

SLT（Suspended Long Traveler）工法とは，移動作業車先端をこれから製作する主げたブロックに定着される斜材であらかじめ支持し，その後，斜材間のコンクリートを一度に打設する工法である。

従来工法では，斜材間の主桁は完全なカンチレバー状態で施工され，斜材が定着されるブロックの打設完了後に初めて斜材が架設・緊張される。SLT工法と従来工法との比較を図8.2.30に示す。SLT工法の特徴は次のとおりである。

①工期の短縮
　斜材定着間距離が広くなるほど大きくなる。
②PC鋼材量を減少できる。
　打設コンクリート重量の一部が移動作業車先端を吊っている斜材に分担されるため，架設時断面力が減少することに起因する。
③経済的である。
　移動作業車は従来工法の1.5-2倍程度に大型化するが，工期短縮とPC鋼材量の減少効果が大きくなり，トータルとして経済性の向上が期待できる。

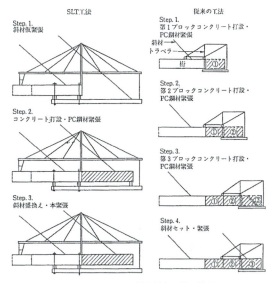

図8.2.30　SLT工法と従来工法の比較

埋込み桁を用いたカンチレバー架設工法

本工法は，先端に張出した鋼桁を，架設中には支保工桁として利用し，コンクリートを打設一体化し，完成後には，それを補強材とするSRC構造の張出し架設法であり，以下のような特徴を持つ。

①架設荷重を斜ケーブルと鋼桁で主に負担するため，架設材料が低減でき，施工ブロック長を大きくとることが可能である。
②支保工桁は完成後，コンクリートと一体となり補強筋として使用するため，力学的・経済的に有利である。
③主桁の斜ケーブル定着は・鋼桁に取り付けられたブラケットを利用することから，定着構造が簡素となる。また，定着部のコンクリートに強度を期待する必要がないので早期の斜材張力調整が可能である。
④鋼桁は工場製作であることから，鋼桁から吊る型枠の位置，定着位置など精度の向上が図られる。

図8.2.31にカンチレバー架設工法の施工手順の一

例を示す。

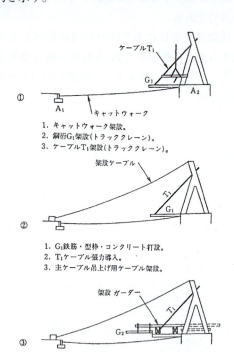

図8.2.31 カンチレバー架設工法による施工手順の一例

2 主塔の架設工法

主塔工については高橋脚や煙突のような塔状構造物の施工と基本的には同じである。工法は主に総足場型枠工法と移動型枠工法に大別できる。

総足場型枠工法は地上、もしくは橋面から直接作業用足場を組み立てて作業を行う工法で、塔高の比較的小さい場合や塔形状が複雑な場合に用いられる。

移動型枠工法は足場と一体になった型枠に自動昇降装置を組み込んだもので、クライミングフォーム工法、スリップフォーム工法などがあり、地上や橋面から足場を組み立てずに高所作業が行えるため、多く採用されている。

また、主塔の低いエクストラドーズド橋では、塔頂部での多段定着が困難である、将来斜材の取換えが容易に行える、等の理由から主塔で斜材を定着せず貫通して桁に定着するサドル形式を採用する場合が多い。図8.2.32にエクストラーズド橋のサドル構造を示す。施工計画における注意点は以下のとおりである。

①高さ方向に変断面となる場合が多く、A形、逆Y形などの場合は軸線が傾斜する。
②高軸力を受ける部材であり、かつ斜材定着部の据付けの関係より高い鉛直精度が要求される。
③斜材定着部は箱抜き型枠であり、補強も多く一般の塔状構造物より複雑である。
④塔高が大きい場合、施工中に仮のストラットが必要になることがある。
⑤主塔本体の施工のほか、斜材の架設、緊張、跡処理作業のための足場の配慮が必要である。
⑥諸資材の揚重運搬方法も十分に検討する必要がある。

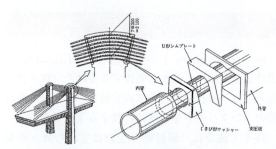

図8.2.32 エクストラドーズド橋のサドル構造

ジャンピングステージ工法（主塔施工用移動足場工法）

ジャンピングステージ工法は、主塔躯体の製作以外にも、斜材の架設、緊張作業にも対応させることを主目的とした主塔施工用移動足場工法である。

本工法の特徴は、主塔施工時には主塔の周囲4面に設けていた足場を、斜材が張られた2面のみ水平

可動構造として，移動の際に邪魔になる斜材をかわしながら上昇，下降することのできる機能にある。構造は，鉄筋・型枠・斜材用の各作業台をセットしたメインフレームと上昇下降のガイド兼アンカーとなるレールの2系統に大別される。

本工法の機能として以下の事があげられる
①主塔躯体製作時の足場としてだけでなく，斜材の架設，緊張作業にも対応できる。
②特殊な形状の主塔にも対応できる。
③A形やH形主塔の横梁も躯体と一体施工できる。
④主塔躯体に埋め込むアンカー類が少ない。
⑤昇降エレベータがシステムとして組み込まれている。

図8.2.33にジャンピングステージの構造例を示す。

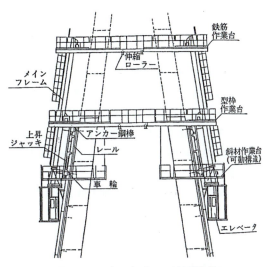

図8.2.33 ジャンピングステージの構造例

ブル配置をもつ主塔の施工例がある。スウェート工法は，スウェーデンのスウェンソンとハンガリーのヨセフ・トーマによって開発されたもので，両者の頭文字を取ってスウェトー工法と呼ばれている。

図8.2.34にスウエート・TMシステムの装置機構の概要を示す。

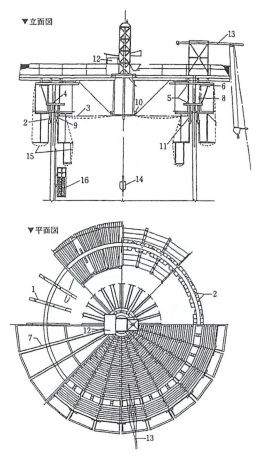

図8.2.34 スウエート・TMシステムの装置機構の概要

スウェート工法

スウェート工法とは，型枠をせり上げながら塔状構造物を築造するスリップフォーム工法の一種で，超高煙突，サイロ，高架水槽，高橋脚等の施工に用いられてきており，主塔の施工に適用することができる。

橋梁が大型化するにつれて要求される主塔高さの増大に対処するため，大型型枠工法等の他工法に比べて，施工速度，施工時の安全性等に優れており，多角形，変断面，傾斜面等の断面形状に対応が可能である。

スリップフォーム工法の斜張橋への適用例として，海外において主塔・橋脚部および放射型のケー

主塔用クライミングフォーム工法

橋梁スパンの長大化に伴い，より高い主塔が必要とされ，また周辺の環境や美観に対する配慮から，A形，逆Y形，X形といった特殊な形状の主塔が用いられることが多くなっている。本クライミングフォーム工法は，主塔の形状に合わせて鉛直部から傾斜部へと，また断面の変化にも適応しながら連続的に自動昇降できる。これにより，作業用足場を主塔全面に組む必要がなくなり，施工性の向上と高い安全性の確保が期待できる。

本工法の特徴は次のとおりである。

①シンプルな形状で比較的軽く，経済的である。

第8章 橋梁・架設 Ⅱ コンクリート橋上部工 783

②部材はピンで結合されているので，0～20°の傾斜に対応できる。
③昇降ガイドにはレールを使用し，安定した構造。
④水平部材にスライド機構を採用しており，様々な形状の断面に適応可能。
⑤コンクリート養生中にクライミング，鉄筋組立て作業が可能。

図8.2.35に逆Y形主塔施工方法を模式的に示す。

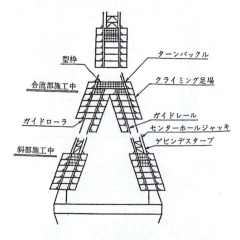

図8.2.35 逆Y形主塔施工方法の模式図

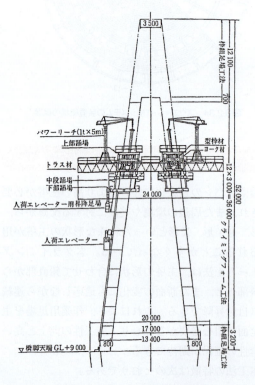

図8.2.36 πフレーム工法の施工概要

πフレーム工法

本工法は，剛性の高いトラス部材を水平に配置し，塔柱左右の型枠やこれをささえるヨーク材をこの水平トラス部材に固定したクライミングフォーム工法である。

傾斜した2本の柱と水平トラス部材の形状が，ギリシャ文字の「π」に似ていることから命名された。本工法の特徴は次のとおりである。

①剛度の高いトラスガーダーに，型枠材およびヨーク材が固定されているため，コンクリート打設時に型枠などの変形が少なく，精度の高い施工が可能である。
②トラスガーダーは塔柱型枠と連結しており，柱の傾斜により生ずる水平力を吸収するとともに，作業足場・連絡通路として利用できる。
③トラスガーダーより吊り下げた作業足場は，斜材の架設・緊張・張力調整に対応できる。足場は斜材が張られた状態でも上昇，下降できる。
④横梁等の施工では，トラスガーターを利用して足場・支保工を組むことができる。
⑤トラス上に設置された小型クレーンにより，塔の施工のための大型タワークレーン等を必要としない。

図8.2.36にπフレーム工法の施工概要を示す。

3 斜材の架設工法

斜材ケーブルは，工場で製作して現場に搬入される「プレハブケーブル」と，主桁，主塔の施工と並行して現場で製作する「現場製作ケーブル」に分けられる。

プレハブケーブルはプレハブケーブル本体を直接クレーン等により吊り込むか，ガイドワイヤーとウインチ等を用いて引き込む方法で架設することが多い。

一方，現場製作ケーブルでは，ガイドワイヤー等を用いて，保護管をケーブルに先駆けて架設後，ケーブル本体を挿入することが多い。防護方法としては，主にケーブル本体を直接亜鉛メッキやポリエチレン被覆する方法と，鋼管やポリエチレン管を防護管として内部をグラウトする方法がある。斜材の架設工

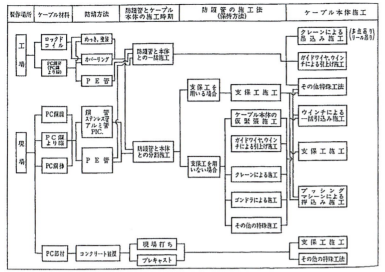

図8.2.37 斜材架設工法選定のフロー

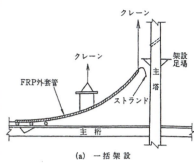

(a) 一括架設

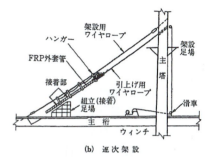

(b) 逐次架設

図8.2.38 FRP外套管の架設方法

法は現場条件，使用材料，防錆方法，防護管材料等と密接に関係しており，様々な工法が採用されている。したがって，斜材の架設工法を選定する場合，橋梁規模，主塔形状，斜材の配置形状，斜材のケーブル材，防錆方法などを十分考慮し，主桁，主塔の施工とも関連づけて，最も合理的・経済的でかつ安全性の高い架設工法を選定する必要がある。

斜材の架設工法選定のフローを図8.2.37に示す。

FRP斜材外套管の架設工法

本工法は，現場製作ケーブルを対象として，FRP管（Fiberglass Reinforced Plastics）を外套管に利用する工法である。外観に優れる連続成形FRP管を5～12mに切断し，現場に搬入された単管を所定の長さに接合し架設するものである。この外套管内に斜材ケーブルを挿入し，緊張力導入後，外套管内部をグラウトし，斜材を完成させる。

FRP外套管の特徴は次のとおりである。
① 耐候性・耐久性に優れており，自由に着色できる。
② 鋼管と同等の剛性があり，かつ鋼管に比べて軽量であるため，外套管組立てのための総足場等がなくても，比較的簡素な設備で架設可能である。
③ コンクリートや鋼材と同程度の線膨張係数であり，断熱性も高くケーブルの温度変化に対し追随できる。

図8.2.38にFRP斜材外套管の架設概要を示す。

斜材の被覆工法

斜材には，ケーブルの容量上の理由からケーブル2～数本をまとめて1斜材を構成する場合がある。こうした形式の斜材には，景観性に加え，渦励振等による振動性状の問題が生じうる。また，温度変化や衝撃等に対して敏感な斜材をさらに保護するという目的から，複数本のケーブルを1つの外套管で被覆してしまうことがある。外套管による被覆は，場所打ち施工，張出し施工にかかわらず適用でき，所定の張力をほぼ与えたのちに斜材を被覆するため，張出し施工の場合にも工程的にさほど影響を受けることなく施工できる。また斜材と外套管の間のスペーサーを調整することにより，斜材のサグを外見上なくしてしまうことも可能であり，さらに外套管種類を自由に選択できるため，景観設計が容易である等の特長を有する。

複数集合斜材の架設・緊張工法

本工法は，大型の斜張橋で，斜材の容量が大きく，複数ケーブルのナット定着方式斜材とする場合に適用できる一括架設法および緊張定着装置である。

ザイルクランプなどで一体化された複数本の斜材の先端をクレーンで吊り上げて架設後，塔側緊張ジャッキ据付け，緊張・定着する。

吊床版橋の架設工法

吊床版構造はアンカーによって固定された橋台と橋台の間に張り渡したPC鋼材を薄いコンクリートでおおい，これを路面とする版構造で，吊橋の塔，ケーブル，補剛桁を一体化した構造である。床版は鋼材に所要の引張力を与えることによって所定のサグ（垂れ下がり）を保ち，活荷重や風荷重などの外力に対して十分な剛性を持つ。

また，上部工の使用材料を他形式の橋梁と比較すると，極端に少ない材料で済む橋梁形式であり，主として歩道橋に多くの実績を持つ。

吊床版橋は，一定のサグをもち，構造上，経済性，出来形に大きな影響を与える。このため，施工段階において変化するサグの管理が重要となる。また構造上，大きな床版張力が作用するため，その水平反力を取るための下部構造が重要となる。図8.2.39に吊床版橋の構造概要を示す。

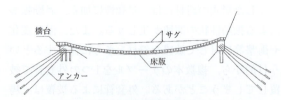

図8.2.39　吊床版橋の構造概要

吊床版懸垂架設工法

吊床版懸垂架設工法は，支保工を使用せずに，張り渡したPC鋼材を利用して吊床版を架設する工法である。

まず最初に，左右の橋台間に吊床版に使用するPC鋼材を張り渡し，そのPC鋼材を利用してプレキャスト化された床版の一部（断面の下側半分）を運搬する。

所定の位置まで運ばれたプレキャスト版をPC鋼材に固定し，これを型枠代わりに残りの床版部のコンクリートを打設する。最後に，プレストレスを導入して吊床版橋となる。

本架設工法の特徴は次のとおりである。
① 支保工を使用しないので，架橋地点の施工条件に左右されずに施工ができる。
② プレキャスト化した床版を架設するため，迅速な施工が可能である。
③ ケーブルクレーンなどの大規模設備を必要としない。

図8.2.40に本工法の施工手順を示す。

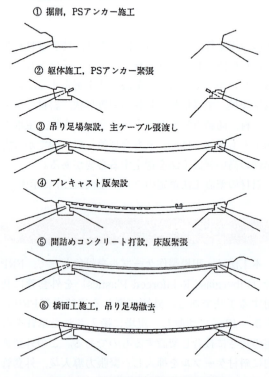

図8.2.40　吊床版懸垂架設工法の施工手順

上路式吊床版懸垂架設工法

上路式吊床版橋は走行用床版を，鉛直材を介して吊り床版により支持する構造の橋である。吊り床版のサグによらず自由に橋面の形状を設定して車両等の走行性を改善することができ，また橋全体としての剛性も高く変形に対しても有利な構造である。図8.2.41に本工法の施工手順を示す。

図8.2.41 上路式吊床版懸垂架設工法の施工手順

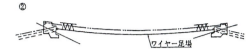
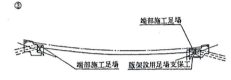

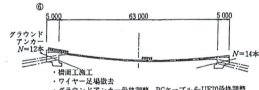

図8.2.42 吊床版橋スライド式架設工法の施工手順

吊床版橋のスライド式架設工法

本工法は，吊床版橋を主として支保工を用いることなく架設するためのものである

一般に吊床版橋は支保工を用いず，あらかじめ張り渡されたPCケーブルを利用して，一定長のプレキャスト版を架設し，目地部や断面の残り一部を場所打ち施工する方法がとられる。本工法は施工のより急速化と簡略化を目指し，プレキャスト版の架設をスライド式架設としたものである。このプレキャスト版は平鋼板4枚を介してケーブルに懸架された状態で片押し式に架設される。

本工法の特長は次のとおりである。

①スライド架設用治具が単純で，製造や取付けが簡単である。
②治具が平鋼であるために，架設終了後，薄いコンクリート床版内にそのまま埋め込むことができる。

図8.2.42に本工法の施工手順を示す。

その他の橋梁架設工法

PCトラス橋

コンクリート橋の長大化をはかるために，1920年頃よりコンクリートトラス橋が計画架設されてきたが，いずれもコンクリートを場所打ちとした固定

支保工による架設であった。その後，PC技術の発展により，プレキャスト部材を用いたトラス構造を張出し架設することが可能になり，1959年キューバのZAZA川橋が世界で初めてPCトラス橋として，プレキャスト部材を用いて張出し架設された。

プレキャスト部材の組立てに対する現場での施工性は，トラスのように部材接合部が多くなる構造では現場での接合部を少なくして，プレキャスト部材の製作誤差，組立て誤差を調整吸収できる目地構造とするのがよい。施工法としては上下弦材，斜材および格点を工場製作のプレキャスト部材として，支保工上にて架設する方法，分割したトラスパネルを地上で平面的に組立て，このパネルを支保工上で移動後，コンクリート目地で接合する方法，プレキャスト部材を用いた張出し架設工法による方法等に実績がある。

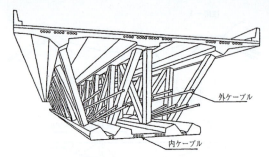

図8.2.43 複合トラス橋の構造例（トラスウエブ構造）

複合トラス橋

複合トラス橋とはPC箱げた橋のウェブを鋼トラス構造に置き換え，コンクリート床版と直接結合した複合構造の橋梁である。特徴としては箱桁ウェブを鋼トラスとする事で，主桁自重を軽量化し，下部構造への負担を軽減して全体でより合理的な構造とすることができる。またトラス構造とすることで高い剛性を有する。構造的には，鋼トラス材の上下にコンクリート床版を結合したトラスウェブ構造と，さらにコンクリート下床版を鋼下弦材としたスペーストラス構造に分類できる。複合トラス橋はヨーロッパに数橋の実績があり，日本では現在計画中の段階である。

施工に関して複合トラス構造は，片持ち張出し工法によって長大支間に適用することで，その有効性を発揮できると考えられている。

鋼トラス材とコンクリート床版の接合部は構造的に重要な部位の一つであり，構造が複雑となると施工にも影響が大きいことから十分な検討が必要となる。

図8.2.43に複合トラス橋の構造概要を示す。

【参考文献】
1）複合橋設計施工規準 プレストレストコンクリート技術協会，2005年12月

波形鋼板ウェブPC橋

波形鋼板ウェブPC橋とはPC箱桁橋のウェブを波形鋼板に置き換えた，コンクリートと鋼の複合構造であり1980年代にフランスで開発され，1992年に日本で初めて施工された。特徴としては，ウェブを軽量な波形鋼板とすることで主桁自重の軽量化が図れ，下部構造への負担も軽減できる。コンクリートウェブと比較して，現場施工の省力化や工期短縮が可能になる。また，構造的には波形鋼板は高いせん断耐力と，橋軸方向には抵抗しないためコンクリート床版にプレストレスを効率的に導入できる等の利点があげられる。

架設方法としては，場所打ち工法，押し出し工法，張出し架設工法，プレキャストセグメント工法に対応でき，さまざまな架橋条件に対し広く適応が可能である。

図8.2.44に波形ウエブPC橋の概念を示す。

【参考文献】
1）波形鋼板ウェブPC橋計画マニュアル（案）波形鋼板ウェブ合成構造研究会，1998年12月

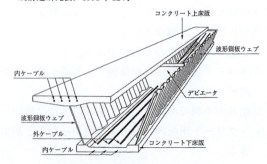

図8.2.44 波形鋼板ウエブPC橋の概念

バイプレ工法

バイプレストレッシング工法（略称:バイプレ工

法）とは，河川橋での高水位時の桁下空間，高架橋での桁下の交通に対する建築限界の確保や周囲の景観との調和等の理由から，桁高が制限される場合に，桁高を低く抑えるために開発されたものである。

バイプレ工法は，従来のPC桁圧縮縁の所定の位置に，シース内に格納されたPC鋼材を配置し，これを押し込み，アンカープレート，ナットで定者することにより，主桁圧縮縁に引張応力を発生させ，コンクリートの許容圧縮応力を超える応力を打ち消す工法である。したがってバイプレ工法はコンクリート部材の引張縁を従来工法で補強し，圧縮縁をこれまでにないポストコンプレッション工法で補強したものと言える。

バイプレ工法の特長は次に示すとおりである。
① 桁高を低くすることができる。
② 主桁自重を軽くすることができる。
③ 支間を増大することができる。
④ 主桁間隔を広げることができる。
⑤ 既存コンクリート構造物の圧縮縁の補強ができる。
⑥ 特殊な架設機やジャッキを必要としない。

図8.2.45にプレストレスの導入システム、図8.2.46に定着部の詳細を示す。

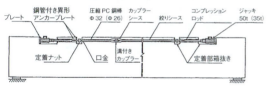

図8.2.45　プレストレス導入システム

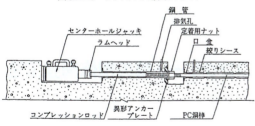

図8.2.46　定着部の詳細

プレビーム工法

プレビーム工法は，プレフレックスビームという名称で，ベルギーの技師により考案され，わが国では1968年に最初のプレビーム合成桁道路橋が施工された。

一般のプレストレストコンクリート橋が，PC鋼材によりコンクリートに応力導入を行うのに対し，プレビームは，鋼桁の曲げ変形を利用することにより，コンクリートにプレストレスを導入するものである。

プレビームは，鋼桁がプレストレスの導入された下フランジコンクリートと場所打ちの上フランジおよびウェブコンクリートで完全に被覆されており，I断面鋼桁とコンクリートを合理的に合成した構造である。この合成の効果により断面剛性が増大し，それに伴いたわみが減少するため，スパン/桁高比を増加させることができる。

最近では，工場製作の桁を現場で組み立てるセグメント工法も採用され，品質の向上および現場工事の工期が短縮されるようになった。また，プレビーム桁の連続桁化により，経済的かつ桁高の低い橋梁が可能になる。

PC方杖ラーメン橋片持ち架設工法

PC方杖ラーメン橋の施工は，全面支保工で行う場合が一般的であるが，本工法は支保工施工が困難な条件下で施工するのに適した工法である。橋脚は埋込み鉄骨（メラン材）を用いたSRC構造で，移動型枠・補助支柱・仮支柱を用いて施工し，主桁は移動作業車を用いたカンチレバー施工をする工法である。

本工法の特徴は次のとおりである。
① 橋脚をメラン材を用いたSRC構造とすることで，脚断面を小さくでき，脚柱頭部でメラン材と仮支柱を結合することで構造的に自立が可能である。また，メラン材を利用して，鉄筋・型枠組立て等が容易になる。
② 斜吊り工法と比較した場合，脚施工中のたわみ管理が煩雑になるが，本工法においては，支柱のジャッキアップ操作のみで対応が可能である。
③ 主桁の施工は，移動作業車によるブロック施工であるため，桁下空間の制約を受けずに施工できる。

留意点としては，中央径間閉合直前に全支保工で施工した状態にするため，補助支柱および脚支点部に作用している施工時の反力を除去する必要があり，そのため，中央径間で水平方向にジャッキアップする必要がある。

図8.2.47にPC方杖ラーメン橋片持ち架設工法の

施工手順を示す。

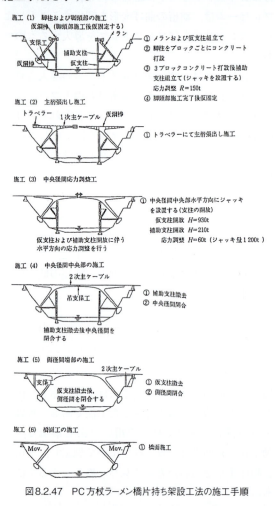

図8.2.47　PC方杖ラーメン橋片持ち架設工法の施工手順

プレキャストセグメント架設工法

プレキャストセグメント工法とは，工場または現場であらかじめ製作された桁を架設地点に架設し，プレストレスにより一体化する工法を言う。この工法は，現場工期の短縮や施工の省力化が図れ，また一定の場所でセグメントの製作を繰返すことから品質管理が容易となるなどの利点がある。

セグメントの製作方法はロングライン方式とショートライン方式に大別される。ロングライン方式は，一径間または1/2径間分の製作台を敷設して，セグメントを製作する方法で，ショートライン方式は，1セグメント分の製作台と側型枠を転用して製作を繰返す方法である。接合面は既設セグメント端面を新セグメントの端枠とするマッチキャスト方式とすることが多く，各セグメントは，接合面に接着剤を塗布後，プレストレスにより一体化する。

架設方法としては張出し架設，架設桁による架設等がある。架設桁による架設工法に，1径間分のセグメントを，架設桁を使用して並べ，一度に緊張・一体化するスパンバイスパン工法がある。主桁の緊張に外ケーブル方式を併用することで急速施工が可能となる。この工法には，図8.2.48に示すセグメントを架設桁上に載せるサポート方式と吊り下げるハンガー方式がある。

図8.2.48　スパンバイスパン工法例

プレキャストセグメント　スパンバイスパン架設工法

コンクリート橋の補修補強工法

補修・補強の目標は，対象構造物の重要度や劣化・損傷程度により異なるが，基本的には次のように分類される。

① 現状の耐荷力，耐久性，機能性等の性能を保持するために，劣化・損傷の進行を制御すること。
② 劣化・損傷した，あるいはそのおそれのある構造物に対し，供用上支障のない所要の性能まで回復させること，またはその性能を初期の水準以上に改善すること。

両者は状況に応じ，適宜組み合わされて実施される。補修・補強工法の選定にあたっては，対象橋梁の構造条件，損傷状況，立地条件，交通特性，維持管理状況，過去の補修・補強履歴等を考慮して交通規制，設計，施工，効果等を検討のうえ，適切な工法が選定される。ただし，現在の補修・補強技術には不明な点も多く，新しい工法を採用する場合には，事前に試験・解析を実施したり，事後にモニタリングを行う等，その効果や施工性を確認評価することが重要である。また，いたずらに補修・補強を実施し逆に既設橋の耐荷力や耐久性を低下させることのないよう留意することが大切である。

なお，補修・補強を検討する場合には，必要に応じ環境改善（振動・騒音，景観），走行性改善（ジョイントの改善・削減）あるいは維持管理の改善等も念頭に入れ検討することも重要である。

ここでは，コンクリート橋の補修・補強工法を，主に耐久性の保持を目的とした対策を「補修」，耐荷力の回復・向上を目的とした対策を「補強」（取換えを含む）と分類し，補修工法を列挙すると以下の工法が挙げられる。

［補修工法の分類］

注入工法，充填工法，断面修復工法，表面被覆工法，防錆工法，床版防水工法等

また，コンクリート橋の補修・補強をその部位で分類すると

桁・床版の補修・補強

支承・伸縮装置等の付属物の補修・補強

橋脚の補修・補強

基礎の補修・補強となる。

図8.2.49に補修工法の種類を示す。

【参考文献】
1）建設図書：「コンクリート構造物の補修・補強の概要」『橋梁と基礎』1994年 Vol.28, No.8
2）技報堂：「橋梁工学ハンドブック」2004年3月

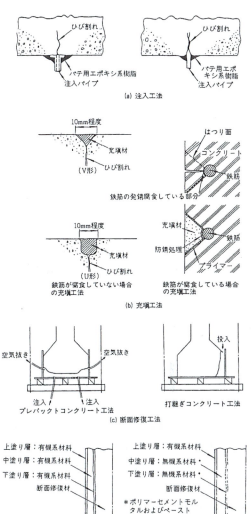

図8.2.49 補修工法の種類

1 コンクリート桁の補強工法

コンクリート桁の補強には次のような工法がある。

①プレストレス導入工法

②鋼板接着工法

③断面の増加工法

  上面増厚工法

  下面増厚工法

  FRP接着工法

④部材の増加工法（縦桁増設工法）

⑤支持工法（柱の増設工法）

⑥打換え工法

⑦取換え（架換え）工法

補強には，既設部材の損傷の程度・経済比較・交通規制条件等により，既設部材を残して補強する場合と取換え（架換え）を行う場合が出てくる．ここでは，既設部材を残す補強工法について述べる．

【参考文献】
1）建設図書：「コンクリート構造物の補修・補強の概要」『橋梁と基礎』1994年 Vol.28, No.88
2）技報堂：「橋梁工学ハンドブック」2004年3月

プレストレス導入工法

プレストレス導入工法は，緊張材を用いてコンクリート部分に新たにプレストレスを導入することによって耐力を回復もしくは向上させる方法である．ひびわれやたわみの改善，あるいは単純桁の連続化等の構造系を変える場合にも用いられる．プレストレスの導入には，内ケーブル方式と外ケーブル方式があるが，補修・補強ということでいえば，ほとんどが外ケーブル方式となるのが現状である．

プレストレス導入工法は，他の工法が補修・補強後の増加荷重に対してのみ有効であるのに対し，すでに作用している荷重に対しても耐力の改善が図れる工法である．即ち，前述したようにひびわれを減少させたり，有ヒンジ構造でみられるような中央部の過大なたわみを小さくさせるといったような根本的な耐久性の向上が可能である点と自重の増加がないことが大きなメリットである．

図8.2.50にプレストレス導入工法の概念を示す．

【参考文献】
1）プレストレストコンクリート技術協会：「PC橋の耐久性向上のための設計・施工マニュアル」，平成9年3月，p.76
2）プレストレスト・コンクリート建設業協会：「外ケーブル方式によるコンクリート橋の補強マニュアル」，平成10年6月

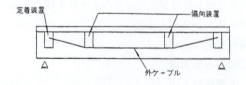

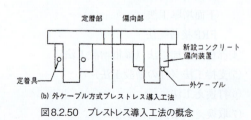

図8.2.50　プレストレス導入工法の概念

上面増厚工法

本工法は，既設床版上面の切削や研掃等を実施した後，鋼繊維補強コンクリート等の打設により一体化を図り，曲げ耐力や押抜きせん断耐力の向上を図る工法である．これまで，主として鋼橋RC床版の補強対策として多用されてきている．一般的には交通規制を伴うことから，工程を短縮するため超速硬コンクリート（養生時間約3時間程度）を使用している例が多い．また主にひび割れ防止目的より硬練りとして鋼繊維を混入し，現場用コンクリートプラントを使用，増し厚工事専用のコンクリートフィニッシャで敷きならしから仕上げまでの一連の作業を行っている．最近では主桁や床版の補強工法として，また連続桁の中間支点上や張出し床版部等の負曲げ領域の補強工法として，鉄筋を配置して鋼繊維補強コンクリートで一体化し，曲げ耐力の向上を図ることも提案されている．上面増厚工法は，新旧コンクリートを一体化させ，その一体化した断面で抵抗させることを目的とした工法であるため，新旧断面の付着力確保が非常に重要となる．このため実施例（RC床版）では，既設床版面の前処理として，表面の劣化・ぜい弱部の除去のため10mm程度のコンクリートの切削やスチールショットによるブラスト処理を施し，適切な締固めエネルギーに留意し，専用フィニッシャにより接着面の隅々まで十分締め固めるよう配慮している．施工時間に余裕のある場合には，早強コンクリート（養生時間約3日程度）等が使用される．最近では超早強コンクリート（通称：1day コンクリート）が開発され，今後この使用についても供給体制等を含めて適用性が検討されていくものと考えられる．

図8.2.51に上面増厚工法の概念を示す．

【参考文献】
1）建設図書：「コンクリート構造物の補修・補強の概要」『橋梁と基礎』1994年 Vol.28, No.8

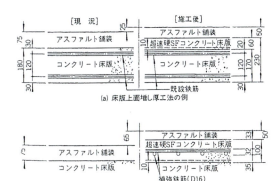

図8.2.51　上面増厚工法の概念

下面増厚工法

本工法は，床版等の下面に鉄筋等の補強材を配置し，コンクリートまたはモルタルにて一体化し，既設鉄筋の応力やたわみを低減させ，曲げ耐力の向上等を図る工法である。下面増し厚工法の概念は古くからあったが，床版等に適用され出したのは最近であり，現在「コテ塗りと吹付け併用のPPモルタル（ポリマーモルタル）工法」や「鋼繊維補強モルタルによる吹付け工法」が床版で試験的に実施されている。

図8.2.52に下面増厚工法の概念を示す。

FRP接着工法

FRP（Fiber Reinforced Plastic）接着工法は，コンクリート部材の主として，引張り応力や斜め引張り応力作用面へ繊維補強材にエポキシ樹脂接着材等を含浸させながら積層し，コンクリート面に接着させ一体化する工法である。

本工法は，従来ガラス繊維クロスを使用し，コンクリートの剥落防止や塩害対策のライニング等の補修工法として適用されてきた。しかし，近年，軽量・高強度・高弾性・非磁性そして耐食性に優れるというカーボン繊維やアラミド繊維等の新素材を，ガラス繊維クロスに代わる繊維補強材として利用するという試みが始まり，補強工法として注目されている。

繊維補強材には，カーボン繊維，アラミド繊維，ガラス繊維等があり，主にカーボン繊維が利用・研究されている。特徴として，①現場の作業性に優れる，②適正補強量に対して，積層数の調整で対応できる，③既設部材を傷つけない，等の利点を有している。使用に際しては，①耐久性，②長期的に確実な付着の確保，③多積層となる場合の積層数の限界，④補強効果と経済性，等についても確認・検討していくことが必要と考えられる。

図8.2.53にFRP接着工法の概念を示す。

【参考文献】
1）建設図書：「コンクリート構造物の補修・補強の概要」『橋梁と基礎』1994年Vol.28，No.8

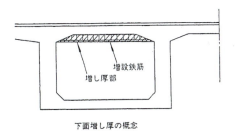

下面増し厚の概念

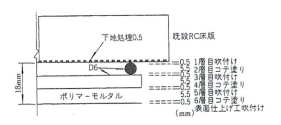

PPモルタル下面増し厚施工の断面図

図8.2.52　下面増厚工法の概念

【参考文献】
1）建設図書：「コンクリート構造物の補修・補強の概要」『橋梁と基礎』，1994年Vol.28，No.8
2）建設省土木研究所：共同研究報告書235号「コンクリート部材の補修補強に関する共同研究報告書（Ⅲ）」，平成11年12月

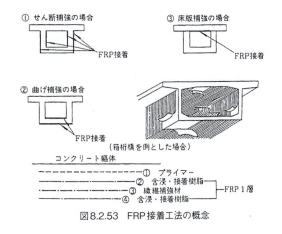

図8.2.53　FRP接着工法の概念

鉄骨梁補強工法

構造耐力が不足している床版，桁などを鉄骨ばり

による補強によって補修する工法である。図8.2.54はゲルバー吊桁を補強した例である。縦げたと横げたの組合せ方法など各種考えられる。

施工は一般に補強げたの上フランジとコンクリート構造物の間にわずかなすき間をあけておき，両外側をシールしたのち，注入孔よりエポキシ系の樹脂を注入することによって両者を密着させる。

けたの挿入方式によっては負の曲げモーメントが生ずるようになる場合も考えられるので，既設構造物の配筋状態，コンクリート強度などについて検討しておく必要がある。

注入した樹脂が硬化するまでは活荷重をかけないよう配慮する。

補強桁と補修する既設構造物の鉄筋とを合成できる場合にはコンクリート打設によって一体化する工法もある。

【参考文献】
1) 日本コンクリート工学協会:「コンクリート構造物の補修, 補強」『コンクリート工学』昭和51年12月
2) 建設産業調査会:「コンクリート材料・工法ハンドブック」昭和61年9月

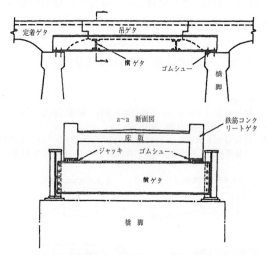

図8.2.54　鉄骨梁による補強例

Ⅲ 橋梁下部工

橋梁上部工からの荷重は，橋台や橋脚から基礎を通じて支持地盤へと伝達される。一般的に，橋台は図8.3.1に示すような形式に大別される。橋台は，上部工からの荷重に加えて自重と背面の土圧が作用する。橋台の使用材料としては鉄筋コンクリートが用いられるのが通常である。

一般的に，橋脚は図8.3.2に示すような形式に大別できる。橋脚は，橋台と異なり上部工と自重が作用し土圧は加わらない。

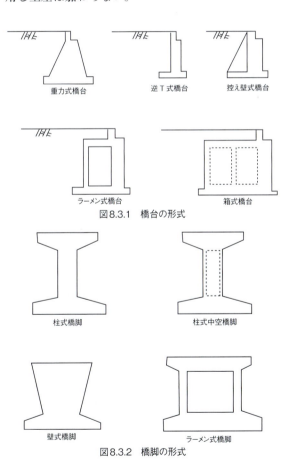

図8.3.1　橋台の形式

図8.3.2　橋脚の形式

基礎工法

橋梁に用いられる基礎工法は，「3章基礎工法」を参照のこと。

橋脚躯体工

在来工法

在来工法としては，鉄筋コンクリート製橋脚と鋼製橋脚に大別できる。一般的に，コスト面から鉄筋コンクリート製橋脚が用いられることが多い。交通が混雑すね大都市圏の高架橋では，用地の制約，複雑な構造，耐震性および急速施工性等の要請からラケット形，逆L形，V形，Y形等の鋼製橋脚が用いられる。ここでは，鉄筋コンクリート製橋脚につい

て述べる。

　鉄筋コンクリート製橋脚は，1ロットごとに，足場組立，型枠（合板あるいはメタルフォーム）と支保工組立，鉄筋組立，コンクリート打設，養生，型枠脱型の6つの施工サイクルを繰り返して構築する。梁部は，脚柱部と同様のサイクルにより場所打ちコンクリートで構築するのが通常で，すべて高所作業で大幅な工期を要するためネック技術となっている。

　阪神大震災以降，短い間隔で配置される太径鉄筋，せん断補強のための数多くのスターラップ筋が密となることからコンクリートの充填が困難となるケースもでてきた。また，都市内では工期の短縮，沿岸部では塩害対策等が要求されている。それに対応して，高流動コンクリート，合理的な型枠工としてスリップフォームやプレキャスト埋設型枠等が開発されている。詳細は「5章コンクリート」を参照のこと。

複合構造橋脚

　最近は，上部工の架設工法が進歩し，かなりの急速施工が可能となっている。しかし，橋脚の本数が増えたり，橋脚の高さが高くなると在来工法では工期がかかるため，せっかくの上部工の技術を活かせないケースもあることから，橋脚の急速施工が望まれている。また，阪神大震災を境に，橋脚の耐震性能が問題となり，耐震性能を高めるため主筋としてD51鉄筋が多段に配筋されたり，フープ筋が密に配筋されるケースが多い。その結果，コンクリートの充填性に支障をきたし欠陥のある構造物となる危険性が指摘されている。この様な状況を背景に，耐震性に優れた構造で急速施工を可能にする工法が開発されている。

■ CFTラーメン高架橋

　CFTラーメン高架橋は，鉄道を対象に開発されたもので，図8.3.3に示すように，鋼管にコンクリートを充填したCFT（コンクリート充填鋼管）脚柱をSRCの梁部材でつないでラーメン構造としたものである。脚柱をCFTとすることで鋼管を型枠として使用できることから施工の簡素化により工期短縮が可能であり，鋼管とコンクリートの複合効果により高い耐荷力と耐震性能が期待できる。施工条件の厳しい営業線の近接工事適用されるケースが多い。

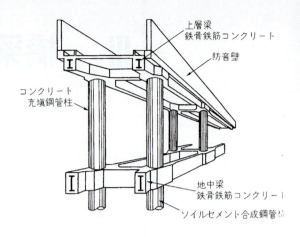

図8.3.3　CFTラーメン高架橋

【参考文献】
1）建設図書：「CFT脚を有する鉄道ラーメン高架橋」，橋梁と基礎2002年Vol36，No.8

■ 鋼管・コンクリート複合構造橋脚

　鋼管・コンクリート複合構造橋脚は，図8.3.4に示すように必要鉄筋の一部を鋼管に置換し，帯鉄筋に螺旋巻きPC鋼より線を用いた鉄骨鉄筋コンクリート構造である。SRC構造を採用することで耐震性能の向上と施工の合理化を可能とした工法である。

　鋼管を主鉄筋の代替とすることで鉄筋組立と内型枠の省略化が図れる。また，鋼管を最初に建てこむことから鋼管の自立剛性の高さを利用して足場として使うことができる。外型枠はスリップフォーム型枠やプレキャストコンクリート型枠が用いられることが多い。スリップフォーム型枠の償却等を考えると50mを超える少本数の高橋脚への利用がコスト面から有利である。

【参考文献】
1）建設図書：「コンクリート複合構造橋脚を用いた高橋脚の新工法」橋梁と基礎1999年Vol33，No.8

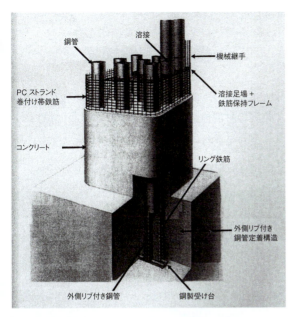

図8.3.4　鋼管・コンクリート複合構造橋脚の概要

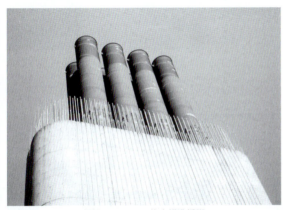

鋼管, コンクリート複合構造橋脚

岳部橋梁の下部工の設計・施工技術に関する共同研究報告書-3H工法設計・施工マニアル(案)改定版-」,共同研究報告書第261号2001年3月

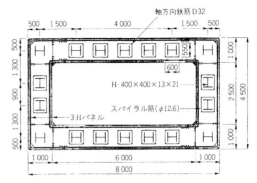

図8.3.5　スパイラルカラムを用いたSRC工法の断面例

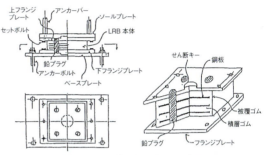

図8.4.6　鉛プラグ入り積層ゴム支承

スパイラルカラムを用いたSRC工法

本工法は,鉄筋コンクリート構造の軸方向鉄筋の代わりに,高張力スパイラル筋を巻きつけたスパイラルカラムを図8.3.5に示すように中空断面内に複数本配置してコンクリートを打設して,SRC中空断面高橋脚を構築する工法である。また,外型枠および内型枠には3Hパネルと称する帯鉄筋を内臓したプレキャストコンクリートパネルを用いる。図8.3.6に施工手順を示す。

SRC構造を採用することで耐震性能の向上と,在来工法と比較して約40%の工期短縮と約30%の省人化が図れたとの報告もある。

【参考文献】
1)　国土交通省土木研究所ほか：「プレハブ・複合部材を用いた山

鉄骨コンクリート複合構造橋脚工法

本工法は,図8.3.7に示すように軸方向鉄筋に代えて付着性能に優れた突起付きH形鋼と本体の一部として適用可能な高耐久性埋設型枠を組み合わせた鉄骨コンクリート複合構造形式の橋脚構築工法である。鉄筋に代えて座屈しにくい鉄骨を用いることで耐震性能が向上するとともに鉄筋組みを大幅に省くことで施工を簡素化できる。外型枠にコンクリート製高耐久性埋設型枠を用いることで耐久性を向上するとともに,現場サイトや二次製品工場で埋設型枠を函体に組立て,同時に函体に帯鉄筋や中間帯鉄筋を予め取り付けておく。現場では函体を積み上げて充填コンクリートを打設するだけなので大幅な工期短縮が可能となる。また,従来工程上のネックとなっていた梁部についても脚柱部同様,現場サイトや工場で予め作り上げてくるため工期を短くできることが特徴である。これまで40を超える実績があり,在来工法と比較して1/4に工期を短縮できるとの報告もある。

【参考文献】
1) 橋本拓己他：「西神道路柏木谷高架橋」，基礎工1998年10月

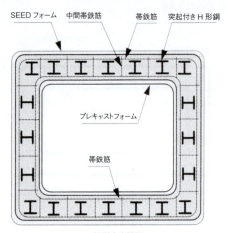

矩形中空橋脚

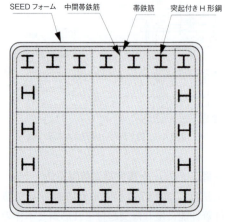

矩形中空橋脚

図8.3.7 鉄骨コンクリート複合構造橋脚工法の断面例

鉄骨コンクリート複合構造橋脚の施工

橋脚の耐震補強

橋脚の耐震補強に用いられる工法は，「第11章 Ⅱ 地震災害」を参照のこと。

地震被害を受けた脚柱

耐震補強された脚柱

Ⅳ　橋梁付属物

支　承

　支承は，橋梁の上部構造と下部構造とを連結する重要な構造部分であり，上部構造の荷重を下部構造に確実に伝達する役割を担っている．同時に，通行車両の荷重や，温度変化，コンクリートのクリープによって上部構造が伸縮することや，上部構造のたわみにともなって支点部が回転することに十分配慮して，上部構造と下部構造の双方に有害な応力や変形が発生しないよう，変位に追随する機能が求められる．したがって，橋梁の上部構造全体を支持する基本的なシステムは，水平移動しない支点を設けて構造を固定する一方で，支点移動が可能となる機能を持った支点によって変位を開放することになる．それぞれの支点に配置されるのが，固定支承と可動支承である．このとき固定支点においても，たわみ方向の回転機能が原則的に必要である．またこれとは異なる方式として，各支点にゴム支承を配置することにより，水平方向の移動に対してあるバネ値を持って弾性支持することも行われている．

　近年，橋梁の耐震性能を向上させるため，免震支承を用いて免震設計を行う例や，ゴム支承のせん断バネを利用して地震時水平力を多支点に分散させることもある．この免震支承は，主にダンパーによるエネルギー吸収とアイソレーターによる長周期化によって橋梁に作用する地震力を低減するものである．

　支承は，交通量の増加や重車両の作用によって損耗を受けやすく，また設置場所が狭隘で通風性が悪く，塵埃がたまりやすいため，他の部材より腐食す

る可能性が高い．したがって，支承部の環境に配慮して維持補修がしやすい構造とするとともに，定期的な点検を十分実施する必要がある．

各種の支承を使用材料より分類すると，主要部品の材料によって表8.4.1に示すように鋼とゴムとに大別される．鋼製支承は従来から主要な支承として多く用いられているが，鋼の高い強度によって非常に大きな反力に対応できる．鋼の材質は構造用圧延鋼材（SS400, SM400, SM490）や，鋳鋼品（SC450, SCMn1A），構造用合金鋼（S45CN, SNCM493）等が代表的な鋼種である．ゴム支承は橋りょうの耐震性能を考慮して，近年急速に使用頻度が高まっている．ゴムの材料は，天然ゴム，クロロプレンゴム，スチレンブタジエンゴムが大半である．

次に支承の形式を支持機構の違いによって分類すると，点接触，線接触，面接触のように分類できる．それぞれがさらに構造の違いによって細分化される．鋼製支承の名称は，主にこの支持機構の名称を用いて呼ばれている．

耐震性能に着目して一つの橋梁の支承を選定するには，以下の手順となる．まず最初に，橋梁の種別・規模によって，耐震設計の考え方によるタイプ分けがある．タイプAは落橋防止システムと補完しあって地震時慣性力に抵抗するもので比較的小規模な橋りょうに用いられる．タイプBは支承単独で地震時慣性力に抵抗できるもので一般的な橋りょうに用いられる．その後，橋梁上部構造の形式と反力・移動量を考慮して支承の種類が決定される．

基本的な選定のフローチャートを図8.4.1に示す．

シドニーのハーバー橋

ハーバー橋に使われたヒンジ支承

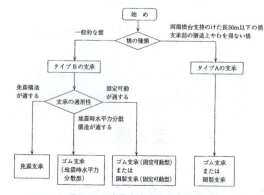

図8.4.1 支承選定の基本的な考え方

表8.4.1 一般的な支承の分類

材料分類	支承形式	支承タイプ	支承の種類
ゴム支承	固定・可動支承	タイプA	パッド型ゴム支承
			帯状ゴム支承
			積層ゴム支承
			すべりゴム支承
	地震時水平力分散型ゴム支承	タイプB	積層ゴム支承
	免震支承		鉛プラグ入り積層ゴム支承
			高減衰積層ゴム支承
鋼製支承	固定・可動支承	タイプA タイプB	支承板支承
			高力黄銅支承板支承
			密閉ゴム支承板支承
		タイプB	ピン支承
			ピボット支承
			ローラー支承
コンクリートヒンジ	固定	タイプB	メナーゼヒンジ

1 積層ゴム支承

ゴム支承は，構造物の変形（伸縮・回転）をゴムの弾性変形により吸収させる構造となっており，一般に積層ゴム支承が用いられている．積層ゴム支承は，鉛直荷重によるゴム材の膨出を抑制し，支承としての支圧機構（耐荷力）を増すため，ゴムと鋼板とを交互に積層して加硫接着させて補強した構造と

なっている。図8.4.2に積層タイプのゴム支承の構造例を示す。

積層ゴム支承には内部鋼板の形状および配置によりいくつかの種類があり、開口部のある鋼板を用いたリングプレートタイプも含まれる。図8.4.3にリングプレートタイプのゴム支承の構造例を示す。

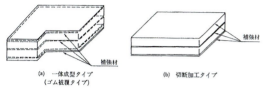

図8.4.2 積層タイプのゴム支承

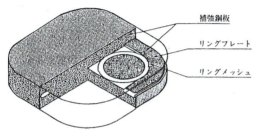

図8.4.3 リングプレートタイプのゴム支承

地震時水平力分散型ゴム支承

地震時水平力分散支承は、上部構造の重量を支持すると同時に、ゴム支承の水平剛性（せん断ばね）を利用して上部構造の慣性力を複数の下部構造に分散させる支承である。支承には地震時水平分散型ゴム支承や上部構造の変位を小さくする目的で免震支承が用いられる。

本支承はゴム支承と下部構造との合成せん断ばねを評価することにより、長大連続化や橋脚断面形状の均等化など橋梁全体のバランスを含めた耐震性の向上を図ることができる。また、橋梁の連続化に伴い、上部構造の架設順序により生じる変位やコンクリート橋のクリープ・乾燥収縮による変位に対し、ゴム支承に変形を与えて常時の変位量を低減する方法も併用されている。

図8.4.4に地震時水平力分散型ゴム支承の構造例を示す。

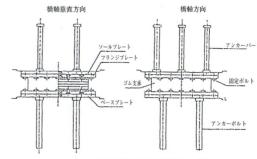

図8.4.4 地震時水平力分散型ゴム支承

固定可動ゴム支承

主に1支承線を固定支承とし、他の支承線を全て可動支承とする構造であり、地震時の上部構造の慣性力の全ては固定支承に作用する。そのため、固定支承を支持する下部構造や基礎構造の負担が大きくなり、連続化する径間数にも限界が生じ、一般には固定可動の支持方式が明確な橋梁形式のタイプA支承として使用される。

代表的な支承としてパッド型ゴム支承とすべりゴム支承がある。

■ **パッド型ゴム支承**

パッド型ゴム支承は、積層ゴムを上下部構造に固定せずに直接置いて使用する支承であり、固定・可動の両方に適用することができる。

固定支承として使用する場合は、積層ゴム自体に固定機能はないため、アンカーバー等の固定部材を別途設置して水平変位を拘束する必要がある。これに対し、可動支承として使用する場合には、上部構造の移動量をゴムのせん断変形により吸収する必要があるため、移動量が大きい場合には支承が厚くなり、適用が限定される。

そのため、一般にプレキャストT桁やスラブ橋などの支間45m程度までの短支間のコンクリート橋に用いられている。支承形状は図8.4.2積層ゴム支承の項を参照のこと。

■ **すべりゴム支承**

すべりゴム支承は積層ゴムの上面に滑動面（PTFE）を形成し、ステンレスの磨き面などからなる上沓との間で滑らせる支承である。摩擦力以上の水平力を生じず、上下部構造の大きな相対変位を吸収できることから、パッド型支承では対応できな

い移動量に対する可動支承として一般に使われている。ただし，上沓には積層ゴムが逸脱しないだけの十分な面積を確保する必要がある。

また，一般にタイプA支承として用いられているが，タイプB支承として使用する場合には，大きな地震力に対して生じる移動量を確保するとともに，上揚力止め構造を設ける必要がある。

図8.4.5にすべりゴム支承の構造例を示す。

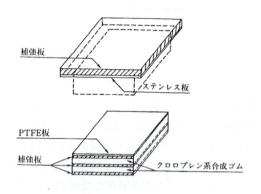

図8.4.5　すべりゴム支承

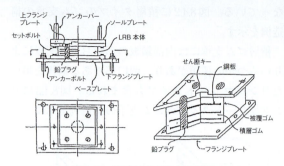

図8.4.6　鉛プラグ入り積層ゴム支承

免震ゴム支承

免震支承は，上部構造の慣性力を複数の下部構造に分散させ，地震動の長周期化と減衰効果により慣性力を低減させるためのエネルギー吸収機能を持たせた積層ゴム支承である。

代表的な免震支承として鉛プラグ入り積層ゴム支承と高減衰積層ゴム支承がある。

■ 鉛プラグ入り積層ゴム支承

鉛プラグ入り積層ゴム支承（LRB：lead rubber bearing）は，鉛プラグを挿入した積層ゴム支承である。

地震時には積層ゴムのせん断変形にともない鉛プラグが変形し，鉛プラグの弾塑性変形により地震時のエネルギー吸収をする構造となっている。図8.4.6に鉛プラグ入り積層ゴム支承の構造例を示す。

■ 高減衰積層ゴム支承

高減衰積層ゴム支承（HDR：high damper rubber）は，地震時のエネルギーをゴム自体の弾性特性により吸収することができる高減衰ゴムを用いた積層ゴム支承である。

地震時には，積層ゴムの変形にともない本体のゴムが地震時のエネルギー吸収をする構造となっている。図8.4.7に高減衰積層ゴム支承の構造例を示す。

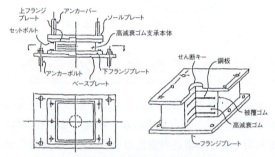

図8.4.7　高減衰積層ゴム支承例

帯状ゴム支承

帯状ゴム支承は，弾性ゴムの中間に鉛直荷重によるゴムの膨出を抑制するための硬質ゴム，または合成繊維で補強されたゴム支承である。

帯状ゴム支承は，PCホロー桁などの短支間のコンクリート橋で反力，伸縮量が小さく，回転移動量の吸収を主たる目的として使用され，タイプAの支承として用いられる。図8.4.8に帯状ゴム支承の概要を示す。

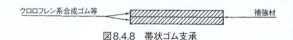

図8.4.8　帯状ゴム支承

2 鋼製支承

線支承

上沓と下沓との接触部が線状になっている。接触線の直角方向にのみ回転が可能である。基本的には可動支承も固定支承も同じ構造であるが，支承の移動制限機能を持つ上沓の切欠き部の大きさが異なっており，切欠き幅に支承の移動量を見込んだものが可動支承となる。古くから，比較的小規模な橋梁によく用いられていたが，現在の新設橋梁にはほとんど使われない。

ピン支承

上沓と下沓の間にピンを設けてヒンジ構造としている。ピンに対して直角方向にのみ回転可能な固定支承である。ピンを支持する方法によって支圧型とせん断型の2種類がある。上路式アーチ橋やラーメン橋の脚基部，ロッキングピアーの基部のヒンジ部に使用している。支圧ピン支承は，上沓と下沓との間にピンを挟んだ構造で，上揚力や負反力に対してはピンの両端に取り付けたキャップで抵抗する。支承高さが高くなるので設計面では地震時の安定に注意する必要がある。

せん断型ピン支承は，上沓と下沓からくし型に突き出したリブをかみ合わせ，そこにピンを通した構造である。支圧型に比べて支承高さが低く負反力に対しては信頼性が高い。支圧型，せん断型ともに地震時の変位を拘束するタイプBの支承である。

図8.4.9にピン支承の概要を示す。

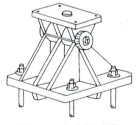

図8.4.9　ピン支承の概要

ピボット支承

下沓の中心部を凸面状の球面とし，上沓の下側をそれに見合う凹面状球面として組み合わせたピボット機構を持つ。ヒンジ部が球面であるため全方向に回転可能である。凸球面と凹球面との曲率半径の差が大きい種類と差が小さい種類とがあり，曲率半径差が小さい方が大きな上部工反力に適している。これは，曲率半径差が大きいときは点接触に近く，曲率半径差が小さいときは面接触となるためである。長期的に安定した回転機能を維持するために球面接触部の損傷や防錆に配慮する必要がある。

ピボット支承は支承高さが高いが，上路アーチ橋やラーメン脚の基部，鋼橋脚のヒンジ支承として使用される。

図8.4.10にピボット支承の概要を示す。

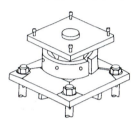

図8.4.10　ピボット支承の概要

高力黄銅支承板支承

移動機能と回転機能のために，支承板と称する円形のプレートを上沓と下沓との間に設けたものである。使用する支承板の材料と形状によって高力黄銅支承板支承（BP・A）と次の密閉ゴム支承板支承（BP・B）とに分類される。

高力黄銅支承板支承は支承板の一方の接触面を平面とし，他方を円柱面または球面とし，上沓と下沓とに面接触させている。平面部で移動機能を球面部で回転機能を持たせている。

図8.4.11に高力黄銅支承板支承の概要を示す。

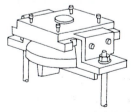

図8.4.11　高力黄銅支承板支承の概要

密閉ゴム支承板支承

密閉ゴム支承板支承は，鋼製の中間プレートに厚

さの一部を突出してはめ込まれたフッ素樹脂すべり板（PTFE）と下沓のなかに密閉されたゴムを組合せて用い，すべり板と上沓とのすべりによって移動機能を持たせている。

中間プレートにすべり板をはめ込まず直接上沓に接触させ，下沓に密閉したゴムの弾性変形によって回転機能を持たせて固定支承としている。支承高さは低い。摩擦係数が小さく回転機能も十分に備わっている。一般に，移動は一方向に，回転は全方向が可能である。

図8.4.12に密閉ゴム支承板支承の概要を示す。

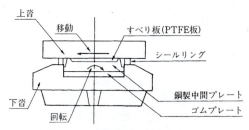

図8.4.12　密閉ゴム支承板支承の概要

3　その他の支承

コンクリートヒンジ支承

コンクリートヒンジは，コンクリート構造のスラブ橋，小規模なアーチ橋，斜材付きπ型ラーメン橋のヒンジ部分やヒンジ支承として用いられる。コンクリートヒンジの中でもメナーゼヒンジが一般に良く使用され多点固定の連続スラブ橋の中間支点上の固定支承として多用されている。

メナーゼヒンジは，図8.4.13に示す様に交差鉄筋を用いてヒンジ構造を形成した固定支承である。ヒンジは回転に対しては不完全な構造であるが，実用上はその影響は無視できるため，この形式が一般に使用されている。

交差鉄筋は垂直荷重とせん断力を負担し，回転に対しては塑性ヒンジであると仮定しており，鉄筋には軸圧縮応力のみが作用する機構となっている。このため，コンクリートに埋込まれた交差鉄筋により作用する割裂力に対して抵抗するスターラップを配置する必要がある

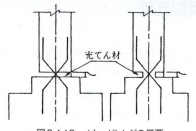

図8.4.13　メナーゼヒンジの概要

機能分離型支承

機能分離型支承は，荷重伝達機能，変位追随機能の基本的な機能や減衰機能，大変位追随機能の特別な機能を別々の機構で分担する構造である。機能分離型支承には機能分離型分散支承，機能分離型免震支承，ダンパーを併用した支承などに分類される。

機能分離型分散支承および機能分離型免震支承は，鉛直荷重支持および水平移動・回転を桁下の可動支承で受け，地震時の水平力を別の地震時水平力分離型ゴム支承または免震支承で負担する構造となっている。図8.4.14に機能分離型支承の概要を示す。

ダンパーを併用した支承には，主にオイルダンパーや粘性ストッパーが使用される。オイルダンパーは，連続桁などで桁と可動橋脚頂部を連結し，所用の減衰抵抗をもって地震時水平力を各橋脚に分散させるものである。粘性ストッパーは，高粘度の高分子材料の粘性抵抗による力の伝達および減衰機能を利用したダンパーの一種である。その他，鋼製ダンパー，摩擦ダンパー等がある。

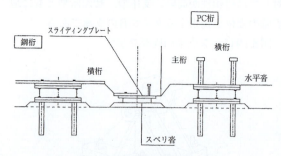

図8.4.14　機能分離型支承の概要

4 支承据付け工法

鋼製支承据付け工法

鋼製支承の据付け方法を大別すると，先据付けと後据付けの方法がある。また，アンカーフレームを下部施工時に据え付けておき，上部施工時に本沓を据え付ける場合もある。

先据付けの場合は，上部構造の施工に先だって，支承を所定位置に据え付け，無収縮モルタルで固定する。この方法は，鋼橋のアーチ沓，ラーメン脚沓や場所打ちコンクリート橋の施工によく用いられる。

後据付けの場合は，支承を箱抜きされた位置に仮据付けし，上部構造の架設後に再度据付け位置を確認して，必要があれば位置を修正して無収縮モルタルで固定する。この方法は鋼橋，プレキャストコンクリート橋の施工に用いられる。また，後据付けの方式には，このほかにベースプレートの上で，下沓の溶接位置を調整することによって据え付ける方法がある。これは，あらかじめ高さを調整して固定されたベースプレートの上に支承を仮据付けし，上部構造の架設完了後，平面位置の調整を行い，所定の位置に下沓を溶接して固定する方法であり，誤差の修正が容易に行える。

鉄道橋の支承部施工法として，先据付け場所打ち方法，先据付け移動架設方法，後据付け方法の3工法がある。内容的には道路橋とも重複するが，従来から鉄道橋独自の工法分類として認識されているため，あえて併記することにする。

■ 先据付け場所打ち方法

先据付け場所打ち方法は，下沓を据付けた後に上沓を据付けると同時に桁コンクリートを打設する工法である。RC桁，場所打ちPC桁，H鋼埋込桁に適用される。

■ 先据付け移動架設方法

先据付け移動架設方法は，下沓を据え付けた後に上沓を取り付けた桁を架設する工法である。プレキャストPC桁やH鋼埋込桁に適用される。

■ 後据付け方法

後据付け方法は，桁を架設した後，下沓を固定する工法であり，プレキャストPC桁，鋼桁，合成桁に適用される。

先据付け工法（ゴム支承）

■ 工場予変形工法

予変形方法はRC橋や多径間連続橋において，従来から採用されてきた方法である。架設後にコンクリートのクリープや乾燥収縮により上部構造が伸縮し，ゴム本体にせん断変形が生じる。この変形に対して，あらかじめゴム本体にせん断変形を付与しておく方法である。ゴム本体に付与したせん断変形は，架設完了後に開放する必要があるため，鉛直法に比べて架設作業が煩雑である。せん断変形を付与する時期によって，工場予変形方法と現場予変形方法とに区分できる。工場予変形方法は支承の工場出荷前に，ゴム本体にあらかじめせん断変形を付与する方法で，そのために図8.4.15に示すような装置を設けて，ゴム支承を予変形させる。支承の据え付け作業では，下支承が移動しないよう確実に仮固定する。その後，桁架設が完了したら，直ちにゴム本体の予変形を開放する。

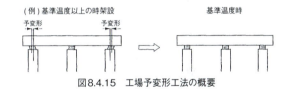

図8.4.15 工場予変形工法の概要

■ プレスライド工法

支承の据付け時の温度と基準温度との温度差による上部構造の伸縮と，上部構造のキャンバー変化による支点の水平移動や架設後に生ずるコンクリートのクリープと乾燥収縮による支点部の水平移動に対して，図8.4.16に示すように下支承をスライドさせてゴム支承が所定の形状になるよう支承を据え付ける方法である。下支承をスライドさせる時期によって次に述べるポストスライド方法と区分される。プレスライド方法は，上部構造を架設する間は，支承のゴム本体がせん断変形しないように仮拘束するとともに，ゴム本体がベースプレート上を移動できるようにしておく。架設完了後は，ゴム本体を溶接やボルトで固定する方法である。

据え付け作業での注意事項は次の通り。架設中に，

ゴム本体が移動せずベースプレートが移動する事がないようにベースプレートの仮固定を確実に行う。また，スライドによって桁全体が移動しないよう適当な支点を仮固定する。図8.4.17にプレスライド機構の一例を示す。

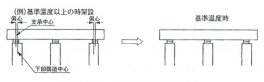

図8.4.16 プレスライド工法の概要

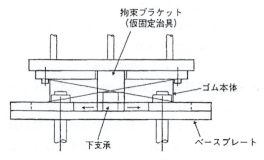

図8.4.17 プレスライド機構の一例

■ ポストスライド工法

この方法は，上部構造を架設した後にジャッキなどを用いてゴム本体を正規の形状にせん断変形させるものである。この方法には，スライド機構を支承に付加する方法と支承とベースプレートとの間で滑らせる方法との2種類がある。後者の場合は，支承に大掛かりな装置を取付ける必要がないが，上部構造あるいは下部構造にジャッキが取り付けられるようにする必要がある。

図8.4.18にポストスライド機構の一例を示す。

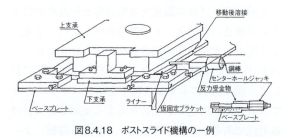

図8.4.18 ポストスライド機構の一例

■ 現場予変形工法

工場予変形方法と同様に，架設後に生じる上部構造の伸縮に対して，あらかじめゴム本体にせん断変形を付与しておく方法である。架設現場にて下支承を下部構造の所定の位置に固定した後，上部構造架設前にジャッキなどでゴム本体に強制変位を付加して，上支承を上部構造の支点位置に合わせて架設する方法である。図8.4.19に現場予変形装置の一例を示す。

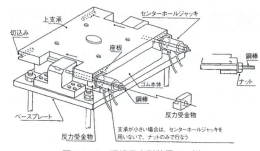

図8.4.19 現場予変形装置の一例

後据付け工法（ゴム支承）

■ 鉛直施工方法

架設時の上部構造の伸縮に関係なくゴム本体の垂直軸を鉛直の状態にして架設する方法である。設計段階では温度変化量を考慮してゴム支承の設計を行うとともに，基準温度時においてもゴム本体のせん断変形により水平力が生じるため，この力に対しても上・下部構造を照査する。この方法を想定して設計するとゴム支承の寸法が他の施工方法による場合より大きくなるが，支承の据付け作業が簡単になると言う利点がある。

【参考文献】
1) 道路橋示方書・同解説Ⅴ耐震設計編　(社) 日本道路協会　平成8年12月
2) 道路橋支承便覧　(社) 日本道路協会　平成16年4月
3) ゴム支承施工の手引き　(社) 日本橋梁建設協会　1999年7月

その他附属物

1 伸縮装置

橋梁の端部や中間の不連続部では，温度変化やコンクリートのクリープ・乾燥収縮，活荷重によって伸縮・回転等の変位が生じる。橋梁の伸縮装置は，この伸縮や回転等の変位を拘束することなく，路面の平坦性と連続性を確保して，走行車両に安全で快

適な通行を提供するための構造部位である。

伸縮装置は通行車両の輪荷重を直接受けるという過酷な状態にさらされ，もっとも損傷を受けやすい部材である。損傷を受けた場合，伸縮装置本体の破損のみならず，伸縮装置と床版との連結部や床版後打ちコンクリート部の破損，伸縮装置隣接部の舗装の段差発生といった有害な結果を引き起こす。

また，さらに深刻な影響として伸縮部からの漏水・浸水によって，時として支承部を腐食させ，橋梁全体の安全性をも脅かすことにもなりかねない。伸縮装置の破損は，走行性を悪化させるとともに交通事故の危険性を増大させる。また同時に橋梁周辺の住民に対して，騒音や振動に起因する環境悪化を引き起こすことになる。破損した伸縮装置の補修には，交通規制が伴い，そのために正常な交通の流れを損ない，交通渋滞の発生等の問題も生じ，一般的には多大の困難を伴う。

伸縮装置の破損原因としては，形式選定の誤り，設計時の検討不足，不十分な施工，不適切な維持管理等が考えられる。こうした破損要因に対して，耐久性・走行性・施工性・経済性・水密性・補修性等多種多様の目的に対し，様々な型式が開発，改良されているが，現時点においては全て目標を完全に満足するものはない。

伸縮装置にはさまざまな種類があるが，主要部分の材質と橋面荷重を支持するための機構によって分類できる。伸縮装置の主部材は，鋼および鋳鋼，ゴム，鋼とゴムの複合部材であり，荷重の支持機構によれば，突合せ式と支持式とに分類される。

伸縮装置は種々の要因を考慮して形式選定を行う。主な事項は，橋梁の上部構造形式，伸縮量，耐久性，施工性，補修の難易度，および経済性である。選定に際しては，これらの要因を総合的に勘案して型式を検討するが，確定的な手順はまだないのが現状であり，それぞれの型式の特徴を十分に把握し，目的に応じて型式の選定を行う必要がある。表8.4.2に伸縮装置の種類を示す。

表8.4.2 伸縮装置の種類

突き合せ方式	盲目地型式 突き合せ先付け型式 突き合せ後付け型式
支持方式	ゴムジョイント方式 鋼製型式
特殊型式	モジュラー式 ローリング・リーフ式 リンク式 櫛型式

突合せ方式

■ 盲目地型式

突き合せ目地構造の伸縮部を橋面に出さないで，連続舗装されたアスファルトなどの変形によって伸縮に対応するものである。舗装を連続させたものが盲目地であり，舗装に溝を設け目地材を埋め込んだものが切削目地である。上部構造の支点により固定端には盲目地が，可動端には切削目地が適用され，比較的橋梁の規模が小さく伸縮量が5mm未満程度と小さい場合に有効である。盲目地の構造例を図8.4.20に，切削目地の標準例を図8.4.21に示す。

盲目地の類似形である埋設ジョイント型式は，従来より用いられている盲目地，切削目地を，長所である走行性の良さに着目し，ひびわれが発生しやすく耐久性が低いという短所を改善したものである。図8.4.22に埋設ジョイント型式の構造例を示す。

このジョイントは，前後の舗装体と同程度の性状を持つアスファルト混合物を主材料とし，橋梁の変位吸収と路面の連続性の確保はアスファルト混合物で，止水は床板遊間に設置する歴青シートおよび遊間部に注入された弾性シール材で行うものである。アスファルト混合物は，通常，橋梁前後の舗装で使用されるアスファルト混合物を使用するが，特殊なゴム添加剤を加えた改質アスファルト混合物を使用する場合，あるいは両者を併用して2層構造として使用する場合もある。現在，この埋設ジョイント型式は，様々な構造が考えられ施工されているが，基本的な構造を図8.4.22に示す。

埋設ジョイント型式の特徴としては，安価で走行性に優れていることの他，補修性は良好だが耐久性はやや劣ることがあげられる。適用伸縮量が20～30mm程度のコンクリート橋への適用が望ましい。施工時のアスファルト混合物の温度等に特に入念な管理が要求され，施工の良否が耐久性に大きく影響する。

このように，埋設ジョイント型式については，功罪相反する特徴を有していることや，最近では中規模・大規模の橋梁にも対応可能な伸縮分離型の埋設ジョイントも開発されており，その使用にあたっては，使用する路線の特性を十分に把握することが重要である。

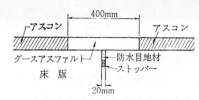

図8.4.20 盲目地の構造例

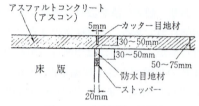

図8.4.21 切削目地の標準例

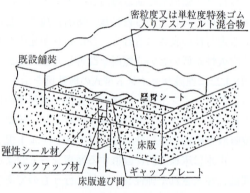

図8.4.22 埋設ジョイント型式の構造例

■ 突き合せ先付型式

突き合せ型式は，遊間部では輪荷重を支持する事ができないため，遊間が狭い小規模な橋梁や輪荷重を考慮しない人道橋などに使用されている。舗装の施工前に設置するものを先付型，舗装の施工後に設置するもの後付型としている。先付型式には目地板ジョイントとアングル補強ジョイント等があるが，基本構造は，踏掛け石を並べて間にエラスタイトを挟んだり，床版コンクリートの隙間にエラスタイトを挟んだものである。

先付型式は，耐久性，補修性に劣るため，現在では後付型式が主として用いられるようになっており，先付型式の使用実績はほとんどない。

■ 突き合せ後付型式

舗装施工後に伸縮装置設置部分を切り取り，目地隅角部を鋼板や樹脂で補強し，遊間部に接着するようにシールゴムを挿入するか，シールゴムをアンカーボルトによって床版に固定し，後打ちコンク

リートを打設して路面の平坦部を形成する構造である。

突き合せ型式の特徴としては，安価で，走行性が比較的良好であり，施工性・補修性が良好であることがあげられる。一方，耐久性がやや劣り，積雪地ではシールゴムの破損に留意する必要がある。適用伸縮量が50mm未満の橋梁での使用実績が多い。

複数のメーカーによって，数種類の伸縮装置が製品化されており，シールゴムの形状，取付け構造にそれぞれ特色がある。図8.4.23に突合せ後付型式の例を示す。

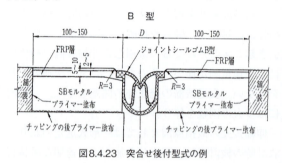

図8.4.23 突合せ後付型式の例

支持方式

■ ゴムジョイント方式

各種形状のゴム材と鋼板とを組み合わせ，床版の遊間部も輪荷重を支持できるようになっている。床版端部の変位はゴムの変形能で吸収するとともに，ゴムと組み合わせた鋼板で輪荷重を支持している。ゴムジョイント型式の構造例を図8.4.24に示す。

このジョイント型式の施工では，突き合わせ型式と同様に舗装施工後に伸縮装置部の舗装を切取り，ジョイント本体をアンカーボルトで床版に固定する。なお，後打ちコンクリートを打設するため，床版コンクリート打設に先立ち，アンカーボルト定着用の鉄筋を配置し，床版端部を箱抜きしておく必要がある。

ゴムジョインド型式の特徴としては，鋼製型式よりは安価であるが突き合せ型式より高価であり，施工性・補修性・走行性も比較的良好であることがあげられる。耐久性はやや劣り，積雪地では破損に注意を要する。適用伸縮量が200mmを超える製品もあるが，一般的には伸縮量が100mm程度未満の製品の使用実績が多い。

ゴムジョイント方式は多数のメーカーによって，

さまざまな構造の伸縮装置が作られている。構造形式や施工上の特徴を十分把握して，適用する橋梁に最適なものを選ぶことが重要である。

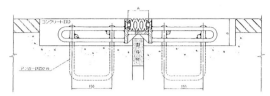

図8.4.24 ゴムジョイント型式の構造例

■ 鋼製型式

鋼製ジョイント型式の伸縮装置は古くからあり，耐久性に優れ大きな伸縮量にも対応できるため長大橋梁で多く採用され，同時に交通量の多い路線でも，橋りょう形式や伸縮量の大小にかかわらず広く使用されている。

この型式の伸縮装置は，橋梁に合わせて工事ごとに鋼材を加工して製作される。構造的には，床板遊間部の輪荷重を支持する方式の違いにより，支持式，片持ち式の2種類に分類される。支持式は，輪荷重を床板遊間部の両側に掛け渡したフェースプレートで支持する構造であり，片持ち式は遊間上に張出した片持ち梁状のフェースプレートで輪荷重を支持する構造である。

鋼製ジョイント型式は，このフェースプレートの形状の違いにより，鋼重ね合わせジョイントと鋼フィンガージョイントの2つの型式に分けられる。標準的な鋼製フィンガージョイント構造の一例を図8.4.25に示す。鋼重ね合せジョイントは古くから鋼橋に使用されていたが，製作・施工精度の確保が難しく，重交通下での破損事例が多いことや，支持式構造であるため騒音が発生しやすく，最近では車道部には用いられず歩道部に限られている。

鋼フィンガージョイントは，フェースプレートを櫛の歯状に加工した片持ち梁型式が採用されているが，伸縮量が大きな橋梁では，櫛の歯の部分を左右に掛け渡した支持式の鋼フィンガージョイントが使用されることもある。支持式の鋼フィンガージョイントは，鋼重ね合せジョイントと同様に製作・施工精度の確保が難しく，耐久性が低下することもあるため，現在では鋼フィンガージョイントは片持ち式が主流となっている。

鋼フィンガージョイントは水密性が無いため，従来は，伸縮装置の遊間部に樋を設け排水を行っていた。樋が土砂でつまり排水が出来なくなった場合も，樋の清掃が非常に困難なため，実質上排水機能が無くなっていた事例も多い。そのため，落水が支承や鋼桁端部の腐食の原因となったり，橋脚を汚染して景観を損ねる等の問題が生じていた。

現在では，遊間部に弾性シール材を充填し，雨水は路面上を流下させる非排水型の鋼フィンガージョイントがもっぱら採用されている。

非排水化のための構造，使用材料は各機関によって異なるが，基本的には図8.4.26に示すようにバックアップ材と弾性シール材とを組合せて，遊間部に注入充填する構造が多い。

鋼フィンガージョイントの特徴は，以下の通り。

1）ジョイントと舗装との段差が大きくなりやすく，走行性は他の型式のジョイントと比べて若干低下する。
2）各橋梁ごとに単品製作をするため高価である。
3）施工性，補修性は劣る。
4）耐久性は非常に良好である。
5）適用伸縮量の範囲は非常に大きい。
6）遊間部で輪荷重を支持できる。

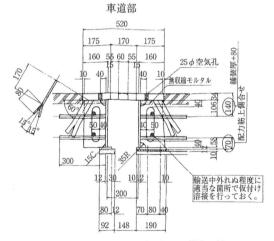

図8.4.25 鋼製フィンガージョイント構造の例

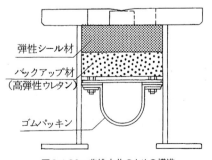

図8.4.26 非排水化のための構造

■ 特殊型式

　代表的なものとしてモジュラー式，ローリングリーフ式，リンク式，櫛型式がある。　近年本四連絡橋に代表されるように，吊橋や斜張橋をはじめとする長大支間の橋りょうが多数施工されている。これらの橋梁の伸縮装置には，非常に大きな伸縮量に適応しながら，良好な走行性を確保することが求められる。従来，長径間の橋梁には片持ち式の鋼フィンガージョイントが用いられて来たが，明らかにこれらの長大橋には適用できない状況になっている。

　海外においては早くから，長大橋のための伸縮装置の開発が進められ，ヨーロッパではローリングリーフ式やモジュラー式などの伸縮装置が施工されていた。わが国の長大橋用の伸縮装置は，まず海外からこれらの伸縮装置の技術導入を行うところから始まっている。その後，新たに特殊型式の伸縮装置の開発が行われており，本州四国連絡橋公団では，伸縮量が2mを超える橋梁にも適用可能なリンク式ジョイントを開発している。

　しかし，これら上記の施工実績のある特殊ジョイント型式も，伸縮装置として完成されているとは言いがたい。施工費が非常に高価であることや，装置が極めて大掛かりで機構が複雑であり，破損した際の補修も困難であると思われる。この種類の伸縮装置は今後の技術開発が大いに待たれるところである。

（1）モジュラー式

　ミドルビーム，エンドビーム，シールゴム，サポートビーム，ベアリング等で構成されている。輪荷重はミドルビーム，サポートビーム，ベアリングを経て床版または桁へ伝達する。伸縮はシールゴムの変形，サポートビームと上下のベアリング間の滑りで行う。滑動面はステンレス板，テフロンを使用している。

（2）ローリング・リーフ式

　輪荷重を直接支持する路面板と，路面板を支持する支持台と端桁の3つの部分で構成される。路面板には，端桁と支持台の間（桁遊間）を渡る振子板と，支持台上を動く滑り板，その上に面タッチする舌板があり，振子板と滑り板は連結カムと連結ピンによりヒンジ結合される。舌板下面の切削部，滑り板上面，支持台レールが同心円を保って，伸縮時に路面の平坦度を確保する。

（3）リンク式

　フィンガープレート，横梁，ローラー支承，ユニバーサルジョイント等で構成される。フィンガープレートから伝達される輪荷重は，三つの横梁とそれをヒンジ結合したリンクに伝達し，ローラー支承で支持する。桁の伸縮は常に横梁を等間隔に保持するリンクを介して行い，またフィンガープレートの平坦性を保つ。

（4）櫛型式

　フェースプレートおよび支持梁等で構成される。型式は片支持型式①と，両端支持型式にはフィンガー先端に支持梁を設けた型式②および，レールを設けた型式③がある。片支持型式は対向するフィンガーブロック間に干渉が全くない。両端支持型式の各フィンガーブロックの拘束は，②の場合が固定梁で，③の場合は固定梁とレールで行う。

伸縮装置据付け工法

　伸縮装置の据え付け工法には，鋼製伸縮装置後据え付け工法，鋼製伸縮装置先据え付け工法およびゴム製伸縮装置後据え付け工法の3種類に分類される。以下、それぞれの工法について述べる。

■ 鋼製伸縮装置後据え付け工法

　鋼製フィンガージョイントは工場において，橋梁の主構造に合わせて鋼材の切断加工，溶接の工程を経て製作される。製作の過程で生じたひずみは検査を経て管理されるので製品の精度は十分確保され，左右の部材は，連結冶具にて仮止めされて架設現場へ輸送される。

　現場での据付け作業は，一般的に以下の手順で行う。

① けた上に仮設置：仮ボルトで取り付ける。片側はけたと連結しないでフリーにしておく。
② 床版の打設：橋りょうの中間部を打設。けた端1mを打ち残す。
③ 高さ調整：フェース上面の高さを確認。ライナーで最終調整。
④ けたとの本締め：取り付けボルトを最後まで締め付ける。仮止め冶具のボルトを緩める。
⑤ 後打ちコンクリート打設：硬化中の温度変化が少ない時間帯を選ぶ。
⑥ 仮止め冶具撤去：コンクリートが十分硬化した後。
⑦ 舗装：伸縮装置との境界部分の高低差に要注意。

上記①において，片側をフリーにしておくのは，②の床版打設にともなってけたがたわみ，その結果伸縮装置に生じる移動と回転とを逃がすためである。なお，伸縮装置の左右フィンガーの遊間は，工場にて標準遊間にセットされているが，現場での据付け時けた温度が標準と異なっている場合は，その分を考慮して据付遊間を調整しなければならない。

■ 鋼製伸縮装置先据え付け工法

床版コンクリート打設前に，あらかじめけた端の回転と移動量を推定して伸縮装置をけたに連結する工法である。

大体の据付け手順は，後据え付け工法と同じであるが，異なる点は，最初に伸縮装置をけたに設置したとき，そのまま取り付けボルトを本締めしてけたと連結してしまうことである。先据え付けすることによって，ボルトの連結作業が一度に行えるため作業効率がよいことと，床版コンクリートが打ち継ぎ無しで伸縮装置部まで打設できることが利点である。短所は，けた端の回転量と移動量を正確に予測するのが困難なことであろう。

■ ゴム製伸縮装置後据え付け工法

ゴム製伸縮装置は多種多様であるため，すべてのタイプを網羅して具体的に説明することは不可能であるが，概要は以下の通りである。床版および舗装施工後に伸縮装置設置個所をハツリ取り，ゴムジョイントを設置する。設置に先立ってその時点での遊間を計測するとともに，コンクリート橋ではその後の乾燥収縮やクリープによる変動量を推定して，あらかじめ遊間量に見込むことも重要である。

カットオフジョイントでは，まずジョイントの寸法を考慮して舗装の切断位置を地覆にマークする。合材の脱落を防止するため適当な木材を置いて，ジョイント部両側を連続舗装，転圧する。次にマークによって舗装を切断除去する。コンクリート床版面は，はつり仕上げる。両側にコーナーチャンネルを貼り付けた発泡スチロール型枠を舗装高に合わせて設置する。プライマーとしてエポキシ樹脂の原液をコンクリート面，アスファルト切断面コーナーチャンネルに塗布する。エポキシモルタルを一層目の高さに打設し整形した後，ガラスロービングを引き込み，表層に薄くモルタルを均し硬化を待つ。硬化後発泡スチロールを除去しシールゴムとコーナーチャンネルにエポキシ樹脂を塗布してゴムを挿入し完成する。

以上は一例であるが，ゴム製伸縮装置は種類によって当然，施工方法が異なる。それぞれのタイプの特徴をよく理解して，慎重に施工することが必要である。

【参考文献】
1) 道路橋伸縮装置便覧　㈳日本道路協会　平成3年7月
2) 道路橋伸縮装置便覧（改訂素案）㈳日本道路協会　平成11年3月
3) 鋼橋伸縮装置設計の手引き　㈳日本橋梁建設協会　2005年4月
4) 伸縮装置選定要領（案）　日本道路ジョイント協会　1999年11月

2 落橋防止システム

設計で想定した以上の地震力，周辺地盤の破壊などによる過大な変位，予期し得ない橋の挙動などに対しても，落橋を防止する必要があり，道路橋の分野では，このための装置や構造を総称して落橋防止システムと呼んでいる。落橋防止システムは，支承のタイプにより構成が異なり，桁かかり長，落橋防止構造，変位制限構造，および段差防止構造から構成される。さらに，必要に応じてジョイントプロテクターを設ける。これらの名称は，平成8年の道路橋示方書耐震設計編の改定の際に統一されたものである。

以下に，道路橋における各要素の役割と内容を示す。なお，鉄道橋については，考え方はほぼ同じなので参考文献を参照のこと。

①桁かかり長：下部構造や支承が破壊し，上部構造に予期しない大きな相対変位が生じた場合にも落橋を防止するためのもので，図8.4.27に示す。

SEを「桁かかり長」と呼ぶ。従来は「桁端部から下部構造頂部縁端までの桁の長さ」および「かけ違い部の桁の長さ」と呼び，支間に応じて算出していたが，平成8年の道路橋示方書では，大規模地震を想定した時の桁端部における相対変位を基本として算出するように改定された。その際，下部構造と上部構造の間の相対変位や地盤のひずみによる地盤の相対変位も考慮するとともに，斜橋や曲線橋に対する規定も整備された。桁かかり長は，このように特殊な装置を指すものではないが，落橋防止システムの中で，最も重要とされているものである。

②落橋防止構造：落橋防止構造は，従来，落橋防止装置と呼ばれていたもので，設計では予期し得ない地盤の変形などに対するフェイルセーフ機能として，桁かかり長を超える相対変位が生じないように，桁端部の橋軸方向に設ける構造である。落橋防止構造は，上部構造と下部構造を連結する構造，上部構造および下部構造に突起を設ける構造，2連の上部構造を互いに連結する構造のいずれかの構造とし，衝撃的な地震力を緩和できる構造とするように規定されている。落橋防止構造の詳細は，後述を参照されたい。

③変位制限構造：タイプAの支承（両端が橋台で桁長50m以下橋のように地震による振動が生じにくい橋や，やむを得ない場合に用いられる支承）を用いる場合に，橋軸および橋軸直角方向の両方向に対して，支承と補完し合って，地震力に抵抗することを目的とし，支承が破壊した場合に，上下部構造の相対変位が大きくならないように設ける構造である。変位制限装置は，上部構造と下部構造をアンカーバーや鋼角ストッパーで相対変位を拘束する構造，下部構造頂部や上部構造に突起を設ける構造などがある。一方，タイプBの支承（支承部単独で地震力に抵抗する支承）では，基本的に変位制限装置を必要としないが，下部構造の頂部幅が狭い橋，1支承線の支承数が少ない橋，流動化により橋軸直角方向に橋脚の移動が生じる可能性のある連続橋では，端支点に加え，中間支点にも橋軸直角方向の変位制限構造を設けるように規定されている。

④段差防止構造：支承の高さが大きい鋼製支承などが破損した場合に，橋面上の車両の通行が困難となるような段差が発生するのを防止する構造で，支承間の端横桁の下に新たな台座を設置したり，予備のゴム支承を設置するものである。

⑤ジョイントプロテクター：一般に，伸縮装置の移動余裕量として温度変化だけを考慮する場合には，震度法相当の地震で伸縮装置が破損しないように，ジョイントプロテクターを設けるか，伸縮装置の移動量に震度法相当の移動量を見込むのがよい。また，タイプAの支承を用いる場合は，変位制限構造が必要となるので，変位制限構造にジョイントプロテクターの機能も兼ねさせてもよい。

【参考文献】
1）日本道路協会：道路橋示方書耐震設計編，1996年12月
2）半野久光：落橋防止構造：基礎工，Vol.25，No.3，1997年3月
3）運輸省鉄道局監修鉄道総合技術研究所編：鉄道構造物等設計標準・同解説：丸善，1992年10月
4）鉄道橋支承部設計施工の手引き，日本鉄道建設公団，1989年3月

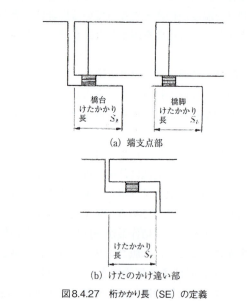

図8.4.27　桁かかり長（SE）の定義

落橋防止構造

落橋防止構造（落橋防止装置）は落橋防止システムの一つを構成し，桁端部やかけ違い部において橋軸方向に対して設けられるものである。

上部構造と下部構造を連結する構造では，PC鋼材やチェーンにより下部構造頂部と主桁を連結するものなどがある。下部構造頂部や上部構造に突起を設ける構造では，コンクリート製の突起や鋼製ブラケットを用いる方法などがあり，衝突面に緩衝材としてのゴムなどが貼り付けられている。また，2連の上部構造を互いに連結する構造としては，PC鋼材によるものが，ケーブルメーカなど各社で開発されている。

図8.4.28にPC鋼材を用いた落橋防止構造の例を，図8.4.29にその設置例を示す。PC鋼材にはPC鋼より線またはPC鋼棒が用いられ，前者の場合にはスプリングにより温度変化などの常時の移動量を吸収するとともにPC鋼線のたるみを防止している。また，緩衝ゴムにより，地震時の作用力を緩和する構造となっている。

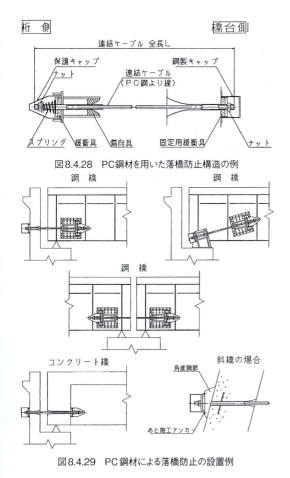

図8.4.28　PC鋼材を用いた落橋防止構造の例

図8.4.29　PC鋼材による落橋防止の設置例

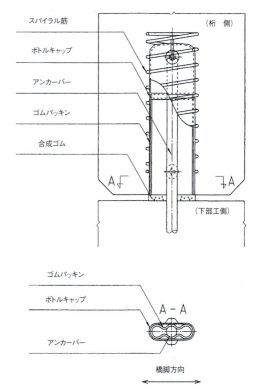

図8.4.30　アンカーバーによる変位制限構造（可動支承）

変位制限構造

変位制限構造には，アンカーバーを用いたものが一般的であるが，その他にも，鋼角ストッパーを用いたものなどもある。図8.4.30の例は，従来のアンカーバー方式に樹脂コーティングを施し，防食材の充填を不要とした工法である。

段差防止構造

段差防止構造は，地震時に支承が破壊した場合にも，路面の段差により緊急車両の通行が困難とならないように設置するもので，支承間の端横桁の下に新たな台座を設置するものである。緊急車両の通行を確保するための段差とは，一般に5～10cm程度が目安と言われており，台座天端と主桁下面の隙間は10cm以下を設定すればよい。

また，その目的から，水平方向の荷重は考慮する必要はない。図8.4.31に例を示す。

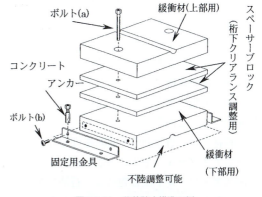

図8.4.31　段差防止構造の例

第8章　橋梁・架設　Ⅳ　橋梁付属物　813

3 橋面の舗装

（1）橋面舗装の概要

橋面舗装は，交通荷重，雨水その他の外的影響から橋梁の床版を保護するとともに，通行荷重の快適な走行性を確保することを目的として舗設するものである。

橋面舗装は一般部の舗装に比べて留意すべき点が多い。車輌が通行する橋梁の床版は一般的にはコンクリート床版と鋼床版があり，それぞれの特性に応じた舗装材料を選定する必要がある。舗装の設計にあたって，とくに留意すべき事項は以下のとおりである。

①床版との付着がよく，とくに鋼床版上の舗装では繰り返し応力の作用に対しても十分耐えうる舗装材料を選定する。

②雨水の浸透は，コンクリート床版の耐久性を損ねることがあり，また鋼床版の発錆の原因となるので，防水性を十分考慮する必要がある。また，床版防水と同時に床版と舗装の間に滞水しないよう排水処理をおこなわなければならない。

③車輌の走行位置が限定される場合が多く，一定個所に荷重が集中することが多いことから，舗装の流動などの破損が生じ易い傾向にある。このことから，舗装材料は耐流動性，耐剥離性などに優れた混合物を使用し，補修の頻度を少なくすることが望ましい。

（2）舗装構成

橋面舗装の構成は基層および表層の2層を原則とする。床版と基層の間には接着層や必要に応じて防水層を設ける。橋面舗装の標準的な舗装構成は図8.4.32に示すとおりである。

表層は通常3～4cmとする場合が多い。基層は床版の不陸や，ボルトの影響などを考慮して表層より厚くすることがある。表層には密粒度アスファルト混合物などを用い，基層にはコンクリート床版では粗粒度アスファルト混合物などを用いるが，鋼床版の場合にはグースアスファルト混合物を用いることが多い。

瀝青材料は，耐流動性や耐剥離性などを考慮した改質アスファルトを用いることが多い。なお，グースアスファルト混合物には，石油アスファルトと精製トリニダッドアスファルトとを混合した硬質アスファルトが通常用いられる。

【参考文献】
1）アスファルト舗装要綱：日本道路協会，1992年12月
2）橋面舗装基準（案）：本州四国連絡橋公団，1983年4月

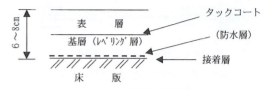

図8.4.32　標準的な舗装構成

砕石マスチックアスファルト（SMA）舗装

近年，高速道路（一般国道）等では降雨時の視認性の確保等を目的として，路面に降った雨を舗装を通じて側方へ排水する排水性舗装の採用が増えてきている。これに伴って，これまで以上にコンクリート床版の防水対策が重要になってくる。

砕石マスチックアスファルト舗装は主としてこのようなコンクリート床版上の防水性向上を目的とするアスファルト舗装である。

この混合物は粗骨材量が70～80％，フィラー分が8～13％程度を閉める不連続粒度の加熱アスファルト混合物である。

混合物に水密性をもたせるために通常のアスファルト混合物に比べてアスファルト量は多目（6.5％～7.5％）であり，したがって混合物の空隙率は通常3％以下と小さくなる。

また，アスファルト量が多くなると混合物の耐流動性が低下することから，一般にアスファルト量は改質Ⅰ型のバインダを使用する。

施工は一般にアスファルト混合物と同様，アスファルトプラントで混合し，ダンプトラックで運搬し，アスファルトフィニッシャで敷きならす。

転圧は鉄輪ローラ，タイヤローラ等で行う。

グースアスファルト舗装

グースアスファルト混合物は，不透水でたわみに対する追従性が高いことから，鋼床版舗装などの橋面舗装に用いられる。

混合物に使用するアスファルトは，一般に石油アスファルト（通常，針入度20～40）とトリニダッドレイクアスファルトを75：25程度にブレンドし

たものを用いる。

グースアスファルト混合物は通常のアスファルトプラントで混合し，加熱装置および攪拌装置を装備したクッカ車で混練，運搬を行う。クッカは混合物の温度を上昇させながら，均等に攪拌するもので，練り混ぜと温度上昇が進むにつれて混合物は流動性をおびてくる。

施工に当たってはクッカより排出したグースアスファルト混合物を専用のフィニッシャで敷ならす。一層の敷均し厚さは通常3～4cmである。この混合物は無空隙であるため，締固めを向上させるためのローラ転圧等は不要である。

なお，グースアスファルト舗装の施工に先立って，鋼床版面はケレンを行って清掃し，防水を兼ねたタックコートを塗布しておく。

アスファルトブロック舗装

橋梁の歩道部や歩道橋のような幅員も狭く，転圧もむずかしい車輌の進入のない場所には，アスファルトブロックを敷設し舗装することがある。

アスファルトブロックの一般的な寸法は平面が24cm×12cm～30cm×30cmで，厚さが2.5cmである。

【参考文献】
1）日本道路協会：アスファルト舗装要綱，1992年12月

鋼床版特殊舗装

橋梁に鋼床版を用い，死荷重を軽減させる事は，長大橋梁においては，その経済性はなはだ大である。しかし，その舗装についてみると，通常のアスファルト舗装では，相反する性質であるところの，低温時の撓み性と，高温時の耐流動性を確保することが重要である。

鋼床版舗装は，本州四国連絡橋の実績等では10年以上の耐久性がある。海峡橋梁に於いては過酷な自然条件，また代替ルートが無いという社会条件等から，供用後の維持管理には，一般の陸上部橋梁とは異なる厳しいものがある。

従って海峡橋梁の鋼床版舗装にあたっては，従来の鋼床版舗装に比し，特に耐久性に優れたものが求められ，研究開発，実用化されたものが本工法である。

本舗装構成は，下層にグースアスファルト，上層に改質アスファルト混合物を組合わせたものが一般的である。

下層のグースアスファルトは，硬質アスファルトを用いたもので，それは，石油アスファルト75重量％と，精製トリニダットアスファルト25重量％を混合した表8.4.3の品質規格に合格するものでなければならない。また，グースアスファルトとしての基準値は，表8.4.4に示すものである。上層の改質アスファルトは，表8.4.5の品質規格に合格するもので，基準値は表8.4.6に示すものである。

表8.4.3　グースアスファルト用バインダの性状

項目	標準値
斜入度（25℃）1/10mm	15～30
軟化点℃	58-68
伸度（25℃）cm	10以上
蒸発質量変化率％	0.5以下
三塩化エタン化溶分％	86-91
引火点℃	240以上
密度g/cm³	1.07～1.13

表8.4.4　グースアスファルト混合物の基準値

項目	基準値
流動性試験，リュエル流動性（240℃）（秒）	20以下
貫入量試験，貫入量（40℃，52.5kgf/5cm2, 30分）（mm）	1-4
ホイールトラッキング試験，動的安定度（60℃）（回/mm）	350以上
曲げ試験，破断ひずみ（-10℃，50mm/min）	8.0×10^3以上

表8.4.5　改質アスファルトの規格

項目	種類	ゴム・熱可塑性エラストマー入りアスファルト	
		改質アスファルト　Ⅰ型	改質アスファルト　Ⅱ型
斜入度（25℃）1/10mm		50以上	40以上
軟化点℃		50.0~60.0	56.0~70.0
伸度（7℃）cm		30以上	-
伸度（15℃）cm		-	30以上
引火点℃		260以上	260以上
薄膜加熱斜入度残留率％		55以上	65以上
タフネス（25℃）kgf/cm（N-m）		50（4.9）以上	80（7.8以上）
テナシティ（25℃）kgf/cm（N-m）		25（2.5以上）	40（3.9）以上

表8.4.6　改質アスファルト混合物の基準値

項目		基準値
マーシャル試験	空隙率（%）	3~5
	飽和度（%）	75~85
	安定度〔kgf（k-N）〕	1,000（10）以上
	フロー（1/10mm）	20~40
	残留安定度（注）（%）	80以上
ホイールトラッキング試験,動的安定度（60℃）（回/mm）		1,500以上
曲げ試験,破断ひずみ（-10℃,50mm/min）		6.0×10^{-3} 以上

注）残留安定度（%）=60℃,48時間水浸後の安定度〔kgf（k-N）〕/60℃ 30分水浸の安定度〔kgf（k-N）〕×100

第9章 ダム工法

I コンクリートダム工法 ・・・・・・・・・・・・・・・・・・・・・ 818
II フィルダム工法 ・・・・・・・・・・・・・・・・・・・・・・・・・ 848

I コンクリートダム工法

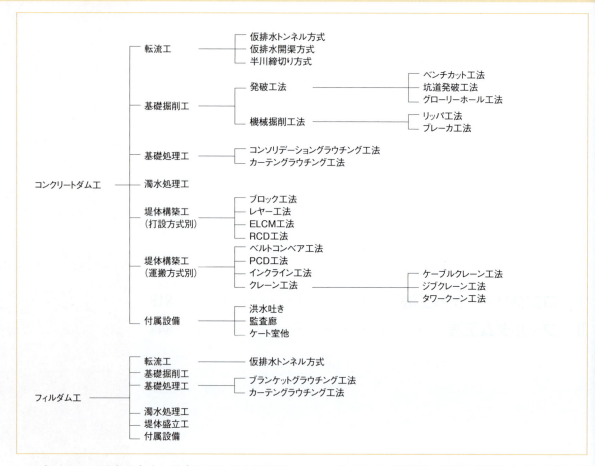

　日本のダムの歴史は古く，最古のダムは大阪に現存する狭山池といわれており，古事記や日本書紀にも記載されている。本格的なダム建設が始まったのは電力需要が逼迫した戦後の復興期であり，有峰ダム，奥只見ダム，黒部ダムといったコンクリート技術の粋を集めた大ダムが建設された。

　その後，大規模河川総合開発事業の一環として多くの多目的ダムが建設された。ダム工事は，トンネル，橋梁，岩盤掘削，グラウチング，コンクリート打設と数多くの工種を含んでおり，日本の土木技術の発展に対して大きな貢献を果たしてきた。

　最近は，安全で安心して生活できる環境づくりのための社会資本を限られた財源で建設しなければならない。そのためには所要の品質を確保したダムを短い工期で経済的につくりあげる必要がある。この様な状況下で，施工の高速化と効率化によりコストを縮減し，かつ環境に配慮した工法が提案されている。

1 転流工法

　ダム工事のためには，河川の流れを一時的に迂回させる必要があり，その工事を転流工という。また，転流工に伴って河川を一時的に締め切る必要がある。ダムサイトにおける転流工事は本体工事の全体

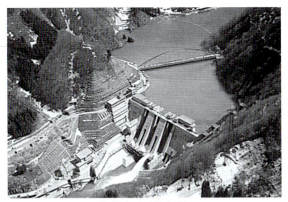

完成したコンクリートダム

工程を大きく左右する重要な工事である。

転流工法は次のように分類される。

(1) 導水部
  ① 仮排水路トンネル
  ② 半川締切
  ③ 仮排水開きょ

(2) 締切部
〔位置による分類〕
  ① 上流締切
  ② 下流締切
〔施工段取による分類〕
  ① 一次締切
  ② 二次締切
〔構造物による分類〕
  ① フィルダム型式（均一型，表面遮水壁型中心コア型，ロックネット型）
  ② コンクリートダム型式（アーチダム，重力式ダム）
〔河床砂れきが厚い場合の工法の分類〕
  ① グラウチングによる固結工法
  ② 矢板工
  ③ 地下連続壁工法
  ④ イントルージョン工法
  ⑤ ケーソン工法
  ⑥ その他

(3) 堤体部
  ① 堤内仮排水路によるもの
  ② ブロックの打設制限によるもの

また，転流方式の選定に当たっては次の事項について考慮する必要がある。
  ① 河川の流況
  ② ダムサイトの地形（川幅，河川の屈曲状況）および基礎地質，河床堆積物の厚さ
  ③ ダムの型式（フィルダム，中空重力ダム，重力ダム，アーチダム）および堤高
  ④ 事業の緊急性，下流の安全性
  ⑤ 放流設備，取水設備等の構造物の関係
  ⑥ 仮締切と仮排水路との関係
  ⑦ ダムの工期と仮排水路の通水期間
  ⑧ 仮締切と越流する洪水による被害の程度

〔参考文献〕
1) 堀和夫編：『ダム施工法』山海堂，昭和53年9月
2) 建設省河川局監修：『多目的ダムの建設』(財)ダム技術センター，昭和63年2月
3) 糸林芳彦編：『新体系土木工学，ダムの施工』土木学会，昭和55年12月
4) 志水茂明：『ダム施工の実際』(社)全日本建設技術協会，昭和59年3月

仮排水トンネル

ダム建設工事に先立ち実施される転流工法の一種である。川幅が狭い渓谷に建設されるダムでは，排水トンネルによる方式がコンクリートダム，フィルダムを問わずもっとも適した河流処理方式である。とくに河川が湾曲していて，ショートカットできる地形では有利である。この方式の利点としては，① 全面的に基礎掘削ができ，本体打設または盛立工程の制約にならないこと，② フィルダムでは工事完成後，放流設備等に転用できること。欠点としては，① トンネル施工工期が長いこと，② 地質があまりよくないダムサイトでは，トンネル掘削により基礎岩盤をゆるめ，漏水等の原因になる恐れがあることがあげられる。仮排水トンネルの設計に当っては，平面線形は地形地質上より曲線部が入ることが多いが，その場合曲率半径は水理上少なくともトンネル径の10倍程度は必要である。また，ダム本体最終掘削予定線までのかぶり厚さは，発破等の影響を受けないようにトンネル径の3倍以上または20m以上離すことが望ましい。

施工に当たっては仮排水路の掘削は工事期間中の出水に対処するための下流吐口より片押しで施工し，コンクリート巻立ては渇水期に施工するのが一

半川締切工法で施工中のダム

般的である。さらにインバート部分は土石流により浸食されやすく，側壁との接合部は漏水の原因になりやすいので施工には十分配慮する必要がある。

〔参考文献〕
1) 堀和夫編:『ダム施工法』山海堂，昭和53年9月
2) 建設省河川局監修:『多目的ダムの建設』(財)ダム技術センター，昭和63年2月
3) 志水茂明:『ダム施工の実際』(社)全日本建設技術協会，昭和59年3月

半川締切工

ダム建設工事に先立って実施される転流工法の一種である。一般的に河幅の広い河川で流量が大きく，仮排水トンネルや仮排水開きょを採用することが難しく，不経済になる場合で，堤体を左右両岸で片側ずつ施工することによって工程上あまり支障にならない場合に適している。まず河川の片側を締切り，河流を反対側に処理し，締切った部分内における堤体の全部または一部を築造する。その後築造された堤体内に設けられている堤内仮排水路に河流を切り替えてから残りの半分を締切り，堤体の残部を完成させる方法である。

〔参考文献〕
1) 堀和夫編:『ダム施工法』山海堂，昭和53年9月
2) 建設省河川局監修:『多目的ダムの建設』(財)ダム技術センター，昭和63年2月
3) 志水茂明:『ダム施工の実際』(社)全日本建設技術協会，昭和59年3月

仮排水開渠工法

ダム建設工事に先立ち実施される，転流工法の一種である。流量があまり大きくなく，川幅が比較的広い場合には，片側の河岸に沿って開きょを設置して転流を行い，上下流締切り後，河床部分の堤体の一部を築造し，その後，築造された堤体内に設置された堤内仮排水路に河流を切り替えてから，堤体の残部を完成させる方法である。この方法は仮排水トンネルに比較すると工費が安く，工期が早いことの利点があるが，全面的に基礎掘削ができず，本体打設に制約を受けるなどの欠点がある。またこれらの制約を避けるため，比較的小さいダムでは開きょ部分をあらかじめ堤内仮排水路をそなえた堤体の一部としておく方法がある。この方法は，比較的小さいダムで，ダムの基礎岩盤までの掘削が比較的簡単にできる場合に適している。

転流対象流量が非常に小さい場合には，開きょの代わりにコルゲートパイプ，ボックスカルバート，コンクリートパイプ，および樋などにより排水する方法を採用すると経済的で工期的にも有利な場合が多い。

〔参考文献〕
1) 堀和夫編:『ダム施工法』山海堂，昭和53年9月
2) 建設省河川局監修:『多目的ダムの建設』(財)ダム技術センター，昭和63年2月
3) 志水茂明:『ダム施工の実際』(社)全日本建設技術協会，昭和59年3月

締切工法

ダム建設工事における締切は設置位置により上流締切と下流締切に分けられる。

(1) 上流締切

上流締切は河水を堰上げることにより仮排水路へ河川流量を切り替える役目をもつものである。

(2) 下流締切

下流締切は仮排水路を流下した河水が吐口より放流された際，堤体工事現場内に逆流するのを防ぐために設置するものである。上流締切と異なり，堰上げの必要がなく，また両面から水圧を受ける恐れがあるので，なるべく簡単な構造にするのがよい。

図9.1.1に上流仮締切堤の標準，また図9.1.2に下流締切堤の標準を示す。

〔参考文献〕
1) 堀和夫編:『ダム施工法』山海堂，昭和53年9月
2) 建設省河川局監修:『多目的ダムの建設』(財)ダム技術センター，昭和63年2月
3) 糸林芳彦編:『新大系土木工学』『ダムの施工』土木学会，昭和55年12月

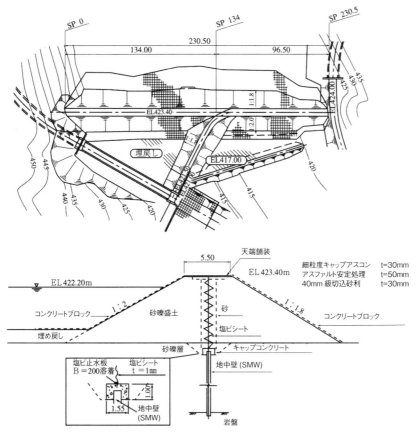

図9.1.1 上流仮締切堤の標準

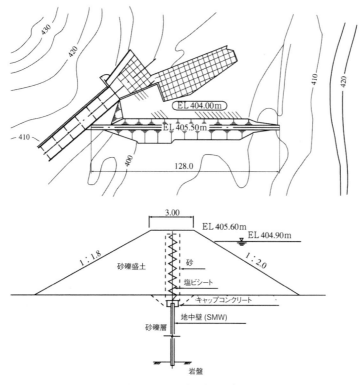

図9.1.2 下流締切堤の標準

■ 一次締切工法

ダム建設の際，河水を仮排水路に転流するために，またダムサイト下流側の河水が工事区域に流入するのを防ぐためにまず設ける仮締切を一次締切という。一次締切は，そのまま本締切として利用される場合と，一次締切のダム本体側にコンクリート構造物等による二次締切を設置するための単なる施工手段として設けられる場合とがある。一次締切は，一般に土台を盛立てた構造とするが，本締切として用いる場合には，漏水を防止するため締切内部に粘土質のコアを設けたり，越流時の対策として表面を蛇かご，わく類，コンクリート張などで保護する場合もある。

〔参考文献〕
1) 志水茂明：『ダム施工の実際』(社)全日本建設技術協会，昭和59年3月
2) 建設省河川局監修：『多目的ダムの建設』(財)ダム技術センター，昭和63年2月

■ 二次締切工法

二次締切は，一次締切のダム本体側にしゃ水のために設けられる締切であり，コンクリート構造物とする例が多い。河床堆積物の深さが深いときは，枠工，ロックフィルダム型式，アースフィルダム型式等の一次締切でせき上げられた河水の浸透水のしゃ水を目的として設けられるため，一次締切より低くてよいが，二次締切の堤体側でポンプによる釜揚排水を行なう必要がある。河床堆積物の深さが浅いときは，二次締切で河水のせき上げ，浸透水のしゃ水を行ない，一次締切は二次締切施工のための単なる施工手段となる。

〔参考文献〕
1) 志水茂明：『ダム施工の実際』(社)全日本建設技術協会，昭和59年3月
2) 建設省河川局監修：『多目的ダムの建設』(財)ダム技術センター，昭和63年2月

締切型式

ダム建設工事における上下流締切の締切型式は，河川流量，地形（河谷の幅），河川の勾配，河床堆積物の深さと種類，施工期間，締切材料等を考慮して決定される。

(1) フィルダム型式

アース・ロックフィルダム型式による仮締切は，工事中の出水により越流した場合，締切の欠壊につながるので，ダムののり面を，①蛇かごやフトンかごで覆う工法，②表面をコンクリート舗装やアスファルト舗装を実施する表面遮水工法，③ロック表面を金網で覆うロックネット工法により短期間の越流水に対して耐えられよう設計する必要がある。一方止水については中央コンクリート止水壁や粘土コアを設ける場合と，鋼矢板を打ち込む場合とがある。

本体がフィルダム型式の締切で，締切堤体積がある程度大きい場合，これを本体の一部として設計するのが経済的にも望ましい。この場合には仮締切の施工は本体と同様の施工と品質管理が要求される。

(2) コンクリートダム型式

コンクリートダム型式による締切としては重力式，アーチ式が採用されている。

これらはいずれも仮設備としての構造物であるので地震力，温度応力は考慮せず安全率を本体よりはある程度落として設計する。

アーチダム型式とした場合，締切を越流した水が出水低減後において設計時と反対の水圧を受けるので，締切低部に開閉可能な開口部を設けるなど，水位を下げる施設を設けておく必要がある。また，できるだけ左右対称構造とするため，両岸にスラストブロックを設置したり，また十分な地耐力が得られるよう基礎岩盤の処理も必要に応じ行なわれる。さらに，越流に対し両岸の浸食を防止するために越流部を設ける。

〔参考文献〕
1) 堀和夫編：『ダム施工法』山海堂，昭和53年9月
2) 建設省河川局監修：『多目的ダムの建設』(財)ダム技術センター，昭和63年2月
3) 糸林芳彦編：『新体系土木工学，ダムの施工』土木学会，昭和55年12月
4) 志水茂明：『ダム施工の実際』(社)全日本建設技術協会，昭和59年3月

河床砂レキ層が厚い場合の締切工

ダム建設工事における河床砂れき層が厚い場合の仮締切下部工法としては次に示すような工法がある。それぞれのダムサイトの特殊性を総合的に判断して採用する工法を決定すべきであり，1つの工法に

とらわれることなく，それぞれの組合せ等も考慮しそのダムサイトにもっとも適した下部工法を決める必要がある．
① グラウチングによる固結工法
② 矢板工法
③ 地下連続壁工法
④ イントルージョン工法
⑤ ケーソン工法

その他，コンクリート壁等を階段的に順次下げていき，その間を張コンクリート，蛇かご等で覆う工法や，1次締切と2次，3次締切間の距離を大きくとって，動水勾配を小さくして漏水量を減ずる工法等がある．

〔実施事例〕〔参考文献〕
1) 堀和夫編:『ダム施工法』山海堂，昭和53年9月
2) 建設省河川局監修:『多目的ダムの建設』(財)ダム技術センター，昭和63年2月
3) 志水茂明:『ダム施工の実際』(社)全日本建設技術協会，昭和59年3月

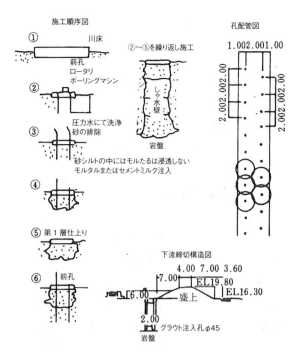

図9.1.3 阿武川ダムにおけるイントルージョン工法の例

イントルージョン工法

ダム工事における，河床砂れき層が厚い場合の仮締切下部施工法の一つである．現河床にベンチコンクリートを打設し，砂れき層を数mごとにボーリングし，鉄管を立てこんで圧縮空気または圧力水により堆積層中の粘土分や細粒部分を除去したのち，プレパクトモルタルまたはセメントミルクを注入して，固定させていく工法である．このようにして第一層の注入が終わり，その硬化を待って第二層，第三層と順次岩盤まで実施していく．

阿武川ダムにおいて，洗浄作業は0.3〜0.5MPaの圧力水で30分程度行い，注入圧力は0.3〜0.5MPaとした．その結果，約10mの砂れき層のしゃ水性の改良が行われた．注入材料としてはセメント，フライアッシュ，砂，粘土などが用いられる．

図9.1.3に阿武川ダムにおけるイントルージョン工法の例を示す．

〔実施例〕
1) 阿武川ダム，事業主体山口県，水系名阿武川，堤高95.0m，重力式アーチダム，着工1967年，竣工1974年

〔参考文献〕
1) 堀和夫編:『ダム施工法』山海堂，昭和53年9月
2) 建設省河川局監修:『多目的ダムの建設』(財)ダム技術センター，昭和63年2月

2 閉塞工法

ダム建設工事において，本体等の施工期間中，仮排水トンネル，堤内仮排水路で転流（河流処理）を行うが，工程の適切な時期に，これらを閉塞する必要がある．

仮排水トンネル閉塞工法

仮排水トンネルを閉塞するにはまず上流締切の一部を切り欠く作業より始められる．ただし上流締切に角落し等が設けられている場合には，これを解放して河水を堤内仮排水路に切り換える．その後，仮排水トンネル呑口に角落し，あるいはスルースゲートを降して流水を遮断し，漏水に対しては土のうや粘土，土砂等で対処するのが一般的である．

閉塞は，仮排水トンネル内に閉塞コンクリートを打設することで行うが，あらかじめ閉塞を想定して施工されるときは，転流中に摩耗，破損した部分の覆工コンクリートを取り除いた後閉塞コンクリートを打設する．仮排水トンネルの覆工コンクリートが，閉塞を想定しないで施工されているときは，必要長

さの覆工を取除き，背面の岩盤をゆるみない新鮮な部分まで掘削した上で閉塞コンクリートを打設する。断面の大きな仮排水トンネルの覆工を除去し，背面のゆるんだ岩盤を掘削するのは危険を伴い，施工が困難であるから，当初の仮排水トンネル施工時から閉塞に際し覆工を除去するか否かによらず，閉塞が想定される区間の施工は特に入念に実施しておく必要がある。閉塞コンクリートの打設は区分して打設されるので，閉塞コンクリート相互の縦継目および岩盤との接触部にはグラウチングをほどこす。またグラウチングに先立ち，閉塞コンクリートにクーリングを実施し，グラウチングを確実に施工するのが一般である。

閉塞部背面の岩盤の遮水については，堤体にカーテングラウチングとの関連で，適切な位置にカーテングラウチングを実施する。また，閉塞区間の全域にわたって，コンソリデーショングラウチングが，扇状に仮排水トンネル内から施工される。（ファンカーテングラウチング:別掲）

閉塞コンクリートの打設および填充する方法としては以下のようなものが採用されている。
① プレパクトコンクリート

　この方法は，粗骨材の最大寸法を大きくすることができるのでセメント使用量が節約でき，温度上昇，乾燥収縮が少ないが，反面，強度低下の原因となる空隙の心配がある，モルタル注入用配管が相当多くなる，骨材の填充に手間がかかる等の短所がある。
② コンクリートポンプまたはプレーサーを利用する方法
③ ベルトコンベヤで運搬する方法
④ 閉塞区間に地表から斜杭を設けてこれから投入する方法

特に，アーチクラウン部分の施工にあたっては，充填，締固めが困難であるため，上部にモルタル注入用パイプおよびリターンを設ける。また周囲が岩盤で囲まれているために伝導による熱の放散がほとんどなく，さらにトンネル内部なので換気による熱の放散も少ない。このため一般的にはリフト高さと熱の放散とは関係が少なくほぼ断熱状態に近い。よって，リフト高さは閉塞工程からできるだけ大リフトを採用した方が得策な場合が多い。

堤内仮排水トンネル閉塞工法

堤内仮排水トンネルを閉塞するには，呑口部に設けられたフラップゲート，スルースゲート等の締切ゲートにより流水を遮断した後，トンネルの吐口部よりコンクリートを充填して閉塞する。堤内仮排水トンネルは，断面が一般的に小さく，堤体コンクリート内に設けられたトンネルであり，強度，トンネルの安定にも問題がないので，ゲートによる締切が成功すればその後の閉塞作業は比較的容易である。ただ締切ゲートを落下させ一度閉塞を開始すると，貯水池水位は刻々上昇するので，再閉塞は非常に困難となる。締切ゲートによる閉塞に際して，戸当部分等に異物が混入していないか，閉塞に先立ちあらかじめ調査し清掃しておくが，ゲート落下後にも若干の漏水がある場合がある。漏水量が多く止水が困難と判断されたときは，ただちに締切ゲートを引上げ，問題を解決した後再施工することとなる。若干の漏水がある場合は，締切ゲート下流部よりつめ物をして止水するが，漏水は締切ゲート下流部に擁壁を設け，鉄管等に集めて排水しながら閉塞コンクリートを打設する。排水鉄管には末端にバルブを設け，閉塞コンクリート内にバルブを埋め込むことにより処理する。なお，堤外仮排水トンネルの閉塞に際しても，漏水が多いときに同様な方法で処置し，閉塞コンクリートを打設している。

〔参考文献〕
1) 志水茂明:『ダム施工の実際』(社)全日本建設技術協会，昭和59年3月
2) 建設省河川局監修:『多目的ダムの建設』(財)ダム技術センター，昭和63年2月

3　基礎掘削工法

転流工によってドライとなったダムサイトは，本体の基礎となる良好な岩盤が出るまで掘削する。基礎の掘削には多くの工法があるが，本項では主として用いられる発破工法について述べる。

長孔発破工法

発破工法の一種である。ダムの基礎掘削などに際

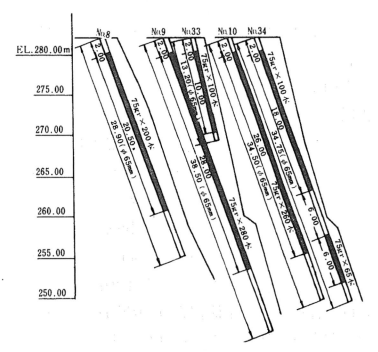

図9.1.4 鳴子ダムにおける長孔発破の掘削断面

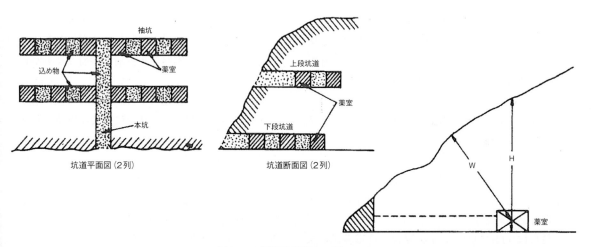

図9.1.5 坑道爆破断面の一例

して地形が急しゅんな場合に,ボーリングマシンを使用して30から100m以上におよぶ長孔をせん孔して岩盤を一挙に爆破する工法である。この工法の利点は,長孔発破の準備期間中もそれより下部の掘削が支障を受けることなく実施できることであるが,反面,岩盤が堅硬でないと長孔をせん孔することがむずかしく,また1孔の装薬量が大きくなり爆破時の振動が大きい欠点がある。

長孔発破の場合の装薬量の計算は次式を用いる。

$$L = CW^2$$

L:孔長1mあたりの装薬量(kg/m)
C:岩石係数, W:最小抵抗線(m)

岩石係数Cはボーリング中の掘削抵抗およびボーリングコアの状況などを参考にして決定する。

図9.1.4に鳴子ダムにおける長孔発破の掘削断面を示す。

〔参考文献〕
1) 若園吉一・佐藤忠五郎:【爆破】鹿島出版会,昭和49年3月
図9.1.4 鳴子ダムにおける長孔発破の掘削断面

表9.1.1 坑道爆破係数Cの値

岩　　質	Cの値
非常に軟質な岩石（沖積土），砂の固結したもの	0.11
軟かい石灰岩	0.20
軟質のれき岩または砂岩	0.26
軟質の雲母片岩	0.28
硬質のれき岩または砂岩	0.30
中硬の雲母片岩	0.32
中硬の石灰岩，粘板岩，石英粗面岩	0.35
中硬の玄武岩	0.36
硬質の粘板岩，粒状石灰岩，玄武岩	0.40
石英粗面岩，凝灰岩，安山岩	0.42
花こう岩	0.45
片麻岩，斑岩	0.45
硬質の花こう岩，石英粗面岩	0.57

坑道発破工法（大発破工法）

発破工法の一種で，山裾または岩壁から水平に小断面の坑道を掘り，（坑道の断面は坑内作業にさしつかえない範囲として，高さ1.5～1.6m，幅0.9～1.3m程度），その奥に設けた薬室に大量の爆薬を集中装薬して，坑道を埋戻し，これを爆破することにより一挙に山を崩す工法である。

大型削岩機および機械類を使用せずに，一時に大量の掘削を行うのに採用する例がある。急しゅんな地形においても施工可能で，高さ数10mから100m以上におよぶ掘削も1発破で掘削が可能である。

しかし，調査，計画を十分に行い，薬室の位置や薬量などを決めるべきである。

一般に図9.1.5に示すような場合，坑道発破の装薬量は次式で表わされる。

$L = CW^3$

L:装薬量（kg），C:発破係数，W:最小抵抗線長（m）

Cの値は岩質により異なるがH/W=1.5の場合を標準とすれば表9.1.1の通りである。またH/W=2.0の場合は1.1～1.2倍，H/W=3.0の場合は1.2～1.45倍とすればよい。

〔参考文献〕
1) 若園吉一・佐藤忠五郎：【爆破】鹿島出版会，昭和49年3月
2) 鹿島建設㈱：『長野ロックフィルダム工事誌』技術書院，昭和43年6月

ベンチカット工法

ダムの基礎掘削工法としては，①長い穿孔により短期間に斜面の掘削を完了させるのを目的とした長孔発破工法，②横坑内に薬室を設け集中装薬により一度に大量の掘削を行う坑道発破工法，③掘削線付近の基礎にできるだけ損傷を与えず，しかも大量掘削に適するベンチカット工法等がある。

ベンチカット工法はその特徴よりダム工事で最も多く採用されている工法で，コンクリート骨材およびフィルダムの透水材料（ロック材料）の採取では8～15m，ダム基礎掘削においては3～5m程度のベンチ高が採用されている例が多い。ベンチは，傾斜面に沿って階段状に順次上方より下方に向って切り下げて行く。発破坑のパターン，装薬量，火薬の種類，ずり処理用ベースベンチの数，ずり搬出路，穿孔器種などは各原石山およびダムサイトの地形・地質等の現場条件に適した施工計画をたてその中で選定していく必要がある。

ダム基礎掘削にあたっては，基礎岩着部がダムの安全性に直接関係するので，本ベンチカット，小ベンチカットおよび仕上掘削に分けて実施される。図9.1.6に示すように本ベンチ掘削に事前カットが行われる。

本ベンチカットの場合でも，堤敷面に近い所では火薬の使用量を制限して基礎に過大な衝撃を与えゆるみを与えないようにする必要がある。そのため，大量装薬は掘削予定線の3～4m手前で止め，残りは小ベンチカットで掘削される。

さらに基礎の保護のため，堤敷面が0.5m程度の範囲は火薬を使用せず，人力にてコールピック，バール等により仕上掘削が行われる。

仕上げ掘削の深度はダム基礎の地質等にもよるが，最低50cmは確保される。第3紀層の軟岩等の劣化の恐れがあるものについてはさらに大きな仕上掘削深がとられるとともに，小ベンチカット後，モルタル吹付，コンクリート吹付により岩盤保護が行われる場合もある。

〔参考文献〕
1) 堀和夫編：『ダム施工法』山海堂，昭和53年9月
2) 建設省河川局監修：『多目的ダムの建設』(財)ダム技術センター，昭和63年2月
3) 糸林芳彦編：『新体系土木工学，ダムの施工』土木学会，昭和55年12月

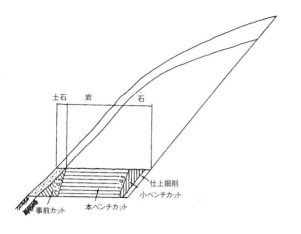

図9.1.6 ダム基礎掘削断面

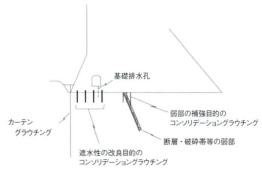

図9.1.7 コンソリデーショングラウチングの種類と施工範囲

4 基礎処理工法

基礎岩盤には断層や節理などいろいろな弱層や割れ目が存在し、そのままでは漏水やダム本体が不安定化する要因となる。これらの要因を取り除くために岩盤を補強したり改良することが重要であり、これを基礎処理と呼ぶ。基礎地盤が岩盤である場合、基礎処理工法の主は割れ目にセメントミルクを注入するグラウチングである。

コンソリデーショングラウチング工法

コンソリデーショングラウチングは、図9.1.7に示すようにコンクリートダムの着岩部付近において、カーテングラウチングとあいまって浸透路長の短い部分の遮水性を改良することを目的とするものと、断層・破砕帯等の弱部を補強することを目的とするものの2種類がある。

重力式コンクリートダムで遮水性改良を目的とするコンソリデーショングラウチングの施工範囲は、堤敷上流端から基礎排水孔までの間または浸透路長の短い部分が対象である。改良目標値は、水理地質構造等を総合的に勘案して、適切に設定する必要があるが、硬岩からなる亀裂性の地盤の改良目標値は、5Lu程度とする。施工時期は、作業性および注入効果の向上を図るため、本体コンクリートを数リフト打設後に施工するのが一般的である。なお、カバーコンクリートは、キャップ効果を果たすため、セメントミルクのリークや有害な地盤変位の発生を抑制し、注入圧力を高めることができるが、ダム本体の打設工程に悪影響を及ぼさないように計画する。一方、基礎地盤が良好でセメントミルクのリークや有害な地盤変位の発生のおそれがない場合には、カバーロックを残した粗掘削後の基礎地盤面から堤体打設前に直接施工する場合もある。これには、ダム本体の打設工程に及ぼす影響が少ないというメリットがあるが、同時に足場等の仮設が必要となり、作業性が低下するというデメリットもある。孔配置は規定孔を3～6m程度の格子状に配置し、中央内挿法により施工するのが一般的である。孔の深さは地盤の透水性や地質に応じて5mあるいはそれ以上の適切な値とする。

重力式コンクリートダムで弱部の補強を目的とするコンソリデーショングラウチングの施工範囲は、断層、破砕帯、変質帯、強風化部等の弱部とし、また堤趾部付近は大きな応力が作用するので必要に応じて対象とする。改良目標値はルジオン値または単位注入セメント量によって設定する。ルジオン値で設定する場合には10Lu以下とする。また、単位注入セメント量で設定する場合には地盤の性状、注入圧力に応じた適切な値を設定する。施工時期は、カバーコンクリート上から施工するか、コンクリート打設前に弱部をV字型に掘り下げてコンクリートを充填し、その上から施工することが一般的である。注入時にセメントミルクのリークや有害な地盤変位

が生じるおそれがない場合は，粗掘削後の基礎地盤面から，断層・破砕帯等の弱部を直接確認しながら施工する場合もある。孔配置は，断層・破砕帯等の幅が広い場合は格子状の配置とするが，狭い帯状の場合は弱部を含めて1～2列の串刺し状に施工する。孔の深さは5mを標準とするが，弱部の深さ方向の分布を考慮して適切に定める。

アーチ式コンクリートダムは，堤体幅が薄く基礎地盤に作用する応力が大きいため，コンソリデーショングラウチングを堤敷全面に施工する。基礎地盤への作用応力が大きいためコンソリデーショングラウチングを一次，二次と分けて実施するのが一般的であり，一次コンソリデーショングラウチングは重力式コンクリートダムで遮水改良を目的とするコンソリデーショングラウチングと同様とするが，二次コンソリデーショングラウチングは，高圧注入を行うため所定の高さまで堤体が打ち上がった後に堤内通廊あるいは上・下流フーチングから施工する。改良目標値は，一次コンソリデーションで5Lu以下，二次コンソリデーションで2～5Lu以下とする。孔の配置は，一次コンソリデーショングラウチングは重力式コンクリートダムと同様に3～6m格子とし，二次コンソリデーショングラウチングは通廊または上下流面から放射状に施工する。孔の深さは，一次コンソリデーショングラウチングは5mを標準とし，二次コンソリデーショングラウチングはより深部を改良するため15～20mが標準である。

〔参考文献〕
1) (財)国土技術研究センター：「グラウチング技術指針・同解説」大成出版，平成15年7月
2) (財)ダム技術センター：「多目的ダムの建設-平成17年版第6巻施工編」平成16年6月

ブランケットグラウチング工法

ブランケットグラウチングは，ロックフィルダムの基礎地盤において，カーテングラウチングとあいまって浸透路長が短いコア着岩部付近の遮水性を改良することを目的としている。ロックフィルダムのコア着岩部は，グラウトカーテンの厚さがコアに比べて薄くカーテングラウチング直上部のコア内を通る浸透路の動水勾配が最大となるため，最も浸透流に対する安全性が要求される部位である。ブランケットグラウチングはコア着岩部の基礎地盤を対象に，地盤内の割れ目や空隙をグラウチングで充填することにより幅広い難透水ゾーンを形成し，コア着岩部の浸透流を抑制し，堤体材料の流出および基礎地盤のパイピングを防止することを目的としている。

ブランケットグラウチングの施工範囲は，基本的にコア着岩部全域を対象とする。ただし，粗掘削後の基礎掘削面における地盤の性状を観察し，亀裂のない堅硬な岩盤が分布する範囲は施工範囲から外す等の適切な措置を講ずる。

ブランケットグラウチングは，ロックフィルダムの遮水材料であるコア材の盛立前に施工する。

割れ目の発達した地盤に対して基礎地盤面からグラウチングを行うと，小さい注入圧力からリークしたり，有害な地盤変位が発生することがある。このような場合には，グラウチングによる改良効果を高めるために，カバーロックを厚めにする等の表面処理を施した後にグラウチングを施工する。

なお，堤体をある程度盛り立てた後に基礎通廊から放射状にコンタクトグラウチングを施工する場合は，コアゾーン内にセメントミルクが流入してコアゾーンを傷めることがないよう，施工には十分注意する。

改良目標値は，実績によれば5～10Luとする例が多いが，改良目標値の設定にあたっては実績の値を機械的に適用するのではなく，透水性状等の基礎地盤の性状，グラウチングによる地盤の改良特性等を総合的に考慮して設定する。また，堤高に比べてコア幅が相対的に広いダムにおいては，改良目標値をコア着岩部全域で一律に設定するのではなく，コア敷の中央部分は5Lu程度，フィルターゾーン近くは5～10Lu以下と改良目標値に差をつけることもある。ブランケットグラウチングの改良目標値は，ルジオン値により設定することを基本とするが，単位注入セメント量についても改良目標値を設定する場合がある。

孔配置は規定孔を3～6m程度の格子状に配置し，中央内挿法により施工するのが一般的である。改良目標値をコア敷中央部分は5Lu程度，フィルターゾーン近くは5～10Lu以下と差をつける場合には，コア敷中央部分に比べフィルターゾーン近くの孔配置を粗くする。孔の深さは5～10mとしている例が多いが，地盤の透水性や地質に応じて適切な値とする。

透水性の高い地盤では，カーテングラウチングに

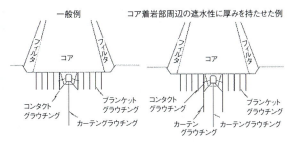

図9.1.8　ブランケットグラウチングの孔配置例

近い数列の孔について深度を延ばし，厚みを持った遮水ゾーンを形成し動水勾配を緩和することも効果的である。

図9.1.8にブランケットグラウチングの孔配置例を示す。

〔参考文献〕
1) (財)国土技術研究センター：「グラウチング技術指針・同解説」大成出版社，pp26～29，平成15年7月
2) (財)ダム技術センター：「多目的ダムの建設-平成17年版第6巻施工編」，pp149，平成16年6月

カーテングラウチング工法

カーテングラウチングは，ダムの基礎地盤及びリム部の地盤において，浸透路長が短い部分と貯水池外への水みちとなるおそれのある高透水部の遮水性を改良することを目的としている。

カーテングラウチングの施工範囲は，対象となる地盤の透水特性とその成因によって大きく異なるが，一般に，深度方向には地盤の透水性がその深度に応じた改良目標値に達するまでの範囲，リム部奥行き方向には，水みちとなる高透水部が無いことを前提に，地盤の透水性がその奥行きに応じた改良目標値に達するまでの範囲または地下水位が高い場合には地下水位（季節変動考慮）と貯水位（常時満水位とサーチャージ水位の間）との交点までの範囲，としている。なお，難透水性の地質構造が連続して分布する場合はそれを利用して施工範囲を設定することがある。また，高透水部であっても地山深部に孤立して上下流方向に連続性のない場合は改良範囲に含める必要はない。いずれにせよ，パイロット孔の施工結果により改良範囲等を見直す必要がある。リム部の止水線の方向はダム軸の延長とする場合もあるが，地山の透水性や地下水位コンター等を勘案して最も効率的に目的が達せられる方向とする。

改良目標値は，従来，ダムの型式により一律にコンクリートダムで1～2Lu，フィルダムで2～5Luとされてきたが，本来，改良目標値はダム型式以外にも水理地質構造等の地質，地盤の透水性状，グラウチングによる地盤の改良特性等に応じて設定すべきものである。

グラウチングによる改良性が良好でない地盤にあっては，改良目標値を通常の地盤の場合と比べて若干大きな値とする代わりに，厚みのある遮水ゾーンを形成して確実に浸透流速を抑制できるように計画する。

一般的に地盤の深部では浸透路長が長く動水勾配が小さいため，改良目標値を緩和することができる。このため，深度に対応した改良目標値は，次の値を標準として設定する。

0～$H/2$：2～5Lu程度
$H/2$～H：5～10Lu
Hは最大ダム高

なお，コンクリートダムの場合，堤体の上流面付近に基礎排水孔が設けられるので，堤体の上流端から基礎排水孔間での間の動水勾配が大きくなる。そこで，浅部は水理地質構造に応じて改良目標値を厳しくして入念な施工を行う。一方，難岩等の遮水性の改良が難しい地盤では，改良目標を5Lu程度とする代わりに，浅部の複数列化によって厚みのある遮水ゾーンを形成する等，地盤性状に応じた適切な対応をとる。

施工位置は，コンクリートダムの場合は上流フーチングまたは堤内通廊から，ロックフィルダムの場合は基礎通廊から，リム部は地表またはリムグラウチングトンネルから行うのが一般的である。フーチングからの施工は長いロッドを使用することができ効率がよいが，湛水後に追加グラウチングが生じた場合は対応が難しい。フィレットが大きい重力式コンクリートダムで通廊内から施工する場合には，上流フーチングからカーテングラウチングに交差するななめ方向のカーテングラウチングを施工する。

施工時期は，注入効果を高めるため，地盤に有害な変位を与えない範囲で注入圧力をできるだけ高くする。そのためには，上載荷重となる堤体高がある程度高くなった後に施工することが望ましいが，グラウチングの工程が遅れることになり，他の工事工

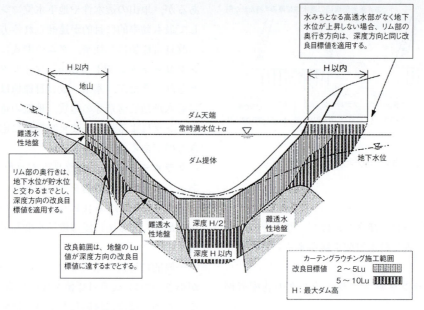

図9.1.9　カーテングラウチングの施工範囲と改良目標値

程に支障を生じる場合がある。したがって，カーテングラウチングは全体計画に支障をきたさない範囲で適切な時期に施工する。

図9.1.9にカーテングラウチングの施工範囲と改良目標値を示す。

〔参考文献〕
1) ㈶国土技術研究センター：「グラウチング技術指針・同解説」大成出版社，pp29～36，平成15年7月
2) ㈶ダム技術センター：「多目的ダムの建設-平成17年版第6巻施工編」，pp149～150，平成16年6月

ファンカーテングラウチング工法

カーテングラウチングにおいて，ダム袖部の端部処理としてカーテングラウチングの範囲を基礎掘削端部またはグラウチングトンネル端部から扇状にボーリングを行いグラウチングすることを，一般にファンカーテングラウチングと呼んでいる。

図9.1.10にファンカーテングラウチングの範囲を示す。

5　その他の特殊基礎処理工法

コンクリートダムの基礎岩盤は，堤体から伝達さ

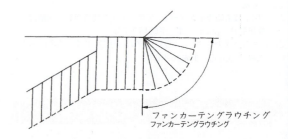

図9.1.10　ファンカーテングラウチングの範囲

れる力によるせん断および変形に対し安全であるとともに貯水池からの浸透流に対し水密である必要がある。

そのため基礎岩盤に弱層，断層等が存在し，せん断等に対し所定の安全率を有さない場合は，所定の安全率が得られるよう堤体の形状を変えるか，または基礎岩盤の改良を行う。また過度の変形，浸透流が生じるおそれがある場合も基礎岩盤の改良を行う。基礎岩盤の改良には，次のような工法がある。

①基礎岩盤グラウチング
1) コンソリデーショングラウチング
2) カーテングラウチング
3) ブランケットグラウチング
②基礎排水工（ドレーン孔）
③特殊基礎処理工
1) コンクリート置換工法

2) コンクリート支持壁工法（ストラット工法）
3) ダウエリング工法
4) ロックボルト工および岩盤PS工法

〔参考文献〕
1) 堀和夫編：『ダム施工法』山海堂，昭和53年9月
2) 建設省河川局監修：『多目的ダムの建設』(財)ダム技術センター，昭和63年2月
3) 土木学会岩盤力学委員会：『土木技術者のための岩盤力学』土木学会，昭和41年
4) 飯田隆一著：『土木工学における岩盤力学概説』彰国社，昭和53年6月
5) 糸林芳彦編：『新体系土木工学，ダムの施工』土木学会，昭和55年12月
6) 飯田隆一著：『新体系土木工学・ダム設計』土木学会，昭和55年7月
7) 志水茂明：『ダム施工の実際』(社)全日本建設技術協会，昭和59年3月

ダム用コンクリート置換工法

基礎岩盤内の断層等の軟弱層をコンクリートで置き換えることにより基礎の耐荷性およびしゃ水性の改善を図るものである。

工法としては次のようなものがある
(1) コンクリートプラグ工法
(2) カットオフ工法
(3) コンクリート置換（デンタル工法）

いずれの工法においても，掘削による周辺の基礎岩盤をゆるめないように施工し，置換後は，接触面周辺の岩盤にグラウチングが行われる。

■ コンクリートプラグ工法

岩盤不良部が局部的で連続しない場合にはこの部分を取り除いてコンクリートで置き換える工法である。

■ カットオフ工法

岩盤の止水性が問題となる場合，岩盤不良部の一部分を適切な深度までコンクリートで置換し，クリープ長を増加させることにより浸透に対する安全性を確保するものである。

置換コンクリートの深さは浸透流の動水勾配及び断層の性状から定まる限界流速値を適切な安全率で除した値を越えないように定められる。

■ コンクリート置換工法（デンタル工法）

基礎岩盤内の応力分布は断層等の弱層によって乱されるのが普通である。断層等の弱層をまたいで基礎岩盤への力の伝達が阻害されないようコンクリートの置換を行う。

図9.1.11に示すように重力式コンクリートダムの堤体の下流端付近に断層がある場合には局所的な安全性が著しく低下する。このような断層はコンクリートで置換するが，その深さはFEM等による応力変形解析などの詳細な安全性評価の結果に基づいて定められる。また，断層がダムの上下流方向に分布し，横継目で区切られ各ブロックについて底面全体の安全率が確保されない場合には，断層置換コンクリートの両側部のせん断強度を期待して設計される。コンクリートの置換深さは次のように計算される。

$$d = \frac{SF \cdot H - f \cdot V}{2\sqrt{1+m^2}\ \tau_0 \cdot \ell}$$

SF: せん断摩擦安全率
H: (B+2md+2b) の区間に作用する水平力
V: (B+2md+2b) の区間に作用する鉛直力
B，b: 図に示す長さ（bは通常0.5〜1.0m）

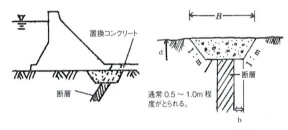

図9.1.11　ダム用コンクリート置換工法

f: 内部摩擦係数（岩盤のfおよびコンクリートのfのうち小さい値）
τ_0: せん断強度（岩盤のτ_0とコンクリートτ_0のうち小さい値）
ℓ: コンクリートの置換長さ（通常堤敷幅）

〔参考文献〕
1) 堀和夫編：『ダム施工法』山海堂，昭和53年9月

コンクリート支持壁工法（ストラット工法）

ダムからの力を軟弱層を貫いて深部の堅岩に杭機

能により伝達するため基礎内部に応力伝達壁を設ける工法である。

図9.1.12にコンクリート支持壁工法の概略を示す。

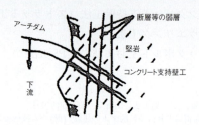

図9.1.12　コンクリート支持壁工法（ストラット工法）

〔実施事例〕
1) 川俣ダム，事業主体建設省（現国土交通省），水系名利根川，堤高120m，アーチ式ダム，着工1958年，竣工1965年

〔参考文献〕
1) 堀和夫編：『ダム施工法』山海堂，昭和53年9月

ダウエリング工法

軟弱層沿いのすべりに対し，軟弱層を数か所「ホゾ」のようにコンクリートで置き換えることによりせん断に対する抵抗力の強化を図る工法である。

図9.1.13にダウエリング工法の概略を示す。

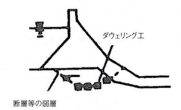

図9.1.13　ダウエリング工法の概略

〔実施事例〕
1) 霧積ダム，事業主体群馬県，水系名利根川，堤高59.5m，重力式コンクリートダム，着工1970年，竣工1975年
2) 遠部ダム，事業主体青森県，水系名岩木川，堤高43.0m，重力式コンクリートダム，着工1971年，竣工1974年

ロックボルト工および岩盤PS工法

ダムからの荷重による基礎岩盤のはらみ出しや，のり面の崩壊に対し基礎岩盤の変位を拘束し，一体化を図るため剛材により岩塊を緊結する工法で，鋼材を埋設する方法がロックボルト工であり，さらに鋼材を緊張して岩盤にプレストレスを与える工法が岩盤PC工法である。

図9.1.14にロックボルトおよび岩盤PS工法の概略を示す

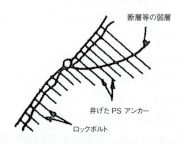

図9.1.14　ロックボルトおよび岩盤PS工法の概略

〔実施事例〕
1) 真名川ダム，事業主体建設省（現　国土交通省），位置福井県，水系名九頭竜川，堤高127.5m，アーチ式ダム，着工1967年，竣工1977年
2) 川治ダム，事業主体建設省（現　国土交通省），位置栃木県，水系名利根川，堤高140m，アーチ式ダム，着工1968年

連続しゃ水工法

ダム基礎地盤においては，軟岩および砂れき層等グラウチングではそのしゃ水性を改良し難い層を含むとともに，パイピングに対する安全性が危惧される場合がある。また転石・玉石等を含み，矢板工法等，他の工法では技術的に対応が困難，あるいは，経済性が悪くなる地盤について，連続しゃ壁工法を採用している。連続しゃ水壁工法とは，安定液を使用して所定の厚さの板状の掘削孔を連続施工した後，鉄筋を挿入し，トレミ管を用いて，コンクリートを安定液と置換させながら掘削孔底から打設して，一連の壁体をつくる工法である。一般に連続しゃ水壁の施工方法，手順は使用掘削機械が異なるだけで，基本的にはほとんど変らない。相違点は，掘削過程が各種の工法によって異っていること，壁体の継手部に各種の継手施工法が採用されていることなどが挙げられる。大別して①バケット方式，②回転方式，③衝撃方式，④その他に分類できる。各方式とも掘削深度40m程度には十分対応できる。

〔参考文献〕
1) 浅瀬石川ダム右岸止水工設計報告書，建設省東北地方建設局，浅瀬石川ダム工事事務所，昭和55年9月

コンクリートダムのせん断強度対策工法

コンクリートダムの堤体と基礎岩盤との接合部およびその付近におけるせん断摩擦抵抗力を検討し，作用するせん断力に対する滑動の安全性が確認される。

滑動に対する安全率を算出する計算式としてはHennyの公式が用いられ，現行の設計基準では所要の安全率4を確保することが定められている。つまり，$R\sigma = f \cdot V + \tau_0 \cdot \ell$，ただし$R\sigma \geq 4H$を満足すること。

ここに
Rr:単位幅当たりのせん断摩擦抵抗力
f:基礎岩盤の内部摩擦係数
V:単位幅当たりのせん断面に作用する垂直力
τ_0:基礎岩盤のせん断強度
ℓ:せん断抵抗力が生じるせん断面の長さ
H:単位幅当たりのせん断摩力

この計算によりせん断摩擦抵抗力が不足する場合の対策としては次のような方法がある。
図9.1.15にコンクリートダムせん断強度対策工法を示す。

■ フィレット工法

ダム高に比較して岩盤のせん断強度が十分大きくなく，ミドルサードの条件で決まる基本三角形断面では必要な岩盤のせん断抵抗力を得ることが困難な場合が生じる。その場合には図のように上流側に増厚部（フィレット）を設けて岩盤との接触面を広くし，必要なせん断抵抗力を確保するのが一般的である。増厚部を設ける場合には荷重の伝達，応力集中，施工性等を考慮して，その勾配を1:0.8以下とすることを標準とされている。

〔実施事例〕
1) 遠部ダム，事業主体青森県，水系名岩木川，堤高43.0m，重力式コンクリートダム，着工1971年，竣工1974年
2) 霜積ダム，事業主体群馬県，水系名利根川，堤高59.5m，重力式コンクリートダム，着工1970年，竣工1975年
3) 鯖石川ダム，事業主体新潟県，水系名鯖石川，堤高37.0m，重力式コンクリートダム，竣工1973年
4) 下条川ダム，事業主体新潟県，水系名信濃川，堤高31.0m，重力式コンクリートダム，竣工1973年
5) 早明浦ダム，事業主体水資源開発公団（現水資源機構），位置

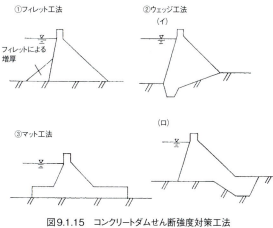

図9.1.15　コンクリートダムせん断強度対策工法

高知県，水系名吉野川，堤高106m，重力式コンクリートダム，着工1963年，竣工1973年

■ ウェッジ工法

ウェッジ工法には，以下の方法がある。
①堤体底面を下流にして抵抗力を増大させる方法。
②下流底面にくさびを設け力を下流岩盤に伝える方法。

■ マット工法

岩着部にマットを設け応力の分散を図り，せん断抵抗力を増す工法である。

〔実施事例〕
1) 大川ダム，事業主体建設省（現　国土交通省），位置福島県，水系名阿賀野川，堤高78.0m，重力式コンクリートダム，着工1973年

6 各種ダム工法（コンクリートの打設方法による分類）

最近は，安全で安心して生活できる環境づくりのための社会資本を限られた財源で建設しなければならない。そのためには所要の品質を確保したダムを短い工期で経済的につくりあげる必要がある。この様な状況下で，施工の高速化と効率化によりコストを縮減し，かつ環境に配慮した工法が提案されている。本項では，コンクリートの打設方法の観点からダム工法について述べる。

ダム用ブロック工法

コンクリートダムの築造においては，コンクリート打設後に発生する温度応力を軽減することでクラックの発生を防止し，堤体の水密性や耐久性を確保する必要がある。この対策の1つがコンクリートをブロックに分けて打設するブロック工法である。

ブロックに分けて打設するもう1つの意義は，限定された打込み時間内に打込が完了するように，適切なコンクリート量になるように区間ごとに分けるという意味を持っている。このダム堤体を適切な大きさに仕切る作業を"ブロック割り"と呼ぶ。このブロック割りは通常ダム軸方向と上下流方向の仕切りによって行い，ダム軸方向に直交する方向に設ける継目を横継目（Transverse Joint），並行する方向に設ける継目を縦継目（Longitudinal Joint）と呼ぶ。

横継目だけを設けて縦継目を廃した打設方法をレアー工法，縦横とも継目を設けた打込み工法をブロック工法と呼んでおり，我が国では従来はブロック工法が採用されて来たが，最近では温度応力に関する研究や施工方法の発達から，レアー工法が採用される事例が多くなっている。

温度応力を踏まえたブロック割りの一辺の長さは，経験的に定められて来ており，ブロック割りの確立に向けた一歩は米国水電力資源局（旧開拓局）が15m×15mを提唱したことにある。横継目間隔に20m～30mと大きくした場合には表9.1.2に示すようにブロックの中央部にクラックの発生した事例が報告されている。

継目を多く設けることは施工も煩雑となり工費も高くなるため，この継目間隔を広く取ることが検討されて来た。この方面の検討は主として縦継目の間隔を広く取ることに精力をかけ，横継目の間隔は15mに固定されて来た。

この理由として，横継目間隔を広く取った際に生じるクラックは水密性の低下を直接的に伴うため危険が大きいこと，縦継目は設けると，必然的に堤体の連続性の条件を満たすためにはジョイントグラウチングが重力式ダムでも必要となり，このためにはパイプクーリングの必要も生じ工費が増大すること等が考えられる。

〔参考文献〕
1) 堀和夫編：『ダム施工法』山海堂，昭和53年9月

表9.1.2 大きい横継目間隔採用ダムにおけるクラック発生事例

ダム名（国名）	高さ (m)	堤長 (m)	堤体積 (m³)	横継目間隔 (m)	記事
Saint-Marc （仏）	45	170	75,000	30	ブロック中間部複数ヶ所にクラック
Cignana （伊）	58	401	153,000	30	ブロック中央部にクラック
Pardee （米）	109	411	482,000	23	〃
Gelmersee （スイス）	35	370	81,000	22	〃

2) 建設省河川局監修：『多目的ダムの建設』(財)ダム技術センター，昭和63年2月
3) 糸林芳彦編：『新体系土木工学，ダムの施工』土木学会，昭和55年12月
4) 飯田隆一著：『新体系土木工学・ダム設計』土木学会，昭和54年7月
5) 建設省河川局開発課・監修：『コンクリートダムの細部技術』(財)ダム技術センター，昭和58年2月

RCD工法

RCD（RollerComapactedDam-concrete）工法とは，我が国で新しく開発されたコンクリートダムの施工法である。本工法は，セメント量を減じたノースランプの超硬練りコンクリートをダンプトラック等で運搬し，ブルドーザで敷き均し，振動ローラで締固める全面レアー打設であり，従来のケーブルクレーン等によるブロック打設工法に比べ，大幅に工期の短縮と経費の節減が可能な工法である。図9.1.16にマット部RCD工法コンクリート打設フローを示す。

コンクリートダムの合理化施工を考える時，従来のコンクリートダム施工法を基本的に見直し，骨材の採取，仮設備，コンクリートの配合，コンクリート打込み，養生等すべての面で新しい考えに立って施工方法を確立するのが最終の目標であるが，個々の項目について検討するだけでなく，堤体構造と施工法との関係も含めて総合的に研究を進めていかなければならない。これら検討の一環のうちで，まず打込み方法の合理化を中心としたRCD工法が提示された。RCD工法はコンクリートの配合や施工法についての室内，現場試験を経て，建設省（現国土交通省）・中国地方建設局（現中国地方整備局）島地川ダム（高さ90m，堤体積30万m³の重力式ダム，昭和56年度竣工）の完成に至り，現在では一般的な工法となっている。RCD工法の特色と施工例を下記に示す。

図9.1.16　マット部RCD工法打設フロー

表9.1.3　コンクリート打設方法の比較

比較事項	従来のブロック打設工法	RCD工法
コンクリートの配合	C＝150～170kg/m³でスランプは3cm前後	C＋F＝120～130kg/m³（F/C＋F＝20～30％）スランプ0cmの超固練り
打設方法	柱状ブロックシステム	全面レヤシステム
堤体への運搬	弧動式ケーブルクレーンやジブクレーン	ダンプトラック主体で必要に応じインクライン，固定ケーブルクレーン等を併用
コンクリートの打込み	バケットより直接排出	ブルドーザ
締固め	棒状バイブレータ	振動ローラ
横継目	型枠で形成	振動目地切り機によりコンクリートの打込み後造成
クーリング	パイプクーリングで堤体コンクリートを冷却	貧配合とし，パイプクーリングは行わない

(1) RCD工法による合理化施工

従来のダムコンクリートは，スランプ4cm程度の流動性に富んだコンクリートをケーブルクレーン等によりバケット運搬し，棒状バイブレータで締固める工法が一般的に行われているのに対し，RCD工法の特性は，ノースランプの超硬練りコンクリートをダンプトラックで運搬し，振動ローラで締固めようとするものである。この工法による合理化の主な点は次のとおりである。

①コンクリートのダンプトラック運搬

コンクリートは超硬練りであるので，運搬中の振動によるコンクリート材料の分離のおそれが少ないため，ダンプトラックによる運搬が可能であり，これまで必須とされてきたケーブルクレーン（またはジブクレーン）設備を省略することができ，運搬コスト面で経済的である。

②パイプクーリングの省略

ダム高100m程度以下の重力式コンクリートダムであれば，必要な強度，耐久性を有する内部コンクリートを製造するのに，単位セメント量を大幅に減らすことができ，この結果，コンクリートの発熱が押えられ，クーリング設備を省略することもできる。

③継目型枠の省略

従来のようなブロック打設工法を採用せず，広範囲にわたり薄層打設を行なう，いわゆる全面レアー方式とすることにより，継目型枠の設置が省略できる。横継目は振動式目地切機で締固め終了直後に切断するが，縦継目はコンクリートの温度応力が小さいため省略できる。

従来の打設工法との相違点を比較整理すると表9.1.3に示す通りである。

(2) 大川ダムにおけるRCD工法

1) RCD工法の施工手順

RCD工法の特性は，ノースランプの非流動性のコンクリートを，運搬から締固めまで汎用性の高い一般土工機を用いてレアー打設により大量施工を行うことにあり，時間当り打設量が，従来工法に比較して3～4倍となる。ブロックの立上がり速度は，最短で3日インターバルを標準としている。

施工要領を以下に示す。

①コンクリート練上げ，ダンプトラックに積み込み。
②打設現場入り口にてタイヤ洗水（足洗い）運搬。
③6m幅，厚さ約20cmまき出し，3層位上げ（リフト高50cm）。
④無振動1往復，振動3往復以上のローラ締固め（重さ7t）。
⑤バイブロカッターによる目地切り後，溝に塩ビ板挿入。
⑥コンクリート養生。
⑦ワイヤーブラシによるグリーンカット。

⑧スイパーによる清掃。

また打設レーンを断面図で示すと図9.1.17に示すとおりである。

2) 本施工法の留意点

①骨材分離とその対策

コンクリートの打込み時における骨材分離の発生可能性は，従来のコンクリートに比べて大きい。ダンプトラックからの排出時は特に顕著であり対策として打設レーンに直角にダンプを停車放荷し，分離したコンクリートをブルドーザー作業で解消している。

②打ち継ぎ敷モルタルの飛散防止

自走機械によるレアー打設のため，敷均しモルタル（厚1cm）をそのまま放置すると，タイヤ等による飛散があり，他への弊害となる。モルタルの品質維持，および自走機械による締固め効果を目的として，内部コンクリートの1層目を早急にまき出しモルタルの被覆を行う。

③異種コンクリート間の締固め

RCD工法コンクリートと接する岩着部コンクリート，および構造物まわり等の鉄筋コンクリートは，スランプ2～8cm程度のコンクリートで施工するが，その境界部分は同時打設により一体化を図っている。

〔実施事例〕
・大川ダム，事業主体建設省（現国土交通省），位置福島県，水系名阿賀野川，堤高78.0m，重力式コンクリートダム，竣工1987年，（RCD工法はマット部施工）
・島地川ダム，事業主体建設省（現国土交通省），位置山口県，水系名佐波川，堤高89.0m，重力式コンクリートダム，着工1972年，竣工1980年，（RCD工法により本体部施工）
・新中野ダム，事業主体北海道，水系名亀田川，堤高74.9m，重力式コンクリートダム，竣工1984年，（RCD工法により減勢工基礎部施工）
・玉川ダム，事業主体建設省（現国土交通省），位置秋田県，水系名雄物川，堤高100m，重力式コンクリートダム，着工1973（RCD工法により1987年7月打設完了）

〔参考文献〕
1) 国土開発技術研究センター編：『RCD工法によるダム施工』昭和56年7月
2) 国土開発技術研究センター編：『写真で見るRCD工法による施工』昭和56年7月
3) 国土開発技術センター編：『RCD工法技術指針（案）』昭和56年7月
4) 建設省河川局開発課監修：『多目的ダムの建設』(財)ダム技術センター，昭和63年2月

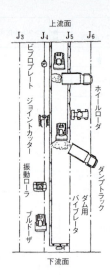

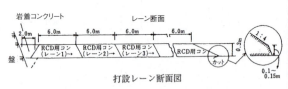

図9.1.17　RCD用コンクリート打設位置関係

RCD工法により施工されたダム

ELCM（拡張レヤー工法）

(1) ELCMの概要

ELCM（Extended Layer Construction Method）は，RCD工法と同様に従来の重力式コンクリートダムに要求されている機能，品質，安全性などを低下させることなく，施工の方法を合理化することを目的としたものであり，従来のブロックレヤー工法をダム軸方向に拡張し，複数ブロックを一度に打設

して打設区画内の横継目を打設後または打設中に設け，堤体を面状に打上げる工法で，安全性にすぐれた連続施工を可能とする合理化施工法である。

施工に当たっては，有スランプコンクリートをクレーン等でダム堤体上まで搬入し，打設区画内の所定の場所までダンプトラックまたはバケットで運搬したものを，内部振動機を用いて1層ごとに締固めることとしている。ELCMの主な特徴を以下に示す。

1) 有スランプコンクリート

　単位セメント量の少ない有スランプコンクリートである。

2) コンクリートの打込み

　ダム軸方向に数ブロックを一度に打設する拡張レヤー方式とする。

3) 1リフトの高さ

　1リフト高さは，0.75mまたは1.5mを標準とする。搭載型内部振動機の締固め効果を考慮してリフト高0.75mの場合は締固め厚1層0.75mとする。リフト高1.5mの場合は下層締固め後，打継ぎ制限時間内に上層の締固めを行う追跡2層打設とする。

4) コンクリートの運搬

　コンクリートの運搬は，バッチャープラントから堤体上までは打込み設備〔ベルトコンベヤー，ケーブルクレーン，タワークレーン，ジブクレーンおよびインクライン等〕またはダンプトラック直送方式により搬入し，堤体内はダンプトラックまたはバケットにより行う。

5) コンクリートの敷均し

　打設面に直接ダンピングまたはバケットから放出したコンクリートを，1層0.75m（締固め後厚さ）になるようにホイールローダ等で整形する。また，2層目も同様にホイールローダ等で整形する。

6) 横継目の設置

　ダム軸方向間隔は15mを原則とし，コンクリート締固め後，振動目地切機により造成する。なお，打止め部は打止型枠を設置する。

7) コンクリート締固め

　内部振動機（φ150mm 3～4本付）を装着した搭載型内部振動機により行う。

8) 打継目の処理

　打継目の処理は，一般に打継面が広く平坦であることを考慮して，高圧洗浄機やモータースィーパー等により効率的に行う。

　ELCMは，従来工法のダムコンクリートと同様の品質のコンクリートを内部振動機を用いて締固めるダムの施工法である。内部コンクリート量が少なくRCD工法に適さないダムや中小規模のダム，RCD工法で施工されるダムの高位標高部の施工などに適用性がある。

(2) ELCMの有利性と課題

(イ) ELCMの有利性（従来工法との比較）

　ELCMを採用することにより得られる効果については，従来の柱状工法と比較した場合，次の点が挙げられる。

1) 施工方法の合理化による施工性，経済性の向上

　汎用機械を用いた機械化施工，打設時間および打設量の平滑化，ブロック間移動の減など施工性が良好で省力化および工期の短縮が図られ経済的なダム建設が可能である。

2) 作業の安全性の向上

　ELCMは全面レヤー打設であることから，打設面が水平に打上がるので大きな段差がなくなり，重機の移動，建設資材の運搬をより安全に行うことができるとともに，縦・横継目の省略化によって型枠移動のための高所作業が大幅に減少されるなど安全面で優れている。

3) 周辺環境に与える影響の緩和

　地形，地質条件に対する選択と打設設備の組合せにおいて，従来よりも多様化を図ることができ周辺環境への影響が緩和できる。

(ロ) ELCMの有利性（RCD工法との比較）

　ELCMを採用することにより得られる効果については，RCD工法と比較した場合，次の点が挙げられる。

1) 各配合別コンクリートの締固めを同一機種で施工可能であり，施工機械の種類が少なく比較的狭いヤードで効率良く施工できる。

2) リフト厚を大きくすることにより，打継面処理面積を少なくすることができる。

(ハ) ELCMの課題

ELCMの施工上の課題を挙げると次のとおりである。

1) 数ブロックを同時に打設することから，型枠のスライド作業が一時的に集中する。

2) 打設面上をダンプトラック等で走行する場合，コンクリート打設後1～2日程度の若材齢の場合にはコンクリート保護等何らかの措置を講じない限り，乗り入れができない。

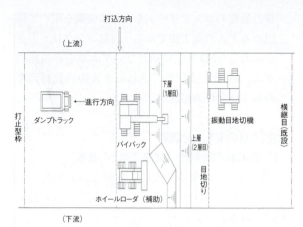

図9.1.18　ELCMの施工例（平面図）

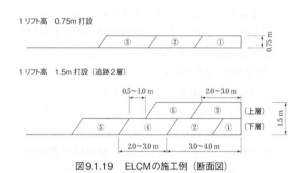

図9.1.19　ELCMの施工例（断面図）

3）レヤー長が長大となる場合，温度規制に配慮が必要となるため，温度応力クラック制御の必要性から打設時期が制約を受ける。

図9.1.18にELCMの施工例（平面図）および図9.1.19にELCMの施工例（断面図）を示す。

〔参考文献〕
1)(財)ダム技術センター：『多目的ダムの建設-平成17年版第6巻』，平成17年6月

7 各種ダム工法（コンクリートの運搬による分類）

最近は，安全で安心して生活できる環境づくりのための社会資本を限られた財源で建設しなければならない。そのためには所要の品質を確保したダムを短い工期で経済的につくりあげる必要がある。この様な状況下で，施工の高速化と効率化によりコストを縮減し，かつ環境に配慮した工法が提案されている。本項では，コンクリートの運搬方法の観点からダム工法について述べる。

ベルトコンベア工法

ベルトコンベア工法は，コンクリートダムの合理化施工法の一つであるが，その歴史は古く，昭和35年に二瀬ダム（建設省（現 国土交通省））の打設において一部使用された実績がある。

浅瀬石川ダム（建設省（現 国土交通省））の減勢工水叩部の約10,000m³のコンクリートが，20tケーブルクレーンバケットから荷受けホッパに受入れ，ベルトフィーダ，連絡コンベヤ，主コンベヤ，スクレーパを経て2台の中継コンベヤとスプレッダコンベヤを連動して打設された。

初瀬ダム（奈良県）においては，垂直二重ベルトコンベアによる堤趾導流壁コンクリート打設が行われた。また，小平ダム（北海道）においては，ダム本体打設がベルトコンベアを用いて行われた。図9.1.20にベルトコンベアシステムの概念を示す。

〔参考文献〕
建設省河川局監修：『多目的ダムの建設』(財)ダム技術センター，昭和63年2月

PCD工法

コンクリートポンプを使用してダム用コンクリートを圧送し打設するPCD工法（Pumped Concrete for Dams Method）は，設置が簡単でかつ設置場所が小さくて済み，機械の汎用性もあることから，小規模なコンクリートダムやダムの減勢工および，天端付近，フィルダムの洪水吐等の施工に適し，省力化，合理化の可能性を持った工法である。

これまで宮ケ瀬ダム（建設省（現 国土交通省）），長与ダム（長崎県），三国川ダム（建設省（現 国土交通省）），下湯ダム（青森県），惣ノ関ダム（宮城県）等で施工が実施されているが，設備設計に当たっては「所要のコンクリートの最大骨材粒径およびスランプ等の施工条件を満足し，かつ保守の容易な構造とする。」（ダム施工機械設備設計指針（案））となっており，これまでの例では，最大骨材径80mm，スランプ4cmのコンクリート打込みに使用されている。

宮ケ瀬ダムでは，副ダムの施工に際してその時点における既往実績を基に，粗骨材の最大寸法が80mm，単位セメント量200kg/m³，スランプ4±1cm，コンクリートの実吐出量50m³/hで水平配管で300m以上をスムーズに圧送する事を条件に，大

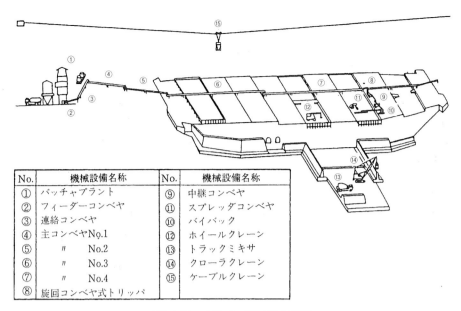

No.	機械設備名称	No.	機械設備名称
①	バッチャプラント	⑨	中継コンベヤ
②	フィーダーコンベヤ	⑪	スプレッダコンベヤ
③	連絡コンベヤ	⑩	バイバック
④	主コンベヤNo.1	⑫	ホイールクレーン
⑤	〃 No.2	⑬	トラックミキサ
⑥	〃 No.3	⑭	クローラクレーン
⑦	〃 No.4	⑮	ケーブルクレーン
⑧	旋回コンベヤ式トリッパ		

図9.1.20 ベルトコンベアシステムの概念

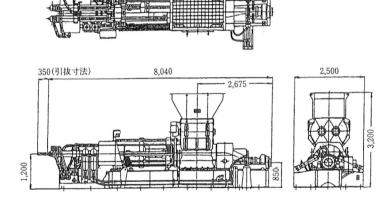

ポンプ部仕様		
項目	単位	数値等
形 式	-	横形複列貫入シリンダ式
ピストン排除量	m³/h	10～77
理論吐出圧力	MPa	6.14
シリンダ数	-	2
シリンダ内径	mm	250
ピストンストローク	mm	1,300
ストローク数	回/分	20
吐出口径	mm	250
総重量	kg	17,450

図9.1.21 宮ヶ瀬ダムで使用したコンクリートポンプ

表9.1.4 宮ヶ瀬ダム新ポンプの比較

形式名称	単位	新ポンプ	TGP 40 SA	TPG 30	IDF 100 TD	PTF 85 T
ダム名称		宮ヶ瀬	惣ノ関	下湯	三国川	長与
理論最大吐出量	m³/h	75 (300 m～500 m)	42 (最大230 m)	30～15 -	112～45 -	85～45 254 m
実吐出量		50 (計画)	25.6 38.1	14.6 26.8		20.0 80.0
理論吐出圧力 (ピストン前面圧)	kgf/cm² (MPa)	61.4～45 (6.02～4.41)	40.2～52.7 (3.94～5.16)	62.0～30.0 (6.08～2.94)	60.4～23.8 (5.92～2.33)	43.4～24.0 (4.25～2.35)
輸送シリンダー径	mm	250	180	228.6	220	220
ストローク長	mm	1,300	1,100	800	1,400	1,400
ストローク回数	回/分	20	28	18	35	29
油圧回路圧力 シリンダ貫入力	kgf/cm² (MPa) t	150～110 (14.7～10.8) 10.5～20	130～170 (12.7～16.7) 4.1～8	210 (20.6) -	265 (20.6) -	210 (20.6) -

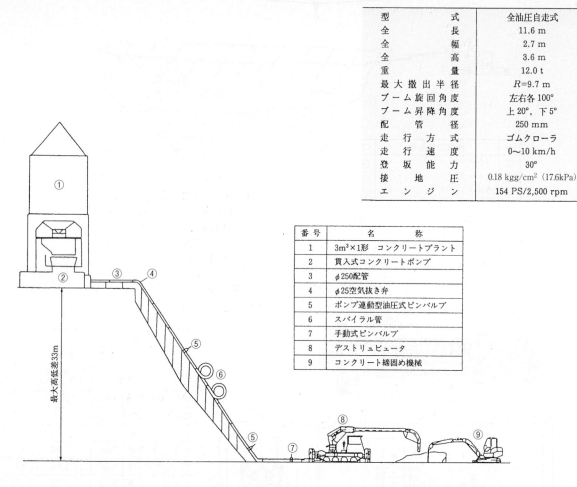

図9.1.22 施工設備の概略

容量の押込み型（シリンダ貫入式，復列シリンダ）コンクリートポンプの改良とコンクリート圧送が地形（下り勾配や打設面）に即して施工可能なシステムの開発を行っている。

図9.1.21および表9.1.4に宮ヶ瀬ダムで使用したポンプを示す。また，図9.1.22に施工設備の概略，表9.1.5にコンクリートディストリビュータの仕様を示す。

コンクリートポンプは，低スランプコンクリートに適した機種として連続打設が可能な複式シリンダを有するシリンダー貫入式（理論吐出量$75m^3/h$）とし，シリンダ口径は粗骨材最大寸法の約3倍の250mmとした。ポンプの主な改善は，①貫入不良を減少させるための貫入速度のアップとホッパ内コンクリートを均一に保てる攪拌装置（2軸ミキサ）の採用②外部揺動弁切換不良対策として自動解除システムを設置③耐久性向上のための耐摩耗処理やメ

ンテナンスが容易に行える構造への改善等である。

また，地形上の制約の厳しいダムコンクリート圧送の施工システムとして，下り勾配でのコンクリート圧送が可能な施工方法（スパイラル配管，ポンプ連動式ピンバルブ，エアー出入弁等）の開発と順次移動する打設面への効率的な打設が可能なディストリビュータ（クローラー走行台車にスイベルジョイントを有した配管機構と旋回・俯仰機構を持つ配管兼用ブームを搭載）の開発を行っている。

〔参考文献〕
1)「宮ヶ瀬副ダムのPCD工法」西田博，渋谷文利ダム技術 No.154，平成11年7月
2)「ダム施工機械設備設計指針（案）」(財)ダム技術センター編集 P.192「コンクリートポンプ」，平成2年11月
3) (財)ダム技術センター:『多目的ダムの建設-平成17年版第6巻』，平成17年6月

表9.1.5 コンクリートディストリビュータの仕様

型　　　　式	全油圧自走式
全　　　　長	11.6 m
全　　　　幅	2.7 m
全　　　　高	3.6 m
重　　　　量	12.0 t
最 大 撒 出 半 径	R=9.7 m
ブーム旋回角度	左右各 100°
ブーム昇降角度	上 20°，下 5°
配　管　径	250 mm
走　行　方　式	ゴムクローラ
走　行　速　度	0〜10 km/h
登　坂　能　力	30°
接　地　圧	0.18 kgg/cm² (17.6kPa)
エ ン ジ ン	154 PS/2,500 rpm

番号	名　称
1	$3m^3$×1形 コンクリートプラント
2	貫入式コンクリートポンプ
3	φ250配管
4	φ25空気抜き弁
5	ポンプ連動型油圧式ピンバルブ
6	スパイラル管
7	手動式ピンバルブ
8	デストリュビュータ
9	コンクリート締固め機械

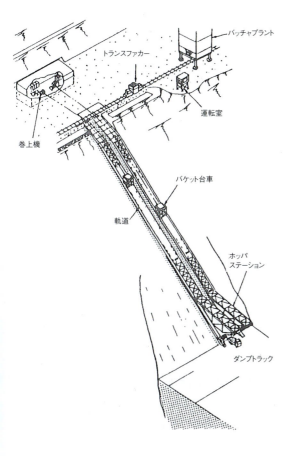

図9.1.23 インクライン設備の例

事故が発生したときは，自動的にレールをかみ込んでクランプする非常停止装置を備えているのでバケット台車の逸走事故は起らない。

4) 堤体コンクリート打設に伴って打設面が上昇してくるので，ホッパステーションも軌道レール上を上方に引き上げる必要がある。引き上げは巻上げ機により行うが，ステーションは軌道レールに設けられた孔にアンカーレバーを自動的に引掛けて，確実に固定する方式としている。図9.1.23にインクライン設備の例を示す。

〔参考文献〕
1) 建設省河川局監修:『多目的ダムの建設』(財) ダム技術センター，昭和63年2月
2) 国土開発技術センター編:『RCD工法によるダム施工』昭和56年7月
3) 国土開発技術センター編:『写真で見るRCD工法による施工』昭和56年7月
4) 国土開発技術センター編:『RCD工法技術指針（案）』昭和56年7月

ケーブルクレーン工法

急峻な地形を有するわが国のダムサイトにおいては，ケーブルクレーンがコンクリート打設機械の主役として従来から利用されてきた。

ケーブルクレーンはコンクリート打設のほか，雑運搬で総称されるダム建設用資材の堤体内へ搬入及び搬出に極めて有利な運搬手段であり，その施工性も良好であるが，反面，これを設置するために大量の走行路掘削を要するという極めて不利な一面を持っている。この不利な面を少しでも解消するため，軌索式ケーブルクレーンが用いられている。

コンクリート打設用ケーブルクレーンの特徴としては，その速度が極めて高速であり，その運転制御を無段階に行えるよう直流電動機を用いたレオナード制御が主流である。

次に，巻上げ索はブライヘルト形で，機械室の対岸側にその一端を固定し，巻上げと横行がそれぞれ個別のウインチにより駆動されるため，巻上げ又は巻下げと横行を同時にも単独でも自由に操縦できることである。

ケーブルクレーンの形式には両端固定式，弧動式，両端走行式に大きく分類されるが，このほかにもこれらの変形式として，揺動塔式，傾斜走行路式，両端弧動式などが挙げられる。いずれも地形条件等の制約により考案された特殊形式である。ケーブルク

インクライン打設工法

インクライン工法の特徴としては，以下の4点が挙げられる。

1) インクラインの運転はケーブルクレーンのように，コンクリートバケットをワイヤーロープで吊り下げて運搬するのと異なり，固定のレール上を走行するため熟練したオペレーターを必要とせず，スタートボタンを押すだけで，あとは決められた運転パターンに従って自動運転できる。
2) 機械室内にある巻上げ機には，電動機軸に常用の電磁ブレーキを備えているほか，巻上げドラムを直接制動する空気の非常ブレーキを備えているので安全である。
3) バケット台車にはケーブルカーと同じ形式の制動装置を装備し，万一，巻上げロープの切断

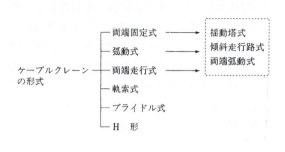

図9.1.24 ケーブルクレーンの分類

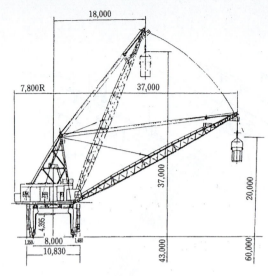

図9.1.25 走行式ジブクレーンの例

レーンの形式は図9.1.24に示すように分けられる。

その形式選定に当っては，できるだけ堤体全面をカバーできることが最も望ましい。

〔参考文献〕
1) 建設省河川局監修：『多目的ダムの建設』(財)ダム技術センター，昭和63年2月

ジブクレーン工法

コンクリートダムのコンクリート打設において，地形条件によりケーブルクレーンの設置ができない場合や，自然環境保全の立場上からダムサイトの山腹掘削に制約を受ける場合には，走行路掘削等の基礎工事ができないので，ケーブルクレーンの代替えとしてジブクレーンが使用されている。

ジブクレーンには，走行式と固定式の2種類がある。

①走行式（図参照）

1) トレッスルガーダーを必要とし，本体掘削後のこの設置に工費がかかる。
2) あまり地形条件の制約は受けない。
3) オペレーターはクレーン旋回部の運転室で操縦するため，打設ブロックを至近距離から見れるので視界がよい。
4) トレッスルガーダ上にバンカー線が敷設されるため，ジブクレーンの任意の打設位置においてコンクリートの受け渡しができるので，ブームの起伏動作にほとんど時間を必要としない。
5) 主動作である旋回，巻上げ・下げの駆動ウインチモーターは，サイリスターレオナード制限となっているので，運転速度は速く操縦性がよい。
6) トレッスルガーダーの設置高さは，脚部の構造上から60m程度とされているので，堤高の高いダムではトレッスルガーダーおよびジブクレーンの移設が必要となり工期・工費が増大する。
7) トレッスルガーダーの直下はジブクレーンで直接コンクリートを打ち込めないので，スプレッダコンベヤなどの補助的な打ち込み手段を必要とする。

②固定式

固定式ジブクレーンは，一般に補助打設設備として，本体コンクリートの一部或いは減勢工コンクリートの打ち込みに用いられている。この場合，ジブクレーンにコンクリートを供給するバンカー線は，クレーン中心に向ってできるだけクレーンの最小作業半径に近づくよう配置すれば動作の遅いブーム起伏に時間がかからず，能率的なコンクリートの打ち込みができる。

図9.1.25に走行式ジブクレーンの例を示す。

〔参考文献〕
1) 建設省河川局監修：『多目的ダムの建設』(財)ダム技術センター，昭和63年2月

図9.1.26に固定式タワークレーンの例を示す。

〔参考文献〕
1) 建設省河川局監修:『多目的ダムの建設』(財) ダム技術センター, 昭和63年2月

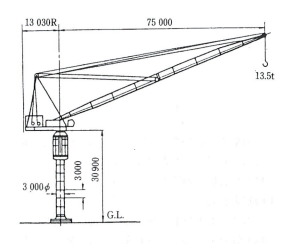

図9.1.26　固定式タワークレーンの例

タワークレーン工法

コンクリートダムのコンクリート打設においては, タワークレーンは従来, 補助的な打設設備と考えらえてきたが, 最近では大規模ダムでも, これを数基堤体内に設置して打設を行うようになってきている。

タワークレーンの特徴は以下のとおりである。
1) 固定式タワークレーンの基礎構造物はケーブルクレーンのように高所で大量の地山掘削を必要としないので, 環境保全上有利である。
2) タワークレーンの据付・解体はケーブルクレーンに比較して容易である。
3) ダム専用タワークレーンは巻上げ, 起伏, 旋回装置にサイリスタレオナード制御方式を用いているので, 運転の高速化と操作性の向上が図られている。
4) タワーが高くなると運転中の揺動により運転者の船酔い現象が発生する。
5) ブームの起伏に時間を要し, 特に, 作業半径の大きいところでバケットを吊り上げ, ブームを起こしながらバケットの巻下げをしないとバケットの水平維持ができないので, ケーブルクレーンに比べてサイクルタイムが長くなる。
6) 旋回速度を大きくすると遠心力でバケットが外側へ揺れるので, 打設位置での揺れ止めに若干時間がかかる。

8 冷却工法

コンクリートの冷却工法は大別してプレクーリング方式とパイプクーリング方式に分けられる。さらにプレクーリングはコンクリートの材料をあらかじめ冷却しておく対象によりこれを分類する。

(1) プレクーリング工法
①混合水冷却工法
②粗骨材冷却法
③セメント冷却法

(2) パイプクーリング工法

コンクリートは硬化時に水和熱を発生する。この水和熱によって生じる温度応力がダムコンクリートにおける有害なクラックの発生原因となる。冷却工の目的は, 温度応力の発生原因となる温度変化（温度降下, 温度勾配）そのものを規制しようとする方法であり, その例としてパイプクーリング, プレクーリングなどの人工クーリングの方法がある。またコンクリートの打設速度を規制し, 温度上昇を抑えるいわゆる1day, 1feetの条件も広義にはこの方法の中に含まれると考えられる。

第2の方法は, 温度変化が生じても温度応力によるクラックが発生しないように, コンクリートダム全体を大きさの制限された複数のブロックに分割して打設する方法である。この方法は, いわばコンクリートダム内にあらかじめ人工的なクラックを発生させておく方法であり, ダムの一体性が要求される場合には, この人工的なクラック（収縮継目）をセメントミルクで充填し, 全体として一体性を確保するための方法が必須となる。これがジョイントグラウチングである。しかしダムのようなマスコンクリートにおいては熱の放散する条件が極めて悪いため, コンクリートの冷却を待ってジョイントグラウチングを行う場合には, ダムコンクリートを人工的に冷却する方法が必要となり, これを行う手段として考えられるのがパイプクーリングである。

プレクーリング工法

プレクーリングは，コンクリート材料の一部または全体を冷却して練り混ぜ，打設時のコンクリートの温度を下げることによって，コンクリートの最高温度を低下させる方法で，米国の陸軍工兵隊において発達してきた方法である。プレクーリングは一般にレアー方式とともに用いられる。プレクーリングで最も効果の高い方法は，練混ぜ水の一部に氷を利用する方法，および粗骨材を冷却する方法である。細骨材やセメントの冷却は，コンクリート$1m^3$当りに対する配合質量が少ないため，その効果は小さい。このようなことから，プレクーリングには，練混ぜ水を冷却したまたその一部または大部分を氷で置換する方法，さらに粗骨材を冷却する方法が一般的に用いられる。

■ 混合水冷却工法

混合水用の製氷機としては，チューブアイスマシン，フレークアイスマシンおよびバックアイスマシンの3方法があり，氷の融解潜熱が大きいので冷却効果は非常に大きいが，製氷機そのものの運転整備，氷片の貯蔵および輸送などの取扱に難点が多く，また氷の置換率を多くすると混合時間が延びる等の欠点がある。また一般的に経費も高くなる。

■ 粗骨材冷却工法

粗骨材冷却には，冷水浸漬法，空気送入法（ハイタワー法），冷室法などがある。

冷水浸漬法は，粗骨材の種類だけ冷却タンクを設け，これに1℃前後の冷水を一定時間循環させ骨材を冷却するもので，冷却終了後骨材は脱水スクリーンを経てバッチャープラントに運ぶ方法である。

空気送入法は，ハイタワー法とも呼ばれ，バッチャープラントの粗骨材貯蔵ビン底部に2～4℃の冷風を導入し粗骨材を冷却するものであり，この方法は空気冷却器，除塵機，送風機，ダクトが必要である。砂の冷却は冷風の通過が困難であるため冷却を行わない。またこの設備は冬期には粗骨材加熱用にも使用できる長所がある。

冷室法には室全体を冷却し，骨材をベルトコンベアにのせこの室を通過させることにより冷却する方法である。

また，アメリカで開発された方法として，バキュームクーリング方式がある。これは砂を含めて骨材を冷却するもので，水分を含んだ骨材を円筒容器内に密閉し，スチームエジェクタにより低圧にし水分を蒸発させるもので，蒸発時の潜熱で骨材が冷却されるもので1時間程度で2℃位に達する。また冷却後の骨材は乾燥状態となるので，コンクリート混合管理に極めて都合よく機械部分もボイラとポンプだけで在来の方式と比較して著しくすぐれた方法である。

■ セメント冷却法

セメント冷却法は，スクリューコンベアの羽根およびケーシングを二重にして，この中に冷水を通して冷却する方法である。しかし，セメントの冷却はコンクリートの温度低下への効果は小さく，またセメントが固着するおそれがあるため余り使用されていない。

また砂の冷却にセメント冷却法と同一構造のスクリューコンベアを使用することができる。冷凍機は，従来アンモニアを冷媒とする往復動コンプレッサが使用されたが，一ツ瀬ダムにおいてフレオンを冷媒とするターボコンプレッサが使用されて以来，この形式が多く使われている。

■ サンドプレクール工法

サンドプレクール工法は，液体窒素で急速冷却した砂を用いてコンクリートを製造するプレクーリング工法である。

重力式コンクリートダム，長大橋および原子力発電所等は，通常の構造物に比べて高い耐久性が要求される大型構造物であり，マスコンクリートの温度ひびわれ制御が重要課題とされてきた。従来は，その対策として冷水や氷を練混ぜ水に使用することにより，コンクリートの練上り温度を制御する方法が採用されていた。

サンドプレクール工法は，コンクリート中に占める割合が高く，粒径が小さい，しかも表面水を大量に持っている砂に注目したものである。コンクリートの練混ぜ直前に，砂を攪拌しながら液体窒素を噴入して砂粒子を低温に冷却し，この砂を用いてコンクリートを製造することにより，コンクリートの練上り温度を大幅に低下させることを可能とした。また液体窒素の使用量を増減するだけで，外気温の変化に関係なく，所要の練上り温度のコンクリートを得ることができる。

冷却砂の製造方法には，「連続方式」と「ストック方式」があり，現場の状況に応じていずれかを選択することができる。

①連続方式：従来の生コン製造プラントの材料計量装置とコンクリートミキサの中間に冷却砂製造装置（サンドクーラ）を取り付け，冷却砂製造とコンクリート製造を連動させ，冷却コンクリートを1バッチづつ製造する。（一回打設量が少なく，中規模の場合に適用）

②ストック方式：生コン製造とは別途に事前に冷却砂製造をおこない，一時ストックし，打設当日は，ストックした冷却砂を用いて冷却コンクリートを製造する。（一回打設量が多く，大規模の場合に適用）

図9.1.27にサンドプレクール方式の概略を示す。

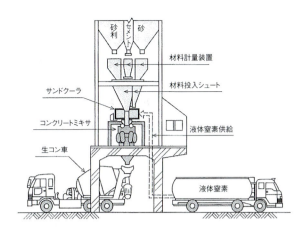

図9.1.27　サンドプレクール方式（連続方式）の概略

パイプクーリング工法

パイプクーリングは，各打設表面に設置した埋設パイプに冷水を通じてコンクリートを冷却する方法である。一般にパイプクーリングはブロック方式にジョイントグラウチングとともに用いられる。この場合，パイプクーリングは，縦継目ないしは横継目以外の部分にクラックを発生させないように，最高温度およびその後の温度変化を規制するためのクーリング（1次クーリング）と，ジョイントグラウチングを行うために，ダム堤体内の温度を今後生じるであろう最低温度までに冷却し，収縮継目を最大に開口させるためのクーリング（2次クーリング）に分けられる。2次クーリングを実施する時期はジョイントグラウチングの実施時期に関係するが，気温による冷却効果を利用して，晩秋から冬期にかけて，2次クーリングを実施し，ジョイングラウチングを1～3月頃に行うのが一般的である。

〔参考文献〕
1) 建設省河川局開発課監修：『コンクリートダムの細部技術』(財)ダム技術センター，昭和58年2月

9 型枠工

型枠は，鋼製型枠を用いて順次上部へ移動させる方式が一般的である。最近は施工の高速化と効率化

●25℃の砂　　　　　●-140℃に冷却した砂

冷却した砂の状況

によりコストを縮減し，かつ環境に配慮した工法が提案されている。本項ではダムの型枠工法について述べる。

鋼製スライドフォーム工法

コンクリートダムの型枠は，上・下流面の表面型枠，横継目・縦継目の継目型枠，通廊，エレベーター坑，その他堤内構造用の型枠，越流部，ピア等の特殊形状の型枠，堤体の立ち上り等に用いられるバラ型枠，箱抜き型枠等に区分できる。

このうち，表面型枠，継目型枠は使用頻度が高く，鋼製のスライドフォームが用いられることが多い。大型バイブレータによって締固められるコンクリー

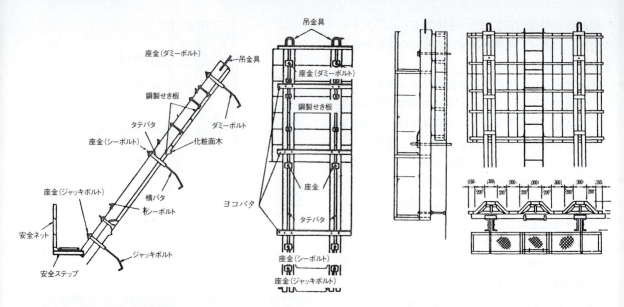

図9.1.28 下流面型枠（スライドフォーム）の例

図9.1.29 横継目型枠（スライドフォーム）の例

トの大きな荷重を支えて確実に固定されること，変形量を最小にとどめること，数十回の転用に耐えること，据付け，取り外しが容易であることなどが要求されるので，頑丈で単純な形状となっている。また，安全管理の面から作業台や安全ネットが取り付けられる。

スライドフォームは，コンクリート面と接するメタルフォーム（膜板），型枠の剛性を高め旧コンクリートに固定する縦バタ，メタルフォームからの荷重を縦バタに伝達する横バタおよびボルト類から構成されている。隣接する型枠はフックボルトでメタルフォームを互いに固定する。縦バタはシーボルトで下部のコンクリート面に固定し，シーボルトを支点として下端のジャッキボルトで傾きを調整する。ダミーボルトはシーボルト穴形成のため取り付ける。

スライドフォームはカンチレバーとして働かせるものであるが，重力式ダムの下流面のように勾配が緩いと，ジャッキボルトが効かず，内側に倒れることになるので，パイプ等でダミーボルト付近を支える必要がある。コンクリートの打上りに従ってこのサポートを外す。またアーチダムのようにオーバーハングする場合は，ダミーボルトから打継面に埋め込んだアンカーにタイロッドを取り，固定をより確実にすることもある。

標準的なスライドフォームでは，膜板の下端を下部コンクリートと10～15cm重ねるのが普通である。これによってグリーンカットした場合の目違いが生じ難い。さらに，打設後の湛水養生のため膜板の上部に10cm程度の余裕を持つ必要がある。

型枠の幅は3cmのものが多い。一般に横幅1mに縦バタ1本の割合となっている。縦バタは剛性を持たすためトラス型式のものがあるが，溝型鋼を2本組み合わせた形式のものがよく用いられている。鋼製スライドフォームのうち，下流面型枠および横継目型枠について一般的な例を図9.1.28および図9.1.29に示す。

〔参考文献〕
1) 建設省河川局監修：『多目的ダムの建設』(財)ダム技術センター，昭和63年2月

スリップフォーム工法

スリップフォーム工法は，従来の型枠を設置して施工する工法に対し，構造物に合わせた型枠（モールド）を専用の「スリップフォームペーパー」と呼ばれる成型機に取り付けることにより，走行しながら連続的にコンクリート構造物を構築していく工法である。

スリップフォーム工法は，1940年代より構想および試験施工が米国で行われて以来，フランス，イギリス等世界各国においてコンクリート舗装をはじめとして道路用防護柵，縁石，側溝，煙突等に適用されている。

米国では，Elk Creekダム，Upper Stillwaterダ

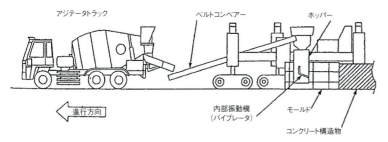

図9.1.30 スリップフォーム工法の作業システム

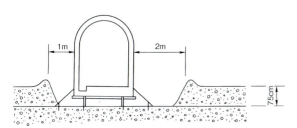

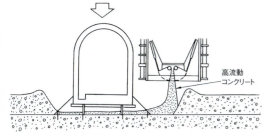

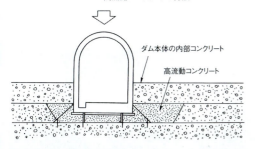

図9.1.31 監査廊のプレキャスト工法

プレキャスト工法による監査廊の施工

ム等で実績がある。

スリップフォーム工法は，前述の「スリップフォームペーバー」と呼ばれる自走式コンクリート成型機を用いることによって型枠工を省略できることが最大の特徴であるが，コンクリートが硬化する前に型枠が移動していくため，スリップフォーム工法に用いるコンクリートは所要の品質（強度，耐久性等）を満足するとともに，施工に適したワーカビリティーを有していなければならない。

〔参考文献〕
1) 高橋征夫，塚本康二，永江啓師，國枝達郎：スリップフォーム工法の試験施工について，ダム技術，No.132，1997.9

10 その他の構造物

その他の構造物として洪水吐きやゲート室などがあるが，ダム特有の構造物としては監査廊がある。監査廊は，堤体の維持管理のため，変状の兆候を探知したり観測計器を設置するためにダム内部に設けられた通路である。監査廊は鉄筋コンクリート構造であることから手間を要し施工上のネックとなるケースもある。

最近は，工期短縮，品質向上，安全性向上を目的とした，図9.1.31に示すようなプレキャスト工法が実用化されている。

Ⅱ　フィルダム工法

　日本のダムの歴史は古く，最古のダムは大阪に現存する狭山池といわれており，古事記や日本書紀にも記載されている。本格的なダム建設が始まったのは電力需要が逼迫した戦後の復興期であり，有峰ダム，奥只見ダム，黒部ダムといったコンクリート技術の粋を集めた大ダムが建設された。ロックフィルでも御母衣ダムといった大規模ダムが建設された。

　その後，大規模河川総合開発事業の一環として多くの多目的ダムが建設された。ダム工事は，トンネル，橋梁，岩盤掘削，グラウチング，コンクリート打設と数多くの工種を含んでおり，日本の土木技術の発展に対して大きな貢献を果たした。

　最近は，安全で安心して生活できる環境づくりのための社会資本を限られた財源で建設しなければならない。そのためには所要の品質を確保したダムを短い工期で経済的につくりあげる必要がある。この様な状況下で，施工の高速化と効率化によりコストを縮減し，かつ環境に配慮した工法の開発が望まれている。

　比較的規模の大きいフィルダムの型式は，水を止めるコアゾーン，堤体の安定に寄与するロックゾーン，コア材を保護するとともにロック材とコア材の材質の急変をさける目的で設置されるフィルタゾーンで構成されるゾーン型が一般的である。フィルダムは底面積が広いため水圧やダムの自重が分散されるとともに多少の沈下にも対応できるため，比較的低強度の地盤でも建設可能である。

1　転流工法および閉塞工法

　フィルダムはコンクリートダムと比較して工事中も完成後も洪水による越流に弱いと考えられるため，転流工の計画に際しては十分な配慮が必要となる。フィルダムの転流工は，堤体外の地山に仮排水路トンネル方式で設けるのが一般的である。

　仮排水路トンネルの施工方法および閉塞工法は，コンクリートダムとほぼ同様であるため，「1. コンクリートダム」を参照のこと。

2　基礎掘削工法および基礎処理工法

　基礎掘削もコンクリートダムとほぼ同じであるが，堤体の直下に設置される監査廊の掘削が伴うケースが多い。軟岩基礎掘削では，発破工法に替ってリッパ工法やバックホウなどを使用する。機械掘削について

ロックフィル工法により施工されたダム

は「第1章土工・岩石工法編」を参照のこと。

　基礎処理工法としては，コンクリートダム同様グラウトが中心であることから「1.コンクリートダム」を参照のこと。

3 フィルダムの盛立工法

　フィルダムの堤体工事は大量土工が伴うことから，堤体材料としてダムサイト周辺の自然材料を使用する点でコンクリートダムと大きな違いがある。したがって堤体材料の採取計画，運搬計画，盛立計画等の総合的な検討の中から最適な堤体材料，運用計画及び堤体のゾーニング，すなわち堤体の断面が決まることも多く，堤体の設計を行う際には常に施工計画も同時に検討する必要がある。

　また，フィルダムの盛立には大量の岩石と土を使用し，大規模な機械土工となる。特にコアゾーンの盛立では有効な締固めとなるよう含水比の管理と所定の透水係数とせん断強度が得られければならない。詳細は「第1章土工・岩石工法編」を参照のこと。本項では，フィルダム固有の工法について述べる。

フィルダム盛立材料採取工法

　ゾーン型フィルダムの堤体材料のうち，フィルタ材（河床堆積物の場合）およびコア材（土質材料）の採取は表土処理の後，そのまま掘削できるが，ロック材として原石山からの材料を採取する場合は，一般にベンチカット工法あるいは坑道爆破工法が用いられている。どちらの工法を用いるかは，採取地の地形，地質，採取量その他の作業条件によって決められるが，最近では材料選別の困難などに加え爆薬類の取扱，振動による影響，安全対策などの厳しい規制により坑道爆破工法はあまり採用されなくなった。それに比較してベンチカット工法は，最近大口径掘削機械の開発によって穿孔能力が上がり，ベンチ高を高くとることが容易になったため採取方法の主流を占めるようになった。

　材料の掘削，積込における施工機械は一般に，バックホウなどによる掘削，ブルドーザーによる切り崩し，集積，トラクターショベルによる積込みとなる。しかし，掘削と積込みを分離作業とせず，例えばパワーショベルで掘削と積込み，または，トラクターショベルで掘削と積込など1つの機械で両作業を行っている場合もある。

〔参考文献〕
1）建設省河川砂防技術基準建設省河川局監修，平成9年10月
2）第41回建設省技術研究会フィルダムの細部技術に関する研究，建設省河川局開発課，建設省土木研究所，昭和62年10月

フィルダム盛立工法

　フィルダムの施工は，大規模な自然材料を使用する盛立が主体を占めており，それが集中的に行われるとともに高品質の仕上りが要求されること，かつ気象の影響を受けることが多い。特にコアゾーン（土質材料）の施工は，一般に最適含水比付近の狭い範囲で締め固めることが要求されるので，条件は最も厳しいものとなる。

　盛立の中断基準は，コア，フィルタ，ロックについて，それぞれ降雨による中止規制と外気温規制のほか，ゾーン間の盛立高低差などがある。一定雨量で規制している場合は，コア，フィルタで5mm以下で，ロックについては20〜40mm以下の場合が多く，外気温規制は，コア，フィルタでは9℃〜3℃が多く，ロックでは，それより3℃〜5℃低い値が多い。ゾーン間の許容高低差は，コアゾーン，フィルタゾーンでは1〜2層，フィルタゾーン，ロックゾーンでは2〜4層としているところが多くなっている。

　締固め機械は，コアではタンピングローラや振動ローラが主に用いられている。フィルタとロックについては振動ローラが主流である。

　コア，フィルタ，ロックについて最大粒径，締固め厚，転圧回数のおおよその範囲を表9.2.6に示した。

　コアゾーンの盛立にあたっては，一般に基礎岩盤に散水し湿らせ，これにスラリーの塗布を実施しているダムが多くなっている。着岩材の盛立は，岩盤を傷めないよう細粒分の多い塑性材料（最大粒径75mm程度）を一層5〜15cm厚にエアータンパ，ビブロランマなど3〜6回程度締固め，さらにその上部に中間材として，最大粒径50〜100mm，塑性指数20以上の材料を一層10〜20cmをタンピングローラ，振動ローラなどで，厚さ20〜60cm程度を盛立後，コアの本盛立を施工している例が多い。

　盛立面には雨水を排除するためダム軸方向に10%程度，上下流方向に2〜3%の勾配をつけている。

表9.2.6 最大粒径，締固め厚，転圧回数のおおよその範囲

材料の種類	専用機種	最大粒径	締固め厚	転圧回数
コア	タンピングローラ（20t） 振動ローラ（8t）	150～200 mm	15～25 cm	6～12回
フィルタ	振動ローラ（8t）	150～250 mm	30～50 cm	4～6回
ロック	振動ローラ（8t）	1,000～1,200 mm	50～125 cm	4～6回

〔参考文献〕
1) 第41回建設省技術研究会フィルダムの細部技術に関する研究，建設省河川局開発課，建設省土木研究所，昭和62年10月

しゃ水工法（ダム）

(1) グラウチング工法

ダムの基礎処理として，基礎岩盤内のしゃ水性を確保するため，ボーリング孔よりセメントミルク等を注入し止水カーテンを施工する工法である。（カーテングラウチング工法参照）。

(2) 連続しゃ水壁工法

主にダムの袖部の基礎処理として，地中にトレンチ工法及びイコス工法などにより堀削を行ない，コンクリート壁を設けしゃ水性を確保する工法である。（連続しゃ水壁工法参照）

(3) 表面しゃ水工法

ダム貯水池のやせ尾根のしゃ水対策，およびロックフィルダムのしゃ水工法として，アスファルトまたは，鉄筋コンクリートなどで壁を造りしゃ水性を確保する工法である。

CSG工法

CSG（Cemented Sandand Gravel）とは建設現場周辺で手近に得られる材料を，分級・粒度調整，洗浄を基本的に行うことなく，必要に応じてオーバーサイズの除去や破砕を行う程度で，セメント，水を添加し，簡易的な施設を用いて混合したものであり，CSG工法とはこのCSGをブルドーザで敷均し，振動ローラで転圧することによって構造物を造成する工法である。

CSG工法は，国土交通省中部地方整備局長島ダム（静岡県）の上流仮締切堤築造に初めて適用されて以来，多くの仮締切堤，押え盛土工などに採用され実績を増やしているが，最近では台形CSGダム理論を用いて設計された内閣府沖縄総合事務局大保脇ダム沢処理工，国土交通省中国地方整備局灰塚ダム川井堰堤の施工に用いられ，現在では本格的な台形CSGダムの施工方法として，内閣府沖縄総合事務局億首ダムや北海道当別ダムにおいて採用され，建設が進められている。

一般的なCSGの製造工程を図9.2.31に示す。母材とは掘削ズリなどの現地発生材，河床砂礫，段丘堆積物，風化岩など比較的容易に入手し得る岩石質の原材料である。CSGの必要強度は高くないため，CSG母材に要求される品質もコンクリート骨材と比較して低くてよいことになる。CSG材とは，原材料である母材からオーバーサイズだけを取り除いたもので（破砕による場合もある），分級・ブレンドなどの粒度調整および洗浄は基本的に行わない。このため，通常のコンクリートダムの建設で必要となる骨材製造設備や濁水処理設備などの大がかりな設備が不要となる。CSGはCSG材にセメント，水を添加したもので，コンクリートの混合設備より簡易な施設で連続的に混合することとしている。

図9.2.32にCSG混合設備の例を示す。混合されたCSGは，RCD工法などと同様に面状工法により施工され，打設に用いる機械は，通常のダム工事で用いられるダンプトラック，ブルドーザ，振動ローラなどの汎用機械である。CSGは単位セメント量，単位水量が少なくブリージングが極めて少ないことから（単位セメント量80kg/m^{3}程度以下を想定）打設時のグリーンカットを必要とせず，また横継目も設けないこととしているので，施工の簡略化，高速化を図ることができる。

このように，CSG工法は手近に得られる材料を有効に用い，粒度調整，洗浄を行うことなく簡易な設備，汎用機械で施工するため，施工の簡略化，環境への影響低減，コスト縮減，高速施工を可能とする。

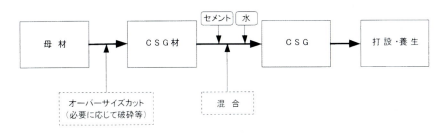

図9.2.31　CSGの製造工程

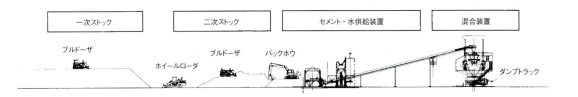

図9.2.32　CSG混合設備の例

　CSGは，手近に得られる材料を使用し，簡単な方法で製造するため単価は低くなるが，反面，コンクリートに匹敵する強度を望むことはできない。
　一方，台形形状のダムは，直角三角形形状のコンクリートダムに比較して，必要強度が相当小さくて済む。そこで，CSG工法を台形形状のダムに用いることが可能となり，両者を合体したものが新型式のダム-台形CSG-として登場したものである。
　ここで台形CSGダムの特徴を整理しておく。

① "材料の合理化"の面から
　台形CSGダムでは，堤体の必要強度が低いため，材料強度への要求も低くなり，低品質な材料の利用が可能となり，材料選定の幅が広がる。

② "設計の合理化"の面から
　台形CSGダムでは，堤体材料の必要強度を低くできるほか，堤体基礎岩盤に対する要求も低くなり，ダムサイト選定の自由度が増大する。

③ "施工の合理化"の面から
　台形CSGダムでは，材料製造設備が極めて簡単となり，また連続混合装置の採用により高速施工が可能となる。
　このように，主に"材料の合理化"をめざして開発された台形CSGダムは，"設計の合理化"，"施工の合理化"にも資することとなっている。
　また，台形CSGダムは弾性体として設計されるため，コンクリートダムと同様，堤体に洪水吐き等の構造物の設置が可能である。これはフィルダムとの大きな相違である。

〔参考文献〕
1)(財)ダム技術センター：『台形CSGダム施工・品質管理技術資料』，平成19年9月
2)台形CSGダム技術資料作成委員会編集：『台形CSGダム技術資料』，平成15年11月

濁水処理工法（ダム）

　ダム建設工事の現場で発生する濁水は，骨材料製造過程で発生するもの，岩盤の洗浄によるもの，コンクリート打設面のレイタンス除去によるもの，ミキサの洗浄によるもの，ボーリング，グラウチング工事における廃棄水等よりなっているが，その大半は骨材製造過程で生ずるものである。これらの濁水を直接河川に排水すれば，とくに魚介類等の水産資源に対して悪影響をおよぼすことになりまた水質汚濁防止法によっても厳しく規制されているので，工事中に発生する濁水はすべて処理を行って規制基準値以下の清浄なものにしなければならない。

(1) 濁水処理工法の分類
　濁水処理方法は，沈殿池処理と機械処理とに分けられる。ランニングコストと機械設備の償却費

を考えれば，一般的に前者の方が経済的であるが，地形上沈殿池の容量が確保できない場合には両者の併用または後者を採用する必要がある。

① 沈殿池処理方法 沈殿池処理方法は自然沈殿方式と薬品による凝集沈殿方式に大別される。しかしながら自然沈殿では濁水を規制値以下におさえるのが特別の場合を除いて一般的に困難であるので，最近では採用される事例はない。凝集沈殿に用いる凝集剤には無機系と有機系がある。無機系凝集剤としては，硫酸ばん土，硫酸第一鉄，硫酸第二鉄，消石灰，ソーダ灰などがあるが，これらは微粒子を凝集沈殿させ濁度を下げるのに効果がある。有機系凝集剤（高分子凝集剤）には，陰イオン系，陽イオン系，非イオン系に分かれるが，これらはフロックを大きく成長させて沈殿速度を著しく早めるとともに，スラッジの脱水性を高める作用がある。このため無機系と有機系の両者を併用すれば相乗的な効果を発揮する。また凝集剤は骨材の品質に適合したものを選定する必要がある。

② 機械的処理方式

機械的な処理方式としては，沈殿分離装置（クラリファイアまたはシックナ）および脱水処理機（真空脱水機，遠心脱水機，加圧脱水機，アクアペレット）があり，それぞれの特徴を十分理解した上で選択する必要がある。

1) 沈殿分離装置（シックナ）

シックナは濃縮スラッジを得る目的であるのでスラッジ濃さ，量とも大で，集泥機構（レーキ）は堅牢で複雑である。円筒形シックナのレーキ駆動方式は大別して中心駆動式と周辺駆動式がある。中心駆動式は小～中型シックナに，周辺駆動式は大型シックナに用いられる。バッケットかき上げ式沈殿分離槽は，分離槽が長方形箱形のシックナで水流の方向は横流式である。分離槽に堆積したスラッジをバケットコンベア，あるいはスクリューコンベアにより集泥排出させるものである。（クラリファイヤ）

クラリファイヤは高分子凝集剤と濁水との混合，撹拌装置を有する中心駆動方式シックナのようなレーキ集泥機構はもたない。凝集沈降分離槽が円錐形状をしており槽内に上昇流速度とフロックの沈殿速度とが平衡状態となる静止濁層（スラッジブランケットゾーン）を形成する。沈降分離したスラッジは槽底に集められ，ポンプまたはバルブ開閉により排泥される。ジェット式高速分離形のクラリファイヤはスラッジブランケット形の変形で槽内に駆動部分を全くもたず，濁水の流入エネルギーを利用して高分子凝集剤と濁水との混合を行っている。

2) 脱水処理機 沈降分離槽から排出される排泥は多量の水分を含むため，ダンプトラック等によりそのまま搬出はできない。したがってこの場合，脱水装置が必要となる。脱水装置は次の4方式に分類される。

・真空脱水機
・遠心脱水機
・加圧脱水機
・アクアペレット（造粒機）

以下の各々の脱水処理機の特徴について述べる。

（真空脱水機）

ベルトフィーダーやディスクフィルターに真空ポンプを接続し，フィルタ面に泥分を吸収さす構造で数mm程度の厚さの泥の膜（ケーキ）を作り外部に取り出すもので，ケーキの含水率は30～40%である。

（遠心脱水機）

遠心分離機の一種でドラム内面に泥分をはりつけドラム内にドラムと別に回転するスパイラルコンベアで外に取り出す構造である。分離された泥分の含水率は30%と低く，動力が大きく価格の割に能力が小さい。

（加圧脱水機）

濁水をフィルタの中に入れプレスして脱水する構造である。ダム工事で使用されている脱水機の約90%が，このうちのフィルタープレスである。

（アクアペレット）

シックナより排出した泥分に高分子凝集剤を添加し，円筒内で静かに回転運動を与えると，1～3mm径程度の緻密なペレット粒が生成されるが，この方法を利用したのがアクアペレット方式である。ペレットはある程度の固さを有するのでこれを越流させロータリースクリーンで水とペレットを分離し，さらにベルトプレス式脱水機で圧縮脱水すると含水率45～50%程度のケーキが取り出せる。

機械的脱水処理をした澄水は，河川に放流さず，循環して骨材の洗浄水に再使用すれば，公害の根本的な解決となり，また循環使用する洗浄水は河川に放流する水程きれいにする必要もなく，処理設

備が簡素化され，凝集剤の節約にもなる。

(2) pH調整工法

骨材洗浄濁水は一般に中性であるのでss処理が主な課題であるが，バッチャープラント，コンクリート運搬機械の洗浄水，グリーンカット，レイタンス処理の廃水，ボーリンググラウト廃水等はpH10～13の強アルカリ水となる。このためpH調整して中和させる必要がある。

中和処理の計画には処理量とその変動およびpHの幅と変動に留意し，各種の中和処理方法の特性，費用等を比較検討し現場条件に最も即応した方法を選択すべきである。アルカリ水のpH調整の方法には酸性液法（硫酸または塩酸を用いる方法）および炭酸ガス法がある。

①酸性液法

硫酸または塩酸を用いるこの方法は強酸を取り扱うので，労働安全衛生法，特定化学物質等障害予防規則の適用を受け，日常の運転管理には特定価額物質作業主任者が必要である。またこの方法では過剰添加による処理の行き過ぎを防止するためのpH制御装置が必要である。図9.2.33に酸性液法による濁水処理の例を示す。

②炭酸ガス法

炭酸ガスは水に溶けると炭酸水（酸性）となり，アルカリと反応して中性の中和生産物となる。また炭酸ガスを過剰に注入しても通常の状態では，水温が25℃以上のときpH6以下に落ちることはほとんどなく酸性液法におけるようなpH制御は不要であるので操作運転管理が比較的簡単である。また中和生産物の炭酸カルシウム（$CaCO_3$）は溶解度が小さいので沈殿物除去が可能であり，かつ溶解塩に腐食性がないことも長所である。しかし処理水中の溶存酸素（DO）が一時的に低下するので即時放流は魚介類に悪影響を及ぼすことがあり，この場合には処理水槽の設置，あるいはエアレーション等の措置が必要となる。図9.2.34に炭酸ガス法による濁水処理の例を示す。

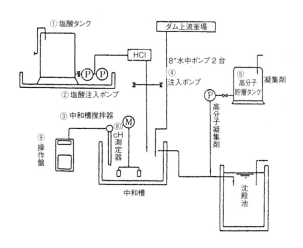

図9.2.33　酸性液法の例（塩酸法）

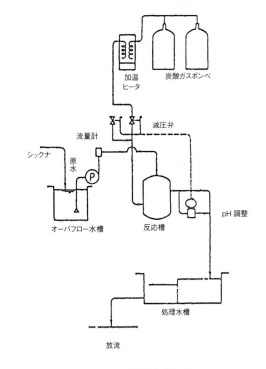

図9.2.34　炭酸ガス法の例

〔参考文献〕
1) 堀和夫編：『ダム施工法』山海堂
2) 建設省河川局監修：『多目的ダムの建設』(財)ダム技術センター，昭和63年2月
3) 日本ダム協会・環境公害委員会著：『ダム建設工事における濁水処理』日本ダム協会，昭和53年6月
4) (社)日本建設機械化協会監修：『建設工事に伴う濁水対策ハンドブック』昭和60年1月

第10章 施設別工法

Ⅰ	道路	856
Ⅱ	鉄道	876
Ⅲ	港湾	903
Ⅳ	空港	948
Ⅴ	河川	956
Ⅵ	海岸	987
Ⅶ	上水道	996
Ⅷ	下水道	1024
Ⅸ	エネルギー	1042

Ⅰ 道 路

インフラの要高速道路

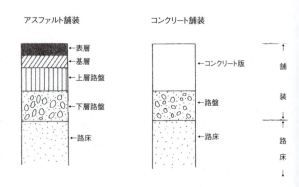

図10.1.1　道路舗装の構成

　道路は建設するに際して，トンネル，橋梁，盛土，地盤改良など多岐にわたる技術や工法を活用する代表的な施設である。それぞれの技術や工法は，他章で詳しく説明されていることから，本章では路床工法，舗装工法（路盤を含む），環境対策工法など道路固有の工法について述べるものとする。

1 路床・路盤工法

　アスファルト舗装は，荷重や温度に対して柔軟な挙動を示すことから，たわみ性舗装と呼ばれており，日本における舗装の大半を占めている。他方，剛性舗装と呼ばれるコンクリート舗装は，アスファルト舗装と比較して騒音に問題はあるものの，寿命が長いことや燃料により劣化しないことから採用されている。
　図10.1.1にアスファルト舗装とコンクリート舗装の構成を示す。

路床工法

　路床は，路盤を含む舗装と一体となって交通荷重を支持する重要な役割を果たす。路床は，道路土工で構築されるのが通常で，使用される材料も現地発生土をそのまま利用するケースが多い。日本は火山灰系の土質が多く，高含水比で支持力の小さい軟弱なものも多い。そこで路床を構築するに際して改良する必要があり，代表的な工法として安定処理工法と置換工法がある。

■ 安定処理工法

　現位置で路床土とセメントや石灰などの安定材を混合して路床の支持力を改善する工法で，在来路床土の有効利用が図れる利点がある。通常，砂質土に対してはセメントが，粘性土に対しては石灰が適しているが，一般に固化材と呼ばれているセメント系または石灰系の安定処理専用の安定材が効果的な場合も多いので，材料の選定にあたっては，安定処理の効果を室内試験で確認し，経済性や施工性を考慮して決定するのが望ましい。

施工は通常，路上混合方式で行うが，路床土と安定材とを均一に混合攪はんする必要がある。なお，地山または中央プラントで路床土の安定処理を行い，処理した材料を盛土工法や置換工法に用いることもある。

〔参考文献〕
1) (社)日本道路協会：「アスファルト舗装要綱」平成4年

置換工法

置換工法は，切土部分で軟弱な路床がある場合などに，路床の一部または全部を掘削して良質土で置き換える工法である。良質土のほかに，地域産材料を安定処理して用いることもある。

施工は，在来地盤を所定の深さまで掘削し，掘削面以下の層をできるだけ乱さないように留意しながら，良質土を敷きならし締固めて仕上げる。一層の敷きならし厚さは，仕上がり厚で20cm以下を目安とする。

〔参考文献〕
1) (社)日本道路協会：「アスファルト舗装要綱」平成4年

路盤工法

路盤は，表層や基層から伝えられる荷重を均等に分散して路床に伝える役割を果たす。一般的に上層路盤と下層路盤に分けて取り扱う。代表的な工法として粒状路盤工法と安定処理路盤工法がある。

粒状路盤工法

粒状路盤工法は，下層路盤の築造に用いる工法で，クラッシャラン，クラッシャラン鉄鋼スラグ，砂利あるいは砂などを用いる。スラグ系材料は地域によっては入手が困難な場合があるので，採用に当たっては留意する。修正CBRが30未満の路盤材を使用する場合は，とくに締め固めに留意する。砂などの締め固めを適切に行うためには，その上にクラッシャランなどをおいて同時に締め固めても良い。

下層路盤に用いる場合の品質規格は，修正CBR20%以上，PI6以下（PIは鉄鋼スラグには適用しない）である。

〔参考文献〕
1) (社)日本道路協会：「アスファルト舗装要綱」平成4年

安定処理路盤工法

現地発生材や購入材を路盤材として使用する際，そのままでは規格に合わない場合，あるいは特に耐久性や安定性を向上させたい場合，2種類以上の材料を混合して粒度の調整を行ったり，セメント，石灰，瀝青材料などの結合材を加えるなどして諸強度を改善させる，物理的，化学的な処理工法の総称である。

安定処理路盤工法による上層および下層路盤材の品質規格を表10.1.1に示す。

舗装路盤には，セメント安定処理，瀝青安定処理，石灰安定処理が最も一般的なものとして多く使われており，それぞれ次のような特徴がある。

(1) セメント安定処理

本工法は，路盤材料である土またはこれに補足材料を加えたものにセメントを添加して混合し，これを締固めて路盤を築造する工法である。主として砂質系の材料に適用され，路盤の不透水性を増し，乾燥，湿潤，凍結融解などの気象作用に対して耐久性を与える。セメント安定処理を行った材料を一般にソイルセメントといい，セメントによる安定処理工法は，ソイルセメント工法とも呼ばれる。

本工法は，粒度改良のみによる工法に比較して，路盤材料の選択範囲が広くなり，また舗装厚を薄くできることもあり経済的となる場合が多く下層路盤のみでなく上層路盤にも利用される。

(2) 瀝青安定処理

本工法は，瀝青材料によって骨材相互間の結合を高め，たわみ性，耐水性，耐久性に富み，アスファルトフィニッシャやスタビライザなどを使用するので施工性と平坦性が良く，施工直後に交通解放しても，表面を荒らされることが少ない利点がある。最近は主として上層路盤に普及している。瀝青安定処理工法の加熱混合式によるものには，一層の仕上がり厚を10cm以内で行う工法と，それ以上の厚さに仕上げる工法とがある。一層仕上がり厚を10cm以上の厚さで行う工法をシックリフト工法といい，大規模工事，急速施工の現場などでよく用いられる。

(3) 石灰安定処理

本工法は，セメント安定処理と異なり，安定処理する材料の粘土鉱物と石灰との化学反応によって硬

表10.1.1 上層および下層路盤材の品質規格

工法		規格
上層路盤材	セメント安定処理	一軸圧縮強さ〔7日〕2.9MPa
	石灰安定処理	一軸圧縮強さ〔10日〕0.98MPa
	瀝青安定処理 加熱混合	安定度3.43kN 以上 フロー値10～40 (1/100cm) 空隙率3～12%
	瀝青安定処理 常温混合	安定度2.45kN 以上 フロー値10～40 (1/100cm) 空隙率3～12%
	セメント・瀝青安定処理	一軸圧縮強さ 2.45kN 以上 一次変位量5～30 (1/100cm) 残留強度率65%以上
下層路盤材	セメント安定処理	一軸圧縮強さ〔7日〕0.98MPa
	石灰安定処理	一軸圧縮強さ〔10日〕

表10.1.2 路上再生骨材の品質

項目 \ 材料	路上再生路盤用骨材
修正CBR	20 以上
PI（0.425mmふるい通過分）	9 以下

表10.1.3 路上再生骨材の粒度

ふるい目 (mm) \ 材料	路上再生路盤用骨材
ふるい通過質量百分率 (%) 53	100
37.5	95～100
19	50～100
2.36	20～60
0.075	0～15

化するものである。硬化として主なものは，PIの低下，凝集作用による固粒化，吸水作用による含水比の低下などが挙げられる。しかし，セメントに比べて硬化が遅く粘土質系の路体あるいは路床改良として用いられるケースが多い。

(4) セメント・瀝青安定処理工法

舗装発生材，地域産材料またはこれらに補足材を加えたものを骨材とし，これにセメントおよび瀝青材料を添加して処理し，適度な剛性と変形に対する追従性を持たせた工法である。セメントは，セメント安定処理と同様のものを用いる。瀝青材料は，ノニオン系の石油アスファルト乳剤を用いる。また，舗装用石油アスファルトを混合しやすいように発泡させたフォームドアスファルトを用いることもある。

〔参考文献〕
1) (社)日本道路協会：「アスファルト舗装要綱」平成4年

■ 路上再生路盤工法

路上において既設アスファルト混合物を現位置で破砕し，同時にこれをセメントやアスファルト乳剤等の路上再生路盤用添加材料と既設粒状路盤材料等とともに混合し，締固めて安定処理した路盤を新たに作るものである。

本工法は，舗装廃材をほとんど発生させることなく，既設舗装を有効利用できる再生利用方法の一つである。

路上再生路盤に用いる骨材は，既設舗装を現位置で破砕混合してつくった路上再生骨材や，これに必要に応じて補足材料（クラッシャーラン等）を加えたものを用いる。その品質は表10.1.2を標準とし，粒度は表10.1.3に適合することが望ましい。

〔参考文献〕
1) (社)日本道路協会：「路上再生路盤工法技術指針（案）」昭和62年

2 配合により分類した舗装工法

アスファルト系舗装

■ 加熱アスファルト混合物舗装

加熱アスファルト混合物舗装は，アスファルト舗装および簡易舗装の表層・基層に使用される代表的な舗装で，アスファルトプラントで，アスファルトと骨材を加熱混合して，混合物が冷めないうちにフィニッシャで敷きならし，転圧を行う舗装である。アスファルトとしては，舗装用石油アスファルト，改質アスファルトなどを用いる。加熱アスファルト混合物舗装に対して，常温アスファルト混合物舗装があり，これには，主にアスファルト乳剤やポリマーが使用される。

混合物は，所定の性状（安定性，強度，耐久性，すべり抵抗性，施工性など）を確保するため，配合設計を行い，材料の選定，骨材の粒度およびアスファルト量の決定などが入念に行われる。

〔参考文献〕
1) (社)日本道路協会：「アスファルト舗装要綱」平成4年

アスファルトプラント

表10.1.4　改質アスファルトの種類と使用目的

種類	主たる使用目的
セミブローンアスファルト	耐流動
改質アスファルトⅠ型	すべり止め、耐摩耗、耐流動
改質アスファルトⅡ型	耐流動、耐摩耗、すべり止め
高粘度改質アスファルト	排水・透水性、低騒音舗装
超重交通用改質アスファルト	耐流動
付着性改善アスファルト	橋面舗装（コンクリート床版）
鋼床版舗装用改質アスファルト	橋面舗装（鋼床版）、高たわみ性
薄層舗装用改質アスファルト	薄層舗装
再生用改質アスファルト	再生混合物
熱硬化性改質アスファルト（エポキシ）	橋面舗装（鋼床版）、耐流動、排水性舗装
硬質アスファルト（天然アスファルト）	橋面舗装（鋼床版）

■ 改質アスファルト混合物舗装

　舗装に主に使用されている改質アスファルトには，ゴム・熱可塑性エラストマーを単独，または両者を併用添加したアスファルト（ゴム・熱可塑性エラストマー入りアスファルトと呼ばれており，その性状により改質アスファルトⅠ型およびⅡ型として区分する）やセミブローンアスファルトがある。この他に，排水性舗装や低騒音舗装などに使用される高粘度改質アスファルト，クロロプレン系ゴムを添加した鋼床版舗装用改質アスファルト，熱硬化性樹脂（エポキシ樹脂など）を用いて骨材との付着性を改善した熱硬化性改質アスファルトなどがある。表10.1.4にこれら改質アスファルトの種類と主たる使用目的を示す。この改質アスファルトと骨材，フィラーを混合し，舗設した舗装を改質アスファルト混合物舗装という。

　改質アスファルト混合物を製造する方法は，プレミックスタイプとプラントミックスタイプがある。プレミックスタイプは，あらかじめ工場でストレートアスファルトに改質材を溶融分散させたものを使用して混合物を製造する方法で，プラントへは通常ローリ車で「改質アスファルト」として供給される。プラントミックスタイプは，アスファルトプラントで混合物の製造時に改質材を直接ミキサーへ投入して製造する方法で，プラントへは液体または固形の「改質材」として供給される。

　改質アスファルト混合物の舗設は，基本的には通常の加熱アスファルト混合物と同様に行う。ただし，通常の加熱アスファルト混合物に比べより高い温度で舗設を行う場合が多いので，特に温度管理に留意して速やかに敷きならしを行い，締め固めて仕上げる。改質アスファルト混合物の望ましい舗設温度は，製品により異なるので，詳細は材料製造者の仕様を参考にすると良い。

〔参考文献〕
1)（社）日本道路協会：「アスファルト舗装要綱」平成4年
2) 日本改質アスファルト協会：「ゴム・熱可塑性エラストマー入り改質アスファルトポケットガイド」平成10年

■ 半たわみ性舗装

　半たわみ性舗装は，フランスで開発された工法で当初サルビアシム舗装と呼ばれ，昭和37年にわが国に紹介された。サルビアシムの語は，SALVAGE（救済），VIA（道路），CEMENT（セメント）の合成語である。半たわみ性舗装は，空隙率の大きな開粒度タイプのアスファルト混合物を用いた舗装に，特殊なセメントミルクを浸透させたものであり，アスファルト舗装のたわみ性とコンクリート舗装の剛性を複合し，耐久性のある舗装としたものである。

　適用場所としては，交差点部，バスターミナル，料金所付近，コンテナヤード，駐車場，空港誘導路，エプロンなど耐流動性および耐油性の機能が求められる場所のほか，バスレーンなどを識別する舗装，トンネル内舗装，ショッピングモールやカラー舗装のような明色性や景観などの機能が求められる場所，および工場，ガソリンスタンドなどのような耐油性，難燃性が求められる場所にも適用される。

〔参考文献〕
1)（社）日本道路協会：「アスファルト舗装要綱」平成4年

■ グースアスファルト舗装

　グースアスファルト舗装は，天然アスファルトであるトリニダッド・レイク・アスファルト，または熱可塑性エラストマーなどの改質材を石油アスファルトに混合したアスファルトをバインダーとし，粗骨材，細骨材およびフィラーを配合して，プラントで混合した後，専用のクッカー車の中で高温で撹拌・混合（混練り）（220〜260℃，40分以上）し，流し込み施工が可能な作業性（流動性）と安定性が得られるようにしたアスファルト混合物の舗装である。したがって，この混合物は不透水でたわみに対する追従性が高いことから，一般に防水機能やたわみ追従性が求められる鋼床版の橋面舗装に用いられることが多い。

〔参考文献〕
1) (社)日本道路協会：「アスファルト舗装要綱」平成4年

■ ロールドアスファルト舗装

　ロールドアスファルト舗装は，細砂，フィラー，アスファルトからなるサンドアスファルトモルタルの中に比較的単粒度の粗骨材を一定量混入した不連続粒度混合物の舗装である。粗骨材の混入率が45%以下であるため，舗装後その上にプレコートした単粒砕石を8〜12 kg/m²程度散布・圧入して安定性を高めるとともに，すべり抵抗性を確保している。
　このような，ロールドアスファルト混合物はすべり抵抗性，ひび割れ抵抗性，水密性および耐摩耗性などに優れているため，積雪寒冷地や山岳部の道路舗装に使用される。重交通道路で流動が予想されるところでは改質アスファルトを使用する。

〔参考文献〕
1) (社)日本道路協会：「アスファルト舗装要綱」平成4年

■ セミブローンアスファルト舗装

　セミブローンアスファルト（AC-100）は，わが国の夏場のアスファルト舗装表面を60℃と想定し，アスファルトの60℃粘度を一般に使用するストレートアスファルトに比較して3〜10倍高め，わだち掘れの起きにくい，耐流動性に優れたアスファルトとして昭和50年代に開発された改質アスファルトである。現在（社）日本道路協会のアスファルト舗装要綱に規格化され，重交通道路の流動対策に使用されている。
　セミブローンアスファルト（AC-100）は，加熱したストレートアスファルトに軽度のブローイング操作（加熱した空気を吹き込む操作）を加えて感温性を改善し，かつ，60℃における粘度を高めた改質アスファルトである。

〔参考文献〕
1) (社)日本道路協会：「アスファルト舗装要綱」平成4年

■ フォームドアスファルト舗装

　フォームドアスファルト舗装は，加熱アスファルト混合物を製造する際に，加圧水蒸気などで加熱したアスファルトを泡状にし，これをミキサー内に噴射混合して製造した舗装である。
　アスファルトを泡状にすることによりアスファルトの容積が増大し，かつアスファルトの粘度が低下するため，混合作業が容易になると同時に骨材に対する付着力が大きくなる。したがって，フィラー分が多い混合物の製造に有効である。

〔参考文献〕
1) (社)日本道路協会：「アスファルト舗装要綱」平成4年

■ 再生加熱アスファルト混合物舗装

　再生加熱アスファルト混合物舗装は，アスファルトコンクリート再生骨材に所定の品質が得られるよう必要に応じて補足材（再生材を製造する際に品質改善のため再生骨材や路盤発生材に加える砕石，砂，石粉等），新アスファルト，再生添加剤を加えて加熱混合した混合物を舗設した舗装をいう。
　再生加熱アスファルト混合物は再生粗粒度アスファルト混合物，再生密粒度アスファルト混合物等があり，道路舗装の表層・基層に用いられる。広義で再生加熱アスファルト安定処理材を含む場合もある。再生材の品質は，その適用や評価は新しい材料を用いた場合と同等とする。再生加熱アスファルト混合物の品質の確認は，設計再生アスファルト量で再生骨材および補足材の各配合率を設定してマーシャル安定度試験を行い，基準値を満足していることを確認する。

〔参考文献〕
1) (社)日本道路協会：「プラント再生舗装技術指針」平成5年

砕石マスチックアスファルト舗装

砕石マスチックアスファルト舗装は，約70〜80％を占める粗骨材のかみ合わせ効果と，サンドマスチック（砂＋石粉＋繊維＋アスファルト）の充填効果によって特徴づけられた混合物であり，耐摩耗性，水密性，たわみ性などに優れているとともに，耐流動性も兼ね備えている。なお，繊維の添加は混合物のバインダー量増加による耐久性の改善を目的として行うものである。

この混合物は，当初ドイツにおいて開発され連邦規格に取り入れられた。その後，北欧に広がり，現在ではアメリカでも使用されている。

■ 路上表層再生工法

既設表層の路面性状や混合物の品質の改善を目的として，路上において既設表層混合物を加熱，かきほぐし，必要に応じて新しいアスファルト混合物や再生添加材料を加え，これを混合（攪拌），敷きならし，締固め等の作業を連続的に行い，新しい表層として再生する工法をいう。施工方法には，リミックス方式とリペーブ方式とがある。

リミックス方式は，既設表層混合物の粒度やアスファルト量，旧アスファルトの針入度等を総合的に改善する場合などに用いる施工方式で，加熱，かきほぐした既設表層混合物に必要に応じて再生添加材を加え，これと新規アスファルト混合物とを混合して敷きならし，締固める方法である。

リペーブ方式は，既設表層混合物の品質を特に改善する必要のない場合や，品質の軽微な改善で十分な場合などに用いる施工方式で，加熱，かきほぐした既設表層混合物に必要に応じて再生用添加材を加えて攪拌し，敷きならしたうえ，その上部に新規アスファルト混合物を敷きならして，これらを同時に締固める方法である。

〔参考文献〕
1) (社)日本道路協会：「路上表層再生工法技術指針（案）」平成元年

■ フルデプスアスファルト舗装工法

フルデプスアスファルト舗装工法は，路床上のすべての層に加熱アスファルト混合物および瀝青安定処理路盤材を用いた舗装で，表層，基層および瀝青安定処理路盤より構成し，その舗装厚さは，表

表10.1.5 TAの目標値

設計CBR	L交通	A交通	B交通	C交通	D交通
(2)	(17)	(21)	(29)	(39)	(51)
3	15	19	26	35	45
4	14	18	24	32	41
6	12	16	21	28	37
8	11	14	19	26	34
12	11	13	17	23	30
20	11	13	17	20	26

アスファルトフィニッシャー

10.1.5示すTAの目標値を下回らないように決定する。

計画高さに制限がある場合，地下埋設物の埋設位置が浅い場合，比較的地下水位が高い場合および施工期間を短縮する必要がある場合などに使用される。

この舗装の特徴は，舗装のすべての層を加熱アスファルト混合物および瀝青安定処理路盤材を使用することによって舗装厚を薄くできることおよびシックリフト工法との併用で工期短縮が図れることがあげられる。

この舗装は，施工の基盤となる路床の支持力が設計CBRで6以上必要であることから，設計CBRが6未満のときは，路床を改良するか，路床の一部を砂，砕石などの粒状材料で置き換えた施工基盤を設置する。施工基盤の厚さは，15cmを標準とする。この場合の設計CBRは，施工基盤を除いて計算する。

〔参考文献〕
1) (社)日本道路協会：「アスファルト舗装要綱」平成4年

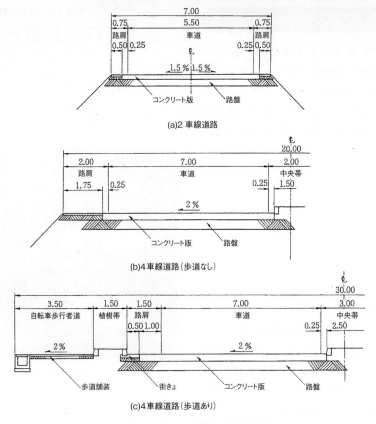

図10.1.2 コンクリート舗装の横断面の例

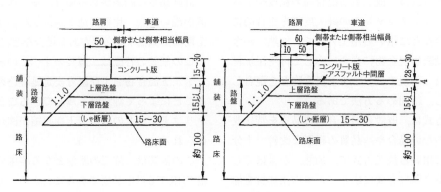

図10.1.3 コンクリート舗装の構成例

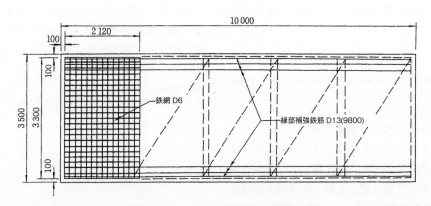

図10.1.4 メッシュ筋による端部補強の例

コンクリート舗装の目地

表10.1.6　標準的な連続鉄筋コンクリート舗装

コンクリート版の厚さ cm	縦方向鉄筋		横方向鉄筋	
	径	間隔 cm	径	間隔 cm
20	D16	15	D13	60
	D13	10	D10	30
25	D16	12.5	D13	60
	D13	8	D10	30

コンクリート系舗装

■ 普通コンクリート舗装

本工法はコンクリート舗装の代表的なもので，コンクリート版の中に鉄網を入れた構造をもっており，我が国では道路，空港，港湾などで採用されている。

道路用コンクリート舗装の横断面の例を図10.1.2に示す。一般に車道と側帯をコンクリート舗装とし，側帯を除いた路肩はアスファルト舗装とする。

コンクリート舗装の構成の例を図10.1.3に示す。コンクリート版の下には厚さ15cm以上の路盤を設ける。厚さは路床の支持力の大きさによって決めるが，30cm以上になる場合には上層路盤と下層路盤の二層に分ける。上層路盤上にアスファルト中間層を設けることがある。

目地には横目地と縦目地があり，横目地は収縮目地と膨張目地に分けられる。収縮目地は8〜10m間隔で設け，膨張目地は構造物接続部および施工時期や版厚によって60〜480m間隔に設ける。横目地はダウエルバーを用いて，縦目地はタイバーによって隣接版に荷重伝達を図る。

メッシュ筋による縁部補強筋の例を図10.1.4に示す。鉄網の鉄筋量は1m²につき約3kgを標準とし，通常径6mmの異形棒鋼を用いる。その埋込み深さは，表面からコンクリート版厚の1/3の位置とする。また，版の縦縁部には補強のため径13mmの異形棒鋼を3本結束する。軽交通の道路で施工上鉄網を用いることが困難な場合に，鉄網を省略することもあり，この場合収縮目地間隔を5mとする。

コンクリート舗装版に用いられるコンクリートはAEコンクリートが原則であり，空気量は4％を標準とする。ワーカビリチーはスランプで2.5cmを標準とし，人力を主とした小規模施工では6.5mm程度が標準である。

〔参考文献〕
1）(社)日本道路協会：「セメントコンクリート舗装要綱」昭和59年

■ 連続鉄筋コンクリート舗装

本工法は，コンクリート版の横目地を全く省いたもので，このために生じるコンクリート版の横ひびわれを縦方向鉄筋で数多く狭い間隔に発生させることをねらったものである。

本工法の特徴は，鉄筋を縦方向に連続的に配置することにより，幅の狭いひびわれを分散して多数発生させ，構造的な欠陥や走行性に悪影響を与えないよう鉄筋とひびわれ面の骨材のかみ合わせにより連続性を保ち，ひびわれによる舗装構造への害を実質的に防ぐことにある。

連続鉄筋コンクリート舗装の標準的なものを，表10.1.6に示す。縦方向鉄筋は版の上側となるように配置し，その設置位置は版上面から版厚の1/3程度下とする。

連続鉄筋コンクリート舗装の鉄筋の設置方法には，あらかじめ作製しておいた鉄筋鉄網を千鳥に設置する方法と，路盤上で組み立て用鉄筋を用いて設置する方法とがある。後者の場合は，1m²あたり4〜6個のチェアを用いて組み立てる。

〔参考文献〕
1）(社)日本道路協会：「セメントコンクリート舗装要綱」昭和59年

■ 転圧コンクリート舗装

　本工法は，ゼロスランプのコンクリートをアスファルトフィニッシャで敷きならし，振動ローラやタイヤローラで締固めを行う舗装で，アスファルト舗装の舗設方法と基本的には同じである。本工法は，1970年代にダム建設技術から生まれたもので，海外では工場構内舗装，港湾ヤード舗装や軍用道路舗装などとして施工されている。

　転圧コンクリート舗装には，単粒度粗骨材とセメントモルタルを混合したマカダム型と，通常の舗装用コンクリートの単位水量を相当少なくした通常型とがある。

　転圧コンクリートの締固めは特に重要で，マカダムローラとタイヤローラまたは振動ローラを併用し，必要に応じて型枠を用いて隅々まで十分に転圧する。

〔参考文献〕
1) (社)日本道路協会：「転圧コンクリート舗装技術指針（案）」平成2年

■ プレストレストコンクリート舗装

　本工法は，コンクリート舗装版にプレストレスを導入してあらかじめ圧縮応力を与えておき，コンクリート版に発生する引張応力を軽減するようにした舗装である。このことにより，通常のコンクリート舗装（鉄網入りコンクリート舗装）より版厚を薄くできるとともに，横目地の数をかなり少なくできるので走行性が向上する。

　本工法を構造的に分類すると，可動式と不動式に大別される。可動式は舗装版と路盤が相対的に移動可能なもの，不動式は相対的移動を許さない形式のものである。理論的には不動式の方が優れた構造であるが，我が国ではまだ実用化されておらず可動式が使用されている。可動式にはプレストレスの導入方法の違いによって，ポストテンション方式とプレテンション方式がある。

　ポストテンション方式では，PC鋼材をシースに通して舗装版の所定の位置に配置しコンクリートを打設し，硬化後にPC鋼材を緊張することによりプレストレスを与える。

　プレテンション方式では，舗装版の両端にアンカーを設けPC鋼材を緊張してからコンクリートを打設し，硬化後にPC鋼材を切断してプレストレスを与える方式である。また，あらかじめ工場においてプレストレスを導入したブロック版を敷き並べてコンクリート版にしたり，あるいはプレストレスを導入したコンクリートロッドを等間隔に並べコンクリートを打設して舗装版とする工法もある。

　有効プレストレスは，荷重による曲げ応力と温度応力と路盤摩擦応力とを合成した応力が，コンクリート版の曲げ強度と有効プレストレスの合計値を超えないように決め，最小でも1.96MPaとすることが望ましいとされている。可動式のプレストレストコンクリート舗装の版厚は15cm，横目地間隔は50～100mが一般的である。

　プレストレストコンクリート舗装の施工は，路盤上に5～10mmの細砂等ですべり層を設けるとともに，路盤摩擦をできるだけ小さくするために路盤紙を敷く。また，プレストレストコンクリート舗装は，供用後の補修が困難なので，横目地部の設計・施工には十分な注意を払う必要がある。

〔参考文献〕
1) (社)日本道路協会：「セメントコンクリート舗装要綱」昭和59年

■ プレキャストコンクリート舗装

　本工法は，あらかじめ工場で制作したコンクリート版を路盤上に敷設し，必要に応じて相互のコンクリート版をバー等で結合する工法である。プレキャストコンクリート版には，プレストレストコンクリート版（PC版）と，鉄筋コンクリート版（RC版）の2種類がある。

　本工法の特徴としては，養生が不要なため版敷設後の早期交通解放が可能であり，また現場打ち工法と比較して作業幅が狭くてすみ，車両交通幅の確保が容易であることが挙げられる。適用箇所としては，急速施工が要求される補修箇所やアスファルト舗装の打換え，トンネル，洞門，スノーシェッド内，空港エプロン，バス停留所，料金所，コンテナヤード，工場構内，ガソリンスタンド，重交通道路の交差点などで使用される。

■ 薄層コンクリート舗装

　本工法は，コンクリート舗装の表面性状の回復，行動の強化を図るため，薄層のコンクリートでオーバーレイする舗装である。既設コンクリート舗装との付着状態により，付着型，半付着型，非付着型に分類される。我が国の道路では仕上がり厚さの制約

から付着型での薄層施工が主流である。このとき，既設コンクリート版面は，ショットブラスト等の研掃によって新しいコンクリートとの付着対策を行う。付着型の施工技術はコンクリート橋梁床版の増厚補強に応用され，高い精度を誇っている。また，非付着型は滑走路の構造強化に実績がある。

欧米ではアスファルト舗装の補修にも適用され，薄層ホワイトトッピング工法と称して，ひびわれやわだち掘れの生じたアスファルト舗装を薄層コンクリートのオーバーレイで補修することが行われている。

アスファルト混合物
粒度調整砕石
セメント安定処理 または貧配合コンクリート
クラッシャラン
砂（遮断層）
路床

図10.1.5　サンドイッチ舗装工法の標準的な舗装構成例

その他の舗装工法

■ サンドイッチ舗装工法

サンドイッチ舗装工法は，軟弱な路床上に遮断層として砂層を設け，この上に粒状路盤材，貧配合コンクリートまたはセメント安定処理による層を設け，この上に舗装する工法である。路床の区間のCBRが3未満のような軟弱な路床の上に舗装を築造する場合に用いる工法である。舗装構成は，図10.1.5に示す断面構成例が一般的である。

サンドイッチ舗装の施工は，軟弱な路床上に遮断層を設け，その上層に各層を施工する。なお各層の施工にあたっては，所定の性状が確保できるように施工機械の選定を行い，作業標準を確認しておく。標準的な断面の場合の施工方法は，次のとおりである。

① 遮断層には，川砂，海砂，良質な山砂などを用いる。
② 遮断層は軽いブルドーザなどで敷きならし，軽いローラまたは小型のソイルコンパクタなどで軽く締め固め，表面を平坦に仕上げる。
③ 層の上に粒状材料を15cm～30cmの厚さに敷きならし，均一に十分締め固める。
④ 粒状材料の上に貧配合コンクリートまたはセメント安定処理材を10～20cmの厚さに敷きならし，十分締め固める。
⑤ その上に粒度調整砕石および加熱アスファルト混合物を施工する。

〔参考文献〕
1) (社)日本道路協会:「アスファルト舗装要綱」平成4年

■ コンポジット舗装

コンポジット舗装は，表層・基層にアスファルト混合物を用い，直下の層にセメント系の版（通常のセメントコンクリート，連続鉄筋コンクリート，転圧コンクリート，半たわみ性舗装等）を用いたアスファルト舗装で，セメント系の舗装のもつ構造的な耐久性とアスファルト舗装がもつ良好な走行性および維持修繕の容易さ等を兼ね備えた舗装である。走行の快適性や平坦性，さらに維持修繕が容易なことなど，表層の機能についてはアスファルト舗装と同様である。

セメント系の舗装は，連続鉄筋コンクリート舗装と半たわみ性舗装を除いて，一般に目地を設けることから，コンポジット舗装工法ではリフレクションクラックが生じやすい。なお，コンポジット舗装工法に用いるセメント系の版をホワイトベースと呼ぶこともある。

〔参考文献〕
1) (社)日本道路協会:「アスファルト舗装要綱」平成4年

■ 表面処理工法

表面処理工法は，路面に何らかの処理を行い路面に機能を付加したり，機能の回復を図る工法を総称したものである。処理する厚さは，2.5cm以下として，それ以上の厚さを有する場合はオーバーレイと呼称する。

表面処理を大別すると，砂利道表面に防塵を目的として行う防塵処理と舗装表面に行うものがある。舗装表面に行うものには，舗装が古くなり老化によるひび割れが生じた場合に維持修繕として行うものと，新設時にすべり抵抗の確保，老化防止，耐水性増加などを付加するために行うものがある。しかし，表面処理工法は，舗装構造の強化を図るものではない。

表10.1.7　樹脂バインダーの品質

項　目	品　質	試験方法
密度	1.30以下	JIS K 5400.4.6.2 による
可使時間	10～40分	温度上昇法（試料100 g）20℃
半硬化時間	6時間以内	JIS K 5400.6.5 による 塗布量は，1.5kg/m² とする
引張強度	材齢3日，材齢7日の70%以上 材齢7日5,884kPa 以上	JIS K 6911.5.18 による 引張強度は5mm/min
伸び率	20%以上	
塗膜収縮性	7mm 以下	試験法5）[3]による

　表面処理には，次のような工法があるが，施工方法，工法そのものについて，それぞれの特徴を有しているので，在来舗装の構造，舗装表面の状態，交通条件，施工の目的などを十分検討したうえで最適な工法を選択しなければならない。

(1) シールコートおよびアーマーコート

　シールコートは，舗装表面に薄く均一に散布した瀝青材料の上に，砂や砕石を散布接着させて表面を被覆して一層に仕上げる工法である。これを繰り返して2,3層に施工するものをアーマーコートという。シールコートは，表層のアスファルトコンクリートの老化防止と耐水性の増加，ひび割れの補修，すべり止めあるいはマーキングを消すなどの目的で行われる。

(2) フォグシール

　骨材は用いずにアスファルト乳剤を1～3倍の水で薄めて路面のきめに応じて0.5～0.9リットル/m²散布する工法である。老化したアスファルト舗装の若返りや小さなクラックの充填や表面処理の施工後に骨材やダストを落ち着かせるために用いられる。

(3) スラリーシール

　スラリーシールは，砂と石粉にアスファルト乳剤および適量の水を混合した流動物（スラリー）を舗装表面に敷き均す工法である。スラリーシールは，常温混合式であり，かつ転圧を必要とせず，散布式表面処理に比べて均一でしかも密な混合物を作ることができる。養生時間を短縮するためにポルトランドセメントやフライアッシュを添加することがある。また，流動性を良くするためにフォームドアスファルトスラリーを使用することがある。

(4) カーペットコート

　既設舗装上に最大骨材寸法2.5～5.0mmの加熱式混合物を敷き均し，厚さ1.5～2.5cmの薄層に締め固めて仕上げる工法である。カーペットコートは表面処理工法の中で最も効果が大きく，施工後早期に解放できるので交通量の多い道路に適している。

〔参考文献〕
1）（社）日本道路協会：「簡易舗装要綱」昭和54年
2）（社）日本道路協会：「道路維持修繕要綱」昭和53年
3）日瀝化学工業：「アスファルト舗装講座」昭和52年
4）日瀝化学工業：「アスファルト舗装講座」昭和54年

ニート式舗装工法

　ニート式舗装工法は，樹脂バインダーとして可とう性エポキシ樹脂を薄く均一に塗布し，その上に耐摩耗性の硬質骨材を散布して路面に固着させた舗装である。塗布式舗装よりは厚膜で耐久性に優れ，着色バインダー，着色磁器質骨材およびトップコートを使用することですべり止め効果の大きいカラー舗装が得られる。

　適用下地はアスファルト舗装およびコンクリート舗装とも可能であるが，新設舗装面では接着性を高めるためにプライマーが下塗として塗布される。色相は，落ち着いた色から明るい色まで幅広い色の組合わせが可能である。施工も比較的容易であり，自転車道，広場，コミュニティ道路等で幅広く用いられている。

　舗装材料は，樹脂バインダーと骨材からなり，樹脂バインダーとしては接着性・骨材保持性および硬化性の点で優れたエポキシ樹脂が使用されている。エポキシ樹脂は，可とう性に優れたエポキシ樹脂をベースとし，カラー骨材などを用いて着色している。表10.1.7に樹脂バインダーの品質を示す。骨材には，着色磁器質骨材，エメリー，電融アルミナ等が使用されるが，特に着色磁器質骨材は硬度も優れ，色，形状，大きさも豊富で，最も多く使用されている。

　舗装厚は，骨材の大きさおよびそれに対応した樹

脂バインダーの使用量により異なるが，2.5～4mm程度である。それぞれの使用量は，樹脂バインダーが1.4～1.6kg/m²で，骨材が6～8kg/m²である。また，必要に応じて耐候性向上，カラー化のため，トップコートが塗布される。

なお，路面状態に応じて下地処理として，不陸整正およびプライマーの塗布が行われる。

〔参考文献〕
1）（財）土木研究センター景観舗装研究会：「景観舗装ハンドブック」1995年
2）樹脂舗装技術協会：「樹脂すべり止め舗装要領書」平成7年

■ 樹脂系混合物舗装

骨材のバインダーとして，エポキシ，アクリル，ウレタン等の樹脂を用いた舗装である。この舗装には，樹脂モルタル舗装，天然玉砂利舗装，セラミック舗装，ゴムチップ舗装があり，景観材料として，歩道・駐車場・公園内舗装・広場舗装などに使用される。

(1) 樹脂モルタル舗装

樹脂モルタル舗装は，高分子材料を用いて現場で混合舗設するタイプが主流である。高分子材料には，エポキシ樹脂・アクリル樹脂等が主に用いられ，その性能はメーカーにより異なるが，一般的には高強度タイプか可とう性を有するタイプが多い。骨材は，天然けい砂，カラー骨材を用いたものが多く，骨材の粒度を調節し，水密性を高めたモルタルとしている。骨材の粒径は2mm以下のものが多い。着色する場合は，バインダーに着色材（無機系顔料）を添加したり，カラー骨材を使用したりする。樹脂と骨材の比率は，1：5から1：10の範囲にある。

(2) 天然玉砂利舗装

天然玉砂利舗装は，現場にて高分子材料と玉砂利を混合して舗設する。高分子材料には，主にエポキシ樹脂が使用され，一般的には玉砂利との接着に優れ，下地の変形に追従する性能を有するものが用いられている。玉砂利の大きさは，5～10mmの単粒度のものが主として使用されている。玉砂利は，天然の色調と形状を持ち，その特徴を生かして自然風な舗装を形成することができる。また，バインダーの使用量を変えて透水性の機能を持つ舗装材としたものが多い。樹脂と骨材の比率は，1：10から1：30の範囲にある。玉砂利は，形状が丸いため歩行時にすべりやすいことから，すべり止めの骨材を併用している場合が多い。

(3) セラミック舗装

セラミック舗装は，現場にて高分子材料と骨材を混合し舗設する。高分子材料には，主に可撓性と耐候性に優れたエポキシ樹脂が用いられている。骨材は，無機系材料と無機系顔料を焼成してセラミックにしたものである。形状は球状であり，粒径は0.5～3mmと一様な大きさである。骨材の色は，顔料により自由に調色できる特徴を有し，骨材自体の褪色は少ない。各色の骨材を組み合わせることで，色調豊かな舗装ができる。バインダーと骨材を適切な配合比（1：10から1：15）で練り合わせることで適度な空隙をつくり，透水性を有する舗装としている。

(4) ゴムチップ舗装

ゴムチップ舗装は，現場にて樹脂バインターとゴムチップを混合して舗設する。樹脂バインダーには，ウレタン樹脂が使用される。ウレタン樹脂は，耐候性に優れゴムチップとの接着に優れた湿気硬化型の1液タイプや2液混合タイプが用いられている。樹脂には顔料を添加したものと，クリアータイプのものがある。

ゴムチップには，カラー化が可能なEPDM系や廃タイヤを粉砕したものが使用されている。粒径は，0.5～5mmまで各グレードがある。樹脂とゴムチップの配合は，ゴムチップを樹脂で接着させゴムチップの空隙を残し，透水性を持たせた仕様が多い。非透水性にする場合は，ウレタン樹脂とゴムチップの粒経の小さいものでペースト状にして表面に積層する方法がとられている。

〔参考文献〕
1）（財）土木研究センター景観舗装研究会編著：「景観舗装ハンドブック」1995年

■ ブロック系舗装

ブロック系舗装とは，一定の大きさの木塊・石塊・煉瓦・コンクリートブロック・コンクリート平板等，工場製品の中で比較的厚みのあるブロック状材料をクッション砂の上に敷き並べる舗装であり，ブロック状材料と目地砂のかみ合わせによって安定させる工法である。歩道・駐車場・公園内舗装・広場舗装

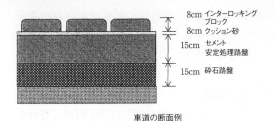

図10.1.6 インターロッキングブロック舗装の断面例

インターロッキングブロック舗装

などに使用される。

　ブロック系舗装の共通の特徴としては，補修工事や復旧工事が容易であり，ブロックの再利用も可能であること，現場養生が不要であり敷設後直ちに供用可能であることがあげられる。また，ブロック状材料は，その種類，形状，寸法，色調，表面テクスチャー，敷設パターンなどを種々に選択することが可能で，周辺環境に調和した舗装面とすることが容易である。一方，施工面では，アスファルト舗装やコンクリート舗装のように画一的に広範にわたる舗装として用いられないこともあり，一般に大型機械による施工は適用しにくい。

　本舗装にはインターロッキングブロック舗装，レンガ舗装，コンクリート平板舗装，弾性ブロック舗装があるが，これらの舗装も一部では後述する二層構造式舗装の舗装構成をとる場合がある。

(1) セメントコンクリート平板舗装

　セメントコンクリート平板舗装には，かつて歩道舗装に多用された普通平板，表面を顔料で着色した着色コンクリート平板（カラー平板），表面を石のように仕上げた擬石平板，露出する面を洗い出して仕上げた洗い出し平板，大理石，蛇紋岩等の砕石を研き出したテラゾー平板等がある。

　コンクリート平板舗装は，寸法・形状が規格化されているものが多いため，複雑なパターンを描くことは難しいが，種々の表面仕上げや模様を施したものを組み合わせることにより，変化に富む舗装面を形成することができる。また，最近ではタイルや石材を表面に貼った平板もつくられており，歩道，広場，プラットホーム等に幅広く用いられている。

(2) インターロッキングブロック舗装

　インターロッキングブロック舗装は，高振動加圧即時脱型方式により製造された舗装用コンクリートブロックを用い，種々の形状を有するブロック相互のかみ合わせ効果により応力を分散させるブロック舗装である。1950年代にドイツで開発され，ヨーロッパを中心に歩道，広場，商店街，駐車場から交通量の多い車道や重車両が走行するコンテナヤードの舗装にいたるまで，幅広く使用されてきている。日本においても，代表的なブロック舗装として広範にわたって使用されている。

　インターロッキングブロック舗装の主な特徴は，その種類および敷設パターンを選択することにより，多種多様な舗装面を形成できること，色彩の異なるブロックにより耐久性のある路面表示ができること，凍結融解，すりへり作用および油分に対する抵抗性に優れていること等である。ブロック系舗装の代表例として，図10.1.6にインターロッキングブロック舗装の断面例を示す。

(3) レンガ舗装

　レンガ舗装は，粘土を主原料として高温焼成したレンガを敷き並べたものである。色彩的にはレンガ色といわれる赤レンガが主体であるが，粘土中の酸化第2鉄の発色に基づくため，焼物独特な色調の微妙な相違があり，自然感に富む舗装面を形成できることから，歩道，広場等の舗装に用いられている。レンガ舗装は，化学的な作用に対する抵抗性があること，すべりにくく，白華現象が生じないこと等を主な特徴としている。

〔参考文献〕
1)(財)土木研究センター景観舗装研究会編著:「景観舗装ハンドブック」1995年

■ 二層構造式舗装

二層構造式舗装とは，コンクリート版（またはアスファルト混合物層）の上に天然石，タイル等の表層舗装材料をモルタル等によって貼りつける舗装である。

二層構造式舗装は，ブロック系舗装と異なり施工現場において表層舗装材料をモルタルなどで貼る作業が入るため，基本的には養生期間を必要とする。また，ブロック式舗装のように舗装材の再利用を図ることはできないが，目地のくるいが生じ難い等の特徴をもっている。

これらの舗装材料には，最近では，ブロック系舗装で述べたようにタイルや天然石をコンクリート平板やさらに大型のコンクリート版に工場で貼り付けた製品も現れてきており，施工の合理化へ向かって種々の努力がなされている。

本舗装に属する代表的なものとして，天然石舗装，タイル舗装がある。なお，十分な厚みをもつ天然石では，モルタルを用いず，直接，路盤の上に敷く構造とする場合もある。

(1) タイル舗装

タイル舗装は，比較的薄いタイル材料を表層に接着する舗装であり，タイルの種類により，磁器質タイル舗装，せっ器質タイル舗装，レンガタイル舗装等に分けられる。タイル舗装は，タイルによる色調，表面性状を活かした上に，目地のパターンの組み合わせを考慮することにより，変化に富んだ舗装面が得られる。

タイルは形状等の種類も極めて豊富で，耐摩耗性に優れた特徴を持った材料であり，歩道，広場，商店街等に多様なデザインで用いられている。また，種類によっては地方特有の材料あるいは原料を用いて，地域の特色を舗装面に表現することも可能である。

(2) 天然石舗装

天然石舗装は，天然石の持つ重厚な質感と落ちついた色調を活かした耐久性に富む高級舗装であり，ヨーロッパ諸国では古くから基本的な舗装として用いられてきている。日本においても，最も景観と調和させやすい材料のひとつとして，歩道，広場，商店街，歩車共存道，車道等に用いられることが多くなっている。近年，天然石の需要の増大に伴い，イタリア，韓国，中国，インド等の諸国からの輸入量も増加してきている。

天然石舗装の種類としては，90mm程度の立方体の小石を敷き並べ，「ピンコロ舗装」として親しまれている小舗石舗装，表面が正方形，長方杉等の形状で種々表面加工を施した切石を並べる整形石板舗装，平面形状が不整形な様々な石を敷きつめる乱張石板舗装等がある。

〔参考文献〕
1)(財)土木研究センター景観舗装研究会編著:「景観舗装ハンドブック」1995年

■ 木塊舗装

木塊舗装は，木の持つ温かなぬくもりがあり，足に優しい自然感のある景観舗装として遊歩道等に多く用いられる舗装である。

木塊舗装に用いられる樹種は，一般にカラマツ，スギ，ヒノキ，ベイマツ等であり，いずれも防腐処理を施したものである。また，形状は角型に加工したもの，表皮だけを剥いだだけの丸型のものがあり，寸法も種々に設定可能であるが一般に角型;9×9×5cm，丸型;$\phi 10 \sim 20 \times 5$cmを用いる。木塊の基層への固定にはセメントモルタルやアスファルト系接着剤，目地にアスファルト系のシール材を用いる。最近では，角型の木塊の場合には，いくつかの木塊を用いてプレキャスト化し，熟練工を必要としないものも使われている。

木材は，水分の変化により膨張したり収縮したりする材料であるので，目地材はアスファルトのような柔軟な材料を用いる。また，乾燥によりそりが生じるので木目を立てて使う。なお，雨水の排水には十分配慮をして設計施工する。

日陰の湿気の多いところでは木塊表面に苔等が発生し，すべりやすくなるので，苔が生えないように表面処理をするか，すべりにくくする工夫が必要となる。また，破損が生じたときは，速やかに補修し破損が拡がらないようにする。

〔参考文献〕
1)(財)土木研究センター景観舗装研究会編著:「景観舗装ハンドブック」1995年

■ 型枠式カラータイル舗装

型枠を使用して、路面に幾何学模様や描画を施す舗装である。

舗装材料は、下塗り材、目地材、表層材、トップコート材から構成されている。これらは主としてカラー骨材を用いたMMA系レジンモルタルを使用するが、通行量の少ない場所には、ポリマーセメント系のものも使われる。

舗装構造は、下地の種類（アスファルト混合物層、コンクリート版、鋼板等）および形状を問わず、施工可能である。

施工は、路面や壁面に発泡ポリエチレン製の特殊二重両面押し抜き型枠を貼り付け、MMAレジンモルタルやポリマーセメントモルタルを塗り込んだ後、型枠を剥ぎ取り、トップコートを塗布し、仕上げる方法で行う。早期に交通解放ができる反面、硬化が速いので施工は手際良く行うように留意する。また、下地の水分ゴミ等は十分除去する必要がある。

維持管理としては、表面をすべりにくくしたタイプのものが特に汚れが付きやすいので、汚れ防止に対する配慮が必要である。また、この工法は部分補修が比較的容易である。

〔参考文献〕
1)(財)土木研究センター景観舗装研究会編著:「景観舗装ハンドブック」1995年

■ クレイ系舗装

クレイ系舗装は、土（粘土）を表層材料とした舗装である。この舗装には色々のタイプがあり、一般的には以下のものがある。

(1) 特殊改良土舗装

景観舗装として使われているものの多くはこのタイプである。このタイプには、アスファルト系舗装の長所を取り入れ、土とアスファルトやアスファルト乳剤を特殊な技術で混ぜ合わせたもの、あるいは、特殊な土壌改良材の開発により、土本来の柔らかさを維持し、降雨による軟弱化等、天候に左右されにくいものなどがある。

(2) ダスト舗装

砕石ダストを単体もしくは土と混合して用いるもの。

(3) 混合土舗装

2種以上の土を混ぜ合わせたもの。

(4) 荒木田舗装

関東地域に産する優れた土質である荒木田土を用いたもの。西日本地区ではこのかわりに真砂土を用いる。

(5) シンダー舗装

石炭ガラと土を混合したもの。クレイ系舗装の構造断面は、使用する舗装材によって異なるので注意が必要である。また、土系の舗装でも最近は、交通量のあまり多くない場所に適用できるものも開発されている。

施工に際して、クレイ系舗装は一般的に水に対し安定性が低いため、降雨による水みちができやすいので排水を十分考慮した設計とし、平坦性が良いように施工する。また、降雨等で土が多量に水分を含んでいるときは、十分ばっき乾燥してから施工する。

維持管理としては、一般に摩耗や雨・風による流出や飛散により不陸が発生しやすいため、日常の管理として表面の均し、転圧、土質安定材の散布が必要である。また、同質の材料を用意しておき定期的に補充するなどの維持が必要である。しかし、最近では維持管理をあまり必要としないものも開発されている。

〔参考文献〕
1)(財)土木研究センター景観舗装研究会編著:「景観舗装ハンドブック」1995年

3 機能により分類した舗装工法

耐久性向上

■ 耐流動性舗装

わだち掘れは、ひび割れとともに舗装の供用性を低下させる代表的な破損である。その原因としては、おもに夏期に路面温度が上昇しアスファルトの粘度が低下することと、重交通化により大きな交通荷重になることが上げられ、アスファルト混合物が塑性流動を起こすものである。この流動対策に耐流動性舗装が用いられる。

耐流動性舗装は，耐流動性を向上させた混合物を表層または表層・基層に使用したものである。耐流動性の向上には，60℃付近の粘度を改善したアスファルトを使用したり，使用骨材の粒度を改善するなどの方法がある。

配合設計の手順としては，①アスファルト混合物の耐流動性の評価はホイールトラッキング試験による動的安定度（DS）により行う，②混合物は密粒度アスファルト混合物，密粒ギャップアスファルト混合物などの中から選ぶ，③ホイールトラッキング試験の結果目標のDSが得られなかった場合は2.36mmふるい通過量を減らし，下限値へ近づけ，さらに使用する瀝青材料を再検討し，高いDSの得られるような瀝青材料に変える，のように行う。

〔参考文献〕
1) (社)日本道路協会：「アスファルト舗装要綱」平成4年

■ 耐磨耗性舗装

積雪寒冷地や路面の凍結する箇所では，タイヤチェーン等による路面の摩耗が発生することがある。この摩耗対策に，耐磨耗性舗装が用いられる。

耐磨耗性舗装は，低温時に脆くなく，かつ骨材に対する把握力の大きなアスファルトや硬質の骨材を使用したり，アスファルト量に対するフィラー量を大きくするなどの方法により，耐磨耗性を高めた混合物を表層に用いるものである。

具体的な混合物の種類としては，①密粒度アスファルト混合物，②細粒度ギャップアスファルト混合物，③細粒度アスファルト混合物，④密粒度ギャップアスファルト混合物などが用いられる。このほかに，⑤グースアスファルト混合物，⑥ロールドアスファルト混合物なども用いられることがある。

〔参考文献〕
1) (社)日本道路協会：「アスファルト舗装要綱」平成4年

■ 応力緩和舗装

冬期の気温が極低温の場合，アスファルト舗装では材料の収縮による内部応力の発生とアスファルトの脆化により，低温ひび割れを起こす。北海道の一部などでは，冬期に－30℃を下回る地域もあり，低温ひび割れが発生し，舗装の破損を早める一因となっている。応力緩和舗装は，このような低温により発生した内部応力を緩和する能力のある舗装のことである。

応力緩和舗装は，低温クラックを起こしにくい混合物を選択するとともに，応力緩和能力の高くした改質アスファルトを用いることにより，高い効果が得られる。これまでに，アスファルトモルタル分が少ない混合物は低温クラックが少ないとの報告もあり，開粒度の混合物と特別な改質アスファルトを組み合わせたものなどが検討されている。

■ 耐油性舗装

アスファルト舗装は，石油系の溶剤，燃料，潤滑油になど対する耐油性がないので，駐車場，バスストップ，高速道路の料金所，空港のエプロン，給油所など油類のこぼれやすい場所には耐油性舗装が適用される。またこれらの場所は，静止荷重による局部変形やわだち掘れが生じやすい箇所でもある。このような箇所では，耐油性舗装としてアスファルト舗装の表面に耐油性の表面処理を行なう工法もあるが，一般にはアスファルトコンクリートにセメントならびに特殊添加剤を主成分とするペーストを浸透させた半たわみ性舗装が用いられることが多い。

安全性向上

■ 排水性舗装

排水性舗装とは，空隙率の高い多孔質なアスファルト混合物を表層または表層・基層に用い，この多孔質な混合物層の下に不透水性の層を設けることにより，表層または表層・基層に浸透した水が不透水性の層の上を流れて排水処理施設に速やかに排水され，路盤以下へは水が浸透しない構造としたものである。図10.1.7に排水性舗装の概念図を示す。

その機能としては，道路表面の雨水を速やかに排水することによる車両の走行安全性の向上のほか，表面から内部まで多くの空隙が存在することによる道路交通走行騒音の低減効果等がある。

排水性舗装用の混合物としては，粗骨材は6号砕石，バインダは高粘度改質アスファルト，空隙率が20%程度としたものが多く用いられているようである。最近では機能向上を目的として，すり減り減量の少ない骨材の使用や，6号砕石をさらに10mmや8mmのふるいで単粒化した骨材の使用，さらには表層の上2cm程度を7号砕石の排水性舗装，下3cm

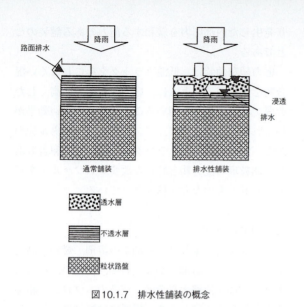

図10.1.7 排水性舗装の概念

を6号砕石の排水性舗装にしたものなど，様々なものが検討されている。

〔参考文献〕
1）日本道路協会：「排水性舗装技術指針（案）」平成8年
2）建設物価調査会：「低騒音舗装の概説」平成8年
3）日本道路協会：「アスファルト舗装要綱」平成4年

■ 明色舗装

明色舗装は，アスファルト舗装の表層部分に，光線反射率の大きな白色骨材を使用するなどによって路面の明るさや，光の再帰性を向上させた舗装である。

明色舗装には次のような利点がある。①路面輝度が大きいため，トンネル内や夜間の路面照明効果が増加する，②通常のアスファルトコンクリート表層と対比させると輝度差が生じ，路面を容易に識別することができる，③光線反射率が大きく，夏期の路面温度が上がりにくいため，耐流動性が期待できる。これらの利点を利用して，次のような箇所に適用する，①道路の機能向上，車線の明示，道路の分岐点，路肩の側帯部など，②交通安全対策としてトンネル内，橋面，交差点などである。

混合物中の明色骨材料は約25〜50％程度であるが，経済性と明色効果から30〜40％くらいが標準とされている。人工明色骨材は，多孔質のためいくぶんアスファルト量は多めになる。これらの方式では，舗設後骨材表面アスファルトが交通車輌の走行によって剥れてから明色効果が期待できる。もし，最初から舗装の明色化を図るときには，樹脂系結合剤でプレコートして散布するか，明色混合物で製造して舗設する。

これらの方式のほかに，明色舗装として半たわみ性舗装を用いる場合もある。

〔参考文献〕
1）日本道路協会：「アスファルト舗装要綱」平成4年

■ すべり止め舗装

すべり止め舗装は，湿潤時の路面を走行する車のタイヤがスリップして交通事故を起こすおそれのある場所に，すべり防止を目的として施す特別な舗装である。すべり止め対策には，開粒度またはギャップ粒度のアスファルト混合物を用いる工法，骨材の全部または一部に硬質骨材を用いる工法，路面に硬質骨材を散布接着させる工法および溝切りなどによって粗面仕上げをする工法などがある。

〔参考文献〕
1）日本道路協会：「アスファルト舗装要綱」平成4年

■ 凍結抑制舗装

凍結抑制舗装は，スタッドレス化に伴って問題となっているつるつる路面対策として用いられる舗装である。

凍結抑制舗装にはいくつかあり，大きく分けると物理的作用によるものと，化学的作用によるものがある。代表的なものをあげると，

＜物理系＞

物理的な凹凸により氷膜鏡面化の抑制および氷膜の破壊を行うもので，密粒ギャップ混合物，ゴムチップ舗装，ゴムマット舗装，グルーピングウレタン工法等がある。

路面上の氷膜の存在を減少させるものとして，グルービング舗装等がある。

＜化学系＞

化学的な反応により氷膜の発生を抑制するもので，凍結抑制剤入り舗装などがある。

適用に当たっては，それぞれの特徴をよく理解して検討する必要がある。物理系タイプは，交通荷重によって氷板を破壊するため，交通量の少ない箇所では期待した効果が得られない場合がある。また化学系タイプでは，舗装混合物内に凍結抑制剤等を混入させて凍結を抑制しているため，凍結防止剤の流

出とともに効果が薄れていく。従って，これらの特性を十分理解して適用する必要がある。

〔参考文献〕
1）「舗装」編集委員会：「舗装の質疑応答第7巻上」，建設図書平成9年

■ グルービング舗装

グルービング舗装は，安全溝設置工ともいわれており，路面のすべり抵抗性や排水能力を増大させて湿潤時におけるハイドロプレーニング現象によるスリップ事故の防止の目的で舗装路面に溝切りを行うものである。舗装路面に幅3〜6m，深さ3〜4mmの溝を15〜25mm間隔で，道路延長方向あるいは横断方向に切削し，排水をよくすることにより，ハイドロプレーニング現象の発生を防ぎ，路面のすべり抵抗性を高める工法である。切削には多数のダイヤモンドカッタを装備した専用の切削機械を用いる。

〔参考文献〕
1）日本道路協会：「アスファルト舗装要綱」平成4年

■ 融雪舗装

雪や氷を路面に蓄積させないために，融雪する機能を持つ舗装のことである。融雪する方法には大きく分けて，路面に散水を行う方法と路面を加熱する方法に分けられる。

路面に散水する方法には，消雪パイプを舗装内に埋設し，道路中央付近から散水する方法がある。散水する方法の多くは，地下水を汲み上げて用いるため，地下水位の低下や地盤沈下などに注意する必要がある。

一方，路面を加熱する方法には，電熱線やヒートパイプなどを埋設する方法があり，一般的にはロードヒーティングと呼ばれている。電熱線を埋設する方法では，電気消費量が大きくならないように熱伝導率を高めたり，センサーで電気の供給を制御するなどの工夫が行われている。また，ヒートパイプによる方法では，水使用料を抑制したもの，蓄熱などを利用したもの，電熱線と組み合わせたものなど，様々な工夫が行われている。最近ではランニングコストや環境を意識して，より省エネルギー化，省資源化を目指すものが多く，未利用エネルギーの活用なども検討されている。

■ 磁気誘導舗装

視覚障害者や無人車などを誘導するために，舗装内に磁気ケーブルやフェライトテープなどを埋設した舗装のことである。主に視覚障害者や高齢者のための歩道に適用されおり，白杖の先端の磁石により音声案内を作動させる磁石音声方式，白杖や靴底に貼り付けた磁性体で同様に音声案内を作動させる磁性音声方式，舗装に埋設したコイルによる磁界とラジオを用いて音声情報を提供する磁界ラジオ誘導方式，フェライト磁性体舗装と専用白杖で誘導と音声情報の提供を行う磁気誘導方式などがある。

4 環境対策工法

工事中の環境対策は「環境関連技術・工法」に詳述するものとし，本項では道路完成後の防音，防振，景観について述べる。

騒音・振動対策工法

■ 低騒音舗装

低騒音舗装とは，通常広く用いられる密粒アスファルト舗装・コンクリート舗装に比べて，自動車走行騒音が小さい舗装のことである。低騒音舗装には，様々な種類があり，実用化されているもの，研究中のものなど現在いろいろな段階にある。

低騒音舗装は，一般的な舗装に材料的な対策，すなわちバインダの高性能化や使用粗骨材の小粒径化などの対策をとることによっても可能である。さらに効果的なのは，低騒音舗装を目的とした構造を持つものである。低騒音舗装の騒音低減方法と工法の例をまとめると，表10.1.8のようである。

表のように，アスファルト系舗装では，すでに実用化されている排水性舗装をはじめとして，研究中ではあるが，ゴム入りアスファルト舗装，砕石マスチックアスファルト，マイクロサーフェイシングなどがある。セメント系舗装では，連続鉄筋コンクリート舗装，骨材露出工法，透水性コンクリート舗装などがある。また研究中ではあるが，大きな低騒音化が期待できる，ゴムを主体とした多孔質弾性舗装などもある。

表10.1.8 低騒音舗装の騒音低減方法と工法の例

騒音低減方法	機能	効果	工法
路面のキメの調整	路面のキメを調整することにより，騒音を低減する	タイヤ／路面騒音の低減	砕石マスチックアスファルト マイクロサーフェイシング 小粒径骨材の使用 骨材露出工法
舗装の吸音性能の利用	舗装体に空隙を持たせ多孔質にすることにより騒音を低減する	タイヤ／路面騒音の低減 路面反射音の吸音・減衰	排水性舗装 透水性コンクリート舗装 多孔質弾性舗装
弾性体の利用	骨材の一部に弾性体を用いたり，舗装体を多孔質の弾性体にすることにより騒音を低減する	タイヤ／路面騒音の低減 路面反射音の吸音・減衰	ゴム入りアスファルト舗装 多孔質弾性舗装

〔参考文献〕
1) 建設物価調査会:「低騒音舗装の概説-設計・積算・施工・検査-」平成8年

■ 防振舗装

道路交通による振動を軽減させるために，防振層などを施した舗装。防振層の考え方には2通りあり，振動を吸収するために軟らかく復元力のある層を設ける方法と，振動そのものの発生を抑制する剛性の高い層を設ける方法である。軟らかい層で振動を吸収する方法では，ゴムなどの弾性体を利用したものが検討されているが，まだ研究段階である。剛性の高い層で振動を抑制する方法では，路床以下の地盤改良を行う方法，硬質発泡ウレタンを路盤下部などに設置する方法などのほか，比重の大きい副生フェライトを骨材として使用したフェライトアスファルト混合物を用いた方法などの施工例がある。

〔参考文献〕
1)「舗装」編集委員会:「舗装の質疑応答第6巻」, 建設図書平成3年

景観対策工法

■ 着色舗装

舗装の色はアスファルト舗装で黒，セメントコンクリート舗装で白というのが一般的であったが，最近の舗装では多くの色彩の舗装がなされている。とくに歩行者系の道路舗装においては，カラフルでかつ様々な模様が町中の景観づくりの重要な役割を果たしている。

着色舗装は，ここでアスファルト舗装に着色する工法やカラーブロックが用いられていることが多い。アスファルト舗装に着色する工法としては，舗装を顔料で着色するものと，着色骨材を用いるものなどがある。

(1) 加熱アスファルト混合物に顔料を添加する工法

アスファルト舗装に顔料を添加して着色する場合，バインダのアスファルトが暗褐色を呈しているため，着色可能な顔料は限られる。着色舗装の顔料として，表層用アスファルト混合物に5〜7％酸化鉄（ベンガラ）を入れれば赤の舗装となる。

(2) 着色骨材を使用する工法

混合物の骨材として，着色骨材を使用する。着色骨材には，ケイ石などの白色の骨材の表面を人工的に着色したものと，適当な原材料に無機顔料を加えて，人工的に発色させたものとがある。バインダーがアスファルトであるため，供用初期は黒色を呈しているが，表面のアスファルト分が摩耗してから着色効果が表れる。

(3) 着色結合材料を用いる工法

着色結合材料は，石油樹脂，エポキシ樹脂などの合成樹脂に適当な添加材，可塑材と顔料を加えたもので，熱硬化性のものと熱可塑性のものがある。石油樹脂は，ナフサの熱分解産物のうち，重合性の強い留分を重合させた熱可塑性の淡黄色の樹脂である。着色には，結合材料に対して10〜20％程度の無機顔料が一般的に使用される。

(4) 半たわみ性舗装で着色モルタルを浸透させる工法

半たわみ性舗装で，浸透用セメントペーストに着色したものを使用する工法である。

(5) 路面に着色ペイントを塗布する工法

路面に着色ペイントを塗布して着色する工法である。着色ペイントは，通常すべり止めを兼ねて，シリカサンドを混合して塗布するが，塗布厚が薄いため，路肩，歩道，自転車道など，自動車があまり通行しない箇所に用いられることが多い。

〔参考文献〕
1) 日本道路協会:「アスファルト舗装要綱」平成4年
2) 日瀝化学工業:「アスファルト舗装講座」昭和54年
3) 樹脂系カラー舗装:「建設物価・建設資材」1985年

■ 高輝度舗装

高輝度舗装は，アスファルト舗装の表層部分に，光線反射率の大きなガラスなどの材料を混入させ，光の反射により夜間の視認性を高めた舗装である。

車道では交差点部や路肩部などの注意喚起を目的として用いることが多く，歩道では夜間の視認性向上や昼間の景観性向上などを目的として用いることが多い。

ガラスを使用する場合の多くは，2mm程度以下に粉砕した廃ガラスが利用され，アスファルト混合物に混入させる場合は20％程度まで，表面処理に用いる場合は樹脂系バインダを用いて20％以上を混入させて用いられる。このほか，蛍光骨材，蓄光骨材，発光骨材などを利用して，様々なタイプが検討されている。

生活環境改善工法

■ 透水性舗装

透水性舗装の概念を図10.1.8に示す。本工法は，とくに歩行者系舗装で雨天時の水たまりの解消，足触りの柔らかさによる歩行性のよさから市街地の歩道舗装に多く用いられる。また，本工法は，舗装体から透水した雨水を地中に還元，あるいは舗装体中に一時貯留することから，表面流出量が低減でき，街路樹への水分補給，路面排水施設や下水道の負担軽減が図れる利点がある。しかし，周辺からの土砂の流出や微細なゴミによって目詰まりを生じやすいので適用箇所の選定や維持管理には十分留意する必要がある。一般には，3～4年に一度の割合で高圧水による洗浄によって透水性能の回復を図っている。

透水性舗装の混合物は，通水性を高めるように空隙率を大きくするため，砂分をほとんど含まない比較的単粒度の骨材を主体とする開粒度混合物である。混合物の耐水性を考慮して，0.074mmふるい通過量の2％程度を消石灰などで置換するのが望ましい。

透水性舗装の表層材としては，多孔質ブロックやセメントコンクリートを用いる工法もある。路盤材料としては，透水性確保の面からクラッシャーラン砕石が使用される。路盤と路床の間には路床の軟弱化や路盤材への路床土の浸入を防ぐ目的で5～10cmの砂のフィルター層が設けられる。

〔参考文献〕
1)「よくわかる透水性舗装」山海堂1997年7月
2) 三捕・達下・小林・川野:「透水性舗装の現状と問題点」ベル教育システム
3) 安崎他:「透水性コンクリート舗装の室内試験」「第16回日本道路会議論文集」

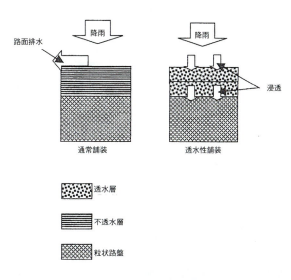

図10.1.8 透水性舗装の概念

■ 弾力性舗装

弾力性舗装は，主に歩行者系舗装に用いられる舗装であり，歩行によって生じる肉体的疲労を最小限に抑えるために，適度な弾力を持った舗装のことである。ゴムなどの弾性物質を用いたものが主であり，様々な種類がある。主なものを挙げると次のとおりである。

1) ゴムチップ舗装

3mm程度のゴムチップを骨材としてバインダにウレタン樹脂を用いた舗装。

2) 弾性ブロック舗装

0.5～4mm径の粒状ゴムや糸状ゴムをウレタン樹脂で接着してブロック化させたものを用いた舗装。

3) 弾力性アスファルト舗装

アスファルトモルタルにϕ1～2mmのコルク粒やファイバーゴム，ゴム粉等を混入させた混合物を敷きならし締め固めた舗装。

〔参考文献〕
1)「景観舗装ハンドブック」大成出版社1995年3月

Ⅱ　鉄　道

都市の大動脈鉄道

合理化施行による複線化工事

　鉄道は道路とともに建設するに際して，トンネル，橋梁，盛土，地盤改良など多岐にわたる技術や工法を活用する代表的な施設である。それぞれの技術や工法は，他章で詳しく説明されていることから，本章では施設の建設に関連した工法および維持管理・補修・補強について鉄道固有の工法について述べるものとする。

1　線路増設

　線路増設とは，輸送力の増強方法のひとつで，在来鉄道の近傍にさらに新しく線路を増設することである。
　その効果は輸送力を飛躍的に向上することが可能となるが，難点は用地取得等に膨大な費用を要すること，使用開始までに長期間を要することである。
　一般に輸送力を増強させる方法としては，
　①1列車あたりの輸送能力向上
　　・定員増大
　　・編成長の増大
　②列車本数の増発
　　・線路容量の増大（待避線等の新設）
　　・線路増設
などがあるが，これらの方法を組み合わせても，在来鉄道の線数だけでは増大する輸送需要に対処できなくなるとき，線路増設という抜本的な施策が必要となってくる。
　線路増設の具体的な方法としては，
　①複線化
　②複線の3線化
　③複々線化
がある。また，効果的な投資を行う方法として，全区間を線路増設する「全面線増」と一部区間にとどめる「部分線増」がある。
　線路増設の効果は，鉄道事業者としては，
　①輸送力増大
　②到達時間の短縮
　③需要に応じた列車ダイヤ設定が可能
　④ダイヤ混雑時の早期回復
　⑤保守間合いが確保しやすいなどがあり，利用者としては，
　①乗車時間の短縮

②待ち時間の短縮
③混雑の緩和
などがあげられる。

〔参考文献〕
1) 本間傳・他:「線路増設の調査・計画」山海堂, 昭和44年9月

2 停車場改良

　停車場とは, 旅客の乗降, 荷物の積卸し, 列車の組成, 車両の入換えまたは列車の行違い等を行うために必要な設備を備えたところであり, これは機能別に駅, 操車場, 信号場等に分類される。
　停車場の備えなければならない条件としては,
①旅客, 荷物の集散地に近い地点に位置すること。
②他の交通機関との連絡が容易な場所であること。
③列車の見通し, 旅客の安全等を考慮して, なるべく水平で直線区間に位置すること。
④都市発展の障害とならないように道路と交差, 接続すること。
などがあげられる。
　このような条件を備えて設置された停車場も, 旅客, 貨物流動の変化及び老朽化, 合理化, 近代化, 保安対策, まちづくりとの連携等により改良を行わなければならない場合がある。
　例えば, 需要増大に伴うホーム延伸拡幅, 旅客連絡通路及び駅舎の増設, 旅客及び貨物流動の変化に伴う配線変更, 都市交通形態の変化に伴う橋上駅舎化, 自由通路の新設等である。
　停車場改良は, 列車, 旅客, 公衆等を扱いながらの工事であり, 現在線の線群については, その機能を活かしながら活線下において工事を行わなければならないため, 線路の切換, 旅客通路の切回し及び列車, 旅客の安全等について十分配慮した計画を立てなければならない。

〔参考文献〕
1) 岡田宏編:当体系土木工学66「鉄道(1)」技報堂
2) 横田英男:「旅客駅—計画と設計—」山海堂, 昭和44年
3) 池田本他:「停車場の計画と設計」山海堂, 昭和59年

3 線曲設置法

　曲線は, 平面曲線と縦曲線に分類されるが, 単に曲線という場合は平面曲線をさす。平面曲線は円曲線と緩和曲線に分けられ, また, 曲線の形によって, 単曲線, 複心曲線, 反向曲線, 全緩和曲線などに区分される。鉄道における曲線設置に必要な諸元は, 交角, 半径, カント, カント不足量, 緩和曲線長及び逓減形状であって, その他の関係する諸数値は, これらの諸元値から計算できる。

〔参考文献〕
1) 石原藤次郎, 他:「新版測量学応用編」丸善㈱, 昭和56年7月
2) 神谷進:「鉄道曲線」交友社, 昭和57年7月
3) 高田武雄:「カーブセッティングハンドブック」交友社, 昭和59年4月
4) 停車場線路配線研究会編:「新停車場線路配線ハンドブック」吉井書店, 1995年7月

■ 平面曲線

　平面形における単曲線の接線長・曲線長は次式により求められる。
　接線長 $TL = R \cdot \tan I/2$
　曲線長 $CL = R \cdot I \cdot \pi / 180$
　正矢 $PS = R(\sec I/2 - 1)$
　弦 $AB = 2R \cdot \sin I/2$
　ただし, R:曲線半径(m), I:交角(度), TL:接線長(m), CL:曲線長(m), PS:正矢(vervedsin)(m)

■ 縦曲線

　縦曲線とは, 線路の勾配変更点で線路が縦方向に折られて, 列車走行時にこ車両の浮き上がり, 列車の動揺による乗心地の悪化などの影響を和らげるために縦方向に入れる曲線である。
　縦曲線は, 2直線の交角Iが非常に小さいため, 簡略化して次式で算出できる。
　接線長 $TL = R/2 \cdot (m-n)/1000$
　曲線長 $CL = R \cdot (m-n)/1000$
　縦距 $y = X^2/2R$
　ただし, R:曲線半径(m), TL:接線長(m), CL:曲線長(m), m, n:勾配の大きさ(‰)
　x, y:A横距, 縦距(m)

4 線路下横断構造物の施工法

近年，社会基盤の整備が進められる中，都市交通や上下水道等の整備に伴い鉄道営業線下を横断交差する構造物が計画・施工される．特に鉄道営業線と道路の交差部では，踏切による交通渋滞，踏切事故の解消のため，鉄道営業線下を道路が横断交差する線路下構造物が建設されるケースが増大している．

また，施工実績が増加するに従い，線路下横断工事での事故も増えてきており，この分野での技術開発が著しく進む中で，より良い構造物を安価に所定の工期内でかつ安全に構築できる工法も開発されている．

施工法の種類と分類

線路下横断構造物の施工法は，大きく二分すると，図10.2.1のように開削工法と非開削工法に分けられる．一般的な開削工法は工事桁工法とも呼ばれ，軌道を仮基礎と工事桁により仮受けし，仮受け後に軌道下を掘削し躯体を構築する工法である．非開削工法は，軌道側方から掘削し躯体を構築する工法であり，分類方法によっては十数種類もの工法が存在する．

線路下横断構造物の構築にあたり最も望ましい工法は，施工期間中に列車運行に影響を与えず，しかも経済的で施工が容易な工法である．

施工法の選定

施工法の選定を行うにあたって，主要な条件は，①線区の条件，②軌道，路盤の条件，③地形，地質，地下水の条件，④周辺環境条件，⑤用地条件，⑥構造物の断面，寸法，構造形式，⑦土被り等が考えられ，これらについて十分な検討を行って，線路下横断構造物の施工法を選定しなければならない．施工法を選定する場合の参考とするため表10.2.1に施工法の適否を示す．

その他

(1) 補助工法

線路下横断構造物を施工する場合，土質および地下水等の状況によっては補助工法が必要となることがあるので，補助工法を選定，施工する場合には慎重な検討をする必要がある．補助工法には多くの種類があるので，分類を兼ねて図10.2.3に補助工法の分類を示す．

(2) 監視と計測

線路下横断構造物を施工する場合には，線路および周囲の建物・地盤等の変状に対して，目視あるいは計測器を用いた測定を行い，安全な施工を行うための十分な監視をしなければならない．

過去の施工実績によると監視を行っていても路盤陥没等が発生することがあるため，路盤陥没対策としては，捨てルーフの施工，十分な裏込め注入を行うものとする．

〔参考文献〕
JR東日本:線路下横断工計画マニュアル,平成16年12月

■ JES工法

JES（JointedElementStructure）工法は，図10.2.2に示すように特殊な継手を有する鋼製エレメントを地盤中に貫入し，コンクリート充填することにより，軌道防護を行なうのと同時に本設構造物を構築する工法である．路面防護が本体となるため，土被りを小さくすることが可能であり線路下で行う作業がエレメントの挿入の1回のみであることから路面への影響が少ない．

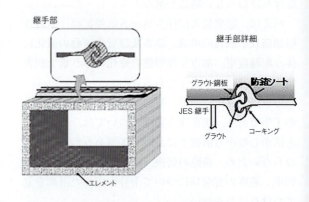

図10.2.2　JES工法の概要

■ エレメント横締め工法

角形鋼管（後施工でコンクリート充填）あるいは角形PRCまたはRC部材を線路直角方向に連続して挿入し，側壁部も同様に線路直角方向にエレメントを縦に挿入し，床版部は水平方向に，側壁部は鉛直

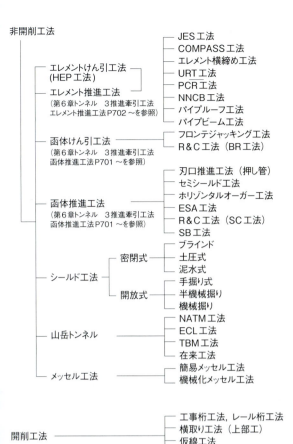

図10.2.1 線路下横断構造物施工法の分類

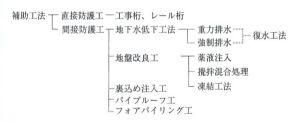

図10.2.3 補助工法の分類

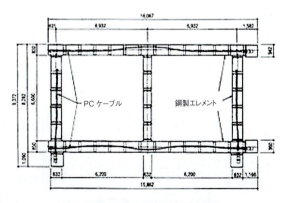

図10.2.4 エレメント横締め工法の概要

方向にプレストレスを与えて一体化し，構造物を構築する。

施工は，上床版構築→側壁構築→下床版構築の順序になる。ただし，各床版構築段階毎にプレストレスを与えて床版を構築することを基本とする。

図10.2.4にエレメント横締め工法の概要を示す。

■ 工事桁工法

列車荷重等を工事桁で仮受け後に工事桁の直下を掘削して，線路下横断構造物を構築する工法をいう。工事桁架設に線路を破線する方法と破線しないで行う方法とがある。

■ 横取り工法（上部工架設工法）

本線の側方に桁製作ヤードを設け，そこで製作された桁を横取りして架設するものである。架設方法としては，操重車およびクレーン車による方法，横取り台車または渡し板とPC鋼材と油圧ジャッキを用いて，桁を横移動する方法等がある。

■ 仮線工法

線路を近くに仮移設して列車を運行させておき，その間に掘削して線路下横断構造物を建設する工法である。

■ オープン工法

線路を破線できる場合，または工事期間中の運行停止が可能な場合に，線路下を掘削し，構造物を構築するものである。構造物は，製作ヤードで現場打ちされる場合や，プレキャスト部材，ハーフプレキャスト部材等が用いられる。

5 線路増設工事

線間くい打ち機工法

線路内でH形鋼杭または鋼管杭を打ち込む場合には，短時間の線路閉鎖間合いで安全・確実な工法である必要がある。軌道上を走行し機動力を発揮するもの，杭先端支持力を向上し，中間支持層に止め，杭長を短くするもの，鋼管杭を用い，1本当りの支持力を向上させ，施工本数を低減するものなどがあ

表10.2.1 施工法の適否1

工法	条件	開削工法			函体けん引工法			函体推進工法					非開削工法										
													エレメント推進(けん引)工法						シールド工法	メッセル工法		山岳トンネル工法
		工事桁工法	シールド工法	仮線工法	フロンテ工法	R&C(BR)工法	刃口推進工法	元押シールド工法	ポリップオーガー工法	ESA工法	R&C(SC)工法	SB工法	JES工法	Eレメント横締め工法	URT工法下路桁	URT工法トンネル	PCR工法	NNCB工法	パイプルーフ工法	パイプビーム工法		簡易メッセル工法	機械化メッセル工法	
線区	線路閉鎖工事(徐行を伴わないもの)が困難な場合	×	○	×	○	○	○	○	○	○	○	○	○	○	○	○	○	○	○	○	○	○	○	○
	長期の徐行を伴わないもの	△	△	×	△	△	△	△	△	△	△	△	△	△	△	△	△	△	△	△	△	△	△	△
軌道	分岐器・クロッシング下の施工	×[a)]	×	○[c)]	○	○	○	○	○	○	○	○	○	○	△	△	△	△	△	△	△[d)]	△[d)]	△[d)]	△[d)]
	ロングレール	×[b)]	△																						
	盛土中	△[d)]	△[d)]	△[d)]	○	○	△	△	△	△	△	△[d)]	△	○	○	○	○	○	○	△[e)]	△[d)g)]	△[d)g)]	△[d)]	×
地形・地質	掘削地盤	粘性土	非常に軟弱 N値2 未満	△[d)]	△[d)]		△[d)]	△[d)]	△[d)]	△[d)]	△[d)]	△[d)]	△[d)]	△[d)]	△	○	○	○	○	○	△[e)]	△[d)g)]	△[d)g)]	△[d)]	△[d)]
			軟弱 N値2~4	△[d)]	○		○	○	△	○	△[d)]	△[d)]	△[d)]	△[d)]	○	○	○	○	○	○	○	△[d)g)]	○	○	×[d)]
			中位 N値4~8	○	○		○	○	○	○	△[d)]	○	○	○	○	○	○	○	○	○	○	○	○	×
			かたい N値8~15	○	○		○	○	○	×	○	○	○	○	○	○	○	○	○	○	×	△[k)]	△	△[d)]	△[d)]
			非常にかたい N値15 以上	○	△		○	○	△	×	○	△	△	△	△	△	×	△	△	△	×	×	△	△	○
		砂質土	非常にゆるい N値4 未満	△[d)]	△[d)]		△[d)]	△[d)]	△[d)]	○	△[d)]	△[d)]	△[d)]	△[d)]	△	○	○	○	○	○	△[m)]	△[d)g)]	△[d)g)]	△[d)]	×
			ゆるい N値4~10	○	○		○	○	○	○	△[d)]	△[d)]	△[d)]	△[d)]	○	○	○	○	○	○	○	○	○	○	△[d)]
			中位 N値10~30	○	○		○	○	○	○	○	△[d)]	△[d)]	△[d)]	○	○	○	○	○	○	○	○	○	○	○
			密な N値30~50	○	○		○	○	○	△	○	△	△	△	○	×	×	△[d)]	△[d)]	△	×	×	△	○	○
			非常に密な N値50 以上	○	○		○	○	△	△	○	△	△	△	○	×	△	△	△	△	△	△[k)]	△	△	○
	固結地盤・岩盤	○	△		△[d)]	△[d)]	×	×	△[d)]	△[d)]	△[d)]	△[d)]	△[d)]	△	△	△[d)]	△[d)]	△[d)]	△[e)]	×	△	△[d)]	○
	均等砂層	○	○		○	○	○	○	○	○	○	○	○	○	-	-	○	○	○	○	-	○	○	-
	玉石混り地盤	○	×		△	△	△	×	△	△	△	-	△	×	-	-	×	×	△	△[m)]	-	×	×	×
	地下水位堀削底面下(堀削前,水位低下可能の場合含む)	○	○		○	○	○	○	○	○	○	○[l)]	○	○	×	×	○	○	○	○	-	○	○	○
	地下水位堀削底面上(水位低下工法困難)	△[d)]	×		△[d)]	△[d)]	△	○	△[d)]	△[d)]	△[d)]	△	△	○	×	×	○	○	○	△	-	○	○	×
構造物	形式	桁 下路桁	○	△		○	○	○	○	○	○	○	△[d)]	○	○	○	○	○	○	○	○	○	○	×
		その他	○	△		○	○	○	○	○	○	○	△	○	○	×	○	○	○	△	○	○	○	×
		門型ラーメン	△	△		△	△	△[v)]	△[w)]	△[x)]	△[x)]	△[x)]	△	△	△	×	×	△	△	△	△	△	△	△	○[p)]
		箱型ラーメン	△	×		△	△	×[v)]	△[w)]	×[x)]	×[x)]	×[x)]	×	×	×	×	×	×	×	×	×	△	×	△[p)]	○[p)]
		リング(小口径)	×	○		×	×	-	-	-	-	-	-	-	○	-	-	○	○	△	×	-	△[p)]	○[p)]	○[s)]
		リング(大口径)	×	○		×	×	-	-	-	-	-	-	-	○	-	-	○	○	△	△	-	△[p)]	○[p)]	○[s)]
		アーチ	×	△		×	×	-	-	△[z)]	△[z)]	△[z)]	-	-	○	-	-	△[p)]	△[p)]	△[p)]	△[s)]	-	△[s)]	○[s)]	○[s)]
	事スパン	10m 未満	○	○	△	○	○	○	○	○	○	○	△[d)]	○	○	○	○	○	○	○	○	-	○	○	○
		10~15m 以上	○	○	△[d)]	△	△	△	△	△	△	△	×	△	×	×	×	×	×	△	△	-	△	△	○
		15m 以上	○	×	△	×	×	×	×	×	×	×	-	-	-	-	-	-	-	×	×	-	-	-	○
	横断延長	20m 未満	○	○	○	○	○	○	○	○	○	○	△	○	○	○	○	○	○	○	○	-	○	○	○
		20~30m	○	○	○	○	○	○	○	○	○	○	△[d)]	○	○	△	○	○	○	○	△	-	○	○	○
		30m 以上	○	○	×	×	×	×[y)]	×[y)]	×[y)]	×[y)]	×[y)]	-	×	×	×	×	△	×	×	×	-	×	×	○
	基礎	くい (無)	○	○	○	○	○	○	○	○	○	○	-	○	○	○	○	○	○	○	○	-	○	○	○
		くい (有)	○	△	○	○	○	○	○	○	○	○	-	△	○	○	○	○	○	○	○	-	○	○	×

880

表10.2.1 工法の適否2

工法	開削		函体けん引工法			函体推進工法						非開削工法 エレメント推進（けん引）工法							シールド工法	メッセル工法		山岳トンネル工法
	工事桁工法	レール工法	仮線工法	フロシキ工法	R&C(BR)工法	刃口推進工法	モグラシールド工法	パリンガルオーガー工法	ESA工法	R&C(SC)工法	SB工法	JES工法	エルメント横締め工法	URT工法 下路桁	URT工法 トンネル	PCR工法	NNCB工法	パイプルーフ工法	パイプビーム工法		簡易メッセル工法	機械化メッセル工法	
条件 適用ケース	(A)	(A)	(A)	(C)	(A)	(B)			(C)	(A)	(A)	(A)	(A)	(A)	(B)	(A)	(A)	(C)	(C)	(B)	(C)		(B)
構造物 土被り 0～2.0m	○	○	○	△	△	1.5D以下は△ 1.5D以上は○			△	△	△	△	○	○	△d)	○	△	○	△	1.5D以下は△ 1.5D以上は○	△	△	△d)
2.0～5.0m	○	△	○	○	○				○	○	×	△	○	△	○	×	×	○	○		○	○	△d)
5.0～10.0m	△	△	○	△	△				△	×	×	△	△	×	○	×	×	○	△	1.5D以下は△ 1.5D以上は○	△	△	○
10.0m以上	×	×	○	×	×				×	×	×	×	×	×	-	×	×	×	×		×	×	○

凡例
○：適
△：一般に問題があるので検討を要す
×：一般に不適

適用ケース
(A)
(B)
(C)

1) 地下水の影響をうけない地盤についての判定である
2) 細粒分の含有量の少ない(10%以下)均等係数(60%と10%の通過径の比)の小さい(5以下)の砂層は、ボイリングを生じ易く、脱水すると粘着性がないため崩壊を生じ易い地盤である
3) ここでは礫径30cm程度以下のものをいう
4) 桁の横取り方式を除く
5) トンネル形式も考えられる

a) 分岐器付の工事桁ならの
b) ロングレールを定尺レールに置換えれば△
c) 別途仮線切換時の検討を要す
d) 補助工法等の十分な検討を要す
e) 密閉式シールドであれば○
f) 仮橋台等の支持のための地耐力の検討を要す
g) 支圧工の支持のための地耐力の検討を要す
h) けん引が可能ならの
i) 推進が可能ならの
j) エレメントの推進(けん引)が可能ならの
k) メッセル天板の貫入が必要
L) 切羽安定の検討が必要
m) 固結地盤であれば
n) 水平ボーリングの精度の検討が必要
o) 玉石等の大きさによっては人力掘削が必要
p) 分割施工であれば○
q) 多径間であれば○
r) 通常50m以上であれば○
s) 線路下のみでなく隣接区間と連続施工であれば○
t) 非開削工法であれば○
u) 実際では10m程度
v) 最大3～5m
w) 最大3m
x) 最大2～3m

る。
① 軌道走行式（軌道モーターカーけん引式）
② 軌道道路走行兼用式（自走式）
③ NBJ工法（NonBoringJetGroutingforFootProtection）工法
④ 低空頭先端強化型鋼管杭工法

① 軌道走行式（軌道モーターカーけん引式）

このくい打ち機は，軌道中心から2.6mの範囲内で施工できる。本線軌道上を軌道モーターカーでけん引移動する。

② 軌道道路走行兼用式（自走式）

このくい打ち機はトラックを改良し，軌道走行用車輪が取付けられ，本線上を自走可能にしている。くい打ち，削孔用オーガを接続しており，両方の作業ができる利点を持つ。

作業範囲は，隣接線などの制約がない場合は半径2.9mまでの削孔，くい打ち作業が可能である。

③ NBJ工法

H形鋼ウェブ中心にガイド管を取付け，振動，圧入，オーガによる削孔などにより所定の位置の設置した後，H形鋼杭先端にガイド管を通して高圧噴射攪拌用ロッドにより改良体を造成する工法である。

④ 低空頭先端強化型鋼管杭工法

狭隘で低空頭（H=4m以下）の条件下において，先端部に地山切削用のビットを装着した鋼管（φ500・600・700mm標準）を，杭打ち機に装備した回転圧入機により回転させ，地山を切削しながら所定の深度まで圧入した後にセメントミルクを噴射して先端根固めを施す工法である。

軌道仮受工法

活線下もしくはこれに近接して構造物の新設，または改良を行う場合，これらの施工法によっては軌道を仮受けし，列車運転の安全を確保したうえで工事を施工することがある。

この軌道の仮受工法には，構造物の規模，現場の地形地質，運転密度などにより種々の工法が考案されている。これらの工法は通常工事桁を使用する工法で，代表的なものに，次の9つの工法がある。

① マクラギ抱込み式工事桁工法
② I形工事桁工法
③ 槽状工事桁工法
④ 下路式工事桁工法
⑤ 軌条桁工法
⑥ 形鋼工事桁工法
⑦ PCマクラギ工事桁工法
⑧ 本設利用工事桁工法
⑨ 本設利用PC工事桁工法

■ マクラギ抱込み式工事桁工法

マクラギを横桁で抱込むようにした工事桁で，主桁はH形にビルドアップしたものを1軌道に2組，横桁はマクラギを抱込むため，U字形にビルドアップしたものである。最近では，主桁，横桁に形鋼を用いる形鋼工事桁工法が多く採用されている。架設方法は，①線路方向に溝を掘って主桁を配置する。②主桁敷設完了後，横桁を搬入し，主桁とボルトで結合する。

この工法の特徴は，①軌条は敷設したままで施工ができる。②曲線部やポイント部のように，レールの定着位置の不ぞろいな箇所でも使用できる。③他の工法に比して，一部材の重量が軽く架設が容易であり，作業間合いの少ない場合でも施工が可能である。近年では，この工法が最も多く使われており，特に駅部における，大地下道の拡幅工事などでは，支間6〜8mの工事桁を連続して敷設し，添接板により連結したのち，設計支間の6〜8m以内で支承位置を変えながら下部工を施工している例が多い。図10.2.5に工法の概要を示す。

■ I形工事桁工法

I形鋼を敷込み式として用いる工法であり，主桁には圧延I形鋼，または溶接I形鋼を使用している。I形鋼は，溶接I形鋼に比し構造が簡単かつ堅ろうで，支間7〜8m以下においては，最も使用される形式であるが，我が国において生産される大型鋼は種類が少なく，経済設計を行うためには，近時プレートで任意にI断面を溶接集成して主桁に使用することが多くなった。桁高が制限されるときは，1レール2主桁の複式I形鋼が使用される。支間2.5m以上のI形鋼は横荷重に対処するため支間中央に支材を取り付け，または支間3.2m以上には上横構を組んでいる。図10.2.6に工法の概要を示す。

槽状工事桁工法

桁下空間が制限されて、I形鋼によることができない時は、槽状桁工法が用いられる。主桁にはI形鋼、また溶接I形鋼を1レールに対して2本使用し、このI形鋼間に鋼板を溶接集成した、レール受けを取り付ける。レール受けにはめ込んだブロックマクラギに、犬くぎ、またはスクリュースポイキで取り付けられる。この構造は軌道保守が容易なほか、電気信号区間において電気絶縁も兼ねている。積雪地方でラッセル運転区間に対しては、ラッセルのフランジャーに支障しないよう軌間内においてR.L下には50mmの空間をとって設計されている。曲線中に桁がある場合、カントは桁座面を傾けてつけることができる。図10.2.7に工法の概要を示す。

下路式工事桁工法

やや長い径間の仮受けを必要とする場合、過去においては、桁自重が軽いため架設、撤去が面倒でも上路鈑桁を用いたが、桁高は相当高くならざるを得ない。桁下空間をなるべく大きくとるため、この下路式工事桁工法が考案された。レールは横桁への直結式として、桁下空間をなるべく大きくとる工夫がされている。横桁の高さをできるだけ低くし、縦桁は、吊桁式とし、すべてボルト組立てとしている。安全かつ迅速、経済的な工法で、単線用と複線用とがあり、各施工箇所に合せて設計されている。図10.2.8に工法の概要を示す。

軌条桁工法

軌道仮受工法の最も一般的な工法として、軌条桁が用いられている。軌条桁には、上吊り式と敷込み式の2種類がある。上吊り式は、マクラギ上にレールを組合せた主桁を載せ、この主桁と本線軌条の下に挿入した横桁を、締金具によって締付け、本線軌条を吊る方法である。敷込み式はマクラギ下にレールを敷き並べて軌きょうを受ける方法である。一般に多く用いられているのが上吊り式で、軌条は敷設したままでバラストの掻き出しやレール面のこう上の必要がなく、架設が容易で、軌道下空間の少ない場合に有利であるが、本線軌条に接近して敷設するため、建築限界などの制約により、主桁のレール本数が限られ、支間、列車速度などに制限がある。速度の制限を少なくしたり、支間を長くしたりする場合には、主桁に形鋼を用いるものもある。いずれの

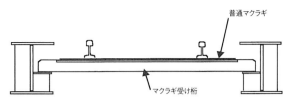

図10.2.5 マクラギ抱込み式工事桁工法の概要

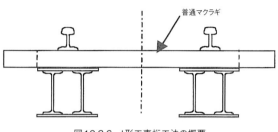

図10.2.6 I形工事桁工法の概要

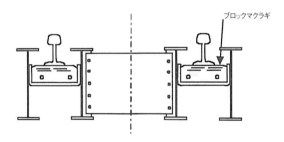

図10.2.7 槽状工事桁工法の概要

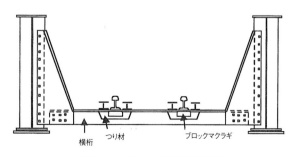

図10.2.8 下路式工事桁工法の概要

場合も，架設時の電気絶縁や，架設後の列車振動による締金具の緩みに十分注意する必要がある。図10.2.9に工法の概要を示す。

■ H形鋼工事桁工法

この工事桁は，主桁，受台およびマクラギ受桁に形鋼を使用し，鋼板をまったく溶接しないで高力ボルトのみで接合する新しい形式の工事桁である。この工事桁の特徴としては，主桁にH形鋼または極厚H形鋼が使用され，受台は，マクラギ受桁に載荷される列車荷重を主桁に伝達させるために，山形鋼を主桁の腹板に高力ボルトで取り付けられている。マクラギ受桁は，マクラギを挿入するために，H形鋼が弱軸まわりに使用されている。また，マクラギ受桁と受台を高力ボルトで接合するために，H形鋼両端のフランジの一部が曲線的に切断加工されている。この工事桁は，溶接構造のマクラギ抱込み式工事桁と比べると，溶接ひずみの発生がなく，製作費の大幅なコストダウンを図ることができる。図10.2.10に工法の概要を示す。

■ PCマクラギ工事桁工法

この工事桁は，工事中には鋼製のマクラギ受桁の代わりに開発されたPCマクラギを使用し，完成時には主桁のみを撤去し，PCマクラギをバラスト上に存置して使用するものである。線路下を横断する構造物（ボックスカルバートなど）の新設工事において，完成時に軌道構造をバラスト軌道とする場合に適しており，これまでに支間5.5mの桁の実績がある。なお，PCマクラギ（L=2.0m）をバラスト上に存置するため，工事桁の主桁間隔は2.1mとなっている。この工事桁は，鋼製のマクラギ受桁を撤去してPCマクラギに置き換える従来のマクラギ抱込み式工事桁と比べて，工事費のコストダウンを図ることができる。図10.2.11に工法の概要を示す。

■ 本設利用工事桁工法

この工事桁は，工事中には一般の工事桁として使用し，完成時には本設桁として利用するものである。本設桁としての支間が長くなる場合には，下面に補強桁を高力ボルトで取り付けて本設桁の断面を大きくする。また，完成時には主桁および横桁（床組）をコンクリートで覆い，騒音・振動および鋼材の腐食を防止する。この工事桁は，線路下を横断する道路の拡幅工事などで，完成時にH鋼埋め込み桁などの新桁を架設する場合と比べると工事費のコストダウンが可能となる。これまでに，補強桁を取り付けた例として，本設桁の支間が20m程度の実績がある。図10.2.12に工法の概要を示す。

■ 本設利用PC工事桁工法

工事桁は，国鉄時代から鋼桁が採用されてきた。

この工事桁は，その常識を覆し，鋼桁の代わりにPC桁を工事桁として使用し，完成時は本設桁として利用することで，工事桁の撤去を不要としたものである。これによりコストダウンと架設工程の短縮が可能となる。この工事桁は，PC桁であるため，鋼桁よりも騒音・振動を低減できるほか，フローティングスラブなどと同様の構造となるので，線路下を横断する構造物などへの振動の伝達を少なくすることができる。なお，鋼桁と比べると重いので，架設時には鉄道クレーンなどが必要となる。図10.2.13に工法の概要を示す。

【参考文献】
1) 工藤伸司，金子達哉，後藤貴士：「JR東日本における工事桁の本体利用工法について」土木学会第59回年次学術講演会，2004年96708
2) 工藤伸司：「工事桁の設計（形鋼工事桁）」日本鉄道施設協会誌，2005年6月
3) 鉄道ACT研究会：「鉄道ACT研究会PR対象工法一覧」2006年11月
4) 鉄道ACT研究会：工事桁工法技術資料，鉄道ACT研究会，2008年7月

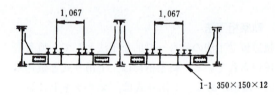

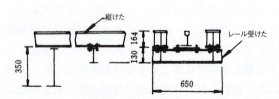

図10.2.9　敷込式軌条桁工法の概要

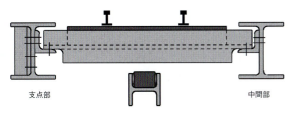

図10.2.10　形鋼工事桁工法の概要

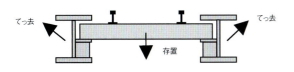

図10.2.11　PCマクラギ工事桁工法の概要

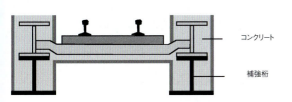

図10.2.12　本設利用工事桁工法の概要

6 スラブ軌道敷設工法

　現在，営業している新幹線のスラブ軌道区間は全軌道延長の53％を占めている。現在建設中の新幹線も57％以上がスラブ軌道で計画されている。近年，スラブ軌道の構造及び施工方法について開発改良を重ね品質の向上及び建設費の低廉化を図り敷設拡大を図っている。

　現在，新幹線等大量建設時における施工方法は急速施工要求に対応できる，軌道建設基地をベースにする「走行レール法」と任意の箇所で施工を可能とする「側道法」の2工法を用いている。

走行レール法

　本線に使用するレールを200mに溶接してこれを事前に路盤上の上下線に敷設し仮軌道として使用する方法で，200mレールの路盤上への送込み，軌道スラブの運搬敷設及びCAモルタル注入用の特殊機械が必要であり，これを使用して行う。工程的にはCAモルタル注入機械の材料積載能力から平板形状スラブで約200m，枠形状スラブで約330mの施工が可能である。また，施工区間の途中に工事用渡り線を仮設することにより線路容量を増大させることができ，工事期間が短い場合の電気工事等の他工事との競合に対応できる。

　単線区間においても，CAモルタル注入用機械に圧送機を併用することにより200mを2〜3日の工程が可能である。

図10.2.13　本設利用PC工事桁工法の概要

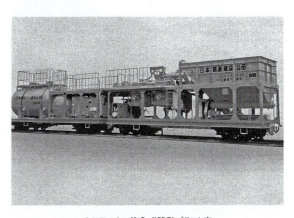

CAモルタル注入式移動プラント車

■ 中線仮軌道法

複線区間の上下線線間に狭軌の仮軌道を敷設し，この1線を利用して上下線のスラブ敷設，CAモルタル注入を行う工法。中央通路のあるトンネル区間，曲線区間の仮軌道敷設は困難性がある。

■ 片線軌道法

複線区間の施工において片線に仮軌道を敷設し，これを利用し対線方のスラブ敷設，CAモルタルの注入を行い本線レールを敷いて完成させる。仮軌道を撤去し，完成したスラブ軌道を利用して対線側の施工を行う方法である。

側道法

高架橋等工事用の側道あるいは既存の道路等が使用できる場合の工法で，軌道スラブはトラッククレーンで直接敷設し，CAモルタルはミキサーから圧送機により注入するが，レールはレール基地との連絡を待っての完成となる。

任意の場所での施工が可能であるが，基本的には「①走行レール法」を多用し，これをカバーできない箇所のみをこの側道法で考えるのがよい。

測道からの軌道スラブ敷設状況

■ ボナ車法

中線仮軌道法の仮軌道を用いず，ゴムタイヤ方式の工事用機械（ボナ車）を用いて行う工法。このボナ車はトンネル内中央通路区間の走行も可能としている。

7 軌きょう敷設工法

バラスト軌道におけるレールをマクラギに締結装置により固定した軌きょうを道床バラストの上に敷設する工法である。

現在，大規模な軌道敷設工事である新幹線建設はスラブ軌道等の省力化軌道が主流となっているため，山陽新幹線の建設時以降バラスト軌道建設の積極的な工法開発は必要性が無くなっている。現在の新幹線及び在来新線のバラスト軌道工事は25m軌きょうを下記の「つき固め工法」により行っているのが現状である。その他工法は東海道新幹線の建設時に採用された工法であり，現在これらの工法に用いた機械・器具類は実在していない。

つき固め工法（走行レール式軌きょう吊上げ機工法）

道床バラスト敷設工法(B法)により設置された下まきバラストの上に，軌道建設基地で組み立てた軌きょうを担車等に積込み，軌きょう敷設済み箇所まで運搬し，本線の軌間より広い軌きょう吊上げ機の軌間の区間を重複させここで軌きょうを担車等から吊上げ新たに敷設していく工法である。軌きょう敷設後はこれを利用してホッパー車により上まきバラストを散布してマルチプルタイタンパー等のつき固め機械で設計高さに仕上げる。

■ 敷き固め工法

「つき固め工法」と類似している。走行レールの敷設精度を良くするジャッキを付けている。これに「砕石散布整正機」を用いて下まきバラストの仕上がり面の精度を確保するためさらに帯状に砕石散布を行い軌きょうを敷設する工法である。

軌きょう吊上機による軌きょう敷設

■ 特殊門形クレーン工法

油圧シリンダー式門型クレーンと「そり」(溝形鋼の2本のスキーの上に軽レールを乗せ左右をトラスで連結したもの)を使用することにより走行レールを使用しないで軌きょうを敷設する工法である。25m以上の軌きょうによる場合は「そり」が長大となり実用化は難しい。

■ 横卸し工法

複線区間において，片線から「横取装置付軌きょう運搬トロ」で運搬してきた軌きょうを対線方に横取りする方法である。営業線の軌道更新や建設基地から部分的に片線が遮断されている場合に用いられている。

■ 軌きょう敷設車工法

25m軌きょうを約41mの軌きょう敷設車により後方から運搬されてきた軌きょうを吊上げ，前方の軌きょう敷設位置まで吊ったまま移動させ敷設する工法である。

8 道床バラスト敷設工法

バラスト軌道はレール，マクラギ及びバラストの主要軌道材料により成り立っている。これらのうちマクラギの下部及び側面を支えるバラスト敷設の施工方法は以下の2工法によっている。

道床バラスト敷設工法(A法)

バラスト軌道を敷設する路盤面に直接，軌きょうの空引き延ばしを行った後，道床バラストを運搬.充填し，軌きょうを打上して道床バラストのつき固めを行って設計の軌道構造断面に仕上げる工法である。

この工法は道床バラストを直接新線区間に取卸しできるため，道床バラストをオンレールで大量に輸送できる場合に適用している。なお，道床バラスト敷設工法（B法）と違って下層バラストの締め固めを行わないことからつき固めを十分行う必要がある。

道床バラスト敷設工法(B法)

マクラギ下面までの道床バラストを敷き均し締固めを行った後，軌きょうを敷設して残余バラストをてん充してつき固めを行って仕上げる方法。現在，バラスト軌道建設においてはこの方法が一般的であり，軌きょうを建設基地で組み立て運搬する方法と現地で直接組み立てる方法とが採用されている。

また近年，下まきバラストの施工を道床バラストの舗設が可能なアスファルト舗装に用いるフィニッシャーにより敷き均しを行い，マクラギ下の道床バラストの強度的均一化及び締まり程度の増強を図っている事例も多々見受けられる。

アスファルトフィニッシャーによるバラスト敷き均し

レール溶接法

　軌道の最大の弱点であるレール継目部は，車両走行時の衝撃によってこの部分の軌道構造が破壊され車両走行面が不陸となる。このため列車の乗心地や衝撃による騒音，車両への影響とともに保守作業にも多くの労力をついやす箇所となっている。このレール継目をなくす目的がロングレール化である。ロングレールの作成には基地工法と現地配列工法とがある。基地工法は，溶接基地やレールセンターにおいて25mまたは50mレールを150～200mの長さに溶接(1次溶接)し，敷設現場に輸送して現場でさらに所定のロングレールの長さに溶接(2次溶接)する方法である。現地配列工法は25mレールを敷設現場に配列し逐次溶接して所定のロングレールを作成する方法である。また最近では，列車の高速化に伴い一般区間のロングレールだけではなく，高速分岐器内や伸縮継目及び接着絶縁のレールの前後などにも溶接(3次溶接)がおこなわれている。

　鉄道のレール溶接法は4種類あり，溶接の特長から2種に大別できる。一つは圧接法で，両レール端を加熱し溶解あるいはそれに近い状態にして，レール軸方向に圧力を加えて直接接合する方法である。この方法に属するものは，「フラッシュバット溶接技」，「ガス圧接法」がある。いま一つは融接法で溶接棒や粒末剤等を高温で溶融状態にし，レール端間を接合するもので，圧力を負荷する必要はない。この方法に属するものは，「エンクローズアーク溶接法」，「テルミット溶接法」がある。圧接法は個々の溶接技術者の技量によらないため，溶接部の強度に信頼性が極めて高い，その反面，レールを押しつけることからレールが短くなること，設備の規模が比較的大きくなり機動性に欠けるが，ガス圧接では小形の機械も開発されている。融接法は圧力を負荷せず，両方のレールを一定の間隙をあけて敷設したまま溶接できるため，すでに敷設されたレールの溶接には欠かせないものであるが，溶接部が母材より若干強度が落ちるという欠点がある。

[参考文献]
高原清介：「新軌道材料」鉄道現業社，昭和60年5月

フラッシュバット溶接工法

　フラシュバット溶接の原理は電気抵抗溶接の一種である。これは接合すべきレールの端面を軽く溶接させ，この間に大電流を通電することにより，火花(フラッシュ)を人為的に繰返し発生させてレール端を加熱し，接合に適した溶融状態に達した時点で，軸方向に強圧を衝撃的に加えて庄接する方法である。レール面は大断面なので，フラッシュのみで接合部を高温にすることができず，予熱フラッシュを発生させるとか，予熱通電するとか，特別な予熱法が用いられている。この方法は溶接機本体が高精度な機能を有する機器から構成されていて，比較的自動化が進んでいるので接合後の品質は安定しており，信頼性は高い。しかし，その反面設備が大規模でその自動制御系は複雑となっている。そのため接合時間は3～5分と早いが，基地などの作業場内に固定した定置式の方法で溶接機械が使われている。

ガス圧接工法

　ガス圧接の原理は，溶接するレールを突き合せ軸方向に圧縮圧力を加え，突き合せ部を酸素アセチレン炎で加熱して接合する方法である。日本の鉄道でこのガス圧接法でレール溶接が採用されたのは昭和30年からであり，接合部の強度にたいする信頼性は極めて高い。開発当初の溶接機は大形で定置式の圧接装置で基地などの一次溶接に限られていたが，現在では小形で可般式の小形ガス庄接機が開発されて2次溶接，3次溶接にも利用されている。

　レールの溶接手順は次のとおりである。

　レール端面仕上げ(レール端面研削機を使用し，ペイント，サビ及び油脂など異物の付着がなく清浄な金属面にする)→端面の突き合せ芯出し及び機械セット→圧接(加圧力約18トン，圧縮量24mm，圧接用バーナによる加熱約1200～1300℃)→バリ除去(スカーフィングまたは押し抜き)→焼ならし及び矯正(レール底部の温度が約600℃以下に冷えてから再加熱し810℃～860℃になったとき消火し自然空冷して焼ならしをする)→圧接レールの送り出し仕上げ(研削械グライダー等で表面仕上げ)→外観検査，磁粉探傷検査及びマーク記入

エンクローズアーク溶接工法

　この溶接工法は現地溶接を目的とするアーク溶接法である。溶接の原理は，被覆溶接棒とレールを電

極として，その間に高電流(標準130～250アンペア)により電気アークを発生させ，その熱によって溶接棒が融け母材の一部とともに溶接金属を形成して溶接する方法である．

溶接するレールを長手方向に対し直角に端面を清浄し対抗させ，端面間隔を17mm±3mm(頭部熱処理レールは14mm±1mm)の開先間隙を設定する．次に通り，高低の狂いを調整するとともにレールの溶接部が冷却した後において水平を確保できるようキャンバを設定し，レール底部裏側に銅製の裏当金を取り付け，レール底部両端には軟鋼の拾金2個ずつをおき準備が終り溶接に入る．まずレール側面の両側約150mmを酸素アセチレン炎により均等加熱しレール底部において500℃まで加熱し溶接棒(径4mm及び5mm)で溶接をレール底部から積層法で始め，腹部，頭部では溶接部を水冷銅ブロックで囲み，溶接棒5mmを用い連続溶接する．溶接棒径ごとの使用電流は，4mmで130～170アンペア，5mmで200～250アンペアを標準としている．溶接時間は通常45～60分である．

次に250～300℃にある溶接部を焼なまし炉を用い炉内の温度が680±30℃になるまで加熱し約10分間保持後消火し，その後300℃となるまで炉冷却し，炉を外して自然空冷する．後熱処理の時間は約50分である．冷却後は余盛りをグラインダーにより削正し，外観状態，浸透探傷，超音波探傷の検査を行ない終了する．この溶接法は現地に配列されたレールの2次溶接やロングレールと伸縮継目の接合及び分岐器の3次溶接等に利用される．開先さえ調整すれば，敷設されたレールの溶接にも用いられる点，強度的にも信頼性があるが，反面，溶接から仕上げまで長い時間を要すること，溶接に高度の技能を必要とすること，溶接用電源が大きいことなどがあげられる．

■ **テルミット溶接工法（ゴールドサミット溶接）**

テルミット溶接は，酸化鉄とアルミニウム粉末の混剤による酸化発熱(テルミット反応)により約2800℃の高温溶融剤が得られる．これを利用して鉄鋼を接合する方法である．テルミット剤は，鱗片状に破砕し精整した酸化鉄とアルミニウム粉末を主成分とし，その他，反応をやわらげることと溶鋼の化学組成を調整するために粒状鉄片と合金鉄などが配合されている．

溶剤をルツボに充填して点火すると，テルミット反応により数秒で巨大な発熱現象を起す．反応生成物は分離され比重差によりテルミット溶鋼は下に，スラグはその上に浮きあがる．この時溶融鉄をルツボの底からあらかじめ作られた接合するレール間の鋳型内に注入して溶着する．硬化後レール頭面を形成すればレールを接合することができる．

テルミット溶接方法の特徴は，溶接作業が単純であり人的要素の入る余地が少ないこと，接合に軸方向の加圧を必要とせず，溶接器具が簡単軽最で電力を要しないので，設備費が安く現場作業が容易であること，溶接端面はガス切断のままで端面整正する必要がないこと，エンクローズアーク溶接に比べて溶接所要時間が短く溶接ひずみも少ないこと，穴あきレールの溶接が可能であることなどで，現地溶接に適した溶接方法である．

最近は従来のテルミット溶接を改良したゴールドサミット溶接が採用されている．この方法は，原理的にはテルミット溶接と同様であるが，溶接部のふくらみ部の除去に押抜きせん断機を導入したこと，溶鋼の鋳製への出鋼方式を熱感応式のオートタップを開発したことなどや予熱時の加熱温度を約900℃から約600℃に下げ予熱時間の短縮および後熱処理の不用などにより，全作業の所要時間を従来のレール溶接では75～90分必要としていたものを，その半分の30～45分に短縮した．このため60分以内の保守間合いでも十分活線作業が実施できるようになった．

9 省力化軌道

軌道構造はこれまで，道床(砕石砂利)に軌きょう(レール＋マクラギ)を配置した「バラスト軌道」がほとんどであった．この軌道構造は，軌道建設費が安価であるという長所をもっている一方，列車荷重を道床を介して路盤に伝えることから，列車の走行に伴う繰返し荷重により，道床が破壊されて軌道面に不陸が生じやすく，繰返し補修することを前提としたものである．従って保守作業に多くの労力を要するにもかかわらず軌道構造の主流として用いられてきた．しかし近年の輸送量の増加やスピードアップによる軌道破壊の増長，夜間作業や3Kによる労働力不足および環境への影響から，少ない保守労力

で対応できる軌道構造として，直結軌道，スラブ軌道，てん充道床軌道，舗装軌道，鋼橋直結軌道，弾性マクラギ直結軌道などの開発が進められてきた。これらを総称して「省力化軌道」と呼んでいる。

省力化軌道はいずれも路盤または構造物に直結する構造となっているが，保守量の軽減という目的のほか，軌道に所定の弾性を与えることおよび若干の軌道調整ができることなどを配慮した軌道構造となっている。

直結軌道

直結軌道は，長大トンネルの軌道保守省力化のため古くから研究，開発されてきた軌道構造であり，省力化軌道では最も古い部類のものである。構造は路盤コンクリート道床に木ブロック(木短マクラギ)またはコンクリートブロック(コンクリート短マクラギ)を埋め込み，弾性締結装置によりレールをブロックに締結した軌道である。多くがトンネル内において施工されているが，これはトンネル内空頭を直結軌道により低下できること，トンネル内は作業環境が悪く保守作業能率が低下するため多くの労力を要していたことから省力化の要請がトンネル内作業を起点としたことによる。欠点としては，施工速度が遅い，施工時の仕上り精度に難点がある，路盤が変状した場合の軌道の補修が困難であることが挙げられる。図10.2.14に直結軌道の概要を示す。

スラブ軌道

スラブ軌道は，数ある省力化軌道のうち現在大量に敷設されている代表的軌道構造である。新幹線においては山陽新幹線(岡山〜博多間)，東北・上越新幹線の基本構造として大量に施行され，在来線においてもトンネル，高架構造物新設時に条件により施工されている。スラブ軌道のタイプとしては，トンネルや高架区間のようなコンクリート床上スラブ軌道(A形，M形，L形)および土路盤上スラブ軌道(RA形)に大別されるが，一般的にスラブ軌道といえばコンクリート床上スラブ軌道のA形ということになっている。これはプレキャストコンクリートスラブ(軌道スラブ)を工場で製作し，現場に搬入，敷設して軌道スラブと路盤コンクリートの間に緩衝材としてセメントアスファルトモルタル(CAモルタル)を注入，軌道スラブ下面全面を支承する。また，レール面の調整には可変パッドと称する特殊なパッドとレール締結装置又はタイプレート下のパッキング材で調整できるようになっている。軌道スラブA形には使用区分により，座面式，タイプレート式とがありこれらは更に温暖地用，寒冷地用，トンネル区間用，防振スラブ等の種別に分けられている。図10.2.15にスラブ軌道の概要を示す。

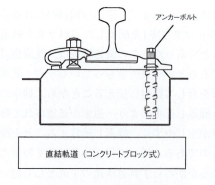

図10.2.14　直結軌道の概要

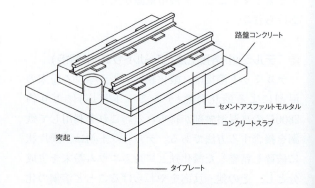

図10.2.15　スラブ軌道の概要

てん充道床軌道

てん充道床軌道は，在来軌道構造を利用し改良を目的として開発された省力化軌道である。これはマクラギ下面およびマクラギ下部(40mm程度)周辺にセメントアスファルトモルタルなどのてん充材をバラスト粒子間の空隙に注入し，バラストの結合力を強め摩擦による細粒化防止，雨水の道床内浸入防止，バラストの側方移動防止などを目的とした軌道構造である。

舗装軌道

舗装軌道は，既設線改良用の省力化軌道として開発された軌道構造である。これはLPCと称する大盤PCマクラギを使用するもので，既設のマクラギと上バラストを撤去し下バラストを転圧，粒土調整砕石を散布して所定の高さに仕上げLPCマクラギを敷設し軌きょうを構成した後，LPC下面にアスファルトを注入し道床バラストと一体のものとしたものである。これまで既設線用としては主にB型およびE型，新設線用としてはC型が使用されてきた。E型舗装軌道の填充材はB型舗装軌道の加熱アスファルト(PTAC)から常温型の超速硬セメントアスファルト系複合材(以下PTCAMという。)に変更して注入の容易さおよび早期強度の確保を図り，さらに，従来の型枠の代わりに不織布を用いて注入厚さの管理を容易にしたものである。

TC型省力化軌道

TC型省力化軌道は，従来の舗装軌道(E型)をもとに，敷設費用のさらなる低廉化を図ることを目的にJR東日本で開発されたものである。主な改良点としては，マクラギ幅を400mmまで縮小したこと，さらにてん充材にセメントグラウトを採用したことによって材料費の低減を図ったことなどがあげられる。

鋼橋直結軌道

鋼橋における無道床橋りょうでは，一般的な軌道構造として橋桁に橋マクラギをフックボルトで固定し，パッキン材などを介してタイプレート，犬クギを用いてレールを締結している。しかし橋りょう上での軌道保守作業は高所の場合が多く，また足場が狭いなど作業環境が極めて悪く，橋マクラギ交換，パッキン材やフックボルトの補修に多くの労力を必要とする。それらの解消のために開発されたのが鋼橋直結軌道である。これは橋マクラギを省略し，レールを縦げたの上フランジに直接締結するものである。レールを直接橋げた上に敷設することから締結装置は完全に電気的に絶縁されるものでなければならない。現在は構造を簡易化し緩みや絶縁性などの機能を向上した鋼直形締結装置が使用されている。この軌道構造はスラブ軌道や有道床橋梁りょうと比較して，けた重量が軽量となる利点も有している。

木マクラギ直結分岐器

分岐器の省力化軌道としては，スラブ分岐器が開発されているが，これは高架橋の目地とスラブの目地を一致させる必要があり，また多種類の軌道スラブを使用するためかなり高価なものとなる。そこで開発されたのが木又は樹脂マクラギ直結分岐器である。これはバラスト用分岐器の分岐マクラギをコンクリート路盤上に敷設するもので，埋込栓を設置して，Tボルトにより，エポキシまたはポリウレタン樹脂をてん充固定し，分岐器を敷設する方法である。

弾性マクラギ直結軌道

弾性マクラギ直結軌道(弾直軌道)は「コンクリートてん充式弾性マクラギ直結軌道」の略称である。この軌道は近年，騒音，振動に対する社会情勢により，軌道の騒音を低減する研究が進められてきた。スラブ軌道は省力化軌道の代表的なものであるが，騒音という環境問題の観点からはバラスト軌道と比較して劣るため，バラスト軌道程度まで騒音振動を減らす省力化軌道として開発され，昭和55年から東北，上越新幹線大宮以北の特定地区に敷設，その後一部改良されて大宮～上野間の基本構造として採用されている。弾直軌道の特徴は弾性マクラギ(PCマクラギの側面と底面を厚さ25mmのウレタン系の樹脂で被覆したもの)を路盤コンクリート(歯型L=5～10m)内に配置し，コンクリートでてん充した後消音用のバラストを散布したものである。弾性マクラギ被覆材のばね定数は従来40MN/mであったが，

30MN/mタイプのものも開発され，一般区間は30MN/mタイプ，急曲線部には40MN/mタイプのものと使用区分されている。

D型弾直軌道

「D型弾直軌道」は主として騒音・振動低減，建設費を低減および材料(弾性材)の交換を容易にすることを目的として(財)鉄道総合技術研究所で開発された。この軌道の特徴は，防振材として使用しているマクラギパッドの交換や高低調整が容易にできることであり，用途に応じてパッドの選択が可能である。また，防振スラブ軌道に比べて振動・静音に低減効果を有することが明らかとなっており，現在一部のJRや民鉄に敷設されている。

弾性バラスト軌道

弾性バラスト軌道は新設線や線路切換時の軌道構造として採用されており，保守の省力化とともに騒音・振動の低減を図った軌道構造である。これは弾性材(防振ゴム)をレール直下部のみに張りつけたPCマクラギを，高さ調整コンクリートにより固定しているもので，その上に粒径の小さい消音バラストを散布することにより消音効果を図っている。

ラダー軌道

ラダー軌道は，2本のプレストレストコンクリート製縦梁を，鋼管製継材で結合した梯子状のラダーマクラギを使用した軌道構造で，(財)鉄道総合技術研究所により開発されたものである。ラダー軌道には，フローティング・ラダー軌道とバラスト・ラダー軌道があり，さらに前者には防振構造の違いにより，防振材式と防振装置式が存在する。フローティング・ラダー軌道は，ラダーマクラギを低ばね支持係数の防振構造により間欠的に支持し，コンクリート路盤から浮かせた構造とすることで，騒音や振動の発生の低減を実現している。一方，バラスト・ラダー軌道は，ラダーマクラギの荷重分散により，バラストに対する動的負荷が低減されることで，保守省力化の効果が期待できる。図10.2.16にラダー軌道の概要を示す。

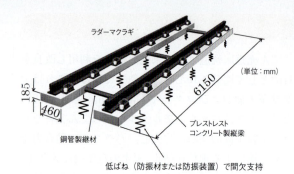

図10.2.16 ラダー軌道の概要

10 橋桁交換工法

横取り工法

在来線の桁架け替え，工事桁の架設等に最も多く採用されている工法である。在来線の両側にステージングを設置し，新桁を旧桁と平行に配置のうえ，線路直角方向の桁挿入用ガイドレールに沿って横移動を行うことにより，新旧桁の架け替え，工事桁の架設を行う工法である。桁の移動量が桁幅に余裕幅を加えた程度で良いことから，架設時間が短くてすみ，安全で確実な工法である。

横取り工法では，旧桁てっ去をクレーンまたは操重車等の他工法で行い，新桁を横取り工法で行うというような組合せも考えられるが，新旧桁とも横取り工法で施工する場合を例に図10.2.17に施工順序を示す。

①旧けたの仮受け
②旧下部工のてっ去
③新下部工の施工
④新けた架設用のベント，ステージングの架設
　ステージング上に新けたを運搬，地組
⑤旧けたてっ去用のベント，ステージングの架設
　新旧けたの横移動用レールの設置
　電柱，ケーブル等，支障物の移設
⑥新旧けたの横取り装置への受け替え
⑦旧けたおよび新けたの横取り
　新けたのシュー据付け
⑧横移動装置のてっ去
　旧けたのてっ去，解体
　ステージング，ベントの解体

上記施工順序中①，⑤～⑦は線路閉鎖作業となる。

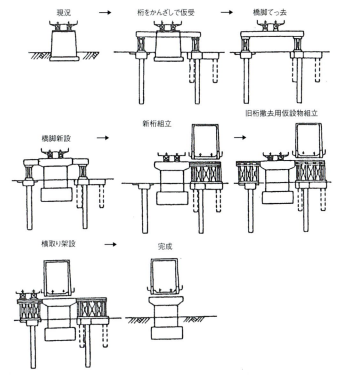

図10.2.17 横取り工法の架設順序

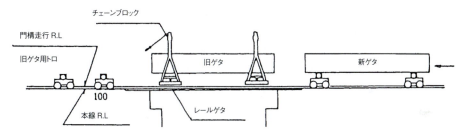

図10.2.18 門構走行式架替工法の概要

門構走行式架替工法

本工法は，現場の旧けたの両側に移動門形クレーンの走行路をレール桁によって仮設後，チェーンブロックを装備した2台の門形クレーンにより旧桁を吊り上げ縦移動し，待機させてあるトロに載せるものである。その後，新けたを同様に吊り上げ架設位置に縦移動し，降下据え付けるものである。図10.2.18に工法の概要を示す。

門形クレーンおよび走行路には荷重の制限があり，支間の長い桁の場合は適用できないが，短いけたの場合は短時間で施工できる有効な方法である。

一般的な上路プレートガーダーを架け替える場合の架設順序は以下のようになる。

①新桁を橋梁トロ等に積み，架設箇所付近まで運搬する。
②旧桁の線路を破線し，門型クレーンにて旧桁を吊り上げ，橋梁トロに載せ，取り卸し場所まで運搬する。門型クレーン走行レールは交換けた長に対して，余裕をもって敷設する必要がある。
③門型クレーンで新桁を吊り上げ，所定の位置まで門型クレーンを走行させ，桁を据え付ける。
④シューの据付けおよび門型クレーンを撤去する。
⑤軌道整備および関連作業を行う。
⑥門型クレーン走行レールを撤去する。

操重車式架替工法（旋回クレーン式架替工法）

操重車式架け替え工法はクレーン使用による鉄道けたの架け替え工法の一種である。クレーンには650kNレッキングクレーン，150kNレッキングクレーン，ロコモチブクレーンなどが，それぞれ架け替えげたの形状寸法によりクレーンを選定して使用する。

この方法は，クレーン車の後に新桁をトロあるいは貨車に載せて機関車で推進し，クレーンにより旧けたをてっ去して一時別の場所に預け，後の新けたを吊り上げて180度旋回して直接架設するものである。一時預けの旧けたは，またクレーンにより吊り上げ，後のトロあるいは貨車に積み込み，基地駅に帰還する。本工法は強力なる機械力を利用した安全で能率的な方法である。

ただし，本工法の欠点として次の点が指摘できる。
①クレーン車がブームを立てて旋回するため，架空電車線，信号・通信線，その他の支障物があると使用できない。
②旋回のために転倒防止用としてアウトリガーを張出すが，地盤が悪い場合転倒する恐れがある。
などがある。

クレーン使用の場合の注意事項としては，クレーンの公称吊り上げ重量は，ブームを最大角に起した時の吊り上げ重量を示しているが，けたを吊り上げるブームを前方に倒した場合，その吊り上げ能力が減少することに注意を要する。

〔参考文献〕
1) 稲橋俊一：『鳶作業の基本と一般施工』山海堂，昭和41年
2) 土木学会：「鋼構造物の製作と架設」『土木工学ハンドブック』昭和39年3月，pp.846～885
3) 鈴木稔：「鋼鉄道橋上部構造について」『橋梁』5巻10号，1969，pp.99～
4) 鈴木稔：「鋼鉄道橋上部構造について」『橋梁』5巻11号，1969，pp.94
5) 和仁達美・赤沢稔：『鉄道土木施工法』山海堂，昭和39年

鉄道クレーン式架替工法

鉄道クレーンは，昭和41年度に導入されたソ300形式操重車の取替え機として，平成7年度にドイツゴットワルド社から導入したものであり，平成12年度現在，2台保有している。

架け替え工法自体はソ300形式操重車と同様であるが，鉄道クレーンの特徴は次のとおりである。

①**カントの傾斜補正装置**

ソ300形式操重車は，カント20mm以内での作業しかできなかった。鉄道クレーンは，クレーンが取付けられている本体部が自動的に水平状態を保つ装置が設置されているため，カント105mmまでの作業が可能である。

②**隣接線干渉防止機構**

吊り上げブームは前後台車の中央部を軸として旋回するため，後部のカウンターウェイトが隣接線の建築限界を支障することがある。これを防止するため，後部のカウンターウェイト部を軌道中心より1700mm以上出ないように自動的に制御する機構を有している。

③**吊り上げ能力**

吊り上げ能力は，吊り上げブームの方向，旋回中心からの作業位置および隣接線干渉防止機構が作動しているか否かで吊り上げ能力が異なる。

〔参考文献〕
1) 東日本旅客鉄道株式会社：『保線作業と機械』東日本旅客鉄道株式会社，平成12年4月

スクリュージャッキ式架替工法

本工法は，けたのこう上，こう下にオイルジャッキを使用すると非常に時間がかかるため，オイルジャッキに代わる方法として動力付きのスクリュージャッキを使用するもので，主として長スパンのトラス等を支間30m程度の下路プレートガーダーや上路プレートガーダーに架け替える場合に利用される。

本工法には，建込み式と吊下げ式の2とおりがあり，前者は下路プレートガーダー，後者は上路プレートガーダーに使用される。図10.2.19にスクリュージャッキ式架替工法の概要を示す。

建込み式において支間100mのトラスを支間30mの下路プレートガーダーに架け替える場合で，建込み式スクリュージャッキを用いる時の施工順序は以下のようになる。

①新桁を橋梁に載せ，工事用臨時列車で牽引して既設トラス上に運搬する。
②あらかじめ建築限界外に建て込んでおいた4基のスクリュージャッキの昇降金具で，主桁支点付近を4箇所でつかみ，若干上昇させる。
③次にトロを抜き取り，軌道を縦に撤去し，トラスの縦桁・横桁を河床に吊り出す。

④次にスクリュージャッキで，新桁を降下して据え付ける。

同じくトラスを上路プレートガーダーに架け替える場合において吊下げ式スクリュージャッキを用いる時の施工順序は以下のようになる。

①新桁を橋りょうトロに積み込んで工事用臨時列車でけん引して既設トラス上に運搬する。
②あらかじめ上弦材に角材のやぐらを組み，この上に古I形けたを吊り上げ，手動ラッチハンドルのスクリュージャッキを仮設する。以下は，建込み式と同様に施工する。

スクリュージャッキを使用した場合，横取り工法と比べて以下の利点がある。

①足場ステージングが不要となる。
②時間のかかるジャッキの盛り替えがなく，けたを連続的にこう上・こう下できることにより，架け替え時間を短縮できる。
③工事費を低減できる。

〔参考文献〕
1) 稲橋俊一：『鳶作業の基本と一般施工』山海堂，昭和41年
2) 土木学会：「鋼構造物の製作と架設」『土木工学ハンドブック』昭和39年3月

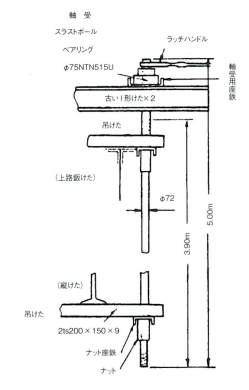

吊下式スクリュージャッキ

11 トンネルの維持

トンネル補強工法

トンネルの変状に対する補強は，劣化，剥落に対する対策と外力による変状に対する対策がある。剥落に対する原因には，施工時の構造欠陥，コールドジョイント，ジャンカ，鉄筋のかぶり不足，材料劣化，鉄筋コンクリートの中性化や塩害によるひび割れ，ブロック積みの目地やせや薄材の剥離がある。外力の作用によるものは，変状の現れ方や進行性，環境条件，構造条件を把握し，原因を推定する必要がある。

トンネルの変状は一朝にして起こるものは少なく，いくつかの誘因が重なり合い，互いに助長し合いながらその変状は進む。変状があらわれたら，まずその原因を探求し，早期に対策をたてねばならない。この早期対策が適切であれば，変状の進行も防げ安全となる。

補強工法としては，ポインチングによる補強，覆

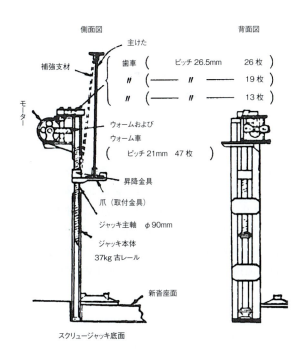

建込式スクリュージャッキ

図10.2.19 スクリュージャッキ式架替工法の概要

工背面の空洞への注入による補強，モルタル吹付による補強，セントルによる補強，内巻きコンクリートによる補強，外巻きコンクリートによる補強，ロックボルトによる補強，インバートの補強，側壁部のコンクリート内付けによる補強，内面補強工（繊維シート接着工法），地山注入による補強，漏水防止工による補強等がある。選定に当たっては，建築限界に対するトンネルの内空断面の余裕の程度および変状の状態と原因を見きわめることが大切である。

各工法の詳細は，第7章トンネル1.山岳トンネルの"トンネル補強工法"を参照のこと。

〔参考文献〕
1) 高坂紫郎：「鉄道防災・改良施工法」三報社，昭和30年8月 2) 和仁達美他：「鉄道土木施工法」山海堂，昭和41年8月
2) 住友彰他：「トンネルの設計と施工」金原出版，昭和43年11月
3) 日本国有鉄道：「土木建造物取替の考え方」日本鉄道施設協会，昭和52年10月
4) 建部恒彦他：「鉄道防災施工法（下）」山海堂，昭和52年10月
5) 日本トンネル技術協会：「トンネル変状の実態調査とその原因解明に関する研究（その2）」，昭和56年3月
6) 鉄道総合技術研究所：「トンネル補修・補強マニュアル」平成19年1月

トンネル漏水対策工法

トンネル内の漏水は，架線やレールにかかることにより列車の運転保安を脅かす他に覆工，レール，諸設備等の材料劣化により，トンネル機能を低下させる原因となる。

漏水対策工は，導水工法と止水工法の2つに大別される。導水工法は，漏水を止めずに排水を円滑にする工法であり，止水工法は，漏水そのものを止める工法である。山岳トンネルの無筋コンクリートでは，主に導水工法が用いられ，都市トンネルの鉄筋コンクリートでは，両者が用いられる。また，これらのほかに水抜き孔や排水溝等による地下水低下工法や覆工背面の裏込注入による止水を行なう場合もある。図10.1.20にトンネル漏水対策工の分類を示す。

〔参考文献〕
1) 高坂紫郎：「鉄道防災・改良施工法」三報社，昭和30年8月
2) 日本トンネル技術協会：「トンネル変状の実態調査とその原因解明に関する研究（その2）」昭和56年3月
3) 建部恒彦他：「鉄道防災施工法（下）」山海堂，昭和52年10月
4) 鉄道総合技術研究所：「トンネル補修・補強マニュアル」平成19年1月

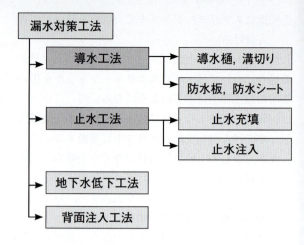

図10.2.20 トンネル漏水対策工の分類

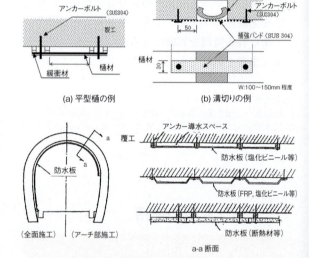

図10.2.21 導水工法の例

■ 導水工法

導水工法には，漏水箇所に沿って線上に水道を排水溝に導く導水樋と溝切りがある。導水樋は，覆工表面に平型の樋を取り付ける。溝切りは，漏水箇所をVまたはU型に切り込み，パイプや合成ゴム等の整形材料を取付けその中を導水樋とする。溝切りは，トンネル内面の建築限界に余裕がない場合や列車風圧が高く，樋の突出が好ましく無い場合に用いられる。

導水工法のうち防水板は，漏水が多量に発生していて内空断面に余裕がある場合に用いられる。防水板は，工場製作された板を覆工表面に取り付けることにより，面状に導水するもので，主にアーチ部からの漏水対策に用いられる。図10.2.21に導水工法の例を示す。

■ 止水工法

漏水対策としての止水工法は，止水充填と止水注入に大別される。止水充填は，漏水箇所を溝切りし，溝切りした箇所を急結性のモルタル等を充填する工法である。この工法は，その箇所を止めることが出来ても，付近の弱点箇所に水がまわったり，経年による剥離や止水効果が低下しやすいので漏水範囲が限定される場合に適用すべきである。

止水注入は，剥落既設トンネルなどで漏水の程度が軽微で，漏水が生じているひび割れに沿ってセメント系や樹脂系の材料を注入して止水する方法である。ひび割れ注入による止水は，注入によって完全に止水することは困難である場合が多いが漏水の程度が僅かで範囲も限定されるような場合には有効である。

また，結晶増殖工法として，覆工コンクリートにひび割れが生じ，そこから漏水している場合に結晶増殖材を塗布することによってコンクリートのひび割れ内部にコンクリート成分の結晶を増殖させて止水効果が得られるものがある。コンクリート表面に塗布することでコンクリート内部に拡散し，結晶を増殖させてコンクリート中の空隙を埋めるためコンクリート自体の遮水性を向上させる。

その他，第7章トンネル1.山岳トンネル工法のトンネル漏水対策工法を参照のこと。

■ 地下水低下工法

既設トンネルの覆工に排水孔を設け，覆工背面の水をトンネル内部の側溝等に導水して覆工背面の水位を低下させたり，集中的に排水させる方法である。施工法としては，コアボーリングなどにより覆工コンクリートを削孔し，塩ビパイプなどに背面土砂を排出させないようフィルター材を詰めるなどして排水させる。この場合，排水された水をサイドドレーン，センタードレーンといった正規の排水処理設備に導水することが肝要である。

■ 背面注入工法

背面注入工法は，覆工背面の空隙を充填することによって覆工と地山を密着させることにより，覆工に作用する地圧を均等化させるばかりでなく，覆工背面の防水機能が向上するため，アーチ部からの漏水や漏水による土砂の流入などを防ぐことができる。方法としては，トンネル内部から覆工に孔を開けてそこからセメント系などの材料を注入するのが多いが場合によっては地表から注入する場合もある。裏込め注入による対策を行なう場合には，背面水位の上昇や他の場所からの新たな漏水などが懸念されるので排水対策を十分に検討しなければならない。

トンネル凍結対策工法

トンネル内の漏水が凍結することにより，つらら，側氷，氷盤の発生による列車運行や旅客公衆への有害な影響，凍結融解による覆工の劣化，側面地山の凍上圧によるトンネルの変状といった問題が生じる。

つららや側氷の発生は，トンネル内気温，地山温度，漏水量と漏水温度などの条件によって変化する。漏水量が多量な場合は，つららや側氷の発生はしにくい。一方，外気温が低下し，覆工温度が，氷点下以下になれば，地下水はトンネル内に漏水する前に地山内で凍結する。この場合，凍結融解による覆工の劣化や凍上圧によるトンネルの変状が発生する。凍結対策工は，漏水，凍結の状況や内空断面の余裕を考慮して選定する必要がある。

漏水防止工法ではつらら等を防止することができない場合には，積極的なつらら防止工法が計画されることになる。その大きな意味では断熱工法と加熱工法に分類される。図10.2.22に凍結対策工の分類を示す。

〔参考文献〕
1) 岡田勝也・福地合一：「断熱処理によるトンネルのつらら防止工の研究」『土木学会論文報告集』No.309，1981年5月
2) 鉄道総合技術研究所：「トンネル補修・補強マニュアル」平成19年1月

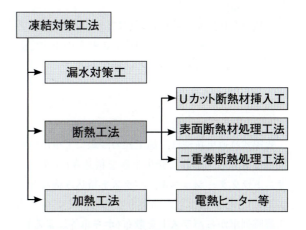

図10.2.22　凍結対策工の分類

■ 断熱工法

断熱工法は，覆工表面に断熱材を配置し，地山の熱を冬期にトンネル内に放出させないことによって断熱材背面を氷点下以上に保持し，凍結を防止するものである。既設トンネルの凍結対策として，Uカット断熱材挿入工法，表面断熱処理工法二重巻断熱処理工法がある。いずれの工法も，保温しようとするものであり，基本的に保温工法と同様である。断熱材導水工法とは，断熱材として断熱効果のあるパネルや樹脂板などを用いて漏水をつららや側氷となる位置から影響の無い位置まで排水させる工法である。

■ 加熱工法

加熱工法については，第7章トンネル1.山岳トンネル工法のトンネルのつらら防止工法を参照のこと。

12　軌道更新法

軌道更新法は，軌道を構成する各種材料が相当延長にわたって損耗し，軌道が全体的に老朽化した場合，レール，マクラギなどの新たな材料で別に組み立てられた軌きょうと良好な道床バラストを用いて，老朽化した軌道を更正，一新する作業である。

軌きょうとは，まくらぎをマクラギ配置表によって配置し，これにレールを締結したはしご形のものをいう。

軌道更新作業は，保線作業の中で最も大規模な作業であるため，作業方法も線路閉鎖時間，軌道構造などによってさまざまな方法があり，使用機械も多種にわたる。

重機械を使用した軌道更新法には，複線式工法と単線式工法の両種がある。現状，これらの工法で既設線を定期的に改良することは稀である。

複線式軌道更新法

複線式軌道更新法は，施工線の隣線に工事用臨時列車を運転し，これに発生土砂を積込み(ブルトーザ，トラクターショベル，バラスト積込み機による)，さらに露出した路盤をならし，そこへ工事用臨時列車からバラストを散布(ホキ車等による)，かき均し転圧(ブルトーザ，ローラ)をしたのち，直ちに新軌きょうを敷設(軌きょう運搬機，サイドレールによる)するとともに再びバラスト散布(ホキ車等による)し，軌道整備(マルチプルタイタンパ)を行なう一連の工法である。したがって，平行する2線が同時に保線作業に提供されなければならない。このためこの工法の施工区域は，地域的，時間的に相当の制約を受ける欠点がある。こういった点から，この工法を実施するためには，通常四線区間でなければ施工できないなどの条件から現状では難しいとされている。

単線式軌道更新法

単線式軌道更新法は，軌道更新工事を施工する線路のみを使用して作業を行う方法で，その施工にあたっては道床の更新と軌きょうの更新の2つに分けて作業単位を構成し，それぞれ別の人，物，機械などにより工事を行ない，事実上軌道の更新を完了する工法である。

通常道床交換が先行し，その後軌きょう更新を行なうもので，同間合において線路の前方では道床の更新が行なわれ，適当な間隔をおいて，後方では軌きょうの更新がそれぞれ行なわれるという形をとる。しかし，線区の状況によっては距離的にも時間的にもかなり間をおいて，それぞれの作業が行なわれることもある。また，バラストの散布は初めに必要限度量を散布し，軌きょう敷設後にホッパー車を使用してバラストを補充し，軌道整備する方法がとられることが多い。

13　噴泥防止工法

路盤土や道床内に混入した土砂が，雨水や地下水によって泥化し，列車通過時の荷重によって，道床内に泥土が噴出する現象を「噴泥」と呼んでいる。

噴泥の発生は道床及び路盤支持力を急激に低下させ，軌道変位を進行させて乗心地を悪化，軌道保守量の増大をまねく。また，噴泥は道床に起因する道床噴泥，路盤に起因する路盤噴泥とに分類されるが，通常の場合はこれらが混在して発生している。

噴泥の最も代表的な発生原因としては，次の事項が指摘されている。

①道床厚の不足(土砂混合，バラスト細粒化を含む。)
②排水不良
③路盤土の不良

一方，道床砕石が摩滅や破砕により，細粒化し生じる道床噴泥は，道床内の排水不良と道床バラストの材質不良が主な原因である。

噴泥防止法としては，これらの発生要因を除去するため，伝達される荷重を小さくする方法として道床厚増加工法，道床振動加速度を低減する方法としてバラストマット敷設，PCマクラギ化レール重量化などの軌道強化が挙げられる。

次に路盤の排水性を良好にする方法としては，線路側こうの改良，センタードレン工法，排水管埋設工法などの地下水位低下工法がある。路盤に雨水の浸入を防止する方法としては路盤面被覆工法，道床内の排水性を向上する方法としては，道床交換，道床ふるい分けがある。

また，表層路盤を排水性の良い材料と交換する方法として路盤置換方法，路盤安定処理工法としては，薬液注入工法，攪拌混合方法などがある。さらに新たな路盤を構築する際に噴泥の発生を防止するだけでなく，路盤への道床砕石ののめり込み沈下，軌道狂いの発生を抑制するため路盤の強度を土路盤に比べはるかに向上させたものとして，強化路盤工法がある。

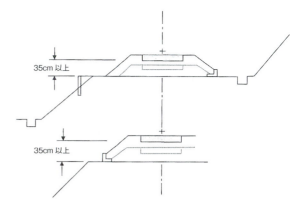

図10.2.23　道床厚増加工法の概要

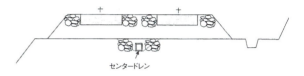

図10.2.24　センタードレン工法の概要

道床厚増加工法

道床厚を増加することにより，レール・まくら木・道床を介して伝えられる列車荷重をより大きく分布させて，路盤圧力を減少させ路盤土の破壊を抑えるものである。また同時に地下水位の影響を少なくする効果もある。

施工方法としては，道床厚を35cm以上確保することとなるが，厚増化により保守通路幅がとれない場合等はバラスト止めを施工する必要がある。この工法では，旧バラストをサブバラスト的な考えで使用することにより，施工性を高めることができるが，電車線・こ線橋等への影響，施工基面幅の確保等に十分留意する必要がある。図10.2.23に道床厚増加工法の概要を示す。

排水管埋設工法

盛土区間や地下水位が比較的低い区間で，地下水が道床噴泥に関係していない箇所において，路盤表層に線路横断方向に排水管を埋設して路盤内の水を抜く工法で，レール継目部，路盤被覆工法のシート端部等局部的にウオーターポケットを生じやすい箇所の対策として有効である。この工法では排水管のピッチ，排水管の目詰まり等に留意する必要がある。

センタードレン工法

地下水位が高いと路盤土の含水比が高くなり，一般にその強度は低下し道床砕石ののめり込み沈下が容易となる。また，路盤表面の滞留水の存在はその飽和度を促進させ，繰り返し荷重により路盤内間隙水圧が増大し支持力を低下させる。そのため，噴泥発生を防止させるためには地下水位をできるだけ下げる必要がある。

本工法は複線以上の区間や地下水位の高い区間で，横断方向への排水が困難な場合に，線間に排水設備を設ける工法である。図10.2.24にセンタードレン工法の概要を示す。

路盤面被覆工法

路盤面を不透水性のシートで覆い，路盤内に雨水の浸入を防ぐことにより，噴泥の発生を防ぐもので，別名「シート工法」と呼んでいる。この工法は，盛土区間や地下水が噴泥に関係しない切取区間で有効であるが，地下水位が高い箇所では不適当であり，選定には十分な現地調査が必要である。

この工法の構造は，被覆層は図10.2.25に示すように保護層，シート層，排水層の三層となっており，各層の役割と使用材料については表10.2.2に示すとおりである。本工法では，遮水シートをはじめ保護層等に使用する材料が効果や耐久性からみて，その使命を制することとなるので，所定の規格を有するものを使用しなければならない。

また，施工にあたっては，次の点に留意することが肝要である。

① 横断排水こう配を十分つけること。
② 横断方向のシート端部は，路盤肩部あるいは側溝内まで敷き延ばすこと。
③ 複線において片線施工の場合は，隣接線に影響を及ぼさないように施工するか，線間水溝にシート端部を入れること。
④ 縦断方向の端部には，横断方向に盲排水溝等を設けること。

シートの継目部は，噴泥が生じないようにしっかりと接着すること。表10.2.3に各層の使用材料と接合方法を示す。

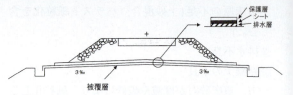

図10.2.25 路盤面被覆工法の概要

表10.2.2 各層の役割と使用材料の厚さ

	役割	使用材料（厚さ）
保護層	道床バラストなどによるシート層の破損を防止する。	ビニロン帆布（0.85mm以上） 不織布（3.5mm以上）
シート層	降雨水などの路盤面への侵入を遮断する。	合成ゴム（クロロプレン，1.0mm以上） ポリエチレン系（ポリエチレン又はエチレン酢酸ビニール，1.0mm以上）
排水層	路盤の水を速やかに路盤外に排出するとともにシート層を保護する。	路盤が粘性土の場合 砂（10cm）又は 砂（5cm）＋不織布（3.5mm以上） 路盤が砂質土の場合 砂（5cm）＋不織布（3.5mm以上）

表10.2.3 接合方法

	材料	接合方法
保護層	帆布	重ね合せ
	不織布	〃
シート層	合成ゴム	接着剤
	ポリエチレン系	両面粘着テープ
	塩化ビニール系	接着剤
排水層	不織布	重ね合せ

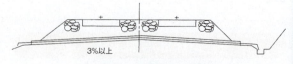

図10.2.26 路盤置換工法の概要

路盤置換工法

切取やトンネル区間において，路盤土が粘性土等であり，地下水位が高く噴泥に関与している箇所ではシート工法等の他の工法では対処することが不可能であり，所定の構造的強度を有し，かつ透水性の高い良質の路盤に置換する必要がある。これが路盤置換工法である。

置換路盤の厚さは30cmを標準とし，切取，素地区間においてはさらに排水層を加えるものとする。置換路盤の材料としては良質な自然土またはクラッシャーラン，切込砕石，砂等とするが，自然土の場合次の各号の条件を満足するものでなければならない。

① 最大粒径は75mm以下であること。
② 74μmフルイを通過する粒子を2～20％含むこと。
③ 420μmフルイを通過する粒子を40％以上含まないこと。
④ 均等係数は6以上であること。
⑤ 液性限界は35以下であること。
⑥ 塑性指数は9以下であること。

置換路盤が長期にわたり安定した機能を確保するためには，そのベースとなる路床表面の地盤係数K30値が70MN/m³以上であることが望ましい。置換路盤の一層の敷均し厚さは仕上がり厚さが15cm以下になるようにして，締固め程度はK30値が110MN/m³以上となるよう十分転圧締固めを行って路盤としての強

度を発揮させる。図10.2.26に路盤置換工法の概要を示す。

路盤安定処理工法

　路盤土に安定処理用添加剤を加えて攪拌混合し所定の締固めを行って路盤構造を安定強化する工法である。

　攪拌混合にはスタビライザを使用することから単一工程で作業のできる厚さの50cmを標準とし，改良路盤の締固め程度は施工時，地盤係数K30値が70MN/m³以上，最終安定時K30値が110MN/m³以上を確保する。

　また，安定処理用添加剤としては一般に路盤が細粒土である場合は生石灰・セメント・粗粒土の場合はセメントを使用しているが，粘質土ではセメント量が多く不経済となり，有機物によりセメントの水硬性が妨げられる。

強化路盤工法

　道床や軌道スラブの下にあって，軌道を直接支持する路盤はその構造上から土路盤と強化路盤に分類される。道路舗装に広く用いられているアスファルトコンクリート，粒度調整材料等を使用して路盤としての強度を高めることにより，繰返し載荷に対する耐久性，荷重に対する変形の追従性を増大し，また雨水が路床以下に浸透するのを防止することによって路床の支持力の低下及び噴泥に対する抑止効果が得られ，大幅な軌道保守費の節減がはかれる路盤工法である。

　強化路盤設計上の考え方のポイントは，次に示すとおりである。
① 道床バラストが路盤にめり込むことのないよう十分な強度を持たせること。
② 路盤面へ降雨などによって流入する水をすみやかに排除する。
③ 列車荷重による一時沈下量や残留沈下量を一定限度値内に抑える。

　強化路盤には砕石路盤とスラブ路盤とがあり，砕石路盤は上部アスファルトコンクリートと下部粒度調整砕石または粒度調整スラグの2層合成路盤をいい，スラグ路盤は水硬性粒度調整スラグの単一路盤をいう。図10.2.27に強化路盤の種類と構成を示す。

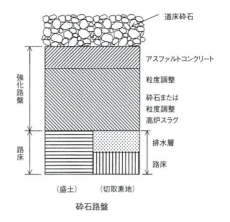
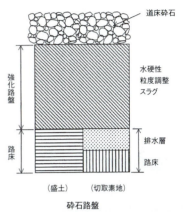

図10.2.27　強化路盤の種類と構成

表10.2.4　強化路盤の各構成材料の層厚の標準

種別 路床条件	砕石路盤 アスファルトコンクリート	砕石路盤 粒度調整砕石又は高炉スラグ砕石	砕石路盤 排水層(砂)	スラグ路盤 水硬性粒度調整高炉スラグ砕石	スラグ路盤 排水層(砂)
盛土 $K_{30} \geq 11\text{kgf/cm}^3$〔$K_{30} \geq 108\text{MN/m}^3$〕	5cm	25cm	0cm	25cm	0cm
盛土 $7 \leq K_{30} \geq 11\text{kgf/cm}^3$〔$69 \leq K_{30} < 108\text{MN/m}^3$〕	5	5	0	40	0
素地 $K_{30} \geq 11\text{kgf/cm}^3$切取〔$K_{30} \geq 108\text{MN/m}^3$〕	5	25	(15)	25	(15)
素地 $7 \leq K_{30} < 11\text{kgf/cm}^3$切取〔$69 \leq K_{30} < 108\text{MN/m}^3$〕	5	50	(15)	40	(15)

　強化路盤を素地及び切取に施工するときは，地下水の影響により，列車荷重の作用で路床の細粒土が路盤に侵入したり，路床表面が泥化するのを防止するため路盤の下に必要により排水層を設ける。在来線ロングレール区間の場合の各構成材料の層厚の標準を表10.2.4に示す。

　なお，強化路盤の工事費は土路盤に比べ高いものになるのでその採用にあたっては，線区の重要性・輸送量，将来の保守費を考慮した経済性などを勘案して決定している。

線路側こう改良

既設の側こうが下記の条件を満足していない場合はこれを改良する必要がある。
①排水に必要な縦断勾配がある。
②所要排水断面積が得られている。
③路盤内の排水を阻害していない構造である。
④流端末で流れを阻害していない。

側こうは一般に路盤と接し，路盤表面排水及び路盤内排水を行う重要な設備であるが，永年経過すると，泥，草などによる流水阻害や側こう裏込め材の目づまり等により，その機能が低下する場合が多いので，これを改良して機能を回復させる必要がある。

排水環境の整備には，単なる側溝しゅんせつから側溝改良，新設，排水管埋設工法，センタードレン工法等などの方法がある。

14 列車防護工法

鉄道営業線およびこれに近接しての土木工事は，列車の運転が絶えず介在するという点で他の土木工事とは趣を異にするものである。したがって，この工事は構造物を所定の目的どおりに完成させるという命題とともに，一度事故が発生するとその影響は社会に広く波及するため，列車運転を阻害する事故は絶対に起こさないという認識をもって実施しなければならない。

工事を施工するにあたっては，線路上を走る列車に対する建築限界あるいは電力・信号・通信の埋設ケーブル，架空線等の電気設備による空間的な制約，および列車間合，き電停止間合といった時間的な制限があるため，列車の運転保安および旅客公衆等の安全確保上，必要に応じて下表のような防護設備を設ける。

なお，工事現場において，事故発生または発生の恐れのある場合は，直ちに列車防護手配をとり併発事故を未然に防止する。

また，列車防護の方法について，熟知した者を配置するとともに，所定の用具を携帯させる必要がある。

［参考文献］
東日本旅客鉄道㈱:「営業線工事保安関係標準仕様書」平成12年5月

防護設備

鉄道近接工事を施工する場合，列車の運転保安には特段の注意が必要である。このため，建築限界内に人，物が入らぬように設ける設備として，立入り禁止さく，線路防護網，建築限界表示くい，空頭支障防護工，落下防護工，発破による飛散物防護工がある。

また，電力・信号・通信の埋設ケーブル，架空線等電気設備の種類も多いこの種ケーブルは，列車運転体系の中で非常に重要なものが多く，大部分線路に沿って埋設されているこれらの電気設備を損傷しないために事前に関係者間における確認等細心の注意をもって施工する必要がある。

［参考文献］
東日本旅客鉄道㈱:「営業線工事保安関係標準仕様書」平成12年5月

Ⅲ 港湾施設

1 海上工事の測量調査

測量，調査に関する新しいニーズには次のものがある。
・海上工事の大型化，沖合化
・海上工事の省力化，迅速な施工
・維持管理の重要性増大

関西国際空港建設をはじめとして大規模な海上工事では，工事が沖合化及び急速施工化したため，大水深域での地盤調査，作業船の測位，施工実績の記録等の面で多くの工法開発が行われた。これらの工法は工事に比べて人手のかかる測量調査においても，省力化を促進している。

また，循環型社会が求められるようになり，構造物の維持管理も重要視されるようになってきた。海洋構造物では，鋼材の腐食や鉄筋コンクリート部材の劣化調査が注目され，水中作業を減らし効率よく正確に調査する工法が開発されている。一方，測量・調査に関わる技術に関しては，GPS (GlobalPositioningSystem) の普及が注目される。GPSは，衛星からの電波を用いて測量するためこれまでの光学的な測量と比べて，測量の範囲，精度，機動性の面で飛躍的な向上をもたらした。更に，情報技術との組み合わせて，リアルタイムのデータをビジュアルに取り出すことができるようになったので，作業船の運転から施工記録まで連動した施工管理が可能となった。

また，気象海象に関する情報の公開とそれを利用した予測が自由化された。データ通信網の普及と相まって，海象予測がタイムリーに詳細に得られるようになってきている。海上工事の円滑な運営に気象海象情報は重要で，施工の効率や安全の確保に寄与している。

旧運輸省の民間技術評価の対象となった工法を中心に，この項では7工法を採用した。そして，ニーズと技術の面から7つの測量調査工法を表10.3.1のように整理した。

海上測位工法

地盤改良や杭打ち施工時の位置出しは，作業船の位置や方向を変える度に頻繁に行われる。迅速な位置出しのために従来は，法線方向と法線直角方向に人を配しトランシットで視準する方法が一般的で

表10.3.1 7つの測量調査工法

技術ニーズ	GPS	情報技術	その他
大型化, 沖合化	海上測位 深浅測量 海上施工管理	深浅測量 海上施工管理 気象海象調査	大水深域 ボーリング
省力化, 急速化	海上測位 深浅測量	深浅測量 海上施工管理 気象海象調査	水中調査工法
維持管理			水中部コンクリート診断

表10.3.2 高能率海上測位装置

(平成2年6月29日　評価証交付)

	評価技術名	申請者
1	高能率作業船測位システム	五洋建設㈱
2	高能率海上測位装置	東亜建設工業㈱
3	高能率海上測位装置 (マルチポンダーシステム7000)	セナー㈱
4	自動追尾式光波船位計測装置	エム・イー・シーエンジニアリング㈱
5	自動追尾式トータルステーションを用いた作業船の位置出し装置	国土総合建設㈱ ㈱橘高工学研究所
6	アトラス・ポーラフィックス	フリード・クルップ㈲
7	海洋構造物誘導・位置決めシステム	東洋建設㈱
8	海上位置の光通信オンライン管理システム	大成建設㈱
9	三井港湾広域測位システム	三井不動産建設㈱
10	高能率海上測位システム 自動追尾式高能率海上測位装置	ジオジメーター㈱
11	電波を利用した精密測位技術スペクトラム拡散方式による精密測位技術	明星電気㈱

あった。

海上工事が大型化して沖合での施工が増えると，測量台設置の困難さ，視準距離の増大，省力化，迅速化が問題となってきた。平成2年には高能率海上測位装置が，旧運輸省の民間技術評価の対象となった。表10.3.2に高能率海上測位装置を示す。

測位装置の測距方式には，光波方式と電波方式があり，光波方式は測定精度が高く操作性はよいが，船舶の通行や天候にやや左右される。測位範囲は1,000m以内程度である。また，電波方式は測位精度がやや劣り，船舶の通行や天候に影響されないが，基地局の電源確保等の操作性に難点がある。測位範囲は広く数キロメートルに及ぶ。

近年，GPSの普及により，光波方式測位および電波方式測位に代わってほとんどがGPSを利用した測位システムに取って代わられている。

深浅測量

深浅測量とは，海上において位置測量と水深測量を同時に行う測量作業であり，海上測量では，この深浅測量が施工出来型の算定要素として最も重要な部分を担っている。近年では，GPSの普及，音響測深機のデジタル化およびパソコン（PC）の高性能化により，音響測深機とGPS測位装置のデータを専用のプログラムの組み込まれたPCで自動収録する方法が，最も一般的な深浅測量システムとなっている。図10.3.1に測深状況の概念を示す。

■ GPS深浅測量システム（単素子型）

測量船の船位計測にGPS，水深の計測に音響測深機を用いて，測量船の現在位置や測量の状態をPC上のシステム画面に表示しながら，測位と測深の結果を収録し，後処理により水深図，断面図，土量計算等を出力するシステムであり，以下のような特徴を有している。

・予め設定した測量エリア，測量法線に対する測量船の位置が画面上に常時表示されるので，操船オペレータは画面を見ながら正確な操船が可能である。
・RTK-GPS方式により，潮位補正を必要とせず，また比較的波高が高い海域においても深浅測量作業が可能である。

■ ナローマルチビーム測深システム

測量船の船位計測にRTK-GPS，水深の計測に従来の単素子音響測深機に替えて，ナローマルチビーム測深機，測量船の動揺を計測する動揺センサーを用い，測深情報，測位情報および動揺情報を同期させることにより，高精度の測量が可能である。測量にて収録した電子データは，専用の処理ソフトにより，水深図，鳥瞰図，断面図等ビジュアルに表示させることが可能であり，的確な出来形を把握するとともに施工管理へ確実にフィードバックできる。ナローマルチビーム測深システムには以下のような特徴を有している。

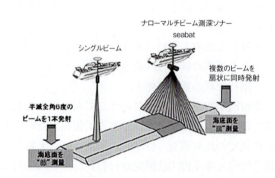

図10.3.1　測深状況の概念

表10.3.3　GPSを利用した港湾工事システム

（平成9年10月28日　評価証交付）

	評価技術名	申請者
1	RTK-GPSを利用した施工管理システム	㈱池端組
2	RTK-GPSを利用した高濃度浚渫船の施工管理システム	㈱大本組
3	RTK-GPSを利用した海上作業施工管理システム	鹿島建設㈱
4	RTK-GPSを利用した面的深浅測量システム	国際航業㈱
5	RTK-GPSを利用した施工管理システム	五洋建設㈱
6	RTK-GPSを利用した自動深浅測量システム	三洋テクノマリン㈱
7	RTK-GPSを利用したグラブ浚渫船における施工管理システム	第一運輸作業㈱ 古野電気㈱
8	RTK-GPSを利用したグラブ浚渫船施工管理システム	大旺建設㈱
9	RTK-GPSを利用した深層混合処理船の施工管理システム	㈱竹中土木
10	RTK-GPSを利用した水中施工管理システム	東亜建設工業㈱
11	RTK-GPSを利用した港湾工事施工管理システム	東洋建設㈱
12	RTK-GPSを利用した斜杭打設管理システム	㈱トマック
13	RTK-GPSを利用した海洋工事施工支援システム	西松建設㈱
14	RTK-GPSを利用した地盤改良船の施工管理システム	不動建設㈱ フドウ技研 開発エンジニアリング㈱ ㈱アカサカテック
15	RTK-GPSを利用したポンプ浚渫工事の施工管理システム	㈱本間組 ㈱橘高工業研究所
16	RTK-GPSを利用したブレード曳航式均し工法における施工管理システム	立興建設㈱
17	RTK-GPSを利用した「港湾工事の測量・位置管理総合システム」	若築建設㈱

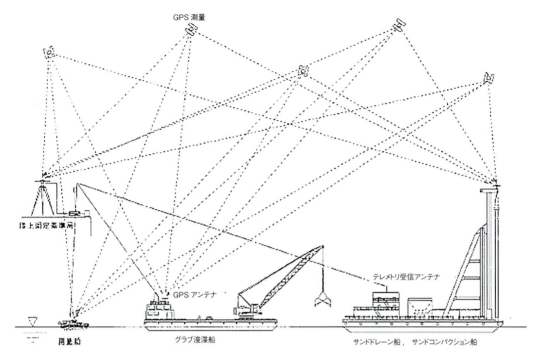

図10.3.2 全体システムのイメージ

・指向性の鋭い超音波を一度に扇状に送受信することにより1測線で水深の2〜7倍の幅の海底地形が一度に測量することが出来る。
・防波堤近傍,緩傾斜護岸,ダムなど断面方向への航行測量が困難な海域にも対応可能で,正確な深浅測量ができる。

(参考文献)
1) 特定非営利活動法人海上GPS利用推進機構「港湾・空港におけるRTK-GPS利用ガイド」

GPSを用いた海上施工管理工法

GPSを利用した海上測位工法は,波浪,強潮流の影響を受けやすい沖合での作業環境においても,作業船の位置を迅速かつ正確に算出できる工法である。

現在,主に使用されているRTK(リアルタイムキネマティック)-GPS方式のシステム構成は,地上固定局(基準局)と作業船(移動局)のGPSアンテナで同時にGPS衛星からの信号を受信し,基準局で取得した位置情報(補正情報)を,無線装置等を用いて作業船転送し,作業船の位置,高さを計測する。また作業船のジャイロコンパス,傾斜計とも連動するようになっている。この方式は次のような特長がある。

・作業船の位置をリアルタイムに三次元で測定できる。
・傾斜計と連動させ,船体傾斜角が補正できる。
・ジャイロコンパスやGPS情報により船体方位を確定できる。
・位置情報を処理してリアルタイムにCRT表示することで,操船を省力化し正確で迅速な施工記録を得ることができる。

そこで,RTK-GPS方式は,次のような場合の施工管理に適用されている。

・ポンプ浚渫船の掘削位置誘導および施工管理,グラブ船浚渫のグラブの掘削位置や掘削深さの管理,浚渫区域測量。
・サンドコンパクション船,サンドドレーン船のパイル中心位置の管理や地盤改良工事での位置測量。
・杭打船の船体誘導および杭中心位置の管理。
・ケーソンマウンドの築造工事の位置測量や出来形測量。
・ケーソン据付工事の位置管理。
・浚渫工事での出来形深浅測量。

現在では,海上工事に就役する作業船のほとんどがGPSを装備し,GPSを利用した施工管理システムにより高精度の施工を実現している。

表10.3.3にGPSを利用した港湾工事システム,図10.3.2に全体システムのイメージを示す。

大水深域でのボーリング工法

海上におけるボーリング調査の足場櫓には，組立式足場，スパッド台船，鋼製骨組み櫓の3種がよく用いられている。水深20m以上の大水深域では鋼製骨組み櫓が一般的であるが，次のような問題もある。

- ・耐波安定性確保のために，構造が大きくなる。
- ・組立や移動，荒天避難等の機動性が低下する。
- ・接地圧が大きくなり，調査対象地盤を乱す恐れがある。

平成6年には，大水深域でのボーリング工法が，旧運輸省の民間技術評価の対象となった。表10.3.4に示す技術は，それぞれ上の3つの問題を解消している。

①サスペンド工法

サスペンド式足場と支援台船からなる。足場は単柱式で，フロートの浮力とフーチング，アンカー及びワイヤーで安定させる。油圧ユニット等の重量物は台船に置く。接地圧が小さく，波浪の重圧面積も小さい。

②傾動自在型試錐工法

ガイドパイプ及びスピンドル部分以外を全て台船に据え，台船上から遠隔操作する。水中部分が簡易なため，接地圧が小さく，波浪の受圧面積も小さい。また，主要部分が台船上にあるので，機動性に富む。

③スパーブイ型海上ボーリング足場櫓（BBヤグラ）

シンカーで円筒形のブイを水中に引き込み，浮力によって安定する構造である。極めて大きな水深にも対応可能である。耐波安定性が極めて高いので高い稼働率が得られる。海底地盤を乱すこともない。

表10.3.4　大水深域でのボーリング工法
（平成6年11月18日　評価証交付）

	評価技術名	申請者
1	サスペンド工法	㈱アテック吉村
2	傾動自在型試錐工法	中央開発㈱
3	スーパーブイ型ボーリング足場櫓	応用地質㈱ ㈱ゼニライトブイ

水中調査工法

港湾構造物における鋼矢板や鋼管杭，コンクリート中の鉄筋などは，海水中の塩分の影響で陸上より腐食しやすい。特に干満帯においては，この影響は著しく構造物の耐久性を低下させる要因にもなる。

ここでは水中調査工法として，鋼材の腐食調査工法，水中部コンクリート非破壊診断工法を紹介する。

■　鋼材の腐食調査工法（超音波連続厚さ測定システム）

港湾鋼構造物（鋼矢板や鋼管杭など）の腐食状況を知る手段として「港湾鋼構造物防食・補修マニュアル（改訂版）」の標準肉厚測定法の超音波厚さ計による測定が標準として行われている。この方法は，潜水士が検査面を研磨し，計測器で板厚を測定するという手作業によりスポット測定を行い，測定データは電卓や，パーソナルコンピュータに手入力して解析処理されていた。この方法では時間が多くかかり，広範囲にわたる詳細な計測は難しい状況にあった。

現在は，港湾鋼構造物（主に鋼矢板，鋼管杭）の肉厚測定の現場測定作業から測定データの解析まで自動化し，腐食状況調査の省力化が出来る超音波連続厚さ測定システムの開発により，腐食の診断が広範囲に行えるようになっている。

本装置は，測定対象部のケレン作業と，走行センサーのセット以外はほぼ自動化されているので，比較的簡単な取扱で測定作業が出来るようになっている。

■　水中部コンクリート非破壊診断工法

港湾構造物のコンクリートの劣化診断は，各種センサーによる鉄筋の腐食状況の測定結果，かぶり厚の測定結果，目視や写真撮影によるひび割れ，剥離，剥落の分布状況などをコンピュータに入力し，(財)沿岸開発技術研究センター「劣化防止・補修マニュアル(案)」に準拠した劣化診断システムにて判定を行う工法である。

劣化診断システムは，劣化判定でのばらつきが少なく，作業が迅速に行われ，専門技術者以外でも容易に判定を行うことが出来る。

また判定結果をプリンタで出力することにより，早期に補修工法の検討を行うことが出来る。

表10.3.5 鉄筋コンクリート構造物の非破壊診断システム
(平成4年5月29日 評価証交付)

	評価技術名	申請者
1	鉄筋コンクリート構造物の鉄筋の腐食診断システム(RC-NICEシステム)	㈱ナカボーテック
2	鉄筋コンクリート構造物の非破壊診断システム(鉄筋腐食診断計)	日本防蝕工業㈱
3	鉄筋コンクリート構造物の劣化診断システム	五洋建設㈱
4	コンクリート劣化診断エキスパートシステム	東洋建設㈱ 日本石油㈱
5	鉄筋コンクリート構造物の非破壊診断システム	㈱ドラムエンジニアリング

表10.3.5に鉄筋コンクリート構造物の非破壊診断システムを示す。

〔参考文献〕
1) (財)沿岸開発技術研究センター:『港湾コンクリート構造物の劣化防止・補修に関する技術調査報告書劣化防止・補修マニュアル(案)』(昭和62年)
2) (財)沿岸技術研究センター:『港湾の施設の維持管理技術マニュアル』(平成19年10月)

気象・海象調査工法

気象・海象調査には,観測データを集積することと,予測することが含まれ,海上工事において工事を安全かつ円滑に進めるために重要である。気象・海象調査には,広域的なものと,地域的なものの2種類があり,天気予報などとしてマスメディアより公開されている。

また,いずれも有償で配信されるサービスが行われている。

・海象観測調査

海象観測は,海岸保全対策の計画立案,港湾計画の計画策定,海洋工事の実施,沿岸防災対策の検討等の基礎資料となる海象データを入手するために必要不可欠である。海象観測の事例として,波浪観測(波高・周期・波向),潮位観測,潮流観測,長周期波観測,超波調査,水質・底質調査,漂砂調査などがある。データの整理・解析結果は,波浪や高潮の数値シミュレーション解析や予測システム開発のための資料として,また,潮位の調和分析・天文潮位算出のための基礎データなど幅広く利活用されている。

・広域的気象・海象予測情報

広域的には,気象衛星による大気の観測データ,地上観測点,海上観測点での観測データ,過去の観測データを元に,広域における気象・海象予測情報が提供される。

・地域的気象・海象予測情報

地域的気象・海象予測情報では,広域における気象予測情報と同様に種々の観測データからさらに局地的に気象予測情報(天気と風予報),波浪情報(波高,周期,波向)および潮汐情報の気象・海象予測情報が提供される。

・地域的観測

海上工事では,その対象となる海域,湾などの詳細な情報も必要である。

気象海象観測システムは海上観測局と,データ処理・監視を行うメンテナンスセンター局から構成される。海上観測局において観測された,波高,波向,潮位,潮流,風向風速,温度,湿度,大気乱流等を観測し,観測データをメンテナンスセンター局に送信する。メンテナンスセンター局では広域観測データなどと総合して解析し,解析結果を工事関係者や作業船等に配信するシステムである。

情報は主に電子媒体を利用して配信され,情報伝達の高効率化,迅速化が図られているとともに,紙などの自然資源の消耗を行わないように配慮されている。

2 浚渫工法

浚渫とは,一般に水面下の土砂を掘って,その土砂を他の場所へ土捨することをいう。浚渫には新しく航路や泊地を造るための新規浚渫や拡幅,増深をする改良浚渫,水深を維持するための維持浚渫,また,防波堤や岸壁など水中構造物の基礎床掘,埋立のための土砂採取,環境対策のための海底の汚泥除去浚渫などがある。

浚渫工法は,使用する浚渫船をどのように選定し,浚渫した土砂をどのように処理するかによって定まるものである。浚渫船の選定には,海底土質,浚渫規模,水深,土捨条件,気象,海象条件,工期などの施工条件を考慮し,入手可能なものの中より最も適切なものを選ぶ必要がある。この条件のうち土質

が，作業能率に及ぼす影響が大きく，N値30以下の土質であれば，通常のポンプ浚渫船，グラブ浚渫船でも施工できるが，これを越えると，砕岩を併用するか，または，大型の作業船を用いなければならない。N値30〜50程度の硬土盤浚渫については，5000〜10000PS級の大型ポンプ浚渫船や，バケット容量20m³の硬土盤用バケットを装備した大型グラブ浚渫船などによって，ある程度能率的な施工が可能になっている。

汚泥浚渫は，昭和40年代後半に出現し活発な技術開発が行われたが，水俣湾の汚泥浚渫工事において技術的にほぼ確立した。しかし，この汚泥浚渫技術では，底泥の流入に伴って余分な水の混入が避けられず，結果として含泥率の低下，土の膨らみ，余水処理量の増加などの問題を残していた。そこで，浚渫時の底泥の攪拌を行わず，しかも，余分な水を混入しないような掘削機構を有する高濃度浚渫船が開発された。現在では，この高濃度浚渫船による浚渫とともに，在来の水力搬送に代えて圧縮空気の膨張エネルギーを利用する軟泥の空気圧送工法との併用による浚渫埋立方法が実用化されている。

現在，技術開発の重点は，沖合・大水深化に対応できる大水深・大容量浚渫技術の開発，作業船の耐波性およびグラブ浚渫工法における余掘りを少なくするための水平掘削制御システムの採用などの高機能化に置かれている。その中で，大水深の浚渫方法としてのグラブ浚渫船の開発は顕著であり，グラブバケット容量200m³の大容量浚渫船が建造されている。

〔参考文献〕
1) 新版人工島施工技術:(社)日本海洋開発建設協会1995年

硬度浚渫にヘリカルカッター

大型ポンプ浚渫船

ポンプ船浚渫工法

ポンプ浚渫工法は，ポンプ浚渫船によって海底の土砂を吸引し，これを管路輸送する工法であり，軟泥から硬質土まで各種の土質に適応可能である。浚渫土を用いた埋立地の造成などには最も一般的に利用され，河川・湖等の小規模のものから港湾用の大規模のものまで広く活用されている。

ポンプ浚渫船は，吸入口の前に海底を掘削するカッターを取り付けた「カッター付きポンプ浚渫船」が一般的であり，カッターを取り付けた吸入管を海底に下し，カッターを回転させて，切り崩した土砂を海水とともにポンプで吸い込み，排砂管を通して直接埋立地，または，処分地に排送する方式の船である。この他カッターがなく，水ジェットにより土砂を攪乱し，土砂を吸い上げるカッターレス方式のもの，軟泥の浚渫に適するように工夫された特殊ポンプ方式のものがある。また，推進装置の有無により「自航式」と「非自航式」にも分類できる。非自航式浚渫船の運転は，スパッドやクリスマスツリーにより船体を保持し，固定点を中心に船体をスイングさせながら浚渫作業を行う。浚渫土砂運搬方式で分類すると，「送管式」と「舷側積込式」に分かれる。送管式は，排砂管を使って土砂を目的地まで送る一般的な方式である。舷側積込式は，浚渫のみを行い，土砂は別の運搬船で運ぶ方式であり，長距離の運搬時に採用される。

現在，国内の最大級のポンプ浚渫船は，10000馬

力以上，時間揚土量は1100〜2200m³，最大排送距離は7kmに及ぶ。また，近年はラダーポンプの搭載，スパッドキャリッジの装備等により性能向上を計っているものもある。

〔参考文献〕
1) 新版人工島施工技術:(社)日本海洋開発建設協会1995年
2) 日本作業船要覧:(社)日本作業船協会1991年

■ ドラグサクション

ドラグサクション浚渫船は，推進装置により2〜4ktの速力で航行しながら，海底に接地させたドラグヘッドを通じて浚渫ポンプにより海底の土砂を水とともに吸い込み，船内の泥倉に土砂を積載して運搬する浚渫船である。ドラグサクション浚渫船の特長は，航行しながら浚渫を行うことができるという他の浚渫船にはない機能を持っていることである。このため，我が国では海上交通の頻繁な航路，泊地，河川の浚渫作業に使用されることが多く，官公庁が3隻，民間が2隻を保有している。ドラグサクション浚渫船による浚渫は，浚渫区域を万遍なく航行することによって行われることから時間の経過にともない，逐次浚渫土厚が変化する。一般に浚渫作業の前段は荒掘期間とされ，ドラグヘッドの水深を深くして掘削厚を大きくするので浚渫効率は良いが，中段から後段にかけては掘削厚を小さくして散在する掘り残し箇所を浚渫するので浚渫効率は悪くなる。

近年，海外ではトレーリングサクションホッパー浚渫船と呼称され，大規模な埋立工事で埋立土砂の土取場が近くに確保できない場合に使用されている。

トレーリングサクションホッパー浚渫船

〔参考文献〕
1) 新版人工島施工技術:(社)日本海洋開発建設協会1995年
2) 日本作業船要覧:(社)日本作業船協会1991年

■ 汚泥浚渫工法

汚泥浚渫船の種類は大別して，グラブ系とポンプ系に分類される。

グラブ系浚渫船の特長は直接グラブでヘドロを掴みあげることから，最も確実な浚渫方法であること，またヘドロに混入している木片や石塊等の障害物に対し他の工法と比べて支障が少ないこと等が挙げられる。反面，環境改善を目的にした堆積汚泥の浚渫の場合，グラブの構造上，表層の堆積汚泥を効果的に除去することは困難である。グラブを用いた汚泥浚渫船の施工では，標準型のグラブをはずし，密閉型のグラブを使用している例が多い。

ポンプ系浚渫船の原理は，ポンプによる水流を利用し，ヘドロを吸引し管路で処分地まで排送する方式であり，余分な水の流入を極力避けるため，および浚渫時の汚泥の舞い上がり等を防ぐため，様々な工夫がなされた吸込装置が取り付けられている。その一例としては，堆積汚泥の表面を検知し表層から一定の層厚で採泥できる装置，拡散防止カバー内で一定の個所に集めたのち攪拌し流動性をもたせポンプに吸引され易い性質に堆積汚泥を変える助勢装置，障害物を除去する装置等がある。堆積汚泥中に混入する障害物にはグラブ系浚渫船に比べ浚渫部が複雑な構造だけに運転に支障をきたすことが多い。現有の汚泥浚渫船の代表的なタイプとしてシルシ型，ウーザー型，カッターレス型がある。

〔参考文献〕
1) 日本作業船要覧:(社)日本作業船協会1991年

■ 高濃度浚渫工法

高濃度浚渫船は，河川や湖沼の自然堆積泥や生活排水等により生じた栄養塩類を含んだ底泥を除去することが主な目的で開発されたものである。高濃度軟泥浚渫船は，汚泥浚渫船をベースにした型式が多いが，浚渫部はハイテク技術が導入され画期的な施工管理システムが確立されており，浚渫に伴う濁りの発生をおさえ，含泥率50%以上の高濃度で浚渫し，管路にて処分地まで送泥できる。最近では，環境汚染の実体が解明されるに従い，環境に最も悪影響を及ぼす部分は堆積汚泥の表層部であること，これら表層部の堆積汚泥を2次汚染を起こさず浚渫できる施工技術及び管理技術が開発されたこと等から多量

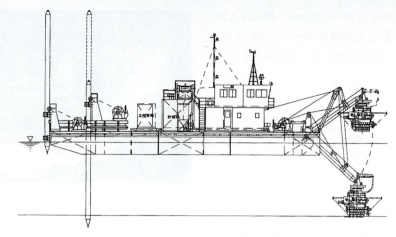

図10.3.3　ロータリーシェーバー式高濃度浚渫船

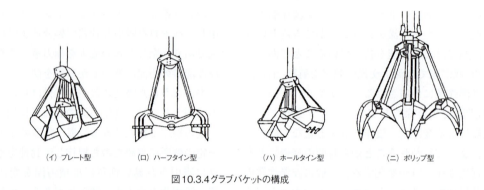

(イ) プレート型　　(ロ) ハーフタイン型　　(ハ) ホールタイン型　　(ニ) ポリップ型

図10.3.4　グラブバケットの構成

の堆積汚泥を浚渫せずにすむ経済的な方向へと浚渫技術は進んできている。現有の高濃度浚渫工法の代表的なタイプとして負圧吸泥式，気密バケットホイール式，回転バケット式，スクレープロータ式，ロータリーシェーバー式，サンドポンプ式がある。図10.3.3にロータリーシェーバー式高濃度浚渫船を示す。

〔参考文献〕
わが国の海洋土木技術:(社)日本海洋開発建設協会1997年

グラブ浚渫工法

　グラブ浚渫船は，ジブを持つ全旋回の揚重機で浚渫用グラブバケットを昇降させる構造である。起重機船の巻上機と基本的な相違はないが，グラブバケットの開閉と巻上，支持に用いるドラムが2基以上必要である。また起重機に比べウィンチのクラッチ，ブレーキ類が堅牢である。グラブ浚渫船は約470隻現在し，非自航式98%，自航式2%の割合である。多くは起重機船，杭打船との兼用船である。自航式グラブ浚渫船は，泥艚を持ち，埋立地または処分地まで自航し排泥できる。浚渫作業は，通常操船ウインチで，船体の前,後方斜めにワイヤーを張り，船体を係留移動して行う。また，浚渫船の大形化によって浚渫作業の占有範囲が拡大してきたため，航行船舶の航路障害とならないよう，スパッドで船体を固定し，アンカーを使わずに浚渫できる船が多くなってきた。一例としては，船体後方中心部にキック式スパッド1本，船体中央左右舷に走行台車に乗ったスパッド各1本を装備して船体を固定し，簡単に，確実に直進できる装置である。スパッド方式の浚渫は，浚渫時に動揺，傾斜が少なく，他の航行船舶の波浪による動揺，位置の移動等が少なく，また，浚渫位置の設定など，ワイヤーによる方式よりも，早く，確実にできる。浚渫時の汚濁対策としては，汚濁防止枠を設置しその中を浚渫する。

30m³級グラブ浚渫船

グラブ浚渫工法の特徴

a. 航路，泊地，漁港の浚渫，防波堤や岸壁基礎の床掘りや深さの変化の多い場所の浚渫に適している。
b. 深度に対応するのは，グラブバケットを吊るロープの長さによるので，大深度浚渫が可能で，かつ深度による掘削力が全く変わらない。
c. 掘削反力をグラブバケット内で受け，ポンプ浚渫船のようにラダーや船体に大きな力が加わらない。
d. グラブバケットの揚重比（バケット容量とバケット重量の比）を大きくすることにより，硬土盤の浚渫も可能である。

図10.3.4にグラブバケットの構成を示す。

〔参考文献〕
1) 日本作業船要覧:(社)日本作業船協会1991年
2) 現有作業船一覧:(社)日本作業船協会2007年
3) 港湾工事施工技術:㈱山海堂1991年

その他の浚渫工法

その他の浚渫工法として，バケット浚渫工法，ディッパー式浚渫工法，バックホウ浚渫工法，バケットホイール浚渫工法，が挙げられる。いずれも陸上の荷役・積込・掘削機械を水上の作業船に装備したものであり，工法も，陸上での掘削工法と類似している。前3工法は，いずれも土運船と組合せて施工する工法である。バケット浚渫船，ディッパー式浚渫船は，それぞれ官民で一隻づつ保有するのみである。一方バックホウ浚渫船は，陸上のバックホウが大型化し，このバックホウを台船に搭載することにより簡易に安価に建造できることから，近年ディッパー式に代わって建造実績が増えてきている。日本国内で約70隻現在している。後者のバケットホイール浚渫工法は，ポンプ船浚渫船のカッターの代わりに陸上で使われるバケットホイールを取り付けたものであり，その他の構造は，ほぼ同様であり，浚渫効率の面でもポンプ式浚渫船とおなじである。河川における小規模維持浚渫から，水中の鉱石採集用と幅広く活用されているが，日本国内では，現有船は無く，建造実績もほとんど無い。大部分が欧米諸国の浚渫船メーカの建造である。特殊な工法として，海砂採集やダムの堆砂を浚渫するものとして，水中サンドポンプを内臓した網目付きラッパ管を吊り下げ，ウォータジェットを噴射しながら掘削撹拌を行い壺堀で砂または堆砂を水上まで吸上げる工法がある。また小形ではあるが，バキューム，エジェクター，エアーリフトを利用した浚渫工法もある。

バケット浚渫工法

バケット浚渫船は，多数のバケットを連結したバケットラインを回転することで水底の土砂を掘削・揚土し土運船に積載する。軟質土から硬質土までの広範囲の浚渫に適するほか，浚渫跡が平坦であり，風浪に対する作業性が良いなどの特徴をもち，主に航路，泊地，河川の浚渫に使われる。

バケット浚渫船は，自航式，非自航式に分けられるほか，ラダーウエル位置によって，船首ラダーウエル方式（ラダーウエルを前にして堀り進むもの）と船尾ラダーウエル方式（ラダーウエルを後にして堀り進むもの）に分けられる。またバケットの連結方式から，バケットとバケットを直接ピンで接続した連続式と，バケット間をバケットと同じ長さの細

バケット浚渫船

バックホウ浚渫船

長いリンクを入れて接続した断続式の2種類がある。連続式の場合，バケット数は断続式の2倍になるが，1個当たりの容積は小さいが，単位時間当りのバケット通過個数が多いため，浚渫能力は断続式よりも一般的に大きくなる。断続式は比較的硬い土質に有効とされている。バケット浚渫船は，現在官民1隻づつ保有している。

〔参考文献〕
日本作業船要覧:(社)日本作業船協会1991年

■ ディッパー浚渫工法

硬土盤土質の浚渫に適した浚渫船で，掘削原理は陸のショベルと同一であるが，陸上に比べて掘削深さが大きいため，海底を有効に掘削するための特殊な装置が開発されていた。

ディッパー浚渫船はディッパーアームおよびスパッドの長さにより，浚渫深度の制限を受けるため，浚渫深度が増大するに従って全体の寸法が大きくなりディッパー容量も増大する。

〔参考文献〕
日本作業船要覧:(社)日本作業船協会1991年

■ バックホウ浚渫工法

バックホウと呼ばれる油圧ショベル型掘削機を搭載した浚渫船で浚渫を行う工法である。バックホウ浚渫船は通常スパッドを3本装備しており，前部の2本が掘削中の船体を保持し，後部の1本を移動用に使う。船側に土運船を配置し浚渫土砂の積みこみを行う。国内では約70隻現有し最近現有隻数が増えている。バックホウ浚渫船は次のような利点がある。

a. 掘削機の操作が容易で，掘削精度が比較的高い。
b. 船体をスパッドで支えるので狭水路，河川，港湾構造物の近くなど，制約のある作業場所でも操船しやすい。
c. 掘削力が大きく，土砂，砂利のほか，従来小型ディッパー船やグラブ船の対象であった軟岩や破砕岩から軟泥まで広範囲の土質に対応できる。
d. アタッチメントを選択することにより揚土機や揚重機として利用できる。

〔参考文献〕
日本作業船要覧:(社)日本作業船協会1991年

3 埋立工法

埋立とは，一般に浚渫土や陸上掘削土等を沿岸海域に投入，陸地化して有効な土地を造成することをいい，埋立用材の種類や用材の発生源と埋立地までの距離，埋立地の形状等により施工方法を検討する。

埋立に用いる材料には，水底の土砂や山砂，廃棄物等がある。水底土砂による埋立ては，ポンプ船やグラブ船等で浚渫した土砂を用いるもので，航路や泊地の浚渫と並行して行うと埋立用材を購入しなくてよいので経済的である。山砂による埋立は，採土場で採取した土砂をベルトコンベヤ等で海岸線まで運搬し，土運船により埋立るもので，良質な水底土砂が得られない場合，魚や貝等の水中生物に対する

環境問題で水底土砂の採取ができない場合等に行われる他，山砂採取後の宅地開発と合わせて行われることが多い。

また，最近では建設発生土を含めた廃棄物の処分地として埋立てられることがあり，人口・産業の集中している首都圏や近畿圏においてこの傾向が大きい。建設発生土や廃棄物等の埋立てには，積み出し桟橋から土運船で埋立地まで運搬する方法やダンプトラック等で直接受け入れて撒き出す方法等がある。埋立地は，その使用目的や水深・地盤・波浪等の自然条件に応じて捨石式，ケーソン式，矢板式，鋼セル式といった護岸等の締切堤で囲って造成されるが，特に廃棄物等の埋立では，その種類・形状による護岸形式の検討が大切であり，例えば，管理型の廃棄物では水を透過させない護岸の構造が求められている。

また，施工時には埋立の進行に伴い仕切堤の外に余水が流れ出ることになるので，その濁りを処理するため沈殿地や余水処理施設が必要である。

埋立工法には，ポンプ船による埋立工法，土運船による埋立工法，揚土による埋立工法，ベルトコンベヤによる埋立工法，浮桟橋埋立工法等があり，埋立用材や埋立地までの輸送距離等の施工条件を考慮して決定される。それぞれの工法は単独で施工されることもあるが，土運船で運搬した土砂をバージアンローダ船で揚土し撒き出すといったように，施工条件によっては複数の工法を組み合わせて行われることもある。表10.3.6に工法に対応した埋立て用材料を示す。

また，最近では環境保全のためや埋立立地の条件により埋立地を沿岸部から沖合部に建設する傾向があり，関西国際空港用地，神戸ポートアイランド等の人工島が大規模埋立で行われるようになり，軟弱地盤対策工法や地盤沈下予測手法，高波浪対策型作業船等の様々な施工技術の研究や作業機材の開発が進められている。

〔参考文献〕
1) 海洋土木大事典：㈱産業調査会1983年

表10.3.6 埋立て工法に対応した埋立用材料

使用する材料	主に適用される埋立工法
水底土砂	ポンプ船工法 土運船工法 空気圧送工法 バージアンローダ船工法 プラント混合固化処理工法 管中混合固化処理工法
山砂	リクレマー船工法 土運船工法 バージアンローダ船工法 ベルトコンベヤ工法 浮体式コンベヤ工法 浮桟橋工法
廃棄物	土運船工法 ベルトコンベヤ工法 浮体式コンベヤ工法 浮桟橋工法

浮桟橋埋立工法

ポンプ船による埋立工法

ポンプ船による埋立工法には，送管方式とバージローディング方式がある。

送管方式は，ポンプ船によって吸い揚げた水底土砂を排砂管と呼ばれるパイプラインで連続的に直接埋立地まで送る方式で，効率が良く経済的であることから広く採用されている埋立工法のひとつであるが，多量の水と共に運搬される方式であるので，施工に当たっては流砂勾配や余水処理，余水吐の位置等の条件を勘案した埋立，配管計画を立てる必要がある。排砂管の設置方法は，フロータ管路，受け枠管路，沈設管路，陸上管路等に分類される。フロータ管路は，可とう製のあるゴムスリーブで接続してフロータに浮かべる方法でポンプ船のすぐ後や均一な埋立を行う場合の埋立地内撒布管として用いられる。受け枠管路は，図10.3.5に示す受け枠と呼ぶやぐら上に設置する方法で，水深がそれほど深くなく，

杭打ちが可能で船舶の航行に支障の無いところに用いられる。沈設管路は，排砂管を海底に沈設するもので，埋立地までの距離が遠い場合あるいは航路の横断部等で航行船舶への障害防止が必要なところに用いられる。陸上管路は，地盤の状況により，海上管路と同じように受け枠を設けるか，単に笠木等をひいた上に設置されるもので，埋立地内部あるいは水際線より陸上部の配管に用いられる。図10.3.6に送管方式の配管標準を示す。

バージローディング方式は，土砂を直接パイプ輸送するのではなく，低揚程ポンプ船の舷側においた土運船に，高含泥率で水底土砂を積み込み，埋立地まで運搬する方式で，浚渫する場所と埋立地の距離が遠い場合には送管方式に比べて経済的である。この方式では，積み込み時に濁った余水が発生することから，最近ではこの余水を掘削カッター付近にポンプで循環させて汚濁発生防止策とする工法も開発されている。

〔参考文献〕
1）㈱産業調査会：海洋土木大事典 1983年

漏らし吹き工法

ポンプ船による埋立工法の1つである。埋立地の土砂の投入位置で，排砂管の数個所のジョイントに木製のパッキン等をはさんですき間をつくり，そこから泥水を漏らして土砂を堆積させ埋立てる。

漏らし吹き工法は，漏らす場所を配管に沿って数個所設けるので，泥水による洗掘が少なく，土砂が1個所に集中して堆積せずに線状に堆積させることができ，砂分とシルト分の分離も少ないという特徴がある。このため，埋立護岸の背後に土砂を腹付けしたい場合や，できるだけ土質を均一にしたい場合などに利用される。

余水処理工法

ポンプ船から水搬輸送されてきたスラリーを埋立地で土砂と水に分離し，余水を無害な状態に処理する工法である。ポンプ船による埋立工法では，その余水の量が多量で，土粒子を主体とする縣濁物質の多いことが特徴である。そのため余水処理では縣濁粒子を沈殿除去させることがもっとも大切なことになり，沈殿効果を高めるための凝集剤を添加する方法が多く行われている。油分を含む汚泥の場合はオイルフェンスを用いて油分の回収を行うが，油分と水分の分離には油水分離機が用いられる。pH値が基準を越える恐れのある場合には余水吐付近に中和設備を設け適正な処理をして放流する。また，浚渫土に有害物質が含まれている場合には，急速ろ過法，活性炭吸着法等の高度な余水処理工法の検討が必要になる。

土運搬船による埋立工法

埋立用材を運搬し，直投または陸揚げするのに，土艙（ホッパー）を持った船を用いて施工する工法をいう。

土運船には自航式と非航式があり，非航式には引船で曳航されるものとプッシャーボートと呼ばれる

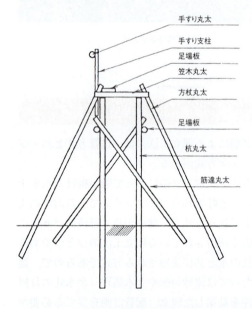

図10.3.5　陸上受け枠の標準

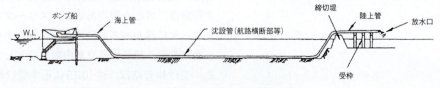

図10.3.6　送管方式の配管標準

表10.3.7　底開土運搬船の満載時における直投可能水深(大略値)

ホッパー容量 (m^3)	直投可能最小水深 (m)	備　　考
60	2.75	曳航式土運船
100	3.00	〃
300	3.65	〃
500	3.95	〃
1,000	4.30	押航式土運船
2,000	5.10	〃
3,000	5.50	〃
6,000	5.70	〃

(日本埋立浚渫協会：土運船の標準仕様より)

空気圧送船

押船で土運船の後から直接押航されるプッシャーバージとがある。一般にグラブ船，ディッパー船等による浚渫工事では引船に曳航される土運船が使用され，大量の土砂を遠距離輸送するような場合には，大型の自航土運船やプッシャーバージ等が使用される。

運搬に必要な土運船の隻数は，時間当たりの積込み能力から，積込み・積卸し時間，土運船の容量，航行距離，航行速度等を設定し，サイクルタイムを検討して算出される。

土運船はホッパーの形式により底開式，側開式，全開式，2つ割れ式および密閉式に分類することができる。底開式や側開式は，埋立地に直接投入でき経済的であることからもっとも多く用いられているが，土運船や押船の喫水より浅いところでは直接投入することができない。表10.3.7に底開土運搬船の満載時におけるおおよその直投可能水深を示す。底開土運船の容量と直投可能最小水深の関係はまちまちであり，施工検討時には注意を要する。

密閉式土運船は底開土運船，側開土運船による直投埋立ができないところで使用されることが多く，バージアンローダ船でポンプアップする方法，陸上またはリクレーマ船に備え付けられている揚土機による方法で土砂が陸揚げされる。

揚土による埋立工法

揚土船による埋立施工は，近年の大規模な人工島の建設や埋立を実施するにあたって，大量急速施工が必要なこと，並びに工事による周辺海域への影響を最小限にする必要があること等社会的要請により開発された比較的新しい工法である。大量の山土を海上輸送し人工島等の建設や埋立を行う場合，工事の初期段階では底開式土運船による直投で施工し，埋立の進捗に伴い土運船の喫水が確保できなくなると，そこから完成断面までは密閉式土運船による運搬，そして揚土船により埋立地内に揚土し，埋立てる。また，先に外周護岸が完成している場合には，最初から揚土船を使った施工となる。その他にもケーソンおよびセルの中詰作業等にも揚土船が用いられる。揚土方式は機械方式とポンプ方式に大別することができる。機械方式は低含水比の土砂を高能率で揚土できるが，搬送距離は短い。必要に応じて二次運搬を計画する必要がある。また，埋立による余水の汚濁発生も少ない。一方，ポンプ方式は高含水比状態の土砂をポンプ圧送で埋立地に搬送する。この方式は長距離搬送が可能である。しかし，埋立地の余水処理はポンプ浚渫ほどの濁りは発生しないものの，汚濁防止膜および沈殿池等の設置をする必要がある。

主な揚土工法には空気圧送工法，ハイドロホイスト工法，リクレーマ船工法，バージアンローダ船工法等がある。浚渫および運搬能力により要求される揚土能力，埋立地の条件等により，工法の組み合わせおよび選定がなされる。

〔参考文献〕
1) (社)作業船協会：作業船40年のあゆみ,1998年

■ 空気圧送工法

空気圧送工法は，土砂を圧縮空気と同時に排砂管に送り込み，気体・液体・固体の混合体により管内で発生するプラグ流を利用して排砂管内の摩擦抵抗を少なくし，長距離輸送をすることができる工法である。浚渫土を高濃度で圧送が可能なため，余水処理設備が不要となり，余水による環境汚染の心配が

少ない。空気圧送船は，土砂を揚土するバックホウ，排砂管内に土砂を送り込む土砂供給装置と土砂を圧送するための空気圧縮機で構成されており，きわめてシンプルな工法である。圧送船は50m^3/h級の可搬式のものから1500m^3/h級の大型船まであり，小規模の埋立から大規模工事まで対応することができる。

■ ハイドロホイスト工法

ポンプ浚渫船とハイドロホイストポンプの組み合わせにより，浚渫土砂を中継ポンプを使用しないで長距離排送する工法である。ハイドロホイストポンプは，高圧の清水ポンプと自動切換弁の組み合わせにより，浚渫土砂の混ざった泥水を連続的に高圧，大容量での圧送に対応することができる特徴がある。

■ リクレーマ船工法

リクレーマ船は，土運船から揚土する装置とそれを排出する払出し装置で構成されている。揚土装置としてバケットホイール，グラブバケットおよびバックホウを使用したものがある。払出し装置はブームコンベア（スプレッダコンベア）が主に使われている。揚土する土砂はドライな状態で，土運船から自船のホッパーに揚土し，さらにブームコンベアで陸揚げするものである。この工法は大規模急速施工に適しており，揚土能力が1000～3000m^3/hの揚土船がある。しかし，この工法で揚土できるのは水際だけであるので，広く埋立を行う場合は二次運搬を計画する必要がある。また，土運船の泥槽内の土砂を完全に取れないので，この点に留意して計画する。

■ バージアンローダ船工法

土運船で運ばれた土砂に加水をしてポンプで吸い上げる方式の作業船をバージアンローダ船と称している。このバージアンローダ船は，一般にジェットポンプとサンドポンプを有し，土運船に積載された土砂を泥槽内でジェットポンプにより適度に加水攪拌混合して，それをサンドポンプにて吸い上げる。吸い上げた土砂は，そのままパイプ輸送で埋立地に搬送することもできるし，散らし管を吐出管の先端に設けて海底に散布することもできる。埋立地で発生する余剰水は，これをジェット水に再利用して循環するので，環境負荷は低く抑えることができる。バージアンローダ船工法は埋立工事だけでなく，水中の敷砂工事，汚泥処分などに利用されている。

その他の埋立工法

近年の港湾建設および海上空港建設等には大量の土砂が埋立に使用されている。また，建設工事にかかわる環境問題等もクリヤーしながら限られた工期の中で工事を完成させる必要があるため，大規模な土砂運搬技術が必要とされている。土砂を埋立する工法は埋立地周辺の地形，環境，土質，埋立規模により異なり，様々な工法の組合せで施工している。運搬・揚土後の二次運搬による埋立工法には，搬送・揚土された土砂をダンプトラックで直接埋立地に輸送，ダンピング後ブルドーザで押土しながら埋立を行うブル・ダンプ工法，コンベアによる連続大量運搬とブルドーザによる押土を組み合わせたブル・コンベア工法，海上の浮体にベルトコンベアを設置して直接海上に土砂をばら撒いて埋立をするフローティングコンベア工法がある。

一方，高含水比の浚渫土は埋立材として不向きであり，その処理のための用地確保が困難な状況にあった。しかし，埋立前に高含水比の軟弱な浚渫土に対し固化材を添加・混合・処理して，十分な強度をもつ性状に改質して埋立をする固化処理埋立工法が開発され，リサイクル材として埋立用材に活用されている。この工法には，機械的に浚渫土と固化材を攪拌混合するプラント混合固化処理工法，空気送船にて浚渫土を搬送している途中の排砂管内に固化材を添加，混合する管中混合固化処理工法がある。この工法で改良した浚渫土は埋立や護岸の裏埋め材として活用されている。また，固化材の添加量によって，処理土の強度を調整し，土圧軽減等の目的にも使用することができる。図10.3.7に固化処理工法の分類を示す。

〔参考文献〕
1) 海洋土木大事典：㈱産業調査会1983年

■ ベルトコンベア工法

埋立工事用に用いられるコンベアは従来の固定型とは異なり，コンベア本体を移動させられる構造となっている。一定間隔にクローラを設置し，シフトしながら連続で施工できるオートシフタブルコンベア。コンベアの各部をユニット化し，工事の進捗に伴い配置および延長を自在に変えられるラインコンベア等があり，これらのコンベアとブルドーザを併

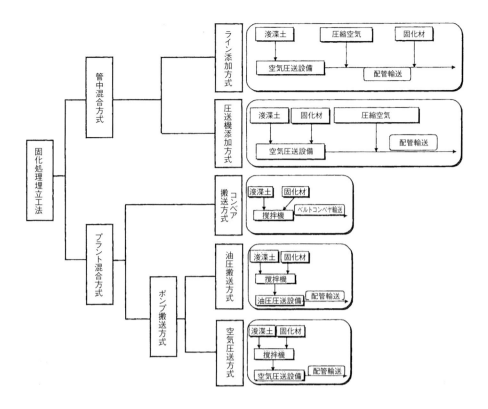

図10.3.7　固化処理工法の分類

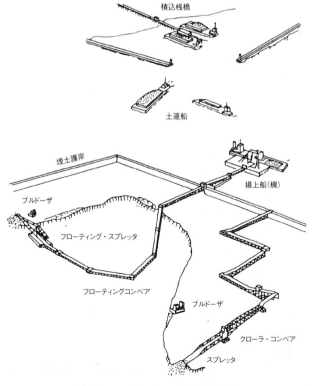

図10.3.8　ベルトコンベアによる埋立事例

用して，順次埋立地を拡張して行く。また，海上に直接人工島をつくる場合，フローティングコンベア工法が採用されている。この工法は海上コンベアまたは揚土船等を経て，運搬・揚土された土砂を台船上に設置したコンベアおよびスプレッダを介して埋立地に払い出し，埋立てをする工法である。

図10.3.8にベルトコンベアによる埋立事例を示す。

■ プラント混合固化処理による埋立工法

プラント混合固化処理工法は，軟弱な浚渫土砂を埋立前に専用の機械式混練ミキサにて固化材と攪拌混合処理する工法である。土運船で運搬されてきた浚渫土砂をプラント船のバックホウで揚土し，土砂改良混練ミキサのホッパに投入，固化処理された土砂が搬送装置から排出される。処理土の搬送装置には空気圧送，油圧圧送，ベルトコンベア搬送などの方式がある。品質は専用の混練ミキサで攪拌混合するため管中混合方式より優れているが，施工能力が小さいためコスト高となる。台船上に揚土設備，混合プラントおよび固化材供給設備を備えた能力150〜300m³/h級のプラント船がある。固化処理された浚渫土は埋立，盛土，護岸への裏埋めなどに利用されている。

■ 管中混合固化処理による埋立工法

管中混合固化処理工法は，空気圧送にて浚渫土を輸送する際に，圧送管内で発生するプラグ流を利用して浚渫土と固化材を攪拌混合する工法である。この工法の設備は浚渫土を圧送する空気圧送船，固化材を供給する固化材プラント船および空気と処理土を分離するサイクロンを装備した打設船で構成される。比較的高含水比の粘性土に，固化材を添加して混合する。また，浚渫土の低含水比の場合，圧送効率を確保するために加水を行うことがある。既存の空気圧送船を使用できるため，大量急速施工が要求される大規模な埋立・造成工事への対応が容易にできる。この工法は，固化材の添加位置および添加方式によって，各社でいろいろな工法が開発されている。

4 港湾における地盤改良工

港湾構造物を建設しようとする基礎直下や周辺の地盤が軟弱で，設計外力に対して安定を確保できない場合や，建設中または建設後に沈下などの変形が生じて構造物に悪影響がおよぶと予想される場合，何らかの地盤改良工を講じる必要がある。港湾における地盤改良工の基本的な原理は，一般的な陸上土木工事における工法と同じであり，港湾の施設の技術上の基準・同解説（国土交通省監修）において，次のように分類されている。

- 軟弱地盤を撤去して良質材料と置き換える置換工法
- 圧密，排水を促進する工法
- 地盤の締固めによる強度増進工法
- 化学的・熱的固化による地盤改良工法
- 地盤中に補強材料を導入する地盤補強工法

実際の各種工法の適用に際しては，対象地盤の工学的な特性を正確に把握し，構造物の種類，機能，規模および重要性などから改良の目的を明確にして，施工の難易度，工期，経済性，環境への影響を考慮して，適切な工法を選択することが大切である。

港湾工事における地盤改良工の場合は，比較的広い範囲の地盤改良を海上で効率的に施工する必要がある。このために，地盤改良の海上施工を目的とした特殊船舶が多数開発されている。

近年，海洋環境保全の目的から，浚渫された粘性土の沖合投棄が禁止されるなど，土砂処分に対する制約が厳しくなっている。浚渫された粘性土砂も埋立地に投棄される場合が多く，こうした埋立地を基礎地盤として利用するためには，超軟弱な浚渫土砂の処理，地盤改良工が必要である。

地震による地盤の液状化が起こりやすい地盤は，水で飽和した緩い砂質地盤であるが，これは港湾の埋立地に特徴的な条件である。従って，港湾施設の設計や施工においては，液状化対策工が特に重要である。

これら，港湾分野における土木工事の特徴を踏まえて，以下に海上工事に使用される作業船舶や，地盤改良工法の概要を紹介する。一般的な地盤改良工法については，4章に解説されているので，ここでは港湾分野に特徴的な工法を解説する。

船舶を用いた地盤改良工法

近年，埋立地や岸壁，護岸などの基礎地盤を海上から改良する作業船舶が開発されている。このうち，主なものを以下に紹介する。

■ サンドドレーン船を用いた地盤改良工法

サンドドレーン船は，軟弱地盤中に砂杭を規則的に打ち込み，鉛直の排水層を設ける作業船である。近年は大水深・急速施工を可能にするために，ケーシングパイプを多連装（6～12連装）した大型船も多数建造されている。打ち込み方法は，ケーシングをバイブロハンマーにより地盤に貫入させ，ケーシング内に砂を投入，ケーシングを引き抜くことにより砂杭を構築する。サンドドレーン船では，砂杭径は0.4～1.2m，最大打設深度は30～50mが一般的である。

砂のかわりにプラスチックボードを使用するドレーン打設船も開発されている。代替ドレーン材は，工場製品のため品質が一定で，天然砂を使用しないため環境に与える影響も少ない。

サンドドレーン船

■ サンドコンパクション船を用いた地盤改良

サンドコンパクション船は，海底軟弱地盤に締固められた砂杭を打設するとともに，杭周辺の地盤も締固め改良する作業船である。砂質地盤で使用する場合は，液状化強度の改善，沈下量の低減，支持力の改善を目的とする。粘性土層に用いる場合は，軟弱粘性土地盤中に砂杭を形成し，砂杭と粘性土の複合地盤を形成することを目的とする。改良地盤は，荷重が剛性の大きい締固められた砂杭に集中するため，沈下量は小さくなり，せん断に対する地盤の安定性も高くなる。

打設方法は，ケーシングを振動機により所定の深さまで貫入し，ケーシング先端から砂を排出しながら引き上げ，打ち戻しを繰り返しながら砂杭を地表まで造成する。締固めに振動機を使用する方式，油圧ハンマを使用する方式などがある。砂杭を締固めながら造成するために，通常はケーシング径よりも大きな砂杭が構築される。ケーシング径は0.7～1.3m（造成される砂杭径は，0.8～2.0m），打設深度は40～60mが一般的である。

■ 深層混合処理船を用いた地盤改良

深層混合処理船は，海底下の軟弱地盤層中に回転式攪拌機を挿入し，スラリー状にしたセメントまたはセメント系固化材をポンプ圧入するとともに，攪拌翼の回転により練混ぜ固化させ，地盤改良を行う作業船である。近年，ケーソン構造の防波堤，護岸および係船岸下部の地盤改良など，大規模な施工事例が増え，専用打設船が多数建造されている。

1打設あたりの改良面積は1.5～6.9m^2，改良深さは水面下30～70m，海底面下25～50mが一般的である。

浚渫土砂を用いた地盤改良工法

港湾工事において，航路や泊地の浚渫土砂の処分地確保が年々難しくなっている。こうした浚渫土砂の多くは含水比の高い軟弱な粘性土であり，通常は埋立土として適さない。最近はこうした不良土砂を固化剤などを混合して品質の高い材料に改良し，リサイクル利用する工法が開発されている。港湾分野で用いられる各種の固化処理工法を表10.3.8に示す。

表10.3.8 浚渫土の固化処理工法

工法名		適応土質〈地盤〉	特徴
軟質土固化処理工法	管中混合方式	粘性土	比較的含水比の高い粘性土を空気圧送船にて揚土する際に,固化材を添加し,圧送管内のプラグ流を利用して撹拌混合する。大規模な埋立地盤などの急速施工に適している。
	プラント混合方式	粘性土	粘性土に固化材を添加して,ミキサで混合する。処理土の運搬は,空気圧送,油圧圧送,ベルトコンベア搬送などの方式がある。小規模から中規模の施工に適している。
事前混合処理工法		礫質土 砂質土 粘性土	含水比の低い砂(15%程度以下),比較的含水比の高い土砂,礫混じり土砂などにセメントなどの安定材と分離防止材を事前に添加・混合する。ベルトコンベヤ上で混合を行うドライ方式,混練ミキサによるウエット方式,自走式土質改良機による混合,回転式破砕混合機による破砕混合がある。
軽量混合処理土工法 (SGM軽量土)		粘性土	浚渫土に加水を行って含水比を調整し,セメントなどの安定材と軽量材(気泡または発泡ビーズ)を混練ミキサにより混合する。 通常の土砂に比較して密度が小さい(γ_t=10〜12kN/m^{3}程度)。

液状化防止工法

液状化を防止する対策においては,過剰間隙水圧を初期有効拘束圧まで上昇させないこと,地盤が軟化して大変形を起こし得る状態にさせないことが重要である。そのための手段として,密度増加,固結,粒度改良,排水促進のうち,いずれかの方法が採られる。

地盤の密度増加を目的とした工法は,サンドコンパクションパイル工法,振動棒締め固め工法(ロッドコンパクション工法),バイブロフローテーション工法,重錘落下工法があげられる。固結工法は,深層混合処理工法,事前混合処理工法,注入固化工法があげられる。粒度改良・排水促進を目的とした工法は,グラベルドレーン工法,人工材料のドレーン工法がある。これらの工法は,液状化防止対策として一般の構造物の基礎地盤に用いられる工法であるが,港湾施設の液状化対策工としてもよく用いられる。

港湾構造物における液状化対策については,平成7年1月に発生した阪神・淡路大震災において岸壁や埋立地における地盤の液状化による被害がクローズアップされ,その後の調査・研究成果を踏まえて,平成9年に(財)沿岸開発技術研究センターが「埋立地の液状化対策ハンドブック」を改訂した。同書では液状化予測の方法をより精度の高い手法に修正し,平成19年に改訂された港湾の施設の技術上の基準・同解説(国土交通省監修)においても同基準が参照されている。これらに示された技術上の基準や工法の適用事例は,現在の港湾工事の液状化対策における,最新の技術的指針を示している。

岸壁背後の典型的な工法採用事例を以下に紹介する。既設の岸壁背後に液状化対策工を施工する場合,従前は既存の構造物の近傍においてはドレーン工法を用い,その背後は締め固め工法を用いる事例が多かったが,最近では静的な締め固め工法や注入固化工法を用いる事例が多くなっている。

(事例1)
振動棒締め固め工法およびグラベルドレーン工法

振動棒締め固め工法は,周辺構造物への振動の影響,経済性,施工能率などを考慮して採用している。既設構造物の矢板背後は,既設矢板の変形を防止するために,グラベルドレーン工法を採用している。図10.3.9に振動棒締固工法およびグラベルドレーン工法の概要を示す。

(事例2) **深層混合処理工法**

阪神・淡路大震災後の復旧事例であるが,岸壁エプロン部では噴砂がほとんど確認されていないことから,著しい地盤の液状化は起こらなかったと考えられる。設計深度の増加に対応する土圧低減対策と将来の液状化防止対策の必要性から,ケーソンの背後に図10.3.10に示す深層混合処理工法を採用している。

(事例3) **事前混合処理工法**

阪神・淡路大震災後の復旧事例であるが,設計深度の増加に対応すること,背後エプロン部で噴砂が激しく地盤が乱されていたこと,岸壁背後に上屋などの施設がなかったことから,図10.3.11に示すように背後を掘削し,事前混合処理土により埋め戻す工法を採用している。

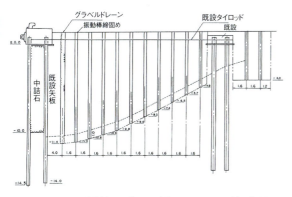

図10.3.9 振動棒締固工法およびグラベルドレーン工法の概要

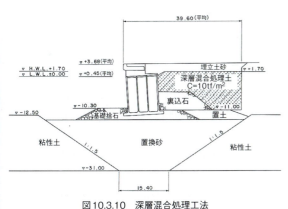

図10.3.10 深層混合処理工法

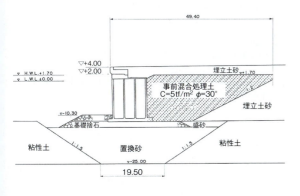

図10.3.11 事前混合処理工法

〔参考文献〕
1) 社団法人日本港湾協会：港湾の施設の技術上の基準・同解説（国土交通省港湾局監修），平成19年7月
2) 実用軟弱地盤対策技術総覧編集委員会編：実用軟弱地盤対策技術総覧，1993年12月
3) 社団法人日本作業船協会：現有作業船一覧1999（運輸省港湾局監修），1999年12月
4) 運輸省第五港湾建設局：管中混合固化処理工法，1999年3月
5) 土質工学会，液状化対策の調査・設計から施工まで，平成5年2月
6) 財団法人沿岸開発技術研究センター：埋立地の液状化対策ハンドブック（改訂版）（運輸省港湾局監修），平成9年8月

土圧軽減工法

地盤改良としての土圧軽減工法は，岸壁など背後から土圧を受ける構造物に作用する土圧を軽減するために裏込めや裏埋めに自重の軽い地盤材料や強度の高い地盤材料を用いる工法である。地盤材料の軽量化に関する研究開発は1970年代から行われている。その後，高炉水砕スラグが軽量な地盤材料として実用化された(飽和単位体積重量が18kN/m³)。一方，EPSブロック工法に用いられるEPSブロックは単位体積重量が1kN/m³程度ときわめて軽量であり，その軽量性だけで絶大な土圧軽減効果が得られる工法である。ただし，軽量地盤材料を残留水位以下で用いる場合には，単位体積重量が海水より大きくないと浮力の作用により浮き上がる懸念があるので，その点に注意する必要がある。地盤材料の強度を高めて土圧軽減をする工法としては，砂にセメントを混入させて固化する事前混合処理土工法など地盤材料を固化して用いるものがある。近年，材料の軽量性と高強度性の両方を兼ね備えた工法が研究開発されている。材料を軽量化するために，本来軽量な材料(水砕スラグ，石炭灰，シラスなど)を用いるばかりでなく，気泡や発泡ビーズなどの軽量化材料を一般の地盤材料に混入させて用いる工法である。軽量化とともに，強度を増加させるためにセメントのような固化材を添加することが行われている。港湾地域で大量に発生する浚渫土(特に浚渫粘土)に軽量化材として気泡かビーズを混入させ，固化材としてセメントを混入させる軽量混合処理土工法は浚渫土を用いた土圧軽減行法の代表例であるが，この他，石炭灰にセメントを添加して土圧軽減を行う工法などについての検討も行われている。なお，軽量化，高強度化による土圧軽減が構造物の設計に及ぼす効果について参考文献6)，7)などで検討されている。

第10章 施設別工法 Ⅲ 港湾 921

軽量混合処理土工法の施工状況
(写真提供:東亜建設工業株式会社)

〔参考文献〕
1) 善功企・沢口正俊・中瀬明男・高橋邦夫・篠原邦彦・橋本光寿 (1974):軽量ブロックによる土圧低減工法,港湾技術研究所報告,第13巻第2号
2) (財)沿岸技術研究センター(2007):港湾・空港における水砕スラグ利用技術マニュアル
3) 発泡スチロール土木工法開発機構(2007):EPS工法設計・施工基準書(案) 第一回改訂版
4) (財)沿岸開発技術研究センター(1999):事前混合処理土工法技術マニュアル
5) (財)沿岸技術研究センター(2008):軽量混合処理土工法技術マニュアル(改訂版)
6) 菊池喜昭(2005):講座建設・産業副産物の地盤工学的有効利用4.港湾・空港での利用,土と基礎第53巻第5号,pp.45-48.
7) 土田孝・菊池喜昭・福原哲夫・輪湖建雄・山村和広(1999):分割法による土圧算定法とその軽量混合処理土工法への適用,港湾技研資料No.924

5 基礎マウンド工

混成堤や直立堤などの重力式構造物において,その下部に割石を投入してマウンドを形成し,構造物の基礎とすることである。この工法は,重力形式の係船岸,護岸,防波堤に広く用いられており,日本のみならず海外でも多く採用されている。

基礎マウンドの機能1)としては,①構造物の重量を分散して基礎地盤に伝える,②構造物に働く波力をマウンド内部ならびに基礎地盤との間の摩擦力で吸収する,③基礎地盤の不陸を修正して上部構造物を据えやすくする,④構造物底面における基礎の洗掘や吸い出しを防止する,などがある。これらの機能を発揮するために,マウンドの厚さは1.5m以上必要である。

また,マウンド高は衝撃砕波力の作用を避けるため,なるべく深くした方が良いが,実際にマウンド高を決定するには,波力の大きさ,ケーソンヤードにおける製作可能な構造物高さの制限,据付の可能高さ,全体の工事費などの諸点を勘案して決定する必要がある。

マウンドの肩幅は2),堤体のすべりに耐えうる幅を確保する必要がある。波の荒いところでは,港外側は5m以上の幅をとるのが普通であり,港内側は港外側の2/3程度の肩幅とすることが多い。のり面こう配は波の状況によって異なるが,図10.3.12に示すように一般的に港外側を1:2〜1:3程度,港内側を1:1.5〜1:2程度にすることが多い。

また,基礎マウンドの被災として最も多いのがマウンドの洗掘であり,これを防止するため根固ブロックをマウンド天端上に据え,また十分な大きさの割石でのり面を被覆する。このとき,根固ブロックは出来るだけ大きいものがよく,被覆石は0.8〜2.0t/個のものを用いる例が多い。使用する割石は,扁平や細長でなく,堅硬,ち密で,耐久性があり,風化や凍結融解のないものを使用しなければならず,大きさは5〜500kg/個程度が用いられることが多い。

施工は,図10.3.13に示すように,石運船やガット船などにより割石を運搬し,オレンジピール型のグラブを用いて潜水士の指示に従い投入を行う。その後,表面の水準化や割石のかみ合わせなどのため,潜水士によって投入した割石を成形する方法が一般的である。しかし,近年では施工水深の増大や外海などの厳しい施工環境と施工の急速化のため,機械による均し作業も行われている。

〔参考文献〕
1) 合田良實,佐藤昭二:わかり易い土木講座17土木学会編集「海岸・港湾」(昭和63年) 彰国社
2) 国土交通省港湾局監修:港湾の施設の技術上の基準・同解説,日本港湾協会,平成19年3月

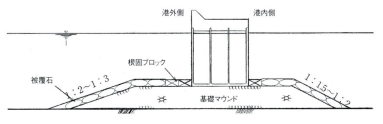

図10.3.12 防波堤断面図

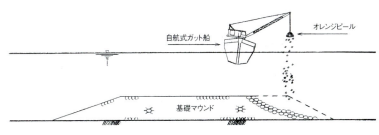

図10.3.13 捨て石投入状況

機械式捨石均し工

海底における捨石均し作業は，もっぱら潜水士の手により行われてきた。しかし近年，施工水深の増大や外海などの厳しい施工環境と施工の急速化のため，均し作業の機械化が進められている。

捨石均し機の主な方法1)として，①動力などを海上の支援台船から受け，4足歩行しながら均しレーキ，転圧ローラで均していく方式，②重錘を自由落下させその重量で締め固めおよび均しを行う方式，③起振式着座型タンパーで締め固めおよび均しを行う方式，④割石を捨て込みながら連続して均す方式，などがある。これらを可能とした技術の1つとして，船位測定に応用された高度な測量技術（GPSなど）の発達が上げられる。

〔参考資料〕
1)(社)土木学会編：土木用語大辞典（平成11年）技法堂出版

洗掘防止工

洗掘とは，波浪や河川の流れなどにより直立壁などの構造物前面や，混成堤などの基礎マウンドが浸食を受けることである。これは海中に構造物が設置されたことにより，それまで均衡していた波の外力と地形の均衡が，局所的あるいは広域的に破られるために発生する。

これを防止する工法としては，法尻に小段状に捨石を入れるか，捨ブロック，沈床，アスファルトマット，合成樹脂系マットなどを用いて，法尻を保護する方法がある。特に混成堤などの基礎マウンドは，構造物の安定性を確保することが極めて重要であるため，基礎マウンド上を根固ブロックおよび被覆材で保護する必要がある。なお，根固ブロックや被覆材の重量は波浪や材料密度などから決定する。

〔参考資料〕
1)(社)土木学会編：土木用語大辞典（平成11年）技法堂出版
2)運輸省港湾局監修：港湾の施設の技術上の基準・同解説（平成19年3月）(社)日本港湾協会

裏込工

護岸や岸壁などの土留壁体の安定を目的として，構造物の背後に普通土より内部摩擦角が大きい材料を投入することである。裏込材の効果として，①摩擦増大による土圧の軽減，②透水性増大による残留水位の低下，③防砂板を併用することによる裏埋土砂の流出防止，が一般的に期待できる。また，混成堤や直立堤の防波堤の場合，波浪による構造物の滑動に対する抵抗として投入する場合もある。

裏込石を用いた護岸の標準断面を図10.3.14に示す。裏込材料は，内部摩擦角および単位体積重量の材料特性を考慮して選定するが，一般的には割石，切込砕石，玉石，鉄鋼スラグが用いられている。土

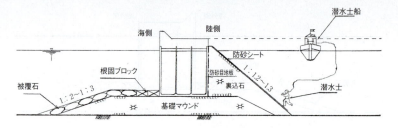

図10.3.14 護岸断面図

丹，砂岩および鉄鋼スラグは材料によりバラツキが大きいので使用に当たっては十分な調査が必要である。

のり面の勾配は割石で1：1.2，切込砕石や玉石で1：2～1：3とするのが一般的である。また，残留水位の増減などにより背後土砂の侵入が起こり，地盤の沈下や土圧の低減の恐れがある場合には目つぶし材の投入や防砂シートを設置する。また，裏込材の流出の恐れがある場合は，構造物壁面背後と裏込材の間に防砂目地板を設置してすき間を防ぐ。

施工は，石運船やガット船などにより割石を運搬し，オレンジピール型のグラブを用いて潜水士などの指示に基づき投入を行う。その後，表面の水準化や割石のかみ合わせのため，潜水士によって投入した割石を成形する方法が一般的である。裏込石の背後は吸出防止のため，防砂シートを設置することが多い。均しの精度は敷設するシートの材質により破損しないような値とするが，港湾工事共通仕様書2)では許容範囲としてのり面に直角で±20cmと定めている。

〔参考図書〕
1) 国土交通省港湾局監修:港湾の施設の技術上の基準・同解説（平成19年3月）（社）日本港湾協会
2) 国土交通省港湾局監修:港湾工事共通仕様書（平成16年3月）（社）日本港湾協会

吸出防止工

護岸や岸壁の重力式構造物において，目地や基礎捨石マウンドのすき間から背後の土砂流出を防止する目的で行うことである。

一般にケーソンやセルラーブロックの目地部には防砂目地板を設置し，護岸本体の底部には沈床材としてマット，背面には帆布などのシート類を敷設して対処することが多い。防砂板には，軟質塩化ビニール製やゴム製のものが多く用いられており，防砂シートにはジオシンセティック（透水性のあるシート状高分子）が多く用いられている。シートの材質は主にポリエステル系で，構造は織布と不織布の2種類がある。沈床マットにはアスファルトマットが多く用いられている。

〔参考図書〕
1) （社）土木学会編:土木用語大辞典（平成11年）技法堂出版
2) 国土交通省港湾局監修:港湾の施設の技術上の基準・同解説（平成19年3月）（社）日本港湾協会

6 コンクリートケーソン本体工

港湾工事では，気象・海象の影響を強く受ける海上作業を低減することが工程管理，品質管理上重要となる。このため，防波堤，岸壁等の施設について海上作業低減方策として構造物本体のプレキャスト化であるケーソン工が採用される場合が多い。港湾施設に用いられるケーソンは，RC製の中空の函塊で内部は隔壁で区切られている。なお，最近では鋼板とコンクリートの合成構造であるハイブリッドケーソンも製作されている。図10.3.15にRCケーソン式防波堤の標準断面を，図10.3.16にハイブリッドケーソンの構造例を示す。

ケーソンの形状については矩形形状が一般的であるが，低反射機能あるいは消波機能を付加するためにスリット形状，円筒形状等の異形ケーソンも数多く施工されている。ケーソンの外形寸法については，法線直角方向の断面幅は構造物の安定上から決定され，法線平行方向の延長については製作進水設備の容量等の施工的な要因から決定される場合が多い。また，内部の隔壁間隔についてはケーソン部材の固定条件および全体剛性確保の点から5.0m以内で設

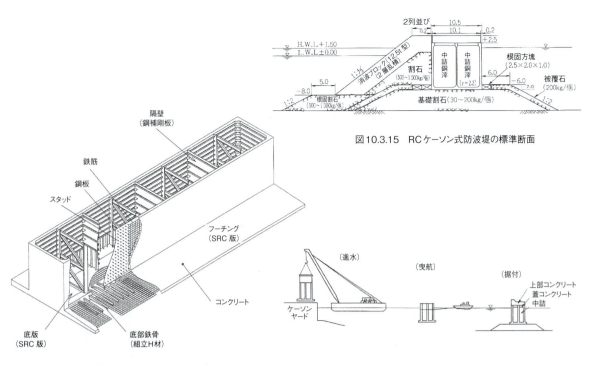

図10.3.15　RCケーソン式防波堤の標準断面

図10.3.16　ハイブリッドケーソンの構造例

図10.3.17　ケーソン本体工の施工過程

定される事例が多い。

一般的に，RC製ケーソンは，陸上あるいはドック内で製作され，進水後現場へ曳航され据付けられる。据付後，波浪等の外力に対して安定性を確保するため，直ちに中詰材を投入し蓋コンクリートが施工される。その後，根固・被覆工および所要天端高まで上部コンクリート工が施工される。図10.3.17にケーソン本体工の施工過程の一例を示す。

ケーソン本体工の施工上の留意点としては，前述のとおり波浪に対する安定性確保の点からケーソン据付～蓋コンクリート打設までを一連作業として施工する必要があるため，据付作業には作業限界波高以下の静穏日が連続することが条件となる。このため，施工計画時には静穏日の単発的な出現率から稼働率を設定するのではなく，波浪観測記録の時系列データを整理し，静穏日の連続出現日数，回数を算定して施工計画に反映させることが望ましい。また，施工時においても週間あるいは数日単位の波浪予測を行い，作業可否判断を行うことが重要となる。

製作工

ケーソン製作は，製作場所および設備により図10.3.18に示すように分類される。

上記に示すとおり，陸上製作ではケーソン製作専用ヤードとして移動設備，進水設備等を備えた常用施設（ex.斜路方式，ドライドック方式）の場合と，仮設的に既設岸壁等の後背地で製作を行い大型起重機船で吊り降ろす方式がある。一方，専用台船上の製作についても，クレーン，注排水設備等を船体上に配置し，浮遊状態でケーソンを製作するフローティングドック方式と，ケーソン製作時には船体全体を沈めて着底状態で製作を行うドルフィンドック方式がある。写真にフローティングドック方式のケーソン製作状況を示す。

なお，ドルフィンドック方式は船体が水没した状態でケーソン製作を行うことから，クレーン，注排水設備等は別途陸上あるいは付属船に装備されている。

■ RCケーソン製作工法

RCケーソンの製作は，一般に数層に分割して施工される。各層の高さは鉄筋組立の施工性およびコンクリートの打設能力によって設定されるが，通常は3m以内で設定される。なお，第1層目は底版部分のため2層目以降よりは層の高さは低く設定される。

一般的なRCケーソンの製作フローを図10.3.19に示す。

RCケーソンは数層に分けて製作されるため，各

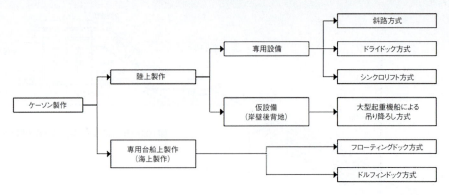

図10.3.18 ケーソン製作方法の分類

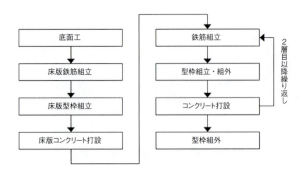

図10.3.19 RCケーソンの製作フロー

フローティングドックでのケーソン製作

層の型枠はスライド方式が採用される事例が多い。このため，ケーソン製作に用いる型枠は施工性から大組み枠が使用され，陸上常設施設あるいはフローティングドック等の既設クレーンを使用する場合には吊り重量とクレーン能力（吊り能力，作業半径）を事前に確認する必要がある。

また，コンクリート打設については，通常はコンクリートポンプ車で施工される。コンクリートの打設については打継目が弱点になる恐れがあるため，既設コンクリート表面のレイタンス処理，ゆるんだ骨材の除去等に十分注意して施工する必要がある。

■ ハイブリッドケーソン製作工法

ハイブリッドケーソンの製作は，鋼殻部の製作とコンクリート部の製作に分割される。鋼殻部の施工は，一般的に工場で鋼材の加工組立が行われる。一方，コンクリート部の施工場所についてはケーソンの重量，据付地点までの曳航距離，工場の岸壁規模等から総合的に判断して設定される。

鋼殻の製作は，上記に示したとおり適切な品質管

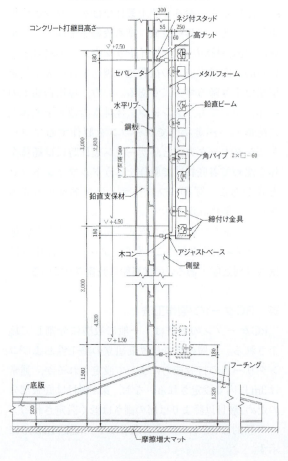

図10.3.20 ハイブリッドケーソンの型枠設置例

表10.3.9　各種ケーソン製作省力化工法

	評価技術名	特徴(キーワード)
1	ケーソン製作用スリップフォーム工法	足場・型枠一体化、連続施工
2	ケーソン・シンプル・マニュファクチュア	プレキャスト化、鉄筋のユニット化
3	PENT-KITE併用鉄筋組立建込工法	鉄筋のユニット化
4	ケーソン配筋の一部に鉄筋ユニットを用いる工法	鉄筋のユニット化
5	フルPca部材を用いたケーソンの合理化施工法	プレキャスト化
6	PC鉄骨ケーソンのブロック建造工法	プレキャスト化
7	ケーソン用自己上昇足場型枠工法	足場・型枠一体化、型枠移設の自動化
8	OSリフトアップフォーム工法	内足場・型枠一体化、型枠移設の自動化
9	鉄筋ピタット工法	鉄筋のユニット化
10	側壁傾斜型ケーソン型枠足場の施工法	外足場・型枠一体化
11	ケーソン製作におけるプレハブ化による省力化工法	プレキャスト化
12	ケーソン製作セパレス工法	型枠の簡素化
13	鉄筋ユニット化工法	鉄筋のユニット化
14	T-SEF工法	鉄筋組立の自動化
15	スルーフォーム型枠自昇システム	足場・型枠一体化、型枠移設の自動化
16	ケーソン構築工事の機械化・自動化工法	鉄筋組立、型枠移設の自動化

理体制を有する工場で製作される。一般的にはパネルからブロックを製作し、それらブロックを大組する製作順序で製作されるが、工場の設備能力、ケーソン規模によってはパネルから直接、全体鋼殻を製作する場合もある。

ハイブリッドケーソンの鉄筋の組立は、鋼殻全体を先に組立てることから鋼殻製作途中に順次配筋を事前に施工することが可能となる。型枠工は外側型枠のみであり、鋼殻製作時に予め取り付けられたセパレーター取付ボルトを使用して型枠を設置する。図10.3.20にハイブリッドケーソンの型枠設置例を示す。

なお、コンクリートの打設についてはRCケーソンと同様にコンクリートポンプ車により施工される事例が多い。

■ ケーソン製作省力化工法

ケーソン製作における省力化工法については、主に鉄筋組立、型枠組立・組外しに関する工種について様々な工法が開発、実施されている。運輸省港湾局が実施している港湾に係わる民間技術評価制度のうち"ケーソン製作の省力化施工法"(平成7年度課題)で評価された施工法を表10.3.9に示す。

また、運輸省第二港湾建設局ではケーソン製作の大幅な省力化および工期短縮を図ることを目標として「パネルシステムケーソン」の技術開発を進め、平成6年度に実証函製作、平成7年度には防波堤(横須賀港)として据付が実施されている。パネルシステムケーソンはケーソン部材をプレキャスト化して工場製作し、現場において接合する工法である。実証函の製作では現場作業の人工数は通常のRCケーソン製作と比較して約1/4となり、工期についても約2割の削減効果が確認されている。写真にパネルシステムケーソン製作状況を示す。

その他、海外(シンガポール)においてはスリップフォーム工法により大型ケーソン製作の急速施工を実施した事例もある。

■ プレキャストフォームケーソン製作工法

プレキャストフォームケーソン製作工法は、外壁に高耐久性コンクリート埋設型枠、内型枠にRCプレキャストを使用し、埋設型枠間を流動コンクリートで充填する工法である。外壁の鉛直方向鉄筋の代わりに突起付きH形鋼を用いる場合もある。コンクリート二次製品を工場で製作し、ユニット化して架設することにより、フローティングドック上での作業を大幅に省略することで、工期の短縮と経済性向上の両立をねらった省力化工法の一種である。また、外壁に高耐久性コンクリート埋設型枠を用いることで長期的に耐久性が向上することも期待されている。

北海道福島漁港では斜面スリットケーソンに用いられたケースもある。

プレキャストフォームケーソンの施工

移動工法

斜路等の陸上設備でケーソンを製作する場合，進水設備を有効に利用するために複数のケーソン製作函台が設けられている事例が多い。この場合，製作函台上で製作されたケーソンを移動する移動設備が必要となる。

ケーソン製作函台は一般的に進水方向と直角方向に設けられ，製作能力に応じて数列設けられる場合もある。図10.3.21に斜路方式のケーソン製作ヤード例を示す。

同図に示した斜路式のケーソンヤードでは移動設備として横引装置と進水装置がある。横引装置や進水装置については車輪多列台車，クレードル，ボギー台車等が用いられ，レール交差部で横引装置から進水装置に載せ替えられる。移動装置の駆動はウインチ引きが一般的であるが，油圧式の駆動装置や自走式台車が用いられる事例もある。

また，茨城県常陸那珂港のケーソン製作ヤード（国土交通省）では，国内で初めて空気膜で底面摩擦を軽減する「パワフルーズ」方式が採用され，8,000t級の大型ケーソンの移動を実施している。「パワフルーズ」は移動経路に設けられたスライドウェイ上を走行する4列の台車群から成り，各台車にはジャッキと空気膜装置が設置されている。「パワフルーズ」の原理は，台車底面に圧縮空気を送り台車とスライドウェイ間に空気膜を形成し，摩擦抵抗を低減し移動荷重を軽減している。

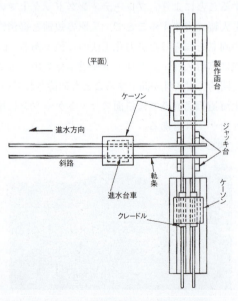

図10.3.21　斜路方式のケーソン製作ヤード例

進水工法

ケーソンの進水工法は，"ケーソン製作工法"で示したとおり製作場所および設備によりドライドック方式，斜路方式，起重機船方式，フローティングドック方式等の各種の工法が行われている。

一般的にケーソンは，進水させた状態で浮遊時の安定性が保たれているように計画されている。ケーソン本体で浮遊時に安定性を保持できない場合には，バラスト材を隔室内に配置して重心を下げる等の事前対策が必要となる。また，スリットケーソンや隅角部用ケーソン等の非対称の異形ケーソンでは，平面的なバランスについても事前に検討する必要がある。

ケーソン進水場所は浮遊時のケーソン喫水に対して十分な水深があり，波浪に対しても静穏度が確保されている海域を選定することが重要となる。

なお，上記に示した進水工法の他にも護岸前面に昇降式プラットホームを設置し，ホイストの巻下げによりプラットホーム上のケーソンを進水させるシンクロリフト方式や着底式のケーソン進水用装置 D.C.L(Draft-controlled Caisson Launcher)を用いる方式なども実施されている。図10.3.22にシンクロリフト方式の概念図を示す。

■ ドライドッグ方式

ドライドッグ方式は，造船用のドッグと同様に排水されたドッグ内でケーソンを製作し，製作完了後ドッグ内に注水しケーソンを浮上させる。その後，ドッグ前面のゲートを開放し，浮上したケーソンを引船にて順次ドッグ外に引き出す工法である。同工法はドッグ規模によるが，一度に多数のケーソンを同時に製作進水させることが可能であるため，大量急速施工が求められる場合には有利となる。ただし，ドッグ設備は大規模となるため，初期投資が大きくなり，長期的な施設利用が見込まれる計画でなければ経済的でない。

また，設備の拡充等は容易でないため，予め製作される最大規模の喫水等の諸元に対応して設備を計画する必要がある。

■ 斜路方式

斜路方式は"移動工法"で示したとおり，陸上からケーソンが浮上可能な水深まで軌条を配置した斜

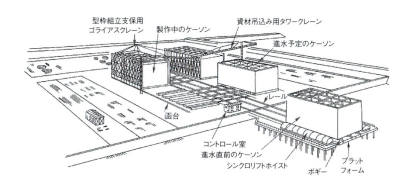

図10.3.22　シンクロリフト方式の概念

路を設け，台車上に搭載されたケーソンをウインチ等の機械力で斜路上を降下進水させる工法である。斜路部の勾配は1：3～1：10程度で設定される事例が多い。

進水可能なケーソン規模は，降下に用いるウインチ能力および斜路終点の水深で決定される。このため，進水対象ケーソンが大型で喫水が大きい場合には大規模な斜路が必要となることから，一般的には2,000tf/函程度の中規模以下のケーソン製作ヤードで採用されている。

■ 起重機船方式

起重機船方式の進水は，ケーソン製作用の専用設備ではなく，一般岸壁の後背地等で製作されたケーソンの進水で用いられる工法で，製作されたケーソンを大型の起重機船で直接吊り上げて進水させる方式である。

同方式では，調達できる起重機船の吊り能力で進水可能なケーソン重量が決定することから，計画時点からの起重機船の稼働動向調査が重要となる。なお，吊り上げ荷重についてはケーソン重量に加えて，吊り枠重量，底面付着力，コンクリートの膨らみ等も十分検討して考慮する必要がある。

また，ケーソン製作場所については起重機船の吊り能力とリーチから護岸水際線付近となるが，製作ケーソンの自重により既設護岸の安定性に影響を与える場合もあるため，事前に既設護岸への影響度合いを確認しておく必要がる。

■ フローティングドッグ方式

クレーン，注排水設備および発電設備を有したケーソン製作専用台船であるフローティングドッグ上でケーソンを製作し，台船内への注水により船体ごと沈降させてケーソンを浮上・進水させる工法である。

フローティングドッグは曳航可能なため，計画に応じて必要隻数を調達することが可能であり，斜路，ドライドッグ方式のような初期投資が不要となり，機動性に優れている。

また，近年大型のフローティングドッグも数多く建造されており，大型ケーソンへの対応も十分可能となってきている。

なお，同方式はケーソン製作時および進水時は静穏な海域での係留が必要となるため，計画時点では船舶調達の他に係留岸壁の調査・調達も十分検討する必要がある。

曳航据付工法

ケーソンの曳航・据付は，使用する作業船舶・機械により以下に示す2工法に大別される。

・ケーソン本体を浮上させた状態で，曳船によりケーソンを曳航し，据付を行う工法。
・ケーソン本体を大型起重機船で吊り上げた状態で，曳船により大型起重機船を曳航し，大型起重機船でケーソン据付を行う工法。

ケーソン本体を浮上させて曳航・据付する場合は，ケーソンに大廻しロープを取り付けて引船に繋ぐのが一般的であるが，港内曳航のような曳航距離が短い場合には押船による曳航方式も実施される場合がある。据付方法については計画地点の波浪条件，工事数量等から様々な方式が実施されている。図10.3.23にケーソン本体浮上の場合の据付方法例を示す。

同図に示すとおりケーソン据付方法は，基本的には既設ケーソンへ据付けるケーソンを引き込む方式が採られている。静穏な海域ではレバーブロック等

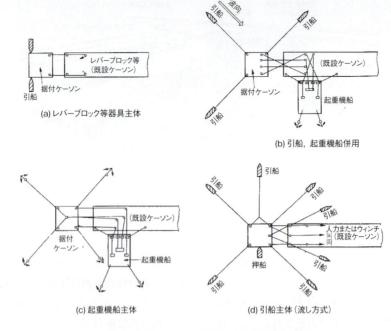

図10.3.23 ケーソン本体浮上の場合の据付方法例

大型起重機船による据付状況

の引き込みで据付可能であるが，うねりの影響を受ける場合は起重機船のウインチ等で引き込む必要がある。また，近年では注水から据付までの作業を遠隔操作することにより，施工の安全性を確保する自動化システムを用いることもある。

大型起重機船でケーソンを吊り上げて曳航・据付する場合は，ケーソン本体は起重機船で吊り上げられているため，据付地点への誘導・位置決めは起重機船のアンカー操作により行う。同方式の利点はケーソンの位置がズレた場合でも再据付が容易であるため，精度良く据え付けることが可能となる。反面，大型起重機船は特殊船で損料が高いため，大型起重機船方式のケーソン据付は波浪条件が長期にわたり良い（ex.夏期の日本海側，湾内）場合に採用されるが，太平洋岸などのように波浪条件が厳しく，変動も激しい海域では起重機船の不稼働が多くなり経済性で不利となる場合が多い。

中詰工法

ケーソン工は，一般的には堤体の安定性を早期に確保するために据付完了後，直ちにケーソン隔室内に中詰材が投入される。中詰材に用いられる材料は砂質土が一般的であるが，水砕スラグ，鋼砕等の再生資源材料が使用された事例もある。

中詰材の投入は，一般的にグラブ付自航運搬船（ガット船）で投入される。中詰材投入作業では，ケーソン隔室内の中詰投入量が不均等とならないように

投入管理に十分注意する必要がある。また，砂投入時には濁水が発生するため，濁水の処理，拡散防止策についても事前に検討しておく必要がある。

ケーソン中詰工法の特殊工法として閉合循環式中詰工法（FMECS工法）がある。FMECS工法は，密閉されたケーソン内に中詰砂をポンプで水と一緒にスラリー状で循環させ，流速の変化でケーソン内に砂を沈殿させる工法である。同工法の特徴は，循環式のため濁水を外部に流出しないこと，異形ケーソンや潜堤型ケーソンにも対応可能な点が上げられる。図10.3.24にFMECS工法の概念図を示す。

ケーソン中詰材投入完了後，一般的にはケーソン天端部に蓋コンクリートが施工される。蓋コンクリートは上部工施工までの期間の波浪による中詰材飛散防止が目的である。蓋コンクリートの施工方法は場所打ちコンクリート方式とプレキャストブロック方式がある。なお，プレキャストブロック方式では，ケーソン本体の壁とブロックの隙間を目地コンクリートで充填する必要がある。

〔参考文献〕
1) 安達逸雄，遠藤聖五郎，山海堂：『最新港湾工事施工技術』
2) 社団法人日本港湾協会：『港湾の施設の技術上の基準・同解説』
3) 社団法人日本港湾協会：『運輸省港湾土木請負工事積算基準』
4) 財団法人沿岸開発技術研究センター：『ハイブリッドケーソン設計マニュアル』
5) 財団法人沿岸開発技術研究センター：『みなとの技術'96』
6) FMECS工法協会：『FMECS工法』

7 鋼製ケーソン本体工

鋼製本体工は，構造本体の主要材料がH型鋼・鋼管・鋼矢板および鉄板のような鋼製とした本体構造物の主工種である。鋼製材料を用いた構造物は，あらかじめ陸上製作した材料を用い直接地盤に打込むため，海底地盤の整地・床掘やマウンドの構築が不要で，水中作業が少なく，比較的施工が単純で急速施工にも適している。しかし，打込み施工時に振動や騒音が生じやすく，鋼製の防食対策も必要である。

鋼製材料を用いた構造物には，鋼管を基礎杭とした桟橋，ドルフィン，ジャケットや，鋼矢板，鋼管矢板，鉄板を用いた矢板式係船岸，鋼矢板セル，鋼板セル等がある。

鋼製材料の中で，鋼管杭と鋼矢板の特長を挙げると，鋼管杭は，断面剛度が大きく基礎杭として適しており，強固な地盤に打込まれた場合は非常に大きな支持力を発揮し，曲げモーメントに対する抵抗力も大きく良質地盤の場合は大きな水平抵抗力がとれる。また，鋼管杭の製造可能範囲は非常に広く，地形，地盤，荷重などの設計諸条件に応じて外径と肉厚についての種々のサイズで使い分けが可能である。鋼矢板は，U型，直線形，組合せ形，軽量形，鋼管形等の種類があり，矢板を互いにかみ合わせ連続体として土留壁および止水壁の役割を果たすことや，矢板を併合してその中に中詰めを行いひとつの堤体とすることが可能である。

鋼製を本体工とした構造物の特長は以下のとおりである。杭式の桟橋およびドルフィンは，鋼管杭を杭打船等の杭打機により海底地盤に打設し，その杭を支柱として上部に床版を設置する工法を用いる。軟弱地盤に適し，水の流動を妨げず従来の自然条件の平衡を乱さない利点がある。セル式構造は，鋼板または鋼矢板を円形に製作し，これを水中に設置または海底地盤に根入れし，内部に中詰めして壁体を構築する工法である。これは，堤体の剛性・自立性

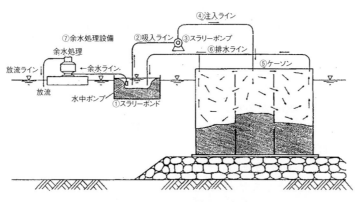

図10.3.24　FMECS工法の概念

が良く，使用材料が鋼材と中詰材のみであるため構造が単純で，比較的短期間に完成することができるという利点がある。ジャケット式構造は，脚柱，水平材，鉛直材，ブレース材で構成された鋼管トラスのジャケットをあらかじめ陸上製作し，それを地盤上設置点に据付し，脚柱と鋼管杭を固定することによって，その鋼管杭で支持する工法である。大型ブロックを一括架設ができることにより，海上作業が少なく，比較的工期が短い利点がある。

〔参考文献〕
1) (社)日本港湾協会：港湾の施設の技術上の基準・同解説，平成19年7月
2) 鋼管杭・鋼矢板技術協会：鋼管杭―その設計と施工―，平成21年4月
3) (財)港湾空港建設技術サービスセンター：港湾新技術・新工法積算基準ライブラリー，平成21年12月

海上杭打設工法

鋼管杭，鋼矢板の打設は，陸上施工，海上施工，仮設桟台のような足場を構築する足場上施工があり，施工場所，施工周辺環境条件，水深，土質条件，波浪，潮流および作業機械の調達等の条件によって決定される。その中で，海上杭打設工法には，杭打船のような専用船により，鋼管杭や鋼矢板を地盤に打設する工法と，海上に桟台を構築してその上に杭打機を搭載して打設する工法がある。

杭打専用船による工法は，鋼管を基礎杭とした桟橋やドルフィンおよびジャケットのような構造形式に多く用いられる。その杭打専用船は，箱型台船に杭打機と各種の巻き上げウインチ等を装備しており，杭打専用船の固定には，アンカーを使用する杭打船と固定杭（スパッド）を使用したSEP船がある。また，起重機船による工法は，セル工法に代表されるように，打設装置(バイブロハンマ，油圧チャック，連動装置)を吊り下げ，鋼材を打設装置によって吊取り，振動工法によって地盤に打設するものである。このような杭打作業を伴う工法は，鋼管杭や鋼矢板を打設する船以外にも，揚錨船，引船，鋼材の運搬用台船，交通船および潜水士船の船団が必要となる。

海上に桟台を構築する工法には，仮設の桟台を設置し，その上に搭載した杭打機により鋼管杭や鋼矢板の打設した後，桟台を撤去する工法がある。その他に，既に打設した本体用の杭の上をステージにして杭打機を搭載し，次の杭を打設して前進する工法

がある。これらの工法は，作業船が設置できない浅い水深部や狭い作業区域の場合および海象条件が厳しい区域の場合に有効な工法である。

〔参考文献〕
1) (社)日本港湾協会：港湾の施設の技術上の基準・同解説，平成19年7月
2) 鋼管杭・鋼矢板技術協会：鋼管杭―その設計と施工―，平成21年4月
3) (財)沿岸開発技術研究センター：ジャケット工法技術マニュアル，平成12年1月

セル工法

本工法には鋼矢板セル工法と鋼板セル工法がある。鋼矢板セル工法は，直線形鋼矢板を円形または円弧状に組立てし，起重機船等の吊具に取付けられた複数のバイブロハンマにより吊下げたセル殻を，必要深度まで打込み，その後に中詰を施すものである。鋼板セル工法は，あらかじめ工場で加工された鋼板を，現場作業基地で溶接により組立ててセル構造を形成し，中詰を施すものである。これらの工法は，防波堤，護岸，ドルフィン，係船岸，仮締切堤等に用いられ，そのセル殻の形状は，円形セルをアークで結んだ形状が一般的であるが，その他には，たいこ形セルやクローバー形セルがある。

外力に対しては，セルと中詰めが一体となって抵抗するが，根入れを行うことにより横抵抗を期待する根入れセル式と，根入れを行わず重力式構造物と等価な構造の置きセル式とがある。十分な支持力を確保できる地盤上では置きセル式構造とすることが可能であるが，支持力が小さいところでは十分に根入れする工法を用いる必要がある。

セル工法の特長としては，構造が比較的単純で，大型機械を使用して一括施工が可能なため海上施工が少なく，急速施工に適していることが挙げられる。図10.3.25に根入れを有するセル式係船岸の断面の例を示す。

〔参考文献〕
1) (社)日本港湾協会：港湾の施設の技術上の基準・同解説，平成19年7月
2) (財)港湾空港建設技術サービスセンター：港湾新技術・新工法積算基準ライブラリー，平成21年12月

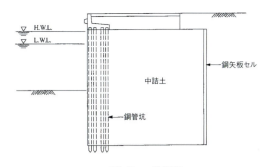

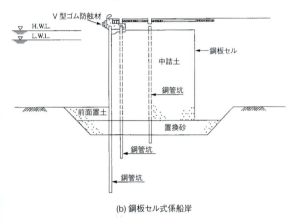

図10.3.25 根入れを有するセル式係船岸の断面の例

ジャケット工法

本工法は，ジャケットと呼ばれる脚柱，水平材，鉛直材，水平ブレース材および鉛直ブレース材で構成された鋼管トラス構造を用いて，桟橋，ドルフィン，プラットホーム等の固定海洋構造物をつくる工法である。施工法は，ジャケットの主要な鋼構造部分を工場製作した後に，陸上または海上から施工場所に運搬し，そのジャケットと海底地盤に打込んだ基礎杭を一体化させる工法である。

ジャケットの設置方法には，鋼管杭を打込み後，ジャケットを据付けて杭と連結させる杭先行法と，図10.3.26に示すように仮受け杭の上にジャケットを据付けてから鋼管杭を打込むジャケット先行法がある。杭先行法は，後からジャケットを鋼管杭に差し込む工法となるため，鋼管杭の打設精度が重要となる。また，ジャケット先行法は，ジャケットの脚柱である鋼管をガイドとして，後から鋼管杭を打込む工法であり，斜杭構造にも対応可能で，浅海から大水深まで広い範囲で適用可能である。

いずれの設置方法も，起重機船等のクレーンの使用により，ジャケットを所定の設置位置に大型のブロック単位で一括架設が可能である。

〔参考文献〕
1) (社)日本港湾協会：港湾の施設の技術上の基準・同解説，平成19年7月
2) (財)沿岸開発技術研究センター：ジャケット工法技術マニュアル，平成12年1月

8 消波工

消波工には直立堤を消波ブロックで被覆する工法と特殊形状の直立消波ケーソン堤および特殊ブロックを鉛直に積んだ直立消波ブロックがある。消波工は，波圧減少効果による堤体の安定性の向上，反射波の軽減による前面水域の静穏度の確保および越波・伝達波の減少効果を目的として施工する。

消波ブロックの場合，消波工の天端高が直立部天端高に比べ低すぎると，直立部に衝撃砕波力が作用する恐れがあり，反対に直立部より天端高が高すぎると天端のブロックが不安定になる。また，消波ブロックの施工端部において消波ブロックが直立堤を十分被覆していない場合には，その部分に大きな波力が作用する恐れがあるので注意する必要がある。

消波工の天端幅は，十分な消波効果を得るためには，消波ブロック2個並び以上とする必要がある。また，消波ブロックの法尻付近は波浪により基礎地盤の洗掘，吸出しにより消波工の沈下が生じやすいので，洗掘防止工を設ける場合もある。

ブロック据付は，起重機船で所定の断面内にかみ合わせ良くブロックを据付ける。ブロック据付時には，うねり等による起重機船の動揺によって，吊上げたブロックが防波堤本体あるいは据付けたブロックに衝突し，破損させることのないように注意する。

ブロックの据付けは起重機船による海上施工が一般的であるが，起重機船のリーチから完成天端まで施工することが困難な場合には，港外側より起重機船で施工し，堤体上からもクレーン等で施工する方法がとられている。ブロックの据付け方法として整積みと乱積みがあるが，乱積みが多く用いられている。天端部の施工は，凹凸を生じないように消波ブロックをかみ合わせ良く据付ける。

図10.3.27に消波ブロック被覆堤の施工概念を示す。直立消波型ケーソンは，ケーソン本体前部に透過

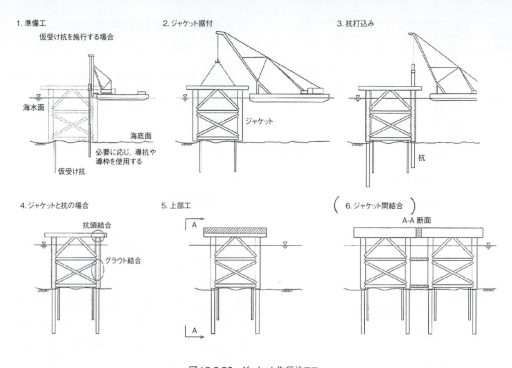

図10.3.26　ジャケット先行法フロー

壁と遊水室を有し，縦スリットケーソン，横スリットケーソン，曲面スリットケーソン，多孔式ケーソンなどの構造様式があり，一般に波高の小さいところで用いられてきた。しかし，近年，図10.3.28二重円筒ケーソンのように大水深，大波浪域でも適用可能な構造のものも出現してきた。

直立消波ブロック堤は，図10.3.29消波機能を有した特殊な直立消波ブロックを直積みした混成堤で，一体構造の大型ブロックを除いて，一般に波高が比較的小さい内湾や港内での防波堤や護岸として用いられている。

〔参考文献〕
1) (社)土木学会編：「新体系土木工学83港湾施設の施工」技報堂出版1980年
2) (社)日本港湾協会：「港湾の施設の技術上の基準・同解説」，平成19年7月
3) (財)沿岸技術開発研究センター：「新形式防波堤技術マニュアル」，平成6年4月
4) 山海堂：「最新港湾工事施工技術」，1991年
5) 日本海洋開発建設協会：「わが国の海洋土木技術」，1997年

9　上部工

重力式構造物の上部工

ケーソン式防波堤など重力式構造物の上部コンクリートは手戻り防止のため下部工据付け後できるだけ早い時期に施工する。また，基礎捨石施工後間がなく，沈下が予想される場合は上部工の打設を2段階に分け，第一段階のコンクリートを打設し，基礎捨石の沈下後，第2段階で天端調整を行うようにする。

上部コンクリートの打設は，直接コンクリートミキサー車が乗り入れ可能な場所ではコンクリートポンプ車を用い陸上と大差ない方法で施工できるが，陸路が確保できない場合は海上で大量のコンクリートを取り扱うこととなる。この施工方法としてはコンクリートミキサー船により海上で混練し，直接打設する方法とレディーミクストコンクリートをスキップや底開きバケット等で運搬し，クレーンで打設する方法，コンクリートミキサ車を台船等で運搬して打設する方法等がある。上部工の1回当たりのスパン割は時間当たりの施工能力やケーソンの寸法を考慮し2函にまたがらない範囲で決定する。

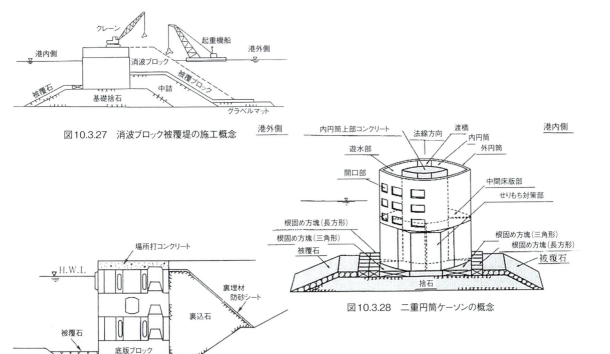

図10.3.27 消波ブロック被覆堤の施工概念

図10.3.28 二重円筒ケーソンの概念

図10.3.29 直立消波ブロック堤の概念

■ 桟橋上部工

桟橋上部工は，杭頭部を結ぶ梁部と床版部から構成されている。杭と上部工の結合は，杭頭モーメントを確実に上部コンクリートに伝えるため杭上部にプレートを溶接しそれに鉄筋を溶接する工法や鉄筋コンクリートの仮想杭を作くり剛結する工法がとられている。

上部工の施工は，場所打コンクリートが主流であるが，近年工期短縮で優位となる，梁・床版のプレキャストコンクリート化やPC桁による据付け，桁と床版を一体化して大型プレキャスト版による据付を行う工法も取られてきている。

場所打ちコンクリートは一般のコンクリート打設方法と変わらないが，特に梁部においては，定められた箇所以外の打ち継ぎ目を設けることのないように注意する必要がある。

支保工は，梁，床版のコンクリートや型枠などの全重量を受けて，支保工梁に過大なたわみを発生させてはならない。通常用いられている支保工は，杭にブラケットを取り付けその上にH鋼を主桁として布設する方法が多く用いられる。型枠は梁と床版とのハンチの構造が複雑なので木製型枠が用いられる。打設順序は梁部を最初に打設し，レイタンスなどの処理をした後床版コンクリートを打設する。

〔参考文献〕
1) (社)土木学会編「新体系土木工学83港湾施設の施工」技報堂出版 1980年
2) (社)日本港湾協会：「港湾の施設の技術上の基準・同解説」，平成19年7月
3) 山海堂：「最新港湾工事施工技術」，1991年

10 浮体工法

浮体工法は，浮体構造物を利用して港湾施設などを構築する工法である。浮体構造物は浮体本体，および浮体係留システムから構成され，さらに施設の目的に応じて必要な部材が付加されることになる。また，浮体構造物は，利用目的の他，浮体の材料，浮体の形状，係留方法などによって分類することができる。

浮体の製造材料からは，鋼製，鉄筋コンクリート製，PC製，木製，FRP（FiberReinforcedPlastic）製などに分類され，浮体の形状としては図10.3.30に示すような種類がある。ポンツーン型は港湾構造物として一般的に用いられている工法であり，建造

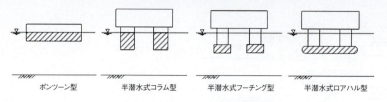

図10.3.30　浮体構造物の種類

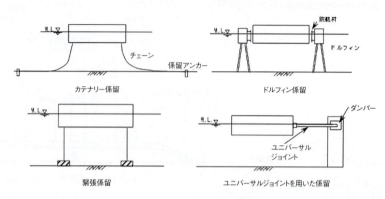

図10.3.31　浮体の係留方式

コストが経済的で，上載荷重が大きい場合に有利である。半潜水式のセミサブ型は，一定の浮力を保ちながら波の影響を受ける海面での面積を小さくしたもので波浪中の安定性が優れているが，建設コストは比較的高く，上載荷重が大きな場合には不向きな構造となっている。

また，係留方式としては図10.3.31に示すような方法がある。カテナリー係留は，係留索やチェーンで海底のシンカーに係留する方法であり，ドルフィン係留はチェーンまたはダンパーでドルフィンに係留する方法である。緊張係留は海底のシンカーからワイヤーなどで緊張係留するする方法であり，テンションレグプラットホームがその例である。ユニバーサルジョイントを用いた係留は，大型浮体の洋上係留法の1つである。

浮体工法は，比較的小型の桟橋，防波堤として利用されており，規模や水深などの立地条件によっては，他の構造形式よりも経済的となる。また，港湾施設以外では，アメニティ施設や災害救難施設などとしてかなり大型の浮体が利用されるようになってきており，さらに大型化して海上空港として利用する計画もある。

〔参考文献〕
1）（社）日本港湾協会：「港湾の施設の技術上の基準・同解説」（平成19年）

浮き桟橋工法

浮き桟橋としては，係留鎖で係留したポンツーンを連結した形式が一般的であり，浮体構造物に加えて陸岸とポンツーンを結ぶ連絡橋，ポンツーンとポンツーンを結ぶ渡橋から成っている。また一般に，浮き桟橋は波および流れの大きなところでは用いられず，波高は1m以下，流れは0.5m/s以下の場合に用いられ，接岸対象船舶も小型船に限られている。

陸岸から浮き桟橋にわたるための連絡橋は，潮位変動によるポンツーンの上下移動に追随するため可動橋となる。可動橋は，波浪の大きな場合には調節塔で吊る必要があり，その長さは干満差による橋の勾配などを考慮して決める必要がある。またポンツーンが波によって動揺する場合には，ポンツーン間の衝突による損傷を回避するためにポンツーン相互の結合を強固にするか，ポンツーン間に防舷材を設ける必要がある。

横浜みなとみらい21の海上旅客ターミナルを図10.3.32に例示する。ここでは，桟橋とともに旅客ターミナルを含めて浮体構造としているため，係留方法は動揺の少ないドルフィン・ダンパー方式を採用している。

〔参考文献〕
1）（社）日本港湾協会：「港湾の施設の技術上の基準・同解説」（平成19年）

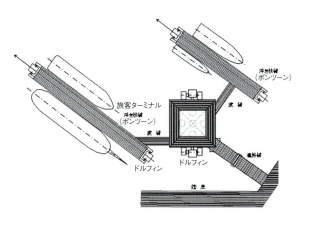

図10.3.32 海上旅客ターミナル

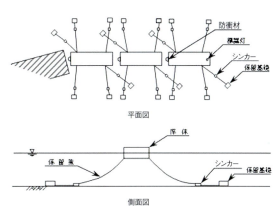

図10.3.33 ポンツーン型浮き防波堤の構造

浮き防波堤工法

浮き防波堤は，浮体を並べて波浪を防ぐ形式のもので，海水や漂砂の動きを防げないこと，潮位差や地盤条件に影響されないこと，移動可能であることなどの利点を持つ。一方で，浮体の動揺により港内側に相当の波の伝搬が生じること，周期などの波の特性によって消波効果が著しく異なること，耐波力に限界があるため比較的小さな波のところでしか使えないこと，アンカー系統の衝撃的な繰り返し荷重に対する構造が十分解明されていないことなどの問題がある。また，係留索が切断すると浮体が漂流して二次災害につながる場合がある。

構造形式としては，ポンツーン型，いかだ型，シート型などがある。ポンツーン型は波のエネルギーを浮体の動揺に変換し，係留索によって位相をずらして消波するものであり，一般的に用いられている形式である。ポンツーン型浮き防波堤の概念を図10.3.33に示す。いかだ型はいかだ状の浮体で水面を広く覆うことにより，流体の運動に変化を与えて波高を低減させるものである。シート型はたわみ性材料を浮体とし，シート面での摩擦で消波させるものである。

〔参考文献〕
1) (社) 日本港湾協会:「港湾の施設の技術上の基準・同解説」(平成19年)
2) (社) 全国漁港漁港協会:「漁港・漁場の施設の設計の手引2003年版」(平成15年)

メガフロート工法

メガフロート工法は大型浮体による人工地盤を構築することを目的とした工法である。この工法の推進・研究主体であるメガフロート研究組合は，平成7年に運輸省，日本財団の支援により鉱工業技術研究組合法に基づき設立され，6年間浮体式人工地盤の空港利用に関する実証的研究を主体とした技術開発を実施した。現在，これらの技術は(財)日本造船技術センターに移管され，各種プロジェクトの実現と更なる技術の進化を目指し活動が続けられている。

メガフロート工法は，造船所などで300m×60m程度のユニットと呼ばれる鋼製の浮体を建造し，写真1に示すように複数のユニットを洋上で接合することによって，所定の人工地盤を構築する。浮体ユニットを係留するために，ドルフィンなどの係留施設，また波浪条件によっては防波堤をあらかじめ構築しておく必要があるが，これらの作業は浮体ユニットの建造と並行して実施することができる。水深が深く，波浪条件が良好な場合には埋立よりも経済的となり，地盤や地震の影響をほとんど受けないなどの利点がある。

また，浮体の内部空間の利用も可能であり，利用目的として空港のほか，防災拠点，廃棄物処理場，備蓄基地，物流基地，レジャー施設などが提案されている。

〔参考文献〕
1) (財) 日本造船技術センター:「インターネットサイト:メガフロートの紹介」

11 環境対策工

近年の都市部およびその周辺の海岸では，急速な社会経済の発展に伴い沿岸域の利用・開発が拡大して，水際線の干潟・藻場・砂浜などが失われたり，水質・底質が汚染されたり，さらに生物の生息環境が悪化したりしてきた。また，沿岸域の高度利用や産業活動の活発化に伴い人間が水辺に近づくためのアクセスが失われ，産業施設を中心に無秩序に乱立する景観が多くつくられてきた。このような環境問題の解決に応えるため，沿岸域利用における水質保全，底質保全，生態系保全・創出，景観創造などの環境対策工法が研究・開発され，全国的に実施されるようになってきている。

水質を改善する工法には，礫間接触酸化，曝気，油回収・海面清掃，汚濁防止膜などがある。底質を改善する工法には，浚渫，覆砂，耕耘などの工法があげられる。これら以外に，海域環境を効果的に改善するためには，流入する汚濁負荷を軽減するとともに，海域に滞留する汚濁物質を取り除くか，海域外へと移送させることなどが必要である。

防波堤，護岸などの海洋構造物も，生物に配慮して計画することにより良好な生息環境をつくりだすことが可能であると考えられ，生態系配慮護岸や環境護岸などが整備されてきている。沿岸では失われた干潟・浅場・海浜や藻場などの再生・創造が行われ，生物相の多様化を図る事業が行われている。これら自然環境の再生・創造は，自然の不確実性や多様な社会的要請を踏まえて，事業の目標設定，計画・設計，施工，モニタリングを総括的に行い，その結果を事業に反映させる順応的管理手法が取り入れられてきている。

最近の都市部の水際線では，産業構造の変革により土地利用の転換が見られ，工場用地から住居地域や公園・運動場等に変わる傾向が見られてきた。このような場所では，臨海部における景観の再生・創造や，親水性の確保・整備，アメニティ空間の整備，港湾域の緑化造成などが行われている。

しかしながら，環境問題は局所的なものから地球規模までのものが存在し，最近では物質収支や物質循環という視点から対応していくことが必要と認識されてきており，今後は各種環境対策工の総合的な効果や改善についても検討を進めていく必要がある。

〔参考文献〕
1) 日本海洋開発建設協会:これからの海洋環境づくり-海との共生を求めて，㈱山海堂,1995
2) 国土交通省港湾局監修:順応的管理による海辺の自然再生,2007
3) 国土交通省港湾局:港湾における底質ダイオキシン類対策技術指針(改訂版),2008

生物共生

沿岸域は多様な自然が存在する空間であり，人間の活動が盛んな場所でもある。そのなかでも，港湾とその周辺部は古くから開発が進み，高度利用が進められてきた。人間の活動が急速に拡大するに伴い自然に対する負荷が増大し，大気・水質汚染を始め，埋立や浚渫などによる生物の生息場所の消失，単調で直線的な護岸や防波堤などの出現による偏った生態系の創出などの不具合が顕在化してきた。このため，都市部の海岸では良好な沿岸域の自然，風景等が失われ，また多様な生物の生息場も単調な人工護岸に置き換えられてきた。しかしながら，最近では産業構造の変化に伴い都市部での生産活動が減少するようになってきており，海岸線の用途利用が変わる傾向にある。

このような社会の動きのなかで，環境容量の有限性を認め，人間の活動と環境との調和を目指して「持続可能な開発」，「恵み豊かな自然環境の次世代への継承」などに取り組むことが社会的に求められてきている。こうした要請に応えるため，環境と共生する港湾（エコポート）の形成を目指した環境政策が策定され，生物との共生を視野に入れた施設づくりがはじまってきた。生物との共生を目的としたものとして，水際線における海浜，湿地，浅場等の造成や海岸の緑化，藻場や魚礁などの生物生育場の造成などがある。さらに，これ以上に生物との共生を図るにあたっては，これらの造成事業から得られる成果を新しい事業にフィードバックし，生物との共生をより充実させることが必要である。

〔参考文献〕
1) 桑島隆一:港湾における環境政策の動向，第25回底質浄化技術セミナー，(社)底質浄化協会,1999

生態系改善工法

　生態系改善工法の概念を定義することは困難であり，ここでは生態系を回復・改善させる工法ととらえて，現状の生態系の基礎となっている基盤に人為的に働きかけを行い，主に生物の生息環境の質を土木的に向上させる工法と考える。全国的に実施例がある人工砂浜，人工干潟や人工磯場などは生態系改善工法の一種といえる。また，覆土や客土により海底の水深を調整して，浅場やアマモ場を造成するなどの生態系改善工法も実施されている。東京湾，瀬戸内海，博多湾などの深堀部では，発生する青潮を抑制するための埋め戻しにより，水質・底質の環境を改善する事業が進められている。

　これら以外に，海藻の生育を目的にして防波堤の前面や背後に消波ブロック・根固ブロックを幅広に設置したり，緩傾斜捨石護岸やこの護岸の一部に小段を設置したりする工法も行われている。このように人工的に生態系を回復・改善させる工法を計画するには，基本的にその場にもともとあった環境（潜在的環境）に適合させることが重要である。

〔参考文献〕
1) 国土交通省港湾局監修:順応的管理による海辺の自然再生,2007

■ 藻場造成工法

　藻場造成を計画する上では，対象海域の藻場の成立要因を評価し，これに適合した生育基盤を整備する必要がある。そのため，藻場の分布を設計に適用できる定量的なデータを計画に盛り込むことが重要である。水質・底質，海藻分布（海藻自体の分布の変遷および消滅した場所の把握）については藻場の変動要因を追求するためにも，過去から現在までの比較・検討が必要である。藻場の生育環境を改善する主な技術としては，海藻類の生育に適した水深の確保を目的とした海底地盤の水深調整(小段の形成等)，潜堤・防波堤等による静穏化，生育基盤となる石やブロックなど基質の設置，不適切地盤の改善などがある。

〔参考文献〕
1) 国土交通省港湾局監修:海の自然再生ハンドブック，(財)港湾空間高度化センター，㈱ぎょうせい,2003

■ 磯場造成工法

　磯場は，岩盤の起伏，広い岩棚，大きな転石などが混在し，釣りをはじめ，そこに生息する多彩な生物の観察や触れあいなどの自然学習のフィールドとして古くから親しまれてきた。磯場の復元や整備は，人の利活用の面で安全性に問題があるのか，その事例は多くないようである。しかし，都市部の海岸に磯場およびその機能の一部を有した磯場が造成されている。磯場の造成は，はじめに造成の目的・目標やその利用方法などの方針を設定する。その後，自然の磯場や先駆事例等を参考にして地盤高・起伏・タイドプールの有無や大きさ・規模などの技術要素について計画・設計するとともに，造成の課題となりやすい利活用時の安全性についても十分検討する必要がある。

〔参考文献〕
1) 秋山章男:磯浜の生物観察ハンドブック，㈱東洋館出版社,1983

人工干潟・海浜造成工法

　干潟と砂浜は，主として底質を構成する土粒子径の違いと地形的特性から，「干潟:干潮時に露出する砂泥質の平坦な海浜」，「砂浜:砂・砂利が広く分布する海浜」に区別されることが多い。さらに，干潟は砂質前浜干潟，泥質前浜干潟，河口干潟の3タイプに分類することができる。造成は軟弱なシルト・粘土や砂などを扱うこと，岸近くの浅い場所が対象になることなど従来の埋立技術が応用できる。工法の基本は，水際線に盛り土を行い，適切な地盤高に調整することが主体となる。造成場所の海底勾配，波浪条件，潮流等によっては，土砂の流失を防止するために潜堤等を設置する必要がある。施工にあたっては，環境汚染に配慮し，特に環境負荷に弱い魚類の産卵期や海藻の付着期などは注意を払う必要がある。

〔参考文献〕
1) 国土交通省港湾局監修:海の自然再生ハンドブック，(財)港湾空間高度化センター，㈱ぎょうせい,2003
2) 小倉隆夫:人工干潟の施工技術，マリン・ボイス21，No.164,1992

緑化工法

　臨海部は強い潮風，塩分を含んだ土壌など植物にとって特有の環境圧があり，自然の海浜ではこれらの環境に適した形態の植物が生育し，海岸植物というグループを形成している。港湾域の緑化にあたっては，これら臨海部特有の環境圧を前提に，緑化の目的，事業の長短，投資金額等を総合的に考慮して，最適な緑化工法を選ぶ必要がある。緑化工法としては，①樹木植栽，②地衣植物植栽，③のり面緑化，④構造物緑化などがある。このうち港湾では，一般に対象が平坦な造成地盤であることが多く，樹木植栽と地衣植物植栽が主体となる。なお，工法検討の過程で，環境条件を考慮に入れた樹木の選定および土壌の改良等も重要な検討項目である。

〔参考文献〕
1) 八十島義之助，他編集:緑のデザイン,日経技術図書㈱,1993
2) 運輸省港湾局監修:港湾緑地の植栽設計・施工マニュアル,(財)港湾空間高度化センター港湾・海域環境研究所,1999

人工魚礁工法

　魚礁による漁場造成は，水産関連の事業で魚類の蝟集，発生及び成育を効率的に行うために様々なブロックや大型構造物を海中に設置してきた。最近，防波堤，離岸堤や埋立護岸等にも魚礁と同じような機能があり，海生生物と共存できる構造物の研究・実用化が各地で進められてきている。特に，埋立による生息空間の消失に対して，代替生息場としての施設造成，さらに埋立護岸に魚礁機能を加えて，積極的に生態系の創出が試みられている。代替生息場の施設造成には，水産増養殖を目的としたブロックや大型構造物を利用し，生物との共存を目的とした護岸には生息空間が広がる緩傾斜護岸や消波護岸などが好ましいようである。

〔参考文献〕
1) (社)日本埋立浚渫協会:海と人と埋立－時を超えて－,2000

景観創造

　港湾は交通の要所として昔から栄えてきたが，近年では埋立の沖合展開により，街と港が離れた存在となっている。しかしながら，産業構造の変化とそれに伴う水際線近傍の遊休地化，住民の自然環境に対する意識の向上などから，港湾あるいは都市部水際線のあり方について，これまでの利用重視から，自然との触れあいの場としての機能が求められている。人間にとってより良い港湾あるいは水際線は，災害に対して安全で，利便性が高く，美しい自然と景観に囲まれた状態でいきいきと活動できることが理想であると考えられる。

　このために，港湾の景観を計画するには，港湾計画で法線形状，施設規模・配置，土地利用，自然環境等について検討されるが，詳細な検討は別途，施設の細部を検討する企画・計画段階で初めて行われることが多い。しかしながら，全体的な計画を検討する時点から港湾全体の景観を考えて，施設の立ち上がり，水辺と陸域の関係，道路の配置，公園・広場と建築の関係等に関する景観の基本的骨格構造（マスタープラン）を検討しておく必要がある。

　景観を創造する際には，空間的に港湾と街の一体化を目指し，海からと陸からの風景を同調したものにする必要がある。また，既存の風景を阻害させない，港の背景となる地域の特性を取り入れるなど景観の維持を考慮したり，人々を誘引させるためにアクセスの確保，水との触れあい場の再生・創造，海岸線の近自然化，居心地の良い空間を創出したりすることも重要な要素である。

〔参考文献〕
1) (社)土木学会編:港の景観設計，技報堂出版㈱,1991

■ 景観維持

　景観の維持には，景観全体を対象にする場合と，景観構成要素の一部である水際線の形状や材料などの局部を対象にする場合がある。前者は既存の風景を阻害させない，港の背景となる地域の特性を取り入れるなどの広い視野からの維持手法である。後者は人工的な印象を緩和するように平面形状に海岸線の特性に応じた曲線を取り入れる，自然な材料を利用して自然との調和を図る，海の自然を生かすなどの維持手法がある。最近では，景観維持の一環として，海辺へのアクセス，親水性の確保，水との触れあい場の再生・創造，海岸の緑化，オープンスペースの創出などが進められ，景観の質的向上にも力が注がれている。

〔参考文献〕
1) 国土交通省港湾局監修:ビーチ設計・施工マニュアル改訂版,(社)日本マリーナ・ビーチ協会,2005

■ 親水施設設計技術

　親水施設としては，水に触れることだけでなく，水辺に近づくことも含めて，階段護岸・緩傾斜護岸などの親水護岸，人工海浜・人工干潟，タイドプール，釣り施設，マリーナ，散策道などがある。これら親水施設の設計技術は，水に触れて遊ぶ，海を見渡す，歩いて楽しむなどの親水性およびそれを生み出す景観性を考慮して設計することが重要となる。

　例えば，本来の機能が失われないことが前提となるが，護岸や堤防の天端を低くしたりして，水に触れやすく，また水際線に近づくことができるような構造を取り入れる。ただし，必要に応じて，安全のために護岸前面に柵等の安全対策が求められることもある。護岸背後は起伏を設けて海を眺める視点を広げ，海辺をくつろぎながら散策する遊歩道(ボードウオーク)やプロムナードを設け，周辺環境に配慮した緑地やベンチなどを設置する。人工海浜・人工干潟なども周辺の景観を阻害させないように，かつ自然との触れあいを促すことを条件に，目的とする機能を十分に満足させる施設を設計する。

水質浄化対策工

　沿岸域や閉鎖性海域では，陸域からの高濃度汚濁負荷の流入や水産養殖等の影響により窒素，リン等の栄養塩類の蓄積，底層の貧酸素化などの水質悪化をもたらす。このような富栄養化した水質を浄化する対策として下記のような工法がある。

(1) 浄化護岸

　防波堤や護岸等の海岸施設を微生物や潮間帯生物が生息しやすい構造とし，生態系の浄化能力を利用して水質を浄化する対策で，緩傾斜護岸，礫間接触石積堤・護岸，スリットケーソンのような曝気護岸等がある。

(2) 曝気/エアレーション

　水中に空気や溶存酸素濃度の高い表層水を機械装置等で送ることにより，微生物への酸素供給を行い有機物の分解を促進させ，底泥からの栄養塩の溶出防止を図る。

(3) 海水交換

　湾口部における透過式ケーソンや導流堤の設置，湾口から湾奥部にかけての澪筋の掘削により，外海水を導入し，湾内の海水流動，海水交換を促進することにより，水質の浄化を図る。

(4) 人工干潟・人工海浜

　干潟や海浜はプランクトンやバクテリア，ゴカイや貝類等の底生生物，アマモ等の水生植物など生物層が豊富で，海水中の栄養塩類・有機物を吸収，分解する能力が高い。このような機能を持つ人工干潟や人工海浜を沿岸部に造成することにより，水質の浄化を図る。

(5) 流入負荷削減

　陸域からの流入負荷を削減する対策として，ヨシ等の水生植物の浄化機能を利用したリビングフィルター，礫間接触酸化施設，下水の沖合放流等がある。

(6) 浚渫・覆砂 (→底質浄化参照)

〔参考文献〕
1) 環境圏の新しい海岸工学, フジテクノシステム, 1999
2) 海域環境創造辞典改訂版, 沿岸海域環境研究所, 1996

■ 汚濁拡散防止工

　浚渫・埋立工事や石材，砂を投入する際に発生する濁りが広範囲に拡散することを防止するための工法である。

　一般的には汚濁防止膜が用いられることが多い。汚濁防止膜は，水中に垂下するカーテン部とそれを浮かすためのフロート部及び係留部からなっており，カーテン部で浮遊粒子の接触，沈降を促進し，濁りの拡散を防止する。設置形式は，固定式（水面からの垂下型，海底面からの自立型）と浮沈式がある。

　敷砂，捨石等の投入時の汚濁拡散防止対策としてトレミー管工法がある。海底面近くから吐出することにより，濁りの早期沈降，拡散防止を図るものであり，効果を高めるために二重管式のタイプも開発されている。

〔参考文献〕
1) (社)日本埋立浚渫協会：DoctoroftheSea（改訂第2版），2002

■ 油回収工法

　海面に流出した油を回収する工法で，比較的静穏な平水域の場合には，オイルフェンスの展張により流出油の拡散防止と集油を図り，これを回収する。回収法としては，油吸着マットや油回収船による方法などがある。

　油吸着材は浮遊する油層表面へ投入して，油を吸着させて回収するための材料で，法で規格が定められている。素材としてはポリプロピレン系，ポリウレタン系の高分子材，天然素材等多種のものがある。

　油回収船は，油回収機能と貯留設備を持つ自航船で，双胴船型で両方の船体の中央で回収するものが多い。回収機構には，傾斜板式，付着ベルト式，モップ式，サクションフロー式等がある。

〔参考文献〕
1) 産業調査会：水質汚濁防止機器,1995

■ 海面清掃工法

　海面に浮遊する各種のゴミを海面清掃船により回収する方法である。

　海面清掃船のゴミ回収機構としては，ネットコンベア方式，回転円盤方式及びジェット方式の3種類がある。ネットコンベア方式は，一端を水面下に下げたネットコンベアが船首にあり，これを回転させてコンベア上に浮遊ゴミを捕捉し，コンテナに送り込む機構となっている。円盤回転方式は，ロータの回転により船首から船尾方向に水流を起こし，この水流によって船首から塵芥を吸入する方式である。水ジェット方式は，回転円盤の代わりに水ジェットにより水流を起こして，浮遊ゴミを吸引する。回収したゴミはコンテナごと揚陸し，陸上で処分する。

■ 曝気工法

　水中に空気を送り込み，溶存酸素濃度を高めることにより，海水中のバクテリアによる有機物等の好気的分解を促進し，底質からの栄養塩類等の溶出を防止する工法である。

　機械式曝気工法としては，①コンプレッサにより揚水筒や散気装置に直接空気を送気し，間欠あるいは連続的に水中に空気弾や微細気泡を放出し，水流を発生させる方式，②エジェクタポンプにより水を管中に送ることにより，圧力差で空気を吸い込み，水流として噴出する方式，③水の表面を羽根等で攪拌し，空気を水中に混入させる方式，④波動ポンプにより溶存酸素の高い表層水を取り込み，底層に送り込む方式，等種々の方式がある。

〔参考文献〕
1) 沿岸海域環境研究所：海域環境創造辞典改訂版,1996

■ リビングフィルター

　リビングフィルターは水生植物や海藻類を利用して水質浄化を図るものである。水生植物(主に根茎)や海藻(主に葉体)類は水中や底泥の栄養塩類の吸収・固定（植物体の中に蓄積）することで浄化機能を発揮し，植物体による物理的な沈降促進機能もある。

　この浄化作用を利用して，海岸線や海中に植栽地を整備すれば，漂砂，飛砂の防止や修景にも役立たせることができる。

　水生植物としては，耐塩性のあるヨシ，フトイなどがある。植栽地としての適用環境は，砂泥地が望ましく，波浪の荒い海域，汚濁が著しい海域には向かない。

〔参考文献〕
1) (社)日本埋立浚渫協会：DoctoroftheSea（改訂第2版）,2002

底質浄化対策工法

　海水交換の悪い閉鎖性水域に堆積した有機質底泥は，水中の溶存酸素を消費して貧酸素水塊を形成し，窒素，リン等の栄養塩類等を溶出して水質の富栄養化，生態系への悪影響をもたらす。底質の直接的な浄化対策として，下記のような工法がある。

(1) 浚渫工法

　堆積した底泥をポンプ浚渫船，グラブ浚渫船等により除去し，域外に搬出する。最近は水質の富栄養化に寄与する底泥表層や汚染された底質のみを除去する高濃度薄層浚渫工法や環境対応型グラブが開発されている。

(2) 覆砂工法

　船上から良質の海砂等を散布し，底泥表面を均等の厚さで覆うことにより底泥からの栄養塩類の溶出を抑えると共に，水底表面の土質性状を砂質あるい

は砂泥質に変えることで，エビ，貝類や底生生物等の生息環境を改善する工法である。

(3) 底質改良（石灰散布）

底泥表面に石灰を散布することにより，底泥からの硫化水素の発生を防ぐと共に，底泥中のリンをカルシウム塩として固定し，水中への溶出を減少させる工法である。

(4) 海底耕転

海底表面を鋤状の装置を曳航し，耕転することにより，嫌気状態にある底泥を酸素と接触させ，有機物の好気的な分解を促進する工法である。

(5) バイオレメディエーション

底泥に栄養塩類や酸素を注入し底生生物，微生物，バクテリア等を活性化させ，これらの生物により有機物の分解を促進する工法である。また，これらの生物そのものを散布する方法もある。

〔参考文献〕
1) マリノフォーラム21:H8ヘドロ海底の現状と対策に関する調査研究報告書,1997
2) ㈳底質浄化協会:新しい水質・底質の浄化技術,2005

■ 薄層浚渫工法

水質浄化を目的とした底泥浚渫では，リン，窒素等の含有量が多い軟弱な有機質底泥の表層及び浮泥を確実に除去する必要がある。また，余水の水質規制，処分地不足の点からも，除去対象の必要最小限な層厚で，できるだけ堆積状態のまま高含泥率で浚渫することが求められる。これらに対応するために開発された工法が高濃度薄層浚渫工法であり，一般的には次のような仕様が求められる。①含泥率50％以上，②層厚30cm程度で浚渫可，③汚濁の発生・拡散が少ない，④浮泥を含めた表層泥を確実に除去できる。

現在，実用化されている高濃度薄層浚渫船の浚渫機構は，特殊ポンプ系と特殊バケット系に大別される。(高濃度浚渫工法参照)

〔参考文献〕
1) (社)日本埋立浚渫協会:DoctoroftheSea（改訂第2版）,2002
2) フジテクノシステム:環境圏の新しい海岸工学,1999

高濃度薄層浚渫船

■ 覆砂工法

底泥からの栄養塩類の溶出を抑え，底生生物の生息環境を改善するために，底泥の表面に海砂等を均等に散布する工法である。

覆砂工法は，底泥の土質性状，覆砂材，水深，覆砂厚等により選定するが，実用化されている覆砂工法は乾式と湿式に大別される。

乾式は水を切った砂を，砂撒き船ホッパーに供給し，ホッパー底部より定量フィーダー，コンベア，トレミー管あるいは特殊シュート等を介して水底に散布する工法である。

湿式は，覆砂材をポンプ浚渫船またはバージアンローダー等によりパイプラインを介して砂撒き船に水力輸送し，水中に吊り下げた散らし管により散布する工法である。

〔参考文献〕
1) (社)日本埋立浚渫協会:DoctoroftheSea（改訂第2版）,2002

■ 浚渫土リサイクル技術

港湾においては大量の浚渫土砂が発生するが，ロンドン条約の改定により浚渫土砂の海洋投棄がますます厳しくなってきており，埋立材以外の浚渫土砂のリサイクルが求められている。

浚渫土のリサイクル技術としては，1) 石灰やセメント等や気泡等を添加し改良浚渫土を作る安定処理技術(プラント固化，管中混合固化，SGM軽量土等)，2) 高含水浚渫土を天日乾燥や圧密促進，機械脱水により含水比を低減，減容化を図る脱水処理技術，3) 浚渫土砂を篩い分け等により粗粒土と細粒土に分級

する分級処理技術等がある。

〔参考文献〕
1) 港湾・空港等リサイクル推進協議会:港湾・空港等整備におけるリサイクル技術指針,2004

■ 有害底質の無害化

近年，水銀やPCB等の重金属に加えダイオキシン類による底質の汚染が問題となり，ダイオキシン類に関する底質の環境基準が定められ，「港湾におけるダイオキシン類対策技術指針（平成20年4月，港湾局）」が発行された。この技術指針において対策として，浚渫・除去，覆砂，原位置固化処理等示されているが，3,000pg-TEQ/gを超える高濃度の汚染底質は無害化処理が望まれる。無害化処理技術としては，溶融法，高温焼却法，低温還元熱分解法，化学分解法，溶媒抽出法，バイオレメディエーション法等があり，環境省，国交省等で実証実験が公募されているが，大量の底質の無害化処理実績はまだない。

〔参考文献〕
1) (社)底質浄化協会:ダイオキシン類汚染底質の対策技術ガイドブック（改訂版）,2005
2) 国土交通省港湾局:港湾における底質ダイオキシン類対策技術指針（改訂版）,2008

12 廃棄物海面処分場

廃棄物の最終処分場は，埋立処分される廃棄物の種類により，一般廃棄物の最終処分場と産業廃棄物の最終処分場（安定型，管理型，遮断型）に分類される。一般廃棄物の最終処分場は，管理型最終処分場と同等である。これらの最終処分場のうち，水面埋立処分を行い海面に建設される最終処分場を「廃棄物海面処分場」という。以降，最終処分場の機能面について述べる。

安定型最終処分場は，そのまま埋立処分しても環境保全に支障のない廃棄物が対象である。海面においては，港湾浚渫土砂（特定・指定・有害水底土砂を除く）等で埋め立てられることが多い。

遮断型最終処分場は，特定の有害な廃棄物が対象であるが，現在のところ海面に建設された例はない。

管理型最終処分場は，安定型・遮断型最終処分場で処分される廃棄物以外の廃棄物を埋立処分する処分場であり，遮水工や浸出水処理施設の設置が義務づけられている。海面においては，不透水性地層からなる地盤上に建設されることが多く，通常，不透水性地層は軟弱な粘性土層である。

廃棄物海面処分場には大規模なものが多く，それを構成する埋立護岸は，波や高潮，地震等の外力に対して安定でなければならない。さらに，管理型の廃棄物海面処分場には，処分場外への浸出を防止するための遮水工が備わっており，構造体としても遮水性の観点からも安定かつ安全である必要がある。

処分場の底面あるいは側面を形成する不透水性地層や遮水工が備えるべき要件は，法律によって規定されているが，それらの海面処分場への適用にあたっては，技術上の課題が多く残されている。

管理型の廃棄物海面処分場の建設は，海上という厳しい条件の下で遮水性に配慮した施工を行わなくてはならない。また，完成後は潮汐や波浪，地盤の不等沈下等による影響に配慮した適切な維持・管理を行い，周辺環境に対する安全性を確保する必要がある。

〔参考文献〕
1) 廃棄物最終処分場システム研究会:『廃棄物最終処分場技術システムハンドブック』, 環境産業新聞社, 2006年12月.
2) 田中信壽:『環境安全な廃棄物埋立処分場の建設と管理』, 技報堂出版, 2000年2月.
3) 『廃棄物の処理及び清掃に関する法律施行令』.
4) 『海洋汚染及び海上災害の防止に関する法律施行令』.
5) 『一般廃棄物の最終処分場及び産業廃棄物の最終処分場に係る技術上の基準を定める命令』

鉛直遮水工

管理型の廃棄物海面処分場の底面および側面は，不透水性地層や鉛直遮水工等からなる連続した遮水工により形成されていなければならない。鉛直遮水工を構築するための工法としては，接合部に遮水措置を施した鋼矢板，鋼管矢板およびケーソンによる工法が代表的である。

鋼矢板による鉛直遮水工は，その継手部に水膨潤性の遮水材を塗布することにより，遮水効果を期待するものである。水膨潤性の遮水材には本設用と仮設用があり，遮水工を構築する場合は，本設用を用いなければならない。

鋼管矢板による鉛直遮水工は，その継手部にセメントモルタルやアスファルトマスチックや土質系

不透水性材料を充填して遮水機能をもたせるものである。継手部に矢板の変形に追随可能な不透水性材料が充填されている場合は，それをバックアップ機能（遮水機能が損傷した場合の対応機能で漏水リスクを軽減することが可能）と位置づけることもできる。

ケーソンによる鉛直遮水工は，ケーソンの目地部にアスファルトマスチック等を充填して遮水を施し，アスファルトマットによるケーソン底部の遮水，遮水シートによる捨石マウンド部の遮水を組み合わせて連続した遮水工を構築する方法である。

管理型の廃棄物海面処分場においては，護岸構造物を遮水機能を有する二重鋼管矢板やケーソン等で計画する場合と，護岸背面を陸上化した後に遮水機能を有する鋼矢板等により遮水工を別途構築する場合とがある。いずれの場合であっても，護岸構造を検討する際には，完成後のみではなく施工中も含めて，潮汐や波浪が遮水機能に及ぼす影響を十分に配慮しなければならない。

〔参考文献〕
1) 廃棄物最終処分場システム研究会：『廃棄物最終処分場技術システムハンドブック』，環境産業新聞社，2006年12月．
2) 『一般廃棄物の最終処分場及び産業廃棄物の最終処分場に係る技術上の基準を定める命令』．
3) (財)港湾空間高度化環境研究センター：『管理型廃棄物埋立護岸設計・施工・管理マニュアル（改訂版）』，平成20年8月．

表面遮水工

遮水シートを用いた表面遮水工が備えるべき要件は，次のとおりである。

① 厚さ50cm以上で透水係数10^{-6}cm/s以下の粘土等の層（またはこれと同等以上の層）＋遮水シート
② 厚さ5cm以上で透水係数10^{-7}cm/s以下のアスファルト・コンクリートの層（またはこれと同等以上の層）＋遮水シート
③ 不織布その他の物の表面に二重の遮水シート

管理型の廃棄物海面処分場の場合には，遮水シートは，ケーソン式護岸の捨石マウンド，護岸背面の裏込石，捨石式傾斜堤等の遮水，および不透水層を有しない場合は底面全体の遮水に用いられることが多い。

傾斜堤式護岸に対する二重の遮水シート構造の適用例は，シート間の中間保護層に透水係数の小さい材料を用いることにより，遮水シートの破損箇所からの浸透リスクを軽減したものである。

遮水シートの材料は，合成樹脂系，合成ゴム系およびアスファルト系の3種類に大別されるが，管理型の廃棄物海面処分場には，合成樹脂系のポリ塩化ビニル（PVC）シートや合成ゴム系のエチレンプロピレンジエンモノマー（EPDM）ゴムシートが用いられている。PVCシートの接合は熱溶着で行い，EPDMゴムシートの接合は接着剤もしくは熱盤プレスで行う。

遮水シート工の施工においては，遮水シートが損傷しないように，捨石や裏込石の凸凹を間詰石や砕石・土砂等で敷設面の平坦性を確保することが重要となる。遮水シートの接合および敷設は，海上での作業となり，特に敷設時には潮汐や波浪の影響を大きく受けるため，処分場内外の水位差・水圧差を小さくするといった配慮も必要である。敷設後は，遮水シートの浮き上がりや捲くれ上がりを防止する保護層等の施工を速やかに行うなど，遮水シートの定着のための措置にも十分な配慮が求められる。

また，廃棄物処分場の底面が不透水性地層の条件（厚さ5m以上で透水係数10^{-5}cm/s以下）を満たさない場合，もしくは一部でも満たさない所がある場合には，不透水性地層の条件と同等以上の遮水性を有するように地盤を改良したり，海底面上に土質系の不透水性材料を敷き詰めることにより人工の不透水性地層を確保する場合がある。土質系の不透水性材料を敷き詰める場合は，廃棄物の投入に伴う圧密沈下や側方流動等により，遮水性能が損なわれることがないよう十分な配慮が求められる。

〔参考文献〕
1) 廃棄物最終処分場システム研究会：『廃棄物最終処分場技術システムハンドブック』，環境産業新聞社，2006年12月．
2) 『一般廃棄物の最終処分場及び産業廃棄物の最終処分場に係る技術上の基準を定める命令』
3) (財)港湾空間高度化環境研究センター：『管理型廃棄物埋立護岸設計・施工・管理マニュアル（改訂版）』，平成20年8月．

13 その他の工法

サクション基礎

サクション基礎とは，茶筒状の構造物の開口部を下にして海底地盤上に設置し，ポンプにより内部水

を強制排水することで、構造物内外に発生する水圧差（サクション力）を押し込み力として利用し、海底地盤中に根入れする基礎構造である。施工事例としては、北海の石油掘削用プラットフォーム基礎等があり、国内の類似工法としては、1960年頃に神戸港第5防波堤（真空沈設工法によるPC管式円筒セル防波堤）の1件があった。平成10年～11年に直江津港において施工事例があるが、これは運輸省がサクション基礎の一般的な設計施工方法確立のための実証試験において施工したものである。また、平成11年～12年に大阪府土地開発公社の土砂積出し用桟橋の防衝工の基礎として施工された事例がある。

サクション基礎は、基礎部分を海底地盤中に根入れするため、従来の重力式構造物に比べ、基礎マウンド整備や床堀置換を要せず、マウント表面の潜水作業による均しが不要となる等、施工安全性向上や工期短縮が図られるとともに、滑動、転倒、引き抜き等に対する抵抗力・安定性向上が可能となる。このため、マウンドレス防波堤、岸壁（耐震強化岸壁）、護岸、サクションアンカー、大型浮体構造物係留基礎、根固め工等への適用が考えられる。

なお、沈設のために必要なサクション力は、押し込み力（＝サクション力＋基礎自重＋バラスト荷重）＞根入れに対する抵抗力（＝基礎周面抵抗＋基礎先端抵抗）の関係から解析的に求められる一方、過剰なサクション力が基礎内部に作用した場合、ヒービング、ボイリング、水道（みずみち：基礎外部からの局所的な水の侵入）が発生し、基礎の過大な傾斜や、内部上の体積膨張による内部閉塞や基礎の高止まりが懸念されるため、ヒービング等による基礎内部の地盤破壊に対して留意する必要がある。

参考文献
1)（財）沿岸技術研究センター：「サクション基礎構造物技術マニュアル」、2003
2)（財）海洋架橋・橋梁調査会：「スカート・サクション基礎の設計・施工マニュアル」、2005

防食および補修方法

防食工法

港湾鋼構造物の防食工法は、電気防食工法および各種の塗覆装工法がある。海水中または地中にある鋼矢板や鋼杭は、水と酸素により腐食電池を構成して腐食が進行するが、電気防食工法は、外部から防食電流を流入させてこの腐食電流を消滅させ、鋼材の腐食を防ぐものである。電気防食工法は、流電陽極工法と外部電源工法の2つがあるが、現在はほとんど流電陽極工法によっている。

塗覆装工法は、基本的には杭などの被防食体を腐食環境要因から遮断することにより防食する工法である。港湾鋼構造物に対しては、塗装、有機ライニング、ペトロラタムライニング、無機ライニングの4種類がある。

電気防食工法の適用範囲は平均干潮面以下の部分である。また、塗覆装工法はその種類により異なり、干満帯、飛沫帯、海上大気中を主な対象としたものと海中部にも適用できるものがある。図10.3.34に以下に一般的な腐食環境区分別の適用防食工法を示す。

〔参考文献〕
1)（財）沿岸開発技術研究センター：「港湾鋼構造物防食・補修マニュアル（改訂版）」平成9年4月
2)（社）日本港湾協会「港湾の施設の技術上の基準・同解説」（平成19年7月）

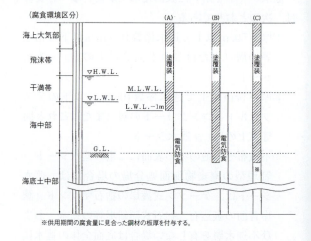

図10.3.34　港湾構造物の適用防食工法

■ 補修対策工法

　補修対策工法は，大きく分類して部材補修工法と構造系補修工法の二つの工法がある。部材補修工法には，被覆補修工法，充填補修工法，部材交換補修工法の3つがある。

　被覆補修工法とは，単独あるいは補修部鋼材と一体となって外力に抵抗できる材料・方法でその部分を被覆し，所要の耐力を確保するとともに上部工，鋼材相互間の力の伝達が十分に行える工法である。この工法として，鉄筋コンクリート被覆工法，鋼鈑溶接工法などがある。

　充填補修工法とは，対象杭または鋼管矢板上部のコンクリートをくりぬき，管内およびコンクリートくりぬき部に外力に抵抗できる材料を充填することによって所要耐力を確保し，部材相互間の力の伝達を十分ならしめる工法である。この工法として，鉄筋コンクリート中詰工法，中詰鉄骨コンクリート工法，H鋼杭打設充填工法などがある。

　部材交換補修工法とは，鋼管の補修すべき部分を切断し，外力に抵抗できる材料と取替えて所要耐力を確保するとともに部材相互間の力の伝達を十分ならしめる工法である。この工法として，鉄筋コンクリートに取替える鉄筋コンクリート柱工法のほか新規鋼管溶接工法などがある。

　構造系補修工法とは，構造系の中に新規に杭，梁，ブレーシングなどの構造を組み込むとか，構造物全体を重力式構造とみなせるように杭全体を塊状コンクリートで固めたり，あるいは，杭の発生応力が低減されるように構造物を安定させる工法である。この工法としては，コンクリートによる根固め補修工法，ブレーシングによる補強工法（水中格点工法，水中ストラッド工法等）などがある。なお，この工法においても腐食鋼管杭そのものの程度の差こそあれ，補修を施す必要がある。

　補修を行うための装置・工法として，腐食対策調査，補修とくに溶接の信頼性，施工性，安全性を高めるため，NDR工法等完全なドライで作業を行う工法もある。

〔参考文献〕
1) (財)沿岸開発技術研究センター：「港湾鋼構造物防食・補修マニュアル（改訂版）」（平成9年4月）

Ⅳ 空　港

空港土木施設の区分

　空港は航空機を安全に離着陸させ，航空旅客の乗降や航空貨物の積み降ろし等を行う施設であり，航空土木施設，航空建築施設，航空保安施設等から成り立っている。空港土木施設，空港建築施設，航空保安施設等から成り立っている。空港土木施設は①基本施設及びそれに附帯付帯する施設，②道路・駐車場，③排水施設，④場周柵，場周・保安道路等の付帯施設及び⑤空港用地に分類される。
　①基本施設及びそれに附帯する施設としては，航空機が直接使用する滑走路，着陸帯，誘導路，誘導路帯，エプロン及びこれらに付帯する飛行場標識施設や，グルービング，タイダウンリング，アースリング等基本施設の機能を補完する施設がある。
　②道路・駐車場は，空港の円滑な機能を確保するため，ターミナル地域の各施設を連絡するための構内道路や一般車駐車場，バス・タクシープール等の施設があり，大規模空港では旅客ターミナルビルと一体的なダブルデッキ構造の構内道路や駐車場の立体化など空港利用者に対して利便性・快適性の向上を図っている。
　③空港の排水施設は，滑走路等の離着陸区域は平坦性を求められるため，皿型排水溝や有蓋側溝・集水桝等が特徴的であり，構造物の設置位置に応じて設計荷重は航空機荷重等で決定される。空港は広大な区域の排水を処理するため，調節池やポンディング施設等を設けたり，場外排水施設等で対応する場合もある。また，軟弱地盤上の埋立空港では不同沈下に対応可能なFRPM管を用いることが多い。
　④空港附帯施設としては，基本施設を安全に運用・管理するために必要な場周道路，保安道路及び消防水利施設の外，制限区域への立入制限柵や用地境界に設置する境界柵及び航空機のエンジンブラストから通行人・車両を防護するためのブラストフェンス等がある。立入制限柵では不法侵入を防止するため溶接金網製の鋼性フェンスを使用するが，航空保安無線施設の電波に障害を与える恐れのある場所にはグラスファイバー製のフェンスを設置する。ブラストフェンスの設置位置及び形状寸法は対象航空機のブラスト強度をできるだけ低減させるように計画する必要があり，一般にはブラスト強度の許容値を15m/secとしている。また，航空機騒音等による空港周辺への影響を軽減するための防音壁を設置している空港もある。
　⑤空港用地は，航空機が直接使用する空港制限区域（エアーサイド）と旅客や貨物のターミナル施設等が配置されるターミナル地域（ランドサイド）に大別される。空港は広大で平坦な用地を必要とし，空港周辺への航空機騒音の影響を極力少なくする必要から，陸域では丘陵地での大規模土工，海域では大規模な埋立による整備が一般的となっているが，航空機が使用するエアーサイドは航空法で規定された勾配規定を維持することが不可欠なため，地盤の不同沈下対策等が重要である。また，近年では災害時における輸送拠点としての空港の役割が重要視され，防災上の観点からの耐震化（液状化対策等）を進めている。
　図10.4.1に空港土木施設の区分を示す。

1　空港アスファルト舗装

　空港舗装のうち，表層が砕石・砂利等の骨材をアスファルトで結合したアスファルトコンクリートの

空港土木施設

基本施設及びそれに付帯する施設
- 滑走路…滑走路、過走帯、ショルダー、ターニングパッド、路面標識、グルービング
- 着陸帯…着陸帯、飛行場名標識、滑走路端安全区域
- 誘導路…誘導路帯、誘導路、ショルダー、路面標識
- エプロン…エプロン、GSE通路・置場、アースリング、タイダウンリング、路面標識

道路及び駐車場
- 道路…構内道路（平面・橋梁・地下道）、歩道（平面・地下道・歩道橋）
- 駐車場…一般駐車場（平面・立体）、バスプール、タクシープール

排水施設
- 排水施設…排水路（暗渠、開渠、皿石、マンホール）、調節池、ポンプ施設
- 場外排水施設…場外水路、調節池、ポンプ施設等

附帯施設
- 場周道路等…場周道路、保安道路
- 場周柵等…立入制限柵、用地境界柵、プラストフェンス
- 消防水利施設…貯水槽、消火栓設備
- 防音施設…防音堤、防音林、防音壁等

空港用地
- エアーサイド…滑走路、着陸帯、誘導路、エプロン等の用地
- ランドサイド…旅客・貨物ターミナル施設、道路・駐車場、管理施設、給油施設、整備施設等の用地
- 〈陸域〉高盛土、大規模土工
- 〈海域〉護岸、大規模埋立、地盤改良、桟橋構造

図10.4.1 空港土木施設の区分

エプロンのコンクリート舗装

ものをいい、表層、基層、上層路盤、下層路盤で構成される。航空機荷重は大型航空機から小型機まで7段階に区分されており、交通量も5段階に区分されている。主として、滑走路、誘導路等航空機が比較的高速で走行する箇所に使用される。

アスファルト舗装

アスファルト舗装は、表面部分にアスファルトコンクリートが用いられている舗装であり、航空機荷重を舗装により広く分散して、路床に作用する応力を十分に小さいものとする機構を有している。アスファルト舗装では、表面に近いほど変形抵抗性の大きい材料が用いられており、表層・基層にはアスファルトコンクリート、上層路盤には粒度調整砕石、下層路盤には切込砕石が一般的に用いられている。これら砕石に代わって各種安定処理材料が使用されることも多いが、大型ジェット航空機が就航する空港では上層路盤に安定処理材を用いることが原則とされている。なお、表層と基層ではアスファルトコンクリートの種類が異なり、表層には密粒度アスファルトコンクリート、基層には粗粒度アスファルトコンクリートが用いられている。

サンドイッチ舗装

アスファルト舗装の一種で、路床上に剛性の高い捨コンクリートやセメント安定処理材層を施工し、その上層に通常の粒状材路盤等を使用したものをいう。表・基層のアスファルトコンクリート層（上層路盤に安定処理材料が使用されている場合はそれも含む）と路床直上の高剛性材料路盤とで砕石路盤を挟み込む形式となっていることから、この名が付けられている。サンドイッチ舗装は、路床直上に用いる剛性の高い路盤での荷重分散が良好なことから、埋立造成地盤のような路床支持力の小さい地盤に対する適用性が高い。オランダ・スキポール空港で採用されているが、わが国でも東京国際空港や成田国際空港に用いられている。

半たわみ性舗装

表面部分に半たわみ性材料が用いられている舗装であり、一般的にアスファルト舗装における表層もしくは表・基層に半たわみ性材料が用いられているものとなっている。半たわみ性材料は、開粒度アスファルトコンクリートの空隙にセメントを主成分とするペーストが注入されたものであることから、アスファルトの持つたわみ性とコンクリートの持つ剛性を兼ね備えているとして、半たわみ性舗装といわれている。半たわみ性材料は、アスファルトの種類、アスファルトコンクリートの空隙率、セメントペーストの強度・流動性等を変えることによって、必要とされる性能に応じたものが施工可能であるが、空港舗装のように重荷重が対象となる場合には比較的厚い半たわみ性材料層が必要とされる。半たわみ性材料層は、まずアスファルトコンクリート層を通常の方法で施工したあと、その表面にセメントペーストを撒いてローラ等によりアスファルトコンクリートの空隙に浸透させることによって施工される。

フルデブスアスファルト舗装

アスファルト舗装の一種で，表層から下層路盤に至る全ての層にアスファルト混合物（アスファルトコンクリートならびにアスファルト安定処理材）が用いられたものをいう。舗装を比較的薄くすることができるので，他の構造物があることによる舗装表面高さの制約があったり，舗装建設地点における地盤の地下水位が高かったりと，通常のアスファルト舗装のように舗装を厚くできない場合には有用なものとなる。その反面，路床上に直接アスファルト安定処理材路盤を設けることから，施工基盤としての路床の性能確保が必要となる。東京国際空港に使用されている。

■ 改質アスファルト舗装

アスファルト舗装の一種で，改質アスファルトを用いたアスファルトコンクリートを表層あるいは表・基層に用いたものをいう。改質アスファルトを用いたアスファルトコンクリートは，通常表層に用いられるが，場合によっては基層にも用いられることもある。改質アスファルトとしては，一般的にゴム・熱可塑性エラストマー入りアスファルトが使用されることが多いが，ゴム入りアスファルトはタフネス・テナシティが，熱可塑性エラストマー入りアスファルトは高温時における変形抵抗性が改善されたものである。改質アスファルトを用いたアスファルトコンクリートは，近年大型航空機の交通量が多い大規模空港の補修工事に使用される事例が増えてきている。

2　空港コンクリート舗装

空港舗装のうち，表層がセメントコンクリートのものをいい，コンクリート版とその下の1または2層の路盤で構成される。航空機荷重ならびに交通量区分はアスファルト舗装といく分異なり，前者は大型航空機からプロペラ機まで5段階，後者は4段階に区分されている。主として，航空機が低速走行したり，駐機するエプロンに使用される。

無筋コンクリート舗装

コンクリート舗装は，コンクリート版が路盤により支持された構造となっており，通常エプロンに使用されている。無筋コンクリート舗装は，コンクリート版中に補強用の鉄筋が設置されていないものをいうが，コンクリート版断面積の0.05％程度の鉄筋量の鉄網が設置されたものも含まれる。コンクリート版には温度変化等に対処したり，施工の都合に対応するために目地が設けられる必要があることから，コンクリート版は通常一辺が3.0～8.5mの矩形となっており，それらはダウエルバー等の荷重伝達装置により相互に連結されている。わが国の空港コンクリート舗装の大半はこの形式である。コンクリート版の施工方法としてはわが国では型枠が用いられることが多いが，中部国際空港等では型枠を使用しないスリップフォーム工法が用いられた。

連続鉄筋コンクリート舗装

コンクリート舗装のうち，横方向収縮目地を省略するために，鉄筋を縦方向に連続して設置したコンクリート版を用いたものをいう。この場合，コンクリート版の横方向に多数のひび割れが発生することは避けられないが，ひび割れ部において荷重が十分伝達されるように，ひび割れ幅を平均で0.5mm以下に制御することが必要となる。そのため，コンクリート版断面積の0.65％となる量の鉄筋をコンクリート版表面から版厚の1/3の位置に設置することが標準とされている。連続鉄筋コンクリート舗装は，横方向目地を省略できることから，走行快適性に優れているという特徴を有しており，成田国際空港に使用されている。

プレストレストコンクリート舗装

コンクリート舗装のうち，荷重作用時に発生する引張応力を軽減するためにあらかじめ圧縮応力（プレストレス）を導入したコンクリート版を用いたものをいう。プレストレスは通常プレストレストコンクリート(PC)鋼材を用いてコンクリート版の縦・横両方向に導入されるが，その量は航空機荷重，コンクリート版の厚さといった条件により異なったものとなる。PC版自体は，導入時のプレストレスの

損失があるため，一辺が最大100mの広いブロック状のPC版が多数敷設されたものとなるが，それらの間には路盤強化型の伸縮目地が設けられる。プレストレスは，まず施工レーン（標準で7.5m幅）ごとに縦方向に導入されたあと，所定数のレーンの施工完了後に横方向に導入される。東京国際空港，成田国際空港，関西国際空港で使用されている。

プレキャストコンクリート舗装

コンクリート舗装のうち，あらかじめ製作しておいたコンクリート版（プレキャストコンクリート版）を使用したものをいう。プレキャストコンクリート版としては，従来プレストレストコンクリート版が用いられていたが，近年では鉄筋コンクリート版も使用されている。プレキャストコンクリート版の施工方法は次のようなものである。まず，工場等であらかじめ製作したプレキャストコンクリート版を建設地点まで輸送し，準備された路盤上に敷き並べる。次に，プレキャストコンクリート版相互の高さを調整したのち，荷重伝達装置を挿入することによりそれらを連結する。最後に，プレキャストコンクリート版と路盤との間にできた空隙をセメントペーストにより充填する。プレキャストコンクリート舗装は，空港の運用に影響を与えたくないときの補修工事に使用されることが多く，大阪国際空港，福岡空港等多くの空港で用いられている。

鋼繊維補強コンクリート舗装

コンクリート舗装のうち，繊維状になった鋼を混入したコンクリートをコンクリート版に用いたものをいう。コンクリートに鋼繊維を混入することにより，コンクリートの強度増加ならびにひび割れ発生後のじん性の向上が可能となる。鋼繊維はその形状・寸法，製造方法等によって種々のものがあるが，いずれの場合もその混入量は，必要とされるコンクリートの性能に応じて，その施工性が確保されるとの条件の下で決定される。鋼繊維補強コンクリートは，耐荷性に優れたコンクリート舗装として諸外国で使用されている事例が多いが，わが国では東京国際空港で用いられているのみである。

3 維持管理

空港舗装の維持

■ 路面調査

路面調査は，空港基本施設（滑走路・誘導路・エプロン）の舗装面について路面性状測定車を用い，ひびわれ，平たん性，わだち掘れ等の路面性状を調査し，供用性を評価したうえで補修計画を立案する。ひびわれ調査は，路面の状態を解像度がひびわれ幅1mm以上の撮影機で撮影された画像から，ひび割れ面積を読み取ってひび割れ率を算出し，平たん性は航空機の輪跡位置に対して高速縦断プロフィルメータで凹凸量の標準偏差値を算出する。また，わだち掘れについては，測定幅が広いことから横断プロフィルメーターを用いて最大深さを測定する。アスファルト舗装の路面評価はこれら3項目の調査結果を用いPRI（舗装補修指数：Pavement RehabilitationIndex）を求めて，施設毎に評価ランクを決定する。その他コンクリート舗装の段差については対象区域毎に約10箇所測定しこの中の最大値を段差量とする。

■ 舗装面の清掃

滑走路，誘導路及びエプロン等の舗装路面上の石片や異物は，ジェットエンジンに吸い込まれると損傷の原因となるほか，タイヤのパンクの原因ともなる。そのため作業に用いられる清掃車は大型の真空吸引式清掃車両が配備され，清掃用ブラシについても上記理由から抜け落ちた金属片がエンジントラブルの原因となることからナイロンブラシに限定している。車両構造は，汎用トラックシャシ上部に作業用エンジン，ブロワ（排風機），ホッパ（塵埃収納器），散水装置等を取付け，下部に各種ブラシ及び吸込み装置を取付けている。

清掃のメカニズムは，吸込み口のみ開けた状態でホッパ内の空気を連続的にブロワにて排出すると，内部が負圧になり吸込み口に吸引力が発生し空気と共に塵埃が吸込まれる。ブラシ装置は路面の塵埃を吸込み口に掃き寄せる。吸引された塵埃は散水された水と混合しホッパ内に蓄積され，空気だけがブロワを通り外部へ排出される。

■ 舗装面脱油清掃

航空機が駐機するエプロンにおいては，航空機や地上作業車両のスリップ事故防止のため，油漏れによるコンクリート舗装面に付着した油脂類を定期的に清掃除去行う。作業方法としては舗装面の油脂類の付着した部分に，3倍程度に希釈した強力洗浄剤500cc/㎡を噴霧器により均一に散布し，コンクリート舗装に染込んだ油脂類が分解するまでの間放置した後，高圧洗浄機（水圧17.6〜19.6MPa）で洗浄する。洗浄後の油分を含んだ汚水は，速やかに吸引式舗装面清掃車により回収し，建設副産物等廃棄物の廃油として処分する。

■ 空港除雪

寒冷地空港の除雪は，運航時間外および運航時間内に区分し，運航への影響を少なくするための優先順位を定め，離発着に必要な最小限の施設から順次作業を行い，冬期間の航空機の安全運航と定時制の確保に努めている。

夜間，運航時間外に積もった雪は，運航開始前に除雪を完了する必要から，深夜における滑走路の積雪深および雪氷調査を行い，その後の気象情報に基づき，除雪範囲，除雪開始時間を決定する。

一方，運航時間内の除雪については，航空各社の運航基準に基づき，各空港毎に除雪開始基準が定められており，滑走路の摩擦係数測定の結果，航空機の運航に支障が出ると判断された場合は，直ちに除雪作業が開始する。

除雪作業は，滑走路，誘導路およびエプロン等の各施設を閉鎖して行うため，各空港毎に除雪目標時間を設定し，それに必要なスノープラウ，スノースイーパ，ロータリー除雪車を配備している。

また，降雪状況等により，一度の除雪で滑走路の路面状態を改善できない場合は，再除雪または氷盤等の除去，および凍結防止のための凍結防止剤散布を行う。

空港除雪は除雪幅が道路に比べて広いことや，短時間除雪を行う必要から，除雪車両の大型化および高速化を重視した研究，改良がなされている。

ロータリー除雪車はスピードや投雪距離に優れ，スノースイパ除雪車は，雪を強力に吹き飛ばす高速回転ブラシや高風圧ブロアを搭載した車両を配備している。また，除雪オペレータにおいては，いつ何時でもその作業に着手できるよう必要な人員と体制が整えられている。

空港用地の維持

■ 高盛土動態観測システム

山間部や丘陵地の大規模な高盛土を伴う空港用地造成では詳細な沈下・安定解析等による性能照査を行って造成地盤の挙動を予測するが，これらの予測は多くの不確定要素を含むため実際の挙動が一致することは少ない。動態観測は設計での予測確認と異常な挙動の早期発見によって確実な用地造成の完成を目標に実施するものであり，基礎地盤や使用土質材料の特徴および解析結果をよく把握した上で観測結果を的確に施工に反映できるように観測の範囲や頻度，計器の種類・配置・設置方法，観測体制等について入念に検討し，より信頼性の高い設計・施工法の確立を目指した動態観測システムを構築する。計器の選定では必要な精度を確保するとともに長期の安定性を最優先させ，計器が機能を維持する限り供用開始後も観測可能な計画とすることが望ましく，観測方法や積雪寒冷地等の地域性，雷被害の程度等も考慮する。また，地震後等に変状がないかを確認し，異常時に対処可能な管理体制を整える。

現場管理の効率的な省力化が図れる高盛土動態観測システムには，表10.4.1に示す自動計測システムがある。

①構内モデムを利用した計測システム

通信ケーブルを配線して高速なデータ伝送を行うシステムであり，伝送距離は数10kmまで可能である。

②電話モデムを利用した計測システム

電話回線を利用して容易に遠距離でもデータ伝送できるシステムであり，専用回線を使用することによって現場状況を常時監視することが可能である。

③光モデムを利用した計測システム

光ケーブルを配線して高速で安定したデータ伝送を行うシステムであり，ノイズが多い環境に適している。

④無線モデムを利用した計測システム

特定省電力無線モデムまたはスペクトラム拡散方式無線モデムを利用してデータ伝送を行うシステムであり，通信ケーブルの配線が困難な場合に適している。これらのモデムは免許や資格が必要なく，多くの測定器がRS232C仕様になっているため容易に計測システムに組込むことが可能である。特定省電力無線モデムは400MHz帯の周波数を使用し，通信距離は使用環境により数百m〜数kmまで可能であ

表10.4.1 各通信方法による自動計測システム

システム	適用条件	長距離通信	伝送速度(bps)	経済性	耐ノイズ	通信ケーブルの配線
構内モデム	通信ケーブルの配線が容易な場合	○	2400	○	○	有
電話モデム	既設電話回線が近くにあるが,通信ケーブル配線が困難な場合	◎	2400	○	○	(電話回線)
光モデム	通信ケーブルに落雷などのノイズが懸念される場合	○	4800or9600	△	◎	有
無線モデム	伝送距離は短いが,通信ケーブルの配線が困難な場合	○	4800or9600	△	△	無
衛星電話	既設電話回線が近くになく,伝送距離が長大な場合	◎	4800	△	△	無
地中無線通信システム	地中・水中等ケーブル敷設が困難で一般の無線が利用できない場合	△	75	△	△	有
PLCモデム	電力線が配線されている構内	×	数M～数百M	○	○	既設電力ケーブル利用

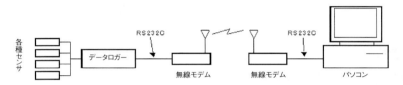

図10.4.2 無線モデムを利用した計測システム

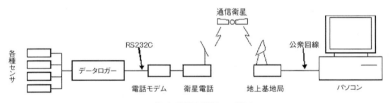

図10.4.3 衛生電話を利用した計測システム

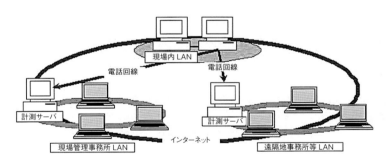

図10.4.4 コンピューターネットワークを利用した計測システム

る。また,スペクトラム拡散方式無線モデムは広い無線周波数帯域に拡散して通信を行う機密性の高い無線であり,特定省電力無線モデムに比較して高価であるが,通信距離及び伝送速度が優れている。図10.4.2に無線モデムを利用した計測システムを示す。

⑤衛生電話を利用した

衛星移動通信サービスを利用してデータ伝送を行うシステムであり,山間部や離島での動態観測に適している。図10.4.3に衛生電話を利用した計測システムを示す。

また,図10.4.4に示すコンピューターネットワークを利用した計測システムは,現場事務所等に収集されたデータを所内のLANに接続したパソコンで任意に監視ができ,また電話回線やインターネット

からのデータ発信によって遠隔地でもリアルタイムでデータの管理や検討が行えるため，より信頼性の高い施工が可能になる。

⑥地中無線通信システム

一般的に電波は地中や水中で無線通信ができないが，空気中，土中，水中および海中などで無線デジタル通信を行うことが可能な低周波数の電磁波を用いた地中無線通信システムが開発されている。

⑦PLCモデム（高速電力線通信）

電力線を通信回線として利用する技術であり，電気コンセントに通信用アダプタ（PLCモデム）を設置し，パソコンを介して数Mbps～数百Mbpsのデータ通信が可能になる。

4 空港施設の補修

空港舗装の補修

■ グルービング

グルービングとは舗装面に小さな溝を切る工法を言い，降雨時あるいは融雪時の水を速やかに排除する事により，湿潤路面を高速走行するときに生じるハイドロプレーニングの防止や，航空機の離着陸時にタイヤと路面との摩擦係数を高めてグリップ力を強化し，制動距離の短縮を図ることができる。空港舗装におけるグルービングの形状は，幅6mm，深さ6mm，間隔32mmとなっている。グルービングの施工機械は，幅6mm，直径305mmのダイヤモンドブレードを複数枚装着したもので，切削刃の冷却に水を使用する湿式グルーバーと圧縮空気を吹き付ける乾式グルーバーがあり，切削屑はいずれもバキューム装置で集める構造となっている。

〔参考文献〕
1) 運輸省航空局：「空港土木施設設計基準」平成11年4月

■ 舗装面ゴム除去

航空機の着陸時，路面とタイヤとの摩擦でタイヤゴムが舗装面に焼き付くこと（スキッドゴム）で，標識の汚れやグルービングの目詰まりを起こし，その効果を損なう原因になる。この様な路面状態を復元するためゴム除去を行う工法としてはS・W・B（スーパーウォーターブラスト）工法が標準的であ

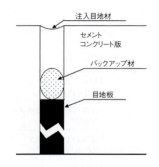

図10.4.5 目地の一般的構造

る。当該工法は，施工車両に設置した特殊回転噴射装置を滑走路面に密着させ，49MPaの超高圧水を噴射することで，スキッドゴムを粉砕する。また噴射装置内部の粉砕ゴムが混濁した汚泥水は，外部に漏らすことなく，装置内で直接吸引処理を行い，ゴム除去と汚泥水回収を同時に行いながら走行施工するものである。

■ 目地補修

目地の構造は一般的には図10.4.5に示すように，下から目地板，バックアップ材および注入目地材の構造になっており，注入目地材がコンクリート版に密着して，雨水や小石等異物の侵入を防いでいる。空港の駐機場など燃料等の油がこぼれる可能性のある箇所は，耐油性の注入目地材が使用されている。

注入目地材は供用年数を重ねると紫外線やコンクリート版の膨張収縮等種々の要因により徐々に劣化が起る。劣化が著しく進行すると，コンクリート版から目地材が剥がれたり，目地材自体が割れたりして雨水や異物の侵入に耐えられなくなり，その機能が低下する。

目地の補修方法は次のような手順になる。①コンクリート版に沿って注入目地材をコンクリートカッタで切断し，コンクリート版の相方の側面を露出させる。②バックアップ材ごと注入目地材を撤去する。③コンクリート面の清掃を行う。④新しいバックアップ材をセットする。なお，この時，注入目地材の注入深さを十分に確保すること。⑤コンクリート面にプライマを塗布する。⑥注入目地材を注入する。

■ アスファルト舗装補修・改良

アスファルト舗装を対象にした，比較的規模の大きい舗装機能の回復策としては次のものがある。

①オーバーレイ

既設アスファルト舗装上にアスファルトコンクリート層等を新規に施工するものをいう。オーバーレイの材料としては一般的にアスファルトコンクリートが用いられ，舗装の構造強化のほか，平坦性の向上等機能回復のためにも使用される。

②切削オーバーレイ

既設アスファルト舗装のアスファルトコンクリート層の一部を切削してから，オーバーレイを施工するものをいう。既設層の損傷が著しい場合に用いられる。

③打換え

破損したアスファルト舗装の一部または全部を撤去して舗装を新たに施工するものをいう。既設舗装の破損がアスファルトコンクリート層のみにとどまらない場合に用いられるが，コンクリート舗装等に打換える場合にも使用される。

■　コンクリート舗装補修・改良

コンクリート舗装を対象にした，比較的規模の大きい舗装機能の回復策としては次のものがある。

①アスファルト舗装によるオーバーレイ

既設コンクリート舗装上にアスファルトコンクリート層を新規に施工するものをいう。舗装の構造強化のほか，平坦性の向上等機能回復のためにも使用される。

②コンクリートによる付着オーバーレイ

コンクリートによるオーバーレイのうち，既設コンクリート舗装との一体化を図っているものをいう。既設コンクリート版表面にウォータージェット，ショットブラストにより凹凸を設けたり，接着剤を塗布するといった工夫により，既設コンクリート版とオーバーレイ層との間の付着を確実なものにしなければならない。既設コンクリート版の構造が健全である場合に使用可能な方法であり，荷重条件等が同一の場合，分離オーバーレイに比べてオーバーレイは薄くできる。

③コンクリートによる分離オーバーレイ

コンクリートによるオーバーレイのうち，既設コンクリート舗装上にアスファルトコンクリート層を施工してからコンクリートによるオーバーレイを施すものをいう。アスファルトコンクリート層を設けることにより新旧コンクリート層は分離したものとなる。既設コンクリート版の構造健全度が万全でなくても使用でき，荷重条件等が同一の場合，付着オーバーレイよりもオーバーレイは厚いものとなる。

④打換え

破損したコンクリート舗装の一部または全部を撤去してコンクリート舗装，アスファルト舗装等を新たに施工するものをいう。既設コンクリート版の破損が著しい場合に用いられる。

⑤プレキャストコンクリート版による打換え

既設コンクリート舗装の打換え工法のうち，プレキャストコンクリート版を用いるものをいう。現場養生が不要のため，空港施設を閉鎖する必要がないという利点がある。

プレストレストコンクリート舗装のリフトアップ

地盤沈下等の理由により，プレストレストコンクリート(PC)舗装が沈下した場合に，PC版を油圧ジャッキにより元の高さまで持ち上げる工法をいう。具体的な手順は図10.4.6に示すとおりである。まず，PC版下にジャッキ反力を受けるための反力盤を施工してからPC版に油圧ジャッキを取り付ける。次に，油圧ジャッキをコンピュータ制御しながら作動させることにより，PC版をあらかじめ計画したとおりに持ち上げる。そして，PC版と路盤との間にできた空隙にセメントペーストを充填する。東京国際空港，関西国際空港で使用されている。

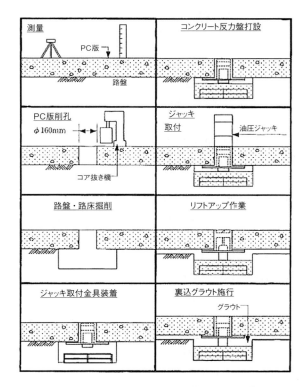

図10.4.6　プレストレストコンクリート舗装のリフトアップ工法

V 河川

制水施設の代表である水門

表10.5.1 土質と締固め機械の一般的な適応

締め固め機械 土質区分	普通ブルドーザ	タイヤローラ	振動ローラ	振動コンパクタ	タンパ	備　考
砂 礫混じり砂	○	○	○	△	△	単粒度の砂，細粒分の欠けた切り込み砂利，砂丘の砂など
砂，砂質土 礫混じり砂質土	◎	◎	○	△	△	細粒分を適度に含んだ粒度配合の良い締め固め容易な土，マサ，山砂利など
粘性土 礫混じり粘性土	○	○	×	△	○	細粒分は多いが鋭敏性の低い土，低含水比の関東ローム，くだき易い土丹など
高含水比の砂質土 高含水比の粘性土	○	×	×	×	×	含水比調節が困難でトラフィカビリティが容易に得られない土，シルト質の土など

◎：有効なもの
○：使用できるもの
△：施工現場の規模の関係で，他の機械が使用できない場所などで使用するもの
×：不適当なもの

1　築堤工法

　河川堤防の築堤にあたっては，各河川の堤防条件と適合した材料を選定し，堤体をできるだけ均質に仕上げ，常に堤防全体の質的向上を念頭に置くことが肝要である。

　築堤に関わる河川土工の主たる工種は掘削，運搬，盛土および締め固めである。

　掘削工法は，取り扱う土質，岩質および地形などの諸条件によって異なるが，河川工事においては岩石掘削を必要とするケースは少なく，一般的には土砂掘削が多い。

　土砂の掘削には，機械掘削と人力掘削がある。機械掘削の工法はショベル方式掘削工法が主体であるが，ブルドーザ，トラクタショベルによる場合もある。

　ショベル方式掘削工法にはパワーショベルによる場合と，バックホウによる場合がある。前者は機械据え付け地盤より高い部分を掘削するのに適し，後者は地盤より低い場所の掘削に適している。なお，こうしたショベル系掘削機の場合には集土および仕上げ用の補助掘削機としてブルドーザを併用すると効率的となる場合が多い。

　運搬工法には軌道運搬工法，コンベヤ運搬工法，ブルドーザ運搬工法，トラック運搬工法があるが，現在は後二者が一般的である。

　ブルドーザ運搬工法は60〜70m以下の短距離運搬において用いると能率的である。

　トラック運搬工法にはダンプトラックと普通トラックが用いられる。運搬距離が長いほど他の工法に比して経済的であるが，比較的短い距離の場合でも使用されるケースも多い。運搬路が悪いと速度の低下はもちろんのこと，積載量を制限せざるを得ない場合もあって能率に大きな影響を与える。このため，工事用道路の維持が特に重要である。

　締め固め工法は表層締め固め工法と，内部締め固め工法に分類される。前者は，選定された土を薄い層にまき出し，各層について転圧機械などを用い締め固めの規定に基づいて転圧を行う。後者は，基礎地盤の支持力の増加や地震時液状化防止の目的で行うものである。築堤では表層締め固め工法を用い，

1層あたりの締め固め後の仕上がり厚さを30cm以下となるように敷きならしを行っている。

表層締め固め工法に用いる機械には，ブルドーザ，タイヤローラ，振動ローラ，振動コンパクタ，タンパがある。

河川堤防の土工では，対象とする土質が多種多様で高含水比のものが多いことなどから，従来はブルドーザを用いることが多かった。しかし，近年では対象とする土質に応じた他の締め固め機種を使用するケースも増えてきている。表10.5.1は，一般的な締め固め機械の選定に対する一応の目安を示したものである。

築堤管理においては堤体の均質性を確保することが最も重要であり，そのためには，計測が簡便で結果がその場で判定できるRI密度水分計などを導入するとよい。

〔参考文献〕
1) (財)国土開発技術研究センター：「河川土工マニュアル」平成5年6月
2) ㈱建設産業調査会：「建設工法・機材ハンドブック」昭和60年3月
3) 山海堂：「建設省河川砂防技術基準（案）同解説」平成9年10月

のり面安定工法

のり面安定工は，のり面の風化や侵食を防止し，のり面の安定を図るもので，植物を用いてのり面を保護する植生工と，コンクリート石材など構造物による安定工の2種類に大別される。盛土のり面に適用される標準的な工種と目的および特徴を表10.5.2に示す。

のり面が植生可能な土質で，すべりに対しても安定であると考えられれば，植生工を用いるのが経済上も景観上も望ましい。以下では，植生工について説明する。

植生工の施工目的は，植物が十分繁茂した場合にのり面の侵食を防止する効果と併せて，周辺環境との調和に役立つ緑化を行うことにあり，のり面の深い部分からの崩壊を防止することを期待することはできない。

植生工は生きものを材料として扱っているので，その採用には以下の前提条件および留意点がある。
① 植物の生育基盤が侵食・崩壊に対して安定していること。有機質系の厚層基材吹き付け工では基材が短期間に腐朽しないこと。
② 選定した植物がのり面の土質，勾配と気象条件に適合し，緑化の目標に適合していること。一般に土壌硬度が15～20mmのとき植生は最も良く生育するが，27mm以上になると土中への根の侵入が困難となる。また，土壌が強酸性（pH4以下）を示すと植生の生育が悪い。温泉余土や土丹などの脆弱岩，硫化物を含む土は注意が必要である。
③ 植物が十分繁茂するまで侵食を受けず，永続して生育することができる施工環境であること。
④ 植物が発芽，生育し，侵食を受けない程度に成長するまでの温度，水分，光などが確保できる期間があること。植生工の生育は日平均気温が10～25℃の春～夏と15～25℃の秋とが適する。低温では発芽せず，凍上や積雪の影響を受けやすい。また，高温時には乾燥して生育しにくい。
⑤ 異常気象や病虫害など，植物の生育上不利な外的要因が発生しないこと。

以上の前提条件を満足させるために，必要に応じ以下の調査を行う。
① 地域環境の観察と周辺植生の調査
植生工には対象法面と周辺環境との連続性や調和が求められることから，植生工として使用を予定している植物が周辺植物へ与える影響の有無について調査を行う。
② 気象の調査
植物の選定，施工時期，施工方法などの検討を行ために気温，降水量，積雪量，風，日照などについて調査を行う。
③ 法面の調査
植物の選定，施工性などの検討を行うために法面形状，規模，高さ，向き，勾配，凹凸の程度，構造物の位置などについて調査を行う。また，植物の選定などの検討を行うために，土壌硬度，土性，土壌酸度などについて調査を行う。

盛土の土質に対する植生工選定の目安を示すと表10.5.3に示すとおりである。

〔参考文献〕
1) (社)日本道路協会：「道路土工-のり面工・斜面安定工指針」平成11年3月
2) (社)土質工学会：「土工入門-土構造物をつくる-」平成2年3月
3) (社)公共建築協会：「建築工事施工監理指針」平成5年12月

表10.5.2　盛土のり面に適用される標準的な工種

分類	工　種	目　的・特　徴
植生工	種子散布工 種吹き付け工 張芝工 植生マット工 植生シート工	侵食防止， 凍上崩落抑制，全面植生（緑化）
	植生筋工 筋芝工	侵食防止，部分植生
	植生筋工 植生袋工・植生土のう工	不良土，硬質土のり面の侵食防止
	樹木植栽工	環境保全，景観
構造物によるのり面安定工	石張工 ブロック張工 プレキャスト枠工	風化，侵食防止 中詰めが土砂やぐり石の空詰めの場合は侵食防止
	コンクリート張工	のり面表層部の崩落防止，多少の土圧を受けるおそれのある箇所の土留め
	編柵工 じゃかご工	のり面表層部の侵食や湧水による流失の抑制
	石積，ブロック積擁壁工 ふとんかご工 井桁組擁壁工 コンクリート擁壁工 補強土工	ある程度の土圧に対抗（抑止工）

表10.5.3　土質別植生工選定の目安

土質区分	工　種
砂質土	表面侵食を受けやすいので，張芝工または植生マット工など。
粘性土	一般に植生の根が入りにくいので，植生袋工，植生筋工，筋芝工植生シート工，種吹き付け工など。
礫混じり土	ズリなどを含む場合で，植生袋工，植生マット工，植生シート工など

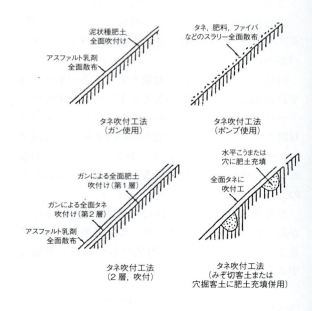

図10.5.1　種吹付け工法の種類

■ 種吹付け工法

のり面の防護を目的とする植生工法の中で，最も数多く施工されている工法である。

種吹き付け工法には，図10.5.1に示すようにガンを使用する方法と，ポンプを使用する方法とがある。

前者は，種，肥料，土，水を泥状にして吹き付けるもので，吹き付け後アスファルト乳剤を散布して被覆養生する。高いところで，勾配の急な切り土のり面に適している。使用するガンはモルタル吹き付けに使用する湿式ガンである。種吹き付けに際してはセメントモルタル吹き付けのときとは異なって，ノズルをのり面に直角に保持しないで，吹き付け距離やノズル角度を地盤の硬軟に応じて調節し，吹き付けによってのり面を荒らさぬように注意しなければならない。また，なるべく均一な厚さに吹き付けるようにする。

後者は，種，肥料，ファイバーなどをスラリー状に混合し，ハイドロシーダーなどにより吹き付けるもので，比較的低所で，勾配の緩い盛土のり面に適している。

被覆養生剤としてアスファルト乳剤のほかに酢酸ビニール溶液やウレタン系水溶性樹脂が使われている。

〔参考文献〕
1) (社)日本道路協会：「道路土工-のり面工・斜面安定工指針」平成11年3月
2) ㈱産業技術サービスセンター：「最新斜面・土留め技術総覧」平成3年8月

■ 植生マット工法

植生マット工法は，図10.5.2に示すように種，肥料などを装着したマットでのり面を被覆する植生工法の一種である。人工張芝工ともいう。この工法は植生が完成するまでマットによる保護効果があるので冬季や夏季の施工も可能である。

マット材料には不織布，紙，わら，すだれ，切りわら，フェルトなどがある。

マットは平滑に仕上げられたのり面に目ぐし，押さえなわを用いて浮き上がりのないように固定する。のり肩上部は20cm以上被覆するようにし，かつ端部を土中に埋め込んでのり肩からマットの下に水がくぐり込まないようにする。マットが浮き上がっていると芽が出にくいうえに，マットの下を流れて洗掘されるおそれがある。施工後，マット表面に播土を行うとよい。

長尺ものマットはのり面が仕上がっている場合は

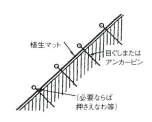

図10.5.2 植生マット工法の概要

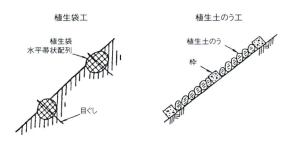

図10.5.3 植生袋工法および土のう工法の概要

縦張りとし，盛土の土羽を打ち上げながら張り付ける場合は横張りとする。

施工後ただちに侵食防止などののり面防護の効果を得られる利点がある。

肥料には高度化成肥料を用いるが，肥料分の少ない土質では追肥管理を必要とする。

同様な工法に植生シート工がある。シートを用いる場合も施工後，表面に播土を行うとよい。

〔参考文献〕
1) (社)日本道路協会:「道路土工-のり面工・斜面安定工指針」平成11年3月
2) ㈱産業技術サービスセンター:「最新斜面・土留め技術総覧」平成3年8月

■ 植生袋工法・植生土のう工法

植生袋工は，種，肥料，土を混合して網袋に詰め，のり面に一定間隔（通常50cm）に掘った水平溝に張り付ける工法である。網袋に種肥土が入っているため流失が少ない。柔軟性があるので地盤に密着しやすい。冬季や夏季の施工も可能である。

植生袋工には現場で網袋に詰めるものと工場詰めのものとがある。網袋にはポリエチレン，寒冷紗などが用いられる。

溝の深さは袋の上面がちょうどのり面に一致するかわずかに出る程度とする。あまり突出すると凍上や洗掘で落ちやすいし，また深すぎると土を被って発芽が悪い。

肥料分の少ない土砂，または硬質土砂に適す。

なお，植生袋工と類似したものに植生土のう工がある。植生土のう工は種，肥料，土を混合して土のうに詰め，のり枠の中詰め材として用いたものである。

植生土のうをのり面へ運搬する際には，土のう袋を破損させないように注意するとともに，枠工内などへ設置する際には施工後の沈下やはらみ出しが起きないように，十分注意して平滑に仕上げる。もし隙間が生じた場合は粘性土等で間詰めを行う。

図10.5.3に植生袋工法および植生土のう工法の概要を示す。

〔参考文献〕
1) (社)日本道路協会:「道路土工-のり面工・斜面安定工指針」平成11年3月
2) ㈱産業技術サービスセンター:「最新斜面・土留め技術総覧」平成3年8月

■ 張芝工法

芝をのり面に張り付ける工法である。張芝の並べ方には，べた張り，目地張り，互の目張り，市松張り等があるが，張芝工においては一般にべた張りが用いられる。べた張りとすると施工と同時に保護効果が出るので，緩勾配ののり面や平坦な場所または早期被覆の必要な侵食されやすい土質に適している。

芝は野芝，高麗芝などが用いられる。

平滑に仕上げたのり面に，切芝またはロール状の芝を縦目地を通さぬようべた張りとし，目ぐしで地盤に固定する。目地をあけると洗掘され，芝が脱落する恐れがある。盛土の場合は土羽をよく締め固めた後に張り付ける。なお，芝張りをする前にのり面に化成肥料をまいて芝の生長を促進させることが望ましい。

芝は土羽板でたたいて地盤に良く密着させる。目ぐしは片芝1枚に2本以上用いる。盛土の場合は芝の上に良質土を薄くかけておくと乾燥防止に有効である。切り土の場合は一般に勾配が急であるから，覆土が流れやすく効果は少ない。

凍上の著しいのり面では晩秋から冬季に施工する

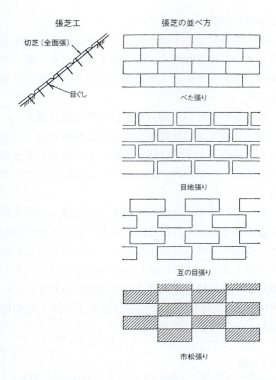

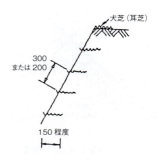

図10.5.5 筋芝工法の概要

図10.5.4 張芝工法とその並べ方

と根付いていないから，凍上してはく落する恐れが大である。また，盛夏は芝が焼けるので好ましくない。

図10.5.4に張芝工法および張芝の並べ方の概要を示す。

〔参考文献〕
1) (社)日本道路協会:「道路土工-のり面工・斜面安定工指針」平成11年3月
2) ㈱産業技術サービスセンター:「最新斜面・土留め技術総覧」平成3年8月

■ 筋芝工法

盛土のり面の土羽打ちの際，切芝を水平筋状に挿入する工法である。

材料は野芝または高麗芝で十分に土の付いたものを用いる。

野芝の生育が遅いため，全面被覆に長期間を要し，砂質土の場合は筋と筋との間が洗掘されやすい。従って，施工の際，施肥を行うとともに土羽打ちにより締め固めを十分に行うことが望ましい。

芝は長手の端部がのり面に一致するように水平に置く。筋間隔は通常のり面に沿って20～30cmと

する。なお，のり肩には一列の犬芝（耳芝）を置き，肩の崩れを防ぐ。切芝は定められた間隔に2/3以上が土に埋まるように土羽打ちを行いながら水平に施工するものとする。土中の長さは15cm程度とする。

土壌の多い小面積の盛土に適用されることが多い。盛土の土羽の安定に効果がある。

図10.5.5に筋芝工法の概要を示す。

〔参考文献〕
1) (社)日本道路協会:「道路土工-のり面工・斜面安定工指針」平成11年3月
2) ㈱産業技術サービスセンター:「最新斜面・土留め技術総覧」平成3年8月

■ 侵食防止シート工法

植物には高い侵食防止効果があり，それを侵食防止工として活用できれば，景観にも生態系にも良好な河川環境を維持・創造できる。そのような技術として，地面のごく表層にシートを敷設するだけで植物の侵食防止効果を大幅に向上させるのが侵食防止シート工法である。

侵食防止シートは，厚さ1～5cm程度で，土が充填できるような空隙を多く有する（空隙率90%以上）多孔質体である。このようなシートを地表面に敷設し，ピンで地面に固定する。次に，シートの空隙内に土を充填するとともに，シート上にも土を被せて地表面を均す。最後に張芝などを行い植物を繁茂させる。植物の根はシートを貫通してシート下の土中まで成長できるため，植物の生育を殆ど阻害しない。また，根はシートを固定するピンの効果を発揮するので，シートをより緊密に固定することができる。

侵食防止シートによる侵食抑制機構は次のような

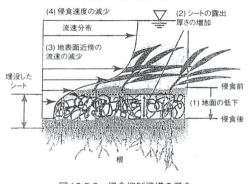

図10.5.6　侵食抑制機構の概念

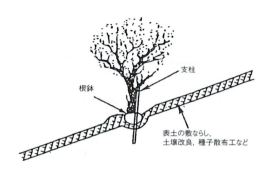

図10.5.7　樹木植栽工の概要

ものである。即ち，洪水中に生じるのり面の侵食に伴って埋設したシートが洗い出されると，シートの露出厚さが増加するほどシート下部の土の侵食速度が小さくなる。そのため，シートが無い場合は流失してしまう植生が保持され，その結果として侵食が抑制されるものである。

図10.5.6に侵食抑制機構の概念を示す。

〔参考文献〕
1) 望月・藤田・服部・堀；植生の耐侵食機能を適用した侵食防止工法のコンセプト．土木技術資料39-7，1997
2) 藤田・服部；土砂充填が可能な侵食防止シートと充填工法の開発．土木技術資料42-7，2000

■ 樹木植栽工

樹木植栽工は直ちに良好な景観が復元あるいは創造される特徴を生かし，早期に環境の保全を必要とする場合に適用する。樹種，草種の組み合わせにより，自然環境復元あるいは創造がより円滑に行われる。

なお，植栽によって，のり面を不安定にすることのないように倒木対策や排水処理策をたてるとともに，枝葉の過繁茂などによって下草が衰退し，のり面侵食が起こることがないように樹種の選定や植栽密度の決定に十分注意する必要がある。

図10.5.7に樹木植栽工の概要を示す。

〔参考文献〕
1) (社)日本道路協会：「道路土工-のり面工・斜面安定工指針」平成11年3月
2) ㈱産業技術サービスセンター：「最新斜面・土留め技術総覧」平成3年8月

2　護岸工法

護岸は，堤防及び低水河岸を洪水時の侵食作用に対して保護することを主目的として設置される構造物である。護岸の機能には，自然環境の保全・再生あるいは親水性等の確保も重要な要素となる。

護岸は，設置部位によって，複断面河道で高水敷幅が十分あるような箇所の堤防侵食を防止する高水護岸，低水路河岸の侵食を防止する低水護岸，単断面あるいは複断面河道で高水敷幅が狭く，堤防と低水路河岸を一体として侵食から防護する堤防護岸とに分けることができる。図10.5.8に高水護岸および低水護岸の概要を示す。

護岸は，図10.5.9に示すように法覆工，基礎工，根固め工等からなる構造物である。法覆工は，流水，流木等に対して安全となるよう堤防及び河岸法面を保護するための構造物である。基礎工は，法覆工の法尻部に設置し，法覆工を支持するための構造物である。根固め工は，流水による急激な河床洗掘を緩和し，基礎工の沈下や法面からの土砂の吸出し等を防止するために，低水護岸及び堤防護岸の基礎工前面に設置される構造物である。

護岸は，その形式によって張り護岸，積み護岸，矢板護岸，擁壁護岸等に分類することができる。張り護岸は，一般に法勾配が1：1.5程度よりも緩やかであり，安定性検討は主に流水による流体力を対象とする。積み護岸は一般に法勾配が1：1.5程度よりも急な場所に設置されるものであり，安定性検討は主に背面からの土圧・水圧を対象とする。

護岸の工種は，使用する素材によって，植生護岸，木系護岸，かご系護岸，石積み・石張り護岸，コン

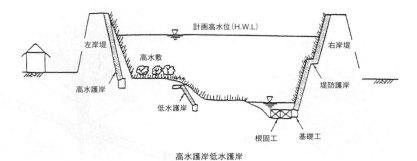

図10.5.8　高水護岸および低水護岸の概要

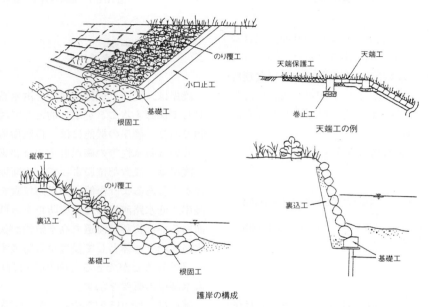

護岸の構成

図10.5.9　護岸の構成

堤防の護岸

クリートブロック護岸，コンクリート護岸，その他（矢板，TRD，鋼管系）に分類することができる。

護岸の設計は，本来河道計画段階での堤防及び河岸防護の必要性の検討，及び水制等と比較して護岸が最適な防護工法であるかの検討を経た後に行うものである。護岸設計の段階では，まず自然環境保全・景観保全に関する機能，過去の施工実績，被災事例を考慮して，河道特性，洪水の状況等から判断して十分な侵食防止機能を発揮できる工種を選定し，流体力，土圧，水圧，基礎部の洗掘現象等の外力に対して安定な構造となるよう検討する。設計の詳細は，参考文献を参照のこと。

〔参考文献〕
1) 建設省河川局監修社団法人日本河川協会編：改定新版建設省河川砂防技術基準（案）同解説設計編Ⅰ
2) 山海堂：国土技術研究センター編：改訂護岸の力学設計法

植生護岸

植生護岸は，シバやヤナギなどの植生を河岸に活着させることによって法面の安定化を図るとともに，生物の生息・生育環境にも配慮した護岸工法であり，張芝，ジオテキスタイルなどの工法がある。比較的流速の遅い場所や護岸の重要度の低い場所に用いられる。

張芝は流速2m/sまでの平水位以上の部分や余裕高部に用いられ，平水位以下は寄せ石などの根固め工と組み合わせて使用する。法勾配は，法面の崩壊を防止するため1:2より緩い勾配が必要であるが，水際への近づきやすさを考えた場合には，1:3程度以上とすることが望ましい。最近は，根の土壌緊縛作用による地表面の表層崩壊防止効果が高いチガヤが用いられることが多くなっている。

ジオテキスタイルシートは，河岸の侵食防止，法面保護に用いられるシート状のものである。シートの素材は，植物繊維を用いたものや合成高分子材料を用いたものもある。ジオテキスタイルシート張りと張芝を併用した場合に，3m/sまでの流速に耐えられることが確認されている。

植生護岸は，植生が河岸に十分に活着していなければ侵食防止としての効果が発揮されないため，除草などの適切な管理を継続して行う必要がある。ヤナギなどを用いる場合には，流れの阻害とならないよう，あまり高木にならない種を選ぶのが良い。多自然川づくりとして，植生は法面保護だけでなく景観や生物の生息場としても重要であるが，種子の吹き付けや個体の移植を行う場合には，現地の在来種やその川の本来の自然植生を構成する種を選定するのが望ましい。

施工においては，現況の多様な微地形をできるだけ残し，法面の勾配に変化をつけるなど形状が多様になるような工夫を行うことが望ましい。

〔参考文献〕
1) 国土交通省河川局防災・海岸課監修，（社）全国防災協会発行：美しい山河を守る災害復旧基本方針
2) (財)リバーフロント整備センター：多自然型川づくり施工と現場の工夫
3) 藤井友竝：現場技術者のための河川工事ハンドブック

木系護岸

木系護岸は，木と石などを組み合わせて河岸を保護する工法であり，杭柵工，柳枝工，丸太格子工など様々な工法がある。木は常に水中にあれば長期にわたって機能するが，水面上に出ていると腐りやすいため，採用する場合には水位変化や河床低下などに注意する必要がある。また木の腐りやすさを逆に利用し，ヤナギなどの植生が生育するまでの護岸として利用し，その後は植生による河岸保護を期待する方法もある。

杭柵工は，杭と杭の間に横木を並べ，天端部に間詰め石を充填した階段状の護岸である。杭は洪水時に流出しないように十分な根入れを確保すること，詰め石径は，設計無次元掃流力から定まる径よりも大きくすることが必要である。杭の径や長さは，施工実績や自立式土留杭の設計要領など参考にして決定し，法勾配はできるだけ緩く1:0.6以上とする。

柳枝工は，法面に敷そだを格子状に設置して小杭を打ち，柳枝を用いて柵をつくり，この中に土や礫を充填して柳枝の挿し木を行うものである。緩流部で法勾配が1:2以下の箇所に適しており，水衝部では侵食が大きく，河岸が玉石や砂利の場所ではヤナギの杭が打ちにくいため適さない。

丸太格子工は，丸太によってできた格子の中に十分に締め固めた土を充填して河岸の保護を行うものである。法勾配1:1程度の急勾配まで適用できるが，洗掘を丸太と柳枝などで防止するため，水衝部には適さない。

木材は，できるだけその地方のもので間伐材を利

用することにより，森林の管理などと連携した地域産業の活性化に繋がることが期待できる。施工に当たっては，熟練工の技術が必要となるものもあり，伝統工法として継承していきたい工法である。

〔参考文献〕
1）建設省河川局防災・海岸課監修，(社)全国防災協会発行:美しい山河を守る災害復旧基本方針
2）藤井友竝:現場技術者のための河川工事ハンドブック

かご系護岸

　かご系護岸は，蛇篭，布団篭，カゴマット等，石を詰めた鉄線カゴを法面被覆材として用いる工法である。かご系護岸は屈撓性を有し，かつ空隙が多いため，かご上に残土処理を行うことによって植生を早く復元することが期待できる。このため，生物の生息場の提供，景観への配慮という観点から，かご系護岸が用いられることが多い。

　かご系護岸は，法勾配が1：2より緩い勾配に適している。1：0.5～1：1の急勾配についても多段積み工法として適用出来るが，この場合も1：0.5の勾配に固定せず，可能な限り緩勾配とすることが望まれる。護岸の高さについては，当面施工実績等を考慮して5m以下とすることが望ましいとされる。

　蛇篭は，胴径45cm，60cm，90cm程度のものが用いられることが多い。布団篭は標準的には，厚さ30cm，50cm程度のものが用いられることが多い。カゴマットは，工場製品として製作され，現地での組立が極力省力化できるように開発された工法である。

　安定性の検討は，かごに詰める中詰石の粒径が，施工箇所の河岸などに作用する掃流力によって移動しないような大きさとする。これはかご内の中詰石が移動してかごの変形を生じないようにするためである。また，基礎地盤や背後地盤の土質が柔らかい粘性土又は軟弱地盤の場合は，擁壁の設計と同様に，支持力，滑動，転倒に対する検討も必要となる。

　また，河川水が強い酸性を示す場所や塩分濃度が高い場所，河岸や河床が腐食土で構成されている場所では，鉄線材の腐食や摩耗の恐れがあるため，鉄線篭の使用には適さない。

〔参考文献〕
1）建設省河川局監修社団法人日本河川協会編:改定新版建設省河川砂防技術基準（案）同解説設計編Ⅰ
2）(財)国土技術研究センター編:改訂護岸の力学設計法:山海堂
3）(社)全国防災協会:美しい山河を守る災害復旧基本方針

石積み・石張り護岸

　石積み・石張り護岸は，法覆工の材料として石を用いる工法である。法勾配が1：1.5程度よりも緩いものを石張り護岸，1：1程度よりも急なものは石積み護岸と呼ばれている。また，石と石の間の空隙をコンクリート等で充填しているものを練石張り（積み）護岸，充填しないものを空石張り（積み）護岸と呼ぶ。

　石積み，石張り護岸は，素材に自然石を用いている点から，コンクリートブロックに比べて，より自然な柔らかい景観を得ることが期待できる。また，空石張（積み）であれば，石と石との空隙の存在が多孔質空間を提供し，魚類や水生動物の良好な生態空間や植生の繁茂等の機能を期待することができる。

　法覆工に用いる石は，間知石と呼ばれる控え厚さ35cm程度の錘状の石が主に用いられてきた。間知石の他に市販されている石材の名称には，粗石，割石，玉石，野面石等があり，いづれも細長いものや扁平なものではない。

　石積み・石張り護岸を設置する場合は，ほぼ等しい大きさの部材を，かみ合わせ効果が期待できるように，隙間に採石等の胴込め材が施工されるよう留意が必要である。

　また，設計を行う場合は，石積み護岸は，背面からの土圧・水圧に対する安定性，石張り護岸の場合は，流水の流体力を主な外力として設定し，これに耐えうる石の控え厚さを検討することになる。

〔参考文献〕
1）建設省河川局監修社団法人日本河川協会編:改定新版建設省河川砂防技術基準（案）同解説設計編Ⅰ
2）(財)国土技術研究センター編:護岸の力学設計法:山海堂

コンクリートブロック護岸

　昭和30年代頃から護岸を各地で設置する必要があり，耐久性のある法覆工素材の量産が要請されるようになった。それまで素材として用いられてきた自然石を加工する手間を省力化したものが，現在広く使われているコンクリートブロック工法である。

　ブロック材料そのものは人工的ではあるが，構造

の基本的考え方は，石を用いた護岸と同様である。法勾配が1：1.5程度よりも緩いものをコンクリートブロック張り護岸，1：1程度よりも急なものはコンクリートブロック積み護岸と呼ばれている。

コンクリートブロック護岸は，素材にコンクリートを用いている点から，加工がし易く，任意の形状寸法を作り出すことが出来ることと，耐久性に優れていることが特徴である。一方で，自然石に比べて柔らかな景観の創出は一般には期待できない。

コンクリートブロックの種類は，間知石タイプのもの，平面形状のもの，隣接ブロックとの連節を可能とするタイプのもの等様々である。最近では，魚類の生息空間を提供できる魚巣タイプのものや，植生を植え付けることが可能なタイプのものなども市販されており，種類は非常に多い。

設計を行う場合は，積み護岸は，背面からの土圧・水圧に対する安定性，張り護岸は，流水の流体力を主な外力として設定し，これに耐えうるブロック控え厚さを検討することになる。加えて，流体力に対する安定性検討が必要な場合は，ブロック形状に応じて流体力の作用の仕方が異なるため，護岸ブロックの水理特性試験により得られた水理特性値を用いることを基本とする。詳細は，参考文献を参照のこと。

〔参考文献〕
1) 建設省河川局監修社団法人日本河川協会編：改定新版建設省河川砂防技術基準（案）同解説設計編Ⅰ，
2) (財)国土開発技術研究センター編：護岸の力学設計法：山海堂

コンクリート護岸

コンクリート護岸は，構造形式により重力式擁壁護岸，もたれ式擁壁護岸，片持ばり式擁壁護岸に分類できる。また，片持ばり擁壁護岸は，逆T型擁壁，L型擁壁，逆L型擁壁に細分できる。コンクリート護岸は，擁壁護岸として，洪水時，低水時，地震時の荷重条件下において自立し，支持地盤の支持力・滑動・転倒に対して安全な構造とするとともに，前面の洗掘に対して安全なものとなるようにする。

コンクリート護岸における構造形式選定上の目安としては，重力式擁壁護岸はコスト面から高さ5m程度以下に採用している事例が多い。設計時においては，自重によって水平荷重を支持し，躯体底面に引張り応力が生じないような断面とする。留意点としては躯体自重が大きいため，支持地盤が良好な箇所に採用し，杭基礎となるような軟弱地盤には適していない。

もたれ式擁壁護岸は，一般的には高さ10m以下に多く用いている。特徴としては，地山あるいは裏込め土に支えられながら自重によって土圧に抵抗するものである。選定の際における留意点としては，支持地盤が岩盤などの堅固なものが望ましい。

片持ばり式擁壁護岸は，高さ3～10m程度に採用している。特徴としては背面の水平荷重に対し，たて壁が片持ばりとして抵抗するように設計するものである。また，背面かかと版上の土の重量を擁壁の安定に利用できる構造上のメリットがある。杭基礎が必要な場合にも用いられる。プレキャスト製品も多くある。

図10.5.10にコンクリート護岸の種類を示す。

〔参考文献〕
1) 建設省河川局監修社団法人日本河川協会編：改定新版建設省河川砂防技術基準（案）同解説設計編Ⅰ，
2) (社)社団法人全国防災協会：平成20年度版災害復旧工事の設計要領，
3) (社)日本道路協会：道路土工「擁壁工指針」平成11年3月

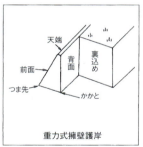
重力式擁壁護岸

もたれ式擁壁護岸

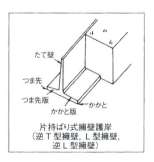
片持ばり式擁壁護岸
（逆T型擁壁，L型擁壁，逆L型擁壁）

図10.5.10　コンクリート護岸の種類

斜め控え式（TRD工法）護岸

TRD（TrenchcuttingRe-mixingDeepWallmethod）工法は，地盤に挿入したチェンソー型カッターを横方向に移動させながら連続的に溝を開削し掘削ずり（原位置土）に固化液を混合・攪拌を行い，地中に連続した壁体を造成する工法であり，この地中壁を傾斜させて構築し斜め控え式護岸とした。図10.5.11に基本構造を示す。

本工法の主な特徴として，以下の点が挙げられる。
① 自然の河岸に影響を与えないで，地中に控え式護岸を構築することが可能である。
② 施工時の大規模な仮締切が不要であり，工期短縮及びコスト縮減が図れる。
③ 河川への汚濁及び振動・騒音等が少なく，周辺環境に重大な影響を与えない。
④ 労働者不足，高齢化等に対応した機械化施工であり，特殊専門技術も必要としない。

本工法の適用条件として次の2項目をあげている。
① 低水護岸の外力の小さい箇所に使用する。（低水流・緩勾配箇所で採用し，水衝部での採用は不可。）
② 壁体厚を越える除去不可能な転石等がない箇所で採用する。

選定にあたっては，対象河川の治水安全性及び周辺環境条件等に配慮して採用の可否を決定することが望ましい。

〔参考文献〕
1）（社）日本建設機械化協会：「建設の機械化」No.565

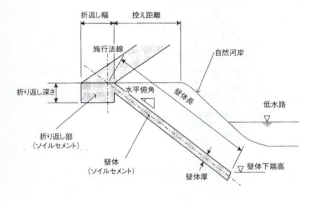

図10.5.11　TRD工法の基本構造

鋼矢板護岸

鋼矢板護岸は，市街地等で用地取得が困難な場合や，水深が深く根入れ護岸の施工が不経済な場合に用いられる。鋼矢板護岸の構造には，自立式構造と控え式構造（タイロッド式構造及び二重矢板式構造等）があり，何れも土圧，水圧，地震等の外力に対して十分安定した構造とする必要がある。鋼矢板護岸の構造選定にあたっては，河道条件，土質条件，施工条件等を勘案して構造計算を実施する。鋼矢板については広幅型を採用することにより，施工性の向上，工費縮減等が図られるケースが増えている。また，環境対策として低騒音・低振動の工法（機械）が主流となっている。それら構造の特徴を以下に示す。

(1) 自立式構造
- 壁高の小さな護岸や土留めに適しており，控え工法が不要で施工はきわめて容易である。
- 壁高の大きい構造物では，控えのある形式に比べて，鋼矢板の所要断面および根入れ長が大きくなる。図10.5.12に自立式構造の概要を示す。

(2) タイロッド式構造
- 壁高の大きい構造物でも控え工があるため，自立式に比べて鋼矢板の所要断面が少なくてよい。
- 控え工設置のための背後地が必要である。図10.5.13にタイロッド式構造の概要を示す。

(3) 二重鋼矢板式構造
- 止水性が良いため締切工に多く用いられる。
- 中詰めを完了した二重鋼矢板壁は，構造的に自立するため導流堤，波除堤などに適する。

〔参考文献〕
1）建設省河川局防災課監修：「土木施設災害復旧工法解説編・施工例編」山海堂
2）藤井友竝：「河川工事ポケットブック」山海堂

鋼管矢板護岸

鋼管矢板護岸は，水深が大きい（突出長が長い）箇所において，曲げ剛性が大きく求められる直壁自立式構造に多く採用される。本工法は本体施工時に船上からの打設が可能で仮締切が不要であり，また天端部の利用上，上載荷重が大きく見込まれる場合に支持力が期待できるなどの点で他工法に比べた優位性がある。図10.5.14に鋼管矢板護岸の構造概要

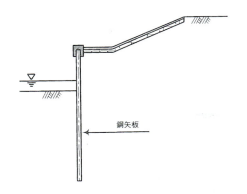

図10.5.12　自立式鋼矢板の構造概要

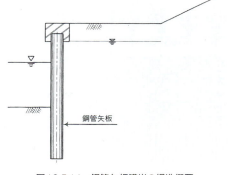

図10.5.14　鋼管矢板護岸の構造概要

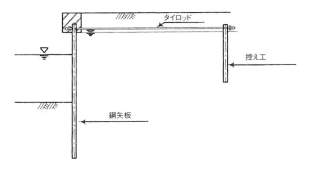

図10.5.13　タイロッド式鋼矢板の構造概要

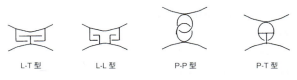

図10.5.15　鋼管矢板継手形式

を示す。

　鋼矢板と比較した場合の鋼管矢板の特徴は，曲げ剛性が大きく，長尺物の打設が可能なので，軟弱地盤，深い掘削など大きな荷重を受ける矢板壁に適しているが，継手の止水性が悪いので，継手部の土砂をエアリフトやジェットで排出後，モルタルグラウトなどによって止水を行っている。また，鋼管矢板は引き抜き撤去に困難を伴うため，転用性はほとんどない。

　鋼管矢板打設方法は，
　・バイブロハンマ工法（ウォータージェット併用あり）
　・油圧圧入工法（ウォータージェット併用あり）
　・中掘り工法

などが一般的であり，施工条件・土質条件・鋼管径・経済性等を勘案し，総合的判断により決定するものである。

　鋼管矢板の継手は，主に施工性や止水性によって決めるが，同じ直径で同じ肉厚の鋼管を用いても継手によって鋼管のピッチが異なるため，壁幅1m当たりの断面性能は違ってくるので注意を要する。継手は図10.5.15に示す形式があるが，護岸ではP-T型の採用が比較的多い。

　矢板護岸と同様に，工法（機械）は環境対策として低騒音・低振動が用いられるのが主流となっている。

〔参考文献〕
1）岡原美知夫他編：「基礎工の施工ノウハウ」近代図書

ポーラスコンクリート河川護岸

　ポーラスコンクリート河川護岸工法は，従来のコンクリートブロック護岸の構造体に植生機能を付加できる多孔質（ポーラス）な河川護岸の工法である。また，治水のみならず，微生物を含んだ動植物の生息・生育場所としての機能が注目され，自然生態系の保全，河川景観の向上など多自然型川づくりの一工法として，有効な工法である。特に，通常のコンクリートのみの護岸に比べて，植生がある場合は，餌となる草や昆虫類が豊富であり，ハビタット（生息場所）を形成するなど，動物類等生物の生息環境

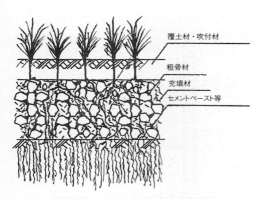

図10.5.16 ポーラスコンクリート河川護岸の構造

としても好ましい状態となる。またポーラスな構造体のため，その表面積の増加により，微生物の棲息とともに水質浄化作用などの2次的効果が期待される。

ポーラスコンクリート河川護岸の基本構造諸元は，図10.5.16に示すように〔粗骨材〕と〔セメントペースト，モルタルあるいは樹脂など〕から成るポーラスコンクリートを基盤として，その単独使用もしくは，これに加えて充填あるいは覆土材・吹付材・張芝からなるものである。

ポーラスコンクリートの特性を利用することにより，護岸としての必要な強度を確保するとともに，連続した空隙に，植物の生育に必要な水分，養分などを有した植生基盤を形成しようとするものである。

このポーラスコンクリートには，プレキャスト2次製品と現場打ちポーラスコンクリートがある。

〔参考文献〕
1) 宇田川義夫，中村敏一，玉井元治，塩屋俊一，寺川陽：生態系に配慮したポーラスコンクリート河川護岸工法について，第35回地盤工学研究発表会，平成12年度発表講演集，pp.119-120, 2000

3　水制工法

水制は，一組または数組で構成され，護岸や河岸の前面にある角度を持って突出させる構造物である。その働きは，「水流に対する粗度要素となって流速を低減させる」「水流に対して直接障害物となって流向を変化させる」の2点であり，この働きによって，①流水の流向制御，②河岸付近の河床洗掘防止，③水制近傍への土砂堆積が得られる。流水の流向制御機能を期待する例としては，低水路の急湾曲部で，曲率半径を緩和するために一連の水制を設置する場合がある。また，低水路幅に広狭がある場や低水路が乱流している場に水制を設置し，土砂堆積によって高水敷化させることによって，あたかも低水路法線形を修正したような効果を期待する場合がある。

河岸付近の河床洗掘防止機能を期待する例としては，2つある。1つは，水制の高さを高くして，水流の障害物となることによって，河岸あるいは護岸付近に水流を激突させないようにし，河岸法面の侵食，破壊を防止するものである。もう1つは，水制の高さを平水位程度として洪水時には流水が流下する形式で，一連の群として作用することで河岸あるいは護岸付近の流速を低減させ，河岸法面の侵食及び河床洗掘を軽減するものである。

このほかにも，土砂堆積による生態系の保全・育成の機能，景観の改善等の機能が期待される場合がある。

水制は，その構造から，透過水制，不透過水制，に分類される。不透過水制は流水からの作用が大きいため維持管理が難しくなるので注意が必要である。

水制の工法は，古くから各河川毎に工夫され，その種類も極めて多い。昔の材料は主に，木材，石材であったが，最近はコンクリート，鉄筋コンクリート製品のものが多い。工法は大略，杭打ち水制，牛及び合掌枠水制，沈床水制，枠水制，コンクリート水制，横堤に分類できる。杭打ち水制，牛及び合掌枠水制が透過型水制に分類でき，沈床水制，枠水制，コンクリート水制，横堤が不透過型水制に分類できる。

水制の設計項目には工種，設置間隔，列数，高さ，長さ等がある。この点については参考文献を参照されたい。

〔参考文献〕
1) 山本晃一：日本の水制：山海堂
2) 建設省河川局監修社団法人日本河川協会編：改定新版建設省河川砂防技術基準（案）同解説計画編

透過水制

　透過水制は，流れの一部が透過する構造に作られる水制である。流速を減じ，水制域内に土砂の沈殿を誘致し，流向を変じて堤防，護岸を安全にする機能を有する。不透過水制に比べて流水に対する抵抗が少ないことから，水制及び周辺部への安全性が高い工法であるとされている。ただし，一般には水制頭の洗掘は免れないため，工夫や留意が必要とされる。

　透過水制に分類されるものは，杭打ち水制，牛水制，合掌枠水制等である。

　杭打ち水制は，丸太杭，コンクリート杭等を防護すべき箇所に打ち込む工法である。底面に粗朶沈床を敷く工法もある。水制は，一般に構造が簡単で，流水に対する抵抗が一様であり，水制上流に一様な砂州を生じることが好ましいとされる。杭打ち水制はその条件に適合している。この工法は，杭打ちの間隔，列数，長さ等の自由度が高く，調節可能な点に特徴がある。この工法は一般に勾配が1/1000以下程度の河川に適するとされる。

　牛水制，合掌枠水制は，聖牛あるいは合掌枠を並べて設置することにより水刎ね効果を期待するものである。ただし聖牛の場合は，先端部の低下を原因として変状し易く，水刎ねとして長期に亘って用いられるのは稀であり，護岸の床留め程度の機能しか期待できないとされている。

　近年では，杭打ち，聖牛，合掌枠の構造的特徴を踏襲して，耐久性を増すために，コンクリート素材を用いた水制も用いられている。コンクリート現場打ち水制の代表的なものに，ピストル型水制，シリンダー型水制等がある。最近は異形ブロックによる水制が多く施工されている。

〔参考文献〕
1) 山本晃一：日本の水制：山海堂
2) 眞田秀吉：河川水流の制御について（一）（二）：水利と土木
3) 富永正義：護岸水制：第2, 3回，河川講演会講演集：土木協会
4) 建設省河川局監修社団法人日本河川協会編：改定新版建設省河川砂防技術基準（案）同解説計画編

不透過水制

　不透過水制は，水刎ねを主な目的として設置される。流れは透過せず構造物の受ける衝撃は大きいことが特徴である。このため，流水の衝撃や水制頭の洗掘によって流出する危険性が高く，これに耐える構造が要求される。

　不透過水制は，高さによって流水が越流する越流水制，非越流水制に分けられる。

　不透過水制に属する工種は，沈床水制，枠水制，コンクリート水制，横堤である。

　沈床水制は，単独の水制として用いられる他，水制の基礎として用いられる。沈床水制としては粗朶単床，粗朶沈床，コンクリート改良沈床水制等がある。

　枠水制は，部材を枠に組立て，中に玉石等を充填したもので，代表的なものとして沈枠，法枠，がある。枠水制は，いづれも急流河川で転石が多く，杭打ちが不可能な所に用いられる。

　コンクリート水制は，現地で直接コンクリートを打設して作るものと，別な場所で異形ブロックを作成し，現地で組み合わせるものとがある。コンクリートブロックを用いた水制は，砂礫の移動する急流河川で多く使用され，耐久性に優れ，大きさ，形状が自由に決められ，屈撓性を持たせることができる利点がある。

　横堤は，急流河川で流水が堤防に直角に衝る様な場で，越流型水制では堤防の安全性に問題があるような場に設置される工法である。しかし，対岸への影響や水制頭付近への衝撃力等から維持には労力を要する。

〔参考文献〕
1) 山本晃一：日本の水制：山海堂
2) 眞田秀吉：河川水流の制御について（一）（二）：水利と土木
3) 富永正義：護岸水制：第2, 3回，河川講演会講演集：土木協会
4) 建設省河川局監修社団法人日本河川協会編：改定新版建設省河川砂防技術基準（案）同解説計画編

4 根固工法

　根固工の役割は，設置箇所における河床洗掘を防止し，護岸基礎工の安全性を確保する事である。
　その為には，河床の変動に対応出来る強度と屈撓性を有する構造が必要である。

1. 根固工の種類と特徴（図10.5.17参照）
a. 木系根固工
・粗朶沈床，木工沈床などが有り，粗朶沈床は緩

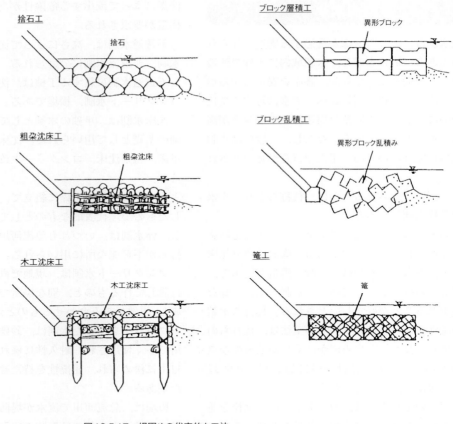

図10.5.17 根固めの代表的な工法

流河川で,木工沈床は急流河川で用いられる事が多い。
・中詰め材の粒径は設計無次元掃流力を基に設計すること。

b. かご系根固工
・かご材は十分な強度と耐久性を有すること。
・中詰め材の粒径は設計無次元掃流力を基に設計すること。

c. 石系根固工
・河床低下に対して変形が生じても護岸前面の平坦幅を確保すること。
・捨石の粒径は設計無次元掃流力を基に設計すること。

d. コンクリートブロック系根固工
・隣接するブロック間は連結又は噛み合せにより一体化させるとより安定する。
・一般に水深が浅い場合や,陸上施工が可能な場合は層積みが多く用いられ,水深が深くなると乱積みが用いられている。

・流体力に対して滑動・転倒を評価して設計すること。

e. 袋体系根固工
・繊維材料を用いた網状袋構造であり河床になじみ易い。
・中詰め材の粒径は設計無次元掃力を基に設計すること。

2. 根固工の構造

　根固工は,大きな流速の作用する場所に設置されるため,流体力に耐える重量であること,護岸基礎前面に洗掘を生じさせない敷設幅であること,耐久性が大きいこと,河床変化に追随できる屈撓性構造であることが必要となる。

　根固工の敷設天端高は基礎工天端高と同高とすることを基本とするが,根固工を基礎工よりも上として洗掘を防止する方法もある。また,根固工とのり覆工との間に間隙が生じる場合には,適当な間詰工を施すものとする。

表10.5.4　根固工の設計流速

	設計流速（単位：m/s） 2.0　3.0　4.0　5.0　6.0　7.0	摘要
木系	-------	施工実績等より
かご系	-------	
石系	-------	
根固ブロック系	-------	
袋材系	-------	

表10.5.5　根固工法の治水・環境面からの評価

目的　　根固工法	治水						環境		
	強度	耐久性	重量	堀撈性	材料の入手	施工法	景観	親水性	生態系保全
木系(粗朶沈床)	○	○	○	◎	○	△	○	△	○
木系(木工沈床)	○	○	○	◎	○	△	○	△	○
かご系	○	○	△	◎	◎	○	○	△	○
石系	○	△	○	○	△	○	◎	△	○
根固ブロック系	◎	◎	◎	○	◎	○	△	△	△
袋材系	○	○	○	◎	◎	○	○	△	○

◎：特に優れている　　○：優れている　　△：優れていない

根固工は，護岸基礎前面の河床が低下しない敷設幅を有する構造とするが，敷設方法には，洗掘前の河床に重ね合わせずに設定して自然になじませる場合と，既存の深掘れ部に重ねて設置する場合とがある。

3. 根固工法の選定

根固工法は，下記事項を総合的に判断して選定する。

①河道特性
②設計流速
③自然環境や周辺環境への配慮
④前後施設との工法の連続性
⑤施工性
⑥経済性

各種工法に対する設計流速の適用範囲の目安は，表10.5.4に示すとおりであり，選定に当たって参考にすると良い。

4. 根固工法の治水，環境面からの評価

1950年代頃から，コンクリート素材によるブロック製品の普及，河川整備区間の増大に伴う画一的な大規模な施工と施工の効率性，材料の調達性，強度面や耐久性などの点から，地場の素材（木，竹，石など）から人工素材へと移行した。

1990年には建設省が多自然型川づくり推進の通達を出し，1997年の河川法の改正に伴い，自然素材を活用した工法が景観的にも周囲に調和する利点から再評価され，現在，全国的に展開されている。

表10.5.5は根固工法の治水，環境面からの評価を表わしたものである。

木系根固工

粗朶沈床は緩流河川，木工沈床は急流河川で用いられる場合が多い。河道特性に対応した強度と屈撓性を持ち，吸出しを防止できる構造とする必要がある。また，材料の木材は腐食を考慮して，常に水面

下に埋設する。

中詰め材は「護岸の力学設計法」の「掃流-中詰めモデル」により設計無次元掃流力 $\tau*d=0.05$ として計算し，流体力に対して流失しない粒径とする。あるいは，表10.5.6を参考としてもよい。

①粗朶沈床

粗朶沈床は，粗朶を主体とした敷粗朶柵，沈石からなる沈床工で構成され，主に暖流河川の根固工として用いられている。粗朶沈床は，屈撓性に富む為不陸のある河床にも密着でき，また，大規模に洗掘された箇所においては粗朶沈床を何段にも重ね合せて対処できる。多孔性を有しており，魚類，エビやカニなどの水生生物の生息場としても適している。

粗朶沈床は，連柴を縦横とも1n間隔に格子状に組み，交差箇所を連結し（下格子），その上に15cm厚さの敷粗朶3層を縦横に敷き，並べる方向を違えながら置いて，その上に下格子と同じものを載せる。これに50cm間隔で小杭を打ち込み，下格子まで貫通させ，15cm程度頭を出しておき，小杭に帯梢柵を掻き，その間に割り石，玉石などの沈み石を載せ，隙間に目潰しをする。粗朶沈床は屈撓性に富む事から，砂質系の河床に良くなじみ，流水による砂の吸出し防止に有効である。主に河床勾配1/2000程度より緩い緩流河川に用いられる。図10.5.18に粗朶沈床工を示す。

②木工沈床

木工沈床は，粗朶沈床が急流河川でしばしば流失することから，明治年間の半ばに組粗朶の改良として考案されたものである。井桁に組んだ丸太の中に玉石，割り石を詰める沈床である。主に中詰め石の入手が可能な中流部の河川において，粗朶沈床では掃流力に抵抗し得ない個所での根固めとして用いられている。多孔性を有しており，魚類をはじめとする水生生物の生息空間としても適している。

木工沈床は，松の方格材を2m間隔に井桁状に組み上げたもので，井桁の最下段は松丸太を敷き並べ敷成木とし，井桁の中に詰め石を載せたものである。これを重ねて数層にして用いる。また，木工沈床は，水流に対して強度はあるが，方格材の腐朽などにより詰め石が流失するなどの欠点もあるため，方格材にコンクリート製品を使った改良木工沈床が考案されている。図10.5.19に木工沈床工を示す。

かご系根固工

かご系根固工は，屈撓性があり，多孔質であるため，河床洗掘を抑制すると共に，水際の多様性にも適しているが，十分な強度と耐久性が必要である。

中詰め材は「護岸の力学設計法」の「掃流-かご詰めモデル」により設計無次元掃流力 $\tau*d=0.10$ として計算し，流体力に対して流失しない粒径とする。あるいは，表10.5.7を参考としても良い。

①鉄線蛇かご

鉄線蛇かごは，工場であらかじめ編んだ鉄線を現場でかご状に組立て敷設し，中に玉石や割栗石を詰める工法である。一般に工費が低廉であり，施工も簡単で工期も短くてすむ。最近では，環境に優しい工法として注目されている。

鉄線蛇かごの耐用年数は鉄線の腐食によって決まるので，酸性やアルカリ性の強い水質の河川では注意を要する。最近では腐食防止対策が施された製品も開発されているので，使用に先立ち水質などの調査を実施しておくと良い。

蛇かごの直径は0.45，0.50，0.55，0.60，0.90m，鉄線の太さは3.2，4.0，5.0，6.0mm，網目の大きさは5，6.5，7.5，10，13，15cmであり使用環境，使用条件に適したものを使用する。

1枚の幅は1.0〜2.0mで，必要に応じ2〜3列に設置する。長さは2〜4m，高さは0.4〜0.6m程度である。図10.5.20に鉄筋蛇かご工の概略を示す。

②かごマット

鉄線蛇かごは屈撓性に富み，空隙も多く，治水・環境の両面で優れた機能を有する根固工であるが，鉄線の耐久性と石詰め作業等を熟練工に依存する等の施工性に難点があった。かごマットはこれらの点を改良したものである。

かごマットは一般的には，根固工単独というよりは，法面保護，護岸基礎，根固工といった連続性で施工する場合が多い。図10.5.21にかごマット工の概略を示す。

かごマットの主な特長は下記のとおりである。

1) かごの耐久性を向上させるため，線材は亜鉛アルミニウム合金メッキ鉄線を使用している。また，最近ではより耐久性を良くしたステンレス製の製品もある。

表10.5.6 木系根固工中詰材の粒径

単位:cm

設計水深 (m)	設計流速 (m/s)					
	1.0	2.0	3.0	4.0	5.0	6.0
1.0	5	5	10	30	—	—
2.0	5	5	10	15	35	65
3.0	5	5	10	15	25	45
4.0	5	5	5	15	25	40
5.0	5	5	5	10	20	35
6.0	5	5	5	10	20	30

注）現地材や再生材を利用する場合は、上表粒径以上であれば施工できる範囲で粒度分布を規程しない。

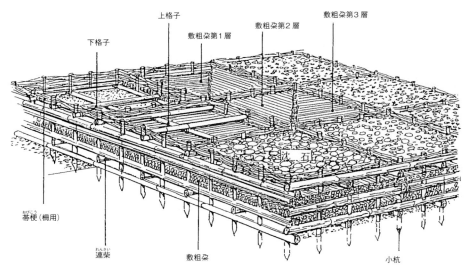

図10.5.18 粗朶沈床工

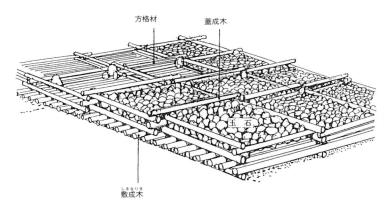

図10.5.19 木工沈床工

表10.5.7 かご系根固工中詰材の粒径

単位：cm

設計水深 (m)	設計流速 (m/s)					
	1.0	2.0	3.0	4.0	5.0	6.0
1.0	5〜15	5〜15	5〜15	30	–	–
2.0	5〜15	5〜15	5〜15	5〜15	15〜20	–
3.0	5〜15	5〜15	5〜15	5〜15	15〜20	15〜20
4.0	5〜15	5〜15	5〜15	5〜15	5〜15	15〜20
5.0	5〜15	5〜15	5〜15	5〜15	5〜15	15〜20
6.0	5〜15	5〜15	5〜15	5〜15	5〜15	15〜20

注）現地材や再生材を利用する場合は、上表粒径以上であれば施工できる範囲の粒度分布の材料を採用する。

注）上表の粒径は、市場性を考慮した規格である。

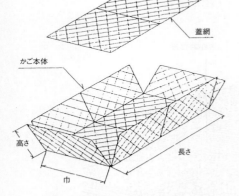

図10.5.20 鉄筋蛇かご工の概略

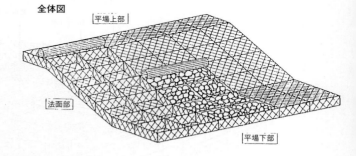

表10.5.8 石系根固工の粒径

設計流速 (m/s)	粒径 (cm)
1.0	–
2.0	–
3.0	30
4.0	50
5.0	80
6.0	120

図10.5.21 かごマット工の概略

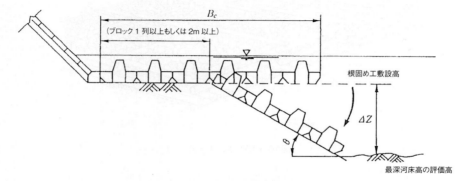

図10.5.22 根固工の敷設幅

2) 現場での据付けや組立て作業を省力化するため，かごは工場で完成に近い状態まで加工する。
3) 熟練工の手作業に頼っていた詰め石作業を機械化するため，蓋編み構造を採用している。なお，かごマットは鉄線の耐久性を向上させているが，以下の区間で使用する場合は，塩化ビニル被覆やポリエチレン被覆等の覆材の使用を検討する。
1) 河川水が強い酸性を示す区間（ph5以下）
2) 河川水の塩分濃度が高い区間（塩素イオン濃度が年平均450mg/l以上）
3) 河岸や河床が腐植土で構成されている区間（黒色有機混じり土，泥炭層等の土壌で電気抵抗率2300Ω/cm以下）
4) 河床材料が大きな転石，玉石（人頭大程度以上）で構成されている区間

石系根固工

石は自然素材の中でも強固なものであり，従前の河川状況を保全する観点からも好ましく，石を使っての根固工は古くから用いられており実績も多い。

石自体が流体力に対して安定性を有しているとともに，施工に当たっては石の噛み合せを十分行う。

石の粒径は「護岸の力学設計法」の「掃流-乱積みモデル」で設計し，流失しない粒径のものとする。あるいは，表10.5.8を参考としても良い。

現場の河床材料より大きく，重いものを適当に用いれば相当効果があり，きわめて好都合な工法である。特に現場付近の大石を集めて護岸前面に敷き並べたものを寄せ石といい，転石などの豊富な上流部で河床整正を兼ねて行うことがある。

石系根固工を施工する場合は下記に留意する必要がある。

1) 地盤の吸出しを防止するために，大小粒径の混じった適正粒径を用いる。
2) 石の並べ方は，表面に大きめの石を配置する。
3) 横断方向表面の石の配置は，石の法尻が崩れると一挙に石自体の崩壊が考えられるため法尻に大きめの石を用いる。
4) 天端の設置高さは，平水位以下とすることが望ましい。
5) 石は現地材の使用を基本とするが，他の場所から搬入する場合には，周辺環境との整合性を図る。
6) 現地材の有効利用に当たっては，その後の河床洗掘を助長しないよう，また，河相を変えるような過度の利用はしないこと。
7) 敷き幅は，河床低下により変形が生じても護岸基礎前面に2m以上の平坦幅を確保すること。

最近では，石の不足から色彩に富んだ擬石コンクリート製品が使用される場合が増えてきた。

ブロック系根固工

ブロック系根固工法は，自然素材を活用した従来工法に比べて，強度，耐久性，重量，材料の入手，施工性に富んだ工法であり，全国的に使用されている。

ブロック系根固工を施工する場合は下記に留意する必要がある。

1) ブロック重量は，「護岸の力学設計法」の「滑動及び転動－層積み」，「滑動及び転動－乱積み」モデルにより流体力による滑動・転動を検証。
2) 天端の設置高は，平水位以下とすることが望ましい。
3) 多様な水際を確保するため，空隙の多いブロックや石等との組合せを行うことが望ましい。
4) 敷設幅は，河床低下が生じても，最低1列若しくは2m程度以上の平坦幅が確保される必要があるため，次式により求めるものとする。

$Bc = Ln + \Delta Z / \sin \theta$

ここで，Bc：敷設幅
Ln：護岸前面の平坦幅（ブロック1列若しくは2m程度以上）
ΔZ：根固工敷設高から最深河床高の評価高までの高低差
θ：河床洗掘時の斜面勾配

斜面勾配θは，河床材料の水中安息角程度になるが，安全を考えると一般に30°とすれば良い。基礎工天端高が設定されれば，最深河床高を評価することにより，照査の目標とする敷設幅を算定できる。敷設幅を図10.5.22に示す。

①コンクリートブロック系根固工

コンクリート根固工法は，コンクリートを現場打設するため，施工に当たってはドライワークする必要がある。従って，締め切りや瀬替えが簡単にでき

るところには適した工法で，特に急流河川では広く用いられている。

ブロックのタイプには十字ブロック，Y形ブロック，H形ブロックなどがある。

代表的な「十字ブロック」については，ブロック間が四方に鉄筋で連結されているため，各ブロックはいずれの方向に対しても屈撓性を有している。

ブロックの底部が錘形になっているので，ブロックの重心が低く，河床の変動に対して自在に接地し安定する。

なお，のり止め付近の粗度を大きくするために十字ブロックに柱状の突起物を付ける場合がある。

② 異形コンクリートブロック

異形コンクリートブロックは，コンクリートブロックの欠点を補うように改良されたもので，鋼製・プラスチックの型枠を用いて大量に同型のものをかつ均質に製造することが可能である。さらに自在な形状のブロックが製作可能であるため，その種類は相当の数に及んでいる。施工も比較的容易であり，施工速度も速く省力化できるなどから広く用いられている。各種ブロックの効果などに顕著な差はないが，形状及び設置場所から乱積み，層積みに適するかが判断できる。

ブロックの重量は種類によって多少異なるが0.5tから最大75tまであるが，どの程度の重量のブロックを採用すればよいかは，設置個所の掃流力やブロックの積み方などによって異なる。激しい流勢に抵抗して護岸の基礎洗掘を防止できるように，流失しない重量を採用することが基本である。

1990年の多自然型川づくりの推進，1997年の河川法の改正に伴い，コンクリート一辺倒からの脱却を図っており，異形ブロックにおいてもブロック表面に石を張ったり，ブロック天端に石を置き覆土しブロックを隠して景観・環境に配慮した工法が増えている。図10.5.23に異形ブロックに覆土した例を示す。

なお，図10.5.24は，異形ブロックの名称と形状の一例である。

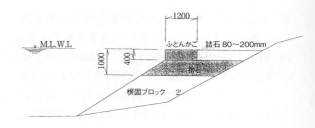

図10.5.23　異形ブロックに覆土した例

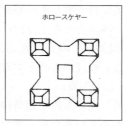

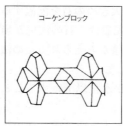

図10.5.24　異形ブロックの例

袋体系根固工

袋体系根固工は，繊維材料を用いた網状袋構造であり，図10.5.25に示す手順で玉石，割栗石，コンクリート塊などの中詰め材を現地で袋詰めし，設置する工法である。

袋体系根固工は，屈撓性に富み，空隙も多く，工費が低廉であり，施工も簡単で工期も短くてすむ。

袋体系根固工の特長は下記のとおりである。
1) 袋材はすべて工場加工で品質が均一である。
2) 袋材の大きさにより，1袋当りの重量を調整することが可能である。
3) 中詰め材は，上流域では現地発生材（玉石），発生材がない場合は購入材（砕石や割栗石），及びコンクリート塊などの材料を使用することができるため，資材の調達は容易である。
4) 地上よりクレーンを用いて水中に設置することができるため，一年中施工できる。
5) 袋材であることから，専門工の必要が無く，機械化施工が可能で省力化となる。
6) 中詰め材として割栗石などを使用するので，通水性に富み，多孔質な空間は魚類などの生息の場を創出する。
7) コンクリートブロックと比較して，コンクリート養生の必要もなく，工期の短縮が図れる。

なお，袋体系根固工の材質は，土木系材料技術・技術審査証明を取得しているが，以下の区間については留意を払う必要がある。
1) 流速の変動が急激な河川で使用する場合は，袋材同士をワイヤーによる連結や杭などの処置を講ずることが望まれる。
2) 転石や玉石の多い河川に使用する場合は，摩耗への配慮が望まれる。
3) 袋材の材質は優れた耐候性を有しているが，直射日光の当たる場所は，紫外線による劣化は避けられないため，覆土などの処理が望まれる。
4) 中詰め材が鋭利な場合は，袋体を損傷することがある。

〔参考文献〕
1) 河川伝統工法研究会：「河川伝統工法」地域開発研究所,1995年
2) 建設省河川局防災・海岸課編集：「鉄線篭型多段積護岸工法，設計・施工技術基準（試行案）」全国防災協会,2001年
3) 国土交通省河川局防災・海岸課監修：「美しい山河を守る災害復旧基本指針」全国防災協会,2006年
4) 藤井友竝：「河川工事ポケットブック」,山海堂,2000年

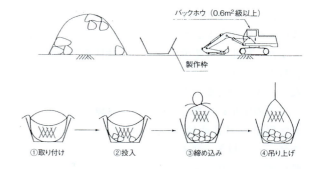

図10.5.25　中詰材の袋詰め手順

5) 山本晃一：「日本の水制」,山海堂,1996年
6) 建設省河川局監修：「建設省河川砂防技術基準（案）同解説設計編(1)」,日本河川協会,1997年
7) 建設省河川局治水課監修：「多自然型河川工法設計施工要領（暫定案）」河川環境管理財団,1994年
8) 国土技術センター：「護岸の力学設計法」,2007年
9) 日本消波根固ブロック協会：「消波根固ブロック設計積算飼料」,2004年

5　河川構造物

床止め工

床止め工は，河床低下や局所洗掘を防ぐために河床を維持または安定化させることを目的として，河道を横断して設けられる構造物である。このため河床変動など上下流へのインパクトも大きく，設置個所の自然条件や河道特性によっては維持管理に多大な労力や困難を伴うことの多い構造物である。従って，河道計画においては極力採用しないことが望ましく，やむを得ず設置する場合に限って設置すべき構造物である。

床止めはその設置目的及び形状から「落差工」と「帯工」に分類される。落差工は河床低下の防止を目的とし，帯工は洪水の乱流による局所洗掘の防止を目的として設置される。

床止めは上述の目的を果たすために上下流における渦や流れの乱れ，流況の急変などによる河岸侵食や河床洗掘に対して安全な構造であることが必要である。特に落差工直上流では流水の落下に伴う低下背水により掃流力が増大し，河床低下が発生する。この現象は急流河川で小さく，緩流河川で大きく現れる傾向にある。従って，落差や上流河道の構造物

の基礎高を設定する際には，落差工上流側の河床が本体より低下することを考慮することが重要である。

また，床止めは生態系などの連続性を分断する可能性が高いため，水叩きを下流河床よりも低くするなどの工夫が必要である。

以上の床止めの機能の確保および床止め自体の安全確保から，床止めは図10.5.26に示した形状となり，本体工，水叩き，護床工，基礎工，しゃ水工，高水敷保護工・のり肩工，護岸，取付護岸から構成される。表10.5.9は各部位毎における設置目的と機能を示したものである。

尚，堤防と床止め本体の接続は堤防の安全を第一義とし，従来は堤防の天端まで嵌入していたのを止め，取付擁壁により低水河岸部で絶縁することを基本とする。セグメント1の河川のようにミオ筋の変動が激しい箇所でも，本体の嵌入は堤防表法尻までとすべきである。

〔参考文献〕
1) 国土開発技術研究センター：床止めの構造設計手引，山海堂，1998
2) 山本晃一，高橋晃，長谷川賢一：床止め工に関する調査，土木研究所資料第2760号，1989

堰

堰は取水，潮止め，分流等の目的で河道を横断して設けられるダム以外の施設であって，堤防の機能を持たないものをいう。

用途別に各機能を整理すると次のようである。
・取水堰は，都市用水，灌漑，発電用水等の取水を目的とし水位を確保するための施設。
・潮止堰は，感潮区間に設け河川への塩分の遡上を防止するための施設。
・分流堰は，河川の分派点付近に設け，流水を計画的に分流するよう制御するための施設。

その他，河川の水位及び流量（流況）を調整するもの，および多目的な施設がある。

堰は構造上から，堰天端がコンクリート等で固定され，水位および放流量の調整が出来ない固定堰，および，ゲートによって水位調整が可能な可動堰に分類される。固定堰は，原則として河道の流下断面内に設けてはならないとされており，採用できるのは山間部等治水上の支障がない場合に限りこの限りでないとされる。

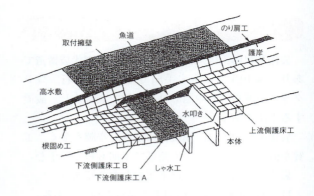

図10.5.26 床止（落差工）を構成する構造物

表10.5.9 床止（落差工）を構成する構造物とその目的・機能

構造物	目的・機能
本 体 工	本体は，上下流の落差をもつ部分である。
水 叩 き	水叩きは，越流する流水による洗掘を防ぐ。
護 床 工	上流側護床工 落差工本体の直上流で生じる局所洗掘を防止する。 下流側護床工：対象とする水理現象によりA、Bに区分する。 護床工A：越流落下後の流れが流下するときに、発生する射流状態から跳水に至るまでの激しい流れによる洗掘を防止する。 護床工B：跳水後の流水による洗掘を防止し整流する。
基 礎 工	基礎工は，不等沈下による変形などを防止する。
しゃ水工	しゃ水こうは、上下流の水位差で生じる揚圧力を低減し、パイピングを防止する。
高水敷保護工・のり肩工	高水敷保護工・のり肩工は、高水敷から低水路へ落ち込む流れと乗り上げる流れによる洗掘を防止し堤防を保護する。
護 岸	落差工の周辺では、洪水時に著しく流れが乱れるため、河岸や堤防を確実に保護する必要があり、そのために護岸を設ける。
取 付 擁 壁	越流落下水および転石による河岸侵食が著しい護岸の設置範囲のなかでも特に、落差工直下流部を保護する。

可動堰の標準的な部位と名称を図10.5.27に示す。可動堰は堰柱，床版，ゲート等の本体工，魚道，閘門等の付帯施設，および管理橋等の管理施設から構成されており，その他，管理所，警報設備，水位観測設備，照明設備等の付属設備を設置することがある。

固定堰の標準的な部位と名称を図10.5.28に示す。

堰に使用される標準的なゲート形式を表10.5.10に示す。洪水吐けゲートとしては，ローラ形式のゲートと起伏式ゲートがあり，起伏式ゲートには鋼製起

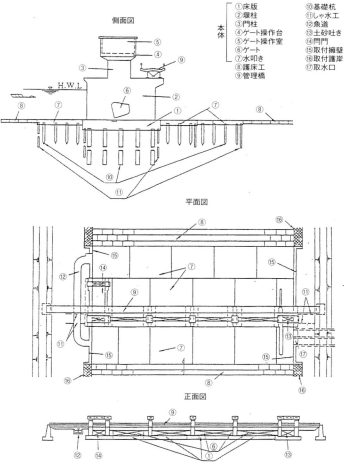

図10.5.27 可動堰の各部名称

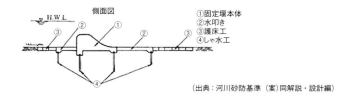

図10.5.28 固定堰の各部名称

表10.5.10 堰の水門扉の形成

設置目的		設備の形式(標準)	水門扉の用途	水門扉の形式(標準)
堰	取水 潮止め 分流	洪水吐き	水位維持, 流量調節	ローラ, シェル構造ローラ, 2段式ローラ, 起伏
		流量調節部	水位維持, 流量調節	2段式ローラ, シェル構造ローラ, 起伏
		土砂吐き	水位維持, 土砂吐き	ローラ, シェル構造ローラ
		舟通し閘門	水位維持, 舟通し	ローラ, シェル構造ローラ, ヒンジ式
		魚道 (呼び水水路を含む)	水位維持, 流量調節, 魚類の遡上	起伏式, セクタ式, 昇降式, スライド式
修理用ゲート		修理用	ゲート補修時の水位維持	フローティング式, 支柱支持式, 橋梁支持式, 角落し式, 樋式

(出典：河川砂防基準（案）同解説)

伏ゲートと，ゴム引布製ゲートがある。図10.5.29に各種ゲートの概念図を示す。

起伏式ゲートは，一般に引上げ式ゲートに比べ経済性，施工性で優れており，洪水時に自動倒伏が可能であることなどの特徴がある。近年，技術開発等により，大規模施設においても技術的には採用が可能になったが，起伏堰については転石や流下物の影響等に対する設置条件が厳しいので，その採用に当たっては河川の状況等から十分な検討が必要である。

ゲート形式は上記の他に様々な形式，種類があり，堰を計画する場合には，従来技術のみでなく先端技術の動向調査を行い，施設に求められる機能を満足するとともに，操作の信頼性の確保，長期的な機能保全，周辺環境との調和を考慮し選定する必要がある。

〔参考文献〕
1) 日本河川協会：改定解説・河川管理施設等構造令2000.1
2) ダム・堰施設技術協会：ダム・堰施設技術基準（案）1999.3
3) ダム・堰施設技術協会：鋼製起伏ゲート設計要領（案）1999.10
4) 国土技術研究センター：ゴム引布製起伏堰技術基準（案）2000.10
5) 国土技術研究センター：鋼製起伏堰（ゴム袋体支持式）（一次案）2006.10

水門・樋門

(1) 水門・樋門の技術動向

水門・樋門とは，河川又は水路を横断して設けられる制水施設であって，堤防の機能を有するものをいう。水門と樋門の区別は，当該施設の横断する河川又は水路が合流する河川の堤防を分断して設けられるものが水門であり，堤体内に暗渠として設けられるものが樋門である。図10.5.30に水門の各部の名称を，図10.5.31に樋門，樋管の各部の名称を示す。

水門・樋門の工法に関連した技術動向として次の点がある。

①堤防機能の安全度向上

水門・樋門と堤体の接触面に生じる空隙により堤防の安全度が低下する。この対策として樋門の構造形式は原則として柔構造樋門となった。また，河川堤防の法勾配は，浸透面，除草等の維持管理，法面活用等の点から緩傾斜化が望まれる。

②建設コストの縮減

構成部材を工場製作とし現場作業の簡略化，省力化，工期短縮を図る。さらに，土地利用の条件により，推進工法を採用するなど施工の合理化が求められる。

③景観の創造や自然環境との共生

河川環境の整備と保全への配慮から，水門・樋門本体，護床工，高水敷保護工等の構造のあり方に創意工夫が望まれる。

④ゲート操作の信頼性向上

操作遅れがなく確実な開閉が可能であることや省力化を鑑み，自動開閉ゲートの採用や遠隔監視制御等の導入の動きがある。

(2) 水門・樋門に関わる工法

水門・樋門関連工法とその概要を表10.5.11に示した。

①地盤対策工
- 圧密沈下の促進，全沈下の軽減，不同沈下の軽減等の沈下対策
- 側方流動対策
- 強度低下抑制，強度増加促進，すべり抵抗の付与，液状化防止等の安定対策・浸透流対策

②土木本体工

函体として次の点からRC構造以外の構造も多く採用されている。
- 函体重量を軽くし併せて地盤変形に対して追従性に優れた構造とし空洞化やクラック発生を防止する。
- 継手部の止水性能の向上。
- 函体材料を工場製作とし，現場作業の簡略化，省力化，工期の短縮を図る。さらに，土地利用の条件によっては，推進工法等を採用し施工の合理化を図る。

③ゲート工

柔構造樋門では，門柱部の沈下・傾斜に対応可能な構造とする。また，門柱のないゲート形式が，門柱や管理橋の廃止，上部工荷重低減による基礎工経済化，ゲート部沈下・傾斜の影響軽減，工場製品の多用による施工の省力化，工期短縮，景観との調和，操作の簡易化などから採用されている。

〔参考文献〕
1) (財)国土開発技術研究センター：改定解説・河川管理施設等構造令，平成12年4月
2) 建設省河川砂防技術基準（案）同解説設計編〔I〕
3) (財)国土開発技術研究センター：柔構造樋門設計の手引き，平成10年11月
4) 建設省中部地方建設局：河川構造物設計要領（試行），平成11年10月

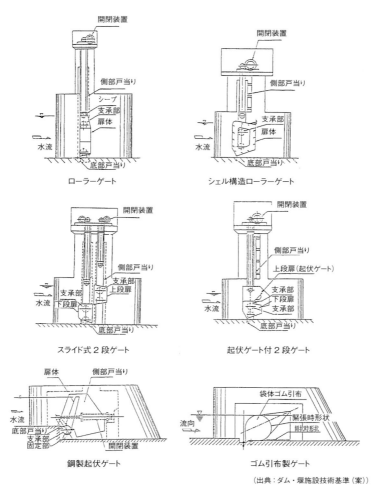

図10.5.29 各種ゲートの概念

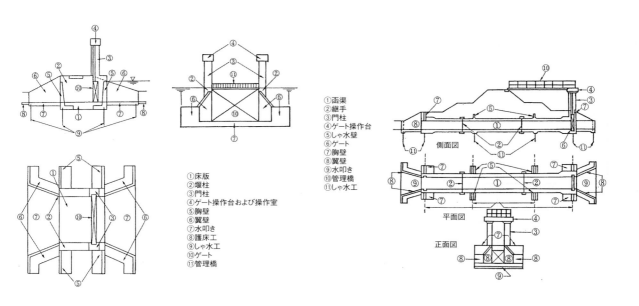

図10.5.30 水門各部の名称

図10.5.31 樋門,樋管の各部の名称

表10.5.11 水門，樋門に関連する主な工法

分類	区分	関連工法	工法の概要
地盤対策工	地盤強度制御	プレロード工法・サーチャージ工法	盛土等によって事前に地盤の圧密促進と地盤の強度増加を図る。
		緩速施工・段階盛土工法	地盤の圧密促進・強度増加を図るため、盛土等の施工に時間をかける。又は、段階的盛土工法。
	盛土荷重制御	抑え盛土	盛土荷重を制御する。
	地盤改良工法	表層処理工法	軟弱な表層の土をセメント系又は石灰系の地盤改良材と攪拌混合して固結。
		置換工法	軟弱層の一部または全層を良質土と置換。
		バーチカルドレーン工法	粘性土地盤中に垂直なドレーン柱、又は水平なドレーン層を造成し、載荷重により圧密促進し強度増加を図る。
		石灰石パイル工法	生石灰の水和反応による給水膨張を利用して粘性土を脱水強化。
		サンドコンパクションパイル工法	軟弱地盤中に締まった砂杭を造成し地盤の締固め（主に砂質土）及び地盤の砂杭応力集中及びドレーン効果（主に粘性土）により地盤強化。
		振動締固め工法	地盤に振動機を作用させて締め固める。
		グラベルドレーン工法	緩い砂の地震時の間隙圧の早期消散を図る。
		動圧密工法	地盤に落下、爆破などの衝撃エネルギを作用させ締め固める。
		注入工法	地盤の間隙に硬化性の薬液を注入し土を固結。
	地盤補強工法	柔支持基礎（浮き基礎） ・浮き杭基礎（パイルネット，パイルグリッド，パイルキャップ工法等） ・浮き固化改良体基礎 ・鋼矢板，囲み矢板基礎	杭あるいは杭状固化改良体を支持層に着底させないで支持層に頼らないで摩擦力等によって支持する。
		引張材敷設	盛土内にジオテキスタイルを敷設し，すべりに対する抵抗を分担する。
土木本体工	函体構造	場所打ちコンクリート構造	通常の場所打ちコンクリート構造。
		プレキャストコンクリート構造	樋管として使用する十分な強度を有している。函体寸法的には、特に制約はない。
		ダクタイル鋳鉄管構造	樋管として使用する十分な強度を有している。強靭性に富み、衝撃に強い。内面はモルタルライニング。外面は合成樹脂塗装。ゴム輪による止水。緊張材の防食処理必要。
		鋼管構造	樋管として使用する十分な強度を有している。強靭性に富み、衝撃に強い。塗装が必要。溶接施工により水密確保。ゴムによる止水。
		高耐圧ポリエチレン管構造	管は、たわみやすい。剛性が低い。長期使用時のクリープ変形による強度低下を確認する。耐薬性、耐食性、耐摩耗性に優れる。溶接施工により水密確保。
		ＦＲＰ管構造	管は、たわみやすい。剛性が低い。管軸方向強度が円周方向に比し弱い。酸、アルカリに強く、水質が悪い環境でも耐えられる。ゴム輪による止水。継手の離脱防止機構がない。
	継手構造	可とう性継手	ゴムメンブレン等で止水性と可とう性を確保するもので，スパン間の相対変位を拘束することが最も少ない。開口，折れ角，目違いをほとんど拘束しないため断面力の伝達は少ない。
		カラー継手	従来の函体で採用されてきた継手。カラーの折れ角は構造的に許容する範囲内に限定。目違いを拘束するため、せん断力を伝達させる。
		弾性継手 ・プレストレインドゴム継手 ・スチールベローズ継手 ・ゴムベローズ継手 ・メカニカルソケット	継手バネの大きさとスパン間の変位差に応じた断面力の伝達がある。
	特殊工法	非開削工法	堤防上の構築物や道路交通等に影響を与えず、大掛かりな二重締切りを省略する場合，推進工法等の非開削工法が有利。
		ハイブリッドピア工法	床版と堰柱を、工場で、鋼殻の外周にコンクリート打設した函体構造とし製作し、設置場所まで水上曳航し、沈設，中詰めコンクリート充填させる。
ゲート工	ゲート構造	門柱レスゲート工法 ・無動力式ゲート ・無動力式＋バックアップ開閉機 ・動力式ゲート	門柱と連絡橋（管理橋）のないゲート形式。水位追随し自動開閉する形式と油圧式、空気圧式等の開閉機を有する形式がある。
		鋼製門柱ゲート工法	通常の場所打ちコンクリート製門柱を止め、工場製作した鋼製門柱を施工する。

堤体内に設けられた樋門

```
排水機場 ─┬─ ポンプ場 ─┬─ ポンプ設備 ─┬─ 主ポンプ設備
          │              │              ├─ 主ポンプ駆動設備
          │              │              ├─ 系統機器設備
          │              │              ├─ 電源設備
          │              │              ├─ 監視操作制御設備
          │              │              ├─ 除塵設備
          │              │              └─ 付属設備
          │         (関連施設)
          │              ┌─ 機場上屋
          │              ├─ 機場本体
          └─ 付属施設 ─┼─ 流入水路
                         ├─ 吐出水槽
                         └─ 吐出樋門・樋管
```

図10.5.32 排水機場の構成例

排水機場

　河川管理施設としての排水機場は，ポンプによって河川水または内水を堤防を横断して排水するために設けられる施設であって，ポンプ場とその付属施設の総称である。排水機場には，通常，樋門が設置されるが，排水量が小さい場合は，樋門を設置しないで吐出管の乗り越え構造で堤防を通貨して排水機場から直接排水する場合もある。排水機場の一般的な構成を図10.5.32に示す。

　排水機場の施設規模およびポンプ形式は当該地域の内水機構・流出形態・本川の水理特性等を考慮し，その目的に沿った最適なものとする必要がある。また，排水機場は長期休止による機能低下が生じやすいため，適切な設備計画と確実な維持管理が必要である。

　主ポンプ設備は危険分散が出来るよう，最低2台以上の台数とする。ポンプ形式は，始動性の良さと運転範囲の広さから，最近では立軸斜流ポンプが主流となっている。また，特殊なポンプ形式として，救急排水ポンプのように互換性・機敏性を利用した用途や簡易な小規模排水設備に向いている水中モータポンプや，地下式排水機場に適するチュブラポンプがある。何れも電動機を主ポンプに組み込んだ構造であり，採用にあたっては，適用限界や保守性に留意する必要がある。

　主ポンプ駆動設備は停電時でも運転継続が可能なように，内燃機関（ディーゼルまたはガスタービンエンジン）が用いられる。

　系統機器設備は冷却系統，燃料系統，始動系統，潤滑系統などで構成される。近年，セラミック軸受やガスタービンエンジンの導入により，系統機器設備は大幅に簡素化されるとともに，信頼性が向上してきた。

　ポンプ運転に必要な系統機器設備等の動力は，自家発電機により供給し，商用受電は日常の管理用電源のみとし，ポンプ運転時には全ての電源を自家発電に切り替える。なお，自家発電機は常用機と予備機の2台を設置する。

　監視操作制御設備は中央連動操作を基本とし，機側単独操作も可能なものとなっており，近年は遠隔化が可能な設備も導入されている。監視操作制御は機場の目的を十分理解し，その性能を全て発揮するために，ポンプ設備全体の構成を十分理解して設置する必要がある。

　除塵設備は，主ポンプ運転に支障が生じないよう流水中のゴミを除くために設置され，角落し・クレーン・換気・消化設備等の附属設備は，排水機場の維持管理，機能保持を目的に設置される。

　近年，ポンプ設備のコンパクト化に伴い，上家・機場本体の関連施設の見直し・縮小化や，集中豪雨等に対する機場の機能確保のための耐水化が進んでいる。

　今後は，ITによる排水機場の広域一元管理の実施と，更新時期を迎える古い排水機場の延命等が課題となる。

表10.5.12 代表的な地下河川プロジェクト

プロジェクト名称	事業者	規模		
		延長（km）	内径（m）	土被り（m）
平野川調節池	大阪市	3.1	9.5～9.8	23～36
寝屋川北部地下河川	大阪府	11	2～10	30～40
寝屋川南部地下河川	大阪府	13	7～10	15～35
神田川・環状7号線地下調節池	東京都	4.5	12.5	34～43
首都圏外郭放水路	国土交通省	6.3	10	50～55
那珂導水路	国土交通省	42.9	4.5	15～40
大津放水路	国土交通省	4.7	3.8～10.8	5～50
今井川地下調節池	横浜市	2.0	10.8	38～85
東川地下河川	埼玉県	2.5	4.0～5.2	13～15
五反田川放水路	川崎市	2.0	8.7	38～47

〔参考文献〕
1)「解説・河川管理施設等構造例」山海堂,2000年2月
2)「建設省河川砂防技術基準(案)同解説」山海堂,2007年10月
3)「揚排水ポンプ設備技術基準(案)同解説」河川ポンプ施設技術協会,2001年2月

トンネル構造による河川

　都市部の洪水処理対策（放水路，調節池）や河川浄化用水の導水路としてトンネル構造による河川が採用されている。河川砂防技術基準（案）によれば，トンネル構造による河川のうち，流入施設または排水施設を有するものを地下河川，それ以外をトンネル河川と呼んでいる。表10.5.12に国内の代表的な地下河川プロジェクトを示す。
　トンネル河川については自由水面を有する開水路流として計画することが一般的であり，地下河川については圧力管として計画することが多く，その場合は内水圧が作用することになる。

①流入・排水・中間立坑施設：
　地下河川は，地表から40～50m程度の大深度に設置される事例もあり，立坑の施工法としては，大深度の場合は地下連続壁や建設省総合技術開発プロジェクトで開発された自動化オープンケーソン工法(SOCS工法)等が採用されている。また立坑形状は外力に対して有利な形状として円形が多い。

②トンネル本体：
　トンネルの施工方法としては，山岳トンネル工法およびシールド工法が一般的であるが，地下河川トンネルは都心近郊の沖積・洪積地盤での施工が多く，大深度・大断面でかつ長距離施工に対応したシールドトンネル工法（特に泥水式シールド工法）の採用が多い。
　圧力管方式のトンネルでは，従来その内水圧に耐えられる強度を確保するため，一次覆工セグメントの内側に有筋の二次覆工を打設したり，鋼管布設方式等が採用されてきた。近年の地下河川シールドトンネルでは，これら二次覆工を省略し，継手剛性が高く，外圧および内水圧に耐え，十分な水密性を有し内面が平滑なセグメントが採用される例が増えている。

〔参考文献〕
1)(財)先端建設技術センター：「地下河川（シールドトンネル）内水圧が作用するトンネル覆工構造設計の手引き,平成11年3月」

6 その他の工法

仮締切り工法

　仮締切りとは，河川，湖沼，海などの水中または，流れに接して構造物を設ける場合に，水を一時的に遮断し構造物の施工をドライワークで行うために必要とされる仮設構造物である。
　仮締切り工は締切期間中の水位変動，波浪等に対して十分な安全性を有し，工事施工中の土圧，水圧等の外力及び，浸透水に対して安定した構造であることが必要であり，対象水位は過去の水位または流量資料等を基に，施工時期，期間，施工規模等より決定される。干潮区間等では，潮位，風波，船舶航行などについても配慮する必要がある。

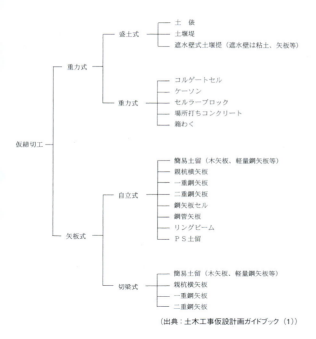

図10.5.33　主な仮締切工法の種類

仮締切り工は，施工方式，構造形式，使用材料等により分類され図10.5.33に示すような種類があり，型式選定にあたっては，施工スペース，荷重条件，施工規模などを考慮する必要がある。

鋼矢板式は，鋼矢板がリースなどにより容易に入手でき，施工設備も比較的簡単で，施工速度も早く水密性もよいため最も一般的に採用される工法である。

河川工事で多く用いられる工法としては，表10.5.13に示す土堤式締切，一重鋼矢板締切り，二重鋼矢板締切り等があり，出水期に堤防開削を伴う工事においては鋼矢板二重式仮締切工法が原則とされている。

河道内での仮締切りは河道断面を狭めて，洪水流下を妨げたり，偏流の原因となることがあるため，平面形状は，流水の状況・流下能力等にできるだけ支障を及ぼさないようにしなければならない。

鋼矢板を利用した仮締切は，矢板の根入れ不足に起因する基礎地盤のパイピング，ボイリング等が事故の原因となることが多く，土質条件，地層分布をなるべく細かく調査しておくべきである。また，締切り前面河床の洗掘が考えられる場合には，根固による洗掘防止工を施すか，鋼矢板等の場合十分な根入れ深さを確保するなどの対策を行う必要がある。

仮締切りは一般に，工事終了後に撤去して原形復旧する必要性から撤去可能であることが前提であり，堤防開削部等においては施工区間が弱点とならないように補強・復旧を行わなければならない。

鋼矢板式の場合ある程度の変形は避けられず，安全管理のためには，日常の目視点検のほか，必要に応じて，変形状態等を定期的に計測し管理することが望ましい。

〔参考文献〕
1) 全日本建設技術協会：土木工事仮設計画ガイドブック（1）1998.10
2) 土木学会：仮設構造物の計画と施工 2000.3
3) 近代図書：疑問に答える仮締切工の設計・施工ノウハウ 1994.10

河川浚渫

浚渫とは，水面以下の地盤を浚渫船により掘り下げる水中掘削工法である。河川工事における浚渫は，計画高水流量を安全に流下させるための，河積の拡大，河道改修，新川開削，築堤土の採取，高水敷の造成，あるいは河川の汚染源である汚泥の除去のためにも行われる。

河川における浚渫機械，土砂運搬方法の選定にあたっては，浚渫の目的，水深，土質および土捨場などの施工条件，騒音振動，水質等の環境条件，護岸，水制，沈床，橋梁など障害物や一般船舶航路確保などの制約条件を考慮して，経済的，能率的なもの選定する必要がある。

一般に浚渫機械は，小型ポンプ式浚渫船，グラブ式浚渫船，バックホウ式浚渫船などが使用される。

小型ポンプ式浚渫船は，地盤をカッターで切崩し，船内のポンプで水と共に土砂を吸い上げ掘削する。粘土から砂質までの適用土質の範囲は広いが，礫，沈木等の障害物への対応が難しい。ポンプ式浚渫船の吸入口に特殊装置を取付け高含泥率で浚渫する高濃度ポンプ浚渫船も開発されている。

グラブ式浚渫船は，グラブバケットで土砂をつかみ掘削する。軟弱地盤から軟岩まで，適用土質の範囲は広く，浚渫深度の変動，障害物に対応が容易である。

バックホウ式浚渫船は，台船にバックホウを搭載した浚渫船である。浚渫深度と作業半径が小さい欠点があるが作業速度は早い。

浚渫機械の固定は，アンカーと船体をワイヤーで引張り固定するが，最近では，施工性，および一般

表10.5.13 主な仮締切工法の概要

工 法	模 式 図	概 要
土堰提	（被覆工、不透水性の土砂、W.L を示す模式図）	土堰締切は水深が浅い所で比較的短期間の締切に用いられる。現地で土砂の採取が容易、あるいは掘削土を流用できる場合に有利である。流水側の法面は、堤体の保護および流水の浸透防止のためコンクリートブロック、土嚢、シート等により保護する必要がある。一般に水深2～3m程度までに採用される。比較的広い敷地を要する。
一重鋼矢板	（W.L、鋼矢板を示す模式図）	一重締切工は控工などのない鋼矢板構造で、外力荷重を鋼矢板の曲げ剛性と根入部の横抵抗によって自立するもので水深5m程度以下の場合で土質の良い所に使用するのに適している。粘土、シルトなど軟弱地盤や、ゆるい砂層の所では、ヒービング、ボイリングなどに対して検討を行い根入を十分取る必要がある。
二重鋼矢板	（タイロット、腹起し、W.L、中詰土砂、鋼矢板を示す模式図）	鋼矢板を2列に打込み、その間をタイロッドまたは、梁材で連結し中詰に土砂を詰めて一体構造にしたもので、外力に対し鋼矢板の根入部の受動土圧と中詰土砂のせん断抵抗及び鋼矢板の曲げ剛性で抵抗させる。水深10m程度以下が適応範囲である。完成後の安定性は良いが、中詰土砂を充填するまでの安定には注意が必要。
鋼矢板セル	（中詰土砂、直線矢板(F.S.P)、W.Lを示す模式図）	引張りに強い直線形鋼矢板を円形に打ち込んで中に土砂を詰めたセルをアークで連結する構造である。個個に独立したセルをアークで連結しているので施工を分割して行うことができ水密性がよく提体も安定がよい。一般に水深10m程度以上の規模の大きな締切に採用される。直線矢板はリース材が無く、経済性に劣る。

船舶航路確保のため，グラブ式浚渫船，バックホウ式浚渫船ではスパットで船体を固定する形式の浚渫機械が多く使用されている。

浚渫機械の搬入が，水深，および橋梁等の障害物で河川を利用できない場合，解体し陸上輸送し浚渫場所で組立が可能な可搬式浚渫機械も使用されている。

土砂運搬方法は，排砂管路により排送する方法と，土運船を使用する方法がある。排砂管路による排送は，水搬送方式と空気圧送方式がある。

Ⅵ 海　岸

　海岸保全対策は，津波，高潮，波浪，海岸侵食等の災害から背後地の人命・財産を守り，国土保全に寄与するものである。

　海岸保全工法は海岸保全対策として実施されるものであるが，以前は直接海からの外力に対応するように海岸線に沿って堤防・護岸の整備が進められていた。特に，戦後は毎年のように台風の来襲に伴う高潮により，各地で施設や背後地の海岸災害を受けたため，緊急に安全性を高める必要から堤防・護岸による復旧及関連の堤防等の整備が進められた。また，1953年の台風13号による激甚な災害に鑑み，三面張りによる堤防等の整備が原則となった。いずれにしてもこれらの海岸整備は，堤防・護岸・消波工等による海岸線を主体とした工法であり，いわゆる線的防護方式であった。

　その後，伊勢湾台風による高潮災害やチリ地震津波等を契機として，早急に海岸保全を進めるべく，引き続き堤防等を主体とした線的防護方式による整備が進められた。しかし，海岸侵食が全国的に進行し堤防等の安全性も低下したり，また堤防前面の侵食による被災が生じたりした。こうした問題に対し，1960年代半ばからは離岸堤等の沖合に施設を設ける工法を併せて行うようになってきた。しかし海岸侵食はさらに進行し，また海岸の景観や自然環境及び海岸へのアクセスの問題も生じてきた。このため，1980年代前半頃から，堤防・護岸等を主体とした線的防護方式ではなく，沖合施設により積極的に砂浜を回復し勾配も緩やかな堤防等を併せて整備して海岸保全を図る面的防護方式に変化してきた。

　これらの面的防護方式のための工法としては，沖合施設としての離岸堤工法，潜堤工法，人工リーフ工法，浜の維持安定化を積極的に図る突堤工法，ヘッドランド工法等の工法が挙げられる。また人々の意識の多様化やニーズの変化等社会環境の変化により，従来の防護といった観点のみならず，環境や利用の観点から，砂浜を主体とした整備が求められることとなり，養浜，サンドバイパス，サンドリサイクルといった積極的な砂浜創出の工法や近自然型海浜安定化工法，BMS工法等の海浜安定化のための工法も実施されるようになってきた。

　さらに新たな工法の技術開発も進められ，有脚式離岸堤工法等の新しい工法が一部で導入され始めている。図10.6.1に海岸保全工法の変遷を示す。

〔参考文献〕
（共通）
1) 海岸保全施設築造基準連絡協議会編：「改訂海岸保全施設築造基準解説」（1987年）
2) (社)土木学会：「海岸施設設計便覧」（2000年）
3) (社)日本港湾協会発行，港湾の施設の技術上の基準・同解説検討委員会編：「港湾の施設の技術上の基準・同解説」（1999年）
4) (社)日本河川協会編，建設省河川局監修：「建設省河川砂防技術基準（案）同解説」調査編，計画編，設計編（1997年）
5) (社)全国海岸協会発行，建設省河川局海岸室監修：「人工リーフの設計の手引き」（1992年）

（個別工法）
6) 土木学会海岸工学委員会現況レビュー小委員会：「漂砂環境の創造に向けて」
7) 矢島ら第29回海岸工学講演論文集（1982年）
8) 野田英明ら：「土木学会新体系土木工学漂砂と海岸保全施設」

浸食が進む海岸

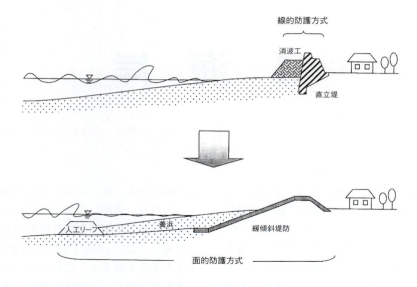

図10.6.1 海岸保全工法の変遷

1 養浜工法

養浜工法は侵食傾向の海岸に人工的に砂を投入する工法であり，砂浜の維持・拡大を通じて海岸を保全しようとするものである。この工法は，流出漂砂量を極力少なくして海岸の安定を目指すものと，侵食傾向の海岸に継続的に砂を供給することにより安定を目指すものに大きく分類できる。

前者の養浜工法は，投入した砂を必要に応じ養浜材料流出防止施設（離岸堤，突堤等）で囲み，継続的な砂の補給なしに砂浜の安定を図るものである。その結果，砂浜や離岸堤などの海岸保全施設が複合的に配置されるいわゆる「面的防護方式」となるため，よりねばり強い防護効果も期待される。

一方，後者の養浜工法には，付帯施設を全く設置せず養浜のみで砂浜を維持していく工法や，突堤等の流出漂砂量を減少させる施設を設置した上で不足する流入漂砂量分を養浜する工法がある。上手側の海岸に堆積した土砂を人工的に下手側海岸に送る，いわゆるサンドバイパス工法や下手側海岸に堆積した土砂を上手側海岸に送るサンドリサイクル工法もこれに含まれる。なお，海岸に堆積した土砂を採取することによる影響は，採取した場所よりも上手側の海岸を含め広範囲に及ぶことがあるので，広域的な観点から沿岸漂砂の不均衡が生じることのないよう，十分な検討が必要である。

砂浜の断面は，波を長時間作用させると，その波に対応して，図10.6.2に示す2つのタイプ（正常海浜[ステップ型海浜]，暴風海浜[バー型海浜]）に代表される平衡形状に近づくことが知られている。更に季節的に波向きが変化する場合には平面的にも汀線は変化する。このため，養浜工の施工においてはこれらの変形特性を考慮する必要がある。

養浜工

一般に直接人工的に海岸に盛砂をして防護海浜を造成したり，あるいは汀線の後退を防ぐために土砂の補給をすることを養浜工と言っている。

養浜工には次のようなものがあり，①連続給砂法，②貯留砂法，③直接置き砂法，④海中投砂法等それぞれ現地の状況により使い分けられている。これまで地域住民のレクリエーション施設としての海水浴場の養浜が注目され，その一例として神戸市の須磨海岸では，侵食される海水浴場の砂浜を防護するため沖合に消波ブロックの離岸堤を築造し海岸に砂を補給するなどの養浜工が進められてきた。また，波の打ち上げや越波を防止する消波施設として実施する養浜工にも海水浴場等の利用も考慮して，砂による養浜工が行われてきた。

しかし，最近では消波施設として実施する養浜工にも海水浴場等の利用だけでなく自然景観や生態系等自然環境に配慮して，自然観察等自然との触れあ

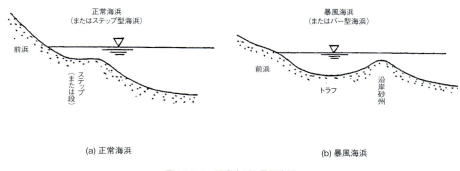

図10.6.2　正常海浜と暴風海浜

いも含めた地域住民の多様な利用形態に合わせて，砂，礫及び捨て石等の材料による養浜工が進められ，それぞれ砂浜，礫浜及び磯浜等の海浜の復元が図られている。

サンドバイパス工法

サンドバイパス工法とは，突堤や導流堤などの海岸部の構造物によって，漂砂を遮断したため構造物の上手側に堆積が，下手側に侵食が生じている場合に，遮断した砂量を人為的に下手側に運搬して砂を連続させる工法であり，養浜工の一種である。

サンドバイパス工法の適用にあたっては，侵食対策工の比較検討，当該海岸の漂砂機構の解明等慎重に行った後決定する必要があるが，一般的には構造物により沿岸漂砂の連続性が絶たれ，侵食，堆積が生じている海岸，また，航路や泊地の埋没が著しい港湾と侵食対策の必要な海岸とが隣接している場合が適している。

サンドバイパスの土砂採取地域としては，何らかの原因により従来の漂砂のバランスが崩れ，恒常的に砂の堆積が予想される地域であること，また，港内の埋没等の問題があり，土砂採取することにより航路，泊地等の水深維持が期待出来る区域などが適している。

一方投入地域としては海岸の砂浜を復元させることにより，本来の目的である越波防止や，構造物の保護はもとより，景観，親水性の向上が期待できる海岸が望ましい。

施工例としては，海外では多くの実施例があるが，国内では天橋立海岸，駿河海岸等数例にすぎない。

サンドリサイクル工法

沿岸漂砂が一方向に卓越している区域において，砂の豊富な区域（漂砂の下手側）から，砂の不足する（漂砂の上手側）へ砂を運搬し，その養浜砂が沿岸漂砂の一部として下手側に移動することによって，一連区間の海浜の安定性を確保する方法をサンドリサイクル工法という。

この工法の特長は，沿岸漂砂の動きを許容するため，いたずらに構造物を設置して海岸線をコンクリートやブロックだらけとすることなく，砂浜を保全することが出来ることである。

施工方法は，パイプライン方式・グラブ浚渫・トラック運搬などが有るが，いずれについても優劣があり，経済性や景観等を充分調査して決定する必要がある。

また，リサイクルが継続的に実施できるよう系外へ砂が流出することを防止するとともに，砂の絶対量を確保していく必要がある。

2 海浜安定化工法

海浜を安定化させるには，大別して①離岸堤，人工リーフ等の構造物を用いて波のエネルギーを低減し遡上高を小さくすることにより砂浜の侵食を制御する工法と，②砂浜への波の遡上は許容するが，地下水位の上昇や前浜からの流出を防止することにより前浜の侵食軽減や堆積促進を図る工法がある。ここでいう海浜安定化工法とは，後者の工法を示すものであり，汀線と平行してドレーン管を設置し，砂浜内部の海水をポンプ揚水によって地下水位を低下

させるビーチ・マネジメント・システム（BMS）工法のほか，透水層を埋設し沖に自然排水する透水層埋設による海浜安定化工法がある。

BMS工法は，デンマーク，イギリス，アメリカなどで採用され，いずれにおいても砂浜幅が回復したり，土砂堆積がみられるなどの効果が確認されている。

また，透水層埋設による海浜安定化工法は，汀線付近の砂の沖方向移動を制御するもので，沿岸方向の移動が卓越する海岸では，他の工法との併用も検討する必要がある。

BMS（ビーチ・マネジメント・システム）

ビーチ・マネジメント・システム（以下BMSと称す）とは，図10.6.3に示すようにドレーン管を用いて砂浜内部の海水を排出し，地下水を低下させることで砂の堆積を促し，侵食を防止する工法をいう。本工法の原理は，ドレーン管による地下水の排水によって水位が低下し，通常より広い不飽和領域が形成される。この領域は，波によって遡上してきた海水が浸透し易く，戻り流れのエネルギーが減少することで岸沖漂砂の堆積を促すものである。このBMSの施設は，平面図に示すとおり汀線とほぼ平行に埋設される集水管（ドレーン管）とポンプステーション（井戸），そこへ水を導く導水管，ポンプによって汲み上げた水を排出する放出管によって構成されており，全ての施設が地中に埋設されるため，自然景観を損なわないといった特長を有している。本工法は1981年にデンマークで開発された新しい侵食対策工法であり，同国以外でもイギリス，アメリカなどで好結果が得られた実施例が報告されている。また，我が国においても茅ヶ崎海岸における実施例等が報告されている。

透水層埋設による海浜安定化工法

透水層埋設による海浜安定化工法は，波浪を軽減させる従来の工法（離岸堤・潜堤）とは異なり，砂浜への波の遡上は許すかわりに，浸透した海水を砂浜に埋設した透水層を通じ沖の海底に自然排水し，砂浜の地下水位を制御することにより海浜を保全する方法である。

透水層埋設の主な効果は，砂浜侵食の引き金に

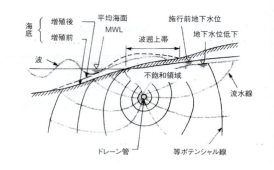

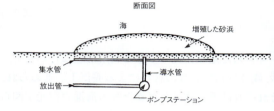

図10.6.3　BMSの概要

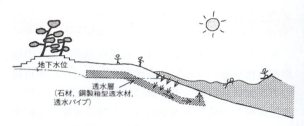

図10.6.4　透水層埋設による海浜安定化工法の概念

なっていた「浸透した海水が砂浜からしみ出すこと」がなくなることであり，さらに砂浜に遡上した海水が砂中に浸透する過程で浮遊砂が砂浜に取り残されて堆積が促進される効果も期待できる。

透水層は，石材，鋼製箱型透水材，透水性パイプ等の透水性の高い材料で造り，波の遡上地点から海側の範囲に，過去に生じた最大侵食深さよりも深く埋設する。汀線から沖側の透水層は，排水パイプに置き換えることができる。

本工法は，砂の沿岸方向移動が卓越する海岸では，突堤工法等と併用する必要がある。

本工法は，ほぼ全ての構造物が砂の中に埋設されるので，砂浜を限りなく自然に近い状態で保全でき，防災，環境，利用の調和のとれた潤いのある海浜の創造が可能になる。図10.6.4に透水層埋設による海浜安定化工法の概念を示す。

茨城県波崎海岸，三重県香良洲海岸で試験施工が，山口県光市虹ヶ浜海岸，静岡県松崎海岸，愛媛県松山港海岸で現地施工が行われている。

3 漂砂の流出を防止する突堤工法

沿岸漂砂が卓越している海岸において，流出する漂砂量が流入する漂砂量よりも多い場合には当該海岸は侵食されていく。この海岸の汀線の維持又は前進を図るためには，漂砂の流入出量をバランスさせる必要がある。流出漂砂量を減少させるか又はゼロにすることを目的として，陸域から海に突出して設けられる構造物等によって沿岸漂砂を制御し，海浜の維持・安定化を図ろうとするのが，突堤工法である。その場合，突堤は1基でその役割を果たすこともあるが，通常は複数の突堤を適当な間隔で配置した突堤群としてその効果を発揮させるものが多い。また，突堤の整備とあわせ，流入漂砂量の増大のため，漂砂上手側等に継続的に養浜工を行う場合もある。

突堤工法を採用する場合に，局部的な海岸侵食を防止することのみが考慮され当該部分の沿岸漂砂量を減少させ過ぎると，漂砂下手側に著しい侵食が生じることとなる。そこで，沿岸部における広域的な漂砂の連続性を十分考慮し，広範囲にわたる漂砂の収支を踏まえた上で施設の配置計画を策定する必要がある。なお，突堤に沿って沖向き漂砂が助長される可能性があることに留意が必要である。

季節的に波向きが変化する海岸では，それに対応して沿岸漂砂の方向が変化し，その結果，突堤の間の汀線が入射波の向きに対して直角になるような方向に変化する。一般には図10.6.5に示すように，突堤の間隔が小さくなると，汀線の季節的な前進・後退の領域が小さくなるが，この変化は突堤の平面形状，設置間隔，堤長（先端水深），海象条件等により決まるものである。突堤の間で最も汀線が後退すると予想される箇所においては，海岸の防護面，利用面，環境面から必要な砂浜幅が確保できるよう計画しなければならない。

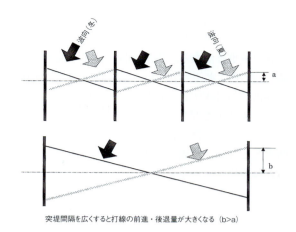

突堤間隔を広くすると打線の前進・後退量が大きくなる（b>a）

図10.6.5 突堤間の汀線の季節移動

に対して大きく斜めに入射する場合に有効な非対称型人工岬（離岸堤形式：300m程度の横堤）と沿岸漂砂の方向が季節的に大きく変動する場合に有効な対称型人工岬（突堤形式：突堤と横堤が組み合せたもの）の2タイプがある。長大な海岸線へ数100mから1km程度の適切な間隔に設置する。

このヘッドランドには沿岸漂砂を阻止する効果と，静穏域を形成し砂を堆砂させる効果がある。この結果，ヘッドランド間の砂浜は弓なりの形状となり波のエネルギーを分散させ，長期的に海岸線を侵食から守ることができる。

なお，茨城県鹿島海岸では対称型人工岬が整備されている。

ヘッドランド工法

天然の岬間に形成されるポケットビーチは，侵食を受けにくく，長期間にわたって安定している。その自然原理を応用し，海岸線に人工岬（ヘッドランド）を作り砂浜を守る工法である。

ヘッドランド形状は，卓越波が平均的海岸線方向

大規模突堤工法

大規模突堤工法とは，潜堤及び砂浜等の海岸保全施設と組み合わせ，各保全施設を面的な広がりを持って適切に配置して，各施設の複合機能により海岸背後地域の人命財産を侵食の災害から粘り強く防護するとともに，海浜を回復するものである。このなかで突堤は，海岸から細長く汀線に対し垂直に突出して設けられる。その機能は，既存の海浜砂あるいは海浜を復元するための養浜砂が波で浮揚して潮流や沿岸流により流されるのを受け止めて砂浜を安定させることとともに，潮流や沿岸流自体を汀線付近で生じないようにすることである。突堤の配置および延長などの諸元については，海底地形等の経年変化を十分踏まえながら，漂砂シミュレーションや水理模型実験などにより設置効果および周辺への影

響を的確に予測して，設定することが必要である。この工法の事例として，新潟港西海岸地区における侵食対策事業がある。当事業は，突堤（延長200m4基），潜堤（水深-8〜10m，幅40m，延長1,580m）、養浜（約350万m³）の組み合わせにより実施されている先駆的な事例である。「ふるさと海岸整備事業」として海岸保全施設が整備されており，海岸の防護とともに，完成した突堤を憩いの場として一般市民に開放している。

4 離岸堤工法

離岸堤は沖合の水深3〜5m程度の海域に汀線に対して平行に建設される構造物であり，消波効果（越波防止効果）あるいは堆砂効果（侵食防止効果）を得ることを目的として設置される。一般的に石材やコンクリートブロックを海底に積み上げ築造されるが，近年では水深10m以上にも設置可能な有脚式などの新型離岸堤も開発されている。

全国で整備されている離岸堤は豊島修博士の提案により1966年に北海道の銭亀沢海岸に登場した。その後，1971年に鳥取県の皆生海岸において離岸距離を大きくした離岸堤が全国に先駆けて実施され多大の効果が認められ，1980年代以降の海岸事業の中心を面的防護方式に移す礎を築いた。最近は，景観や生態系への影響に配慮し，自然石で造られた離岸堤や，コンクリートブロックに藻の付着を促進するための溝を設けるなどの工夫が見られるようになった。

一般に，天端が水面下に没した離岸堤を潜堤工法と呼び，特に幅の広い潜堤を人工リーフと呼んでいる。新潟海岸では，1986年に人工リーフの試験施工に着手し，海象データの収集，分析，消波機能の確認等が行われ，水面下で消波させ，砂浜の復元効果も有する構造物として開発され，広く用いられるようになった。

海底勾配が1/10〜1/30と急勾配の海岸や，景観に配慮し離岸距離が必要な海岸を対象として開発された新型離岸堤は様々な構造型式が提案され，駿河海岸，下新川海岸などで試行的に施工されている。図10.6.6に新型離岸堤の構造型式を示す。

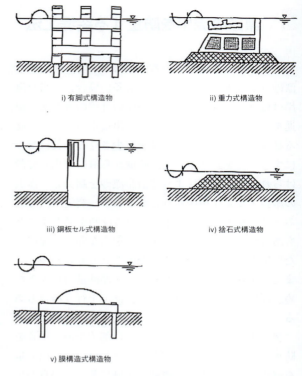

i) 有脚式構造物　　ii) 重力式構造物

iii) 鋼板セル式構造物　　iv) 捨石式構造物

v) 膜構造式構造物

図10.6.6　新型離岸堤の構造型式

消波ブロックによる越波と侵食防止

人工リーフ工法

熱帯・亜熱帯地方の海岸に見られるサンゴ礁（リーフ）の有する優れた消波機能に着目したもので，離岸堤と同様に越波の軽減や海浜の安定化を図る海岸保全施設である。1984年に兵庫県の慶野松原海岸で設置したのが最初である。一般的に石材やコンクリートブロックで築造されるが，構造は離岸堤と異なり天端は水面下に没し広い天端幅を有して

いる。一般に，水面下に没した消波構造物は潜堤と呼ばれることから，人工リーフは天端幅がかなり広い潜堤として位置づけられる。消波効果は沖側のり面上または天端上における砕波や，砕波後の波が水深の浅い天端上を進行する際のエネルギー損失により生じる。

設計にあたっては所要の機能を発揮するため，自然条件，海浜の利用条件を考慮して，断面形状，平面配置，堤体安定のための被覆材の重量等を決定する。海岸の侵食対策として設置され，人工リーフ背後に養浜を行うなどの事例がある。海面下に没した構造物であることから海岸の景観を阻害することなく，遊泳等の海域利用を阻害することも少ない。また静穏域を創出することにより，遊泳等の利用を促進させる効果が期待できる。以上のように海岸保全機能に加え，海岸の利用条件や海岸環境の改善機能のある海岸保全施設である。図10.6.7に人工リーフ工法の概念を示す。

波浪が人工リーフを通過し破波するため，背後で水位上昇が生じ，戻り流れにより海浜が変形することもあるため，設計に当っては注意が必要である。

近年では，人工リーフの天端の構造を改良し，伝達波を低減するような新しいタイプの人工リーフも実用化されている。

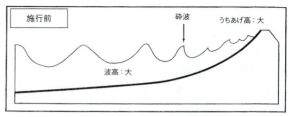
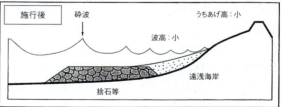

図10.6.7　人工リーフ工法の概念

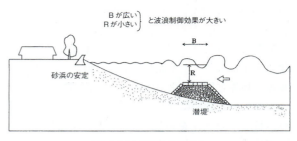

図10.6.8　潜堤工法の概念

潜堤工法

海岸の沖合いの海底に作る没水型の波浪制御構造物を潜堤という。離岸堤の天端を静水面よりも低くするようなイメージのものであり，構造物が水面下に隠れるので，見かけ上は構造物のない海岸と同じと言う景観上の利点がある。ただし，天端上を波が通過してしまうので，構造物が水面上に露出している離岸堤ほどの波浪制御効果は得られにくい。また，汀線付近では水位上昇を生ずるという短所もある。構造としては，石材をマウンド状に積み上げて被覆ブロックを施すものや消波ブロックのみの形式が一般的である。潜堤の天端上を波が通過する際に，強制的に砕波させることなどによって陸地に打ち寄せる波のエネルギーを弱めるので，潜堤背後の砂浜の安定性を高めるなどの効果が得られる。潜堤の波浪制御効果や海浜安定化効果は，天端上の水深が小さく天端の幅が広いほど大きくなる。潜堤であるためには干潮時にも天端が露出しないようにしなければならないが，天端上の水深が大きくなる満潮時には，潜堤の効果が小さくなる。したがって，潮位差の大きな海岸には不向きである。潜堤の波浪制御効果を大きくするために天端の幅を広くした潜堤のことを幅広潜堤または人工リーフともいう。図10.6.8に潜堤工法の概念を示す。

有脚式離岸堤工法

有脚式離岸堤は沖合に設置される透過性の海域制御構造物で，静穏域を創出することにより国土保全，快適なウオーターフロントの形成を目的とし，建設省総合開発プロジェクトのなかで官民共同研究により開発が進められ，開発目標とされてきた設置水深は20m以浅，消波効果は透過率60％以下，反射率50％以下である。

構造型式は，ブロック・ケーソン等の構造物本体を基礎杭により支持し海底に固定する形式であり，連結ブロック式（水平板付スリット型（PBS），多重スリット型），H型スリット板ジャケット式

（CALMOS），透過水平板付スリットケーソン式（VHS），斜板ジャケット式がある。また，有脚式離岸堤を，消波形式に着目して分類するとスリット式と斜板式に分類される。スリット式は波が鉛直又は水平スリットを通過するときの乱れ，及び複数の鉛直スリット壁間での多重反射を利用して消波する型式であり，水平板付スリット型，多重スリット型，H型スリット板ジャケット型，透過水平板スリットケーソン型がある。また，斜板式は海中に設置された斜板上での砕波により，消波する型式である。

ブロック離岸堤と比較して，良好な海域の景観の確保，維持管理が容易，大水深の施工及びコストが優位等の特徴がある。

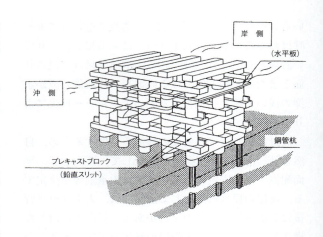

図10.6.9　PBS工法の概略

PBS工法（連結ブロック式）

複数の鉛直スリット，あるいは静水面付近に設置する水平板スリットを組み合わせ，乱れによるエネルギー損失と反射により消波を図る構造物である。

鋼管杭の打設後にプレキャストブロックを据え付け，杭とブロックをPC鋼棒で緊結一体化しラーメン構造とするものである。プレキャストブロックの組み合わせ構造であるため，スリット空隙率の設定が容易である。

各部材は陸上で製作し，据え付けは導枠等を用い鋼管杭の打設後，プレキャストブロックを据え付けて堤体を構築するため，ブロックの製作時や据え付け時に大型の作業船や機械を必要としない。

PBS工法は，3枚の鉛直スリットと静水面付近に設置する水平スリットにより構成され，静岡県の駿河海岸で施工事例がある。なお，連結ブロック式としてはPBS工法のほか，空隙率の異なる3枚の鉛直スリットにより構成される多重スリット型もある。図10.6.9にPBS工法の概略を示す。

CALMOS工法（H型スリット板ジャケット式）

2枚の透過性鉛直板と透過性水平板をH型に組み合わせた構造物であり，乱れによるエネルギー損失と反射により消波効果を得る構造物である。

堤体上部は鉄骨鉄筋コンクリート（SRC）製の一体構造，下部は鋼製ジャケット構造を組み合わせた構造物であり，これを貫通する鋼管杭により支持される。

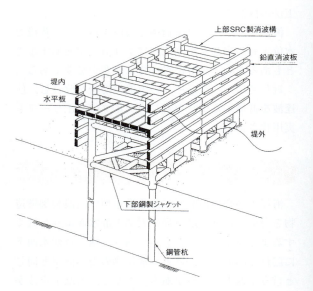

図10.6.10　CALMOS工法の概略

堤体（SRC製，鋼製ジャケット）の製作を陸上作業で行い，海上では二分割された堤体の設置，及び堤体をガイドとした鋼管杭の打設からなり海上作業が少ない。また，鋼管杭の打設は鋼製ジャケットの脚部をガイドとして行うため，杭打設の精度は確保しやすい。図10.6.10にCALMOS工法の概略を示す。静岡県富士海岸蒲原地区等で施工事例がある。

VHS工法（透過水平板付きスリットケーソン式）

2枚の透過性鉛直板と透過性水平板をH型に組み合わせた構造物であり，乱れによるエネルギー損失と反射により消波効果を得る構造物である。

堤体上部は鉄骨鉄筋コンクリート（SRC）製の一体構造，下部は鋼製ジャケット構造を組み合わせた構造物であり，これを貫通する鋼管杭により支持される。

堤体（SRC製，鋼製ジャケット）の製作を陸上作業で行い，海上では二分割された堤体の設置，及び堤体をガイドとした鋼管杭の打設からなり海上作業が少ない。また，鋼管杭の打設は鋼製ジャケットの脚部をガイドとして行うため，杭打設の精度は確保しやすい。図10.6.11にVHS工法の概略を示す。静岡県富士海岸蒲原地区等で施工事例がある。

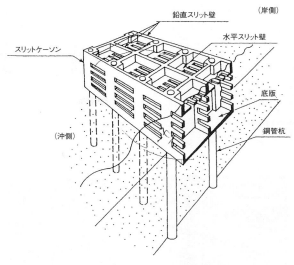

図10.6.11　VHS工法の概略

Ⅶ　上水道

大規模な浄水場

上水道関連施設としては，取水施設，導水施設，浄水処理設備，送・配水施設および給水施設に大別できる。土木工事が中心となるのは送・配水施設であり，本項では送・配水施設のうち水道管の敷設工法とリニューアル工法について述べる。

1　水道管布設開削工法

水道管の布設は，開削工法，非開削工法によって地下に埋設するのが一般的であるが，水管橋のように露出配管など特殊工法も行なわれる。また，水道管は管種，継手接合方法，土質条件などに応じて，配管方法も異なるが，一般的な開削工法の主要点は次のとおりである。

①掘削幅：土質条件と埋設深度が標準的な場合，管を吊り下す幅と継手接合作業に必要な幅があればよいが，土留工を施すときはその幅が継手ごとに複雑になるので接合作業幅に統一している。
　　各種継手の接合作業に必要な幅は，次のとおりである。

1) 外面メカニカル継手（またはフランジ継手）：トルクレンチを用いてボルトナットの締付けおよび締付けトルクの点検に要する幅（≒D+2×0.45m）。
2) 内面メカニカル継手：接合作業は管内面で行なうので，管の据付け作業および完全な埋戻し作業のできる幅（≒D+2×0.2m）。
3) タイトン継手：人間が接合用機具（フォーク，パイプジャッキ）を使用できる幅（≒D+2×0.45m）。
4) 溶接継手：ホルダーに溶接棒を付け，決められた角度で管の溶接作業のできる幅（≒D+2×0.6m）。
5) その他の継手（接着継手，カラー継手，ハンダ継手，その他）：おおむね上記の条件に準ずる。

上記のほか土留めの種類（例えば，H鋼横かけ矢板，シートパイル等）によって最終的な幅が決まるが，道路管理者によっては，埋戻しの完全を図るため最小幅を0.6m以上としている。また継手部には接合作業用として小穴（会所掘り）を設けるが，内面継手やプッシュオン継手には不要である。

②埋設深さ：埋設深さは道路法に定められた最小土かぶり1.2m以上（道路管理者が浅層埋設を認めた場合は，その指示による。）としている。管径による埋設深さの例として，車両荷重や土荷重の安全性から管径に応じてφ350mm以下の管で1.2m以上，φ400mm～φ900mmで1.8m以上，φ1000mm以上の管で2.1m以上としている。寒冷地で凍結のおそれがある場合には，既往の凍結深度を考慮して埋設深さを決定する。また浄水場，ポンプ所などの用地内で重量車の通過しない所では，これ以下（0.3m～0.6m）にすることもある。

③占用位置：道路下には各企業者の施設物が埋設されているが，道路管理者によって各企業ごと

に道路幅員に応じてその占用位置が決められている。

④水替工：開削工法は溝掘りになるため，地下の湧水，雨水の処理が工事工程や作業の安全性を左右するので，十分な設備が必要である。一般的には釜場を設け，水中ポンプで揚水するが，電動ポンプでは停電対策，漏電防止に留意し，予備ポンプ（エンジン付き）を準備する必要がある。

⑤土留工：掘削が浅い場合や，土質が良好で地山の切取りに耐える所，既設埋設物がない所では適当な勾配をとり素掘りにより行なうこともあるが，土質が悪く地下水位の高い所，付近に家屋や構造物がある所，あるいは掘削深さが大きい所では土留めを施し，土砂の崩壊を防止する。土留工は概して小口径管で，掘削深度が浅く，土質が良好な場所では木矢板，軽量鋼矢板が使用されている。中口径以上の管で，掘削深度が深く，湧水が多く，土質の悪い所では，鋼矢板が使用され，掘削深度が深いが，湧水が少なく，土質が比較的良好な所，あるいは地下埋設物の関係で鋼矢板が使用できない所などでは親ぐい横かけ矢板が使用されている。

また，砂れき層等で鋼矢板などが打ち込めない所では，連続地中壁，現場打ちモルタルぐいなどが使用される。

腹起しは，管を水平に下せるように直管の長さより多少長くして，中間ばりを取り外しても十分な強度を有するか，縦マスを組んで切ばりを上下に盛り替えつつ管を下すか，管投入箇所を定め，切ばりの下部で管を引き込むなど配管上腹起しと切ばりの関係を考慮する必要がある。

⑥補助工法：軟弱地盤などに配管する場合，薬液注入工法，置換工法（砂，砂利，良質土など），脱水工法（ウェルポイント，サンドドレーン，ペーパードレンなど），凍結工法，生石灰工法などの補助工法を使用する。

⑦埋戻工：水道管の保護と道路の陥没や不陸を生じないようにするため埋戻しは重要な作業である。一般に掘削土が良質ならばこれを用いるが，

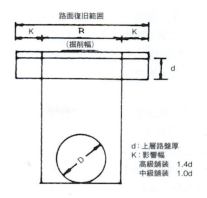

図10.7.1　舗装復旧範囲

道路の早期復旧と管周辺の土圧の均一化（特に管下部にすき間を生じないこと）を図るうえからも，砂（しゃ断層用砂など）を使用する場合が多い。近年では，リサイクルやコスト縮減の観点から，不良な現場発生土でも改良を行い埋戻し材として使用する場合もある。埋戻しは，層状にランマ，タンパ，木だこなどで突き固めるか，砂埋戻しののち散水し，ポンプ排水して水締めを行なう。いずれも埋戻し土砂の支持力試験を行ない，締固めの程度（ガス事業法適用箇所では平板載荷試験K値$\geq 5.5 kg/cm^2$，現場$CBR \geq 4\%$，円錐貫入≤ 10とされている）を確認する必要がある。

⑧舗装復旧範囲：舗装道路で開削工事を行なう場合，周辺の舗装を傷めるため掘削幅以上に舗装を復旧するが，この部分を影響部分といい，一般にその範囲は道路の構造に応じ上層路盤厚さの1.0または1.4倍（片側につき）とされている。したがって舗装復旧範囲は，図10.7.1に示すように(2K+幅)となる（K=1または1.4d）。

水道管布設即日復旧工法

水道管等を開削工法で道路下に布設する場合，交通量の多い道路では夜間に工事を行ない，昼間は交通開放するのが通例である。また，昼間工事であっても事故防止等の観点から夜間は交通開放が求められている。

これらの場合，覆工板による交通開放が一般に行なわれているが，覆工板の設置には車両重量の支持

のためにH形鋼，鋼矢板等の土留杭を打設する必要があり，工費・工期の増大を招いている。このため，1日で掘削から仮舗装まで完了できる延長を繰り返して施工し，交通開放時には，仮舗装で復旧する工法である。

この工法は，掘削地盤が比較的良好で，防護コンクリート・構造物等のない直管部で用いられる。1日の施工延長は，管径・作業条件等により異なるが，管径400mm〜800mm程度の中口径管では，通常，直管1〜2本分（6m〜12m）である。また，管の接合が短時間で完了するダクタイル鋳鉄管を使用し，土留は通常先行して打設を行い，掘削するまでの間は仮舗装を行っておく。そして翌日，管の接続部から再掘削を行ない管布設する作業を連続して行っていく。

伏越工法

水道管が河底横断する際に河川を数区間に分断して鋼矢板などで締切り，内部を排水して河床を掘削し，水道管を布設する工法である。水道管は，土質によってはくい打ち，はしご胴木，鉄筋コンクリートなどの基礎工を施し，さらに水道管全体を鉄筋コンクリートで防護して埋戻す。

この場合，次の事項について留意する。
① 事故時を想定して，できれば水道管は2条に分割し，相互にできるだけ離しておくとともに両岸に制水弁を設けておく。
② 大中口径では管内点検・補修ができるよう，人孔を設けておく。
③ 取付け部は可とう継手を使用し，不等沈下に対処する。
④ 管内空水時に浮力で浮上しないように考慮しておく。
⑤ 管を保護するためコンクリートなどで防護を施し，流水部の河床には必要に応じて床固め工を行なう。

水道管急速埋設工法

この工法は，鋼管布設作業にあたり，通常継手部の現場溶接及び塗覆装のため長期間埋戻しが出来ないので，溶接継手部分を改良して，仮付溶接後直ちに埋戻し，後日に管の内面から本溶接ができるようにしたものである。

よって内面溶接のため，掘削断面が少なく済み，天候や作業時間に左右されずに施工できるが，人が管内で作業できる口径800mm以上の管でないと使用できない。

水道管布設基礎工法

水道管路は，断面方向で円形を保ち，縦断方向で不等沈下を防ぐために，管を布設する前に各種基礎工を行う。

主なものは次のとおりである。
① 敷板基礎

床付を平底に掘削し，敷板（松厚板）で支承するもので，口径400mm以上の管の据付けは大部分この方法による。砂利層で床付面が平にならないときは，砂を敷きその上に松板を置いて管を据付ける。また軟弱地盤の場合は，敷板の代りに枕木（松太鼓落し）を使用する。据付け完了後敷板による応力の集中を避けるため，砂を管周囲に充てんし締め固める。

② 平底基礎

特に基礎は設けないで，平底に掘削した上に直接管を据付ける方法で，口径350mm以下の小口径管を布設する場合に行なう。この場合，底面に堅い突起物（玉石，コンクリート塊）などがあれば必ず除去しておくことが必要で，据付け完了後は砂で管を固定する。

③ 砂基礎

基礎地盤が軟弱であったり，砂礫層や玉石層のような，平底にするのが難しい場合，基礎部分を厚さ30cm〜50cmにわたってしゃ断層用砂等で置き換えて管を据付け易いように基礎を改良する。

④ はしご胴木基礎

基礎地盤が特に軟弱（シルト，粘土）な場合，松太鼓落しを管軸方向に二本おき，その上に1.5m〜2.0mの間隔で枕木をおいてはしご胴木を組み，管を据付ける。

⑤ 円弧基礎

点支持による応力の集中を避けるために，管底を円弧状に仕上げて管を据付ける。完全な円弧仕上げは難しいので，砂を敷いて据付け，空隙にも砂を充てんする。この方法は良質地盤で用いられ，大口径管や，特に管厚の薄い鋼管などに適する。

⑥ コンクリート基礎

土被りが浅く路面荷重が大きく作用する場合か,特に土被りが深く土の重量が作用し管が変形する恐れがある場合には,コンクリート基礎を用いる。管に対する支持角を120°以上とすれば外圧に強く,大口径管の場合は鉄筋で補強する。必要に応じて管頂まで全部防護する。

⑦ くい基礎

地盤が軟弱で支持力が不足したり,地層が極端に変る等,埋設管が不等沈下を起す恐れのあるような場合,くい基礎を用いる。この場合,くい頭にコンクリート支台をつくるか,枕木基礎を用いる。くい基礎は,特殊な場合を除き堅固な地層に到達する支持くい形式を避けた方がよく,配管の柔軟性をそこなわないよう摩擦ぐいにする。くい打ちをした部分としない部分の接続点の処理は,くい長を逐次短くするか,可とう管などを挿入する方法をとる。図10.7.2に各基礎工法の概略を示す。

水道管配管方法

水道管を布設する場合,配管位置を現地にマーク(芯出し)し,これに従って管を据付けていくが,その要領を列挙する。

① 管の芯出し

管の芯出しとは,管路が1本の線で結ばれるよう各種の器具を用いて,管の中心(芯)を管体に移し,さらに寸法表等を利用して平面的,立体的に配管方法を検討し,使用材料,切管寸法を決定するとともに,管を所定の位置に据付け,無理なく接合するための重要な作業である。

1) 使用器具

T定規,型板,度板(分度器),さしがね,水糸,水平器,下げ振り,チョークライン,芯(型)パス,巻尺,レベル(水準器),トランシット,スタッフなど。

2) 管芯の出し方

管の芯を出す方法には種々あるが,ア)中心線を管の真上に移す方法,イ)中心線を管の真横に移す方法,ウ)中心線を管内部の下端に移す方法,エ)割鋳出し跡から求める方法(異形管)のほか,フランジ面のボルト穴の位置から求める方法等がある。

3) 管中心線の出し方

平面的中心線は管天端か管内に中心点を2点(3m

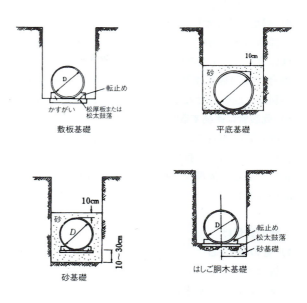

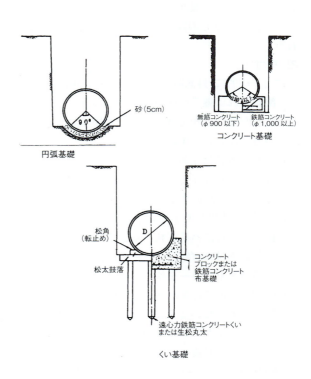

図10.7.2 各基礎工法の概略

～4m程度の間隔）移し，この点を結び延長するか受口又は挿口にT定規をあて，管中心線を出す。また，縦断的中心線は真横に出しておく。

4）異形管のひねり

標準角度を有する曲管をひねって現場の複雑な角度に合わせ，立体的な配管をすることがある。この場合，挿口側を水平に置き受口側を0～90度までの範囲で回転させながら所要の角度を決定する。

5）既設管に連絡する場合の芯出し

既設管は固定されているので，新設管を既設管に接続する手前で，接続点までの平面距離や高低差を正確に出し，無理なく接続できるよう補正しながら芯出しを行なう。

②管の据付け

1）管の吊り下し

管は重心と継手の受口方向を確認してから玉掛けを確実に行ない水平にして吊る。また，外面塗装を傷めないようゴムで被覆したワイヤロープか，ナイロンスリング等を使用する。

また，吊り下しの際，管内の清掃や異物の除去を行う。

2）据付け

（ア）一般的に，外面継手管は低所から高所へ向って配管すれば継手の抜け出しやゆるみに対し，安定した据付けができるが，内面継手はその反対の方が作業しやすい。

（イ）小口径管は土被りが1.2m程度であり，地上から探さを確認することが容易なので，道路勾配等に合せて埋設する。

（ウ）管は，鋳出し文字や記号を上にして据付け，再掘削した時に容易に判かるようにしておく。

（エ）管の据付けが完了したら，敷板の両側から転止め用のキャンバーを挟む。

（オ）当日の配管作業が終了した場合は，管内に土砂等が流入しないように，必ず管端に仮木蓋等を設ける。また，地下水位の高いところでは，浮き上り防止対策をほどこしておく。

（カ）地中管路には道路法に基づき，埋設物管理者名，埋設年次，埋設物種別を明示したテープ等（色別）を巻いておく。

2 水道管布設非開削工法

水道管の布設は，一般的には開削工法で行われるが，河川や鉄道の横断箇所，交通量が多い道路等，開削工事が困難な場合には，シールド工法，推進工法，既設管内配管工法等の非開削工法で施工している。シールド工法は，シールド機を地盤中に推進させて一次覆工・裏込め注入などの作業を行いトンネルを築造する工法である。本工法は，管径が大きく埋設位置が深い場合に採用され，トンネル内空間に点検通路を設ける方式と空隙部をエアーモルタル等で充てんする方式とがある。本工法の施工延長は，一般には1000m～2000m程度であるが，立坑用地の確保難から，シールド機の地中接合が行われる場合もある。

一方，推進工法は，始点と終点に立坑を設置し，発進立坑内のジャッキにより管を地中に押し込む工法である。本工法には，推進管の内部に水道管を布設するさや管方式と，外装した水道用推進鋼管等を直接推進する本管推進方式とがある。本工法の一般的な施工延長は50m～150m程度であるが，中・大口径管では技術開発が進み，500mを超える長距離推進の施工実績がある。

また，既設管内配管工法は，既設の経年管をさや管として，その中へ1口径以上小さい径の既製管を挿入する工法で，開削による布設替工事と比較した場合，大幅な工期短縮と工事費の節減が図れる工法である。

水道用シールド工法

シールド工法は，シールドと呼ばれる鋼製の筒を地盤中に推進させて，その内部で地山の崩壊を防ぎながら掘削・推進・覆工・裏込め注入などの作業を行いトンネルを築造する工法で，管径が比較的大きく埋設位置が深い場合や大河川の横断部がある場合等に採用されている。

トンネルの型式には，セグメントの一次覆工にコンクリートの二次覆工を行ない，その中に水道管を引き込み，管の周囲に点検・補修用の空間を設ける点検通路方式と水道管とセグメントの間隙部にコンクリート，エアーモルタル等を充てんする，充てん方式がある。

トンネル内における管の接合は，内空断面に制約があるため，ダクタイル鋳鉄管は内面継手管（US, UF, U形管）が使用され，鋼管については裏当て金溶接や裏波溶接が用いられる場合が多い。

また，水道管路は凸部には空気弁，凹部には管内の水を排除するための排水設備，分岐箇所等には制水弁を設置する必要があるが，この条件をシールドトンネルでも満足させるために，トンネル勾配は立坑間は片勾配とし，制水弁・空気弁・排水設備等の附属設備は立坑に集中させている。

■ シールド用地層メタン検知装置

東京都区部東部低地帯の下町低地の沖積世，洪積世の土層群においては，賦存するメタンによりシールド施工上の重大な障害となっている。従来，このような危険地域の施工に際しては，トンネル内のシール性向上，換気の強化，機器の防爆化及び坑内メタン計の設置など，メタンの坑内漏洩に対して，安全対策を図ってきた。

これに対し，地層メタン検知方法は，図10.7.3に示すような地下装置（ガス抽出装置，メタン分析装置，制御装置）と地上装置で構成された「地層メタン検知装置」により，シールド掘進中に地山前面のメタン濃度を測定監視する方法である。坑内環境の危険度をリアルタイムに認識できるため，早期の安全対策が図れ，安全対策の補完効果，災害の未然防止などの効果がある。

メタン検知方法の原理は，石油，天然ガス鉱床の探査技術である「泥水検層法」をシールド施工に応用したものである。「地層メタン検知装置」においては，シールド機の隔壁部から泥水または泥土試料の一定量を採取し，試料中のメタン分析値と単位時間あたりの掘削体積値から地層メタン濃度を測定している。

地下装置は，防爆仕様で，小口径シールドでは分割設置もできる。試料の採取頻度は5分に1回程度で，計測を行いデータは坑内回線を通じて地上に伝送する。

地上装置は，計測データの記録と表示及び警報の発令を行う。警報はメタン濃度により黄色灯（一次警報），赤色灯（二次警報）を点灯させ危険を報知する。

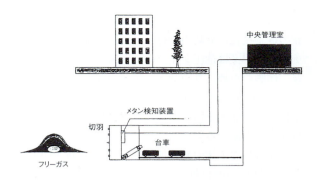

図10.7.3 メタン検知方法

浄水場導水路工事に用いられた複円形シールド

推進工法

水道用の推進工法は従来からの各種工法の改良や，新しい工法の開発がなされ，土質，管径，推進延長等，施工条件の適用範囲が拡大し，施工精度が高くなってきたが，採用に当たっては，十分な事前調査のもとに施工性，安全性等の点から慎重に工法を選定しなければならない。なお，各工法の詳細については，「第7章トンネル工法3.推進・牽引工法」を参照のこと。

■ さや管推進工法

さや管推進工法は非開削工法の1つで，水道管を布設するためにあらかじめ遠心力コンクリート管をさや管として，先端に切羽の崩壊を防止するための刃口金物を取り付け，ジャッキにより地中に圧入させる。一般に管径800mm以上のものは，管内で人力掘削され，800mm未満のものについては，小口径推進により機械掘削となる。さや管推進が完了すると地山のゆるみを補強するため，管内より裏込注入を行う。

さや管内に水道管を配管をする場合，水道管にそ

り状の金物又はキャスターを取り付け，鋳鉄管や鋼管の継手接合を立坑内で行い，到達立坑からウインチでけん引又は油圧ジャッキで挿入する。配管完了後，防護のため，さや管と水道管の間を砂またはエアーモルタルなどで充填する。その際，さや管内両端は土砂の流入を防ぐためにコンクリートまたはブロックで閉鎖する。

さや管推進工法の施工延長は，先端の抵抗土圧や，さや管外面の摩擦抵抗により決定され，一般的に200m程度である。より長距離の推進を可能とする工法として，さや管外面の摩擦抵抗を滑材により低減させる工法や，さや管の中間にジャッキを多段にセットし推進する「中押し工法」「自動連続式推進工法」等がある。これらにより，1000m程度の推進が可能である。

■ 鉄管直押工法

遠心力鉄筋コンクリート管をさや管とし，その中に水道管を布設する方法は，管が二重になるほか，さや管の外径に応じ掘削断面が大きくなる。しかし，この直押工法は，推進管自体水道圧力管として用いることにより，工費，工期とも節減できるため，所要管径の水道管を直接推進する工法である。この工法は，推進に使用する管種によって，ダクタイル鋳鉄管推進と鋼管推進に大別される。

(1) ダクタイル鋳鉄管推進
① U形管：内面継手管の管周方向にフランジを設けて推進力を伝達させるため，継手のふくらみまでコンクリートで外装したもので，現在，φ700mm～φ2600mmまで使用されている。
② UF形管：内面継手管の受け口と挿し口の管周方向に溝を設け，ロックリングを介して受け口と挿し口を一体化し推進力を伝達させるもので，その他は①と同様である。
③ T形管：継手部分がタイトン方式で①と同様である。現在，φ300mm～φ700mmまで使用されている。
④ S形管：耐震継手管であるため，継手部の胴付間隔を確保し管路の鎖状構造となる。現在，中口径φ500mm～φ900mmの範囲で実用可能である。

図10.7.4に推進工法用ダクタイル管を示す。
なお，小口径推進では人力掘削が出来ないので，小口径推進工法により機械掘削を行う。

(2) 鋼管推進
① 水道用鋼管Ⅰ形：塗覆装された本管と外装管の間にモルタルを充填して二重構造としたもの。外装管の現場溶接部は，2分割の継ぎ輪を使用して溶接するものである。
② 水道用鋼管Ⅱ形：①の充填剤をコンクリートとし，外装管の現場接合部は，使用口径により，2～10分割のセグメントをボルト組立とするものである。

図10.7.5に推進工法用鋼管を示す。

既設管破砕推進工法

既設の鋳鉄製水道管を対象とした非開削の布設替え工法である。

(1) 施工手順
① 布設替え対象の管の両側に立坑を作る。
② 既設管内を清掃する。
③ 既設を破断し易くする為に，プラズマ切断機で切り込み溝を入れる。
④ 水道推進用鋳鉄管あるいは水道推進用鋼管の先端に，クサビ状の破断機を取り付け，既設管の中に押し込み破断する。
⑤ 既設管を破断しながら新管と置き換える。

(2) 適用範囲
対象とする既設管の材質は割れやすい高級鋳鉄管までである。適用管径はφ600mm～φ1200mmで，立坑の最大間隔は90m程度である。

(3) 工法の特徴・評価
・既設管の撤去工事が不要である。・同口径で布設替ができる。
・振動・騒音・交通障害の低減が可能である。
・通常の開削工法に比べ，約2割の工期短縮が可能であり，またコスト縮減の効果がある。
・道路上工事の抑制，沿道への工事公害の防止，建設発生材の抑制等，都市土木が直面している問題点の解決に有効である。

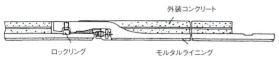

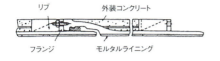

図10.7.4　推進工法用ダクタイル管

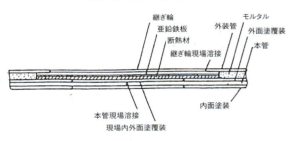

図10.7.5　推進工法用鋼管

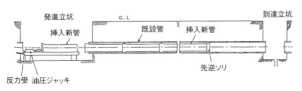

図10.7.6　ダクタイル鋳鉄管による既設管内配管工法の例

既設管内配管工法

既設水道管が長年月たつと管内にさびこぶが発生し，赤水や通水断面の減少，継手の漏水，強度の低下をきたし，管の取り替えが生じてくる。一般的には，道路を開削して新管と取り替えるが，道路の交通事情，工事騒音等の問題がある場所に，既設管の中に新管を挿入して管の更正化を図るのがこの工法である。既設管の口径より1から2段口径が縮小するが，粗度係数が減少するので流量はさほど減少しない。

この工法は，ほぼ直線管路でなければならないが，屈曲部に立て坑を設けることにより全管路更正することができる。

最初に，パイプクリーニング工法により管内のさびこぶを除去した後，立坑を利用して既設管の中に新管を配管し，その間にエアーモルタル等を充填し一体化するものである。

配管の方法は管種により異なる。鋼管では，立坑部で継手を溶接し，順次ジャッキにより挿入する工法。及び巻き込み鋼管と称し，鋼板を既設管口径より小さく巻き込んで挿入し，所定の位置でジャッキにより正規の寸法に押し広げ縦軸方向及び円周方向の継ぎ手溶接を行い管体とするもので，口径実績は φ800mm～φ2000mm である。

ダクタイル鋳鉄管は，立坑部で継ぎ手を接続し順次ジャッキで挿入する工法があり，継ぎ手はPI型（一般形），PⅡ形（耐震形），PN形（耐震形）及び曲線部接続用のPⅢ形があり，口径は管種によりφ1350mm～φ1500mmまである。施工延長はジャッキ能力にもよるが，300m位は可能であり，挿入管に車輪を付けることを考慮すれば，さらに延長が可能である。また，工費も開削工法よりかなり割安となる。図10.7.6にダクタイル鋳鉄管による管内配管工法の例を示す。

水道管更正工法

水道管は，通水後長年月が経つと管内面にさびこぶが発生し，これに伴う流量係数の減少や流水断面の縮小によって通水能力が減退し，出水不良や，流況の変化によってさびこぶを溶かし赤水が発生する。

このため，管内面に発生したさびこぶをクリーニング工法（水道管パイプクリーニング工法）によっ

て除去し，さらに塗装などを施すライニング工法（水道用パイプライニング工法）等によって，管路機能の回復と耐用年限の延長を図るのが「更生工法」である。しかもこの工法は，既設管を掘り返すことなく，前後の立坑が確保されれば一時断水するだけで目的を達するため，舗装の高級化や交通量の増大により管の取替工事が困難になっている現在，工費・工期とも有利な工法である。しかし，工法によっては，屈曲の多い管路やT字部あるいは制水弁等がある管路には適さないものもある。また「更生工法」によって，管体そのものが強化されるとは限らないので注意を要する。

■ 水道管パイプクリーニング工法

この工法には，管内に付着したさびを，管内を移動するスクレーパーなどで機械的にかき落す方法と，水圧を利用する方法等がある。通常パイプライニング工法の前処理として行なうが，パイプクリーニングだけで水道管を更生すると，さびこぶの発生が早いので，応急的な場合に限られる。

(1) スクレーパー工法

この工法は，既設管に合わせて造られた鋼製の爪や羽根をワイヤーロープに取付け，ウインチで数回引き通すことによりさびこぶを除去し，その後，ワイヤーブラシで数回研磨する工法である。

(2) ジェット工法

圧力水（20Mpa～25Mpa）をホースで管内に導き，特殊ノズルで管内面に噴射させ，錆を除去する工法である。

(3) 給水管更生工法

これは，建築物内の劣化した給水管を配管替えをせずに，管内面を更生する工法である。この工法が適用されるのは主に鋼管及び鋳鉄管であり，基本的に直管部，継手部及び曲管部については施工できるが，弁類等の可動部を有する器具や可とう継手は除外される。施工は研磨，塗装，乾燥の3工程からなり，まず，配管の一端から硅砂等の研磨材を混ぜた空気を圧送し，さびこぶの研削及び塗装下地処理を行う。次に高速空気を利用し，エポキシ樹脂塗料の塗布を行った後，自然乾燥又は送風し乾燥させるのが一般的である。

また，工法によっては研磨及び塗装を正逆2方向について行うものもある。さらに，適用管種についても，ライニング鋼管に適用できる工法も開発されている。

■ 水道用パイプライニング工法

これは，管内に付着したさびをパイプクリーニングで除去したのち，さびの再発生を防ぐために管内壁を保護する方法で，つぎのような工法がある。

(1) モルタルライニング工法

この工法は，遠心力を利用してモルタルを管内面に吹付ける方法，モルタルを管内に詰め砲弾形のこてを引張って管内面に密着させる方法（テイト法）がある。これらの工法は，モルタルの利点を多く活用している反面，モルタルの硬化に時間を要し，早期の給水再開は困難なので，別に仮給水する管を布設する必要がある。

(2) 樹脂モルタルライニング工法

合成樹脂エマルジョンとセメントモルタルを練混ぜたもので，各程の性質（接着，防水，耐衝撃，耐薬品，早期硬化等）に優れているが，ライニング後の水洗いに時間がかかるため，工費は安いがあまり使用されていない。

(3) エポキシ樹脂ライニング工法

二液性エポキシ樹脂ライニング工法で，一工程の作業を8時間以内に完了でさ，断水時間も短く，一連の装置（クリーニング・乾燥・ライニング）も完備し，相当な実績を有する効果的な工法である。しかし，2液（主剤と硬化剤）を一定割合で混合する必要があり，完全硬化させるには施工管理が重要である。

(4) ホースライニング工法

あらかじめ熱硬化性接着剤を内面に塗布したシールホースを，反転機内に格納しておき，反転機内の空気圧により既設管内に反転挿入し，膨張させ管内に密着させる工法である。

■ 水道管内面継手補強工法

本工法は，充分な管体強度を有するダクタイル鋳鉄管のうち，継手からの漏水の恐れのある印ろう，

A形の継手部分を内面から離脱防止の働きをする「耐震ピン」，水密性を補う「特殊止水ゴム」，それをより強固に固定する「バンド」を設置することにより，離脱防止性能と水密性能を補強するものである。管内で有人作業を行うため，口径φ900mm以上を対象とする。図10.7.7に内面継手補強工法の構造を示す。

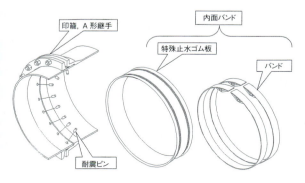

図10.7.7　内面継手補強工法の構造
（出典：大成機工㈱HP）

配水管内面洗浄工法

本工法は，消火栓取付部から洗浄ヘッドを挿入し，高水圧水でブラシが回転・自走し配水管内面を洗浄するものである。従来からの排水作業による管内洗浄方法以外に，掘削・管切断を行うことなく，より積極的に管内壁に付着・堆積した夾雑物を除去することが可能である。図10.7.8に配水管内面洗浄工法の一例を示す。

3　水道管継手接合工法

水道管の管種は，おおむねダクタイル鋳鉄管，鋼管及びステンレス鋼管，合成樹脂管（硬質塩化ビニル管，ポリエチレン管），コンクリート管（RC管，PC管），非鉄金属管（鉛管，銅管）に分類され，それぞれに各種の継手がある。

継手の種類は，メカニカル継手（K，SⅡ，NS（大中口径），S，KF，US，UF形等），プッシュオン継手（T，NS（小口径），PⅠ，PⅡ，PN形），溶接継手（アーク溶接，エレクトロスラグ溶接等），接着継手（TS接合），フランジ継手（RF，GF形）に分類される。

水道用鋳鉄管継手接合工法

鋳鉄管の継手には，主にメカニカル継手，プッシュオン継手，フランジ継手に分類される。従前から使用されていたK形継手，タイトン継手は，利点として伸縮性と可とう性がある反面，地震や地盤沈下等で抜けることがある。そのため，離脱防止金具や漏水防止金具を継手に応じて適宜使用している。平成7年1月に発生した阪神大震災において，耐震継手管（NS，SⅡ，S，KF，US，UF，PⅡ形等）の有効性が実証され，現在では，大きな伸縮量と離脱防止機能を備えた耐震継手管が広く使用されている。

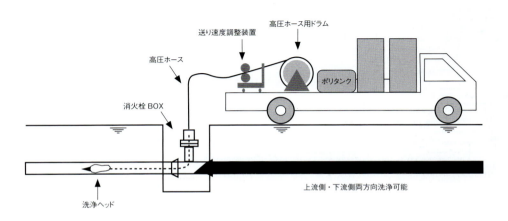

図10.7.8　配水管内面洗浄工法の一例
（出典：東京水道サービス㈱HP）

①メカニカル継手

　ゴム輪と押輪とボルトで締め付けて接合する継手。接合方法は，受口と挿口に滑剤を塗り，ゴム輪を装着し，次に押輪をあて片締めにならないようボルトを締めつける。最後に，トルクレンチを使用して所定のトルクになっているか確認する。継手には，外面継手K，SⅡ，NS（大中口径），S，KF形と管の内面から接合を行う内面継手U，US，UF形があり，SまたはFの記号で表示されるものが耐震継手である。

②プッシュオン継手

　受口の内面にゴム輪を装着し，テーパ状の挿口を挿入するプッシュオンタイプの継手である。接合方法は，受口内面にある溝にゴム輪を装着し，ジャッキ等により挿口を挿入する。作業が迅速であり水密性が高く，かつ伸縮性及び可とう性がある。継手には，T形（タイトン）継手，NS形（小口径）（耐震）継手及び既設管内に配管（パイプインパイプ工法）するPⅠ，PⅡ（耐震），PN形（耐震）等がある。

③フランジ継手

　弁類及びポンプ等のフランジ部に使用し，ガスケット（ゴム）と六角ボルトで締め付けて接合する継手。継手には，大平面座形（RF形）と溝形（GF形）があり，RF-RF（RFガスケット使用）又はRF-GF（GFガスケット使用）の組合せがある。なお，RF-RFは呼び圧力0.75MPa以下の場合に用いられる。

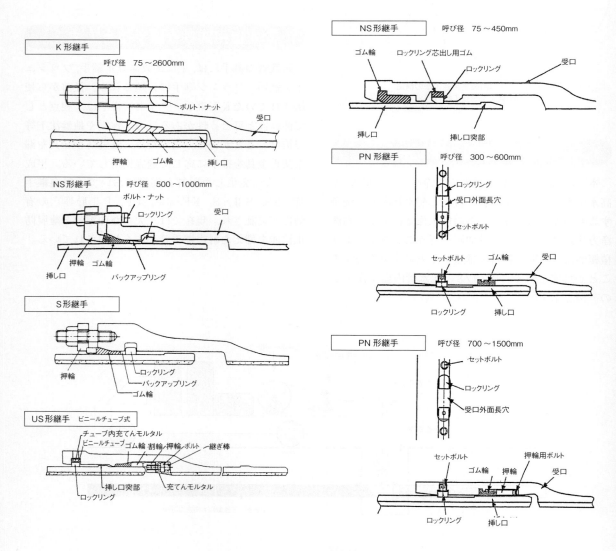

図10.7.9　水道用鋳鉄管継手接合工法
（出典：日本ダクタイル鉄管協会）

④**鋳鉄管推進工法用継手**

開削工法による管布設が困難な場所や，小河川の河底横断で採用される工法で，立坑に設置した推進ジャッキにより，先導管に刃口を装備したダクタイル鋳鉄管を推進させ，この管自体を水道管として使用する。継手には，T，S，U，UF，US形等がある。

水道用鋼管継手接合工法

鋼管継手には，溶接継手（突合せ，重ね），フランジ継手，メカニカル継手（T，UG，N継手）ねじ継手などがある。このほか，伸縮可とう継手（摺動形，ベローズ形，ゴム形，ボール形）等がある。

鋼管の特徴は，溶接継手により一体化ができ，地盤の変動には長大なラインとして追従できる反面，たわみ性や伸縮性に欠けるので，要所に伸縮可とう管を設置する。

①**溶接継手**

一般的には突合せ溶接を使用し，小口径ではⅠ形，中口径ではⅤ形，大口径ではⅩ形の開先加工を行う。鋼管管路の最終接合箇所では，溶接ひずみを除去するため鋼継ぎ輪や重ね溶接継手を使用することがある。溶接は溶接士の技能によってその良否が決まるので，必ず有資格者が施工する。溶接棒は，イルミナイト系が一般的であるが，塗装によってはガス抜き時間を短縮する低水素系が使われる。最近は現場自動溶接が行なわれ，ガスシールド溶接法等が採用されている。溶接に際しては，塗装面を傷めないよう防護するとともに，火花や漏電による火災事故を起こさないよう注意する。内面溶接ができない中小口径管（φ800mm未満）では，継手にステンレス鋼管を使用することがあり，この場合，ステンレス用溶接棒を使用する。

水道用ステンレス鋼管継手接合工法

ステンレス鋼管の接合は，プレス式継手，圧着式継手，伸縮可とう式継手，ハウジング形継手，ねじ継手，フランジ継手，電気溶接等がある。

一般に，給水装置等の小口径ではプレス式継手，圧着式継手，伸縮可とう式継手が用いられる。特に地盤沈下，重車輌の通過等使用環境の厳しい箇所での埋設配管を行う場合，伸縮可とう式継手が使用される。また，配水管等ではフランジ継手，電気溶接等が使用される。

水道用硬質塩化ビニル管継手接合工法

水道用硬質塩化ビニル管の接合に用いる継手はTS継手，ゴム輪形継手，メカニカル継手などがある。

TS継手による接合は，接着剤を使用する方法で，最も多く使用されている。接合は継手受口と管挿し口に速乾性の接着剤を塗り，ひねらず一気に挿し込む。そのまま，口径50mm以下で30秒以上，口径75mm以上で60秒以上保持する。また，硬質塩化ビニル管（VP）と耐衝撃性硬質塩化ビニル管（HIVP）では使用する接着剤の種類が違うので専用のものを使用する。

ゴム輪形継手の接合は，継手又は管の受口に予めゴム輪をはめ込み，管芯をあわせ，挿入機又はてこ棒を使用して管を挿入する方法である。この接合において，曲り部や分岐部は管の抜け出し防止のため，コンクリートブロック又は専用の離脱防止金具を使用して防護を行う必要がある。また，挿入の際使用する滑剤は，指定されたものを使用し，滑剤のかわりに油，グリース，石けん等を使用してはならない。

メカニカル継手の接合は，管種に適した継手を選定し，適切な挿し込み深さを確保した後，確実に締め付ける方法である。

水道用硬質塩化ビニルライニング鋼管継手接合工法

この管の接合は，ライニング鋼管用管端防食形継手又はエポキシ系樹脂コーティング管継手等の専用の継手を使用し，管端にネジを立て，ねじ込む方法により行う。管の切断に当たっては，自動金のこ盤，旋盤等を用いて，内面ライニング部及び被覆部の変質，剥離を招かないよう十分慎重に行う。ガス切断，アーク切断，高速といし，パイプカッターは使用してはならない。

また，接合の際，切断面及び管ねじ部に対して防食対策が必要であり，管端コアを使用し，シール剤を塗布する。ただし，管端防食形継手には管端コアが内蔵されている。

水道用ポリエチレン管継手接合工法

ポリエチレン管の接合は，管の種類や作業環境を考慮し，使用する継手を選定する。

水道用ポリエチレン二層管の接合は，金属継手を使用する方法が一般的である。メカニカル継手の接合は，管端にインコアを挿入後，継手本体に挿し込み，袋ナットを締め付ける。ワンタッチ式継手の接合は，ソケット受け口部の長さを管にマーキングし，挿し込み後，位置を確認する。

水道配水ポリエチレン管の接合は，通常は電気融着(EF)式継手を使用する。継手本体に電熱線などの発熱体が組み込まれており，継手及び管を加熱して融着接合する。水場や補修時にはメカニカル継手を使用する。管端にインコアを挿入したあと，ボルト・ナットにより締め付ける。また，継手を使用せず，管端部を熱板で加熱融解後，突き合わせて融着接合するバット融着接合もあるが，これは技能を必要とする方法である。

水道用架橋ポリエチレン管継手接合工法

接合に用いる継手には，メカニカル式継手と電気融着式継手があり，管種によって選定する。

メカニカル式継手による接合は，管を継手に挿し込み，ナット，バンド，スリーブなどを締め付けることによって水密性を確保する方法である。この継手は白色の単層管（M種）に使用する

電気融着式継手には，継手本体に電熱線等の発熱体が埋め込まれており，この接合は，管と継手を融着接合させる方法である。この継手は，外層がライトグリーン色の二層管（E種）に使用する。

水道用ポリブテン管継手接合工法

接合に用いる継手には，メカニカル式継手，電気融着式継手，熱融着式継手がある。

メカニカル式継手による接合は，管を継手に挿し込み，ナット，バンド，スリーブなどを締め付けることによって水密性を確保する方法である。

電気融着式継手には，継手本体に電熱線等の発熱体が埋め込まれており，この接合は，管と継手を融着接合させる方法である。

熱融着式継手の接合は，電熱線などの発熱体を組み込んだ接合器具によって，継手及び管を加熱して融着接合させる方法であるが，温度管理等には特に注意が必要である。

水道用コンクリート管継手接合工法

水道用として使用されるコンクリート管には，鉄筋コンクリート管（RC管），遠心力鉄筋コンクリート管（ヒューム管）及びプレストレストコンクリート管（PC管）があり，用途として，取水管，導水管あるいは推進工法のさや管などに使用されている。RC管には，一般的なソケット継手と，さや管用のカラー継手がある。ヒューム管の継手は，JIS規格のA形（カラー継手），B形（ソケット継手），C形（いんろう継手），NC形（C形の管厚を厚くし継手性能を向上させたもの）に分類される。圧力管には，A形，B形およびNC形を使用する。PC管の継手は，JIS規格のS形（ソケット継手）とC形（いんろう継手）があるが，圧力管には丸ゴムを圧着するソケット継手を使用する。

水道用銅管継手接合工法

銅管の接合には，トーチランプまたは電気ヒータによるはんだ接合とプレス式接合がある。接合には継手を使用する。はんだ接合は，接合部の汚れ，酸化皮膜をナイロンたわし等で落とした後，管と継手をはんだにより接合する。プレス式接合は，専用の締め付け工具を使用するもので，短時間に接合できる。

水道用ポリエチレン複合鉛管継手接合工法

JIS規格の改正により，従来から使用されてきた水道用鉛管は廃止され，鉛管内外面をポリエチレンで被覆した水道用ポリエチレン複合鉛管となった。

従来の鉛管の接合法は，はんだ付け工法が主流であったが，水道用ポリエチレン複合鉛管の接合にはメカニカル継手を使用する。

接合の際は専用の継手を使用し，部品の装着順序を誤らないよう注意する。継手は適切な挿し込み深さを確保し，袋ナットを確実に締め付ける。

なお，はんだによる接合方法もあるが，これは主に工場生産品に使用される。

水道用FRP管継手接合法

FRP管の接合は，主として受口にゴムリングをはめ込み，さし口を挿入するものである。現在，工業用水道，下水道，農業用水道などに使用されているが，上水道の分野ではまだ少ない。

水道管継手接合テスト方法

継手の接合を確認するため各種テスト方法があり，鋳鉄管などでは主として水圧を加えることにより，鋼管ではX線・超音波など非破壊試験方法によっている。

(1) 区間水圧検査
中口径以下の管路では，制水弁で仕切り，区間ごとに既設管の水圧を利用するか，水圧ポンプによって加圧して水圧低下の有無を調べる。

(2) 水圧テストバンド方式
水圧テストバンドは，継手部にボックス状のバンドをかけ，この中に水圧を加えて漏水の有無を確認する装置で，ゴムリング（直管用，異形管用），押え板，支持リング，移動用台車，テストポンプなどからなり，継手部にセットするとき，管とバンドが同心円上になるようにし，下部に注入口，上部に空気抜き孔を設けるように取り付ける。水圧試験は0.5MPaの水圧を5分間かけ，0.4MPa以下にならないとき合格としている。この方法は，内径1000mm以上の鋳鉄管，鋼伸縮管などに使用される。

(3) トルクレンチによる確認
ボルト接合箇所（鋳鉄管メカニカル継手，鋼管フランジ継手等）の締付け完了後トルクレンチで確認し，片締め，遊びを矯正する。

(4) 外観による確認
押輪とフランジの間げきが一定であるか，管口からスペーサでゴム輪の位置が正しいかを確かめたり，あるいはボルトを叩いて音により遊びの有無を調べる。

(5) 溶接継手の試験
① 外観肉眼確認
② カラーチェック：欠陥部のみ浸透液が浸透する。
③ 放射線透過試験：X線による写真判定
④ 超音波斜角直接接触探傷法（US法）：エコー高さによる確認
⑤ 塗覆装試験：ホリデーディテクタ，電磁微厚計，ハンマーリングによるピンホール，塗厚の試験。
⑥ モルタル充てんと，ライニングの試験：ハンマーリングに上る浮きの有無。
⑦ 磁気探傷試験：欠陥部に磁粉が付着する。
⑧ 電磁誘導試験：検出コイルの出力（電圧，位相）が変化する。

水道管切断工法

水道管の既設管や新管の切断には，管種に応じてパイプカッター，ガス切断，電溶切断，工器具による人力切断等の方法がある。

(1) 管種による切断方法
① 鋳鉄管
小口径管は，タガネ及び手動式パイプカッターによる人力切断が可能であるが，エンジンカッター，動力式パイプカッターによる切断がより確実である。ガス切断，電溶切断によることもある。

② ダクタイル鋳鉄管
中，大口径管は，動力式パイプカッターで行う。小口径管は，エンジンカッターによる切断が一般であるが，手動，動力式パイプカッターで行う方法もある。

③ ステンレス鋼管
手動式，動力式パイプカッターで行う。

④ 合成樹脂管（硬質塩化ビニル管，ポリエチレン管）
金鋸，エンジンカッター，手動式パイプカッターで行う。

⑤ 非鉄金属管（鉛管・銅管）
金鋸，エンジンカッター，手動式パイプカッターで行う。

⑥ 石綿セメント管・コンクリート管
タガネによる人力切断，コンクリートブレーカ，動力式パイプカッターで行う。

(2) パイプカッターの種類
① 手動式パイプカッター
　四つ刃式，リング式があり，小口径用である。
② 動力式パイプカッター
　リング式，チェーン式がある。駆動動力は，モーター仕様，エンジン仕様があり，モーター仕様は，低騒音型である。
③ エンジンカッター
　手持式（ガソリンエンジン付）のもので，グラインダディスクによる切断方式である。
④ モーターカッター
　エンジンカッターのエンジンを電動モーターに改良したもので，エンジンカッターに比べ騒音は低い。

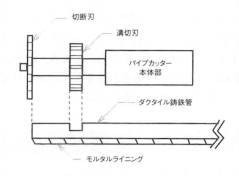

図10.7.10　切断，溝切同時加工例

水道用耐震継手管溝切工法

　この工法は，各種耐震管（ダクタイル鋳鉄管）の直管挿し口部にロックリング，挿し口リングのいずれかを取り付ける為の溝を加工する工法である。溝の加工方法は動力式パイプカッターで行い，切断刃を溝切専用刃に替え，溝を加工するタイプと，切断刃と溝切専用刃を同時に取り付け，管の切断と溝の加工が同時にできるタイプのものがある。

(1) 図10.7.10に示す切断，溝切同時加工例

(2) 溝切時の施工要領
① 指定の切用管（1種管，DPF種管等）を加工する。
② 各種耐震管には，口径別に溝の寸法が定められており，それらに合う溝切刃を使用する。
③ 加工完了後，各種耐震管に定められている加工寸法に施工できたかを，必ず確認する。特に溝の深さに注意する。
④ 切断部及び溝切部を塗装（ダクタイル鋳鉄管補修用塗料）する。

(3) 各耐震管及び溝に入れるリングの種類
① NS形ダクタイル鋳鉄管
　呼び径75mm～1000mm
　リングの種類挿し口リング

② SⅡ形ダクタイル鋳鉄管
　呼び径75mm～450mm
　リングの種類挿し口リング

③ KF形ダクタイル鋳鉄管
　呼び径300mm～900mm
　リングの種類ロックリング

④ S形ダクタイル鋳鉄管
　呼び径500mm～2600mm
　リングの種類挿し口リング

4　水道管腐食防止工法

水道用鋳鉄管塗装工法

　鋳鉄管の塗装は，管の内面ではモルタルライニング，あるいはエポキシ樹脂系（エポキシ樹脂粉体塗装，液状エポキシ樹脂塗料，合成樹脂塗料）塗料を使用し，外面ではエポキシ樹脂系の合成樹脂塗料を使用している。鋳鉄管は一般的に，現場塗装をすることは少ないが，塗装の欠陥やはく離があったときは現場補修する際には，塗装を行う場合がある。

① モルタルライニング
　鋳鉄直管の内面に遠心力によってモルタルライニングするもので，JISA5314（ダクタイル鋳鉄管モルタルライニング）がある。モルタルの上には，アルカリ溶出防止のためシールコート（塩化ビニル系またはアクリル系重合物）を約$100g/m^2$の割合で塗布するよう規定されている。また，直管を切断した

場合，水圧テスト用のバンドをかけるとき，モルタルと鉄管の隙間から水が浸透し水圧が上がらないことや，モルタルをはく離することがあるので，切断後，切口に樹脂系の塗装をする必要があるが，接合後管内で行うと有機溶剤中毒を起こすことがあるので注意を要する。

② エポキシ樹脂粉体塗装

　鋳鉄管内面の塗装には，従来モルタルライニングが行われていたが，耐久性の向上を図るため，φ75mm～φ600mmについては，エポキシ樹脂粉体塗装（JISG5528）を適用している。塗装はエポキシ樹脂，硬化剤，顔料，充填剤を混合粉砕して粉末状にし，管を予熱しておき粉末を噴射し加熱融着する方法をとっている。膜厚は0.3mm以上としている。

③ 液状エポキシ樹脂塗装

　液状エポキシ樹脂塗料は，従来鋼管内面などに用いられてきたタール系塗料に代わる塗料としてJWWAK135（水道用液状エポキシ樹脂塗料塗装方法）として規格化された。モルタルライニング又はエポキシ樹脂粉体塗装が困難な大口径（φ1600mm以上）異形管の内面塗装に用いられている。

　塗料は，常温硬化型の二液性溶剤型エポキシ樹脂塗料であり，塗装は主剤と硬化剤とを混合したものを管体に吹き付け又ははけ塗りするのが一般的である。被塗装面の結露を防止するため，予熱する場合があり，赤外線，熱風，熱湯浸せきなどにより均一な加熱を行うことがある。塗膜は，0.3mm以上としている。

④ 合成樹脂塗装

　鋳鉄管外面の塗装には，従来，タールエポキシ樹脂塗装が用いられてきたが，外面であっても受け口部内面等，一部水に接する部分もあることから，衛生上タール系物質を含まない合成樹脂塗料が一般的に用いられてきている。合成樹脂塗装は，内面塗装にも用いられているが，合成樹脂塗料の規格（JWWAK139）では，内面保護に十分な塗膜が得られにくいため，一般的には，内面塗装は液状エポキシ樹脂塗料となる。

⑤ ポリエチレンスリーブ工法

　外面塗装だけでは，土壌の性質上不安がある場合，管布設時にポリエチレン製のスリーブを管外面にかぶせて，管と土壌を絶縁して耐食性を増す方法で1952年アメリカで開発された。この方法は，0.2mm厚のポリエチレンフィルムを筒状にして管にかぶせ，固定用ゴムバンド，防食用ビニルテープで固定することによりフィルム内の浸入水は死水となり，酸素の供給が絶たれて腐食を起こさない。従来，防食塗装では鉄管の密着性を必要としていたが，この方法ではその必要がない反面，施工上，若干手間を要する。この方法は，酸性土壌のほか硫酸塩還元バクテリアの活動の激しい地域，海岸埋立地などで使用されている。詳細は，JWWAK158（水道用ダクタイル鋳鉄管用ポリエチレンスリーブ）に規定されている。

水道用鋼管塗装工法

　水道用鋼管の塗装は，外面塗覆装と内面塗装とに大別され，さらにこれらが工場施工部と接合後の現場施工部とに分類される。

(1) 外面塗覆装

　外面塗覆装としては，従来アスファルト塗覆装，コールタールエナメル塗覆装などが用いられていたが，近年は，ポリエチレン被覆（JWWAK152）やポリウレタン被覆（JWWAK151）など耐衝撃性並びに絶縁性能に優れた被覆材が多く採用されている。また，現場溶接部の外面被覆としては，熱収縮型もしくは接着型のジョイントコート（JWWAK153）が，作業性の良さから，一般的に用いられている。

① アスファルト塗覆装

　塗料はアスファルトプライマとブロンアスファルトで，覆装材として耐熱用ビニロンクロスが使用される。現場塗装は，従来はけ塗りによるアスファルト塗装とトーチランプによるこて仕上げが行われていたが，現在はジョイントコートによる被覆が一般的となっている。塗厚は，直管部で3mm～6mm程度，異形管部で4.5mm～7.5mm程度を標準とする。

② コールタールエナメル塗覆装

　塗料はコールタールプライマとコールタールエナメルで，覆装材としてはガラスクロスが多用されている。大都市水道事業体における採用が多いが，特定化学物質等取扱基準の適用を受けるため，現場塗

覆装には用いられず，ジョイントコートによる被覆が行われる。

③ポリエチレン被覆

最も一般的なP1H型（1層被覆型）では，アンダーコートとして接着剤（変性ポリエチレン）を塗布し，溶融混練したポリエチレンを押出機により被覆・水冷する。現在呼び径1650Aまでの工場被覆が可能である。現場被覆には用いられず，ジョイントコートによる被覆が行われる。

④ポリウレタン被覆

同材料は粘度が高く，ポットライフが短いため，主剤と硬化剤を加温して塗装可能な粘度に下げ，スタティックミキサーで混合して吹き付ける専用の塗装機にて被覆を行う。主に異形管に用いられ，現場溶接部には，ジョイントコートによる被覆が行われる。

⑤ジョイントコート

ポリエチレンを主成分としたプラスチック系のものとEPDMおよびブチルゴムを主成分としたゴム系のものがあり，バーナーによる加温もしくは粘着剤により現場溶接部を外側から被覆する。

(2) 内面塗装

内面塗装としては，従来はモルタルライニングも用いられていたが，現在は水道用液状エポキシ樹脂塗料（JWWAK135）や水道用無溶剤形エポキシ樹脂塗料（JWWK157）が主に用いられる。厚生省令により有害物質の浸出試験が義務づけられている。（JWWAZ108およびZ110）

①水道用液状エポキシ樹脂塗料

常温硬化形の二液性溶剤型エポキシ樹脂塗料で，接着性，塗膜強度，防食性，施工性に優れた材料である。標準塗膜厚は0.3mm～0.5mmであり，工場・現場ともに使用される。

②水道用無溶剤形エポキシ樹脂塗装

常温硬化形の二液性エポキシ樹脂塗料であるが，タール分，有機溶剤を含まないことから施工後の溶剤臭対策が不要である。溶剤を使用しないため粘度が高く，塗装作業は，二液内部混合形塗装機，はけ，へら，ローラなどにより行う。

③モルタルライニング

セメント，混和材，細骨材に水を加えて混練したモルタルを，遠心力を利用した管回転式もしくはスピンナー回転による方法で鋼管内面にライニングするもので，標準厚さは6mm～16mmである。現場施工の場合には，管敷設後，スピンナーの遠心力でモルタルを吹き付けた後，こてを一定速度で回転させ，表面を平滑に仕上げる。モルタル表面には，ダクタイル鋳鉄管の場合と同様，シールコートを塗布する。

水道管現場塗装工法

水道管の防食は，管外面については各種の土壌，迷走電流による電食あるいは大気暴露等に対し，十分な耐食性，耐久性等を有する材料を用いなければならない。一方，内面塗装については，衛生的に無害で，かつ耐薬品性，耐摩耗性等が優れている必要がある。

水道管の塗装は管種によって異なり，鋳鉄管は工場塗装であるのに対し，鋼管は継手部分に現場塗装を必要とする。

塗装の種類には，アスファルト等の瀝青系，セメントモルタル等のセメント系，エポキシ・塩化ビニル・ポリエチレン等の合成樹脂系，瀝青系またはセメント系と樹脂系を混合したタールエポキシ，タールマスチック，エポキシ樹脂モルタル等がある。また，水管橋は耐候性，美観等が要求される場所に架設されるので，ジンクリッチ系，フェノール系，塩化ゴム系等の塗料が使用される。なお，瀝青系については，内面には使用されなくなっている。

水道管電食防止工法

我が国の電車運転方式は，ほとんど直流電気鉄道であり，軌条を電車電流の帰路として利用している。このため軌条を通って変電所に帰流するはずの電流が，一部大地を通って変電所に帰る場合があり，この大地間に水道等の金属管があるときは，これらの管を通って電流が変電所に帰流することとなり，管路から電流が流出する部分に電食が生ずることとなる。この電食を防止するために次のような対策をとっている。

①電気的絶縁物による管の塗覆装
　水道用ポリウレタン被覆等の塗覆装で，管の外周を完全に被覆して，漏えい電流の流出入を防ぐ方法で，施工時に被覆を損傷しないよう慎重に取扱うとともに，損傷した場合はよく修復することが必要である。

②絶縁接続法
　管路に電気的絶縁継手を挿入して，管の電気的抵抗を大きくし，管に流出入する漏えい電流を減少させる。

③排流法
　管と軌条とを選択排流器を介して接続し，管が軌条に対して正電位となる場合に管体電流を軌条に帰流させる「選択排流法」，排流回路に排流を促進させるための電源を入れる「強制排流法」がある。

④流電陽極法
　管体と亜鉛やマグネシウムなどの管体より自然電位の低い金属とを接続し，この金属の溶出によって，管に防食電流を供給し防食する方法である。

⑤外部電源法
　水道管と電極との間に外部電源を入れて，電流を電極から強制的に流出させて，その電流を管に流入させて防食する方法である。

　水道管の電食に対する調査は，布設後に確実なことが判明するので，布設の際にあらかじめある程度の対策を予想して，比較的容易に防止施設ができるようにしておくことが必要である。実際には，鉄道と交差あるいは接近する場合，鋼管では管路全般にわたって必要に応じて測定端子を設けて地上に立上げておく。鋳鉄管では，各継手ごとに鉄筋などを溶接してボンド（接続）をする場合がある。また，他企業の電気防食施設による干渉を受けて電食を生じることもあるので，鉄道付近以外でも常時管対地電位を測定し，必要に応じて対策を施すことが肝要である。

水道管マクロセル腐食防止工法

　埋設配管の多くの腐食事例は，マクロセル（巨視的電池）を原因としている。マクロセル腐食とは，埋設状態にある金属の材質，土質，乾湿，通気性，pH，溶解成分の違いなどの異種環境での電池作用による腐食である。代表的なマクロセル腐食には，埋設配管が，土壌中からコンクリートを貫通して構造物に引き込まれている場合に生じる①コンクリート／土壌マクロセル腐食，配管が，通気性の異なる土壌にまたがって埋設されている場合に生じる②通気差マクロセル腐食，及び異なる二種類の金属が，土壌中で電気的に接続されている場合に生じる③異種金属接触マクロセル腐食があり，その防止対策は次のとおりである。

①コンクリート／土壌マクロセル腐食
　構造物の貫通部を含め，強固な管塗覆装を採用し，塗覆装を傷つけないように施工管理を行う。また，構造物中の鉄筋と，管・弁類・機器アンカーボルト等を接触させないようにする。既存管でコンクリート／土壌マクロセル腐食が発生している場合は，鉄筋と配管の接触箇所を切り離し，管の塗覆装を補修するようにする。それが困難な場合は，施設規模に応じて，マグネシウム陽極を埋設する流電陽極法または通電電極を埋設する外部電源法によって防食を行う。

②通気差マクロセル腐食
　管外面にポリエチレンスリーブ等の被覆を確実に行う。また，管の埋め戻しにあたっては，良質な砂を使用し，丁寧に施工する。

③異種金属接触マクロセル腐食
　異種金属接合部に絶縁継手等を使用し，電気的絶縁を確保するようにする。

5　水道管連絡工法

水道管断水連絡工法

　この工法は，既設管を制水弁などで一時断水してその一部を切断し，T字管・十字管などを入れて新設管と接続し，再び通水するものである。連絡工事は一般に断水時間が制約されており，確実な施工が要求されるので，次の事項に注意する必要がある。

①工事に先立ち，接続地点の試験掘りを行ない，既設管の位置・管種・管径，他の埋設物との離隔距離などを測定して材料の手配その他の準備をする。

②使用材料の寸法・数量・材質（キズ等の有無）を確認しておく。できれば予備材料も準備して

おく。

③ 機材（クレーン，排水ポンプ，鉄管切断機，照明等）と作業人員の確保ならびに予備機の準備をしておく。

④ お客様に断水広報を行ない，万一に備え応急給水の準備をしておく。

⑤ 使用予定の制水弁のほか，付近の制水弁を確認しておく。

⑥ 断水・切断・配管作業は特に能率的に行なう。

⑦ 管内の清掃・消毒を確実に行なう。

⑧ 接合後，水圧による継手の抜け出し防止を確実に行なう（鋼材防護，切ばり防護，離脱防止継手の使用等）。

⑨ 栓止りとなっている管は，既設管の水の有無にかかわらず内圧がかかっている場合があるので，栓の取り外し及び防護の取りこわしには十分注意する。

⑩ 通水後，濁水処理を行なう。その他の断水連絡方法として，小口径管では切断する前後を液体空気によって凍結させ接続後，融解させる「凍結工法」などもある。

水道管不断水連絡工法

通水中の既設管を断水することなく，連絡用T字管と制水弁を取り付ける工法で，小口径管（φ350mm以下）に用いられていたが，最近ではφ2600mm程度まで使用例がある。

一般に2個以上に分割した割T字管（ダクタイル鋳鉄製，鋼板製）をゴムパッキングを介して既設管に取り付け，特殊せん孔機によって切断片も一緒に切り出し，付属弁でいったん止水したうえ新設管と接続する。また，既設管が鋼管の場合には，接続管を通水したまま溶接してせん孔することもある。

6 不断水式制水弁設置工法

既設管の任意位置に，断水することなく制水弁を設置する工法で，割T字管による不断水工法に類似したものである。とくにこの工法は管の切り回しに際し，まず所定の位置にこの工法で制水弁を設置し，その前後に不断水連絡工法によって管を切り回し，

この制水弁を閉止して，この区間の管を撤去すれば，いっさい断水せずに切り回し，通水ができる。

7 給水管分岐工法

配水管から給水管を分岐する工法には，分水栓，サドル分水栓（サドル付分水栓ともいう。）又は割T字管を用いて不断水で行う方法と，T字管やチーズを用い，断水して行う方法がある。これらの分岐に用いる材料は，配水管及び給水管の種類や口径に応じて選択する。

一般的には，分岐する給水管の口径が50mmまではサドル分水栓，75mm～150mmは割T字管，200mm～350mmはT字管を使用している。また，サドル分水栓を集中して取り付ける必要のある場所では，集中分岐管を用いる工法がある。

① サドル分水栓による分岐

給水管の大部分は口径50mmまであり，サドル分水栓により分岐する方法が一般的である。

サドル分水栓は，配水管の頂部にその中心がくるように据付け，電動あるいはエンジン式等のせん孔機によりせん孔する。給水管との接続はサドル分水栓用シモクまたはサドル付分水栓用ソケットを使用し，給水管口径に合わせ配管する。

② 集中分岐管による分岐

配水管の1部分に集中して多数のサドル分水栓による分岐を行うと，配水管の強度低下や漏水の原因となる。この工法は，給配水管の適正な管理と漏水防止のために開発された方法である。まず，配水管から75mmのT字管の分岐を行ない，制水弁を設け，その先に集中分岐管を設置する。給水管はサドル分水栓用シモクを用いて，集中分岐管と接続する。配水管が布設されていない私道等に向けて，口径50mm以下の給水管が3栓以上分岐されている場合，これらの工法を用いている例もある。

8 水道管不同沈下等防止工法

　水道管路では，配水池や制水弁室等の構造物への出入り部，水管橋の橋台部など十分な基礎を施してある施設との取り合い部分で不同沈下が起こり，継手離脱などの事故が発生しやすい。事故の発生を防止するため，一般には，①薬液の注入などにより地盤の強度を高める，②構造物に近接する部分に摩擦杭を打設し不同沈下を緩和する，③管路の変位を可撓継手や伸縮継手を設けて吸収させる，などの対策が講じられている。

　また，沖積層などの軟弱な地盤においても管路の不同沈下が発生するおそれがある。不同沈下対策として，軟弱層が浅い場合には管底部を砂や良質土に置き換えたり，梯子胴木を併用した基礎工を施すなどの工法が用いられている。深い場合については薬液注入やサンドドレーン工法等による地盤改良や伸縮可撓性が大きく離脱防止性能を持った継手を適所に使用するなどの方法が取られている。

　一方，立坑とトンネルの接合部における応力集中及び変位対策として，一次覆工に可撓セグメントを使用し，配管には可撓伸縮管を設ける組み合せで，両者の応力と変位を吸収する特殊な例もある。

　水道管用可撓伸縮継手には，ステンレスまたは合成ゴム製のベローズ式，ビクトリック継手を応用したビクトリッククローザ継手，球面を有し若干の伸縮性のあるボール式可撓管ユニットなどがある。可撓伸縮継手の偏位角はベローズ系で10°～20°，ビクトリック系で3°～10°，その他のもので2°～3°程度である。

　なお，これらの継手を用いる場合は，推定沈下量を吸収できる可撓性だけで選定するのではなく，内外圧，耐久性及び水密性に対する安全性を検討の上，最適なものを選定することが重要である。図10.7.11に立坑付近と水管橋取付け部付近の可撓継手を用いた不同沈下対策を示す。

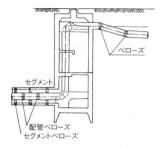

シールド立坑とセグメント，配管の関係

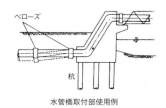

水管橋取付部使用例

図10.7.11　立坑付近と水管橋取付け部付近の可撓継手を用いた不同沈下対策

動水圧等が作用し，管を移動させようとする。このため，離脱防止金具，コンクリート，鋼材などを使用して，この力に抵抗させている。また，水道管の管厚は標準水圧と標準土かぶりで決定されており，標準土かぶりより極端に大きいか，小さい場合には，外荷重に対し鉄筋コンクリートを管に巻いて防護したり，地下水位が高い箇所で管が空水の場合，浮上しないようコンクリートを巻いて重量を増加させたりしている。他の工事により管が露出した場合，管を防護するための吊り・受けを行なっている。これらを総称して「防護工法」という。

　水道管は，一般に地中に埋設されており，管周囲の摩擦力や側面受働土圧によってある程度抵抗するが，市街地では地下埋設工事などによって水道管の付近を掘削したり，場合によって露出することがあり，このような場合にも，十分安全であるよう計算しておく必要がある。

　管に作用する力は，次のとおりである。

(1) 異形管にかかる力
　①不平均合力 $R(kN)=2 \cdot A \cdot P(\sinh/2)$
　A:管断面積(m^2)，P:管内水圧($10^3 Pa$)
　h:曲角の角度(°)
　②遠心力

9 水道管防護工法

　水道管は，水圧を有しているため，管路の曲り部，T字管部，管端部，閉止した制水弁などには静水圧，

R＝（2W/g)・V2・(sinh/2)
W:管内水重(N/m)，g:重力加速度(m/S2)，V:管内流速(m/S)

遠心力は不平均合力に比して小さいので一般には省略する。

(2) T字管にかかる力 R＝P・a
　a：分岐管の断面積(m2)
(3) 管端部にかかる力 R＝P・A

なお，露出管の場合，地下水，雨水等による浮き上がりに対する注意が必要である。

水道管コンクリート防護工法

コンクリート防護は，コンクリート等の重量がコンクリートと地盤との摩擦抵抗の合成力により管の不平均力に対抗し，移動・抜け出しを防止するものである。

送配水管は，管網が形成されていると考え水衝圧は考慮しない。また，コンクリート防護周辺の拘束条件は，防護部の外周を掘削され，土圧が防護部に作用しないものとした。したがって，管内水圧が極端に高い場合，管網が形成されていない単一管路の場合等については，別途検討が必要である。

コンクリート防護の延長
L≧R/μW
R:不平均力
L:コンクリート防護長
μ：土とコンクリートの摩擦係数
W:防護コンクリート上の土，管，水，コンクリートの1m当たりの重量

配水管の一部においては，ライナーを使用することにより継ぎ手部が離脱防止継ぎ手となり，管路の一体化が図られるため，コンクリート防護を省略することができる。

水道管離脱防止工法

水圧による異形管の継手の抜出しを防止するため，コンクリート防護などがされているが，コンクリート強度がでないうちに通水したり，コンクリート防護が適さない露出配管，あるいはコンクリート防護の寸法がとれない場合などでは，鋳鉄管継手に離脱防止金具をかけ，安全を図ることがある。

メカニカル継手（K形，A形）では，押輪をセットしたのち押ボルトを管体に締め付け，その摩擦力で抜出を防ぐので，押ボルトは均等な力（トルクレンチを使用）で確実に行なう必要がある。また，水圧の高い場合や大中口径管の場合には，他の防護工法の補助手段として使用している。大中口径管（KF形は300mm～900mm，UF形は700mm～2600mm）になると，管体の受口，さし口に溝を切りロックリングをはめるもの，さし口に突起を付けこれに押輪をかけ合わせたものなど，摩擦力以外に抜出し力を他の管に伝達させる方法がとられている。

タイトン継手（T形）では，爪形，弓形などが使用されている。

また，地震時の地盤の変位を管の継手で吸収し，管本体には大きな応力を発生させないという考え方に基づき，離脱防止構造の耐震継手が近年主に使用されている（NS形，S形，SⅡ形，US形）。この継手は，管長の±1%に相当する伸縮が可能で3DkN(D:呼び径mm)の離脱阻止性能を有する。

水道管鋼材防護工法

既設管との連絡工事において，コンクリート防護では短時間に強度が出ないため，鋼材で管を緊結し通水することがある。また，水道管が工事のため露出し，水圧で継手が抜け出すおそれがあるときに鋼材でその付近の管を一体化させることがある。これらの工法を「鋼材防護」といい，主として鋳鉄管継手部に使用される。この工法は，現地組立てと溶接・ボルト締めを短時間のうちに行なうため，作業の不備（組立ての遊び，溶接不良，ボルトの締め忘れ等）によっては，大きな事故や断水を引き起こすので，とくに慎重かつ能率的な施工を必要とする。鋼材類は，コンクリート防護と一体に埋込むか，十分な防食塗装を施し強度の低下を防止する必要がある。

水道管吊り防護工法

地下鉄工事などで水道管が露出した場合，管を吊って防護することがある。水道管は他の埋設管に比べ水圧があり，曲管・T字管部で抜出す力が働き，制水弁を閉止すると推力が発生するので，十分な防護が必要となる。

吊り防護は，専用の吊り桁から，ワイヤまたは鋼材にターンバックルを途中にセットし，管と吊り材の間にはパッキン（ゴム・木材等）を当て，管に遊

びのないように施工する。さらに地震動など横振れを防止するはり、または桁を入れる。曲管・T字管部などでは鋼材防護や離脱防止金具を施し、直線部と一体性をもたせる。ターンバックルにはグリースを塗布しておき、ワイヤ等の吊り材のゆるみが点検時に発見された場合は、ターンバックルを回転させて調整する。なお、石綿セメント管や老朽管は、新しい管種に取り替えておく必要がある。図10.7.12に吊り防護工法の一例を示す。

水道管受け防護工法

地下鉄工事などで水道管が露出した場合、吊り防護の後に、工事の埋戻し時に水道管の受け防護をする。

水道管を直接受け防護する場合は、路面から管体への集中荷重を緩和させるためコンクリートを使用して可能な限り管体を180°支承させる。また、管体と受け防護の基礎となる構築物との離隔がある場合は、埋め戻し時の横方向からの土圧も考慮して根固めコンクリート等の施工も検討する。

受け防護工は不同沈下の原因にならないような堅固なものが必要である反面、水道管に土荷重等の反力支点として集中荷重のかからないよう考慮する必要がある。埋め戻し前には、継手漏水の有無や管体の傷などを調査し、万全を期す。

このほか、他の地下埋設物の上越し配管などに受け防護を使用することが多い。

水道施設凍結防止工法

一般に、水道管内には常に水が流れているので凍結の恐れはなく、特に凍結防止を必要としないが、露出配管となる水管橋や添架管などの空気弁は、寒冷期に弁箱内の水が凍結し、その時の体積膨張力によって弁が破損することがある。

これを防止するには、弁の外側を発泡スチロールなどの保温材で固定させた防寒カバー付とするか、あるいは、凍結破損防止式の空気弁を使用する必要がある。

また、寒冷地では、地下凍結が起こるので埋設深さを凍結深度以上とするため標準より深くしたり、露出管となる場合は水道管を適当な防寒材で覆ったり、消火栓は、交通に支障がある場合を除き、常時消火栓内の水抜きができる不凍式の地上式とすることが多い。

なお、給水装置で冬期に水道水が凍結する恐れがある場合は、管内の水を排水する不凍式とするか、露出部に発泡スチロールなどを用いて防寒処理を行なう必要がある。

10 水道管漏水防止工法

水道管漏水発見方法

水道管は長年月経過すると車両通行の振動、地盤沈下、地震、腐食性土壌、地中に流れる迷走電流などの影響を受け漏水が発生することがある。この漏水は、地表に湧出しないで地下に浸透する場合が多いため、次のような方法で漏水箇所の発見が行われている。

音聴法

音聴棒または電子式漏水発見器を、単独あるいは組み合わせて使用し、漏水を探知する方法である。音聴棒は、管路施設に金属棒の先端を接触させ、片

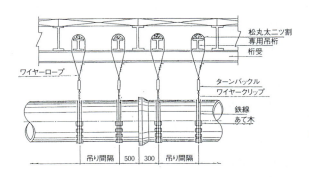

図10.7.12　吊り防護工法の一例

端の振動板に耳を押し当てて，管を伝わってくる漏水音を聴き取り，漏水の有無を調査するものである。電子式漏水発見器は，ピックアップを地表面に置き，地中を伝わってくる漏水音を電気的に増幅してヘッドホンで聴き取り，漏水の有無と漏水箇所の発見に使用する装置である。

相関法

相関法とは，信号解析技術とコンピュータ技術を使って開発された相関式漏水発見装置を利用して，漏水を探知する方法である。漏水点を挟んだ2点（消火栓，バルブ，量水器など）にセンサを取付け，各々のセンサに到達した漏水音の伝播時間差を，正確に測定することにより，2点のセンサ間の距離と音の伝播速度から漏水位置を計算，表示するものである。図10.7.13に相関法の原理を示す。

時間積分法

管路の伝播音のうち，水道使用音や車両の通過音等は断続的であるのに対し，漏水音は継続的という特性がある。時間積分式漏水発見器の原理は，この両者の性質の違いを利用し，管路の伝播音を測定し，あるレベル以上の検出音の一定時間内における占有率（時間積分率）が判定基準を超えた場合に漏水有りの信号を出力し，判定基準以下の場合は，その他の雑音と判別するものである。取り扱いが簡単で熟練を要さず，短時間で漏水の有無を自動的に判別するものである。

水道管漏水補修工法

水道管からの漏水は，少量であっても長期間漏水すると多量になるため，計画的に漏水を調査して補修するのが一般的である。その補修方法は，漏水の箇所や状態によって次のように行う。

(1) 鉛いんろう継手

漏水が少量の場合には，鉛をかしめ直したのち，ソケット継手漏水防止金具を取り付ける。漏水が多い場合には断水して，鉛を溶かし管を据付け直して再び接合するか，できれば他の管種に取り替えるとよい。

(2) メカニカル継手

一般に継手ボルトの締め直しで済むが，場合によってはゴム輪の取り替えを必要とする。小口径管の場合には，ふくろ形漏水防止継手を取り付けることもある。

(3) 伸縮継手

伸縮継手は常に管が伸縮を繰り返しているので，定期点検を密に行う必要がある。漏水した場合，ボルトの締め直しをするが，漏水が止まらないときは，パッキンの取り替えを行うこともある。これらの処理ができないときは鋼製カバーの取り付けを行う。

(4) 折損補修

ダクタイル鋳鉄管や鋼管にはあまり発生しないが，小口径の鋳鉄管は管軸方向の抵抗力が小さいので折損することがある。断水して管の取り替えができないときは割継ぎ輪などにより補修する。

(5) 内面修理工法

大口径管の継手に対し，地上から開削することなく，断水して管内に漏水防止金物または，止水板を取り付けて止水する方法である。

(6) 水道管凍結工法

通水中の水道管の破損部分前後を液体ガスにより凍結させ，補修，取り替えを行う（水道管凍結工法参照）。

(7) 既設管内配管工法（パイプ・イン・パイプ工法）

漏水多発個所において，既設管をさや管とし，鋼管またはダクタイル鋳鉄管を挿入し，内外管の間にモルタル等を充てんする（既設管内配管工法参照）。

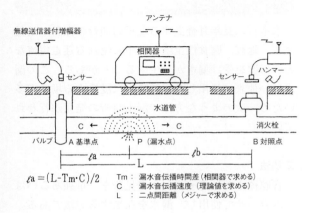

図10.7.13　相関法の原理

水道管凍結工法

配水管または給水管の補修する部分の前後を凍結することによって，制水弁で閉止したと同じ効果を発揮させる工法である。

凍結させる部分に凍結容器を裾付け，その中に，凍結剤として人工液体空気（窒素80％，酸素20％割合の混合液）を注入し，管内の水を氷結させる。補修作業の完了後，凍結箇所を溶解して通水する工法である。

人工液体空気の取り扱いは，とくに急激なショックや火気に注意し，さらに管材の材質変化（強度低下や脆性破壊等）が起らないよう配慮する。

この工法は，口径50mm以下の給水管で用いられることが多いが，水圧の低い口径200mm程度の配水管，消火栓用丁字管の根元部分の凍結による消火栓の取り替えなどで用いられることもある。

水道管管厚調査方法

水道管管厚調査方法は，経年管等，内外面の被覆を行っていない管が，大気，雨水，水道水塩素等のため腐食し，管厚減少による事故を未然に防止するために，調査測定を行う方法である。

現在，水道管等の厚さを非破壊的に測定するには，超音波，放射線，磁気，電気誘導，電気抵抗による方法があるが，精度が高く，可搬性，安全性にも富んだ超音波式の管厚計測機器による測定が一般的である。

水道管は，ほとんどが土中に埋設されているため，管の全周計測を行う場合は，管周辺を掘削して測定を行う。大口径管の場合では，断水後に管内部から測定することもある。また，水管橋や橋梁添架管等，露出配管の場合は，非常に測定に向いていると言える。

11 水道施設構造物関連工法

水密コンクリート

水密を要するコンクリート構造物とは透水，透湿により，構造物の安全性，耐久性，機能性，維持管理，外観などに影響を受ける構造物である。各種貯蔵施設，地下構造物，水理構造物，貯水槽，プール，

地方都市の浄水場施設

上下水道施設，トンネル等があげられる。

水密コンクリートは，水セメント比を55％以下とし，混和材料は良質のAE剤，AE減水剤等を用いるのがよい。混和材料に，膨張材，防水剤等を用いる場合は，その効果を確かめ使用方法を十分に検討しなければならない。

施工にあたっては，設計内容を十分検討し，ひび割れなど欠陥を生じないよう注意する必要がある。また，継目の水密性については特に注意し，コールドジョイントを生じさせない様にするとともに，適切なポンパビリティーを確保する。必要に応じて，防水工等を施さなければならない。必要鉄筋量については，径や強度を小さ目に押えることにより，鉄筋の間隔を密にして，ひびわれ対策を行う方法もある。

〔参考文献〕
1) 土木学会コンクリート委員会:「コンクリート標準示方書施工編」土木学会，平成11年制定

コンクリートの防水・防食工法

水道施設のコンクリート構造物では，その用途により防水または防食性が必要となる。その工法には，大別してセメント系，合成樹脂系，アスファルト系などがある。

セメント系防水工法

モルタルまたはコンクリートに防水剤を混和して防水性能を増大させる工法である。防水剤は多種あるが，珪酸質鉱物の粉末を主成分とするものはかなり効果があるが，使用箇所，施工方法で相当差がでるので注意を要する。その他金属石けん，水ガラス，塩化石灰，合成樹脂，エマルジョンなどが単独または混合して使用されている。

ショットクリート工法

この工法は，セメントと砂を空練りして空気圧とともに吹付ける乾式と，モルタルにしたものを吹付ける湿式とがある。これらは富配合で低水セメント比のものを高速度で締固めるため，壁，天井に十分付着し，耐久性にも優れているので配水池などの防水，PCタンクの鋼線の防食用に使用されている。

耐食モルタル工法

耐食モルタルは一般的に耐薬品用として2つに分類される。

① アスファルトに珪砂，ひる石など耐薬品性骨材を混合したアスファルトモルタルで，古くから使用され廉価で効果の安定性がよいので現在でも化学工場，蓄池室，食品工場等でも用いられているが配水池など直接水にふれる所には使用されていない。

② 耐酸セメントまたはエポキシ樹脂と珪砂，水晶石灰，ひる石など耐酸性骨材で作ったモルタルで，エポキシと珪砂の混合モルタルが多く使用されている。このエポキシモルタルは，一般に厚さ3mm～5mmの塗膜に仕上げ，常温で使用できる。この特徴は強じん性，可とう性，耐薬品性（適応薬品の範囲が広い）に優れており，費用は割高であってもその効果が高いのでかなり用いられている。

合成樹脂防水防食工法

合成樹脂系の防水防食材は種類が多く，一般的に使用されている。この工法は，塗装方式とシート貼付（ライニング）方式に分けられる。

① 塗装工法で主なものは，エポキシ樹脂系，ビニル系高分子重合物，ポリウレタン樹脂系，フタル酸樹脂系，メラミン樹脂系等があるが，エポキシ樹脂系がもっとも多く使用されている。その性能は，接着性，強じん性，可とう性，耐薬品性，耐摩耗性において合成樹脂の中で最も優れており，かつ，常温施工が可能なため用途は広い。エポキシ樹脂は高価であるため，用途によりその含有量を少なくし，塗装目的を補完する物質を混合し商品化しているものに，タールエポキシ樹脂塗料（JISK5664，JWWAK115）がある。これはエポキシ樹脂の性質と安価である瀝青材料の耐水性を組合せたもので，タンク，鉄管，コンクリート等の防食塗料に用いられるが水道施設では直接飲料水に接する箇所には使用されなくなっている。ポリウレタン樹脂系塗料は，エポキシ樹脂塗料と大差のない物性と抵抗性を有するほか，低温での硬化性が優れているため寒冷地における苛酷な環境下での長期防食に好適であり，さらに光沢保持性が優れていることも特徴のひとつである。（注，JWWA：日本水道協会規格）

② シート貼付（ライニング）工法では，硬質塩化ビニル，軟質塩化ビニル，ポリエチレン，ポリプロピレン等のシートを貼付け防膜を形成する方法で，貼付けには接着剤による接着法，ビス止めにする方法，定着しないルーズ法がある。接着法が接着剤の発達とともに多く使用されているが，躯体とシートの温度変化による熱応力およびせん断，はく離力等を緩和吸収できるものであることが必要である。接着剤は揮発性の強い有機溶剤なので，作業場は十分な換気と火気に注意を要する。この工法は薬品貯蔵槽内面，薬品処理所の床，壁などの耐アルカリ，耐酸仕上げに用いられるほか，一般土木で防水目的のためにも用いられる。

アスファルト防水

アスファルトとアスファルトルーフィングを数層張り重ねた防水工法で，古くから建築の屋根防水，地下室の防水等に用いられており，その費用の低廉さと効果の安定性から現在でも多く使用されている。

ゴムシートライニング

薬品貯蔵槽，化学工場などに多く使用される高級な工法で，ゴムシートは一般に非加硫タイプの合成ゴムを使用し，厚さ3mm程度のものを貼付ける。コンクリート面に貼付ける場合，コンクリートの強アルカリ性が接着剤の性能を劣化させないよう表面を酸洗いして貼付けるか，厚さ3mm～6mmの鋼板を取付けその上にゴムシートを貼合せる。ゴムシートは，耐酸，耐アルカリ等に優れたものも出回っており，広く使用されている。

コンクリート伸縮継手工法

配水池や水路等水密性を要するコンクリートおよび鉄筋コンクリート構造物は，コンクリートの硬化収縮や温度変化による膨張収縮が生じる。このことによりひび割れやき裂が発生するので，それを防ぐため適当な位置にコンクリート伸縮継手を設け，コ

ンクリートの水密性を保ち漏水を防ぐものである。
　伸縮継手の間隔は，構造体の拘束度，受ける温度変化量等によって決まるが，一般にコンクリート構造物では10m～15m，鉄筋コンクリート構造物では20m程度の間隔に入れておけば安全である。
　伸縮継手の止水板は，軟質ポリ塩化ビニル，ゴム，銅板製等ある。最近では，変形に対する追随性，耐久性等からゴム製が多く使用される傾向にある。止水板の前後に入れる目地材は，樹脂発泡製等が使用される。さらに，水に接する部分には，耐薬品性，耐寒性の優れたシーリングコンパウンド材でコーキングする。

構造物貫通管部処理工法

　ろ過池，配水池等池状構造物の壁または底板にパイプを貫通設置する場合，貫通部の周囲からの漏水を防いだり，不同沈下，地耐力の変位に対してパイプが破損しないよう防護する必要がある。

漏水防止工法
①埋設管体に止水鍔の付いたものを使用し，躯体コンクリートを打ち込む方法

　躯体にあらかじめ箱抜きしておき，パイプを後から配管しコンクリートを充てんする方法。
　この場合箱抜さ箇所は水密性の高いコンクリート（低水セメント比でワーカビリチーのよいもの）を使用する。また，躯体コンクリートと充てんコシクリートの境目には，4cm～5cmのV溝を設け，止水用充てん材でコーキングし最後にモルタルで仕上げる。

パイプ破損防止工法
①不同沈下による影響を防ぐため，構造物と同一基礎にのせるか，地山までブラケットを設ける。
②構造物の外側で壁体に近いところに伸縮および可とう性のあるパイプ継手を設け，不同沈下や地震時の構造物とパイプの挙動の違いを吸収する方法をとっている。

水槽工法

　水道施設である配水池，配水塔，調圧水槽等の水槽は，耐震性に富み，耐食性に優れ，漏水や汚染の恐れのないものでなければならない。
　これらの水槽は，一般にRC構造，PC構造，鋼製構造に大別されている。

RC構造
　鉄筋コンクリートにより築造され，地上式，地下式，長方形，円形など比較的自由な選択が可能である。構造は，柱・梁構造とフラットスラブ構造が一般的であるが，側壁部については，経済性を考慮して擁壁式や扶壁式にしたものもある。池が大きい場合，20m～30m毎に伸縮継手を設けて，コンクリートの硬化収縮や温度変化によるひび割れに対処している。寒冷地や酷暑地において水温保持の必要がある場合は覆土等適当な保温対策を行ない，また地下式の場合は，地下水による浮上防止のために躯体重量の増加，盛土，排水設備等によって対処する必要がある。高架式の場合は，ラーメン構造が多く，一部シェル構造もあるが，特にひび割れ，き裂が生じないよう，また風圧，地震力に対し安全なように設計施工する必要がある。配水塔の場合の総水深は，20m程度を限度とし，高架タンクの場合の水深は，3m～6mを標準とする。水槽には流入管，流出管，越流管，水位計，人孔，吸排気設備等を設ける。

PC構造
　プレストレスコンクリートにより築造するもので，主に配水塔方式に用いられ，形状は円筒状が多く，容量は$500m^3$～$10,000m^3$がよく用いられる。構造は，円形の薄いコンクリート壁の円筒方向にPC鋼線を巻き付け，プレストレスをかけ水圧に抵抗させ壁体にひび割れを生じさせないようにしている。この工法は，PC鋼線を円周方向に分割定着するフレシネー工法やストランド工法等，分割しないで円周に巻き付けるメリーゴーランド方式のプレロード工法，BBRV工法等がある。PC鋼線の防食には，モルタル吹付けや充てんを行なう。屋根は，ドーム，フラットスラブ，プレキャストによるが側壁とは継手を介している。底盤は側壁部で大きな荷重を受けるのでリング状の基礎を必要とし，また底盤と側壁との接合部は各工法によって固定式，ヒンジ式，滑動式等の違いはあるが，PC工法での最

も難しい箇所であって漏水の原因となりやすく，修理しにくいところであるので十分配慮する必要がある。

鋼製構造

地上式，高架タンクに用いられ，形状は円筒形，球形，ラジアルコーン形等があり，容量はどのようにもできるが，PC構造の容量よりとくに大きいものか，極めて小さいものに使用される。構造は，鋼板を溶接又はボルト継ぎで円筒または球形に造り，ラジアルコーン形のように力学的に適した複雑な形にも線状加熱法などにより形成できる。この工法は水槽の最大要件の1つである水密性に優れ，施工期間も比較的短く，自重も小さく，補修も容易であるが，防食の点で注意する必要がある。内面防食としては，一般の防食塗装方法があるが，再塗装のとき湿度や足場等施工条件の確保が難しいので，ステンレスクラッド鋼を使用する等の方法がある。外面には合成樹脂系塗装や高濃度亜鉛系塗装が用いられる。底盤の下側は後日塗装できないので，防食塗装のほか排水管を布設して排水性をよくし，さらにオイルサンドを敷く等の措置をしている。

12 その他水道管布設工法

水管橋工法

河川，運河等の水路および鉄道を横断して管路を布設する場合の一工法として水管橋が用いられる。水管橋を計画するときは，構造的安定性や経済性に優れていることにとどまらず，周囲の景観に調和した形式を選定することが望ましい。シールド等の下越し工法と比べて，一般的に建設費が割安となること，また，管路の経年劣化や異常の有無が確認しやすいなど維持管理が容易となる。

水管橋の形式としては，従来はプレートガーターやトラス構造の桁を管とは別に設け，その上に管をのせる水管橋形式が採用されてきた。しかし最近では，管自体を桁とする水管橋が一般的である。

水管橋の形式は，次のものに大別される。

①パイプビーム水管橋

水道管自体を桁として，リングサポートなどの支持構造物により支えた，簡易で経済的な形式である。空気弁の設置が必要である。図10.7.14に単純支持

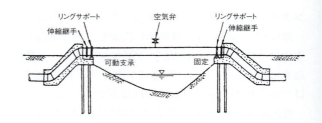

図10.7.14　単純支持形式のパイプビーム水管橋

形式のパイプビーム水管橋の例を示す。

②補剛水管橋

管体と補剛部材とで構成され，橋脚設置の困難な峡谷や軟弱地盤の場所，あるいは河川管理上から長支間となり，強度または剛性の不足する場合に多く使用される。

一般に水管橋は，両端支承となるため，温度差による管の伸縮や支承の角変位を吸収する目的で，両端あるいは一端に伸縮継手を設けることが必要となる。なお，水管橋の橋台部には十分な基礎工を施すので，ほとんど沈下は起らないが，これに接続する管との間には不同沈下が生じやすく，また地震時の挙動も異なるので，この対策として，たわみ性のある伸縮継手を2個以上1組として設置する必要がある。また，ステンレス管の採用により，腐食対策を行っている例もある。

橋りょう添架工法

上下水道管，電信電話ケーブル，電力ケーブル，ガス管等が河川，運河，鉄道等を横断する場合，既設あるいは新設の橋りょうに管路，洞道等を取り付ける工法で，この場合添架する橋りょうはその構造，様式が多種多様であり添架する方法も一様でないが，大別すると本橋りょうに直接取り付ける方法と桁をわたしてそれに管路，洞道を取り付ける方法とがある。

添架する管路，洞道が橋桁より下部に露出しないよう橋りょう構造を熟知の上，橋の美観等をそこなわないよう設計等も考慮しなければならない。

河川等の横断工法として橋りょう添架が経済的な工法であるが，路線上に適切な橋りょうのない場合，また管路条数，洞道形状，径間，積雪量，洪水面高，

地質等の状況等から添加不可能で迂回ルートが割高となる場合は，管路や洞道を布設するための専用の橋をかけることがある。橋構造はトラス，プレートガーター，ボックスガーター，コンクリートボックス，鋼管結束式等がある。

なお，橋りょうに添架する場合でも，専用橋の場合でも，橋と前後のアプローチ取付け部の設計については，不等沈下対策について十分検討する必要がある。

一般に適用されている沈下対策は，アプローチ洞道で沈下を吸収する方法，取付け部に摩擦ぐいを打設し，杭長を変化させることにより沈下量を緩和させる方法，可とう継手を用いて不等沈下に対応する方法等がある。

水道管河川横断工法

水道管が河川・水路・海底を横断するには，上越し方法として道路橋に管を添架する「橋梁添架方式」と単独橋としての「水管橋方式」，下越し方法として「河底横断工法」（シールド，推進，伏越）に分類される。

一般に，水道管を橋梁し添架する場合，管径と桁下空間の関係からの制約を受けることがある。

このような場合は，水道管は河底に布設する。また，埋立地や離島への給水に海底送水管布設工事も行なわれている。

軌道下横断工法

軌道下を構断して水道管を布設する場合，軌条上の各荷重やその振動が直接管に伝達しないよう保護するか，埋設深度を大きくする。そのため，軌道敷を開削して鉄筋コンクリート函きょをつくるか，非開削工法（推進工法，シールド工法）を用いる。

軌道下に布設する鉄管は，漏れ電流による電食（電気腐食）を受けるおそれがあるから管外面は十分な防食塗装を施すか，電食防止工法を用いて完全を期す必要がある。

なお，軌道横断箇所の両端には，布設位置を明示する水道管埋設中心線を設置する。とくに重要路線下では，横断管前後に制水弁を設置し，万一の事故時に断水できるようにしておくことが望ましい。

海底曳航工法

水道管を海底に布設する工法で，比較的長距離の布設に使用される。

この工法は，まず陸上にパイプヤードを作り，単管を溶接して長管にし，海上に固定したバージか，対岸のウインチで海底に沿って引き出し，管は順次陸上で接合しながら送り込む。えい航力を小さくするため，モルタルライニングなどで比重を調整したり，フローターを付けて水中重量を軽減し，数kmの施工ができる。また，所要機材の数が少なく，潮流の影響も少ないため，荒天時には管を水中に固定し，えい航船のみの退避が可能である。

浮遊曳航工法

水道管を海底に布設する工法で，海底曳航工法に似た工法であるが，長管を進水後，布設位置まで浮遊曳航し，曳船で芯出しをしながら接合用バージで既設管と溶接していくものである。この工法は，既設管を吊上げ，接合バージで海上溶接するため，その固定・芯出しを慎重に行うとともに，管の正しい位置を確保するため，起重機船や曳船等多数の船を必要とする。

布設船工法

水道管を海底に布設する工法で，クレーン・溶接台・溶接機・傾斜進水台を装備した布設船の上で鋼単管を逐次溶接し，作業船を移動させながら海底に沈めていくもので，管径，水深に応じ，浮力調節用ばりで管を支持しながら水中に下す方法がとられる。この工法は長大な海底配管に適する。

一方，ポリエチレン管にピアノ線を巻いた複合管を布設する場合は，布設線にあらかじめ布設延長分を巻取ったロールから逐次海底に沈めていくもので，φ200mm，数kmの実績がある。浮力防止のため途中にアンカーを取り付け，汀付近は管防護の鋳鉄製シャコで覆う。布設時は継手接合がないので，工事は短時間で行なうことができる。

Ⅷ 下水道

下水処理施設

1 処理場・ポンプ場施設築造工法

　下水道は，道路下等に設置された管路構造物によって原則として自然流下方式で下水を集水し，汚水については終末処理場で処理，消毒し，河川，湖沼，海域等の公共用水域に放流するための施設である。終末処理場は，汚水を浄化するための水処理施設と，水処理施設から発生した汚泥を安全に処理，処分・有効利用するための汚泥処理施設から構成されている。ポンプ場は，自然流下方式によって下水を集水するには管路が深くなり不経済となる場合や，地形的に自然流下方式では下水が集水できない場合，処理場内へ流入した下水を水処理施設まで揚水する場合，自然流下方式では処理水や雨水を放流先に放流できない場合に設置される。
　処理場・ポンプ場施設の主な土木構造物は，水槽，地下室，管廊などの鉄筋コンクリート地下構造物である。処理場沈殿池施設の構造事例を図10.8.1に示す。ポンプ場や汚泥脱水機棟などの機械棟は，建築構造物との複合構造物として取り扱われる場合が多い。この場合はGL近傍を土木，建築構造物の境界として考え，地下部分を土木構造物として扱うのが一般的である。処理場・ポンプ場は，主として水槽・水路としての土木構造物と，その内部に設置される配管・バルブ，ゲート，ポンプ，掻き寄せ機，攪拌機，曝気装置などの機械設備及びこれら機械設備を監視・制御する電気設備とが，一体的となって機能を発揮するプラントである。このため，建設工事においては機器・設備の設計，製作段階からこれら関連工事との取合い・調整を行うことが重要である。
　処理場・ポンプ場施設は，その目的及び機能上の特徴から，通常河川下流の地盤があまり良好でない地域に設置される例が多いこと，構造物深度が比較的大きいこと等から，土留め工，水替え工などの仮設工事，地盤改良工，杭基礎工などの基礎工事が大規模となる場合が多い。これらの建設に係わる土木工事は，一般的に，土工，土留め工，水替え工，基礎工，躯体築造工（足場工，支保工，鉄筋工，型枠工，コンクリート工），雑工（防食塗装工など）から構成されている。
　土工・掘削工法に関しては「1章土工・岩石工法」，矢板式土留め工法や地下連続壁等の土留め工法に関しては「2章土留め工法」，基礎に関しては「3章基礎工法」，地盤改良に関しては「4章地盤改良工法」に詳しく述べられているので参照のこと。

土　工

　処理場・ポンプ場施設の水槽，地下室，管廊などの鉄筋コンクリート地下構造物では，構造物構築のための床付け地盤までの掘削，構造物構築後の計画地盤高までの埋戻し・盛土が，主な土工となる。床

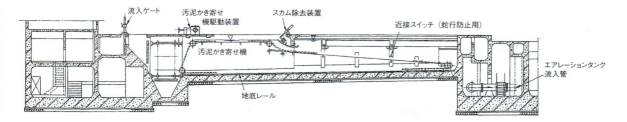

図10.8.1　処理場沈殿池施設の構造事例

付け地盤高は施設構造，支持地盤高，流入及び放流水位などから決定される。計画地盤高は浸水被害に対する施設の安全性，周辺道路等からのアクセス，周辺環境等との調和，掘削及び埋戻し土量のバランスなどの要因から決定される。

　掘削工法は，地盤や地下水位等の現場条件，近接構造物や敷地の広さなどの周辺条件を考慮した上，経済的かつ安全な土留め，掘削工法を選定する。一般に工事用地に余裕があり，近接構造物による制約条件の少ない処理場の新設工事においては，のり付け土留め工法による土留めとブルドーザ掘削やバックホウ掘削の選択が最も経済的となる。一方，ポンプ場工事では構造物深度が比較的大きく，市街地に位置することが多いことから近接構造物等による制約も多く，親ぐい横矢板工法，鋼矢板・鋼管矢板工法，柱列式連続地中壁工法などによる土留めと土留壁内のバックホウやクラムシェル等による掘削を行うことが多い。

　構築した構造物周りの埋戻し・締固めでは，構造物や土留壁との乖離に応じて振動ローラ等の小型締固め機械を用いた人力締固め工法もしくはブルドーザによる締固め工法のいずれか適切な工法が選択される。

　土砂，岩の掘削工法，掘削土の積込・運搬工法，埋戻し・締固め工法の各種工法については，「第1章土工・岩石工法」を参照のこと。

　土留め工法

　土留め工は，処理場・ポンプ場築造工事における主たる工事目的物である鉄筋コンクリート地下構造物の構築に不可欠な仮設工事であり，地盤や地下水位等の現場条件や，近接構造物や敷地の広さなどの周辺条件等に応じて様々な土留め工が採用されている。

　処理場・ポンプ場工事で，一般的に採用されている土留め工法と，その特徴は次のとおりである。

①のり付け土留め工法：処理場施設の比較的深度の浅い構造物構築時に，最も経済的な土留め工法として採用される例が多い。

②自立式土留め工法：処理場施設の比較的深度の浅い構造物構築時で，近接構造物や敷地条件のためにのり切り土留めを行えない場合等に，のり付け土留め工法と組み合わせて自立式土留めとして親ぐい横矢板工法，鋼矢板工法を採用する例が多い。

③支保工土留め工法：のり付け土留め工法では近接構造物等のため施工不可能，深度が深く不経済などの場合に，土留め壁として親ぐい横矢板，鋼矢板，鋼管矢板，柱列式地下連続壁など，土留め支保として切梁，グランドアンカーなどを組み合わせて土留め工として採用する。大規模掘削の場合には，作業用仮設桟橋を設ける場合もある。

　のり付け土留め工法，矢板式土留め工法，柱列式地下連続壁工法，地下連続壁工法，泥水・泥土処理工法，グランドアンカー工法，仮締切り工法，排水工法の各種工法については，「第2章土留め工法編」を参照のこと。

トンネル工法

　トンネル式下水処理場の建設は，島根県鹿島町のものが我が国で最初である。トンネル式処理場の建設に係る工法を，便宜上土留め工トンネル工法とした。採用する処理法によって異なるが，下水道の終末処理場の建設には一般に処理能力$1m^3/$日当たり$0.5～$数m^2の用地面積が必要となる。しかし，狭隘なリアス式海岸に立地する漁業集落等では処理場用地を確保することが極めて困難な場合があること，

山肌を削っての平地の確保が経済的や景観上の理由などから難しいこと等から，トンネル内にトンネルと一体化してコンクリート水槽構造物を構築する工法が考案された。

トンネルは処理場施設を収納することが目的であり，道路・鉄道トンネルとは異なって延長が短い，貫通していない，断面が延長方向で一様でない等，特殊な形状となっている。トンネルの各種工法については，「第7章トンネル工法」を参照のこと。

基礎工

処理場・ポンプ場施設の基礎は，水槽，管廊等の上部構造の規模・形状・用途・構造・剛性等を考慮したものでなければならない。また，地盤や敷地等の現場状況に適合し，施設の機能・維持管理上で障害が生じないものとする必要がある。

処理場施設の水処理構造物は一般に，平面的な広がりを有する構造となっており，支持層が浅い場合には良質地盤に直接支持させる方法が有利である。必要に応じて表層混合処理工法や置換工法による地盤改良工を併用した，べた基礎方式の直接基礎工法の採用事例も多い。

一方，下水を自然流下方式で下流に収集して処理するという下水道施設計画の基本的考え方から，特に都市域での処理場は埋立て地など河川下流の地盤があまり良好でない地域に立地することが多い。この結果，30mを超える杭基礎の施工例も多く，地盤条件，荷重条件や各種施工条件に応じて様々な杭種，施工方法の杭基礎が施工されている。

直接基礎工法，杭基礎工法のほか，ポンプ場施設では平面的に小さく構造物深度が深いという構造的特徴からニューマチックケーソン工法や，圧入ケーソン工法等のケーソン基礎の実施例がある。基礎の各種工法については，「第3章基礎工法」を参照のこと。

地盤改良工法

処理場・ポンプ場施設の建設工事で行われる地盤改良は，地盤の支持力改善や変形防止を目的としたサンドコンパクションパイル工法等による深層締固め工法や，バーチカルドレーン工法等との併用による圧密促進工法などの平面的に工事用地の全域に及ぶ大規模なもの，直接基礎及び路盤や作業地盤の支持力改善を目的とした表層混合処理工法や置換え工法など表層の部分的な地盤改良を行うもの，掘削土留め内のヒービングやパイピングの防止等の土留め壁の安定性や止水性の補完，推進工法等における管路の発進部分や到達部分の防護などを目的とする固結工法や薬液注入工法によるものなど多種多様である。各種地盤改良工法については，「第4章地盤改良」を参照のこと。

躯体築造工

処理場・ポンプ場施設の主要構造物は鉄筋コンクリート造の地下構造物または水槽構造物であり，水密性を有する構造でなければならない。処理場施設の水槽構造物は，下水道整備の進捗に整合させて段階的に施設建設を行うことが効率的であり，このため将来構造物と接合するための増設端を設けることが一般的である。また，平面的な広がりを有し一体として機能すべき水槽構造物を，コンクリートの収縮および地震時に対応するために伸縮継手（エクスパンションジョイント）により構造的な縁を切ることも行われる。こうした継手は水密性を維持する上で弱点となるため，設計・施工に当たっては，継手部分の水密性を確保する手段について考慮しておくことが必要である。また，処理場・ポンプ場の土木構造物は，建築構造物との複合構造物も多く，柱梁構造を有する施設が数多く存在するという特徴を有する。

処理場・ポンプ場に流入する下水や下水処理により発生する汚泥には，硫化水素やアンモニアなどの発生により悪臭の原因となる物質が含まれている。周辺環境対策や作業環境の維持確保のために水槽構造物を密閉する場合には，水槽内の気相に存在する硫化水素などの腐食性ガスや，硫化水素が微生物によって酸化されて発生する硫酸によって鋼材やコンクリートが腐食しやすい環境となるので，換気設備の設置，耐食材料の使用や防食被覆などの施工が必要となることに留意しなければならない。

躯体築造工は，鉄筋工，型枠工，コンクリート工，足場・支保工，防食塗装工，コンクリート継手・埋込管・蓋・角落し・手摺等の設置に係る雑工等から構成されている。躯体築造に係る各種工法については，「第5章コンクリート編，第7章スチール編」を参照のこと。

プレストレストコンクリート工法-卵型嫌気性汚泥消化タンク

処理場施設で用いられる円形水槽構造物には，水処理施設の沈殿池，汚泥処理施設の汚泥濃縮タンク，嫌気性汚泥消化タンクなどが存在する。これら円形水槽構造物が大規模な場合には，プレストレスコンクリート工法が採用されるケースがある。代表的な例としては，卵形の嫌気性汚泥消化タンクが挙げられる。

プレストレスコンクリート工法による嫌気性汚泥消化タンクは，構造断面の縮小等に有利であり，応力の局部集中が生じない構造である等のことから，タンクの大容量化が可能であると同時に，その形状から内部に貯留する汚泥の攪拌を効率的に行うことができ土砂等が蓄積しにくい，単位容量当たりのタンク表面積が小さいことからタンク加温に供給する熱量の放熱損失を小さくすることができるなどの特徴を有する。コンクリート壁の円周方向及び経線方向に配置されたシースに格納されたPC鋼材にポストテンション方式でプレストレスを与える方式が採用されている。卵形の嫌気性汚泥消化タンクの構造を図10.8.2に示す。プレストレスコンクリート工法については，「第5章コンクリート編」を参照のこと。

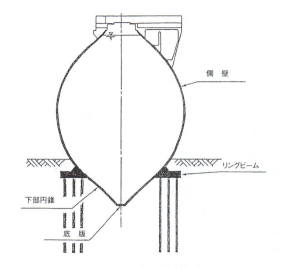

図10.8.2 卵形の嫌気性汚泥消化タンクの構造

プレキャストコンクリート工法-POD

処理場水槽構造物でのプレキャストコンクリート工法採用例として代表的なものは，プレハブ式オキシデーションディッチ法（POD）に用いられている同心円形状タンクである。PODでは外周円が反応タンク，内円が沈殿池として使用されており，反応タンク外壁，反応タンク内壁（沈殿池外壁）は，円弧形状のプレキャストコンクリート板複数枚を組立てて構築される。組み立て後，プレキャスト板相互は連結金具で接合され，PC鋼材によりプレストレスが与えられる。

プレキャストコンクリート工法を用いた処理場施設では，円弧形状のプレキャスト板を用いた水槽構造物及びその付帯施設や設備の標準化が進められており，現場工期を短縮できる，建設工事費が低減できる等の特徴を有している。プレキャストコンクリート工法については「第5章コンクリート工法編」を参照のこと。

プレストレストコンクリート卵型汚泥消化タンク

コンクリート継手工法

処理場・ポンプ場施設の鉄筋コンクリート構造物は，地下構造物，水槽構造物として水密性が要求されることから，コンクリートの乾燥収縮や温度変化に伴う膨張・収縮によるひび割れやき裂に対応するため適切な位置に継手を設け，水密性を確保する必要がある。特に処理場施設では，維持管理や配管のために基礎構造の異なる各種水槽構造物や地下階を有する建築構造物が地下管廊構造物により接続されることが一般的であり，異なる構造物の接合部には水密性を有する伸縮継手や伸縮可撓継手が必要となる。

また，水処理施設等の段階的増設を目的とした将来コンクリート構造物のための増設端や，施工上発生するコンクリート打継ぎ目が水密性の弱点となることから，水密性を確保するための配慮が必要となる。

■ 施工継手工法

水槽構造物等の増設端は，増設構造物が建設された時点で水密性の弱点となることから，予め止水版を設置する等の処置を行う。施工事例を図10.8.3に示す。次期工事までの期間が短い場合を除き，増設端は資材の劣化や施工時における損傷を避けるため，図に示したような防護を行うことが一般的である。また，増設端以外に施工上発生するコンクリートの打継ぎ目部分について，止水板等の止水材料を施工したり，防水処理などの打継処理を施すことがある。

■ 伸縮継手工法

伸縮継手の間隔は，構造体の拘束度，受ける温度変化量によって決まるが，一般にコンクリート構造物では10～15m，鉄筋コンクリート構造物では20m程度の間隔に伸縮継手を入れておけば安全である。ただし，伸縮継手は止水性や使用上の弱点となるばかりでなく，耐震設計上不利となる場合があることから，ひび割れ対策と耐震設計の両方の観点から配置について検討を行う必要がある。なお，水槽内や水路と一体のなった管廊には伸縮継手を設けないのが望ましい。

伸縮継手の施工事例を図10.8.4に示す。伸縮継手の止水版には塩化ビニル系，ゴム系等あり，形状としてはセンターバルブ型，アンカット型コルゲートが一般的に使用されている。止水版の前後に入れる目地材には発泡系（樹脂系）または瀝青系のものが，水などの外部に接する部分には目地充填材として中空ゴム系，ウレタン系のものが使用されている。

■ 伸縮可撓継手工法

処理場施設の水槽構造物や建築構造物と管廊など異なる構造物が継ぎ手で接合されており，基礎の形式が異なる場合などには，地震時の地盤の液状化による継ぎ手部分の変位量が大きく，止水版による伸縮継手では変位を吸収できないケースもある。このような場合には，伸縮可撓継手や伸縮可撓継手と二

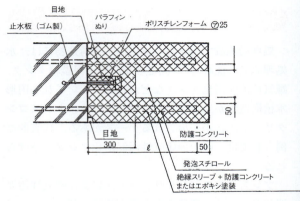

図10.8.3 施工継手の例

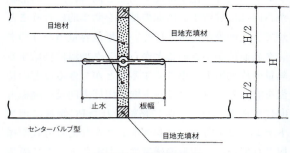

図10.8.4 伸縮継手の例

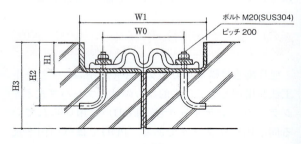

図10.8.5 伸縮可撓継手の例

重壁方式の併用により対応する必要がある。伸縮可撓継手の構造例を図10.8.5に示す。

コンクリート補修工法

コンクリートの補修工法に関しては「5章コンクリート工法編」を参照のこと。

配管工

処理場・ポンプ場施設の水槽構造物には水槽内に汚水や空気を移送したり，水槽から汚泥を引き抜く

ために鋳鉄製やステンレス鋼製などの管路が設備されている。これらは使用目的に応じて水槽の鉄筋コンクリート壁を貫通して設置されるが，貫通部の埋込み管には止水性を考慮して貫通壁の中心部にパドルを有するパドル付き管を設置する。埋込み管から直接構造物外部に配管が接続される場合や，伸縮継手や伸縮可撓継手を跨ぐ場合には，可撓管を接続する。

防食工法

下水道施設において，下水が滞留するような場所で嫌気性状態になると，下水中の硫酸塩が硫酸還元細菌により還元されて硫化水素が発生する。気化した硫化水素は気相のコンクリート壁表面の結露に水溶し，好気条件下で硫黄酸化細菌により酸化されて硫酸が生成される。この硫酸がコンクリート中の成分と反応して，エトリンガイトを生成する。この際，結合水を取り込んで膨化するため，コンクリートが腐食して崩壊する。防食の方法としては，換気，脱臭，薬剤添加，被覆工法などがある。被覆材料としては，金属，無機質，有機質が有り，ここでは，一般的な有機質材料による工法を概説する。

被覆工法は塗布型ライニング工法とシートライニング工法に大別される。塗布型ライニング工法には，刷毛やローラーを用いる塗布型と吹き付け機を用いる吹き付け型の2通りの施工方法がある。材料は，エポキシ樹脂，ビニルエステル樹脂，不飽和ポリエステル樹脂などの熱硬化性（常温反応硬化型）が使用されている。

通常は液状で使用前に硬化剤を混合させて常温で硬化する樹脂を用いる。コンクリート表面に施す前処理，表面処理，素地調整，防食被覆層の施工および養生等の一連の工程からなる。施工に当たっては，ピンホールができないように注意しなければならない。

一方，シートライニング工法は，コンクリート打設時に防食シートをコンクリートと一体化させる工法であり，3通りの施工方法がある。薄いシートを型枠の内側に貼り付けておきコンクリートを打設して一体とする型枠工法，成形版を型枠としてコンクリート打設後にそのまま固着させる埋殺し型枠工法，コンクリート打設後に成形版を取り付ける後貼り工法がある。いずれの場合も，防食被覆とコンクリートが隙間なく密着するよう端部や隅角部での空気抜きを十分に行い施工しなければならない。

被覆工法は，硫化水素濃度と維持管理の難易度により設計腐食環境を設定し，耐酸性能の高低により工法規格で分類されており，高い方からD2種，D1種，C種，B種，A種に分類されている。

一般に，水処理施設よりも汚泥処理施設の方が，また液相部よりも気相部の方が，腐食が進行しやすい。

〔参考文献〕
1) 日本下水道事業団編：「下水道コンクリート構造物の腐食抑制技術及び防食技術マニュアル」

2 管路構造物築造工法

下水道管路構造物とは，下水を収集し終末処理場へ導水するための一連の施設をいい，桝，取付け管等の排水施設とマンホール，下水本管等の管路施設から構成される。下水の排除方式は，汚水と雨水を同一管路により排除する合流式と，それぞれ別々の管路により排除する分流式に分けられる。現在，排除方式の多くは分流式を採用していることから，これらの施設も汚水系と雨水系の2系統となるのが一般的である。

管路施設の主体である管きょの布設延長は全国で約42万kmとなっている。布設は，開削工法，非開削工法によって地下に埋設するのが一般的であるが，専用の水管橋又は橋梁添架など特殊工法でも行われる。下水道管は埋設される地形等によって，一般的な自然流下管とポンプ施設による圧送または伏越しによる圧力管とがある。また，真空圧を利用して下水を搬送する真空式下水道についても実用化されている。

下水道管の管種は，自然流下方式の場合は塩化ビニル管，鉄筋コンクリート管等が使用される。一般的に，150〜300mm程度の小中口径では塩化ビニル管，250〜900mmの中口径では鉄筋コンクリート管，推進管等のコンクリート管が使用される場合が多い。1,000mmを超える管径では推進工法，シールド工法が採用される場合が多く，各工法に応じた管種及び材料が使用される。圧送方式による下水道管の管種は鋳鉄管，鋼管が使用され，450mm以下

シールド工法により築造された管路

の管径での使用実績が多い。その他使用されている管種には強化プラスチック複合管，PC管などがあるが，管材は管に作用する外圧等を考慮して選定する。

汚水排除における管路布設工法は，小口径の枝線管路では開削工法による場合が多く，中口径以上の幹線管路では，非開削工法として推進工法，シールド工法による管路布設が行われる。特に推進工法においては管径を問わず施工可能な新工法が多く開発され，非開削工法による管路布設工事の主流となっている。雨水の排除または貯留を目的とした大口径管路の布設の多くは非開削工法によるもので，山岳トンネル工法，シールド工法による場合が多い。

これら地中に埋設された下水管きょの点検または清掃等のために人が出入りするための施設がマンホールである。マンホールは，全国で約1,200万基あるとされ，その多くは現場打ちコンクリート製または既製コンクリートブロックによるものである。築造は開削工法においては管路と同時に施工され，非開削工法により築造された管路とは地上より土留めを伴う開削工法により接続される。

開削工法

開削工法は，仮設構造物の土留め材を設置して地山を保護しつつ，溝状に掘削を行い，管きょの基礎，管きょの布設，埋戻しの一連の作業により，下水道管路を築造するもので，下水道管きょ工事において主流をなす工法である。また，推進工事，シールド工事の立坑の築造も開削工法によるのがほとんどである。一般的な開削工法の主要点は次のとおりである。

1) 掘削幅：土質条件と埋設深度が標準的な場合，①管吊下ろしに必要な幅，②管布設作業に必要な幅，③コンクリート基礎の場合に必要な幅，④機械掘削に必要な幅，を考慮していずれか大きな値を掘削幅とする。

2) 埋設位置及び深さ：公道に布設する場合には道路管理者，河川敷内の場合には河川管理者，河川保全区域内の場合には道路及び河川管理者，軌道敷内の場合には軌道管理者と，それぞれ協議し必要な許可を受ける。埋設深さは，道路法施行令により，最小土かぶりを1mとする。ただし，主要な管きょ以外で管径が300mm以下の小口径管では，技術的検討によりこれよりも浅くすることができる。

3) 水替工：開削工法は溝堀になるため，地下の湧水，雨水の処理が必要で，十分な設備が必要である。一般的には釜場を設け，水中ポンプで揚水するが，湧水量が多い場合はウエルポイントを併用する。

4) 土留工：掘削が浅い場合や，良好な土質で埋設物がない所では適当な勾配をとり素掘りで行うこともあるが，土質が悪く地下水位の高い所，付近に家屋や構造物がある所，あるいは掘削深さが大きい所では土留めを施し，土砂の崩壊を防止する。

5) 埋戻し：埋設した管の防護と道路の陥没や不陸を生じないよう，埋戻しは重要な作業である。一般に，掘削した土砂が良質ならばこれを用いるが，そうでない場合には砂（しゃ断層用砂など）を使用する場合が多い。

開削工法により構築される管路構造物のうち，土工，地盤改良工については「第1章土工・岩石工法編」「第4章地盤改良工法編」を参照のこと。

土留め工法

下水道工事においては，管きょ内の点検および清掃のほか，管きょの接合および会合のためにマンホールを設置することが多い。マンホールは幹線道路，生活道路にくまなく築造される。そのため，施工時には通過交通の確保，工事占用面積の縮小，工期短縮等が常に求められる。したがって，これらの

条件を満足するために，一般土木に比較して，マンホールおよび推進の立坑を築造する際よく採用される土留め工法がある。ここでは，2種類の代表的な工法を示す。

■ ライナープレート工法

本工法は，ライナープレート（波付けおよびフランジ曲げを施し円弧端面に軸プレートを取り付けた鋼板）と補強用のH鋼リングを用いて，人力（トラッククレーン併用）および掘削機械により掘削しながら1リングずつ組み立て土留めを行っていく工法である。形状には，一般に小判型と円形があるが，現場状況により矩形が用いられる場合もある。特徴としては，地山の性状を確認しながら確実に土留めを行うことができ，狭い場所での施工が可能であるが，掘削時に地山の自立が必要なため，地盤改良などの補助工法を併用しなければならない。

■ 鋼製ケーシング工法

本工法は，一般に呼び径1500，1800，2000，3000mmのケーシングが使用されている。掘削作業は，ケーシングを揺動または回転により押し込みながらケーシング内の土砂をテレスコピック式クラムシェルや専用掘削機械を用いて掘削，排土する。

地下水位が高い場合や軟弱地盤でも，立坑構築の際に土留め防護を目的とした薬液注入などの補助工法は不要である。

管路構造物築造工事における各種土留め工については，「第2章土留め工法編」を参照のこと。

基礎工法

下水道管の基礎は，管体の補強及び管路の沈下防止を目的として，使用する管きょの種類，土質，地耐力，施工方法，荷重条件，埋設条件等に応じて選定されなければならない。管は地下に埋設されるため，管体には施工中及び布設後においてさまざまな外力が作用する。この外力が管体の耐荷力を超えると管体が破損する。また，管きょ布設箇所の地盤の状況によっては，管きょの不等沈下により下水の停滞，腐敗及び悪臭が生じる。さらに，最悪の場合には管体が破損して漏水や地下水の侵入又は周辺土砂の流入等が発生し，維持管理のうえで大きな障害となるばかりでなく，道路の陥没事故を引き起こすこととともなる。下水道管の基礎は，このような管体の補強と管路の沈下防止を兼ねて施工される。基礎の種類は，使用する管きょの種類によって次のように大別される。図10.8.6および図10.8.7にそれぞれ剛性管きょ，可とう性管きょの基礎形式を示す。

1) 剛性管きょ（鉄筋コンクリート管，レジンコンクリート管等）の基礎
   イ. 砂基礎
   ロ. 砕石基礎
   ハ. はしご胴木基礎
   ニ. コンクリート基礎
   ホ. 鉄筋コンクリート基礎
   ヘ. 鳥居基礎
2) 可とう管きょ（硬質塩化ビニル管，強化プラスチック複合管等）の基礎
   イ. 砂基礎
   ロ. 砕石基礎
   ハ. はしご胴木基礎
   ニ. 布基礎
   ホ. ベッドシート基礎
   ヘ. ソイルセメント基礎

〔参考文献〕
1)『下水道施設計画・設計指針と解説』日本下水道協会編
2)『ヒューム設計施工要覧』全国ヒューム管協会編

■ 砂または砕石基礎工

本工法は，比較的地盤が良好な場合に採用される。砂又は砕石（0〜40mm程度）を管きょ外周に満遍なく密着するように締め固めて管きょを支持する。この基礎が管きょに接する幅（又は支承角）によって管きょの補強効果は異なり，支承角が大きいほど耐荷力は増す。基床厚は，10〜20cm（可とう管きょの場合30cm）又は管きょ外径の0.2〜0.25倍とする。管きょの設置地盤が岩盤の場合は，必ずこの形式の基礎とし，その場合の基床厚は上記より多少厚めとする。管底に流水があって，基礎地盤の洗掘されるおそれのある場合や，地下水位が高く，地震による液状化が予測されるところでは砕石基礎工とする。

■ はしご胴木基礎工

本工法は，土質や上載荷重が不均質で不同沈下のおこりやすい軟弱地盤に採用する。管きょと平行に縦木（胴木）を設置し，その上にまくら木（管1本に対し2個所）を固定し，はしご状にして管を支える。

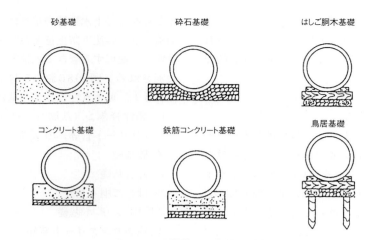

図10.8.6 剛性管きょの基礎工の種類

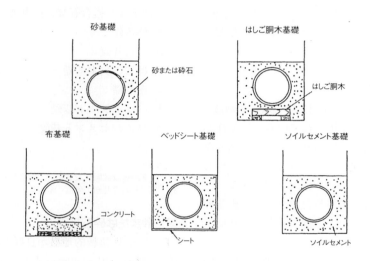

図10.8.7 可とう性管きょ基礎工の種類

胴木の太さは一般に小口径管で9〜12cm，中・大口径で15〜18cmが標準的で，材料としては生松丸太が用いられる。本工法は，砂又は砕石基礎と併用することが多い。

■ 鳥居基礎工

本工法は，極軟弱地盤でほとんど地耐力を期待できない場合に採用する。はしご胴木の下部を杭で支え，鳥居状にした構造である。

■ コンクリートおよび鉄筋コンクリート基礎工

本工法は，地盤が軟弱な場合や管きょに働く外力が大きい場合に採用する。管きょの底部をコンクリートで巻き立てるもので，外圧荷重による管きょの変形を十分に拘束できる剛性がなくてはならない。この場合も，支承角が大きくなるほど耐荷力は増大し，鉄筋で補強すれば効果はさらに大きくなる。最小の基床厚は砂又は砕石基礎に準じる。管にかかる荷重が非常に大きい場合には，360°巻き立ての基礎も用いられる。この他，コンクリート基礎は，アンカーとして，圧力管路における曲管や分岐管などの水圧による移動又は管路の勾配が大きく（15°以上），管が滑動する危険のある場合にも施工される。また，基礎ではないが，伏越し（河川や軌道横断など）の場合には，コンクリートによる巻き立て防護が行われる。

■ 布基礎工

本工法は，軟弱地盤で支持層が極めて深く，くいの打込みが不経済となる場合に採用する。掘削溝底にコンクリート床版を打設し，広い面積で上部荷重の基底への分散を図って据付け地盤の沈下を防止する。本工法は，管の据付けが容易である反面，コンクリート床版に直接配管すると管底が点接触となり，荷重が集中することになるので砂を敷き均して据付ける。その際の基床厚は砂又は砕石基礎に準じる。

■ ベッドシート基礎工

本工法は，湧水の多い軟弱な地盤で，砂の液状化を抑え，管体側部の土の受動抵抗力の確保や据付け地盤の沈下を抑制する必要がある場合に採用される。掘削床付面又は砂基礎部分を巻き込むようにビニルシートを敷く。

■ ソイルセメント基礎工

本工法は，湧水の多い場合や軟弱地盤等の条件により，管体側部の土の受動抵抗力を確保する必要がある場合に採用される。360°砂基礎部分にセメントを混和させ，管体周囲をゆるく拘束し，砂の液状化を抑える。

その他の基礎工法については「第3章基礎工法編」を参照のこと。

管継手工

下水道管路は通常の場合，鉄筋コンクリート管，塩化ビニル管等の工場製品で築造され，1本の有効長はもっとも長い塩化ビニル管で4mである。従って，管路の築造に継手は必要不可欠なものである。下水道管は，他の埋設物に比較して埋設深さが深くなるため，地下水位が高く継手が不完全な場合には，地下水が大量に管渠内に侵入する。その場合，管渠の流下能力の不足や余裕の減少等の管渠への影響ばかりではなく，ポンプ場や処理場においても施設能力や処理機能に悪影響を与え，経費の増大を招く。特に，土質が砂質土で，地下水位の高いところでは継手の不完全，目地切れなどの箇所から地下水が管渠内に侵入し，管渠の周囲の地盤を緩めたり，土砂を管渠内に引込み，管渠の閉そく又は不等沈下，道路の陥没，他の地下埋設物等の損傷等を発生させる。

このため，継手は，土質や地下水位に適応するもので，施工においても管種及び継手の構造に応じて正確かつ入念な接合を行ない，常に水密性と耐久性のあるものでなければならない。継手の方法は，管種により以下のものがある。

1) 下水道用鉄筋コンクリート管
    イ.A形（カラー継手）工法
    ロ.B形（ソケット継手）工法 ハ.C形，NC形（いんろう継手）工法
    ニ.推進用カラー継手工法
2) 下水道用硬質塩化ビニル管および下水道用強化プラスチック複合管
    イ.硬質塩化ビニル管ソケット継手工法
    ロ.強化プラスチック複合管継手工法
3) 下水道用ダクタイル鋳鉄管
    イ.メカニカル継手工法
    ロ.フランジ継手工法

〔参考文献〕
1)『下水道施設計画・設計指針と解説』日本下水道協会編
2)『ヒューム設計施工要覧』全国ヒューム管協会編
3)『便覧』日本ダクタイル鋳鉄管協会編
4)『日本下水道協会規格』日本下水道協会編

■ A形（カラー継手）工法

本工法は，鉄筋コンクリートA形管の接合に採用される最も歴史の古い継手形状である。継手は，管とカラーを硬練りモルタルでコーキングする工法で，管体とカラーは一体構造となり，管路が連続ばりとなる。従って，地盤の不等沈下や地震によって局部的に荷重が集中し，継手の破損が生じやすいので，何本かに一個所の耐震継手を挿入する。本工法は，接合作業に技術的熟練を要するため，現在では管の補修等に採用される。図10.8.8にA形（カラー継手）の耐震継手を示す。

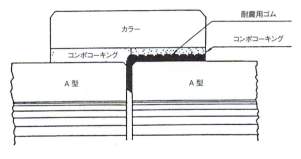

図10.8.8　A形（カラー継手）の耐震継手

■ B形（ソケット継手）工法

本工法は，鉄筋コンクリートB形管の接合に採用される。継手は，管端が受け口と差し口からなっており，シール材（ゴム輪）を用いて接合する。接合は，布設済の管の受け口にシール材を装着した差し口を挿入する。その際，引込みを容易にするために滑材を使用する。滑材には，専用滑材（植物油系ソーダ石けん）と，滑性のほかに水密効果をもった止水滑材（親水性ポリウレタン樹脂）とがある。止水滑材は地下水位の高いところに適しているが，水和反応によって発泡する性質を持っているので，接合が完了するまでは水分と接触させてはならない。ゴム輪は，一般的に油脂類（特に鉱物性のもの）に侵され易いので，滑材に油脂類のものを使用してはならない。本工法は，施工が容易で水密性にも優れているため，最も一般的に使用される。ソケット継手工法が採用されるB形管の内径は150〜1,350mmである。図10.8.9にB型（ソケット継手），C形及びNC形（いんろう継手）の接合方法を示す。

■ C形，NC形（いんろう継手）工法

本工法は，鉄筋コンクリートC形管及びNC形管の接合に採用される。継手は，管端が受け口と差し口のいんろう形で，シール材（ゴム輪）を用いて接合する。接合方法等はB形（ソケット継手）工法と同様である。C形は，差込長が短く，曲げ角度が小さいため，軟弱層ではコンクリート基礎等が必要となる。NC形は，C形を改良したものでC形より管厚を増し，差込長を長くし，管の強度と継手部の機能を向上させたもので，B形に近い曲げ角度がある。いんろう継手工法が採用されるC形管，NC形管の内径は1,500〜3,000mmの大口径である。

■ 推進用カラー継手工法

本工法は，推進管の接合に採用される。継手は，管製造時においてカラーと管体を一体化した埋込カラー形で，シール材（ゴム輪）を用いて接合する。カラーは内径800〜3,000mmの普通推進管の標準管と中押管S・T，内径200〜700mmの小口径推進管の標準管と先頭管，短管Dとでその形状はそれぞれ異なる。接合は推進方向に対しカラーを後部にして行い，シール材を装着した差し口を挿入する。その際，引込みを容易にするために鉄筋コンクリート管用滑材を使用する。推進工法では，本接合工法を用いるのが一般的である。図10.8.10に推進用カラー継手の概要を示す。

■ 硬質塩化ビニル管ソケット継手工法

本工法は，硬質塩化ビニル管の接合に採用される。継手は，管端が受け口と差し口からなっており，シール材（ゴム輪）あるいは接着剤で接合する。ゴム輪を用いたものは，受け口にゴム輪が装着されており，ゴム輪及び差し口外面に滑材を塗布し挿入する。接着剤を用いる場合は，受け口内面と差し口外面に塩化ビニル樹脂溶剤系接着剤を薄く均一に塗布し，速やかに差し口を受口に挿入，固定し数分間そのまま保持する。一般的には，接着工法が採用される。本工法は，施工性や水密性が良く小口径の下水道管きょや排水設備用管の硬質塩化ビニル管継手工法として広く採用されている。図10.8.11に硬質塩化ビニル管のゴム輪接合を示す

■ 強化プラスチック複合管継手工法

本工法は，強化プラスチック複合管の接合に採用される。継手は，管端が受け口と差し口からなっており，シール材（ゴム輪）あるいは専用の接着剤で接合する。接合は，硬質塩化ビニル管ソケット継手工法に準じて行われる。強化プラスチック複合管は受け口部の形状によりB，C，D形の区分がある。図10.8.12にそれぞれの継手方法を示す。

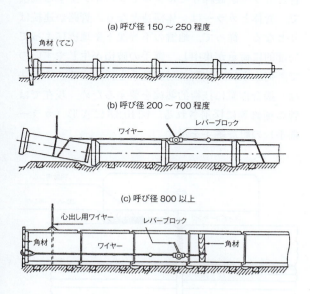

図10.8.9　B型（ソケット継手），C形及びNC形（いんろう継手）の接合方法

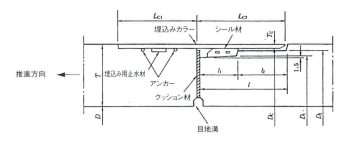

図10.8.10 推進用カラー継手

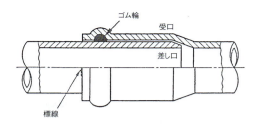

図10.8.11 硬質塩化ビニル管ソケット継手

■ メカニカル継手工法

本工法は，下水道用ダクタイル鋳鉄管の接合に採用される。継手は，管端が受け口と差し口からなっており，接合部品を用いて接合する。下水道では，主としてK形，U形が使用される。K形の接合部品は，押輪，T頭ボルト・ナット，ゴム輪より構成され，受け口に差し口を挿入した状態で，押輪によりボルト・ナットを用いてゴム輪を強く圧縮し接合部に押込む。一般的に使用され大口径にも適する。U形の接合部品は，押輪，割輪，中輪，ボルト，継ぎ棒，ゴム輪より構成され，管の内側から接合を行なう。掘削幅が狭いところなどに適する。いずれも，継手の水密性が高く，伸縮性，可とう性がある。

■ フランジ継手工法

本工法は，下水道用ダクタイル鋳鉄管の接合に採用される。継手は，管端がフランジ形で，接合部品を用いて接合する。接合部品は，六角ボルト・ナット，ガスケットより構成され，接合する管材のフランジを突き合わせ，片方のフランジにガスケットを装着し六角ボルト・ナットにより締め付ける。本工法は，ゲート設備，仕切り弁等の機器周りで多く採用される。

マンホール工

マンホールは，下水管きょ内の点検および清掃のほか，管きょの接合および会合のために必ず設置するものであり，管きょ内の換気を行うことも目的としている。通常，マンホールは管きょの基点および方向，勾配，管きょ径等の変化する箇所，段差の生じる箇所，管きょの会合する箇所並びに維持管理のうえで必要な箇所に必ず設ける。管きょの直線部のマンホールの最大間隔は，管きょ径によって異なるが概ね75mから200m程度である。マンホールには，全部を現場打ちとする特殊マンホール，下部を現場打ちとして上部を既製コンクリートブロックとする標準マンホール，全部を既製コンクリートブロックやプラスチック製等とする組立マンホールの3種類の構造が用いられている。蓋はいずれの種類においても，鋳鉄製（ダクタイルを含む）または鉄筋コンクリート製である。マンホール内には，昇降用として樹脂被覆した鋼鉄製またはステンレス製の足掛金物，底部には下水の円滑な流下を図るためのインバートを設ける。地表勾配が急な場所で上流と下流の管きょの段差が0.6m以上のときは，流下量に応じた副管を設ける。なお，分流式の雨水管きょのマンホールには副管を使用しないのが通例である。

現在多く使用されている，組立マンホールとして次のものがある。

イ．鉄筋コンクリート製組立マンホール
ロ．沈設式コンクリートブロック製マンホール
ハ．プラスチック製マンホール

〔参考文献〕
1) 日本下水道協会編：「下水道施設計画・設計指針と解説」

■ 鉄筋コンクリート製組立マンホール

本マンホールは，開削工法によって布設される管きょと同時に築造するマンホールの構造方式である。従来多く築造されていたマンホールは管きょの取付け部分である壁立ち上がり部が現場打ちコンクリート，床版・直壁及び斜壁がコンクリート二次製品であったのに対し，構成するほとんどの部材が足掛金物付きコンクリート二次製品ブロックであり，ブロックの組立により築造するものである。従って，現場打ちコンクリート打設に伴う，型枠等の仮設材及び養生期間が不要であり工期も短く，築造に際し

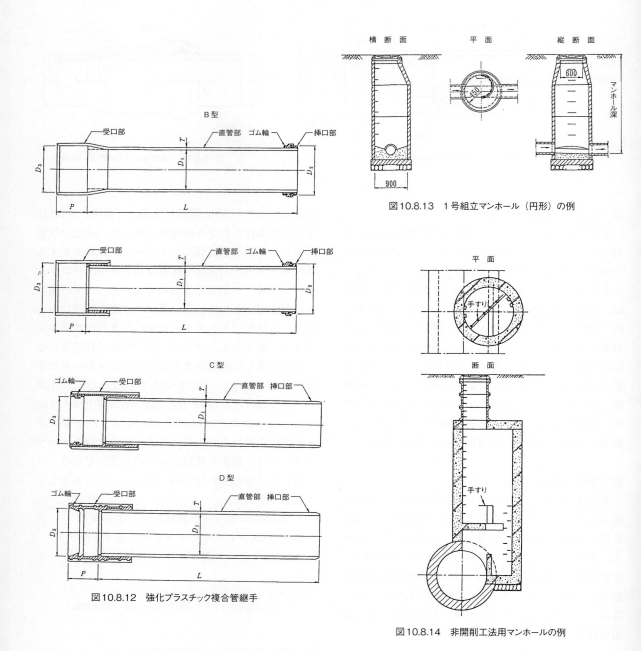

図10.8.12　強化プラスチック複合管継手

図10.8.13　1号組立マンホール（円形）の例

図10.8.14　非開削工法用マンホールの例

図10.8.15　取付け管工法の概要

特殊な技能を必要としない。また，従来のブロックの接合面が平面であったのに対し，接合面の改良により，耐震性が格段に強化されている。製品は各種販売されており，各ブロックの接合方法，形状にそれぞれ特徴があり，踊り場，底部インバート，副管及び管取付け用ソケット付きなどの製品もある。図10.8.13に1号組立マンホールを示す。

〔参考文献〕
1) 日本下水道協会編：「下水道用鉄筋コンクリート製組立マンホール」

■ 沈設式コンクリートブロック製マンホール

本マンホールは，コンクリートブロック製マンホールの一種であるがその築造方法に特徴がある。築造は従来の開削工法ではなく，工場製作されたコンクリート製側塊ブロックに刃先を取り付け，圧入機械または自重により地山に貫入させ側塊内部の土砂をクラムシェルバケット等により掘削し，所定の深さまで埋設する。マンホール形状は円形で内径900, 1,200, 1,500mm，矩形で900×1,200mm, 1,500×2,000～3,000mmのものが製品化されている。コンクリートブロック製マンホールの特徴に加え，土留仮設材の必要がないため工事の占用範囲を小さくできる。掘削はマンホール部分のみとなるため掘削土量が少ない，推進工法の立坑とすることも可能である等の有利性がある。図10.8.14に非開削工法によるマンホール設置例を示す。

■ プラスチック製マンホール

本マンホールには，内径300mmの小型マンホールと600×900mmの2種類が製品化されている。プラスチック製マンホールは，従来の人が立ち入っての点検および清掃を目的とはしない狭小道路や地下埋設物の輻輳する道路での点検用小型マンホールとして開発され，鋳鉄製防護蓋とプラスチック製の内蓋，立上り部，インバート部等から構成されている。取付け管径は150～250mmでマンホール深は3m程度である。従来のマンホールと同様の機能を有するものとしては，鋳鉄製蓋を除き全てプラスチック製で取付け管径は150～300mmでマンホール深は4m程度までのものがある。特徴としては，軽量で耐腐食性がある等の有利性がある。

取付け管工

取付け管は，家庭や事業所で発生する下水を，公共下水道の管きょ（本管）まで搬送する機能を持っている。図10.8.15は，分流式下水道で歩道内にある雨水きょを使用する場合を示している。汚水は民地内の汚水ますを経て公道内の汚水ますに入り，そこから取付け管を経由して本管（汚水管）に流入する。取付け管はその内部を下水がスムーズに流れるように，本管への取付け角度は60度を原則とするが，90度としてもよい。勾配は10‰以上として，固形物の沈殿や堆積を防止する必要がある。

取付け管の施工は，大きく分けて開削工法によるものと非開削工法によるものとがある。開削工法による施工は基本的に一般の管きょの場合と同じである。一方，最近の施工では交通障害を解消するため，非開削工法も多用されている。ここでは，非開削工法について，いくつかの例を示す。

〔参考文献〕
1) 日本下水道協会編：「下水道施設計画・設計指針と解説」

■ FRJ工法

本工法は，本管まで掘削機によりケーシングを挿入して，その後ケーシング内にガイド管を設置する。そしてカッターにより本管を削孔しテレビモニターで確認しながら取付け用の塩ビ管を圧入する。本管まで達したらケーシング内に埋め戻し砂を入れながら，ケーシングを引き抜いて施工を完了する。取付け管の先端に可とう性のゴムジョイントをセットするので，止水性と免震性の向上を図る事が出来る。また，舗装の取り壊しが最小限ですむ，滞水地盤でも地下水を低下させずに施工できること，原則として薬液注入等の補助工法を必要としないことなどの特徴を有している。

■ コンパクトモール工法

本工法では，まずドリルロッド先端部の掘削カッタービットを回転させて地盤を掘削する。引き続いて鋼製鞘管を推進工法により圧入する。そして，掘削・推進を繰り返して鞘管を本管まで到達させる。到達後にドリルロッドとカッタービットとを鞘管内部から回収する。次に削進機にダイヤモンドコアドリルを取付けて本管を削孔する。削孔後に，取付け

管（塩ビ管）を鞘管内に挿入して本管内に設置する。直管の接続にはカラー継手（接着タイプ）を使用する。特徴として，管径・管種を問わず施工できること，地下水以下の地盤でも連続して施工できることなどが挙げられる

■ グルンドラム工法

本工法では，空気圧によりグルンドラムの衝撃力で鋼管を地中に打ち込む。次に鋼管内に取付けた管である塩ビ管を挿入して鋼管と塩ビ管の空隙にモルタルを充填する。鋼管の剛性によって方向性は保たれるが，玉石混じりの地盤などでは鋼管先端を肉厚保のシューで補強し，更に肉厚の鋼管を使用して剛性を高める事により対応する。エアコンプレッサによる推進なので長いエアホースを使用する事により狭い庭芝での施工が出来る。様々な土質に対応できること，急勾配でも推進できること，支圧壁・反力アンカーが不要なことなどの特徴がある。

■ DRM工法

まず，掘進機本体に油圧シリンダーにより鞘管を所定の傾斜角にセットする。そして鞘管とオーガスクリューをそれぞれ正逆回転させながら掘進する。本管まで到達すると発生土処理とオーガスクリューの回収を行う。この時，鞘管の先端を本管の外壁に食い込ませて，鞘管内への土砂と地下水の侵入を防止する。次に鞘管内に挿入したダイヤモンドカッターにより，本管の管壁を削孔する。その後，先端に特殊支管を取付けた塩化ビニル管を鞘管内に挿入して，取付け管として本管に接着する。最後に鞘管と塩化ビニル管との空隙に中込材を充填する。特徴として，様々な地盤に適用できること，鞘管とオーガスクリューとを正逆回転させて互いのトルクを打ち消す事により直進性に優れていること，などが挙げられる。

■ ベビーモール工法

まず所要の角度にベビーモール機を据付け，鋼管を本管の手前50～100mmまで削進する。そしてバキュームなどを利用して排土した後，本管の位置を確認して特殊接合継手を外部で組む。次に特殊接合継手の曲がり部に接着剤により取り付け管を接続し，本管に当たるまで挿入する。接続部と本管を圧着することにより止水を行い，鋼管と取り付け管との間にモルタルを注入する。モルタルが固化した後，本管を削孔して切片を回収する。特徴として，様々な地盤に適用できること，左右の限定回転で方向制御ができることなどがあげられる。

■ スピーダー工法

本管を開削工法で施工する際の開削溝を発進坑として利用する工法である。本工法の内，一工程方式では開削溝内に推進機を計画勾配に設置して，先頭カッターでオーガ掘削を行い，スクリューロッドで発進坑に排土しながら取付け管とする塩化ビニル管を布設する。一方，二工程方式では，塩化ビニル管の推進に先立って，リード管の推進を行い，塩化ビニル管の推進と同時にリード管を回収する。最大5～6mの推進が可能である，幅広い土質への対応（レキの場合は管径150mmで45mmまで）が可能である，立坑築造が不要なこと，長距離推進の精度が高いことなどの特徴がある。

■ マルチモール工法

本管の開削工事に合わせて鞘管を施工した後，鞘管内に塩化ビニル管を挿入して開削溝内で本管に接続する工法である。鞘管の施工では，打撃推進にマシンの後方から油圧ジャッキによる力を付加して推進する。これにより，打撃推進特有のリバウンドを抑えて推進するので，小型でも十分な推進力を得ることが出来る。たぬき掘り（すかし掘り）の課題である安全性に対応できる極めて短い距離に適した推進工法である。

〔参考文献〕
1) (社)日本下水道管渠推進技術協：「月刊推進技術Vol.14, No.4, 2000」

3 光ファイバー

現代は高度情報化社会と呼ばれ，そのための基盤施設が新たな都市インフラとして位置づけられている。従来，情報を交換する手段として，①音声による双方向通信（電話型），②不特定多数を対象とした音声・画像の片方向通信（放送型），③LANによるコンピュータ間の通信などがそれぞれ独立して発展してきた。その後，利便性の追求，市民サービス

の向上，行政の透明化等の要求から，それらが結びついてマルチメディアが生み出されている。

このような状況の中で，通信手段の一つとして，光ファイバーが注目を集めている。光ファイバーは大量のデータを高速で伝達できるという特徴があり，それを生かして様々な場での活躍が期待されている。特に光ファイバーを，42万kmに亘って敷設されている下水道管きょ内に設置した場合，下水処理場やポンプ場など下水道施設間の監視制御のネットワーク化による維持管理の効率化，管きょによって各家庭や事業所が連結していることから，自治体における行政情報のネットワーク化，第1種電気通信事業者等の第三者利用など情報インフラ構築に貢献することが可能となる。

光ファイバーケーブルの敷設工法は，ケーブルの固定方法により，ロボット工法，サドル工法，サヤ管工法，引き流し工法に大別される。

■ ロボット工法

あらかじめ管きょ内に引き込まれた光ファイバーケーブルを，地上から遠隔操作されたロボットにより管きょの頂上部または側面にJ型フックアンカーで，およそ1mおきに固定する工法である。作業員が入れない管きょで，しかもロボットの通過が可能な管きょに適用する。管きょ内の水位が管径の1/3以下であることが必要である。管径200～1,200mmに適用される。手作業ではないため，サドル工法と比較すると，施工時に管内の環境整備が不要である。

■ サドル工法

あらかじめ管きょ内に引き込まれた光ファイバーケーブルを，管きょの頂上部または側面に，およそ1mおきにサドルを用いて固定する工法である。作業員が電動工具を用いてサドルで固定するので，管きょ内が人力作業できる環境であることが必要である。一方，人力作業であるが故に，管内の状況に対応しやすい。サドルを固定するためのアンカーを打ち込むため，管きょ本体にある強度と厚さが求められる。水位は50cm以下が望ましい。主に，管径1,200mm以上に適用される。

■ サヤ管工法

管きょの二次覆工内などにあらかじめ配管されたサヤ管内に光ファイバーケーブルを設置する工法である。従って，サヤ管の設置費用がかかるものの，付着物などの影響がなく，維持管理費用が低減できる。

■ 引き流し工法

管きょ内に光ファイバーケーブルを引き込み，マンホール管口処理および接続箱設置のためのマンホール内固定以外は，ケーブルを固定せずに，自重で管底に着定させる工法である。管きょ内の流量が多く他の工法が適用できない場合にも適用できる反面，汚泥の堆積を生じ易い。布設費用は最小で，また取付け管の新設に影響しない。

〔参考文献〕
1) ㈳日本下水道光ファイバー技術協会：「下水道光ファイバー技術マニュアルケーブル施工編」

4 管路施設の改築・修繕工法

下水道管路施設の改築・修繕は，改築として更生工法および布設替工法に，修繕として止水工法，内面補強工法，ライニング工法等に分類される。

「改築」は排水区域の拡張等に起因しない「対象施設」の全部または一部を再建設あるいは取り替えるものである。

現在供用されている下水道管渠等の劣化，老朽化，腐食等により，構造的又は機能的低下および非効率化に対し，既設管渠を掘り返し布設替えすることなく，機能，能力を低下させることなく，新たな寿命や耐用年数を付加し再建設するものである。

一方，「修繕」は対象施設の一部の取替えや損傷の修復等を行うものであり，機能回復，能力，寿命の維持を目的とするものである。そのため，施設の耐用年数の延長には寄与しないで行うものである。

したがって，改築あるいは修繕にするかは，管渠の劣化状況，期待する寿命や機能等により予め調査を行い決定しておく必要がある。それにより更生工法の選定や規模を決定する必要がある。図10.8.16に代表的な更生工法を示す。

〔参考文献〕
1) 日本下水道協会編：「管きょ更生工法における設計・施工管理の手引き（案）」

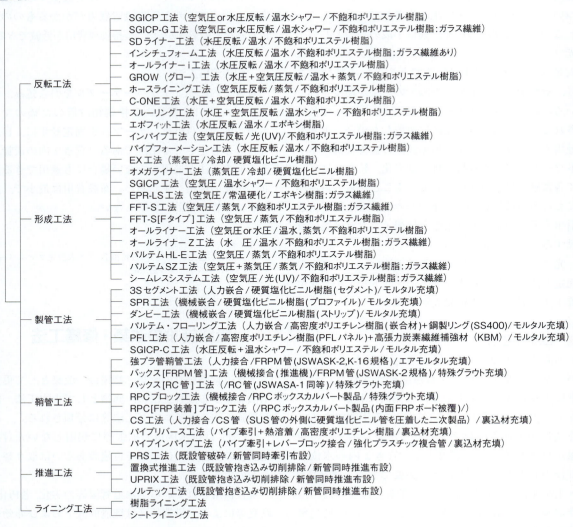

```
更生工法 ─┬─ 反転工法 ─┬─ SGICP工法（空気圧or水圧反転／温水シャワー／不飽和ポリエステル樹脂）
          │            ├─ SGICP-G工法（空気圧or水圧反転／温水シャワー／不飽和ポリエステル樹脂：ガラス繊維）
          │            ├─ SDライナー工法（水圧反転／温水／不飽和ポリエステル樹脂）
          │            ├─ インシチュフォーム工法（水圧反転／温水／不飽和ポリエステル樹脂：ガラス繊維あり）
          │            ├─ オールライナーi工法（水圧反転／温水／不飽和ポリエステル樹脂）
          │            ├─ GROW（グロー）工法（水圧＋空気圧反転／温水＋蒸気／不飽和ポリエステル樹脂）
          │            ├─ ホースライニング工法（空気圧反転／蒸気／不飽和ポリエステル樹脂）
          │            ├─ C-ONE工法（水圧＋空気圧反転／温水／不飽和ポリエステル樹脂）
          │            ├─ スルーリング工法（水圧＋空気圧反転／温水シャワー／不飽和ポリエステル樹脂）
          │            ├─ エポフィット工法（水圧反転／温水／エポキシ樹脂）
          │            ├─ インパイプ工法（空気圧反転／光(UV)／不飽和ポリエステル樹脂：ガラス繊維）
          │            └─ パイプフォーメーション工法（水圧反転／温水／不飽和ポリエステル樹脂）
          ├─ 形成工法 ─┬─ EX工法（蒸気圧／冷却／硬質塩化ビニル樹脂）
          │            ├─ オメガライナー工法（蒸気圧／冷却／硬質塩化ビニル樹脂）
          │            ├─ SGICP工法（空気圧／温水シャワー／不飽和ポリエステル樹脂）
          │            ├─ EPR-LS工法（空気圧／常温硬化／エポキシ樹脂：ガラス繊維）
          │            ├─ FFT-S工法（空気圧／蒸気／不飽和ポリエステル樹脂：ガラス繊維）
          │            ├─ FFT-S[Fタイプ]工法（空気圧／蒸気／不飽和ポリエステル樹脂）
          │            ├─ オールライナー工法（空気圧or水圧／温水，蒸気／不飽和ポリエステル樹脂）
          │            ├─ オールライナーZ工法（水圧／温水／不飽和ポリエステル樹脂：ガラス繊維）
          │            ├─ パルテムHL-E工法（空気圧／蒸気／不飽和ポリエステル樹脂）
          │            ├─ パルテムSZ工法（空気圧＋蒸気圧／蒸気／不飽和ポリエステル樹脂：ガラス繊維）
          │            └─ シームレスシステム工法（空気圧／光(UV)／不飽和ポリエステル樹脂：ガラス繊維）
          ├─ 製管工法 ─┬─ 3Sセグメント工法（人力嵌合／硬質塩化ビニル樹脂（セグメント）／モルタル充填）
          │            ├─ SPR工法（機械嵌合／硬質塩化ビニル樹脂（プロファイル）／モルタル充填）
          │            ├─ ダンビー工法（機械嵌合／硬質塩化ビニル樹脂（ストリップ）／モルタル充填）
          │            ├─ パルテム・フローリング工法（人力嵌合／高密度ポリエチレン樹脂(嵌合材)+鋼製リング(SS400)／モルタル充填）
          │            ├─ PFL工法（人力嵌合／高密度ポリエチレン樹脂(PFLパネル)+高張力炭素繊維補強材（KBM）／モルタル充填）
          │            └─ SGICP-C工法（水圧反転＋温水シャワー／不飽和ポリエステル／モルタル充填）
          ├─ 鞘管工法 ─┬─ 強プラ管鞘管工法（人力接合／FRPM管(JSWASK-2,K-16規格)／エアモルタル充填）
          │            ├─ バックス[FRPM管]工法（機械接合(推進機)／FRPM管(JSWASK-2規格)／特殊グラウト充填）
          │            ├─ バックス[RC管]工法（／RC管(JSWASA-1同等)／特殊グラウト充填）
          │            ├─ RPCブロック工法（機械接合／RPCボックスカルバート製品／特殊グラウト充填）
          │            ├─ RPC[FRP装着]ブロック工法（／RPCボックスカルバート製品（内面FRPボード被覆）／）
          │            ├─ CS工法（人力接合／CS管（SUS管の外側に硬質塩化ビニル管を圧着した二次製品）／裏込材充填）
          │            ├─ パイプリバース工法（パイプ牽引＋熱溶着／高密度ポリエチレン樹脂／裏込材充填）
          │            └─ パイプインパイプ工法（パイプ牽引＋レバーブロック接合／強化プラスチック複合管／裏込材充填）
          ├─ 推進工法 ─┬─ PRS工法（既設管破砕／新管同時牽引布設）
          │            ├─ 置換式推進工法（既設管抱き込み切削排除／新管同時推進布設）
          │            ├─ UPRIX工法（既設管抱き込み切削排除／新管同時推進布設）
          │            └─ ノルテック工法（既設管抱き込み切削排除／新管同時推進布設）
          └─ ライニング工法 ─┬─ 樹脂ライニング工法
                              └─ シートライニング工法
```

図10.8.16　管更生工法の種類

プラスチック製セグメントによる管更生

管更正工法

■ 反転工法

反転工法は，熱または光等で硬化する樹脂（熱硬化性樹脂）を含浸させた材料を既設のマンホールから既設管きょ内に反転加圧させながら挿入し，既設管きょ内で加圧状態のまま樹脂が硬化することで管を構築するものである。反転挿入には，水圧または空気圧等によるものがあり，硬化方法も温水，蒸気，温水と蒸気の併用，光等がある。

ただし，目地ズレ，たるみなどを更生させるのではなく，あくまでも既設管の形状を維持する断面を

更生することとなる。

適用管径は，150～2,100mmである。適用可能な施工延長は，マンホール間1スパン（200mまで）の延長であり，管径，部材厚，施工条件等によって異なる。

■ 形成工法

形成工法は，熱硬化性樹脂を含浸させたライナーや熱可塑性樹脂ライナーを既設管きょ内に引き込み，水圧または空気圧等で拡張・圧着させた後に硬化させることで管を構築するものである。形成工法には，更生材を管内径まで加圧拡張したまま温水，蒸気，光等で既設管きょに圧着硬化または加圧拡張したまま冷却固化する工法がある。

ただし，目地ズレ，たるみなどを更生させるのではなく，あくまでも既設管の形状を維持する断面を更生することとなる。

適用管径は，150～1,500mmである。適用可能な施工延長は，マンホール間1スパン（175mまで）の延長であり，管径，部材厚，施工条件等によって異なる。

■ 鞘管工法

鞘管工法は，既設管きょより小さな管径で製作された管きょ（新管）を牽引挿入し，間げきに充てん材を注入することで管を構築するものである。更生管が工場製品であり，仕上がり後の信頼性が高い。断面形状が維持されており，物理的に管きょが挿入できる程度の破損であれば施工可能である。

■ 製管工法

製管工法は，既設管きょ内に硬質塩化ビニル材等をかん合させながら製管し，既設管きょとの間げきにモルタルなどを充てんすることで管を構築するものである。流下量が少量であれば下水を流下させながらの施工が可能である。

多少の目地ズレなどは，更生管径がサイズダウンすることにより解消できるが，不陸，蛇行がある場合には，原則として既設管の形状どおりに更生される。

適用管径は，250mm以上である。適用可能な施工延長は，マンホール1スパンが前提であるが，管径，施工条件によって異なる。

■ 推進工法

基本的には，従来の一般的な推進工法と同様である。既設管外径より一回り大きい推進機の全面に取付けられたカッターにより既設管を切削し，その後方から更新管を推進しながら布設する工法（置換式）と，既設の下水道管きょの中にワイヤーを到達立坑まで通した後，発進側から衝撃式破砕機をワイヤーに取付け，到達立坑に設置した牽引装置で既設管を破砕しながら更新管を布設する工法（破砕式）の2つある。

■ ライニング工法

合成樹脂（エポキシ樹脂，ビニルエステル樹脂，不飽和ポリエステル樹脂，シリコーン樹脂，ポリウレタン樹脂等）の主剤と硬化剤又は充填剤等を決められた配合で混練し，ガラスクロス，マット又はカーボンクロス等の補強材で強度，接着力を補強して，吹付け，ローラー，左官ゴテ，ロボットにより塗布する工法（樹脂ライニング工法）と，工場で塩化ビニル樹脂，ポリエチレン樹脂をシート化工した材料を合成樹脂接着剤で張り付ける工法（シートライニング工法）とがある。

5 非開削工法

下水道管きょの総延長は，平成19年度末でおよそ42万kmに達しており，毎年約1万kmの割合で増え続けている。また平成19年度に発注された非開削工法による工事の内容を見ると，シールド工法が約68km，そして推進工法が約760kmとなっている。

下水道管きょの施工には，大別して二つの問題がある。一つは全ての管きょが公道下に埋設されることである。特に都市部においては道路交通に大きな影響を与える。また，騒音，振動，地盤沈下，などの建設公害などの問題を伴うため，施工上の制約が大きい。一方，下水道管きょは自然流下方式を原則としている。このため，下流に行けば行くほど埋設深度が大きくなる。さらに，下水道は様々な都市インフラの中で，最後に施工されるケースが多い。下水道工事に先立って施工された水道，ガス管，通信ケーブル，電線などを避けるため，必要以上に深くなる傾向にある。

この様な状況下で，大きな埋設深度に対応でき，また交通障害を最小限度に抑えられる非開削工法が，管きょの施工方法として多用されるようになっ

ている。非開削工法には，山岳トンネル工法，シールド工法，推進工法などがあるが，その選定に当たっては，補助工法，立坑の設置スペース，土質条件，そして経済性などを考慮しなければならない。

山岳トンネル工法

下水道工事においては，シールド工法，推進工法が主流で，山岳トンネル工法を採用する事例は少ない。山岳工法は一般に，爆破掘削を主体にトンネルを掘削する方法を意味し，鋼アーチ支保工，ロックボルト，吹き付けコンクリートなどの支保工類と覆工コンクリートを用いる。山地のトンネル工事で適用されるため，この名前がつけられているが，市街地やその周辺の丘陵地等，限られた条件下で適用されている。

山岳工法では掘削後，支保工を施工するまでの間，地山が自立している事が必要である。鋼製支保工の時代には支保工が機能的に地盤の緩みを促進して崩落の可能性もあったため，市街地での適用は控えられてきた。昭和50年，上越新幹線の工事でロックボルトと吹き付けコンクリートを主要な支保部材として，原位置計測により施工管理を行うNATMが試用され好成績を得た。NATMは膨圧対策だけでなく，硬岩地山でも鋼アーチ支保工を用いた方式より経済的で合理的である事などから，土木学会トンネル標準示方書でも標準工法として位置づけている。山岳トンネル工法については，「第7章トンネル編1山岳トンネル」を参照のこと。

シールド工法

下水道工事においては，土圧式，泥土圧式，泥水式といった機械掘り式シールド工法を採用する事例が多い。シールド工法ではまず，立坑を築造してその内部でシールド（鋼殻部）を据え付ける。そして後述する機械掘り式シールド工法は，シールド全面にカッターヘッドを装着し，土砂の掘削を機械的に連続して行う工法で，地山の状況に応じて工法を選択する。1リング分の掘削と推進が終了すると，シールドジャッキを引込め，テール部で覆工（セグメントの組み立て）を施工する事でトンネルを築造する。地山とセグメントのテールボイドは，シールドの推進に合わせて裏込め材で充填する。セグメントの組み立て完了後は，そのセグメントから反力を取り，方向を制御しながらシールドジャッキを伸ばしてまた推進するといった一連の工程を経てすべてのトンネルが構築される。掘削土はベルトコンベヤなどを用いて切羽からずりトロッコに積み込む方法と泥水状態で圧送管にて坑口まで搬出する方法がある。

本工法は都市トンネルの施工技術として昭和30年代後半に導入された。近年，都市施設の建設位置が益々深くなっている事，工事中の交通障害の緩和，騒音・振動の防止など環境への配慮が益々必要になってきた事，そして様々な土質に対応できるシールド機が開発・実用化されてきた事，などから，都市施設の施工法の中心となっている。シールド工法については，「第7章トンネル編2.シールド工法」を参照のこと。

推進工法

下水道工事においては，泥水式，土圧式，泥濃式工法を採用する事例が多い。推進工法は既製管である推進管の先端に推進機を取付け，切羽を掘進しながらジャッキの推進力等によって管きょを埋設する工法である。①交通量が多く地下埋設物が輻輳した道路下で，開削が困難な場合，②軌道または河川を横断する場合，（ただし，河川横断の場合は鞘管として使用）③管きょの埋設位置が深く開削工法が経済的でない場合，などに用いられる。非開削工法の内，適用管径が多いことから下水道管きょの施工に最も多用されている工法である。

本工法は掘進機の機構方式により，開放型，密閉型，そして小口径推進工法に分類される。また推進力の伝達方式により，元押し工法と中押し工法とに分類される。

推進工法の詳細は，「7章トンネル編3推進・牽引工法」を参照のこと。

〔参考文献〕
1) ㈱建設産業調査会：「最新トンネル工法・機材便覧」
2) ㈳日本下水道管渠推進技術協会：「推進工法講座基礎知識編」

IX エネルギー

エネルギー関連工法

〔参考文献〕
1) 伊藤金通, 高津浩明, 野沢是幸：蛇尾川揚水発電所導水路トンネルの設計と施工, 電力土木 No.241）
2) 最新地盤注入工法技術総覧（発行：産業技術サービスセンター）

1 水力発電工事

コンソリデーショングラウト工法

本工法は，圧力水路トンネルにおける内水圧を覆工コンクリートだけに負担させるのではなく，覆工コンクリートと周辺岩盤を一体化し内水圧を負担させると共に，水密性を確保するための岩盤改良工法である。本工法の具体的な目的は，①周辺岩盤の変形特性の向上，②周辺岩盤の透水性の低減，③覆工コンクリートへのプレストレス導入（グラウト工施工時の注入圧力により，覆工コンクリートに圧縮応力を発生させることで作用内水圧によるひび割れを防止する）である。

施工手順は，周辺岩盤と覆工コンクリートの間隙の充填を目的としたコンタクトグラウト工実施後，コンソリデーショングラウト工として，ボーリングによるグラウト孔の岩盤内までの削孔後，グラウト液（セメントミルク）を高圧で注入する（概ね15～20kgf/cm²程度）もので，トンネル軸方向に次数を展開した中央内挿法（同一断面は同一次数）によって実施する。なお，プレストレスを均等に導入するために，最終的には断面内同時注入を実施する。コンソリデーショングラウト工の孔配置の例を図に示す。

本工法の効果の確認は，上記目的の①，②については，岩盤改良目標値（3次孔注入前ルジオン値5Lu以下とすることが多い）を満足すること，③については，内空変位計測による覆工コンクリートひずみ変化量からプレストレス導入量を管理する。

空洞探査工法

水路トンネルの健全度を表す指標の一つとして，覆工コンクリート背面の空洞の規模，大きさがあげられる。従来はこれらの指標の把握方法として，ボーリング調査が実施されてきたが，連続データが得られないこと，水路断水期間が長期化すること，動力が内燃機関であるため作業環境が悪いこと等が問題となるため，電磁波を用いた水路トンネル空洞探査方法が開発・実用化されている。

覆工コンクリートの非破壊検査法としては，打撃法，超音波法，電磁波法等があるが，このうち打撃法，超音波法は主に覆工コンクリート表面のクラック等の検査には使用されているが，覆工より深部の背面空洞探査については，精度面からも電磁波法の適用性が高い。（探査精度は，覆工厚：50cm，空洞規模：100cm）

探査原理は，調査対象物に向けてアンテナから放射した電磁波が，伝播速度の異なる物質（比誘電率で定義される）の境界面で反射する性質を用いて，反射波がアンテナに戻ってくるまでの時間を計測することにより，境界面までの距離を算定する。同時に境界面毎に反射波の強弱および位相が異なることを考慮してデータ解析した上，各境界面ごとに対象物を断面化して表示するものである。

〔参考文献〕
1) 地中レーダーの水路トンネル調査への適用に関する研究（江川顕一郎，松本光永，近藤始郎，小松淳，神子諭：電力土木 No.203）

地下式発電所掘削工法

　地下発電所掘削は，アーチ部と本体部に分けて行う。

　アーチ部の掘削は，側壁導坑先進方式と中央導坑先進方式があり，側壁導坑先進方式では導坑より中央天端側に切拡げ，中央導坑先進方式ではこれより両側で切拡げ，天井アーチ部の構築を行う。導坑掘削は，山岳トンネル掘削工法が用いられる。

　本体部は，一般に明かり部と同様に発破による掘削工法であるベンチカット工法が用いられるが，岩盤の状態により他の工法も併用される。側壁部はゆるみを防止するため1m程度残して掘削し，ブレーカーなどにより仕上げ掘削を行う。

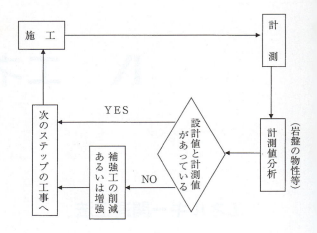

図10.9.1　情報化施工における計測管理フロー

情報化施工法

　情報化施工法とは，施工段階での挙動計測結果あるいは掘削にともなって明らかになる地質等の情報から，支保設計・施工法の修正，見直しを行い，これを次工程にフィードバックして支保工の最適化を図ることにより，工事費の最小化を狙う施工法である。

　具体的には，事前に調査・試験・解析等を綿密に実施して設計を行ったうえで，掘削の過程で得られる地質データ，計測データ，施工情報をもとに，逐次，逆解析等により空洞の安定性を評価するとともに，掘削完了段階での空洞の最終変位を推定し，支保工の増減等，適切な支保設計を選定することにより，安全で合理的かつ経済的な施工を行うものである。

　地下発電所等の大規模地下空洞の施工は，一般トンネルと比較して断面が非常に大きいため，掘削は空洞頂部から底部へ向けてベンチカットによる多段階掘削となり，掘削に伴う応力の再配分が長期にわたる。一方で，トンネルのような同一断面での線上な掘削ではなく，同じ場所を掘り下げて行くため，密度の高い調査・計測を行い，次工程に反映させることが可能であることから，情報化施工法の採用に適していると言える。図10.9.1に情報化施工における計測管理フローの一例を示す。

〔参考文献〕
1) ㈳土木学会：『大規模地下空洞の情報化施工』，1996

岩盤PS工法

　地下構造物の掘削においては，空洞掘削により壁面近傍の応力は一軸化し，残留強度等の岩盤物性に見合うまで応力の再配分，歪みの解放が進み，そのままでは，場合によっては掘削壁面の崩落等のおそれがある。特に，地下発電所等の大規模地下空洞の掘削においては，トンネルと比較して断面が大きく，岩盤のゆるみ領域や変形量も大きいため，PSアンカーと呼ばれる長さ10〜20m程度のPC鋼棒やPCストランドを岩盤内に挿入し，深部の緩み領域より外側の岩盤に締め付け，積極的に導入力を与えることにより，岩盤のゆるみや過度の変形を抑止する。このような工法を岩盤PS工法という。

　通常のNATMで用いられるロックボルト工法と，岩盤のゆるみや過度の変形を抑止するという考え方は基本的に同じであるが，積極的に導入力を与えるところが大きな特徴である。また，主に構造物を地盤に定着させる目的で使用されるグラウンドアンカーと，原理的には同じものである。PSアンカーの使用材料については，最近は，緊張力を導入する際の施工性や，取扱の容易さを考慮して，ストランド物を何本か束ねて用いる場合が多い。

　詳細は「第1章土工・岩石工法編2斜面安定工法」を参照のこと。

〔参考文献〕
1) ㈳土木学会：『大規模地下空洞の情報化施工』，1996

火力発電所

の概念を，図10.9.3に定置レイアウトの種類を示す。処分坑道の配置や廃棄体ピッチは，①～④の組合せも含めて選定するとともに，人工バリアに対する熱的影響や坑道の力学的安定性を考慮して設計される。

これらについては，処分サイトが選定された段階で，その地質環境条件等に応じ，現状及び近い将来達成可能な技術に基づき，最適な設計を行うこととしている。

〔参考文献〕
1) 核燃料サイクル開発機構：『わが国における高レベル放射性廃棄物地層処分の技術的信頼性－地層処分研究開発第2次取りまとめ－総論レポート』，1999

2 火力・原子力発電工事

人工バリア

高レベル放射性廃棄物の地層処分は，放射性廃棄物のまわりに人工的に設けられる障壁（人工バリア）と，放射性廃棄物に含まれる物質を長期にわたって固定する天然の働きを備えた地層（天然バリア）とを組み合わせることによって，放射性廃棄物を人間環境から隔離し，安全性を確保する「多重バリアシステム」の考えに基づいている。

核燃料サイクル開発機構の第2次取りまとめ1)によると，人工バリアは，①高レベル放射性廃液をガラスと一緒に混ぜて固結し，ステンレス製の容器の中に入れたガラス固化体，②ガラス固化体に地下水が接触することを防止する金属製の容器であるオーバーパック及び③オーバーパックと岩盤の間に充填し，地下水の侵入と放射性物質の溶出・移行を抑制する緩衝材で構成され，その仕様は，周辺の地質環境条件及び人工バリア設置後のニアフィールド環境の変化を考慮して設計される。

廃棄体（オーバーパックにガラス固化体を封入したもの）を定置埋設するためのレイアウトとしては，基本的に，廃棄体を処分坑道に直接定置する方式と，処分坑道から処分孔を一定間隔で掘削し，そこに定置する方式があり，横置きと竪置きの組合せで，①処分坑道横置き方式，②処分立坑竪置き方式，③処分孔横置き方式，④処分孔竪置き方式の4つの方式に分類できる。図10.9.2に横置き方式と竪置き方式

原子力発電所廃止措置（decommissioning）

運転を終了した原子力施設の廃止措置は，密閉管理，遮蔽隔離及び解体撤去の3つに分類される。

・密閉管理（mothballing）
燃料を外部に搬出し，配管などの汚染を除去した後，施設全体を閉鎖して管理する。

・遮蔽隔離（entombment）
燃料の搬出，配管などの汚染を除去した後，原子炉建屋内の放射線の強い箇所に必要な遮蔽措置を施すとともに，遮蔽隔離する必要がない施設，設備を解体撤去し，開口部をコンクリートで閉鎖して安全に貯蔵する。

・解体撤去（dismantling）
燃料の搬出，配管などの汚染を除去した後，施設の全てを解体撤去する。原子力施設の放射化または汚染したコンクリートなどを解体・撤去する工法は，既存の解体工法または，その応用で可能であるが，公衆と従業者の放射線被爆の低減，放射能汚染の拡散を防止，放射性廃棄物の低減を図る必要がある。

国土の狭い我が国では，運転を終了した原子力発電所は，運転終了後5～10年間の密閉管理後，3～4年かけて解体撤去する「密閉管理―解体撤去方式」を採用し，その跡地は地域との調和を図りながら，再び原子力発電所用地などとして有効に利用することにしている。なお，国内における原子力施設の廃止措置の例として，日本原子力研究所の動力試験炉（JPDR）があり，廃止措置に必要な解体技術の開発と実地試験（1986年度から1995年度末）が行われた。また，日本原子力発電㈱東海発電所では，平成13年12月に廃止措置工事に着手し，平成30年までに

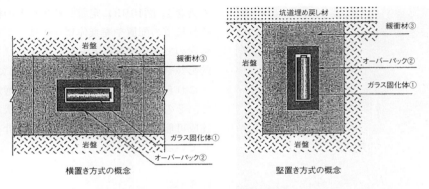

図10.9.2 横置き方式と堅置き方式の概念

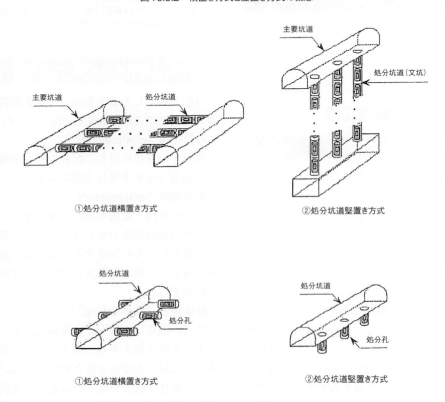

図10.9.3 定置レイアウトの種類

原子力発電所

終了する予定である。

3 送電工事

架空送電工事

■ 深礎基礎工法（鉄塔基礎）

近年，山岳地の大型送電用鉄塔基礎に多用されている工法である。掘削断面は円形で，掘削に伴い順次ライナープレート（モルタルを裏込充填）を設置あるいは吹付けモルタルによる土止め工（モルタルライニング工法）を施しながら，堅固な支持地盤に基礎を直接設置する。

この工法の特徴は，鉛直荷重に対しては躯体底面の地盤反力と躯体側面と地盤とのせん断力で抵抗し，水平荷重に対しては躯体前面の地盤反力で抵抗するという点にある。また，作業スペースが限定される狭隘な施工地点に有効である。鉄塔基礎に適用する場合には，躯体の直径は2.5～5.0m，長さ5.0～20.0m程度が一般的である。また引揚耐力をより大きく期待する場合は，躯体下端部の直径を拡げた拡底深礎基礎が適用されているほか，最近では引揚耐力の一部をアンカーに期待し，経済性を高めたアンカー付きの地盤補強型深礎基礎や，工事現場の地形が急峻なため，現場内への掘削残土の処理が困難で，現場外搬出にも多大な経費を要する場合に，躯体内部に掘削残土を処理する中空深礎基礎なども用いられるようになっている。鉄塔基礎は鉄塔に作用する風圧により引揚荷重が卓越する構造物で，これら基礎を引揚耐力順に示すと図10.9.4のようになる。

施工にあたっては，坑壁保護，地山のゆるみ防止から地質に適した土止め工の選定と点検，地下水対策，掘削ずり搬出の際の落下防止対策，掘削時の酸欠対策等が重要になる。また従来，人力主体の施工であったが，最近は機械化が進んでいる。掘削工法の詳細は「第1章土工・岩石工法編1.土工事工法」を参照のこと。

■ 運搬工法（モノレール，索道，ヘリ運搬）

送電用鉄塔は，ルートが山岳地帯を通過する場合も多く，工事現場まで直接車両が進入できない場合には，建設資機材の運搬のため，以下の運搬工法について環境面，経済面などから比較検討を行い，最

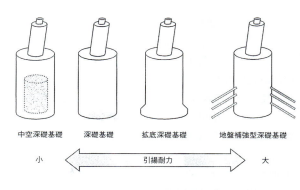

図10.9.4 送電用鉄塔基礎に用いられる深礎基礎

適な工法を選定し設置している。

送電線路の建設では様々な資機材を運搬するため，最低でも4.0t以上（8.0t以上が望ましい）の車両が進入できる既設道路が必要であり，この既設道路周辺に索道，モノレール，ヘリ基地を設置することになる。また索道，モノレール，ヘリ運搬については通常2.0t～3.0t程度に資機材を分割しているので，この程度の能力を持った運搬設備が設置される。設置にあたっては鉄塔地点までのルート確保，亘長(距離)，環境への配慮など種々の検討を行い，最適なルート選定が重要となる。

なお最近では，基礎工事に用いるコンクリートを一度に大量打設する必要があることから，これら運搬工法とは別に，高性能なコンクリートポンプ車と圧送管により圧送打設する工法も多く採られるようになっている。

また，資機材だけでなく作業員の通勤手段として，人貨併用のモノレールも開発され使用されている。

地中送電工事

■ プレキャスト洞道工法

プレキャスト洞道工法は，洞道部に工場で製造されるコンクリート二次製品を利用するものであり，現場工事の省力化，掘削面積の縮小化，工期の短縮を図ること等から実施される。採用条件としては，新たに築造される街路等への布設が最も適しているが在来道にあっても，既設埋設物が少なく，製品の吊り下し作業のためのトラッククレーン，レッカー等の操作が可能な条件があれば採用できる。

■ ジョイスト改良型（矢板縦使い）工法

ジョイスト工として標準的な横矢板方式で施工すると，掘削中崩落するような地質個所においては，掘削周辺の地盤への影響を最小におさえる必要があり，また，作業の安全面から，簡易鋼矢板（トレンチシート）を使用して矢板縦使いにする工法が適している。採用条件としては，一般に床付け3m以内が適当であり，トレンチシートを順次ラップさせた状態で林立させ，順次掘下げながらバイブロハンマ等を使用し，根入部を50cm程度打ち込んでいくため，覆工板がいらない，昼夜間施工の可能な場所に適する。なお掘削と併行して，まくら木を定規ならびに矢板の複強材として挿入，腹起，切ばりの支保工を適宜施工していく。

■ 先行地中ばり工法

軟弱地盤で立坑の掘削を行なう場合，切ばり設置前に土止壁が変位し，周辺の沈下が発生することがある。

この対策として，極力剛性の高い土止壁を使用することが考えられるが，大型の土留め工法となるため工期が長期間になり，立地条件，沿道対策，施工費が高くなるなど種々の問題がある。

先行地中ばり工法は，立坑の掘削前に土止壁の内側に高圧噴流を利用した地盤改良工法（ジェットグラウト工法）により必要最小限の地中ばり状の改良を行い，切ばり，支保工が架設されるまで土止壁の変位を抑止する役目を持たせるものであり，盤ぶくれ，ヒービング等の底面破壊を防止する効果も期待できる。ジェットグラウト工法の詳細は「第4章地盤改良工法編6.固結工法」を参照のこと。

〔参考文献〕
日本ジェットグラウト協会：ジェットグラウト工法技術資料（第4版），平成6年6月

■ 沈下対策構造工法

地中送電線路の場合，地中に埋没させた管路，洞道，およびその他の構造物が不等沈下を起すと構造物にき裂，折損を生じせしめ，ついには管路内に収容しているケーブル漏油，切断による事故が発生する。特に軟弱地盤地帯における橋りょう，発変電所等の剛性基礎を有する構造物との接点付近は，地下鉄等の大型地下構造物との交差部付近については，不等沈下をまねくおそれがあるため，沈下に対応で

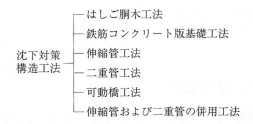

図10.9.5 沈下対策工法の分類

きる沈下対策構造物にする必要がある。

電力施設における沈下対策構造物工法としては図10.9.5に示す工法が採用されている。最近では，伸縮管工法，二重管工法およびこの2つの併用した工法およびこの2つを併用した工法が多く使われている。

■ 可燃ガス対策工法

可燃性ガス対策工法は，都市トンネル工事において発生する可燃性ガスによる爆発災害についてこれを防止し，工事を安全に行なうためのものである。

可燃性ガス防災対策の主要事項は次のとおりである。

①事前調査

事前にガス賦存状況を十分把握するため文献，過去の工事記録等の既存資料で地層，地質，水文，ガス湧出記録等を調査する。

②ガスの調査

ガスの賦存する状況は，原位置におけるボーリングや，採水による室内分析試験により，ガスの特性，種類，ガス湧出量，ガス圧力等を把握する。

③ガス減弱工

坑内に発生したガスを減弱する方法として掘削時に設置する換気システムを活用する他，可燃性ガスが多量に発生するおそれがあり，換気設備だけでは安全な濃度に希釈することが困難と思われる場合は，地表からボーリングを行ない，ガスを抜くことにより，坑内に湧出するガスを減少させる。「ガス放出工」，ガスの賦存する不飽和透水層中に強制的に圧水し，ガス飽和度を低めガス湧出を抑止または排除させる「注水工」，トンネル周囲を地盤改良し地盤の透気性を減少させ湧出を抑制させる「薬液注入工」等を併用する必要がある。

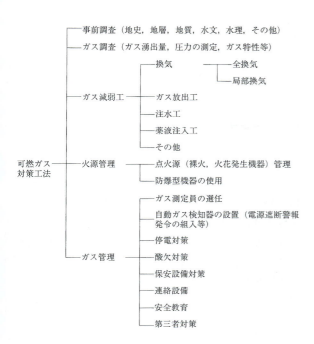

図10.9.6 可燃ガス対策工法の分類

④ 安全対策

安全対策としては，火源管理，ガス管理がある。図10.9.6に可燃ガス対策工法の分類を示す。

■ 埋設物探査工法

公道路下の工事においては，地下埋設物を正確に把握したうえで，保護工法および復旧工法を検討し，工事に着手することは重要なことである

必要個所の埋設物の探査工法としては，電磁波を利用した間接探査法と，布掘探針による直接探査法がある。直接探査法は，一般に2m程度まで布掘り掘削した後1.5m程度の探針を行ない，埋設物を確認する方法である。（探針はできるだけこまかく行ない，最大でも0.3m千鳥とする。）探針には，原則として機械式（中型の電気ドリルなどを利用したもの）を用いる。

また，深層部にシールド工法などで施工された埋設物がある場合は，ボーリング機械などで探針を行なう。

埋設物防護工法は，一般的に吊り防護工法，受け防護工法（アンダーピング工法）に分類される。また，近年大型構造物の防護では，構造物の状態を常時監視する計測モニタリングを併用した例もある。

吊り防護工法は，路面覆工受け等からワイヤーで吊り下げる工法であり，小規模な埋設物に適用される。受け防護工法は，大型構造物に適用され，土留ぐいあるいは埋設物を支持するためにあらかじめ打設したくいを用いて受けたを渡し，下から支持する工法である。

埋設物復旧工法は，工事完了後，埋戻しに先きだって露出していた埋設物を原形に戻すことであり，一般的に鉄筋コンクリート，ブロック，木材等による受台で上部荷重を受け持つ形式を取っている。特に地上との取合部等，支持力の変化する部分には十分な配慮が必要である。

〔参考図書〕
(財) 道路保全技術センター：埋設管路非開削探査マニュアル，平成11年3月

■ 橋梁添架工法

上下水道管，電信電話ケーブル，電力ケーブル，ガス管等が河川，運河，鉄道等を横断する場合，既設あるいは新設の橋梁に管路等を取り付ける工法で，この場合添架する橋梁はその構造，形式が多種多様であり添架する方法も一様でないが大別すると本橋梁に直接取り付ける方法と桁を渡してそれに管路を取り付ける方法とがある。

添架する管路が橋桁より下部に露出せぬよう橋梁構造を熟知の上，橋の美観等をそこなわないよう設計等も考慮しなければならない。

河川等の横断工法として橋梁添架が経済的な工法であるが路線上に適切な橋梁のない場合，また管路条数，洞道形状，径間，積雪量，洪水面高，地質等の状況等から添架不可能で迂回ルートが割高となる場合は，管路を布設するための専用の橋を建設することがある。橋構造はトラス，プレートガーター，ボックスガーター，コンクリートボックス，鋼管結束式等がある。

なお橋梁に添架する場合でも，専用の橋の場合でも橋と前後のアプローチ取付け部の設計については，不等沈下対策について十分検討することら必要である。

一般に適用されている沈下対策は，アプローチ洞道で沈下を吸収する方法，取付け部に摩擦ぐいを打設しくい長を変化させることにより沈下量を緩和させる方法，可とう継手を用いて不等沈下に対応する方法等がある。

4 燃料関連設備工事

船舶によるパイプ敷設工法

海底パイプラインの敷設工法は大きく敷設船工法と曳航法に分けられ，敷設船工法は距離の長い大規模なパイプラインの敷設に，曳航法は距離の短い小規模なパイプラインの敷設に用いられる。

敷設船工法は，沈設時の敷設船から海底に至るパイプの形状からS-Lay工法とJ-Lay工法に分けられる。水深が大きくなるとパイプのベンド部分に大きな応力が作用するが，J-Lay工法は，S-Lay工法に比較してパイプに作用する曲げ応力を小さく抑えることができるため，深海部におけるパイプの敷設に適している。

敷設船工法に用いられるバージは，ポンツーン型とセミサブ型があるが，ポンツーン型は，通常の函型バージで吃水が小さく，浅瀬部においてパイプを敷設することができる反面，荒天に対する作業限界が低く稼働率が低下する傾向にある。一方，セミサブ型は，船体の大半を潜水させ吃水を大きく取ることができるので，浅瀬部におけるパイプの敷設には適さないが，荒天に対する作業限界が高く稼働率が向上する。

曳航法には浮遊曳航法と海底曳航法があり，波や潮流の影響，航路等の海域作業条件等によってその適用範囲が異なる。

弧状推進工法

運河横断等のガスパイプラインの敷設には，弧状推進工法が用いられることがある。これまでの実績では，ガスパイプラインの径は，主にφ400〜500mmの鋼管，その施工延長は長いもので1km程度である。

弧状推進工法は他のトンネル工法に比べ，立坑が不要なことに加え，掘削径も必要最小限にとどめることができシンプルな工法であるが，配管をできるだけ短時間で引き込む必要があるため，長尺な配管を仮置きするスペースが必要となる。

地下タンク土留・止水工法

地下式タンク施工時の，主な，土留・止水工法にはオープンケーソン工法，連続地中壁工法，竪型NATM工法がある。

オープンケーソン工法は，オープンウェル工法の一種で，止水にオープンウェル，土留めにケーソンを用いるものである。オープンケーソン工法は，直径64m（LNG6万kl），が限界であり，最近では，構造物の大型化（LNG12.5万kl）にともない連続地中壁工法が一般的に用いられている。

連続地中壁工法では，まず，パネル状の掘削を連続的に行い，円筒状に溝を掘削する。次に，泥水により孔壁の安定が保たれた溝の中に鉄筋籠を挿入し，コンクリートを打ち込んで，鉄筋コンクリート製の山留止水壁を構築する。地下タンクの大容量化のニーズに伴い，地中壁も大深度化し，現在では高精度の掘削が行われ，約100mの深さの地中壁が構築されている。

軟岩等，地盤の透水性が低く，自立性が高い地盤においては，竪型NATM工法が採用されている。この工法は，地盤を掘削しながら，吹き付けコンクリートで掘削表面を保護し，ロックボルトを所定のピッチで打設することにより，地山の安定を確保するものである。

底版コンクリート打設工法

LNG地下式タンク底版コンクリートのような広範囲に大量のコンクリートを打設する場合，配管の盛替，移動をせずに連続して打設することを可能にするため，他分岐圧送管工法が使用される。

他分岐圧送管工法は，コンクリートポンプからの1本の配管を順次枝管に分岐してコンクリートを多数箇所に分配するもので，分岐に際しては下記に留意することが必要である。

①分岐部の入口と出口の管径を等しくし，分岐形状を対称な2分岐とする。（分岐部は半径500ミリ程度の曲率をもたせる。）
②対称2分岐を繰り返して多分岐とする。
③分岐管の管径は，図10.9.7に示すように分岐部より1m以上離した箇所で漸縮にさせる。

なお，最終分岐管の先端にフレキシブルなホースを取り付け，これを順次移動させてコンクリート打設を行なう。

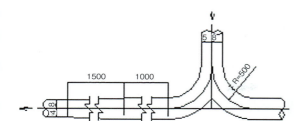

図10.9.7 コンクリート分岐管の形状

表10.9.1 2005年度の一次エネルギー供給実績

エネルギーの種類	供給実績（百万kℓ）	比率（％）
石　油	252	43
LPG	18	3
石　炭	123	21
天然ガス	88	15
原子力	69	12
水力・地熱	18	3
新エネルギー	12	2
その他	4	1
合　計	587	100

側壁コンクリート打設工法

側壁コンクリート打設工法としては，掘削工と側壁コンクリートを交互に施工する逆巻工法と所定深度まで掘削を完了した後，側壁コンクリートを施工する順巻工法がある。

逆巻工法の場合，側壁コンクリートは逆巻で施工することとなり順巻工法に比べ工期短縮が図れるが，打継目の止水性やコンクリート品質の低下が，順巻工法に比べ発生しやすくなることから品質管理に注意が必要である。

新エネルギー施設に関連した工法

地球の温暖化防止は人類が直面している重要な課題であり，日本は地球温暖化防止京都会議で2008年から2012年の5カ年平均でCO_2など温室ガスを1990年比で6％削減することを約束している。太陽光，風力，水力，地熱，バイオマスなどのエネルギー源は，クリーンで再生可能であり，低炭素社会実現への切り札として期待されている。特に，太陽光，風力，バイオマスなどのエネルギー源は，新エネルギーとして技術開発が加速化され実用化されつつある。

資源エネルギー庁総合資源エネルギー調査会より2008年5月に報告された「長期エネルギー需給見通し」によれば，2005年度の一次エネルギー供給実績は，表10.9.1に示すとおりである。新エネルギーの占める割合はわずか1％の1,160万kℓ（石油換算）

表10.9.2 2005年度新エネルギーの供給内訳

新エネルギーの種類	供給実績（万kℓ）	比率（％）
太陽光発電	35	3
風力発電	44	4
廃棄物＋バイオマス発電	252	22
バイオマス熱利用	142	12
その他	687	59
合　計	1,160	100

その他は，太陽熱利用，廃棄物利用，未利用エネルギー等である。

である。

新エネルギーの内訳は，表10.9.2に示すとおりであり，2020年および2030年には最大で図10.9.8に示す伸びが予測されている。

本項では，今後の需要が期待される新エネルギーのうち，規模の大きい土木工事を伴う風力発電について述べる。

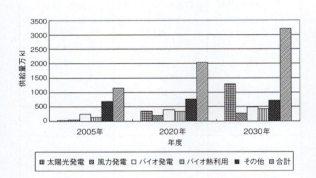

図10.9.8　新エネルギーの需給予測

風力発電

1 風力発電関連工法

近年，地球温暖化に代表される地球環境問題に対する意識の高まりから，二酸化炭素を排出しない風力発電が急速に拡大している。独立行政法人新エネルギー産業技術総合開発機構（NEDO）の報告によると，2006年度には発電容量で約149万kw，1,314基の風力発電機が建設されている。図10.9.9に発電容量の推移および図10.9.10に建設基数の推移を示す。2010年には発電容量で300万kwに達することが見込まれている。

風力発電のフローは，事業計画⇒設計と積算⇒建設工事⇒保守管理の手順である。以下各工程について述べる。

事業計画

風力発電所を計画するには，まず適地を選定しなければならない。風力発電量は風速の3乗に比例することから地形に起因する局所的な風況の予測と測定を精度よく行う必要がある。最近は非線形風況モデルが開発されており風況予測の精度が高まることで発電量の予測精度も向上している。

設計と積算

適地が選定され事業計画が決定されたら，風力発電システムを検討し，実施設計と積算を行う。風力発電所は風況状態の良好な山頂付近に建設されるケースが多い。このように風況の良好な地点は台風等の影響を受けるため高い耐風性能が要求される。最近は，風力発電設備の大型化に伴い，倒壊等の事故が発生するようになった。その様な状況を受けて，2007年土木学会より「風力発電設備支持物構造設計指針・同解説」が刊行され，安全性の高い設計がなされるようになった。

2007年建築基準法の一部が改正され，タワーの高さが60mを超える風車は，国土交通大臣の認定が必要となった。また，風車等は海外から調達するケースも多く，調達計画も含めた積算精度を高めていくことも今後の課題である。図10.4.11に風車の各部名称を示す。

建設工事

風力発電は，風況が良好な地点として山頂付近に建設されるケースが多い。本項では山頂付近に建設されるケースを想定して，アクセス道路の建設，基礎工事，風車の組立について述べる。

■ アクセス道路の建設

山岳部の工事用道路の建設には，道幅が狭く曲がりくねった林道を造成し，大型トレーラーで風車のブレード（羽）を輸送できるよう建設しなければならない。伐採する樹木を最低限に抑えるため，曲がりきれない場所は，スイッチバックする場所を造成する場合もある。この運搬用道路の建設に用いられ

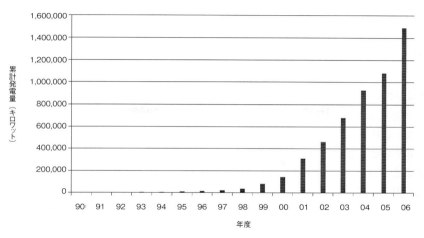

図10.9.9　発電容量の推移

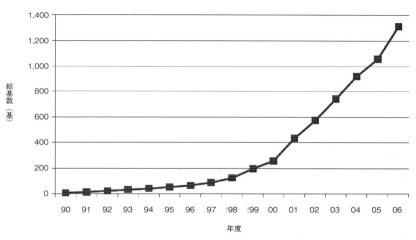

図10.9.10　建設基数の推移

ブレードの運搬

基礎杭打工

第10章　施設別工法　IX　エネルギー　1053

る工法については,「第1章土工・岩石工法」編を参照のこと。

■ 基礎工事

風力発電所は風況の良い山頂付近に建設されることが多いことから,地盤も良好なものと考えられる。したがって選択される基礎も大型の機械を必要としない,杭基礎,深礎基礎,直接基礎等が多く採用される。この基礎の建設に用いられる工法については,「第3章基礎工法」編を参照のこと。

■ 風車の組立

まずタワーを建て込み,基礎にボルトで定着する。天端にナセルを取り付けた後,大きいものでは100mにも達するブレードをナセルに取り付ける。これら風車の組立作業は,現地で組み立てられた500トンを超える大型クレーンと100トン超の補助クレーンにて行われる。風況の良い山頂付近は当然のことながら風が強いため組立作業は,全体の工期を左右する重要な作業となる。

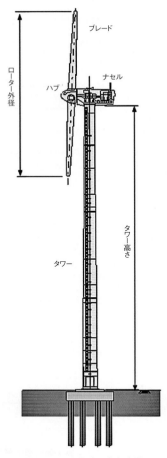

図10.9.11 風車の各部名称

タワーの据付

ナセルの据付

ブレードの取り付け

第11章 防災安全技術工法

Ⅰ 気象災害 ･････････････････････････ 1056
Ⅱ 地震災害 ･････････････････････････ 1082

Ⅰ　気象災害

土砂災害

　我が国はアジアモンスーン地帯に位置しているため毎年多くの台風が通過したり，環太平洋地震多発地帯に属するため地震が頻発し，多くの断層や破砕帯が存在するため地震災害が数年間隔で発生している。大雨，強風，地震，火山などの自然現象に起因する災害を自然災害と呼ばれている。

　自然災害は，大雨や強風など大気中の諸現象により引き起こされる気象災害と地球内部における諸現象により引き起こされる地震・火山災害に大別できる。

　気象災害には，大雨に起因する河川洪水，内水氾濫や土砂災害，大雪に起因する雪崩や積雪，強風に起因する高潮や波浪などがある。これら気象災害のうち，人間の生命やライフラインに対して大きな被害をもたらすのは河川洪水，内水氾濫，土砂災害，高潮である。

　河川洪水は堤防が決壊する破堤あるいは堤防をオーバーフローする越流により引き起こされるが，被害の規模が大きくなることから破堤を起こさないようにすることが望ましい。破堤は主として越流，洗掘・部分崩壊，漏水により引き起こされるケースが多い。その対策として，法面を守る護岸工法，洗掘を防止する根固め工法などが用いられる。また，

　内水氾濫は集中豪雨等により降雨を処理しきれずに地下街が浸水したり，その地域の家屋が浸水する，最近顕著な都市型の水害である。その地域への降雨による流入量が流出量を上回ることがないようにするのが基本的な対策である。大都市では流入量を減らすために，公共施設を利用して大雨時に雨水を貯留したり地下河川や地下に洪水調整施設を建設する例もある。河川洪水および内水氾濫対策の詳細は「第10章施設別工法　1.河川工法編」を参照のこと。

　台風等による高潮に対しては，沖合いに高潮防波堤を建造したり，河口付近に防潮水門を設ける等の対策がとられている。高潮や波浪対策の詳細は「第10章施設別工法　2.海岸工法編」を参照のこと。

　本項では大きな被害をもたらしている大雨に起因する土砂災害について述べるものとする。

大雨と土砂災害

　2007年に公表されたIPCC（気候変動に関する政府間パネル）の第4次報告では，21世紀末での地球の平均気温が1～6℃の幅で上昇すると予測されている。現時点でも，この100年間で約0.7℃上昇したといわれている。このような地球温暖化は気象現象に影響を与え，自然災害が多発することが指摘されている。日本でも集中豪雨による局地的な被害が増加してきている。

　図11.1.1に全国1,300地点で観測された気象庁の資料に基づき国土交通省が作成した，近年の集中豪雨の頻発を示す。日本全国における年間の降雨量は，長期的に減少傾向にあるといわれている。しかし，10年間の平均で比較すると時間50ミリ以上の降雨

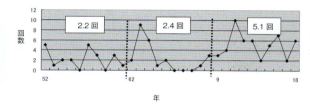

図11.1.1　集中豪雨の頻発度

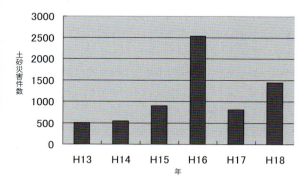

図11.1.2　土砂災害の発生頻度

発生回数は，1977年～1986年の10年間平均が200回，1987年～1996年の10年間が234回，1997年～2006年の10年間が313回と大幅に増加している。また，時間100ミリを超える集中豪雨も1977年からの10年間が2.2回，1987年からの10年間が2.4回および1997年からの10年間が5.1回と近年になって急増している。

集中豪雨の増加は，大規模な土砂災害を誘発しやすくなる。国土交通省の資料によれば，集中豪雨，台風，地震による土砂災害の発生は，大小含めて図11.1.2に示すように年々増加する傾向にある。大規模な土砂災害は多くの人命も失うため，その対策が必要となっている。

(参考文献)
1) (財)先端建設技術センター：「現位置撹拌混合固化方法（ISM工法）設計・施工マニュアル第1回改訂版」，平成19年3月
2) 浅羽雅晴：「温暖化時代の集中豪雨・都市洪水にどう備えるか」，予報時報234, 2008
3) 国土交通省：「平成18年に発生した土砂災害」

土砂災害対策工法

土砂災害を防止する手段の代表的なものとして砂防事業がある。砂防事業は，砂防法を根拠として土石流の捕捉と土砂の移動を目的に行われる防災事業であり，砂防ダムなどの構造物を設置したり，流路工事や遊砂池の設置を行う。また，集落上部の斜面崩壊対策や地すべり対策も含まれる。

斜面崩壊対策工法および地すべり対策工法については「第1章土工・岩石工法編　2.斜面安定工法」あるいは「第1章土工・岩石工法編　3.永久アンカー工法」を参照するものとし，本項では，砂防工法について述べる。

1　砂防工事コンクリート関連工法

砂防工事におけるコンクリート打設工法

砂防工事のコンクリート打設工法は，主に移動式クレーン工法（トラッククレーン・クローラークレーン），ケーブルクレーン工法，ポンプ打設工法により施工される。

移動式クレーン工法が最も一般的だが，工事用道路の進入性や作業ヤードの広さ，コンクリートの打設位置等の現場条件により，機種や能力によって設定する。砂防工事は山間地で狭隘な現場が多く，進入性も悪いためラフテレーンクレーンを使うことが多い。作業ヤードが広く，道路の進入性が良い現場ではトラッククレーンを選定する。クローラークレーンは安定性がよく，コンクリート受け場所より遠い位置へのコンクリート打設や，地盤の安定性が悪い現場において使用している。

ケーブルクレーン工法は，工事用道路の施工が困難な場所や，国立公園内等の自然環境に配慮が必要な場所で，工事用道路の施工ができない現場において施工する。砂防えん堤は，最小単位セメント量で，水セメント比を小さくし，粗骨材の最大寸法を大きくして耐久性の大きいコンクリートを打設するため，現場練りでバケットとケーブルクレーンによるコンクリート打設が多く施工されてきた。しかし，

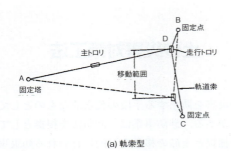

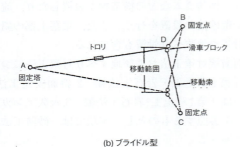

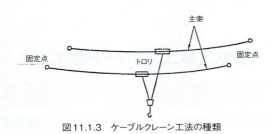

図11.1.3 ケーブルクレーン工法の種類

現在は工場生産の生コンの使用が多くなり，骨材の大きさや，水セメント比も一般的になったこと，また，移動式クレーンの性能が向上したことにより，移動式クレーンの施工が一般化した。

ポンプ打設工法は，多量打設，省力化及び工期短縮を目的として施工されてきた。ポンプ打設の施工能力は，骨材の種類，川砂利と砕石の違いによる管内抵抗による差異や，骨材の粒度の違いにより，スムースに圧送する輸送管径（一般的には骨材の最大寸法の3倍以上の管径），細骨材率による圧送性，スランプが小さいほど単位水量が少なくなり管内抵抗が増加する等，配合設計に関係する。砂防えん堤のコンクリートは，マスコンクリートとして打ち込まれる。このためセメントの水和熱によりコンクリートの内部の温度が上昇をおさえるよう，単位セメント量の少ない，水セメント比の小さい，耐久性の良いコンクリートを施工している。ポンプ打設は，一般的にスランプ8〜21cmが施工範囲となる。砂防えん堤のコンクリートは，一般的にスランプ5cm

程度のコンクリートを施工しているため圧送が難しい場合がある。現場の立地条件，運搬距離と高さ，コンクリートポンプ車能力等を考慮してポンプ打設を計画しないと，スランプ，流動化材使用などの選択となり，コンクリートの品質低下や，構造物のひび割れの増加につながる。

ケーブルクレーン工法

砂防えん堤のケーブルクレーン施工は，工事が小規模なので，軌索型・ブライドル型・複線ケーブル型（H型）が使用されている。軌索型は，主索を軌道索に取り付けた走行トロリにより移動させる。ブライドル型は，主索の一端を，滑車ブロックを組み込んだ移動端により支持し，移動側に設置した固定端に取り付けた滑車ブロックと移動端の滑車ブロック間に鋼索を通し支持させ，これらの鋼索をウインチで相互に伸縮されることにより移動させる型式。複線ケーブル型（H型）は，固定式ケーブルクレーンを2基設置して，相吊りした形式で，横の移動は片側の巻き上げ索を余計に巻き上げることにより移動する。図11.1.3にケーブルクレーン工法の種類を示す。

ケーブルクレーンの横行範囲は，トロリを全負荷荷重で移動させるとき，両端の塔に接近できる限度があり，主索の取り付け標高差による傾斜角により違うが，水平の場合は，スパンの1/10とされている。ケーブルクレーンの主索の最大たわみは，トロリが中央にあるとき発生し，たわみ量は，スパンの1/20が標準となっている。

ケーブルクレーンの作業能力は，ダム規模，施工可能日数より月間および日打設量，現場に搬入する際の最小分解重量及び，運搬設備能力（サイクルタイム）等から総合的に決定する。

吊り上げ荷重が3t以上のケーブルクレーンを設置する場合は，その設置前に労働基準監督署長に設置届を提出し，設置後に落成検査を受ける。吊り上げ荷重が3t未満のケーブルクレーンについては，その設置前に，労働基準監督署長に設置報告書を提出する等，労働安全衛生法等による規定が定められている。

ホイールクレーン工法

ホイールクレーンは移動式クレーンの一種で，1台の原動機で走行とクレーン装置を駆動する。運転室には走行とクレーン操作用の操縦装置が備えられているので，1人の運転手で，作業する場所まで走

表11.1.1　配合設計例

水セメント比	細骨材率	セメント	水	細骨材	粗骨材	混和材
59.2%	43.8%	255	151	810	1057	0.638

行してそのままクレーン作業を行ったり，荷物を吊ったまま走行できるのが特徴である。

　コンクリートえん堤のコンクリート打設において，地形条件によりケーブルクレーンの設置ができない場合や，自然環境保全の立場上から制約を受ける場合に移動式クレーンが使用される。この他移動式クレーンには，用途によりトラッククレーン・クローラクレーン・ラフテレーンクレーン等がある。

■ ポンプ打設工法

　従来の砂防えん堤のコンクリート打設は，コンクリートの品質管理基準（スランプ5cm）の制約により，バケット打設が標準となっているが，えん堤の大型化による日打設量の増加及び立地条件の悪化などでクレーン車での施工が困難な場所も多く，またケーブルクレーン等の仮設備も多大な費用と日数を要する。

　ポンプ打設工法は，汎用機械であるポンプ車により，コンクリートを打設するものであり，
①従来工法の施工が困難な場合に有利。
②作業効率の向上を図る。
③クレーン作業による危険要因を排除する。
ことを目的とする。

　コンクリートは，従来どおりのスランプ5cm，粗骨材最大寸法80mmにより実施するため，ポンプ施工用AE減水材を用いることにより，ポンパビリティーの改善を図っている。AE減水材の特徴として，連行空気泡の微細化効果，材料分離抵抗性，潤滑性向上効果が上げられ，良好なワーカビリティーが得られている。

　コンクリート配合設計については，現行配合もしくはS/aを1～3%増＋AE減水材使用による耐久性確認として凍結融解試験を実施し，問題ないことを確認している。表11.1.1に配合設計の一例を示す。

　施工に際し，筒先の移動手段（重量的にクレーンの補助作業が必要となる）及び配管内に残留する廃棄コンクリートの処理についての検討が必要となる。

砂防工事におけるコンクリート締固め工法

　コンクリートの「締固め工法」とは型枠内に打ち込まれたコンクリートを型枠のすみずみまでゆきわたらせ，鉄筋，シースとの付着をよくし，コンクリート中の空隙を少なくし，余分な水分を追い出すことにより，コンクリートの強度，耐久性，水密性等構造物に要求される性能を満たすために行う工法のことで，養生工と並んで重要な作業である。

　締固め工法には，突き固め，型枠を叩く方法，振動締固め，加圧締固め，真空締固め，遠心力締固め等があるが，土木用コンクリートは一般にスランプが小さいため，突き固め，型枠を叩くなどの方法では十分な締固めが行われないため主に振動締固めが用いられる。

　振動締固め工法には，内部振動工法，型枠振動工法，振動台締固め工法などがあるが，振動機を用いると材料の分離が生じることがある軟練りのコンクリートを使用する建築工事などをのぞき，内部振動機などで直接的に締固める内部締固め工法が最も一般的に行われ，①振動機は垂直に挿入・引き抜きし，コンクリートの横振動に使用してはならない，②締固めの有効範囲は振動機を中心に30～40cm程度であることから挿入間隔はそれ以下とする，③振動機は直接型枠・鉄筋に当ててはならない等の注意点がある。振動機の種類は形状，動力および構造により表のように区分されるが，これらのうち電動フレキシブルシャフト型振動機が最も多用されている。内部振動工法に対し，型枠の構造上または複雑な配筋のため内部振動機の使用が困難な場合に型枠に振動機を取り付け振動させることにより，間接的に内部のコンクリートを締固める外部締固め工法（型枠振動工法）があり，高い壁，柱，トンネルの巻立てコンクリートなどに多く使用されている。型枠振動機を使用する場合，振動エネルギーが型枠に吸収されて十分な締固め効果が得られないので内部振動機を併用することが望ましい。また，振動により型枠が移動したり変形することがないよう強固に作る必要がある。振動台締固め工法とは，型枠を振動台の上に載せ振動エネルギーを型枠内のコンクリートに与えることにより締固める工法で，プレキャスト製品や供試体の制作に用いられ土木工事には使用されていない。

2 特殊基礎工法

特殊基礎工法は，砂防えん堤等において地盤条件が通常の基礎工法では施工が不可能，あるいは施工コストが高いなどの場合に施工される。

特殊基礎工法の選定に際しては，砂防えん堤の施工位置，規模，えん堤形式及び基礎地盤の地質状況を勘案して決定されるが，近年コスト縮減及び建設副産物の有効利用が叫ばれるなか，採用に際しては通常工法との経済比較並びに建設残土対策も視野に入れた選定が行われてきている。

また，今後計画される砂防設備地点は良好な地質条件箇所が少なくなってきていることから，ますます特殊基礎工法の施工は増加していくことが予想される。

特殊基礎工法の種類としては，地盤改良工法，コンクリート置換工法，鋼製矢板基礎工法，深礎工法が代表的な工法として挙げられる。

地盤改良工法は，現位置材に改良材を加え基礎としての必要強度を確保するもので，現位置材が砂礫材である場合，床堀掘削量の削減と，建設残土の減少により周辺環境に与える影響がはかられることから砂防ソイルセメント工法の施工事例が増えてきている。

コンクリート置換工法は，地盤改良工法の一種で基礎地盤に軟弱層が存在する場合，その不良部分を除去しコンクリートに置き換えるもので広く使用されている工法である。

鋼製矢板基礎工法は，支持層に鋼製矢板を通じて荷重を支持層にもたせるもので，対象地盤が鋼矢板の打ち込みまたは建て込みが可能な場合掘削を少なくできる工法である。

深礎工法は，杭基礎の一種で支持層に場所打ち杭を通じて荷重を支持層にもたせるもので，大型機械を必要としないため傾斜地や狭い場所での基礎工法として広く採用されている。

地盤改良工法

基礎地盤が砂防えん堤の基礎条件に適合しない場合は，それぞれの状況や目的に応じて処理を行うものである。地盤改良は砂防えん堤の基礎を①砂礫基礎，②岩盤基礎に分類し，それぞれに応じた処理が必要である。表11.1.2に砂防ダムの基礎の種類と地盤改良方法を示す。

表11.1.2 砂防ダムの基礎の種類と地盤改良方法

基礎の種類	基礎の状態	危惧される現象	地盤改良(処理)方法
①砂礫基礎	地盤支持力が不足の場合	砂防ダムの沈下	鋼杭，コンクリート杭打ち，ベトン，セメントの混合による土質改良
	基礎の透水性が問題の場合	地下水の移動による基礎の不安定化	止水及び地下水路延長を長くするための鋼矢板，エプロン，イコス工法，イントールジョン工法，薬液注入やこれらの組み合わせ工法によって処理
②岩盤基礎	支持力及びせん断摩擦安全率が不足の場合	すべり面を生じてダムの滑動，破壊	ダム底幅を広くし圧縮応力を分布させ，せん断摩擦安全率を高める
	断層，粘土層等の軟弱層が出た場合	パイピングによる砂防ダムの破壊	コンクリートに置き換え，カバーコンクリートを打設したのち，グラウトによって処理する
	アーテルダム，三次元ダム等において基礎及び両岸の岩盤の構造(流れ盤構造等)	断層，破砕帯等の何は区部はダムの安全性に支障を与える	岩盤をボーリングし，孔内に鋼棒，鋼線を導入，固定して鋼材を緊張し，岩盤の締付けを行う

種子散布工コンクリート置換工法

高さ15m以上の砂防えん堤の基礎岩盤は，CMクラス以上の岩級を原則としており，CMクラスの上部のCL，Dのような風化岩盤においては，岩盤下部の状況を追加調査を行って処理する必要がある。追加調査としては追加ボーリング，岩盤強度試験，変形試験，グラウト試験等があり，これらの結果によってはえん堤構造規模等の変更という基本的な事項にまで及ぶものと，劣弱部分をコンクリートによって置き換えたり，グラウチングによって処理が可能なものがある。

コンクリート置換工法は，岩盤の脆弱部の処理として一般に行われている工法の一つで，1)他に杭によってダムを堅岩部にのせる，2)岩盤PSアンカーで緊結する，3)グラウチングによって力学性質を改善する工法がある。

深礎工法

深礎工法の原形とされるシカゴ工法は，1878年にアメリカのシカゴ市で発展したもので，地盤条件がこの工法に適したものであったからである。わが国の深礎工法も歴史は古く木田建業(株)が開発したものである。1935年建築工事で実用施工され，い

まだにその特異性と有利性を失わず，基礎として，地すべり防止杭として多岐にわたり採用されている工法である。深礎工法とは，地中に基礎杭を作るために円形の竪杭を掘削する方法で，外枠にライナープレートを組立て，土留めしながら内部の土を除去しつつ所定の支持盤に到達した後，コンクリートを打設し基礎とする工法である。土留材は除去しないことを原則とする。掘削，土砂搬出はクラムシェルによる機械掘削搬出及び人力掘削搬出及び人力掘削後土砂搬出機等による方法がある。

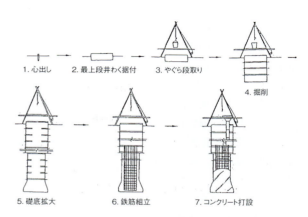

図11.1.4　深礎工法の施工手順

[工法の特徴]
　基礎地盤を確認できその地耐力も測定することができる。
　大口径(1.2～5.0m程度)杭の施工が可能であり礎底の拡大もできる。
　施工設備が簡単なため，傾斜地や狭隘な場所などで施工が可能である。
　騒音や振動が非常に小さい。

[施工方法]
　地盤を杭状に掘削機又は人力で掘削排除しながらリング状の波形鋼板等を建込んで土留めを行う作業を繰り返す工法である。図11.1.4に深礎工法の施工手順を示す。
　深礎杭の施工位置に掘削土搬出用やぐらを設置する（機械掘削の場合は必要ない）。
　孔底をライナープレートの一段分を掘削してライナープレートを組立てる。一段目は水平にセットし，継手は交互に並べる。
　また一段分掘削して上方のライナープレートと接続して杭内足場を仮設しこの作業を繰り返す。
　人力掘削の場合，土砂は小型のバケツに入れ，やぐらと電動ウインチを利用して巻き上げる。掘削機の場合はバケットで掘削搬出されるかクレーン等を用いて搬出する。湧水がある場合は潜水ポンプで排出し，湧水量が0.2m³/minを超える場合は地山を緩める原因となるので別途に湧水防止工法を施工する。
　定着地盤まで掘削が進めば鉄筋組立てを行う。
　クレーン，シュート，トレミー管を利用して，コンクリートを打設する。又，周囲の間隙をグラウトで充填する。施工中は，安全面に特に注意を払い落下防止，漏電，酸欠，有毒ガスの発生，崩壊ボイリング及びヒービングなどに対し十分な対策を行い施工する必要がある。

3　砂防ソイルセメント工法

　砂防ソイルセメントは，砂防事業を推進する中で砂防施設の構築に現地発生土砂を有効活用するために開発されたものである。
　砂防ソイルセメントは，施工現場において現地発生土砂とセメント・セメントミルク等を攪拌・混合して製造するもので，砂防施設とこれに伴う附帯施えん堤設の構築及び地盤改良に活用する材料の総称である。
　一般に，砂防事業は山間部で実施されるため，従来の工法では掘削土処分費等の建設コストが増大するとともに，コンクリート等の建設材料運搬が制限され施工効率が低くなる傾向がある。さらに，掘削残土運搬時の騒音・振動や土捨場構築等は環境問題を生じさせる場合がある。
　一方，砂防事業を推進する河川・渓流の河床砂礫は，良質であることが多く，これらを活用することは，環境面だけでなくコスト縮減面からも有効かつ重要であると考えられている。
　このような背景の中，砂防施設の構築に掘削等で生じる現地発生土砂を有効活用できる工法の開発が望まれた。
　現地発生土砂を有効活用する工法として，現在までに「ISM工法」，「CSG工法」，「INSEM工法」，「砂防CSG工法」の4工法が開発されてきた。
　これらの工法は，大礫を除去する以外には粒度調整をしない現地発生土砂とセメント・セメントミルク等を施工現場で攪拌・混合し，砂防施設とこれに

伴う附帯施設の構築及び地盤改良を行う工法であり，汎用性の高い建設機械を使用する合理化・省人化施工方法である。

砂防ソイルセメントを活用した工法は，ツインヘッダーによる施工，振動ローラ転圧による施工という施工方法の違いから2つに大別できる。

ISM工法は，掘削土のうちの大礫を除いた現地発生土砂を埋戻し，セメントミルクと攪拌・混合し，所要の強度を有する構造体を構築する工法である。

CSG工法・INSEM工法・砂防CSG工法は，現地発生土砂とセメントを混合し，振動ローラで締固め構造物を構築する工法である。

「CSG工法」，「INSEM工法」，「砂防CSG工法」の3工法は，配合手法や品質管理等で多少の差はあるものの，建設材料の性状や施工方法等に大きな差異がないので，同一工法としてとりあつかうことが可能である。これらの3工法は，開発機関毎に名称がつけられているが，施工現場から掘削土砂等の現地発生土砂を搬出しないという基本理念より，本書においては，INSEM (IN-situ Stabilized Excavation Materials)工法に統一するものとする。

砂防ソイルセメントは，図11.1.5に示すようにコンクリート材料と土砂材料の中間的材料であり，目的に応じて適用に配合を設定することにより図11.1.6に示すような幅広い適用が可能になる。

砂防ソイルセメントを活用して砂防施設や附帯施設及び地盤の改良を行う場合には，現地発生土砂の性状・賦存量，目標レベルと発現強度，対象施設及び部位の規模・形状，施工性・経済性等を考慮してISM工法またはINSEM工法を適切に選定するものとする。

砂防ソイルセメントを活用する場合の工法選定時の検討手順を図11.1.7に示す。ISM工法またはINSEM工法の選定は，図11.1.7示した項目について検討を行ったうえで決定することが望ましい。

INSEM工法

INSEM工法の標準的な施工手順と施工概要を図11.1.8および図11.1.9に示す。INSEM工法において

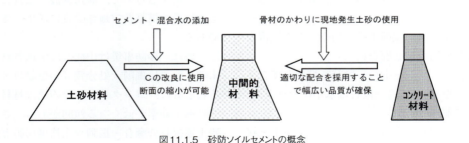

図11.1.5　砂防ソイルセメントの概念

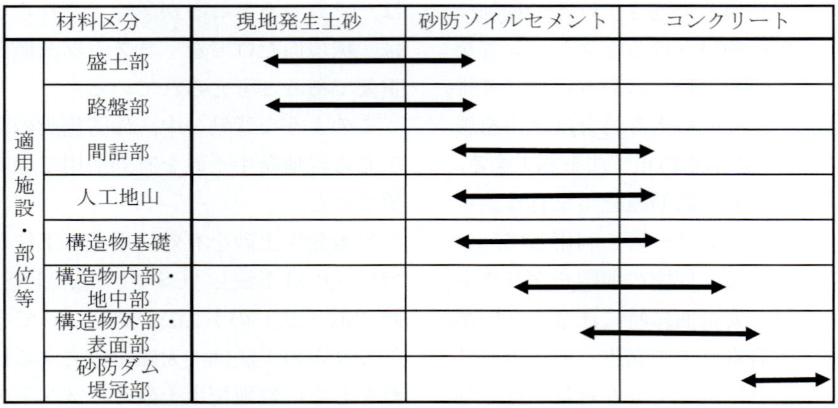

材料区分		現地発生土砂	砂防ソイルセメント	コンクリート
適用施設・部位等	盛土部	←——→		
	路盤部	←——→		
	間詰部		←——→	
	人工地山		←——→	
	構造物基礎		←——→	
	構造物内部・地中部		←——→	
	構造物外部・表面部		←——→	
	砂防ダム堤冠部			←→

図11.1.6　砂防および付帯設備における砂防ソイルセメントの適用性

混合機械，締固め機械を選定する場合には，次のような点を考慮するものとする。

　混合機械は，市場性・汎用性が高く，施工性・経済性に優れるバックホウを標準とする。しかし，混合機械は，バックホウにこだわらず，砂防ソイルセメントを，所要の品質で，施工に必要な量を製造できる機械であれば採用可能と考えられる。

　例えば，混合性能（混合状態の良否）が低い機械を使用する場合には，単位セメント量等を増量して対応することが可能である。また，混合能力（1時間あたりの混合量等）が小さい機械を使用する場合には，機械台数を増やして対応することが可能である。

　INSEM工法では，バックホウ以外にもバッチャープラント，バックホウ，アジテータ車，自走式撹拌機等を混合機械とした事例がある。
締固め機械は，混合直後の砂防ソイルセメントの品質，施工条件，市場性，施工方法を考慮し，適切なものを選定するものとする。
大型振動ローラを使用する場合，締固め層厚を厚く

図11.1.8　標準的な施工フローと使用機械

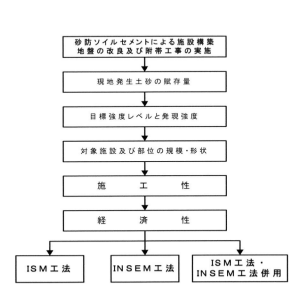

図11.1.7　砂防ソイルセメントを活用した工法と選定手順

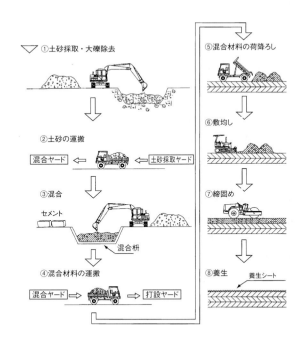

図11.1.9　標準的な施工概要

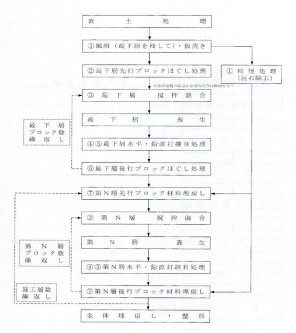

図11.1.10　ISM工法の施工手順

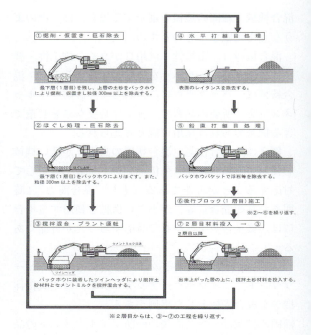

図11.1.11　ISM工法の施工概要

し施工性の向上を図ることができる。また，市場性の高い小型振動ローラを使用する場合，締固め層厚を薄くして対応することができる。一般的に10t級の振動ローラで層厚50cm程度，3～5t級の振動ローラで層厚30cm以下が目安である。

ISM工法

ISM工法は，掘削土のうちの大礫を除いた現地発生土砂を埋戻し，セメントミルクと攪拌・混合し，所要の強度を有する構造体を構築する工法である。ISM工法の施工手順を図11.1.10に，施工概要を図11.1.11に，標準プラント設備一覧を表11.1.3に，標準的機械を表11.1.4に，標準プラントヤード配置例を図11.1.12に示す。

(参考文献)
1) (財)先端建設技術センター:「現位置攪拌混合固化方法（ISM工法）設計・施工マニュアル第1回改訂版」，平成19年3月

表11.1.3　ISM工法の標準プラント設備

機械名称	仕様	単位	数量	摘要
セメントミルクプラント	24 m³/h	台	1	セメントミルク製造
グラウトポンプ	30～200ℓ/min	台	1	セメントミルク圧送
流量計	200ℓ/min	台	1	セメントミルク計量
グラウト用ホース	φ38mm	m	150	セメントミルク圧送
セメントサイロ	30t、移動用	台	1	セメント貯蔵
水中ポンプ	φ80mm	台	1	給水・排水
混和剤水槽	5.0m³用	台	1	
混練用水槽	10.0m³用	台	1	
発動発電機	150KVA	台	1	プラント運転

表11.1.4　ISM工法の標準的機械

機械名称	仕様	単位	数量	摘要
ツインヘッダ	MT1000SL、90度回転改良型	台	1	攪拌混合
バックホウ	山積0.8m³、油圧配管付	台	1	攪拌混合（ツインヘッダ搭載）
バックホウ	山積0.8m³	台	1	掘削・積込・埋戻し
ダンプトラック	10t積み	台	2	攪拌土砂材料・埋戻土運搬
ブルドーザ	普通15t級	台	1	整地・埋戻し
ラフタークレーン	25t吊り	台	1	プラント組立・解体

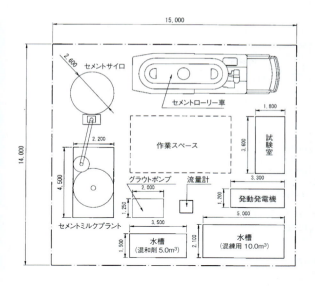

図11.1.12　ISM工法の標準プラントヤード配置例

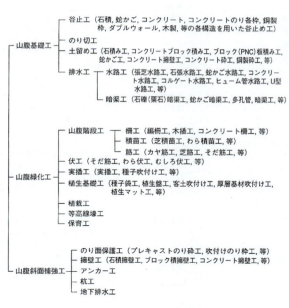

図11.1.13　山腹工の代表的な工種

4　山腹保全工

　山腹保全工は，治水上砂防の見地から山腹保全のため，崩壊地又はとくしゃ地などにおいて切土・盛土や土木構造物により斜面の安定化を図り，また，植生を導入することにより，表面侵食や表層崩壊の発生又は拡大の防止又は軽減を図る山腹工と，導入した植生の保育などによりそれらの機能の増進を図る山腹保育工からなる。崩壊地とは，山腹崩壊に起因した裸地などのことをいう。

　また，とくしゃ地とは，全面的若しくは部分的に植生が消失若しくは衰退した山腹斜面などのことをいう。このような崩壊地やとくしゃ地からの恒常的な土砂生産は，洪水時に下流域での土砂災害をもたらすこととなるため，山腹保全工は，治水上砂防の観点から極めて重要である。

　山腹保全工による表層崩壊の発生・拡大を軽減する効果は，一般的に構造物においては基礎の範囲，植生においては根系の土壌緊縛力が及ぶ範囲であるといわれており，深層崩壊や地すべりに対する山腹保全工の効果の評価は今後の課題である。

山腹工

　山腹工は，①「山腹の斜面の安定化や斜面の侵食の防止を図る山腹基礎工」，②「崩壊地又はとくしゃ地において表面侵食や表層崩壊の発生又は拡大を防止又は軽減するため植生を導入して緑化を図る山腹緑化工」，③「崩壊地や崩壊のおそれのある山腹の斜面においてコンクリートのり枠工や鉄筋挿入工などを施工することにより，斜面そのものの崩壊抵抗力を高める山腹斜面補強工」に分けられ，これらを単独若しくは適切に組み合わせて施工することによって，土砂生産の抑制を図るものである。

　計画に際しては，計画区域及びその周辺の地形，地質，土壌，気候，植生及び他の砂防設備との関連などを十分調査し，適切な工種を選定するものとする。特に導入植生の選定に当たっては，周辺植生などとの調和に十分配慮するものとする。

　それぞれの中に含まれる代表的な工種は，図11.1.13に示すとおりである。また，地質及び気象の区分から工種の選定する留意点は，表11.1.5に示すとおりである。

表11.1.5 日本における地質別気象別留意点

気象＼地質区分	中，古生層地帯	第三，第四紀層地帯	花崗岩地帯	火山堆積物地帯	破砕帯
一般地域	渓流工事に重点をおき，山腹工事では土留め工を最小限とする	崩壊面の土壌は比較的良好であり，植生の導入を積極的に図る	客土的要素をもつ山腹緑化工を十分に行う．斜面は侵食されやすいため，被覆を完全に行う	地形が急峻であるため，基礎工事によって地形を修正する．前面被覆工を必要とするところもある	
多雨地域（年間降水量2 000mm以上）	山腹工事に重点をおくが，山腹基礎工を少なくし，山腹緑化に主力を注ぐ	山腹基礎工を十分に行う必要がある	一般地帯に準ずる	シラス地帯（南九州）がこれに相当する．のり切りは垂直とし，客土的効果のある緑化工を行う	渓流工に重点を置き，山腹工は排水工を十分に行う
寡雨地域（年間降水量1 500mm以下）	一般に荒廃は軽微であり簡単な筋工等でよい	山腹緑化工とし，一気に実施する．山腹基礎工は，比較的簡易とすることができる	山腹基礎工は最小限とし，山腹面の緑化に重点をおく（特に客土的緑化工）		
多雪地域	雪崩を考慮した山腹工事を必要とする	山腹排水工の施工密度を高くし，完全排水に努める	雪崩を考慮した山腹緑化工を必要とする		
凍上地域	各種の伏工と植生によって地表を被覆し，温度低下を防止する．階段工は破壊されやすいため，できる限り施工を避ける				

■ 山腹基礎工

　山腹基礎工は，切土，盛土や谷止工などの構造物の設置により山腹斜面の安定を図るとともに，水路工などで，表面流による斜面など侵食を防止することにより，施工対象地を将来山腹緑化工若しくは山腹斜面補強工を施工するための基礎作りを行うものである．山腹基礎工の工種選定の手順例を図11.1.14に示す．

■ 山腹緑化工

　山腹緑化工は，施工対象地に植生を導入して緑化を図るものである．なお，山腹緑化工には，表土の移動を抑制するとともに植生を導入する柵工，積苗工，筋工などの工法も含まれる．導入植生の選定に当たっては，経年的な変化を考慮して，周辺植生との調和に十分配慮する．山腹緑化工の工種選定の手順例を図11.1.15に示す．

■ 山腹斜面補強工

　山腹斜面補強工は崩壊地や崩壊のおそれのある山腹において，斜面の安定化を早急に図る必要のある場合や山腹基礎工，山腹緑化工のみでは崩壊の発生・拡大の軽減・防止が困難な場合に，山腹斜面にコンクリートのり枠工や鉄筋挿入工などにより，斜面そのものの崩壊抵抗力を高めるものである．

　崩壊地などの急勾配な地形では，表土が頻繁に移動するために自然による植生の復旧が期待できない．そのような場合には，山腹基礎工を主体として斜面を安定させ表土の移動を抑制した後に，山腹緑化工を導入して緑化を図るのが一般的である．また保全対象に隣接するなど斜面の安定化を早急に図る必要がある場合には山腹斜面補強工が導入される．

　とくしゃ地のように土壌が貧弱ではあるが，比較的緩勾配な地形のところでは，山腹緑化工が主体に計画される．

　これらの工種は，一つの崩壊地などにおいて複合して用いることが多く，適切に組み合わせて計画される．渓流に隣接する侵食など土砂生産の著しい山腹においては，山腹基礎工として山脚固定を目的とする砂防えん堤を用いるなど，山腹工と砂防えん堤や渓流保全工を組み合わせて計画することがある．

山腹保育工

　山腹保育工は，山腹工施工後の山腹の斜面などにおいて，表面侵食や表層崩壊の発生又は拡大の防止又は軽減機能の増進を図るために，植生の適正生育を促す保育などを行うものである．

　計画に際しては，山腹工計画時の目標とその実施内容に応じて保育の方針を設定するものとする．

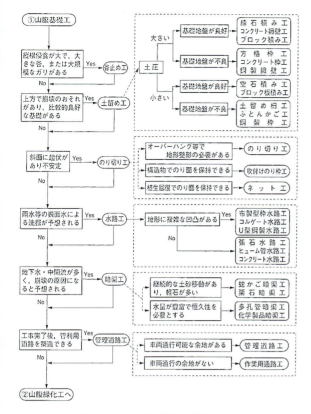

図11.1.14 山腹基礎工の選定フロー

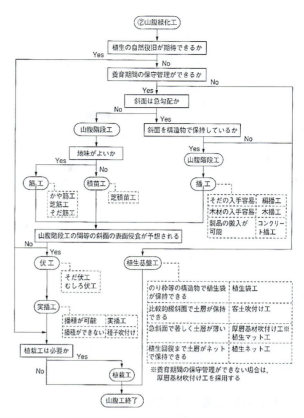

図11.1.15 山腹緑化工の選定フロー

　山腹緑化工により導入された植生は，コンクリート構造物などと異なり，その効果を発揮するまでに時間を要すことから，山腹工が適正に機能する植生状態になるまでの適切な保育の方針を設定することは重要である。

　通常は，山腹緑化工により草本類や先駆性樹種（肥料木）の導入によってまず裸地斜面などを被覆して表土の移動・侵食の防止と森林の生育基盤の形成を図り，その後の山腹保育工などによって防災機能を高めつつ，周囲の植生と調和のとれた植物群落に育てていくことになる。

　なお，山腹工施行地などの植生が周辺植生と著しく乖離している場合や，単一樹種となって病虫害に対する抵抗や砂防の効果として樹林帯の機能が期待できない場合などには一定の群落ができた段階で必要に応じ，山腹工の機能増進を図るために樹種及び林層転換を行う場合がある。

5 砂防えん堤

　砂防えん堤は，近年，社会ニーズの多様化と事業の効率化の観点からさまざまな型式，構造，材料からなったものが開発されてきている。砂防えん堤の形式には，透過型と不透過型があり，構造には重力式，アーチ式などがある。また，材料には，コンクリート，鋼材，ソイルセメントなどがある。砂防えん堤を型式，土砂の制御形態，構造，材料から分類すると図11.1.16に示すとおりである。以下に，様々な砂防えん堤について，解説する。

透過型砂防えん堤　（型式による分類）

　透過型砂防えん堤は本来の水通し部に透過部断面を有する砂防えん堤である。透過部断面にはいくつかの種類があるが，主なものにはスリット（開渠），暗渠，鋼製構造物等がある。また，透過型砂防えん堤は，土石流の捕捉を目的とした閉塞型，掃流砂の調節を目的としたせき上げ型に分類される。閉塞型

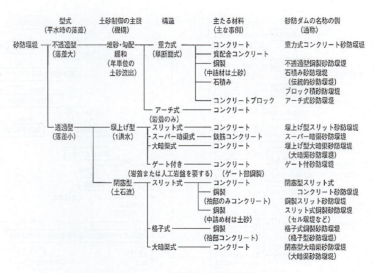

図11.1.16 砂防えん堤の分類例

は土石流区間の主に流下区間，せき上げ型は掃流区間に配置される。

スリット砂防えん堤 （構造による分類）

砂防えん堤の水通し部に単一または複数の切り欠きを入れたえん堤。透過型砂防えん堤とも呼ばれる。切り欠きを設けるためのピア部がコンクリートのものはコンクリートスリット砂防えん堤，鋼管のものは鋼製スリット砂防えん堤と呼ばれる。常時ダえん堤の空き容量を確保するために設置され，土石流対策にはスリット間隔を最大粒径の1.5倍～2.0倍にする。掃流域ではスリットによる流水のせき上げでエネルギーを減勢し土砂を捕捉する。近年，流木対策に鋼製スリット砂防えん堤が多く用いられている。

格子型砂防えん堤 （構造による分類）

鋼管を立体格子状に組み合わせた剛結合の砂防えん堤。主として土石流捕捉工として用いられる。

枠えん堤 （構造による分類）

木材，鉄筋コンクリート等の柱，梁，壁材で枠を組立て，中に石砂礫を詰めて造るえん堤。枠の材料としては，上記のほか鋼材，中空コンクリート管等がある。

鋼製砂防えん堤 （材料による分類）

鋼管，H型鋼，鋼矢板等の鋼材を用いた砂防えん堤。鋼製砂防えん堤は，屈とう性や土砂・水の透過等の機能性に加え，工期短縮，品質均一化，運搬施設や運搬費の節減，積雪寒冷期の施工性，および経済性の面で優れている。鋼製砂防えん堤は，平常時の流出土砂に対する捕捉・通過の観点から，機能的に透過型構造と不透過型構造とに分類される。

土砂生産抑制施設としての砂防えん堤

土砂生産抑制施設としての砂防えん堤は，①「山脚固定による山腹の崩壊などの発生又は拡大の防止又は軽減」，②「渓床の縦侵食の防止又は軽減」あるいは③「渓床に堆積した不安定土砂の流出の防止又は軽減」を目的とした施設である。

計画に際しては，施設を設置する目的に応じて，施設の規模及び構造などを選定し計画するものとする。

土砂生産抑制施設としての砂防えん堤の設置位置は，砂防えん堤に期待する効果と，地形，地質，不安定土砂の状況を勘案し，①については原則として崩壊などのおそれがある山腹の直下流，②については原則として縦侵食域の直下流，③については原則として不安定な渓床堆積物の直下流に配置するものとする。

土砂生産抑制施設配置計画における砂防えん堤は，土砂生産抑制の目的に加えて土砂流送制御も目的として計画される場合が多い。

山脚固定を目的とする砂防えん堤は，砂防えん堤の設置により上流側に土砂を堆積させ，この堆積土砂によって渓床を上昇させて山脚を固定し，山腹の崩壊などの予防及び拡大を防止する機能を有する。

　縦侵食防止を目的とする砂防えん堤は，砂防えん堤の設置により上流側に土砂を堆積させて，渓床の縦侵食を防止する機能を有する。

　渓床に堆積した不安定土砂の流出防止を目的とする砂防えん堤は，砂防えん堤の設置により不安定土砂の流出を防止する機能を有する。

　縦侵食防止を目的とする砂防えん堤及び渓床に堆積した不安定土砂の流出防止を目的とする砂防えん堤は，河床変動計算や水理模型実験などを行って，砂防えん堤の規模を計画することができる。この場合，流量の時間変化，流砂量の時間変化，渓床に堆積した土砂の粒度分布など河床変動計算や水理模型実験などを行うために必要な条件を適切に設定する必要がある。砂防えん堤の設置については，構造物の安全，特に基礎の洗掘，袖部地山の流失防止のために，渓床及び渓岸に岩盤が存在する場所に計画することが望ましい。また，単独の砂防えん堤にするか，連続する低えん堤群にするかは，その地域の土砂生産形態の特性，施工，維持の難易により選定される。

　砂防えん堤の形式・構造・材料の選定に当たっては，周辺環境や経済性などを基に検討する。なお，土砂生産抑制施設としての砂防えん堤には，その地域の土砂生産形態，地形・地質条件，砂防えん堤に求められる機能等の観点から，透過型砂防えん堤が適さない場合があることに注意が必要である。

土砂流送制御施設としての砂防えん堤

　土砂流送制御施設としての砂防えん堤は，①「土砂の流出抑制あるいは調節」，②「土石流の捕捉あるいは減勢」を目的とした施設であり，その形式には，不透過型及び透過型がある。計画に際しては，施設を設置する目的に応じて，施設の形式，規模及び構造などを選定するものとする。土砂流送制御施設としての砂防えん堤の設置位置は，砂防えん堤に期待する効果と地形などを勘案し，狭窄部でその上流の谷幅が広がっているところや支川合流点直下流部などの効果的な場所に設置するものとする。

　土砂流送制御施設配置計画における砂防えん堤は，土砂流送制御の目的に加えて土砂生産抑制も目的として計画される場合が多い。

　流出土砂の抑制を目的とする砂防えん堤は，堆積容量に流出土砂を貯留させることで，土砂の流出抑制機能を発揮する。この機能は退砂によって失われるので，計画上これを見込む場合は除石などにより機能の回復を行う必要がある。

　砂防えん堤の堆砂域では，多量の土砂の流入があると，砂防えん堤がないときの渓床と比較して，渓床勾配が緩くなるため，渓床幅が広くなり，一時的に安定勾配（静的平衡勾配に近い）より急な勾配（動的平衡勾配）で土砂が堆積する。流出土砂の調節を目的とする砂防えん堤はこの機能を活用して，流出土砂の調節を行うものである。また，土砂調節を目的とする透過型砂防えん堤は，格子等により大粒径の石などを固定したり，洪水をせき上げることにより流出土砂量及びそのピーク流出土砂量を調節する。なお，透過型砂防えん堤は透過部断面より渓流の連続性を確保することができる。

　土石流を捕捉し減勢させることを目的とした砂防えん堤は，砂防えん堤が満砂の状態である場合には一時的に安定勾配より急な勾配で土石流を堆砂域に堆積させて，これを捕捉する。堆積容量を活用する場合には，堆積容量に土石流を捕捉することで，土石流の捕捉機能を発揮するが，この機能は堆砂によって失われるので，計画上これを見込む場合は除石などにより機能の回復を行う必要がある。また，渓床勾配を緩和させることにより土石流形態から掃流形態に変化させて減勢させる機能も有している。なお，土石流を捕捉し減勢させることを目的とする透過型砂防えん堤は，土石流により透過部を閉塞させて土石流を捕捉することを基本とする。

　砂防えん堤の設置については，構造物の安全，特に基礎の洗掘，袖部地山の流失防止のために，渓床及び渓岸に岩盤が存在する場所に計画することが望ましい。また，単独の砂防えん堤にするか，連続する低えん堤群にするかは，その地域の土砂流送形態の特性，施工，維持の難易により選定される。

　砂防えん堤は，その形式，構造及び材料によって分類される。形式・構造・材料の選定に当たっては，周辺環境や経済性を基に検討する。

　なお，原則として透過型砂防えん堤は，山脚固定の機能を必要とする場所には配置しない。

砂防えん堤の型式と配置

砂防えん堤の型式には，透過型，不透過型，部分透過型がある。

土石流・流木捕捉工として用いる透過型及び部分透過型砂防えん堤は，「計画規模の土石流」を捕捉するため，その土石流に含まれる巨礫等によって透過部断面を確実に閉塞させるよう計画しなければならない。透過型及び部分透過型砂防えん堤を配置する際においては，土砂移動の形態を考慮する。

透過型・部分透過型は土砂を捕捉あるいは調節するメカニズムから「土石流捕捉のための透過型及び部分透過型砂防えん堤」と「土砂調節のための透過型及び部分透過型砂防えん堤」がある。土石流捕捉のための透過型及び部分透過型砂防えん堤は，土石流に含まれる巨礫等によって透過型断面が閉塞することにより，土石流を捕捉する。また，透過型断面が確実に閉塞した場合，捕捉した土砂が下流に流出する危険性はほぼ無いため，土石流捕捉のための透過型及び部分透過型砂防えん堤を土石流区間に配置する。

一方，土砂調節のための透過型及び部分透過型砂防えん堤は，流水にせき上げ背水を生じさせて掃流力を低減させることにより，流砂を一時的に堆積させる。土砂調節のための砂防えん堤が所定の効果を発揮するためには，透過部断面の閉塞は必要とされない。そのため，土砂調節のための透過型及び部分透過型砂防えん堤は洪水の後半に堆積した土砂が下流に流出する危険性があるため，土石流区間には配置しない。

透過型と部分透過型は土石流の捕捉に対して以下の条件を満たすことが必要である。

開口部の幅は，谷幅程度とする。

「計画規模の土石流」及び土砂とともに流出する流木によって透過部断面が確実に閉塞するとともに，その構造が土石流の流下中に破壊しないこと。

中小規模の降雨時の流量より運搬される掃流砂により透過部断面が閉塞しないこと。

透過型は中小の出水で堆砂することなく，計画捕捉量を維持することが期待できる型式である。透過型と部分透過型は，土石流の捕捉後に除石等の維持管理が必要となることに留意する。

透過部断面を構成する鋼管やコンクリート等は，構造物の安定性を保持するための部材（構造部材）と土石流を捕捉する目的で配置される部材（機能部材）に分けられる。機能部材は，土石流および土砂とともに流出する流木等を捕捉できれば，塑性変形を許容することができる。

部分透過型は，山脚固定や土石流・流木の発生抑制が求められる場合で，流木の捕捉機能を増大させたいときに採用する。また，平常時の堆砂勾配が現渓床勾配と大きく変化する場合や堆砂延長が長くなる場合は，堆砂地において土石流の流下形態が変化することに注意する必要がある。

なお，堆積区間に透過型または，部分透過型を配置するときであっても，透過部断面全体を礫により閉塞させるように，土石流の流下形態の変化を考慮して施設配置計画を作成する。また，複数基の透過型を配置する場合には，上流側の透過型により土砂移動の形態が変化することに留意する。

6　渓流保全工

渓流保全工は，山間部の平地や扇状地を流下する渓流などにおいて，乱流・偏流を制御することにより，渓岸の侵食・崩壊などを防止するとともに，縦断勾配の規制により渓床・渓岸侵食などを防止することを目的とした施設である。渓流保全工は，床固工，帯工と護岸工，水制工などの組み合わせからなる。

渓流保全工は，多様な渓流空間，生態系の保全及び自然の土砂調節機能の活用の観点から，拡幅部や狭さく部などの自然の地形などを活かし，必要に応じて床固工，帯工，水制工，護岸工などを配置するよう計画するものとする。

渓流の渓床勾配は，流量すなわち流速及び水深と渓床の抵抗力によって定まる。したがって床固工の上流渓床の計画渓床勾配は，これらを考慮して，侵食と堆積の発生状況を勘案のうえ定め，流出土砂の動的平衡勾配と静的平衡勾配を参考として設定する。また，渓流保全工を計画するに当たっては，自然の地形を活かしつつ必要な箇所のみに砂防設備を適切に配置するよう計画する必要がある。

床固工

　床固工は，渓床の縦侵食防止，渓床堆積物の再移動防止により渓床を安定させるとともに，渓岸の侵食又は崩壊などの防止又は軽減を目的とした施設である。なお，床固工は，護岸工などの基礎の洗掘を防止し，保護する機能も有する。

　床固工の配置位置は，次の事項を考慮して計画するものとする。

　渓床低下のおそれのある箇所に計画する。

　工作物の基礎を保護する目的の場合には，これらの工作物の下流部に計画する。

　渓岸の侵食，崩壊及び地すべりなどの箇所においては，原則としてその下流に計画する。

　床固工の高さは，通常の場合5m程度以下である。

　また，床固工は，流水の掃流力などによる渓床の低下を防ぐとともに，不安定土砂の移動を防ぎ土石流などの発生を抑制する機能や渓床の低下の防止と渓床勾配の緩和，乱流防止により渓岸の侵食・崩壊を防止・軽減する機能を有する。

　渓岸侵食・崩壊の発生箇所若しくは縦侵食の発生が問題となる区間の延長が長い場合には，床固工を複数基配置するなどの検討を行い，渓床渓岸の安定を図る。

　床固工は使用材料により，コンクリート床固工，枠床固工，蛇かご床固工などに分類される。多くは，コンクリート床固工であるが，地すべり地などのように柔軟性に富む床固工が必要なところでは枠工や蛇かごによる床固工が用いられる。

帯工

　帯工は縦侵食を防止するための施設である。

　帯工は，単独床固工の下流及び床固工群の間隔が大きいところで，縦侵食の発生，あるいはそのおそれがあるところに計画する。

　帯工の計画に際しては，その天端を計画される渓床高とし，落差を与えないことに留意するものとする。

　なお，掘削線までの埋戻しは十分に行わないと下流洗掘の原因となる。洗掘防止には捨て石やふとんかごなどを用いる。

水制工

　水制工は，流水の流向を制御したり，流路幅を限定することにより，渓岸の侵食・崩壊を防止する施設である。なお，水制工は流勢を緩和して土砂の堆積を図り，渓岸を保護する機能も有する。

　水制工は，原則として渓流の下流部，あるいは砂礫円錐地帯，扇状地などの乱流区間で，渓床勾配が急でないところに計画するものとする。ただし，渓流上流部においても，流水の衝撃に起因する崩壊の拡大などを防止するため，必要な場合には崩壊地の脚部などに設けるものとする。

　崩壊の脚部など，片岸に水制を設ける場合には，対岸が水衝部となることが多いので対岸の状況などに留意する必要がある。

　流水が水制の天端を越流するか否かによって，
① 越流水制
② 不越流水制

に分けられる。砂防工事としての水制は一般に不越流が用いられる。

　また水制の方向が流心に対する向きによって，図11.1.17に示す3つに分類される。
① 直角水制
② 上向き水制
③ 下向き水制

　渓流において流水が水制を越流した場合，下向き水制では岸に向かって偏流し，上向き水制では渓流の中心に向かって偏流が生じるので，渓流においては一般に越流しても偏流の生じることがない直角水制が多く用いられる。

　渓岸に対して直角方向に一直線に出したものを「曲出し」といい，その先端に縦工を伏したものを「丁出し」，その先端を折り曲げて縦工横工に兼用するものを「鎌出し」さらにこの縦工の突端に短い横工を伏したものを「鍵出し」という。荒廃渓流には一般に「曲出し」が使用されるが，砂礫堆積地帯において幅員を限定する場合は「丁出し」を用いることがある。図11.1.18に水制工の形状を示す。

　また，水制にはその使用材料によって，コンクリート水制，コンクリートブロック水制，枠水制，かご水制などがある。

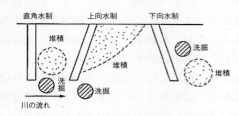

図11.1.17　水制工の種類

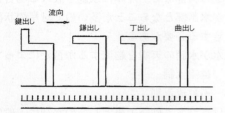

図11.1.18　水制工の形状

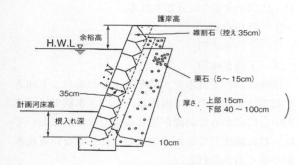

図11.1.19　標準的な石積み護岸工

表11.1.6　護岸工の種類とのり勾配

構造		直高	のり勾配
石積み，コンクリートブロック積み	練り積み	3m未満	0.3以上（割）
		3m以上 5m未満	0.4〜0.6 0.5
	空積み	3m未満	0.5〜1.5
石張り，コンクリートブロック張り	練り張り		1.0〜2.0
	空張り	3m未満	1.0〜3.0
コンクリートのり枠張り			2.0
蛇かご張り，連結コンクリート張り			2.0

護岸工

　護岸工は，渓岸の侵食・崩壊などの防止を目的とした施設である。護岸工は，土砂の移動若しくは流水により，水衝部などの渓岸の侵食又は崩壊が発生し，あるいはそのおそれがあるところや山脚の固定あるいは侵食防止が必要なところに計画するものとする。

　護岸工は水際線の環境を単調なものとしてしまう可能性があるので，その設置範囲は必要最低限とし，渓流内の自然度が高くなるように配慮するのが望ましい。

　護岸工の破壊は，洗掘による護岸基礎部の破壊や土砂の吸出しによって生じている場合が多い。そこで，護岸の根入れ深は，洗掘による河床変動に対応できるように考えて，一般的には，床固工天端等渓床固め定点から上流の静的平衡勾配を検討して決定している。床固工の直下の護岸は床固工になじみよくすり付け，床固工から対象流量が落下する位置より後退させるものとする。

　また，砂礫堆等が形成された場合や，床固工の直下流，湾曲部外湾側では渓床変動が大きいので，必要に応じて根固工を併用する等の考慮が必要となる。さらに，湾曲部の外湾側では流水の遠心力による水位上昇が想定されるので，内湾側よりも護岸天端を高くするのが原則である。

　使用する材料も所用の強度を有するもののうち，環境への影響を軽減できるもの（透水性のあるもの）を採用するよう配慮するものとする。

　護岸工は使用する材料により，石積み護岸工，コンクリートブロック護岸工，コンクリート護岸工，蛇かご護岸工，枠護岸工などに分類される

　それぞれについて設計上の留意点を以下にまとめた。

① 石積み護岸工は，現地に石を利用でき，外観も粗度の面からもコンクリート護岸工に比較して自然状態に近いという利点がある。石積み護岸工ののり面には間知石，割石，野づら石，玉石などが使用される。これら石材は強度が十分ありかつ摩耗に対して抵抗力が十分あることが必要条件である。図11.1.19に標準的な石積み護岸工を示す。

② コンクリートブロック護岸工は石材の不足した箇所で用いられる。

③ コンクリート護岸工では，粗度をつけるために表面に玉石を植石したり，表面に凹凸をつけたりする例があるが，洪水時に玉石が飛ばされたり，凹凸により段波が発生することもあるので，十分留意して実施する必要がある。
④ 蛇かご護岸工は，柔軟性に優れているため，河床変動の激しい河川や仮工事，地すべり地内の護岸工などに用いられる。
⑤ 枠護岸工は，枠の中に栗石を入れた工法で，背後地が地すべり地で平水位が低い場合には，その地下水位を低下させ流路を固定化させるのに有効である。

表11.1.6に護岸工の種類とのり勾配を示す。

遊砂地工

遊砂地工は，掘削などにより渓流の一部を拡大して土砂などを堆積させることで，流送土砂の制御を行う施設である。遊砂地工は，一般に谷の出口より下流側において土砂を堆積する空間を確保できる区域に設置するものとする。また，遊砂地工は，上流に砂防えん堤，下流端に床固工などを配置するほか，低水路，導流堤，砂防樹林帯などを適切に組み合わせて計画するものとする。

流木が遊砂地から流出するおそれがある場合は，下流端の床固工について流木捕捉機能を備えた構造とするなど流木対策施設の配置を検討するものとする。除石を行うことにより，土砂流出制御機能を見込む場合には一般的に砂溜工という。図11.1.20に遊砂地工のイメージを示す。

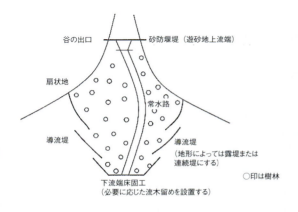

図11.1.20 遊砂地工のイメージ

7 流木対策施設

流木対策施設配置計画は，流木対策計画に基づき，土砂の生産・流送に伴い流木が発生，流下する区間において，土砂の発生やその流下形態に応じた流木の挙動を考慮し，計画流木量に応じて，流木対策施設を適切に配置するように策定するものとする。

流木対策施設は，大別して，流木の発生防止を目的とする流木発生抑制施設及び発生した流木を渓流などで捕捉し下流への流出防止を目的とする流木捕捉施設からなる。

なお，流木対策施設は，土砂生産抑制施設配置計画，土砂流送制御施設配置計画などで配置する砂防設備との整合を図るものとする。

流木発生抑制施設

流木発生抑制施設は，山腹，渓岸・渓床などを保護して土砂の生産を防止することにより，土砂とともに流出する流木の発生を防止・軽減する施設であり，土砂及び流木の発生源に計画するものとする。

流木発生抑制のための施設には，主に崩壊地などの流木・土砂の生産源地域に設ける山腹保全工など，土石流が発生，流下する区間に設ける山腹保全工，砂防えん堤，床固工，護岸工など，及び主に渓流の土砂が掃流状態で運搬される区間に設ける渓流保全工，護岸工などがある。

流木捕捉施設

流木発生抑制施設は，土砂とともに流出する流木を捕捉する施設であり，倒木が堆積した山腹の斜面，あるいは土砂及び流木の流下する渓流において計画するものとする。なお，土石流区間と掃流区間とでは，施設の捕捉機能に違いがあることに留意し計画するものとする。

流木捕捉施設は，土石流区間では土砂と流木を一体で捕捉するが，掃流区間では，流木を土砂と分離して捕捉する。

流木捕捉のための施設には。山腹などに堆積した倒木が渓流に入るのを防止するために山腹に設ける流木止工，土石流区間に設ける透過型砂防えん堤，部分透過型砂防えん堤等，また，掃流区間での不透

過型砂防えん堤の副えん提や遊砂地工下流端などに設置される流木止工，透過型砂防えん堤などがある。

8 地すべり防止工

地すべり防止工は，地すべりの滑動または発生によって生じる被害を防止することを目的として実施されるものである。

これらは，地すべり防止計画に従って実施されるものであり，この計画は事前に実施される地すべりの調査，及び解析結果から，当該地すべり区域の地形，地質，気象条件，土地利用状況，保全対象の位置関係，緊急性等を十分に吟味した上で策定される。即ち，地すべり防止計画で対象とする地すべり現象，及び規模の設定は以下の様に定義される。

対象とする地すべり現象
　一定範囲の土地が地下水等に起因してすべる現象，又はこれに伴って移動する現象。

計画の対象とする規模
　地すべりの現象，保全対象の重要度，事業の緊急性，事業効果等を総合的に考慮して設定する。

上記のような定義を十分に理解しつつ，地すべり現象は地形，地質等の自然条件に応じて異なった移動形態を示すことが多い事を勘案し，計画の対象とする規模を適切に定める。

計画の規模が策定された後，この計画に基付き，地すべりに起因する災害からの安全を確保することを目的として"地すべり防止施設配置計画"を策定することとなる。計画策定に当たっては，地すべりの規模，発生・運動機構等に応じて，各施設の効果を勘案し，地すべりによる災害の防止が図られるように適切な施設配置とする。

施設配置計画の規模は，一般に計画安全率にて示される。計画安全率は安定解析によって導かれ，この安定計算は地すべりブロックの形状に応じて2次元，または必要に応じて3次元断面を採用する事となる。

防止工は「抑制工」と「抑止工」に大別される。抑制工は地すべりの誘因となる自然的条件（地形，

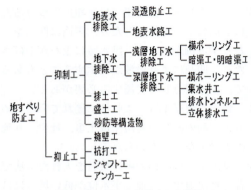

図11.1.21　地すべり防止工の分類

土質，地下水などの状態）を変化させることによって，地すべり運動を停止・緩和させることを目的とする。一方，抑止工はすべり面を貫いた構造物によって地すべり推力に対抗し，地すべりの移動を停止させるものである。抑止工は，構造物の設計が明確であるので確実な抑止力の算定が可能であり，地すべり防止工として最も確実な手法である。重要な保全対象を抱える地すべり地で施工されることが多い。しかしながら，地すべり運動が激しい場合には安全施工が困難であり，部分施工後に構造物が逐次破壊される等の危険性もあることから，抑制工にて地すべり運動を緩和することと組み合わせて実施される。図11.1.21に工種の分類を示す。

抑制工

■ 地表排水工

地すべり活動の誘因として，地下水位の上昇は最も重要な因子である。地下水位の上昇は周辺斜面から地すべり地内への地表水の流入，降水の浸透や湧水，沼，水路からの再浸透等により引き起こされる。これにより地すべりの誘発，又は活発化が促進されるので，全ての地すべり地に於いて地表面排水工が施工されると言っても過言ではない。地表水排水工は降水等の地すべり地内への浸透を防ぐ浸透防止工と，地表水を速やかに地すべり地外に集水排除する水路工に分けられる。

浸透防止工は，地すべり地内でも特に透水性の高い場所や，地表水が多量にあって地下への浸透量が

排水トンネル工

浅層地下水排除工（横ボーリング）施工例

水路施工例

深層地下水排除工（集水井工）施工例

高い場所に計画される。例えば，地盤に亀裂が見られたりする場合には亀裂を粘土やセメント等で充填したり，ビニールシートで被覆したりする。

水路工としては，地すべり地域外からの地表水の流入を防ぐために地すべり地外周に敷設する周縁水路，主として斜面を横切って敷設される降水，地表水を集水する水路，集水した水を速やかに地すべり地外に出すための排水路がある。

水路工は基本的に下流に地表水を流下させるだけではなく，地形凹部に集まる地表水を集水する目的があるので掘込み水路を原則とする。

地下水排除工

地下水排除工は，地すべり地内の透水層に地外から流入する場合，これが地内に流入する前に排除し，地下水流の一部を地表水として排除し，また，既に地すべり地内に分布する地下水を導排水して，すべり面の剪断抵抗力を増加させ地すべり地塊を安定させることを目的として実施するものである。

地下水排除工は，浅層地下水排除工と深層地下水排除工に大別される。

浅層地下水排除工は，地表から3m付近までに分布する地下水を排除するのに適切な工法である。工法として横ボーリング工，暗渠工，明暗渠工がある。

深層地下水排除工は，浅層地下水排除工では対応できない，文字通り深層の地下水を排除するものである。工法としては，長い横ボーリング工（長さ50m〜100mを基本），集水井工，トンネル排水工がある。地すべり規模が大きく，排除すべき地下水滞水層が複数震度にある場合等には，集水井と排水トンネルを組み合わせた立体排水工が実施される場合もある。

排土工

排土工は地すべり推力を減少させる点において最も確実な防止効果が期待できる工法である。本工法の効果は地すべり頭部のすべり面形状に大きく左右されるので，対象とする地すべりのブロックの形態，

排土工の例

押さえ盛土工の施工例

すべり面形状，すべり面を構成する物質の特性を十分に把握した上で，安定解析によって所要の安全率となるよう排土規模を決定する。

排土工は地すべりの推力を減少させることが目的であるので地すべり頭部域で行う事が原則である。この際，排土する範囲の更に上部斜面を不安定化させぬよう中が必要である。排土域の応力除荷に伴う吸水膨潤による強度劣化の範囲を少なくするため，地すべり全域ではなく頭部域においてほぼ水平に大きく排土する。地すべりの運動方向に対し，運動ブロックが一つ，または二つの場合に適用され，多数のブロックが連続的に相互に関連している場合には適用されない。

排土の施工は斜面上部より下部に向かって行う事が原則となっている。通常は頭部にブルドーザを設置して上部斜面の地塊を下部に向かって押し出し，これ排除する方法がとられる。

排土後の切土のり面勾配，及び直高は地質条件等よりのり面の安定性を考慮して決定するが，一般に軟岩の場合には切土勾配1:0.5～1:1.2程度，小段幅は直高7m毎に1.0～2.0m程度とし，砂質土の場合（切土高5～10m）には切土勾配1:1.0～1:1.5程度，小段幅は直高5m毎に1.0～2.0m程度とする例が多い。なお，施工時期は降雨時，多雨期を避けることが適当である。

盛土工

盛土工は地すべり末端域に盛土することによって剪断抵抗力を増加させる工法である。すべり面形状が円弧形状の場合に効果が大きく，末端域の地塊厚さが頭部域の地塊厚さに比較して大きい場合に効果が大きくなる。盛土規模については，前述した「排土工」と同様，安定計算によって所定の安全率が得られるよう設定することとなる。

地すべり末端部は圧縮域であるため，地塊が撹乱されて軟弱である場合が多く，盛土の基盤破壊が起

きる可能性が考えられ，また，盛土部の下方斜面に潜在性の地すべりがある場合には之を誘発する可能性があるので，設計に当たっては盛土部基盤の安定性についての検討が必要である。押さえ盛土の盛土高，のり面勾配は，盛土材の材質，基礎地盤の特性を考慮して決定するが，一般に1：1.8～1：2.0が多い。また，直高5m毎に1.0m～2.0mの程度の小段を設ける。地すべり末端部では一般に湧水や排水ボーリング等の施設があるので，この効果を遮断しないよう暗渠等を併設する。盛土の施工による地下水経路の変化は斜面の安定を左右するため，盛土部からの地下水排除も積極的に考慮すべきである。押さえ盛土工ののり面は降雨等により崩壊や洗掘を受け易いので，植生工，モルタル・コンクリート吹付け工，蛇篭工，枠工等により保護する必要がある。

■ 砂防等構造物

地すべり末端部が河川に直面する場合，地すべり地塊の安定を損なう直接の原因として，流水の浸食による河床の低下や渓岸浸食が挙げられる。

特に渓岸崩壊が連鎖的に大規模な地すべりを誘発する場合がある。このような場合には，砂防えん堤，床固め，護岸，水制等によって河床渓岸の浸食を防止する場合がある。

抑止工

■ 擁壁工

小規模な地すべりを抑止したり，中小規模の地すべり末端部で行われる押さえ盛土工ののり止めとして用いられる工法である。地すべり末端部で実施するため，例えばコンクリート擁壁を設置する際には基礎工実施時にかなりの掘削が行われ，施工中に地すべり活動を促進させてしまう場合がある。このため，本工法の適用には十分な注意が必要である。

擁壁工には含掌枠，片のり枠，大型コンクリートブロック擁壁がある。また，補強土擁壁やアンカー付擁壁，シャフト工連結擁壁等も実施される様になって来ている。擁壁本体は十分な強度と安定性が要求され，通常は重力式擁壁と同様に背面の受動土圧が期待できる場合にはこれを勘案し，滑動，転倒，地盤支持力の検討が行われる。

杭打工施工例

■ 杭打工

杭打工は，地すべり移動地塊の厚さが20m程度迄の地すべりで，すべり面勾配が緩く，すべり末端域が圧縮現象を伴う円弧地すべりに最も効果的な工法である。

杭打工は主として地盤反力の期待できる地すべり末端域にφ20～40cmの孔をボーリングによって深さ10～40m掘削し施工される。種類としては，鋼管杭，圧肉鋼管杭，PS杭，現場打ち鉄筋コンクリート杭，合成杭（鋼管内部にH鋼を挿入して強度を高めた杭）がある。

杭工の機能としては，以下の4種類がある。

・くさび杭：杭が移動層と一体となり移動し，すべり面の上下で撓む時に発生する抵抗力により地すべりを抑止する。
・補強杭：杭を弾性床上の梁と考え，地すべり推力の一部を根入れ地盤に伝え，残りの推力を下流側移動層の抵抗力に委ねて抑止する。
・剪断杭：すべり面の剪断抵抗力のみを増加させ抑止する。
・抑え杭：杭を片持ち梁として扱い，地すべりを抑止する。
　杭は地すべりの移動に伴い，その変位量に抗するよう杭部材の剛性で抑止力を発揮するので杭頭は変位するものと考えておかなくてはならない。従って，この杭を他の構造物（例えば擁壁）の基礎工として併用することは絶対避けなくてはならない。

シャフト施工状況

アンカー工施工例

■ シャフト工

　地すべり地塊厚さが20mを越え，前出の杭打工では対処できないような大なる抑止力が必要となる地すべり地では，シャフト工が計画される。

　一般にφ3〜5m程度でライナープレートを利用して縦坑を掘削し，鉄筋コンクリート柱体を作成して地すべり推力に対抗するものである。

　シャフト工の間隔は外壁間隔で3〜6mが多く用いられている。

■ アンカー工

　アンカー工は，移動変位をあまり許容できない地すべりや，運動方向が明確に調査・把握された場合，及び斜面勾配が比較的急で杭打工では杭間の中抜けや杭反力の期待が薄い地すべりで計画されることが多い。

　アンカー工の機能は，プレストレスを与えることによりすべり面に対する垂直応力を増大させ，剪断抵抗力を増加させる締付け効果と，鋼材の引張り強さを利用して地すべり滑動力を減殺する引止め効果がある。

　アンカー工は，鋼材の伸び量（地すべりによるの変形量）が杭打工の杭頭における許容変位量に比べて大きく，かつ変形と共に徐々に抵抗力が増大するので，一種の地すべりの抑制工としての効果が大きい。また，プレストレスによって初期に既にある程度の効果を発揮する点において杭打工より優れた効果を期待できる。しかしながら，これらの効果を発揮するためにはアンカー定着部，及び支圧部の耐久性，地すべり運動方向が明確に把握されている事が前提条件である。

9　急傾斜地崩壊防止工

　急傾斜地崩壊防止工は，急傾斜地の崩壊に起因する災害からの安全を確保することを目的として実施するものである。

　急傾斜地崩壊対策施設の配置計画は，想定される崩壊の規模，現象等に応じて，急傾斜地の崩壊による災害の防止を図るため，適切な配置となるよう策定する。

　急傾斜地崩壊防止施設により斜面の安定度を高めるためには，不安定土塊の除去，崩落又は滑動する力の低減，あるいは，崩落又は滑動に抵抗する力の付加が必要である。

　急傾斜地崩壊防止工も地すべり防止工と同様に"抑制工"と"抑止工"に大別される。即ち，抑制工は自然的条件（地形，土質，地下水などの状態）を変化させ，崩壊を防止することを目的とする。一方，抑止工は構造物によって崩壊を防止するものである。これら急傾斜地防止工を計画，設計するには，対象とする斜面の安定度を十分に検討・評価しておくことが必要である。この安定度の評価にあたっては，下記の事項に留意する。

　①従来の経験，斜面の実態，標準ののり勾配との対比による安全度の検討
　②現地調査による崩壊形態の予測に基づく検討
　③安定解析による安定度の検討

　保全対象への土砂の到達を防止・軽減するため，上記のような事項を十分に検討し，崩落土砂を確実に受け止めることができ，施工段階においても斜面

の安定度が著しく減じないような対策工法を選ぶ必要がある。但し，計画した工事の施工中において，計画段階で想定していない現象が確認された場合には必要に応じて，速やかに計画変更の措置をとらなければならない。

急傾斜地崩壊対策施設の配置は，想定される崩壊の原因，形態，規模，保全対象の状況，工法の経済性等を勘案し，抑制工と抑止工を適切に組み合わせて計画する。

対策工法の選定に当たっては，必要に応じ工種を組み合わせて計画する。一連の箇所の中でも地形，地質及び人家などの状況が一様でない場合は，斜面の性状等を十分考慮の上，短い区間であってもその特性に適した工種を採用する。

特に工事を実施する斜面が人家と近接している場合は，防止工施設の十分な安定性，耐久性を確保するとともに，周囲の環境との調和を考慮して計画する必要がある。

急傾斜地の崩壊の要因は主に地表面侵食，含水による土層の強度低下と重量増，間隙水圧の上昇，パイピング，風化である。これらの作用のもととなる水の処理という観点から，急傾斜地崩壊防止工法は表11.1.7に示すように分類できる。

表11.1.7 急傾斜地崩壊防止工法の分類

分類	主な目的	工種		工種細分
抑制工	雨水の作用を受けないようにする	排水工		地表水排除工
				地下水排除工
		のり面保護工	植生によるのり面保護工	植生工
			構造物によるのり面保護工 張り工	石張り・ブロック張り工
				コンクリート版張り工
				コンクリート張り工
			のり枠工	プレキャスト枠工
				現場打ちコンクリート枠工
			その他	その他ののり面保護工
(2)	雨水の作用を受けて崩壊する可能性の高いものを除去する	不安定土塊の切土工		切土工(A)
抑止工	雨水等の作用を受けても崩壊が生じないように力のバランスをとる	斜面形状を改良する切土工		切土工(B)
		擁壁工		石積み・ブロック積み擁壁工
				もたれコンクリート擁壁工
				重力式コンクリート擁壁工
				コンクリート枠擁壁工
		アンカー工		グラウンドアンカー工およびロックボルト工
		杭工		杭工
		押え盛土工		押え盛土工
その他	落石を防止する	落石対策工		落石予防工
				落石防護工
	崩壊が生じても被害が出ないようにする工種	待受け工		待受け式コンクリート擁壁工
	防止工施工時の防護工	仮設防護工		仮設防護柵工
抑制工と抑止工の両方の目的をもつ工種		柵工		土留め柵工
				柵柵工

〔注〕のり枠工には抑止工的役割が期待される場合がある。

排水工

排水工は，急傾斜地崩壊の要因である地表水，地下水が当該斜面へ流入するのを防止し，また，当該斜面内に賦存するこれらの水を速やかに集め，斜面外に速やかに排除することで斜面の安定度を高めるとともに，急傾斜地崩壊防止施設自体の安全性を確保することを目的として用いられる工法である。排水工は地表水排除工と地下水排除工に大別される。

排水工の破損等による越水，漏水，滞水等により，地表水，地下水の排除が適切にできない場合には，斜面の安定を損なうことになるため，その配置，断面等の設計においては現地の状況（斜面勾配，斜面形状等）を十分に把握した上でその配置，断面等を設計する必要がある。工事実施は入念に行い，また，工事完了後の維持管理については十分な配慮が必要である。

排水路の破損は，流水が排水路外に漏出することによる場合が多い。従って，水路の外側は不透水性の材料で入念に被覆し，地山に十分埋め込む。斜面に当初確認されなかった新たな湧水等が施工中に判明した場合には，適宜設計を見直して排水工を再配置することも重要である。

施工中の斜面は最も不安定な状態にあるので，降雨時にはビニールシートなどによる被覆やビニールパイプなどによる仮排水などの手段を講ずる必要がある。

切土工

切土工は，斜面を構成している不安定な土層，土塊をあらかじめ除去する，あるいは斜面を安定な勾配まで切り取る工法であり，急傾斜地の崩壊の防止という観点からは，崩壊する物質自体を除去するため最も確実な工法である。

切土工の施工に当たっては，現地状況を十分に調査し，周辺斜面での切土や崩壊の実態を把握し，安定計算を行い，その規模を決定する。

現場打ちコンクリート枠工

急傾斜地における擁壁工

切土斜面の表面には，表層の侵食防止，風化防止を目的としたのり面保護工を施工する。用いる工種としては，植生工，のり枠工などがある。

植生工

植生工は，のり面斜面に植物を育成することにより，雨水による地表面侵食，地表面の温度変化の緩和による凍上，根の緊縛による表土流出を防止するとともに，斜面周辺の自然環境や景観との調和を図ること等を目的としている。植生工は，気候，土質などの生育条件や施工時期などに十分配慮した設計とする必要がある。

植生導入を容易にするため，斜面勾配は1:1より緩くすることが望ましい。また，植生基盤が侵食されたり，湿潤による生育不良が生じないよう前出した排水工による水の処理が重要である。

切土後の斜面は地盤が硬く，また岩の場合も多いため，植栽木の根は植え穴から外に張ることが少なく根張りが小さくなる。このため播種工が主体とされ，必要に応じて植栽工が用いられる。

張工

斜面の風化・侵食，比較的小規模な岩盤の剥離・崩落を防ぐために用いられ，石張工，コンクリートブロック張工，コンクリート板張工，コンクリート張工があり，これらは単独で用いられる他，枠工の中詰めとしても用いられる。張工は，土圧に対抗するものではないので，設計上は一般的に土圧を考慮しない。湧水の多い箇所では，背面に水圧が生じることのないよう排水対策を十分に実施する。標準的には，外径50mm（VP50）以上の水抜き孔を2〜4㎡に1か所，湧水の多い箇所では斜面下部の施工本数を適宜増やして設ける。また，寒冷地では凍上を防止するため，裏込め土厚を増すなどの対策も必要となる。

のり枠工

のり面に設置した枠材と，この枠内部を植生やコンクリート張工で被覆することにより，斜面の風化・侵食を防止するとともに，のり面の表層崩壊の発生を防ぐために用いられる。現場打ちコンクリート枠工とプレキャスト枠工に大別され，前者は現場打ちコンクリート枠工と吹付け枠工に，後者はプレキャスト枠工とブロック擁壁状枠工に細分される。

のり枠内ののり面保護工としては，植生工のほかに，吹付け工，コンクリート張工，コンクリートブロック張工等がある。積極的に植生工との併用を図ることにより，環境や景観に配慮することができる。これらの工法を計画する際，当該斜面に湧水がある場合は，斜面表層の土砂吸出しによる施設の破損等の可能性が生じるため，のり枠背面の排水処理を考える必要がある。特に現場打ちコンクリート枠工の場合は斜面が急勾配の場合が多いため，施設の不安定化には十分に留意する必要がある。

グランドアンカー工（現場打ちのり枠との併用）

① 斜面上下部に人家が近接し，切土工や待受け式コンクリート擁壁工等が施工できない場合
② 斜面勾配が急あるいは，斜面長が長いため現場打ちコンクリート枠工やコンクリート擁壁工等の安定が不足する場合
③ アンカー・ロックボルトを定着させる地盤・岩盤が地表面から比較的浅い位置にある場合
④ 大きな抑止力が必要とされる場合
⑤ 杭打工では大きな曲げ応力が発生する場合
　アンカー定着部の地盤はよく締まった砂礫層や岩盤とし，緩い砂層や粘土層，または被圧地下水のある砂地盤は避けなければならない。

擁壁工

　擁壁工は斜面末端部の安定，斜面中腹部での小規模な崩壊防止，斜面上部からの崩壊による到達土砂の斜面下部での待受け，のり枠工等ののり面保護工の基礎，押さえ盛土工の補強のために計画される。
　石積み・ブロック積み擁壁，重力式コンクリート擁壁および井桁組擁壁工等がある。
　擁壁工設置のための基礎掘削による斜面下部の切土は，斜面の安定度に及ぼす影響が大きいので，土工範囲半は最小限になるよう，擁壁の設置位置，施工方法について熟慮する。基礎地盤は十分な支持力が必要であり，不十分の場合は基礎の根入れを十分に増し，また，杭基礎とする等，他の工法との併用を検討する。また，湧水が多い斜面では，擁壁背面の排水に特に配慮する。

グラウンドアンカー工およびロックボルト工

　硬岩または軟岩の岩盤斜面で節理・亀裂・層理が発達し，表面の岩盤が崩落・剥落するおそれがある場合，または不安定な土層を直接安定な岩盤に緊結する場合に実施する。更に，現場打ちコンクリート枠工，コンクリート張工，擁壁工等と併用して斜面の安定性を更に高める目的で用いられる。
　一般には以下のような場合等に有効な工法である。

落石防止工

　落石対策工は，落石予防工と落石防護工に大別される。基本的に落石自体の除去が最善ではあるが，地形が急峻で落石除去が困難であり，発生箇所が限定できない場合等には落石防止工を計画することとなる。
　一般に落石だけの発生が予想される斜面は少なく，通常は急傾斜地崩壊防止施設に付属して設置される場合が多い。
　落石予防工は，斜面上の転石や浮石を除去あるいは固定することにより落石の発生を未然に防ぐものであり，落石防護工は，発生した落石を斜面中腹部や斜面末端部で捕捉するものである。
　落石防護工は，落石の大きさ，落石の経路，衝突位置，落石の衝撃力などの条件設定を明確にできる場合は，これらを基に計算により設計する。落石の諸元・条件を明確にすることができない場合には，同一・類似・周辺斜面での実施例を参考として計画するのが一般的である。
　落石防止工の対象となる斜面は，斜面勾配が特に急勾配である場合が多く，保全対象との位置関係によっては，困難な施工となる場合が多い。また，工事内容も人力施工による部分が多くなるため，安全施工に十分配慮する必要がある。

Ⅱ　地震災害

　我が国はアジアモンスーン地帯に位置しているため毎年多くの台風が通過したり，環太平洋地震多発地帯に属するため地震が頻発し，多くの断層や破砕帯が存在するため地震災害が数年間隔で発生している。大雨，強風，地震，火山などの自然現象に起因する災害を自然災害と呼ばれている。

　自然災害は，大雨や強風など大気中の諸現象により引き起こされる気象災害と地球内部における諸現象により引き起こされる地震・火山災害に大別できる。
　1995年1月17日に発生した兵庫県南部地震による阪神・淡路大震災は，1923年の関東大震以来の

表11.2.1　最近国内で発生した大規模地震

発生日時	地震名	地震の規模 Mj	震度	人的被害	
1995.1.17	兵庫県南部地震	7.3	7	死者 6,434	負傷者 43,792
1997.5.13	鹿児島県薩摩地方地震	6.4	6弱	死者 0	負傷者 74
1998.9.3	岩手県内陸北部地震	6.2	6弱	死者 0	負傷者 9
2000.7.1	利島・神津島近海地震	6.5	6弱	死者 0	負傷者 14
2000.10.6	鳥取県西部地震	7.3	6弱	死者 0	負傷者 182
2001.3.24	芸予地震	6.7	6弱	死者 2	負傷者 268
2003.5.26	宮城県沖地震	7.1	6弱	死者 0	負傷者 174
2003.7.26	宮城県北部地震	6.4	6強	死者 0	負傷者 677
2003.9.26	十勝沖地震	8.0	6弱	死者 2	負傷者 842
2004.10.23	新潟県中越地震	6.8	7	死者 68	負傷者 4,546
2007.7.16	新潟県中越沖地震	6.8	6強	死者 15	負傷者 2,315

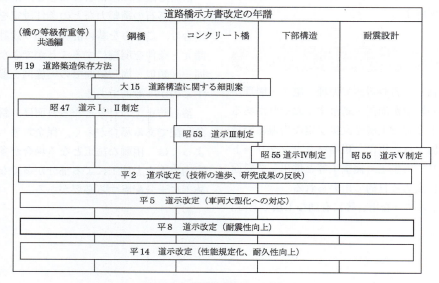

図11.2.1　道路橋示方書の改定履歴

大災害となった。住宅の全半壊249,180棟，インフラ施設も道路10,069ヶ所，橋梁320ヶ所，河川430ヶ所，崖崩れ378ヶ所と金額にして10兆円を超える被害となった。その後も表11.2.1に示すようにマグニチュードが6.0を超えるような大きな地震が発生している。

阪神・淡路大震災では，せん断破壊による橋脚の倒壊や落橋，地盤の側方流動による道路の変状，埋立地の大規模な液状化等耐震上の問題点が顕著となった。それを受けて各種の設計規準や示方書類の改定が進められた。図11.2.1に道路橋示方書の改定履歴を一例として示す。

せん断破壊した高架橋の柱

コンクリート構造物の地震対策

1995年に発生した阪神・淡路大震災では，神戸市深江地区にある高速道路の単柱形式のコンクリート橋脚が完全に倒壊したのをはじめ，多数の道路橋が被害を受けた。その多くは，コンクリート橋脚にせん断破壊が生じ，鉄筋降伏後のじん性に著しく欠けていたことが指摘された。鉄道の高架橋でもコンクリートの柱がせん断破壊によるコンクリートの圧壊にともなって軸方向鉄筋が座屈する現象が見受けられ，数多くの桁や床版が落下した。地中構造物である地下鉄道用ボックスカルバートの中間柱がせん断破壊によりコンクリートが圧壊し，カルバートの上床版が上載土とともに落下した例もあった。

1968年の十勝沖の十勝沖地震や1971年のサンフェルナンド地震で鉄筋コンクリート柱がせん断破壊した状況を受けて，鉄筋コンクリート柱の帯鉄筋や定着等せん断破壊を防ぎ耐震性能が向上するよう規準類の改訂がなされてきた。しかし，阪神・淡路大震災での被害状況から，次の2点が課題として指摘された。

発生確率は低いが想定したよりも巨大な外力が作用する地震に対して，設計でどの程度の地震力を作用させ，構造物にどの程度の耐震性能を保有させるかの問題。

被害にあった鉄筋コンクリート橋脚の破壊メカニズムはせん断破壊あるいは曲げ破壊後のせん断破壊であり，当時の設計規準では塑性変形によるエネルギー吸収を考慮する規定，コンクリートが負担するせん断力の評価，軸方向鉄筋の段落とし，帯鉄筋の量と定着およびその他構造細目について再検討する必要性。

本項では，まず阪神・淡路大震災後に改訂された耐震基準の要点について述べる。後述するように改定された耐震基準により設計されたコンクリート構造物が同レベルの地震に対し軽微な被害であったことから，今後も地震被害を減らすポイントである既設橋脚の耐震補強工法について述べる。

1 コンクリート構造物の耐震基準

阪神・淡路大震災を契機に，土木学会内に「耐震基準等基本問題検討会議」が設置され，土木構造物の地震に対する安全性に関する提言がなされた。本項ではコンクリート構造物に関する提言内容とそれを受けて改訂された設計基準について述べる。

土木学会の提言

阪神・淡路大震災で土木構造物大きな被害を受けたことを踏まえて，土木学会では1995年5月に第一次提言，1996年1月に第二次提言，2000年6月に第三次提言が発表された。これら提言のうちコンクリート構造物の耐震化に関連する項目を以下に示す。

(1) 耐震設計で考慮する地震のレベル
- 供用期間内に1～2度発生する確率を持つ強さをレベル1とし，発生確率は低いが断層近傍域で発生するような極めて激しい強さをレベル2とする。
- レベル2地震動は，現在から将来にわたって当該地点で考えられる最大級の地震動とする。
- レベル2地震動の評価に際しては，震源断層の破壊過程や地盤条件などに多くの不確定性が残されていることを十分認識し，適切な地震動予測手法を適用する。
- マグニチュード6.5程度の直下地震が起こる可能性に配慮し，これによる地震動をレベル2地震動の下限値とする。
- レベル2対象地震は単一に限定せず，複数を選定してもよい。また，同一地点でも構造物の動的力学特性の相違によって対象地震が異なるケースもある。

(2) RC構造物の耐震設計
- RC構造物の耐震性能は，安全性を考慮した終局限界と復旧性を考慮した損傷限界によって照査される。前者は変形限界で，後者は残留変位で評価される。
- 変形性能の算定に用いる弾塑性有限変位解析の精度向上と適用範囲の拡大，および構造物の変形性能向上のための材料開発が必要である。
- 大型・実大実験を通じて，複雑な構造物の構造系全体としての耐震性能を把握し，解析手法の精度向上を図ることが必要である。

これらの提言を受けて，コンクリート標準示方書をはじめ各機関の基準類が改訂された。

表11.2.2　道路橋示方書耐震設計編の改定要点

項目	平成2年耐震設計編	平成8年耐震設計編
設計地震力	・震度法　標準0.2g ・最大応答加速度0.7～1.0gで地震時保有水平耐力照査。	・考慮する地震動としては、震度0.1～0.3の中規模地震動、大正12年関東地震による東京のようなプレート境界型の地震動、平成7年兵庫県南部地震のような内陸直下型で発生する地震動のような2段階、3種類の地震力を考慮。
重要度	・道路種別で分類	・重要度が標準的なA種の橋と重要度が高いB種の橋に明確に分類。
解析	・震度法実施 ・地震時保有水平耐力法による照査は、1本柱形式のコンクリート橋脚についてのみ実施を推奨。 ・地震時の挙動が複雑な橋梁に対して実施を推奨。	・震度法は初期寸法の設定とし、地震時保有水平耐力法による照査に重点。 ・鉄筋コンクリート橋脚、鋼製橋脚、基礎、支承等に地震時保有水平耐力法による照査を適用。 ・地震時の挙動が複雑な橋、地震時保有水平耐力法の適用が限定される場合に動的解析を実施する。
鉄筋コンクリート橋脚	・帯鉄筋の間隔は、一般部30cm、段落とし部15cm程度。 ・中間帯鉄筋の規定なし。	・帯鉄筋の間隔15cm以下とし、中間帯鉄筋を配置する。 ・段落としの原則廃止。 ・コンクリートのせん断応力度の寸法効果を考慮。

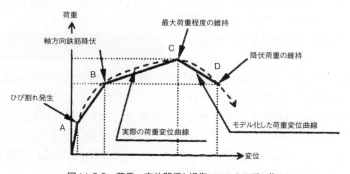

図11.2.2　荷重—変位関係と損傷レベルのモデル化

耐震基準の改定

代表的な基準類として，土木学会コンクリート標準示方書耐震編，鉄道構造物等設計標準耐震設計編および道路橋示方書耐震設計編がある。

道路橋示方書の耐震設計に関して，一例として阪神・淡路大震災前の平成2年版と震災後の平成8年版の比較を表11.2.2に示す。

復旧を考慮した鉄筋コンクリートの損傷レベルの取り扱いについて，鉄道構造物等設計標準耐震設計編では次のように紹介されている。

低軸応力下の曲げ破壊型鉄筋コンクリート柱部材に対し，図11.2.2にモデル化された荷重-変位関係と損傷レベルが示されている。

損傷レベル1：荷重変位曲線の包絡線上のB点までの範囲
損傷レベル2：荷重変位曲線の包絡線上のC点までの範囲
損傷レベル3：荷重変位曲線の包絡線上のD点までの範囲
損傷レベル4：荷重変位曲線の包絡線上のD点以降の範囲

これら損傷レベルに合わせた補修工法の例を表11.2.3に示す。

〔参考文献〕
1)(社)土木学会：「平成8年制定コンクリート標準示方書耐震設計編」，1996
2)(財)鉄道総合技術研究所：「鉄道構造物等設計標準・同解説耐震設計」，丸善，1999
3)(社)日本道路協会：「道路橋示方書・同解説Ⅴ耐震設計編」，1996

耐震基準の評価

2004年に発生し阪神・淡路大震災同様最大震度7を記録した新潟県中越地震では，鉄道橋の橋脚で軸方向鉄筋の段落とし部のかぶりコンクリートが剥落し鉄筋のはらみだす損傷が認められたが，機能は保持されていた。阪神・淡路大震災以降に新設され現行設計規準で見直された在来線の高架橋では，軽微な曲げ損傷にとどまっていた。また，事前に行われた耐震診断でせん断破壊の先行が予想された高架橋で耐震補強がなされていないものについては，せん断破壊を起こしたものもあることが報告されている。これらの事実は，現行設計規準の妥当性が実証されているものといえる。

表11.2.3　損傷レベルに合わせた補修工法の例

損傷レベル	荷重変位曲線における包絡線上の特性	損傷状況の例	補修工法の例
A点	コンクリートに曲げひび割れが発生する時点の変位		・無補修
B点	軸方向鉄筋が引張り降伏ひずみに達する時点の変位	・曲げひび割れの発生	・無補修 ・幅により耐久性上ひび割れ補修
C点	最大水平抵抗荷重程度を維持する最大変位	・曲げひび割れの発生 ・曲げひび割れとせん断ひび割れの発生 ・ひび割れ幅の拡大 ・かぶりコンクリートの剥落	・必要によりひび割れ注入 ・断面修復
D点	降伏荷重を維持する最大変位	・かぶりコンクリートの剥落 ・内部コンクリートの損傷 ・軸方向鉄筋の座屈 ・帯鉄筋の変形	・ひび割れ注入 ・断面修復 ・帯鉄筋等の整正
D点以降		・かぶりコンクリートの剥落 ・内部コンクリートの損傷 ・軸方向鉄筋の座屈や破断 ・帯鉄筋の変形や破断	・ひび割れ注入 ・断面修復 ・帯鉄筋等の整正 ・軸方向鉄筋の座屈が著しい場合は部材の取り替え

2 既設橋脚の耐震補強工法

　昭和53年の宮城県沖地震など大地震の発生時において，RC橋脚の主鉄筋段落とし部において主鉄筋のはらみ出しなど多大な損傷を受けた橋脚が多くみられた。これにより，昭和55年の道路橋示方書では，従来のコンクリートの許容せん断応力度を引き下げるとともに主鉄筋段落としの位置を従来よりも部材の有効高さに等しい長さだけ高くする等の改訂がなされた。　また，近年の大地震時において，基部に多大な損傷を受けたRC橋脚は，震度法で使われている0.3G程度よりはるかに大きな力を受けたものと想定された。したがって，このように大きな力を受けても，構造物が致命的な破壊に至らないような耐震性能の向上を図ることを目的として，平成2年度の道路橋示方書・耐震設計編において地震時保有水平耐力の照査が規定された（平成8年　改訂）。また，鉄道橋では，既存鉄道コンクリート高架橋柱等の耐震補強・施工指針が規定されている。

　既設橋脚の耐震補強工法を以下に列挙する。

　①鋼板巻立て工法
　②曲げ耐力制御式鋼板巻立て工法
　③RC巻立て工法
　④炭素繊維シート巻立て工法
　⑤アラミド繊維シート巻立て工法
　⑥プレストレス導入工法
　⑦スパイラル筋巻立て工法
　⑧RCプレキャストパネル型枠工法
　⑨PC鋼材巻立て工法
　⑩基部リング拘束工法
　⑪ハニカムダンパーによる耐震補強工法
　⑫ダンパーブレースによる耐震補強工法
　⑬免震化による補強工法

　各工法の詳細については，「第11章防災・安全関連工法編」を参照のこと。

〔参考文献〕
1）建設図書：「既設RC橋脚耐震補強」『橋梁と基礎』1996年 Vol.30，No.8
2）建設図書：「コンクリート構造物の補修・補強の概要」『橋梁と基礎』1994年 Vol.28，No.8
3）日本土木工学協会：「実務者のためのコンクリート構造物の維持管理マニュアル（案）」，平成12年3月
4）土木学会土木施工研究委員会：「耐震補強・補修技術，耐震診断技術に関するシンポジウム」講演論文集，平成9年7月
5）土木学会土木施工研究委員会：「第2回耐震補強・補修技術，耐震診断技術に関するシンポジウム」講演論文集，平成10年7月
6）土木学会：「ブレースと鋼製ダンパーによるラーメン高架橋の耐震補強工法，第52回年次学術講演会，平成9年9月
7）土木学会：「鋼製ダンパー・ブレースを用いた鉄道高架橋の振動性状改善に関する研究」，構造工学論文集vol.46A，2000年3月

鋼板巻立て工法

　この工法は，既設橋脚について，せん断耐力に対する安全度が曲げモーメントに対する安全度より小さいものについて，柱のせん断耐力，じん性を強化する目的で行われる。使用する鉄板はSS400と同等以上で，厚さは6mm程度が標準である。鋼板は柱表面から30mm程度の隙間をあけ，その隙間には無収縮モルタルやエポキシ樹脂を注入する。また，地中部の鋼板は腐食防止として，根巻きコンクリートを施したり鋼板に3mmの腐食しろを見込んでいる。

　標準的な施工手順を以下に示す。
　①根堀り
　②地中部鋼板建込み
　③（根巻きコンクリート）
　④埋戻し・転圧
　⑤地中部鋼板建込み
　⑥足場組立
　⑦溶接
　⑧モルタル（エポキシ樹脂）充填
　⑨塗装

　図11.2.3に標準的な鋼板巻立て工法の概要を示す。

〔参考文献〕
1）建設図書：「既設RC橋脚耐震補強」『橋梁と基礎』1994年 Vol.28，No8

曲げ耐力制御式鋼板巻立て工法

　この工法は，鋼板を橋脚躯体に巻き，無収縮モルタルまたはエポキシ樹脂で一体化させると同時に，橋脚基部では鋼板とフーチングの間に5〜10cmの間隙を設け，アンカー筋で鋼板をフーチングに定着するものである。橋脚基部で間隙を設けるのは，大きな地震を受けた場合に，ここに塑性ヒンジが生じることを許容し，鋼板巻立てによる拘束を受けた状態でじん性のある曲げ破壊が生じるようにするためである。アンカー筋は，所要の橋脚の耐力向上を図るとともに，基礎への地震力の影響を適切に制御す

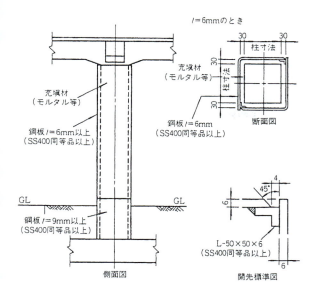

図11.2.3　標準的な鋼板巻立て工法の概要

RC巻立て工法

　この工法は，既設橋脚の全周を25cm程度の厚さの鉄筋コンクリートで巻立て，軸方向筋と帯鉄筋を配置する補強工法である。補強設計では，巻立て部の軸方向筋・帯鉄筋およびコンクリートが既設橋脚と一体化した鉄筋コンクリート断面として計算を行う。なお，主鉄筋の段落としのある既設橋脚を鉄筋コンクリート巻立工法により補強する場合には，損傷が段落とし部で先行して生じることを防止するため，鉄筋コンクリート巻立てに加えて，さらに段落とし部を鋼板で巻立てる。この場合の鋼板厚さは6mmを標準とし，実際の段落とし部を中心として上側へ1b，下側へ1bの合計2bの範囲を巻立てる。ここに，bは補強後の部材断面の短辺幅または直径である。

　図11.2.5にRC巻立て工法の断面の一例を示す。

〔参考文献〕
1) 日本道路協会：「兵庫県南部地震により被災した道路橋の復旧にかかる仕様」の準用に関する参考資料，平成7年6月

鋼板により補強された鉄道高架橋

炭素繊維シート巻立て工法

　本工法は，高強度（鉄の10倍）で軽量かつ耐食性に優れた炭素繊維シートを，既存橋脚のコンクリート表面に接着樹脂を用いて貼付けて補強する工法である。橋脚の主鉄筋の段落とし部においては，炭素繊維を主鉄筋方向に貼付けることにより曲げ耐力を向上させ破壊を橋脚基部に移行させるものである。また，基部におけるせん断耐力が曲げ耐力よりも小さく，せん断破壊が先行する場合には帯鉄筋方向に炭素繊維シートを貼付けることによりせん断耐力を向上させる。作業手順

　①コンクリート表面の下地処理
　②プライマー処理
　③不陸調整パテ塗布
　④含浸樹脂塗布（下塗り）
　⑤炭素繊維シート貼付け
　⑥含浸樹脂塗布（上塗り）
　⑦仕上げ処理

るためのものであり，鋼板をフーチングに固定する場合よりも基礎へ伝達される地震力は小さい。

　曲げ耐力制御式鋼板巻立て工法では，鋼板の厚さ・アンカー筋の径と間隔・橋脚基部の間隙の大きさ・鋼板の下端部における拘束の4点が重要である。

　図11.2.4に曲げ耐力制御式鋼板巻立て工法の概要を示す。

〔参考文献〕
1) 日本道路協会：「兵庫県南部地震により被災した道路橋の復旧にかかる仕様」の準用に関する参考資料，平成7年6月

〔参考文献〕
1) 鉄道総合研究所：「炭素繊維シートによる鉄道高架橋柱の耐震補強工法　設計・施工指針」，平成8年7月

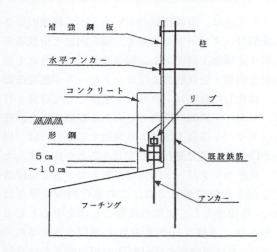

図11.2.4 曲げ耐力制御式鋼板巻立て工法の概要

アラミド繊維シート巻立て工法

本工法は、アラミド繊維シートを既存鉄筋コンクリート橋脚の表面に含浸接着樹脂で貼付けることにより耐震性能を向上させる工法である。

アラミド繊維シートに樹脂を含浸させたものをAFRPシートといい、引張強度は$2100 \sim 2400 \mathrm{N/mm^2}$である。

作業手順
①コンクリート表面の下地処理
②プライマー処理
③不陸調整パテ塗布
④含浸接着樹脂(エポキシ樹脂)塗布(下塗り)
⑤アラミド繊維シート貼付け
⑥含浸接着樹脂塗布(上塗り)
⑦仕上げ処理

〔参考文献〕
1) 鉄道総合技術研究所:「アラミド繊維シートによる鉄道高架橋柱の耐震補強工法 設計・施工指針」, 平成8年11月
2) アラミド補強研究会:「アラミド繊維シートによる鉄筋コンクリート橋脚の補強工法設計・施工要領(案)」, 平成10年1月

プレストレス導入工法

この工法は、橋脚のひびわれ発生部分の引張応力を減少させ、できればひびわれを閉じさせるだけでなく、圧縮応力を与えるのを目的としており、ひびわれの生じた鉄筋コンクリート橋脚の補強に有効な手段と考えられている。この方法による補強例も比較的多い。

PC鋼材および定着方法は普通のPC工法において採用されているものをそのまま用いればよいが、プレストレスを与える方法あるいは反力をとるための定着部の詳細については、橋脚本体に有害な影響を与えないように十分な検討が必要である。

図11.2.6にプレストレス導入工法の例を示す。

〔参考文献〕
1) 太田実・飯野忠雄:「道路橋の補修・補強」『コンクリート工学』Vol.14, No.12, 1976年12月
2) 建設産業調査会:「コンクリート材料・工法ハンドブック」昭和61年9月

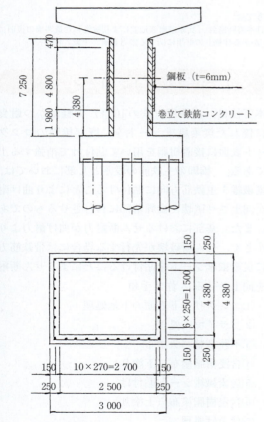

軸方向鉄筋:SD295, D32
帯　鉄　筋:SD295, D22ctc100

図11.2.5 RC巻立て工法の断面の一例

スパイラル筋巻立て工法

本工法は，あらかじめフープ状に加工した高強度スパイラル筋を人力で曲げとひねりを加えながら既設柱に装着し，その上にモルタルを吹付ける工法である。これにより柱の曲げじん性およびせん断耐力を向上させる。

作業手順
① コンクリート表面の処理
② スパイラル筋の装着
③ スパイラル筋の組立
④ 剥落防止用アンカー・溶接金網取り付け
⑤ モルタルの吹きつけ
⑥ モルタルの左官仕上げ
⑦ 養生

図11.2.7に標スパイラル筋巻立て補強工法の概要を示す。

〔参考文献〕
1) 鉄道総合技術研究所：「既存鉄道コンクリート高架橋柱の耐震補強設計・施工指針　スパイラル筋巻立て工法編」，平成8年12月
2) 日本土木工学協会：「実務者のためのコンクリート構造物の維持管理マニュアル（案）」，平成12年3月 3) 土木学会：「スパイラル筋巻立てによる高架橋脚の耐震補強工法の開発」，『「耐震補修・補強技術，耐震診断技術に関するシンポジウム」講演論文集』，平成9年7月

RCプレキャストパネル型枠工法

本工法は，コの字型に形成されたプレキャストパネルを，補強する既設のコンクリート高架橋柱等の外周に設置し，継ぎ手鋼材によって閉合した後，パネルと既設コンクリート柱との空隙を無収縮モルタルによって充填する耐震補強工法である。

プレキャストパネルは水セメント比30%程度のコンクリートまたはモルタルを使用した工場製品である。

作業手順
① 既設柱表層面の清掃
② 接地面のレベル出し，敷モルタル
③ 1段目プレキャストパネルの吊込み
④ 継手の接合積み重ね用治具取付け
⑤ 止水ゴムまたはモルタル等設置
　　以下繰り返し
⑥ 無収縮モルタルの充填
⑦ 目地コーキング

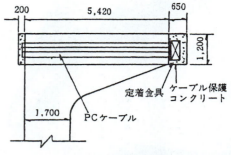

逆L形橋脚の補強例

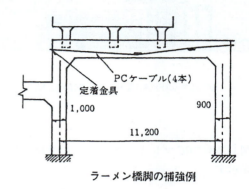

ラーメン橋脚の補強例

図11.2.6　プレストレス導入工法の例

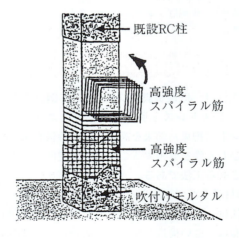

図11.2.7　スパイラル筋巻立て補強工法の概要

RCプレキャストパネル型枠工法で補修された橋脚

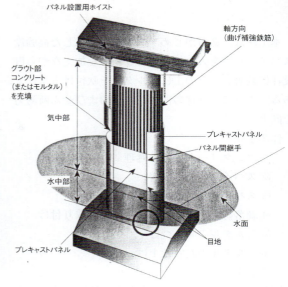

図11.2.8　RCプレキャストパネル型枠工法の概要

　図11.2.8にRCプレキャストパネル型枠工法の概要を示す。

〔参考文献〕
1) 鉄道総合技術研究所：「既存鉄道コンクリート高架橋柱の耐震補強設計・施工指針　RCプレキャストパネル型枠工法編」，平成8年12月
2) 日本土木工学協会：「実務者のためのコンクリート構造物の維持管理マニュアル（案）」，平成12年3月
3) 土木学会：「プレキャストパネルによるRC橋脚の耐震補強工法」，『「耐震補修・補強技術，耐震診断技術に関するシンポジウム」講演論文集』，平成9年7月

PC鋼材巻立て工法

　この工法は，既設橋脚に高強度のPC鋼材を巻き付けてプレストレスを導入することにより，コンファインド（拘束）効果を高め，地震時保有水平耐力およびじん性を改善することで，耐震性・耐久性を向上させる工法である。
　PC鋼材巻きたて工法の一つであるPCコンファインド工法は，大規模地震時に耐力と変形性能を向上させ，ねばり強い構造とするため開発した橋脚の耐震補強工法であり，現在まで100基以上の実績がある。これには，円柱だけではなく矩形・小判形の橋脚の施工や水中施工の実績がある。
　PCコンファインド工法には，スパイラル方式・フープ方式およびワイヤラップ方式の3タイプの方法がある。前二者はプレキャストパネルを型枠として併用することにより省力化を図り，PC鋼材を配置しポストテンション方式にてプレストレスを導入しコンファインド効果を高める方式である。またワイヤラップ方式は，既設柱にPC鋼線を直巻き緊張しながらプレストレスを導入する方式である。
　図11.2.9にPCコンファインド工法の概要を示す。

既設橋梁の免震化工法

　我が国で行われている道路橋免震工法は，新設橋梁を対象に開発されたものであり，既設橋梁にそのまま適用した場合，以下の問題点が想定される。
　①橋桁の変位が大きくなるが，既設橋梁では橋桁の遊間が少なく，地震時には伸縮装置の破損や，桁同士の衝突が起こり免震効果が十分発揮されない。
　②既設支承を免震支承に取り替える工事が必要となるが，取換え工事には，橋脚天端や主桁床版の大規模なはつり工事，長期間の交通規制を有する。
　本工法は，既設橋梁において既存の支承を滑り支承化し，水平力ダンパーを新たに取り付けることによって免震化を図る工法である。免震ゴム支承を用いた従来の免震化工法との相違点は，滑り支承の摩

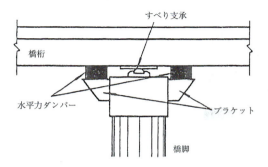

図11.2.9　PCコンファインド工法の概要

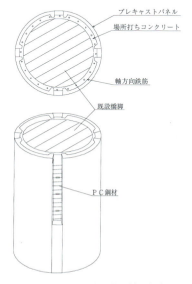

図11.2.10　免震化工法の概念

擦減衰と水平力ダンパーの履歴減衰という二重の減衰付加により，橋桁変位を抑制しつつ免震化によって地震力の低減を図ることである。免震橋では橋桁の変位が大きくなり中小規模地震において伸縮装置の損傷が予想されるが，これに対して本工法は，橋桁の変位を小さく抑える性能を有しているため中小規模地震による伸縮装置の破損を免れることができる。図11.2.10に免震化工法の概念を示す。

〔参考文献〕
1) 建設図書：「既設RC橋脚耐震補強」，『橋梁と基礎』1996年 Vol30，No.8
2) 日本土木工学協会：「実務者のためのコンクリート構造物の維持管理マニュアル（案）」，平成12年3月3) 土木学会：「既存PC単純T桁橋における新しい免震化工事の設計と施工」，『「耐震補修・補強技術，耐震診断技術に関するシンポジウム」講演論文集』，平成9年7月

土および その他構造物の地震対策

1995年に発生した阪神・淡路大震災では，周辺地盤が液状化した側方土圧により港湾の岸壁ケーソンが大移動したり，橋脚の移動により落橋したり，建物やプラント施設の基礎が破損したり，地盤の大変位により地下埋設物に大きな被害をもたらした。

本項では，まず阪神・淡路大震災後に改訂された耐震基準の要点について述べる。後述するように改定された耐震基準により設計されたコンクリート構造物が同レベルの地震に対し軽微な被害であったことから，今後も地震被害を減らすポイントである既設橋脚の耐震補強工法について述べる。

1　土およびその他構造物の耐震基準

阪神・淡路大震災を契機に，土木学会内に「耐震基準等基本問題検討会議」が設置され，土木構造物の地震に対する安全性に関する提言がなされた。本項では土およびその他構造物に関する提言内容とそれを受けて改訂された設計基準について述べる。

土木学会の提言

阪神・淡路大震災で土木構造物大きな被害を受けたことを踏まえて，土木学会では1995年5月に第一次提言，1996年1月に第二次提言，2000年6月に第三次提言が発表された。これら提言のうちコンクリート構造物の耐震化に関連する項目を以下に示す。

(1) 耐震設計で考慮する地震のレベル

○供用期間内に1～2度発生する確率を持つ強さをレベル1とし，発生確率は低いが断層近傍域で発生するような極めて激しい強さをレベル2とする。

○レベル2地震動は，現在から将来にわたって当該地点で考えられる最大級の地震動とする。

○レベル2地震動の評価に際しては，震源断層の破壊過程や地盤条件などに多くの不確定性が残されていることを十分認識し，適切な地震動予

地盤の流動化により護岸倒壊・水没

測手法を適用する。
○マグニチュード6.5程度の直下地震が起こる可能性に配慮し，これによる地震動をレベル2地震動の下限値とする。
○レベル2対象地震は単一に限定せず，複数を選定してもよい。また，同一地点でも構造物の動的力学特性の相違によって対象地震が異なるケースもある。

(2) 地盤の液状化と側方流動への対処
○地盤の液状化の判定においては，細粒分含有率や礫分，レベル2地震動の強さや繰り返し回数，初期の静止土圧などの影響を適切に評価する必要がある。
○液状化による地盤沈下量を精度良く予測し，構造物に与える影響を適切に評価する必要がある。
○液状化による地盤の側方移動のメカニズムや予測手法，防止方法，構造物に対する影響などについて研究を進める必要がある。

(3) 土に関わる構造物の耐震設計
○構造物全体系の耐震性能を照査するためには，上部構造-地盤連成系の非線形挙動を観測，実験，数値解析により明らかにする必要がある。
○液状化や側方流動が基礎構造に与える影響を解明し，設計の合理化を図る必要がある。
○開削トンネルの地震応答は，周辺地盤の地震時挙動に支配されるので，その耐震性能は周辺地盤の耐震安定性を含めて検討することが重要である。
○レベル2地震動に対する抗土圧構造物の耐震設計のため，地震時挙動観測や大型模型実験などを通じて合理的な地震時土圧算定法および土圧低減工法の開発が必要である。
○レベル2地震動に対する盛土やダムの耐震性能を照査するため，動的塑性変形を精度良く予測できる手法の開発が必要である。

これらの提言を受けて，鉄道構造物等設計標準や道路橋示方書といった各機関の基準類が改訂された。

耐震基準の改定

土およびその他構造物としては，盛土，擁壁，地下タンク，埋設管などがあるが，代表的な土構造物である盛土を例にとる。盛土は従来復旧しやすいことから，重要な盛土を除き耐震設計は行われていなかった。しかし，阪神・淡路大震災にみられるように道路や鉄道の盛土が地震被害を受けた場合，システム全体に及ぼす影響が大きいことから，地盤条件や構造物の重要度，復旧の難易度などによって耐震設計を行うことの重要性が指摘された。

鉄道構造物等設計標準・耐震設計編では，盛土に要求される耐震性能として安定および変形に対して設定するものとし，表11.2.4に示すような変形のレベルが規定されている。

盛土の耐震性能照査として，安定の照査法は変形レベル1に対応しており，ニューマーク法により地震時円弧すべり安定計算法により算出した安全率Fsが表11.2.5に示す所要の安全率以上であることを照査する。

変形レベル2以上については，ニューマーク法によって算定される盛り土上面での地震時沈下量が沈下量の制限値以内であることを照査するものとしている。沈下量の目安として鉄道構造物等設計標準・耐震設計編では表11.2.6に示す規定を設けている。

〔参考文献〕
1)(社)土木学会：「土木構造物の耐震設計ガイドライン（案）」，2001
2)(財)鉄道総合技術研究所：「鉄道構造物等設計標準・同解説耐震設計」，丸善，1999

液状化と地盤流動

地盤の液状化と地盤流動（側方流動）への対処は，阪神・淡路大震災後に出された土木学会の提言でも重要なポイントとして指摘されている。

■ 液状化の判定基準

地盤が液状化するか否かの判定方法には，概略判定法，簡易判定法，詳細判定法および実験的判定法がある。表11.2.7に判定法の概要と適用性について示す。

表11.2.4 変形レベルと補修工法のイメージ

	変形のレベル	補修工法のイメージ
変形レベル1	すべり破壊が生ぜず、ほとんど残留変形が生じない損傷（円弧すべり計算で1.0以上の所要の安全率を確保）	無補修（必要に応じて軌道整備）
変形レベル2	すべり破壊は生じるが、それに伴う残留変形が小さい軽微な損傷（円弧すべり計算では1.0以上の所要の安全率を確保することは困難であるが、計算される残留変形量が小さい状態）	バラストの補充やのり面再転圧、施工基面の部分的な拡幅などの軽微な補修
変形レベル3	盛土体や地盤の残留変形が大きく、部分的に盛土の再構築が必要となる損傷（計算される残留変形量は大きいが壊滅的な破壊には至らない状態）	のり表面や路盤面を部分的に撤去し、盛土や軌道を再構築する
変形レベル4	地盤の流動などによって壊滅的に盛土が破壊し、全面的に再構築が必要となる損傷（計算される残留変形量が極めて大きく、壊滅的な破壊には至る状態	盛土を全面的に撤去し、全面的に再構築する

表11.2.5 応答値の設定方法と所要安全率（変形レベル1）

設計震度の設定方法	設計水平震度 Kh	所要の安全率 Fa
地震応答計算などでPGAを求めて算出した場合	Kh＝Kcq・PGA／G ここに、Kcq＝1、G＝980gal	1.0 (1.1)
一義的に定めた設計震度を用いる場合	Kh＝va・Kh＝0.2va ここに、va：地域別係数	1.1 (1.2)

( ) 内は構造物系のり面工を用いた場合の安全率
Kcq：想定最大地表面加速度（gal）

表11.2.6 盛土の被害程度と沈下量の目安

変形レベル	被害程度	沈下量の目安
1	無被害	無被害
2	軽微な被害	沈下量20cm未満
3	応急処置で復旧が可能な被害	沈下量20cm以上50cm未満
4	復旧に長期間を有する被害	沈下量50cm以上

例として道路橋示方書や鉄道構造物等耐震設計標準では、液状化強度FL値による簡易法を用いている。

① 道路橋示方書・同解説Ⅴ耐震設計編

レベル2地震動についてのみ液状化判定を行う。

凍結サンプリングの試験結果に基づいて砂質土と礫質土に区分して液状化強度推定式を設定している。

プレート境界型の大規模な地震を想定したタイプⅠと内陸直下型地震を想定したタイプⅡに分けて補正係数を考慮し液状化強度比を設定する。補正係数は累積損傷度法に基づいて設定されたものである。

② 鉄道構造物等耐震設計標準・同解説　耐震設計

レベル1地震動、レベル2地震動ごとに液状化判定を行う。

液状化強度は、レベル1地震動の検討では繰返し回数20回で軸ひずみ両振幅5％に対応する強度を簡易推定式によって求めるが、レベル2地震動の検討では不攪乱試料を用いた室内土質試験結果から軸ひずみ両振幅10～15％における動的せん断強度比～繰返し回数の関係から設定する。

レベル2地震動の検討では、さらに地盤の応答解析から得られる各深さごとの加速度波形を用い、累積損傷度理論を適用して液状化強度比を補正する。

■ 地盤流動の設計への反映

飽和砂質土層に生じる液状化およびこれに伴う地盤流動に対してその影響を耐震設計に反映している。各種機関の基準では、地盤流動を検討するケースを示している。以下に、道路橋示方書および鉄道構造物等耐震設計標準の例を示す。

① 道路橋示方書・同解説Ⅴ耐震設計編

臨海部において、背後地盤と前面の水底との高低差が5m以上ある護岸によって形成された水際線から100m以内の範囲にある地盤。

液状化すると判定される層厚5m以上の砂質土層があり、かつ当該土層が水際線から水平方向に連続的に存在する地盤。

② 鉄道構造物等耐震設計標準・同解説　耐震設計

以下を満足するケースを除いて地盤流動の影響を考慮する。

設計想定地震力に対して護岸が安全である場合。

地盤流動の起点と考えられる地盤、あるいは設計対象構造物近傍地盤において液状化指数PLが15以下の場合。

地盤流動による地盤変位量と地盤流動を考慮する層厚の比が1/100以下。

鉄道構造物等設計標準・同解説耐震設計編では液

表11.2.7 液状化の判定法の種類と適用性

判定法の種類	判定法の細分		判定法の概要	判定法の適用性
概略判定法	微地形分類	—	地形、地質をもとに判定する。	簡易であるが精度は低い。
	液状化履歴	—	過去に液状化した場所は再液状化しやすい。	液状化しないことの判定はできない。
	限界N値	—	地下水位、粒度、N値などをもとにして判定する。	ボーリング調査結果だけで判定できる。港湾の基準のように高度なものもある。
	FL法	地表面震度から簡易的にせん断応力を推定。	簡易的に求められたせん断応力と実験式などに基づき、N値などから求められた液状化強度を比較する。	指針等に多用される方法。
		応答計算によりせん断応力を推定	最大せん断応力と実験式などに基づいたN値などにより求められた液状化強度を比較する。	簡易法の最大せん断応力を計算により求めた分精度が高くなっている。
詳細判定法	全応力法	FL法	最大せん断応力と、液状化強度試験で求められた液状化強度を比較する。	液状化強度も試験値を用いるので精度が高くなる。
		過剰間隙水圧発生予測	せん断応力時刻歴より、過剰間隙水圧の発生量を予測する。	FL法が最大せん断応力のみに着目しているのに対し、せん断応力の時刻歴も使用している分精度は高い。特別な解析コードが必要
		過剰間隙水圧消散予測	過剰間隙水圧の発生量を入力とし、透水方程式を解いて過剰間隙水圧の消散解析を行う。	グラベルドレーンなど、特殊な場合に用いられる。
	有効応力法	—	有効応力法による地震応答解析を行う。	原理的には数値計算のうちで最も精度が高いが、データの準備、数値計算の両方で最も費用がかかる。また、結果の判定にも高度な判断力が要求される。
実験的判定法	模型実験	振動台実験	振動台を用いて模型地盤の地盤－構造系の加震実験を行う。	特殊なケースのみに用いられる。相似則に注意を要する。
		遠心力載荷実験	遠心力載荷実験装置を用いて模型地盤や地盤－構造物系の振動実験を行う。	特殊なケースのみに用いられる。相似則が満足される。
	原位置実験	—	原位置で加震実験を行う。	液状化を起こさせることが困難で費用が多くかかる。

状化の程度により，地盤の変形係数，地盤の反力係数，杭の周面支持力度等の土質乗数を図11.2.11に示すように低減する手法をとっている。

地中構造物の耐震設計において考慮すべき地盤流動の影響として，地盤変位と地盤ひずみ，流動力特性がある。地盤流動に伴う地盤変位や地盤ひずみについては，鉄道構造物等耐震設計標準・同解説耐震設計，水道施設耐震工法指針・解説などに考え方が述べられている。また，地盤流動の流動力特性については道路橋示方書・同解説V耐震設計編などに考え方が述べられている。

2 土およびその他構造物の地震対策

道路や鉄道の土構造物，港湾施設およびライフラインが阪神・淡路大震災で大きな被害を受けたことを契機に，土木学会の提言を受けて各機関で耐震設計基準が見直された。その後発生した比較的規模が大きい新潟県中越地震等に対して，レベル2地震に対応した工法の採用がなされた新設の構造物には大きな被害の発生が報告されていない。しかし，耐震補強が遅れた既存の構造物には，大きな被害が発生しており今後への課題を残した。

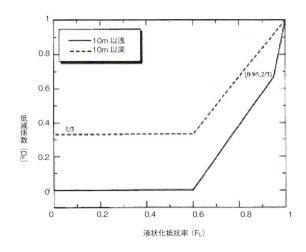

図11.2.11　地盤流動を考慮した低減係数

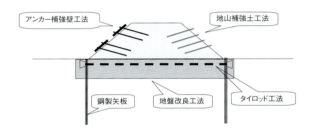

図11.2.12　既設盛土の耐震補強のイメージ

既存の土構造物に対する耐震補強

　既存の土構造物の中でも盛土や斜面上の擁壁に被害が多い。盛土を例にとると，片側切土・片側盛土構造の場合，盛土部の揺り込み沈下，せん断変形，さらにはすべり変位等により路肩沈下が多く発生する。既設盛土の耐震補強のイメージを図11.2.12に示す。盛土のり面の耐震性を高める工法として，鋼材やジオテキスタイルといった補強材で補強する地山補強土工法，アンカー補強土壁工法などが代表的なものである。盛土の支持地盤を強化する工法として，盛土底端部に鋼製矢板等を打ち込んで支持地盤が側方に広がることを防ぐことで耐震安定性を高め

る工法である。矢板の天端をタイロッドで繋ぐとさらに耐震安定性はさらに高まる。また，薬液注入等により支持地盤を改良するのも耐震安定性を高める有効な工法である。支持地盤を強化する工法は，支持地盤が液状化しやすい場合，特に有効である。
　斜面上の重力式およびもたれ式擁壁は，盛土構造物とならんで被害が多い。斜面上の擁壁の耐震性を高める工法として，グランドアンカーにより山を押さえる工法などが有効である。
　各工法の詳細は「第1章　土工・岩石工法　2斜面安定工法　3永久アンカー工法」を参照のこと。

液状化対策工法

　地震による液状化対策工法は，地震の被害を低減する上で重要である。液状化対策工法の詳細は「第4章　地盤改良工法　8液状化対策工法」を参照のこと。

その他構造物の地震対策工法

　その他構造物のなかで比較的多くの被害が発生するのは，山岳トンネルとライフラインの代表格である上下水道である。
　山岳トンネルは，側壁のはらみだし，覆工コンクリートの過度なひび割れや天端コンクリートの剥落などの被害がほとんどである。断層運動に伴う地盤の変形によるトンネル構造物の被害を完全に防止することは経済性の観点からも極めて困難である。大規模な地盤変形が生じることが予想される地点では，トンネル覆工を鋼材で補強したり繊維コンクリートを用いるなどの対策を講じることが望ましい。
　地震時に下水道等の地中埋設管が損傷して埋戻し部が陥没したり，マンホールが浮き上がって交通の妨げとなるケースは多数発生する。これらの現象は，埋戻し土が液状化することにより発生することが判明している。埋戻し土の十分な締固め，セメントの混合，薬液の注入による固化，透水性の高い砂利の利用などの対策をとることが望ましい。また，埋設されている管路は，蛇行やたるみが発生する。これら被災した管路の復旧工法として開削工法での施工が困難なものについては，改築推進工法が用いられるケースが多い。改築推進工法については「第7章　トンネル工法　3推進工法」を参照のこと。

第12章 環境技術工法

- I 騒音・振動対策技術 ･･････････････････ 1098
- II 大気汚染対策技術 ････････････････････ 1125
- III 水質汚濁対策 ････････････････････････ 1133
- IV 土壌汚染対策技術 ････････････････････ 1141
- V 建設副産物と廃棄物最終処分場 ･･･････ 1159
- VI 緑化対策技術 ････････････････････････ 1191

I　騒音・振動対策技術

騒音・振動は代表的な公害であるが，その影響範囲が狭くきわめて限定的なものである。しかし，その発生源は工場，鉄道，航空機，自動車，建設工事等々多種多様で，原因があらゆるところに存在するため苦情が発生しやすい特徴がある。ある人には不快な音であっても他の人は特に不快と感じないというように主観的，心理的な面も強い。また，交通機関を利用しているときの揺れは不快と感じなくても，電車の通過や工事現場から生じる揺れは僅かであっても不快と感じるケースも多い。このことが騒音・振動対策を難しくしている。

環境省の調査によると平成19年度騒音に係わる苦情件数は16,434件で，その内訳は図1.1に示すとおりである。図に示すように建設工事に伴う騒音の苦情は約31.4%の5,165件である。交通関連施設である鉄道が0.5%，自動車が2.3%と建設工事と比較すると格段に少ないといえる。

同様に平成19年度振動に係わる苦情件数は3,384件で，その内訳は図1.2に示すとおりである。図に示すように建設工事に伴う振動の苦情は約61.8%の2,092件である。交通関連施設である鉄道が1.5%，道路交通が7.9%と建設工事を含めた土木構造物関連で70%以上を占めている。

表1.1および表1.2に示すような一般的な騒音・振動レベルの目安が示されている。自主規制をする場合の参考になるものと考えられる。

騒音・振動については，鉄道や道路など各施設に起因するものと，土木工事に起因するものがある。本項では，各施設から発生する騒音・振動対策と工事中に発生する騒音・振動に分けて述べるものとする。

〔参考文献〕
環境省：「平成19年度騒音規制法施行状況調査」
環境省：「平成19年度振動規制法施行状況調査」

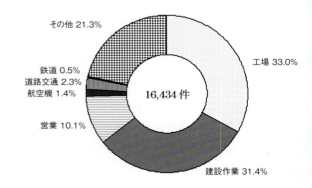

図1.1　騒音に係わる苦情の内訳

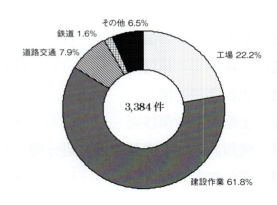

図1.2　振動に係わる苦情の内訳

交通関連施設の騒音・振動対策

騒音・振動については，鉄道や道路などすでに供用されている施設に起因するものと，建設工事に起因するものがある。本項では，交通関連施設から発生する騒音・振動対策のうち，鉄道と道路について，規制する法律と対策について述べるものとする。

表1.1　一般的な騒音レベルの目安

騒音レベル	めやす
120db	航空機のエンジンの近く
110db	自動車の警笛
100db	電車が通るガード下
90db	騒々しい工場
80db	電車および地下鉄の社内
70db	掃除機，騒々しい事務所
60db	静かな乗用車，普通の事務所
50db	静かな事務所
40db	図書館

表1.2　一般的な振動レベルの目安

振動レベル	めやす
110db以上	30％以上の家屋が倒壊する
105〜110db	30％以下の家屋が倒壊する
95〜105db	壁に割れ目が入り煙突が破損する
85〜95db	家屋が激しく揺れ，すわりのわるいものが倒れる
75〜85db	家屋が揺れ，障子がガタガタ音をたてる
65〜75db	大勢の人に感じる程度で障子がわずかに動く
55〜65db	静香にしている人が揺れを感じる
45〜55db	地震計には記録されるが人体には感じない

1 規制する法律と基準値

　平成5年（1993年）11月に環境基本法が公布された。その21条にで「大気の汚染，水質の汚濁，土壌の汚染又は悪臭の原因となる物質の排出，騒音又は振動の発生，地盤の沈下の原因となる地下水の採取その他の行為に関し，事業者等の遵守すべき規準を定めること等により行う公害を防止するための措置。」と述べられている。この法律を頂点として，騒音に係わる基準と手続きを定めたのが騒音規制法であり，振動に係わる基準と手続きを定めたのが振動規制法である。

鉄道施設の騒音に対する法律と基準値

　騒音規制法では，工場・事業場の騒音，建設作業の騒音，自動車騒音を特定作業として規制の対象としており，鉄道騒音はこの法律で規制の対象となっていない。そこで，環境基本法第16条第1項に基づき，「新幹線鉄道騒音に係わる環境基準」が定められた。また，新幹線以外の在来鉄道を対象に，平成7年12月に「在来鉄道の新設又は大規模改良に際しての騒音対策の指針」が定められた。

■　新幹線の騒音基準値
　原則として，連続して通過する20本の列車について当該通過列車ごとの騒音のピークレベルを読み取り，その大きさが上位半数のものをパワー平均した値を評価量としている。その基準は，次のとおりである。

①主として住居に供される地域は70dB以下とする。
②主として商工業に供される地域は75dB以下とする。

■　在来鉄道の騒音基準
　新線または高架化のように環境が急変する場合の騒音問題を未然防止するために，次の基準を設けている。
①新線は，等価騒音レベル（L_{Aeq}）で昼間（7時〜22時）60dB以下，夜間（22時〜翌7時）55dB以下とする。
②大規模改良においては，改良前以下をめざすものとする。

鉄道施設の振動に対する法律と基準値

　騒音規制法同様，振動規制法では，工場・事業場の振動，建設作業の振動，自動車振動を特定作業として規制の対象としており，鉄道に起因する振動はこの法律で規制の対象となっていない。しかし，一部の地域では新幹線の振動による影響が生活に影響を及ぼすことも指摘されていた。そこで，昭和51年3月「環境保全上緊急を要する新幹線鉄道振動対策について」の勧告がなされ，指針が示された。その指針内容を次に示す。

　新幹線鉄道補正加速度振動レベルが，70dBを超える地域について緊急に振動源及び障害防止対策等を講じること。

　病院，学校その他静穏を要する施設の存する地域については，特段の配慮をするとともに，可及的速やかに措置すること。

表1.3 道路騒音の許容限度（平成12年総理府令第15号から抜粋）

区域の区分	要請限度(dB)	
	昼間(6:00～22:00)	夜間(22:00～6:00)
a区域及びb区域のうち1車線を有する道路に面する区域	65	55
a区域のうち2車線以上の車線を有する道路に面する区域	70	65
b区域のうち2車線以上の車線を有する道路に面する区域及びc区域のうち車線を有する道路に面する区域	75	70
［特例］幹線交通を担う道路に近接する区域（2車線以下の場合は道路の敷地境界から15m、2車線を超える場合は20mまでの範囲）	75	70

1) a区域：住居専用区域
   b区域：主として住居の用に供される区域
   c区域：相当数の住居と併せて商業、工業等の用に供される区域
2) 騒音測定は、交差点を除き、連続する7日間のうち代表する3日間について行う。
3) 騒音の評価方法は等価騒音レベルによる。
4) 騒音の大きさは、測定した値を時間の区分ごとに3日間の全時間を通じてエネルギー平均した値とする

道路施設の騒音に対する法律と基準値

道路騒音は，工場・事業場による騒音，建設作業による騒音とともに騒音規制法の対象となっており，「平成12年総理府令第15号」により表1.3に示すような基準値が定められている。

これを受けて多くの自治体では自動車による騒音基準値を条例により定めている。

道路の振動に対する法律と基準値

道路振動は，工場・事業場による振動，建設作業による振動とともに振動規制法の対象となっており，振動の基準値が次のように定められている。

①第一種区域は，80%レンジの上端値で，昼間（8時～19時）65dB以下，夜間（19時～翌8時）60dB以下とする。

②第二種区域は，80%レンジの上端値で，昼間（8時～19時）70dB以下，夜間（19時～翌8時）65dB以下とする。

2 鉄道施設の騒音対策工法

鉄道騒音の主な発生源は，①車輪とレールの接触により放射される騒音，②構造物に振動が伝わって発生する構造物騒音，③パンタグラフ（集電系）から発生する音や車両が空気を切る風切り音，に分類できる。これらの割合はレールと車輪の摩耗状態，軌道形式，構造物形式，走行速度などによって変化する。これまでは車輪・レール騒音や構造物音と比較して風切り音の影響は小さいとされていたが，新幹線の速度向上に伴い風切り音についても考慮することが必要となってきた。

騒音対策には，いったん放射された音を処理する「間接的な対策」と，音の原因となる振動を抑制する「直接的な対策」とがある。間接的な対策は遮音と吸音，音波の干渉の利用などである。直接的な対策はタイヤフラットの削正，ロングレールやレール波状摩耗の削正，鋼橋の制振，軌道から構造物に入る振動のしゃ断，集電系や車両形状の改良などが代表的なものである。これらの軌道や構造物等における各種騒音対策の分類を表1.4に示す。

本項で対象としたのは，音源対策のうち橋梁と防音壁等であり，コンクリート橋や鋼橋に設置されている主な防音工である防音壁（側方遮音工），吸音工，干渉工，および鋼橋の下面遮音工と制振工等について述べる。

このような防音工の選択や設置範囲は，要因を分析した上で，対策を必要とする場所と鉄道の位置関係や，目標とする騒音値を考慮して決定されなければならない。設定した騒音の目標値より大きい各騒音源からの音に対して，各々全て目標値より下げるようにしなければならない。防音工を効果的なものとするためには，上記の音源に対して適材適所にかつ適量の対策を行なうことが重要である。

表1.4 各種騒音対策工法の分類

```
環境対策 ─┬─ 騒音対策 ──── 騒音対策工法
         ├─ 振動対策 ──── 振動対策工法
         ├─ 電波障害対策
         ├─ 汚水処理対策
         ├─ 地下水,地盤沈下対策
         ├─ 大気汚染対策
         └─ 日照阻害対策
```

鉄道防音対策（線路側）

鉄道防音対策（道路側）

防音壁工法（側方遮音工法）

防音壁は,騒音のうち主に車輪・レール騒音を遮断（遮音）するために用いられる最も一般的な防音工である。現在用いられている防音壁は直防音壁と逆L型防音壁とに分類できる。また,これらの防音壁に吸音工や干渉工を取付けた防音壁などがある。

防音壁は盛土区間を含む各種構造物にも設置されているが,ここではコンクリート橋や,鋼橋に用いられている防音壁の概要について以下に述べる。

■ 直防音壁

直防音壁とは,図1.3に示すように,施工基面の端部に垂直に立てた高さ1.2～2.0m程度の壁である。壁に用いる材料は,H鋼柱を立てフレキシブルボード（10～20mm）または中空PC板（70～100mm）を取りつける工法と,場所打鉄筋コンクリート（150～250mm）,図1.4に示す補強繊維入PCaによる工法などがある。

このうち,フレキシブルボードの用いられている石綿セメント板は石綿の公害問題のため,最近では使用されてない。中空PC板,場所打鉄筋コンクリート壁は重量が増すが,保守上有利である。中空PC板を波形にして,転動音を乱反射させ減音させるものもある。

防音壁は橋梁上では300kgf/m^{2}の風荷重に耐えるように設計されているが,新幹線では列車通過毎に約±100kgf/m^{2}の風圧が繰り返し作用し,激しい振動を受けるので,振動についても考慮しなければならない。図1.5は,プレキャスト部材のPC板を使用した防音壁とH鋼柱との防振ゴムを使用した固定詳細例である。

また,コンクリート橋に比べて振動の大きな鋼橋の防音壁は,防音壁自身が音源となり防音効果が悪くなる恐れがあるため,橋梁の腕材と防音壁の支柱との取り付けは防振支持している。

■ 逆L型防音壁

逆L型防音壁は,図1.6に示すように直防音壁に屋根を付けて建築限界近くまで延伸したもので,直壁よりも効率的に騒音を遮蔽できるようにした防音壁である。

現在用いられている壁材としては,場所打鉄筋コンクリート造の直壁に鋼板や中空PC板で屋根部を覆ったもの,直壁部および屋根部ともに場所打鉄筋コンクリートで施工したものがある。

■ 吸音型防音壁

吸音工は,防音壁,車体側面および高架スラブ間等の多重反射による騒音の反射を抑制するため,直防音壁や,逆L型防音壁の内面に吸音板を貼り付けた

防音壁である。吸音板の構造は，グラスウール，ロックウール，セラミック吸音ブロック等の吸音材と有孔保護板からなっている。図1.7にグラスウールを用いた吸音型防音壁の例を示す。

干渉工法

干渉工は，音源からの直接波と干渉装置を通って下方へ屈折させた遅延波を干渉させて減音させるものである。図1.8に示すような干渉装置を防音壁の頂部に取り付けたものや，レール近傍に設置したものなどがある。

下部遮音工法（鋼橋）

トラス，プレートガーダー，ボックス桁等の鋼橋は，桁自体の振動による2次騒音（構造物音）が大きい。特に開床式の鋼橋では構造音が大きく，転動音と構造物音が同程度の騒音値となっている。このため，防音工として橋梁の下面を遮音板で覆う下面遮音工が設置されている。

下面遮音板の取り付け方式には吊方式と補助桁方式とがある。このうち，吊方式は，図1.9に示すように桁に吊り金具を取り付け，これに図1.10に示す防振ゴムを介して下面遮音板に消音鋼板などを取り付けた構造である。また，補助けた方式は，本けたとは別に補助桁を設けてこれに鋼板などを取り付けた構造で，橋台の振動が補助桁に伝わらないように補助桁の支承部には防振ゴムを用いている。

制振工法（鋼橋）

鋼橋は桁自体の振動による構造物音が大きい。このため，開床式鋼橋では側方遮音工と下面しゃ音工などが，また有道床鋼橋では側方遮音工とバラストマットの敷設による軌道から構造物に入る振動の遮断や，桁主部材への制振材の貼付け（制振工）などの対策を行なっている。

制振材にはゴムアスファルト系制振材，制振モルタルなどがあり，この施工例を図1.11に示す。

〔参考文献〕
1) 建設産業調査会：最新橋梁ハンドブック」
2) 東日本旅客鉄道：鋼橋防音工の設計施工の手引き（昭和62年6月）

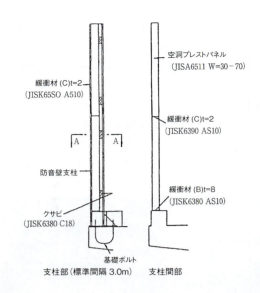

図1.3　PC板を利用した直防音壁の例

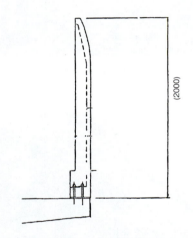

図1.4　補強繊維入PC板を利用した直防音壁の例

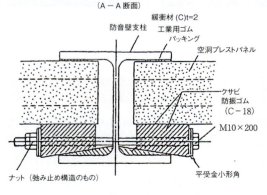

図1.5　PC板固定部詳細例

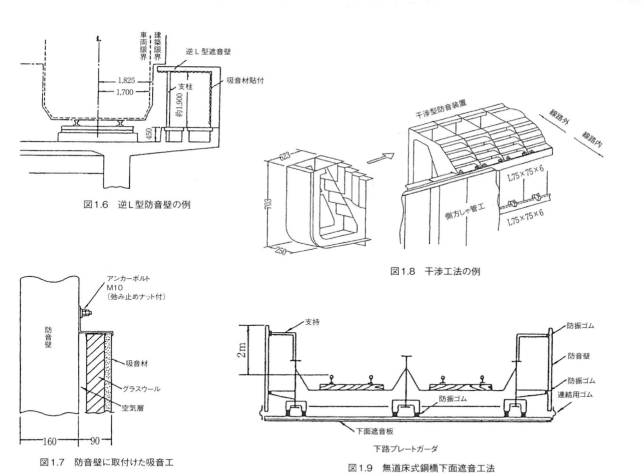

図1.6 逆L型防音壁の例

図1.8 干渉工法の例

図1.7 防音壁に取付けた吸音工

図1.9 無道床式鋼橋下面遮音工法

図1.10 吊り方式用防振ゴムの詳細

図1.11 鋼橋制振工法の例

環境編 I 騒音・振動対策技術　1103

3 鉄道施設の防振対策工法

列車走行に伴って発生する振動は,車両→軌道→構造物→基礎→地盤→建物と伝搬していく。この振動の低減対策としては,振動が伝搬される過程に応じて,①振動源対策(車両・軌道),②伝搬経路対策(地盤),③受振側対策(建築物)に分類できる。

制振工法振動源での防振対策工法(鋼橋)

振動の発生源での対策は,大きく車両側と軌道側の2つに分けられる。車両側の対策には車両重量の軽量化,レールと車輪との衝突力を低減させるために車輪とレールとの接触する面を平滑に保つタイヤ削正がある。また,衝撃力を低減する目的で車輪のタイヤとリムとの間にゴム等の弾性材を挿入した弾性車輪がある。

軌道側における防振対策は,ロングレールなどを用いてレール表面を平滑化し,衝突力を低減する方法のほか,弾性マクラギやバラストマット,弾性支承などによりレール,マクラギ,道床間をより柔らかいバネで支えて伝搬振動を低減させる方法,およびレールの剛性を高め曲がりにくくするなどの対策がある。

また,軌道桁そのものを浮き構造としたフローティング桁軌道等も軌道側の防振対策工法として挙げられる。

伝搬経路での対策工法

振動が地盤を伝搬する過程において地盤と異なる材料(地盤より硬いものあるいは軟らかいもの)を挿入することにより振動の伝搬を抑えることができる。挿入する遮断材料としては,硬いものではコンクリート壁,鋼矢板等,軟らかいものとしては発泡ウレタン,EPS等がある。コンクリート壁は,連続地中壁工法等を用いて地中に壁を造って振動を遮断しようとするものである。発泡ウレタン,EPSは,トンネル構築の外周面に貼付けたり,地中に埋設したりすることによって振動を遮断するものである。しかし,軟弱地盤においてはその効果も小さい。また,遮断材料を地盤に挿入する場合,振動遮断効果は支持層まで挿入した方が大きい。

受振部での対策工法

建物内で列車騒音が問題となるのは直接音(空気伝搬音)より固体音であることが多いが,固体音とは建物内に入力された振動が,室内の床,壁,天井等の内装材に伝搬し,最終的に騒音として室内に放射されるものである。また,床スラブに伝搬した固体音は体感振動として知覚される。

建物躯体中の振動増幅を抑えるための対策としては,一般に建物の剛性を高めることと,振動しにくくするため重量を大きくすることが有効である。部材の断面を大きくしたり,配置を密にすることにより剛性を高めたり,スラブを増し打ちすることにより重量の増大を図る方法などがある。

室内仕上材の対策は,ゴムの軸変形・せん断変形を利用した防振ハンガーを用いた天井工法や内壁材の防振支持工法がある。

また,粘性減衰機構や,TMD・AMDなどの質量効果型の制振装置により,防振性能を向上させる工法も開発されている。

4 道路施設の騒音・振動対策

道路交通騒音・振動対策は,発生源対策と道路側の対策に分けられる。発生源対策としては,自動車の構造を改善したり,速度規制や過積載の取締りなど運用面での対策が有効である。

道路側の騒音対策としては,防音壁や吸音板の設置,低騒音舗装の採用などがあげられる。また,道路の振動対策としては,道路の平坦性の確保,段差の改善あるいは地盤改良などがあげられる。表1.5に一般的な道路施設の騒音・振動対策例を示す。

道路施設の騒音対策工法

道路側の騒音対策として,防音壁や吸音板の設置,舗装面の工夫などがあげられる。防音壁や吸音板については,鉄道施設の騒音対策に詳しく述べられているのでそちらを参照することとし,本項では舗装面の対策について述べる。

表1.5 一般的な道路施設の騒音・振動対策例

要因	対策
発生源対策	・車両の点検整備の励行 ・速度規制、加載積車両の取締強化など
騒音対策 （道路側）	・バイパスの整備 ・舗装の保守点検と補修 ・防音壁の設置 ・排水性舗装、高架裏面吸音板設置など
振動対策 （道路側）	・路面平坦性の確保 ・段差の改善 ・防振壁の設置 ・地盤改良など

表1.6 騒音低減方法と関連した工法

騒音低減方法	機能	効果	工法
路面のキメの調整	路面のキメを調整することにより、騒音を低減する	タイヤ／路面騒音の低減	砕石マスチックアスファルト マイクロサーフェイシング 小粒径骨材の使用 骨材露出工法
舗装の吸音性能の利用	舗装体に空隙を持たせ多孔質にすることにより騒音を低減する	タイヤ／路面騒音の低減 路面反射音の吸音・減衰	排水性舗装 透水性コンクリート舗装 多孔質弾性舗装
弾性体の利用	骨材の一部に弾性体を用いたり、舗装体を多孔質の弾性体にすることにより騒音を低減する	タイヤ／路面騒音の低減 路面反射音の吸音・減衰	ゴム入りアスファルト舗装 多孔質弾性舗装

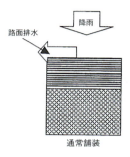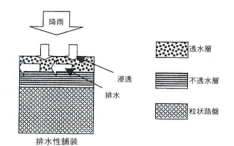

図1.12 排水舗装の概念

■ 低騒音舗装

　低騒音舗装とは，通常広く用いられる密粒アスファルト舗装・コンクリート舗装に比べて，自動車走行騒音が小さい舗装のことである。低騒音舗装には，様々な種類があり，実用化されているもの，研究中のものなど現在いろいろな段階にある。

　低騒音舗装は，一般的な舗装に材料的な対策，すなわちバインダの高性能化や使用粗骨材の小粒径化などの対策をとることによっても可能である。さらに効果的なのは，低騒音舗装を目的とした構造を持つものである。低騒音舗装の騒音低減方法とそれに関連した工法の例をまとめると，表1.6のようである。表のように，アスファルト系舗装では，すでに実用化されている排水性舗装をはじめとして，研究中ではあるが，ゴム入りアスファルト舗装，砕石マスチックアスファルト，マイクロサーフェイシングなどがある。セメント系舗装では，連続鉄筋コンクリート舗装，骨材露出工法，透水性コンクリート舗装などがある。また研究中ではあるが，大きな低騒音化が期待できる，ゴムを主体とした多孔質弾性舗装などもある。

■ 排水性舗装

　排水性舗装とは，空隙率の高い多孔質なアスファルト混合物を表層または表層・基層に用い，この多孔質な混合物層の下に不透水性の層を設けることにより，表層または表層・基層に浸透した水が不透水性の層の上を流れて排水処理施設に速やかに排水され，路盤以下へは水が浸透しない構造としたものである。図1.12に排水性舗装の概念図を示す。

　その機能としては，道路表面の雨水を速やかに排水することによる車両の走行安全性の向上のほか，表面から内部まで多くの空隙が存在することによる道路交通走行騒音の低減効果等がある。

　排水性舗装用の混合物としては，粗骨材は6号砕石，バインダは高粘度改質アスファルト，空隙率が20%程度としたものが多く用いられているようである。最近では機能向上を目的として，すり減り減量の少ない骨材の使用や，6号砕石をさらに10mm や8mm のふるいで単粒化した骨材の使用，さらには表層の上2cm 程度を7号砕石の排水性舗装，下3cm を6号砕石の排水性舗装にしたものなど，様々なものが検討されている。

〔参考文献〕
1) 建設物価調査会：「低騒音舗装の概説-設計・積算・施工・検査-」平成8年

道路施設の振動対策工法

道路の振動対策としては、道路の平坦性の確保、段差の改善あるいは地盤改良などがあげられる。本項では舗装面での対策について述べる。

■ 防振舗装

道路交通による振動を軽減させるために、防振層などを施した舗装。防振層の考え方には2通りあり、振動を吸収するために軟らかく復元力のある層を設ける方法と、振動そのものの発生を抑制する剛性の高い層を設ける方法である。軟らかい層で振動を吸収する方法では、ゴムなどの弾性体を利用したものが検討されているが、まだ研究段階である。剛性の高い層で振動を抑制する方法では、路床以下の地盤改良を行う方法、硬質発泡ウレタンを路盤下部などに設置する方法などのほか、比重の大きい副生フェライトを骨材として使用したフェライトアスファルト混合物を用いた方法などの施工例がある。

〔参考文献〕
1)「舗装」編集委員会:「舗装の質疑応答第6巻」,建設図書平成3年

■ 防振壁工法

防振壁工法は、道路境界に振動遮断壁を設置する工法である。溝は空洞としておくのが最も効果的であるが、発砲ウレタンを詰めるのが一般的である。地下水等により浮き上がるおそれがあるときは、コンクリートと組み合わせることもある。防振壁を設置することにより、最大10dB程度の振動レベルの低下が期待できる。

建設工事中の騒音・振動対策

前述したように、建設工事に伴う騒音や振動に対する苦情件数は平成19年度のデータによれば、騒音が全苦情件数に対して30%超、振動が実に70%を超えている。これは最近の建設工事が大規模化、急速化、複雑化の特徴を有しており、それに伴って使用する騒音・振動源となる建設機械の大型化や使用台数の増加等がその一因と考えられる。近隣の住民が安心して暮らせるように法律やそれに伴う条例の整備も進み、対策も急速に進歩してきている。本項では、騒音と振動を規制する法律とその対策について述べる。

1 規制する法律と基準値

1993年（平成5年）11月に環境基本法が公布された。その21条に次のように述べられている。「大気の汚染、水質の汚濁、土壌の汚染又は悪臭の原因となる物質の排出、騒音又は振動の発生、地盤の沈下の原因となる地下水の採取その他の行為に関し、事業者等の遵守すべき規準を定めること等により行う公害を防止するための措置。（原文のまま）」この法律を頂点として、騒音に係わる基準と手続きを定めたのが騒音規制法であり、振動に係わる基準と手続きを定めたのが振動規制法である。

（建設工事に伴う騒音を規制する法律と基準値）

騒音規制法は、工場および事業場における騒音、自動車騒音に係わる許容値を定めるとともに建設工事に伴う騒音を規制することで国民の生活環境を保全している。建設工事に伴う騒音の規制（振動の規制）について騒音規制法体系（振動規制法体系）を図1.13に示す。

騒音規制法では、杭打ち機など建設工事として行われる作業のうち、著しい騒音を発生する作業であって政令で定める特定建設作業を規制の対象としている。都道府県知事が規制地域を指定するとともに環境大臣が騒音の大きさ、作業時間帯、日数、曜日等の基準を定めており、市町村長は規制対象となる特定建設作業に関し必要に応じて改善勧告を行う。

表1.7は騒音規制法で定められている騒音基準値である。これを受けて各都道府県では条例で独自の基準値を規定している。表1.8は東京都の条例を示したものである。各都道府県では基準レベルを高めているケースが多いので工事に際して騒音防止計画を立案する場合は、その地域の条例をよく調べることが重要である。

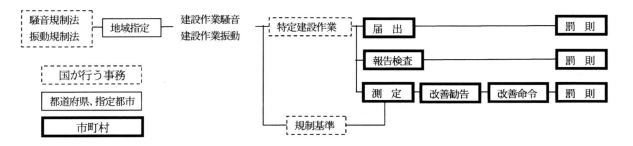

図1.13 騒音規制法(振動規制法)の体系

表1.7 騒音規制法による基準値

特定建設作業	(法律)	種類に対応する規制基準				
		騒音の大きさ	夜間又は深夜作業の禁止	1日の作業時間の制限	作業期間の制限	日曜、その他の休日作業禁止
くい打設作業	くい打機(もんけんを除く)くい抜機(圧入式を除く)を使用する作業(くい打機をアースオーガーと併用する作業を除く)	85dB	第1号区域 午後7時から翌日の午前7時まで 第2号区域 午後10時から翌日の午前6時まで	第1号区域 10時間 第2号区域 14時間	連続6日以内	日曜日及びその他の休日
びょう打等作業	びょう打機を使用する作業					
破砕作業	さく岩機を使用する作業					
掘削作業	バックホウ(原動機の定格出力80kw以上)、トラクターショベル(原動機の定格出力70kw以上)、ブルドーザー(原動機の定格出力40kw以上)、を使用する作業(低騒音型建設機械の指定を受けたものを除く)					
空気圧縮機を使用する作業	空気圧縮機(電動機以外の原動機を用いるもので原動機の定格出力が15kw以上)を使用する作業(さく岩機として使用する場合を除く)					
締固め作業						
コンクリートプラント等及びコンクリート搬入作業	コンクリートプラント(混練機の混練容量が0.45m³以上のもの)又はアスファルトプラント(混練機の混練重量が200kg以上のもの)を設けて行う作業(モルタルを製造するためにコンクリートプラントを設けて行う作業を除く)					
はつり作業及びコンクリート仕上げ作業						
建設物の解体破壊作業						

表1.8 東京都条例による基準値

指定建設作業 (条例)		種類に対応する規制基準				
		騒音の大きさ	夜間又は深夜作業の禁止	1日の作業時間の制限	作業期間の制限	日曜、その他の休日作業禁止
くい打設作業	穿孔機を使用するくい打ち作業	80 dB	第1号区域 午後9時から翌日の午前7時まで	第1号区域 10時間	連続6日以内	禁止
びょう打等作業	インパクトレンチを使用する作業					
破砕作業	コンクリートカッターを使用する作業					
掘削作業	ブルドーザー、パワーショベル、バックホーその他これらに類する掘削機械を使用する作業（法対象作業を除く）					
空気圧縮機を使用する作業						
締固め作業	振動ローラー、タイヤローラー、ロードローラー、振動プレート、振動ランマその他これらの類する締固め機械を使用する作業		第2号区域 午後11時から翌日の午前6時まで	第2号区域 14時間		
コンクリートプラント等及びコンクリート搬入作業	コンクリートミキサー車を使用するコンクリートの搬入作業					
はつり作業及びコンクリート仕上げ作業	原動機を使用するはつり作業及びコンクリート仕上げ作業（さく岩機を使用する作業を除く）					
建設物の解体破壊作業	動力、火薬又は鋼球を使用して建築物その他の工作物を解体し、又は破壊する作業	85 dB				

1号区域	第1種・第2種低層住居専用地域、第1種・第2種中高層住居専用地域、第1種・第2種住居地域、準住居地域、商業地域、近隣商業地域、準工業地域、用途地域として定められていない地域及び工業地域のうち学校・病院の周囲おおむね80m以内の区域。
2号区域	工業地域のうち学校・病院等の周囲おおむね80m以外の区域。

建設工事に伴う振動を規制する法律と基準値

振動規制法は、工場および事業場における振動、建設工事に伴う振動について必要な規制を行うとともに、道路交通振動に係わる要請の措置を定めること等により、国民の生活環境を保全している。このうち土木に関連が深い建設工事に伴う振動について振動規制法体系図を図1.13に示す。

振動規制法では、杭打ち機、ブレーカおよび鋼球を使用して建設物を解体・破壊する作業を、政令で定める特定建設作業として規制の対象としている。都道府県知事が規制地域を指定するとともに環境大臣が振動の大きさ、作業時間帯、日数、曜日等の基準を定めており、市町村長は規制対象となる特定建設作業に関し必要に応じて改善勧告を行う。

表1.9は振動規制法で定められている特定建設作業の振動基準値である。これを受けて各都道府県では条例で独自の基準値を規定しており、同表に東京都の条例を併せて示した。各都道府県では基準レベルを高めたり、指定建設作業として追加しているケースが多いので工事の振動防止計画を立案する場合は、その地域の条例をよく調べることが重要である。

2 騒音および振動の共通対策

建設工事の騒音対策には、①音源対策、②伝搬経路対策、③受音対象対策の3つの方法がある。その基本となるのは、①の音源対策である。騒音が拡散した状態での対策は難しいだけでなく大規模でコストがかかる可能性が高いことから、伝搬経路対策や受音対象対策は、不十分な場合の補完と位置付けて考えるのが望ましい。騒音および振動対策の手順は、図1.14のフローに示すとおりである。

騒音および振動の予測と測定

発生騒音レベルおよび発生振動レベルの予測は、工法や建設機械を選定するうえで極めて重要である。また、騒音や振動レベルの評価は、それぞれ測定することにより可能となる。以下、騒音および振動の予測と測定方法について示す。

表1.9　振動規制法による基準値と東京都の条例

作業の種類	特定建設作業 (振動規制法)	基準値	指定建設作業 (東京都条例)	基準値
くい打設作業	くい打機（もんけん及び圧入式を除く）、くい抜機（油圧式を除く）又はくい打くい抜機（圧入式を除く）を使用する作業	75 (dB)	圧入式くい打ち機、油圧式くい抜機を使用する作業又は穿孔機を使用するくい打設作業	70 (dB)
破砕作業	ブレーカー（手持ち式を除く）を使用する作業		ブレーカー以外のさく岩機を使用する作業	
掘削作業			ブルドーザ、パワーショベル、バックホー、その他これらに類する掘削機械を使用する作業	
空気圧縮機を使用する作業			空気圧縮機（電動機以外の原動機を用いるもので原動機の定格出力が15kw以上）を使用する作業（さく岩機として使用する場合を除く）	65 (dB)
締固め作業			振動ローラ、タイヤローラー、ロードローラー、振動プレート、振動ランマ、その他これらに類する締固め機械を使用する作業	70 (dB)
建設物の解体・破壊作業	鋼球を使用して建築物その他の工作物を破壊する作業		動力、火薬を使用して建築物その他の工作物を解体し、又は破壊する作業	75 (dB)
	舗装版破砕機を使用する作業			

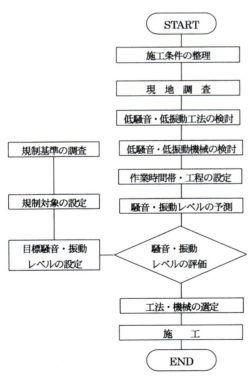

図1.14　騒音・振動対策手順

■ 騒音の予測と測定

騒音の予測手法は多岐にわたるが，騒音源である建設機械の音響パワーレベルに基づき騒音レベルを算定する簡易的な手法が提案されている．本手法には，距離減衰，障壁減衰の影響を考慮するノモグラムおよび家屋による補正の表が用意されており，比較的容易に騒音レベルが予測できる．詳しくは参考文献1)を参照のこと．また，日本建築学会から建設工事騒音予測計算法「ASJCN-Model2002」が提供されている．

環境条件が複雑で騒音レベルをある程度の精度で予測することが難しい場合，音源モデルを設定し有限要素法等を用いた伝搬解析で騒音レベルを求めるのも有効な手法である．

騒音レベルの測定は，JISZ8731「環境騒音の表示・測定方法」に準拠するものとし，本規格では評価量，用語，騒音の種類，測定器，測定と評価方法，測定点，補正方法および校正方法について示されている．

独立行政法人土木研究所より「建設工事の騒音測定要領（案）」が出されているので参考にするとよい．騒音の測定に用いられる計器について表1.10に示す．

環境編 I 騒音・振動対策技術　1109

表1.10 騒音レベルの測定計器

計器	計器の役割と仕様
騒音計	・JIS C1509-1に規定するサウンドレベルメータを使用 ・周波数重み付け特性はA特性
レベルレコーダ	・JIS C1512に規定するレベルレコーダを使用 ・騒音の時間変動を把握
周波数分析	・JIS C1513に規定する周波数分析器を使用 ・周波数重み付け特性A特性 1/3 オクターブバンドの周波数分析を行う
データレコーダ	・周波数帯域 20～10kHzとする ・騒音を録音して後日再生し周波数分析を行う
音響校正器	・JIS C1515に規定する音響校正器を使用 ・騒音計の校正を行う

表1.11 振動レベルの測定計器

計器	計器の役割と仕様
振動計	・JIS C1510に規定する振動計を使用 ・計量法に合格したものであること
レベルレコーダ	・JIS C1512に規定するレベルレコーダを使用 ・振動レベルを正確に読み取る
周波数分析	・JIS C1513に規定する周波数分析器を使用 ・1/3 オクターブバンド型を使用すること
データレコーダ	・周波数帯域 0～1kHzとする ・記録して後日再生し周波数分析を行う

■ 振動の予測と測定

建設工事により発生する振動の予測は、騒音同様振動発生源からの伝搬過程を考慮した距離減衰に基づいた算定式により予測する。社団法人地盤工学会の地盤工学・実務シリーズ26「建設工事における環境保全技術」では、地盤振動の伝搬予測、杭打ち作業などによる地盤振動の予測、発破振動の予測方法などが示されており参考にするとよい。

振動レベルの測定は、JISZ8735「振動レベル測定方法」に準拠するものとする。

独立行政法人土木研究所より「建設工事の振動測定要領（案）」が出されているので参考にするとよい。振動の測定に用いられる計器について表1.11に示す。

工事騒音および振動対策の基本

複数の建設機械がいろいろな場所でしかも同時に稼動しているような建設工事では、各現場で発生した騒音や振動がそれぞれ別々のルートを伝搬して受音点に到達する。また、騒音の特性が機会の種類や作業内容によって異なるため、各音源から受音点に至る間の騒音の伝搬特性に大きな違いを生じることになる。例えば、トンネル工事の発破作業では低周波成分の卓越した騒音が数100m以上の長距離にわたって問題となることがあり、その場合は地形、地質や地表面の影響とともに気象状況の影響を受ける。また、都市内の工事では周辺の建物で反射された騒音の影響によって予測値を上回ることもある。このように多様な伝搬経路が伝搬経路対策を難しいものにしている。

建設工事中に発生する騒音や振動は一時的なものであり、学校や病院等への対策は規模が大きくコスト高となったり集合住宅等への対策は多くの人々の同意が必要となる場合も多く、受音点対策を難しいものにしている。

建設工事を原因として発生する騒音や振動は、建設工事の種類、使用する建設機械の種類、建設作業の機能、騒音や振動の発生機構などが複合されるケースが大半である。通常の建設工事では、工事の規模によって多少の違いはあるものの、事前に決められた工程表に従って複数の作業が行われる。したがって、工事期間内はもちろん、日々の作業時間内でも工事現場から発生される騒音は変動する。また、道路工事や鉄道工事などでは工事の進行に伴って作業場所が平面的に移動するし、煙突やタワー工事などでは高さ方向に移動する。このように建設工事の騒音や振動は時間的、空間的に変動する騒音として特徴付けることができる。このように変動音であることが、工事騒音の音源対策を難しいものにしている。

音源および振動源対策の基本としては、比較的騒音や振動の少ない工法を選定する方法と低騒音・低振動に指定されている建設機械を選定する方法、音源や振動源を防音・防振する方法等がある。

低騒音・低振動工法の導入

低騒音・低振動工法については、工種別に後述する。

低騒音・低振動型建設機械の導入

平成9年建設省より「低騒音型・低振動型建設機械の指定に関する規程」が告示された。同告示に基づき低騒音型建設機械の指定を行っている。同規程によると低騒音型建設機械の指定を受けるためには、騒音の測定値が表1.12に示す騒音基準値を下回る必要がある。騒音基準値からさらに6db以上下回る騒音の測定値が得られた建設機械を超低騒音型建設機械と表示することができる。この騒音基準値は音響パワーレベルであり、測定方法は「建設機械の騒音及び振動の測定値の測定方法」に定められている。

また、低振動型建設機械の指定を受けるために

表1.12 低騒音型建設機械騒音基準値

機種	機関出力(kw)	騒音基準値(dB)
ブルドーザー	P＜55	102
	55≦P＜103	105
	103≦P	105
バックホウ	P＜55	99
	55≦P＜103	104
	103≦P＜206	106
	206≦P	106
ドラッグライン クラムシェル	P＜55	100
	55≦P＜103	104
	103≦P＜206	106
	206≦P	106
トラクターショベル	P＜55	102
	55≦P＜103	104
	103≦P	107
クローラークレーン トラッククレーン ホイールクレーン	P＜55	100
	55≦P＜103	103
	103≦P＜206	107
	206≦P	107
バイブロハンマー		107
油圧式杭抜機 油圧式鋼管圧入・引抜機 油圧式杭圧入引抜機	P＜55	98
	55≦P＜103	102
	103≦P	104
アースオーガー	P＜55	100
	55≦P＜103	104
	103≦P	107
コンクリートカッター		106
オールケーシング掘削機	P＜55	100
	55≦P＜103	104
	103≦P＜206	105
	206≦P	107
アースドリル	P＜55	100
	55≦P＜103	104
	103≦P	107
さく岩機（コンクリートブレーカー）		106
ロードローラー タイヤローラー 振動ローラー	P＜55	101
	55≦P	104
コンクリートポンプ（車）	P＜55	100
	55≦P＜103	103
	103≦P	107
コンクリート圧砕機	P＜55	99
	55≦P＜103	103
	103≦P＜206	106
	206≦P	107
アスファルトフィニッシャー	P＜55	101
	55≦P＜103	105
	103≦P	107
空気圧縮機	P＜55	101
	55≦P	105
発動発電機	P＜55	98
	55≦P	102

は表1.13に同規程に定められた振動基準値を下回る必要がある。この振動基準値は，建設機械から15m離れた地点における振動レベルであり，騒音基準値同様「建設機械の騒音及び振動の測定値の測定方法」に測定方法が定められている。

■ その他の騒音・振動対策

低騒音・低振動工法や低騒音・低振動建設機械の導入以外に各工種に共通した対策工法がある。

［騒音対策］
・消音マフラー，防音パネル，防音シートの設置
・防音壁や樹木で減衰効果を高める
・使用材料に制振材を取り付ける
・吸音材を取り付ける
・発生源を被対象からできるだけ離すなど

［振動対策］
・緩衝材の設置
・防振壁，防振柱列の設置など

表1.13 低振動型建設機械振動基準値

機種	諸元	基準値(dB)
バイブロハンマ	最大起振力 245Kn (25tf) 以上	70
	最大起振力 245Kn (25tf) 未満	65
バックホウ	標準バケット山積（平積）容量 0.50 (0.4) m³以上	55

防音カバーされた建設機械

3 工種別騒音・振動対策

建設工事における騒音・振動対策は，工種により使用する建設機械も異なるため独自の対策方法がとられることも多い．本項では土工事，運搬，岩石工事，基礎工事，土留め工事，コンクリート工事，舗装工事，鋼構造工事およびトンネル工事に分けて騒音・振動対策について述べる．

土工事の騒音および振動対策

土工事は，掘削・積込み，盛土，敷均し，締固めを一連の作業として繰り返すのが通常である．これらの作業を行うために使用される土工機械としては，油圧ショベル，トラックショベル，ブルドーザ，スクレープドーザ，振動ローラおよびダンプトラック等が代表的なものである．

■ 騒音対策

油圧ショベル，トラックターショベル，ブルドーザを使用した掘削作業は騒音規制法の特定建設作業に指定されている．これを受けて，例えば東京都では掘削作業に加えて振動ローラーやタイヤローラーなどを使用した締固め作業も指定建設作業として規制の対象としている．

環境省が調査した平成18年度の特定建設作業騒音に係わる苦情処理データは，バックホウ，トラクターショベルおよびブルドーザを使用する作業がカウントされている．なかでもバックホウは全体の約30％を占めており，騒音対策を立案する上で注意を要する．

特定建設作業や指定建設作業では，騒音対策として低騒音型の建設機械を導入することが対策の基本となる．図1.15に従来型と低騒音対策型のバックホウについての作業騒音測定例を示す．

この測定例にみられるように，受音点が離れるにつれてかなり減衰していることがわかる．また，低騒音対策型は，従来型と比較して約10dB程度騒音レベルを低下できることがわかる．

掘削土砂の積込みや敷均し作業に使用されるブルドーザの騒音は，主にエンジン関連騒音とキャタピラを中心とした足回りの騒音である．走行速度が増すとともに騒音レベルは，ハイアイドル時をかなり上回る．

土工事の騒音対策は，低騒音対策型の機械を使用するだけでなく，対策の対象をできるだけ音源から離すよう計画をする必要がある．また，低騒音型の

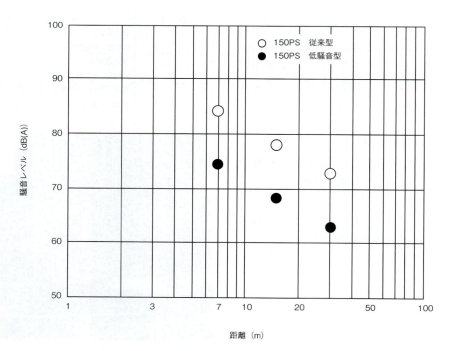

図1.15　バックホウの騒音測定例

表1.14 主な土工機械の振動レベル測定例

工種	建設作業		建設作業機械からの距離（m）						
			5	7	10	15	20	30	40
土工事	ブルドーザ	9~21t	64~85		63~77		63~78		53~73
		60,40t	64~74	63~73					
	トラクタショベル		56~77		53~69		43~63		
	油圧ショベル		72~83		64~78		58~69		54~59
			69~73	66~72	64~66	58~62		43~58	
	スクレープドーザ		88		77		67	58	
	振動ローラ			52~90		44~75		43~68	
	振動コンパクタ			46~54		40~44	43		

機械を導入しても，機械の重量や走行速度により騒音レベルが異なるので，騒音対策を考慮した上で施工時間帯や工期を検討することも重要である。

〔参考文献〕
1) (社) 日本騒音制御工学会編：「地域の音環境計画」, 技報堂出版

振動対策

土工事の掘削や締固め作業は，振動規制法における特定建設作業に指定されていない。東京都の条例では，振動ローラー，タイヤローラー，振動プレートなど振動を使用した締固め作業を指定建設作業として規制の対象としている。

土工事に使用される主な建設機械の振動レベルの測定例を，参考文献から抜粋して表1.14に示す。例えば東京都では70dB以下の振動レベルを基準値としている。同表にみられるように，振動プレート（振動コンパクタ）のような比較的小型の機械は，ほとんど振動が問題となることはないものと考えられる。振動ローラの場合，上限だけをみれば70dB以下にするためには振動源からおおよそ30m程度離す必要がある。

また，同表にみられるように指定建設作業外ではあるが，掘削や敷均しに使用されるブルドーザ，ショベル，スクレープドーザなどの建設機械は，締固め作業に使用される機械よりもやや高めの振動レベルが測定されている。これは，地盤の性状にもよるが，重機の走行時に大きな段差があったり，掘削時にバケットを落下させたりする作業により比較的高い振動を発生するものと考えられる。

締固め作業による振動レベルが基準値を上回ることが予測される場合，その対策として振動ローラの重量や起振力の小さい機械を使用したり，周辺環境によっては静的に締固めるロードローラやタイヤローラを選定するのが望ましい。

締固め作業以外でも基準値を上回る振動の発生が予想される場合，履帯式を車輪式に変更したり，走行速度を抑えたり，過度な段差やくぼみを均してある程度の平坦性を確保するような対策が必要となる。

〔参考文献〕
1) (社) 日本騒音制御工学会編：「地域の環境振動」, 技報堂出版, 2001

運搬工の騒音および振動対策

建設工事では土砂，アスファルト混合物，建設廃材などを多量に運搬することが多い。運搬路として住宅地の狭い道路，病院，学校の近隣を通らざるを得ないケースも多々あり，騒音が問題となることもある。したがって，運搬に際しては，交通安全に加えて，運搬路の選定，運搬車種，運搬時間，走行速度，運搬路の維持について考慮した上で騒音対策をする必要がある。

運搬による騒音は，運搬車両の積載量と走行速度の影響が最も大きい。騒音レベルは，積載量が大きいほど，走行速度が速いほど，高くなることが報告されており，運搬計画を立案する上で参考となる。

運搬に使用されるダンプトラックの振動レベルの測定例を，参考文献より抜粋し表1.15に示す。表にみられるようにダンプトラックによる振動レベルは比較的低く，通常の運搬であれば運転操作に注意をしていれば，特に振動が問題となることはないものと考えられる。

〔参考文献〕
1) (社) 日本建設機械化協会：「建設工事に伴う騒音振動対策ハンドブック第3版」, 2001
2) (社) 日本騒音制御工学会編：「地域の環境振動」, 技報堂出版, 2001

岩石掘削工の騒音および振動対策

岩石掘削工法としては，火薬による発破工法と，機械工法であるリッパ工法，ブレーカによる削岩機工法などがあり，どの工法も高いレベルの騒音や振動を発生する。それぞれの岩質に適した工法が選定されるため，騒音や振動を理由に工法を変更するケースはほとんど例がない。このことが岩石掘削工の騒音・振動対策を難しいものにしている。

岩石掘削工法の一般的な適用性について，参考文献から抜粋し表1.16に示す。

〔参考文献〕
1)(社)日本騒音制御工学会編：「地域の音環境計画」，技報堂出版，1997

■ 騒音対策

発破による騒音は，薬種，装薬量，装薬方法などによって大幅に異なる。では，発破工法はどの程度の騒音レベルになるのかについては，参考文献に詳細なデータが報告されているので参照するとよい。発破工法による騒音を低減するためには，孔数を多くして1段の薬量を制限したり，爆速の低い火薬を用いたりするのが効果的である。また，せん孔のために穿孔機を用いる場合は，消音マフラーや防音カバーなどの防音対策を必要に応じて講じることが望ましい。

ブルドーザにリッパを付けて岩盤を掘削するリッパ工法による騒音は，土工で述べたブルドーザの作業騒音とほぼ同レベルといわれている。

ブレーカによる岩盤掘削は，発破とならんで騒音を発生しやすい工法である。ブレーカの騒音対策は，穿孔機と同様，消音マフラーや防音カバーなどの防音対策を必要に応じて講じる。

〔参考文献〕
1)(社)日本騒音制御工学会編：「地域の音環境計画」，技報堂出版，1997

■ 振動対策

表1.15に示すように岩石掘削工法で振動が問題となるのは，一般的に高爆速火薬による発破作業である。順次時間差で発破する段発発破と比較して多数の発破孔を同時に発破する斉発発破の方が大きな振動レベルを示す測定報告もある。振動レベルを低下させるためには，多段発破工法や低爆速火薬を用いる等の対策をとる必要がある。

リッパ工法やブレーカ工法は，振動規模が中程度と評価されているが，振動源から10m以内であると70dBを超える振動レベルが測定されている。もし，振動が問題となる場合は，静的破砕工法と組み合わせることによりブレーカの重量を小さくする等の対策が必要になる。

〔参考文献〕
1)(社)日本騒音制御工学会編：「地域の音環境計画」，技報堂出版，1997

■ 低周波音対策

一般に人間に聞こえる音波の周波数はおおよそ20Hz～2万Hzの範囲といわれている。20Hz以下の人間には聞き取れない音波が超低周波音である。超低周波音に20Hz以上であるが明確に聞き取れない領域の音波を加えた1Hz～100Hzの領域の音波を低周波音と呼んでいる。近年，低周波音は比較的遠方まで伝搬する特性があり，その影響により戸や窓，建具等が低周波音と共鳴することで「ガタガタ」と微振動することで睡眠を妨げる等の苦情が指摘されている。低周波音を発生する代表的な構造物としては，発電用大型風車の回転音がある。

環境省では「低周波音防止対策事例集」をとりまとめており，発破による衝撃音もとりあげられている。ベンチカット発破音の周波数特性の測定例では，20Hz以下の超低周波数成分を含んでいることが報告されている。

発破工法の低周波音対策として，一回の火薬量を減量したり，トンネルの坑内発破であれば消音器を取り付けるとうの対策を講じる必要がある。

〔参考文献〕
1)建設工事における環境保全技術編集委員会：「建設工事における環境保全技術」，地盤工学会，2009

基礎工の騒音および振動対策

基礎工としては，直接基礎工法，埋込み杭工法，場所打ち杭工法，ケーソン工法，鋼管矢板基礎工法および地中連続壁工法等がある。表1.17に各基礎工法の騒音および振動に対する一般的な評価を示す。

基礎工法の選定に際しては，環境だけでなく施工の能率や経済性などを総合的に判断して決定されることになる。

表1.15 ダンプトラックの振動レベル測定例

工種	建設作業	建設作業機械からの距離（m）						
		5	7	10	15	20	30	40
運搬	ダンプトラック	46～69		41～68	67	34～63	62	

表1.16 岩石掘削工法の適用性

岩石掘削工 評価項目		適用岩石種類		騒音レベル		振動レベル
		硬岩	軟岩	レベル	特徴	
発破	高爆速火薬	◎	◎	▲	破壊音	▲
	低爆速火薬	◎	◎	▲	破壊音	○
破砕剤		○	○	◎	穿孔音	◎
削岩機	大型削岩機	○	○	○	穿孔音	○
	小型削岩機	○	○	○	穿孔音	◎
ブレーカ	大型ブレーカ	○	○	▲	打撃衝撃音	○
	小型ブレーカ	○	○	▲	打撃衝撃音	○
リッパ付ブルドーザ		○	◎	○	打撃音	○
自由断面掘削機		◎	◎	○	掘削音	○

◎騒音・振動が小さい ○騒音・振動が中程度 ▲騒音・振動が大きい

表1.17 基礎工法の騒音および振動に対する評価

基礎工法				騒音評価	振動評価
打込杭工法	打撃工法			×	×
	振動工法			▲	×
埋込杭工法	プレボーリング工法		最終打撃	▲	▲
			根固め	○	○
			拡大根固め	○	○
	中掘工法		最終打撃	▲	▲
			先端根固め	○	○
			拡大根固め	○	○
	回転工法	既成ＰＣ杭	先端根固め	◎	◎
		鋼管杭	回転圧入	◎	◎
	圧入工法			◎	◎
場所打ち杭工法	機械掘削工法	アースドリル工法		○	○
		リバース工法		○	○
		オールケーシング工法		○	○
	深礎工法			○	○
ケーソン工法	オープン工法			○	○
	ニューマチック工法			△	○
鋼管矢板式基礎工法				×	×
地中連続壁基礎工法				○	○

◎騒音・振動が小さい ○騒音・振動が中程度
▲騒音・振動がやや大きい ×騒音・振動が大きい

■ 騒音対策

パイルハンマを使用して既成杭を打ち込む打撃式打込み工法は，大きな騒音を発生し建設騒音の代名詞のような存在であった。現在，打撃式は騒音や振動があまり問題とならない河口付近を除くとほとんど用いられることがなく，騒音・振動の小さい埋込み工法が主流となっている。

騒音規制法では圧入工法を除く杭の施工作業が特定建設作業に指定し85dB以下に，それを受けた東京都条例でも杭の施工作業を指定建設作業として80dB以下に抑えるよう規定されている。

最終の支持層に対して打撃工法を採用すると

表1.18 基礎工に使用される機械の振動レベル測定例

工種	建設機械		建設作業機械からの距離（m）		
			7	15	30
基礎工法	ディーゼルパイルハンマ	～2t	75～80	61～74	52～68
		2～3t	72～84	70～81	56～72
		3～4t	76～89	73～85	73～89
		4t～	70～91	63～72	61～72
	ドロップハンマ		63～89	54～80	65～83
	油圧ハンマ	6.5t	85～88	70～83	61～81
		8～8.5t	85～91	67～88	59～79
	バイブロハンマ	～30kw	71～77	61～71	51～58
		30～40kw		70～75	60～69
		40kw	72～92	69～88	53～79
	アースオーガ工法		50～61	44～57	40～47
	アースドリル工法	20t級機械式	59～67	54～60	50～52
		30t級油圧式	58～61	45～55	40～51
	オールケーシング掘削機	1300mmクローラ式	57～68	49～67	43～59
		2000mmクローラ式	53～68	50～63	46～58
	リバースドリル工法	1500～4000mm	61～68	51～64	41～54
		3000～3500mm	44～60	43～50	40～42
	プレボーリング工法		50～64	41～61	38～59
	中掘工法		43～62	41～59	37～55

低騒音・低振動型基礎工法

90db近い騒音レベルを示すとの報告がある。したがって，騒音レベルが規制値を超える場合は，その対策としてセメントミルクによる根固め工法や圧入工法が採用しなければならない。また，つばさ杭やNSエコパイルのような回転式圧入工法は70db以下の騒音レベルである。プレボーリング工法でも最終の打ち止めに圧入工法を採用する等の対策とることにより，特に騒音が問題となるケースは少ない。

中掘り工法やプレボーリング工法が出現するまでは，騒音対策としてアースドリル工法やリバース工法といった場所打ち杭工法がしばしば用いられていた。

アースドリル工法はエンジン音やバケット接地時の衝撃音が騒音問題となることがある。リバース工法は騒音が特に問題となることは少ない。また，オールケーシング工法はエンジン音やバケットとクラウンの衝突音などが騒音問題となりやすい。本来，場所打ち杭工法は低騒音・低振動工法であり，計画時に留意することで十分対策が可能である。

ケーソン工法の中でもニューマチックケーソン工

法は，作業中だけでなく作業時間外でも減圧沈下を防止いるために常時送気しなければならない。したがって，空気圧縮機が連続運転されることと，マティリアルロック開閉の際の排気音が騒音問題となるケースがある。対策としては，マティリアルロックに消音装置を取り付けることで117dBから74dBに低減できたとの報告もある。空気圧縮機を防音ハウスで覆うことも有効な対策である。

〔参考文献〕
1)(社)日本騒音制御工学会編：「地域の音環境計画」，技報堂出版，1997

振動対策

振動規制法では圧入工法を除く杭の施工作業が特定建設作業に指定し75dB以下に，それを受けた東京都条例でも杭の施工作業全般を指定建設作業として70dB以下に抑えるよう規定されている。

表1.18に参考文献に示された各基礎工法の振動レベルと距離の関係の測定例を示す。表にみられるように，油圧ハンマやバイブロハンマを使用した打込み工法はいずれも振動レベルが高く，距離による減衰もあまり期待できず70dB以下とするのは厳しい。対策としては，埋込み杭工法や場所打ち杭工法といったいわゆる低振動工法に変更するのが有効である。表にみられるように，打込み工法と比較して振動レベルを大幅に低減できる。

ケーソン工法で振動が問題となるのは，ニューマチックケーソン工法に使用される空気圧縮機の連続運転である。その対策としては空気圧縮機を防振材料で覆うことが有効である。

〔参考文献〕
1)建設工事における環境保全技術編集委員会：「建設工事における環境保全技術」，地盤工学会，2009

土留め工事の騒音および振動対策

土留め工法は，鋼矢板土留め工法，鋼杭と土留め板による工法，柱列式と壁式の地下連続壁工法等が代表的なものである。土留め工法に使用される建設機械は，基礎工法に使用される機械と共通している。したがって，騒音および振動対策は基礎工法とほぼ同様と考えてよい。

騒音対策

土留め工法の騒音問題は，前述した動力源や運搬手段を除くと，鋼矢板や鋼杭の打込みおよび引抜きあるいは地下連続壁工法の柱や壁を掘削するときに発生することが多い。

鋼矢板や鋼杭の施工には，打撃力が大きく，施工性や経済性に優れるドロップハンマやディーゼルハンマに代表される打撃工法が主流であった。しかし，大きな騒音・振動を伴うことから適用場所は限定されつつある。打撃工法の特徴を活かしつつ防音構造を採用した油圧ハンマは，騒音レベルを10～15dB程度低減できるといわれている。それでも他の低騒音工法と比較して騒音レベルは高い。バイブロハンマ工法は，電動モーターで2軸偏心の振り子を回転させ振動させる電動式バイブロハンマと油圧シリンダの往復運動により振動させる油圧式バイブロハンマがある。騒音や振動の対策が不要な場合電動式バイブロハンマ工法が用いられ，低騒音・低振動が要求される場合は油圧式バイブロハンマ工法が用いられる。

鋼矢板の施工には，打込み工法を用いるのが高効率であるが，必ず騒音問題を伴うことから，アースオーガ等の低騒音工法と併用するなどの対策を講じる必要がある。

油圧圧入・引抜工法は，既設の鋼矢板に機械を固定させ，既設の鋼矢板に反力をとり，鋼矢板を圧入または引抜くものである。静荷重であるため，低騒音・無振動で施工が可能である。柱列式地下連続壁工法は，単軸あるいは多軸のオーガー式掘削機が用いられる。場所打ち杭工法の施工と同様，基本的に低騒音・低振動工法である。また，地下連続壁工法は，主としてバケット方式である懸垂式クラムシェル掘削機および回転方式である水平多軸回転カッター掘削機の2方式がある。どちらの方式も低騒音・低振動の範疇に入るが，水平多軸回転カッター掘削機の方がよりすぐれている。

〔参考文献〕
1)(社)日本騒音制御工学会編：「地域の音環境計画」，技報堂出版，1997

振動対策

土留め工法に使用される建設機械は，基礎工法に使用される機械と共通している。振動対策は，基礎工法の振動対策を参照すること。

コンクリート工事

コンクリート工事において，一般的に振動が問題になるケースはほとんどなく，問題となるのは騒音である。

コンクリート工事における騒音問題は，コンクリート製造時，コンクリート運搬時，コンクリート打設時およびコンクリート解体時に分類できる。

コンクリートプラントは特定建設作業として騒音規制法の対象となっており，図1.16にコンクリートプラントの騒音レベルの測定例を示す。コンクリートの製造は，生コンクリートとして供給されることがほとんどである。生コン工場では基準値を満足するよう十分な対策がとられる。ダムやトンネルの大型工事では，コンクリートの製造設備を設置するケースもある。その場合，運搬距離や道路状況等周辺環境を考慮した場所に設置する必要がある。騒音を計測し，必要であれば防音シートや防音壁でプラントを覆う等の対策を講じる。

コンクリートの運搬手段として騒音が問題となるのは，コンクリートポンプ車とトラックミキサ車である。図1.17にコンクリートポンプ車の騒音測定例示す。コンクリートポンプ車の騒音が問題となる場合は，コンクリート圧送パイプ内の抵抗を低減できるよう整備したり，圧送距離を短くできるような計画をし，ポンプに不必要な負荷がかからないよう対策することが重要である。また，トラックミキサ車は一般的にコンクリートポンプ車よりも騒音レベルが低いといわれているが，騒音が問題となる場合は，ミキサ車の待機場所や排出終了時の空吹かしを禁止等の対策を講ずる必要がある。

コンクリート打設時に騒音が問題となるのはバイブレータによる締固め作業である。図1.18にバイブレータによる締固め時の騒音レベルの測定例を示す。バイブレータにはエンジン式と電動式とがあるが，騒音対策上電動式を用いることを原則としている。病院や学校に接している騒音に厳しい環境下での工事の場合，締固めにバイブレータを必要としない自己充填コンクリートを用いることも有効な対策である。

コンクリート構造物の解体は，他のコンクリート工事と比較して騒音・振動・粉塵の公害が問題となるケースが圧倒的に多い工種である。表1.19にコンクリート構造物の解体工法の種類と騒音，振動および粉塵の発生度合を示す。発破および転倒による解体を除けば振動よりも騒音が問題となるケースが多い。粉塵については別項で述べる。

表に示すように，騒音が問題となる場合は油圧圧砕機，ダイヤモンドをチェーンに組み込んだワイヤーソーイング，通電加熱工法，膨張性破砕剤などによる静的破砕法の採用が望ましい。

前述したようにコンクリート解体工事は騒音が問題となることが顕著であるため，工事周辺の環境を入念に調査し，規制値以上の対策が必要となることも多い。騒音レベル等を参考に適切な解体工法を選定しなければならない。工法の選定に際しては，作業効率の良いものを選んで騒音発生期間を短くする選択肢もあり，必ずしも騒音レベルの大小だけで決定されるものではなく，あくまでも周辺の環境条件に適合する観点が重要である。

騒音対策としては，ワイヤーソーイング等切断工法で大割りした後ブレーカで小割りしたり，

圧砕機と大型ブレーカ，膨張性破砕剤と大型ブレーカおよび通電加熱と大型ブレーカなどの組み合わせが考えられる。その基本は，解体効率に優れるが騒音レベルの高いブレーカ工法と低騒音型の解体工法を規制値に照らしてどのように組み合わせるかが重要である。また，解体現場を防音シートや防音パネルなどの遮音効果のある材料で囲ったり，覆ったりすることも有効な対策である。

〔参考文献〕
1）（社）日本建設機械化協会：「建設工事に伴う騒音振動対策ハンドブック第3版」，2001
2）（社）日本騒音制御工学会編：「地域の環境振動」，技報堂出版，2001

舗装工事

舗装工事においても一般的に振動が問題になるケースは少なく，コンクリート工事同様，問題となるのは騒音である。

舗装工事における騒音問題は，主としてアスファルト合材プラントにおけるアスファルトの製造時，アスファルトの敷き均しと締固め時および舗装版の取り壊し時に発生する。

アスファルト合材プラントの騒音源となるのは，ドライヤ，バーナ，スクリーン，ブロア，ミキサ等であり，いずれも大きな騒音を発生する。周辺の環境を考慮した設備の配置が重要であるが，それだけ

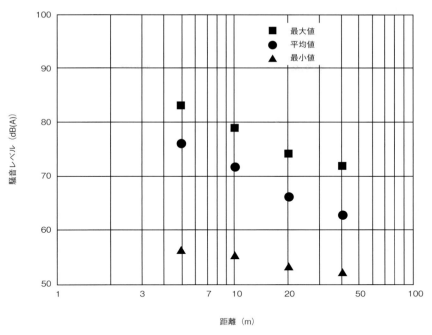

図1.16 コンクリートプラントの騒音測定例

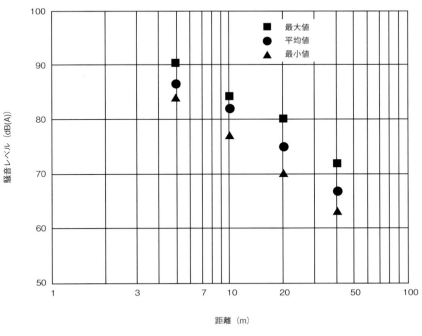

図1.17 コンクリートポンプ車の騒音測定例

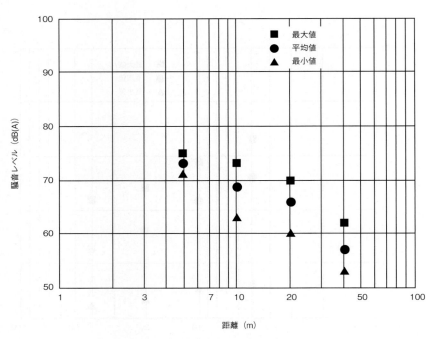

図1.18 棒状バイブレータの騒音測定例

表1.19 解体工法と騒音・振動・粉塵の発生度合

工法	機械	騒音	振動	粉塵
コンクリートを砕く工法	ブレーカ	▲	○	▲
	圧砕機（油圧破砕機）	◎	◎	▲
	火薬	▲	▲	▲
コンクリートに孔をあける工法	削孔機	▲	◎	○
	コアボーリング	○	◎	◎
	テルミットラス	▲	◎	▲
コンクリートを切断する工法	ディスクカッタ	▲	◎	○
	ワイヤソーイング	○	◎	◎
	火炎ジェット	▲	◎	▲
	炭酸ガスレーザ	▲	◎	▲
	プラズマジェット	▲	◎	▲
	アグレイシブ水ジェット	▲	◎	◎
コンクリートを剥離する工法	カームジェット	▲	◎	◎
	直接通電加熱	◎	◎	◎
	誘電加熱	◎	◎	◎
	電磁波照射	◎	◎	◎
転倒工法	ワイヤ，ブルドーザ	▲	▲	▲
コンクリートにひびを入れる工法	パワースプリッタ	○	◎	◎
	ハイドロスプリッタ	○	◎	◎
	ラバースプリッタ	○	◎	◎
	液圧チューブ	○	◎	◎
	膨張性破砕剤	○	◎	◎

◎影響が小さい　○影響が中程度　▲影響が大きい

では不十分で，遮音材による防音が効果的である。
防音対策は，騒音の大きなものから部分的に対策し，場合によってはプラント全体を防音建屋に納めたり，周囲を防音壁で覆う対策も必要となってくる。

アスファルトフィニッシャは，合材を積込むホッパー部，原動機や走行装置を有するトラクタ部，アスファルトを敷き均すスクリード部で構成されている。騒音対策の対象となるのは，アスファルト合材を突き固めるスクリード部で，バイブレータ方式とタンパ方式がある。図1.19にアスファルトフィニッシャによる突き固め時の騒音を測定した例である。バイブレータ方式の方が騒音レベルが低く，夜間工事等で厳しい騒音対策が要求される場合は，騒音対策を施したバイブレータ方式の採用が望ましい。

最終的な締め固めには，アスファルト表層の仕上がりが良好であることから，振動ローラが広く用いられる。図1.20に振動ローラの発生騒音の測定例を示す。近年は低騒音対策型が主であり，超低騒音対策型も提供されている。また，振動ローラは当然ながら発生振動が問題となるケースもある。振動が問題となる場合には，バリオマチック振動ローラのようにローラの前後方向のみ力がかかり，左右方向には力がかからない振動対策が施されたものもある。

舗装版の取り壊しとしては，コンクリートカッタによる補修部分の切り取りやブレーカによる舗装版の破砕時に騒音や振動が発生するが，問題となるケースが多いのは騒音である。図1.21にコンクリートカッタによる騒音およびブレーカによる騒音の測定例を示す。コンクリートカッタの騒音が問題となる場合，エンジンルームやカッタ部を防音カバーで覆う等の対策により9～14dB低減が図れるとの報告がある。また，カッタ部に制振材を使用する対策も採用されている。ブレーカの場合，消音機構をもった機種の採用，油圧式の採用，防音カバーの装着等の対策により約8dB程度騒音レベルを低減できるとの報告もある。

〔参考文献〕
1) (社) 日本騒音制御工学会編：「地域の環境振動」，技報堂出版，2001

鋼構造物工事

鋼橋に代表される鋼構造物工事においても，振動が問題になるケースは少なく，コンクリート工事同様問題となるのは騒音が一般的である。

鋼構造物工事における騒音問題は，主としてクレーンによる鋼桁等の架設時と高張力ボルトによる現場での接合時に発生する。

鋼構造物の組み立て作業は，部材重量が重く高所作業も多いため100tonを超えるような大型クレーンが使用されることも珍しくない。クレーンの騒音は，エンジン音が主で，騒音対策として移動式クレーンでは低騒音型の機種の採用が望ましい。

高張力ボルトによる締付けには，インパクトレンチおよび電動式レンチ，油圧式レンチが用いられる。最も普及しているのはインパクトレンチであるが，作業能力に優れるもののかなり高いレベルの騒音を発生する。また，ボルトの穴あわせ（仮締め）に用いるドリフトピンは，ハンマ打撃により施工するため，これもかなり高いレベルの騒音を発生する。図1.22に各接合工法の騒音レベルの測定例を示す。

接合作業に騒音対策が要求される時は，締付け作業にインパクトレンチに代えて油圧式レンチを，穴あわせ作業にドリフトピンに代えてハンマ打撃を使用しないハイドロピンを使用することで大幅に騒音レベルを下げることが可能となる。

〔参考文献〕
1) (社) 日本建設機械化協会：「建設工事に伴う騒音振動対策ハンドブック第3版」，2001

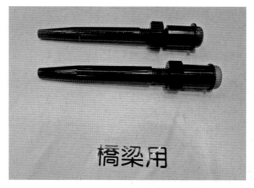

仮締め用ハイドロピン

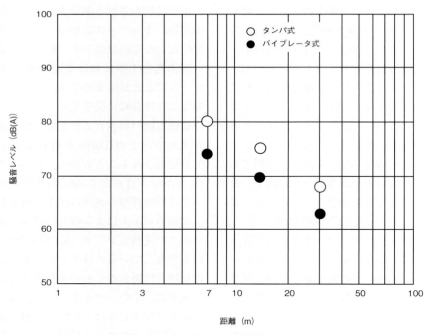

図1.19 アスファルトフィニッシャの騒音測定例

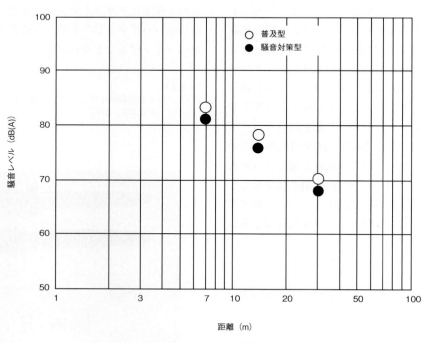

図1.20 振動ローラの騒音測定例

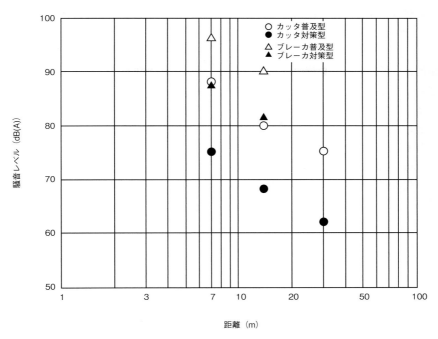

図1.21 カッタおよびブレーカの騒音測定例

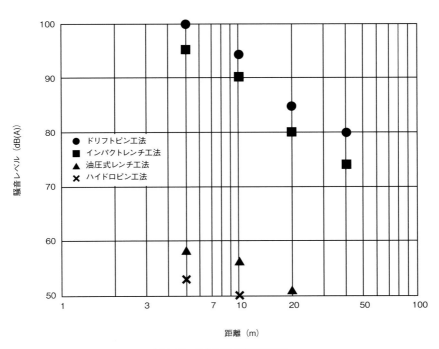

図1.22 接合工法の騒音測定例

トンネル工事

　トンネル工事の騒音や振動の発生源は，主として発破によるもの，設備および建設機械によるものに分類できる。

　発破による掘削は，低周波成分を持つ衝撃性の音であるため，騒音ばかりでなく建具や家屋が揺れるケースも多く，騒音領域では低周波数であるほど騒音レベルが高いといえる。発破音はトンネル切羽で発生した衝撃波がトンネル内を伝搬し，坑口から空間に拡散され，100mを超えると急激に減衰してくる傾向があるとの報告がある。土かぶりの薄いトンネルでは，発破の衝撃による振動が生じる場合が多いので注意を要する。

　発破音や発破振動の大きさと薬量には正の相関関係があることから、火薬の種類や使用量、雷管の種類や段数、発破方法、発破順序などを工夫する制御発破工法の採用は、騒音・振動の有効な低減対策である。近隣に人家等が存在する場合は坑口の位置を工夫したり、坑口を防音シートや防音壁で塞ぐ等の対策が必要となる。

〔参考文献〕
1)（社）日本騒音制御工学会編:「地域の環境振動」,技報堂出版,2001

II　大気汚染対策技術

1993年（平成5年），人類が健全で恵み豊かな環境の下で生活できるよう環境を維持すること，環境への負荷の少ない健全な経済の発展を図りつつ持続的に発展できる社会を構築すること，国際的協調による地球環境保全を積極的に推進することを基本理念とした環境基本法が制定された。

この法律では，大気汚染，水質汚濁，土壌汚染，騒音，振動，地盤沈下および悪臭を7つの公害として定義されている。本編で対象とする大気汚染は，工場などでの生産活動と自動車などによる移動・流通により大気汚染物質が排出されることが主な原因である。図2.1に大気汚染防止法で対象となっている汚染物質を示す。（独立行政法人環境再生保全機構資料より）

総務省公害等調整委員会が報告している「平成20年度公害苦情調査－調査の概況－」によれば，平成20年度の大気汚染に関する苦情件数は，全国で20,749件と報告されている。そのうち工事・建設作業関連は，1,457件と約7％である。その大半は土ぼこりに起因する粉塵と建設機械に起因する排気ガスである。

本編では，建設工事における粉塵対策と建設機械の排気ガス対策を中心に述べるものとする。

〔参考文献〕
1) （独）環境再生保全機構：「大気汚染の現状と対策」，大気環境の情報館

大気汚染を規制する法律

我が国では1960年代急速な経済発展に比例して四日市喘息や光化学スモッグのような公害が各地で発生した。これを受けて1967年（昭和42年）公害対策基本法が制定された。この法律を受けて1968

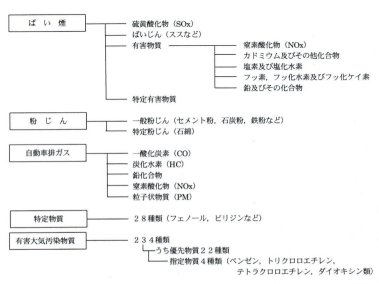

図2.1　大気汚染物質の種類

年（昭和43年）国民の健康を守るとともに生活環境を保全することを目的に大気汚染防止法が制定された。1993年（平成5年）制定された環境基本法では環境基準が設定されており，この基準を達成するために，大気汚染防止法に基づいて規制される。

環境基本法に基づく大気汚染関連の環境基準として，大気の汚染に係わる環境基準（二酸化硫黄，一酸化炭素，浮遊粒子状物質，二酸化窒素，光化学オキシダント），有害大気汚染物質に係わる環境基準（ベンゼン，トリクロロエチレン，テトラクロロエチレン，ジクロロメタン），ダイオキシン類に係わる環境基準が数値基準で提示されている。

1 大気汚染防止法

大気汚染防止法は，昭和43年に制定され，その後何度かの一部改正がなされている法律で，わが国における大気汚染防止のための基本となる法律である。

大気汚染防止法で対象となる物質は，ばい煙，VOC，粉じん，自動車排気ガス，特定物質などである。このうち，ばい煙についてはボイラーや焼却炉などが発生源施設として対象となっており，コンクリートセグメントなどのように製造時にボイラー等を使用する製品を使用することはあっても，建設工事とは直接関係しない。また，揮発性有機化合物についても吹付け塗装や乾燥施設を対象としており，これも建設工事との関係は薄い。

建設工事に関係深い大気汚染物質としては，粉じんおよび建設機械の排気ガスがあげられる。

粉じんに関する規制

粉じんは，大気汚染防止法で一般粉じんと特定粉じんに分類されている。粉じんとは，ものの破砕，選別その他の機械的処理又は堆積に伴い発生し飛散する物質である。このうち特定粉じんとは人の健康に係る被害を生ずるおそれのある物質で政令で定められており，現時点では石綿のみである。特定粉じん以外の粉じんを一般粉じんと称している。特定粉じんである石綿については，建設業労働災害防止協会編集・発行による「建築物の解体・改修工事における石綿障害の予防」および「建築物の解体等工事における石綿粉じんへのばく露防止マニュアル」，(社)日本作業環境測定協会編集・発行による「建築物の解体等に係わる石綿飛散防止対策マニュアル2007」等に詳述されているのでそちらを参照すること。

大気汚染防止法では一般粉じん発生施設として，①コークス炉，②鉱物又は土石の堆積場，③ベルトコンベア又はバケットコンベア，④破砕機及び摩砕機，⑤ふるいの5種類の施設を指定している。これら粉じん発生施設のうち，②～⑤の施設が建設工事と関係するものと考えられる。

一般粉じん発生施設に対して，設置の届出，変更の届出の責務が課せられている。粉じん濃度等の基準値は定められていないが，施設の構造並びに私用及び管理に関する基準が定められており，これを遵守する義務が課せられている。知事はこの基準を遵守していないと認められる者に対して基準適合命令等を発することができるとされている。

一般粉じん発生施設の構造並びに使用及び管理に

表2.1 一般粉じん発生施設と規制方式

No.	施設名	対象規格等	規制の方式と対策
1	コークス炉	原料処理能力が50トン／日以上	[規制] 施設の構造、使用、管理に関する基準 [対策] 集じん機、防塵カバー、フードの設置、散水等
2	鉱物（コークスを含み石綿を除く、以下同じ）または土石の堆積場	面積が1,000㎡以上	
3	ベルトコンベヤおよびバケットコンベヤ（鉱物、土石、セメント用に限り、密閉式のものを除く）	ベルトの幅が75cm以上、またはバケットの内容積が0.03m³以上	
4	破砕機および摩砕機（鉱物、岩石、セメント用に限り、湿式および密閉式のものを除く）	原動機の定格出力が75Kw以上	
5	ふるい（鉱物、岩石、セメント用に限り、湿式および密閉式のものを除く）	原動機の定格出力が15Kw以上	

関する基準は，施設の種類ごとに，集塵機の設置，一般粉じんが飛散しにくい構造の建築物内への設置，散水設備による散水，防塵カバーで覆うこと等が定められている。表2.1に一般粉じん発生施設と規制方式を示す。

2 建設機械の排出ガス規制

2006年（平成18年）公道を走行しないバックホウやブルドーザといったオフロード特殊自動車に対する排出ガス規制を行う「特定特殊自動車排出ガスの規制等に関する法律」（オフロード法）が施行された。オフロード特殊自動車のエンジン排ガス性能基準や車体基準を定め，基準に適合した車種であることを表示した車の使用を使用者に義務付けている。適用日以降に製造された特定特殊自動車は，基準適合表示がなければ使用できない。

建設機械に対しては，オフロード法を反映させた形で，国土交通省から「排出ガス対策型建設機械指定制度」が設けられている。

建設機械の指定制度

国土交通省では，建設現場作業の改善と機械施工が大気環境に与える負荷の低減を目的に，平成3年「排出ガス対策型建設機械指定要領」を通達した。同要領で排出ガス対策型黒鉛浄化装置の型式認定，排出ガス対策型建設機械およびトンネル工事用排出ガス型建設機械の型式指定を行っている。さらに，公道を走行しない特殊自動車に新たな排出規制を行うオフロード法に基づいて，平成18年に表2.2に示す基準値が規定された。

大気汚染防止対策技術

大気浄化工法とは，作業者の健康の保護，作業環境及び周辺環境の保全を目的に浄化・処理する工法である。大気汚染物質としては，様々な物質があり，物質の性質等が異なることから，それぞれを対象とする浄化工法が開発されている。主なものは，粉じん等，窒素酸化物（NOx）等による汚染である。

平成17年厚生労働省より「屋外作業場等における作業環境管理に関するガイドライン」（以降本ガイドラインと呼ぶ）が策定された。本ガイドラインは有害な業務を行う屋外作業場等について，作業環境の測定を行い，その結果の評価に基づいて対策を講じることにより，労働者の健康を守ることを目的としている。屋外作業に該当する建設工事としてピットの内部，坑の内部，トンネル内部，暗きょおよびマンホールの内部での作業がある。屋外作業場等における作業環境管理は，図2.2に示す手順に従って実施される。

表2.2 建設機械の排出ガス規制第3次基準値

原動機の出力区分 (kW)	NMHC+NOx (g/Kw・h)		CO (g/Kw・h)	PM (g/Kw・h)	黒煙 (%)
	HC (g/Kw・h)	NOx (g/Kw・h)			
8≦P<19	7.5		5.0	0.80	40
19≦P<37	1.0	6.0	5.0	0.40	40
37≦P<56	0.7	4.0	5.0	0.30	35
56≦P<75	0.7	4.0	5.0	0.25	30
75≦P<130	0.4	3.6	5.0	0.20	25
130≦P<560	0.4	3.6	3.5	0.17	25

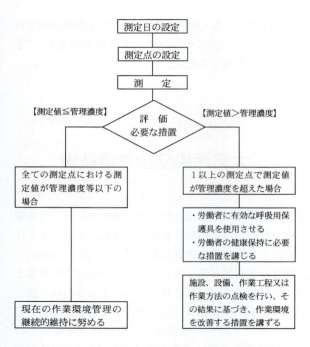

図2.2 屋外作業場における作業環境管理フロー（本ガイドラインより）

1 粉じん等飛散防止技術（トンネルを除く）

　本ガイドラインでは，トンネルや暗きょ内部を対象としているが，土工事や解体工事などでは砂塵などで作業員や近隣住民に対する被害や苦情も少なくない。環境基準はないが，工事着手前と工事中で粉じん濃度を計測して，工事により発生した粉じんが周囲の環境に影響を及ぼしているのかを連続的にモニタリングし，影響があるかもしくは影響が予想されるならば防止する対策をとらねばならない。
　本項では，土工事や解体工事などを対象として，まず粉じん濃度の計測について述べ，その後対策工法について述べる。

粉じんの計測

　粉じんの計測は，個人に装着することのできる資料採取器である個人サンプラーにより行われる。
　作業環境の評価は，測定値が管理濃度Eを超えているか否かにより決定される。
[管理濃度 mg/m³]
　$E = 3.0 / (0.59Q + 1.0)$
　　Q：当該粉じんの遊離けい酸含有率（％）

　ガイドラインでは，トンネルや暗きょ内部を対象としているが，土工事などでは砂塵などで作業員や近隣住民に対する被害も少なくない。環境基準はないが，工事着手前と工事中で粉じん濃度を計測して，工事により発生した粉じんが周囲の環境に影響を及ぼしていないか連続的にモニタリングすることは重要である。
　粉じんの計測には，デジタル式粉じん計が用いられる。デジタル粉じん計には，光散乱方式，光吸収方式，圧電天秤方式などがあるが，簡便な割には比較的高感度で，かつコンパクトな光散乱方式が多く用いられる。

粉じん発生源の防止対策

　解体工事の現場などでは，解体に伴って発生する粉じん対策として散水している光景がしばしば見られる。土工事の現場などでは，砂塵に起因する粉じんを防ぐために散水以外にもシートで覆ったり，植生をしたり，仮設道路であれば簡易舗装をするなどの対策が講じられる。このように，粉じんの発生源を抑制する対策として，土粒子を湿潤状態にして結合させて飛散を防止する方法と被覆して養生することで飛散を防止する方法の2つに大別できる。
　最近は，散水したり，シートや植生で養生する以外にも新しい工法が提案されているので，以下に紹介する。

■ 散水による粉じん飛散防止工法
　土木建築構造物の解体工事等で発生する粉じんを効率よく捕集する工法である。水で希釈された特殊溶液を粉じん発生部位に高圧で噴射することで泡を発生させる。泡の効果により従来よりも少ない水量で効率よく粉じんを捕集することができる。

■ 被覆による粉じん飛散防止工法
　地盤表面を硬化材の膜で薄く被覆することにより，降雨により生じる土砂の流出や強風による粉じんの発生を抑制する工法。軽焼マグネシウム等で構成された土壌硬化剤は，セメントと比較して低アルカリであり生物への影響が少ない。水溶液状にした土壌硬化剤を汎用の種子吹付機で施工することが可能である。
　簡単な噴霧装置で施工可能で，高分子樹脂で土粒

子を結合させることで土壌表層を強化して粉じんを抑制する工法も提案されている。

粉じん飛散経路の防止対策

建設工事は，発生期間が限られていたり発生源が移動することも多く，経済的にも恒久的な防止設備を構築するのが難しいケースも多い。したがって，発生源対策と比較して効果は限定的と考えられる。飛散経路防止対策として防じんネットがよく用いられる。防じんネットは，コンクリートポールか鋼管柱を支柱としたポリエステル製のネットが多い。プレキャストコンクリート製のパネルを用いて防音パネルを兼ねるケースもある。

2 建設工事における排出ガス対策

建設工事における排出ガス対策としては，発生源である建設機械の排出ガス対策および発生した排出ガスを低減する経路の排出ガス対策に大別できる。本項では，建設機械の排出ガス対策により発生源を抑制する直接的な対策と経路で窒素酸化物等を低減する間接的な対策について述べる。

建設機械に対しては，オフロード法を反映させた形で，国土交通省から「排出ガス対策型建設機械指定制度」が設けられている。第3次基準値をクリアしている建設機械が指定されている。一般建設工事用機械としてバックホウ，トラックショベル，可搬型発電機など72型式が指定されている。トンネル工事用としてバックホウ5型式，みなし指定建設機械として168型式が指定されている。

経路の排出ガス対策として，自動車排ガスから空気中に放出される窒素酸化物（NOx）を低減するための工法が主となる。発生源が移動しているため，広範囲にわたり汚染が起こるため，汚染源そのものに対する浄化ではなく道路等構造物に併用されたものが多く採用されている。窒素酸化物を分解除去するために，光触媒や活性炭等が使用されている。

光触媒を用いた工法

光触媒は，太陽などの光が当たると，その表面で強力な酸化力が生まれ，接触してくる有機化合物や細菌などの有害物質を除去することができる。そのため，大気浄化や脱臭，水質浄化，抗菌等様々な用途に使用されている。光触媒を用いた浄化工法は，コンクリート等に混合することで構造物自体に浄化機能を持たせたものが採用されている。

■ 大気浄化吹付け工法

既設構造物に対し，セメント系（無機物）バインダーと人工軽量骨材に酸化チタンを混合したものを吹付ける。光触媒により窒素酸化物（NOx）を除去する工法。トンネル出口や高架橋の支柱など既設へ適用できる。

■ A-SIP・M工法

コンクリート構造物，地下構造物，タイル等の表面に無溶剤・無機質塗装材の下地と，酸化チタン剤の上層を重ねた保護膜形成技術である。素地を確認し，下塗り，中塗り，上塗りと塗装を行う。光触媒コートの場合素地調整が必要だが，この工法では直接と付することができる。

■ フォトロード

舗装表面に光触媒（二酸化チタン）を含むセメント系塗布材を塗布する工法である。道路を走行する自動車から発生する排気ガス排出減に近く，拡散する前の濃度が高い状態で処理することが可能な技術となっている。

活性炭を用いた工法

活性炭は，多孔質の物質であり，その微細な孔に多くの物質を吸着させる性質がある。その性質を利用して大気浄化のほか，脱臭や水質浄化などに利用されている。

■ 高活性炭素繊維（ACF）による二酸化窒素除去技術

道路沿道でNOxを大気浄化材料である高活性炭素繊維（ACF：Activated Carbon Fiber）により高効率で除去する技術。ACFは直径10～20ミクロ

ンの微細な繊維状の活性炭で，吸着速度が速い特徴を持っている。これをフェンスとして設置し，自然風や車両の走行風のみを利用して大気を浄化する工法である。

■ 環境浄化アスファルト舗装工

半たわみ性舗装用アスファルト混合物の空隙に木質系炭素化物を混合配合したセメントミルクを注入充填することで自動車から排出されるNOxを除去する工法。通常の半わたみ性舗装工と同様に施工することができる。

土壌を用いた工法

土壌の吸着能力や微生物により分解する工法である。浄化の際に廃棄物が発生しないことや，浄化土壌に緑化をすることで景観保全ができるなどのメリットがある。

■ 土壌を用いた大気浄化システムEAP（Earth Air Purifier1）

吸収・吸着を土壌により行い，NOxのほかベンゼン・トルエン等の有害有機物質等の除去も可能。土壌には自己再生作用があるためメンテナンスが容易である。道路沿道や中央分離帯等の緑地を利用することができ，景観配慮にも優れている特徴がある。

3 トンネルの粉じん等飛散防止技術

過去にじん肺被害が多数発生したトンネル工事に対し，平成12年労働省（現厚生労働省）より「ずい道等建設工事における粉じん対策に関するガイドライン」（以降本トンネルガイドラインと呼ぶ）が策定された。また，平成20年厚生労働省より「粉じん障害防止規則」「じん肺法施行規則」「労働安全衛生規則」が一部改正され，特にトンネル建設作業での対策が強化され，ガイドラインの順守が求められている。

トンネルガイドラインでは，掘削，ずり積み，ロックボルトの取付け，コンクリート等の吹付けなどの作業を対象としている。

本項では，トンネル工事を対象として，まず粉じん濃度の計測について述べ，その後対策工法について述べる。

〔参考文献〕トンネル全般
1) 宇田川義夫：「粉じん対策技術の評価・開発」，建設工業調査会，2009

トンネルの粉じん計測

トンネルガイドラインでは，換気等の対策効果を確認するために①空気中の粉じん濃度，②風速，③換気装置等の風，④気流の方向について測定するものとしている。平成20年の「粉じん障害防止規則等の一部改正による省令」により，測定が義務付けられた。トンネルガイドラインに規定されている測定方法およびその評価方法について表2.3に示す。

掘削等で発生する粉じんを抑制する対策

トンネルガイドラインでは，発破やロックボルトの取付けに伴うせん孔作業に，くり粉を圧力水により孔から排出するタイプの湿式削岩機を使用するものとしている。

最近は，長尺ロックボルトの削孔に特殊気泡剤を圧縮空気で発泡させて，泡により孔壁の安定を図るとともに粉じんを低減する工法が提案されている。

掘削ずり積みや坑外への運搬作業に対しては，基本的に土石や岩石を湿潤状態に保つための設備を設置することが求められている。

最近は，連続ベルトコンベア工法の導入により粉じんの発生を抑制した例も報告されている。連続ベルトコンベア工法は，タイヤ式のダンプトラックに代えてベルトコンベアを使用するもので，自走式のクラッシャーで適度な大きさに砕いてズリを搬出する。当然クラッシャー部分は防塵されている。ダンプトラックを使用しないことで，排出ガスの低減や走行による粉じんの低減が期待できる。

低粉じん吹付けコンクリート工法

吹付けコンクリートは，圧縮空気でコンクリートを壁面に吹付ける特殊コンクリートに分類されるものである。吹付けコンクリート工法には乾式と湿式がある。乾式は，水と急結剤以外をドライミックスし，圧縮空気によってノズルまで圧送し，その直前

表2.3 粉じん環境の評価（本トンネルガイドラインより）

測定頻度		半月以内ごとに1回
測定位置		切羽からから坑口に向かって50m程度離れた位置における断面で床上50cm以上150cm以下の同じ高さで、それぞれの側壁から1m以上離れた点および中央の3点とする。
測定時間帯		空気中の粉じん濃度が最も高くなる粉じん作業について、当該作業が行われている時間に行うこと。
測定時間		原則として10分以上の継続した時間とすること。（作業時間が短い場合はこの限りではない）
粉じん濃度目標レベル		3mg/m³以下とすること。施工上達成が困難な場合は、可能な限りこの数値に近づけること。
測定項目 測定方法 評価方法	粉じん濃度	相対濃度指示方法によることとし、光散乱方式の測定機器を使用するものとする。粉じん濃度(mg/m³)＝質量濃度変換係数(mg/m³/cpm)×相対濃度(cpm)　式により算定する。質量濃度変換係数は機器により異なり、ガイドラインに示されている。
	風速	熱線風速計を用いること。
	換気装置等の風量	換気装置等の風量(m³/min)＝風速(m/sec)×0.8×60×送気口又は吸気口の断面積(m²)　式により算定する。
	気流の方向	スモークテスター等により気流の方向を確認する。

低粉じん吹付け工法

に別のポンプから送られてきた水と急結剤と混合して吹付ける工法である。湿式は、急結剤以外の材料を練混ぜた後、ウェットミックスの状態で圧縮空気またはポンプで圧送し、直前で急結剤と混合して吹付ける工法である。

乾式は、品質が安定せずリバウンドも多いため多量の粉じんが発生することで、ほとんど使用されなくなった。粉じん障害防止規則で粉じん濃度が規定されてからは、湿式吹付けコンクリート工法でもさらなる粉じんの低減を求められるようになった。

■ 粉じん低減剤による方法

粉じん低減剤は、水溶性高分子系の混和剤を使用して粘性を高めることでリバウンドを改善し、粉じんの発生を抑制するものである。図2.3の施工のフローに示すように、低減剤はプラントでミキサに投入する場合と運搬のアジテータ車に投入する場合がある。粉じん低減剤の使用により40％程度粉じん濃度が低減したとの報告がある。またやや強度が低下するとの報告もあるので、使用に際しては配合の決定に注意を要する。

■ 液体急結剤による方法

液体急結剤は、ヨーロッパで普及した工法で、アルミン酸化合物を主成分とした吹付けコンクリート用混和剤である。コンクリートの粘性を高めることで、リバウンドを改善し粉じんの発生量を抑制する。本材料は、湿式でも使用可能であるが、乾式吹付けコンクリートを対象として開発されている。粉じん濃度が50％以下になったとの報告もある。急結剤量の調整が可能な別途添加方式と操作性が簡単な水と急結剤を事前に混合する方式がある。図2.4に別途添加方式の概要を示す。

■ スラリー急結剤による方法

スラリー急結剤は、CSA（カルシウム・サルフォ・アルミネート）系の粉体急結剤にスラリー化ノズルを用いて連続的に水と混合してスラリー化し、ベースコンクリートに添加して混合する工法である。この工法もコンクリートの粘性を高めることで、リバウンドを改善し粉じんの発生量を抑制する。粉じん濃度が50％程度になったとの報告もある。

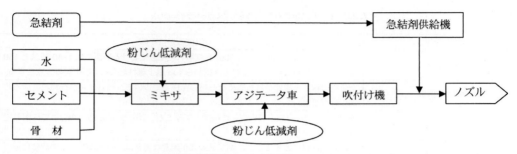

図2.3 粉じん低減剤施工フロー（太平洋マテリアルパンフレットより）

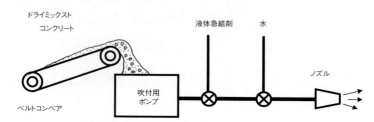

図2.4 別途添加方式の施工概要（BASFポゾリスパンフレットより）

■ 吹付け機械の改良

　吹付けコンクリートが多量の粉じんを発生するのは，コンクリートの運搬・吹付けに圧縮空気を使用することが大きな原因の一つである。最近は圧縮空気を利用しない吹付け工法も開発されている。

　遠心力タイプの吹付け機械は，ブーム先端部に回転装置が搭載されており，ベースコンクリートに急結剤を添加し混合した後，回転装置の回転力により吹付けるものである。急結剤の添加以外は圧縮空気を使用しないため，粉じんの発生が大幅に低減できる。

トンネル換気システム

〔参考文献〕
1) 松本清・長野祐司・丸山信一郎：「遠心力を利用したトンネル吹付け工法の開発」，ARIC情報No.85 - 3007

（補集による粉じん低減対策）

　発生源を抑制する対策を述べてきたが，本トンネルガイドラインに示された粉じん濃度目標レベル以下とするためには，捕集による低減対策を併用するケースも必要となってくる。

　本トンネルガイドラインでは換気装置による換気と集じん装置による集じんの実施を規定している。換気装置は風管や換気ファンを指し，その選定に際しては，発生した粉じんの効果的な排出・希釈および坑内全域における粉じん濃度の低減に配慮することが必要であり，送気式換気装置，局所換気ファンを有する排気式換気装置，送・排気併用式換気装置，送・排気組合せ式換気装置等の使用が望ましいとしている。また，集じん装置は，粉じんの発生源，換気装置の送気口および吸気口の位置等を考慮し，効率的な位置に設置すること，集じん装置への吸込み気流を生じさせるために，局所換気ファン，隔壁，エアカーテン等を設けることが望ましいとしている。

　大型集じん機からダクトを切削ビット付近に伸ばして粉じんを除去する方式，大型集じん機から伸縮風管を切羽付近まで伸ばして粉じんを捕集する方式，エアカーテンで粉じんを切羽付近に封じ込め伸縮風管で粉じんを捕集する方式などが効果的であることが報告されている。

III　水質汚濁対策

建設工事では，降雨や湧水が土砂やセメントを含む工事に使用する材料等と混じり合うことで，水質汚濁が日常的に発生する。この工事濁水を河川等の公共用水域にそのまま放流すると，放流先の環境に生息する動植物に多大な影響を与えることがあるため，工事濁水は適正に処理することが必要となる。

さらに，近年，黄鉄鋼を含む地盤を掘削する工事において，黄鉄鋼の酸化反応の影響により，微量重金属類が溶解した酸性水が発生し，下流域に生息する魚類が斃死したり，重金属による水質汚染問題が発生したりしており，工事濁水の新たな問題が顕在化しているため，特別な注意が必要である。

水質を規制する法律

我が国では1960年代急速な経済発展につれて有機水銀やカドミウム等による人体への影響が各地で顕在化してきた。これを受けて1967年（昭和42年）公害対策基本法が制定され，大気汚染，土壌汚染，騒音，振動，地盤沈下，悪臭とともに本項で取り扱う水質汚濁が典型7公害として規制の対象となった。この法律を受けて1970年（昭和45年）国民の健康を守るとともに生活環境を保全することを目的に水質汚濁防止法が制定された。1993年（平成5年）制定された環境基本法では環境基準が設定された。環境基本法に基づく水質汚濁関連の環境基準として，人の健康に係わる環境基準と生活環境に係わる環境基準が示されている。表3.1に環境基準に指定されている代表的な物質を示す。

水質汚濁防止法は，工場及び事業場から公共用水域への排出と地下水への浸透を防止することで，国民の健康を守り生活環境を保全することを目的に，昭和45年に制定された。本防止法では，特定施設を設定し，特定施設から環境基準でも指定されている重金属，有機化学物質などが公共用水域や地下水へ浸透するのを規制している。平成21年現在，特定施設として94の施設が特定施設として指定されている。法律の目的に鑑み都道府県知事は，特定施設に該当しない事業所に規制を設けたり，上乗せ規制を定めることができる。

建設工事は，水質汚濁防止法における特定施設として規制の対象となっていない。しかし，各都道府県では建設工事による工事排水に対して独自の条例で規制している。例えば東京都では，平成12年「都民の健康と安全を確保する環境に関する条例」を制定し，建設工事に伴う工事排水を規制している。表3.2に横浜市が「横浜市生活環境の保全等に関する条例」で規定している水質の汚濁防止に関する規制基準を示す。

水質汚濁対策

建設工事を要因とした水質汚濁については，まず，その発生抑制を第一に抑制する工事計画を立案することが必要であり，やむを得ず発生してしまう工事濁水については，濁質の清澄化や中和処理などを実施することが必要となる。図3.1にその技術体系を示す。

工事濁水対策における濁水の発生抑制には，濁水の発生源となる裸地の発生面積の抑制や降雨期に裸地を発生させない工事計画を立案するとともに，裸地を早期に保護する対策が必要となる。

表3.1 環境基準に指定されている物質

対象	対象物質
人の健康に係わる環境基準	カドミウム，全シアン，鉛，六価クロム，ヒ素，総水銀，アルキル水銀，ＰＣＢ，有機リン等２６物質について基準値を設定している。
生活環境に係わる環境基準	水素イオン濃度(PH)，生物化学的酸素要求量(BOD)，浮遊物質（SS)，溶存酸素量（DO)，大腸菌群数について基準値を設定し、海域3、湖沼4又は5、河川6の類型に分け各水域を指定する。

表3.2 工事排水の水質汚濁規制基準（横浜市の例）

規制項目	基準値等
水素イオン濃度	5.8以上8.6以下
生物化学的酸素要求量	25（mg/ℓ）
化学的酸素要求量	25（mg/ℓ）
浮遊物質量	70（mg/ℓ）
ノルマヘキサン抽出物質含有量（鉱油類含有量）	5（mg/ℓ）
外 観	受け入れる水を著しく変化させるような色又は濁度を増加させるような色又は濁りがないこと。
臭 気	受け入れる水に臭気を帯びさせるようなものを含んでいないこと。

また，裸地表面の降雨等による表流水の流速を低減することや，表流水の地下浸透を促進すること，さらに，工事区域内外の表流水を分離することで濁水発生量を抑制する流出抑制工を検討することが肝要である。また，工事濁水の発生をなくすことは困難であるため，発生してしまった工事濁水の処理方法についても，工事の特性を考慮し，十分な検討を行うことが必要である。

本項では，各工種ごとに工事水質汚濁防止対策について述べる。

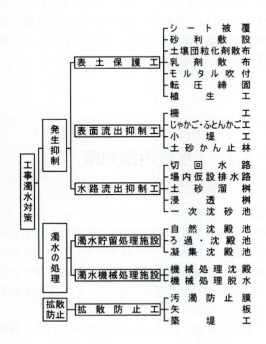

図3.1 水質汚濁防止対策の技術体系
（沖縄県赤土防止対策技術指針案に加筆）

1 土工事

盛土や切土工事では，降雨や湧水の影響により土砂が流出することで濁水が発生する。本項では濁水の発生を低減する発生源対策としての表土保護工法，濁水を経路で防ぐ流出抑制工法，発生した濁水を処理する濁水処理工法について述べる。

表土保護工法

表土保護工法は，降雨や湧水の影響により土砂が流出することで濁水が発生することを防止する目的で，実施する対策である。具体的には，降雨や湧水と裸地が直接接触することを防止するのが目的で，以下に示す工法がある。

■ シート被覆

ブルーシート等のシートを裸地表面に被覆する対策。主に，土工事中の暫定対策として利用されることが多い。シートが風により一散しないよう，土嚢袋等で養生する必要がある。また，紫外線により劣化するため，適切な時期にシートを交換する必要がある。

■ マルチング材敷設

チップ化した木材や稲藁等を裸地表面に被覆する対策。主に，土工事中の暫定対策として利用されることが多い。重機が通行する箇所，勾配がきつい箇所においては，敷設したマルチング材が飛散することによる二次公害を引き起こす可能性があるので注意が必要である。

■ 砂利を敷設

砂利敷設もマルチングと同様の効果を期待したものであり，多くは暫定対策として用いられる。マルチング材が適用できない場所での適用が可能であるが，敷設した砂利の中を通過する降雨等の排水が濁水となって流出することがあるため，排水側溝等を設けるなどの工夫が必要である。

■ 乳剤を散布

アスファルト乳剤を裸地表面に吹付けする工法。施工性も良く即効性も高いが，効果の持続性を考慮すると，後述する植生工に劣る。景観上好ましくないといった短所がある。

■ モルタル吹付

モルタルを裸地表面に吹付けする工法。施工性も良く即効性も高いが，景観上好ましくない欠点もある。供用後も使用する恒久対策として実施する場合には，後述する植生工をモルタル吹付け工の表面に施工する事例もある。

土壌団粒化剤による土砂流出防止工法

土砂流出防止工法（愛知万博）

■ 土壌団粒化剤散布

アクリル系，ラテックス系，酢酸ビニル系等の薬剤を地表面に吹き付けることで，地表に被膜を形成し，裸地と降雨や湧水が直接接触することを防止する工法。即効性はあるが，効果の持続性や景観の面で劣る。近年様々な土壌団粒化財が開発されており，酸化マグネシウムを主成分とした土壌団粒化剤を利用した工法も開発されている。酸化マグネシウムを利用していることから，植生に対して悪影響が無いこと，また，効果が半年ほど持続すること，意匠性に優れているといった利点がある。

■ 転圧・締固工

主に盛土施工中に実施する対策。重機により盛土表面を転圧・締固めることで裸地表面の安定性を高める対策である。即効性があるものの，降雨や湧水との接触により土砂が流出することを完全には防止できないが，シート被覆等の対策を実施する前段階での施工上の配慮として実施する。

■ 植生工

　裸地表面に植物を育成させることにより，濁水発生抑制する工法。対策の範囲が小さい場合には，張芝工や植生マット工の適用が考えられる。即効性が期待できる反面，施工性が悪い欠点がある。また，盛土斜面については，種子吹付工の適用が考えられる。即効性に難点があるもの，施工性，経済性の点で優れている。また，切土法面やモルタル吹付け工を実施した法面等，対象を選ばず施工可能な植生工として厚層基材吹付け工の適用が考えられる。施工性，即効性，持続性に利点があるもの経済性で他の植生工に比較して劣る欠点がある。近年，工事により破壊してしまう自然環境に対する配慮から，復元緑化を積極的に実施する事例が増え始めている。これは，切土した法面の表土等を保管しておき，この表土を植生基盤として吹付け施工することで，もとの植生を復元しようとするものである。

植生工による水質汚濁防止（植生前）

植生工による水質汚濁防止（植生後）

表面流出抑制工

　流出抑制は，表面流出抑制と，水路流出抑制の二種類の考え方があり，両者とも表土保護工の補助的な役目で組み合わせて用いることで，表土流出防止効果を高めることが可能となる。

　表面流出抑制は，小堤工やハーロー(波路)により降雨漂流水等の流速を緩和することで，土砂の浸食拡大を防止することで濁水発生量の抑制を図るものと，合成樹脂ネットや粗朶もしくは礫により土砂分と雨水を分離することで濁水発生量の抑制を図るものがある。

　また，水路流出抑制は，降雨や湧水が裸地等に接触し土砂が流出することを防止するために切り回し水路や場内仮設排水路を設置することで濁水発生量の抑制を図るものと，土砂溜桝や浸透桝等により工事区域内で一時的に濁水を滞留または地下浸透させることにより濁水発生量の抑制を図るものと，一次沈殿池や盛土方法を工夫することにより，濁水を一時的に貯留することで濁水処理量のピークカットを図るものがある。

濁水処理工法

　濁水処理工法は，工事区域内で発生した濁水を一定量貯留し所定の水質まで処理した後に工事区域外へ放流するための施設であり，自然沈澱により土粒子を沈降・分離する方法，礫や砂，粗朶等のろ過材を用いてろ過する方法，凝集剤を用いて微細粒子を凝集処理(フロック化)し，強制的に沈降処理する方法がある。以下にそれぞれの濁水処理工法についてその概要を述べる。

■ 自然沈殿池

　自然沈殿池は，図3.2に示すように工事濁水を貯留するための仮設沈砂池を設置し，土粒子を自然沈降により分離することで，放流基準を満足する処理水を放流する方式である。流域面積，降雨量，地形等を考慮し，設置場所及び形式・規模を決定する。

　処理に必要な沈殿池面積の設定では，濁水中に含まれる土粒子の粒径分布，土粒子密度，懸濁物質量，濁水発生量及び処理水質に関する条件を設定する必要がある。これらの条件により，懸濁物質の必要除去率から分離が必要な粒子径を設定し，設定した粒

子径からその粒子の終末沈降速度を求め、沈殿池内の乱流、偏流などの影響を考慮して沈殿池面積を計算で求める。

分離が必要な粒子径が十分に小さく、かつ、懸濁物質濃度が低い場合にはストークスの式を使用して、粒子の終末沈降速度を求めることが出来る。図3.3にストークスの式を用いて計算でもとめいた粒子径と沈降速度の関係を示す。

また、必要な沈殿池面積が確保出来ない場合や、豪雨対策として沈殿池に迂回水路や竹粗朶等を設置したろ過・沈澱方式を採用する場合もある。

■ 凝集沈殿池

濁水中の土粒子が小さいほど終末沈降速度が小さくなるため、自然沈澱では微細粒子の分離が困難になる。凝集沈殿池は、濁水中に微細な土粒子が多く含まれていたり、または、必要な調整池面積が確保できないため、所定の水質まで処理できない場合がある。そこで凝集剤を用いて土粒子の見かけの粒子径を大きくすることにより、水中での沈降速度を速め、放流基準を満足する処理水とする。図3.4に凝集沈殿池の例を示す。

使用される凝集剤は、無機塩系凝集剤と有機高分子凝集剤に大別できる。微細な土粒子の表面はマイナスの電荷を有しているため、互いに反発する。これに、無機塩系凝集剤として化学的に安定した鉄塩やアルミニウム塩などを添加することで、土粒子表面の電荷が中和され土粒子同士が凝結する。この微細土粒子の凝結体を高分子系凝集剤の架橋作用によって団粒化(フロック化)させることで、見かけの粒子径が大きくなり、終末沈降速度が速くなる。

近年では、粉体系の凝集剤「SNKパウダー」や「PG21αCa」といった凝集剤も利用され始めている。これらの粉体系凝集剤は終末沈降速度を従来の

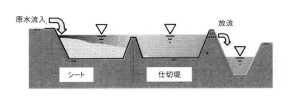

図3.2　自然沈殿池方式の概要

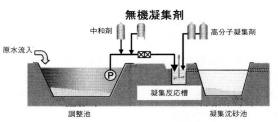

図3.4　凝集沈殿池の例

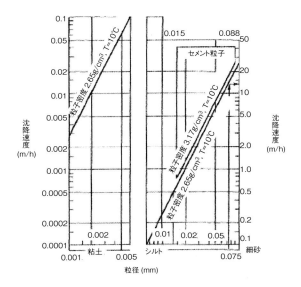

図3.3　粒子径と沈降速度の関係

表3.3　凝集剤の種類と粒径

凝集剤種別		浮遊性物質粒径 1mm〜75μm	75μm〜1μm	1μm以下	凝集剤例
無機系凝集剤		×	△	○	ポリ塩化アルミニウム(PAC)
			×		硫酸アルミニウム
高分子系凝集剤	アニオン系	○	○	×	ポリアクリル酸ナトリウム
					ポリアクリルアミド陰イオン変性物
	ノニオン系	○	○	△	ポリアクリルアミド
	カチオン系	○	○	○	ポリアクリルアミド陽イオン変性物

(財)日本ダム協会：改訂版ダム建設工事における濁水処理より引用

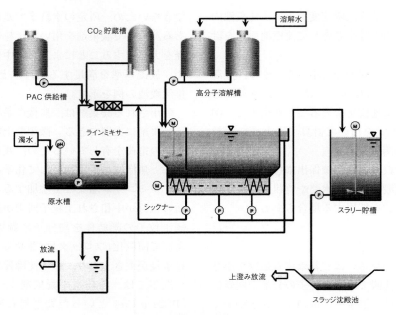

図3.5　機械処理沈澱設備の一例

PAC＋高分子系凝集剤の組合せに比較して飛躍的に大きくすることができる利点がある。表3.3に一般的な凝集剤の種類と対象となる粒径を示す。

■ 機械処理沈澱

凝集剤を用いて強制沈澱により濁水を処理する方法で，凝集・沈澱方式と同様であるが，土粒子と処理水の分離に沈殿池を用いずシックナー等で固液分離をする。沈殿池を使用する場合に比べ，省スペースで濁水処理が可能になる利点がある。また，分離された土砂分はスラッジ沈殿池に移送し，さらに時間をかけて沈降分離を行う。

機械処理設備の設置規模に制約を受ける場合，濁水の発生期間が短期間で限定されている場合，さらには，突発湧水や多雨期における緊急を要する処理が求められる場合などに対して，簡便でコンパクトな処理装置が求められることある。これらの要求に対応するため，シックナーに比較して簡便で小型な設備で固液分離を行える工法等新しい考え方にもとづいた濁水処理装置も利用され始めている。図3.5に機械処理沈澱設備の一例を示す

■ 機械処理脱水

機械式処理沈澱では，スラッジ沈殿池を利用して脱水を行うが，これを機械的に脱水する方法がある。

機械脱水処理を実施することで，短時間でスラッジの減溶化が行える利点がある。機械脱水方法として，真空圧，遠心力を利用する方法と加圧する方法の3種類に分類できる。

[真空脱水]

真空ポンプによってドラム内を減圧し，ドラム表面のろ布でスラリーを吸引・脱水する方法。オリバー型濾過器などがあり，連続脱水可能であるが，ろ過抵抗の大きいスラリーなどでは十分な脱水が行えないことがある。

[遠心脱水]

高速回転するドラムの中にスラリーを供給し，遠心力によりドラム内側に土粒子を沈降・圧密させ，それを掻き取り羽で系外に除去する方法。バケット式の回分式脱水機や，連続式のスクリューデカンタなどがある。

[加圧脱水]

油圧などの圧力を利用してろ板を密閉し，その中に給液ポンプの吐出圧力を利用してスラリー圧入し，脱水するフィルタープレス型やローラあるいはドラムとろ布の間にスラリーを投入して，圧密脱水するベルトプレスやロールプレス方式がある。これらの方式では，脱水の推進力となる圧力差を大きくすることにより，脱水ケーキの含水比を低くすることが可能である。

2 基礎工および土留工

地下掘削工事等に伴い地下水が発生する場合，地下水中に鉄やマンガンが排出基準(一律排出基準：10mg/L)以上に含まれていることがあるため注意が必要である。

鉄・マンガンの処理は，一般的に①酸化・凝集方式，②接触酸化方式，③鉄バクテリア方式がある。以下に，それぞれについて述べる。

酸化・凝集方式

鉄は第一鉄イオン$[Fe^{2+}]$として地下水中に溶解している。水酸化第二鉄$[Fe(OH)_3]$は水にはほとんど溶解しないため，水中の$[Fe^{2+}]$を酸化して水酸化第二鉄として分離する方法がある。

第一鉄イオンの酸化は，エアレーション，アルカリ処理(pH調整)，塩素処理(塩素，次亜塩素酸ナトリウム)，過マンガン酸カリウム処理などの中から一つ又は二つを併用して行う。酸化により生じた水酸化第二鉄は，凝集・沈澱・分離(ろ過)の工程により地下水から分離する。

なお，地下水中のシリカ含有量(Si50mg/L以上)が多い場合，エアレーションにより酸化を行うとコロイド状の珪酸鉄微粒子が生成されるため，沈澱・分離(ろ過)が困難になることがあるため，注意が必要である。

接触酸化方式

オキシ水酸化鉄$(FeOOH・H_2O)$やマンガン砂などの特殊ろ材により水中の$[Fe^{2+}]$をろ材表面で除去する方式である。エアレーションや塩素などの酸化剤を併用することにより，大量の排水を確実かつ経済的に処理することが可能である。ただし，有機物やアンモニア性窒素を多く含む排水においては，ろ過層内に微生物が繁殖することで溶存酸素が低くなり，鉄が採用解する恐れがあるので注意が必要である。

鉄バクテリア方式

鉄バクテリアを利用して鉄を除去する方法。大量の排水の処理には不向きであるが，エアレーションや塩素処理などの前処理が不要である利点がある。

また，地下水を地上に揚水することで，地下水中に含まれる炭酸ガスが大気中に放出されてpHが高くなることや，黄鉄鋼等の影響を受けてpHが低くなることがあるので注意が必要である。

3 コンクリート工

コンクリート工の際には，高アルカリ性の濁水が発生するため，凝集・沈澱の工程に加えて中和処理を行う必要がある。中和処理の方法としては，①酸性液法，②炭酸ガス法がある。以下にその概要を示す。

酸性液法

セメント混入排水のアルカリ原因物質は，主としてセメント成分の水和反応によって生成する水酸化カルシウムであるため，希硫酸または希塩酸により中和処理することが出来る。

酸添加による中和では，反応速度が遅いため十分に攪拌を行う必要がある。また，多少の過剰添加でもpHが大きく変動するため，段階をおった中和処理を行うなどの工夫が必要である。

また，酸の使用にあたっては，消防法，毒物及び劇物取締法，労働安全衛生法などの法的規制を受けるので注意をされたい。

炭酸ガス法

アルカリ性の排水に直接炭酸ガスを吹き込んで中和処理する方法。セメントアルカリ排水の場合，過剰に炭酸ガスを注入してもpHが6以下になることがほとんどないため，酸性液法に比べ，操作，運転管理が容易である。

4 トンネルおよびシールド工法

山岳トンネル工法では，掘削や覆工に伴い濁水が発生する。また，シールド工法は，泥水式シールド工法で余剰の泥水を処理する必要が生じる。

トンネル工法

　山岳トンネル工法では，掘削や覆工に伴い濁水が発生する。山岳トンネル工における一般的な濁水処理のフローを図3.6に示す。山岳トンネル工における濁水処理の留意点は，濁水の濁度の変動が大きいこと，コンクリート吹付け工の影響によりpH変動が大きいことが挙げられる。

　また，掘進距離が長くなると，湧水する地下水量も多くなる。湧水してくる地下水は，覆工コンクリートの影響等を受けアルカリ性を示すことが多い。地下水であるため，濁りの無い水であるため，トンネル内の土砂分との接触を避けることが肝要である。

シールド工法

　泥水式シールド工法で発生する余剰の泥水は，振動篩により砂分を分級した後，フィルタープレスで機械脱水処理を行う。土工やトンネル工に比較して，土砂分の濃度が高い泥水が処理の対象となる。一般的な処理フローを図3.7に示す。

〔参考文献〕
1) 水処理管理便覧，水処理管理便覧編集委員会，平成10年9月
2) 赤土流出防止対策技術指針(案)，沖縄県土木建築部，平成7年10月
3) 改訂版ダム建設工事における濁水処理、(財)日本ダム協会、平成3年10月

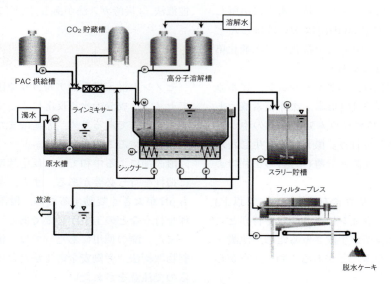

図3.6　山岳トンネルの濁水処理例

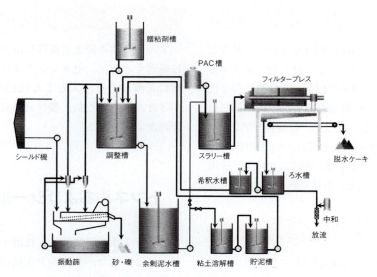

図3.7　泥水シールドの余剰泥水処理例

Ⅳ　土壌汚染対策技術

　日本の土壌汚染の歴史は古く，明治10年頃渡良瀬川流域で鉱山からの重金属が原因で大規模な農作物被害が発生し，大きな社会問題となったのは公害の原点としても有名である。その後も昭和30年から40年代後半にかけて神通川流域におけるカドミウムによる土壌汚染に代表されるように農用地の土壌汚染が頻発し，社会の注目を集めた。

　昭和50年代以降は，住宅地として開発した土地に化学品製造メーカーの六価クロムが大量に埋立てられていたことが大きな社会問題となった。平成に入っても工場跡地を中心に有効利用を難しくする土壌汚染問題が数多く発生した。このように最近の土壌汚染の特徴は，戦後の復興～高度経済成長～生活環境保全という時代の推移を経て，土壌汚染が農用地から市街地へと移ってきていることである。

　平成3年に土壌の汚染に係わる環境基準が告示された。それに伴い，環境省では「土壌汚染調査・対策事例及び対応状況に関する調査結果」を毎年度発表している。図4.1は，環境基準が告示された平成3年から土壌汚染対策法が制定される平成14年度までの間に，全国で基準値を超えた超過事例件数を示したものである。図に示すように年々基準値を超える土壌汚染が顕在化していったことがわかる。平成3年度～平成14年度で合計1,082件の超過事例が報告されているが，内訳は重金属615事例（57%），VOC344事例（32%），複合汚染123事例（11%）であり，重金属はヒ素，鉛，六価クロム，VOCはトリクロロエチレン，テトラクロロエチレンが多い結果となっている。

　本項では，土壌汚染を規制する法律について述べ，その後汚染された土壌を浄化する工法を中心に示す。

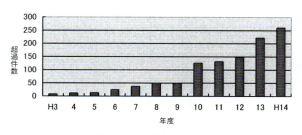

図4.1　環境基準超過事例

土壌汚染を規制する法律

　土壌汚染は，大気汚染，水質汚濁，騒音，振動，地盤沈下，悪臭とともに典型7公害とされてきた。しかし，他の公害と比較すると土壌汚染だけは法整備の遅れが指摘されていた。その原因として，①長期間を経て汚染が顕在化するためその間に所有者が変遷し原因者が曖昧となること，②私有地が多いため財産権の問題が発生すること，③地盤面下のことが多く私有地でもあるため汚染状況の把握が難しい，などがあげられている。

　この様な状況を背景に，平成14年に土壌汚染状況の把握と土壌汚染による人の健康被害防止を目的とした「土壌汚染対策法」が制定された。

（土壌汚染対策法について）

　土壌および地下水の汚染は，「汚染を未然に防止する」の観点と「汚染された場合にどう対応するか」の観点に大別できる。土壌汚染対策法は，主として後者の汚染された場合の対応に属する法律である。表4.1に土壌環境センターの資料を参考に作成した土壌汚染対策法の概要を示す。

表4.1　土壌汚染対策法の概要

項　目		法律の概要
目　的		有害物質による土壌汚染は，放置すれば人の健康に影響を及ぼすことから，汚染状況を把握し，その環境リスクを適切に管理して国民の健康を保護することを目的とする。
対象物質	直接摂取リスク	直接摂取（吸引，皮膚接触）により健康を害するおそれのある表層土壌中に高濃度の状態で長期間蓄積しうると考えられる重金属等。⇒含有値で評価
	地下水等摂取リスク	地下水等を経由して摂取することで健康を害するおそれのある土壌から溶け出したと考えられる重金属等。⇒溶出値で評価
対象地		○使用が廃止された有害物質使用特定施設に係わる工場又は事業場地であった土地（第3条） ○土壌汚染による健康被害が生ずるおそれのある土地（第4条）
指定調査機関による調査（第10条）	資料等調査	土地利用の履歴，有害物質の取り扱い状況，地形・地質等を整理し，概況調査及び詳細調査を検討するための基礎資料を得る。
	概況調査（表層調査）	特定有害物質の平面的な濃度分布を把握するために，表層土壌ガス，表層土壌資料を採取する。 ○ポータブルガスクロマトグラフにより揮発性有機化合物を把握 ○土壌溶出量試験及び土壌含有量試験により重金属等，農薬等を把握
	詳細調査	概況調査の結果，特定有害物質が最も高い濃度で検出された地点のボーリング調査を行い，深度方向の分布と濃度を把握する。さらに，土壌溶出量試験，土壌含有量試験及び水質分析を実施する。
指定及び公示		土壌の汚染状態が指定基準に適合しない場合，都道府県により汚染指定区域として台帳に記載し，公衆に閲覧する。（第5条）（第6条）
健康被害の防止措置	措置命令	土壌汚染による健康被害発生のおそれがあると認められた場合，都道府県知事は土地所有者あるいは汚染原因者に対し，リスク低減措置を命ずることができる。（第7条）
	リスク管理	リスク管理地で土地の形質の変更を行おうとする者は都道府県に届け出る。都道府県知事は，汚染拡散防止の観点から計画変更を命令できる。（第9条）
直接摂取によるリスク低減		立ち入り禁止，舗装，覆土，土壌入れ替え，汚染の除去（掘削除去，原位置浄化）
地下水等の摂取によるリスク低減		地下水の水質測定，不溶化，封じ込め（原位置，遮水工，遮断工），汚染の除去（掘削除去，原位置浄化）

建設工事では，不動産として所有している場合を除けば直接汚染原因者になるケースは少ないが，不動産を開発したり，汚染された土地の形質の変更や対策工事を請負う時などに関連してくるので本法律を十分理解しておくことが望ましい。

〔参考文献〕
1)（社）土壌環境センター：「よくわかる土壌環境」

指定基準値

土壌汚染は，人間が生活に利便性を求めるのと相反した関係でもあることから，有害物質による土壌汚染を全く無くすことは不可能である。それでは，汚染物質がどの程度の範囲であれば国民の健康を保護することができるのであろうか。土壌汚染対策法では，その第5条に「都道府県知事は，土壌汚染状況調査の結果，当該土地の土壌の特定物質による汚染状態が環境省令で定める基準に適合しないと認める場合には，当該土地の区域をその土地が特定有害物質によって汚染されている区域として指定するものとする。（原文のまま）」と述べられており，環境省令で定める基準値としている。表4.2に平成20年環境省告示第46号に示された有害汚染物質の基準値と測定方法について示す。

表 4.2　有害汚染物質の基準値と測定方法

項　目	環境上の条件	測定方法
カドミウム	検液1ℓにつき0.01mg以下であり、かつ、農用地においては、米1kgにつき1mg未満であること。	環境上の条件のうち、検液中濃度に係るものにあっては、日本工業規格K0102（以下「規格」という。）55に定める方法、農用地に係るものにあっては、昭和46年6月農林省令第47号に定める方法。
全シアン	検液中に検出されないこと	規格38に定める方法（規格38.1.1に定める方法を除く。）
有機りん	検液中に検出されないこと。	昭和49年9月環境庁告示第64号付表1に掲げる方法又は規格31.1に定める方法のうちガスクロマトグラフ法以外のもの（メチルジメトンにあっては、昭和49年9月環境庁告示第64号付表2に掲げる方法）
鉛	検液1ℓにつき0.01mg以下であること。	規格54に定める方法
六価クロム	検液1ℓにつき0.05mg以下であること。	規格65.2に定める方法
砒（ひ）素	検液1ℓにつき0.01mg以下であり、かつ、農用地（田に限る。）においては、土壌1kgにつき15mg未満であること。	環境上の条件のうち、検液中濃度に係るものにあっては、規格61に定める方法、農用地に係るものにあっては、昭和50年4月総理府令第31号に定める方法
総水銀	検液1ℓにつき0.0005mg以下である。	昭和46年12月環境庁告示第59号付表1に掲げる方法
アルキル水銀	検液中に検出されないこと。	昭和46年12月環境庁告示第59号付表2及び昭和49年9月環境庁告示第64号付表3に掲げる方法
PCB	検液中に検出されないこと。	昭和46年12月環境庁告示第59号付表3に掲げる方法
銅	農用地（田に限る。）において、土壌1kgにつき125mg未満であること。	昭和47年10月総理府令第66号に定める方法
ジクロロメタン	検液1ℓにつき0.02mg以下であること。	日本工業規格K0125の5.1、5.2又は5.3.2に定める方法
四塩化炭素	検液1ℓにつき0.002mg以下であること。	日本工業規格K0125の5.1、5.2、5.3.1、5.4.1又は5.5に定める方法
1,2-ジクロロエタン	検液1ℓにつき0.004mg以下であること。	日本工業規格K0125の5.1、5.2、5.3.1又は5.3.2に定める方法
1,1-ジクロロエチレン	検液1ℓにつき0.02mg以下であること。	日本工業規格K0125の5.1、5.2又は5.3.2に定める方法
シス-1,2-ジクロロエチレン	検液1ℓにつき0.04mg以下であること。	日本工業規格K0125の5.1、5.2又は5.3.2に定める方法
1,1,1-トリクロロエタン	検液1ℓにつき1mg以下であること。	日本工業規格K0125の5.1、5.2、5.3.1、5.4.1又は5.5に定める方法
1,1,2-トリクロロエタン	検液1ℓにつき0.006mg以下であること。	日本工業規格K0125の5.1、5.2、5.3.1、5.4.1又は5.5に定める方法
トリクロロエチレン	検液1ℓにつき0.03mg以下であること。	日本工業規格K0125の5.1、5.2、5.3.1、5.4.1又は5.5に定める方法
テトラクロロエチレン	検液1ℓにつき0.01mg以下であること。	日本工業規格K0125の5.1、5.2、5.3.1、5.4.1又は5.5に定める方法
1,3-ジクロロプロペン	検液1ℓにつき0.002mg以下であること。	日本工業規格K0125の5.1、5.2又は5.3.1に定める方法
チウラム	検液1ℓにつき0.006mg以下であること。	昭和46年12月環境庁告示第59号付表4に掲げる方法
シマジン	検液1ℓにつき0.003mg以下であること。	昭和46年12月環境庁告示第59号付表5の第1又は第2に掲げる方法
チオベンカルブ	検液1ℓにつき0.02mg以下であること。	昭和46年12月環境庁告示第59号付表5の第1又は第2に掲げる方法
ベンゼン	検液1ℓにつき0.01mg以下であること。	日本工業規格K0125の5.1、5.2又は5.3.2に定める方法
セレン	検液1ℓにつき0.01mg以下であること。	規格67.2、67.3又は67.4に定める方法
ふっ素	検液1ℓにつき0.8mg以下であること。	規格34.1に定める方法又は規格34.1c）（注(6)第3文を除く。）に定める方法（懸濁物質及びイオンクロマトグラフ法で妨害となる物質が共存しない場合にあっては、これを省略することができる。）及び昭和46年12月環境庁告示第59号付表6に掲げる方法
ほう素	検液1ℓにつき1mg以下であること。	規格47.1、47.3又は47.4に定める方法

[備考]
- 環境上の条件のうち検液中濃度に係るものにあっては付表に定める方法により検液を作成し、これを用いて測定を行うものとする。
- カドミウム、鉛、六価クロム、砒(ひ)素、総水銀、セレン、ふっ素及びほう素に係る環境上の条件のうち検液中濃度に係る値にあっては、汚染土壌が地下水面から離れており、かつ、原状において当該地下水中のこれらの物質の濃度がそれぞれ地下水1lにつき 0.01mg、0.01mg、0.05mg、0.01mg、0.0005mg、0.01mg、0.8mg 及び1mgを超えていない場合には、それぞれ検液1lにつき 0.03mg、0.03mg、0.15mg、0.03mg、0.0015mg、0.03mg、2.4mg 及び3mgとする。
- 「検液中に検出されないこと」とは、測定方法の欄に掲げる方法により測定した場合において、その結果が当該方法の定量限界を下回ることをいう。
- 有機燐(りん)とは、パラチオン、メチルパラチオン、メチルジメトン及びEPNをいう。

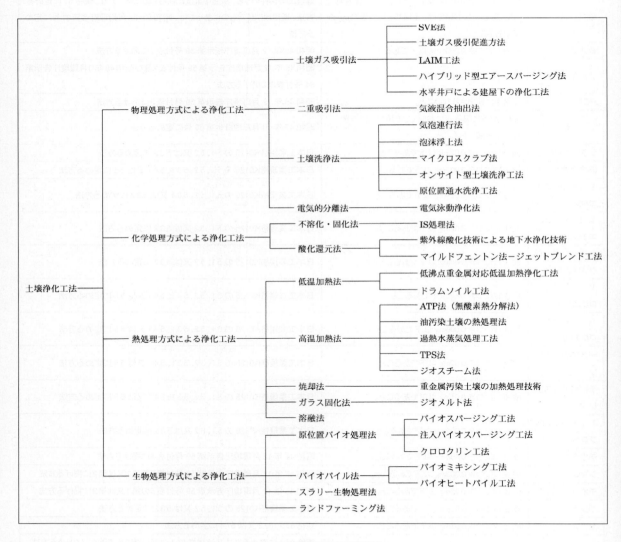

図4.2　土壌浄化工法の技術体系

土壌浄化工法

オンサイト型土壌洗浄プラント

土壌浄化工法は，様々な原因で汚染された地盤を利用者の健康の保護と生活・環境の保全を目的に，浄化・処理する工法である。汚染物質の種類・地盤や地下水の状況・汚染形態は様々で，その対処方法は多種多様に開発されている。汚染物質の主なものは，重金属等，揮発性有機化合物，農薬等，油類による汚染である。これらの技術は，以下のように大別できる。

分類－Ⅰ：処理方法の原理による分類（物理化学的処理，熱処理，生物処理）

分類－Ⅱ：暴露経路における処理による分類（除去，浄化，封じ込め，立入禁止など）

分類－Ⅲ：汚染物質による分類（重金属等，揮発性有機化合物，ダイオキシン，油類）

2003年に施行された土壌汚染対策法は，分類－Ⅱにおける人体の健康被害防止のため，暴露経路を遮断することで，土地の使用目的に応じたレベルの措置を規定している。しかし，暴露経路の遮断だけでは，汚染物質がその土地に残存し，土地の利用方法の制限や不動産価格への影響が発生するため，現状では汚染物質をその土地から除去する工法が行われることが多い。

重金属等の汚染物質は，環境中での環境中での移動性が比較的低く表層付近での汚染が多いので，掘削して土壌浄化施設や管理型処分場等で処理を行う事例が最も多いが，規模の大きいサイトではコストダウンの目的で，現地に処理プラントを設置し処理を行うオンサイト処理の事例が増加している。揮発性有機化合物は，重金属等に比較すると環境中での移動性が比較的高いため，平面範囲や深度方向でも広範囲な汚染となることが多い。また分解して無害化する事が可能な物質であることから，酸化・還元を利用した化学処理，微生物分解による生物処理など，掘削を行わない原位置での浄化技術が増加している。また，油類の処理技術は，比較的生分解性が高いので，微生物分解による生物処理などを中心としてオンサイトや原位置での浄化技術が採用されている。

以下に前述した分類－Ⅰに沿って，現状の土壌浄化工法の内容を紹介するが，原理～施工機械～施工法が様々であるので，処理原理・処理技術も含めて述べるものとする。図4.2に分類－Ⅰの技術体系を示す。

1 物理処理方式による浄化方法

物理処理方式は，汚染物質の吸引や洗浄等により汚染土壌を浄化する方式である。重金属等や揮発性有機化合物による汚染処理のいずれにもよく使用される浄化方法である。

物理的処理方式には次のような方法がある。
①土壌ガス吸引法
②二重吸引法
③土壌洗浄法
④電気的分離法

このうち，抽出井を設けて，地盤中に気化しているガスを吸引する土壌ガス吸引法，地下水中に溶けている揮発性ガスを吸引する二重吸引法や，汚染土壌を直接洗浄する土壌洗浄法は，多くの工法が提案されている。

土壌ガス吸引法

土壌ガス吸引法は，揮発性有機化合物(有期塩素化合物とか低沸点石油類)の揮発性を利用して，汚染物質をガス状にして地盤中より吸引浄化する方法である。

この方法は，砂礫層やローム層のように透気性の

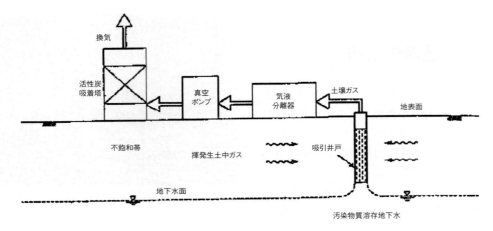

図4.3 土壌ガス吸引法の概念

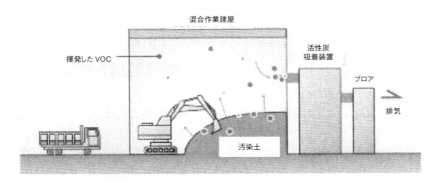

図4.4 攪拌曝気による抽出処理工法の概念

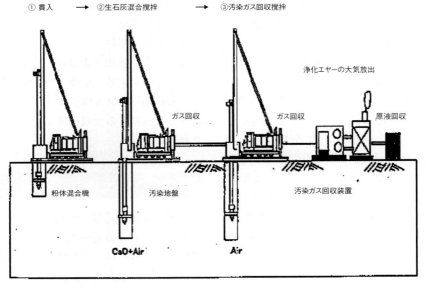

図4.5 LIME工法の概要

高い地盤に適用され，図4.3に示すように，汚染地盤の中にガス吸引孔を設置し，真空ポンプ等でガス吸引孔に負圧をかけて土壌中に空気の流れを発生させて，地盤中の溶存ガスを回収する。吸引回収されたガスは，地上に設置した活性炭で吸着除去する。この土壌ガス吸引法は，汚染土壌の掘削を必要としないこと，処理後の地盤の復旧が容易であること，という特徴があるが，吸引初期には高濃度のガスが抽出されるが，低濃度になってからの浄化期間が長くかかるという問題も含んでいる。

また，掘削した揮発性有機化合物による汚染土壌を，換気設備を設けた建屋内で撹拌し，汚染物質の揮発を促進させて浄化を行う抽出処理法もある。換気設備にて回収されたガスは，活性炭で吸着除去する。撹拌曝気による抽出処理工法の概念を図4.4に示す。

■ SVE工法

標準的土壌ガス吸引法である。トリクロロエチレン，テトラクロロエチレンを主体とした揮発性有機塩素化合物や，ガソリン等の高揮発性を有する物質により汚染された土壌に対し，汚染土壌中にガス抽出井を設置し，真空ポンプで地盤中の空気を吸引して負圧を発生させる。これにより揮発性の高い汚染物質を地盤内でガス化し，周囲の空気と共に抽出井から吸引し，活性炭により吸着・回収する。

■ 土壌ガス吸引促進方法

土壌ガス吸引工法の総合的技術であり，既存の各種工法と組合せて汚染物質の溶出・ガス化を促進させ，ガス吸引効率を高める工夫をした方法である。汚染土壌内に土壌ガス吸引孔を設置すると共に，その周囲に既存の各種技術と組合せて補助孔を設け，汚染物質の溶出・ガス化を促進する。ガス化を促進する技術として，「エアー注入技術（エアースパージング）」，「揚水技術」などとの組合せが実施されている。

■ LAIM工法

土壌ガス吸引方法の一種で，粘性土層に対して適用される。標準的土壌ガス吸引法は，砂礫層のような透気性の大きな地盤の汚染浄化に使用されるが粘性土層には使用できない。LAIM工法は軟弱地盤改良工法で使用されるDJM機を用いて原位置で圧縮空気と生石灰を撹拌翼で汚染粘性土壌と混合し，生石灰と水和反応による土壌の細粒化と発熱による温度上昇により，汚染物質のガス化を促進して汚染ガスの吸着回収をする方法である。図4.5にLAIM工法の概要を示す。

■ ハイブリッド型エアースパージング工法

揮発性有機化合物に汚染された土壌・地下水の浄化方法の一つである。二重吸引法の改良型でもあり，散気，吸引，揚水の3種類の機能を持つハイブリッド型井戸を設置し，バルブ切り替えによりエアースパージング法，土壌ガス吸引法，地下水揚水法の3タイプの浄化法も選択できる。

土壌ガス吸引法にエアースパージング法を組み合せることで，浄化効果の向上と期間短縮が期待できる。

二重吸引法

二重吸引法は，土壌ガス吸引法と地下水揚水曝気法とを組合せた方法であり，汚染対象は揮発性有機塩素化合物や低沸点石油類である。汚染が不飽和土壌中だけでなく周辺の帯水層まで及んでいる場合，井戸スクリーンを帯水層まで延ばしたガス吸引井戸を設置し，その中に水中ポンプを入れて，真空ポンプによるガス吸引と水中ポンプによる地下水揚水処理を同時に行う。図4.6に二重吸引法の概念を示す。吸引された土中ガスは気液分離装置を経て活性炭で吸着回収される。また揮発性汚染物資を溶存した地下水は，曝気処理装置でガスを気化させたのち活性炭で吸着回収する。適用土質は土壌ガス吸引法と同様に，砂礫，ローム等の透気性の高い地盤である。

■ 気液混合抽出法

二重吸引法の一種で，真空ポンプによるガス吸引と地下水揚水とを同時に行う方法である。

この方法は，比較的小口径のストレーナー鋼管を多数汚染土壌へ設置し，真空ポンプでガス・地下水を同時に吸引する方法であるため，設備が簡便で経済的なシステムとなっている。ただし真空ポンプで揚水をするため，比較的浅層（GL－6～7m程度まで）での浄化工法である。

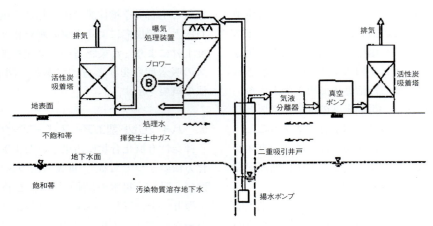

図4.6 二重吸引法の概念

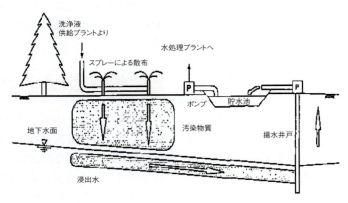

図4.7 ソイルフラッシングの概念の一例

土壌洗浄法

　土壌洗浄法は，重金属等，不揮発性有機化合物で汚染された土壌の代表的な浄化方法である。土壌洗浄法は，通常は汚染土壌を掘削し地上の洗浄プラントで，洗浄液によって汚染物質を浄化するのが基本であるが，土中に直接洗浄液を注入したり，地表より散布して浸透させ，浄化する原位置洗浄法もある。特に原位置で洗浄する方法を「ソイルフラッシング法」と呼ぶこともある。どちらも土の間隙や土粒子に吸着している汚染物質を，液相に分離させることがその原理となっている。このため，洗浄効果は土粒子の吸着力を支配する粒径に関係し，一般に細粒分が多くなるほどその洗浄効果は低下する。洗浄液には水の他に，界面活性剤，キレート剤，酸，アルカリ等があり，汚染物質毎に適したものを選定して用いる。この方法は比較的短期間で汚染土壌の浄化が可能であり，重質油の処理も可能であるが，大規模な洗浄プラントが必要となりかつ洗浄後の排水液の無害化が必要となるため，土壌ガス吸引法に比べてコスト高となる。図4.7にソイルフラッシングの概念の一例を示す。

■ 気泡運行法による油汚染土壌の浄化工法

　気泡連行法は，我国で独自に開発された油汚染土壌の洗浄技術である。この方法はアルカリ溶液下で微細な気泡を発生させ，この微細気泡が溶液表面に浮上する際に土粒子に吸着している油分を連行する現象を利用したものである。微細気泡は過酸化水素の自己分解による酸素ガスを利用している。

　気泡連行法は，イ）単純な原理で高い浄化効果があるため現場への応用が容易である，ロ）油分の乳化が少ないため，処理後の廃水処理が容易である，ハ）浄化後の浄化土及び回収された油分の再利用が

可能であるという特徴を有しており，従来，生物処理技術でも洗浄効果が低かったアスファルテンの汚染土壌についても，その洗浄効果が確認されている。気泡連行法による油汚染処理は，簡単なバッヂ処理装置でも対応可能であるが，数十 ton 以上の処理に対しては，連続処理装置が使われる。

■ 泡沫浮上法による土壌洗浄法

泡沫浮上法は，鉱山で使用されている浮遊選鉱法を汚染土壌の洗浄技術に利用し，主として重金属類の汚染土壌から重金属類を分離する方法である。

この方法は，汚染土壌の粒子をけん濁させてその中へ空気を圧入すると疎水性表面の粒子は空気泡に付着して浮上し，親水性表面の粒子は沈降するという現象を利用している。浮上した粒子は汚染物質が濃縮されたものであり，沈殿粒子は浄化された土壌である。

この泡沫浮上法を効率よくするためには，汚染物質の化学的形態及び存在状態を把握する必要があり，汚染物質に対して予備試験を行うことも必要となる。

なお，分級選別，磁力選別，比重選別で前処理を行い汚染物質の濃度を高めておくことも有効な方法である。

■ マイクロスクラブ法

一般の土壌洗浄法では，汚染物質は細粒分(75μm未満)とともに水処理設備でスラッジとなり最終的には脱水汚泥として外部処分され，粗粒分（75μm以上）が洗浄土として回収される。マイクロスクラブ法では，マイクロスクラブシステムと呼ばれる特殊な洗浄システムを水処理設備の前段に組み込むことにより 10～20μm 以上の微細粒子を洗浄土として回収する洗浄法である。細粒分の割合が多い対象土に適用することで，洗浄土の回収率の向上と汚泥の処分量の減少が図られ，トータルコストを低減させることができる。

■ オンサイト型土壌洗浄工法

土壌洗浄法は，土壌の細粒分に存在している汚染物質を高圧洗浄ふるいやサイクロン分級，泡浮遊式分離，重力式分離工程などを備えたプラントで細粒分とともに分離・濃縮する技術である。細粒分が少ない土壌ほど浄化土壌の回収率が高く，汚染土壌を

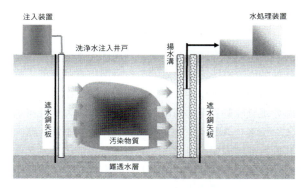

図4.8 原位置通水洗浄法の概念

大幅に減容化できる。一般的には礫，砂礫，砂，細砂が主体で，シルトや粘土などの細粒分含有量が 30% 以下の土壌が最も適していると言われている。

オンサイト型土壌洗浄法は，重金属や油などによる汚染土壌を汚染サイトで浄化する移動式洗浄システムで，下記のような特徴を有する。

・汚染土壌の外部搬出量削減（環境負荷低減，交通渋滞の緩和）
・洗浄土を埋戻し土として再利用可能（コスト低減）
・ユニット構成のため，運搬，設置，撤去が容易

■ 原位置通水洗浄法

原位置通水洗浄法は，汚染範囲に注水井戸や揚水井戸を設置し，地下水に強制的な流れを発生させて有害物質を洗い流す工法である。浄化対象物質は，六価クロムやふっ素，ほう素など土粒子への吸着力が比較的低いものである。

注水井戸からは清浄水を供給し，揚水井戸からは洗い流された有害物質を含む地下水を回収する。回収された汚染地下水は，現場に応じて適正に処理，処分する。この工法の設備は，基本的に井戸及び水処理設備だけであり，配置を工夫することで稼動中の事業所であっても適用可能である。

地下水の流動を利用して，有害物質を回収するため，浄化効率は汚染濃度や土質条件（土質の種類，透水係数等）に大きく左右される。したがって，適用に際しては，事前の土壌汚染調査のみならず地盤調査が重要である。また，浄化は，一般的に長期にわたることから，通水洗浄期間中の土地利用等含め，施工計画を検討する必要がある。図4.8に原位置通水洗浄法の概念を示す。

電気的分離法

地盤に電極を設置し，地盤の間隙を水で満たした状態で直流電圧を加えると電気分解，電気泳動，電気浸透の各現象が起こる。電気的分解法は，このうちの電気泳動現象を利用し，汚染地盤中の重金属イオンやクロム酸イオン，シアン化イオンを電極側へ移動させ除去する浄化法である。この際，イオンは水和水を伴った状態で泳動し，さらにイオン周囲の水分子も引きずるようにして泳動する。このため重金属等の陽イオンで汚染された土壌では，陰電極から陽電極に向かう水の流れ(電気浸透)が生ずる。この電気的分離法は，原位置での浄化処理が可能なこと，地盤を撹乱しないので建物近傍でも施工できること，浄化原理に地盤の透水性が無関係であるため，難透水性の粘性土地盤でも砂質土同様の汚染物質除去効率が期待できる方法である。

図4.9に，電気的分離法での主要システムを示した。通常は長さ1.5～2.0mの電極棒(陽極に炭素棒，陰極に鉄筋棒)を汚染地盤中に多数配置する。両極の近くに揚水孔を設け，陽極側揚水孔には電気浸透によって失われる間隙水を注水し，陰極側の揚水孔から地盤中から電気泳動して集まった

重金属イオンを含んだ土中水を揚水し，汚染物質を吸着・回収して地盤を浄化する。

電気泳動による土壌修復法

電気泳動による土壌修復法は，電気的分離法のうちの電気泳動技術を使用して，地盤中にイオンとして存在しやすい六価クロム，セレン，ほう素等に汚染された土壌を浄化するものである。

具体的な施工方法は，汚染地盤中に井戸を1～2m間隔で設置し，その中に炭素棒等の陽極と，鉄筋棒の陰極を挿入し，両電極間に約60Vの直流電圧を加える。

浄化に要する期間は，汚染濃度により異なるが，環境基準値の20倍程度の六価クロム汚染土の場合は，2年間程度必要と推測される。電極周辺に移動した重金属イオンは，井戸の揚水とともに回収し，地上部で水処理を実施する。電気泳動法は，地盤中の間隙を水で満たす必要があるが，汚染土壌を掘削することなく浄化できる。

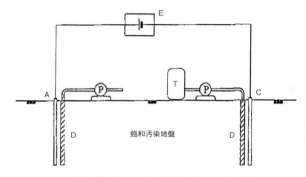

A：陽板，C：陰極，D：給水，または間隙水汲み上げ用有孔管，
E：直流電源，P：ポンプ，T：給水タンク

図4.9　電気的分離法の概略システム

2 化学処理方式による浄化方法

化学処理方式による浄化方法には，次のような方法がある。
①不溶化・固化法
②酸化・還元法

これらの浄化方法は，汚染物質に薬剤を添加し不溶化処理をしたり，酸化・還元，解媒反応等の化学反応により汚染物質を分解する方法であるが，汚染物質毎に適切な薬剤を選定する必要がある。また分解過程で非意図的な中間体が生成される場合もあるので，十分な注意を払わなければならない。

不溶化・固化法

不溶化技術による汚染土壌の処理は，含有される重金属類の特性に応じて選定された各種の化学薬剤を添加して，汚染物質を溶解性，移動性，毒性の低い形態に変える処理法である。不溶化剤としては，第一鉄塩，第二鉄塩，亜硫酸塩，硫酸ナトリウム及び重金属と親和性の高いキレート剤等が用いられる。

固化技術による汚染土壌の処理は，汚染土壌自体とセメント系固化剤とをよく混合して固化(一体化)する処理である。

不溶化，固化のいずれの方法も，1)均一に混合すること，2)共存物質の影響を事前に良く調べること，3)事前に最適処理剤，方法を試験によって決定すること，4)不溶化・固化の効果の経時的変化の有無を確かめること，等が必要である。いずれの汚染土壌

の処理法も，処理後の土壌は遮断工，遮水工により封じ込められる。このため跡地利用に制約が残る。

■ IS処理工法（原位置不溶化処理工法）

IS処理工法は，不溶化処理剤あるいはセメントミルク等の硬化材をエアーとともに超高圧（40MPa）で噴射する高圧噴射撹拌工法の一つである。

特徴は次に述べるとおりである。
① 造成ロッドの動きを従来の回転式から揺動式にすることで任意形状の改良範囲（扇形や壁状，格子状）に対応できる。
② 大口径の改良体の造成が可能（N=10程度の砂質土：最大半径4m）である。
③ 施工中の改良位置，噴射方向及び噴射圧力等をリアルタイムに計測・制御でき，高い品質が確保できる。
④ 不溶化処理剤を適切に選択することによって多くの汚染物質を処理するが，不溶化処理後に反応時間をおいてから再度セメント系材料で地盤改良をしなければならないことがある。

酸化還元法

酸化還元法は，酸化反応や還元反応を利用し，有機性塩素化合物や一部の重金属を分解して無害化したり有害性を低下させる方法である。

土壌がガス吸引法で汚染地盤中から回収された有機性塩素化合物の酸化分解にも利用される。また，地下水中の有機性塩素化合物に紫外線を照射すると共に酸化剤を併用して酸化分解する方法もある。いずれにしても酸化分解は汚染物質の種類にあまり影響を受けないので，応用性の高い浄化技術である。

最近では，強力な酸化分解力を有する生分解性触媒を使用した方法も出てきており，これにウォータージェットを用いた施工技術と組み合わせることで汚染浄化を効率的に行う工法もある。

還元処理では，土壌中の六価クロムに第一鉄塩や亜硫酸塩等の還元剤を混合することで三価クロムに変え，有害性を低下させると共に難溶性にすることなどが行われている。

酸化・還元のいずれの方法も，地下水中に共存している他の物質によりその反応の効率が大きく異なるので，事前調査が必要である。

なお，ここで紹介するエンバイロンジェット工法は，掘削置換も行える工法であるが，浄化材を混合して分解を行うことも出来るのでこの分類にしている。

■ 紫外線酸化技術による地下水浄化技術

紫外線酸化技術は，汚染された地下水を汲み上げてプラント内で酸化剤(オゾン，過酸化水素)共存化のもとで紫外線を照射すると，強力な酸化反応が起きる現象を利用して，汚染浄化をする技術である。

■ マイルドフェントン法（ジェットブレンド工法）

従来のフェントン法に対し適用可能な土壌pH域を拡張させた「マイルドフェントン法」を用い，ウォータジェットを用いたジェットブレンド工法（「エンバイロジェット工法」の一つ）と組み合わせることで，揮発性有機化合物（VOC）の複合汚染に対しても一度に分解浄化ができるなど効率のよい汚染浄化が可能な原位置浄化法であり，以下のような特徴がある。

・生分解性触媒，過酸化水素を地盤中の特定汚染深度にて均質な混合撹拌が可能
・「複数種の汚染物質による深い地盤中の汚染」といった困難な汚染サイトであっても短期間で確実な浄化効果を発揮することが可能
・幅広いpH下で有機汚染物質を分解するラジカルを効率よく発生させることができ，確実な浄化効果と同時に環境に優しい施工が可能

①マイルドフェントン法

本方法は従来のフェントン法と同様，過酸化水素による酸化分解法を利用したものであるが，従来のフェントン法においては酸性条件下で実施する必要があり重金属の溶出リスクなどの問題があったが，本方法はこの課題を解決させた。本方法は，新しい生分解性触媒を用いることで強力な酸化分解力を保持しながら，酸性〜弱アルカリ性までの幅広い土壌pH域におけるVOCの分解浄化を可能とした酸化分解法である。

②エンバイロジェット工法（ジェットリプレイス工法，ジェットブレンド工法の総称）

エンバイロジェット工法は，地盤改良分野で使われてきたウォータジェット技術を地盤浄化の分野へ拡大したものである。地盤汚染浄化という観点からみると，「汚染された箇所を部分的に改良できる」，

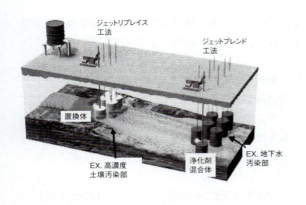

図4.10 エンパイロジェット工法の概念

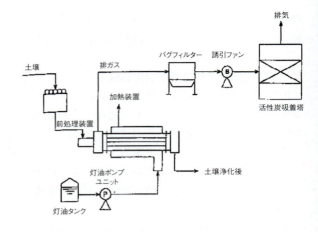

図4.11 熱処理方式による浄化工法の概念

「塩素化エチレン系のような深部に浸透する汚染浄化への適用性が高い」という優れた特徴を持つ。

この工法には100%の無害な置換体で置き換えることの可能な「ジェットリプレイス工法」と，還元鉄粉のような有機汚染物質に対して生化学的な汚染物質分解作用を持つ浄化剤を部分的に現地盤と混合することができる「ジェットブレンド工法」の二つのタイプがある。いずれの工法も他の原位置浄化工法に比して，確実性が高く汚染物質を外部へ拡散させることのない原位置浄化工法であるといえる。図4.10にエンパイロジェット工法の概念を示す。

3 熱処理方式による浄化方法

熱処理方式は，汚染土壌に熱を加え，汚染物質を脱着，熱分解，あるいは溶融して汚染物質を無害化する方法である。

汚染物質を含んだ土を掘削し，地上に設置した反応炉でオンサイト（現場内）あるいはオフサイト（現場外）で処理を実施する。

熱処理方式は，大きく分けて次の3つに分類される。
① 反応炉に空気を吹き込まずに200℃から概ね600℃ぐらいまでの温度で間接加熱する方法。
② 反応炉に空気を吹き込みつつ800℃以上にして酸化分解を行う方法。
③ 汚染土全体を1200℃以上に加熱して溶融させる方法。

事前に評価試験を行って，加熱温度，排ガス処理法等を決定しなければならない。ここでは以下の工法について記述する。

1) 低温加熱法 200℃から300℃に加熱して水銀や油の汚染土壌からの熱脱着
2) 高温加熱法 ダイオキシン類，PCBや油の汚染土壌からの熱脱着
3) 焼却法 重金属汚染土の焼成や有機化合物の熱分解
4) ガラス固化法 ダイオキシン類の分解や重金属の溶融固化法
5) 溶融法 ダイオキシン類の分解や重金属の溶融固化法

なお，重金属については化合物や化学型によって温度による挙動が異なるので注意が必要である。さらにダイオキシン類やPCBについては高温から冷却する際にダイオキシン類が再合成する性質があり，注意が必要である。図4.11に熱処理方式による浄化工法の概念を示す。

低温加熱法

低温加熱法による汚染土壌の処理は，掘削した汚染土壌を200～300℃に加熱し，汚染物質を熱脱着（揮発分離）する方法である。対象物質は水銀や油である。熱脱着後の汚染物質は活性炭等で吸着する。

掘削→低温加熱処理→分離した汚染物質処理→土壌処理の工程があり，イ）汚染土壌の貯留ホッパー，ロ）定量フィーダ，ハ）加熱装置，ニ）処理土壌搬

出装置，ホ）排ガス処理装置で構成されている。低温処理のため，浄化後の土砂の再利用が可能である。

■ 低沸点重金属対応低温加熱浄化工法

当工法は，有機水銀で汚染された土壌や底質土を浄化する目的で，国立水俣病総合研究センターと共同で開発された。本工法は，掘削された汚染土壌に添加剤として鉄化合物を数%（重量比）を添加した後，間接加熱型ロータリーキルン方式で，約1時間250～300℃で加熱する。後述する高温加熱法に比べて安価な工法である。

■ ドラムソイル工法（油含有土壌の低音加熱浄化技術）

ドラムソイル工法は，油含有土壌を200～300℃の低温領域で加熱・乾燥し，土壌中の油分を揮散させることで土壌を浄化する技術である。なお，揮散した油分は脱臭炉で脱臭処理されクリーンなガスとして排出する。

本工法は，油含有土壌の連続処理対策システムであり，イ）短期間に大量の処理が可能，ロ）灯油，軽油等の軽質油を含有する土壌浄化に最適，ハ）現地での処理が可能で浄化後の土壌は埋戻土として再利用が可能，ニ）排出ガスはフィルタで集塵され，加熱酸化分解されたクリーンなガスである，ホ）周辺環境に配慮した低騒音，低振動工法である，等の特徴を有している。

高温加熱法

高温処理法の施工手順，装置は，基本的には低温処理と同じである。対象物質は，油，ダイオキシン類，PCBである。処理温度は400℃から800℃である。一般にはこの温度帯の処理は低温加熱法と呼ぶこともあるが，ここでは水銀の熱処理と区別するために高温加熱法とした。

反応炉には空気を吹き込まず低酸素の状態で汚染物質を汚染土から脱着させる。脱着した汚染物質は二次燃焼炉で酸化分解するか，スクラバー等で回収する。

■ ATP処理法（無酸素熱分解法）

ATP処理法は，ポリ塩化ビフェニール（PCB），多環式芳香族炭化水素（PAH）等の汚染土壌を，高温

PCB汚染土壌の高温焼成処理プラント

（600～650℃）で乾溜することで，土壌からPCB等を還元蒸発させて分離回収する熱脱着技術である。この方法では，内筒と外筒の二重構造となったロータリーキルンが使用され，汚染土壌が供給される内筒部が特殊シールによって空気と遮断された還元蒸発ゾーンとなっているため，処理に伴うダイオキシンが無関係である特徴を有している。回収されたPCBは，熱脱着でガス化し，別途のガス回収システムで回収している。

■ 油汚染土壌の熱処理法

高温加熱法の一種であり，油汚染土壌をロータリーキルンに投入して加熱し，油成分を熱分解あるいは揮発させて除去する技術である。揮発性炭化水素ではないものに有効な方法である。本工法では燃焼温度を800℃程度以下に抑えて，処理後の土壌の再利用を可能としていることに特徴がある。

熱処理過程で生ずる揮発性分は，二次燃焼炉で再燃焼させて分解し，無害化する。二次燃焼でも分解・無害化できない有害物質が生成される場合もあるので，排ガス処理を適切に行う必要がある。

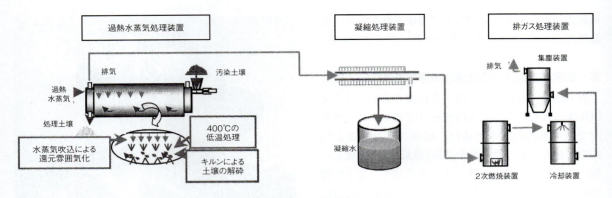

図4.12　過熱水蒸気処理工法の概念

■ 過熱水蒸気処理工法

大気圧下で100℃以上の高温水蒸気を過熱水蒸気という。水蒸気は170℃を超えると，乾燥空気よりも相手を乾燥させる能力が大きくなるという性質がある。このため食品の乾燥や脱臭，殺菌などに使用されている。

過熱水蒸気処理工法は，油汚染土やダイオキシン類汚染土から汚染物質を熱脱着する方法の1つで，過熱水蒸気を熱媒体に使用することによって効率を高めている。

使用する装置は図4.12に示すように低温加熱法と同様のキルン型反応器を使用する。掘削した汚染土をキルン型反応器に入れ，400℃程度で間接加熱するとともに同程度の温度の過熱水蒸気を反応器に吹き込む。反応器の内部は空気が押し出され，還元雰囲気になるとともに過熱水蒸気による加熱が迅速に行われる。この結果，油は水蒸気に抽出されて，気体を凝結することによって回収される。またダイオキシン類は，一部反応器内部で分解するとともに凝結した液体に含まれる。

後処理として液体を促進酸化処理や膜処理等で処理する必要があるが，濃縮しているので効率がよい。

■ TPS法

汚染土壌を低酸素状態で間接的に加熱し，汚染物質を土壌から揮発・分離し浄化する工法であり，シアン，水銀，PCB，ダイオキシン類，重質油等の汚染土壌の浄化に適している。オーガーが挿入されたチャンバーと呼ばれる加熱部で，500～600℃に汚染土壌を加熱し，汚染物質を気化させ，この気化ガスを液化分離部（クエンチ）で，冷却液化させることにより汚染物質を分離させる。冷却水中に溶け込むシアンなどは，水処理設備において分離・分解される。ダイオキシン類，水銀，PCBはスラッジとともに沈降分離される。重質油類は，汚染物分離装置内で浮上分離される。

■ ジオスチーム法

ジオスチーム法は，間接熱脱着法と加熱水蒸気法を組合せた技術である。PCBやダイオキシン類などに汚染された土壌から汚染物質を水分とともに揮発・抽出させ除去する工程（間接熱脱着法）と，土壌から抽出させた汚染物質を水蒸気により分解する工程（水蒸気分解法）により汚染土壌を浄化する方法である。PCB汚染土の場合，水蒸気分解工程で約1100℃に間接加熱することによりPCBが分解される。

焼却法

焼却法による汚染土壌の浄化は，汚染土壌を約800℃～1200℃の高温で加熱してPCB等の有機化合物の酸化分解と低沸点の重金属を揮発除去する方法である。

汚染土壌を掘削し，反応炉に投入してバーナーで所定の温度まで加熱処理する。低温加熱法と比較すると空気吹き込みにより大量の排ガスが排出されるので，排ガス処理が大がかりになる。図4.13に，焼却法による土壌浄化の概略フローを示す。焼却法では土中のシリカ分がガラス化するので土壌をリサイクルする場合は注意する必要がある。

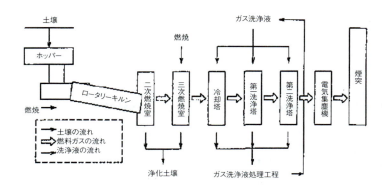

図4.13　焼却法による土壌浄化の概略フロー

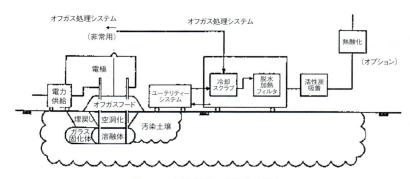

図4.14　原位置ガラス固化法の概念

■ 重金属汚染土壌の加熱処理技術

この方法は，燃料を用いて1000〜1100℃に熱したロータリーキルンに重金属類で高濃度に汚染された土壌を搬入し，これらの重金属類を揮発させて浄化する方法である。対象となった重金属は，鉛，亜鉛，水銀であり，その実証実験ではほぼ満足のいく浄化効果を持っている。排ガスは冷却した後，水，苛性ソーダ，消石灰，硫化ソーダ等で湿式洗浄し，電気集塵器で除塵を行う。

ガラス固化法

ガラス固化法は，汚染土壌を高温で溶融し，汚染物質を安定したガラス体に封じ込めて汚染土壌を浄化する処理技術である。

ガラス固化法は，図4.14に示すように地中に電極棒を挿入して通電させ，その時のジュール熱により汚染土壌を溶融させる。溶融した汚染土壌の中心は1600〜2000℃に達し，有機物は高温熱分解し，重金属等は土粒子中の珪素が溶融してできる黒曜石に似たガラス体に封じ込められる。対象物質は重金属等のほかにPCBやダイオキシン類と幅広い。

国内では，原位置での処理は実施されておらず，一旦掘削した上で，コンクリートで区画されたエリアの中で溶融が行われている。このため次の溶融固化法と基本的には同じである。

■ ジオメルト法

ジオメルト技術は，米国エネルギー省が開発した原位置ガラス固化技術であり，現在は，英国AMEC社がライセンスを保有している。北米では，放射性物質，ダイオキシン類，PCB，農薬，水銀やクロム汚染への適用実績を有するが，日本では，同様の物質に対する実証実験を実施後，現在までダイオキシン，アスベスト，農薬汚染の土壌・廃棄物についての実績を有する。なお，北米では，電極を直接汚染対象地盤に設置するが，日本では，土壌中にピットを掘り，一定容量の二重殻容器の中に対象汚染物質を充填しバッチ式で処理が進められる。

溶融法

溶融法は，汚染土壌を溶融するまで加熱してガラス状の固化体を作り，揮発性や熱分解がない汚染物質をガラス状スラグに封じ込める技術である。溶融炉は燃料式溶融炉と電気式溶融炉が用いられており，おおむね1300〜1600℃で加熱する。この加熱時の排ガス処理（燃料式溶融炉の場合）や，処理スラグの微粉沫が飛散することの対策が必要となる。特に微粉沫には，重金属成分が濃縮するため，適切な処置が欠かせない。

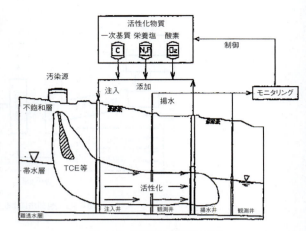

図4.15　原位置生物処理の概念

4　生物処理方式による浄化方法

生物処理法（バイオレメディエーション）は微生物が持つ化学物質の分解能力を活用し，それを促進させて汚染物質を積極的に浄化する方法である。

この方法が最も有効な汚染物質は，石油系炭化水素である。最初に生物分解処理技術が実証されたのは1983年で，ガソリンで汚染された帯水層を浄化するため，アンモニア，リン酸，過酸化水素を地中に注入した例である。石油系炭化水素の微生物分解は，主として好気的条件で行われるので，これを促進するためには酸素を供給することが必要であり，また微生物分解の効率を高める温度，水分及び無機栄養塩類を制御する環境が必要となる。バイオレメディエーションも，汚染土壌を掘削してから行う方法と，図4.15に示すような原位置で行う方法とがある。

バイオレメディエーションの特徴は，安価であることであるが，その一方，時間がかかること，処理効率の信頼性がまだ低いこと，重質油分については分解が難しいという短所が挙げられる。このバイオレメディエーションには次のような方法が挙げられる。

イ）原位置バイオ処理法
ロ）バイオパイル法
ハ）スラリー生物処理法
ニ）ランドファーミング法

いずれにしても，バイオレメディエーション技術は，温度，地質，汚染物質の濃度，共存生物等の外的要因に大きく影響を受けるため，予備試験を数多く実施する必要がある。さらに，微生物が環境に与える影響についても，事前に十分評価しておく必要がある。

原位置バイオ処理法

土壌の不飽和帯や飽和帯に空気を供給し，現場に生息する好気性微生物の活性を高めて燃料油などの有機汚染物質の分解を促進する技術である。

本工法は，地盤中に空気を供給して，場合によっては窒素やリン等の栄養塩類も添加すると効果が増大する。原位置バイオ処理法は，設備が簡易で原位置修復が可能なため，ビルなどの構造物下部の土壌でも浄化が可能である。透過性の低いシルトや粘土質土壌には不向きであるが，軽油などの比較的分解されやすい石油化合物による汚染に対し，通気により地層中に酸素を供給することで，汚染物質の生物分解を促進させる。さらに，有機塩素化合物の浄化技術として，嫌気性微生物を活性化し分解する技術もある。

■　バイオスパージング工法

バイオスパージング工法はエアースパージング工法に微生物分解効果を加味してより高い浄化効果を実現した原位置浄化工法である。まず，エアースパージング工法とは，飽和帯中に井戸から空気を注入することにより，地下水中に溶解した揮発性の汚染物質を曝気させると同時に，不飽和帯中に設置したガス吸引井戸により汚染物質を回収する方法である。

バイオスパージング工法とは，エアースパージングにより地下水中の溶存酸素濃度が高まった条件下

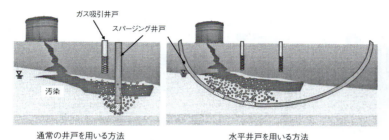

図4.16　バイオスパージング工法の概念

において，栄養塩（アンモニウム塩等）を注入して地盤中に生息する好気微生物を活性化させ汚染物質を分解し，より浄化効果を高める工法である。栄養塩の注入方法としては，空気注入用井戸から入れる方法（間欠的な方法と二重管を用いる方法がある）および別途井戸を設けて入れる方法がある。図4.16にバイオスパージング工法の概念を示す。

■ 注水バイオスパージング工法

注水バイオスパージング工法は，井戸から微生物活性を高める空気（酸素）と栄養塩（窒素，リン）を帯水層に同時に供給し，微生物分解性のあるベンゼンやシアンなどで汚染された土壌や地下水を浄化する原位置浄化システムで，従来のスパージング法と比較して微生物活性を長期的に持続できる工法である。

本工法は，注水機能をスパージング井戸に付設することで，空気と液体を同一の井戸から同時に帯水層へ供給できることを特徴としている。栄養塩が溶解した液体はスパージング井戸の吐出圧を利用して速やかに地盤内に供給されるため，均一かつ広範囲に微生物活性を高めることができる。また，注水に用いる液体は揚水した汚染地下水を処理して再利用するため，地盤内の代謝産物の蓄積を防ぎ，微生物の分解活性を長期間にわたり維持することが可能となる。

■ クロロクリン工法

クロロクリン工法は，テトラクロロエチレンやトリクロロエチレンなどの揮発性有機塩素化合物（VOC）により汚染された土壌や地下水を対象とした，生物処理による原位置浄化工法のひとつである。土着の嫌気性微生物の有害物質を分解，無害化する能力を活性化する栄養資材として，食品添加物からなる「クロロクリン」を用いる。

このクロロクリン溶液を地下水流向上流に設けた井戸より帯水層に注入し，下流側に設けた井戸にて回収することで，周辺環境対策を講じる。

工法の採用に当たっては，事前に浄化対象の土壌や地下水を用い，室内試験にて適用性を確認するとともに，地下水の流動を利用することから，地盤調査により，土質の種類や透水性を評価しなければならない。

バイオパイル法

固相処理プロセスの一種であり，汚染した土壌を掘さく後山積みにし，これに空気または酸素の通気，水分調整及び場合によっては栄養塩類を添加して，土壌中の好気性微生物を活性化させて浄化する方法である。

主として表層を汚染している燃料油や有機溶媒等の易分解性汚染物質の分解に利用されている。汚染物質の微生物分解を促進するために好気性の生物処理プロセスを適用して分解を最適化するよう設計される。撹拌により空気を供給するランドファーミングと類似しているが，バイオパイルは空気を通気する工学的なデザインを必要とする点で異なっている。

通気法には自然通気の他，空気を吸引する場合や注入する場合があり，修復条件や修復企業により手法は異なる。バイオパイルの効果は，土質や汚染物質の種類や濃度により影響を受ける。土質では透水性，水分含量，密度が重要な因子となる。

■ バイオミキシング工法

生物浄化は，ローコストな浄化方法として注目されているが，石油分解菌は土壌の温度が10℃以下になると活動が不活性化し，5℃以下になると活動がほとんどとまってしまう。特に，浄化ヤードに山積した汚染土壌は外気の影響を直接受ける。

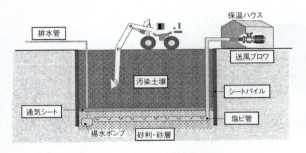

図4.17 バイオミキシング工法の概念

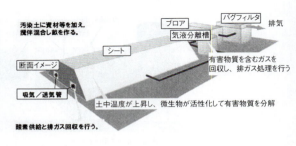

図4.18 バイオヒートパイル工法の概念

バイオミキシング法は，汚染土壌を地中で浄化する方法であり，汚染土壌下部から，常時，送気ブロワで空気を圧送し，油分解を促進させる。長期間，土壌中に一定の空気を供給すると，空気の通過道ができ，空気が土壌に均等に浸潤しなくなるため，一定期間毎にショベルカーで汚染土壌を撹拌する。地表に山積みすることなく，原位置(地中)で浄化する方法のため，寒冷地の厳寒期でも地中内での保温性と送気ブロワの発熱で汚染土壌中の温度をほぼ10℃程度に維持でき，効率的な浄化が可能である。図4.17にバイオミキシング工法の概念を示す。

■ バイオヒートパイル工法

バイオヒートパイル工法は，土壌中の好気性微生物を活性化する資材として小麦由来の天然資材を利用したバイオパイル工法である。

この天然資材の添加量や通気量を制御することにより，土壌を微生物処理に適切な温度に保つため，微生物の活動が低下する冬季においても施工を行うことができる。吸引型の通気を採用すれば浄化中の臭気の発生もなく，周辺環境への影響が少ない。図4.18にバイオヒートパイル工法の概念を示す。

スラリー生物処理法

汚染土壌に水を加えてスラリー状にし，これを反応装置中に栄養塩を添加して撹拌混合し，好気性微生物により汚染物質を分解する方法。

ランドファーミングなどの固相処理に比べて分解速度が向上し，多環芳香族やPCPなどの難分解性物質や高濃度の汚染に適するといわれている。

スラリー生物処理は，スラリー濃度5～20%で行われ，通常スラリーリアクターと称される反応装置の中で通気・撹拌が行われる。通気・撹拌に際しては，反応装置内で土壌が堆積することを防止するために，曝気設備の他，撹拌装置が設置される。スラリー化した時に沈降しにくい土壌の粒子径が小さい汚染土壌を処理すると効率が良い。

スラリー生物処理の後に，固形物の分離・脱水設備を設置することと，液中に対象汚染物が残留する場合は廃水処理を設置する必要があるので，制御が容易で短期間で処理ができる反面，多少コストが高いとされている。

ランドファーミング法

固相処理プロセスの一種であり，汚染された土壌を一定の場所に集め，水分や栄養塩の添加，撹拌などにより有機化合物の生分解を促進するものである。

主として表層を汚染している燃料油や有機溶媒等の易分解性汚染物質の分解に利用されている。汚染物質の微生物分解を促進するために好気性の生物処理プロセスを適用して分解を最適化するよう設計される。分解には，耕転機やバックホウなどにより土壌を撹拌・通気を行い，栄養塩を加えて分解条件を最適化させる。場合により，表土あるいは木材チップなどを土壌に添加し，水分調整や空気供給のための土壌間隙調整を行うことがある。

土壌処理には，耕して混合するだけのものから，難分解性物質の生分解能力を強化するために，対象とする汚染物質の分解微生物を添加する場合もあるが，ほとんどは土着微生物を使用している。

〔参考文献〕
1) 藤田正憲，八木修身監訳：「バイオレメディエーションエンジニアリング」，エヌ・ティー・エス，1997年

V 建設副産物と廃棄物最終処分場

1960年代の急速な工業化による経済発展により大量生産，大量消費，大量廃棄の社会を創り上げた．その裏側で廃棄物が急激に増加し，その処理が深刻な社会問題も引き起こした．この問題を解決するために，昭和45年「廃棄物処理法」が制定された．この法律で廃棄物は，産業活動の結果排出される産業廃棄物とそれ以外の一般廃棄物に分類されている．図5.1に廃棄物の分類を示す．

平成15年度の産業廃棄物の排出量は，約4億6,400万㌧でそのうち一般廃棄物は約5,200万㌧で11％，産業廃棄物は約4億1,200万㌧で実に89％を占めている．（環境省調査）

一般廃棄物は減量化が中心であり，産業廃棄物は再資源化が中心で，再資源化できないものについて減量化した後最終処分場に投棄される．最終処分場，特に産業廃棄物を対象にした最終処分場は，受容限界が近づきあと何年ももたないことが大きな課題である．

本項では，まず約7,500万㌧と全産業廃棄物量の約2割を占める建設副産物とそれを規制する法律について述べる．その後，緊急の課題となっている最終処分場の建設工法について述べる．

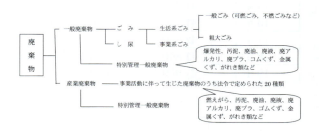

図5.1　廃棄物の分類

建設副産物の処理と関連する法律

経済発展をさせるためにインフラ整備を進めてきた，それに伴って大量に排出される建設副産物の処理が問題となってきた．

建設副産物とは，建設工事に伴い発生するもので，現場から搬出される建設発生土，金属スクラップ，コンクリート塊，アスファルト塊，木くず，金属くず，ガラス，混合廃棄物などである．これらの建設副産物のうち，再利用が可能な建設発生土と有価で取り引きされる金属スクラップ以外は，廃棄物処理法で規定されている産業廃棄物に分類される．

1 建設廃棄物の現状

環境省が公表した「産業廃棄物の排出及び処理状況等（平成19年度）について」から，建設業が排出する産業廃棄物の推移を表5.1に示す．表にみられるように，建設廃棄物の排出量は，平成9年〜平成19年の間ほぼ7,600万㌧を上下しており，全産業廃棄物排出量の20％弱を占めている．

国土交通省が公表した「平成17年度建設副産物実態調査」による建設業が排出した産業廃棄物7,700万㌧の内訳を図5.2に示す．図にみられるように，アスファルト・コンクリート塊とコンクリート塊を合わせて5,850万㌧で建設産業廃棄物の約75％を占めている．建設汚泥は750万㌧で約10％，混合廃棄物が290万㌧で約4％である．

表5.1 建設産業廃棄物排出量の推移（環境省）

年度	総排出量 （万トン）	建設排出量 （万トン）	比率(%)
平成9年	41,500	7,714	18.6
10年	40,800	7,907	19.4
11年	40,000	7,623	19.1
12年	40,600	7,901	19.5
13年	40,000	7,615	19.0
14年	39,300	7,351	18.7
15年	41,200	7,501	18.2
16年	41,700	7,906	19.0
17年	42,200	7,647	18.1
18年	41,800	7,753	18.5
19年	41,900	7,725	18.4

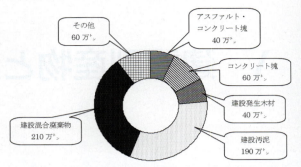

図5.3 平成17年度建設廃棄物最終処分の内訳（国土交通省）

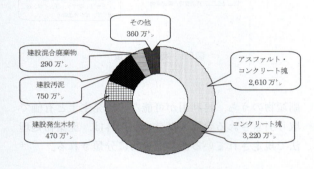

図5.2 平成17年度建設廃棄物の内訳（国土交通省）

表5.2 最終処分場の残存容量（環境省）

最終処分場	残存容量（m³）
遮断型処分場	19,810
安定型処分場	76,489,791
管理型処分場	109,742,463 (33,726,874)
合 計	186,252,064

()は海面埋立

表5.3 最終処分場の残余年数（環境省）

区分	最終処分量（万トン）	残存容量（万m³）	残余年数（年）
全国	2,423	18,625	7.7
首都圏	659	2,229	3.4
近畿圏	422	2,612	6.2

1) 首都圏とは茨城, 栃木, 群馬, 埼玉, 東京, 神奈川, 山梨
2) 近畿圏とは三重, 滋賀, 京都, 大阪, 兵庫, 奈良, 和歌山
3) 残余年数＝残存容量÷最終処分量（トンとm³の換算比を1.0とする）

最終処分される建設廃棄物

同じく平成17年度に最終処分された建設廃棄物は約600万トンであり，その内訳を図5.3に示す。この図は非常に特徴的であり，建設産業廃棄物の70%を占めるアスファルト・コンクリート塊とコンクリート塊は，100万トンとわずか発生量の10%しか最終処分されていない。これは，両廃棄物に関してリサイクルが進んでいることをあらわしている。逆に建設汚泥は約190万トンが最終処分されており，発生量の25%が最終処分されていることになる。

環境省が公表している平成18年4月1日時点での最終処分場の受け入れ容量は，表5.2に示すとおりである。これから地域別の残余年数を推定すると表5.3に示すように，現状のままでは全国で7.7年，首都圏で3.4年および近畿圏で6.2年と厳しい状況となっている。この様な状況から，さらなるリサイクルが必要となってきている。

建設副産物に関連した法律

昭和40年代の高度経済成長を支えた生産活動に伴って排出された有害物質，排水，排気ガス，廃棄物等により，地球環境や人の健康に対する影響が社会問題化した。これを受けて，昭和45年「廃棄物の処理及び清掃に関する法律」いわゆる廃棄物処理法が制定された。この廃棄物処理法により，廃棄物の種類が定義され，排出の抑制と処理，そして罰則が規定された。

平成5年に環境保全に係わる基本理念を定めた「環境基本法」が制定され，平成12年に制定された「循環型社会形成推進法」や様々なリサイクル法が，廃棄物処理法とともに，環境基本法の下に位置づけられた。環境基本法を頂点とした法の体系を図5.4に示す。

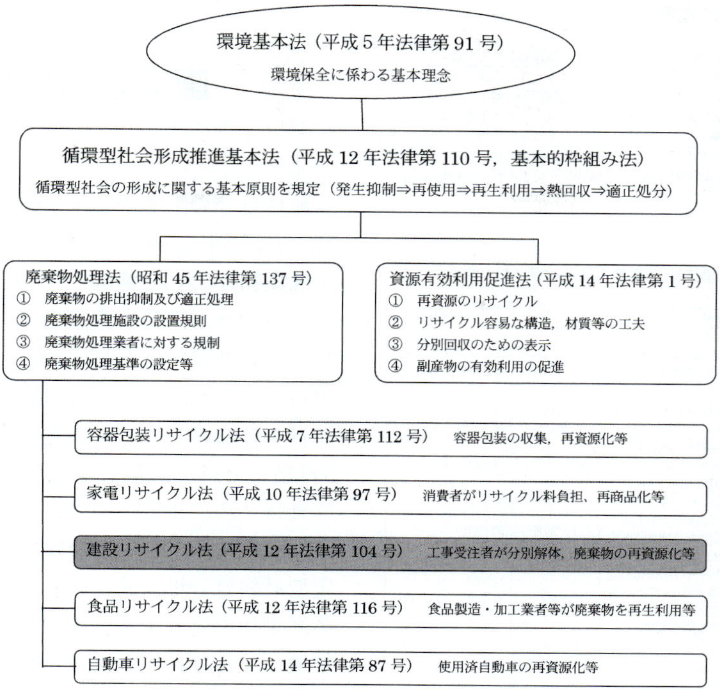

```
                  ┌─────────────────────────┐
                  │ 環境基本法（平成5年法律第91号）│
                  │  環境保全に係わる基本理念    │
                  └─────────────────────────┘
                              │
              ┌───────────────────────────────────┐
              │循環型社会形成推進基本法（平成12年法律第110号，基本的枠組み法）│
              │循環型社会の形成に関する基本原則を規定（発生抑制⇒再使用⇒再生利用⇒熱回収⇒適正処分）│
              └───────────────────────────────────┘
```

図5.4 廃棄物処理に係わる法の体系

表5.4 建設廃棄物のリサイクル率（国土交通省）

廃棄物	発生量 （万トン）	再資源化量 （万トン）	減量化 （万トン）	リサイクル率 （％）
アスファルト・コンクリート塊	2,610	2,584	0	99
コンクリート塊	3,220	3,156	0	98
建設発生木材	470	320	108	68
建設汚泥	750	360	203	48
建設混合廃棄物	290	44	38	15
建設廃棄物全体	7,700	6,776	308	88

2 建設リサイクル

　最終処分場の残存容量が年々減少していることが顕在化しており，廃棄物のさらなるリサイクル（再資源化）が望まれている。建設廃棄物についても同様で，平成12年の建設リサイクル法等の後押しを受けて年々リサイクル率は上昇しており，平成17年度には建設廃棄物全体の88％がリサイクルされている。平成17年度における建設廃棄物のリサイクルの状況を表5.4に示す。アスファルト・コンクリート塊やコンクリート塊のリサイクルはほぼ100％に近付いている。しかし，リサイクルが難しい混合廃棄物を除くと，建設汚泥のリサイクルの遅れが目立ち，建設汚泥のリサイクルが課題であるといえる。

建設汚泥のリサイクル

　建設汚泥とは，含水率が高く粒子が微小であり，力学的におおよそのコーン指数が200kN/m2以下で一軸圧縮強度が50 kN/m2以下の状態のものをさす。建設汚泥は，主としてシールド工事や地下連続壁等の基礎工事などで発生する。（社）泥土リサイクル協会では泥土を表5.5に示すように分類している。平成18年国土交通省より「建設汚泥の再生利用に関するガイドライン」が発刊され，建設汚泥のリサイクルが促進されている。

　建設汚泥は，主な処理技術として焼成化，溶融化，脱水化，乾燥化および安定化がある。建設汚泥の処理技術とその用途について，（社）泥土リサイクル協会の資料より抜粋して表5.6に示す。

表5.5 建設汚泥の種類（泥土リサイクル協会）

種類		性状	代表的な発生工法
非自硬性汚泥	泥水状汚泥	含水比が高く、機械式脱水により減量化が可能	・泥水式シールド工法 ・地下連続壁工法他
	泥土状汚泥	含水比が比較的低く、機械式脱水が困難	・泥土圧式シールド工法 ・アースドリル工法他
自硬性汚泥		セメント等が混入しており、放置すれば固結する	・高圧噴射攪拌工法 ・SMW等ソイルセメント壁工法他

表5.6 建設汚泥の処理技術と用途（泥土リサイクル協会）

処理技術	技術の概要	形状	主な用途
焼成処理	建設汚泥を利用目的に応じて形成したものを、1,000℃程度の温度で焼成固化する処理技術。焼成材は、高強度・軽量性・保水性などの特長を有する。	粒状	ドレーン材、骨材、緑化基盤、ブロック
溶融処理	焼成処理よりも高温で固形分を溶融状態にした後、冷却し固形物にする技術。	粒状 塊状	砕石代替品、砂代替品、石材代替品
脱水処理	含水比の高い土から水を絞り出す技術。機械力を利用した機械式脱水処理と重力を利用した自然式脱水処理に大別される。	脱水ケーキ	盛土材、埋戻し材
乾燥処理	土から水を蒸発させることにより含水比を低下させ、強度を高める技術。天日乾燥などの自然乾燥や熱風などによる機械式乾燥がある。	土〜粉体	盛土材
安定処理	軟弱な土にセメントや石灰等の固化材を添加混合し、施工性を改善すると同時に、強度の発現・増加を図る化学的処理技術。固化材の添加量によって強度の制御が可能。	改良土	盛土材、埋戻し材

脱水ケーキの敷き均し

地盤改良工事の廃泥処理

廃棄物最終処分場

最終処分場の構造は埋立廃棄物、設置位置、土地利用方法等により以下のように分類することができる。

①廃棄物のリスクと構造

日本では、産業廃棄物を3つに分類し、それらのリスク特性に対応して3つのタイプの最終処分場を規定しており、安定型、管理型、遮断型の種類がある。

日本の法律では、産業廃棄物の有害性・汚染性を3段階に分けて、最も環境リスクの大きな特別管理廃棄物（法に規定）を処分する遮断型最終処分場、最も環境リスクの小さな安定型廃棄物を処分する安定型最終処分場、及び両者のいずれにも属さない産業廃棄物を処分する管理型最終処分場と一般廃棄物を処分する最終処分場に分類している。これら最終処分場については技術上の基準（構造基準、維持管理基準、廃止基準）が定められている。（総理府・厚生省共同命令平成10年6月17日施行）このうち、管理型最終処分場と一般廃棄物最終処分場は、遮水工並びに浸出水処理施設を有した構造である。図5.5に遮断型、安定型、管理型の最終処分場の構造概念を示す。

②設置位置と施設構造

埋立地は土木構造物であるので、埋立地建設場所によって各種施設の形態に特徴がある。山間埋立は、山合いの沢地形を利用して計画するものをいい、平地埋立は平坦な地形を利用して計画するものをいう。海面埋立は、土地利用や輸送的に陸地に計画することが困難な場合に計画することが多い。これらに対し、採掘穴を利用したものや新しいタイプとして覆蓋及び遮水工で外界と区分させたクロースドシステム処分場がある。

③土地の利用方法による分類

土地の利用方法から、堀込み式、盛立て式、半堀込み・半盛立て式等の構造に分類することができる。

堀込み式は、現地形を堀込んで計画するものであり、日本では埋立容量を増やすために多く用いられている。

しかし、ドイツなどでは浸出水の管理上好ましく

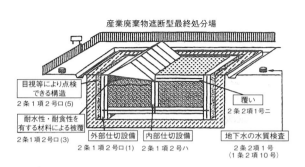

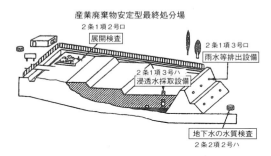

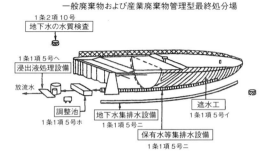

図5.5 遮断型, 安定型, 管理型の最終処分場の構造概念

1 遮水工法

最終処分場における遮水工の目的は、不透水層や難透水層などの地盤を利用したものや、表面遮水や鉛直遮水等の人工の材料を利用して、ごみの保有水や埋立地内に降った雨水（浸出水）による公共水域や地下水の汚染を防止し、ならびにこれらに起因する周辺環境への悪影響を防ぐことにある。表面遮水工の場合、周辺の地下水の流入によって浸出水量が増加することを防止するために行うこともある。また、環境に対する汚染防止バリアーとして働き、最終処分場が新たな環境汚染源とならないよう「環境施設」としての機能を保たせるものであり、遮水工の機能を保持する、または補完するためには地下水集排水施設（表面遮水工の場合）や、浸出水集排水施設等が重要である。

管理型処分場における遮水工の役割は、遮断型埋立処分場のようにコンクリート構造物で完全に通水性を遮断した構造をいうのではなく、いくつかの多重安全（Fale Safe）構造で地下水汚染を防止しようとするものであり、汚水を一滴も漏らさないことを目指したものではない。遮水工には、図5.6に示すように、大きくは表面遮水工と鉛直遮水工とがある。場合によっては両者を併用する場合もある。

表面遮水工は、埋立地底部及び法面の全表面に遮水工を施し、水を貯める容器を作るようなものである。特に、内部貯水が起こる可能性がある部分は特に強化された遮水工とすることが必要である。また、鉛直遮水工は、埋立地最下流部で貯留構造物下部に地下水の締切り構造物として設置するものであり、この構造物と難透水性土質または地盤により地下水容器を作るようなものである。遮水工の工法を分類すると図5.7のようになる。

鉛直遮水工と表面遮水工の比較を表1に示す。

ないとされており、むしろ日本の山間の埋立のように地形地盤勾配なりの埋立を行う方が好ましいとされている。

盛立て式は、現地形に土等で堰堤を築き、廃棄物を盛り立てるものである。山間の沢地では地形条件を有効に利用することができるため、多く用いられている。

日本の平地埋立の場合、埋立容量を増やすためと経済性から、半堀込み・半盛立て式を用いることが多い。

〔参考文献〕
1) 田中信壽著：「環境安全な廃棄物埋立処分場の建設と管理」技報堂, 2000年
2) クローズドシステム処分場開発研究会編：クローズドシステム処分場パンフレット
3) 最終処分場技術システム研究会編：「廃棄物最終処分場技術システムハンドブック」環境産業新聞社, 1999年

〔参考文献〕
1) 最終処分場技術システム研究会編：『廃棄物最終処分場技術システムハンドブック』環境産業新聞社, 1999年
2) (社)全国都市清掃会議編：『廃棄物最終処分場指針解説』, 1989年
3) 田中信壽著：『環境安全な廃棄物埋立処分場の建設と管理』技報堂, 2000年
4) 最終処分場技術システム研究会編：『設計グループ平成11年度研究報告書』, 2000年

2 表面遮水工法

平成10年度改正命令で遮水工の構造基準が明確化され，表面遮水工の場合，図5.8に示す3つの構造のうちいずれかを立地場所の自然的条件および現場の状況に応じて選択することになった。

① 厚さ50cm以上，透水係数10-6cm/s以下である粘土等の層に遮水シート
② 厚さ5cm以上，透水係数10-7cm/s以下であるアスファルトコンクリートの層に遮水シート
③ 不織布などの上に二重の遮水シート

なお，遮水シートの厚さは，アスファルト系以外の遮水シートで1.5mm以上，アスファルト系の遮水シートで3mm以上であることとされている。

これらの遮水工構造はどのような埋立地であっても満たすべき最低の基準を明示したものであり，廃棄物の質，埋立地の規模（廃棄物の集中度）や地下水の状況（量，質，位置）および用途に応じて，地下水汚染防止のために必要な遮水工を設計する必要がある。

表面遮水工の基本は遮水シート（ジオメンブレンともいう）である。一重で使う場合，二重で使う場合（シートの間には排水層を設ける。漏水検知層とすることもできる），粘土ライナーの上に一重のシートを重ねる場合（コンポジットライナー，複合ライナーという）がある。シート支持基盤を凹凸のない不等沈下のない土壌層（下地地盤，併せて汚染浄化能力を持たせる）として施工する。支持基盤層（下地地盤）中に地下水集排水管や土壌ガス抜き管を設ける。シート上部には，砂層，あるいは不織布（ジオテキスタイルともいう）を置く。不織布は主としてポリエステルやポリプロピレンなどの合成繊維を絡み合わせたり接着させたりして布状に成形したものである。短繊維不織布の厚みは10～20mm程度であり，長繊維不織布の厚みは2.4～6mmである。そして，その機能は，埋立作業を行う重機によるシートへの荷重を和らげ，廃棄物の突起によるシートへの突き刺しを防止するための保護層として設けられる。砂層は浸出水集水層としても機能する。

表面遮水工法を分類すると図5.9に示すとおりである。表面遮水工の選定に当たり，地盤勾配が支配的要因となることが多い。比較的緩い斜面の場合，どの遮水工でも適用可能であるが，遮水シート工法

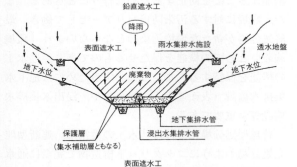

図5.6 遮水工の形式

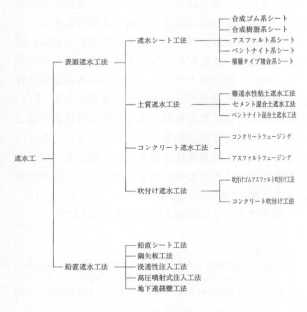

図5.7 遮水工法の分類

の場合1:2よりも勾配が急になると施工が困難となる場合が多いが，1:1斜面にシートを敷設した実績もある。土質遮水工法の場合，斜面安定の面から概ね1:2よりも緩い斜面が一般的である。コンクリート遮水工法の場合，型枠を使用することにより，1:1以上の急斜面にコンクリート遮水工を設けることも可能であるが，一般的に1:2斜面程度までが施工能率などの面から有利である。アスファルトコンクリート工の場合には，通常のコンクリートの施工と異なり，ローラ転圧を行う必要があるため，ウィンチを併用しても1:2よりは急な斜面では施工が困難である。1:1よりも急な斜面には，ゴムアスファルト等の吹付け工法を採用するのが一般的であるが，他種の遮水工と併用しる場合にはその取合い部の設計・施工が必要となる。

〔参考文献〕
1) 田中信壽著：『環境安全な廃棄物埋立処分場の建設と管理』技報堂，2000年
2) 最終処分場技術システム研究会編：『廃棄物最終分場技術システムハンドブック』環境産業新聞社，1999年

遮水シート工法

本工法は，遮水シートを使用した遮水工法であり，一般に他の施行方法と比較して透水性の高い地盤や地耐力の比較的低い地盤であっても簡単な施工で高水密性な遮水工を建設できる特徴がある。

しかし，厚さ1.5mm〜2.0mmのシート材料を使用する関係上遮水工の損傷が生じないよう十分な対策を講じなければならない。

そもそも我が国の最終処分場で最初に遮水シートを使用したのは，昭和52年，千葉市の最終処分場においてである。昭和46年の廃棄物処理法の制定（最終処分場の構造について管理型，安定型，遮断型の3分類の概念が提示），昭和52年2月には「共同命令」（地下水汚染防止のために必要に応じて遮水工を設置することが明示）が規定され，いわゆる廃棄物に関する法整備が初めてなされた頃である。この千葉市の最終処分場整備計画は，地下水の汚染を危惧する地域住民の理解が得られず，建設停止の仮処分を裁判所に提訴される事態となった。

千葉市では，各種調査検討を重ねるとともに地域住民との和解交渉を続け，当時例の無い合成ゴムシートによる遮水シートを埋立地全面に敷設するこ

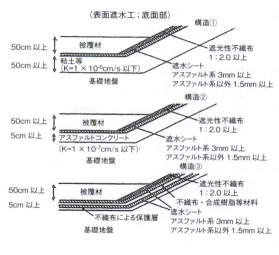

図5.8 表面遮水工の構造概念

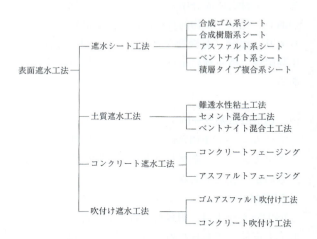

図5.9 表面遮水工の分類

とで合意し，昭和52年に竣工した。ちなみに，このときの遮水シートの厚さは経済性，施工性，安全性等を考慮すると共に貯水池などの利用事例も勘案して1.5mmとされたものである。

昭和53年に廃棄物処理施設構造指針が出され，最終処分場における遮水工として遮水シートの使用が定着してきた。現在，最終処分場で使用されてい

る代表的な遮水シートとしては，図5.10に示すように合成ゴム系，合成樹脂系，アスファルト系，ベントナイト系及び積層タイプ複合系に大別される。

材料によりその特性値やコストに相当の違いがある。特性値としては，厚み，比重，引張強度，伸び，引き裂き強さ，シートからの溶出成分等がある。厚みは厚い方がよいが，厚いと重くなり，取扱いが不便になるので必要最小限の厚みとする。一般に，1.5mmのものが多用されている。なお，遮水シートの強度とその材質の設計法にまだ確定したものがなく，また規格も無い状況にある。

アスファルト系には，シートタイプと現場吹付けタイプの2種類があり，後者は，現場でアスファルトエマルジョンを吹き付けて成形する。また，ベントナイト系は粘土鉱物モンモリロナイトを主成分とする粘土で，水に接触すると，水と結合して膨潤し，間隙を閉塞して遮水する。遮水シートの耐久性には，環境的特性，物理的特性，化学・生物的特性があり，荷重に対する耐久性等を意味する物理的特性がある。環境的特性については，耐候性（紫外線や熱酸化によるシート材構成成分の低分子化），オゾン劣化（オゾンなどの自然に存在する酸化物質によるシート材構成成分中の不飽和結合への反応）などがあり，化学・生物的特性には，耐薬品性（酸，アルカリ，塩分，有機物などによるシート劣化），微生物耐性（微生物によってシートが分解される）がある。

■　合成ゴム系シート

ブチルゴムにEPDM（エチレン・プロピレン・ジエンモノマー）をブレンドして，耐候性を良くしたものが一般的である。

①EPDMシート

EPDMシートは，耐候性・耐オゾン性等に優れ，低応力高伸長であるため下地地盤への追随性にが良く，柔軟で取扱い易く施工性も良い等の特徴を有している。1976年に廃棄物最終処分場の遮水シートとして採用されて以来，全国の数多くの廃棄物最終処分場の遮水シートとして採用されている。EPDMシートの接合は，熱可塑性でないため熱融着は行えない。現地接合の場合は接着剤接合を採用している。

②EPDM-Rシート

EPDM-Rシートは，ナイロンあるいはポリエステル基布の両面に，EPDMシートを被覆した複合体シートであり，機械的強度（引張強さ・引裂強さ）に優れている。また，基布があるため万一損傷が生じても損傷が広がりにくい等の特徴を持っている。

③TPOシート

TPOシートは，一般的にはオレフィン系エラストマーにEPDMがブレンドされているものであり，耐候性，耐熱性，耐寒性，電気絶縁性に優れている。熱融着接合できるのが大きな特徴であり，1982年に廃棄物最終処分場の遮水シートとして採用されている。TPOシートは，EPDMシートと比較してやや硬いが，引張強さ，引裂強さが大きく，柔軟性があるので下地地盤への追随性が良く，また作業性にも優れている。

■　合成樹脂系シート

軟質ポリ塩化ビニールが一般的である。エチレンビニルアセテートやポリエチレン等のシートもある。

①軟質ポリ塩化ビニル（PVC）シート

軟質ポリ塩化ビニル（PVC）シートは，農業用フィルム，貯水池や農業用溜池の遮水シート防水として利用され，その水密性，施工性等が認識され，廃棄物最終処分場の他あらゆる土木分野のシート防水材として利用されている。製膜時や使用時の熱・紫外線劣化抑制のため塩化水素の捕捉剤，紫外線吸収剤，酸化防止剤等の安定性，柔軟性を付与するための可塑剤が15〜45%添加されている。塩素原子を含んでいるため，難燃性もしくは自己消化性である特徴がある。

②HDPEシート

HDPEシートは，1980年代初期からアメリカやドイツで廃棄物最終処分場の遮水シートとして利用され，日本では1994年に初めて採用され，全国の数多くの廃棄物最終処分場の遮水シートとして採用されている。HDPE（高密度ポリエチレン）シートは，引張強さや耐薬品性に優れており，耐突刺し抵抗性が大きいのが特徴である。従来，耐ストレスクラック性，耐候性が劣と言われていたが，大幅に改善されている。なお，シートが硬いため細部の施工性に劣る。接合は，熱融着法で行われる。

③ TPU（ポリウレタン）シート

TPU（ポリウレタン）シートは，熱可塑性ポリウレタンを使用しており，エラストマーと樹脂の両性質を示し，卓越した強度や伸縮性を保持すると同時に，柔軟性に優れ施工性が良い特徴がある。シートの接合は，熱融着，接合のいずれも可能である。

■ アスファルト系シート

ゴムアスファルト系の材料が一般的であり，モルタル下地等の上に敷設し遮水するシートタイプのものである。

アスファルトの利用の歴史は古く，広範囲の目的に使用されている。水密性，たわみ性，治癒性，耐久性，耐酸性，耐アルカリ性を有し，かつ経済性と施工性に優れ，補修が容易である等の利点と多くの実績がある。本工法には，シートの施工を全て現場の地形に合わせて行うため，シートに無理な外力や突っ張りを残さずに行える特徴がある。

アスファルトの接合は，プロパンバーナー接合面を加熱しシート表面を溶融圧着し，接合部が冷えれば強度を発揮し一体化する。また，熱容量の大きいプロパンバーナーを使用して溶融状況を作業者が確認しながら行うため，下地の凹凸，天候，気温の変化に即応した接合作業が行える。さらに，コンクリート構造物や塩ビパイプ，ヒューム管等への貼り付けはアスファルトプライマーを塗布処理した後に，加熱融着することで容易に行える。万一，損傷が発生した場合でもシートの汚れ，泥等を取り除き，シート表面を洗浄し表面を乾燥させた後，加熱溶着して補修・補強が簡単にできる。また，必要に応じて溶融アスファルトとシート同士を融着させる方法もある。

■ ベントナイト系シート

ベントナイト系シートには，HDPEシートとを接着させたものや不織布と織布との間に粒状ベントナイトを充填させロール状に加工したもの等がある。

① HDPE-ベントナイト複合シートこの複合シートは高密度ポリエチレンシート（HDPE）の片面に顆粒状のナトリウムベントナイトが接着された二層構造シートである。このシートは，HDPEシートの特性に加え，ベントナイトが有する水膨潤による自己修復性を持ち合わせたシートである。

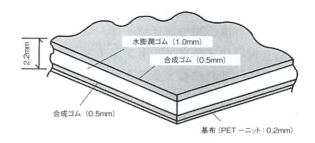

図5.10 自己修復性シートの例

② 繊維・ベントナイト複合シート

この複合シートは，粒状ナトリウムベントナイトをポロプロピレン製の不織布と織布の間に充填してサンドイッチ状にし，ニードルパンチによって固定して，ロール状に加工したものである。

このシートは，ベントナイトが水と接触するとベントナイトが膨潤し，防水層を形成することができる。

■ 積層タイプ複合系シート

性状の異なるシート状物質や粘着層を複合し，漏水修復性や力学的性質，寸法安定性を改善したシートである。さまざまな種類があるが，このうち，自己修復性シートとして水膨潤ゴムを上下から合成ゴムで鋏み，下面に伸縮性のある基布で補強した4層一体型のものがある。これは，シートに生じた孔をシート自身の自己修復機能により閉塞させ，止水させる特徴を持っている。図5.10に自己修復性シートの例を示す。

〔参考文献〕
1) 最終処分場技術システム研究会編：『廃棄物最終処分場技術システムハンドブック』環境産業新聞社，1999年
2) 田中信壽著：『環境安全な廃棄物埋立処分場の建設と管理』技報堂，2000年
3) 廃棄物学会編：『廃棄物ハンドブック』オーム社，1996年

土質遮水工法

本工法は，原則として有機質，有害物質を含有しない粘土，土砂等の自然材料を使用し必要に応じてこれに適当な安定材（セメント，ベントナイト等）を加えることにより難透水性土質材料とし，必要な難透水性を確保させた遮水工を構築する技術である。土質材料を使用する本工法は，シート遮水工法

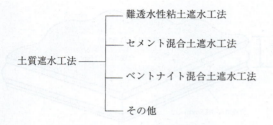

図5.11 土質遮水工法の分類

と比較して耐候性や遮水工の損傷について問題がなく，地盤が難透水性であれば，非常に簡単に遮水工を建設できる特徴がある。しかし，難透水性の地盤であること，土質材料が十分に得られること，処分場底面から地下水位面まで十分距離があることなどの条件を満足しなければならないため，土質遮水工だけで処分場を建設することは少なく，シート遮水と併用させたものとなっている。

工法の種類として図5.11に示すように難透水性粘土，セメント系混合土，ベントナイト混合土，その他の4種類に分類される。

なお，ベントナイト混合土に礫を混合させたり，セメント系混合土にベントナイト，粘性土等を補助材として添加する場合もある。

法面の施工は，勾配により底盤部とは施工方法が異なり，品質・コスト・施工性の面で最適な工法を選定する必要がある。

■ 難透水性粘土遮水工法

本工法は，粘土やローム質等の難透水性粘土を使用し遮水層を構築するものである。厚さは十分転圧した後，1m程度の層厚にする場合が多い。

従来より難透水性粘土が遮水材としてさまざまな方面で使用されており，一般的な遮水材料である。近年，良質な粘土材料の入手が困難になっており，粘土材料を単独で使用する場合は少なく，現地発生土を使用したベントナイトやセメントの混合土による遮水工とする場合が増えてきている。

■ セメント混合土遮水工法

本工法は，現地発生土等の土質材料にセメント又はセメント系固化材で改良することにより，難透水性土質基盤を構築する遮水工法である。強度確保が主目的である一般の表層改良工と異なり，高い遮水性の確保を主目的としており，セメント等の配合量を変えることにより所要の遮水性と強度の両方を確保できることが特徴である。現地発生土の物性により，別途ベントナイト等の微粒材料を補助材（粒度調整材）として添加し，遮水性・経済性を改善する場合もある。

セメントは，普通ポルトランドセメントが一般的であるが，現地の土質材料に対して，より遮水性の向上，経済性等の点で有利となるようなセメント系固化材があれば，それを活用することが可能である。

現地発生土を有効利用するので場外搬出土量を低減削減できる省資源工法であり，機械化施工による省力化・合理化が図れるとともに出来上がりの遮水層表面は十分な平滑さが確保可能なため，遮水シートの下地材として適している。

■ ベントナイト混合土遮水工法

本工法は，現地発生土等の土質材料にベントナイトを加え，難透水性土質基盤を構築する遮水工法である。

ベントナイトは，高い液性指数から自己防水層復元能力（膨潤性等）をもつことが特徴である。ベントナイトは，産地，製造法，添加剤の使用により性質が変化するが，特に原鉱石の特性に大きく影響される。ベントナイトにはさまざまな種類があり，それぞれの品質も異なるので，ベントナイト材料の選定にあたり十分注意が必要である。セメント系混合土遮水工法と同様に現地発生土を有効利用するので場外搬出土量を低減削減できる省資源工法であり，機械化施工による省力化・合理化が図れるとともに出来上がりの遮水層表面は十分な平滑さが確保可能なため，遮水シートの下地材として適している。

〔参考文献〕
1) 最終処分場技術システム研究会編：『廃棄物最終処分場技術システムハンドブック』環境産業新聞社，1999年
2) 最終処分場技術システム研究会編：『施工グループ平成11年度研究報告書』，2000年

コンクリート系遮水工法

本工法は，コンクリート系材料を使用した舗装による遮水工法であり，コンクリートフェージングやアスファルトコンクリートフェージングに分類される。

アスファルトコンクリートフェージングの場合，

平成10年度改正命令の構造基準では，厚さ5cm以上，透水係数10^{-7}cm/s以下であるアスファルトコンクリートの層に遮水シートと規定されている。

一方，コンクリートフェージングの場合は，厚さ50cm以上が規定されている。

本工法では，シート遮水工法と比較して，重機の稼動に伴う遮水工の損傷の発生が少ないが利点であるが，打ち継ぎ部における水密性確保の難しさや不等沈下に対する抵抗性が比較的低い。また，通常のコンクリートを使用する場合には，型枠を使用できるため問題はないが，アスファルトコンクリートの場合には，急勾配の場所では施工が難しい。コンクリート遮水工法は，シート遮水工と比較して施工費が高価等の特徴がある。岩盤のように，表面を平滑に整形することが難しい地盤条件の場合には有利となることが多い。

■ コンクリートフェージング遮水工法

コンクリートフェージングは，耐久性に対し品質的な問題はないが，剛性版のため，地盤沈下に追従できない点がある。また，施工後の硬化養生や目地部からの漏水対策が必要とされる。

■ アスファルトフェージング遮水工法

アスファルトコンクリートフェージングは，アスファルト舗装と同様であるが，一般のアスファルト舗装は交通荷重を支える道路舗装として路床の支持力より構造を設計している。廃棄物最終処分場においては，遮水機能が特に必要とされ，平成10年度改正命令により，厚さ5cm以上，透水係数10^{-7}cm/s以下のアスファルトコンクリートが規定されている。

道路舗装に用いる密粒度および細粒度の舗装の場合，よく締固めれば規定の透水係数10^{-7}cm/sを十分確保できると言われている。

本工法の場合，たわみ性が大きく，多少の地盤沈下には追随する反面，背面の圧力によって上方へも変形しやすいことが特徴である。このようなたわみやガス等の背面圧対策の検討が必要となる。

また，海面処分場においては，港湾構造物で一般的なアスファルトマットによる遮水が有効である。

〔参考文献〕
1) 最終処分場技術システム研究会編：『廃棄物最終処分場技術システムハンドブック』環境産業新聞社，1999年

吹付け遮水工法

本工法は，他の遮水工と比較して急峻な斜面に遮水工の施工が行えること，コンクリートやシートと比較して接続部分ができず，水密性が高い特徴がある。

本工法は，使用する材料により，ゴムアスファルト吹付け工法とコンクリート吹付け工法に分類される。

アスファルト系の材料を使用した場合，シート背面から水が滲み出す部分に施工すると，時間の経過とともに剥離が生じるため，下地の止水を完全にするなどの処置が必要である。

■ ゴムアスファルト吹付け工法

ゴムアスファルト吹付け工法は，現場でゴムアスファルトエマルジョンを吹き付けて遮水層を形成する工法である。この工法は昭和44年以来主に土木構造物の地下防水として使用され，多くの実績を有する。最終処分場に使用されたのは，昭和63年からである。最終処分場へは本工法の特徴を生かし，成形シートでは凹凸が多く施工できない法面への実績が多い。

アスファルトにゴムを混合することにより耐候性，温度依存性が大幅に改善される。

A種：ゴムアスファルト単独のシートで主にモルタル，コンクリート下地に適用する。ゴムアスファルトエマルジョンと硬化剤とを同時に吹付け，厚さ3～4mmのゴムアスファルトを形成する。

B種：敷設した基布にゴムアスファルトエマルジョンと硬化剤とを混合吹付けし，ゴムアスファルトを含浸塗覆させ，厚さ3～4mmのシートを形成する。

現場で吹き付けてシートを形成するため，次のような特徴を有する。

①スプレー方式のため，継ぎ目の無い遮水シート層が得られる。
②下地の凹凸に対してなじみが良く，下地と良く接着する。
③吹付けタイプのため，施工性が優れる。
④構造物の取合いの施工が容易である。

図5.12に吹付けタイプゴムアスファルトの構造を示す。

3 鉛直遮水工法

平成10年度改正命令で遮水工の構造基準が明確化され，鉛直遮水工の場合，以下の4つの構造のうちいずれかを選択することが要件となっており，不透水性地層（透水係数 1×10^{-5} cm/秒又はルジオン値1以下，厚さ5m以上）まで連続していること必要である。

① 薬剤等の注入等
　地盤のルジオン値が1以下となるまで固化
② 地中壁
　厚さ50cm以上，透水係数が 1×10^{-6} cm/秒以下
③ 鋼矢板
④ その他

鉛直遮水工は，貯留構造物の形式，基礎地盤の透水係数の分布，難透水性地層の分布および現地の施工条件等を総合的に判断して，経済的かつ要求される機能を満足する形式を選定することが必要である。鉛直遮水工は地中に施工することにより，品質や継手部の状況の確認が困難なため，十分な品質管理と施工管理を実施する必要がある。鉛直遮水工法の構造概念を図5.13に，分類を図5.14に示す。

〔参考文献〕
1) 最終処分場技術システム研究会編：「廃棄物最終処分場技術システムハンドブック」，環境産業新聞社，1999年
2) 最終処分場技術システム研究会編：「設計グループ平成11年度研究報告書」，環境産業新聞社，2000年

薬液注入工法

■ 浸透性注入工法

本工法は，セメントミルク，セメントベントナイト，または各種化学薬剤などのグラウトを地盤の間隙に注入し，地盤の止水性を高めようとしたり，または地盤の強度増加を図ろうとする方法である。

注入工法による地盤改良は，浸透注入と割裂注入の2形態に分類される。各形態の概要は以下のとおりである。

① 浸透注入：土の間隙に注入材が浸透し，間隙水を注入材で置換し，間隙中で固化して土粒子を結合するもの
② 割裂注入：地盤内に浸入した注入材が地盤を局

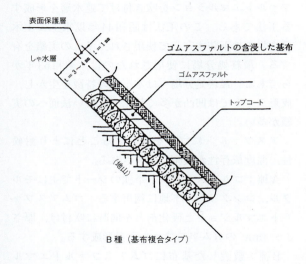

図5.12　吹付けタイプゴムアスファルトの構造

■ コンクリート吹付け工法

岩盤面のように表面を平滑に整形することが難しい地盤条件の場合に有利な工法である。本工法の詳細については，1章土工・岩石工法編を参照のこと。

〔参考文献〕
1) 最終処分場技術システム研究会編：『廃棄物最終処分場技術システムハンドブック』環境産業新聞社，1999年

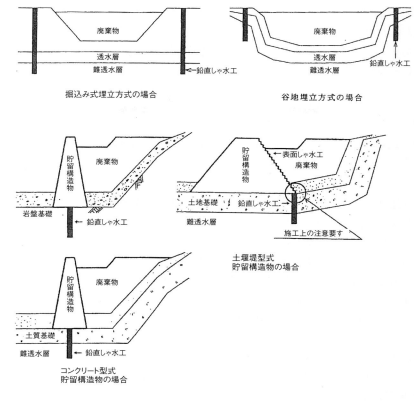

図5.13　鉛直遮水工法の構造概念

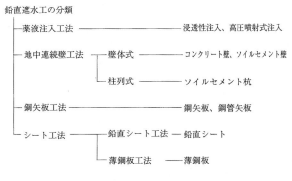

図5.14　鉛直遮水工法の分類

部せん断破壊させ，できた空隙に注入材が脈状あるいは板状になって地中に不均一に入るもの
　一般的に粘性土に対する注入の場合は割裂注入であり，高粘度（セメント系懸濁型）の薬液が適する。この場合には，注入方式，注入条件，ゲルタイム，注入材および注入間隔等を適切に選ぶことが重要である。砂質土に対する注入の場合は浸透注入となり，低粘度（溶液型）の薬液が適する。透水係数のかなり異なる互層に注入する場合は，浸透しやすい土層あるいは割裂しやすい土層に優先的に注入され，その土層の注入抵抗が他層のそれと同程度にならない限り，他層へは注入されないので，特に注入方式，注入間隔，注入ステップ等を適切に考慮することが重要である。

特徴としては，以下が挙げられる。

①設備等が小規模で狭い空間でも施工が可能である。
②騒音・振動の問題が少ない。

③工期が比較的短くて済む。
④注入管は上下左右どの方向にも挿入でき，障害物があってもあまり影響されずに小さい注入口からかなり広い範囲を改良できる。

〔参考文献〕
1) 日本薬液注入協会編：『薬液注入工法の設計・施工指針』，1889年6月
2) 最終処分場技術システム研究会編：『設計グループ平成11年度研究報告書』，2000年

■ 高圧噴射式注入工法

本工法は，超高速圧の噴流硬化材とその周囲に添わせた圧縮空気の力で地山を直接切削しながら同時に混合させ，パイル状の改良体を造成する方法である。ロッド先端に装着した噴射ノズルを地盤中で回転させ，硬化剤を圧縮空気や水などと共に噴射させながら引き上げる。造壁形状が柱列状で，隣りの杭を一部切削しながらラップすることになるため，鉛直遮水工として採用する際には改良体の品質とともに接続部の止水性を十分確認する必要がある。本工法は，薬剤等の浸透性注入工法と比較して，以下のような特徴がある。

①方向性に優れ，必要以外の拡散が少ない。
②粘性土層においても，砂質土と同様な改良体が形成可能である。
③改良強度が高く，また，止水性も高い。
④改良土当たりの単価は薬剤等の浸透性注入工法よりも高い。

〔参考文献〕
1) 日本薬液注入協会編：「薬液注入工法の設計・施工指針」，1889年6月
2) 最終処分場技術システム研究会編：『設計グループ平成11年度研究報告書』，2000年 3) 土質工学会編：「軟弱地盤対策工法―調査・設計から施工まで―」，1996年

■ 地下連続壁工法

本工法は，地中に連続した壁を築造する工法であり，一般に，直線上の壁面を原則とする壁体式と，円筒状杭を連続させる柱列式とに大別される。

壁体材料から分類すると，コンクリートを打設するコンクリート壁と，コンクリートの代わりに自硬性安定液等を用いる泥水固化壁および原位置の土とセメントスラリーを混合した固化壁とするソイルセメント固化壁工法に分類できる。ここでは，最終処分場の鉛直遮水工としてコンクリート壁およびソイルセメント固化壁が適用可能と考えられる。

工法の詳細は，2章土留め工法 4.地下連続壁工法 P.121を参照されたい。

〔参考文献〕
1) 最終処分場技術システム研究会編：『設計グループ平成11年度研究報告書』，2000年

■ 鋼矢板（鋼管）矢板工法

鋼矢板または鋼管矢板の継手部をかみ合わせながら不透水層まで打設し，遮水壁を形成するものである。遮水性確保のため，継手部には鋼矢板の場合は止水材を塗布するか，打設後に止水注入を行う必要がある。鋼管矢板の場合は，打設後に継手部へ止水材を充填する。

鋼矢板または鋼管矢板の打ち込み方法には，衝撃式，振動式および押し込み式があり，矢板の種類，土質，周囲の環境条件などを考慮して選定する。

〔参考文献〕
1) 最終処分場技術システム研究会編：『設計グループ平成11年度研究報告書』，2000年

鉛直シート工法

本工法は，共同命令に準拠した遮水構造として，合成樹脂シート（高密度ポリエチレンシート等）を鉛直に打設する工法である。

打設方法により分類すると，直接打設工法と置換え打設工法（ソイルセメント，泥水置換等）に大別できる。

直接打設工法の場合，高密度ポリエチレン板を打込み枠で保持しながらバイブロハンマーとウォータージェットを併用して打ち込み，打設後打込み枠を引き抜き，遮水壁を形成する。継手部は，打設時に吸水性膨張ゴムを挿入し，原位置の水分による膨張により遮水する。

一方，置換え後打設工法の場合，オーガにより地盤をほぐし，ソイルセメントや泥水置換等を行った後，直接打設方法と同じ方法でシートを施工する。

シートは，高密度ポリエチレンシート2.0mm厚を使用し，継手部を設ける。

〔参考文献〕
1) 最終処分場技術システム研究会編：『設計グループ平成11年度研究報告書』，2000年
2) 鉛直シート工法研究会：鉛直シート工法パンフレット

薄鋼板工法

本工法は，共同命令に準拠した遮水構造として，薄い鋼板を鉛直に打設する薄鋼板工法がある。

打設方法により分類すると，直接打設工法と置換え後打設工法（ソイルセメント，泥水置換等）

直接打設方法の場合，薄鋼板を打込み枠で保持しながらバイブロハンマーとウオータージェットを併用して打ち込み，打設後打込み枠を引き抜き，遮水壁を形成する方法であり，継手部はグラウト注入を行い遮水する。

一方，置換え後打設方法の場合，オーガにより地盤をほぐし，ソイルセメントや泥水置換等を行った後，直接打設方法と同じ方法で薄鋼板を施工する。

薄鋼板は，JIS G 3131 SPEC（熱間圧延軟鋼板）2.0〜4.5mm 厚を使用し，継手部を設ける。

〔参考文献〕
1) 最終処分場技術システム研究会編：「設計グループ平成11年度研究報告書」，2000年
2) 渡瀬哲郎：「鋼製止水枠の現状と動向」，基礎工，第8巻第11号，1990年

4 その他付随した工法

シート接合工法

最終処分場では，表面遮水工として各種素材の遮水シートが採用されている。これらの遮水シートの荷姿は，シート素材の種類や製造方法の違いによって，幅1.0〜10.5m，長さ8〜200m，重量40〜4,000kgと多種多様である。遮水シート接合部の力学特性等は，接合作業を行う環境条件の変化によって大きな影響を受けると言われている。したがって，処分場造成工事においては，現地接合をできる限り少なくすることが望ましい。

そこで，工場短尺製品そのものを工事現場で現地の地形に合わせて接合するのではなく，一般的には広幅加工工場において予め作成した割付け図に基づいて加工したシートを現地に搬入して接合する方法が採用されている。

広幅加工で用いられる接合工法には，熱融着工法，熱盤プレス工法がある。また，現地接合方法には，熱融着工法，接着剤工法，バーナー接着工法がある。

これら工法については，後述するので，その項目を参照すること。なお，遮水シートの施工手順を図5.15に，同一素材シートの接合工法を表5.7に示した。

シート接合に係わる留意事項としては，
① 使用する遮水シートの材質に最適な接合方法や作業環境条件等を採用すること。
② 接合箇所は遮水シートの弱点部となるおそれがあるので，割付け図を作成するとき応力集中が予想される箇所への敷設を避けること。
③ 異種材料シートの接合は避けること。やむを得ない場合には，実験により接合箇所の力学特性等の物性や耐久性について確認を行い，接合工法を決定することなどが挙げられる。

近年，遮水シートの接合不良箇所の発生は，その不具合の場所によっては浸出水の漏水事故に直結する要因であることから，現地接合箇所の検査が重要になってきている。ここでは，主に実施されている方法を紹介する。

① 目視検査法：目視により接合箇所の浮き，局部のしわ，地下水の湧水等から接合不良箇所を検知する方法である。
② 検査棒挿入検査法：先端が丸い形状をした棒を接合箇所に差し込み，不良箇所を検知する方法である。
③ 空気圧検査法（加圧式，減圧式）：図5.16に示すように空気を圧入し，圧力の減少から接合不良箇所を検知する方法，石鹸水の泡の発生や真空圧の変化から接合不良箇所を検知する方法がある。

■ 接着剤工法

接着剤工法は，一般にEPDMシートの接合に用いられる。その接合方法は，シートの素材に適した接着剤を接合面に塗布し，接着剤が乾燥したらシートを重ね合わせて圧着する。さらに接合部先端に接着剤を塗布し，増し張りテープを張り合わせて圧着する方法が一般的である。なお，この増し張りでは，接着剤の替わりに定型テープ状の接着剤を用いることもある。この工法の接合箇所の一般的な断面図の例を図5.17に示す。

なお，この接着剤工法を採用する場合の施工上の留意事項は以下のとおりである。

① 下地の平滑性確保：接着剤を塗布し，ローラでシートを圧着するので下地には，突起物等の障

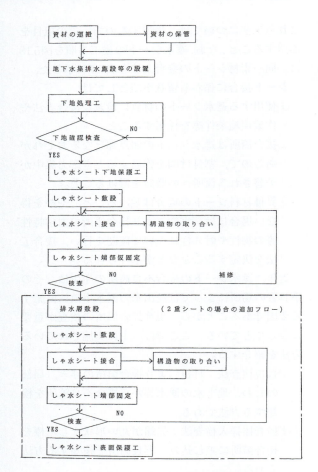

図5.15 遮水シートの施工手順例

表5.7 同一素材シートの接合方法

素材	接合方法	接着材	熱融着	肉盛溶接(押出溶接)	熱板プレス	熱熔着(プロパンバーナー)
EPDM系	工場加工				○	
	現場接合	○			○	
TPE系	工場加工		○			
	現場接合		○	○		
PVC系	工場加工		○			
	現場接合		○	○		
PE系	工場加工		○			
	現場接合		○			
TPU系	工場加工		○			
	現場接合	○	○			
アスファルト系	工場加工					
	現場接合					○

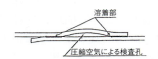

(a) 加圧式(ダブルシーム)検査法

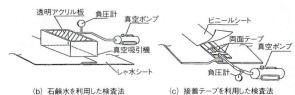

(b) 石鹸水を利用した検査法　(c) 接着テープを利用した検査法

図5.16 現場におけるシート接合部空気圧検査法

害物がないこと。
② シート接合面の清浄度確保：濡れや汚れを事前に拭き取り，接合面を清浄な状態にすること。
③ 最適な接着剤の選定：接合部の物性や耐久性等を加味して，シート素材に適した接着剤を選定すること。
④ 適正な重ね代の確保：重ね代は，接合部の物性等に与える影響が大きいので，標線を入れるなどの作業が重要。
⑤ 適正乾燥時間および接着時の圧着力の確保：気温，湿度等の環境条件により溶剤の揮発時間が左右されるし，接合面への砂塵等の付着は，接着効果に与える影響が大きいので，きめ細かな管理が重要である。ゴムローラによる圧着は，均一な力で圧着すること。また，この時，しわの発生を防止するように努めること。
⑥ 3枚重ね部の適正な処置：シート接合部は3枚重ねを限度とすること。なお，3枚重ね部は，張り合わせ圧着時にローラ圧力が均一に作用しにくく，段差部が水みちとなりやすいので，シール材を充填すること。

熱融着工法

熱融着工法は，合成樹脂系シートや熱可塑性エラストマ系シートの接合に用いられる。その接合方法は，遮水シートを重ね合わせた接合面に熱風等を吹きつけてシートの接合面を加熱溶融させた後，ローラで圧着することによってシートとシートを一体化させる接合方法である。この方法では，シートの素材自体が溶融することによって連続性が得られるということから，今日最も多く採用されている工法である。

溶着方法としては，自走式熱融着と手動式熱融着の2種類がある。自走式熱融着法は，名前のとおり

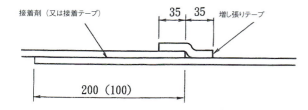

図5.17 接着剤工法による接合部の断面例

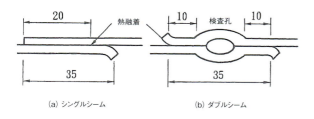

図5.18 標準的な熱融着接合部の断面

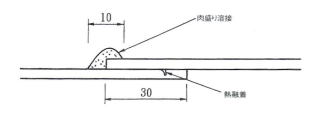

図5.19 標準的な押出溶接工法の接合部断面例

融着機が自走しながら接合部のシート面を加熱溶融した後，圧着ローラにて圧着接合する方式の溶融機である。シート面の溶融方法は，熱風吹付けと熱板を接触させる方法の2種類がある。この方式では，加熱温度，融着速度，圧着力などの融着条件について，シート素材に適した条件を設定することが重要である。特に，シート温度の急激な変化は，接合部の性能に大きな影響を及ぼすので，きめ細かな条件設定が必要である。この自走式熱融着法は，曲線部や細部を除く直線部の施工に適している。

手動式熱融着法は，別名ハンディマシンと言われるもので，手持ちが可能なハンディタイプの融着機である。シート面の溶融方法は，熱風を扁平ノズルから吹き出してシート接合面を溶融させた後，ハンドローラにて圧着接合する方式である。この手動式熱融着は，自走式熱融着機で施工できない細部，特に3枚重ね部や増し張り部の施工に一般的に用いられる。なお，手動式熱融着法は，シート素材の剛性等に施工面での制約を受ける。

熱融着工法の接合部は，シングルシームとダブルシーム構造の2種類があり，標準的な接合部の構造を図5.18に示す。

押出溶接工法

押出溶接工法は，肉盛溶接工法ともいい，一般的には，高密度ポリエチレンシート等の構造物との取り合い部などの細部の施工に適した工法である。この接合方法は，小型の溶融押出機を内蔵した溶接機を用い，シート素材と同じ材質の溶接棒（ひも状）またはペレットを原料として溶融／押し出しすることによって，シートを接合する方式である。標準的な押出溶接工法の接合部断面図例を図5.19に示す。

この押出溶接工法を採用する場合の施工上の留意事項は以下のとおりである。

①シート接合面の清浄度確保：他の工法に比べて，この方法では接合部の圧着力を確保しにくい。
接着性能を確保するためには，シート面の清浄状態の確保が最も重要である。

②シート仮付けの必要性：溶接時にシートが移動するのを防止するために，仮付けでシートを固定すること。

③適正な重ね代の確保：接合部固定には，シート仮付けに必要な重ね代を確保すること。

④適正な接合性能の確保：シート面の温度変化は，接合部の性能に大きな影響を及ぼすので，押出溶接前にシート面を熱風で予熱するなど温度変化による影響を極力少なくすること。

⑤最適な押出溶融作業条件の設定：溶融物の吐出量と溶融速度は，所定の肉盛形状を均一に成型する上で重要な接合作業条件である。作業前の試験溶融で最適な溶融条件を確認してから溶融作業を実施すること。また，過加熱溶融は，樹脂焼け等による接合部の性能低下の原因となるので，避けることが必要である。

熱盤プレス工法

熱盤プレス工法は，EPDM系遮水シートの広幅加工に一般に用いられる工法である。その接合方法は，未加硫テープをシート接合部のシート間に挿入し，熱盤プレスを用いて熱加圧により遮水シートを接合するものである。この工法は，直線部の接合に

適している。標準的な熱盤プレス工法の接合部断面図例を図5.20に示す。

この熱盤プレスの技術は古く，ヨーロッパにおいてブチルゴムシートによる屋上防水で大型のシートを成形するために開発された技術が基本になっている。熱盤プレス機械は，加圧方法により①シリンダー加圧型，②エアバック加圧型，③バネ加圧型の3種類があるが，現場施工用として小型化したものもある。

なお，この熱盤プレス工法を採用する場合の施工上の留意事項は以下のとおりである。

①法面や法肩部での作業性の確保：法面，法肩，法尻，コーナ部での接合作業では，熱盤プレスの形状（重量，サイズ）により制限を受けないように計画すること。

②接合面の取り扱いの重要性：シートの汚れや紫外線は，接合性能に影響を及ぼすので，展張したシートは即日接合すること。また，接合面の清掃が必要である。

③適正な重ね代の確保：30〜50mmの重ね代を確保すること。

④適正な加圧条件の設定：この工法は，プレス機械の熱加圧による接合であるため，プレス条件（温度，圧力，加圧保持時間）を適切に設定する必要がある。⑤3枚重ね部の適正な処理：3枚重ね部の段差は，シリコンゴム等を用いて処理すること。

■ バーナー接着工法

バーナー接着工法は，アスファルト系シートの接合に用いられる工法である。この接合方法は，プロパンバーナーで上下の遮水シート接合面を均一に加熱し，表面のアスファルトを溶融させ，張り合わせた時にアスファルトが1〜2mmはみ出た状態になるように均一に転圧して接合しようというものである。なお，施工時に温度が低下するまでに過度の応力が作用しないように注意する必要がある。

このバーナー接着工法を採用する場合の施工上の留意事項は以下のとおりである。

①下地の平滑性の確保：下地の不陸，突起等は，接合部のみでなく遮水シート全体に悪影響を及ぼすので，事前に平滑性を確保しておく必要がある。

②適正な重ね代の確保：接合部の幅方向の重ね代は15cm以上を確保すること。

③適正な接合部構造の確保：接合部の構造は，重ね合わせ工法と突き合わせ工法の2種類がある。標準的なバーナー接着工法の接合部断面図例を図5.21に示す。

④適正な接合条件の設定：この工法は，アスファルトを溶融し，均一な力による転圧で接合するものである。経験的にアスファルトが1〜2mmはみ出た状態が良いとされている。気温が低い時は，作業前にあらかじめ試験して，アスファルトの加熱状態をチェックする必要がある。

⑤適正な接合部の養生：接着部は，温度が低下するまで動かさないようにする必要がある。⑥適正な3枚重ね部の処理：3枚重ね部の接合では，シート端末部のコーナ処理（目潰し）を的確に行い，水みちが生じないように処理することが重要である。

■ アスファルト吹付け工法

アスファルト吹付け工法は，遮水シートを敷設することが難しい急斜面，例えば岩盤やコンクリート擁壁等の急勾配の場所に採用される工法である。アスファルト吹付け工法は，図5.22に示す方式が採用されている。以下に，この工法の概要を述べる。

①基層吹付け

先ず下地処理（浮き石や転石の除去，モルタル吹付け等）を行い，下地を平滑に仕上げる。次に，不織布等の基布を敷設し，この上からゴムアスファルトが基布に含浸して下地に達するように施工する。このゴムアスファルトの吹付けは，上部より下部へと行い，基布の重ね部は入念に吹付ける必要がある。

②ゴム化アスファルト吹付け

基布吹付け層が硬化したら，この層の上にゴム化アスファルトエマルジョンと硬化剤とを同時に吹付ける。この吹付けでは，施工面に対してできるだけ直角に行い，均一な厚みを確保するように施工する必要がある。吹付け量は，施工面積とゴム化アスファルトエマルジョン使用量をチェックすることによって，確認できる。また，吹付け後に厚みを実測し，所定の厚さがあるかどうかを確認する必要がある。

③仕上げ層の吹付け

仕上げ層は，ゴム化アスファルトを太陽光等から保護するために，耐候性の良い材料が用いられている．仕上げ材の吹付けは，ゴム化アスファルト層が脱水乾燥した後に行われる．

〔参考文献〕
1) 厚生省生活衛生局水道環境部編：『廃棄物最終処分場のしゃ水シートの安全性に関する調査平成7年度報告書』，平成8年3月
2) 財団法人産業廃棄物処理事業振興財団編：『平成10年度産業廃棄物処理施設整備に係る技術開発の調査研究報告書』，平成11年3月
3) 最終処分場技術システム研究会編：『廃棄物最終処分場技術システムハンドブック』環境産業新聞社，1999年

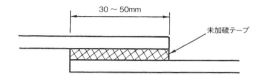

図5.20　標準的な熱盤プレス工法の接合部断面例

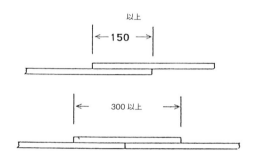

図5.21　標準的なバーナー接着工法の接合部断面例

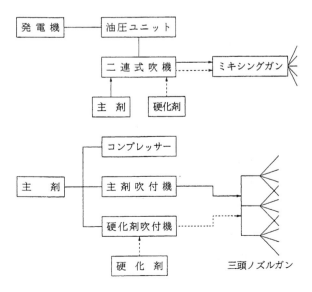

図5.22　アスファルト吹付け工法の例

シート固定工法

我国の最終処分場は平坦地での用地確保が難しいことから，山間部に建設されることが多い．従って，しゃ水シートは法面に敷設される割合が多く，これを固定するための固定工が必要になる．

この法面の天端や小段に設けられる固定工は最終処分場のしゃ水機能保持のために重要な役割をもつ．

固定工でのしゃ水シートのはずれ，破れといった破損が発生するとしゃ水性能，すなわち最終処分場のしゃ水システムの機能を失うことになるため，固定工には，次のような機能が要求される．

①しゃ水シートから受ける引張力に抵抗しうる固定能力をもつこと．

固定工がしゃ水シートから受ける引張力の種類には次のようなものがある．
・しゃ水シートの自重
・しゃ水シートの温度低下による収縮力
・風による負圧揚力
・地盤沈下による引込み張力
・埋立廃棄物の荷重や圧縮及び重機走行によるしゃ水シートへの引込み力

②しゃ水シート端部から浸出水の漏洩がないようにシール性をもつこと．

下流堰堤や浸出水集排水施設との接合部では，浸出水が滞水する可能性があるため，特に重要である．

③処分場が安定化するまで自然環境の中で固定能力を維持できる耐久性を有すること．

処分場の長い供用年数（10～15年）を考えると，固定工に用いる材質や構造には十分な耐久性が必要となる．

④しゃ水シートに損傷を与えないこと．

固定工に用いる材質や構造が遮水シートに損傷をあたえないようにしておくことが重要である．

⑤地盤の変形（沈下），地震等の環境変化に追従できること．

特に寒冷地では凍上対策といった気象，地盤等の立地条件を考慮しなければならない．

⑥小段等の固定工は，上下段のしゃ水シートの接合と固定の両方の能力を満足すること。

例えば，接合部が固定工の外に出るような構造，施工順序は避けるべきであるまた，固定工には次の3種類（方式）のものがある。
1) 溝型埋込コンクリート固定方式
2) アンカーボルト固定方式
3) 覆土載荷固定方式

■ 溝型埋込コンクリート固定方式

法面の天端や小段に設けた溝にしゃ水シートを敷設した後，コンクリート打設して固定する方式である。

法面勾配が比較的急な場合に用いられ，我が国の処分場では，この方式が最も多く見られる。

図5.23に溝型埋込コンクリート固定方式の構造概要を示す。

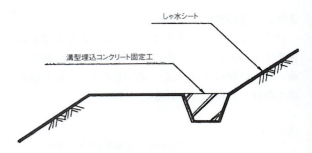

図5.23 溝型埋込コンクリート固定方式

■ アンカーボルト固定方式

アンカーボルトとフラットバーなどを組み合わせて，コンクリート面にシートを固定する方式である。貯留構造物が擁壁などの場合に用いられることが多い。図5.24にアンカーボルト固定方式の構造概要を示す。

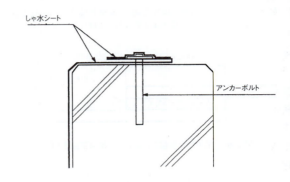

図5.24 アンカーボルト固定方式

■ 覆土載荷固定方式

敷設したシート上に覆土を載荷して固定する方式である。

法面勾配が比較的緩い場合に用いられる。載荷を土砂以外にコンクリートで固定する場合や，載荷土の流出防止のため，法肩部のみコンクリート打設する場合もある。

図5.25に覆土載荷固定方式の構造概要を示す。

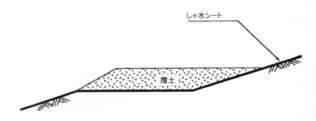

図5.25 覆土載荷固定方式

〔参考文献〕
1) 最終処分場技術システム研究会編：『廃棄物最終処分場技術システムハンドブック』環境産業新聞社，1999年2月
2) 樋口壯太郎：『最終処分場の計画と建設―構想から許可取得まで―』日報，1996年5月

埋立工法

廃棄物を埋め立てる場合，所定の埋立量を確保できるとともに，埋立地の安定化促進や埋立地盤の力学特性，跡地利用性，および作業性の向上等が図れるように，埋立の順序や方法を適切に選定するとともに，適切な機材を使用して埋め立てるごみを十分に締め固めることが重要である。

ごみの埋立は陸上埋立と水面埋立に大きく区分され，地形や立地条件に応じた方法で行われる。陸上埋立における埋立方式としては次の三つの方式が使われている。
①サンドイッチ方式
②セル方式
③投げ込み方式

山間の埋立地のように埋立地の底が下流側に大きく傾斜している埋立地での埋立の順序としては，上流側から埋め立てる方法と下流側からの方法に分け

られる。上流側から埋め立てる利点は，埋立地内のアクセスが容易であり，埋立初期には廃棄物層に浸透した雨水の排水性がよく作業性がよい。ただし，埋立厚さが大きいと下流側の廃棄物のり面の滑り破壊等が発生しやすく，底部のしゃ水シートに損傷を招く危険もある。また，下流側から埋め立てる場合は，上流側からの場合とは逆の特徴があるので，処分場の形状，地域特性を考慮して決めることが重要である。

搬入されたごみの敷き均し，転圧の方法には，車両から降ろしたごみをブルドーザやローダ等で斜面の上方から落とし込む方式と斜面に沿って押し上げる方式とがある。落とし込み方式の場合，ごみ層厚を一定にすることが困難であり，下部になるほどごみ層が厚くなりやすく，転圧も不十分になりやすい。押し上げ方式の場合は，ごみ層厚を均一に調整することが可能であり，転圧も行いやすい。したがって，ごみ層の早期安定という側面からは押し上げ方式が望ましいが，ごみの性状や地形的な条件も十分に考慮する必要がある。

水面埋立においては，水中部の敷き均しや転圧が不可能で，かつ確実な覆土も施工し難い。このため，水面埋立では陸上埋立とは異なった埋立方式が用いられる。水面埋立方式としては次のような方式に分類できる。
①水中投棄または内水排除方式
②片押し方式
③薄層まきだし方式
ただし，陸地化した部分の埋立は陸上埋立と同様に埋め立てるのが一般的である。

■ サンドイッチ方式

サンドイッチ方式は，ごみを水平に敷きならし，この層と覆土層を交互に積み重ねるもので，狭い山間地などの埋立地で用いられている。

廃棄物の処理および清掃に関する法律においては，一般廃棄物の一層の厚さを約3m以下とし，一層ごとに表面を土砂で50cm前後覆うことが定められ，いわゆるサンドイッチ方式を規定している。

しかし，埋立面積の広い埋立地では，所定の厚さを確保するためには一日のまきだし面積を小さくせざるを得なくなり，ごみののり面が生じる。のり面も覆土が必要であるため，実質上はセル方式またはセル方式とサンドイッチ方式の併用となる場合が多い。

■ セル方式

セル方式は，一日当たりの埋立ごみをのり面も含め覆土を行いセル状にするもので，現在最も多く用いられている方式である。一つのセルの大きさは，通常一日の埋立処分量によって自ずと決まり，セルごとに一応独立したごみ埋立層ができあがるので，火災の発生および拡大の防止，ごみの飛散防止，悪臭および衛生害虫等の発生を防止する効果がある。しかし，発生ガスや埋立層内の水の移動が阻害されるので，浸出水集排水施設や発生ガス処理施設の設置に際してはこの点を十分配慮した工夫が必要である。

■ 投げ込み方式

投げ込み方式は，埋立地内へごみを投げ込むだけで，これを敷きならすことも締め固めることもしない方法である。このため，力学特性の優れたごみ地盤の形成を期待することはできないし，ごみの散乱，悪臭の発散，衛生害虫の発生などを防止することもできない。ごみを衛生的，かつ計画的に埋め立てるためには，この方式によることは好ましくない。

■ 水中投棄・内水排除方式

水中部の埋立方式は，外周護岸や中仕切などで締め切られた埋立地内の海水等を存置したまま，もしくは埋立に先行して内水を一部排除した後にごみを水中に投棄する方式と内水を完全に排除し陸上埋立に近い形で行う方式がある。

前者は後者と比較して内水排除に伴う護岸等への水圧の影響が少なく，構造上有利であるが，反面ごみの投棄に伴って汚染された内水を処理しなければならない上，ごみの浮遊や火災時の対応など管理上の問題が多い。したがって，水中投棄に当たっては，できるだけ浮遊しにくいごみを選定するとともに，中仕切等による分割埋立の実施や浮遊防止施設などの設置を行い，ごみの浮遊区域が拡大しないような措置を講じることが望ましい。

これに対して後者は，外周護岸などにかかる水圧が増大し過大な構造とならざるを得ない。実際にこの方式が用いられている事例は少ない。

埋立方式の選定に際しては，土質条件，水圧，外周護岸など貯留構造物の構造，建設費，環境保全および防災対策等を総合的に検討しなければならない。

■ 片押し方式

片押し方式は，護岸側からごみをまきだしながら順次陸化していく方式である。水深が深い処分場では建設費が上昇することもあって内水を全量排除することが困難な場合も多く，この方式が採用されることが多い。

しかし，この方式は底部地盤が軟弱な場合，埋め立てるごみの荷重によって軟弱層が流動したり，すべり破壊が生じることで，敷きならし・転圧作業に支障をきたしたり，均一な埋立ができずに跡地利用に支障を生じるこのともあるので，あらかじめその対策を検討しておくことが望ましい。また，浮遊性のごみが水面に拡散すると水面部の境界が区別できにくいので，埋立機材等の埋没につながることがあるので留意しておく必要がある。

■ 薄層まきだし方式

跡地利用を考慮して水底地盤の改良を実施している処分場や，水底地盤が軟弱地盤の場合，片押し方式では水底地盤が破壊される危険性がある。このような場合，ごみを薄層にまきだし，水底地盤に荷重を均等にかけながら埋め立てる方法が必要となる。薄層まきだし方式としては，通常の土砂による海面埋め立てに用いられる方式が利用でき，次のようなものがある。
① 底開きバージによる方式
② フローティングコンベアによる方式
③ 浮き桟橋による方式

底開きバージによる方式は，埋立地の外周護岸の一部に出入り口を確保しておくことや，水深3～4mまでしか埋め立てられない制約がある。

フローティングコンベアによる方式は，外周護岸にごみをコンベアに積み込む設備が必要で，かつ埋立範囲をカバーできるだけのコンベアの台数が必要である。ただし，投入設備によっては水面上までの埋立も可能である。

浮き桟橋による方式は，ごみ運搬車を直接護岸から浮き桟橋に乗り入れダンプアップにより埋め立てるもので，水深1m程度まで埋立が可能である。外周護岸には運搬路を確保しておく必要がある。

ただし，どの方式も設備的に費用が掛かるため，大規模な埋立地に適した方法である。

〔参考文献〕
1) (財) 日本環境衛生センター編：『一般廃棄物最終処分場技術管理者受講資格指定講習テキスト』
2) (社) 全国都市清掃会議編：『廃棄物最終処分場指針解説』厚生省水道環境部監修，1989年
3) 東洋建設(株)『浮桟橋埋立工法パンフレット』

ガス抜き工法

発生ガス処理施設は，埋立処分された廃棄物中の有機分が分解され無機化していく過程で発生するガスによる火災や爆発の発生，周辺立木の枯死，埋立作業に及ぼす悪影響等を防止するために設ける。

発生ガスは分解に関与する微生物の相違により好気性分解と嫌気性分解に分けることができる。好気性分解であれば，二酸化炭素，水，アンモニアが生成され，若干の臭気があるものの周辺環境に及ぼす影響は少ない。しかし，嫌気生分解ではメタンが生成され，その他，微量ではあるが硫化水素，硫化メチル，メチルメルカプタン等の悪臭物質が生成される。このメタンおよび悪臭物質が火災や爆発およびその他の阻害要因となっている。

作業環境や周辺環境に支障が生じないように発生ガスを処理する施設の構成は図5.26に示すように，埋立層内のガスを速やかに排出するための通気装置（ガス抜き設備）と，大気中に放出する際燃焼等を行って処理する終末処理設備から構成される。

ガス抜き設備の設置は，発生ガスの流れ方や埋立作業の方法を勘案して行うことが重要である。ガス抜き設備は，その設置される場所により，のり面ガス抜き設備，竪形ガス抜き設備，水平ガス抜き設備に分類される。

また，発生ガス処理施設は埋立ての進捗に合わせて設置していかなければならないが，埋立中の処理施設と埋立終了後に跡地利用等を行う場合の処理施設とでは施設の構成が異なる。

個別方式はガス抜き設備をのり面に沿って，または埋立地内の適所に単独で設ける方式である。集中方式は個別に設けたガス抜き設備を埋立ごみ層上部で水平に連結して複数箇所のガスを集中して終末処理する方式である。

埋立作業中の発生ガス処理設備は，埋立作業に支障のないように設けることが原則であるので，埋立面積が広大で，ごみ層一層の埋立期間が非常に長期間にわたるような特別な場合を除いては個別方式が集中方式に比較して有利である。また，終末処理設

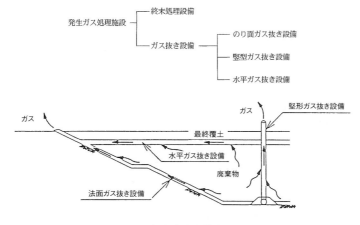

図5.26 発生ガス処理施設の構成

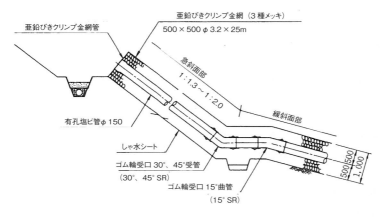

図5.27 のり面ガス抜き設備の一例

備は埋立の進行に伴ってガス抜き設備を継ぎ足しながら最終高さまで逐次施工することが多いので、燃焼による処理が事実上困難であり、大気放散方式となることが多い。

のり面ガス抜き方式

一般に埋立地内で発生したガスは、覆土によって上方への流れが妨げられるので、埋立地周囲ののり面や覆土とゴミ層の境に沿って流れることが多い。このような発生ガスを効果的に集めるために設けられるのがのり面ガス抜き設備である。一般にはのり面の浸出水集排水設備を兼ねて設けられるため、処分場の底面に設置された浸出水集排水設備と連続しており、その構造も浸出水集排水設備と同じ場合が多く、有孔合成樹脂管あるいは有孔合成樹脂管と被覆材の組み合わせが多く用いられる。

被覆材（フィルター材）としては、砕石や不織布が用いられる。以前は砕石を用いる例が多く見られ

たが、高耐圧の有孔合成樹脂管の普及に伴い不織布を用いる例が多くなってきている。これによって、施工性の向上だけでなく、しゃ水シートへの負荷の低減により、しゃ水工の安全性の向上が図られる。この場合、ガス抜き設備に接する部分のシートは、二重三重にして強度を高めたり、不織布などの保護材を敷設したりしている。ガス抜きの固定はバンドによってしゃ水工に固定する方法が多くとられているが、しゃ水工を貫通するなどの対応は避ける必要がある。

また、埋立厚さが厚い処分場では管材の耐力面から被覆材料に制限を受けることもある。このため、のり面部のしゃ水シートに保護土を設置した上に有孔合成樹脂管と砕石による被覆材を組み合わせた構造を採用する例もある。この場合は、最初に全部の設備を設けずに、廃棄物の埋立に先行して覆土と同時に順次少しずつ設置していく方法がとられる。

図5.27にのり面ガス抜き設備の一例を示す。

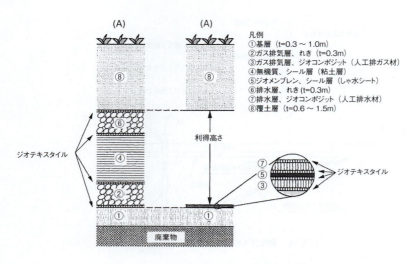

図5.28 キャッピング工法の断面例

竪形ガス抜き方式

埋立地の面積が大きく，のり面ガス抜き設備だけでは不十分な場合，竪形ガス抜き設備を設ける。ただし，竪形ガス抜き設備は底部浸出水集排水管に管を連結したり，浸出水接続枡に接続する場合が多い。この場合，浸出水集排水管内の空気の流入量を大きくする効果もあることから，埋立地が小さい場合も設置することが好ましい。

一方で，竪形ガス抜き設備は，その機能上必ず廃棄物層から突出し地表面に現れるため埋立作業の障害になる場合が多い。このため，埋立作業機械によって破損することのないような構造，材料とすることが必要である。

一般には，有孔合成樹脂管やヒューム管などを埋立の進捗に合わせ接続していく形式が採用される。フィルター材としては砕石，割栗石などが用いられている。フィルター施工の省力化のため，有孔合成樹脂管を二重にしてその間に砕石を投入する構造としている例もある。

竪形ガス抜き設備のフィルター材としての砕石等は周辺の廃棄物に比べかなりの荷重になるため，その下のシートや基礎地盤への影響を考える必要がある。また，竪形ガス抜き設備には周辺の埋立に伴い廃棄物の圧縮によるネガティブフリクションも発生するため，これらの対策についても考慮する必要がある。

水平ガス抜き方式

廃棄物埋立中に水平ガス抜き設備を設ける例は少なく，埋立完了後に廃棄物層の上面に不透水性材料でキャピングする場合に設置されることが多い。また，廃棄物埋立完了後に跡地利用として建築物を建設する場合も，建物下に発生ガスが溜まらないようにガスをコントロールするために水平ガス抜き設備が設置される。

水平ガス抜き設備の構造は，有孔合成樹脂管にフィルター材として砕石を巻いたものが一般的であるが，栗石だけの構造例もある。

水平ガス抜き設備は，ごみ層の上に設けられることから，ゴミ層の沈下によって管が破壊される危険性がある。水平ガス抜き設備を設置する部分をとくに入念に締め固めることが必要である。また，ごみ層の中間に設ける場合は，ごみの埋立作業の支障とならないように配慮する必要がある。

〔参考文献〕
1) （社）全国都市清掃会議：『廃棄物最終処分場指針解説』厚生省水道環境部監修，1989年
2) 松藤康司，他：『廃棄物埋立跡地における学校の建設事例』土と基礎，第40巻第6号，1992.6

キャッピング工法

一般の管理型最終処分場は，廃棄物の埋立が部分的に，あるいは全体が終わった時点で，その最上層に景観の向上，跡地利用，および浸出水量の削減等を目的に覆土が実施される。キャッピング工法（トップカバーとも呼ばれる）とはこの最終覆土後または最終覆土を兼ねて，①積極的に埋立地内への

雨水の浸透を抑止するとともに表面利用に適した排水を行う，②埋立地内からのガスの発生を制御する等の目的で行われるもので，主にガス抜き層，しゃ水層，および雨水排水層で構成される。

キャッピングを行うと，浸出水の発生がほとんどなくなり，水処理費用は削減され，浸出水の漏洩による環境汚染は予防される。ただし，一方では埋め立てられた廃棄物の分解速度を遅くしたり，雨水の処理を誤り各種の被害を受けることもある。

キャッピング構造に要求される事項のうち，前述した基本的な①や②以外に，とくに斜面部のキャッピングでは，③しゃ水材料に働く引張力対策，④しゃ水材料上の覆土のすべり防止対策，⑤斜面を流下する雨水による浸食の防止対策等が必要である。

図5.28にキャッピング工法の断面例を示す。図にみられるように，れき，砂，粘土などの天然素材を用いた構造（A）とジオシンセティクスを利用した構造（B）がある。なお，構造（A）に比べ構造（B）は，キャッピングの層厚が少なくなり廃棄物の埋立量が多くなる，品質管理や施工が容易である等の理由から実際の工事で採用される例が多い。

その他，キャッピングに用いられるしゃ水シートとして防水性と通気性をともに備えた材料が開発されている（ADKシート2)等）。このシートを利用した場合，雨水の浸透を防止しながらガスの発生を抑止せずにキャッピング範囲全体から自然排出させることができる。

〔参考文献〕
1) 最終処分場技術システム研究会編：『廃棄物最終処分場技術システムハンドブック』環境産業新聞社，平成11年2月
2) 旭ジオテック株式会社：『ADKシートパンフレット』

漏水検知工法

一般廃棄物最終処分場や管理型最終処分場には，埋立地への降雨の浸透により発生する浸出水を地下へ浸透させないために底面や法面に遮水工が設けられている。万一その遮水工が破損すると漏水が発生し，地下水を汚染する可能性があることから，これを監視する目的で漏水検知工法が用いられている。この監視工法としてはこれまで，埋立地の上流側と下流側に地下水検査井戸を設け，定期的に水質を検査する方法で漏水を検知する工法が一般的に採用されていた。

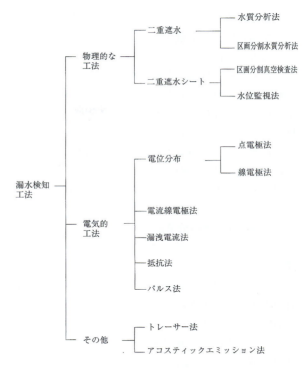

図5.29 漏水検知工法の分類

しかし，この工法では，漏水を検知した時には既に広範囲に汚染が広がっている可能性があり，また，漏水箇所がわからないため速やかに修復作業ができない問題があった。このことから破損を速やかに検知し，その位置を特定する工法が提案され，一部の処分場では既に採用されている。

わが国の一般廃棄物最終処分場あるいは管理型最終処分場では，表面遮水工として一定の要件を満たした十分な不透水層が基盤に存在しない場合は，二重遮水層構造による遮水工の設置が義務付けられており，その構造は次の3種類が法律で定められている。

①厚さ50cm以上，透水係数が10nm/秒（＝1×10^{-6}cm/秒）以下である粘土等の層に遮水シートが敷設されていること。（以後，粘土＋遮水シート構造，と略記）
②厚さ5cm以上，透水係数が1nm/秒（＝1×10^{-7}cm/秒）以下であるアスファルトコンクリートの層に遮水シートが敷設されていること。（以後，アスファルト＋遮水シート構造，と略記）
③不織布その他の物の表面に二重の遮水シート（以後，二重の遮水シート間に車両の走行等の

衝撃により双方のシートが同時に損傷することを防止できる不織布その他の物が設けられているものに限る。）が敷設されていること。（二重遮水シート構造，と略記）

現在提案されている漏水検知工法は，それらの遮水工の構造を前提としており，二重遮水シート間の真空度や水の浸入から漏水を検知する物理的な工法と，遮水シートの電気絶縁性を利用した電気的な工法に多くのシステムが大別できる。

図5.29に漏水検知工法の分類を表に示す。

■ 二重遮水，水質分析法

二重の遮水層間に透水層を挟み，透水層内の水の浸入から漏水を検知し，水質分析により上下いずれの遮水層からの漏水かを判断する。つまり漏水の水質が地下水由来であれば下側の遮水層，浸出水由来であれば上側の遮水層からの漏水であること判断できる。この工法では漏水を速やかに検知できるが，その位置がわからないため破損箇所の修復は難しい。透水層に浸入した漏水を積極的に排水することで浸出水の地下への浸透を一時的に防止することはできるが，恒久的な対策としては埋立地全体を遮水壁で囲み，内部の水を揚水して水処理する等の対策が必要になる。粘性土＋遮水シート構造，アスファルト＋遮水シート構造，二重遮水シート構造への適用が可能である。この工法を適用するためには遮水工に特殊な装置を設置する必要がなく，遮水層間に透水層が施設されている既設の処分場へは後からの設置も可能と考えられる。

■ 二重遮水，区画分割水質分析法

前述の①の透水層を200〜300m2毎に区画分割し，区画毎に集水管を配管することで，漏水の発生を区画毎にわかるようにした工法である。この工法では漏水箇所が200〜300m2毎にわかるため，前述の①の工法に比べ万一の場合の対応が容易と考えられる。粘性土＋遮水シート構造，アスファルト＋遮水シート構造，二重遮水シート構造への適用が可能である。しかし，透水層を区画分割する必要があることと，区画毎に集水管を配管する必要があることから，既設処分場への適用は難しい。

■ 二重遮水シート，区画分割真空検査法

二重遮水シート間に200〜300m2毎に区画分割した通気層を挟み，各区画に真空パイプを配管し，各区画内の真空度から遮水シートの破損を検知する工法である。この場合，②と同様に区画毎に破損を検知できるため，万一の場合の対応は①の場合よりも容易である。さらに，この工法では，破損した区画の通気層内に補修剤を真空パイプから逆に送り込むことで，補修することが可能である。ただし，この工法で補修した区画は補修前と同じように遮水シートの破損を検知することができなくなる問題がある。区画内の真空度を保つ必要があることから，二重遮水シート構造に適用が限られ，区画毎に真空パイプを配管する必要があることから，既設処分場への適用はできない。

■ 二重遮水シート，水位監視法

遮水シート間に透水層を設け，この間に水を挿入して，この水位を浸出水の水位以上，廃棄物の埋め立て高さ以下に調整し，この水位の低下あるいは水位を一定に保つために挿入した水量から破損の発生を検出する工法である。この工法では破損の発生を速やかに検知することが可能であるが，位置がわからないため破損箇所の修復は難しいが，水位を浸出水の水位以上に保つことで短期的には浸出水の地下浸透を防止することができる。また，遮水シート等の破損箇所から外部に漏洩した時に泥膜等を形成する泥水（コロイド溶液等）を水に換えて遮水層間に挿入することで自己修復機能を持たせたシステムも提案されている。これらの工法は鋼矢板等の鉛直遮水工にも適用可能であるが，粘性土＋遮水シート構造の遮水工に適用する場合は粘性土への水の浸透防止対策が必要である。この工法を適用するためには遮水工に特殊な装置を設置する必要はなく，遮水層間に透水層が連続して全面に施設されている既設の処分場へは後からの設置も可能と考えられる。

■ 電位分布，点電極法

遮水シートは電気絶縁性を示すことから，全面に遮水シートが敷設された埋立地では，埋立地内外に電圧を加えてもほとんど電流は流れない。ところが遮水シートに破損が生じ穴が明くとこの穴を通って電流が直接流れる。この電流が生じると穴を中心に電位分布のひずみが発生する。このひずみを遮水シート近傍に5〜20mの間隔で配置した電位測定電極で捕らえることで破損の発生とその位置を特定

する工法である．同時に複数の破損があっても充分距離が離れていればそれぞれ分離して位置を特定できる．この工法では埋め立てた廃棄物の比抵抗の不均一性による影響を受けるためその対策が必要であるが，提案されているシステムによりその工法は異なっている．

　破損の位置を比較的に正確に特定可能なため，検知後の対応が速やかに行える．全面に遮水シートが敷設された埋立地に適用可能で，二重遮水シート構造の場合は，上下遮水シートそれぞれに対して破損の有無と位置を検知することが可能である．給電電極を埋立地内外に最低1組設置するとともに，電位測定電極を遮水シート近傍に5～20m間隔に設置する必要があるため，既設処分場への設置はかなり難しい．また，電位測定電極を遮水シート上面に設置する場合と下面に設置する場合があるが，下面に設置した場合は埋め立ての影響が軽減される半面，万一電極や電極用ケーブルが破損した時の修復が困難になる問題がある．

■　電位分布，線電極法

　前述の①と同様に破損により遮水シート近傍に発生する電位ひずみを捕らえることで破損の発生とその位置を特定する工法で，線電極を交点を絶縁した直交するメッシュ状に敷設し，電位測定を行う工法である．点電極の場合は，n行m列の電極を配置しようとするとn×m個の電極を必要とするが，線電極の場合はn+m本の電極ですむため，電極数が少なく測定装置の負荷も少なくなるメリットがある半面，複数の破損が同時に存在すると破損位置を特定できなくなる問題がある．このため，このシステムを導入した場合は，処分場完成当初から監視を開始し，破損が生じた場合には，直ちに補修を行い，電気的にも電流が漏洩しないように破損箇所の補修を行い，同時期に損傷が重ならないように注意を払う必要がある．⑤と同様に全面に遮水シートを用いた埋立地に適用可能で，二重遮水シートの場合は，上下遮水シートそれぞれに対して破損の有無と位置を検知することが可能である．

　線電極を直交させて設置する必要があるため，設置工事に若干手間を要し，複雑な形状の処分場や法面への設置に工夫が必要である．また線電極のため，万一電極が破損した場合には修復が難しい．

■　電流線電極法

　遮水シート上下に互いに直交する方向に線電極を設置し，上下の線電極間に流れる電流の大きさから破損の発生とその位置を検知する工法である．

　線電極の間隔は5～10m程である．⑥の工法と同様に直交方向に敷設する線電極を用いた工法であるが，遮水シート上下に線電極を設置するため，⑥とは異なり複数の破損があっても充分距離が離れていれば分離して別々に位置を特定可能である．破損位置が特定できるため，検知後の対応が速やかに行える．全面に遮水シートが敷設された埋立地に適用可能で，二重遮水シート構造の場合は，上下遮水シートそれぞれに対して破損の有無と位置を検知することが可能である．

　遮水シートの上下に直交して線電極を設置する必要があるため，既設処分場への設置はできない．また，⑥と同様に，設置工事に若干手間を要し，複雑な形状の処分場や法面への設置に工夫が必要である．さらに，万一線電極が破損した場合には修復が難しい．

■　漏洩電流法（点電極）

　①の工法では，埋め立て廃棄物の比抵抗の不均一性による影響を受けるため，⑤と同様の電極配置方法にて電位分布の他に，見かけ上の平面的な電位分布を測定し，解析的にその影響を取り除き鉛直方向の電流を求め，この大きさから破損の発生をとその位置を検知する工法である．⑤の工法よりも精度良く測定するためには複雑な形状の処分場でいかに正確に比抵抗分布を測定することができるかにかかっている．⑤と同様に破損の位置を正確に特定できるため，検知後の対応が速やかに行える．全面に遮水シートが敷設された埋立地に適用可能で，二重遮水シート構造の場合は，上下遮水シートそれぞれに対して破損の有無と位置を検知することが可能である．給電電極を埋立地内外に最低1組設置するとともに，電位測定電極を遮水シート近傍に5～20m間隔に設置する必要があるため，既設処分場への設置はかなり難しい．電位測定電極を遮水シート上面に設置する場合と下面に設置する場合があるが，下面に設置した場合は埋め立ての影響が軽減される半面，万一電極や電極用ケーブルが破損した時の修復が困難になる問題がある．

■ 抵抗法（点電極）

　遮水シートが損傷すると，埋立地内部と外部間の抵抗が小さくなるが，特に破損部近傍の抵抗がより小さくなる。この特性を利用し，遮水シート上面あるいは下面に5～20m間隔で電極を設置し，この電極と埋立地外部に設置した電極あるいは埋立地内に設置した電極間の抵抗を測定して損傷の有無とその位置を検知する方法である。

　この方法には埋立地外（大地）の比抵抗の不均一性の影響を避けるため，外部電極として遮水シートの下に面電極を全面に設置するシステムも提案されている。

　前述の⑤の方法と同様に，破損の位置を比較的に正確に特定可能なため，検知後の対応が速やかに行える。全面に遮水シートが敷設された埋立地に適用可能で，二重遮水シート構造の場合は，上下遮水シートそれぞれに対して破損の有無と位置を検知することが可能である。測定電極を遮水シート近傍に5～20m間隔に設置する必要があるため，既設処分場への設置はかなり難しい。特に，遮水シート下面に面電極を設置するシステムでは既設処分場への設置は不可能である。

■ パルス法（線電極）

　二重遮水工の間や，遮水シート中に挟んだ基布の中に平行な2本の線電極を一対として1～20m程の間隔で挿入する。この状態で遮水シートが損傷し二重遮水シート間やシート中の基布に漏水が生じると，揚水が生じた箇所の線電極間の抵抗が低下する。この線電極間の抵抗の低下から漏水の有無を判断し，一方の線電極から電気パルスを入力し，他方の線電極から電気パルスが帰ってくる時間から漏水位置を特定する方法である。2重遮水工間や遮水シート中に挟んだ基布は，損傷がない場合は含水比の低い状態を保つ必要があり，施工中の雨水対策や遮水シートの透湿特性の改善，基布を挟んだ遮水シートの接続部の工夫（接続不良が検出できない）等の対策が必要である。

　破損の位置を比較的に正確に特定可能なため，検知後の対応が速やかに行える。二重遮水工の間に透水層がある遮水工に適用可能で，以上いずれの遮水層が損傷したのかは判別できない。遮水シート間に基布を挟むシステムの場合は，一重二重を問わず遮水シートが敷設された箇所に適用可能で部分的に遮水シートが敷設された場合も適用できる。いずれのシステムも線電極を設置する必要があるため，既設処分場への設置はできない。

■ トレーサー法

　動植物に無害で検出が容易，土中で吸着されず，自然界にほとんど存在しない放射性物質や化学物質をトレーサーとして埋立地内に散布し，地下水集排水管内の水や下流側の地下水，河川水を採取分析してトレーサーが存在しないかどうかを確認し，トレーサーを検出した場合に漏水ありとする，漏水検知工法である。

　トレーサーが検出された集配水管の位置や，地下水の流向，散布位置等によりおおよその損傷位置を推定することはできるが，位置を具体的に特定することができないため，漏水検知後の対応が難しい。この方法はいずれの表面遮水工にも鉛直遮水工にも適用可能であるほか，特に事前に電極等を設置しておく必要がないため既設処分場にも適用可能である。

■ アコスティックエミッション法

　遮水シートから漏水が発生すると漏水部から漏水に伴う音（振動）が発生する。この音を遮水シート近傍に適当な間隔で設置したマイクロホンあるいはピックアップで捕らえることで，漏水の発生とその位置を検知する方法である。

　この方法は溜池等に使われる方法で，処分場の場合は不均一な土中にマイクロホン等を設置することになるため，感度が問題になると考えられる。

　遮水シートを用いた処分場に適用が可能で，マイクロホン等を遮水シート近傍に設置する必要があることから，既設処分場への設置は難しいと考えられる。

〔参考文献〕
1) 厚生省生活環境局水道環境部：『平成9年度環境汚染早期発見修復可能型の最終処分場に関する調査報告書』，1999年

修復工法

　遮水機能（遮水シート）の損傷を検知しただけでは問題の解決とはならない。安全性を確保するためには遮水機能を修復することが必要である。

　修復を行うためには破損の位置や範囲をある程度特定する必要があるが，漏水検知の方法によって破

損の位置や範囲を特定する方法や精度が異なる。修復を行う場合は破損の位置や範囲を十分検討した上で行うことが必要である。補修方法は，図5.30に示すような分類が可能である。

遮水シートの補修には，破損箇所を補修する場合と，破損箇所を含むある程度の区画全体を補修する方法がある。

遮水シート以外の遮水層の補修は，主として，自己修復機能を持ったシートを遮水工の一部に挟み込むことによって行うことが多い。

また，表面遮水工の修復が困難な場合には，最終処分場の堰堤の下流に新たな遮水工を構築したり埋立地の全周を囲い込むことで，遮水機能の修復を行う方法もある。

遮水シートの補修方法はシートの破損を検知するシステムに依存する場合が多い。すなわち，遮水シートの破損箇所を精度よく特定できるシステムでは破損位置を掘り出したり，ごく近傍をボーリングすることによって修復することができる。

これとは別に，区画単位で破損を検知するシステムでは，破損位置を精度よく特定することができないため，破損箇所を含む区画全体を修復することになる。

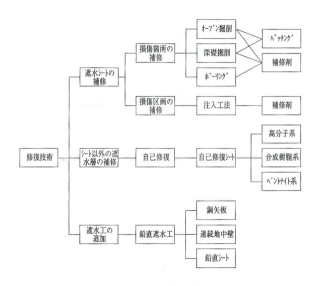

図5.30　補修工法の分類

■ オープン機械掘削方式

廃棄物を開削で機械掘削して遮水シートの破損部を露出させて補修する方法で，シートにパッチ（同種のシート片）を当てたり，補修剤を注入して修復する方式である。図5.31にパッチ工法の概念を示す。

この工法では破損箇所を直接補修するため補修の確実性が高く，埋立深さが比較的浅い場合に有効である。この工法を採用するためには破損位置を数メートル程度の精度で特定する必要がある。

■ 深礎掘削工法

廃棄物埋立地の上から数メートルの径のケーシングや深礎によって機械や人力で掘り下げて行くもので，シートを露出させてパッチを当てたり補修剤を注入して修復する工法である。破損箇所を直接補修するため補修の確実性が高い。埋立深さが比較的深い場合に有効であるが，この工法を行うためにはシートの破損位置を1メートル以内の精度で特定することが必要となる。

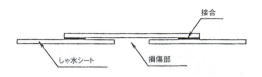

a) パッチ工法による補修方法

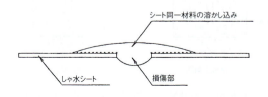

b) 溶融付着による補修方法

図5.31　パッチ工法の概念

■ ボーリング掘削工法

廃棄物を掘り起こすことなく埋立地の地盤上よりシート面付近までボーリングによって掘削し，補修剤を注入して修復する工法である。埋立深さの深い場合に有効であるが，補修の確実性は①②に比べると低い。また，破損位置の特定精度によっては複数のボーリングと補修が必要になる。図5.32および図5.33に概念を示す。

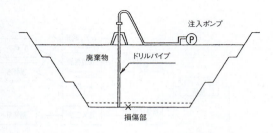

グラウト注入方式の補修方法

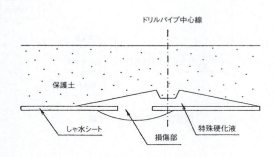

図5.32 注入による補修工法の概念

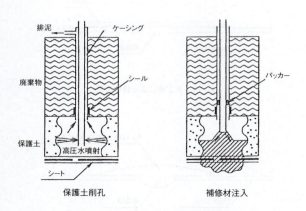

図5.33 高圧噴射による空隙形成後の補修注入の概念

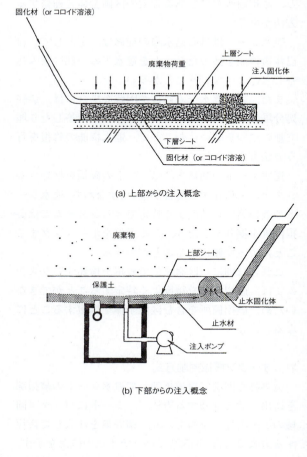

図5.34 二重シート間への補修材注入工法の概念

■ 注入修復工法

この工法は物理的な検知システムとともに採用されるもので，二重遮水シートをあらかじめ100〜400m2 程度のブロックに分割し，破損の生じたブロックに補修剤の注入を行い破損位置周辺を閉塞・固化するものである。構造的に繰返し修復・再検知に課題を残している。

補修剤として注入する材料にはウレタン系，アスファルト系，シリコン系などの樹脂系材料やアスファルト乳剤系，ゲル溶液などがある。図5.34に概念を示す。

■ 自己修復工法

自己修復工法には自己修復機能を持ったシートやマットをあらかじめ遮水構造の一部に組み込む方法がある。二重遮水構造の中間層に挟み込むことで，上下いずれかのシートの破損による漏水を遮断する機能を持つ。自己修復の材料としてはベントナイトの粒子や吸水性ポリマーをシートに固定させたものが一般的である。また，ベントナイト混合土による遮水層も自己修復機能があるのでこの工法に分類できる。

最後に，遮水工を追加する工法としては以下がある。

■ 鉛直遮水修復工法

　遮水工の修復が物理的に困難な場合や破損の位置を特定できない場合は，浸出水の漏水による地下水汚染の拡散を防止する目的で地下水の流向に直交して下流側に新たな鉛直遮水工を追加構築する工法がある。鉛直遮水工としては鋼矢板，連続地中壁，鉛直シートなどの工法がある。また，二重構造の鉛直遮水壁を構築し，壁内外の水圧差を利用して浸出水の漏水を防止する工法もある。

〔参考文献〕
1) 最終処分場技術システム研究会編：『廃棄物最終処分場技術システムハンドブック』環境産業新聞社，1999年
2) 厚生省生活衛生局水道環境部：『平成9年度環境汚染早期発見・修復可能型の最終処分場に関する調査報告書』，1998年3月

再生工法

　再生工法とは現在稼働している，あるいは埋立が完了した既存の廃棄物処分場を再利用することにより新たな埋立空間を確保する工法である。基本的には新たな空間をつくり出し，埋立容量を確保する方法と，一定の埋立空間を高密度化する方法により用地確保の問題を解決しようとするものである。主な工法に再処理工法，移し替え工法，動圧密工法，嵩上げ工法がある。

　再生工法が実施されるようになった背景には処分場が不足しているにも関わらず，新規処分場の計画・建設がますます困難となっているため，やむを得ず既存の処分場を再生利用せざるを得ない状況に至っている現状がある。また，廃掃法が整備された昭和50年以降に，計画的に埋立処分が行われてきたものの，有価物やほとんど分解されないプラスチック等が無処理でそのまま埋め立てられてきたこともその背景にある。

　このような中で，既存の処分場を再掘削し，資源回収（有価物）や有機物の再処理を行うことは資源の有効利用という点でも望ましいことであり，また，動圧密（埋立地盤の強制圧縮）等を行うことで埋立空間を確保することは，処分場の延命化・再生利用の対策として有効である。今後は特に用地確保が困難な都市部において，既存の最終処分場に中間処分場の機能を加えて，再生工法を実施するケースが増加するものと思われる。

　なお，再生工法の形態については定義化されておらず，現段階では「既存の処分場に新しく埋立空間を確保する工法」および「一定の埋立空間を高密度化する工法」とに分けて考えられる。実際に対策を行う場合には，それぞれ施工条件に適した工法あるいは複数の工法の組み合わせが考えられる。

　埋立地盤を再生する工法は，基本的には現在までに培われた埋立技術，中間処理技術，造成技術等であり，その適用性および周辺環境への影響を十分に検討すれば，数多くの既存処分場で適用可能と考えられ，導入しやすい工法であると考えられる。

〔参考文献〕
1) 樋口壮太郎編：『廃棄物埋立地盤の適正管理と跡地利用』工業技術会，1992年
2) 廃棄物学会編：『最終処分場の変遷と動向』廃棄物学会，1992年

再処理工法

　既存の廃棄物埋立地において，埋め立てられたごみを再度掘り起こし，分別処理を行った後，リサイクル材の除去・減容化を行った後，再度，埋立を行う工法である。この工法は埋め立てられたごみを選別することにより，金属や可燃物を取り除いて残った土砂等を再度埋め戻すことにより減容化が図られ，さらに既存の廃棄物処分場の延命化・環境汚染防止・土地有効利用を図るものである。掘り起こしたごみのうち，アルミ・鉄などはリサイクル材（有価物）として回収し，プラスチックは破砕もしくはプレスにかける等の減容化を行い，可燃物については焼却処理を行う。また，掘り起こした廃棄物が空気に触れることにより有機物の好気的分解が促進される効果も期待できる。

　ただし，再掘削に伴う浸出水およびガスの質・量の変化や一次貯留箇所からの雨水による汚濁物の流出等に対する環境汚染に配慮が必要となる。

〔参考文献〕
1) 最終処分場技術システム研究会編：『最終処分場維持管理技術編平成8年度報告書』最終処分場技術システム研究会，1997年
2) 工業技術会編：『最終処分場の設計と新技術』工業技術会，1994年

移し替え工法

既設処分場および一時的な処分場において，再処理工法と同様に廃棄物の減容化を図ると共に分別処理を行い，新規または既存の廃棄物最終処分場に移し替える工法である。

この工法を行うことにより他の処分場における処理能力の拡大とリサイクル材の活用が可能である。また，中間処分場のように短期間ごみの集積を行う場所から最終処分場への移し替えを行っている事例もある。

ただし，本処分場への移送時には浸出水はバキューム車で回収して所定の水処理施設等で適切に処理を行う必要がある。また，埋め立て土の掘り起こしや移送時の臭気対策として，雨水量が少なく家屋の窓が閉じていることが多い冬季での移し替え作業とすることが必要である。また，臭気が周辺住民に影響を与えないよう掘り起こし時には消臭材の散布等の対策が必要である。

施工時期の問題があるため，施工例の少ない工法である。

〔参考文献〕
1) 最終処分場技術システム研究会編：『最終処分場維持管理技術編平成8年度報告書』最終処分場技術システム研究会，1997年

動圧密工法

軟弱地盤の改良に用いる動圧密工法を利用して，既存の廃棄物埋立地において締め固めを行う工法である。一般的な締め固め工法としてはプレロード工法等があるが，直接的な効果と処分場の再生利用という点から動圧密工法（重錘落下工法）が適する。

重錘落下工法は重量5〜40tfのハンマーを10〜30mの高所から繰り返し地盤に落下させる工法で，埋立地盤の地中深くまで締め固めを行うことができる。その結果，既存の処分場において埋立空間を確保することができる。打撃エネルギーや改良地盤の条件により異なるが一般的に1〜2m程度の沈下量が期待できる。

また，タンピング（ハンマーを繰り返し落下させること）を行うことにより，打撃エネルギーを分散でき表層のみの締め固めを防ぐことができる。打撃エネルギーは施工状況に合わせて2〜4段階に分けて施工することが望ましい。

ただし，タンピングによる振動・騒音等の周辺環境への影響，地表面のごみの巻き上がり，遮水工への影響等に配慮が必要となる。

〔参考文献〕
1) 大倉卓美編：『土木・建築技術者のための実用軟弱地盤対策技術総覧』産業技術サービスセンター，1993年
2) 土質工学会編：『重錘落下締固め工法，現場技術者のための土と基礎シリーズ20』土質工学会，1993年
3) 鳴海直信他編：『重錘落下締固め工法による廃棄物地盤の改良』地盤工学会，1992年

嵩上げ工法

既設の処分場において，土堰堤等を設置し埋め立て地盤の嵩上げを行う工法である。

国内での施工実績は少ないが，産業廃棄物処分場（安定型処分場）を一度閉鎖したあとに，同じ場所に一般廃棄物処分場（管理型処分場）を設置する計画なども検討されている。

海外では，フランスや韓国で埋立が終了した処分場に土堰堤を連続的に継ぎ足して埋め戻しを行った事例がある。韓国で行った事例では，最終的に約100mの高さまで処分場の嵩上げを行った。

ただし，本工法は他の工法と比べると，
①嵩上げに対する周辺住民同意の再取得
②地震対策
③浸出水処理施設の増設

等の課題があり，さらに嵩上げを行った後の仕上がり地盤が高くなるため跡地利用にも制限が生じることが懸念される。

〔参考文献〕
1) 最終処分場技術システム研究会編：『最終処分場維持管理技術編平成8年度報告書』最終処分場技術システム研究会，1997年

Ⅵ 緑化対策技術

　ゆとりと潤いのある緑豊かな生活環境を創り出すことで，国民が等しく健康で快適な生活を享受できることを目的に，平成6年建設省（現国土交通省）から「緑の政策大綱」が示された。

　その施策の基本方向は，①緑の保全と創出による自然の共生，②緑豊かでゆとりと潤いのある快適な環境の創出，美しい景観の形成，③緑を活用した多様な余暇空間作りの推進，④市民参加，協力による緑の街づくりの推進である。

　緑の政策大綱では，前述した国民が豊かさを実感できる緑豊かな生活環境の実現をめざして，道路，河川，公園等の緑の公的空間量を3倍，市街地における永続性のある緑地の割合を3割以上確保することを基本目標としている。

　近年，東京や大阪といった大都市圏ばかりでなく，また沿岸部や内陸部にも関係なく地方の都市でもヒートアイランド現象が顕在化している。緑化は，ヒートアイランド現象の緩和や都市の環境問題への対策の一つとして期待されている。

　土木と関連が深い緑化として，地方都市であれば高速道路やバイパスの法面緑化，大都市圏であれば屋上緑化や壁面緑化があげられる。

　本章では，まず緑化を促進したり規制したりする法律や条令について述べ，その後，法面緑化，屋上緑化および壁面緑化に関連した工法について示す。

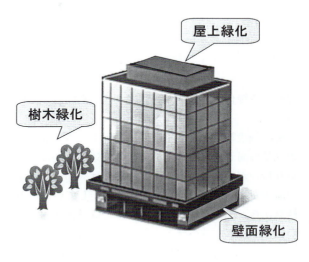

図6.1　都市緑化のイメージ

緑化に関連した法律

　戦後の復興とその後の高度経済成長で急激な工場地帯の拡大，都市化や宅地の開発が進められ，市街地から景観や緑がどんどん失われていった。この様な状況を背景に，昭和48年都市における緑地を保全するとともに緑化や公園の整備を推進することにより，良好な都市環境を形成することを目的に「都市緑地保全法」が制定された。

　多くの都道府県や市町村でも危機感の高まりから自主的に緑も含めた景観を保護する条例を定めてきたが，これら条例を支える根拠となる法律が整備されていなかったため，効果に限界があった。

　そこで，平成16年「景観法」「景観法の施行に伴う関係法律の法整備等に関する法律」「都市緑地保全等の一部を改正する法律」が制定され，「景観緑三法」として施行された。

都市緑地法

　「都市緑地保全等の一部を改正する法律」により都市緑地保全法と都市公園法を改正し，「都市緑地法」に改称された。都市緑地法では，届出制による緑地保全地域制度や大規模な建築物の新築や改築ではその敷地内に緑化を義務付ける制度，各地方自治

表6.1　東京都環境基本計画2008理念

策定	理　念	取り組み
2008年 （平成20年）	人類・生物生存基盤の確保	・気候変動の危機回避に向けた施策の展開 ・持続可能環境交通の実現 ・省資源化と資源の循環利用の促進
	健康で安全な生活環境の確保	・大気汚染物質の更なる排出規制 ・化学物質等の適正管理と環境リスクの低減 ・生活環境問題の解決（騒音・振動・悪臭等対策）
	より快適で質の高い都市環境の創出	・市街地における豊かな緑の創出 ・水循環の再生とうるおいのある水辺環境の回復 ・熱環境の改善による快適な都市空間の創出 ・森林や丘陵地、島しょにおける自然の保全

体による緑化施設整備計画認定制度等を創設している。

緑化施設整備計画認定制度は，国土交通省都市・地域整備局から出された都市緑地法運用指針にその取り扱いが示されている。この制度は，都市の緑化の減少がヒートアイランド現象を誘発しているとの観点から，民間が緑化重点地区または緑化地域内において限られたスペースの効果的な活用を促進するため，建物の屋上等緑化施設を整備する計画に対して，市町村長が認定し，主として税制面での優遇措置をする制度である。図6.1に都市緑化のイメージを示す。

地方自治体の取組み例

東京都を例にとると，平成5年環境基本法の制定を受けて，平成6年東京都環境基本条例が制定され，アクションプランとして健康で安全に生活できる東京，都市と自然が調和した豊かな東京，地球環境の保全を推進する東京，を理念とした東京都環境基本計画が平成9年に策定された。平成20年には，表6.1に示す新しい東京都環境基本計画が策定された。表に示すように，ヒートアイランド対策として市街地における豊かな緑と熱環境の改善による快適な都市空間の創出の一環として壁面や屋上緑化を推進している。

緑化に関連した工法

緑化工法には，導入する場所によって大きく分けて3つに分類される。一つ目がダムやトンネル等の法面へ導入する法面緑化工，続いて構造物屋上・屋根等へ導入する屋上緑化工，最後に構造物壁面へ導入する壁面緑化工である。

法面緑化工は，草本等を用いた吹付工法から最近では自然再生を目的とした在来種を使用した工法が多くなってきている。

屋上緑化工は，東京都等自治体で義務化するなど導入促進制度が制定されている。セダム等を導入する薄層緑化から屋上庭園まで幅広いパターンがあるのが特徴である。屋上に導入するには荷重等の関係からできるだけ軽量化する技術開発が進んでいる。

最後に壁面緑化工については，他の緑化工と比較して導入が進んでいない。これは植物を垂直方向に設置するのが難しいこと，登はん型では生育に時間がかかることなどから導入するためのコストが高いことが一つの原因と考えられる。しかし，最近では東京都が壁面緑化ガイドラインを発表する等，屋上緑化と同様に導入促進が図られている。

これら緑化技術について，先に述べたように導入場所ごとに分類し現状の緑化工法の内容を紹介する。

分類−Ⅰ法面緑化工
分類−Ⅱ屋上緑化工
分類−Ⅲ壁面緑化工

1 法面緑化工

法面緑化は，ダムやトンネル等大規模工事において自然環境保全を目的に導入される。その工法は吹付工法と客土等を設置する場所を確保する工法，及びあらかじめ基盤を確保する土のう工法に大別される。

また，導入する植栽によって草本類か木本類，導入形態が播種か苗木などに分けられる。表土に含まれている埋土種子を使用する場合や，植生が育つ環境を整え周辺からの侵入を期待する工法等もある。

現場発生材をチップ化した法面緑化工法

播種工

播種工には種子散布工，客土吹付工，植生基材吹付工，植生基材注入工などがある。播種工では植生基材吹付工が主流である。

通常は吹付ける法面にラス網等を張り，その上に植生基材を吹き付ける。植生基材にはあらかじめ種子を混入，もしくは表土を混入させる。

最近の傾向としては，植生基材にリサイクル材（現地発生木材，伐採材，建設発生土等）を利用するものと，森林表土を利用するものがある。リサイクル材では，木材資材が主流であり，チップ化して堆肥化するものから，生チップでの窒素阻害等を防止して生チップのまま使用する工法が増えてきている。建設発生土等を利用する工法では，水分対策として固化するための団粒化材の開発が行われている。

播種吹付工法

植物が生育するために必要な栄養分等を含んだ基盤に種子を配合して吹き付ける工法である。厚層基材吹付工法が多く，植生基盤として法面に吹付で5～8cm程度の厚さに吹き付けて植生生育基盤とするものである。

■ ネッコチップ工法

切土・盛土法面，急傾斜地などの法面に現場で発生する伐採木や現地発生表土を利用して生育基盤を造成するリサイクル法面緑化工法である。現場発生材をチップ化し，生材のまま使用する。表土や大きなチップ材など，これまでのあっ層方式等では困難であったが，ベルトコンベア式撒き出し機を使用して効率的に生育基盤を造成する。

■ エコサイクル緑化工法

伐採材を使用した植生基材吹付工法。伐採材は粉砕後に堆肥化することを基本とするが，生チップでも利用可能な工法である。通常の吹付機で施工することが可能である。

■ キャトルバン工法

無土壌硬質岩盤法面へ緑化を導入するための法面緑化工法。3cm～10cmまでの厚さに植生基盤を造成することが出来，播種だけでなく苗木での導入も可能な工法である。

■ ウッドベース工法

ウッドベース工法は，伐採材をチップ上に破砕した後，堆肥化し法面へ吹き付ける工法である。

チップを堆肥化した後に利用するため，窒素飢餓や悪臭等の派生を防ぐことができ，かつ堆肥化チップは最終的に自然に分解されることから環境に配慮した工法となっている。堆肥化工程が比較的短いことが特徴である。汎用の吹付機で施工可能。

■ ロービングショット工法・ロービングソイル工法

ジオテキスタイルを用いた緑化技術で，生育基盤中に長繊維を広範囲に混入させることで侵食に対する抵抗性に優れている。植生基材だけでなく，客土等も植生基材として吹付けることができる。施工装

置は従来の吹付け用装置に長繊維を供給する給糸装置を追加する。

植栽工

植生を苗木の状態で導入する工法である。播種工と比較して，初期成育の早い草本類に木本類が被圧されない利点がある一方，植栽基盤厚の確保が必要となる。

植生基材製造工法

現場で出来るだけ廃棄物を出さないようリサイクル資材の利用が増えているが，その中でも現場で発生する脱水ケーキなどを用いて緑化を行うために必要な土壌改良技術である。団粒化材には，無機系のものと有機系のものがあり，植物が生育するために必要な土壌物理性へ改質する。改質されたものは植生基材として法面へ吹き付けられる。

■ カエルドグリーン工法

従来，緑化に使用できなかった脱水ケーキ等の水分が多い現場発生土の物理性を改良する工法。表土やチップと混合することもでき，改良した土は吹付け施工も行える。改良材を混合するだけの簡単な施工である。

■ PRE緑化工法

伐根，根株，剪定枝などの植物発生材を破砕し，現場内で植生用基盤材として利用する。破砕したチップ材は堆肥化せずに利用する。結合剤「MCバインダー」を使用することで，ラス網を必要としない工法である。

表土利用工法

表土とは森林等樹林の表面から20cm程度までの土壌であり，埋土種子が多く含まれている。表土利用工法とは現地で採取した表土を利用することで，表土中の埋土種子による緑化復元を期待するものである。平成17年6月に施行された「特定外来生物による生態系等に関わる被害の防止に関する法律（外来生物法）」対策となる工法である。

現場発生材をチップ化した法面緑化工法

緑化された法面

■ マザーソイル工法

現地採取の表土を使用することで，表土に含まれる埋土種子を有効活用し，早期に地域固有の自然植生復元を行うことが可能な工法。「外来生物法」をはじめ地域環境保全に配慮した公共工事を行う必要がある場所に適用できる。

■ 自然種回復緑化工法

外来植物を使用しない緑化を行うため，埋土種子を含んだ森林表土を緑化材料に混合して吹きつける地域生態系保全型の法面緑化工法。地域で採取した表土を使用することで，地域固有の生態系を復元することが可能となっている。

自然進入促進工

施工時に外来種子や現場外からにお植物種子を使用せず（無播種施工），周辺に自生する植物の自然侵入による緑化を促す工法である。自然環境重視型の緑化を行う場合に有効である。

- **イースターマット工法**

周辺に自生する植物の自然侵入による緑化が可能な工法である。特殊なマット構造であるため、飛来種子等を効率的に生育させることができ、緑化被覆に要する時間を短縮できる。マット構造であることから、法面等の保護機能を維持しながら植生誘導が行える工法である。

- **飛来ステーション工法**

地域の生物多様性保全を図ることが必要な法面について、侵食防止機能を有しながら周辺植生からの飛来種子を友好的に捕捉し、確実に発芽生育させることにより現地周辺植生を自然回復することができる新しい植生マット工法。マットによる法面表面を被覆するため、植生が誘導されるまでの間の法面保護が行える。

植生マット工法

2 屋上緑化工

過密化する日本の都市において、従来は緑化が困難と考えられていた屋上や壁面部分を緑化する技術の開発が進み、これらの技術を活用した屋上・壁面緑化が多く行われるようになった。屋上緑化は、ヒートアイランド現象の緩和などの都市気象の緩和、夏季・冬季の空調エネルギー消費の低減、雨水流出の遅延、大気の浄化、生物の生息空間の創出など多様な効果を同時に実現することができる点に特徴のある工法である。

屋上緑化防水工

屋上緑化にあたっては、雨水が屋上に一時滞留する、防水層の表面が目視で確認できないなど、緑化しない場合と条件が異なるため、防水に対する充分な配慮が必要となる。以下、屋上緑化に適する代表的な防水工法を記す。

①アスファルト保護防水…アスファルトシートを敷設して防水し、その上に保護コンクリート（80mm以上）を敷き均す工法である。水密性に優れ、長年の実績がある。耐用年数は12～15年程度である。重量は190～286kg/m^2とかなり重く、建物の荷重条件を把握して防水改修工事を行う必要がある。

②アスファルト露出防水…アスファルトシート面が露出する工法である。水密性に優れ、長年の実績がある。耐用年数は10～12年程度である。重量は8～10kg/m^2と軽く、既存建物の防水改修工事に適した工法である。

③塩化ビニール系シート防水…安定した物性で、自己消炎性をもっている。耐用年数は10～12年程度である。重量は4kg/m^2と軽く、既存建物の防水改修工事に適した工法である。

④ウレタン＋FRP複合塗膜防水…クラック追従性が良好なシームレスな防水層である。耐用年数は、10～12年程度である。充分な耐根性を有しており、土中バクテリアや薬品によって劣化することが少ない。重量は5～6kg/m^2と軽く、既存建物の防水改修工事に適した工法である。ただし、耐候性に留意が必要である。

防水層が露出する工法では、施工中や施工後の防水層の保護のため保護層の設置が必要となる。保護層は、アスファルト成型板や繊維入りアスファルトシートなどが用いられる。また、近年では屋上緑化に対応して、耐用年数を長くした防水製品も開発されている。改修収を考慮した長期的なコストを考えた場合、耐用年数の長い防水層を採用することも有効である。図6.2に緑化防水工の例を示す。

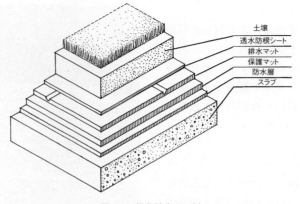

図6.2　緑化防水工の例

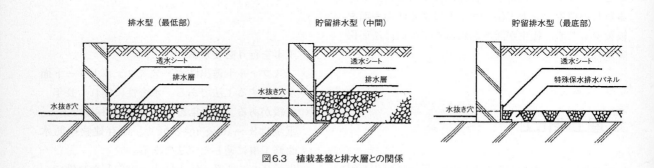

図6.3　植栽基盤と排水層との関係

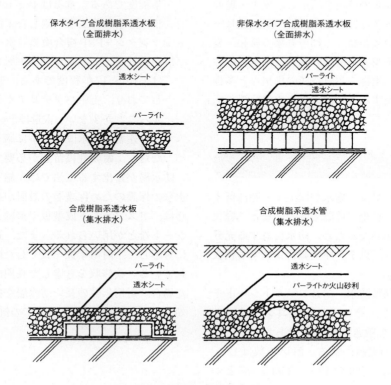

図6.4　暗渠排水の方法と材料

耐根層設置工

屋上緑化では，根が防水層の隙間から進入し，漏水の原因となる危険性があるため，耐根層を設置する必要がある。また，防水立ち上がり部も耐根層を敷設することが望ましい。

主な耐根層の種類としては，以下のようなものがあげられる。
① 物理的な耐根・不透水性系シート
② 物理的な耐根・透水性系シート
③ 化学的な耐根・透水性系シート

屋上緑化排水工

屋上緑化での雨水排水は，雨水の緩やかな流出等，従来の屋上と条件が異なる。植物にとって雨水が土壌中に長く溜まることは有効利用できる水分の確保という点からは望ましい。しかし，水分が過剰になった場合，植物の生育の害になるだけでなく，荷重負荷や防水への影響の面からも望ましくない。そのため，不必要な水分を速やかに排水させるための植栽基盤の構造や排水方法，排水勾配などを検討する必要がある。

排水のための植栽基盤の構造は，排水型と貯留排水型とに分けられる。
① 排水型：一般に広く利用されている基盤構造であるが，土壌が薄い場合は乾燥害が出やすい。
② 貯留排水型：雨水を有効利用することが可能な基盤構造であり，下から土壌に水を補給し乾燥害を少なくすることを目的としている。特殊な排水資材を利用するタイプ，水抜き穴を中間部に設けるタイプ等がある。

図6.3に植栽基盤と排水層との関係を示す。
また，排水方法は，全面排水と集水排水の2方法がある。
① 全面排水：植栽地下部に排水資材を全面に設置する方法である。保水型と非保水型がある。
　保水型は，皿形構造で貯留し余分な水を穴より排出する構造によって植栽基盤を薄くできる。
　非保水型は貯留のための構造が必要ないため施工性が良く，排水性に優れる。
② 集水排水：暗渠に集水し排水する方法である。排水層は砂利，火山砂利，パーライト等，暗渠は合成樹脂系透水板，合成樹脂系透水管等で形成する。

排水層の設置にあたっては，排水層への土壌などの目詰まり防止のため，フィルターの役割を果たす透水シートを設置する。透水シートは，排水層と土壌の間に敷設するのが一般的である。ただし，排水層の水分を有効利用するため，これを敷設しない構造や，排水層の下に敷設して土壌の流出防止と耐根を兼ねる構造もある。また，土壌流出防止のため，水抜き孔周辺等にも透水シートを敷設する必要がある。図6.4に暗渠排水の方法と材料を示す。

屋上緑化基盤工

屋上緑化の緑化基盤は，地上における緑化基盤とは異なる配慮が必要となる。特に大きな違いとしては以下のような点があげられる。
① 地中からの水分の供給がなく，乾燥害の影響を受けやすい。
② 地中への水の浸透ができないため，下層に排水層を設けるなどして水の移動を促す必要がある。
③ 屋上緑化では，生長しすぎると枝折れや風倒の危険も伴ってくる他，荷重の増大も問題となるので，樹木は健康状態を維持しつつ適度に生育を抑えることが望ましい。

これらを考慮しながら，建物の荷重制限等について十分な調査を行った上で，植栽基盤のベースとなる土壌の選択を行う必要がある。屋上緑化において用いられる土壌の種類には大きく分けて以下のものがある。
① 自然土壌：関東，東北ではクロボクやロームなどの火山灰性土壌，関西，九州ではマサ土，東海ではサバ土など山砂系土壌が使用されている。湿潤時の比重は1.6〜1.8あり，屋上に用いるには重くて施工性が悪い。さらに施工時には植栽地周辺の泥の汚れを防止するための措置が必要となる。
② 改良土壌：自然土壌に土壌改良材を混入して軽量化を図りながら保水性や通気性を高め，人工地盤に適するようにした土壌である。湿潤時の比重は1.1〜1.3であり，比較的重く，一般的に現地で混合を行うため，運搬以外に混合の手間がかかる。
③ 人工軽量土壌：屋上緑化のために開発された土壌で，保水性のある土壌改良材を混入すること

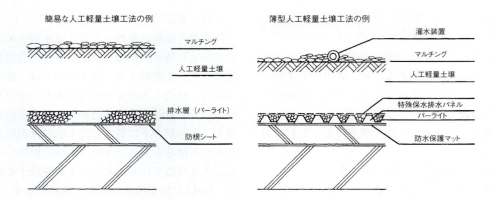

図6.5 標準的な断面の構造例

等により軽量である。また，保水性も高いため，自然土壌と比較して土厚を薄くすることができる。無機質系の人工土壌と有機質を混合した人工土壌，有機質系の人工土壌など各種の人工軽量土壌が開発されている。湿潤時の比重は0.6～0.8であり，比較的軽く，運搬や荷揚げが容易だが，風で飛散しやすいものも存在する。
図6.5に標準的な断面の構造例を示す。

植栽工

屋上では一般的に地上付近よりも強い風が吹くことが多く，また，ビル風の影響を受けやすい。そのため，植栽する際には，剪定枝やビニールポット等が飛散しないように養生する必要がある。また，土壌は施工期間をなるべく短くするように努めるとともに，土壌の施工後早い段階で植栽やマルチング等によって被覆することで，風による土壌の飛散を防止することが望ましい。また，施工中に土壌の飛散が予想される場合は，絶えず注水するなどして防止する。

施工中，特に資材の搬入，小運搬，基盤造成等を実施する際，不用意に防水層等を損傷する恐れがあるので，あらかじめ小運搬用の仮設通路を設け，保護マットによる養生を行うなどして，防水層等の保護の徹底を工事関係者全員に図る必要がある。

屋上緑化の場合は，資材の荷揚げも工程計画上重要である。荷揚げにあたっては，建築工事の工程などに合わせ施工計画をたてる必要がある。

荷揚げ用機器については，作業規模等コストを検討したうえで，概ね50m² 未満で人手の作業が可能な場合はエレベーター等で荷揚げを行うことも可能である。50m² 以上の場合にはクレーン等により荷揚げを計画する。その際，資材の吊り上げ高度や荷の最大荷重，作業半径，機器の作業用スペースなどを十分調査して選択する必要がある。なお，屋上に荷揚げした資材を置く際は，建物の荷重条件を十分考慮し，荷揚げされた資材の荷重を一点に集中させることなく，速やかに分散させる必要がある。

屋上緑化支保工

樹木の支柱は，風の影響が無い場合や，根鉢が大きくて重く，揺れる心配のない場合は，特に設置する必要はないが，屋上などのような風の強い場所では，風除け支柱の設置が必要となる。

土壌厚が充分にある場合は，従来型の風除け支柱でも問題がないが，土壌の厚さが充分でない場合や人工軽量土壌を使用した場合は，立ち上がり壁などにアンカーを取り付けてワイヤーで支保する方法や，根鉢を地中で固定する方法を用いる必要がある。いずれの場合にも，防水層に影響のないようにすることが必要である。

主な支柱の種類としては，以下のようなものがあげられる。景観的な配慮が求められる場合は，樹木地下支柱等が効果的である。

①八つ掛け支柱：竹や丸太などによって3方向または4方向から支える方法。
②布掛け支柱：竹垣など樹木を列植する場合などに用いられる支持方法。

③ワイヤー支柱：アンカーやフックで固定したワイヤーを使用して3点または4点で樹木を支持する方法
④鳥居支柱：二脚鳥居支柱，三脚鳥居支柱，十字鳥居支柱など丸太を使用した支持方法。
⑤金属パイプ支柱：金属パイプを使い支持する方法
⑥樹木地下支柱：根鉢に抵抗板を設置したタイプ，単管の井桁に根鉢を固定する方法，溶接金網に根鉢を固定するタイプ等がある。

多孔質ボードを利用した緑化工法

屋上緑化灌水設備設置工

屋上緑化では，乾燥害の影響を受けやすい。充分な植栽基盤の土壌の厚さがとれる場合や保水性の高い人工土壌の場合は，補助的な灌水用の散水栓設置のみでもよい。しかし，その他の場合は，手動や自動の散水設備を設置するか，手撒きで定期的に灌水を行う必要がある。灌水方法とその特徴は以下のとおりである。
①手撒き：ホースなどで人が直接，散水する方法。植物の要求に応じた灌水ができるが作業量は大きい。
②手動灌水：灌水装置を設置し作動などを人が必要時に行う方法。植物や土壌の状態に合わせて灌水できる。手撒き散水に比べて作業量を大幅に軽減できる。
③自動灌水：灌水時間や灌水量をタイマー等で制御する方法。水分センサーとコンピューターを連動した完全自動灌水とタイマー型の自動灌水がある。管理は容易であるが設備費用が高くなる。

また，灌水装置の設置場所は，以下の3種類があり植栽の種類や特性に応じて選択する。
①地表灌水：スプリンクラーのように葉面から散布する場合と，点滴パイプのように直接地表面に灌水するタイプとがある。
②地中灌水：点滴パイプ等を埋設して灌水を行う方法。芝生などの地被植物の場合のように灌水装置が目立つ場所などに使用。
③底面灌水：植栽基盤の底面に貯水し，毛管現象で土壌中に水分を供給する方法。タンク式やハイドロカルチャー方式などがある。

地被類による緑化工

地被類とは，コケ類のように地表面を這って覆う植物類であり，これらを使用して表面を覆うように緑化する工法である。コケ類は，軽量であり刈り込み等の管理が不要であるという利点がある。また，空気中の水分を吸収するため，クーリング効果を発揮できる。

■ コケユニット緑化工法

コケをあらかじめ生育させたマットを敷き詰める緑化工法。荷重40kg/㎡以下と軽量であり，雨水があたる場所では散水や施肥が必要ないなどメンテナンス軽減が図れる。

芝生による緑化工

芝生による屋上緑化は早くから取り組まれてきた。芝生は，地面を覆うことで他の植物を混入させないことが必要であるため，土壌，日照，水分などの基本的生育要素のほかに刈り込みや雑草に除去などがメンテナンスが必要となる。

■ エコグリーンマットシステム

衣料廃棄物などを使った軽量で保水・排水性能の高いエコグリーンマットを使用した芝生緑化システム。エコグリーンマットの上に灌水装置を設置し，人工土壌を敷き均した上に芝張りをする。荷重が軽く，導入場所を選ばない工法である。

■ e芝工法

CGボードを用いた緑化工法であり，排水層，土

壌,改良土壌,軽量土壌が必要ない。CGボードとは,木炭でできた多孔質ボード状基盤材。ボードにあらかじめ芝生を活着させたものと,現地でボードの上に芝生を並べるタイプの2通りがある。

セダムによる緑化工

セダムとは多肉植物であり,灌水がほとんど必要ないため,メンテナンス費用の圧縮と土壌の軽量化が可能であるため屋上緑化では多く使用されている。しかし,セダム類にはヒートアイランド現象を緩和する効果が極めて少ないため,東京都ではセダム類以外の植栽を推奨するなどの措置がとられている。メンテナンスが少ないことから,人の立ち入りが制限され,メンテナンスが容易ではない場所や風の影響を受ける高層部の緑化として適している。

3 壁面緑化工

屋上緑化と同様にヒートアイランド現象の抑制等に壁面緑化は期待されている。屋上と比較して,導入面積が広い壁面だが,垂直に植栽を設置するため難しく導入が進んでいないのが現状である。

壁面緑化を行う際は,対象となる緑化空間である建物や構造物の壁面の状況や建設条件を十分把握して,適切な緑化工法を選択することが重要である。現在用いられている壁面緑化工法の分類例は以下のとおりである。

壁面登はん型

壁面登はん型は,以下に示す3タイプがある。
①壁面自立登はんタイプ:ナツヅタ・ヘデラ類などの付着根(盤)を持つつる植物を使用
②壁面取り付け支持材使用登はんタイプ:壁面に登はん支持材を取り付け,ムベやヘデラ類などを登はんさせるタイプ
③壁面自立支持材使用登はんタイプ:壁面前に金網やフェンスなどの登はん支持材を設置して登はんさせるタイプ

壁面下垂型

壁面下垂型は,以下に示す3タイプがある。
①壁面自立下垂タイプ:壁面の上部または途中に植栽基盤を設け,ヘデラ類などを下垂させるタイプ
②壁面取り付け支持材使用下垂タイプ:壁面に金網やワイヤー,ヘゴ材などの下垂のための支持材を取り付け,①と同様にヘデラ類などを下垂させるタイプ
③壁面前自立支持材使用下垂タイプ:壁面前に金網やフェンスなどの下垂支持材を設置して下垂させるタイプ

壁面前植栽型

壁面前植栽型は,以下に示す7タイプがある。
①エスパリエ手法:エスパリエは欧米で発達した緑化手法で壁面の根元に果樹や造園樹木を植栽し,伸長する枝やつるを誘引し,厚みを持たせず壁面に張りつくように垣根状に仕立てるタイプ
②壁面吹き付けタイプ:主に法面や長大な崖地などの緑化に行われ植物の種子と土壌を混合したものを網や枠を設置した壁面に吹き付けるタイプ)
③プランター設置タイプ:ベランダなどにプランターを設置して植栽基盤とし,登はんや下垂させるタイプ
④プランター壁面取り付けタイプ:壁面と一体となった植栽基盤かプランターを直接壁面に取り付けるタイプ
⑤パネル設置タイプ:育成養生してある植栽基盤付き壁面緑化植物(パネル)を設置するタイプ
⑥パネル壁面取り付けタイプ:⑤のパネルを壁面に直接取り付けるタイプ
⑦ブロック設置タイプ:壁面緑化植物を植栽できる構造をもつブロックを設置するもので,塀の中に植栽ブロックを組み入れる手もこのタイプ

水辺環境創出緑化

　平成19年11月に発表された第三次生物多様性国家戦略では，生態系ネットワーク形成のため市街地に緑や水辺の拠点を生み出すことのできる空間として，屋上や壁面の役割が期待されている。水辺と緑化の両面を持つ水辺環境創出緑化は，屋上緑化の効果である「ヒートアイランド抑制」と併せて「生物多様性保全」にも貢献するものである。

■ クールパレットシステム

　既存施設にも採用できる軽量化されたシステム。パネルを用いたシステムであり，1つのパネルには湿地部，あぜ部，流水部の3つのエリアがまとまっている。自動の水循環システムを備えているため，せせらぎの創出も可能。都市生態系に水空間を提供することで生物多様性保全へ貢献する技術である。

〔参考文献〕本章全体
1) 特殊緑化共同研究会：「新緑空間デザイン技術マニュアル」，財団法人都市緑化技術開発機構

索引

あ

アイアンモール工法	推進・牽引	627
アイランドカット工法		654
アイランド工法		105
アクリル系ポリマーコンクリート		356
アコムコンソリダー工法		272
浅井戸工法		153
脚付きケーソン工法		209
アスコラム工法		280
アスファルト安定処理工法		245
アスファルト舗装	空港	949
アスファルト舗装補修・改良	空港	954
圧気工法	トンネル・湧水対策	563
圧気工法	シールド工法	583
圧砕工法		474
圧縮強度		444
圧接工法		493
圧接継手	コンクリートの施工	388
圧入工法		178
圧入構築方式		642
圧入式杭打ち工法		172
圧入式工法		184
圧入式沈下工法		214
圧密注入工法		289
圧力コンクリート（加圧コンクリート）工法		420
アデム工法	土工事	60
アプセット溶接	コンクリートの施工	389
アプセット溶接工法		495
油汚染土壌の熱処理法	環境	1153
安部ストランド工法（一般ケーブル）		423
編柵工	斜面安定	84
アラミドFRPグラウンドアンカーシステム		94
アラミドPC工法（新素材ケーブル）		436
アルカリ量分析		445
アルティミット工法	推進・牽引	625
アルミ型枠工法	コンクリートの施工	399
アルミニウム合金材を用いた工法	鋼材の防食	524
アロンタフグラウト		307
アンカレス・マンドレル工法		264
アンカー工法	山岳トンネル	567
アンカー工法	土工・岩石	90
アンカー工法	コンクリート	472
アンカーシートセグメント工法		618
暗きょ排水工法		151
アンクルモール工法	推進・牽引	625
アンケルWS工法		247
アンダーソン工法（一般ケーブル）		423
アンダーピニング工法		217
安定液（地下連続壁工法）		123
安定液固化	地下連続壁	128
安定処理工法	道路	856
安定処理路盤工法	道路	857
アンブレラ工法		557
アンボンド・リムーバル・アンカー工法		103
アンボンド普通PC鋼棒（アンボンドケーブル）		435
アークスポット溶接工法		490
アーク切断工法		511
アーク溶接工法		485
アースオーガ工法		188
アースドリル工法		186
アースネイリング工法	斜面安定	79
アーチ改築工法		571
アーチモール工法		298
アーマ工法		560
アーバリング工法		200

い

いかだ工法		240
井げた組擁壁工法	斜面安定	76
井桁式締結方式アンダーピニング工法		220
板ジャッキ工法		479
一次防錆処理高力ボルト		509
一括架設工法（大ブロック式架設工法）	橋梁・架設	705
一体打設方式		661
井筒工法		198
移動式型枠		549
移動式型枠工法	コンクリートの施工	401
移動式支保工	コンクリートの施工	405
移動式ミキサ工法		366
移動支保工架設工法	橋梁・架設	770
移動制限装置設置工法	橋梁・架設	748
岩水グラウト工法		298
インサート継手		616
インパクトランマ工法		172
インバート補強工法	トンネル	575

う

ウイングセグメント		612
ウェッジブロックセグメント		612
ウェル工法		198

項目	分類	ページ
ウェルポイント工法	土留め	155
ウェルポイント工法	地盤改良	258
ウエルポイント工法	山岳トンネル	564
ウォータジェット工法	土工事	41
ウォータジェット工法	土留め	114
ウォータジェット式杭打ち工法		180
ウォータージェット工法	解体	481
ウォータージェット式沈下工法		215
ウォールケーソン工法		202
打換え工法		471
埋込み杭工法		173
打込み杭工法		168
内巻補強工法	トンネル補強	575
海砂および山砂		332
埋立工法	港湾	912
埋戻工		678
裏込め注入工法		604
裏込め用グラウト工法		383
ウレタン系注入材		308
運搬工法（モノレール,索道,ヘリ運搬）	エネルギー	1047

え

項目	分類	ページ
エアージェット式沈下工法		215
エアークッション工法		222
液状化対策工法		310
液状化防止工法	港湾	920
エキスパッカ工法		300
エコジオドレーン工法		264
エコシリカ		308
エコフロート工法		257
エスエスモール工法	推進・牽引	628
エフツインジェット工法		288
エポキシ樹脂によるセグメント被覆工法		618
エポコラム工法		280
エレクトロガスアーク溶接工法		488
エレクトロスラグ溶接工法		491
エレメント推進工法		647
エレメントの継手形式		123
塩化物イオン含有量		445
エンクローズ溶接工法		489
遠心脱水式泥水処理工法	地下連続壁	132

お

項目	分類	ページ
横断排水路		149
応力緩和舗装	道路	871
押え盛土工法		253
大型移動支保工	コンクリートの施工	406
大阪ESC工法		248
置換えコンクリート工法		568
送出し工法	橋梁・架設	689
押え盛土		567
押出し工法	橋梁・架設	767
オニプレート定着工法	コンクリートの施工	394
帯状ゴム支承	橋梁・架設	802
親杭横矢板工法		104
親子シールド工法		593
オンサイト型土壌洗浄工法	環境	1149
温風養生工法	コンクリート養生方法	411
オーガ併用圧入工法		112
オープンウィング工法		282
オープンケーソン工法		198
オープンサンドイッチ構造方式		662
オープンシールド工法		598
オープンピット工法		598
オールケーシング工法		184

か

項目	分類	ページ
加圧真空コンクリート工法		420
加圧脱水式泥水処理工法	地下連続壁	132
加圧テルミット溶接工法		496
外殻先行シールド工法		594
外観検査		443
開削シールド工法		597
開削トンネル工法		651
改質アスファルト混合物舗装	道路	859
解体工法		473
改築推進工法		649
回転圧入工法		178
回転カッター式半機械掘りシールド工法		584
回転工法		178
回転式架設工法	橋梁・架設	708
回転根固め工法		178
ガイドロックセグメント		611
外部振動	コンクリート締固め方法	215
外部電源方式	コンクリート	464
外部電源方式工法	鋼材の防食	520
開放型シールド工法		583
開放型推進工法	推進・牽引	622
海洋コンクリート（耐海水コンクリート）		358
ガウ工法		227
火炎ジェット工法		477
火炎式破砕工法		477
化学処理方式による浄化方法	環境	1150
化学的脱水工法		265
鏡吹付け工		557
鏡ボルト工		556
拡径・分岐シールド工法		593
拡大シールド工法		593
拡大根固め工法		175,177

拡底杭工法………………………………………	189
下降式注入工法（ステップダウン）…………	302
かご系護岸………………………………………	964
重ね継手工法……………………………………	387
荷重載荷式沈下工法……………………………	213
ガス圧接工法……………………………………	495
ガスアーク切断工法……………………………	511
ガス切断工法……………………………………	510
ガス破砕工法……………………………………	477
ガス溶接工法……………………………………	491
架設桁式架設工法………………………………	695
仮設ドライドック方式…………………………	664
河川浚渫…………………………………………	985
可塑状ゲル圧入工法…………………液状化対策	312
片面裏波溶接工法………………………………	489
片持式架設工法…………………………………	701
型枠工……………………………………………ダム	845
型枠式カラータイル舗装……………………道路	870
可撓性継手工法…………………………………	675
可撓セグメント…………………………………	619
活性剤塗覆式沈下工法…………………………	217
カッター工法……………………………………	475
カットオフ工法………………………………ダム	831
ガット船による投入工法………………………	679
カップスアンカー工法…………………………	103
カッペ支保工……………………………………	548
割裂注入形態（脈状注入形態）………………	304
角溶接継手工法…………………………………	498
加熱アスファルト混合物舗装………………道路	858
過熱水蒸気処理工法…………………………環境	1154
可燃ガス対策工法…………………………エネルギー	1048
カプセル輸送方式………………………………	543
釜場排水工法……………………………………	151
下面増厚工法……………………………………	469
火薬による破砕工法……………………………	482
ガラス固化法…………………………………環境	1155
ガラス繊維補強セメント（GRC）……………	351
仮壁切削工法……………………………………	606
仮支持方式………………………………………	669
仮締め切り工法…………………………………	134
火力・原子力発電工事…………………………	1045
カルウェルド（杭）工法………………………	188
カルドックス工法………………………………	478
簡易円弧推進工法………………………………	646
換気塔……………………………………………	680
管更生工法………………………………トンネル	650
管更生工法…………………………………下水道	1040
緩斜面工法………………………………………	254
乾燥工法…………………………………………	265
緩速載荷工法……………………………………	254
函体推進工法……………………………………	646
管継手………………………………………下水道	1033
岩盤PS工法…………………………………エネルギー	1044
岩盤切削機工法………………………………土工事	42

岸壁製作ヤード方式……………………………	665
管路施設の改築・修繕工法………………下水道	1039
カーテングラウチング工法…………………ダム	829
カードボードドレーン工法……………………	263
カーボロック工法………………………………	298
間隙水圧消散工法……………………液状化対策	315

き

気液混合抽出法………………………………環境	1147
機械・人力掘削工法……………………………	190
機械攪拌・高圧ジェット併用工法……………	283
機械掘削工法…………………………………基礎	183
機械掘削方式……………………………山岳トンネル	538
機械研削式切断工法……………………………	475
機械式開削工法…………………………………	654
機械式ケーソン掘削工法………………………	211
機械式地中接合工法……………………………	599
機械式継手…………………………コンクリートの施工	390
機械式二段掘り工法……………………………	655
機械衝撃式破砕工法……………………………	476
機械切断工法……………………………………	512
機械的接合工法…………………………………	505
機械掘り式シールド工法………………………	584
気象・海象調査工法…………………………港湾	907
既製杭系工法………………………………土留め	120
既製杭工法……………………………………基礎	167
既設管内配管工法…………………………上水道	1003
既設管破砕推進工法………………………上水道	1002
基礎工……………………………………沈埋トンネル	666
基礎工………………………………………下水道	1026
気体膨張圧破砕工法……………………………	540
軌道仮受工法…………………………………鉄道	882
気動式ハンマ工法………………………………	110
軌道下横断工法……………………………上水道	1023
機能分離型支承……………………………橋梁・架設	804
気泡コンクリート………………………………	346
気泡混合土工法…………………………………	256
起泡剤……………………………………………	346
気泡運行法による油汚染土壌の浄化工法………環境	1148
木矢板工法………………………………………	105
客土吹付工……………………………斜面安定工法	67
脚部補強工法……………………………………	562
キャットウォークシステム………………橋梁・架設	731
急曲線・急勾配シールド工法…………………	594
急傾斜地崩壊防止工……………………………	1078
急速施工シールド工法…………………………	595
球体シールド工法………………………………	593
給熱養生…………………………コンクリート養生方法	411
境界注入形態（層境注入）……………………	304
橋脚の耐震補強……………………………橋梁・架設	798
橋脚方式…………………………………………	667

項目	参照	ページ
凝結遅延コンクリート		340
強制練りミキサ工法		364
強制排水工法		154
強度・変形特性		448
橋面の舗装	橋梁・架設	814
橋梁下部工	橋梁・架設	795
橋梁添架工法	エネルギー	1049
橋梁付属物		799
線曲設置法	鉄道	877
局部破壊検査		447
切梁式土留め工法		99
切ばり式一重矢板仮締切り工法		140
金属製型枠	コンクリートの施工	398
金属被覆工法	鋼材の防食	517
金属マット工法		241

く

項目	参照	ページ
杭基礎工法		166
クイックジョイント		615
杭による斜面安定工法		84
空気アセチレン溶接工法		491
空気膜型枠工法	コンクリートの施工	399
空洞探査工法	エネルギー	1043
矩形トンネル用合成セグメント		614
躯体築造工	下水道	1026
掘削管理	地下連続壁	125
掘削機の種類	地下連続壁	124
掘削機の選定	地下連続壁	124
掘削工法	山岳トンネル	528
掘削置換工法	地盤改良	249
掘削方式	地下連続壁	124
掘削方式	山岳トンネル	534
クッションブラスティング工法（トリミング工法、スラビング工法、スラッシング工法）		537
組立式型枠		550
クライマー工法		553
グラウンドアンカー工法（永久アンカー）		87
グラウンドアンカー工法（仮設アンカー）		102
グラウンドアンカー工法　設計・施工		88
クラッド工法	鋼材の防食	519
グラブ式浚渫船		665
グラブ浚渫工法	港湾	910
グラベルドレーン工法		261
グラベルドレーン工法	液状化対策	315
クラムシェルによる掘削工法	土工事	37
クリーンジェット工法		287
クリーンファーム		307
クリーンロック		307
グルンドラム工法	下水道	1038
グルービング	空港	954
グルービング舗装	道路	873
クレイ系舗装	道路	870
クレーターカット工法		536
クロロクリン工法	環境	1157
グローリホール工法	土工事	49
グースアスファルト舗装	道路	860

け

項目	参照	ページ
傾胴式ミキサ工法		364
渓流保全工		1070
軽量骨材		331
軽量盛土工法	土工事	56
化粧型枠工法	コンクリートの施工	400
欠陥・空隙等		454
ケミカルプレストレストコンクリート工法		438
ケミココンポーザ工法		272
ケミコライザー工法		246
減圧注入によるプレパックドコンクリート工法		385
現位置撹拌	地下連続壁	128
原位置通水洗浄法	環境	1149
原位置バイオ処理法	環境	1156
原位置不溶化処理工法		1151
牽引工法		648
原子力発電所廃止措置（decommissioning）		1045
懸垂工法		220
懸濁型注入材		305
懸濁液注入式沈下工法		217
限定圧気式シールド工法		584
現場打ちコンクリート工法		417
現場打ちコンクリート枠工	斜面安定	78
ケーシングドレーン工法		261
ケーソン基礎工法		196
ケーソン掘削工法		210
ケーソン式仮締切り工法		142
ケーソン据付工法		218
ケーソン沈下促進工法		213
ゲートバルブ工法		372
ケーブルエレクション斜吊り工法	橋梁・架設	699
ケーブルエレクション直吊り工法	橋梁・架設	699
ケーブルクレーン式ベント工法	橋梁・架設	686
ケーブルクレーン式多径間架設工法	橋梁・架設	700
ケーブル式架設工法	橋梁・架設	698
ケーブルスクイズ	橋梁・架設	734
ケーブルの架設工法	橋梁・架設	728
ケーブルの防食工法	橋梁・架設	740
ケーモ工法		560

こ

コア採取		443
高圧噴射攪拌工法		285
鋼アーチ支保工		546
高温加熱法	環境	1153
鋼殻方式		661
鋼管圧着継手	コンクリートの施工	392
鋼管杭溶接工法		500
鋼管水中切断工法		513
鋼管ソイルセメント杭工法		179
鋼管矢板井筒基礎工法		213
高輝度舗装	道路	874
恒久グラウト工法		301
鋼橋上部工	橋梁・架設	681
高強度コンクリート		359
高強度深層複合処理工法		281
鋼桁の架設工法	橋梁・架設	683
剛結継手工法		675
鋼コンクリート合成構造方式		662
鋼材改質工法	鋼材の防食	521
鋼材による押さえ工法		470
鋼材の切断工法		510
鋼材の腐食調査工法（超音波連続厚さ測定システム）	港湾	906
鋼材の防食工法		515
鋼材腐食		458
工事桁受工法		221
格子状深層混合処理工法	液状化対策	318
高周波溶接工法		496
鋼床版施工法	橋梁・架設	722
高真空N&H工法		257
鋼製打ち込み型枠工法	コンクリートの施工	398
合成高分子材料（コンクリート・ポリマー複合体）		354
鋼製さや管方式	推進・牽引	639
鋼製支承	橋梁・架設	803
鋼製支承据付け工法	橋梁・架設	805
合成樹脂ネット工法		242
合成床版施工法	橋梁・架設	714
合成床版への取替え工法	橋梁・架設	757
鋼製スライドフォーム工法	ダム	845
合成タイプセグメント		613
鋼製セグメント圧入工法		200
鋼製地中連続壁工法		123
高性能AE減水剤		343
高性能AEコンクリート		344
鋼製ばり支保工	コンクリートの施工	405
鋼製方式		641
鋼製わく組支保工	コンクリートの施工	405
鋼繊維補強コンクリート（SFRC,Steel Fiber-Reinforced Concrete）		351
鋼繊維補強コンクリート舗装	空港	951
構造物裏込め排水工法		154
構造物によるのり面保護工	斜面安定	71
高耐荷力方式	推進・牽引	632
構築方法	地下連続壁	128
坑道発破工法	土工事	46
坑道発破工法（大発破工法）	ダム	826
鋼とコンクリートの合成方法		418
広範囲一括施工法		371
鋼板接着工法		467
鋼板セル式仮締切り工法		144
合板パネル工法	コンクリートの施工	397
高分子系注入材		308
鋼矢板圧入工		557
鋼矢板セル式仮締切り工法		143
高揚程ウェルポイント工法		157
合理化鋼床版工法	橋梁・架設	723
高力ボルト接合工法		505
高力六角ボルト		508
高流動コンクリート工法		367
高流動コンクリートセグメント		613
高炉スラグ骨材		328
高炉スラグ微粉末		337
高炉スラグ微粉末コンクリート		337
高炉水砕安定処理工法		245
固液分離処理	地下連続壁	130
小型立坑構築工法		641
護岸工法		961
極薄ライニング工法		618
固結工法		275
固結工法	液状化対策	312
弧状推進工法	推進・牽引	646
弧状推進工法	エネルギー	1050
骨材		327
骨材水浸による表面水調整工法		365
骨材の反応性		445
コッタークイックジョイントセグメント		612
固定化安定処理	地下連続壁	133
固定可動ゴム支承	橋梁・架設	801
固定式支保工	コンクリートの施工	404
固定支保工式架設工法	橋梁・架設	774
固定式型枠工法	コンクリートの施工	397
コマンド工法	推進・牽引	629
ゴムライニング工法	鋼材の防食	519
ゴライヤスクレーン式ベント工法	橋梁・架設	686
コラムジェットグラウト工法		286
コルゲートセル式仮締切り工法		144
コンクリート圧入成形工法		385
コンクリート打込み方法		373
コンクリート運搬台車自動化工法		369
コンクリート遠心力成形工法		384
コンクリート押出し成形工法		385
コンクリート系セグメント		610
コンクリート構造物の施工方法		416
コンクリート護岸		965
コンクリート仕上げ方法		413

項目	参照	ページ
コンクリート締固め方法		406
コンクリート支持壁工法	ダム	831
コンクリート伸縮継手工法		1020
コンクリート製方式		642
コンクリート増設工法		470
コンクリート打設工法		175
コンクリートタワー工法		368
コンクリート地下連壁工法		122
コンクリート置換工法	ダム	831
コンクリートの検査		442
コンクリートの防水・防食工法	上水道	1019
コンクリートパイル破砕機		474
コンクリート張工	斜面安定	74
コンクリートヒンジ支承	橋梁・架設	804
コンクリート吹付け工	斜面安定	73
コンクリート吹付け工法	コンクリート	381
コンクリートプラグ工法	ダム	831
コンクリートプレーサ工法		372
コンクリートブロック護岸		964
コンクリート舗装補修・改良	空港	955
コンクリートポンプ工法		369, 375
コンクリートマット工法		385
コンクリート養生方法		409
コンクリートライニング工法	鋼材の防食	519
混合方式別工法		302
コンソリダー工法		246
コンソリデーショングラウチング工法	ダム	827
コンソリデーショングラウト工法	エネルギー	1043
コンティニュアスミキサ工法		366
コントロールブラスティング		45
コンテックスコンクリート工法		385
コントロールブラスティング		45
コンパクショングラウチング		272
コンパクショングラウト工法		289
コンパクトシールド工法		596
コンパクトモール工法		1037
コンベア工法		372
コンポジット舗装	道路	865
混和材		335
混和剤		339
コーンコネクター継手		616

さ

項目	参照	ページ
再アルカリ化工法		465
載荷重工法（圧密促進）		252
細孔径分布測定		446
最終打撃工法		174, 176
最終継手工法		675
再生加熱アスファルト混合物舗装	道路	860
再生骨材		333
砕石コンパクションパイル工法		272

項目	参照	ページ
サイレントマスター工法		113
サイロット工法		534
逆巻き工法（逆打ち工法）	土留め	106
逆巻き工法	山岳トンネル	551
左官工法		463
先据付け工法（ゴム支承）	橋梁・架設	805
砂上載荷工法		255
錆の目視		448
サブマージアーク溶接		486, 500
砂防えん堤		1067
砂防工事コンクリート関連工法		1057
砂防ソイルセメント工法		1061
酸化還元法	環境	1151
山岳トンネル工法	下水道	1042
三角節形ぐいコンパクト工法		274
酸水素溶接工法		491
酸素アセチレン溶接工法		491
酸素アーク切断（オキシアーク切断）工法		512
サンドイッチ型合成セグメント		613
サンドイッチ型複合床版	橋梁・架設	719
サンドイッチ舗装	空港	949
サンドイッチ舗装工法	道路	865
サンドコンパクションパイル工法		270
サンドセメントパイル工法		273
サンドドレーン工法		260
サンドバイパス工法	海岸	989
サンドマット工法		241
サンドリサイクル工法	海岸	989
山腹保全工		1065
サーチャージ工法		255

し

項目	参照	ページ
支圧接合用打込み式高力ボルト		509
支圧による接合工法		505
ジェット式サンドドレーン工法		261
ジェットパイル		562
ジェットブレンド工法		1151
ジオスチーム法	環境	1154
ジオセット工法		247
ジオテキスタイル工法	土工事	59
ジオドレーン工法		264
ジオパックグラウト		306
ジオパーマ工法		296
ジオファイバー工法	斜面安定	69
ジオメルト法	環境	1155
紫外線酸化技術による地下水浄化技術	環境	1151
シカゴ工法		227
敷網工法		242
敷きそだ工法		240
磁気探傷法		504
磁気誘導舗装	道路	873

項目	参照	ページ
敷枠工法		240
自己昇降式作業台船方式		674
支持点増設工法		470
支承	橋梁・架設	799
自昇式ダム型枠工法	コンクリートの施工	403
支承取替え工法	橋梁・架設	749
支承リフレッシュ工法	橋梁・架設	750
地震時水平力分散型ゴム支承	橋梁・架設	801
止水工法	補修・補強	463
止水工法	トンネル漏水対策	576
地すべり防止工		1074
敷設材工法		239
事前混合処理工法（PREM工法）	液状化対策	313
自然電位法		458
自然土砂利用置換工法		249
自走クレーン式ベント工法	橋梁・架設	685
自走式シールド工法		585
下柱受方式アンダーピニング工法		218
下梁受方式アンダーピニング工法		219
湿潤養生	コンクリート養生方法	409
自動エレクター		602
自動化オープンケーソン工法		199
自動化ケーソン工法（ニューマチックケーソン地上遠隔操作システム）		205
自動化工法		601
自動溶接工法		499,500
地盤改良工法		234
地盤改良工法	下水道	1026
地盤注入用グラウト工法		384
支保工	コンクリートの施工	401
支保方式		544
締固め杭工法		274
締固め工法	土工事	53
締固め工法		267
締固め工法	液状化対策	311
締固め砂杭置換工法		249
締切工法		321
締切方式ケーソン据付工法		221
締切り盛土工法		321
締付け工法		506
じゃかご工	斜面安定	83
斜坑TBM工法		553
斜材の架設工法	橋梁・架設	784
しゃ水工法（ダム）		850
遮水壁工法		566
遮水壁式仮締切り工法		137
ジャッキアップ工法		221
斜面安定工法		64
ジャンピングフォーム工法	コンクリート	402
重金属汚染土壌の加熱処理技術	環境	1155
十字バイブロ工法		273
収縮低減コンクリート		348
収縮低減剤		348
集水井工	斜面安定	86
重錘工法		476
重錘落下締固め工法		269
自由断面掘削機		538
集中切梁工法		100
充てん工法		463,466
充填式継手	コンクリートの施工	392
充填注入形態		304
周辺巻立てドレーン工法	液状化対策	317
重防食塗装工法	鋼材の防食	517
重量骨材		331
重力式仮締切り工法		142
重力式ミキサ		364
重力排水工法		151
樹脂系混合物舗装	道路	867
種子散布工	斜面安定	65
樹脂ライニング工法	鋼材の防食	519
主塔の架設工法	橋梁・架設	726
シュミットハンマー		449
樹木植栽工	斜面安定	70
浚渫工法	港湾	907
浚渫土砂を用いた地盤改良工法		919
順巻き工法	土留め	106
順巻き工法	山岳トンネル	551
シュート工法		373
ジョイスト改良型（矢板縦使い）工法	エネルギー	1048
焼却法	環境	1154
上面増厚工法		469
蒸気養生	コンクリート養生方法	411
衝撃締固め工法（Shockwave Densification Method）		274
衝撃式締固工法（動圧密工法）	土工事	55
衝撃弾性波法		456
焼結工法		291
小口径管推進工法	推進・牽引	629
小口径シールド工法		596
上昇式注入工法（ステップアップ）		302
焼成処理	地下連続壁	133
床版の施工法	橋梁・架設	710
床版の保全（RC床版）	橋梁・架設	751
床版補強工法	橋梁・架設	753
情報化施工法		1044
消耗ノズル式エレクトロスラグ溶接工法		492
植生穴工	斜面安定	67
植生基材吹付工	斜面安定	69
植生護岸		963
植生筋工	斜面安定	68
植生によるのり面保護工（植生工）	斜面安定	65
植生マット工	斜面安定	68
ショックベトン工法		420
ショットクリート工法		381
ショットレム工法		382
ショベル・ダンプ工法	土工事	52
ショベルによる掘削工法	土工事	37
ショートステップ工法		552
ショートベンチカット工法		532

白石式ニューマチックケーソン工法	209
シラクソル	306
シリカフューム	338
シリカフューム混入コンクリート	339
シリカフュームセメント	327
シリカライザー	307
自立式土留め工法	97
自立式一重矢板仮締切り工法	139
自立式矢板壁工法	114
シリンダーカット工法	536
シルトモルタル工法	384
真空圧密工法	257
真空圧密ドレーン工法……液状化対策	257
真空吸引工法(真空排水工法,大気圧排水工法)	157
真空沈設式沈下工法	217
シングルシェル構造	550
人工魚礁工法……港湾	940
人工軽量材料置換工法	250
人工材ドレーン工法……液状化対策	316
人工材料利用置換工法	250
人工バリア	1045
人工干潟・海浜造成工法……港湾	939
人工リーフ工法……海岸	992
伸縮装置……橋梁・架設	806
伸縮装置取替え工法……橋梁・架設	750
伸縮装置非排水化工法……橋梁・架設	750
深層ウェル工法	258
深層固結工法……液状化対策	312
深層固結工法(DMM工法)	276
深層締固め工法	269
深礎基礎工法(鉄塔基礎)……エネルギー	1047
深礎杭工(シャフト工)……斜面安定	84
深礎工法	191
振動打込み・引抜き工法(バイブロハンマ工法)	111
浸透固化処理工法	301
振動締固め工法	268, 273
振動締固め工法	273
振動式杭打ち工法	171
振動式沈下工法	215
振動締固め工法……土工事	55
浸透探傷法	504
浸透注入形態	303
芯抜き発破工法	536
シンプロセグメント	612
人力掘削	192
人力式ケーソン掘削工法	210
シート工法……トンネル漏水対策	576
シート工法(敷布工法)……地盤改良	241
シートパイル縁切り工法	321
シートパイル工法……液状化対策	319
シート被覆式沈下工法	217
シーム溶接工法	494
ジーメンスウェル工法	153
シールグラウト工法	301
シールド工法	579
シールド工法……下水道	1042
シールド自動掘進システム	602
シールドジャッキロングストローク方式シールド工法	596

す

水圧接合方式	674
水質浄化対策工……港湾	941
水上ケーソン据付工法	220
推進・牽引工法	620
推進機地上設置式推進工法	646
推進工法……上水道	1001
推進工法……下水道	1042
水制工法……河川	968
水中橋梁方式	667
水中コンクリート工法	373
水中コンクリート打設方式	674
水中コンクリート注入工法	671
水中切断工法	512
水中調査工法……港湾	906
水中パックドレーン工法(SPD工法)	262
水中部コンクリート非破壊診断工法……港湾	906
水中不分離性コンクリート工法	376
水中溶接工法	502
垂直縫地工法	562
水道管河川横断工法……上水道	1023
水道管更正工法……上水道	1003
水道管継手接合工法……上水道	1005
水道管布設即日復旧工法……上水道	997
水道管腐食防止工法……上水道	1010
水道管漏水防止工法	1017
水道用シールド工法	1000
水平切梁工法	100
水平ジェットグラウト工法	559
水平ドレーン工法	265
水平方向コッター	615
水平ボーリング工……斜面安定	86
水密コンクリート……上水道	1019
水流式水締め工法	274
水力発電工事	1043
スクイズ式コンクリートポンプ	370
スクリュープレート工法……コンクリートの施工	395
スクリード方式	668
スクレーパ工法……土工事	52
スクレーパによる掘削工法……土工事	36
スタッド溶接工法	489
スチームハンマ工法	171
ステンレス鋼材を用いた工法……鋼材の防食	524
ステンレスフォーム工法……コンクリートの施工	398
ステージ注入工法	300
ストラット工法……ダム	831

ストランド場所打ち		194
ストロング・サンド・パイル（SS-P）工法		271
ストロングホールド工法（一般ケーブル）		427
砂充填工法		231
砂吹き込み工法		669
砂袋マット工法		671
スパイラルエース工法		194
スパイラルセグメント		612
スピーダー工法	下水道	1038
スプリッタ工法	土工事	40
すべり止め舗装	道路	872
スポット溶接工法		494
素掘式開削工法		653
住友式鋼管杭自動溶接工法		502
すみ肉溶接継手工法		498
スムーズブラスティング工法		537
スムーズブラスティング工法	土工事	46
スライディング・トレンチシールド工法		656
スライディングアーマ工法（SA工法）		560
スライディングウエッジ工法		103
スライディングカップラー工法		677
スライドロック継手		616
スライム処理	地下連続壁	125
スラグ骨材（スラグ砕石）		328
スラグパイル工法		272
スラッシング工法		537
スラビング工法		537
スラリー化安定処理	地下連続壁	133
スラリー生物処理法	環境	1158
ずり出し方式		541
スリットウェル工法		216
スリップフォーム	山岳トンネル	550
スリップフォーム工法	ダム	846
スリップフォーム工法	コンクリートの施工	401
スリーブ注入工法		299
寸法・厚さの測定		451
スーパーソル工法		256
スーパーフロテックアンカー工法		90
スーパーベント工法		247

せ

静荷重圧入工法		179
制御発破（掘削面）	土工事	45
制御発破（振動騒音制御）	土工事	50
制御発破工法		537
製作方式		663
製造・運搬方法	コンクリート	367
生態系改善工法	港湾	939
静的締固め工法		272
静的破砕工法	土工事	41
静的破砕剤（生石灰）工法		478

静的破砕剤掘削工法		539
静的引抜き工法		114
生物共生	港湾	938
生物処理方式による浄化方法	環境	1156
赤外線法		457
赤外線法（分布）		454
積層ゴム支承	橋梁・架設	800
石油タンク基礎修正方法		221
セグメント覆工		609
セグメント継手		615
施工中の地質調査および計測管理	トンネル	568
石灰系安定処理工法		244
切削即時充填式プレライニング工法		561
接着工法		467
セットバーン工法		248
切羽安定対策		556
切羽前方探査		569
セパレートジェット工法		288
セミシールド工法		623
セミブローンアスファルト舗装		860
セミロングステップ工法		552
セメント（結合材）		325
セメントアスファルト（CA）モルタルコンクリート		361
セメント系安定処理工法		244
セメント固結材料置換工法		250
セメント注入		305
セメントバチルス工法		247
セメントライザー工法		247
セラミックライニング工法		618
セル式仮締切り工法		143
セル式矢板壁工法		117
セルタミン吹付け工法		382
セルフシールドガスアーク溶接工法		488
セルラーブロック式仮締切り工法		145
繊維補強コンクリート（FRC,Fiber Reinforced Concrete）		350
繊維補強土工法	土工事	60
先行地中ばり工法	エネルギー	1048
全旋回式		185
せん断変形抑制工法	液状化対策	317
全断面開削工法		653
全断面改築工法		571
全断面覆工		549
全断面掘削工法		531
セントル補強工法		574
船舶によるパイプ敷設工法	エネルギー	1050
船舶を用いた地盤改良工法	港湾	919
全面打換え工法		471
栓（せん）溶接継手工法		499
線路増設	鉄道	876

そ

ソイル・バイブロ・スタビライジング（SVS）工法	273
ソイル・バイブロ・タンピング（SVT）工法	269
ソイルセメント工法（プラスチックソイルセメント工法）	361
ソイルネイリング工法……斜面安定	80
ソイルマスター工法	246
ソイルモルタル（ソイルセメント）……地下連続壁	128
ソイルモルタル杭工法	120
ソイルライマー工法	246
増厚工法	468
騒音・振動対策工法……道路	873
総合管理システム	602
増設工法	470
造船所ドライドック方式	663
送電工事	1047
増粘剤系高流動コンクリート	379
添柱受方式アンダーピニング工法	219
添梁受方式アンダーピニング工法	219
即時注入工法	605
側壁改築工法	573
側壁コンクリート打設工法……エネルギー	1051
側壁導坑先進工法	533
底開（全開）式バージによる投入工法	678
底設導坑先進工法	534
底開き箱（袋）工法	375
組成分析	447
粗石（巨石）	332
外巻補強工法……トンネル補強工法	575
ソリック・ドライグラウト工法	248
ソルスター工法	247
ソレタンシュ永久アンカー工法	91
ソレタンシュ注入工法	299

た

耐火コンクリート	359
耐火セグメント	613
耐火被覆工	618
大気圧排水工法	157
大規模突堤工法……海岸	991
台形フレーム工法	78
耐候性鋼材を用いた工法……鋼材の防食	521
耐候性高力ボルト	509
耐酸セラメント工法（耐酸コンクリート）	357
耐食コンクリート（耐酸コンクリート,耐硫酸塩コンクリート）	356
大深度地下連続壁工法……地下連続壁	126
耐震被覆工法	619
耐震補強工法……橋梁・架設	748
大水深域でのボーリング工法……港湾	906
大中口径管推進工法……推進・牽引	622
タイドアーチセグメント	613
タイト-99（逆打ち用充填モルタル混和剤）	347
耐熱コンクリート	359
大豊式ケーソン工法	210
耐摩耗コンクリート	357
耐磨耗性舗装……道路	871
ダイヤスラブ……橋梁・架設	721
タイヤ方式	541
耐油性舗装……道路	871
耐流動性舗装……道路	870
耐力点法	507
ダイレクトパワーコンパクション工法	273
タイロッド工法	101
タイロッド式矢板壁工法	115
ダウエリング工法……ダム	832
楕円TBM工法	541
打音・振動法	456
抱き擁壁	567
ダグシム工法……斜面安定	81
濁水処理工法（ダム）	851
打撃打込み工法……土工事	110
打撃くさび工法	40
打撃式杭打ち工法	169
武智式シーリング・トップ(ST)工法	274
竹中式ソイルパイル工法	188
タコムマット工法……斜面安定	74
多数アンカー式補強土壁工法……土工事	62
タス工法……土工事	62
タダン工法	298
多段ベンチカット工法	532
多柱基礎工法	215
脱塩工法	464
立坑・坑内資材搬送システム	602
立坑・斜坑掘削工法	551
立坑内隔壁工法	608
建込み式簡易土留め工法	97
棚式シールド工法	584
棚式矢板壁工法	116
束ね鉄筋工法	388
ダブルウォールケーソン工法	202
ダブルストレーナ注入工法	299
タフロック工法	247
ダム用ブロック工法	834
タワーエレベータ工法	368
タワーポンツーン工法	672
単管支柱式支保工法	404
単管ストレーナ注入工法	296
単管ロッド工法	295
段差防止構造……橋梁・架設	813
段差防止装置設置工法……橋梁・架設	748
炭酸水グラウト	308
鍛接工法	496

短繊維	349
断続溶接継手工法	498
断熱型枠工法……コンクリートの施工	399
ダンパーブレースによる耐震補強工法	470
端部ねじ加工継手……コンクリートの施工	391
断面修復工法	462
弾力性舗装……道路	875
ターミナルブロック工法	676
ターンアップ（TU）圧縮型アンカー工法	103

ち

遅延剤	340
地下式発電所掘削工法	1044
地下水位低下工法……土留め	149
地下水位低下工法……液状化対策	314
地下水排除工……斜面安定	85
地下タンク土留・止水工法……エネルギー	1050
地下連続壁工法……液状化対策	318
地下連続壁工法	121
置換……地下連続壁	128
置換工法……表層処理	248
置換工法……液状化対策	314
置換工法……道路	857
築島方式ケーソン据付工法	220
築堤工法……河川	956
地すべり抑止工法	568
地中障害物撤去工法	602
地中連続壁基礎工法……地下連続壁	125
地中連続壁基礎工法……基礎	214
チップクリート緑化工法……斜面安定	70
地表面排水工……斜面安定	85
着色コンクリート	360
着色舗装……道路	874
着脱式シールド工法	593
チャンネルビーム合成床版……橋梁・架設	715
中央導坑先進工法	534
中間継手工法	675
柱状ドレーン工法……液状化対策	315
注水バイオスパージング工法……環境	1157
中性化測定	447
中層改良工法	246
注入（グラウト）工法	383
注入工法	465
注入による補強工法……トンネル補強	574
注入袋付きセグメント覆工	617
注入方式別工法	295
柱列式地下連続壁工法	118
超多点注入工法	301
超音波探傷法	503
超音波法	450, 451, 456
超音波法（深さ）	454

超高強度繊維補強コンクリート（UFC）	353
長孔発破工法……土工事	46
長孔発破工法……山岳トンネル	537
長孔発破工法……ダム	824
長尺鋼管フォアパイリング工法	558
長スパン対応型グレーチング……橋梁・架設	717
頂設導坑先進工法	534
超泥水加圧推進工法……推進・牽引	628
超軟弱地盤（ヘドロ）処理工法	245
超流バランスセミシールド工法……推進・牽引	628
直接基礎	163
直接通電加熱工法	479
沈下構築式	642
沈下対策構造工法……エネルギー	1048
沈設工	671
沈殿式水締め工法	274
沈埋函製作工	658
沈埋函の敷設工事	665
沈埋トンネル工法	656

つ

ツイン・ブレードミキシング工法	248
ツインヘッダ工法……土工事	42
突合せ溶接継手工法	497
継手工法	674
吊橋の架設工法……橋梁・架設	725

て

低圧浸透注入工法（インナー注入工法）	300
低温加熱法……環境	1152
停車場改良……鉄道	877
泥水・泥土処理工法……地下連続壁	129
泥水式シールド工法	589
泥水式セミシールド工法……推進・牽引	623
低騒音舗装……道路	873
低耐荷力方式……推進・牽引	636
定置式コンクリートポンプ	370
泥土圧シールド工法	588
泥土加圧推進工法……推進・牽引	626
泥土処理……地下連続壁	133
泥濃式推進工法……推進・牽引	627
底版コンクリート打設工法……エネルギー	1050
ディビダーク工法（斜材）	428
ディビダーク工法（一般ケーブル）	425
ディビダーク工法（外ケーブル）	433
低沸点重金属対応低温加熱浄化工法……環境	1153
ディーゼルハンマ工法……土留め	110
ディーゼルハンマ工法……基礎	170

項目	参照	ページ
ディープ・バイブロ（DV）工法		273
ディープウェル工法	土留め	152
ディープウェル工法	地盤改良	258
ディープウェル工法	山岳トンネル	564
ディープハード工法		246
デコム工法		279
鉄筋位置の測定		452
鉄筋コンクリート床版施工法	橋梁・架設	711
鉄筋コンクリート地下連続壁工法		122
鉄筋支保工		548
鉄筋挿入工	斜面安定	79
鉄筋継手工法	コンクリートの施工	387
鉄筋定着工法	コンクリートの施工	394
テトラガードAS20,AS21		349
テノコラム工法		279
手掘り式シールド工法		583
デュアルミキサ（二段式ミキサ）工法		365
テラシステム		271
テルミット工法		477
テルミット溶接工法		492
テレスコピック型		549
テレスコピック型スチールフォーム		617
転圧コンクリート舗装	道路	864
転圧締固め工法	土工事	54
電気泳動による土壌修復法	環境	1150
電気化学的固結工法		291
電気化学的防食工法		463
電気浸透工法		158
電気抵抗溶接工法		494
電気的破砕工法		479
電気的分離法	環境	1150
電気防食工法	コンクリート	463
電気防食工法	鋼材の防食	520
電気誘導注入工法		289
電気養生工法		411
電子制御式（IC）雷管発破工法		538
電子ビーム溶接工法		493
電磁誘導法		452
転流工法	ダム	818
テールアルメ工法	土工事	61
デンタル工法	ダム	831

と

項目	参照	ページ
土圧式シールド工法		586
土圧式推進工法	推進・牽引	625
土圧シールド工法		588
動圧密工法		269
透気（水）試験		446
凍結工法	地盤改良	290
凍結工法	山岳トンネル	563
凍結抑制舗装	道路	872
導坑先進工法		533
同時注入工法		604
凍上防止工法		321
凍上防止遮水工法		322
凍上防止断熱工法		322
凍上防止置換工法		321
凍上防止薬剤処理工法		322
導水工法	トンネルの漏水対策	576
透水性・吸水性型枠工法	コンクリートの施工	403
透水性舗装	道路	875
銅スラグ細骨材		330
動的グラウチング工法		301
通しボルト		615
特殊処理剤による打継ぎ処理工法		361
特殊シールド工法		590
特殊推進工法		646
特殊スラグ系注入材		306
特殊高力ボルト		509
特殊脱水工法		265
特殊断面シールド工法		591
特殊バキュームディープウェル工法		156
独立杭方式		666
独立支持形式		666
独立フーチング基礎		164
土工	下水道	1024
土質安定処理工法		244
土砂及び軟岩掘削工法	土工事	35
土壌ガス吸引促進方法	環境	1147
土壌ガス吸引法	環境	1145
土壌浄化工法	環境	1145
土壌洗浄法	環境	1148
トスコPPシート工法		242
塗装工法	鋼材の防食	516
土堤式仮締切り工法		136
土留め壁		104
土留め工法		96
土留め式覆工全断面開削工法		654
土留め式無覆工全断面開削工法		653
土留め支保工		99
土留め施工順序・施工法		105
土留めの形状		97
土俵堤式仮締切り工法		137
塗布工法	トンネルの漏水対策	576
塗布防水工法		439
ドライバッチドコンクリート工法		369
トラック搭載式（コンクリートポンプ車）		370
ドラグラインによる掘削工法	土工事	37
トラベラークレーン式ベント工法	橋梁・架設	686
トラベリングフォーム工法	コンクリートの施工	402
ドラムソイル工法（油含有土壌の低音加熱浄化技術）	環境	1153
取付け管工	下水道	1037
トリミング工法		537
トルク法		507

トルシア形高力ボルト	508
ドレイン沈床マット工法	241
トレヴィ工法	559
トレミー工法	374
トレンチカット工法………土留め	106
トレンチカット工法………開削トンネル	655
トレンチ浚渫工	665
トレンチシールド工法	655
ドロップハンマ工法………矢板壁	110
ドロップハンマ工法………杭基礎	171
トンネル改築工法	571
トンネル計測管理	569
トンネル工法………下水道	1025
トンネル施工法………山岳トンネル	534
トンネル断面自動測定システム	571
トンネル凍結対策工法………鉄道	897
トンネルつらら防止工法	577
トンネル排水工………斜面安定	86
トンネル補強工法………山岳トンネル	573
トンネル補強工法………鉄道	895
トンネルの漏水対策工法………山岳トンネル	576
トンネル漏水対策工法………鉄道	896
ドームドケーソン工法	202

な

内部振動………コンクリート締固め方法	407
中折れ式シールド工法	595
中壁分割工法	532
中堀り工法	173
なだれ防止工………斜面安定	83
ナット回転法	507
斜め切梁工法	100
斜め控え杭式矢板壁工法	115
倣いセンサー付き自動溶接工法	500

に

二次覆工	617
二次覆工省略型ダクタイルセグメント	614
二重管ストレーナ工法（単相式）	296
二重管ストレーナ工法（複相式）	297
二重管ダブルパッカー工法	297
二重吸引法………環境	1147
二層構造式舗装………道路	869
二重矢板式仮締切り工法	141
二重矢板壁工法	117
ニッケル系高耐候性鋼材………鋼材の防食	522
ニューマチックケーソン工法	203
ニードルビーム型	550
ニードルビーム式支保工	548

ね

根固め工法	174, 177
根固工法………河川	969
ねじ節鉄筋継手………コンクリートの施工	391
熱処理方式による浄化方法………環境	1152
ネット工法（敷網工法）	242
ネットワークドレーン工法	263
練混ぜ方法	364
粘土コア式仮締切り工法	137
粘土モルタル注入工法	384
燃料関連設備工事………エネルギー	1050

の

のり付け土留め工法（のり付けオープンカット工法）	97
のり面安定工法………河川	957
のり面排水	148
法面吹付け工	566
法面補強ボルト工	567
法面保護工	566
のり面を持ち盛土補強工法………土工事	59
ノンテレスコピック型	549
ノンフローコンポーザ工法	272

は

バイオスパージング工法………環境	1156
バイオパイル法………環境	1157
バイオヒートパイル工法………環境	1158
バイオミキシング工法………環境	1157
配管工………下水道	1028
配合推定	444
配水管内面洗浄工法………上水道	1005
排水機能付き鋼材工法………液状化対策	317
排水工法	147
排水性舗装………道路	871
排水促進工法	259
排水による斜面安定工法………斜面安定	85
ハイスペックネイリング工法………斜面安定	79
ハイパークレイ工法	247
パイプスラブ………橋梁・架設	715
パイプビーム工法	648
ハイブリッド型エアースパージング工法………環境	1147
ハイブリッドシリカ	306
ハイブリッドフレーム工法………土工事	60

パイプルーフ工法･･････････････････････････････559, 648	
パイプレ工法（特殊なPC定着工法）･････････････ 437	
バイブロコンポーザー････････････････････････････ 271	
バイブロ式サンドドレーン工法･･････････････････ 261	
バイブロハンマ工法･････････････････････････････ 172	
バイブロフローテーション工法･････････････････ 273	
バイブロロッド工法･････････････････････････････ 273	
背面処理工法･･････････････････トンネルの漏水対策 576	
バイモード工法･･････････････････････････････････ 298	
パイルキャップ工法･････････････････････････････ 320	
パイル工法･･ 320	
パイルスラブ工法･･･････････････････････････････ 320	
パイルネット工法･･･････････････････････････････ 320	
パイルベント工法･･･････････････････････････････ 215	
パウダーブレンダー工法････････････････････････ 246	
バウル・レオンハルト工法（一般ケーブル）･････ 424	
破壊検査･･･ 442	
バキュームディープウェル工法･････････････････ 156	
薄層コンクリート舗装･･･････････････････････道路 864	
刃口推進工法･････････････････････････････････････ 622	
爆破（発破）切断工法（SPC工法）･･･････････････ 512	
爆発圧接工法････････････････････････････････････ 496	
バケット工法･････････････････････････････････････ 368	
バケットホイルエキスカベータ工法･･･････････土工事 52	
バケットホイールエキスカベータ工法･････････土工事 38	
箱枠式仮締切り工法･････････････････････････････ 145	
破砕（小割）工法･･･････････････････････････土工事 42	
場所打ち杭系工法･･････････････････････････････ 119	
場所打ち杭工法･･･････････････････････････････ 181	
場所打ち鋼管コンクリート杭･･･････････････････ 193	
場所打ちコンクリート式仮締切り工法･･････････ 146	
場所打ちライニング工法･･･････････････････････ 617	
パッカー工法････････････････････････････････････ 301	
パックドレーン工法････････････････････････････ 262	
バックホウによる掘削工法･････････････････土工事 36	
発進・到達工法････････････････････････････････ 605	
バッチ式ミキサ･････････････････････････コンクリート 364	
発破工法･･････････････････････････････････土工事 43	
発破によらない掘削･･････････････････････････土工事 39	
発破方式･････････････････････････････山岳トンネル 535	
発泡剤･･･ 347	
発泡ビーズ混合軽量土工法･･･････････････････ 256	
発泡ビーズ混合土工法･･･････････････････土工事 58	
ハニカムセグメント･･･････････････････････････ 611	
パネル工法････････････････････････････････････ 676	
張工････････････････････････････････････斜面安定 73	
張芝工･･････････････････････････････････斜面安定 68	
張出し架設工法（移動作業車による架設）橋梁・架設 763	
パワースラブ･････････････････････････橋梁・架設 722	
パワーブレンダー工法･････････････････････････ 246	
半機械掘り式シールド工法････････････････････ 584	
半径方向コッター･････････････････････････････ 615	
盤下げ工法･･･････････････････････････山岳トンネル 573	
盤下げ発破（ゆるめ発破）････････････････土工事 48	

半自動溶接工法･･･････････････････････････････ 499	
半たわみ性舗装･････････････････････････････道路 859	
半たわみ性舗装･････････････････････････････空港 949	
パーカッション掘削工法････････････････････････ 189	
パーカッション式サンドドレーン工法･･････････ 261	
パーカッション溶接工法････････････････････････ 495	
パーコインジェクション工法････････････････････ 297	
バーチカルドレーン工法･･･････････････････････ 260	
ハードキープ安定処理工法･････････････････････ 247	
ハードライザー･････････････････････････････････ 308	
パーマロック･････････････････････････････････ 308	
バーンカット工法････････････････････････････ 536	

ひ

ピア基礎工法････････････････････････････････ 217	
ピアケーソン工法･･････････････････････････････ 208	
非開削工法････････････････････････････････下水道 1041	
控え杭式一重矢板仮締切り工法････････････････ 140	
光ファイバー･････････････････････････････下水道 1038	
引出し式架設工法･･････････････････････橋梁・架設 687	
引抜き試験･･････････････････････････････････ 450	
ピストン式コンクリートポンプ････････････････ 370	
ビッグモール工法････････････････････････････ 114	
ビット交換･･････････････････････････････････ 600	
引張による接合工法･･･････････････････････････ 506	
非電気式（NONEL）雷管発破工法･････････････ 537	
一重矢板式仮締切り工法･･･････････････････ 139	
非破壊検査･･････････････････････････････････ 448	
ひび割れ･･････････････････････････････････ 453	
ひび割れ補修工法････････････････････････････ 465	
被覆アーク溶接工法･･･････････････････････････ 485	
ヒューム管推進工法･･････････････････････推進・牽引 629	
表層固結工法･････････････････････････････表層処理 245	
表層固結工法･･････････････････････････････固結 276	
表層混合処理工法･･･････････････････････････ 243	
表層締固め工法･････････････････････････････ 268	
表層処理工法（浅層処理工法）････････････････ 237	
表層排水処理工法････････････････････････････ 238	
表面化成処理工法･･････････････････････鋼材の防食 523	
表面含浸工法････････････････････････････････ 462	
表面処理工法･････････････････････････････補修・補強 465	
表面処理工法･････････････････････････････････道路 865	
表面排水工法････････････････････････････････ 148	
表面被覆工法･････････････････････････････補修・補強 461	
表面被覆工法････････････････････････鋼材の防食 515	
表面保護工法･･････････････････････････････ 461	
ピラミッドカット工法･････････････････････････ 536	

索引　1215

ふ

項目	参照	ページ
ファイバードレーン工法		264
ファゴット工法		242
ファブリフォームマット工法	斜面安定	74
ファンカット工法		536
ファンカーテングラウチング工法	ダム	830
風力発電関連工法	エネルギー	1052
フェロニッケルスラグ細骨材		328
フォアパイリング工法		556
フォームドアスファルト舗装	道路	860
フォールズボトムケーソン工法（底蓋ケーソン工法）		203
深井戸工法（ディープウェル工法）		152
吹付工	斜面安定	72
吹付け工法	補修・補強	463, 469
吹付け工法	トンネルの漏水対策	576
吹付けコンクリート工法	山岳トンネル	544
吹付けコンクリート工法	コンクリート	380
吹付枠工	斜面安定	77
複合システム型枠工法	コンクリートの施工	399
複合フーチング基礎		164
復水工法	山岳トンネル	566
復水工法	土留め	159
複数微細ひび割れ型繊維補強セメント複合材料（HPFRCC）		353
袋詰脱水処理工法		266
袋詰めコンクリート工法		376
袋詰サンドドレーン工法		262
袋詰めモルタル工法		670
部材追加補強工法	橋梁・架設	745
節付き杭工法		180
フジベント工法		247
腐食部補修工法	橋梁・架設	742
プチジェット工法		284
普通PC鋼棒工法（一般ケーブル）		427
覆工	山岳トンネル	548
覆工	シールド	609
覆工式開削二段掘り工法		655
覆工式半断面開削工法		655
プッシュグリップ		615
フットパイル		562
物理処理方式による浄化方法	環境	1145
部分打換え工法		471
部分断面掘削工法		654
部分被覆サンドドレーン工法		262
扶壁式一重矢板仮締切り工法		140
浮遊打設方式		665
不溶化・固化法	環境	1150
フライアッシュ		336
フライアッシュコンクリート		337
フライトオーガ式サンドドレーン工法		261
ブラインド式シールド工法		585
プラスチック型枠工法	コンクリートの施工	399
プラスチックボードドレーン工法		263
プラズマアーク（ジェット）切断工法		511
プラズマジェット工法		480
フラッシュ溶接	コンクリートの施工	389
フラッシュ溶接法	メタル	495
プランキング工法		240
ブランケットグラウチング工法	ダム	828
フリーフレーム工法	斜面安定	78
フルサンドイッチ構造方式		663
フルデブスアスファルト舗装	空港	950
フルデブスアスファルト舗装工法	道路	861
ブルドーザによる押土工法	土工事	51
ブルドーザによる掘削工法	土工事	35
フレア溶接継手工法		498
フレキシブル鉄筋コンクリート工法	基礎	195
フレキシブル鉄筋コンクリート工法	コンクリート	418
プレキャスト・ボックスラーメン工法		419
プレキャスト・リブコン工法		420
プレキャスト桁架設工法	橋梁・架設	775
プレキャストコンクリート工法		419
プレキャストコンクリート舗装	道路	864
プレキャストコンクリート舗装	空港	951
プレキャストセグメント方式		661
プレキャスト洞道工法	エネルギー	1047
プレキャストパネル巻立て工法		468
プレキャスト枠工	斜面安定	77
プレクーリング工法	コンクリート養生方法	412
プレストレス締結方式アンダーピニング工法		220
プレストレス導入		472
プレストレス導入工法		472
プレストレストコンクリート工法		421
プレストレストコンクリート舗装	道路	864
プレストレストコンクリート舗装	空港	950
プレストレストリングビーム式矢板仮締切り工法		141
プレスプリッティング工法	土工事	45
フレックスシールド		619
プレテンションドケーブルトラス式架設工法		701
プレテンション方式PC工法		422
プレパックドコンクリート工法		376
プレハブ鋼矢板セル工法		213
プレハブタンク工法		419
プレボーリング工法		176
プレミックス吹付け工法		382
プレライニング工法		560
プレロード工法（サーチャージ工法）	地盤改良	255
プレロード工法	コンクリート	437
ブレーカ工法	土工事	40
ブレーカ工法	解体	476
ブレーカ工法	山岳トンネル	539
ブレーカー式半機械掘りシールド工法		584
プレーシングバージ工法		673
プレーシングポンツーン工法		673
プレート定着型せん断補強鉄筋		396
プレートナット工法		396

プレートフック【機械式定着】……………………	396
プロジェクション溶接工法…………………………	495
ブロック系舗装………………………………道路	867
ブロック工法…………………………………………	418
ブロック張工、石張工……………………斜面安定	73
ブロック積擁壁工法………………………斜面安定	75
ブロックライニング…………………………………	551
フロンテジャッキング工法…………………………	648
フローティング基礎…………………………………	165
フローティングクレーン式ベント工法…橋梁・架設	687
フローティングクレーン方式………………………	674
フローティングドック・リフトバージ方式………	664
フローティングドッグ方式………………………港湾	929
フローティングドレーン工法………………………	264
分岐管工法……………………………………………	371
分岐シールド工法……………………………………	593
噴射洗掘式破砕工法…………………………………	481
粉体系高流動コンクリート…………………………	379
フーチング基礎………………………………………	164
フーチングプレテストアンダーピニング工法……	218

へ

閉塞工法………………………………………ダム	823
併用系高流動コンクリート…………………………	379
併用継手……………………………コンクリートの施工	392
壁面を持つ盛土補強工法………………………土工事	61
べた基礎………………………………………………	165
ベデスタル杭…………………………………………	195
ベノト工法……………………………………………	185
ベノーク工法…………………………………………	185
ベビーモール工法………………………………下水道	1038
ヘリウム混合ガスシステム工法……………………	212
ベルスタモール工法………………………推進・牽引	628
ベルタイプ基礎工法…………………………………	216
ベルトコンベア工法……………………………土工事	53
ベルノルド工法………………………………………	548
変位制限構造………………………………橋梁・架設	813
偏心多軸（DPLEX）シールド工法………………	592
ベンチカット工法………………………………土工事	44
ベンチカット工法………………………山岳トンネル	531
ベンチカット工法………………………………ダム	826
ベント工法…………………………………橋梁・架設	685
ベントナイト注入……………………………………	306
ペーパードレーン工法………………………………	262

ほ

ホイスト工法…………………………………………	368
ホイルローダによるロード&キャリ工法………土工事	51
ポインチングによる補強工法……………トンネル補強	574
放射状せん孔発破システム……………………土工事	49
放射線探傷法…………………………………………	504
放射線透過法……………………………451,452,457,458
防食工法………………………………………下水道	1029
防振舗装………………………………………道路	874
防水コンクリート工法………………………………	438
防水物質混合工法……………………………………	438
防水膜工法……………………………………………	439
膨張圧力式破砕工法…………………………………	477
膨張ガス式破砕工法……………………………土工事	42
膨張コンクリート（逆打ち用）……………………	347
膨張コンクリート （ケミカルプレストレストコンクリート）………	335
膨張材…………………………………………………	335
膨張材を用いた中間定着工法（特殊なPC定着工法）	437
膨張性ガス生成工法…………………………………	478
膨張性グラウト工法…………………………………	383
膨張率測定……………………………………………	446
放電衝撃破砕工法……………………………………	481
泡沫浮上法による土壌洗浄法………………環境	1149
保温養生…………………………………コンクリート養生	410
補強材………………………………………コンクリート	349
補強盛土工法…………………………………土工事	58
ポコム工法……………………………………………	278
補修・改築………………………………山岳トンネル	571
補修・補強・解体工法………………………………	459
補修・補強（力学的性能の回復・向上）…………	466
補修（耐久性の回復・向上）………………………	460
補修工法……………………………………橋梁・架設	742
補助工法………………………………山岳トンネル	554
補助ベンチ付き全断面工法…………………………	531
ポストクーリング工法…………………コンクリート養生	412
ポストテンション方式PC工法……………………	422
舗装面ゴム除去……………………………………空港	954
ほぞ付きセグメント…………………………………	611
ホットコンクリート工法……………………………	365
ホッホストラッセル工法……………………………	185
ホバークラフト工法…………………………………	222
ポリマー（レジン）コンクリート（モルタル）………	354
ポリマー含浸コンクリート （樹脂含浸コンクリート,PIC）…………………	355
ポリマーセメントモルタル （ラテックスモルタル・コンクリート）…………	354
ポンプ式浚渫船………………………………………	665
ポンプ船浚渫工法……………………………港湾	908
ポーラスコンクリート河川護岸……………………	967
ホールインセット工法………………………………	114

ま

項目	参照	ページ
マイクロ骨材		332
マイクロスクラブ法	環境	1149
マイクロ波工法		479
マイクロパイル		562
埋設型枠工法		400
埋設物探査工法	エネルギー	1049
マイルドフェントン法	環境	1151
曲がりボルト		615
巻立て工法		468
摩擦による接合工法		505
マスキング-C工法		248
マスチック防水工法		439
マックスAZ（水中不分離性高流動無収縮モルタル）		362
マックスパーム注入工法		301
マット工法		240
マッドスタビ工法		246
マッドフィックス工法		247
マッドミキサー工法		246
マルチジェット工法		288
マルチセルオープンケーソン工法（蜂の巣オープンケーソン工法）		201
マルチパッカ工法		299
マルチブレード継手		616
マルチモール工法	下水道	1038
マルチライザー工法		297
マンホール工	下水道	1035
マンメイドソイル工法		247
マンメイドロック工法		250
マンモスバイブロタンパー工法		269

み

項目	参照	ページ
水ガラス・無機反応剤系		307
水ガラス・有機反応剤系		308
水ガラス系懸濁型		307
水締め工法		274
水底アンカー方式		674
水抜き坑		565
水抜きボーリング工法		565
水張工法		255
ミゼロン被覆工法		618
密閉型シールド工法		586
密閉型推進工法	推進・牽引	623
ミニコンポーザー		271
ミニシールド工法		596
ミニベンチカット工法		532
ミニマックス工法		287

む

項目	参照	ページ
無筋コンクリート舗装	空港	950
無収縮コンクリート（モルタル）		336
無人化掘削工法		211

め

項目	参照	ページ
明きょ排水工法		151
明色舗装	道路	872
メインケーブル架設工法	橋梁・架設	732
メカジェット工法		286
メガロフロート工法	港湾	937
目地補修	空港	954
メタルフォーム工法	コンクリートの施工	398
めっき工法	鋼材の防食	517
メッシュ工法		242
免震工法	シールド	619
免震ゴム支承	橋梁・架設	802

も

項目	参照	ページ
木系護岸		963
木柵工法		105
木製型枠	コンクリートの施工	397
木製支保工	コンクリートの施工	404
もたれ式擁壁	斜面安定	75
木塊舗装	道路	869
戻りコンクリート		340
盛土荷重軽減工法		256
盛土工法	土工事	56
盛土式仮締切り工法		135
盛土撒き出し置換工法		249
モルタル充填工法		231
モルタル注入工法	沈埋トンネル	670
モルタル吹付け工（斜面安定）	斜面安定	72
モルタル吹付け工法	コンクリート	381
モルタル吹付けによる補強工法	トンネル補強	574

や

項目	参照	ページ
矢板式仮締切り工法		138
矢板式基礎工法		212
矢板の打込み・引抜き工法		109
矢板壁工法		107
矢板を用いた工法		114
薬液注入工法		293

薬液注入工法	液状化対策	313	
薬液注入工法	山岳トンネル	564	

ゆ

油圧圧入引抜き工法		113
油圧ジャッキ式破砕工法		473
油圧ショベル式半機械掘りシールド工法		584
油圧ハンマ工法	土留め	111
油圧ハンマ工法	基礎	170
有効応力増加工法		257
湧水対策		563
融接工法		485
融雪舗装	道路	873
ユニコーン工法	推進・牽引	625
ユニパック工法		297
ユニバーサル工法	推進・牽引	629
ゆるめ発破		48
ユースタビラー工法		247

よ

溶液型注入材（水ガラス系）		306
溶射工法	鋼材の防食	518
溶接工法		485
溶接継手	コンクリートの施工	392
溶接継手工法	メタル	497
溶接部の非破壊検査法		503
溶接部腐食補修工法	橋梁・架設	744
揺動式工法（ベノト工法）		185
擁壁工	斜面安定	74
溶融亜鉛めっき高力ボルト		509
溶融スラグ骨材		334
溶融法	環境	1156
抑止杭工法	斜面安定	84

ら

ライナープレート工法		98
ライナープレート支保工		548
ライニング工法	鋼材の防食	519
ライニング工法	下水道	1041
ラインドリリング	土工事	45
ラインドリリング工法	山岳トンネル	537
落石覆工	斜面安定	82
落石防護工	斜面安定	81
落石防止網工	斜面安定	82
落石防止柵工	斜面安定	82

ラクトボード工法		264
ラチス式シールド工法		595
落橋防止構造	橋梁・架設	812
落橋防止システム	橋梁・架設	811
落橋防止装置設置工法	橋梁・架設	748
ラディッシュアンカー工法	土工事	61
ラテラルジェット工法		288
ラバースプリッタ工法	土工事	41
ラムサム工法	推進・牽引	628
ランドファーミング法	環境	1158

り・る

陸上ケーソン据付工法		219
リソイル工法		271
リソイルドレーン工法		261
リタメイト工法		362
リチャージ工法		159
リッパ工法	土工事	38
リッピングとの組合せ工法	土工事	39
リニューアル工法		649
リバース工法		185
リバーデッキ	橋梁・架設	716
リブアンドラギング工法		547
流体輸送方式		543
流電陽極方式	コンクリート	464
流電陽極方式工法	鋼材の防食	520
流動化コンクリート		343
流動化剤		342
流動化処理工法（LSS工法）	液状化対策	313
粒度調整工法		244
流木対策施設		1073
リリーフウェル工法		153
リングシールド工法		594
リングシールド工法用セグメント		614
リングビーム工法		101
リングロックセグメント		614
リードライン工法（新素材ケーブル）		436
ルーフシールド工法		591

れ

冷却工法	ダム	843
冷却養生	コンクリート養生方法	412
レイズボーリング工法		553
レシプロ工法		298
レジンコンクリート吹付け工法		382
レッグパイル工法		562
レディーミクストコンクリート工法（生コンクリート工法,レミコン工法）		367

連続方式	543
連続式ミキサ工法	366
連続支持形式	668
連続しゃ水工法　ダム	832
連続繊維	352
連続繊維緊張材による工法	472
連続繊維シート接着工法	468
連続繊維補強コンクリート	352
連続繊維補強材工法	123
連続鉄筋コンクリート舗装　道路	863
連続鉄筋コンクリート舗装　空港	950
連続フーチング基礎	164
連続溶接継手工法	498
レーザー光線工法	480
レーダ法	453, 457
レール方式	542

ろ

ろう接工法	497
路床工法　道路	856
路上再生路盤工法　道路	858
路上表層再生工法　道路	861
線路増設工事　鉄道	879
ロックジャッキ工法	473
ロックボルト	545
ロックボルトによる補強工法　トンネル補強	575
路盤工法　道路	857
路面排水	148
ロングステップ工法	552
ロングベンチカット工法	532
ロープドレーン工法	264
ロープネット工法	243
ロールドアスファルト舗装　道路	860

わ

ワイドスペース発破工法　土工事	47
ワイヤーソー工法	475
ワギング・カッタ・シールド工法	592
枠工　斜面安定	76
割岩工法	539
ワンパスセグメント	610

数字

1.0ショット方式（1液1系統式注入工法）	302
1.5ショット方式（2液1系統式注入工法）	302
1ロットケーソン工法	208
2.0ショット方式（2液2系統式注入工法）	303
3次元浸透注入工法（3D工法）	300
3ストランド工法	437

A・B・C

AAWパネル工法　土工事	63
A-DKT工法	600
ADS床版　橋梁・架設	721
AEコンクリート	341
AE剤,AE減水剤	341
AE測定	569
AE法（変化）	454
AGF(All Ground Fasten)工法	559
ATP処理法(無酸素熱分解法)	1153
BBR工法（一般ケーブル）	425
BBR工法Vシステム,コナ・マルチシステム（外ケーブル）	430
BBR工法コナ・シングルシステム/コナ・フラットシステム（シングルストランド）	434
BEST継手	616
BH工法	188
BSP動圧密工法	269
CCL工法（シングルストランド）	433
CCL工法（プレグラウトケーブル）	435
CCL工法（一般ケーブル）	426
CCL工法アンボンドケーブルシステム（アンボンドケーブル）	434
CCP工法	286
CD（Center Diaphragm）工法	532
CDM-FLOAT工法	282
CDM-Land4工法	282
CDM-LODlC工法	281
CDM-SSC工法	282
CDM-コラム工法	281
CDM-レニム2/3工法	282
CDM工法	281
CFCC工法（新素材ケーブル）	436
CG7	307
CGS工法	298
CI-CMC工法	278
CID工法	600
CIP工法	188
CMC工法	278
CMT工法　推進・牽引	626
CONEC工法（コネック工法）	385
CONEX-SYSTEM	610
CPIセグメント	613
CRD（Cross Diaphragm）工法	532
CSG工法	850
CSL工法	279

CSドレーン工法 …………………………………… 264
Cターン除去式アンカー工法 ……………………… 103

D・E・F

D&Sアンカー工法 …………………………………… 94
DCC工法 ……………………………………………… 298
DCM工法 ……………………………………………… 277
DDS工法 ……………………………………………… 297
DeMIC-K工法 ………………………………………… 281
DeMIC-L工法 ………………………………………… 278
DEW-CON工法 ……………………………………… 258
DJM工法 ……………………………………………… 277
DLM工法 ……………………………………………… 282
DNAシールド用セグメント ………………………… 611
DOTシールド工法 …………………………………… 591
DPD工法 ……………………………………………… 301
DREAM工法 ………………………………………… 207
DRISS ………………………………………………… 569
DRM工法 …………………………………………… 1038
EGSアンカー工法 …………………………………… 91
EG定着板工法 ……………………………………… 394
EHD永久アンカー工法 ……………………………… 91
EPS工法 ……………………………………土工事 57
EPS工法 …………………………………地盤改良 256
EPルートパイリング工法 ………………斜面安定 80
ESA工法 ……………………………………………… 647
ESJ工法 ……………………………………………… 283
EW工法 ……………………………………………… 608
Expander Body除去式アンカー工法 ……………… 104
F-NAVIシールド工法 ……………………………… 595
FAB工法（一般ケーブル） ………………………… 426
FCB工法 ……………………………………土工事 57
FCB工法 …………………………………地盤改良 256
FiBRA工法（新素材ケーブル） …………………… 436
RJFP工法 …………………………………………… 559
FKKシングルストランドシステム（シングルストランド）
　………………………………………………………… 433
FKKフレシネー工法（一般ケーブル） …………… 425
FKKフレシネー工法（外ケーブル） ……………… 431
FPシート工法 ……………………………………… 242
FRIP定着工法 ……………………………………… 396
FRM工法（アンボンドケーブル） ………………… 435
FRM工法（シングルストランド） ………………… 434
FRP合成床版 ……………………………橋梁・架設 717
FRP材を用いた工法 ……………………鋼材の防食 523
FRP接着工法 ……………………………………… 467
FRPによるセグメント被覆工法 …………………… 618
FSA工法（一般ケーブル） ………………………… 425
FUSS工法 …………………………………………… 250

G・H・I

Geo-KONG工法 …………………………………… 271
GEOPASTA工法 …………………………………… 287
GSG.CW,RSG,コンソリダー ……………………… 308
GTM工法 …………………………………………… 287
H&Vシールド工法 ………………………………… 592
HAS工法 …………………………………………… 112
HCM工法 …………………………………………… 279
HDライニング工法 ………………………………… 618
Head-bar工法（プレート定着型せん断補強鉄筋） … 396
HEP&JES工法 ……………………………………… 649
Hitスラブ …………………………………………… 721
HQS（HIGH QUALITY STABILIZAT 10N）工法 … 285
HW工法（ホッホストラッセル工法） ……………… 185
HySJET工法 ………………………………………… 285
IS処理工法(原位置不溶化処理工法) …………環境 1151

J・K・L

JACSMAN ………………………………………… 284
JAMPS（ジャンプス）工法 ………………………… 296
JIS規格品 …………………………………………… 325
JIS耐候性鋼材 …………………………鋼材の防食 522
JMM工法 …………………………………………… 284
JSG工法 …………………………………………… 287
JST工法 …………………………………………… 280
KCL工法,KTB工法（アンボンドケーブル） ……… 434
KCL工法（シングルストランド） ………………… 433
KEN溶接工法 ……………………………………… 489
KHP工法 …………………………………………… 502
KJS除去アンカー工法 ……………………………… 104
KLセグメント ……………………………………… 610
KPSP工法 …………………………………………… 113
KPカット工法 ……………………………………… 514
KS-B・MIX工法 …………………………………… 283
KS-EGG工法 ……………………………………… 271
KTB Uターン除去アンカー工法 …………………… 104
KTB・引張型SCアンカー工法 ……………………… 91
KTB永久アンカー工法（荷重分散型） …………… 91
KTB工法（一般ケーブル） ………………………… 425
KTB工法（外ケーブル） …………………………… 431
KTB工法（斜材） …………………………………… 428
LAG工法 …………………………………………… 296
LAIM工法 ………………………………………… 1147
LDis工法 …………………………………………… 284
LSS工法 …………………………………………… 313
LW …………………………………………………… 307

M・N・O

MAG（マグ）溶接工法	487
MAP工法	112
MAXPAN（マックスパン）工法	281
MCグラウト工法	301
MESLAB（エムイースラブ）	720
MFシールド工法	591
MIG（ミグ）溶接工法	490
MIP工法	188
MJS工法 ………… 地盤改良	287
MJS工法 ………… 山岳トンネル	559
MMST工法	594
MR-D工法	280
MR工法	245
MSD工法	599
MT-PRG工法	298
MT工法	297
MVCP工法	272
NAPP工法（特殊なPC定着工法）	436
NATM工法	553
New PLS工法（切削即時充填式プレライニング工法）	561
NEW-PWS（斜材）	430
NISP工法	112
NJP工法	287
NKSジョイント工法	501
NMグラウンドアンカー工法	94
NMセグメント	614
NNCB工法 ………… 山岳トンネル	560
NNCB工法 ………… 推進・牽引	648
NOMST工法	607
NPC工法	204
NASジョイント工法	501
NTL工法	551
OBC工法（一般ケーブル）	426
OFB工法	272
OHMシールド工法	592
OH工法	309
OPSアンカー工法	92
OSJ工法	598
OSPA工法（一般ケーブル）	426

P・Q・R

P&PCセグメント	613
PASS工法（Pre-Arch Shell Support Method 工法）	561
PBS工法	216
PCNetセグメント	613
PCR工法	647
PCウェル工法 ………… 基礎	199
PCウェル工法 ………… コンクリート	437
PC床版工法 ………… 橋梁・架設	712
PC定着工法	421
PC巻立て工法	468
PDF工法	264
PICOMAX装置による自動溶接工法	500
PREDOIUX耐震杭工法	193
PREM工法	313
PROP（プロップ）工法（高強度深層複合処理工法）	281
QS Slab	720
R&C工法（牽引式）	648
R&C工法	647
RAS-JET工法	285
RASコラム工法	280
RC巻立て工法	468
RJP工法（超高圧噴射）	287
RMP工法	279
ROVOケーソン工法	206
RRC工法（ロッドレスリバースサーキュレーションドリル工法）	186
RRR工法	63

S

SAT式潜函沈設工法	218
SAVEコンポーザー	271
SCデッキ	716
SDM（-Dy）工法	284
SDP工法	271
SD工法	539
SEC吹付けコンクリート工法	382
SEEEアンボンド工法（アンボンドケーブル）	435
SEEE永久グラウンドアンカー工法（TA型）	92
SEEE永久グラウンドアンカー工法（UA型）	92
SEEE工法（一般ケーブル）	427
SEEE工法（外ケーブル）	432
SEEE工法（斜材）	430
SEEE永久グラウンドアンカー工法 タイブルアンカーM型	92
SESNET（非消耗ノズル式）エレクトロスラグ溶接工法	492
SEW工法	607
SFRCセグメント	613
SGM工法	58
SGR工法	298
SHS永久アンカー工法	92
SIL-B処理工法	248
SILIC工法	360
SlMARシマール工法	273
SIニューマ工法	206
SJMM工法	284
SK外ケーブルシステム（外ケーブル）	432

SK工法（シングルストランド）………………	434
SK工法（プレグラウトケーブル）………………	435
SLP工法（スーパーライムパイル工法）………………	272
SMM（-Dy）工法 ………………	287
SMアンボンド工法（アンボンドケーブル）………………	435
SM工法（シングルストランド）………………	434
SM工法（プレグラウトケーブル）………………	436
SOCS工法（自動化オープンケーソン工法）………………	199
S.P.C.工法 ………………	437
SPD工法 ………………	258
SPSS工法 ………………	607
SPWC-FRおよびSPWC-CMアンカーケーブル（斜材）	428
SPブロック積工法……………………………斜面安定	76
SSL永久アンカー工法（CE型）………………	93
SSL永久アンカー工法（M型）………………	93
SSL永久アンカー工法（P型）………………	93
SSP工法 ………………	272
SSS工法 ………………	112
SSケーソン工法 ………………	216
STB工法 ………………	246
STEP工法 ………………	272
SuperMCアンカー工法 ………………	93
Superjet-Midi工法 ………………	288
Superjet工法 ………………	288
SVE工法……………………………………環境	1147
SW工法……………………………………斜面安定	81

T

T-BOSS工法 ………………	600
TACSS工法 ………………	309
TAP工法（タップ工法）………………	185
TBM工法 ………………	540
TBM導坑先進工法 ………………	534
TBS工法 ………………	247
TG緑化工法……………………………斜面安定	69
TIG（ティグ）溶接工法………………	491
TK式表層処理工法 ………………	246
TLライニング工法 ………………	611
TNC工法（一般ケーブル）………………	424
TOFT工法……………………………深層固結	281
TOFT工法……………………………液状化対策	318
TPS法 ………………	1154
TRC床版 ………………	718
TSP工法 ………………	569
TSTシステム ………………	248
TWS工法 ………………	541
TW工法 ………………	246
Tヘッドバー（拡径部による機械式定着筋）………………	395

U・V・W・X・Y

Uリブ合成床版 ………………	719
URT工法 ………………	647
VMS工法 ………………	280
VSL永久アンカー工法 ………………	93
VSL工法（シングルストランド）………………	434
VSL工法（一般ケーブル）………………	427
VSL工法（外ケーブル）………………	431
VSLコメット工法 ………………	104
VSLステイケーブルシステム（斜材）………………	429
VSLモノストランド工法（アンボンドケーブル）………	434
Vカット工法 ………………	536
Vブロック工法 ………………	677
WHJ工法 ………………	285
X-jet工法 ………………	287
YS-HHM工法 ………………	271

土木工法事典　第6版

発　　　行	2015年5月1日
編　　　集	土木工法事典編集委員会
発　行　者	吉田　初音
発　行　所	株式会社 ガイアブックス
	〒107-0052 東京都港区赤坂 1-1-16 細川ビル
	TEL. 03 (3585) 2214　FAX. 03 (3585) 1090
	http://www.gaiajapan.co.jp

Copyright GAIABOOKS INC. JAPAN2015
ISBN978-4-88282-947-8 C3551

落丁本・乱丁本はお取り替えいたします。
本書を許可なく複製することは、かたくお断わりします。
Printed in China